전자회로

ELECTRONIC DEVICES
AND CIRCUIT THEORY

제11판

Robert L. Boylestad · Louis Nashelsky 지음
김수원 · 김윤현 · 김종수 · 나유찬 · 윤길원 · 이적식 · 정유정 · 정천석 옮김

PEARSON

전자회로 제11판

Electronic Devices and Circuit Theory 11th Edition

3쇄 발행 • 2015년 1월 20일
4쇄 발행 • 2015년 8월 29일

저 자 • Robert L. Boylestad · Louis Nashelsky
역 자 • 김수원 · 김윤현 · 김종수 · 나유찬 · 윤길원 · 이적식 · 정유정 · 정천석
발행자 • 우명찬 · 송준
주 소 • 01093 서울시 강북구 인수봉로 50길 10
등 록 • 1976년 10월 21일 제5-66호
전 화 • (02) 999-2274~5, 903-7037
팩 스 • (02) 905-6729
e-mail • hongpub@hongpub.co.kr
http://www.hongpub.co.kr
ISBN : 979-11-5600-384-7(93560)

정가 : 42,000원

낙장 및 파본은 구입처나 본사에서 교환하여 드립니다.

PREFACE

역자 서문

전자회로 제11판에 머리말은 1972년에 교육자들의 능력을 향상해보고자 책을 준비했던 전자회로는 공학의 여러 분야에서 핵심적으로 필요한 기초 과목 중 하나이다. 특히. 응용, 제어, 통신, 반도체, 에너지, 컴퓨터 등의 모든 분야에서 필수적인 과목으로 취급되고 있다. 전기전자분야는 관련기술 및 분야가 매우 다양해지고 넓어지고 있어 모든 주제들을 폭넓고 심도있게 다루는 것이 점점 어려워지고 있는 실정이다. 이러한 시점에 새로운 기술적 발전을 잘 반영하면서도 여전히 필요한 기본 기술들을 충실히 다루고 있는 본서의 개정판이 발간된 것은 매우 유익한 일이다.

이 책은 Robert L. Boylestad와 Louis Nashelsky가 펴낸 『Electronic Devices and Circuit Theory』를 번역한 것으로 다이오드, 바이폴라 접합 트랜지스터(BJT), 전계효과 트랜지스터(FET)와 같은 전자회로의 기본 소자에서부터 이를 이용한 연산증폭기, 집적회로(IC)까지 자세하게 기본 원리를 설명함으로써, 전기전자분야를 전공으로 시작하는 학부생 또는 비전공자일지라도 전자소자와 전자회로를 학습하기에 아주 적합하게 저술되었다.

역자들이 판단한 이번 11판의 주요 특징은 다음과 같다. (1) 학습 효과를 높이기 위해 기본적인 개념의 설명은 쉬운 용어로 출발하여 점차 해당 장 또는 절의 핵심적 주제로 접근할 수 있도록 하였으며, (2) 각 장마다 연습문제를 통해 전자회로 해석의 요소 이론을 스스로 복습하고 정리하는데 편리하게 구성되었으며, (3) 컴퓨터 응용 프로그램을 이용한 설계 방법을 통해 실제적으로 전자회로의 기본이론이 어떻게 활용될 수 있는지를 효과적으로 보여주고 있다.

이 책을 번역함에 있어서 여러 대학에서 전자회로를 담당하였던 교수님들이 가능한 원문의 내용에 충실하고 학생들이 알기 쉽게 이해하도록 노력하였다. 여러 교수님들이 참여한 작업이라 용어의 통일에 신중을 기하였으나 아직 미비한 점이 있을 것으로 생각된다. 이러한 부분은 지속적으로 수정하여 좋은 번역서가 되도록 노력할 것을 약속드린다. 마지막으로 편집과 출판에 많은 노력을 기울여 주신 피어슨코리아의 관계자 여러분께 감사의 말씀을 전하고 싶다.

2012년 11월

옮긴이 일동

PREFACE

저자 서문

두 젊은이로 인해 초판이 만들어진 이래로 40년의 노력과 결실을 정리했다. 어떤 사람은 반도체 소자라는 단어를 전자회로라는 단어보다 훨씬 선호하겠지만, 초판은 오로지 모든 진공관 소자의 조사로 새로운 목차 안의 단일 절이 없는 주제였다. 진공관에서 반도체소자로 바뀌기까지 거의 5판에 시간이 걸렸지만, 오늘날은 몇 개의 절 안에 참고표기로 사용되고 있다. 더욱 흥미로운 것은 FET가 본격적으로 사용되기 시작한 이래로 교류등가모델의 각 소자의 유사성 때문에 기술적 해석에 진공관이 많이 이용되고 있다.

수정 과정과 개정판이 어떻게 정의되어 있는지에 대한 질문에는 컴퓨터 소프트웨어의 업데이트와 패키지 기능이 변화된 것을 자세히 설명한 것을 들 수 있다. 이 개정판에서 처음으로 다른 책에서 하지 않은 컴퓨터 소프트웨어 패키지의 사용을 강조하고 자세한 세부사항이 수준별로 제공되었다. 각각의 소프트웨어 패키지와 설명서가 여전히 생산적이고 세부사항의 설명이 새로운 이용자에게는 부족하다는 것을 알고 있었다. 따라서 이 개정판에서는 학생들이 추가자료 없이 소프트웨어 패키지를 사용할 수 있을 것이라고 확신한다.

개정판에서는 사용 가능한 소자와 상업적으로 발전된 소자의 특징에 내용을 반영하여 업데이트가 필요했다. 이것은 범위의 깊이와 개선된 응답이 유효한지 인정받을 수 있는지에 대한 결정에 따라 분야별로 광범위한 연구가 필요했다. 강의실에서의 경험은 확대, 삭제 또는 수정의 범위를 규정하는 가장 중요한 부분 중 하나이다. 학생들로부터의 피드백은 수정된 복사본의 책과 수많은 자료를 삽입하여 만들어졌다. 직원들은 다른 기관의 책들을 입력했고, Person Education 평론가들의 감수를 걸쳤다. 또한 근본적으로 명확성이 떨어지는 것은 삭제하고 이전 책을 여러 해 동안 다시 읽어 자료를 발전, 삭제, 확장하였다.

개정판의 이러한 수정으로 인해 원래 예상보다 많은 것들이 달려졌다. 10판에서 주요 절들은 옮겨지거나 확장됐고, 100여 개의 문제를 추가했다. 그리고 새로운 소자들의 소개와 많은 기능을 추가하고 새로운 재료들로 개정판은 더 많이 발전했다.

교수로서 전자회로와 같은 책에는 높은 정확도가 필요하고 중요하다는 것은 잘 알고 있다. 학생들이 다른 시각에서 실행하고 문제를 풀어 정답과 다르거나 풀 수 없는 문제가 있다면 어떠한 제안도 기꺼이 받아들일 것이다. 10판에서 6개 미만의 에러와 오타문제가 있었으나, 이 책에 수록된 많은 예문과 문제들은 통계적으로 문제가 없다고 확신한다. 사용자에 대한 견해들은 빠르게 수용하고 그 출처들로 인해 저자와 출판사가 수정할 수 있도록 배려해 줘서 감사했다.

개정판에서는 발전에 따른 변화로 추가해야 할 것, 시대적인 요구사항들을 변경하여 모든 것을 반영하여 완전한 것을 요구하고 기대한다. 저자들은 개정판이 향상을 위해 생각과 아이디어로 참여할 수 있도록 당신을 초대하며 어떠한 제안과 비판, 또는 수정도 기꺼이 수용할 것이다.

개정판의 추가내용

- 모든 장에 다양한 문제들을 변화하기 위해 100개가 넘는 새로운 문제들을 추가하였으며 기존 문제에도 숫자를 많이 바꾸었다.
- 컴퓨터 프로그램은 OrCAD 버전 16.3과 Multisim 버전 11.1로 업데이트하여 중요도에 따라 모두 재실행하여 설명되어 있다. 또한 소개의 장에서는 컴퓨터의 체계에 대한 폭넓은 이해를 위해 두 개의 프로그램의 소개와 수정을 했다.
- 책의 이해를 위해 사진과 기부자의 전기문을 추가하여 Sidney Darlington, Walter Schottky, Harry Nyquist, Edwin Colpitts, and Ralph Hartley이 포함되어 있다.
- 새로운 절들이 개정판에 추가되었다. 다이오드 네트워크의 교류와 직류원의 결합에 대한 영향, 다수의 BJT 네트워크, VMOS 그리고 UMOS의 파워 FETs, Early 전압, 기본적인 소자들의 주파수 영향, R_S의 증폭기 주파수 응답의 영향, 이득 대역폭 곱, 그리고 많은 다른 주제들을 논의하였다.
- 많은 절은 평론가들의 지적 또는 기술들의 발전에 따라 재작성 되었다. 바이어스 안정화, 전류원, 교류와 직류 모델의 피드백, 다이오드와 트랜지스터 응답의 이동도, 다이오드와 트랜지스터의 응답특성에 관한 이동과 확산용량효과, 역포화 전류, 항복영역(원인과 결과) 그리고 하이브리드 모델이 수정되었다.
- 위의 많은 변화와 더불어, 기술적인 변화에 응답하기 위해 다수의 절이 늘었다. 태양전지에 사용되는 물질들의 상세한 실험, 추가적 응답곡선, 실용적인 많은 기능이 추가적으로 포함되었다. 달링턴 효과는 재작성 되었으며 이미터 폴로어와 컬렉터 이득의 구성은 상세한 설명을 포함하여 확장하였다. 트랜지스터에서는 탄소나노튜브와 크로스바 래치 트랜지스터를 상세하게 포함했다. LED에서는 사용된 물질과 오늘날의 또 다른 발광제품들을 비교하고 미래에 중요한 반도체 소자의 제품을 예시로 들어 논고를 확장하였다. 사양서에는 학생들이 사회생활을 시작할 때 성공적으로 적용할 수 있도록 자세히 설명하고 있다.
- 최근에 빠르게 변화되는 부품의 특징을 반영하기 위해 업데이트된 재료들을 책에서 사진, 삽화, 사양서로 설명했으며 내용과 관련 있는 매개변수와 모든 예시 문제는 오늘날 이용할 수 있는 장비의 특성과 연계하였다. 또한 접하기 어려운 장비나 쓰임이 적은 몇몇 장비들은 시대적 흐름을 강조하기 위해 편집했다.
- 배우기에 편리하도록 순서의 중요 구성들이 바뀌었다. 따라서 다이오드와 트랜지스터의 직류절과 BJTs, JFETs를 위한 교류절의 전류이득에 논의와 달링턴 부분과 많은 절에서 나타난다. 특별히 16절에서 주제가 빠지고 부분적으로 순서가 바뀌었다.

감사의 글

이 개정판이 나오도록 새로운 사진을 제공해 주신 관계자들은 아래와 같다.

Sian Cummings International Rectifier Inc.

Michele Drake Agilent Technologies Inc.

Edward Eckert Alcatel-Lucent Inc.

Amy Flores Agilent Technologies Inc.

Ron Forbes B&K Precision Corporation

Christopher Frank Siemens AG

Amber Hall Hewlett-Packard Company

Jonelle Hester National Semiconductor Inc.

George Kapczak AT&T Inc.

Patti Olson Fairchild Semiconductor Inc.

Jordon Papanier LEDtronics Inc.

Andrew W. Post Vishay Inc.

Gilberto Ribeiro Hewlett-Packard Company

Paul Ross Alcatel-Lucent Inc.

Craig R. Schmidt Agilent Technologies, Inc.

Mitch Segal Hewlett-Packard Company

Jim Simon Agilent Technologies, Inc.

Debbie Van Velkinburgh Tektronix, Inc.

Steve West On Semiconductor Inc.

Marcella Wilhite Agilent Technologies, Inc.

Stan Williams Hewlett-Packard Company

J. Joshua Wang Hewlett-Packard Company

CONTENTS

차례

CHAPTER 1

반도체 다이오드

학습목표 CHAPTER OBJECTIVE

- 3가지 중요한 반도체 물질인 Si, Ge, GaAs의 특성 이해하기
- 전자와 정공 이론을 이용한 전도현상 이해하기
- *n*형과 *p*형 물질의 차이점 이해하기
- 바이어스가 없을 때, 정방향 바이어스일 때, 역방향 바이어스일 때 다이오드의 기본 동작과 특성 이해하기
- 다이오드의 특성으로부터 다이오드의 dc, ac, 평균 ac 저항의 계산 방법 이해하기
- 다이오드의 등가회로가 이상적인 경우 또는 실제적인 경우에 나타나는 영향 이해하기
- 제너 다이오드와 발광 다이오드의 동작과 특성 이해하기

1.1 개요

다른 기술 분야와 마찬가지로 전자회로의 특징 중 하나는 세월이 흐름에도 불구하고 기본적인 원리는 거의 변하지 않는다는 점이다. 시스템은 소형화되고, 동작속도는 괄목할 만큼 빨라졌다. 새로운 전자제품이 계속 쏟아지는 이 상황에서 향후 기술의 발전 방향이 걱정이 된다. 그러나 주로 쓰이는 대다수의 소자는 수십 년 전에 발명되었고 교재에 나와 있는 설계기술은 1930년대에 만들어진 것이다. 현재 전자기기에 쓰이는 대부분의 회로나 설계기술은 신소재나 근본적으로 다른 디자인에 의해 만들어진 것이 아니라 공정기술의 점진적인 발달에 기초해서 만들어진 것임을 알 수 있다. 중요한 것은 이러한 소자들의 동작 방법과 그 소자들의 동작 범위, 그리고 이와 관련한 기초를 이해하는 데 있다. 이 책에서는 전자회로를 처음 접하는 학생들에게 위와 같은 기초적인 지식에 쉽게 접근할 수 있고, 앞으로 쓰일 사례에 적용할 정보들을 담고 있다.

우리는 최근 몇 년간 일어난 소형화에 따른 기술의 한계를 주목하였다. 오늘날 하나의 시스템은 과거 네트워크 소자보다 1000분의 1 이상 작은 웨이퍼 내에 만들 수 있다. 최초의 집적회로(integrated circuit)는 1958년 텍사스 인스투르먼트사(Texas Instrument)의 잭 킬비(Jack Kilby)가 개발하였다(그림 1.1). 오늘날 그림 1.2 인텔사의 코어 i7 Extreme 에디

Jack St. Clair Kilby, 집적회로 발명자, 전자계산기 공동 발명(텍사스 인스트루먼트사 제공)

1923년 미주리 주 제퍼슨 시 출생; 위스콘신 대학 석사 학위; 텍사스 인스트루먼트사 전자부품 부문 기술 공학 부장; IEEE 회원; 60개 이상의 특허 소유.

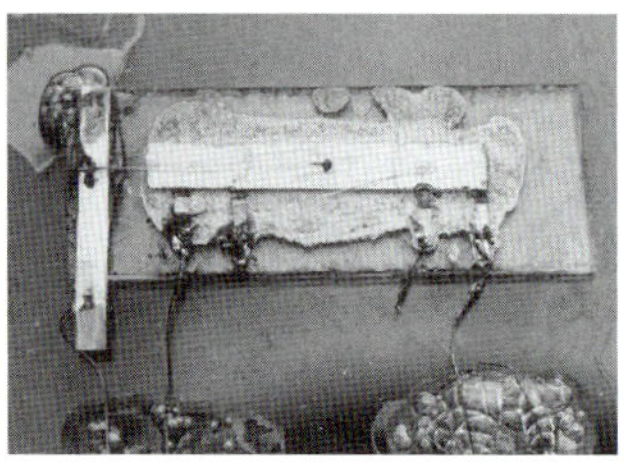

1958년 Jack S. Kilby가 발명한 첫 번째 집적회로인 상전이 오실레이터(텍사스 인스트루먼트사 제공).

그림 1.1 Jack St. Clair Kilby

션 프로세서는 7억 3100만 개의 트랜지스터가 16.7sq. 인치보다 조금 더 큰 패키지 안에 들어 있다. 1965년 Gordon E. Moore 박사는 2년마다 IC칩의 트랜지스터가 두 배로 늘어날 것을 예측했다. 45년이 넘은 현재, 그의 예측은 놀랍게도 정확하고 앞으로 몇십 년 동안 그의 예측이 맞을 것이라고 예상되고 있다. 현재 어떤 장치나 시스템을 제어하는 메커니즘을 제공하거나 회로의 나머지 부분을 회로망에 추가하는 메커니즘을 개발하는 단계이다. 미래의 소형화는 다음의 네 가지 이유 때문에 힘들어질 것이다. 반도체 소자의 특성, 네트워크 설계 기술, 제조 장비와 처리 장비의 한계가 그 이유이다. 그리고 반도체 산업에 관한 획기적인 정신의 힘이 있다.

여기에 처음 소개할 소자는 수많은 응용 분야를 가진 가장 간단한 소자이다. 이어지는 2개의 장에서 반도체 소자(solid-state)에 사용되는 물질들을 소개하고 전기회로의 기본적인 법칙들을 학습할 것이다.

1.2 반도체 물질: Ge, Si, GaAs

모든 반도체 소자들과 집적회로의 구성은 양질의 반도체 물질로부터 시작한다.

반도체는 특수한 종류의 물질로서 도체의 전도성과 절연체의 전도성의 중간 정도 되는 전도성을 가지고 있다.

일반적으로, 반도체 물질은 다음의 두 가지 종류로 구분한다: 단결정(single-crystal)과 화합물(compound)이다. 단결정 반도체인 게르마늄과 실리콘은 반복 결정 구조를 가지고 있는 반면에 화합물인 갈륨비소(GaAs), 카드뮴황(CdS), 갈륨질소(GaN), 갈륨비소인(GaAsP)은 2개 이상의 반도체 물질들이 각기 다른 구조로 구성되어 있다.

세 가지 반도체 물질 게르마늄(Ge), 실리콘(Si), 갈륨비소(GaAs)는 전자 제품을 만드는 데 가장 흔하게 쓰이는 물질이다.

다이오드가 1939년에 발명되고 트랜지스터가 1947년에 발명된 후 몇십 년 동안 게르마늄이 거의 유일하게 사용되었다. 그 이유는 구하기 쉽고 많은 양이 있기 때문이었다. 그리고 게르마늄은 높은 순도를 가지고 있으며 정제하기도 쉬웠다. 이는 제조 공정에 있어 중요한 장점이었다. 그렇지만 게르마늄을 기본 소재로 한 다이오드와 트랜지스터의 구성이 온도의 변화에 민감하다는 것이 일찍이 발견되었다. 그때 과학자들은 다른 물질인 실리콘을 인식하게 되었다. 실리콘은 온도 민감성이 향상되었지만 양산을 위한 정제과정에 있어 실리콘의 높은 순도를 유지하는 것은 아직 개발 단계에 있었다. 그러나 실리콘은 1954년 처음 실리콘 트랜지스터가 소개된 이후 빠르게 반도체를 만드는 물질로 선정되었다. 실리콘은 온도에 대한 민감성이 덜할 뿐더러 지구상에서 가장 많이 존재하는 물질 중에 하나로 매장량에 대한 걱정을 덜어주었다. 새로운 물질에 대한 선택의 폭은 활짝 열렸고 생산과 설계기술은 점진적으로 수 년간 발전하여 지금은 높은 수준의 정밀도를 가지게 되었다.

그러나 시간이 흐를수록 전자 분야는 처리 속도에 대한 관심이 높아졌다. 컴퓨터는 더 빠른 속도로 동작하고 통신 시스템은 높은 성능으로 동작하였다. 반도체 물질은 이러한 새로운 요구를 수용할 수 있도록 개발하는 것이 필요하게 되었다. 그 결과 처음으로 갈륨비소 트랜지스터가 1970년대 초반에 개발되었다. 이 새로운 트랜지스터는 실리콘기반의 트랜지스터보다 다섯 배나 속도가 빠르다. 그러나 기존에는 실리콘기반의 설계기술과 양산기술이 개발되어 왔고 이러한 이유로 대부분의 실제로 쓰이는 실리콘 트랜지스터 회로는 더욱더 싸게 그리고 효율적으로 설계할 수 있었다. 갈륨비소는 높은 순도에서 양산하기가 더욱 어려웠고 이 때문에 더 많은 비용이 들고 개발초기의 설계지원이 거의 없는 어려움이 있었다. 그러나 더욱 빠른 속도에 대한 수요가 증가하여 갈륨비소 반도체 연구를 위한 자금이 많이 모였다. 그 결과 고속 초고밀도 집적회로(VLSI)에는 지속적으로 갈륨비소 반도체를 사용하고 있다.

위에서 소개한 반도체 물질의 역사에 대한 요약은 갈륨비소가 반도체 소자를 구성하는 유일한 물질이 될 것이라는 뜻은 아니다. 제한된 부분의 용도에 사용되고 있지만 게르마늄기반의 소자도 여전히 생산되고 있다. 게르마늄 소자는 온도에 민감한 특성이 있음에도 불구하고 몇몇 분야에 대해 적합한 특성을 가지고 있기 때문에 사용된다. 낮은 생산 단가와 그 특성 때문에 게르마늄 소자는 제품 카탈로그에서 계속 찾아볼 수 있게 될 것이다. 이전에 말한 바와 같이 실리콘은 여러 해 동안 개발된 장점이 있기 때문에 여러 전자부품과 IC를 주도하는 반도체 물질이다. 그러나 Si는 인텔의 새로운 라인프로세서에서 근본적인 장애물이다.

그림 1.2 인텔사의 코어 i7 에디션 프로세서

1.3 공유결합과 진성물질

Si와 Ge와 GaAs가 전자산업이 채택한 반도체가 된 이유를 평가하기 위해서는 각각의 원자구조와 각각의 원자들이 어떻게 결정 구조를 가지고 연결되었는지에 대한 약간의 이해가 필요하다. 모든 원자는 전자(electron), 양자(proton), 중성자(neutron)로 구성되어 있다. 격자구조에서 중성자들과 양자들은 핵을 구성하고 전자는 핵을 중심으로 고정된 원 궤도를 형성하는 것처럼 나타난다. 세 가지 물질에 대한 보어 모델은 그림 1.3에 나타나 있다.

그림 1.3에 나타내었듯이 게르마늄은 32개의 전자가, 실리콘은 14개의 전자가 궤도를 돌고 있다. 갈륨은 31개의 전자를 가지고 비소는 33개의 궤도 전자를 가진다(비소는 아주 강한 독성을 가진 화학물질이다). 게르마늄과 실리콘은 가장 바깥 궤도에 4개의 전자를 가지는데 이를 최외각 전자라고 한다. 갈륨은 3개의 최외각 전자를 가지고 비소는 5개의 최외각 전자를 가진다. 최외각 전자가 4개인 원자를 4가 원자(tetravalent)라고 한다. 최외각 전자가 3개인 원자를 3가 원자(trivalent)라고 한다. 그리고 5개인 원자를 5가 원자(pentavalent)라 한다. 원자가(valence)는 원자구조에서 최외각 전자를 떼어내는 데 필요한 에너지(이온화 에너지)값을 지칭한다. 최외각 전자들을 떼어내는 데 필요한 에너지는 원자구조 내의 다른 전자들을 떼어내는 데 필요한 에너지보다 현저히 작다.

순수한 실리콘과 게르마늄 결정에서 한 원자의 4개의 최외각 전자는 4개의 인접한 원자들과 그림 1.4와 같이 결합구조를 형성한다.

원자결합 중 전자를 공유함으로써 이루어지는 결합을 공유결합(covalent bonding)이라고 한다.

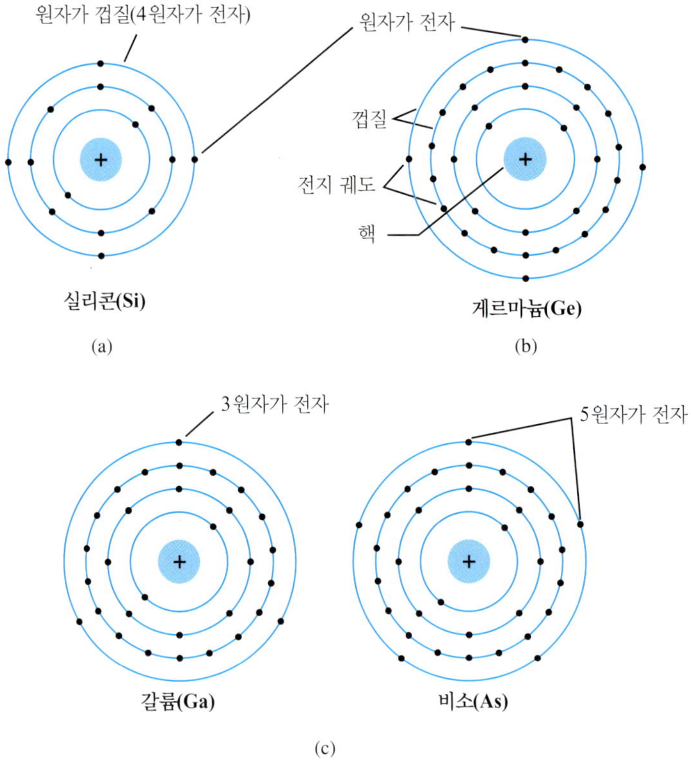

그림 1.3 원자구조: (a) 실리콘; (b) 게르마늄; (c) 갈륨과 비소

갈륨비소는 화합물 반도체로 그림 1.5와 같이 2개의 다른 원자들 간의 공유가 있다. 각각의 원자는 상보적인 특성의 원자들로 둘러싸여 있다. 여기에는 아직까지 게르마늄과 실리콘과 비슷한 구조로 전자를 공유하고 있는 것을 볼 수 있다. 그러나 다른 점은 5개의 전자가 하나의 비소 원자 하나와 3개의 갈륨원자로부터 공급되는 것을 볼 수 있다.

비록 공유결합에 의해서 전자들이 보다 더 강하게 원자에 연결되어 있어도 자연적으로 발생하는 운동에너지에 의해 그 결합이 깨지고 최외각 전자는 '자유' 상태가 될 수 있다. 여기서 자유라는 것은 전자가 원자에 구속되지 않고 외부에서 인가한 전압이나 전위차에

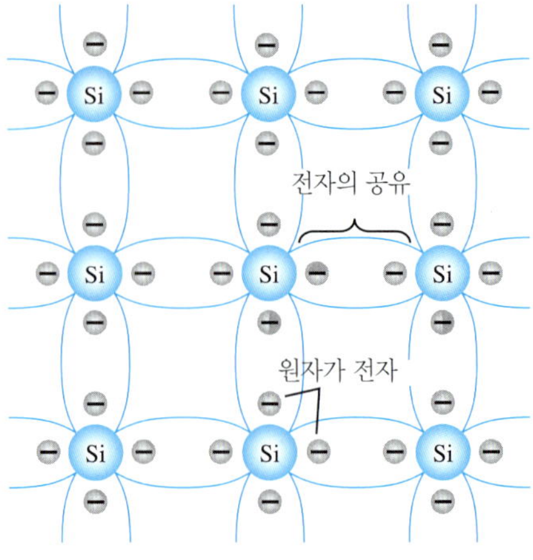

그림 1.4 실리콘 원자의 공유결합

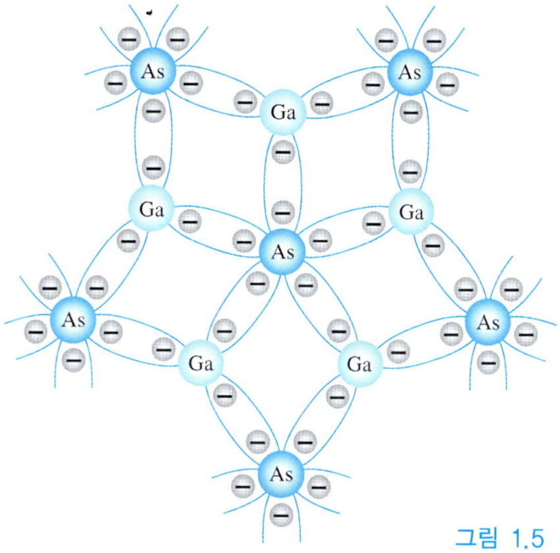

그림 1.5 갈륨비소 결정 구조의 공유결합

의해 쉽게 영향을 받을 수 있는 상태를 의미한다. 자연적으로 발생하는 에너지에는 광자 형태를 갖는 빛에너지, 주위의 매질로부터 발생하는 열에너지를 들 수 있다. 실온에서 순수한 실리콘 물질 1 cm^3에는 약 1.5×10^{10}개의 자유전자가 존재한다. 이는 15,000,000,000(150억) 전자들이 각설탕보다 작은 공간에 있다는 뜻이다. 이는 어마어마한 숫자이다.

진성이란 말은 어떤 반도체 물질이 있을 때 그 물질이 아주 세밀하게 정제되어 불순물의 양이 아주 적을 때 적용한다. 진성(intrinsic) 반도체라는 것은 현존 기술로 불순물의 농도를 최대한 줄인 물질을 말한다.

순수한 물질에서 자연적으로 발생한 자유전자를 진성 캐리어(intrinsic carrier)라고 한다. 표 1.1은 게르마늄, 실리콘, 갈륨비소의 1 cm^3당 진성 캐리어의 수를 비교하고 있다. 게르마늄의 진성 캐리어 수가 가장 많고 갈륨비소가 가장 적다는 것이다. 실제로 게르마늄은 갈륨비소보다 두 배의 진성 캐리어를 가지고 있다. 진성반도체에서는 캐리어의 수가 중요하다. 그러나 물질의 다른 특성들도 실제 상황에서의 사용에 있어 더욱 중요하다. 이러한 특성들 중 하나가 상대이동도(relative mobility, μ_n)이다. 상대이동도는 물질 속의 자유 캐리어가 물질을 지나갈 수 있는 능력을 의미한다. 표 1.2는 갈륨비소의 자유 캐리어가 실리콘의 자유 캐리어의 이동도보다 다섯 배 이상 더 높다는 것을 보여준다. 이것은 갈륨비소로 만들어진 소자의 응답시간이 실리콘으로 만들어진 소자의 응답 시간보다 다섯 배 이상 빠르다는 것을 의미한다. 게르마늄의 자유 캐리어의 이동속도는 실리콘보다 두 배 빠르다는 것 또한 알 수 있다. 이러한 결과로 인해 게르마늄이 고속의 고주파 회로에서 계속 쓰이고 있다.

표 1.1 진성 캐리어

반도체	진성 캐리어 (cm^3 당)
GaAs	1.7×10^6
Si	1.5×10^{10}
Ge	2.5×10^{13}

표 1.2 진성 캐리어 상대 이동도 μ_n

반도체	μ_n (cm^2/V·s)
Si	1500
Ge	3900
GaAs	8500

근래 수십 년간 가장 중요한 기술적인 발전은 반도체 물질을 매우 고순도로 만들 수 있는 기술을 얻은 것이다. 다시 말하면 이것은 이전 세대에서 실리콘을 사용하는 데 있어 부딪친 문제 중에 하나였다. 게르마늄을 필요한 수준의 고순도로 정제하는 것은 상대적으로 쉬운 일이었다. 불순물의 농도는 오늘날 고밀도 집적회로에서 100억분의 1정도 수준까지 이르렀다. 혹자는 이러한 극단적으로 높은 순도가 왜 필요한지 의문을 가질 것이다. 만약 불순물이 100만분의 1의 농도로 실리콘 웨이퍼에 존재한다면, 이것은 물질 특성을 상대적으로 전도성이 낮은 전도체로부터 전도성이 높은 전도체로 바꿀 수 있다. 우리는 명백히 반도체를 다룰 때 완전히 다른 비교 레벨을 가지고 다룰 수 있다. 이러한 방법으로 물질의 특성을 바꾸는 것을 **도핑**(doping)이라고 한다. 게르마늄, 실리콘, 갈륨비소에 이러한 방법을 쉽게 적용할 수 있다. 도핑 과정은 1.5절과 1.6절에 자세히 다룬다.

반도체와 도체의 차이점 중 중요하고 흥미로운 것 중의 하나는 열을 받았을 때 반응이다. 도체는 열을 받으면 저항이 증가한다. 온도가 증가함에 따라 대부분의 도체는 저항이 커지는 것을 기억할 것이다. 이는 온도가 증가함에 따라 도체 내 캐리어의 증가는 크지 않은 데 비해, 전자들의 진동 정도가 커져 전자의 흐름을 방해하는 성분이 커지기 때문이다. 이와 같이 온도가 증가함에 따라 저항도 커지는 물질은 **양온도계수**(positive temperature coefficient)를 갖는다고 말한다. 반면에 반도체 물질은 열을 받았을 때 전도도가 높아진다. 온도가 높아짐에 따라 최외각 전자가 공유결합을 파괴시킬 만큼의 충분한 열에너지를 흡수해서 자유 캐리어에 합쳐지기 때문이다. 그러므로:

반도체는 음온도계수(negative temperature coefficient)를 가진다.

1.4 에너지 레벨

각각의 고립 원자구조에는 그림 1.6처럼 공전하는 전자에 의한 이산적인 에너지 레벨이 존재한다. 이런 원자구조에서 전자가 있을 수 있는 에너지 레벨의 집합은 각 물질마다 다르다. 그러나 일반적으로

전자가 핵으로부터 멀어질수록 높은 에너지 상태가 되고, 모원자로부터 벗어난 전자는 원자구조 내의 어떤 전자보다도 높은 에너지 상태를 가진다.

그림 1.6a에서 보면 오직 특정한 에너지 레벨이 고립 원자구조의 전자에 대해 존재한다는 것을 알 수 있다. 고립 원자구조에서 이산 에너지 레벨 사이에는 어떤 전자도 있을 수 없다. 그러나 물질의 원자가 결정 격자구조를 형성하기 위해 가까워짐에 따라 원자 사이의 상호 영향이 발생한다. 그 결과 한 원자의 특정 공전 궤도에 있는 전자의 에너지 레벨은 인접한 원자의 동일한 공전 궤도에 있는 전자의 에너지 레벨과 달라진다. 이로 인해 그림 1.6a에 나타난 최외각 전자의 고정된 이산적인 에너지 레벨이 그림 1.6b와 같이 확대되게 된다. 다시 말하면 실리콘 물질의 최외각 전자는 그림 1.6b에 나타난 밴드 안에서 변할 수 있는 에너지 레벨을 가진다. 그림 1.6b는 전자의 전도 대역에서의 최소 에너지 레벨과 전자껍질

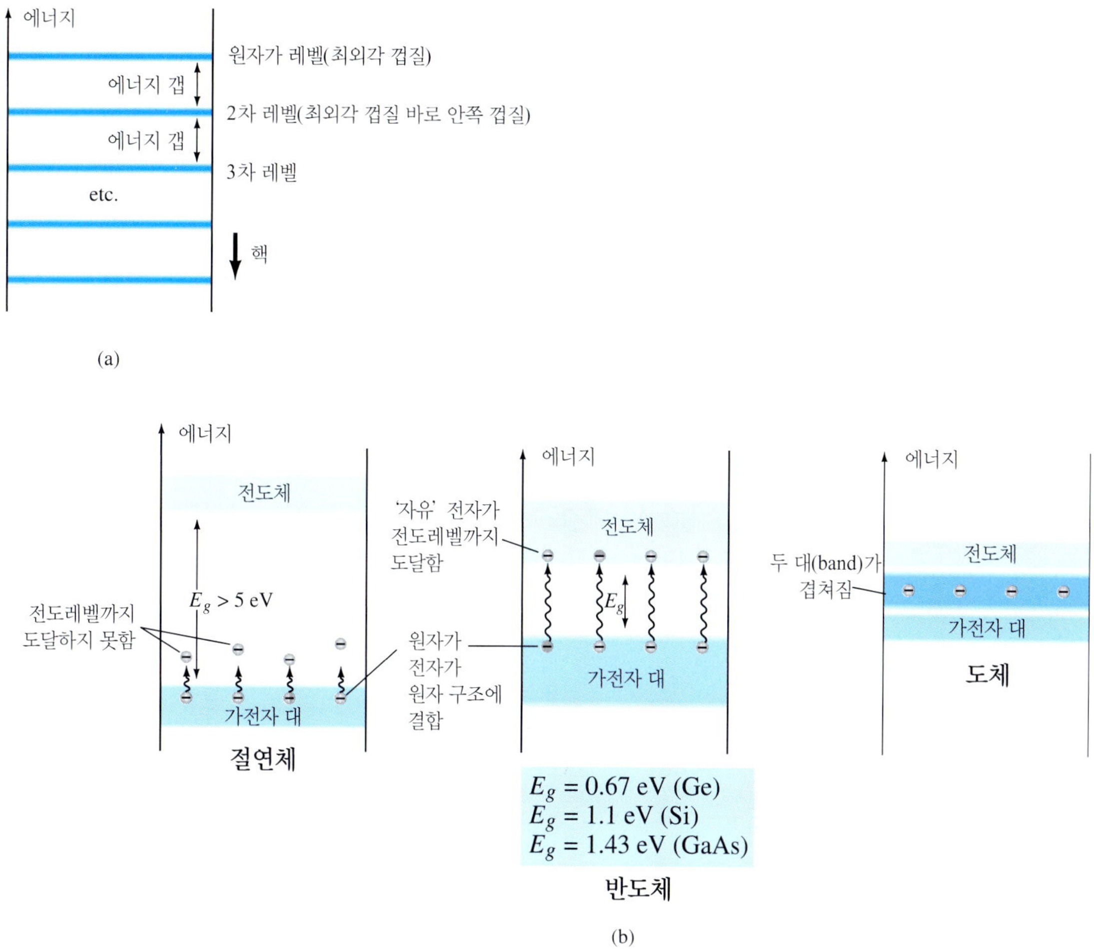

그림 1.6 에너지 레벨: (a) 고립 원자구조에서의 양자 레벨; (b) 절연체, 반도체, 도체의 전도대와 가전자대

(valence shell)에서의 최대 에너지 레벨을 명확히 보여주고 있다. 가전자대(valance band)에 있는 전자가 자유 캐리어가 되기 위해서는 위의 두 에너지 레벨을 극복해야 한다. 에너지갭은 게르마늄, 실리콘, 갈륨비소 모두 각각 다르다. 게르마늄은 가장 작은 갭을 가지고 있고 갈륨비소는 가장 큰 갭을 가지고 있다. 종합적으로 간단히 말하면

자유 캐리어가 되기 위해서 실리콘의 가전자대에 있는 전자는 게르마늄의 가전자대에 있는 전자보다 더 많은 에너지를 흡수해야 한다. 마찬가지로 갈륨비소의 가전자대에 있는 전자는 실리콘 또는 게르마늄에 비해 전도대로 가기 위한 에너지가 더 많이 필요하다.

필요한 에너지갭의 차이는 각 반도체의 온도변화에 대한 민감성을 내포한다. 예를 들어 게르마늄 샘플의 온도가 증가할수록 열에너지를 흡수해서 전도대로 들어가게 되는 전자들의 수는 급속히 증가한다. 왜냐하면 에너지갭이 작기 때문이다. 그러나 실리콘이나 갈륨비소의 경우 전도대로 들어가는 전자의 수는 상대적으로 작을 것이다. 에너지 준위의 변화에 대한 민감성은 장점과 단점을 가진다. 광검출기의 설계와 열에 민감한 보안 시스템은 게르마늄 소자를 이용하기 좋은 응용회로가 될 것이다. 그러나 안정성을 가장 중요시하는 트랜

지스터 회로는 온도와 빛에 대한 민감성이 유해한 영향을 미칠 것이다.

또한 에너지갭은 발광 다이오드와 같은 발광소자를 만드는 데 어떤 소재가 유용하게 쓰일 수 있는지를 알려준다. 에너지갭이 넓으면 넓을수록 가시와 비가시광선으로 에너지가 방출될 가능성이 높아진다. 도체에서는 가전자대와 전도대가 겹쳐진다. 도체에서는 추가되는 에너지가 전자를 통해 열에너지로 버려진다. 비슷하게 게르마늄과 실리콘은 에너지갭이 아주 작기 때문에 대다수의 전자들은 가전자대를 벗어나 전도대로 들어갈 수 있는 충분한 에너지를 얻게 된다. 그리고 이 에너지 또한 열로 버려진다. 그러나 갈륨비소에서는 빛을 방출할 만큼 갭이 충분히 크다. LED(1.9절)의 경우 도핑 레벨과 재료를 선택해서 색깔을 결정할 수 있다.

이 주제에 대한 이야기를 마무리하기 전에 양을 나타낼 때 사용하는 단위에 대해서 이해하는 것이 중요하다는 것을 강조하고자 한다. 그림 1.6에서는 **전자볼트**를 측정 단위로 쓰고 있다. W(에너지)$=QV$($V=W/Q$에서 유도됨)이기 때문에 측정단위가 타당하다는 것을 알 수 있다. Q 대신 1개의 전자에 대한 전하량을 넣고 V 대신 1 V를 대입하면 이 에너지 준위는 전자볼트(eV)가 된다.

즉,

$$\begin{aligned} W &= QV \\ &= (1.6 \times 10^{-19}\ \text{C})(1\ \text{V}) \\ &= 1.6 \times 10^{-19}\ \text{J} \end{aligned}$$

$$\boxed{1\ \text{eV} = 1.6 \times 10^{-19}\ \text{J}} \tag{1.1}$$

1.5 *n*형, *p*형 물질

실리콘은 반도체 전자 소자를 만들 때 기저물질(substrate)로 가장 광범위하게 사용하는 물질이다. 이 때문에 이 절과 다음 몇몇 절에서는 실리콘에 대해서만 논하겠다. 실리콘과 게르마늄 갈륨비소의 공유결합 구조가 비슷하기 때문에 생산 과정에서의 실리콘에 대한 설명을 이해하면 다른 물질에 대한 이해도 쉽게 될 것이다.

어떤 불순 원자를 비교적 순수한 반도체 물질에 첨가함으로써 반도체 물질의 특성을 크게 바꿀 수 있다. 불순물을 순수한 물질의 100만분의 1만 첨가해도 반도체 물질의 대역구조가 바뀜으로써 전체 전기적 특성이 달라진다.

도핑처리를 한 반도체 물질을 외인성 물질(extrinsic material)이라고 한다.

반도체 소자 제조에서 중요한 외인성 물질은 두 가지가 있다. 하나는 *n*형이고 다른 하나는 *p*형이다. 이하에서는 각각에 대해서 보다 자세히 설명하도록 한다.

n형 물질

n형과 p형 물질 모두 미리 결정된 불순물 원자를 Ge나 Si에 첨가하여 만든다. n형은 안티몬(Sb), 비소(As), 인(P)과 같이 5가 원소(pentavalent)를 불순물로 첨가함으로써 만든다. 이런 불순물의 영향(Si에 Sb를 불순물로 첨가한 경우)을 그림 1.7에 나타내었다. 4개의 공유결합은 여전히 존재하지만 불순물 원자에 의한 다섯 번째 전자는 어떠한 공유결합에도 참여하지 못한다. 이 여분의 전자는 모원자인 안티몬에 약하게 결합되어 있어서 비교적 자유롭게 움직일 수 있다. 주입된 불순물 원자는 그 구조에 상대적으로 '자유로운' 전자를 제공한다:

불순물로 사용된 5가 원자를 공여체(donor) 원자라고 한다.

n형 물질 내에 많은 수의 자유 캐리어가 있다고 하더라도, 이상적으로는 양자와 전자의 수가 같기 때문에 전기적으로는 중성이다.

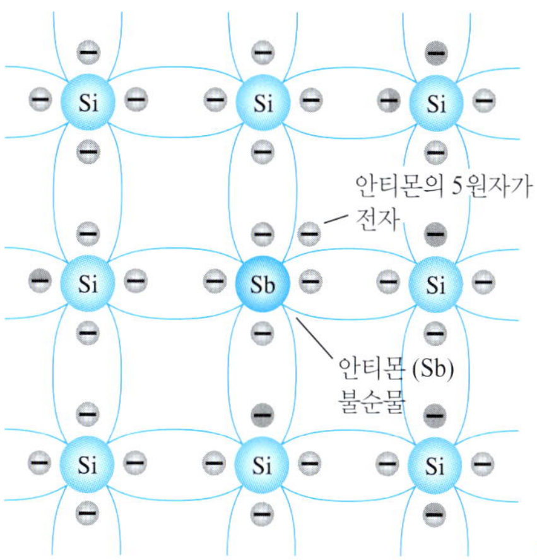

그림 1.7 n형 물질 내의 안티몬 불순물

상대전도도에 따른 도핑 처리의 효과는 그림 1.8의 에너지대(energy-band) 그림을 통해 잘 설명된다. 진성물질보다 E_g가 매우 작은 불연속적인 에너지 레벨(공여체 레벨)이 금지 영역 내에 생성된다. 첨가된 불순물에 의해 자유전자가 이 에너지 레벨에 머무르고, 따라서 물질의 전도도가 많이 증가한다. 상온에서 진성 실리콘 내에는 약 10^{12}개의 원자당 하나(게르마늄의 경우 10^7개의 원자당 하나)의 자유전자가 있다. 1000만분의 1에 해당하는 불순물을 혼합할 경우의 비율($10^{12}/10^7 = 10^5$)은 캐리어의 농도가 100,000 : 1로 증가하였음을 알 수 있다.

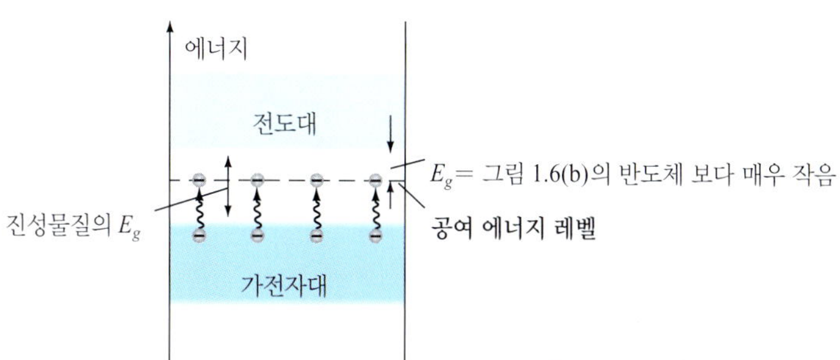

그림 1.8 에너지대 구조에서 공여체 불순물의 영향

*p*형 물질

*p*형 물질은 순수한 게르마늄이나 실리콘 결정에 3가 원자를 불순물에 도핑하여 얻는다. 이때 불순물로 가장 자주 사용되는 원소는 붕소(B), 갈륨(Ga), 인듐(In)이다. 각각의 원소들은 3가 원자들로 원소 주기율표 부분 그룹 III에서 볼 수 있다. 이들 원소 중의 하나인 붕소를 불순물로 실리콘에 첨가한 경우를 그림 1.9에 나타내었다.

새로 형성된 결합에는 완전한 공유결합에 필요한 수에 비해 전자가 모자란다. 이런 이유로 전자가 비어 있는 상태를 정공(hole)이라 하고, 작은 원이나 혹은 음전하의 부족을 상대적으로 나타내는 + 부호로 표시한다. 이 빈자리에는 쉽게 자유전자가 들어올 수 있다.

불순물로 사용된 3가 원자를 수용체(acceptor) 원자라고 한다.

이렇게 이루어진 *p*형 물질은 *n*형 물질에서와 마찬가지 이유로 전기적으로는 중성이다.

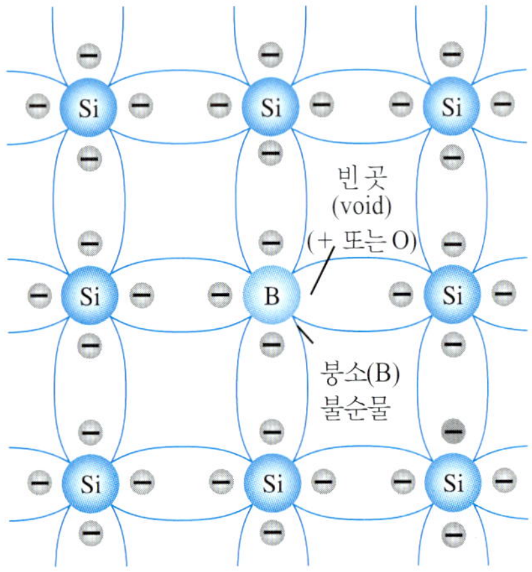

그림 1.9 *p*형 물질 내의 붕소 불순물

전자 대 정공의 흐름

그림 1.10은 전도에서 정공의 영향을 보여준다. 만약 원자가 전자가 공유결합을 깰 수 있기에 충분한 운동에너지를 얻어서 정공에 의한 빈자리를 채우면 방금 벗어난 전자가 있던 공유결합에 하나의 빈자리, 즉 정공이 생긴다. 그러므로 그림 1.10에서와 같이 정공은 왼쪽으로 전자는 오른쪽으로 이동한다. 여기서 사용된 방향은 통상적인 전류의 흐름(conventional flow)으로 정공 흐름의 방향과 같다.

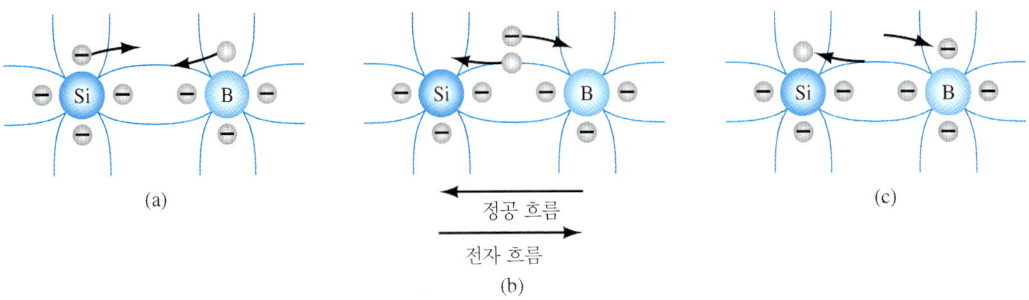

그림 1.10 전자 대 정공의 흐름

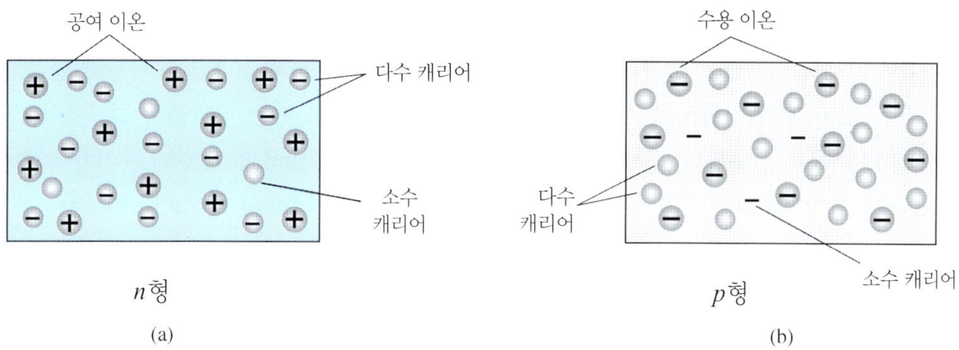

그림 1.11 (a) n형 물질; (b) p형 물질

다수 캐리어와 소수 캐리어

순수한 상태에서 게르마늄 혹은 실리콘의 자유전자는 열이나 빛으로부터 에너지를 공급받아 공유결합을 깨고 가전자대에 있는 몇몇 전자와 불가피하게 존재하는 불순물에 의해 발생하는 자유전자이다. 이때 공유결합 구조에서 남아 있는 빈자리는 정공을 의미하며 그 수는 매우 적다. n형 물질의 경우, 정공 수는 순수한 물질의 정공 수와 비슷하다. 그러므로 전자의 수가 정공의 수보다 훨씬 많고, 따라서

그림 1.11a의 n형 물질에서는 전자를 다수 캐리어(majority carrier)라 하고, 정공을 소수 캐리어(minority carrier)라고 한다.

p형 물질의 경우 그림 1.11b와 같이 정공의 수가 전자의 수보다 훨씬 많다.

p형 물질에서는 정공을 다수 캐리어라 하고 전자는 소수 캐리어라 한다.

그러므로 공여체 원자의 다섯 번째 전자가 모원자를 떠날 때, 남은 원자는 양전하를 갖게 되므로 공여체의 이온화 표현에 (+)를 한다. 비슷한 이유로 수용체 이온에는 (−) 표시를 한다.

n형과 p형 물질은 반도체 소자의 기본 구성단위이다. 다음 절에서 n형 물질과 p형 물질의 결합이 전자공학 분야에서 아주 중요한 반도체 물질이 됨을 알게 될 것이다.

1.6 반도체 다이오드

이제 n형과 p형의 물질들을 배웠기 때문에 우리는 우리의 첫 반도체 소자(solid-state device)를 만들 수 있다. 바로 반도체 다이오드(semiconductor diode)다. 반도체 다이오드는 무수히 많은 곳에 사용하고 있다. 간단히 n형 반도체와 p형 반도체를 접합하면 반도체 다이오드를 만들 수 있다. 추가적인 것은 필요 없다. 단지 다수 캐리어가 전자인 물질과 다수 캐리어가 정공인 물질을 붙이기만 하면 된다. 제작과정의 기본적인 간단함은 반도체 시대를 발전시키는 데 있어 중요한 영향을 미쳤다.

바이어스가 가해지지 않은 상태(V=0 V)

두 종류의 물질이 서로 '결합' 되자 접합부에 존재하는 전자들과 정공들은 서로 결합하여 그림 1.12a와 같이 접합부의 주위에 캐리어가 거의 존재하지 않는 영역을 만들어낸다. 그림 1.12a를 보면 입자들이 표시된 지역은 양전하와 음전하가 남아 있고 한때는 자유전자가 흡수되었던 지역이다.

결합되지 않은 양이온과 음이온이 존재하는 이 영역을 캐리어가 공핍하다는 뜻에서 공핍영역(depletion region)이라고 한다.

그림 1.12a와 그림 1.12b와 같이 리드선(lead)이 각 물질의 끝부분에 연결된다면 다이오드는 2단자 소자이다. 여기서 세 가지 동작 모드가 가능하다. 이는 바이어스가 없는 상태, 순방향 바이어스, 역방향 바이어스로 나뉜다. 바이어스란 주어진 회로의 응답을 얻기 위해 외부 전압을 소자의 두 단자에 가하는 것을 의미한다. 그림 1.12a와 그림 1.12b는 외부에서 가해진 전압이 없으므로 바이어스가 없는 상태이다. 이것은 2단자 다이오드가 실험장치(laboratory bench)에서 절연된 상태와 같다. 그림 1.12b를 보면 반도체 다이오드를 나타내는 심벌이 각 p–n 접합을 의미한다는 것을 보여준다. 각각의 그림에서 0 V(바이어스 없는 상태)를 가하게 되면 절연된 저항과 비슷하게 전류가 0 A가 흐른다는 것을 알 수 있다. 저항에 걸리는 전압이 존재하지 않을 경우 저항을 통해 흐르는 전류는 0 A가 된다. 지금 논의를 시작하는 시점이지만 그림 1.12b에 그림에 나온 외부에서 인가해 준 전압의 극성과 전류의 방향은 중요하다. 이 극성은 다이오드의 다이오드 극성(defined polarities)이라고 한다. 만약 전압이 다이오드에 가해지면 다이오드에도 그림 1.12b와 같은 극성을 가지게 된다. 이때는 양전압이라고 가정한 경우이다. 반대의 경우 음전압이 된다. 그림 1.12b의 전류에 대해서도 같은 방향이 정의된다.

바이어스가 가해지지 않은(어떤 전압도 가하지 않은) 상태에서, n형 물질의 공핍 영역에 존재하는 소수 캐리어는 모두 p형 물질로 직접 통과하게 된다. 소수 캐리어가 접합부에 가까이 존재할수록 n형 물질의 공핍 영역에 존재하는 음이온 층의 인력은 더 커지고, 양이온 층의 척력은 더 약해진다. 앞으로의 논고를 위해 n형 물질 내에서 무작위 운동으로 공핍 영역에 존재하는 모든 소수 캐리어가 p형 물질로 직접 통과한다고 가정하자. p형 내에 존재하는 소수 캐리어(전자)에 있어서도 같은 가정을 할 수 있다. 그림 1.12c는 각 물질에 있어서의 소수 캐리어에 대한 이러한 캐리어의 흐름을 나타내었다.

n형 물질의 다수 캐리어(전자)는 p형의 공핍 영역 너머로 이동하기 위해서 n형 물질 내에 존재하는 양이온 층의 인력과 p형 물질 내에 존재하는 음이온 층의 척력에 의한 방해를 극복해야 한다. 그러나 n형 물질 내의 다수 캐리어의 수가 매우 많으므로 공핍 영역을 넘어 p형 물질로 이동해갈 충분한 운동에너지를 갖는 소수의 다수 캐리어는 항상 존재하게 된다. p형 물질의 다수 캐리어(정공)에 대해서도 마찬가지이다. 이러한 다수 캐리어의 흐름 역시 그림 1.12c에 나타내었다.

그림 1.12c를 좀 더 자세히 보면 흐름을 나타내는 벡터는 각각의 방향에 대한 합이 0이 됨을 알 수 있다. 이러한 벡터의 상쇄는 그림 위쪽에 표시하였다. 정공 흐름을 나타내는 벡터의 길이는 전자 흐름의 길이보다 길게 나타내는데, 이는 상쇄를 위해 각각의 흐름이 서로

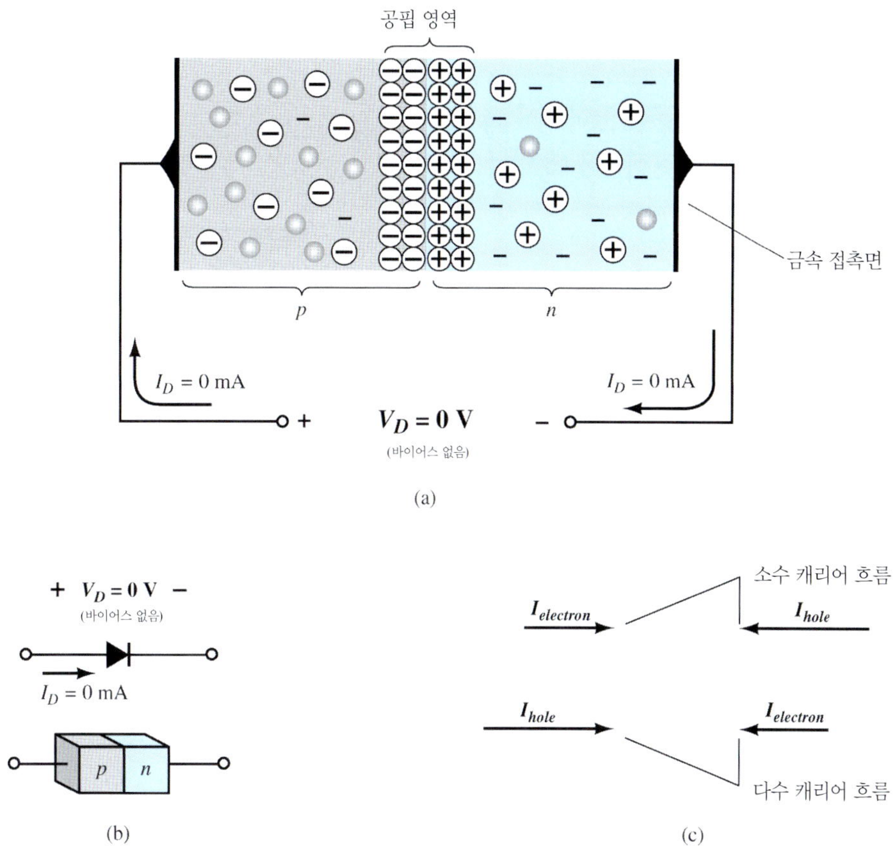

그림 1.12 외부 에너지가 가해지지 않은 p-n 접합: (a) 전하의 내부 분포; (b) 전류 방향과 정의된 극성이 함께 표시된 다이오드 기호; (c) V_D = 0 V일 때 외부 터미널에서 전체 캐리어 흐름은 '영' 임을 증명

같은 크기일 필요는 없다는 것을 나타내며, 또한 각각의 물질의 도핑 정도가 정공과 전자의 캐리어 흐름을 다르게 만들 수 있다는 것을 나타낸다. 그러므로 요약하면

바이어스 전압을 가하지 않은 경우, 반도체 다이오드에서의 전하의 흐름의 최종 합은 항상 0이다.

다른 말로 하면 바이어스가 없는 상태에서의 전류는 그림 1.12a와 그림 1.12b에서 본 것과 같이 0이라는 뜻이다.

역방향 바이어스를 가한 상태(V_D < 0 V)

만약 그림 1.13과 같이 외부로부터 양의 단자는 n형 물질에, 음의 단자는 p형 물질에 연결되어 p–n 접합부에 V 볼트가 인가되면, n형 물질의 공핍 영역 내의 노출된 양이온의 수는 증가한다. 이는 가해진 전압의 양전위에 의해 다수의 자유전자가 당겨지기 때문이다. 같은 이유로 p형 물질의 노출된 음이온 수 역시 증가한다. 따라서 공핍 영역이 확장된다. 이 확장된 공핍 영역은 커다란 장벽을 만듦으로써 다수 캐리어가 뛰어넘지 못하게 되어 그림 1.13a에서 나타나듯 다수 캐리어의 흐름을 0으로 줄인다.

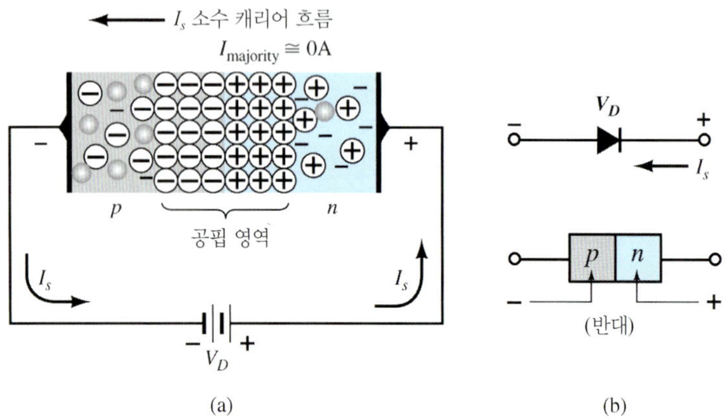

그림 1.13 역방향 바이어스 p–n 접합: (a) 역방향 바이어스 시 전하의 내부 분포; (b) 역방향 바이어스 시 역포화 전류의 극성과 방향

그러나 공핍 영역으로 이동해 가는 소수 캐리어의 숫자는 변하지 않고, 그림 1.12c의 아무 전압도 가해지지 않은 경우와 마찬가지로 소수 캐리어 흐름의 벡터를 만들어낸다.

역방향 바이어스가 가해진 상황에서의 전류는 역방향 포화 전류라고 하며, I_s로 표기한다.

역방향 포화 전류는 대전력 소자의 경우를 제외하고는 수 μA를 넘지 않지만, 일반적으로 nA정도이다. 그림 1.15에서의 $V_D < 0$ V인 경우의 다이오드의 특성에서 나타나듯 이 전류가 급격히 최대값에 도달하며, 일단 도달하고 난 후에는 역방향 바이어스의 전압이 증가하여도 그 값이 크게 변하지 않는다. 이러한 사실로부터 포화(saturation)라는 용어가 유래되었다. 그림 1.13b는 역방향 바이어스가 가해진 상황의 다이오드 기호와 p–n 접합부를 함께 나타낸다. 여기서는, 특히 I_s의 방향이 다이오드 기호의 화살표 방향과 반대임을 유의하여야 한다. 또한 음(negative)전위가 p형 물질에, 양(positive)전위가 n형 물질에 연결되어 있다—밑줄 친 부분의 반대 상황을 통해 역방향 바이어스 상태임을 알 수 있다.

순방향 바이어스를 가한 상태($V_D > 0$ V)

순방향 바이어스(forward-bias) 혹은 'on' 상태는 그림 1.14에서 나타내듯 p형 물질에 양전위를, n형 물질에 음전위를 가함으로써 만든다. 따라서 순방향 바이어스 전위 V_D를 가하면, n형 물질 속의 전자와 p형 물질 속의 정공은 '압력'을 받아 주위의 이온과 재결합하게 되어, 그림 1.14a에서와 같이 공핍 영역의 폭이 줄어든다. 결과적으로 p형 물질로부터 n형 물질로 흘러가는 전자(그리고 n형 물질로부터 p형 물질로 흘러가는 정공)의 흐름은 크기는 변하지 않지만(왜냐하면 전도율은 우선적으로 물질 속의 불순물의 수에 의해 결정되기 때문이다) 공핍 영역 폭의 감소로 인해 다수 캐리어가 접합부를 가로질러 상당히 많이 흐르게 된다. 이제 공핍 영역이 감소하고 p형 물질에 가해진 양전위에 의해 인력이 줄어들어 n형 물질에 있는 전자의 입장에서는 흐름을 방해하는 장력이 줄어든다. 가해진 바이어스의 크기가 증가함에 따라 공핍 영역의 폭은 수많은 전자가 접합부를 통과할 수 있을 때까지 계속 감소하여 그림 1.15의 순방향 바이어스 영역에서 보이는 특성과 같이 지수 함수적으

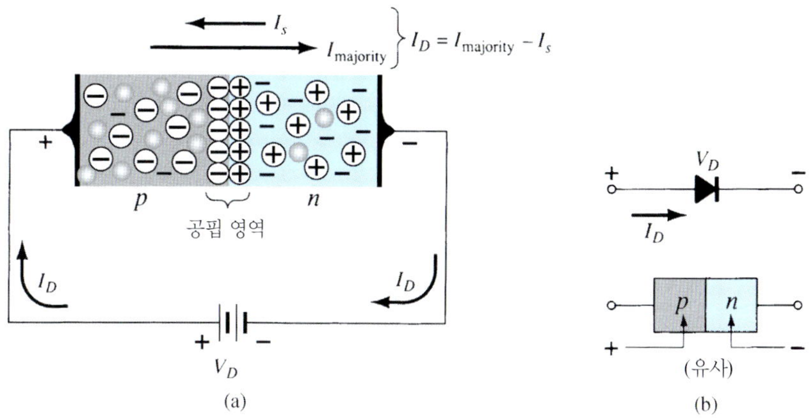

그림 1.14 순방향 바이어스의 p–n 접합: (a) 순방향 바이어스시 전하의 내부 분포; (b) 순방향 바이어스시 결과 전류의 극성과 방향

로 상승하게 된다. 그림 1.15의 수직 눈금이 mA 단위로(몇몇 반도체 다이오드는 A 단위의 수직 눈금을 사용해야 하는 경우도 있지만) 측정되고, 수평 눈금은 순방향 바이어스 영역에서 최대 1 V의 범위를 가진다. 그리고 곡선의 꺾어진 부분 이후에 전류가 급격히 증가한다.

고체 물리학을 이용하여 반도체 다이오드의 일반적인 특성은 순방향 바이어스와 역방향 바이어스의 영역에 대해서 다음 식과 같다.

$$\boxed{I_D = I_s(e^{V_D/nV_T} - 1)} \quad \text{(A)} \tag{1.2}$$

여기서 I_s는 역방향 포화 전류

V_D는 다이오드에 인가된 순방향 바이어스 전압

n은 이상적인 요소(ideality factor) 동작 조건 및 물리적 구조에 대한 함수, 범위는 1~2 사이이고 많은 요소들에 대해 의존적이다(이 책에서는 $n=1$일 때를 기본적으로 가정한다).

식 (1.2)의 전압 V_T는 열 전압(thermal voltage)이고

$$\boxed{V_T = \frac{kT_K}{q}} \quad \text{(V)} \tag{1.3}$$

여기서 k는 볼츠만 상수$=1.38\times10^{-23}$ J/K

T_K는 캘빈으로 나타낸 절대온도이다(273+°C).

q는 전하량$=1.6\times10^{-19}$ C

예제 1.1 상온 27°C(밀폐된 시스템에서 부품의 일반적인 온도), 열 전압 V_T를 구하라.

풀이 식 (1.3)에 대입하면

$$T = 273 + {}^\circ\text{C} = 273 + 27 = 300\ \text{K}$$

$$V_T = \frac{kT_K}{q} = \frac{(1.38 \times 10^{-23}\ \text{J/K})(30\ \text{K})}{1.6 \times 10^{-19}\ \text{C}}$$
$$= 25.875\ \text{mV} \cong 26\ \text{mV}$$

열 전압은 이 장에서 회로 해석하는 데 중요한 파라미터가 될 것이다.

식 (1.2)에서 우리는 약간 복잡한 항을 정의하였다. 그러나 이후의 해석에서 이 항은 사용되지 않을 것이다. 이 점에서 다이오드의 특성과 모양(그래프의 모양)을 이해하는 것이 더욱 중요하다.

그림 1.15에 식 (1.2)를 I_S=10 pA일 때 점선 그래프로 나타내었다. 식 (1.2)를 다음과 같은 형태로 나타내면 그림 1.15의 각각의 영역에 대해 어떤 성분이 지배적으로 영향을 미치는지 쉽게 알 수 있다.

$$I_D = I_s e^{V_D/nV_T} - I_s$$

V_D가 양인 경우 위 식의 첫 번째 항은 매우 빠르게 증가하여 두 번째 항의 영향을 압도한

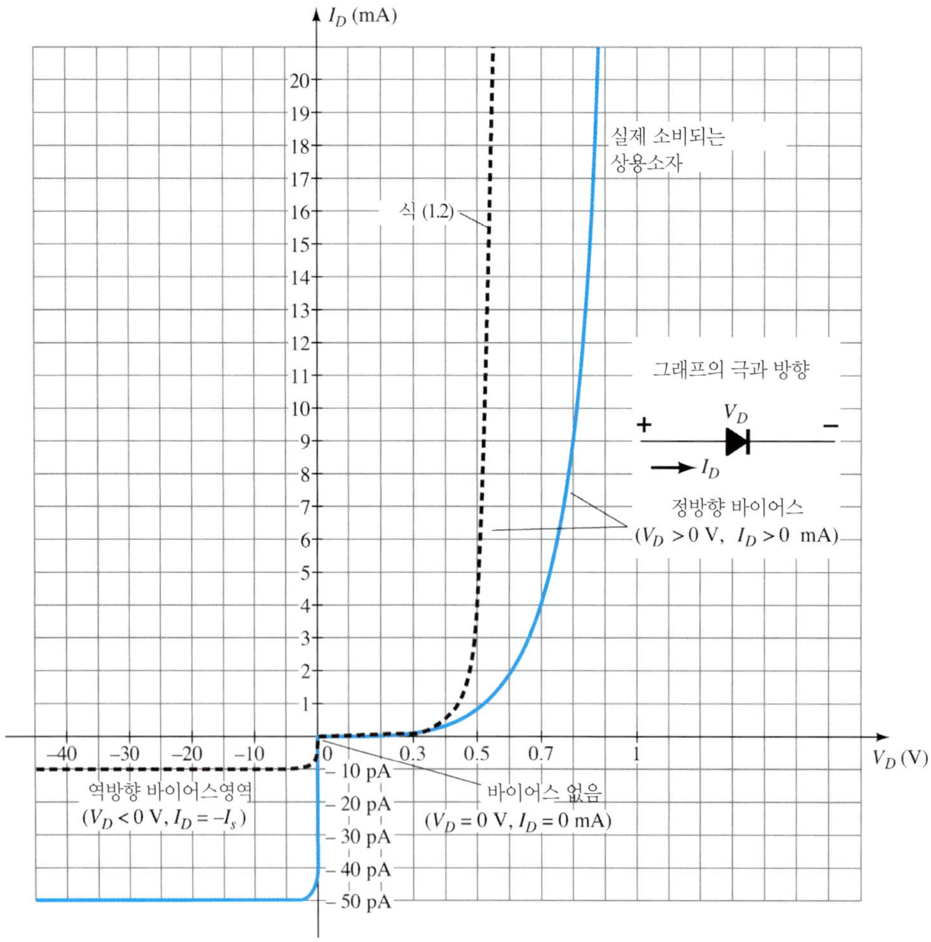

그림 1.15 실리콘 반도체 다이오드의 특성

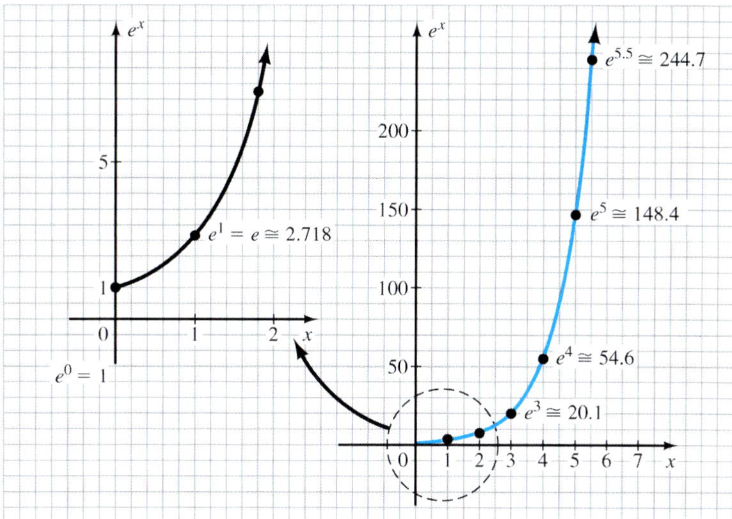

그림 1.16 e^x의 그래프

다. 결과적으로 그림 1.16과 같은 e^x 형태의 지수함수 꼴을 가지는 다음과 같은 식으로 나타난다.

$$I_D \cong I_s e^{V_D/nV_T} \quad (V_D\text{가 양})$$

지수곡선은 그림 1.16과 x에 대해 같이 빠르게 증가한다. $x=0$, $e^0=1$인 반면 $x=5$일 때 148보다 더 크게 된다. 만약 $x=10$이 되면 지수곡선은 22,000 이상이 된다. 간단히 말하면 x가 증가할수록 지수곡선은 거의 수직으로 증가한다. 여기서 입력전압이 증가했을 때 전류의 변화에 대한 중요한 결론을 명심해야 한다. V_D가 음일 경우 I 지수 항은 I 이하로 급격히 감소하여 결과식은 I_D에 대해서 다음과 같이 간단히 나오게 된다.

$$I_D \cong -I_s \quad (V_D\text{가 음})$$

그림 1.15에서 V_D가 음의 값을 가질 때 전류는 $-I_s$의 레벨을 유지하며 수평선 모양을 띠는 것을 주목하자.

$V=0$ V일 때 식 (1.2)는

$$I_D = I_s(e^0 - 1) = I_s(1 - 1) = 0\,\text{mA}$$

로 그림 1.15와 같다.

V_D가 0 V일 때 전류곡선 방향의 급격한 변화는 전류 스케일의 위 축에서 아래 축으로의 변화에 기인한다. 위 축의 스케일은 mA이고 아래 축은 pA이다.

이론적으로 모든 것이 완벽히 만족되면 실리콘 다이오드의 특성은 그림 1.15의 점선으로 표현된다. 그러나 상용의 소자는 그림 1.15를 10분의 몇 볼트 정도 오른쪽으로 이동한 것과 같은 특성을 가진다. 이것은 다이오드 내부의 '자체' 저항과 외부의 '접촉' 저항에 의한 것이다. 각각에는 옴의 법칙에 의해 결정되는 전류에 비례하는 전압이 걸린다.

가로축의 윗부분과 아랫부분의 스케일이 다르다는 것은 앞에서 이야기했다. 전압 V_D에 대해 좌측 부분과 우측 부분의 스케일 또한 다르다. V_D가 양의 값일 때에는 10분의 1볼트 단위이며 음의 값에 대한 눈금은 10볼트 단위이다.

그림 1.14b에서 중요한 점은 다음과 같다.

양전압이 주어졌을 때 정의된 전류의 방향은 다이오드 심벌의 화살표 방향과 같다.

이것은 항상 순방향 바이어스가 다이오드에 걸렸을 때 해당하는 말이다. 그리고 순방향 바이어스 조건은 전압의 음극이 다이오드 심벌의 세로 작대기 모양 방향에 가해지면 성립한다는 것을 쉽게 알 수 있다.

그림 1.14b를 다시 보면 우리는 순방향 바이어스 조건이 p–n 접합 중 p형 물질(p와 관련된 것은 없다)에 전압의 양의 부분이 가해지고 n형 물질(n과 관련된 것은 없다)에 전압의 음의 부분이 가해졌을 때 조건을 만족함을 알 수 있다.

특히 흥미로운 점은 상용 제품(commercial unit)에서 역방향 포화 전류의 값이 쇼클리 방정식(Shockley's equation)의 I_s보다 특히 작다는 것이다.

실제 시중에서 판매되고 있는 다이오드의 역방향 포화 전류는 쇼클리 방정식의 역방향 포화 전류보다 더욱 크게 나타난다.

레벨을 증가시키는 요인들

- **누설전류**
- **공핍영역에서 발생하는 캐리어**
- **고농도의 도핑레벨로 인한 역방향 전류의 레벨 증가**
- **고유레벨 캐리어 안에 있는 물질요소의 제곱에 민감도:** 고유레벨의 제곱, 역방향 전류는 4제곱으로 늘어날 수 있는 요소
- **접합영역의 직접적인 관계:** 접합영역(2배)은 역방향 전류의 원인에 비례(2배)한다. 고전력소자는 넓은 접합영역을 가지고 있어 특별히 역방향 전류의 레벨보다 훨씬 높다.
- **온도의 민감도:** 5°C 증가할 때의 전류, 역방향포화전류의 레벨은 식 (1.2)의 두 배가 되고, 10°C씩 증가할 때마다 실제로 다이오드의 역방향전류는 두 배가 된다.

위에서 쓰인 역방향포화전류와 역방향전류의 단어의 쓰임을 주목하자. 앞에서는 물리적인 이유로 뒤에서 전류의 레벨을 증가시킬 수 있는 또 다른 효과가 나타난다.

우리는 역방향 바이어스 부분에서 이상적인 다이오드의 I_s 값이 0 A라고 앞으로 가정할 것이다. 사실은 요즘 생산되는 다이오드의 I_s값은 일반적으로 몇 십 년 전까지 생산 표준이 0.1 μA에서 1 μA 사이였던 것에 비해 0.01 pA에서 10 pA 사이이다. 10 pA와 1 mA 사이의 차이는 100,000배나 발전함을 알게 해준다.

항복 영역

그림 1.15에서는 음의 영역에서 비교적 큰 수십 볼트에서도 전류의 변화가 크게 나타나지 않지만, 매우 큰 역방향 전압을 걸게 되면 그림 1.17에서와 같이 매우 급격한 전류 변화가

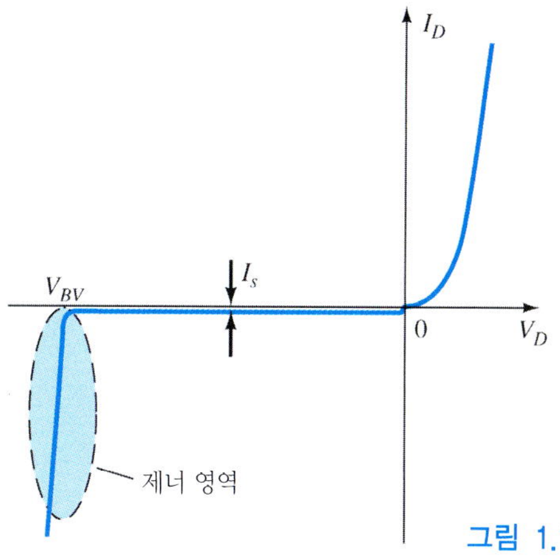

그림 1.17 항복 영역

나타나는 지점이 생기게 된다. 이 지점에서 전류는 양의 영역의 전류 변화 방향과 정반대의 방향으로 급격한 증가율을 보인다. 이렇게 급격한 전류 변화가 일어나는 역방향 전압을 항복 전위(breakdown potential)라고 하며 V_Z로 표시한다.

다이오드에 걸린 역방향 전압이 증가하면서 역방향 포화 전류 I_s를 구성하는 소수 캐리어의 속도도 증가한다. 따라서 소수 캐리어의 속도 증가와 함께 운동에너지($W_K = \frac{1}{2}mv^2$)도 증가해서 안정한 상태의 원자에 충돌하여 캐리어를 분리해낸다. 이러한 이온화(ionization) 과정으로 원자가 전자에 충분한 에너지가 공급되어 모원자에서 벗어난다. 이렇게 추가된 캐리어는 다른 이온화 과정을 돕게 되어 사태 전류(avalanche current)를 일으키고 사태 항복(avalanche breakdown) 영역을 결정한다.

사태 영역(V_{BV})은 p형이나 n형 재료의 도핑 농도를 증가시킴으로써 수직축에 가깝게 만드는 것이 가능하다. 그러나 V_{BV}를 매우 낮은 수준, 예를 들어 −5 V 정도로 감소시키면 제너 항복(Zener breakdown)이라는 또 다른 메커니즘이 전류의 급격한 변화 특성에 관여하게 된다. 이는 원자 내부의 결합력을 분쇄할 수 있는 강한 전계가 접합 영역에서 일어나 캐리어를 생성하기 때문에 일어난다. 제너 항복은 V_{BV}가 낮은 레벨에서 전류 변화에 관여하는 메커니즘이지만, 어느 레벨에서든 전류 특성의 급격한 변화가 일어나는 영역을 제너 영역(Zener region)이라고 하며, p–n 접합 소자 중에서 이 부분이 주로 이용되는 다이오드를 제너 다이오드(Zener diode)라고 한다.

제너 다이오드는 1.15절에서 보다 자세히 설명한다. 만약 역방향 전압 영역에서의 특성 변화에 의해 시스템의 응답이 완전히 바뀌는 것을 원치 않는다면, 반도체의 항복 영역은 피해야 한다.

항복 영역에 들어가기 전에 가해질 수 있는 최대 역바이어스 전압을 PIV(peak inverse voltage) 정격 혹은 PRV(peak reverse voltage) 정격이라고 한다.

소자 하나가 견딜 수 있는 최대 PIV 정격을 넘어서는 회로에는 같은 특성의 여러 다이오드를 직렬로 연결하여 사용한다. 또한 전류 용량을 증가시키기 위해 병렬로 연결하여 사용하기도 한다.

일반적으로 갈륨비소 다이오드는 실리콘 다이오드에 비해 항복전압이 10% 정도 높고 게르마늄 다이오드는 200% 정도 높다.

실리콘, 게르마늄과 갈륨비소

지금까지 논의는 실리콘을 기본적 반도체 물질로 다루었다. 지금은 다른 두 가지 중요한 물질인 게르마늄과 갈륨비소와의 비교를 하려고 한다. 그림 1.18에 시판되고 있는 실리콘과 갈륨비소와 게르마늄 다이오드에 대한 특성 곡선이 나타나 있다. 이 특성곡선은 식 (1.2)와 같지 않지만, 실질적으로 상업화되고 있다. 전체적인 역방향 전류와 역방향포화전류를 특성곡선으로 나타내기는 어렵다. 특성 그래프의 모양은 많이 비슷하지만 수직으로 증가하는 점의 위치가 다름을 명확히 알 수 있다. 게르마늄은 수직축에 가장 가까이 있고 갈륨비소는 수직축에서 가장 멀리 떨어져 있다. 곡선에 나타난 바와 같이 그래프가 꺾이는 부분의 중심이 게르마늄은 0.3 V이고 실리콘은 0.7 V이고 갈륨비소는 1.2 V이다(표 1.3 참조).

표 1.3 무릎전압 V_k

반도체	V_K(V)
Ge	0.3
Si	0.7
GaAs	1.2

그래프의 역방향 바이어스 부분도 대체로 비슷한 모양을 하고 있다. 그러나 역방향 포화 전류의 일반적인 측정값이 서로 다르다는 것을 주의 깊게 보아야 한다. 갈륨비소의 경우에는 역방향 포화 전류의 값이 약 1 pA이고 실리콘의 경우에는 10 pA이다. 게르마늄은 1 μA로 큰 차이를 보인다.

또한 상대적인 역방향 항복전압의 크기가 각 물질별로 다르다는 것을 주의 깊게 보아야

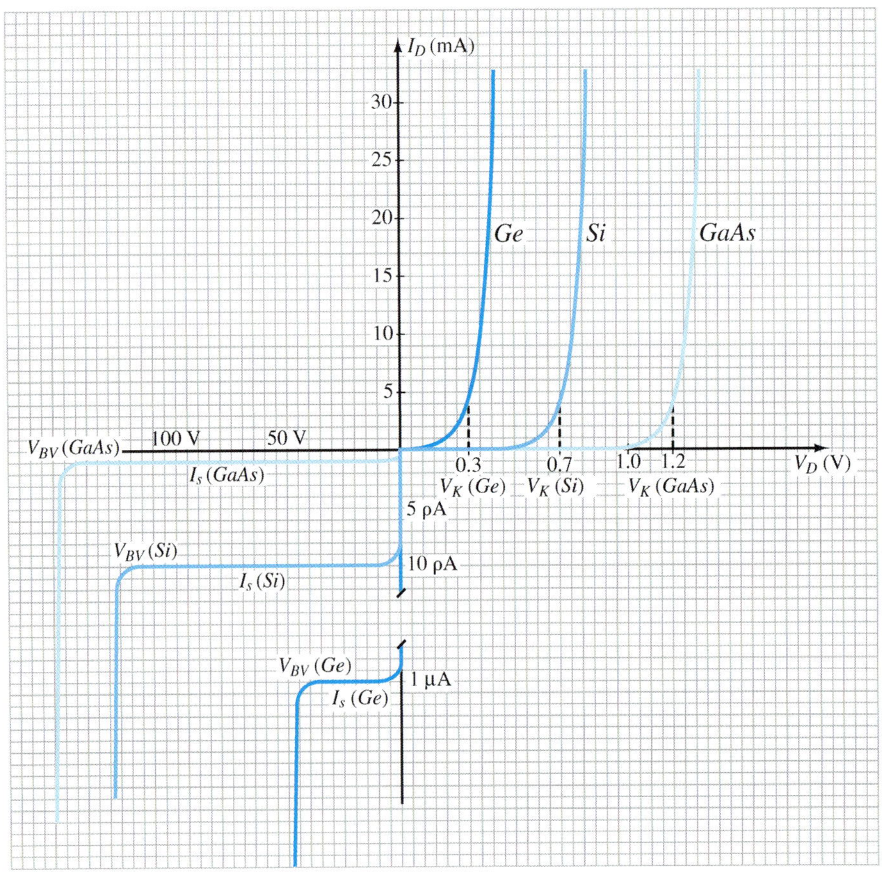

그림 1.18 게르마늄, 실리콘, 갈륨비소 상용 다이오드의 비교

한다. 갈륨비소는 가장 큰 항복 레벨을 가지고 있고 이는 실리콘의 10% 이상 초과한다. 이는 둘 다 50 V에서 1 kV사이다. 실리콘 파워 다이오드는 항복전압이 20 kV까지 가는 것도 있다. 게르마늄은 일반적으로 항복전압이 100 V 이하이고 최대 400 V까지이다. 그림 1.18의 곡선은 세 물질의 상대적인 항복전압을 간단히 나타내고 있다. 만약 우리가 역방향 포화 전류나 항복전압 특성을 가지고 물질을 선택하게 될 경우 게르마늄은 가장 선호되지 않는 특징을 가지기 때문에 고려 대상에서 제외될 것이다.

그림 1.18에 각각의 특성곡선은 밝혀지지 않은 물질들의 요소가 동작속도를 좌우한다, 물질들의 동작속도는 오늘날의 시장에서 중요한 요소이며 표 1.4에서 각각의 물질에 전자의 이동도를 볼 수 있다. 이때 물질에서 캐리어가 얼마나 빠르게 통과되는지와 소자를 만들 때 사용물질의 동작속도를 제공한다. 분명한 것은 갈륨비소의 이동도는 실리콘보다 5배 이상 빠르고 게르마늄보다 2배 이상 빠르다. 이 결과로 갈륨비소와 게르마늄이 빠른 속도에 응용소자로 자주 사용된다. 그러나 실리콘은 적절한 설계, 도핑단계의 섬세한 제어로 기가헤르츠 범위에서 동작하는 시스템에 사용하고 있다. 오늘날 연구에서 훨씬 빠른 이동도를 가지고 있다고 확신하는 화합물 그룹 III-V은 미래에 산업체가 요구하는 고속도를 충족시킬 수 있을 것이다.

표 1.4 전자이동도 μ_n

반도체	$\mu_n(\mathrm{cm^2/V{\cdot}s})$
Ge	3900
Si	1500
GaAs	8500

예제 1.2 그림 1.18의 그래프를 이용하라:

a. 각 다이오드의 전류가 1 mA 흐를 때의 양단전압을 구하라.

b. 전류가 4 mA인 경우에 대해 a를 반복

c. 전류가 30 mA인 경우에 대해 a를 반복

d. 위의 전류값에서 다이오드 전압의 평균을 구하라.

e. 표 1.3의 무릎전압과 평균값을 비교하면 어떤가?

풀이

a. $V_D(\text{Ge}) = 0.2\text{ V}$, $V_D(\text{Si}) = 0.6\text{ V}$, $V_D\,(\text{GaAs}) = 1.1\text{ V}$
b. $V_D(\text{Ge}) = 0.3\text{ V}$, $V_D(\text{Si}) = 0.7\text{ V}$, $V_D\,(\text{GaAs}) = 1.2\text{ V}$
c. $V_D(\text{Ge}) = 0.42\text{ V}$, $V_D(\text{Si}) = 0.82\text{ V}$, $V_D\,(\text{GaAs}) = 1.33\text{ V}$
d. Ge: $V_{\text{av}} = (0.2\text{ V} + 0.3\text{ V} + 0.42\text{ V})/3 = 0.307\text{ V}$
Si: $V_{\text{av}} = (0.6\text{ V} + 0.7\text{ V} + 0.82\text{ V})/3 = 0.707\text{ V}$
GaAs: $V_{\text{av}} = (1.1\text{ V} + 1.2\text{ V} + 1.33\text{ V})/3 = 1.21\text{ V}$
e. 아주 비슷함. Ge: 0.307 V vs. 0.3 V, Si: 0.707 V vs. 0.7 V, GaAs: 1.21 V vs. 1.2 V.

온도 효과

그림 1.19에서 나타난 바와 같이 온도는 실리콘 반도체 다이오드의 특성에 큰 영향을 미친다.

실리콘 다이오드의 순방향 바이어스 영역의 특성은 온도가 1도 증가할 때마다 왼쪽으로 2.5 mV만큼 이동한다.

온도가 실온(20°C)에서 100°C(물이 끓는 온도)로 증가하게 되면 결과는 80(2.5 mV)=200 mV 또는 0.2 V가 된다. 이는 약 그래프가 10분의 수 볼트로 축소된 것이다. 온

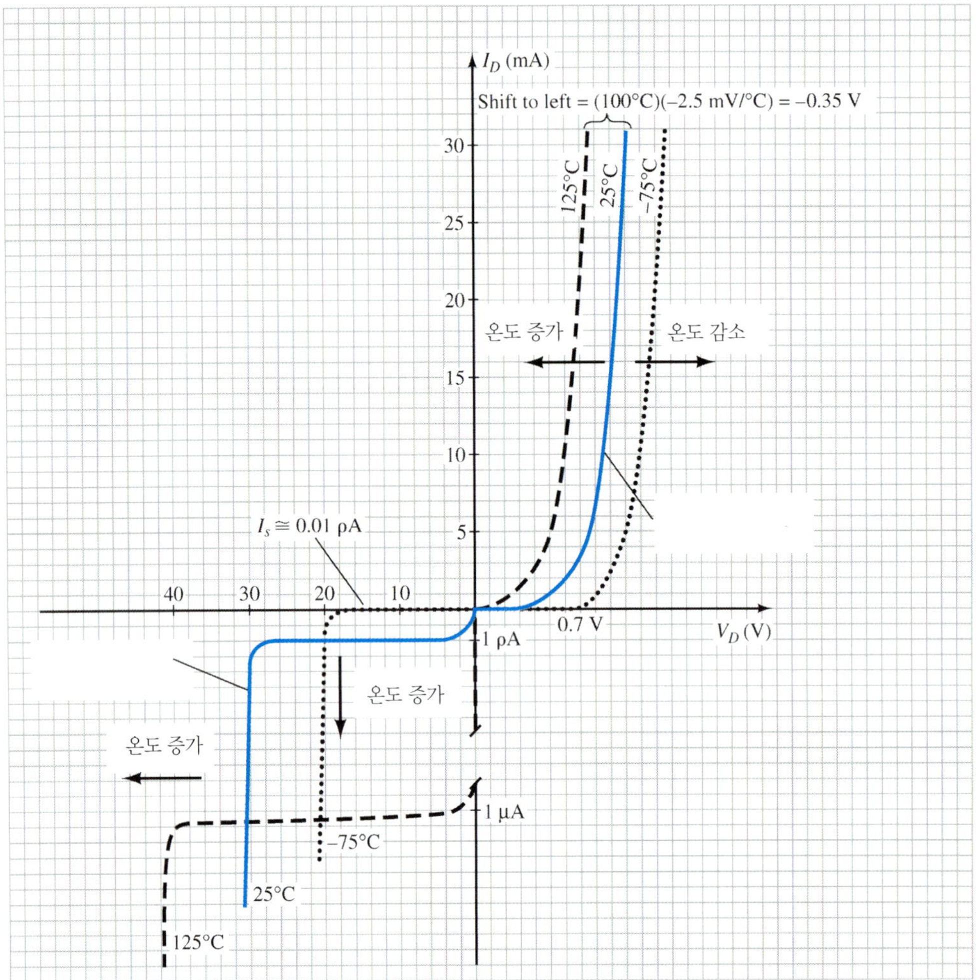

그림 1.19 온도 변화에 따른 실리콘 다이오드 특성 변화

도가 감소하면 반대 효과를 일으킨다. 또한 그림 1.19에서 다음과 같은 내용을 알 수 있다.

역포화 전류 I_s는 10°C 온도가 증가할 때마다 거의 두 배로 증가한다.

온도가 20°C에서 100°C로 증가하면 I_s는 10 nA에서 2.56 μA로 증가한다. 이는 큰 값으로 256배나 증가한 것이다. 만약 200°C로 증가했다고 하면 역포화 전류는 2.62 mA로 어마어마하게 증가한다. 때문에 고온에서 동작하는 경우에 적용하기 위해서 실온에서 I_s가 오늘날 일반적인 10 pA에 가깝고 전류 한계가 2.62 μA인 실리콘 다이오드를 사용한다. 실리콘과 갈륨비소가 실온에서 상대적으로 작은 역포화 전류를 갖는 것은 행운일 것이다. 갈륨비소 소자는 −200°C에서 200°C 사이에서 잘 동작하게 만들 수 있다. 그리고 어떤 것들은 400°C에서 동작하는 것들도 있다. 약간만 생각해 보면 역방향 포화 전류가 1 μA인 게르마늄 다이오드를 사용하였을 경우 온도가 높아졌을 때 얼만큼의 역포화 전류를 갖는지 알 수 있을 것이다.

마지막으로 그림 1.19에서 알 수 있는 것은

반도체 다이오드의 역방향 항복전압은 증가할 수도 있고 감소할 수도 있다.

그러나 초기 항복전압이 만약 5 V보다 작으면 항복전압은 온도와 같이 감소할 것이다. 온도변화에 따른 항복 전위의 민감성은 1.15절에서 보다 자세히 다룰 것이다.

요약

반도체 다이오드의 구조와 구성 물질들에 관련하여 앞에서 중요한 내용들을 설명하였다. 특성을 설명하고 재료에 따른 중요한 차이점을 논의하였다. 지금은 우리가 원하는 응답을 *p–n* 접합의 응답과 비교하고 반도체 다이오드의 중요 함수를 구해야 할 시기이다.

표 1.5는 반도체 물질로 가장 많이 쓰이는 세 가지 물질에 대한 개괄적인 내용을 나타내고 있다. 그림 1.20은 *p–n* 접합 반도체 다이오드를 발명한 과학자에 대한 소개이다.

러셀 올(Russel Ohl) (1898~1987)
미국출생(Alletown, PA; Holmdel, NJ; Vista, CA)
미군 통신대 복무, 콜로라도 대학 졸업, 원자력에너지 전문업체(Westinghouse), 미국 최대 무선 통신회사(AT&T), 벨(Bell) 연구소, 전파공학자협회(IRE)를 1955년 까지 근무, (펜실베이니아 주립대학 도서관 기록 보관소 제공)

그림 1.20 1930년대 모든 통신 장비에는 진공관을 사용하고 있었다. 러셀 올은 미래에 반도체 결정이 사용될 것이라고 생각하고 있었다. 연구에 필요한 게르마늄 수급이 여의치 않자 그는 실리콘을 사용하고 실리콘의 순도를 99.8%까지 높이는 방법을 찾아내고 특허까지 가지고 있다. 여러 과학 분야에서 종종 일어나는 일이지만 실제 *p–n* 접합의 발견은 우연이었다. 1940년 2월 23일 러셀 올은 가운데 부분이 갈라진 실리콘 결정이 광원 가까이에 있을 때 전류가 급격히 증가하는 것을 발견하였다. 이 발견은 계속 연구되었고 갈라진 틈의 양쪽의 순도가 다를 경우 한쪽방향으로만 전류가 흐를 수 있는 접합 배의 반도체 소자 다이오드가 확인되고 설명되었다. 게다가 빛에 대한 민감성으로 태양전지의 개발의 시작이 되었다. 이 결과는 벨연구소에 일하는 세 명의 연구원들의 1945년의 트랜지스터 발명에 큰 영향을 주었다.

표 1.5 게르마늄, 실리콘, 갈륨비소의 현재 상업적 이용

Ge	게르마늄의 생산은 온도 민감하고 역포화 전류가 높기 때문에 한정적으로 이루어진다. 아직 상업적인 이용이 가능하긴 하지만, 일부의 고속 관련 응용(높은 상대 이동도 때문에)과 보안 시스템이나 광 검출과 같은 온도나 열에 민감함을 이용하는 분야에만 한정되어있다.
Si	의문을 가질 필요도 없이 모든 전자제품 분야에 가장 자주 이용된다. 우수한 항복 전압, 좋은 온도 특성, 낮은 역포화 전류, 낮은 가격 등의 이점을 가지고 있다. 게다가 수십 년간 고밀도 집적회로 디자인과 고정기술에 막대한 집중이 되었다는 장점도 가지고 있다.
GaAs	1990년대 초반부터 갈륨비소에 대한 관심이 급격히 증가하였고, 특히 초고밀도 집적회로 분양에서 실리콘 장치를 대체하게 되었다. 날이 갈수록 갈륨비소의 빠른 동작 특성이 필요해지는 것뿐만 아니라 낮은 역포화 전류, 좋은 온도 민감성, 높은 항복 전압 등의 특성을 가지고 있다. 갈륨비소 사용의 80% 이상이 발광 다이오드, 태양 전지와 기타 광 검출기 등의 광전자공학에 사용된다. 그러나, 아마도 생산 단가가 급격히 떨어질 것이고 집적회로 디자인 분야의 성장은 계속될 것이다. 그러므로 미래의 반도체 물질은 갈륨비소가 될 수 있을 것이다.

1.7 이상과 실제

앞쪽에서 우리는 *p–n* 접합 다이오드에서 순방향 바이어스가 걸렸을 경우 전류가 잘 통하고 역방향 바이어스가 걸렸을 경우 아주 작은 전류가 흐른다는 것을 알아보았다. 이러한 두 가지 상태의 동작은 그림 1.21에 나타나 있다. 그림 1.21a의 큰 전류 벡터는 다이오드 심벌의 화살표 방향과 같고 아주 작은 벡터는 그림 1.21b의 역포화 전류 방향을 나타낸다.

반도체 다이오드의 동작 방법은 기계적 스위치에 비유하기도 한다. 그림 1.21a에 나타난 다이오드의 동작은 전류를 잘 통과시키기 때문에 닫힌 스위치가 동작하는 것과 비슷하다. 그림 1.21b에서 아주 작은 전류가 흐르기 때문에 이는 거의 0 A가 흐르는 것으로 근사할

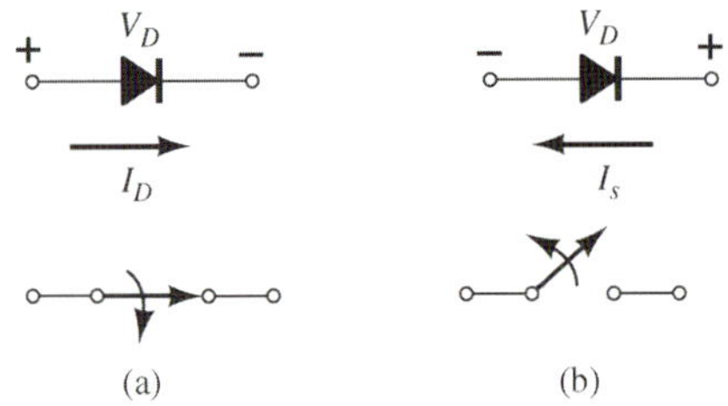

그림 1.21 이상적인 반도체 다이오드: (a) 순방향 바이어스; (b) 역방향 바이어스

수 있고 스위치가 열린 상태로 비유할 수 있다.

다시 말해서

반도체 다이오드는 두 단자 사이의 전류의 흐름을 제어할 수 있는 기계적 스위치와 비슷하게 동작한다.

그러나 우리는 이것을 주의 깊게 보아야 한다.

반도체 다이오드와 기계적 스위치가 반도체 다이오드는 한 방향으로만 전류를 흐르게 할 수 있다는 것이다.

이상적으로 반도체 다이오드는 순방향 바이어스 영역에 있을 때 닫힌 스위치처럼 동작하고 이때 저항은 0이라고 생각한다. 역방향 바이어스 영역에서는 저항이 무한대가 되고 이는 개방회로와 같다고 생각한다. 순방향 바이어스와 역방향 바이어스일 때 가정한 저항의 크기는 그림 1.22의 특성에 잘 나타나 있다.

이상적인 실리콘 다이오드와 실제 실리콘 다이오드의 특성을 비교하기 위해 포개어 놓았다. 실제 다이오드가 이상적인 스위치와는 거리가 있다는 것을 첫눈에 알아볼 수 있다. 그러나 그래프에서 실제 다이오드가 0.7 V부터 증가된다는 것이 가장 큰 차이점이라는 것을 고려해 보았을 때 두 그래프는 많은 유사점이 있다는 것을 알 수 있다.

스위치가 닫혔을 때 스위치 접점의 저항이 0 Ω이라고 생각하자. 그래프에서 수직축으로 다이오드 전류가 5 mA이고 전압이 0 V인 부분을 선택하자. 옴의 법칙을 적용하면

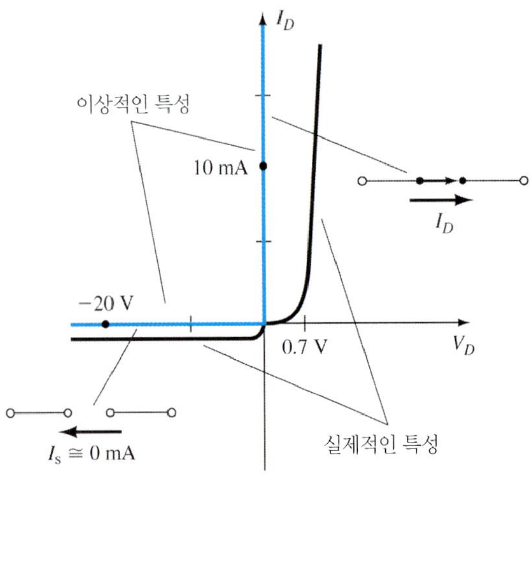

그림 1.22 이상 대 실제 반도체 특성

$$R_F = \frac{V_D}{I_D} = \frac{0\text{ V}}{5\text{ mA}} = \mathbf{0\ \Omega} \quad (\text{단락회로 등가})$$

사실은

이상적인 다이오드에서 수직축의 어떤 전류를 선택하더라도 다이오드 양단에 걸리는 전압은 0 V이고 저항은 0 Ω이다.

수평 부분에서 옴의 법칙을 적용하면 우리는 다음과 같은 식을 찾을 수 있다.

$$R_R = \frac{V_D}{I_D} = \frac{20\text{ V}}{0\text{ mA}} \cong \infty\Omega \quad (\text{개방회로 등가})$$

또한

수평축의 모든 지점에서 전류는 0 mA이므로 축 위의 어떠한 지점에서도 저항은 ∞ Ω이다.

그래프의 모양과 위치를 볼 때 순방향 바이어스 영역의 저항은 0 Ω보다 클 것이다. 그러나 다이오드와 직렬로 연결된 회로의 다른 저항들과 비교해 보면 이는 아주 작은 값이라고 가정하여 상용 다이오드의 저항은 0 Ω이라고 해도 좋은 가정이 될 것이다. 역방향 바이어스 영역에서 역포화 전류가 아주 작고 이를 0 mA로 근사한다면 우리는 이를 개방된 스위치에 의한 개방회로라고 보아도 큰 지장이 없을 것이다.

그러므로 이상적인 스위치와 반도체 다이오드는 충분히 비슷하고 이는 효과적인 전자소자가 될 것이다. 다음 장에서 다이오드의 실제 회로 상에서 응답을 알아내기 위해 다음 절에서 여러 저항 레벨의 중요성에 대해 논의하겠다.

1.8 저항 레벨

다이오드의 작동점이 한 영역에서 다른 곳으로 이동하면, 특성 곡선의 비선형성 때문에 다이오드의 저항이 변한다. 앞으로 다룰 내용에서 소자에 인가한 전압이나 신호의 형태에 따라 여러 종류의 저항이 정의된다. 이 절에서는 세 종류의 저항을 설명하게 되는데, 이는 다이오드뿐만 아니라 다른 소자를 다룰 때에도 다시 사용한다. 따라서 이 저항들을 결정하는 방법을 숙지해야 한다.

직류저항 또는 정저항

반도체 다이오드를 포함하는 회로에 직류전압을 인가하면 시간에 따라 변하지 않는 특성 곡선에서의 동작점이 결정된다. 동작점에서 다이오드의 저항은 그림 1.23에 나타낸 것처럼 V_D와 I_D를 찾아 다음 식에 대입하여 쉽게 구할 수 있다.

$$\boxed{R_D = \frac{V_D}{I_D}} \tag{1.4}$$

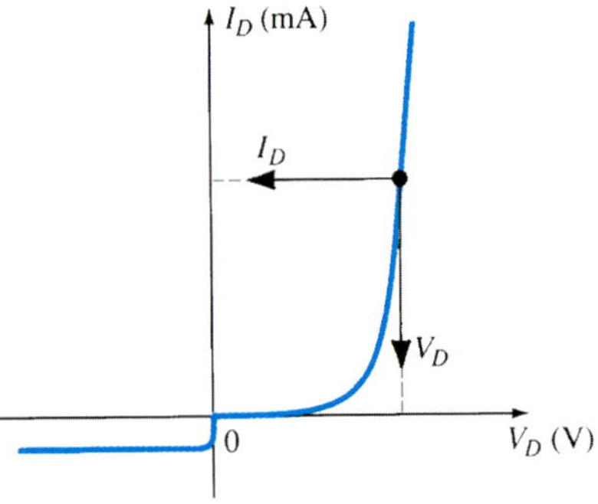

그림 1.23 작동점에서 다이오드의 정저항 결정

특성 곡선에서 꺾어진 부분과 그 이하에서의 저항은 그 위의 곡선이 수직으로 상승하는 부분에서의 저항보다 크다. 역방향 영역에서는 전류의 흐름을 막는 장벽이 생기므로 저항은 매우 크다. 일반적으로 저항계는 수 mA의 일정한 전류를 흘려 저항을 측정하므로, 그 전류에 해당하는 동작점에서의 저항이 결정된다.

그러므로, 일반적으로 다이오드의 전류가 높아질수록 dc 저항은 낮아진다.

일반적으로 동작점에서 다이오드의 직류저항은 약 10 Ω에서 80 Ω이다.

예제 1.3 그림 1.24의 다이오드에서 작동점이 다음과 같을 때 직류저항을 구하라.

a. I_D=2 mA(낮은 레벨)

b. I_D=20 mA(높은 레벨)

c. V_D=−10 mV(역방향 바이어스)

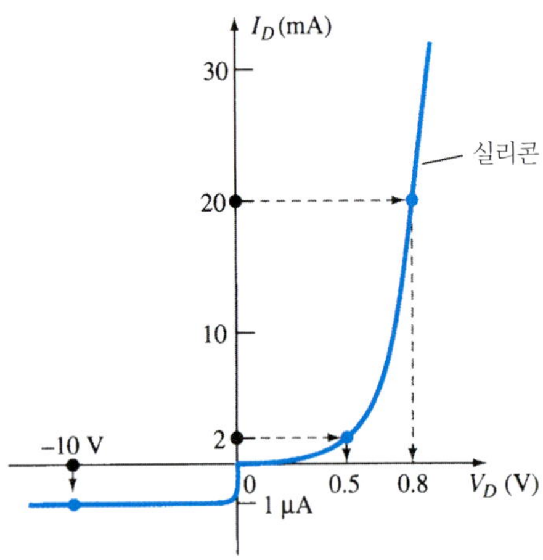

그림 1.24 예제 1.3

풀이

a. I_D=2 mA일 때 특성 곡선에서 V_D=0.5 V이므로

$$R_D = \frac{V_D}{I_D} = \frac{0.5\text{ V}}{2\text{ mA}} = \mathbf{250\ \Omega}$$

b. I_D=20 mA일 때 특성 곡선에서 V_D=0.8 V이므로

$$R_D = \frac{V_D}{I_D} = \frac{0.8\text{ V}}{20\text{ mA}} = \mathbf{40\ \Omega}$$

c. V_D=−10 V일 때 특성 곡선에서 $I_D=-I_s=-1\ \mu$A이므로,

$$R_D = \frac{V_D}{I_D} = \frac{10\text{ V}}{1\ \mu\text{A}} = \mathbf{10\ M\Omega}$$

즉 본문에서 서술한 바와 같이 작동 영역에서의 직류 저항들이 결정된다.

교류저항 또는 동저항

식 (1.4)와 예제 1.3을 통해서 알 수 있듯이

다이오드의 직류저항은 동작점 주위의 모양과는 상관이 없다.

만약 고정된 직류신호가 아닌 정현파를 인가한다면, 이야기는 달라진다. 입력이 변하면 특성 곡선에서 작동점이 위아래로 움직이고, 그림 1.25에서와 같이 특정 폭만큼 전류와 전압이 변한다. 변화하는 신호가 가해지지 않으면 동작점은 그림 1.25와 같이 직류신호에 의해 결정된 Q점에 머물게 된다. Q점(Q-point)이란 '가만히 있는 또는 변하지 않는' 이란 뜻을 가진 단어 quiescent에서 따온 것이다.

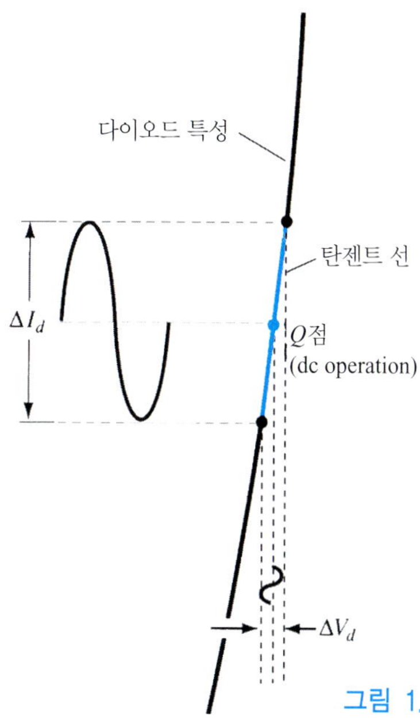

그림 1.25 교류저항 또는 동저항 결정

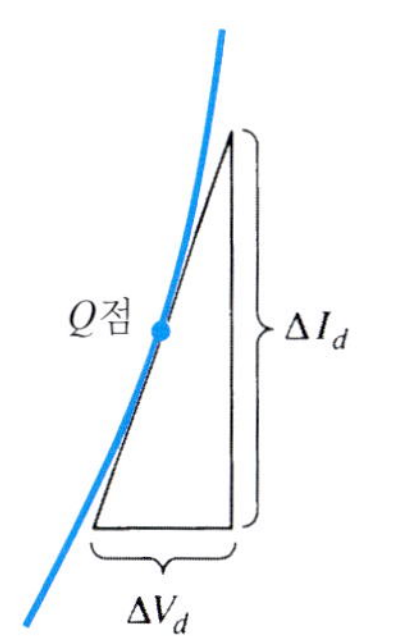

그림 1.26 Q점에서 동저항 결정

그림 1.26에서와 같이 Q점과 만나는 접선을 통해 그 지점에서의 전압과 전류의 변화량을 구할 수 있고, 이를 통해 교류(ac)저항 또는 동(dynamic)저항을 구할 수 있다. Q점을 중심으로 가능한 전압과 전류의 변화가 작도록, Q점이 전압과 전류의 변화 영역의 중심에 있도록 해야 한다. 식은 다음과 같다.

$$r_d = \frac{\Delta V_d}{\Delta I_d} \tag{1.5}$$

여기서 Δ는 한정된 변화량을 의미한다.

기울기가 급할수록, ΔI_d의 동일한 변화에 대해 ΔV_d 의 크기가 작고 저항이 작다. 교류저항은 특성 곡선의 수직 부분에서 매우 작고, 전류의 크기가 작은 영역에서 훨씬 크다.

그러므로 일반적으로 *Q*점이 낮을수록(전류가 작을수록, 혹은 전압이 낮을수록), ac 저항은 높아진다.

예제 1.4 그림 1.27의 특성 곡선에서:

a. I_D=2 mA일 때의 교류저항을 구하라.

b. I_D=25 mA일 때의 교류저항을 구하라.

c. 문제 (a), (b)의 결과를 각각 해당 전류에서의 직류저항과 비교하라.

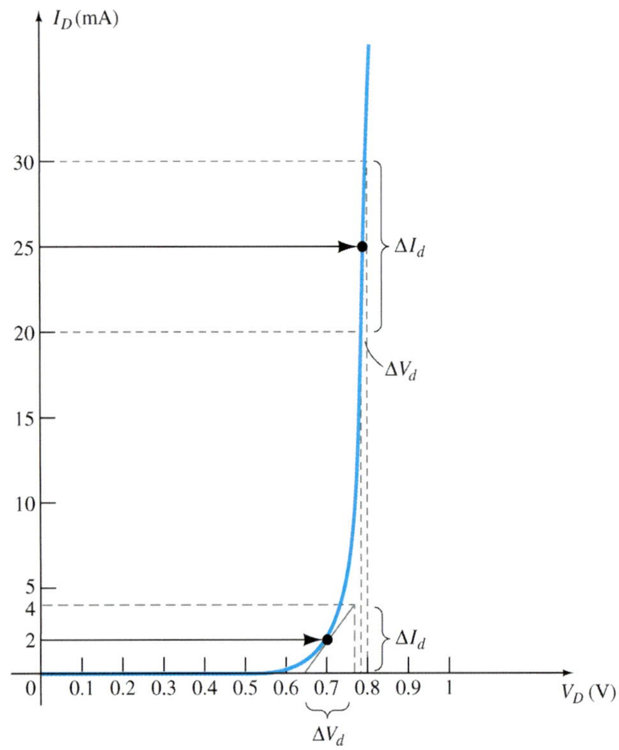

그림 1.27 예제 1.4

풀이

a. I_D=2 mA일 때, 그림과 같이 I_D=2 mA 지점에서 접선을 긋고 전류가 위아래로 2 mA만큼 변하도록 하였다. I_D=4 mA에서는 V_D=0.76 V이고, I_D=0 mA에서는 V_D=0.65 V이다. 따라서 전류전압의 변화는

$$\Delta I_d = 4\,\text{mA} - 0\,\text{mA} = 4\,\text{mA}$$
$$\Delta V_d = 0.76\,\text{V} - 0.65\,\text{V} = 0.11\,\text{V}$$

이 되고, 교류저항은 다음과 같다.

$$r_d = \frac{\Delta V_d}{\Delta I_d} = \frac{0.11\text{ V}}{4\text{ mA}} = \mathbf{27.5\ \Omega}$$

b. I_D=25 mA일 때, 그림과 같이 I_D=25 mA 지점에서 접선을 긋고 전류가 위아래로 5 mA 만큼 변하도록 하였다. I_D=30 mA에서는 V_D=0.8 V이고, I_D=20 mA에서는 V_D=0.78 V이다. 따라서 전류전압의 변화는 각각 되고,

$$\Delta I_d = 30\text{ mA} - 20\text{ mA} = 10\text{ mA}$$
$$\Delta V_d = 0.8\text{ V} - 0.78\text{ V} = 0.02\text{ V}$$

교류저항은 다음과 같다.

$$r_d = \frac{\Delta V_d}{\Delta I_d} = \frac{0.02\text{ V}}{10\text{ mA}} = \mathbf{2\ \Omega}$$

c. I_D=2 mA인 경우에 V_D=0.7 V이고

$$R_D = \frac{V_D}{I_D} = \frac{0.7\text{ V}}{2\text{ mA}} = \mathbf{350\ \Omega}$$

이 되어 r_d=27.5 Ω보다 훨씬 크다.

I_D=25 mA인 경우에 V_D=0.79 V이고

$$R_D = \frac{V_D}{I_D} = \frac{0.79\text{ V}}{25\text{ mA}} = \mathbf{31.62\ \Omega}$$

이 되어 r_d=2 Ω보다 훨씬 크다.

앞에서는 그래프를 통해 동저항을 구하였지만, 미분 해석에서의 다음 정의를 이용하여 구할 수도 있다.

어떤 함수의 어떤 점에서의 미분값은 그 점의 탄젠트 곡선의 기울기 값과 같다.

그러므로 그림 1.26에 의하여 정의된 식 (1.5)는 근본적으로 동작점 Q점에서의 특성 함수의 미분값을 나타낸다. 만약 인가한 순방향 전압에 따른 다이오드 전류식[식 (1.2)]의 도함수를 구하고 결과의 역수를 취하면, 순방향 영역에서의 동저항 또는 교류저항을 나타내는 식을 구할 수 있다. 즉 식 (1.2)를 인가한 전압에 대해 미분하면

$$\frac{d}{dV_D}(I_D) = \frac{d}{dV_D}\left[I_s\left(e^{V_D/nV_T} - 1\right)\right]$$

$$\frac{dI_D}{dV_D} = \frac{1}{nV_T}(I_D + I_s)$$

을 간단한 미분을 통해 구할 수 있다. 일반적으로 특성 곡선의 수직 부분에서는 $I_D \gg I_s$이므로 구한 도함수는 다음과 같다.

$$\frac{dI_D}{dV_D} \cong \frac{I_D}{nV_T}$$

결과의 역수를 취해 저항치($R=V/I$)를 구하면

$$\frac{dV_D}{dI_D} = r_d = \frac{nV_T}{I_D}$$

$n=1$일 때 $V_T \cong 26$ mV일 때 예제 1.1의 결과를 적용하면

$$\boxed{r_d = \frac{26\text{ mV}}{I_D}} \tag{1.6}$$

식 (1.6)이 나타내는 바를 정확히 이해해야 한다. 이는 동작점에서의 전류를 식에 대입하여 다이오드의 동저항을 간단히 구할 수 있다는 것을 의미한다. 즉 동저항을 구하기 위해 특성 곡선이 필요하지도 않고, 식 (1.5)에서 정의된 것과 같은 접선을 구할 필요도 없다. 그러나 식 (1.6)은 특성 곡선의 수직 부분에서만 유효하다는 점을 명심해야 한다. 다이오드 전류 I_D가 더 작은 영역에서는, 실리콘의 경우 $n=2$를 대입해야 하고, 따라서 구한 r_d를 2배로 해야 한다. 그러므로 특성 곡선의 꺾어진 점의 아래 부분에서 식 (1.6)은 유효하지 않다.

지금까지 구한 모든 저항은 다이오드의 p–n 접합 부분에 의해 정의된 것이었고, 반도체 자체의 저항(자체 저항)이나 반도체와 외부 연결 금속 사이의 저항(접촉 저항)은 무시하였다. 이 저항을 r_B라 하며, 이를 식 (1.6)에 더함으로써 식 (1.6)을 구할 수 있다.

$$\boxed{r'_d = \frac{26\text{ mV}}{I_D} + r_B} \quad \text{ohms} \tag{1.7}$$

그러므로 저항 r'_d는 식 (1.6)에 정의된 동저항을 포함하고 r_B를 포함한다. r_B 값은 일반적으로 고전력 저항인 경우에 0.1 Ω, 저전력 저항, 즉 일반 저항인 경우에 2 Ω정도이다. 예를 들어 예제 1.4에서 전류가 25 mA일 때 교류저항은 2 Ω이었다. 식 (1.6)을 이용하면

$$r_d = \frac{26\text{ mV}}{I_D} = \frac{26\text{ mV}}{25\text{ mA}} = \mathbf{1.04\ \Omega}$$

이 되는데, 여기서 생기는 약 1 Ω의 차이를 r_B에 의한 영향으로 생각할 수 있다.

예제 1.4에서 전류가 2 mA일 때 교류저항은 27.5 Ω이었다. 식 (1.6)을 이용하고 여기에 2를 곱하면(특성 곡선의 꺾어진 지점 아래이므로),

$$r_d = 2\left(\frac{26\text{ mV}}{I_D}\right) = 2\left(\frac{26\text{ mV}}{2\text{ mA}}\right) = 2(13\ \Omega) = \mathbf{26\ \Omega}$$

이 되는데, 여기서의 1.5 Ω의 차이를 r_B에 의한 영향으로 생각할 수 있다.

현실적으로 특성 곡선으로부터 식 (1.5)를 사용하여 정확한 r_d를 결정하기는 어려운 일이므로, 구한 결과는 약간의 오차가 포함된 것으로 보아야 한다. 다이오드에 전류가 적게 흐르는 영역에서 r_B는 r_d와 비교하여 매우 작은 값이므로 교류저항에서 이로 인한 영향을 무시할 수 있다. 다이오드 전류가 높은 영역에서 r_B는 r_d에 비슷한 크기를 갖게 될 수 있지만, 일반적으로 이 다이오드와 직렬로 더 큰 저항 성분을 갖는 소자가 연결되므로 이 책에서는 교류저항은 r_d에 의해서만 결정되고 r_B의 영향은 따로 기술하지 않는 한 무시하는 것으로 한다. 최근 기술의 발전으로 r_B의 크기는 작아지고 있으며, 결국은 r_d에 비해 무시할 정도가 될 것이다.

앞에서 순방향 영역의 경우만 고려하였다. 역방향 영역에서는 0 V부터 제너 영역까지 I_s의 변화는 없다고 가정하므로, 식 (1.5)에 의한 교류저항은 매우 커서 다이오드를 개방회로로 근사할 수 있다.

일반적으로 다이오드의 동작영역에서 교류저항은 약 1 Ω에서 100 Ω이다.

평균 교류저항

입력신호의 크기가 커서 그림 1.28에 표시된 것과 같이 넓은 영역에 걸쳐 있다면, 이 영역에서의 저항은 평균 교류저항(average ac resistance)이라고 한다. 정의에 의하면 평균 교류저항은 입력전압의 최소값과 최대값에 의해 결정되는 두 점을 연결하는 직선에 의하여 결정된다. 이를 수식으로 나타내면(그림 1.28 참조)

$$r_{av} = \left.\frac{\Delta V_d}{\Delta I_d}\right|_{\text{pt. to pt.}} \tag{1.8}$$

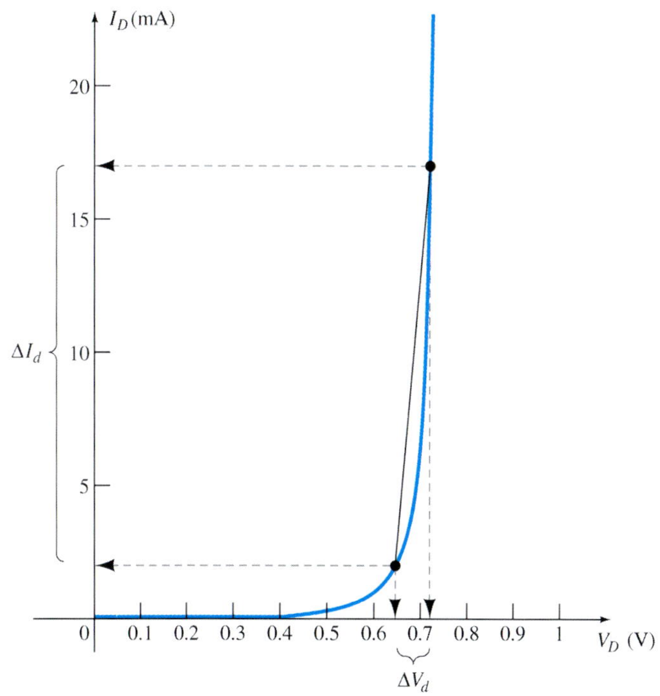

그림 1.28 평균 교류저항을 지시된 한계 사이에서 결정

이다. 그림 1.28의 경우에는

$$\Delta I_d = 17\ \text{mA} - 2\ \text{mA} = 15\ \text{mA}$$

그리고

$$\Delta V_d = 0.725\ \text{V} - 0.65\ \text{V} = 0.075\ \text{V}$$

$$r_{\text{av}} = \frac{\Delta V_d}{\Delta I_d} = \frac{0.075\ \text{V}}{15\ \text{mA}} = \mathbf{5\ \Omega}$$

이다. 만약 I_D=2 mA인 지점에서 동저항을 구하면 5 Ω 보다 크고, I_D=17 mA인 지점에서 동저항을 구하면 5 Ω 보다 작다. 이 두 영역 사이에서 동저항은 I_D=2 mA의 큰 동저항에서 I_D=17 mA의 작은 동저항으로 바뀌게 된다. 식 (1.8)은 I_D가 2 mA에서 17 mA의 값을 가질 때 교류저항의 평균이라 할 수 있는 값을 정의하고 있다. 이와 같이 넓은 영역에서의 특성을 하나의 저항값(resistance level)으로 표시할 수 있다는 것은 뒤에서 다루게 될 다이오드의 등가회로를 정의하는 데 있어서 매우 유용하다.

dc와 ac 저항에서, 평균저항을 결정하는 데 이용되는 전류의 레벨이 더 낮을수록 더 높은 저항 레벨을 갖는다.

요약표

앞의 중요한 결론들을 정리하고 각 저항의 차이를 강조하기 위해 이를 표 1.6에 나타냈다. 앞에서 서술했듯이 이 절에서 다루는 내용은 앞으로 배우게 될 여러 저항들을 계산하는 데 바탕이 된다.

표 1.6 저항 레벨

종류	수식	특성	그래프로 구하는 방법
DC 또는 정저항	$R_D = \dfrac{V_D}{I_D}$	특성을 나타내는 점으로 정의	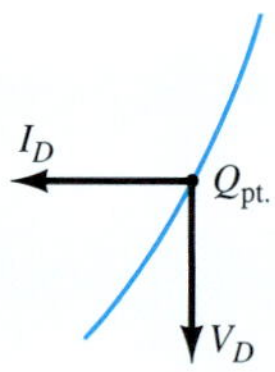
AC 또는 동저항	$r_d = \dfrac{\Delta V_d}{\Delta I_d} = \dfrac{26\ \text{mV}}{I_D}$	Q점에서의 접선으로 정의	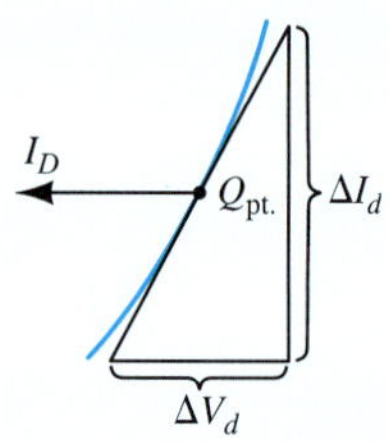
평균 교류 저항	$r_{\text{av}} = \left.\dfrac{\Delta V_d}{\Delta I_d}\right\vert_{\text{pt. to pt.}}$	동작 한계 사이의 직선으로 정의	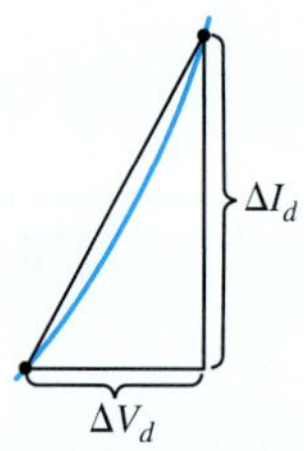

1.9 다이오드 등가회로

등가회로는 특정한 동작 영역에서 어떤 장치나 시스템의 실제 단자 특성을 가장 잘 나타내도록 설정된 요소의 집합이다.

일단 등가회로가 정의되면, 회로에서 기기의 기호를 등가회로로 대치할 수 있다는 의미이다. 이때, 시스템의 실제 작동은 크게 변하지 않는다. 이렇게 등가회로를 사용하여 재구성한 회로는 전통적인 회로 해석 방법을 사용하여 풀 수 있는 회로이다.

부분선형 등가회로

다이오드의 등가회로를 얻기 위한 한 가지 방법은 그림 1.29와 같이 선분을 사용하여 다이오드의 특성을 근사하는 것이다. 이렇게 얻은 등가회로를 부분선형 등가회로(piecewise-linear equivalent circuit)라고 한다. 그림 1.29를 보면, 직선을 통한 근사는 실제 특성과 정확히 등가를 이루지는 못하며, 특히 곡선이 꺾이는 부분에서 더 차이가 심하다. 그러나 이 선분은 실제 곡선에 매우 근접하여 뛰어난 1차 근사를 보이는 등가회로를 형성할 수 있다. 등가의 경사진 부분의 경우, 1.8절에서 소개한 바와 같이 평균 교류저항은 그림 1.28에서 실제 소자 옆에 나타낸 등가회로의 저항값이다. 사실 이는 소자가 'on' 상태에 있을 때의 저항값이다. 이상적인 다이오드를 사용하여 한 방향으로만 전도되도록 회로가 구성되었으며, 역방향 바이어스 조건이 되면 소자는 개방될 것이다. 실리콘 반도체 다이오드는 V_D가 0.7 V의 순방향 바이어스 조건(그림 1.29에서와 같이)이 되어야 전도되기 때문에 그림 1.30의 등가회로에는 전도 방향과 반대 방향에 전지 V_K가 있다. 전지 때문에 소자 양단의 전압이 문턱 전지전압보다 커야만 이상적인 다이오드의 전도 방향으로 이 등가회로가 전도된다. 조건이 만족되면, 다이오드의 저항은 제시된 r_{av}값이 된다.

그러나 등가회로에서 V_K가 독립적인 전압원은 아니다. 실험실에서 다이오드 양단의 전압을 전압계로 측정하면 0.7 V가 나오지는 않는다. 전지는 단지 전도되기 위해서 넘어야만 하는 특성 곡선의 수평 오프셋을 표현하기 위한 것이다.

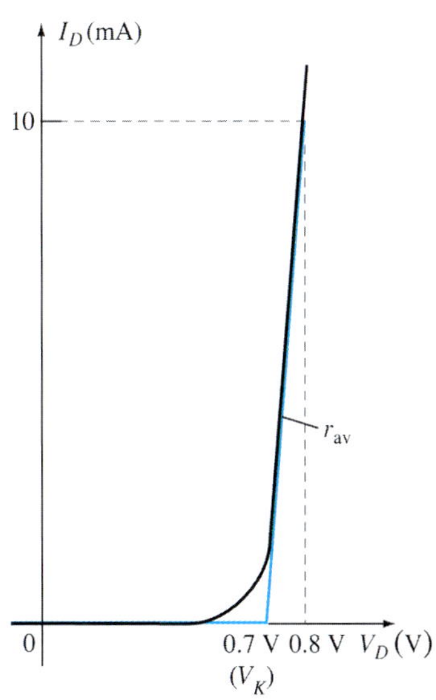

그림 1.29 특성 곡선을 근사하기 위해 선분을 사용한 부분선형 등가회로 정의

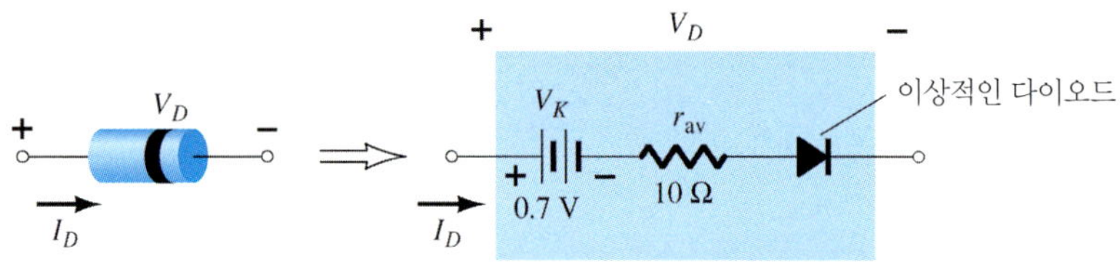

그림 1.30 부분선형 등가회로의 구성 요소

r_{av}의 근사값은 일반적으로 사양서(1.10절에서 다룬다)에서 제시한 동작점을 통해 결정한다. 예를 들어 실리콘 반도체 다이오드의 경우, V_D=0.8 V에서 I_F=10 mA(다이오드의 순방향 전도 전류)이면, 0.7 V의 전압이 필요하고, 따라서 r_{av}를 다음과 같이 구할 수 있다.

$$r_{av} = \left.\frac{\Delta V_d}{\Delta I_d}\right|_{\text{pt. to pt.}} = \frac{0.8\text{ V} - 0.7\text{ V}}{10\text{ mA} - 0\text{ mA}} = \frac{0.1\text{ V}}{10\text{ mA}} = \mathbf{10\ \Omega}$$

이는 그림 1.29에서와 같다.

만약 다이오드를 위한 특성들이나 사양서를 이용할 수 없다면 교류저항 r_d는 근사값으로 r_{av}로 쓴다.

간략화한 등가회로

대부분의 경우, r_{av}값은 회로의 다른 소자값에 비하여 무시할 수 있을 만큼 작다. 등가회로에서 r_{av}를 제거하면, 다이오드의 특성은 그림 1.31과 같게 된다. 실제로 이 근사는 2장에서 다룰 반도체 회로 해석에 흔히 사용된다. 그리고 이는 직류 조건 하에서 순방향 바이어스된 실리콘 다이오드의 경우, 전도 전류량(물론, 정격 전류 이내)과는 무관하게 양단에 0.7 V의 전압 강하가 일어남을 의미한다.

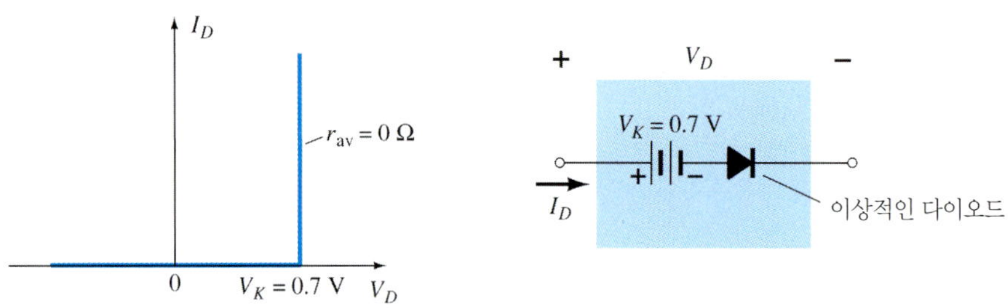

그림 1.31 실리콘 다이오드의 간략화한 등가회로

이상적인 등가회로

r_{av}가 제거된 등가회로에서 공급된 전압에 비하여 0.7 V의 전압은 무시할 수 있을 만큼 작다고 하자. 이 경우 등가회로는 그림 1.32의 특성을 갖는 이상적인 다이오드 회로와 같다. 2장에서는 이러한 근사가 큰 오차 없이 사용될 수 있음을 살펴보겠다.

산업계에서는 '다이오드 등가회로' 라는 말 대신 다이오드 모델(model)이라는 말을 즐겨 사용한다. 모델이라는 말은 존재하는 소자, 대상, 시스템 등을 표현하는 것으로 정의된다.

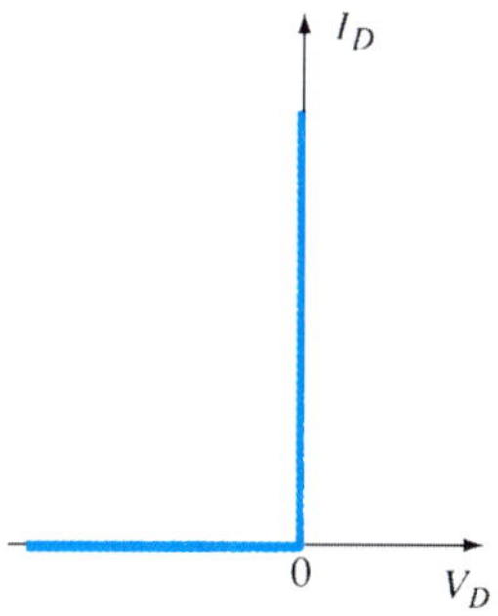

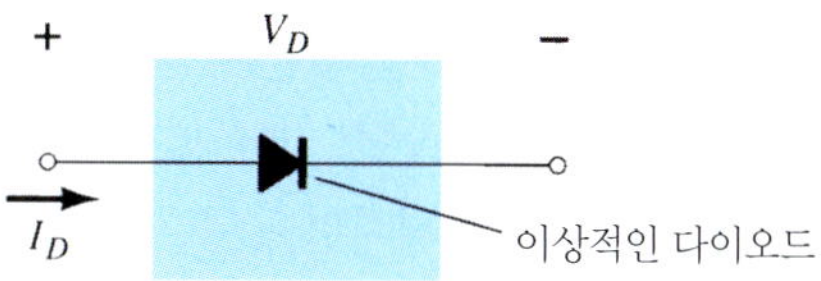

그림 1.32 이상적인 다이오드와 그 특성

이러한 모델이라는 용어는 이후의 장들 대부분에서 소자, 대상, 시스템 대신 사용된다.

요약표

명확히 하기 위해 다이오드 회로의 파라미터와 적용 범위를 부분선형 특성과 함께 표 1.7에 나타내었다. 이들 각각에 대해 2장에서 보다 자세하게 살펴볼 것이다. 몇 가지 예외를 제외하면, 대부분의 전자 시스템 해석에서는 간략화한 등가 모델을 사용하고 있으며, 또한 큰 전압을 다루는 전력 공급 시스템의 해석에서는 이상적인 다이오드를 주로 사용하고 있다.

표 1.7 다이오드 등가회로(모델)

종류	수식	모델	특성
부분선형 모델		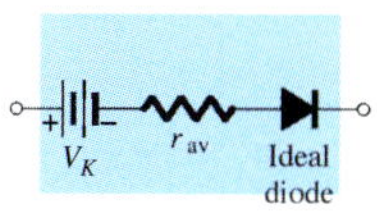	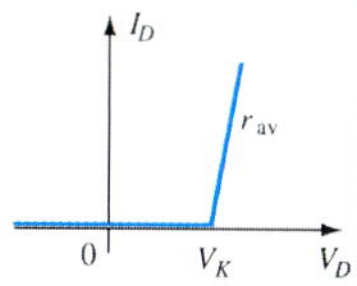
단순화 모델	$R_{network} \gg r_{av}$	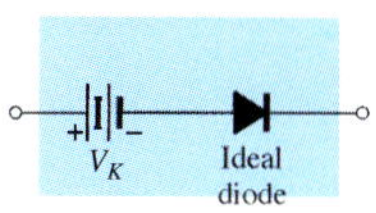	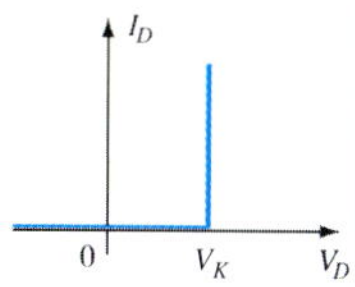
이상적인 모델	$R_{network} \gg r_{av}$ $E_{network} \gg V_K$	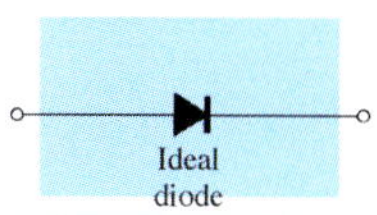	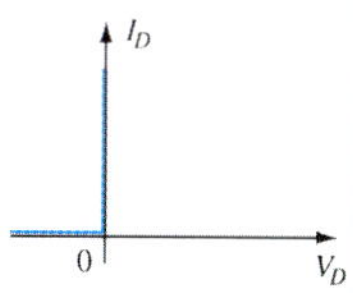

1.10 전이와 확산 커패시턴스

다음과 같은 사항을 아는 것은 중요하다.

모든 전자 소자 또는 전기 장비는 주파수에 대해 민감하다.

이 말은 소자의 단자 특성이 주파수에 따라 바뀐다는 것이다. 저항의 저항값 조차도 형태와 관계없이 가해진 주파수에 민감하다. 저주파나 중간 주파수대에서 거의 모든 저항은 고정된 값을 가진다고 고려한다. 그러나 고주파로 갈수록 기생 커패시턴스와 인덕티브 효과가 나타나 소자의 전체 임피던스 값에 영향을 미친다.

다이오드의 경우 기생 커패시턴스의 크기는 가장 큰 영향을 미친다. 대부분의 병렬 커패시터 성분 효과는 낮은 주파수에서 리액턴스 $X_C=1/2\pi fC$가 매우 크기 때문에 (개방 등가회로) 무시할 수 있다. 그러나 매우 높은 주파수에서는 X_C가 f의 증가로 작아져서 낮은 리액턴스를 갖는 '단락' 통로가 되어 병렬 커패시터 성분 효과는 무시할 수 없게 된다.

p–n 반도체 다이오드에는 두 가지의 주의해야 할 커패시터 성분 효과가 있다. 이 두 가지의 커패시턴스는 순방향과 역방향 바이어스 영역에서 모두 동시에 나타나지만, 하나의 효과가 각각의 영역에서 다른 하나의 효과를 무시해도 좋을 만큼 크게 나타나므로, 여기서는 각각의 영역에 대해서 하나의 효과만 고려하도록 한다.

평행판 커패시터의 커패시턴스를 정의하는 기본식은 $C=\epsilon A/d$이다. 여기서의 ϵ은 유전율을 나타내며, 넓이가 A이고 서로 d만큼 떨어져있는 두 평행판 사이에 있는 유도체(절연체)의 유전율이다. 역방향 바이어스 영역에서는 마치 절연체처럼 작용하는 공핍(캐리어가 없는) 영역이 존재한다. 이 공핍 영역의 폭(d)은 역방향 바이어스의 전위가 증가함에 따라 넓어지므로 그 결과로 나타난 전이 커패시턴스는 그림 1.33과 같이 감소한다. 많은 전자 시스템은 커패시턴스가 인가된 역방향 바이어스의 전위에 의해 변화한다는 사실을 이용한다. 16장에서 전적으로 이러한 현상에 의해 작동하는 다이오드를 살펴볼 것이다.

이 커패시턴스는 전이(C_T), 장벽, 또는 공핍영역 커패시턴스라고 한다.

$$C_T = \frac{C(0)}{(1 + |V_R/V_K|)^n} \tag{1.9}$$

바이어스가 없는 상태의 커패시턴스 $C(0)$, 역바이어스의 전위 V_R, 전력 n은 다이오드의 제조 공정 과정에 따라 1/2이나 1/3으로 결정된다.

위에서 설명한 효과는 순방향 바이어스 영역에서도 나타나지만, 이 영향은 전하가 공핍영역 바깥으로 주사되는 비율로 직접 결정되는 커패시턴스 효과에 비하여 무시할 만하다. 결과적으로 전류가 증가하면 확산 커패시턴스(C_D) 역시 증가한다.

$$C_D = \left(\frac{\tau_T}{V_K}\right) I_D \tag{1.10}$$

τ_T는 소수 캐리어 수명이다. 이는 소수 캐리어가 n형 물질에서 전자와 정공이 재결합하는 시간과 같다. 그러나 (곧 설명될 바와 같이) 전류가 증가하면 저항이 감소하여 시상수 ($\tau=R_C$)가 과도하게 커지지 않도록 해야 한다. 이는 고속 응용에서 매우 중요하다.

일반적으로

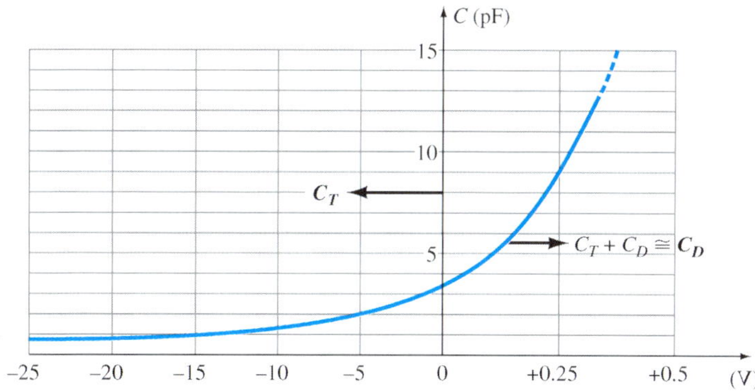

그림 1.33 실리콘 다이오드에서 인가된 바이어스에 대한 전이 및 확산 커패시턴스

전이 커패시턴스는 역방향 바이어스 영역에서 전기용량의 효과가 존재하고 확산 커패시턴스는 순방향 바이어스 영역에서 전기용량의 효과가 존재한다.

위에서 설명한 커패시터 성분 효과는 그림 1.34와 같이 이상적인 다이오드에 병렬로 커패시터를 연결한 것으로 나타낼 수 있다. 그러나 보통 낮은 주파수 및 중간 주파수대에서 (전력 분야를 제외한다면) 이 커패시터는 다이오드 기호를 표현할 때 생략한다.

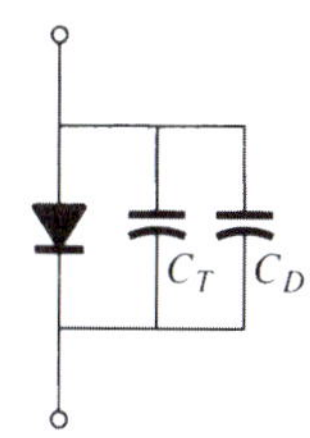

그림 1.34 반도체 다이오드에서 전이 또는 확산 커패시턴스의 영향

1.11 역방향 회복 시간

보통 제작회사가 공급하는 다이오드 사양서에는 몇몇 자료가 있다. 그 중에는 아직까지 고려하지 않던 역방향 회복 시간이 있고 이는 t_{rr}로 표시한다. 순방향 바이어스 상태에서는 n형 물질에서부터 p형 물질로 많은 수의 전자가 이동하며, 전도에 필요한 많은 수의 정공이 n형 물질에 존재한다는 것을 앞서 살펴보았다. p형 물질 내의 전자들과 n형 물질을 통과해 이동하는 정공들에 의해 많은 수의 소수 캐리어가 각 물질 내에 존재한다. 만약 인가된 전압의 방향이 반대 방향으로 바뀌어 역방향 바이어스 상태가 되면 다이오드가 전도 상태에서 순간적으로 비전도 상태로 바뀌는 것을 생각할 수 있다. 그러나 많은 수의 소수 캐리어가 각 물질 속에 존재하므로, 다이오드를 통해 흐르는 전류는 그림 1.35에서 나타내는 바와 같이 방향이 반대가 되고, 소수 캐리어들이 반대 물질 속으로 되돌아가서 다수 캐리어가 될 때까지의 필요한 시간 t_s(저장 시간) 동안 어떤 값에 머무른다. 즉, 다이오드는 전류 I_{reverse}를 통과시키는 단락회로 상태를 유지한다. 결국 이러한 저장 상태가 지나면 전류는 비전도 상태로 감소한다. 이때 감소하는 데에 걸리는 시간을 t_t(전이 간격) 이라 한다. 역방향 회복 시간은 이러한 두 시간의 합이다. 즉 $t_{rr} = t_s + t_t$이다. 당연히 이 시간은 고속 스위칭 응용에 있어서 중요한 고려 사항이 된다. 대부분의 상용 스위칭 다이오드는 t_{rr}이 수 ns에서 1 μs의 사이에 있다. 그러나 수백 ps(10^{-12} s)의 t_{rr}값을 갖는 소자들도 있다.

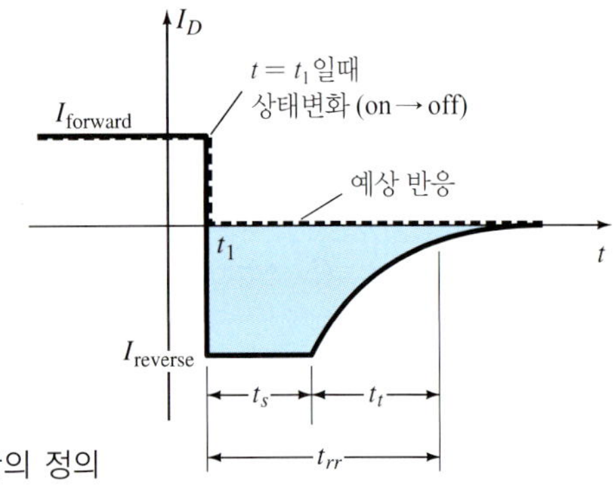

그림 1.35 역방향 회복 시간의 정의

1.12 다이오드 사양서

제조회사에서 제공하는 반도체 소자의 특성은 일반적으로 다음과 같은 두 가지 중의 하나이다. 대개의 경우 소자에 대해 약 한쪽 정도로 매우 간략히 설명되어 있다. 그 외의 경우는 그래프, artwork, 표 등을 사용하여 특성을 보여주는 것이다. 두 가지 경우 모두 소자를 적절하게 사용하기 위해 필요한 다음의 자료를 포함한다.

1. 순방향 전압 V_F(지정된 전류와 온도에서)
2. 최대 순방향 전류 I_F(지정된 전압과 온도에서)
3. 역포화 전류 I_R(지정된 전압과 온도에서)
4. PIV(peak inverse voltage) [혹은 PRV 혹은 V(BR)로 표시. 여기서 BR은 'breakdown'에서 유래(지정된 온도에서)]
5. 특정 온도에서의 최대 소모 전력
6. 커패시턴스 레벨(1.11절에서 정의)
7. 역방향 회복 시간 t_{rr}(1.12절에서 정의)
8. 작동 온도 범위

어떤 다이오드를 설명하고 있느냐에 따라 주파수 범위, 노이즈 레벨, 스위칭 시간, 열 저항 크기, 최고 반복값 등의 추가적인 데이터가 제공될 수 있다. 다이오드를 어떻게 사용하려 하느냐에 따라 어떤 데이터가 더 중요한지가 달라진다. 최대 전력 혹은 소비 정격이 주어진다면 이는 다음 식과 같다.

$$P_{D\max} = V_D I_D \tag{1.11}$$

여기서 I_D와 V_D는 특정 동작점에서의 다이오드 전류와 전압이다.

자주 사용되는 어떤 응용회로에 간략화 모델을 적용한다면, 실리콘 다이오드의 경우 $V_D = V_T = 0.7\text{ V}$를 식 (1.11)에 대입하여 최대 정격 전력과 비교하기 위한 전력 소비량을 구할 수 있다. 즉

$$P_{\text{dissipated}} \cong (0.7\text{ V})I_D \tag{1.12}$$

고전압/저누설(high-voltage/low-leakage) 다이오드에 대한 자료의 일부를 그림 1.36과 그림 1.37에 제시하였다. 이 예는 특성을 다양한 자료를 통해 제시한 경우이다. 자료 중에서 정류기(rectifier)라는 말은 2장에서 설명할 정류(rectification)를 위해 다이오드를 사용할 때, 다이오드를 가리키는 말이다.

사양서의 특정 부분을 파란색으로 강조하고 이를 영문자로 표시하였는데, 구체적인 내용은 다음과 같다.

A 실리콘 고전압 다이오드는 특정한 역방향 바이어스 전류에서 최소의 역방향 바이어스 전압, 125 V를 갖는다는 사실은 데이터에 강조되어 있다.

DIFFUSED SILICON PLANAR

A — • **BV . . . 125 V (MIN) @ 100 μA (BAY73)**

ABSOLUTE MAXIMUM RATINGS (Note 1)

Temperatures

	Storage Temperature Range	–65°C to +200°C
B	Maximum Junction Operating Temperature	+175°C
	Lead Temperature	+260°C

Power Dissipation (Note 2)

C	Maximum Total Power Dissipation at 25°C Ambient	500 mW
	Linear Power Derating Factor (from 25°C)	3.33 mW/°C

Maximum Voltage and Currents

	WIV	Working Inverse Voltage	BAY73	100 V
	I_O	Average Rectified Current		200 mA
D	I_F	Continuous Forward Current		500 mA
	i_f	Peak Repetitive Forward Current		600 mA
	$i_{f\,(surge)}$	Peak Forward Surge Current		
		Pulse Width = 1 s		1.0 A
		Pulse Width = 1 μs		4.0 A

DO-35 OUTLINE

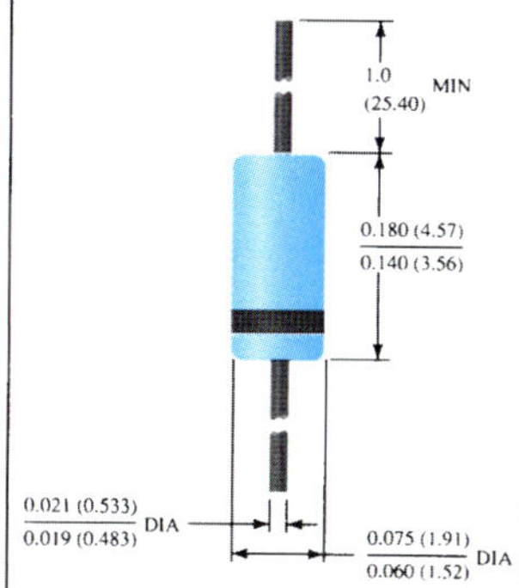

NOTES:
Copper clad steel leads, tin plated
Gold plated leads available
Hermetically sealed glass package
Package weight is 0.14 gram

ELECTRICAL CHARACTERISTICS (25°C Ambient Temperature unless otherwise noted)

	SYMBOL	CHARACTERISTIC	BAY73 MIN	BAY73 MAX	UNITS	TEST CONDITIONS
E	V_F	Forward Voltage	0.85	1.00	V	I_F = 200 mA
			0.81	0.94	V	I_F = 100 mA
			0.78	0.88	V	I_F = 50 mA
			0.69	0.80	V	I_F = 10 mA
			0.67	0.75	V	I_F = 5.0 mA
			0.60	0.68	V	I_F = 1.0 mA
F	I_R	Reverse Current		500	nA	V_R = 20 V, T_A = 125°C
				1.0	μA	V_R = 100 V, T_A = 125°C
				0.2	nA	V_R = 20 V, T_A = 25°C
				0.5	nA	V_R = 100 V, T_A = 25°C
	BV	Breakdown Voltage	125		V	I_R = 100 μA
G	C	Capacitance		5.0	pF	V_R = 0, f = 1.0 MHz
H	t_{rr}	Reverse Recovery Time		3.0	μs	I_F = 10 mA, V_R = 35 V R_L = 1.0 to 100 kΩ C_L = 10 pF, JAN 256

NOTES
1 These ratings are limiting values above which the serviceability of the diode may be impaired.
2 These are steady state limits. The factory should be consulted on applications involving pulses or low duty-cycle operation.

그림 1.36 고전압, 저누설 다이오드의 전기적인 특성

B 넓은 온도 영역에서 동작함을 유의하라. 일반적으로 데이터는 섭씨온도로 나타냄을 유의하라. 200°C=392°F, −65°C=−85°F.

C 최대 소비 전력값은 $P_D=V_DI_D$=500 mW=0.5 W이다. 최대 전력은 그림 1.37a의 선형 감쇠율 곡선에 나타난 바와 같이 상온 이상에서 1°C 증가당 3.33 mW 비율로 최대 전력이 감소한다. 물의 끓는점인 100°C에서 최대 전력은 원래 값의 절반으로 떨어진다. 25°C는 전기 기기가 저전력 상황에서 동작할 때의 일반적인 주위 온도이다.

D 최대 지속 전류는 500 mA이다. 그림 1.37b의 그래프는 0.5 V의 순방향 전류가 0.01 mA임을 나타낸다. 그러나 0.65 V에서는 1 mA(100배)로 뛴다. 0.8 V에서 전류는 10 mA 이상이다. 그리고 0.9 V 부근의 전류는 거의 100 mA이다. 그림 1.37b는 확실히 지난 절에서 본 특성 곡선과 다르다. 이것은 전류에서 로그 비율을 사용하고 전압에서 선형 비율로 표시한 결과이다.

로그 비율은 제한된 공간에서 더 넓은 범위의 값을 표현하기 위해 자주 사용된다.

만약 선형 비율이 전류 표현에 사용된다면 0.01 mA부터 1000 mA까지를 표현하는 것이 불가능할 것이다. 수직축이 0.01 mA 단위라면 1000 mA를 보이기 위해서 100,000개의 단위가 필요하다. 주어진 전류값에서 전압의 크기는 주어진 곡선과의 교점에서 구할 수 있다. 1.0 mA 위의 수직축 값을 구할 수 있다. 다음 값은 2 mA는 3 mA, 4 mA, 5 mA 값이 이어진다. 그리고 6 mA에서 10 mA까지의 값은 간단하게 각각의 구간을 동일하게 나누는 것으로 구할 수 있다(실제 분포는 아니지만 충분히 제공된 곡선과 가깝다). 다음 크기는 10 mA, 20 mA, 30 mA 등등이 될 것이다. 그림 1.37b의 곡선은 한 축만을 로그 비율을 사용하였기 때문에 semi-log plot이라고 부른다. 로그 비율의 더 큰 장점은 9장에서 언급 될 것이다.

E 데이터는 각각의 전류레벨에 따라서 V_F(순방향 바이어스 전압)의 범위를 제공한다. 높은 순방향 전류에서 더 큰 순방향 바이어스를 보였다. 1 mA에서 V_F는 0.6 V에서 0.68 V 사이의 값이었지만, 200 mA에서는 0.85 V~1.00 V로 높았다. 1 mA에서 0.6 V, 200 mA에서 0.85 V이므로 전체 전류 범위에서 평균값인 0.7 V를 사용한 것이 타당한 근사치임을 알 수 있다.

F 데이터는 고정된 온도에서 역방향 바이어스에 대해서 어떻게 역방향 전류가 증가하는지를 확실하게 보여준다. 25°C에서 최대 역방향 전류는 역방향 전압이 5배 증가함에 따라서 0.2 nA에서 0.5 nA까지 증가한다. 125°C에서는 1 μA까지 2배 증가한다. 25°C에서 0.2 nA, 125°C에서 500 nA(20 V로 고정된 역방향 전압에서)의 온도에 따른 역방향 최대 전류의 극심한 변화를 주목하라. 이와 비슷한 일이 역방향 전압이 100 V일 때에도 나타난다. Semi-log plot인 그림 1.37c, 1.37d는 역방향 전류가 온도와 역방향 전압에 따라서 어떻게 변화하는지를 알려준다. 그림 1.37c를 처음 보면 역방향 전류가 역방향 전압에 비례해서 증가한다고 생각할 수 있다. 하지만 이것은 수직축을 로그 스케일로 사용하였기 때문에 종종 나타날 수 있는 일이다. 전압이 거의 6에서 1로 변화할 때, 실제 전류는 0.2 nA에서 0.7 nA로 변한다. 역방향 전류에 대한 온도의 극적인 변화는 그림 1.37d에서 나타난다. 125 V일 때 25°C에서 1 nA였던 역방향 전류가 150°C에서는 1 μA가 되었다. 이것은 초기값에서 1000배 증가인 것이다.

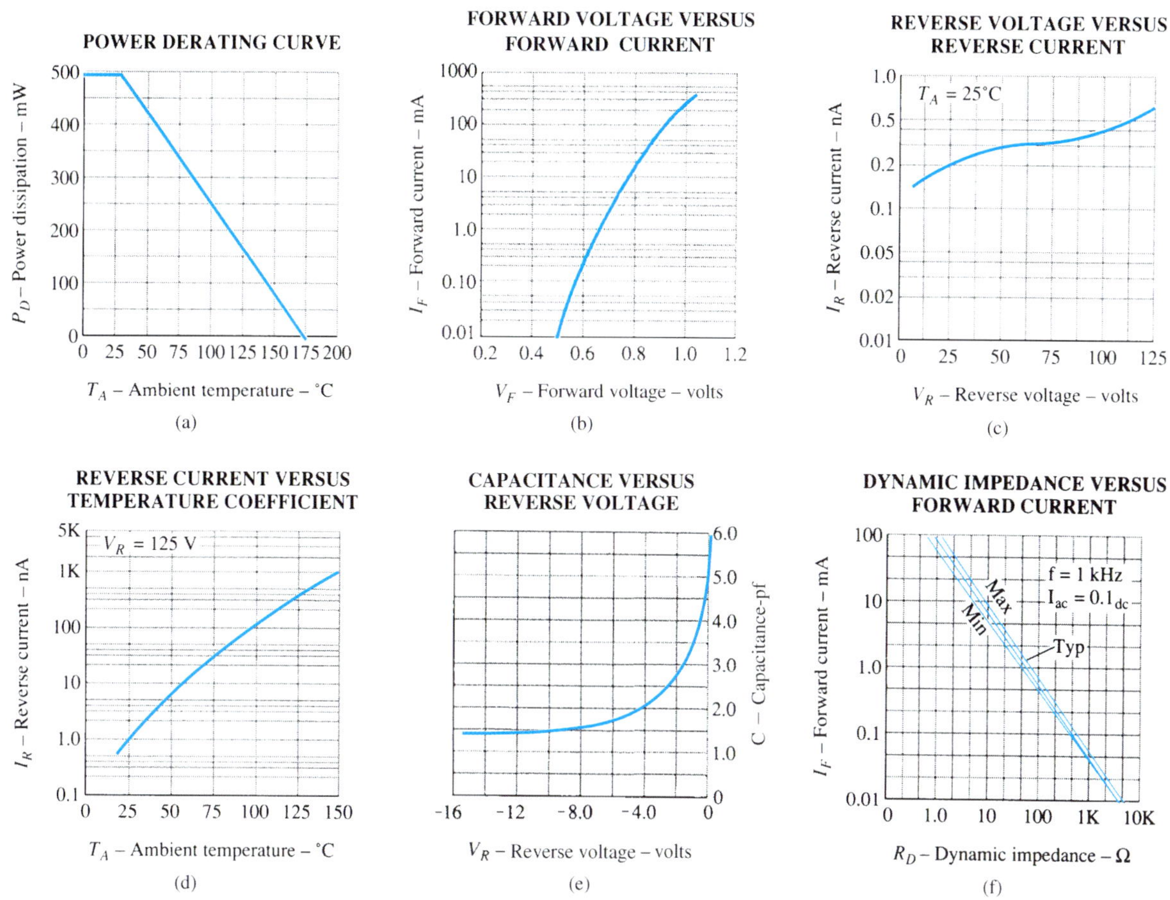

그림 1.37 고전압 다이오드의 단자 특성

역방향 전류의 영향을 많이 받는 설계에서 온도와 역방향 바이어스는 굉장히 중요한 역할을 한다.

G 그림 1.37e와 데이터에서 보았던 것처럼, 역방향 바이어스 전압이 0 V일 때, 테스트 주파수 1 MHz에서 전이 커패시터는 5 pF이다. 역방향 바이어스 전압이 증가함에 따라서 커패시터 크기에 커다란 변화가 있음을 주의하라. 앞에서 말했듯이, 이 민감한 지역은 단자 전압에 따라서 민감하게 반응하는 커패시터를 가진 기계(Varactor, 16장)를 설계하는데 사용될 수 있다.

H 테스트 상황에서 역방향 회복 시간은 3 μs이다. 이것은 요즘 사용되는 몇몇 고성능 전류 시스템에서 빠른 시간은 아니다. 그러나 다양한 저주파, 중간 주파수의 환경에서 쓰일 수 있다.

그림 1.37f의 곡선은 순방향 전류에 대한 교류저항의 크기를 나타낸다. 1.8절에서 전류의 증가에 따라서 다이오드의 동저항이 줄어드는 것을 확실히 보였다. 그림 1.37f의 전류축을 따라가 보면 곡선에서 동저항이 줄어드는 것을 확실히 볼 수 있다. 0.1 mA에서 1 kΩ 정도였다가 10 mA에서 10 Ω이되고, 100 mA에서 겨우 1 Ω이 되는 것을 볼 수 있다. 이것

은 확실히 앞의 논의를 지지해 준다. 로그 비율을 읽는 것을 경험하지 못했다면 log-log plot이기 때문에 읽기 어려웠을 것이다. 수직축과 수평축이 모두 로그 비율로 되어 있다.

사양서에 더 많은 항목을 표기할수록, 특히 각 특성값이 응용분야에 미치는 영향에 대해 명확히 이해할 수 있을 때 쉽게 이용할 수 있다.

1.13 반도체 다이오드 기호

그림 1.38은 반도체 다이오드를 표시할 때 가장 자주 사용하는 기호를 나타낸 것이다. 대부분의 다이오드는 그림 1.38에서와 같이 음극 끝 부분에 점 혹은 띠와 같은 표시가 되어 있다. 양극과 음극의 용어는 진공관의 표기법에서 따 온 것이다. 양극은 상대적으로 높은 전위 혹은 양전위에, 음극은 상대적으로 낮은 전위 혹은 음전위에 각각 연결한다. 이렇게 바이어스를 인가하면 다이오드는 순방향 바이어스 또는 'on' 상태가 된다. 그림 1.39에 여러 가지 상용 반도체 다이오드를 나타내었다.

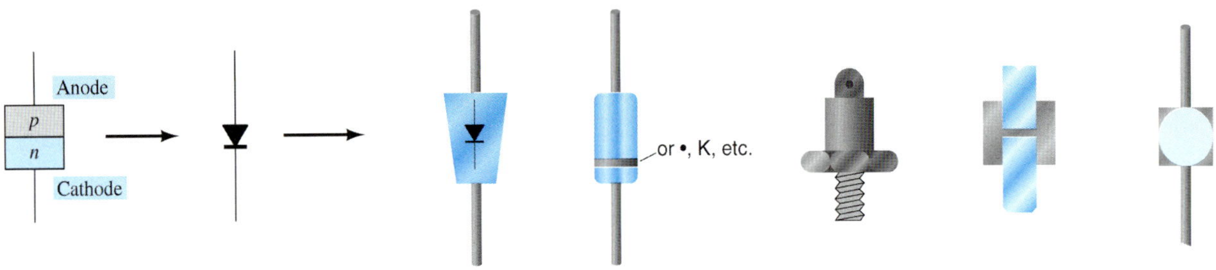

그림 1.38 반도체 다이오드의 기호

1.14 다이오드 테스트

반도체 다이오드의 상태는 (1) 다이오드 점검 기능(diode checking function)이 있는 디지털 표시 미터(DDM), (2) 멀티미터의 저항 측정계(ohmmeter section), 또는 (3) 커브 트레이서(curve tracer)를 이용하여 빠르게 알 수 있다.

다이오드 점검 기능

그림 1.40은 다이오드 점검 기능을 갖는 디지털 표시 미터이다. 작은 다이오드 기호가 회전식 다이얼 아래 부분에 선택기로 있는 것을 볼 수 있다. 이 기능으로 설정하고 그림 1.41a와 같이 도선 단자를 연결하면 다이오드는 'on' 상태로 있게 되며, 표시 화면에는(실리콘의 경우) 0.67 V정도의 순방향 바이어스 전압이 표시된다. 미터는 내부에 정전류원(약 2 mA)을 갖고 있으며, 이는 그림 1.41b에서와 같이 전압을 결정한다. 그림 1.41a의 표기와 같이 연결하였을 때 나타나는 OL 표시는 개방(결함) 다이오드임을 나타낸다. 단자를 반대로 연

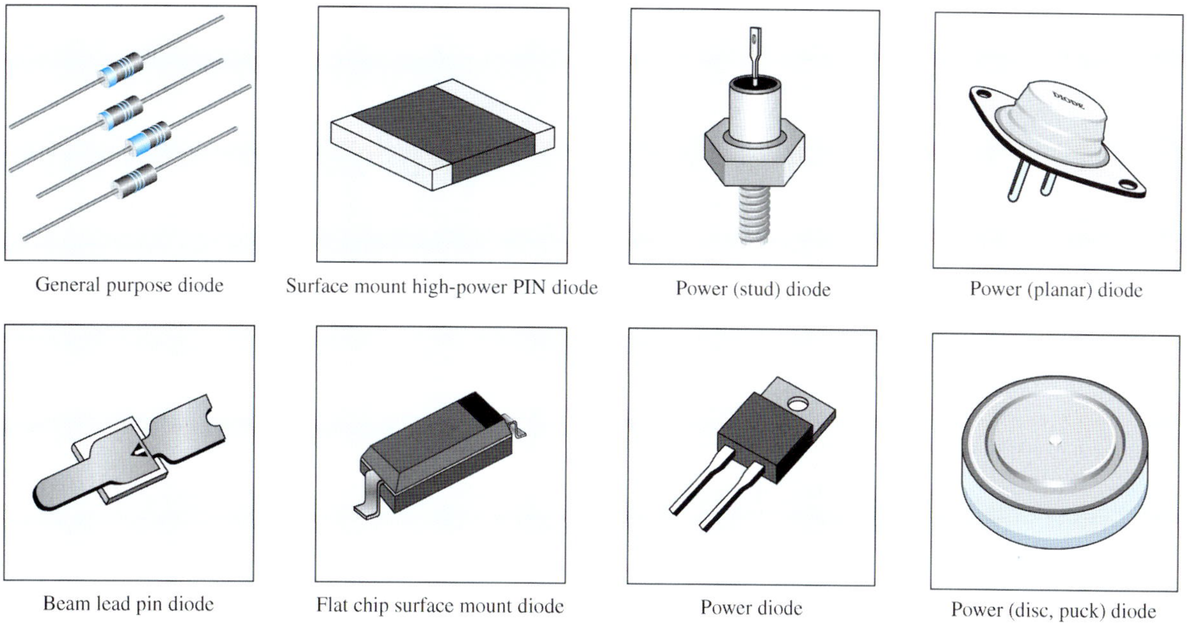

그림 1.39 다양한 종류의 접합 다이오드

결하였을 때의 OL 표시는 다이오드의 개방 회로 등가에 의한 영향이다. 따라서 일반적으로 어느 방향으로 연결해도 OL 표시가 나타난다면, 이는 다이오드가 개방되었거나 결함이 있는 다이오드임을 표시한다고 보면 된다.

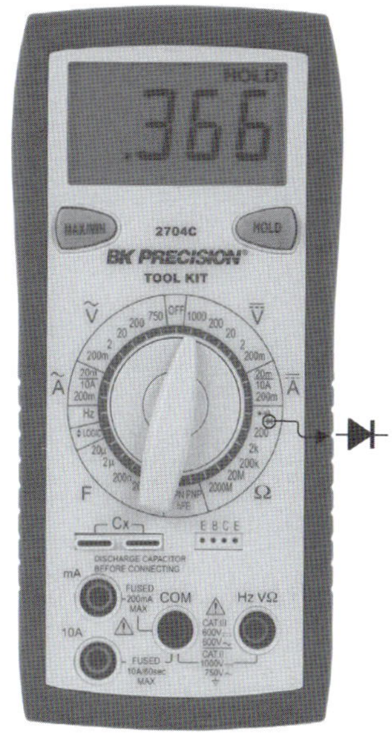

그림 1.40 디지털 표시 미터 (B&K사 제공)

저항계 테스트

1.8절에서는 반도체 다이오드의 순방향 바이어스 저항값이 역방향 바이어스 수준에 비해 매우 낮음을 살펴보았다. 따라서 그림 1.42a와 같은 연결로 다이오드 저항값을 측정해 보면 상당히 낮은 값이 나올 것이라고 예상할 수 있다. 이러한 저항계의 측정값은 저항계의 회로에 내장된 전지(보통 1.5 V)에 의해 다이오드를 통과해 흐르는 전류에 대한 함수이다. 전류가 더 많이 흐를수록 저항은 낮게 나타난다. 그림 1.42b에 나타나듯 역방향 바이어스 상태에서는 저항이 매우 높은 값으로 측정될 것이므로 눈금을 높은 단위로 두고 측정해야 한다. 양방향으로 측정해도 모두 높은 저항값일 경우는 개방(결함 소자) 상태를, 모두 낮은

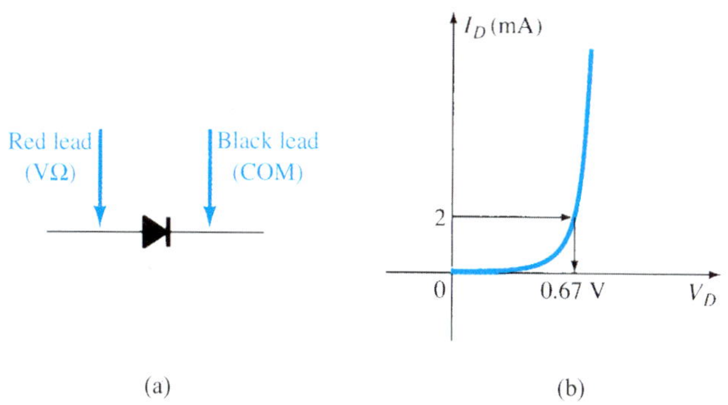

그림 1.41 순방향 바이어스 상태에서의 다이오드 점검

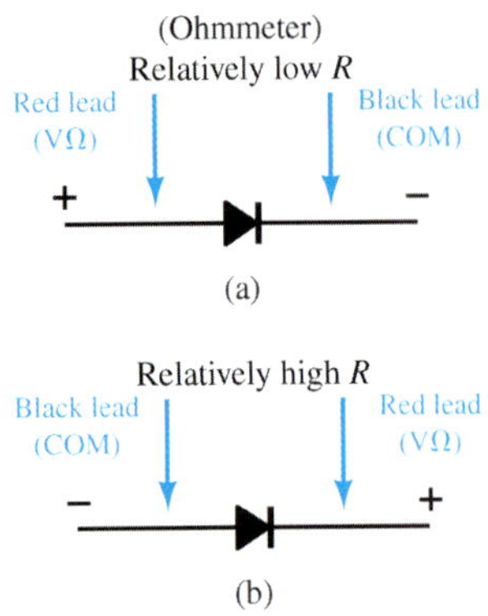

그림 1.42 저항계를 이용한 다이오드 점검

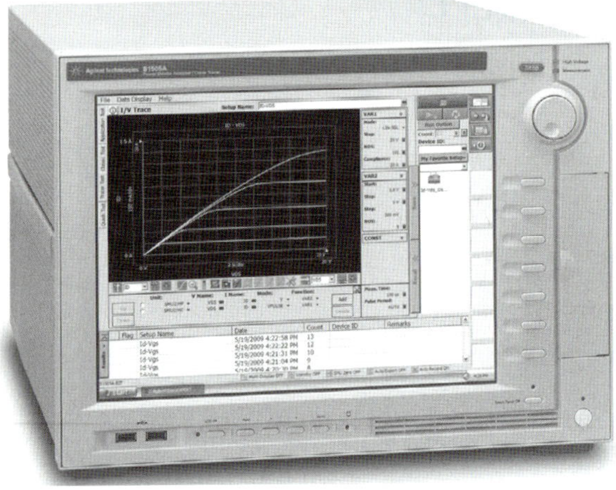

그림 1.43 커브 트레이서(에질런트[agilent]사로부터 허가된 사용)

저항값이 나타날 때에는 단락 상태를 나타낸다.

커브 트레이서

그림 1.43에서 나타내었듯이 커브 트레이서를 사용하면 반도체 다이오드를 포함한 소자들의 중요한 특성을 표시할 수 있다. 다이오드를 트레이서의 하부 중앙에 위치한 테스트 패널에 적절히 연결하고 제어기를 조정하면, 그림 1.44에 있는 화면이 나타난다. 수직 눈금이 화면에 표시되어 있는 것과 같이 1 mA/div에 있다. 수평 눈금 역시 100 mV/div로 화면에 표시되어 있다. DDM의 경우와 마찬가지로 2 mA 수준의 전류값에 대한 전압은 약 625 mV=0.625 V이다. 측정기 사용이 처음에는 어렵게 느껴질 수도 있지만 설명서를 잘 참고하고 조금만 익숙해지면 손쉽게 원하는 결과를 얻을 수 있을 것이다. 이 기기는 앞으로 다룰 장에서도 여러 종류의 소자 특성을 측정하기 위해 여러 번 다루게 될 것이다.

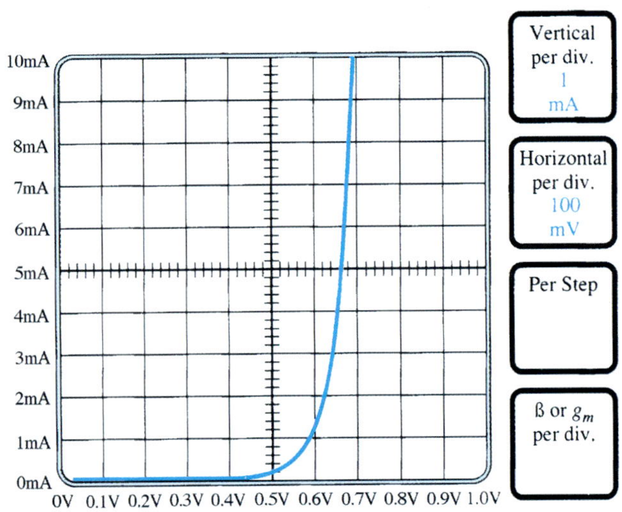

그림 1.44 IN4007 실리콘 다이오드의 커브 트레이서 측정 화면

1.15 제너 다이오드

그림 1.45에 나타난 제너 영역에 대해서는 1.6절에서 자세히 살펴보았다. 이 특성은 V_Z로 표시되는 역방향 바이어스 전압에서 수직에 가까운 형태로 급격히 감소한다. 이렇게 곡선이 수평축으로부터 아래쪽으로 멀어지는 것과 양의 V_D 영역에서 수평축으로부터 위쪽으로 멀어지는 것은 제너 영역에서의 전류가 순방향 바이어스 영역의 전류와 반대 방향임을 의미한다. 제너 영역에서의 기울기는 제너 다이오드의 도통모드에서의 저항과 연관이 있다.

이러한 독특한 특성이 나타나는 영역은 그림 1.46a의 그림 기호에서처럼 제너 다이오드를 나타낼 때 꼭 표시한다. 그림 1.46에는 반도체 다이오드와 제너 다이오드 각각에 대해 전압을 인가하기 위한 극성과 전도의 방향을 알 수 있도록 나타냈다. 반도체 다이오드의 경우, 'on' 상태에서 다이오드는 기호의 화살표 방향과 같은 방향의 전류가 흐른다. 제너 다이오드의 경우는 이 절에서 소개하고 있듯이 전류의 방향이 기호의 화살표 방향과 반대이다. 또한 만약 각각의 소자를 저항 성분으로 간주한다면 전류에 의해 극성이 생기게 되는데, 그림 1.46c와 같이 V_D와 V_Z는 이와 같은 극성을 가진다.

제너 영역의 위치는 도핑 정도를 변화시켜 옮길 수 있다. 불순물을 보다 많이 첨가하여 도핑 정도를 높게 할수록 제너 전압은 낮아진다. 제너 다이오드는 보통 1.8~200 V의 제너 전압을 가지며 1/4 W에서 50 W의 전력을 소모하는 것이 있다. 높은 온도와 전류 용량을 맞추기 위해 제너 다이오드를 보통 실리콘으로 제작한다.

제너 다이오드를 제너 전위에서 수직선으로 나타낸 것은 괜찮은 모델링 방법이다. 그러나 정확한 모델링을 하기 위해서는 그림 1.47에서 나타난 것과 같은 기울기 특성이 필요하다. 이 책에 나온 대다수의 응용회로에서는 직렬 저항성분을 무시하고 등가회로에 V_Z의 DC전원을 넣었다. 제너 다이오드를 사용하는 일부 응용회로에서는 제너 영역과 순방향 영역을 모두 사용하기 때문에 모든 부분에서 제너 다이오드의 동작을 이해하는 것이 중요하다. 그림 1.47을 보면 제너 다이오드의 V_Z 이하의 역방향 바이어스 부분은 일반적인 다이오드와 유사하게 아주 큰 저항으로 모델링되어 있다. 대부분의 응용회로에서는 이 저항이 매우 크기 때문에 등가회로를 고려할 때 개방된 회로처럼 생각하면 된다. 순방향 바이어스 영

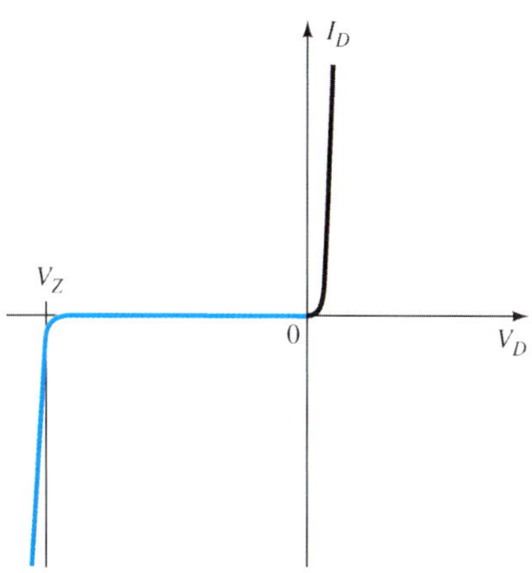

그림 1.45 다시 본 제너 영역

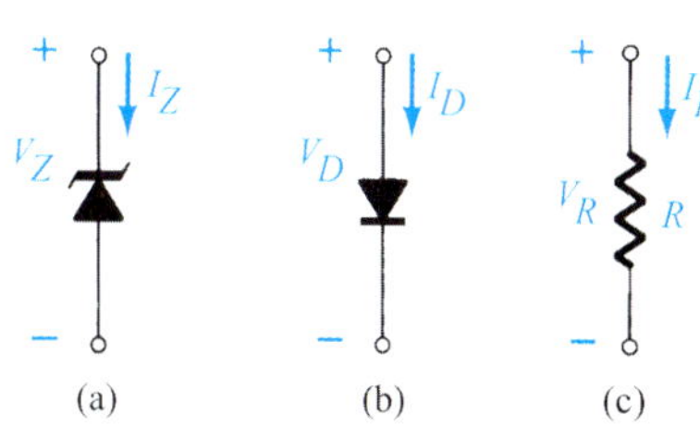

그림 1.46 전도 방향: (a) 제너 다이오드; (b) 반도체 다이오드; (c) 저항체

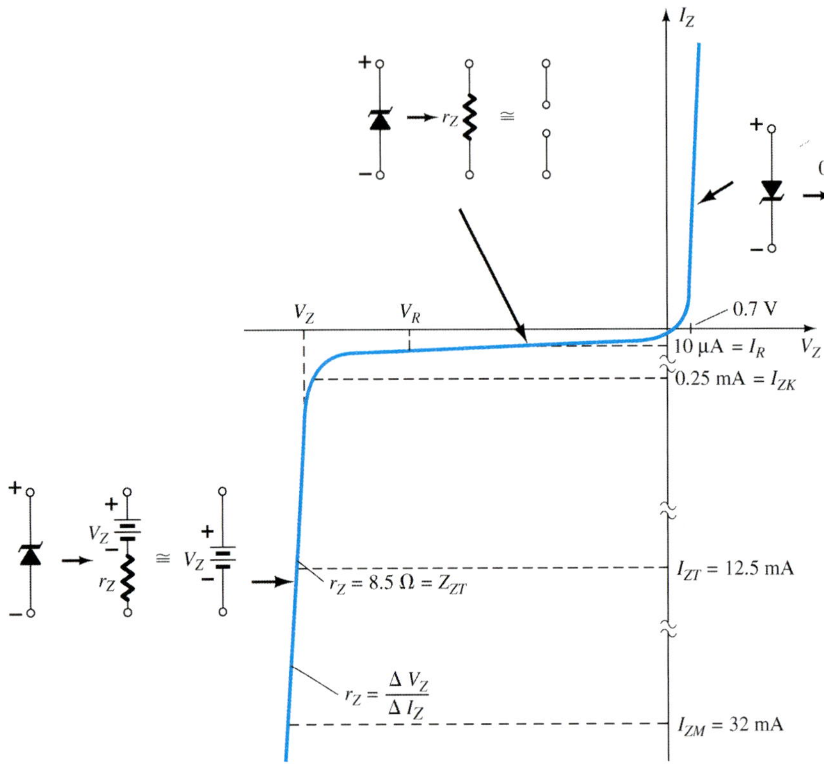

그림 1.47 등가 모델 각 영역에서의 제너 다이오드 특성

역은 앞에서 설명한 일반적인 순방향 바이어스 영역과 거의 동일하다.

10 V, 500 mW, 20% 제너 다이오드에 대한 사양서에서 얻은 제너 특성값이 표 1.8에 나타나 있고, 중요한 파라미터들은 그림 1.48에 나타나 있다. Nominal 항목은 제너 전압의 일반적인 평균값을 가리킨다. 20% 다이오드의 의미는 제너 전압이 10 V± 20%, 즉 8~12 V 사이에서 사용될 수 있다는 것이다. 같은 사양의 10%와 50% 다이오드도 있다. 테스트 전류 I_{ZT}는 1/4 전력값에서 결정되는 전류이다. Z_{ZT}는 이 전류값에서의 동적(dynamic) 저항값으로 전력값에 대해서 다음과 같은 일반적인 식을 갖는다.

$$\boxed{P_{Z_{\max}} = 4I_{ZT}V_Z} \tag{1.13}$$

I_{ZT}를 식에 넣으면 제너 전압은 다음과 같다.

표 1.8 전기적 특성(실내 온도 25°C)

Zener Voltage Nominal V_Z (V)	Test Current I_{ZT} (mA)	Maximum Dynamic Impedance Z_{ZT} at I_{ZT} (Ω)	Maximum Knee Impedance Z_{ZK} at I_{ZK} (Ω)	(mA)	Maximum Reverse Current I_R at V_R (μA)	Test Voltage V_R (V)	Maximum Regulator Current I_{ZM} (mA)	Typical Temperature Coefficient (%/°C)
10	12.5	8.5	700	0.25	10	7.2	32	+0.072

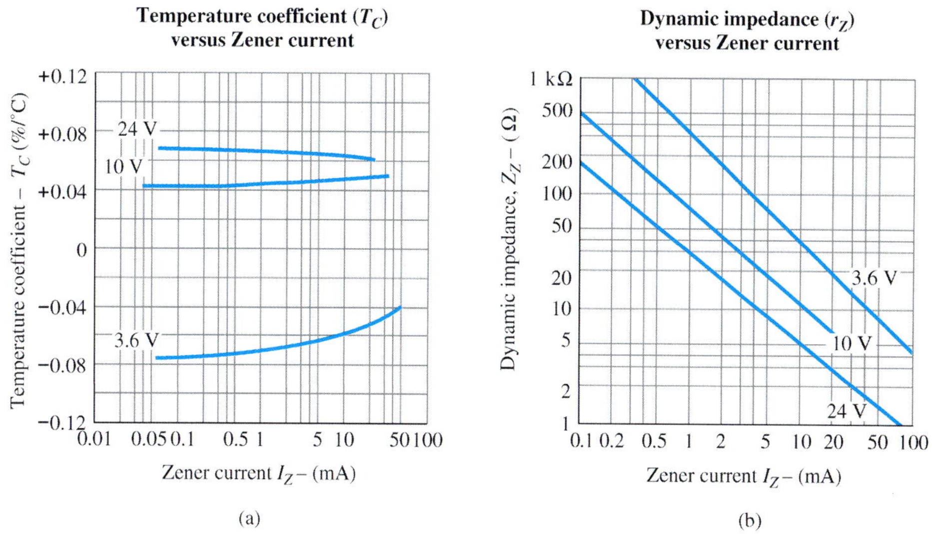

그림 1.48 10 V, 500 mW 제너 다이오드의 전기적 특성 곡선

$$P_{Z_{\max}} = 4I_{ZT}V_Z = 4(12.5\text{ mA})(10\text{ V}) = 500\text{ mW}$$

이 값은 위에서 나온 500 mW의 값과 일치한다. 이 소자에서 동저항의 값은 8.5 Ω으로 많은 응용회로에서 무시되어도 괜찮을 정도의 작은 값이다. 가장 큰 굴곡(knee) 임피던스는 곡선의 중간 부분인 I_{ZK}=0.25 mA일 때의 값으로 정의된다. 위에 설명된 T라는 값은 테스트 값이고 K는 굴곡값을 뜻한다. 전류가 0.25 mA 이하로 떨어지게 되면 저항은 역방향 바이어스 부분에서 커지게 된다. 그러므로 굴곡값은 응용회로에서 무시하지 못할 만한 큰 저항을 가지게 되는 시작값을 뜻한다. 500 Ω=0.5 kΩ은 명백히 고려해야 할 만큼 큰 저항값이다. 역방향 바이어스 전압에서 테스트 전압이 7.2 V인 응용회로는 역방향 포화 전류값이 몇몇 응용회로에서 고려해야 될 만한 크기인 10 μA가 된다. 최대 정류 전류는 제너 다이오드를 정류기(regulator) 형태로 사용할 경우 가능한 최대 연속 전류값이다. 마지막으로 우리는 °C의 %로 나타내는 온도계수(T_C)에 관해 알아보겠다.

제너 다이오드의 제너 전압은 온도에 아주 민감하다.

온도계수는 온도변화로 인한 제너 전압의 변화량을 표시하는 데 사용한다. 식으로 나타내면 다음과 같다.

$$\boxed{T_C = \frac{\Delta V_Z/V_Z}{T_1 - T_0} \times 100\%/°\text{C}} \quad (\%/°\text{C}) \tag{1.14}$$

여기서 T_1은 새로운 온도
T_0는 밀폐된 공간의 실내온도(25°C)
T_C는 온도계수
V_Z는 실온(25°C)에서의 보통 제너 전압

온도계수가 제너 전위에 미치는 영향에 대해 다음 예에서 설명하겠다.

예제 1.5 표 1.8의 특성을 가진 제너 다이오드에 대해 100°C에서의 공칭전압을 구하라.

풀이 식 (1.11)에 값을 대입하면

$$\Delta V_Z = \frac{T_C V_Z}{100\%}(T_1 - T_0)$$
$$= \frac{(0.072\%/°C)(10\text{ V})}{100\%}(100°C - 25°C)$$
$$\Delta V_Z = 0.54\text{ V}$$

새 제너 전위는

$$V_Z' = V_Z + 0.54\text{ V} = \mathbf{10.54\text{ V}}$$

이것은 작은 변화가 아니다.

여기서 온도계수가 양의 값이라는 것은 중요하다. 제너 다이오드에서 제너 전위가 5 V 이하이면 제너 전압이 온도가 증가함에 따라 낮아지는 음의 제너 전위를 갖는다고 보면 된다. 그림 1.48a에서 제너 전류와 T값의 상관관계를 몇몇 다이오드에 대해 나타내고 있다. 여기서 제너 전위가 3.6 V인 제너 다이오드는 음의 온도계수를 가짐을 알 수 있다. 상대적으로 다른 제너 다이오드들은 양의 온도계수를 갖는다.

제너 다이오드의 사태 영역(avalanche region)에서의 전류와 동저항의 관계는 그림 1.48b에 나타나 있다. 또한 이것은 로그스케일 그래프이므로 유의해서 보아야 한다. 처음 부분은 직선이므로 음의 기울기를 갖는 선형관계로 나타난다. 이것은 전류가 두 배가 되면 저항이 1/2배가 된다는 것을 뜻한다. 그러나 이것은 로그스케일 그래프이므로 그림 1.49에 나온 24 V 제너 다이오드를 고려하면 지수 함수적으로 나타나게 된다. 전류가 자주 작을 때 동저항은 약 200 Ω이 되어서 충분히 큰 값을 가짐을 알 수 있다. 그러나 제너 전류가 높을수록 꺾어진 지점 부분에서 멀어져서 약 5 Ω으로 떨어짐을 알 수 있다.

그림 1.49에 여러 종류의 제너 다이오드에 대한 단자의 모양이 나와 있다. 일반 다이오드와 제너 다이오드의 모양은 거의 비슷하다. 제너 다이오드를 이용한 몇몇 응용분야는 2장에서 다룬다.

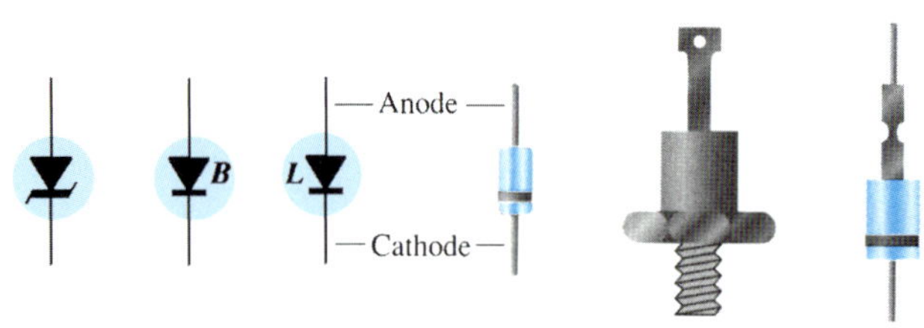

그림 1.49 제너 다이오드의 단자 명칭과 기호

1.16 발광 다이오드

계산기나 시계, 기타 장치 등에 디지털 디스플레이 사용이 증가함에 따라 빛을 발생하는 구조에 관심이 집중되었다. 이를 위해 현재 주로 사용되는 것은 두 종류로 발광 다이오드(LED)와 액정(LCD)이다. LED는 p–n 접합 소자의 일종이고 앞으로 배울 장의 회로에도 등장하게 되므로, 이 장에서 이를 다루고자 한다. LCD는 16장에서 다룬다.

발광 다이오드는 그 이름이 의미하듯이 에너지가 가해졌을 때 가시광선이나 비가시광선(적외선)을 발산하는 다이오드이다. 순방향으로 바이어스 된 모든 종류의 p–n 접합은 반도체 내의 접합 부근에서 정공과 전자의 재결합이 일어난다. 재결합 과정이 일어나려면 결합 전에 자유전자가 가지고 있는 에너지가 다른 형태로 변환되어야 한다. 모든 p–n 접합의 반도체에서는 이러한 에너지가 열이나 빛의 형태로 발산된다.

실리콘이나 게르마늄 다이오드에서는 접합부에서의 재결합 과정 동안 대부분의 에너지가 열의 형태로 발산되어 발생하는 빛의 양은 무시할 정도로 작다.

이 같은 이유로 실리콘과 게르마늄은 LED 소자를 만드는 데 사용되지 않는다. 반면에

갈륨비소를 이용한 다이오드는 p–n 접합에서 재결합 과정에서 적외선(비가시광선)이 방출된다.

빛이 보이지 않더라도 적외선 LED는 가시광선이 필요하지 않는 여러 분야에 이용된다. 보안 시스템과 광학커플링, 차고 문을 열 때와 같이 안전장치를 만들 때 적외선 리모컨을 이용하는 홈 엔터테인먼트 센터를 만드는 것 등에 사용한다.

또한 다른 물질들의 조합은 가시광선을 만들어낸다. 표 1.9는 복합성 반도체들과 그에 해당하는 빛을 나타낸다. 일반적인 순방향 바이어스 전위도 포함하고 있다.

그림 1.50에 기본적인 LED 구조와 LED를 나타내는 심벌이 나타나 있다. p형 물질의 금속 접합부분이 더 작은데 이는 순방향 바이어스일 때 최대한의 광자를 내보내기 위함이다. 순방향 바이어스 접합부분 때문에 발생한 주입된 캐리어의 재결합은 빛을 발산한다. 물론 내부적인 광자 에너지의 흡수도 있지만 그림에 나와 있듯 대부분은 방출된다.

서로 다른 소리는 서로 다른 주파수 특성을 가지고 있듯(높은 음은 높은 주파수 성분을 가지고 있고 낮은 소리는 낮은 주파수 성분들을 가지고 있다) 빛의 방출도 이와 유사하다.

표 1.9 발광 다이오드

Color	Construction	Typical Forward Voltage (V)
Amber	AlInGaP	2.1
Blue	GaN	5.0
Green	GaP	2.2
Orange	GaAsP	2.0
Red	GaAsP	1.8
White	GaN	4.1
Yellow	AlInGaP	2.1

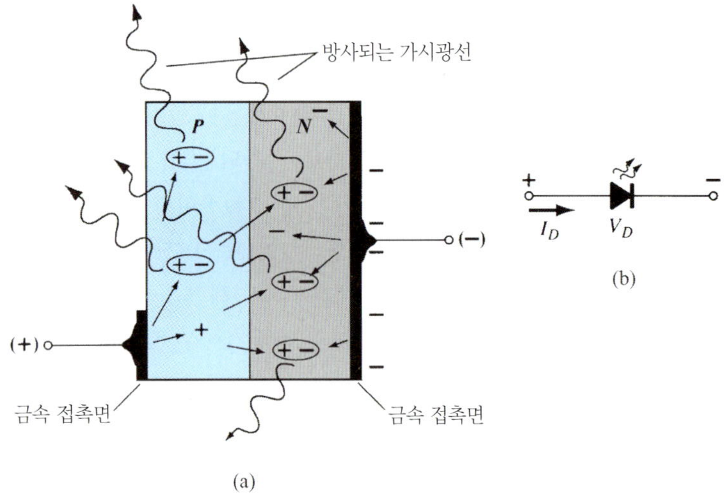

그림 1.50 (a) LED에서 전기광 발광 과정; (b) 기호

적외선의 주파수 스펙트럼은 약 100 THz (T=Tera=10^{12})에서 400 THz까지이고, 가시광선의 스펙트럼은 약 400 THz에서 750 THz까지이다.

비가시광선이 가시광선에 비해 낮은 주파수를 갖는다는 것은 흥미롭다.

일반적으로 전자 발광소자에 대해서 말할 때 주파수보다는 파장을 가지고 이야기한다. 이 두 가지 양은 다음과 같은 식으로 나타낼 수 있다.

$$\boxed{\lambda = \frac{c}{f}} \quad \text{(m)} \tag{1.15}$$

여기서 $c=3\times10^8$ m/s(진공상태에서 빛의 속도)
f=주파수(Hz)
λ=파장(m)

예제 1.6 식 (1.15)를 이용하여 위 가시광선의 주파수 영역에 해당하는 파장의 길이를 구하라.

풀이

$$c = 3 \times 10^8 \frac{\cancel{m}}{s}\left[\frac{10^9\ \text{nm}}{\cancel{m}}\right] = 3 \times 10^{17}\ \text{nm/s}$$

$$\lambda = \frac{c}{f} = \frac{3 \times 10^{17}\ \text{nm/s}}{400\ \text{THz}} = \frac{3 \times 10^{17}\ \text{nm/s}}{400 \times 10^{12}\ \text{Hz}} = 750\ \text{nm}$$

$$\lambda = \frac{c}{f} = \frac{3 \times 10^{17}\ \text{nm/s}}{750\ \text{THz}} = \frac{3 \times 10^{17}\ \text{nm/s}}{750 \times 10^{12}\ \text{Hz}} = 400\ \text{nm}$$

400 nm에서 **7500 nm**이다.

위 예제에서 알 수 있듯이 상대적으로 높은 주파수에서 상대적으로 짧은 파장으로 나왔다는 것에 유의하라. 더욱 높은 주파수의 빛은 상대적으로 짧은 파장을 가진다. 또한 대부분의 표들은 nanometer(nm) 또는 angstrom(Å) 단위를 사용한다. 1Å은 10^{-10} m이다.

보통 사람의 눈은 그림 1.51와 같은 응답특성을 갖는다. 350 nm부터 시작해서 800 nm까지 분포를 갖고 최대치는 550 nm부근이다.

사람 눈의 최대응답이 녹색 부분이고 빨강과 파랑은 종형 곡선의 끝부분에 해당한다는 점이 흥미롭다. 이 곡선은 사람이 볼 때 빨강과 파랑 LED가 녹색 LED와 같은 빛의 세기로 보이기 위해서는 빨강과 파랑 LED가 더욱 강한 빛의 세기를 가져야 한다는 것을 보여준다. 다른 말로 하면 사람 눈은 다른 색깔들보다 녹색에 더욱 민감하다는 것이다. 각 색에 대한 응답이 최고일 때의 파장 길이를 기억하자. 모든 색들은 종 모양 그래프에 나타나 있다. 예를 들면 녹색은 600 nm 대역에서도 나타나지만 낮은 빛의 세기를 가지고 있다.

1.4절에서 다른 물질 보다 높은 1.43 eV의 에너지갭을 갖는 갈륨비소가 가시광선을 만들기에 적합하다고 간단히 언급하였다. 반면에 실리콘은 1.1 eV의 에너지갭을 가지므로 재결합 시 빛보다 열을 더 많이 방출한다고 언급하였다. 에너지갭의 차이에 대한 영향은 한 에너지 준위에서 다른 에너지 준위로 전자를 옮기기 위해 필요한 특정 에너지량으로 설명할 수 있다. 에너지의 양은 다음과 같은 식으로 나타낼 수 있다.

$$\boxed{E_g = \frac{hc}{\lambda}} \tag{1.16}$$

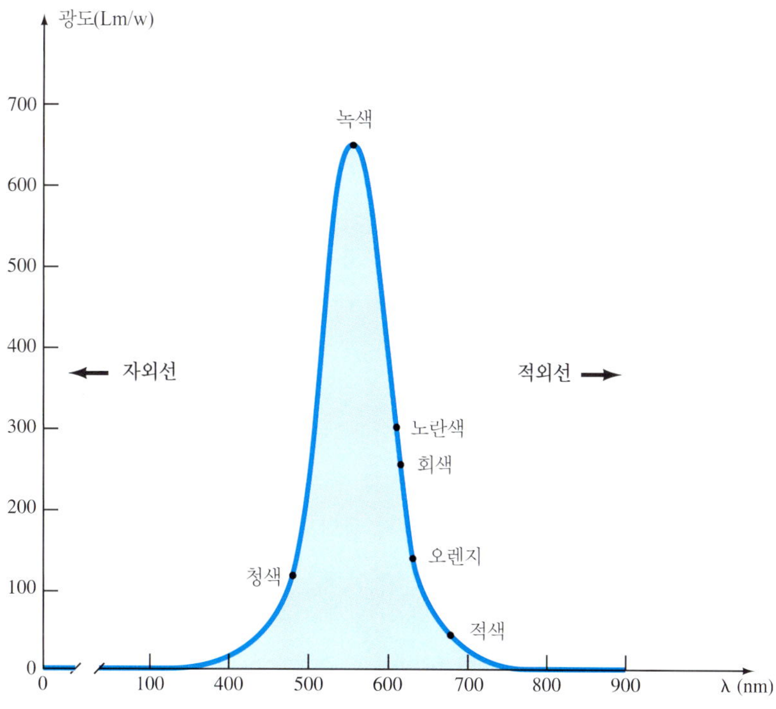

그림 1.51 사람 눈의 일반적 반응 곡선. 사람의 눈은 녹색에서 빛에너지의 피크값을 보이고 청색과 적색에서 낮은 값을 보인다.

여기서 E_g=(J)[1 eV=1.6×10^{-19} J]

h=플랑크 상수=6.626×10^{-34} J · s.

c=3×10^{8} m/s

λ=파장[m]

1.43 eV의 에너지갭 레벨을 위 식에 대입하면 우리는 다음과 같은 파장을 얻을 수 있다.

$$1.43\ \cancel{\text{eV}}\left[\frac{1.6 \times 10^{-19}\ \text{J}}{1\ \cancel{\text{eV}}}\right] = 2.288 \times 10^{-19}\ \text{J}$$

$$\lambda = \frac{hc}{E_g} = \frac{(6.626 \times 10^{-34}\ \text{J}\cdot\text{s})(3 \times 10^{8}\ \text{m/s})}{2.288 \times 10^{-19}\ \text{J}} = \mathbf{869\ nm}$$

실리콘의 경우, E_g=1.1 eV

$$\lambda = \mathbf{1130\ nm}$$

그림 1.51의 영역에서 벗어나 있다.

이것은 갈륨비소가 869 nm로 방출하는 빛이 적외선 영역임을 보여준다. 화합성 반도체인 GaAsP는 1.9 eV의 밴드갭을 갖고 이때 654 nm의 파장을 방출할 수 있다. 이는 빨강의 중심 부분 파장이며 LED 생산을 위한 화합성 반도체로 효과적으로 사용될 수 있음을 보여준다. 그러므로

특정 색에 대한 빛의 파장과 주파수는 물질의 밴드갭 에너지와 연관되어 있다.

그래서 발광을 목적으로 한 화합성 반도체를 생산하기 위한 첫 단계는 물질들을 조합하여 원하는 밴드갭 에너지를 가지도록 하는 것이다.

그림 1.52에는 휴렛팩커드(Hewlett-Packard)사에서 제조되는 초소형 고효율 고체 램프(subminiature high-efficiency solid-state lamp)의 외관과 특성을 나타내었다. 그림 1.52b에서 최대 순방향 전류가 60 mA이고, 평균 순방향 전류는 20 mA가 된다는 것을 알 수 있다. 그러나 그림 1.52c에 나타난 특징들은 10 mA의 순방향 전류가 흐르는 상태에서 측정된 것이다. 순방향 전류가 흐르는 상태에서의 V_D는 V_F로 표시되고 2.2 V에서 3 V 사이의 값을 갖는다. 그림 1.52e를 보면 2.3 V의 전압이 걸리고 10 mA의 전류가 흐르는 상태에서 제대로 된 발광을 하는 것을 알 수 있다. 특히 일반적인 LED 특성에 대해 다음 장에서 설명할 방법과 비슷한 해석방법을 이용하여 설명할 수 있다.

T_A=25°C에서 전기/광학적 특성에 대해 아직 정의되지 않은 용어가 2개 있다. 하나는 축방향 발광 세기(axial luminous intensity) I_V이고, 다른 하나는 발광 효능(luminous efficacy, η_V)이다. 빛의 세기는 칸델라(candela) 단위로 표시한다. 1칸델라(cd)는 4π 루멘스(lm)의 빛의 밝기에 해당하고, 이는 광원에서 1 ft 떨어진 지점 1 ft^{2}의 면적에 1 footcandle의 밝기에 해당한다. 비록 이 설명으로 측정 단위로서의 칸델라의 크기를 명확히 느끼지는 못하겠지만, 이 단위는 빛을 발생하는 소자들을 비교하는 데 사용될 수 있다. 그림 1.52f은 순방

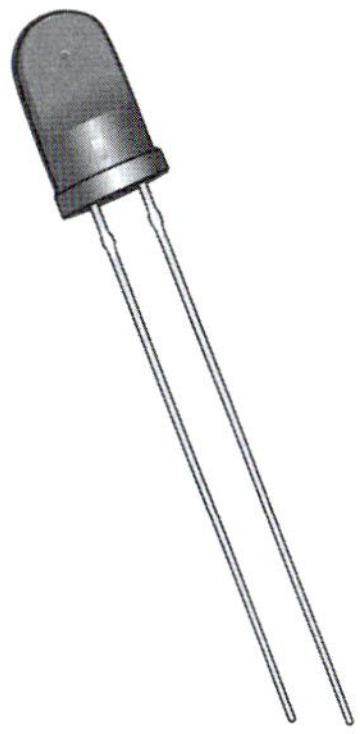

(a)

Absolute Maximum Ratings at T_A = 25°C

Parameter	*High-Efficiency Red 4160*	*Units*
Power dissipation	120	mW
Average forward current	20[1]	mA
Peak forward current	60	mA
Operating and storage temperature range	−55°C to 100°C	
Lead soldering temperature [1.6 mm (0.063 in.) from body]	230°C for 3 s	

NOTE: 1. Derate from 50°C at 0.2 mV/°C.

(b)

Electrical/Optical Characteristics at T_A = 25°C

Symbol	*Description*	*High-Efficiency Red 4160 Min.*	*Typ.*	*Max.*	*Units*	*Test Conditions*
I_V	Axial luminous intensity	1.0	3.0		mcd	I_F = 10 mA
$2\theta_{1/2}$	Included angle between half luminous intensity points		80		degree	Note 1
λ_{peak}	Peak wavelength		635		nm	Measurement at peak
λ_d	Dominant wavelength		628		nm	Note 2
τ_s	Speed of response		90		ns	
C	Capacitance		11		pF	$V_F = 0; f = 1$ Mhz
θ_{JC}	Thermal resistance		120		°C/W	Junction to cathode lead at 0.79 mm (0.031 in.) from body
V_F	Forward voltage		2.2	3.0	V	I_F = 10 mA
BV_R	Reverse breakdown voltage	5.0			V	I_R = 100 μA
η_v	Luminous efficacy		147		lm/W	Note 3

NOTES:

1. $\theta_{1/2}$ is the off-axis angle at which the luminous intensity is half the axial luminous intensity.
2. The dominant wavelength, λ_d, is derived from the CIE chromaticity diagram and represents the single wavelength that defines the color of the device.
3. Radiant intensity, I_e, in watts/steradian, may be found from the equation $I_e = I_v/\eta_v$, where I_v is the luminous intensity in candelas and η_v is the luminous efficacy in lumens/watt.

(c)

그림 1.52 휴렛팻커드사에 의해 제작된 초소형 고효율의 빨간색 반도체 램프: (a) 모양; (b) 절대적인 최대 정격; (c) 전기적, 광학적 특성; (d) 상대 세기 대 파장; (e) 순방향 전류 대 순방향 전압; (f) 상대적 발광 세기 대 순방향 전류; (g) 상대적 효율 대 최대 전류; (h) 상대적 발광 세기 대 각도 범위

향 전류와 빛의 발광 세기에 관한 표준화(normalized) 된 그래프를 보여준다. 표준화란 용어는 특정 레벨에서의 응답을 비교하기 위한 그래프에서 종종 언급된다.

표준화 그래프는 1을 기준값으로 하여 변수의 값들을 그래프에 나타낸 것이다.

그림 1.52f에서 표준화 레벨은 I_F=10 mA로 놓았다. I_F=10 mA일 때의 상대 광도가 1이라고 함을 유념하라. 그래프에서 전류가 15 mA일 때 빛의 세기는 2배가 되고 전류가 20

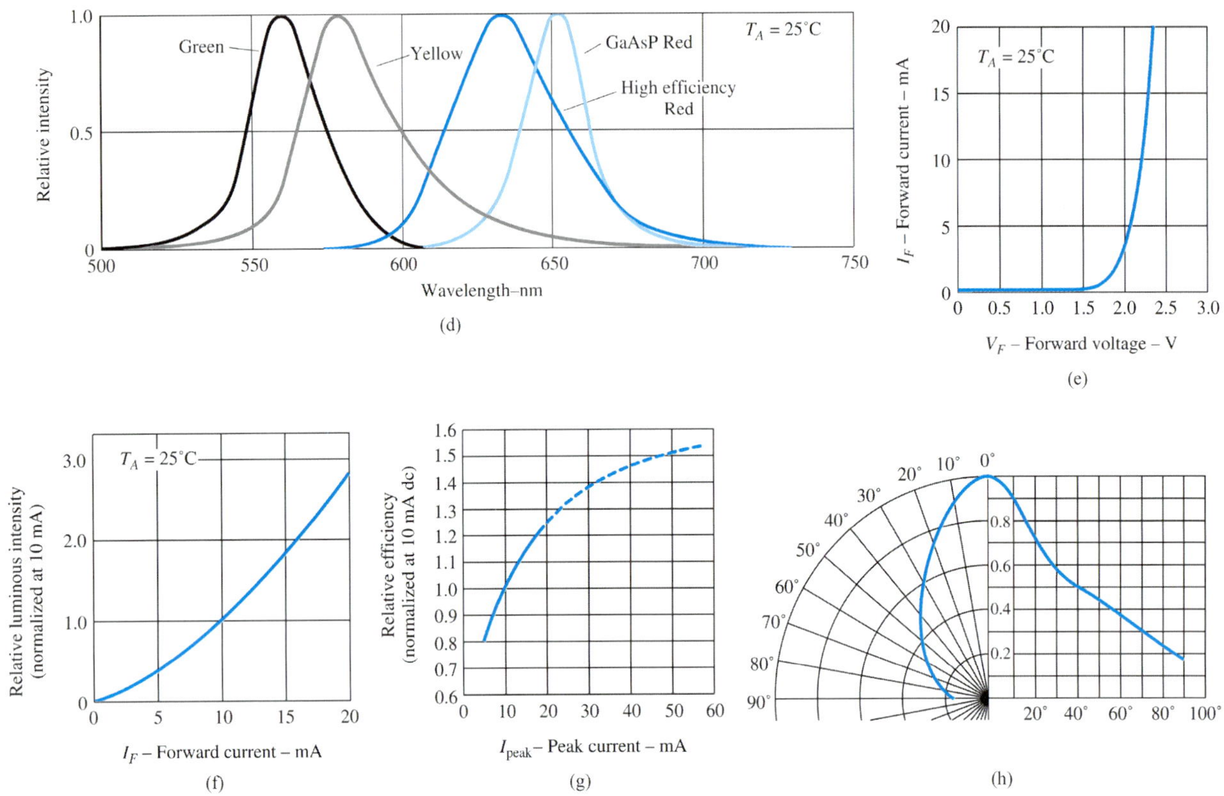

그림 1.52 계속

mA일 때 빛의 세기가 3배가 됨을 알 수 있다. 여기서 중요하게 알고 지나가야 될 사항은

LED의 빛의 세기는 포화상태 이전의 순방향 전류가 증가하면 같이 증가한다.

예를 들면 그림 1.52g에서 LED의 효율을 전류의 크기가 50 mA 이상일 경우까지를 보여준다.

유효성(efficacy)이라는 것은 소자가 원하는 특성을 나타내는 능력으로 정의된다. LED의 경우에는 와트당 발생하는 빛의 루멘스의 크기이다.

그림 1.52d의 그래프는 그림 1.51에 있는 사람 눈의 응답에 대한 정보가 포함되어 있다. 위에서 말했듯이 종 모양의 곡선은 각 색의 파장을 나타낸다. 소자의 최대치가 630 nm 부근에 있다. 이는 GaAsP 빨강 LED의 최대값의 위치와 아주 근접하다. 녹색과 노랑에 대한 곡선은 단순한 참고자료이다.

그림 1.52h는 0°(위에서 본 경우)에서 90°(옆에서 본 경우)까지 각도를 변화시키며 측정한 빛의 세기에 관한 그래프이다. 각도가 40°일 때 빛의 세기가 정면에서의 빛의 세기보다 50% 정도 감소한다.

LED를 사용할 때 주의해야 할 사항은 역방향 항복전압이 일반적으로 3~5 V 사이로 낮다는 것이다(어떤 소자는 10 V의 레벨을 갖는다).

이 값은 최대 수천 볼트의 값을 가지고 있는 상용 다이오드에 비해 무척 작은 값이다. 그 결과 디자인 과정에서 이 같은 제약사항을 염두에 두어야 한다. 다음 장에서는 보호 방법 중 하나를 설명할 것이다.

LED를 포함한 회로를 설계하거나 해석할 때 전압과 전류의 예상 값들에 대해 정보를 가지고 있는 것이 도움이 된다.

여러 해 동안 녹색, 노란색, 오렌지색, 빨간색 LED만을 사용하였으며, 정상 상태 동작에 대한 근사치로 $V_F = 2$ V, $I_F = 20$ mA로 가정하는 것이 가능했다.

그러나 1990년대 초반 파란색 LED가 소개되고 1990년대 후반 흰색 LED가 소개되고 이러한 두 가지 파라미터의 크기는 변하게 되었다. 파란색 LED의 순방향 바이어스 전압은 5 V 정도이고 흰색 LED의 순방향 바이어스값은 4.1 V이다. 또한 일반적인 동작 전류가 20 mA 혹은 그 이상이 되었다. 일반적으로

이러한 종류의 LED에 회로에서 20 mA의 전류가 공급된다고 하면 파랑 LED에 대해 평균 순방향 바이어스 전압은 5 V로 흰색 LED에 대한 평균 순방향 바이어스 전압은 4 V로 가정하면 된다.

어떤 새로운 소자가 소개되면 그 가능성에 대한 문이 열리게 된다. 흰색 LED가 이 예가 될 수 있다. 흰색 LED의 개발에 시동이 늦게 걸린 이유는 흰색이라는 색깔이 녹색, 파란색, 빨간색과 같은 3원색이 아니기 때문이다. 다른 모든 색은 예를 들면 TV의 경우 이 3원색으로 만들 수 있다(가상적으로 시중의 모니터가 다 그렇듯). 빛의 3원색을 모두 합하면 모두 잘 알고 있는 흰색이 만들어진다. 믿기 힘들겠지만 실제로 그렇다. 가장 큰 증거는 빨강, 파랑, 녹색에 가장 민감한 사람의 눈이다. 사람의 두뇌는 눈의 입력을 처리하고 '흰색' 빛을 인식하고 주변의 여러 물체들의 색을 인식한다. 마찬가지로 처음으로 흰색 LED를 만드는데 적당한 비율의 빨강, 파랑, 녹색 3가지 LED를 하나의 패키지에 넣는 방법을 사용하였다. 그러나 오늘날에는 흰색 LED가 yttrium-aluminum garnet(YAG) 인광 필름 아래의 파랑 gallium nitride LED로부터 만들어진다. 파란 빛이 인광물질을 때리게 되면 노란 빛이 생성된다. 이 노란 빛의 방출과 파랑 LED가 합쳐지게 되면 하얀 빛을 만들어 낸다—믿기 어렵겠지만 사실이다.

가정과 사무실에서 백색광을 쓰기 시작한 이후로 우리는 백열등과 형광등을 선택할 수 있었다. 그러나 발광다이오드는 수명이 25,000시간이라는 장점 때문에 미래에는 진정한 경쟁자라고 말한다. 많은 회사는 기능에 따른 발광다이오드 전등을 생산하고 있다. 효율이 몇 년 전까지만 해도 25 lm/W이었던 것이, 최근에 135.7 lm/W로 높아졌다. 이것은 7 W로 1,000 lm의 빛을 낼 수 있는데 60 W 전구보다 빛이 더 밝고 4개의 D셀 건전지로 충분히 사용할 수 있다. 상상해 보라 1/8의 전력으로 똑같은 빛을 낼 수 있다. 현재의 모든 사무실, 백화점, 가로등, 체육관 조명이 모두 발광다이오드로 설계되고 있다. 오늘날 발광다이오드가 일반적인 손전등으로 사용되고 있고 좁고 강한 빛과 적은 직류 전력이 요구되는 많은 고급차에 사용되고 있다. 그림 1.53a에서 전등으로 흔히 집과 공장의 천장에서 사용되는 형광등을 대신한다. 20%의 전력이 감소되고 25% 이상의 밝은 빛을 내고 있을 뿐만 아니

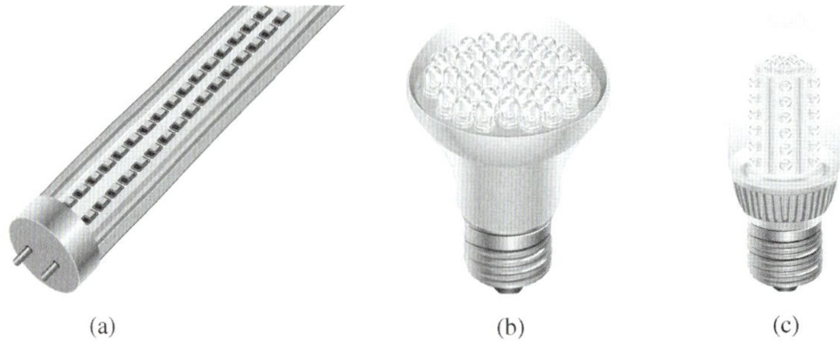

그림 1.53 LED 주거 및 상용등

라 형광등보다 적어도 두 배 이상 수명이 길다. 1.53b의 투광기는 140 lm을 만들기 위해 1.7 W가 필요한데, 백열등보다 90%의 엄청난 전력이 절약된다. 1.53c의 샹들리에 조명은 200 lm의 빛을 오직 3 W만으로 50,000시간을 쓸 수 있다.

이 주제를 마무리하기 전에 우리는 그림 1.54에 DIP(dual in line) 패키지 세븐세그먼트 디지털 표시장치를 보자. 적당한 핀에 대해서 일반적인 5 V 직류를 공급하면 그에 해당하는 LED들이 켜져 숫자를 표시한다. 그림 1.54a에서 핀 숫자는 왼쪽 상단부터 시작해서 반시계방향으로 증가한다. 다다수의 세븐세그먼트 디스플레이는 애노드-공통 또는 캐소드-공통이다. 애노드는 다이오드의 +방향을 나타내고 캐소드는 다이오드의 −방향을 나타낸다. 공통-캐소드 옵션에서 핀의 기능은 그림 1.54b에 나열되어 있고 모양은 그림 1.54c와 같

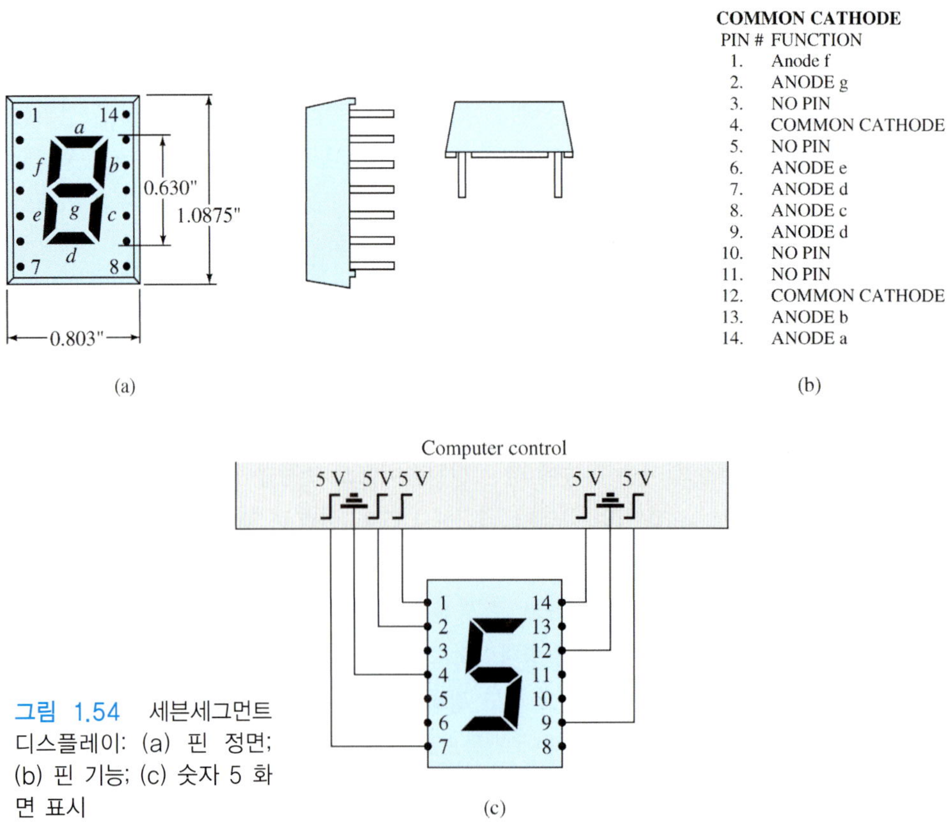

그림 1.54 세븐세그먼트 디스플레이: (a) 핀 정면; (b) 핀 기능; (c) 숫자 5 화면 표시

다. 공통-캐소드 형태에서는 모든 캐소드가 서로 연결되어 LED의 2극에 해한 공통접점을 이루고 있다. 애노드 단자 또는 숫자가 쓰인 핀에 5 V 양전압이 가해진 LED는 켜질 것이고 그 세그먼트에서 빛을 방출할 것이다. 그림 1.54c에서 5 V 전압이 숫자 5를 만들 수 있는 LED에 가해졌다. 각 장치는 순방향 turn-on 전압이 2.1 V이고 전류는 10 mA이다.

여러 종류의 LED형태를 다음 장에서 설명하고 있다.

1.17 요약

중요 결론 및 개념

1. 이상적인 다이오드의 특성은 **한 방향으로만 도통한다는 점**을 제외하고는 간단한 스위의 특성과 거의 일치한다.

2. 이상적인 다이오드는 도통 부분에서는 닫혀 있고 부도통 부분에서는 **개방회로**와 같다.

3. 반도체는 절연체와 도체 **사이**의 전도성을 가지는 물질을 말한다.

4. 근접 원자들과의 **전자 공유**에 의해 유지되는 원자의 결합을 공유결합이라 한다.

5. 온도가 높아질수록 반도체의 자유전자의 수는 크게 **증가**한다.

6. 전자산업에서 대부분의 반도체 물질은 온도가 높아짐에 따라 저항값이 낮아지는 **음의 온도계수**를 가지고 있다. 다시 말해, 온도의 증가에 따라 저항이 낮아진다.

7. 진성(intrinsic) 물질은 불순물의 양이 극히 작은 반도체를 말하고 외인성(extrinsic) 물질은 **도핑 공정**을 거친 반도체를 말한다.

8. n형 물질은 더 많은 자유전자를 가지기 위해 **5가의 공여 원자**(donor atom)를 더해서 만든다. n형 물질은 **전자가 다수 캐리어**이고 정공이 소수 캐리어이다.

9. p형 물질은 더 많은 정공을 가지기 위해 **3가의 수용 원자**(acceptor atom)를 더해서 만든다. p형 물질은 정공이 다수 캐리어이고 전자가 소수 캐리어이다.

10. 다이오드 접합부분 근처에는 캐리어들이 거의 없고 이 부분을 **공핍층**이라 한다.

11. 외부 바이어스가 공급되지 **않으면** 다이오드의 전류는 0이다.

12. 순방향 바이어스 영역에서 다이오드전류는 다이오드에 걸린 전압에 따라 **지수 함수적으로 증가**한다.

13. 역방향 바이어스 영역에서 다이오드의 전류는 제너 항복 전압에 다다르기 이전까지 **아주 작은 역방향 포화 전류**를 가지고 다이오드의 반대 방향으로 흐른다.

14. 역방향 포화 전류 I_S는 온도가 10도 증가할 때마다 2배 증가한다.

15. 다이오드의 직류저항은 다이오드 전압과 **전류값**의 비로 결정되고 다이오드 특성 곡선의 모양에 영향을 **받지 않는다**. 직류저항은 다이오드 전류 또는 전압이 증가할 때 **감소**한다.

16. 다이오드의 교류저항은 다이오드 특성 곡선의 모양에 의존적이고 다이오드 전류 또는 전압이 증가할 때 감소한다.

17. 실리콘 다이오드의 문턱 전압은 약 **0.7 V**이고 게르마늄 다이오드의 문턱 전압은 약 **0.3 V**이다.

18. 최대 전력 소모량은 다이오드 전압과 전류의 곱과 같다.

19. 다이오드의 커패시턴스는 순방향 바이어스 전압이 걸릴 때 **지수 함수적으로 증가**하고 역방향 바이어스 영역에서 최소값을 갖는다.

20. 제너 다이오드의 도통 방향은 심벌의 화살표 방향과 반대 방향이며 제너 전위는 순방향 바이어스된 다이오드의 **반대** 극성을 갖는다.

21. 발광 다이오드(LED)는 2~4 V 사이의 **순방향 바이어스 조건**일 때 빛을 잘 발산한다.

주요 공식

$$I_D = I_s(e^{V_D/nV_T} - 1) \qquad V_T = \frac{kT}{q} \qquad T_K = T_C + 273^\circ \qquad k = 1.38 \times 10^{-23}\,\text{J/K}$$

$V_K \cong 0.7\,\text{V (Si)}$
$V_K \cong 1.2\,\text{V (GaAs)}$
$V_K \cong 0.3\,\text{V (Ge)}$

$$R_D = \frac{V_D}{I_D}$$

$$r_d = \frac{\Delta V_d}{\Delta I_d} = \frac{26\,\text{mV}}{I_D}$$

$$r_{av} = \left.\frac{\Delta V_d}{\Delta I_d}\right|_{\text{pt. to pt.}}$$

$$P_{D_{max}} = V_D I_D$$

1.18 컴퓨터 해석

전자회로 분석을 위해 설계된 두 소프트웨어 패키지가 이 책을 통해 소개하고 설명이 될 것이며 **Candence OrCAD, 버전 16.3**(그림 1.55)와 **Multisim, 버전 11.0.1**(그림 1.56)이 포함되어 있다. 독자들이 컴퓨터 프로그램에 참고자료가 필요 없도록 세부사항들을 충분히 수록하였다. 예전 프로그램을 사용했던 사람들은 처음부터 끝까지, 그리고 구체적인 자료와 구성에서 많은 다른 점을 찾을 수 있을 것이다.

그림 1.55 Candence OrCAD, 디자인패키지 버전 16.3

그림 1.56 Multisim, 버전 11.0.1

두 개의 프로그램이 포함된 이유는 모두 학교에서 주로 사용되고 있기 때문이다. OrCAD 소프트웨어는 폭넓게 연구에 쓰이는 반면 Multisim 소프트웨어는 연구결과를 화면에 잘 표현된다.

OrCAD 데모 버전은 Candace Design Systems 사에서 자유롭게 쓸 수 있고, EMA design Automation사 웹사이트, **info@emaeda.com**에서 다운로드할 수 있다. Multisim은 **National Instruments Corporation**사의 웹사이트인 **ni.com/multisim**에서 구매할 수 있다.

전 판에서는 SPICE가 업계에서 많이 사용된 정교한 버전이었기 때문에 OrCAD 패키지는 **PSpice** 프로그램으로 알려졌다. 결론적으로 OrCAD 소프트웨어 해석을 접하게 될 때 **SPICE**라는 단어로 언급될 것이다.

지금부터 결과창과 함께 각 소프트웨어 패키지의 다운로드 방법을 소개한다.

OrCAD

Installation:

Candence OrCAD 16.3을 열기 위해 **OrCAD Release 16.3** DVD를 디스크 드라이브에 넣어라.

Demo Installation을 누르면 **Welcome to the Installation Wizard for OrCAD 16.3 Demo**라는 문구와 함께 **Preparing Setup** 창이 뜬다. **Next**를 누르면 **Lisense Agreement**이 뜰 것이다. **I accept**를 선택하고 **Next**를 누르면 **Install OrCAD 16.3 Demo Accept C:\OrCAD\OrCAD_16.3 Demo**.

Next를 선택하고, **Start Copying File** 대화상자를 연다. 다시 **Select**를 하고, **Ready to Install Program** 대화상자가 열린다. **Install**를 누르면 **Installing Crystal Report Xii** 박스가 나타난다. **Setup** 대화창이 프롬프트와 열리면: **Setup Install Program**. **Install Wizard**는 바로 OrCAD 16.3 Demo를 설치한다.

완료되면 메시지가 나타난다: **Searching for and adding programs to windows firewall exception list. Generating indexes for Cadence Help. This may take some time** 과정이 끝난 후 **Finish**를 선택하면 **Cadence OrCAD 16.3** 화면이 나타나고 소프트웨어는 설치되었다.

Screen Icon: 화면 아이콘은 (만약 그것이 자동으로 나타나지 않으면) 다음과 같은 순서에 맞추어 설정할 수 있다. **START-All Programs-Cadence-OrCAD 16.3 Domo-OrCAD Capture CIS Demo**이어서 **Send to**를 선택 마우스 우측을 클릭하여 목록이 나오면 **Desktop(create shortcut)**한다. OrCAD 아이콘은 화면에 나타날 때 적절한 경로에 이동시킬 수 있다.

Folder Creation: OrCAD 시작화면을 **Start**할 때 시작 옵션 왼쪽 버튼을 우 클릭한 후, **Hard Driver(C:)**에 **Explore**를 선택한다. 폴더 목록을 마우스에 위치하고 우 클릭하면 **New** 옵션 목록이 있다. 마우스를 우 클릭하여 **New**에 **Folder**를 선택하고, 다음 나타난 화면에 **OrCAD 11.3**을 입력한다. OrCAD에 사용될 생성된 모든 파일 경로가 만들어졌다.

Multisim

Installation:

DVD 디스크 드라이브에 Multisim 디스크를 넣으면 **Autoplay** 대화상자가 생성된다.

자동 실행 시 **NI Circuit Design Suite 11.0** 대화상자가 열리면 다음 **Always do this for software and games**을 선택한다.

제공된 시리얼 번호와 사용될 이름을 입력한다(시리얼 넘버는 NI Circuit Design Suite 팩에 함께 제공된 소유권 문서 증명서에 있다.)

Next를 선택하면 **Destination Directory** 대화상자에 **C:/Program Files(X86) National Instruments\Accept** 한다. **Next**를 선택하면 **Features** 대화상자가 열리면 **NI Circuit Design Suite 11.0.1 Education**을 선택한다.

Next를 선택하면 **Product Notification** 대화상자가 완료되면 **License Agreement** 대화상자를 마우스 좌측을 클릭하고 **Start Installation** 대화상자가 나오면 선택한다. 설치 프로그램이 시작되면 진행률이 보이고 과정은 15분에서 20분 정도 걸린다.

설치를 마치면 **NI Elvismx driver DVD**를 설치할 것인지를 물어본다. 이것은 **Cancel**할 수 있다. 그리고 **NI Circuit Design Suite 11.0.1** 대화상자가 **NI Circuit Design Suite 11.0.1 installed** 메시지가 나타난다. **Finish**를 클릭하면 마무리 과정으로 컴퓨터 재시작을 요청한다. **Restart**를 선택하고 컴퓨터는 꺼졌다가 다시 켜지면 다음에 **Multisim Screen** 대화창이 나타난다.

Activate를 선택한 후 **Activate through secure Internet connection**와 **Activation Wizard** 대화상자가 열린다. **serial nember**를 입력하고 **Next** 누른 후 **NI Activation Wizard** 대화상자에 모든 정보를 입력한다. **Next**를 선택하면 **Send me an email confirmation of this activation**의 옵션이 보인다. 이 옵션을 선택하고 **Product successfully activated** 메시지가 표시된다. **Finish**를 선택하면 과정이 완료된다.

Screen Icon: OrCAD 프로그램과 Multisim은 과정이 동일하다.

Folder Creation: OrCAD 프로그램의 절차가 위에 소개되었고, 폴더 이름은 OrCAD 16.3에서 Multisim 파일이 설치되었다.

다음 장의 컴퓨터 부분에는 OrCAD와 Multisim의 분석 패키지에 회로요소 설정과 결과의 다양한 설정에 세부 내용을 소개할 것이다.

연 | 습 | 문 | 제

1.3 공유결합과 진성물질

1. 구리의 원자구조를 그리고, 왜 좋은 전도체인지 알아보라. 그리고 구리가 게르마늄, 실리콘, 갈륨비소와 어떻게 다른지 알아보라.

2. 자신의 말로, 진성물질, 음온도계수, 공유결합에 대해 정의하라.

3. 참고 도서를 보고, 음온도계수를 갖는 물질과 양온도계수를 갖는 물질을 각각 3개씩 나열하라.

1.4 에너지 레벨

4. a. 12 μC의 전하가 3 V의 전위차를 통해 움직이기 위해 필요한 에너지는 몇 줄(J) 인가?

b. (a)에서 전자전압(eV)의 에너지를 구하라.

5. 만약 3.2 V의 전위값을 통해 어떤 전하가 움직이기 위해 필요한 에너지가 48 eV라면, 그 전하의 전하량은 얼마인가?

6. 참고 도서를 보고 실제 반도체 물질인 GaP, ZnS그리고 GaAsP의 E_g값을 결정하라. 그리고 덧붙여 각 물질의 이름을 결정하라.

1.5 *n*형, *p*형 물질

7. *n*형과 *p*형 반도체 물질의 차이를 설명하라.

8. 공여체와 수용체 불순물의 차이를 설명하라.

9. 다수 캐리어와 소수 캐리어의 차이를 설명하라.

10. 실리콘의 원자구조를 그리고, 그림 1.7에서 실리콘에 대해 제시한 것과 같이 비소를 불순물로 삽입하라.

11. 불순물로 인듐을 삽입하여 문제 10을 반복하라.

12. 참고 도서를 보고 정공과 전자의 흐름에 대한 다른 설명을 찾아라. 그리고 두 설명을 사용하여 정공 유도 과정을 설명하라.

1.6 반도체 다이오드

13. *p–n* 접합 다이오드에서 순방향 바이어스와 역방향 바이어스 조건으로 설정된 조건에 대해서 설명하고, 이들이 전류에 미치는 영향을 설명하라.

14. *p–n* 접합 다이오드의 순방향, 역방향 바이어스 상태를 기억하는 방법에 대해서 설명하라. 즉 어떤 단자에 어떤 전압(양극 혹은 음극)을 인가해야 하는지를 기억하는 방법을 설명하라.

15. a. 온도가 20°C일 때, 다이오드의 열 전압을 구하라.

b. (a)와 같은 다이오드일 때, I_s=40 nA, n=2이고 바이어스 전압이 0,5 V이다. 식 (1.2)를 이용하여 다이오드 전류를 구하라.

*는 다른 문제보다 다소 어려운 문제를 나타낸다.

16. $T=100°C$(물의 끓는점)에 대해서 문제 15를 반복하라. 이때, I_s는 5.0 μA로 증가했다고 가정한다.

17. a. 식 (1.2)를 사용하여 실리콘 다이오드의 전류를 구하라. 이때 온도는 20°C이고, −10 V의 역방향 바이어스에서 $I_s=0.1$ μA이다.

b. 결과는 기대했던 것인가? 그 이유는?

18. 상온(25°C)와 전압 0.5 V에서 다이오드 전류가 8 mA이고, $n=1$일 때, I_s를 구하라.

***19.** 다이오드 전류 6 mA, $V_T=26$ mV, $n=1$이고 $I_s=1$ nA일 때, 전압 V_D를 구하라.

20. a. x를 0~10까지로 하여 함수 $y=e^x$를 그려라.

b. $x=0$에서 $y=e^x$의 값은 얼마인가 ?

c. (b)의 결과를 근거로 하여 식 (1.2)에서 −1이라는 인자가 중요한 이유를 설명하라.

21. 역방향 바이어스 영역에서 실리콘 다이오드의 포화 전류는 약 0.1 μA($T=20°C$)이다. 온도가 40°C로 증가하였을 경우 포화 전류의 근사값을 구하라.

22. 실리콘과 게르마늄 다이오드의 특성을 비교하고 가장 실질적인 응용에서 어떤 것이 나은지를 결정하라. 그리고 이에 대해 자세히 설명하라. 제조회사의 목록을 참고로 하여 비슷한 최대 정격을 가진 게르마늄과 실리콘 다이오드의 특성을 비교하라.

23. 그림 1.19의 특성을 보이는 다이오드 양단의 순방향 양단 전압 강하를 온도가 −75°C, 25°C, 125°C이고, 전류가 10 mA인 경우에 대해서 구하라. 각 온도에서 포화 전류를 구하라. 최대값과 최소값을 비교하고 두 값의 비에 대해서 언급하라.

1.7 이상과 실제

24. 소자나 시스템에 적용된 '이상적' 이라는 단어의 의미를 직접 설명해 보라.

25. '이상적' 인 다이오드의 특성과 소자의 on, off 상태를 어떻게 구분하는지를 직접 설명해보라. 즉 왜 단락회로와 등가 개방회로가 적절한지를 설명하라.

26. 간단한 스위치와 이상적인 다이오드의 특성의 중요한 차이점 중 하나는 어떤 것인가?

1.8 저항 레벨

27. 순방향 전류가 4 mA인 경우, 그림 1.15에 나타난 다이오드의 정적 혹은 직류 저항을 구하라.

28. 순방향 전류 15 mA에 대해서 문제 27을 반복하고 그 결과를 비교하라.

29. 역방향 전압이 −10 V인 경우 그림 1.15에 나타난 다이오드의 정적 혹은 직류저항을 구하라. 그리고 역방향 전압이 −30 V인 경우와 비교하라.

30. 순방향 전류가 10 mA인 경우 그림 1.15에 나타난 다이오드의 직류저항과 교류저항을 계산하고 이 값의 크기를 비교하라.

31. a. 순방향 전류가 10 mA인 경우 식 (1.5)를 사용하여 그림 1.15에 나타난 다이오드의 동(교류)저항을 구하라.

b. 순방향 전류가 10 mA인 경우 식 (1.6)을 사용하여 그림 1.15에 나타난 다이오드의 동(교류)저항을 구하라.

c. (a)와 (b)에서 구한 결과를 비교하라.

32. 식 (1.5)를 사용하여 전류가 1 mA와 15 mA일 때, 그림 1.15에 나타난 다이오드의 교류저항을 결정하라. 그리고 결과를 비교하고 교류저항과 다이오드 전류값을 증가시키는 것과 관련된 일반적인 결론을 전개하라.

33. 식 (1.6)을 사용하여 전류가 1 mA와 15 mA일 때, 그림 1.15에 나타난 다이오드의 교류저항을 결정하라. 낮은 다이오드 전류값에 필요한 식으로 수정하라. 문제 32에서 얻은 결과와 비교하라.

34. 0.6 V와 0.9 V 사이 영역에서 그림 1.15의 다이오드의 평균 교류저항을 구하라.

35. 0.75 V에서 그림 1.15의 다이오드 교류저항을 구하고, 문제 34에서 얻은 평균 교류저항과 비교하라.

1.9 다이오드 등가회로

36. 그림 1.15의 다이오드의 부분선형등가회로를 구하라. 수평축으로는 0.7 V에서 교차하고 0.7 V 이상의 영역에서는 특성 곡선을 가장 잘 근사하는 직선을 사용하라.

37. 그림 1.27 다이오드에 대해서 문제 36을 반복하라.

38. 그림 1.18에 있는 게르마늄과 갈륨비소 다이오드의 부분선형 등가회로를 구하라.

1.10 전이와 확산 커패시턴스

***39. a.** 그림 1.33을 참조하여 −25 V와 −10 V의 역방향 바이어스 전압에서 전이 커패시턴스를 구하라. 전압 변화에 대한 커패시턴스 변화의 비는 얼마인가?

b. 역방향 바이어스 전압이 −10 V와 −1 V인 경우에 대해서 (a)를 반복하라. 그리고 전압 변화에 대한 커패시턴스 변화의 비를 구하라.

c. (a)와 (b)에서 결정된 비를 어떻게 비교하는가?어떤 범위가 실제 적용에 더 적합한가?

40. 그림 1.33을 참조하여 0 V와 0.25 V에서의 확산 커패시턴스를 구하라.

41. 확산 커패시턴스와 전이 커패시턴스의 차이점을 설명하라.

42. 인가한 주파수를 6 MHz라고 하고 0.2 V의 순방향 전압과 −20 V의 역방향 전압에서 그림 1.33의 특성을 가지는 다이오드에 의한 리액턴스를 구하라.

43. V_K=0.7 V, n=1/2일 때, 바이어스를 인가하지 않은 실리콘 다이오드의 전이 커패시턴스는 8 pF이다. 역방향 바이어스 전위가 5 V일 때 전이 커패시턴스를 구하라.

44. 실리콘 다이오드의 전이 커패시턴스가 4 pF이지만 바이어스를 인가하지 않은 레벨이 10 pF일 때, n=1/3이고 V_K=0.7 V이다. 역방향 바이어스 전위를 구하라.

1.11 역방향 회복 시간

45. $t_t=2t_s$이고 전체 역방향 회복 시간이 9 ns라면, 그림 1.57 회로에서 i에 대한 파형을 그려라.

1.12 다이오드 사양서

***46.** 선형 눈금을 사용하여 그림 1.37 다이오드의 I_F 대 V_F 특성을 그려라. 제공된 그림은 수직축에 대해서 로그 눈금을 사용하였음을 유의하라(로그 눈금은 9.2절과 9.3절에서

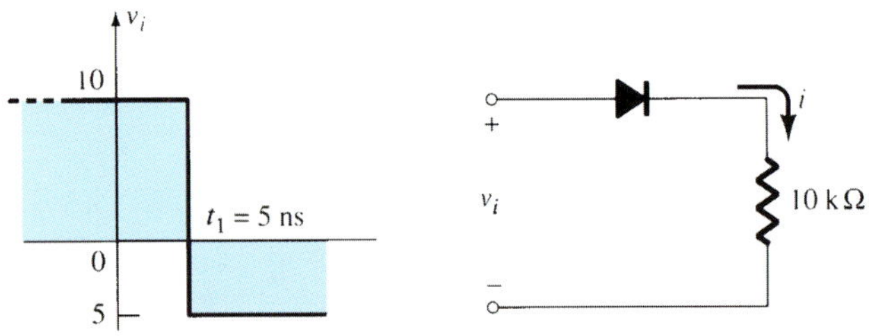

그림 1.57 문제 45

다룬다).

47. a. 그림 1.37의 다이오드에서 역방향 바이어스 전압 증가에 따른 커패시턴스 변화에 대해 설명하라.

b. $C(0)$의 레벨이 무엇인가.

c. V_K=0.7 V일 때, 식 (1.9)를 사용하여 n의 레벨을 구하라.

48. 그림 1.37의 다이오드에서 역방향 바이어스 전압을 −25 V에서 −100 V로 변할 때, 역포화 전류는 많이 변하는가?

***49.** 그림 1.37의 다이오드에 대해서 상온(25°C), 그리고 물의 끓는점(100°C)에 대해서 I_R 값을 결정하라. 많이 변하는가? 온도가 10°C 증가할 때마다 약 두 배가 되는가?

50. 그림 1.37의 다이오드에 대해서 순방향 전류가 0.1 mA, 1.5 mA, 20 mA일 때, 최대 교류(동)저항을 구하라. 값들을 비교하고 그 결과가 이 장의 앞 절에서 유도한 결론을 뒷받침하는지를 언급하라.

51. 그림 1.37의 특성을 사용하여 상온(25°C)과 100°C에서 다이오드의 최대 전력 소모값을 구하라. V_F가 0.7 V로 고정되었다고 가정하면 두 온도 사이에서 I_F의 최대값은 어떻게 변하는가?

52. 그림 1.37의 특성을 사용하여 다이오드 전류가 상온(25°C) 값의 50%가 되는 때의 온도를 구하라.

1.15 제너 다이오드

53. 어떤 제너 다이오드에 대해서 다음의 특성이 정해진다. V_Z=29 V, V_R=16.8 V, I_{ZT}=10 mA, I_R=20 μA, I_{ZM}=40 mA. 그림 1.47에서 제시한 방법에 따라 특성 곡선을 그려라.

***54.** 그림 1.47의 10 V 제너 다이오드가 10.75 V의 공칭전압을 갖기 위한 온도를 구하라 (힌트: 표 1.7 참조).

55. 어떤 5 V 제너 다이오드(25°C 규격)의 공칭전압이 100°C에서 4.8 V로 떨어진다면 이 다이오드의 온도 계수를 구하라.

56. 그림 1.48a의 곡선을 사용하여 20 V 다이오드의 온도 계수가 어느 정도인지 구하라. 그리고 5 V 다이오드에 대해서 반복하라. 이때 0.1 mA 전류와 공칭전류 사이를 선형 눈금으로 가정한다.

57. 그림 1.48b에서 I_Z=10 mA일 때, 24 V 다이오드의 동적 임피던스를 구하라. 그래프가 로그 눈금을 사용하였음을 유의하라.

***58.** 전류가 0.2 mA, 1 mA, 10 mA인 경우, 그림 1.48b의 24 V 다이오드의 동적 임피던스를 비교하라. 그 결과와 이 영역에서의 특성 곡선 형태 사이의 관계에 대해서 설명하라.

1.16 발광 다이오드

59. 그림 1.52e를 참조하여 적당한 V_K를 구하라. 그리고 이를 실리콘과 게르마늄의 V_K값과 비교하라.

60. 게르마늄 E_g=0.67 eV일 때, 물질의 태양응답에 최고점 파장을 구하라. 파장의 광자가 높은 에너지 레벨에 있는가? 낮은 에너지 레벨에 있는가?

61. 그림 1.52의 정보를 사용하여 상대적 발광의 세기가 1.5인 경우 다이오드 양단의 순방향 전압을 구하라.

***62. a.** 최대 전류가 5 mA에서 10 mA로 증가할 때, 그림 1.52 소자의 상대 효율은 몇 % 증가하는가?

b. 동일한 전류 증가량인 30 mA에서 35 mA 증가에 대해 (a)를 반복하라.

c. (a)와 (b)에서 구한 %를 비교하라. 최대 전류를 증가시켜도 거의 이득이 없는 지점은 어디인가?

63. a. 그림 1.52 소자에서 0°의 각 변위에 대해서 발광 세기가 3.0 mcd라면 어떤 각도에서 0.75 mcd가 되는가?

b. 발광 세기가 50% 이하로 떨어지는 각을 구하라.

***64.** 그림 1.52의 고효율 적색 LED의 평균 순방향 전류에 대한 전류 감쇠 곡선을 온도에 의해 결정되었던 것과 같이 그려라(절대적인 최대 정격 참조).

CHAPTER 2

다이오드 응용

학습 목표 CHAPTER OBJECTIVE

- 부하선 해석과 다이오드 회로의 부하선 응용 방법 이해하기
- 직렬, 병렬, 그리고 직렬-병렬 다이오드 회로망의 해석을 위한 등가회로 이해하기
- ac 정현파로부터 dc 신호를 얻기 위한 정류 과정 이해하기
- 클리퍼와 클램퍼 다이오드 구성의 출력 응답 예상하기
- 제너 다이오드의 해석과 응용 범위 이해하기

2.1 개요

1장에서는 반도체 다이오드의 구조, 특징, 모델을 설명하였다. 이 장에서는 실제 적용에 있어 적절한 모델을 사용하여 다양한 구조에 대한 다이오드 지식을 확립하도록 하고 직류와 교류 회로에 있는 다이오드의 기본 작동 패턴을 명확히 이해하도록 한다. 이 장에서 배우는 개념은 이어지는 장에서도 중요하게 사용된다. 예를 들어 트랜지스터의 기본 구조에 대한 설명과 직류 및 교류 영역에서의 트랜지스터 회로 해석에서 다이오드의 개념을 자주 사용하게 될 것이다.

이 장에서는 소자와 시스템 등의 유용한 분야에 대해 설명한다:

일단 소자들의 기본 동작을 이해하고 나면, 다양한 구성의 기능과 출력 응답에 대해 파악할 수 있다.

즉, 전압과 전류에 관한 다이오드의 특성에 대한 기본적인 지식을 갖게 되면 다양한 회로에 적용하여 파악할 수 있다. 따라서 각각의 모델에 대해 소자의 응답을 다시 계산할 필요가 없는 것이다.

일반적으로

다음의 두 가지 방법으로 전자회로를 해석할 수 있다: 실제 특성을 이용하는 것과 소자의 근사 모델을 이용하는 것이다.

다이오드에 대한 내용은 전체 회로의 파라미터와 소자의 특성이 어떻게 상호작용 하는지를 명확하게 설명하기 위해 실질적인 특성으로부터 시작한다. 일단 얻어진 결과가 정확하지 않으므로 모든 특성치를 이용하여 얻어낸 결과를 검증하기 위해 근사적인 모델을 적용한다. 긴 계산과정 없이 전자 시스템의 다양한 소자의 역할과 응답을 이해하는 것이 중요하고, 이는 일반적으로 근사화 과정을 통해 이뤄진다. 이때 근사 과정은 그 자체로 하나의 기술로 발전할 수 있다. 실제 특성을 이용한 결과와 근사 모델을 이용한 결과에는 다소의 차이가 있지만 사양서에 있는 특성도 실제 사용하는 소자의 특성과는 조금 다르다. 달리 말하면, 반도체 다이오드 1N4001의 특성은 같은 종류라도 소자마다 다를 수 있다. 이 변화가 미미하겠지만 이 차이와 근사 해석에 의한 차이를 감안하면 근사 해석이 유효하다고 할 수 있다. 예를 들어 또 다른 소자를 고려해 보자. 100 Ω라고 쓰여 있는 저항이 정확히 100 Ω인가? 인가된 전압이 정확히 10 V인가? 혹은 10.08 V인가? 이러한 허용오차 범위에 의해서 적당한 근사를 통하여 결정하는 응답이 완전한 특성을 사용한 것과 같은 정확성을 가진다고 볼 수 있다. 이 책에서는 불필요하게 복잡한 계산과정을 사용하는 대신에 적당한 근사를 사용함으로써 소자의 실제 지식을 확립하는 것을 목표로 한다. 하지만 자세한 수학적 해석이 필요할 때는 상세한 해석을 제공하고자 한다.

2.2 부하선 해석

그림 2.1의 회로는 가장 간단한 다이오드 구성이다. 이 회로는 실제 특성을 이용하여 다이오드 회로를 해석하는 데 쓰인다. 다음 장에서 우리는 다이오드의 근사 모델을 이용하여 특성치를 바꾸고 이를 비교할 것이다. 그림 2.1의 회로에서 해를 구하는 것은 다이오드의 두 가지 특성치를 모두 만족하는 동시에 우리가 선택한 회로의 파라미터를 만족하는 전류와 전압값을 찾는 과정을 보여준다.

그림 2.2에서 다이오드의 특성치는 회로의 파라미터에 의해 정의된 직선과 축을 공유한다. 인가 부하저항 R에 의해 정의된 수직축과 만나기 때문에 이 선을 부하선(load-line)이라 부른다. 또한 이를 해석하는 것을 부하선 해석(load-line analysis)이라 부른다. 두 곡선이 만

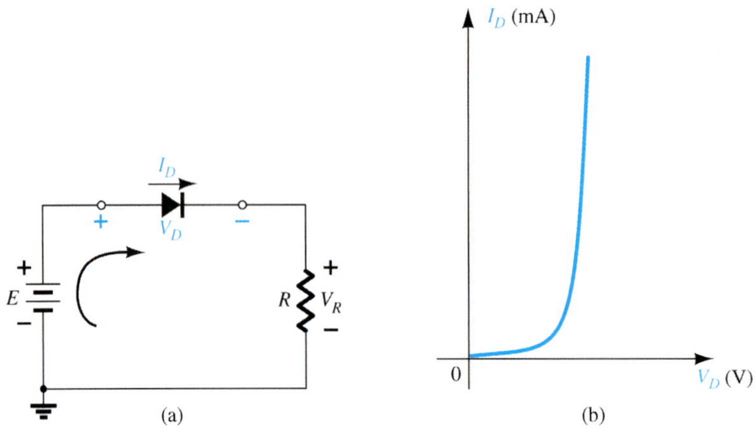

그림 2.1 직렬 다이오드 구성: (a) 회로; (b) 특성

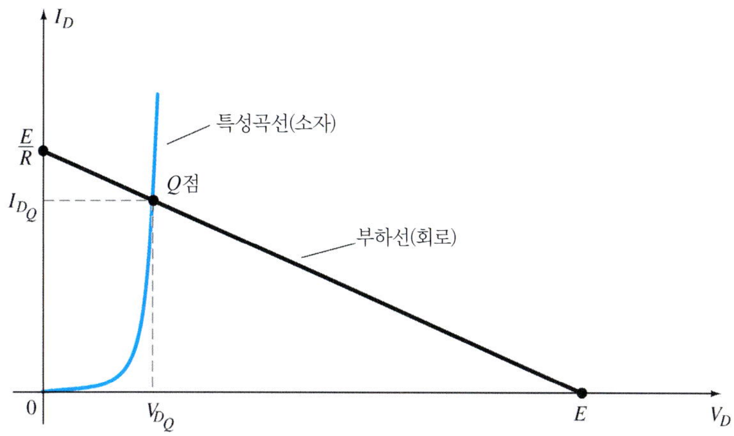

그림 2.2 부하선의 작도와 작동점 찾기

나는 점은 회로의 해와 회로의 전류, 전압값을 정의한다.

특성에 대한 부하선을 그리는 방법을 자세히 설명하기 전에 그림 2.1의 간단한 회로에서 예상되는 응답을 정할 필요가 있다. 그림 2.1에서 직류 전원에 의해 생긴 전기적 '압력' 때문에 시계 방향으로 전류가 흐른다. 이 전류와 다이오드의 화살표가 서로 같다는 것을 통해 다이오드가 'on' 상태에 있고 높은 값의 전류가 흐르고 있다는 사실을 알 수 있다. 즉 인가 전압이 순방향 바이어스 상황을 만들었다. 전류의 방향이 성립되면 다이오드와 저항을 흐르는 전압의 극성이 전류의 방향과 겹쳐진다. V_D의 극성과 I_D의 방향은 다이오드를 순방향 바이어스 상태로 만들어 다이오드를 흐르는 전압이 0.7 V 근처가 되고, 10 mA 정도의 차수나 그 이상의 전류가 흐른다.

그림 2.2에서 부하선이 만나는 부분은 키르히호프의 전압 법칙 시계 방향으로 적용하여 구할 수 있다.

$$+E - V_D - V_R = 0$$

또는

$$\boxed{E = V_D + I_D R} \tag{2.1}$$

이 된다.

식 (2.1)의 두 변수(V_D와 I_D)는 다이오드의 특성을 나타낸 그림 2.2의 그래프에서 두 축에 대한 변수와 같다. 따라서 그림 2.2 위에 겹쳐서 식 (2.1)을 도시할 수 있다.

특성 곡선과 부하선의 교차점은 수평축 I_D=0 A와 수직축 V_D=0 V 위를 지나는 점부터 생각하여 접근하면 쉽게 찾을 수 있다.

우선 식 (2.1)에서 V_D=0 V로 놓고 I_D에 대해 풀면, 수직축 위의 I_D를 알 수 있다. 따라서 V_D=0 V이면 식 (2.1)은 그림 2.2에 나타냈듯이

$$\begin{aligned} E &= V_D + I_D R \\ &= 0\,\text{V} + I_D R \end{aligned}$$

그리고

$$\boxed{I_D = \frac{E}{R}\bigg|_{V_D=0\,\text{V}}} \tag{2.2}$$

와 같이 된다. 이제 식 (2.1)에서 I_D=0 A로 놓고 V_D에 대해 풀면, 수평축 위의 V_D를 알 수 있다. 따라서 I_D=0 A이면 식 (2.1)은 그림 2.2에서와 같이

$$\begin{aligned} E &= V_D + I_D R \\ &= V_D + (0\text{ A})R \end{aligned}$$

그리고

$$\boxed{V_D = E|_{I_D=0\,\text{A}}} \tag{2.3}$$

이 된다. 이렇게 정해진 두 점을 그림 2.2에서와 같이 직선으로 연결한 것이 바로 부하선이다. R(부하)의 값을 바꾸면 수직축을 통과하는 점의 위치가 바뀌게 된다. 결과적으로 부하선의 기울기가 변하게 되며, 소자의 특성 곡선과 부하선의 교점 역시 바뀌게 된다.

이제 우리는 회로에서의 부하선과 소자에서의 특성 곡선을 정의하였다. 이 두 선의 교점이 이 회로에서의 동작점이 된다. 이 작동점에서 수평축으로 내린 수선과 수평축의 교점이 다이오드 전압 V_{D_Q}가 되며, 수직축으로 내린 수선과 수직축의 교점이 바로 I_{D_Q}의 값이 된다. 전류 I_D는 그림 2.1a의 직류회로 전체를 흐르는 전류이다. 이 동작점은 보통 정지점(quiescent point, 약자로 'Q점')이라 하며, 이는 직류회로에서의 움직이지 않고 정지해 있는 성질을 나타낸 것이다.

두 선들의 교점으로 얻어진 해는 식 (2.1)과 식 (1.4)의 연립 방정식으로부터 구한 해와 같다.

$$I_D = \frac{E}{R} - \frac{V_D}{R} \qquad \text{[식 (2.1)에서 유도됨]}$$

$$I_D = I_s(e^{V_D/nV_T} - 1)$$

다이오드의 특성 곡선이 비선형으로 나타나므로 수학적인 방법을 통해 해를 구하기 위해서는 비선형 방법이 필요하다. 위에서 설명한 부하선 해석은 최소의 노력으로 해를 구할 수 있는 방법과, 어떻게 V_{D_Q}와 I_{D_Q}의 값이 정해졌는지에 대해 그림으로 나타낸 설명을 제시해 준다. 다음의 두 예제는 위에서 소개한 방법을 보여주며, 이를 통해 식 (2.2)와 식 (2.3)을 사용해 부하선을 그리는 방법이 더 쉽다는 것을 알 수 있다.

예제 2.1 그림 2.3b의 특성을 가지는 다이오드로 이루어진 그림 2.3a의 직렬 회로에서 다음을 구하라.

a. V_{D_Q}와 I_{D_Q} b. V_R

풀이

a. 식 (2.2): $I_D = \frac{E}{R}\Big|_{V_D=0\,\text{V}} = \frac{10\text{ V}}{0.5\text{ k}\Omega} = 20\text{ mA}$

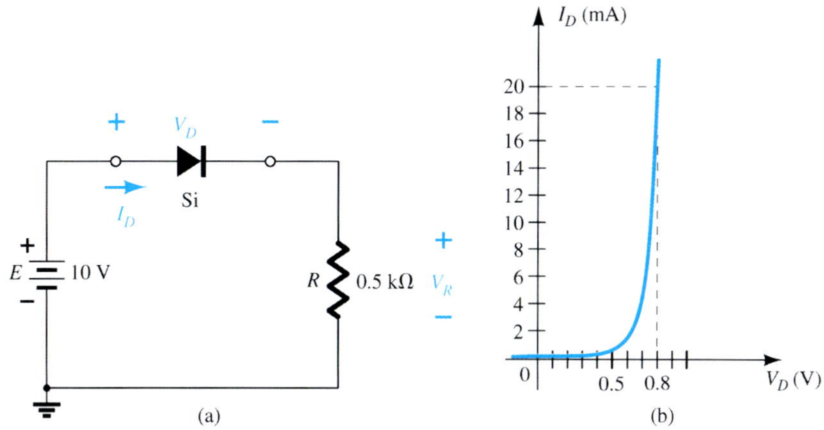

그림 2.3 (a) 회로도; (b) 특성 곡선

식 (2.3): $V_D = E|_{I_D=0\,\mathrm{A}} = 10\ \mathrm{V}$

부하선을 그려보면 그림 2.4와 같다. 이 부하선과 특성 곡선의 교점이 Q점이며 다음과 같은 값을 갖는다.

$$V_{D_Q} \cong \mathbf{0.78\ V}$$
$$I_{D_Q} \cong \mathbf{18.5\ mA}$$

V_D의 값은 추정값이고 I_D의 정확성은 사용된 눈금에 의해 결정된다. 정확성을 높이기 위해서는 작은 눈금을 사용하여 모든 영역을 도시해야 하므로, 매우 큰 그래프가 필요하다.

b. $V_R = E - V_D = 10\ \mathrm{V} - 0.78\ \mathrm{V} = \mathbf{9.22\ V}$

위의 예제에서 언급된 것처럼

다부하선은 오직 적용된 회로에 의해서만 결정되는 반면 특성은 선택된 소자에 의해 정의된다.

우리가 다이오드에 대해 사용하던 모델을 변경하고 회로망를 방해하지 않는다면 부하선의 모양은 위에서 얻어진 것과 일치할 것이다.

예제 2.1은 직류 회로망인 것부터, 그림 2.4의 Q점은 $V_{D_Q}=0.78\ \mathrm{V}$ 그리고 $I_{D_Q}=18.5\ \mathrm{mA}$로 나뉜다. 1장에서는 직류저항은 어떤 특성점이든 $R_{DC}=V_D/I_D$로 정의된다.

Q점의 값을 사용하면서 예제 2.1의 직류저항은

$$R_D = \frac{V_{D_Q}}{I_{D_Q}} = \frac{0.78\ \mathrm{V}}{18.5\ \mathrm{mA}} = 42.16\ \Omega$$

등가회로망(동작상태에서만)은 그림 2.5와 같이 보일 수 있다.

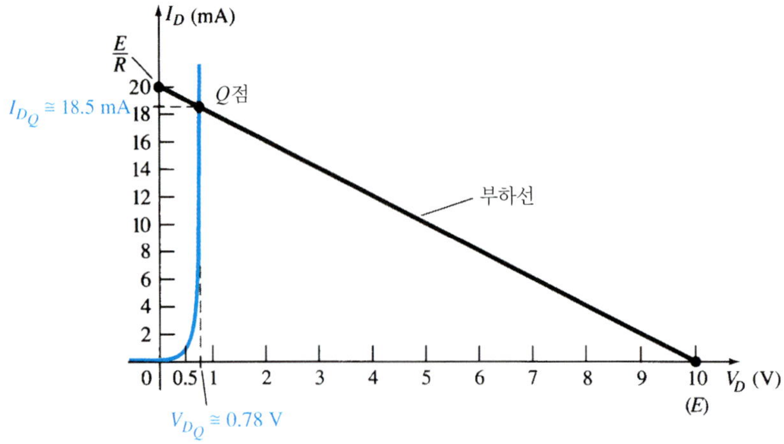

그림 2.4 예제 2.1의 풀이

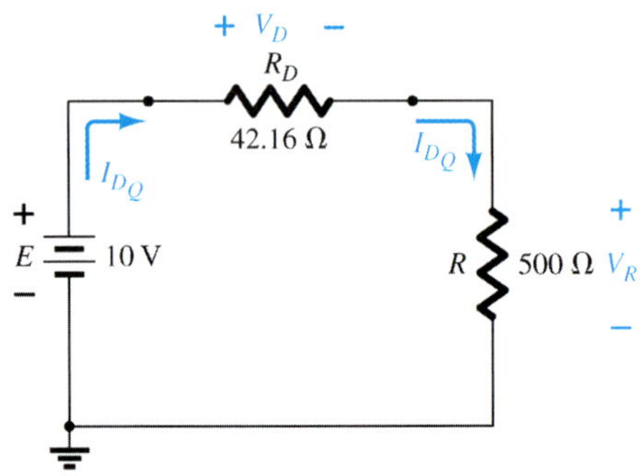

그림 2.5 그림 2.4 등가회로

전류는

$$I_D = \frac{E}{R_D + R} = \frac{10\text{ V}}{42.16\ \Omega + 500\ \Omega} = \frac{10\text{ V}}{542.16\ \Omega} \cong \mathbf{18.5\ mA}$$

그리고

$$V_R = \frac{RE}{R_D + R} = \frac{(500\ \Omega)(10\text{ V})}{42.16\ \Omega + 500\ \Omega} = \mathbf{9.22\ V}$$

예제 2.1의 결과와 같다.

본질적으로, 한번 다이오드의 직류 Q점이 결정되면 직류 등가저항으로 대체 할 수 있다. 등가모델로 특성을 대체하는 개념은 중요하고 우리가 뒤에 장에서 나올 트랜지스터의 교류 입력과 등가모델에서 사용하게 될 것이다. 예제 2.1을 보고 다이오드를 위한 다른 등가모델의 어떤 영향이 있는지 보자.

예제 2.2 실리콘 반도체 다이오드에 대한 근사적 등가 모델을 사용하여 예제 2.1을 반복하라.

풀이 부하선은 예제 2.1에서와 같은 교점을 갖는 그림 2.6으로 다시 그려졌다. 다이오드에 대한 근사적 등가회로의 특성은 또한 같은 그래프 위에 그려진다. 그 결과 Q점은

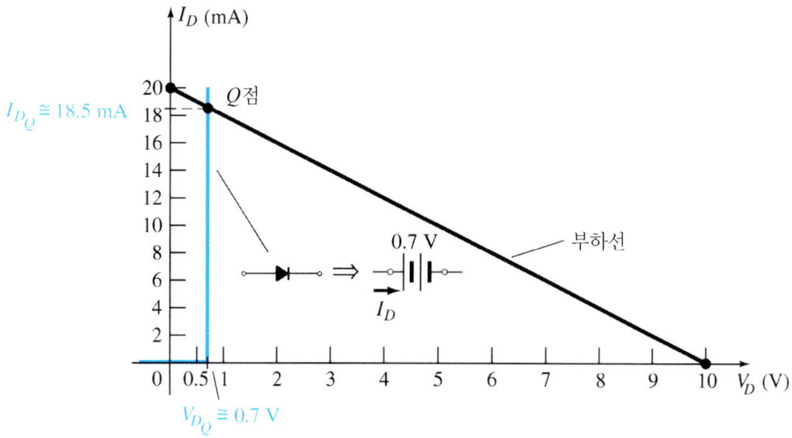

그림 2.6 다이오드 근사 모델을 사용한 예제 2.1의 풀이

$$V_{D_Q} = \mathbf{0.7\ V}$$
$$I_{D_Q} = \mathbf{18.5\ mA}$$

이다.

예제 2.2의 결과는 상당히 흥미롭다. 그림 2.4에서 본 바와 같이 예제 2.1에서보다 훨씬 그리기 쉬운 특성 곡선을 사용했는데도 I_{D_Q}의 값은 예제 2.1에서와 같다. V_D=0.7 V는 예제 2.1에서 구한 0.78 V에 비해 백 분의 몇 볼트 차이가 있지만 같은 회로의 다른 노드 전압과 비교해 보면 같은 값으로 간주해도 무관하다.

이런 상황에서는 Q점의 직류저항은

$$R_D = \frac{V_{D_Q}}{I_{D_Q}} = \frac{0.7\ \text{V}}{18.5\ \text{mA}} = 37.84\ \Omega$$

모든 특성에서 여전히 비교적 가깝다.

다음 예제에서 우리는 한 걸음 더 나아가 이상적 모델을 이용한다. 결과는 이상적인 등가회로를 적절히 응용하기 위해 만족되어야 하는 조건을 보여준다.

예제 2.3 이상적인 다이오드의 모델을 이용하여 예제 2.1을 반복하라.

풀이 예제 2.2에서와 같은 교점을 갖는 부하선을 그림 2.7에 다시 그렸다. 다이오드의 근사 등가 모델에 대한 특성 곡선을 같은 그래프 상에 그렸다. 그 결과 Q점은 다음과 같다.

$$V_{D_Q} = \mathbf{0\ V}$$
$$I_{D_Q} = \mathbf{20\ mA}$$

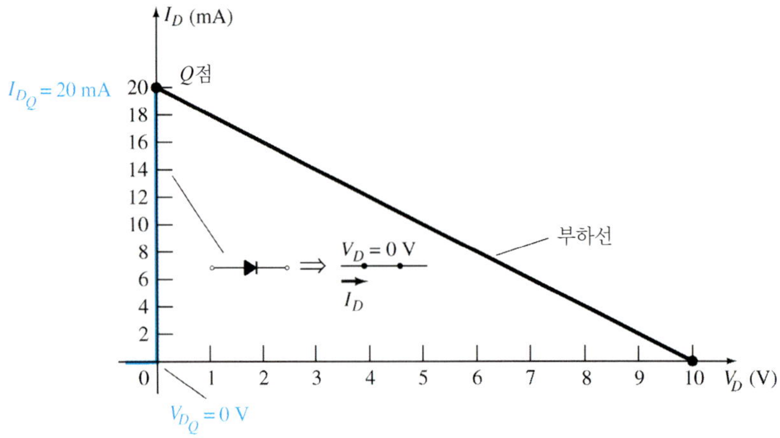

그림 2.7 이상적인 다이오드 모델을 사용한 예제 2.1의 풀이

앞 예제의 결과는 예제 2.1과는 매우 달라서 올바른 결과인지 의심스럽다. 이는 회로의 다른 전압에 대한 상대적인 전압과 전류를 나타낸 것으로, 예제 2.2와 같이 0.7 V의 오프셋 전압을 넣어주는 것만으로도 보다 적절한 결과를 얻을 수 있다.

그러므로 이상적인 다이오드 모델은 인가전압이 문턱전압 V_K 보다 상당히 커서 다이오드의 역할이 수십 분의 일 볼트 정도의 전압 차보다는 훨씬 중요한 경우에 사용해야 한다. 다음의 몇몇 절에서는 단지 V_K 근처의 전압 변화에 민감하게 변하는 전압 때문에 근사 모델을 사용한다. 그 이후의 절에서는 인가된 전압이 보통 V_K 보다 훨씬 큰 값들이기 때문에, 또한 다이오드의 역할을 올바르고 명확하게 이해시키는 것을 돕기 위해서 이상적인 모델을 더 많이 사용한다.

$$R_D = \frac{V_{D_Q}}{I_{D_Q}} = \frac{0\ \text{V}}{20\ \text{mA}} = 0\ \Omega \text{ (or a short-circuit equivalent)}$$

2.3 직류 입력을 갖는 다이오드의 직렬 구성

앞 절에서 다이오드의 선형 근사 모델을 이용한 결과가 실제 다이오드의 특성 곡선을 이용한 결과와 거의 같다는 것을 보았다. 실제로 허용오차, 온도 등 여러 변수 요인을 감안하여 계산을 하면 보다 정확한 결과를 구할 수도 있다. 그러나 근사 모델은 원하는 결과를 구하는 데 필요한 시간과 수고를 덜어 준다. 따라서 이 책에서도 특별히 언급하지 않는 한 근사 모델을 이용한다.

이 책의 가장 큰 목적은 넓은 범위에 걸친 수학적 요구 사항을 최소화하는 방향으로 소자의 행동, 특성, 그리고 응용 가능 범위에 대한 지식을 발달시키는 것이다.

이 절의 모든 해석은 아래와 같은 가정을 한다.

다이오드의 순방향 저항은 보통 해당 회로망의 다른 직렬 저항에 비하여 매우 작기 때문에 무시할 수 있다.

이는 다이오드를 이용하는 대부분의 경우에 적절한 가정이다. 위의 사실을 이용한 결과는 표 2.1에 있는 실리콘 다이오드와 이상적인 다이오드의 근사적인 등가 모델로 나타난다. 전기가 통하는 영역에 대해서 실리콘 다이오드와 이상적인 다이오드의 차이점은 그 특성이 수직축이 옮겨졌다는 것뿐이다. 이는 순방향 전류의 반대 방향으로 0.7 V의 직류 전원을 공급받는 등가 모델로 설명할 수 있다. 실리콘 다이오드에서의 0.7 V보다 작은 전압과 이상적인 다이오드에서의 0 V 전압에서의 저항은 회로망의 다른 소자들에 비해 저항이 아주 커서 등가회로는 개방회로가 된다.

게르마늄 다이오드는 오프셋 전압이 0.3 V이고 갈륨비소 다이오드에 대해서는 1.2 V이다. 그렇지 않은 경우에 등가회로는 같다. 실리콘(Si), 게르마늄(Ge), 갈륨비소(GaAs)라 이름 붙은 각각의 다이오드는 다이오드 기호를 통해서 구분한다. 표 2.1에서와 같이 이상적인 다이오드로 구성된 회로에서는 아무런 기호 없이 사용한다.

이제 근사 방법을 이용하여 직류 입력을 갖는 직렬 다이오드 회로를 해석한다. 이 내용은 앞으로 나올 장과 절의 다이오드 해석의 기초가 된다. 여기서 다룰 내용은 다이오드의 개수나 구성에 관계없이 모두 적용할 수 있다.

다이오드의 구성을 해석할 때 가장 먼저 해야 하는 것은 다이오드의 상태를 파악하는 것이다. 어떤 다이오드가 'on' 상태이고 어떤 다이오드가 'off' 상태인지 알아야 한다. 일단 상태가 결정되면, 2.3절에서 정의한 다이오드의 근사 모델로 교체하고 회로의 다른 부분의 전압과 전류를 계산한다.

일반적으로, 인가된 전원에 의해 흐르는 전류가 다이오드 기호의 화살표 방향과 일치한다면 다이오드는 'on' 상태에 있다. 실리콘의 경우 $V_D \geq 0.7$ V, 게르마늄의 경우 $V_D \geq 0.3$ V, 갈륨비소의 경우 $V_D \geq 1.2$ V이다.

각 구성에서 다이오드를 저항이라 생각하고 인가한 전압에 의해 흐르는 전류의 방향이 어떻게 되는지 확인해야 한다. 만약 전류의 방향이 다이오드 기호의 화살표 방향과 일치하면 다이오드는 전도되고 'on' 상태가 된다. 물론 이때 인가된 전압은 다이오드의 문턱전압(V_K)보다 커야 한다.

다이오드가 'on' 상태일 때는 다이오드의 기호 옆에 0.7 V의 전압 강하를 표시하거나 표 2.1의 V_K 등가회로로 대체한다. 나중에는 단순히 0.7 V의 전압 강하를 표시하는 것이 좋겠지만, 처음에는 전압과 전류를 분명히 판단하기 위해 등가회로로 대체해야 한다.

2.2절에서 다루었던 그림 2.8의 직렬 구조를 예로 들어보자. 먼저 그림 2.9a와 같이 다이오드를 저항이라 생각하고 다이오드의 상태를 파악한다. 전류 I의 방향이 다이오드 기호의 화살표와 일치하고, 인가한 전압 $E > V_K$이므로 다이오드는 'on' 상태이다. 따라서 그림 2.9b와 같이 순방향 전압이 인가된 실리콘 다이오드의 등가회로로 대체한다. V_D의 방향은 다이오드 대신 저항을 대체하였을 때의 전압 방향과 일치한다. 결과적으로, 전압과 전류를 구하면 다음과 같다.

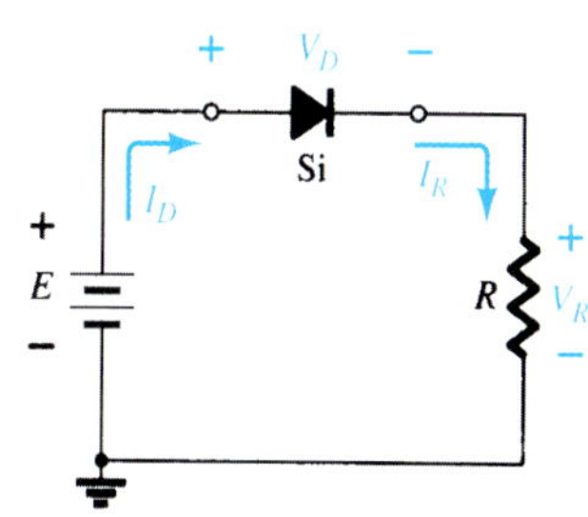

그림 2.8 직렬 다이오드 구성

표 2.1 근사 및 이상적인 반도체 다이오드 모델

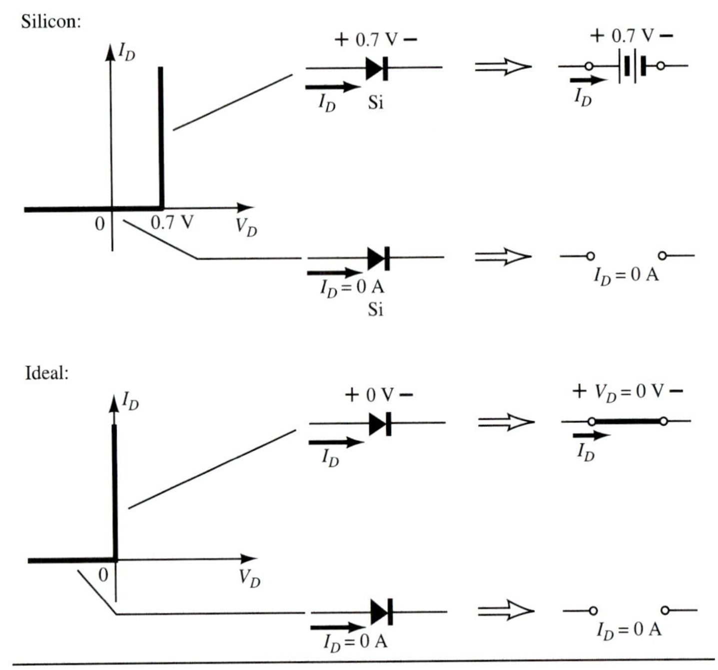

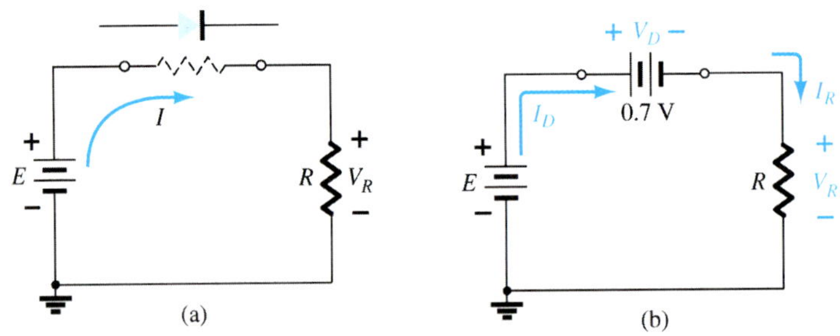

그림 2.9 (a) 그림 2.8의 다이오드의 상태 결정; (b) 그림 2.9a의 'on' 다이오드를 등가 모델로 대체

$$\boxed{V_D = V_K} \tag{2.4}$$

$$\boxed{V_R = E - V_K} \tag{2.5}$$

$$\boxed{I_D = I_R = \frac{V_R}{R}} \tag{2.6}$$

그림 2.10은 그림 2.7에서 다이오드의 방향을 바꾼 회로이다. 다이오드를 그림 2.11과 같이 저항이라 생각하면 전류의 방향이 다이오드 기호의 화살표 방향과 일치하지 않는 것을 볼 수 있다. 다이오드는 'off' 상태가 되어 그림 2.12의 등가회로와 같게 된다. 다이오드는

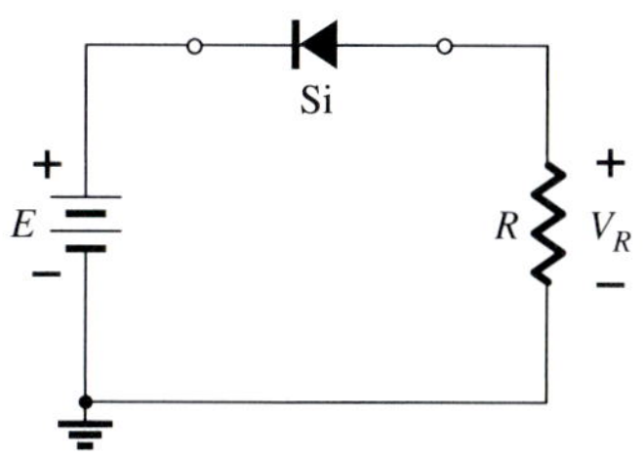

그림 2.10 그림 2.8의 다이오드를 역배치

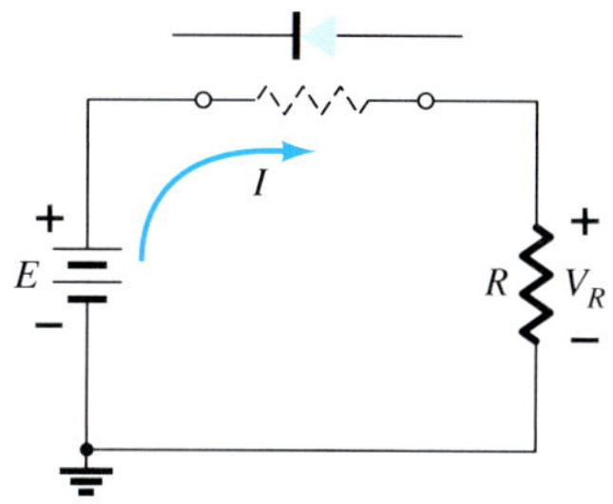

그림 2.11 그림 2.10의 다이오드의 상태 결정

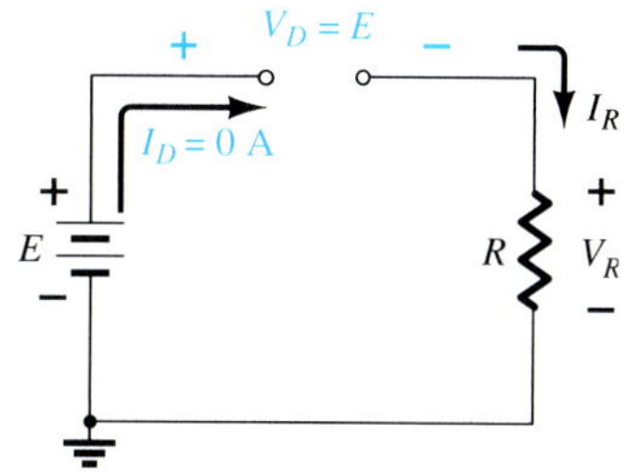

그림 2.12 그림 2.10 'off' 다이오드를 등가 모델로 대체

개방회로로 대체되므로 다이오드 전류는 0 A가 되고, 저항에 걸리는 전압은 다음과 같다.

$$V_R = I_R R = I_D R = (0\text{ A})R = \mathbf{0\ V}$$

V_R=0 V이면 키르히호프의 법칙에 따라 개방회로에는 전압 E가 걸리게 된다. 키르히호프의 법칙은 어떠한 조건, 즉 직류, 교류, 임의의 값, 펄스파에 상관없이 항상 성립한다.

예제 2.4 그림 2.13과 같은 직렬 회로 구성에서 V_D, V_R, I_D를 구하라.

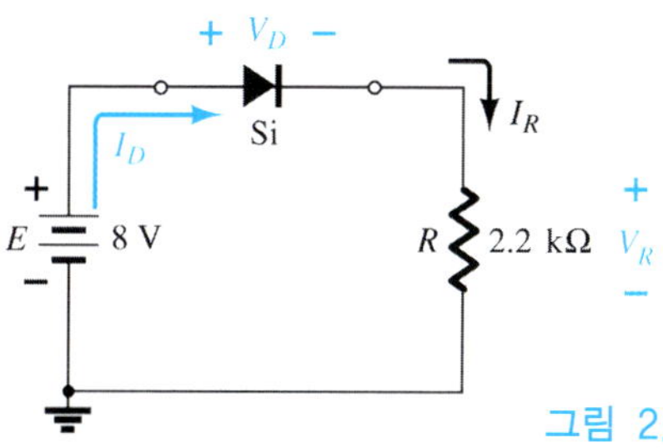

그림 2.13 예제 2.4의 회로

풀이 인가된 전압에 의해 시계 방향으로 전류가 형성되고, 이는 다이오드 기호의 화살표와 같은 방향이므로 다이오드는 'on' 상태이다.

$$V_D = \mathbf{0.7\ V}$$

$$V_R = E - V_D = 8\text{ V} - 0.7\text{ V} = \mathbf{7.3\ V}$$

$$I_D = I_R = \frac{V_R}{R} = \frac{7.3\text{ V}}{2.2\text{ k}\Omega} \cong \mathbf{3.32\ mA}$$

예제 2.5 다이오드의 방향을 바꾸고 예제 2.4를 다시 풀어라.

풀이 다이오드가 없다고 가정하면, 전류의 방향은 다이오드 기호의 화살표 방향과 반대가 되므로 다이오드는 종류에 관계없이 개방회로로 근사할 수 있다. 즉 회로는 그림 2.14와 같이 되고 I_D=**0 A**이다. V_R=$I_R R$이므로 V_R=(0)R=**0 V**이다. 키르히호프의 전압 법칙에 의하여 다음과 같다.

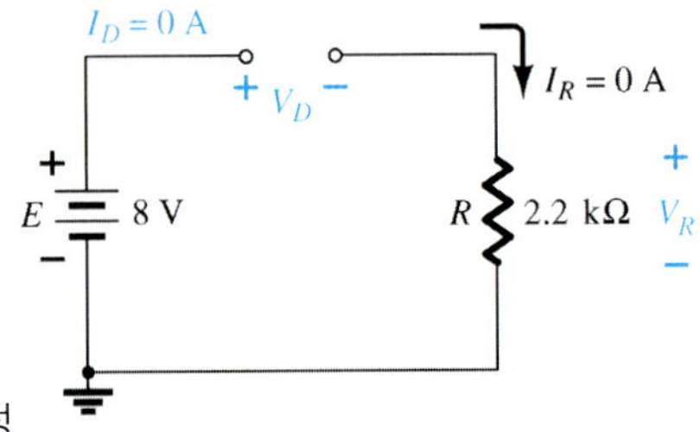

그림 2.14 예제 2.5의 미지수 결정

$$E - V_D - V_R = 0$$
$$V_D = E - V_R = E - 0 = E = \mathbf{8\ V}$$

예제 2.5에서 다이오드가 'off' 상태에 있어도 양단은 큰 전압이 걸릴 수 있다. 즉 전류는 0이지만 걸리는 전압은 클 수 있다. 뒤에서 다룰 회로 해석에서 다음의 사실이 중요하다.

개방회로에서는 양 끝 단자에 어떤 전압도 걸릴 수 있지만 흐르는 전류는 항상 0 A이다. 단락회로는 양 끝 단자에 전압 강하가 0 V 일어나지만 전류는 오직 회로망의 구성에 따라 제한된다.

다음 예제에서는 인가한 전압을 표시하기 위해 그림 2.15와 같은 방법으로 표시할 것이다. 실제 제조회사에서도 공통으로 사용하는 표기법이므로, 이 표기법에 익숙해져야 한다. 4장에서 이러한 표기법과 다른 종류의 전원에 대해 더 다룬다.

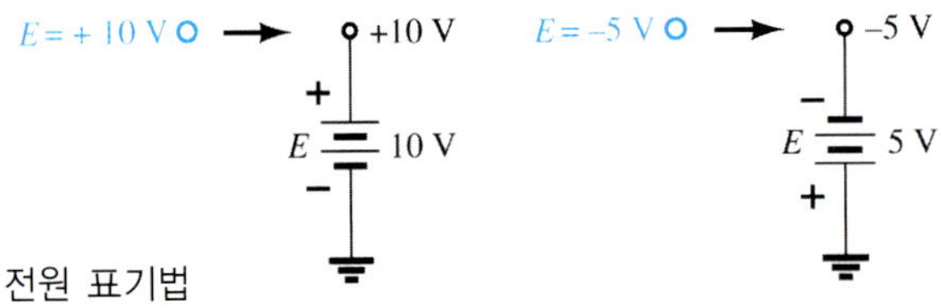

그림 2.15 전원 표기법

예제 2.6 그림 2.16의 다이오드 구성에서 V_D, V_R, I_D를 구하라.

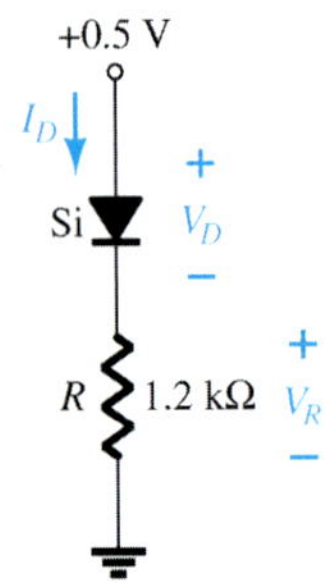

그림 2.16 예제 2.6의 직렬 다이오드 회로

풀이 비록 전류의 방향이 다이오드 기호와 일치하여도 인가된 전압이 다이오드를 'on' 상태로 만들 만큼 크지 않다. 따라서 다이오드는 'off' 상태이고, 특성 곡선에 이 다이오드의

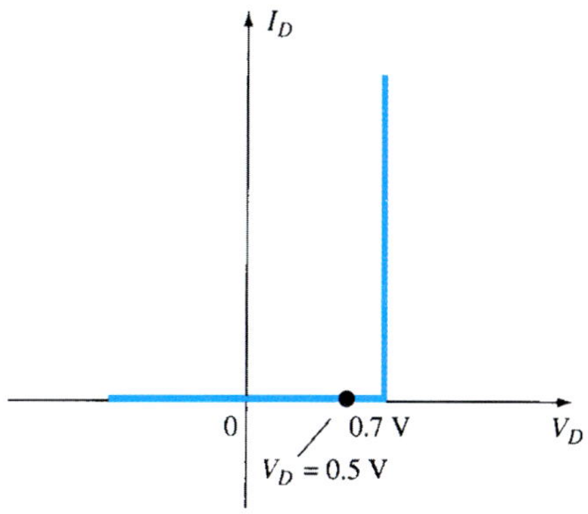

그림 2.17 $E=0.5\,\text{V}$일 때 E의 동작점

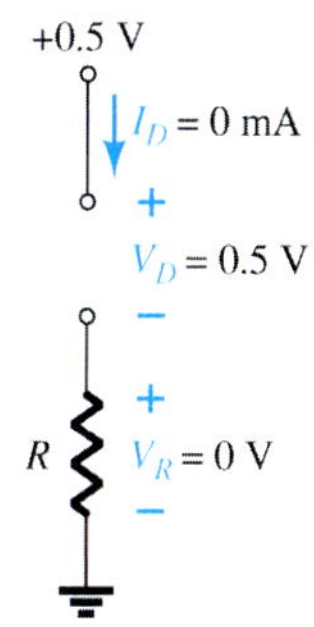

그림 2.18 그림 2.16 회로의 I_D, V_R, V_D 결정

동작점을 표시하면 그림 2.18과 같게 되어 다이오드를 개방회로로 근사해야 한다. 결국 정해진 전압과 전류는 다음과 같다.

$$I_D = \mathbf{0\,A}$$
$$V_R = I_R R = I_D R = (0\,\text{A})\,1.2\,\text{k}\Omega = \mathbf{0\,V}$$
$$V_D = E = \mathbf{0.5\,V}$$

예제 2.7 그림 2.19의 직렬 구성에서 V_o, I_D를 구하라.

풀이 예제 2.4와 같은 방법으로 전류의 방향이 두 다이오드의 화살표 기호와 일치하는 것을 알 수 있다. 그리고 인가한 전압은 두 다이오드의 'on' 전압보다 크게 되어 그림 2.20과 같게 된다. $E=12\,\text{V} > (0.7\,\text{V}+1.8\,\text{V}$ [표 1.8]$)=2.5\,\text{V}$이다. 다시 나타낸 12 V의 전압원과 680 Ω에 걸리는 출력전압 V_o의 방향에 주의해야 한다. 구한 전압은 다음과 같다.

$$V_o = E - V_{K_1} - V_{K_2} = 12\,\text{V} - 2.5\,\text{V} = \mathbf{9.5\,V}$$
$$I_D = I_R = \frac{V_R}{R} = \frac{V_o}{R} = \frac{9.5\,\text{V}}{680\,\Omega} = \mathbf{13.97\,mA}$$

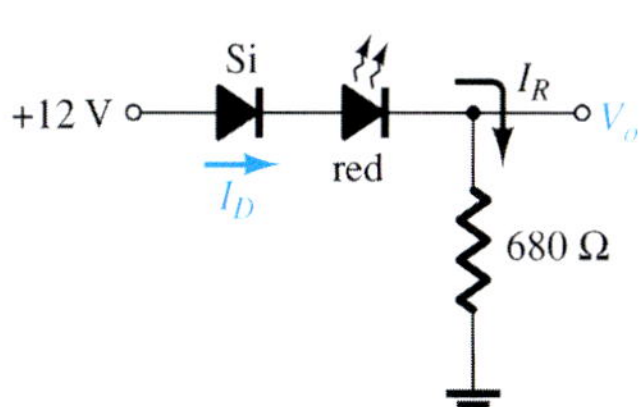

그림 2.19 예제 2.7의 회로

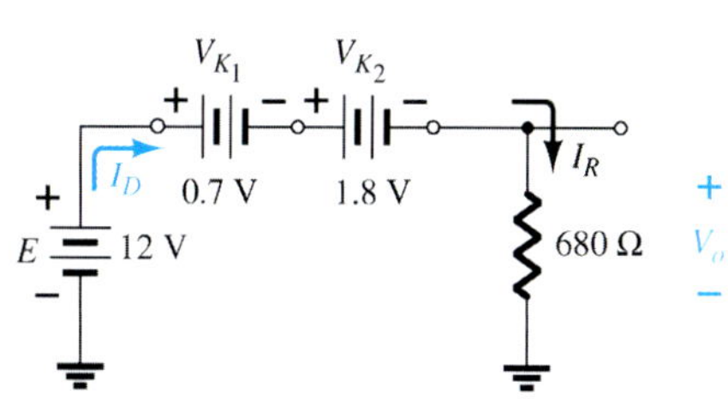

그림 2.20 예제 2.7의 미지수 결정

예제 2.8 그림 2.21의 회로에서 I_D, V_{D_2}, V_o를 구하라.

풀이 다이오드가 없다고 가정하고 전류의 방향을 구하면 그림 2.22와 같다. 실리콘 다이오

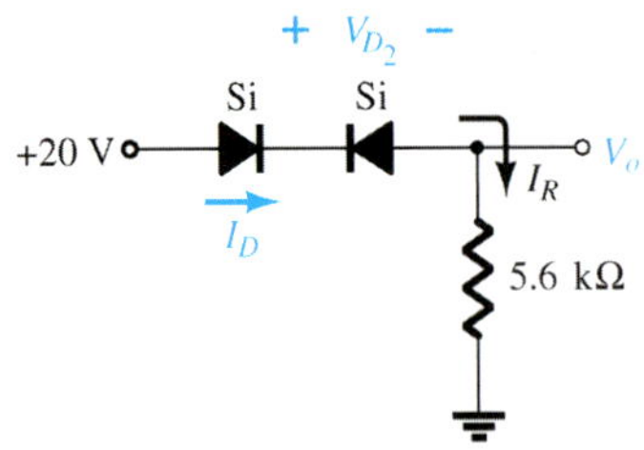

그림 2.21 예제 2.8의 회로

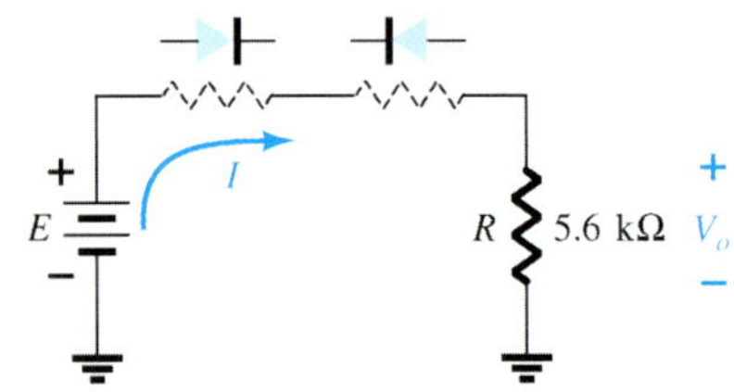

그림 2.22 그림 2.21의 다이오드의 상태 결정

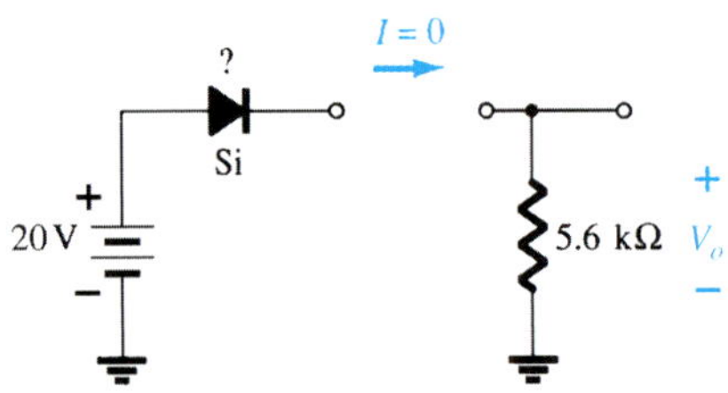

그림 2.23 개방된 다이오드를 등가 상태에 대체

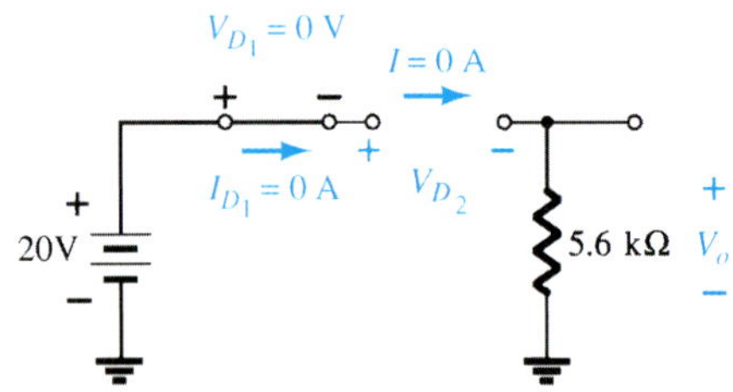

그림 2.24 예제 2.8의 회로에 대한 미지수 결정

드는 전류의 방향이 일치하지만 게르마늄 다이오드는 그렇지 않다. 개방회로와 단락회로를 직렬로 연결하면 항상 개방회로가 되므로 그림 2.23과 같이 I_D=**0 A**가 된다.

그럼 실리콘 다이오드를 어떤 등가회로로 대체해야 하는지에 대한 문제가 남는다. 실제 다이오드는 전류 I_D=0 A이면 V_D=0 V이다. 이는 1장에서 전압을 인가하지 않은 경우와 같다. I_D=0 A, V_{D_1}=0 V를 이용하여 회로를 그림 2.24에 나타내었다.

$$V_o = I_R R = I_D R = (0\text{ A})R = \mathbf{0\ V}$$
$$V_{D_2} = V_{\text{open circuit}} = E = \mathbf{20\ V}$$

키르히호프의 전압 법칙을 이용하면 다음과 같다.

$$E - V_{D_1} - V_{D_2} - V_o = 0$$
$$V_{D_2} = E - V_{D_1} - V_o = 20\text{ V} - 0 - 0$$
$$= \mathbf{20\ V}$$
$$V_o = \mathbf{0\ V}$$

예제 2.9 그림 2.25의 직렬 직류 구성에서 I, V_1, V_2, V_o를 구하라.

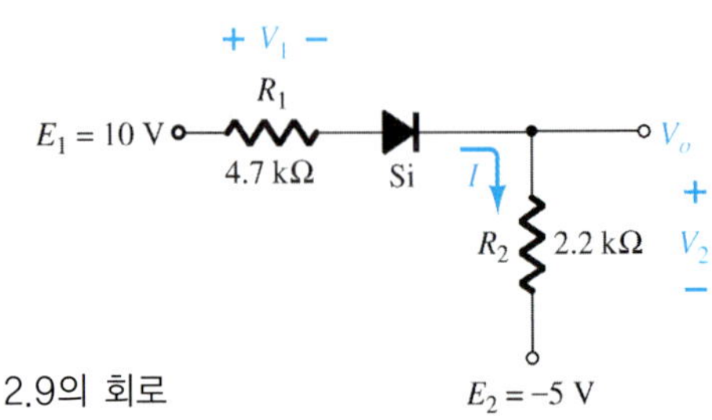

그림 2.25 예제 2.9의 회로

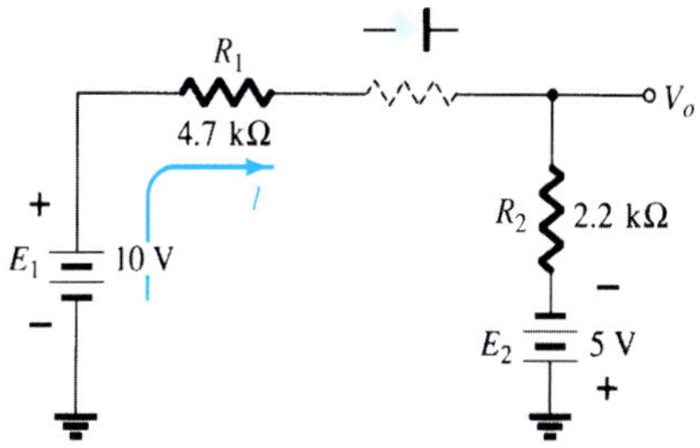

그림 2.26 그림 2.25의 회로에 대한 다이오드의 상태 결정

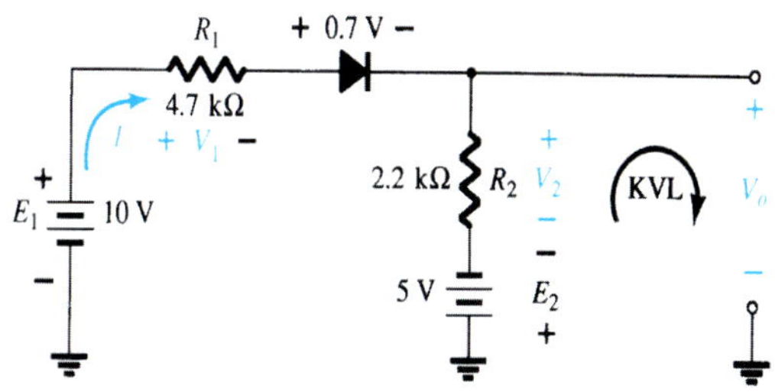

그림 2.27 KVL로 그림 2.25의 회로에 대해 미지수 결정

풀이 전압을 다시 나타내고 전류의 방향을 표시하면 그림 2.26과 같다. 다이오드는 'on' 상태이고 그림 2.27의 기호는 이 상태를 나타낸다. 단순히 다이오드 위에 V_D=0.7 V를 표시하여 'on' 상태를 나타내었다. 이러면 회로를 다시 그리지 않아도 되고, 기존 전압원과 혼동되는 전압원으로 대체하지 않아도 된다. 이 장 앞에서 기술했듯이 다이오드 해석에 익숙해지면 이 방법을 사용하는 것이 좋다. 나중에는 주어진 회로를 다시 그리지 않고 주어진 회로로부터 직접 해석할 수 있게 된다. 역방향 전압이 걸린 다이오드는 위에 선을 그려 표시할 수 있다.

회로에 흐르는 전류는

$$I = \frac{E_1 + E_2 - V_D}{R_1 + R_2} = \frac{10\text{ V} + 5\text{ V} - 0.7\text{ V}}{4.7\text{ k}\Omega + 2.2\text{ k}\Omega} = \frac{14.3\text{ V}}{6.9\text{ k}\Omega}$$
$$\cong \mathbf{2.07\text{ mA}}$$

전압은

$$V_1 = IR_1 = (2.07\text{ mA})(4.7\text{ k}\Omega) = \mathbf{9.73\text{ V}}$$
$$V_2 = IR_2 = (2.07\text{ mA})(2.2\text{ k}\Omega) = \mathbf{4.55\text{ V}}$$

시계 방향으로 키르히호프의 전압 법칙을 이용하면

$$-E_2 + V_2 - V_o = 0$$
$$V_o = V_2 - E_2 = 4.55\text{ V} - 5\text{ V} = \mathbf{-0.45\text{ V}}$$

부호는 V_o가 그림 2.25의 방향과 반대인 것을 나타낸다.

2.4 병렬과 직병렬 회로 구성

2.3절에서 적용했던 방법을 병렬과 직병렬 회로 해석에도 확장하여 적용할 수 있다. 각 응용에서 직렬 다이오드 회로에 적용하였던 일련의 과정을 단순히 따라가면 된다.

예제 2.10 그림 2.28의 병렬 다이오드 회로에 대해서 V_o, I_1, I_{D_1}, I_{D_2}를 구하라.

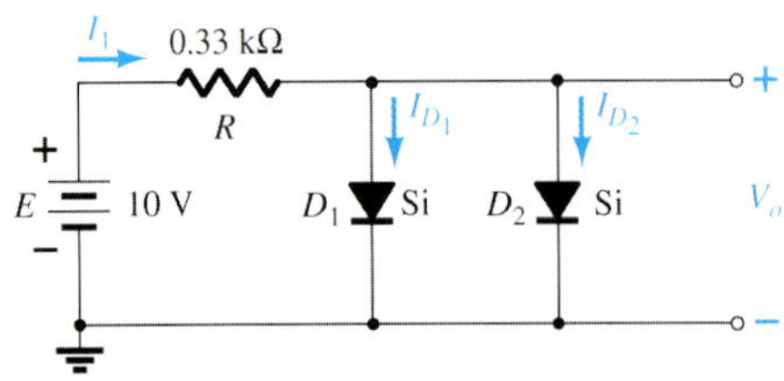

그림 2.28 예제 2.10의 회로

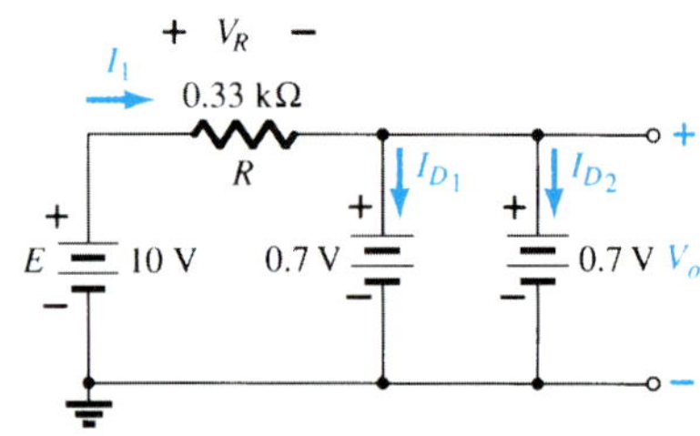

그림 2.29 예제 2.10의 회로에 대한 미지수 결정

풀이 전원이 인가된 경우 다이오드를 통과하는 전류의 방향은 그림 2.29에 표시된 것과 같다. 전류의 방향은 각 다이오드 기호의 화살표 방향과 일치하고 인가된 전압이 0.7 V보다 크기 때문에 두 다이오드는 모두 'on' 상태이다. 병렬소자의 양단에 걸리는 전압은 항상 같고 다음의 값을 가진다.

$$V_o = \mathbf{0.7\ V}$$

전류는

$$I_1 = \frac{V_R}{R} = \frac{E - V_D}{R} = \frac{10\text{ V} - 0.7\text{ V}}{0.33\text{ k}\Omega} = \mathbf{28.18\ mA}$$

이다. 두 다이오드가 같은 특성을 가진다고 가정하면, 각 다이오드에 흐르는 전류는 다음과 같다.

$$I_{D_1} = I_{D_2} = \frac{I_1}{2} = \frac{28.18\text{ mA}}{2} = \mathbf{14.09\ mA}$$

위의 예제를 통해 다이오드를 병렬로 연결하는 이유를 살펴볼 수 있다. 만약 그림 2.28의 다이오드 정격 전류가 20 mA이고 하나의 다이오드만을 사용한다면, 28.18 mA의 전류가 흐를 경우 소자는 고장 난다. 따라서 2개의 소자를 병렬로 연결함으로써, 동일한 단자 전압에 대해 흐르는 전류를 14.09 mA로 제한한다.

예제 2.11 이 예제에는 극성 검출기에 쓰이는 2개의 LED가 있다. 양의 전원전압은 녹색 불이 들어오게 하고 음의 전압은 빨간색 불이 들어오게 한다. 돈을 내고 구입하는 제품도 이런 회로로 구성되어 있다.

그림 2.30과 같은 구성에서 'on' 다이오드를 통해 20 mA의 전류가 흐르도록 하는 저항 R을 찾아라. 양쪽 다이오드 모두 역방향 항복전압은 3 V이고 다이오드가 켜지는 데 필요한 평균적인 전압은 2 V이다.

풀이 양의 전압을 공급하는 경우에는 녹색 다이오드의 화살표와 일치하는 방향으로 전류가

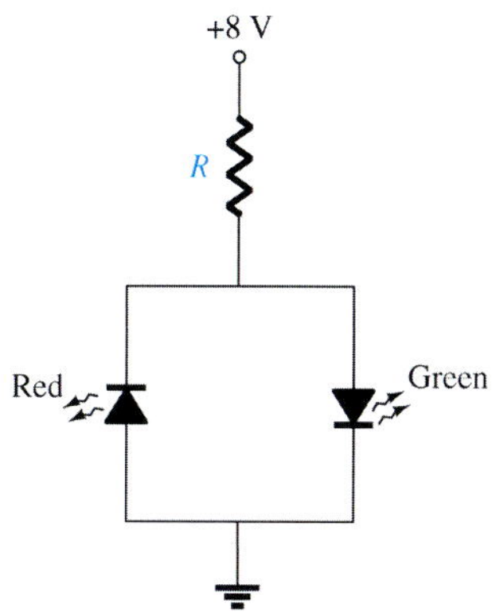

그림 2.30 예제 2.11의 회로

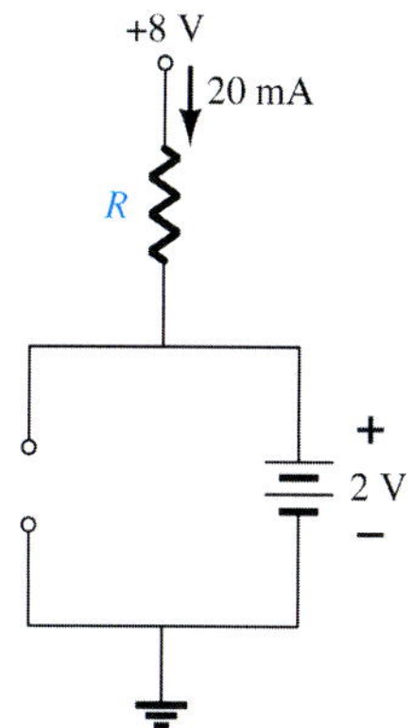

그림 2.31 그림 2.30의 회로에 대한 동작 조건

흐르며 녹색 다이오드가 켜진다.

녹색 다이오드를 지나서 흐르는 전류의 극성은 빨간 다이오드의 바이어스를 똑같은 양만큼 반전시킨 것과 같다. 결과는 그림 2.31의 등가회로이다.

옴의 법칙을 적용하면

$$I = 20\text{ mA} = \frac{E - V_{\text{LED}}}{R} = \frac{8\text{ V} - 2\text{ V}}{R}$$

그리고

$$R = \frac{6\text{ V}}{20\text{ mA}} = \mathbf{300\ \Omega}$$

빨간 다이오드를 지나는 역방향 항복전압은 2 V이다. 하지만 역방향 항복전압이 3 V인 LED에는 적절한 값이라는 점을 주지할 필요가 있다.

그러나 그림 2.32와 같이 녹색 다이오드가 파란 다이오드로 바뀌면 문제가 생긴다. 파란 다이오드를 켜기 위한 순방향 바이어스가 약 5 V임을 상기하자. 결과는 전류를 20 mA로 유지하기 위해 더 작은 저항을 가지는 저항이 필요할 것이다. 그러나 빨간 LED의 역방향 항복전압이 5 V이지만 다이오드의 역방향 항복전압은 3 V이다. 결과적으로 빨간 LED를 지나는 전압은 그림 2.33과 같이 3 V를 유지할 것이다. 저항 R을 지나는 전압은 5 V가 될

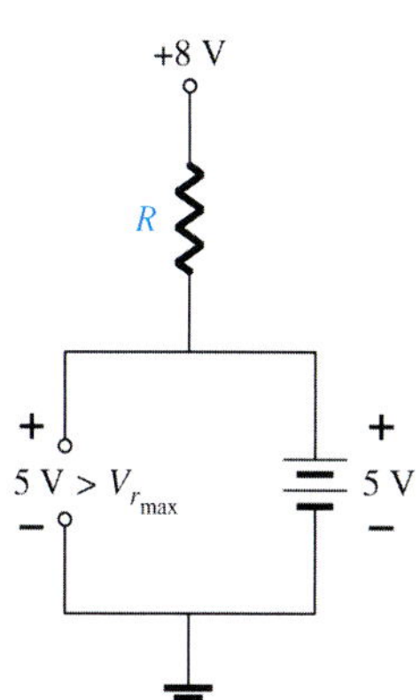

그림 2.32 파란 다이오드를 갖는 그림 2.31의 회로

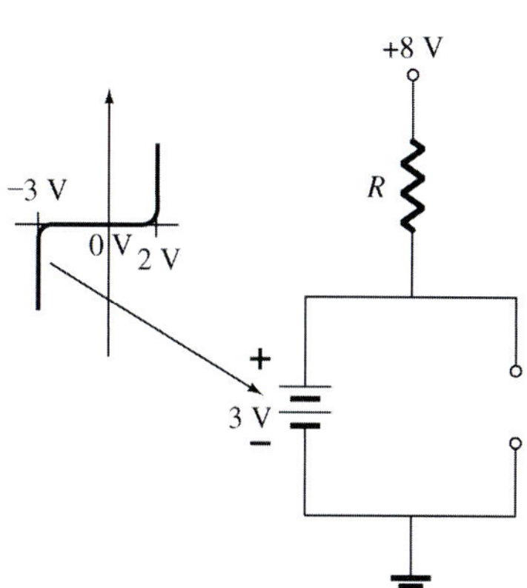

그림 2.33 역방향 항복전압이 초과된다면 빨간 LED에 손실을 입증

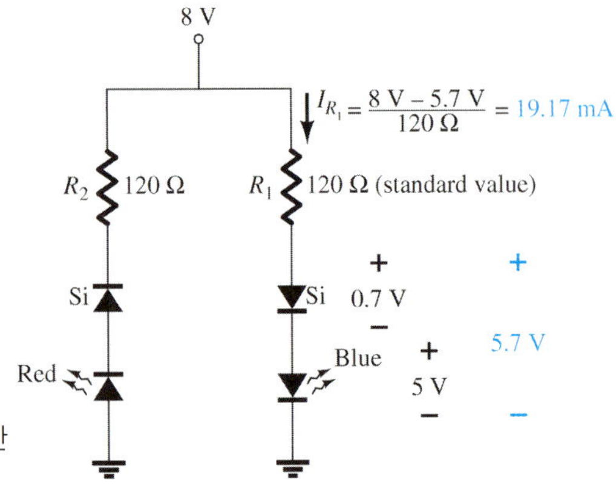

그림 2.34 그림 2.33의 빨간 LED에 대한 안전한 측정 방법

것이며 전류는 250 Ω저항으로 인해 20 mA로 제한되지만 LED는 어떤 경우에도 켜지지 않을 것이다.

위에 대한 간단한 해결책은 그림 2.34와 같이 적절한 저항을 각각의 다이오드가 20 mA가 되도록 직렬로 연결하고 역방향 바이어스 전체 역방향 항복전압 정격이 되도록 다른 다이오드를 추가하는 것이다. 파란 LED가 켜지면 파란 LED와 직렬로 연결된 다이오드도 켜지고 이는 2개의 직렬로 연결된 다이오드에 인가된 총 전압 강하가 5.7 V가 되게 하여 저항 R에 인가된 전압이 2.3 V가 되고 높은 방출 전류(high emission current)가 19.17 mA가 되도록 한다. 동시에 빨간 다이오드와 그에 직렬로 연결된 다이오드는 역방향 바이어스가 걸릴 것이지만 이제는 역방향 항복전압이 20 V인 표준 다이오드가 8 V의 full 역방향 바이어스 전압이 빨간 LED를 지나는 것을 막을 것이다. 순방향 바이어스가 되었을 때 저항 R_2는 빨간 LED에 대해 높은 강도를 보장하기 위해 19.63 mA의 전류를 흐르게 할 것이다.

예제 2.12 그림 2.35의 회로에서 V_o를 구하라.

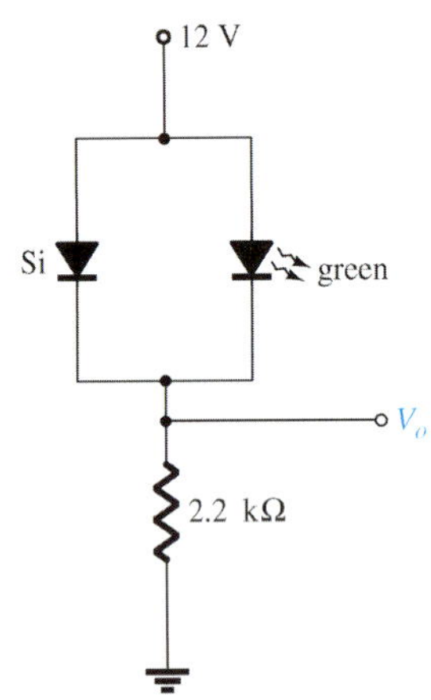

그림 2.35 예제 2.12의 회로

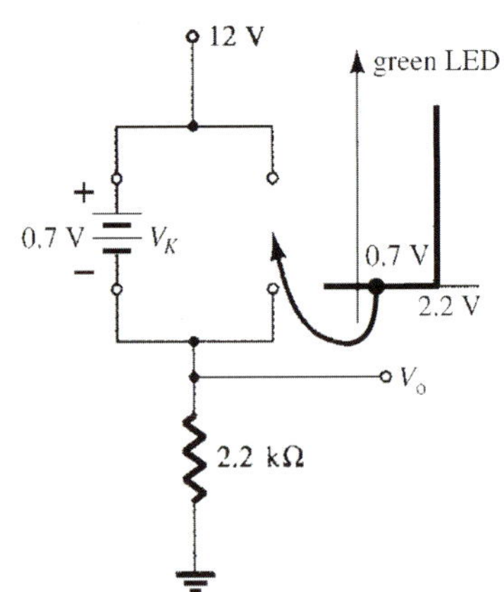

그림 2.36 그림 2.35의 회로의 V_o 결정

풀이 먼저 인가된 전압은 두 다이오드를 모두 'on' 상태로 만드는 것처럼 보인다. 하지만 두 다이오드가 모두 'on'되면, 실리콘 다이오드 양단의 0.7 V 전압 강하와 녹색(green) 다이오

드 양단의 2.2 V 전압 강하가 걸린다. 하지만 이는 병렬 연결된 소자의 양단전압은 같다는 사실에 위배된다.

전원을 켜면, 전압은 약 수 ms 내에 0 V에서 12 V로 증가한다. 실리콘 다이오드 양단에 0.7 V가 걸리는 순간에 다이오드는 'on' 상태가 되고 0.7 V를 유지한다. 따라서 green 다이오드 양단에는 2.2 V가 되지 못하고 그림 2.36에서와 같이 개방회로 상태가 유지된다. 따라서 V_o는 다음과 같이 얻는다.

$$V_o = 12\text{ V} - 0.7\text{ V} = \mathbf{11.3\text{ V}}$$

예제 2.13 그림 2.37의 회로의 전류 I_1, I_2, I_{D_2}를 구하라.

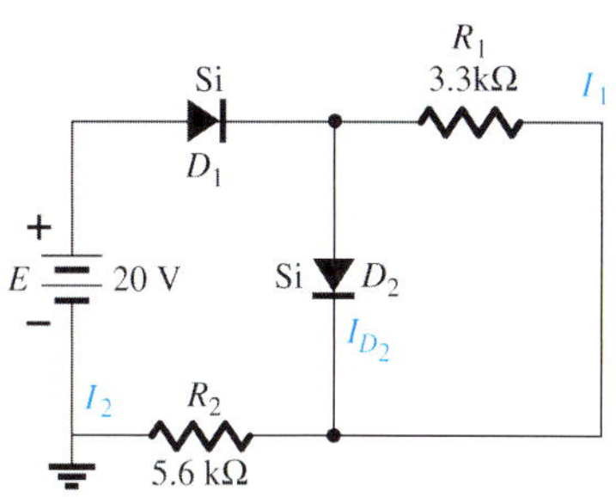

그림 2.37 예제 2.13의 회로

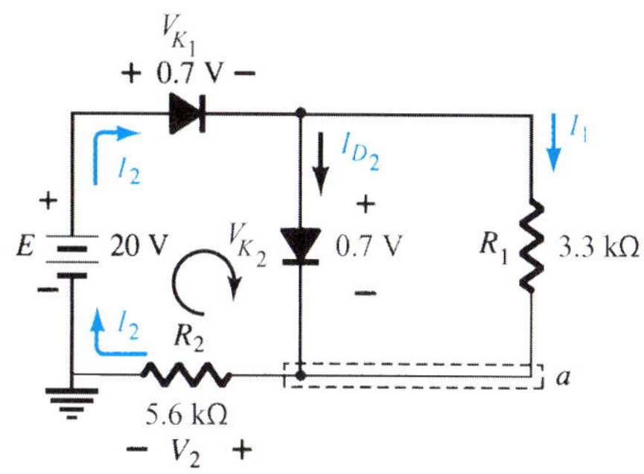

그림 2.38 예제 2.13의 미지수 결정

풀이 인가된 전압에 의해 두 다이오드는 모두 'on' 상태가 되고, 전류는 그림 2.38에 나타난 것처럼 같은 방향으로 흐르게 된다. 다이오드의 등가회로와 직류 직병렬 회로에 사용한 방법을 통해 해를 얻을 수 있다.

$$I_1 = \frac{V_{K_2}}{R_1} = \frac{0.7\text{ V}}{3.3\text{ k}\Omega} = \mathbf{0.212\text{ mA}}$$

시계 방향으로 표시된 루프로 키르히호프의 전압 법칙을 적용하면 다음을 얻을 수 있다.

$$-V_2 + E - V_{K_1} - V_{K_2} = 0$$

그리고

$$V_2 = E - V_{K_1} - V_{K_2} = 20\text{ V} - 0.7\text{ V} - 0.7\text{ V} = \mathbf{18.6\text{ V}}$$

$$I_2 = \frac{V_2}{R_2} = \frac{18.6\text{ V}}{5.6\text{ k}\Omega} = \mathbf{3.32\text{ mA}}$$

아래의 노드 a에서

$$I_{D_2} + I_1 = I_2$$

$$I_{D_2} = I_2 - I_1 = 3.32\text{ mA} - 0.212\text{ mA} \cong \mathbf{3.11\text{ mA}}$$

이 된다.

2.5 AND/OR 게이트

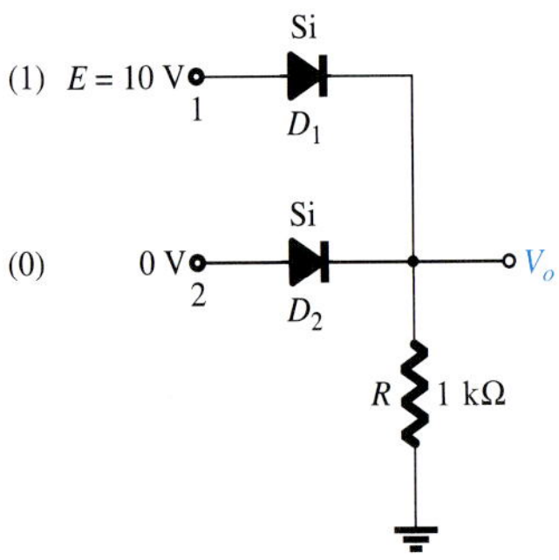

그림 2.39 양논리 OR 게이트

이제 컴퓨터 회로에 사용하는 다이오드를 검토하고 그 응용 범위를 알아보도록 한다. 해석은 전압 레벨 결정에 대해서만 하고, 부울 대수(Boolean algebra)에 대한 논의나 양논리와 음논리를 다루지는 않는다.

예제 2.14에서 해석할 회로는 양논리에서의 OR 게이트이다. 즉 그림 2.39에서 10 V는 부울 대수의 '1'에 해당하고 0 V는 '0'에 해당한다. OR 게이트는 두 입력 중의 하나 혹은 둘 다 1인 경우에 출력전압 레벨이 1이 된다. 그리고 두 입력이 모두 0 레벨인 경우 출력은 0이 된다.

이상적인 다이오드 모델보다는 근사 등가를 사용하는 것이 AND/OR 게이트를 해석하기에는 더 쉽다. 왜냐하면, 실리콘 다이오드가 'on' 상태로 스위칭 되면, 양단에 0.7 V(게르마늄의 경우 0.3 V)의 전압이 인가되기 때문이다.

일반적으로 가장 좋은 방법은 인가된 전압에 의해 형성되는 '압력'과 방향을 알아봄으로써 다이오드가 어떤 상태인지를 느끼도록 하는 것이다. 그러면 해석을 통해서 초기 가정이 맞았는지 틀렸는지를 알게 된다.

예제 2.14 그림 2.39의 회로에 대해 V_o를 구하라.

풀이 먼저 단자 1에 10 V로 인가된 전압이 하나 있다. 0 V 입력의 단자 2는 그림 2.40의 회로를 다시 그린 그림 2.40에서와 같이 접지 전위에 있다. 그림 2.41을 보면 D_1은 10 V가 인가되었기 때문에 'on' 상태이고 양극에 0 V가 인가된 D_2는 'off' 상태라고 예측할 수 있다. 이렇게 가정한 상태를 통해 그림 2.41의 회로를 생각할 수 있다.

다음 단계에는 가정에 모순이 없는지 간단히 확인한다. 즉 D_1 양단의 극성이 그 다이오드를 'on' 상태로 할 수 있는지, 그리고 D_2 양단의 극성이 'off' 상태로 할 수 있는지를 알아본다. D_1의 경우, 'on' 상태가 되면 V_o를 결정하고 그 값은 $V_o = E - V_D = 10\text{ V} - 0.7\text{ V} = \mathbf{9.3\text{ V}}$이다. D_2의 음극 측에 9.3 V가 걸리고 양극 측에 0 V가 걸리면, D_2는 'off' 상태가 된다. 전류의 방향과 그 결과로 계속되는 전도 통로를 통해 D_1이 전도됨을 더 확실히 할 수 있다. 따라서 구한 전압과 전류를 통해 가정한 사실과 초기 해석이 옳았다고 할 수 있다.

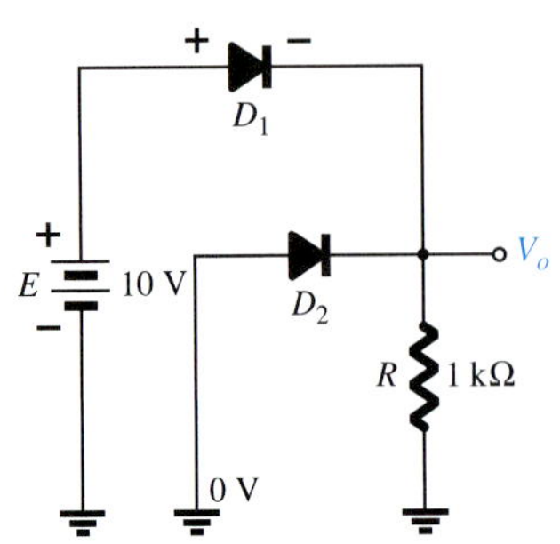

그림 2.40 그림 2.39의 회로 재구성

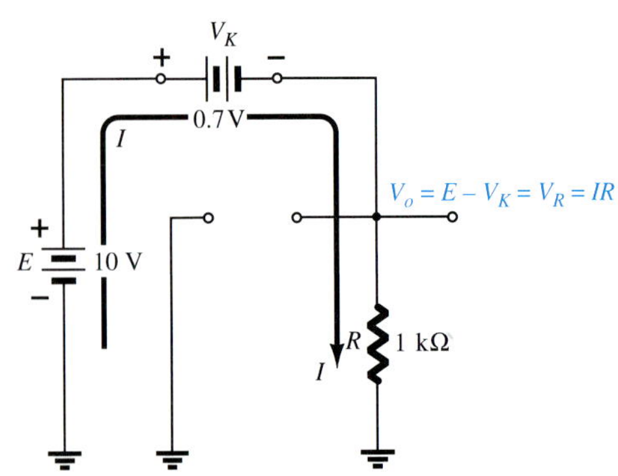

그림 2.41 그림 2.40에서 가정된 다이오드 상태

출력전압은 1의 입력으로 정의된 10 V가 아니라 9.3 V이지만 1이라고 보기에는 충분하다. 따라서 하나의 입력으로 출력은 1이 되고 이 게이트는 OR 게이트이다. 10 V를 가지는 2개의 입력을 가진 같은 회로를 해석하면 두 다이오드는 모두 'on' 상태가 되고 출력은 9.3 V가 된다. 두 입력에 0 V가 인가되면, 다이오드를 'on' 시키기 위해 필요한 0.7 V가 출력되는 것이 아니라 0 레벨에 해당하는 0 V가 출력된다. 그림 2.41의 회로에 대해서 전류는 다음과 같이 결정된다.

$$I = \frac{E - V_D}{R} = \frac{10\text{ V} - 0.7\text{ V}}{1\text{ k}\Omega} = \mathbf{9.3\text{ mA}}$$

예제 2.15 그림 2.42의 양논리 AND 게이트에 대한 출력 레벨을 결정하라. AND 게이트는 입력이 모두 1일 때만, **출력 1을 얻는다.**

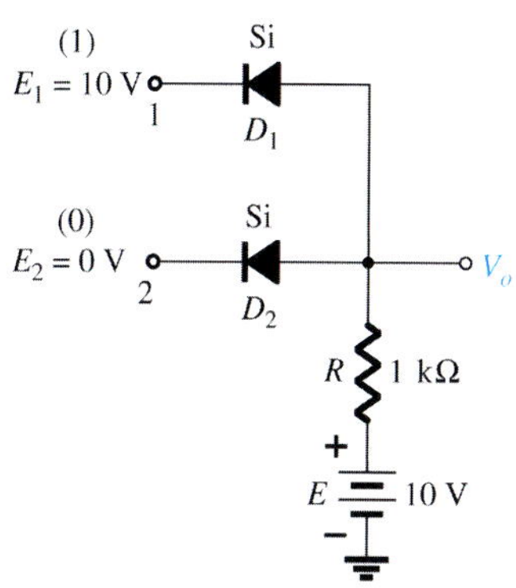

그림 2.42 양논리 AND 게이트

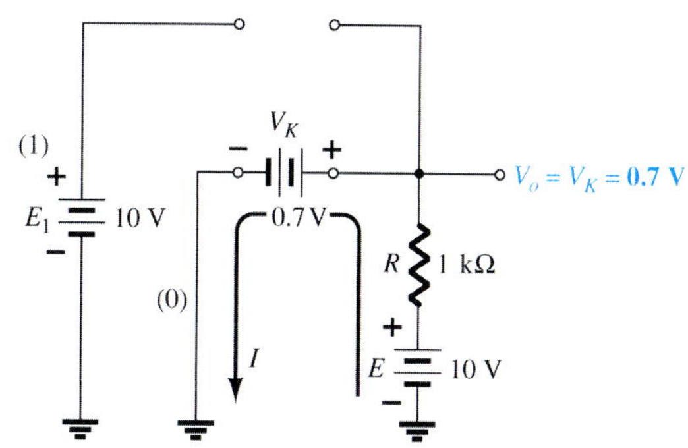

그림 2.43 그림 2.42의 다이오드에 대한 가정된 상태 대체

풀이 이 경우, 회로의 접지선에 독립 전원이 있다. 독립 전원의 값은 입력 논리 레벨과 동일하다. 다이오드 상태에 대한 초기 가정을 토대로 그림 2.43에 회로를 다시 그렸다. D_1의 음극에 10 V가 인가되어 있으므로, 비록 10 V 전원이 저항을 통해 D_1의 양극에 연결되어 있다 하더라도 'off' 상태라고 가정한다. 하지만 이 절의 도입부에서 근사 모델을 사용하면 해석을 더 용이하게 할 수 있다고 하였다. D_1의 경우, 입력과 전원전압이 동일하고 서로 반대 방향의 압력을 가한다면, 0.7 V는 어디서 오겠는가? D_2의 경우, 음극에는 낮은 전압이 인가되고 1 kΩ 저항을 통해 10 V의 전원을 사용할 수 있기 때문에 'on' 상태라고 가정한다.

그림 2.43의 회로에 대해서 순방향 바이어스의 다이오드 D_2에 의해 V_o에서의 전압은 0.7 V가 된다. D_1의 양극에는 0.7 V가 인가되고 음극에는 10 V가 걸리게 되어서 D_1은 확실히 'off' 상태이다. 따라서 전류 I는 그림 2.43에 지시된 방향을 가지며 그 크기는 다음과 같다.

$$I = \frac{E - V_K}{R} = \frac{10\text{ V} - 0.7\text{ V}}{1\text{ k}\Omega} = \mathbf{9.3\text{ mA}}$$

그러므로 다이오드의 상태를 확연히 알 수 있고 앞선 가정이 옳았음을 알 수 있다. 비록 0 레벨이 앞에서와 같이 0 V로 되지는 않지만, 출력전압은 0 레벨이라고 보기에 충분할 정도로 작다. 따라서 AND 게이트의 경우, 단일 입력에 대해서는 0 레벨을 출력한다. 입력이 두 개인 경우와 입력이 없는 경우에 대한 다이오드의 상태는 이 장의 끝에 있는 문제에서 다룬다.

2.6 정현파 입력: 반파 정류

이제 다이오드 해석을 정현파와 구형파 같이 시간에 대한 함수까지를 포함하도록 확장하고자 한다. 해석이 어려워지는 것은 당연하지만, 몇 가지 기본적인 방법을 숙지한다면, 일반적인 방법을 통해 직접 해석할 수 있다.

시간에 따라 변하는 신호로 알아보기 위한 가장 간단한 회로를 그림 2.44에 제시하였다. 여기서는 수학적 복잡성을 피하기 위해 이상적인 다이오드 모델을 사용한다(이상적인 다이오드를 나타내기 위해서 실리콘이나 게르마늄의 표시는 생략하였다).

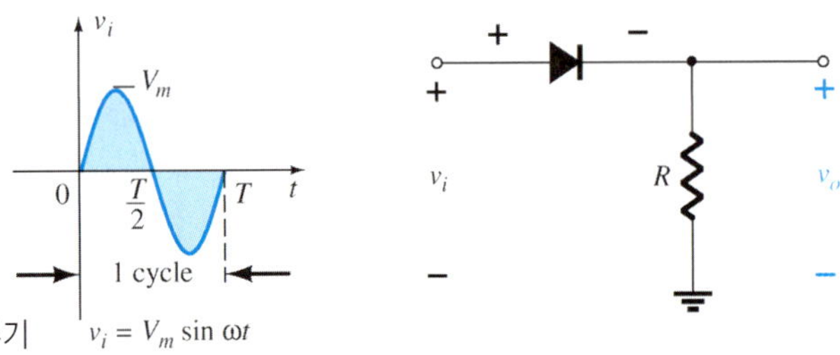

그림 2.44 반파 정류기

그림 2.44에서 주기 T로 정의된 한 사이클에 대한 평균값(축 위아래 부분의 면적에 대한 대수 합)은 0이다. 그림 2.44의 회로를 반파 정류기(half-wave rectifier)라고 하고, 특정한 평균값을 가지는 파형 v_o를 만든다. 이 파형은 교류를 직류로 변환하는 과정에서 사용된다. 정류 과정에 사용하는 다이오드를 일반적으로 정류기(rectifier)라고 한다. 정류기로서의 다이오드는 일반적으로, 전력과 정격 전류가 컴퓨터나 통신 시스템 등의 다른 응용에 사용되는 것보다 훨씬 크다.

그림 2.44에서 $t = 0 \rightarrow T/2$ 동안 인가되는 전압 v_i의 극성은 표시된 방향으로 압력을 가하게 되고 다이오드는 'on' 상태가 된다. 이상적인 다이오드를 단락 등가회로로 대체하면 그림 2.45와 같다. 이때 출력신호는 인가된 신호를 정확히 따라간다. 출력을 정하는 두 단자는 다이오드의 단락 등가를 통해 입력신호에 직접 연결된다.

$T/2 \rightarrow T$ 동안 입력 v_i의 극성은 그림 2.46에 나타난 것과 같이 되고, 따라서 이상적인 다

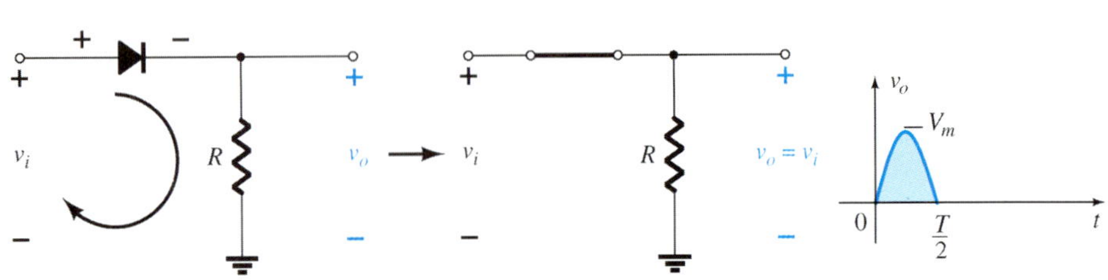

그림 2.45 전도 영역($0 \rightarrow T/2$)

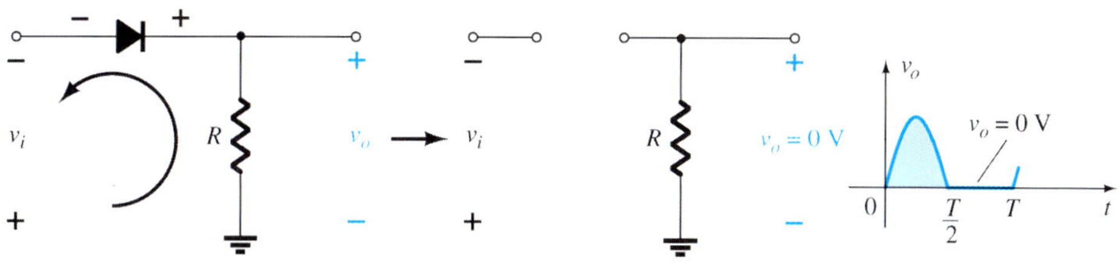

그림 2.46 비전도 영역($T/2 \rightarrow T$)

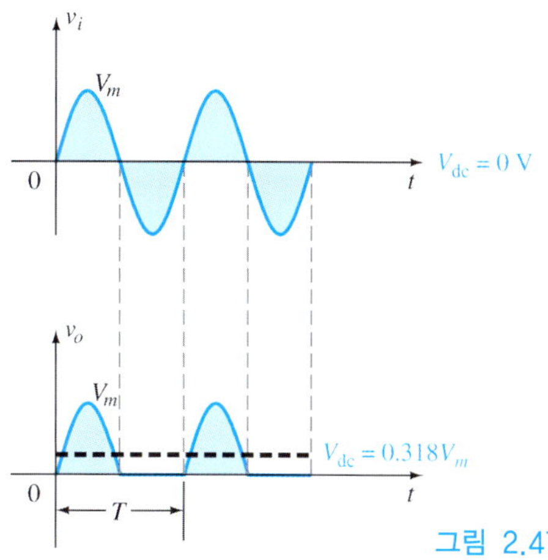

그림 2.47 반파 정류된 신호

이오드 양단에 걸리는 전압의 극성은 'off' 상태가 되어 개방 등가회로가 된다. 전하가 흐를 경로가 없기 때문에 $T/2 \rightarrow T$에서 $v_o = iR = (0)R = 0$ V이다. 비교를 위해 입력 v_i와 출력 v_o를 그림 2.47에 함께 그렸다. 출력신호 v_o는 전체 주기에서 항상 축 위의 양의 영역에 존재하고 평균값은 다음과 같이 결정된다.

$$\boxed{V_{dc} = 0.318\,V_m} \quad \text{반파 정류기} \tag{2.7}$$

직류값을 만들기 위해서 입력신호의 반을 제거하는 과정을 반파 정류(half-wave rectification)라고 한다.

$V_K = 0.7$ V인 실리콘 다이오드에 의한 효과를 순방향 바이어스 영역에 대해서 그림 2.48에 제시하였다. 다이오드가 'on' 상태가 되기 위해 인가되는 신호는 최소한 0.7 V를 넘어야 한다. v_i가 0.7 V보다 작은 경우에 다이오드는 여전히 개방회로 상태이고 같은 그림에서 나타내었듯이 $v_o = 0$ V이다. 전도가 되면, v_o와 v_i 사이에는 0.7 V의 고정된 차이를 가진다. 즉 그림에 나타내었듯이 $v_o = v_i - V_K$이다. 이로 인해 축 위의 면적이 줄어들고, 따라서 직류 전압 레벨도 줄어든다. $V_m \gg V_K$인 경우에는, 비교적 높은 정확도를 가진 평균값을 구하기 위해 다음 식 (2.8)을 적용할 수 있다.

$$\boxed{V_{dc} \cong 0.318(V_m - V_K)} \tag{2.8}$$

보통 V_m이 V_K보다 충분히 크다면, V_{dc}를 구하기 위한 1차 근사로 식 (2.7)을 종종 사용한다.

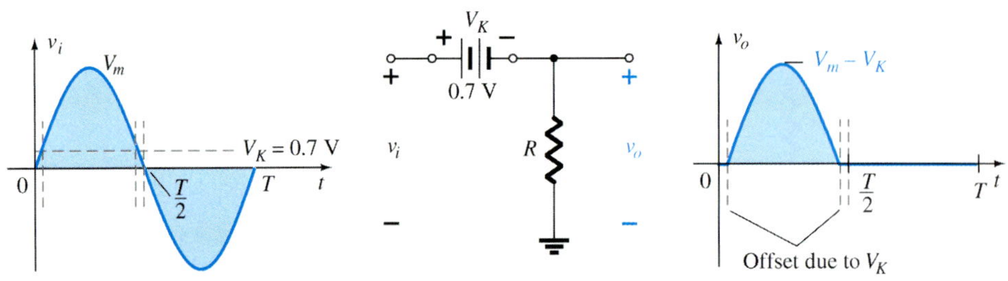

그림 2.48 반파 정류된 신호상의 V_K의 효과

예제 2.16

a. 그림 2.49의 출력 v_o를, 그리고 출력의 직류 레벨을 결정하라.

b. 이상적인 다이오드 대신에 실리콘 다이오드를 사용하였을 경우에 대해서 (a)를 반복하라.

c. V_m이 200 V로 증가하였을 때에 대해 (a), (b)를 반복하고, 식 (2.7)과 식 (2.8)을 사용하여 얻은 해를 비교하라.

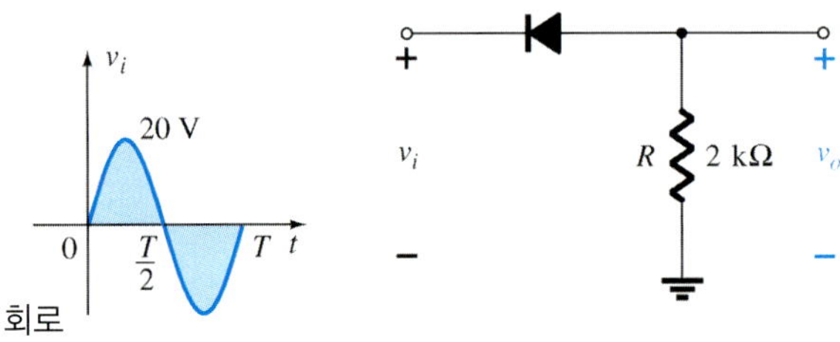

그림 2.49 예제 2.16의 회로

풀이

a. 이 경우 다이오드는 그림 2.50에서 제시하는 것처럼 입력이 음의 영역인 경우에 도통된다. 그리고 v_o는 다음 그림과 같이 된다. 전체 주기에 대해서 직류 레벨은 다음과 같다.

$$V_{dc} = -0.318V_m = -0.318(20\text{ V}) = \mathbf{-6.36\text{ V}}$$

−부호는 출력의 극성이 그림 2.49에 정의된 극성과는 반대임을 의미한다.

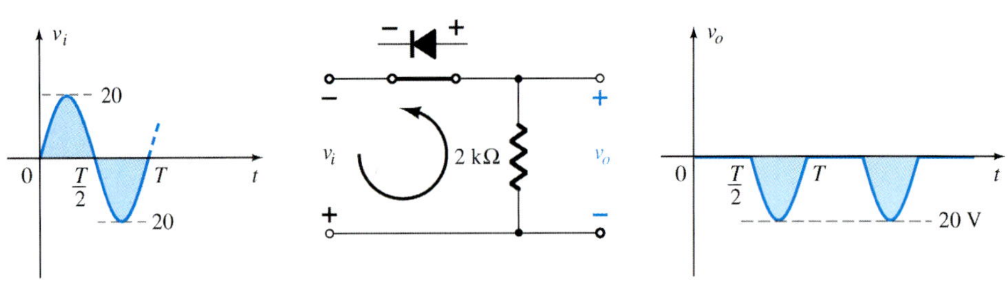

그림 2.50 예제 2.16의 회로에 대한 v_o 결과

b. 실리콘 다이오드를 사용할 경우, 출력은 그림 2.51과 같이 나타나고 직류 레벨은 다음과 같다.

$$V_{dc} \cong -0.318(V_m - 0.7\text{ V}) = -0.318(19.3\text{ V}) \cong \mathbf{-6.14\text{ V}}$$

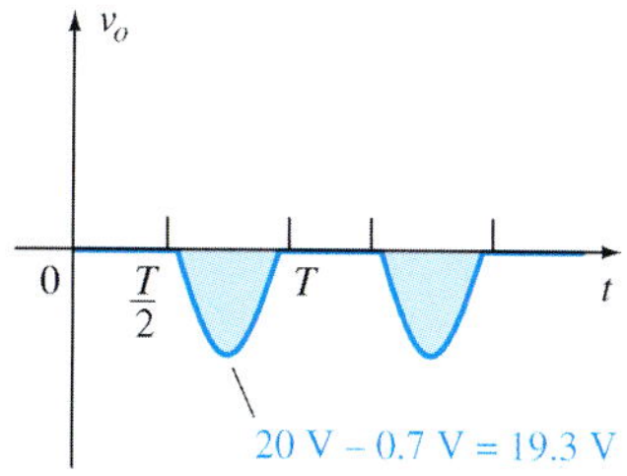

그림 2.51 그림 2.50의 결과상의 V_K의 효과

직류 레벨의 저하는 0.22 V로 이는 약 3.5%에 해당한다.

c. 식 (2.7): $V_{dc} = -0.318\,V_m = -0.318(200\text{ V}) = \mathbf{-63.6\text{ V}}$

식 (2.8): $V_{dc} = -0.318(V_m - V_K) = -0.318(200\text{ V} - 0.7\text{ V})$
$= -(0.318)(199.3\text{ V}) = \mathbf{-63.38\text{ V}}$

이 정도의 차이는 대부분의 경우 무시할 수 있다. 전형적인 오실로스코프에서 전체 패턴을 표시할 때 문제 (c)에서 V_K에 의한 진폭의 오프셋과 감소에 대한 정보는 표시되지 않는다.

PIV(PRV)

다이오드의 PIV(peak inverse voltage) [또는 PRV(peak reverse voltage)] 정격은 정류 시스템을 설계하는 데에 우선적으로 고려해야 할 사항이다. 역방향 바이어스 영역에서 전압 정격을 초과하지 않아야 하며, 초과할 경우 다이오드는 제너 사태 영역(Zener avalanche region)으로 들어간다. 반파 정류회로에서 필요로 하는 PIV 정격은 그림 2.44의 최고값 전압이 인가된 상황에서의 다이오드를 나타낸 그림 2.52로부터 결정할 수 있다. 키르히호프의 전압 법칙을 적용하면, 다이오드의 PIV 정격은 인가된 전압의 피크값 이상이어야 한다는 것을 쉽게 알 수 있다. 따라서

$$\boxed{\text{PIV rating} \geq V_m} \qquad \text{반파 정류기} \qquad (2.9)$$

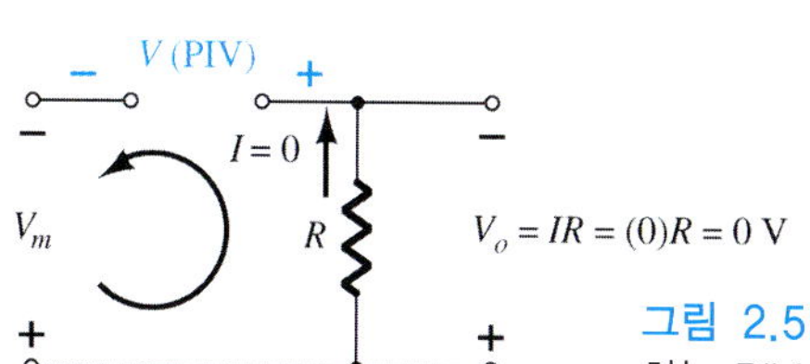

그림 2.52 반파 정류기에 대해 필요로 하는 PIV 정격 결정

2.7 전파 정류

브리지 회로

전파 정류(full-wave rectification)라는 방법을 통해 정현파 입력으로부터 100%의 직류전압 레벨을 얻을 수 있다. 이러한 방법을 사용하기 위해 가장 많이 쓰이는 회로는 그림 2.53

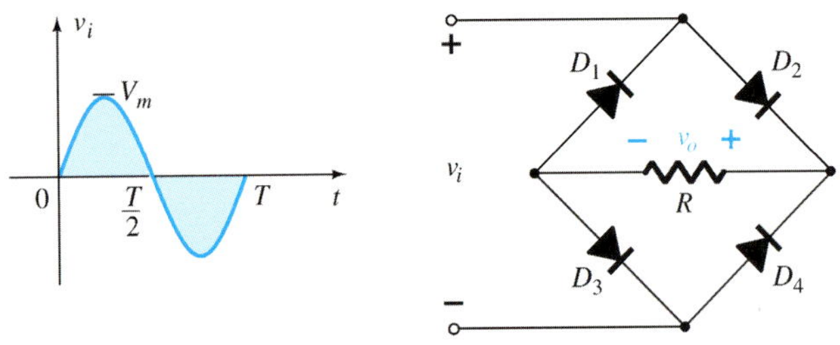

그림 2.53 전파 브리지 정류기

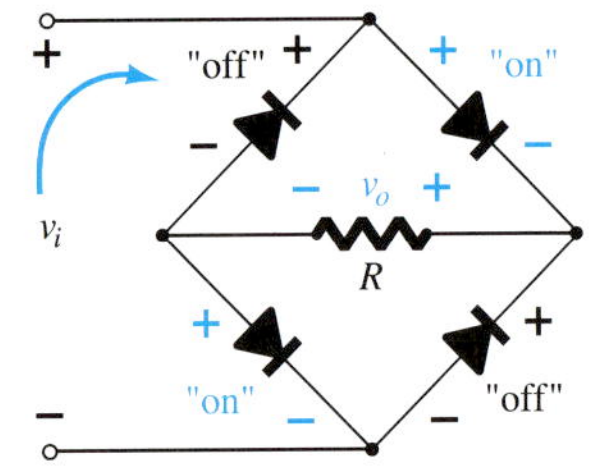

그림 2.54 입력 전원 v_i의 $0 \rightarrow T/2$ 주기에 대한 그림 2.53의 회로

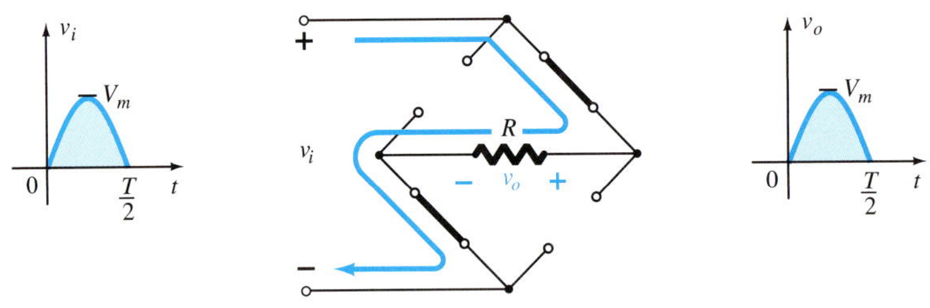

그림 2.55 v_i의 양의 영역에 대한 전도 경로

과 같이 다이오드 4개를 브리지(bridge) 형태로 구성한 것이다. $t=0$에서 $T/2$의 시간 동안 입력전압의 극성은 그림 2.54와 같이 변한다. 결과적으로 이상적인 다이오드들 위에 걸리는 전압의 극성은 그림 2.54와 같이 나타나는데, D_2와 D_3가 도통 상태일 때 D_1과 D_4는 'off' 상태이다. 그 결과, 그림 2.55와 같은 구성이 되고 R 위에 전류와 전압의 극성이 표시되어 있다. 다이오드가 이상적이므로 부하전압은 그림에서와 같이 $v_o=v_i$가 된다.

입력전압이 음인 동안 도통이 되는 다이오드는 D_1과 D_4이므로 그림 2.56과 같이 된다. 부하 R에 걸리는 전압이 그림 2.54에서와 같이 연이은 두 번째 양의 펄스로 나타나므로 그 극성이 그림 2.56과 같다는 점은 중요하다. 한 주기에 대한 입력과 출력전압을 그림 2.57에 나타내었다.

이제 한 주기 동안 수평축 위에서의 넓이가 반파 정류회로에서보다 두 배가 되었으므로 직류전압도 다음과 같이 두 배가 된다.

$$V_{dc} = 2[\text{Eq. (2.7)}] = 2(0.318V_m)$$

또는

$$\boxed{V_{dc} = 0.636\,V_m} \quad \text{전파} \tag{2.10}$$

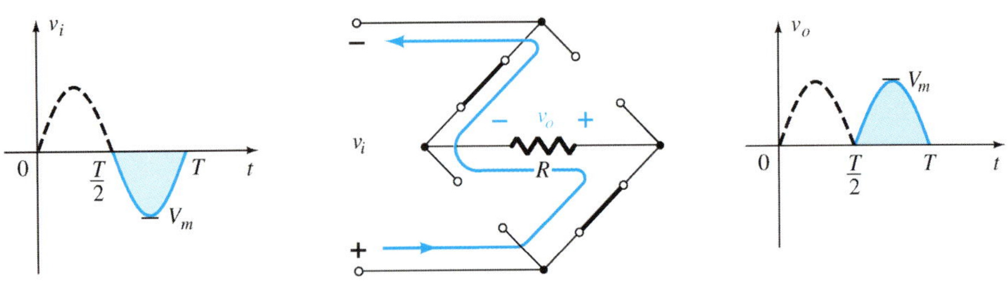

그림 2.56 v_i의 음의 영역에 대한 전도 경로

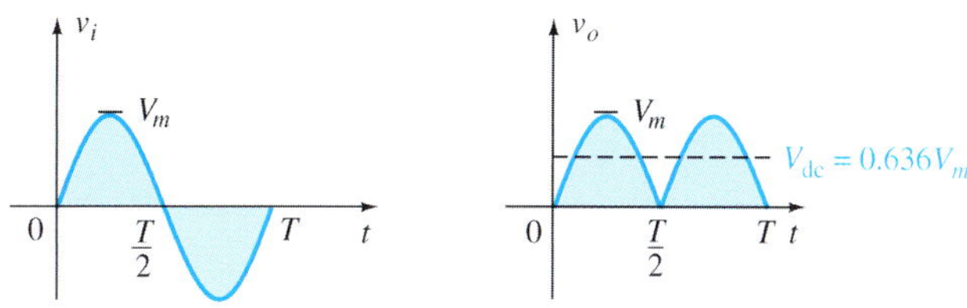

그림 2.57 전파 정류기에 대한 입력과 출력 파형

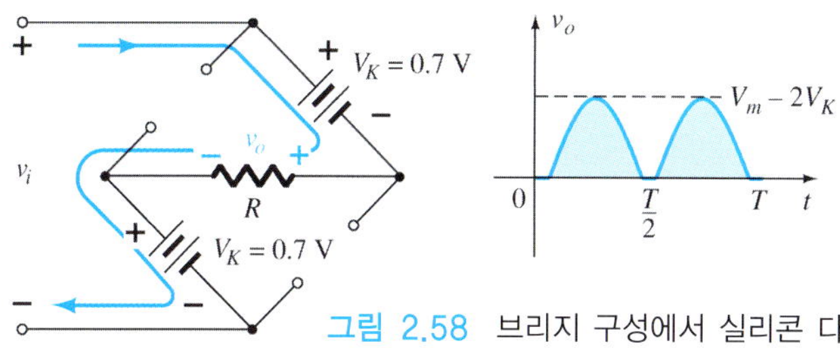

그림 2.58 브리지 구성에서 실리콘 다이오드에 대한 $V_{o_{max}}$ 결정

그림 2.58과 같이 이상적인 다이오드 대신 실리콘 다이오드를 사용할 때, 전도 통로를 따라 키르히호프의 전압 법칙을 적용하면 다음과 같다.

$$v_i - V_K - v_o - V_K = 0$$
$$v_o = v_i - 2V_K$$

따라서 출력전압 v_o의 피크값은

$$V_{o_{max}} = V_m - 2V_K$$

이다.

$V_m \gg 2V_K$인 경우에는 식 (2.11)로 비교적 매우 정확한 평균값을 구할 수 있다.

$$\boxed{V_{dc} \cong 0.636(V_m - 2V_K)} \qquad (2.11)$$

여기서도 V_m이 $2V_K$ 보다 충분히 크다면, V_{dc}에 대한 1차 근사로 식 (2.10)을 종종 사용한다.

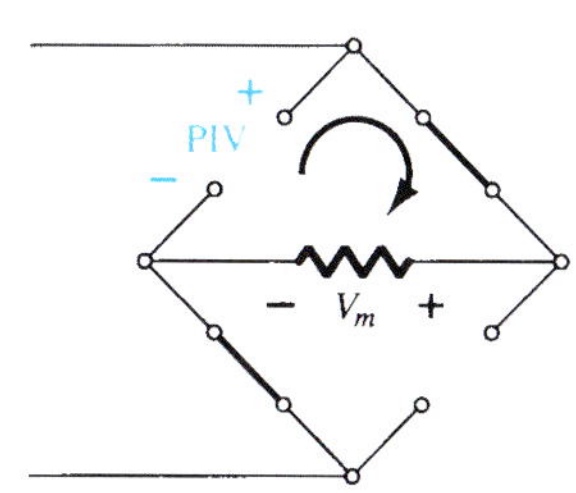

그림 2.59 브리지 구성에서 필요로 하는 PIV 결정

PIV 각 다이오드(이상적인)에서 필요한 PIV는 입력신호가 양의 영역에서 최대값인 경우를 나타낸 그림 2.59를 통해 구할 수 있다. 표시된 경로에서 R에 걸리는 최대전압은 V_m이며 PIV 정격은 다음과 같이 정해진다.

$$\boxed{\text{PIV} \geqq V_m} \qquad \text{전파 브리지 정류기} \qquad (2.12)$$

중심탭 변압기

두 번째로 많이 쓰이는 전파 정류기는 그림 2.60과 같이 2개의 다이오드와 변압기의 2차 측을 두 부분으로 나누어 각각에 입력신호가 걸리도록 하는 중심탭(center-tapped, CT) 변압기로 구성된다. v_i의 양의 부분이 변압기의 1차 측에 인가되는 동안의 회로를 그림 2.61에 나타내었다. D_1은 단락 등가회로로, D_2는 개방 등가회로로 가정하고 이로 인한 2차 측

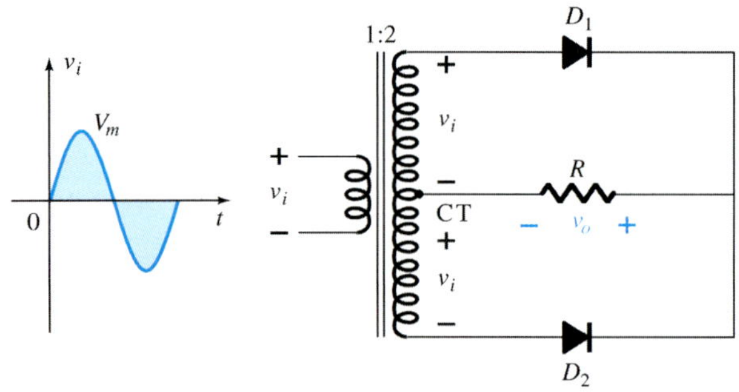

그림 2.60 중심탭 변압기 전파 정류기

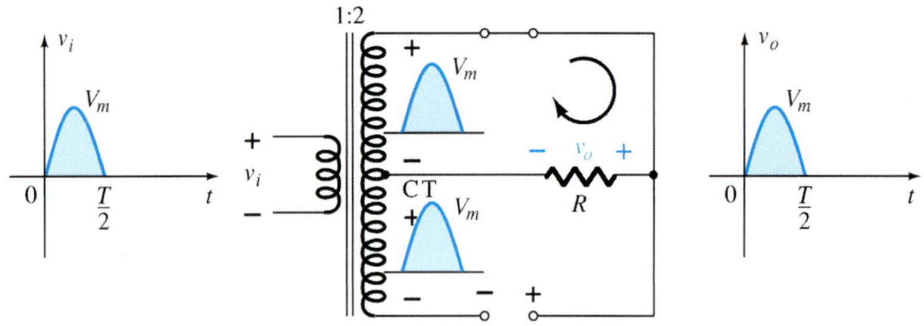

그림 2.61 v_i의 양의 영역에 대한 회로 조건

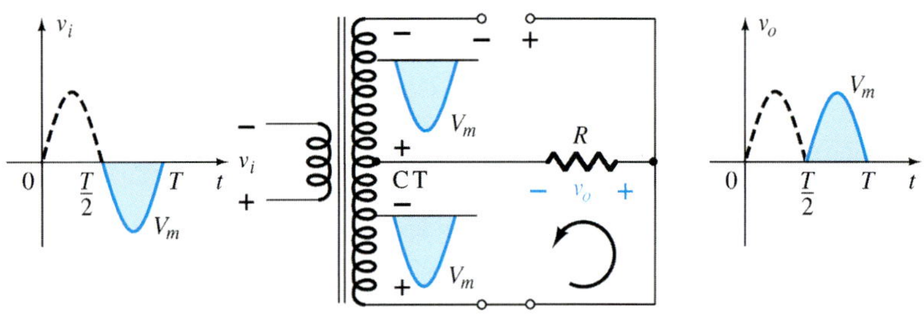

그림 2.62 v_i의 음의 영역에 대한 회로 조건

에서의 전압과 이로 인해 생기는 전류의 방향을 함께 나타내었다. 출력전압은 그림 2.61에 나타난 것과 같다.

입력전압이 음인 경우, 회로는 그림 2.62와 같이 다이오드의 역할이 반대로 될 뿐 부하 R에 걸리는 전압의 극성은 그대로 유지된다. 최종적으로는 그림 2.57과 같은 출력 파형을 얻고, 이때의 직류전압 레벨 또한 동일하다.

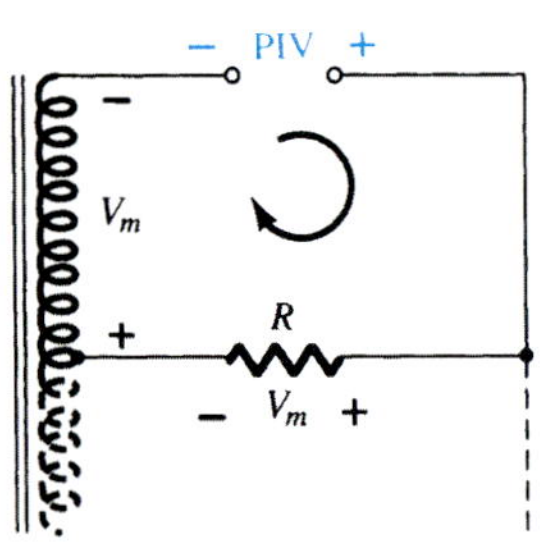

그림 2.63 CT 변압기 전파 정류기의 다이오드에 대한 PIV 레벨 결정

PIV 그림 2.63의 회로는 이 전파 정류회로에서 각각의 다이오드에 대한 PIV를 결정하는데 도움이 된다. 2차 측 전압에 최대전압을 인가하고 옆의 루프의 영향으로 생기는 V_m의 값을 사용하면 다음과 같다.

$$\begin{aligned} \text{PIV} &= V_{\text{secondary}} + V_R \\ &= V_m + V_m \end{aligned}$$

그리고

$$\boxed{\text{PIV} \geqq 2V_m} \quad \text{CT 변압기, 전파 정류기} \tag{2.13}$$

예제 2.17 그림 2.64의 회로에 대한 출력 파형을 구하고 출력 직류값과 각 다이오드에 필요한 PIV를 계산하라.

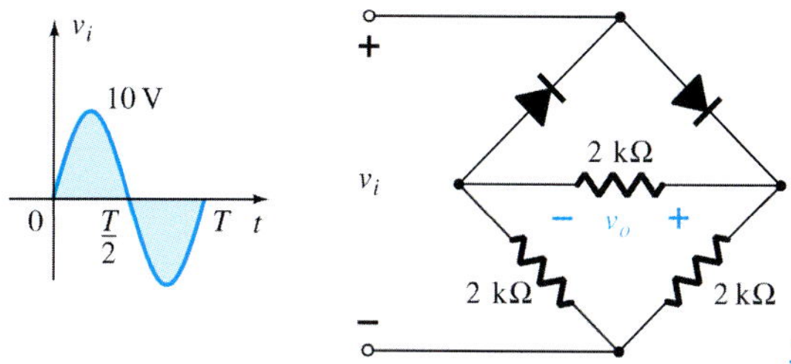

그림 2.64 예제 2.17의 브리지 회로

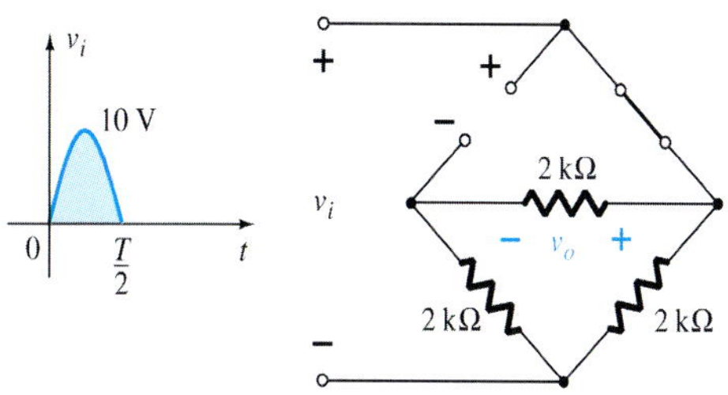

그림 2.65 v_i의 양의 영역에 대한 그림 2.64의 회로

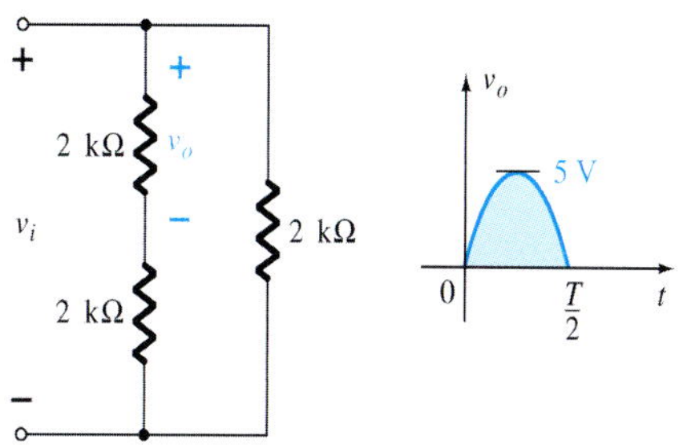

그림 2.66 그림 2.65의 회로 재구성

풀이 입력전압이 양일 때, 회로는 그림 2.65와 같다. 회로를 그림 2.66과 같이 다시 그리면, 각 노드에 대한 전압은 $v_o = \frac{1}{2}v_i$ 또는 $V_{o_{\max}} = \frac{1}{2}V_{i_{\max}} = \frac{1}{2}(10\text{ V}) = 5\text{ V}$이다. 입력전압이 음일 때 모든 다이오드의 역할은 반대가 되며, v_o는 그림 2.67에 나타낸 것과 같다.

따라서 브리지 회로에서 두 다이오드를 제거하면 가용 직류값을 다음과 같이 줄이는 영향이 있다. 즉

$$V_{dc} = 0.636(5\text{ V}) = \mathbf{3.18\text{ V}}$$

이는 같은 입력에 대해 반파 정류기에서 얻는 직류값과 같다. 그러나 그림 2.59에서와 같이 결정된 PIV는 R에 걸리는 최대전압인 5 V와 같으며, 같은 입력에 대해 반파 정류기에서 필요로 하는 값의 반이 된다.

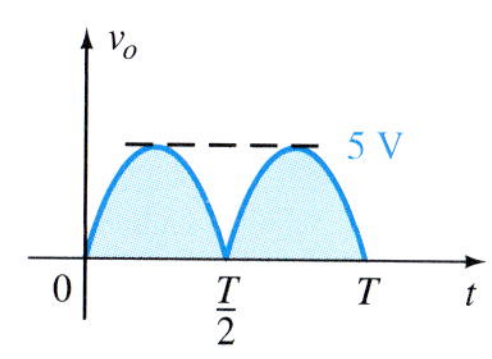

그림 2.67 예제 2.17에 대한 출력 결과

2.8 클리퍼

정류를 다룬 이전 절에서 다이오드가 교류 입력 파형을 변화시키는 데 쓰일 수 있다는 것을 배웠다. 클리퍼에 대해 다룰 이 절과 클램퍼에 대해 다룰 다음 절에서는 다이오드의 파형의 모양을 바꾸는 기능에 대해 좀 더 자세하게 배운다.

클리퍼는 교류파형의 한 부분은 잘라내고 남은 부분을 왜곡 없이 나타내기 위해 다이오드를 사용한 회로이다.

2.6절의 반파 정류기는 하나의 저항과 다이오드로 된 다이오드 클리퍼의 가장 간단한 예이다. 다이오드의 방향에 따라 입력신호의 양 또는 음의 부분이 '잘려' 진다.

클리퍼에는 두 가지 일반적인 형태가 있는데, 그것은 직렬(series)과 병렬(parallel) 형태이다. 직렬회로는 다이오드가 부하와 직렬로 연결되고, 병렬회로는 다이오드가 부하와 병렬로 연결된다.

직렬 연결

그림 2.68a와 같은 직렬회로에서 여러 가지 교류 파형에 대한 출력 파형의 응답을 그림 2.68b에 나타내었다. 이 회로는 처음에 (사인파에 쓰이는) 반파 정류기로 소개하였지만 어떠한 입력에 대해서도 클리퍼로 쓸 수 있는 회로이다.

그림 2.69에서와 같은 직류 전원을 추가하면 직렬 연결 구성 클리퍼 회로의 해석에 영향을 줄 수 있다. 직류 전원이 전원전압과 같은 방향, 혹은 반대 방향으로 작용할 수도 있고 직류 입력이 전원과 출력 사이에 있거나 출력에 병렬로 있기 때문에 응답이 분명하지 않다.

그림 2.69와 같은 회로를 해석할 때 일반적인 순서는 없지만, 다음과 같은 과정을 이용하면 문제를 해결하는 데 도움이 된다.

1. 어디를 출력전압으로 정의할지에 유의한다.

그림 2.69에서 출력전압은 저항 R에 인가되는 전압이다. 직렬로 연결된 소자가 결합된 곳을 지나는 경우도 있다.

2. 각각의 전원에 의해 성립되는 전기적 '압력'과 다이오드를 통하는 전류에 의한 일반적인 영향에 대해 간단히 기록하고 반응의 전반적인 감각을 키우도록 한다.

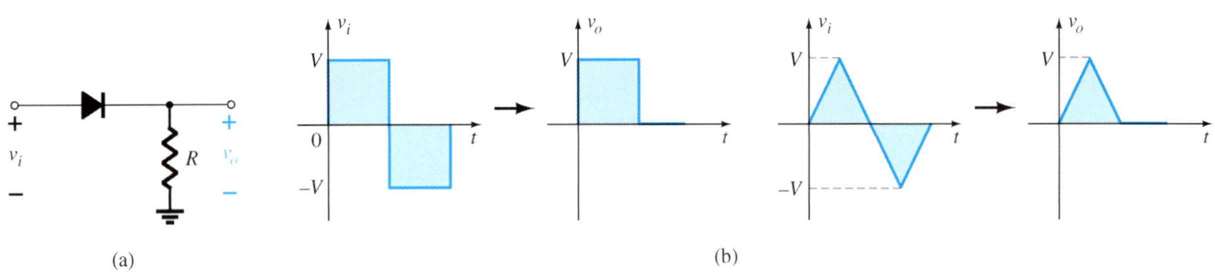

그림 2.68 직렬 클리퍼

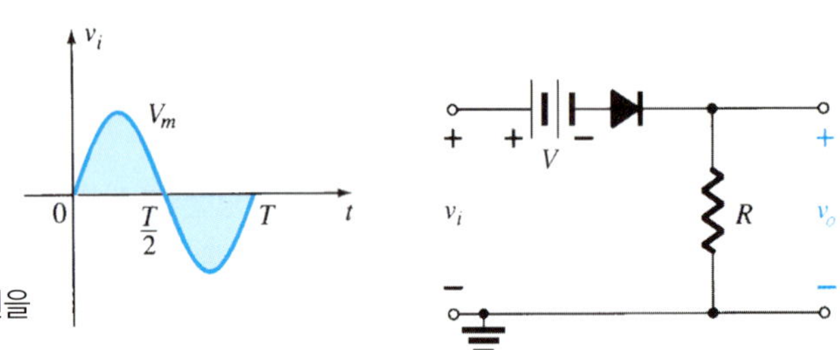

그림 2.69 직류 전원을 갖는 직렬 클리퍼

그림 2.69를 예로 들면, 어떠한 양의 공급전압도 다이오드 기호에서의 화살표와 같은 방향으로 흐르는 전류가 성립되도록 하여 다이오드를 켜고자 할 것이다. 하지만 회로에 더해진 직류 전원 V는 인가전압에 반대로 작용할 것이고, 다이오드를 'off' 상태가 되도록 할 것이다. 결과적으로 직류 전원 V보다 큰 공급전압은 다이오드를 켤 것이고 부하저항을 통한 전달 경로를 가지게 될 것이다. 지금은 이상적인 다이오드를 다루고 있기 때문에 다이오드를 켜기 위한 전압이 단순히 0 V라는 사실을 주지하라. 그러므로 일반적으로는, 그림 2.69와 같은 회로에서 V 볼트보다 큰 모든 v_i에 대해서 다이오드는 켜질 것이고 그보다 작은 V에 대해서는 다이오드가 꺼질 것이라는 결론을 내릴 수 있다. 'off' 상태에서는 전류가 부족하기 때문에 출력은 0 V가 되고 'on' 상태에서는 키르히호프 전압 법칙에 의해 $v_o = v_i - V$로 간단하게 결정된다.

3. 다이오드의 상태를 'off'에서 'on'으로 변화시킬 수 있는 인가전압(전이전압)을 구한다.

이 과정은 다이오드의 상태에 따른 인가전압의 영역을 구하는 데 도움이 된다. 이상적인 다이오드의 경우 상태 간의 전이는 $V_D = 0$ V와 $I_D = 0$ mA인 경우에 나타난다. 근사 등가회로에서 상태간의 전이는 다이오드를 지나는 전압이 0.7 V(실리콘 다이오드의 경우) 떨어지고 $I_D = 0$ mA일 때의 인가전압을 찾아서 결정할 수 있다.

이를 그림 2.69의 회로에 적용하면 그림 2.70과 같이 나타난다. 다이오드를 단락 등가회로로 바꾸는 것과 다이오드 전류가 0 mA이기 때문에 저항 양단의 전압이 0 V라는 사실을 주지할 필요가 있다. 결과는 $v_i - V = 0$이고

$$\boxed{v_i = V} \tag{2.14}$$

이 전이전압이다.

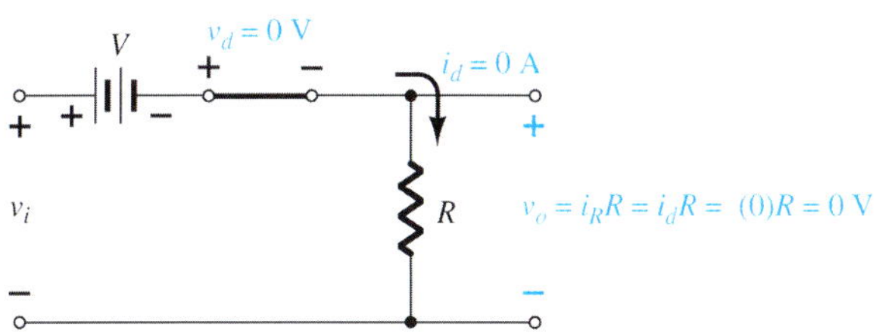

그림 2.70 그림 2.69의 회로에 대한 전이수준 결정

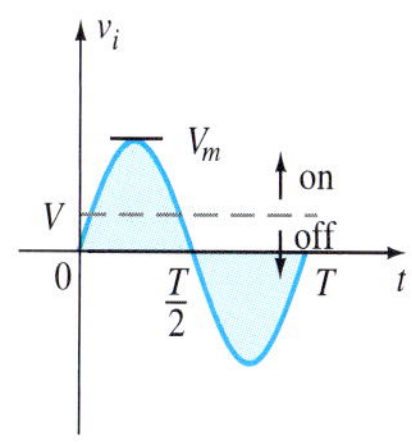

그림 2.71 'on'과 'off' 영역을 결정하기 위해 전이전압 사용

이러한 사실 때문에 다이오드의 'on'이나 'off'때의 영역을 정의하기 위해 사인파 입력전압에 직선을 그림 2.71과 같이 그릴 수 있다.

'on' 영역에서 그림 2.72와 같이 다이오드는 등가 단락회로로 바뀌고 출력전압은 다음과 같다.

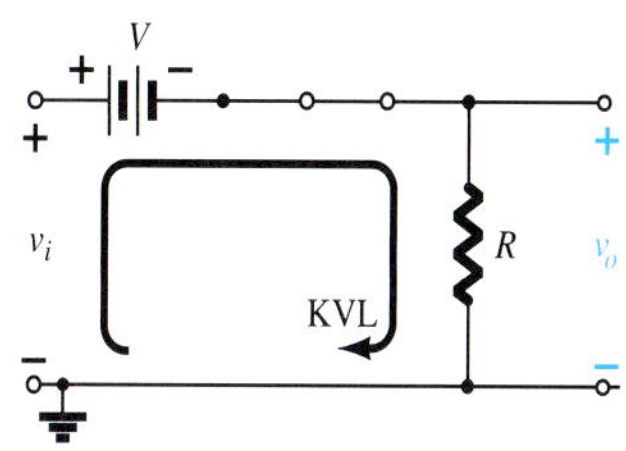

그림 2.72 'on' 상태에서 다이오드에 대한 v_o 결정

$$\boxed{v_o = v_i - V} \tag{2.15}$$

'off' 영역은 다이오드가 개방회로가 되며 $I_D = 0$ mA이고 출력전압은 다음과 같다.

$$\boxed{v_o = 0\,\text{V}}$$

4. 보통은 수직축과 수평축을 같은 스케일로 하여 인가전압 아래에 출력신호를 바로 그리는

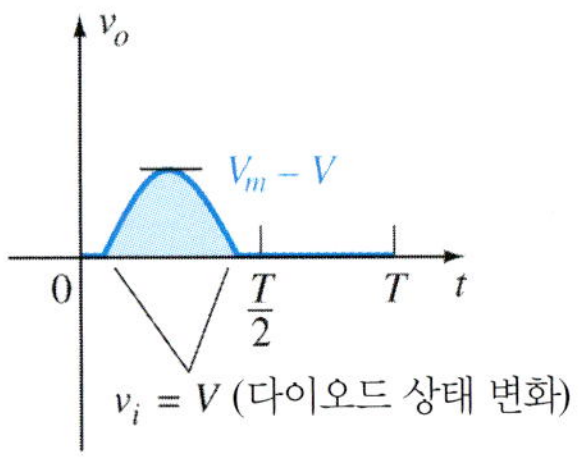

그림 2.73 v_o 위아래로 전이 수준에 대한 v_o 얻어진 결과를 사용하여 v_o 파형 스케치

것이 도움이 된다.

위의 마지막 정보를 이용하면 그림 2.73의 그래프에서와 같이 표시된 영역에 대해 0 V 레벨로 만들 수 있다. 'on' 상태에서는 인가전압이 피크값일 때의 출력전압을 알아내기 위해 식 (2.15)를 이용한다.

$$v_{o_{peak}} = V_m - V$$

또한 이 식은 그림 2.73을 도시할 때도 쓸 수 있다. 그러고 나면 출력 곡선의 빠진 부분을 채워 넣는 것은 간단한 일이다.

예제 2.18 그림 2.74의 회로에서 출력 파형을 구하라.

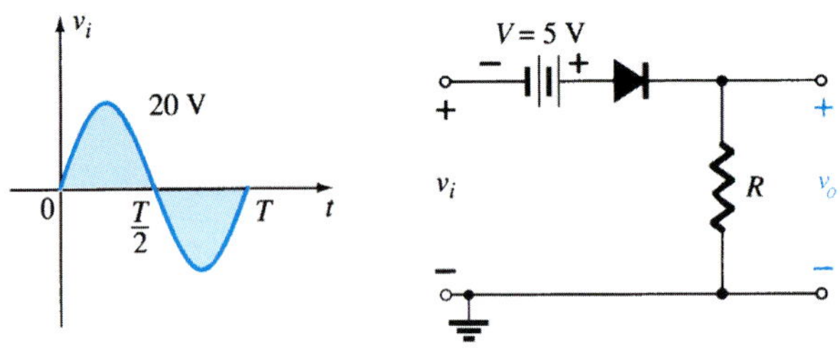

그림 2.74 예제 2.18의 직렬 클리퍼

풀이

단계 1: 출력은 저항 R에 바로 걸린다.

단계 2: v_i의 양의 영역과 직류 전원이 다이오드를 켜도록 전기적 '압력'을 가한다. 결과적으로 v_i가 양인 범위 내에서 다이오드가 'on' 상태임을 가정할 수 있다. 전원이 음인 영역에서는 다이오드를 끄기 전에 5 V의 직류 전원보다 커야 할 것이다.

단계 3: 전이 모델은 그림 2.75와 같이 바뀌고 아래와 같은 상태일 때 어느 한 상태에서 다른 상태로 전이한다.

$$v_i + 5\text{ V} = 0\text{ V}$$

또는

$$v_i = -5\text{ V}$$

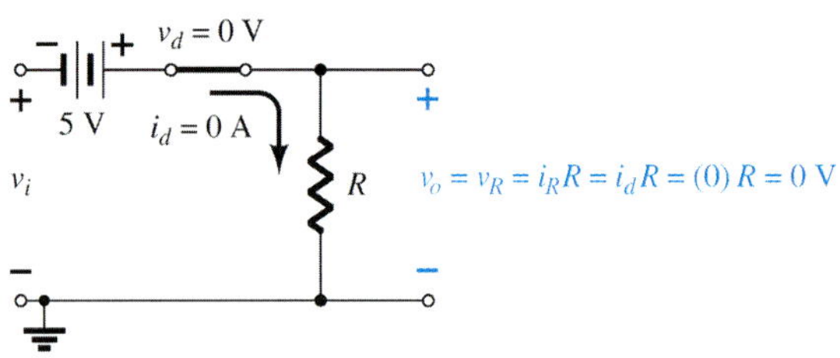

그림 2.75 그림 2.74의 클리퍼에 대한 전이수준 결정

단계 4: 그림 2.76에서 수평선은 전이 레벨에서의 인가전압이다. −5 V보다 작은 음의 전압에서 다이오드는 개방회로 상태가 되고, v_o에서 알 수 있듯이 출력은 0 V이다. 그림 2.76에서 다이오드가 켜지고 다이오드에 전류가 인가되는 조건을 찾을 수 있고, 키르히호프의 전압 법칙을 이용하면 출력전압은 다음과 같다.

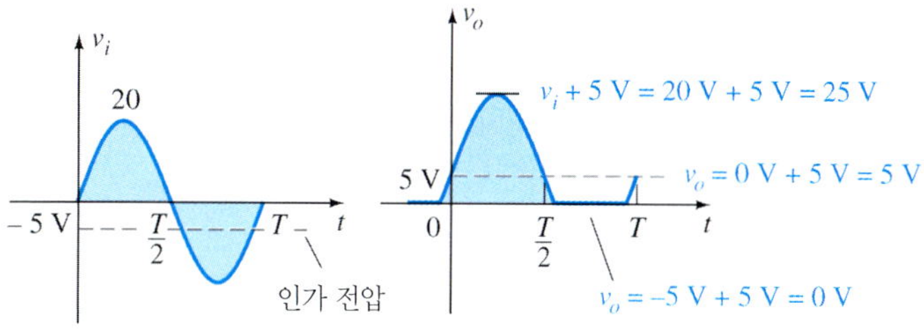

그림 2.76 예제 2.18에 대한 v_o 스케치

$$v_o = v_i + 5\text{ V}$$

클리퍼 회로에서는 구형파 입력일 때가 정현파 입력일 때보다 더 해석하기 쉽다. 그 이유는 단지 두 값만 고려하면 되기 때문이다. 다시 말하면 구형파의 두 가지 직류 레벨 입력에 대해 회로를 해석하기만 하면 된다는 뜻이다. 다음 예제에서 이를 확인할 수 있다.

예제 2.19 인가 신호가 그림 2.77과 같은 구형파일 때 예제 2.18의 회로에서 출력전압을 구하라.

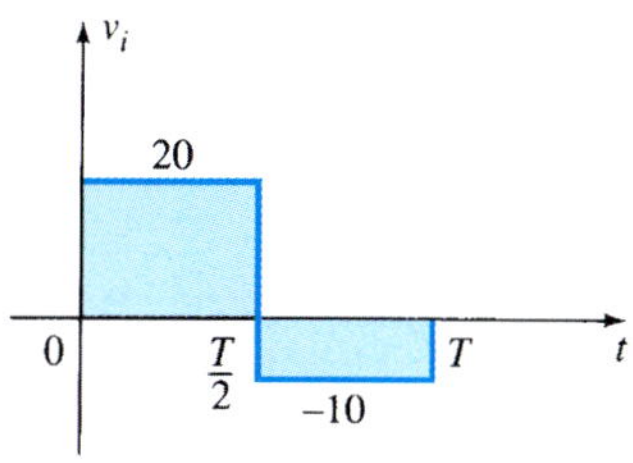

그림 2.77 예제 2.19에 인가된 신호

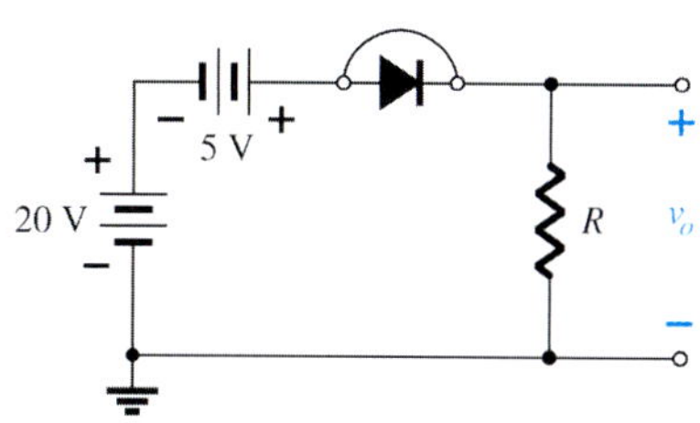

그림 2.78 v_o at $v_i = +20\text{ V}$

풀이 $v_i = 20\text{ V}$ $(0 \rightarrow T/2)$ 일 때 회로는 그림 2.78과 같다. 다이오드는 단락 상태가 되고 $v_o = 20\text{ V} + 5\text{ V} = 25\text{ V}$이다. $v_i = -10\text{ V}$일 때 회로는 그림 2.79와 같이 되고 다이오드는 'off' 상태가 되며 $v_o = i_R R = (0)R = 0\text{ V}$이다. 출력전압은 그림 2.80과 같다.

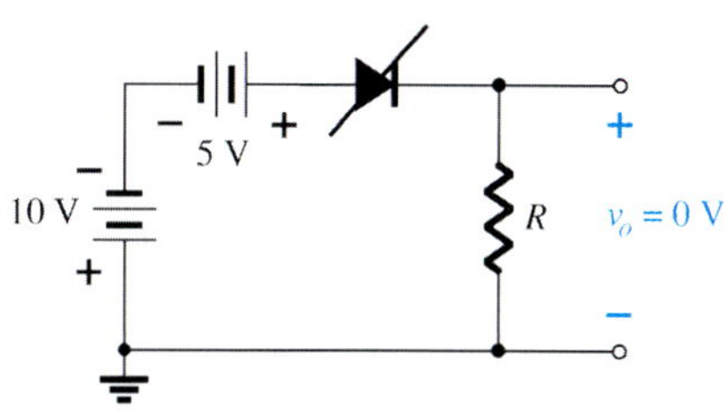

그림 2.79 v_o at $v_i = -10\text{ V}$

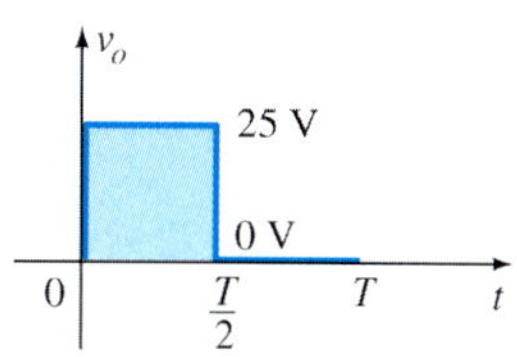

그림 2.80 예제 2.19에 대한 v_o 스케치

예제 2.19에서 클리퍼는 전체 스윙에서 5 V만큼을 절단하고 신호의 직류 레벨을 5 V만큼 상승시킨다.

병렬 연결

그림 2.81에서는 그림 2.68과 같은 입력일 때 가장 간단한 병렬회로와 그 출력을 보여주고 있다. 병렬회로의 해석은 다음의 예제를 통해 알 수 있듯이, 직렬회로의 해석과 매우 유사하다.

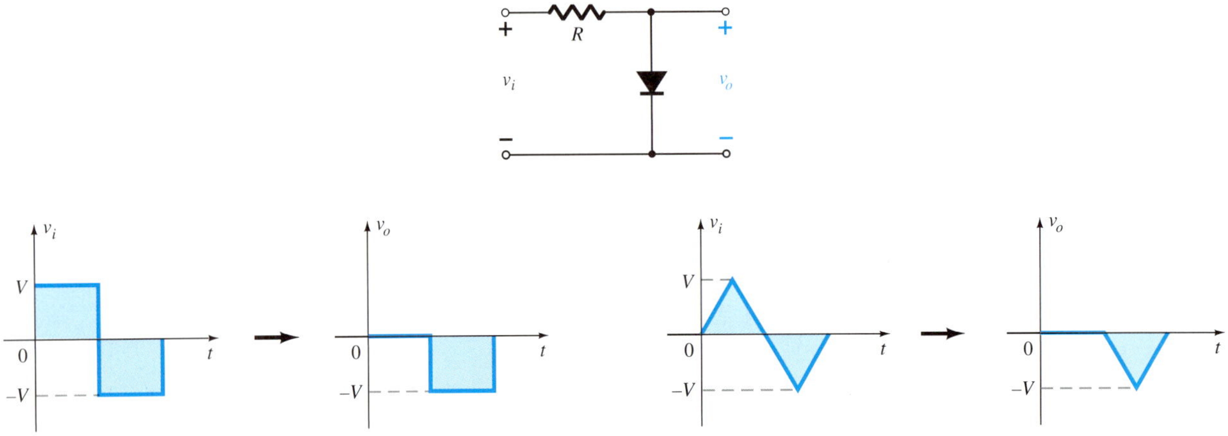

그림 2.81 병렬 클리퍼에 대한 응답

예제 2.20 그림 2.82의 회로에서 v_o를 구하라.

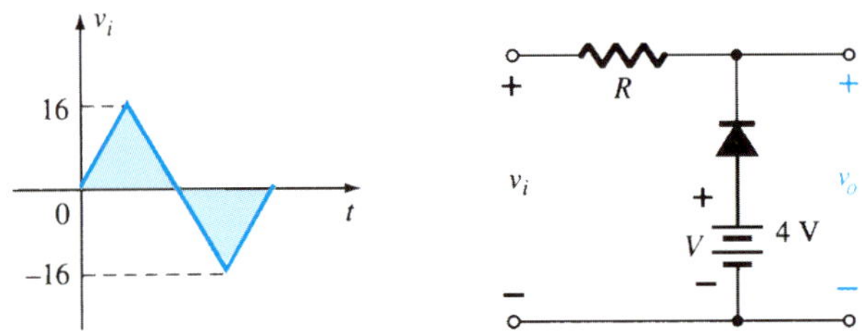

그림 2.82 예제 2.20

풀이

단계 1: 이 예제에서는 출력이 저항 R이 아니라 4 V 전원과 다이오드를 지나도록 되어 있다.

단계 2: 직류 전원의 극성과 다이오드의 방향을 보면, 입력신호가 음의 값일 때 다이오드가 'on' 상태가 될 것임을 추측할 수 있다. 사실 출력이 직류로 연결된 소자들을 바로 지나기 때문에 다이오드가 단락회로 상태가 되면 출력전압이 바로 4 V 직류 전원에 연결되어 4 V로 고정된다는 것은 흥미로운 점이다. 달리 말해 다이오드가 켜지면 출력은 4 V가 된다는 것이다. 그보다 다이오드가 단락회로가 되면 직류회로를 지나는 전류는 0 mA가 되고 저항에서의 전압 강하는 0 V가 된다. 결국 다이오드가 꺼질 때 마다 $v_o=v_i$가 된다.

단계 3: 다이오드를 등가 단락회로로 바꾸고 전이가 일어날 때의 다이오드 전류가 0 mA 사실을 상기하면 그림 2.83에서 입력전압의 전이 레벨을 알 수 있다. 결과적으로

$$v_i=4\ \text{V}$$

일 때 상태의 변화가 일어난다.

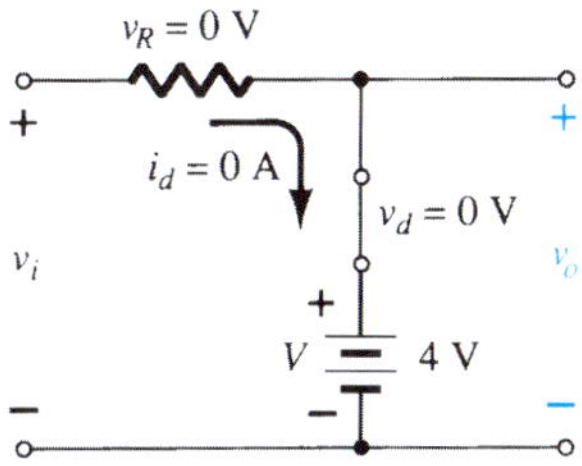

그림 2.83 예제 2.20에 대한 전이수준 결정

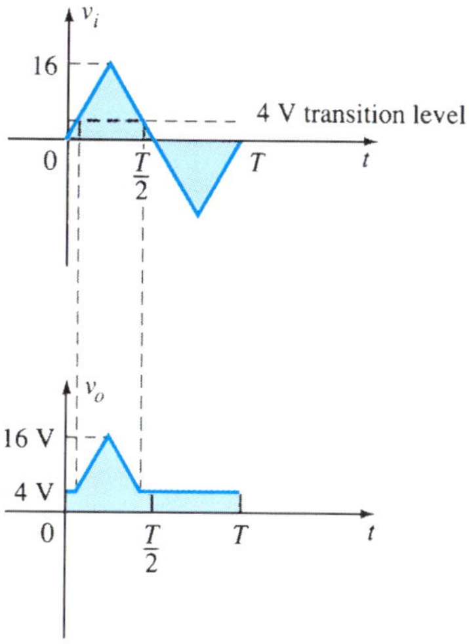

그림 2.84 예제 2.20에 대한 v_o 스케치

단계 4: 그림 2.84에서 다이오드가 켜졌을 때의 전이값은 v_o=4 V로 나타난다. $v_i \geq 4$ V에 대해 v_o=4 V이고 파형은 출력 파형의 모양을 똑같이 반복한다.

무릎전압 V_K가 출력응답에 미치는 효과를 알아보기 위해 다음 예제에서는 이상적인 다이오드 등가회로 대신 실리콘 다이오드를 사용한다.

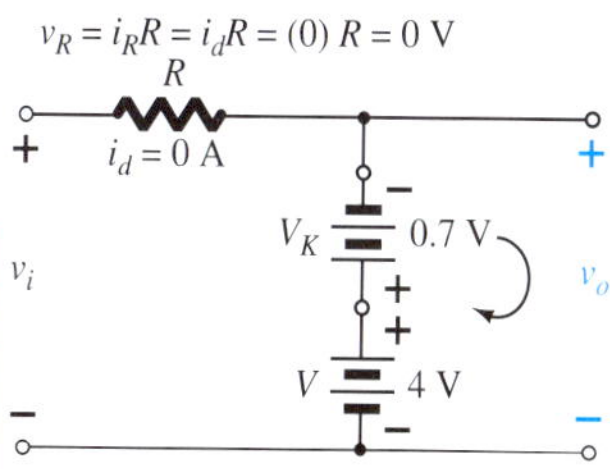

그림 2.85 그림 2.82의 회로의 전이수준 결정

예제 2.21 V_K=0.7 V인 실리콘 다이오드를 이용하여 예제 2.20을 반복하라.

풀이 전이전압은 $v_d=V_D$=0.7 V, i_d=0 A 조건을 통해 구할 수 있다. 이를 그림 2.85에 나타내었다. 출력 측의 루프에 시계 방향으로 키르히호프의 전압 법칙을 적용하면 다음과 같다.

$$v_i + V_K - V = 0$$

$$v_i = V - V_K = 4\text{ V} - 0.7\text{ V} = \mathbf{3.3\text{ V}}$$

3.3 V보다 큰 입력전압에서 다이오드는 개방회로가 되고, 이때의 $v_o=v_i$이다. 3.3 V보다 작은 입력전압에서 다이오드는 'on' 상태가 되고, 그림 2.86에서의 출력전압은 다음과 같다.

$$v_o = 4\text{ V} - 0.7\text{ V} = \mathbf{3.3\text{ V}}$$

출력 파형은 그림 2.87과 같다. V_K의 영향으로 출력값이 4 V에서 3.3 V로 떨어졌음을 알 수 있다.

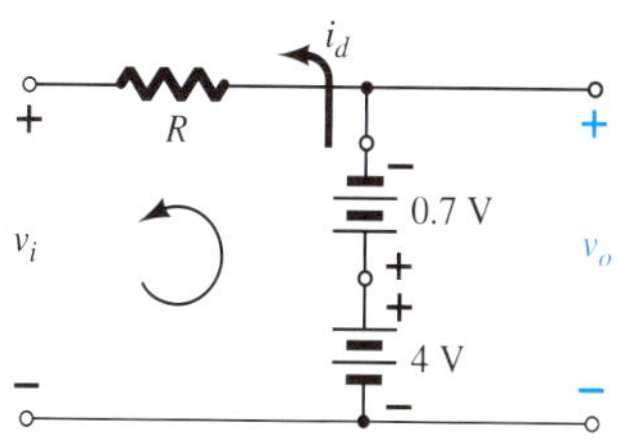

그림 2.86 'on' 상태에서 그림 2.82의 다이오드에 대한 패 결정

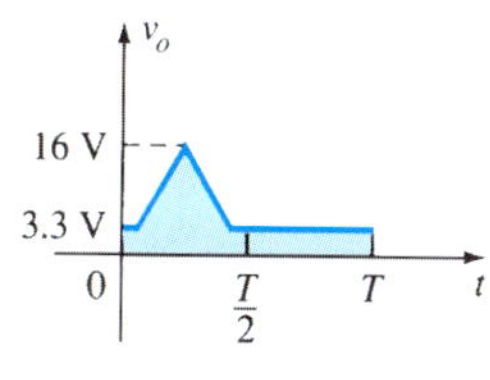

그림 2.87 예제 2.21에 대한 v_o 스케치

V_K의 효과를 포함하여 회로를 해석하는 것이 다소 복잡하기는 하지만, 일단 이상적인 경우의 해석을 이해하기만 하면 V_K의 효과를 포함한 회로 해석은 그리 어려운 것은 아니다.

요약

그림 2.88에 다양한 직렬 및 병렬 방식의 클리퍼를 정현파 입력에 대한 출력과 함께 나타내었다. 특히 마지막 회로는 직류 전원의 크기만큼 양과 음의 파형 모두를 절단할 수 있다.

2.9 클램퍼

이전 절에서 교류파형의 한 부분은 잘라내고 남은 부분을 왜곡 없이 나타나도록 하기 위한 다이오드 구성을 살펴보았다. 이 절에서는 인가신호를 다른 값으로 변위 이동을 시키는 다이오드 구성에 대해 알아본다.

클램퍼는 1개의 다이오드와 1개의 저항, 그리고 1개의 커패시터로 구성된 회로로서 인가신호의 모양을 바꾸지 않고 파형을 다른 직류 레벨로 이동시킨다.

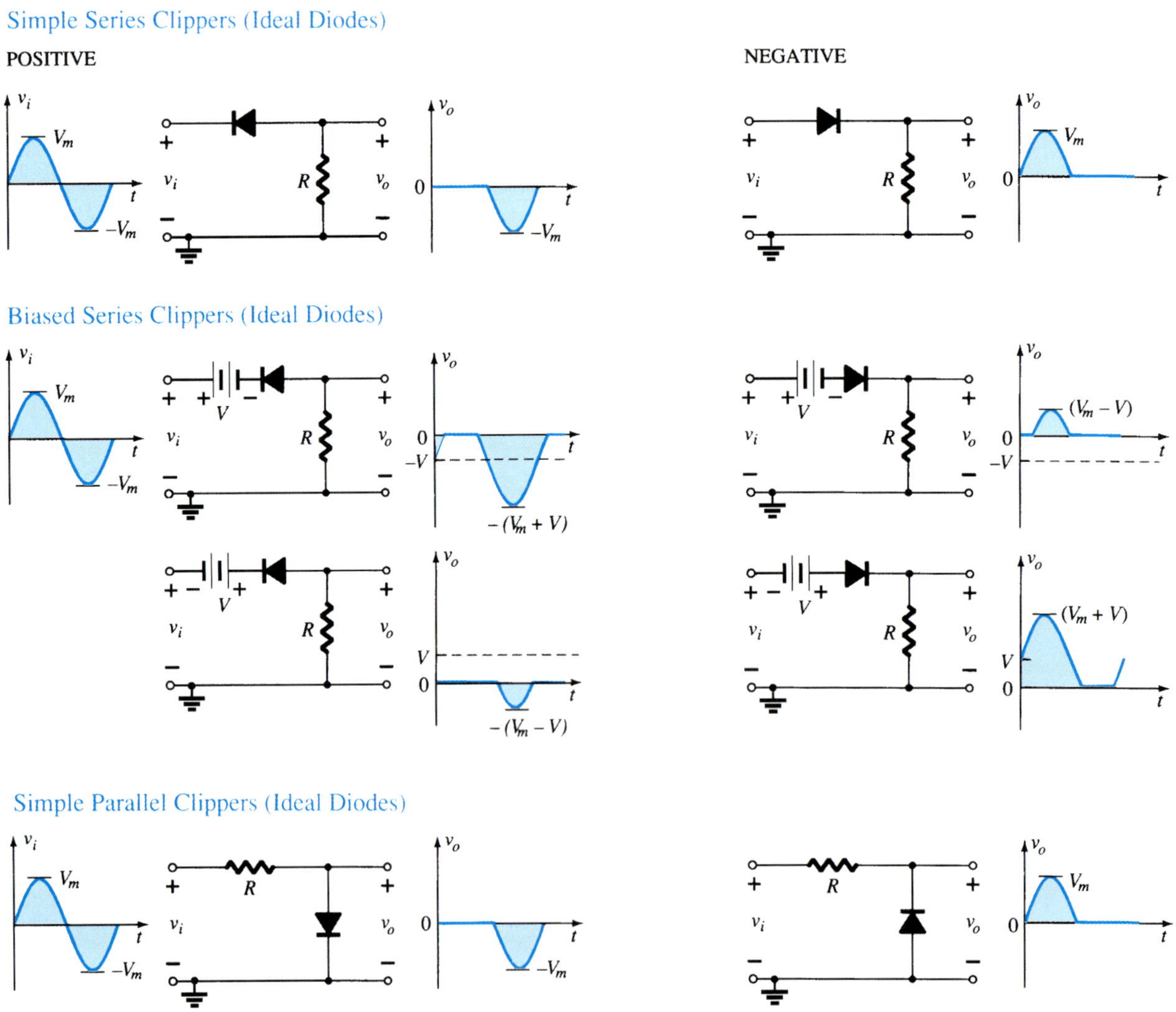

그림 2.88 클램핑 회로

Biased Parallel Clippers (Ideal Diodes)

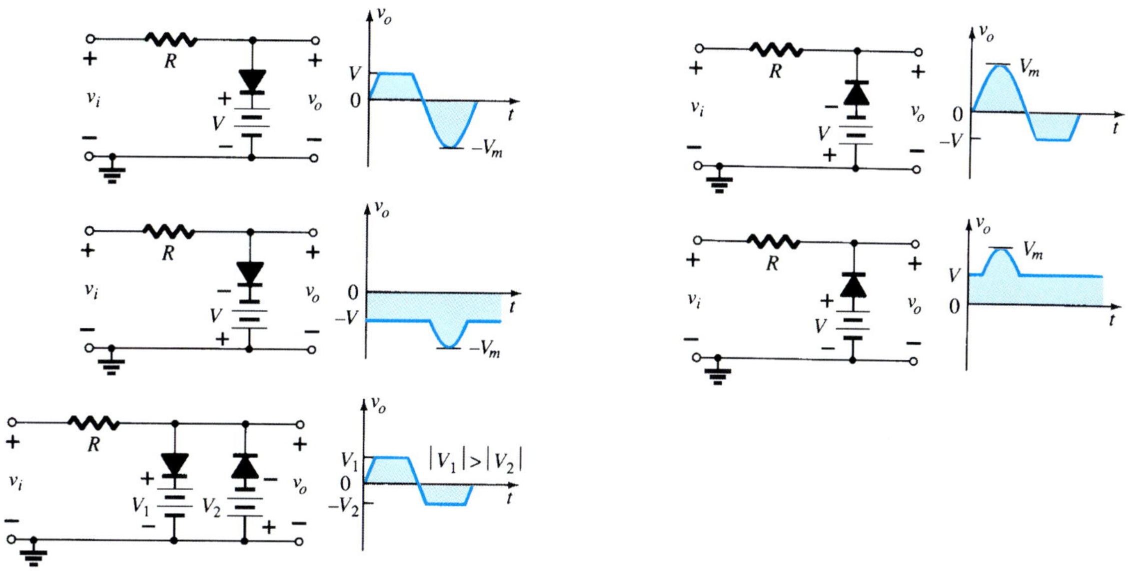

그림 2.88 계속

기본적인 구성에 직류 전원을 더해 추가적인 이동을 할 수 있다. 다이오드가 비전도 영역에 있는 동안 커패시터 양단의 전압이 많이 방전하지 않게 하기 위해서는 큰 시상수 $\tau=RC$가 필요하고 이에 맞게 저항과 커패시터를 선택해야 한다. 해석에서 모든 경우 커패시터는 시상수의 다섯 배 되는 시간에 완전히 충전하거나 완전히 방전한다고 가정한다.

가장 간단한 클램퍼 회로는 그림 2.89이다. 여기서 눈여겨 보아야 할 것은 커패시터는 입출력신호 사이에 바로 연결되어 있고 저항과 다이오드는 출력신호에 병렬로 연결되어 있다는 점이다.

클램프 회로는 입출력 사이에 바로 연결된 커패시터와 출력신호에 병렬로 연결된 저항 소자가 있다. 다이오드도 저항처럼 출력신호에 병렬로 연결되어 있지만 직렬로 연결된 직류 전원을 가질 수도 있고 가지지 않을 수도 있다.

클램퍼 회로를 손쉽게 해석할 수 있게 해주는 방법이 아래에 나와 있다. 이는 클램퍼를 해석하는데 있어서 유일한 접근법은 아니지만 해석 도중 어려움을 겪을 경우 방법을 제공하기도 한다.

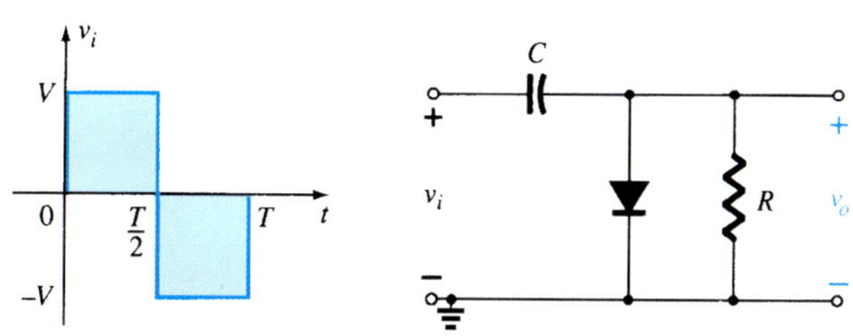

그림 2.89 클램퍼

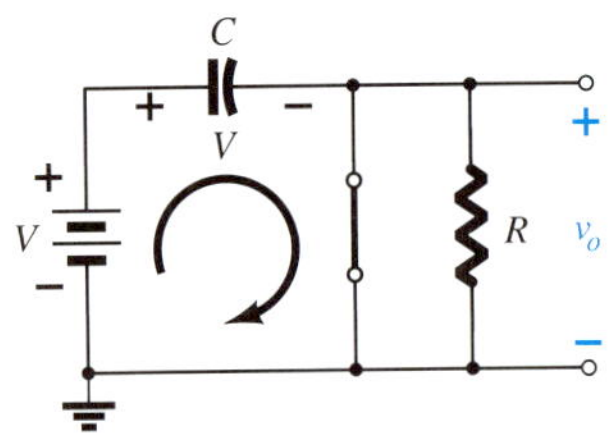

그림 2.90 'on' 다이오드와 V 볼트로 충전된 커패시터

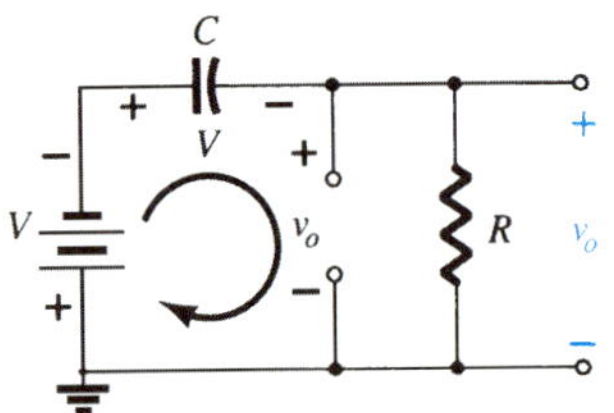

그림 2.91 'off' 다이오드인 v_o 결정

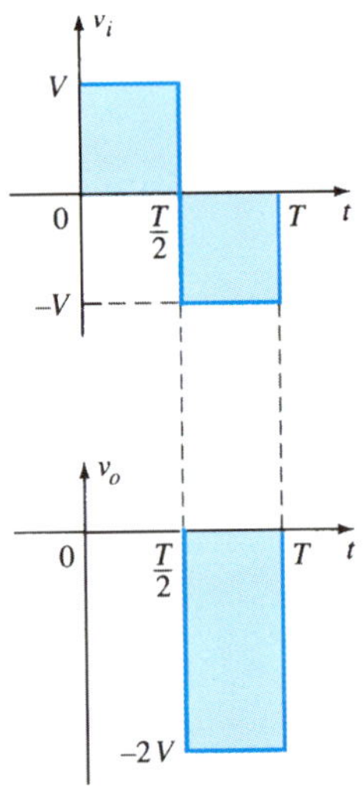

그림 2.92 그림 2.91의 회로의 v_o 스케치

단계 1: 클램핑 회로의 해석은 다이오드를 순방향으로 바이어스 시키는 입력신호 부분부터 시작한다.

단계 2: 다이오드가 'on' 상태인 동안 커패시터는 주변 회로에 의해 결정되는 값까지 즉시 충전된다고 가정한다.

그림 2.89의 회로에서 다이오드는 인가신호의 양의 영역에서 순방향 바이어스이다. 0→$T/2$ 기간 동안 회로는 그림 2.90과 같이 나타난다. 이 기간 동안 그림 2.92의 다이오드 등가 단락회로에 의해 v_o=0 V이다. 또한 이 기간 동안 시상수 $\tau=RC$는 매우 작은데 이는 다이오드가 켜져 저항 R이 단락되고 회로에 남은 저항은 와이어와 같은 회로의 내부저항으로 결정되기 때문이다. 커패시터는 결과적으로 그림 2.90에서 극성을 표시한 대로 피크값 V로 빠르게 충전된다.

단계 3: 다이오드가 'off' 상태인 동안 커패시터는 설정된 전압을 유지한다고 가정한다.

단계 4: 제대로 해석하기 위해서 v_o의 위치와 정의된 극성을 계속 인지하고 있어야 한다.

입력이 $-V$ 상태로 바뀔 때 회로는 그림 2.91과 같이 된다. 인가된 신호에 의해 다이오드는 개방회로 등가가 되고, 커패시터 양단의 전압이 축적된다. 인가 신호와 커패시터에 저장된 전압에 의해 전류는 다이오드의 양극에서 음극으로 흐른다. 이제 R은 회로에 영향을 미치게 되고 RC 곱에 의해 시상수가 결정된다. 시상수는 방전 주기 5τ가 $T/2 \rightarrow T$ 기간보다 매우 길도록 설정한다. 이때 근사를 통해 커패시터가 모든 전하를 유지하고 따라서 전압도 이 기간 동안 유지된다고 할 수 있다($V=Q/C$이므로).

v_o가 다이오드와 저항에 병렬이기 때문에 그림 2.91의 회로로 대체될 수 있다. 입력 루프에 키르히호프 전압 법칙을 적용시킨 결과는

$$-V - V - v_o = 0$$
$$v_o = -2V$$

$2V$의 극성과 v_o의 극성이 반대이기 때문에 음의 출력전압이 나타난다. 출력 파형 결과는 그림 2.92에서 입력 신호와 같이 나타난다. 출력신호는 0에서 $T/2$로 변하는 시간동안 0 V로 클램핑되어 입력신호와 같은 전체 스윙($2V$)을 유지한다.

단계 5: 출력신호의 전체 스윙과 입력신호의 스윙은 일치하는 것을 확인하라.

이는 모든 클램퍼 회로에 적용되며 얻은 결과를 확인하는 데 훌륭한 방법이다.

예제 2.22 제시된 입력에 대해 그림 2.93의 회로에서 v_o를 결정하라.

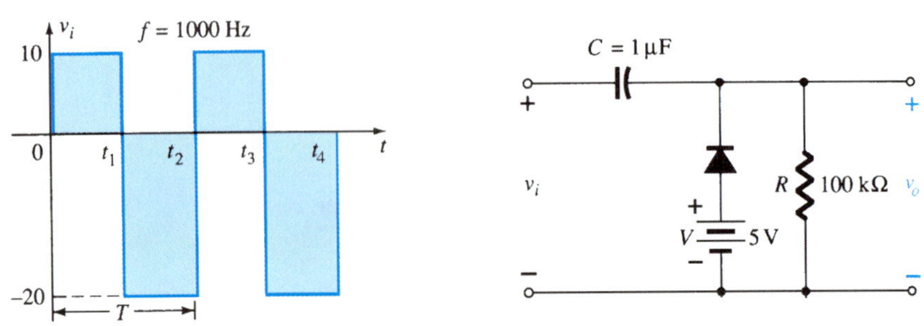

그림 2.93 예제 2.22의 인가된 신호와 회로

풀이 주파수는 1000 Hz이고 주기는 1 ms이며 레벨 간의 시간은 0.5 ms이다. $t_1 \to t_2$ 기간의 입력신호에 대해 해석을 시작한다. 이는 위의 사항 1에서 권장한 바와 같이 다이오드가 단락 등가 상태이기 때문이다. 이 기간 동안 회로는 그림 2.94와 같다. 출력은 R 양단에 걸리지만, 이는 동시에 5 V 전지에도 직접 걸린다. 이는 정해진 v_o 단자와 전지의 단자가 직접 연결되어 있기 때문이다. 따라서 이 시간 동안은 v_o=5 V이다. 입력 루프 주위로 키르히호프의 전압 법칙을 적용하면 다음의 결과를 얻을 수 있다.

$$-20\text{ V} + V_C - 5\text{ V} = 0$$
$$V_C = 25\text{ V}$$

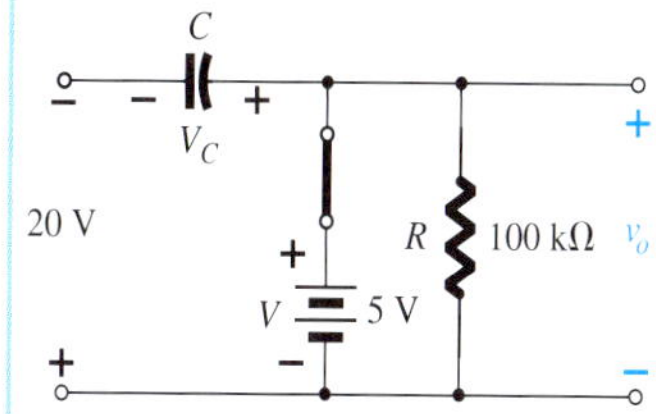

그림 2.94 다이오드 'on' 상태에서 v_o, V_c 결정

그러므로 커패시터는 25 V로 충전된다. 이 경우, 저항 R은 다이오드에 의해 단락되지 않지만, 저항과 전지를 포함하는 부분의 테비난(Thévenin) 등가회로에서 $R_{Th}=0\ \Omega$이고 $E_{Th}=V=5$ V이다. $t_2 \to t_3$ 구간에서의 회로는 그림 2.95와 같다.

다이오드가 개방회로 등가가 되어 5 V 전지는 v_o에 어떤 영향도 주지 않는다. 회로의 외부 루프 주위로 키르히호프의 전압 법칙을 적용하면 다음을 얻을 수 있다.

$$+10\text{ V} + 25\text{ V} - v_o = 0$$
$$v_o = 35\text{ V}$$

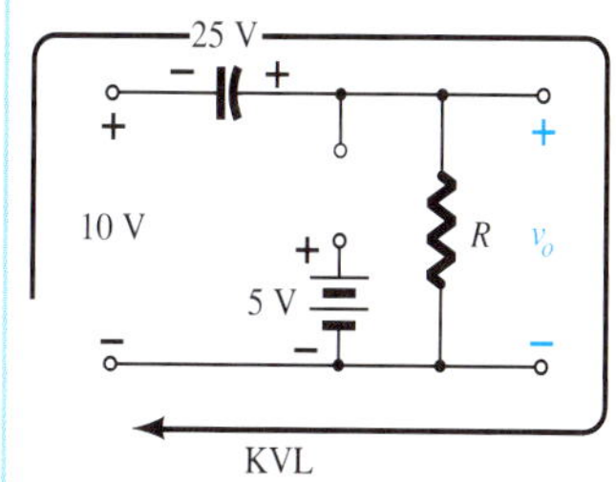

그림 2.95 다이오드 'off' 상태에서 v_o 결정

그림 2.95의 방전회로에서 시상수는 RC 곱에 의해 결정되고 그 크기는 다음과 같다.

$$\tau = RC = (100\text{ k}\Omega)(0.1\ \mu\text{F}) = 0.01\text{ s} = 10\text{ ms}$$

따라서 전체 방전 시간은 $5\tau=5(10\text{ ms})=50$ ms이다.

$t_2 \to t_3$ 구간은 겨우 0.5 ms이기 때문에 입력신호 펄스 사이의 방전 기간 동안 커패시터는 전압을 유지한다는 근사는 적절하다. 그림 2.96은 입력신호와 출력신호를 보여준다. 출력 스윙 30 V는 단계 5에서 언급한 바와 같이 입력 스윙과 일치함을 주목하자.

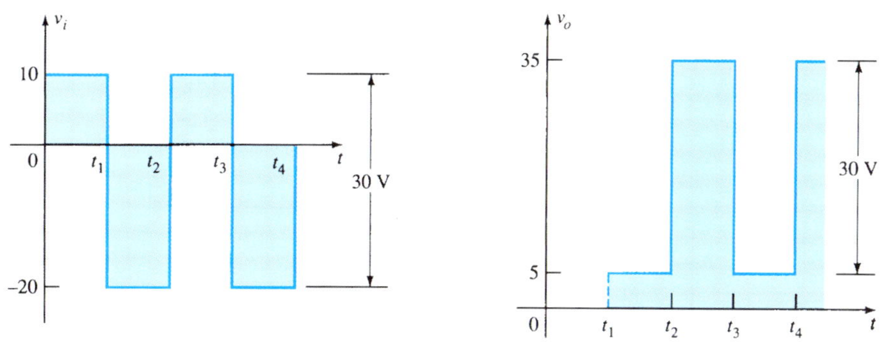

그림 2.96 그림 2.93의 클램퍼에 대한 v_i, v_o

예제 2.23 V_K=0.7 V인 실리콘 다이오드를 사용하여 예제 2.22를 반복하라.

풀이 단락회로 상태에 대한 회로를 그림 2.97에 나타내었다. 그리고 출력단에 키르히호프의 전압 법칙을 사용하여 다음과 같이 v_o를 구할 수 있다.

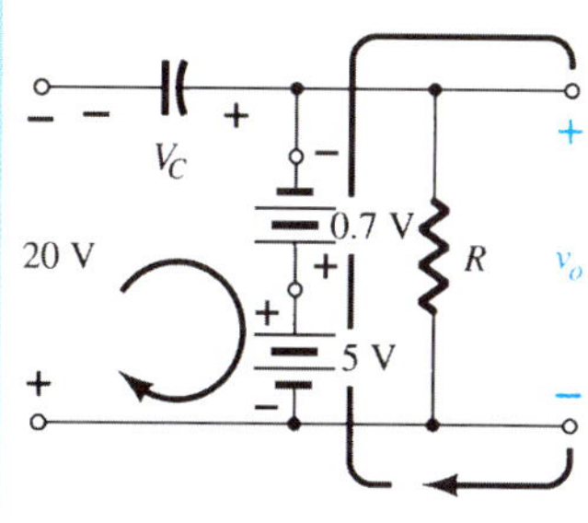

그림 2.97 다이오드 'on' 상태에서 v_o, V_c 결정

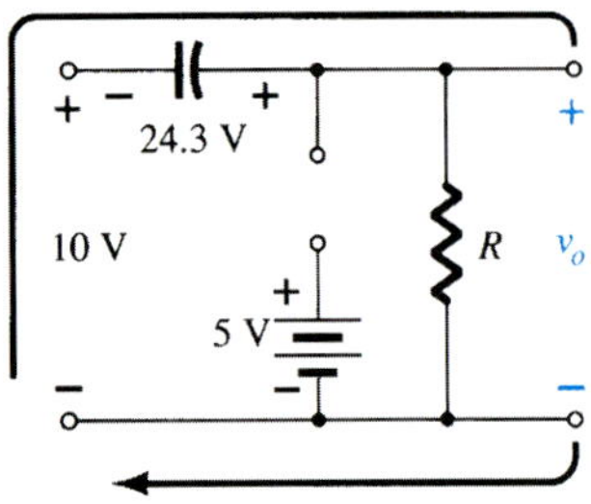

그림 2.98 다이오드 개방 상태에서 v_o 결정

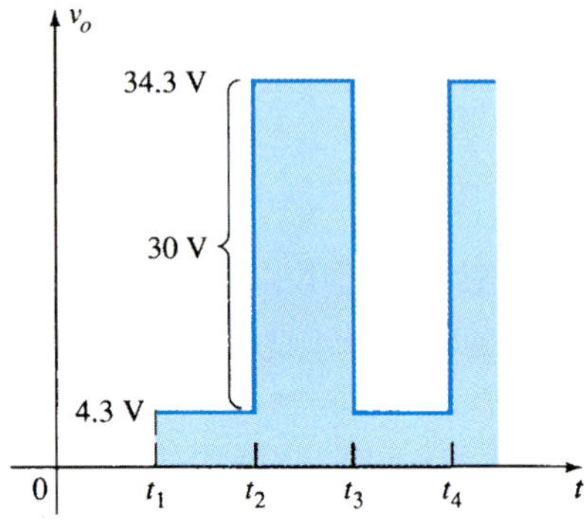

그림 2.99 실리콘 다이오드를 사용한 그림 2.93의 클램퍼에 대한 v_o 스케치

$$+5\text{ V} - 0.7\text{ V} - v_o = 0$$
$$v_o = 5\text{ V} - 0.7\text{ V} = 4.3\text{ V}$$

입력단에서 키르히호프의 전압 법칙을 적용하면 다음을 얻을 수 있다.

$$-20\text{ V} + V_C + 0.7\text{ V} - 5\text{ V} = 0$$
$$V_C = 25\text{ V} - 0.7\text{ V} = 24.3\text{ V}$$

$t_2 \rightarrow t_3$ 기간에서의 회로는 그림 2.98과 같다. 여기서 유일하게 변한 것은 커패시터 양단의 전압이다. 키르히호프의 전압 법칙을 적용하면 다음을 얻을 수 있다.

$$+10\text{ V} + 24.3\text{ V} - v_o = 0$$
$$v_o = 34.3\text{ V}$$

출력 파형을 그림 2.99에 나타내었다. 출력 파형을 보면 입력과 출력의 스윙이 동일함을 확인할 수 있다.

여러 가지 클램핑 회로와 입력신호에 대한 응답을 그림 2.100에 나타내었다. 그림 2.100에 나타난 모든 파형은 구형파이지만 클램핑 회로는 정현파에 대해서도 동일하게 동작한

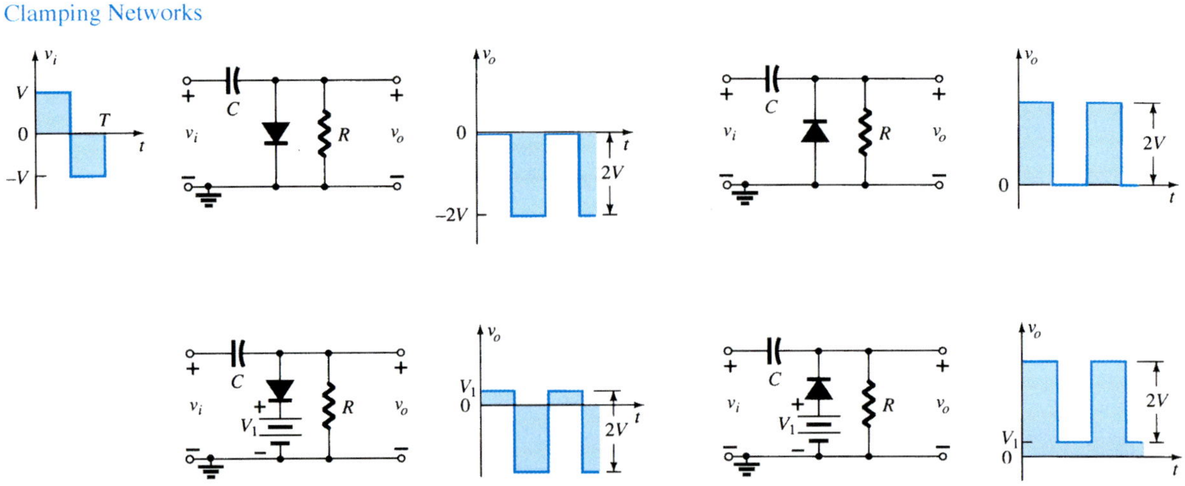

그림 2.100 이상적인 다이오드를 사용한 클램핑 회로($5\tau = 5\,RC \gg T/2$)

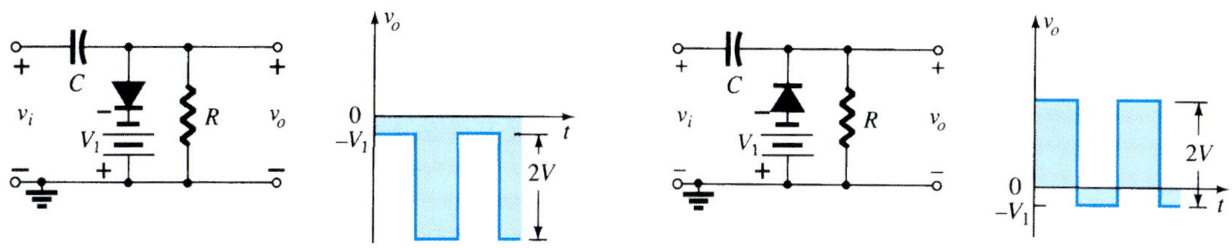

그림 2.100 계속

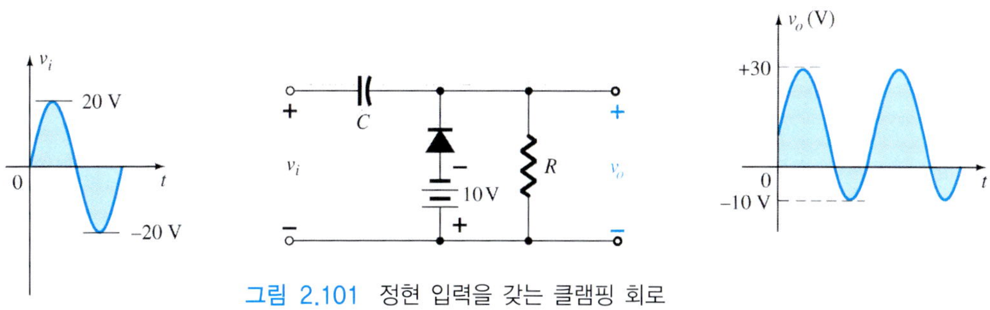

그림 2.101 정현 입력을 갖는 클램핑 회로

> 다. 사실 정현파를 동일한 피크값을 가지는 구형파를 이용하여 대신 분석하는 것은 정현파 입력에 대한 클램핑 회로 해석의 한 가지 방법이다. 그림 2.100의 오른쪽 하단에 있는 회로의 정현파에 대한 응답은 그림 2.101과 같다.

2.10 직류와 교류원의 회로망

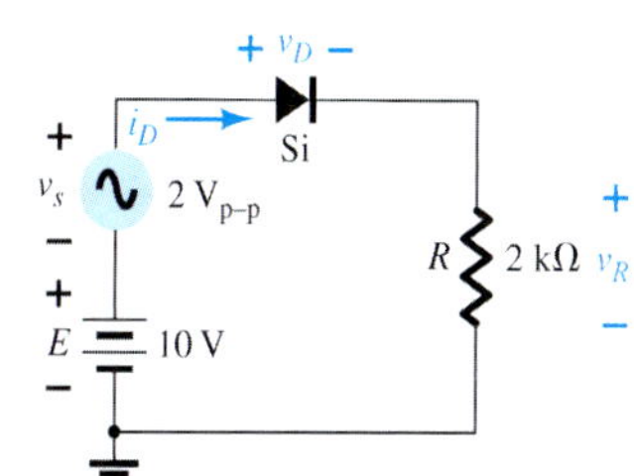

그림 2.102 직류, 교류원 회로망

이제까지의 분석은 직류, 교류, 또는 구형파의 단일 회로망으로 제한되어 있었다. 이 절은 직류와 교류원에 회로망의 구성과 분석을 추가하였다. 그림 2.102는 가장 쉬운 두 개의 전원이 회로망으로 구성되어 있다. 이런 회로망은 중첩의 정리가 쓰일 수 있기 때문에 중요하다.

직류와 교류원이 회로망에서 각각에 독립적인 전원응답과 중첩응답을 구할 수 있다.

직류원

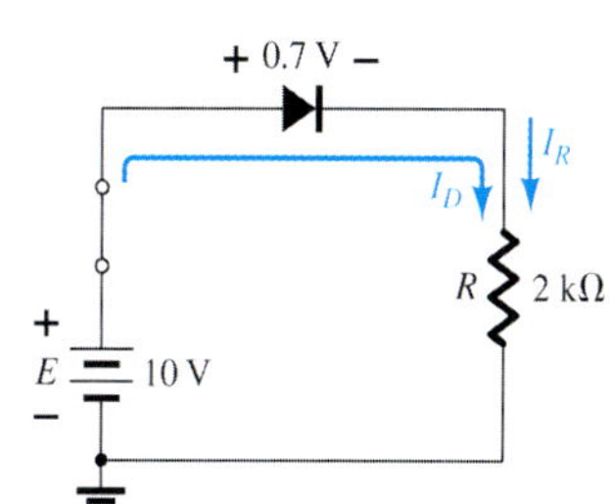

그림 2.103 직류원에 중첩 효과를 적용

직류원 회로망이 그림 2.103과 같이 바뀌었다. 교류원은 등가단락회로와 함께 상태 v_s=0 V로 바뀐 것에 대해 주목하자. 다이오드를 위한 등가회로 근사값을 사용하면, 출력 전압은

$$V_R = E - V_D = 10\text{ V} - 0.7\text{ V} = 9.3\text{ V}$$

이고 전류는 다음 식과 같다.

$$I_D = I_R = \frac{9.3\text{ V}}{2\text{ k}\Omega} = 4.65\text{ mA}$$

교류원

직류원 또한 등가 단락회로로 인해 그림 2.104와 같이 바뀌었다. 정지나 직류값을 사용한 전류식은 1장 식 (1.5)에 정리되어 다이오드는 교류저항으로 대체될 것이다. 이럴 경우,

$$r_d = \frac{26\text{ mV}}{I_D} = \frac{26\text{ mV}}{4.65\text{ mA}} = 5.59\ \Omega$$

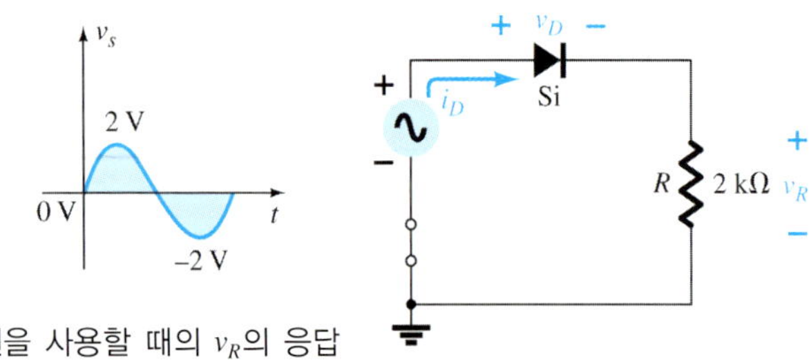

그림 2.104 교류원을 사용할 때의 v_R의 응답

이 저항으로 전환된 다이오드는 그림 2.105와 같다. 사용전압의 최고값은 v_R과 v_D는

$$v_{R_{\text{peak}}} = \frac{2\text{ k}\Omega\ (2\text{ V})}{2\text{ k}\Omega + 5.59\ \Omega} \cong 1.99\text{ V}$$

그리고 $$v_{D_{\text{peak}}} = v_{s_{\text{peak}}} - v_{R_{\text{peak}}} = 2\text{ V} - 1.99\text{ V} = 0.01\text{ V} = 10\text{ mV}$$

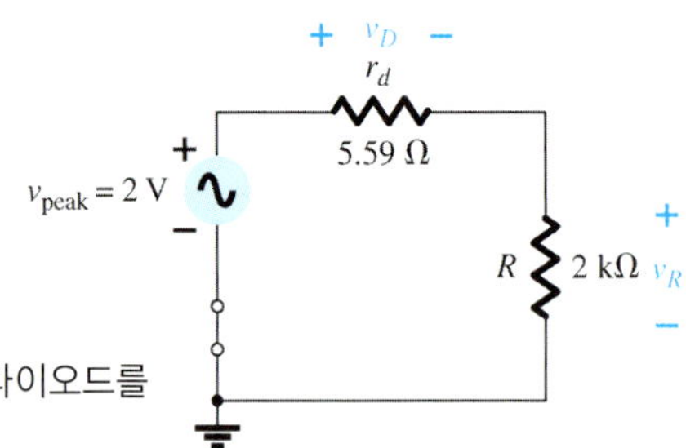

그림 2.105 그림 2.104의 다이오드를 교류저항 등가회로로 전환

직류와 교류의 분석 결과는 v_R과 v_D를 위한 그림 2.106의 파형과 같다.

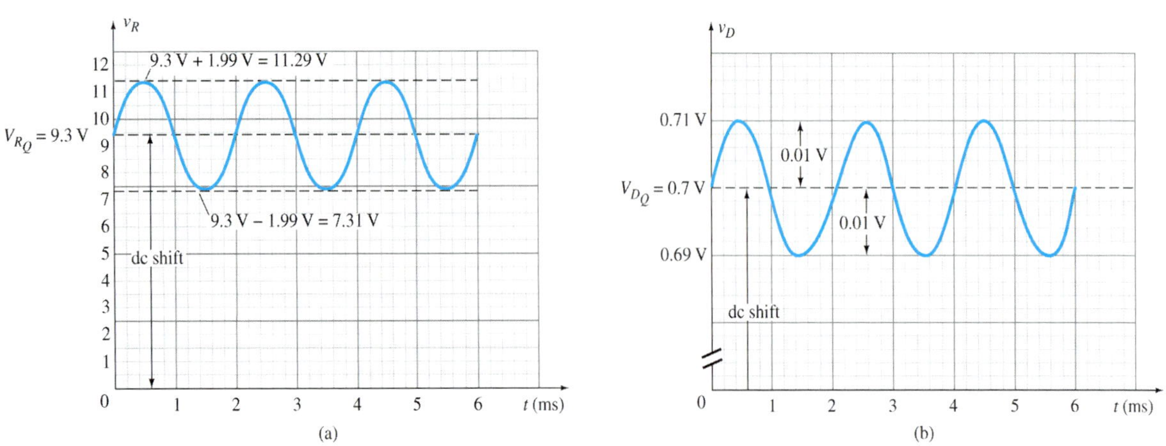

그림 2.106 그림 2.102의 회로망을 위한 (a) v_R, (b) v_D

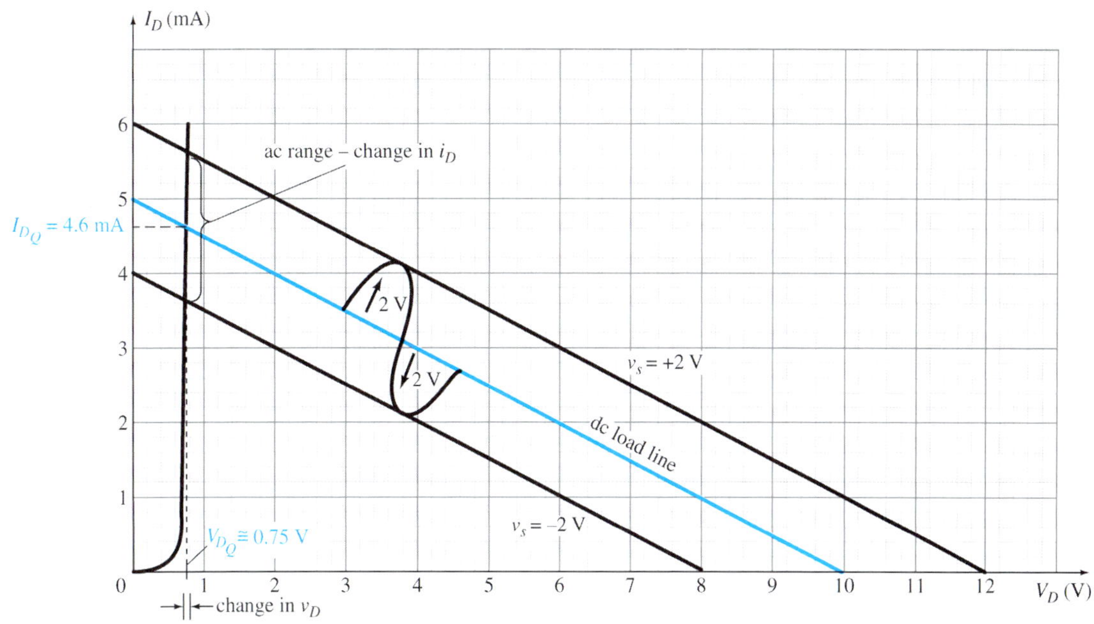

그림 2.107 전압원(v_s)로 인한 부하선 변화

다이오드는 출력전압 v_R의 결과값에 큰 영향이 있지만 교류동작에는 영향이 적다는 것에 주목하라.

같은 회로망을 비교할 때 실제특성과 부하선 분석이 사용된다. 그림 2.107에 직류 부하선은 2.2절에 설명한 것이다. 직류 전류에서 대략 0.7 V보다 조금 더 높은 다이오드에 걸린 전압강하로 약간의 손실이 있다. 입력전압의 부하선에 최대값은 $E=12$ V와 $I=E/R=12$ V/2 kΩ$=6$ mA에서 교차해야 한다. 음의 최대값에 교차점은 8 V와 4 mA이다. 교류 동작에 의해 다이오드 특성영역에 흐르는 전류를 주목하라. 다시 말해 다이오드의 저항영역은 위에 분석으로 결정된다. 이런 경우, 정지된 직류 전류값은 4.6 mA이고 새로운 교류저항은 다음과 같다.

$$r_d = \frac{26 \text{ mV}}{4.6 \text{ mA}} = 5.65\ \Omega$$

이것은 위에 산출된 값에 매우 근접하다.

결과적으로, 이 영역을 위한 다이오드 전압의 변화는 매우 작고, 출력전압은 최소에 영향이 미치는 결과이다. 일반적으로 다이오드는 출력전압이 직류레벨에 강한 영향을 받지만 교류동작이 출력전압에는 매우 작은 영향을 받는다. 다이오드는 교류전압과 0.7 V를 인가하지 않은 직류레벨이 이상적이다. 이는 다이오드가 완전히 전도되고 나면 모든 다이오드는 거의 수직으로 증가했기 때문이다. 대부분의 경우, 직렬 연결되어 있는 다이오드가 '온' 상태이고 만약 다이오드가 전주기로 동작할 때 직류레벨은 약간의 영향을 받지만 교류동작에는 매우 작은 영향을 받는다.

앞으로 다이오드와 교류신호가 취급될 때 직류레벨을 통해 다이오드가 먼저 결정되고 교류저항레벨은 식 (1.3)에 의해 결정된다. 이 교류저항은 분석이 필요한 다이오드의 자리에 대체 할 수 있다.

2.11 제너 다이오드

제너 다이오드를 사용한 회로의 해석은 앞 절에서 다룬 반도체 다이오드 해석에 적용한 것과 상당히 유사하다. 먼저 다이오드를 적당한 모델로 바꾸고 회로의 미지수를 결정함으로써 다이오드의 상태를 결정해야 한다. 그림 2.108는 각 영역이 만나는 지점을 직선으로 근사하여 각 영역에서의 제너 다이오드의 근사 등가 모델을 보여준다. 제너 다이오드를 쓰는 경우 보통 상황에 따라 순방향 바이어스 영역으로 넘어가기도 하므로 이 영역이 포함되어 있음을 확인하자.

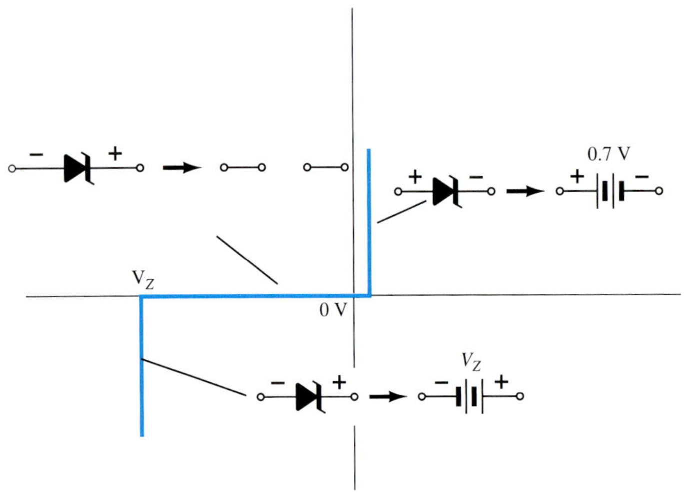

그림 2.108 세 가지 가능한 영역에서 제너 다이오드에 대한 근사 등가회로

처음 2개의 예제는 제너 다이오드가 어떠한 방식으로 기준 전압 레벨을 생성하고 방지 장치로 쓰일 수 있는지 보여준다. 제너 다이오드를 전압 조정기(regulator)로 사용하는 것은 매우 중요한 응용분야이기 때문에 추후에 자세하게 다룰 것이다. 전압 조정기는 출력전압을 거의 상수에 가깝게 하기 위한 소자의 조합이다.

예제 2.24 그림 2.109의 회로에서 기준 전압을 구하라. 이 회로는 전원이 연결되었음을 알리기 위해 흰색 LED를 사용한다. LED를 통과하는 전류와 전원에 의한 전력은 어떻게 되는가? LED에 의해 소모된 전력은 6 V 제너 다이오드에 의해 소모된 전력과 비교했을 때 어떠한가?

풀이 먼저 직렬로 연결된 모든 다이오드를 켜기 위해 인가전압이 충분한지를 확인해야 한다. 흰색 LED는 양단에 4 V의 전압 강하가 일어나고 6 V와 3.3 V 제너 다이오드는 총 9.3 V의 전압 강하가, 순방향 바이어스 실리콘 다이오드는 0.7 V의 전압 강하가 일어난다. 합해서 14 V의 총 전압 강하가 일어난다. 따라서 인가된 40 V의 전압은 모든 요소를 켜기에 충분하고–설계자가 바라는 대로–적절한 동작 전류를 생성할 수 있다.

실리콘 다이오드는 기준 전압을 4 V로 만드는 데 사용되었음을 주목하자. 이유는 다음과 같다.

$$V_{o_1} = V_{Z_2} + V_K = 3.3\text{ V} + 0.7\text{ V} = \mathbf{4.0\text{ V}}$$

6 V 제너 다이오드와 위의 4 V를 결합하면 결과는 다음과 같다.

$$V_{o_2} = V_{o_1} + V_{Z_1} = 4\text{ V} + 6\text{ V} = \mathbf{10\text{ V}}$$

최종적으로 흰색 LED 양단의 전압 4 V의 기준 전압은 저항을 지나면서 40 V−14 V= 26 V가 되고,

$$I_R = I_{\text{LED}} = \frac{V_R}{R} = \frac{40\text{ V} - V_{o_2} - V_{\text{LED}}}{1.3\text{ k}\Omega} = \frac{40\text{ V} - 10\text{ V} - 4\text{ V}}{1.3\text{ k}\Omega} = \frac{26\text{ V}}{1.3\text{ k}\Omega} = \mathbf{20\text{ mA}}$$

위의 I_R이 LED의 적절한 밝기를 생성하는 전류이다.

전원에서 공급되는 전력량은 공급전압과 전류 드레인을 곱한 것과 같으며 이는 다음과 같다.

$$P_s = EI_s = EI_R = (40\text{ V})(20\text{ mA}) = \mathbf{800\text{ mW}}$$

LED가 흡수하는 전력은

$$P_{\text{LED}} = V_{\text{LED}} I_{\text{LED}} = (4\text{ V})(20\text{ mA}) = \mathbf{80\text{ mW}}$$

6 V 제너 다이오드가 흡수하는 전력은

$$P_Z = V_Z I_Z = (6\text{ V})(20\text{ mA}) = \mathbf{120\text{ mW}}$$

제너 다이오드가 소모한 전력은 LED가 소모한 전력보다 40 mW 더 많다.

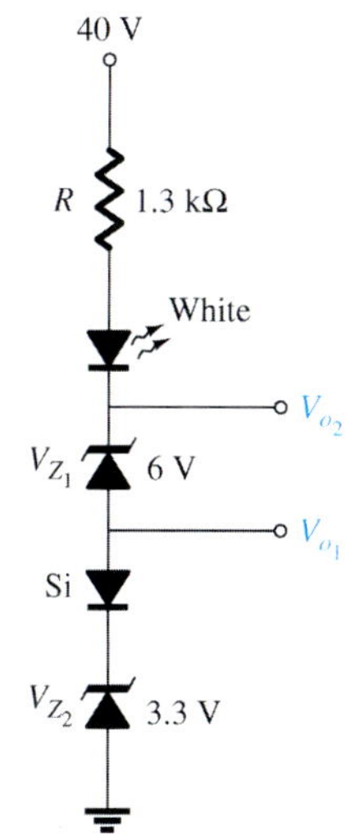

그림 2.109 예제 2.24에 대한 기준 설정 회로

예제 2.25 그림 2.110의 회로는 양의 인가 전압은 20 V로 제한하고, 음의 인가 전압은 0 V로 제한하기 위한 설계이다. 이 회로의 동작을 확인하고 인가 신호에 대한 시스템 양단의 파형을 그려라. 시스템은 매우 큰 입력 저항을 가지고 있어서 회로의 동작에 영향을 주지 않는다고 가정한다.

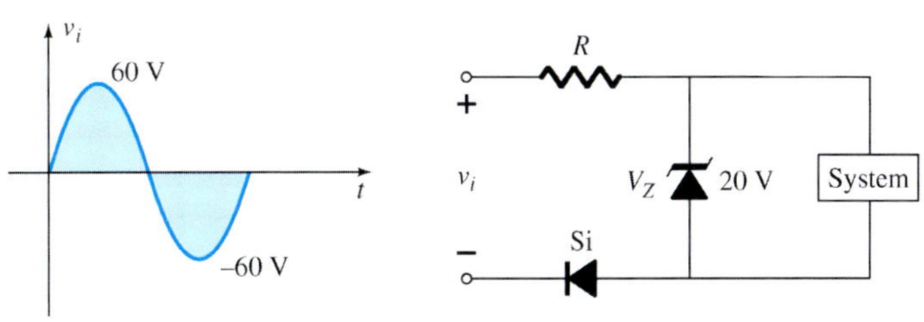

그림 2.110 예제 2.25에 대한 제어회로

풀이 20 V의 제너 전위보다 작은 양의 인가전압의 경우 제너 다이오드는 근사 개방회로 상태에 가깝게 된다. 또한 입력신호는 소자들에 분산되는데 대부분은 큰 저항을 가진 시스템으로 간다.

일단 제너 다이오드를 지나는 전압이 20 V에 이르면 그림 2.111a와 같이 제너 다이오드가 켜지고 시스템을 지나는 전압은 20 V에서 고정된다. 여기에서 더 증가한 인가전압은 직렬로 연결된 저항에 걸리고, 순방향 바이어스 된 다이오드는 각각 20 V와 0.7 V에 고정된 상태로 남아 있게 된다. 시스템 양단의 전압은 그림 2.111a와 같이 20 V에 고정되는데 이는 다이오드의 0.7 V가 출력단 사이에 있지 않기 때문이다. 그러므로 해당 시스템은 인가전압이 아무리 증가해도 안전하다.

인가전압이 음인 영역에 대해서는 실리콘 다이오드가 역방향 바이어스되고 직렬 연결된 소자에 대해 개방회로로 나타난다. 결과적으로 전체 음의 인가신호는 그림 2.111b에서와 같이 개방회로가 된 다이오드에 걸리고 시스템 양단의 음의 전압은 0 V로 고정된다.

그러므로 시스템을 지나는 전압은 그림 2.111c와 같다.

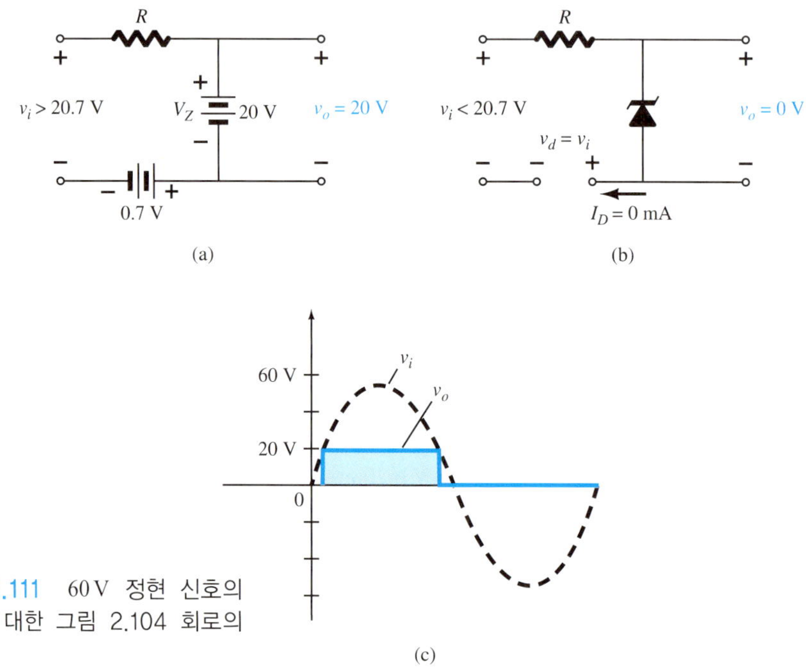

그림 2.111 60 V 정현 신호의 인가에 대한 그림 2.104 회로의 응답

제너 다이오드는 전압 조정기로서의 매우 흔하게 사용되는데 다음과 같은 세 가지 여건을 해석해 본다. 이러한 해석은 다른 동작 조건에서의 제너 다이오드 응답에 대해 파악할 수 있는 매우 좋은 기회가 된다. 기본 구성은 그림 2.112에 나타난다. 해석은 고정 조건에 대해서 먼저하고 다음으로 고정된 전원전압, 가변부하, 마지막으로 고정 부하, 가변 전원에 대해 한다.

고정 V_i, 고정 R

그림 2.112은 가장 단순한 제너 다이오드 전압 조정 회로이다. 인가된 직류전압이 고정되

고 부하저항 역시 고정된 값이다. 기본적으로 해석은 두 단계로 나눌 수 있다.

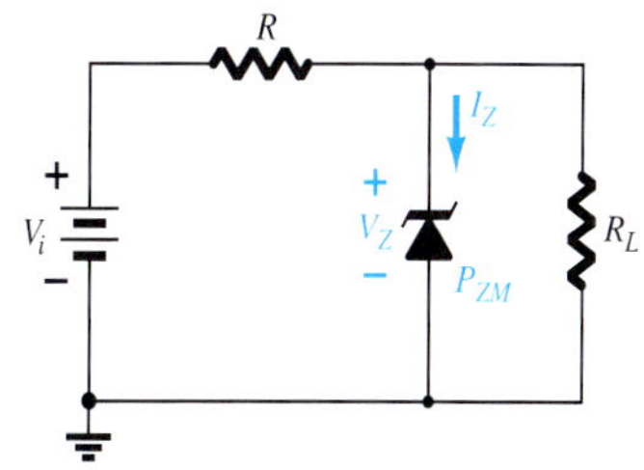

그림 2.112 기본 제너 전압 조정기

1. 회로에서 제너 다이오드를 제거하고 개방회로에 전압을 가해서 계산하여 상태를 결정

그림 2.112의 회로에 단계 1을 적용하면, 그림 2.113의 회로를 얻을 수 있다. 여기에 전압 분배 법칙을 적용하면 다음의 결과를 얻는다.

$$\boxed{V = V_L = \frac{R_L V_i}{R + R_L}} \tag{2.16}$$

만약 $V \geq V_Z$이면, 제너 다이오드는 'on' 상태가 되고, 적절한 등가 모델로 대체할 수 있다. 만약 $V < V_Z$이면, 다이오드는 'off' 상태가 되고, 개방회로 등가로 대체할 수 있다.

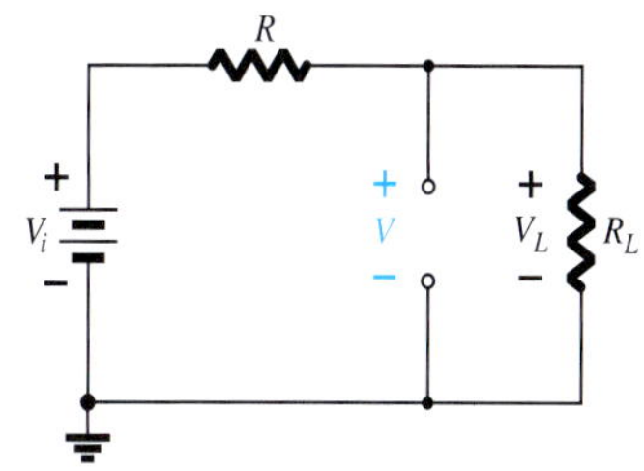

그림 2.113 제너 다이오드 상태 결정

2. 근사 등가회로 대체, 요구되는 미지수 풀기

그림 2.112의 회로에 대해서 'on' 상태일 경우 그림 2.114의 등가회로를 얻는다. 병렬 소자 양단의 전압은 동일하기 때문에 다음을 구할 수 있다.

$$\boxed{V_L = V_Z} \tag{2.17}$$

제너 다이오드 전류는 키르히호프의 전류 법칙을 적용하여 구해야 한다. 즉

$$I_R = I_Z + I_L$$

그리고

$$\boxed{I_Z = I_R - I_L} \tag{2.18}$$

여기서

$$I_L = \frac{V_L}{R_L} \qquad \text{그리고} \qquad I_R = \frac{V_R}{R} = \frac{V_i - V_L}{R}$$

제너 다이오드에 의해서 소모되는 전력은 다음과 같이 구한다.

$$\boxed{P_Z = V_Z I_Z} \tag{2.19}$$

이는 소자의 사양서에 나타난 P_{ZM}보다는 작아야 한다.

계속하기 전에, 첫 번째 단계는 오직 제너 다이오드의 상태를 결정하는 데에만 적용된다는 사실을 유념해야 한다. 만약 제너 다이오드가 'on' 상태라면, 다이오드 양단의 전압은 V가

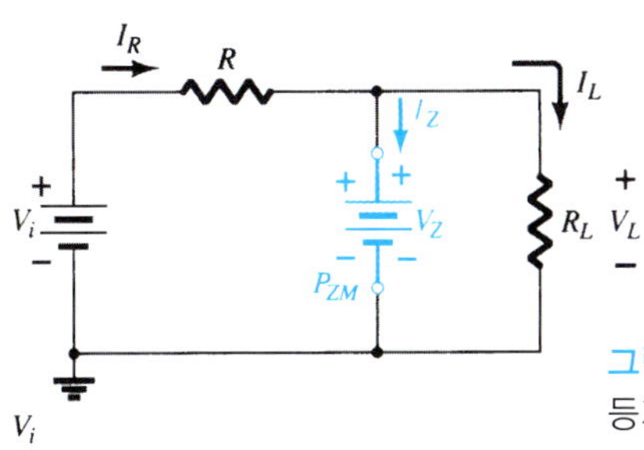

그림 2.114 'on' 상태에서 제너 등가 대체

아니다. 시스템이 켜지면 제너 다이오드 양단 전압이 V_Z가 되는 즉시 제너 다이오드는 'on'된다. 그러면 그 값으로 '고정'되고 더 높은 값인 V에는 도달하지 못한다.

예제 2.26

a. 그림 2.115의 제너 다이오드 회로에 대해, V_L, V_R, I_Z, P_Z를 구하라.
b. R_L=3 kΩ인 경우에 대해 (a)를 반복하라.

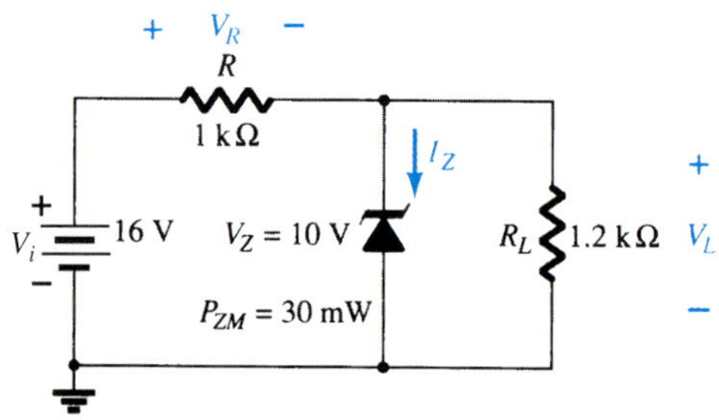

그림 2.115 예제 2.26 제너 다이오드 전압 조정기

풀이

a. 제안된 과정에 따라 회로를 다시 그리면 그림 2.116과 같다.

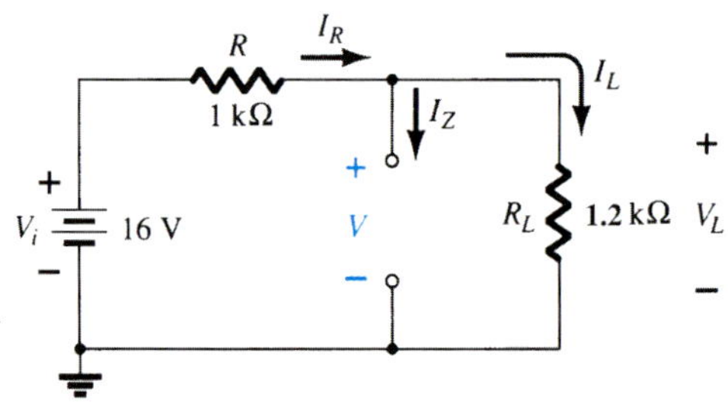

그림 2.116 그림 2.115 전압 조정기에 대한 V 결정

식 (2.16)을 적용하면 다음을 구할 수 있다.

$$V = \frac{R_L V_i}{R + R_L} = \frac{1.2\,\text{k}\Omega(16\,\text{V})}{1\,\text{k}\Omega + 1.2\,\text{k}\Omega} = 8.73\,\text{V}$$

V=8.73 V는 V_Z=10 V보다 작기 때문에 다이오드는 'off' 상태이고, 그림 2.117의 특성을 가진다. 개방회로 등가로 대체하면 그림 2.116에서와 같은 회로를 얻을 수 있고 여기서 다음을 구할 수 있다.

$$V_L = V = \mathbf{8.73\,V}$$
$$V_R = V_i - V_L = 16\,\text{V} - 8.73\,\text{V} = \mathbf{7.27\,V}$$
$$I_Z = \mathbf{0\,A}$$
$$P_Z = V_Z I_Z = V_Z(0\,\text{A}) = \mathbf{0\,W}$$

b. 식 (2.16)을 적용하면 다음을 얻을 수 있다.

$$V = \frac{R_L V_i}{R + R_L} = \frac{3\,\text{k}\Omega(16\,\text{V})}{1\,\text{k}\Omega + 3\,\text{k}\Omega} = 12\,\text{V}$$

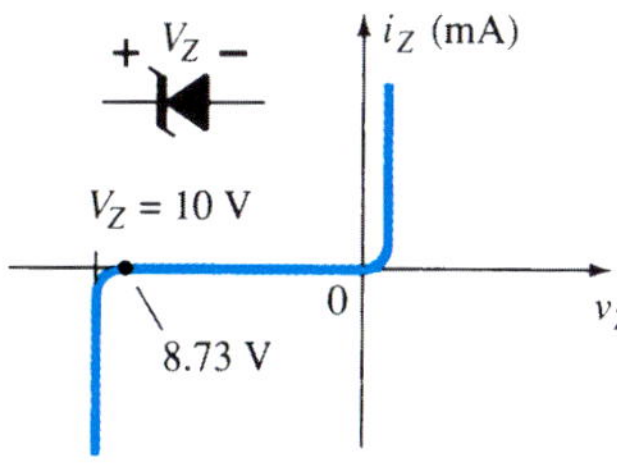

그림 2.117 그림 2.115 회로에 대한 결과동작점

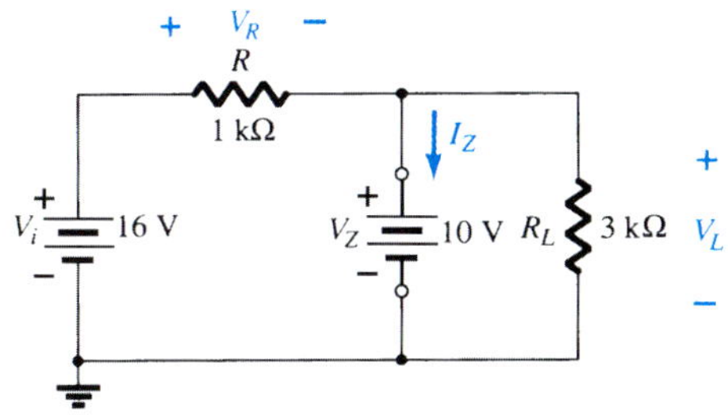

그림 2.118 on' 상태에서 그림 2.115 회로

V=12 V는 V_Z=10 V보다 크기 때문에 다이오드는 'on' 상태이고, 그림 2.118의 회로를 얻을 수 있다. 식 (2.17)을 적용하면 다음을 얻을 수 있다.

$$V_L = V_Z = \mathbf{10\ V}$$
$$V_R = V_i - V_L = 16\text{ V} - 10\text{ V} = \mathbf{6\ V}$$
$$I_L = \frac{V_L}{R_L} = \frac{10\text{ V}}{3\text{ k}\Omega} = 3.33\text{ mA}$$
$$I_R = \frac{V_R}{R} = \frac{6\text{ V}}{1\text{ k}\Omega} = 6\text{ mA}$$
$$\begin{aligned} I_Z &= I_R - I_L\,[\text{Eq. (2.18)}] \\ &= 6\text{ mA} - 3.33\text{ mA} \\ &= \mathbf{2.67\ mA} \end{aligned}$$

소모되는 전력은

$$P_Z = V_Z I_Z = (10\text{ V})(2.67\text{ mA}) = \mathbf{26.7\ mW}$$

으로, 이는 사양서에 나타난 P_{ZM}=30 mW보다 작다.

고정 V_i, 가변 R_L

오프셋 전압 V_Z 때문에, 제너 다이오드가 'on' 상태에 있게 하는 저항(이에 따라 부하에 흐르는 전류)의 특정한 범위가 존재한다. 부하저항 R_L이 너무 작으면 부하저항에 걸리는 전압 V_L이 V_Z보다 작아져 제너 다이오드는 'off' 상태가 된다.

그림 2.112에서 제너 다이오드가 켜지도록 하는 부하저항의 최소값을 결정하려면, 부하전압 V_L=V_Z가 되도록 하는 저항 R_L을 구하면 된다. 즉

$$V_L = V_Z = \frac{R_L V_i}{R_L + R}$$

R_L에 대해 풀면,

$$\boxed{R_{L_{\min}} = \frac{RV_Z}{V_i - V_Z}} \qquad (2.20)$$

식 (2.20)에서 구한 R_L보다 큰 모든 저항에 대해 제너 다이오드는 'on' 상태에 있으므로 이 다이오드를 V_Z값을 가지는 등가 전압원으로 대체할 수 있다.

식 (2.20)을 통해 R_L의 최소값을 알 수 있으므로 옴의 법칙에 의한 전류와 저항의 관계에 따라 I_L의 최대값은 다음과 같이 정해진다.

$$\boxed{I_{L_{\max}} = \frac{V_L}{R_L} = \frac{V_Z}{R_{L_{\min}}}} \tag{2.21}$$

다이오드가 'on' 상태에 있게 되면 R에 걸리는 전압은 다음과 같이 일정하게 유지된다.

$$\boxed{V_R = V_i - V_Z} \tag{2.22}$$

또한 I_R 역시 다음과 같이 일정하게 유지된다.

$$\boxed{I_R = \frac{V_R}{R}} \tag{2.23}$$

제너 전류는

$$\boxed{I_Z = I_R - I_L} \tag{2.24}$$

이고, 이는 I_R이 일정하게 유지되고 있으므로 I_L이 최대일 때 I_Z는 최소이고, I_L이 최소일 때 I_Z는 최대가 된다.

I_Z값은 사양서에 나타난 것과 같이 I_{ZM}으로 제한되어 있으므로 이는 R_L과 I_L의 값의 범위를 결정하는 데에 영향을 미친다. I_Z를 I_{ZM}으로 바꾸어 놓으면 I_L의 최소값이 다음과 같이 정해진다.

$$\boxed{I_{L_{\min}} = I_R - I_{ZM}} \tag{2.25}$$

그리고 최대 부하 저항은 다음과 같이 정해진다.

$$\boxed{R_{L_{\max}} = \frac{V_Z}{I_{L_{\min}}}} \tag{2.26}$$

예제 2.27

a. 그림 2.119의 회로에서 V_{RL}이 10 V로 유지되는 R_L과 I_L의 범위를 구하라.

b. 이 다이오드의 최대 정격 전력을 구하라.

풀이

a. 제너 다이오드를 켜지도록 하는 R_L의 값을 구하기 위해 식 (2.20)을 적용하자.

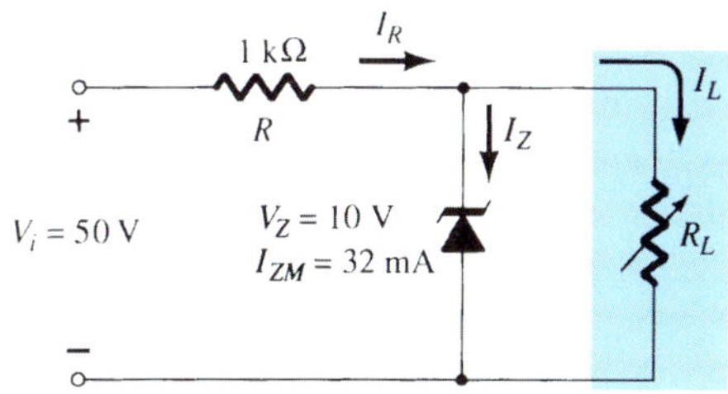

그림 2.119 예제 2.27의 전압 조정기

$$R_{L_{\min}} = \frac{RV_Z}{V_i - V_Z} = \frac{(1\,\text{k}\Omega)(10\,\text{V})}{50\,\text{V} - 10\,\text{V}} = \frac{10\,\text{k}\Omega}{40} = \mathbf{250\,\Omega}$$

저항 R에 걸리는 전압을 식 (2.22)로 구하면,

$$V_R = V_i - V_Z = 50\,\text{V} - 10\,\text{V} = \mathbf{40\,V}$$

그리고 식 (2.23)을 사용하여 I_R의 크기를 구할 수 있다.

$$I_R = \frac{V_R}{R} = \frac{40\,\text{V}}{1\,\text{k}\Omega} = \mathbf{40\,mA}$$

이제 식 (2.25)를 사용하여 I_L의 최소값을 구하면

$$I_{L_{\min}} = I_R - I_{ZM} = 40\,\text{mA} - 32\,\text{mA} = \mathbf{8\,mA}$$

식 (2.26)을 사용하여 R_L의 최대값을 구하자.

$$R_{L_{\max}} = \frac{V_Z}{I_{L_{\min}}} = \frac{10\,\text{V}}{8\,\text{mA}} = \mathbf{1.25\,k\Omega}$$

V_L에 대한 R_L의 그림이 그림 2.120a에 나타나 있으며, V_L에 대한 I_L의 그림이 그림 2.120b에 나타나 있다.

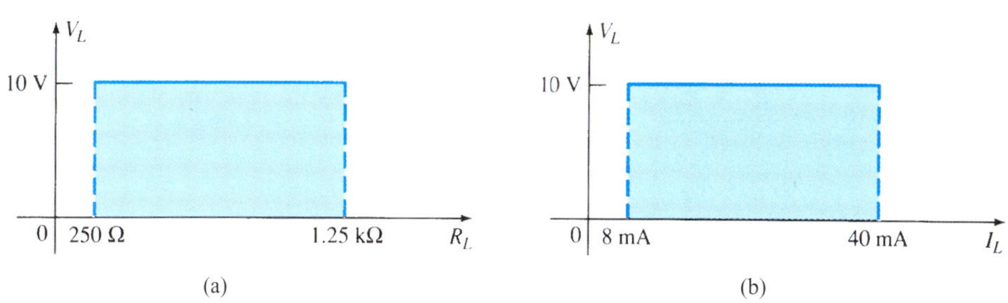

그림 2.120 그림 2.119 전압 조정기에 대한 V_L 대 R_L, I_L

b. $P_{\max} = V_Z I_{ZM}$

$= (10\,\text{V})(32\,\text{mA}) = \mathbf{320\,mW}$

가변 V_i, 고정 R_L

그림 2.112에서 R_L을 일정한 값으로 고정하면, V_i는 제너 다이오드를 켜기 위해 충분히 큰 값을 가져야 한다. 다이오드를 켜기 위한 최소 전압 $V_i = V_{i_{\min}}$은 다음과 같이 결정된다.

$$V_L = V_Z = \frac{R_L V_i}{R_L + R}$$

그리고

$$\boxed{V_{i_{\min}} = \frac{(R_L + R)V_Z}{R_L}} \tag{2.27}$$

V_i의 최대값은 제너 전류 I_{ZM}의 최대값에 의해 제한된다. $I_{ZM} = I_R - I_L$이므로

$$\boxed{I_{R_{\max}} = I_{ZM} + I_L} \tag{2.28}$$

I_L은 V_Z/R_L의 값으로 고정되고 I_{ZM}은 I_Z의 최대값이므로 V_i의 최대값은 다음과 같이 정해진다.

$$V_{i_{\max}} = V_{R_{\max}} + V_Z$$

$$\boxed{V_{i_{\max}} = I_{R_{\max}} R + V_Z} \tag{2.29}$$

예제 2.28 그림 2.121의 제너 다이오드를 'on' 상태로 유지하는 V_i값의 범위를 구하라.

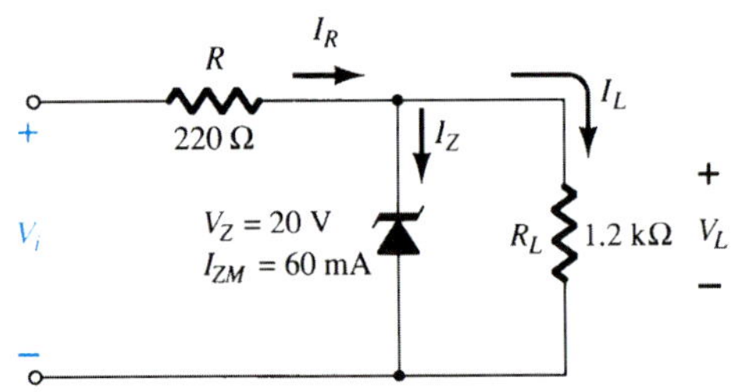

그림 2.121 예제 2.28 전압 조정기

풀이

식 (2.27): $V_{i_{\min}} = \dfrac{(R_L + R)V_Z}{R_L} = \dfrac{(1200\ \Omega + 220\ \Omega)(20\ \text{V})}{1200\ \Omega} = \mathbf{23.67\ V}$

$$I_L = \frac{V_L}{R_L} = \frac{V_Z}{R_L} = \frac{20\ \text{V}}{1.2\ \text{k}\Omega} = 16.67\ \text{mA}$$

식 (2.28): $I_{R_{\max}} = I_{ZM} + I_L = 60\ \text{mA} + 16.67\ \text{mA} = 76.67\ \text{mA}$

식 (2.29):
$$\begin{aligned} V_{i_{\max}} &= I_{R_{\max}} R + V_Z \\ &= (76.67\ \text{mA})(0.22\ \text{k}\Omega) + 20\ \text{V} \\ &= 16.87\ \text{V} + 20\ \text{V} \\ &= \mathbf{36.87\ V} \end{aligned}$$

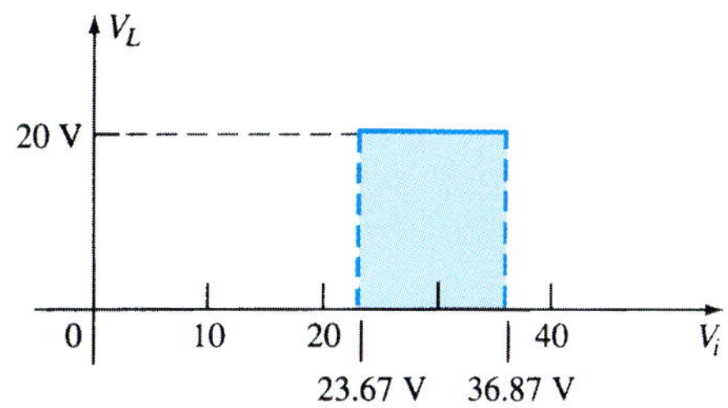

그림 2.122 그림 2.121 전압 조정기에 대한 V_L 대 V_i

V_L에 대한 V_i의 그래프를 그림 2.122에 나타내었다.

예제 2.28의 결과는 그림 2.121의 회로에서 R_L이 고정이고 입력전압이 23.67 V에서 36.87 V의 범위에 있을 경우, 출력전압이 20 V로 일정하게 유지된다는 것을 보여준다.

2.12 배전압회로

배전압회로를 이용하면 변압기 출력전압의 피크전압을 비교적 낮게 유지하면서 정류된 전압 출력을 두 배, 세 배, 네 배 혹은 그 이상으로 높일 수 있다.

두 배 전압회로

그림 2.123은 두 배의 전압을 얻기 위한 반파(half-wave) 두 배 전압회로이다. 변압기의 2차 코일에 유도된 전압의 값이 양이 되는 반주기 동안 D_1은 도통되어 (그리고 D_2는 차단) C_1은 정류 파형의 피크전압(V_m)까지 충전된다. 2차 전압이 양인 반주기 동안 다이오드 D_1은 이상적으로 단락회로가 되고 입력전압은 커패시터 C_1을 그림 2.124a에 표시한 방향으로 V_m까지 충전한다. 2차 전압이 음이 되는 반주기 동안 D_1이 차단되고 D_2가 도통 되어 C_2가 충전된다. 2차 전압이 음인 반주기 동안 다이오드 D_2는 단락 상태(D_1은 개방)가 된다. C_2에 충전되는 전압을 계산하기 위해서 외곽 루프에서의 전압을 합하면 (그림 2.124b 참조)

$$-V_m - V_{C_1} + V_{C_2} = 0$$
$$-V_m - V_m + V_{C_2} = 0$$

따라서

$$V_{C_2} = 2V_m$$

이 된다. 그 다음의 양의 반주기 동안에는 D_2는 차단 상태가 되고 C_2는 부하를 통해 방전된

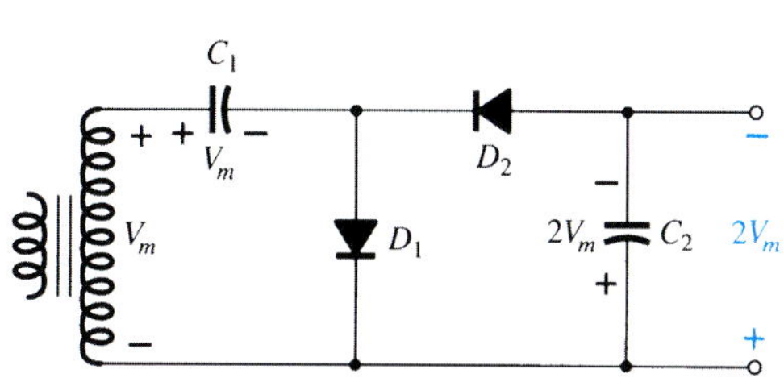

그림 2.123 반파 두 배 전압회로

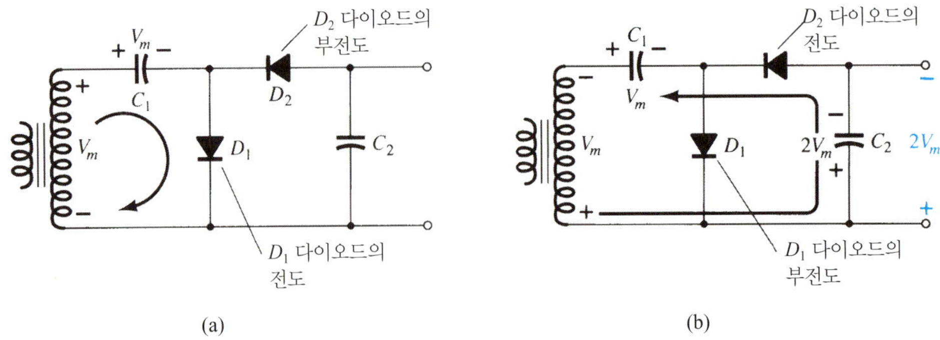

그림 2.124 각 반주기 동작을 보여주는 두 배 동작: (a) 양의 반주기; (b) 음의 반주기

다. 만일 이 회로에 부하가 연결되지 않는다면 C_1은 V_m을 유지하고 C_2는 $2V_m$을 유지할 것이다. 그러나 실제 회로에서는 부하가 연결되어 있어 C_2는 양의 반주기 동안 부하를 통해 방전되어 전압이 낮아지고, 음의 반주기 동안에 다시 $2V_m$으로 충전된다. C_2의 전압 파형은 반파 정류기와 커패시터 필터가 연결된 회로의 출력 파형의 모습과 같다. 배전압 정류회로의 각 다이오드에 나타나는 역방향 전압의 피크값은 $2V_m$이다.

다른 형태의 배전압 정류회로는 그림 2.125의 전파(Full-wawe) 정류 방식 배전압 정류회로이다. 변압기의 2차 코일에서 양의 반주기 동안 다이오드 D_1이 단락되어, C_1은 최대 전압 V_m으로 충전된다. 이때 D_2는 차단 상태가 된다(그림 2.126a).

음의 반주기 동안 D_1은 차단 상태가 되고, D_2가 도통되어 C_2는 충전된다(그림 2.126b). 부하가 연결되어 있지 않으면 커패시터 C_1과 C_2에 걸리는 전압은 $2V_m$이다. 이 회로에 부하가 연결되어 부하에 전류를 공급하게 되면 C_1과 C_2의 양쪽 단자에 나타나는 전압 파형은 전파 정류기의 커패시터에서 나타나는 파형과 같다. 여기서 전체 커패시턴스는 C_1과 C_2를 직렬로 연결한 값이기 때문에 커패시턴스 값은 항상 C_1이나 C_2보다 작은 값이다. 커패시턴스 값이 작아지기 때문에 1개의 커패시터를 이용한 필터 특성보다는 성능이 나빠진다.

다이오드에 걸리는 역방향 피크 전압은 커패시터 필터의 경우와 마찬가지로 $2V_m$이다. 이처럼 반파 정류 방식이나 전파 정류 방식 모두 배전압 정류회로의 출력은 변압기의 2차 전압 피크값의 두 배이다. 또한 변압기의 중심탭 변압기를 필요로 하지 않고, 다이오드의 최대 정격은 $2V_m$이면 된다.

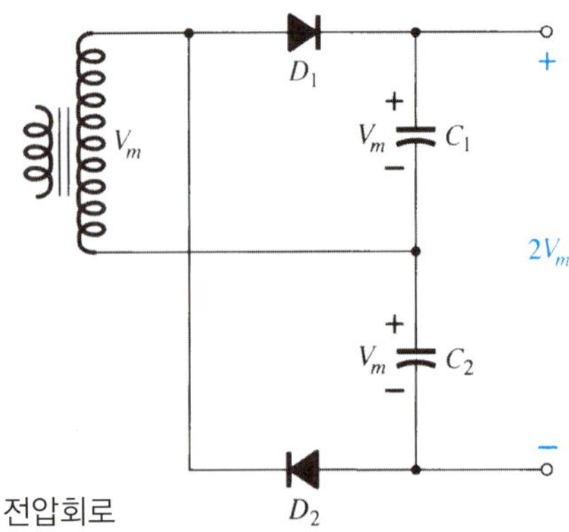

그림 2.125 전파 두 배 전압회로

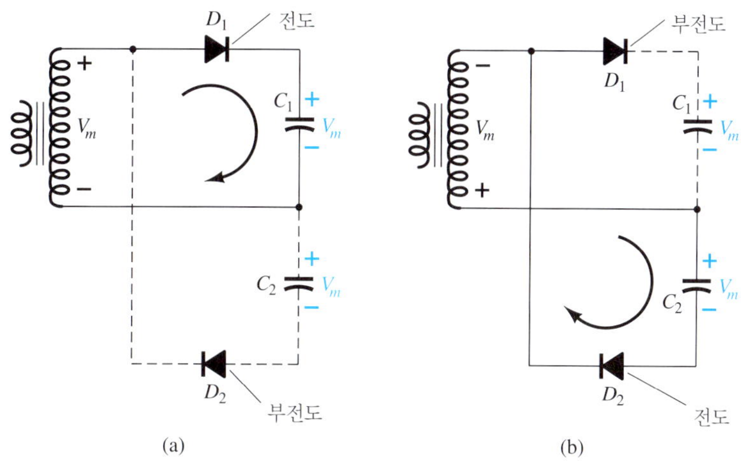

그림 2.126 두 배 전압회로에 대한 반주기 동작 변화

세 배 전압회로와 네 배 전압회로

그림 2.127은 반파 정류 방식의 두 배 전압회로를 확장시킨 것으로 세 배 혹은 네 배의 전압을 얻을 수 있는 회로이다. 이 회로의 연결 패턴을 통해 다이오드와 커패시터를 어떤 방법으로 연결하면 5, 6, 7, ⋯ 배의 전압(V_m)을 얻을 수 있는지 이해할 수 있다.

이 회로의 작동을 살펴보면 양의 반주기 동안 C_1은 D_1을 통해 V_m으로 충전된다. 음의 반주기가 시작되면 C_1 양단 전압과 변압기 전압이 더해져 C_2가 $2V_m$으로 충전된다.

양의 반주기 동안은 D_3가 단락되고 C_3는 C_2의 양단전압인 피크전압 $2V_m$으로 충전된다. 다음 음의 반주기에서는 D_2와 D_4가 C_3에 단락되어 C_4가 $2V_m$으로 충전된다.

C_2 양단에서는 $2V_m$, C_1과 C_3 양단에서는 $3V_m$, C_2와 C_4 양단에서는 $4V_m$을 얻을 수 있다. 그림 2.127의 회로에 다이오드와 커패시터를 각각 1개씩 첨가시키면 그 커패시터에는 다시 $2V_m$이 충전된다. 변압기 코일의 위쪽에서는 V_m의 홀수배가 되는 출력전압을 얻을 수 있고, 아래쪽에서는 V_m의 짝수배에 해당하는 전압을 얻을 수 있다.

그림 2.127에 사용되는 변압기의 2차 전압의 최대값은 V_m이고 각 다이오드의 정격은 $2V_m$ PIV이어야 한다. 만약 부하가 작고 커패시터의 누설 전류가 작다면, 이 회로를 확장하여 매우 높은 직류전압도 얻어낼 수 있다.

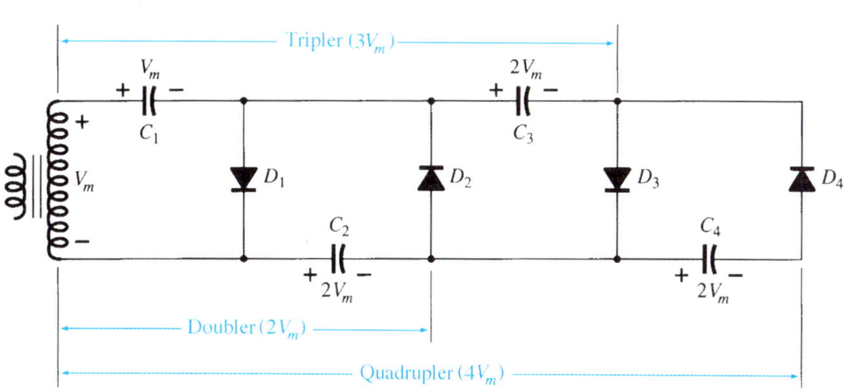

그림 2.127 세 배 전압회로와 네 배 전압회로

2.13 응용

다이오드의 응용 범위는 매우 넓어서 이 절에서 모든 사항에 대해 고려하는 것은 사실상 불가능하다. 단지 평소 회로 상에서의 장치 사용을 위한 몇 가지 감각을 키우기 위해 가장 흔한 응용 분야를 다음에서 소개한다. 특히 다이오드는 이 장의 전반부에 소개했었던 스위칭 특성 외에도 사용범위가 넓다는 것을 유념하자.

정류

배터리 충전기는 작은 회중전등 배터리에서부터 내구성이 강한 해저 납산 배터리까지 모든 것을 충전하기 위한 일상용품이다. 이들 모두 미국의 가정에 있는 120 V ac에 연결하여 사용하기 때문에 기본적인 구조는 매우 유사하다. 모든 충전 시스템에는 ac 전압을 잘라서 적절한 dc 레벨을 만들기 위한 변압기(transformer)가 필요하다. 그리고 이 장에서 설명한 것처럼 시간에 따라 변하는 ac 전압을 고정된 dc 전압으로 바꾸기 위해 다이오드 장치(또한 정류기라고도 부른다)도 필요하다. 어떤 dc 충전기의 경우 개선된 dc 전압(시간 혹은 부하에 따른 변화가 적은 것)을 공급하기 위해 전압 조정기(regulator)를 사용하기도 한다. 자동차 배터리 충전기가 가장 일반적인 것이기 때문에 아래에서 이를 설명한다.

그림 2.128은 Sears 6/2 AMP 수동 배터리 충전기의 외관과 내부 구조이다. 그림 2.128b를 보면 (대부분의 충전기처럼) 변환기가 내부 공간의 대부분을 차지하고 있음을 알 수 있다. 전류로 인해 발생하는 열을 방출하기 위해 케이스 내에 충분한 여유 공간과 구멍이 있다.

그림 2.129의 회로도는 충전기의 기본 소자 구성을 나타낸다. 우선 콘센트가 변환기의 1차 코일로 연결되어 120 V를 공급한다. 1차 코일의 감긴 횟수를 스위치로 조정하여 충전

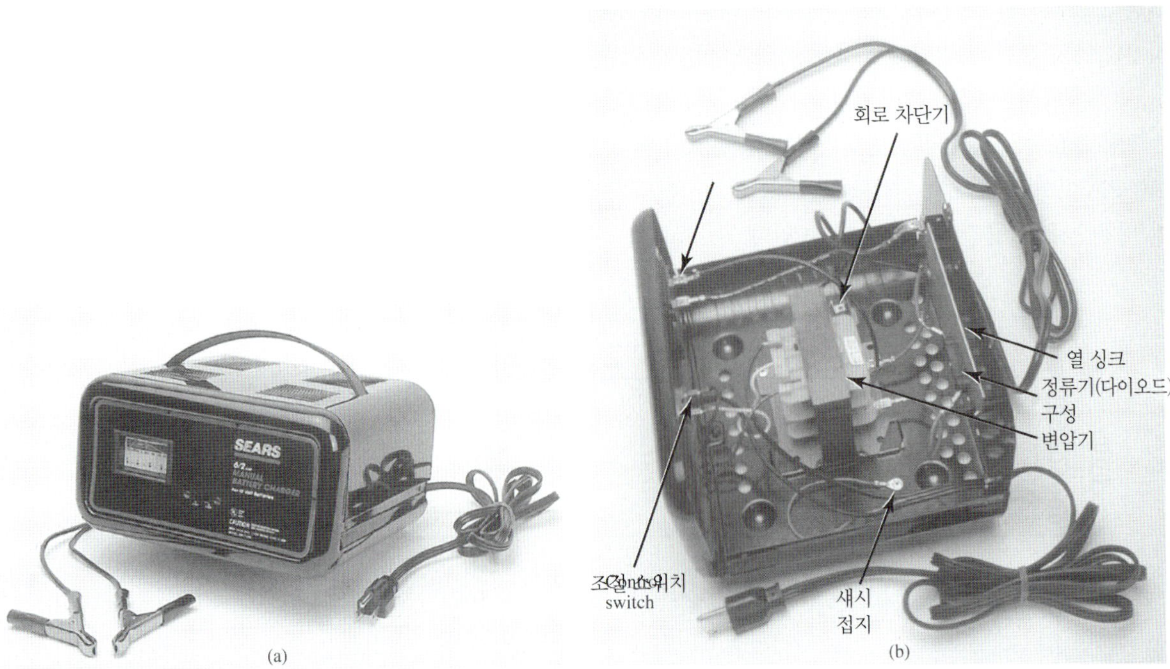

그림 2.128 배터리 충전기: (a) 외관; (b) 내부 구조

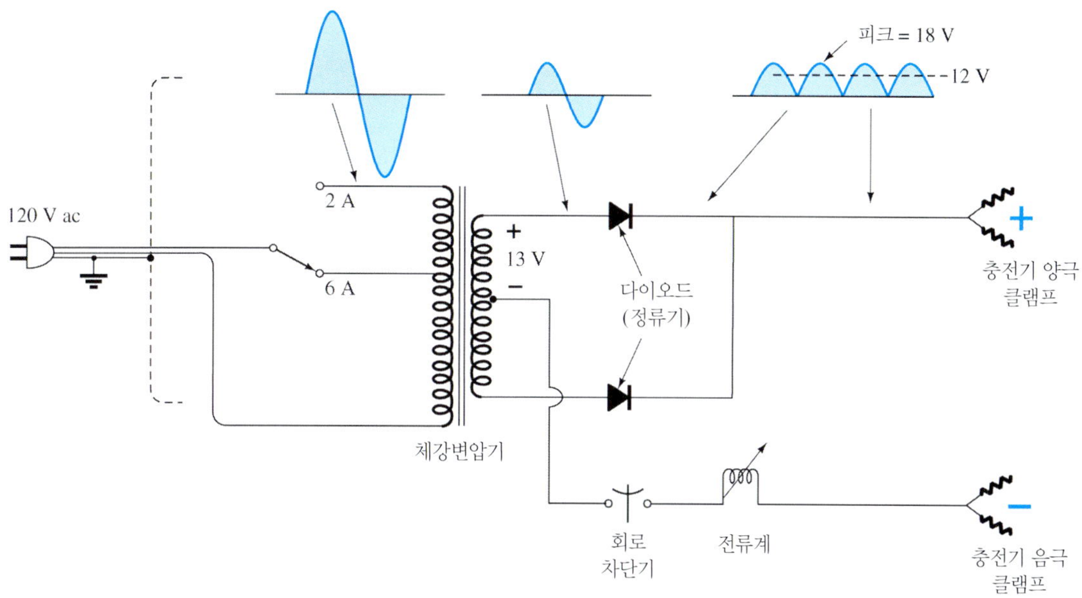

그림 2.129 그림 2.128의 배터리 충전기 전기 회로도

정격인 6 A 또는 2 A를 선택한다. 만약 배터리가 2 A 레벨로 충전되면 1차 코일의 감긴 횟수가 최대이고, 2차에 대한 1차의 권선비는 최대가 될 것이다. 1차 코일의 감은 횟수가 줄어들면 6 A 레벨로 충전이 된다. 변환기를 공부하면 1차와 2차의 전압은 권선비에 직접 관련되어 있음을 알 수 있다. 만약 1차에 대한 2차의 권선비가 작다면 전압은 감소하고, 반대의 경우에는 전압이 증가한다.

6 A 충전 레벨에 대한 파형의 일반적인 모습이 그림 2.129에 나와 있다. 1차와 2차 코일에 같은 모양의 ac 전압 파형이 나타남을 알 수 있다. 단지 파형의 최대값이 다르다. 다이오드를 통과하면서 평균이 0인 ac 파형(축 위와 아래의 파형이 동일)이 평균값을 가지는 파형(모든 파형이 축 위에 존재)으로 바뀐다. 당분간 다이오드는 그 기호의 화살표가 가리키는 방향으로만 전류가 흐를 수 있는 반도체 전자소자라 생각하자. 다이오드를 통과해서 생긴 파형의 최대값이 약 18 V인 펄스모양을 갖고 있지만 전압이 배터리의 전압보다 클 때에만 12 V 배터리를 충전한다. 다이오드는 한 방향으로만 전류가 흐르기 때문에 12 V 이하 레벨에서 배터리가 충전 회로로 거꾸로 재방전할 수 없다.

특히 그림 2.128b에 전류를 정류기로부터 배터리의 플러스 단자로 흘려주는 큰 평면판이 있다. 그것은 다이오드 회로에 방열판(heat sink, 주위 공기로 열을 분배하는 곳)를 만들어 주기 위한 것이다. 만약 열 싱크가 없으면 다이오드는 열을 견디지 못하고 결국 녹아서 망가져 버린다. 그림 2.129의 각 부품들은 참고할 수 있도록 그림 2.128b 안에 자세히 표시되었다.

6 A 충전율로 전류가 배터리로 처음 흐르게 될 때 계측기 정면의 미터기에 표시되는 전류 요구량은 7 A 혹은 거의 8 A까지 증가할 수도 있다. 그러나 배터리가 충전되면서 전류 레벨은 2 A 혹은 3 A까지 감소한다. 자동 차단기능이 없는 기기의 경우 전류가 완충 레벨로 떨어질 경우 충전기를 떼어내야 한다. 그렇지 않으면 충전기는 과충전되어 손상될 수도

있다. 50% 레벨에 있는 배터리는 충전하는데 약 10시간 정도 걸릴 수 있으니 약 10분 안에 동작할 것을 기대해서는 안 된다. 더욱이 만약 배터리가 일반적인 전압보다 더 낮은 전압을 갖고 있는 나쁜 상태일 경우 초기 충전 전류가 설계값에 비해 너무 클 수 있다. 그런 상황을 막기 위해서 차단기가 동작하고 충전과정은 중지된다. 높은 전류레벨 때문에 충전기에서 공급되는 전류의 방향을 조심스레 확인하고 인가해야 한다.

실제와 이론을 비교하는 방법으로, 충전기의 실제 출력 파형을 볼 수 있게 전등과 같은 부하를 설치한다. 다이오드에 전류가 흐르지 않으면 정류 기능이 나타나지 않는다는 사실은 매우 중요하다. 다시 말해서 **다이오드를 통해 전류가 흐르게 하는 부하가 시스템에 연결되어 있지 않으면,** 그림 2.128 충전기의 출력은 정류신호가 아니라는 것이다. $I_D=0$ A, $V_D=0$ V일 때의 다이오드 특성을 생각해 보면 알 수 있다.

부하로서 헤드램프를 추가하면 다이오드에 충분한 전류가 흘러 스위치처럼 동작하면서 6 A 설정에 대한 ac 파형을 그림 2.130과 같이 맥동하는 형태로 바꾼다. 변환기의 비선형 특성과 낮은 전류가 흐를 때의 다이오드의 비선형 특성에 의해 파형이 조금 왜곡되는 것에 주의하라. 그러나 파형은 우리가 그림 2.128에서 이론적인 패턴으로 생각할 때 예상했던 것에 매우 가깝다. 피크값은 아래와 같이 수직 감도를 통해 구한다.

$$V_{peak}=(3.3 \text{ divisions})(5 \text{ V/division})=16.5 \text{ V}$$

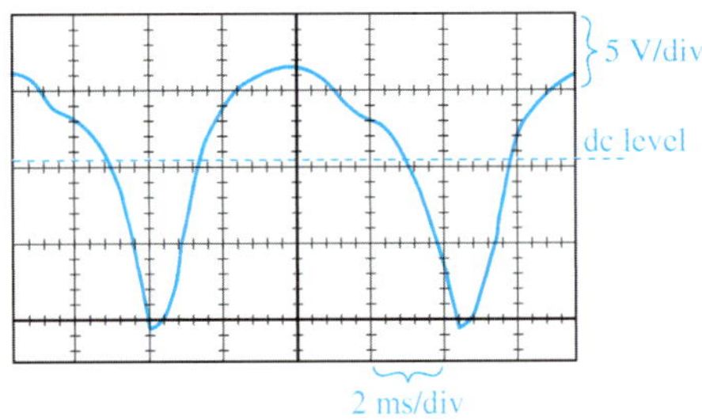

그림 2.130 부하로서 전조등의 응용에 대한 그림 2.129 충전기의 맥동 응답

dc 레벨은 아래 식과 같다.

$$V_{dc}=0.636\ V_{peak}=0.636(16.5 \text{ V})=10.49 \text{ V}$$

부하 사이의 dc 미터는 10.41 V가 표시되고 이는 평균 dc 레벨의 이론값 10.49 V와 매우 유사하다.

10.49 V의 dc 레벨 특성을 갖고 있는 충전기가 12 V 배터리를 14 V의 전형적인 레벨로 충전시킬 수 있는 것에 궁금할 수도 있다. 그것은 (그림 2.130에 나와 있듯이) 각각의 펄스에 대해 배터리에 걸린 전압은 12 V보다 더 크고 배터리는 **세류충전**(trickle charging)으로 불리는 과정으로 충전이 되는 것을 실현한 간단한 문제이다. 즉 충전은 모든 주기 동안에 일어나는 게 아니라 단지 충전 전압이 배터리 전압보다 더 높을 때 일어나게 된다.

보호 구조

다이오드는 과전압, 전류, 극성반대, 아크, 단락 등으로부터 부품과 시스템을 보호하기 위해 다양하게 사용된다. 그림 2.131a의 간단한 *RL* 회로에 스위치가 닫혀져 있으면, 그림에서처럼 공급전압과 직렬저항 *R*에 의해 결정되는 레벨까지 전류가 증가한다. 그림 2.131b과 같이 스위치가 오픈되어 전류가 거의 순간적으로 0으로 떨어져야 하는 경우 문제가 발생한다. 회로이론 과목에서 배운바와 같이 인덕터는 코일을 통한 전류의 순간적인 변화를 허용하지 않는다. 이러한 모순 때문에, 코일이 방전 경로를 찾으려 하므로 스위치의 접촉부에 아크가 발생한다. 또한 인덕터에 의한 전압은 직접적으로 코일을 통한 전류($v_L = L\,di_L/dt$)와 관계됨을 상기하라. 스위치가 열릴 때, 전류는 거의 순간적으로 변화하려 한다. 이로 인해 매우 높은 전압이 코일 양단에 생기게 되고, 아크형태의 전류가 접촉면을 통해 나타나게 된다. 직접적이지는 않지만, 단락될 접촉면을 통해 생기는 수천 볼트의 전압 레벨은 접촉을 손상시키고, 스위치가 손상될 수 있다. 이러한 효과를 '역전압(inductive kick)'이라고 한다. 또한 'build-up' 구간 동안 코일 양단의 전압 극성이 'release' 구간과 반대가 되는 것에 주목하라. 이것은 스위치가 열리기 전·후에서 전류가 동일한 방향으로 유지하려는 성질 때문이다. 'build-up' 구간 동안 코일은 부하처럼 나타나고, 마찬가지로 'release' 구간 동안에는 전원과 같은 특성을 갖는다. 그러므로

인덕티브 소자에 흐르는 전류를 너무 빠르게 변화시키려고 할 경우 소자 주변이나 시스템 자체에 손상을 줄 수 있는 역전압(inductive kick)이 발생할 수 있다.

는 것을 항상 명심하라.

위의 간단한 회로는 그림 2.132a처럼 릴레이 동작을 제어할 수 있다. 스위치가 닫힐 때, 코일은 전압이 가해지고, 정상상태 전류레벨로 도달하게 될 것이다. 그러나 스위치가 회로의 전압을 차단하기 위해서 열릴 때, 릴레이를 제어하는 전자석이 전압이 가해지는 회로에서는 코일과 같이 동작하므로 위에 소개되었던 문제가 발생한다. 스위칭 시스템을 보호하기 위한 가장 저렴하고 효과적인 방법 중 하나는 코일의 양단에 커패시터를 다는 것이다. 스위치가 열리는 순간, 커패시터는 코일에 단락된 것처럼 보이고 이는 dc 전원과 스위치를 우회하는 전류통로로 동작한다. 커패시터는 그림 2.131b처럼 서지(surge)전압의 높은 주파수 특성 때문에(매우 낮은 저항), 단락시키는 특성을 가진다. 커패시터의 리액턴스는

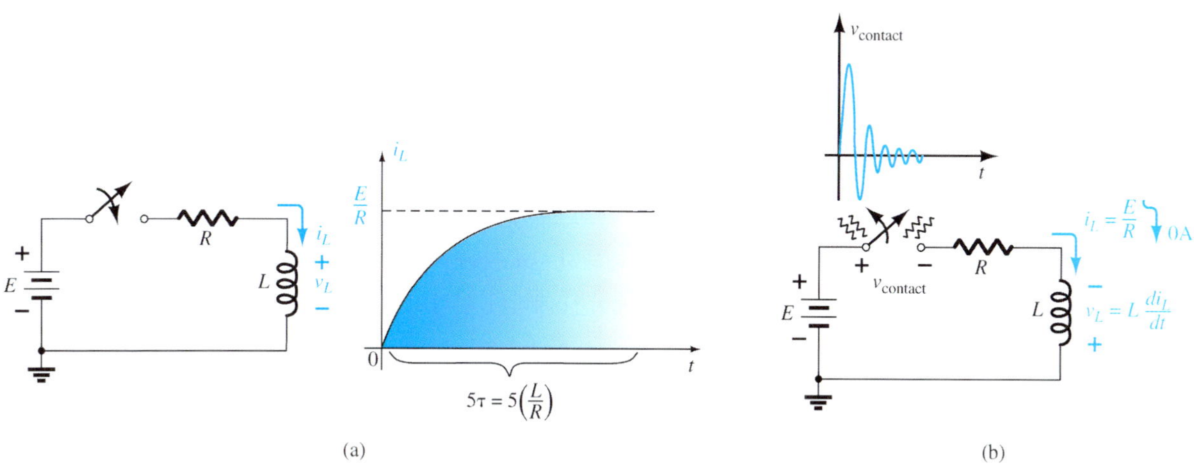

그림 2.131 (a) 단순 *RL* 회로의 과도 상태; (b) *RL* 회로를 갖는 직렬회로에서 개방될 때 스위치를 통과해 발생하는 아크

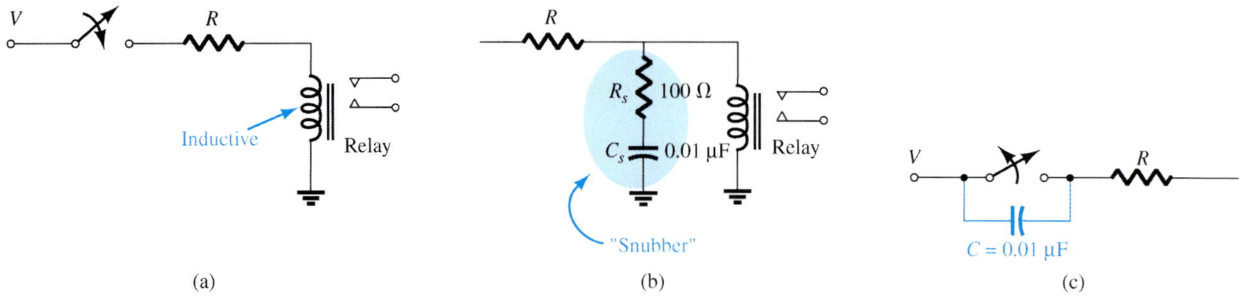

그림 2.132 (a) 릴레이의 인덕티브 특성; (b) (a)의 구성에 대한 진동 제어장치 보호; (c) 스위치에 대한 커패시티브 보호

$X_C = 1/2\pi fC$와 같으므로 주파수가 커질수록 리액턴스는 작아짐을 상기하라. 일반적으로 높은 서지전압과 상대적으로 낮은 비용 때문에, 0.01 μF 정도의 세라믹 커패시터를 사용한다. 커패시터 양단의 전압이 매우 느리게 충전되고, 시스템의 성능을 떨어뜨리는 이유 때문에 큰 커패시터는 적절치 않다. 커패시터와 직렬로 연결된 저항 100 Ω은 단지 상태가 변할 때 발생하는 서지 전류를 제한하기 위해서 사용되었다. 가는 전선이 감겨있기 때문에 나타나는 코일의 내부 저항 때문에, 이 저항은 종종 사용되지 않기도 한다. 때때로, 그림 2.132c처럼 스위치에 커패시터를 달수도 있다. 이 경우 커패시터가 단락되는 특성으로 인해 높은 주파수에서 스위치를 우회하고, 스위치의 수명을 연장할 수 있다. 커패시터 양단의 전압은 즉시 바꿀 수 없음을 상기하라. 그러므로 대개

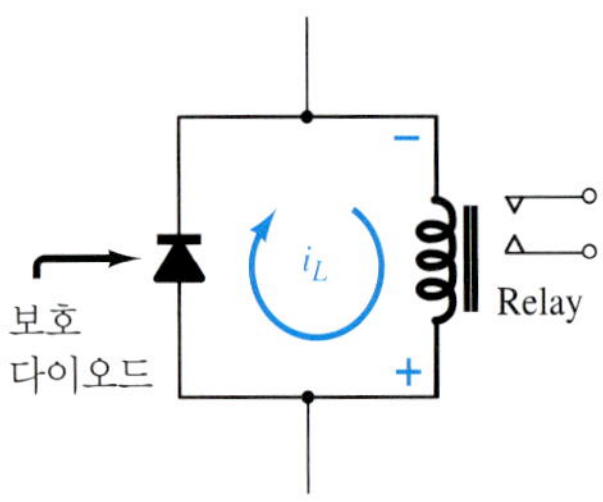

그림 2.133 RL 회로에 대한 다이오드 보호

인덕터 소자 또는 스위치와 병렬로 연결된 커패시터는 보통 일반적인 커패시터 소자가 아닌 보호소자로서 동작한다.

끝으로 다이오드는 주로 위와 같은 상황에서 보호소자로 사용된다. 그림 2.133에서 다이오드는 릴레이의 인덕티브 소자와 병렬로 연결되어 있다. 스위치가 열리거나 또는 전압원이 빠르게 제거될 때, 코일 양단의 전압 극성은 표시된 방향과 같고 다이오드는 켜지게 된다. 인덕터는 전원과 스위치가 아닌 다이오드를 통해 전류 통로를 가짐으로써 둘을 보호한다. 코일에 발생한 전류는 다이오드로 흐르므로, 다이오드는 스위치가 열리기 전에 코일에 흐르는 전류와 **동일한 레벨의 전류**를 흘릴 수 있어야 한다. 전류 감소 비율은 코일과 다이오드의 저항성분에 의해서 결정된다. 이는 다이오드에 직렬 저항을 추가함으로써 줄일 수 있다. 다이오드의 동작과 응답이 주파수의 영향을 받지 않는다는 것은 snubber 구조의 장점이다. 그러나 만일 공급된 전압이 ac 또는 정현파와 같이 변하는 것이라면 다이오드에 의한 보호는 동작하지 않는다. 다이오드는 공급전압의 한쪽 방향의 극성으로만 도통하기 때문이다. 그러한 교류 시스템에 대해서 'snubber' 장치는 최선의 선택이 될 수 있다.

다음 장에서 트랜지스터의 베이스-에미터 결합의 순방향 바이어스에 대해 배울 것이다. 즉, 그림 2.134a의 전압 V_{BE}는 약 0.7 V가 될 것이다. 에미터 단에 베이스 단 보다 더 높은 전압이 인가됨에 따른 트랜지스터의 손상을 방지하기 위해 그림 2.134a와 같이 다이오드를 추가하였다. 다이오드는 역바이어스 전압 V_{EB}가 0.7 V를 넘지 않도록 한다. 때때로, 여러분은 그림 2.134b처럼 트랜지스터의 컬렉터 단에 직렬로 연결된 다이오드를 볼 수 있다.

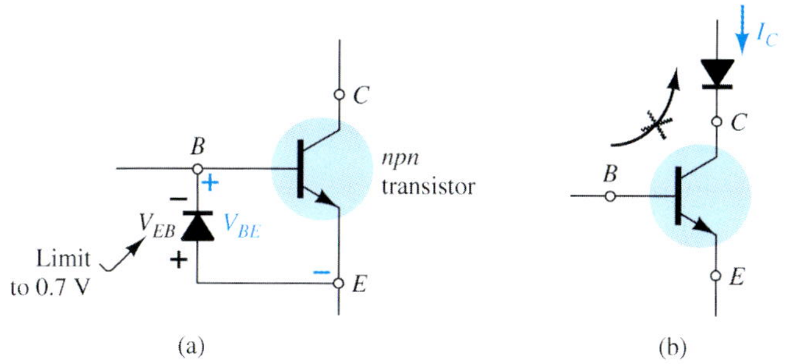

그림 2.134 (a) 트랜지스터의 에미터-베이스 전압 제한을 위한 다이오드 보호; (b) 컬렉터 전류에서 역류방지를 위한 다이오드 보호

정상적인 트랜지스터 동작을 위해서는 컬렉터는 보이는 방향처럼 컬렉터 전류를 발생시키기 위해 베이스 또는 에미터 단보다 높은 전압을 가져야 한다. 그러나 에미터 단 또는 베이스 단이 컬렉터 단보다 높은 전압이 되는 경우가 발생하면, 다이오드가 반대방향으로 전류가 흐르는 것을 방지해 줄 것이다. 그러므로 대개

다이오드는 주로 두 지점 사이의 전압차가 0.7 V 보다 커지지 않게 하거나 특정한 방향으로 전류가 흐르는 것을 방지하기 위해 사용된다.

다이오드는 그림 2.135에서와 같이 주로 op-amp와 같은 시스템의 입력단에 인가되는 전압의 스윙을 제한하기 위해 사용된다. 400 mV 레벨의 신호는 op-amp의 입력단에 왜곡 없이 인가된다. 그러나 만일 전압이 1 V 레벨로 커지면, 위아래 피크치는 op-amp의 입력단에 인가되기 전에 잘린다. 잘려진 모든 전압은 직렬저항 R_1 양단에 나타난다.

그림 2.135의 제어 다이오드는 또한 op-amp의 입력단의 신호를 조절하기 위해 그림 2.136과 같이 구성할 수 있다. 이러한 예에서 다이오드는 그림 2.135와 같은 리미터(limiter)보다 훨씬 더 잘 동작한다. 그러나 핵심은 다음과 같다.

소자의 위치가 변하더라도 기능은 여전히 동일하다. 모든 회로 구성에서 처음 공부한 것과 같은 형태로 나타날 것이라고 예상하지 말라.

그러므로 대개 다이오드는 단지 스위치와 같다고 항상 가정해선 안 된다. 다이오드는 보호 및 제한 장치로서 다양하게 사용된다.

극성 보장

인가 전압의 극성에 매우 민감한 시스템은 수없이 많다. 예를 들어 그림 2.137a에서, 바이어스를 잘못 인가할 경우 손상될 수 있는 매우 값 비싼 장비들이 있다고 가정하자. 그림 2.137b에는 왼쪽 부분에 바르게 인가된 바이어스가 나타나있다. 결과적으로 다이오드가 역방향 바이어스 되지만 다이오드의 영향은 없고 시스템은 정상적으로 동작한다. 그러나 그림 2.137c와 같이 잘못된 극성으로 연결된 경우 다이오드는 도통되고 시스템의 단자들 사이에 0.7 V 이상의 전압이 인가되지 않도록 하여 잘못된 극성에 과도한 전압이 인가되는

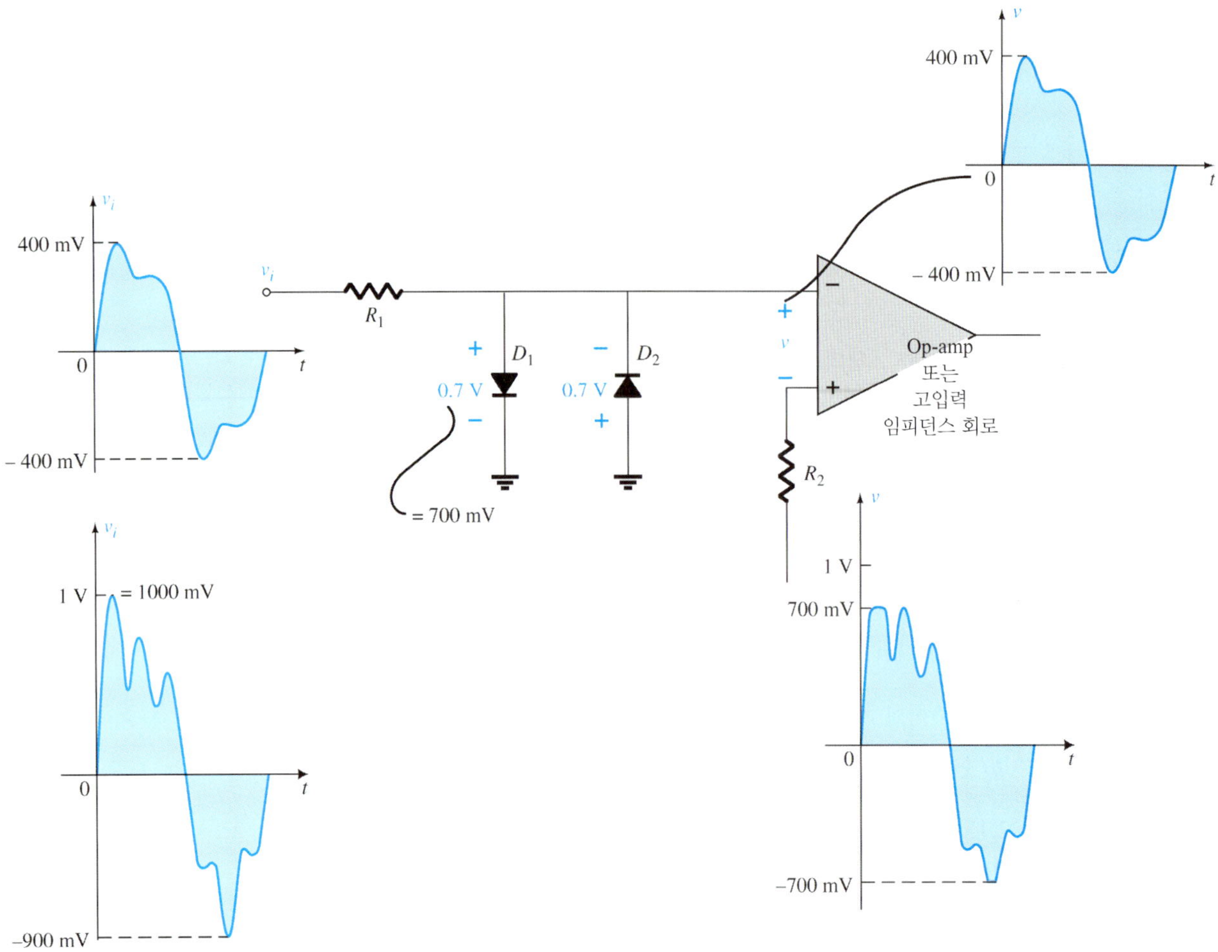

그림 2.135 op-amp나 고입력 임피던스 회로에서 입력 스윙의 다이오드 제어

것을 막는다. 각 극성 연결에 대해 인가된 전압과 부하 혹은 다이오드 전압과의 차이는 직렬 전원 혹은 네트워크 저항 사이에 나타난다.

그림 2.138에서 민감한 측정용 지침은 잘못된 극성으로 측정할 경우 1 V 이상의 전압을 견딜 수 없다. 다이오드를 이용한 이런 간단한 설계를 통해 민감한 지침에 잘못된 극성의 전압이 0.7 V 이상 인가되지 않도록 보호한다.

배터리 전원 백업 제어

많은 경우에 시스템은 전원 손실이 발생했을 경우에도 정상 동작을 보장하기 위해 백업 전원이 있어야 한다. 특히 전원 공급에 이상이 있는 동안에도 반드시 동작을 해야 하는 보안 시스템과 조명 시스템의 경우에 더욱 그러하다. 또한 이것은 컴퓨터나 라디오와 같은 시스템을 여행 중에 이동용 모드로 사용하기 위해 전원을 공급하는 교류-직류 전력 변환 전원을 떼어냈을 때도 중요하다. 그림 2.139의 12 V 직류 전원과의 연결이 끊어진 12 V 차량 라디오 시스템은 라디오 뒷면의 작은 공간에 9 V 배터리 백업 시스템을 갖는다. 이 시스템은 라디오가 차량에서 분리될 때 시계모드와 메모리에 저장된 채널 정보를 저장하기 위한

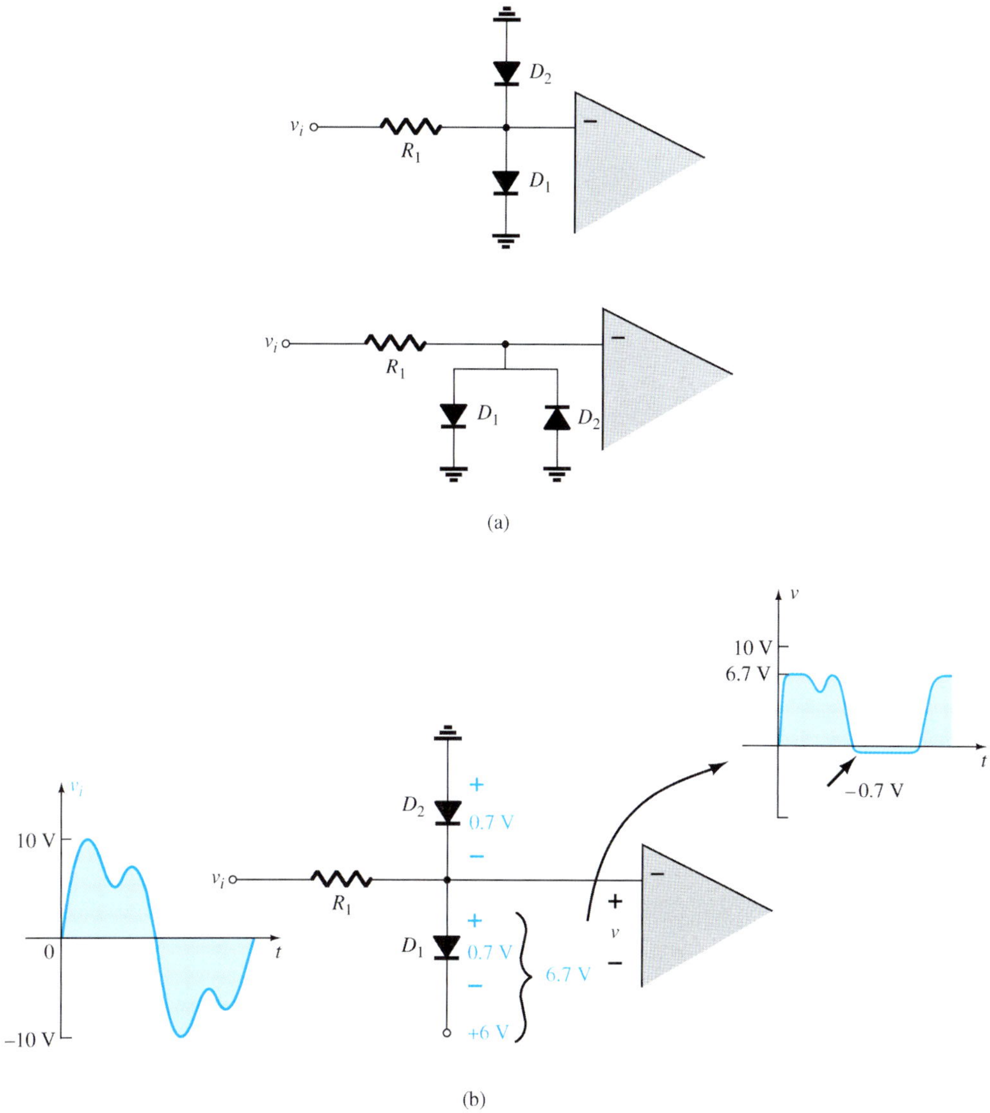

그림 2.136 (a) 그림 2.135 회로 교류 동작; (b) 분리된 전원전압으로 제어의 임의 레벨 획득

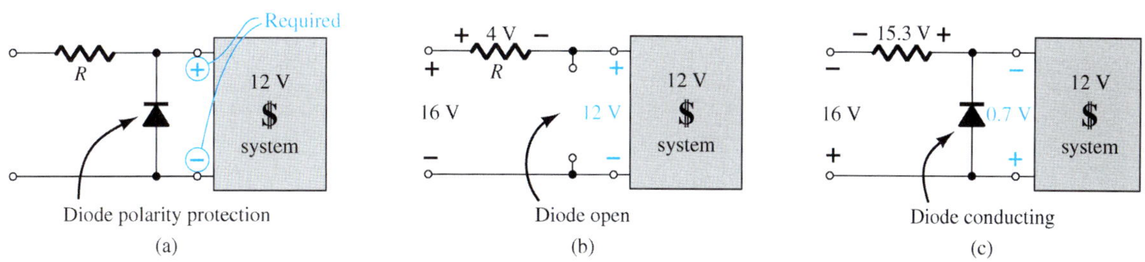

그림 2.137 (a) 장비의 값비싸고 민감한 부분에 대한 극성 보호; (b) 정확히 적용된 극성; (c) 잘못된 극성의 적용

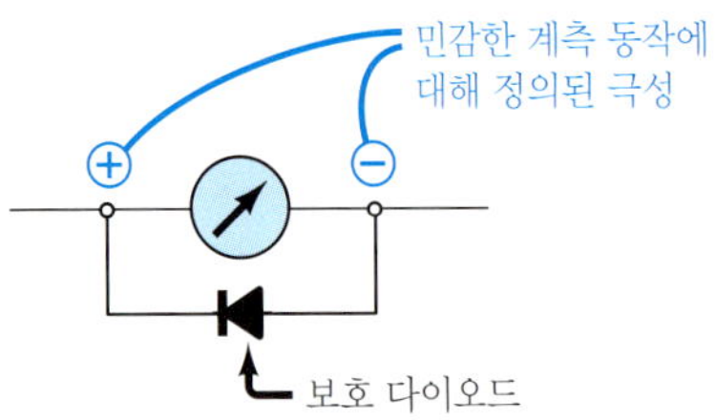

그림 2.138 민감한 계측 동작에 대한 보호

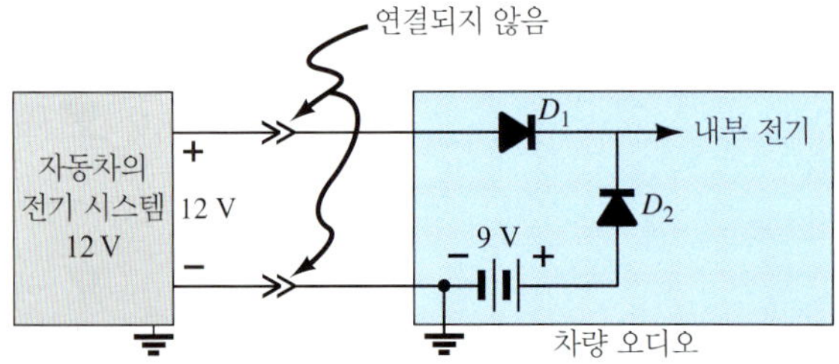

그림 2.139 라디오가 차에서 분리될 때 차량 오디오의 메모리 손실을 막기 위해 디자인 된 백업 시스템

것이다. 차량으로부터 12 V를 모두 이용하면 D_1은 도통되고 라디오에서 전압은 11.3 V가 된다. 그리고 D_2가 역방향 바이어스(개방회로)되고 라디오 내의 9 V 백업 배터리는 연결되지 않는다. 그러나 라디오가 차량에서 분리되면 12 V 전원이 D_1 다이오드에 순방향 바이어스를 공급하지 않으므로 D_1은 더 이상 도통되지 않는다. 하지만 D_2는 9 V 배터리 전원에 의해 순방향 바이어스 되므로 라디오는 8.3 V 전원을 이용하여 시계나 채널 선택과 같은 기능을 하는 회로의 메모리를 유지한다.

극성 검출

색깔이 다른 LED를 이용하여 직류전원회로의 어떤 점에서의 극성을 확인하는 간단한 회로를 그림 2.140과 같이 만들 수 있다. 인가된 6 V 전압과 같이 위쪽 단자의 극성이 양일 때, D_1은 도통되고 LED1이 켜지면서 녹색 불이 들어온다. D_2와 LED2는 위의 극성에 대해 역방향 바이어스 된다. 그러나 입력 단자의 극성이 반대가 되면 D_2와 LED2가 도통되어 붉은색 불이 들어오고 이것은 위쪽의 전위가 음의 전위를 가짐을 의미한다. 회로는 다이오드 D_1과 D_2 없이도 동작한다. 그러나 일반적으로 LED는 도핑(doping) 과정에서 생성되는 민감성 때문에 역방향 바이어스에 적합하지 않다. 그래서 다이오드 D_1과 D_2는 LED를 보호하는 직렬 개방회로 상태를 제공한다. 순방향 바이어스 상태에서 다이오드 D_1, D_2는 LED 양단간의 전압을 더 일반적인 동작 레벨로 감소시킨다.

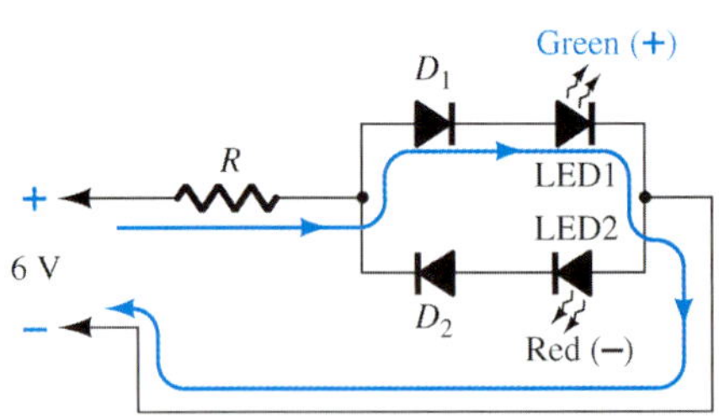

그림 2.140 다이오드, LED를 사용한 검출기

표시기

비상구 표시기(exit sign)의 전구 사용 시 주된 문제는 전구의 수명 제한(잦은 교환 필요), 열이나 불 등에 대한 민감성, 큰 사고가 발생했을 때 내구성, 높은 전압과 전력 요구량 등이다. 이러한 이유로 긴 수명, 높은 내구성, 낮은 전압 및 전력 레벨(특히 예비 직류 배터리에 의해 구동될 때)을 공급하기 위해 LED가 종종 사용된다.

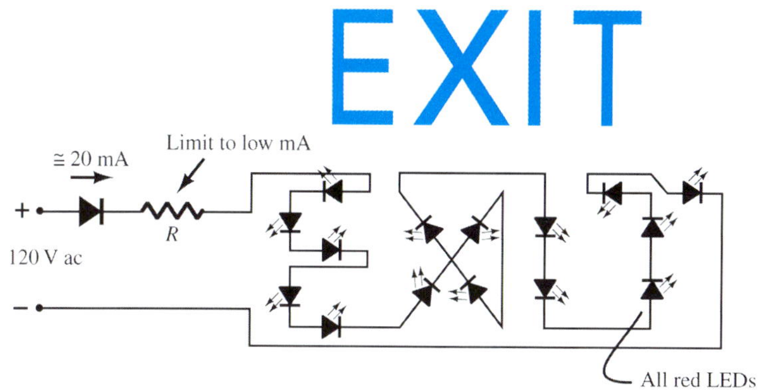

그림 2.141 LED를 이용한 비상구 표시기

그림 2.141에서 제어 네트워크는 언제 EXIT 빛이 켜질지를 결정한다. 제어 네트워크가 동작하면 직렬 연결된 모든 LED들이 켜지고 EXIT 글자가 빛나게 된다. 당연하게도 만일 직렬 연결된 LED 중에 한 개라도 고장이 나서 개방이 될 경우 전체 회로가 꺼지게 된다. 그러나 이러한 문제는 모든 두 점 사이에 병렬로 LED를 달아줌으로써 간단히 해결할 수 있다. 하나가 고장이 나더라도 여전히 다른 전류 통로가 남아 있다. 병렬 다이오드는 각 LED로 흐르는 전류를 당연히 감소시키지만 적은 양의 전류가 흐르는 2개의 LED의 밝기는 두 배의 전류가 흐르는 1개의 LED의 밝기와 비슷하다. 인가된 전원이 교류인 경우라 하더라도, 60 Hz로 양의 값과 음의 값으로 변하는 전원에 따라 다이오드는 켜졌다 꺼졌다 하겠지만 LED의 지속성에 의해 EXIT 표식이 빛나도록 할 것이다.

전압 기준 레벨 설정

다이오드와 제너 다이오드를 그림 2.142와 같이 기준 레벨을 설정하는 데 사용할 수 있다. 네트워크는 2개의 다이오드와 1개의 제너 다이오드를 이용하여 세 개의 서로 다른 전압 레벨을 공급한다.

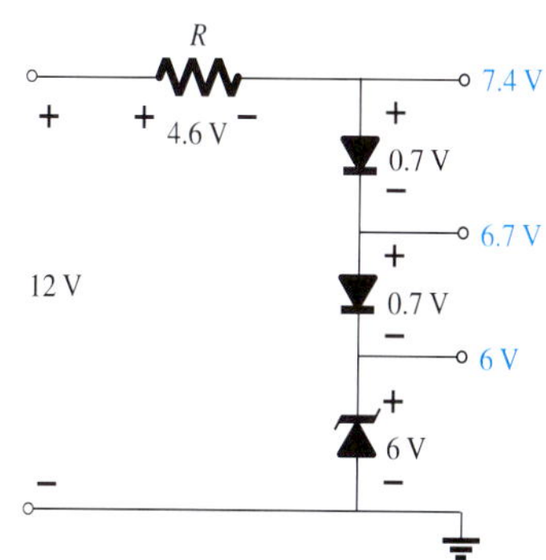

그림 2.142 다이오드를 사용한 다른 기준 수위 제공

부하 전류에 대한 전압 레벨 민감성 저하시키기

전압 분배 네트워크에서 저항과 다이오드 사이의 차이점을 분명히 보여주는 예로서 그림 2.143a와 같은 상황을 고려해보자. 여기서 부하는 정상 동작을 위해 6 V정도가 필요하고 이용 가능한 전원은 9 V 배터리밖에 없다. 동작 상태에서 부하의 내부 저항은 1 kΩ라고 가정하자. 전압 분배 법칙을 이용하여 그림 2.143b와 같이 쉽게 직렬 저항 470 Ω(상업적으로 이용 가능한 값)을 구할 수 있다. 그 결과 부하에 걸리는 전압은 6.1 V이고 대부분의 6 V 부하에서는 허용 가능한 값이다. 그러나 부하의 동작 상태가 변화하여 내부 저항이 600 Ω이 되면 부하전압은 약 4.9 V로 떨어지고 시스템은 정상적으로 동작하지 않을 것이다. 이러한 부하저항에 대한 민감성은 그림 2.143c와 같이 부하에 직렬로 4개의 다이오드를 연결함으로써 해결할 수 있다. 4개의 다이오드가 전부 도통되면 부하전압은 부하의 임피던스와 상관없이 (물론 소자의 한계 내에서) 약 6.2 V가 되어 부하의 특성 변화에 대한 민감성이 제거된다.

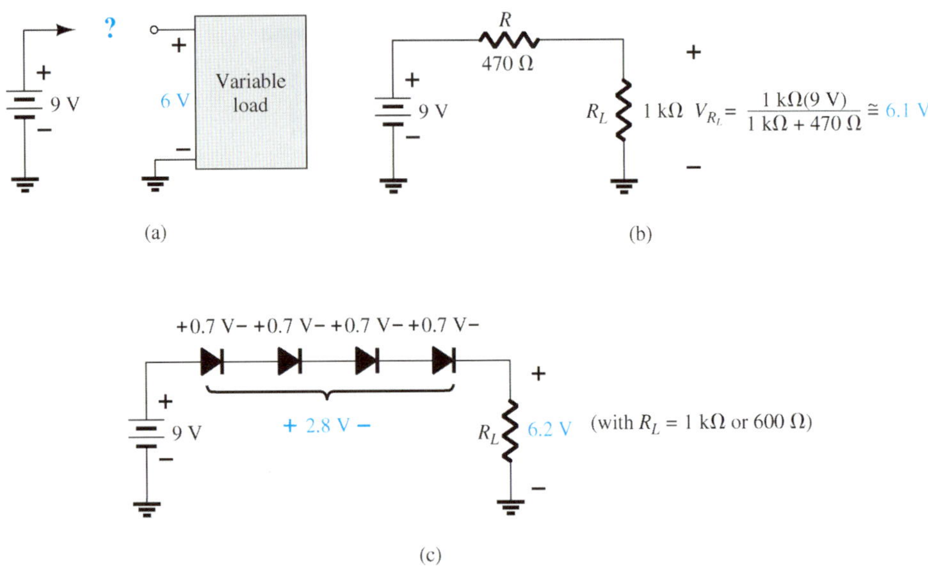

그림 2.143 (a) 9 V 전원으로 6 V 부하 구동하는 법; (b) 고정 저항값 사용; (c) 직렬조합 다이오드 사용

교류 레귤레이터와 사각파 발생기

2개의 백투백(back-to-back) 제너 다이오드는 그림 2.144a와 같이 교류 레귤레이터로 사용될 수 있다. 정현파 신호 v_i에 대해 v_i=10 V인 순간에 회로는 그림 2.144b와 같이 나타난다. 각 다이오드에 대한 동작 영역은 회로 바로 옆에 있는 그림에 표시되어 있다. 상응하는 Z_1은 낮은 임피던스 영역에 있는 반면 Z_2의 임피던스는 굉장히 크다는 것에 주목하라. 결과적으로 v_i=10 V일 때 v_o=v_i이다. 입력과 출력은 v_i가 20 V에 도달할 때까지 서로 같은 값을 가진다. Z_2는 '(제너 다이오드로서) 켜진 상태'로 동작하는 반면 Z_1은 5 kΩ에 비해 충분

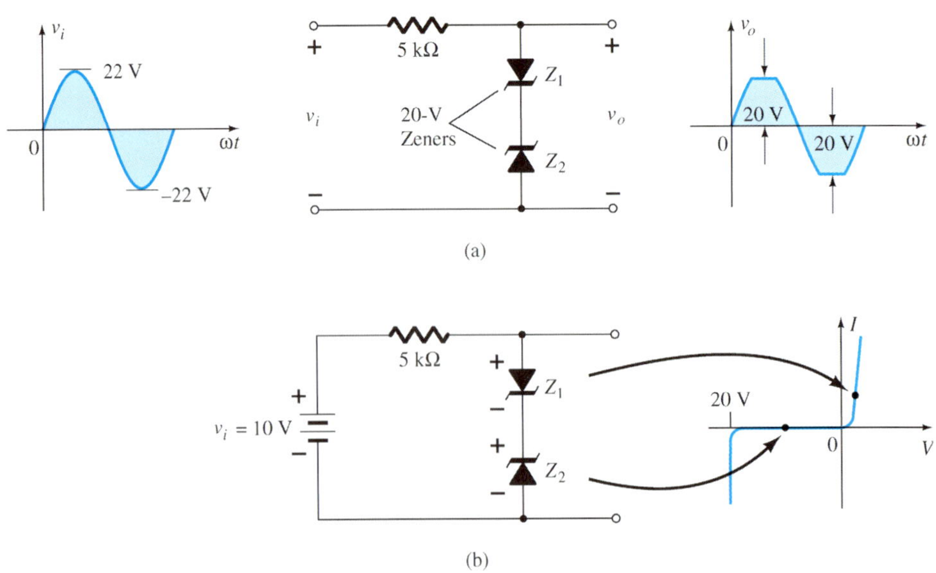

그림 2.144 정현 교류 조정: (a) 40 V 정현 교류 레귤레이터; (b) v_i = 10 V에서의 회로 동작

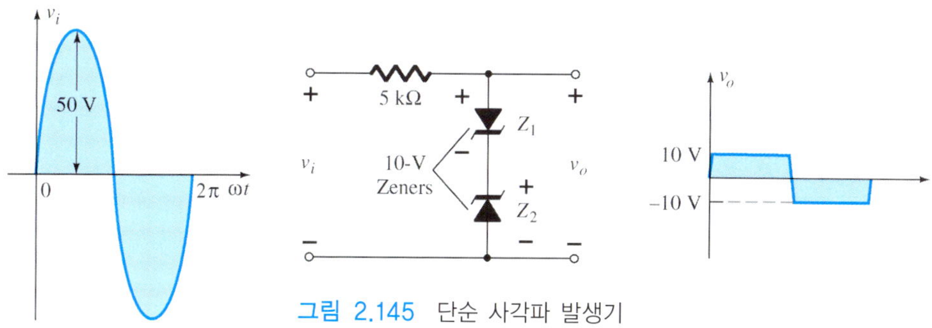

그림 2.145 단순 사각파 발생기

히 작은 저항을 가지게 되는 도통영역에 위치하여 단락회로가 된다. v_i의 전체 범위에 대한 출력 결과는 그림 2.144a와 같다. 파형은 순수한 정현파가 아니지만 실효값은 22 V 첨두값 신호에 대한 실효값보다 작다. 이 회로는 출력전압의 실효치를 효과적으로 제한한다. 그림 2.144a의 회로에서 10 V 제너 다이오드를 사용하고 신호 v_i를 50 V까지 증가시키면 그림 2.145와 같은 출력 파형이 발생하므로 (클리핑 동작에 의해) 간단한 사각파 발생기로 확장하여 사용할 수 있다.

2.14 요약

중요 결론 및 개념

1. 소자(device)의 특성은 그 소자의 주변 회로(network)에 의해서 **변하지 않는다**. 주변회로는 단지 소자의 동작점을 결정한다.

2. 회로의 동작점은 회로의 방정식과 소자의 특성을 나타내는 방정식의 **교차점**에 의해서 결정된다.

3. 대부분의 응용에 있어 다이오드의 특성은 단지 순방향 바이어스 영역에서의 문턱전압과 문턱전압보다 작은 전압이 인가된 개방회로에 의해서 결정된다.

4. 다이오드의 상태를 결정하기 위해서는 먼저 다이오드를 **단지 저항으로 생각한다**. 그리고 다이오드 양단의 전압의 극성과 흐르고 있는 전류의 방향을 찾는다. 다이오드 양단의 전압의 극성이 순방향이고 **전류가 다이오드 기호의 화살표 방향으로 흐르면**, 다이오드는 도통된 상태이다.

5. 논리 게이트에 사용되는 다이오드의 상태를 결정하기 위해서는 먼저 다이오드 상태를 **추측**하고, 다음으로 **가정을 확인한다**. 만약 가정이 틀렸을 경우, 다시 추측하여 올바른 경우가 될 때까지 검증한다.

6. 정류는 **평균값이 0**인 파형을 **직류 성분**을 가지는 파형으로 바꿔주는 과정이다. 수 전압 이상의 신호가 인가된 경우, 일반적으로 이상적인 다이오드로 근사 할 수 있다.

7. 특정한 목적에 사용하고자 다이오드를 선택할 때는 다이오드의 PIV 등급을 확인하는 것이 매우 중요하다. **역방향 바이어스 조건**에서 다이오드의 양단 **최대 전압**을 측정하고 표기된 등급과 비교한다. 대표적인 반파, 전파 브리지 정류기에서는 다이오드 양단의 최대

역방향 전압은 인가될 신호의 최대값이다. CT 변압기 전파 정류기에서는 그 값이 두 배다.

8. 클립퍼는 회로에 인가된 신호를 특별한 형태로 만들거나 회로에 인가될 수 있는 전압에 제한을 두기 위해서 신호의 일부분을 '**클립**(clip)' 하는 회로를 말한다.

9. 클램퍼는 입력신호를 다른 dc 레벨로 '**클램프**(clamp)' 하는 것을 말한다. 어떠한 경우에서도 인가된 신호의 전체 스윙은 같은 피크-피크 값을 유지한다.

10. 제너 다이오드는 광범위한 중요성과 응용성을 가진 소자를 제공하기 위해 p–n 접합에서의 **제너 항복 전위**를 효과적으로 이용한 다이오드이다. 제너 다이오드의 도통을 위해서는 **기호에서 표시된 화살표의 반대 방향**으로 전류의 방향을 설정해야 한다. 도통시 극성은 **일반적인 다이오드의 극성과 반대 방향**이다.

11. 직류 회로에서 제너 다이오드의 상태를 측정하기 위해서는 단순히 회로에서 제너 다이오드를 제거하고, 본래 제너 다이오드가 사용된 곳의 양단의 전압을 측정한다. 만약 제너 전위보다 높고 올바른 극성을 가졌다면, 제너 다이오드는 도통(on) 되어 있는 상태이다.

12. 반파, 전파 두 배 전압회로는 2개의 커패시터를 사용한다. 세 배 전압회로는 3개를 사용하고 네 배 전압회로는 4개를 사용한다. 실제로 각각의 배전압회로에서 다이오드의 수는 커패시터의 수와 같다.

주요 공식

근사화

실리콘: $V_K = 0.7$ V; I_D는 회로에서 결정된다.

게르마늄: $V_K = 0.3$ V; I_D는 회로에서 결정된다.

갈륨비소: $V_K = 1.2$ V; I_D는 회로에서 결정된다.

이상적인 경우

$V_K = 0$ V; I_D는 회로에서 결정된다.

도통시

$$V_D \geq V_K$$

반파 정류기의 경우

$$V_{dc} = 0.318 V_m$$

전파 정류기의 경우

$$V_{dc} = 0.636 V_m$$

2.15 컴퓨터 해석

Cadence OrCAD

다이오드 직렬 구성 지난 장에서 우리의 프로젝트 위치로 OrCAD 16.3 폴더를 만들었다. 이 절에서는 프로젝트의 이름을 정하고 해석을 위한 소프트웨어를 설정하고 어떻게 간단한 회로를 만드는지를 알아보고, 마지막으로 해석할 것이다. 소프트웨어를 이용하여 처음으로 동작 구조를 알아보는 것이기 때문에 이는 꽤 많은 양이다. 앞으로 나올 장에서는 수작업할 때보다 소프트웨어를 이용하면 상당히 빨리 결과를 얻을 수 있음을 알 수 있을 것이다.

우리의 첫 번째 프로젝트는 화면에 있는 **OrCAD Capture CIS Demo** 아이콘을 더블클릭하거나 **Start-All Programs-Cadence OrCAD 16.3 Demo**을 차례대로 따라가서 소프트웨어를 초기화하는 것에서 시작한다. 초기화 후에 나오는 화면은 위쪽에 있는 툴바에 몇몇 키가 활성화된 상태로 있다. 먼저 좌측 상단에 있는 **Create new document** 키를 누른다(또는 **File-New Project**를 따라갈 수도 있다). **New Project** 대화상자가 나타나는데 프로젝트의 이름을 꼭 입력해야 한다. 우리는 그림 2.146에 나와 있는 대로 **OrCAD 2-1**을 선택할 것이다. 그러고 나서 **Analog or Mixed A/D**를 선택한다(이 책에 있는 모든 해석은 이것을 사용한다). 대화상자의 하단에 **Location**이라고 적힌 부분이 이전에 설정했던 대로 **C:\OrCAD 16.3**으로 되어 있는지를 확인하자. **OK**를 클릭하면 **Create PSpice Project**라는 창 제목을 가진 대화상자가 나타난다. **Create a blank project**(이 또한 이 책에 있는 모든 해석에서 사용한다)를 선택하고 **OK**를 클릭하면 몇몇 키가 활성화된 상태로 화면 상단에 새로운 툴바가 나타날 것이다. **A Project Manager Window**는 상단에 **OrCAD 2-1**이라 적혀 있을 것이다. 새로운 프로젝트의 목록에는 아이콘과 작은 네모 안에 +가 그려져 있는 것이 있을 것이다. +기호를 클릭하면 **SCHEMATIC1**의 목록에 들어갈 수 있다. +를 다시 한 번 클릭하면 **PAGE1**이 나타난다. −를 클릭하면 방금 설명한 것이 반대로 이루어질 것이다. **PAGE1**을 더블클릭하면 **SCHEMATIC1:PAGE1**이라는 제목의 창이 생성된다. 이는 하나의 프로젝트는 여러 개의 schematic을 가질 수 있고 하나의 schematic은 여러 개의 page를 가질 수 있음을 알려주는 것이기도 하다. 창의 폭과 높이는 창의 모서리에 마우스를 가져가 화살표가 양쪽에 나타나면 이때 원하는 위치로 드래그하여 창의 폭과 높이를 바꿀 수 있다.

이제 그림 2.146의 간단한 회로를 만들 준비가 되었다. **Place part** 키를 선택(오른쪽 하

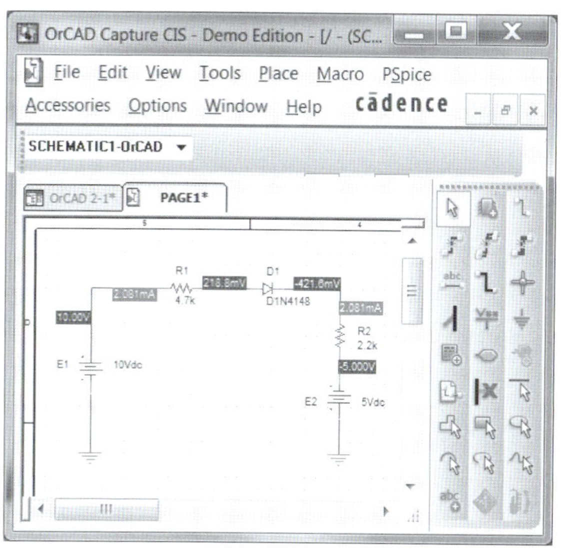

그림 2.146 직렬 다이오드 회로의 Cadence OrCAD 해석

단 모서리에 +기호가 있는 집적회로의 오른쪽 세로 툴바로 가기)하면 **Place part** 대화상자가 나타난다. 이것이 첫 번째 회로이므로 파트가 active 라이브러리 목록에 있는지 확인해야 한다. **Libraries**로 가서 **Add Library** 키를 선택한다. (상단 왼쪽 코너에 점선 사각형 박스 모양과 함께 노란색 별모양). 결과적으로 **Library**의 활성화 리스트로 인해 **Browse File**인 **analog.olb**에 선택될 수 있다. **eval.olb**과 **source.olb**에 대해서도 똑같이 반복하여 라이브러리에 추가한다. 이 세 개의 파일이 이 책에서 회로를 만들기 위해 필요한 것이다. 하지만 다음의 내용을 알아 두는 것이 매우 중요하다.

일단 라이브러리 파일을 선택하면 각각의 새로운 프로젝트에서 나타나기 때문에 매번 라이브러리 파일을 새로 등록할 필요가 없다—위의 과정에서 파일이 아닌 폴더를 선택하면 비슷한 프로젝트에서 반복할 필요가 없다.

상단 오른쪽 코너에 작은 ×를 클릭하여 **Place Part** 대화상자를 제거한다. 이제 화면에 소자를 배치할 수 있다. 직류 전원은 **Place part**를 선택한 다음 라이브러리 목록에서 **SOURCE**를 선택하고 **Part list**에서 **VDC**를 선택하면 된다. **VDC**를 선택하고 나면 기호와 라벨과 그 값이 대화상자의 우측 하단에 나타난다. 상단 대화상자에 있는 **Place Part** 키를 클릭하면 **VDC** 소스가 커서 아래에 나타난다. 적절한 위치로 마우스를 옮긴 다음 왼쪽 클릭을 하면 그림 2.146과 같이 놓이게 될 것이다.

그림 2.146에는 두 번째 소스가 있기 때문에 두 번째 소스를 놓을 위치로 마우스 를 옮긴 다음 클릭한다. 이것이 회로에서 나타나는 마지막 소스이기 때문에 오른쪽 버튼을 클릭하여 **End Mode**를 선택하자. 이 옵션을 선택하면 마지막 소스를 빨간색 상자에 구속된 상태로 남겨 놓은 채 지금까지 하던 일을 멈춘다. 빨간색은 여전히 활성화 되어 있고 작동 중이라는 의미이다. 한 번 더 클릭하면 빨간 활성화 상태가 없어진다. 두 번째 소스는 그림 2.146과 같은 모양이 되기 위해서는 180° 회전되어야 하는데 먼저 소스를 클릭하여 활성화 상태로 만든 다음 **Rotate**를 선택한다. 각각의 회전 명령은 90°씩 돌리기 때문에 두 번 작업해야 한다. 회전 명령은 **Ctrl-R**을 눌러서도 할 수 있다.

과정 중에서 가장 중요한 단계 중 하나가 0 V 접지가 회로에서 정의되어 회로상의 임의의 점에서의 기준전압을 가지도록 하는 것이다. 모든 회로는 접지를 정의해야 한다. 이를 위해서는 **GND** 키를 선택한 다음 **0/SOURCE** 옵션을 선택한다. 이것은 오른쪽 툴바 접지 심볼을 **Place Ground** 대화상자에서 선택하여 얻는다. 스크롤을 내리면 **0/SOURCE**는 계속 선택되어 있고 **OK**를 클릭한다. 결과적으로 접지를 화면 어느 위치든 배치할 수 있다. 전압원도 마찬가지로 다중접지 중 한 지점에서 다른 곳으로 추가할 수 있다. 이 과정은 오른쪽 클릭과 **End Mode** 옵션을 누르면 된다.

다음 단계는 그림 2.146의 회로에서 저항을 위치하는 것이다. 이를 위해서는 **Place part** 키를 다시 선택하고 **ANALOG** 라이브러리를 선택한다. 옵션을 스크롤하여 **R**이 보이면 이를 선택한다. **Place Part**를 클릭하면 저항이 커서 옆에 나타난다. 원하는 위치로 커서를 옮긴 다음 클릭한다. 두 번째 저항은 그림 2.146에서와같이 다른 곳으로 옮겨 단순히 클릭하여 배치한다. 저항이 두 개이기 때문에 오른쪽 클릭을 하여 **End Mode**를 택하여 종료한다. 두 번째 저항은 세로로 위치하고 있기 때문에 전 원과 마찬가지 방법으로 저항을 회전시킨다.

마지막으로 배치할 소자는 다이오드이다. **Place part**를 선택하면 **Place Part** 대화상자가 나타나고 **EVAL** 라이브러리를 **Libraries** 목록에서 선택한다. **Part**라 적힌 곳에 **D**라고 적고 **Part List**에서 **D14148**을 선택한 다음 **OK**를 클릭한다. 그 다음 전원과 저항에서 했던 것과 같은 방법으로 다이오드를 원하는 위치에 놓는다.

이제 모든 소자가 화면에 있고 이제 그림 2.146과 같은 위치에 놓을 차례이다. 소자를 선택한 다음 왼쪽 버튼을 계속 누른 상태에서 마우스를 옮겨 소자의 위치를 바꿀 수 있다.

이제 필요한 모든 소자가 화면에 있지만 이들을 연결할 필요가 있다. 가까운 상단에 있는 왼쪽 툴바에서 **Place part** 키 옆에 있는 **Place wire** 키를 선택하면 된다. 키를 선택하고 나면 중앙에 십자가가 있고, 이를 이용하여 연결해야 한다. 십자가를 전원의 위쪽 단에 두고 그 점을 잇기 위해 왼쪽 클릭을 한 번 한다. 그리고 다음 소자의 한 끝단까지 선을 당긴 후 클릭한다. 그러고 나면 우리가 이은선이 연결되었다는 것을 확인할 수 있도록 양쪽 끝에 네모가 표시된 상태로 빨간색으로 표시된다. 모든 소자를 연결하고 나면 오른쪽 버튼을 클릭하여 **End Mode** 옵션을 선택한다. 그림 2.146에 나와 있는 것처럼 소스와 그라운드를 연결하는 것을 잊지 말자.

모든 소자가 제자리에 있지만 이 소자들은 이름과 값이 잘못되어 있다. 파라미터를 바꾸기 위해서는 파라미터(라벨, 값)를 더블클릭하여 **Display Properties** 대화상자를 띄운다. 적절한 라벨이나 값을 적은 다음 **OK**를 클릭한다. 그러면 화면에 바뀐 값이 나타날 것이다. 라벨과 값은 그 중앙을 클릭하여 파라미터가 네 개의 작은 네모들로 둘러싸인 상태가 되게 한 후 원하는 위치로 드래그하여 옮길 수 있다.

최종적으로 화면의 좌측 상단 근처에 있는 **New Simulation profile** 키를 선택하여 **Simulation**이라는 해석 과정을 시작할 수 있다. **New Simulation** 대화상자가 나타나고 먼저 시뮬레이션의 이름을 묻는다. **OrCAD 2-1**을 입력하고 **Inherit From**에는 **none**를 선택한다. 그리고 **Create**를 클릭하면 **Simulation Setting** 대화상자가 나타나는데 기본값으로 **Analysis-Analysis Type-Bias Point**가 차례로 선택되어 있다. **OK**를 클릭한 다음 **Run** 키(파란색 화살표와 비슷하게 생겼다)를 클릭하거나 메뉴바에서 **PSpice-Run**을 선택하자. 그러면 **Output Window**가 비활성화된 상태로 나타날 것이다. 이 창은 현재 해석에는 사용하지 않을 것이므로 창을 닫으면 그림 2.146의 회로에 정확한 전압과 전류 레벨이 표시된다. 전압, 전류, 전력 값은 위에서 세 번째 툴바에 있는 **V, I, W** 키를 선택하여 제거하거나 바꿀 수 있다. 각각의 개별 값은 선택하고 **Delete** 키를 이용하여 삭제할 수 있다. 결과값은 왼쪽 클릭 후 원하는 위치로 드래그하여 옮길 수 있다.

그림 2.146에서 직렬 구성에서의 각 소자를 지나는 전류는 예제 2.9의 2.072 mA가 아니라 2.081 mA이라는 것을 확인할 수 있다. 다이오드를 지나는 전압은 직접 계산한 예제 2.9와 비교했을 때 0.7 V가 아닌 218.8 mV$-$(421.6 mV) $\cong$ 0.64 V이고 저항 R_1를 지나는 전압은 직접 계산한 9.74 V와 달리 10 V$-$0.219 V $\cong$ 9.78 V이다. 저항 R_2를 지나는 전압은 예제 2.9의 4.56V와 달리 5V$-$0.422V $\cong$ 4.58V이다.

두 결과 값의 차이를 이해하기 위해서는 먼저 역포화 전류나 각각의 전류에서 그에 따른 저항 등 다이오드의 내부 특성이 그 동작에 영향을 주었음을 인지하고 있어야 한다. 이러한

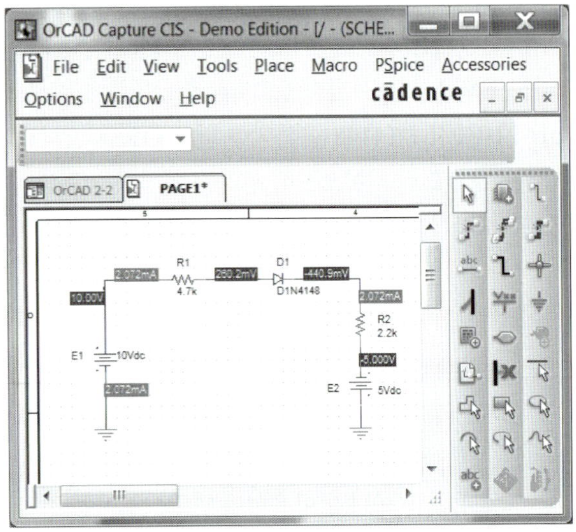

그림 2.147 I_s를 3.5E−15A로 놓고 재시험한 그림 2.146의 회로

특성은 **Edit-PSpice Model**을 차례대로 선택하면 **PSpice Model Editor Demo** 대화상자가 나오는데 여기서 볼 수 있다. 소자의 특성에 중요한 영향을 주는 값인 역포화 전류에 대한 기본 값이 2.682 nA라는 것을 발견할 수 있을 것이다. 만약 I_s=3.5E − 15A(시행착오를 통해 얻어낸 값)로 두고 소자의 다른 파라미터를 삭제한 다음 새로 시뮬레이션을 하면 그림 2.147과 같은 결과를 얻을 수 있다. 이제 회로를 흐르는 전류는 2.072 mA이다. 이 값은 예제 2.9에서 얻은 값과 정확하게 일치한다. 또한 다이오드를 지나는 전압은 0.701 V로 약 0.7 V이고 각각의 저항을 지나는 전압을 직접 계산한 것과 동일한 값을 얻을 수 있다. 즉 이 값을 역포화 전류로 두면 'on' 상태일 때 대략 V_D=0.7 V인 특성을 가지는 다이오드를 만들 수 있다.

이 결과는 표 형태로도 볼 수 있는데 **PSpice**를 선택한 후 **View Output File**을 선택하여 얻을 수 있다. 결과는 그림 2.148의 목록이다(공간을 줄이기 위해 수정하였다). 이 목록에서 **CIRCUIT DESCRIPTION**은 이 회로의 모든 소자를 포함하고, **Diode MODEL PARAMETERS**에는 우리가 택한 I_s 값이 나타나 있고, **INITIAL TRANSIENT SOLUTION**에는 직류 전원값, 전류값, 총 전력 소모가 나타나 있다.

이제 우리가 흥미를 가지고 있는 다이오드 회로에 대한 해석은 끝났다. 간단한 회로를 구성하기 위해 다수의 자료를 입력하였다. 그러나 뒤에 설명할 PSpice 예제에서는 다이오드 특성에 관해서 많이 설명하지 않는다. PSpice를 익히기 위해 PSpice 사용이 표시된 예제와 마지막 부분의 PSpice 관련 연습문제를 풀어보길 바란다.

다이오드 특성 위 해석에 쓰인 D1N4148 다이오드의 특성은 이전에 사용된 방법보다 더 적지만 정교하고 체계적인 방법으로 구할 수 있다. 그 과정은 그림 2.149의 회로를 위에서의 방법으로 구성하여 시작할 수 있다. 소스는 **E**라 이름 붙였고 값은 **0 V**(초기값)이다. 다음 **New Simulation Profile** 아이콘을 툴바에서 선택하여 **New Simulation** 대화상자를 연다. **Name**은 얻어낸 그림이 위치할 곳인 그림 2.150으로 입력했다. 그 다음 **Create**를 선택

```
****    CIRCUIT DESCRIPTION

******************************************************************************

*Analysis directives:
.TRAN  0 1000ns 0
.PROBE V(alias(*)) I(alias(*))
 W(alias(*)) D(alias(*)) NOISE(alias(*))
.INC "..\SCHEMATIC1.net"

**** INCLUDING SCHEMATIC1.net ****
* source ORCAD2-2
V_E1        N00103 0 10Vdc
V_E2        0 N00099 5Vdc
R_R1        N00103 N00204  4.7k TC=0,0
R_R2        N00099 N00185  2.2k TC=0,0
D_D1        N00204 N00185 D1N4148

****    Diode MODEL PARAMETERS
******************************************************************************

          D1N4148
       IS   2.000000E-15

****    INITIAL TRANSIENT SOLUTION       TEMPERATURE =   27.000 DEG C

******************************************************************************
NODE      VOLTAGE
(N00099)  -5.0000
(N00103)  10.0000
(N00185)  -.4455
(N00204)  .2700


VOLTAGE SOURCE CURRENTS

 NAME        CURRENT
  V_E1       -2.070E-03
  V_E2       -2.070E-03

TOTAL POWER DISSIPATION  3.11E–02  WATTS
```

그림 2.148 그림 2.147 회로의 PSpice 분석화면에 출력파일

하고 **Simulation settings** 대화상자를 연 다음 **Analysis Type, DC Sweep**을 선택한다. 왜냐하면 소스전압의 값 전체를 훑어볼 것이기 때문이다. **DC Sweep**을 선택하면 대화상자의 오른쪽 영역에 몇 가지 선택을 요구하는 옵션 목록이 나타난다. 전압값의 전체 범위를 살펴볼 것이므로 **Sweep variable**은 **Voltage source**로 선택한다. 이름은 그림 2.149에서 보듯

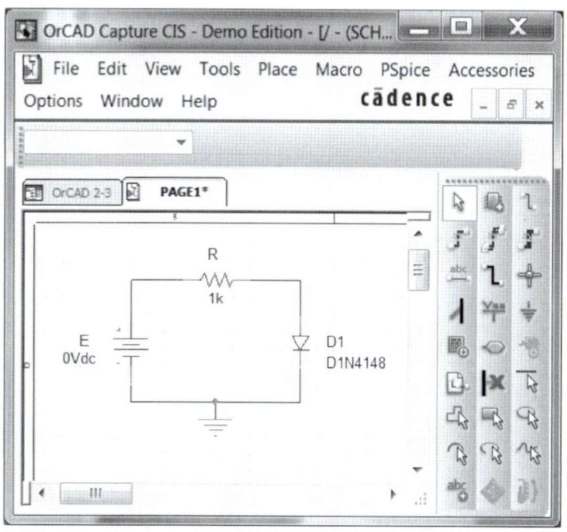

그림 2.149 D1N4148 다이오드의 특성 획득을 위한 회로

이 **E**로 입력하여야 한다. 변화는 **Linear**이고(두 값 사이가 동일한 공간) **Start Value**는 0 V, **End Value**는 10 V이고 **Increment**는 0.01 V이다. 앞의 값을 모두 적은 다음 **OK**를 클릭하고 **RUN PSpice**를 선택한다. 0 V에서 시작해서 10 V에 이르기까지 1000단계(10 V/0.01 V로 나눈 결과)로 소스전압이 바뀌면서 해석이 진행된다. 하지만 결과는 수평축이 0 V에서 10 V로만 나타나 있다.

우리가 도시하고자 하는 것이 I_D에 대한 V_D의 변화이므로 수평축(x축)을 V_D로 바꾸어야 한다. 이는 **Plot**을 선택하여 나오는 **Axis Settings** 대화상자에서 바꾼다. 만약 **Axis Variables**를 선택하면 **X-Axis**로 택한 값의 목록이 있는 **X-Axis Variable** 대화상자가 나타난다. 다이오드를 지나는 전압을 나타내는 **V1(D1)**을 택한다. **OK**를 클릭하면 **Axis Settings** 대화상자로 돌아가고 **Data Range**라 적힌 부분에 **User Defined**가 선택되어 있다. **User Defined**는 다이오드가 0.7 V 근처에서 켜지기 때문에 그래프의 범위를 0 V에서 1 V로 제한하기 위한 것이다. 0~1 V를 입력한 다음 **OK**를 선택하면 **V1(D1)**은 x축 상의 값이 되고 범위는 0~1 V가 된다. 수평축이 이제 우리가 도시하기를 원하는 대로 설정되었다.

이제 다이오드 전류를 나타내는 수직축으로 살펴보자. **Trace**를 선택하면 **Add Trace** 대화상자가 나타나고 **I(D1)**가 목록에 나타나 있을 것이다. **I(D1)**를 선택하면 대화상자 하단에 그림 2.150의 **Trace Expression**이 나타난다. **OK**를 클릭하면 다이오드 특성이 그림 2.150과 같이 0.7 V 부근에서 전류가 급격히 흐르는 그래프가 나타난다.

PSpice Model Editor로 다시 돌아가서 이전 예제와 같이 I_s=3.5E−15A로 바꾸면 곡선이 오른쪽으로 이동할 것이다. 비슷한 방법으로 다음에 나올 장에 있는 다양한 소자의 특성 곡선을 얻을 수 있다.

Multisim

다행히도 Cadence OrCAD와 Multisim은 많은 공통점이 있다. 물론 차이점도 많이 가지고 있지만 소프트웨어를 습득하기 쉽게 되어 있다. 초기버전 Multisim 사용자들은 최신

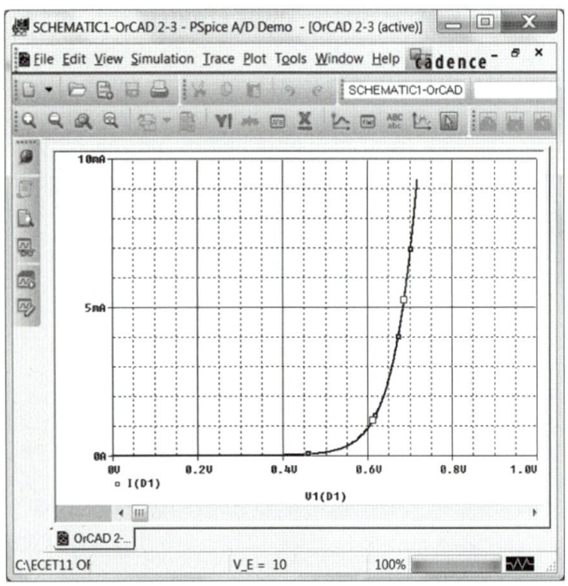

그림 2.150 D1N4148 다이오드의 특성

Multisim 버전이 최소의 변경으로 매우 쉽게 전환할 수 있게 되어 있다.

Multisim 아이콘을 선택하면 거대한 배열의 툴바가 화면에 나타날 것이다. **View-toolbar**에서 내용물의 이름별로 찾을 수 있다. 즉, 사용 가능한 툴바에 대한 수직적 리스트가 나온다. 내용물과 위치는 툴바를 삭제 또는 선택으로 쉽게 찾을 수 있으며 풀 스크린에 영향을 주지 않는다. 우리의 목적은 **Standard, view, Main, Compoents, simulation Switch, simulation and instrument**를 사용하는 데 있다.

Multisim 사용할 때 가상 소자와 실제 소자를 선택할 수 있다. 가상 소자는 네트워크를 만들 때 원하는 소자값을 넣을 수 있다. 공급자로부터 상업적으로 판매되는 소자값을 바탕으로 할 때 '실제' 라는 단어가 쓰인다. 처음으로 소자를 찾을 때, 저항처럼 생긴 소자 툴바 두 번째 키패드(왼쪽으로 부터)가 있다. 키로 접근할 때 **Place Basic** 라벨이 나타날 것이다. 한번 누르면 **Select a Component**가 **Family**의 부분이라는 알려주며 나타날 것이다. 목록 3번째에는 **RATED_VIRTUAL** 옵션이 저항기호가 나타나고 부품리스트에서 선택되어 포함된 **RESISTOR_RATED, CAPACITOR_RATED, INDUCTOR_RATED,** 그리고 다양한 다른 것들이 나타날 것이다. **RESISTOR_RATED**를 선택하면 저항 기호가 나타날 것이다. 저항 요소들에 특정기술이 들어있지 않다라는 것을 주목하자. 만약 **OK**를 선택하고 OrCAD와 같이 화면에 나타난다면, 사용자는 곧 자동적으로 라벨에 **R1**과 1 kΩ이라는 표시가 보일 것이다. 다른 저항을 같은 순서에 넣고 싶다면 이 순서를 똑같이 사용하면 되나, 그 저항은 자동적으로 **R2**라는 이름과 1 kΩ를 가지게 된다. 이런 작업이 계속될 때 같은 방식과 같은 1 kΩ에 값의 여러 저항이 위치하게 된다. OrCAD에 저장된 것은 저항 라벨과 값들은 매우 간단하게 바꿀 수 있다. 물론, 선택한 저항이 표준값이면 실제 소자 부분 **RESISTOR** 목록에서 찾을 수 있다.

이제 예제 2.13의 다이오드네트워크를 만들어 결과를 비교할 수 있게 되었다. 다이오드를 고르는 것은 상업적으로 직접 사용가능한 '사실' 리스트에서 결정할 수 있다. 이런 상황에서는 첫 번째 키패드인 **Place Diode** 오른쪽의 **Place Basic** 키패드가 부품 선택 대화상자에서 두 개의 **1N4009**를 얻을 수 있다. **Family-DIODE-1N4009-OK**의 순서는 그림 2.151에서 보이는 것과 같이 **1N4009** 기호 밑에 **D1**이라 쓰여 있을 것이다. 다음은 **RESISTOR** 옵션으로 가서 하나의 저항값을 넣으면 저항들을 화면에 나타낼 수 있다. 이 경우 3.3 kΩ 저항은 저항 리스트 상단부에 있을 것이다. 만약 특별히 삭제를 원한다면 리스트에서 스크롤을 내려 찾아서 삭제해야 한다. 한번 찾고 위치하게 되면 그것은 **R1**으로 나타나며 값은 3.3 kΩ이다. 같은 절차를 밟으면 두 번째로는 **R2**에 나타나고 값은 5.6 kΩ이라는 결과가 나온다. 각각의 경우에 처음 원소의 가장자리 끝에 놓인다. 직류 전압원은 **Component** 툴바 첫 번째로 있는 **Place Source**에서 찾을 수 있다. 아래군은 **POWER SOURCES**를 선택한 후 **DC_POWER**를 선택한다. **OK**를 클릭하고 전압 소스에서 **12 V** 레벨인 **V1**이 전류원이 화면에 나타난다. 마지막으로 화면에 설정해야 할 회로 요소는 접지인데 접지는 **Place Source** 옵션으로 가서 **POWER SOURCES**를 선택 후, 부품 리스트 아래에 있는 '접지' 를 선택한다. **OK** 클릭 그리고 화면에서 접지를 설치할 수 있다.

이제 모든 부품은 화면에 있고 이 부품들은 올바른 곳에 놓여야 한다. 각 부품은 선택하면 선택된 부품에 파란색 상자가 뜨는데, 이것은 활성화 모드라는 것을 알려준다. 이렇게

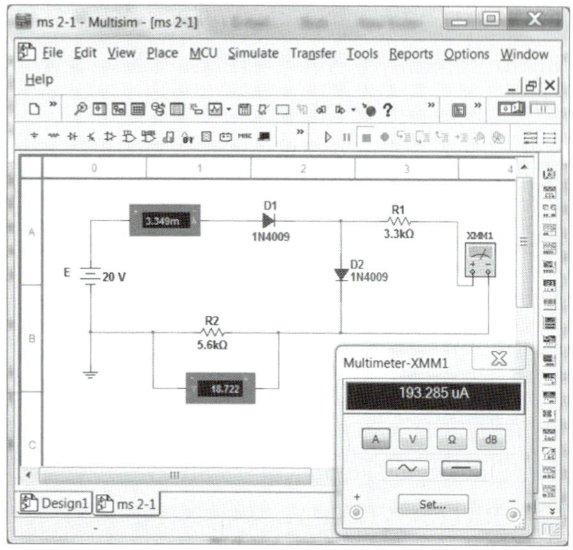

그림 2.151 Multisim을 사용한 예제 2.13의 결과 검증

상자가 뜬 상태로 만든 부품은 화면에서 이동시킬 수 있다. 또한 부품을 회전시키고 싶다면 활동모드로 바꾼 후 **Ctrl-R**을 사용해 90도를 회전시킬 수 있다. 한번 회전할 때마다 90도씩 계속 돌아간다. 라벨을 바꾸고 싶을 때에는 라벨을 두 번 클릭하여 파란 상자가 뜨는 것과 함께 라벨을 쓸 수 있는 상자가 마련된다. 소스를 위해 **DC_POWER**를 연 다음 **Label**은 선택하고 **refDEs**를 **E**로 정정한다. **OK**를 클릭하면 라벨 **E**가 나타날 것이다. 같은 절차로 20 V의 값까지 변경할 수 있으며, 비록 이런 상황에서는 **Value**를 선택하고 스크롤을 내려 값을 입력한다.

다음 단계는 어떤 수량으로 측정되는지 그리고 어떻게 측정하는지를 알아보는 것이다. 이 네트워크를 위해 저항 **R1**에 통과하는 전류를 측정하기 위해 멀티미터를 사용한다. 멀티미터는 **Instrument** 툴바 상단에서 찾을 수 있다. 선택 후에는 다른 부품과 같이 스크린 위에 위치시킬 수 있다. 미터를 더블클릭하면 **Multimeter-XXM1**이 나오는데, 이 창에는 **A**가 선택되어 있으며 전류계를 의미한다. 추가적으로 **DC** 상자(직선에 있는)는 무조건 선택되야 하는데 이는 DC 전압을 사용해야 하기 때문이다. 다이오드 **D1**을 통과하는 전류와 **R2**에 걸리는 전압는 **Indicators**에 사용되며, **Component** 툴바에서의 오른쪽으로 열 번째에서 찾을 수 있다. 소프트웨어 부호는 빨간색의 8처럼 LED로 생겼다. 이 옵션을 선택하면 **Select a Component** 대화상자가 나타난다. **Family** 제목 아래 **AMMETER**를 선택하고 **Component** 리스트와 4개의 방향 기록이 나타난다. 모든 분석을 위해 **AMMETER_H**는 플러스 사인 또는 전류를 입력하는 것은 왼쪽에 다이오드 **D1**이 있다. **OK**를 클릭하고 다이오드 **D1**의 왼쪽에 지표가 위치한다. 전압계가 저항 **R2**를 위해, 옵션 **VOLTMETER_HR**을 선택하면 저항의 양쪽에 전압을 측정할 수 있다.

마지막으로, 모든 부품, 그리고 계측기들은 무조건 연결되어 있어야 한다. 이 소자를 연결할 때는 시작점을 가리키는 작은 원이나 십자가가 나타나도록 단순히 커서를 소자의 끝에 놓는다. 일단 커서를 위치하면, 그 위치에 클릭하고, 단자에 **x**가 나타날 것이다. 그 후 다른 소자의 끝으로 옮기고 다시 한 번 왼 클릭 한다. 붉은 연결선이 자동으로 두 소자 사이에 가장 짧은 루트로 나타난다. 이 과정을 **Automatic Wiring**이라 한다.

이제 모든 소자가 위치하였으면 회로 해석을 시작하자. 이는 3가지 방법이 있다. 하나는 화면 상단의 **Simulate**에서 **Run**을 선택하는 것이다. 두 번째는 **Simulation** 도구 바에 있는 초록색 화살표이다. 마지막은 스크린의 상단에 있는 스위치를 단지 **1**로 바꾸는 것이다. 각각의 경우 수 초간 깜빡인 후 표시기(indicator)에 결과가 나타난다. 이 깜빡임은 단지 소프트웨어가 해석을 진행한다는 것이다. 결과를 얻고 시뮬레이션 을 중단하기 위해 스위치를 **0**으로 바꾸거나 번개모양 버튼을 다시 누른다.

다이오드를 통하는 전류는 3.349 mA으로, 예제 2.13의 3.32 mA 값과 비슷하다. 저항 R_2를 지나는 전압은 18.722 V로 같은 예제의 18.6 V의 값과 근접하다. 시뮬레이션 후, 멀티미터는 미터 심벌을 더블클릭하여 그림 2.151과 같이 표시될 수 있다. 미터의 아무 곳이나 클릭하면, 윗부분이 짙은 청색이 되고, 청색 부분을 드래그하여 원하는 곳에 옮길 수 있다. 전류 193.285 μA는 예제 2.13의 212 μA에 매우 근접하다. 여기서 발생하는 차이는 그림 2.151의 각 다이오드에 흐르는 전류가 다르기 때문에 다이오드 전압이 서로 다른 반면 각 다이오드의 전압을 0.7 V로 가정하였기 때문이다. 그러나 Multisim의 해는 예제 2.13의 근사해와 매우 비슷하다.

연 | 습 | 문 | 제

2.2 부하선 해석

1. a. 그림 2.152a의 회로에서 그림 2.152b의 특성을 이용하여 I_D, V_D, V_R을 구하라.

b. 다이오드의 근사 모델을 이용하여 문제 (a)를 반복하고 결과를 비교하라.

c. 다이오드의 이상적인 모델을 이용하여 문제 (a)를 반복하고 결과를 비교하라.

2. a. 그림 2.153 회로에서 그림 2.152b의 특성을 이용하여 I_D와 V_D를 구하라.

b. $R=0.47\ \text{k}\Omega$으로 하여 문제 (a)를 반복하라.

c. $R=0.68\ \text{k}\Omega$으로 하여 문제 (a)를 반복하라.

d. 각 경우에서 V_D 값은 0.7 V에 근접하는가?

각 경우에서 I_D를 비교하라.

3. 그림 2.153의 회로에서 $E=7$ V라 할 때 다이오드에 10 mA의 전류를 흐르게 하는 데 필요한 R의 값을 구하라. 이때 그림 2.152b의 다이오드 특성을 사용하라.

4. a. 실리콘 다이오드의 근사 특성을 이용하여 그림 2.154의 회로에서 V_D, I_D, V_R의 값을 구하라.

b. 다이오드의 이상적인 모델을 이용하여 문제 (a)를 반복하라.

c. 문제 (a)와 (b)의 결과로부터 이상적인 모델은 실제 모델의 특성을 제대로 근사한다고 할 수 있는가?

*는 다른 문제보다 다소 어려운 문제를 나타낸다.

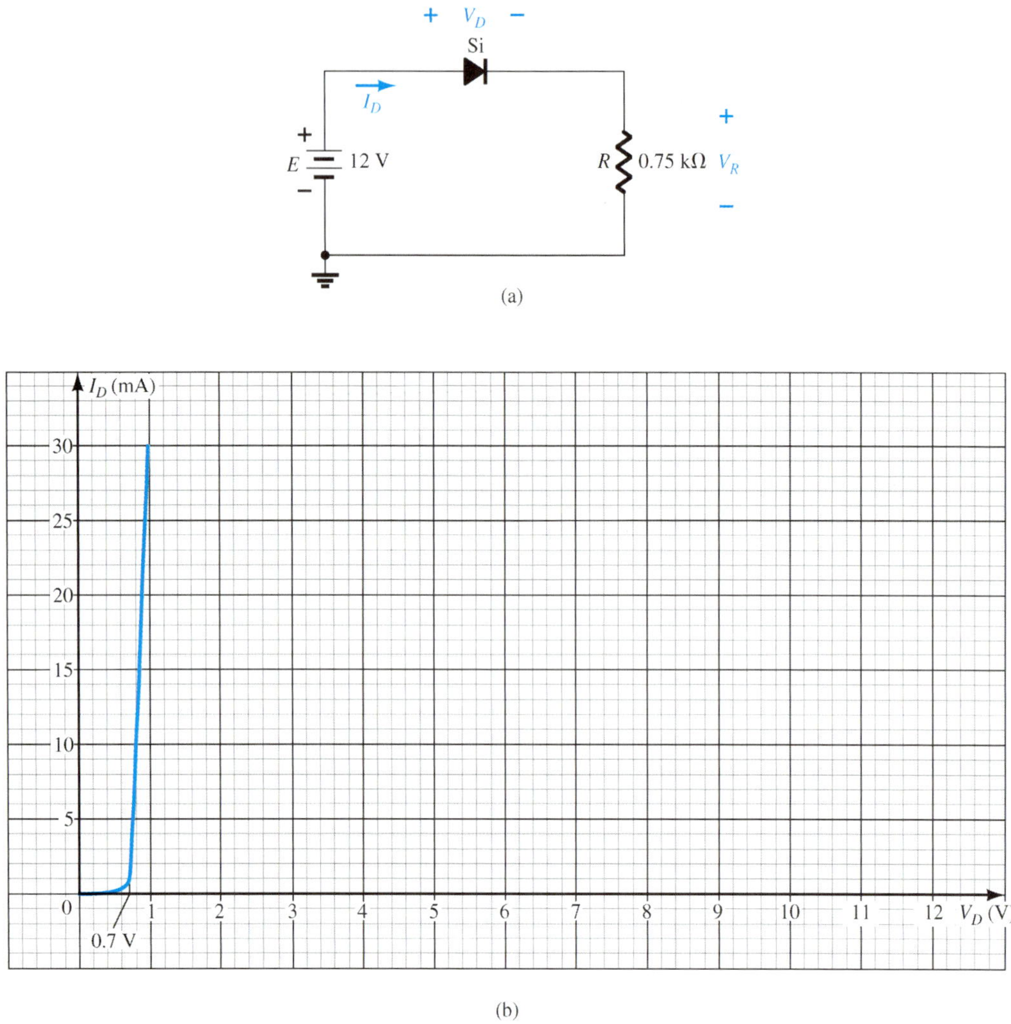

그림 2.152 문제 1, 2

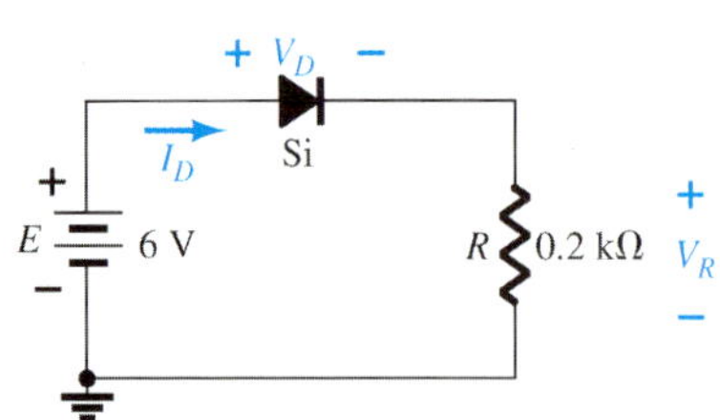

그림 2.153 문제 2, 3

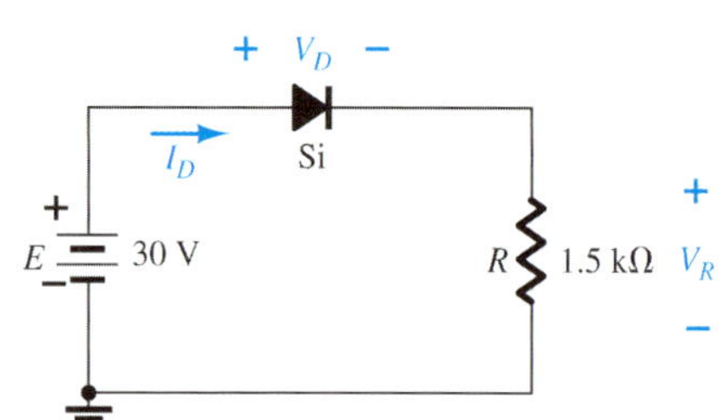

그림 2.154 문제 4

2.3 직류 입력을 갖는 다이오드의 직렬 구성

5. 그림 2.155의 각 구성에 대해서 다이오드의 근사 모델을 이용하여 흐르는 전류 I를 구하라.

6. 그림 2.156의 회로에서 V_o와 I_D를 구하라.

***7.** 그림 2.157의 각 회로에서 V_o를 구하라.

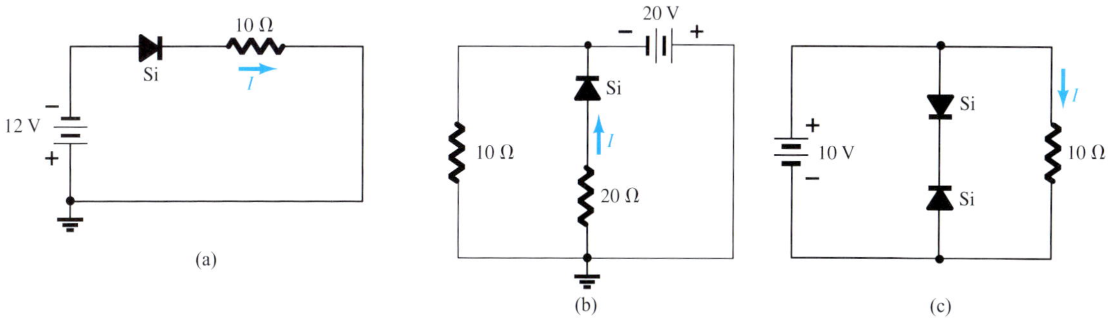

그림 2.155 문제 5

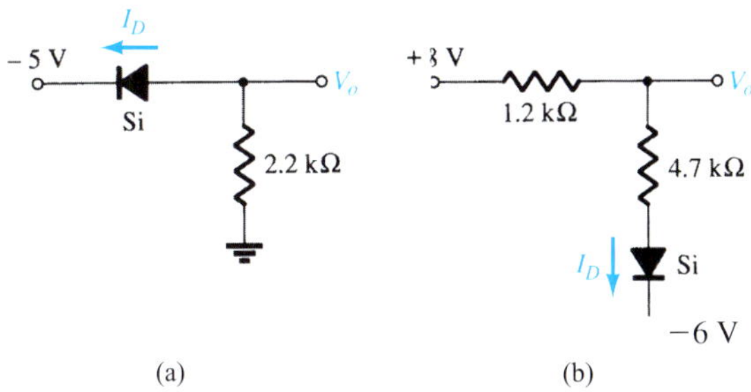

그림 2.156 문제 6, 49

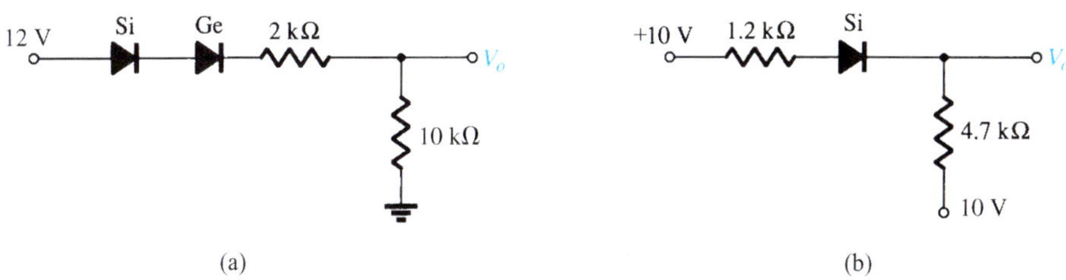

그림 2.157 문제 7

***8.** 그림 2.158의 회로에서 V_o와 I_D를 구하라.

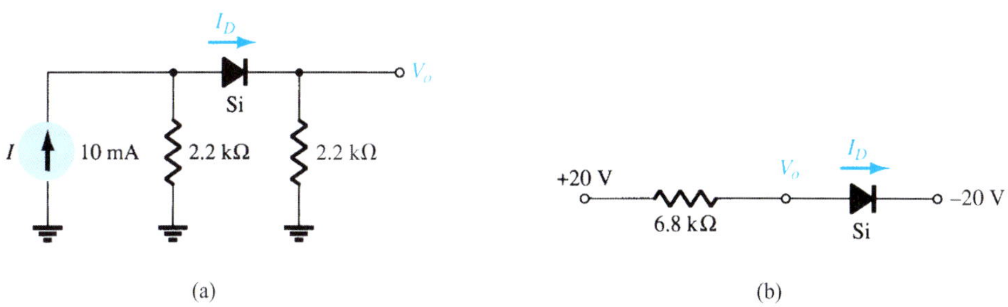

그림 2.158 문제 8

***9.** 그림 2.159의 각 회로에서 V_{o_1}과 V_{o_2}를 구하라.

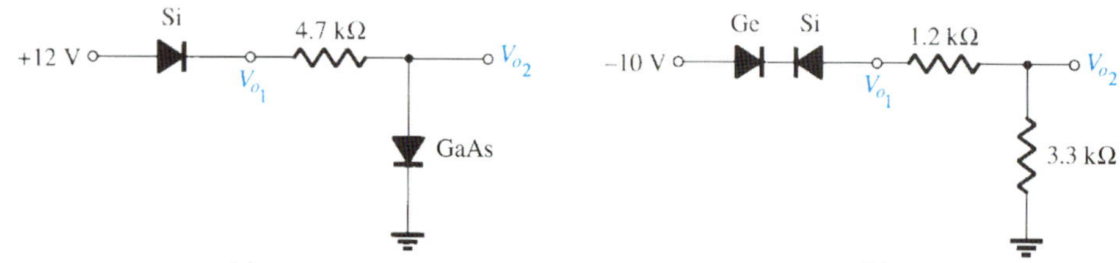

(a) (b)

그림 2.159 문제 9

2.4 병렬과 직병렬 회로 구성

10. 그림 2.160의 각 회로에서 V_o와 I_D를 구하라.

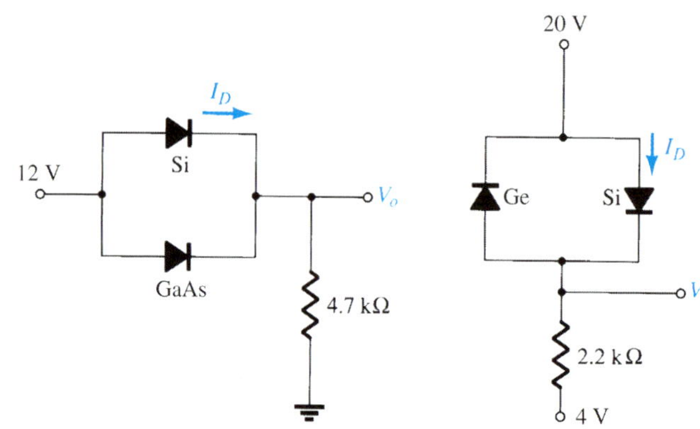

그림 2.160 문제 10, 50 (a) (b)

***11.** 그림 2.161의 각 회로에서 V_o와 I를 구하라.

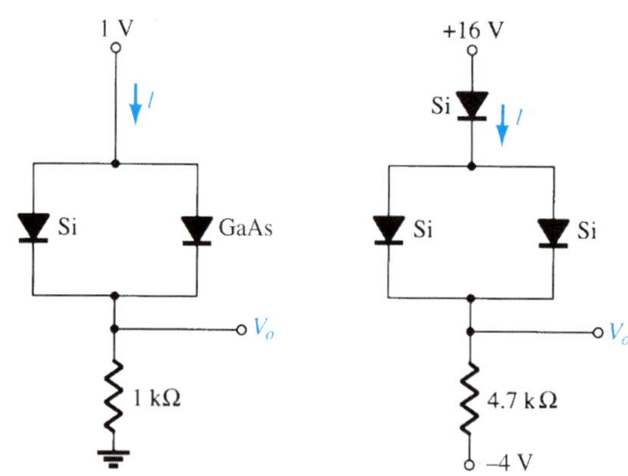

그림 2.161 문제 11 (a) (b)

12. 그림 2.162의 각 회로에서 V_{o_1}과 V_{o_2}, I를 구하라.

***13.** 그림 2.163의 각 회로에서 V_o와 I_D를 구하라.

2.5 AND/OR 게이트

14. 그림 2.39의 회로에서 두 입력이 모두 0 V일 때 V_o를 구하라.

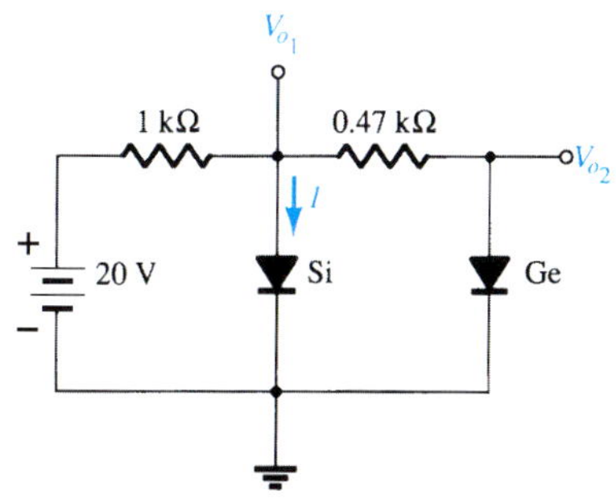

그림 2.162 문제 12

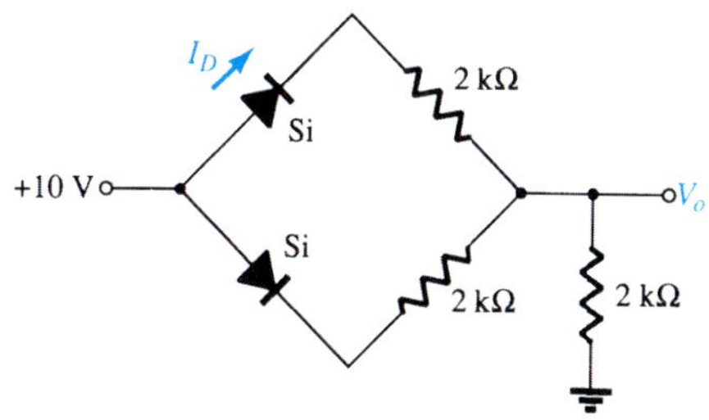

그림 2.163 문제 13, 51

15. 그림 2.39의 회로에서 두 입력이 모두 10 V일 때 V_o를 구하라.

16. 그림 2.42의 회로에서 두 입력이 모두 0 V일 때 V_o를 구하라.

17. 그림 2.42의 회로에서 두 입력이 모두 10 V일 때 V_o를 구하라.

18. 그림 2.164의 반전 논리회로 OR 게이트에서 V_o를 구하라.

19. 그림 2.165의 반전 논리회로 AND 게이트에서 V_o를 구하라.

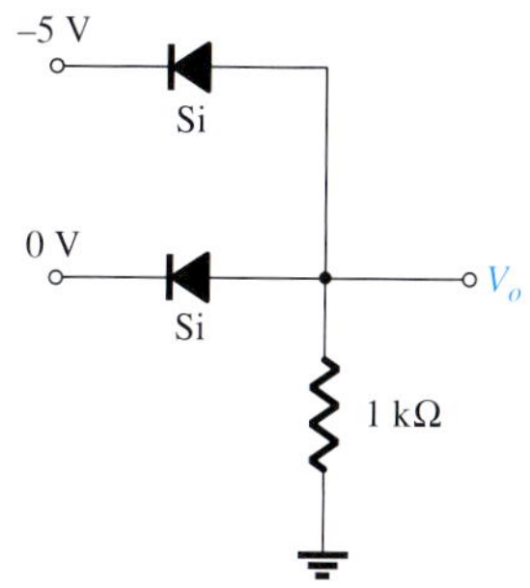

그림 2.164 문제 18

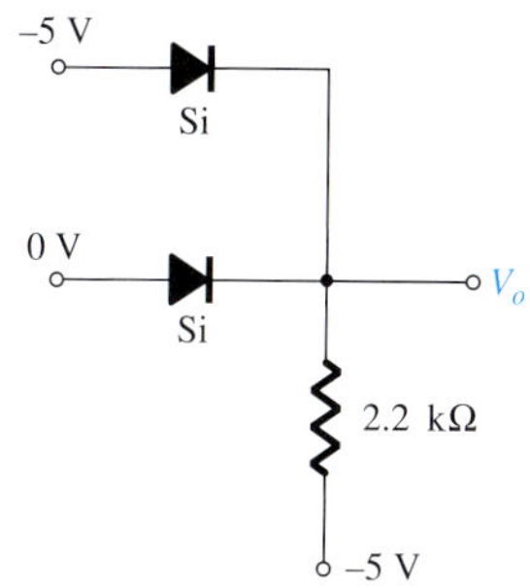

그림 2.165 문제 19

20. 그림 2.166의 게이트에서 V_o를 구하라.

21. 그림 2.167의 구성에서 V_o를 구하라.

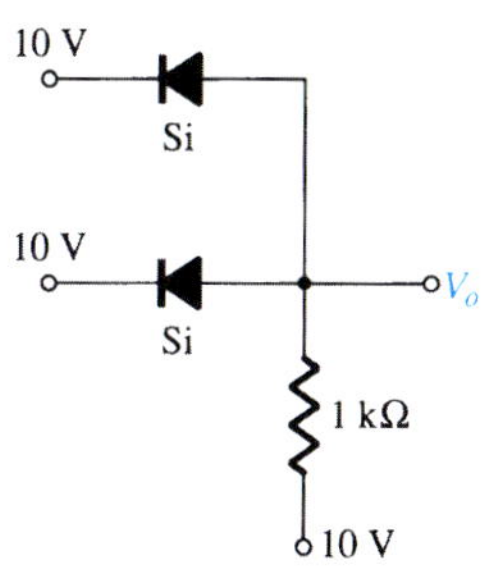

그림 2.166 문제 20

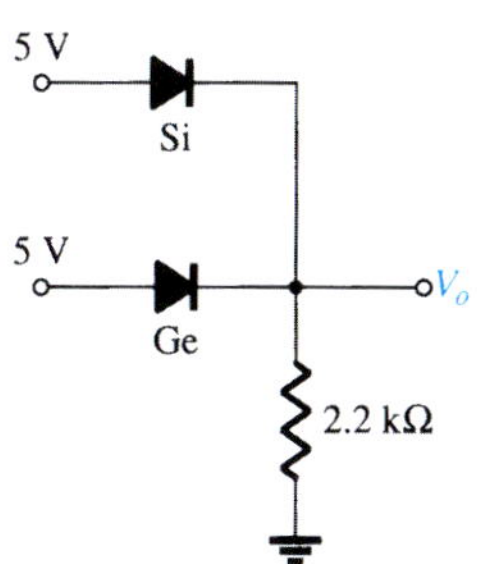

그림 2.167 문제 21

2.6 정현파 입력: 반파 정류

22. 그림 2.168의 반파 정류기에서 v_i, v_d, i_d를 그려라. 이때 다이오드는 이상적인 모델을 이용하라. 입력은 60 Hz의 정현파이다.

23. 실리콘 다이오드의 모델을 이용하여 문제 22를 반복하라(V_K=0.7 V).

24. 그림 2.169와 같이 10 kΩ의 부하가 존재할 때 문제 22를 반복하라. v_L과 i_L을 그려라.

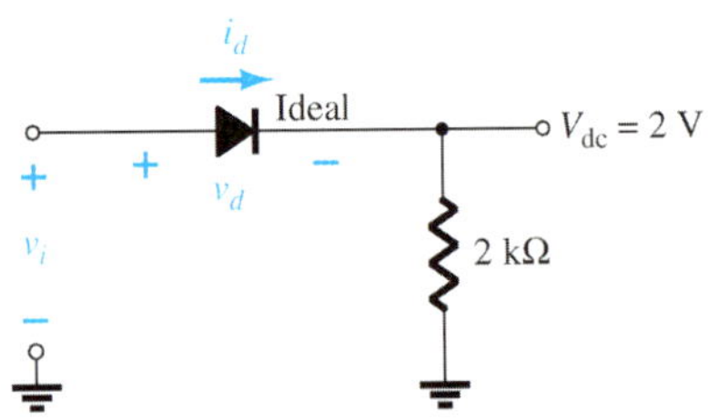

그림 2.168 문제 22~24

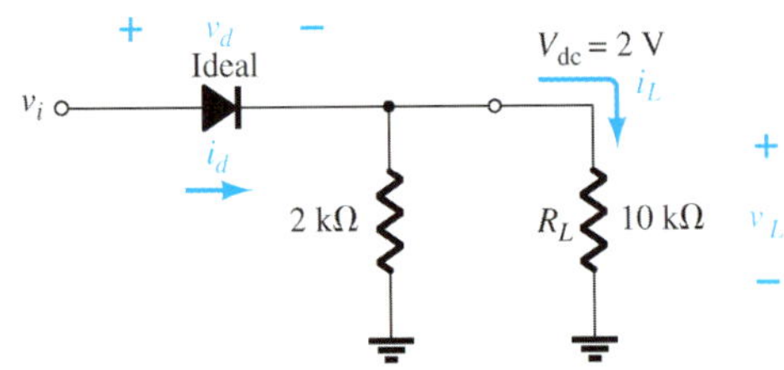

그림 2.169 문제 24

25. 그림 2.170의 회로에서 v_o를 그리고 V_{dc}를 구하라.

*26. 그림 2.171의 회로에서 v_o와 i_R을 그려라.

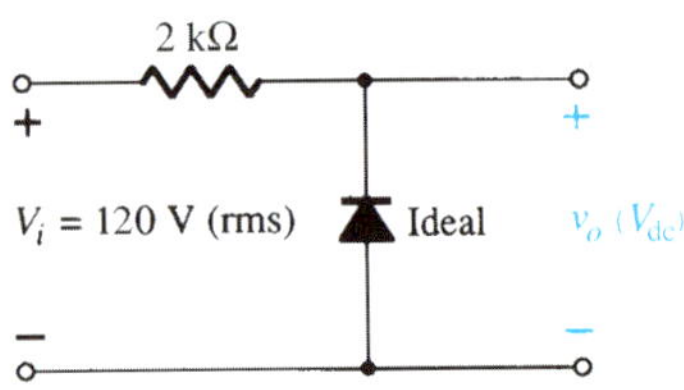

그림 2.170 문제 25

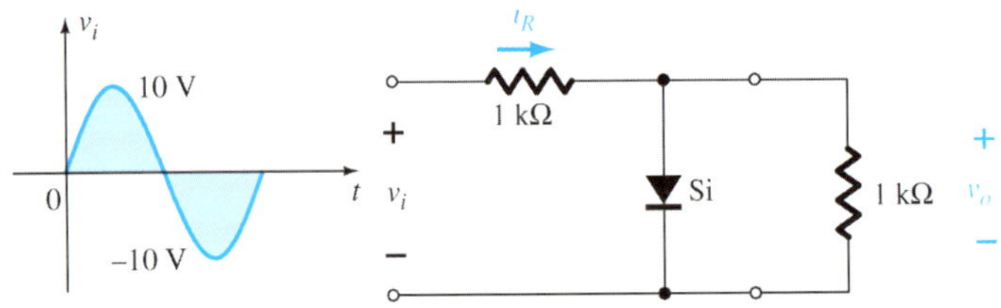

그림 2.171 문제 26

*27. a. 그림 2.172의 각 다이오드의 최대 전력이 P_{max}=14 mW일 때, 각 다이오드에 흐를 수 있는 최대 전류를 구하라(이때 다이오드는 근사 모델을 이용하라).

b. I_{max}를 구하라.

c. $V_{i_{max}}$일 때, (b)의 결과를 이용하여 각 다이오드에 흐르는 전류를 구하라.

d. 1개의 다이오드만 있을 때, 예상되는 결과는?

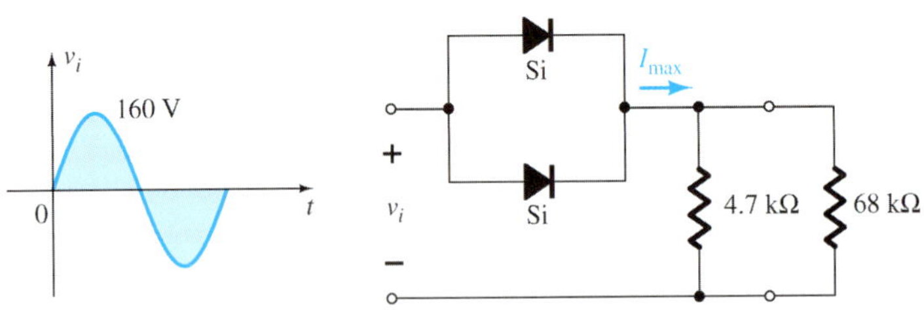

그림 2.172 문제 27

2.7 전파 정류

28. 120 V rms의 정현파 신호를 입력으로 하는 전파 정류기의 부하저항은 1 kΩ이다.

a. 다이오드가 실리콘 다이오드일 때, 부하저항에 걸리는 직류전압을 구하라.

b. 각 다이오드에 필요한 PIV 정격을 구하라.

c. 전도 기간에서 각 다이오드에 흐르는 전류를 구하라.

d. 각 다이오드에 필요한 정격 전류를 구하라.

29. 그림 2.173의 회로에서 v_o를 구하고, 각 다이오드에 필요한 PIV 정격을 구하라.

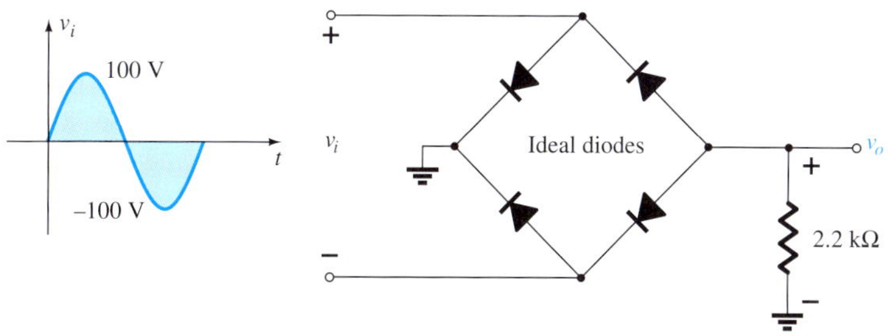

그림 2.173 문제 29

***30.** 그림 2.174의 회로에서 v_o를 그리고, 얻을 수 있는 직류전압을 구하라.

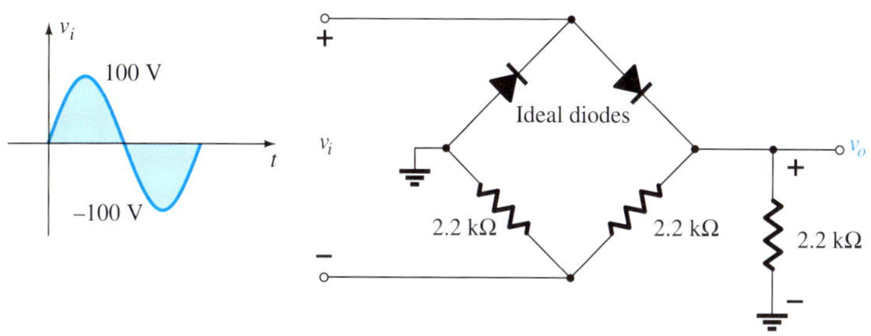

그림 2.174 문제 30

***31.** 그림 2.175의 회로에서 v_o를 그리고, 얻을 수 있는 직류전압을 구하라.

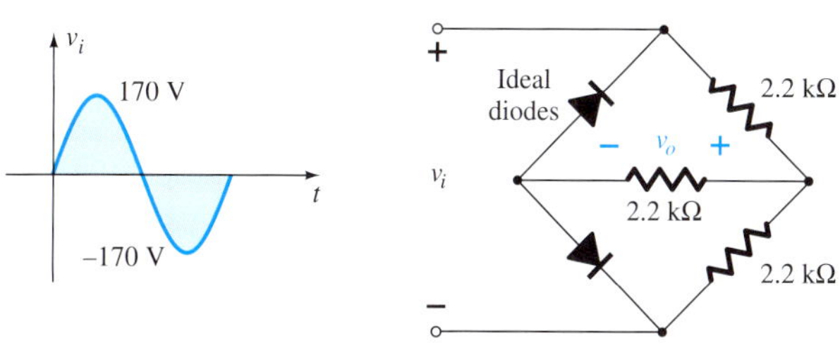

그림 2.175 문제 31

2.8 클리퍼

32. 그림 2.176의 회로에서 입력이 그림과 같을 때, 출력 v_o를 구하라.

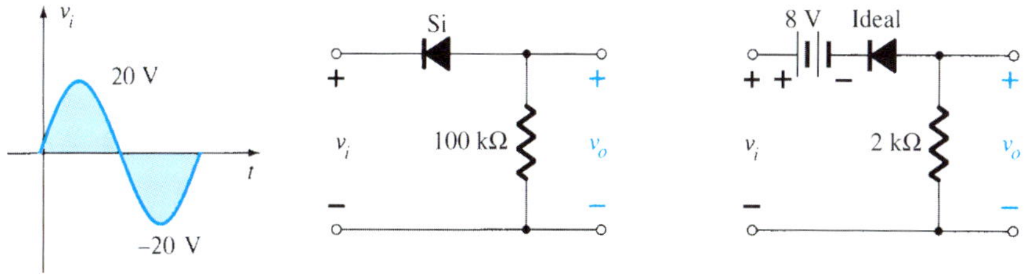

그림 2.176 문제 32

33. 그림 2.177의 회로에서 입력이 그림과 같을 때, 출력 v_o를 구하라.

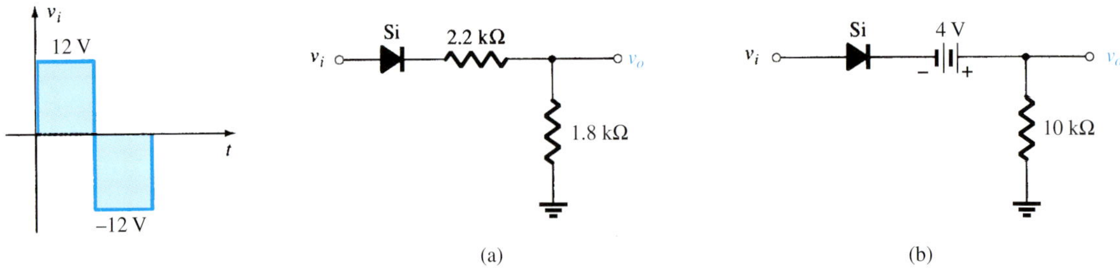

그림 2.177 문제 33

***34.** 그림 2.178의 회로에서 입력이 그림과 같을 때, 출력 v_o를 구하라.

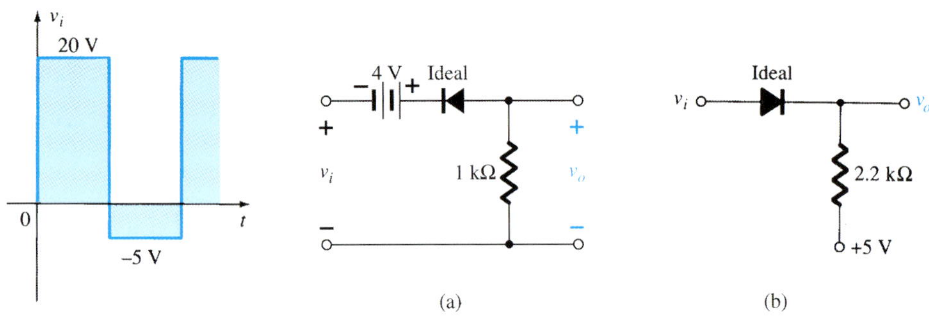

그림 2.178 문제 34

***35.** 그림 2.179의 회로에서 입력이 그림과 같을 때, 출력 v_o를 구하라.

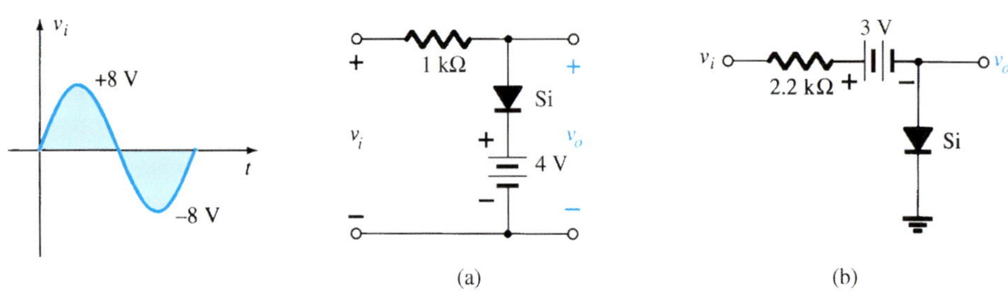

그림 2.179 문제 35

36. 그림 2.180의 회로에서 입력이 그림과 같을 때, i_R과 v_o를 그려라.

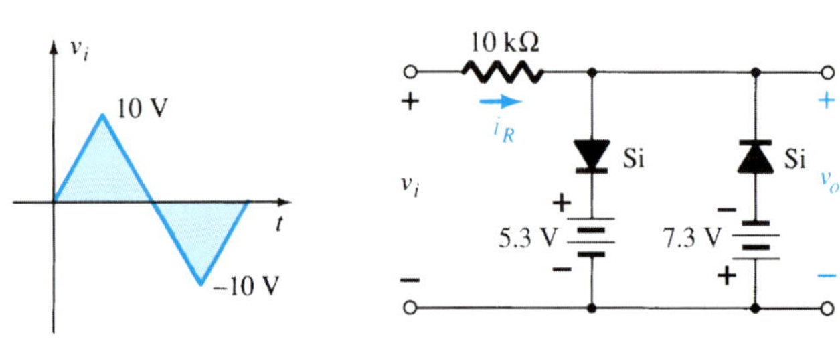

그림 2.180 문제 36

2.9 클램퍼

37. 그림 2.181의 회로에서 입력이 그림과 같을 때, v_o를 그려라.

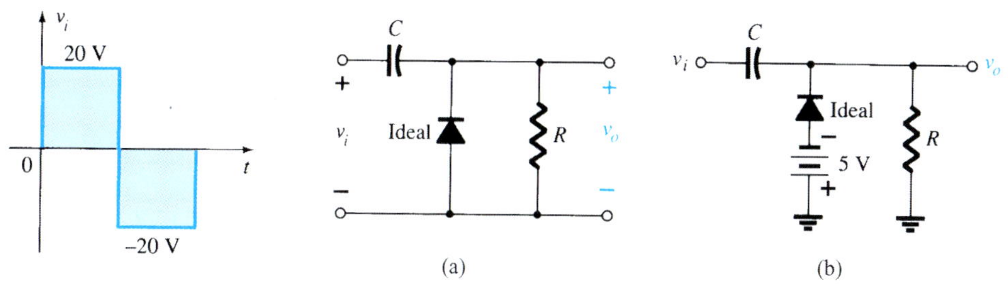

그림 2.181 문제 37

38. 그림 2.182의 회로에서 입력이 그림과 같을 때, v_o를 그려라.

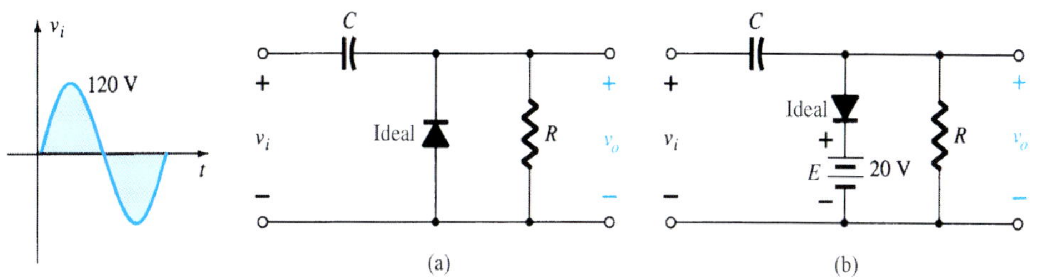

그림 2.182 문제 38

***39.** 그림 2.183의 회로에서

a. 5τ를 구하라.

b. 5τ와 인가한 신호의 반주기를 비교하라.

c. v_o를 그려라.

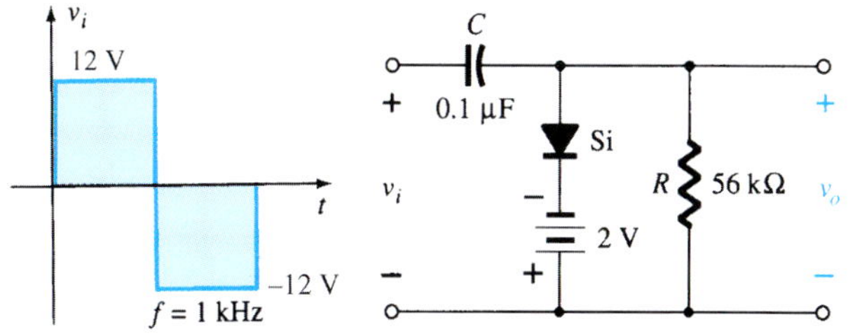

그림 2.183 문제 39

***40.** 그림 2.184에 나타난 특성을 갖도록 클램프 회로를 설계하라.

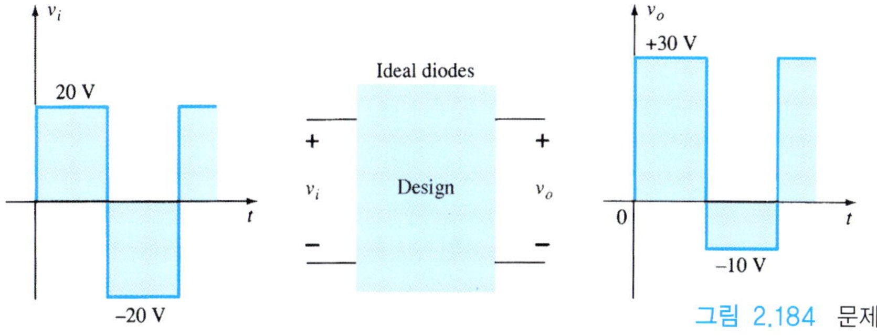

그림 2.184 문제 40

***41.** 그림 2.185에 나타난 특성을 갖도록 클램프 회로를 설계하라.

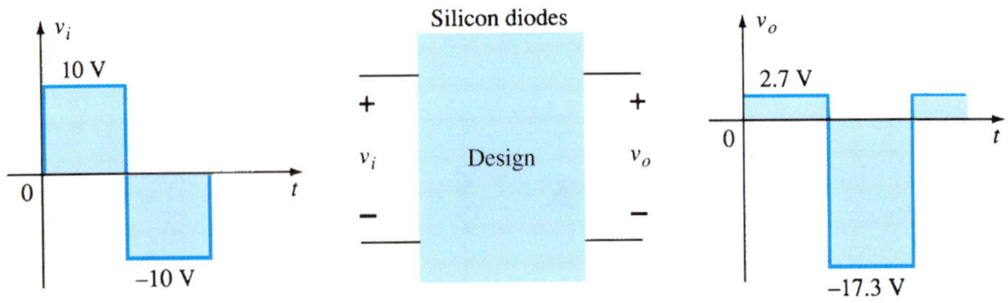

그림 2.185 문제 41

2.10 제너 다이오드

***42. a.** 그림 2.186의 회로에서 R_L=180 Ω일 때, V_L, I_L, I_Z, I_R를 구하라.

b. R_L=470 Ω일 때 (a)를 반복하라.

c. 제너 다이오드의 최대 정격 전력을 만족하도록 R_L의 값을 설정하라.

d. 제너 다이오드가 'on' 상태에 있을 수 있도록 만족하는 R_L 중 최소값을 구하라.

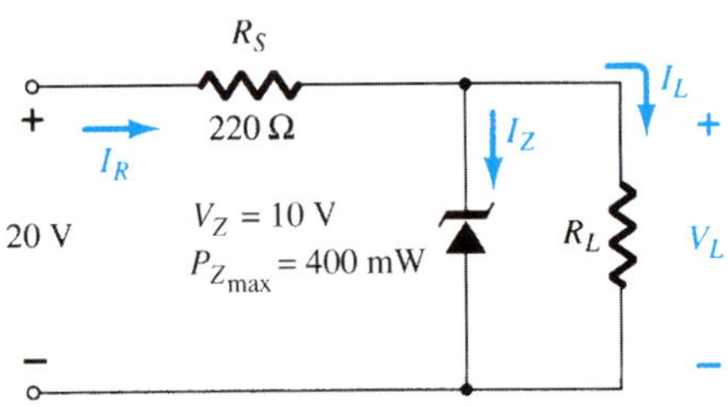

그림 2.186 문제 42

***43. a.** 그림 2.187의 회로에서 V_L이 12 V이고, 부하 전류(I_L)가 0~200 mA까지 흐르도록 R_S와 V_Z의 값을 결정하라.

b. (a)의 제너 다이오드가 $P_{Z_{max}}$가 되도록 구하라.

***44.** 그림 2.188의 회로에서 V_L이 8 V가 되고 제너 다이오드의 전력이 최대 정격 전력을 넘지 않도록 하는 V_i의 범위를 구하라.

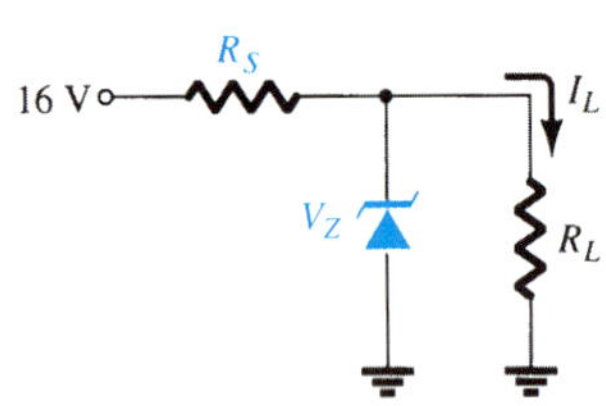

그림 2.187 문제 43

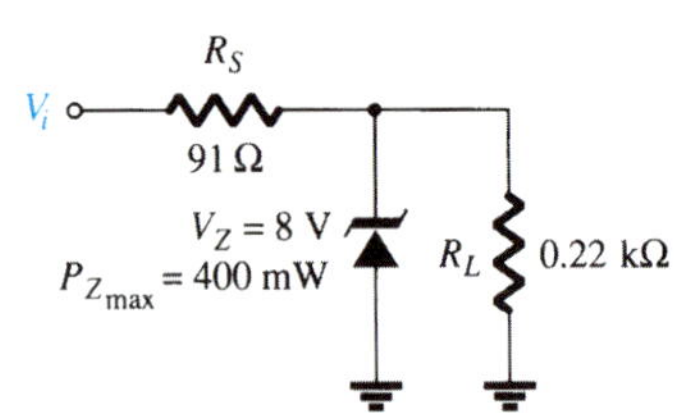

그림 2.188 문제 44, 52

45. 입력전압의 범위가 30~50 V이고, 부하저항이 1 kΩ일 때, 출력전압이 20 V를 유지하도록 하는 전압 조정기(voltage regulator)를 설계하라. 즉 적당한 R_S와 최대 전류 I_{ZM}값을 결정하라.

46. 그림 2.145의 회로에서 입력이 50 V 구형파일 때, 출력전압을 그려라. 입력이 5 V 구형파일 때 대해서 반복하라.

2.11 배전압회로

47. 그림 2.123의 두 배 전압회로에서 변압기의 2차 측 전압이 120 V(rms) 일 때, 얻을 수 있는 전압을 구하라.

48. 그림 2.123 회로에서 다이오드의 PIV 정격을 변압기 2차 측의 피크전압, V_m을 이용하여 나타내라.

2.14 컴퓨터 해석

49. PSpice 윈도우를 이용하여 그림 2.156b의 회로를 해석하라.

50. PSpice 윈도우를 이용하여 그림 2.161b의 회로를 해석하라.

51. PSpice 윈도우를 이용하여 그림 2.162의 회로를 해석하라.

52. PSpice 윈도우를 이용하여 그림 2.188의 제너 다이오드 회로를 해석하라.

53. Multisim을 이용해서 49번 문제를 다시 풀어 보아라.

54. Multisim을 이용해서 50번 문제를 다시 풀어 보아라.

55. Multisim을 이용해서 51번 문제를 다시 풀어 보아라.

56. Multisim을 이용해서 52번 문제를 다시 풀어 보아라.

CHAPTER 3

바이폴라 접합 트랜지스터

학습목표 CHAPTER OBJECTIVE

- 바이폴라(2극) 접합 트랜지스터의 기본구조와 작동에 대한 이해
- 안전한 활성 영역에서 동작시키기 위한 바이어스(bias) 적용
- *npn*과 *pnp* 트랜지스터를 구분하고 특성을 설명할 수 있는 능력
- 트랜지스터의 응답을 정의하는 중요한 변수들에 대한 개념
- 트랜지스터를 검사하고 3개의 단자를 구별할 수 있는 능력

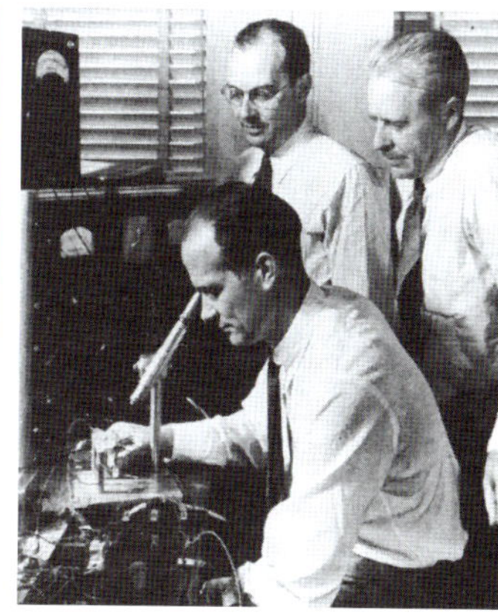

William Shockley 박사(앉아있는 이);
John Bardeen 박사(왼쪽);
Walter H. Brattain 박사 (AT&T 제공)

Shockley 박사: 1910년 영국 런던 출생, 1936년 하버드 대학 박사
Bardeen 박사: 1908 위스콘신 메디슨 출생, 1936년 프린스턴 대학 박사
Brattain 박사: 1902년 중국 아모이(廈門) 출생, 1928년 미네소타 대학 박사
이 공로로 1956년 노벨 물리상 공동 수상함.

그림 3.1 Bell 실험실의 최초 트랜지스터 공동개발자

3.1 개요

1904~1947년까지 진공관은 매우 중요한 전자소자였다. 1904년에 J. A. Fleming이 진공관을 이용한 다이오드(diode)를 처음 소개한 후에, 1906년에 Lee De Forest가 제어 격자(control grid)라는 제3의 요소를 진공관에 추가하여 3극관(triode)이라는 최초의 증폭기를 만들었다. 그 후에 라디오와 텔레비전 보급으로 인하여 진공관 산업은 크게 발전하였다. 1922년에 약 백만 개에서 1937년에는 약 1억 개로 정도로 진공관 생산량이 증가하였다. 1930년대 초반에는 네 번째 요소를 추가한 4극관과, 다섯 번째 요소를 추가한 5극관이 등장하여 진공관 산업은 급속한 발전을 하였다. 따라서 시간이 지남에 따라 전자 산업은 주요 산업 중 하나가 되었고, 설계, 생산 기술, 고전력과 고주파 응용, 소형화의 측면에서도 빠른 발전을 하였다.

그러나 1947년 12월 23일, 전자 산업은 완전히 새로운 방향으로 전환하게 되었다. 바로 그날 오후에 그림 3.1에 있는 Walter H. Brattain과 John Bardeen이 Bell 전화 연구소에서 최초의 트랜지스터의 증폭 작용을 소개하였다. 그림 3.2는 최초의 트랜지스터(점접촉 트랜지스터)이다. 3개의 단자로 구성된 반도체 소자는 기존의 진공관보다 소형이고 경량이란 장점들을 가지고 있다. 진공관과는 달리 예열할 필요 없으므로 열손실도 없으며, 구조가 견고하고, 소자 자체의 소모 전력도 적어 매우 효율적이다. 또한 예열 시간이 필요하지 않아 즉시 사용할 수 있고, 낮은 전압으로 작동이 가능한 장점 등이 있다. 3장에서 처음으로 3개

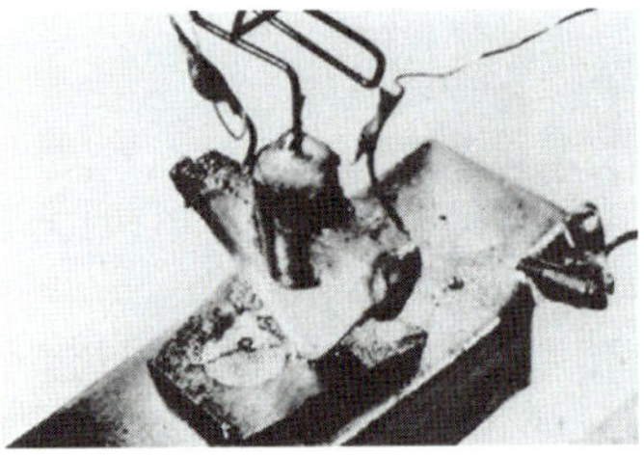

그림 3.2 최초의 트랜지스터 (Bell 전화 연구소 제공)

이상의 단자를 갖는 소자를 소개한다는 점을 주목하기 바란다. 모든 증폭기(전압, 전류, 전력을 증가시키는 소자)는 적어도 3개의 단자가 있어야 한다는 사실을 알게 될 텐데 이들 중 한 단자가 다른 두 단자 사이의 흐름을 제어한다.

3.2 트랜지스터 구조

트랜지스터는 2개의 n형과 1개의 p형으로, 또는 2개의 p형과 1개의 n형으로 이루어진 3개 층으로 구성된 반도체 소자이다. 2개의 n형으로 만들어진 것을 *npn* 트랜지스터(*npn* transistor)라고 하고, 2개의 층이 p형으로 제작되었으면 *pnp* 트랜지스터(*pnp* transistor)라고 한다. 그림 3.3은 직류 바이어스(dc bias)된 *pnp*와 *npn* 트랜지스터들이다. 4장에서 직류 바이어스는 교류를 증폭할 때 필요하다는 것을 다룬다. 에미터 E는 불순물을 많이 첨가하고, 베이스 B와 컬렉터 C는 에미터보다 적게 불순물을 첨가하여 만든다. 외곽에 있는 층들의 폭은 중간에 있는 p형 혹은 n형 층의 폭보다 매우 크다. 그림 3.3의 트랜지스터에서 중심 층과 전체 폭의 비는 0.150/0.001 = 150 : 1이다. 또한 중간에 있는 층은 외곽층보다 도핑(doping)을 적게 한다(일반적으로 10 : 1 혹은 그 이하). 도핑을 적게 하는 것은 자유 캐리어(free carrier)의 수를 제한하는 것이므로 그 층의 전도성이 감소되어 저항이 증가하는 결과를 초래한다.

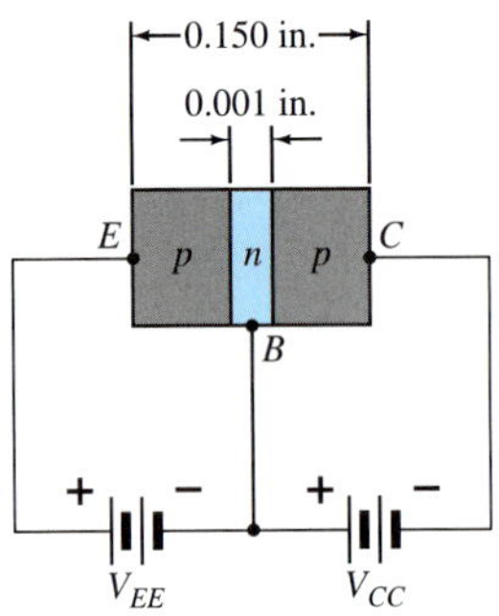

(a)

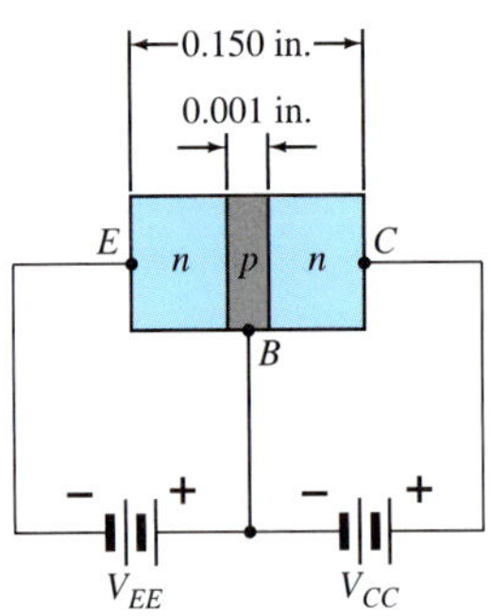

(b)

그림 3.3 트랜지스터의 유형: (a) *pnp*; (b) *npn*

그림 3.3의 바이어스에서 대문자 E로 표기된 단자는 에미터(emitter)이고, C로 표기된 단자는 컬렉터(collector)이며, B로 표기된 단자는 베이스(base)이다. 트랜지스터의 기본 작동에 대해 다루고 나면, 이러한 표기 선택에 대해 이해할 수 있을 것이다. 바이폴라 접합 트랜지스터(bipolar junction transistor)의 약자 BJT는 이 3단자 소자를 대표하여 종종 사용된다. 바이폴라(bipolar)라는 단어는 반대극성을 갖도록 정공과 전자를 모두 도핑(doping)한다는 점을 나타내기 위한 개념의 단어이다. 하나의 캐리어(전자 혹은 정공)만이 사용되는 경우에는 유니폴라(unipolar) 소자라 한다. 16장에서 다룰 Schottky 다이오드가 이와 같은 소자이다.

3.3 트랜지스터 작동

그림 3.3a의 *pnp* 트랜지스터를 이용하여 기본 작동에 대해 살펴보자. *npn* 트랜지스터의 작동은 전자와 정공의 역할만 서로 바꾸면 동일하다. 그림 3.4a는 베이스와 컬렉터 사이에 바이어스(역자 주: 직류 전압을 공급하는 것을 의미함)를 걸지 않은 경우의 *pnp* 트랜지스터의 회로를 다시 그린 것이다. 에미터와 베이스의 접합은 1장에서 다룬 순방향 바이어스된(forward-biased) 다이오드와 유사하다. 공핍 영역(depletion layer)은 연결된 바이어스 전압에 의해 폭이 좁아지게 된다. 따라서 p형 물질에서 n형 물질로 다수 캐리어가 많이 흐른다.

그림 3.4b는 그림 3.3a의 회로에서 베이스와 에미터 사이의 바이어스를 제거한 회로다. 컬렉터와 베이스 접합은 1.6절에서 다룬 역방향 바이어스된(reverse-biased) 다이오드와

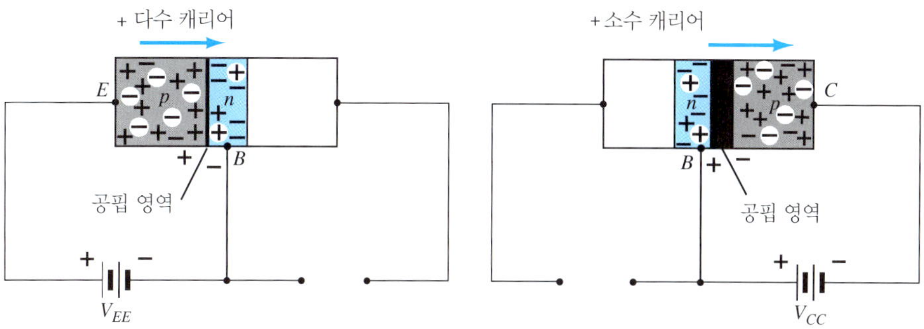

그림 3.4 트랜지스터의 컬렉터와 바이어스 접합 (a) 순방향 바이어스 (b) 역방향 바이어스

유사하다. 다수 캐리어의 흐름은 0이고, 단지 소수 캐리어만이 그림 3.4b에 나타난 것과 같이 흐른다. 정리하면,

트랜지스터에서 1개의 p–n 접합은 역방향으로, 다른 접합은 순방향으로 바이어스 되어있다.

그림 3.5의 *pnp* 트랜지스터는 두 개의 바이어스 전압이 인가되었으므로 다수 캐리어와 소수 캐리어가 그림에 표시된 것과 같은 방향으로 흐른다. 그림 3.5에서 공핍 영역의 폭은 접합면의 바이어스에 따라 다르다는 것을 알 수 있다. 그림 3.5에 나타난 것처럼 많은 양의 다수 캐리어가 순방향 바이어스된 p–n 접합을 통과하여 n형 물질로 확산된다. 다음은 이 캐리어들이 직접 베이스 전류 I_B에 영향을 주는지, 아니면 바로 p형 물질로 건너가는지를 알아야 할 것이다. 가운데에 있는 n형 물질은 매우 얇고 낮은 전도성을 가지기 때문에 매우 적은 양의 캐리어만이 저항이 큰 경로를 통해 베이스 단으로 흐른다. 베이스 전류의 크기는 일반적으로 μA 단위인데 비해 에미터와 컬렉터의 전류는 mA 단위이다. 상당량의 다수 캐리어는 그림 3.5에서 나타난 것과 같이 역방향 바이어스된 접합을 통과하여 컬렉터 단자에 연결된 p형 물질로 확산된다. 역방향 바이어스된 접합면을 비교적 쉽게 통과하는 이유는 역방향 바이어스된 다이오드에 주입된 다수 캐리어는 n형 물질에서 소수 캐리어처럼 나타난다는 것을 생각하면 쉽게 이해할 수 있다. 다시 말하면, 이는 소수 캐리어를 n형인 베이스 영역으로 주입(injection)한 것과 같으며, 공핍 영역에 있는 이 소수 캐리어가 역방향 바이어스된 전압의 힘에 의해 접합면을 쉽게 통과한다는 사실을 함께 생각하면 그림 3.5의 흐름을 이해할 수 있다.

그림 3.5의 트랜지스터의 베이스를 회로 상에 있는 하나의 교차점이라 생각하고, 키르히

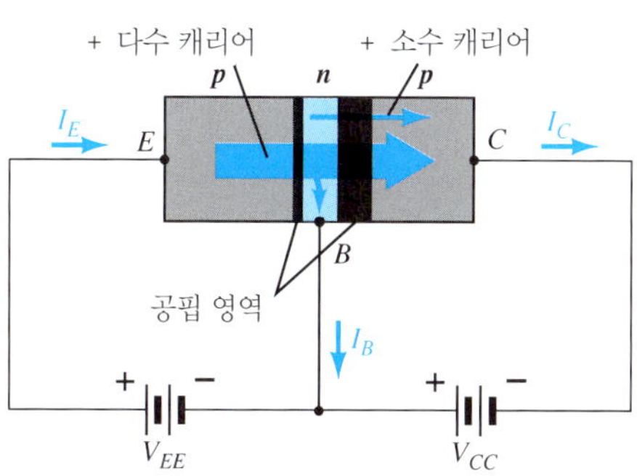

그림 3.5 *pnp* 트랜지스터의 다수 캐리어와 소수 캐리어의 흐름

호프의 전류(KCL) 법칙을 사용하면 다음을 얻을 수 있다.

$$\boxed{I_E = I_C + I_B} \tag{3.1}$$

즉, 에미터 전류는 컬렉터 전류와 베이스 전류의 합이라는 것을 알 수 있다. 그러나 컬렉터 전류는 그림 3.5에서 나타낸 것과 같이 다수 캐리어와 소수 캐리어의 두 가지 요소로 구성된다. 소수 캐리어에 의한 전류 성분은 누설 전류(leakage current)라고 하고, I_{CO}(에미터 단자가 개방인 경우 전류 I_C)로 나타낸다. 그러므로 컬렉터 전류는 전체적으로 식 (3.2)에 의해 결정된다.

$$\boxed{I_C = I_{C_{\text{majority}}} + I_{CO_{\text{minority}}}} \tag{3.2}$$

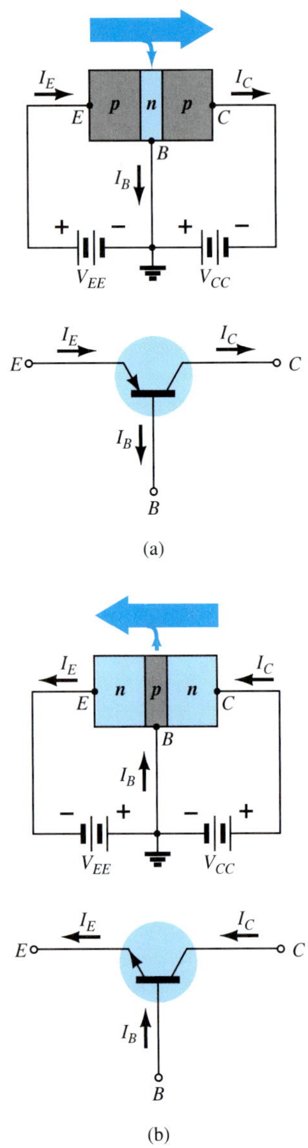

그림 3.6 공통 베이스회로에 사용되는 표기와 기호: (a) *pnp* 트랜지스터; (b) *npn* 트랜지스터

범용 트랜지스터에서 I_C는 mA 단위인 반면, I_{CO}는 μA 혹은 nA 단위이다. 역방향 바이어스된 다이오드의 I_s와 마찬가지로 I_{CO}도 온도에 민감하기 때문에 온도 범위가 넓은 조건에서 사용하게 될 경우에는 주의 깊게 검토해야 한다. 만약 온도 영향을 고려하지 않고 설계를 하였다면, 고온에서 시스템 안정성에 심각한 영향을 줄 수 있다. 현재는 제조 기술의 발달로 I_{CO}의 크기를 아주 작은 값으로 줄일 수 있어서 그 영향을 무시할 수 있다.

3.4 공통 베이스 회로

그림 3.6은 *pnp*와 *npn* 트랜지스터를 사용한 공통 베이스 회로로 흔히 사용하는 기호와 표현 방법이다. 공통 베이스라는 용어는 베이스가 회로의 입출력 모두에 공통으로 연결되어 있다는 사실을 나타내기 위한 것이다. 베이스는 보통 접지에 근접한 전압에 연결되거나, 바로 접지에 연결된다. 이 책에서는 전류의 방향을 전자의 흐름이 아닌 일반적으로 사용하는 전류의 흐름(즉 정공의 흐름과 같음)으로 나타낸다. 따라서 이러한 표현법을 모든 전자 기호에서 통상적으로 사용하고 있다(역자 주: 가끔은 반대로 전자들이 움직이는 방향으로 전류를 표현하는 책도 있다). 다이오드 기호의 화살표도 통상적인 전류의 전도 방향임을 기억하자. 트랜지스터의 경우,

소자의 화살표 방향은 에미터 전류의 방향에 따라 표시한다.

그림 3.6에 표시한 전류의 방향은 보통 사용하는 방법에 따른 방향이다. 각 경우 $I_E = I_C + I_B$가 성립한다. 그리고 표시된 방향으로 전류가 흐르도록 바이어스(전압원)가 인가된다. 이는 I_E의 방향과 V_{EE}의 극성을 비교하고 I_C의 방향과 V_{CC}의 극성을 비교하면 알 수 있다.

그림 3.6의 공통 베이스 증폭기와 같은 3개의 단자로 구현된 소자의 작동을 설명하기 위해서는 두 가지 특성 곡선이 필요하다. 하나는 구동점(driving point) 혹은 입력(input) 변수이고, 다른 하나는 출력(output) 측이다. 그림 3.7에 나타난 것과 같이 공통 베이스 증폭기의 입력단 특성은 다양한 출력전압(V_{CB})에 대해 입력전류(I_E)와 입력전압(V_{BE})의 그림으로 나타난다.

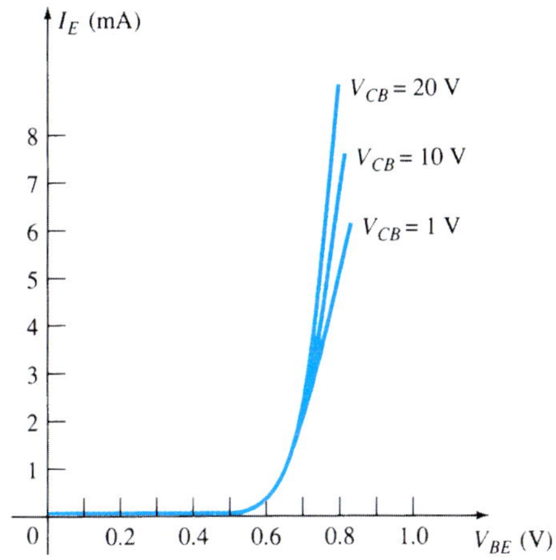

그림 3.7 공통 베이스 실리콘 트랜지스터 증폭기에 대한 입력 혹은 구동점에서의 특성

그림 3.8에 나타낸 것과 같이 출력단의 특성은 다양한 입력전류(I_E)에 대해 출력전압(V_{CB})과 이에 해당하는 출력 전류(I_C)의 그림으로 나타난다. 출력 혹은 컬렉터(collector)의 특징은 그림 3.8에서와 같이 세 부분의 기본 영역으로 되어 있는데, 이는 활성(active) 영역, 차단(cutoff) 영역, 포화(saturation) 영역으로 구분한다. 활성 영역은 일반적으로 선형(비왜곡) 증폭기로 사용되는 영역이다.

활성 영역에서 베이스와 에미터 접합은 순방향 바이어스이지만, 컬렉터와 베이스 접합은 역방향 바이어스되어 있다.

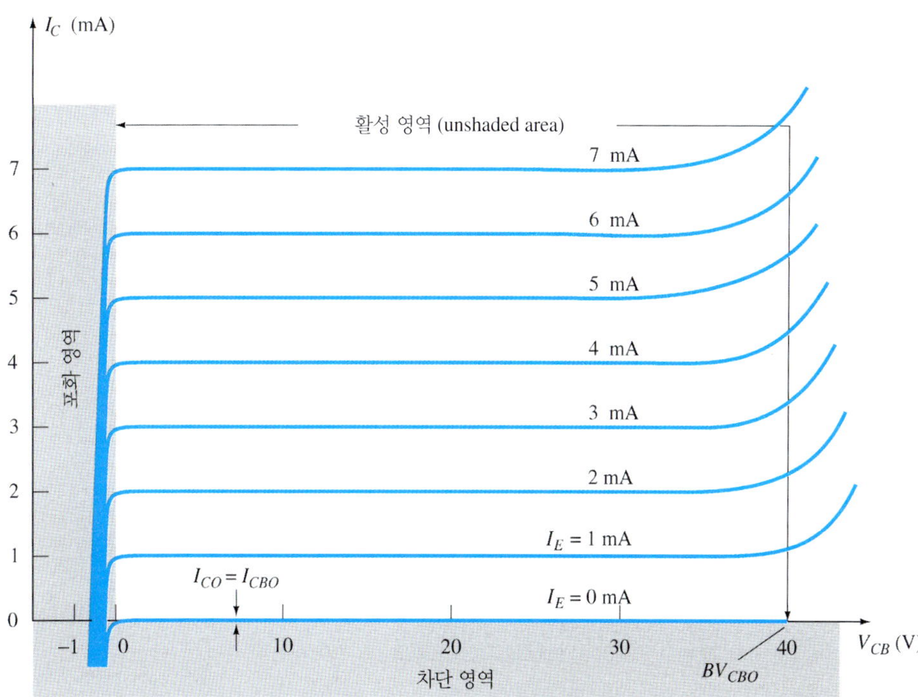

그림 3.8 공통 베이스 트랜지스터 증폭기 출력 혹은 컬렉터 특성

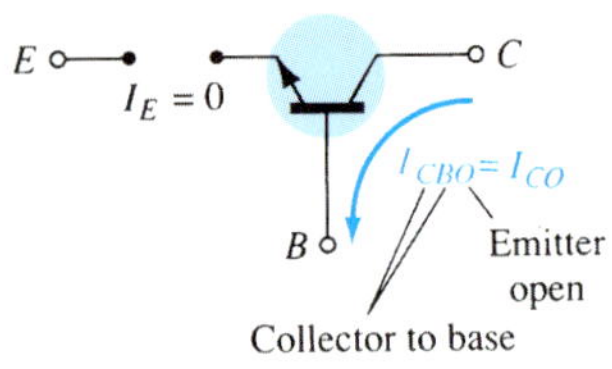

그림 3.9 역방향 포화 전류

활성 영역은 그림 3.6의 바이어스에 의해 만들 수 있다. 활성 영역의 하단에서는 에미터 전류(I_E)가 0이고, 컬렉터 전류는 그림 3.9에서 나타난 것처럼 역방향 포화 전류 I_{CO}로만 이루어진다. I_{CO}는 μA 단위로 mA 단위의 I_C 세로축과 비교하여 매우 작기 때문에 $I_C=0$인 수평축과 거의 같게 보인다. 그림 3.9는 공통 베이스 회로에서 $I_E=0$인 경우의 회로를 나타낸다. 그림 3.9에 나타난 것처럼 자료와 규격표에서 I_{CO}를 나타내기 위해 자주 사용되는 것은 I_{CBO}(에미터를 개방한 경우 콜렉터에서 베이스로 흐르는 전류)이다. 제조 기술의 발달로 인해 소전력 혹은 중간 전력 정도의 범용 트랜지스터의 I_{CBO}는 매우 작아서 그 영향을 무시할 수 있다. 그러나 고전력 소자의 경우, I_{CBO}가 μA 단위이다. 덧붙여 다이오드에서 I_s와 마찬가지로 I_{CBO}(둘다 역방향 누설 전류)도 온도에 민감함을 명심해야 한다. I_{CBO}는 온도가 증가함에 따라 매우 빠르게 증가하기 때문에 고온에서 I_{CBO}의 영향은 중요한 요소가 된다.

기본적인 트랜지스터의 전류식에 의해 에미터 전류가 결정되는 것처럼 그림 3.8에서 에미터 전류가 0에서 증가함에 따라 컬렉터 전류도 에미터 전류와 거의 같은 크기로 증가한다. 또한 활성 영역에서 V_{CB}의 컬렉터 전류에 대한 영향은 거의 무시할 수 있다는 것을 유의해야 한다. 특성 곡선은 활성 영역에서 I_E와 I_C 사이의 1차 근사가 다음과 같이 주어진다.

$$\boxed{I_C \cong I_E} \tag{3.3}$$

이름에서도 추측할 수 있듯이 차단 영역은 그림 3.8에서처럼 컬렉터 전류가 0 A인 영역이다. 또한

차단 영역에서 트랜지스터의 베이스-에미터 접합 및 컬렉터-베이스 접합은 역방향으로 바이어스되어 있다.

포화 영역은 특성 곡선에서 $V_{CB}=0$ V의 왼쪽에 있는 영역으로 정의된다. 이 영역에서 특성 곡선의 급격한 변화를 보여주기 위해 수평축의 눈금을 확장하였다. 전압 V_{CB}가 −(음) 전압에서 0 V로 증가함에 따라 컬렉터의 전류는 지수로 증가한다.

포화 영역에서 베이스-에미터와 컬렉터-베이스 접합은 순방향 바이어스이다.

그림 3.7의 입력 특성을 보면 컬렉터 전압(V_{CB})이 고정되어 있는 경우, 베이스-에미터간 전압이 증가함에 따라 다이오드의 특성과 유사하게 에미터의 전류가 증가한다. 사실 V_{CB}의 증가에 따른 특성의 변화는 매우 작아서 1차 근사에서 V_{CB} 변화에 따른 변화는 무시할 수 있다. 그리고 특성은 그림 3.10a와 같이 나타낼 수 있다. 선형 근사를 적용하면, 그림 3.10b의 특성을 얻을 수 있다. 한 단계 더 나아가 곡선의 기울기, 즉 순방향 바이어스된 접합의 저항을 무시하면 그림 3.10c와 같은 특성을 얻을 수 있다. 앞으로 이 책에서 다루는 트랜지스터 회로의 모든 직류 해석에는 그림 3.10c의 등가 모델을 사용한다. 즉, 일단 트랜지스터가 'on' 상태로 되면, 베이스-에미터간 전압은 다음과 같이 가정한다.

$$\boxed{V_{BE} = 0.7\text{ V}} \tag{3.4}$$

다시 말해 회로에 미치는 영향이 작은 변수는 무시하고 실제 응답에 가까운 근사를 하는

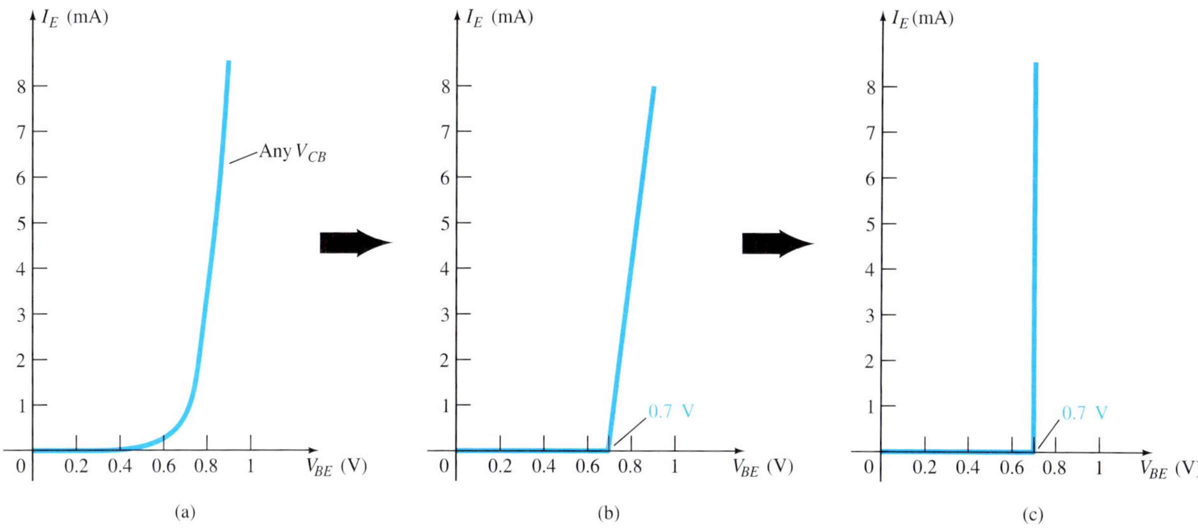

그림 3.10 직류 해석에서 증폭기의 베이스-에미터 영역에 적용되는 등가 모델의 전개

방법으로 트랜지스터 회로를 해석하기 위해 V_{CB}에 의한 변화의 영향과 입력 특성의 기울기를 무시한다.

그림 3.10c의 특성에 대해 완벽히 이해하는 것이 중요하다. 그림 3.10c에 의하면, 트랜지스터가 'on' 상태 혹은 활성 상태에 있을 때는 베이스와 에미터 사이의 전압은 외부 회로에 의해서 에미터 전류가 어떤 값이 되더라도 항상 0.7 V가 된다는 것이다. 사실 직류에서 임의의 트랜지스터 회로를 처음 접할 때 그 소자가 활성 영역에 있다면, 바로 베이스-에미터 간 전압을 0.7 V라 할 수 있다. 이는 앞으로 직류 해석에서 매우 중요하다.

예제 3.1

a. 그림 3.8에 나타난 특성 곡선을 이용하여 I_E=3 mA이고 V_{CB}=10 V일 때의 컬렉터에 흐르는 전류를 구하라.

b. 그림 3.8에 나타난 특성 곡선을 이용하여 I_E는 똑같이 3 mA이지만, V_{CB}가 2 V로 줄었을 때의 컬렉터에 흐르는 전류를 구하라.

c. 그림 3.7과 3.8의 특성 곡선을 이용하여 I_C=4 mA이고 V_{CB}=20 V일 때의 V_{BE}를 구하라.

d. 그림 3.8과 3.10c의 특성 곡선을 이용하여 (c)를 반복하라.

풀이

a. 특성 곡선에 의해 $I_C \cong I_E$=**3 mA**임을 알 수 있다.

b. V_{CB}의 변화에 따른 영향이 무시할 정도로 작으므로 I_C는 **3 mA**로 유지된다.

c. 그림 3.8로부터 $I_E \cong I_C$=4 mA이다. 따라서 그림 3.7을 이용하여 결과의 V_{BE} 값이 약 **0.74 V**임을 알 수 있다.

d. 그림 3.8로부터 $I_E \cong I_C$=4 mA이다. 반면 그림 3.10c로부터 임의의 에미터 전류값에 대해서 V_{BE}는 **0.7 V**로 일정함을 알 수 있다.

알파(α)

직류동작(DC mode) 직류의 경우에서 다수 캐리어에 의한 I_C와 I_E의 상대적인 값은 다음과 같이 정의되며, 이를 알파로 부른다.

$$\boxed{\alpha_{dc} = \frac{I_C}{I_E}} \tag{3.5}$$

여기서 I_C와 I_E는 작동점에서의 전류이다. 그림 3.8의 특성 곡선은 $\alpha=1$임을 나타내지만, 실제의 소자에서 알파는 0.90에서 0.998 사이의 값으로 높은 값을 갖는다. 알파(α)는 다수 캐리어에 의해서만 결정되므로 식 (3.2)는 다음과 같이 된다.

$$\boxed{I_C = \alpha I_E + I_{CBO}} \tag{3.6}$$

그림 3.8의 특성 곡선에서 I_E=0 mA일 때 I_C는 I_{CBO}와 같아지지만, 이전에 언급했던 바와 같이 I_{CBO}가 보통은 매우 작아서 그림 3.8의 그래프에는 거의 나타나지 않는다. 다시 말하면, 그림 3.8에서 I_E=0 mA이면 V_{CB} 값의 범위에 대해서 I_C 역시 0 mA가 된다.

교류동작(AC mode) 입력되는 신호가 교류인 경우에 특성 곡선 상에서 작동점이 움직이게 되는데, 이때의 교류 알파(α)는 다음과 같이 정의된다.

$$\boxed{\alpha_{ac} = \left.\frac{\Delta I_C}{\Delta I_E}\right|_{V_{CB}=\text{constant}}} \tag{3.7}$$

교류 알파(α)는 공식적으로 공통 베이스, 단락 회로, 증폭률(common-base, short-circuit, amplification factor)라고 하는데, 이러한 이유는 5장에서 트랜지스터의 등가회로에 대해 다룰 때 그 이유를 알 수 있게 될 것이다. 식 (3.7)은 컬렉터 전류가 상대적으로 조금 변할 때 컬렉터와 베이스 사이에 걸리는 전압은 일정하게 유지하면서 이 변화량을 이에 따른 I_E의 변화값으로 나눈 것이다. 대부분의 상황에 대해 α_{ac}와 α_{dc}의 값은 거의 같아서 어느 것을 사용해도 무방하다. 식 (3.7)과 같은 형태의 식을 사용한 것은 3.6절에서 소개될 것이다.

바이어스 인가

베이스 공통 회로에서 활성 영역을 만들기 위한 대략적인 바이어스는 $I_C \cong I_E$와 $I_B \cong 0\ \mu A$임을 이용한 근사식을 적용하면 쉽게 결정할 수 있다. 결과적으로 *pnp* 트랜지스터에 대해 구성한 바이어스는 그림 3.11과 같다. 기호의 화살표 방향은 $I_E \cong I_C$를 만족시키는 통상적인 전류 흐름의 방향을 나타낸다. 그림과 같이 전류가 흐르도록 직류 전원을 삽입한다. *npn* 트랜지스터에 대해서는 이 전원의 극성이 반대가 된다.

트랜지스터 기호의 화살표 방향이 들어가는 방향인지, 아니면 나오는 방향인지를 기억하기 위해 트랜지스터를 'pointing in'과 'not pointing in'으로 생각하면 쉽게 처리할 수 있다. 예를 들면, '*n*ot *p*ointing i*n*'은 *npn*으로 대응시키며, '*p*ointing i*n*'은 *pnp*로 대응시키면 된다.

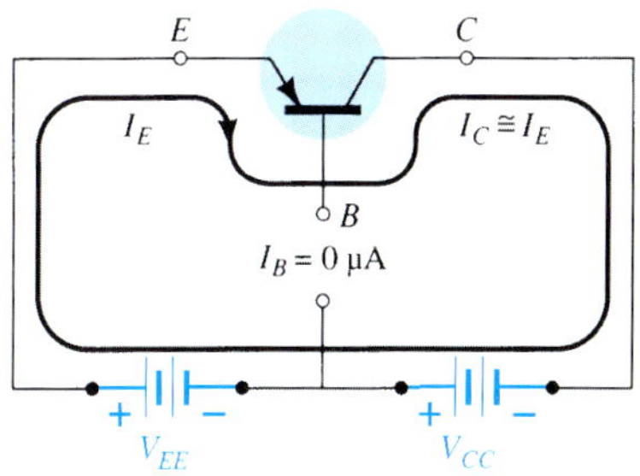

그림 3.11 활성 영역에서 공통 베이스 *pnp* 트랜지스터의 적절한 바이어스 구현

파괴영역(Breakdown Region)

역방향으로 인가되는 콜렉터와 베이스 사이의 전압 V_{CB}가 점차 증가한다면 그림 3.8의 X축 우측 위에 있는 콜렉터 전류곡선이 갑자기 증가하는 영역이 있다. 이와 같은 변화의 이유는 다이오드에서 역방향 전압이 증가하여 파괴영역에 도달하면 1장에서 소개한 사태현상(avalanche effect)과 같은 문제가 발생하기 때문이다. 이미 언급한 바와 같이 트랜지스터가 활성영역에서 콜렉터와 베이스는 역방향으로 바이어스가 되어 있는데, 역방향 바이어스 전압이 얼마나 많은 사태현상을 초래하느냐이다. 결국 조그마한 베이스-콜렉터 전압증가가 상당한 양의 전류를 흐르게 하는 상황이 있다는 것이다. 이에 대한 값으로 그림 3.8에서는 허용 가능한 최대 역방향 전압 BV_{CBO}로 표시하였다. 또한 앞으로 소개할 트랜지스터 특성을 나타내는 그림 3.23에서는 $V_{(BR)CBO}$로 표시하였다. 어떠한 경우라도 대문자 O는 트랜지스터의 에미터 단자가 어느 부분과도 연결되지 않아 개방되었다는 것을 의미한다. 그리고 지금의 이 값은 오직 공통 베이스 회로의 경우에 해당한다는 것이다. 공통 에미터 회로의 경우 이 값은 더 줄어든다는 점을 기억하기 바란다.

3.5 공통 에미터 회로

트랜지스터 회로 중 가장 자주 접하게 되는 회로들이 그림 3.12에 *npn*과 *pnp*로 나타나 있다. 이 회로들은 입력인 베이스와 출력인 컬렉터 단자들이 모두 에미터 단자를 공유하므로 공통 에미터 회로(common-emitter)라고 한다. 이 공통 에미터 회로를 설명하기 위해서 또 다시 두 가지의 특성 곡선이 필요하다. 하나는 입력단 혹은 베이스-에미터간의 회로이며, 다른 하나는 출력단 혹은 컬렉터-에미터간의 회로에 대한 특성 곡선이다. 이들을 그림 3.13에 나타내었다.

에미터, 컬렉터, 그리고 베이스를 통과하는 전류의 방향은 일반적인 방향으로 나타내었다. 트랜지스터 구성의 모양이 바뀌었으나 전류 사이의 관계는 이전의 공통 베이스 회로에서 구한 것과 다르지 않다. 즉, $I_E = I_C + I_B$이고, $I_C = \alpha I_E$이다.

공통 에미터 회로의 출력 특성이란 베이스 입력전류(I_B)의 변화에 따른 출력 전류(I_C)와 출력전압(V_{CE})의 변화를 그림으로 나타낸 것이다. 입력 특성은 주어진 출력전압(V_{CE})에 대하여 입력전류(I_B) 대 입력전압(V_{BE})의 변화를 그림으로 나타낸 것이다.

그림 3.13의 특성 곡선에서 I_C의 크기는 mA인데 반하여 I_B의 크기는 μA인 점에 유의하

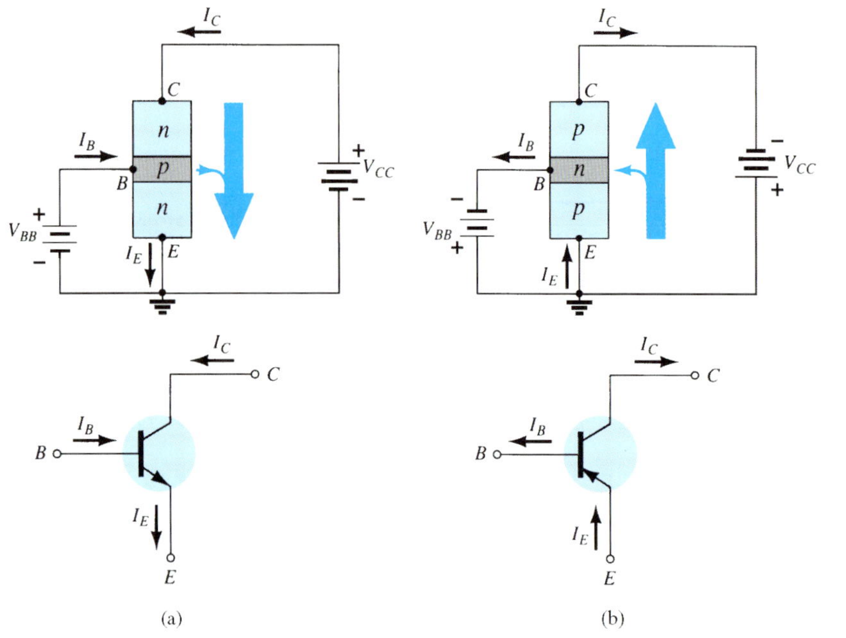

그림 3.12 공통 에미터 회로의 표시 및 기호: (a) *npn* 트랜지스터; (b) *pnp* 트랜지스터

자. 또한 I_B의 특성 곡선이 공통 베이스 회로에서의 I_E의 특성 곡선에 비해 수평에 가깝지 않은데, 이는 컬렉터-에미터 사이의 전압이 컬렉터 전류의 크기에 영향을 미친다는 사실을 나타낸다.

공통 에미터 회로의 활성(active) 영역은 선형성이 강하게 나타나는 제1사분면, 즉 I_B의 선이 휘지 않고 곧게 뻗으면서 등간격으로 위치한 영역이다. 그림 3.13a에서 이 영역은 V_{CE}

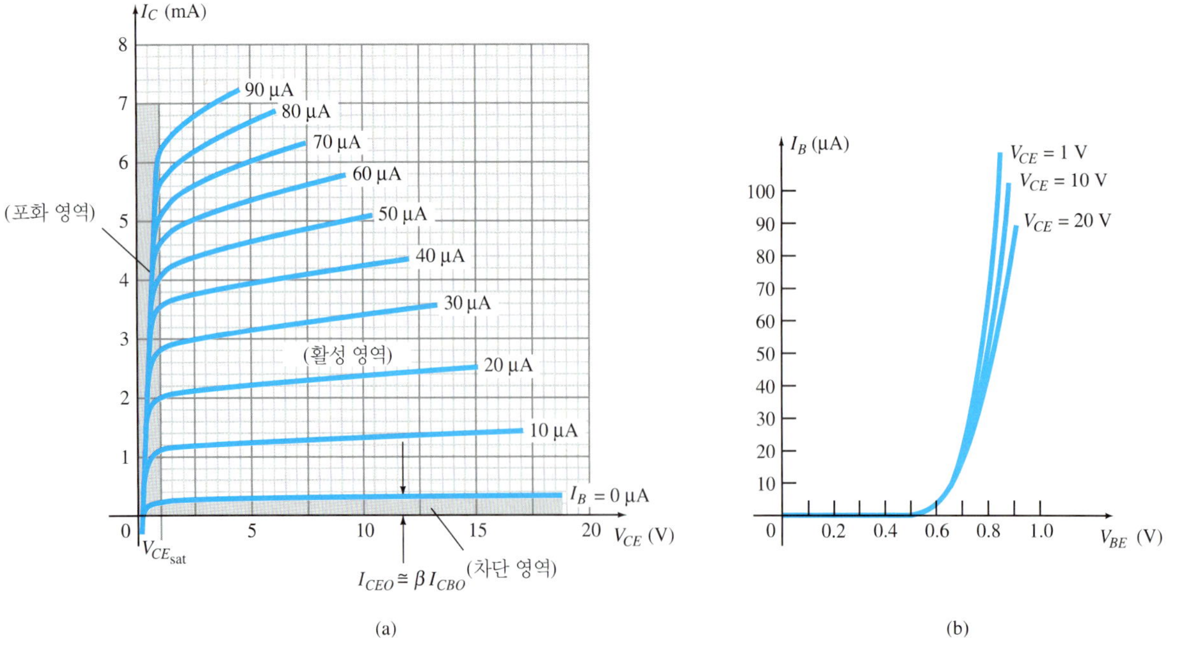

그림 3.13 공통 에미터 구성 실리콘 트랜지스터의 특성 곡선: (a) 컬렉터 특성; (b) 베이스 특성

가 $V_{CE_{sat}}$인 부분의 수직선 오른쪽과 I_B가 0인 선의 윗부분에 위치한다. 그림의 원점 좌표 근처에 $V_{CE_{sat}}$이라고 표시한 어두운 부분을 포화(saturation) 영역이라 한다.

공통 에미터 회로의 활성 영역에서 베이스-에미터 접합은 순방향 바이어스이고, 컬렉터-베이스 접합은 역방향 바이어스이다.

이와 같은 조건은 공통 베이스 회로의 활성 영역에서와 같은 조건이다. 공통 에미터 회로의 활성 영역은 전압과 전류, 또는 전력 증폭을 위해 사용된다.

공통 에미터 회로의 차단(cut-off) 영역은 공통 베이스 회로에서와 같이 잘 정의되지 않는다. 즉, 그림 3.13의 특성 곡선에서 I_B가 0일 때 I_C가 0이 아닌 것에 유의하라. 공통 베이스 구성에서는 입력전류 I_E가 0이면 컬렉터 전류는 역포화 전류 I_{CO}만 존재하므로 I_E=0인 특성 곡선이 전압축과 동일하게 취급할 수 있다. 실제의 경우도 거의 0이다.

이러한 컬렉터 단의 특성 차이가 발생하는 이유는 식 (3.3)과 식 (3.6)을 적절히 사용하여 유도할 수 있다. 즉,

식 (3.6) : $I_C = \alpha I_E + I_{CBO}$ 를

식 (3.3) : $I_C = \alpha(I_C + I_B) + I_{CBO}$

에 대입하여 정리하면

$$I_C = \frac{\alpha I_B}{1 - \alpha} + \frac{I_{CBO}}{1 - \alpha} \tag{3.8}$$

이다.

위에서 I_B=0 A인 경우를 고려하고, α=0.996과 같은 전형적인 값을 대입하면 결과적으로 컬렉터 전류는 다음과 같다:

$$\begin{aligned} I_C &= \frac{\alpha(0\text{ A})}{1 - \alpha} + \frac{I_{CBO}}{1 - 0.996} \\ &= \frac{I_{CBO}}{0.004} = 250 I_{CBO} \end{aligned}$$

만약 I_{CBO}가 1 μA라면, 그림 3.14의 특성 곡선에서 볼 수 있는 것과 같이 I_B=0 μA일 때 컬렉터 전류는 250(1 μA)= 0.25 mA가 된다.

이와 같은 현상인 I_B=0 μA일 때의 컬렉터 전류를 앞으로의 이용하기 위하여 식 (3.9)와 같이 정의한다.

$$\boxed{I_{CEO} = \left.\frac{I_{CBO}}{1 - \alpha}\right|_{I_B = 0\,\mu\text{A}}} \tag{3.9}$$

그림 3.13에 이 전류를 정의하기 위해 사용된 조건들을 방향과 함께 나타내었다.

왜곡이 적은 선형으로 증폭을 하기위하여 공통 에미터 회로에서 차단 영역은 $I_C=I_{CEO}$로 정의한다.

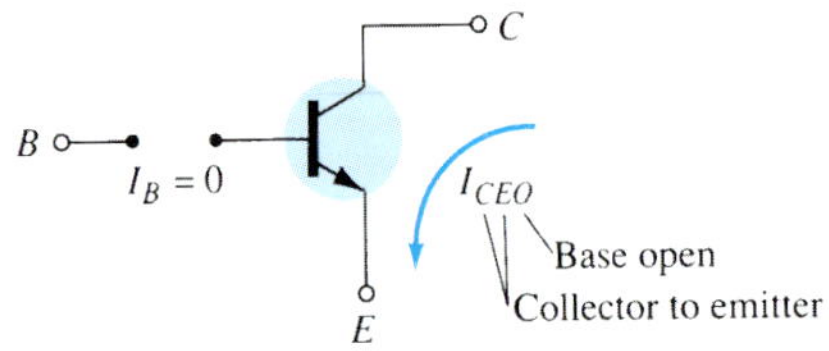

그림 3.14 I_{CEO}에 관련된 회로 조건

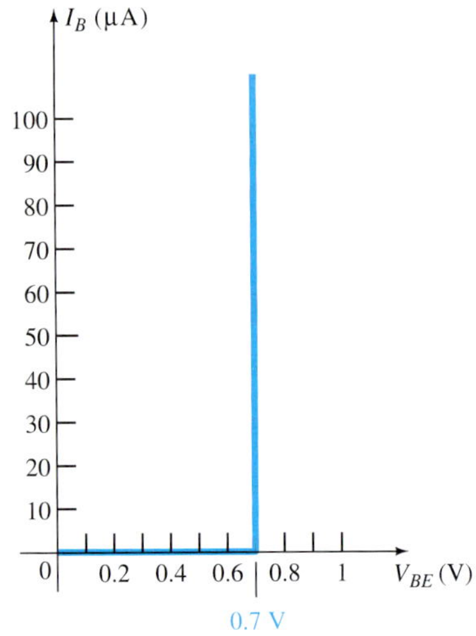

그림 3.15 그림 3.13b의 다이오드 특성 곡선에 대한 부분 선형 등가

다시 말하면 왜곡되지 않은 출력신호가 필요할 경우 I_B=0 μA의 아래 영역은 사용하지 말아야 한다.

컴퓨터 논리 회로에서 트랜지스터가 스위치로 사용될 경우, 고려해야 할 영역은 차단 영역과 포화 영역의 두 가지다. 차단 영역의 조건은 특정 V_{CE} 전압에 대해 이상적으로 I_C=0 mA가 되는 지점이다. 실리콘 소자에서 I_{CEO}는 보통 작으므로 스위칭 목적으로 사용될 때, 차단 조건은 I_B=0 μA이거나 $I_C=I_{CEO}$이다. 그러나 게르마늄 트랜지스터가 스위칭될 때의 차단 조건을 구하면 $I_C=I_{CBO}$가 된다. 이 조건은 게르마늄 트랜지스터에서 베이스-에미터 접합단에 수십분의 일 볼트 정도의 역방향 바이어스 전압을 걸어줌으로써 얻을 수 있다.

공통 베이스 회로의 입력 특성 곡선에서 I_E가 0 mA보다 큰 임의의 값일 때는 이를 V_{BE}=0.7 V임을 나타내는 선형 직선 등가로 근사했었다. 공통 에미터 회로에서도 마찬가지로 근사 등가회로가 그림 3.15에 나타나 있다. 이 결과를 통해 트랜지스터가 'on' 영역 또는 활성 영역에 있을 때 베이스-에미터간 전압이 0.7 V가 된다는 결론을 확인할 수 있다. 이 경우 베이스 전압은 베이스 전류에 관계없이 일정하다.

예제 3.2

a. 그림 3.14의 특성을 이용하여 I_B=30 μA, V_{CE}=10 V일 때 I_C를 구하라.

b. 그림 3.14의 특성을 이용하여 V_{BE}=0.7 V, V_{CE}=15 V일 때 I_C를 구하라.

풀이

a. I_B=30 μA와 V_{CE}=10 V가 만나는 점에서 I_C=**3.4 mA**이다.

b. 그림 3.14 b를 보면 V_{BE}=0.7 V일 때 I_B=20 μA이다. 이를 이용하여 그림 3.14a에서 I_B=20 μA와 V_{CE}=15 V가 만나는 점에서 I_C=**2.5 mA**라는 것을 알 수 있다.

베타(β)

직류동작(DC mode) 직류 작동 상태에서 I_C와 I_B의 관계는 다음 식에 의해 정의된다.

$$\beta_{dc} = \frac{I_C}{I_B} \tag{3.10}$$

여기서 I_C와 I_B는 특성곡선의 작동점 위치에서 결정되는 값이다. 실제 소자의 베타(β)는 50~400정도의 값이다. 알파와 마찬가지로 베타도 상대적인 전류의 비를 나타내는 값이다. 베타가 200인 소자의 컬렉터 전류는 베이스 전류의 200배가 된다.

규격표의 β_{dc}는 5장에서 소개될 하이브리드(*h*ybrid) 등가회로에서 유래된 *h*자를 이용하여 h_{FE}로 표현된다. 첨자 *FE*는 순방향 전류 증폭(*f*orward-current amplification)과 공통 에미터 회로(common-*e*mitter configuration)로부터 각각 유도된 것이다.

교류동작(DC mode) 교류 작동 상태에서의 베타 값은 다음과 같이 정의된다.

$$\beta_{ac} = \left.\frac{\Delta I_C}{\Delta I_B}\right|_{V_{CE}=\text{constant}} \tag{3.11}$$

β_{ac}의 공식적인 이름은 공통 에미터, 순방향 전류 증폭률(common-emitter, forward-current, amplification factor)이다. 공통 에미터 회로에서의 컬렉터 전류는 보통 출력 전류로 사용되고, 베이스 전류는 입력전류가 되기 때문에 증폭(amplification)이라는 말의 의미를 알 수 있다.

식 (3.11)은 3.4절에서 α_{ac}를 정의한 식과 유사하다. α_{ac}를 구하는 과정은 특성 곡선에서 I_C와 I_E의 실제 변화량을 측정하는 것이 어렵기 때문에 나타내지 않았다. 그러나 식 (3.11)의 의미는 분명하며 이 값은 곧 유도할 α_{ac}를 찾는데 이용될 수 있다.

규격표에서 β_{ac}는 보통 h_{fe}로 표현한다. 그리고 바로 앞에서 설명한 직류 베타인 $\beta_{dc}=h_{FE}$와의 차이는 아래 첨자에 소문자 *h*를 이용하여 구별한다.

식 (3.11)을 사용하는 경우는 그림 3.13a와 그림 3.16과 같은 특성 곡선으로 쉽게 이해할 수 있다. 그림 3.16에 표시한 것처럼 $I_B=25\ \mu A$, $V_{CE}=7.5$ V인 작동점을 포함하는 특성 곡선에서 β_{ac}를 결정해 보자. V_{CE}가 상수이기 때문에 $V_{CE}=7.5$ V인 작동점을 나타내는 수직선을 그릴 수 있다. 이 수직선상의 모든 위치에서 V_{CE}는 7.5 V라는 상수값을 갖는다. 식 (3.11)의 베이스 전류 I_B의 변화(ΔI_B)는 수직축을 따라 *Q*점에서 같은 거리에 있는 양방향의 점을 선택함으로써 얻을 수 있다. 이때 $I_B=20\ \mu A$, $30\ \mu A$인 두 곡선상의 점은 *Q*점으로부터 그리 멀리 떨어져 있지 않은 두 점이 된다. 보간법은 잘못 이용하면 오차가 발생할 수 있으므로 이와 같은 I_B를 이용하여 처리한다. 보다 정확한 값을 얻기 위해서는 베이스 전류의 변화량을 작게 잡을수록 좋다. I_B 곡선의 두 점에서 수평 방향으로 선을 그어 I_C의 두 값을 구할 수 있다. 그러한 방법으로 얻어지는 β_{ac}는 다음과 같이 결정된다.

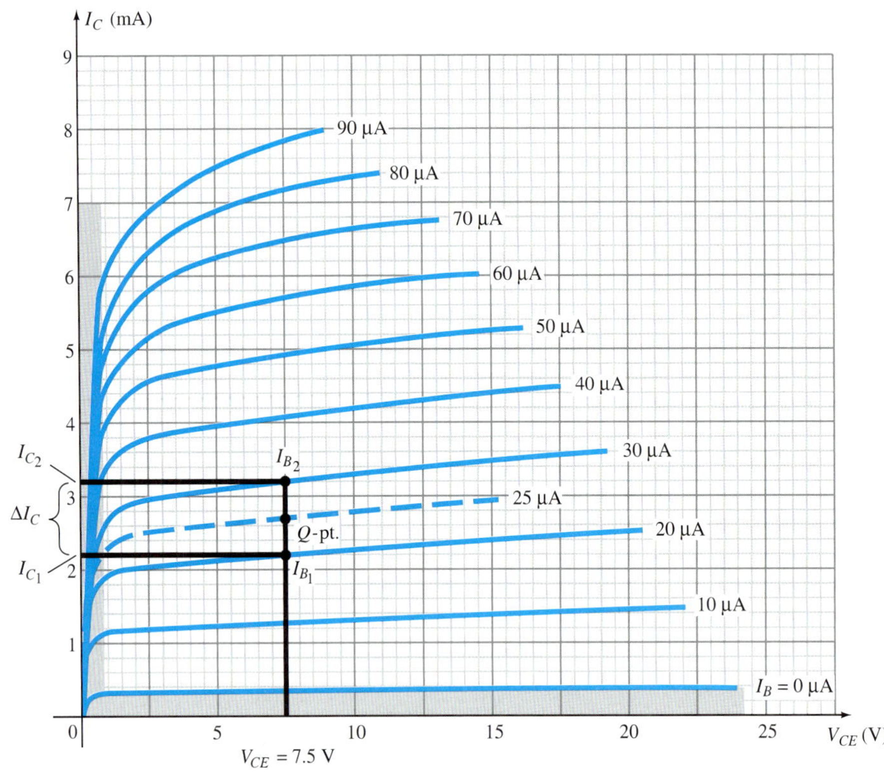

그림 3.16 컬렉터 특성을 이용하여 β_{ac}와 β_{dc} 값의 결정

$$\beta_{ac} = \left.\frac{\Delta I_C}{\Delta I_B}\right|_{V_{CE}=\text{constant}} = \frac{I_{C_2} - I_{C_1}}{I_{B_2} - I_{B_1}}$$
$$= \frac{3.2\text{ mA} - 2.2\text{ mA}}{30\ \mu\text{A} - 20\ \mu\text{A}} = \frac{1\text{ mA}}{10\ \mu\text{A}}$$
$$= \mathbf{100}$$

위 결과는 베이스의 교류 입력전류에 대해 컬렉터 전류가 100배가 된다는 것을 나타낸다.

Q점에서 직류 상태의 β_{dc}값은 다음과 같다.

$$\beta_{dc} = \frac{I_C}{I_B} = \frac{2.7\text{ mA}}{25\ \mu\text{A}} = \mathbf{108}$$

β_{ac}와 β_{dc}는 정확히 같은 값은 아니지만 두 값은 거의 비슷하므로 서로 바꾸어 사용하기도 한다. 즉, β_{ac}를 β_{dc}로 사용하기도 하며, 반대의 경우도 가능하다는 것이다. 같은 번호의 트랜지스터라 하더라도 β_{ac}의 값은 조금씩 차이가 있으나, 대부분의 경우 그 변화를 거의 무시하여 사용하고 있다. 일반적으로 I_{CEO}의 값이 작을수록 두 값의 차이는 작아진다. 현재 I_{CEO}를 점점 낮은 값이 되도록 제조하고 있으므로 위의 가정은 타당하다.

트랜지스터 특성이 그림 3.17에 나타낸 것과 같다면 β_{ac}의 값은 모든 영역에서 같을 것이다. 그림에서 I_B의 증가량이 10 μA이고 각 특성 곡선 사이의 수직 간격이 2 mA로 일정하다. Q점에서의 β_{ac}는 다음과 같다.

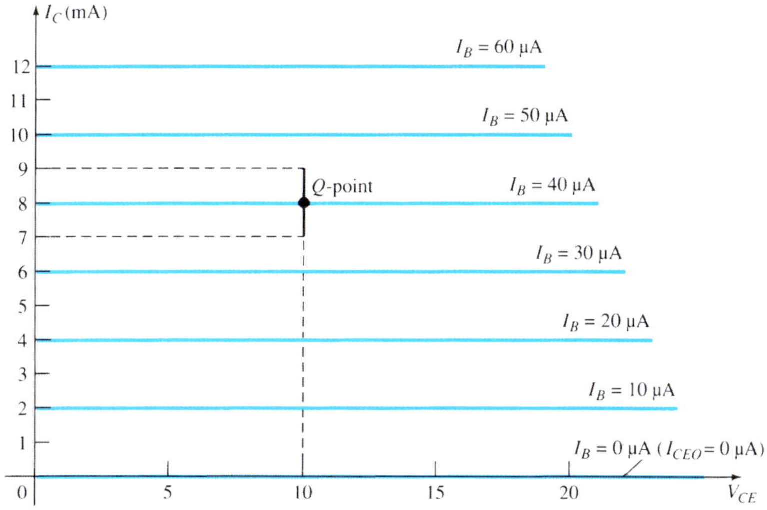

그림 3.17 $\beta_{ac}=\beta_{dc}$이고 모든 점에서 β_{ac}가 같은 경우의 특성 곡선

$$\beta_{ac} = \left.\frac{\Delta I_C}{\Delta I_B}\right|_{V_{CE}=\text{constant}} = \frac{9\text{ mA} - 7\text{ mA}}{45\,\mu\text{A} - 35\,\mu\text{A}} = \frac{2\text{ mA}}{10\,\mu\text{A}} = \mathbf{200}$$

동일 Q점에서의 β_{dc} 값은 다음과 같다.

$$\beta_{dc} = \frac{I_C}{I_B} = \frac{8\text{ mA}}{40\,\mu\text{A}} = \mathbf{200}$$

이 결과는 만약 트랜지스터의 특성이 그림 3.17에서 나타낸 것과 같다면 β_{ac}와 β_{dc}의 크기는 그림상의 모든 점에서 같다는 사실을 의미한다. 즉, $I_{CEO}=0\ \mu$A라는 것을 알 수 있다.

실제의 트랜지스터 특성은 그림 3.17에 나타난 모양과 일치하지는 않지만, 대략 이러한 특성을 나타내며 커브 트레이서(curve tracer)를 이용하여 비교할 수 있다.

다음의 해석에서는 혼란을 피하기 위해 β값에 직류(dc) 또는 교류(ac)라는 첨자를 생략하도록 한다. 직류 상태의 해석에 있어서는 β_{dc}로 인식하고, 교류 상태의 해석에 있어서는 β_{ac}로 인식하면 될 것이다. 만약 어떤 트랜지스터의 베타를 알면 직류 및 교류 계산 모두에 사용될 수 있다.

지금까지 설명한 기본 관계를 통해 알파(α)와 베타(β)의 관계를 알 수 있다. $\beta=I_C/I_B$인 관계로부터 $I_B=I_C/\beta$의 관계를 알 수 있고, $\alpha=I_C/I_E$인 관계로부터 $I_E=I_C/\alpha$의 관계를 알아낼 수 있다. 이들 관계를

$$I_E = I_C + I_B$$

에 대입하면

$$\frac{I_C}{\alpha} = I_C + \frac{I_C}{\beta}$$

의 관계를 얻을 수 있다. 그리고 이 식의 양변을 I_C로 나누면 다음 식을 얻을 수 있다. 즉

$$\frac{1}{\alpha} = 1 + \frac{1}{\beta}$$

혹은

$$\beta = \alpha\beta + \alpha = (\beta + 1)\alpha$$

따라서

$$\boxed{\alpha = \frac{\beta}{\beta + 1}} \tag{3.12}$$

이거나

$$\boxed{\beta = \frac{\alpha}{1 - \alpha}} \tag{3.13}$$

추가로

$$I_{CEO} = \frac{I_{CBO}}{1 - \alpha}$$

그리고 동일한 식을 이용하면

$$\frac{1}{1 - \alpha} = \beta + 1$$

다음과 같은 관계식을 얻을 수 있다.

$$I_{CEO} = (\beta + 1)I_{CBO}$$

혹은

$$\boxed{I_{CEO} \cong \beta I_{CBO}} \tag{3.14}$$

을 그림 3.13a와 같이 얻을 수 있다. β는 특히 공통 에미터 회로에 있어서 입출력 회로의 전류 관계를 나타내는 중요한 매개변수(parameter)이다. 즉

$$\boxed{I_C = \beta I_B} \tag{3.15}$$

이고

$$\begin{aligned} I_E &= I_C + I_B \\ &= \beta I_B + I_B \end{aligned}$$

이므로

$$\boxed{I_E = (\beta + 1)I_B} \tag{3.16}$$

의 결과를 얻는다. 위의 두 식은 4장에서의 해석에 중요한 역할을 하게 된다.

바이어스 인가

공통 에미터 증폭기에서도 공통 베이스 회로에 소개된 방법과 유사한 방식으로 적절한 직류 전압인 바이어스를 공급할 수 있다. 그림 3.18a와 같은 *npn* 트랜지스터의 활성 영역의 바이어스는 다음과 같은 방법으로 구할 수 있다.

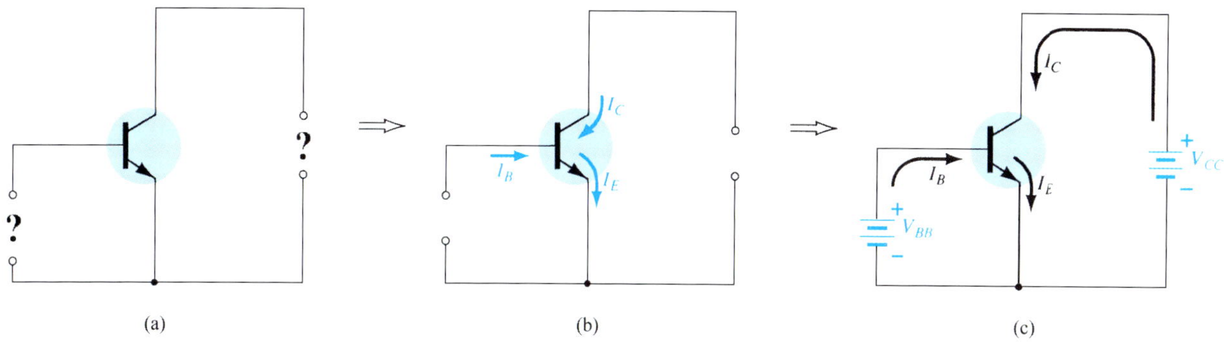

그림 3.18 공통 에미터 *npn* 트랜지스터 회로에 적절한 바이어스 결정

첫 번째 단계에서는 그림 3.18b에 나타난 것처럼 트랜지스터 기호에서 화살표로 표시된 에미터 전류 I_E의 방향을 결정한다. 다음 단계에서는 키르히호프의 전류 법칙(KCL)에 따라 $I_C+I_B=I_E$의 관계를 만족시키는 전류값을 결정하는데, I_B와 I_C는 트랜지스터 속으로 들어간다. 마지막 단계에서는 그림 3.18c처럼 I_B와 I_C가 정해진 전류 방향을 갖도록 전원을 연결한다. *pnp* 트랜지스터에 대해서도 같은 방법으로 접근할 수 있다. 만약 그림 3.18c의 트랜지스터가 *pnp* 형태라면 모든 전류의 방향과 극성은 바뀌게 된다.

파괴영역(Breakdown Region)

공통 베이스 회로와 마찬가지로 콜렉터와 에미터 사이의 전압은 회로가 안정적으로 동작할 수 있는 값의 한계가 있다. 그림 3.8과 같은 출력특성 곡선이 그림 3.19에 있는데, 이 그림은 출력전압 V_{CE}가 높은 경우 역시 문제가 발생하지만 공통 베이스 회로보다 낮은 전압에서 발생한다. 베이스 전류가 높은 값을 경우에 전류는 거의 수직으로 올라가는 경향이 있

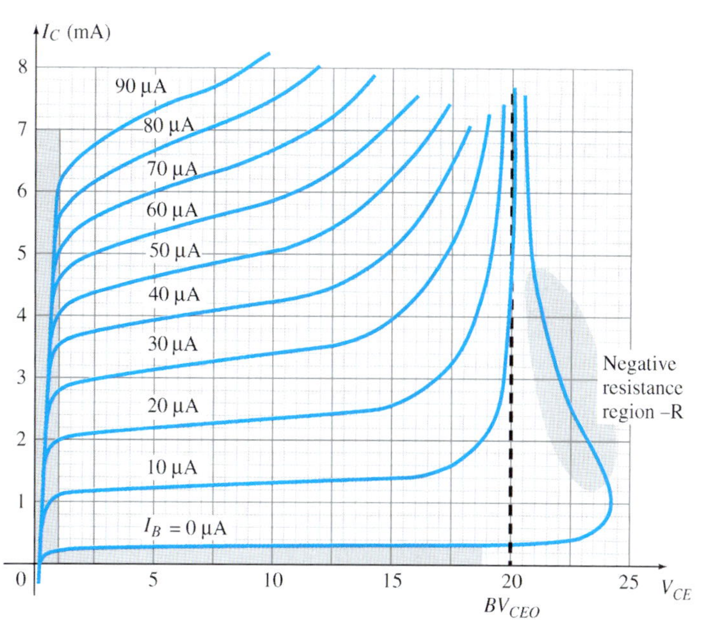

그림 3.19 공통 에미터 회로에서 파괴(breakdown)영역

고, 반면에 베이스 전류가 낮은 값일 경우에는 거의 평탄하여 서로 보완을 이루고 있다. 이 영역에서 동작은 일반적인 저항소자들의 특성인 전류가 증가하면 양단의 전압은 증가하지 않고 오히려 감소한다는 점을 주목하기 바란다. 이러한 특성을 **부저항**(negative resistance) 특성이라고 부른다. 트랜지스터가 보여주는 이러한 부저항 특성 개념이 지금 다소 이상하게 보일지 모르나, 원하는 목적에 따라 이러한 특성이 요구되는 소자나 시스템을 나중에 소개할 것이다.

트랜지스터가 정상적으로 동작하기 위한 최대 전압은 그림 3.19와 같이 BV_{CEO}로 나타내거나 그림 3.23과 같이 $V_{(BR)CEO}$로 나타낸다. 이 영역에서 급격한 변화를 보이는 이유로는 2가지가 있다. 하나는 공통 베이스 회로에서 언급한 **사태현상**(avalanche effect)이고, 다른 하나는 **Early Effect**에 기인한 **punch-through**로 5장에서 소개한다. 전체적으로는 파괴현상으로 인한 베이스 전류증가는 콜렉터 전류를 베타(β)만큼 증가시키기 때문에 사태현상이 갑작스러운 전류 증가의 주된 요인이 된다. 콜렉터 전류증가는 파괴(breakdown)과정 중에 자유전자를 발생시키는 이온화(ionization) 작용을 하므로 베이스 전류를 증가시키게 되고, 이에 따라 더 많은 콜렉터 전류를 유발하게 된다.

3.6 공통 컬렉터 회로

세 번째이자 마지막 트랜지스터 회로 형태는 공통 컬렉터 회로(common-collector configuration)인데, 그림 3.20과 같이 전압과 전류로 상태를 표시할 수 있다. 공통 컬렉터 회로는 공통 베이스와 공통 에미터 회로와는 반대로 입력 임피던스가 크고 출력 임피던스가 작으므로 임피던스 매칭을 목적으로 사용한다.

공통 컬렉터 회로는 일반적으로 그림 3.21에 표시되어 있는 것처럼 에미터와 접지 사이

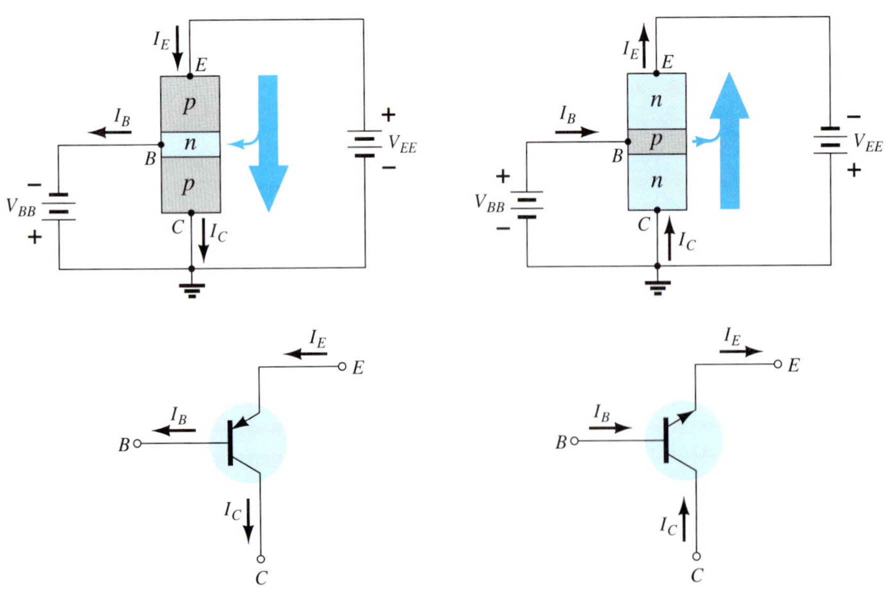

(a) (b)

그림 3.20 공통 컬렉터 회로에 사용되는 표시와 기호: (a) *pnp* 트랜지스터; (b) *npn* 트랜지스터

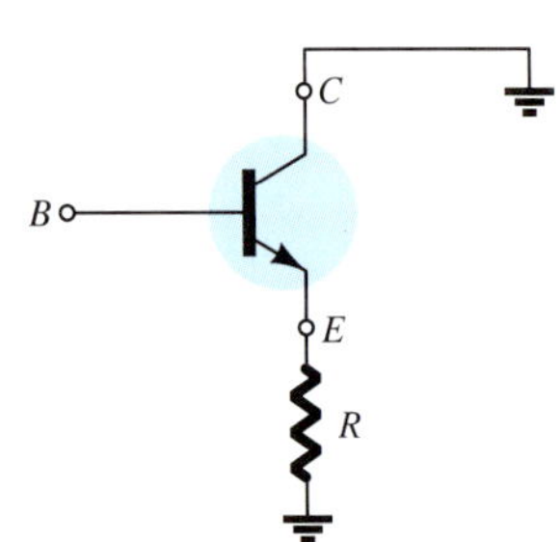

그림 3.21 임피던스 매칭의 목적으로 사용된 공통 컬렉터 회로

에 부하 저항을 갖는다. 모양은 공통 에미터 회로와 비슷하지만, 컬렉터가 접지에 연결되어 있다는 점이 다르다. 설계의 관점에서 볼 때, 그림 3.21의 회로 매개변수들을 선택하기 위해 특별히 공통 컬렉터 특성을 알 필요는 없다. 그 이유는 3.5절의 공통 에미터 특성을 사용하여 설계하는 것이 가능하기 때문이다. 실제로 공통 컬렉터 회로의 출력 특성은 공통 에미터 회로의 출력 특성과 같다. 공통 컬렉터 회로의 출력 특성은 I_B값의 범위 내에서 I_E와 V_{CE}의 관계를 그린 곡선과 같다. 입력전류는 공통 에미터 회로와 공통 컬렉터 회로에서 같은 특성을 보인다. 공통 컬렉터 회로의 수평 전압축은 공통 에미터 회로의 컬렉터-에미터 전압의 부호를 변화시키는 것으로 얻을 수 있다. 끝으로 I_C가 공통 컬렉터의 특성 곡선에서 I_E로 바뀐다 하더라도 수직축의 눈금의 변화는 미미하다($\alpha \cong 1$이기 때문). 따라서 공통 컬렉터 회로의 입력에 대한 정보는 공통 에미터의 베이스 특성을 통해 충분히 얻을 수 있다.

3.7 작동 한계

트랜지스터마다 최대 정격을 넘지 않으면서 출력의 왜곡이 최소화되는 영역이 있다. 이러한 영역을 그림 3.22에 나타내었다. 작동 영역의 범위는 일반적으로 볼 수 있는 규격표(specification sheet, data sheet)에 명시되어 있다. 규격표에 나타난 트랜지스터의 작동 제한 범위는 3.8절에서 다룬다.

트랜지스터의 최대 컬렉터 전류[규격표에는 연속 컬렉터 전류(continuous collector current)로 표기된다]와 최대 컬렉터-에미터 전압[규격표에는 줄여서 V_{CEO} 또는 $V_{(BR)CEO}$로

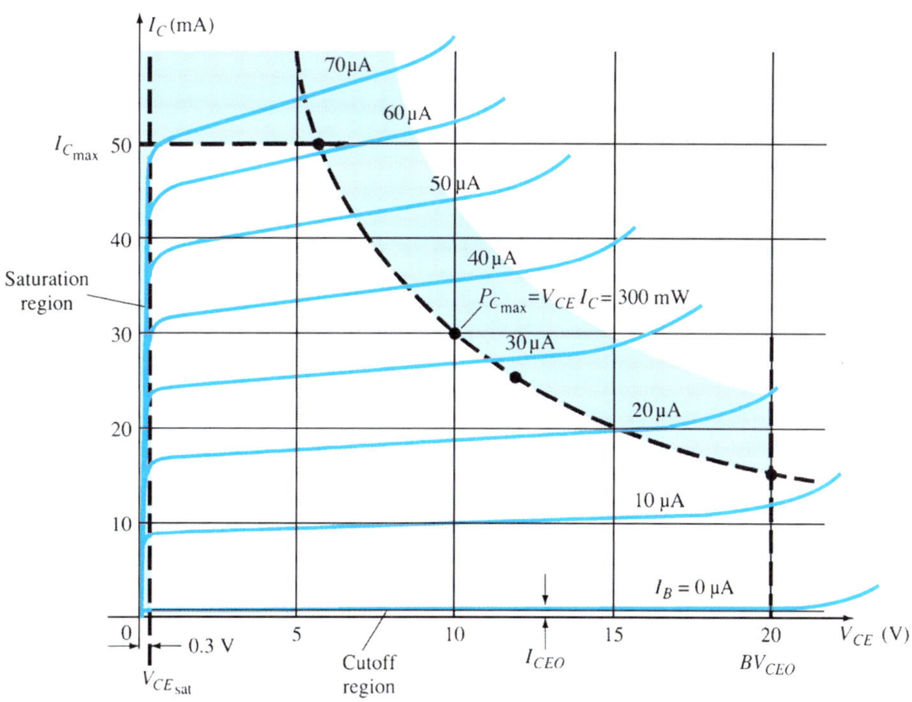

그림 3.22 트랜지스터의 선형 작동 영역 결정

표기된다]과 같은 값들은 곧바로 트랜지스터가 작동하는 한계를 나타낸다는 것을 쉽게 알 수 있다. 그림 3.22의 트랜지스터 경우에 $I_{C_{max}}$는 50 mA이고 V_{CEO}는 20 V이다. 수직선으로 표시한 $V_{CE_{sat}}$은 트랜지스터가 포화 영역으로 비선형 영역으로 떨어지지 않도록 하는 최소 V_{CE}를 나타낸다. 여기서 이용한 트랜지스터의 $V_{CE_{sat}}$는 0.3 V의 값을 갖는다.

최대 소모 전력은 다음 식과 같다.

$$\boxed{P_{C_{max}} = V_{CE}I_C} \tag{3.17}$$

그림 3.22에 나타난 트랜지스터의 컬렉터의 소모 전력이 300 mW이다. 그러면 컬렉터 소모 전력이 아래의 식과 같을 때, 그림 3.22에는 이를 어떻게 나타낼 것인가 하는 의문이 생긴다.

$$P_{C_{max}} = V_{CE}I_C = 300\,\text{mW}$$

혹은

$$V_{CE}I_C = 300\,\text{mW}$$

$I_{C_{max}}$**에서** 특성 곡선의 어느 지점에서나 V_{CE}와 I_C의 곱은 300 mW가 되어야 한다. I_C를 최대 정격인 50 mA가 되도록 하였을 때 위의 관계식을 이용하면,

$$\begin{aligned} V_{CE}I_C &= 300\,\text{mW} \\ V_{CE}(50\,\text{mA}) &= 300\,\text{mW} \\ V_{CE} &= \frac{300\,\text{mW}}{50\,\text{mA}} = \mathbf{6\,V} \end{aligned}$$

$V_{CE_{max}}$**에서** 결과적으로는 그림 3.22에 나타내었듯이, I_C=50 mA일 때는 V_{CE}=6 V가 되어야 한다. 이제 V_{CE}가 최대 정격인 20 V에서 작동하면, I_C는

$$\begin{aligned} (20\,\text{V})I_C &= 300\,\text{mW} \\ I_C &= \frac{300\,\text{mW}}{20\,\text{V}} = \mathbf{15\,mA} \end{aligned}$$

가 된다. 이는 그림에서 최대 전력을 나타내는 곡선의 두 번째 지점이 된다.

$I_C = 1/2 I_{C_{max}}$**에서** 이번에는 I_C가 중간 지점인 25 mA가 되도록 하고 V_{CE}를 구하면,

$$V_{CE}(25\,\text{mA}) = 300\,\text{mW}$$

이고

$$V_{CE} = \frac{300\,\text{mW}}{25\,\text{mA}} = \mathbf{12\,V}$$

그림 3.22와 같이 나타나게 된다.

이렇게 해서 나타난 3개의 점들을 이용하여 곡선들을 대략적으로 그릴 수 있다. 물론 더 많은 지점에서의 값들을 알면 곡선들을 더 정확히 그릴 수 있겠지만, 보통 대략적인 곡선으

로도 충분한 정보를 얻을 수 있다.

트랜지스터의 차단 영역은 $I_C=I_{CEO}$의 아래쪽 영역으로 정의된다. 출력신호가 왜곡되지 않도록 하려면, 트랜지스터가 이 영역에 작동하지 않도록 해야 한다. 어떤 규격표는 I_{CBO}값만 제공하는 경우도 있다. 만약 특성 곡선에 대한 정보가 없다면, $I_{CEO}=\beta I_{CBO}$의 관계식을 이용하면 차단 영역을 구할 수 있다. 그림 3.22에 나타난 영역에서 트랜지스터를 작동시키면, 출력이 왜곡되지 않고 트랜지스터가 손상되지 않는 전압과 전류에서 작동하게 된다.

만일 특성 곡선이 규격표에 주어지지 않았다면(종종 그런 경우가 있음), I_C, V_{CE}와 이들의 곱인 $V_{CE}I_C$가 다음과 같은 범위를 만족하도록 하면 된다.

$$\boxed{\begin{gathered} I_{CEO} \leqq \boldsymbol{I_C} \leqq I_{C_{\max}} \\ V_{CE_{\text{sat}}} \leqq \boldsymbol{V_{CE}} \leqq V_{CE_{\max}} \\ \boldsymbol{V_{CE}I_C} \leqq P_{C_{\max}} \end{gathered}} \tag{3.18}$$

공통 베이스 회로에서 트랜지스터를 작동시킬 때는 최대 정격전력은 다음 식에 의해 정의된다.

$$\boxed{P_{C_{\max}} = V_{CB}I_C} \tag{3.19}$$

3.8 트랜지스터 규격표

제조 회사는 규격표를 이용하여 제품에 대한 정보를 사용자에게 전달하므로, 규격표에 나타나는 정보들을 제대로 파악하고 이해하는 것이 중요하다. 아직 많은 매개변수들(parameters)에 대해서 다루지는 않았지만, 규격표에 표시된 어떤 값들에 대해서는 익숙할 것이다. 아직 소개하지 않은 매개변수들을 이 장에서 설명할 것이다. 필요하면 이 규격표를 다시 참조한다.

그림 3.23의 내용은 모토롤라사(Motorola Inc.)에서 제공하는 「소신호 트랜지스터, FET, 다이오드(Small-Signal Transistors, FETs, and Diodes)」 책에서 발췌한 것이다. 2N4123은 범용 *npn* 트랜지스터로 외관은 그림 3.23a의 오른쪽 상단에 나타난 것과 같다. 대부분의 규격표는 최대 규격(maximum ratings), 온도 특성(thermal characteristics), 전기적 특성(electrical characteristics)으로 구성된다. 전기적 특성은 다시 'on'과 'off' 및 소신호 특성으로 구분한다. 'on'과 'off' 특성은 직류 제한을 나타내는 반면, 소신호 특성은 교류 작동에 중요한 매개변수들을 포함한다.

최대 정격은 $I_{C_{\max}}=200$ mA에서 $V_{CE_{\max}}=V_{CEO}=30$ V이다. 최대 컬렉터 전력은 $P_{C_{\max}}=P_D=625$ mW이다. 감쇠율은 최대정격 이하의 조건에서 작동할 경우, 섭씨 25도 이상에서 1도 증가할 때마다 최대 정격은 5 mW씩 감소시켜서 사용하여야 한다. 'off' 특성에서 I_{CBO}는 50 nA이고, 'on' 특성에서 $V_{CE_{\text{sat}}}=0.3$ V이다. $I_C=2$ mA이고 $V_{CE}=1$ V일 때 h_{FE}는 50~150까지 변하고, 같은 전압에서 전류가 $I_C=50$ mA일 때 h_{FE}는 최소값인 25가 된다.

앞 절에서 트랜지스터의 한계에 대해서 다루었는데, 이때 사용한 식 (3.18)을 다시 나타내었다. 이때 $h_{FE}=150$일 때, $I_{CEO} \cong \beta I_{CBO}=(150)(50\text{ nA})=7.5\ \mu\text{A}$이다. 보통 $7.5\mu\text{A}=0.0075\text{ mA}$는 0 mA로 근사시킬 수 있다.

MAXIMUM RATINGS

Rating	Symbol	2N4123	Unit
Collector-Emitter Voltage	V_{CEO}	30	Vdc
Collector-Base Voltage	V_{CBO}	40	Vdc
Emitter-Base Voltage	V_{EBO}	5.0	Vdc
Collector Current – Continuous	I_C	200	mAdc
Total Device Dissipation @ T_A = 25˚C Derate above 25˚C	P_D	625 5.0	mW mW˚C
Operating and Storage Junction Temperature Range	T_j, T_{stg}	–55 to +150	˚C

THERMAL CHARACTERISTICS

Characteristic	Symbol	Max	Unit
Thermal Resistance, Junction to Case	$R_{\theta JC}$	83.3	˚C W
Thermal Resistance, Junction to Ambient	$R_{\theta JA}$	200	˚C W

FAIRCHILD
SEMICONDUCTOR TM

2N4123

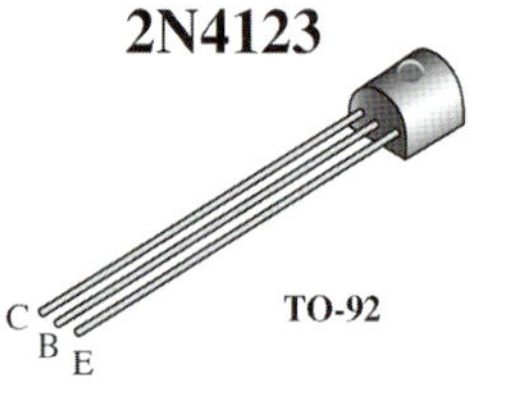

General Purpose Transistor NPN Silicon

ELECTRICAL CHARACTERISTICS (T_A = 25˚C unless otherwise noted)

Characteristic	Symbol	Min	Max	Unit
OFF CHARACTERISTICS				
Collector-Emitter Breakdown Voltage (1) (I_C = 1.0 mAdc, I_E = 0)	$V_{(BR)CEO}$	30		Vdc
Collector-Base Breakdown Voltage (I_C = 10 μAdc, I_E = 0)	$V_{(BR)CBO}$	40		Vdc
Emitter-Base Breakdown Voltage (I_E = 10 μAdc, I_C = 0)	$V_{(BR)EBO}$	5.0	–	Vdc
Collector Cutoff Current (V_{CB} = 20 Vdc, I_E = 0)	I_{CBO}	–	50	nAdc
Emitter Cutoff Current (V_{BE} = 3.0 Vdc, I_C = 0)	I_{EBO}	–	50	nAdc
ON CHARACTERISTICS				
DC Current Gain(1) (I_C = 2.0 mAdc, V_{CE} = 1.0 Vdc) (I_C = 50 mAdc, V_{CE} = 1.0 Vdc)	h_{FE}	50 25	150 –	–
Collector-Emitter Saturation Voltage(1) (I_C = 50 mAdc, I_B = 5.0 mAdc)	$V_{CE(sat)}$	–	0.3	Vdc
Base-Emitter Saturation Voltage(1) (I_C = 50 mAdc, I_B = 5.0 mAdc)	$V_{BE(sat)}$	–	0.95	Vdc
SMALL-SIGNAL CHARACTERISTICS				
Current-Gain – Bandwidth Product (I_C = 10 mAdc, V_{CE} = 20 Vdc, f = 100 MHz)	f_T	250		MHz
Output Capacitance (V_{CB} = 5.0 Vdc, I_E = 0, f = 100 MHz)	C_{obo}	–	4.0	pF
Input Capacitance (V_{BE} = 0.5 Vdc, I_C = 0, f = 100 kHz)	C_{ibo}	–	8.0	pF
Collector-Base Capacitance (I_E = 0, V_{CB} = 5.0 V, f = 100 kHz)	C_{cb}	–	4.0	pF
Small-Signal Current Gain (I_C = 2.0 mAdc, V_{CE} = 10 Vdc, f = 1.0 kHz)	h_{fe}	50	200	–
Current Gain – High Frequency (I_C = 10 mAdc, V_{CE} = 20 Vdc, f = 100 MHz) (I_C = 2.0 mAdc, V_{CE} = 10 V, f = 1.0 kHz)	h_{fe}	2.5 50	– 200	–
Noise Figure (I_C = 100 μAdc, V_{CE} = 5.0 Vdc, R_S = 1.0 k ohm, f = 1.0 kHz)	NF	–	6.0	dB

(1) Pulse Test: Pulse Width = 300 μs, Duty Cycle = 2.0%

(a)

그림 3.23 트랜지스터의 규격표

h PARAMETERS

V_{CE} = 10 V, f = 1 kHz, T_A = 25°C

Figure 1 – Current Gain

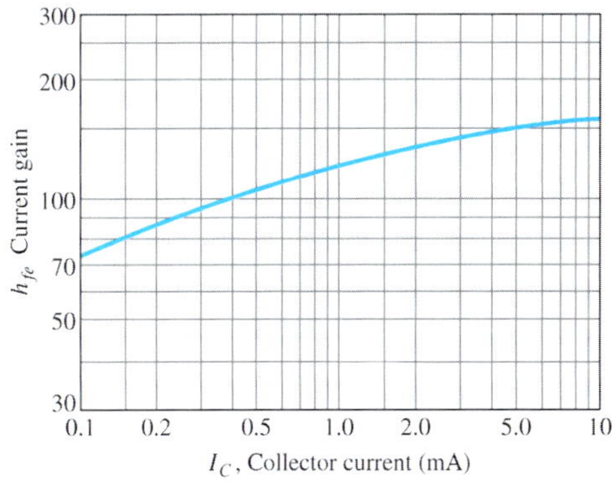

(b)

Figure 3 – Capacitance

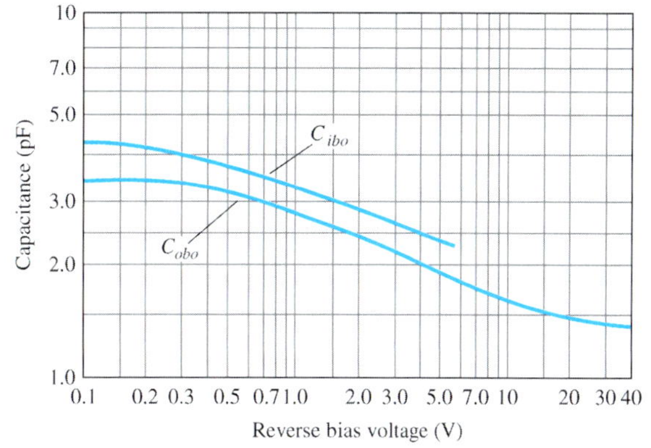

(d)

STATIC CHARACTERISTICS

Figure 2 – DC Current Gain

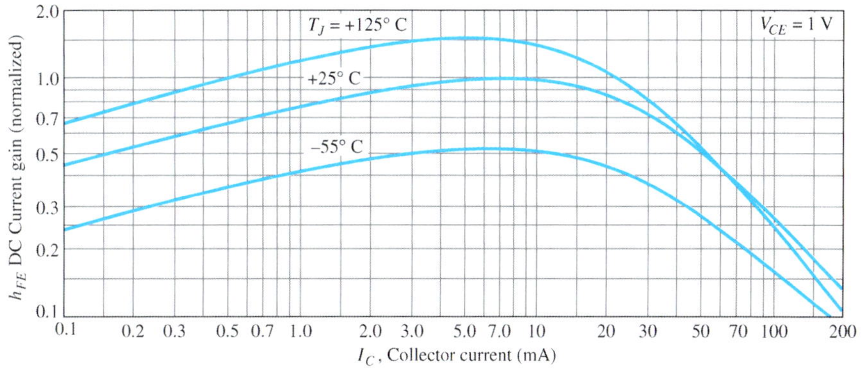

(c)

AUDIO SMALL SIGNAL CHARACTERISTICS

NOISE FIGURE

(V_{CE} = 5 Vdc, T_A = 25°C)

Bandwidth = 1.0 Hz

Figure 4 – Switching Times

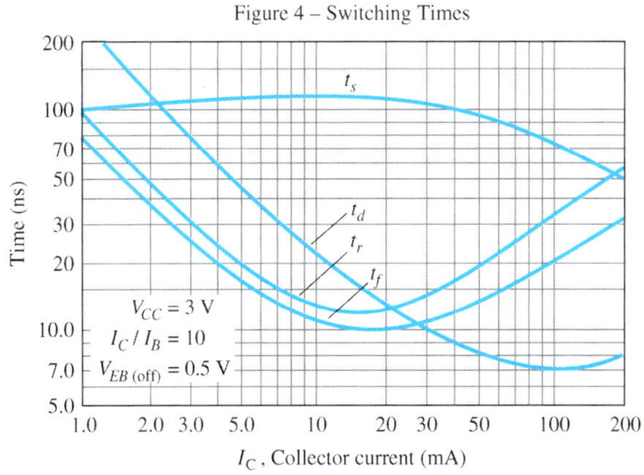

(e)

Figure 5 – Frequency Variations

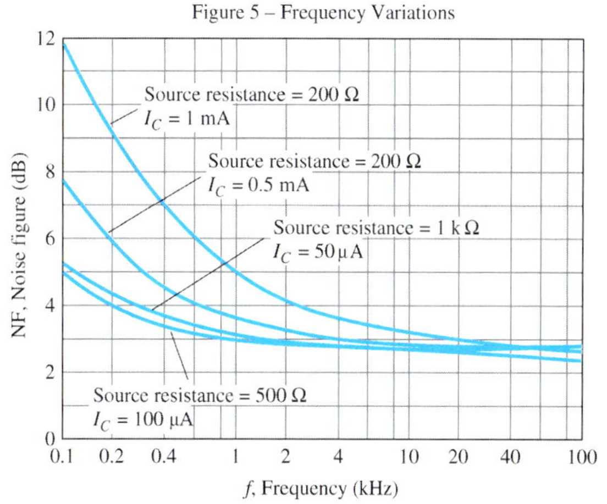

(f)

그림 3.23 계속

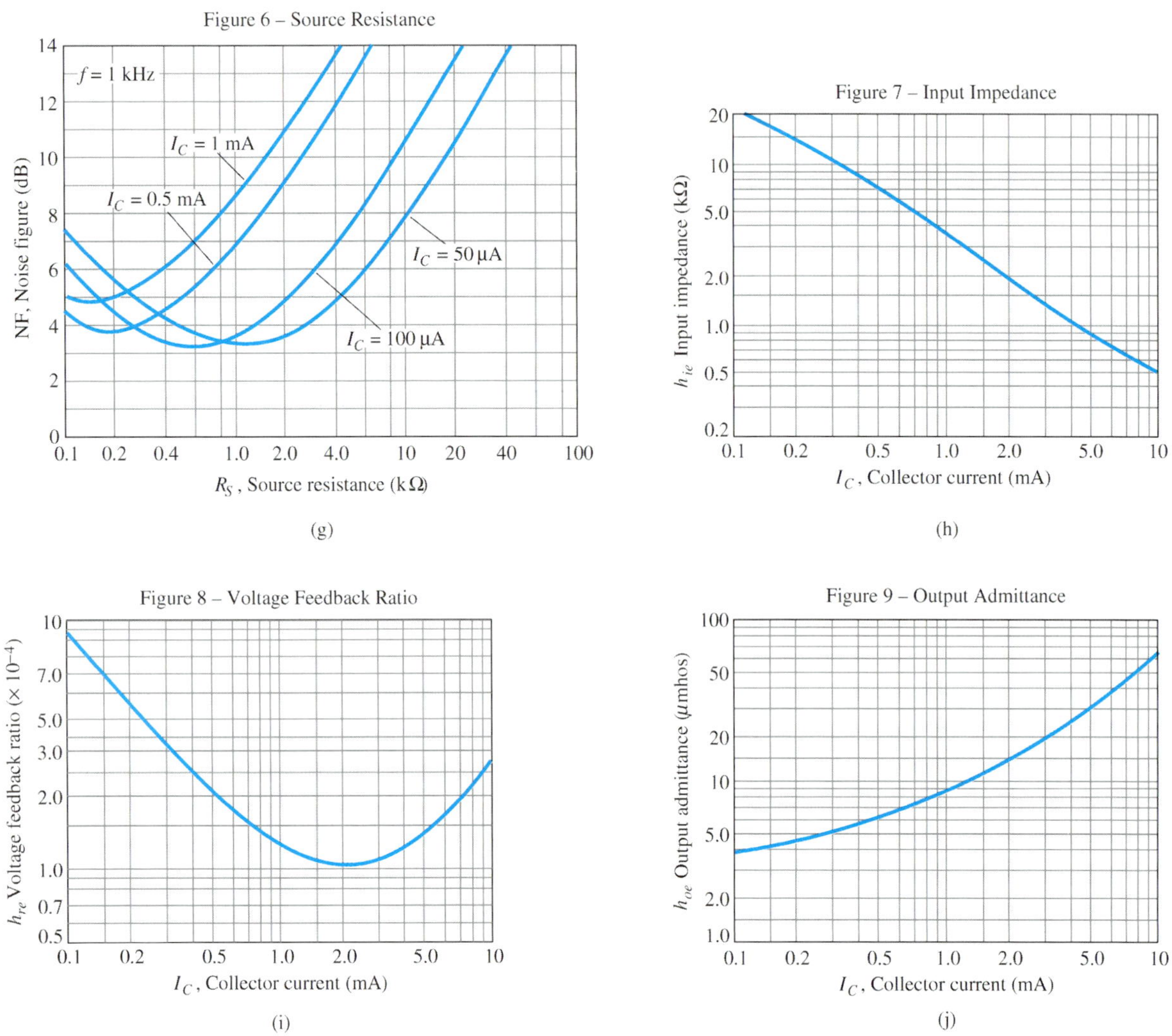

그림 3.23 계속

Limits of Operation
$7.5\ \mu A \leqq I_C \leqq 200\ mA$
$0.3\ V \leqq V_{CE} \leqq 30\ V$
$V_{CE}I_C \leqq 650\ mW$

β 변화

소신호 특성으로 그림 3.23b에 컬렉터 전류에 따른 $h_{fe}(\beta_{ac})$의 변화를 나타내었다. 그림 3.23c에는 온도와 컬렉터 전류에 따른 $h_{FE}(\beta_{dc})$를 나타내었다. 실온(25°)에서 $h_{FE}(\beta_{dc})$는 전류가 8 mA일 때 최대값인 1이 된다. I_C가 8 mA 이상 증가하면 h_{FE}는 감소하고, I_C=50 mA일 때 반으로 줄어든다. 즉, 실온에서 I_C=8 mA일 때 h_{FE}는 50이고 I_C=50 mA일 때 h_{FE}는 50/2=25가 된다. 유사하게 I_C가 감소하여도 h_{FE}는 감소하기 시작하여 I_C=0.15 mA일 때 반으로 줄어든다. 여기서 h_{FE}는 정규화된(normalized) 값이다. 바꾸어 말하면 정규화란 임의의 특정 온도와 특정 I_C에서의 h_{FE} 값을 그 온도와 $I_C=8$ mA일 때의 h_{FE} 값(최대값)으로 나눈 것이다. 그림 3.23c의 수평축이 로그 눈금으로 된 것을 볼 수 있다. 로그 눈금에 대해서는 9장에서 자세히 다루게 된다. 시간이 된다면 9장의 처음 몇 절을 본 후 다음 내용을 공부해도 된다.

커패시턴스 변화 그림 3.23(d)의 C_{ibo}와 C_{obo}는 공통 베이스 회로에서 입출력 커패시턴스 값들로, 매우 높은 주파수에서 동작할 경우를 제외하고는 이들의 영향을 무시할 수 있다. 즉, 직류와 교류 회로해석에서 이들은 개방된 회로로 간주할 수 있다.

스위칭 시간 그림 3.23(e)은 트랜지스터가 꺼진 상태에서 켜지거나, 또는 켜진 상태에서 꺼지는 시간을 정의하는 데 필요한 변수들을 포함하고 있다. 각 변수들에 대한 자세한 설명은 4.15절에서 다룬다.

주파수와 소스(source) 저항 대 잡음지수(noise figure) 잡음지수는 보통 순수한 신호에 원하지 않는 교란을 발생시키는 잡음을 측정하는 양을 의미한다. 그림 3.23(f)는 낮은 주파수부터 높은 고주파 영역에서 신호의 내부 저항인 소스(source) 저항값에 따른 잡음지수 변화를 나타내고 있다. 잡음지수가 신호 내부 저항 및 콜렉터 전류의 크기에 영향을 적게 받으면서 낮게 되는 경우는 주파수가 높은 경우임을 알 수 있다. 주파수가 낮아지면 잡음지수는 콜렉터 전류에 민감하게 반응하며 증가한다.

그림 3.23(g)에서는 일정한 주파수에서 콜렉터 저항과 신호의 소스 저항의 변화에 따른 잡음지수의 변화를 보여주고 있다. 대체적으로 콜렉터 전류가 일정할 경우에 잡음지수는 신호의 소스 저항에 비례한다.

혼합 매개변수(Hybrid Parameters) 그림 3.23(b), (h), (i), (j)는 5장에서 소개할 트랜지스터의 동작을 회로이론에서 배운 수동소자 및 종속 전류원의 등가회로로 대체할 때 이용되는 혼합 매개변수들의 변화를 보여준다. 콜렉터 전류의 변화에 따른 각 혼합 매개변수의 변화를 주목하기 바란다. 대부분의 경우, h_{fe}와 h_{ie}의 값들이 중요하다. 콜렉터 전류가 증가할수록 h_{fe}가 증가하지만 h_{ie}는 감소한다. 이 모든 매개변수에 대한 자세한 내용은 5장 19~21절에서 설명할 것이다.

규격표에 대한 설명을 마치기 전에 컬렉터의 특성에 대한 항목이 빠져 있다는 사실을 주목하기 바란다. 사실 제조회사에서 제공하는 대부분의 규격표에는 소자의 모든 특성을 전부 설명하지는 않는다. 하지만 회로를 설계할 때 필요한 소자의 정보가 충분히 제공된다고 본다.

3.9 트랜지스터 검사

다이오드와 마찬가지로 트랜지스터를 검사하는 방법은 세 가지가 있다. 이는 커브 트레이서(curve tracer), 디지털 미터(digital meter), 저항계(ohmmeter)를 사용하는 방법이다.

커브 트레이서

커브 트레이서의 외관은 그림 1.43과 같고, 트랜지스터의 특성을 측정하고 있는 화면은 그림 3.24와 같다. 오른쪽의 작은 사각형들은 특성 측정에 사용된 눈금을 나타낸 것이다. 수직 감도는 2 mA/div로 특성 곡선의 왼쪽 축의 눈금이다. 수평 감도는 1 V/div으로 특성 곡선의 아래쪽에 나타난다. 간격은 특성 곡선에서 알 수 있듯이 0 μA부터 10 μA 간격으로 나타난다는 것을 의미한다. 눈금 설정의 가장 마지막에 있는 값은 특성 곡선 모든 지점에서 β_{ac}를 빠르게 계산할 수 있도록 하는 데 사용된다. 즉, 특성 곡선 중 원하는 지점에서 두 I_B 곡선 사이의 간격에 인자를 곱하면 된다. 예를 들어 I_C=7 mA이고 V_{CE}=5 V인 Q점에서의 β_{ac}를 구하려면, 이 지점에서 두 I_B 곡선 사이의 간격은 그림 3.25에 나타내었듯이 $\frac{9}{10}$ division이다. 이러한 값들을 사용하면,

$$\beta_{ac} = \frac{9}{10}\text{div}\left(\frac{200}{\text{div}}\right) = \mathbf{180}$$

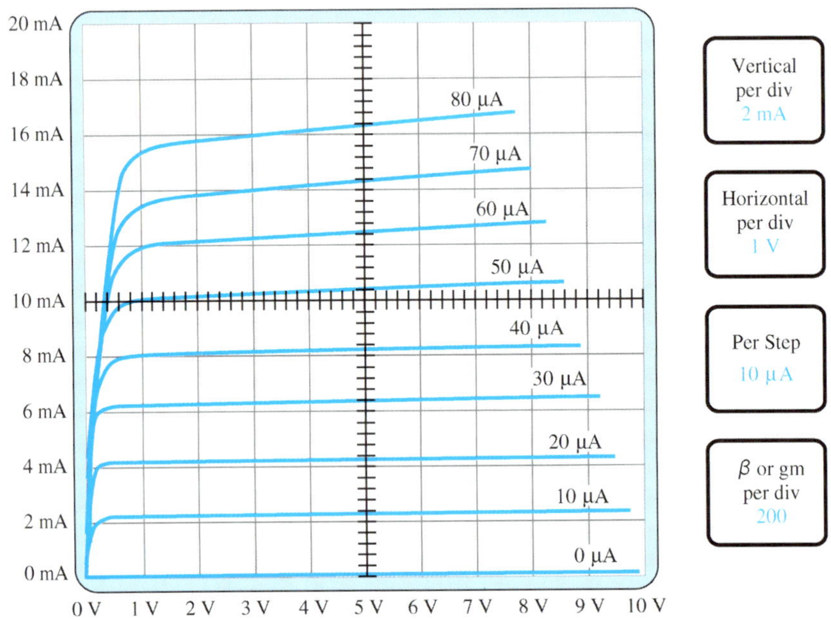

그림 3.24 2N3904 *npn* 트랜지스터의 특성 곡선(커브 트레이서) 응답

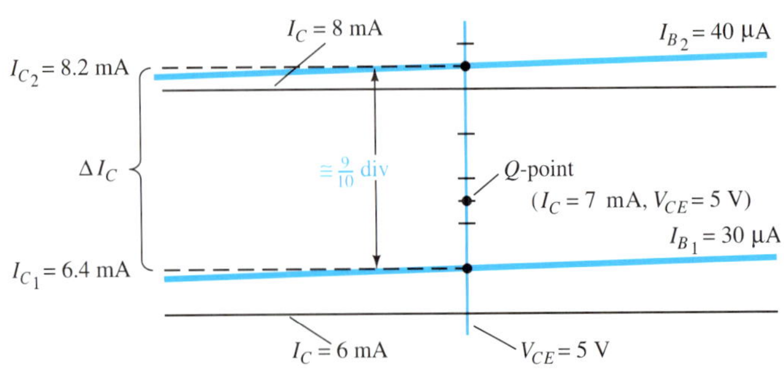

그림 3.25 I_C=7 mA, V_{CE}=5 V일 때 그림 3.24의 트랜지스터 특성에 대한 β_{ac} 결정

이 되어 β_{ac}는 180이 된다. 이 값은 식 (3.11)을 이용해 얻은 결과

$$\beta_{ac} = \left.\frac{\Delta I_C}{\Delta I_B}\right|_{V_{CE}=\text{constant}} = \frac{I_{C_1} - I_{C_1}}{I_{B_2} - I_{B_1}} = \frac{8.2\text{ mA} - 6.4\text{ mA}}{40\,\mu\text{A} - 30\,\mu\text{A}}$$
$$= \frac{1.8\text{ mA}}{10\,\mu\text{A}} = \mathbf{180}$$

과 일치한다.

트랜지스터 검사기

트랜지스터를 검사하는 데 여러 종류의 기기를 이용할 수 있다. 그림 3.26a 기기는 회로에서 다용도로 사용가능하다. 그러나 그림 3.26b의 기기는 제한된 소자를 측정할 때 이용되는데, 이 기기로는 트랜지스터, JFETs(6장에서 소개), SCRs(17장에서 소개)과 같은 부품들을 회로 내에 연결된 상태로 검사하거나, 또는 회로에서 별도로 분리한 후에 검사할 수 있다. 회로의 전원이 측정기기의 전원에 영향을 주어 고장을 일으킬 수 있기 때문에, 모든 경우에 회로의 전원은 끈 상태에서 검사를 하여야한다. 일단 검사기에 트랜지스터의 단자를 구분하여 연결한 후 불이 들어올 때까지 오른쪽에 있는 스위치의 모든 경우를 조합하여 검사한다. *npn*이나 *pnp* 트랜지스터에 이상이 없으면 OK에 불이 들어온다.

다이오드를 측정할 수 있는 기능을 이용하여 트랜지스터를 검사할 수도 있다. 컬렉터를 개방하고 베이스와 에미터 접합 부분을 측정하면 0.7 V의 전압이 측정되는데, 이때 양극(빨간색)은 베이스에, 음극(검은색)은 에미터에 연결해야 한다. 반대로 하면 OL이 표시되어 다이오드가 역방향으로 연결되었다는 것을 나타낸다. 마찬가지로 에미터를 개방하면 베이스-컬렉터 접합의 순방향, 역방향 특성들을 측정할 수 있다.

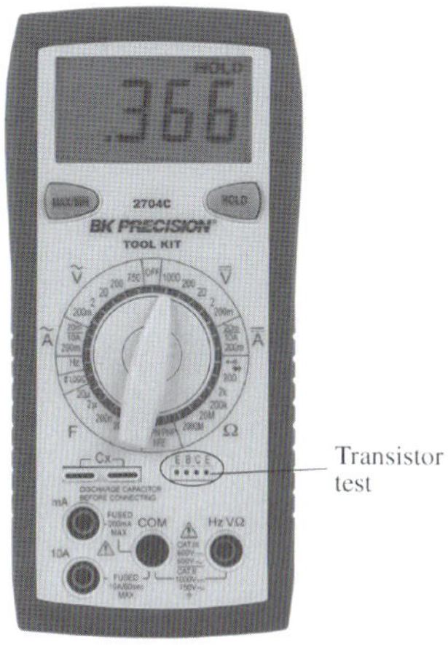

(a)

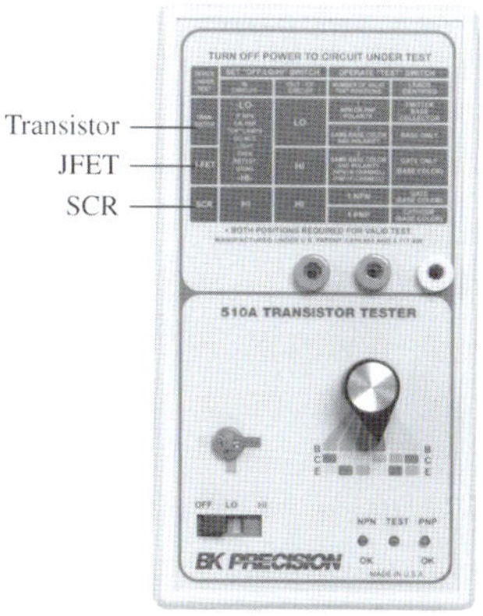

(b)

그림 3.26 트랜지스터 검사기 (a) 디지털 미터 (b) 전용 검사기 (B+K Precision 제공)

저항계

저항계나 디지털 멀티미터(DMM)의 저항 눈금은 트랜지스터의 상태를 측정하는 데 사용될 수 있다. 활성 영역의 트랜지스터는 베이스-에미터 접합이 순방향이고, 베이스-컬렉터 접합은 역방향이라고 하였다. 순방향 접합은 저항이 작고, 역방향은 저항이 크다. *npn* 트랜지스터의 경우 베이스-에미터 접합은 저항계의 자체 전원에 의해 그림 3.27과 같이 순방향으로 전압이 인가되면 이때 측정되는 저항은 100 Ω에서 수 kΩ이 된다. 베이스-컬렉터 접합은 그림 3.28과 같이 역방향으로 전압이 인가되면 측정되는 저항은 100 kΩ 이상이 된다. *pnp* 트랜지스터의 경우에는 각 접합에 대해 방향이 반대가 된다. 특히 접합의 양방향으로 높은 저항이 측정되면 이는 트랜지스터가 고장임을 의미한다.

베이스-에미터, 베이스-컬렉터 접합 모두 적절한 값의 저항이 측정되면 베이스-에미터 접합의 극성으로부터 트랜지스터의 종류를 판별할 수 있다. 양극을 베이스에, 음극을 에미터에 연결했을 때 적은 값의 저항이 측정되었다면 트랜지스터가 *npn*형이라는 것을 의미한다. 높은 값의 저항이 측정되었다면 트랜지스터가 *pnp*형이라는 것을 의미한다. 저항계를 이용하여 트랜지스터의 에미터, 베이스, 컬렉터의 배열을 찾을 수 있지만, 일반적으로는 간단히 트랜지스터의 외부 핀의 방향으로부터 배열을 알 수 있다.

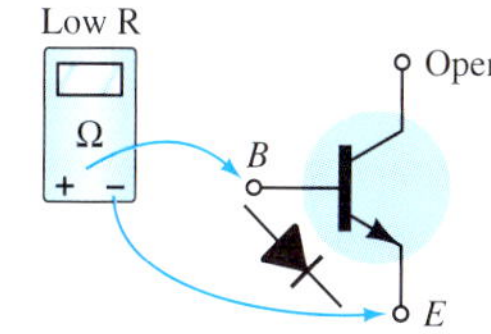

그림 3.27 *npn* 트랜지스터 베이스-에미터 접합의 순방향 바이어스 검사

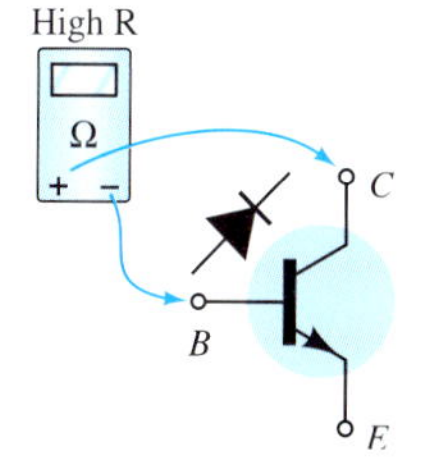

그림 3.28 *npn* 트랜지스터 베이스-컬렉터 접합의 역방향 바이어스 검사

3.10 트랜지스터 외부포장과 단자 표시

부록 A에서 설명하는 특성을 갖는 트랜지스터를 제작한 다음에 금, 알루미늄, 니켈 등의 내부선(lead)을 부착하고, 그림 3.29에 있는 모양들로 포장한다. 내구성이 강한 구조의 포장은 고전력 소자이고, 작은 캔(top hat) 혹은 플라스틱 몸체를 가진 것은 저전력 혹은 중간 전력 소자이다.

어떤 경우에는 트랜지스터의 케이스에 에미터, 컬렉터, 베이스단자를 표시하기도 한다. 일반적으로 사용되는 몇몇 방법을 그림 3.30에 제시하였다.

그림 3.31은 Fairchild 계열의 TO-92 포장(package)의 내부 구조이다. 실제 반도체 소자는 매우 작다는 것을 유의하자. 여기에는 금 본드선(bond wires), 동 프레임(frame), 에폭시 캡슐(epoxy encapsulation) 등이 있다.

그림 3.32a에 4개(quad)의 *pnp* 실리콘 트랜지스터가 14핀(pin)의 플라스틱 듀얼 인 라인(dual-in-line) 포장으로 들어가 있는 것을 보여준다. 내부 핀 연결은 그림 3.32b에 제시하였다. 다이오드의 I_C 칩처럼 윗 표면에 움푹 들어간 것이 1번과 14번 핀을 나타낸다.

3.11 트랜지스터 개발

1장 1절에서 언급한 바와 같이 Moore는 집적회로 내의 트랜지스터 개수는 2년 주기로 2배씩 증가할 것으로 예측하였다. 1965년 처음으로 Gordon E. Moore가 논문에서 주장한데로 그의 예측은 정확하였다. 그림 3.33은 해마다 트랜지스터의 집적도가 증가하는 모양이

(a) (b) (c)

그림 3.29 여러 종류의 범용 및 스위칭 트랜지스터: (a) 낮은 전력용; (b) 중간급; (c) 중간에서 높은 전력용

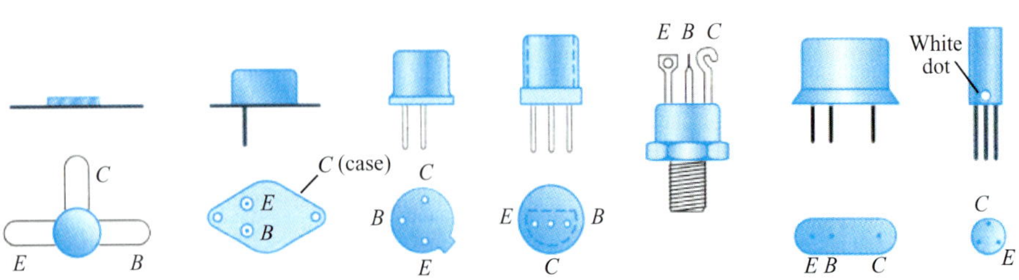

그림 3.30 트랜지스터 단자 구분

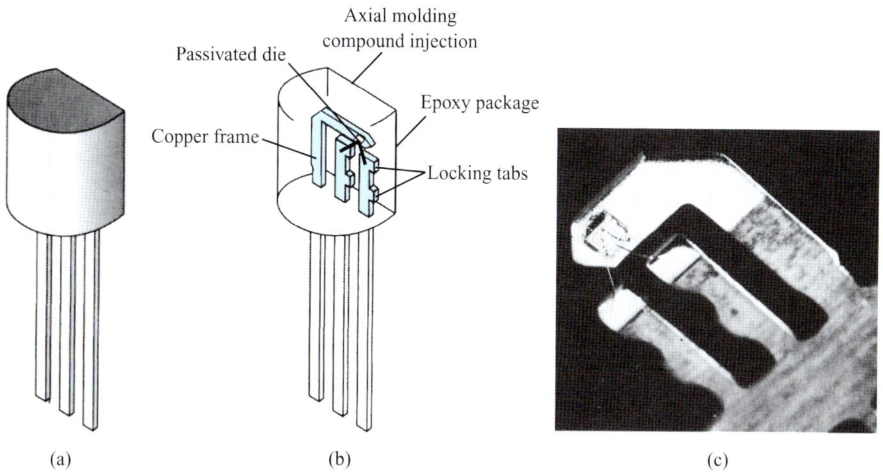

그림 3.31 페어차일드 트랜지스터 TO-92 패키지(포장)의 내부구조(페어차일드 카메라 앤드 인스트루먼트사 제공)

선형이므로 예측이 맞다는 것을 알 수 있다. 45 nm 반도체 공정을 이용할 경우에 집적회로 내에 20억 개의 트랜지스터를 제작한다는 것은 대단한 일이다. 오늘날 사용하는 반도체 기술은 1인치 선에 45 nm 선을 564,000개를 포함할 정도의 정밀도이다. 연필로 1인치에 100개의 선을 그릴 수 있는가- 거의 불가능할 것이다. 1인치의 폭의 선에 45 nm의 선을 그린다는 것은 도로에 1인치 폭의 선을 거의 9마일(14.4 km)에 걸쳐 그린다는 것과 유사하다.* Moore의 법칙이 결국 집적도, 성능, 신뢰도, 예산 등의 문제로 한계에 부딪히리라고 이야

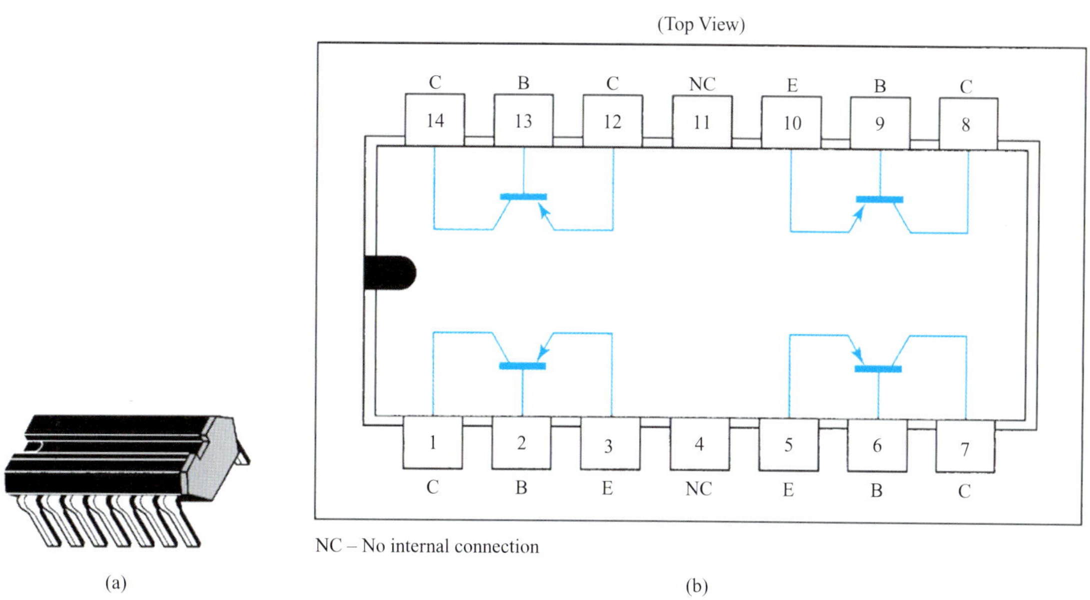

그림 3.32 텍사스 인스트루먼트사의 Q2T2905 *pnp* 실리콘 트랜지스터: (a) 외관; (b) 핀 연결(텍사스 인스트루먼트사 제공)

*미터법으로는, 1 cm의 길이나 폭의 선 220,000개를 2.21 cm에 그린다는 것이다.

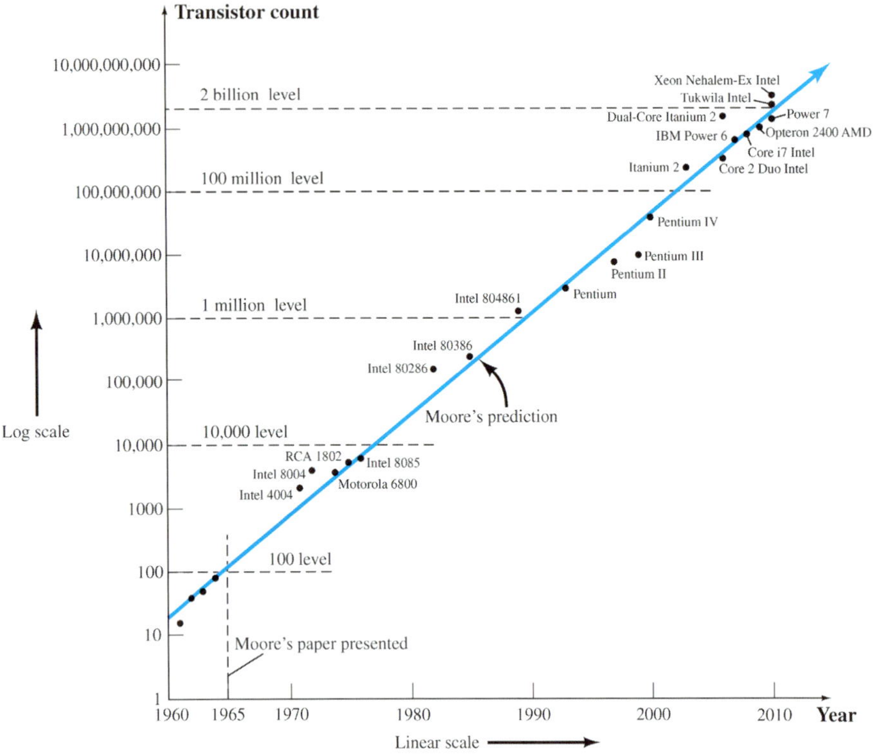

그림 3.33 1960년대부터 현재까지 트랜지스터 개수의 집적도

기를 하지만, 아직도 산업체에서는 향후 10~20년 정도는 그의 법칙이 유효하리라고 한다. 비록 실리콘이 반도체 산업의 주된 물질이라고는 하지만, 원소의 주기율표에는 향후 개발 가능한 다른 3가와 5가에의 반도체 물질들이 있다. 예를 들면, 인듐갈륨비화물(Indium Gallium Arsenide(InGaAs))과 같은 물질은 전달특성이 우수하다. 다른 물질로는 **GaALAs**, **AlGaN**, **AlInN**들과 같은 복합재료로 속도, 신뢰성, 안정성, 크기, 단순한 제조 과정 등등의 장점들을 가지고 있다.

현재 **Intel® Core™ i7 Quad Core** 마이크로프로세서는 1.6제곱인치 면적에 3.33 GHz 속도로 동작하는 7억 3천만 개의 트랜지스터가 있다. 현재 Intel에서는 20억 개의 트랜지스터 집적도를 갖는 **Tukwila** 프로세서를 개발 중이다. 또한 Intel 개발실에서는 최근 기술인 20 nm 공정의 가장 빠른 트랜지스터보다 30% 정도 적고, 20% 정도 빠른 실리콘 트랜지스터를 개발하고 있다. IBM은 조지아 공대(Georgia Institute of Technology))와 함께 현재의 기술에 비하여 월등히 높은 동작 속도인 500 GHz가 넘는 Silicon-Germanium 트랜지스터를 개발하고 있다.

이러한 연구개발은 계속되고 있는데, 스웨덴의 한 곳에서는 반도체 분야의 기본기술로 제조과정을 단순화하기 위하여 **접합이 없는**(junctionless) 트랜지스터를 개발하고 있으며, 다른 곳에서는 **carbon nanotube**(사람 머리카락의 1/50,000의 직경밖에는 안 되는 빈 원통형 모양의 탄소분자)를 이용하여 보다 빠르고, 적고, 저렴한 트랜지스터를 개발하고 있다. Hewlett Packard 기업은 스위치로 접합기능을 만들기 위하여 병렬형태의 망과 신호 선을 이용한 **Crossbar Latch** 트랜지스터를 개발하고 있다.

오래전부터 하던 질문은: 반도체의 연구방향은 앞으로 어느 방향으로 갈 것이냐 하는 것이다. 현재 기술의 관점에서 보면 새로운 연구개발의 방향을 추구하는 창의적인 개발정신에는 그 어떤 제약과 한계도 없을 것이란 점은 분명하다.

3.12 요약

중요 결론 및 개념

1. 반도체 소자는 진공관에 비해 다음과 같은 장점이 있다. (1) **크기가 작고**, (2) **무게가 가볍고**, (3) **내구성이 뛰어나며**, (4) **효율적**이다. 또한 (1) **예열 과정이 필요 없고**, (2) **히터가 필요하지 않으며**, (3) **더 낮은 전압에서 구동**된다.
2. 트랜지스터는 3개의 반도체 층으로 구성된 **3단자를 갖는 소자**로, 가운데 있는 베이스 층은 다른 두 층에 비해 매우 **얇다**. 나머지 바깥 두 층은 n형 또는 p형 물질로 베이스 층과는 반대 성질의 샌드위치 형태로 구성된다.
3. 두 p–n 접합 중 하나는 **순방향 바이어스**되며, 다른 하나는 **역방향 바이어스**가 된다.
4. 트랜지스터에서 에미터 직류 전류는 항상 가장 **큰 전류**이며, 베이스 전류는 항상 **가장 작은** 전류이다. 에미터 전류는 컬렉터 전류와 베이스 전류를 **합**한 것이다.
5. 컬렉터 전류는 두 성분으로 구성된다: **다수 성분**과 **소수 성분**(또한 **누설 전류**로도 부른다)
6. 트랜지스터 기호의 화살표는 **에미터 전류가 흐르는** 방향에 따라 정의하며, 이에 따라 다른 단자의 전류 방향도 알 수 있다.
7. 3단자 소자는 그 특성을 완전히 정의하기 위해서 **두 개의 특성**이 필요하다.
8. 트랜지스터의 활성 영역이란 베이스-에미터 접합은 **순방향 바이어스**가 되며, 베이스-컬렉터 접합은 **역방향 바이어스**가 된 것을 말한다.
9. 차단 영역에서는 베이스-에미터 접합과 베이스-컬렉터 접합은 **모두 역방향 바이어스** 된다.
10. 포화 영역에서는 베이스-에미터 접합 및 베이스-컬렉터 접합이 모두 **순방향 바이어스** 된다.
11. 트랜지스터 동작 중에는 베이스-에미터 사이의 전압은 대략 **0.7 V**로 간주할 수 있다.
12. 알파(α)값은 컬렉터와 에미터 전류값의 관계를 나타내며, 항상 **1**에 가깝다.
13. 순방향 바이어스가 된 접합 사이의 임피던스는 비교적 **작고**, 역방향 바이어스가 된 접합 사이의 임피던스는 보통 **매우 크다**.
14. *npn* 트랜지스터 기호에서의 화살표는 소자 바깥쪽을 향하고 있으며(암기법: *n*ot pointing i*n*), *pnp* 트랜지스터 기호에서의 화살표는 소자 안쪽을 향하고 있다(암기법: pointing i*n*).
15. 선형 증폭을 위해서는 공통 에미터 설정에서의 차단 영역이 $I_C = I_{CEO}$로 정의된다.
16. 베타(β)값은 베이스와 에미터 전류값의 관계를 나타내며, 보통 **50~400 사이**이다.
17. 직류 베타값은 **동작점에서 직류 전류값의 비로** 정의되며, 교류 베타값은 작동하는 영역에서의 동작 **특성에 민감**하다. 대부분의 응용에서는 이 두 값은 거의 같은 것으로 간주한다.

18. 트랜지스터가 최대 전력 아래에서 동작하는지 확인하려면, **컬렉터-에미터간 전압과 컬렉터 전류를 곱**한 뒤 이 값을 최대 전력 제한의 값과 비교하면 된다.

주요 공식

$$I_E = I_C + I_B, \qquad I_C = I_{C_{\text{majority}}} + I_{CO_{\text{minority}}}, \qquad V_{BE} = 0.7\text{ V}$$

$$\alpha_{\text{dc}} = \frac{I_C}{I_E}, \qquad \alpha_{\text{ac}} = \left.\frac{\Delta I_C}{\Delta I_E}\right|_{V_{CB}=\text{constant}}, \qquad I_{CEO} = \left.\frac{I_{CBO}}{1-\alpha}\right|_{I_B=0\,\mu\text{A}}$$

$$\beta_{\text{dc}} = \frac{I_C}{I_B}, \qquad \beta_{\text{ac}} = \left.\frac{\Delta I_C}{\Delta I_B}\right|_{V_{CE}=\text{constant}}, \qquad \alpha = \frac{\beta}{\beta+1}$$

$$I_C = \beta I_B, \qquad I_E = (\beta + 1)I_B, \qquad P_{C_{\max}} = V_{CE}I_C$$

3.13 컴퓨터 해석

Cadence OrCAD

이 장에서 이미 트랜지스터의 특성을 알았으므로, 트랜지스터 특성을 PSpice 윈도우를 사용하여 구하는 방법에 대해서 알아보자. 트랜지스터는 **EVAL** 라이브러리(library)에 있는데 **Q**라는 글자로 시작한다. 이 라이브러리에는 2개의 *npn*과 2개의 *pnp* 트랜지스터들 및 2개의 달링톤(Darlington) 회로가 있다. 트랜지스터의 특성 곡선은 다양한 I_B값으로 이루어진다. 그러므로 각기 다른 컬렉터와 에미터 전압에 대하여 계산을 하여야 하기 때문에 중복된 스위프(nested sweep)를 사용하여야 한다(역자 주: 스위프[sweep]란 정해진 구간을 계속 반복하는 것을 말함). 반면에 다이오드는 하나의 결과 특성 곡선만이 존재하기 때문에 이런 중복된 계산을 할 필요가 없다.

먼저 2장에서 정의한 방법과 동일한 방법을 사용하여 그림 3.34의 회로를 구성한다. V_{CC}는 주(main) 스위프이고 V_{BB}는 중복된 스위프를 결정한다. 회로를 구성할 때 화면의 크기가 모자라면 스크롤 바(scroll bar)를 이용하여 보이지 않는 화면을 이용한다. 이 스크롤 바를 이용하여 이미 그린 소자를 다시 사용할 수 있다. 예를 들어 이미 그린 저항을 찾고자 하면, 이 스크롤 바를 이용하여 저항 **R**이 나타날 때까지 뒤로 이동하여 소자를 선택(click)하면 화면에 저항이 나타난다.

회로가 그림 3.34처럼 보이게 되면, **New Simulation Profile**을 선택하고 **Name**으로 **OrCAD 3-1**을 입력한다. 그런 다음 **Simulation Settings** 대화상자를 열기 위해 **Create**를 선택한다. **Analysis type**은 **Voltage Source**가 되는 **Sweep variable**을 갖는 **DC Sweep**가 될 것이다. Swept voltage source에 대한 이름으로 VCC를 넣고 스위프는 **Linear**를 선택한다. **Start value**는 0 V, **End value** 10 V, **Increment**는 0.01 V이다.

제어설정을 떠나기 위해 화면의 우측 상단에 있는 닫음 표시인 x 표시를 선택하지 않아야 한다. **Secondary Sweep**을 선택하여 nested sweep 변수에 Swept 전압전원으로 VBB를 공급한다. 다시 **Linear** sweep가 될 것이다. Start value는 다음과 식으로 계산되는 초기 전류 20 μA에 해당하는 2.7V로 한다.

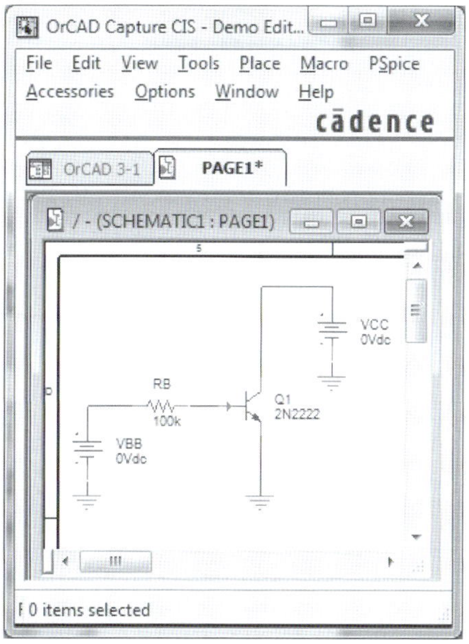

그림 3.34 Q2N2222 트랜지스터의 컬렉터 특성을 얻기 위한 회로

$$I_B = \frac{V_{BB} - V_{BE}}{R_B} = \frac{2.7\text{ V} - 0.7\text{ V}}{100\text{ k}\Omega} = 20\,\mu\text{A}$$

End value(최종값)는 100 μA의 전류에 해당하는 10.7 V로 설정한다. 베이스 전류 변화인 20 μA에 해당하는 2 V를 **Increment**로 설정한다. 2개의 sweep가 이제 설정되었다. 각각의 sweep의 상자가 작동되도록 되었는지 회로 화면을 종료하기 전에 확인한다. 종종 시뮬레이션하기 위하여 화면을 종료하기 전에 2번째 입력한 **sweep**의 동작을 활성화하는 것을 잊는 경우가 있다. 2개의 sweep가 활성화된 것을 확인하였다면 **Run PSpice**를 선택한다. **VCC**가 0에서 10 V까지 변화는 그림이 그려질 것이다. 각각 다른 전류 I 곡선을 만들기 위하여 **Trace-Add Trace**의 순서를 적용하여 **Add Trace** 대화상자를 나타나게 한다. **IC(Q1)**를 선택하면, 트랜지스터의 컬렉터 전류가 나타난다. **OK**를 선택한다. 그러면 트랜지스터의 특성이 나타날 것이다. **Y** 축이 −10 mA에서 +20 mA까지 확장하여야 하는데, **Plot-Axis Settings**의 순서로 **Axis Setting** 대화 화면을 이용하여 수정할 수 있다. **Y-Axis**를 선택하고, **Data Range**아래 **User Defined**를 이용하여 0−20 mA로 정정한다. **OK**를 구동하면 그림 3.35와 같은 결과를 얻을 수 있다. 그림에 있는 이름들은 OrCAD의 production version을 이용하여 추가할 수 있다.

그림 3.35의 아랫부분은 I_B=20 μA일 경우이다. 그 위의 값들은 I_B=40 μA, 60 μA 등이다. 이와 같은 특성에서 중간값인 V_{CE}=4 V, I_B=60 μA를 선택할 경우 β는 다음과 같이 구할 수 있다.

$$\beta = \frac{I_C}{I_B} = \frac{11\text{ mA}}{60\,\mu\text{A}} = 183.3$$

다이오드의 경우와 마찬가지로 소자의 여러 요인들이 트랜지스터의 동작점에 영향을 미칠

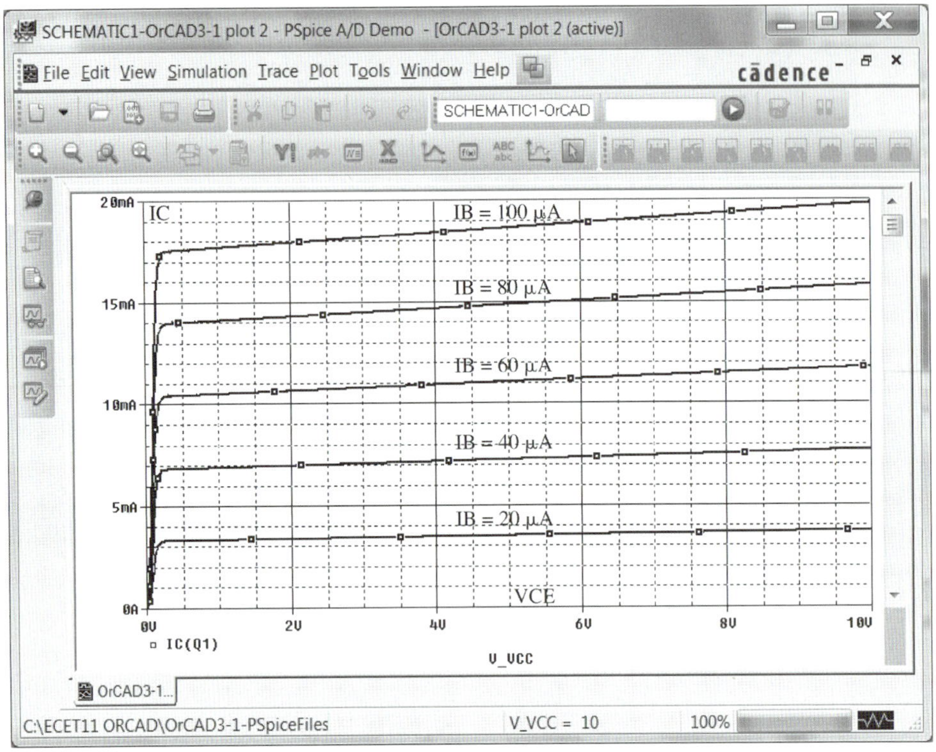

그림 3.35 그림 3.34의 트랜지스터 컬렉터 특성

것이다. **PSpice Model Editor Demo** 상자를 나타내기 위하여 **Edit-PSpice Model**을 이용하여서 트랜지스터 규격표를 보면, Bf값을 제외하고는 모든 매개변수들을 삭제할 수 있다. 이 상자를 벗어나면 **Model Edito/16.3** 대화상자가 나타나서 수정된 값으로 저장할지를 묻는다. **OrCAD 3-1**이란 이름으로 저장하고 적절히 수직 값을 조절하면 그림 3.36과 같은 시뮬레이션 결과를 얻을 수 있다.

이번의 그림은 모든 곡선이 거의 수평인데, 이는 저항이란 특성이 의미가 없다는 것이다. 또한 곡선들의 간격이 거의 일정하므로 β는 어느 위치에서나 거의 변함이 없다는 뜻이다. V_{CE}=4 V이고 I_B=60 μA의 교점에서 새로운 β는

$$\beta = \frac{I_C}{I_B} = \frac{14.6\ \text{mA}}{60\ \mu\text{A}} = 243.3$$

이와 같은 해석을 하는 목적은 β값이 주어진다고 하여도 실제 회로의 값은 여러 가지 요인에 의하여 다르게 바뀐다는 것을 알려주기 위한 것이다. 이상적인 경우를 가정하는 것은 처음 쉽게 기본 개념을 이해하기 위한 방법으로는 좋지만, 실제 회로의 경우 결과는 그렇지 않고 다른 값들에 영향을 받게 되는 값들로 구성된다.

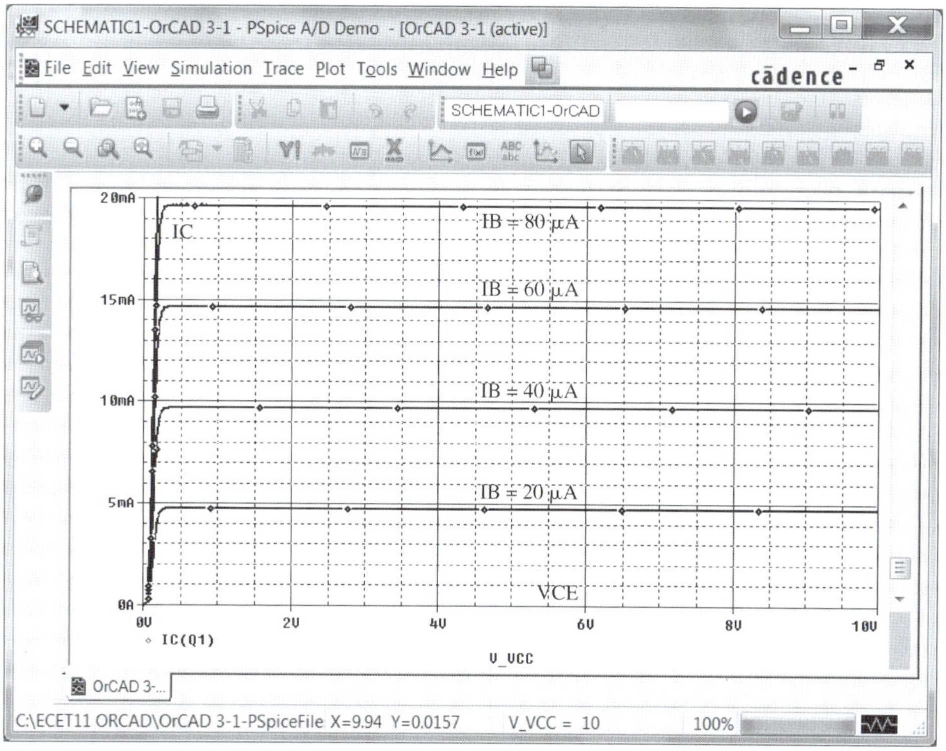

그림 3.36 그림 3.34 회로의 이상적인 컬렉터 특성

연 | 습 | 문 | 제

3.2 트랜지스터 구조

1. 두 종류의 BJT 트랜지스터에 적용되는 이름은 무엇인가 ? 각각의 기본 구조를 그리고, 각 층에서 소수 캐리어와 다수 캐리어를 표시하라. 그리고 각각에 대해 그림으로 표시되는 기호를 그려라. 실리콘에서 게르마늄으로 바뀌면 이 정보들은 바뀌는가?

2. 바이폴라(bipolar) 소자와 유니폴라(unipolar) 소자의 큰 차이점은 무엇인가?

3.3 트랜지스터 작동

3. 트랜지스터가 적절히 증폭하도록 하기 위해서 트랜지스터의 두 접합은 어떻게 바이어스를 해야 하는가?

4. 트랜지스터에서 누설 전류의 원인은 무엇인가?

5. *npn* 트랜지스터에서 순방향 바이어스가 된 결합에 대해 그림 3.4a와 유사한 그림을 그려라. 그 결과 발생하는 캐리어의 움직임을 설명하라.

6. *npn* 트랜지스터에서 역방향 바이어스가 된 결합에 대해 그림 3.4b와 유사한 그림을 그려라. 그 결과 발생하는 캐리어의 움직임을 설명하라.

*는 다른 문제보다 다소 어려운 문제를 나타낸다.

7. *npn* 트랜지스터에서 다수 캐리어와 소수 캐리어의 흐름에 대해 그림 3.5와 유사한 그림을 그려라. 그 결과 발생하는 캐리어의 움직임을 설명하라.
8. 트랜지스터 전류 중 가장 큰 것은 무엇인가? 가장 작은 것은 무엇인가? 어떤 두 전류가 비슷한 크기를 가지는가?
9. 트랜지스터의 에미터 전류가 8 mA이고 I_B가 I_C의 1/100이라고 할 때, I_C와 I_B값을 구하라.

3.4 공통 베이스 회로

10. *pnp*와 *npn* 트랜지스터의 기호를 그리고, 통상적인 각 전류의 방향을 표시하라.
11. 그림 3.7의 특성을 사용하여 $I_E=5$ mA에서 $V_{CB}=1$ V, 10 V, 20 V인 경우의 V_{BE}를 구하라. V_{CB}는 V_{BE}와 I_E 사이의 관계에 매우 적은 영향만을 미친다는 가정이 타당한가?
12. **a.** 그림 3.10b 특성에 대한 평균 교류 저항을 구하라.
    b. 저항 성분의 크기가 대표적으로 kΩ 단위인 회로에서 그림 3.10c의 근사가 유효한가 [(a)의 결과에 근거하라]?
13. **a.** 그림 3.8의 특성을 사용하여, $I_E=3.5$ mA이고 $V_{CB}=10$ V인 경우 컬렉터 전류를 구하라.
    b. $I_E=3.5$ mA이고 $V_{CB}=20$ V인 경우 (a)를 반복하라.
    c. V_{CB}의 변화가 I_C 값에 얼마나 영향을 미쳤는가?
    d. 근사적인 방법에 근거하여 위의 결과를 사용하면 I_E와 I_C는 어떤 관계를 가지고 있는가?
14. **a.** 그림 3.7과 3.8의 특성을 사용하여 $V_{CB}=5$ V이고 $V_{BE}=0.7$ V인 경우 I_C를 구하라.
    b. $I_C=5$ mA이고 $V_{CB}=15$ V인 경우, V_{BE}를 구하라.
    c. 그림 3.10b의 특성을 사용하여 (b)를 반복하라.
    d. 그림 3.10c의 특성을 사용하여 (b)를 반복하라.
    e. (b), (c), (d)를 통해서 얻은 V_{BE}의 해를 비교하라. 만약 전압값이 수 볼트보다 크다면 그 차이는 무시할 수 있는가?
15. **a.** α_{dc}가 0.998이고 $I_E=4$ mA인 경우 I_C를 구하라.
    b. $I_E=2.8$ mA이고 $I_B=20\ \mu$A인 경우 α_{dc}를 구하라.
    c. $I_B=40\ \mu$A이고 α_{dc}는 0.98인 경우 I_E를 구하라.
16. 이미 배운 내용을 기억하여 *npn*과 *pnp*에 대한 공통 베이스 BJT 트랜지스터 회로를 그리고 인가되는 전압의 방향과 이에 따른 전류의 방향을 표시하라.

3.5 공통 에미터 회로

17. I_{CBO}와 I_{CEO}를 정의하라. 어떻게 다른가? 어떤 연관이 있는가? 크기가 비슷한가?
18. 그림 3.13를 사용하여 다음 문제를 풀어라.
    a. $V_{BE}=+750$ mV이고 $V_{CE}=+4$ V에 대한 I_C의 값을 찾아라.
    b. $I_C=3.5$ mA이고 $I_B=30\ \mu$A에 대한 V_{CE}와 V_{BE} 값을 찾아라.

*19. **a.** 그림 3.13의 공통 에미터 특성에 대해 작동점 $V_{CE}=+6$ V, $I_C=3$ mA에서의 직류 동작점을 구하라.
    b. 이 작동점에서의 α를 구하라.
    c. $V_{CE}=+6$ V에 대해 해당하는 I_{CEO}를 구하라.

d. (a)에서 얻은 직류 β를 사용하여 I_{CBO}의 근사값을 계산하라.

***20. a.** 그림 3.13a의 특성을 이용하여 $V_{CE}=10$ V일 때의 I_{CEO}를 구하라.

b. $I_B=10\ \mu$A이고 $V_{CE}=10$ V일 때의 β_{dc}를 구하라.

c. (b)에서 구한 β_{dc}를 사용하여 I_{CBO}를 계산하라.

21. a. 그림 3.13a의 특성을 사용하여 $I_B=60\ \mu$A, $V_{CE}=4$ V일 때의 β_{dc}를 구하라.

b. $I_B=30\ \mu$A, $V_{CE}=7$ V일 때, (a)를 반복하라.

c. $I_B=10\ \mu$A, $V_{CE}=10$ V일 때, (a)를 반복하라.

d. (a)부터 (c)까지의 결과를 볼 때, β_{dc}값은 각 점에서 변하는가? 가장 큰 값을 갖는 점은 어디인가? 그림 3.13a와 같은 특성 곡선 위에서 β_{dc}값에 대한 일반적 결론을 얻을 수 있는가?

***22. a.** 그림 3.13a의 특성을 사용하여 $I_B=60\ \mu$A, $V_{CE}=4$ V일 때의 β_{ac}를 구하라.

b. $I_B=30\ \mu$A, $V_{CE}=7$ V일 때, (a)를 반복하라.

c. $I_B=10\ \mu$A, $V_{CE}=10$ V일 때, (a)를 반복하라.

d. (a)부터 (c)까지의 결과를 볼 때, β_{ac} 값은 각 점에서 변하는가? 가장 큰 값을 갖는 점은 어디인가? 컬렉터 특성 곡선상에서 β_{ac} 값에 대한 일반적 결론을 얻을 수 있는가?

e. 이 문제에서 구한 점은 문제 21에서 얻은 것과 동일하다. 만약 문제 21을 풀었다면, 각 점에서 β_{dc}와 β_{ac} 값을 비교하고 각 값의 크기 변화에 대해서 언급하라.

23. 그림 3.13a의 특성을 사용하여 $I_B=25\ \mu$A, $V_{CE}=10$ V에서 β_{dc} 값을 구하라. 그리고 β_{dc} 값과 I_E 값을 계산하라($I_C=\beta_{dc}\,I_B$를 사용).

24. a. α_{dc}가 0.980일 때, 그에 해당하는 β_{dc}를 구하라.

b. β_{dc}가 120일 때, 그에 해당하는 α를 구하라.

c. $\beta_{dc}=120$, $I_C=2.0$ mA일 때, I_E와 I_B를 구하라.

25. 책을 보지 않고 *npn*과 *pnp*에 대한 공통 에미터 회로를 그리고, 적절한 바이어스 배열과 그로 인한 전류 I_B, I_C, I_E의 방향을 표시하라.

3.6 공통 컬렉터 회로

26. 그림 3.21의 회로에 인가된 입력전압은 2 V rms(베이스에서 접지로 측정)이다. 에미터 전압이 베이스 전압을 정확하게 따르고 V_{be}(rms)=0.1 V라고 할 때, $R_E=1$ kΩ에 대해서 회로의 전압 증폭비($A_v=V_o/V_i$)와 에미터 전류를 구하라.

27. 그림 3.13과 같은 특성을 지닌 트랜지스터에 대해서 공통 컬렉터 회로의 입출력 특성을 그려라.

3.7 작동 한계

28. 그림 3.13의 특성을 가진 트랜지스터에서 $I_{C_{max}}=6$ mA, $V_{CE_{max}}=15$ V, $P_{C_{max}}=35$ mW인 경우, 작동 범위를 구하라.

29. 그림 3.8의 특성을 가진 트랜지스터에서 $I_{C_{max}}=7$ mA, $V_{CB_{max}}=20$ V, $PC_{max}=42$ mW인 경우, 작동 범위를 구하라.

3.8 트랜지스터 규격표

30. 그림 3.23을 보고 소자의 온도 범위를 화씨로 구하라.

31. 그림 3.23에 있는 정보를 사용하여 $P_{D_{max}}$, $V_{CE_{max}}$, $I_{C_{max}}$, $V_{CE_{sat}}$에 대해 소자의 작동 영역의 경계를 그려라.

32. 그림 3.23c의 자료를 근거로 β_{dc}의 평균값을 사용하여 I_{CEO}의 기대값을 구하라.

33. I_C의 범위가 0.1 mA에서 10 mA인 경우 h_{FE}(그림 3.23c, h_{FE}=100으로 정규화)와 h_{fe}(그림 3.23b)의 범위를 비교하라.

34. 그림 3.23d의 특성을 사용하여 역방향 바이어스 전위가 증가함에 따라 공통 베이스 회로의 입력 커패시턴스는 증가하는지 혹은 감소하는지 결정하고 그 이유를 설명하라.

***35.** 그림 3.23b의 특성을 사용하여, I_C가 1 mA에서 10 mA로 변할 때, h_{fe}가 얼마나 변하는지 결정하라. 수직 눈금은 로그 단위로 되어있는데, 11.2절을 참조하라. 이 변화는 설계시 고려해야 할 만한 것인가?

***36.** 그림 3.23c의 특성을 사용하여 I_C=10 mA일 때, 그림에 나타난 세 가지 온도에서의 β_{dc}값을 구하라. 제시된 온도 범위에서 이 변화가 큰가? 이는 설계 단계에서 고려해야 할 요소인가?

3.9 트랜지스터 검사

37. a. 그림 3.24의 특성을 사용하여 I_C=14 mA, V_{CE}=3 V일 때, β_{ac}값을 구하라.

b. I_C=1 mA, V_{CE}=8 V일 때, β_{dc} 값을 구하라.

c. I_C=14 mA, V_{CE}=3 V일 때, β_{ac} 값을 구하라.

d. I_C=1 mA, V_{CE}=8 V일 때, β_{dc} 값을 구하라.

e. 각 영역에서 β_{ac}와 β_{dc} 값을 비교하라.

f. 이 특성 곡선에서 $\beta_{dc} \cong \beta_{ac}$라는 근사는 유효한가?

CHAPTER 4

직류 바이어스-BJTs

학습목표 CHAPTER OBJECTIVE

- BJT 회로를 구성하는 데 필요한 직류 공급 능력
- BJT 회로에서 중요한 전압들을 측정하는 방법과 이를 이용하여 회로의 상태 판단
- 포화 상태와 차단 상태를 구분하고, 이들의 전압과 전류량들을 구분
- BJT 회로에서 부하선에 대한 이해
- BJT 증폭기 설계 능력
- BJT 스위칭 회로 작동에 대한 이해
- BJT 회로의 고장진단에 대한 이해
- BJT 회로의 안정도에 영향을 미치는 요소들과 이들의 특성 및 주변 환경 변화에 대한 영향

4.1 개요

트랜지스터 증폭기를 해석하고 설계하기 위해서는 직류 및 교류 응답에 대한 지식이 필요하다. 종종 트랜지스터를 공부하면서 외부 에너지 공급원 없이 인가된 교류 입력신호를 증폭시킬 수 있다고 오해하는 경우가 있다. 사실

교류전압, 전류 및 전력을 증가시킨다는 것은 직류 공급원으로부터 에너지를 변환한다는 것이다.

따라서 증폭기의 해석과 설계는 직류와 교류 성분 모두를 고려해야 한다. 다행히 중첩의 원리를 사용할 수 있으므로 직류와 교류에 대한 응답을 완전히 분리하여 처리할 수 있다. 그러나 회로를 설계할 때에 직류 값을 결정하는 요인들이 교류 응답에도 영향을 미친다는 점을 알아야 한다. 물론 그 반대의 경우에도 마찬가지다.

트랜지스터의 직류 크기는 작동하는 영역의 소자 특성 곡선 상에서도 많은 요인에 의해 결정된다. 4.2절에서는 BJT 증폭기의 이러한 범위를 알아볼 것이다. 일단 원하는 직류 전류와 전압이 결정되면, 적절한 작동점을 결정하도록 회로를 구성하여야 한다. 이 장에서는 여러 가지 회로들을 해석할 것인데 회로를 설계할 때는 시스템의 안정도를 결정하여야 한

다. 예를 들면, 시스템이 얼마나 온도 변화에 민감한지를 결정해야 한다. 이외의 사항에 대해서는 이 장 후반에서 살펴볼 것이다.

이 장에서는 많은 종류의 회로를 해석하겠지만, 각 회로 해석은 이미 배운 다음과 같은 트랜지스터의 중요한 기본 관계식을 사용한다.

$$\boxed{V_{BE} = 0.7\ \text{V}} \tag{4.1}$$

$$\boxed{I_E = (\beta + 1)I_B \cong I_C} \tag{4.2}$$

$$\boxed{I_C = \beta I_B} \tag{4.3}$$

처음 몇 개의 회로 해석을 확실히 이해하면, 그 후에 나오는 회로들에 대한 해석은 모두 유사함을 알 수 있다. 대부분의 경우 제일 먼저 결정하여야 할 값은 베이스 전류 I_B이다. I_B를 알면 식 (4.1)에서 식 (4.3)까지 나타난 관계를 사용하여 나머지값들을 구할 수 있다. 앞으로 이와 유사한 해석 방법이 적용되는 것을 알게 될 것이다. 많은 회로에서 I_B를 나타내는 식들은 유사하므로 원하는 식은 다른 식에서 한두 개의 항을 빼거나 더하여 유도할 수 있다. 이 장의 목표는 BJT 트랜지스터에 대해 익숙해지고 BJT 증폭기를 사용한 시스템의 직류 해석을 다룰 수 있도록 하는 데 있다.

4.2 작동점

이 장 제목에 나오는 바이어스(bias)란 말은 일정한 직류 전류와 전압을 인가하는 방법을 의미하는 용어이다. 트랜지스터 증폭기는 이렇게 정해진 전류 및 전압을 이용하여 소자의 특성 곡선 상에 작동점(operating point)을 정하고, 그 특성 곡선 상에 정해진 작동점을 중심으로 인가된 교류신호를 증폭시킨다. 작동점이란 특성 곡선 상에서 고정된 점이므로, 이 점을 정지점(quiescent point—간단히 Q점)이라고도 한다. Quiescent란 말은 가만히 있는, 정지한, 비활동적이란 뜻이다. 그림 4.1에는 트랜지스터의 특성 곡선 상에 4개의 작동점이 있다. 바이어스 설계란 그림 4.1에 보여준 것처럼 4개 중에 어느 한 점에서 작동하도록 하거나, 또는 활성 영역 내에 다른 임의의 점을 설정하도록 한다는 것이다. 최대 정격은 그림 4.1의 특성 곡선 위에 최대 컬렉터 전류 $I_{C_{\max}}$값은 Y축 위쪽에서 수평선 방향으로, 최대 컬렉터-에미터 전압 $V_{CE_{\max}}$값은 X축 오른쪽에서 수직선 방향으로 표시되어 있다. 사용 가능한 최대 전력은 그림에서 $P_{C_{\max}}$라는 포물선으로 표시된 부분이다. 각 눈금이 있는 수평과 수직 축에는 $I_B \le 0\ \mu\text{A}$로 정의되는 차단 영역(cutoff region)과 $V_{CE} \le V_{CE_{\text{sat}}}$으로 정의되는 포화 영역(saturation region)이 있다.

BJT 소자가 한계 밖에서 작동하도록 바이어스를 걸어줄 수 있으나, 이 경우 소자의 수명을 현격하게 감소시키거나 소자를 파괴시키게 된다. 활성 영역에서만 작동할 때에는 다양한 작동점과 작동 영역을 선택할 수 있다. 대개 회로가 어떤 목적으로 사용되느냐에 따라

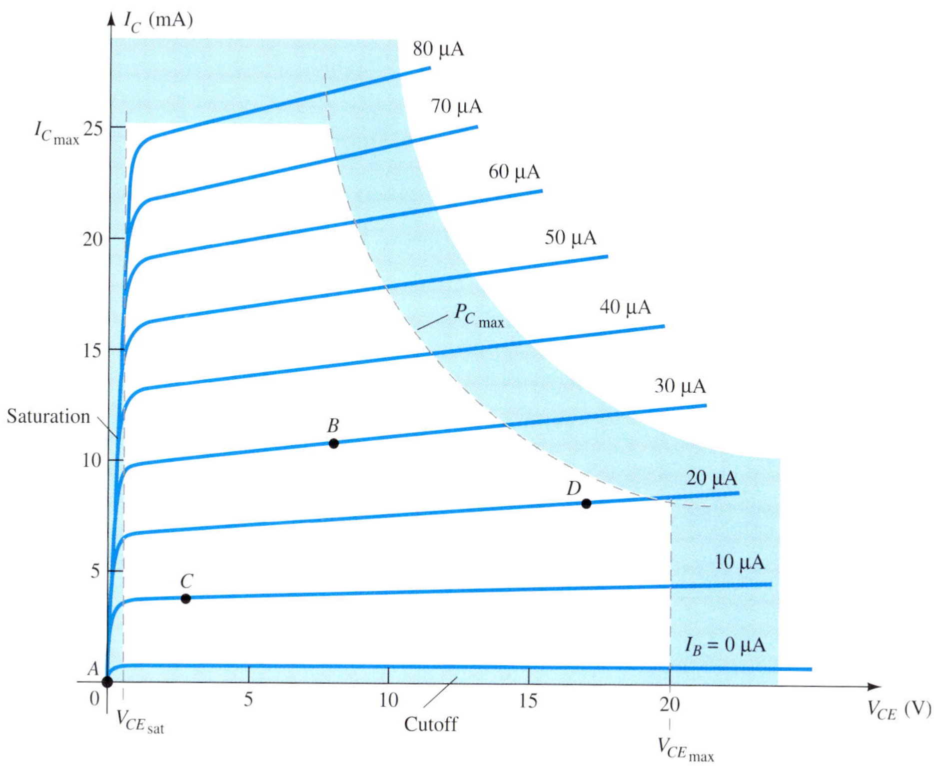

그림 4.1 트랜지스터의 가능한 여러 작동점들

Q점을 고른다. 여기서는 그림 4.1의 여러 작동점들의 차이를 살펴봄으로써 작동점을 포함하는 바이어스 회로에 대한 기본적인 개념들을 살펴보겠다.

만약 아무런 바이어스도 연결되어 있지 않았다면, 소자는 처음부터 완전히 차단 상태에 있으므로 Q점은 점 A에 있게 되어 흐르는 전류가 0이 된다(즉, 소자에 걸리는 전압이 0). 소자가 입력신호의 모든 크기(− 및 +)에 대해 제대로 응답하기 위해서는 적절한 바이어스를 걸어주어야 하는데 작동점 A로는 부적절하다. 점 B의 경우 회로에 신호가 인가되었을 때 소자는 입력신호의 양과 음의 진폭에 따라 작동점에서 적절히 응답(아마도 증폭)하면서 전류와 전압을 변하게 한다. 만약 적절한 크기의 신호가 들어온다면 소자의 전압과 전류는 변하겠지만 소자를 차단(cutoff)시키거나 포화(saturation)시키지는 않을 것이다. 점 C는 출력신호가 양과 음으로의 변화는 가능하나 V_{CE}=0 V와 I_C=0 mA의 가장 가까운 값으로 제한된다. 점 C에서의 작동은 비선형의 문제를 초래하기도 하는데, 이는 I_B 곡선 사이의 공간이 이 영역에서 급격하게 변화하기 때문이다. 일반적으로 입력신호의 전체 진폭에 대해 동일한 진폭을 얻기 위해서는 소자의 증폭률이 일정하게 유지되는(혹은 선형성이 보장되는) 영역을 작동 영역으로 정하는 것이 좋다. 점 B가 그림 4.1에 나타난 것과 같이 간격이 보다 더 선형적으로 나타나는 공간이다. 따라서 보다 선형적인 작동이 가능하다. 점 D는 소자의 작동점이 최대 전압 및 최대 전력값 근처에 있다. 따라서 점 D에서 양의 방향으로의 변하는 출력전압은 최대 전압값을 쉽게 초과할 수 있다. 그러므로 점 B는 4개의 점들 중에서 증폭률이 선형이며, 전압 및 전류의 진폭이 최대가 되는 가장 적절한 작동점이 된다. 이는 소신호 증폭기(5장)에서 일반적으로 요구되는 조건이고, 12장에서 다룰 전력 증폭기는 다른 조건을 필요로 한다. 여기서는 우선 트랜지스터를 소신호(small-signal) 증폭을 위해 사용한다고 하자.

또 다른 중요한 바이어스 요소를 살펴보자. BJT가 원하는 점에서 작동하도록 바이어스를 결정할 때에 온도의 영향도 고려해야 한다. 온도는 트랜지스터의 전류 증폭률(β_{ac})이나 트랜지스터 누설전류(I_{CEO})와 같은 소자의 매개변수(parameter)에 영향을 준다. 높은 온도는 소자의 누설 전류량을 증가시키므로 바이어스 회로에 의해 결정된 작동 조건이 바뀌게 된다. 결과적으로 회로의 설계는 온도 안정도(temperature stability)를 고려하여야 하며, 온도 변화에 따른 작동점의 변화가 최소가 되도록 하여야 한다. 작동점이 얼마나 잘 유지되느냐를 나타내는 정도를 안정도 계수(stability factor) S라 하며, 온도 변화에 따른 작동점의 변화 비율로 나타낸다. 회로는 높은 안정도를 지닐수록 바람직하다. 여기서 몇 가지 기본적인 회로의 안정도를 서로 비교하여 보자.

BJT가 선형 또는 활성 영역에서 작동하도록 바이어스를 인가하려면 다음 사항들을 고려하여야 한다.

1. 베이스-에미터 접합은 순방향 바이어스이어야 하므로(*p*형의 전압이 더 높음), 대략 0.6에서 0.7 V 정도의 순방향 전압이 요구된다.

2. 베이스-컬렉터 접합은 역방향 바이어스이어야 하므로(*n*형의 전압이 더 높음), 그 접합의 역전압은 허용하는 최대 전압의 범위 이내에 있어야 한다.

[순방향 바이어스에서는 *p*-*n* 접합단에 걸리는 전압이 *p*가 양인 반면 역방향 바이어스에서는 반대로 *n*이 양인 점에 유의하면 극성을 기억하기 쉬울 것이다.]

BJT의 특성에 따른 차단과 포화 및 선형 영역에서의 작동은 다음과 같다:

1. 선형 영역 작동
   베이스-에미터 접합은 순방향 바이어스
   베이스-컬렉터 접합은 역방향 바이어스

2. 차단 영역 작동
   베이스-에미터 접합은 역방향 바이어스
   베이스-컬렉터 접합은 역방향 바이어스

3. 포화 영역 작동
   베이스-에미터 접합은 순방향 바이어스
   베이스-컬렉터 접합은 순방향 바이어스

4.3 고정 바이어스 회로

그림 4.2와 같은 모양의 회로를 고정 바이어스 회로(fixed-bias circuit)라고 부르며 제일 간

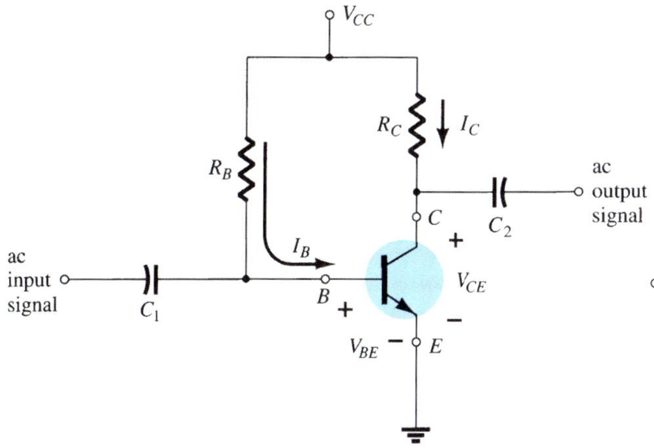

그림 4.2 고정 바이어스 회로

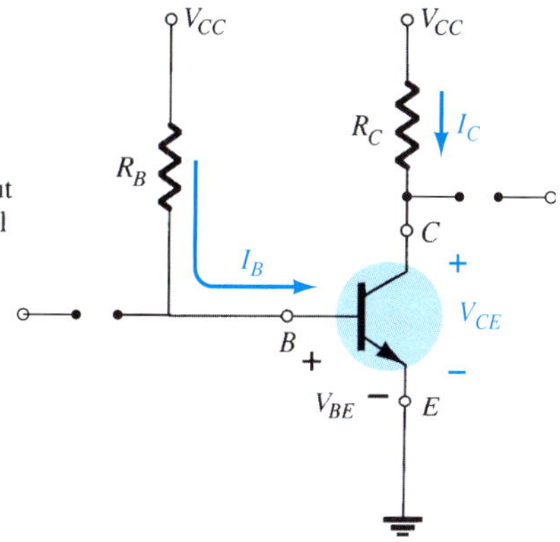

그림 4.3 그림 4.2의 직류 등가회로

단한 바이어스 회로이다. 회로가 *npn* 트랜지스터로 이루어져 있지만 식과 계산은 전류 방향과 전압의 극성만 반대이므로 *pnp* 트랜지스터의 경우에도 동일하게 사용할 수 있다. 그림 4.2의 전류 방향은 실제 전류가 흐르는 방향이고, 전압은 표준 이중 첨자 표시법으로 표기하였다. 직류해석에서 커패시터는 임피던스 $X_C = 1/2\pi fC = 1/2\pi(0)C = \infty\ \Omega$이므로 개방회로로 간주함으로써 교류신호와 분리할 수 있다. 더욱이 직류전원 V_{CC}는 그림 4.3에서와 같이 입력 및 출력회로를 분리하기 위해(해석목적으로만) 2개의 공급원으로 나누어 생각할 수 있는데, 이러한 방법은 베이스 전류 I_B를 출력단과 분리 할 수 있으므로 해석이 용이한 장점이 있다.

베이스-에미터의 순방향 바이어스 인가

먼저 그림 4.4의 베이스-에미터 경로를 생각해보자. 키르히호프의 전압식(KVL)을 전류가 흐르는 회로 경로에 대해 시계 방향으로 적용하면,

$$+V_{CC} - I_B R_B - V_{BE} = 0$$

전류 I_B의 방향 때문에 발생하는 R_B에서의 전압 강하의 극성을 생각하자. 전류 I_B에 대해 식을 풀면 다음과 같이 된다.

$$\boxed{I_B = \frac{V_{CC} - V_{BE}}{R_B}} \tag{4.4}$$

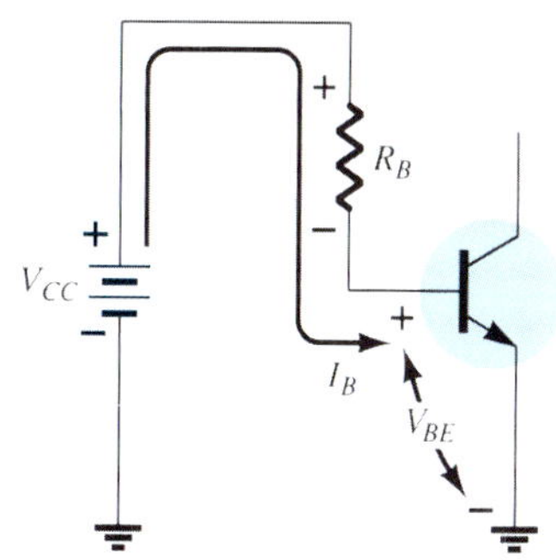

그림 4.4 베이스-에미터 경로

베이스 전류가 저항 R_B로 흐르는 사실과 옴의 법칙에 의해 이 전류는 R_B에 걸린 전압을 저항 R_B로 나눈 값이라는 사실만 기억한다면 식 (4.4)는 어렵지 않게 외울 수 있을 것이다. R_B에 걸린 전압은 인가된 전압 V_{CC}에서 베이스-에미터 접합에 걸린 전압(V_{BE})을 뺀 값이다. 공급전압 V_{CC}와 베이스-에미터 전압 V_{BE}는 일정하므로 베이스 저항 R_B의 선택이 작동점에서의 베이스 전류값을 결정한다.

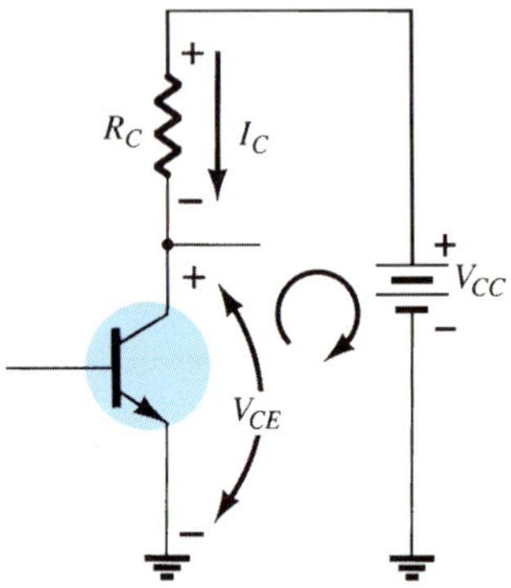

그림 4.5 컬렉터-에미터 경로

컬렉터-에미터 경로

그림 4.5는 회로의 컬렉터-에미터 부분을 나타낸 것으로, 전류 I_C의 방향과 이로 인해 발생하는 R_C의 전압강하 극성이 표시되어 있다. 컬렉터 전류의 크기는 다음과 같이 I_B의 크기에 직접 연관되어 있다.

$$I_C = \beta I_B \tag{4.5}$$

베이스 전류가 R_B의 크기에 의해 결정되며, I_C가 상수 β로 I_B에 관계되어 있으므로 I_C의 크기는 저항 R_C와는 무관하다. 즉, 소자가 활성 영역에 있는 한 R_C를 어떠한 값으로 바꾸더라도 I_C와 I_B값에 영향을 미치지 않는다. 그러나 앞으로 살펴볼 것과 같이 R_C값은 중요한 매개변수인 V_{CE}값을 결정한다.

키르히호프의 전압 법칙을 그림 4.5의 폐쇄된 경로에 시계 방향으로 적용하면 다음과 같다.

$$V_{CE} + I_C R_C - V_{CC} = 0$$

그리고

$$V_{CE} = V_{CC} - I_C R_C \tag{4.6}$$

다시 말하면 고정 바이어스 회로에서 트랜지스터의 컬렉터-에미터 사이에 걸리는 전압은 공급전압에서 R_C의 전압 강하를 빼준 값이 된다.

단일 및 이중 첨자 표시법의 대략적인 복습을 위해 다음을 보자.

$$V_{CE} = V_C - V_E \tag{4.7}$$

여기서 V_{CE}는 컬렉터에서 에미터 사이의 전압이며, V_C와 V_E는 컬렉터와 에미터 각각의 접지에 대한 상대적인 전압이다. 그러나 이 경우, V_E=0 V이므로,

$$V_{CE} = V_C \tag{4.8}$$

또한

$$V_{BE} = V_B - V_E \tag{4.9}$$

이고 V_E=0 V이므로,

$$V_{BE} = V_B \tag{4.10}$$

이 된다.

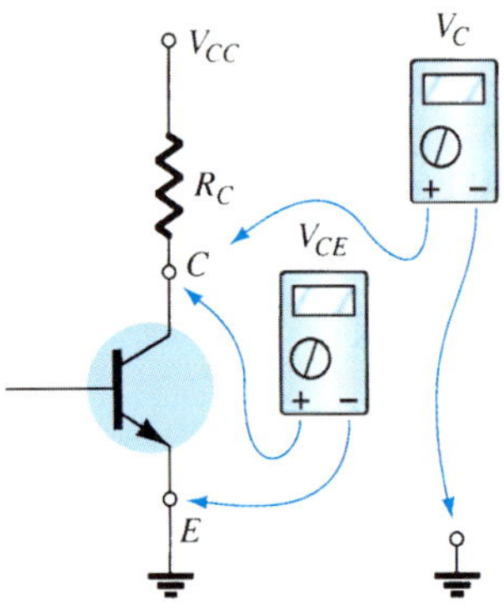

그림 4.6 V_{CE}와 V_C를 측정하는 방법

V_{CE}와 같은 전압값은 그림 4.6에서와 같이 전압계의 빨간(양) 단자를 컬렉터 단자에, 검은(음) 단자를 에미터 단자에 연결하여 측정한다는 사실을 기억하자. V_C는 컬렉터와 접지 사이의 전압이며, 같은 그림에 측정 방법이 표시되어 있다. 이 경우 두 전압 크기는 같은 값으로 표시되어 있으나 다음에 다룰 회로들에 대해서는 두 크기가 상당히 다를 수 있다. 이 두 측정법은 트랜지스터 회로의 고장 검사에 매우 중요한 역할을 하므로 잘 이해하기 바란다.

예제 4.1 그림 4.7의 고정 바이어스 회로에서 다음의 값을 구하라.

a. I_{B_Q}와 I_{C_Q} b. V_{CE_Q}

c. V_B와 V_C d. V_{BC}

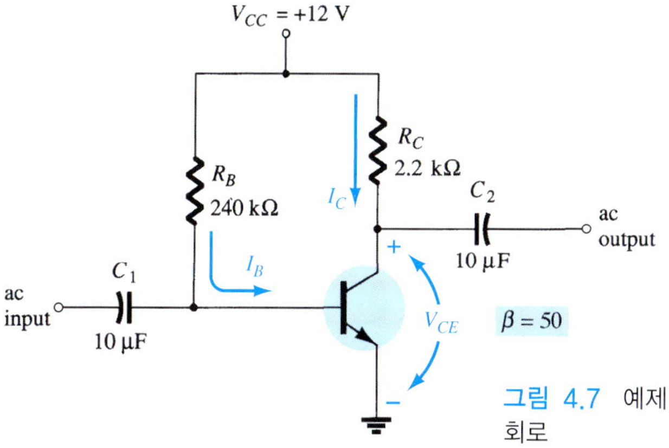

그림 4.7 예제 4.1 직류 고정 바이어스 회로

풀이

a. 식 (4.4): $I_{B_Q} = \dfrac{V_{CC} - V_{BE}}{R_B} = \dfrac{12\text{ V} - 0.7\text{ V}}{240\text{ k}\Omega} = \mathbf{47.08\ \mu A}$

식 (4.5): $I_{C_Q} = \beta I_{B_Q} = (50)(47.08\ \mu\text{A}) = \mathbf{2.35\ mA}$

b. 식 (4.6):
$$\begin{aligned} V_{CE_Q} &= V_{CC} - I_C R_C \\ &= 12\text{ V} - (2.35\text{ mA})(2.2\text{ k}\Omega) \\ &= \mathbf{6.83\ V} \end{aligned}$$

c. $V_B = V_{BE} = \mathbf{0.7\ V}$

$V_C = V_{CE} = \mathbf{6.83\ V}$

d. 이중 첨자 표기법을 이용하면

$$\begin{aligned} V_{BC} &= V_B - V_C = 0.7\text{ V} - 6.83\text{ V} \\ &= \mathbf{-6.13\ V} \end{aligned}$$

가 된다. 여기서 −부호를 통해 선형 증폭을 위해 접합단에 역방향 바이어스가 인가된 것을 알 수 있다.

트랜지스터 포화

포화(saturation)라는 단어는 신호가 최대값에 도달했다는 말이다. 이미 포화된 스펀지는 한 방울의 액체도 더 흡수할 수 없다. 트랜지스터가 포화되었다는 말은 정해진 설계(particular design)에서 트랜지스터에 흐르는 전류가 최대값이 되었다는 말이다. 따라서 설계를 바꾸면 트랜지스터의 포화 조건도 달라진다. 물론 절대 최대 포화값은 사양서에 나와 있는 것처럼 최대 컬렉터 전류에 의해 정의된다.

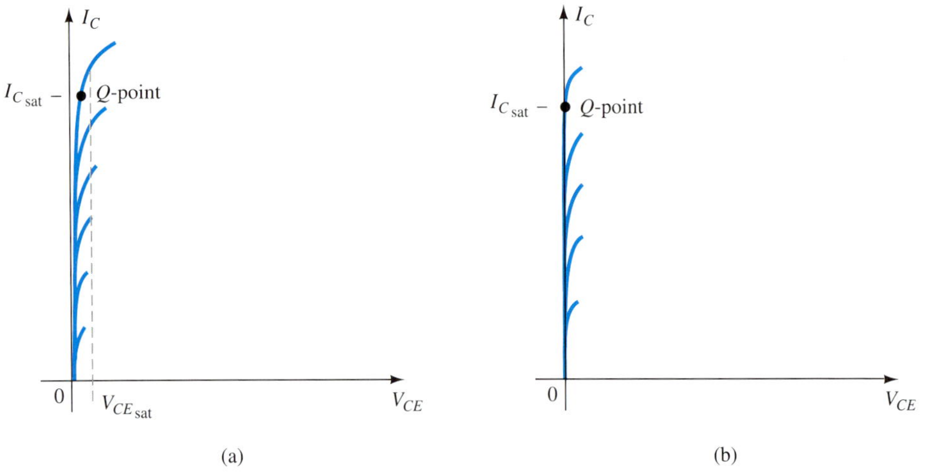

그림 4.8 포화 영역: (a) 실제; (b) 근사

보통 트랜지스터가 포화되는 상태는 피한다. 그 이유는 포화 상태에서는 베이스-컬렉터의 접합이 더 이상 역방향 바이어스가 되지 않을 뿐더러 출력신호도 왜곡되기 때문이다. 포화 영역에서의 작동 모양이 그림 4.8a에 나와 있는데, 특성 곡선 위에 있는 작동점이 $V_{CE_{sat}}$ 영역 내에 존재한다는 것을 알 수 있다. 이 때 컬렉터 전류는 대단히 높다.

그림 4.8a의 곡선을 그림 4.8b의 곡선으로 근사하면, 보다 빠르고 분명하게 포화 의 크기를 알 수 있다. 그림 4.8b에서 작동점의 전류는 매우 높고 전압 V_{CE}는 0 V라고 가정한다. 옴의 법칙을 사용하면 컬렉터-에미터 단자 사이의 저항은 다음과 같다.

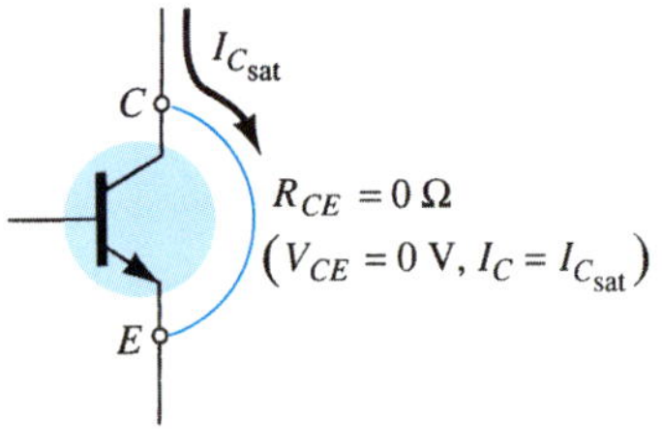

그림 4.9 $I_{C_{sat}}$ 결정

$$R_{CE} = \frac{V_{CE}}{I_C} = \frac{0\text{ V}}{I_{C_{sat}}} = 0\,\Omega$$

근사된 결과를 회로 구성에 적용하면 그림 4.9와 같이 된다.

따라서 설계한 회로의 최대 컬렉터 전류에 대한 근사값을 알고자 한다면, 트랜지스터의 컬렉터-에미터 사이를 단락된 등가회로로 가정하고 컬렉터 전류를 계산하면 된다. 등가 단락회로에서 V_{CE}는 0 V가 된다. 그림 4.10의 고정 바이어스 회로에 등가 단락회로를 적용하면 R_C에 걸리는 전압은 인가된 전압 V_{CC}와 같아진다. 따라서 고정 바이어스 회로에서 포화 전류는 다음과 같다.

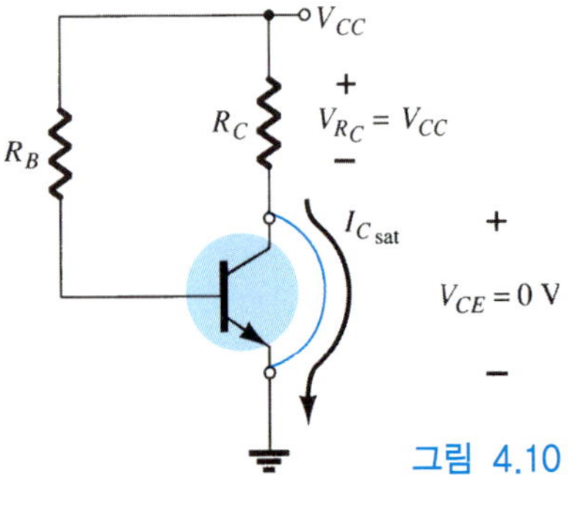

그림 4.10 고정 바이어스 회로에서 $I_{C_{sat}}$ 결정

$$I_{C_{sat}} = \frac{V_{CC}}{R_C} \tag{4.11}$$

일단 $I_{C_{sat}}$값을 알게 되면 설계 조건에 맞는 최대 컬렉터 전류와 증폭의 선형성을 보장하는 전류량을 알 수 있다.

예제 4.2 그림 4.7회로에서 포화 전류를 구하라.

풀이

$$I_{C_{sat}} = \frac{V_{CC}}{R_C} = \frac{12\text{ V}}{2.2\text{ k}\Omega} = \mathbf{5.45\text{ mA}}$$

예제 4.1에서 I_{C_Q}값은 2.35 mA의 결과를 얻었는데, 이는 포화값보다 작고 실제 설계에서 최대 전류값의 절반에 해당되는 값임을 알 수 있다.

부하선 해석

다이오드 회로에서는 회로의 방정식에 실제 다이오드의 특성 곡선을 중첩하면 부하선(load-line)을 이용한 해를 구할 수 있었다. 즉, 이 두 개의 그림들이 만나는 지점이 회로의 작동점이다. 이런 방법을 부하선 해석법이라고 부르는데, 그 이유는 부품(정확히는 매개변수)들에 의하여 정해지는 지점을 통과하는 직선은 회로의 부하(회로 저항들)로 정의되기 때문이다.

이와 동일한 방법을 BJT 회로에 적용할 수 있다. BJT의 특성을 동일한 단위를 갖는 축에 중첩을 한다. 고정 바이어스 회로에서 R_C로 구성된 부하선은 회로 식의 기울기를 정하게 될 것이며, 따라서 2개의 지점을 잇는 선이 된다. 부하저항이 작을수록 부하선의 기울기는 가파를 것이다. 따라서 그림 4.11a의 회로에서 식 (4.12)와 같이 변수 I_C와 V_{CE}의 관계를 얻을 수 있을 것이다.

$$V_{CE} = V_{CC} - I_C R_C \tag{4.12}$$

동일한 변수인 I_C와 V_{CE}의 관계가 트랜지스터에서는 그림 4.11b와 같은 출력 특성 곡선이 됨을 이미 알고 있다.

이제 부하선 식 (4.12)를 트랜지스터의 출력 특성 곡선인 그림 4.11b에 겹쳐서 그려보자. 식 (4.12)를 특성 곡선에 겹쳐서 그리는 간단한 방법은 직선인 부하선이 2개의 점으로 정의되었다는 것을 이용하는 것이다. 즉, I_C를 0 mA라고 선택하여 수평축에 있는 값을 점을 찾는 것이다. 식 (4.12)에 I_C=0 mA를 대입하면, 다음과 같은 식이 되고

$$V_{CE} = V_{CC} - (0)R_C$$

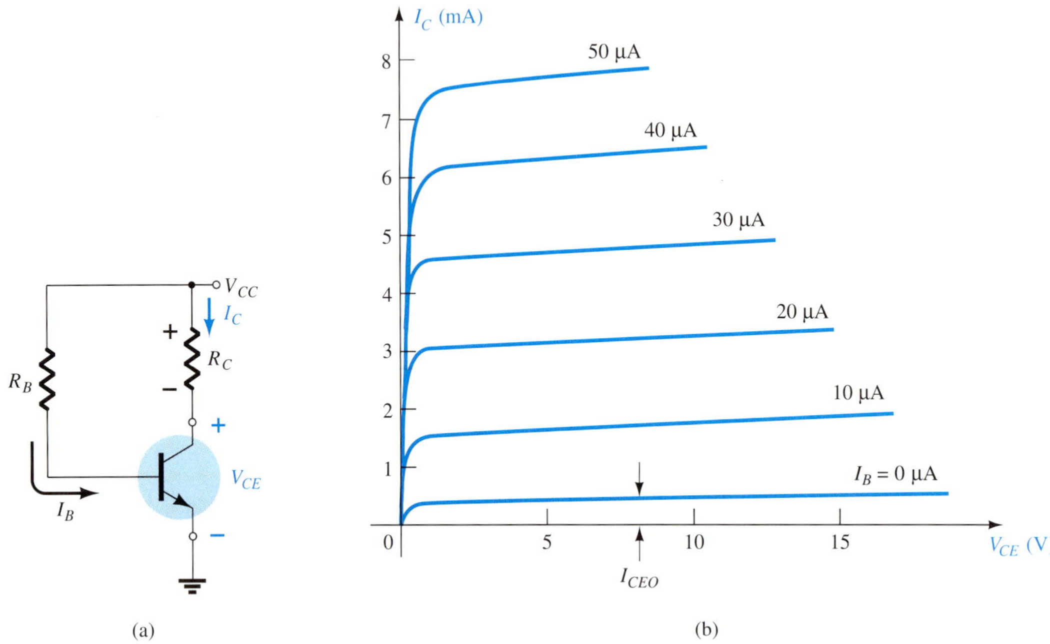

그림 4.11 부하선 해석: (a) 회로; (b) 소자 특성

그리고

$$\boxed{V_{CE} = V_{CC}|_{I_C = 0\,\text{mA}}} \tag{4.13}$$

이는 그림 4.12에서 나타낸 것처럼 직선상의 한 점을 알아낼 수 있다.

이제 V_{CE}를 0 V로 선택하면, 수직축에 다른 한 점을 정할 수 있다. I_C는 다음과 같이 결정한다.

$$0 = V_{CC} - I_C R_C$$

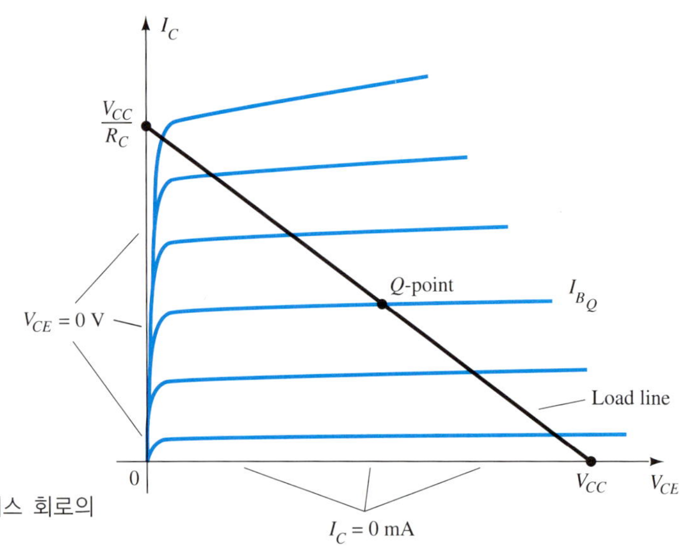

그림 4.12 고정 바이어스 회로의 부하선

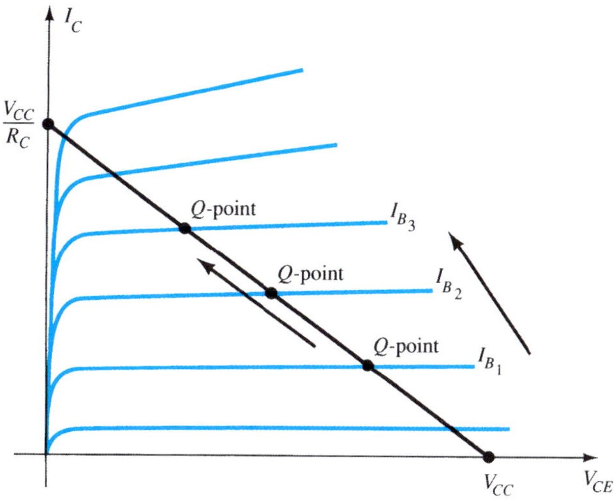

그림 4.13 I_B값의 증가에 따른 Q점의 변화

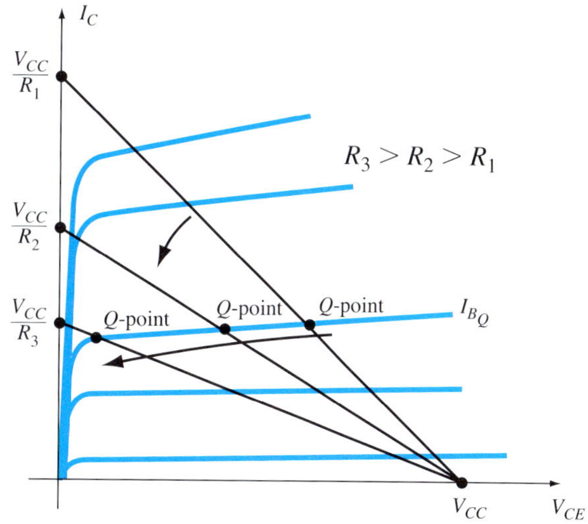

그림 4.14 R_C값의 증가에 따른 Q점과 부하선의 변화

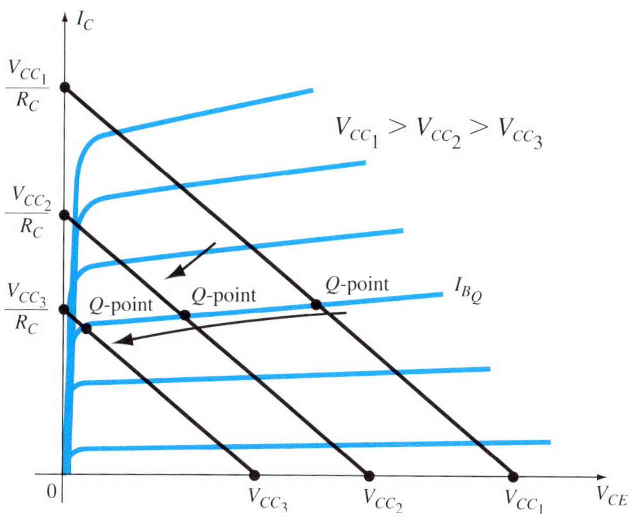

그림 4.15 V_{CC}값의 증가에 따른 Q점과 부하선의 변화

그리고

$$\boxed{I_C = \left.\frac{V_{CC}}{R_C}\right|_{V_{CE}=0\,\text{V}}} \tag{4.14}$$

이는 그림 4.12에 나타난 것처럼 된다.

식 (4.13)과 식 (4.14)에 의해 정해지는 두 점을 연결하여 식 (4.12)에 의해 정의된 직선을 그릴 수 있다. 그림 4.12의 그림에 그려진 직선은 부하저항 R_C에 의해 정의되기 때문에 부하선(load line)이라고 한다. I_B값을 구하면 그림 4.12에 있는 Q점을 구할 수 있다.

R_B값을 바꾸어 I_B값이 변화하게 되면 Q점은 그림 4.13과 같이 부하선 위아래로 움직이게 된다. V_{CC}를 고정하고 R_C를 변화시키면 부하선은 그림 4.14에서처럼 변화한다. 이때 I_B가 고정되어 있다면 Q점은 그림에 나타난 것처럼 움직인다. R_C를 고정하고 V_{CC}를 변화시키면 부하선은 그림 4.15에서처럼 변화한다.

예제 4.3 그림 4.16의 고정 바이어스 회로에서 주어진 부하선과 Q점에서의 V_{CC}, R_C, R_B 값을 구하라.

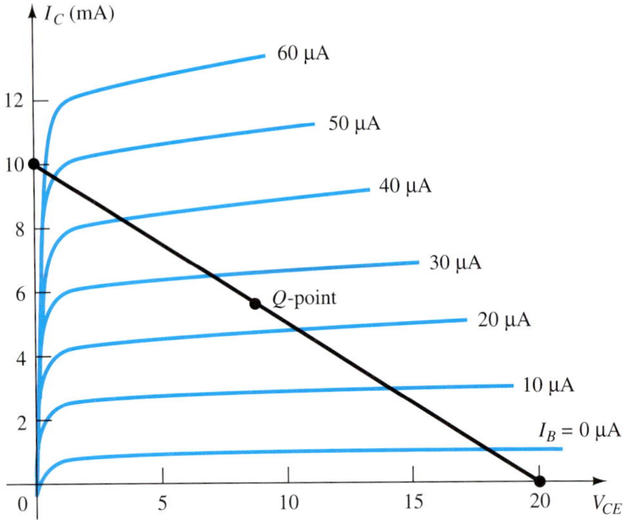

그림 4.16 예제 4.3

풀이 그림 4.16에서

$$I_C = 0\,\text{mA}\text{에서}\quad V_{CE} = V_{CC} = \mathbf{20\ V}$$

$$V_{CE} = 0\,\text{V}\text{에서}\quad I_C = \frac{V_{CC}}{R_C}$$

그리고

$$R_C = \frac{V_{CC}}{I_C} = \frac{20\text{ V}}{10\text{ mA}} = \mathbf{2\ k\Omega}$$

$$I_B = \frac{V_{CC} - V_{BE}}{R_B}$$

그리고

$$R_B = \frac{V_{CC} - V_{BE}}{I_B} = \frac{20\text{ V} - 0.7\text{ V}}{25\ \mu\text{A}} = \mathbf{772\ k\Omega}$$

4.4 에미터 바이어스 회로

그림 4.17의 직류 바이어스 회로는 앞의 고정 바이어스 회로보다 안정도를 높이기 위해 에미터 저항을 사용하고 있다. 개선된 안정도에 대해서는 이 절 뒷부분의 예제에서 다룬다. 바이어스 회로를 해석하기 위해서 먼저 베이스-에미터 폐경로를 살펴보고, 이 결과를 이용하여 컬렉터-에미터 경로를 살펴보기로 한다. 그림 4.18은 그림 4.17의 직류 등가회로로 입출력을 분리시켜 단순화한 것이다.

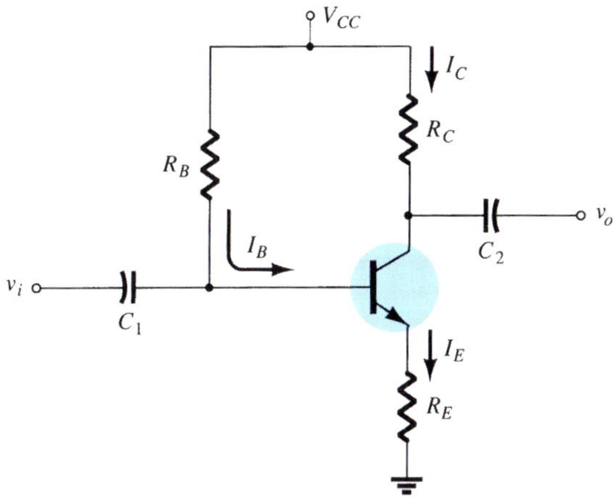

그림 4.17 에미터에 저항이 연결된 BJT 바이어스 회로

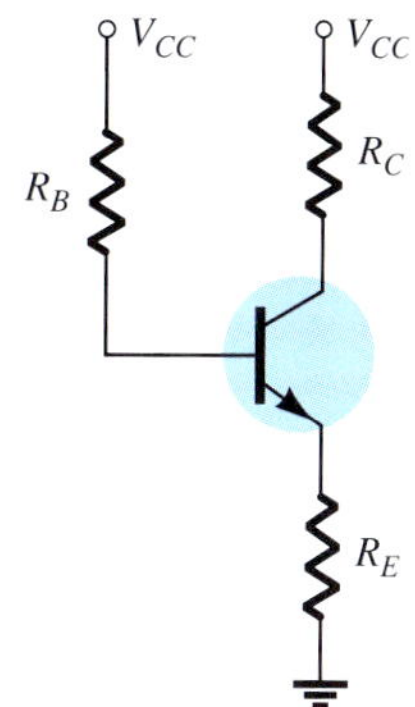

그림 4.18 그림 4.17의 직류 등가회로

베이스-에미터 경로

그림 4.18 회로의 베이스-에미터 경로는 그림 4.19와 같이 다시 그릴 수 있다. 시계 방향으로 표시된 경로에 키르히호프의 전압 법칙을 적용하면 다음의 결과를 얻을 수 있다.

$$+V_{CC} - I_B R_B - V_{BE} - I_E R_E = 0 \tag{4.15}$$

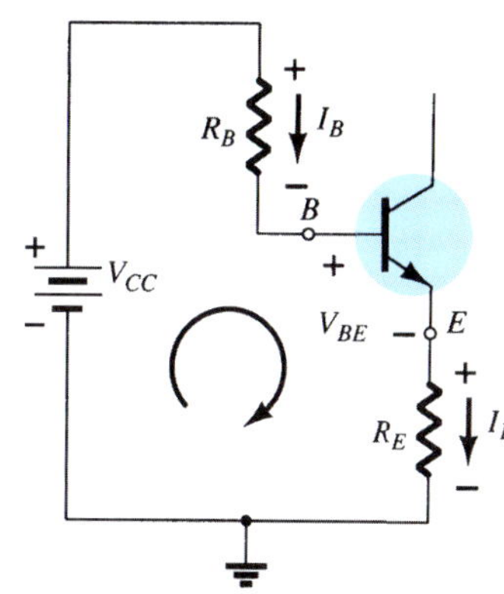

그림 4.19 베이스-에미터 경로

3장의 내용을 다시 확인하면

$$I_E = (\beta + 1)I_B \tag{4.16}$$

식 (4.15)에 I_E를 대입하면

$$V_{CC} - I_B R_B - V_{BE} - (\beta + I)I_B R_E = 0$$

같은 항으로 정리하면 다음과 같은 결과를 얻을 수 있다.

$$-I_B(R_B + (\beta + 1)R_E) + V_{CC} - V_{BE} = 0$$

양변에 -1을 곱하면

$$I_B(R_B + (\beta + 1)R_E) - V_{CC} + V_{BE} = 0$$

와

$$I_B(R_B + (\beta + 1)R_E) = V_{CC} - V_{BE}$$

I_B에 관해 풀면, 다음과 같은 결과를 얻는다.

$$\boxed{I_B = \frac{V_{CC} - V_{BE}}{R_B + (\beta + 1)R_E}} \tag{4.17}$$

이 식과 고정 바이어스 회로에서의 식 (4.4)와의 차이는 $(\beta + 1)R_E$밖에 없다.

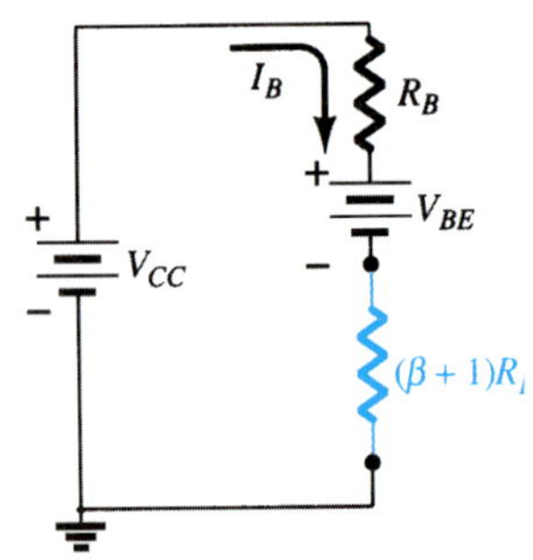

그림 4.20 식 (4.17)의 회로

식 (4.17)를 직렬로 연결된 회로로 그리면 흥미 있는 결과를 얻을 수 있는데, 그 결과는 그림 4.20과 같다. 이 회로에서 I_B에 관해 풀면, 위에서 얻은 것과 같은 식을 얻을 수 있다. 베이스-에미터 전압 V_{BE} 아래에서 보면, 저항 R_E가 $(\beta+1)$만큼 입력회로에 반영된(reflected) 것을 볼 수 있다. 다시 말하면 컬렉터-에미터 경로의 한 부분인 에미터 저항이 베이스-에미터 경로를 통해서 보면 $(\beta+1)R_E$만큼 커 보인다. β는 보통 50 또는 그 이상의 값을 가지므로 에미터 저항은 베이스 회로에서 보면 매우 큰 값으로 보인다. 따라서 그림 4.21에 나타낸 것처럼 다음과 같게 된다.

$$\boxed{R_i = (\beta + 1)R_E} \tag{4.18}$$

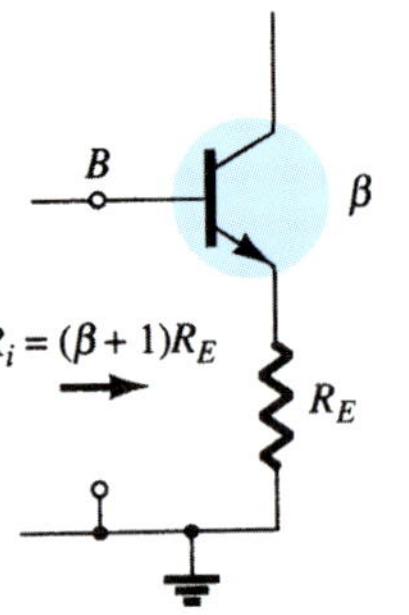

그림 4.21 R_E 임피던스가 반영된 회로

식 (4.18)은 이후에 나올 해석에서 매우 유용하게 사용된다. 식 (4.18)을 통해 식 (4.17)을 쉽게 기억할 수 있을 것이다. 옴의 법칙에 의하면 회로에 흐르는 전류는 전압을 저항으로 나눈값이다. 베이스-에미터 회로에 걸린 전압의 총합은 $V_{CC}-V_{BE}$이고, 저항값은 R_E에 $(\beta+1)$을 곱한 값과 R_B의 합이다. 따라서 결과는 식 (4.17)과 같다.

컬렉터-에미터 경로

컬렉터-에미터 경로를 그림 4.22에 다시 나타내었다. 시계 방향으로 키르히호프의 법칙을 적용하면 다음과 같다.

$$+I_E R_E + V_{CE} + I_C R_C - V_{CC} = 0$$

$I_E \cong I_C$이므로 식을 정리하면

$$V_{CE} - V_{CC} + I_C(R_C + R_E) = 0$$

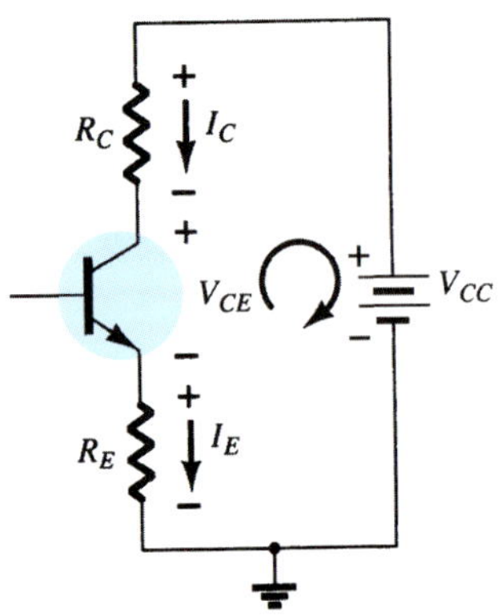

그림 4.22 컬렉터-에미터 경로

이고

$$\boxed{V_{CE} = V_{CC} - I_C(R_C + R_E)} \tag{4.19}$$

V_E는 에미터와 접지 사이의 전압이므로 다음과 같다.

$$\boxed{V_E = I_E R_E} \tag{4.20}$$

컬렉터와 접지 사이의 전압은 다음 식으로부터 유도할 수 있다.

$$V_{CE} = V_C - V_E$$

그리고

$$\boxed{V_C = V_{CE} + V_E} \tag{4.21}$$

혹은

$$\boxed{V_C = V_{CC} - I_C R_C} \tag{4.22}$$

접지에 대한 베이스 전압은 다음과 같다.

$$\boxed{V_B = V_{CC} - I_B R_B} \tag{4.23}$$

혹은

$$\boxed{V_B = V_{BE} + V_E} \tag{4.24}$$

예제 4.4 그림 4.23 에미터 바이어스 회로에서 다음 값들을 구하라.

a. I_B b. I_C c. V_{CE} d. V_C
e. V_E f. V_B g. V_{BC}

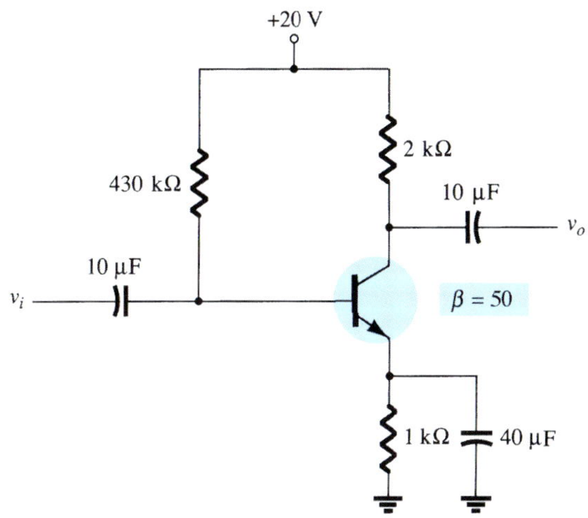

그림 4.23 예제 4.4의 에미터 안정화 바이어스 회로

풀이

a. 식 (4.17): $$I_B = \frac{V_{CC} - V_{BE}}{R_B + (\beta + 1)R_E} = \frac{20\text{ V} - 0.7\text{ V}}{430\text{ k}\Omega + (51)(1\text{ k}\Omega)}$$
$$= \frac{19.3\text{ V}}{481\text{ k}\Omega} = \mathbf{40.1\ \mu A}$$

b. $I_C = \beta I_B$
$= (50)(40.1\ \mu\text{A})$
$\cong \mathbf{2.01\ mA}$

c. 식 (4.19): $V_{CE} = V_{CC} - I_C(R_C + R_E)$
$= 20\text{ V} - (2.01\text{ mA})(2\text{ k}\Omega + 1\text{ k}\Omega) = 20\text{ V} - 6.03\text{ V}$
$= \mathbf{13.97\ V}$

d. $V_C = V_{CC} - I_C R_C$
$= 20\text{ V} - (2.01\text{ mA})(2\text{ k}\Omega) = 20\text{ V} - 4.02\text{ V}$
$= \mathbf{15.98\ V}$

e. $V_E = V_C - V_{CE}$
$= 15.98\text{ V} - 13.97\text{ V}$
$= \mathbf{2.01\ V}$

또는 $V_E = I_E R_E \cong I_C R_E$
$= (2.01\text{ mA})(1\text{ k}\Omega)$
$= \mathbf{2.01\ V}$

f. $V_B = V_{BE} + V_E$
$= 0.7\text{ V} + 2.01\text{ V}$
$= \mathbf{2.71\ V}$

g. $V_{BC} = V_B - V_C$
$= 2.71\text{ V} - 15.98\text{ V}$
$= \mathbf{-13.27\ V}$ (요구되는 조건과 같이 역방향 바이어스)

개선된 바이어스 안정도

BJT 바이어스 회로에서 에미터에 저항을 추가함으로써 바이어스의 안정도를 개선시켰다. 즉, 온도나 트랜지스터 β와 같은 변화에 의한 직류 바이어스의 전압과 전류의 영향을 적게 하였다. 식을 이용한 해석은 4.12절에서 다루고, 여기서는 예제 4.5를 통해서 개선된 사항들을 살펴본다.

예제 4.5 그림 4.7과 그림 4.23의 회로에서 $\beta=50$인 경우와 $\beta=100$인 경우에 대해 바이어스 전압과 전류를 나타내는 표를 작성하고 비교하라. β가 증가할 경우에 I_C와 V_{CE}의 변화를 비교하라.

풀이 예제 4.1의 결과를 이용하고, $\beta=100$일 경우에 대해 다시 계산한 것을 표로 정리하면 다음과 같다.

β	I_B (μA)	I_C (mA)	V_{CE} (V)
50	47.08	2.35	6.83
100	47.08	4.71	1.64

β가 100% 변함에 따라 BJT 컬렉터 전류가 100% 변하였다. I_B는 그대로 유지되고 V_{CE}는 76% 감소하였다.

예제 4.4의 결과를 이용하고, $\beta=100$일 경우에 대해 다시 계산한 것을 표로 정리하면 다음과 같다.

β	I_B (μA)	I_C (mA)	V_{CE} (V)
50	40.1	2.01	13.97
100	36.3	3.63	9.11

여기서는 β가 100% 변함에 따라 BJT 컬렉터 전류가 81% 증가하였다. 그러나 I_B가 감소하므로 I_C가 앞의 경우와 다르게 큰 변화 없이 유지되도록 한다. V_{CE}는 35% 감소하였다. 따라서 그림 4.23의 회로는 그림 4.7의 회로에 비해 β의 영향을 덜 받아 안정적인 회로가 된다.

포화 레벨

컬렉터가 포화되는 값이나 최대 컬렉터 전류값은 고정 바이어스 회로에서 사용했던 방식으로 구할 수 있다. 그림 4.24와 같이 컬렉터와 에미터를 단락시키고 흐르는 컬렉터 전류를 계산한다. 그림 4.24에서는

$$I_{C_{sat}} = \frac{V_{CC}}{R_C + R_E} \tag{4.25}$$

에미터 저항이 추가됨으로써 앞의 고정 바이어스 회로에서 얻은 컬렉터 포화 전류보다 감소한다.

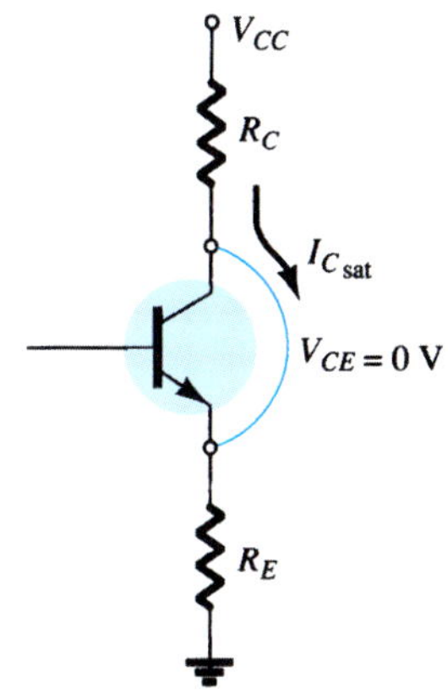

그림 4.24 에미터 안정화 바이어스 회로의 $I_{C_{sat}}$ 결정

예제 4.6 예제 4.4의 회로에서 포화 전류를 구하라.

풀이

$$\begin{aligned} I_{C_{sat}} &= \frac{V_{CC}}{R_C + R_E} \\ &= \frac{20\text{ V}}{2\text{ k}\Omega + 1\text{ k}\Omega} = \frac{20\text{ V}}{3\text{ k}\Omega} \\ &= \mathbf{6.67\text{ mA}} \end{aligned}$$

이는 예제 4.4의 I_{C_Q}의 3배 정도이다.

부하선 해석

에미터 바이어스 회로의 부하선 해석은 고정 바이어스 회로의 부하선 해석과 약간 다르다. I_B는 식 (4.17)에 의해 결정되며 그림 4.25의 I_B가 된다(I_{B_Q}로 표기).

부하선을 나타내는 컬렉터-에미터 경로의 식은 다음과 같다.

$$V_{CE} = V_{CC} - I_C(R_C + R_E)$$

I_C=0 mA가 되는 지점은 고정 바이어스 회로 구성과 마찬가지로,

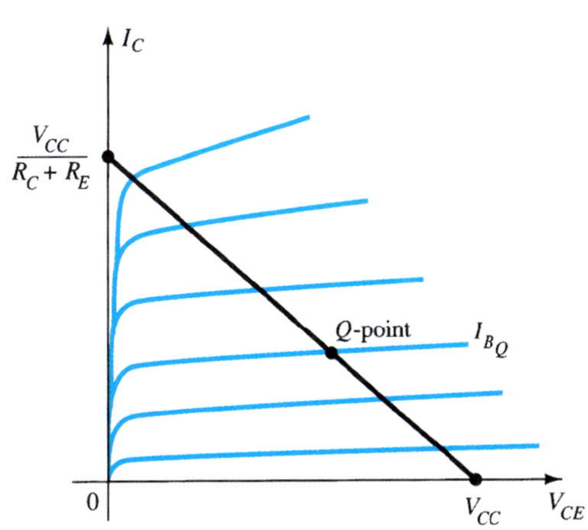

그림 4.25 에미터 바이어스 회로의 부하선

$$\boxed{V_{CE} = V_{CC}\big|_{I_C=0\ \mathrm{mA}}} \tag{4.26}$$

이고, V_{CE}=0 V가 되는 지점은 그림 4.25에서

$$\boxed{I_C = \frac{V_{CC}}{R_C + R_E}\bigg|_{V_{CE}=0\ \mathrm{V}}} \tag{4.27}$$

이다. I_{B_Q}의 크기가 변함에 따라, Q점도 부하선을 따라 위아래로 움직이게 된다.

예제 4.7

a. 그림 4.26a 회로의 부하선을 그림 4.26b의 특성 곡선에 그려라.

b. 베이스 전류가 15 μA인 경우에 작동점 Q에서의 I_{C_Q}와 V_{CE_Q}를 구하라.

c. Q점에서 직류 베타(β_{dc})를 구하라.

d. c에서 구한 베타값을 이용하여 필요한 저항 R_B를 계산하고, 적절한 표준 저항값을 제시하라.

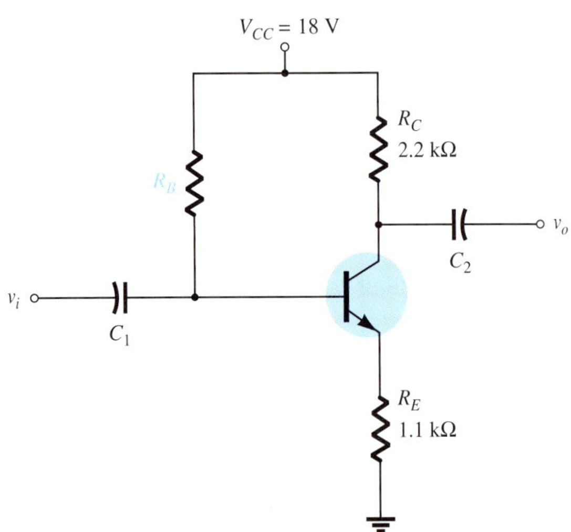

그림 4.26a 예제 4.7의 회로

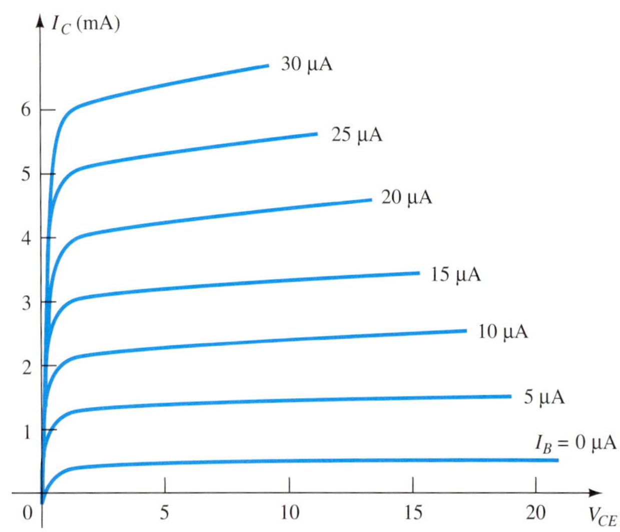

그림 4.26b 예제 4.7

풀이

a. 부하선을 그리기 위해 요구되는 특성 곡선의 2개의 점은

V_{CE}=0V에서 $\quad I_C = \dfrac{V_{CC}}{R_C + R_E} = \dfrac{18\ \mathrm{V}}{2.2\ \mathrm{k\Omega} + 1.1\ \mathrm{k\Omega}} = \dfrac{18\ \mathrm{V}}{3.3\ \mathrm{k\Omega}} = 5.45\ \mathrm{mA}$

I_C=0 mA에서 $\quad V_{CE} = V_{CC} = 18\ \mathrm{V}$

이에 해당하는 부하선은 그림 4.27에 있다.

b. 그림 4.27의 특성 곡선에서,

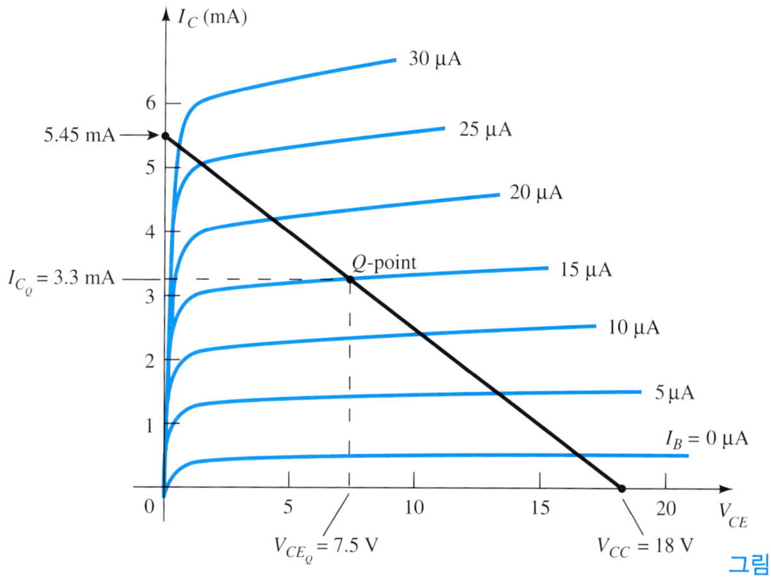

그림 4.27 예제 4.7

$$V_{CE_Q} \cong \mathbf{7.5\ V},\ I_{C_Q} \cong \mathbf{3.3\ mA}$$

c. 직류 베타값은:

$$\beta = \frac{I_{C_Q}}{I_{B_Q}} = \frac{3.3\text{ mA}}{15\ \mu\text{A}} = \mathbf{220}$$

d. 식 (4.17)을 이용하면

$$I_B = \frac{V_{CC} - V_{BE}}{R_B + (\beta + 1)R_E} = \frac{18\text{ V} - 0.7\text{ V}}{R_B + (220 + 1)(1.1\text{ k}\Omega)}$$

그리고 $$15\ \mu\text{A} = \frac{17.3\text{ V}}{R_B + (221)(1.1\text{ k}\Omega)} = \frac{17.3\text{ V}}{R_B + 243.1\text{ k}\Omega}$$

그래서 $$(15\ \mu\text{A})(R_B) + (15\ \mu\text{A})(243.1\text{ k}\Omega) = 17.3\text{ V}$$

계산하면 $$(15\ \mu\text{A})(R_B) = 17.3\text{ V} - 3.65\text{ V} = 13.65\text{ V}$$

결과 $$R_B + \frac{13.65\text{ V}}{15\ \mu\text{A}} = \mathbf{910\ k\Omega}$$

4.5 전압 분배 바이어스 회로

이전의 바이어스 회로에서 전류 I_{C_Q}와 전압 V_{CE_Q}는 트랜지스터의 전류 증폭률인 베타에 의해 결정되었다. 그런데 β는 온도에 민감하다. 특히 실리콘 소자는 온도에 매우 민감하다.

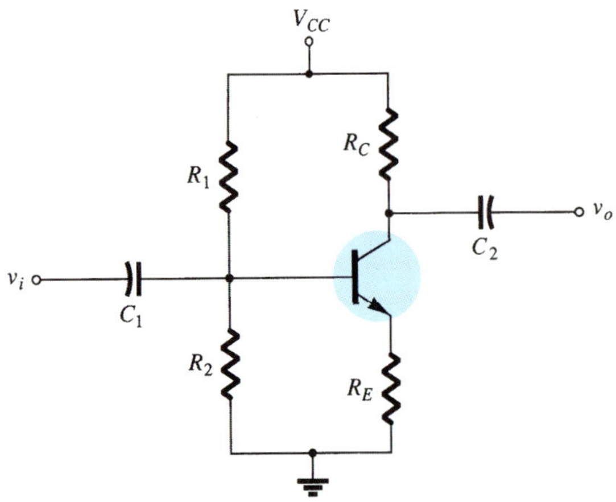

그림 4.28 전압 분배 바이어스

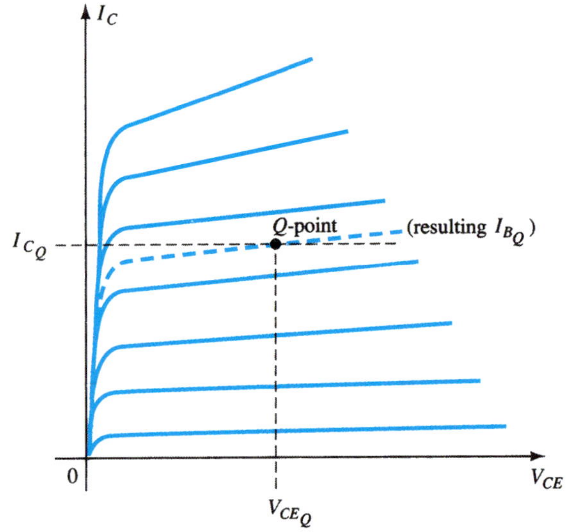

그림 4.29 전압 분배 바이어스의 Q점 정의

또한 β값은 일정하게 고정되지 않기 때문에 β의 영향을 덜 받거나 무관하도록 바이어스 회로를 구성하는 것이 바람직하다. 그림 4.28의 회로가 바로 이런 종류로 전압 분배 바이어스라고 부른다. 이 회로를 정확히 해석하면 베타의 변화에 민감하지 않음을 알 수 있다. 그리고 회로의 매개변수 값들을 적절히 선택하면 I_{C_Q}와 V_{CE_Q}가 β에 무관하도록 할 수 있다. 이미 그림 4.29의 회로에서도 고정된 I_{C_Q}와 V_{CE_Q}에 의해 Q점이 결정된다는 것을 알 수 있다. I_{B_Q}는 β값이 변함에 따라 변하지만, I_{C_Q}와 V_{CE_Q}에 의해 결정되는 작동점은 적절한 부품들을 사용하여 고정시킬 수 있다.

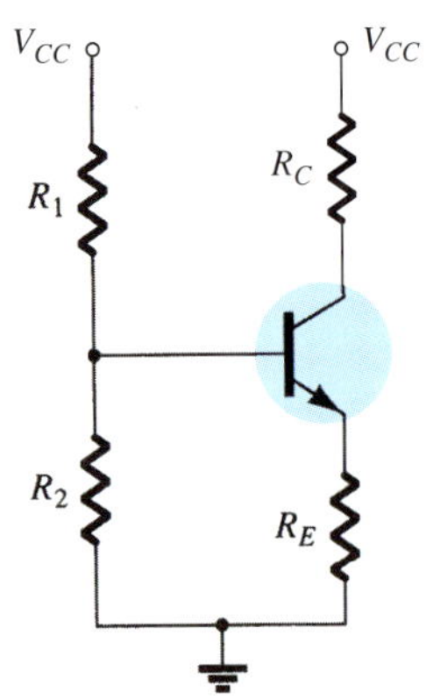

그림 4.30 전압 분배 바이어스 회로의 직류성분에 나타나는 소자

이미 언급했듯이, 전압 분배기 회로를 해석하는 방법은 두 가지가 있다. 다음에 소개할 해석법들은 전압 분배기 회로를 해석하는데 왜 그렇게 부르는지를 알 수 있다. 첫 번째 방법은 정밀법(exact method)으로 전압 분배기 회로가 구성되는 값들에 상관없이 사용할 수 있다. 두 번째 방법은 근사법(approximate method)으로 특정 조건이 만족될 때만 적용 가능하다. 근사 방법은 시간과 노력을 줄일 수 있는 보다 직관적인 해석 방법이다. 또한 이는 뒤에 나올 회로를 설계하는데 매우 유용하다. 대부분의 경우에 근사 방법을 적용할 수 있는 조건이 만족되므로, 근사 방법은 정밀 방법과 마찬가지로 중요하다.

정밀 해석

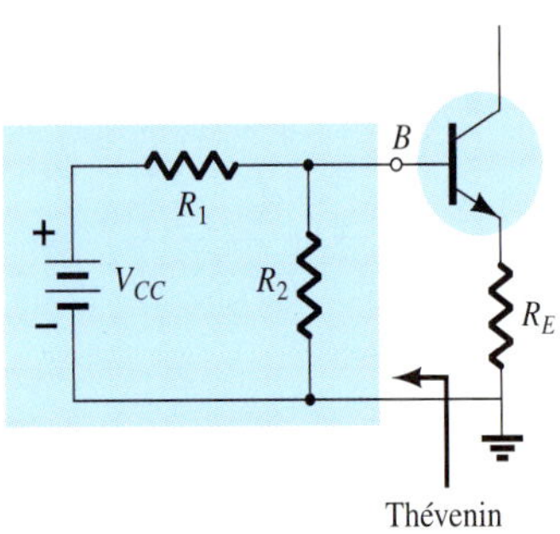

그림 4.31 그림 4.28의 회로를 입력에서 다시 그린 경우

그림 4.28 회로의 직류 해석을 위해 그림 4.30으로 다시 나타내었다. 베이스 단자 왼쪽을 그림 4.31과 같이 다시 그릴 수 있다. 따라서 Thévenin(테브닌) 등가회로 기법으로 다음과 같은 값들을 구할 수 있다.

R_{Th} 그림 4.32에 보인 것과 같이 전압원은 단락회로로 대체된다.

$$R_{Th} = R_1 \| R_2 \tag{4.28}$$

E_{Th} V_{CC} 전압원을 다시 제자리에 놓고 그림 4.33의 개방회로의 전압인 Thévenin 전압원은 다음과 같이 구할 수 있다.

개방회로에 전압 분배 법칙을 적용하면

$$E_{Th} = V_{R_2} = \frac{R_2 V_{CC}}{R_1 + R_2} \tag{4.29}$$

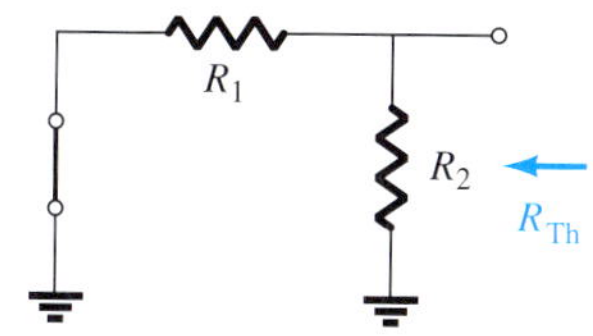

그림 4.32 R_{Th}를 구하기 위한 경우

Thévenin 등가회로를 다시 그리면 그림 4.34와 같으며, I_{B_Q}는 시계 방향으로 키르히호프의 전압 법칙을 사용하여 구할 수 있다.

$$E_{Th} - I_B R_{Th} - V_{BE} - I_E R_E = 0$$

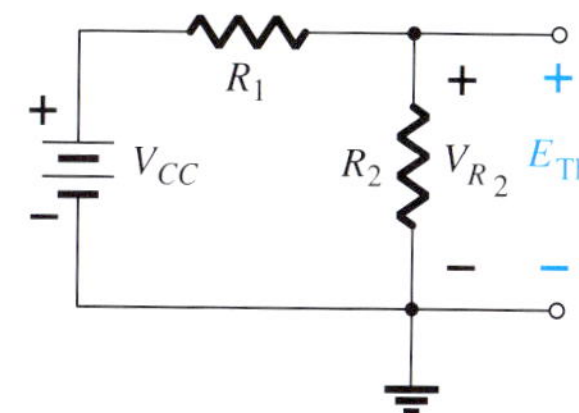

그림 4.33 E_{Th}를 구하기 위한 경우

이 식을 $I_E = (\beta+1)I_B$로 대치하고, I_B에 대해 정리하면

$$I_B = \frac{E_{Th} - V_{BE}}{R_{Th} + (\beta + 1)R_E} \tag{4.30}$$

비록 식 (4.30)은 앞에서 구한 식과 다르지만, 식의 형태를 보면 분자는 두 전압의 차이로, 분모는 병렬 연결된 베이스 저항과 R_E에 $(\beta+1)$이 곱해진 저항의 합으로 구성되어 식 (4.17)과 유사함을 알 수 있다.

일단 I_B를 구하면, 나머지값들은 에미터 바이어스 회로의 경우와 마찬가지 방법으로 구할 수 있다. 즉

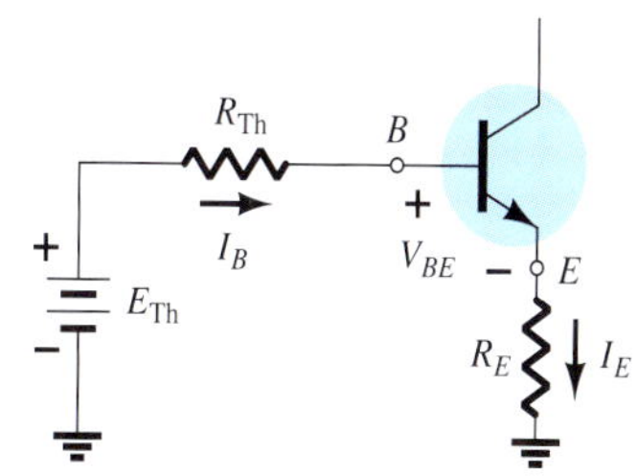

그림 4.34 Thévenin 등가회로로 대치한 경우

$$V_{CE} = V_{CC} - I_C(R_C + R_E) \tag{4.31}$$

이고, 이는 식 (4.19)와 같다. 나머지 V_E, V_C, V_B도 에미터 바이어스 회로의 경우와 같은 방법으로 구할 수 있다.

예제 4.8 그림 4.35의 전압 분배기 회로에서 직류 바이어스 V_{CE}와 I_C의 값을 구하라.

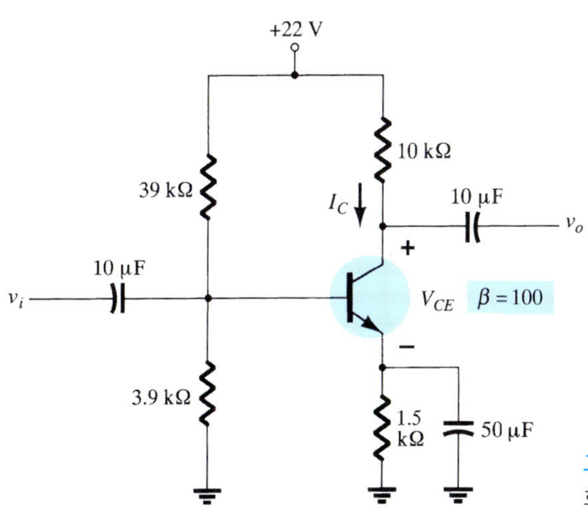

그림 4.35 베타가 안정된 예제 4.8의 회로

풀이

식 (4.28): $$R_{Th} = R_1 \| R_2 = \frac{(39\,k\Omega)(3.9\,k\Omega)}{39\,k\Omega + 3.9\,k\Omega} = 3.55\,k\Omega$$

식 (4.29): $$E_{Th} = \frac{R_2 V_{CC}}{R_1 + R_2} = \frac{(3.9\,k\Omega)(22\,V)}{39\,k\Omega + 3.9\,k\Omega} = 2\,V$$

식 (4.30): $$I_B = \frac{E_{Th} - V_{BE}}{R_{Th} + (\beta + 1)R_E} = \frac{2\,V - 0.7\,V}{3.55\,k\Omega + (101)(1.5\,k\Omega)} = \frac{1.3\,V}{3.55\,k\Omega + 151.5\,k\Omega} = 8.38\,\mu A$$

$$I_C = \beta I_B = (100)(8.38\,\mu A) = \mathbf{0.84\ mA}$$

식 (4.31): $$V_{CE} = V_{CC} - I_C(R_C + R_E) = 22\,V - (0.84\,mA)(10\,k\Omega + 1.5\,k\Omega) = 22\,V - 9.66\,V = \mathbf{12.34\,V}$$

근사 해석

전압 분배기 회로의 입력부는 그림 4.36의 회로로 나타낼 수 있다. 저항 R_i는 에미터 저항 R_E가 있는 트랜지스터의 베이스와 접지 사이의 등가저항이다. 4.4절의 식 (4.18)에 의해 베이스-에미터 간의 저항은 $R_i=(\beta+1)R_E$가 되었다. 만약 R_i가 R_2에 비하여 매우 클 경우 전류 I_B는 I_2에 비하여 매우 작다(전류는 항상 최소 저항 경로를 선택). 그리고 I_2는 근사적으로 I_1과 같다. I_1과 I_2에 비해 I_B가 매우 작으므로 I_B가 거의 0이라고 근사를 하면, $I_1=I_2$이고, R_1과 R_2는 직렬로 연결되었다고 생각할 수 있다. R_2에 걸리는 전압은 실제로 베이스 전압으로 전압 분배 법칙(이 때문에 회로에 대한 명칭이 붙음)을 사용하여 다음과 같이 구할 수 있다.

$$\boxed{V_B = \frac{R_2 V_{CC}}{R_1 + R_2}} \tag{4.32}$$

$R_i=(\beta+1)R_E \cong \beta R_E$이므로 근사법을 사용할 수 있기 위한 조건은 다음과 같다.

$$\boxed{\beta R_E \geq 10R_2} \tag{4.33}$$

다시 말하면, R_E를 β배 한 값이 최소한 R_2의 10배가 된다면, 근사법을 사용할 수 있으며 그 결과도 매우 정확하다.

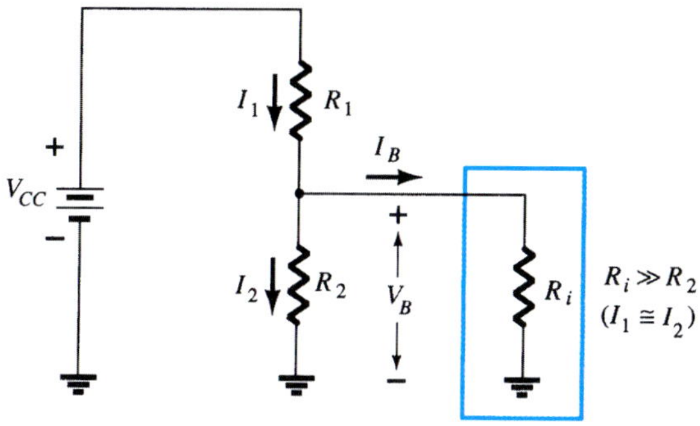

그림 4.36 근사적으로 베이스 전압 V_B를 구하기 위한 바이어스의 일부 회로

일단 V_B가 정해지면, V_E는 다음을 통해 계산한다.

$$\boxed{V_E = V_B - V_{BE}} \tag{4.34}$$

그리고 에미터 전류는 다음 식을 사용하여 구한다.

$$\boxed{I_E = \frac{V_E}{R_E}} \tag{4.35}$$

와

$$\boxed{I_{C_Q} \cong I_E} \tag{4.36}$$

컬렉터-에미터 간 전압은 다음과 같다.

$$V_{CE} = V_{CC} - I_C R_C - I_E R_E$$

그러나 $I_E \cong I_C$이므로

$$\boxed{V_{CE_Q} = V_{CC} - I_C(R_C + R_E)} \tag{4.37}$$

식 (4.33)에서 식 (4.37)까지의 일련의 계산에서 β는 사용되지 않았으며 I_B에 대해서도 계산하지 않았다. 따라서 Q점(I_{C_Q}와 V_{CE_Q}에 의해 결정)은 β와는 무관하다.

예제 4.9 근사법을 사용하여 그림 4.35을 해석하라. 그리고 I_{C_Q}와 V_{CE_Q}의 해를 비교하라.

풀이 검사:

$$\beta R_E \geq 10R_2$$
$$(100)(1.5\,\text{k}\Omega) \geq 10(3.9\,\text{k}\Omega)$$
$$150\,\text{k}\Omega \geq 39\,\text{k}\Omega \text{ (조건 만족)}$$

식 (4.32): $$V_B = \frac{R_2 V_{CC}}{R_1 + R_2} = \frac{(3.9\,\text{k}\Omega)(22\,\text{V})}{39\,\text{k}\Omega + 3.9\,\text{k}\Omega} = 2\,\text{V}$$

V_B값이 예제 4.8에서 구한 E_{Th}와 같음에 유의하라. 그러므로 정밀 해석과 근사 해석의 중요한 차이점은 정밀 해석의 경우 R_{Th}의 영향으로 E_{Th}와 V_B가 다르게 나타나는 점이다.

$$\text{식 (4.34): } V_E = V_B - V_{BE} = 2\text{ V} - 0.7\text{ V} = 1.3\text{ V}$$

$$I_{CQ} \cong I_E = \frac{V_E}{R_E} = \frac{1.3\text{ V}}{1.5\text{ k}\Omega} = \mathbf{0.867\ mA}$$

정밀 해석에서의 0.84 mA와 비교된다. 따라서

$$\begin{aligned} V_{CE_Q} &= V_{CC} - I_C(R_C + R_E) \\ &= 22\text{ V} - (0.867\text{ mA})(10\text{ kV} + 1.5\text{ k}\Omega) \\ &= 22\text{ V} - 9.97\text{ V} \\ &= \mathbf{12.03\ V} \end{aligned}$$

예제 4.8에서는 12.34 V였다.

정밀 해석과 근사 해석에서 I_{C_Q}와 V_{CE_Q}에 대한 결과는 매우 유사하게 나타난다. 그리고 실제로 변수값이 얼마나 변했는지를 고려하면 근사 해석의 결과는 거의 정확한 값이라고 할 수 있다. R_2값에 비하여 R_i의 값이 커질수록 근사 해석의 해는 정밀 해석의 해에 가까워진다. 예제 4.11에서는 식 (4.33)에 의한 조건을 만족하지 않는 경우의 해를 비교한다.

예제 4.10 예제 4.8을 정밀한 방법으로 β가 50으로 줄어든 경우에 대하여 반복하라. 그리고 I_{C_Q}와 V_{CE_Q}값을 비교하라.

풀이 이 예제는 정밀한 해석과 근사적으로 해석한 결과를 비교하기 위한 것이 아니라 β값이 반으로 줄어든 경우에 Q점이 얼마나 변하는지를 알아보기 위한 것이다. R_{Th}와 E_{Th}는 동일하다.

$$R_{\text{Th}} = 3.55\text{ k}\Omega, \qquad E_{\text{Th}} = 2\text{ V}$$

$$\begin{aligned} I_B &= \frac{E_{\text{Th}} - V_{BE}}{R_{\text{Th}} + (\beta + 1)R_E} \\ &= \frac{2\text{ V} - 0.7\text{ V}}{3.55\text{ k}\Omega + (51)(1.5\text{ k}\Omega)} = \frac{1.3\text{ V}}{3.55\text{ k}\Omega + 76.5\text{ k}\Omega} \\ &= 16.24\ \mu\text{A} \end{aligned}$$

$$\begin{aligned} I_{C_Q} &= \beta I_B \\ &= (50)(16.24\ \mu\text{A}) \\ &= \mathbf{0.81\ mA} \end{aligned}$$

$$\begin{aligned} V_{CE_Q} &= V_{CC} - I_C(R_C + R_E) \\ &= 22\text{ V} - (0.81\text{ mA})(10\text{ k}\Omega + 1.5\text{ k}\Omega) \\ &= \mathbf{12.69\ V} \end{aligned}$$

결과를 표로 나타내면 다음과 같다.

그림 4.35 전압분배 바이어스 회로의 β 변화에 대한 차이

β	I_{C_Q} (mA)	V_{CE_Q} (V)
100	0.84 mA	12.34 V
50	0.81 mA	12.69 V

위 결과를 보면, β값의 변화에 대해 회로가 비교적 덜 민감하다는 것을 알 수 있다. β가 100에서 50으로 크게 줄어드는 경우에도 I_{C_Q}와 V_{CE_Q}의 값은 거의 일정하다.

요점: β가 100에서 50으로 변화는 앞의 예제를 고정 바이어스 회로에 적용하면, 컬렉터 전류는 4.71 mA에서 2.35 mA로 줄어든다. 그러나 전압을 스스로 분배하는 바이어스 회로의 경우에는 0.84 mA에서 0.81 mA로 줄어든다. 컬렉터와 에미터 사이의 출력전압 V_{CE_Q}의 경우에는 그 차이가 더욱 심각하여, β가 100에서 50으로 바뀌면 고정 바이어스의 경우 1.64 V에서 6.83 V(무려 300%를 초과)로 변한다. 그러나 전압 분배 바이어스의 경우에는 12.34 V에서 12.69 V로 3% 정도 변한다. 결국 β가 50%가 변화하면 고정 바이어스의 경우 300%를 넘는 변화가 발생하지만, 전압 분배 바이어스의 경우에는 3% 정도로 경미하다고 할 수 있다.

예제 4.11 정밀법과 근사법을 이용하여 그림 4.37의 전압 분배기 회로의 I_{C_Q}와 V_{CE_Q}를 구하고, 그 결과를 비교하라. 이 경우 식 (4.33)의 조건을 만족하지 않는다. 따라서 이 예제는 식 (4.33)의 조건이 만족되지 않는 경우이다. 식 (4.33)이 만족되지 않으면 2가지 방법의 결과값에 차이가 나타나는 것을 알 수 있다.

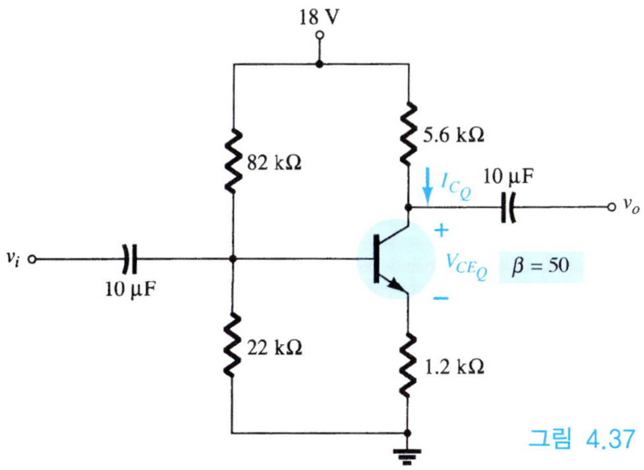

그림 4.37 예제 4.11의 전압 분배기 회로

풀이 정밀 해석:

식 (4.33):

$$\beta R_E \geq 10R_2$$

$$(50)(1.2\,\text{k}\Omega) \geq 10(22\,\text{k}\Omega)$$

$$60\,\text{k}\Omega \ngeq 220\,\text{k}\Omega \text{ (조건 성립안됨)}$$

$$R_{\text{Th}} = R_1 \| R_2 = 82\,\text{k}\Omega \| 22\,\text{k}\Omega = 17.35\,\text{k}\Omega$$

$$E_{\text{Th}} = \frac{R_2 V_{CC}}{R_1 + R_2} = \frac{22\,\text{k}\Omega(18\,\text{V})}{82\,\text{k}\Omega + 22\,\text{k}\Omega} = 3.81\,\text{V}$$

$$I_B = \frac{E_{Th} - V_{BE}}{R_{Th} + (\beta + 1)R_E} = \frac{3.81\text{ V} - 0.7\text{ V}}{17.35\text{ k}\Omega + (51)(1.2\text{ k}\Omega)} = \frac{3.11\text{ V}}{78.55\text{ k}\Omega} = 39.6\ \mu\text{A}$$

$$I_{C_Q} = \beta I_B = (50)(39.6\ \mu\text{A}) = \mathbf{1.98\ mA}$$

$$\begin{aligned} V_{CE_Q} &= V_{CC} - I_C(R_C + R_E) \\ &= 18\text{ V} - (1.98\text{ mA})(5.6\text{ k}\Omega + 1.2\text{ k}\Omega) \\ &= \mathbf{4.54\ V} \end{aligned}$$

근사 해석:

$$V_B = E_{Th} = 3.81\text{ V}$$

$$V_E = V_B - V_{BE} = 3.81\text{ V} - 0.7\text{ V} = 3.11\text{ V}$$

$$I_{C_Q} \cong I_E = \frac{V_E}{R_E} = \frac{3.11\text{ V}}{1.2\text{ k}\Omega} = \mathbf{2.59\ mA}$$

$$\begin{aligned} V_{CE_Q} &= V_{CC} - I_C(R_C + R_E) \\ &= 18\text{ V} - (2.59\text{ mA})(5.6\text{ k}\Omega + 1.2\text{ k}\Omega) \\ &= \mathbf{3.88\ V} \end{aligned}$$

결과를 표로 정리하면 다음과 같다.

	I_{C_Q} (mA)	V_{CE_Q} (V)
Exact	1.98	4.54
Approximate	2.59	0.388

결과를 통해 정밀법과 근사법에 차이가 있음을 알 수 있다. I_{C_Q}의 경우 근사법이 약 30% 정도 더 큰 데 비하여 V_{CE_Q}는 약 90% 정도 작다. 이러한 결과의 차이는 상당히 크지만, βR_E가 R_2보다 3배 정도 큰 경우라면 그 차이는 상대적으로 작다. 그러므로 앞으로 회로 해석에서는 정밀법과 근사법의 결과가 거의 동일하게 만드는 식 (4.33)을 만족하였는지를 먼저 확인하여야 한다.

트랜지스터 포화

전압 분배기 회로의 출력 컬렉터-에미터 회로는 4.4절에서 해석한 에미터 바이어스 회로와 유사한 형태이다. 그러므로 포화 전류(V_{CE}가 0인 경우)를 나타내는 식은 에미터 바이어스 회로에서 얻은 것과 동일하며 다음과 같다.

$$I_{C_{sat}} = I_{C_{max}} = \frac{V_{CC}}{R_C + R_E} \tag{4.38}$$

부하선 해석

전압 분배기 회로의 부하선은 에미터 바이어스 회로와 동일한 형태이다. 그러므로 부하선은 다음 식에 따라 그림 4.25와 동일하게 나타난다.

$$I_C = \left.\frac{V_{CC}}{R_C + R_E}\right|_{V_{CE}=0\,\mathrm{V}} \tag{4.39}$$

그리고

$$V_{CE} = V_{CC}\big|_{I_C=0\,\mathrm{mA}} \tag{4.40}$$

물론 전압 분배기 회로의 경우와 에미터 바이어스 회로 각각에 대해 I_B값은 서로 다른 식에 의해 결정된다.

4.6 컬렉터 피드백(귀환) 회로

그림 4.38과 같이 컬렉터에서 베이스로 귀환(피드백, feedback) 경로를 사용함으로써 안정도를 개선시킬 수 있다. Q점이 β값과 완전히 무관하지는 않지만(근사적인 경우에도), 피드백 경로를 사용한 바이어스는 고정 바이어스나 에미터 바이어스 회로에 비하여 β나 온도 변화에 대하여 덜 민감하다. 먼저 베이스-에미터 경로를 해석하고, 이 결과를 컬렉터-에미터 경로에 적용하는 순서로 살펴보자.

베이스-에미터 경로

그림 4.39는 전압 피드백 회로의 베이스-에미터 방향의 회로이다. 시계 방향으로 표시된 경로에 키르히호프의 전압 법칙을 적용하면 다음과 같다.

$$V_{CC} - I'_C R_C - I_B R_B - V_{BE} - I_E R_E = 0$$

R_C에 흐르는 전류가 I_C가 아닌 $I'_C(I'_C = I_C + I_B)$라는 사실이 중요하다. 그러나 I_C와 I'_C값이 일반적인 I_B값보다 훨씬 크기 때문에 보통 $I'_C \cong I_C$로 근사한다. $I'_C \cong I_C = \beta I_B$로, 그리고 $I_E \cong I_C$로 대치하면 다음 식을 얻을 수 있다.

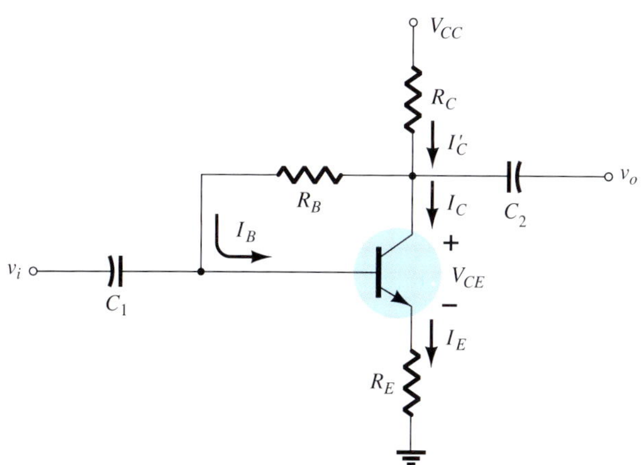

그림 4.38 전압 피드백 회로의 직류 바이어스

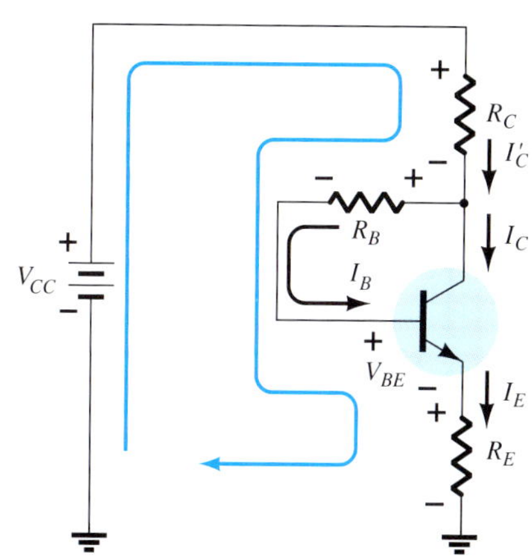

그림 4.39 그림 4.38 회로의 베이스-에미터 경로

$$V_{CC} - \beta I_B R_C - I_B R_B - V_{BE} - \beta I_B R_E = 0$$

각 항별로 정리하면,

$$V_{CC} - V_{BE} - \beta I_B (R_C + R_E) - I_B R_B = 0$$

이고, 이를 I_B에 대해서 풀면 다음의 식을 얻는다.

$$\boxed{I_B = \frac{V_{CC} - V_{BE}}{R_B + \beta(R_C + R_E)}} \tag{4.41}$$

흥미롭게도 이 결과는 이전의 바이어스 회로에서 구한 I_B에 대한 식과 매우 유사하다. 분모는 컬렉터와 에미터 저항들의 합에 β가 곱해진 값이 베이스 저항과 더해진 값이고, 분자는 구할 수 있는 전압값의 차이이다. 그러므로 일반적으로 피드백 경로는 R_E의 값을 입력 쪽에 반영시키는 것과 같이 R_C값을 입력 쪽에 반영시킨다.

일반적으로 I_B에 대한 식은 다음과 같은 형태이다.

$$I_B = \frac{V'}{R_B + \beta R'}$$

고정 바이어스 회로에서는 R'이 없고, 에미터 바이어스 회로에서는 $R' = R_E$이며($\beta + 1 \cong \beta$), 컬렉터 피드백 회로에서는 $R' = R_C + R_E$이다. 그리고 전압 V'는 두 전압값의 차이이다.

$I_C = \beta I_B$이므로

$$I_{C_Q} = \frac{\beta V'}{R_B + \beta R'} = \frac{V'}{\dfrac{R_B}{\beta} + R'}$$

이다. 일반적으로 R_B에 비하여 $\beta R'$가 클수록 β 변화에 대한 I_{C_Q}의 민감도가 작아진다. 또한 $\beta R' \gg R_B$이고, $R_B + \beta R' \cong \beta R'$라면, I_{C_Q}는 다음과 같다.

$$I_{C_Q} \cong \frac{V'}{R'}$$

여기서 I_{C_Q}는 β에는 무관하다. 보통은 컬렉터 피드백 회로에서의 R'이 에미터 바이어스 회로에서 에미터에 있는 저항보다 크기 때문에 β의 변화에 덜 민감하다. 고정 바이어스 회로의 경우는 R'이 0이기 때문에 β의 변화에 대해 매우 민감하다.

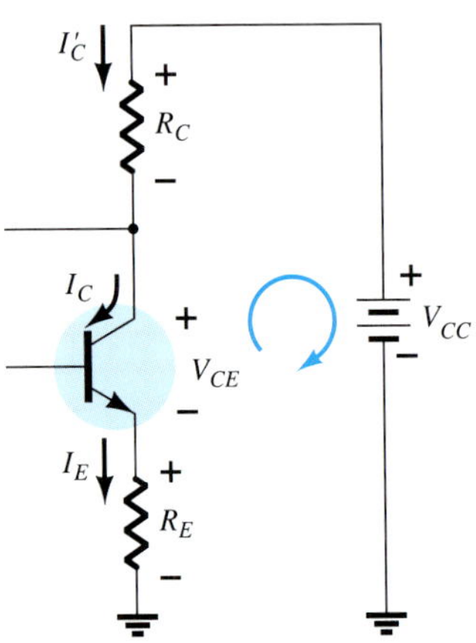

그림 4.40 그림 4.38 회로의 컬렉터-에미터 경로

컬렉터-에미터 경로

그림 4.38의 회로에 대한 컬렉터-에미터 쪽이 그림 4.40에 표시되어 있다. 표시된 경로에 대해 시계 방향으로 키르히호프의 전압 법칙을 적용하면 다음과 같다.

$$I_E R_E + V_{CE} + I_C' R_C - V_{CC} = 0$$

$I'_C \cong I_C$이고, $I_E \cong I_C$이므로

$$I_C(R_C + R_E) + V_{CE} - V_{CC} = 0$$

이고

$$\boxed{V_{CE} = V_{CC} - I_C(R_C + R_E)} \tag{4.42}$$

이며, 이는 에미터 바이어스 회로와 전압 분배 바이어스 회로에서 얻은 식과 같다.

예제 4.12 그림 4.41의 회로에 대해 작동점의 I_{C_Q}와 V_{CE_Q}의 값을 구하라.

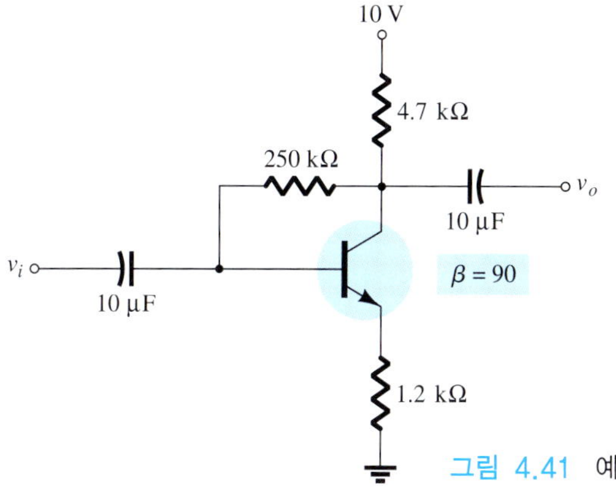

그림 4.41 예제 4.12의 회로

풀이 식 (4.41):

$$\begin{aligned} I_B &= \frac{V_{CC} - V_{BE}}{R_B + \beta(R_C + R_E)} \\ &= \frac{10\text{ V} - 0.7\text{ V}}{250\text{ k}\Omega + (90)(4.7\text{ k}\Omega + 1.2\text{ k}\Omega)} \\ &= \frac{9.3\text{ V}}{250\text{ k}\Omega + 531\text{ k}\Omega} = \frac{9.3\text{ V}}{781\text{ k}\Omega} \\ &= 11.91\ \mu\text{A} \end{aligned}$$

$$\begin{aligned} I_{C_Q} &= \beta I_B = (90)(11.91\ \mu\text{A}) \\ &= \mathbf{1.07\ mA} \\ V_{CE_Q} &= V_{CC} - I_C(R_C + R_E) \\ &= 10\text{ V} - (1.07\text{ mA})(4.7\text{ k}\Omega + 1.2\text{ k}\Omega) \\ &= 10\text{ V} - 6.31\text{ V} \\ &= \mathbf{3.69\ V} \end{aligned}$$

예제 4.13 β가 135인 경우에 대해(예제 4.12보다 50%가 증가한 값) 예제 4.12를 반복하라.

풀이 예제 4.12의 I_B에 대한 해에서 분모식의 두 번째 항이 첫 번째 항보다 크다는 점을 유의해야 한다. 앞에서 두 번째 항이 첫 번째 항보다 크면 클수록 β값의 변화에 대한 민감도가 더 작아졌다는 것을 기억하자. 여기에서는 β값이 50% 증가하였으므로 첫 번째 항에 비해 두 번째 항의 크기가 이전보다 더 커졌을 것이다. 그러므로 이 예제에서 중요한 것은

두 번째 항이 첫 번째 항보다 상대적으로 커지면 β값에 대한 영향이 감소한다는 점을 이해하는 것이다.

I_B에 대해 풀면,

$$\begin{aligned} I_B &= \frac{V_{CC} - V_{BE}}{R_B + \beta(R_C + R_E)} \\ &= \frac{10\text{ V} - 0.7\text{ V}}{250\text{ k}\Omega + (135)(4.7\text{ k}\Omega + 1.2\text{ k}\Omega)} \\ &= \frac{9.3\text{ V}}{250\text{ k}\Omega + 796.5\text{ k}\Omega} = \frac{9.3\text{ V}}{1046.5\text{ k}\Omega} \\ &= 8.89\ \mu\text{A} \end{aligned}$$

그리고

$$\begin{aligned} I_{C_Q} &= \beta I_B \\ &= (135)(8.89\ \mu\text{A}) \\ &= \mathbf{1.2\ mA} \end{aligned}$$

그리고

$$\begin{aligned} V_{CE_Q} &= V_{CC} - I_C(R_C + R_E) \\ &= 10\text{ V} - (1.2\text{ mA})(4.7\text{ k}\Omega + 1.2\text{ k}\Omega) \\ &= 10\text{ V} - 7.08\text{ V} \\ &= \mathbf{2.92\ V} \end{aligned}$$

β의 값이 50% 증가하였음에도 I_{C_Q}의 값은 12.1%만큼만 증가하였고, 이때 V_{CE_Q}의 값은 20.9% 감소하였다. 회로가 고정 바이어스 회로로 설계되었다면 β의 값이 50% 증가하였을 때 I_{C_Q}의 값도 50%만큼 증가하였을 것이고, 따라서 Q점의 위치는 상당히 많이 변했을 것이다.

예제 4.14 그림 4.42의 회로에 대해 I_B와 V_C의 직류값을 구하라.

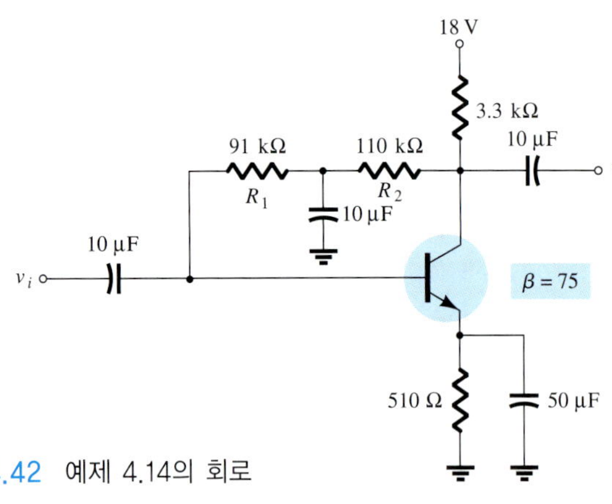

그림 4.42 예제 4.14의 회로

풀이 회로에서 베이스 저항은 2개의 저항이 직렬로 연결되어 있으며, 이 지점에 커패시터가 연결되었는데 커패시터의 다른 쪽은 접지에 연결되어 있다. 직류 모드에서 커패시터는 접지와 개방된 회로로 생각하면 간단하므로 $R_B = R_1 + R_2$이다.

I_B에 대해 풀면,

$$
\begin{aligned}
I_B &= \frac{V_{CC} - V_{BE}}{R_B + \beta(R_C + R_E)} \\
&= \frac{18\text{ V} - 0.7\text{ V}}{(91\text{ k}\Omega + 110\text{ k}\Omega) + (75)(3.3\text{ k}\Omega + 0.51\text{ k}\Omega)} \\
&= \frac{17.3\text{ V}}{201\text{ k}\Omega + 285.75\text{ k}\Omega} = \frac{17.3\text{ V}}{486.75\text{ k}\Omega} \\
&= \mathbf{35.5\ \mu A}
\end{aligned}
$$

$$
\begin{aligned}
I_C &= \beta I_B \\
&= (75)(35.5\ \mu\text{A}) \\
&= 2.66\text{ mA} \\
V_C &= V_{CC} - I_C' R_C \cong V_{CC} - I_C R_C \\
&= 18\text{ V} - (2.66\text{ mA})(3.3\text{ k}\Omega) \\
&= 18\text{ V} - 8.78\text{ V} \\
&= \mathbf{9.22\ V}
\end{aligned}
$$

포화 조건

$I'_C = I_C$의 근사를 사용하면, 포화 전류를 나타내는 식은 전압 분배기 회로와 에미터 바이어스 회로에서 구한 식과 같다. 즉

$$
\boxed{I_{C_{sat}} = I_{C_{max}} = \frac{V_{CC}}{R_C + R_E}} \tag{4.43}
$$

부하선 해석

$I'_C = I_C$를 사용하면, 전압 분배기 회로와 에미터 바이어스 회로와 같은 부하선을 얻을 수 있다. I_{B_Q}의 값은 선택된 바이어스 회로 구성에 따라 정해진다.

예제 4.15 그림 4.43 회로와 그림 4.44의 특성 곡선을 이용하여

a. 특성 곡선에 부하선을 그려라.

b. Q점을 기록하고, 그 점에서의 직류 베타값을 구하라.

c. 위 b에서 구한 직류 베타값을 이용하여 I_B값을 구하라.

d. I_{C_Q}와 V_{CE_Q}를 구하라.

풀이

a. 부하선의 교차점은 다음과 같이 구할 수 있으며, 그림 4.45에 있다.

$$
V_{CE} = 0\text{ V}: I_C = \frac{V_{CC}}{R_C + R_E} = \frac{36\text{ V}}{2.7\text{ k}\Omega + 330\ \Omega} = \mathbf{11.88\ mA}
$$

$$
I_C = 0\text{ mA}: V_{CE} = V_{CC} = \mathbf{36\ V}
$$

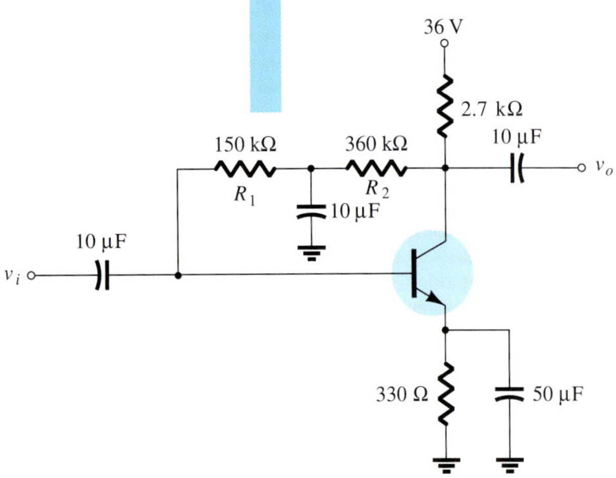

그림 4.43 예제 4.15의 회로

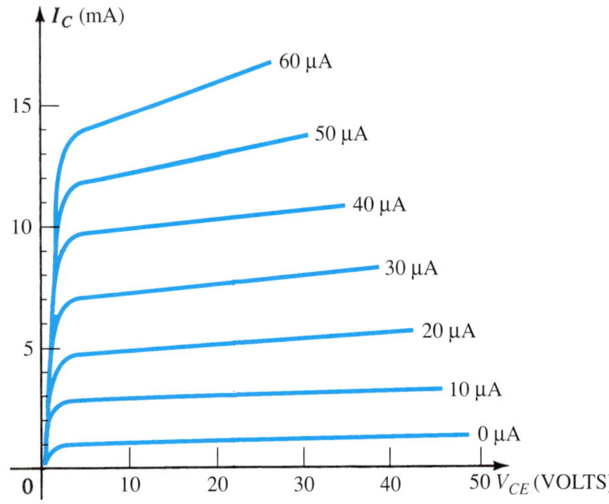

그림 4.44 BJT 특성 곡선

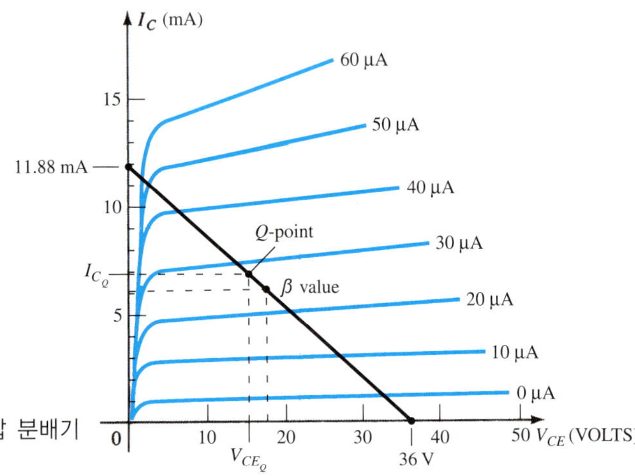

그림 4.45 그림 4.43 전압 분배기 회로의 Q점

b. 직류 베타값은 I_B=25 μA와 V_{CE}는 17 V에서 다음과 같이 구한다.

$$\beta \cong \frac{I_{C_Q}}{I_{B_Q}} = \frac{6.2 \text{ mA}}{25 \ \mu\text{A}} = \mathbf{248}$$

c. 식 (4.41)을 이용하여

$$I_B = \frac{V_{CC} - V_{BE}}{R_B + \beta(R_C + R_E)} = \frac{36 \text{ V} - 0.7 \text{ V}}{510 \text{ k}\Omega + 248(2.7 \text{ k}\Omega + 330 \ \Omega)}$$

$$= \frac{35.3 \text{ V}}{510 \text{ k}\Omega + 751.44 \text{ k}\Omega}$$

그리고

$$I_B = \frac{35.3 \text{ V}}{1.261 \text{ M}\Omega} = \mathbf{28 \ \mu A}$$

d. 그림 4.45로부터 Q점의 값은

$I_{C_Q} \cong$ **6.9 mA** 이고 $V_{CE_Q} \cong$ **15 V**

4.7 에미터 폴로어(follower) 회로

앞에서 소개한 회로들은 출력전압을 트랜지스터의 컬렉터에서 얻었다. 이번에는 출력전압을 그림 4.46에 있는 회로의 에미터에서 얻는 경우를 소개할 것이다. 그림 4.46의 회로 구성만이 출력을 에미터에서 얻는 것은 아니다. 이미 배운 어떤 회로라도 에미터에 저항이 있다면 거기에서 출력전압을 얻을 수 있다.

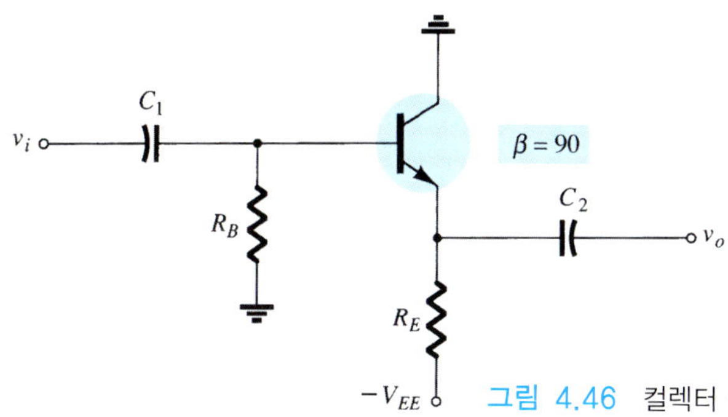

그림 4.46 컬렉터 공동(에미터 폴로어) 회로

그림 4.47은 그림 4.46 회로의 직류 등가회로이다.

이 회로의 입력에 키르히호프의 전압 법칙을 적용하면

$$-I_BR_B - V_{BE} - I_ER_E + V_{EE} = 0$$

그리고 $I_E=(\beta+1)I_B$를 적용하면

$$I_BR_B + (\beta + 1)I_BR_E = V_{EE} - V_{BE}$$

그래서

$$\boxed{I_B = \frac{V_{EE} - V_{BE}}{R_B + (\beta + 1)R_E}} \tag{4.44}$$

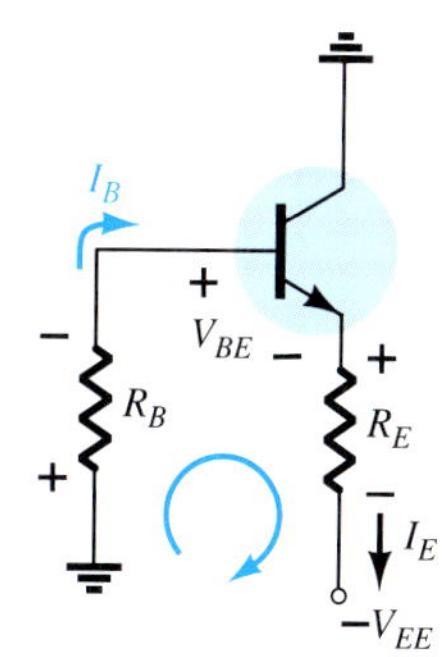

그림 4.47 그림 4.46 회로의 직류 등가회로

출력에 키르히호프의 전압 법칙을 적용하면

$$-V_{CE} - I_ER_E + V_{EE} = 0$$

그리고

$$\boxed{V_{CE} = V_{EE} - I_ER_E} \tag{4.45}$$

예제 4.16 그림 4.48 회로에서 V_{CE_Q}와 I_{E_Q}를 구하라.

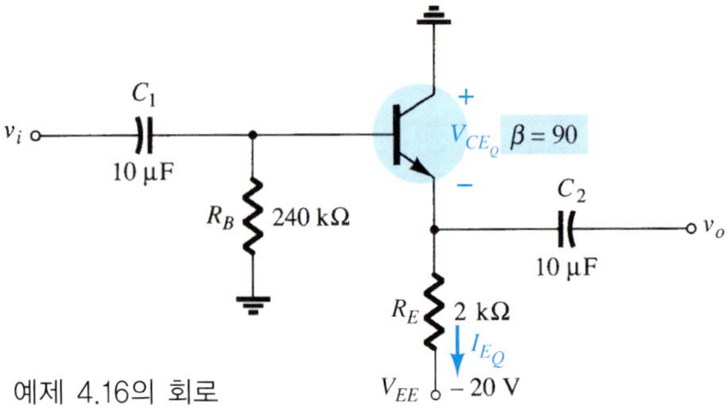

그림 4.48 예제 4.16의 회로

풀이

식 (4.44):

$$I_B = \frac{V_{EE} - V_{BE}}{R_B + (\beta + 1)R_E}$$
$$= \frac{20\text{ V} - 0.7\text{ V}}{240\text{ k}\Omega + (90 + 1)2\text{ k}\Omega} = \frac{19.3\text{ V}}{240\text{ k}\Omega + 182\text{ k}\Omega}$$
$$= \frac{19.3\text{ V}}{422\text{ k}\Omega} = 45.73\ \mu\text{A}$$

이고, 식 (4.45):

$$V_{CE_Q} = V_{EE} - I_E R_E$$
$$= V_{EE} - (\beta + 1)I_B R_E$$
$$= 20\text{ V} - (90 + 1)(45.73\ \mu\text{A})(2\text{ k}\Omega)$$
$$= 20\text{ V} - 8.32\text{ V}$$
$$= \mathbf{11.68\ V}$$
$$I_{E_Q} = (\beta + 1)I_B = (91)(45.73\ \mu\text{A})$$
$$= 4.16\text{ mA}$$

4.8 공통 베이스 회로

공통 베이스 회로는 입력신호가 에미터에 연결되고, 베이스는 접지나 접지 보다 조금 높은 전압으로 연결되는 점이 이전의 회로와 다르다. 이 회로 특징은 입력 임피던스가 적은 반면에 출력 임피던스는 크고, 이득이 매우 높기 때문에 흔히 사용되는 회로다.

그림 4.49 모양의 회로가 전형적인 공통 베이스 회로이다. 이 회로에서 2개의 전압이 사용된 점과 입력인 에미터와 출력인 컬렉터 단자에 베이스가 공통으로 사용된다는 점을 주의 깊게 보아라.

그림 4.49 회로의 입력에서 본 직류회로가 그림 4.50에 있다.

키르히호프의 전압 법칙에 의해

$$-V_{EE} + I_E R_E + V_{BE} = 0$$

$$\boxed{I_E = \frac{V_{EE} - V_{BE}}{R_E}} \tag{4.46}$$

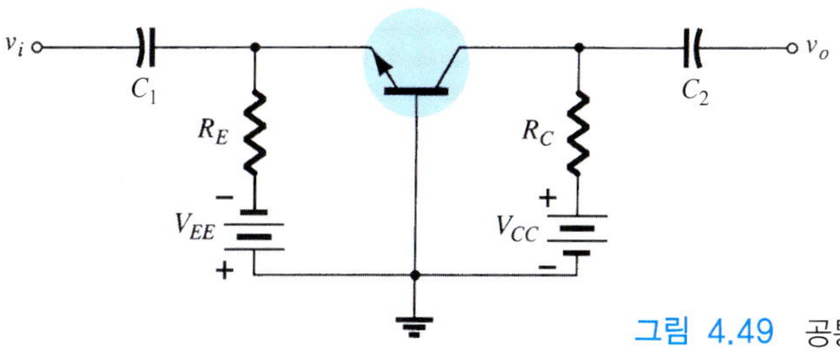

그림 4.49 공통 베이스 회로

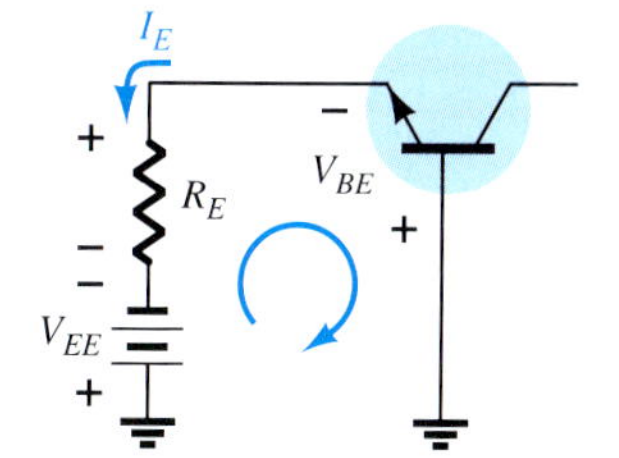

그림 4.50 입력단 직류회로

키르히호프의 전압 법칙을 직류만 고려하여 그림 4.49 회로의 외곽에 적용하면 그림 4.51 회로와 같으며

$$-V_{EE} + I_E R_E + V_{CE} + I_C R_C - V_{CC} = 0$$

그리고

$$V_{CE} = V_{EE} + V_{CC} - I_E R_E - I_C R_C$$

$I_E \cong I_C$ 이므로

$$\boxed{V_{CE} = V_{EE} + V_{CC} - I_E(R_C + R_E)} \tag{4.47}$$

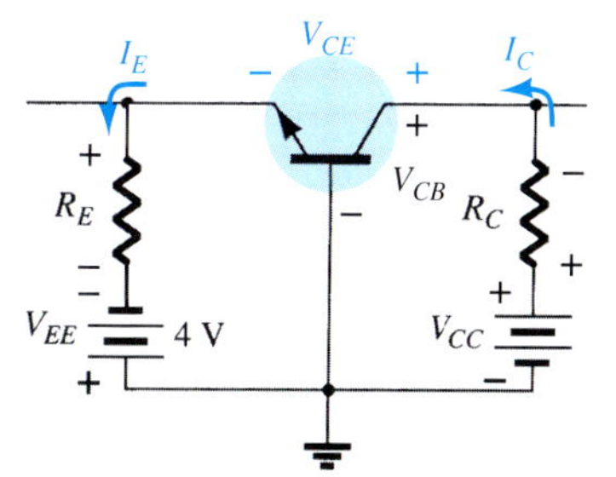

그림 4.51 V_{CE}와 V_{CB}를 구하기 위한 회로

그림 4.51 회로의 V_{CB}전압은 키르히호프의 전압 법칙을 외곽에 다음과 같이 적용하면 얻을 수 있다:

$$V_{CB} + I_C R_C - V_{CC} = 0$$

또는

$$V_{CB} = V_{CC} - I_C R_C$$

$I_C \cong I_E$ 를 이용하면

다음을 얻는다.

$$\boxed{V_{CB} = V_{CC} - I_C R_C} \tag{4.48}$$

예제 4.17 공통 베이스 회로인 그림 4.52 회로에서 I_E, I_B, V_{CE} 및 V_{CB}를 구하라.

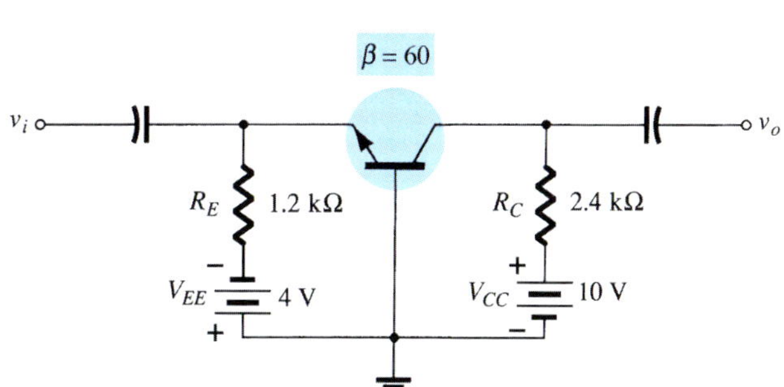

그림 4.52 예제 4.17

풀이

식 (4.46):
$$I_E = \frac{V_{EE} - V_{BE}}{R_E} = \frac{4\text{ V} - 0.7\text{ V}}{1.2\text{ k}\Omega} = \mathbf{2.75\text{ mA}}$$
$$I_B = \frac{I_E}{\beta + 1} = \frac{2.75\text{ mA}}{60 + 1} = \frac{2.75\text{ mA}}{61} = \mathbf{45.08\ \mu A}$$

식 (4.47):
$$\begin{aligned} V_{CE} &= V_{EE} + V_{CC} - I_E(R_C + R_E) \\ &= 4\text{ V} + 10\text{ V} - (2.75\text{ mA})(2.4\text{ k}\Omega + 1.2\text{ k}\Omega) \\ &= 14\text{ V} - (2.75\text{ mA})(3.6\text{ k}\Omega) \\ &= 14\text{ V} - 9.9\text{ V} \\ &= \mathbf{4.1\text{ V}} \end{aligned}$$

식 (4.48):
$$\begin{aligned} V_{CB} &= V_{CC} - I_C R_C = V_{CC} - \beta I_B R_C \\ &= 10\text{ V} - (60)(45.08\ \mu\text{A})(24\text{ k}\Omega) \\ &= 10\text{ V} - 6.49\text{ V} \\ &= \mathbf{3.51\text{ V}} \end{aligned}$$

4.9 기타 바이어스 회로

앞에서 소개한 기본적인 회로와는 다른 여러 종류의 BJT 바이어스 회로들이 있다. 다양한 종류가 있으므로 이 책에서 모든 경우를 다루기는 어렵다. 이 책의 주된 목표는 소자의 특성을 알아봄으로써 이들을 사용한 회로의 직류 해석을 할 수 있도록 하는 데에 있으며, 또한 원하는 해를 구하기 위한 일반적인 접근법을 살펴보는 데에 있다. 이제까지 알아본 회로 구성에서 첫 번째 단계는 베이스 전류를 표현하는 식을 구하는 것이었다. 베이스 전류를 알면, 컬렉터 전류와 출력회로의 전압을 구할 수 있다. 모든 해를 구하기 위한 방법이 이러한 순서를 따라야 하는 것은 아니지만, 이는 새로운 회로를 해석할 때에 해를 찾을 수 있는 가능한 한 방법이다.

첫 번째 예제는 단순히 그림 4.39의 전압 피드백 회로에서 에미터 저항을 제거한 것이다. 해석은 주어진 식에서 R_E의 항을 제거하여야 하는 것을 제외하면 거의 같다.

예제 4.18 그림 4.53의 회로에 대해

a. I_{C_Q}와 V_{CE_Q}를 구하라.

b. V_B, V_C, V_E, V_{BC}를 구하라.

풀이

a. R_E가 없으므로 피드백에 의해 저항 성분으로 반영될 값이 R_C만으로 줄게 된다. 그러므로 I_B에 대한 식은 다음과 같이 된다.

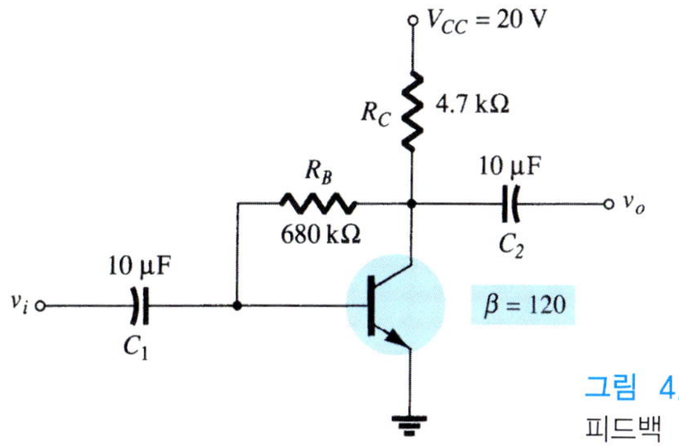

그림 4.53 R_E=0 Ω인 경우의 컬렉터 피드백

$$I_B = \frac{V_{CC} - V_{BE}}{R_B + \beta R_C}$$
$$= \frac{20\text{ V} - 0.7\text{ V}}{680\text{ k}\Omega + (120)(4.7\text{ k}\Omega)} = \frac{19.3\text{ V}}{1.244\text{ M}\Omega}$$
$$= \mathbf{15.51\ \mu A}$$
$$I_{C_Q} = \beta I_B = (120)(15.51\ \mu\text{A})$$
$$= \mathbf{1.86\ mA}$$
$$V_{CE_Q} = V_{CC} - I_C R_C$$
$$= 20\text{ V} - (1.86\text{ mA})(4.7\text{ k}\Omega)$$
$$= \mathbf{11.26\ V}$$

b.
$$V_B = V_{BE} = \mathbf{0.7\ V}$$
$$V_C = V_{CE} = \mathbf{11.26\ V}$$
$$V_E = \mathbf{0\ V}$$
$$V_{BC} = V_B - V_C = 0.7\text{ V} - 11.26\text{ V}$$
$$= \mathbf{-10.56\ V}$$

다음 예제에서는 에미터 쪽에 전압이 인가되고 R_C가 직접 접지된 경우를 다룬다. 이러한 회로 구성은 일반적으로 사용하는 회로가 아닌 변칙적인 회로라고 느낄지도 모른다. 그러나 베이스 회로에 대해 키르히호프의 전압 법칙을 적용하면 원하는 베이스 전류를 구할 수 있다.

예제 4.19 그림 4.54의 회로에 대해 V_C와 V_B를 구하라.

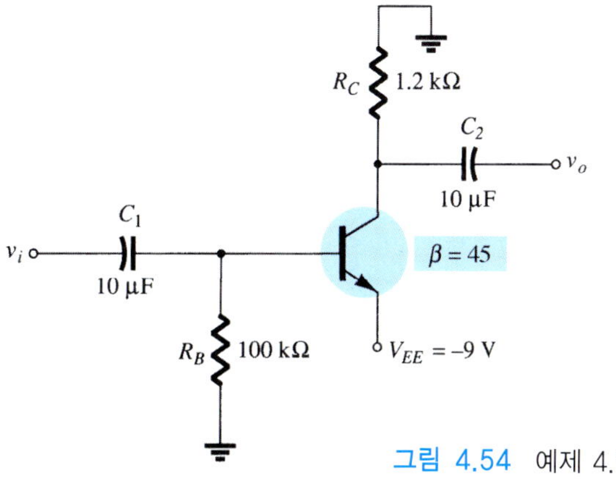

그림 4.54 예제 4.19

풀이 베이스-에미터 경로에 대해 시계 방향으로 키르히호프의 전압 법칙을 적용하면

$$-I_B R_B - V_{BE} + V_{EE} = 0$$

그리고

$$I_B = \frac{V_{EE} - V_{BE}}{R_B}$$

값을 대입하면

$$\begin{aligned} I_B &= \frac{9\text{ V} - 0.7\text{ V}}{100\text{ k}\Omega} \\ &= \frac{8.3\text{ V}}{100\text{ k}\Omega} \\ &= 83\ \mu\text{A} \end{aligned}$$

$$\begin{aligned} I_C &= \beta I_B \\ &= (45)(83\ \mu\text{A}) \\ &= 3.735\text{ mA} \\ V_C &= -I_C R_C \\ &= -(3.735\text{ mA})(1.2\text{ k}\Omega) \\ &= \mathbf{-4.48\ V} \\ V_B &= -I_B R_B \\ &= -(83\ \mu\text{A})(100\text{ k}\Omega) \\ &= \mathbf{-8.3\ V} \end{aligned}$$

다음의 예제 4.20에서는 2개의 전원으로 나누어 전압을 공급하고, Thévenin 정리를 이용하여 원하는 값을 구하려고 한다.

예제 4.20 그림 4.55의 회로에서 전압 V_C와 V_B값을 구하라.

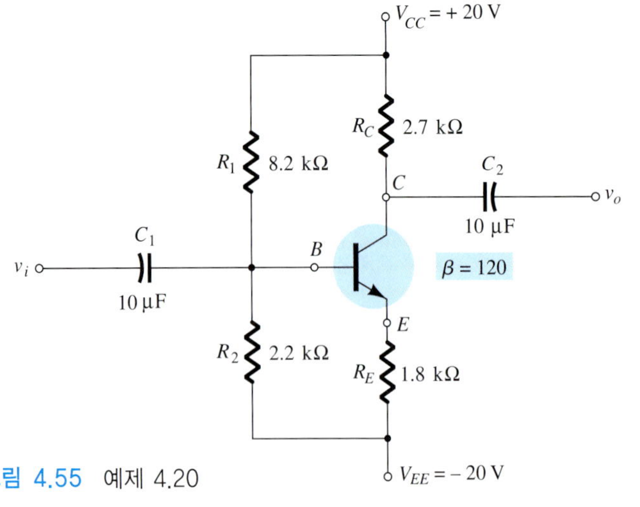

그림 4.55 예제 4.20

풀이 Thévenin 저항과 전압은 그림 4.56과 그림 4.57에 나타낸 것과 같이 베이스 단자 왼쪽의 회로를 통해 구할 수 있다.

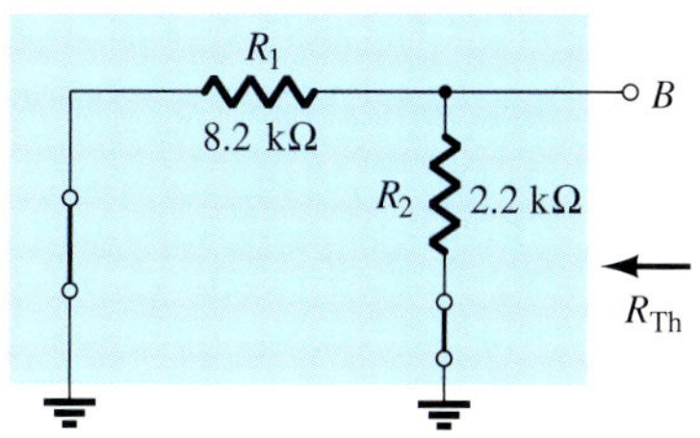

그림 4.56 R_{Th} 결정

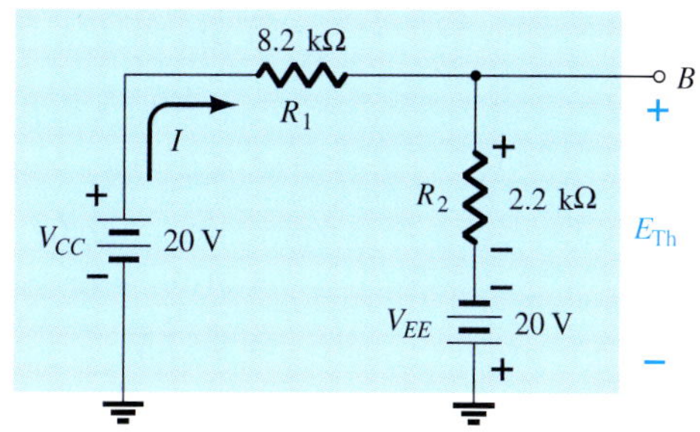

그림 4.57 E_{Th} 결정

R_{Th}

$$R_{\text{Th}} = 8.2\,\text{k}\Omega \| 2.2\,\text{k}\Omega = 1.73\,\text{k}\Omega$$

E_{Th}

$$I = \frac{V_{CC} + V_{EE}}{R_1 + R_2} = \frac{20\text{ V} + 20\text{ V}}{8.2\,\text{k}\Omega + 2.2\,\text{k}\Omega} = \frac{40\text{ V}}{10.4\,\text{k}\Omega}$$
$$= 3.85\text{ mA}$$
$$\text{h} = IR_2 - V_{EE}$$
$$= (3.85\text{ mA})(2.2\,\text{k}\Omega) - 20\text{ V}$$
$$= -11.53\text{ V}$$

회로는 그림 4.58과 같이 바꾸어 그릴 수 있으므로, 이 회로에 키르히호프의 전압 법칙을 적용하면

$$-E_{\text{Th}} - I_B R_{\text{Th}} - V_{BE} - I_E R_E + V_{EE} = 0$$

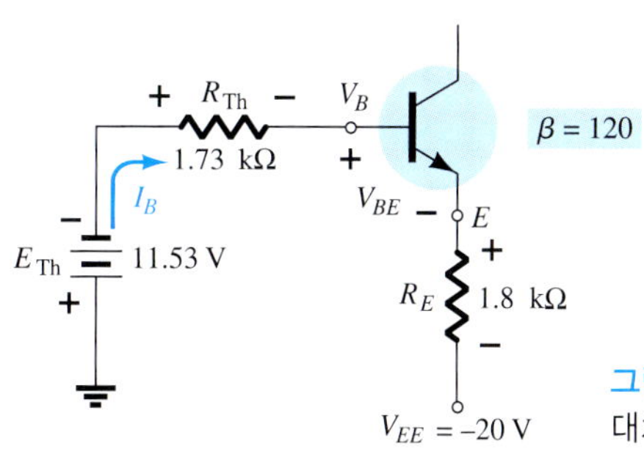

그림 4.58 Thévenin 등가회로로 대치한 회로

$I_E = (\beta + 1)I_B$를 대입하면

$$V_{EE} - E_{\text{Th}} - V_{BE} - (\beta + 1)I_B R_E - I_B R_{\text{Th}} = 0$$

그리고

$$I_B = \frac{V_{EE} - E_{\text{Th}} - V_{BE}}{R_{\text{Th}} + (\beta + 1)R_E}$$
$$= \frac{20\text{ V} - 11.53\ V - 0.7\text{ V}}{1.73\,\text{k}\Omega + (121)(1.8\,\text{k}\Omega)}$$

$$
\begin{aligned}
&= \frac{7.77\text{ V}}{219.53\text{ k}\Omega} \\
&= 35.39\ \mu\text{A} \\
I_C &= \beta I_B \\
&= (120)(35.39\ \mu\text{A}) \\
&= 4.25\text{ mA} \\
V_C &= V_{CC} - I_C R_C \\
&= 20\text{ V} - (4.25\text{ mA})(2.7\text{ k}\Omega) \\
&= \mathbf{8.53\ V} \\
V_B &= -E_{\text{Th}} - I_B R_{\text{Th}} \\
&= -(11.53\text{ V}) - (35.39\ \mu\text{A})(1.73\text{ k}\Omega) \\
&= \mathbf{-11.59\ V}
\end{aligned}
$$

4.10 요약표

표 4.1은 이제까지 살펴본 가장 많이 사용하는 BJT 회로와 그 식을 요약한 것이다. 다양한 회로들 같지만 각각의 식들은 유사한 점들이 있음을 주목하라.

4.11 설계 방법

지금까지는 일반적으로 사용되고 있는 회로들을 해석하는 데 초점을 맞추었다. 각 소자들의 위치는 이미 정해져 있으므로 회로에서 각 소자들의 전압과 전류값들을 구하는 것이 문제였다. 설계 과정에서는 전류나 전압 둘 중의 하나가 정해져야 하고, 미리 요구되는 조건에 맞는 부품들을 사용하여야 한다. 이러한 과정에서 소자들의 특징과 회로의 기본적인 방정식과 옴의 법칙, 키르히호프의 전압 법칙 등의 회로 해석에 필요한 기본적인 법칙을 정확히 이해할 필요가 있다. 대부분의 경우에 해석과정보다 설계 과정이 더 어려울 뿐만 아니라 고려해야 할 사항도 많다. 설계 과정을 정확히 규정하기 어렵기 때문에 회로를 해석할 때 별로 사용되지 않는 가정들을 많이 사용하게 된다.

설계 과정은 이미 사용하기로 하거나 사용할 소자에 따라 달라진다. 만약 트랜지스터의 전원을 이미 정했다면, 나머지 과정은 주어진 설계 조건을 만족하기 위해 필요한 저항값을 정하면 된다. 만약 이론적인 저항값이 정해지면, 그 값에 가장 가까운 표준값을 선택하면 된다. 정확한 값이 아니라서 생기는 오차는 설계 과정 중에서 저항 소자와 트랜지스터 매개변수의 오차를 고려할 때 유효한 수준 이내이면 된다.

저항값을 구하려고 할 때 가장 유용한 식은 다음과 같은 옴의 법칙이다.

$$
\boxed{R_{\text{unknown}} = \frac{V_R}{I_R}} \tag{4.49}
$$

표 4.1 BJT 바이어스 구성

<table>
<tr><th>종류</th><th>구성</th><th>식</th></tr>
<tr><td>고정 바이어스</td><td>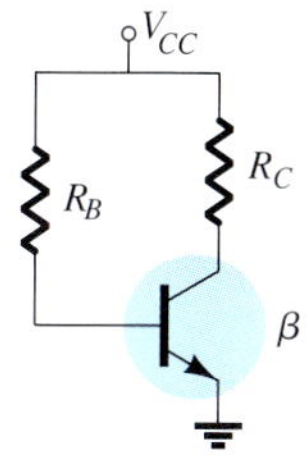</td><td>$$I_B = \frac{V_{CC} - V_{BE}}{R_B}$$ $$I_C = \beta I_B, I_E = (\beta + 1)I_B$$ $$V_{CE} = V_{CC} - I_C R_C$$</td></tr>
<tr><td>에미터 바이어스</td><td>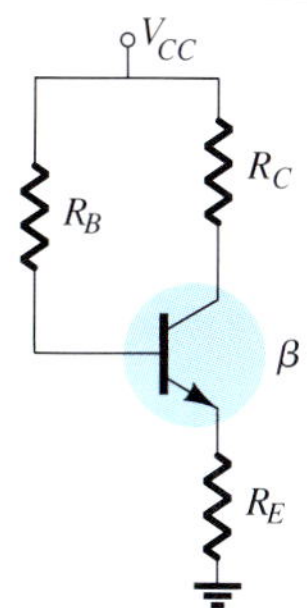</td><td>$$I_B = \frac{V_{CC} - V_{BE}}{R_B + (\beta + 1)R_E}$$ $$I_C = \beta I_B, I_E = (\beta + 1)I_B$$ $$R_i = (\beta + 1)R_E$$ $$V_{CE} = V_{CC} - I_C(R_C + R_E)$$</td></tr>
<tr><td>전압 분배 바이어스</td><td>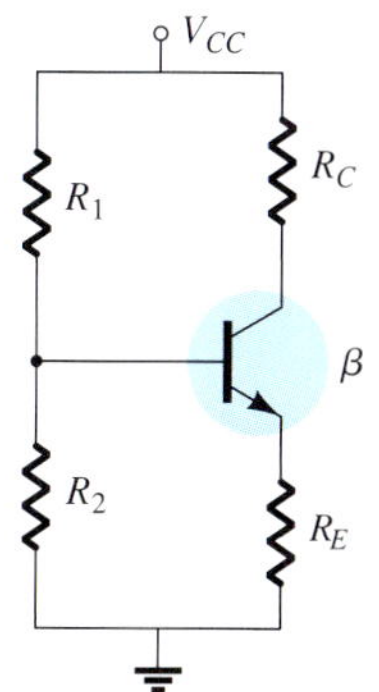</td><td>정밀법: $R_{Th} = R_1 \| R_2, E_{Th} = \frac{R_2 V_{CC}}{R_1 + R_2}$
$$I_B = \frac{E_{Th} - V_{BE}}{R_{Th} + (\beta + 1)R_E}$$ $$I_C = \beta I_B, I_E = (\beta + 1)I_B$$ $$V_{CE} = V_{CC} - I_C(R_C + R_E)$$
근사법: $\beta R_E \geq 10R_2$
$$V_B = \frac{R_2 V_{CC}}{R_1 + R_2}, V_E = V_B - V_{BE}$$ $$I_E = \frac{V_E}{R_E}, I_B = \frac{I_E}{\beta + 1}$$ $$V_{CE} = V_{CC} - I_C(R_C + R_E)$$</td></tr>
<tr><td>컬렉터 피드백</td><td>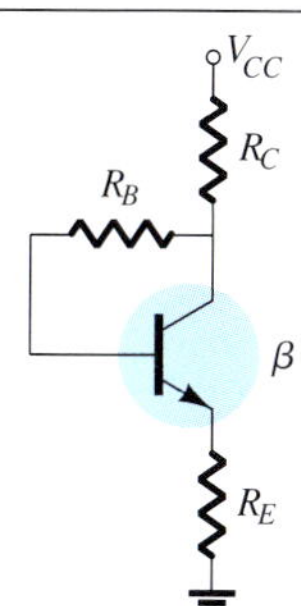</td><td>$$I_B = \frac{V_{CC} - V_{BE}}{R_B + \beta(R_C + R_E)}$$ $$I_C = \beta I_B, I_E = (\beta + 1)I_B$$ $$V_{CE} = V_{CC} - I_C(R_C + R_E)$$</td></tr>
<tr><td>에미터 폴로어</td><td>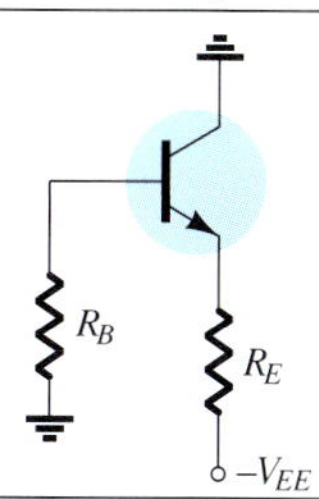</td><td>$$I_B = \frac{V_{EE} - V_{BE}}{R_B + (\beta + 1)}$$ $$I_C = \beta I_B, I_E = (\beta + 1)I_B$$ $$V_{CE} = V_{EE} - I_E R_E$$</td></tr>
<tr><td>베이스 공통</td><td>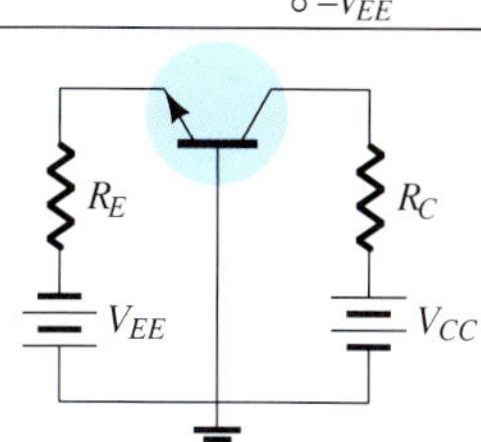</td><td>$$I_E = \frac{V_{EE} - V_{BE}}{R_E}$$ $$I_B = \frac{I_E}{\beta + 1}, I_C = \beta I_B$$ $$V_{CE} = V_{EE} + V_{CC} - I_E(R_C + R_E)$$ $$V_{CB} = V_{CC} - I_C R_C$$</td></tr>
</table>

어떤 특별한 회로를 설계하는 경우에는 미리 저항에 걸리는 전압을 결정하기도 한다. 여기에 전류값이 주어진다면, 식 (4.49)는 저항값을 결정할 때 쓰일 수 있다. 이후에 나올 몇몇 예제들을 통해 지정된 조건으로부터 어떻게 각 소자들의 값을 결정하는지를 알아보자. 그리고 자주 쓰이는 2종류의 회로를 설계하는 과정을 소개하도록 하겠다.

예제 4.21 그림 4.59a와 같은 특성을 갖는 소자가 주어졌을 때, 그림 4.59b의 고정 바이어스 회로의 V_{CC}, R_B, R_C값을 구하라.

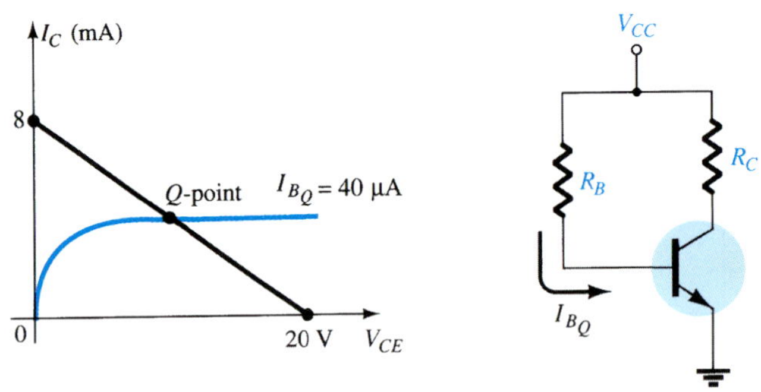

그림 4.59 예제 4.21 (a) (b)

풀이 부하선으로부터

$$V_{CC} = \mathbf{20\ V}$$

$$I_C = \left.\frac{V_{CC}}{R_C}\right|_{V_{CE}=0\ \mathrm{V}}$$

그리고

$$R_C = \frac{V_{CC}}{I_C} = \frac{20\ \mathrm{V}}{8\ \mathrm{mA}} = \mathbf{2.5\ k\Omega}$$

$$I_B = \frac{V_{CC} - V_{BE}}{R_B}$$

$$R_B = \frac{V_{CC} - V_{BE}}{I_B}$$

$$= \frac{20\ \mathrm{V} - 0.7\ \mathrm{V}}{40\ \mu\mathrm{A}} = \frac{19.3\ \mathrm{V}}{40\ \mu\mathrm{A}}$$

$$= \mathbf{482.5\ k\Omega}$$

표준 저항값들은

$$R_C = 2.4\ \mathrm{k\Omega}$$
$$R_B = 470\ \mathrm{k\Omega}$$

표준 저항을 사용하면

$$I_B = 41.1\ \mu\mathrm{A}$$

의 결과를 얻을 수 있다. 이 값은 지정된 값의 5% 오차 이내에 있다.

예제 4.22 그림 4.60의 회로에서, $I_{C_Q}=2$ mA, $V_{CE_Q}=10$ V의 조건에서 R_1과 R_C의 값을 구하라.

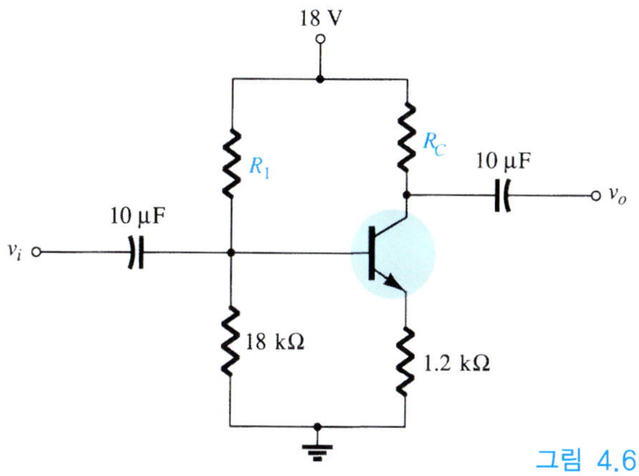

그림 4.60 예제 4.22

풀이

$$V_E = I_E R_E \cong I_C R_E$$
$$= (2\text{ mA})(1.2\text{ k}\Omega) = 2.4\text{ V}$$
$$V_B = V_{BE} + V_E = 0.7\text{ V} + 2.4\text{ V} = 3.1\text{ V}$$
$$V_B = \frac{R_2 V_{CC}}{R_1 + R_2} = 3.1\text{ V}$$

그리고

$$\frac{(18\text{ k}\Omega)(18\text{ V})}{R_1 + 18\text{ k}\Omega} = 3.1\text{ V}$$
$$324\text{ k}\Omega = 3.1R_1 + 55.8\text{ k}\Omega$$
$$3.1R_1 = 268.2\text{ k}\Omega$$
$$R_1 = \frac{268.2\text{ k}\Omega}{3.1} = \mathbf{86.52\text{ k}\Omega}$$

식 (4.49) :

$$R_C = \frac{V_{R_C}}{I_C} = \frac{V_{CC} - V_C}{I_C}$$

여기서

$$V_C = V_{CE} + V_E = 10\text{ V} + 2.4\text{ V} = 12.4\text{ V}$$

그리고

$$R_C = \frac{18\text{ V} - 12.4\text{ V}}{2\text{ mA}}$$
$$= \mathbf{2.8\text{ k}\Omega}$$

R_1에 대한 가장 가까운 표준 저항값은 82 kΩ과 91 kΩ이다. 그러나 표준값 82 kΩ과 4.7 kΩ을 직렬로 연결해 얻는 86.7 kΩ은 설계상의 저항값 86.52 kΩ과 가장 가깝다.

예제 4.23 그림 4.61의 에미터 바이어스 회로에서 $I_{C_Q}=\frac{1}{2}I_{C_{sat}}$, $I_{C_{sat}}=8$ mA, $V_C=18$ V, $\beta=110$일 때 R_C, R_E, R_B의 값을 구하라.

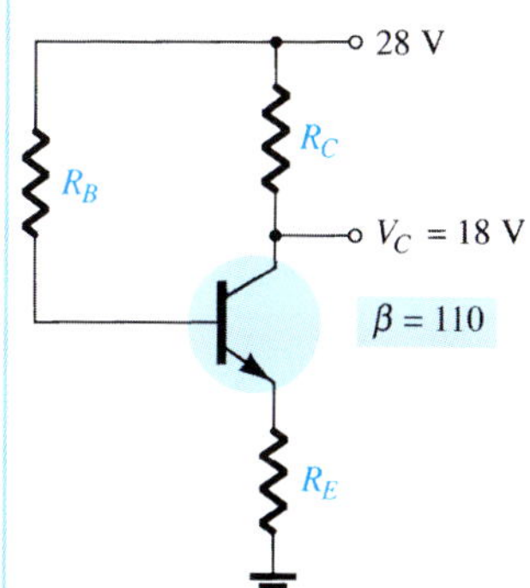

그림 4.61 예제 4.23

풀이

$$I_{C_Q} = \tfrac{1}{2}I_{C_{sat}} = 4\text{ mA}$$
$$R_C = \frac{V_{R_C}}{I_{C_Q}} = \frac{V_{CC} - V_C}{I_{C_Q}}$$

$$= \frac{28\text{ V} - 18\text{ V}}{4\text{ mA}} = \mathbf{2.5\text{ k}\Omega}$$

$$I_{C_{sat}} = \frac{V_{CC}}{R_C + R_E}$$

그리고

$$R_C + R_E = \frac{V_{CC}}{I_{C_{sat}}} = \frac{28\text{ V}}{8\text{ mA}} = 3.5\text{ k}\Omega$$

$$\begin{aligned} R_E &= 3.5\text{ k}\Omega - R_C \\ &= 3.5\text{ k}\Omega - 2.5\text{ k}\Omega \\ &= \mathbf{1\text{ k}\Omega} \end{aligned}$$

$$I_{B_Q} = \frac{I_{C_Q}}{\beta} = \frac{4\text{ mA}}{110} = 36.36\ \mu\text{A}$$

$$I_{B_Q} = \frac{V_{CC} - V_{BE}}{R_B + (\beta + 1)R_E}$$

그리고

$$R_B + (\beta + 1)R_E = \frac{V_{CC} - V_{BE}}{I_{B_Q}}$$

$$\begin{aligned} R_B &= \frac{V_{CC} - V_{BE}}{I_{B_Q}} - (\beta + 1)R_E \\ &= \frac{28\text{ V} - 0.7\text{ V}}{36.36\ \mu\text{A}} - (111)(1\text{ k}\Omega) \\ &= \frac{27.3\text{ V}}{36.36\ \mu\text{A}} - 111\text{ k}\Omega \\ &= \mathbf{639.8\text{ k}\Omega} \end{aligned}$$

가장 가까운 표준 저항값을 찾으면

$$\begin{aligned} R_C &= 2.4\text{ k}\Omega \\ R_E &= 1\text{ k}\Omega \\ R_B &= 620\text{ k}\Omega \end{aligned}$$

다음에는 정해진 바이어스 점에서 작동하는 회로 전체를 설계하는 방법을 소개한다. 종종 사양서(specification, 줄여서 spec이라고도 부름)에서 권장하는 작동 영역이 제시되는 경우도 있다. 더욱이 주어진 증폭단에 연결된 다른 회로나 소자 등을 통해서 전류와 전압의 크기, 그리고 공급되는 전압을 알 수 있다.

실제 회로설계에서 작동점 선택에 영향을 주는 여러 요소들을 고려해야만 한다. 그러나 당분간은 지정된 작동점을 구하기 위한 소자 선택에만 관심을 갖자. 다른 트랜지스터 회로에서도 이러한 것은 마찬가지이지만, 여기서는 에미터 바이어스 회로와 전압 분배 바이어스 회로에 대해서만 논의하기로 한다.

에미터 피드백 저항을 가진 바이어스 회로의 설계

먼저 그림 4.62처럼 에미터 저항을 사용하여 바이어스를 안정시키는 증폭회로의 직류 바이어스를 설계해 보자. 공급전압과 작동점은 증폭기에 쓰이는 트랜지스터의 사양서로부터

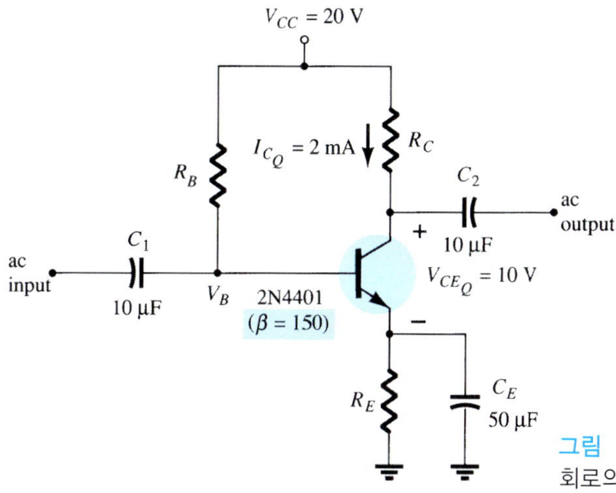

그림 4.62 에미터 안정화 바이어스 회로의 설계

선택하였다.

주어진 정보만으로 컬렉터와 에미터 저항을 선택할 수는 없다. 컬렉터-에미터 경로 주위에 전압과 관련된 식은 두 개의 미지의 저항 R_C와 R_E가 있다. 에미터 전압을 구하기 위해서는 인가된 전압으로부터 공학적이고 상식적인 판단이 필요하다. 여기서 에미터와 접지 사이에 저항을 포함시킨 이유는 트랜지스터의 누설 전류에 의한 컬렉터 전류와 트랜지스터 β의 변화가 작동점에 영향을 주지 않게 하려는, 다시 말해서 직류 바이어스의 안정도를 높이기 위한 것임을 알아야 한다. 그렇다고 에미터 저항을 마음대로 크게 할 수는 없다. 그 이유는 에미터 저항에 걸리는 전압이 컬렉터와 에미터 사이의 전압을 제한하기 때문이다(교류 응답에 대하여 논의할 때 이 사실을 주목하라). 이 장에서 나온 예제에 의하면 에미터와 접지 사이의 전압은 공급된 전압의 약 1/4~1/10 정도의 값이다. 여유를 두고 계산할 수 있도록 1/10 정도의 값을 선택하면 R_E와 R_C값의 계산은 앞에서 나온 예제와 유사한 방식으로 계산할 수 있다. 다음 예제에서는 지금 논의된 에미터 전압에 대해 주어진 기준을 이용한 설계이다.

예제 4.24 그림 4.62의 회로에서 주어진 작동점과 공급전압에 대한 저항값들을 구하라.

풀이

$$V_E = \tfrac{1}{10}V_{CC} = \tfrac{1}{10}(20\text{ V}) = 2\text{ V}$$

$$R_E = \frac{V_E}{I_E} \cong \frac{V_E}{I_C} = \frac{2\text{ V}}{2\text{ mA}} = \mathbf{1\ k\Omega}$$

$$R_C = \frac{V_{R_C}}{I_C} = \frac{V_{CC} - V_{CE} - V_E}{I_C} = \frac{20\text{ V} - 10\text{ V} - 2\text{ V}}{2\text{ mA}} = \frac{8\text{ V}}{2\text{ mA}}$$

$$= \mathbf{4\ k\Omega}$$

$$I_B = \frac{I_C}{\beta} = \frac{2\text{ mA}}{150} = 13.33\ \mu\text{A}$$

$$R_B = \frac{V_{R_B}}{I_B} = \frac{V_{CC} - V_{BE} - V_E}{I_B} = \frac{20\text{ V} - 0.7\text{ V} - 2\text{ V}}{13.33\ \mu\text{A}}$$

$$\cong \mathbf{1.3\ M\Omega}$$

전류 이득 안정화 회로(β의 영향을 받지 않는) 설계

그림 4.63의 회로는 누설전류와 전류이득(β)의 변화 모두에 안정한 특성을 보인다. 주어진 작동점을 얻기 위해서는 회로에 보이는 네 개의 저항값이 반드시 결정되어야 한다. 앞의 설계 과정과 같이 공학적인 판단을 통해 에미터 전압 V_E를 선택하는 것에서부터 시작하여 모든 저항값을 정한다. 다음의 예제를 통해 설계 과정에 대해 설명하도록 한다.

예제 4.25 그림 4.63의 회로에서 주어진 작동점에 대한 R_C, R_E, R_1, R_2의 값을 구하라.

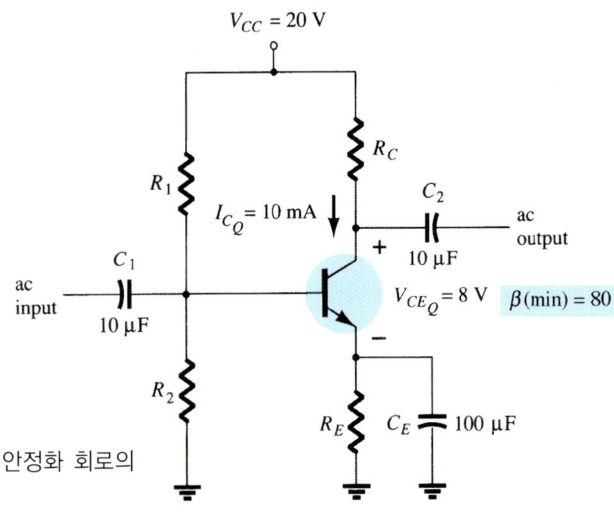

그림 4.63 전류 이득 안정화 회로의 설계

풀이

$$V_E = \tfrac{1}{10}V_{CC} = \tfrac{1}{10}(20\text{ V}) = 2\text{ V}$$

$$R_E = \frac{V_E}{I_E} \cong \frac{V_E}{I_C} = \frac{2\text{ V}}{10\text{ mA}} = \mathbf{200\ \Omega}$$

$$R_C = \frac{V_{R_C}}{I_C} = \frac{V_{CC} - V_{CE} - V_E}{I_C} = \frac{20\text{ V} - 8\text{ V} - 2\text{ V}}{10\text{ mA}} = \frac{10\text{ V}}{10\text{ mA}}$$

$$= \mathbf{1\ k\Omega}$$

$$V_B = V_{BE} + V_E = 0.7\text{ V} + 2\text{ V} = 2.7\text{ V}$$

베이스 저항 R_1과 R_2의 값을 계산하기 위한 식은 몇 가지를 고려할 점이 있다. 위에서 계산된 베이스 전압값과 공급되는 전압값을 이용하면 1개의 식을 구할 수 있다. 그러나 이 식에는 2개의 미지값 R_1과 R_2가 존재한다. 또 하나의 식은 베이스 전압을 공급하는 2개의 저항 역할을 생각함으로써 얻을 수 있다. 효율적인 회로 작동을 위해서는 R_1과 R_2에 흐르는 전류가 거의 같아야 하고, 이들이 베이스 전류보다는 훨씬 커야만 한다(적어도 10 : 1 정도). 이러한 사실과 베이스 전압에 대한 전압 분배식을 이용하여 베이스 저항값을 결정하기 위한 두 개의 관계식을 얻을 수 있다. 즉

$$R_2 \le \tfrac{1}{10}\beta R_E$$

그리고

$$V_B = \frac{R_2}{R_1 + R_2}V_{CC}$$

실제의 값을 대입하면

$$R_2 \le \tfrac{1}{10}(80)(0.2\,\text{k}\Omega)$$
$$= \mathbf{1.6\,k\Omega}$$
$$V_B = 2.7\,\text{V} = \frac{(1.6\,\text{k}\Omega)(20\,\text{V})}{R_1 + 1.6\,\text{k}\Omega}$$

그리고

$$2.7R_1 + 4.32\,\text{k}\Omega = 32\,\text{k}\Omega$$
$$2.7R_1 = 27.68\,\text{k}\Omega$$
$$R_1 = \mathbf{10.25\,k\Omega} \quad (\text{use } 10\,\text{k}\Omega)$$

4.12 다단 BJT 회로

이제까지 한 개의 BJT를 이용한 회로만 살펴보았으나, 이 절에서는 여러 개의 트랜지스터가 연결된 회로를 소개한다. 이제까지 공부한 방법들이 트랜지스터 회로들이 복잡할 때 어떻게 유용하게 적용되는지 알 수 있게 된다.

그림 4.64의 회로는 흔히 **R-C 결합**(R-C coupling)이라고 부르는 것으로, 앞단의 콜렉터 출력이 커패시터 C_C를 통하여 다음 단의 베이스로 연결되었다. 커패시터 C_C의 용량은 두 개의 트랜지스터 사이의 직류는 차단하고 교류는 단락회로가 되도록 결정한다. 그림 4.64 회로는 두 개의 회로가 전압분배 바이어스 모양으로 구성된 경우지만, 고정 바이어스나 에미터-플로어 회로들로 구성할 수 있다. 그림 4.64의 커패시터 C_C 및 다른 커패시터들을 개방회로로 간주하면 그림 4.65와 같이 다시 그릴 수 있다. 이제 두 개의 회로가 서로 영향을 주지 않는 독립적인 한 개의 회로처럼 보이므로 이제까지 배운 단일 트랜지스터를 해석하는 데 이용한 방법을 그대로 적용할 수 있다. 하나의 V_{CC}로 연결된 전원은 그림과 같이 별개로 분리할 수 있다.

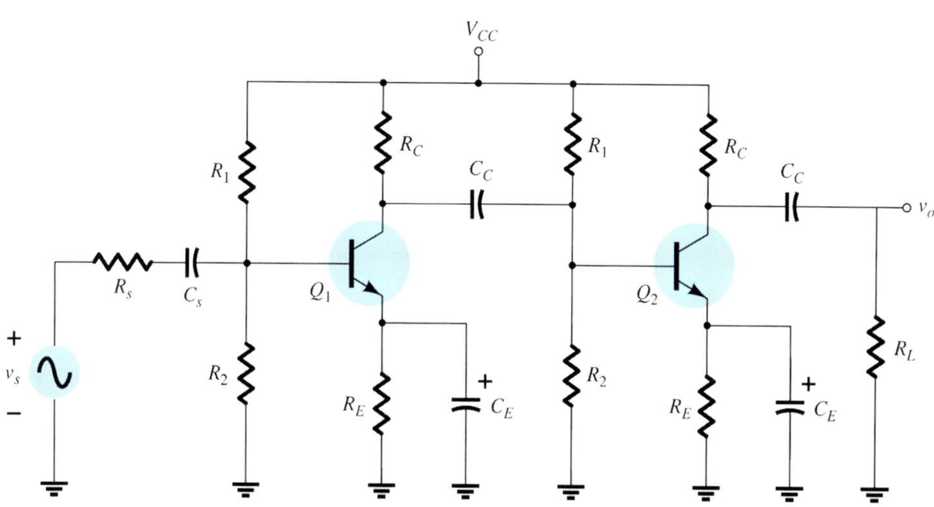

그림 4.64 *R-C* 결합 바이폴라 접합 트랜지스터 증폭기 회로

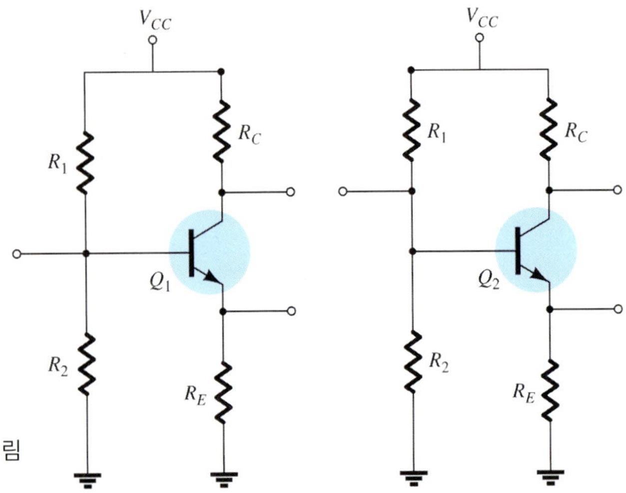

그림 4.65 앞의 그림 4.64의 직류 등가회로

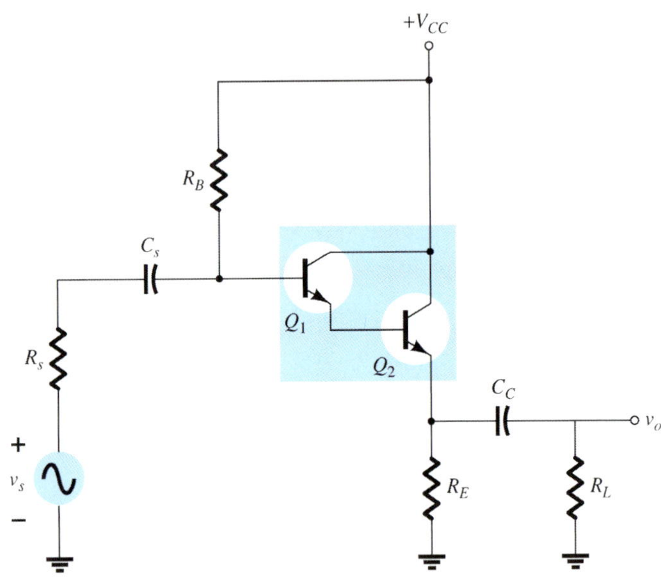

그림 4.66 Darlington 증폭기

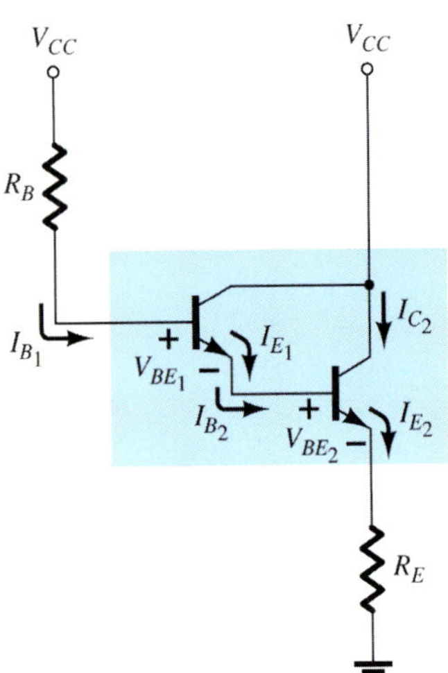

그림 4.67 그림 4.66 회로의 직류 등가회로

그림 4.66은 **다링톤**(Darlington) 회로라고 부르는 것으로 앞단의 출력이 곧바로 다음 단 트랜지스터의 입력으로 연결되어 있다. 이 회로에서 처음 단의 출력은 에미터 단자인데, 이 경우에 교류전압 이득은 거의 1이지만 입력저항은 대단히 높은 특성이 있어 내부저항이 비교적 큰 신호발생기에 영향을 주지 않는 증폭기 회로의 특성을 가지고 있다. 이와 같은 특성은 다음 장에서 소개한다. 만일 부하저항을 콜렉터 단자에 연결하여 출력을 얻으면 전압 이득은 매우 높게 된다.

그림 4.67 회로에서 처음 트랜지스터의 베타를 β_1이라고 하고 다음 트랜지스터의 베타를 β_2라고 하면, 두 번째 트랜지스터의 베이스 전류는

$$I_{B_2} = I_{E_1} = (\beta_1 + 1)I_{B_1}$$

이고, 에미터 전류의 크기는

$$I_{E_2} = (\beta_2 + 1)I_{B_2} = (\beta_2 + 1)(\beta_1 + 1)I_{B_1}$$

만일 모든 경우에 $\beta \gg 1$이면, 전체 베타는 다음 식과 같은데 이는 단일 트랜지스터로 간주하면 β가 새로운 β_D로 바뀐 것과 같다.

$$\boxed{\beta_D = \beta_1\beta_2} \tag{4.50}$$

4.4절에서 소개한 해석방법을 적용하면 다음과 같은 베이스 전류식을 얻을 수 있다.

$$I_{B_1} = \frac{V_{CC} - V_{BE_1} - V_{BE_2}}{R_B + (\beta_D + 1)R_E}$$

V_{BE_D}를 다음 식과 같이 정의하면,

$$\boxed{V_{BE_D} = V_{BE_1} + V_{BE_2}} \tag{4.51}$$

베이스 전류는

$$\boxed{I_{B_1} = \frac{V_{CC} - V_{BE_D}}{R_B + (\beta_D + 1)R_E}} \tag{4.52}$$

마지막 단의 콜렉터 전류는

$$\boxed{I_{C_2} \cong I_{E_2} = \beta_D I_{B_1}} \tag{4.53}$$

그리고 마지막 단의 에미터 전압은

$$\boxed{V_{E_2} = I_{E_2}R_E} \tag{4.54}$$

마지막 트랜지스터의 콜렉터 전압은 공급전압 V와 같다.

$$\boxed{V_{C_2} = V_{CC}} \tag{4.55}$$

최종단 트랜지스터의 콜렉터와 에미터 사이의 전압은

$$V_{CE_2} = V_{C_2} - V_{E_2}$$

그리고

$$\boxed{V_{CE_2} = V_{CC} - V_{E_2}} \tag{4.56}$$

그림 4.68은 **캐스코드**(Cascode)라고 부르는 회로로 한쪽의 콜렉더가 다른 쪽의 에미터에 연결되어있다. 근본적으로는 전압분배 바이어스 공통 에미터 회로의 콜렉터에 공통 베이스 회로가 연결된 모양이다. 이 회로의 목적은 9장 9절에서 소개할 Miller 커패시턴스를

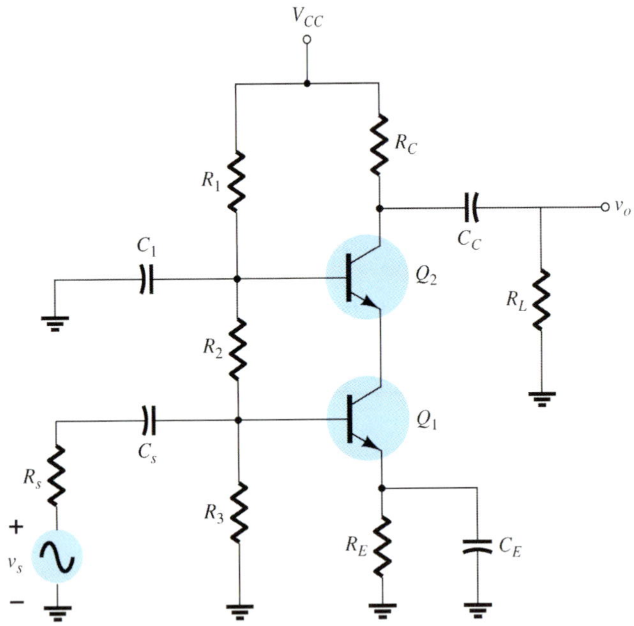

그림 4.68 캐스코드(Cascode) 회로

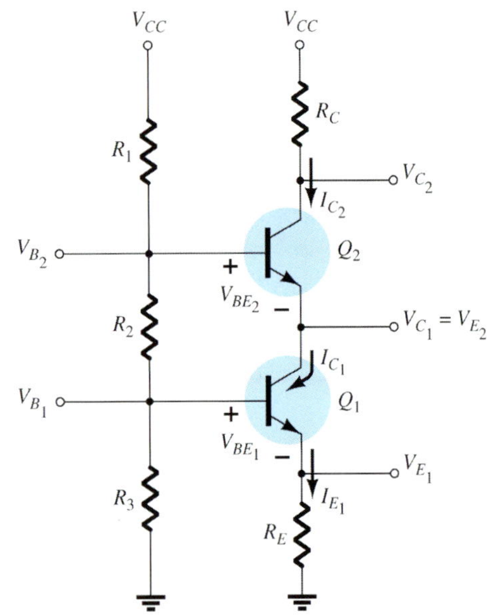

그림 4.69 캐스코드 회로의 직류등가 회로

줄이고 이득을 높이려는 것이다.

그림 4.69 캐스코드 회로의 직류해석은 바이어스 저항 R_1, R_2, R_3에 흐르는 전류는 각 트랜지스터의 베이스 전류보다 크다고 가정하고 시작하자. 즉,

$$I_{R_1} \cong I_{R_2} \cong I_{R_3} \gg I_{B_1} \text{ or } I_{B_2}$$

이와 같이 가정하면 트랜지스터 Q_1의 베이스에 걸리는 전압은 전압분배 법칙에 의하여:

$$V_{B_1} = \frac{R_3}{R_1 + R_2 + R_3} V_{CC} \tag{4.57}$$

동일한 원리로 트랜지스터 Q_2의 베이스에 걸리는 전압은:

$$V_{B_2} = \frac{(R_2 + R_3)}{R_1 + R_2 + R_3} V_{CC} \tag{4.58}$$

따라서 각 트랜지스터의 에미터 전압들은:

$$V_{E_1} = V_{B_1} - V_{BE_1} \tag{4.59}$$

그리고

$$V_{E_2} = V_{B_2} - V_{BE_2} \tag{4.60}$$

에미터와 콜렉터의 전류들은 다음과 같이 정의된다.

$$I_{C_2} \cong I_{E_2} \cong I_{C_1} \cong I_{E_1} = \frac{V_{B_1} - V_{BE_1}}{R_{E_1} + R_{E_2}} \tag{4.61}$$

콜렉터 전압 V_{C_1}은

$$V_{C_1} = V_{B_2} - V_{BE_2} \tag{4.62}$$

콜렉터 전압 V_{C_2}는

$$V_{C_2} = V_{CC} - I_{C_2}R_C \tag{4.63}$$

바이어스 저항들에 흐르는 전류들은

$$I_{R_1} \cong I_{R_2} \cong I_{R_3} = \frac{V_{CC}}{R_1 + R_2 + R_3} \tag{4.64}$$

각 회로의 베이스 전류들은

$$I_{B_1} = \frac{I_{C_1}}{\beta_1} \tag{4.65}$$

$$I_{B_2} = \frac{I_{C_2}}{\beta_2} \tag{4.66}$$

다음에 소개할 회로는 그림 4.70과 같은 모양으로 **피드백 쌍**(Feedback Pair)이라고 부르는데, 이 회로는 *npn*과 *pnp* 트랜지스터가 쌍으로 연결되어 있다. 이 회로는 이득이 높으면서도 안정적인 특성을 가지고 있다.

그림 4.71은 Feedback Pair 회로의 직류전류 성분을 표기한 것이다.

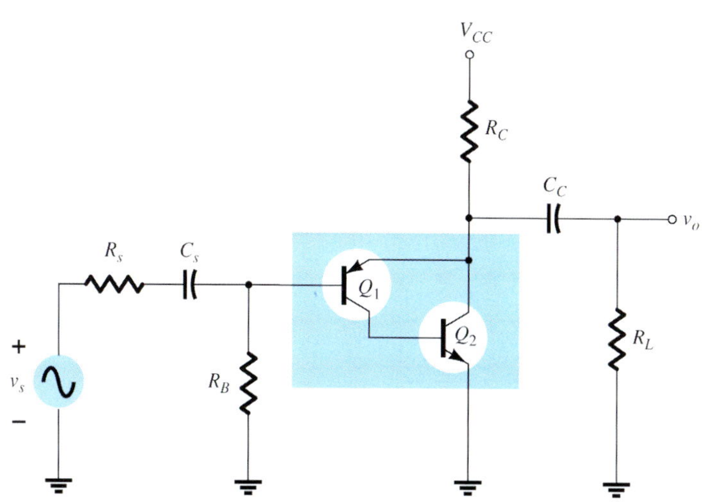

그림 4.70 Feedback Pair 증폭기 회로

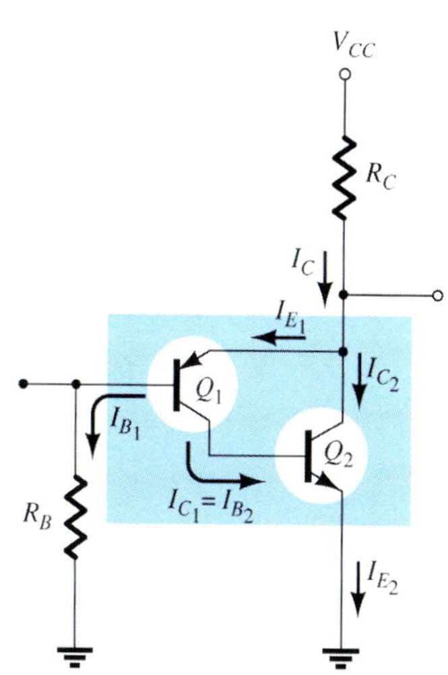

그림 4.71 Feedback Pair 회로의 직류 전류흐름

베이스 전류는

$$I_{B_2} = I_{C_1} = \beta_1 I_{B_1}$$
$$I_{C_2} = \beta_2 I_{B_2}$$

따라서

$$\boxed{I_{C_2} \cong I_{E_2} = \beta_1\beta_2 I_{B_1}} \tag{4.67}$$

콜렉터 전류는

$$\begin{aligned} I_C &= I_{E_1} + I_{E_2} \\ &\cong \beta_1 I_{B_1} + \beta_1\beta_2 I_{B_1} \\ &= \beta_1(1 + \beta_2) I_{B_1} \end{aligned}$$

$$\boxed{I_C \cong \beta_1\beta_2 I_{B_1}} \tag{4.68}$$

공급전원으로부터 접지까지 키르히호프의 전압법칙을 적용하면

$$V_{CC} - I_C R_C - V_{EB_1} - I_{B_1} R_B = 0$$
$$V_{CC} - V_{EB_1} - \beta_1\beta_2 I_{B_1} R_C - I_{B_1} R_B = 0$$

$$\boxed{I_{B_1} = \frac{V_{CC} - V_{EB_1}}{R_B + \beta_1\beta_2 R_C}} \tag{4.69}$$

트랜지스터 Q_1 및 Q_2 전압은

$$\boxed{V_{B_1} = I_{B_1} R_B} \tag{4.70}$$

$$\boxed{V_{B_2} = V_{BE_2}} \tag{4.71}$$

Q_2의 콜렉터와 Q_1의 에미터는 연결이 되어 $V_{C_2}=V_{E_1}$이므로

$$\boxed{V_{C_2} = V_{CC} - I_C R_C} \tag{4.72}$$

$$\boxed{V_{C_1} = V_{BE_2}} \tag{4.73}$$

주어진 회로의 경우

$$\boxed{V_{CE_2} = V_{C_2}} \tag{4.74}$$

그리고

$$V_{EC_1} = V_{E_1} - V_{C_1}$$

그래서

$$\boxed{V_{EC_1} = V_{C_2} - V_{BE_2}} \tag{4.75}$$

마지막으로 소개할 다단계 증폭회로는 **직접 연결된**(direct coupled) 증폭기로 예제 4.26과 같은 회로이다. 전압분배 바이어스로 구성된 공통 에미터 회로에 공통 콜렉터 회로가 이전의 회로와는 달리 커패시터 없이 곧바로 연결되어 있다. 따라서 한쪽의 직류가 다른 쪽에 영향을 미친다. 이와 같은 회로의 장점은 결합(coupling) 커패시터 때문에 발생하는 저주파의 한계를 직류까지 확장할 수 있다. 단점으로는 여러 가지 이유로 인하여 직류 값에 변화가 발생하면 그 문제가 다른 쪽에 영향을 미친다.

예제 4.26 그림 4.72 증폭기회로의 직류전류와 전압을 구하라. 전압분배 바이어스 회로에 공통-콜렉터 회로가 연결되어 있다. 이와 같은 회로는 다음 단의 입력 임피던스가 매우 낮을 때 유용하다. 공통-콜렉터 회로는 2개 단 사이를 연결할 경우 이들 사이에 전기적인 문제로 직접 연결할 수 없는 문제를 해결하는 완충 역할의 **Buffer**로 이용할 수 있다.

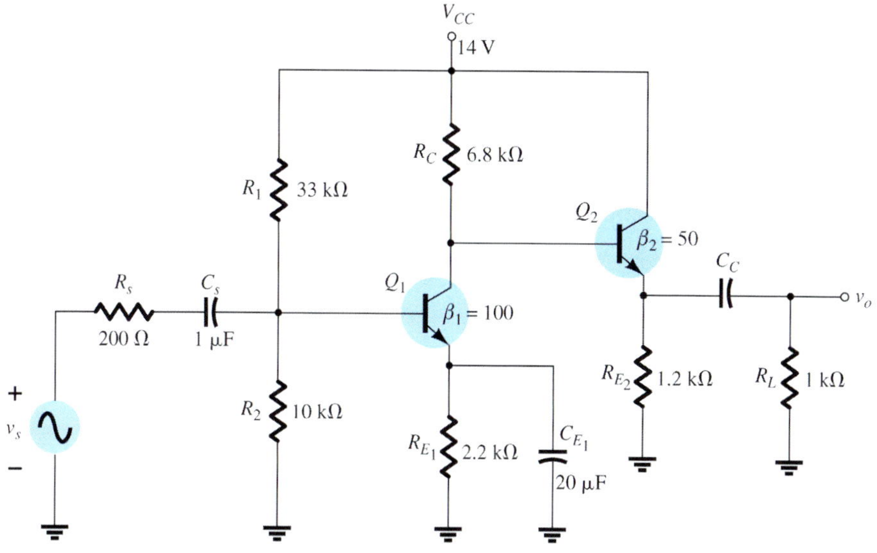

그림 4.72 직접 연결(direct coupled) 증폭기

풀이 그림 4.72 회로의 직류성분만 고려한 등가회로가 그림 4.73에 있다. 직류 회로에서는 커패시터 때문에 입력신호와 부하를 고려할 필요가 없다. 전압분배 바이어스 회로는 4.5절에서 소개한 바와 같이 다음과 같은 식으로 베이스 전류를 구할 수 있다.

$$I_{B_1} = \frac{E_{\text{Th}} - V_{BE}}{R_{\text{Th}} + (\beta + 1)R_{E_1}}$$

$$R_{\text{Th}} = R_1 \| R_2$$

$$E_{\text{Th}} = \frac{R_2 V_{CC}}{R_1 + R_2}$$

이 경우에

$$R_{\text{Th}} = 33\,\text{k}\Omega \| 10\,\text{k}\Omega = 7.67\,\text{k}\Omega$$

$$E_{\text{Th}} = \frac{10\,\text{k}\Omega(14\,\text{V})}{10\,\text{k}\Omega + 33\,\text{k}\Omega} = 3.26\,\text{V}$$

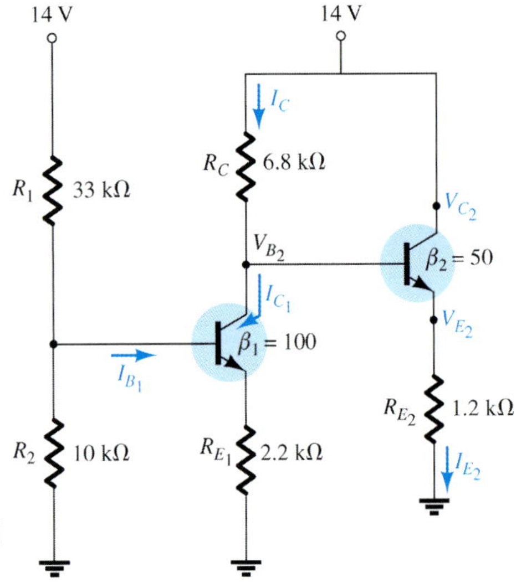

그림 4.73 그림 4.72 회로의 직류 등가회로

따라서

$$I_{B_1} = \frac{3.26\text{ V} - 0.7\text{ V}}{7.67\text{ k}\Omega + (100 + 1)\,2.2\text{ k}\Omega} = \frac{2.56\text{ V}}{229.2\text{ k}\Omega} = \mathbf{11.17\ \mu A}$$

$$I_{C_1} = \beta I_{B_1} = 100\,(11.17\ \mu\text{A}) = \mathbf{1.12\ mA}$$

그림 4.73에서 트랜지스터 Q_2의 베이스 전압은

$$\boxed{V_{B_2} = V_{CC} - I_C R_C} \tag{4.76}$$

$$= 14\text{ V} - (1.12\text{ mA})(6.8\text{ k}\Omega) = 14\text{ V} - 7.62\text{ V} = \mathbf{6.38\ V}$$

그리고

$$V_{E_2} = V_{B_2} - V_{BE_2} = 6.38\text{ V} - 0.7\text{ V} = \mathbf{5.68\ V}$$

결국

$$\boxed{I_{E_2} = \frac{V_{E_2}}{R_{E_2}}} \tag{4.77}$$

$$= \frac{5.68\text{ V}}{1.2\text{ k}\Omega} = \mathbf{4.73\ mA}$$

분명히

$$\boxed{V_{C_2} = V_{CC}} \tag{4.78}$$

$$= 14\ \text{V}$$

그리고 $$V_{CE_2} = V_{C_2} - V_{E_2}$$

$$\boxed{V_{CE_2} = V_{CC} - V_{E_2}} \tag{4.79}$$

$$= 14\ \text{V} - 5.68\ \text{V}$$
$$= \mathbf{8.32\ V}$$

4.13 전류반영 회로

전류반영 회로란 한쪽의 트랜지스터 회로의 전류를 조절해서 부하에 흐르는 전류를 정하는 직류회로이다. 즉, 제어하는 전류를 증가 또는 감소시키면 부하에 동일한 전류변화를 만들 수 있다. 같은 크기의 전류를 부하에 공급하는 전류반영 회로가 정상적으로 동작하기 위해서는 2개의 트랜지스터의 특성이 동일하여야 한다. 그림 4.74는 기본적인 전류반영 회로이다. 2개의 트랜지스터는 서로 등을 맞대고 있는 모양으로, 제어하는쪽 트랜지스터의 콜렉터가 2개의 베이스에 같이 연결되어 있다.

동일한 쌍둥이 트랜지스터로 그림 4.75와 같은 특성이 있다고 가정하면, $V_{BE_1}=V_{BE_2}$이고 $I_{B_1}=I_{B_2}$이다. 베이스와 에미터 사이의 전압을 증가시키면 전류의 흐름도 같이 증가할 것이다.

그림 4.74 회로에서 2개 트랜지스터의 베이스 에미터 전압이 병렬로 되어 있는 모양이므로, 동일한 전압이어야 한다. 그 결과 모든 베이스 에미터 전압에 대하여 $I_{B_1}=I_{B_2}$가 된다. 그림 4.74에서

$$I_B = I_{B_1} + I_{B_2}$$

그리고 만일 $$I_{B_1} = I_{B_2}$$

이면, $$I_B = I_{B_1} + I_{B_1} = 2I_{B_1}$$

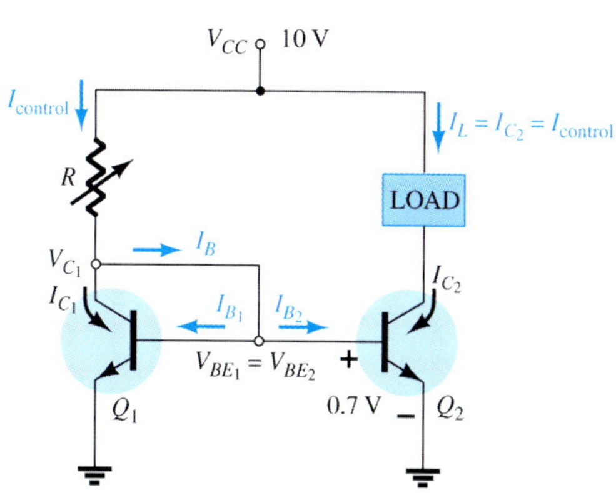

그림 4.74 BJT 전류반영회로

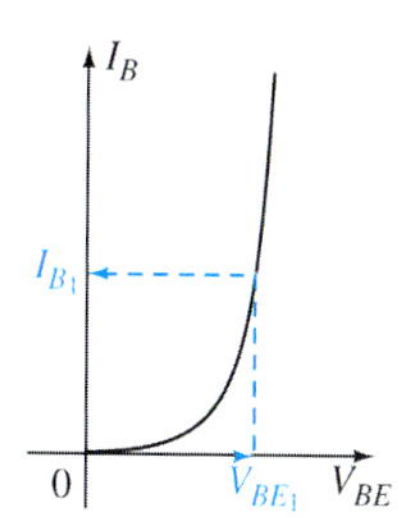

그림 4.75 $Q_1(Q_2)$ 트랜지스터의 베이스 특성

추가로

$$I_{\text{control}} = I_{C_1} + I_B = I_{C_1} + 2I_{B_1}$$

그러나 $$I_{C_1} = \beta_1 I_{B_1}$$

따라서 $$I_{\text{control}} = \beta_1 I_{B_1} + 2I_{B_1} = (\beta_1 + 2)I_{B_1}$$

그리고 통상 $\beta_1 \gg 2$이므로, $$I_{\text{control}} \cong \beta_1 I_{B_1}$$

또는

$$I_{B_1} = \frac{I_{\text{control}}}{\beta_1} \tag{4.80}$$

만일 Q_1 트랜지스터에 흐르는 제어전류를 증가시킨다면, 식 (4.80)에 의하여 I_{B_1}이 증가할 것이다. 그러면 그림 4.75에 나타난 특성에 따라 V_{BE_1}이 증가하게 된다. 또한 병렬로 연결된 V_{BE_2}가 증가하게 되므로 I_{B_2}도 증가한다. 결국 $I_L=I_{C_2}=\beta I_{B_2}$가 되어 제어전류만큼의 전류가 부하에 흐른다.

그림 4.74의 회로에서 제어전류는 다음 식과 같이 구할 수 있다.

$$I_{\text{control}} = \frac{V_{CC} - V_{BE}}{R} \tag{4.81}$$

이 식에서 조절 가능한 저항 R을 제외한 값들은 상수에 가까우므로, R로 제어전류를 조절할 수 있다.

이 회로는 어떤 문제로 인하여 부하전류에 변화가 발생한다면 스스로 보정할 수 있는 기능이 있다. 예를 들어 외부 요인에 의하여 부하전류 I_L이 증가하였다고 하면, $I_{B_2}=I_{C_2}/\beta_2=I_L/\beta_2$에 의하여 Q_2의 베이스 전류가 증가하게 된다. 그림 4.75에 의해 I_{B_2}가 증가하면 V_{BE_2}가 증가하게 되는데, 베이스는 Q_1 트랜지스터의 콜렉터에 연결되어 있으므로 V_{CE_1}도 같이 증가한다. 따라서 제어저항 R에 걸리는 전압이 감소하게 되어 제어전류 I_R이 감소하게 된다. 이 제어전류가 감소하게 되면 I_B가 감소하게 되므로, I_{B_1}과 I_{B_2}가 줄어들게 된다. 결국 I_{B_2}의 감소는 부하전류 I_L을 감소하게 한다. 그러므로 원하지 않는 부하전류의 변화가 발생한다면 스스로 이를 교정할 수 있다.

이러한 일련의 과정을 다음과 같은 순서의 흐름으로 나타낼 수 있다. 왼쪽의 부하전류 I_L이 증가하면 일련의 연쇄작용에 의하여 결국 오른쪽의 부하전류가 감소하여 원래의 값으로 복귀하게 된다.

$$I_L \uparrow I_{C_2} \uparrow I_{B_2} \uparrow V_{BE_2} \uparrow V_{CE_1} \downarrow, I_R \downarrow, I_B \downarrow, I_{B_2} \downarrow I_{C_2} \downarrow I_L \downarrow$$

Note

예제 4.27 그림 4.76의 회로에서 반영된 전류 I를 구하라.

풀이 식 (4.75):

$$I = I_{\text{control}} = \frac{V_{CC} - V_{BE}}{R} = \frac{12\text{ V} - 0.7\text{ V}}{1.1\text{ k}\Omega} = \mathbf{10.27\text{ mA}}$$

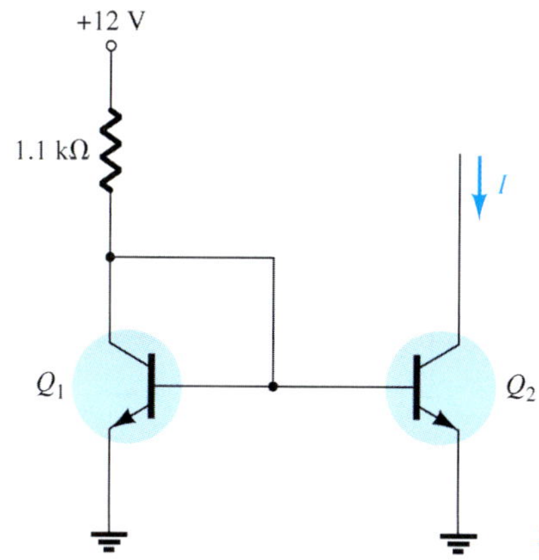

그림 4.76 예제 4.27의 전류 거울 회로

예제 4.28 그림 4.77에서 트랜지스터 Q_2와 Q_3에 흐르는 전류를 구하라.

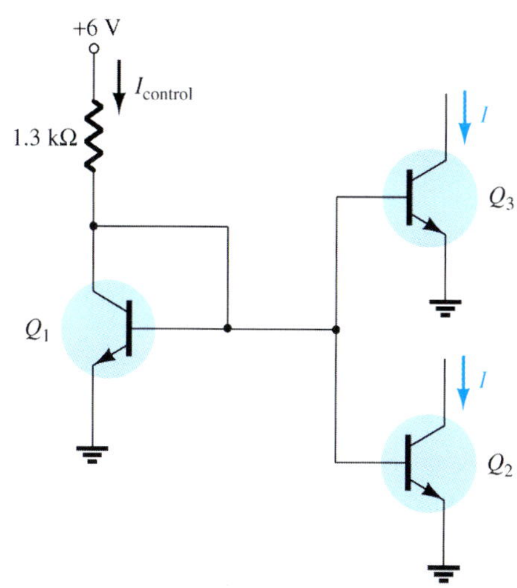

그림 4.77 예제 4.28의 전류 거울 회로

풀이 $V_{BE_1} = V_{BE_2} = V_{BE_3}$이므로

$$I_{B_1} = \frac{I_{\text{control}}}{\beta} \quad \text{and} \quad I_{B_2} = \frac{I}{\beta} \quad \text{with} \quad I_{B_3} = \frac{I}{\beta}$$

로 바꾸면
$$\frac{I_{\text{control}}}{\beta} = \frac{I}{\beta} = \frac{I}{\beta}$$

따라서 I는 I_{control}과 같아야 하므로

$$I_{\text{control}} = \frac{V_{CC} - V_{BE}}{R} = \frac{6\text{ V} - 0.7\text{ V}}{1.3\text{ k}\Omega} = \mathbf{4.08\text{ mA}}$$

그림 4.78의 회로는 그림 4.74의 회로보다 출력 임피던스를 높인 전류 반영 회로이다. R을 통과하여 흐르는 전류는

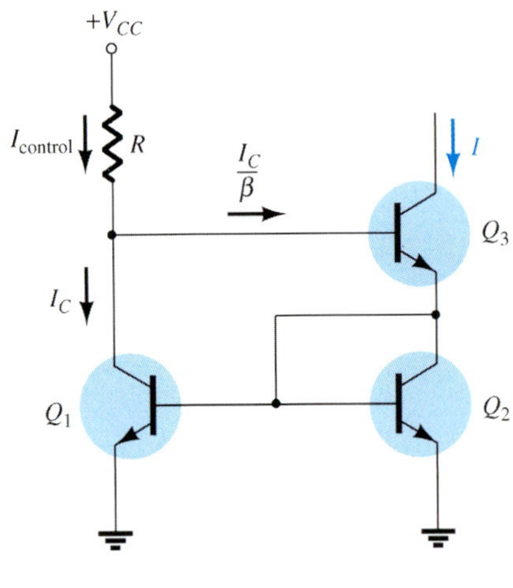

그림 4.78 높은 출력 임피던스의 전류 반영 회로

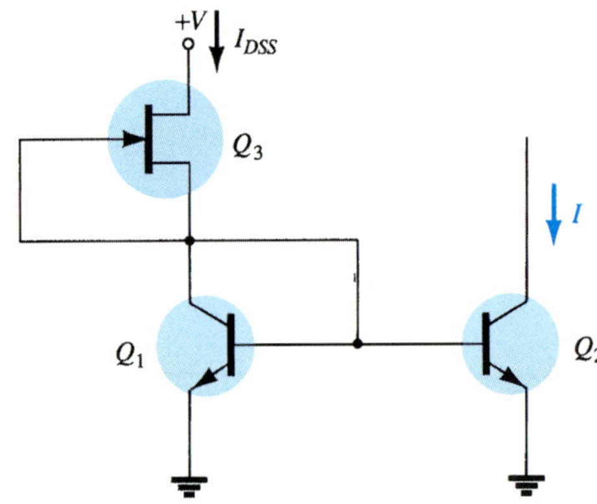

그림 4.79 전류 반영 회로의 구성

$$I_{control} = \frac{V_{CC} - 2V_{BE}}{R} \approx I_C + \frac{I_C}{\beta} = \frac{\beta + 1}{\beta} I_C \approx I_C$$

Q_1과 Q_2가 동일하다고 가정하면, 출력전류 I는 다음과 같이 일정하게 유지된다.

$$I \approx I_C = I_{control}$$

마찬가지로 출력전류 I는 저항 R에 의해 고정된 전류가 반영되어 흐르는 것과 같음을 알 수 있다.

그림 4.79는 다른 종류의 전류 반영 회로이다. 전계효과 트랜지스터(6장에서 소개)를 이용한 전류 거울 회로로 일정한 전류 I_{DSS}를 제공한다. 이 전류가 반영되어 Q_2로 동일하게 흐른다.

$$I = I_{DSS}$$

4.14 전류원

전력공급기의 개념이 전류원을 이해하는 데 도움이 된다. 그림 4.80a에서 보인 것처럼 실제 전압원은 저항과 직렬로 연결된다. 이상적인 전압원은 $R=0$이지만, 실제의 경우에 R의 저항값은 작다. 그림 4.80b와 같은 실제 전류원은 저항과 병렬로 연결된다. 이상적인 경우 저항 R은 무한대 값이지만, 실제는 큰 저항값을 갖는다.

이상적인 전류원이란 부하의 조건에 상관없이 항상 일정한 전류를 공급한다. 실제 전자회로에서 임피던스가 높음에도 항상 일정한 전류를 공급하여야 하는 회로들이 흔히 있다. 일정한 전류를 공급하는 고정 전류원은 바이폴라 소자나, 전계효과 트랜지스터 소자나, 또

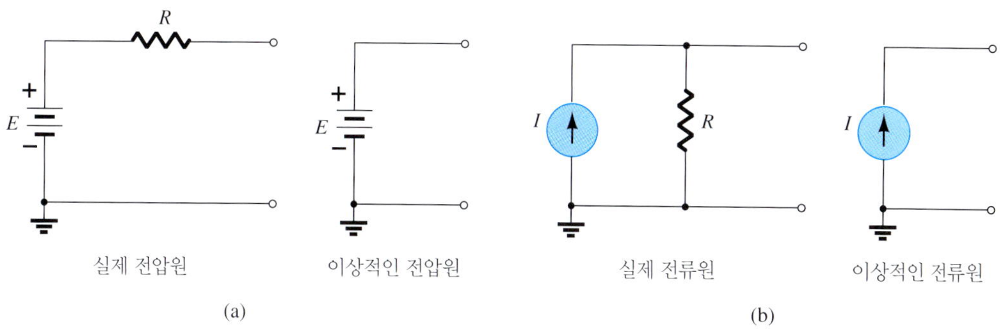

그림 4.80 전압과 전류원

는 이들을 결합하여 설계한다. 집적회로가 아닌 이산소자 형태로 만들어 사용하는 경우도 있지만, 집적회로에서 사용하는 경우가 많다.

바이폴라 트랜지스터 전류원

바이폴라 트랜지스터를 이용하면 일정한 전류를 공급하는 전류원으로 만들 수 있다. 그림 4.81은 저항과 *npn* 트랜지스터를 이용하여 만든 전류원이다. 에미터 저항 R_E를 통하여 흐르는 전류 I_E는 다음과 같이 구할 수 있다. 트랜지스터의 베이스 속으로 들여다 본 저항이 베이스에 연결된 저항 R_1과 R_2보다 대단히 크다고 가정하자. 그러면

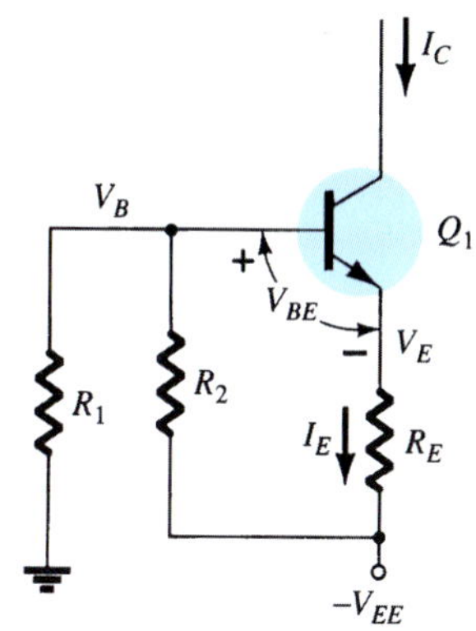

그림 4.81 이산소자를 이용한 전류원

$$V_B = \frac{R_1}{R_1 + R_2}(-V_{EE})$$

그리고

$$V_E = V_B - 0.7\ \text{V}$$

$$I_E = \frac{V_E - (-V_{EE})}{R_E} \approx I_C \tag{4.82}$$

I_C는 그림 4.81의 회로에 의해 제공되는 일정한 전류이다.

예제 4.29 그림 4.82 회로의 전류 I를 구하라.

풀이

$$V_B = \frac{R_1}{R_1 + R_2}(-V_{EE}) = \frac{5.1\ \text{k}\Omega}{5.1\ \text{k}\Omega + 5.1\ \text{k}\Omega}(-20\ \text{V}) = -10\ \text{V}$$

$$V_E = V_B - 0.7\ \text{V} = 10\ \text{V} - 0.7\ \text{V} = -10.7\ \text{V}$$

$$I = I_E = \frac{V_E - (-V_{EE})}{R_E} = \frac{-10.7\ \text{V} - (-20\ \text{V})}{2\ \text{k}\Omega}$$

$$= \frac{9.3\ \text{V}}{2\ \text{k}\Omega} = \mathbf{4.65\ mA}$$

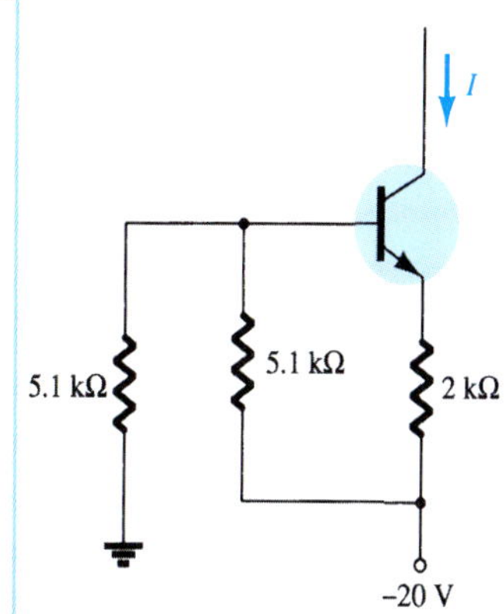

그림 4.82 예제 4.29의 전류원 회로

트랜지스터/제너 전류원

그림 4.83에 보여 준 것처럼 저항 R_2를 제너 다이오드로 교체하면 그림 4.81의 회로보다

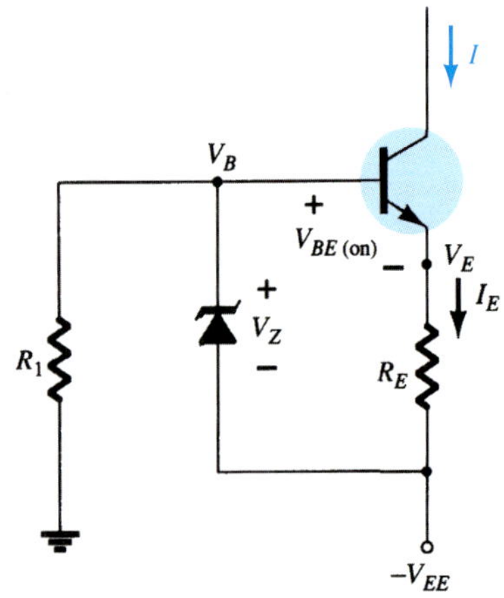

그림 4.83 제너 다이오드를 사용한 전류원

더 안정적인 전류원을 얻을 수 있다. 제너 다이오드는 베이스-에미터 경로에 키르히호프의 전압 법칙(KVL)을 이용하여 구한 식에 전류원 역할을 한다. 다음 식에 의해 구한 I값은

$$I \approx I_E = \frac{V_Z - V_{BE}}{R_E} \tag{4.83}$$

여기서 눈여겨 볼 점은 전류원의 크기는 제너 다이오드의 전압과 저항 R_E에 의존하므로 상당히 안정적이다. 공급전압 V_{EE}는 전류원의 크기에 영향이 없다.

예제 4.30 그림 4.84의 회로에서 전류기 I를 구하라.

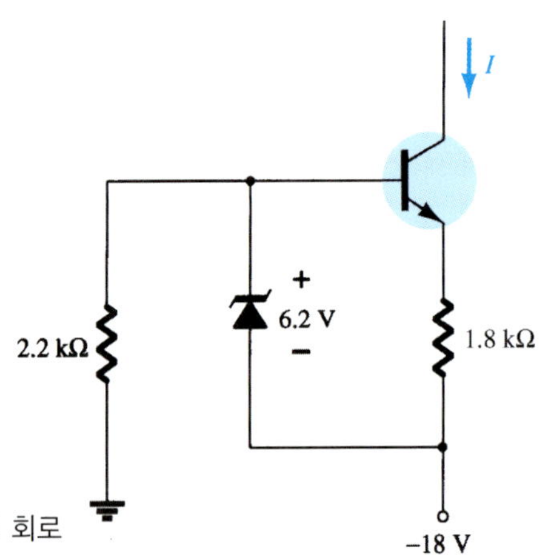

그림 4.84 예제 4.30의 전류원 회로

풀이

$$\text{식 (4.83):}\quad I = \frac{V_Z - V_{BE}}{R_E} = \frac{6.2\text{ V} - 0.7\text{ V}}{1.8\text{ k}\Omega} = 3.06\text{ mA} \approx \mathbf{3\,mA}$$

4.15 *pnp* 트랜지스터

2종류의 트랜지스터인 *npn*과 *pnp* 회로를 동시에 소개하면 복잡하고 혼동이 오므로 기본개념을 분명히 세우기 위하여 이제까지 *npn* 트랜지스터 회로만 거의 소개하였다. 다행히 *pnp* 트랜지스터의 해석은 *npn* 트랜지스터의 경우와 동일하다. 먼저 I_B를 정하고, 이어서 미지값을 결정하기 위해 알맞은 트랜지스터의 식을 적용한다. *npn* 트랜지스터를 *pnp* 트랜지스터로 바꾼 회로의 식에서 달라지는 것은 트랜지스터 변화에 따른 전압과 전류의 방향뿐이다.

그림 4.85에 나타낸 것처럼, 이중 첨자 표시는 일반적인 경우와 같다. 그러나 실제 전도 방향을 나타내기 위해 전류의 방향은 역으로 된다. 그림 4.85에서 정의된 부호를 사용하면, V_{BE}와 V_{CE}는 음수가 된다.

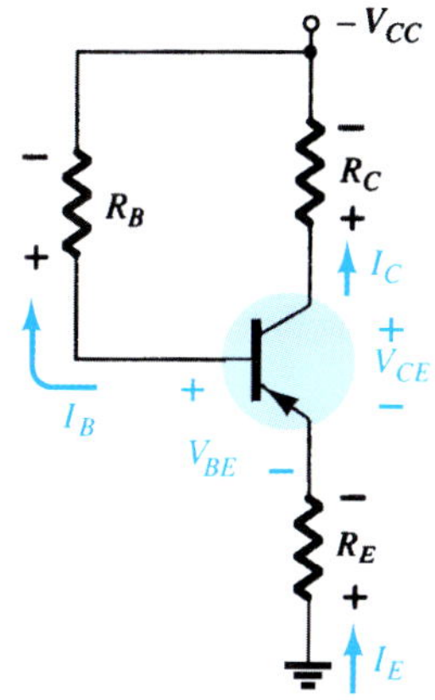

그림 4.85 에미터 안정화 회로에서의 *pnp* 트랜지스터

그림 4.85의 회로에서 베이스-에미터 경로에 키르히호프의 전압 법칙(KVL)을 적용하면 다음 식을 얻을 수 있다.

$$-I_ER_E + V_{BE} - I_BR_B + V_{CC} = 0$$

$I_E = (\beta+1)I_B$로 대체하고 I_B에 대해서 풀면 다음과 같다.

$$\boxed{I_B = \frac{V_{CC} + V_{BE}}{R_B + (\beta + 1)R_E}} \tag{4.84}$$

이 결과는 식 (4.17)과 V_{BE}의 부호를 제외하고는 동일하다. 그러나 이 경우, $V_{BE} = -0.7$ V이므로 수치로 바꾸면, 식 (4.84)의 각 항의 부호는 식 (4.17)과 동일하게 된다. 그림 4.85에 나타난 것처럼 I_B의 방향은 *npn* 트랜지스터의 방향과 반대로 정의됨을 기억해야 한다.

V_{CE}를 구하기 위해 컬렉터-에미터 경로에 키르히호프의 전압 법칙을 적용하면 다음 식을 얻을 수 있다.

$$-I_ER_E + V_{CE} - I_CR_C + V_{CC} = 0$$

$I_E \cong I_C$로 바꾸면,

$$\boxed{V_{CE} = -V_{CC} + I_C(R_C + R_E)} \tag{4.85}$$

이 결과는 등호의 오른쪽에 있는 각 항의 부호가 바뀐 것을 제외하면, 식 (4.19)와 동일한 형태이다. V_{CC}가 그 다음에 오는 항보다 크기가 더 크기 때문에 앞에서 언급한 바와 같이 V_{CE}는 음의 부호를 가진다.

예제 4.31 그림 4.86의 전압 분배기 회로에서 V_{CE}를 구하라.

풀이 조건을 검사하면

$$\beta R_E \geq 10R_2$$

결과적으로

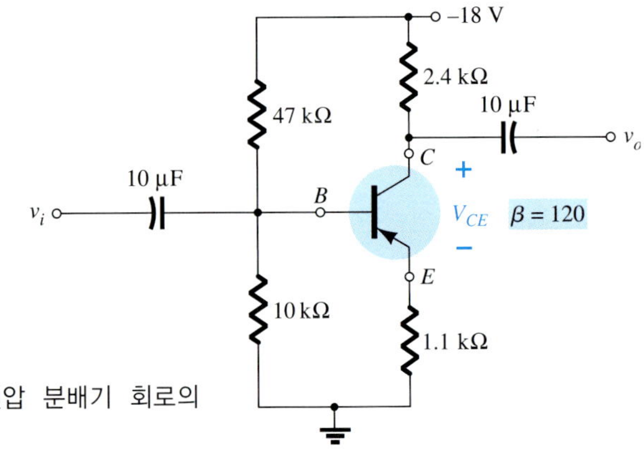

그림 4.86 전압 분배기 회로의 *pnp* 트랜지스터

$$(120)(1.1\,\text{k}\Omega) \geq 10(10\,\text{k}\Omega)$$
$$132\,\text{k}\Omega \geq 100\,\text{k}\Omega \ \ (\text{조건 만족})$$

V_B에 대해서 풀면,

$$V_B = \frac{R_2 V_{CC}}{R_1 + R_2} = \frac{(10\,\text{k}\Omega)(-18\,\text{V})}{47\,\text{k}\Omega + 10\,\text{k}\Omega} = -3.16\,\text{V}$$

결과적으로 V_B가 음전압이 되고, 식의 형태가 유사함을 알 수 있다.

베이스-에미터 경로 주위로 키르히호프의 전압 법칙을 적용하면,

$$+V_B - V_{BE} - V_E = 0$$

이고

$$V_E = V_B - V_{BE}$$

수치를 대입하면, 다음과 같은 결과를 얻을 수 있다.

$$\begin{aligned} V_E &= -3.16\,\text{V} - (-0.7\,\text{V}) \\ &= -3.16\,\text{V} + 0.7\,\text{V} \\ &= -2.46\,\text{V} \end{aligned}$$

위 식에서 단일 첨자와 이중 첨자에 주의하라. *npn* 트랜지스터의 경우에도 $V_E = V_B - V_{BE}$라는 식은 동일하다. 한 가지 차이는 수치를 대입할 때 V_{BE}의 값이 −와 +의 차이다.

전류는

$$I_E = \frac{V_E}{R_E} = \frac{2.46\,\text{V}}{1.1\,\text{k}\Omega} = 2.24\,\text{mA}$$

컬렉터-에미터 경로에서

$$-I_E R_E + V_{CE} - I_C R_C + V_{CC} = 0$$

$I_E \cong I_C$로 하고 항을 정리하면, 다음과 같다.

$$V_{CE} = -V_{CC} + I_C(R_C + R_E)$$

수치를 대입하면,

$$
\begin{aligned}
V_{CE} &= -18\ \text{V} + (2.24\ \text{mA})(2.4\ \text{k}\Omega + 1.1\ \text{k}\Omega) \\
&= -18\ \text{V} + 7.84\ \text{V} \\
&= \mathbf{-10.16\ V}
\end{aligned}
$$

4.16 트랜지스터 스위칭

트랜지스터는 신호를 증폭하는 용도로만 사용하지 않는다. 적절히 설계를 하면 컴퓨터나 어떤 시스템을 제어하기 위한 스위치로 사용될 수 있다. 그림 4.87a의 회로는 컴퓨터 논리 회로에서 인버터(inverter)로 사용될 수 있다. 출력전압 V_C는 입력 단자인 베이스에 인가되는 전압과 반대로 동작한다. 또한 이제까지 공부한 회로와는 달리 베이스 회로에 바이어스

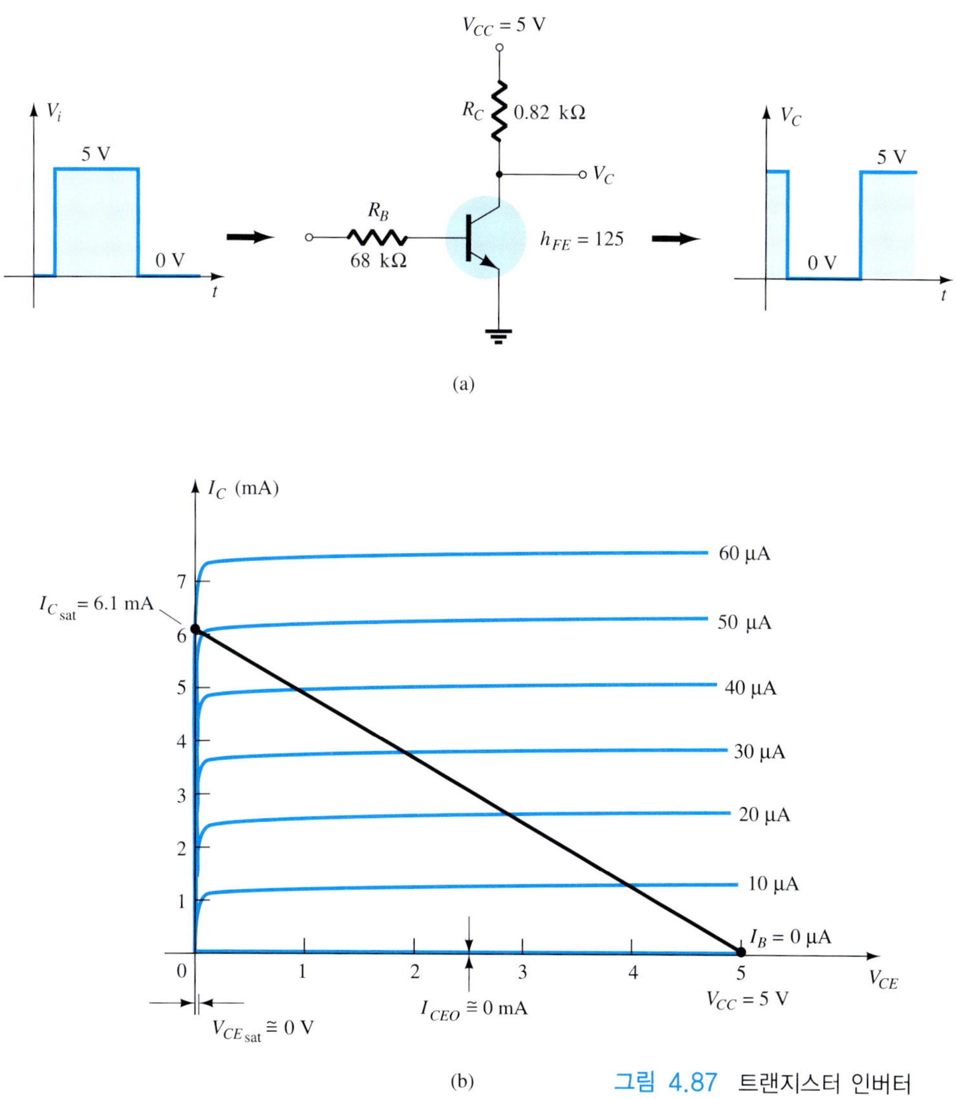

그림 4.87 트랜지스터 인버터

인 직류 전압이 연결되어 있지 않다. 단지 출력인 컬렉터 방향에만 직류 전원이 연결되어 있다. 그리고 컴퓨터에 사용되는 경우에는 이 직류 전원의 크기는 인가되는 신호가 가장 클 경우인 값(high)과 같고, 그 값은 보통 5 V이다.

컴퓨터의 논리회로에서 사용되는 신호를 반전시키는 인버터[inverter(=NOT 게이트)] 동작을 하기 위해서는 그림 4.77b에 보인 것처럼 부하선을 따라 작동점이 차단 상태에서 포화 상태로 이동하여야 한다. 여기서 그림 4.87b에서처럼 $I_B=0\ \mu A$(설계 효율 향상을 위해 매우 적절한 근사)일 때, $I_C=I_{CEO}=0$ mA라고 가정한다. 그리고 $V_{CE}=V_{CE_{sat}}$의 경우 일반적으로 0.1~0.3 V 대신에 $V_{CE}=V_{CE_{sat}}=0$ V라고 가정한다.

$V_i=5$ V일 때 트랜지스터는 'on' 상태가 될 것이다. 이때 트랜지스터가 포화 영역 가깝게 있는 I_B 곡선의 값보다 훨씬 큰 I_B값이 되도록 만들어 포화가 되도록 설계한다. 그림 4.87b에서 $I_B > 50\ \mu A$임을 알 수 있다. 그림 4.87a의 회로에서 컬렉터 전류를 포화가 되도록 하기 위한 값은 다음과 같이 정의된다.

$$\boxed{I_{C_{sat}} = \frac{V_{CC}}{R_C}} \tag{4.86}$$

포화 직전의 영역에서의 I_B값은 다음 식으로 근사할 수 있다.

$$I_{B_{max}} \cong \frac{I_{C_{sat}}}{\beta_{dc}}$$

따라서 포화값은 다음과 같은 조건이 만족되어야 한다.

$$\boxed{I_B > \frac{I_{C_{sat}}}{\beta_{dc}}} \tag{4.87}$$

그림 4.87b 회로에서 $V_i=5$ V일 때, I_B값은 다음과 같다.

$$I_B = \frac{V_i - 0.7\ V}{R_B} = \frac{5\ V - 0.7\ V}{68\ k\Omega} = 63\ \mu A$$

그리고

$$I_{C_{sat}} = \frac{V_{CC}}{R_C} = \frac{5\ V}{0.82\ k\Omega} \cong 6.1\ mA$$

식 (4.87)을 적용하면

$$I_B = 63\ \mu A > \frac{I_{C_{sat}}}{\beta_{dc}} = \frac{6.1\ mA}{125} = 48.8\ \mu A$$

로 공식을 만족한다. I_B값은 60 μA보다 크고 부하선에서 수직축에 매우 가까이 있는 Q점을 지나게 될 것이다.

$V_i=0$ V, $I_B=0\ \mu A$에서 $I_C=I_{CEO}=0$ mA이므로, R_C에 걸리는 전압 $V_{R_C}=I_CR_C=0$ V이며, 그림 4.87a 회로의 응답은 $V_C=+5$ V로 나타난다.

컴퓨터의 논리 연산 회로로 사용하는 이외에도 트랜지스터를 부하선의 양끝 쪽에 있는

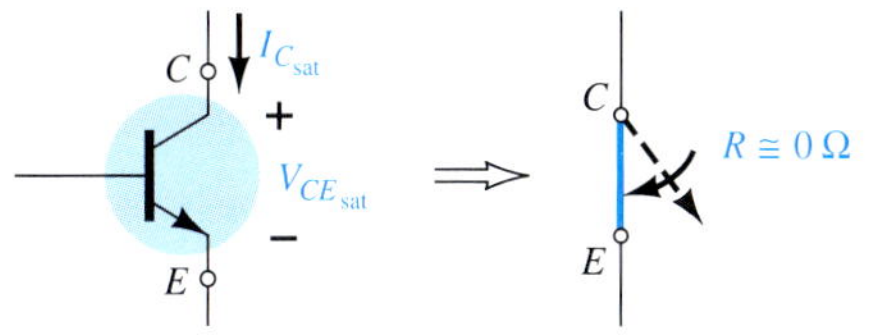

그림 4.88 트랜지스터가 포화인 경우와 저항

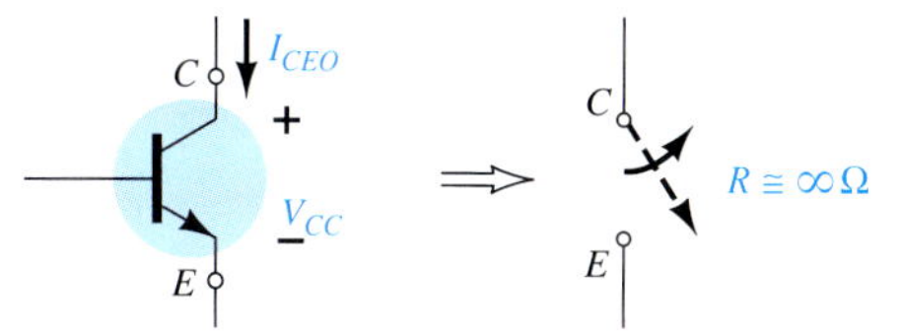

그림 4.89 트랜지스터가 차단인 경우와 저항

값들을 이용하면(즉, 포화 영역과 차단 영역을 이용하면) 스위치로 사용할 수 있다. 트랜지스터가 포화되면 전류 I_C는 매우 크며, 전압 V_{CE}는 매우 작다. 이때 두 단자 간의 저항은 다음 식으로 구할 수 있다.

$$R_{\text{sat}} = \frac{V_{CE_{\text{sat}}}}{I_{C_{\text{sat}}}}$$

$V_{CE_{\text{sat}}}$의 일반적인 평균값 0.15 V를 사용하면

$$R_{\text{sat}} = \frac{V_{CE_{\text{sat}}}}{I_{C_{\text{sat}}}} = \frac{0.15\text{ V}}{6.1\text{ mA}} = 24.6\ \Omega$$

이 된다. 이 값은 매우 작은 값이므로 수 kΩ 정도의 저항과 직렬로 연결할 때는 그림 4.88처럼 거의 0 Ω으로 간주할 수 있다.

그림 4.89처럼 V_i=0 V이면 차단 상태가 되므로 이때는 다음과 같은 크기의 저항값을 갖는다.

$$R_{\text{cutoff}} = \frac{V_{CC}}{I_{CEO}} = \frac{5\text{ V}}{0\text{ mA}} = \infty\,\Omega$$

즉, 개방회로의 저항과 같다. I_{CEO}=10 μA의 일반적인 조건에서 차단 저항의 값은

$$R_{\text{cutoff}} = \frac{V_{CC}}{I_{CEO}} = \frac{5\text{ V}}{10\ \mu\text{A}} = \mathbf{500\ k\Omega}$$

이 결과는 개방된 등가회로로 간주할 수 있다.

예제 4.32 그림 4.90 회로에서 $I_{C_{\text{sat}}}$=10 mA일 때 R_B과 R_C를 구하라.

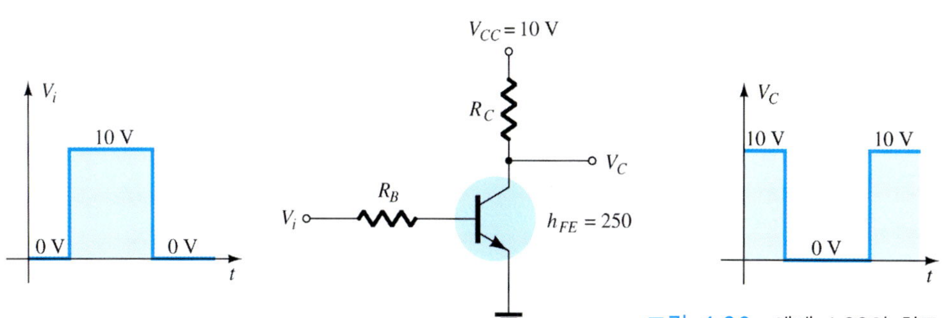

그림 4.90 예제 4.32의 회로

풀이 포화 영역에서

$$I_{C_{\text{sat}}} = \frac{V_{CC}}{R_C}$$

이고

$$10\text{ mA} = \frac{10\text{ V}}{R_C}$$

이므로

$$R_C = \frac{10\text{ V}}{10\text{ mA}} = 1\text{ k}\Omega$$

포화 영역에서

$$I_B \cong \frac{I_{C_{\text{sat}}}}{\beta_{\text{dc}}} = \frac{10\text{ mA}}{250} = 40\ \mu\text{A}$$

포화 영역에 있도록 I_B=60 μA로 하면

$$I_B = \frac{V_i - 0.7\text{ V}}{R_B}$$

구한 결과는

$$R_B = \frac{V_i - 0.7\text{ V}}{I_B} = \frac{10\text{ V} - 0.7\text{ V}}{60\ \mu\text{A}} = 155\text{ k}\Omega$$

표준값인 R_B=150 kΩ로 정하면,

$$I_B = \frac{V_i - 0.7\text{ V}}{R_B} = \frac{10\text{ V} - 0.7\text{ V}}{150\text{ k}\Omega} = 62\ \mu\text{A}$$

그리고

$$I_B = 62\ \mu\text{A} > \frac{I_{C_{\text{sat}}}}{\beta_{\text{dc}}} = 40\ \mu\text{A}$$

그러므로 R_B=**150 kΩ**이고 R_C=**1 kΩ**으로 정할 수 있다.

스위칭 트랜지스터(switching transistor)라고 부르는 트랜지스터는 출력전압을 한 값에서 다른 값으로 바꾸는 데 걸리는 속도를 개선시킨 것이다. 그림 3.23e는 컬렉터 전류에 따른 t_s, t_d, t_r, t_f를 나타낸다. 이 값들은 응답 속도에 영향을 주며, 그림 4.91과 같은 컬렉터 전류 응답 곡선에 의해 정의된다. 트랜지스터가 'off' 상태에서 'on' 상태로 바뀌는 데 걸리는 총 시간은 t_{on}으로 표시하고, 다음과 같이 정의된다.

$$\boxed{t_{\text{on}} = t_r + t_d} \tag{4.88}$$

여기서 t_d는 입력이 바뀐 시점에서 출력이 바뀌기 시작하는 시점까지의 지연시간을 나타낸다. t_r은 출력이 최종값의 10%에서 90%까지 바뀌는 데 걸리는데 소요되는 상승시간을 나타낸다.

트랜지스터가 'on' 상태에서 'off' 상태로 바뀌는 데 걸리는 총 시간은 t_{off}로 표시하고, 다음과 같이 정의된다.

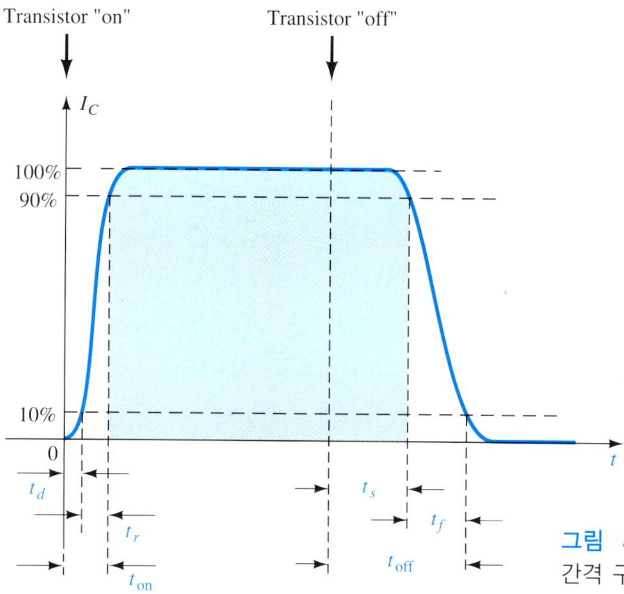

그림 4.91 펄스파형의 시간 간격 구분

$$\boxed{t_{off} = t_s + t_f} \tag{4.58}$$

여기서 t_s는 (트랜지스터 내에 존재하는 전자나 정공이 없어져야 하므로) 기존의 캐리어가 저장되어 있는 시간을, t_f는 출력이 초기값의 90%에서 10%까지 바뀌는 데 소요되는 하강 시간을 나타낸다.

범용 트랜지스터의 특성은 그림 3.23c에 나타내었다. $I_C = 10$ mA인 경우

$$t_s = 120 \text{ ns}$$
$$t_d = 25 \text{ ns}$$
$$t_r = 13 \text{ ns}$$

이고 $$t_f = 12 \text{ ns}$$

이므로 $$t_{on} = t_r + t_d = 13 \text{ ns} + 25 \text{ ns} = \mathbf{38\ ns}$$

이고 $$t_{off} = t_s + t_f = 120 \text{ ns} + 12 \text{ ns} = \mathbf{132\ ns}$$

이다. 이 결과를 다음의 BSV52L의 값들과 비교하면, 빠른 스위칭 트랜지스터가 사용되는 이유를 알 수 있을 것이다.

$$t_{on} = \mathbf{12\ ns} \text{ 와 } \quad t_{off} = \mathbf{18\ ns}$$

4.17 고장 검사 기술

고장 검사 기술은 몇 장의 분량으로 다룰 수 없을 정도로 다양한 분야와 기술이 요구된다. 하지만 이런 문제를 다루기 위해서는 몇 가지 기본적인 전략과 측정법을 알고 있어야 문제

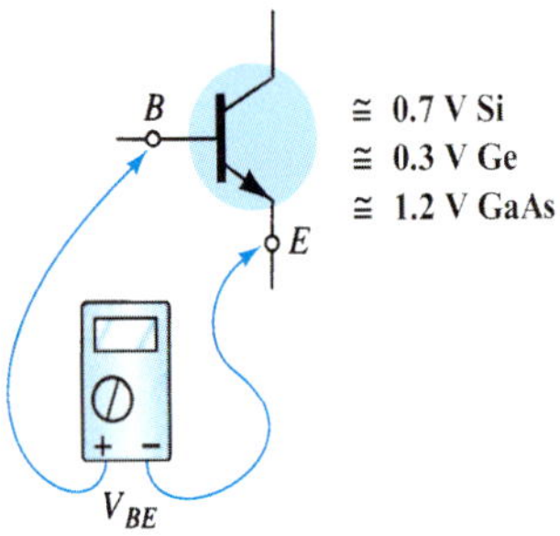

그림 4.92 V_{BE}의 전압 검사

가 되는 부분을 다른 부분과 차단시켜 해결할 수 있다.

고장 검사를 하기 위해서는 먼저 그 회로의 동작을 확실히 이해하고, 회로의 전압과 전류 값을 예상하고 있어야 한다. 활성 영역에 있는 트랜지스터에서 측정 가능한 직류 전압 중 가장 중요한 것은 베이스-에미터 접합의 전압이다.

동작하고 있는 트랜지스터에서, V_{BE} 전압은 대략 0.7 V 근처에 있어야 한다.

V_{BE} 전압을 측정하는 회로가 그림 4.92에 있다. *npn* 트랜지스터를 측정할 때 양극(빨간색)은 베이스에, 음극(검은색)은 에미터에 연결하였다는 것을 주의해야 한다. 만약 예상되는 값 0.7 V와 전혀 다른 값으로 0, 4, 12 V인 전압값이 나온다면 잘못된 것이므로 소자나 회로의 연결을 다시 검사해야 한다. *pnp* 트랜지스터의 경우에도 같은 회로 구성을 사용할 수 있고, 이때는 음의 값이 측정될 것이다.

컬렉터-에미터 사이의 전압도 매우 중요하다. 일반적인 바이폴라 트랜지스터의 특성을 설명하는 경우 트랜지스터가 포화 영역에 있을 때 V_{CE}=0.3 V가 된다고 하였다. 스위칭 목적으로 사용하는 경우를 제외하면 트랜지스터는 포화 영역에서 사용되지 않는다.

증폭회로에서 트랜지스터가 활성 영역에 있다면, V_{CE}는 보통 V_{CC}의 25%에서 75% 사이를 유지한다.

V_{CC}=20 V인 회로에서 그림 4.93과 같이 측정한 V_{CE} 전압이 1~2 V 또는 18~20 V라면, 이는 정상이라고 하기에는 무리가 있다. 의도적으로 그렇게 설계한 것이 아니라면 설계나 회로의 작동을 검사해야 한다. 만일 V_{CE}가 20 V(V_{CC}=20 V)라면 두 가지 가능성이 있다. 한 가지는 트랜지스터 자체가 손상되어 내부의 컬렉터와 에미터 단자 사이의 경로가 끊겨 개방된 회로와 같이 작동하는 경우이고, 다른 한 가지는 그림 4.94처럼 컬렉터-에미터 경로나 베이스-에미터 경로의 연결 중 끊긴 곳이 있어 I_C=0 mA가 되거나 V_{R_C}=0 V가 되는 경우이다. 그림 4.94에서 멀티미터의 음극(검은색)은 공급전원의 접지와 연결하고 양극(빨간색)은 컬렉터 저항 아래에 연결하였다. 컬렉터 전류가 없고 R_C의 전압 강하도 없으므로 멀티미터에 20 V가 측정될 것이다. 멀티미터를 BJT의 컬렉터에 연결하면 컬렉터는 V_{CC}와 연결이 되지 않았으므로 0 V가 측정된다. 실험실에서 가장 흔히 일어나는 실수는 설계한 저항 대신에 다른 저항을 사용한 것이다. R_B를 설계된 값 680 kΩ 대신 680 Ω을 사용한다고 생각해 보자. V_{CC}=20 V이고 고정 바이어스 회로 구성에서 베이스 전류는

$$I_B = \frac{20\text{ V} - 0.7\text{ V}}{680\ \Omega} = 28.4\text{ mA}$$

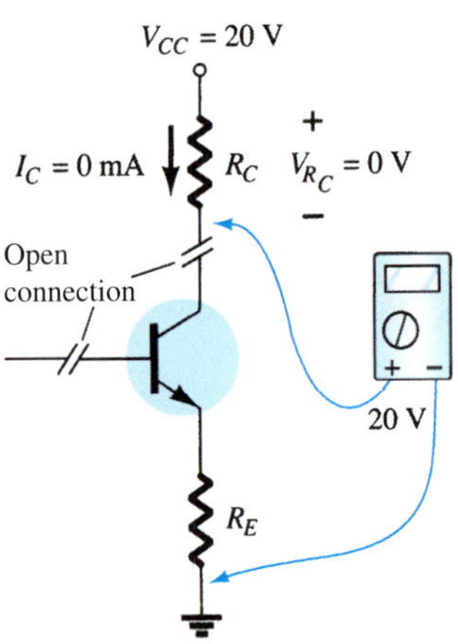

그림 4.94 잘못된 연결이나 손상된 소자에 의한 영향

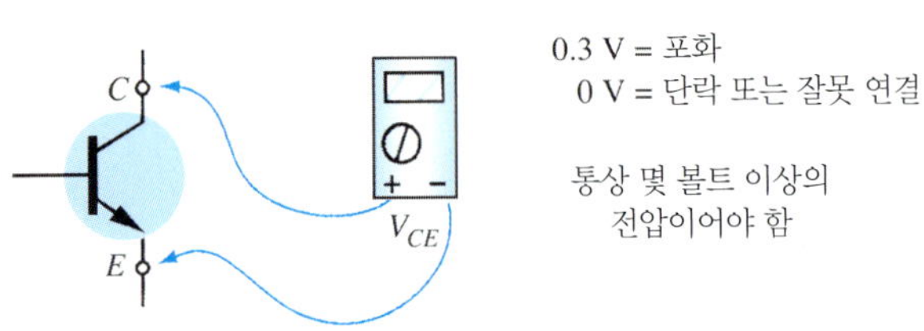

그림 4.93 V_{CE}의 전압 검사

이 되어 설계할 때에 의도한 28.4 μA보다 훨씬 큰 값이다.

28.4 mA의 베이스 전류는 트랜지스터를 포화 상태가 되게 하거나 물리적으로 손상시킨다. 실제 사용되는 저항은 표기된 값과 다른 값의 저항을 가지는 경우가 대부분이므로(일반적인 저항의 오차 범위를 포함해서), 저항을 회로에 바로 연결하기 전에 직접 저항값을 측정해보는 것이 좋다. 그렇게 하면 이론값에 보다 가까운 실제 저항을 이용할 수 있고, 올바른 저항을 쓰고 있다는 것도 확인할 수 있다.

고장유무를 검사하는 작업은 다음과 같이 지루한 경우도 있다: 커브 트레이서나 BJT 특성을 측정하는 기구를 통해 BJT가 제대로 작동하는 것을 확인하였다. 모든 저항들이 제대로 된 것을 확인하였고, 소자들도 제대로 연결되었고, 공급전원도 정상이다. 그 다음은 무엇을 검사해야 하는가? 이제는 조금 더 수준 높은 검사가 필요하다. 도선과 소자의 핀 사이의 내부 연결이 잘못 되지는 않았는지 확인하였는가? 단순히 연결 지점을 손으로 건드린다고 해서 회로가 작동하거나 안 하지는 않는가? 공급되는 전원의 전압은 제대로 설정되었지만 공급 가능한 전류의 양이 0 A로 맞추어져 회로에 필요한 전원을 공급하지 못하고 있지는 않는지 등의 확인이 필요할 것이다. 복잡한 회로일수록 고장 가능성의 범위는 넓어질 것임은 분명하다. 모든 경우 회로의 작동을 검사하는 효과적인 방법은 전원의 접지를 기준으로 여러 지점의 전압을 측정하는 것으로, 멀티미터의 음극(검은색)은 접지로, 측정하고자 하는 지점들을 양극(빨간색)으로 연결하여 확인하는 것이다. 그림 4.95에서 양극(빨간색)은 V_{CC}에 직접 연결되었고, 접지는 전원 접지와 공통이므로 멀티미터에는 V_{CC}값이 나타날 것이다. V_C 지점에서는 R_C에서의 전압 강하 때문에 더 작은 전압이 측정되고 V_E에서는 트랜지스터의 V_{CE} 사이의 전압 강하 때문에 더 작은 전압이 측정될 것이다. 이러한 지점 중에서 예상되었던 값이 나오지 않는 곳이 발생하면 그 자체가 소자와 연결이 잘못된 곳을 나타낸다. 만약 V_{R_C}나 V_{R_E}는 제대로 된 값을 나타내지만 V_{CE}가 0 V라면 이는 트랜지스터가 손상되었을 가능성이 있거나, 또는 컬렉터와 에미터 사이가 단락되었을 가능성이 있음을 나타낸다. 앞에서 기술했듯이, $V_{CE}=V_C-V_E$(위의 측정 방법은 V_C와 V_E를 각각 측정하므로)에 의해 V_{CE}가 0.3 V가 측정된다면, 이는 회로가 포화 영역에서 작동하고 있다는 것을 의미한다.

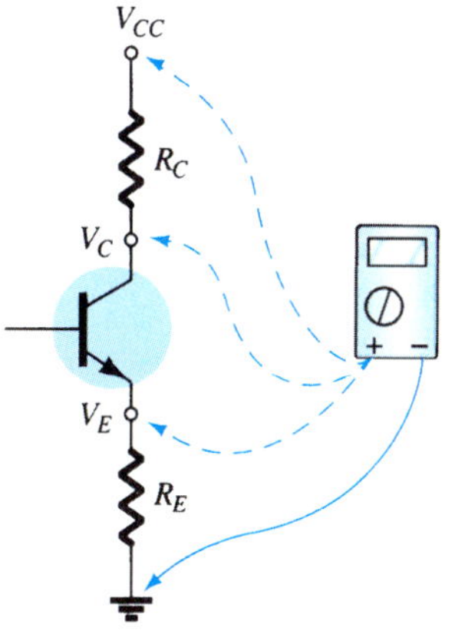

그림 4.95 접지를 기준으로 한 전압 측정

위의 내용에서 VOM(Volt Ohm Meter)이나 DMM(Digital Multi Meter)으로 전압을 측정하는 것은 고장을 검사하는데 중요한 기기임을 알 수 있다. 회로의 전류는 회로를 직접 끊어서 멀티미터의 전류계를 연결하는 것보다는 저항의 양단의 전압을 측정한 후에 이를 저항으로 나누어 계산하는 방법을 이용한다. 큰 회로도에는 접지를 기준으로 회로의 각 부분의 전압을 표시함으로써, 발생 가능한 문제의 존재 여부 및 문제가 어떤 것인지를 쉽게 판단할 수 있다. 물론 이 장에서 다루는 회로에 대하여 공급전압 및 회로의 동작 원리를 이해하고, 각 지점에서의 전압값들은 예상하고 있어야 한다.

고장 검사란 회로의 작동을 확실히 이해하고, 적절한 장비를 사용하여 필요한 지점들을 측정함으로써 문제를 분리하여 쉽게 해결할 수 있다는 능력을 시험하는 과정이기도 하다. 경험이 유일한 비결이고 이는 실제 회로를 계속 다룸으로써 향상된다.

예제 4.33 그림 4.96의 측정된 전압으로부터 회로가 제대로 작동하는지를 판단하고, 만약 작동하지 않는다면 그 원인을 기술하라.

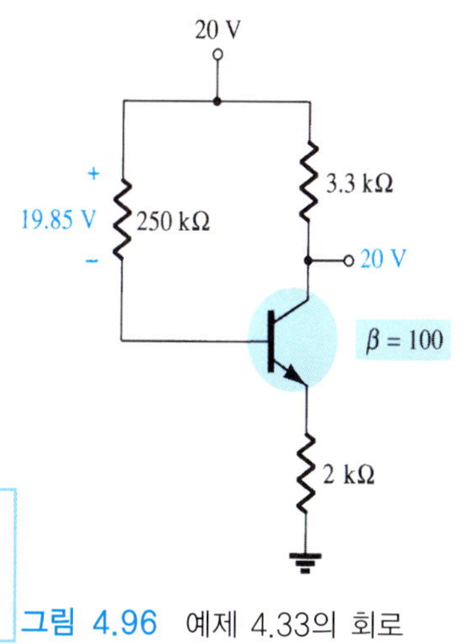

그림 4.96 예제 4.33의 회로

풀이 컬렉터의 전압이 20 V라는 것은 트랜지스터가 전혀 작동하지 않거나 회로의 연결이 끊어져서 I_C=0 mA라는 것을 의미한다. V_{R_B}=19.85 V라는 것은 베이스의 전압이 $V_{CC}-V_{R_B}$=0.15 V로 트랜지스터를 켜기 위한 'on' 전압과 V_E에 공급될 전압의 합보다 낮아 트랜지스터가 'off' 상태에 있다는 것을 나타낸다. 베이스와 에미터가 단락되었다고 하면, 다음 식에 의해 R_B에 흐르는 전류를 구할 수 있다.

$$I_{R_B} = \frac{V_{CC}}{R_B + R_E} = \frac{20\text{ V}}{252\text{ k}\Omega} = 79.4\,\mu\text{A}$$

이는 다음 식에 의해 구한 값과 일치한다.

$$I_{R_B} = \frac{V_{R_B}}{R_B} = \frac{19.85\text{ V}}{250\text{ k}\Omega} = 79.4\,\mu\text{A}$$

그러나 회로가 제대로 작동한다면 베이스 전류는 다음과 같아야 한다.

$$I_B = \frac{V_{CC} - V_{BE}}{R_B + (\beta + 1)R_E} = \frac{20\text{ V} - 0.7\text{ V}}{250\text{ k}\Omega + (101)(2\text{ k}\Omega)} = \frac{19.3\text{ V}}{452\text{ k}\Omega} = 42.7\,\mu\text{A}$$

결과적으로 트랜지스터는 손상되어 베이스와 에미터가 단락된 상태이다.

예제 4.34 그림 4.97에 나타낸 회로와 전압들로부터 트랜지스터가 'on' 상태에 있고 회로가 제대로 작동하는지를 판단하라.

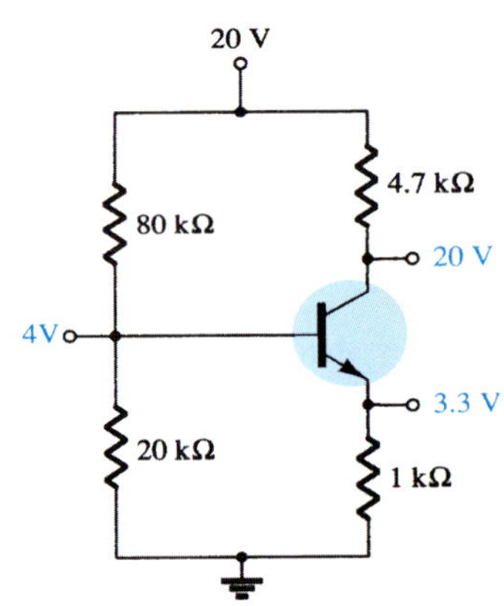

그림 4.97 예제 4.34의 회로

풀이 R_1, R_2와 공급전압 V_{CC}로부터 베이스 전압 V_B=4 V는 적절한 것으로 보인다(실제로 그렇다). 에미터의 3.3 V는 베이스와 에미터 사이의 전압 강하 0.7 V를 나타낸다. 따라서 트랜지스터는 'on' 영역에 있다는 것을 나타낸다. 전원이 제대로 연결되어 컬렉터에 20 V가 나타나지 않아야 하지만, 컬렉터의 전압이 20 V라는 것은 I_C=0 mA를 의미한다. 이에는 두 가지 가능성이 있는데, 하나는 4.7 KΩ인 R_C와 컬렉터 사이가 제대로 연결되지 않았을 가능성이고, 다른 하나는 트랜지스터 내부에서 베이스 컬렉터 지점이 끊어졌을 가능성이다. 따라서 컬렉터 연결 지점은 저항계를 이용하여 검사하고, 만약 연결이 제대로 되었다면 3장에서 다루었던 방법을 이용하여 트랜지스터를 검사해 보아야 한다.

4.18 바이어스 안정화

시스템의 안정도라는 것은 트랜지스터 동작에 영향을 주는 변수의 변화에 대해 회로가 얼마나 민감한가를 알려주는 척도이다. 트랜지스터를 사용하는 모든 증폭기에서 컬렉터 전류 I_C는 다음의 변수들에 민감하다.

β: 온도가 증가하면 증가한다.

$|V_{BE}|$: **온도가 섭씨 1도 증가할 때마다 약 2.5 mV 감소한다.**

I_{CO}(**역포화 전류**): **온도가 섭씨 10도 증가할 때마다 2배가 된다.**

이러한 값들의 변화는 설계한 회로의 작동점을 이동시킨다. 표 4.2는 어떤 트랜지스터에 대해 온도가 증가할 경우 I_{CO}와 V_{BE}가 얼마나 변하는지를 나타낸 것이다. 상온(약 25°C)에서 I_{CO}=0.1 nA이지만, 100°C에서는 약 200배 증가한 20 nA이다. 온도 변화에 대해서 β는 50에서 80으로 변하고, V_{BE}는 0.65 V에서 0.48 V로 떨어진다. I_B는 문턱값(threshold value)인 V_{BE}값에 민감한데, 특히 그 값 이상에서 더욱 민감함을 기억하라.

직류 바이어스 점에서 누설 전류(I_{CO})와 전류 이득(β)이 변하면, 그림 4.98a와 b에 나타난 것처럼 공통 에미터 회로의 출력 특성이 변한다. 그림 4.98은 온도가 25°C에서 100°C로 변할 경우 트랜지스터의 컬렉터 특성이 어떻게 변하는지를 보여준다. 누설 전류가 크게 증가하면 특성 곡선을 상승하게 만들 뿐만 아니라 β도 증가하게 만든다. 이는 결국 특성 곡선 사이의 공간이 넓어지는 것으로 알 수 있다.

컬렉터 특성 곡선에 부하선을 그리고, 입력회로에 의해 정해지는 직류 베이스 전류와 부하선의 교점을 얻어 작동점을 알 수 있었다. 그림 4.98a에는 I_B=30 μA인 곳에서 정해진 작동점이다. 고정 바이어스 회로에서는 베이스 전류값은 전원전압과 베이스 저항에 의해 쉽게 결정된다. 하지만 전원전압과 베이스 저항은 온도와 누설 전류 및 온도의 영향을 받지 않기 때문에 그림 4.98b에서 제시한 바와 같이 고온에서도 동일한 베이스 전류 30 μA를 유지한다. 그림에서 보여 주는것처럼 이 때문에 직류 바이어스 점이 더 높은 컬렉터 전류를 만들고(증가된 β 때문에), 낮은 컬렉터-에미터 전압으로 작동점이 옮겨진다. 극단적으로 트랜지스터가 포화될 수 있다. 어떤 경우이든 새로운 작동점은 원하는 위치가 아니며, 작동점의 이동으로 회로에 심각한 왜곡이 발생할 수 있다. 그러므로 보다 좋은 바이어스 회로란 온도가 변하는 환경에서도 증폭기를 정상적으로 사용할 수 있도록 초기에 설정된 직류 바이어스를 유지하고 안정화시킬 수 있게 하는 것이다.

표 4.2 온도에 따른 트랜지스터의 매개변수 변화

T (°C)	I_{CO} (nA)	β	V_{BE} (V)
−65	0.2×10^{-3}	20	0.85
25	0.1	50	0.65
100	20	80	0.48
175	3.3×10^{3}	120	0.3

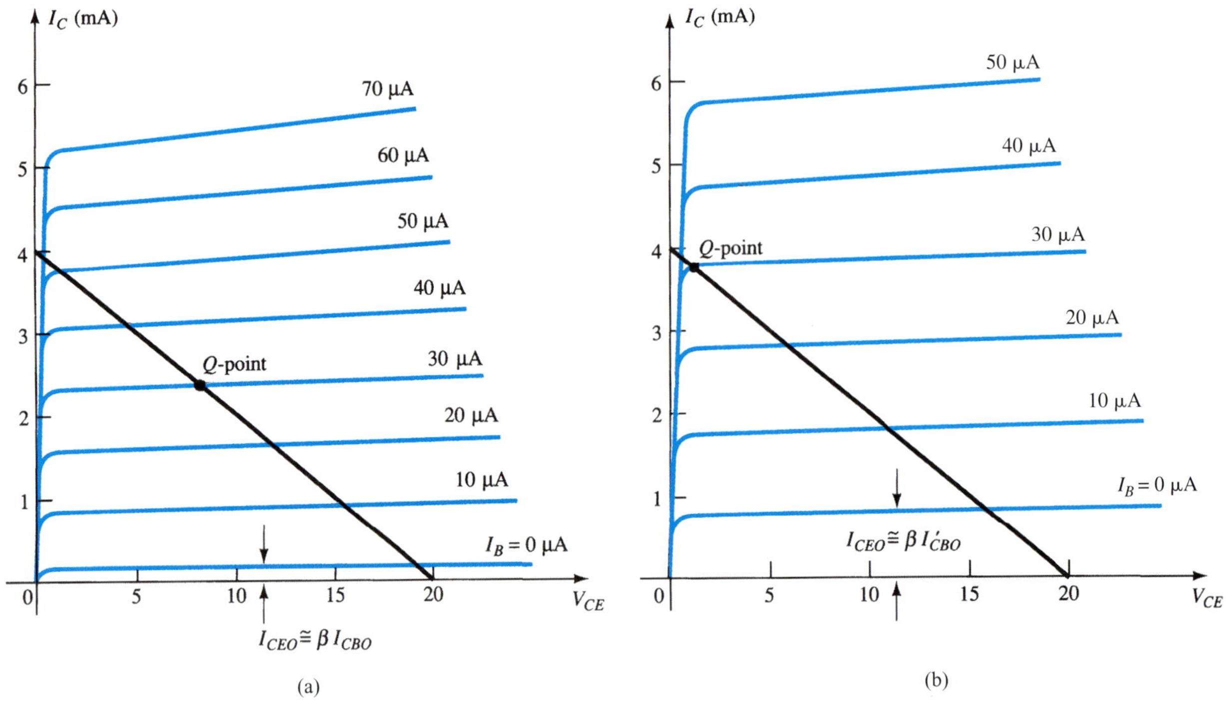

그림 4.98 온도가 (a) 25°C에서 (b) 100°C로 변화되는 경우 Q점의 이동

안정도 계수 $S(I_{CO})$, $S(V_{BE})$, $S(\beta)$

안정도 계수 S는 바이어스 안정도에 영향을 미치는 다음의 변수들에 의해 정의된다.

$$\boxed{S(I_{CO}) = \frac{\Delta I_C}{\Delta I_{CO}}} \tag{4.90}$$

$$\boxed{S(V_{BE}) = \frac{\Delta I_C}{\Delta V_{BE}}} \tag{4.91}$$

$$\boxed{S(\beta) = \frac{\Delta I_C}{\Delta \beta}} \tag{4.92}$$

이 경우 델타(Δ) 기호는 각 변수의 변화량을 의미한다. 각 식에서 분모의 양적 변화에 의한 컬렉터 전류의 변화량이다. 어떤 특정 회로에서 I_{CO}가 변하여도 I_C가 심하게 변하지 않는다면, $S(I_{CO})=\Delta I_C/\Delta I_{CO}$로 정의되는 안정도 계수는 매우 작다. 다시 말해서

온도 변화에 비교적 영향을 받지 않는 매우 안정적인 회로는 낮은 안정도 계수를 갖는다고 한다.

식 (4.90)에서 식 (4.92)까지 정의된 양을 안정도 계수로 보아도 좋는데 그 이유는 다음과 같기 때문이다:

안정도 계수가 클수록 각 변수의 변화에 대하여 더 민감하다.

안정도 계수를 공부하기 위해서는 미분학을 알아야 한다. 그러나 여기서의 목적은 수학적 해석 결과를 복습하고, 몇몇 중요한 바이어스 회로에 대해 전체적인 안정도 계수를 구하는 것이다. 안정도 계수에 대한 주제를 다루는 문헌은 많으므로 시간이 허락한다면 이러한 문헌들을 읽어보는 것도 좋을 것이다. 각 바이어스에 따른 $S(I_{CO})$의 해설부터 시작하여 보자 .

$S(I_{CO})$:

고정 바이어스 회로

고정 바이어스 회로의 경우 안정도는 다음과 같이 근사적으로 표현할 수 있다.

$$\boxed{S(I_{CO}) \cong \beta} \tag{4.93}$$

에미터 바이어스 회로

4.4절의 에미터 바이어스 회로를 해석하면 다음과 같다.

$$\boxed{S(I_{CO}) \cong \frac{\beta(1 + R_B/R_E)}{\beta + R_B/B_E}} \tag{4.94}$$

$R_B/R_E \gg (\beta+1)$이면 식 (4.94)는 다음과 같이 간단하게 나타낼 수 있다.

$$\boxed{S(I_{CO}) \cong \beta}_{R_B/R_E \gg \beta} \tag{4.95}$$

이를 그림 4.99에서 $S(I_{CO})$ 대 R_B/R_E의 그래프로 나타내었다.

$R_B/R_E \ll 1$인 경우 식 (4.94)는 다음의 값으로 접근한다(그림 4.99에서 나타낸 바와 같이).

$$\boxed{S(I_{CO}) \cong 1}_{R_B/R_E \ll 1} \tag{4.96}$$

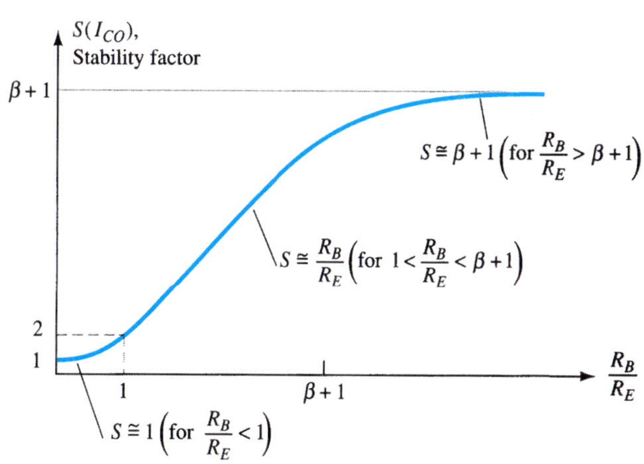

그림 4.99 에미터 바이어스 회로에서 저항비 R_B/R_E에 따른 안정도 계수 $S(I_{CO})$

이는 R_E가 충분히 커지면 안정도 계수가 최저값에 가까워진다. 그러나 일반적으로 안정적인 바이어스란 R_B를 R_E보다 크게 하는 것이다. 따라서 안정도를 좋게 하려면, 설계 사양은 나쁘게 될 수밖에 없다. 즉, 안정도와 바이어스 설정 사이에는 절충을 하여야 한다. 그림 4.99에서 $S(I_{CO})$의 최소값은 1로, I_C는 항상 I_{CO}보다 같거나 큰 비율로 증가하는 것을 알 수 있다.

R_B/R_E가 1과 $(\beta+1)$ 사이에 있을 때, 안정도 계수는 그림 4.99에 나타나듯이 다음 식에 의해 결정된다.

$$S(I_{CO}) \cong \frac{R_B}{R_E} \tag{4.97}$$

이 결과를 보면, R_B/R_E가 가능한 한 가장 작을 경우에 에미터 바이어스 회로는 가장 안정하다는 것을 알 수 있다. 그리고 R_B/R_E가 β에 근접할수록 가장 불안정해진다.

고정 바이어스 회로의 안정도는 에미터 바이어스 회로의 최대값과 같다. 따라서 고정 바이어스 회로는 에미터 바이어스 회로에 비하여 안정도가 나쁘며 I_{CO}의 변화에 민감하다.

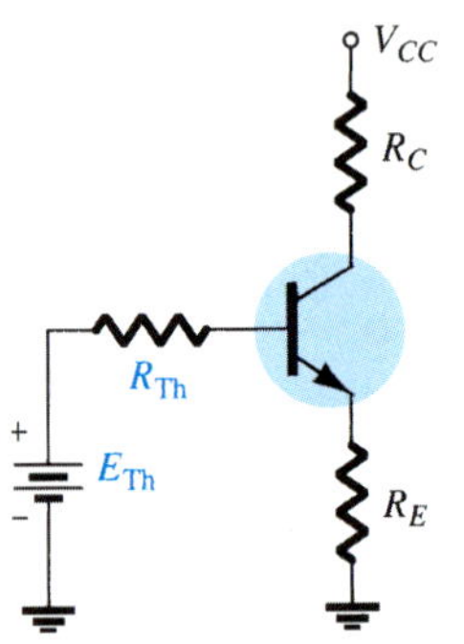

그림 4.100 전압 분배기 회로의 등가회로

전압 분배 바이어스 회로

4.5절에서 다룬 전압 분배기 회로의 Thévenin 등가회로가 그림 4.100과 같았음을 기억해 보자. 그림 4.100의 회로에 대해 $S(I_{CO})$의 식을 쓰면 다음과 같다:

$$S(I_{CO}) \cong \frac{\beta(1 + R_{Th}/R_E)}{\beta + R_{Th}/R_E} \tag{4.98}$$

식 (4.94)와의 유사점을 살펴보자. 식 (4.94)에서는 $R_E > R_B$일 때, $S(I_{CO})$는 작은 값으로 회로의 안정도는 좋다. 식 (4.98)에 대해서는 $R_E > R_{Th}$이거나, 또는 R_{Th}/R_E가 가능한 한 가장 작을 때 안정도가 좋게 된다. 전압 분배 바이어스 회로에서의 R_{Th}는 에미터 바이어스 회로에서의 R_B보다 훨씬 작은 값을 사용하면서도 효과적인 설계를 할 수 있다.

피드백 바이어스 회로(R_E=0 Ω)

이 경우,

$$S(I_{CO}) \cong \frac{\beta(1 + R_B/R_C)}{\beta + R_B/R_C} \tag{4.99}$$

가 된다. 위 식이 에미터 바이어스 및 전압 분배 바이어스 회로의 경우와 같은 형태이므로 R_B/R_C의 비율에 대해 같은 결과를 얻을 수 있다.

물리적 영향

위에서 구한 식들은 종종 회로의 작동과 어떤 관계인지 이해하기 쉽게 설명하지 못한다. 우리는 이제 안정도의 상대적인 크기를 알게 되었고 매개변수가 회로에 어떤 영향을 주는지

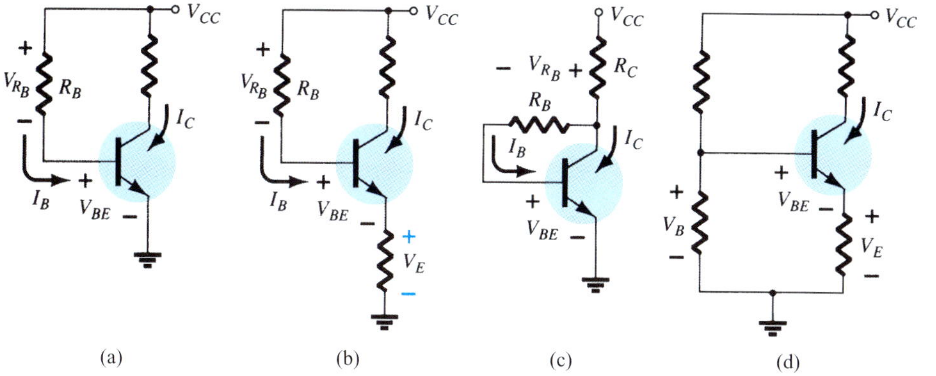

그림 4.101 바이어스 취급 및 안정도 계수 $S(I_{CO})$에 대한 복습

도 알지만 수학 표현 없이는 어떤 회로가 다른 회로에 비하여 안정적이라고 말로 설명하기는 쉽지 않다. 따라서 각각의 회로에 대한 기본적인 관계식을 이용하여 이러한 어려움을 해결해 보고자 한다.

그림 4.101a의 고정 바이어스 회로에 대해 베이스 전류의 식을 구하면 다음과 같다.

$$I_B = \frac{V_{CC} - V_{BE}}{R_B}$$

이때 컬렉터 전류는 다음과 같이 정해진다.

$$\boxed{I_C = \beta I_B + (\beta + 1)I_{CO}} \tag{4.100}$$

식 (4.93)과 같이 정해진 I_C가 I_{CO}의 증가에 따라 증가하게 된다면(V_{BE}가 일정하게 유지된다고 가정할 때), 불필요한 전류 증가를 억제할 수 있는 I_B의 역할이 식에는 나타나 있지 않다. 결국 I_B는 일정하더라도 온도에 따라 β가 증가하여 I_C가 계속 증가하는 불안정한 상황이 된다.

그러나 그림 4.101b의 에미터 바이어스 회로에서는 I_{CO}가 증가함에 따라 I_C가 증가하면 전압 $V_E = I_E R_E \cong I_C R_E$가 증가하게 된다. 결과적으로 다음 식에 의하여 I_B가 감소하게 된다.

$$I_B \downarrow = \frac{V_{CC} - V_{BE} - V_E \uparrow}{R_B} \tag{4.101}$$

I_B의 감소는 I_C의 값을 감소시키며, 따라서 온도 증가에 따라 I_C가 증가하는 영향을 보상해 준다. 그러므로 이 회로에는 I_C가 증가하는 영향을 보상해 주는 반작용이 있어서 이를 통해 바이어스 조건이 바뀌는 것을 막는 역할을 한다.

그림 4.101c의 피드백 회로는 안정 상태에 이르면 에미터 바이어스 회로와 거의 흡사한 방식으로 작동한다. 온도 증가에 따라 I_C가 증가하면 V_{R_C} 전압은 다음 식에 의해 증가한다.

$$I_B \downarrow = \frac{V_{CC} - V_{BE} - V_{R_C}\uparrow}{R_B} \qquad (4.102)$$

그러므로 I_B는 감소한다. 이러한 결과는 에미터 바이어스 회로에서 기술한 안정된 결과가 된다. 위에서 설명한 작동이 한 단계씩 차례로 진행되는 것은 아니라는 점을 알아야 한다. 그보다는 이전에 설정되었던 바이어스 조건을 유지하기 위해 동시에 일어나는 작동이라고 보는 것이 좋다. 결국, I_C가 증가 하자마자 회로는 이 변화를 감지하여 앞에서 설명한 상쇄하는 작용을 통해 보상하게 된다.

회로 중에서 가장 안정한 것은 그림 4.101d의 전압 분배 바이어스 회로이다. 조건 $\beta R_E \geq 10R_2$가 만족된다면 전압 V_B는 I_C값이 어느 정도 변해도 일정하게 유지된다. 회로의 베이스에서 에미터단에 걸리는 전압은 $V_{BE}=V_B-V_E$로 정해진다. I_C가 증가하면 위의 이유 때문에 V_E는 위와 같이 증가하며 V_B가 일정하므로 V_{BE}는 감소하게 된다. 이러한 V_{BE}의 감소는 I_B를 감소하게 하여 I_C가 증가한 영향을 보상하게 된다.

예제 4.35 표 4.2에서 정의된 트랜지스터로 다음의 에미터 바이어스 배열을 하였을 경우, 온도가 25°C에서 100°C로 변할 때에 안정도 계수와 I_C의 변화량을 계산하라.

a. $R_B/R_E=250(R_B=250R_E)$

b. $R_B/R_E=10(R_B=10R_E)$

c. $R_B/R_E=0.01(R_E=100R_B)$

풀이

a. $$S(I_{CO}) = \frac{\beta(1 + R_B/R_E)}{\beta + R_B/R_E} = \frac{50(1 + 250)}{50 + 250} \cong \mathbf{41.83}$$

이는 $\beta=50$으로 정의된 값에 근접하기 시작한다.

I_C의 변화량은

$$\Delta I_C = [S(I_{CO})](\Delta I_{CO}) = (41.83)(19.9\text{ nA}) \cong \mathbf{0.83\ \mu A}$$

b. $$S(I_{CO}) = \frac{\beta(1 + R_B/R_E)}{\beta + R_B/R_E} = \frac{50(1 + 10)}{50 + 10} \cong \mathbf{9.17}$$

$$\Delta I_C = [S(I_{CO})](\Delta I_{CO}) = (9.17)(19.9\text{ nA}) \cong \mathbf{0.18\ \mu A}$$

c. $S(I_{CO}) = \dfrac{\beta(1 + R_B/R_E)}{\beta + R_B/R_E}$

$= \dfrac{50(1 + 0.01)}{50 + 0.01}$

$\cong$ **1.01**

이는 $R_B/R_E \ll 1$인 경우 예측되는 값인 1에 매우 근접한 값이다.

따라서

$$\Delta I_C = [S(I_{CO})](\Delta I_{CO}) = 1.01(19.9\text{ nA})$$
$$= \mathbf{20.1\ nA}$$

예제 4.35를 통해서 BJT 기본 바이어스 회로에서 어떻게 I_{CO}를 낮추고, 낮춘 I_{CO}가 어떻게 안정도 계수를 개선하는 것을 알 수 있었다. 이상적인 안정도(S=1)를 갖는 회로와 안정도 41.83인 회로는 상당히 다르다고 하더라도 I_C의 변화는 작은 값이다. 예를 들어 2 mA로 고정된 바이어스 전류에서 I_C가 2에서 2.00083 mA까지 변한다고 하더라도, 이는 대부분의 경우 무시할 수 있을 만큼 작은 값이다. 어떤 전력 트랜지스터는 누설 전류가 크지만, 대부분의 증폭기 회로에서는 작은 I_{CO}값이 안정도 측면에서 매우 바람직하다.

$S(V_{BE})$

안정도 계수는 다음과 같이 정해진다.

$$S(V_{BE}) = \frac{\Delta I_C}{\Delta V_{BE}}$$

고정 바이어스

고정 바이어스 회로에서는

$$\boxed{S(V_{BE}) \cong \frac{-\beta}{R_B}} \tag{4.103}$$

에미터 바이어스

에미터 바이어스 회로인 경우 다음과 같은 식으로 나타난다.

$$\boxed{S(V_{BE}) \cong \frac{-\beta/R_E}{\beta + R_B/R_E}} \tag{4.104}$$

일반적으로 $\beta \gg R_B/R_E$인 조건을 만족한다면 $S(V_{BE})$는 다음식과 같은데, R_E값이 클수록 안정도 값은 적게되어 시스템은 안전하게 된다.

$$\boxed{S(V_{BE}) \cong \frac{-\beta/R_E}{\beta} = -\frac{1}{R_E}} \tag{4.105}$$

전압 분배 바이어스

이 경우에 $S(V_{BE})$는

$$\boxed{S(V_{BE}) = \frac{-\beta/R_E}{\beta + R_{\text{Th}}/R_E}} \tag{4.106}$$

귀환 바이어스

이 경우에 $S(V_{BE})$는

$$\boxed{S(V_{BE}) = \frac{-\beta/R_C}{\beta + R_B/R_C}} \tag{4.107}$$

예제 4.36 다음의 바이어스 회로들에 대하여 표 4.2에서 정의된 트랜지스터의 안정도 계수 $S(V_{BE})$를 구하고, 25°C에서 100°C까지 온도가 변화할 때의 I_C의 변화를 구하라.

a. R_B=240 kΩ이고, β=100인 고정 바이어스

b. R_B=240 kΩ, R_E=1 kΩ이고 β=100인 에미터 바이어스

c. R_B=47 kΩ, R_E=4.7 kΩ이고 β=100인 에미터 바이어스

풀이

a. 식 (4.103): $S(V_{BE}) = -\dfrac{\beta}{R_B}$

$$= -\frac{100}{240\text{ k}\Omega}$$

그리고 $= \mathbf{-0.417 \times 10^{-3}}$

$$\Delta I_C = [S(V_{BE})](\Delta V_{BE})$$
$$= (-0.417 \times 10^{-3})(0.48\text{ V} - 0.65\text{ V})$$
$$= (-0.417 \times 10^{-3})(-0.17\text{ V})$$
$$= \mathbf{70.9\ \mu A}$$

b. 이 경우 (β+1)=101이고 R_B/R_E=240이다. 조건 $(\beta+1) \gg R_B/R_E$가 만족되지 않으므로 식 (4.105)는 필요치 않고 식 (4.104)를 사용하여야 한다.

식 (4.104): $S(V_{BE}) = \dfrac{-\beta}{R_B + (\beta + 1)R_E}$

$$= \frac{-100}{240\text{ k}\Omega + (101)1\text{ k}\Omega} = -\frac{100}{341\text{ k}\Omega}$$
$$= \mathbf{-0.293 \times 10^{-3}}$$

이는 $S(V_{BE})$식 분모에 $(\beta+1)R_E$의 항이 더해지기 때문에 고정 바이어스에 비해 약 30% 작다.

$$\begin{aligned}\Delta I_C &= [S(V_{BE})](\Delta V_{BE})\\ &= (-0.294 \times 10^{-3})(-0.17\text{ V})\\ &\cong \mathbf{50\ \mu A}\end{aligned}$$

c. 이 경우,

$$(\beta + 1) = 101 \gg \frac{R_B}{R_E} = \frac{47\text{ k}\Omega}{4.7\text{ k}\Omega} = 10\ (\text{조건 만족})$$

식 (4.105):

$$\begin{aligned}S(V_{BE}) &= -\frac{1}{R_E}\\ &= -\frac{1}{4.7\text{ k}\Omega}\\ &= \mathbf{-0.212 \times 10^{-3}}\end{aligned}$$

그리고

$$\begin{aligned}\Delta I_C &= [S(V_{BE})](\Delta V_{BE})\\ &= (-0.212 \times 10^{-3})(-0.17\text{ V})\\ &= \mathbf{36.04\ \mu A}\end{aligned}$$

예제 4.36에서 70.9μA의 증가는 I_{C_Q}의 값에 영향을 미치게 된다. I_{C_Q}=2 mA인 경우, 컬렉터 전류는 다음과 같이 증가하게 되어 3.5% 증가한다.

$$\begin{aligned}I_{C_Q} &= 2\text{ mA} + 70.9\ \mu\text{A}\\ &= 2.0709\text{ mA}\end{aligned}$$

전압 분배기 회로에서 R_B의 값은(그림 4.100에서와 같이) 식 (4.104)에 의해 R_{Th}의 값으로 변하게 된다. 예제 4.36에서 R_B=47 kΩ을 사용한 것은 문제가 있다. 그러나 전압 분배기 회로에서의 R_{Th}는 이 정도의 값이거나 더 작을 수 있으며 아무런 문제가 없다. 피드백 회로에서 $S(V_{BE})$의 결과식은 식 (4.104)에서 R_E를 R_C로 바꾼 것과 유사하다.

$S(\beta)$

마지막으로 살펴볼 안정도 계수는 $S(\beta)$에 대한 것이다. 수학적인 전개는 다음의 에미터 바이어스 회로에 대한 식에서 볼 수 있듯이 $S(I_{CO})$와 $S(V_{BE})$의 경우보다는 조금 복잡하다.

고정 바이어스

이 경우에는

$$\boxed{S(\beta) = \frac{I_{C_1}}{\beta_1}} \tag{4.108}$$

에미터 바이어스

이 경우에

$$S(\beta)=\frac{\Delta I_C}{\Delta\beta}=\frac{I_{C_1}(1+R_B/R_E)}{\beta_1(1+\beta_2+R_B/R_E)} \tag{4.109}$$

I_{C_1}과 β_1의 표기는 회로 조건의 한 경우임을 나타내기 위하여 사용하였으며, β_2의 표기는 β가 온도 변화나 동일한 종류의 다른 트랜지스터로 교환 등의 이유로 변화하는 새로운 β 값을 나타내기 위해 사용하였다.

예제 4.37 온도가 25°C일 때 $I_{C_Q}=2$ mA였다면 온도가 100°C로 변했을 때 I_{C_Q}의 값을 구하라. 표 4.2에서 주어진 트랜지스터를 사용하며, 여기서 $\beta_1=50$이고, $\beta_2=80$이며 저항비 R_B/R_E는 20이다.

풀이

식 (4.109):

$$\begin{aligned}S(\beta)&=\frac{I_{C_1}(1+R_B/R_E)}{\beta_1(1+\beta_2+R_B/R_E)}\\&=\frac{(2\times10^{-3})(1+20)}{(50)(1+80+20)}=\frac{42\times10^{-3}}{5050}\\&=\mathbf{8.32\times10^{-6}}\end{aligned}$$

그리고

$$\begin{aligned}\Delta I_C&=[S(\beta)][\Delta\beta]\\&=(8.32\times10^{-6})(30)\\&\cong\mathbf{0.25\ mA}\end{aligned}$$

따라서 결론적으로 컬렉터 전류는 상온에서 2 mA이고 100°C에서 2.25 mA로 12.5%만큼 변한다.

전압 분배 바이어스

이 경우에

$$S(\beta)=\frac{I_{C_1}(1+R_{\text{Th}}/R_E)}{\beta_1(\beta_2+R_{\text{Th}}/R_E)} \tag{4.110}$$

귀환 바이어스

컬렉터 피드백 회로에서는

$$S(\beta)=\frac{I_{C_1}(R_B+R_C)}{\beta_1(R_B+\beta_2R_C)} \tag{4.111}$$

요약

이제 3개의 중요한 안정도 계수를 모두 고려하면, 컬렉터 전류에 대한 전체적인 영향은 다음과 같은 식으로 나타낼 수 있다.

$$\boxed{\Delta I_C = S(I_{CO})\Delta I_{CO} + S(V_{BE})\Delta V_{BE} + S(\beta)\Delta\beta} \tag{4.112}$$

이 식은 복잡해 보이지만, 각 부분은 동작하는 온도 범위 내에서 각 매개변수의 변화 정도를 안정도 계수에 곱한 것이다. 그리고 ΔI_C는 실온에서의 I_C의 변화를 나타낸다.

예를 들어 이 식을 고정 바이어스 회로에 적용하면, 식 (4.112)은 다음과 같이

$$\boxed{\Delta I_C = \beta\Delta I_{CO} - \frac{\beta}{R_B}\Delta V_{BE} + \frac{I_{C_1}}{\beta_1}\Delta\beta} \tag{4.113}$$

앞 식에 이 절에서 유도된 안정도 계수를 대입하여 구할 수 있다. 이제 온도가 25°C에서 100°C까지 변할 때의 컬렉터 전류 I_C의 변화를 구하기 위해 표 4.2를 참조하도록 하자. 이러한 온도 변화 내에서 표를 통해 다음과 같은 결과를 얻는다.

$$\Delta I_{CO} = 20\text{ nA} - 0.1\text{ nA} = 19.9\text{ nA}$$
$$\Delta V_{BE} = 0.48\text{ V} - 0.65\text{ V} = -0.17\text{ V} \quad \text{(부호 주의)}$$

그리고 $$\Delta\beta = 80 - 50 = 30$$

R_B=240 kΩ의 저항과 2 mA의 컬렉터 전류의 조건에서 75°C의 온도 변화로 인한 I_C의 변화는 다음의 결과와 같다:

$$\begin{aligned}\Delta I_C &= (50)(19.9\text{ nA}) - \frac{50}{240\text{ k}\Omega}(-0.17\text{ V}) + \frac{2\text{ mA}}{50}(30)\\ &= 1\,\mu\text{A} + 35.42\,\mu\text{A} + 1200\,\mu\text{A}\\ &= 1.236\text{ mA}\end{aligned}$$

이는 상당한 변화이며, 주로 β값의 변화에 의해 나타난 것이다. 컬렉터 전류는 2 mA에서 3.236 mA까지 변하는데, 이는 고정 바이어스 회로가 가장 불안정하다는 것으로 이미 예상한 결과이다.

만약 R_{Th}/R_E=2, R_E=4.7 kΩ으로 구성된 전압 분배 바이어스 형태가 사용되었다면

$$S(I_{CO}) = 2.89, \qquad S(V_{BE}) = -0.2\times10^{-3}, \qquad S(\beta) = 1.445\times10^{-6}$$

그리고 $$\begin{aligned}\Delta I_C &= (2.89)(19.9\text{ nA}) - 0.2\times10^{-3}(-0.17\text{ V}) + 1.445\times10^{-6}(30)\\ &= 57.51\text{ nA} + 34\,\mu\text{A} + 43.4\,\mu\text{A}\\ &= 0.077\text{ mA}\end{aligned}$$

결과적으로 컬렉터 전류는 2.077 mA이다. 이는 대략 2.1 mA로 25°C일 때의 2.0 mA에 비해 별로 변화하지 않음을 알 수 있다. 앞에서 논한 바와 같이 이 회로가 고정 바이어스 회로에 비해 훨씬 안정적임을 보여주고 있다. 이 경우에 $S(\beta)$에 의한 영향은 다른 두 안정도

계수의 영향을 무시할 정도로 크지는 않으며, $S(I_{CO})$, $S(V_{BE})$들과 미치는 영향은 거의 비슷하다. 실제로 더 높은 온도에서 표 4.2의 소자에 대한 $S(I_{CO})$, $S(V_{BE})$의 효과는 $S(\beta)$에 의한 영향보다 크다. 25°C 이하일 때, 부온도(negative temperature) 특성 때문에 I_C는 감소한다.

설계 과정에서 $S(I_{CO})$의 효과는 제조 기술의 발전으로 $I_{CO}=I_{CBO}$ 값이 점점 낮아지고 있기 때문에 주요 관심 대상에서 벗어나고 있다. 하나로 묶여 사용되는 서로 다른 두 트랜지스터에서 I_{CBO}와 V_{BE}값의 변화는 β값의 변화에 비해서 무시될 수 있다. 또한 위 결과를 통해 회로를 안정하게 설계하기 위해서는 다음과 같이 해야 함을 알 수 있다.

> 일반적인 결론:
> **R_B/R_E 또는 R_{Th}/R_E의 비율은 교류 응답을 포함한 모든 측면에서 볼 때 가능한 작게 설계해야 유리하다.**

위 해석에서 어떤 경우 수식이 복잡하여 분명하지 않을지 모르지만, 목적은 트랜지스터의 매개변수와 그들이 회로에 미치는 영향을 알고 좋은 설계를 하기 위한 계수에 대해 살펴보고자 하는 것이다. 앞 절에서는 매개변수값들이 변하지 않는다는 이상적인 경우를 가정하고 해석한 것이다. 이제는 트랜지스터의 매개변수 변화에 따라 회로의 직류 응답이 얼마나 변하는지를 해석할 수 있을 것이다.

4.19 응용

2장의 다이오드와 마찬가지로 BJT의 응용 분야를 모두 다루는 것은 거의 불가능하다. 그러나 BJT 특성의 여러 기능들이 어떻게 응용되는지 몇 개만 소개한다.

BJT 다이오드 사용과 보호기능

어떤 회로도에서는 트랜지스터 3단자를 모두 사용하지 않는 경우들이 있는데, 종종 콜렉터 단자를 이용하지 않는다. 이러한 경우는 트랜지스터로 사용하지 않고 다이오드로 사용하는 것이다. 보통 다이오드로 사용하는 이유는 각각의 부품을 별도로 구매하는 것보다 다량으로 구입하면 단가가 저렴할 뿐만 아니라 집적회로(IC) 내에 제작할 경우에 제조공정이 단순해지기 때문이다. 이와 같이 트랜지스터를 다이오드로 사용하는 경우의 회로가 그림 4.102에 있다. 그림 4.102a는 트랜지스터를 단순한 다이오드로 사용한 경우이고, 그림 4.102b는 기준전압을 만드는 데 사용한 경우이다.

때로는 그림 4.103의 회로와 같이 다이오드가(실제는 트랜지스터) 어떤 소자 양단에 연결되어 사용되는 경우가 있다. 이러한 경우에는 그 소자나 시스템 양단의 전압 크기와 극성이 0.7 V를 초과하지 못하도록 보호기능을 하고 있다. 만일 역으로 전압이 걸린 상황이 되고, 그 사이의 연결된 다이오드 역할을 하는 트랜지스터의 역방향 파괴전압이 충분히 크다고 가정하면 그 회로는 개방회로가 된다.

결국 트랜지스터는 모든 회로에서 증폭기능이나 완충기능을 위해서만 사용되는 것이 아

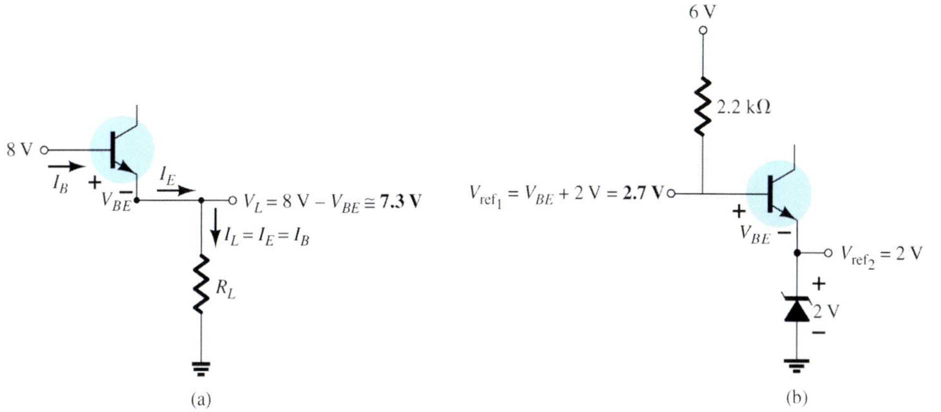

그림 4.102 BJT를 다이오드 사용하는 예: (a) 간단히 저항과 직렬로 연결된 경우; (b) 기준전압을 만드는 경우

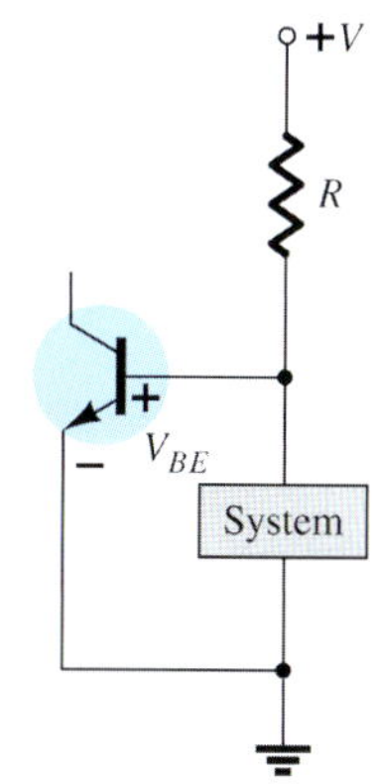

그림 4.103 보호기능을 하는 경우

니다. BJT들의 이러한 기능 이외에도 사용 가능한 응용분야는 많다.

릴레이 구동기

이 응용은 다이오드에서 소개되었던 인덕티브(inductive) 영향을 최소화하는 설계의 연속이라고 할 수 있다. 그림 4.104a에서 트랜지스터는 컬렉터 회로에 있는 릴레이를 구동하는 데 필요한 전류를 공급하기 위해 사용되었다. 트랜지스터의 베이스에 입력이 없을 경우 베이스 전류, 컬렉터 전류, 코일 전류 등은 모두 0 A이다. 그리고 릴레이는 비활성화 상태[개방(normally open, NO)]이다. 그러나 양의 펄스(pulse)가 베이스에 인가되면, 트랜지스터가 켜짐에 따라 전자석 코일을 통해 릴레이를 구동시키기에 충분한 전류가 만들어진다. 문제는 트랜지스터를 꺼서 릴레이를 비활성화하기 위해 베이스에서 신호를 제거할 때 발생할 수 있다. 입력 펄스 공급이 중단되면, 이상적으로는 코일을 통하는 전류와 트랜지스터는 재빨리 끊어지게 되어 릴레이는 비활성화 된다. 그리고 다음 신호가 올 때까지 이 상태를 유지하게 된다. 그러나 기본적인 회로 이론을 통해서 코일을 통해 흐르는 전류는 갑자기 바뀌지 못함을 알고 있다. 실제로 전류의 변화가 빨리 일어날수록, $v_L = L(di_L/dt)$에 의해 정의되는 코일 양단 유도전압이 커진다. 이 경우 코일의 전류가 빠르게 변하면, 그림 4.104a에

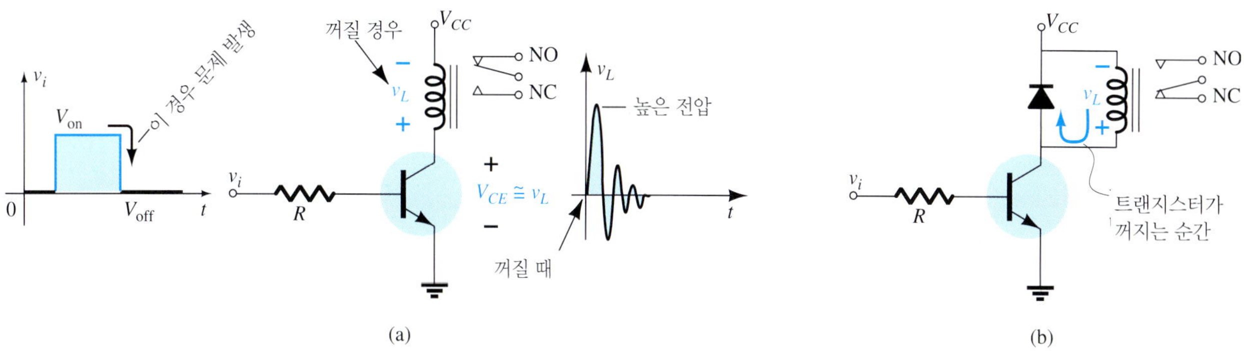

그림 4.104 릴레이 드라이버: (a) 보호소자가 없는 경우; (b) 릴레이 양단에 다이오드가 있는 경우

나타난 것과 같은 극성을 가진 큰 전압이 코일 양단에 발생되므로 트랜지스터 컬렉터 단에 순간적으로 공급전압과 유도전압이 더해진 매우 큰 전압이 나타나게 된다. 이 유도전압의 크기는 트랜지스터의 최대 정격전압을 초과할 수도 있다. 그렇게 되면 반도체 소자는 영구적인 손상을 입게 된다. 코일 양단의 전압은 최고점에 계속 머무르지 않고 시스템이 안정화됨에 따라 0으로 될 때까지 진동하면서 감소한다.

이와 같이 트랜지스터를 파괴할 수 있는 문제를 그림 4.104b에서처럼 코일 양단에 다이오드를 추가함으로써 해결할 수 있다. 트랜지스터가 켜져 있는 동안 다이오드는 역방향 바이어스 상태이고, 이때 다이오드는 개방회로이므로 영향을 주지 않는다. 그러나 트랜지스터가 꺼지는 순간에 코일 양단전압은 반대가 되고 다이오드는 순방향 바이어스가 되어 켜진 상태가 된다. 이렇게 잠시 트랜지스터가 켜져 있는 동안은 코일을 통해 형성된 전류는 다이오드를 통해서 계속 흐를 수 있다. 따라서 전류량에 심한 변화는 발생하지 않는다. 트랜지스터가 꺼지고 나서 인덕티브(inductive) 전류는 대부분 다이오드를 통해 흐르기 때문에 인덕터(inductor)에 흐르는 전류에 맞는 정격 전류를 가진 다이오드를 사용하여야 한다. 마찬가지로 트랜지스터가 켜진 경우, 충분한 전류를 흘릴 수 있는 트랜지스터를 사용하여야 한다. 사실 다이오드와 코일이 이루는 폐경로에는 코일 권선과 다이오드의 저항 성분 때문에 유도된 전압의 고주파(빠른 진동) 성분은 결국 0이 되어 시스템은 안정화된다.

전등 제어

그림 4.105a에서는 트랜지스터가 컬렉터에 있는 전구의 점멸을 제어하기 위한 스위치로 사용되었다. 스위치가 켜져 있는 상태에서는 트랜지스터의 베이스-에미터 전압이 0.7 V가 되는 고정 바이어스 상황이 된다. 그리고 베이스 전류는 저항 R_1과 트랜지스터의 입력 임피던스에 의해 제어된다. 그러면 전구를 통해 흐르는 전류는 베이스 전류의 β배가 되고 전구는 켜진다. 그러나 전구가 처음에 잠시 켜지지 않은 경우 문제가 발생한다. 전구가 완전히 켜진다는 것은 전구의 저항에서 에너지 변환이 일어나 밝게 전구를 밝히지만, 처음에는 저항이 대단히 작다. 이런 경우 순간적으로 컬렉터 전류가 대단히 커서 결국 시간이 지나면 전구와 트랜지스터를 손상시킨다. 그림 4.105b에 동일한 회로에서 전구가 차가운 경우와 뜨거운 경우의 열저항에 대한 부하선을 나타내었다. 비록 베이스 전류는 베이스 저항 회로

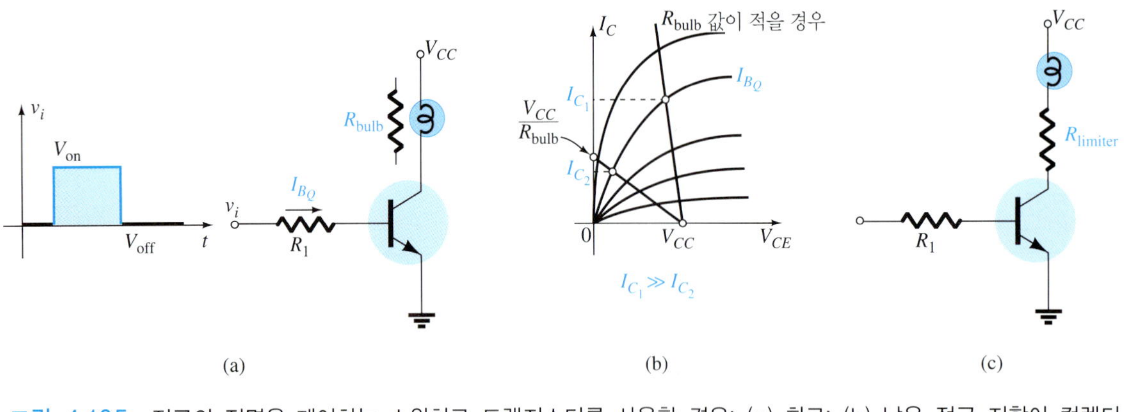

그림 4.105 전구의 점멸을 제어하는 스위치로 트랜지스터를 사용한 경우: (a) 회로; (b) 낮은 전구 저항이 컬렉터 전류에 미치는 영향; (c) 제한용 저항

에 의해 정해진다고 하더라도 차가운 상태의 전구에 대해서 더 큰 전류가 흐르는 것을 부하선과의 교차점을 통해서 알 수 있다. 켜지는 순간의 전류 크기에 대한 문제는 그림 4.105c에서처럼 작은 저항을 전구와 직렬로 연결함으로써 쉽게 해결할 수 있다. 추가 저항에 의해서 전구가 처음 켜질 때 발생하는 과전류(surge)를 제한할 수 있다.

고정 전류원

트랜지스터의 특징을 그림 4.106a와 같다고 가정하면(일정한 베타), 그림 4.106b와 같은 간단한 트랜지스터 회로구성으로 전류원을 만들 수 있다. 이는 부하저항에 상관없이 컬렉터 전류 혹은 부하 전류는 그림 4.106c에서와 같이 일정하게 유지되기 때문이다. 베이스 전류가 고정이면 부하선이 어디에 있든지 컬렉터 전류는 동일하게 유지된다. 다르게 표현하면 컬렉터 전류는 컬렉터에 연결된 부하와 무관하기 때문에 완벽한 전류원이 된다. 그러나 실제 회로는 그림 4.106b와 같이 구성되면 베이스 전류가 일정하게 유지된다고 하여도, 부하선의 변화에 따라 변하는 β는 일정하지 않다. 따라서 $I_C = I_L$도 변한다. 이는 좋은 전류원의 특성이 아니다. 그러나 전압 분배기 구조의 바이어스는 β에 대하여 민감도가 적다는 것을 알고 있다. 따라서 이러한 바이어스 구조를 사용한다면 근사적인 전류원을 만들 수 있다. 만약 바이어스를 그림 4.107에 제시된 것과 같은 구조를 사용한다면 작동점에서 부하 변화에 따른 민감도는 훨씬 줄어들고, 컬렉터에 연결된 부하저항의 변화에 대한 컬렉터 전류는 거의 일정하게 유지된다. 실제로 에미터 전압은 다음과 같이 정해진다.

$$V_E = V_B - 0.7\text{ V}$$

그리고 컬렉터 전류 혹은 부하 전류는 다음과 같이 정해진다.

$$I_C \cong I_E = \frac{V_E}{R_E} = \frac{V_B - 0.7\,V}{R_E}$$

그림 4.107의 회로를 사용하였을 경우 향상된 안정성은 여러 방법으로 I_C를 증가시키도록 시도하는 것으로 확인할 수 있다. 그 결과는 $I_E = I_C$ 역시 증가하고 따라서 $V_{R_E} = I_E R_E$ 역시 증가한다. 그러나 V_B가 고정되어 있다고 가정하면(이 값은 2개의 고정 저항과 전압원에

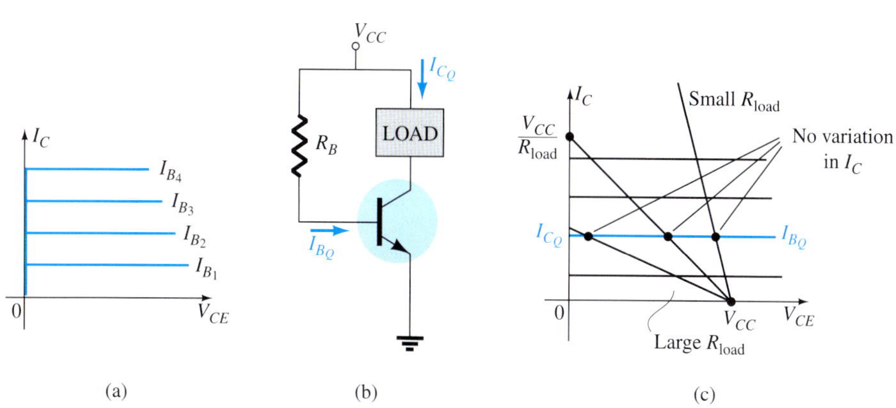

그림 4.106 이상적인 BJT 특성을 가정하여 구성한 고정 전류원: (a) 이상적인 특성 곡선; (b) 회로 구성; (c) I_C가 일정하게 유지되는 이유

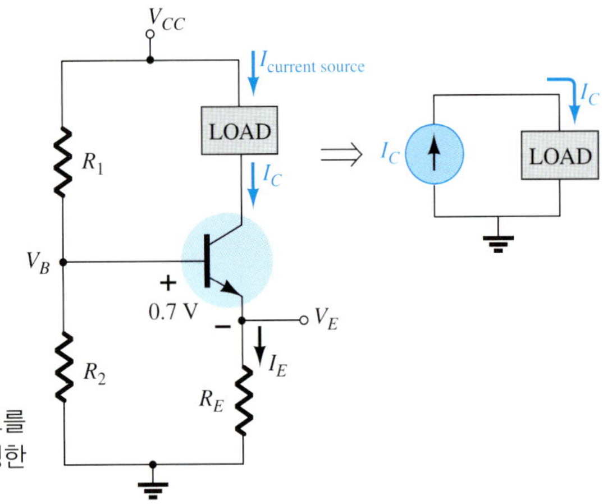

그림 4.107 β 변화에 대한 민감도를 줄여서 거의 일정한 전류원을 구성한 회로

의해 결정되기 때문에 타당하다), 베이스-에미터 전압 $V_{BE}=V_B-V_{R_E}$는 감소한다. V_{BE} 감소는 I_B를 줄이고, 이는 이어서 $I_C(=\beta I_B)$도 감소시킨다. 결국 I_C가 증가하려고 하는 경우 이를 억제하여 시스템이 안정적으로 동작하도록 한다.

CCS를 사용한 경보 시스템

앞에서 설명한 고정 전류원을 사용한 경보 시스템을 그림 4.108에 제시하였다. $\beta R_E=(100)(1\ \text{k}\Omega)=100\ \text{k}\Omega$는 R_1에 비해 훨씬 크기 때문에 다음과 같이 근사적으로 처리하여 V_{R_1}을 구할 수 있다.

$$V_{R_1} = \frac{2\ \text{k}\Omega(16\ \text{V})}{2\ \text{k}\Omega + 4.7\ \text{k}\Omega} = 4.78\ \text{V}$$

그리고 R_E 양단의 전압은 다음과 같다.

$$V_{R_E} = V_{R_1} - 0.7\ \text{V} = 4.78\ \text{V} - 0.7\ \text{V} = 4.08\ \text{V}$$

마지막으로 에미터와 컬렉터 전류는 다음과 같다.(역자주: n형인 V_{R_1}=4.78 V이고 p형인

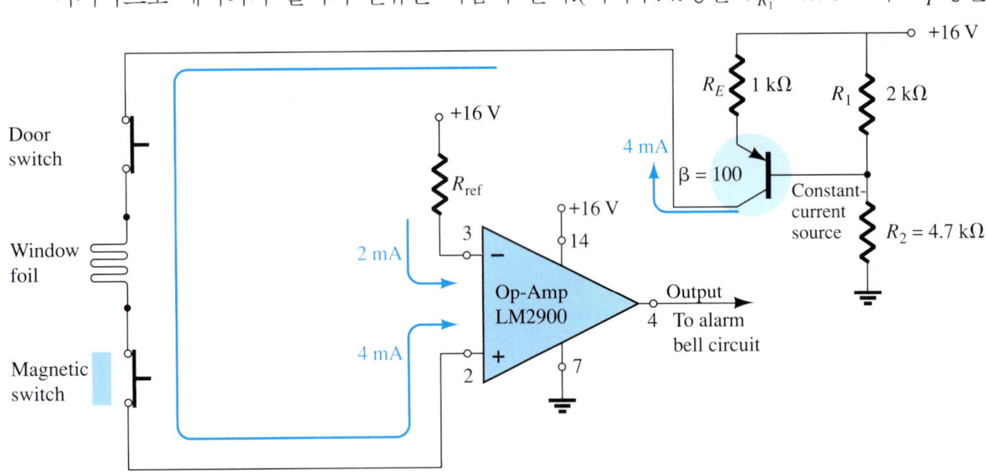

그림 4.108 고정 전류원과 op-amp 비교기를 사용한 경보 시스템

V_{RE}=4.78 V가 되는 이유는 공급전압 +16 V를 기준으로 하여 계산하기 때문이다)

$$I_E = \frac{V_{R_E}}{R_E} = \frac{4.08\text{ V}}{1\text{ k}\Omega} = 4.08\text{ mA} \cong 4\text{ mA} = I_C$$

컬렉터 전류는 회로를 통과하는 전류이기 때문에 부하에서 발생하는 작은 변화에 대해 4 mA 전류는 거의 일정하게 유지된다. 전류는 직렬로 연결된 센서 소자를 통과하여 2 mA와 4 mA를 비교하도록 설계된 연산 증폭기(operational amplifier, op-amp)로 들어간다(op-amp가 생소한 소자일지 모르지만, 이에 대해서는 10장에서 자세히 다루게 된다. 이번 응용에서 op-amp의 자세한 동작을 알 필요는 없다).

그림 4.108의 op-amp LM2900은 그림 4.109a에 제시된 dual-in-line IC 패키지(package)에 있는 네 개 중의 하나이다. 그림 4.108의 회로를 설계하기 위해서 2, 3, 4, 7, 14번 핀을 사용한다. 그림 4.109b에 있는 소자들은 앞에서 언급한 이상적인 op-amp의 특성을 만들기 위해 필요한 소자일 뿐으로, 내부 회로에 대한 자세한 설명은 나중으로 미루도록 한다. op-amp의 3번 단자에 인가되는 2 mA는 기준 전류로 op-amp의 반전 입력 단자에서 16 V 전원과 R_{ref}에 의해 형성된다. 2 mA 전류는 회로의 4 mA와 비교하기 위해 필요하다. op-amp 비반전 입력으로의 4 mA가 일정하게 유지될 때까지는 op-amp는 'high' 출력전

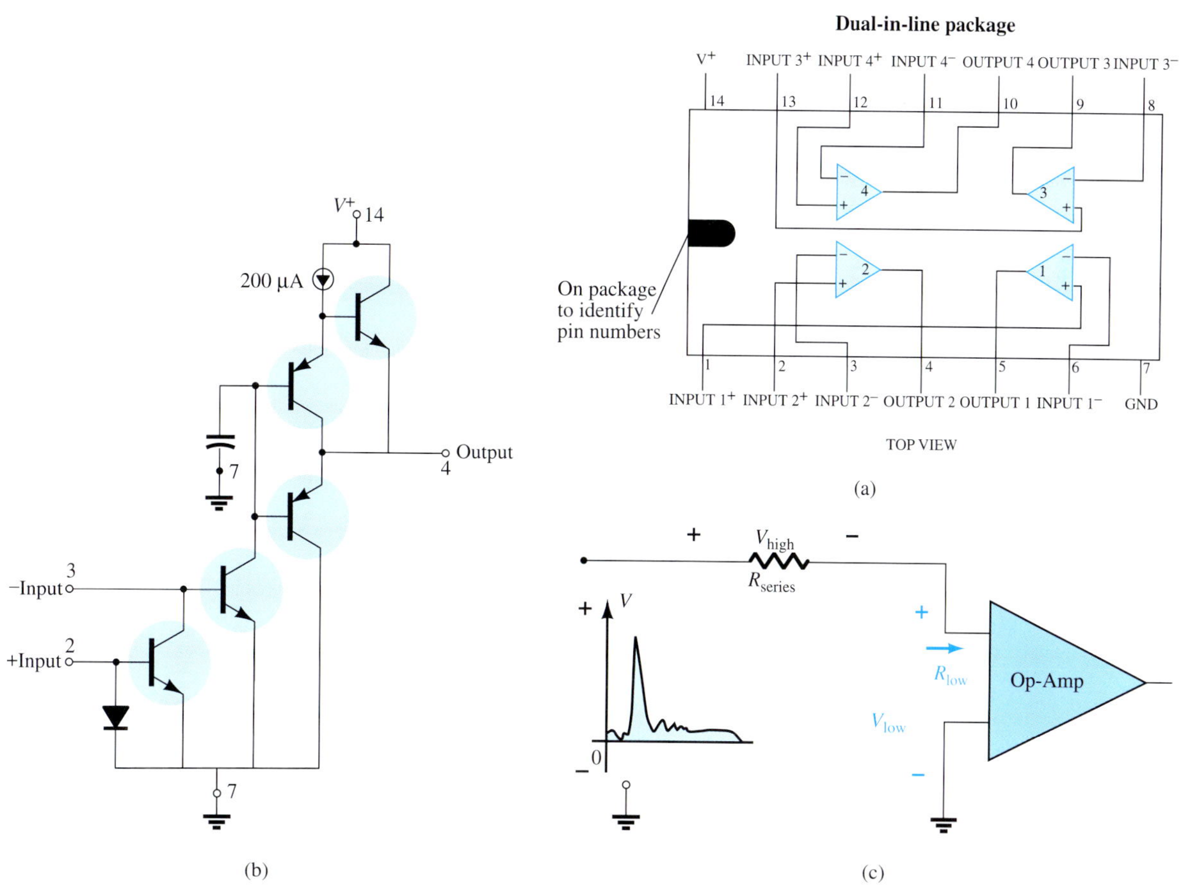

그림 4.109 LM2900 연산 증폭기(op-amp): (a) dual-in-line(DIP) 패키지; (b) 전자 부품들; (c) 낮은 입력 임피던스의 영향

압을 제공한다. 이는 13.5 V를 넘고 일반적으로 14.2 V정도이다(op-amp의 규격표 참조). 그러나 센서 전류가 4 mA에서 2 mA 이하로 떨어지게 되면, op-amp 출력은 일반적으로 약 0.1 V 정도의 'low' 출력을 제공한다. 그러면 op-amp 출력은 장애가 있다는 것을 경고회로에 알려주게 된다. 여기에서 경고회로에 동작을 알리기 위해 센서 전류가 항상 0 mA로 떨어질 필요는 없다. 단지 비정상으로 보이는 기준값 주위에서의 움직임이면 충분하다.

이러한 op-amp의 매우 중요한 특성 중 하나는 그림 4.109c에 나타낸 바와 같이 낮은 입력 임피던스이다. 경고 시스템이 갑작스런 전압 변화인 스파이크(spike) 혹은 외부의 스위칭 동작이나 번개와 같은 외부 교란에 의해 발생하는 경우에 반응하지 않으려면 낮은 입력 임피던스 특징이 중요하다. 예를 들어 그림 4.109c에서 만약 스파이크 같은 높은 전압이 저항과 직렬로 연결된 op-amp에 입력되면, 대부분의 전압은 op-amp가 아니라 직렬저항 양단에 걸릴 것이다. 따라서 이와 같이 잘못된 입력은 op-amp에 거의 나타나지 않게 되어 오작동을 막는다.

논리 게이트

지금까지 소개한 트랜지스터들의 응용만으로도 이렇게 많이 이용될 수 있다는 사실에 놀랄 것이다. 트랜지스터를 이제 배우기 시작한 대부분의 학생들은 트랜지스터가 주로 교류 증폭기로 사용된다고만 알고 있을 것이다. 사실 대부분의 전기 소자는 직류와 교류 양쪽에서 다양하게 응용될 수 있다.

이번 응용은 트랜지스터의 컬렉터-에미터 임피던스가 포화 상태 혹은 거의 포화에 가까운 상태에서는 매우 낮고, 차단 상태나 거의 차단에 가까운 상태에서는 크다는 사실을 이용하는 것이다. 포화 상태는 그림 4.110에서 나타낸 바와 같이 전류는 매우 크고, 컬렉터-에미터 전압은 매우 낮은 점에서의 부하선이 결정된다. 그때 저항은 $R_{\text{sat}} = \dfrac{V_{CE_{\text{sat}}(\text{low})}}{I_{C_{\text{sat}}(\text{high})}}$로 매우 낮아서 거의 단락회로로 간주하기도 한다. 차단 상태에서는 그림 4.110에서 나타낸 바와 같이 전류는 비교적 작고 전압은 최대값 근처이다. 따라서 컬렉터와 에미터 사이의 임피던스는 매우 높고 종종 개방회로로 간주한다.

이렇게 만들어지는 임피던스는 그림 4.111의 논리 게이트 회로에서는 트랜지스터를 'on'과 'off'로 동작시킨다고 보면 이해하기 쉽다. 각 게이트에는 두 개의 입력이 있기 때

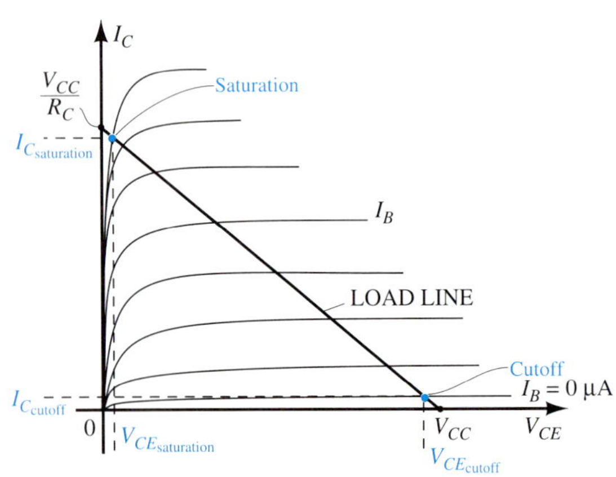

그림 4.110 BJT 논리 게이트 작동점

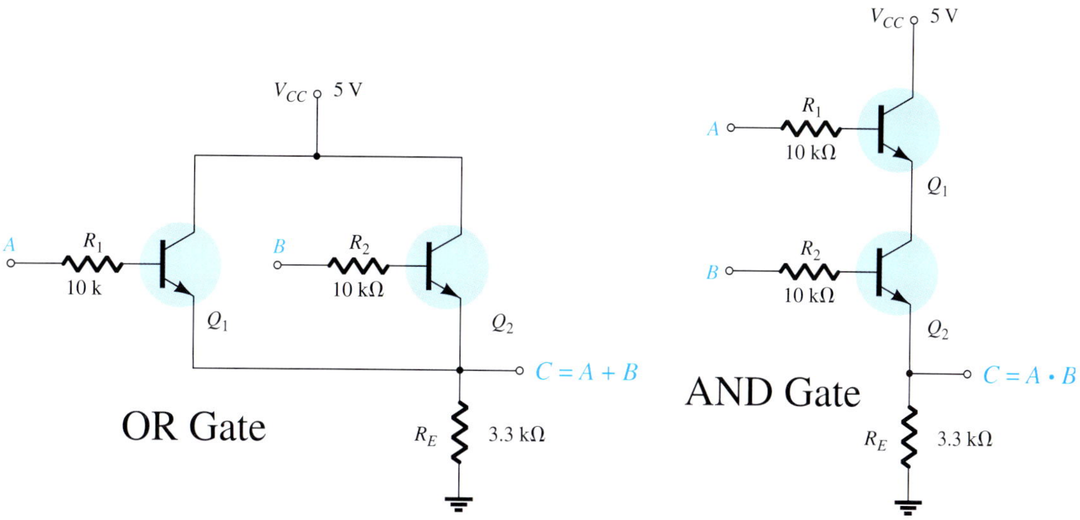

A	B	C
0	0	0
0	1	1
1	0	1
1	1	1

1 = high
0 = low

(a)

A	B	C
0	0	0
0	1	0
1	0	0
1	1	1

(b)

그림 4.111 BJT 논리 게이트: (a) OR; (b) AND

문에 트랜지스터의 입력에는 네 가지의 전압 조합이 있을 수 있다. 1 혹은 'on' 상태는 트랜지스터를 켜기 위해 높은 전압이 베이스에 걸리는 것을 의미한다. 반면 0 혹은 'off' 상태는 베이스에 0 V가 걸려서 트랜지스터가 꺼지는 것을 의미한다. 만약 그림 4.111a의 OR 게이트의 A와 B 모두가 낮은 0 V 입력전압이 인가된다면, 두 트랜지스터는 꺼지고 각 트랜지스터의 컬렉터와 에미터 사이는 개방회로로 간주할 수 있다. 만약 두 트랜지스터의 컬렉터와 에미터 사이를 개방회로로 대체하면 공급전압 5 V와 출력 C 사이에는 어떤 연결도 존재하지 않게 된다. 그 결과 트랜지스터와 3.3 kΩ 저항에는 전류가 흐르지 않는다. 그러므로 출력전압은 0 V 또는 'low' (=0) 상태가 된다. 반대로 Q_1의 베이스에는 양의 전압이 공급되고, Q_2의 베이스에는 0 V가 인가되면, Q_1 트랜지스터는 켜지고 Q_2 트랜지스터는 꺼지게 되어 Q_1의 컬렉터와 에미터 사이는 단락회로로 생각할 수 있다. 그러면 출력전압은 5 V 혹은 'high' (=1) 상태가 된다. 마지막으로 두 트랜지스터의 베이스에 양의 전압이 걸리면 Q_1과 Q_2가 모두 켜지게 된다. 그러면 두 트랜지스터 출력전압은 5 V 혹은 'high' (=1) 상태가 된다. 따라서 OR 게이트 동작은 다음과 같이 정의할 수 있다: 두 입력 중 하나 혹은 두 입력에 전압이 인가되면 출력은 'on' (=1) 상태가 된다. 0 상태는 두 입력 모두가 1의 상태가 아닌 경우에만 출력된다.

그림 4.111b의 AND 게이트는 두 입력 모두에 전압이 인가된 경우에만 출력이 'high'가 된다. 두 입력이 모두 'on' 상태가 되면 각 트랜지스터의 컬렉터와 에미터 사이는 단락회로

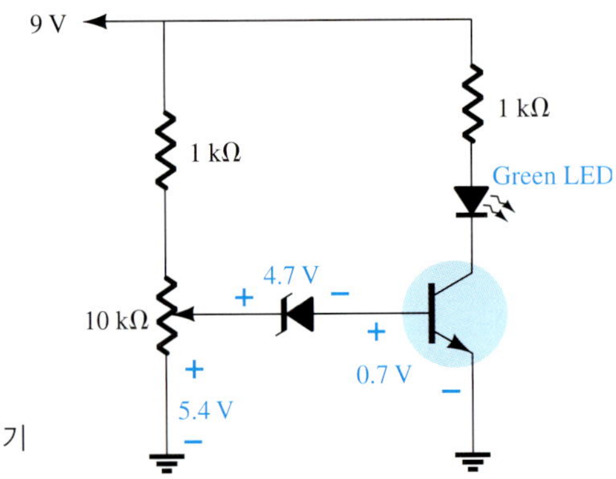

그림 4.112 전압값 지시기

로 볼 수 있다. 그러면 5 V 전원과 출력 사이에 전류가 흐르는 직접적인 경로가 형성된다. 따라서 출력에 high 혹은 1 상태가 만들어진다. 만약 하나 혹은 두 트랜지스터의 입력에 0 V가 인가되면 그에 해당하는 트랜지스터는 'off'가 되어 5 V 전원과 출력 사이 직렬회로가 개방되어 출력전압이 0 V 혹은 'off' 상태가 된다.

전압값 지시기

이 절에서 설명할 마지막 응용은 전압값(voltage level) 지시기이다. 이번의 응용회로에서는 지금까지 설명한 세 가지 부품인 트랜지스터, 제너 다이오드, LED를 모두 사용한다. 전압값 지시기는 공급전원이 감시하려는 값인 9 V에 가까워지면, 녹색 LED를 구동시키는 비교적 간단한 회로이다. 그림 4.112에서 가변 저항은 그림에 표시된 지점의 전압이 5.4 V가 되도록 설정한다. 이는 4.7 V 제너 다이오드와 트랜지스터 모두를 켜기에 충분한 전압이다. 그리고 이때 LED를 통해 흐르는 컬렉터 전류는 녹색 LED를 켜기에 충분한 양이 된다.

일단 가변 저항을 설정하면, LED는 공급전원의 전압이 9 V에 가까워질 때까지 녹색 빛을 낸다. 그러나 9 V 전원의 단자 전압이 감소하면 전압 분배기 회로에 의해 결정되는 전압은 5.4 V에서 5 V로 떨어진다. 5 V는 제너 다이오드와 트랜지스터를 모두 동작시키기에는 부족한 전압으로 그 결과 트랜지스터는 꺼진다. 이어서 LED는 바로 꺼지고 이는 공급전압이 9 V 이하로 떨어졌거나 전원이 끊어졌다는 것을 의미하는 것이다.

4.20 요약

중요 결론 및 개념

1. 트랜지스터를 어떤 회로에 사용하던지 전류 사이의 관계는 **항상 동일**하다. 그리고 트랜지스터가 구동되었다면(on), 베이스-에미터 전압은 **문턱값**(threshold value)이다.
2. 작동점이란 트랜지스터의 특성 곡선 위에서 직류가 작동하는 고정점을 의미한다. 선형(최소 왜곡) 증폭의 경우, 직류 동작점이 최대 정격 전력, 혹은 최대 정격전압 및 최대 정격전류에 너무 가까우면 안 된다. 그리고 또한 포화와 차단 영역은 피해야 한다.

3. 대부분 회로에서 **베이스 전류**를 결정하는 것으로 **직류 해석**이 시작된다.
4. 트랜지스터 회로의 직류 해석에서 모든 커패시터는 **개방된 등가회로**로 대체한다.
5. 고정 바이어스 구조는 트랜지스터에 바이어스를 공급하는 가장 간단한 구조이다. 그러나 이는 작동점에서 **β에 대한 민감도** 때문에 매우 불안정하다.
6. 트랜지스터의 컬렉터와 에미터 단자 사이에 **가상의 단락회로**로 생각하면 어떤 구조에서든 트랜지스터의 포화(최대) 컬렉터 전류를 쉽게 구할 수 있다.
7. **키르히호프의 전압 법칙**을 출력 혹은 컬렉터 회로에 적용하면, 트랜지스터 회로의 부하선에 대한 식을 얻을 수 있다. 소자의 특성 곡선에서 베이스 전류와 부하선의 **교점**을 구하면 Q점을 결정할 수 있다.
8. 에미터 안정화 바이어스 구조는 β 변화에 대해 비교적 덜 민감하여 안정적이다. 그러나 에미터에 연결된 저항은 트랜지스터의 베이스에서 보면 훨씬 **큰 저항**으로 보임을 명심해야 한다. 이 때문에 베이스 전류가 줄어든다고 보면 된다.
9. 전압 분배 바이어스 구조는 가장 일반적인 바이어스 구조이다. 같이 제조된 트랜지스터라고 하여도 β는 동일하지 않고 **다소** 변한다. 그러므로 같은 번호의 제품이라고 하여도 β는 다소 다르기 때문에 β의 변화에 민감도가 낮은 바이어스가 좋은데 전압 분배 바이어스가 제일 안정적이기 때문에 널리 사용된다. 모든 바이어스 회로 구조에서 정확하게 회로 해석을 할 수 있다. 하지만 전압 분배기 구조에서 트랜지스터의 베이스로 연결된 저항 중 아래쪽에 있는 저항보다 베이스에서 보이는 에미터 저항이 **훨씬 큰** 경우에는 근사식을 적용한다.
10. 전압 피드백(귀환) 구조에서 직류 바이어스를 해석할 때는 에미터 저항과 컬렉터 저항 모두가 β 만큼 베이스 회로에 반영된다는 것을 명심해야 한다. 베이스에서 보이는 에미터와 컬렉터 저항이 베이스와 컬렉터 사이의 피드백 저항보다 훨씬 큰 경우에 β에 대한 민감도가 최소가 된다.
11. 보통 공통 베이스 구조에서 동일한 경로에 베이스-에미터 연결이 있기 때문에 **에미터 전류를 가장 먼저 구한다**. 그 후에 에미터와 컬렉터 전류는 본질적으로 동일한 크기를 가진다는 사실을 이용한다.
12. 직류 트랜지스터 회로를 해석하는 데 사용되는 과정을 정확히 이해하면 큰 어려움 없이 회로를 설계할 수 있다. **단순히 미지수의 수를 최소화**하는 관계식에서 시작해서 회로의 미지 요소에 대한 결정을 해간다.
13. 스위칭 회로에서 트랜지스터는 **포화에서 차단 혹은 그 반대로** 빠르게 움직인다. 본질적으로 컬렉터와 에미터 사이의 임피던스는 포화 상태인 경우 단락회로로, 차단 상태인 경우 개방회로로 근사할 수 있다.
14. 트랜지스터 회로의 직류 동작을 확인할 때에는 가장 먼저 베이스-에미터 전압이 **0.7 V**에 가까운지, 그리고 컬렉터-에미터 전압이 **공급전원 V_{CC}의 25~75%** 사이에 있는지를 검사한다.
15. *pnp* 회로 해석은 전류의 방향이 **반대**이고 전압의 극성이 반대라는 것을 제외하면 *npn* 트랜지스터에 적용하는 해석과 **정확히** 동일하다.
16. β는 **온도**에 대단히 민감하다. 그리고 온도가 1°C 증가할 때마다 V_{BE}는 약 2.5 mV

(0.0025 V) 정도 **감소**한다. 역포화 전류는 10°C 증가할 때마다 일반적으로 **2배**가 된다.

17. **가장 안정적**이고 온도 변화에 가장 민감도가 작은 회로는 **가장 작은 안정도 계수**를 갖는다.

주요 공식

$$V_{BE} = 0.7\text{ V}, \qquad I_E = (\beta + 1)I_B \cong I_C, \qquad I_C = \beta I_B$$

고정 바이어스:

$$I_B = \frac{V_{CC} - V_{BE}}{R_B}, \qquad I_C = \beta I_B$$

에미터 안정화 바이어스:

$$I_B = \frac{V_{CC} - V_{BE}}{R_B + (\beta + 1)R_E}, \qquad R_i = (\beta + 1)R_E$$

전압 분배 바이어스

정확한 식: $R_{\text{Th}} = R_1 \| R_2$, $\quad E_{\text{Th}} = V_{R_2} = \dfrac{R_2 V_{CC}}{R_1 + R_2}$, $\quad I_B = \dfrac{E_{\text{Th}} - V_{BE}}{R_{\text{Th}} + (\beta + 1)R_E}$

근사식: $\beta R_E \geq 10R_2$ 조건

$$V_B = \frac{R_2 V_{CC}}{R_1 + R_2}, \qquad V_E = V_B - V_{BE}, \qquad I_E = \frac{V_E}{R_E} \cong I_C$$

전압 귀환을 사용한 직류 바이어스:

$$I_B = \frac{V_{CC} - V_{BE}}{R_B + \beta(R_C + R_E)}, \qquad I'_C \cong I_C \cong I_E$$

공통 베이스:

$$I_E = \frac{V_{EE} - V_{BE}}{R_E}, \qquad I_C \cong I_E$$

트랜지스터 스위칭 회로:

$$I_{C_{\text{sat}}} = \frac{V_{CC}}{R_C}, \qquad I_B > \frac{I_{C_{\text{sat}}}}{\beta_{\text{dc}}}, \qquad R_{\text{sat}} = \frac{V_{CE_{\text{sat}}}}{I_{C_{\text{sat}}}},$$

$$t_{\text{on}} = t_r + t_d, \qquad t_{\text{off}} = t_s + t_f$$

안정화 계수:

$$S(I_{CO}) = \frac{\Delta I_C}{\Delta I_{CO}}, \qquad S(V_{BE}) = \frac{\Delta I_C}{\Delta V_{BE}}, \qquad S(\beta) = \frac{\Delta I_C}{\Delta \beta}$$

$S(I_{CO})$:

$$\text{고정 바이어스:}\ S(I_{CO}) \cong \beta$$

$$\text{에미터 바이어스:}\ S(I_{CO}) = \frac{\beta(1 + R_B/R_E)^*}{\beta + R_B/R_E}$$

*전압 분배 바이어스: 위 식에서 R_B를 R_{Th}로 바꾼다.
*피드백(귀환) 바이어스: 위 식에서 R_E를 R_C로 바꾼다.

$S(V_{BE})$:

$$\text{고정 바이어스:}\ S(V_{BE}) = -\frac{\beta}{R_B}$$

$$\text{에미터 바이어스:}\ S(V_{BE}) = \frac{-\beta/R_E{}^{\dagger}}{\beta + R_B/R_E}$$

†전압 분배 바이어스: 위 식에서 R_B를 R_{Th}로 바꾼다.
†피드백(귀환) 바이어스: 위 식에서 R_E를 R_C로 바꾼다.

$S(\beta)$:

$$\text{고정 바이어스:}\ S(\beta) = \frac{I_{C_1}}{\beta_1}$$

$$\text{에미터 바이어스:}\ S(\beta) = \frac{I_{C_1}(1 + R_B/R_E)^{\ddagger}}{\beta_1(1 + \beta_2 + R_B/R_E)}$$

‡전압 분배 바이어스: 위 식에서 R_B를 R_{Th}로 바꾼다.
‡피드백(귀환) 바이어스: 위 식에서 R_E를 R_C로 바꾼다.

4.21 컴퓨터 해석

Cadence OrCAD

전압 분배기 회로 예제 4.8의 결과를 Cadence OrCAD를 이용하여 얻을 수 있다. 앞장에서 설명한 순서를 따라 그림 4.113에 있는 회로를 구성할 수 있다. 트랜지스터는 **EVAL** 라이브러리에서 찾을 수 있고, 직류 전원은 **SOURCE** 라이브러리에서 불러올 수 있으며, 저항은 **ANALOG** 라이브러리에서 불러올 수 있다. 커패시터는 앞에서는 사용하지 않아 불러오지 않았지만 역시 **ANALOG** 라이브러리에서 불러올 수 있다. 트랜지스터는 트랜지스터들의 목록이 있는 **EVAL**에서 불러올 수 있다.

예제 4.8에 맞게 β값을 140으로 바꿔주기 위해서 화면의 트랜지스터를 선택한다. 사용할 수 있는 상태가 되었다는 것은 상자가 붉은 색으로 변하는 것을 보면 알 수 있다. 다음에 **Edit-PSpics Model**로 가면, 트랜지스터의 β인 **Bf**를 **140**으로 바꾸어 줄 수 있는 **PSpice Model Editor Demo** 창이 나타난다. 이 대화창을 닫으려면, **Model Editor/16.3** 대화창이 나타나 수정된 값을 라이브러리에 저장할 것인가를 묻는다. 일단 저장되면 자동적으로 β는

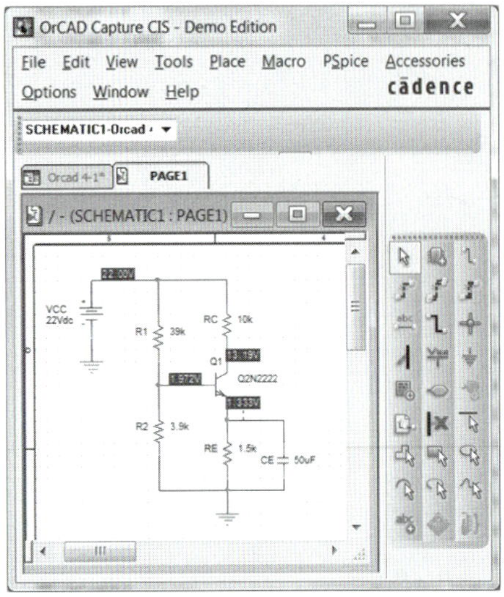

그림 4.113 Pspice로 윈도우로 그린 예제 4.8의 전압 분배기 회로

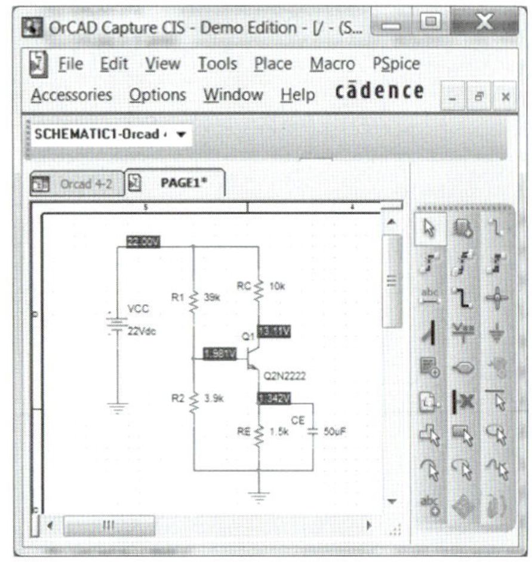

그림 4.114 그림 4.113 회로에서 β를 140에서 255.9로 수정한 후에 결과

새로 저장된 값으로 처리된다.

회로를 시뮬레이션하기 위하여 **New Simulation** 대화창을 부르려면 **New simulation profile**(왼쪽 위에 별표를 갖고 있는 프린트처럼 생긴)을 선택한다. 그림 4.113을 완성하고 **Create**를 선택하라. **Analysis Type** 아래 **Bias Point**가 선택된 채로 **Simulation Settings** 대화창이 뜰 것이다. **OK**를 누르면 시스템이 시뮬레이션할 준비를 할 것이다.

Run PSpice(녹색 바탕에 하얀 화살표)를 선택하거나 **PSpice-Run**의 순서로 실행한다. 만약 **V**를 선택한다면, 그림 4.113의 바이어스 전압이 나타날 것이다. 컬렉터-에미터 전압이 13.19 V − 1.333 V = 11.857 V가 나온다. 예제 4.8에서 나온 12.22 V와의 차이는 작동점이 온도에 민감한 실제 매개변수를 사용했기 때문이다. 또한 규격표의 β값과 앞장에서 구한 그림의 β값의 차이로 인해 결과값이 다를 수 있다.

전압 분배 바이어스 회로는 베타의 변화에 민감하지 않으므로, 사양서에 있는 기본값인 255.9로 바꾸고 그 결과를 살펴보자. 이 결과가 그림 4.114에 출력되어 있는데, 그림 4.113에 있는 값과 별 차이가 없음을 알 수 있다.

회로의 구성을 메모리에 기억하게 하면 장점이 있다. 어떤 소자의 값이나 변수들을 쉽게 변경할 수 있으므로 곧바로 새로운 값으로 시뮬레이션을 할 수 있다. 이런 기능은 설계를 하는데 편리하다.

고정 바이어스 회로 전압 분배 바이어스 회로는 베타의 변화에 민감하지 않지만, 고정 바이어스 회로는 베타값에 크게 의존한다. 고정 바이어스의 경우를 알아보기 위하여 예제 4.1에서 소개한 회로에 베타를 50으로 설정하자. 그림 4.115에 제시된 값으로는 상당히 괜찮은 결과를 얻을 수 있다. 컬렉터와 에미터 사이의 전압은 공급전압에 비하여 적당한 값이고, 베이스와 컬렉터 전류 또한 크게 문제가 없다.

이제 트랜지스터의 베타를 규격표에 있는 기본값인 255.9로 변경하자. 그 결과가 그림

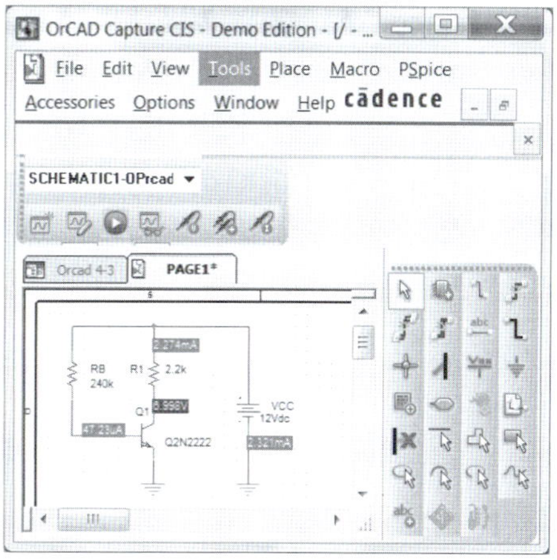

그림 4.115 β가 50인 고정 바이어스 회로

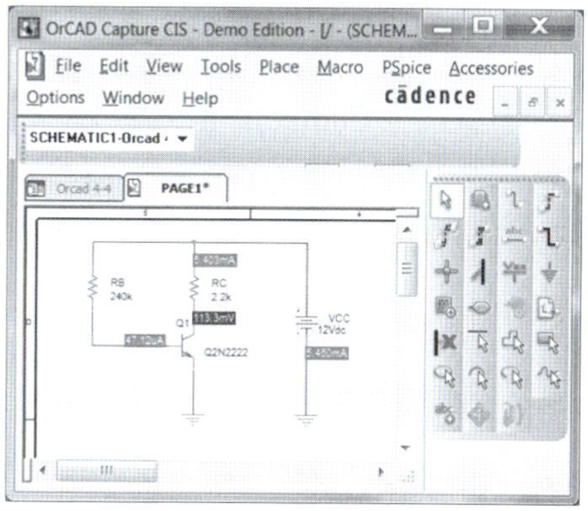

그림 4.116 β가 255.9인 고정 바이어스 회로

4.116에 나타나 있다. 이 경우에 컬렉터 전압은 0.113 V이고, 전류는 5.4 mA이다. 이는 결국 트랜지스터가 포화 상태에 있다는 것이므로 입력된 교류 신호는 출력에 나타날 때 잘려 나가는 왜곡현상이 발생한다.

그러므로, 앞의 2가지 해석에서 알 수 있듯이 전압 분배기 회로가 베타의 변화에 덜 민감하므로 선호되는 회로이다.

Multisim

트랜지스터의 내부 선택사항이 Multisim 프로그램 내부에서 어떤 영향을 미치는지 알아보고, 또한 손으로 계산한 값과는 얼마나 차이가 나는지를 비교하기 위하여 예제 4.4의 고정 바이어스 회로를 Multisim으로 해석하려고 한다.

그림 4.117에 있는 회로 중에 트랜지스터만을 제외하고는 2장에서 설명한 방법으로 나머지 부품들을 작성할 수 있을 것이다. 트랜지스터는 **Transistor**라는 키패드(key pad)을

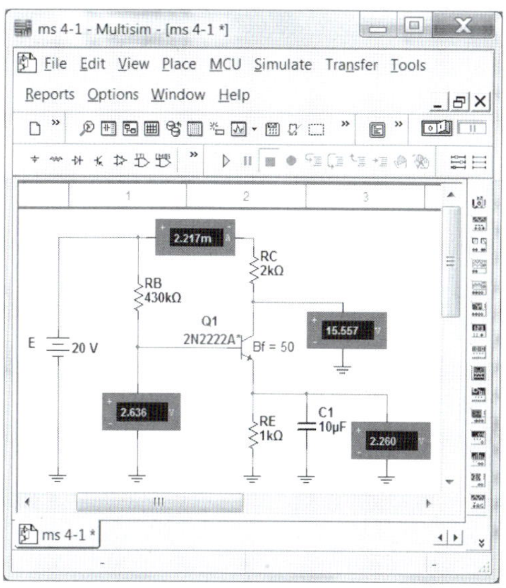

그림 4.117 Multisim을 이용한 예제 4.4의 결과 검증

이용하여 불러올 수 있는데, 이 key pad란 각 부품들의 모양으로 나타나 있는 것으로 화면의 왼쪽에 첫 번째 수직형태로 된 **Component** toolbar(도구모음)에서 네 번째 아래에 있다. 이를 선택하면 **Select a Component**라는 대화상자가 나타난다. 여기서 **BJT_NPN**을 고른다. 그러면 **Component** 목록이 나타나는데, **2N222A**를 고른다. 다음에 **OK**를 하면, 화면에 트랜지스터가 **Q1**과 **2N222A**라는 이름으로 등록된다. 이 트랜지스터에 **Bf=50**이라는 정보를 나타내는 이름을 붙일 수 있는데, 방법은 화면 맨 위에 있는 toolbar에서 **Place**를 먼저 고른 다음에 **Text** 선택사양을 고른다. 그러면 깜빡거리는 수직선이 나타나 이름을 붙일 위치를 알려준다. 여기서 **Bf=50**이란 정보를 입력하고 두 번 마우스를 연달아 누르면(더블 클릭) 이름이 설정된다. 그림 4.117에 나타난 위치와 같은 곳에 이름을 이동하여 배치하려면, 그 주위에 있는 4개의 조그만 사각형을 찾기 위해 단순히 그 이름을 선택한다. 선택한 후에 그 상자를 끌어 원하는 위치로 이동하고, 다음에 누른 마우스를 놓으면 배치된다. 다시 선택하면 4개의 조그만 표시가 없어질 것이다.

그 이름이 **Bf=50**이라고 하여도, 아직 트랜지스터는 메모리에 저장된 기본값을 유지하고 있을 것이다. 이 매개변수를 변경하기 위해서는 첫째 그 소자를 선택한다. 그 후에 **Edit**를 고르고, 다음 **Properties**를 이어서 선택하여 **BJT_NPN** 대화상자를 찾아간다. 만일 없다면, **Value** 다음에 **Edit Model**을 선택한다. 그러면 **Edit Model** 대화상자에 이미 β와 I_s는 50과 1 nA로 이미 채워져 있을 것이다. 다음에 다시 **BJT_NPN** 대화상자를 부르기 위하여 **Change Part Model**을 선택한다. 다음에 **OK**를 누른다. 그러면 화면에 있는 트랜지스터 모양에는 *가 있어 기본값이 변경되었다는 것을 알려준다. 한 번 더 클릭하면 4개의 표시가 없어지고 트랜지스터의 매개변수에 새로운 값이 설정된다.

그림 4.117에 있는 표시들은 앞 장에서 이미 설명하였다.

마지막으로 회로는 2장에서 소개한 방법 중에 하나로 시뮬레이션을 한다. 이 예제에서는 스위치가 **1** 위치에 설정되어 있었고, Indicator값이 안정되면 **0**으로 돌아간다. 비교적 적은 양의 전류는 전압이 낮기 때문에 발생할 수 있다.

시뮬레이션 결과 I_C=2.217 mA, V_B=2.636 V, V_C=15.557 V, V_E=2.26 V 값들은 예제 4.4에서 계산한 값들과 큰 차이가 없다.

새로운 법칙들을 배우지 않고도 Multisim을 이용하여 트랜지스터를 더 자세히 확장하여 해석할 수 있다. 해석의 폭을 크게 확장할 수 있다. 이는 근래의 많은 공학 소프트웨어들의 편리한 점이다.

연 | 습 | 문 | 제

4.3 고정 바이어스 회로

1. 그림 4.118의 고정 바이어스 회로에 대해 다음을 구하라.

a. I_{B_Q} **b.** I_{C_Q} **c.** V_{CE_Q}

d. V_C **e.** V_B **f.** V_E

*는 다른 문제보다 다소 어려운 문제를 나타낸다.

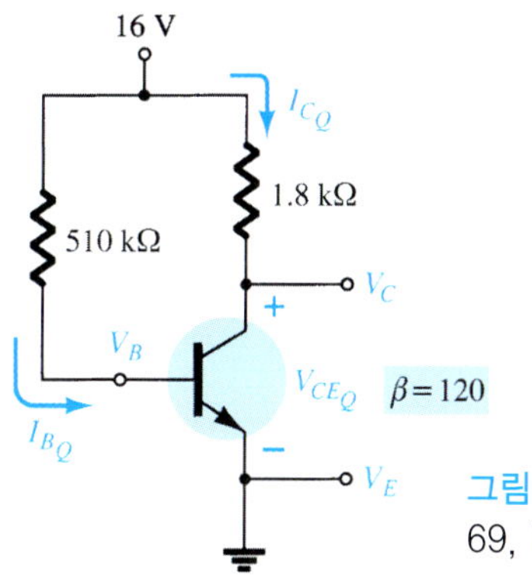

그림 4.118 문제 1, 4, 6, 7, 14, 65, 69, 71, 75

2. 그림 4.119의 회로에서 다음을 구하라.

a. I_C **b.** R_C

c. R_B **d.** V_{CE}

3. 그림 4.120의 회로에서 다음을 구하라.

a. I_C **b.** V_{CC}

c. β **d.** R_B

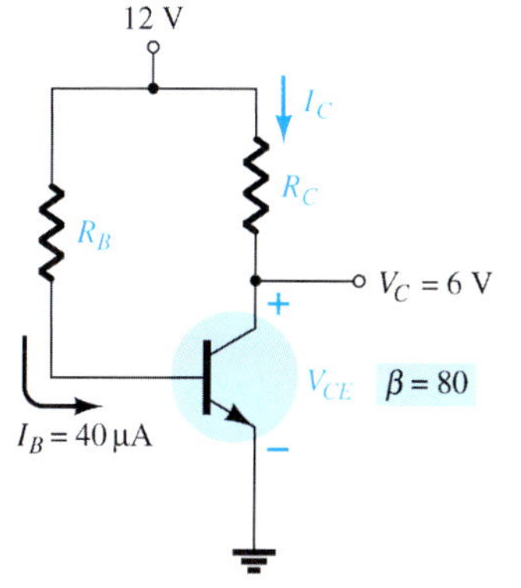

그림 4.119 문제 2

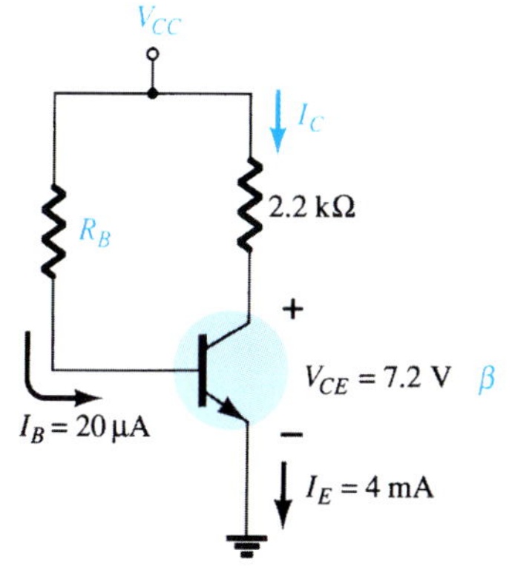

그림 4.120 문제 3

4. 그림 4.118의 고정 바이어스 회로에서 포화 전류($I_{C_{sat}}$)를 구하라.

***5.** 그림 4.121과 같이 BJT 트랜지스터 특성이 주어졌을 때

a. 고정 바이어스 회로에서 E=21 V, R_C=3 kΩ일 때의 부하선을 특성 곡선 위에 그려라.

b. 포화점과 차단점의 중간에 작동점을 선택하라. 이 작동점을 설정하기 위한 R_B값을 구하라.

c. I_{C_Q} 및 V_{CE_Q}의 결과값은 얼마인가?

d. 이 작동점에서 β값은 얼마인가?

e. 이 작동점에서 α값은 얼마인가?

f. 이 설계에서 포화 전류($I_{C_{sat}}$)값은 얼마인가?

g. 이때의 고정 바이어스 회로를 그려라.

h. 이 작동점에서 소자에 의해 발산되는 직류 전력은 얼마인가?

i. V_{CC}에 의해 공급되는 전력은 얼마인가?

j. (h)와 (i)의 결과값의 차를 구해 저항에 의해 소비되는 전력을 구하라.

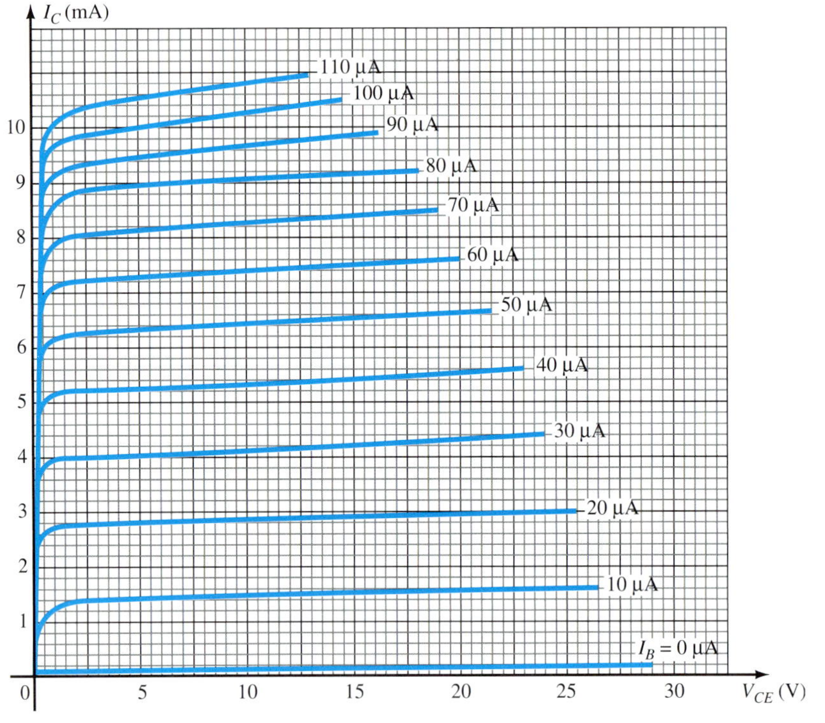

그림 4.121 문제 5, 6, 9, 13, 24, 44, 57

6. a. 그림 4.118의 베타값 120을 무시하고, 부하선을 주어진 그림 4.121에 그려라.

b. 동작점 Q를 구하고, 그에 따른 I_{C_Q}와 V_{CE_Q}를 구하라.

c. 이 Q점에서 베타값을 구하라.

7. 그림 4.118에 있는 베이스 저항이 910 kΩ으로 증가할 경우에, Q점을 구하고 그에 따른 I_{C_Q}와 V_{CE_Q}를 구하라.

4.4 에미터 바이어스 회로

8. 그림 4.122의 에미터 안정화 바이어스 회로에서 다음을 구하라.

a. I_{B_Q} **b.** I_{C_Q} **c.** V_{CE_Q}

d. V_C **e.** V_B **f.** V_E

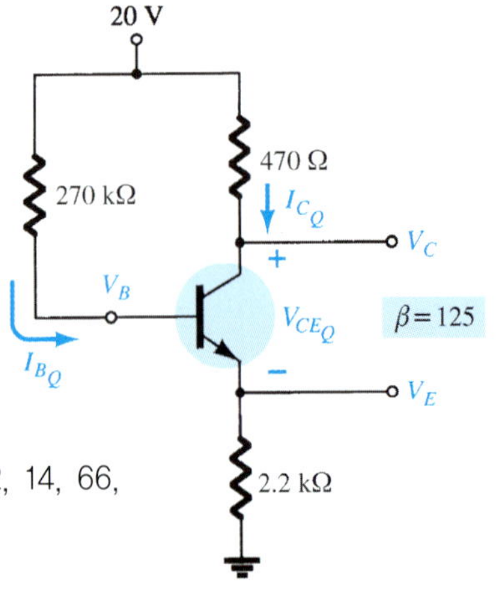

그림 4.122 문제 8, 9, 12, 14, 66, 69, 72, 76

9. a. 그림 4.122 회로의 I_{B_Q}를 구하기 위하여 문제 8의 베타를 이용하여 부하선을 그림 4.121에 그려라.

b. Q점을 구하고, 그에 따른 I_{C_Q}와 V_{CE_Q}를 구하라.

c. Q점에서 베타를 구하라

d. c에서 구한 베타와 문제 8의 $\beta=125$와 비교하며 어떤가?

e. 문제 9에서 구한 값과 문제 8에서 구한 베타가 다른 이유는 무엇인가?

10. 그림 4.123의 회로에서 다음을 구하라.

a. R_C　**b.** R_E　**c.** R_B

d. V_{CE}　**e.** V_B

11. 그림 4.124의 회로에서 다음을 구하라.

a. β　**b.** V_{CC}　**c.** R_B

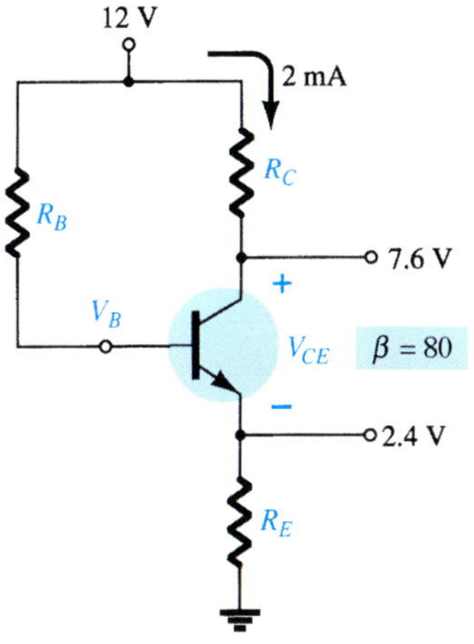

그림 4.123 문제 10

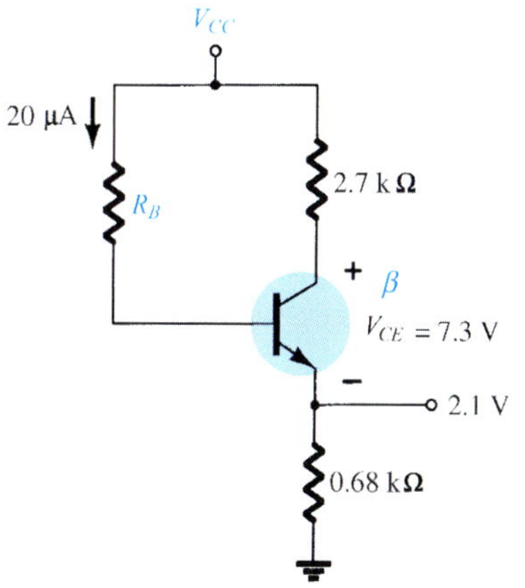

그림 4.124 문제 11

12. 그림 4.122의 회로에서 포화 전류($I_{C_{sat}}$)를 구하라.

***13.** 작동점이 $I_{C_Q}=4$ mA, $V_{CE_Q}=10$ V로 주어진 에미터 바이어스 회로에 대해 그림 4.121의 특성 곡선을 이용하여 다음을 구하라.

a. $V_{CC}=24$ V, $R_E=1.2$ kΩ일 때의 R_C값

b. 작동점에서의 β

c. R_B

d. 트랜지스터가 소모하는 전력

e. 저항 R_C가 소모하는 전력

***14. a.** 그림 4.118의 회로에서 I_C와 V_{CE}를 구하라.

b. 그림 4.118의 회로에서 β가 180으로 변할 때 I_C와 V_{CE}를 구하라.

c. 다음 식을 이용하여 I_C와 V_{CE}의 변화를 백분율로 구하라.

$$\%\Delta I_C = \left|\frac{I_{C(\text{part b})} - I_{C(\text{part a})}}{I_{C(\text{part a})}}\right| \times 100\%, \qquad \%\Delta V_{CE} = \left|\frac{V_{CE(\text{part b})} - V_{CE(\text{part a})}}{V_{CE(\text{part a})}}\right| \times 100\%$$

d. 그림 4.122의 회로에서 I_C와 V_{CE}를 구하라.

e. 그림 4.122의 회로에서 β가 187.5로 변할 때 I_C와 V_{CE}를 구하라.

f. 다음 식을 이용하여 I_C와 V_{CE}의 변화를 백분율로 구하라.

$$\%\Delta I_C = \left|\frac{I_{C(\text{part c})} - I_{C(\text{part d})}}{I_{C(\text{part d})}}\right| \times 100\%, \qquad \%\Delta V_{CE} = \left|\frac{V_{CE(\text{part c})} - V_{CE(\text{part d})}}{V_{CE(\text{part d})}}\right| \times 100\%$$

g. 위의 경우에 대해 β의 크기가 50% 증가했다. 각 바이어스 회로 구성에 대해 I_C와 V_{CE} 크기의 백분율 변화를 비교하고 어느 경우가 β의 변화에 덜 민감한지 설명하라.

4.5 전압 분배 바이어스 회로

15. 그림 4.125의 전압 분배 바이어스 회로에서 다음을 구하라.

a. I_{B_Q} **b.** I_{C_Q} **c.** V_{CE_Q}

d. V_C **e.** V_E **f.** V_B

16. a. 근사식을 사용하지 않고 문제 15를 $\beta=140$으로 해결하라.

b. 제일 큰 영향을 받은 것은 무엇이고, 그 이유를 설명하라.

17. 그림 4.126의 회로에서 다음을 구하라.

a. I_C **b.** V_E

c. V_B **d.** R_1

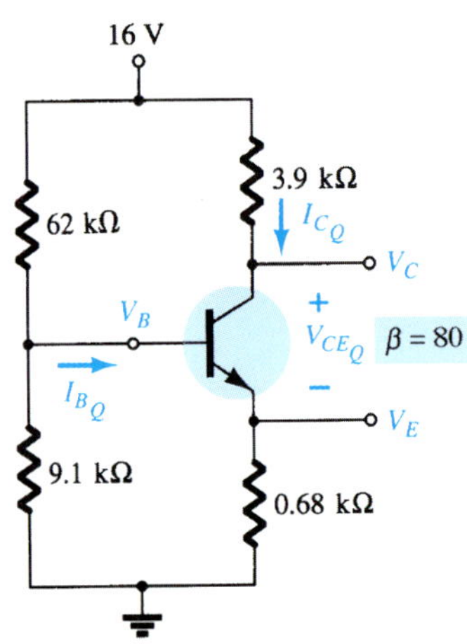

그림 4.125 문제 15, 16, 20, 23, 25, 67, 69, 70, 73, 77

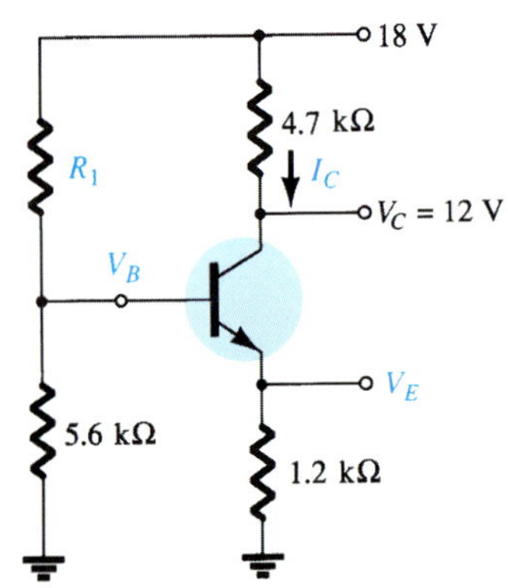

그림 4.126 문제 17, 19

18. 그림 4.127의 회로에서 다음을 구하라.

a. I_C **b.** V_E **c.** V_{CC}

d. V_{CE} **e.** V_B **f.** R_1

19. 그림 4.126의 회로에서 포화 전류($I_{C_{sat}}$)를 구하라.

20. a. 문제 16의 $\beta=140$으로 근사법을 이용하여 풀고 답하라.

b. 근사법으로 구한 값이 타당한가?

***21.** 그림 4.128의 전압 분배기 회로에서 다음 값들을 구하라. 이때 식 (4.33)의 조건이 만

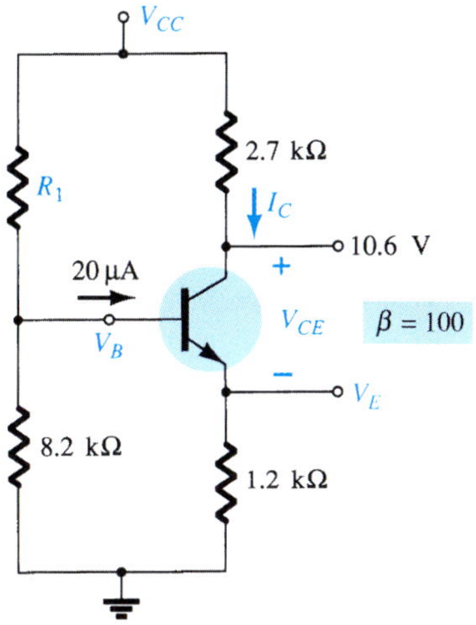

그림 4.127 문제 18

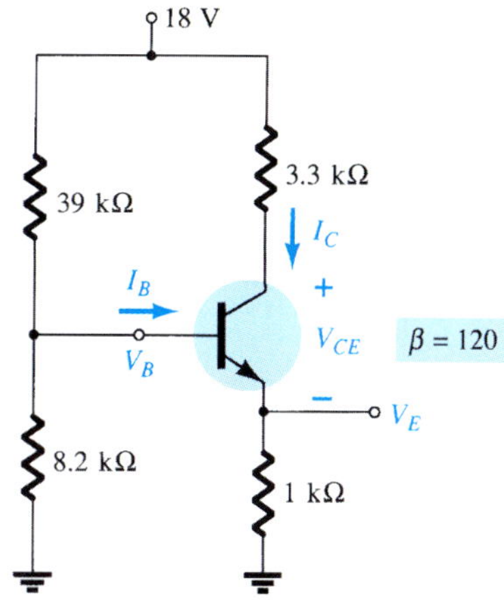

그림 4.128 문제 21, 22, 26

족되어 근사 방법으로 회로를 해석할 수 있다고 가정한다.

a. I_C **b.** V_{CE} **c.** I_B

d. V_E **e.** V_B

***22.** 문제 21을 정밀법(Thévenin)으로 다시 풀고 결과를 비교하라. 결과로부터 식 (4.33)의 조건이 성립하면 근사 방법이 타당한 방법인가?

23. a. 문제 15의 회로(그림 4.125)에서 I_{C_Q}, V_{CE_Q}, I_{B_Q}를 구하라. 이때 식 (4.33)이 성립하지 않아도 근사 방법을 이용하여 답을 구하라.

b. 정밀 방법을 이용하여 I_{C_Q}, V_{CE_Q}, I_{B_Q}를 구하라.

c. 결과를 비교하고, 식 (4.33)을 기준으로 근사 방법의 사용 여부를 결정해야 할 만큼 그 차이가 큰지에 대해서 논하라.

***24. a.** 그림 4.121과 같은 특성을 이용하여 Q점이 $I_{C_Q}=5$ mA, $V_{CE_Q}=8$ V가 되도록 R_C와 R_E값을 설정하라. 이때 $V_{CC}=24$ V이고 $R_C=3R_E$이다.

b. V_E를 구하라.

c. V_B를 구하라.

d. $\beta R_E > 10R_2$라고 가정하고, $R_1=24$ kΩ일 때 R_2를 구하라.

e. Q점에서 β값을 구하라.

f. 식 (4.33)이 만족하는지와 (d)에 사용한 가정이 성립되는지 확인하라.

***25. a.** 그림 4.125의 회로에서 I_C와 V_{CE}를 구하라.

b. β값을 120으로 높이고(50% 증가), 그림 4.125의 회로에서 I_C와 V_{CE}를 다시 구하라.

c. 다음 식을 이용하여 I_C와 V_{CE}의 변화량을 백분율로 나타내라.

$$\%\Delta I_C = \left|\frac{I_{C(\text{part b})} - I_{C(\text{part a})}}{I_{C(\text{part a})}}\right| \times 100\%, \qquad \%\Delta V_{CE} = \left|\frac{V_{CE(\text{part b})} - V_{CE(\text{part a})}}{V_{CE(\text{part a})}}\right| \times 100\%$$

d. (c)의 답을 문제 14의 (c), (f)와 비교하라.

e. (d)의 결과로부터 β의 영향을 가장 덜 받는 회로 구성은 어느 것인가?

*26. **a.** 그림 4.128의 회로로 문제 25의 (a)부터 (e)까지를 반복하라. (b)에서 β의 값을 180으로 높여라.

b. $\beta R_E > 10R_2$이고 β의 변화에 의한 I_C와 V_{CE}가 결정되었을 때, 어떠한 결론을 얻을 수 있는가?

4.6 컬렉터 피드백(귀환) 회로

27. 그림 4.129의 컬렉터 피드백에 대해 다음을 구하라.

a. I_B **b.** I_C **c.** V_C

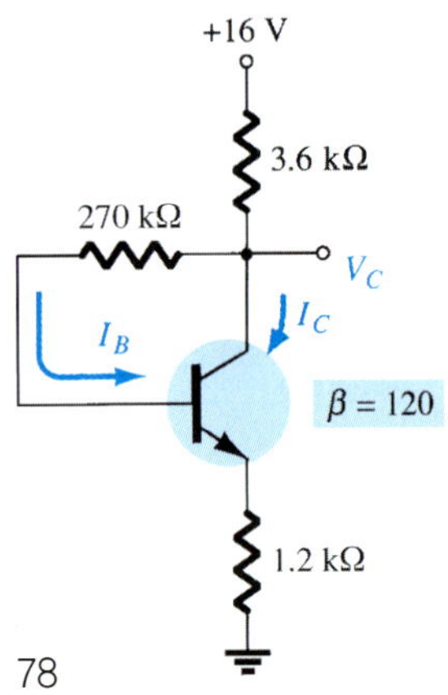

그림 4.129 문제 27, 28, 74, 78

28. 문제 27의 회로에서

a. $I_{C_Q} \cong \dfrac{V'}{R'} = \dfrac{V_{CC} - V_{BE}}{R_C + R_E}$ 식을 이용하여 I_{C_Q} 값을 구하라.

b. 이 문제에서 구한 값을 문제 27에서 구한 값과 비교하라.

c. R'과 $R_{F/\beta}$와 비교하라.

d. $R_{F/\beta}$와 비교하여 R'값이 클수록 $I_{C_Q} \cong \dfrac{V'}{R'}$ 값이 더 정확하다고 할 수 있는가? 정확한 I_{C_Q} 값을 유도하여 증명하라.

e. β=240으로 와 R'를 다시 구하고, 새로운 I_{C_Q}는 어떠한가?

29. 그림 4.130의 전압 피드백에 대해 다음을 구하라.

a. I_C **b.** V_C

c. V_E **d.** V_{CE}

30. a. 그림 4.131회로에서 $R'=R_C+R_E$를 $R_{F/\beta}$와 비교하라.

b. $I_{C_Q} \cong V'/R'$의 근사값이 타당한가?

*31. **a.** 그림 4.131의 회로에서 I_C와 V_{CE}를 구하라.

b. β 값을 135로 높이고(50% 증가), I_C와 V_{CE}를 다시 구하라.

c. 다음 식을 이용하여 I_C와 V_{CE}의 변화량을 백분율로 나타내라.

$$\%\Delta I_C = \left|\frac{I_{C(\text{part b})} - I_{C(\text{part a})}}{I_{C(\text{part a})}}\right| \times 100\%, \qquad \%\Delta V_{CE} = \left|\frac{V_{CE(\text{part b})} - V_{CE(\text{part a})}}{V_{CE(\text{part a})}}\right| \times 100\%$$

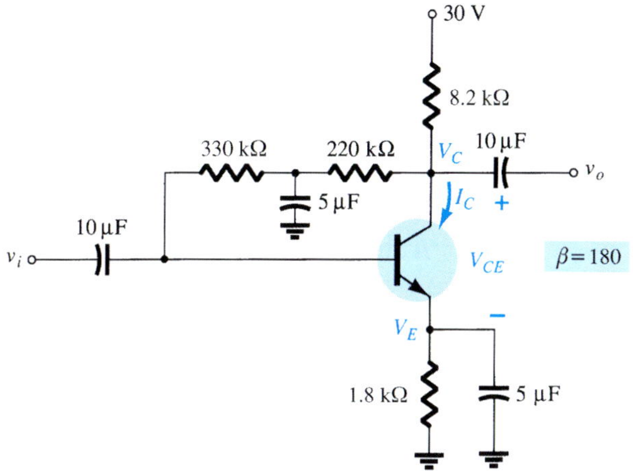

그림 4.130 문제 29

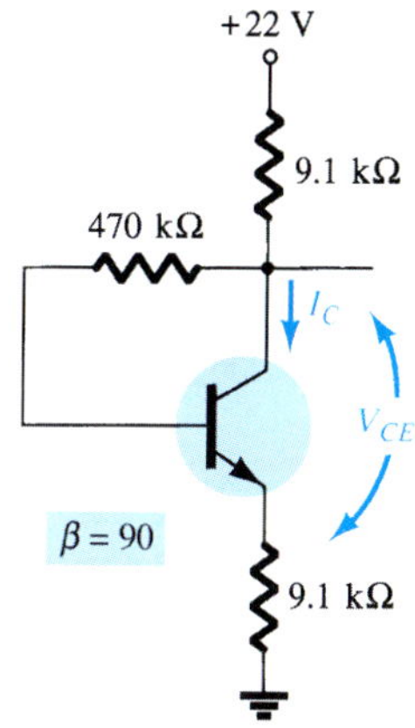

그림 4.131 문제 30, 31

d. (c)의 답을 문제 14(c), 14(f), 25(c)와 비교하라. β의 변화에 의한 민감도를 컬렉터 피드백 회로가 다른 회로와 비교하여 어떻게 우위를 차지하는지 설명하라.

32. 그림 4.132의 회로에서 1 MΩ의 가변저항을 이용했을 때 설정 가능한 V_C의 범위를 구하라.

***33.** 그림 4.133의 회로에서 V_B=4 V일 때 다음을 구하라.

a. V_E **b.** I_C **c.** V_C

d. V_{CE} **e.** I_B **f.** β

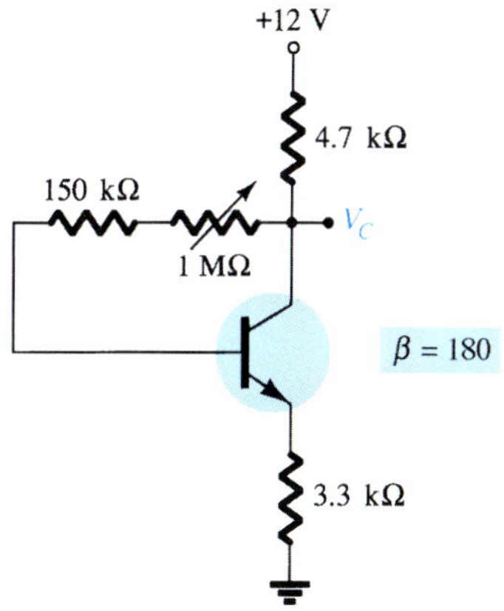

그림 4.132 문제 32

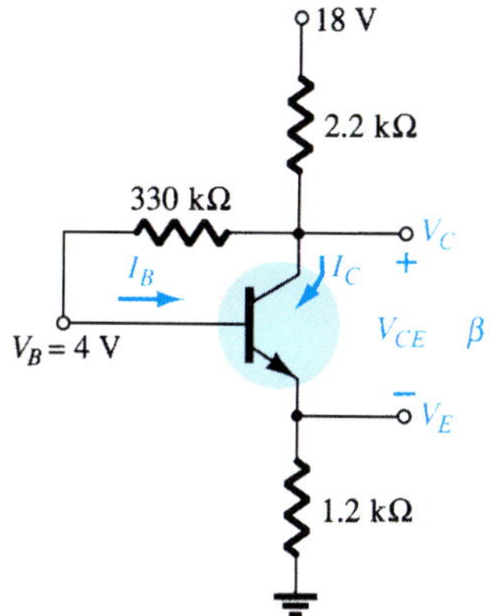

그림 4.133 문제 33

4.7 에미터 폴로어 바이어스 회로

***34.** 그림 4.134의 회로에서 V_E와 I_E를 구하라.

35. 그림 4.135의 회로에서

a. I_B, I_C, I_E를 구하라.

b. V_B, V_C, V_E를 구하라.

c. V_{BC}, V_{CE}를 구하라.

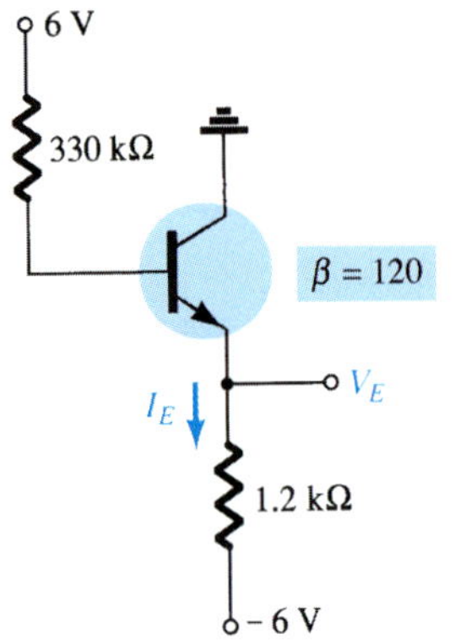

그림 4.134 문제 34

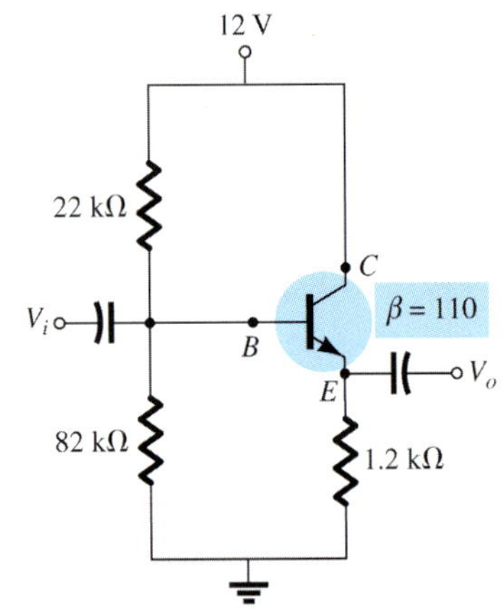

그림 4.135 문제 35

4.8 공통 베이스 회로

***36.** 그림 4.136의 회로에서 다음을 구하라.

a. I_B **b.** I_C

c. V_{CE} **d.** V_C

***37.** 그림 4.137의 회로에서 다음을 구하라.

a. I_E **b.** V_C **c.** V_{CE}

38. 그림 4.138의 공통 베이스 회로에서

a. 주어진 값들을 이용하여 R_C의 값을 결정하라.

b. I_B와 I_E 전류를 구하라.

c. V_{BC}와 V_{CE} 전압을 구하라

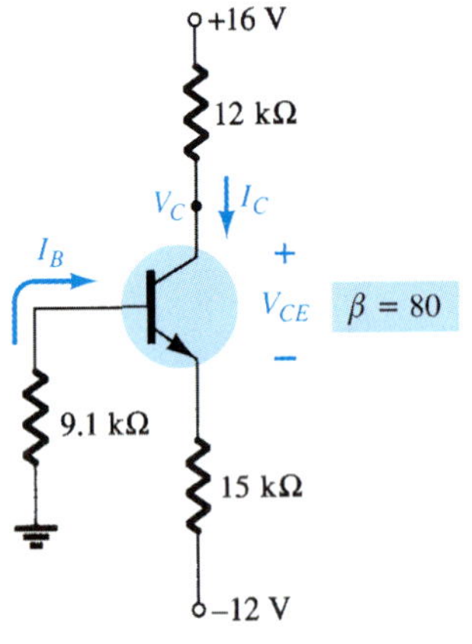

그림 4.136 문제 36

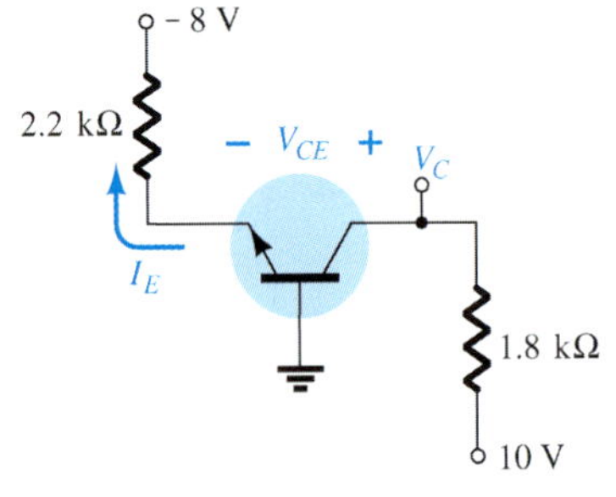

그림 4.137 문제 37

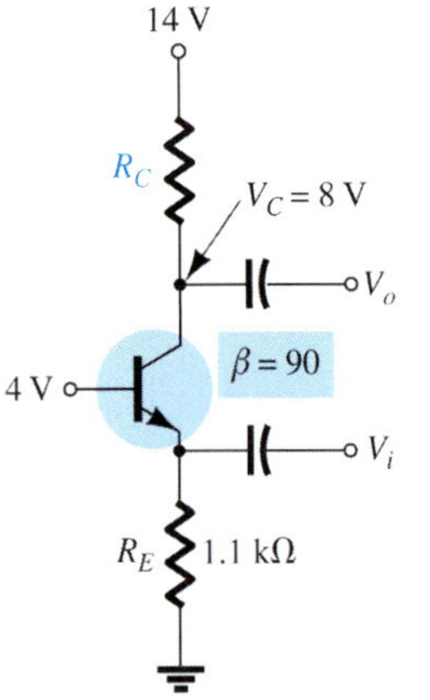

그림 4.138 문제 38

4.9 기타 바이어스 회로

***39.** 그림 4.139 회로에서 다음을 구하라.

a. I_B **b.** I_C

c. V_E **d.** V_{CE}

40. V_C=8 V인 그림 4.140 회로에서 다음 값들을 구하라.

a. I_B **b.** I_C

c. β **d.** V_{CE}

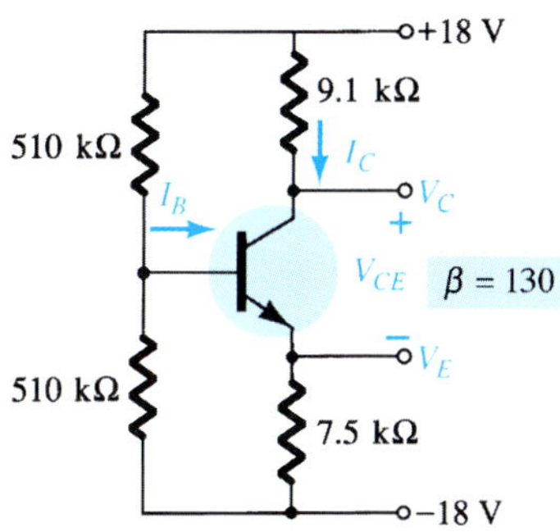

그림 4.139 문제 39

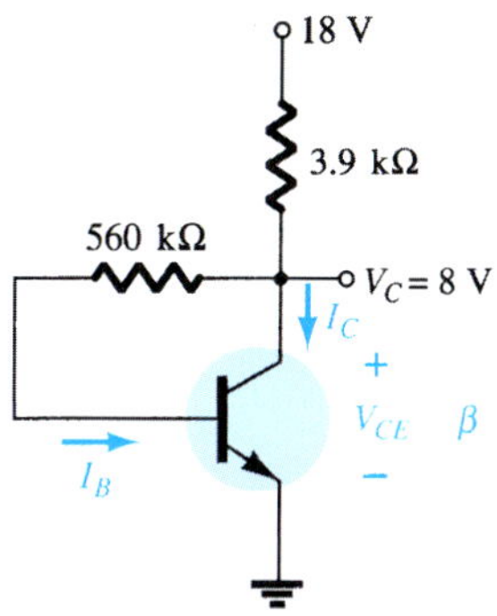

그림 4.140 문제 40, 68

4.11 설계

41. V_{CC}=12 V, β=80이고 I_{C_Q}=2.5 mA, V_{CE_Q}=6 V인 고정 바이어스 회로에서 R_C와 R_B값을 구하라. 저항은 표준 저항을 사용하라.

42. $I_{C_Q}=\frac{1}{2}I_{C_{sat}}$이고 $V_{CE_Q}=\frac{1}{2}V_{CC}$일 때 에미터 안정화 회로를 설계하라. 이때 V_{CC}=20V, $I_{C_{sat}}$=10 mA, β=120, $R_C=4R_E$이다. 저항은 표준 저항을 사용하라.

43. 24 V 전원과 β가 110인 트랜지스터를 이용하여 작동점이 I_{C_Q}=4 mA, V_{CE_Q}=8 V가 되도록 전압 분배 바이어스 회로를 설계하라. $V_E=\frac{1}{8}V_{CC}$가 되도록 하라. 그리고 표준값을 사용하라.

***44.** 그림 4.121의 특성을 사용하여, 포화전류가 10 mA이고 작동점이 포화와 차단값 중간에 오도록 전압 분배기 회로를 설계하라. 28 V 전원을 사용하고 $V_E=\frac{1}{5}V_{CC}$가 되도록 하라. 높은 안정도 계수를 얻기 위하여 식 (4.33)의 조건이 만족하도록 하라. 그리고 표준값을 사용하라.

4.12 다단 BJT 증폭기회로

45. 그림 4.141의 *R-C* 결합 증폭기회로에서 다음 값을 구하라.

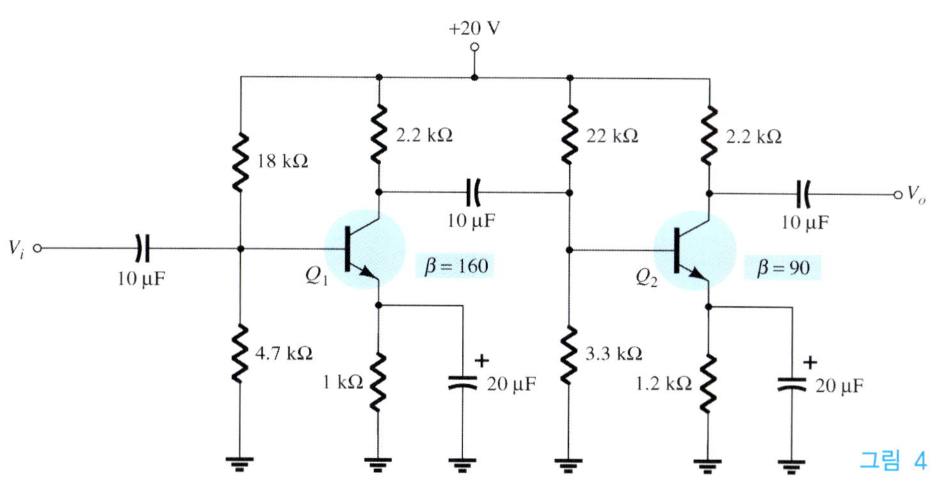

그림 4.141 문제 45

a. 각 트랜지스터의 V_B, V_C, V_E 전압

b. 각 트랜지스터의 I_B, I_C, I_E 전류

46. 그림 4.142의 다링톤 증폭기회로에서 다음 값을 구하라.

a. β_D

b. 각 트랜지스터의 베이스 전류

c. 각 트랜지스터의 콜렉터 전류

d. V_{C_1}, V_{C_2}, V_{E_1}, V_{E_2} 전압

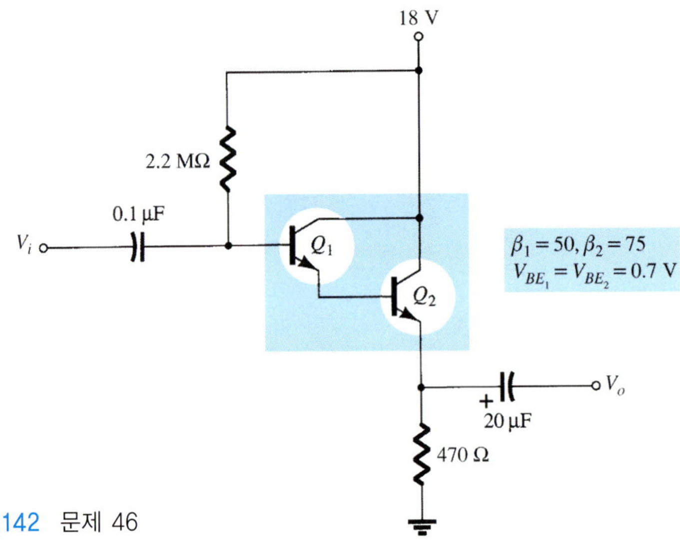

그림 4.142 문제 46

47. 그림 4.143의 캐스캐드(cascade) 증폭기회로에서 다음 값을 구하라.

a. 각 트랜지스터의 베이스와 콜렉터 전류

b. V_{B_1}, V_{B_2}, V_{E_1}, V_{C_1}, V_{E_2}, V_{C_2} 전압

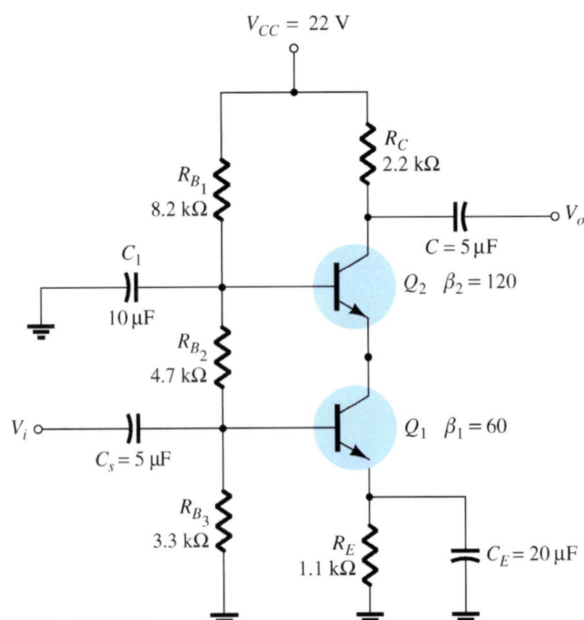

그림 4.143 문제 47

48. 그림 4.144의 귀환 증폭기회로에서 다음 값을 구하라.

a. 각 트랜지스터의 베이스와 콜렉터 전류

b. 각 트랜지스터의 베이스, 에미터 콜렉터 전압

4.13 전류 반영 회로

49. 그림 4.145의 회로에서 반영된 전류 I를 구하라.

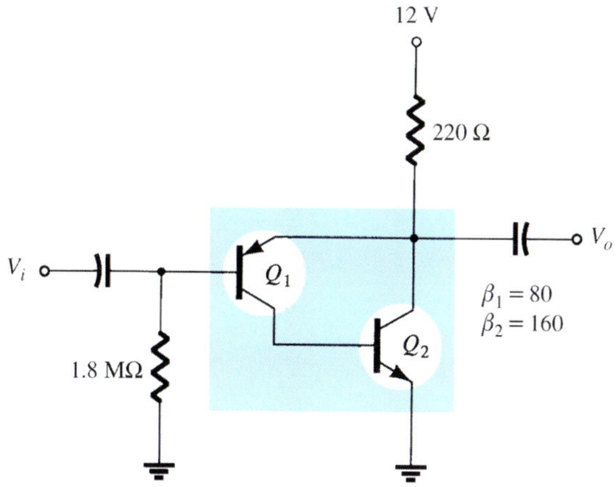

그림 4.144 문제 48

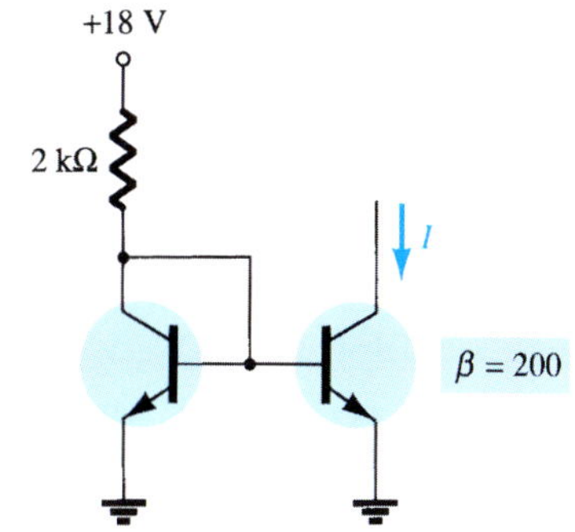

그림 4.145 문제 49

***50** 그림 4.146의 회로에서 Q_1과 Q_2의 컬렉터 전류를 구하라.

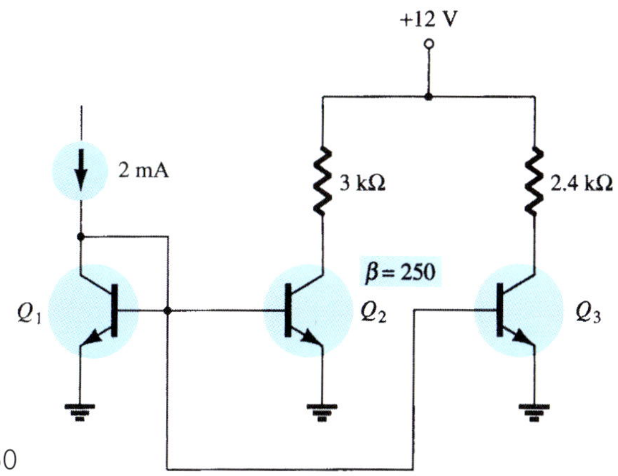

그림 4.146 문제 50

4.14 전류원 회로

51. 그림 4.147에 있는 회로에서 부하 2.2 kΩ를 통하여 흐르는 전류를 계산하라.

52. 그림 4.148의 회로에서 전류 I를 구하라.

***53.** 그림 4.149 회로의 전류 I를 구하라.

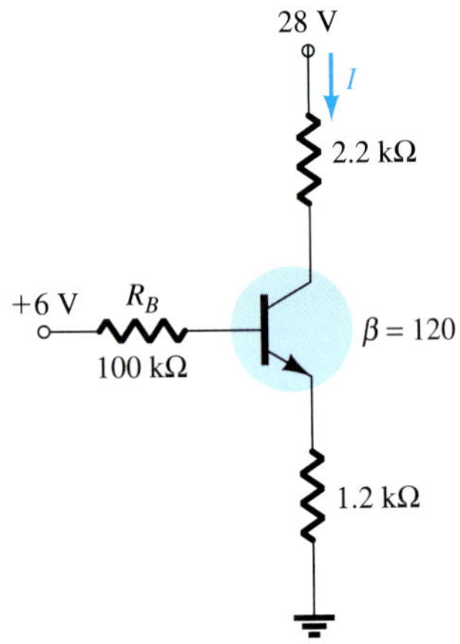

그림 4.147 문제 51

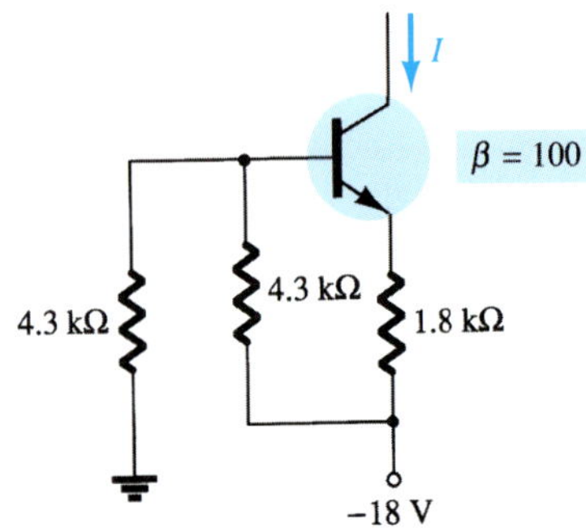

그림 4.148 문제 52

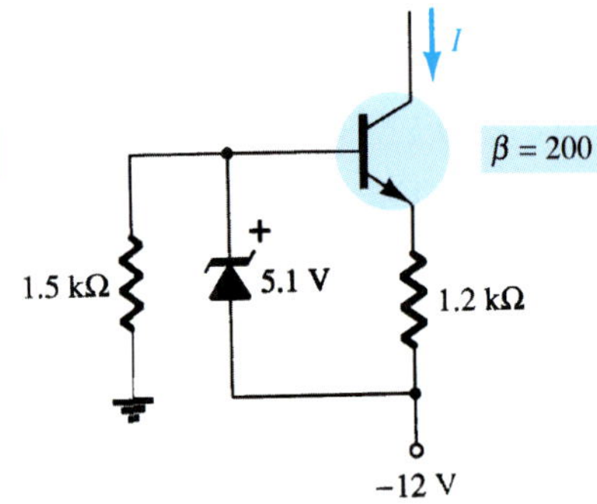

그림 4.149 문제 53

4.15 *pnp* 트랜지스터

54. 그림 4.150 회로의 V_C, V_{CE} 및 I_C를 정하라.

55. 그림 4.151 회로의 V_C와 I_B를 구하라.

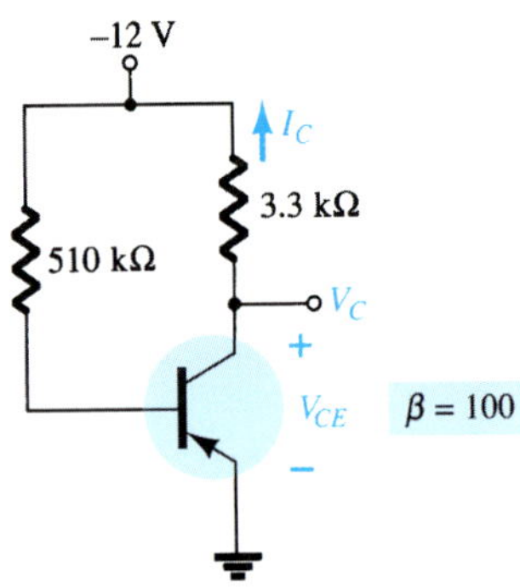

그림 4.150 문제 54

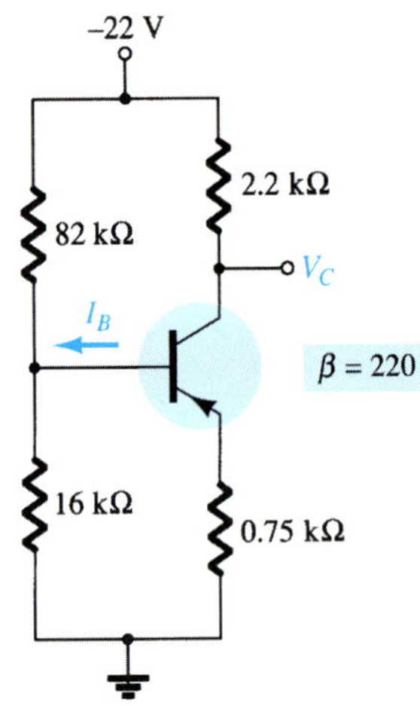

그림 4.151 문제 55

56. 그림 4.152 회로의 I_E 및 V_C를 구하라.

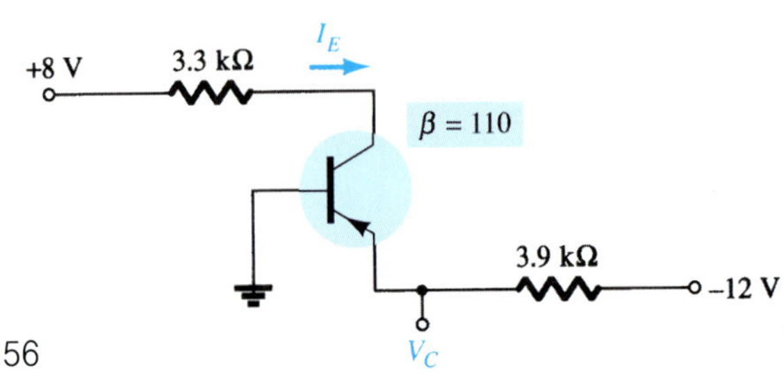

그림 4.152 문제 56

4.16 트랜지스터 스위칭 회로

***57.** 그림 4.121의 특성을 이용하여 그림 4.153에 나타낸 회로의 출력 파형의 모양을 구하

라. $V_{CE_{sat}}$의 효과를 감안하여 V_i=10 V일 때, I_B, $I_{B_{max}}$, $I_{C_{sat}}$을 구하라. 포화와 차단시의 컬렉터와 에미터 사이의 저항을 구하라.

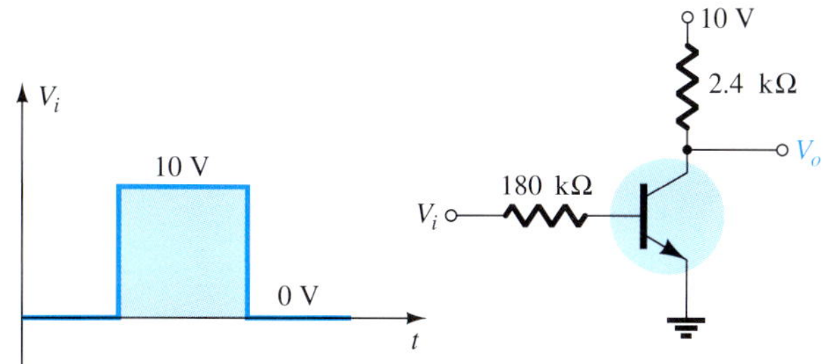

그림 4.153 문제 57

***58.** 그림 4.154의 인버터를 설계하라. 트랜지스터의 포화 전류는 8 mA이고 β는 100이다. I_B는 $I_{B_{max}}$의 120%가 되도록 하고 저항은 표준 저항값을 사용한다.

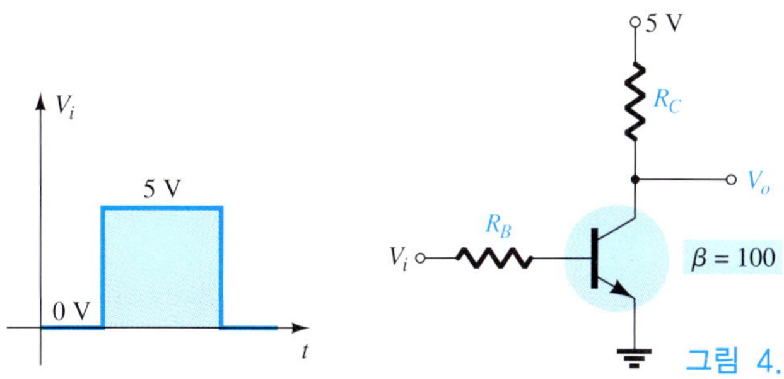

그림 4.154 문제 58

59. a. 그림 3.23c의 특성을 이용하여 전류가 2 mA일 때 t_{on}과 t_{off}를 구하라. 로그(대수) 눈금으로 표시하고, 대수에 대한 이론은 9.2절을 참조한다.

b. 10 mA의 전류로 (a)를 반복하라. 컬렉터 전류가 증가할 때 t_{on}과 t_{off}는 어떻게 변하는가?

c. (a)와 (b)에 대해 그림 4.91과 같은 펄스 파형을 그리고 변화를 비교하라.

4.17 고장 검사 기술

***60.** 그림 4.155의 회로들에서 측정한 전압값들은 정상이 아닌 것들이다. 그 이유들을 가능한 모두 열거하여라.

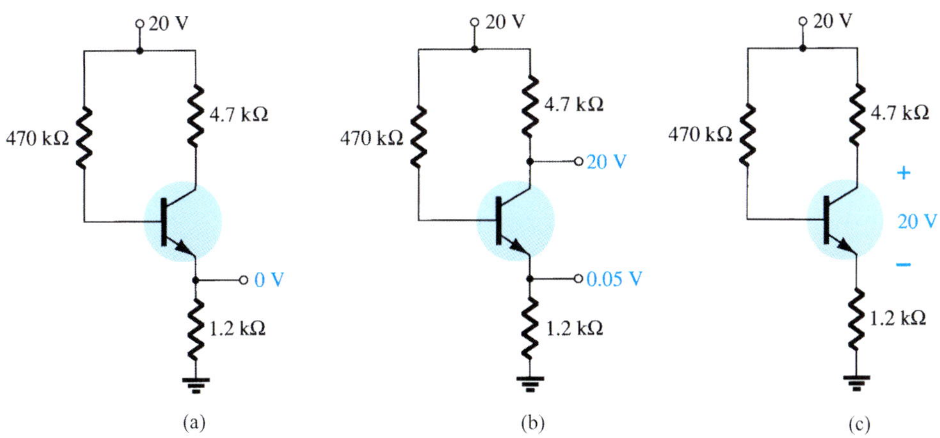

그림 4.155 문제 60

***61.** 그림 4.156의 측정값들도 정상이 아니다. 측정된 전압과 고장 원인과의 관계를 회로의 작동을 통해 구체적으로 설명하라. 즉, 비정상적인 측정 전압은 회로에 어떤 문제인지 규명하라.

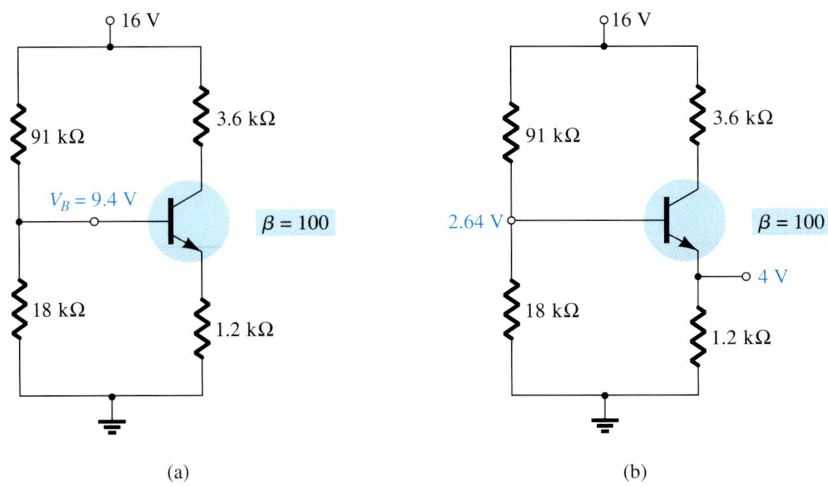

그림 4.156 문제 61

62. 그림 4.157의 회로에서 다음을 답하라.

a. R_B가 증가하면 V_C는 증가하는지 아니면 감소하는지?

b. β가 감소하면 I_C는 증가하는지 아니면 감소하는지?

c. β가 증가하면 포화 전류는 어떻게 되는가?

d. V_{CC}를 낮추면, 컬렉터 전류는 증가하는가? 아니면 감소하는가?

e. 작은 값의 β를 갖는 트랜지스터로 소자를 교체하면 V_{CE}는 어떻게 되는가?

63. 그림 4.158의 회로에서 다음을 답하라.

a. 트랜지스터가 더 큰 β값을 갖는 소자로 대체되었을 때, V_C는 어떻게 되는가?

b. R_{B_2}와 접지가 연결되어 있는 저항이 끊어지면 V_{CE}는 어떻게 되는가?

c. 공급전압이 작으면 I_C는 어떻게 되는가?

d. 베이스-에미터 접합 부분이 끊어(개방)지면 V_{CE}는 어떻게 되는가?

e. 베이스-에미터 접합 부분이 단락되면 V_{CE}는 어떻게 되는가?

***64.** 그림 4.159의 회로에서 다음을 답하라.

a. R_B가 개방되면, V_C는 어떻게 되는가?

b. β가 온도에 의해 증가하면, V_{CE}는 어떻게 되는가?

c. 컬렉터 저항이 오차 허용 범위 내에서 제일 낮은 저항값을 갖는 것으로 사용되었다면, V_E는 어떻게 되는가?

d. 트랜지스터의 컬렉터 연결이 끊어지면 V_E는 어떻게 되는가?

e. V_{CE}가 18 V가 되는 요인에는 어떠한 것들이 있는가?

4.18 바이어스 안정화

65. 그림 4.118의 회로에서 다음을 답하라.

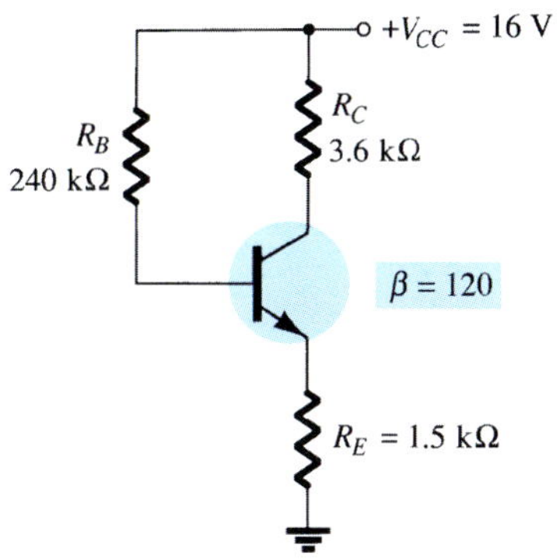

그림 4.157 문제 62

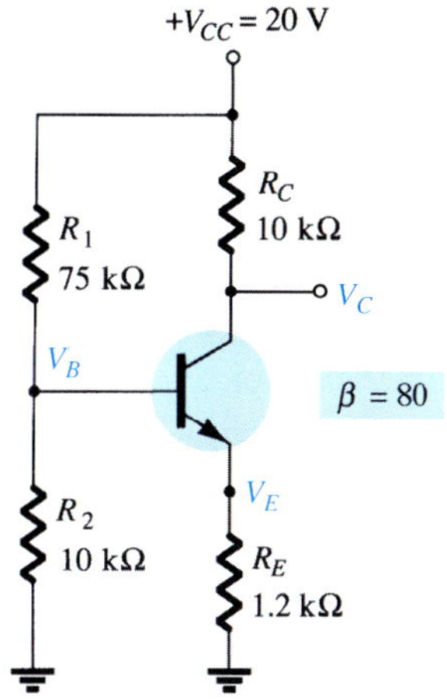

그림 4.158 문제 63

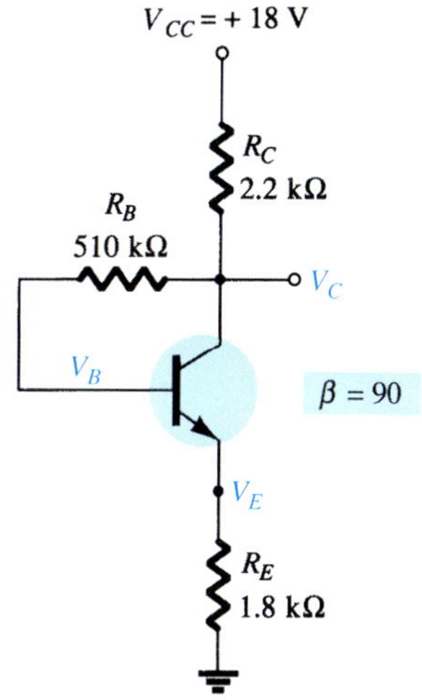

그림 4.159 문제 64

a. $S(I_{CO})$ **b.** $S(V_{BE})$

c. $S(\beta)$. 이때 T_1은 사양서에 표기된 값을 갖는 온도이고, $\beta(T_2)$는 $\beta(T_1)$보다 25% 높은 온도이다.

d. I_{CO}가 0.2 μA에서 10 μA로 증가하고, V_{BE}는 0.7 V에서 0.5 V로 떨어지고, β가 25% 증가했을 때 I_C의 변화량을 구하라.

***66.** 그림 4.122의 회로에서 다음을 답하라.

a. $S(I_{CO})$ **b.** $S(V_{BE})$

c. $S(\beta)$. 이때 T_1은 사양서에 표기된 값을 갖는 온도이고, $\beta(T_2)$는 $\beta(T_1)$보다 25% 높은 온도이다.

d. I_{CO}가 0.2 μA에서 10 μA로 증가하고, V_{BE}는 0.7 V에서 0.5 V로 떨어지고, β가 25% 증가했을 때 I_C의 변화량을 구하라.

***67.** 그림 4.125의 회로에서 다음을 답하라.

a. $S(I_{CO})$ **b.** $S(V_{BE})$

c. $S(\beta)$. 이때 T_1은 사양서에 표기된 값을 갖는 온도이고, $\beta(T_2)$는 $\beta(T_1)$보다 25% 높은 온도이다.

d. I_{CO}가 0.2 μA에서 10 μA로 증가하고, V_{BE}가 0.7 V에서 0.5 V로 떨어지고, β가 25% 증가했을 때 I_C의 변화량을 구하라.

***68.** 그림 4.140의 회로에서 다음을 답하라.

a. $S(I_{CO})$ **b.** $S(V_{BE})$

c. $S(\beta)$. 이때 T_1은 사양서에 표기된 값을 갖는 온도이고, $\beta(T_2)$는 $\beta(T_1)$보다 25% 높은 온도이다.

d. I_{CO}가 0.2 μA에서 10 μA로 증가하고, V_{BE}는 0.7 V에서 0.5 V로 떨어지고, β가 25% 증가했을 때 I_C의 변화량을 구하라.

***69.** 문제 65에서 68까지 구한 안정도의 상대값을 구하라. 문제 65와 문제 67의 답은 부록 E에 수록하였다. 이 답들로부터 일반적인 결론을 구할 수 있는가?

***70. a.** 문제 65의 고정 바이어스 회로에서 안정도들을 비교하라.

b. 문제 67의 전압 분배기 회로에서 안정도들을 비교하라.

c. (a), (b)에서 회로에 가장 큰 영향을 미치는 매개변수들은 어떤 것인가? 또한 일반적인 규칙이 없는가?

4.21 컴퓨터 해석

71. 그림 4.118의 회로를 PSpice를 통해 해석하라. 즉, 여러 I_B에 대한 I_C, V_{CE}값들을 구하라.

72. 그림 4.122의 회로에 대해 문제 71을 반복하라.

73. 그림 4.125의 회로에 대해 문제 71을 반복하라.

74. 그림 4.129의 회로에 대해 문제 71을 반복하라.

75. Multisim을 이용하여 71번 문제를 다시 풀어라.

76. Multisim을 이용하여 72번 문제를 다시 풀어라.

77. Multisim을 이용하여 73번 문제를 다시 풀어라.

78. Multisim을 이용하여 74번 문제를 다시 풀어라.

CHAPTER 5

BJT 교류 해석

학습목표 CHAPTER OBJECTIVE

- BJT 트랜지스터의 r_e, 하이브리드, 하이브리드 π 모델에 익숙해진다.
- 증폭기의 등가 모델 사용과 중요 교류 파라미터를 익힌다.
- 증폭기의 전체이득에 대한 소스저항과 부하저항의 효과를 이해하고 증폭기의 특성을 익힌다.
- 중요 BJT회로의 일반적인 교류 특성의 다양성을 알도록 한다.
- 단일과 다단 증폭기에 접근하는 2포트 시스템의 이점을 익혀 나간다.
- 교류증폭기 회로의 고장검사 기법을 개발한다.

5.1 개요

트랜지스터의 기본 구조와 외형, 그리고 특성에 대하여 이미 3장에서 소개한 바 있고, 소자의 직류 바이어스에 대해서는 4장에서 자세히 소개하였다. 이제 정현파 교류 영역에서 자주 사용되는 트랜지스터 모델을 통해 BJT 증폭기의 소신호 교류응답에 대해 알아보기로 하자.

트랜지스터 회로의 정현파 교류 해석에서 첫 번째 관심의 대상은 입력신호의 크기이다. 이 크기에 따라 소신호(small-signal) 해석 방법을 사용할 것인지, 대신호(large-signal) 해석 방법을 사용할 것인지 결정하게 된다. 이들 둘 사이에는 확연한 구분 방법이 있는 것은 아니지만 어디에 사용할 것인가 또는 각 변수들의 크기를 통해 어떠한 방법이 적합한가를 판단할 수 있다. 이 장에서는 소신호 해석 방법을 소개하고, 대신호 해석 방법은 12장에서 소개하도록 한다.

트랜지스터의 소신호 교류 해석에 사용되는 모델에는 크게 세 가지가 있는데, r_e 모델, 하이브리드 등가(hybrid equivalent) 모델, 하이브리드 π 모델이 그것이다. 이 장에서는 세 모델 모두 소개하고 특히 r_e 모델을 강조하기로 한다.

5.2 교류 영역에의 적용

3장에서 알아본 바와 같이 트랜지스터는 증폭 장치로 사용될 수 있다. 즉 정현파 출력신호를 입력신호보다 크게 할 수 있다는 것이다. 달리 말하자면 출력 교류 전력을 입력 교류 전력보다 크게 할 수 있다는 뜻이다. 그렇다면 어떻게 출력전력이 입력전력보다 클 수 있는가 하는 의문이 생기게 된다. 에너지보존법칙에 의하면 총 출력전력 P_o는 입력전력 P_i보다 클 수 없다. 또한 $\eta = P_o/P_i$로 정의되는 효율값은 1보다 클 수 없다. 여기서 우리가 빠뜨리고 생각한 것이 있는데, 그것은 교류 출력전력을 입력전력보다 크게 하는 직류 공급 전력이 있다는 것이다. 직류 공급 전력은 소자에서 소모되거나 저항에 의해 소모되지만 총 출력전력을 증가시켜 준다. 다시 말해 더 큰 교류 전력을 만드는 데 직류 전력이 '변환' 되어 들어간다는 뜻이다. 사실상의 변환 효율(conversion efficiency)은 $\eta = P_{o(\mathrm{ac})}/P_{i(\mathrm{dc})}$로 정의되며, $P_{o(\mathrm{ac})}$는 부하에 걸리는 교류 전력이고, $P_{i(\mathrm{dc})}$는 공급되는 직류 전력이다.

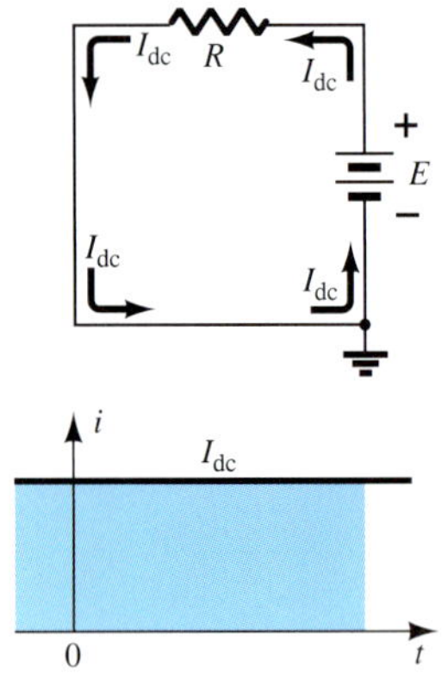

그림 5.1 직류 공급원으로 만든 정상 전류

직류 공급의 역할은 그림 5.1의 간단한 직류회로를 참고하면 쉽게 이해할 수 있다. 전류가 흐르는 방향은 그림에 나타나 있고, 전류 i와 시간에 대한 관계 또한 아래에 나와 있다. 이제 그림 5.2에 있는 것과 같은 제어기구를 설치해 보자. 이 제어기구에 입력되는 작은 신호는 출력회로에 사실상 진동을 발생시킨다.

이는, 예에서와 같이

$$i_{\mathrm{ac(p\text{-}p)}} \gg i_{c(\mathrm{p\text{-}p})}$$

이고, 교류 영역에의 증폭이 성립되었다. 이 출력의 피크-투-피크값(peak to peak)은 제어전류의 범위를 훨씬 초과한다.

그림 5.2의 시스템에서 출력회로 진동의 피크값은 직류 레벨로 제어될 수 있다. 입력신호가 커져 직류 레벨로 고정된 한계를 초과하게 되면 피크 부분의 영역이 잘려나가 '평평'(클리핑)해진다. 따라서 증폭기를 적절하게 각각의 필요사항과 한계에 민감한 직류와 교류 성분을 필요로 한다.

그렇지만 다음을 기억하는 것이 보다 도움이 될 것이다.

시스템의 직류와 교류응답을 분리하기 위하여, 중첩정리가 BJT회로 안의 교류와 직류 요소의 해석과 설계할 때 적용할수 있다.

이는 교류응답을 고려하기 전에 시스템의 완전한 직류 해석을 만드는 것이 가능하다는 말이다. 한번 직류 해석이 완료되면, 교류 해석을 통해 교류응답이 완전히 결정된다. 그러

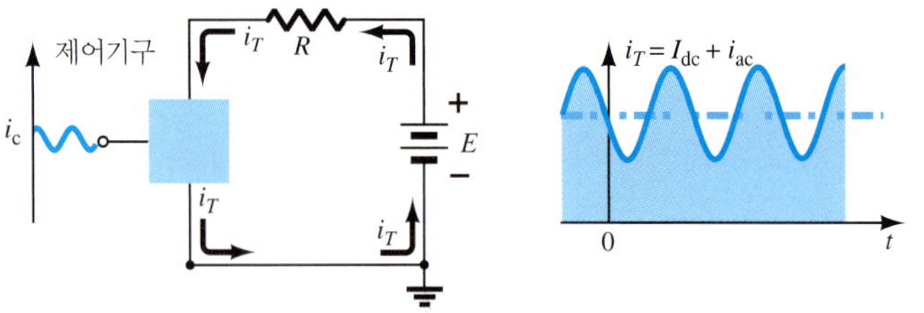

그림 5.2 그림 5.1의 전기시스템의 정상 상태 전류흐름에 대한 제어소자의 효과

나 이는 BJT 회로의 교류 해석에서 나타나는 성분의 하나가 직류 조건에 의해서 결정될 수 있기에, 두 해석의 방법 사이에 연결이 더욱 더 중요하다.

5.3 BJT 트랜지스터 모델링

트랜지스터의 소신호 해석의 비결은 이 장에서 소개될 등가회로(모델)를 사용하는 방법에 있다.

모델은 특정 동작조건하에서 반도체 소자의 실질적인 역할에 가장 근접하는 회로 성분을 적절히 선택하여 결합시킨 것이다.

일단 교류 등가회로가 결정되면, 소자의 표시기호는 이 등가회로에 의하여 대치될 수 있고, 회로 해석의 기본적인 방법들이 원하는 회로의 응답을 결정하는 데 적용된다.

지난 수년간 하이브리드 등가회로가 매우 자주 사용되었다. 사양서에는 파라미터의 목록이 포함되며, 해석은 단지 목록에 포함된 값을 가지고 등가회로 안에 넣기만 하면 된다. 그러나 이 등가회로를 이용하는 것의 단점은 실제 구동환경과는 다른 동작점에서 정의될 수 있다는 것이다. 대부분의 경우 실제적 구동환경이 비교적 사양서의 선택된 구동환경과 밀접하게 관련이 있기 때문에 이는 심각한 결점은 아니다. 게다가 실제 저항값과 주어진 트랜지스터의 베타값은 항상 변하기 때문에 근사치의 신뢰성이 높았다. 제조회사의 사양서에는 트랜지스터가 작동하는 특정 지점에서의 하이브리드 파라미터들이 계속 제공된다.

등가회로의 중요한 파라미터를 데이터표의 값을 사용하여 결정하는 것과 실제 작동 환경에서 결정하는 것은 어떤 경우에 매우 다르기 때문에 r_e 모델의 사용은 보다 적절한 접근이다. 그러나 불행하게도, 사용자가 등가회로의 다른 파라미터를 얻기 위해 데이터표로 돌아가도, r_e 모델이 만약 단순히 다루기 힘든 경우에 중요할 수 있는 피드백 항목을 포함하지 못한다.

r_e 모델은 고주파 해석에 대부분 쓰이는 하이브리드 π 모델을 단순화한 것이다. 이 모델은 출력전압의 피드백 효과와 입력량을 포함한 출력과 입력 사이의 관계를 포함한다. 완전한 하이브리드 π 모델은 9장에서 소개될 것이다.

r_e 모델은 특별한 언급이 없는 한 이 책에서 기본으로 선택 이용한다. 그러나 모델들 사이의 비교는 가능한 한, 그것들이 얼마나 실제와 관련되어 있는지 논의되어야 한다. 또한 한 모델에 숙달되더라도, 다른 모델 사용에 관한 연구를 이행해야 할 것이다. 그러므로 하나에서 다른 하나로 넘어가는 것은 극적인 이해를 요구하지는 않는다.

교류 등가회로를 회로에 어떻게 적용하는지 알아보기 위해 그림 5.3의 회로를 살펴보자. 일단은 트랜지스터의 소신호 등가 모델은 이미 결정되었다고 가정하자. 교류응답을 관찰하고자 하는 것이므로, 회로의 직류 공급전원은 모두 접지시킨다. 이는 직류 공급전원이 출력전압의 직류 성분만 결정하고, 교류 스윙의 진폭에는 영향을 미치지 않기 때문이다. 결과를 그림 5.4에 나타내었다. 직류전압은 단순히 회로의 Q점이 적절한 위치에서 결정되도록 하는 역할을 한다. 일단 작동 영역이 결정되면 직류전압들은 회로의 교류응답 해석에서 무시될 수 있다. 그리고 커플링 커패시터 C_1, C_2, C_3는 회로의 동작 주파수에서 매우 작은 리액

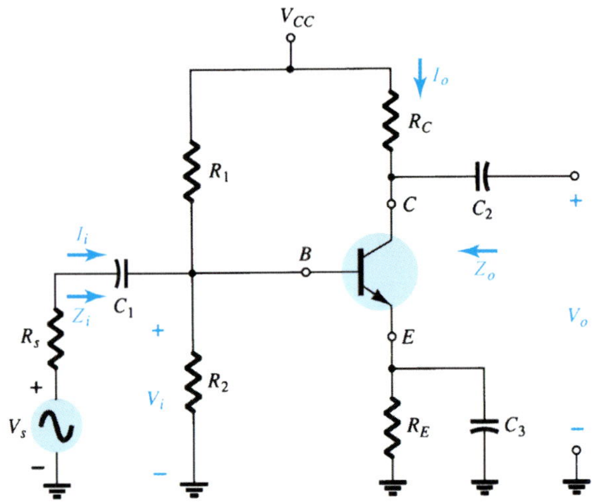

그림 5.3 교류 등가회로를 적용하기 전의 트랜지스터 회로

턴스를 갖도록 값이 설정되었기 때문에, 실질적으로 값이 작은 저항이나 단락회로로 대체할 수 있다. 이는 바이어스를 결정하는 저항 R_E를 '단락' 시키게 된다. 앞에서 직류 정상 상태를 해석할 때, 이 커패시터들은 '개방회로' 로 대체되어 각 단의 직류전압과 동작점을 독립적으로 결정하도록 하는 역할을 했었다는 것을 기억하자.

진행한 바와 같이 회로의 수정을 통해 갖게 되는 그림 5.5에 의해 정의된 Z_i, Z_o, I_i 그리고 I_o와 같은 흥미로운 파라미터들을 통한 교류 등가의 정의는 중요하다. 회로의 형태가 변할지라도, 원래의 회로에서 정의된 것과 같은 것을 축소회로를 통하여 원하는 확실한 양을 찾을 것이다. 두 회로에서 입력 임피던스는 베이스에서 접지까지, 입력전류는 트랜지스터의 베이스 전류로, 출력전압은 컬렉터로부터 접지까지의 전압으로, 출력전류는 부하저항 R_C를 통하는 전류로 정의된다.

그림 5.5의 파라미터는 시스템이 한 개나 또는 천 개의 소자를 갖는 임의의 시스템에도 적용할 수 있다. 이 책에서 나오는 전류의 방향, 전압의 극성, 임피던스를 정의하는 방향은

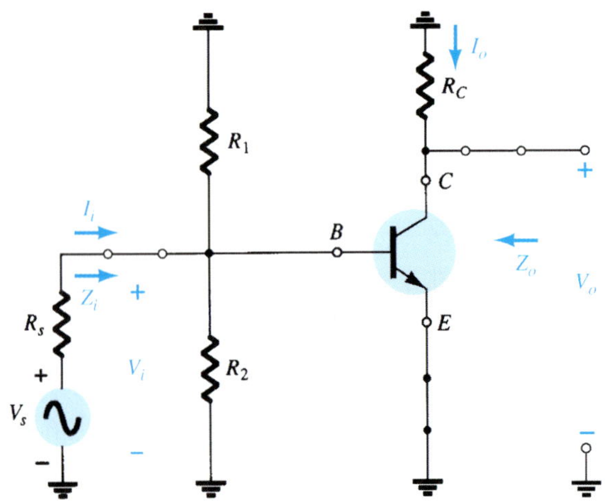

그림 5.4 그림 5.3에서 직류 전원을 제거하고 커패시터를 단락시킨 회로연결

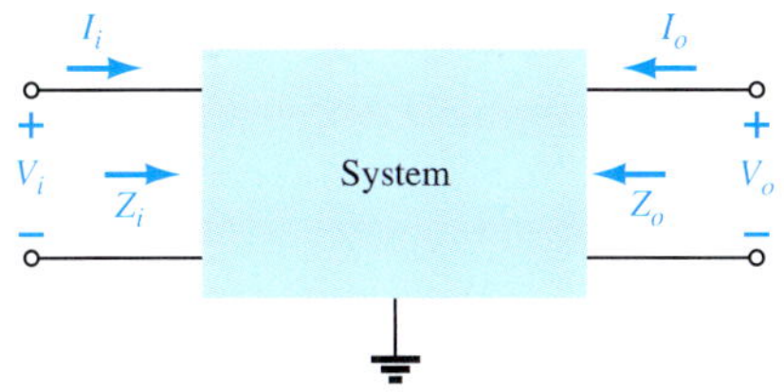

그림 5.5 임의 시스템의 중요 파라미터 정의

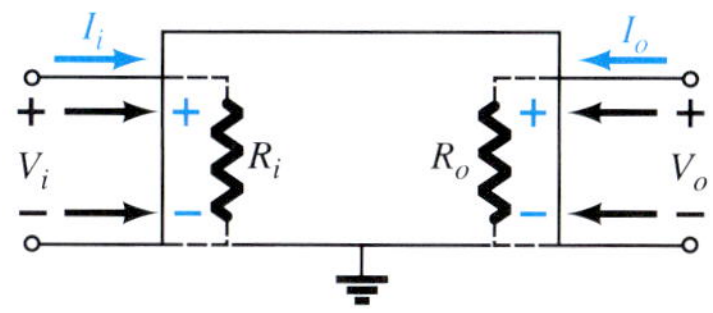

그림 5.6 정해진 방향과 극성

그림 5.5에 표시된 대로 따른다. 달리 말하자면 입력전류 I_i와 출력전류 I_o는 시스템을 유입하는 방향으로 정의한다. 만일 특별한 예로서 그림 5.5에 나타낸 바와 같이 출력전류가 시스템으로 유입하기보다 유출한다면 음의 부호가 적용되어져야 한다. 또한 정해진 입출력전압 극성은 그림 5.5에 나타낸 바와 같으며, 만일 V_o가 반대극성을 가진다면 음의 부호가 적용되어져야 한다. 주목할 것은 Z_i는 시스템의 입력 쪽의 임피던스이고, 반면에 출력 회로의 임피던스에 대해서는 출력전류 이외에는 그다지 좋은 설명이 없다. 그림 5.5에 나타낸 전류와 전압에 대한 방향을 선택함으로써 양쪽 입력과 출력 임피던스도 양의 부호 결과로 정해진다. 예를 들면 그림 5.6의 특정한 시스템에서 입력과 출력 임피던스가 둘다 저항이면, I_i와 I_o방향에 따른 저항소자 양단의 전압은 V_i와 V_o 각각의 부호와 같은 극성을 가질 것이다. 그러나 I_o가 그림 5.5와 반대의 방향이면 음의 부호가 적용되어져야 한다. 만일 모두가 그림 5.5와 같은 방향과 극성을 가진다면 $Z_i = V_i/I_i$와 $Z_o = V_o/I_o$ 각각의 경우도 양의 결과를 가질 것이다. 그러나 실제 시스템의 출력전류가 그림 5.5의 방향과 반대이면 V_o는 그림 5.5에 나타낸 것과는 반대로 음의 부호를 가져야한다. 그러므로 이 장의 BJT 네트워크를 해석하는데 있어서 그림 5.5를 꼭 명심하여야 하는 이유는 이것이 패키지 IC 시스템 확장 사용에 있어서 너무 중요한 '시스템 해석'의 개요이기 때문이다.

이제 그림 5.4의 공통 접지와 회로의 소자들을 정리하면, R_1과 R_2는 병렬로 연결되고, R_C는 트랜지스터의 컬렉터와 에미터 사이에 놓이게 되어 그림 5.7과 같이 된다. 그림 5.7의 트랜지스터 등가 모델은 저항이나 독립 제어 전원 등과 같은 기본적인 소자들로 이루어지게 되므로, 회로의 해석에서 중첩의 원리, 테브난(Thévenin)의 정리 등을 사용해 원하는 값을 얻는 데 적용할 수 있다.

이제 그림 5.7의 회로에서 중요한 값들을 알아보도록 하자. 트랜지스터는 증폭 소자이므

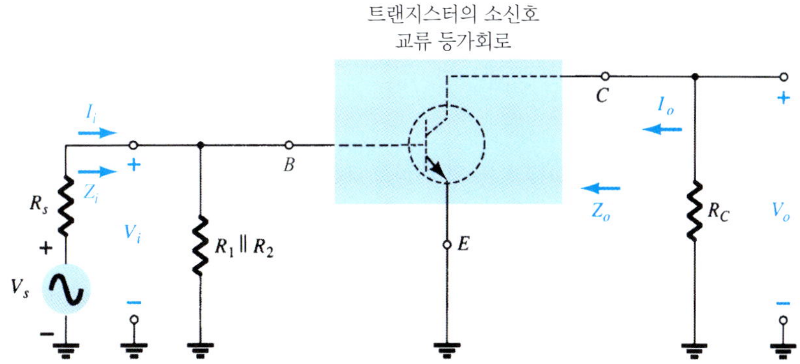

그림 5.7 그림 5.4 회로의 소신호 교류 등가회로

로, 출력전압 V_o와 입력전압 V_i의 관계를 나타낸 값—전압 이득이 있을 것이다. 그림 5.7의 회로 구조에서는 전류 이득 $A_i=I_o/I_i$로 결정된다.

정리하면, 교류 등가회로는 다음과 같이 구할 수 있다.

1. 모든 직류 전원은 0 V로 하고, 단락회로로 대체한다.
2. 모든 커패시터는 단락회로 등가로 대체한다.
3. 위의 1과 2의 과정에서 소개된 단자가 단락되는 소자들을 제거한다.
4. 회로망을 해석하기 편하고 논리적이 되도록 회로를 다시 그린다.

이제 다음 절들에서는 그림 5.7의 회로를 해석하기 위해 트랜지스터 등가 모델을 설명할 것이다.

5.4 r_e 트랜지스터 모델

CB, CE, 그리고 CC BJT 트랜지스터 구성을 위한 r_e 모델 각각이, BJT 트랜지스터의 실제 동작에 대한 좋은 접근 방법인 것에 대한 이유를 짧은 설명과 함께 시작하겠다.

공통 에미터 회로

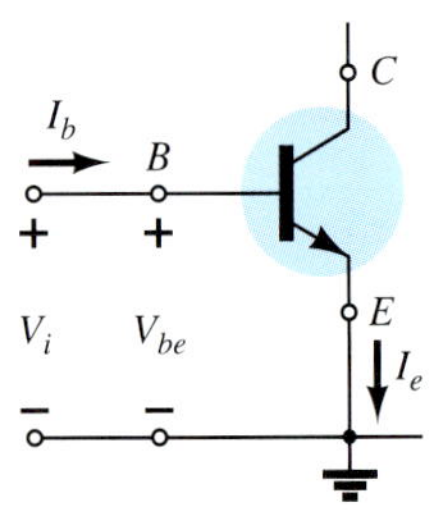

그림 5.8 BJT 트랜지스터의 입력 등가회로

공통 에미터 회로에 대한 등가회로는 소자 특성과 많은 근사들을 사용해 구성되어지며, 입력단은 그림 5.8에서 보이는 바와 같이 인가전압 V_i는 베이스전류 I_b에 의한 전압 V_{be}와 같다.

3장에서와 같이 트랜지스터의 순방향 바이어스 접합 V_{BE}–I_E 특성은 그림 5.9a에 나타낸 바와 같이 여러 가지 레벨을 가진다. 그런데 그림 5.9a의 곡선들에 대한 평균치를 취하면 순방향 바이어스된 다이오드와 같은 단순한 한 개의 곡선 그림 5.9b와 같이 된다.

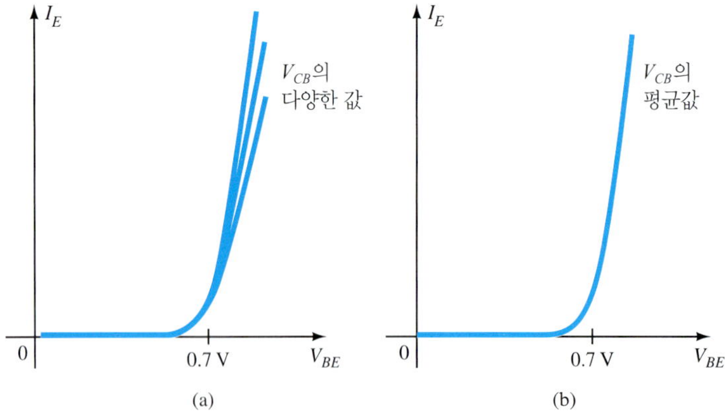

그림 5.9 그림 5.9a의 특성에 대한 평균치 곡선

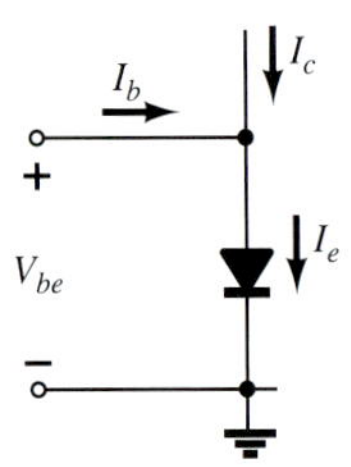

그림 5.10 BJT 트랜지스터의 입력단 등가회로

등가회로는 그림 5.10과 같이 입력단은 전류 I_e가 흐르는 단일 다이오드와 같다. 그러나 이 회로는 그림 5.10의 전류 I_e의 출력 특성을 가진 회로망으로 그 성분을 추가해야 한다.

그림 5.11(다른 근사)에 나타난 상수 β를 가진 컬렉터 특성을 다시 그리면, 출력부분에서

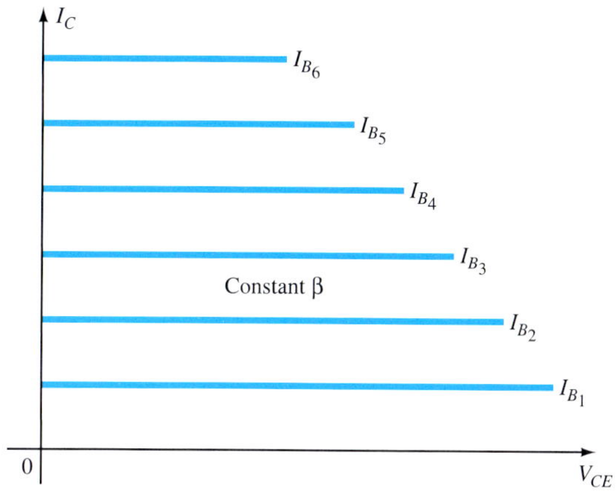

그림 5.11 상수 특성

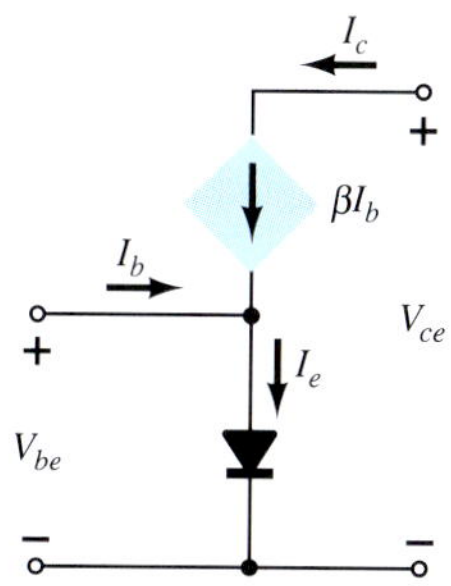

그림 5.12 BJT 등가회로

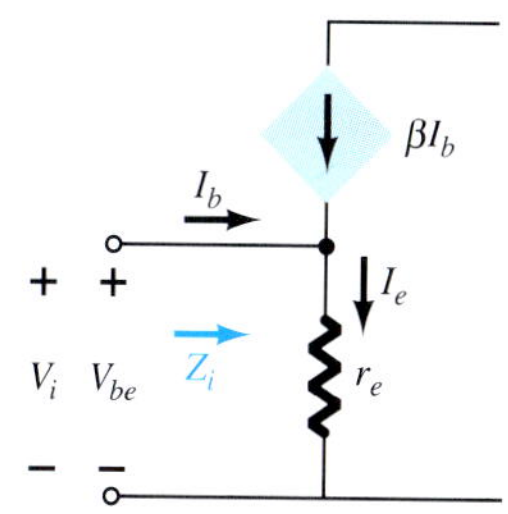

그림 5.13 Z_i의 레벨 정의

의 전체특성은 그 크기가 그림 5.11에 나타난 베이스전류를 β배한 제어전원으로 대치될 수 있다. 따라서 본래 회로의 입력과 출력의 모든 파라미터들은 그림 5.12에 나타낸 공통 에미터 회로의 등가회로로 실현된다.

그림 5.12의 등가 모델은 입력과 출력회로 사이의 직접 연결 문제로 인해 다루기 힘들므로 먼저 그림 5.13에 나타낸 I_E의 레벨에 의해 결정되는 등가저항에 의해 대치되어 개선될 수 있다. 3장으로부터 다이오드 저항 r_D=26 mV/I_D로 결정되어지므로, 첨자 e를 사용하여 에미터 전류는 r_e=26 mV/I_E 에 의해 결정된다.

입력단은:
$$Z_i = \frac{V_i}{I_b} = \frac{V_{be}}{I_b}$$

V_{be}에 대해 풀면:
$$V_{be} = I_e r_e = (I_c + I_b)r_e = (\beta I_b + I_b)r_e$$
$$= (\beta + 1)I_b r_e$$

$$Z_i = \frac{V_{be}}{I_b} = \frac{(\beta + 1)I_b r_e}{I_b}$$

그러므로
$$\boxed{Z_i = (\beta + 1)r_e \cong \beta r_e} \tag{5.1}$$

이 결과는 그림 5.14에 나타난 바와 같이 회로망의 베이스를 '들여다' 본 임피던스로서 r_e를 β배한 등가 저항에 상응한다. 그리고 컬렉터 출력전류는 동일한 그림에서 나타난 대로 입력전류를 β배한 전류로 연결된다.

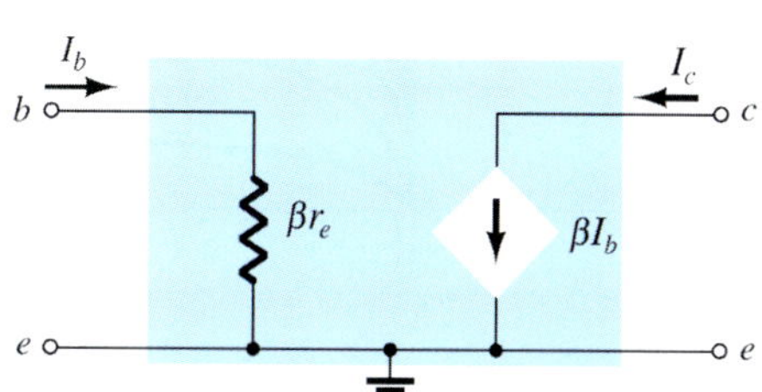

그림 5.14 개선된 BJT 등가회로

그리고 등가회로는 그림 5.11의 이상적인 특성으로 정의된 바와 같이 입력과 출력회로가 분리되어진다. 따라서 회로망해석을 할때 제어전원에 의해 연결된다.

Early 전압

입력 회로에 대해서는 설명이 쉽지만, 반면에 베타에 대한 레벨과 I_B에 의해 정의된 컬렉터 출력 전류를 제외하고는 기기의 출력 임피던스에 대한 좋은 설명이 없다. 실제로 특성은 그림 5.11과 같은 이상적인 모습으로 나타나지는 않는다. 오히려, 그림 5.15에서 볼 수 있는 기울기의 특성이 나타나고, 이것이 기기의 출력 임피던스를 정의한다. 기울기가 가파를수록 출력 임피던스는 작아지고, 트랜지스터는 비이상적으로 된다. 다음 단의 영향을 줄이려면 출력 임피던스를 크게 가져가야 하는 것이 일반적이다. 만약 곡선의 기울기를 수평축에 닿을 때까지 연장한다면, 흥미롭게도 그림 5.15에서 볼 수 있듯이 모든 곡선의 기울기는 Early 전압이라고 불리는 전압을 교차하게 된다. 이 교차점은 James M. Early에 의해 1952년에 처음 발견되었다. 베이스의 전류가 직선의 기울기가 증가하듯이 증가하게 되면, 베이스와 컬렉터 전류의 증가와 함께 출력 임피던스의 증가를 가져오게 된다. 그림 5.15에 나타나듯이, 특별히 컬렉터와 베이스 전류는 아래의 공식을 이용해서 알아낼 수 있게 된다.

$$r_o = \frac{\Delta V}{\Delta I} = \frac{V_A + V_{CE_Q}}{I_{C_Q}} \tag{5.2}$$

하지만, 일반적으로 Early 전압은 컬렉터와 에미터 사이에 인가된 전압과 비교하면 충분히 크며 다음과 같은 근사값을 갖게 된다.

$$r_o \cong \frac{V_A}{I_{C_Q}} \tag{5.3}$$

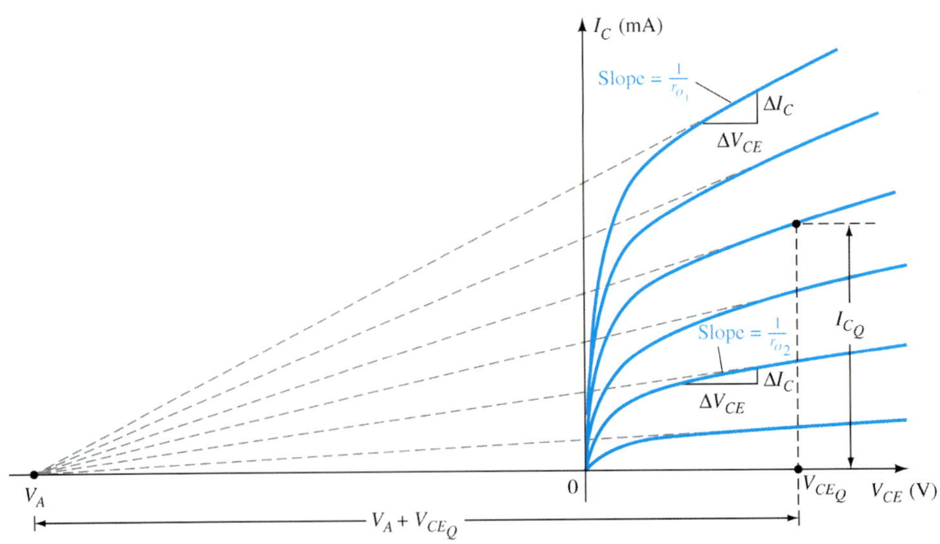

그림 5.15 Early 전압과 트랜지스터의 출력 임피던스의 결정.

분명하게 V_A는 고정된 전압이고, 컬렉터의 전압이 커질수록 출력 임피던스가 작아진다.

Early 전압이 가능하지 않은 상황에서 출력 임피던스는 다음 방정식과 같이 베이스 또는 컬렉터의 전류를 사용해서 찾아낼 수 있다.

$$\text{Slope} = \frac{\Delta y}{\Delta x} = \frac{\Delta I_C}{\Delta V_{CE}} = \frac{1}{r_o}$$

$$\boxed{r_o = \frac{\Delta V_{CE}}{\Delta I_C}} \tag{5.4}$$

그림 5.15에서 똑같은 전압의 변화는 r_{o_1}보다 r_{o_2}에서 전류 ΔI_C의 변화량이 확연히 작게 되고 결과적으로 r_{o_2}가 r_{o_1}보다 확실히 크게 된다.

트랜지스터에 관한 스펙 자료에서 Early 전압이 나타나지 않거나 출력 특성이 나타나지 않는 경우에는 하이브리드 파라미터 h_{oe}를 사용해서 출력 임피던스를 결정할 수 있고, 이것은 보통 모든 스펙 자료에 그려져 있다. 이것은 5.19절에서 자세히 다루어진다.

어떠한 경우에도 출력 임피던스는 그림 5.16의 회로에서 볼 수 있듯이 출력과 평행인 저항으로 정의할 수 있다.

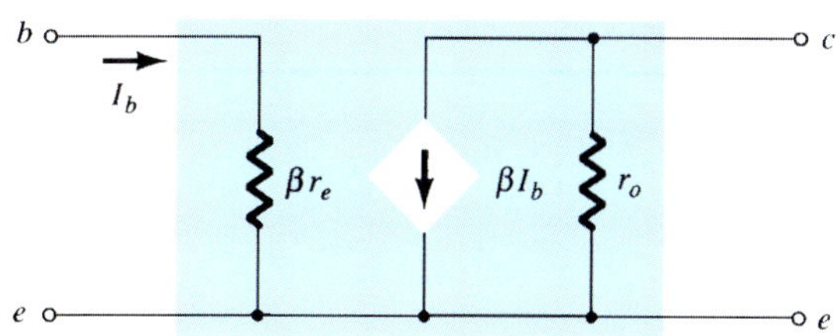

그림 5.16 r_o의 효과를 포함한 공통 에미터 구조에 대한 r_e 모델

그림 5.16의 등가회로는 공통 에미터 회로 해석에 사용되어지며, β가 50에서 200 범위의 대표적 값에 대해 입력 저항은 수백 Ω에서 최대치 6 kΩ이나 7 kΩ 범위의 동작값을 갖고 출력저항 r_o는 40 kΩ에서 50 kΩ 범위의 값을 가진다.

공통 베이스 회로

공통 베이스 등가회로는 공통 에미터 회로에 적용했던 것과 같은 매우 유사한 방법으로 구성되어질 것이다. 그리고 입출력회로의 일반적인 특성은 소자의 실제적 동작에 상응하는 등가회로를 구성하며, 다이오드를 사용하여 베이스로부터 에미터에 연결을 나타내는 공통 에미터 회로를 상기하면 된다. 그림 5.17a의 공통 베이스 회로에서도 *npn* 트랜지스터로 똑같이 설명되어질 수 있다. 등가회로에서 다이오드의 사용 결과는 그림 5.17b에 나타나 있다. 출력회로에 대해서는 3장의 그림 3.8을 복습해 보면, 컬렉터 전류가 에미터 전류의 α배 된다는 것을 알 수 있다. 그러나 이 경우 그림 5.17b에 삽입된 컬렉터 전류를 정의하는 제어소스의 방향이 공통 에미터 회로의 제어 소스의 방향과 반대가 되어진다. 그러므로 출력 회로에서의 컬렉터 전류의 방향은 정의된 출력전류의 방향과 반대이다.

교류응답에서, 다이오드는 그림 5.18에 보이는 바와 같이 r_e=26 mV/I_E에 의해 정해지는

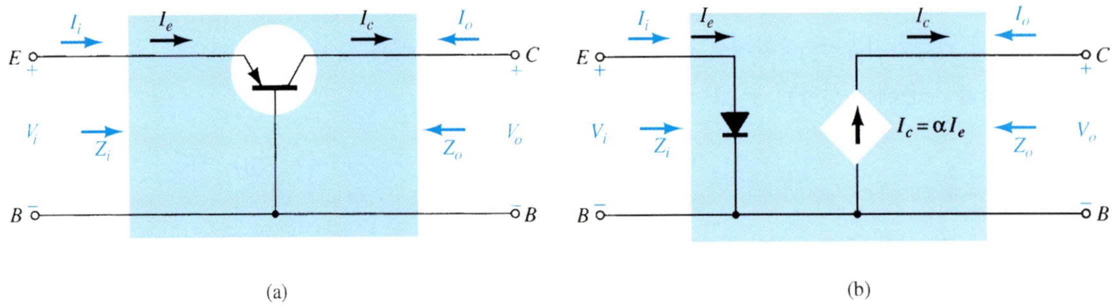

그림 5.17 (a) 공통 베이스 BJT트랜지스터; (b) (a)회로에 대한 등가회로

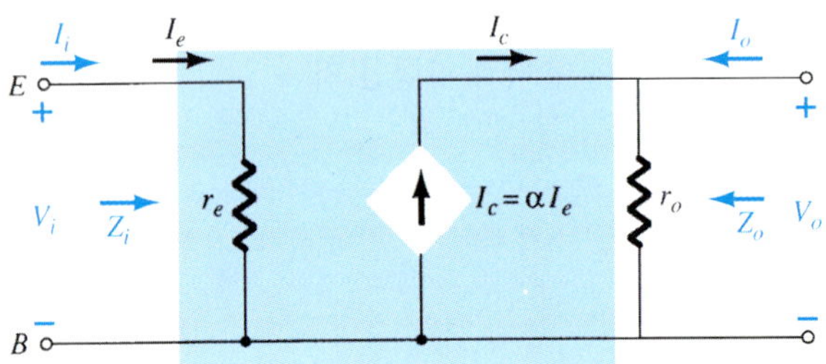

그림 5.18 공통 베이스 r_e 등가회로

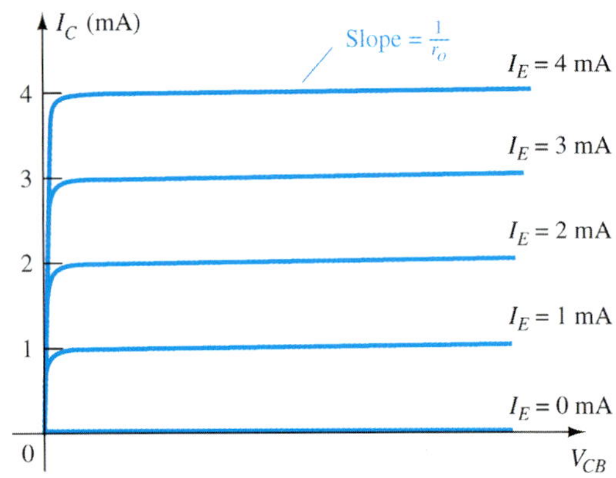

그림 5.19 Z_o 결정

등가 교류저항으로 대치될 수 있다. 여기에서 주지할 것은 에미터 전류가 등가저항을 결정하는 역할을 한다는 것이다. 그리고 더 나아가 출력저항은 공통 에미터 회로의 컬렉터 특성에 적용된 것과 같은 방법으로 그림 5.19의 특성을 결정한다. 대부분의 수평곡선은 그림 5.18에 나타낸 출력저항 r_o가 매우 높다는 것은 분명하게 나타낸다.

그러므로 그림 5.18의 회로는 대부분의 공통 베이스 회로 해석에 아주 적합한 등가회로이다. 따라서 이 회로는 여러 면에서 공통 에미터 회로와 아주 유사하다. 일반적으로 공통 베이스 회로는 단순히 r_e뿐이기 때문에 매우 낮은 입력 임피던스를 가지며, 대표 값은 수 Ω에서 50 Ω 정도에 이른다. 그리고 출력 임피던스 r_o는 수 MΩ 범위에 이른다. 그리고 출력 전류는 정의된 I_o방향과 반대이기 때문에 해석할 때 입력과 출력전압 사이에 위상변동이 없는 것을 알게 될 것이다. 그러나 공통 에미터 회로는 180° 위상변동이 있다.

공통 컬렉터 회로

공통 컬렉터 회로에 대한 모델은 공통 컬렉터 회로에 대한 모델을 정의하는 것보다 그림 5.16의 공통 에미터 회로에 대해 정의된 모델을 적용하는 것이 일반적이다. 이후의 여러 장에서 공통 컬렉터 회로가 등장할 것이고 같은 모델이 사용될 것이다.

npn 대 *pnp*

*npn*과 *pnp* 구성에 대한 직류해석은 전류의 방향이 반대인 것과 전압이 반대 극성을 가진다는 것에서 매우 다르다. 그러나 교류해석에서는 신호가 양과 음의 값 사이를 왔다 갔다 하기 때문에 교류등가회로는 같게 된다.

5.5 공통 에미터 고정 바이어스 회로

소개한 트랜지스터 모델을 이용해 여러 가지 기본적인 트랜지스터 회로의 소신호 교류 해석을 다루어 보겠다. 여기서 해석할 회로는 대부분이 현재 실제로 사용하는 것들이다. 이 장을 공부하여 이해하고 나면 기본 회로를 응용하여 만든 회로들에 대해서도 쉽게 이해할 수 있을 것이다. 그리고 각각의 회로에 대한 출력 임피던스의 영향이 철저하게 다루어질 것이다.

컴퓨터 해석을 다룬 절에서는 PSpice와 Multisim 소프트웨어 패키지를 사용하기 위한 트랜지스터 모델에 대해서도 간단히 살펴볼 것이다. 이를 통해 요즘의 상용 컴퓨터 해석 시스템이 어느 정도 그리고 얼마나 깊이 다룰 수 있는지를, 그리고 이러한 패키지를 사용함으로써 복잡한 회로에서도 원하는 결과를 얻는 방법이 얼마나 상대적으로 쉬운지를 알 수 있을 것이다. 처음으로 자세히 살펴볼 회로는 그림 5.20의 공통 에미터 고정 바이어스 회로이다. 입력신호 V_i가 트랜지스터의 베이스에 인가되었으며, 출력신호 V_o는 트랜지스터의 컬렉터에서 얻는다는 점에 주목하자. 더욱이 입력전류 I_i는 베이스 전류가 아닌 소스 전류이며, 출력전류 I_o는 컬렉터 전류인 점도 기억하자. 소신호 교류 해석은 V_{CC}의 직류 영향을 없애고 직류 차단 커패시터 C_1, C_2를 단락 등가회로로 대체하여 그림 5.21의 회로를 얻는 것부터 시작한다.

그림 5.21에서 직류 공급원과 트랜지스터의 에미터 단자가 공통으로 접지되므로 R_B와 R_C를 각각 트랜지스터의 입출력단에 대해 병렬로 놓을 수 있다. 또한 중요한 회로 파라미터인 Z_i, Z_o, I_i와 I_o가 재구성한 회로의 어느 곳에 놓여 있는지에 유의하자. 그림 5.21의 공통 에미터 회로를 r_e 모델로 대치하면 그림 5.22와 같이 된다.

다음 단계는 β, r_e, r_o를 정하는 것이다. β의 크기는 대체로 사양서를 참조하거나 커브 트

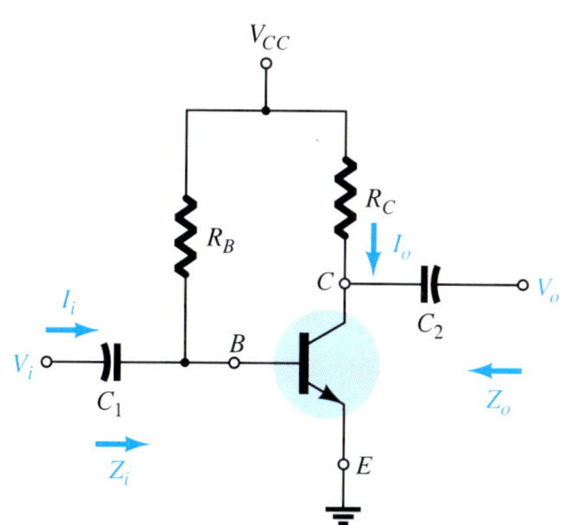

그림 5.20 공통 에미터 고정 바이어스 회로

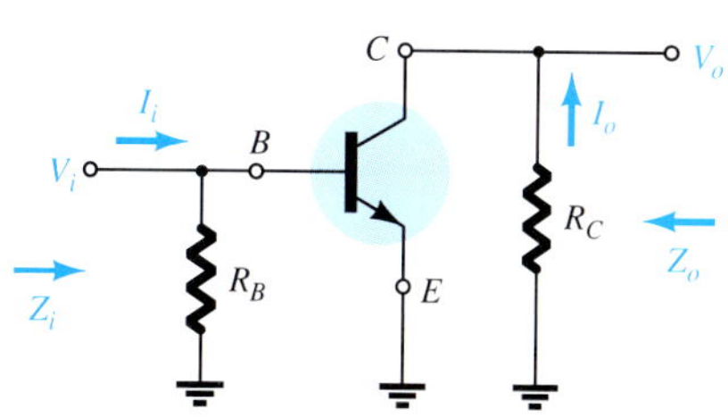

그림 5.21 V_{CC}, C_1과 C_2의 효과를 제거한 그림 5.20의 회로

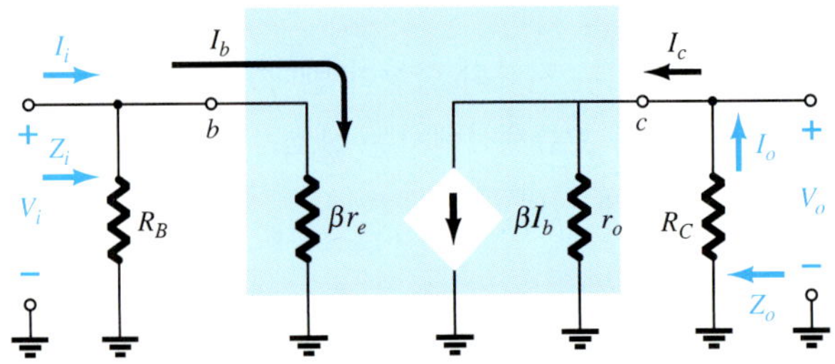

그림 5.22 그림 5.21 회로의 r_e 모델 대체

레이서(curve tracer)와 같은 트랜지스터 측정 장치를 이용하여 얻는다. r_e의 값은 시스템의 직류 해석을 통해 결정하며, r_o의 값은 보통 사양서나 특성 곡선을 통해 얻는다. β, r_e, r_o가 정해지면 시스템의 중요한 특성인 2포트 특성에 대한 다음 식을 얻는다.

Z_i 그림 5.22에서 다음과 같음을 보여준다.

$$\boxed{Z_i = R_B \| \beta r_e} \quad \text{ohms} \tag{5.5}$$

대부분의 상황에 있어서 R_B는 βr_e보다 적어도 10배 이상 크므로(병렬 소자 해석에서 병렬 저항의 합성 저항은 언제나 작은 저항보다 작고 다른 쪽 저항값이 상대적으로 매우 크면 작은 쪽 저항의 값에 매우 가까워진다는 사실을 기억하자), 다음과 같은 식을 얻는다.

$$\boxed{Z_i \cong \beta r_e}_{R_B \geq 10\beta r_e} \quad \text{ohms} \tag{5.6}$$

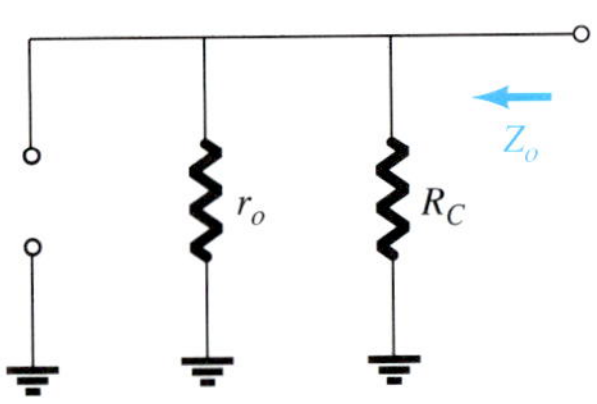

그림 5.23 그림 5.22 회로에서 Z_o 결정

Z_o 임의의 시스템에 대해 출력 임피던스가 V_i=0인 때의 임피던스 Z_o로 결정된다는 것을 기억해보자. 그림 5.22에서 V_i=0, I_i=I_b=0이면 전류원을 개방회로로 등가할 수 있으므로, 결과는 그림 5.23과 같이 된다.

$$\boxed{Z_o = R_C \| r_o} \quad \text{ohms} \tag{5.7}$$

$r_o \geq 10R_C$이면, 자주 사용되는 근사값 $R_C \| r_o \cong R_C$를 사용하면,

$$\boxed{Z_o \cong R_C}_{r_o \geq 10R_C} \tag{5.8}$$

A_v 저항 r_o와 R_C가 병렬로 연결되어 있고,

$$V_o = -\beta I_b (R_C \| r_o)$$

이다. 그러나

$$I_b = \frac{V_i}{\beta r_e}$$

따라서

$$V_o = -\beta\left(\frac{V_i}{\beta r_e}\right)(R_C \| r_o)$$

그리고

$$A_v = \frac{V_o}{V_i} = -\frac{(R_C \| r_o)}{r_e} \tag{5.9}$$

이 된다. $r_o \geq 10R_C$이면, r_o의 영향은 무시될 수 있으므로

$$A_v = -\frac{R_C}{r_e} \Bigg|_{r_o \geq 10R_C} \tag{5.10}$$

이다. r_e를 결정하기 위해서는 β를 알아야 하지만, 식 (5.9)과 식 (5.10) 모두에서 β가 분명히 빠져있다는 점에 주목하자.

위상 관계 A_v에 대한 결과식의 음의 부호는 그림 5.24에 나타난 바와 같이 입출력신호 사이에 180° 위상 차이가 존재함을 보여준다. 그리고 이것은 R_c를 통해 흐르는 βI_b에 의한 R_c양단의 전압강하가 V_o에 의해 정의된 것과는 반대로 발생하는 것을 말한다.

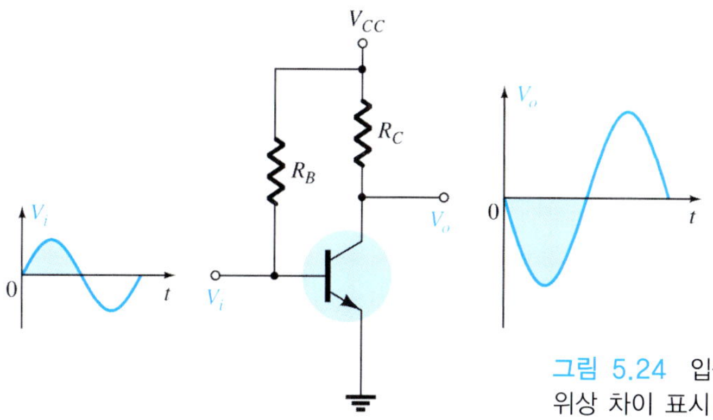

그림 5.24 입출력 파형간의 180° 위상 차이 표시

예제 5.1 그림 5.25의 회로에서

a. r_e를 구하라.

b. Z_i를 구하라($r_o = \infty\ \Omega$).

c. Z_o를 구하라($r_o = \infty\ \Omega$).

d. A_v를 구하라($r_o = \infty\ \Omega$).

e. $r_o = 50\ \text{k}\Omega$일 때 (c)와 (d)를 되풀이한 후 그 결과를 비교하라.

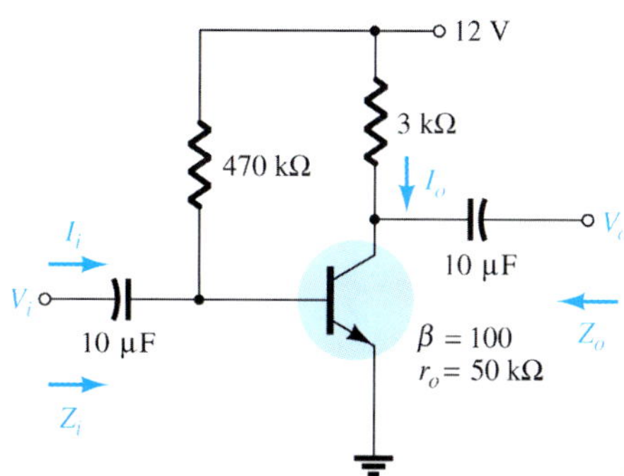

그림 5.25 예제 5.1

풀이

a. 직류 해석:

$$I_B = \frac{V_{CC} - V_{BE}}{R_B} = \frac{12\text{ V} - 0.7\text{ V}}{470\text{ k}\Omega} = 24.04\ \mu\text{A}$$

$$I_E = (\beta + 1)I_B = (101)(24.04\ \mu\text{A}) = 2.428\text{ mA}$$

$$r_e = \frac{26\text{ mV}}{I_E} = \frac{26\text{ mV}}{2.428\text{ mA}} = \mathbf{10.71\ \Omega}$$

b. $\beta r_e = (100)(10.71\ \Omega) = 1.071\text{ k}\Omega$

$$Z_i = R_B \| \beta r_e = 470\text{ k}\Omega \| 1.071\text{ k}\Omega = \mathbf{1.07\text{ k}\Omega}$$

c. $Z_o = R_C = \mathbf{3\text{ k}\Omega}$

d. $A_v = -\dfrac{R_C}{r_e} = -\dfrac{3\text{ k}\Omega}{10.71\ \Omega} = \mathbf{-280.11}$

e. $Z_o = r_o \| R_C = 50\text{ k}\Omega \| 3\text{ k}\Omega = \mathbf{2.83\text{ k}\Omega}$ vs. $3\text{ k}\Omega$

$$A_v = -\frac{r_o \| R_C}{r_e} = \frac{2.83\text{ k}\Omega}{10.71\ \Omega} = \mathbf{-264.24} \text{ vs. } -280.11$$

5.6 전압 분배기 바이어스

다음으로 해석할 회로는 그림 5.26의 전압 분배기(voltage-divider) 바이어스 회로이다. 이 회로의 이름은 입력 쪽의 직류전압 V_B의 값을 결정하는 전압 분배기에서 유래한 것임을 기억하자.

이 회로를 r_e 등가회로로 대체한 결과가 그림 5.27의 회로이다. R_E가 바이패스 커패시터 C_E의 낮은 임피던스 단락 효과에 의해 없어졌음에 유의하자. 즉 동작 주파수에서 커패시터의 리액턴스가 R_E에 비해 매우 작으므로 R_E양단은 단락된 것으로 취급한다. V_{CC}를 0으로

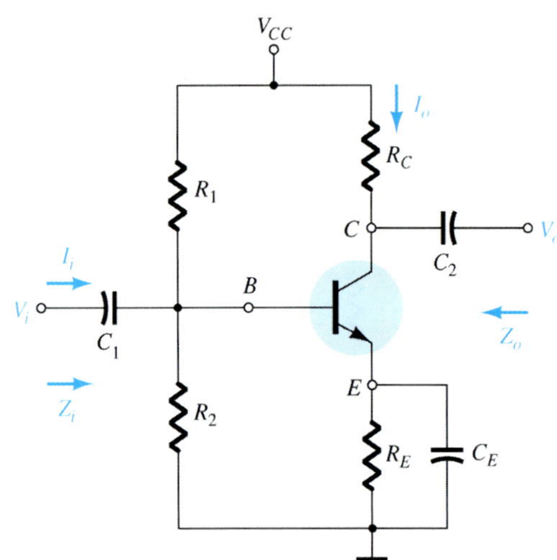

그림 5.26 전압 분배기 바이어스 회로

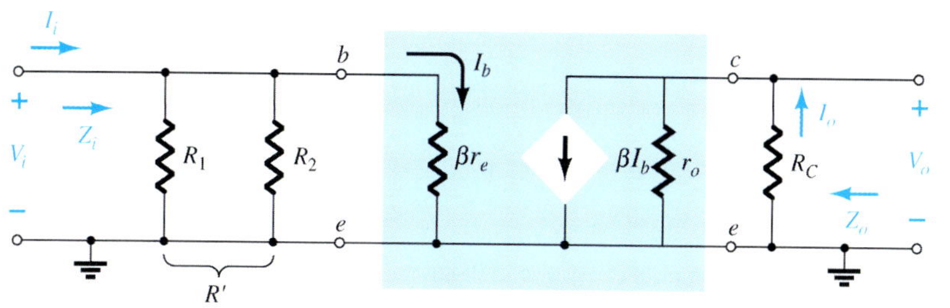

그림 5.27 그림 5.26 등가회로의 r_e 등가회로 대체

하면, R_1과 R_C의 한쪽 단자는 그림 5.27과 같이 접지 전위가 된다. 여기서 R_1과 R_2는 입력회로의 일부를 담당하고 R_C는 출력회로의 일부임에 유의하자. 병렬 연결된 R_1과 R_2는 다음과 같이 정해진다.

$$\boxed{R' = R_1 \| R_2 = \frac{R_1 R_2}{R_1 + R_2}} \tag{5.11}$$

Z_i 그림 5.27로부터

$$\boxed{Z_i = R' \| \beta r_e} \tag{5.12}$$

Z_o 그림 5.27로부터 V_i가 0 V이면 I_b=0 μA이고 I_b=0 mA가 된다.

$$\boxed{Z_o = R_C \| r_o} \tag{5.13}$$

$r_o \geq 10R_C$이면,

$$\boxed{Z_o \cong R_C}_{r_o \geq 10R_C} \tag{5.14}$$

A_v R_C와 r_o가 병렬 연결되었으므로,

$$V_o = -(\beta I_b)(R_C \| r_o)$$

$$I_b = \frac{V_i}{\beta r_e}$$

따라서

$$V_o = -\beta\left(\frac{V_i}{\beta r_e}\right)(R_C \| r_o)$$

그리고

$$\boxed{A_v = \frac{V_o}{V_i} = \frac{-R_C \| r_o}{r_e}} \tag{5.15}$$

가 되며, 이 식은 고정 바이어스 회로에서 얻은 식과 동일한 식임을 알 수 있다.

$r_o \geq 10R_C$이므로,

$$A_v = \frac{V_o}{V_i} \cong -\frac{R_C}{r_e} \tag{5.16}$$

위상 관계 식 (5.15)의 음의 부호는 V_o와 V_i 사이에 180°의 위상 차이가 존재함을 나타낸다.

예제 5.2 그림 5.28의 회로에서 다음을 구하라.

a. r_e
b. Z_i
c. $Z_o(r_o=\infty\ \Omega)$
d. $A_v(r_o=\infty\ \Omega)$
e. $r_o=50\ \text{k}\Omega$일 때 (b)~(d)까지의 파라미터를 구한 후 결과를 비교하라.

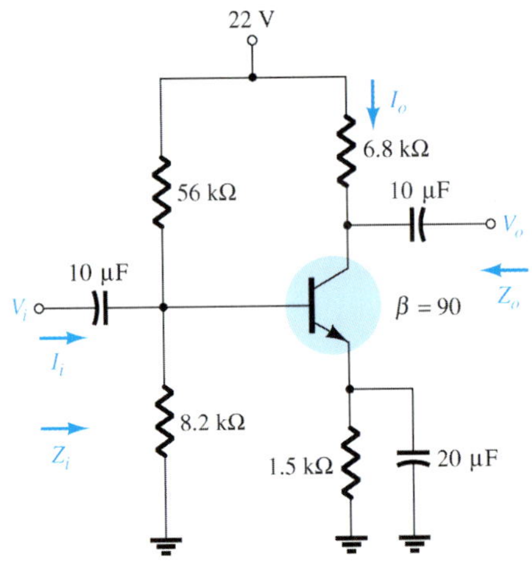

그림 5.28 예제 5.2

풀이

a. 직류: $\beta R_E > 10R_2$임이 만족되는지 검사하면,

$$(90)\,(1.5\ \text{k}\Omega) > 10(8.2\ \text{k}\Omega)$$
$$(135\ \text{k}\Omega) > 82\ \text{k}\Omega(\text{만족})$$

근사적으로 접근하면, 다음과 같다.

$$V_B = \frac{R_2}{R_1 + R_2}V_{CC} = \frac{(8.2\ \text{k}\Omega)(22\ \text{V})}{56\ \text{k}\Omega + 8.2\ \text{k}\Omega} = 2.81\ \text{V}$$

$$V_E = V_B - V_{BE} = 2.81\ \text{V} - 0.7\ \text{V} = 2.11\ \text{V}$$

$$I_E = \frac{V_E}{R_E} = \frac{2.11\ \text{V}}{1.5\ \text{k}\Omega} = 1.41\ \text{mA}$$

$$r_e = \frac{26\ \text{mV}}{I_E} = \frac{26\ \text{mV}}{1.41\ \text{mA}} = \mathbf{18.44\ \Omega}$$

b. $R' = R_1 \| R_2 = (56\ \text{k}\Omega)\|(8.2\ \text{k}\Omega) = 7.15\ \text{k}\Omega$

$$Z_i = R' \| \beta r_e = 7.15\ \text{k}\Omega \| (90)(18.44\ \Omega) = 7.15\ \text{k}\Omega \| 1.66\ \text{k}\Omega$$
$$= \mathbf{1.35\ k\Omega}$$

c. $Z_o = R_C = \mathbf{6.8\,k\Omega}$

d. $A_v = -\dfrac{R_C}{r_e} = -\dfrac{6.8\,\text{k}\Omega}{18.44\,\Omega} = \mathbf{-368.76}$

e. $Z_i = \mathbf{1.35\,k\Omega}$

$Z_o = R_C \| r_o = 6.8\,\text{k}\Omega \| 50\,\text{k}\Omega = \mathbf{5.98\,k\Omega}$ vs. $6.8\,\text{k}\Omega$

$A_v = -\dfrac{R_C \| r_o}{r_e} = -\dfrac{5.98\,\text{k}\Omega}{18.44\,\Omega} = \mathbf{-324.3}$ vs. -368.76

조건 $r_o \geq 10R_C$가 만족되지 않으므로 Z_o, A_v와의 결과에 상당한 차이가 있음을 알 수 있다.

5.7 CE 에미터 바이어스 회로

이 절에서는 에미터 저항을 가지는 회로로서 바이패스가 있는 경우와 없는 경우를 알아보기로 한다. 먼저 바이패스가 없는 경우를 알아보고 그 결과를 이용하여 바이패스가 있는 경우의 결과를 얻도록 하자.

바이패스가 없는 경우

그림 5.29은 바이패스가 없는 경우의 가장 기본적인 회로이다. 이 회로에 r_e 모델을 적용하면 그림 5.30의 회로가 된다. 여기서 저항 r_o가 없음에 유의하자. r_o의 영향을 고려하면 해석이 복잡해지고, 대부분의 경우 그 영향이 무시할 만하므로 현재의 분석에서 r_o는 제외하였다. 그러나 이 절 후반에서는 r_o의 영향도 논의한다.

그림 5.30의 입력 쪽에 키르히호프의 전압 법칙을 적용하면

$$V_i = I_b \beta r_e + I_e R_E$$

또는

$$V_i = I_b \beta r_e + (\beta + I) I_b R_E$$

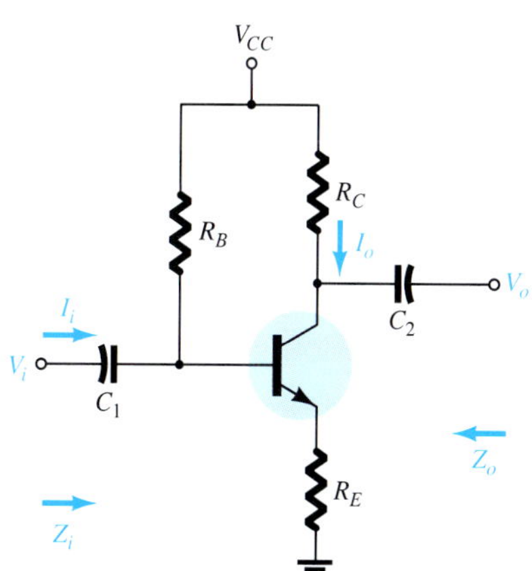

그림 5.29 CE 에미터 바이어스 회로

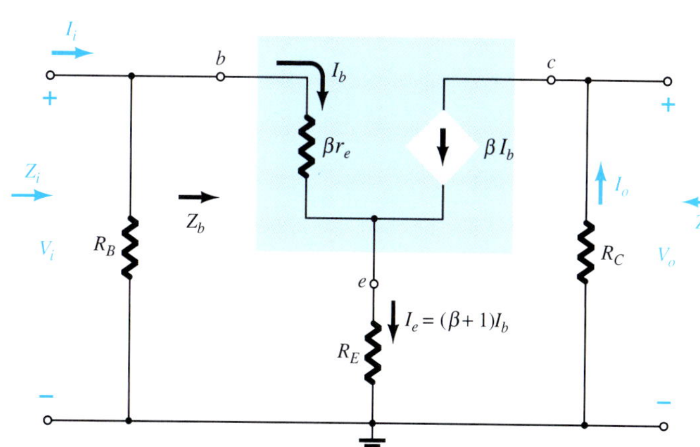

그림 5.30 그림 5.29 등가회로의 r_e등가회로 대체

R_B의 우측에서 회로를 들여다 본 입력 임피던스는

$$Z_b = \frac{V_i}{I_b} = \beta r_e + (\beta + 1)R_E$$

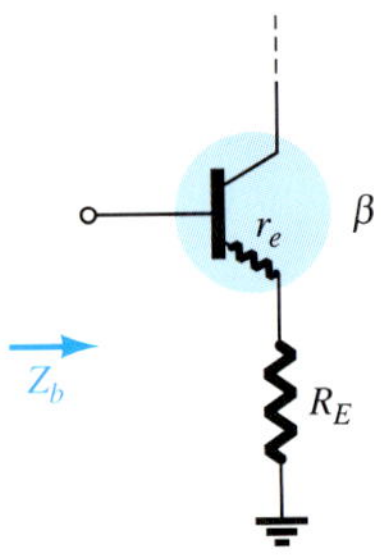

그림 5.31 바이패스가 없는 에미터 저항을 가진 트랜지스터의 입력 임피던스 결정

그림 5.31에 나타낸 바와 같이 바이패스가 없는 R_E를 가진 트랜지스터의 입력 임피던스는

$$\boxed{Z_b = \beta r_e + (\beta + 1)R_E} \tag{5.17}$$

일반적으로 β는 1보다 훨씬 크므로 근사식은 다음과 같이 된다.

$$Z_b \cong \beta r_e + \beta R_E$$

그리고

$$\boxed{Z_b \cong \beta(r_e + R_E)} \tag{5.18}$$

대부분의 경우 R_E는 r_e보다 상당히 크므로 식 (5.18)은 다음과 같이 줄어든다.

$$\boxed{Z_b \cong \beta R_E} \tag{5.19}$$

Z_i 그림 5.30로부터 다음을 얻는다.

$$\boxed{Z_i = R_B \| Z_b} \tag{5.20}$$

Z_o V_i를 0으로 놓으면 I_b=0, 그리고 βI_b는 개방회로로 대치할 수 있으므로 결과식은

$$\boxed{Z_o = R_C} \tag{5.21}$$

A_v

$$I_b = \frac{V_i}{Z_b}$$

그리고

$$V_o = -I_o R_C = -\beta I_b R_C$$
$$= -\beta\left(\frac{V_i}{Z_b}\right)R_C$$

따라서

$$\boxed{A_v = \frac{V_o}{V_i} = -\frac{\beta R_C}{Z_b}} \tag{5.22}$$

$Z_b \cong \beta(r_e+R_E)$를 대입하면

$$\boxed{A_v = \frac{V_o}{V_i} \cong -\frac{R_C}{r_e + R_E}} \tag{5.23}$$

$Z_b \cong \beta R_E$로 근사화하면

$$\boxed{A_v = \frac{V_o}{V_i} \cong -\frac{R_C}{R_E}} \tag{5.24}$$

A_v에 대한 이 식에 β값이 들어 있지 않다는 것은 A_v가 β의 변화에 대해 독립적임을 유의하자.

위상 관계 식 (5.22)의 음의 부호는 V_o와 V_i 사이에 180°의 위상 차이가 있음을 나타낸다.

r_o의 영향 밑에 나오는 식으로 이 회로에 r_o를 포함시킬 경우에 식이 복잡해짐을 알 수 있다. 하지만 특정 조건이 만족되면 회로에 미치는 r_o의 영향은 무시할 수 있기 때문에 식을 간단히 할 수 있다. 각 식의 유도는 이 책에서 다루어질 부분이 아니므로 독자에게 맡긴다. 각 식은 키르히호프의 전압 전류 법칙, 소스 변환, Thévenin 이론 등의 기본적인 회로해석 법칙을 잘 사용하면 유도할 수 있다. 그러므로 식들은 트랜지스터 구조의 주요 파라미터에 대한 r_o의 영향을 고려한 복잡한 문제가 제거된 것으로 간주한다.

Z_i

$$\boxed{Z_b = \beta r_e + \left[\frac{(\beta + 1) + R_C/r_o}{1 + (R_C + R_E)/r_o}\right] R_E} \tag{5.25}$$

R_C/r_o의 비는 $(\beta+1)$보다 훨씬 작으므로

$$Z_b \cong \beta r_e + \frac{(\beta + 1)R_E}{1 + (R_C + R_E)/r_o}$$

$r_o \geq 10(R_C+R_E)$이면

$$Z_b \cong \beta r_e + (\beta + 1)R_E$$

이 식은 식 (5.17)과 같다.

달리 말하자면 $r_o \geq 10(R_C + R_E)$의 조건이 만족되면 이전에 유도한 식을 사용하여도 좋다는 뜻이다. $\beta+1 \cong \beta$이므로 다음의 식은 거의 모든 경우에 쓸 수 있다.

$$\boxed{Z_b \cong \beta(r_e + R_E)}_{r_o \geq 10(R_C+R_E)} \tag{5.26}$$

Z_o

$$\boxed{Z_o = R_C \| \left[r_o + \frac{\beta(r_o + r_e)}{1 + \dfrac{\beta r_e}{R_E}} \right]} \tag{5.27}$$

그러나 $r_o \gg r_e$이므로

$$Z_o \cong R_C \| r_o \left[1 + \frac{\beta}{1 + \dfrac{\beta r_e}{R_E}} \right]$$

이 식은 다음과 같이 쓰일 수 있다.

$$Z_o \cong R_C \| r_o \left[1 + \frac{1}{\dfrac{1}{\beta} + \dfrac{r_e}{R_E}} \right]$$

일반적으로 $1/\beta$과 r_e/R_E의 합은 1보다 작다. 따라서 r_o에 곱해지는 값은 1보다 크다. $\beta = 100$, $r_e = 10\ \Omega$, $R_E = 1\ \text{k}\Omega$일 때

$$\frac{1}{\dfrac{1}{\beta} + \dfrac{r_e}{R_E}} = \frac{1}{\dfrac{1}{100} + \dfrac{10\ \Omega}{1000\ \Omega}} = \frac{1}{0.02} = 50$$

그리고

$$Z_o = R_C \| 51 r_o$$

그러므로 이 식은 간단히 R_C가 된다.

그러므로

$$\boxed{Z_o \cong R_C} \quad \text{Any level of } r_o \tag{5.28}$$

이 결과는 이전에 유도된 식과 같다.

A_v

$$\boxed{A_v = \frac{V_o}{V_i} = \frac{-\dfrac{\beta R_C}{Z_b}\left[1 + \dfrac{r_e}{r_o}\right] + \dfrac{R_C}{r_o}}{1 + \dfrac{R_C}{r_o}}} \tag{5.29}$$

비율 $\dfrac{r_e}{r_o} \ll 1$이므로

$$A_v = \frac{V_o}{V_i} \cong \frac{-\dfrac{\beta R_C}{Z_b} + \dfrac{R_C}{r_o}}{1 + \dfrac{R_C}{r_o}}$$

$r_o \geq 10R_C$이므로

$$\boxed{A_v = \frac{V_o}{V_i} \cong -\frac{\beta R_C}{Z_b}} \quad r_o \geq 10R_C \tag{5.30}$$

이전에 유도된 식과 같은 결과를 얻는다.

바이패스가 있는 경우

그림 5.29의 R_E를 에미터 커패시터 C_E로 바이패스시키면 r_e 등가회로는 그림 5.22의 회로와 같이 동일하게 된다. 따라서 식 (5.5)에서 식 (5.10)까지를 그대로 사용할 수 있다.

예제 5.3 그림 5.32의 회로에서 C_E가 없을 때(바이패스가 없는 경우) 다음을 구하라.

a. r_e b. Z_i

c. Z_o d. A_v

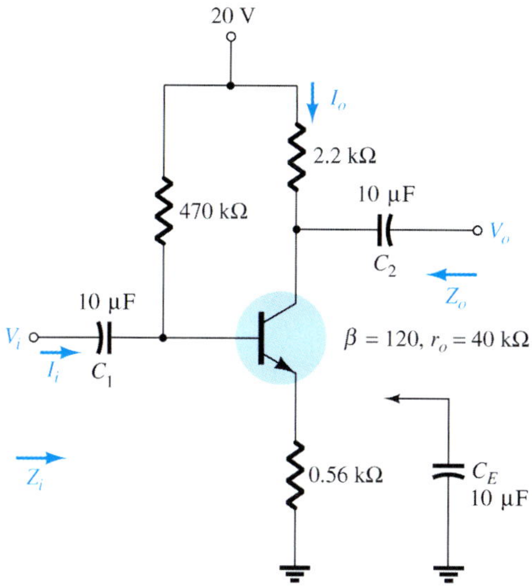

그림 5.32 예제 5.3

풀이

a. 직류:

$$I_B = \frac{V_{CC} - V_{BE}}{R_B + (\beta + 1)R_E} = \frac{20\text{ V} - 0.7\text{ V}}{470\text{ k}\Omega + (121)0.56\text{ k}\Omega} = 35.89\ \mu\text{A}$$

$$I_E = (\beta + 1)I_B = (121)(35.89\ \mu\text{A}) = 4.34\text{ mA}$$

그리고 $r_e = \dfrac{26\text{ mV}}{I_E} = \dfrac{26\text{ mV}}{4.34\text{ mA}} = \mathbf{5.99\ \Omega}$

b. 조건 $r_o \geq 10(R_C+R_E)$를 만족하는지 조사하면

$$40\text{ k}\Omega \geq 10(2.2\text{ k}\Omega + 0.56\text{ k}\Omega)$$
$$40\text{ k}\Omega \geq 10(2.76\text{ k}\Omega) = 27.6\text{ k}\Omega \text{ (만족한다)}$$

그러므로

$$Z_b \cong \beta(r_e + R_E) = 120(5.99\ \Omega + 560\ \Omega) = 67.92\text{ k}\Omega$$

그리고

$$Z_i = R_B \| Z_b = 470\text{ k}\Omega \| 67.92\text{ k}\Omega = \mathbf{59.34\ k\Omega}$$

c. $Z_o = R_C = \mathbf{2.2\ k\Omega}$

d. $r_o \geq 10R_C$을 만족하므로

$$A_v = \frac{V_o}{V_i} \cong -\frac{\beta R_C}{Z_b} = -\frac{(120)(2.2\text{ k}\Omega)}{67.92\text{ k}\Omega} = \mathbf{-3.89}$$

식 (5.20): $A_v \cong -R_c/R_E$을 이용한 결과 −3.93과 비슷하다.

예제 5.4 예제 5.3의 해석을 C_E가 있을 때에 대해 반복하라.

풀이

a. 직류 해석은 같기 때문에 r_e=5.99 Ω이다.

b. 교류 해석의 경우 C_E에 의해 R_E가 단락되므로

$$\begin{aligned} Z_i &= R_B \| Z_b = R_B \| \beta r_e = 470\,\text{k}\Omega \| (120)(5.99\,\Omega) \\ &= 470\,\text{k}\Omega \| 718.8\,\Omega \cong \mathbf{717.70\,\Omega} \end{aligned}$$

c. $Z_o = R_C = \mathbf{2.2\,k\Omega}$

d. $A_v = -\dfrac{R_C}{r_e}$

$$= -\frac{2.2\,\text{k}\Omega}{5.99\,\Omega} = \mathbf{-367.28} \text{ (현저하게 증가한다)}$$

예제 5.5 그림 5.33(C_E가 연결되지 않은)의 회로에서 다음을 구하라(적절한 근사식을 통해 구하라).

a. r_e b. Z_i

c. Z_o d. A_v

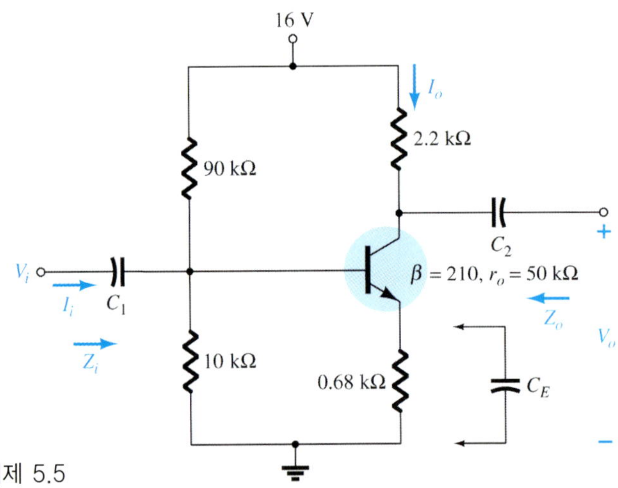

그림 5.33 예제 5.5

풀이

a. $\beta R_E > 10R_2$가 성립하는지 조사한다.

$$(210)\,(0.68\,\text{k}\Omega) > 10(10\,\text{k}\Omega)$$
$$142.8\,\text{k}\Omega > 100\,\text{k}\Omega \text{ (만족한다)}$$

그러므로

$$V_B = \frac{R_2}{R_1 + R_2} V_{CC} = \frac{10\,\text{k}\Omega}{90\,\text{k}\Omega + 10\,\text{k}\Omega} (16\,\text{V}) = 1.6\,\text{V}$$
$$V_E = V_B - V_{BE} = 1.6\,\text{V} - 0.7\,\text{V} = 0.9\,\text{V}$$

$$I_E = \frac{V_E}{R_E} = \frac{0.9\text{ V}}{0.68\text{ k}\Omega} = 1.324\text{ mA}$$

$$r_e = \frac{26\text{ mV}}{I_E} = \frac{26\text{ mV}}{1.324\text{ mA}} = \mathbf{19.64\ \Omega}$$

b. 그림 5.34는 교류 등가회로이다. 이 회로가 그림 5.30과 다른 것은 단지

$$R_B = R' = R_1 \| R_2 = 9\text{ k}\Omega$$

가 되기 때문이다.

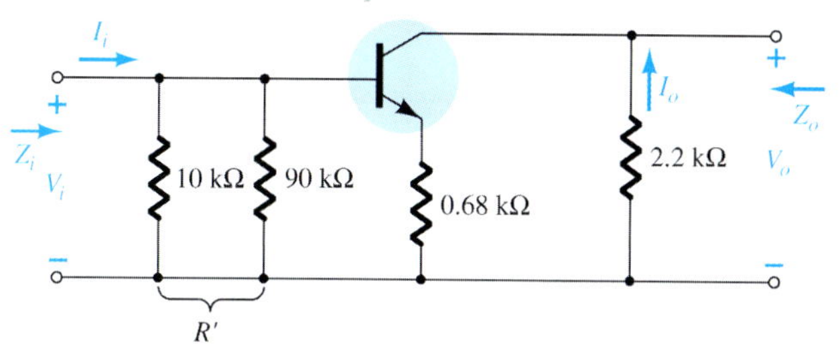

그림 5.34 그림 5.33의 교류 등가회로

이 회로에서 $r_o \geq 10(R_C+R_E)$와 $r_o \geq 10R_C$ 둘 다 만족한다. 적합한 근사식을 사용하면 다음을 얻는다.

$$Z_b \cong \beta R_E = 142.8\text{ k}\Omega$$
$$Z_i = R_B \| Z_b = 9\text{ k}\Omega \| 142.8\text{ k}\Omega$$
$$= \mathbf{8.47\ k\Omega}$$

c. $Z_o = R_C = \mathbf{2.2\ k\Omega}$

d. $A_v = -\dfrac{R_C}{R_E} = -\dfrac{2.2\text{ k}\Omega}{0.68\text{ k}\Omega} = \mathbf{-3.24}$

예제 5.6 C_E가 있을 때 예제 5.5를 반복하라.

풀이

a. 직류 해석은 같다. 그러므로 r_e=**19.64 Ω**이다.

b. $Z_b = \beta r_e = (210)(19.64\ \Omega) \cong 4.12\text{ k}\Omega$

$Z_i = R_B \| Z_b = 9\text{ k}\Omega \| 4.12\text{ k}\Omega$

$= \mathbf{2.83\ k\Omega}$

c. $Z_o = R_C = \mathbf{2.2\ k\Omega}$

d. $A_v = -\dfrac{R_C}{r_e} = -\dfrac{2.2\text{ k}\Omega}{19.64\ \Omega} = \mathbf{-112.02}$ (현저하게 증가한다)

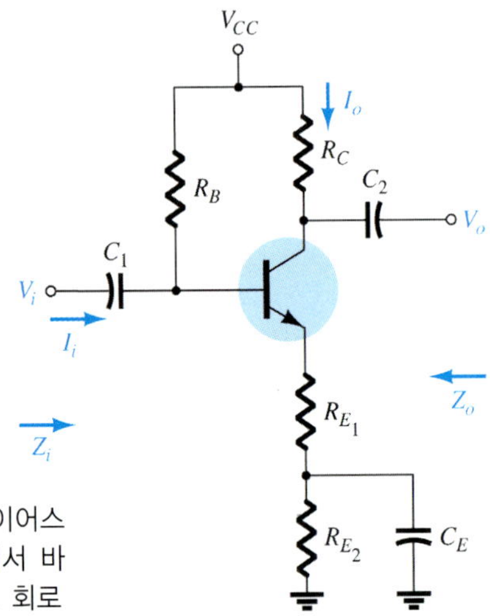

그림 5.35 에미터 바이어스 저항의 일부가 교류영역에서 바이패스된 에미터 바이어스 회로

그림 5.35는 또 다른 에미터 바이어스 회로의 변형 회로이다. 직류 해석에서는 에미터 저항이 $R_{E_1}+R_{E_2}$이고, 교류 해석에서는 위 식의 R_E는 단순히 R_{E_1}이 되고 R_{E_2}는 C_E로 바이패스된다.

5.8 에미터 폴로어 회로

그림 5.36에서 트랜지스터의 에미터 단자를 출력으로 사용하는 경우, 이를 에미터 폴로어(emitter-follower) 회로라고 한다. 출력신호는 베이스와 에미터 사이에서의 전압강하 때문에 항상 입력신호보다 크기가 작지만, 신호의 이득은 근사식 $A_v \cong 1$이 된다. 컬렉터의 전압과는 달리 에미터의 전압은 입력신호와 위상이 같다. 즉 V_o와 V_i는 양, 음의 피크값을 갖는 시기가 같다. 출력신호 V_o가 입력신호 V_i의 크기와 위상을 그대로 따라가므로 이 회로 구성을 에미터 폴로어 회로라고 한다.

그림 5.36은 가장 자주 사용되는 에미터 폴로어 회로이다. 소신호 해석에서는 컬렉터가 접지되므로, 이는 사실 공통 컬렉터 회로 구성이다. $V_o \cong V_i$인 에미터의 출력을 사용하면서

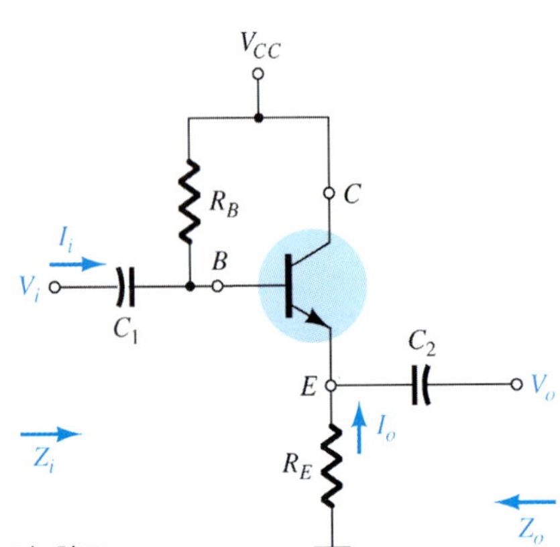

그림 5.36 에미터 폴로어 회로

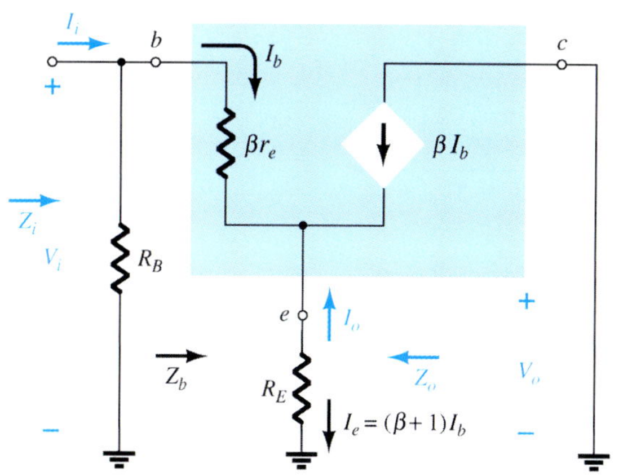

그림 5.37 그림 5.36 교류 등가회로의 r_e 등가회로로 대체

그림 5.36의 회로를 변형하여 구성한 회로는 이 절 뒤에서 다루게 된다.

에미터 폴로어 회로는 임피던스 매칭 목적을 위해 자주 사용된다. 이 회로는 고정 바이어스 회로와는 반대로 높은 입력 임피던스와 낮은 출력 임피던스를 제공한다. 결과적으로 이는 트랜스포머로 구성된 시스템에서 부하가 소스 임피던스에 접합되어 시스템에 전달되는 전력이 최대가 되도록 조절하는 것과 같은 효과를 나타낸다.

그림 5.36을 r_e 등가회로로 대체하면 그림 5.37과 같이 된다. r_o에 의한 영향은 이 절 뒷부분에서 다루게 된다.

Z_i 입력 임피던스는 이전 절에서 다룬 것과 같은 방법으로 구한다.

$$\boxed{Z_i = R_B \| Z_b} \tag{5.31}$$

여기서

$$\boxed{Z_b = \beta r_e + (\beta + 1)R_E} \tag{5.32}$$

또는

$$\boxed{Z_b \cong \beta(r_e + R_E)} \tag{5.33}$$

그리고

$$\boxed{Z_b \cong \beta R_E}_{R_E \gg r_e} \tag{5.34}$$

Z_o 출력 임피던스는 먼저 I_b를 나타내는 식을 통해 구할 수 있다.

$$I_b = \frac{V_i}{Z_b}$$

그리고 여기에 $(\beta+1)$을 곱하여 I_e를 구하면

$$I_e = (\beta + 1)I_b = (\beta + 1)\frac{V_i}{Z_b}$$

Z_b를 대입하면

$$I_e = \frac{(\beta + 1)V_i}{\beta r_e + (\beta + 1)R_E}$$

또는

$$I_e = \frac{V_i}{[\beta r_e/(\beta + 1)] + R_E}$$

그러나

$$(\beta + 1) \cong \beta$$

이고

$$\frac{\beta r_e}{\beta + 1} \cong \frac{\beta r_e}{\beta} = r_e$$

이므로

$$\boxed{I_e \cong \frac{V_i}{r_e + R_E}} \tag{5.35}$$

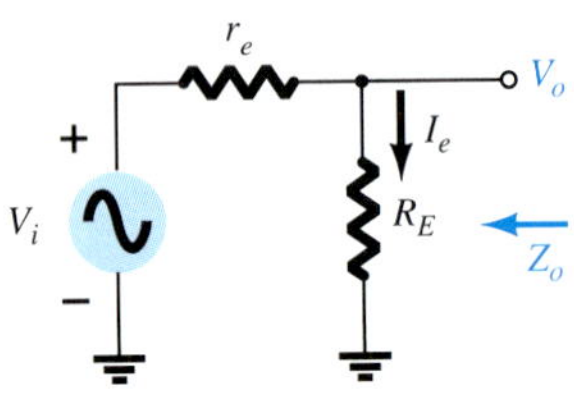

그림.5.38 에미터 폴로어 회로의 출력 임피던스 결정

이제 식 (5.35)로 정의된 회로를 나타내면 그림 5.38과 같이 된다. Z_o를 구하기 위해 V_i를 0으로 하면

$$\boxed{Z_o = R_E \| r_e} \tag{5.36}$$

이다. 여기서 R_E는 r_e에 비해 매우 크므로

$$\boxed{Z_o \cong r_e} \tag{5.37}$$

과 같이 근사시킬 수 있다.

A_v 그림 5.38을 이용하면 전압 분배기 법칙에 의해 전압 이득을 구할 수 있다.

$$V_o = \frac{R_E V_i}{R_E + r_e}$$

이고

$$\boxed{A_v = \frac{V_o}{V_i} = \frac{R_E}{R_E + r_e}} \tag{5.38}$$

R_E는 r_e에 비해 매우 크므로, $R_E + r_e \cong R_E$이고

$$\boxed{A_v = \frac{V_o}{V_i} \cong 1} \tag{5.39}$$

위상 관계 식 (5.38)과 이전에 다루었던 것과 같이 에미터 폴로어 회로에서 V_o와 V_i는 위상이 동상이다.

r_o의 영향

Z_i

$$\boxed{Z_b = \beta r_e + \frac{(\beta + 1)R_E}{1 + \dfrac{R_E}{r_o}}} \tag{5.40}$$

$r_o \geq 10R_E$가 만족되면

$$Z_b = \beta r_e + (\beta+1)R_E$$

이고, 이는

$$\boxed{Z_b \cong \beta(r_e + R_E)}_{r_o \geq 10R_E} \tag{5.41}$$

앞의 결과와 일치한다.

Z_o

$$\boxed{Z_o = r_o \| R_E \| \frac{\beta r_e}{(\beta + 1)}} \tag{5.42}$$

$(\beta+1) \cong \beta$를 이용하면

$$Z_o = r_o \| R_E \| r_e$$

그리고 $r_o \gg r_e$이므로

$$\boxed{Z_o \cong R_E \| r_e}_{\text{Any } r_o} \tag{5.43}$$

A_v

$$\boxed{A_v = \frac{(\beta + 1)R_E/Z_b}{1 + \dfrac{R_E}{r_o}}} \tag{5.44}$$

$r_o \geq 10R_E$이면 근사식 $\beta+1 \cong \beta$를 이용하여

$$A_v \cong \frac{\beta R_E}{Z_b}$$

그러나

$$Z_b \cong \beta(r_e + R_E)$$

이고

$$A_v \cong \frac{\beta R_E}{\beta(r_e + R_E)}$$

그리고

$$\boxed{A_v \cong \frac{R_E}{r_e + R_E}}_{r_o \geq 10R_E} \tag{5.45}$$

예제 5.7 그림 5.39의 에미터 폴로어 회로에서 다음을 구하라.

a. r_e b. Z_i

c. Z_o d. A_v

e. $r_o = 25\ \text{k}\Omega$일 때 (b)부터 (d)를 반복하여 결과를 비교하라.

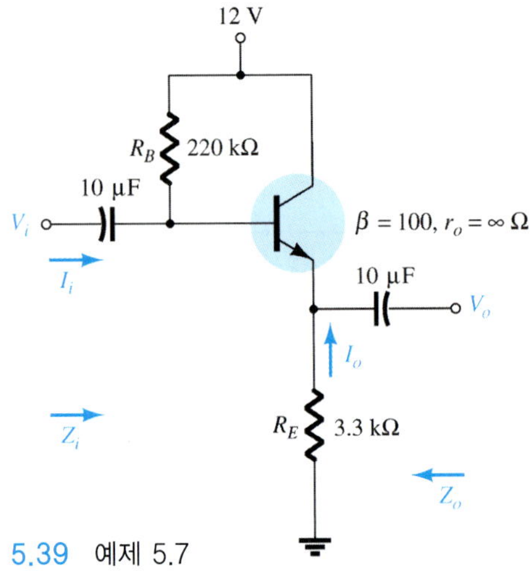

그림 5.39 예제 5.7

풀이

a. $$I_B = \frac{V_{CC} - V_{BE}}{R_B + (\beta + 1)R_E} = \frac{12\text{ V} - 0.7\text{ V}}{220\text{ k}\Omega + (101)3.3\text{ k}\Omega} = 20.42\ \mu\text{A}$$

$$I_E = (\beta + 1)I_B = (101)(20.42\ \mu\text{A}) = 2.062\text{ mA}$$

$$r_e = \frac{26\text{ mV}}{I_E} = \frac{26\text{ mV}}{2.062\text{ mA}} = \mathbf{12.61\ \Omega}$$

b. $$Z_b = \beta r_e + (\beta + 1)R_E$$
$$= (100)(12.61\ \Omega) + (101)(3.3\text{ k}\Omega)$$
$$= 1.261\text{ k}\Omega + 333.3\text{ k}\Omega$$
$$= 334.56\text{ k}\Omega \cong \beta R_E$$
$$Z_i = R_B \| Z_b = 220\text{ k}\Omega \| 334.56\text{ k}\Omega$$
$$= \mathbf{132.72\text{ k}\Omega}$$

c. $$Z_o = R_E \| r_e = 3.3\text{ k}\Omega \| 12.61\ \Omega$$
$$= \mathbf{12.56\ \Omega} \cong r_e$$

d. $$A_v = \frac{V_o}{V_i} = \frac{R_E}{R_E + r_e} = \frac{3.3\text{ k}\Omega}{3.3\text{ k}\Omega + 12.61\ \Omega}$$
$$= \mathbf{0.996 \cong 1}$$

e. $r_o \geq 10R_E$의 조건이 성립되는지를 확인하면

$$25\text{ k}\Omega \geq 10(3.3\text{ k}\Omega) = 33\text{ k}\Omega$$

이 되어 만족하지 않으므로

$$Z_b = \beta r_e + \frac{(\beta+1)R_E}{1+\dfrac{R_E}{r_o}} = (100)(12.61\ \Omega) + \frac{(100+1)3.3\ \text{k}\Omega}{1+\dfrac{3.3\ \text{k}\Omega}{25\ \text{k}\Omega}}$$

$$= 1.261\ \text{k}\Omega + 294.43\ \text{k}\Omega$$

$$= 295.7\ \text{k}\Omega$$

따라서 $Z_i = R_B \| Z_b = 220\ \text{k}\Omega \| 295.7\ \text{k}\Omega$

$$= \mathbf{126.15\ k\Omega}\ \text{vs. } 132.72\ \text{k}\Omega \quad \text{obtained earlier}$$

$$Z_o = R_E \| r_e = \mathbf{12.56\ \Omega} \quad \text{as obtained earlier}$$

$$A_v = \frac{(\beta+1)R_E/Z_b}{\left[1+\dfrac{R_E}{r_o}\right]} = \frac{(100+1)(3.3\ \text{k}\Omega)/295.7\ \text{k}\Omega}{\left[1+\dfrac{3.3\ \text{k}\Omega}{25\ \text{k}\Omega}\right]}$$

$$= \mathbf{0.996 \cong 1}$$

이 되어 앞의 결과와 일치하게 된다.

일반적으로 $r_o \geq 10R_E$의 조건을 만족하지 않더라도 Z_o와 A_v는 같고 Z_i가 약간 작을 뿐이다. 이 결과는 대부분의 응용에서는 r_o의 영향을 무시하고 회로를 근사화 시켜도 된다는 것을 의미한다.

그림 5.40은 그림 5.36을 변형시킨 회로로 입력단의 바이어스 조건을 만족시키기 위해 전압 분배기 회로를 삽입한 것이다. 식 (5.31)부터 식 (5.34)의 R_B를 $R' = R_1 \| R_2$로 대체하면 된다.

그림 5.41도 에미터 폴로어와 같은 입출력 특성을 갖고, R_C가 추가된 회로이다. 여기서 R_B는 R_1과 R_2의 병렬저항으로 대체될 수 있다. 입력 임피던스인 Z_i와 출력 임피던스 Z_o는 R_C에 의한 영향을 받지 않는데, 이는 R_C가 에미터 베이스의 등가회로에 영향을 미치지 않기 때문이다. R_C는 트랜지스터의 동작점인 Q점에만 영향을 미친다.

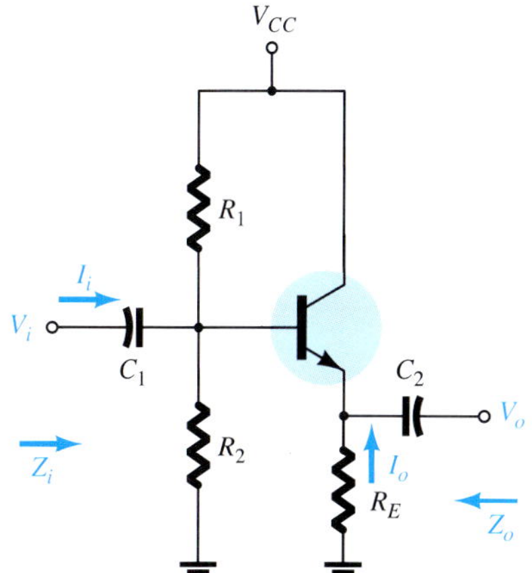

그림 5.40 전압 분배기 바이어스로 구성한 에미터 폴로어 회로

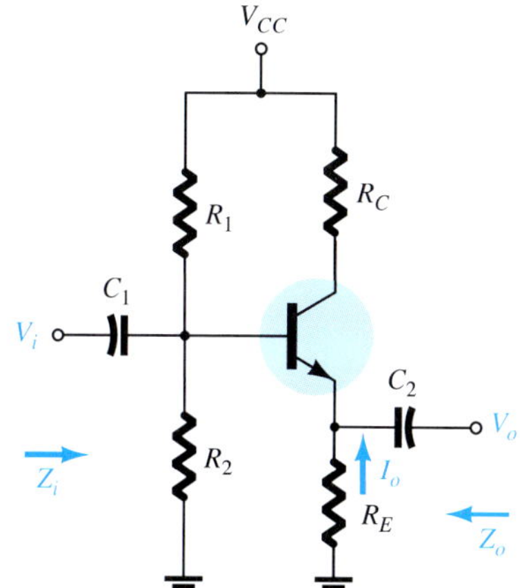

그림 5.41 컬렉터 저항 R_C를 가진 에미터 폴로어 회로

5.9 공통 베이스 회로

공통 베이스 회로는 낮은 입력 임피던스와 높은 출력 임피던스, 1보다 약간 작은 전류 이득을 갖는다는 특징이 있다. 하지만 전압 이득은 매우 큰 값을 가질 수 있다. 그림 5.42에 기본 구성을 나타내었고, 그림 5.43은 이를 r_e 등가회로로 대체한 것이다. 트랜지스터의 출력 저항 r_o는 나타내지 않았는데, 이는 공통 베이스 회로에서 출력저항은 수 MΩ의 값을 가지므로 병렬로 연결되는 R_C에 의해 무시될 수 있기 때문이다.

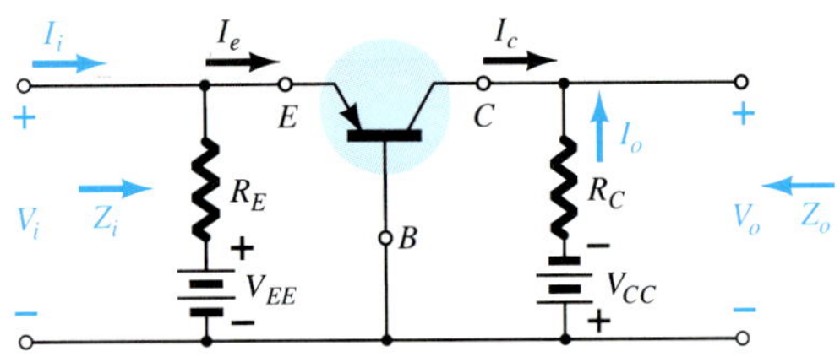

그림 5.42 공통 베이스 회로

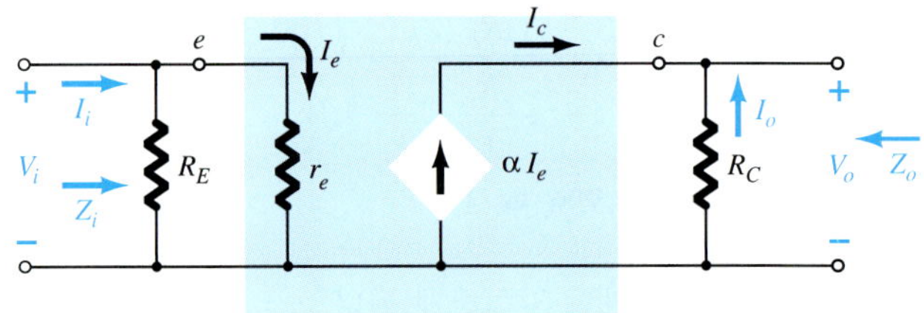

그림 5.43 그림 5.42 교류 등가회로의 r_e 등가회로 대체

Z_i

$$\boxed{Z_i = R_E \| r_e} \tag{5.46}$$

Z_o

$$\boxed{Z_o = R_C} \tag{5.47}$$

A_v

$$V_o = -I_o R_C = -(-I_c)R_C = \alpha I_e R_C$$

여기서

$$I_e = \frac{V_i}{r_e}$$

그러므로

$$V_o = \alpha\left(\frac{V_i}{r_e}\right)R_C$$

그리고

$$\boxed{A_v = \frac{V_o}{V_i} = \frac{\alpha R_C}{r_e} \cong \frac{R_C}{r_e}} \tag{5.48}$$

A_i $R_E \gg r_e$라 가정하면

$$I_e = I_i$$

이고

$$I_o = -\alpha I_e = -\alpha I_i$$

이므로

$$\boxed{A_i = \frac{I_o}{I_i} = -\alpha \cong -1} \tag{5.49}$$

위상 관계 A_v가 양의 값을 가지므로 공통 베이스 회로에서 V_o와 V_i는 동상이다.

r_o의 영향 공통 베이스 회로에서 $r_o = 1/h_{ob}$로 MΩ 범위이며, 이는 병렬로 연결되는 R_C에 비해 매우 큰 값이므로, $r_o \| R_C \cong R_C$로 근사화할 수 있다.

예제 5.8 그림 5.44의 회로에서 다음을 구하라.

a. r_e b. Z_i c. Z_o

d. A_v e. A_i

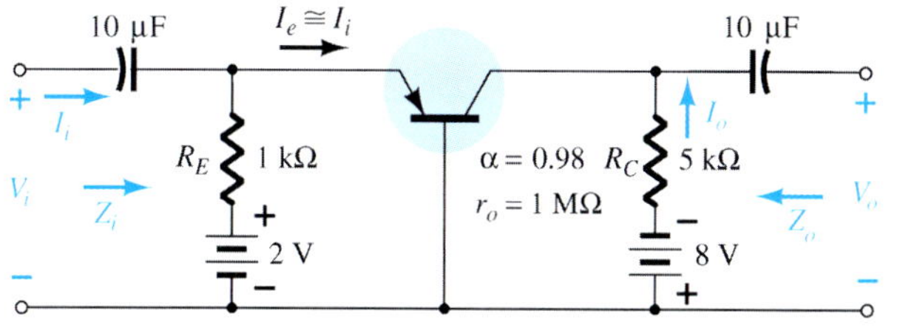

그림 5.44 예제 5.8

풀이

a. $$I_E = \frac{V_{EE} - V_{BE}}{R_E} = \frac{2\text{ V} - 0.7\text{ V}}{1\text{ k}\Omega} = \frac{1.3\text{ V}}{1\text{ k}\Omega} = 1.3\text{ mA}$$

$$r_e = \frac{26\text{ mV}}{I_E} = \frac{26\text{ mV}}{1.3\text{ mA}} = \mathbf{20\ \Omega}$$

b. $$Z_i = R_E \| r_e = 1\text{ k}\Omega \| 20\ \Omega = \mathbf{19.61\ \Omega} \cong r_e$$

c. $$Z_o = R_C = \mathbf{5\text{ k}\Omega}$$

d. $$A_v \cong \frac{R_C}{r_e} = \frac{5\text{ k}\Omega}{20\ \Omega} = \mathbf{250}$$

e. $$A_i = \mathbf{-0.98} \cong -1$$

5.10 컬렉터 피드백 회로

그림 5.45의 컬렉터 피드백 회로는 4.6절에서 설명하였듯이, 시스템의 안정도를 개선시키기 위해 컬렉터에서 베이스로 피드백 경로를 형성한 것이다. 베이스와 컬렉터 사이에 단순히 저항을 연결한 것이지만, 베이스와 직류 전원 사이에 연결한 경우보다 회로 해석이 더 어렵다.

회로 해석 과정은 이와 같은 회로를 다루어 본 경험의 결과다. 이런 회로 해석을 처음 하는 경우에, 시행착오 없이 다음과 같은 해석 과정대로 해석하기는 힘들 것이다. 등가회로를 대체하고 회로를 새로이 그리면 그림 5.46과 같은 회로를 얻을 수 있다. 트랜지스터의 출력저항 r_o의 영향은 이 절의 뒷부분에서 다룬다.

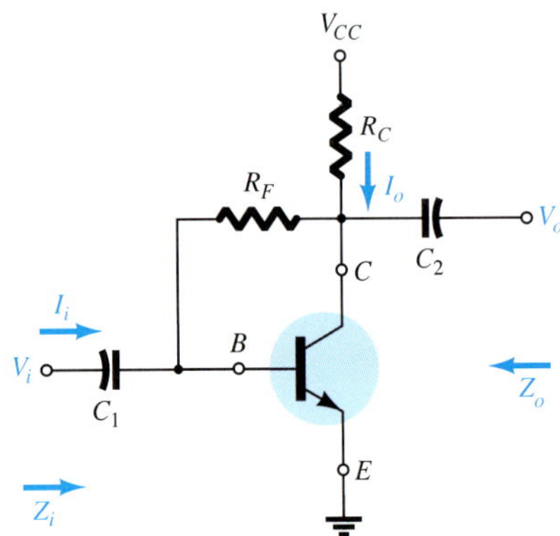

그림 5.45 컬렉터 피드백 회로

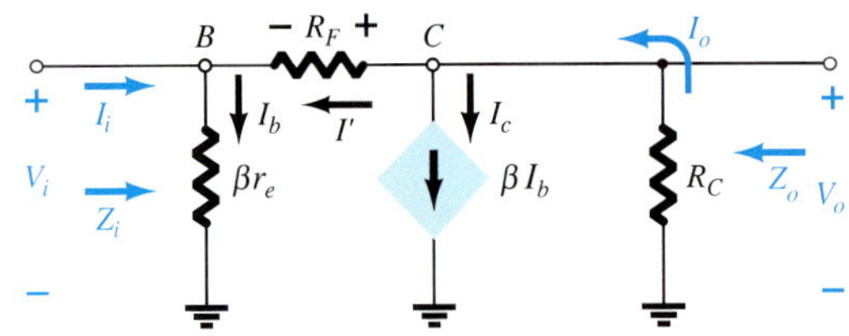

그림 5.46 그림 5.45 교류 등가회로의 r_e 등가회로로 대체

Z_i

$$I_o = I' + \beta I_b$$

그리고
$$I' = \frac{V_o - V_i}{R_F}$$

이다. 그러나
$$V_o = -I_o R_C = -(I' + \beta I_b)R_C$$

또한
$$V_i = I_b \beta r_e$$

이다. 그러므로 $I' = -\dfrac{(I' + \beta I_b)R_C - I_b \beta r_e}{R_F} = -\dfrac{I' R_C}{R_F} - \dfrac{\beta I_b R_C}{R_F} - \dfrac{I_b \beta r_e}{R_F}$

이것을 다음과 같이 다시 정리하면:

$$I'\left(1 + \frac{R_C}{R_F}\right) = -\beta I_b \frac{(R_C + r_e)}{R_F}$$

그리고 최종적으로

$$I' = -\beta I_b \frac{(R_C + r_e)}{R_C + R_F}$$

또한 $Z_i = \dfrac{V_i}{I_i}$:

그리고
$$I_i = I_b - I' = I_b + \beta I_b \frac{(R_C + r_e)}{R_C + R_F}$$

또한
$$I_i = I_b\left(1 + \beta \frac{(R_C + r_e)}{R_C + R_F}\right)$$

위의 방정식에서 V_i를 Z_i로 풀어낸다면

$$Z_i = \frac{V_i}{I_i} = \frac{I_b \beta r_e}{I_b\left(1 + \beta \dfrac{(R_C + r_e)}{R_C + R_F}\right)} = \frac{\beta r_e}{1 + \beta \dfrac{(R_C + r_e)}{R_C + R_F}}$$

또한 $R_C \gg r_e$이므로

$$Z_i = \frac{\beta r_e}{1 + \dfrac{\beta R_C}{R_C + R_F}}$$

혹은

$$\boxed{Z_i = \frac{r_e}{\dfrac{1}{\beta} + \dfrac{R_C}{R_C + R_F}}} \tag{5.50}$$

이 된다.

Z_o Z_o를 정의하기 위해 V_i를 0으로 하면 회로는 그림 5.47에 나타난 것처럼 된다. Br_e의 영향은 사라지고, R_F는 R_C와 병렬로 보이기 때문에 다음과 같이 된다.

$$\boxed{Z_o \cong R_C \| R_F} \tag{5.51}$$

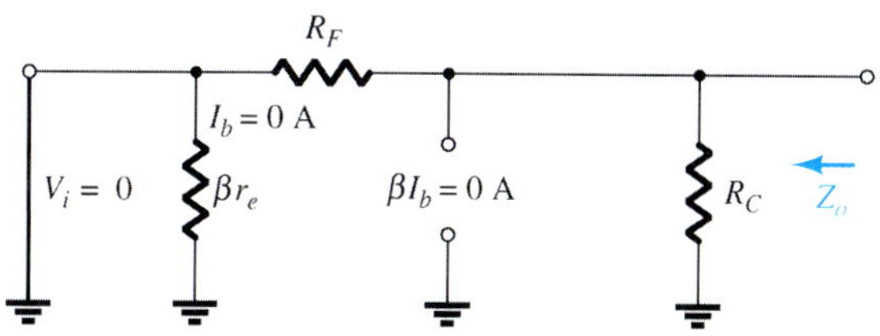

그림 5.47 컬렉터 피드백회로의 Z_o 결정

A_v

$$V_o = -I_o R_C = -(I' + \beta I_b)R_C$$
$$= -\left(-\beta I_b \frac{(R_C + r_e)}{R_C + R_F} + \beta I_b\right)R_C$$

또는

$$V_o = -\beta I_b \left(1 - \frac{(R_C + r_e)}{R_C + R_F}\right)R_C$$

그러므로

$$A_v = \frac{V_o}{V_i} = \frac{-\beta I_b \left(1 - \dfrac{(R_C + r_e)}{R_C + R_F}\right)R_C}{\beta r_e I_b}$$
$$= -\left(1 - \frac{(R_C + r_e)}{R_C + R_F}\right)\frac{R_C}{r_e}$$

$R_C \gg r_e$이므로

$$A_v = -\left(1 - \frac{R_C}{R_C + R_F}\right)\frac{R_C}{r_e}$$

또는

$$A_v = -\frac{(R_C + R_F - R_C)}{R_C + R_F}\frac{R_C}{r_e}$$

$$\boxed{A_v = -\left(\frac{R_F}{R_C + R_F}\right)\frac{R_C}{r_e}} \tag{5.52}$$

$R_F \gg R_C$이므로

$$\boxed{A_v = \frac{V_o}{V_i} = -\frac{R_C}{r_e}} \tag{5.53}$$

위상 관계 식 (5.48)의 음의 부호는 V_o와 V_i 사이에 180°의 위상 차이가 있다는 것을 가리킨다.

r_o의 영향

Z_i 근사식 결과를 사용하지 않은 완전한 해석은 다음과 같다.

$$\boxed{Z_i = \frac{1 + \dfrac{R_C \| r_o}{R_F}}{\dfrac{1}{\beta r_e} + \dfrac{1}{R_F} + \dfrac{R_C \| r_o}{\beta r_e R_F} + \dfrac{R_C \| r_o}{R_F r_e}}} \tag{5.54}$$

$r_o \gg 10R_C$인 경우에는

$$Z_i = \frac{1 + \dfrac{R_C}{R_F}}{\dfrac{1}{\beta r_e} + \dfrac{1}{R_F} + \dfrac{R_C}{\beta r_e R_F} + \dfrac{R_C}{R_F r_e}} = \frac{r_e\left[1 + \dfrac{R_C}{R_F}\right]}{\dfrac{1}{\beta} + \dfrac{1}{R_F}\left[r_e + \dfrac{R_C}{\beta} + R_C\right]}$$

결과를 얻게 되고 $R_C \gg r_e$와 $\dfrac{R_C}{\beta}$를 적용하면

$$Z_i \cong \frac{r_e\left[1 + \dfrac{R_C}{R_F}\right]}{\dfrac{1}{\beta} + \dfrac{R_C}{R_F}} = \frac{r_e\left[\dfrac{R_F + R_C}{\cancel{R_F}}\right]}{\dfrac{R_F + \beta R_C}{\beta \cancel{R_F}}} = \frac{r_e}{\dfrac{1}{\beta}\left(\dfrac{R_F}{R_F + R_C}\right) + \dfrac{R_C}{R_C + R_F}}$$

그러나, 일반적인 경우에 $R_F \gg R_C$, $R_F + R_C \cong R_F$ 그리고 $\dfrac{R_F}{R_F + R_C} = 1$

$$\boxed{Z_i \cong \frac{r_e}{\dfrac{1}{\beta} + \dfrac{R_C}{R_C + R_F}}}_{r_o \gg R_C,\, R_F > R_C} \tag{5.55}$$

가 되어 앞에서 얻은 것과 같아진다.

Z_o 그림 5.47에서 r_o가 R_C에 병렬 연결되면 다음 식을 얻을 수 있다.

$$\boxed{Z_o = r_o \| R_C \| R_F} \tag{5.56}$$

$r_o \geq 10R_C$인 경우에는

$$\boxed{Z_o \cong R_C \| R_F}_{\,r_o \geq 10R_C} \qquad (5.57)$$

로서, 앞에서 얻은 결과와 같다. 보통 $R_F \gg R_C$이므로

$$\boxed{Z_o \cong R_C}_{\,r_o \geq 10R_C, R_F \gg R_C} \qquad (5.58)$$

이 성립한다.

A_v

$$\boxed{A_v = -\left(\frac{R_F}{R_C \| r_o + R_F}\right)\frac{R_C \| r_o}{r_e}} \qquad (5.59)$$

$r_o \geq 10R_C$인 경우에는

$$\boxed{A_v \cong -\left(\frac{R_F}{R_C + R_F}\right)\frac{R_C}{r_e}}_{\,r_o \geq 10R_C} \qquad (5.60)$$

그리고 $R_F \gg R_C$인 경우에는

$$\boxed{A_v \cong -\frac{R_C}{r_e}}_{\,r_o \geq 10R_C,\ R_F \gg R_C} \qquad (5.61)$$

가 되어 앞에서 얻은 것과 같아진다.

예제 5.9 그림 5.48의 회로에 대하여 다음을 결정하라.

a. r_e　　b. Z_i

c. Z_o　　d. A_v

e. r_o=20 kΩ인 경우에 대해서 (b)~(d)의 과정을 되풀이하고, 그 결과를 비교하라.

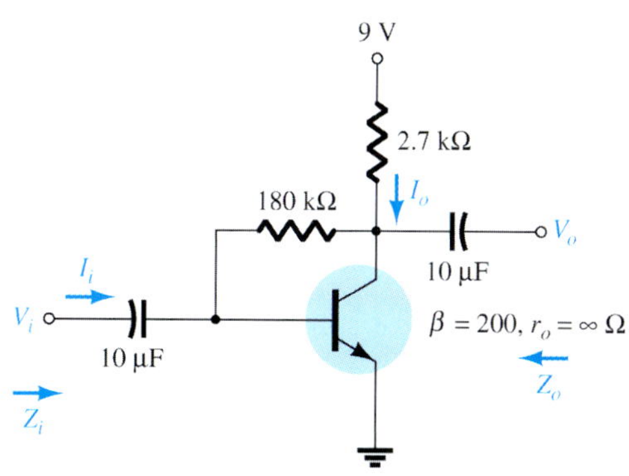

그림 5.48 예제 5.9

풀이

a. $$I_B = \frac{V_{CC} - V_{BE}}{R_F + \beta R_C} = \frac{9\text{ V} - 0.7\text{ V}}{180\text{ k}\Omega + (200)2.7\text{ k}\Omega} = 11.53\ \mu\text{A}$$

$$I_E = (\beta + 1)I_B = (201)(11.53\ \mu\text{A}) = 2.32\text{ mA}$$

$$r_e = \frac{26\text{ mV}}{I_E} = \frac{26\text{ mV}}{2.32\text{ mA}} = \mathbf{11.21\ \Omega}$$

b. $$Z_i = \frac{r_e}{\dfrac{1}{\beta} + \dfrac{R_C}{R_C + R_F}} = \frac{11.21\ \Omega}{\dfrac{1}{200} + \dfrac{2.7\text{ k}\Omega}{182.7\text{ k}\Omega}} = \frac{11.21\ \Omega}{0.005 + 0.0148} = \frac{11.21\ \Omega}{0.0198} = \mathbf{566.16\ \Omega}$$

c. $$Z_o = R_C \| R_F = 2.7\text{ k}\Omega \| 180\text{ k}\Omega = \mathbf{2.66\text{ k}\Omega}$$

d. $$A_v = -\frac{R_C}{r_e} = -\frac{27\text{ k}\Omega}{11.21\ \Omega} = \mathbf{-240.86}$$

e. Z_i: 조건 $r_o \geq 10R_c$가 만족되지 않으므로

$$Z_i = \frac{1 + \dfrac{R_C\|r_o}{R_F}}{\dfrac{1}{\beta r_e} + \dfrac{1}{R_F} + \dfrac{R_C\|r_o}{\beta r_e R_F} + \dfrac{R_C\|r_o}{R_F r_e}} = \frac{1 + \dfrac{2.7\text{ k}\Omega \| 20\text{ k}\Omega}{180\text{ k}\Omega}}{\dfrac{1}{(200)(11.21)} + \dfrac{1}{180\text{ k}\Omega} + \dfrac{2.7\text{ k}\Omega \| 20\text{ k}\Omega}{(200)(11.21\ \Omega)(180\text{ k}\Omega)} + \dfrac{2.7\text{ k}\Omega \| 20\text{ k}\Omega}{(180\text{ k}\Omega)(11.21\ \Omega)}}$$

$$= \frac{1 + \dfrac{2.38\text{ k}\Omega}{180\text{ k}\Omega}}{0.45 \times 10^{-3} + 0.006 \times 10^{-3} + 5.91 \times 10^{-6} + 1.18 \times 10^{-3}} = \frac{1 + 0.013}{1.64 \times 10^{-3}}$$

$$= \mathbf{617.7\ \Omega} \text{ vs. } 566.16\ \Omega \text{ above}$$

Z_o:

$$Z_o = r_o \| R_C \| R_F = 20\text{ k}\Omega \| 2.7\text{ k}\Omega \| 180\text{ k}\Omega = \mathbf{2.35\text{ k}\Omega} \text{ vs. } 2.66\text{ k}\Omega$$ (위에서 구한 값)

A_v:

$$= -\left(\frac{R_F}{R_C\|r_o + R_F}\right)\frac{R_C\|r_o}{r_e} = -\left[\frac{180\text{ k}\Omega}{2.38\text{ k}\Omega + 180\text{ k}\Omega}\right]\frac{2.38\text{ k}\Omega}{11.21}$$

$$= -[0.987]212.3$$

$$= \mathbf{-209.54}$$

그림 5.49의 회로에 대해서는 식 (5.61)에서 식 (5.63)까지의 식을 통하여 여러 변수들을 결정한다. 이에 대한 유도는 이 장의 끝에 있는 연습문제에서 다룬다.

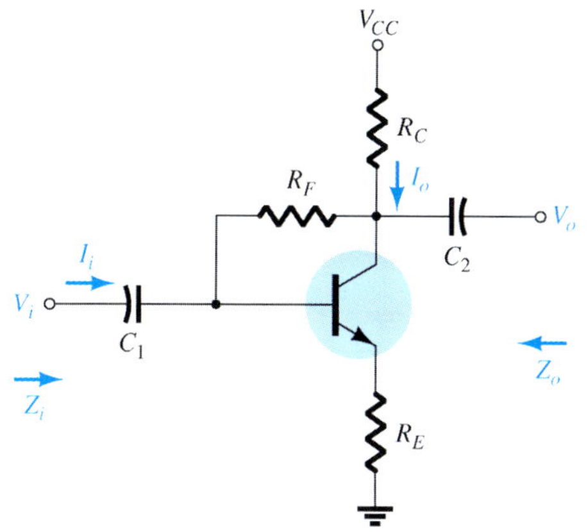

그림 5.49 에미터 저항 R_E를 가진 컬렉터 피드백 회로

Z_i

$$Z_i \cong \frac{R_E}{\left[\frac{1}{\beta} + \frac{(R_E + R_C)}{R_F}\right]} \tag{5.62}$$

Z_o

$$Z_o = R_C \| R_F \tag{5.63}$$

A_V

$$A_v \cong -\frac{R_C}{R_E} \tag{5.64}$$

5.11 컬렉터 직류 피드백 회로

그림 5.50의 회로는 안정도를 높이기 위해 직류 피드백 저항을 사용한 것이지만, 커패시터 C_3 때문에 교류 영역에서 이 피드백 저항의 일부분이 입출력단 각각에 나타나게 된다. 입력 쪽과 출력 쪽에 나타나는 R_F의 저항의 비율은 요구되는 교류 입력 및 출력의 저항값에 따라 결정된다.

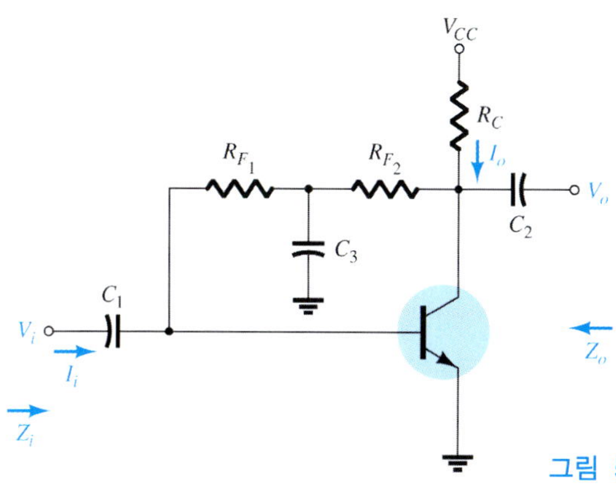

그림 5.50 컬렉터 직류 피드백 회로

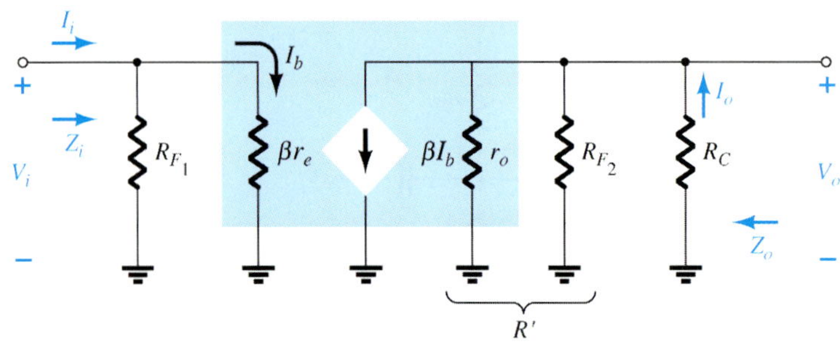

그림 5.51 그림 5.50 교류 등가회로의 r_e 등가회로 교체

동작 주파수에서 커패시터의 임피던스는 회로의 다른 소자들에 비해 작으므로 커패시터는 접지된 단락된 회로로 간주된다. 따라서 소신호 교류 등가회로는 그림 5.51와 같다.

Z_i

$$\boxed{Z_i = R_{F_1} \| \beta r_e} \tag{5.65}$$

Z_o

$$\boxed{Z_o = R_C \| R_{F_2} \| r_o} \tag{5.66}$$

$r_o \geq 10R_c$이므로,

$$\boxed{Z_o \cong R_C \| R_{F_2}}_{r_o \geq 10R_C} \tag{5.67}$$

A_v

$$R' = r_o \| R_{F_2} \| R_C$$

그리고
$$V_o = -\beta I_b R'$$

그러나
$$I_b = \frac{V_i}{\beta r_e}$$

그리고
$$V_o = -\beta \frac{V_i}{\beta r_e} R'$$

이므로
$$\boxed{A_v = \frac{V_o}{V_i} = -\frac{r_o \| R_{F_2} \| R_C}{r_e}} \tag{5.68}$$

$r_o \geq 10R_C$이면,

$$\boxed{A_v = \frac{V_o}{V_i} \cong -\frac{R_{F_2} \| R_C}{r_e}}_{r_o \geq 10R_C} \tag{5.69}$$

위상 관계 식 (5.68)의 부호는 입력전압과 출력전압 간에 180°의 위상 차이가 존재함을 나타낸다.

예제 5.10 그림 5.52의 회로에 대해 다음을 구하라.

a. r_e b. Z_i c. Z_o

d. A_v e. V_i=2 mV일 때 V_o

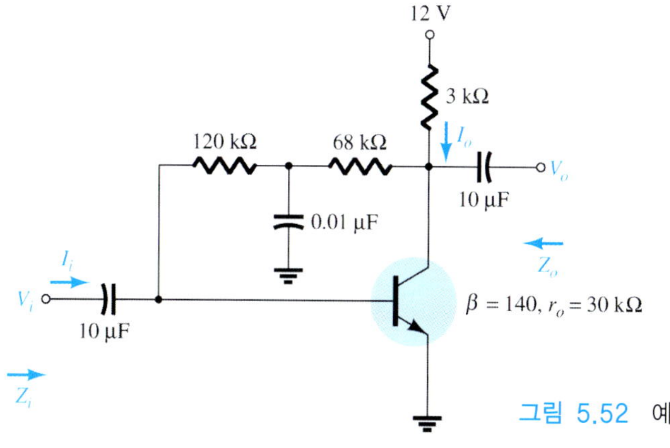

그림 5.52 예제 5.10

풀이

a. DC: $I_B = \dfrac{V_{CC} - V_{BE}}{R_F + \beta R_C}$

$$= \frac{12\text{ V} - 0.7\text{ V}}{(120\text{ k}\Omega + 68\text{ k}\Omega) + (140)3\text{ k}\Omega}$$

$$= \frac{11.3\text{ V}}{608\text{ k}\Omega} = 18.6\ \mu\text{A}$$

$$I_E = (\beta + 1)I_B = (141)(18.6\ \mu\text{A})$$

$$= 2.62\text{ mA}$$

$$r_e = \frac{26\text{ mV}}{I_E} = \frac{26\text{ mV}}{2.62\text{ mA}} = \mathbf{9.92\ \Omega}$$

b. $\beta r_e = (140)(9.92\ \Omega) = 1.39\text{ k}\Omega$

교류 등가회로는 그림 5.53와 같다.

$$Z_i = R_{F_1} \| \beta r_e = 120\text{ k}\Omega \| 1.39\text{ k}\Omega$$

$$\cong \mathbf{1.37\ k\Omega}$$

c. $r_o \geq 10R_C$의 조건이 성립하는지를 검사해 보면,

$$30\text{ k}\Omega \geq 10(3\text{ k}\Omega) = 30\text{ k}\Omega$$

이고, 조건이 등호로써 만족되므로,

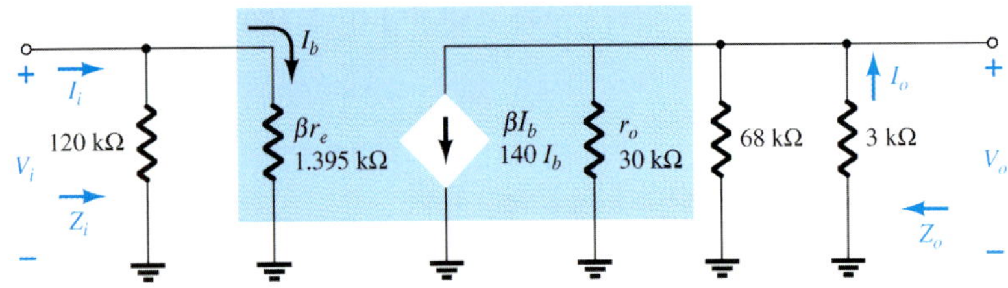

그림 5.53 그림 5.52 교류 등가회로의 r_e 등가회로 교체

$$Z_o \cong R_C \| R_{F_2} = 3\,\text{k}\Omega \| 68\,\text{k}\Omega$$
$$= \mathbf{2.87\,k\Omega}$$

d. $r_o \geq 10R_c$이므로,

$$A_v \cong -\frac{R_{F_2} \| R_C}{r_e} = -\frac{68\,\text{k}\Omega \| 3\,\text{k}\Omega}{9.92\,\Omega}$$
$$\cong -\frac{2.87\,\text{k}\Omega}{9.92\,\Omega}$$
$$\cong \mathbf{-289.3}$$

e. $|A_v| = 289.3 = \dfrac{V_o}{V_i}$

$$V_o = 289.3V_i = 289.3(2\,\text{mV}) = \mathbf{0.579\,V}$$

5.12 R_L과 R_S의 영향

앞 절들에서 구한 모든 파라미터들은 무부하 상태에서 입력전압이 트랜지스터 단자에 직접 연결하였을 때의 값들이다. 이 절에서는 출력단자에 부하저항을 인가했을 때 미치는 영향과 내부저항이 있는 전원 사용 시에 미치는 영향을 조사하겠다. 앞 절의 전형적인 방법이 그림 5.54a에 나타나 있다. 출력 단자에 저항성 부하가 연결되지 않을 때의 이득을 무부하시 이득이라 하고 다음과 같은 식으로 나타난다.

$$\boxed{A_{v_{NL}} = \frac{V_o}{V_i}} \tag{5.70}$$

그림 5.54b에서 부하가 저항 R_L로 더해지고, 이는 시스템의 전체 이득을 바꿀 것이다. 이 경우 부하시 이득은 아래와 같다.

$$\boxed{A_{v_L} = \frac{V_o}{V_i}}\Bigg|_{\text{with } R_L} \tag{5.71}$$

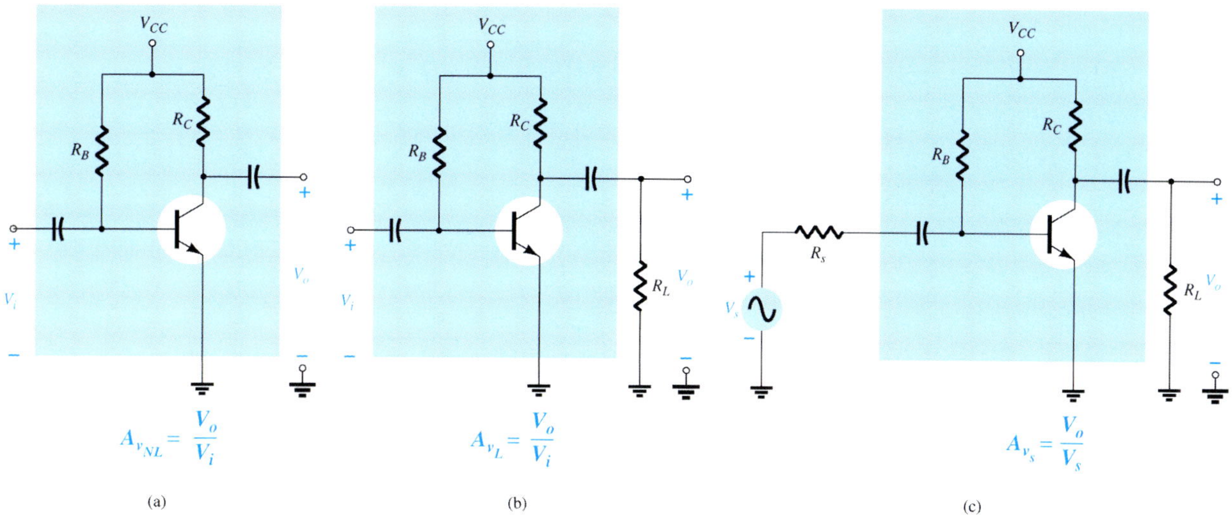

그림 5.54 증폭기 회로: (a) 무부하시; (b) 부하시; (c) 소스저항을 가진 부하시

그림 5.54c에서 부하와 소스저항이 둘 다 존재한다고 가정하면, 시스템의 이득에 부가적인 영향이 미친다. 결과 이득은 아래의 식과 같이 주어진다.

$$\boxed{A_{v_s} = \frac{V_o}{V_s}}_{\text{with } R_L \text{ and } R_s} \tag{5.72}$$

해석은 아래와 같다:

부하시 전압 이득은 항상 무부하시 전압 이득보다 작다.

이는 다른 말로 하면 그림 5.54a의 회로에 부하저항 R_L을 더하면 항상 무부하 이득보다 작아진다는 뜻이다.

더욱이

여기에다가 소스저항을 고려했을 때의 이득은 항상 부하시나 무부하시의 조건에서 얻은 이득보다 작다.

그러므로 무부하시 이득이 가장 크고, 부하연결 상태에서 소스저항을 고려했을 때 이득이 가장 작다. 그래서

동일한 회로에서는 $A_{v_{NL}} > A_{v_L} > A_{v_s}$의 순서가 된다.

또한 바꾸어 말하자면

특정한 설계에서, R_L이 크면 클수록 교류 이득은 더 커진다.

다른 말로 하면 부하저항이 커질수록 개방회로에 근접해가고, 이득은 무부하 이득에 가까워진다.

그 위에

특정한 증폭기에서, 신호원의 내부저항이 작아질수록, 전체 이득은 커진다.

다른 말로 하면 소스저항이 작아져서 단락회로에 근사되면 R_s에 의한 영향은 없어지고 전체 이득은 커질 것이다.

그림 5.54와 같은 결합 커패시터를 사용하는 임의의 회로에서는 신호원과 부하저항이 직류 바이어스 레벨에 영향을 주지 않는다.

위에서 말한 결과는 증폭기 설계 과정에서 매우 중요하다. 우리가 패키지 증폭기를 구매할 때, 표시된 이득과 다른 파라미터들은 무부하 상태의 값이다. 부하나 소스저항에 의한 이득이 증폭기의 모든 파라미터에 큰 영향을 끼칠 수 있기 때문에 다음에 나오는 예제에서 보여주겠다.

일반적으로 부하 그리고/또는 소스저항이 있는 회로의 해석은 두 가지 방법이 있다. 하나는 5.11절에서 보인 바와 같이, 관계된 양을 결정하기 위해 단순히 등가회로에 넣는 해석의 방법들을 사용하는 것이다. 두 번째는 2포트 등가 모델과 무부하시 상황에서 정해진 파라미터를 이용하여 정의하는 방법이다. 이 절의 해석은 첫 번째 방법을 사용할 것이고, 두 번째 방법은 5.14절에서 다룬다. 먼저 5.11절에서 다룬 각 회로에서는 자세히 해석이 되지는 않았다. 그러나 이 해석은 부하 또는 소스저항을 가진 어떠한 트랜지스터 증폭기의 예비 연구에도 충분하다고 본다.

그림 5.54c의 고정 바이어스 트랜지스터 증폭기에서는, 그림 5.55에서 dc 파라미터를 제거하고, 트랜지스터를 r_e 등가회로로 대체한다.

그림 5.55은 R_C와 병렬 연결된 부하저항과 전원 V_s에 직렬 연결된 소스저항이 있다는 것을 제외하면 그림 5.22와 같다:

병렬 조합에서

$$R'_L = r_o \| R_C \| R_L \cong R_C \| R_L$$

그리고 $$V_o = -\beta I_b R'_L = -\beta I_b (R_C \| R_L)$$

그런데 $$I_b = \frac{V_i}{\beta r_e}$$

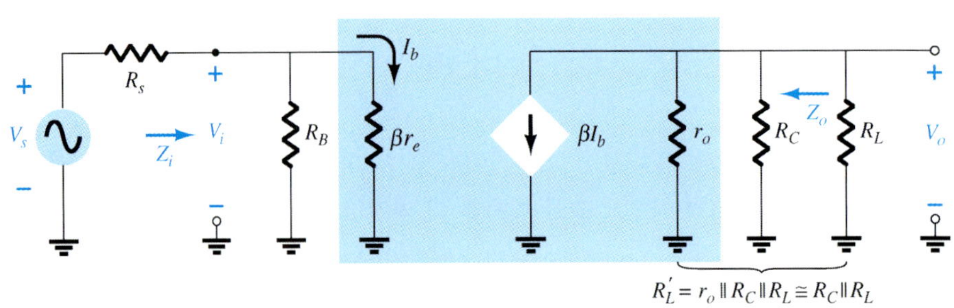

그림 5.55 그림 5.54c 회로의 교류 등가회로

따라서
$$V_o = -\beta\left(\frac{V_i}{\beta r_e}\right)(R_C \| R_L)$$

그래서
$$\boxed{A_{v_L} = \frac{V_o}{V_i} = -\frac{R_C \| R_L}{r_e}} \tag{5.73}$$

V_i를 이용하는 이득 방정식에서 단 하나 다른 것은 식 (5.10)의 R_C가 R_C와 R_L의 병렬연결로 대체된다는 것인데, 이는 그림 5.55의 출력전압이 두 저항들의 병렬조합 양단의 전압을 의미한다는 것이다.

입력 임피던스는

$$\boxed{Z_i = R_B \| \beta r_e} \tag{5.74}$$

앞에서와 같이, 출력 임피던스는

$$\boxed{Z_o = R_C \| r_o} \tag{5.75}$$

앞에서와 같이

만약 신호원 V_s부터 출력전압 V_o까지의 전체 이득이 필요하다면, 단지 아래의 전압-분배기 법칙을 사용하면 된다.

$$V_i = \frac{Z_i V_s}{Z_i + R_s}$$

그리고
$$\frac{V_i}{V_s} = \frac{Z_i}{Z_i + R_s}$$

또는
$$A_{v_s} = \frac{V_o}{V_s} = \frac{V_o}{V_i} \cdot \frac{V_i}{V_s} = A_{v_L} \frac{Z_i}{Z_i + R_s}$$

그래서
$$\boxed{A_{v_s} = \frac{Z_i}{Z_i + R_s} A_{v_L}} \tag{5.76}$$

$Z_i/(Z_i + R_s)$는 항상 1보다 작기 때문에, 식 (5.76)은 신호원 이득 A_{v_s}가 항상 부하시 이득 A_{v_L}보다 작다는 것을 명백하게 보여준다.

예제 5.11 부하저항이 4.7 kΩ이고 소스저항이 0.3 kΩ인 예제 5.1의 고정 바이어스 회로의 변수값을 이용하여 다음을 구하고 무부하시 값과 비교하여라.

a. A_{v_L} b. A_{v_s}

c. Z_i d. Z_o

풀이

a. 식 (5.73): $A_{v_L} = -\dfrac{R_C \| R_L}{r_e} = -\dfrac{3\ \text{k}\Omega \| 4.7\ \text{k}\Omega}{10.71\ \Omega} = -\dfrac{1.831\ \text{k}\Omega}{10.71\ \Omega} = \mathbf{-170.98}$

무부하시 이득 -280.11보다 명백하게 작다.

b. 식 (5.76): $A_{v_s} = \dfrac{Z_i}{Z_i + R_s} A_{v_L}$

예제 5.1에서 Z_i=1.07 kΩ이므로

$$A_{v_s} = \frac{1.07\ \text{k}\Omega}{1.07\ \text{k}\Omega + 0.3\ \text{k}\Omega}(-170.98) = \mathbf{-133.54}$$

이는 또다시 $A_{v_{NL}}$이나 A_{v_L}보다 명백하게 작다.

c. 무부하 상황에서 Z_i=**1.07 kΩ**이 얻어진다.

d. 무부하 상황에서 $Z_o = R_c$=**3 kΩ**이 얻어진다.

이 예는 $A_{v_{NL}} > A_{v_L} > A_{v_s}$라는 것을 명확하게 보여준다.

그림 5.56은 부하가 걸리고, 직렬로 연결된 소스저항을 가진 전압 분배기 회로이다. 이는 그림 5.57에서 보인 교류 등가회로와 같다.

이는 R_1과 R_2의 병렬연결이 R_B로 대체한다는 것만 다르고, 그림 5.55와 매우 비슷하다. 나머지는 모두 같다. 아래의 방정식은 회로의 중요한 변수의 결과다.

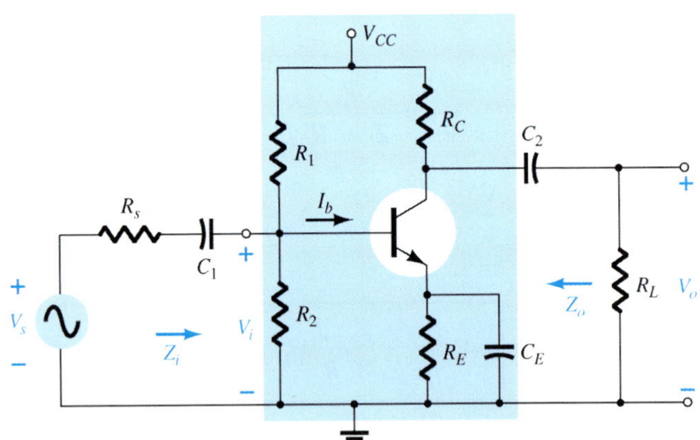

그림 5.56 R_s와 R_L을 가진 전압 분배기 바이어스 회로

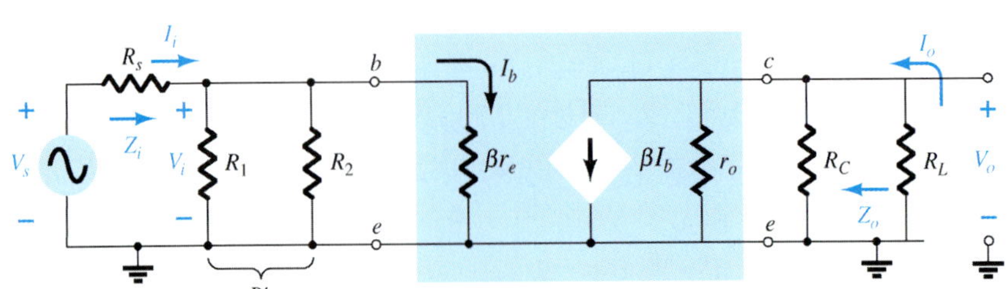

그림 5.57 그림 5.56 교류 등가회로의 r_e 등가회로 대체

$$A_{v_L} = \frac{V_o}{V_i} = -\frac{R_C \| R_L}{r_e} \tag{5.77}$$

$$Z_i = R_1 \| R_2 \| \beta r_e \tag{5.78}$$

$$Z_o = R_C \| r_o \tag{5.79}$$

그림 5.58의 에미터 폴로어 회로에서 소신호 교류 등가회로는 그림 5.59와 같다. 그림 5.59와 그림 5.37의 무부하 회로 사이의 다른 점은 R_E와 R_L 의 병렬조합과 소스저항 R_S가 추가된 점이다. 이득의 크기는 R_E가 나타날 때마다 R_E를 $R_E \| R_L$로 대체해 줌으로써 구할 수 있다. 만약 R_E가 식에 나타나지 않으면 부하저항 R_L이 그 파라미터에 영향을 미치지 않는다는 것이다. 그래서

$$A_{v_L} = \frac{V_o}{V_i} = \frac{R_E \| R_L}{R_E \| R_L + r_e} \tag{5.80}$$

$$Z_i = R_B \| Z_b \tag{5.81}$$

$$Z_b \cong \beta (R_E \| R_L) \tag{5.82}$$

$$Z_o \cong r_e \tag{5.83}$$

남은 BJT 회로에서 부하저항과 소스 임피던스의 영향은 여기서는 자세히 설명하지 않겠다. 그렇지만 5.14절의 표 5.1이 각 회로의 결과를 보여줄 것이다.

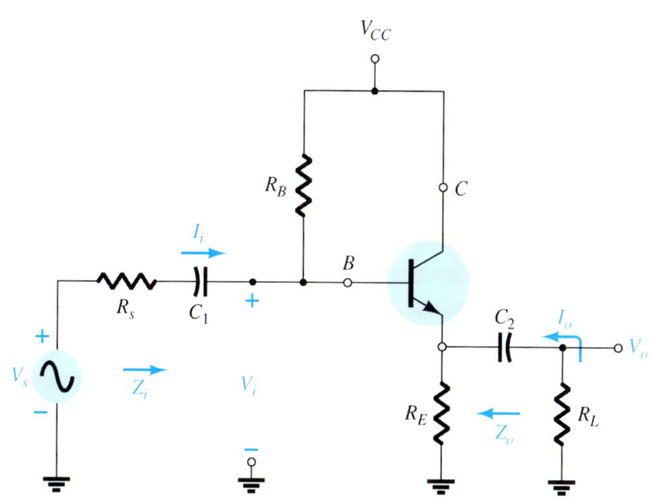

그림 5.58 R_s와 R_L을 가진 에미터 폴로어 회로

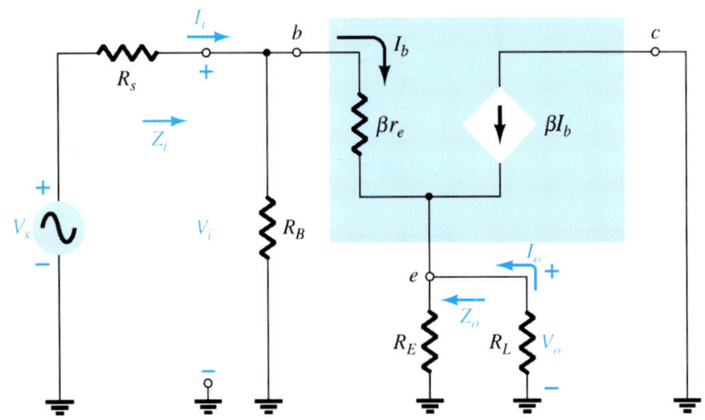

그림 5.59 그림 5.58 교류 등가회로의 r_e 등가회로 대체

5.13 전류 이득 구하기

이전의 절들을 배우는 동안 전류 이득이 각각의 회로에서 구해지지 않았다는 것을 기억할 것이다. 10판에서 이득을 구하는 법이 있었으나, 실제로는 전압 이득이 가장 중요한 이득이다. 전압 이득의 유도식은 생략하여도 큰 문제가 없다. 왜냐하면

각각의 트랜지스터 회로에서, 전류 이득은 전압 이득과 정해진 부하와 그리고 입력 임피던스를 통하여 구해질 수 있다.

전압과 전류 이득에 관한 유도 방정식은 그림 5.60의 2포트 회로를 이용하여 유도된다.

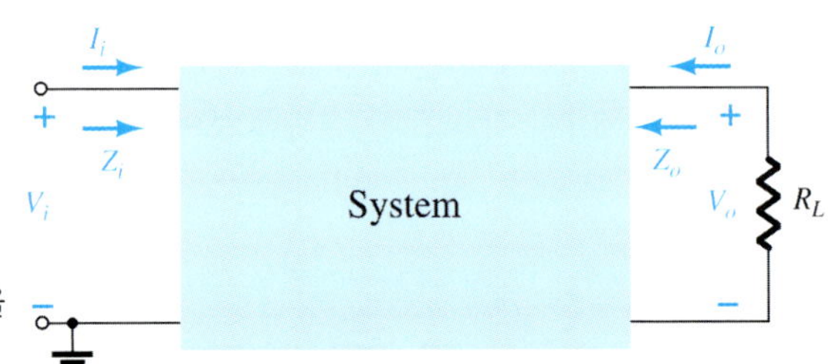

그림 5.60 전압 이득을 이용한 전류 이득 결정

전류 이득은

$$A_i = \frac{I_o}{I_i} \tag{5.84}$$

로 정의되고

입력과 출력회로에 옴의 법칙을 적용하면

$$I_i = \frac{V_i}{Z_i} \quad \text{그리고} \quad I_o = -\frac{V_o}{R_L}$$

출력전류에 관한 식에서 음의 부호가 붙은 것은 출력전류의 방향에 의해 결정된 출력전압의 극성이 반대가 된다는 것이다. 정의에 의해 입력전류와 출력전류는 2포트 회로로 유입하는 방향을 플러스 전류의 방향으로 한다.

식 (5.84)에 대입하면

$$A_{i_L} = \frac{I_o}{I_i} = \frac{-\dfrac{V_o}{R_L}}{\dfrac{V_i}{Z_i}} = -\frac{V_o}{V_i}\cdot\frac{Z_i}{R_L}$$

다음과 같은 중요한 방정식을 얻게 된다.

$$\boxed{A_{i_L} = -A_{v_L}\frac{Z_i}{R_L}} \tag{5.85}$$

R_L의 값은 V_o와 I_o의 위치에 따라 정의된다.

식 (5.82)의 타당성을 보여주기 위해 그림 5.28의 전압 분배기 바이어스 회로를 보자. 예제 5.2의 결과를 이용하여,

$$I_i = \frac{V_i}{Z_i} = \frac{V_i}{1.35\text{ k}\Omega} \quad \text{그리고} \quad I_o = -\frac{V_o}{R_L} = -\frac{V_o}{6.8\text{ k}\Omega}$$

그래서

$$A_{i_L} = \frac{I_o}{I_i} = \frac{\left(\dfrac{V_o}{6.8\text{ k}\Omega}\right)}{\dfrac{V_i}{1.35\text{ k}\Omega}} = -\left(\frac{V_o}{V_i}\right)\left(\frac{1.35\text{ k}\Omega}{6.8\text{ k}\Omega}\right)$$

$$= -(-368.76)\left(\frac{1.35\text{ k}\Omega}{6.8\text{ k}\Omega}\right) = \mathbf{73.2}$$

식 (5.82)를 이용하여

$$A_{i_L} = -A_{v_L}\frac{Z_i}{R_L} = -(-368.76)\left(\frac{1.35\text{ k}\Omega}{6.8\text{ k}\Omega}\right) = \mathbf{73.2}$$

이상과 같이 두 가지 방정식은 같은 결과를 얻는 것을 알 수 있다.

그러므로 회로 파라미터들로 전류 이득을 나타내기 위해서는 회로에서 전류 이득을 구하는 것은 조금 더 복잡하다. 그러나 만약 요구되는 것이 모두 숫자값이라면 이는 단순히 전압 이득 해석의 세 가지 파라미터를 이용하면 된다.

두 번째 예로 5.9절의 공통 베이스 바이어스 회로를 생각해 보자.

이 경우 전압 이득은

$$A_{v_L} \cong \frac{R_C}{r_e}$$

그리고 입력 임피던스는

$$Z_i \cong R_E \| r_e \cong r_e$$

I_o로 인한 R_C로서 R_L을 정하면,
그 결과는

$$A_{i_L} = -A_{v_L}\frac{Z_i}{R_L} = \left(-\frac{R_C}{r_e}\right)\left(\frac{r_e}{R_C}\right) \cong -1$$

$I_c \cong I_e$이기 때문에 이 절의 해와 일치한다. 이 경우, 음의 부호는 회로에서 출력전류가 반대 방향을 가지는 것을 말한다.

5.14 요약표

지금까지 부하의 유무에 따른 BJT 증폭기 동작에 대해 알아보았다. 이 절에서는 지금까지 유도하고 전개한 관계식들을 표에 요약하여 정리한다. 비록 하이브리드 파라미터를 사용하는 방정식이 이번에는 자세히 언급되지 않았지만, 표를 완벽하게 하기 위하여 포함하였다. 하이브리드 파라미터를 이용하는 경우는 이번 장의 끝에서 소개하겠다.

각각의 경우에 보이는 파형은 입출력전압의 위상 차이와 입출력 단자의 전압 크기를 나타낸다.

표 5.1은 무부하 상태이고, 반면에 표 5.2는 R_s와 R_L의 효과를 포함한다.

5.15 2포트 시스템 접근

이 설계과정에서 종종 시스템을 이루는 각각의 부품들보다 제품의 단자 특성을 가지고 일해야 하는 경우가 있게 된다. 다른 말로 하면 설계자는 제품 내부 구조에 대해서는 알 수 없고, 패키지로 구성된 제품의 특성에 관한 데이터들만 가지는 경우이다. 이 장은 이전 장에서 다루었던 몇 가지의 구성에 관한 중요한 파라미터들을 패키지로 구성된 시스템의 중요한 파라미터들로 연관시키는 것을 다루게 될 것이다. 결과적으로는 패키지로 구성된 시스템의 각각의 파라미터들이 어떻게 실제적인 앰프나 네트워크에 연관되는지를 이해하는 것이다. 그림 5.61은 2포트 시스템으로 불린다. 왜냐하면 2세트의 터미널들로 구성되어 있기 때문이다. 한쪽은 입력이고 다른 하나는 출력이다. 이 시점에서 아주 중요하게 알아야 할 것은

패키지로 구성된 시스템을 이루는 데이터들은 무부하 상태의 데이터들이라는 것이다.

표 5.1 무부하 BJT 트랜지스터 증폭기

Configuration	Z_i	Z_o	A_v	A_i
고정 바이어스: 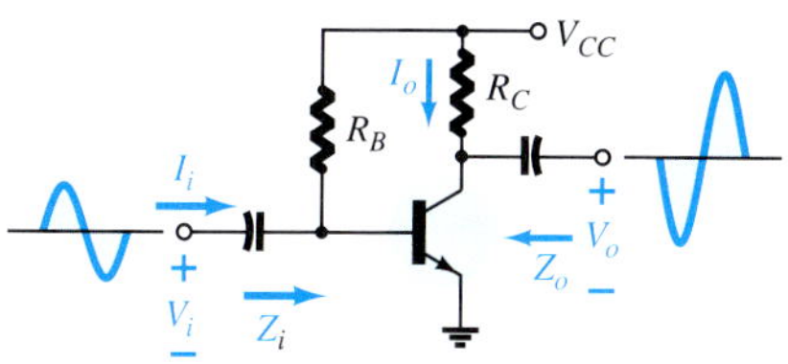	Medium (1 kΩ) $= R_B \parallel \beta r_e$ $\cong \beta r_e$ $(R_B \ge 10\beta r_e)$	Medium (2 kΩ) $= R_C \parallel r_o$ $\cong R_C$ $(r_o \ge 10R_C)$	High (−200) $= -\frac{(R_C \parallel r_o)}{r_e}$ $\cong -\frac{R_C}{r_e}$ $(r_o \ge 10R_C)$	High (100) $= \frac{\beta R_B r_o}{(r_o + R_C)(R_B + \beta r_e)}$ $\cong \beta$ $(r_o \ge 10R_C,$ $R_B \ge 10\beta r_e)$
전압분배 바이어스: 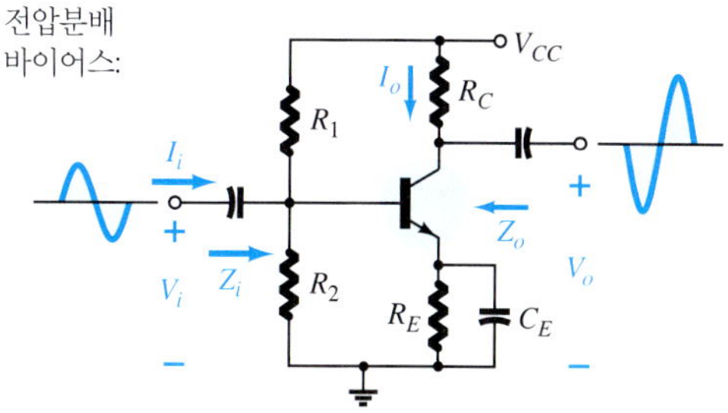	Medium (1 kΩ) $= R_1 \parallel R_2 \parallel \beta r_e$	Medium (2 kΩ) $= R_C \parallel r_o$ $\cong R_C$ $(r_o \ge 10R_C)$	High (−200) $= -\frac{R_C \parallel r_o}{r_e}$ $\cong -\frac{R_C}{r_e}$ $(r_o \ge 10R_C)$	High (50) $= \frac{\beta(R_1 \parallel R_2)r_o}{(r_o + R_C)(R_1 \parallel R_2 + \beta r_e)}$ $\cong \frac{\beta(R_1 \parallel R_2)}{R_1 \parallel R_2 + \beta r_e}$ $(r_o \ge 10R_C)$
바이패스가 없는 에미터 바이어스: 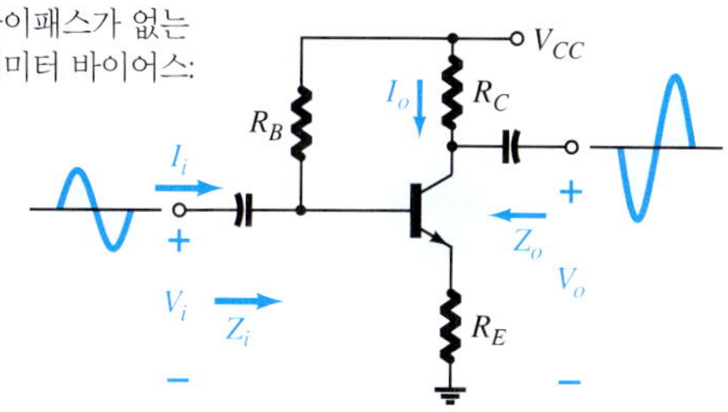	High (100 kΩ) $= R_B \parallel Z_b$ $Z_b \cong \beta(r_e + R_E)$ $\cong R_B \parallel \beta R_E$ $(R_E \gg r_e)$	Medium (2 kΩ) $= R_C$ (any level of r_o)	Low (−5) $= -\frac{R_C}{r_e + R_E}$ $\cong -\frac{R_C}{R_E}$ $(R_E \gg r_e)$	High (50) $\cong -\frac{\beta R_B}{R_B + Z_b}$
에미터 폴로어: 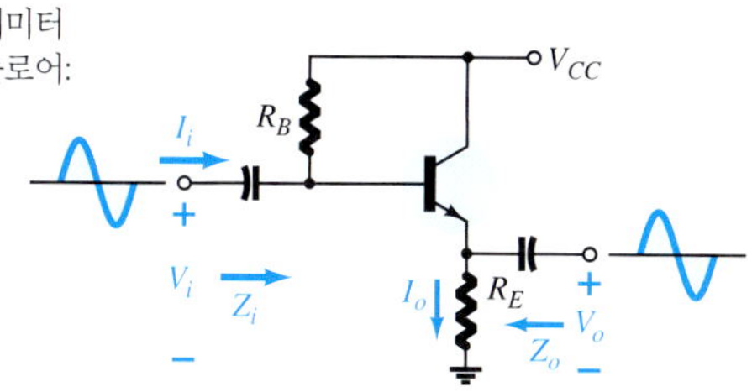	High (100 kΩ) $= R_B \parallel Z_b$ $Z_b \cong \beta(r_e + R_E)$ $\cong R_B \parallel \beta R_E$ $(R_E \gg r_e)$	Low (20 Ω) $= R_E \parallel r_e$ $\cong r_e$ $(R_E \gg r_e)$	Low (≅ 1) $= \frac{R_E}{R_E + r_e}$ $\cong 1$	High (−50) $\cong -\frac{\beta R_B}{R_B + Z_b}$
공통 베이스: 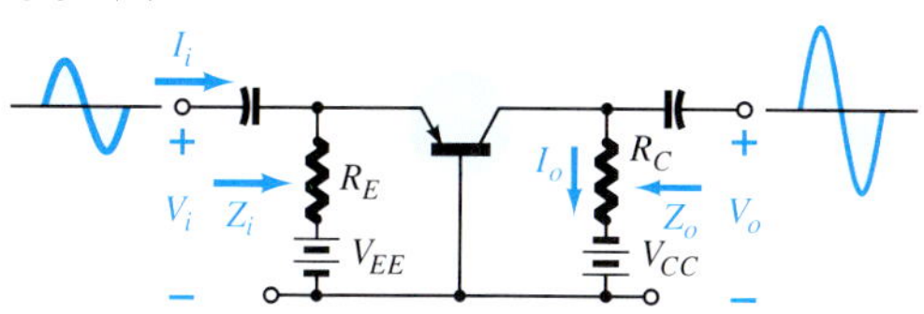	Low (20 Ω) $= R_E \parallel r_e$ $\cong r_e$ $(R_E \gg r_e)$	Medium (2 kΩ) $= R_C$	High (200) $\cong \frac{R_C}{r_e}$	Low (−1) $\cong -1$
컬렉터 피드백: 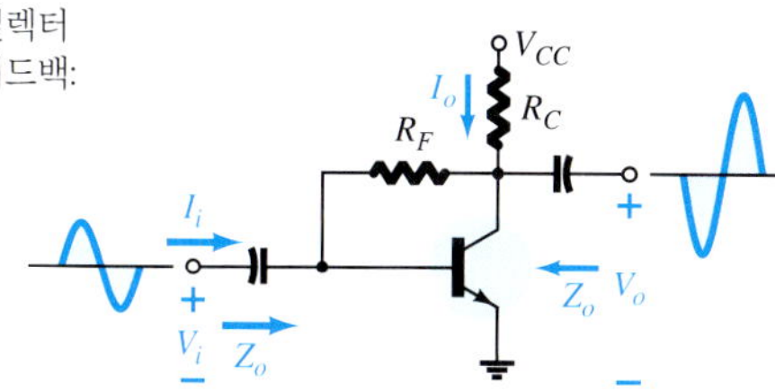	Medium (1 kΩ) $= \frac{r_e}{\frac{1}{\beta} + \frac{R_C}{R_F}}$ $(r_o \ge 10R_C)$	Medium (2 kΩ) $\cong R_C \parallel R_F$ $(r_o \ge 10R_C)$	High (−200) $\cong -\frac{R_C}{r_e}$ $(r_o \ge 10R_C)$ $(R_F \gg R_C)$	High (50) $= \frac{\beta R_F}{R_F + \beta R_C}$ $\cong \frac{R_F}{R_C}$

표 5.2 R_s와 R_L의 영향을 포함한 부하상태 BJT 증폭기

Configuration	$A_{v_L} = V_o/V_i$	Z_i	Z_o
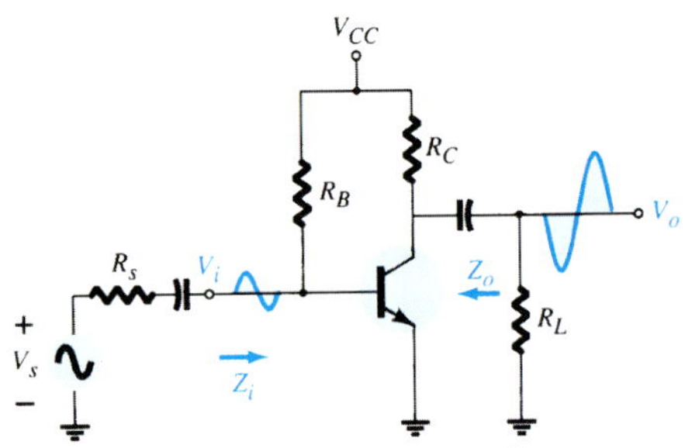	$\dfrac{-(R_L \| R_C)}{r_e}$	$R_B \| \beta r_e$	R_C
	Including r_o: $-\dfrac{(R_L \| R_C \| r_o)}{r_e}$	$R_B \| \beta r_e$	$R_C \| r_o$
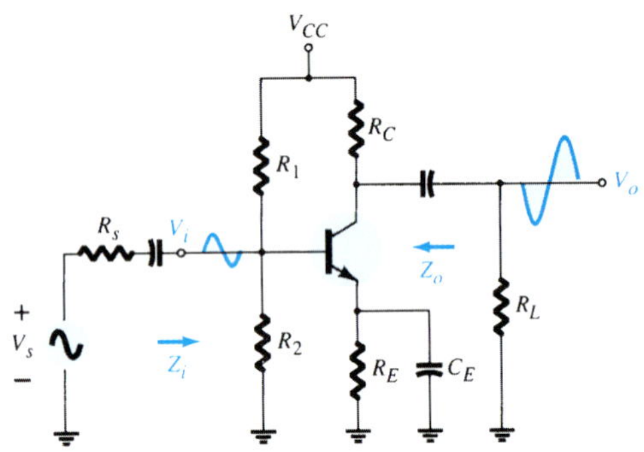	$\dfrac{-(R_L \| R_C)}{r_e}$	$R_1 \| R_2 \| \beta r_e$	R_C
	Including r_o: $\dfrac{-(R_L \| R_C \| r_o)}{r_e}$	$R_1 \| R_2 \| \beta r_e$	$R_C \| r_o$
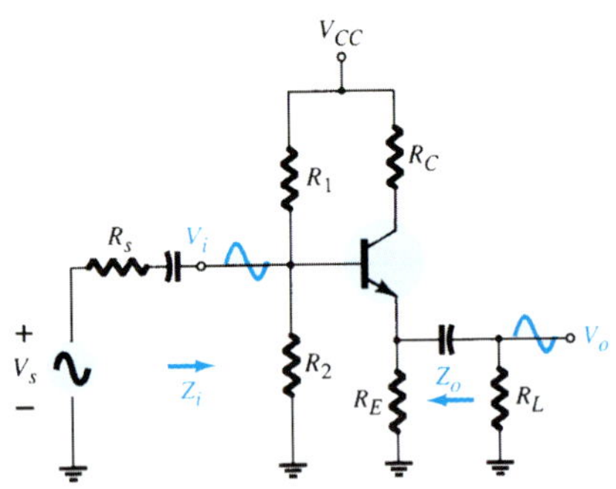	$\cong 1$	$R'_E = R_L \| R_E$ $R_1 \| R_2 \| \beta(r_e + R'_E)$	$R'_s = R_s \| R_1 \| R_2$ $R_E \| \left(\dfrac{R'_s}{\beta} + r_e\right)$
	Including r_o: $\cong 1$	$R_1 \| R_2 \| \beta(r_e + R'_E)$	$R_E \| \left(\dfrac{R'_s}{\beta} + r_e\right)$
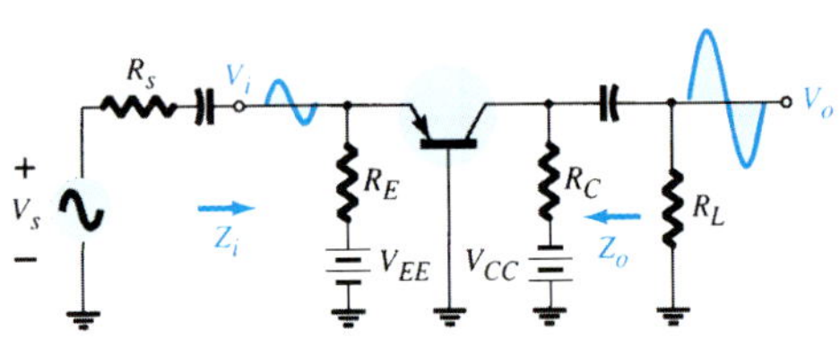	$\cong \dfrac{-(R_L \| R_C)}{r_e}$	$R_E \| r_e$	R_C
	Including r_o: $\cong \dfrac{-(R_L \| R_C \| r_o)}{r_e}$	$R_E \| r_e$	$R_C \| r_o$
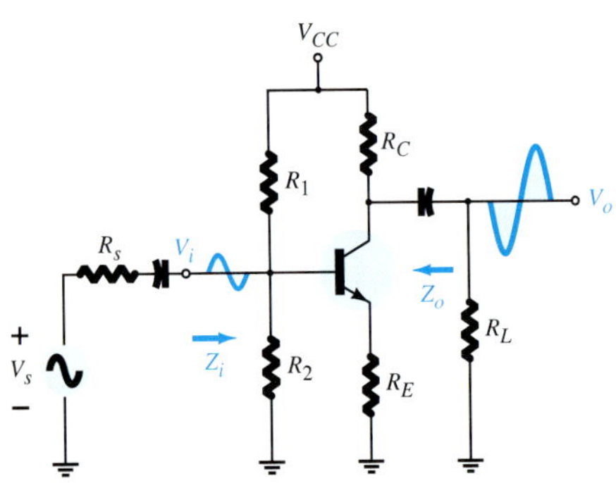	$\dfrac{-(R_L \| R_C)}{R_E}$	$R_1 \| R_2 \| \beta(r_e + R_E)$	R_C
	Including r_o: $\dfrac{-(R_L \| R_C)}{R_E}$	$R_1 \| R_2 \| \beta(r_e + R_e)$	$\cong R_C$

표 5.2 (계속)

Configuration	$A_{v_L} = V_o/V_i$	Z_i	Z_o
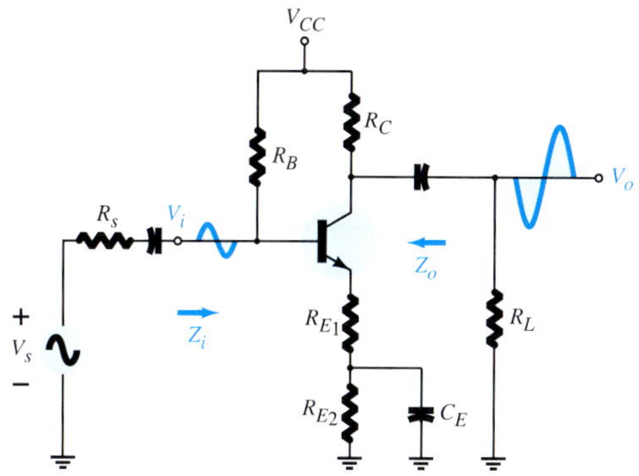	$\dfrac{-(R_L \| R_C)}{R_{E_1}}$	$R_B \| \beta(r_e + R_{E_1})$	R_C
	Including r_o: $\dfrac{-(R_L \| R_C)}{R_{E_1}}$	$R_B \| \beta(r_e + R_E)$	$\cong R_C$
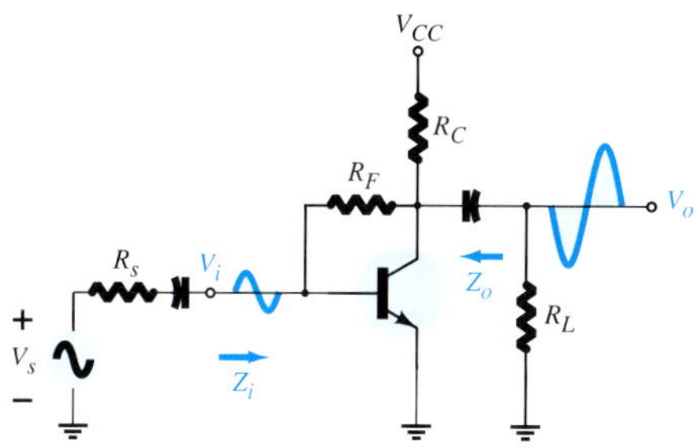	$\dfrac{-(R_L \| R_C)}{r_e}$	$\beta r_e \| \dfrac{R_F}{\|A_v\|}$	R_C
	Including r_o: $\dfrac{-(R_L \| R_C \| r_o)}{r_e}$	$\beta r_e \| \dfrac{R_F}{\|A_v\|}$	$R_C \| R_F \| r_o$
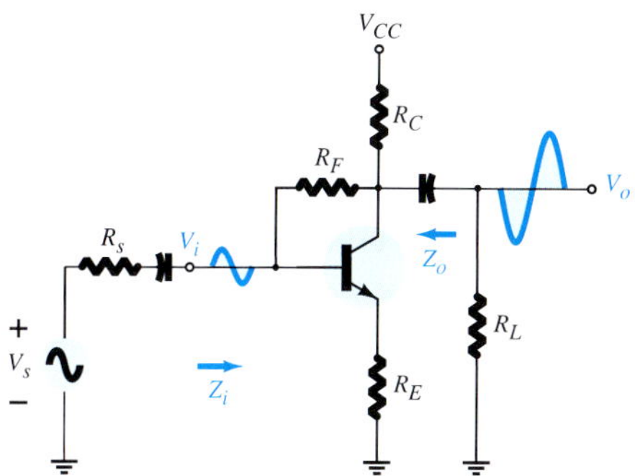	$\dfrac{-(R_L \| R_C)}{R_E}$	$\beta R_E \| \dfrac{R_F}{\|A_v\|}$	$\cong R_C \| R_F$
	Including r_o: $\cong \dfrac{-(R_L \| R_C)}{R_E}$	$\cong \beta R_E \| \dfrac{R_F}{\|A_v\|}$	$\cong R_C \| R_F$

왜냐하면 패키지에 부하가 연결되지 않았거나, 또는 부하가 연결되어 있는가를 알아보면 아주 명백하게 이것을 알 수 있을 것이다.

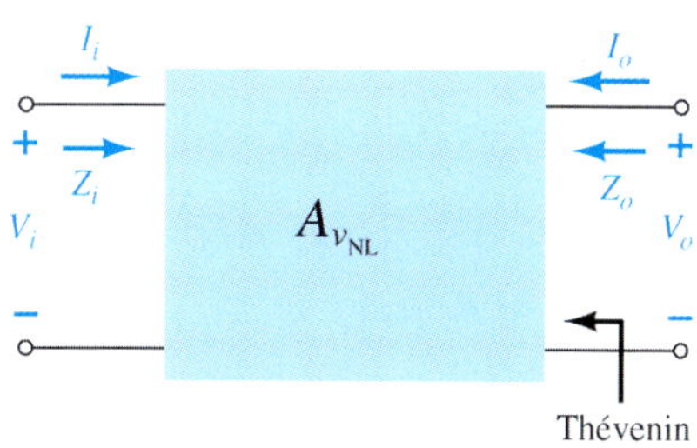

그림 5.61 2포트 시스템

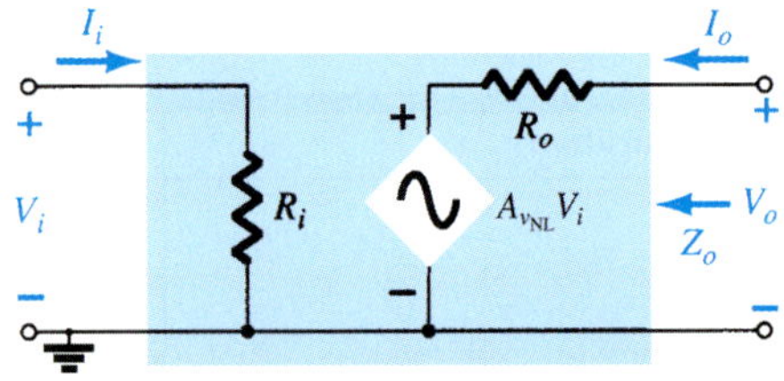

그림 5.62 그림 5.61 2포트 시스템의 내부 소자 대체

그림 5.61에 나타난 2포트 시스템을 보면 전압들의 극성과 전류들의 방향이 결정되어 있는 것을 알 수 있다. 만약 그림 5.61에서 나타난 전압의 극성과 전류의 방향이 반대라면, 마이너스 부호를 반드시 적용해야 할 것이다. 다시 한번 알아두어야 할 것은 $A_{v_{NL}}$ 라벨을 사용하므로 제공된 전압이득은 무부하 값이라는 것이다.

그림 5.62는 앰프에 관한 파라미터들의 중요성을 2포트 시스템의 경계 내에서 그려내고 있다. 패키지된 앰프의 입력과 출력의 저항은 보통 무부하 이득으로 제공된다. 그 저항들은 그림 5.62에서 볼 수 있듯이 패키지를 나타내기 위해 삽입될 수 있다.

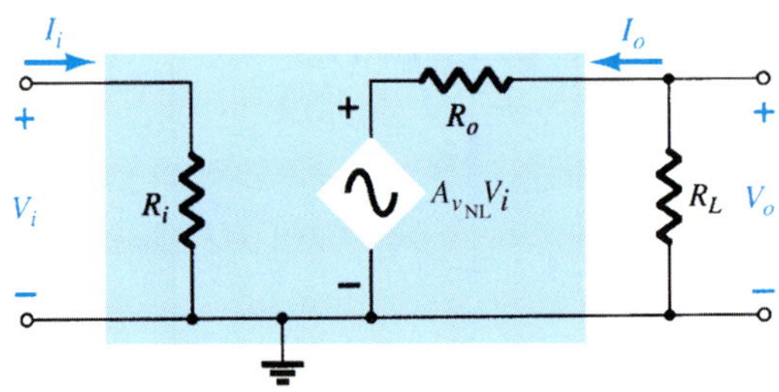

그림 5.63 그림 5.62 2포트 시스템 부하인가

무부하인 상황에서 출력 전압은

$$\boxed{V_o = A_{v_{NL}}V_i} \tag{5.86}$$

로 나타낼 수 있고, 사실 $I=0$ A이므로 결과적으로 $I_oR_o=0$ V가 된다.

출력 저항은 $V_i=0$ V를 이용해 정의된다. 이와 같은 조건에서는 $A_{v_{NL}}V_i$의 값도 또한 0 V가 되고, 단락등가 회로로 대체할 수도 있다. 그 결과는

$$\boxed{Z_o = R_o} \tag{5.87}$$

이다. 최종적으로, 입력 임피던스 Z_i는 간단하게 적용된 전압에 따른 입력 전류와 연관이 있으므로

$$\boxed{Z_i = R_i} \tag{5.88}$$

이 된다. 무부하인 상황에서는 전류 이득이 정의되지 않는데 왜냐하면 부하 전류가 영이기 때문이다. 그렇지만 무부하 전압 이득은 $A_{v_{NL}}$과 같게 된다.

2포트 시스템의 부하의 영향은 그림 5.63의 회로에 나타낼 것이다. 이상적으로 모든 모델의 파라미터들이 부하나 소스저항의 변화에 영향을 받지 않는다. 하지만 몇몇 트랜지스

터 회로는 입력저항은 부하에 민감한 반면, 출력저항은 소스저항에 영향을 받는다. 그러나 간단히 정의하면 모든 경우 무부하시 이득은 임의의 부하에 의해 영향을 받지 않는다. 어떤 회로든 $A_{v_{NL}}$, R_i, R_o가 정의되면, 다음과 같은 식이 유도된다.

출력회로에 전압 분배기 법칙을 적용하면

$$V_o = \frac{R_L A_{v_{NL}} V_i}{R_L + R_o}$$

그리고

$$\boxed{A_{v_L} = \frac{V_o}{V_i} = \frac{R_L}{R_L + R_o} A_{v_{NL}}} \tag{5.89}$$

$R_L/(R_L + R_o)$는 항상 1보다 작으므로, 증폭기의 부하시 전압 이득은 항상 무부하시 전압 이득보다 작다는 것을 알 수 있다.

전류 이득은

$$A_{i_L} = \frac{I_o}{I_i} = \frac{-V_o/R_L}{V_i/Z_i} = -\frac{V_o}{V_i}\frac{Z_i}{R_L}$$

그래서

$$\boxed{A_{i_L} = -A_{v_L}\frac{Z_i}{R_L}} \tag{5.90}$$

이 얻어졌다. 일반적으로 전류 이득은 전압 이득과 임피던스 파라미터 Z_i와 R_L에 의해 계산할 수 있다. 다음 예는 식 (5.89)와 식 (5.90)의 유용성과 타당성을 증명한다.

2포트 시스템의 입력 쪽으로 관심을 돌려 소스저항이 증폭기의 이득에 어떤 영향을 미치는지 알아보자. 그림 5.64에서 내부저항을 가진 소스가 기본적인 2포트 시스템에 연결되어 있다. Z_i와 $A_{v_{NL}}$을 다음과 같이 정의한다.

2포트 시스템의 파라미터 Z_i와 $A_{v_{NL}}$은 인가 소스의 내부저항에 영향을 받지 않는다.

그러나:

출력 임피던스는 R_s의 크기에 의해 영향을 받는다.

그림 5.64의 증폭기의 입력단자에 인가되는 신호는 전압 분배기 법칙에 의해 결정된다. 즉

$$\boxed{V_i = \frac{R_i V_s}{R_i + R_s}} \tag{5.91}$$

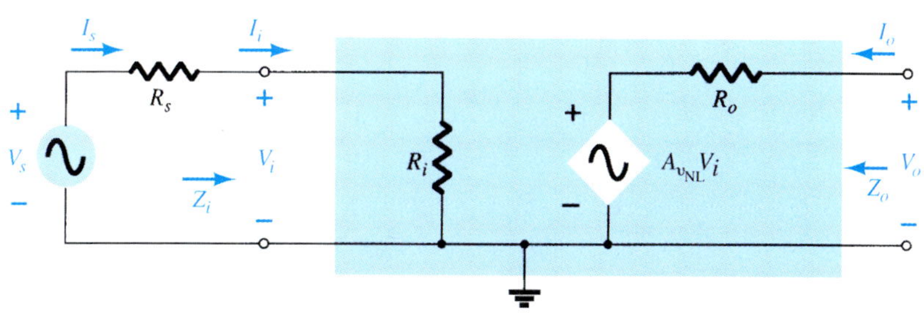

그림 5.64 소스 저항 R_s의 효과

식 (5.91)에서 알 수 있듯이 R_s의 크기가 클수록 증폭기의 입력단자에 걸리는 전압은 작아진다. 그러므로 일반적으로 소스의 내부저항이 클수록 시스템의 전체 이득은 작아진다.

그림 5.64의 2포트 시스템에서

$$V_o = A_{v_{NL}} V_i$$

그리고
$$V_i = \frac{R_i V_s}{R_i + R_s}$$

그래서
$$V_o = A_{v_{NL}} \frac{R_i}{R_i + R_s} V_s$$

따라서
$$\boxed{A_{v_s} = \frac{V_o}{V_s} = \frac{R_i}{R_i + R_s} A_{v_{NL}}} \tag{5.92}$$

지금까지는 시스템에 R_s와 R_L 중 하나만 존재할 때의 영향을 각각 알아보았다. 지금부터는 한 회로망에 두 저항이 동시에 존재할 때 시스템의 이득에 미치는 영향을 알아본다. 그림 5.65는 내부저항 R_s를 갖는 신호원과 부하 R_L이 2포트 시스템에 연결되어 있고, Z_i와 $A_{v_{NL}}$, Z_o가 주어진다. 이때 Z_i와 Z_o가 R_L과 R_s에 각각 영향을 받지 않는다고 가정한다.

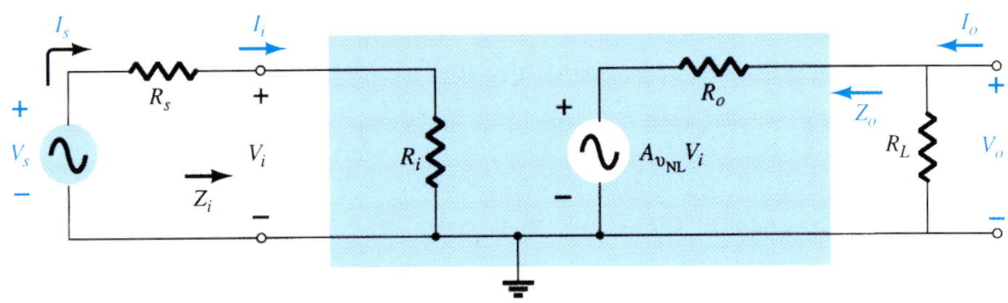

그림 5.65 증폭기의 이득에 R_s와 R_L의 영향을 고려한 회로

입력 쪽에서는

$$\text{식 (5.91): } V_i = \frac{R_i V_s}{R_i + R_s}$$

또는
$$\boxed{\frac{V_i}{V_s} = \frac{R_i}{R_i + R_s}} \tag{5.93}$$

출력 쪽에서는

$$V_o = \frac{R_L}{R_L + R_o} A_{v_{NL}} V_i$$

또는
$$A_{v_L} = \frac{V_o}{V_i} = \frac{R_L A_{v_{NL}}}{R_L + R_o} = \frac{R_L}{R_L + R_o} A_{v_{NL}} \tag{5.94}$$

이다. 전체 이득은 $A_{v_s}=V_o/V_s$이고, 다음과 같이 유도된다.

$$\boxed{A_{v_s}=\frac{V_o}{V_s}=\frac{V_o}{V_i}\cdot\frac{V_i}{V_s}} \tag{5.95}$$

그리고 식 (5.93)과 (5.94)을 대입하면

$$\boxed{A_{v_s}=\frac{V_o}{V_s}=\frac{R_i}{R_i+R_s}\cdot\frac{R_L}{R_L+R_o}A_{v_{NL}}} \tag{5.96}$$

이다. $I_i=V_i/R_i$이므로, 앞에서

$$\boxed{A_{i_L}=-A_{v_L}\frac{R_i}{R_L}} \tag{5.97}$$

또는 $I_s=V_s/(R_s+R_i)$를 이용하여

$$\boxed{A_{i_s}=-A_{v_s}\frac{R_s+R_i}{R_L}} \tag{5.98}$$

그러나 $I_i=I_s$이므로 식 (5.97)과 식 (5.98)은 같은 결과를 가진다. 식 (5.96)은 소스저항과 부하저항이 시스템의 전체 이득을 감소시킴을 명백히 나타낸다.

식 (5.96)의 두 감쇠 인자는 설계 과정에서 신중하게 고려해야 할 곱셈항을 형성한다. 만약 R_L크기의 영향이 무시된다면, R_s가 비교적 작다고 보증할 수 없다. 예를 들어 식 (5.96)에서 만약 첫 번째 항이 0.9이고, 두 번째 항이 0.2일 때 전체 감쇠 인자는 두 항의 곱 $(0.9)\times(0.2)=0.18$이 되어 더 작은 인자에 가까워진다. 상대적으로 월등한 0.9항의 영향은 훨씬 더 작은 두 번째 항에 의해서 완전히 소거되었다. 만약 두 항이 0.9라면 결과는 $(0.9)\times(0.9)=0.81$이 되어 여전히 높게 된다. 만약 첫 번째 항이 0.9, 두 번째 항이 0.7이더라도 결과는 0.63이 되어 받아들일 만하다. 그러므로 일반적으로 좋은 전체 이득을 얻기 위해서는 R_L과 R_s의 영향을 각각 평가하고, 곱으로서도 평가하여야 한다.

예제 5.12 예제 5.11에서 A_{v_L}과 A_{v_s}를 구하고 비교하여라. 예제 5.1에서 $A_{v_{NL}}=-280$, $Z_i=1.07\ \text{k}\Omega$, $Z_o=3\ \text{k}\Omega$이다. 예제 5.11에서 $R_L=4.7\ \text{k}\Omega$이고 $R_s=0.3\ \text{k}\Omega$이다.

풀이

a. 식 (5.89): $$\begin{aligned}A_{v_L}&=\frac{R_L}{R_L+R_o}A_{v_{NL}}\\&=\frac{4.7\ \text{k}\Omega}{4.7\ \text{k}\Omega+3\ \text{k}\Omega}(-280.11)\\&=\mathbf{-170.98}\end{aligned}$$

예제 5.11과 같다.

b. 식 (5.96): $$A_{v_s} = \frac{R_i}{R_i + R_s} \cdot \frac{R_L}{R_L + R_o} A_{v_{\text{NL}}}$$

$$= \frac{1.07\text{ k}\Omega}{1.07\text{ k}\Omega + 0.3\text{ k}\Omega} \cdot \frac{4.7\text{ k}\Omega}{4.7\text{ k}\Omega + 3\text{ k}\Omega}(-280.11)$$

$$= (0.781)(0.610)(-280.11)$$

$$= \mathbf{-133.45}$$

예제 5.11과 같다.

예제 5.13 그림 5.66의 (내부를 볼 수 없는 경우) 증폭기에서 다음을 구하라.

a. 이득 A_{v_L}를 구하고, R_L=1.2 kΩ일 때 무부하값과 비교하라.

b. R_L=5.6 kΩ일 때 (a)를 반복하고, 풀이를 비교하라.

c. R_L=1.2 kΩ일 때 A_{v_s}를 구하라.

d. R_L=5.6 kΩ일 때 전류 이득 $A_i = \frac{I_o}{I_i} = \frac{I_o}{I_s}$를 구하라.

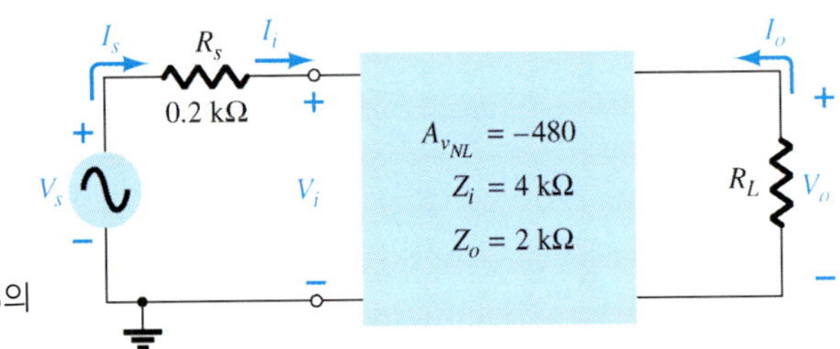

그림 5.66 예제 5.13의 증폭기

풀이

a. 식 (5.89): $$A_{v_L} = \frac{R_L}{R_L + R_o} A_{v_{\text{NL}}}$$

$$= \frac{1.2\text{ k}\Omega}{1.2\text{ k}\Omega + 2\text{ k}\Omega}(-480) = (0.375)(-480)$$

$$= \mathbf{-180}$$

무부하값보다 크게 떨어진다.

b. 식 (5.89): $$A_{v_L} = \frac{R_L}{R_L + R_o} A_{v_{\text{NL}}}$$

$$= \frac{5.6\text{ k}\Omega}{5.6\text{ k}\Omega + 2\text{ k}\Omega}(-480) = (0.737)(-480)$$

$$= \mathbf{-353.76}$$

부하저항이 더 커지면 이득이 더 커진다.

c. 식 (5.96): $$A_{v_s} = \frac{R_i}{R_i + R_s} \cdot \frac{R_L}{R_L + R_o} A_{v_{\text{NL}}}$$

$$= \frac{4\text{ k}\Omega}{4\text{ k}\Omega + 0.2\text{ k}\Omega} \cdot \frac{1.2\text{ k}\Omega}{1.2\text{ k}\Omega + 2\text{ k}\Omega}(-480)$$

$$= (0.952)(0.375)(-480)$$

$$= \mathbf{-171.36}$$

부하시 이득 A_v와 비슷하다. 왜냐하면 입력 임피던스가 소스 저항보다 상당히 크기 때문이다. 이는 소스저항이 증폭기의 입력 임피던스와 비교하여 비교적 작다는 말이다.

d. $A_{i_L} = \dfrac{I_o}{I_i} = \dfrac{I_o}{I_s} = -A_{v_L}\dfrac{Z_i}{R_L}$

$= -(-353.76)\left(\dfrac{4\text{ k}\Omega}{5.6\text{ k}\Omega}\right) = (-353.76)(0.714)$

$= \mathbf{-252.6}$

어떤 회로에서 2포트 방정식을 쓸 때, 입력 임피던스는 적용되는 부하에 민감하고(에미터 폴로어와 컬렉터 피드백처럼) 출력 임피던스는 소스저항에 대해 민감하다(에미터 폴로어처럼)는 것을 깨닫는 것이 중요하다. 이 경우 Z_i와 Z_o 같은 무부하 파라미터가 2포트 방정식을 대입하기 전에 먼저 계산되어야 한다. 연산 증폭기에서 이러한 부하나 소스저항으로 인한 입력과 출력 파라미터의 감도는 2포트 방정식을 쓸 때, 무부하시 레벨로부터의 변화에 관련하여 제거하기 위해 최소화하여야 한다.

5.16 종속접속 시스템

그림 5.67과 같은 종속접속 시스템(cascaded system)을 해석하는 데는 2포트 시스템적 접근 방법이 유용하다. 그림 A_{v_1}, A_{v_2}, A_{v_3} 등은 부하가 걸린 상태에서의 단일 증폭단 각각의 전압 이득들이다. 즉 A_{v_1}은 A_{v_2}의 입력 임피던스에 영향을 미치고, A_{v_2}는 A_{v_1}의 부하로 작용한다. 예를 들어 A_{v_2}의 경우에, A_{v_1}이 A_{v_2} 입력에 신호 길이와 소스 임피던스를 결정한다. 시스템의 전체 이득은 다음과 같이 단일 증폭 각각의 이득을 곱해서 얻는다:

$$A_{v_T} = A_{v_1} \cdot A_{v_2} \cdot A_{v_3} \cdot \cdots \tag{5.99}$$

이고, 전체 전류 이득은

$$A_{i_T} = -A_{v_T}\frac{Z_{i_1}}{R_L} \tag{5.100}$$

이다.

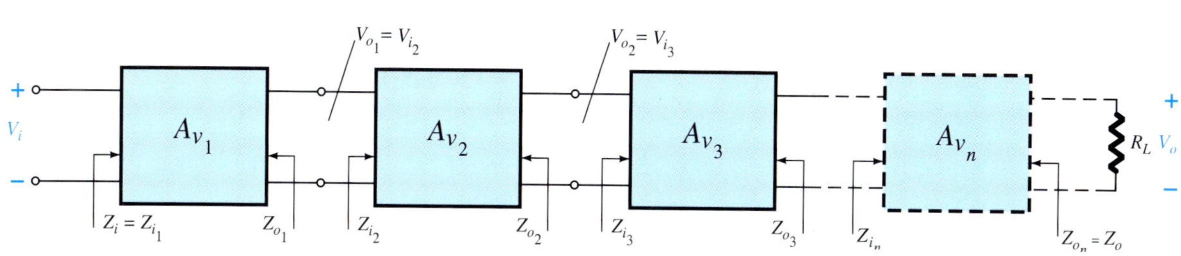

그림 5.67 종속 접속 시스템

시스템을 아무리 완벽하게 설계한다 할지라도 2포트 시스템에 다음단이나 부하를 걸면 전압 이득에 영향을 미친다. 그러므로 그림 5.67의 A_{v_1}, A_{v_2}, A_{v_3} 등을 계산할 때 다른 증폭단에 의한 부하 효과를 고려해서 계산해야만 한다. 무부하시 파라미터들을 그림 5.67의 부하시 이득을 구하는 데 이용할 수 있지만, 식 (5.99)은 부하시 값을 필요로 한다. 그 부하시 값은 제1단은 Z_{i_2}, 제2단은 Z_{i_3}, 제3단은 Z_{i_n} 등을 말한다.

예제 5.14 그림 5.68의 2단 시스템은 에미터 폴로어와 공통 베이스 회로가 접속되어 있다. 에미터 폴로어에 의해 공통 베이스 증폭기의 입력단자에는 시스템에 인가된 신호의 대부분이 들어온다. 그림 5.68에는 각 시스템의 무부하시 값이 제시되어 있다. 단, 에미터 폴로어의 Z_i와 Z_o만은 부하시 값이다. 그림 5.68의 회로에서 다음을 구하라.

a. 부하시 각 증폭단의 이득

b. 시스템의 전체 이득 A_v와 A_{v_s}

c. 시스템의 전체 전류 이득

d. 에미터 폴로어를 제거했을 때의 시스템의 전체 이득

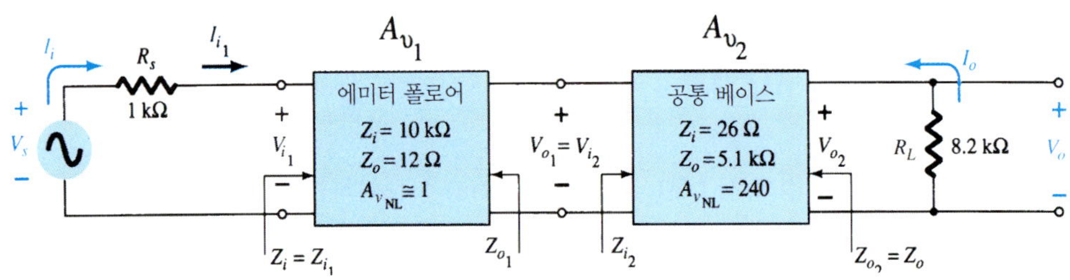

그림 5.68 예제 5.14

풀이

a. 에미터 폴로어 회로에서 부하시 (식 (5.94)에 의한) 이득은

$$V_{o_1} = \frac{Z_{i_2}}{Z_{i_2} + Z_{o_1}} A_{v_{NL}} V_{i_1} = \frac{26\ \Omega}{26\ \Omega + 12\ \Omega}(1)\, V_{i_1} = 0.684\, V_{i_1}$$

그리고
$$A_{V_i} = \frac{V_{o_1}}{V_{i_1}} = \mathbf{0.684}$$

공통 베이스 회로에서

$$V_{o_2} = \frac{R_L}{R_L + R_{o_2}} A_{v_{NL}} V_{i_2} = \frac{8.2\ \text{k}\Omega}{8.2\ \text{k}\Omega + 5.1\ \text{k}\Omega}(240)\, V_{i_2} = 147.97\, V_{i_2}$$

그리고
$$A_{v_2} = \frac{V_{o_2}}{V_{i_2}} = \mathbf{147.97}$$

b. 식 (5.99):
$$\begin{aligned} A_{v_T} &= A_{v_1} A_{v_2} \\ &= (0.684)(147.97) \\ &= \mathbf{101.20} \end{aligned}$$

식 (5.91): $A_{v_s} = \dfrac{Z_{i_1}}{Z_{i_1} + R_s} A_{v_T} = \dfrac{(10\,\mathrm{k\Omega})(101.20)}{10\,\mathrm{k\Omega} + 1\,\mathrm{k\Omega}}$
$= \mathbf{92}$

c. 식 (5.100): $A_{i_T} = -A_{v_T}\dfrac{Z_{i_1}}{R_L} = -(101.20)\left(\dfrac{10\,\mathrm{k\Omega}}{8.2\,\mathrm{k\Omega}}\right)$
$= \mathbf{-123.41}$

d. 식 (5.91): $V_i = \dfrac{Z_{i_{CB}}}{Z_{i_{CB}} + R_s} V_s = \dfrac{26\,\Omega}{26\,\Omega + 1\,\mathrm{k\Omega}} V_s = 0.025\,V_s$

위에서 $\dfrac{V_i}{V_s} = 0.025$이고 $\dfrac{V_o}{V_i} = 147.97$이므로

$$A_{v_s} = \frac{V_o}{V_s} = \frac{V_i}{V_s}\cdot\frac{V_o}{V_i} = (0.025)(147.97) = \mathbf{3.7}$$

에미터 폴로어 회로만 있을 때 보다도 이득이 약 25배 크다. 그러나 첫 번째 증폭단의 출력 임피던스가 두 번째 증폭단의 입력 임피던스에 비교적 근접하고 신호가 전압 분배기에 의해 '손실' 된다는 점도 주의해야 한다.

RC-결합 BJT 증폭기

그림 5.69은 *RC*-결합 증폭기이다. 이름은 용량성 커플링 커패시터 C_C와 제1단에 가해지는 부하에 의한 *RC*조합에서 유래한다. 직류해석의 관점에서 볼 때 커플링 커패시터는 두 단에 대한 분리이나, 교류응답에서는 단락회로처럼 동작한다. 제2단의 입력 임피던스는 제1단의 부하처럼 행동하고, 앞의 두 절에서 설명한 해석과 같이 동일접근이 가능하다.

예제 5.15

a. 무부하시 전압 이득과 그림 5.69의 *RC*-결합 트랜지스터 증폭기의 출력전압을 구하라.

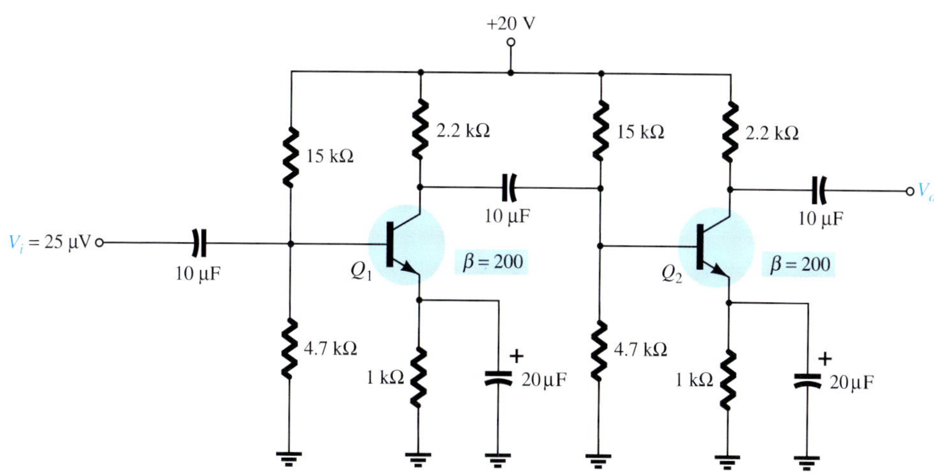

그림 5.69 예제 5.15의 RC-결합 BJT 증폭기

b. 만약 10 kΩ의 부하가 제2단에 걸린다면, 전체 이득과 출력전압을 구하고 (a)의 값과 비교하라.

c. 제1단의 입력 임피던스와 제2단의 출력 임피던스를 구하라.

풀이

a. 각 트랜지스터에서 직류 바이어스 해석의 결과는 다음과 같다.

$$V_B = 4.7\text{ V}, \quad V_E = 4.0\text{ V}, \quad V_C = 11\text{ V}, \quad I_E = 4.0\text{ mA}$$

바이어스 점에서

$$r_e = \frac{26\text{ mV}}{I_E} = \frac{26\text{ mV}}{4\text{ mA}} = 6.5\ \Omega$$

제2단에 걸리는 부하는

$$Z_{i_2} = R_1 \| R_2 \| \beta r_e$$

제1단에서의 이득은

$$\begin{aligned} A_{v_1} &= -\frac{R_C \| (R_1 \| R_2 \| \beta r_e)}{r_e} \\ &= -\frac{(2.2\text{ k}\Omega) \| [15\text{ k}\Omega \| 4.7\text{ k}\Omega \| (200)(6.5\ \Omega)]}{6.5\ \Omega} \\ &= -\frac{665.2\ \Omega}{6.5\ \Omega} = -102.3 \end{aligned}$$

제2단에서 무부하시 이득은

$$A_{v_{2(\text{NL})}} = -\frac{R_C}{r_e} = -\frac{2.2\text{ k}\Omega}{6.5\ \Omega} = -338.46$$

전체 이득은

$$A_{v_{T(\text{NL})}} = A_{v_1} A_{v_{2(\text{NL})}} = (-102.3)(-338.46) \cong \mathbf{34.6 \times 10^3}$$

그러면, 출력전압은

$$V_o = A_{v_{T(\text{NL})}} V_i = (34.6 \times 10^3)(25\ \mu\text{V}) \cong \mathbf{865\ mV}$$

b. 10 kΩ의 부하시 전체 이득은

$$A_{v_T} = \frac{V_o}{V_i} = \frac{R_L}{R_L + Z_o} A_{v_{T(\text{NL})}} = \frac{4.7\text{ k}\Omega}{4.7\text{ k}\Omega + 2.2\text{ k}\Omega}(34.6 \times 10^3) \cong \mathbf{23.6 \times 10^3}$$

R_L이 R_C에 비교적 근접하므로, 무부하 이득에 비해 비교적 작다.

$$
\begin{aligned}
V_o &= A_{v_T} V_i \\
&= (23.6 \times 10^3)(25\ \mu\text{V}) \\
&= \mathbf{590\ mV}
\end{aligned}
$$

c. 제1단의 입력 임피던스는

$$Z_{i_1} = R_1 \| R_2 \| \beta r_e = 4.7\ \text{k}\Omega \| 15\ \text{k}\Omega \| (200)(6.5\ \Omega) = \mathbf{953.6\ \Omega}$$

그에 반해 제2단의 출력 임피던스는

$$Z_{o_2} = R_C = \mathbf{2.2\ k\Omega}$$

이다.

캐스코드 회로

캐스코드 회로는 두 개의 회로가 하나로 합쳐진 것이다. 이 경우 앞쪽 트랜지스터의 컬렉터는 다음 트랜지스터의 에미터에 연결되어있다. 첫 번째 가능한 배열이 그림 5.70에 나타나 있고, 두 번째는 다음과 같은 예제의 그림 5.71에 보여준다. 이런 식으로 연결하면 비교적 첫단 증폭단이 높은 입력 임피던스를 갖게 하고, Miller 효과(9.9절에서 다룸)에 의한 입력 커패시턴스가 최소가 되게 하며, 다음 단 CB 증폭단이 고주파 영역에서 좋은 응답을 갖게 한다.

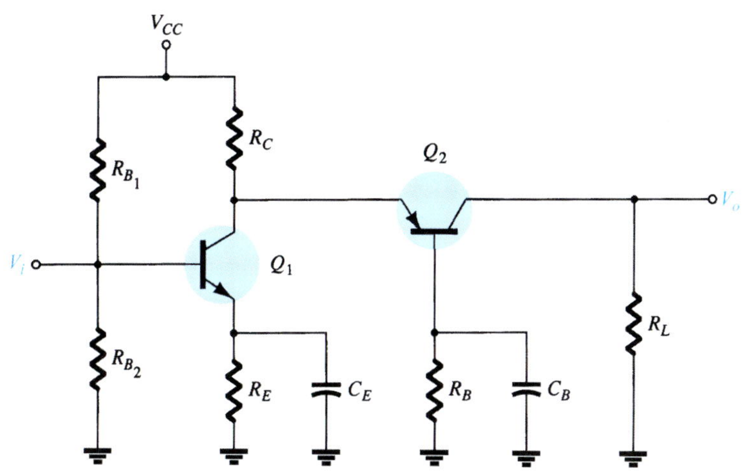

그림 5.70 캐스코드 회로

예제 5.16 그림 5.71의 캐스코드 증폭기에 대해 무부하시 전압 이득을 계산하라.

풀이

직류 바이어스를 해석하면

$$V_{B_1} = 4.9\ \text{V}, \quad V_{B_2} = 10.8\ \text{V}, \quad I_{C_1} \cong I_{C_2} = 3.8\ \text{mA}$$

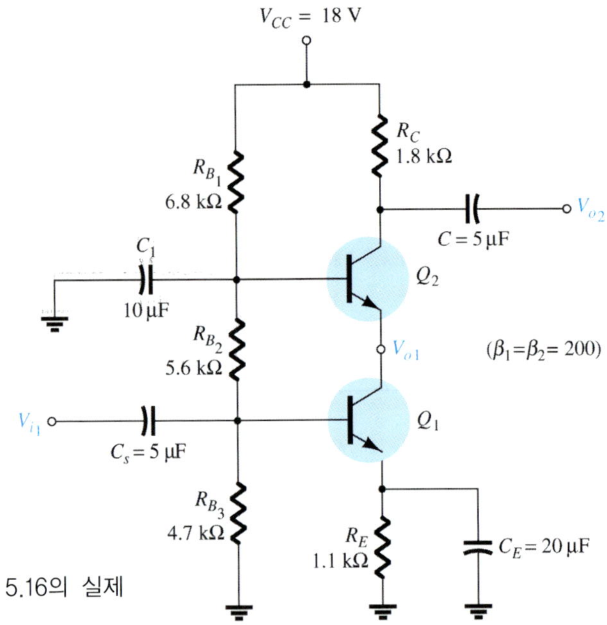

그림 5.71 예제 5.16의 실제 캐스코드 회로

$I_{E_1} \cong I_{E_2}$ 이므로 각 트랜지스터의 동저항(dynamic resistance)은

$$r_e = \frac{26\text{ mV}}{I_E} \cong \frac{26\text{ mV}}{3.8\text{ mA}} = 6.8\ \Omega$$

트랜지스터 Q_1의 부하는 CB 증폭단 트랜지스터 Q_2의 입력 임피던스로서 그림 5.72에서 r_e로 나타나 있다.

CB 증폭단의 이득을 구하기 위한 무부하시 방정식의 R_C를 CB 증폭단의 입력 임피던스로 바꾸면

$$A_{v_1} = -\frac{R_C}{r_e} = -\frac{r_e}{r_e} = -1$$

두 번째 증폭단(공통 베이스)의 전압 이득은

$$A_{v_2} = \frac{R_C}{r_e} = \frac{1.8\text{ k}\Omega}{6.8\ \Omega} = 265$$

따라서 전체 이득은

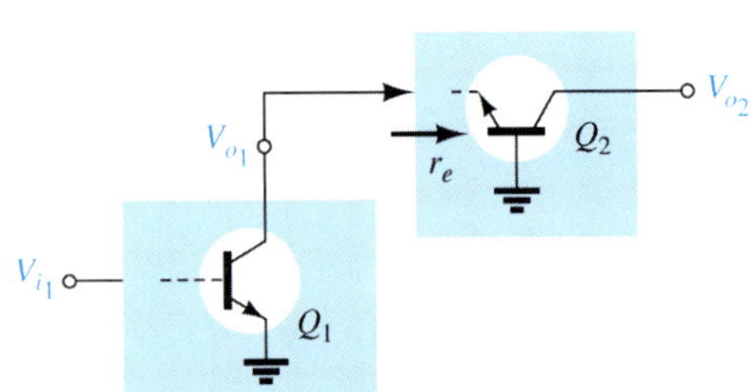

그림 5.72 Q_1의 부하 결정

$$A_{v_T} = A_{v_1}A_{v_2} = (-1)(265) = \mathbf{-265}$$

예상대로 예제 5.16에서 CE 증폭단은 CB 증폭단의 입력 임피던스보다 훨씬 더 커진다. 첫단의 전압 이득이 약 1에 불과하므로, 좋은 고역 특성 응답을 갖도록 Miller 효과 입력 커패시턴스는 아주 작게 된다(9장 참조). CB 증폭단은 265의 전압 이득을 가지므로, 결국 전체 설계에서 요구되는 이득에 비해 좋은 입력 임피던스를 가진다.

미국인(피츠버그, 펜실베니아주; 엑스터, 뉴헴프셔) (1906~1997)s

벨 연구소의 부서 장
대학교수, 전기 및 컴퓨터 공학과, 뉴햄프셔 주립 대학교

시드니 달링턴 박사는 하버드 대학교에서 물리학 학사학위를, MIT에서 전기 통신 학사학위를, 그리고 콜롬비아 대학교에서 박사학위를 받았다. 1929년에 그는 벨 연구소에 들어갔으며, 거기서 그는 회로 및 제어 부서의 부서장을 역임했다. 그 시기에 그는 중요한 공헌자들인 에드워드 노턴과 헨드릭 보드와 좋은 우정을 나누었다. 그는 미국 특허 24가지를 가진 인물로서 미국 시민에게 주어지는 최고 영애의 훈장인 미국자유훈장을 1945년에 세계 2차 대전 중 네트워크 설계에 대한 공로로 수여받았다. 미국 공학 한림원의 일원이자, 또한 그는 IEEE 에디슨 메달을 1975년 수상하였고 1981년에 IEEE 명예 메달을 수상하였다. 그의 미국 특허 번호 2 663 806의 제목 '반도체 신호 번역 기기'는 1953년 12월 22일에 접수되었고, 그 내용은 두 트랜지스터가 어떻게 달링턴 배치로 같은 회로 기판에 만들어질 수 있는지를 다루고 있다. 이것은 때때로 IC 제작의 시초라고 여겨지고 있다. 달링턴 박사는 웨이브가이드 전송과 레이더 시스템에 세계적으로 널리 쓰이는 Chirp technique에 개발과 소개를 책임지기도 했다. 그는 또한 현재 대부분의 인공위성을 궤도에 로켓으로 올려보내는 Bell Laboratories Command Guidance system에 제 1의 공로자이기도 하다. 그것은 로켓 자체의 타성 제어와 레이더를 이용한 지상 추적 방법을 사용한다. 달링턴 박사는 도보 여행자로 열렬히 아웃 도어 운동을 즐겨서 애팔래치아 산맥 모임의 회원이기도 했다. 그의 가장 자랑할 만한 업적은 80세에 워싱턴 산맥을 오른 것이다.

그림 5.74 시드니 달링톤

5.17 DARLINGTON 회로

그림 5.73은 두 개의 바이폴라 접합 트랜지스터를 접속하여 하나의 'superbeta' 트랜지스터로 작동하는 Darlington 회로이다. Darlington 회로는 그 전류 이득이 각각의 트랜지스터의 전류 이득을 곱한 값과 같은 단일 증폭기로 작동한다. 만일 회로를 구성하고 있는 두 트랜지스터의 각각의 전류 이득이 β_1과 β_2라면 Darlington 회로의 전체 전류 이득은 다음과 같다.

$$\boxed{\beta_D = \beta_1\beta_2} \tag{5.101}$$

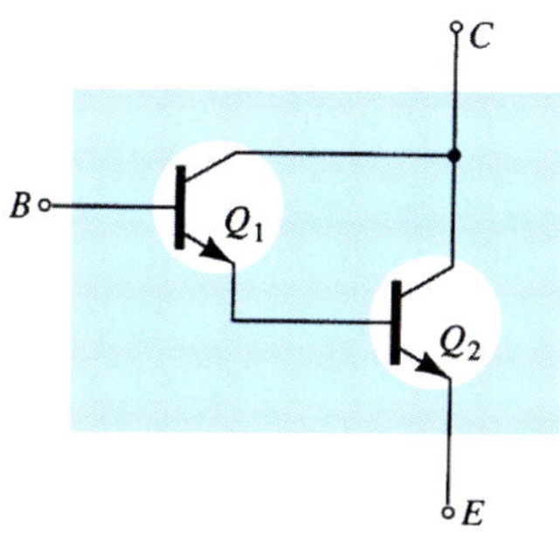

그림 5.73 Darlington 회로

회로 구조는 1953년에 Sidney Darlington 박사에 의해 처음 소개되었다 그 전기가 간단히 그림 5.74에 소개되어 있다.

에미터 폴로어 구조

에미터 폴로어 구조를 사용하는 Darlington 증폭기는 그림 5.75에 나타난다. Darlington 구조를 사용하는 주된 이유는 입력단의 임피던스가 하나의 트랜지스터를 사용하는 구조보다 훨씬 크기 때문이다. 그리고 전류 이득 또한 아주 크다. 그러나 하나의 트랜지스터를 사용하는 구조 또는 달링턴 구조의 전압이득은 전류이득보다 약간 작다.

DC Bias 이런 경우 전류는 식 (4.44)를 수정해서 구할 수 있다. 이것은 2개의 베이스-에미

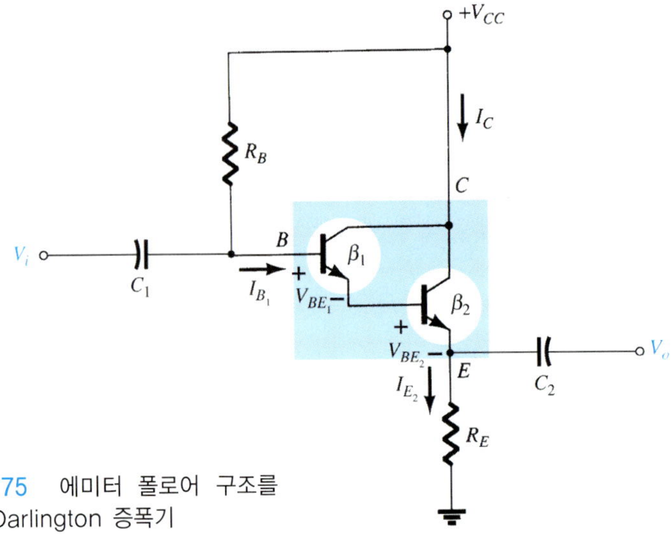

그림 5.75 에미터 폴로어 구조를 사용한 Darlington 증폭기

터 전압 하강을 포함해야 하고 트랜지스터 하나의 베타는 식 (5.101)의 Darlington 조합으로 교체 가능하다.

$$I_{B_1} = \frac{V_{CC} - V_{BE_1} - V_{BE_2}}{R_B + \beta_D R_E} \tag{5.102}$$

Q_1의 에미터 전류는 Q_2의 베이스 전류와 같고 따라서

$$I_{E_2} = \beta_2 I_{B_2} = \beta_2 I_{E_1} = \beta_2(\beta_1 I_{E_1}) = \beta_1\beta_2 I_{B_1}$$

결과적으로

$$I_{C_2} \cong I_{E_2} = \beta_D I_{B_1} \tag{5.103}$$

두 트랜지스터의 컬렉터 전압은

$$V_{C_1} = V_{C_2} = V_{CC} \tag{5.104}$$

Q_2의 에미터 전압은

$$V_{E_2} = I_{E_2} R_E \tag{5.105}$$

Q_1의 베이스 전압은

$$V_{B_1} = V_{CC} - I_{B_1} R_B = V_{E_2} + V_{BE_1} + V_{BE_2} \tag{5.106}$$

Q의 컬렉터 에미터 전압은

$$V_{CE_2} = V_{C_2} - V_{E_2} = V_{CC} - V_{E_2} \tag{5.107}$$

예제 5.17 그림 5.76에 보이는 Darlington 구조의 직류 바이어스 전압과 전류들을 구하라.

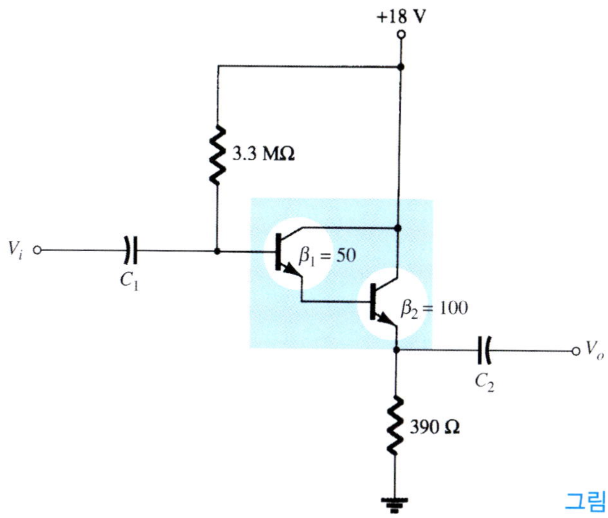

그림 5.76 예제 5.17 회로

풀이

$$\beta_D = \beta_1\beta_2 = (50)(100) = \mathbf{5000}$$

$$I_{B_1} = \frac{V_{CC} - V_{BE_1} - V_{BE_2}}{R_B + \beta_D R_E} = \frac{18\text{ V} - 0.7\text{ V} - 0.7\text{ V}}{3.3\text{ M}\Omega + (5000)(390\ \Omega)}$$

$$= \frac{18\text{ V} - 1.4\text{ V}}{3.3\text{ M}\Omega + 1.95\text{ M}\Omega} = \frac{16.6\text{ V}}{5.25\text{ M}\Omega} = \mathbf{3.16\ \mu A}$$

$$I_{C_2} \cong I_{E_2} = \beta_D I_{B_1} = (5000)(3.16\text{ mA}) = \mathbf{15.80\ mA}$$

$$V_{C_1} = V_{C_2} = \mathbf{18\ V}$$

$$V_{E_2} = I_{E_2}R_E = (15.80\text{ mA})(390\ \Omega) = \mathbf{6.16\ V}$$

$$V_{B_1} = V_{E_2} + V_{BE_1} + V_{BE_2} = 6.16\text{ V} + 0.7\text{ V} + 0.7\text{ V} = \mathbf{7.56\ V}$$

$$V_{CE_2} = V_{CC} - V_{E_2} = 18\text{ V} - 6.16\text{ V} = \mathbf{11.84\ V}$$

AC 입력 임피던스 입력 임피던스는 그림 5.77의 등가회로를 사용해 구할 수 있다. 먼저 각 트랜지스터의 파라미터들은 이미 조사된 것으로 한다.

그림 5.77에서 정의한 바대로

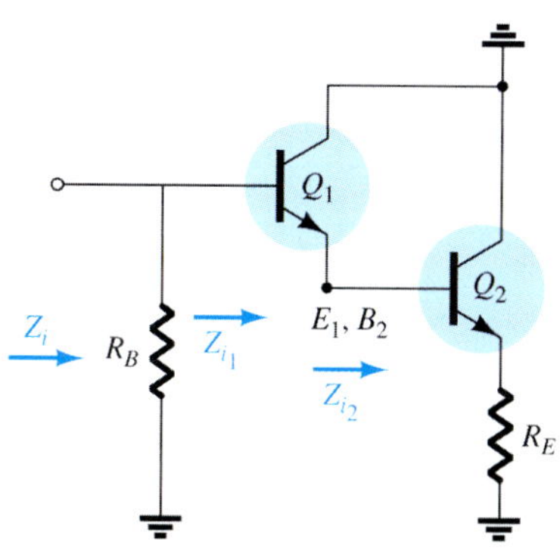

그림 5.77 Z_i 찾기

$$Z_{i_2} = \beta_2(r_{e_2} + R_E)$$
$$Z_{i_1} = \beta_1(r_{e_1} + Z_{i_2})$$

그래서 $$Z_{i_1} = \beta_1(r_{e_1} + \beta_2(r_{e_2} + R_E))$$

가정하면 $$R_E \gg r_{e_2}$$

그리고 $$Z_{i_1} = \beta_1(r_{e_1} + \beta_2 R_E)$$

이므로 $$\beta_2 R_E \gg r_{e_1}$$
$$Z_{i_1} \cong \beta_1\beta_2 R_E$$

그러므로 $$Z_i = R_B \| Z_i$$

$$\boxed{Z_i = R_B \| \beta_1\beta_2 R_E = R_B \| \beta_D R_E} \tag{5.108}$$

그림 5.76 회로에서

$$\begin{aligned} Z_i &= R_B \| \beta_D R_E \\ &= 3.3\ \text{M}\Omega \| (5000)(390\ \Omega) = 3.3\ \text{M}\Omega \| 1.95\ \text{M}\Omega \\ &= \mathbf{1.38\ M\Omega} \end{aligned}$$

이전의 해석에서 r_e의 값은 비교되지 않았으나 보다 큰 값으로 떨어지지도 않은 것을 유의하자. Darlington 회로에서 각 트랜지스터의 에미터 전류는 다르기 때문에 r_e의 값은 달라질 것이다. 또한 각 트랜지스터의 β값도 다른 전류레벨로 다루어지기 때문에 서로 다를 것임을 마음에 새기자. 그러나 사실 두 개의 β값의 곱(product)은 사양서에 지시된 바와 같이 β_D와 등가일 것이다.

AC 전류이득

전류이득은 그림 5.78의 등가회로로부터 구할 수 있다. 각 트랜지스터의 출력 임피던스는 무시되고, 각 트랜지스터의 파라미터가 사용된다.

출력전류 풀이: $$I_o = I_{b_2} + \beta_2 I_{b_2} = (\beta_2 + 1)I_{b_2}$$

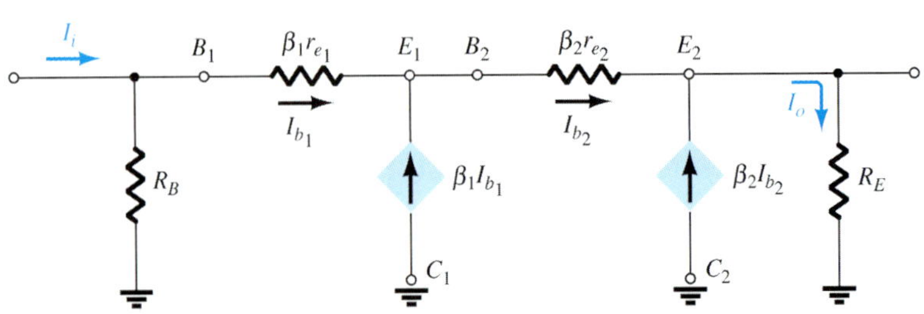

그림 5.78 그림 5.75 회로의 A_i 결정

또한

$$I_{b_2} = \beta_1 I_{b_1} + I_{b_1} = (\beta_1 + 1)I_{b_1}$$

그러면

$$I_o = (\beta_2 + 1)(\beta_1 + 1)I_{b_1}$$

입력회로에 전류 분배기 법칙을 사용:

$$I_{b_1} = \frac{R_B}{R_B + Z_i}I_i = \frac{R_B}{R_B + \beta_1\beta_2 R_E}I_i$$

그리고

$$I_o = (\beta_2 + 1)(\beta_1 + 1)\left(\frac{R_B}{R_B + \beta_1\beta_2 R_E}\right)I_i$$

그래서

$$A_i = \frac{I_o}{I_i} = \frac{(\beta_1 + 1)(\beta_2 + 1)R_B}{R_B + \beta_1\beta_2 R_E}$$

$\beta_1, \beta_2 \gg 1$이면

$$\boxed{A_i = \frac{I_o}{I_i} \cong \frac{\beta_1\beta_2 R_B}{R_B + \beta_1\beta_2 R_E}} \tag{5.109}$$

또는

$$\boxed{A_i = \frac{I_o}{I_i} \cong \frac{\beta_D R_B}{R_B + \beta_D R_E}} \tag{5.110}$$

그림 5.76에서

$$A_i = \frac{I_o}{I_i} = \frac{\beta_D R_B}{R_B + \beta_D R_E} = \frac{(5000)(3.3\text{ M}\Omega)}{3.3\text{ M}\Omega + 1.95\text{ M}\Omega}$$
$$= \mathbf{3.14 \times 10^3}$$

AC 전압이득 전압이득은 그림 5.77을 사용해 다음과 같은 유도로 구할 수 있다:

$$V_o = I_o R_E$$
$$V_i = I_i(R_B \| Z_i)$$
$$R_B \| Z_i = R_B \| \beta_D R_E = \frac{\beta_D R_B R_E}{R_B + \beta_D R_E}$$

그리고

$$A_v = \frac{V_o}{V_i} = \frac{I_o R_E}{I_i(R_B \| Z_i)} = (A_i)\left(\frac{R_E}{R_B \| Z_i}\right)$$
$$= \left[\frac{\beta_D R_B}{R_B + \beta_D R_E}\right]\left[\frac{R_E}{\dfrac{\beta_D R_B R_E}{R_B + \beta_D R_E}}\right]$$

$$\boxed{A_v \cong 1 \text{ (in reality less than one)}} \tag{5.111}$$

이것은 에미터 폴로어 회로에서와 같은 예상된 결과이다.

AC 출력 임피던스 출력 임피던스는 그림 5.78로 되돌아가 구할 수 있다. 그림 5.79에 나타낸 바와 같이 V_i를 0 V로 하며, R_B를 '단락' 시킨 결과가 그림 5.80의 회로이다. 그림 5.79와 그림 5.80에서 출력전류의 위치는 Z_o의 정의에 맞게 새로 정의되었다.

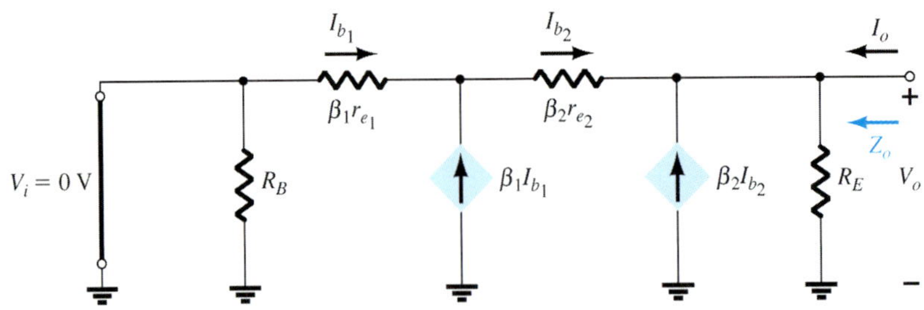

그림 5.79 Z_o 결정

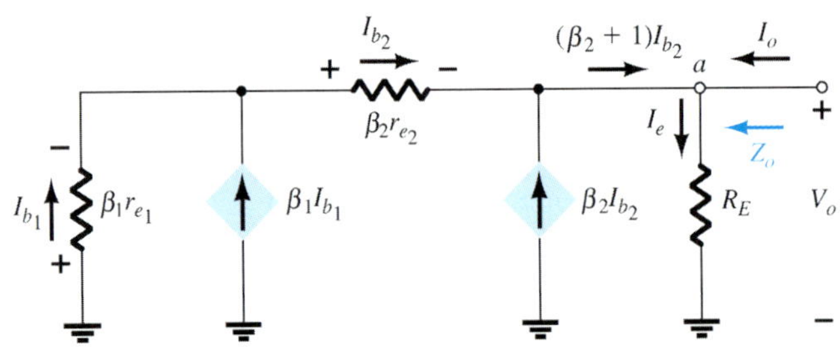

그림 5.80 그림 5.79 회로의 재도시

a점에서 키르히호프의 전류 법칙은 $I_o+(\beta_2+1)I_{b_2}=I_e$가 되어

$$I_o = I_e - (\beta_2 + 1)I_{b_2}$$

전체의 외곽 루프를 따라 키르히호프의 전압 법칙을 적용하면

$$-I_{b_1}\beta_1 r_{e_1} - I_{b_2}\beta_2 r_{e_2} - V_o = 0$$

그리고
$$V_o = I_{b_1}\beta_1 r_{e_1} + I_{b_2}\beta_2 r_{e_2}$$

대입하면
$$I_{b_2} = (\beta_1 + 1)I_{b_1}$$

$$\begin{aligned} V_o &= -I_{b_1}\beta_1 r_{e_1} - (\beta_1 + 1)I_{b_1}\beta_2 r_{e_2} \\ &= -I_{b_1}[\beta_1 r_{e_1} + (\beta_1 + 1)\beta_2 r_{e_2}] \end{aligned}$$

그리고
$$I_{b_1} = -\frac{V_o}{\beta_1 r_{e_1} + (\beta_1 + 1)\beta_2 r_{e_2}}$$

이고
$$I_{b_2} = (\beta_1 + 1)I_{b_1} = (\beta_1 + 1)\left[-\frac{V_o}{\beta_1 r_{e_1} + (\beta_1 + 1)\beta_2 r_{e_2}}\right]$$

그래서
$$I_{b_2} = -\left[\frac{\beta_1 + 1}{\beta_1 r_{e_1} + (\beta_1 + 1)\beta_2 r_{e_2}}\right]V_o$$

되돌아가 $I_o = I_e - (\beta_2 + 1)I_{b_2} = I_e - (\beta_2 + 1)\left(-\dfrac{(\beta_1 + 1)V_o}{\beta_1 r_{e_1} + (\beta_1 + 1)\beta_2 r_{e_2}}\right)$

또는

$$I_o = \frac{V_o}{R_E} + \frac{(\beta_1 + 1)(\beta_2 + 1)V_o}{\beta_1 r_{e_1} + (\beta_1 + 1)\beta_2 r_{e_2}}$$

$\beta_1, \beta_2 \gg 1$이면

$$I_o = \frac{V_o}{R_E} + \frac{\beta_1\beta_2 V_o}{\beta_1 r_{e_1} + \beta_1\beta_2 r_{e_2}} = \frac{V_o}{R_E} + \frac{V_o}{\dfrac{\beta_1 r_{e_1}}{\beta_1\beta_2} + \dfrac{\beta_1\beta_2 r_{e_2}}{\beta_1\beta_2}}$$

$$I_o = \frac{V_o}{R_E} + \frac{V_o}{\dfrac{r_{e_1}}{\beta_2} + r_{e_2}}$$

이 식을 그림 5.81의 병렬저항 회로로 정의하면,

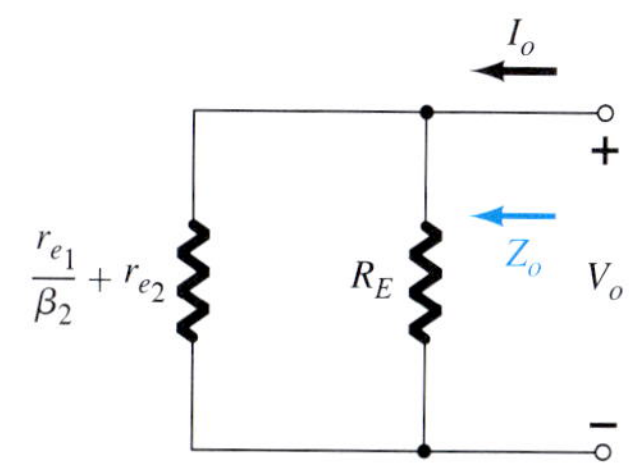

그림 5.81 Z_o에 의해 정의된 결과 회로

일반적으로, $R_E \gg \left(\dfrac{r_{e_1}}{\beta_2} + r_{e_2}\right)$이므로 출력 임피던스는 다음과 같이 정의 된다.

$$\boxed{Z_o = \frac{r_{e_1}}{\beta_2} + r_{e_2}} \qquad (5.112)$$

직류 결과를 사용하면 r_{e_2}와 r_{e_1}는 다음과 같이 정해진다.

$$r_{e_2} = \frac{26\text{ mV}}{I_{E_2}} = \frac{26\text{ mV}}{15.80\text{ mA}} = 1.65\ \Omega$$

그러면 $$I_{E_1} = I_{B_2} = \frac{I_{E_2}}{\beta_2} = \frac{15.80\text{ mA}}{100} = 0.158\text{ mA}$$

그래서 $$r_{e_1} = \frac{26\text{ mV}}{0.158\text{ mA}} = 164.5\ \Omega$$

그러므로 그림 5.78의 회로에 대한 출력 임피던스는 다음과 같다:

$$Z_o \cong \frac{r_{e_1}}{\beta_2} + r_{e_2} = \frac{164.5\ \Omega}{100} + 1.65\ \Omega = 1.645\ \Omega + 1.65\ \Omega = \mathbf{3.30\ \Omega}$$

일반적으로 그림 5.78 회로에 대한 출력 임피던스는 적어도 수 Ω 정도로 매우 낮다.

전압-분배 증폭기

DC 바이어스 지금 그림 5.82에 보인 기본 증폭기 회로에서 Darlington 회로의 효과를 검토해보자. 이 회로에는 부하저항 R_C가 있고, Darlington 회로의 에미터는 교류조건에서는 접지이고, 그림 5.82에 명시된 각 트랜지스터의 β는 베이스로부터 에미터까지의 결과 전압과 함께 주어진다.

직류해석은 다음과 같다:

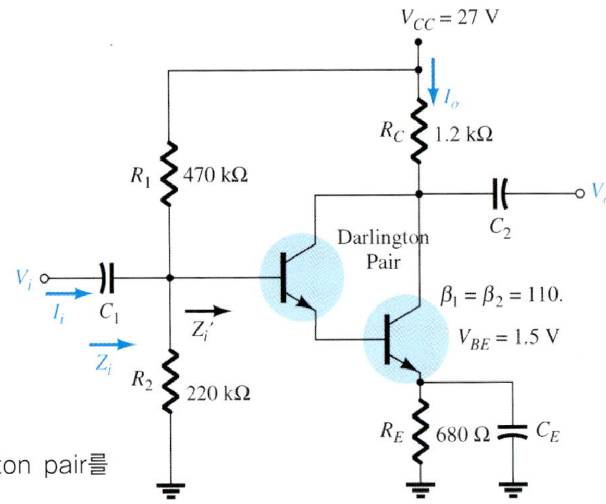

그림 5.82 Darlington pair를 사용한 증폭기 회로

$$\beta_D = \beta_1\beta_2 = (110 \times 110) = 12{,}100$$

$$V_B = \frac{R_2}{R_2 + R_1} V_{CC} = \frac{220\ \text{k}\Omega\ (27\ V)}{220\ \text{k}\Omega + 470\ \text{k}\Omega} = \mathbf{8.61\ V}$$

$$V_E = V_B - V_{BE} = 8.61\ \text{V} - 1.5\ \text{V} = \mathbf{7.11\ V}$$

$$I_E = \frac{V_E}{R_E} = \frac{7.11\ V}{680\ \Omega} = \mathbf{10.46\ mA}$$

$$I_B = \frac{I_E}{\beta_D} = \frac{10.46\ \text{mA}}{12{,}100} = \mathbf{0.864\ \mu A}$$

이전에 사용한 r_{e_2}와 r_{e_1}의 결과값은 다음과 같다:

$$r_{e_2} = \frac{26\ \text{mV}}{I_{E_2}} = \frac{26\ \text{mV}}{10.46\ \text{mA}} = \mathbf{2.49\ \Omega}$$

$$I_{E_1} = I_{B_2} = \frac{I_{E_2}}{\beta_2} = \frac{10.46\ \text{mA}}{110} = 0.095\ \text{mA}$$

그리고
$$r_{e_1} = \frac{26\ \text{mV}}{I_{E_1}} = \frac{26\ \text{mV}}{0.095\ \text{mA}} = \mathbf{273.7\ \Omega}$$

AC 입력 임피던스 그림 5.82의 교류 등가회로는 그림 5.83에 나타나 있다. 저항 R_1과 R_2는 Darlington pair의 입력 임피던스와 병렬이다. 두 번째 트랜지스터는 첫 번째 트랜지스터의 R_E 부하와 같은 역할로 가정하여 그림 5.83에 나타나 있다.

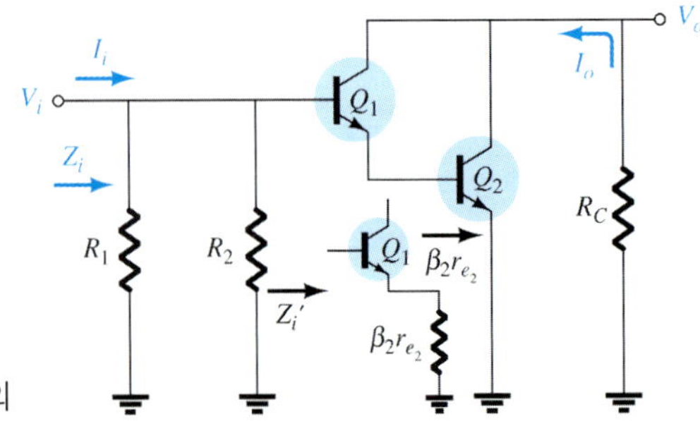

그림 5.83 Z_i'와 Z_i 정의

즉, $Z_i' = \beta_1 r_{e_1} + \beta_1(\beta_2 r_{e_2})$

그러면
$$\boxed{Z_i' = \beta_1[r_{e_1} + \beta_2 r_{e_2}]} \qquad (5.113)$$

그림 5.82의 회로에서:

$$\begin{aligned} Z_i' &= 110[273.7\ \Omega + (110)(2.49\ \Omega)] \\ &= 110[273.7\ \Omega + 273.9\ \Omega] \\ &= 110[547.6\ \Omega] \\ &= \mathbf{60.24\ k\Omega} \end{aligned}$$

그리고
$$\begin{aligned} Z_i &= R_1 \| R_2 \| Z_i' \\ &= 470\ \text{k}\Omega \| 220\ \text{k}\Omega \| 60.24\ \text{k}\Omega \\ &= 149.86\ \text{k}\Omega \| 60.24\ \text{k}\Omega \\ &= \mathbf{42.97\ k\Omega} \end{aligned}$$

AC 전류이득 그림 5.82의 완전한 교류 등가는 그림 5.84에 나타나 있다.

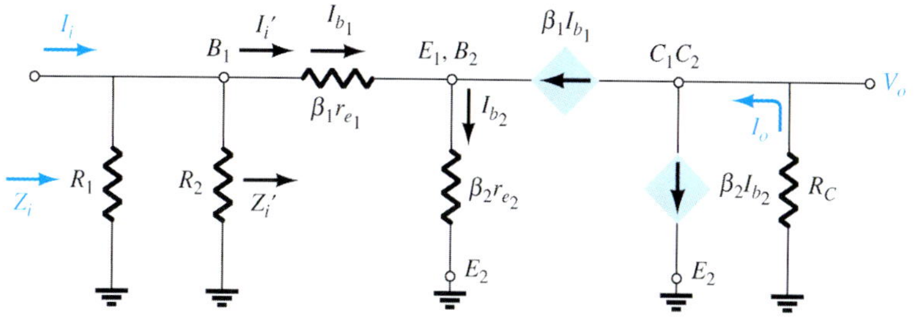

그림 5.84 그림 5.82의 교류 등가회로

출력전류
$$I_o = \beta_1 I_{b_1} + \beta_2 I_{b_2}$$
$$I_{b_2} = (\beta_1 + 1)I_{b_1}$$

그래서
$$I_o = \beta_1 I_{b_1} + \beta_2(\beta_1 + 1)I_{b_1}$$

그리고
$$I_{b_1} = I_i'$$
$$I_o = \beta_1 I_i' + \beta_2(\beta_1 + 1)I_i'$$

그리고
$$\begin{aligned} A_i' = \frac{I_o}{I_i} &= \beta_1 + \beta_2(\beta + 1) \\ &\cong \beta_1 + \beta_2\beta_1 = \beta_1(1 + \beta_2) \\ &\cong \beta_1\beta_2 \end{aligned}$$

마지막으로
$$\boxed{A_i' = \frac{I_o}{I_i'} = \beta_1\beta_2 = \beta_D} \qquad (5.114)$$

본래의 구조에서는

$$I_i' = \frac{R_1 \| R_2 I_i}{R_1 \| R_2 + Z_i'} \quad \text{or} \quad \frac{I_i'}{I_i} = \frac{R_1 \| R_2}{R_1 \| R_2 + Z_i'}$$

그러나
$$A_i = \frac{I_o}{I_i} = \left(\frac{I_o}{I_i'}\right)\left(\frac{I_i'}{I_i}\right)$$

그래서
$$\boxed{A_i = \frac{\beta_D(R_1 \| R_2)}{R_1 \| R_2 + Z_i'}} \tag{5.115}$$

그림 5.82에서는
$$A_i = \frac{(12{,}100)(149.86\ \text{k}\Omega)}{149.86\ \text{k}\Omega + 60.24\ \text{k}\Omega} = \mathbf{8630.7}$$

R_1과 R_2 때문에 전류이득이 현저히 떨어지는 것을 유의하자.

AC 전압이득 그림 5.84에서 입력전압은 R_1과 R_2 양단인 첫 번째 트랜지스터의 베이스에 같이 나타난다.

결과는

$$A_v = \frac{V_o}{V_i} = -\frac{I_o R_C}{I_i' Z_i'} = -A_i\left(\frac{R_C}{Z_i'}\right)$$

그리고
$$\boxed{A_v = -\frac{\beta_D R_C}{Z_i'}} \tag{5.116}$$

그림 5.82의 회로에서는

$$A_v = -\frac{\beta_D R_C}{Z_i'} = -\frac{(12{,}000)(1.2\ \text{k}\Omega)}{60.24\ \text{k}\Omega} = \mathbf{-241.04}$$

AC 출력 임피던스 R_C에서의 출력 임피던스는 트랜지스터의 컬렉터-에미터 단자와 병렬이기 때문에, 비슷한 상황이었던 이전으로 돌아가 구하면 출력 임피던스는 다음과 같다.

$$\boxed{Z_o \cong R_C \| r_{o_2}} \tag{5.117}$$

여기서 r_{o_2}는 트랜지스터 Q_2의 출력 저항이다.

패키지 Darlington 증폭기

Darlington 연결이 너무 유명하기 때문에 몇몇 반도체 제조업체에서는 그림 5.85에서 보는 것과 같은 패키지된 제품을 공급한다. 보통은 두 개의 BJT들이 서로 떨어져 있기보다는 한 칩에 만들어져 있다. 알아두어야 할 것은 오직 한 세트의 컬렉터, 베이스, 에미터 단자들만이 각각 구조에 사용된다는 것이다. 물론 이 단자들은 Q_1 트랜지스터의 베이스이고 Q_1과 Q_2 트랜지스터의 컬렉터이며, Q_2 트랜지스터의 에미터이다.

그림 5.86에는 Fairchild Semiconductor Darlington 앰프 MPSA28에 관한 특성들이 나와 있다. 알아두어야 할 것은 아무리 베이스-에미터 접점의 최대 특성이 낮을지라도 컬렉터-에미터의 최대 전압은 80 V이고 또한 이것이 항복전압이라는 것이다. 왜냐하면

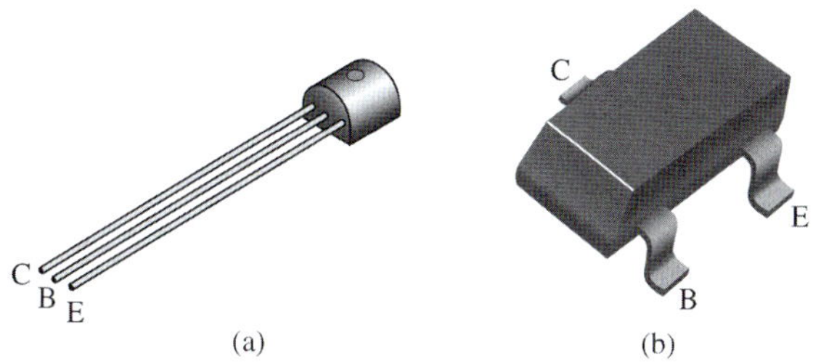

그림 5.85 패키지 Darlington 증폭기들: (a) TO-92 패키지; (b) 슈퍼 SOT™-3 패키지

Absolute Maximum Ratings		
V_{CES}	Collector-Emitter Voltage	80 V
V_{CBO}	Collector-Base Voltage	80 V
V_{EBO}	Emitter-Base Voltage	12 V
I_C	Collector Current–Continuous	800 mA
Electrical Characteristics		
$V_{(BR)CES}$	Collector-Emitter Breakdown Voltage	80 V
$V_{(BR)CBO}$	Collector-Base Breakdown Voltage	80 V
$V_{(BR)EBO}$	Emitter-Base Breakdown Voltage	12 V
I_{CBO}	Collector Cutoff Current	100 mA
I_{EBO}	Emitter Cutoff Current	100 mA
On Characteristics		
h_{FE}	DC Current Gain	10,000
$V_{CE(\text{sat})}$	Collector-Emitter Saturation Voltage	1.2 V
$V_{BE(\text{on})}$	Base-Emitter on Voltage	2.0 V

그림 5.86 MPSA 28 Fairchild 반도체 Darlington 증폭기 정격

Darlington 구조가 컬렉터의 최대 전류 특성이 800 mA로 상향되었기 때문이다. 이것은 우리가 당면한 단일 트랜지스터 구조들의 수준을 훨씬 뛰어넘는 것이다. 직류전류 이득은 아주 높은 10000 정도의 수준이고 베이스 에미터의 'on' 상태의 잠재적 값은 2 V이다. 이것은 개별 트랜지스터들에 사용했던 1.4 V를 분명히 넘어서는 값이다. 결론적으로 I_{CEO}의 수준이 보통 단일 트랜지스터의 값보다 훨씬 높은 500 nA라는 것은 매우 흥미로운 사실이다.

그림 5.75에 나타난 패키지 형식의 회로는 그림 5.87에서와 같이 나타난다. β_D와 제공된 값인 $V_{BE}(=V_{BE_1}+V_{BE_2})$를 사용하면, 이 섹션에 나타난 모든 공식을 적용할 수 있다.

5.18 피드백쌍 회로

피드백쌍 회로(그림 5.88 참조)는 2개의 트랜지스터가 Darlington 회로처럼 작동한다. 피드백쌍 회로는 *pnp* 트랜지스터로 *npn* 트랜지스터를 구동시키는데, 이들 두 트랜지스터는

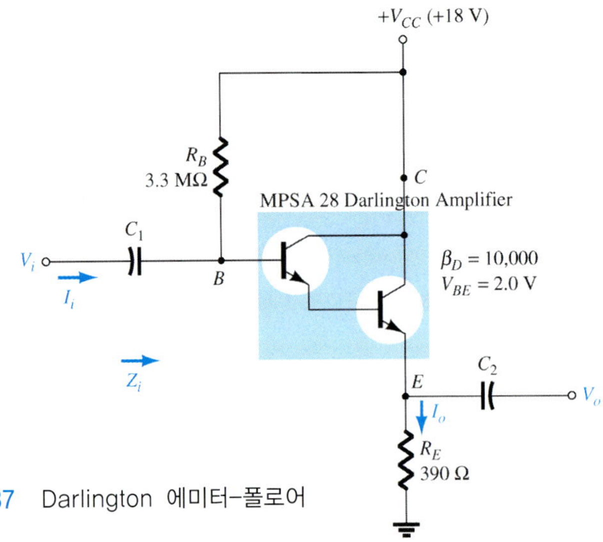

그림 5.87 Darlington 에미터-폴로어 회로

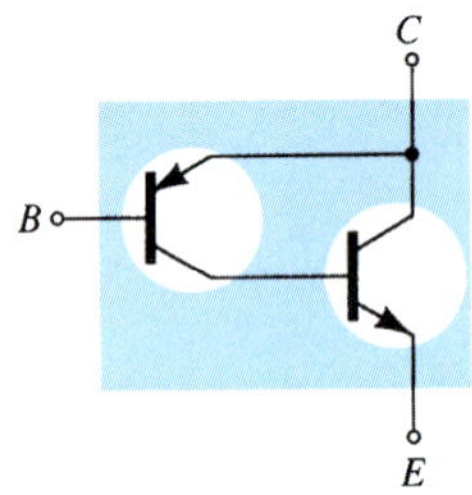

그림 5.88 피드백쌍 회로

실제로는 하나의 *pnp* 트랜지스터처럼 작동한다. Darlington 회로와 마찬가지로 피드백쌍 회로도 각 트랜지스터의 전류 이득을 곱하여 매우 큰 전류 이득을 갖는다. Darlington 연결을 가지면 피드백 쌍 회로도 아주 높은 전류 이득을 (트랜지스터의 전류이득들의 곱), 그리고 높은 입력 임피던스, 낮은 출력 임피던스, 1보다 약간 작은 전압이득을 가진다. 처음에는 출력이 컬렉터 저항 R_C를 때어낸 컬렉터에서 취하므로 높은 전압 이득을 갖는 것으로 보인다. 하지만 *pnp-npn* 조합의 결과들은 에미터-폴로어 구조와 비슷한 단자 특성이 있다. 실제 응용에서는 Darlington 회로와 피드백쌍 회로로 상보(complementary) 트랜지스터 동작을 구성하며, 실제 응용에 대해서는 12장에서 설명한다. 그림 5.89는 피드백쌍 회로를 사용한 실제 회로이다.

직류 바이어스

가능한 한 회로를 간단히 하여 직류 바이어스를 계산해 보자. Q_1의 베이스-에미터 루프에

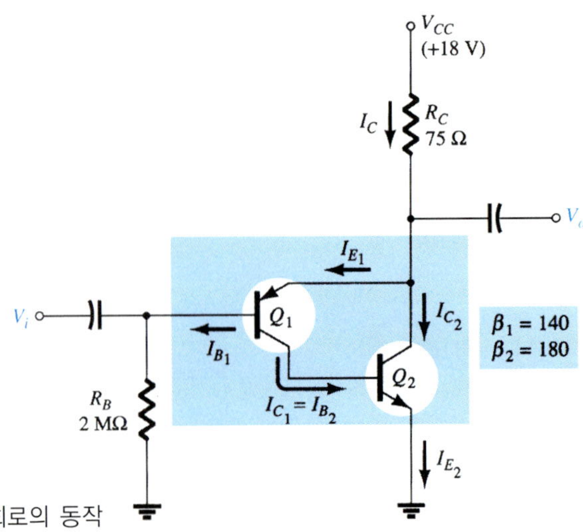

그림 5.89 피드백쌍 회로의 동작

걸쳐 전압식을 세우면

$$V_{CC} - I_C R_C - V_{EB_1} - I_{B_1} R_B = 0$$
$$V_{CC} - (\beta_1 \beta_2 I_{B_1}) R_C - V_{EB_1} - I_{B_1} R_B = 0$$

따라서 베이스 전류는

$$\boxed{I_{B_1} = \frac{V_{CC} - V_{BE_1}}{R_B + \beta_1 \beta_2 R_C}} \tag{5.118}$$

Q_1의 컬렉터 전류

$$I_{C_1} = \beta_1 I_{B_1} = I_{B_2}$$

는 Q_2의 베이스 전류이기도 하다. 트랜지스터 Q_2의 컬렉터 전류는

$$I_{C_2} = \beta_2 I_{B_2} \approx I_{E_2}$$

따라서 R_C를 흐르는 전류는

$$\boxed{I_C = I_{E_1} + I_{C_2} \approx I_{B_2} + I_{C_2}} \tag{5.119}$$

$$\boxed{V_{C_2} = V_{E_1} = V_{CC} - I_C R_C} \tag{5.120}$$

그러므로

$$\boxed{V_{B_1} = I_{B_1} R_B} \tag{5.121}$$

$$\boxed{V_{BC_1} = V_{B_1} - V_{BE_2} = V_{B_1} - 0.7\text{ V}} \tag{5.122}$$

예제 5.18 그림 5.89의 회로에서 직류 바이어스 전류와 전압을 계산하라. 이 회로는 공급 전압의 반(9 V)을 V_o에 공급한다.

풀이

$$I_{B_1} = \frac{18\text{ V} - 0.7\text{ V}}{2\text{ M}\Omega + (140)(180)(75\ \Omega)} = \frac{17.3\text{ V}}{3.89 \times 10^6} = \mathbf{4.45\ \mu A}$$

Q_2의 베이스 전류는

$$I_{B_2} = I_{C_1} = \beta_1 I_{B_1} = 140(4.45\ \mu\text{A}) = \mathbf{0.623\ mA}$$

따라서 Q_2의 컬렉터 전류는

$$I_{C_2} = \beta_2 I_{B_2} = 180(0.623\text{ mA}) = \mathbf{112.1\ mA}$$

따라서 R_C를 흐르는 전류는

식 (5.119): $I_C = I_{E_1} + I_{C_2} = 0.623\text{ mA} + 112.1\text{ mA} \approx I_{C_2} = \mathbf{112.1\text{ mA}}$

$$\begin{aligned} V_{C_2} &= V_{E_1} = 18\text{ V} - (112.1\text{ mA})(75\ \Omega) \\ &= 18\text{ V} - 8.41\text{ V} \\ &= \mathbf{9.59\text{ V}} \\ V_{B_1} &= I_{B_1}R_B = (4.45\ \mu\text{A})(2\text{ M}\Omega) \\ &= \mathbf{8.9\text{ V}} \\ V_{BC_1} &= V_{B_1} - 0.7\text{ V} = 8.9\text{ V} - 0.7\text{ V} \\ &= \mathbf{8.2\text{ V}} \end{aligned}$$

교류 동작

그림 5.89의 교류 등가회로를 그림 5.90에 나타내었다.

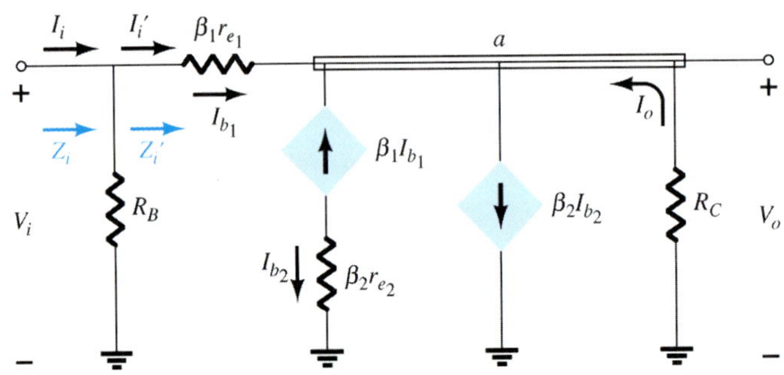

그림 5.90 그림 5.89의 교류 등가회로

입력 임피던스, Z_i 트랜지스터 Q_1의 베이스에서 본 교류 입력 임피던스는 다음과 같이 결정된다.

$$Z_i' = \frac{V_i}{I_i'}$$

노드 a에 키르히호프의 전류법칙을 적용하고 $I_c = I_o$이면:

$$I_{b_1} + \beta_1 I_{b_1} - \beta_2 I_{b_2} + I_o = 0$$

그림 5.90에 표시된 대로 $I_{b_2} = -\beta_1 I_{b_1}$이면

그 결과는

$$I_{b_1} + \beta_1 I_{b_1} - \beta_2(-\beta_1 I_{b_1}) + I_o = 0$$

그리고

$$I_o = -I_{b_1} - \beta_1 I_{b_1} - \beta_1\beta_2 I_{b_1}$$

또는

$$I_o = -I_{b_1}(1 + \beta_1) - \beta_1\beta_2 I_{b_1}$$

그러나

$$\beta_1 \gg 1$$

그러면

$$I_o = -\beta_1 I_{b_1} - \beta_1\beta_2 I_{b_1} = -I_{b_1}(\beta_1 + \beta_1\beta_2)$$
$$= -I_{b_1}\beta_1(1 + \beta_2)$$

결과

$$\boxed{I_o \cong -\beta_1\beta_2 I_{b_1}} \quad (5.123)$$

그림 5.90으로부터 $I_{b_1} = \dfrac{V_i - V_o}{\beta_1 r_{e_1}}$

그리고

$$V_o = -I_o R_C = -(-\beta_1\beta_2 I_{b_1})R_C = \beta_1\beta_2 I_{b_1} R_C$$

그래서

$$I_{b_1} = \frac{V_i - \beta_1\beta_2 I_{b_1} R_C}{\beta_1 r_{e_1}}$$

다시 정리하면:

$$I_{b_1}\beta_1 r_{e_1} = V_i - \beta_1\beta_2 I_{b_1} R_C$$

그리고

$$I_{b_1}(\beta_1 r_{e_1} + \beta_1\beta_2 R_C) = V_i$$

그래서

$$I_{b_1} = I_i' = \frac{V_i}{\beta_1 r_{e_1} + \beta_1\beta_2 R_C}$$

그리고

$$V_i' = \frac{V_i}{I_i'} = \frac{V_i}{\dfrac{V_i}{\beta_1 r_e + \beta_1\beta_2 R_C}}$$

그래서

$$\boxed{Z_i' = \beta_1 r_{e_1} + \beta_1\beta_2 R_C} \quad (5.124)$$

일반적으로,

$$\beta_1\beta_2 R_C \gg \beta_1 r_{e_1}$$

그리고

$$\boxed{Z_i' \cong \beta_1\beta_2 R_C} \quad (5.125)$$

그러므로

$$\boxed{Z_i = R_B \| Z_i'} \quad (5.126)$$

그림 5.89 회로에서: $r_{e_1} = \dfrac{26\text{ mV}}{I_{E_1}} = \dfrac{26\text{ mV}}{0.623\text{ mA}} = 41.73\Omega$

그리고

$$Z_i' = \beta_1 r_{e_1} + \beta_1\beta_2 R_C$$
$$= (140)(41.73\ \Omega) + (140)(180)(75\Omega)$$
$$= 5842.2\ \Omega + 1.89\ \text{M}\Omega$$
$$= \mathbf{1.895\ M\Omega}$$

따라서 식 (5.125)의 결과 $Z_i' \cong \beta_1\beta_2 R_C$=(140)(180)(75 Ω)=**1.89 MΩ**은 위의 근사식을 정당화한다.

전류이득

그림 5.90에서 나타난 바와 같이 $I_{b_1} = I_i'$로 정의 함으로서 전류이득 $A_i' = I_o/I_i'$를 구할 수 있다.

Z_i를 유도한 곳에서 $I_o = -\beta_1\beta_2 I_{b_1} = -\beta_1\beta_2 I_i'$로 놓으면,

결과적으로

$$\boxed{A_i' = \frac{I_o}{I_i'} = -\beta_1\beta_2} \tag{5.127}$$

전류이득 $A_i = I_o/I_i$는 아래의 식을 사용해 구할 수있다.

$$A_i = \frac{I_o}{I_i} = \frac{I_o}{I_i'} \cdot \frac{I_i'}{I_i}$$

입력 쪽에서

$$I_i' = \frac{R_B I_i}{R_B + Z_i'} = \frac{R_B I_i}{R_B + \beta_1\beta_2 R_C}$$

대입하면

$$A_i = \frac{I_o}{I_i'} \cdot \frac{I_i'}{I_i} = (-\beta_1\beta_2)\left(\frac{R_B}{R_B + \beta_1\beta_2 R_C}\right)$$

그래서

$$\boxed{A_i = \frac{I_o}{I_i} = \frac{-\beta_1\beta_2 R_B}{R_B + \beta_1\beta_2 R_C}} \tag{5.128}$$

음의 부호는 I_i와 I_o 다 회로를 들여다 보는 쪽으로 방향을 정했기 때문이다.

그림 5.89의 회로에서 $A_i' = \dfrac{I_o}{I_i'} = -\beta_1\beta_2$

$$\begin{aligned} &= -(140)(180) \\ &= \mathbf{-25.2 \times 10^3} \end{aligned}$$

$$\begin{aligned} A_i &= \frac{-\beta_1\beta_2 R_B}{R_B + \beta_1\beta_2 R_c} = -\frac{(140)(180)(2\,\text{M}\Omega)}{2\,\text{M}\Omega + 1.89\,\text{M}\Omega} \\ &= -\frac{50{,}400\,\text{M}\Omega}{3.89\,\text{M}\Omega} \\ &= \mathbf{-12.96 \times 10^3}\ (\cong \text{half of } A_i') \end{aligned}$$

전압이득

전압이득은 위에서 얻은 결과를 사용해서 바로 구할 수 있다.

즉,

$$\begin{aligned} A_v &= \frac{V_o}{V_i} = \frac{-I_o R_C}{I_i' Z_i'} \\ &= -\frac{(-\beta_1\beta_2 I_i')R_C}{I_i'(\beta_1 r_{e_1} + \beta_1\beta_2 R_C)} \end{aligned}$$

$$\boxed{A_v = \frac{\beta_2 R_C}{r_{e_1} + \beta_2 R_C}} \tag{5.129}$$

근사식: $\beta_2 R_C \gg r_{e_1}$을 사용하면 다음과 같이 단순해진다.

$$A_v \cong \frac{\beta_2 R_C}{\beta_2 R_C} = 1$$

그림 5.89의 회로에서: $A_v = \dfrac{\beta_2 R_C}{r_{e_1} + \beta_2 R_C} = \dfrac{(180)(75\ \Omega)}{41.73\ \Omega + (180)(75\ \Omega)}$

$$= \frac{13.5 \times 10^3\ \Omega}{41.73\Omega + 13.5 \times 10^3\ \Omega}$$

$= \mathbf{0.997} \cong 1$ (위의 결과와 거의 같다)

출력 임피던스

출력 임피던스 Z_o'는 그림 5.91에서 V_i가 0 V로 놓음으로써 정해진다.

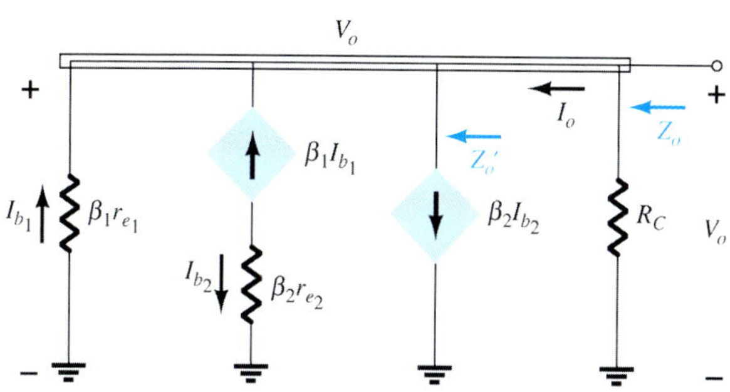

그림 5.91 Z_o'와 Z_o의 결정

위의 계산으로부터 $I_o = -\beta_1\beta_2 I_{b_1}$인 사실을 사용하여

$$Z_o' = \frac{V_o}{I_o} = \frac{V_o}{-\beta_1\beta_2 I_{b_1}}$$

그러나

$$I_{b_1} = -\frac{V_o}{\beta_1 r_{e_1}}$$

그리고

$$Z_o' = \frac{V_o}{-\beta_1\beta_2\left(-\dfrac{V_o}{\beta_1 r_{e_1}}\right)} = \frac{\beta_1 r_{e_1}}{\beta_1\beta_2}$$

그래서

$$\boxed{Z_o' = \frac{r_{e_1}}{\beta_2}} \qquad (5.130)$$

$$\boxed{Z_o = R_C \left\| \frac{r_{e_1}}{\beta_2}\right.} \qquad (5.131)$$

그러나

$$R_C \gg \frac{r_{e_1}}{\beta_2}$$

이므로

$$\boxed{Z_o \cong \frac{r_{e_1}}{\beta_2}} \qquad (5.132)$$

이것은 매우 낮은 값이다.

그림 5.89 회로에서:

$$Z_o \cong \frac{41.73\ \Omega}{180} = \mathbf{0.23\ \Omega}$$

앞의 해석들은 그림 5.89의 피드백쌍 연결의 전압이득이 1에 근접(Darlington 에미터 폴로어와 일치), 높은 전류이득, 매우 낮은 출력 임피던스, 그리고 매우 높은 입력 임피던스를 보인다.

5.19 하이브리드 등가 모델

이 장의 앞 절들에서 언급한 하이브리드 등가 모델은 r_e 모델의 인기가 높아지기 전 몇 년 동안 사용되었던 것 중의 한 가지이다. 오늘날은 연구의 수준과 방향에 따라 사용이 혼합되어있다.

r_e 모델은 파라미터들이 실제 동작 조건에 의해 결정되는 장점을 가지고 있으나,

반면에

하이브리드 등가회로의 파라미터들은 임의의 동작 조건에서 일반적으로 결정되어진다.

달리 말하자면 하이브리드 파라미터는 실제 동작 조건을 반영하지는 못하나, 그러나 실제로 어떤 조건일지라도 기대되는 각 파라미터의 레벨의 값을 간단하게 나타낸다. r_e 모델은 출력 임피던스와 피드백 성분 정보를 규격표에서 바로 얻을 수 없는 반면에 하이브리드 파라미터는 사양서 상에 전체 세트를 제공하고 있다. 대부분의 경우, r_e 모델에서는 사용자가 단순히 추가 요소가 무엇인가 만을 사양서에서 조사한다. 이 점에서는 한 가지 모델이 다른 쪽 모델에 어떻게 관련이 되는지를 보게 될 것이다. 왜냐하면 하이브리드 파라미터들과 모델을 제공하는 모든 사양서가 아직도 광범위하게 사용되고 있기 때문에 양쪽 모델들을 모두 아는 것이 중요하다. 그림 5.92의 하이브리드 파라미터들은 3장에서 제시된 2N4400 트랜지스터에 대한 사양서에서 얻을 수 있다. 이 값들은 직류 컬렉터 전류가 1 mA이고 컬렉터와 에미터 간의 전압이 10 V인 조건에서 얻어진 값들이다. 시스템의 초기 설계나 해석에는 기초 자료로서 각 파라미터들의 범위가 주어진다. 특정 레벨에서 소자의

		Min.	Max.	
Input impedance (I_C = 1 mA dc, V_{CE} = 10 V dc, f = 1 kHz)	h_{ie}	0.5	7.5	kΩ
Voltage feedback ratio (I_C = 1 mA dc, V_{CE} = 10 V dc, f = 1 kHz)	h_{re}	0.1	8.0	$\times 10^{-4}$
Small-signal current gain (I_C = 1 mA dc, V_{CE} = 10 V dc, f = 1 kHz)	h_{fe}	20	250	—
Output admittance (I_C = 1 mA dc, V_{CE} = 10 V dc, f = 1 kHz)	h_{oe}	1.0	30	1μS

그림 5.92 2N4400 트랜지스터 하이브리드 파라미터

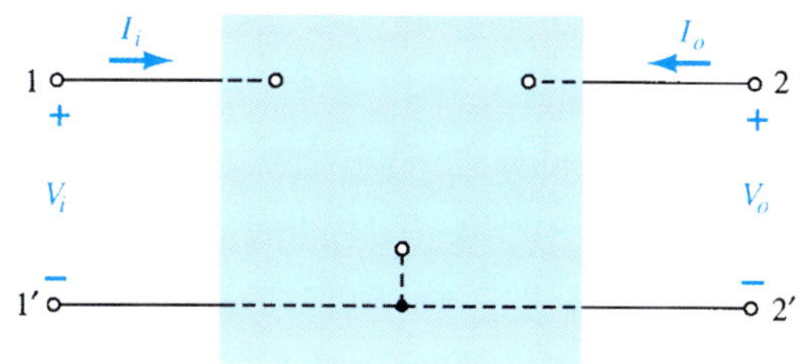

그림 5.93 2포트 시스템

파라미터들에 대한 정보를 바로 얻어 다른 트랜지스터와 비교할 수 있다는 것이 사양서의 장점이라 할 수 있다.

그림 5.93의 2포트 시스템을 이용하여 하이브리드 등가 모델에 대한 논의를 시작해 보자. 다음에 나오는 식 (5.131)과 식 (5.132)는 그림 5.93의 4개의 변수들이 관계되는 여러 관계 중의 하나다. 이것은 트랜지스터 회로 해석에 자주 이용되므로 이 장에서 자세하게 다루도록 한다.

$$\boxed{V_i = h_{11}I_i + h_{12}V_o} \tag{5.133}$$

$$\boxed{I_o = h_{21}I_i + h_{22}V_o} \tag{5.134}$$

4개의 변수와 관계된 정수들을 '하이브리드(hybrid)'라는 말의 첫 문자를 이용하여 h 파라미터(h-parameter)라고 한다. 하이브리드라는 말은 각 식에서 변수들(V와 I)의 혼합에서 온 말이다. h 파라미터가 의미하는 바와 구하는 방법은 각각의 변수를 분리하여 알아낼 수 있다.

h_{11} 만일 임의로 V_o=0(출력 단자 단락)로 하고, 식 (5.133)를 이용하여 h_{11}을 구하면 다음의 식을 얻을 수 있다.

$$\boxed{h_{11} = \left.\frac{V_i}{I_i}\right|_{V_o=0}} \quad \text{ohms} \tag{5.135}$$

이 비를 통해 h_{11}은 단위인 임피던스 파라미터라는 것을 알 수 있다. 이는 출력 단자를 단락(short)시킨 상태에서 입력전류에 대한 입력전압의 비이기 때문에 단락회로 입력 임피던스 파라미터(short-circuit input-impedance parameter)라고 한다. h_{11}의 첨자 11은 입력단자에서 얻어진 측정값의 비라는 뜻이다.

h_{12} 입력단자를 개방하여 I_i를 0으로 하면 h_{12}에 대한 결과를 얻을 수 있다.

$$\boxed{h_{12} = \left.\frac{V_i}{V_o}\right|_{I_i=0}} \quad \text{(단위 없음)} \tag{5.136}$$

따라서 h_{12} 파라미터는 입력전류를 0으로 했을 때 출력전압에 대한 입력전압의 비이다. 이것은 전압 사이의 비이므로 단위가 없고(unitless), 개방회로 역전달 전압비 파라미터(open-circuit reverse transfer voltage ratio parameter)라고 한다. 첨자 12는 파라미터가 입력과 출력의 전달비를 나타냄을 의미한다. 첨자의 첫 번째 숫자는 분자에 나타나는 측정값을 뜻하고 두 번째 숫자는 분모에 나타나는 전원의 값을 정의한다. 역(reverse)이라는 말은 일반적인 경우 역비라기보다 출력에 대한 입력비를 나타내기 때문에 사용되었다.

h_{21} 식 (5.134)에서 출력단자를 단락시켜 V_o를 0으로 하면, h_{21}에 대한 식을 다음과 같이 얻을 수 있다.

$$h_{21} = \left.\frac{I_o}{I_i}\right|_{V_o=0} \quad \text{(단위 없음)} \tag{5.137}$$

이 식은 입력에 대한 출력의 비이다. h_{12}에서 사용한 역(reverse)이라는 말 대신 순방향(forward)을 사용한다. h_{21} 파라미터는 출력 단자를 단락시킨 상태에서 입력전류에 대한 출력전류의 비이다. 이 파라미터는 전류의 비이기 때문에 h_{12}와 같이 단위가 없다. 보통 단락회로 순방향 전달 전류비 파라미터(short-circuit forward transfer current ratio parameter)라고 한다. 첨자 21은 분자에 출력값을 갖고 분모에 입력값을 갖는다는 뜻이다.

h_{22} 마지막 파라미터는 h_{22}로 입력단자를 개방하여 I_i=0을 만들어 식 (5.134)로부터 다음 식을 얻을 수 있다.

$$h_{22} = \left.\frac{I_o}{V_o}\right|_{I_i=0} \quad \text{(지멘스)} \tag{5.138}$$

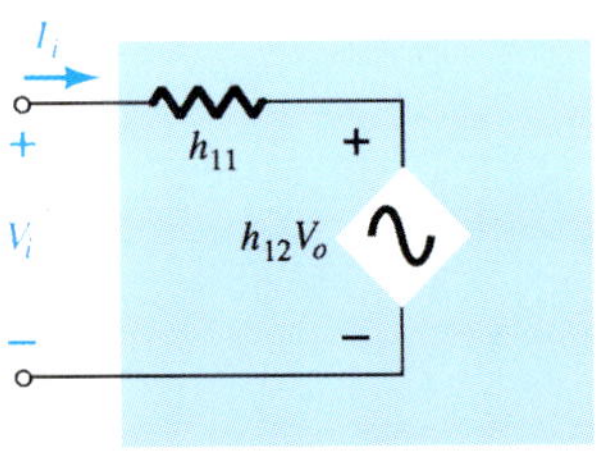

그림 5.94 하이브리드 입력 등가회로

출력전압에 대한 출력전류의 비이므로 출력 컨덕턴스 파라미터이므로, 지멘스(S)의 단위를 갖는다. 개방회로 출력 어드미턴스 파라미터(open-circuit output admittance parameter)라고 한다. 첨자 22는 출력값의 비에 의해 결정됨을 뜻한다.

식 (5.133)의 각 항은 전압의 단위로 표현되므로, 식에 '맞는' 회로를 찾기 위해 '역'으로 키르히호프의 전압 법칙을 적용한다. 그 결과가 그림 5.94의 회로이다. 파라미터 h_{11}은 옴(ohm) 단위로 표시되므로 트랜지스터에 대하여 그림 5.94에서 하나의 저항으로 되는 임피던스 형태로 표시할 수 있다. h_{12}는 단위가 없고 입력회로의 '피드백' 항에 곱해지는 계수로 쓰인다.

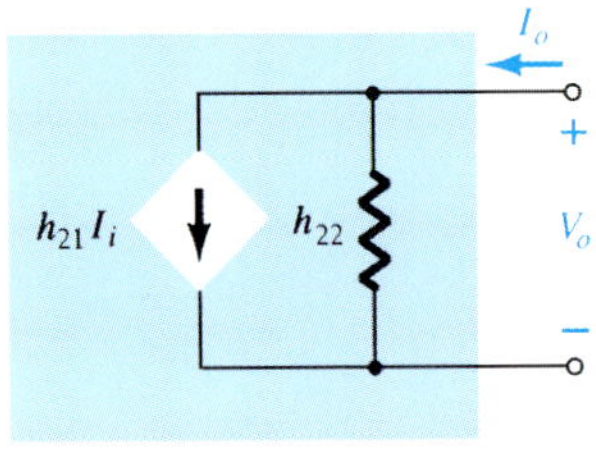

그림 5.95 하이브리드 출력 등가회로

식 (5.134)의 각 항은 전류 단위로 표시된다. 그림 5.95의 회로를 얻기 위하여 '역'으로 키르히호프의 전류 법칙을 적용한다. h_{22}는 어드미턴스의 단위를 가지므로 트랜지스터 모델에서는 컨덕턴스이고 저항 기호로 나타낸다. 그러나 이 저항을 Ω으로 생각하면 컨덕턴스의 역수($1/h_{22}$)와 같다.

기본적인 3단자 선형 소자에 대한 완벽한 '교류' 등가회로는 새로운 h 파라미터의 첨자를 이용하여 그림 5.96에 나타내었다. 그림 5.96의 표시는 마지막 몇 구절의 결과를 적용하

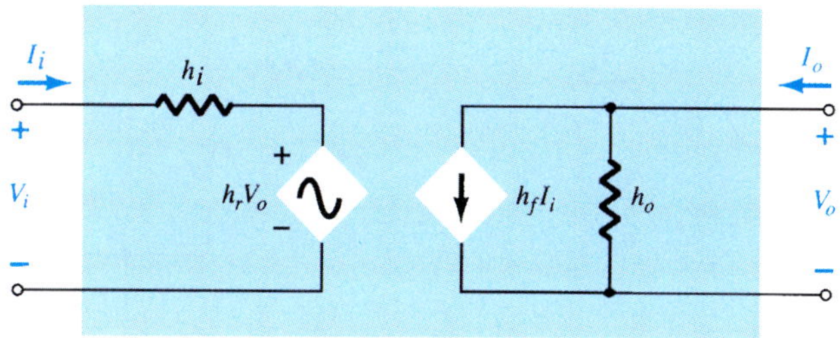

그림 5.96 완전한 하이브리드 등가회로

였으므로 보다 실제적이다. 이들 문자의 선택은 다음에서 분명하게 알 수 있다.

h_{11} → 입력저항 → h_i
h_{12} → 역방향 전달 전압비 → h_r
h_{21} → 순방향 전달 전류비 → h_f
h_{22} → 출력컨덕턴스 → h_o

그림 5.96의 회로는 내부의 독립 소스 없이 3단자 선형 소자나 시스템 어느 곳에나 적용할 수 있다. 따라서 트랜지스터가 비록 세 가지 기본 구조로 쓰이지만 트랜지스터는 모두 3단자 구조이므로 그림 5.96와 같은 등가회로와 같은 형식으로 표현할 수 있다. 그림 5.96에서 각각의 경우 입력과 출력 부분의 아래 부분이 서로 전위가 같기 때문에 그림 5.97과 같이 연결될 수 있다. 따라서 기본적으로 트랜지스터 모델은 3단자 2포트 시스템이다. 그러나 h 파라미터는 각각의 회로에 따라 다르다. 어떠한 h 파라미터가 사용되고, 어떤 것이 사용 가능한지 구별하기 위해 h 파라미터에 두 번째 첨자를 붙인다. 공통 베이스 회로에서는 소문자 b가 첨가되고, 공통 에미터와 공통 컬렉터 회로에서는 소문자 e와 c가 각각 첨가된다. 공통 에미터 회로의 하이브리드 등가회로를 그림 5.97에 나타내었다. $I_i=I_b$, $I_o=-I_c$이고 키르히호프의 전류 법칙에 의해 $I_e=I_b+I_c$가 됨을 알 수 있다. 이제 입력전압은 V_{be}이고, 출력전압은 V_{ce}이다. 그림 5.98의 공통 베이스 회로에서 $I_i=I_e$, $I_o=I_c$, $V_{eb}=V_i$, $V_{cb}=V_o$가 된다. 그림 5.97과 5.98의 회로는 *pnp*이나 *npn*형 트랜지스터 모두에 적용할 수 있다.

그림 5.96의 회로에 나타낸 Thévenin과 Norton 회로를 통해 하이브리드 등가회로를 쉽

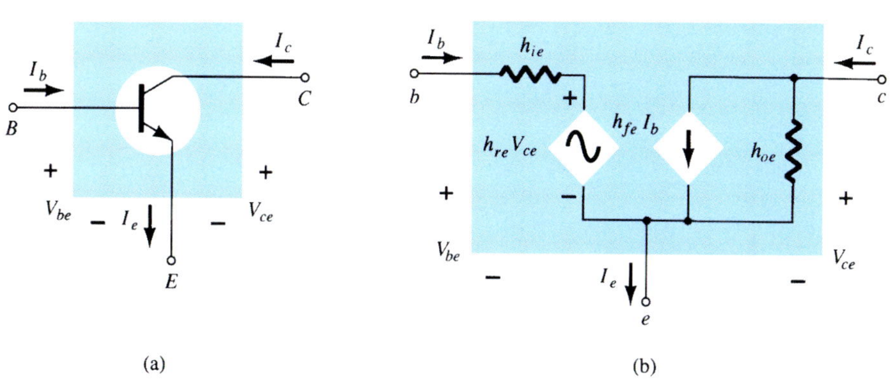

그림 5.97 공통 에미터 회로: (a) 기호; (b) 하이브리드 등가회로

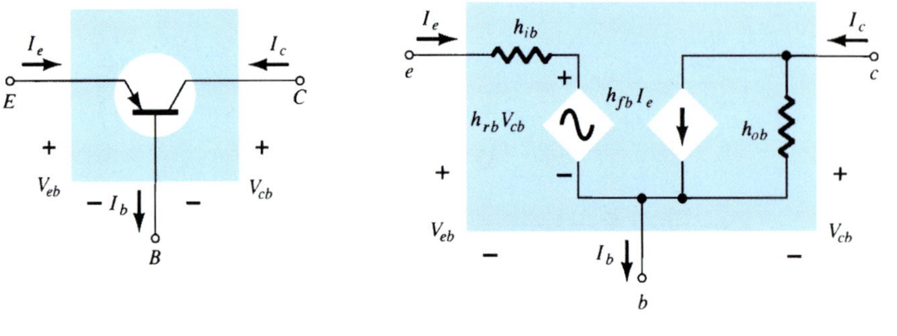

그림 5.98 공통 베이스 회로: (a) 기호; (b) 하이브리드 등가회로

게 얻어낼 수 있다. 이 책에서 다루지는 않지만 **z** 파라미터와 **y** 파라미터 등가회로라는 2개의 트랜지스터 등가회로는 전압원과 전류원을 사용한다. 그러나 두 등가회로가 서로 같지는 않다. 부록 A에서 여러 가지 파라미터들의 크기는 작동 영역 안에서의 트랜지스터 특성으로부터 구해낼 수 있고, 이 값들을 이용하여 트랜지스터 소신호 등가회로를 만들 수 있다.

공통 에미터와 공통 베이스 회로에서 h_r과 h_o의 크기는 이들이 모델에 포함되지 않아도 실제적으로 Z_i, Z_o, A_v, A_i에 영향을 거의 주지 않는다.

일반적으로 h_r은 상대적으로 작은 값이기 때문에 $h_r \cong 0$, $h_rV_o=0$으로 근사할 수 있다. 결과적으로 그림 5.99와 같이 피드백 성분에 대한 단락 등가회로가 된다. $1/h_o$로 결정되는 저항은 CE와 CB 모델에서 그림 5.99에서와 같이 개방 등가회로로 볼 수 있을 만큼 병렬 부하에 비해 무시될 만큼 훨씬 크다.

그림 5.100의 등가회로는 r_e 모델에서 얻은 공통 베이스, 공통 에미터 등가회로 구조와 상당히 비슷하다. 사실상 각 회로에 대한 하이브리드 등가회로와 r_e 모델에 대한 비교가 그림 5.101에 나타나 있다. 그림 5.101a로부터

$$\boxed{h_{ie} = \beta r_e} \tag{5.139}$$

그리고

$$\boxed{h_{fe} = \beta_{ac}} \tag{5.140}$$

그림 5.101b로부터

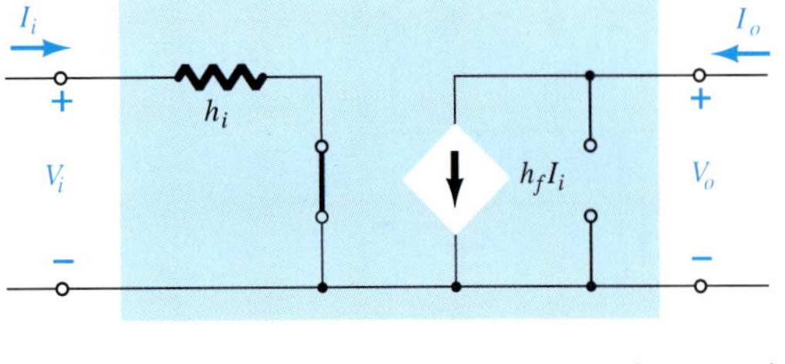

그림 5.99 하이브리드 등가회로에서 h_{re}와 h_{oe}를 제거한 결과

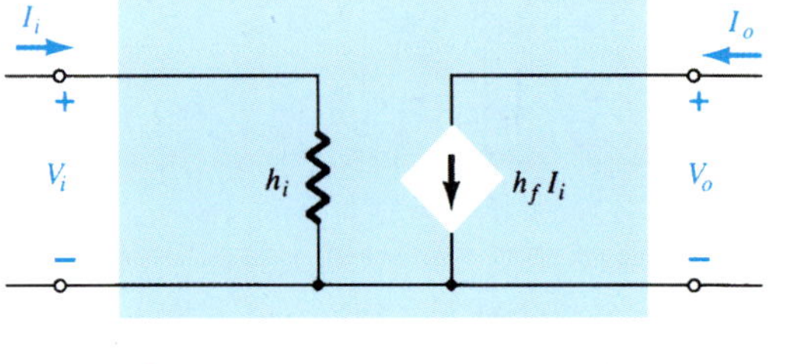

그림 5.100 하이브리드 등가 근사 모델

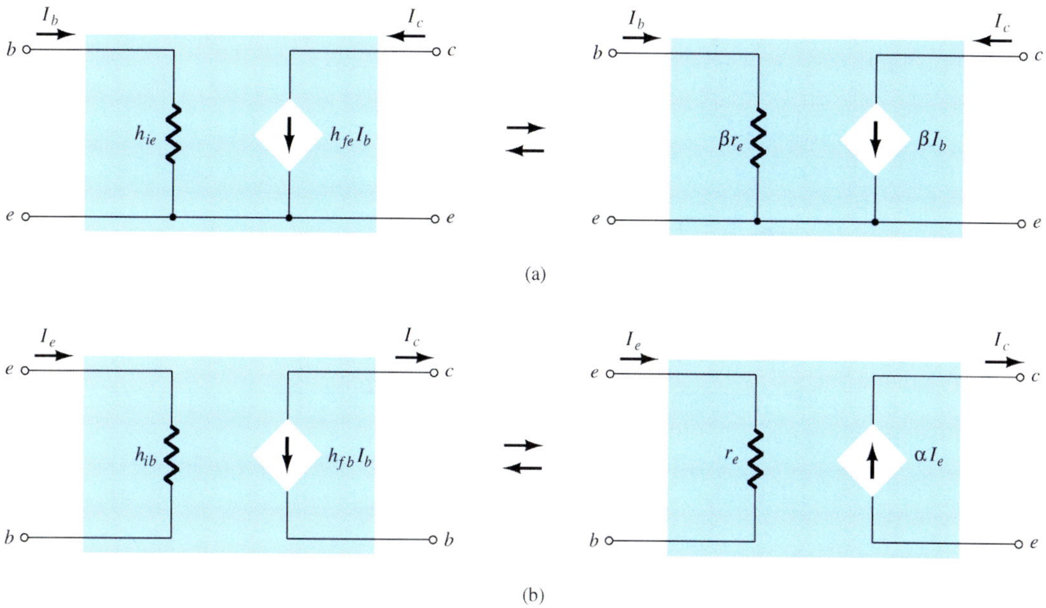

그림 5.101 하이브리드 모델에 대한 r_e 모델: (a) 공통 에미터 회로; (b) 공통 베이스 회로

$$\boxed{h_{ib} = r_e} \tag{5.141}$$

그리고

$$\boxed{h_{fb} = -\alpha \cong -1} \tag{5.142}$$

식 (5.142)에서 음의 부호는 표준 하이브리드 등가회로의 전류원이 그림 5.101b의 r_e 모델에 나타난 것처럼 실제 방향과 반대로 아래로 전류를 흘린다는 것을 의미한다.

예제 5.19 I_E=2.5 mA이고 h_{fe}=140, h_{oe}=20 μS(μ mho), h_{ob}=0.5 μS일 때 다음을 구하라.

a. 공통 에미터 하이브리드 회로

b. 공통 베이스 r_e 모델

풀이

a. $r_e = \dfrac{26\text{ mV}}{I_E} = \dfrac{26\text{ mV}}{2.5\text{ mA}} = \mathbf{10.4\ \Omega}$

$h_{ie} = \beta r_e = (140)(10.4\ \Omega) = \mathbf{1.456\ k\Omega}$

$r_o = \dfrac{1}{h_{oe}} = \dfrac{1}{20\ \mu\text{S}} = \mathbf{50\ k\Omega}$

그림 5.102 참조.

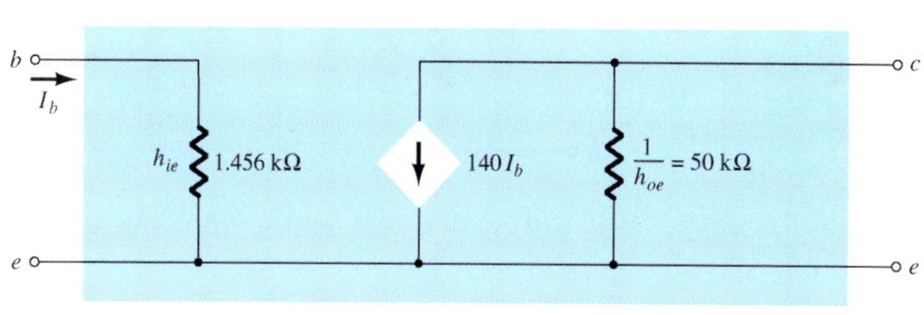

그림 5.102 예제 5.19 파라미터에 대한 공통 에미터 하이브리드 등가회로

b. $r_e = \mathbf{10.4\ \Omega}$

$$\alpha \cong 1, \qquad r_o = \frac{1}{h_{ob}} = \frac{1}{0.5\ \mu\text{S}} = \mathbf{2\ M\Omega}$$

그림 5.103 참조.

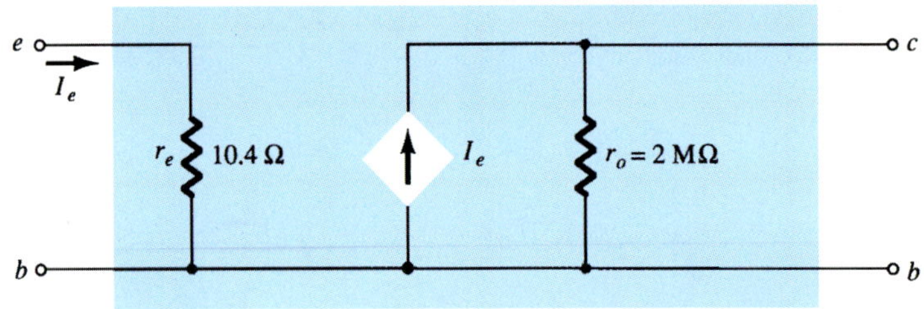

그림 5.103 예제 5.19 파라미터에 대한 공통 베이스 r_e 모델

각 회로에서의 하이브리드 등가회로의 파라미터들의 관계를 나타내는 식을 부록 B에 정리하였다. 5.23절에서 $h_{fe}(\beta_{ac})$가 하이브리드 파라미터 중에서 컬렉터 전류의 변화에 가장 덜 민감하다는 것을 보인다. 따라서 모든 동작 영역에서 $h_{fe}=\beta$인 고정값으로 근사시킬 수 있다. 그러나 트랜지스터의 이득에 영향을 주는 파라미터인 $h_{ie}=\beta r_e$는 I_C의 값에 큰 영향을 받으므로 동작점에 따라 값이 결정되어야 한다.

5.20 근사 하이브리드 등가회로

그림 5.104의 공통 에미터 회로와 그림 5.105의 공통 베이스 회로를 근사 하이브리드 등가회로를 이용하여 해석하는 방법은 금방 다룬 r_e 모델을 이용하는 방법과 거의 흡사하다. 이 절에서 여태까지 다룬 모든 회로를 상세히 해석해 볼 수는 없겠지만, 몇몇의 중요한 회로를 간단히 살펴봄으로써 이전의 해석과 이 해석의 접근 방법 및 결과식의 유사성을 살펴보기로 한다.

하이브리드 모델의 여러 파라미터들의 값은 사양서를 참조하거나 실험을 통해 측정할 수 있으므로 하이브리드 파라미터를 사용하기 위해 r_e 모델에서 사용하는 직류 해석을 할 필요는 없다. 즉 문제가 주어질 때에는 h_{ie}, h_{fe}, h_{ib} 등과 같은 파라미터들의 값이 명시된다는 말이다. 그러나 하이브리드 파라미터와 r_e 모델의 성분이 이 장 앞에서 살펴본 것과 같이

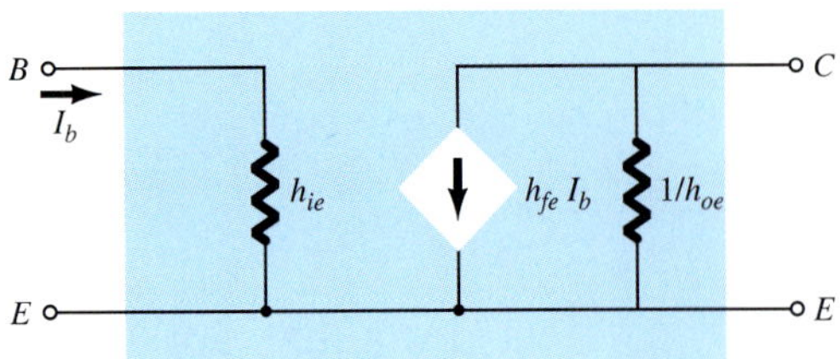

그림 5.104 근사 공통 에미터 하이브리드 등가회로

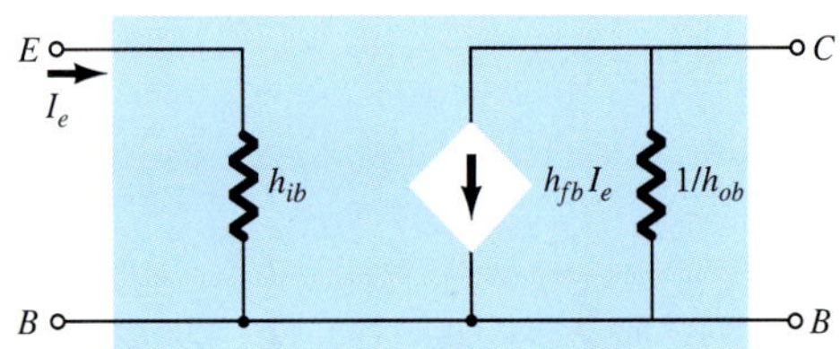

그림 5.105 근사 공통 베이스 하이브리드 등가회로

다음 식과 같은 관계임을 기억해두자. $h_{ie}=\beta r_e$, $h_{fe}=\beta$, $h_{oe}=1/r_o$, $h_{fb}=-\alpha$, 그리고 $h_{ib}=r_e$.

고정 바이어스 회로

그림 5.106의 고정 바이어스 회로의 소신호 교류 등가회로는 적절한 공통 에미터 하이브리드 등가 모델을 사용하여 나타내면 그림 5.107과 같다. 그림 5.22와 r_e 모델 해석의 경우와 비교해보면 비슷한 모습임을 알 수 있다. 따라서 해석 방법이 매우 비슷하며, 결과들이 서로 직접 연결되어 있을 것임을 예상할 수 있다.

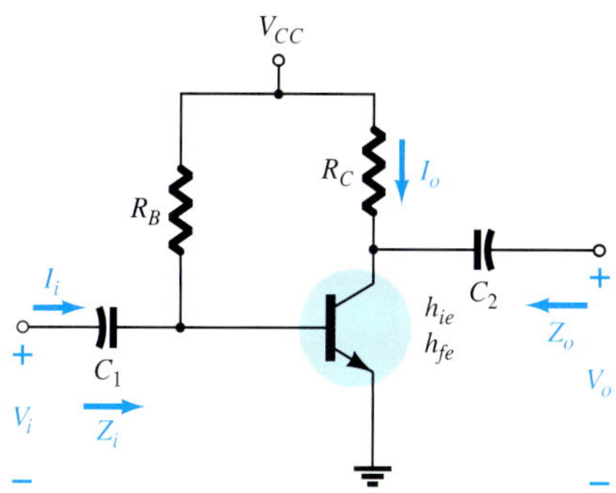

그림 5.106 고정 바이어스 회로

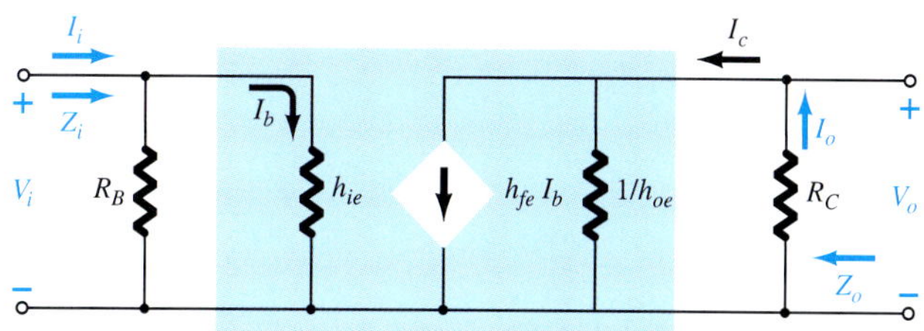

그림 5.107 그림 5.106 교류 등가회로의 근사 하이브리드 등가회로 교체

Z_i 그림 5.107로부터

$$\boxed{Z_i = R_B \| h_{ie}} \tag{5.143}$$

Z_o 그림 5.107로부터

$$\boxed{Z_o = R_C \| 1/h_{oe}} \tag{5.144}$$

A_v $R' = 1/h_{oe} \| R_C$임을 사용하면,

$$\begin{aligned} V_o &= -I_o R' = -I_C R' \\ &= -h_{fe} I_b R' \end{aligned}$$

그리고

$$I_b = \frac{V_i}{h_{ie}}$$

이고

$$V_o = -h_{fe}\frac{V_i}{h_{ie}}R'$$

이므로

$$\boxed{A_v = \frac{V_o}{V_i} = -\frac{h_{fe}(R_C \| 1/h_{oe})}{h_{ie}}} \tag{5.145}$$

가 된다.

A_i $R_B \gg h_{ie}$이고 $1/h_{oe} \geq 10R_C$임을 가정하면, $I_o \cong I_i$이고 $I_o = I_c = h_{fe} I_b = h_{fe} I_i$가 되며, 또한

$$\boxed{A_i = \frac{I_o}{I_i} \cong h_{fe}} \tag{5.146}$$

이다.

예제 5.20 그림 5.108의 회로에 대해서 다음을 구하라.

a. Z_i b. Z_o

c. A_v d. A_i

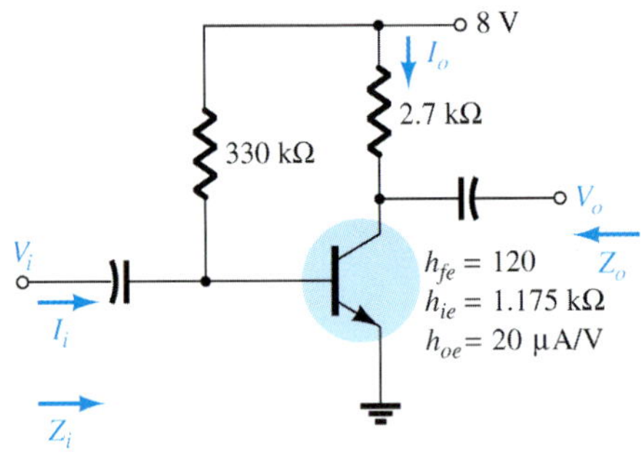

그림 5.108 예제 5.20

풀이

a. $Z_i = R_B \| h_{ie} = 330\,\text{k}\Omega \| 1.175\,\text{k}\Omega$
$\cong h_{ie} = \mathbf{1.171\,k\Omega}$

b. $r_o = \dfrac{1}{h_{oe}} = \dfrac{1}{20\,\mu\text{A/V}} = 50\,\text{k}\Omega$

$Z_o = \dfrac{1}{h_{oe}} \| R_C = 50\,\text{k}\Omega \| 2.7\,\text{k}\Omega = \mathbf{2.56\,k\Omega} \cong R_C$

c. $A_v = -\dfrac{h_{fe}(R_C \| 1/h_{oe})}{h_{ie}} = -\dfrac{(120)(2.7\,\text{k}\Omega \| 50\,\text{k}\Omega)}{1.171\,\text{k}\Omega} = \mathbf{-262.34}$

d. $A_i \cong h_{fe} = \mathbf{120}$

전압 분배기 회로

그림 5.109는 전압 분배기 바이어스 회로이다. 이 회로의 소신호 교류 등가회로는 그림 5.107과 같으며 R_B를 $R' = R_1 \| R_2$로 대치하면 된다.

Z_i R_B를 R'로 대치한 그림 5.107으로부터

$$\boxed{Z_i = R_1 \| R_2 \| h_{ie}} \tag{5.147}$$

Z_o 그림 5.107으로부터

$$\boxed{Z_o \cong R_C} \tag{5.148}$$

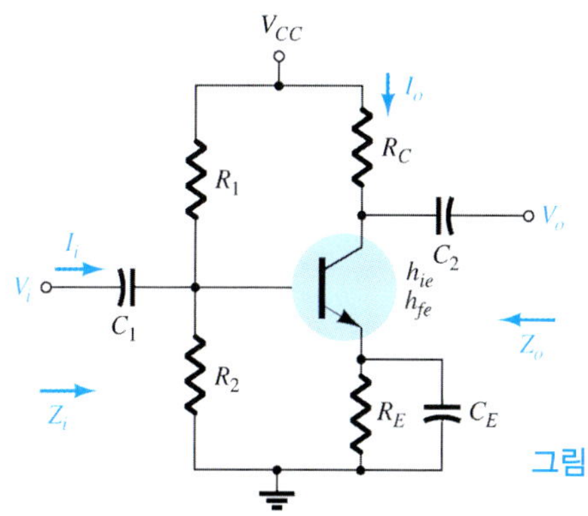

그림 5.109 전압 분배기 바이어스 회로

A_v

$$A_v = -\frac{h_{fe}(R_C \| 1/h_{oe})}{h_{ie}} \tag{5.149}$$

A_i

$$A_i = \frac{h_{fe}(R_1 \| R_2)}{R_1 \| R_2 + h_{ie}} \tag{5.150}$$

바이패스가 없는 에미터 바이어스 회로

그림 5.110은 바이패스가 없는 에미터 바이어스 회로 CE이다. 이 회로의 그 소신호 교류 모델은 그림 5.30에서 βr_e를 h_{ie}로 βI_b를 $h_{fe}I_b$로 대치한 것이 된다. 해석 과정도 동일하다.

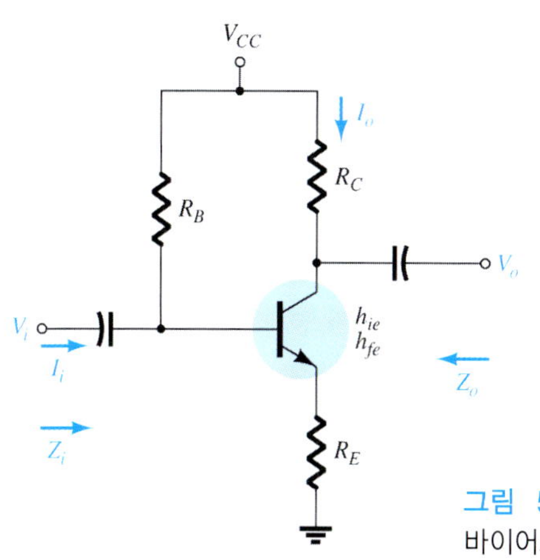

그림 5.110 바이패스가 없는 에미터 바이어스 회로 CE

Z_i

$$Z_b \cong h_{fe} R_E \tag{5.151}$$

그리고

$$Z_i = R_B \| Z_b \tag{5.152}$$

Z_o

$$\boxed{Z_o = R_C} \tag{5.153}$$

A_v

$$A_v = -\frac{h_{fe}R_C}{Z_b} \cong -\frac{h_{fe}R_C}{h_{fe}R_E}$$

그리고

$$\boxed{A_v \cong -\frac{R_C}{R_E}} \tag{5.154}$$

A_i

$$\boxed{A_i = -\frac{h_{fe}R_B}{R_B + Z_b}} \tag{5.155}$$

또는

$$\boxed{A_i = -A_v\frac{Z_i}{R_C}} \tag{5.156}$$

에미터 폴로어 회로

그림 5.38에 있는 에미터 폴로어 소신호 교류 모델은 그림 5.111에서 $\beta r_e = h_{ie}$, $\beta = h_{fe}$로 놓으면 된다. 따라서 결과식도 거의 비슷하다.

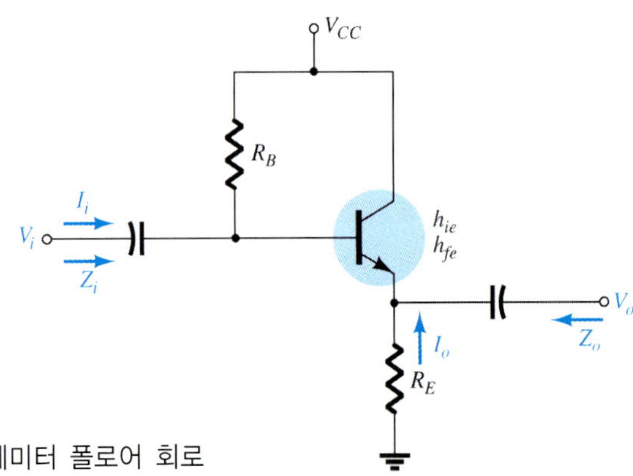

그림 5.111 에미터 폴로어 회로

Z_i

$$\boxed{Z_b \cong h_{fe}R_E} \tag{5.157}$$

$$\boxed{Z_i = R_B \| Z_b} \tag{5.158}$$

Z_o Z_o에 대해서는 결과식에 의해 회로를 구성하면 그림 5.112와 같이 된다. 5.8절에서 식을 유도한 것과 비슷한 방법으로

$$Z_o = R_E \| \frac{h_{ie}}{1 + h_{fe}}$$

를 얻는다. $1+h_{fe} \cong h_{fe}$이므로

$$Z_o \cong R_E \| \frac{h_{ie}}{h_{fe}} \tag{5.159}$$

A_v 전압 이득은 그림 5.112에 전압 분배기 법칙을 적용하면 다음의 결과를 얻는다.

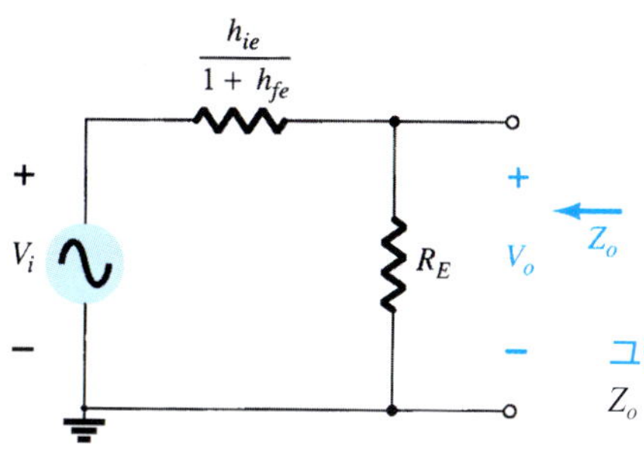

그림 5.112 에미터 폴로어 회로의 Z_o 정의

$$V_o = \frac{R_E(V_i)}{R_E + h_{ie}/(1 + h_{fe})}$$

그런데 $1+h_{fe} \cong h_{fe}$이므로

$$A_v = \frac{V_o}{V_i} \cong \frac{R_E}{R_E + h_{ie}/h_{fe}} \tag{5.160}$$

A_i

$$A_i = \frac{h_{fe} R_B}{R_B + Z_b} \tag{5.161}$$

또는

$$A_i = -A_v \frac{Z_i}{R_E} \tag{5.162}$$

공통 베이스 회로

마지막으로 그림 5.113에서 나타난 공통 베이스 증폭기의 근사 하이브리드 등가회로를 생각하자. 이 회로의 하이브리드 등가 모델은 그림 5.114와 같으며, 이는 그림 5.44와 매우 유사하다.

그림 5.114로부터

Z_i

$$Z_i = R_E \| h_{ib} \tag{5.163}$$

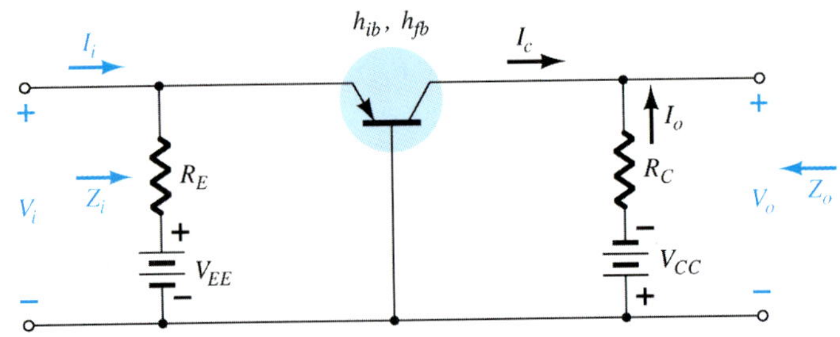

그림 5.113 공통 베이스 회로

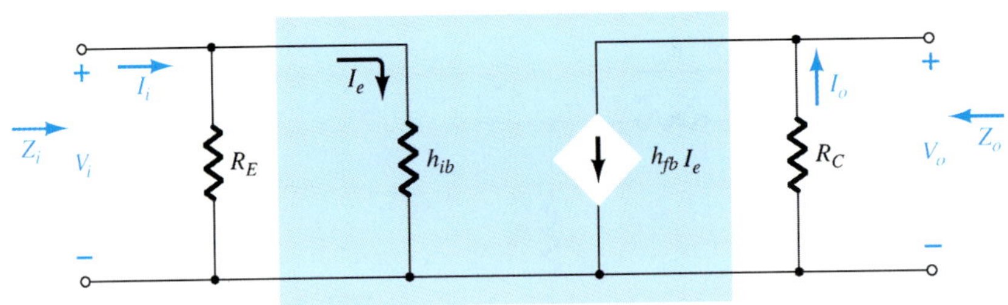

그림 5.114 그림 5.113 근사 하이브리드 등가회로의 교류 등가회로 대체

Z_o

$$\boxed{Z_o = R_C} \tag{5.164}$$

A_v

$$V_o = -I_o R_C = -(h_{fb} I_e) R_C$$

여기서

$$I_e = \frac{V_i}{h_{ib}} \quad \text{그리고} \quad V_o = -h_{fb}\frac{V_i}{h_{ib}} R_C$$

그래서

$$\boxed{A_v = \frac{V_o}{V_i} = -\frac{h_{fb} R_C}{h_{ib}}} \tag{5.165}$$

A_i

$$\boxed{A_i = \frac{I_o}{I_i} = h_{fb} \cong -1} \tag{5.166}$$

예제 5.21 그림 5.115의 회로에서 다음을 구하라.

a. Z_i b. Z_o

c. A_v d. A_i

풀이

a. $Z_i = R_E \| h_{ib} = 2.2\,\text{k}\Omega \| 14.3\,\Omega = \mathbf{14.21\,\Omega} \cong h_{ib}$

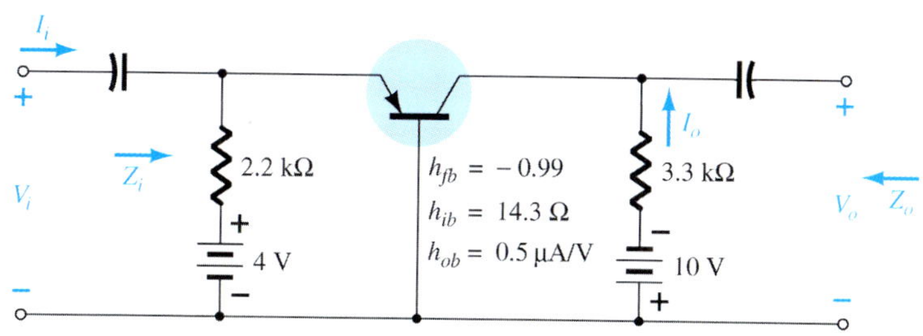

그림 5.115 예제 5.21

b. $r_o = \dfrac{1}{h_{ob}} = \dfrac{1}{0.5\,\mu\text{A/V}} = 2\,\text{M}\Omega$

$Z_o = \dfrac{1}{h_{ob}} \| R_C \cong R_C = \mathbf{3.3\,k\Omega}$

c. $A_v = -\dfrac{h_{fb}R_C}{h_{ib}} = -\dfrac{(-0.99)(3.3\,\text{k}\Omega)}{14.21} = \mathbf{229.91}$

d. $A_i \cong h_{fb} = \mathbf{-1}$

이 장에서 해석하지 않은 회로들은 이 장 연습문제에서 다루기로 한다. 위의 해석에서 본 바와 같이, r_e 모델이나 하이브리드 등가회로 모델이나, 사용하는 방법에는 큰 차이가 없다. 나머지 회로를 해석하는 방법도 이와 같은 방법으로 쉽게 해결할 수 있다.

5.21 완전한 하이브리드 등가 모델

5.20절에서는 주로 출력 임피던스를 고려한 근사 하이브리드 등가회로를 사용하여 회로를 해석하였다. 이 절에서는 완전한 등가회로를 사용하여 h_r의 영향을 설명하고 h_o의 영향을 좀 더 자세히 알아보기로 한다. 하이브리드 등가 모델은 공통 베이스, 공통 에미터, 공통 컬렉터의 모든 회로에서 같은 형태이므로, 이 절에서 유도한 식은 모든 회로에 적용할 수 있다. 각 회로에 정의된 파라미터를 대입하기만 하면 된다. 즉 공통 베이스 회로에서는 h_{fb}, h_{ib}를 사용하고, 공통 에미터 회로에는 h_{fe}, h_{ie} 등을 사용하면 된다. 부록 A는 하이브리드 파라미터 간의 변환식을 나타낸 것이다.

그림 5.116의 2포트 회로 구성을 갖는 일반 회로를 생각하자. 그림 5.117은 완전한 하이브리드 등가 모델을 나타낸다. 하이브리드 파라미터에 대한 두 번째 첨자는 생략하였다. 다시 말해서 h_i, h_r, h_f, h_o와 같이 표기한다는 뜻이다. 앞 절과는 다르게 여기서는 전류 이득 A_i부터 계산한다. 그 이유는 이 값을 먼저 계산하여 얻은 결과로 다른 것도 쉽게 구할 수 있기 때문이다.

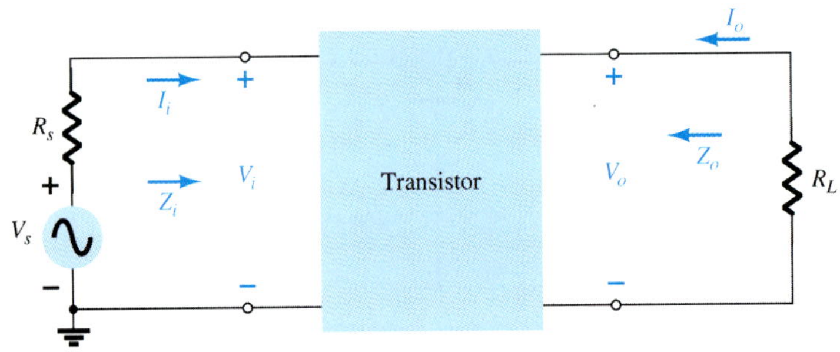

그림 5.116 2포트 시스템

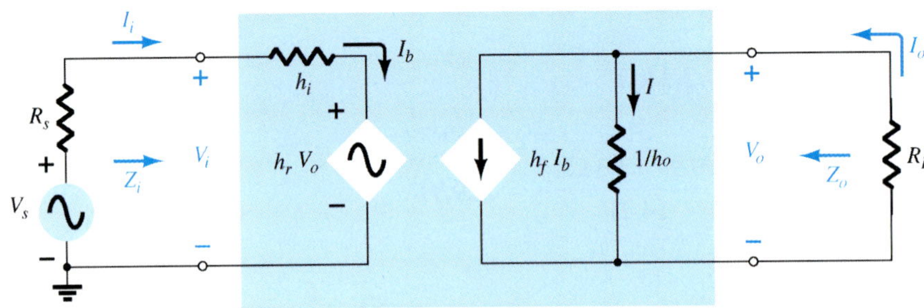

그림 5.117 그림 5.116 2포트 시스템의 완전한 하이브리드 등가회로 대체

전류 이득, $A_i = I_o/I_i$

출력회로에 키르히호프의 전류 법칙을 적용하면

$$I_o = h_f I_i + I = h_f I_i + \frac{V_o}{1/h_o} = h_f I_i + h_o V_o$$

$V_o = -I_o R_L$을 대입하면 다음과 같은 결과를 얻는다.

$$I_o = h_f I_i - h_o R_L I_o$$

다시 쓰면

$$I_o + h_o R_L I_o = h_f I_i$$

그리고

$$I_o(1 + h_o R_L) = h_f I_i$$

그래서

$$\boxed{A_i = \frac{I_o}{I_i} = \frac{h_f}{1 + h_o R_L}} \tag{5.167}$$

$h_o R_L$이 1보다 충분히 작으면 전류 이득은 이미 잘 알고 있는 바와 같이 $A_i = h_f$가 된다.

전압 이득, $A_v = V_o / V_i$

입력회로에 키르히호프의 전압 법칙을 적용하면

$$V_i = I_i h_i + h_r V_o$$

식 (5.167)로부터 $I_i = (1 + h_o R_L) I_o / h_f$를 얻고 위 결과 $I_o = -V_o / R_L$를 대입하면 다음 식을 얻을 수 있다.

$$V_i = \frac{-(1 + h_o R_L) h_i}{h_f R_L} V_o + h_r V_o$$

V_o / V_i에 관하여 풀면

$$\boxed{A_v = \frac{V_o}{V_i} = \frac{-h_f R_L}{h_i + (h_i h_o - h_f h_r) R_L}} \qquad (5.168)$$

$(h_i h_o - h_f h_r) R_L$이 h_i에 비해 충분히 작으면, 이 식은 $A_v = -h_f R_L / h_i$가 된다.

입력 임피던스, $Z_i = V_i / I_i$

입력회로에서

$$V_i = h_i I_i + h_r V_o$$

여기에

$$V_o = -I_o R_L$$

을 대입하면

$$V_i = h_i I_i - h_r R_L I_o$$

$$A_i = \frac{I_o}{I_i}$$

$$I_o = A_i I_i$$

따라서 위 식은 다음과 같이 된다.

$$V_i = h_i I_i - h_r R_L A_i I_i$$

V_i / I_i에 대해서 풀면

$$Z_i = \frac{V_i}{I_i} = h_i - h_r R_L A_i$$

의 결과를 얻는다.

$$A_i = \frac{h_f}{1 + h_o R_L}$$

을 대입하면 다음 식을 얻는다.

$$Z_i = \frac{V_i}{I_i} = h_i - \frac{h_f h_r R_L}{1 + h_o R_L} \tag{5.169}$$

분모의 두 번째 항이 h_i보다 충분히 작으면 $Z_i = h_i$가 된다.

출력 임피던스, $Z_o = V_o / I_o$

증폭기의 출력 임피던스는 신호 V_s를 0으로 놓았을 때 출력전압과 출력전류의 비로 정의된다. $V_s = 0$일 때 입력회로에서

$$I_i = -\frac{h_r V_o}{R_s + h_i}$$

이 식을 출력회로에서 얻은 다음 식에 대입하면

$$\begin{aligned} I_o &= h_f I_i + h_o V_o \\ &= -\frac{h_f h_r V_o}{R_s + h_i} + h_o V_o \end{aligned}$$

그리고

$$Z_o = \frac{V_o}{I_o} = \frac{1}{h_o - [h_f h_r / (h_i + R_s)]} \tag{5.170}$$

이 된다. 이때 분모의 두 번째 항이 첫 번째 항보다 충분히 작으면 출력 임피던스는 거의 $Z_o = 1/h_o$가 된다.

예제 5.22 그림 5.118의 회로에서 하이브리드 등가 모델을 이용하여 다음을 구하라. 그리고 구한 결과를 근사 모델을 이용하였을 경우와 비교하라.

a. Z_i와 Z'_i
b. A_v
c. $A_i = I_o / I_i$
d. Z_o(R_C 포함)와 Z'_o(R_C 제외)

풀이 각 값들을 구하는 기본적인 식은 이미 알고 있으므로, 어떤 것부터 계산하는가는 문제되지 않는다. 하지만 입력 임피던스는 매우 유용하므로 이를 먼저 구하도록 한다. 공통 에미터 하이브리드 등가회로로 대체하여 이를 그림 5.119에 나타내었다. 그림 5.119의 입력 부분을 Thévenin 등가회로로 나타내면 $E_{Th} \cong V_s$이고 $R_{Th} \cong R_s = 1\ k\Omega$($R_B = 470\ k\Omega$가 $R_s = 1\ k\Omega$보다 훨씬 크므로)이므로 그림 5.120과 같이 된다. 이 예제에서 $R_L = R_C$이고 앞의 예제에서 I_o는 R_C를 통해 흐르는 전류로 정의하였다. 식 (5.170)의 출력 임피던스 Z'_o는 트랜지스터 출력 단자에서만 정의된 것으로 R_C의 영향은 포함되지 않았다. Z_o는 단순히 Z'_o와 R_L의 병렬저항이다. 그림 5.120의 회로는 그림 5.117의 회로를 반복한 형태이므로 이전의 식들을 다시 사용할 수 있다.

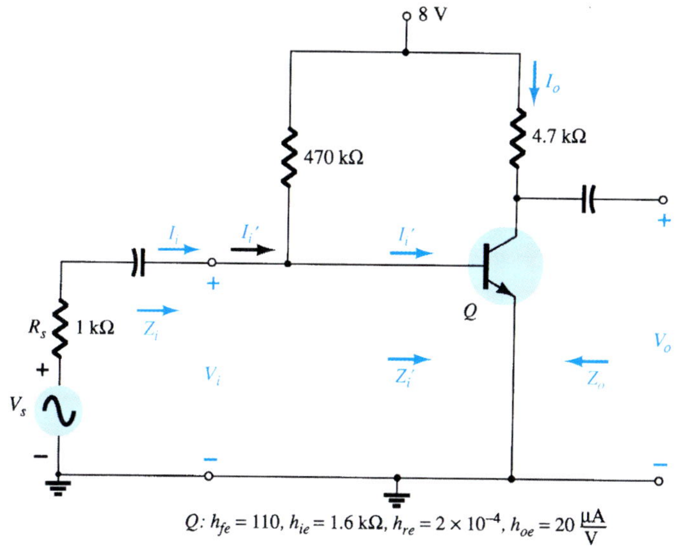

그림 5.118 예제 5.22

a. 식 (5.169):

$$Z_i = \frac{V_i}{I_i} = h_{ie} - \frac{h_{fe}h_{re}R_L}{1 + h_{oe}R_L}$$

$$= 1.6\,\text{k}\Omega - \frac{(110)(2 \times 10^{-4})(4.7\,\text{k}\Omega)}{1 + (20\,\mu\text{S})(4.7\,\text{k}\Omega)}$$

$$= 1.6\,\text{k}\Omega - 94.52\,\Omega$$

$$= \mathbf{1.51\,k\Omega}$$

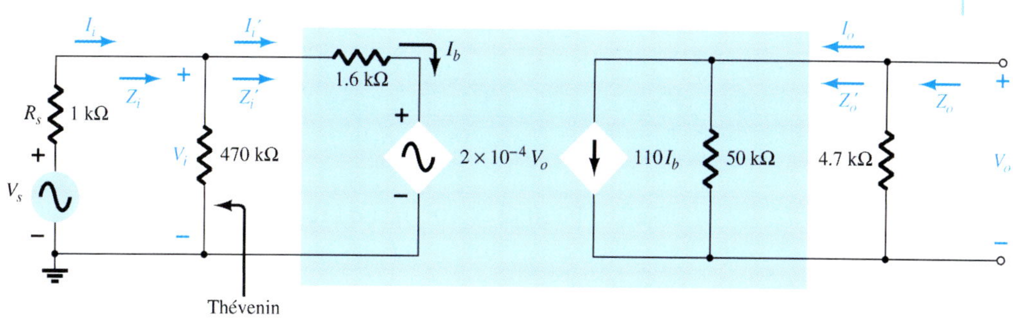

그림 5.119 그림 5.118 교류 등가회로의 완전한 하이브리드 등가회로로 대체

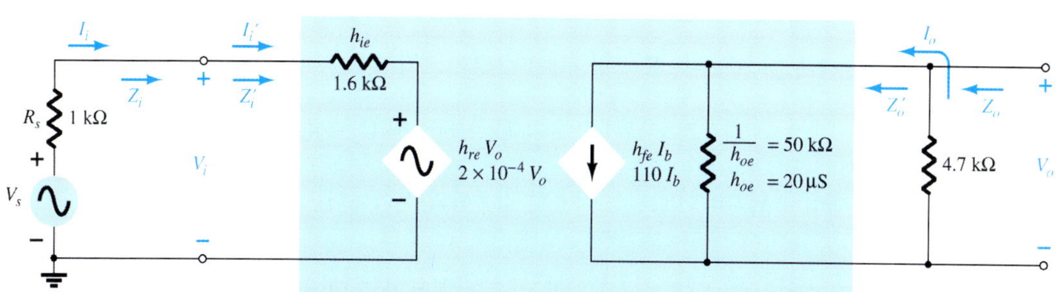

그림 5.120 그림 5.119의 입력회로를 Thévenin 등가회로로 대체

이에 대해서 h_{ie}=1.6 kΩ만 사용하면

$$Z_i' = 470\,\text{k}\Omega \| Z_i' \cong Z_i = \mathbf{1.51\,k\Omega}$$

b. 식 (5.168):

$$\begin{aligned}A_v = \frac{V_o}{V_i} &= \frac{-h_{fe}R_L}{h_{ie} + (h_{ie}h_{oe} - h_{fe}h_{re})R_L}\\ &= \frac{-(110)(4.7\,\text{k}\Omega)}{1.6\,\text{k}\Omega + [(1.6\,\text{k}\Omega)(20\mu\text{S}) - (110)(2\times10^{-4})]4.7\,\text{k}\Omega}\\ &= \frac{-517\times10^3\,\Omega}{1.6\,\text{k}\Omega + (0.032 - 0.022)4.7\,\text{k}\Omega}\\ &= \frac{-517\times10^3\,\Omega}{1.6\,\text{k}\Omega + 47\,\Omega}\\ &= \mathbf{-313.9}\end{aligned}$$

이에 대하여 $A_v \cong -h_{fe}R_L/h_{ie}$를 사용한 −323.125과 비교

c. 식 (5.167):

$$\begin{aligned}A_i' = \frac{I_o}{I_i'} = \frac{h_{fe}}{1 + h_{oe}R_L} &= \frac{110}{1 + (20\,\mu\text{S})(4.7\,\text{k}\Omega)}\\ &= \frac{110}{1 + 0.094} = \mathbf{100.55}\end{aligned}$$

이에 대해서 단순히 h_{fe}만을 사용한 110과 비교, 470 kΩ ≫ Z_i', $I_i \cong I_i'$이므로 $A_i \cong$ **100.55**이다.

d. 식 (5.170):

$$\begin{aligned}Z_o' = \frac{V_o}{I_o} &= \frac{1}{h_{oe} - [h_{fe}h_{re}/(h_{ie} + R_s)]}\\ &= \frac{1}{20\,\mu\text{S} - [(110)(2\times10^{-4})/(1.6\,\text{k}\Omega + 1\,\text{k}\Omega)]}\\ &= \frac{1}{20\,\mu\text{S} - 8.46\,\mu\text{S}}\\ &= \frac{1}{11.54\,\mu\text{S}}\\ &= \mathbf{86.66\,k\Omega}\end{aligned}$$

이것은 $1/h_{oe}$=50 kΩ으로 구한 값보다 크다. 그리고

$$Z_o = R_C \| Z_o' = 4.7\,\text{k}\Omega \| 86.66\,\text{k}\Omega = \mathbf{4.46\,k\Omega}$$

이에 대해서 R_C=4.7 kΩ만을 사용한 경우와의 차이이다.

위의 결과를 보면 A_v와 Z_i의 근사해는 완전한 등가 모델에서 계산한 것과 거의 같다. 사실상 A_i도 10% 이내의 차이밖에 나지 않는다. Z_o는 매우 크며, 때로는 부하에 비해서 훨씬

커서 무시할 수 있다. 그러나 h_{re} 및 h_{oe}의 영향을 구할 필요가 있는 경우에는 위에서 말한 바와 같이 완전한 하이브리드 등가 모델을 사용해야 한다.

그림 5.92에서 본 바와 같이 트랜지스터의 사양서에서는 대개의 경우 공통 에미터 파라미터를 제공하고 있다. 다음 예제는 그림 5.118에 나오는 것과 같은 트랜지스터 파라미터를 사용하되 파라미터의 변환 절차를 알아보고 하이브리드 등가 모델의 레이아웃이 동일하다는 것을 강조하기 위해서 *pnp* 공통 베이스 회로를 다루기로 한다.

예제 5.23 그림 5.121의 공통 베이스 증폭기에 대해서 완전한 하이브리드 등가 모델을 이용하여 다음 파라미터를 구하라. 그리고 구한 결과를 근사 모델을 이용하였을 경우와 비교하라.

a. Z_i　　b. A_i

c. A_v　　d. Z_o

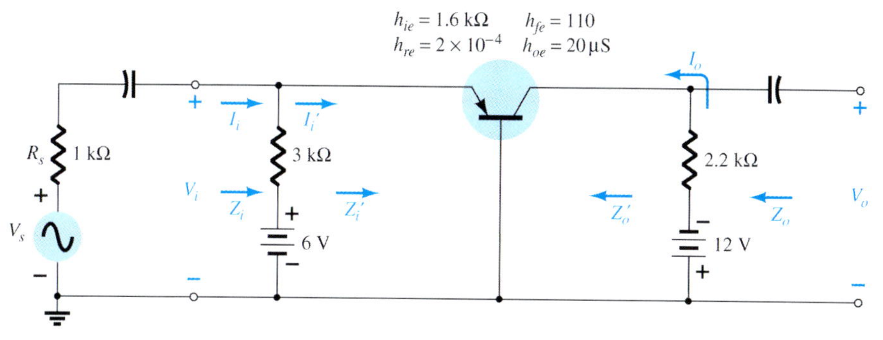

그림 5.121 예제 5.23

풀이 공통 베이스 파라미터는 공통 에미터 파라미터로부터 부록 B의 근사식을 사용하여 구할 수 있다.

$$h_{ib} \cong \frac{h_{ie}}{1 + h_{fe}} = \frac{1.6\,k\Omega}{1 + 110} = \mathbf{14.41\ \Omega}$$

이 값은 다음 식에서 구한 것과 거의 같음을 알 수 있다.

$$h_{ib} = r_e = \frac{h_{ie}}{\beta} = \frac{1.6\,k\Omega}{110} = 14.55\ \Omega$$

또한

$$h_{rb} \cong \frac{h_{ie}h_{oe}}{1 + h_{fe}} - h_{re} = \frac{(1.6\,k\Omega)(20\,\mu S)}{1 + 110} - 2 \times 10^{-4}$$
$$= \mathbf{0.883 \times 10^{-4}}$$

$$h_{fb} \cong \frac{-h_{fe}}{1 + h_{fe}} = \frac{-110}{1 + 110} = \mathbf{-0.991}$$

$$h_{ob} \cong \frac{h_{oe}}{1 + h_{fe}} = \frac{20\,\mu S}{1 + 110} = \mathbf{0.18\ \mu S}$$

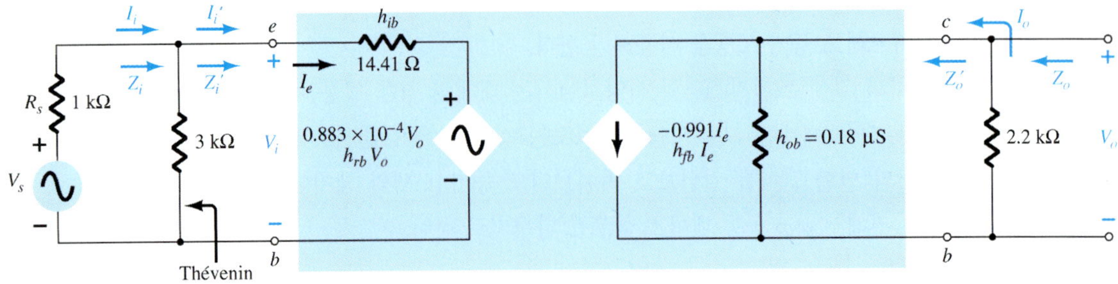

그림 5.122 그림 5.121의 소신호 등가회로

그림 5.121의 회로에 공통 베이스 하이브리드 등가회로를 대치하면 그림 5.122의 소신호 등가회로를 얻는다. Z_o에 대한 식에서 입력 쪽의 R_s에 대한 Thévenin 등가저항은 $R_{\text{Th}} = 3\text{ k}\Omega \parallel 1\text{ k}\Omega = 0.75\text{ k}\Omega$이다.

a. 식 (5.169):

$$\begin{aligned} Z_i' = \frac{V_i}{I_i'} &= h_{ib} - \frac{h_{fb}h_{rb}R_L}{1 + h_{ob}R_L} \\ &= 14.41\ \Omega - \frac{(-1.991)(0.883 \times 10^{-4})(2.2\text{ k}\Omega)}{1 + (0.18\ \mu\text{S})(2.2\text{ k}\Omega)} \\ &= 14.41\ \Omega + 0.19\ \Omega \\ &= 14.60\ \Omega \end{aligned}$$

$Z_i \cong h_{ib} = 14.41\ \Omega$을 사용한 경우에 대해

$$Z_i = 3\text{ k}\Omega \| Z_i' \cong Z_i' = \mathbf{14.60\ \Omega}$$

b. 식 (5.167):

$$\begin{aligned} A_i' = \frac{I_o}{I_i'} &= \frac{h_{fb}}{1 + h_{ob}R_L} \\ &= \frac{-0.991}{1 + (0.18\ \mu\text{S})(2.2\text{ k}\Omega)} \\ &= -0.991 \end{aligned}$$

$3\text{ k}\Omega \gg Z_i'$, $I_i \cong I_i'$이므로 $A_i = I_o/I_i \cong \mathbf{-1}$이다.

c. 식 (5.168):

$$\begin{aligned} A_v = \frac{V_o}{V_i} &= \frac{-h_{fb}R_L}{h_{ib} + (h_{ib}h_{ob} - h_{fb}h_{rb})R_L} \\ &= \frac{-(-0.991)(2.2\text{ k}\Omega)}{14.41\ \Omega + [(14.41\Omega)(0.18\ \mu\text{S}) - (-0.991)(0.883 \times 10^{-4})]2.2\text{ k}\Omega} \\ &= \mathbf{149.25} \end{aligned}$$

$A_v \cong -h_{fb}R_L/h_{ib}$일 때는 151.3

d. 식 (5.170):

$$Z'_o = \frac{1}{h_{ob} - [h_{fb}h_{rb}/(h_{ib} + R_s)]}$$
$$= \frac{1}{0.18\,\mu\text{S} - [(-0.991)(0.883 \times 10^{-4})/(14.41\,\Omega + 0.75\,\text{k}\Omega)]}$$
$$= \frac{1}{0.295\,\mu\text{S}}$$
$$= \mathbf{3.39\,M\Omega}$$

$Z'_o \cong 1/h_{ob}$=5.56 MΩ을 사용한 경우이고, 그림 5.122에서 정의된 Z_o는

$$Z_o = R_C \| Z'_o = 2.2\,\text{k}\Omega \| 3.39\,\text{M}\Omega = \mathbf{2.199\,k\Omega}$$

$Z_o \cong R_C$를 사용한 경우는 2.2 kΩ이다.

5.22 하이브리드 π모델

마지막 트랜지스터 모델인 그림 5.123의 하이브리드 π모델은 고주파 영향을 더욱 정확히 모델링하기 위해 다른 두 모델에서는 사용하지 않는 파라미터들을 포함하고 있다.

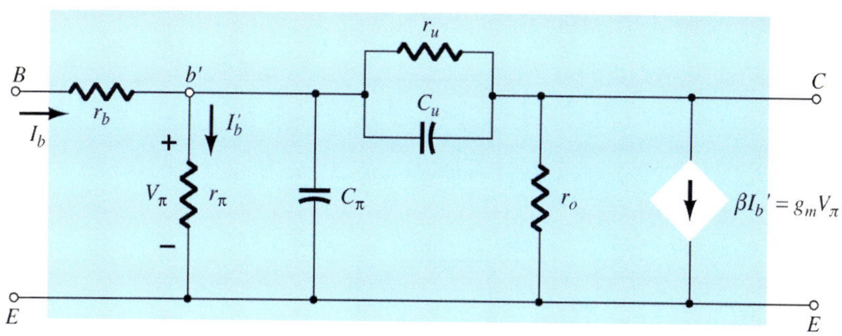

그림 5.123 Giacoletto(또는 하이브리드 π)고주파 트랜지스터 소신호 교류 등가회로

r_π, r_o, r_b와 r_u

r_π, r_o, r_b와 r_u는 디바이스가 활성화되었을 때의 디바이스 단자 간의 저항이다. 저항 r_π(π를 쓰는 것은 하이브리드 π의 모델의 이름에서 따온 것이다)는 단순히 공통에미터 r_e 모델에 사용한 βr_e와 같다.

즉

$$\boxed{r_\pi = \beta r_e} \tag{5.171}$$

출력저항 r_o는 인가된 부하 양단에 나타나는 출력저항이다. r_o의 값은 일반적으로 5 kΩ에서 40 kΩ 사이이며, Early 전압이나 출력특성인 하이브리드 파라미터 h_{oe}로부터 결정된다.

저항 r_b는 베이스 접점저항을 포함하고 베이스 벌크와 베이스 분포저항을 포함한다. 첫째 베이스 저항은 베이스와의 실제 접속에 의해 발생하고, 두 번째 저항성분은 외부단자와 트랜지스터의 활성영역에 기인하고 마지막 저항성분은 트랜지스터의 활성 베이스 영역부분의 저항이다. 이 값은 일반적으로 수 Ω에서 수십 Ω 사이이다.

저항 r_u(첨자 u는 컬렉터 단자와 베이스 단자와의 결합(union)을 뜻한다)는 매우 큰 값을 가지고 등가모델에서 출력과 입력 간의 피드백 경로를 만들어 준다. r_u는 메가 옴 단위의 크기를 가지며 일반적으로 βr_o보다 크다.

C_π와 C_u

그림 5.123에 보이는 모든 커패시터는 디바이스의 다양한 접점부분에서 나타나는 표유 기생 커패시터이다. 이 커패시터들은 고주파 영역에서만 회로에 영향을 미친다. 저주파수나 중간주파수인 경우에는 기생 커패시터의 리액턴스가 매우 커지므로 개방회로로 간주한다. 입력단자 양단의 커패시터 C_π는 대체로 수 pF에서 수십 pF 사이의 값이지만 베이스와 컬렉터 간 커패시터 C_u는 대체로 수 pF로 제한되지만 9장에서 소개되는 밀러효과(Miller effect)에 의해 입출력 간에서 증배되어 진다.

BI'_b 또는 $g_m V_\pi$

그림5.123에서 중요한 것은 전원이 주어진 파라미터 조건에 따라 전압조정전류원(voltage-controlled current source, VCCS)이거나 전류조정전류원(current-controlled current source, CCCS)이 될 수 있다.

그림 5.123의 다음과 같은 파라미터를 주시하자

$$g_m = \frac{1}{r_e} \tag{5.172}$$

그리고

$$r_o = \frac{1}{h_{oe}} \tag{5.173}$$

$$\frac{r_\pi}{r_\pi + r_u} \cong \frac{r_\pi}{r_u} \cong h_{re} \tag{5.174}$$

등가전원 $\beta I'_b$와 $g_m V_\pi$는 두 가지 다 조정전류원이라는 사실에 특별한 주의를 하자. 하나는 회로망의 다른 위치의 전류에 의해 조정되고, 다른 하나는 회로망 입력측의 전압에 의해 조정된다. 이 둘 간의 등가는 다음과 같이 정의되어진다.

$$\beta I'_b = \frac{1}{r_e} \cdot r_e \beta I'_b = g_m I'_b \beta r_e = g_m (I'_b r_\pi) = g_m V_\pi$$

저역에서 중역주파수까지의 해석에서는 각각이 표유용량의 효과가 매우 높은 리액턴스

값 때문에 무시될 수 있다. 저항 r_b는 대체로 다른 직렬소자에 비해 충분히 작아 무시 되고, 반면에 저항 r_u는 병렬소자에 비해 충분히 크므로 무시된다. 결과적으로 이 모델은 이 장에서 소개되고 적용된 r_e모델과 유사한 등가회로이다.

고역주파수 효과가 고려되어지는 9장에서 하이브리드 π모델이 사용되어 질 수 있다.

5.23 트랜지스터 파라미터의 변화

온도나 주파수, 전압과 전류에 의한 h 파라미터의 변화를 나타내는 그래프는 매우 많다. 지금 단계에서는 접합 지점의 온도, 컬렉터의 전압과 전류가 h 파라미터에 미치는 영향을 고려한다.

그림 5.124은 컬렉터의 전류가 h 파라미터에 미치는 영향을 나타내는 그래프이다. 주의할 것은 수직축과 수평축이 로그 눈금으로 되어 있다는 것이다. 9장에서 로그 눈금에 대하여 다룰 것이다. 파라미터의 값들은 (9.5절에서 자세히 다루었다) 정규화하여 컬렉터 전류에 따라 1을 기준으로 한 상대적인 크기들을 알 수 있도록 하였다. 그림 5.124에서 그림 5.126처럼 모든 그래프에는 측정 당시의 작동점을 표시하였다. 여기서 Q점은 $V_{CE}=5.0$ V이고 $I_C=1.0$ mA이다. 주파수와 온도 또한 h 파라미터에 영향을 줄 수 있으므로 이를 그래프에 표시하는 것이다. 그림 5.124는 컬렉터 전류에 따른 파라미터의 변화를 보여준다. $I_C=1$ mA일의 파라미터값을 1로 노말라이즈된 파라미터값을 수직축에 나타내었다. 각 파라미터의 정의된 동작점에서의 각각의 파라미터값을 비교할 수 있다. 때문에 생산회사들은 이러한 그래프를 그리기 위한 하이브리드 파라미터를 이용한다. 그러나 이 그래프를 더욱 넓은 범위에서 사용하기 위해서 r_e나 π등가 파라미터들을 추가하기도 한다.

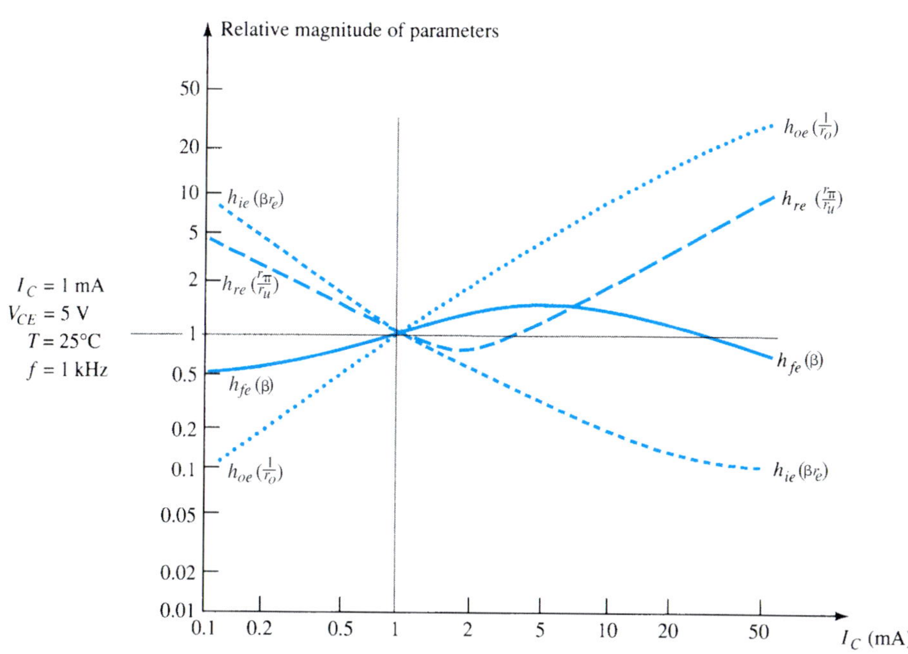

그림 5.124 컬렉터 전류에 따른 하이브리드 파라미터 변화

잠시 다음 사항을 유의하자:

트랜지스터 등가회로의 파라미터 중 $h_{fe}(\beta)$는 컬렉터 전류의 변화에 대해 가장 작게 변화한다.

그림 5.124에서 파라미터 $h_{fe}(\beta)$값의 변화가 Q점값의 0.5배에서 전류값이 6 mA일 때인 1.5배까지 변한다는 것을 알 수 있다. 그러므로 β값이 100인 트랜지스터일 경우에는 50에서 150까지 변할 것이다. h_{oe}에 관해 위와 같이 생각해 보았을 때 파라미터값은 컬렉터 전류가 50 mA일 때 Q점 값의 40배가 변함을 알 수 있다.

그림 5.124는 $h_{oe}(1/r_o)$와 $h_{ie}(\beta r_e)$가 주어진 전류범위에서 가장 크게 변한다는 것을 보여준다. h_{ie}는 Q점값의 1/10~10배까지 변함을 알 수 있다. 이러한 파라미터의 큰 변동은 r_e가 에미터 전류와 r_e=26 mV/I_E로 직접적으로 연관이 있는데서 충분히 예상할 수 있다. $I_E(\cong I_C)$가 커질수록 r_e와 βr_e가 그림 5.124와 같이 감소한다.

h_{oe}와 실제 출력저항 r_o간의 관계가 1/h_{oe}와 같음을 숙지하기 바란다. 그러므로 전류가 증가함에 따라 h_{oe}가 커지게 되면 r_o값은 점점 작아진다. r_o는 부하와 평행하게 연결된 저항이기 때문에 만약 r_o값이 작아지게 되면 큰 문제가 된다. r_o의 크기가 Q점의 1/40로 작아지게 되면 컬렉터 전류가 50 mA일 때 실제적인 이득의 감소가 나타날 것이다.

파라미터 h_{re}는 약간만 변화하고 Q점에서의 값이 무시할 만큼 작기 때문에 컬렉터 전류의 값이 Q점에서의 크기보다 작은지 큰지만 확인하면 된다.

위에서 설명한 내용들은 그래프의 추가적인 설명처럼 보인다. 그러나 이러한 특성의 그래프들은 그 자체만으로도 특별한 설명 없이 많은 내용을 내포하고 있다. 이 그래프는 설계 과정에서 사용된 유용한 정보를 많이 가지고 있다.

그림 5.125는 컬렉터-에미터 전압에 따른 파라미터값의 변화를 보여준다. 이 그래프들은 그림 5.124와 마찬가지로 노말라이즈되어 있다. 그러나 그래프의 수직축이 수가 아닌 퍼센트 단위로 나타난다. 200%는 100%의 파라미터값의 두 배가 된다. 1000%는 10:1의 변화폭을 보여준다. h_{fe}와 h_{ie}는 컬렉터 전류 변화에 따라서 크게 변함에도 불구하고 컬렉터-에미터 전압 변화에 의한 경우에는 비교적 조금 변한다. 다른 말로 만약 $h_{ie}(\beta_{re})$와 같은 파라

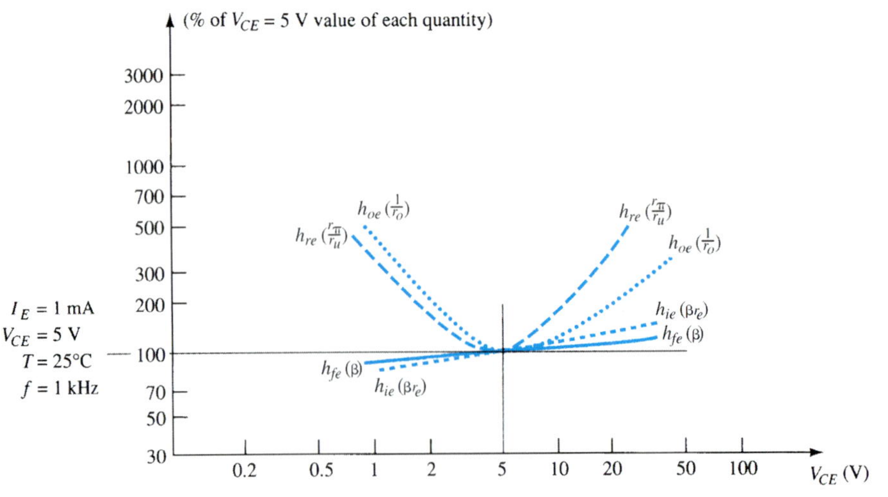

그림 5.125 컬렉터-에미터 전위에 따른 하이브리드 파라미터 변화

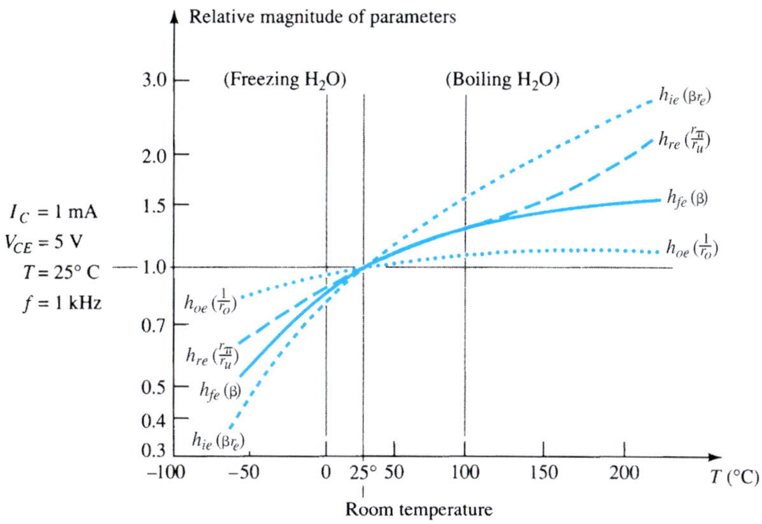

그림 5.126 온도에 따른 하이브리드 파라미터 변화

미터를 아주 안정하게 유지하고 싶다면, 컬렉터-에미터 전압의 변화보다는 I_c의 변화를 최소화해야 한다.

그림 5.126은 온도 변화에 따른 h 파라미터의 변화를 나타낸 것이다. 정규화는 실온인 $T=25°C$를 기준으로 하였다. 로그 눈금을 사용한 앞의 두 그림에서와는 다르게 수평축은 선형 눈금으로 나타내었다.

모든 하이브리드 트랜지스터 등가회로의 파라미터들은 온도에 따라 증가한다.

그러나 실제 출력저항 r_o는 h_{oe}에 역비례하고, h_{oe}가 증가할수록 떨어진다는 것을 기억하자. 다른 표에 비해 수직축의 범위가 매우 작음에도 불구하고 가장 민감하게 변하는 것은 h_{ie}이다. 온도가 200°C에서 h_{ie}의 값은 Q점 값의 거의 3배이나 그림 5.124에서 Q점 값의 거의 40배로 증가한다.

그러므로 세 파라미터에서 컬렉터 전류의 변화는 트랜지스터 등가회로의 변수들에 매우 큰 영향을 미친다. 온도는 항상 인수이지만, 컬렉터 전류에 의한 영향은 현저하다.

5.24 고장 검사

고장 검사(troubleshooting)라는 용어가 단순히 오작동을 제거하는 과정이라고 생각할 수 있지만, 이 방법을 사용하여 시스템이 적절히 작동하도록 보장할 수 있다. 어떤 경우에나 시험, 검사, 격리의 과정을 위해서는 직류와 교류 영역에서 각 점의 작동을 이해해야 한다. 대부분의 경우, 직류 모드에서 제대로 작동하는 회로는 교류 모드에서도 제대로 작동한다. 또한 예상한 대로 교류응답을 보이는 회로는 설계대로 바이어스 되어 있다.

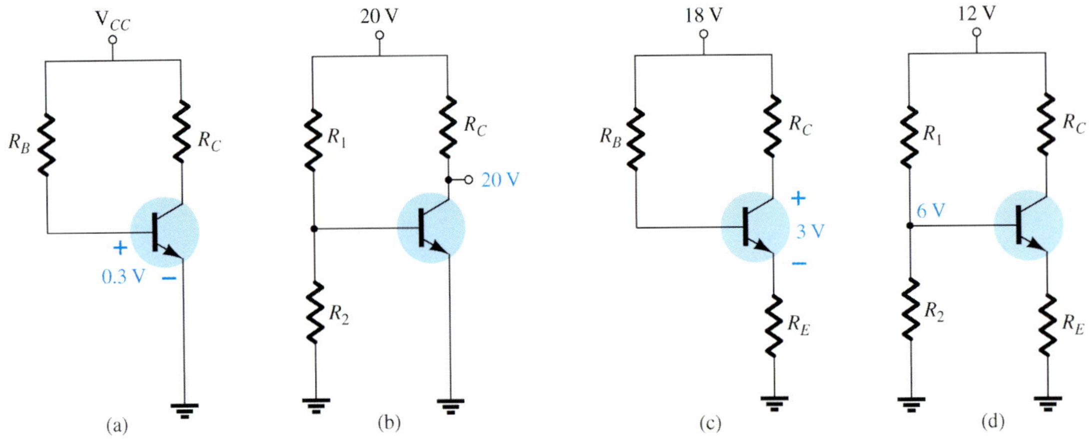

그림 5.127 회로가 적절하게 바이어스되어 있는가를 직류레벨로 검사

그러므로 대개 시스템이 제대로 작동하지 않을 경우에는 먼저 교류전원 연결을 끊고 직류 바이어스 값을 점검한다.

그림 5.127에서 네 개의 트랜지스터회로는 직류모드에서 DMM으로 측정된 특정한 전압값을 가진다. 첫 번째 트랜지스터 회로의 테스트는 간단하게 트랜지스터의 베이스-에미터 전압을 측정하는 것이다. 이 경우 전압이 단지 0.3 V라는 사실은 트랜지스터가 'on' 상태가 아니고, 아마도 포화모드에 있는 것을 의미한다. 이 사실이 스위칭 설계의 결과이면, 증폭모드에서는 베이스 전압이 동작 레벨에 이르는 것을 방지하는 개방연결이다.

그림 5.127b에서 컬렉터 전압이 공급전원과 같다는 사실은 저항 R_C에서 전압강하가 없고, 컬렉터 전류가 제로라는 것을 의미한다. 저항 R_C가 직류전원을 컬렉터에 공급시키기 때문에 연결이 적절하게 되어 있다면, 다른 소자 중의 어떤 하나가 적절하게 연결이 안되어 결과적으로 베이스나 컬렉터 전류가 안흐르는 것이다. 그림 5.127c에서 컬렉터-에미터 간의 전압강하가 인가된 직류전압에 비교해 너무 작다. 정상적인 V_{CE} 전압은 대개 6 V에서 14 V의 중간 정도이다. 모든 회로소자가 연결되어 있는데도 18 V나 3 V가 읽어지는 경우는 하나 또는 그 이상의 저항소자의 값이 틀린 것이다. 그림 5.127d에서 베이스 전압이 정확히 공급전원의 반임을 알 수 있다. 이 장에서 우리는 R_E 저항이 베타배로 반영되어 R_2에 병렬로 나타나는 것을 알고 있으므로 결과적으로 베이스 전압은 공급전압의 반이하 이어야 한다. 이 측정값은 베이스 리드선이 전압분배기에 연결이 안 되어 있다는 것을 의미한다.

실험실에서는 그림 5.128에 제시된 바와 같이 직류와 교류 전원을 인가하고 회로 각 점에서의 교류응답을 오실로스코프를 통해 측정한다. 그림 5.128에 보인 것과 같이 오실로스코프의 검은 단자(접지)는 직접 회로의 접지로 연결하고, 붉은 단자는 회로에서 측정하고자 하는 각 점에 연결하여 측정한다. 수직 채널을 교류 모드로 설정하여 측정한 점에서의 직류 전압 성분을 제거한다. 베이스에 인가된 교류 소신호는 증폭되어 컬렉터와 접지 사이에 출력된다. 이들 전압을 측정하는 수직 눈금이 다르다는 것에 유의해야 한다. 인가된 주파수에서 커패시터가 단락회로의 특성을 보이기 때문에 에미터단에서는 교류응답이 나타나지 않

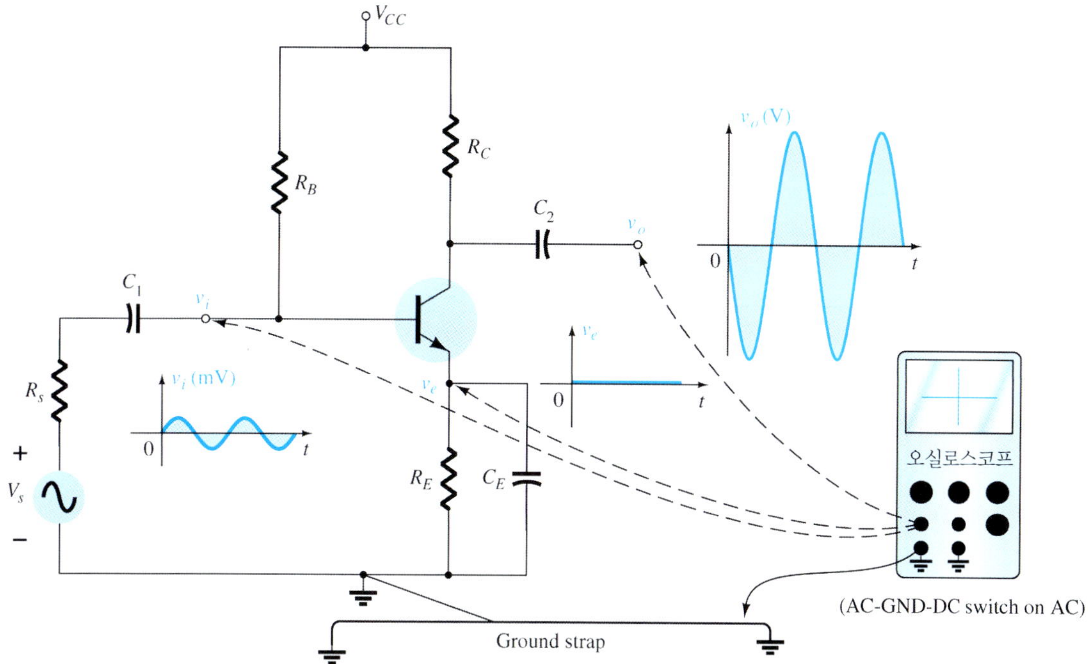

그림 5.128 BJT 증폭기의 다양한 전압을 측정하고 보이기 위한 오실로스코프의 사용

는다. 증폭기의 이득이 상당히 커서 v_o는 V 단위로 측정하고 v_i는 mV 단위로 측정한다. 대체로 회로는 제대로 작동하는 것처럼 보인다. 원한다면 멀티미터를 직류 모드로 하여 V_{BE}, V_B, V_{CE}, V_E를 검사하여 원하는 범위 내에 있는지를 확인할 수 있다. 물론 오실로스코프의 각 채널을 직류 모드로 전환하여 사용할 수도 있다.

종종 여러 가지 원인에 의해서 교류응답이 나빠질 수 있다. 사실 동일한 시스템 안에서 여러 곳에서도 고장 날 수도 있다. 하지만 다행히도 시간과 경험이 쌓이면, 동일한 영역에서의 고장 가능성을 예측할 수 있게 되고 숙달된 사람은 문제의 영역을 꽤 빠르게 격리할 수 있다.

일반적으로 고장 검사 과정에 특별한 방법은 없다. 교류응답을 알아보고자 하면, 신호를 인가하고 부하 쪽으로 진행하면서 중요한 점을 조사하는 것이 좋은 방법이다. 어떤 점에서 예상치 못한 응답이 나오면, 그 영역까지는 정상적으로 작동하므로 어떤 영역을 더 자세히 검사하여야 하는지를 정할 수 있다. 오실로스코프에 나타나는 파형을 관찰하면, 시스템에서 발생할 수 있는 문제를 알아내는 데 도움이 된다.

만일 그림 5.128의 회로 응답이 그림 5.129와 같다면, 그 회로는 에미터 영역 근처에서 문제가 있는 것이다. 에미터 양단의 교류응답이 예상치 못한 것이고 v_o를 통해 얻은 시스템의 이득이 너무 작다. 이러한 구조에서 R_E를 바이패스하면, 이득이 매우 커야 한다는 것을 상기하자. 이 응답을 보면, R_E가 커패시터에 의해 바이패스되지 않은 것으로 커패시터의 연결이 제대로 되어 있는지 혹은 커패시터 자체가 불량품이 아닌지 조사해야 한다. 이 경우, 커패시터는 직류에 대해서 개방회로 등가이므로 직류값을 측정하는 것으로는 고장을 발견

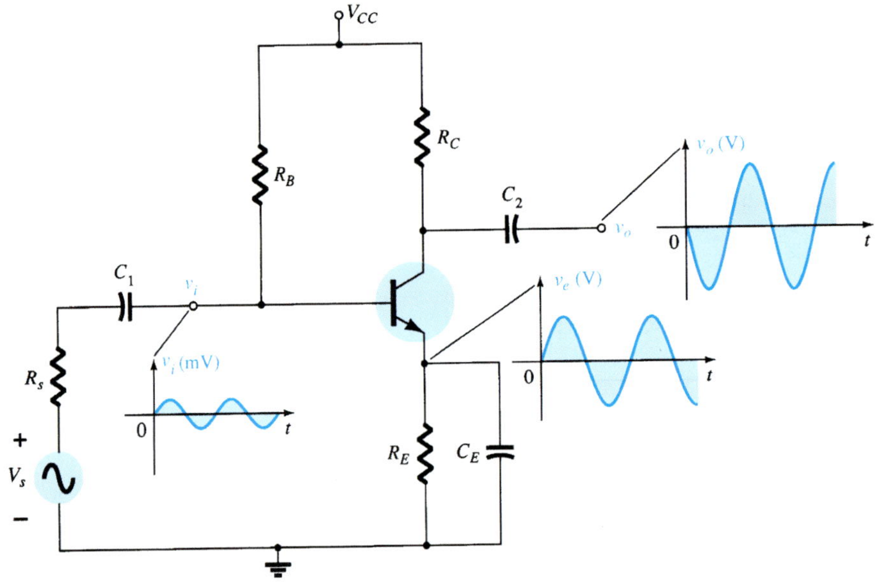

그림 5.129 에미터 지역에서 기능 오류의 결과 파형

할 수 없다. 일반적으로 응답의 사전 지식, 측정에 대한 숙련도, 그리고 특히 경험이 효과적으로 고장을 발견하고 수리하는 데 중요한 요소다.

5.25 실제 응용

오디오 믹서

둘 이상의 신호가 하나의 오디오 출력에 연결되어 있을 때, 그림 5.130과 같은 믹서가 사용된다. 입력단의 가변저항 R_1과 R_2는 각 채널의 음량을 조절하고 다른 가변저항 R_3은 두 채널 신호 사이의 밸런스를 조절한다. 저항 R_4와 R_5는 한 채널이 다른 채널에 부하로 작용하

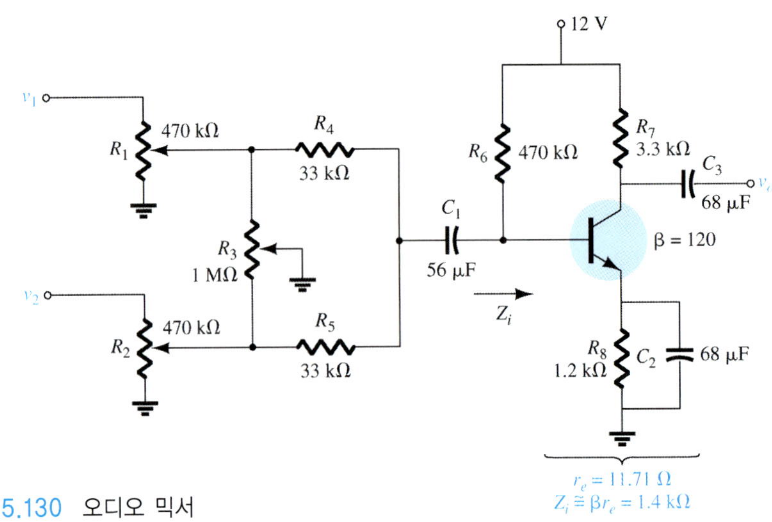

그림 5.130 오디오 믹서

는 것을 막기 위한 것으로, 다시 말하면 한 신호가 다른 신호에 부하로 작용하여 파워를 떨어뜨리고 mixed 신호에서의 밸런스에 영향을 주는 것을 방지하기 위한 것이다.

저항 R_4와 R_5의 영향은 중요하므로 좀 더 자세히 살펴본다. 트랜지스터 구조를 dc 해석하면 $r_e=11.71$이 되고 이 저항에 의해 트랜지스터의 입력 임피던스는 약 1.4 kΩ이 된다. 병렬 연결된 $R_6 \| Z_i$도 약 1.4 kΩ이 된다. 음량 조절을 최대로 하고 밸런스 조절저항인 R_3을 중간에 놓으면 그 등가회로는 그림 5.131a가 된다. v_1에서의 신호는 1 kV의 내부저항을 가지는 낮은 임피던스 마이크로폰이라고 가정한다. 그리고 v_2에서의 신호는 10 kΩ의 높은 내부 임피던스를 가지는 기타(guitar) 앰프라고 가정한다. 위와 같은 조건에서 470 kΩ과 500 kΩ의 저항이 서로 병렬 연결된 형태가 되므로 두 저항은 242 kΩ의 1개의 저항으로 대체할 수 있다. 그리고 마이크로폰에 대한 입력신호원은 그림 5.131b와 같은 등가회로를 가진다. 그러므로 믹서의 입력단에 Thévenin 정리를 적용하여 근사화하면 242 kΩ의 저항을 무시하고 그림 5.131c와 같은 등가회로로 나타낼 수 있다. 트랜지스터 베이스단의 ac 전압에 대해 중첩(superposition) 정리를 적용하면 다음의 식으로 나타낼 수 있다.

$$\begin{aligned} v_b &= \frac{(1.4\,\text{k}\Omega \| 43\,\text{k}\Omega)v_{s_1}}{34\,\text{k}\Omega + (1.4\,\text{k}\Omega \| 43\,\text{k}\Omega)} + \frac{(1.4\,\text{k}\Omega \| 34\,\text{k}\Omega)v_{s_2}}{43\,\text{k}\Omega + (1.4\,\text{k}\Omega \| 34\,\text{k}\Omega)} \\ &= 38 \times 10^{-3} v_{s_1} + 30 \times 10^{-3} v_{s_2} \end{aligned}$$

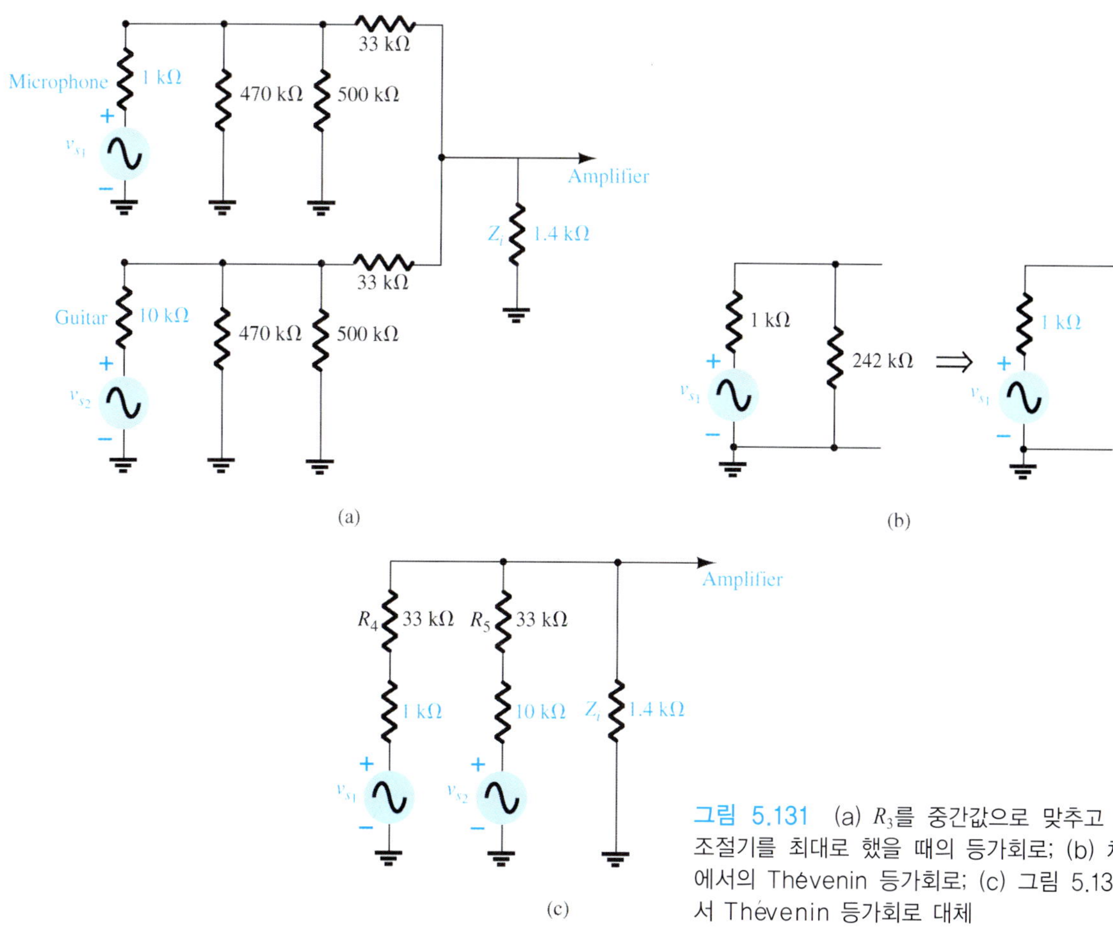

그림 5.131 (a) R_3를 중간값으로 맞추고 볼륨 조절기를 최대로 했을 때의 등가회로; (b) 채널1에서의 Thévenin 등가회로; (c) 그림 5.131a에서 Thévenin 등가회로로 대체

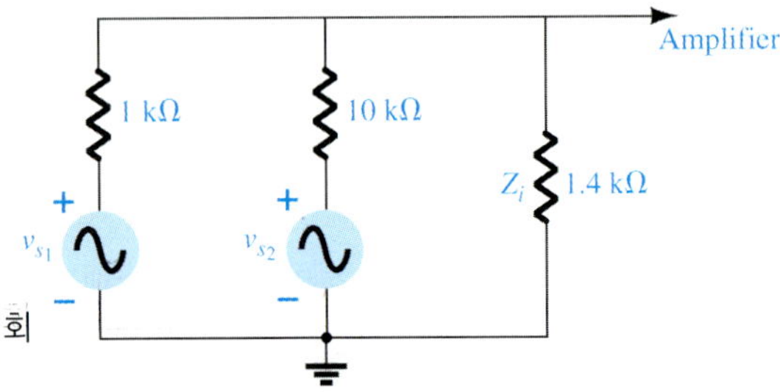

그림 5.132 그림 5.131c의 회로에서 33 kΩ을 제거한 그림

r_e=11.71 Ω에 대하여 앰프의 이득은 $-R_C/r_e$=3.3 kΩ/11.71 Ω=−281.8이 되고 출력전압은

$$v_o = -10.7v_{s_1} - 8.45v_{s_2}$$

이 된다. 이것은 두 신호원의 내부 임피던스가 10:1의 비를 가지더라도 상당히 좋은 밸런스를 유지한다. 일반적으로 이 시스템은 잘 동작한다. 그러나 그림 5.131c에서 33 kΩ의 저항을 제거하면 그 등가회로는 그림 5.132와 같이 나타나며 v_b는 중첩 정리를 이용하여 다음의 식으로 나타낼 수 있다.

$$\begin{aligned} v_b &= \frac{(1.4\,\text{k}\Omega \| 10\,\text{k}\Omega)v_{s_1}}{1\,\text{k}\Omega + 1.4\,\text{k}\Omega \| 10\,\text{k}\Omega} + \frac{(1.4\,\text{k}\Omega \| 1\,\text{k}\Omega)v_{s_2}}{10\,\text{k}\Omega + (1.4\,\text{k}\Omega \| 1\,\text{k}\Omega)} \\ &= 0.55v_{s_1} + 0.055v_{s_2} \end{aligned}$$

앞에서와 같은 이득을 사용하면 출력전압은

$$v_o = -155v_{s_1} - 15.5v_{s_2} \cong -155v_{s_1}$$

이 되고 이 식으로부터 마이크로폰은 매우 크고 선명하게 출력되나 기타 입력은 거의 출력되지 않음을 알 수 있다.

그러므로 33 kΩ 저항의 필요성에 대하여 좀 더 살펴보기로 한다. 이 저항은 각각의 입력신호가 비슷한 레벨의 임피던스를 가지도록 하여 출력에서 두 신호 사이에 좋은 밸런스를 유지하도록 한다. 어떤 사람은 더 큰 저항을 사용하면 밸런스를 향상시킬 수 있다고 생각할 수도 있다. 그러나 더 큰 저항을 사용하면 트랜지스터 베이스단에서의 밸런스는 향상되더라도 베이스단에서의 신호의 세기는 더욱 작아지고 출력 레벨도 따라서 줄어든다. 바꿔 말하면 R_4와 R_5에 의해 트랜지스터 베이스단에서의 입력신호의 크기와 출력신호에서의 밸런스 사이의 상관관계가 결정된다.

오디오 주파수 영역에서 커패시터가 단락회로로 등가 모델링됨을 보기 위하여 100 Hz의 매우 낮은 오디오 주파수를 56 μF 커패시터의 리액턴스 방정식에 대입한다.

$$X_C = \frac{1}{2\pi fC} = \frac{1}{2\pi(100\,\text{Hz})(56\,\mu\text{F})} = 28.42\,\Omega$$

이 임피던스는 주변의 어느 임피던스와 비교해도 28.42 Ω의 크기는 무시할 만큼 매우 작은 값이다. 주파수가 증가하면 커패시터의 임피던스 영향은 더욱 작아진다.

다음의 the junction field effect transistor(JFET) 장에서도 유사한 믹서 구조를 살펴볼 것이다. 가장 큰 차이점은 낮은 입력 임피던스를 가지는 BJT와는 달리 JFET의 입력 임피던스는 개방회로로 근사화된다는 점이다. 그 결과 BJT 증폭기에 비하여 JFET 증폭기의 입력단에서의 신호 크기가 증가하게 된다. 그러나 FET의 이득이 BJT에 비하여 매우 작기 때문에 출력신호의 크기는 거의 비슷하게 된다.

전치 증폭기

전치 증폭기(preamplifier)는 그 이름이 의미하는 바와 같이 **기본적인**(primary) **신호원으로부터 신호를 입력받아 그 신호를 증폭단으로 전달하여 주는 증폭기다.** 일반적으로 전치 증폭기는 신호를 증폭하여 크기를 조절하며 때로는 입력 임피던스 특성을 변화시키기도 한다. 그리고 필요하다면 다양한 기능을 가지는 시스템에서 신호를 다음에 연결된 여러 단계들로 전달하기도 한다.

그림 5.133과 같은 전치 증폭기는 종종 다른 증폭이나 파워 증폭기에 적합한 정도로 신호의 크기를 증폭시키는 다이내믹 마이크로폰에 이용되기도 한다. 다이내믹 마이크로폰의 내부 임피던스는 기본적으로 보이스 코일의 권선에 의해 정해지므로 다이내믹 마이크로폰의 임피던스는 낮은 임피던스를 가진다. 이 마이크로폰의 구조는 영구 자석 사이에서 자유로이 움직이는 진동판, 그리고 진동판에 붙어 있는 보이스 코일로 이루어져 있다. 마이크로폰에 대고 말을 하면 진동판이 따라서 움직이고 보이스 코일이 같은 방식으로 자기장 내에서 움직이게 된다. 그리고 패러데이의 법칙에 의해 코일 양단에 전압이 유도되어 음성신호를 전달하게 된다.

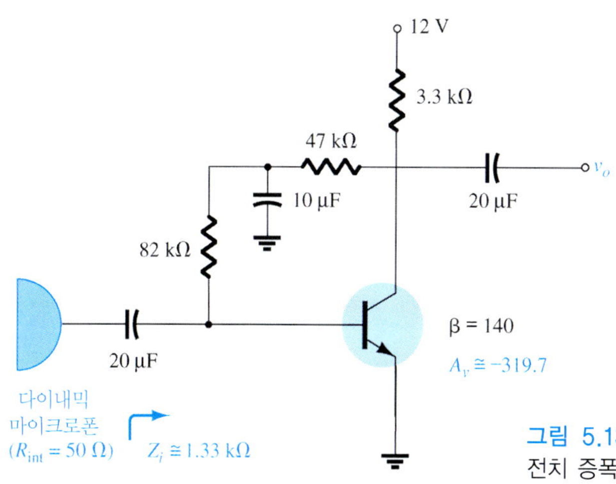

그림 5.133 다이내믹 마이크로폰 전치 증폭기

다이내믹 마이크로폰은 낮은 임피던스를 가지므로 출력에 연결된 트랜지스터 증폭기의 입력 임피던스가 높지 않더라도 대부분의 마이크로폰 신호를 입력받을 수 있다. 다이내믹 마이크로폰의 내부 임피던스는 보통 20 Ω에서 100 Ω정도로 낮으므로 1 kΩ에서 2 kΩ의 입력 임피던스를 가지는 증폭기에서도 신호의 대부분이 증폭기로 입력될 것이다. 이와 같은 경우의 증폭기가 그림 5.133에 보인다. 컬렉터 직류 피드백 구조가 좋은 안정도 특성을 가지므로 증폭기에 사용된 트랜지스터의 직류 바이어스는 컬렉터 직류 피드백 구조를 사

용하였다.

교류 영역에서는 트랜지스터의 베이스에 연결된 82 kΩ의 저항과 출력에 연결된 47 kΩ의 저항 사이에 위치한 10 μF 커패시터는 단락회로로 근사화할 수 있다. 트랜지스터의 직류 해석을 통하여 r_e=9.64 Ω이 되고 교류 이득은

$$A_v = -\frac{(47\ \text{k}\Omega \| 3.3\ \text{k}\Omega)}{9.64\ \Omega} = \mathbf{-319.7}$$

와 같이 결정된다. 이 값은 마이크로폰 신호 증폭과 같은 응용에 적합하다. 물론 이 회로의 출력단의 다음에 연결될 증폭기의 입력단이 연결되면 이득은 감소할 것이다. 다시 말해 다음 단의 입력저항이 47 kΩ과 3.3 kΩ 저항과 평행하게 나타나므로 이득은 부하가 연결되지 않은 경우의 319.7보다 작아질 것이다.

전치 증폭기의 입력 임피던스는

$$Z_i = 82\ \text{k}\Omega \| \beta r_e = 82\ \text{k}\Omega \| (140)(9.64\ \Omega) = 82\ \text{k}\Omega \| 1.34\ \text{k}\Omega = \mathbf{1.33\ k\Omega}$$

이 되며 이 값은 낮은 임피던스를 가지는 대부분의 다이내믹 마이크로폰에 적합하다. 실제로, 50의 내부 임피던스를 가지는 마이크로폰의 경우 베이스에 인가되는 신호 크기는 전체 신호 크기의 98%가 된다. 마이크로폰의 임피던스가 1 kΩ이상이 되면 전치 증폭기 역시 최소한 10 kΩ이상의 입력 임피던스를 가지도록 설계를 변경하여야 하므로 이에 대한 이해가 필요하다.

임의 노이즈 발생기

스피커나 마이크로폰, 필터와 같이 넓은 주파수 영역에서 동작하는 시스템의 특성을 테스트하기 위하여 임의 노이즈 발생기가 필요할 때가 있다. **임의 노이즈 발생기**(random noise generator)는 그 이름이 의미하는 바와 같이 **임의의 크기와 임의의 주파수를 가지는 신호를 발생시키는 신호 발생기다.** 이 신호들은 특성을 예상할 수 없고 이해하기가 어렵다는 점 때문에 단순히 잡음(noise)이라고 말하기도 한다. **열잡음**(thermal noise)은 자유전자와 전도 상태에 있는 물질의 이온 사이의 상호작용에 의하여 발생하는 노이즈다. 이 노이즈에 의하여 물질에 흐르는 전자의 흐름이 일정하지 않고 물질 양단의 전압이 변하게 된다. 대부분의 경우 이와 같이 임의로 발생하는 신호는 microvolt 범위를 가지나 큰 이득으로 증폭되면 시스템의 특성에 큰 영향을 줄 수 있다. 이 열잡음은 최초 연구자의 이름을 따라 **Johnson noise**라고도 하며 광분야에서 흰색 빛이 모든 주파수를 포함하고 있으므로 **white noise**라고도 한다. 이런 종류의 노이즈는 그림 5.134a에서 보이는 것과 같이 거의 평편한 주파수 응답을 가진다. 즉 매우 낮은 주파수에서 매우 높은 주파수까지의 영역에서 파워 대 주파수 곡선이 거의 일정하다. 두 번째 종류의 노이즈는 **산탄 잡음**(shot noise)이라고 불리는데 이 이름은 다량의 총탄이 단단한 평면에 부딪히거나 심한 비가 유리창에 부딪힐 때와 같은 소리가 나는 데서 비롯되었다. 이 노이즈는 균일하지 않은 비율로 매질을 통과하는 캐리어(carrier)에 의해 발생한다. 세 번째 노이즈는 **핑크** 잡음(pink), **플리커** 잡음(flicker) 혹은 **1/*f* 노이즈로,** 캐리어들이 반도체 소자의 다양한 접합지점(junction)을 통과하는 시간의 차

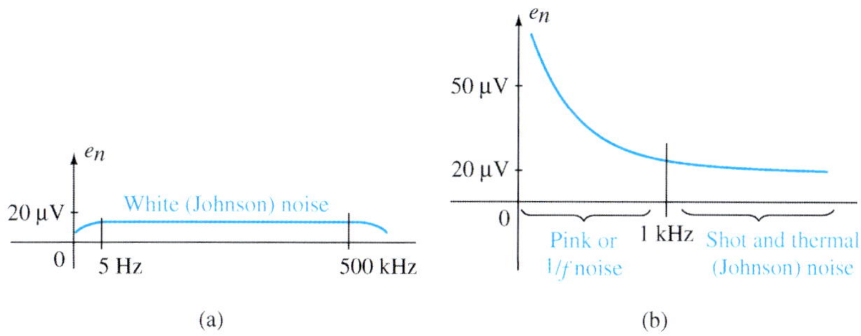

그림 5.134 일반적인 노이즈 주파수 범위: (a) white or Johnson; (b) 핑크, 열, 산탄 잡음

이에 의하여 발생한다. 이 노이즈는 주파수가 증가함에 따라 크기가 감소하여 $1/f$ 노이즈라고 불린다. 그림 5.134b와 같이 **이 노이즈의 영향은 일반적으로 1 kHz 이하의 낮은 주파수에서 가장 크게 나타난다.**

그림 5.135의 회로는 white noise와 pink noise를 모두 발생시키기 위하여 설계된 것이다. 각각의 노이즈를 위하여 별도의 신호원을 만들지 않고 먼저 전체 주파수 영역에 걸쳐 white noise를 발생시킨 후 필터를 사용하여 중간 주파수와 고주파 영역 성분을 제거하고 저주파 노이즈 성분만 남긴다. 이 필터는 주파수가 증가함에 따라 필터의 응답이 떨어지게 함으로써 낮은 주파수 영역에서 white noise의 평평한 응답 특성이 $1/f$의 감소를 가지도록 변화시킨다. White noise는 트랜지스터 Q_1의 컬렉터 단자를 open시키고 베이스-에미터 접합을 역바이어스하여 발생시킨다. 기본적으로, 이 트랜지스터는 제너 사태 영역의 다이오드처럼 사용되고 있다. 트랜지스터가 이 영역에 있도록 바이어스하면 매우 불안정한 상태가 되어 임의의 white noise를 발생시킨다. 사태 영역에서는 빠르게 변하는 전하량, 온도에 대한 전류량의 민감도, 그리고 임피던스 크기의 변화에 의해 트랜지스터에서 발생하는 노이즈 전압과 노이즈 전류의 크기가 달라진다. 게르마늄 트랜지스터의 사태 영역에서의 동작이 실리콘 트랜지스터보다 더 불안하므로 게르마늄 트랜지스터가 자주 이용된다. 또한

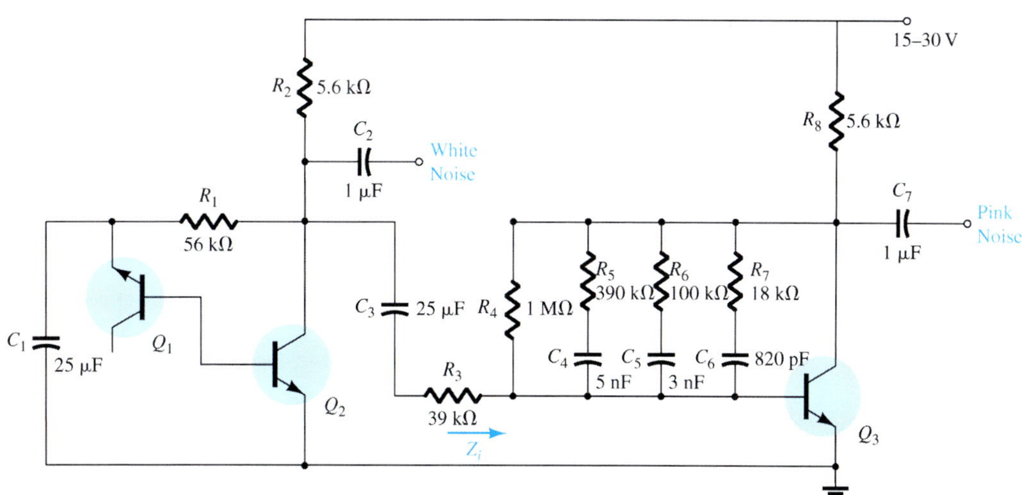

그림 5.135 White noise와 Pink noise 발생

임의 노이즈 발생을 위하여 특별히 제작되는 다이오드나 트랜지스터도 있다.

노이즈의 원인은 이와 같이 특별히 설계된 발생기만이 있는 것은 아니다. 이는 전류 흐름의 이상적인 현상이 아니라 실제로는 시간에 따라 전류의 크기가 변하며 따라서 요소 양단 전압에 원하지 않는 변화를 일으키기 때문이다. 사실상 전류 크기의 변화는 매우 넓은 영역에 걸치는 주파수 성분을 가지며 이는 매우 흥미로운 현상이다.

Q_1에서 발생한 노이즈 전류는 Q_2의 베이스로 흐르고 이 Q_2의 베이스 전류는 증폭되어서 거의 100 mV의 white noise를 발생시킨다. 이 회로에서는 약 170 mV의 입력 노이즈 전압이 제시되었다. 커패시터 C_1은 관심 있는 주파수 범위에 걸쳐 낮은 임피던스를 유지하여 대기 중의 다른 신호들에 의해 Q_1의 베이스 신호가 영향 받지 않도록 회로에 '단락효과(shorting effect)'를 제공한다. 커패시터 C_2는 white noise 발생기의 dc 바이어스와 다음 단에 연결된 필터단의 dc 레벨을 분리하기 위하여 사용되었다. 39 kΩ의 저항과 다음 단의 입력 임피던스는 그림 5.136와 같이 단순한 전압 분배기 회로망을 구성한다. 39 kΩ 저항이 없다면 R_2와 Z_i의 병렬 연결된 구조가 첫 번째 단의 부하를 줄이고 결과적으로 Q_1의 이득을 떨어뜨릴 것이다. 이득 방정식에서 R_2와 Z_i는 평행하게 나타나는데 이는 9장에서 다루어질 것이다.

필터회로망은 실제로 5.10절의 컬렉터 피드백 회로망에서 살펴본 바와 같이 컬렉터에서 베이스로 연결된 피드백 루프이다. 필터 동작을 살펴보기 위하여 주파수 범위의 양 끝단에서의 동작을 고려해 보자. 매우 낮은 주파수에서 모든 커패시터는 open circuit으로 근사화할 수 있으며 이 경우 컬렉터와 베이스 사이의 유일한 저항 성분은 1 MΩ 저항이다. β가 100이라고 하면 이 부분의 이득은 약 280이고 입력 임피던스는 약 1.28 kΩ이다. 충분히 높은 주파수에서는 모든 커패시터들은 단락회로(short circuit)로 대신할 수 있고 컬렉터와 베이스 사이의 저항 성분은 약 14.5 kΩ으로 감소한다. 그러면 부하가 연결되지 않은 경우의 이득은 약 731이 되며 이 값은 $R_F = 1$ MΩ인 경우의 약 두 배가 된다. 1/f 필터는 고주파 영역에서의 이득이 감소하여야 하므로 이런 결과는 잘못된 설계인 것처럼 보인다. 그러나 입력 임피던스가 결정되면 그 값은 19.33 Ω으로 감소하고 $R_F = 1$ MΩ인 경우에 얻어지는 이득 크기에 비해 약 66 : 1로 떨어진다. 이런 동작 특성은 그림 5.136의 전압 분배기 동작을 고려할 때 두 번째 단의 입력전압에 큰 영향을 준다. 직렬 연결된 39 kΩ의 저항을 고려하면 두 번째 단에서의 신호는 무시할 만큼 작거나 심지어 이득이 700 이상이 되더라도 큰 영향을 주지 않을 정도로 작은 크기가 된다. 이득을 두 배로 늘리더라도 Z_i의 큰 감소로 인하여 결과적으로 크기는 감소하고 고주파에서의 출력신호는 완전히 무시할 수 있다.

매우 낮은 주파수에서 매우 높은 주파수 영역까지 주파수가 증가함에 따라 필터의 세 커패시터들이 이득을 감소시킨다. 먼저 커패시터 C_4가 연결되어 약 100 Hz근처에서 이득을

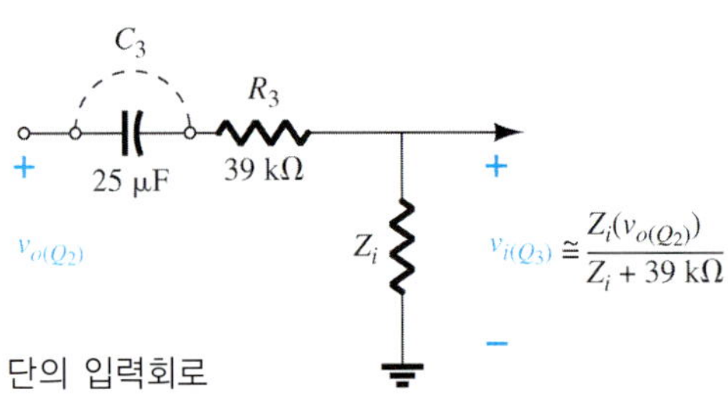

그림 5.136 두 번째 단의 입력회로

감소시킨다. 다음에 약 500 Hz근처에서 커패시터 C_5가 포함되어 3개의 평행한 경로(branch)가 형성된다. 마지막으로 약 6 kHz부근에서 커패시터 C_6이 4개의 평행한 경로를 형성하고 최소의 피드백 저항을 가진 게 된다.

그 결과 전체 주파수 범위(white noise)와 저주파수 영역(pink)에서 임의의 노이즈 신호를 가지는 회로망이 된다.

음향-변조 광출력

그림 5.137의 12 V 전구에서 방출되는 빛은 적용된 신호에 반응하여 다양한 주파수와 세기로 변화한다. 적용되는 신호는 음향 증폭기나 악기 혹은 마이크의 출력이다. 인가되는 전압은 일반적인 dc 바이어스 전원이 아니라 12 V ac이며 이는 특별한 이점이 있다. 그렇다면, dc 전원이 없이 어떻게 트랜지스터의 dc 바이어스를 구성할 수 있을까? 실제로는 ac 신호를 정류하는 다이오드 D_1과 트랜지스터의 출력지점에 dc 전위를 만들기 위한 전원 필터로 동작하는 커패시터 C_2를 이용하여 dc 전위를 얻어낸다. 12 V 실효 전원의 최고점의 값은 약 17 V이고 이는 커패시터를 통과하면 16 V 근처의 dc 전위로 나타난다. 만약에 포텐셔미터는 R_1이 약 320 Ω이 되도록 하고 트랜지스터의 베이스와 에미터 전압은 약 0.5 V가 되도록 하면, 트랜지스터는 off 상태에 있게 된다. 이 상태에서 컬렉터와 에미터 전류는 0 mA이고 R_3 양단의 전압은 약 0 V이다. 그러므로 컬렉터 단자와 다이오드의 접합부분에서의 전압은 0 V이고, 이 때문에 D_2는 off 상태에 있고 실리콘-제어 정류기(SCR: Silicon-Controlled Rectifier)의 게이트 단자는 0 V가 된다. SCR은(17.3절 참조) 기본적으로 게이트 단자에 인가되는 전압에 의해 상태가 제어되는 다이오드이다. 게이트 단자에 전압이 안 걸린다는 것은 SCR과 전구가 '꺼져있다'는 것과 같다.

이제 신호가 게이트 단자에 인가되면 바이어스와 신호의 조합은 0.7 V의 'turn-on' 전압을 만들고 트랜지스터는 주어진 신호의 시간 주기 동안 켜져 있게 된다. 트랜지스터가 켜져 있을 때는 컬렉터와 그라운드 사이에 전압을 발생시키는 저항 R_3을 통해 컬렉터 전류가 흐른다. 만약에 다이오드 D_2의 전압이 0.7 V보다 크다면, SCR의 드레인과 소스가 도통될 만한 전압이 SCR의 게이트에 발생할 것이다. 이제는 이 설계에 있어서 가장 관심 있는 측면을 살펴보자. SCR에 걸리는 전압은 그림 5.138에서 보는 바와 같이 시간에 따라 크기가

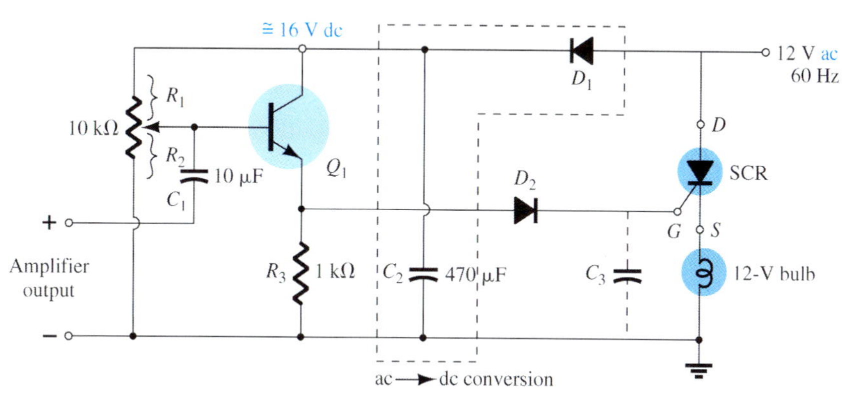

그림 5.137 음향 변조 광소스, SCR(실리콘 제어 정류기)

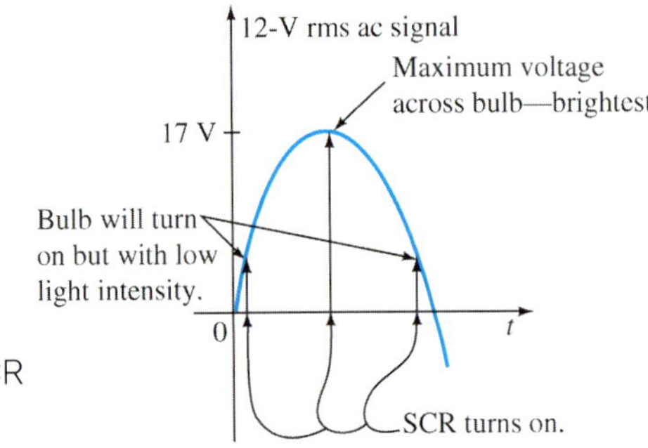

그림 5.138 그림 5.137의 SCR 동작에 미치는 교류전압의 영향

변하는 ac이므로 SCR의 전도 세기 또한 시간에 따라 변할 것이다. 그림에서 보는 바와 같이 만약에 SCR이 정현파 전압이 최고조일 때 켜진다면, SCR에 흐르는 전류도 최고가 되고 이때 전구도 가장 밝게 켜진다. 그리고 정현파 전압이 최저점에 있을 때에도 SCR이 켜져 있다면 전구도 켜져 있겠지만, 전류가 적게 흐르기 때문에 조도는 훨씬 낮을 것이다. 전구가 켜지는 것은 입력신호가 peaking할 때이지만 그 세기는 인가된 12 V 신호의 어디에 위치해 있는지에 따라서 결정된다. 따라서 이러한 시스템의 변화하는 응답특성을 예측할 수 있을 것이다. 똑같은 오디오 신호를 인가하더라도 그때마다 응답은 다른 특성을 가지고 나타날 수 있다.

위의 동작에서는 포텐셔미터가 트랜지스터의 turn-on 전압 이하로 설정되었다. 포텐셔미터는 베이스에 아주 작은 전류가 흐르도록 하여 트랜지스터가 'just-on' 상태에 있도록 조정할 수도 있다. 이렇게 했을 때는 컬렉터 전류가 아주 작아지고 순방향 바이어스 다이오드 D_2에 충분하지 못한 전압이 걸리며 게이트에서는 SCR이 켜진다. 그러나 이런 형태로 시스템을 설정하면 결과적으로 발생하는 빛의 출력은 인가되는 신호의 낮은 크기의 신호에 좀 더 민감하게 반응한다. 첫 번째 경우에 시스템은 peak detector와 같이 동작하고, 나중의 경우에는 더 많은 신호의 요소들에 민감해진다.

다이오드 D_2는 다이오드와 SCR을 켤 수 있을 만큼 큰 전압을 만들 수 있도록 하기 위해 장착된다. 다시 말해 노이즈나 기대하지 않은 회로선상의 전압신호에 의해서 SCR이 켜지는 경우를 막기 위해서 필요하다. 커패시터 C_3는 게이트가 SCR을 켤 만한 전압에 도달하기 전에 커패시터에 전하를 충전하게 하여서 응답 속도를 늦추는 데 사용할 수 있다.

5.26 요약

중요 결론 및 개념

1. **dc 바이어스의 적용 없이**는 ac 영역에서의 증폭은 일어나지 않는다.

2. dc와 ac의 해석과 설계를 분리하여 생각하기 위해 **중첩의 정리**를 이용할 수 있다면 대부분의 적용에서 BJT 증폭기는 선형적으로 생각할 수 있다.

3. BJT의 **ac 모델**을 작성할 때는:

a. 모든 **dc 전원**은 0으로 설정하고 그라운드에 연결되는 단락회로로 대체한다.

b. 모든 **커패시터**는 등가적으로 **단락회로**로 대체한다.

c. 등가적으로 대체된 단락회로에 **병렬**로 연결된 요소들은 네트워크에서 제거한다.

d. 네트워크는 가능한 자주 **다시 그려야 한다**.

4. ac 네트워크의 **입력 임피던스**는 ohmmeter로는 **측정할 수 없다**.

5. 증폭기의 **출력 임피던스는 신호가 0일 때 측정된다**. ohmmeter로는 측정할 수 없다.

6. r_e 모델에서 출력 임피던스는 데이터표나 특성 곡선에서 도식적으로 측정하여 얻은 경우에만 **포함될 수 있다**.

7. 직류 해석에서 커패시터에 의해 차단된 요소는 커패시티브 요소에 대한 쇼트-서킷 등가회로 때문에 **교류 해석에서 나타난다**.

8. **증폭 요소**(베타, β, h_{fe})는 **컬렉터 전류 변화**에 가장 덜 민감한 반면에 **출력 임피던스**는 가장 민감하다. 출력 임피던스는 V_{CE}의 변화에도 아주 민감한 반면에 **증폭** 요소는 **덜 민감하다**. 하지만 **출력 임피던스**는 **온도 변화**에 덜 민감하며, 반면에 증폭 요소는 **다소 민감하다**.

9. ac 영역에서 BJT의 r_e **모델은 네트워크의 실제 dc 동작 조건에** 민감하다. 이 변수는 일반적으로 하이브리드 변수로 제공되는 h_{ie}가 r_e와 특수한 동작 조건에서 같음에도 불구하고 사양서에서 제공되지 않는다.

10. 대부분의 BJT 사양서는 트랜지스터의 ac 모델을 구성하기 위해 **하이브리드 변수 리스트**를 포함한다. 하지만 이는 특수한 dc 동작 조건에만 적용되는 것이다.

11. **CE 고정 바이어스 회로는 입력 임피던스**가 상대적으로 **작음에도** 불구하고 큰 **전압 이득 특성을 갖는다**. **전류 이**득의 근사는 베타(β)와 일반적으로 R_C로 가정되는 **출력 임피던스**로 주어진다.

12. **전압 분배기 바이어스** 구성은 고정 바이어스 회로보다 **안정성이 더 크다**. 그리고 둘은 **같은 전압 이득, 전류 이득, 출력 임피던스**를 가지고 있다. 바이어스 저항 때문에 전압 분배 바이어스 회로의 입력 임피던스는 고정 바이어스 구성의 입력 임피던스보다 더 작다.

13. 바이패스되지 않은 에미터 저항을 가지는 **CE 고정 바이어스 회로**는 바이패스가 있는 구성보다 **더 큰 입력저항**을 갖는다. 하지만 바이패스가 있는 구성보다 **훨씬 작은 전압** 이득을 갖는다. 두 가지 경우 모두 **출력 임피던스**는 간단히 $\boldsymbol{R_C}$로 가정한다.

14. **에미터 폴로어 회로는 항상 입력신호보다 조금 작은 출력전압**을 내보낸다. 하지만 **입력 임피던스**는 **매우 크게** 만들 수 있으며, 이는 인가된 신호를 첫 번째 입력단으로 최대한 끌어 들어오는 데에 매우 유용하다. **출력 임피던스**가 아주 작으면, 멀티스테이지 증폭기에서 두 번째 단에 훌륭한 신호원으로 쓰일 수 있다.

15. **공통 베이스 회로**는 **매우 작은 입력 임피던스**를 가지고, **큰 전압 이득을 갖는다**. **전류 이득은 1보다 작으며, 출력 임피던스**는 간단히 $\boldsymbol{R_C}$이다.

16. **컬렉터 피드백 회로**의 입력 임피던스는 **베타(β)에 따라 변하고** 구성회로의 변수들에는 영향을 덜 받는다. 그러나 변수들을 적절히 선택하면 큰 전압 이득과 몇몇 크기의 **전류 이득**을 얻을 수 있다. 출력 임피던스는 컬렉터 저항인 R_C로 근사한다.

17. **컬렉터 dc 피드백 회로는 안정성을 크게** 하기 위해 dc 피드백을 주고 보통의 피드백 구

성보다 더 **큰 출력 이득**을 얻기 위해 커패시터의 상태를 dc부터 ac까지 변하게 한다. **출력 임피던스는 R_C**로 근사되고 **입력 임피던스는 기본적인 공통 에미터 구성**에서 얻어지는 값에 근사된다.

18. **근사된 하이브리드 등가회로는 r_e 모델**을 사용하여 합성한 것과 매우 **유사하다**. 사실 두 모델에 같은 해석 방법이 적용된다. 하이브리드 모델에 대해서는 결과가 네트워크 변수들과 하이브리드 변수들로 나타나고, r_e 모델에서는 네트워크 변수와 β, r_e, r_o로 나타난다.

19. 공통 에미터, 공통 베이스, 공통 컬렉터의 **하이브리드 모델은 똑같다**. 단지 차이라면 등가 네트워크의 변수의 크기가 다를 뿐이다.

20. 종속접속 시스템에서 전체 이득은 각 **증폭단의 이득으로부터 구해진다**. 그러나 각 증폭단의 이득은, **부하가 가해졌을 때**에만 구할 수 있다.

21. 종속접속 시스템에서 총 이득은 각각의 이득의 곱이고, 가장 약한 링크가 전체 이득에 가장 큰 **영향을 미친다**.

주요 공식

$$r_e = \frac{26\,\text{mV}}{I_E}$$

하이브리드 파라미터:

$$h_{ie} = \beta r_e, \qquad h_{fe} = \beta_{\text{ac}}, \qquad h_{ib} = r_e, \qquad h_{fb} = -\alpha \cong -1$$

CE 고정바이어스:

$$Z_i \cong \beta r_e, \qquad Z_o \cong R_C$$

$$A_v = -\frac{R_C}{r_e}, \qquad A_i = -A_v\frac{Z_i}{R_C} \cong \beta$$

전압 분배기 바이어스:

$$Z_i = R_1 \| R_2 \| \beta r_e, \qquad Z_o \cong R_C$$

$$A_v = -\frac{R_C}{r_e}, \qquad A_i = -A_v\frac{Z_i}{R_C} \cong \beta$$

CE 에미터 바이어스:

$$Z_i \cong R_B \| \beta R_E, \qquad Z_o \cong R_C$$

$$A_v \cong -\frac{R_C}{R_E}, \qquad A_i \cong \frac{\beta R_B}{R_B + \beta R_E}$$

에미터 폴로어:

$$Z_i \cong R_B \| \beta R_E, \qquad Z_o \cong r_e$$

$$A_v \cong 1, \qquad A_i = -A_v \frac{Z_i}{R_E}$$

공통 베이스:

$$Z_i \cong R_E \| r_e, \qquad Z_o \cong R_C$$

$$A_v \cong \frac{R_C}{r_e}, \qquad A_i \cong -1$$

컬렉터 피드백:

$$Z_i \cong \frac{r_e}{\dfrac{1}{\beta} + \dfrac{R_C}{R_F}}, \qquad Z_o \cong R_C \| R_F$$

$$A_v = -\frac{R_C}{r_e}, \qquad A_i \cong \frac{R_F}{R_C}$$

컬렉터 직류피드백:

$$Z_i \cong R_{F_1} \| \beta r_e, \qquad Z_o \cong R_C \| R_{F_2}$$

$$A_v = -\frac{R_{F_2} \| R_C}{r_e}, \qquad A_i = -A_v \frac{Z_i}{R_C}$$

부하 임피던스의 영향:

$$A_{v_L} = \frac{V_o}{V_i} = \frac{R_L}{R_L + R_o} A_{v_{NL}}, \qquad A_{i_L} = \frac{I_o}{I_i} = -A_{v_L} \frac{Z_i}{R_L}$$

소스 임피던스의 영향:

$$V_i = \frac{R_i V_s}{R_i + R_s}, \qquad A_{v_s} = \frac{V_o}{V_s} = \frac{R_i}{R_i + R_s} A_{v_{NL}}$$

$$I_s = \frac{V_s}{R_s + R_i}$$

부하와 소스 임피던스의 영향:

$$A_{v_L} = \frac{V_o}{V_i} = \frac{R_L}{R_L + R_o} A_{v_{NL}}, \qquad A_{v_s} = \frac{V_o}{V_s} = \frac{R_i}{R_i + R_s} \cdot \frac{R_L}{R_L + R_o} A_{v_{NL}}$$

$$A_{i_L} = \frac{I_o}{I_i} = -A_{v_L} \frac{R_i}{R_L}, \qquad A_{i_s} = \frac{I_o}{I_s} = -A_{v_s} \frac{R_s + R_i}{R_L}$$

종속 접속:

$$A_v = A_{v_1} A_{v_2}$$

Darlington 회로 (R_E 있는 경우):

$$\beta_D = \beta_1\beta_2,$$

$$Z_i = R_B \| (\beta_1\beta_2 R_E), \qquad A_i = \frac{\beta_1\beta_2 R_B}{(R_B + \beta_1\beta_2 R_E)}$$

$$Z_o = \frac{r_{e_1}}{\beta_2} + r_{e_2} \qquad A_v = \frac{V_o}{V_i} \approx 1$$

Darlington 회로 (R_E없는 경우):

$$Z_i = R_1 \| R_2 \| \beta_1(r_{e_1} + \beta_1\beta_2 r_{e_2}) \qquad A_i = \frac{\beta_1\beta_2(R_1 \| R_2)}{R_1 \| R_2 + Z_i'}$$

여기서

$$Z_i' = \beta_1(r_{e_1} + \beta_2 r_{e_2})$$

$$Z_o \cong R_C \| r_{o_2} \qquad A_v = \frac{V_o}{V_i} = \frac{\beta_1\beta_2 R_C}{Z_i'}$$

피드백쌍:

$$Z_i = R_B \| \beta_1\beta_2 R_C \qquad A_i = \frac{-\beta_1\beta_2 R_B}{R_B + \beta_1\beta_2 R_C}$$

$$Z_o \approx \frac{r_{e_1}}{\beta_2} \qquad A_v \cong 1$$

5.27 컴퓨터 해석

PSpice 윈도우

BJT 전압 분배기 회로 마지막 장은 전자회로의 PSpice와 Multisim을 이용한 dc 분석이다. 이 장에서 BJT 회로의 ac 전원과 결과가 어떻게 얻어지고, 해석되는가를 고려해 보자.

그림 5.139의 회로는 앞에서 소개한 절차를 이용하여 대부분 구성할 수 있다. 교류 전원은 **SOURCE** 라이브러리에 **VSIN**으로 구성하면 된다. 옵션의 리스트를 스크롤을 내리거나 VSIN을 리스트 앞에 타이핑하면 된다. 선택해서 위치하면, 소스의 파라미터들을 정의하는 라벨이 나타난다. 소스 심벌을 더블 클릭하거나 **Edit-Properties**를 사용하면, 모든 파라미터의 리스트가 **Property Editor**의 대화상자 안에 나타날 것이다. 오른쪽으로 스크롤을 옮기면, **VAMPL**을 찾을 것이다. 빈 사각형을 선택하고 상자 상단에 **1 mV**의 값을 넣는다. **이는 VAMPL을 실효값이 아니라 파형의 피크값으로 정의하는 것이다**. 기입시 m가 milli로, k가 kilo로 미리 정해져 있어 사용할 수 있다. 만약 왼쪽으로 스크롤을 옮기면, 상단에 **FREQ**가 나타나고, **10 kHz**를 입력한다. **PHASE**로 다시 옮기면, 기본값이 0이고, 그대로 둔다. 이는 정현파 신호의 초기 위상각을 의미한다. 다시 오른쪽에서 **VOFF**를 찾으

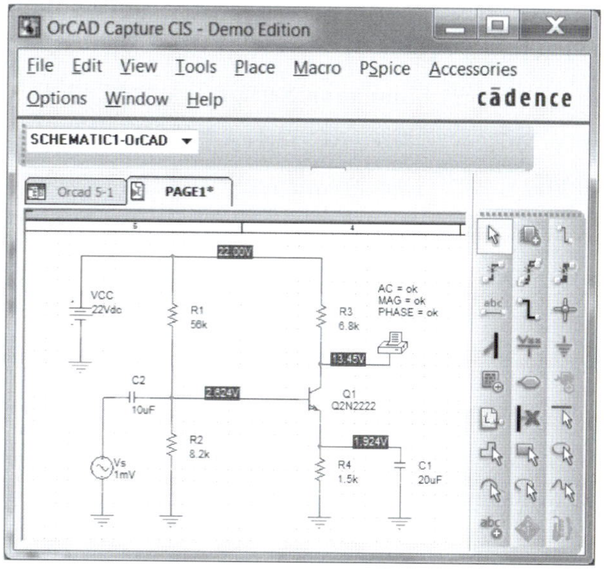

그림 5.139 그림 5.28(예제 5.2) 회로 해석을 위한 Pspice Window

면, 정현파의 오프셋 전압을 0V로 둔다. 마지막으로, 왼쪽으로 옮기면 **AC**를 **1 mV**로 놓는다. 이제 소스를 각각 정의한 값이 화면에 보일 것이다. 그림 5.139에서 Vs와 1 mV가 보이고, 아이템의 수가 지워져야 하며, 소스의 이름도 변경되어야 한다. 각 부분의 상단에 가서 수정하기 위에 선택한다. AC를 고르면, **Display**을 선택하여 대화창에 **Display Properties**가 나타나게 하여라. AC 라벨이 나타나지 않게 **Value Only**를 택한다. 다른 모든 것들은 비워두어라. 완료되었으면, **Property Editor** 대화창으로 옮길 수 있다. 그 안의 값 중 **FREQ, VOFF, PHASE,** 그리고 **VAMPL** 라벨은 보이지 않게 하기 위하여 각각마다 **Do Not Display**를 선택한다. **V1**을 **Vs**로 바꾸기 위하여 **Part Reference**로 가서 선택 후, **Vs**를 친다. 그리고 **Display**로 이동하여 **Value Only**를 선택한다. 마지막으로 모든 변경값을 적용하기 위하여 **Apply**를 선택하고 대화상자에서 빠져나온다. 그러면 그림 5.139와 같이 소스가 보일 것이다.

회로 끝의 전압의 교류 반응은 **SPECIAL** 라이브러리에 **VPRINT1**이다. 만약 라이브러리가 나타나지 않으면, **Add Library**에서 **special.olb**를 선택한다. **VPRINT1**이 선택되면, 세 라벨과 함께 스크린에 프린터가 나타날 것이다: **AC, MAG,** 그리고 **PHASE**. 각각 전압 레벨에 대한 요구 정보를 표시하기 위하여 **OK**로 설정한다. 각각 **Display**를 선택하여 **Name and Label**을 고른다. 마지막으로 **Apply**를 선택하고 대화상자에서 나온다. 그림 5.139는 그 결과다.

트랜지스터 **Q2N2222**는 **EVAL** 라이브러리에서 **Part** heading에 타이핑 하거나 스크롤하면 찾을 수 있다. I_s와 β의 레벨은 **PSpice Model Editor Lite** 대화창을 열기 위해 **Edit-PSpice Model**을 선택하고, **Is**를 **2E-15A**와 **Bf**를 90으로 바꾼다. **Is**의 레벨은 수많은 회로의 동작을 통해 V_{BE}를 0.7 V에 근접하게 하는 결과다.

이제 회로의 모든 부품들이 설정되었고, 회로의 해석과 적당한 결과값은 주어진다. 만약 적절치 않다면, 컴퓨터는 에러 리스트를 보여줄 것이다. 먼저 **New Simulation** 대화상자를 열기 위해 **New Simulation Profile** 키를 선택한다. 그 다음 그림 5.140과 같이 **Name**을 입력하고, **Create**를 선택하면 **Simulation Setting** 대화상자가 나타날 것이다. **Analysis type**은 **AC Sweep/Noise**를 택하고, **AC Sweep Type**에서 **Linear**를 선택한다. **Start Frequency**를 **10 kHz**로 하고, **End Frequency**를 **10 kHz**로, 그리고 **Total Point**는 **1**로 한다. **OK**하고, **Run PSpice** 키(파란 화살표)를 선택하면 시뮬레이션이 실행될 것이다. 스키메틱 결과는 5 kHz부터 15 kHz까지의 범위의 그래프로 나타난다. **View-Output File**을 선택하면 그림 5.140과 같은 리스트가 나타날 것이다. 이는 회로의 모든 부품들과 트랜지스터의 모든 파라미터에 따른 각각의 세팅값의 리스트로 시작된다. 특히 **IS**와 **BF**에 주목해 보자. 다음 그림 5.139의 스키메틱에 나타나는 것과 매치되는 **SMALL SIGNAL BIAS SOLUTION**에 dc 레벨이 나타난다. dc 라벨은 V 옵션을 선택하면 그림 5.139에 나타난다. 또한 **Is**를 선택한 데에 따른 위 상태와 같이 $V_{BE}=2.624\text{ V}-1.924\text{ V}=0.7\text{ V}$를 기억하자.

다음으로 **BJT MODEL PARAMETER**에서 β값이 90으로 나와 있지만 **OPERATING POINT INFORMATION**의 작동 조건에서는 직류값은 48.3이고 교류 β값은 55라고 나와 있는 것을 볼 수 있다. 그러나 다행히 전압 분배기 회로는 직류 작동에서 β값에 대한 민감도가 크지 않으므로 직류 해석 결과는 잘 나온다. 하지만 교류 β값의 감소는 V_o 값에 영향을 미친다. 해석 결과는 296.1 mV인데, 이는 손으로 푼 결과($r_o=50\text{ k}\Omega$)인 324.3 mV와 9% 정도 차이가 있다. 비슷한 값이기는 하지만 차이가 확실히 보인다. 이는 각 I_s와 β값을 제외한 파라미터들을 0으로 하여 비슷하게 맞출 수 있다(7% 이내). 이 장의 후반부에 손으로 푼 결과와 정확하게 일치하는 트랜지스터의 교류 모델을 제시하였다. 위상각은 $-178°$가 나오는데, 이상적인 $-180°$와 거의 비슷하다.

트랜지스터 컬렉터에서 전압은 새로운 시뮬레이션을 통해 데이터 포인트에서 필요 전압의 값에 의해 계산된다. 많은 포인트를 정하면, 좀 더 정확해진다. 이 과정은 **Simulation Setting** 대화상자로 다시 돌아가서 **Analysis type**을 **Time Domain (Transient)**으로 선택한다. **Time domain**은 수평축이 컬렉터 전압이 필요한 시간축이 된다. 주기를 1/10 kHz= 0.1 ms=100 μs로 주면, 5사이클의 파형이고, **Run to time(TSTOP)**은 500 μs로 정해진다. **Start saving data after** 포인트를 0 μs 왼쪽에 놓고 **Transient option**에서 **Maximum stemp size**를 각 사이클마다 100개의 데이터 포인트를 찍기 위해 1 s로 정한다. 완료되면, 수직축이 정의되지 않고, 시간의 단위가 무너진 수평축을 가진 **SCHEMATIC** 창이 나타날 것이다. **Add Trace** 대화상자를 부르기 위해 **Add Trace**를 선택하고, **Trace**를 선택한다. **V(Q1:c)**는 트랜지스터의 컬렉터의 전압으로 선택된다. 선택한 즉시 **Trace Expression**이 대화창 아래에 나타날 것이다. 그림 5.139를 참고하여 커패시터 C_E가 10 kHz에서 단락상태이고, 컬렉터에서 그라운드의 전압은 트랜지스터의 외부 단자를 통과하는 것과 같다. **OK**하면, **Run PSpice** 키를 선택하여 시뮬레이션을 시작할 수 있다.

그림 5.141의 파형의 결과는 그림 5.139의 컬렉터 전압의 바이어스 레벨과 정확히 일치하는 평균값 약 13.45 V를 가진다. 5주기 동안 출력전압은 각 사이클마다 100개의 데이터 포인트를 보여준다. 이 데이터 포인트는 **Tools-Options-Mark Data Points**를 누르면 그

```
****       CIRCUIT DESCRIPTION

******************************************************************************

*Analysis directives:
.AC LIN 1 10kHz 10kHz
.OP
.PROBE V(alias(*)) I(alias(*)) W(alias(*)) D(alias(*)) NOISE(alias(*))
.INC "..\SCHEMATIC1.net"
* source ORCAD 5-1
Q_Q1       N00286 N00282 N00319 Q2N2222
R_R1       N00282 N00254  56k TC=0,0
R_R2       0 N00282  8.2k TC=0,0
R_R3       N00286 N00254  6.8k TC=0,0
R_R4       0 N00319  1.5k TC=0,0
V_VCC        N00254 0 22Vdc
C_C1       0 N00319  20uF  TC=0,0
V_Vs       N00342 0  AC 1mV
+SIN 0V 1mV 10kHz 0 0 0
. PRINT      AC
+  VM ([N00286])
+  VP ([N00286])
C_C2       N00342 N00282  10uF  TC=0,0
.END

****    BJT MODEL PARAMETERS

******************************************************************************

               Q2N2222
               NPN
        LEVEL  1
           IS  2.000000E-15
           BF  90
           NF  1
          VAF  74.03
          IKF  .2847
          ISE  14.340000E-15
           NE  1.307
           BR  6.092
           NR  1
          ISS  0
           RB  10
           RE  0
           RC  1
          CJE  22.010000E-12
          VJE  .75
          MJE  .377
          CJC  7.306000E-12
          VJC  .75
          MJC  .3416

         XCJC  1

          CJS  0
          VJS  .75
           TF  411.100000E-12
          XTF  3
          VTF  1.7
          ITF  .6
           TR  46.910000E-09
          XTB  1.5
           KF  0
           AF  1
           CN  2.42
            D  .87

****    SMALL SIGNAL BIAS SOLUTION              TEMPERATURE =  27.000  DEG  C

******************************************************************************

NODE      VOLTAGE    NODE      VOLTAGE    NODE      VOLTAGE    NODE      VOLTAGE
(N00254)  22.0000    (N00282)  2.6239     (N00286)  13.4530    (N00319)  1.9244
(N00342)   0.0000

  VOLTAGE SOURCE CURRENTS
  NAME      CURRENT
  V_VCC     -1.603E-03
  V_Vs      0.000E+00

  TOTAL POWER DISSIPATION   3.53E-02  WATTS

****    OPERATING POINT INFORMATION             TEMPERATURE =  27.000  DEG  C

******************************************************************************

**** BIPOLAR JUNCTION TRANSISTORS

NAME          Q_Q1
MODEL         Q2N2222
IB            2.60E-05
IC            1.26E-03
VBE           6.99E-01
VBC          -1.08E+01
VCE           1.15E+01
BETADC        4.83E+01
GM            4.84E-02
RPI           1.14E+03
RX            1.00E+01
RO            6.75E+04
CBE           5.78E-11
CBC           2.87E-12
CJS           0.00E+00
BETAAC        5.50E+01
CBX/CBX2      0.00E+00
FT/FT2        1.27E+08

****    AC ANALYSIS                             TEMPERATURE =  27.000  DEG  C

******************************************************************************

  FREQ      VM(N00286)  VP(N00286)
1.000E+04   2.961E-01   -1.780E+02
```

그림 5.140 그림 5.139의 출력 파일

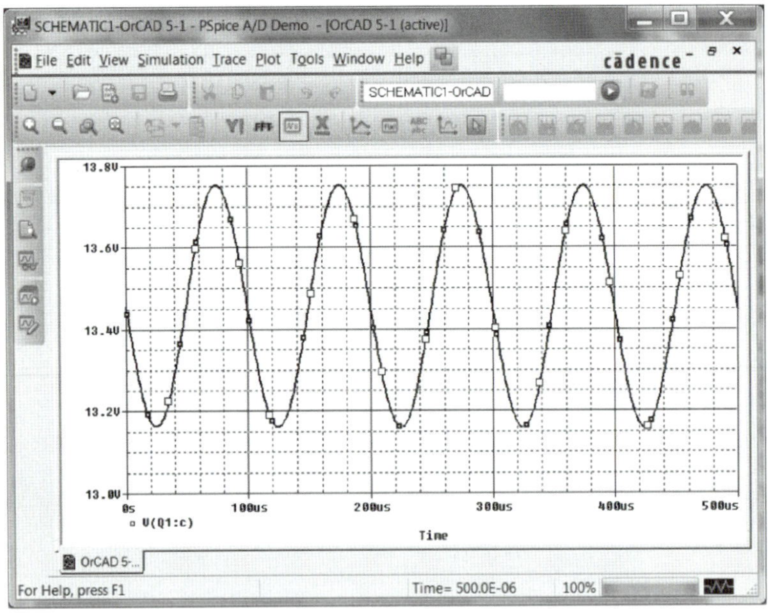

그림 5.141 그림 5.139의 v_C 전압

림 5.139에서 나타난다. 이는 그래프 곡선 위의 작은 어두운 원처럼 보인다. 그래프의 스케일을 사용하여 커브의 피크-투-피크값이 대략 13.76 V−13.16 V=0.6 V=600 mV이므로 피크값은 300 mV이다. 1 mV의 신호가 가해지면, 이득은 300이거나 계산값인 296.1에 매우 가깝다.

만약 같은 스크린의 입력과 출력전압을 비교하려면, **Plot**에서 **Add Y-Axis**를 택한다. 선

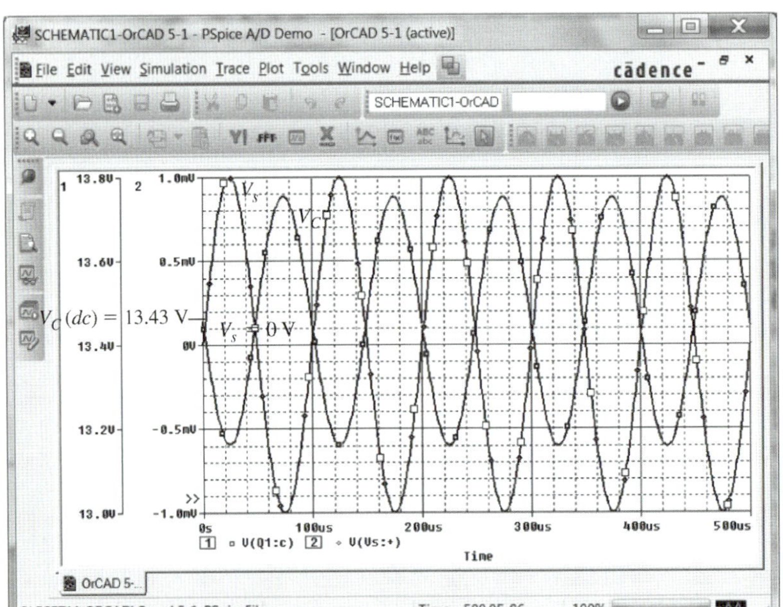

그림 5.142 그림 5.139의 v_C와 v_s 전압

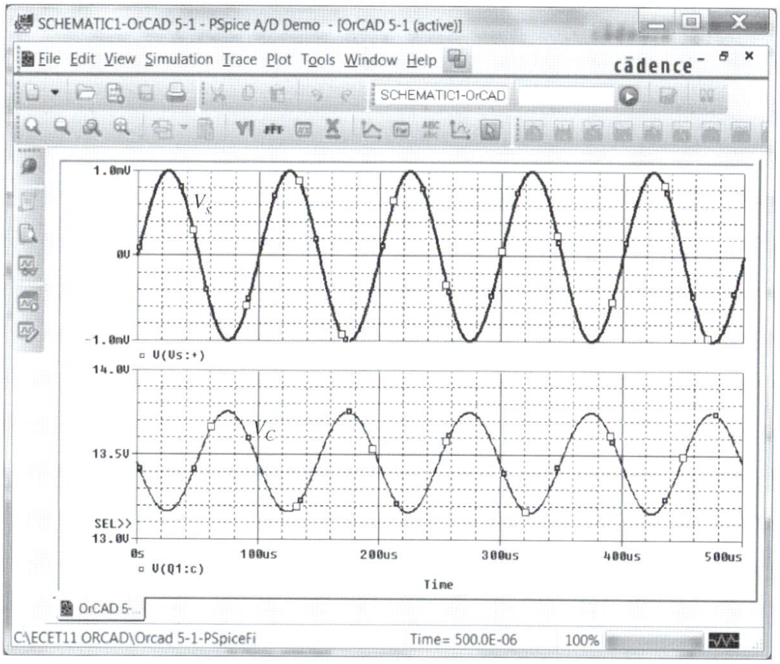

그림 5.143 그림 5.139의 v_c와 v_s 분리파형

택한 후, **Add Tarce** 아이콘을 선택하고 리스트에서 **V(Vs:+)**를 선택하라. 결과는 두 파형이 같은 화면에서 나타나지만, 각각 자체의 수직축을 가지고 있다. 그림 5.142에서 보여주는 바와 같이 **Tools-Label-Text**를 사용하여 파형에 라벨을 더할 수 있다. **OK**를 누르면, 마우스를 사용하여 스크린의 어느 점에도 위치할 수 있다. dc 레벨의 라인은 **Plot-Label-Line**으로 더해진다. 시작점에 왼쪽을 클릭하고, 라인이 위치할 점에 다시 클릭을 하면 선을 그릴 수 있는 연필이 나타날 것이다.

만약 두 그래프를 분리하여 그리고 싶다면, **Plot**에서 **Add Plot to Window**를 선택하면 된다. 그 결과는 표의 곡선에 대한 결과를 기다리는 시간축으로 나타날 것이다. **Trace-Add Trace-V(Vs:+)**를 택하면 그림 5.143와 같은 그래프가 나타날 것이다. 라벨은 모두 Tools의 옵션으로 더할 수 있다. **SEL ≫ (SELECT**에서**)** '**active**' 표로 정의된 표들 중 하나 옆에 나타난다.

마지막 단계는 커서 옵션을 사용하여 보이는 그래프의 범위를 정하는 것이다. 이는 **Trace-Cursor-Display**를 택하면 그림 5.144과 같은 dc 레벨에 선이 수직선과 만나는 곳에 나타난다. 스크린의 오른쪽 아래 코너에 시간과 레벨이 나타나는 작은 대화상자가 나타난다. **A1**에서 첫 번째는 교차 시간이고 두 번째는 그 순간의 전압 레벨이다. 마우스를 왼쪽 클릭하면 그 레벨을 교차하는 세로선과 가로선이 생긴다. 세로선을 클릭하여 움직이면 이 가로선과 세로선은 곡선을 따라 움직이고, 두 선의 교점은 아래의 대화상자에 나타난다. 만약 커서를 첫 번째 피크에 옮기면 그림 5.144와 같이 시간은 73.913 μS, 전압은 13.754 V가 된다. 마우스 오른쪽을 클릭하면 두 번째 교차점에 **A2**가 정의되어 나타나고, 같은 대화상자에 시간과 전압이 표시되며 같은 방법으로 움직일 수 있다. 만약 **A2**가 음의 최대값에

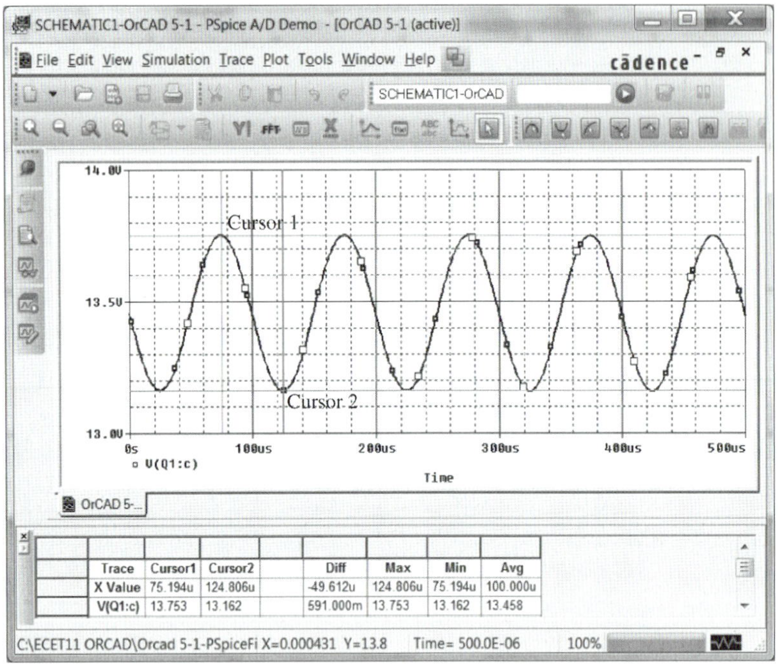

그림 5.144 특정지점을 읽기 위해 커서를 사용한 결과

가깝다면, 시간차는 51.304 μS(같은 박스에 나타난다)이고, 이는 1과 1/2의 주기와 매우 가깝다. 차이는 591.87 mV이고, 이는 앞에서 구한 600 mV와 매우 비슷하다.

전압 분배기 회로 - 종속 전원으로 대치 소프트웨어에서 제공하는 트랜지스터를 이용하여 해석한 결과는 항상 β와 r_e의 영향을 고려한 모델로부터 해석한 결과와는 다르다. 이것은 그림 5.139에도 나타내었다. 만약 결과가 근사 모델과 같도록 하려면 그림 5.145와 같은 모델로 대치하여 해석하여야 한다.

예제 5.2에서 β는 90이고 βr_e=1.66 kΩ이었다. 전류 제어전류원(CCCS)은 **ANALOG** 라이브러리의 **F**라는 소자로 표시할 수 있다. 선택 후 **OK**를 누르면 그림 5.146과 같이 **CCCS**의 심벌이 화면에 나타난다. 이는 **CCCS**의 기본 구조에는 들어있지 않으므로 심벌 안의 컨트롤링 전류를 의미하는 화살표와 직렬로 추가한다. 1.66 kΩ의 저항을 추가하고,

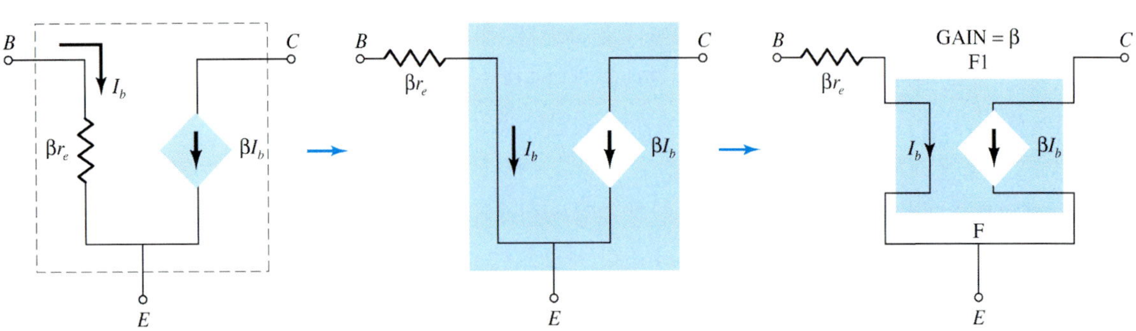

그림 5.145 그림 5.139의 트랜지스터를 표현하기 위한 종속전원의 사용

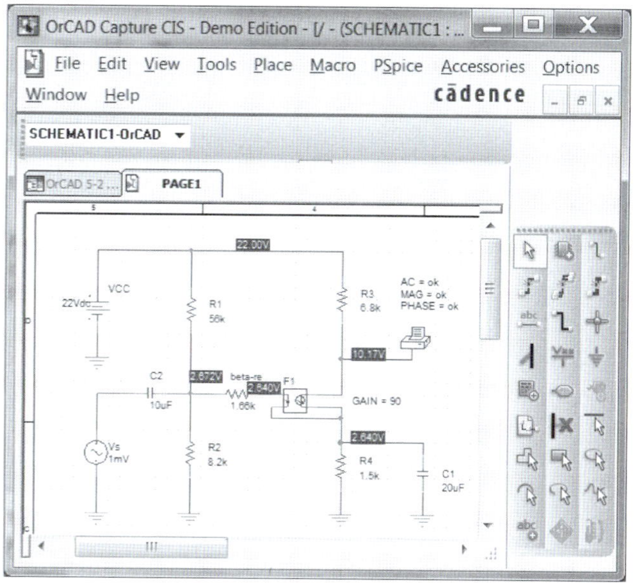

그림 5.146 그림 5.139의 트랜지스터를 그림 5.145의 종속전원으로 대체

그림 5.146과 같이 **beta-re**라고 라벨을 붙인다. CCCS 심벌을 더블 클릭하면, **Property Editor** 대화상자가 나타나고, **GAIN**을 **90**으로 설정한다. 더 이상 설정할 것은 없다. 그 후 **Display**에서 **Name and Value**를 선택하고 대화상자에서 나와라. 그 결과로 그림 5.146과 같이 **GAIN = 90**이라는 라벨이 생겼다.

시뮬레이션과 그림 5.146의 dc 레벨이 나타날 것이다. dc 레벨은 회로가 dc와 ac 파라미터들이 섞여 있기 때문에 앞의 값과 일치하지 않는다. dc 바이어스 상태가 아닌 ac 상태 하의 트랜지스터로 대체하였다. 회로를 소프트웨어 패키지의 ac 관점으로 보면, 그림 5.146은 dc 파라미터를 가지고 있지 않은 ac 등가회로로 동작할 것이다. **Output File**은 출력 컬렉터 전압이 368.3 mV이거나 이득이 368.3이고, 이는 손으로 계산한 값인 368.76과 정확히 일치한다. 종속 전류원에 병렬로 저항 하나를 추가하여 r_o에 의한 효과도 확인할 수 있다.

DARLINGTON 회로 PSpice의 라이브러리에 Darlington 소자가 있지만 여기서는 예제 5.17의 해를 구하기 위해 그림 5.147과 같이 각각 트랜지스터를 이용하여 회로를 나타내었다. 회로를 작성하는 데 대한 세부적인 사항은 이전 장과 절에서 다루었다. 각각의 트랜지스터의 I_S는 100E-18로 설정되고 베타값은 89.4로 설정되었다. 10 kHz의 주파수를 가하자. 직류해석 결과는 그림 5.147a에 나와 있고 출력파일은 5.147b에 나와 있다. 특히 베이스-에미터간의 전압강하는 10.25 V−9.148 V=1.37 V로 예제에서 1.6 V로 가정한 값과 거의 유사한 값이다. Darlington 소자의 전압강하는 1.6 V 정도이고, 이는 단순히 하나의 트랜지스터의 두 배인 2(0.7 V)=1.4 V가 아니다. 출력전압은 99.36 mV이고, 이는 5.17절에서 구한 99.80 mV와 근사하다.

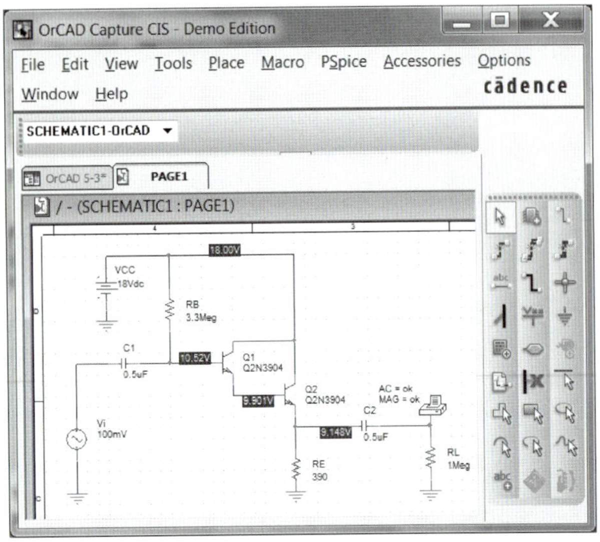

(a)

```
****     BJT MODEL PARAMETERS

******************************************************************************

              Q2N3904
              NPN
     LEVEL      1
        IS    100.000000E-18
        BF     89.4
        NF      1
        BR      1
        NR      1
        CN      2.42
         D       .87

****     SMALL SIGNAL BIAS SOLUTION         TEMPERATURE =    27.000 DEG C

******************************************************************************

NODE      VOLTAGE      NODE      VOLTAGE      NODE      VOLTAGE      NODE      VOLTAGE
N00218)   0.0000       (N00225)  18.0000      (N00243)  8.9155       (N00250)  9.6513
(N00291)  0.0000       (N02131)   8.0632

****  AC ANALYSIS          TEMPERATURE =  27.000 DEG C

******************************************************************************

  FREQ          VM(N00291)

  1.000E+04      9.936E-02
```

(b)

그림 5.147 (a) Darlington 회로의 도해; (b) (a)의 출력리스트

Multisim

컬렉터 피드백 회로 컬렉터 피드백 회로는 BJT 회로망의 여러 파라미터 중 가장 복잡한 식을 가지므로 예제 5.9를 검증하기 위해 검증하기 위해 Multisim을 이용하는 것이 좋다. 회로망은 트랜지스터 **Transistor Family** 툴바에서 가상 트랜지스터를 사용하여 그림 5.148에 나타내었다. 앞 절에서 배웠듯이 트랜지스터 선택은 첫 번째 수직 툴바의 네 번째 옵션을 **트랜지스터** keypad를 선택하면 가능하다. 트랜지스터를 골랐으면 **Select a Component** 다이얼로그 박스가 나타난다. Component 부분의 아래의 **BJT_NPN_VIRTUAL**을 선택하고 **OK**를 누른다. 그 결과 심벌과 라벨이 그림 5.148과 같이 나타나게 된다. 여기서 우리는 베타값이 예제와 같이 200이 되도록 설정한다. 이것은 두 가지 방법으로 설정할 수 있다. 4장에서 우리는 **EDIT-PROPERTIES** 시퀀스를 사용하였다. 그러나 여기서는 간단히 심벌을 더블 클릭하면 나오는 **TRANSISTOR_VIRTUAL** 다이얼로그 박스를 이용한다. **Value**값 아래 **Edit Model**을 선택하면 **Edit Model** 다이얼로그 박스가 나온다(이 다이얼로그 박스는 다른 방법으로 파라미터를 변경했을 때 나오는 다이얼로그 박스와 다른 모양을 가진다). **BF**값이 **100**으로 나와 있는데 이를 200으로 변화시킨다. **BF**줄을 선택하면 그 부분이 파란색으로 바뀐다. 100을 지우고 200을 타이핑한다. 그 다음에 **Name** 아래에 있는 **BF**라인을 클릭하면 전체라인이 파란색으로 바뀐다. 그러나 지금은 200으로 되어 있다. 좌측하단의 **Change Part Model**을 선택하면 다시 **TRANSISTORS-VIRTUAL**다이얼로그 박스가 다시 나타난다. **OK**를 선택하면 가상 트랜지스터의 베타값이 200으로 설정된다. BJT 라벨 옆의 별표(asterisk)가 디바이스 파라미터값이 변했다는 것을 나타낸다는 것에 주의하자.

지금부터는 ac 전원의 셋업을 하겠다. 처음에 두 가지의 ac 전원이 가능하다는 것을 알아야 한다. 하나는 rms 단위이고 다른 하나는 피크값을 설정하는 것이다. **파워소스 아래의 옵**

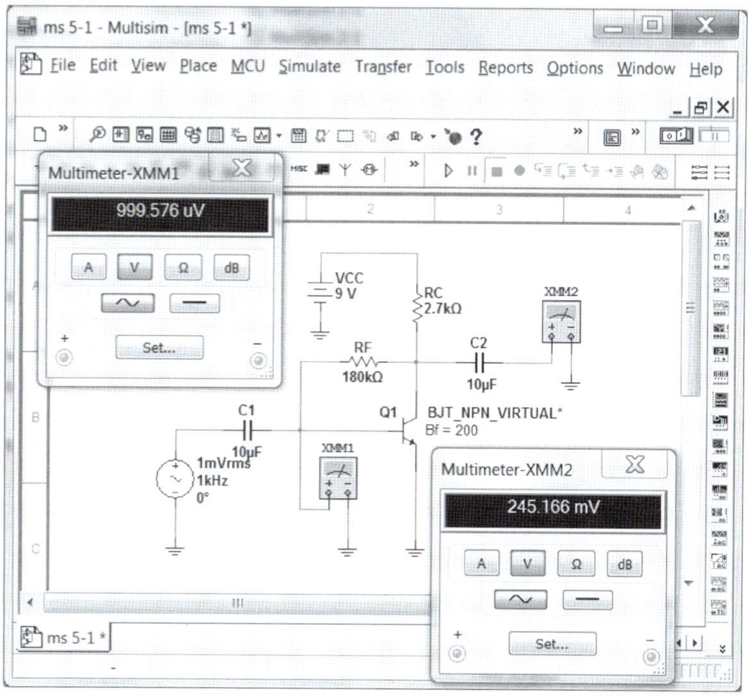

그림 5.148 Multisim을 이용해 다시 그린 예제 5.9 회로

션은 rms값을 설정하는 반면에 Signal Sources의 아래 부분은 피크값을 설정한다. 미터의 디스플레이 값이 rms값이므로 여기서는 **Power Source** 옵션을 사용한다. **Source**(수직 툴바의 처음옵션)가 선택되면 **Select a Component** 다이얼로그 박스가 나타난다. **Family**의 아래에서 **POWER-SOURCES**를 선택하고 **Component**의 아래에서 **AC POWER**를 선택한다. 그리고 OK를 하면 화면에 4개의 정보를 가진 소스가 나타난다. **POWER_SOURCE** 다이얼로그 박스를 보기 위해 소스 심벌을 더블 클릭하면 라벨 **V1**을 지울 수 있다. **Display**를 선택하고 **Use Schematic Global Setting**을 언체크한다. 라벨 **V1**을 지우기 위해서는 reference ID 옵션을 비활성화한다. 그리고 **OK**를 누르면 **V1**은 스크린에서 사라질 것이다. 그 다음으로 값을 1 mV로 설정하기 위해서 다이얼로그 박스의 **Value**를 선택하고 **Voltage (RMS)**값을 **1 mV**로 바꾼다. 위에 언급된 괄호안의 RMS를 주의하라. mV의 단위는 소스의 크기 정의 오른쪽에 있는 스크롤 키로 선정할 수 있다. 그리고 OK를 누르면 새로운 값이 화면에 나타난다. **1000 Hz**의 주파수도 위와 같은 방법으로 설정할 수 있다. 기본적인 위상 차이는 0도로 설정되어 있다.

라벨 **Bf=200**은 4장에서 설명한 바와 같이 하면 설정할 수 있다. 오른쪽 수직툴의 첫 번째 옵션을 사용하면 2개의 멀티미터를 얻을 수 있다. 미터 모양은 그림 5.148과 같이 나타나며 이것은 스키메틱(schematic)의 멀티미터 심벌을 더블 클릭하면 얻을 수 있다. 두 가지 모두 read voltage로 설정되어 있고 값 표현방식은 rms로 설정되어 있을 것이다.

시뮬레이션 후 결과는 그림 5.148처럼 나타난다. **XMM1**미터는 예상과 달리 1 mV가 나오지 않는다. 이것은 1 kHz의 입력이 들어올 때 입력 커패시턴스에 의한 영향에 의해 발생

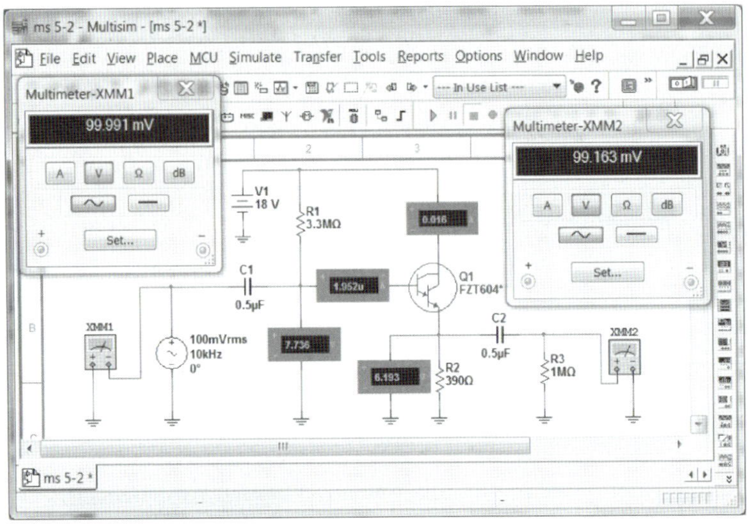

그림 5.149 예제 5.9 회로를 Multisim으로 다시 그린 회로

한다. 그러나 명확히 이 값은 1 mV에 근접한 값이다. 출력전압 245.166 mV는 트랜지스터의 이득이 약 245.2이 된다는 것을 말한다. 이 값은 또한 예제 5.9에서 얻은 240과 근사한 값을 가진다.

Darlington 회로 그림 5.147의 회로에 Multisim을 적용하면 그 결과는 그림 5.149와 같이 나타난다. 각각의 트랜지스터 파라미터들은 **Is=100E-18A이고 Bf=89.4**로 위에서 설명한 방법으로 설정한다. 실용적인 목적으로 파워 소스보다 시그널 소스를 연결한다. 입력한 신호의 피크값은 100 mV로 세팅한다. 그러나 멀티미터의 rms값은 99.991 mV로 나온다. PSpice의 해석에서 Q_1의 베이스 전압은 7.736 V이고, Q_2의 에미터 전압은 6.193 V이다. 예상한대로 0.99의 이득을 갖는 에미터 폴로어 회로의 출력전압 rms값은 99.163 mV이다. β_D가 8200인 베이스 전류 1.952 mV의 컬렉터 전류는 16 mV이다.

연 | 습 | 문 | 제

5.2 교류 영역에의 적용

1. a. 교류 전원이 0 V인 경우, BJT 트랜지스터 증폭기에서 예상되는 증폭비는 얼마인가?

b. 만약 직류 레벨의 크기가 충분치 않으면, 출력 교류신호는 어떻게 되는가? 파형에 미치는 영향을 그려라.

c. 2.2 kΩ부하에 흐르는 전류의 유효값이 5 mA이고, 18 V 직류 공급전원이 연결된 드

*는 다른 문제보다 다소 어려운 문제를 나타낸다.

레인에는 3.8 mA 전류가 흐를 때, 증폭기의 변환 효율은 얼마인가?

2. 교류 이득에 대해 직류 레벨이 중요하다고 말할 수 있는가?

3. 트랜지스터 증폭기가 단일의 dc 전원이 아닌 경우 중첩의 정리를 사용하여 각각의 dc 전원의 응답을 대수적으로 합하여 그 결과를 얻는 것이 가능한가?

5.3 BJT 트랜지스터 모델링

4. 1 kHz에서 10 μF 커패시터의 리액턴스는 얼마인가? 저항의 크기가 일반적인 kΩ 단위인 회로망에서 앞서 설명한 조건에 대해 단락회로를 등가로 볼 수 있는가? 100 KHz에서는 어떤가?

5. 그림 5.150의 공통 베이스 회로에 대해 그림 5.7에 나타난 트랜지스터 모델의 표기를 사용하여 교류 등가회로를 그려라.

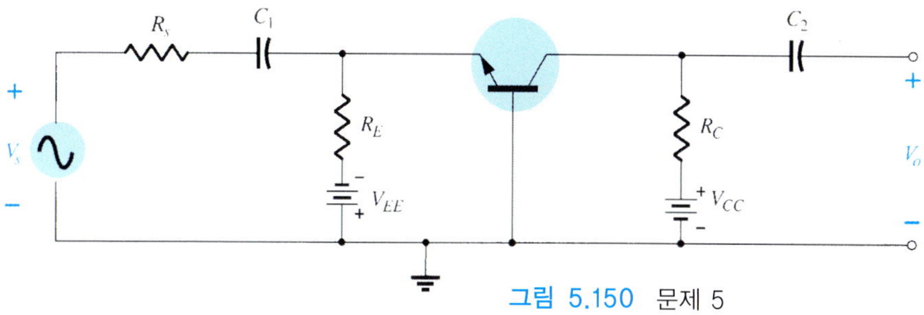

그림 5.150 문제 5

5.4 r_e 트랜지스터 모델

6. a. Early 전압=100 V, V_{CE_Q}=8 V와 I_{C_Q}=4 mA일 때 r_o를 구하라.

b. (a)의 결과를 사용하여 동일한 (a)의 Q-점에서 6 V의 V_{CE} 변화에 따른 I_C의 변화를 구하라.

7. 그림 5.18의 공통 베이스 회로에 대해서 10 mV의 교류신호를 인가할 경우 흐르는 에미터 전류는 0.5 mA 이다. 만약 $\alpha=0.980$이라고 할 때, 다음 값을 구하라.

a. Z_i **b.** $R_L=1.2$ kΩ인 경우 V_o

c. $A_v=V_o/V_i$ **d.** $r_o=\infty$ Ω인 경우 Z_o

e. $A_i=I_o/I_i$ **f.** I_b

8. 그림 5.16의 모델을 사용하여 $\beta=80$, I_E(dc)=2 mA, $r_o=40$ kΩ인 공통 에미터 증폭기에서 다음의 값을 구하라.

a. Z_i **b.** I_b

c. $R_L=1.2$ kΩ인 경우 $A_i=I_o/I_i=I_L/I_b$

d. $R_L=1.2$ kΩ인 경우 A_v

9. $\beta=140$, $r_o=50$ kΩ, $R_L=2.7$ kΩ인 공통 에미터 트랜지스터 증폭기의 입력 임피던스 1.2 kΩ일 때, 다음 값을 구하라.

a. r_e **b.** $V_i=30$ mV인 경우 I_b

c. I_c **d.** $A_i=I_o/I_i=I_L/I_b$

e. $A_v = V_o/V_i$

10. 그림 5.18의 공통 베이스 회로에서 에미터 전류가 3.2 mA이고 α가 0.99이다. 만약 인가 전압이 48 mV이고 부하가 2.2 kΩ일 때, 다음의 값을 구하라.

a. r_e **b.** Z_i

c. I_c **d.** V_o

e. A_v **f.** I_b

5.5 공통 에미터 고정 바이어스 회로

11. 그림 5.151의 회로에 대해

a. Z_i와 Z_o를 구하라.

b. A_v를 구하라.

c. r_o=20 kΩ일 때, (a)와 (b)를 반복하라.

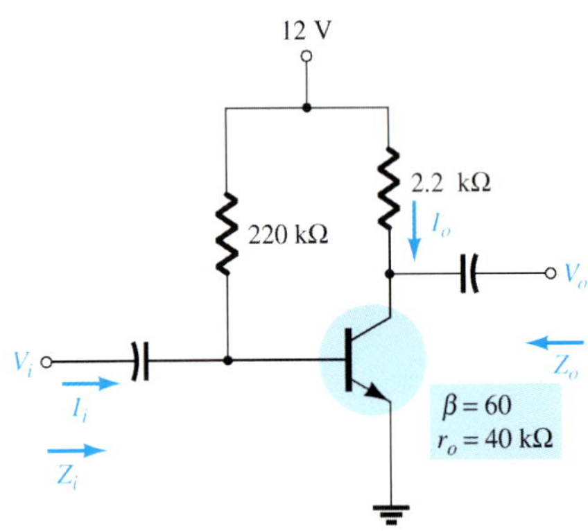

그림 5.151 문제 11

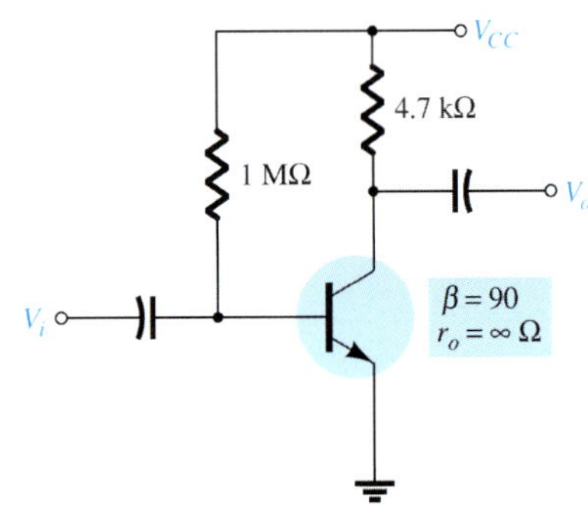

그림 5.152 문제 12

12. 그림 5.152의 회로에 대해서 $A_v = -160$이 되도록 하는 V_{CC}를 구하라.

***13.** 그림 5.153의 회로에 대해

a. I_C, I_B, r_e를 구하라.

b. Z_i와 Z_o를 구하라.

c. A_v를 구하라.

d. r_o=30 kΩ일 때 A_v에 미치는 영향에 대해 논하라.

14. 그림 5.153의 문제 13에서 구한 전압이득의 값을 반을 줄이는 R_C의 값은 얼마인가?

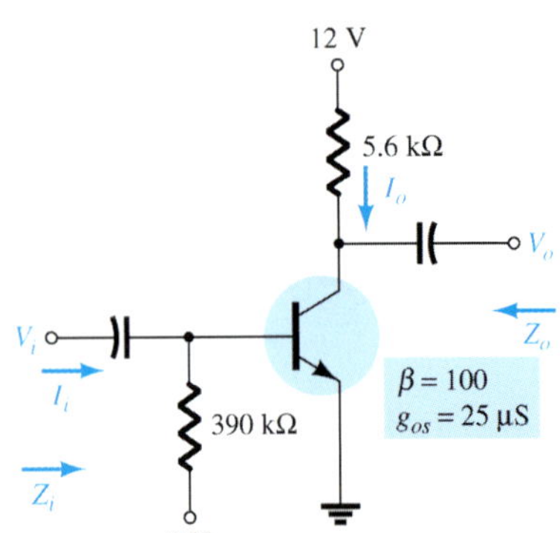

그림 5.153 문제 13

5.6 전압 분배기 바이어스

15. 그림 5.154의 회로에 대해

a. r_e를 구하라.

b. Z_i와 Z_o를 구하라.

c. A_v를 구하라.

d. $r_o = 25\ \text{k}\Omega$일 때 (b)와 (c)를 반복하라.

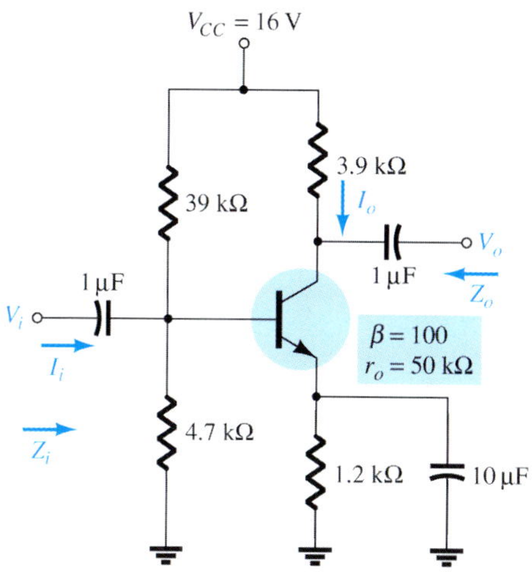

그림 5.154 문제 15

16. 그림 5.155의 회로에 대해 $A_v = -160$이고 $r_o = 100\ \text{k}\Omega$일 때 V_{CC}를 구하라.

17. 그림 5.156의 회로에 대해

a. r_e를 구하라.

b. V_B와 V_C를 구하라.

c. Z_i와 $A_v = V_o/V_i$를 구하라.

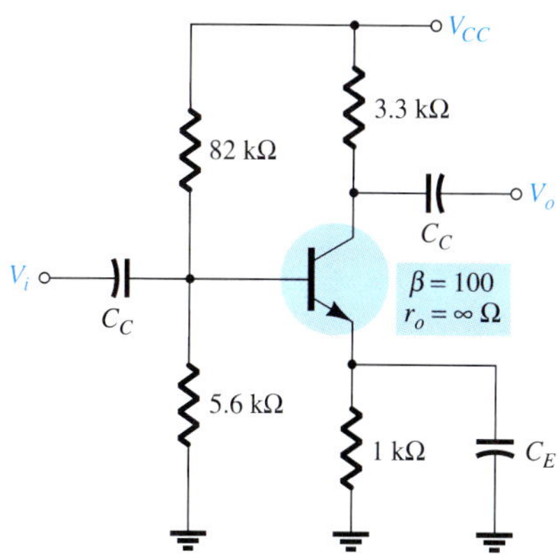

그림 5.155 문제 16

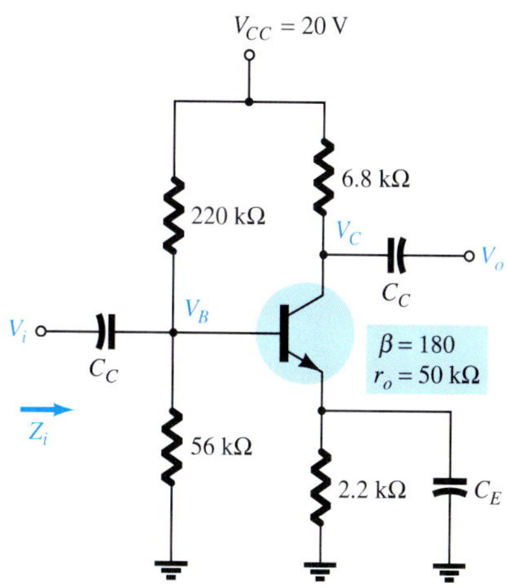

그림 5.156 문제 17

18. 그림 5.157의 회로에 대해

a. r_e를 구하라.

b. dc 전압 V_B, V_{CB}와 V_{CE}를 구하라.

c. Z_i와 Z_o를 구하라.

d. $A_v=V_o/V_i$를 구하라.

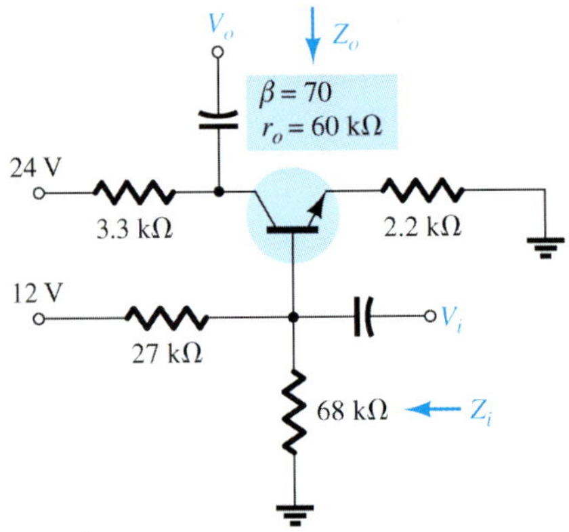

그림 5.157 문제 18

5.7 CE 에미터 바이어스 회로

19. 그림 5.158의 회로에 대해

a. r_e를 구하라.

b. Z_i와 Z_o를 구하라.

c. A_v를 구하라.

d. $r_o=20\ k\Omega$일 때 (b)와 (c)를 반복하라.

20. R_E를 바이패스시켜서 문제 19를 되풀이하라. 결과를 비교하라.

21. 그림 5.159의 회로에 대해 $A_v=-10$이고 $r_e=3.8\ \Omega$일 때 R_E와 R_B를 구하라. $Z_b=\beta R_E$임을 가정하라.

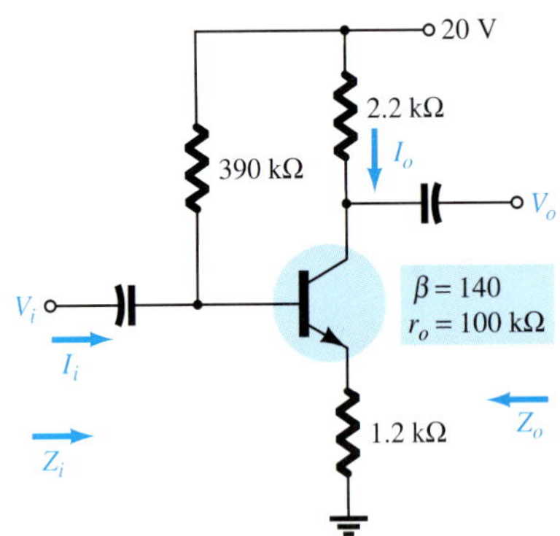

그림 5.158 문제 19, 20

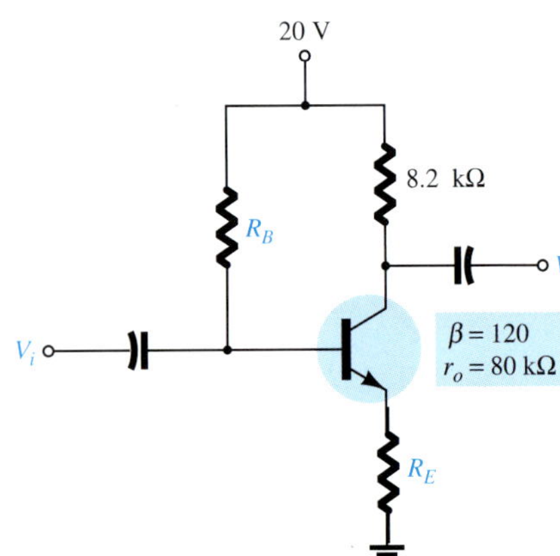

그림 5.159 문제 21

***22.** 그림 5.160의 회로에 대해

a. r_e를 구하라.

b. Z_i와 A_v를 구하라.

23. 그림 5.161의 회로에 대해

a. r_e를 구하라.

b. V_B, V_{CE}와 V_{CB}를 구하라.

c. Z_i와 Z_o를 구하라.

d. $A_v = V_o/V_i$를 구하라.

e. $A_i = I_o/I_i$를 구하라.

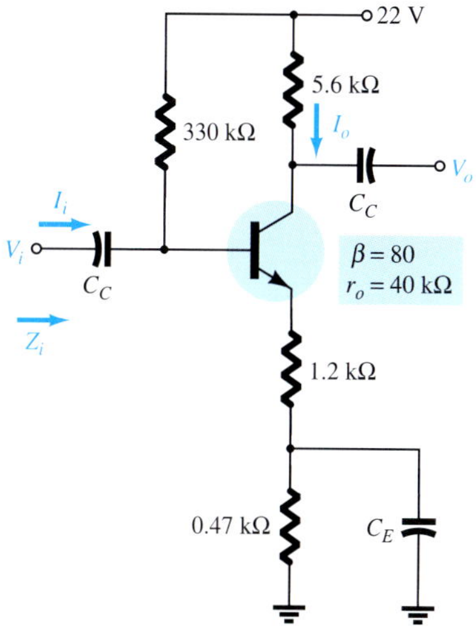

그림 5.160 문제 22

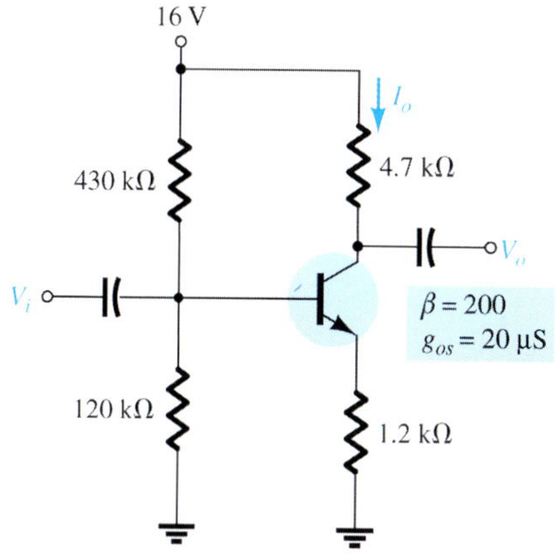

그림 5.161 문제 23

5.8 에미터 폴로어 회로

24. 그림 5.162의 회로에 대해

a. r_e와 βr_e를 구하라. **b.** Z_i와 Z_o를 구하라.

c. A_v를 구하라.

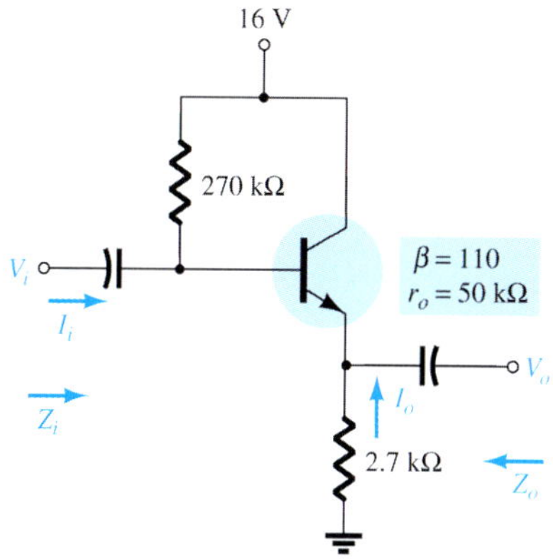

그림 5.162 문제 24

***25.** 그림 5.163의 회로에 대해

a. Z_i와 Z_o를 구하라. **b.** A_v를 구하라.

c. $V_i = 1$ mV일 때, V_o를 구하라.

***26.** 그림 5.164의 회로에 대해

a. I_B와 I_C를 구하라. **b.** r_e를 구하라.

c. Z_i와 Z_o를 구하라. **d.** A_v를 구하라.

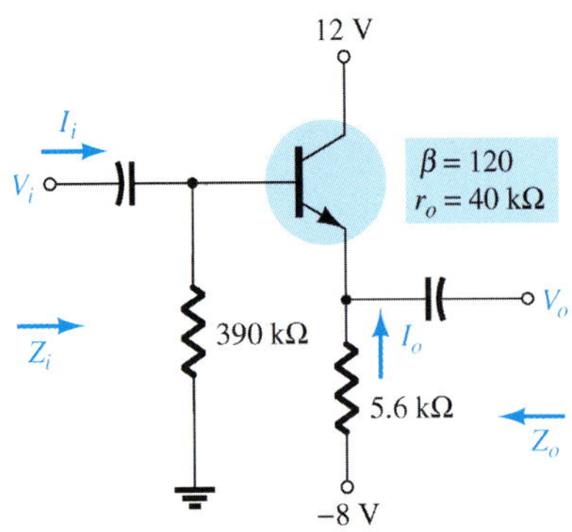

그림 5.163 문제 25

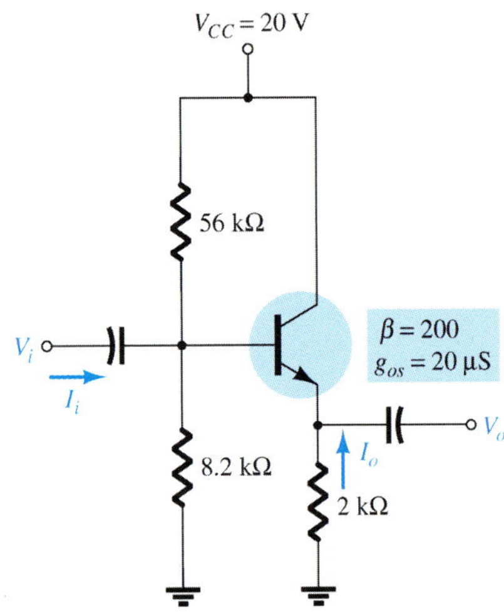

그림 5.164 문제 26

5.9 공통 베이스 회로

27. 그림 5.165의 공통 베이스 회로에 대해

a. r_e를 구하라.

c. Z_i와 Z_o를 구하라.

d. A_v를 구하라.

***28.** 그림 5.166의 회로에 대해 A_v를 구하라.

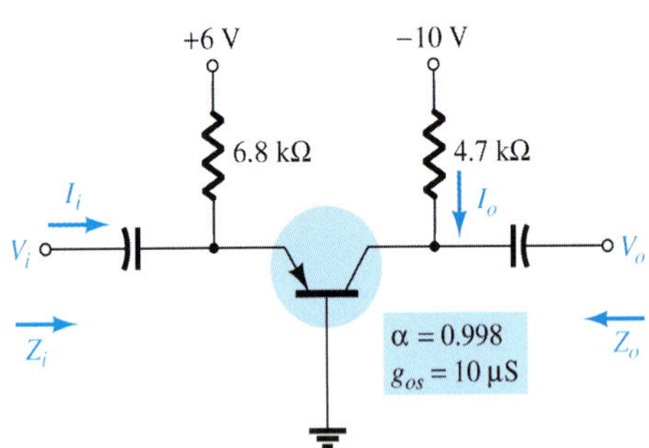

그림 5.165 문제 27

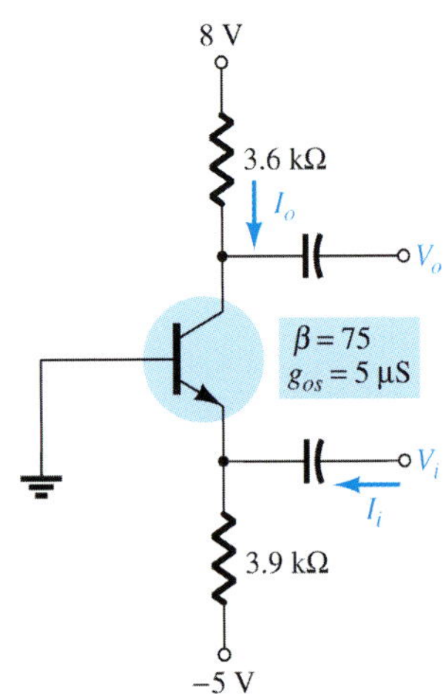

그림 5.166 문제 28

5.10 컬렉터 피드백 회로

29. 그림 5.167의 컬렉터 피드백 회로에 대해

a. r_e를 구하라.

b. Z_i와 Z_o를 구하라.

c. A_v를 구하라.

***30.** $r_e=10\ \Omega$, $\beta=200$, $A_v=-160$, 그리고 $A_i=19$로 주어졌을 때 그림 5.168의 회로에서 R_C, R_F, V_{CC} 값을 구하라.

***31.** 그림 5.49의 회로에 대해

a. A_v의 근사식을 유도하라.

b. Z_i와 Z_o의 근사식을 유도하라.

c. $R_C=2.2\ \text{k}\Omega$, $R_F=120\ \text{k}\Omega$, $R_E=1.2\ \text{k}\Omega$, $\beta=90$, 그리고 $V_{CC}=10\ \text{V}$로 주어졌을 때, A_v, Z_i, 그리고 Z_o를 (a)에서 (b)까지 구한 식을 이용하여 구하라.

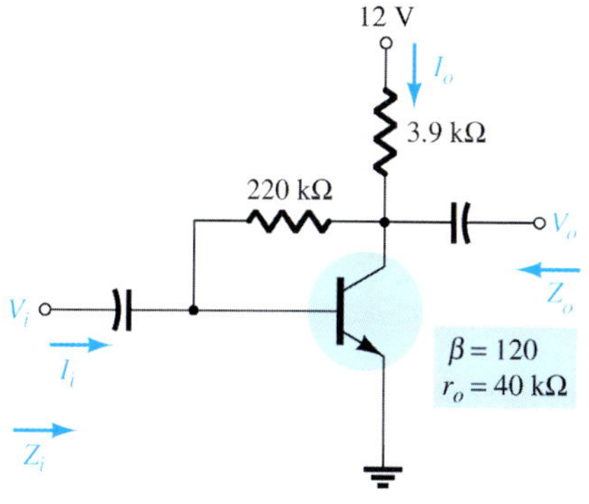

그림 5.167 문제 29

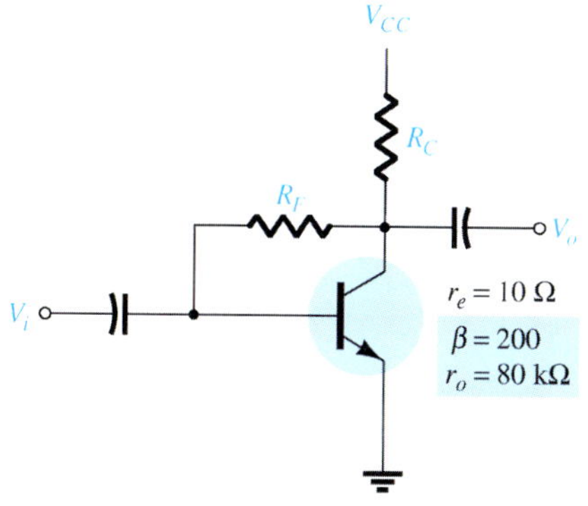

그림 5.168 문제 30

5.11 컬렉터 직류 피드백 회로

32. 그림 5.169의 회로에 대해

a. Z_i와 Z_o를 구하라.

b. A_v를 구하라.

33. 에미터 저항 $R_E=0.68\ \text{k}\Omega$을 추가하여 문제 32를 되풀어라.

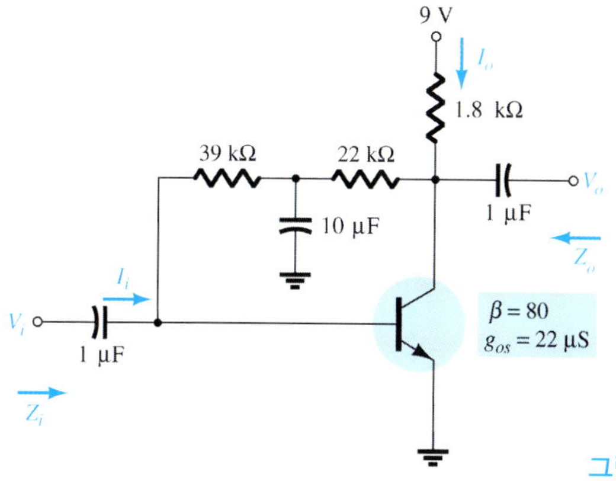

그림 5.169 문제 32, 33

5.12~5.15 R_L과 R_s의 영향과 2포트 시스템 접근

***34.** 그림 5.170의 고정 바이어스 회로를 보고 다음을 구하라.

a. $A_{v_{NL}}$, Z_i, Z_o를 구하라.

b. (a)에서 구한 파라미터를 사용하여 그림 5.63의 2포트 모델을 그려라.

c. 전압 이득 A_{v_L}를 구하라. $A_{v_L}=V_o/V_i$

d. 전류 이득 A_{i_L}를 구하라. $A_{i_L}=I_o/I_i$

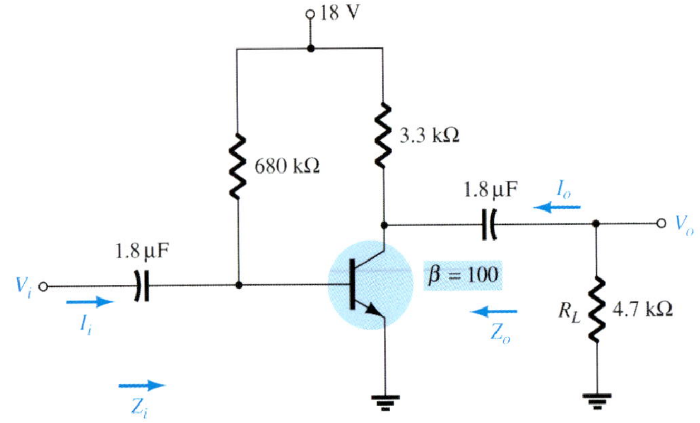

그림 5.170 문제 34, 35

35. a. 그림 5.170의 회로에서 R_L=4.7 kΩ, 2.2 kΩ 및 0.5 kΩ일 때의 전압 이득 A_v를 구하라. R_L이 감소함에 따라 전압 이득에는 어떤 영향을 미치는가?

b. Z_i, Z_o와 $A_{v_{NL}}$은 R_L이 감소함에 따라 어떻게 변화하는가?

***36.** 그림 5.171의 회로를 보고 다음을 구하라.

a. $A_{v_{NL}}$, Z_i, Z_o를 구하라.

b. (a)에서 구한 파라미터 값을 사용하여 그림 5.63의 2포트 모델을 그려라.

c. A_v를 구하라. $A_v=V_o/V_i$

d. A_{v_s}를 구하라. $A_{v_s}=V_o/V_s$

e. R_s를 1 kΩ로 바꾸고 A_v를 구하라. R_s의 레벨에 따라서 A_v가 어떻게 변하는가?

f. R_s를 1 kΩ로 바꾸고 A_{v_s}를 구하라. R_s의 레벨에 따라서 A_{v_s}가 어떻게 변하는가?

g. R_s를 1 kΩ로 바꾸고 $A_{v_{NL}}$, Z_i, Z_o를 구하라. R_s에 의해 $A_{v_{NL}}$, Z_i, Z_o가 어떻게 변하는가?

h. 그림 5.171의 원래 회로에서 $A_i=I_o/I_i$를 구하라.

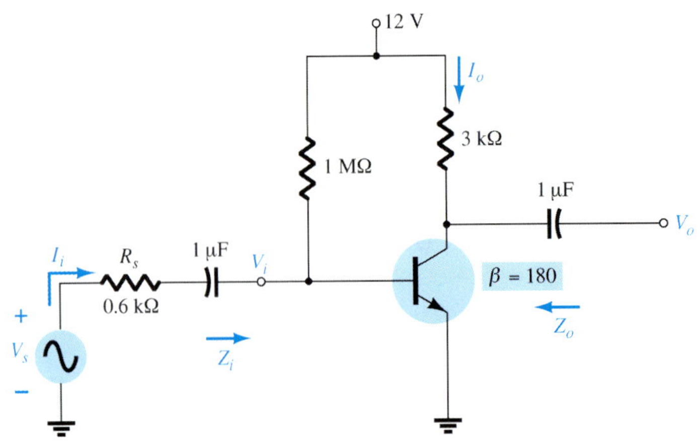

그림 5.171 문제 36

*37. 그림 5.172의 회로를 보고 다음을 구하라.

a. $A_{v_{NL}}$, Z_i, Z_o를 구하라.

b. (a)에서 구한 파라미터 값을 사용하여 그림 5.63의 2포트 모델을 그려라.

c. A_{v_L}과 A_{v_s}를 구하라.

d. A_{i_L}을 구하라.

e. R_L을 5.6 kΩ로 바꾸고, A_{v_s}를 구하라. R_L값의 증가가 이득에 어떤 영향을 끼치는가?

f. R_s를 0.5 kΩ(R_L=2.7 kΩ)으로 바꾸고 R_s값이 줄어들었을 때 A_{v_s}가 어떻게 변하는지 써라.

g. R_L을 5.6 kΩ로 R_s를 0.5 kΩ으로 바꾸고 Z_i와 Z_o값을 다시 구하라. R_L과 R_s의 변화에 따라서 임피던스 파라미터가 어떻게 변하는가?

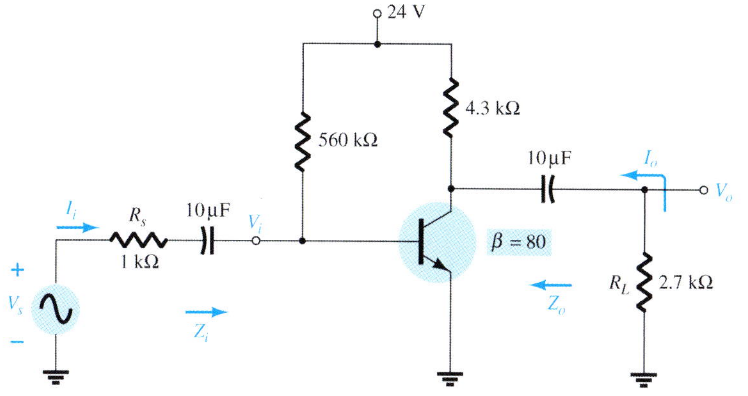

그림 5.172 문제 37

38. 그림 5.173의 전압 분배기 회로를 보고 다음을 구하라.

a. $A_{v_{NL}}$, Z_i, Z_o를 구하라.

b. (a)에서 구한 파라미터를 사용하여 그림 5.63의 2포트 모델을 그려라.

c. A_{v_L}를 구하라.

d. 전류 이득 A_{i_L}를 구하라.

e. r_e 모델을 이용하여 A_{v_L}, A_{i_L}, Z_o를 구하고 위의 결과와 비교하라.

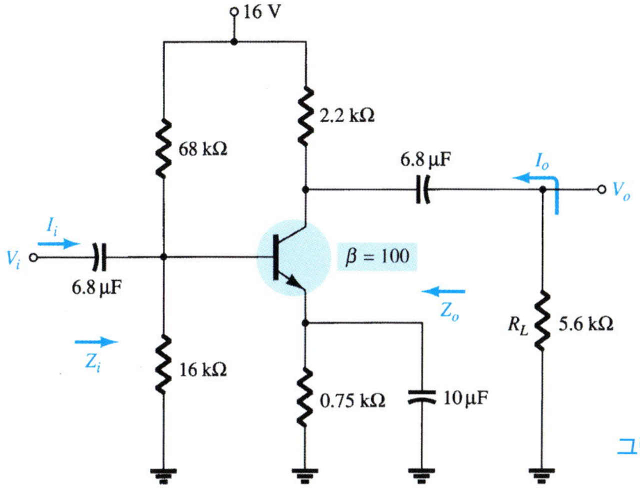

그림 5.173 문제 38, 39

39. **a.** 그림 5.173의 회로에서 R_L값을 4.7 kΩ, 2.2 kΩ, 0.5 kΩ으로 바꾸면서 A_{v_L}를 구하라. R_L의 변화에 따라서 전압 이득이 어떻게 변하는가?

b. R_L의 레벨이 줄어들 때, Z_i, Z_o, $A_{v_{NL}}$값이 어떻게 변하겠는가?

40. 그림 5.174의 에미터 안정화 회로를 보고 다음을 구하라.

a. $A_{v_{NL}}$, Z_i, Z_o를 구하라.

b. (a)에서 구한 파라미터를 사용하여 그림 5.63의 2포트 모델을 그려라.

c. A_{v_L}와 A_{v_s}를 구하라.

d. R_s를 1 kΩ으로 바꾸었을 때 $A_{v_{NL}}$, Z_i, Z_o는 어떻게 변하는가?

e. R_s를 1 kΩ으로 바꾸었을 때 A_{v_L}, A_{v_s}를 구하라. R_s의 증가가 A_{v_L}와 A_{v_s}에 어떤 영향을 주었는가?

f. $A_i=I_o/I_i$를 구하라.

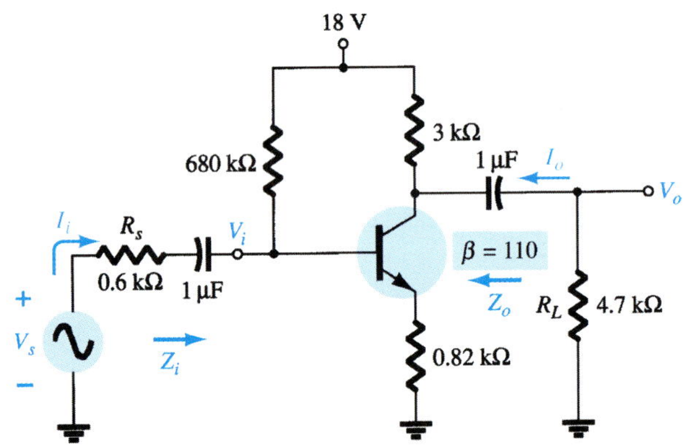

그림 5.174 문제 40

***41.** 그림 5.175의 회로를 보고 다음을 구하라.

a. $A_{v_{NL}}$, Z_i, Z_o를 구하라.

b. (a)에서 구한 파라미터를 사용하여 그림 5.63의 2포트 모델을 그려라.

c. A_{v_L}와 A_{v_s}를 구하라.

d. R_s를 1 kΩ으로 바꾸었을 때 A_{v_L}, A_{v_s}를 구하라. R_s의 증가가 A_{v_L}와 A_{v_s}에 어떤 영향을 주었는가?

e. R_s를 1 kΩ으로 바꾸었을 때 $A_{v_{NL}}$, Z_i, Z_o를 구하라. R_s의 증가가 $A_{v_{NL}}$, Z_i, Z_o에 어떤 영

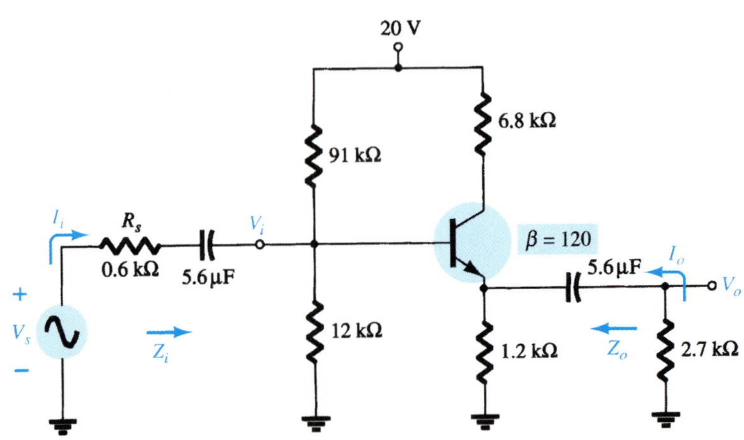

그림 5.175 문제 41

향을 주었는가?

f. R_L을 5.6 kΩ으로 바꾸었을 때 A_{v_L}, A_{v_s}를 구하라. R_L의 증가가 전압 이득에 어떠한 영향을 주었는가? R_s는 원래 값이 0.6 kΩ으로 유지해라.

g. R_L=2.7 kΩ 그리고 R_s=0.6 kΩ일 때 $A_i=I_o/I_i$를 구하라.

***42.** 그림 5.176의 공통 베이스 회로를 보고 다음을 구하라.

a. Z_i, Z_o, $A_{v_{NL}}$를 구하라.

b. (a)에서 구한 파라미터를 사용하여 그림 5.63의 2포트 모델을 그려라.

c. A_{v_L}, A_{v_s}를 구하라.

d. r_e 모델을 이용하여 A_{v_L}, A_{v_s}를 구하고 (c)의 값과 비교하라.

e. R_s를 0.5 kΩ, R_L을 2.2 kΩ으로 바꾸고 A_{v_L}, A_{v_s}를 구하라. R_s와 R_L의 증가가 전압 이득에 어떤 영향을 끼치는가?

f. 다른 파라미터 값은 그림 5.176으로 유지하고 R_s값만 0.5 kΩ으로 바꾸었을 때 Z_o값을 구하라. R_s의 변화에 다라서 Z_o가 어떻게 변하였는가?

g. R_L값이 2.2 kΩ일 때 Z_i값을 구하라. R_L값이 변할 때 Z_i는 어떻게 변하였는가?

h. 그림 5.176의 원래 회로에서 $A_i=I_o/I_i$를 구하라.

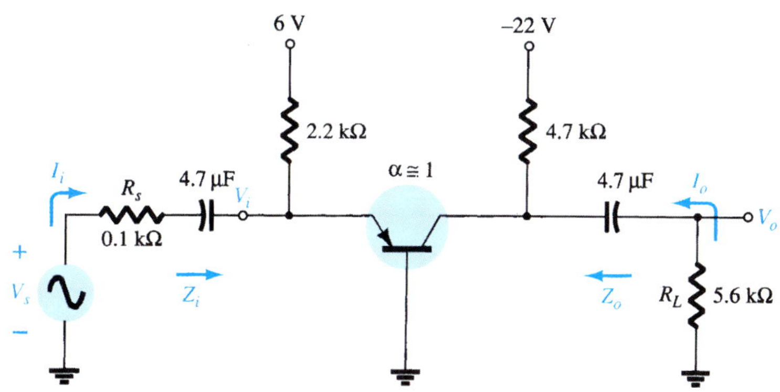

그림 5.176 문제 42

5.16 종속접속 시스템

***43.** 그림 5.177의 종속접속 시스템은 동일한 2개의 증폭단을 가진다. 다음을 구하라.

a. 부하가 걸렸을 때 단일 증폭단 각각의 전압 이득

b. 시스템의 전체 이득 A_v와 A_{v_s}

c. 부하가 걸렸을 때 단일 증폭단 각각의 전류 이득

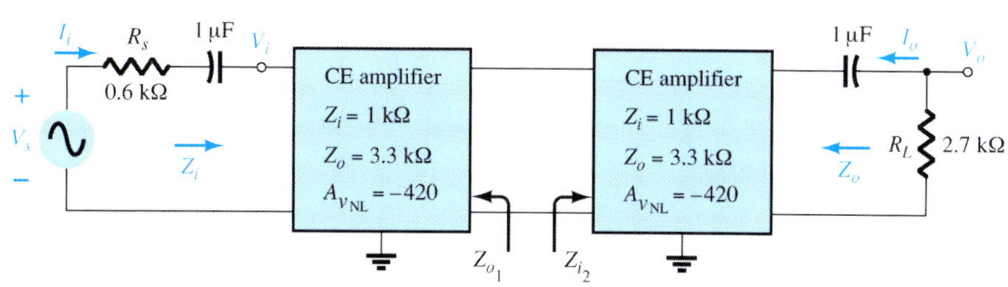

그림 5.177 문제 43

d. 시스템의 전체 전류 이득

e. Z_i는 두 번째 증폭단과 R_L에 의해 어떤 영향을 받는가?

f. Z_o는 첫 번째 증폭단과 R_s에 의해 어떤 영향을 받는가?

g. V_o와 V_i 사이의 위상 관계

***44.** 그림 5.178의 종속접속 시스템에서 다음을 구하라.

a. 부하가 걸렸을 때 단일 증폭단 각각의 전압 이득

b. 시스템의 전체 이득 A_{v_L}와 A_{v_s}

c. 부하가 걸렸을 때 단일 증폭단 각각의 전류 이득

d. 시스템의 전체 전류 이득

e. Z_i는 두 번째 증폭단과 R_L에 의해 어떤 영향을 받는가?

f. Z_o는 첫 번째 증폭단과 R_s에 의해 어떤 영향을 받는가?

g. V_o와 V_i 사이의 위상 관계

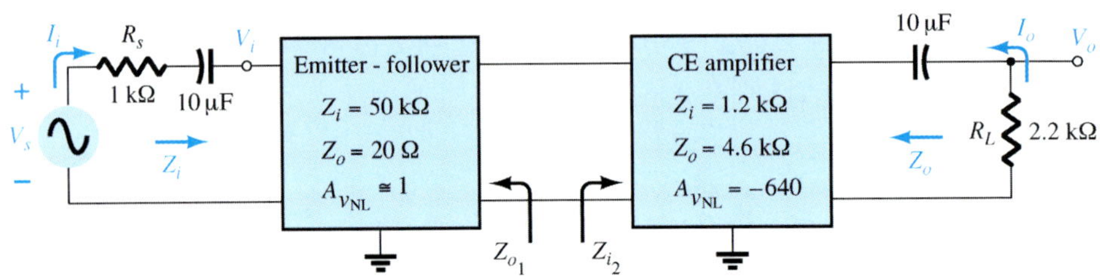

그림 5.178 문제 44

45. 그림 5.179의 BJT 종속접속 증폭기에서 각각의 상태에 대해 dc 바이어스 전압과 컬렉터 전류를 구하라.

46. a. 그림 5.179의 BJT 종속접속 증폭기에서 각각의 전압 증폭과 전체 교류전압 증폭을 구하라.

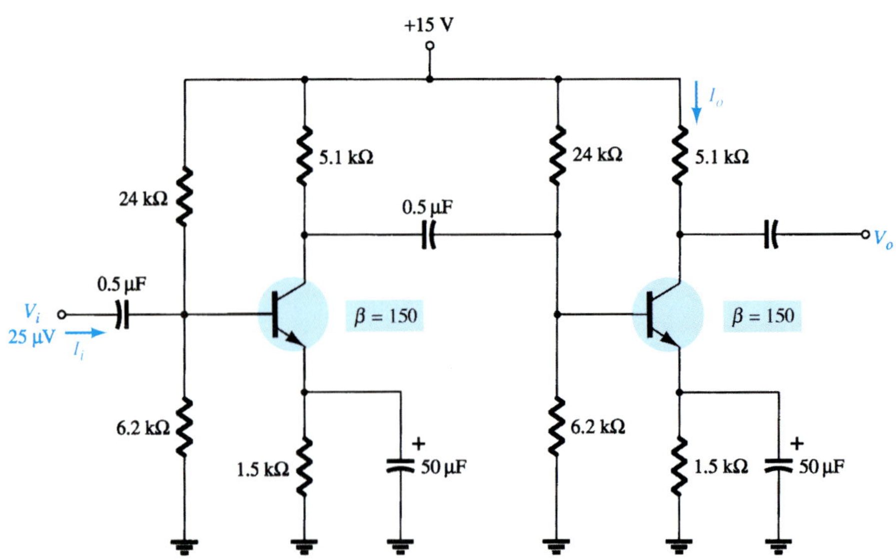

그림 5.179 문제 45, 46

b. $A_{i_T}=I_o/I_i$를 구하라.

47. 그림 5.180의 종속접속 증폭기에서 V_{B_1}, V_{B_2}, V_{C_2}를 구하라.

***48.** 그림 5.180의 종속접속 증폭기에서 전압 이득 A_v와 출력전압 V_o를 구하라.

49. 그림 5.180의 회로의 출력부에 10 kΩ의 부하 저항을 연결했을 때 부하 저항에 인가되는 ac 전압을 구하라.

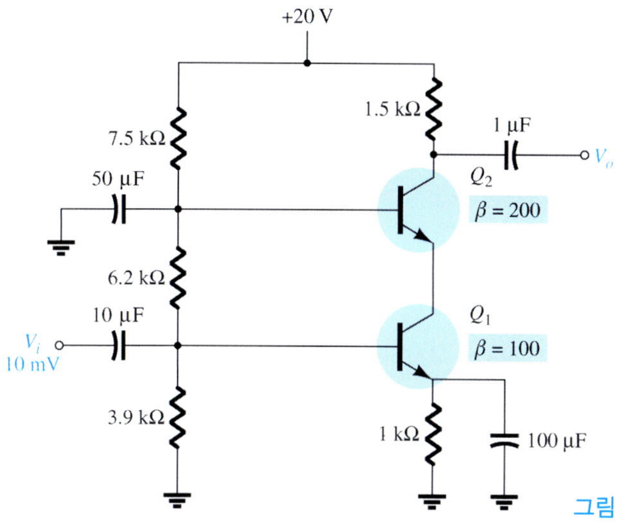

그림 5.180 문제 47, 48, 49

5.17 DARLINGTON 회로

50. 그림 5.181 회로에서

a. V_{B_1}, V_{C_1}, V_{E_2}, V_{CB_1} 그리고 V_{CE_2}의 직류 레벨(전위)을 구하라.

b. I_{B_1}, I_{B_2} 그리고 I_{E_2}를 구하라.

c. Z_i와 Z_o를 구하라.

d. 전압 이득 $A_v=V_o/V_i$와 전류 이득 $A_i=I_o/I_i$를 구하라.

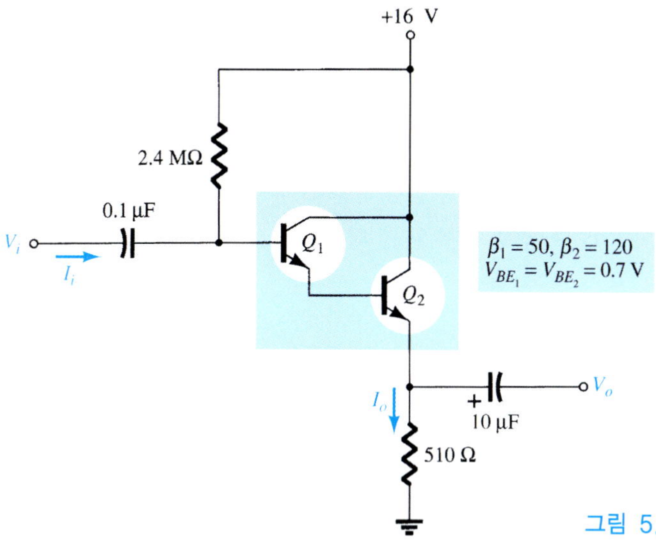

그림 5.181 문제 50~53

51. 부하저항이 1.2 kΩ일 때 문제 50을 되풀어라.

52. 그림 5.181 회로에서 소스가 1.2 kΩ의 내부저항과 인가부하가 10 kΩ일 경우 $A_v=V_o/V_i$를 구하라.

53. $\beta_D=4000$, $V_{E_T}=1.6$ V, $r_{o_1}=r_{o_2}=40$ kΩ인 패키지 Darlington 트랜지스터를 갖는 그림 5.181 회로에서 에미터 저항 양단에 $C_E=5$ μF의 바이패스 커패시터와 저항 $R_C=470$ Ω이 부가되었다.

a. V_{B_1}, V_{E_2}, V_{CE_2} 직류전압을 구하라.

b. Z_i와 Z_o를 구하라.

c. 출력전압 V_o가 10 μF의 결합 커패시터를 통해 컬렉터로부터 취했을 경우 전압이득 $A_v=V_o/V_i$를 구하라.

5.18 피드백쌍 회로

54. 그림 5.182의 피드백쌍 회로에서

a. 직류전압 V_{B_1}, V_{B_2}, V_{C_1}, V_{C_2}, V_{E_1}, V_{E_2}를 구하라.

b. 직류전류 I_{B_1}, I_{C_1}, I_{B_2}, I_{C_2}, I_{E_2}를 구하라.

c. 임피던스 Z_i와 Z_o를 구하라.

d. 전압이득 $A_v=V_o/V_i$를 구하라.

e. 전류이득 $A_i=I_o/I_i$를 구하라.

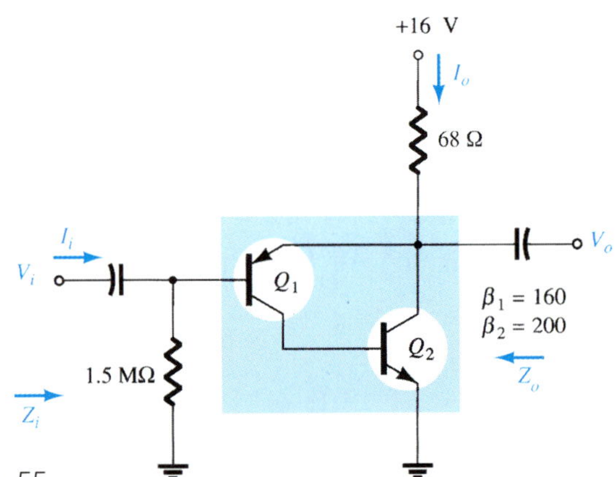

그림 5.182 문제 54, 55

55. 저항 22 Ω이 V_{E_2}와 접지 사이에 추가되었을 경우 문제 54를 되풀어라.

56. 부하저항 1.2 kΩ이 연결되었을 경우 문제 54를 되풀어라.

5.19 하이브리드 등가 모델

57. I_E(dc)=1.2 mA, $\beta=120$, $r_o=40$ kΩ으로 주어졌을 때, 다음을 그려라.

a. 공통 에미터 하이브리드 등가 모델

b. 공통 에미터 r_e 등가 모델

c. 공통 베이스 하이브리드 등가 모델

d. 공통 베이스 r_e 등가 모델

58. h_{ie}=2.4 kΩ, h_{fe}=100, h_{re}=4×10^{-4}, h_{oe}=25 μS로 주어졌을 때, 다음을 그려라.

a. 공통 에미터 하이브리드 등가 모델

b. 공통 에미터 r_e 등가 모델

c. 공통 베이스 하이브리드 등가 모델

d. 공통 베이스 r_e 등가 모델

59. 그림 5.3의 공통 에미터 회로망을 적당한 단자 사이에 근사 하이브리드 모델로 대체하여 교류응답회로로 나타내라.

60. 적절한 단자 사이에 삽입된 r_e 모델의 교류응답에 대해서 그림 5.183의 회로를 다시 그려라. 이때 r_o를 포함시켜라.

61. 적절한 단자 사이에 삽입된 r_e 모델의 교류응답에 대해서 그림 5.184의 회로망을 다시 그려라. 이때 r_o를 포함시켜라.

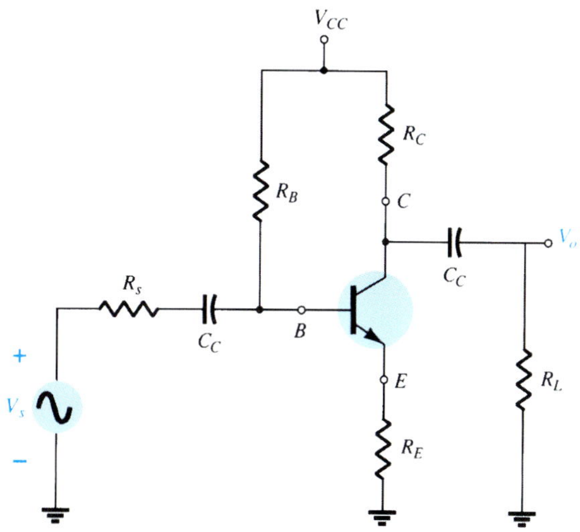

그림 5.183 문제 60

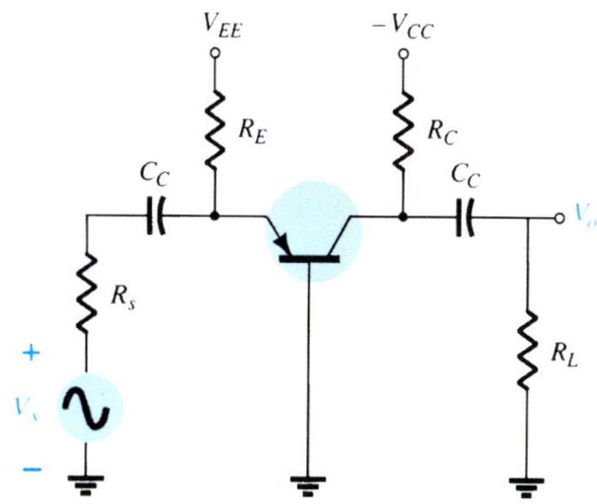

그림 5.184 문제 61

62. 그림 5.185의 입력회로에서 h_{ie}=1 kΩ, h_{re}=2×10^{-4}, A_v=−160으로 주어졌을 경우 다음 물음에 답하라.

a. V_o를 V_i의 항으로 구하라.

b. V_i의 항으로 I_b를 구하라.

c. 만약 $h_{re}V_o$를 무시할 경우의 I_b를 구하라.

d. 다음 식을 사용하여 I_b의 백분율 차이를 구하라.

$$I_b\text{의 백분율 차이} = \frac{I_b(\text{without } h_{re}) - I_b(\text{with } h_{re})}{I_b(\text{without } h_{re})} \times 100\%$$

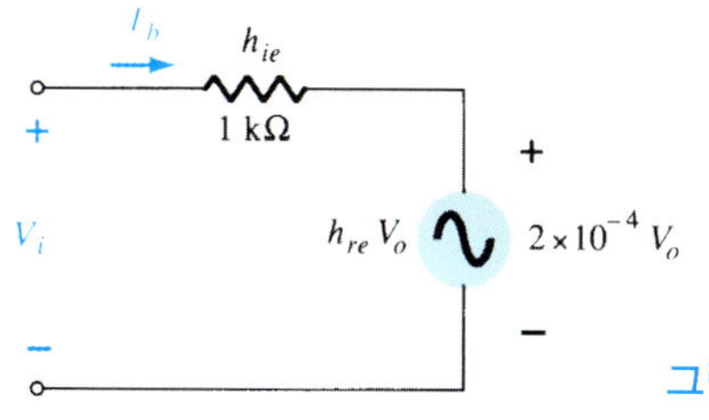

그림 5.185 문제 62, 64

e. 이 예에서 사용된 값들에 대해 $h_{re}V_o$의 영향은 무시할 수 있는가?

63. R_L=2.2 kΩ, h_{oe}=20 μS로 주어질 경우, 전체 부하 임피던스에서 $1/h_{oe}$의 영향을 무시하는 것은 타당한가? 다음의 식을 사용하면 트랜지스터에서 전체 부하의 백분율 차이는 얼마인가?

$$\text{전체 부하의 백분율 차이} = \frac{R_L - R_L \| (1/h_{oe})}{R_L} \times 100\%$$

64. A_v=−180인 그림 5.92의 파라미터 평균값을 사용하여 문제 62를 반복하라.

65. R_L=3.3 kΩ이고 그림 5.92의 h_{oe}평균값에 대해서 문제 63을 반복하라.

5.20 근사 하이브리드 등가회로

66. a. β=120, r_e=4.5 Ω, r_o=40 kΩ일 때 근사 하이브리드 등가회로를 그려라.

b. h_{ie}=1 kΩ, $h_{re}=2\times10^{-4}$, h_{fe}=90, h_{oe}=20 μS일 때 r_e 모델을 그려라.

67. 문제 11의 회로에 대해

a. r_e를 구하라.

b. h_{fe}와 h_{ie}를 구하라.

c. Z_i와 Z_o를 하이브리드 파라미터를 사용하여 구하라.

d. A_v와 A_i를 하이브리드 파라미터를 사용하여 구하라.

e. h_{oe}=50 μS일 때 Z_i와 Z_o를 구하라.

f. h_{oe}=50 μS일 때 A_v와 A_i를 구하라.

g. 위의 해를 문제 9의 풀이와 비교하라(주: 만약 문제 9를 풀지 않았더라도 문제 11에 대한 풀이가 부록 E에 수록되어 있다).

68. 그림 5.186의 회로에 대해

a. Z_i와 Z_o를 구하라.

b. A_v와 A_i를 구하라.

c. r_e를 구하고, βr_e와 h_{ie}를 비교하라.

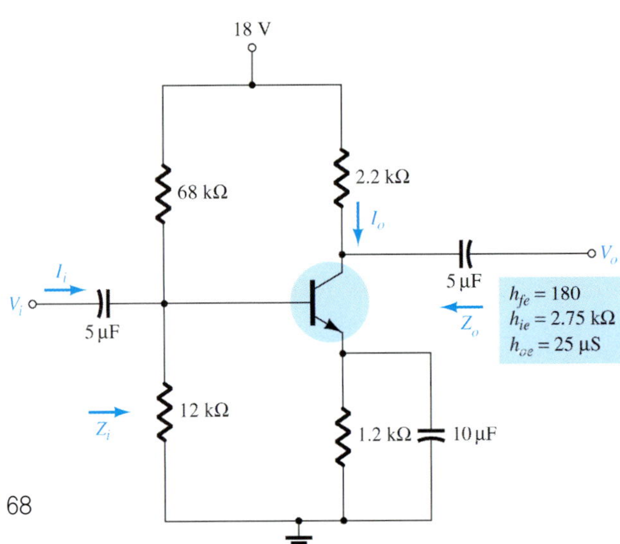

그림 5.186 문제 68

***69.** 그림 5.187의 공통 베이스 회로에 대해

a. Z_i와 Z_o를 구하라.

b. A_v와 A_i를 구하라.

c. α, β, r_e, r_o를 구하라.

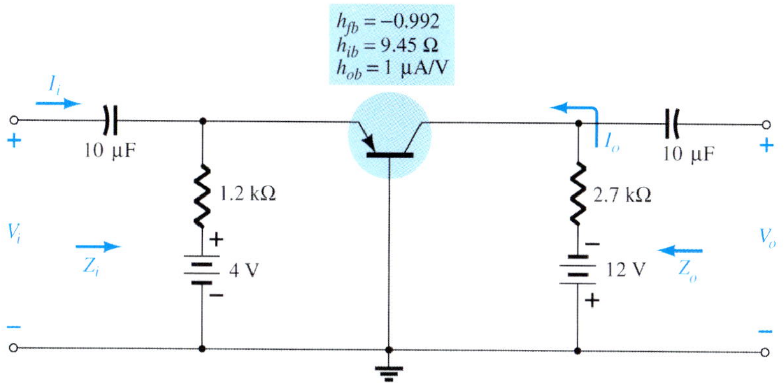

그림 5.187 문제 69

5.21 완전한 하이브리드 등가 모델

***70.** $h_{re}=2\times10^{-4}$일 때, 문제 68의 (a), (b)를 반복하고 결과를 비교하라.

***71.** 그림 5.188의 회로에 대해 다음을 구하라.

a. Z_i **b.** A_v

c. $A_i=I_o/I_i$ **d.** Z_o

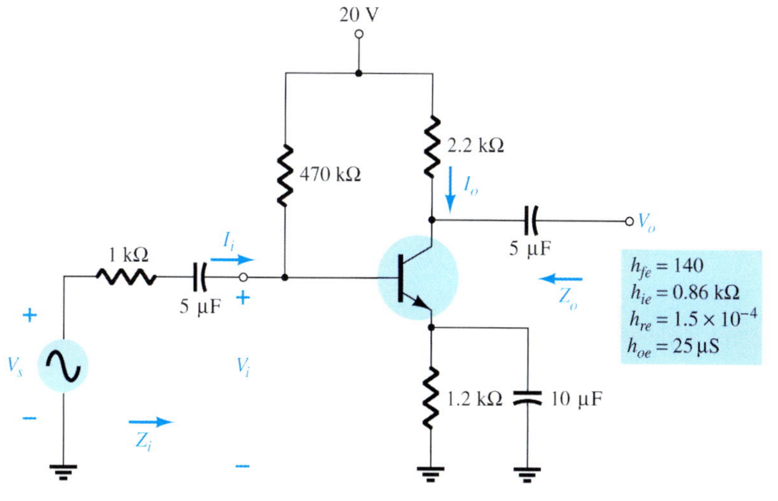

그림 5.188 문제 71

***72.** 그림 5.189의 공통 베이스 증폭기에 대해 다음을 구하라.

a. Z_i **b.** A_i

c. A_v **d.** Z_o

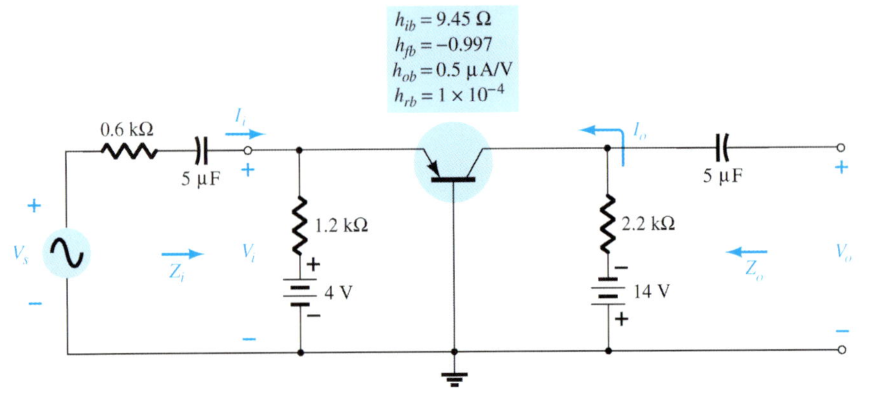

그림 5.189 문제 72

5.22 하이브리드 π 모델

73. a. r_b=4 Ω, $C\pi$=5 pF, C_u=1.5 pF, h_{oe}=18 μS, β=120, r_e=14일 때 공통 에미터 트랜지스터에서 Giacoletto(하이브리드 π) 모델을 그려라.

b. 인가 부하가 1.2 kΩ이고 소스저항이 250 Ω일 때 저주파와 중주파 영역에 대해 하이브리드 π모델을 그려라.

5.23 트랜지스터 파라미터의 변화

문제 74에서 문제 80까지는 그림 5.124부터 그림 5.126까지를 사용하라.

74. a. 그림 5.124에서 I_C가 0.2 mA에서 1 mA로 변할 때 h_{fe}의 백분율 변화를 다음 식을 사용하여 구하라.

$$\text{백분율 변화} = \left| \frac{h_{fe}(0.2\text{ mA}) - h_{fe}(1\text{ mA})}{h_{fe}(0.2\text{ mA})} \right| \times 100\%$$

b. I_C가 1 mA에서 5 mA로 변할 때 (a)를 반복하라.

75. 문제 74와 동일한 I_C의 변화에 대한 h_{ie}를 구하라.

76. a. 그림 5.124에서 I_C=1 mA일 때, h_{oe}=20 μS라면 I_C=0.2 mA일 때, h_{oe}의 근사값을 구하라.

b. 0.2 mA에서 저항값을 구하고 6.8 kΩ의 저항 부하와 비교하라. 이 경우 $1/h_{oe}$의 영향을 무시하는 것은 적당한가?

77. a. 그림 5.124에서 I_C=1 mA일 때, h_{oe}=20 μS라면 I_C=10 mA일 때, h_{oe}의 근사값을 구하라.

b. 10 mA에서 저항값을 구하고 6.8 kΩ의 저항 부하와 비교하라. 이 경우 $1/h_{oe}$의 영향을 무시하는 것은 적당한가?

78. a. 그림 5.124에서 I_C=1 mA일 때, h_{re}=2×10^{-4}라면 0.1 mA일 때 h_{re}의 근사값을 구하라.

b. (a)에서 구한 h_{re}를 사용하면, A_v=210일 때 h_{re}를 무시하는 것은 적당한가를 결정하라.

79. a. 그림 5.124의 특성을 다시 보면, 컬렉터 전류의 전체 범위에서 가장 적게 변하는 파라미터는 무엇인가?

b. 무엇이 가장 많이 변하는가?

c. $1/h_{oe}$의 최대와 최소값을 구하라. 그리고 컬렉터 전류가 크거나 혹은 작을 때 $1/h_o h_{oe} \| R_L \cong R_L$이라는 근사를 할 수 있는가?

d. 전류 스펙트럼에서 $h_{re}V_{ce} \cong 0$이라는 가정이 가장 적합한 영역은 어딘가?

80. a. 그림 5.126의 특성을 다시 보면, 온도 증가에 따라 가장 많이 변하는 파라미터는 누구인가?

b. 무엇이 가장 조금 변하는가?

c. h_{fe}의 최대 최소값은 얼마인가? 그 크기가 많이 변하는가? 예상대로인가?

d. r_e는 온도 변화에 따라 어떻게 변하는가? 세 네점에 대해서 그 값을 간단히 계산하고 그 크기를 비교하라.

e. 이 파라미터가 가장 적게 변하는 온도 범위는 어디인가?

5.24 고장 검사

***81.** 그림 5.190에 주어진 회로에 대해

a. 네트워크는 올바르게 바이어스되었는가?

b. V_B가 6.22 V가 되는 이 네트워크 구성의 문제점은 무엇이며, 그림 5.190의 주어진 파형에서 무엇이 문제인가?

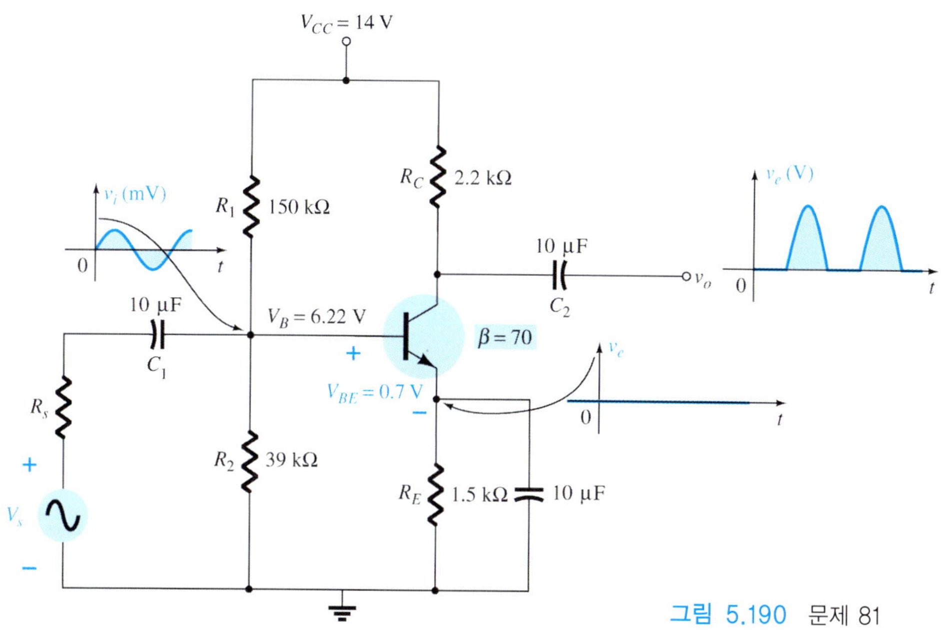

그림 5.190 문제 81

5.25 컴퓨터 해석

82. PSpice 윈도우를 이용하여 그림 5.25의 회로 이득을 구하라. Probe를 사용하여 입출력 파형을 표시하라.

83. PSpice 윈도우를 이용하여 그림 5.32의 회로 이득을 구하라. Probe를 사용하여 입출력 파형을 표시하라.

84. PSpice 윈도우를 이용하여 그림 5.44의 회로 이득을 구하라. Probe를 사용하여 입출력

파형을 표시하라.

85. Multisim을 이용하여 그림 5.28의 전압 이득을 구하라.

86. Multisim을 이용하여 그림 5.39의 전압 이득을 구하라.

87. PSpice를 이용하여 그림 5.69에서 V_i=1 mV일 때의 V_o의 전압값을 구하라. 커패시터의 주파수는 1 kHz로 가정한다.

88. 그림 5.71에 대해 문제 87을 반복하라.

89. 그림 5.82에 대해 문제 87을 반복하라.

90. Multisim을 이용하여 문제 87을 반복하라.

91. Multisim을 이용하여 문제 89를 반복하라.

CHAPTER 6

전계효과 트랜지스터

학습 목표 CHAPTER OBJECTIVE

- JFET, MOSFET 그리고 MESFET의 구조와 동작 특성을 숙지한다.
- JFET, MOSFET 그리고 MESFET의 드레인 특성으로부터 전달특성을 도시할 수 있다.
- 각각의 FET에 대한 사양서에 제공된 여러 정보를 이해한다.
- 여러 FET들의 dc 해석의 차이를 인지한다.

6.1 개요

전계효과 트랜지스터(FET)는 3~5장까지 다루었던 BJT 트랜지스터와 여러 응용분야에서 유사하게 사용하는 3단자 소자이다. 두 소자 사이에는 중요한 차이점들이 있지만, 다음 절에서 설명하는 것과 같이 그 응용에는 매우 유사한 점이 많다.

두 종류의 트랜지스터의 근본적인 차이점은 다음과 같다.

BJT 트랜지스터는 그림 6.1a에 묘사된 바와 같이 전류제어형 소자이며, 반면 JFET 트랜지스터는 그림 6.1b에 나타난 것과 같이 전압제어형 소자이다.

즉 그림 6.1a의 BJT의 경우, I_C는 I_B에 의해 직접 결정되는 함수인 반면, 그림 6.1b의 FET의 경우 I_D는 입력전압 V_{GS}에 의해 직접 결정되는 함수이다. 두 경우 모두 출력회로의 전류가 입력회로의 파라미터에 의해 조절된다. 입력 파라미터란 BJT의 경우에는 전류의 크기이고, FET의 경우는 인가한 전압의 크기이다.

바이폴라 트랜지스터에 *npn*형, *pnp*형 트랜지스터가 있듯이, 전계효과 트랜지스터에도 *n*채널 트랜지스터와 *p*채널 트랜지스터가 있다. 그러나 BJT 트랜지스터는 바이폴라(bipolar) 소자라는 중요한 사실을 기억해야 한다. 바이폴라(bipolar)의 접두사 바이(bi)는 두 종류의 캐리어, 즉 전자와 정공에 의해 전류가 형성된다는 것을 나타낸다. FET는 유니폴라(unipolar) 소자로 한 종류의 캐리어에 의해, 즉 전자(*n*채널)나 정공(*p*채널) 중 하나에 의해 전류가 형성된다.

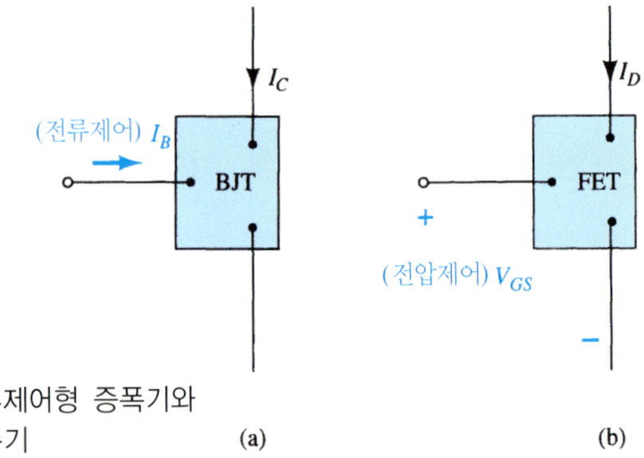

그림 6.1 (a) 전류제어형 증폭기와 (b) 전압제어형 증폭기

전계효과라는 이름이 붙여진 이유에 대해 설명하겠다. 영구 자석이 직접적인 접촉 없이 철을 끌어당긴다는 사실을 잘 알 것이다. 영구 자석에서 발생하는 자계가 철 주위를 둘러싸면 자속을 형성하는 자로의 길이가 최소가 되도록 하려는 힘에 의해 철은 영구 자석으로 끌리게 된다. FET의 경우, 전하에 의해 형성된 전계(electric field)는 출력 쪽에 생기는 전류가 흐를 수 있는 길을 형성하는데, 이때에도 조절하는 부분과 조절 받는 부분이 접촉하지 않고 길을 조절하게 된다.

이미 소개된 것과 유사한 응용 소자를 소개할 때는 두 소자의 일반적인 특징을 비교하는 방법을 사용하는 것이 일반적이다.

FET의 가장 중요한 특성 중 하나는 높은 입력 임피던스를 갖는 것이다.

이 값은 보통 1 MΩ에서 수백 MΩ으로 BJT 트랜지스터 회로의 입력 임피던스와 비교하면 매우 큰 값이다. 입력 임피던스는 선형 교류 증폭기의 설계에서 매우 중요한 특성 중 하나다. 이에 반해 BJT는 입력신호의 변화에 대해 더 민감도가 높다. 다른 말로 BJT는 같은 인가전압의 변화에 대해서 출력전류의 변화가 FET보다 훨씬 크다는 것이다.

그러므로

BJT 증폭기의 ac 전압 이득은 FETs보다 훨씬 크다.

하지만

FETs는 BJT보다 온도적으로 안정되고 크기도 작으므로 집적회로(IC) 칩에 특히 많이 사용되고 있다.

그러나 몇몇 FET들은 제조 특성으로 인해 BJT보다 조심스러운 취급이 필요하다.

세 종류의 FET를 이 장에서 소개한다. 접합 전계효과 트랜지스터(Junction Field-Effect Transistor: JFET) 금속 산화막 반도체 전계효과 트랜지스터(Metal-Oxide-Semiconductor Field-Effect Transistor: MOSFET), 그리고 금속 반도체 전계효과 트랜지스터(Metal-Semiconductor Field-Effect Transistor: MESFET)이다. MOSFET는 다시 공핍형(depletion)과 증가형(enhancement)의 두 가지로 분류되는데, 앞으로 이들에 대해 설명한다. MOSFET는 현재 디지털 컴퓨터용 집적회로의 설계 제조시 가장 중요한 소자로 사용된다. MOSFET

의 온도 안정성을 포함한 몇 가지 일반적인 특징들 때문에 컴퓨터 회로 설계시 매우 많이 쓰이고 있다. 한편 이 중에서 모자형 케이스를 갖는 개별 소자를 사용할 때에는 다음 절에서 설명하는 바와 같이 조심스럽게 다루어야 한다. MESFET는 최근의 개발되었으며 갈륨-비소를 반도체의 재료로 사용하여 고속에서 더 좋은 특성을 가지는 것이 장점이다. 현재로서는 좀 더 비싸지만, RF와 컴퓨터를 디자인할 때 고속 동작의 필요성이 더욱 요구되고 있다.

이 장에서는 일단 FET의 구조와 특성들에 대해 먼저 소개하고, 바이어스 조절 회로 구조들은 7장에서 설명한다. BJT를 이용한 4장에서 다루었던 해석 과정은 FET 회로에서도 중요한 식들을 유도하고, 또 얻어진 결과를 해석하는 데 매우 유용하게 사용한다.

Ian Munro Ross와 G. C. Dacey(그림 6.2)는 FET 초기 개발의 선두에 선 사람들이다. 1955년에 그들의 연구에 사용했던 장비에 대한 노트를 정리하고 있는 모습이다.

Ian Munro Ross(앞) 박사와 G. C. Dacey 박사는 1955년 전계효과 트랜지스터의 특성을 측정하기 위한 실험 과정을 공동 개발하였다.

Dr. Ross: 영국 Southport 출생, 영국 Cambridge 대학교 Gonville and Caius 대학 박사 학위, AT&T Bell 연구소의 명예 소장; IEEE의 Fellow; National Science Board 회원; National Advisory Committee on Semiconductors의 위원장

Dr. Dacey: 일리노이주 시카고 출생. California Institute of Technology에서 박사학위, Solid State Electronics Research Bell 연구소의 연구책임자, Sandia Coporation 연구소 부소장; IRE, Tau Beta Pi Eta Kappa Nu의 회원.

그림 6.2 전계효과 트랜지스터의 초기 개발자(AT&T사 보관 제공 사진)

6.2 JFET의 구조와 특성

앞서 지적했듯이 JFET는 두 단자와 그 사이의 전류를 조절할 수 있는 한 단자로 된 3단자 소자이다. BJT의 경우, 해석과 설계에 대한 대부분의 절에서 *npn* 트랜지스터를 다루고 한 절에서만 *pnp* 트랜지스터를 다루었다. JFET의 경우도 마찬가지로 *n*채널 소자를 주로 다루고 *p*채널 JFET를 사용하는 경우는 부수적으로 다루게 된다.

*n*채널 JFET의 기본 구조는 그림 6.3에 나타낸 바와 같다. 이 구조의 주요 부분은 *p*형 물질 사이에서 채널을 형성하는 *n*형 물질이다. *n*형 채널의 윗부분은 저항성 접촉을 통하여 드레인(drain: *D*)이라고 하는 단자에 연결되고, 그 아래 부분은 저항성 접촉으로 소스(source: *S*)라 하는 단자에 연결되어 있다. 2개의 *p*형 물질은 함께 합쳐져 게이트(gate: *G*) 단자에 연결된다. 정리하면 드레인과 소스는 각각 *n*형 채널의 양끝에 연결되고, 게이트는 2개의 *p*형 물질에 연결된다. 전위를 인가하지 않을 경우, JFET은 바이어스가 없는 2개의 *p*–*n* 접합이 된다. 그러므로 바이어스가 없는 경우 다이오드에서 생기는 공핍 영역과 동일한 공핍 영역이 그림 6.3과 같이 각 접합에 생긴다. 공핍 영역은 자유 캐리어가 부족한 영역으로 이 영역을 통한

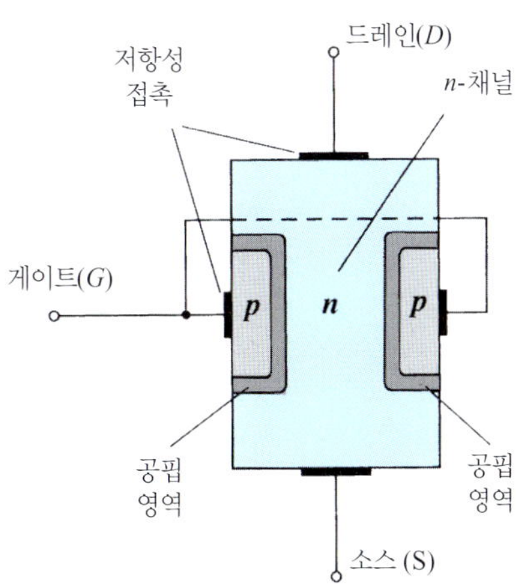

그림 6.3 접합 전계효과 트랜지스터(JFET)

그림 6.4 JFET 제어 메카니즘을 위한 물의 유사성에 의한 설명

전도는 일어날 수 없음을 상기하자.

미흡한 비유겠지만, 그림 6.4와 같이 물로 비유함으로써 게이트 단자에서의 JFET 제어와 단자에 붙여진 용어에 대한 적절한 감을 잡을 수 있을 것이다. 수압은 수도꼭지(소스)에서 물(전자)이 나오게 하는 것으로, 드레인과 소스 사이에 인가된 전압에 비유된다. 인가된 신호(전위)를 통해 '게이트'는 '드레인'으로의 물(전자)의 흐름을 조절한다. 드레인과 소스 단자는 전자의 흐름에 대하여 정의되어 있기 때문에 그림 6.3에 나타난 것과 같이 n채널의 양 끝에 있다.

$V_{GS} = 0$ V, V_{DS}는 양전위인 경우

그림 6.5에서 채널 양단에는 양전위 V_{DS}를 인가하고, 게이트는 $V_{GS}=0$ V 조건을 만족시키기 위해 직접 소스에 연결하였다. 따라서 게이트와 소스 단자는 동일한 전위가 되고 각 p형 물질의 양 끝부분의 공핍 영역은 그림 6.3에 나타난 바이어스가 없는 경우의 분포와 비슷하게 된다. $V_{DD}(=V_{DS})$를 인가하면, 전자는 드레인 단자로 끌려가고 그림 6.5에 정의된 방향으로 전류 I_D가 흐른다. 전하의 흐름으로부터 드레인과 소스 전류는 같음($I_D=I_S$)을 확실하게 알 수 있다. 그림 6.5에 나타난 조건 하에서 전하는 비교적 방해받지 않고 흐르고 드레인과 소스 사이의 n채널 저항에 의해서만 제한받는다.

2개의 p형 물질 윗부분 근처에서 공핍 영역이 더 넓다는 사실은 중요하다. 공핍 영역의 폭이 다른 이유는 그림 6.6을 통해서 알 수 있다. n채널의 저항이 균일하다고 가정하면, 채널의 저항은 그림 6.6과 같이 영역별로 나눌 수 있다. 그림에서 나타낸 바와 같이 전류 I_D는 채널을 따라 전압을 형성한다. 그 결과, p형 물질의 윗부분은 약 1.5 V로 역방향 바이어스가 걸리고, 아래 부분은 0.5 V로 역방향 바이어스가 걸린다. 다이오드 작동에서 보다 많은 역방향 바이어스 전압이 걸리면, 공핍 영역이 커지는 것을 감안할 때, 그림 6.6에 보이는 것과 같이 공핍 영역이 분포하게 된다. p-n 접합은 채널의 길이에 따라 역방향 바이어스를 걸기 때문에 그림에서 보는 것처럼 게이트 전류는 0 A이다. $I_G=0$ A라는 것은 JFET의 중요한 특징이다.

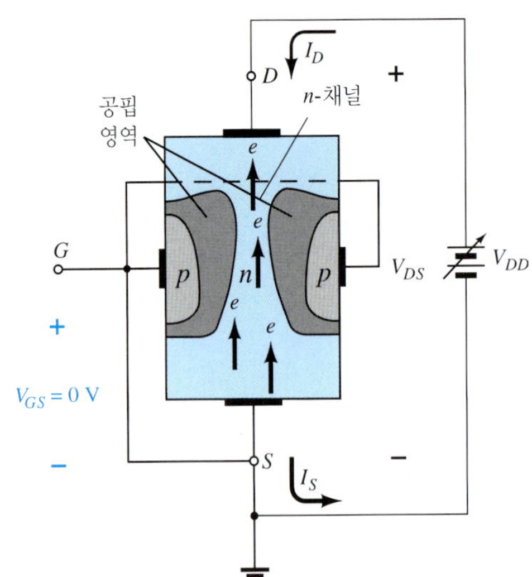

그림 6.5 $V_{GS}=0$ V, $V_{DS}>0$ V에서의 JFET

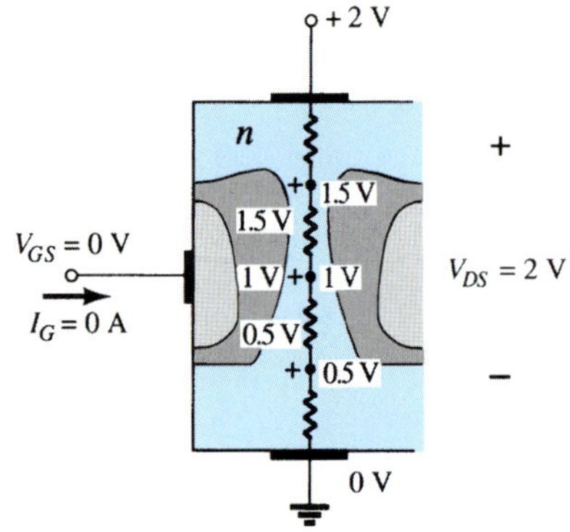

그림 6.6 n채널 JFET의 p-n 접합을 따라 변화하는 역바이어스 전위

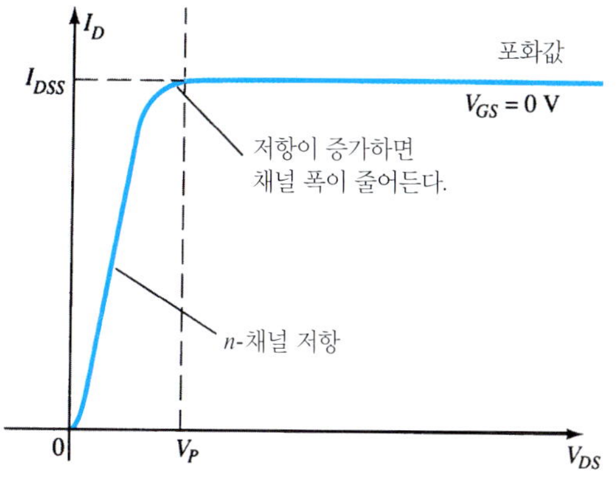

그림 6.7 V_{GS}=0 V에 대한 I_D 대 V_{DS} 곡선

전압 V_{DS}가 0 V에서 수 V로 증가함에 따라 전류는 Ohm의 법칙에 따라 증가하고, I_D 대 V_{DS}의 그래프는 그림 6.7과 같이 된다. V_{DS}가 작은 경우, 그래프가 비교적 직선에 가까우므로 저항이 일정하다는 것을 알 수 있다. V_{DS}가 증가하여 그림 6.7의 V_P에 가까워질수록 그림 6.5의 공핍 영역은 넓어지게 되어 채널의 폭은 상당히 줄어든다. 전도 경로의 폭이 줄어들어 저항은 증가하고 그림 6.7의 그래프에서 곡선부가 발생하게 된다. 곡선이 수평에 가까워질수록 저항은 높아지고 완전히 수평인 영역에서 저항은 무한대에 근접하게 된다. 만약 V_{DS}가 그림 6.8과 같이 두 공핍 영역이 만나는 값까지 증가하면, 핀치 오프(pinch-off)라고 하는 조건이 된다. 이 조건을 만족하는 V_{DS}를 핀치 오프 전압(pinch-off voltage)이라고 하고 그림 6.7에서처럼 V_P로 표시한다. 사실 핀치 오프(pinch-off)라는 용어는 전류가 핀치 오프되면 0 A로 떨어지는 것을 의미하는 것이므로 잘못된 것이다. 그림 6.7에 나타낸 바와 같이 사실 I_D는 0이 되지 않고 I_{DSS}라는 포화값을 유지한다. 실제로는 매우 높은 밀도의 전류가 흐르는 매우 작은 채널이 존재한다. I_D가 핀치 오프 상태에서 0 A로 떨어지지 않고 그림 6.7에서와 같이 포화값을 유지하는 것은 다음의 사실을 통해 확인할 수 있다. 드레인 전류가 흐르지 않으

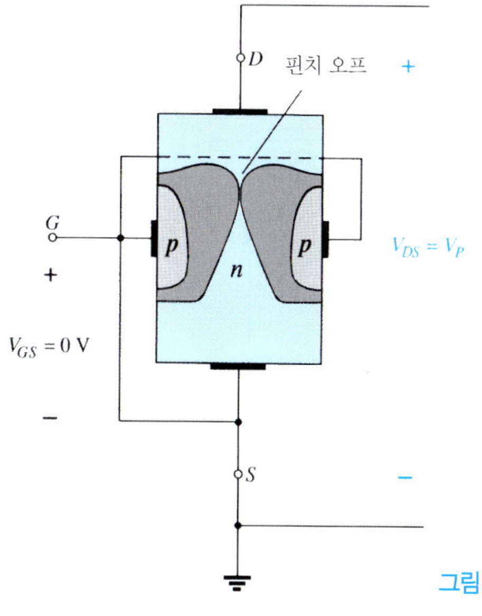

그림 6.8 핀치 오프(V_{GS}=0 V, V_{DS}=V_P)

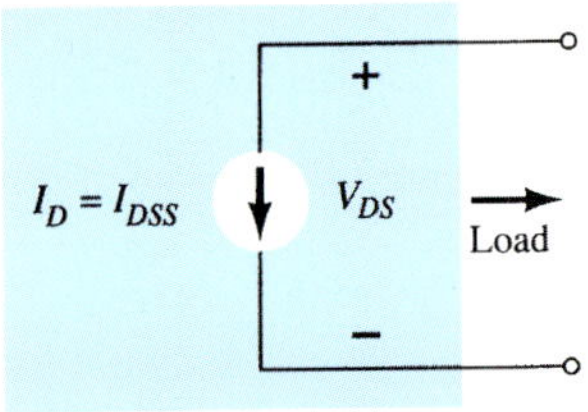

그림 6.9 V_{GS}=0 V, $V_{DS} > V_P$에 등가인 전류원

면 n채널 물질을 통해 다른 전위가 생기지 않게 되기 때문에 p–n 접합에 걸리는 역방향 바이어스가 변하지 않게 된다. 결과적으로 핀치 오프를 일으키는 주요 원인인 공핍 영역이 분포하지 않게 된다.

V_{DS}가 V_P보다 커지면 두 공핍 영역 사이에 있는 인접 영역은 채널을 따라 증가하지만, I_D는 일정하게 유지된다. 그러므로 $V_{DS} > V_P$인 경우 본질적으로 JFET은 전류원의 특성을 가진다. 그림 6.9에 나타낸 바와 같이, 전류는 $I_D = I_{DSS}$로 고정되고 전압 V_{DS}는(V_P보다 큰 값인 경우) 인가된 부하의 크기에 의해 결정된다.

I_{DSS}라는 표기는 게이트와 소스 사이가 단락된 상태에서 드레인에서 소스로 흐르는 전류를 나타내기 위함이다. 소자의 특성을 계속 살펴보면, 다음의 사실을 알게 된다.

I_{DSS}는 JFET의 최대 드레인 전류로 V_{GS}=0 V와 $V_{DS} > |V_P|$ 조건에서 정의된다.

그림 6.7의 그래프의 전 영역에서 V_{GS}=0 V이었음에 유의하자. 다음에서는 V_{GS}의 값이 변함에 따라 그림 6.7의 특성이 어떻게 변하는지를 살펴보겠다.

$V_{GS} < 0$ V

V_{GS}로 표기되는 게이트에서 소스까지의 전압은 JFET를 조절하는 전압이다. BJT 트랜지스터에서 다양한 I_B값에 따라 다양한 I_C 대 V_{CE} 그래프가 나타난 것과 같이, JFET의 경우에도 다양한 V_{GS}값에 따라 여러 가지의 I_D 대 V_{DS}의 그래프를 구할 수 있다. n채널 소자의 경우, 제어 전압 V_{GS}는 V_{GS}=0 V보다 더 음의 값으로 한다. 다시 말해 게이트 단자는 소스 단자에 비해 더 낮은 전위를 가진다.

그림 6.10에서 낮은 V_{DS}값 동안 -1 V의 음전압을 게이트와 소스 단자 사이에 인가하였다. 음의 바이어스 V_{GS}를 인가함으로써 V_{DS}의 더 작은 값에서 V_{GS}=0 V인 경우와 같은 공핍 영역이 형성된다. 따라서 음의 바이어스를 게이트에 인가하면, $V_{GS}=-1$ V인 경우, 그림 6.11에 나타난 바와 같이 더 낮은 V_{DS}값에서 포화된다. I_D의 포화값이 감소하고 이로 인해

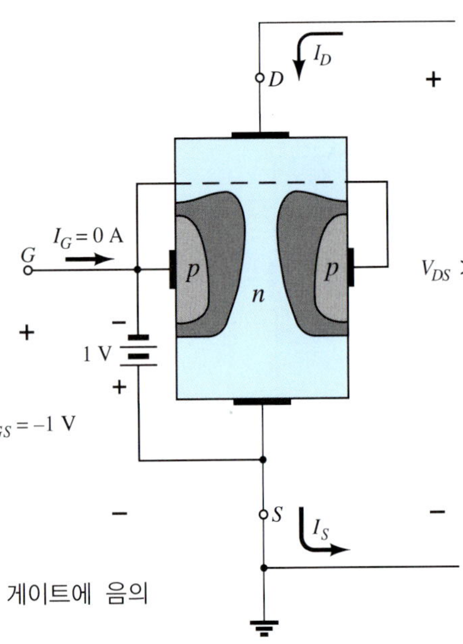

그림 6.10 JFET의 게이트에 음의 전압의 인가

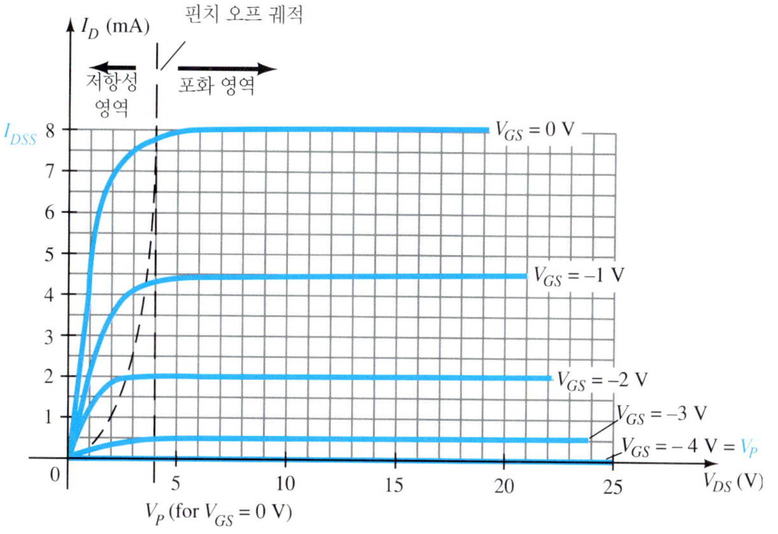

그림 6.11 $I_{DSS}=8$ mA, $V_P=-4$ V의 n채널 JFET의 특성

V_{GS}가 더 음전압이 됨으로써 I_D는 더 감소하는 과정이 반복된다. 그림 6.11에서 V_{GS}가 더 음전압이 될수록 핀치 오프 전압이 포물선 모양으로 어떻게 감소하는지를 눈여겨보라. 결국 $V_{GS}=-V_P$가 될 때 V_{GS}는 실질적으로 포화 전류가 0 mA가 되기 충분한 값이 된다. 그리고 모든 실질적 목적에서 소자는 'turn off'된다. 요약하면,

$I_D=0$ mA인 V_{GS} 크기는 $V_{GS}=V_P$로 정의된다. 여기서 V_P는 n채널 JFET에 대해서는 V_P가 음의 전압이고 p채널 JFET에 대해서는 V_P가 양의 전압이다.

대부분의 사양서에서 핀치 오프 전압은 V_P보다는 $V_{GS(\text{off})}$로 표시한다. 사양서는 기본적인 요소를 소개하는 이 장의 뒷부분에서 살펴본다. 그림 6.11에서 핀치 오프 궤적의 오른쪽 영역은 전형적으로 선형 증폭기(인가 신호에 대해 최소의 왜곡을 가진 증폭기)에 사용되는 영역이다. 그리고 흔히 일정 전류(constant-current) 영역, 포화(saturation) 영역, 선형 증폭(linear amplification) 영역이라고 한다.

전압 제어형 저항

그림 6.11의 핀치 오프 궤적에서 왼쪽 영역은 저항성(ohmic) 영역 혹은 전압 제어형 저항(voltage-controlled resistance) 영역이라고 한다. 이 영역에서 JFET는 실제로 인가된 게이트와 소스 사이 전압에 의해 저항값이 제어되는 가변저항(자동 이득 제어 시스템에 사용)처럼 작동한다. 그림 6.11에서 $V_{DS} < V_P$인 경우 각 곡선의 기울기와 드레인 소스 사이 저항은 인가전압 V_{GS}에 대한 함수이다. V_{GS}가 더 음의 전압이 될수록 각 곡선의 기울기는 보다 더 수평이 되고, 이는 저항이 증가하는 것을 의미한다. 다음의 식은 인가전압 V_{GS}로 저항을 1차 근사한 것이다.

$$r_d = \frac{r_o}{(1 - V_{GS}/V_P)^2} \tag{6.1}$$

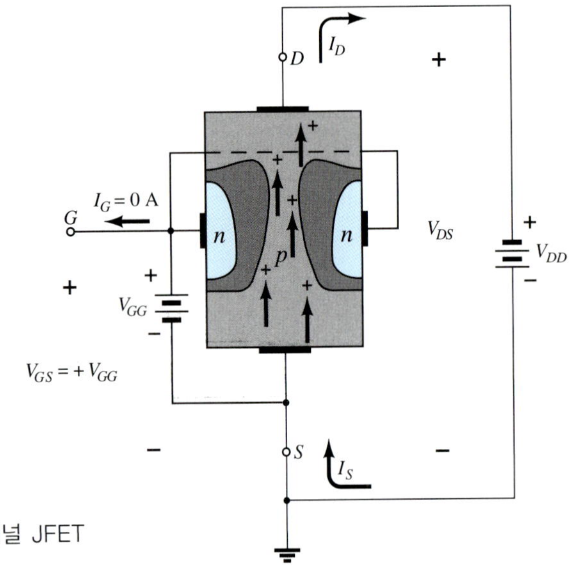

그림 6.12 p채널 JFET

식에서 r_o는 $V_{GS}=0$ V인 경우의 저항이고, r_d는 V_{GS}가 0이 아닌 어떤 값일 경우의 저항이다.

$V_{GS}=0$ V이고 $V_P=-6$ V인 경우 r_o가 10 kΩ인 n채널 JFET에 대해 식 (6.1)을 적용하면 $V_{GS}=-3$ V일 때, 40 kΩ이 된다.

p채널 소자

p채널 JFET는 그림 6.3의 n채널 소자와 동일한 방법으로 만들지만, 그림 6.12에서와 같이 p형과 n형 물질이 바뀌어 있다. 전압 V_{GS}와 V_{DS}의 실제 극성이 반대인 것과 같이 정의된 전류의 방향도 반대가 된다. $I_{DSS}=6$ mA이고 $V_{GS}=+6$ V인 핀치 오프(pinch-off) 전압을 갖는 p채널 소자에서, 게이트와 소스 간의 전압이 양의 값으로 증가함에 따라 채널의 폭은 줄어들게 되고, 이중 첨자 표기법에 따르면 V_{DS}는 그림 6.13의 특성 곡선상에서 음의 전압값을 가지게 된다. V_{DS}의 음의 부호 때문에 혼동될 필요는 없다. 이는 소스가 드레인보다 높은 전위에 있다는 것을 의미한다.

높은 V_{DS}값에서 곡선이 무한히 큰 값으로 갑자기 증가한다는 것에 유의하라. 이 수직 상승

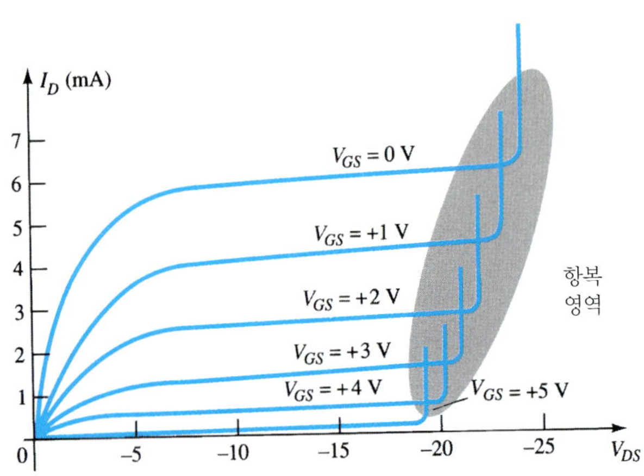

그림 6.13 $I_{DSS}=6$ mA, $V_P=+6$ V의 p채널 JFET의 특성

은 항복(breakdown)이 발생하여 채널을 통해 흐르는 전류가(정상 상태에서와 같은 방향으로) 외부회로에 의해서만 제한된다는 사실을 보여준다. n채널 소자는 그림 6.11에는 나타나지 않았지만, 충분한 전압이 가해지면 n채널 소자에서도 동일한 현상이 나타난다. 사양서에 $V_{DS_{max}}$가 명시되어 있으므로 이를 참조하거나, V_{DS}의 실제값이 모든 V_{GS}값에 대해 항복이 일어나는 전압보다 작도록 설계한다면 항복 영역을 피할 수 있다.

기호

n채널 및 p채널 JFET에 대한 기호가 그림 6.14에 나타나 있다. 화살표가 안쪽으로 향하고 있는 것이 그림 6.14a의 n채널 소자에 대한 것이며, 이는 p–n 접합단에 순방향 바이어스가 인가되었을 때의 I_G의 방향을 반영한 것임을 기억하자. p채널 소자와(그림 6.14b) 기호가 유일하게 다른 점은 화살표의 방향이다.

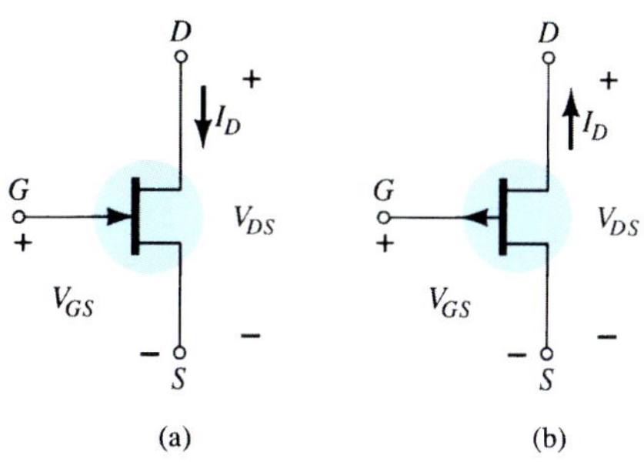

그림 6.14 JFET 기호: (a) n채널; (b) p채널

요약

이 절에서는 수많은 중요한 파라미터와 관계식을 다루었다. n채널 JFET에 대하여 이 장 이후에 다룰 해석에서는 다음과 같은 내용을 자주 다룬다.

최대전류는 I_{DSS}로 정의되고, 그림 6.15a에 나타난 것과 같이 $V_{GS} = 0$ V, $V_{DS} \geq |V_P|$일 때 발생한다.

핀치 오프 전압보다 작은(음의 값으로 더 큰) 게이트-소스간 전압 V_{GS}에 대해, 그림 6.15b에서와 같이 드레인 전류는 0 A($I_D = 0$ A)이다.

0 V와 핀치 오프 전압 사이 모든 크기의 V_{GS}에 대해서 그림 6.15c와 같이 전류 I_D는 I_{DSS}와 0 A 사이의 범위에 있을 것이다.

유사 현상은 p채널 JFET에서도 발생할 수 있다.

6.3 전달 특성

유도

BJT 트랜지스터에서 출력전류 I_C와 입력 제어전류 I_B는 앞으로의 해석에서 상수로 간주될 β에 의해 연관된다. 식으로 쓰면,

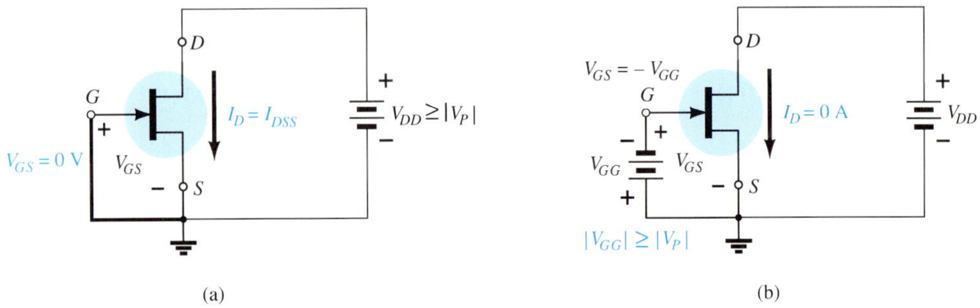

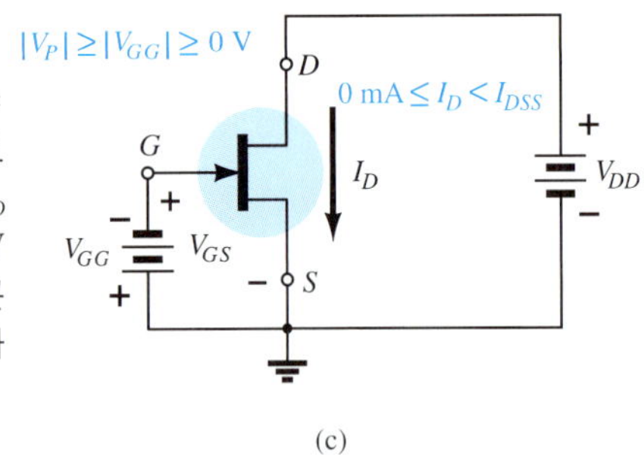

그림 6.15 (a) $V_{GS} = 0\,\text{V}$, $I_D = I_{DSS}$; (b) 핀치 오프 전압보다 작은 차단($I_D = 0\,\text{A}$) V_{GS}; (c) $V_{GS} \leq 0\,\text{V}$와 핀치 오프 전압보다 큰 V_{GS}에 대해 I_D는 0 A와 I_{DSS} 사이이다.

William Bradford Shockley(1910~1989), 첫 트랜지스터의 공동 발명자 및 트랜지스터와 FET의 개발에 적용된 전계효과 이론을 공식화한 인물.

영국 런던 출생. 1936년 Harvard 대학 박사 학위. Bell 연구소 Transistor Physics Department의 책임자; Shockley Transistor사의 대표; Stanford 대학교 Engineering Science Poniatoff의 교수. 1956년 Walter Brattain, John Bardeen과 노벨물리학상 공동 수상.

그림 6.16 William Bradford Shockley 박사(AT&T사 보관 제공 사진)

control variable

$$\boxed{I_C = f(I_B) = \beta I_B} \tag{6.2}$$

constant

식 (6.2)에서 I_C와 I_B 사이에는 선형적인 관계가 있다. I_B의 크기를 두 배로 늘리면 I_C 또한 두 배로 증가한다.

불행히도 JFET의 입출력 관계는 선형이 아니다. I_D와 V_{GS}의 관계는 Shockley 방정식으로 정의된다(그림 6.16 참조).

control variable

$$\boxed{I_D = I_{DSS}\left(1 - \frac{V_{GS}}{V_P}\right)^2} \tag{6.3}$$

constants

위 식의 제곱항 때문에 I_D와 V_{GS} 사이에 비선형적인 관계가 나타나며, 곡선은 V_{GS} 절대값이 감소함에 따라 지수적으로 증가하게 된다.

7장에서 다룰 직류 해석을 위해서는, 일반적으로 수학적인 접근보다는 그래프를 통한 접근이 보다 직접적이며 편리하다. 그러나 그래프를 통한 접근은 소자의 특성을 나타내기 위해 식 (6.3)을 도시하여야 하며, 같은 변수들을 이용해 회로식을 도시해야 한다. 해는 이 두 곡선의 교점으로 정해진다. 그래프를 사용하는 방법을 쓰려면 소자의 특성 곡선이 소자가 연결되어 있는 회로에 의해 영향 받지 않는다는 사실을 기억해둘 필요가 있다. 회로의 해는 두 곡선의 교점에 따라 바뀌게 될 수도 있지만, 식 (6.3)으로 정해지는 전달 곡선은 변하지 않는다. 따라서 일반적으로

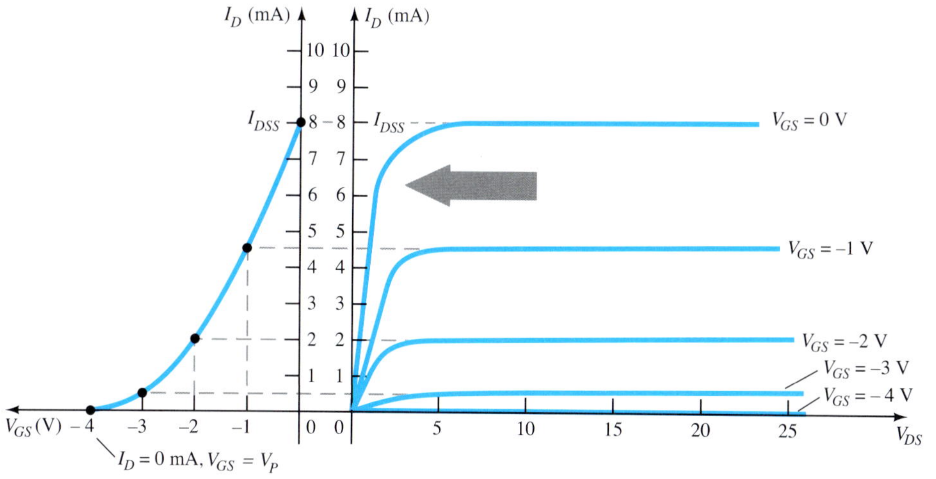

그림 6.17 드레인 특성으로부터 얻은 전달 곡선

Shockley 방정식에 의해 정의된 전달 특성은 소자가 연결되어 있는 회로에 의해 영향을 받지 않는다.

전달 곡선은 Shockley 방정식을 사용하거나 그림 6.11의 출력 특성을 사용하여 얻을 수 있다. 그림 6.17에 수직축을 mA 눈금으로 잡은 두 그래프를 나타내었다. 하나는 I_D대 V_{DS}의 그래프이며, 다른 하나는 I_D 대 V_{GS}의 그래프이다. y축 오른쪽에 있는 드레인 특성 곡선을 사용하면, V_{GS}=0 V로 표시된 포화 영역에서 I_D축으로 수평선을 그릴 수 있다. 이 결과로 얻은 전류값은 두 그래프 모두 I_{DSS}이다. I_D 대 V_{GS} 곡선 위의 교점은 수직축이 V_{GS}=0 V로 정의되므로 같은 점이 된다.

복습하면

$$\boxed{V_{GS} = 0\ \text{V이면}\quad I_D = I_{DSS}} \tag{6.4}$$

$V_{GS}=V_P=-4$ V이면 드레인 전류는 0 mA가 되어 전달 곡선상의 또 다른 점이 된다. 즉

$$\boxed{V_{GS} = V_P\text{이면}\quad I_D = 0\ \text{mA}} \tag{6.5}$$

여기서 드레인 특성에 의해 한 출력(또는 드레인)값과 또 다른 출력(또는 드레인)값이 연관되어 있다는 사실을 아는 것이 중요하다—양 축들은 소자 특성 곡선의 같은 영역에 있는 변수들로 정해진다. 특성 곡선은 출력(드레인) 전류 대 입력 제어값을 도시한 것이다. 따라서 그림 6.17의 왼쪽 곡선을 사용하면 입출력 사이에 일어나는 직접적인 전달관계를 알 수 있다. 관계가 선형일 경우 I_D 대 V_{GS}의 그래프는 I_{DSS}와 V_P를 연결한 직선이 된다. 그러나 그림 6.17의 드레인 특성 곡선에서의 V_{GS}의 수직 간격 사이가 V_{GS}가 음으로 갈수록 눈에 띄게 줄기 때문에 I_D 대 V_{GS}의 그래프는 포물선형이 된다. V_{GS}=0 V와 $V_{GS}=-1$ V 사이의 간격과 $V_{GS}=-3$ V에서 핀치 오프 전압 사이의 간격을 비교해 보면 V_{GS}의 변화는 동일하지만 결과

적인 I_D의 값 변화는 상당히 다름을 알 수 있다.

$V_{GS}=-1$ V 곡선에서 I_D축으로 수평선을 긋고 이를 다른 축까지 연장하면 특선 곡선상에 또 다른 점을 잡게 된다. 전달 곡선에서 $I_D=4.5$ mA이면 $V_{GS}=-1$ V이다. I_D의 정의에서 $V_{GS}=0$ V, 그리고 -1 V일 때 I_D는 포화가 되며, 저항성 영역은 무시한다는 점에 주목하자. $V_{GS}=-2$ V와 -3 V에 대해 계속하면, 전달 곡선이 완성된다. 7장의 해석에서 여러 가지로 이용하게 되는 것은 그림 6.17의 드레인 특성 곡선이 아닌, I_D 대 V_{GS}의 특성 곡선이다. 다음의 몇 절에서 I_{DSS}와 V_P, 그리고 Shockley 방정식만이 주어졌을 때, I_D 대 V_{GS}의 곡선을 그리는 편리하고 유용한 방법을 다룬다.

Shockley 방정식의 적용

그림 6.17의 전달 곡선은 I_{DSS}와 V_P의 값이 주어진 경우 식 (6.3)의 Shockley 방정식을 통해서도 직접 구할 수 있다. I_{DSS}와 V_P 값이 곡선의 양 축에 대한 한계가 되며 도시를 위해서는 이 한계 내 값의 몇몇 중간점들을 구하면 된다. 그림 6.17의 특성 곡선이 식 (6.3)으로부터 그려졌다는 점에 대한 타당성은 한 변수의 몇몇 특정값과 이에 대한 결과값을 다음과 같이 살펴보는 것으로 가장 잘 설명될 수 있다.

$V_{GS}=0$ V를 대입하면

$$\text{식 (6.3):}\quad I_D = I_{DSS}\left(1 - \frac{V_{GS}}{V_P}\right)^2$$
$$= I_{DSS}\left(1 - \frac{0}{V_P}\right)^2 = I_{DSS}(1-0)^2$$

그리고

$$\boxed{I_D = I_{DSS}|_{V_{GS}=0\,\text{V}}} \tag{6.6}$$

$V_{GS}=V_P$로 대입하면,

$$I_D = I_{DSS}\left(1 - \frac{V_P}{V_P}\right)^2$$
$$= I_{DSS}(1-1)^2 = I_{DSS}(0)$$
$$\boxed{I_D = 0\,\text{A}|_{V_{GS}=V_P}} \tag{6.7}$$

그림 6.17의 드레인 특성 곡선에 대해 $V_{GS}=-1$ V를 대입하면,

$$I_D = I_{DSS}\left(1 - \frac{V_{GS}}{V_P}\right)^2$$
$$= 8\,\text{mA}\left(1 - \frac{-1\,\text{V}}{-4\,\text{V}}\right)^2 = 8\,\text{mA}\left(1 - \frac{1}{4}\right)^2 = 8\,\text{mA}(0.75)^2$$
$$= 8\,\text{mA}(0.5625)$$
$$= \mathbf{4.5\,mA}$$

가 되며, 이는 그림 6.17에서와 같다. 위의 계산에서 V_{GS}와 V_P의 부호가 음인 점에 유의하여야 할 것이다. 하나의 부호라도 실수한다면 전체적으로 잘못된 결과를 얻는다.

위에서부터 주어진 I_{DSS}와 V_P에 대해(이는 보통 사양서에서 주어진다) V_{GS}의 임의의 값에 대한 I_D의 값을 구할 수 있다는 것은 확실하다. 역으로 간단한 계산을 통해 [식 (6.3)으로부터] I_D의 값이 주어졌을 때 V_{GS}의 값을 구할 수 있다. 식을 유도하는 것은 간단하여 결과는 다음과 같다.

$$\boxed{V_{GS} = V_P\left(1 - \sqrt{\frac{I_D}{I_{DSS}}}\right)} \tag{6.8}$$

식 (6.8)을 이용하여 그림 6.17의 특성 곡선을 갖는 소자에 대해 드레인 전류가 4.5 mA가 되도록 하는 V_{GS}의 값을 구해봄으로써 이 식이 유효한지를 검토해 보자.

$$\begin{aligned} V_{GS} &= -4\text{ V}\left(1 - \sqrt{\frac{4.5\text{ mA}}{8\text{ mA}}}\right) \\ &= -4\text{ V}(1 - \sqrt{0.5625}) = -4\text{ V}(1 - 0.75) \\ &= -4\text{ V}(0.25) \\ &= \mathbf{-1\ V} \end{aligned}$$

이는 위의 계산에서 사용한 값과 같으며 또한 그림 6.17에서도 확인할 수 있다.

간편한 풀이법

특성 곡선을 자주 그려야 하기 때문에, 어느 정도의 정확도를 유지하면서도 빠르고 효과적으로 곡선을 그릴 수 있는 간단한 방법이 필요하다. 전달 특성 곡선을 그리기 위해 필요한 V_{GS} 값에 대한 I_D값은 식 (6.3)을 이용하여 구할 수 있다. $V_{GS}=V_P/2$일 때의 I_D는 Shockley 방정식에 의해 다음과 같이 구할 수 있다.

$$\begin{aligned} I_D &= I_{DSS}\left(1 - \frac{V_{GS}}{V_P}\right)^2 \\ &= I_{DSS}\left(\frac{1 - V_P/2}{V_P}\right)^2 = I_{DSS}\left(1 - \frac{1}{2}\right)^2 = I_{DSS}(0.5)^2 \\ &= I_{DSS}(0.25) \end{aligned}$$

그리고

$$\boxed{I_D = \left.\frac{I_{DSS}}{4}\right|_{V_{GS}=V_P/2}} \tag{6.9}$$

식 (6.9)는 특정한 V_P값에 대해서만 성립하는 식이 아니다. 즉 $V_{GS}=V_P/2$의 조건만 만족되면 어떠한 V_P값에 대해서도 성립하는 일반식이다. $V_{GS}=V_P/2$이면 드레인 전류는 $I_D=I_{DSS}/4$이다. 그림 6.17에서 $V_{GS}=V_P/2=-4\text{ V}/2=-2\text{ V}$일 때의 I_D값을 확인해 보자.

$I_D=I_{DSS}/2$로 선택하고, 이를 식 (6.8)에 대입하면 다음과 같다.

$$V_{GS} = V_P\left(1 - \sqrt{\frac{I_D}{I_{DSS}}}\right)$$

$$= V_P\left(1 - \sqrt{\frac{I_{DSS}/2}{I_{DSS}}}\right) = V_P(1 - \sqrt{0.5}) = V_P(0.293)$$

그리고

$$\boxed{V_{GS} \cong 0.3V_P|_{I_D=I_{DSS}/2}} \tag{6.10}$$

이다.

표 6.1 Shockley 방정식을 사용한 V_{GS} 대 I_D

V_{GS}	I_D
0	I_{DSS}
$0.3V_P$	$I_{DSS}/2$
$0.5V_P$	$I_{DSS}/4$
V_P	0 mA

위와 같은 방법으로 다른 점들도 구할 수 있다. 위에서 정의된 네 점을 이용하여 만족할 만한 정확도로 특성 곡선을 그릴 수 있다. 특성 곡선을 그리는 데 이용된 네 점을 표 6.1에 정리하였다. 실제로 7장의 회로 해석에서는 최대 네 점을 이용하여 특성 곡선을 그린다. 그러나 대부분의 경우에는 $V_{GS}=V_P/2$로 정해지는 점과 I_{DSS}와 V_P에서의 교점을 이용하면 계산을 위해 충분히 정확한 곡선을 그릴 수 있다.

예제 6.1 $I_{DSS}=12$ mA, $V_P=-6$ V로 정해지는 전달 특성 곡선을 그려라.

풀이 두 점은 다음과 같이 정의된다.

$$I_{DSS}=\mathbf{12\ mA} \quad \text{그리고} \quad V_p=\mathbf{0\ V}$$

그리고

$$I_D=\mathbf{0\ mA} \quad \text{그리고} \quad V_{GS}=\mathbf{V_P}$$

$V_{GS}=V_P/2=-6\ \text{V}/2=-\mathbf{3\ V}$일 때 드레인 전류는 $I_D=I_{DSS}/4=12\ \text{mA}/4=\mathbf{3\ mA}$이다. $I_D=I_{DSS}/2=12\ \text{mA}/2=\mathbf{6\ mA}$일 때 게이트 소스 사이의 전압 $V_{GS} \cong 0.3\ V_P=0.3(-6\ \text{V})=-\mathbf{1.8\ V}$이다. 이 네 점들이 이들을 이용하여 완성한 전달 곡선과 함께 그림 6.18에 나타나 있다.

p채널 소자에 대해서도 Shockley 방정식인 식 (6.3)을 그대로 적용할 수 있다. 이 경우 V_P와 V_{GS}는 양의 값이 되고, 곡선은 n채널일 때와 I_D축에 대해 대칭이 되며, 동일한 값으로 제한된다.

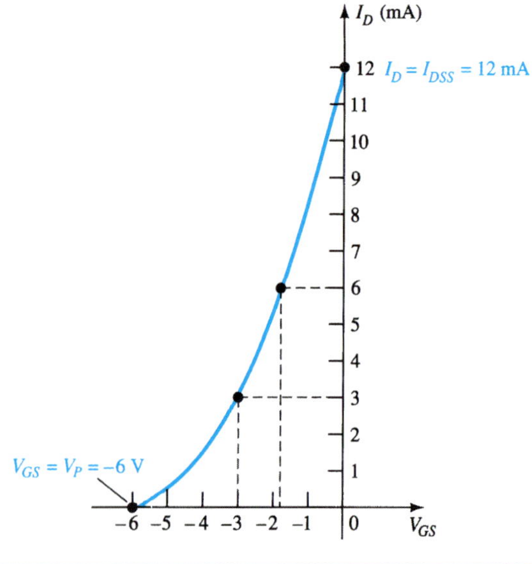

그림 6.18 예제 6.1의 전달 곡선

예제 6.2 I_{DSS}=4 mA, V_P=3 V인 p채널 소자의 전달 특성 곡선을 그려라.

풀이 $V_{GS}=V_P/2=3\ \text{V}/2=\mathbf{1.5\ V}$일 때 $I_D=I_{DSS}/4=4\ \text{mA}/4=\mathbf{1\ mA}$이다. $I_D=I_{DSS}/2=4\ \text{mA}/2=\mathbf{2\ mA}$일 때 $V_{GS}=0.3\ V_P=0.3(3\ \text{V})=\mathbf{0.9\ V}$이다. I_{DSS}와 V_P로 정해지는 점들과 위에서 구한 두 점을 그림 6.19에 나타내었다.

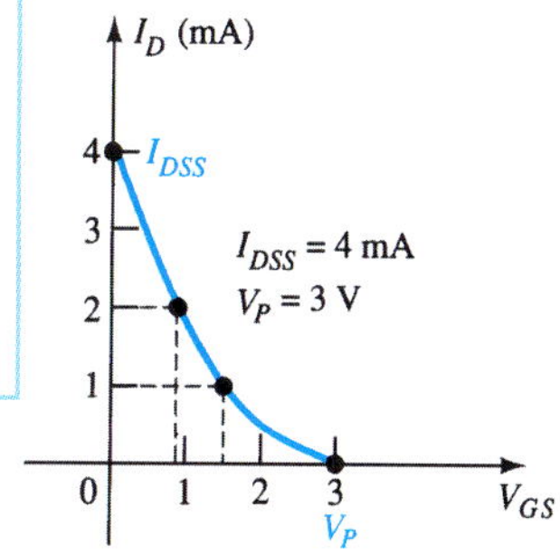

그림 6.19 예제 6.2의 p채널 소자의 전달 특성 곡선

6.4 사양서(JFET)

다른 전자소자와 같이 사양서에 제시된 내용을 이해하는 것은 중요하다. 보통 언급되는 내용은 우리가 일반적으로 적용하는 것과 다르며 번역의 기준이 적용되어야 한다. 하지만 내용의 제목은 일정하며 최대정격, 온도 특성, 전기특성을 포함하고 있다. 그림 6.20은 **Fairchild Semicondcutor** 사의 2가지 패키지 형태의 n채널 JFET 2N5457의 사양서를 보여주고 있다. 패키지 TO-92는 표면 부착형 SOT-23보다 더 고전력용 소자이다.

최대 정격

최대 정격의 목록은 일반적으로 특정 단자의 최대 전압, 최대 전류, 소자의 최대 소비 전력 등과 함께 사양서의 앞에 표시된다. 회로를 설계할 때, 어떠한 경우에라도 V_{DS}, V_{DG} 그리고 V_{DS}의 최대값을 초과하면 안 된다. 인가전압 V_{DD}는 이 값보다 큰 값이 될 수도 있지만, 단자들 사이에 인가될 설계전압은 제시된 값보다 커서는 안 된다. 설계가 훌륭하게 되려면 여유값을 두어 최대로 허용되는 값을 넘지 않도록 하는 것이 좋다. V_{GSR}은 n채널 소자에서 게이트를 기준으로 소스에 양의 전압을 인가할 때 항복 현상이 일어나기 전에 소스에 인가될 수 있는 최대 전압으로 R은 역방향을 의미한다. 이러한 값은 몇몇 사양서에서는 드레인과 소스가 단락되었을 때, 즉 V_{DS}=0 V일 때의 항복전압 BV_{DSS}로 표시하기도 한다. 보통 I_G=0 mA로 작동하도록 설계되어 있지만, 실제로는 10 mA까지는 소자의 손상 없이 게이트에 전류가 흐를 수 있다.

온도특성

25°C(실온)에서 전체 소자의 소비 전력은 정상 작동 조건에서 소자가 소비할 수 있는 최대 전력이며, 다음과 같이 정의된다.

$$\boxed{P_D = V_{DS}I_D} \tag{6.11}$$

식 (6.11)은 BJT의 최대 소비 전력을 나타내는 식과 유사한 모양임을 알 수 있다.

3장에서 감쇠율에 대해 자세히 살펴본 것과 같이 5 mW/°C라는 값은 온도가 25°C 이상으로 1°C씩 증가할 때마다 방산 전력은 5 mW 감소한다는 것을 의미한다.

전기적 특성

전기적 특성에는 'off' 특성인 V_P 값과 'on' 특성인 I_{DSS}값이 포함된다. 보통 $V_P=V_{GS(\text{off})}$값은

FAIRCHILD
SEMICONDUCTOR ™

2N5457 **MMBF5457**

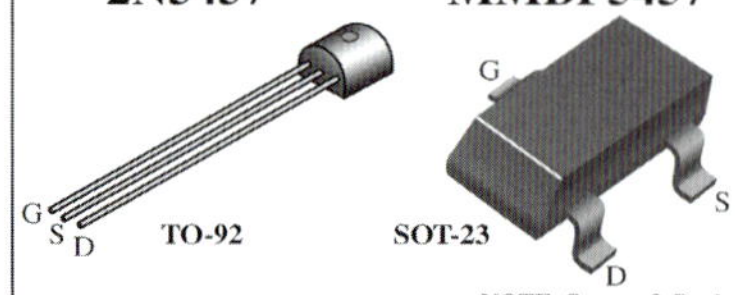

N-Channel General Purpose Amplifier
This device is a low-level audio amplifier and switching transistor, and can be used for analog switching applications.

ABSOLUTE MAXIMUM RATINGS

Symbol	Parameter	Value	Units
V_{DS}	Drain-Source Voltage	25	V
V_{DG}	Drain-Gate Voltage	25	V
V_{GS}	Gate-Source Voltage	–25	V
I_{GF}	Forward Gate Current	10	mA
T_J, T_{stg}	Operating and Storage Junction Temperature Range	–55 to +150	°C

THERMAL CHARACTERISTICS

Symbol	Characteristic	Max		Units
		2N5457	*MMBF5457	
P_D	Total Device Dissipation Derate above 25°C	625 5.0	350 2.8	mW mW/°C
$R_{\theta JC}$	Thermal Resistance, Junction to Case	125		°C/W
$R_{\theta JA}$	Thermal Resistance, Junction to Ambient	357	556	°C/W

ELECTRICAL CHARACTERISTICS T_A = 25°C unless otherwise noted

Symbol	Parameter	Test Conditions		Min	Typ	Max	Units
OFF CHARACTERISTICS							
$V_{(BR)GSS}$	Gate-Source Breakdown Voltage	I_G = 10 μA, V_{DS} = 0		–25			V
I_{GSS}	Gate Reverse Current	V_{GS} = –15 V, V_{DS} = 0 V_{GS} = –15 V, V_{DS} = 0, T_A = 100°C				–1.0 –200	nA nA
$V_{GS(off)}$	Gate-Source Cutoff Voltage	V_{DS} = 15 V, I_D = 10 nA	5457	–0.5		–6.0	V
V_{GS}	Gate-Source Voltage	V_{DS} = 15 V, I_D = 100 μA	5457		–2.5		V
ON CHARACTERISTICS							
I_{DSS}	Zero-Gate Voltage Drain Current	V_{DS} = 15 V, V_{GS} = 0	5457	1.0	3.0	5.0	mA
SMALL SIGNAL CHARACTERISTICS							
g_{fs}	Forward Transfer Conductance	V_{DS} = 15 V, V_{GS} = 0, f = 1.0 kHz	5457	1000		5000	μmhos
g_{os}	Output Conductance	V_{DS} = 15 V, V_{GS} = 0, f = 1.0 MHz			10	50	μmhos
C_{iss}	Input Capacitance	V_{DS} = 15 V, V_{GS} = 0, f = 1.0 MHz			4.5	7.0	pF
C_{rss}	Reverse Transfer Capacitance	V_{DS} = 15 V, V_{GS} = 0, f = 1.0 MHz			1.5	3.0	pF
NF	Noise Figure	V_{DS} = 15 V, V_{GS} = 0, f = 1.0 kHz, R_G = 1.0 megohm, BW = 1.0 Hz				3.0	dB

(a)

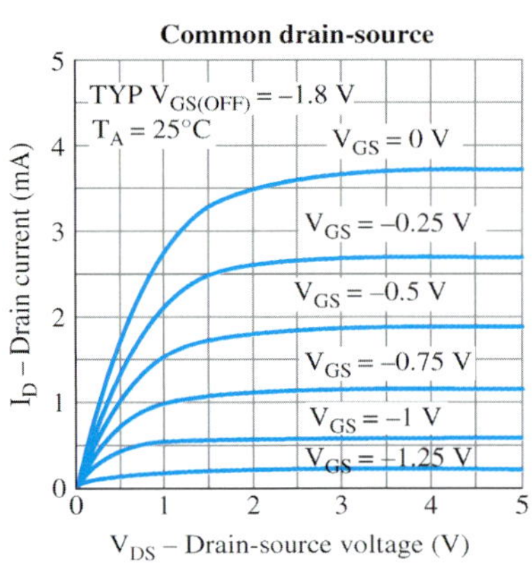

(b)

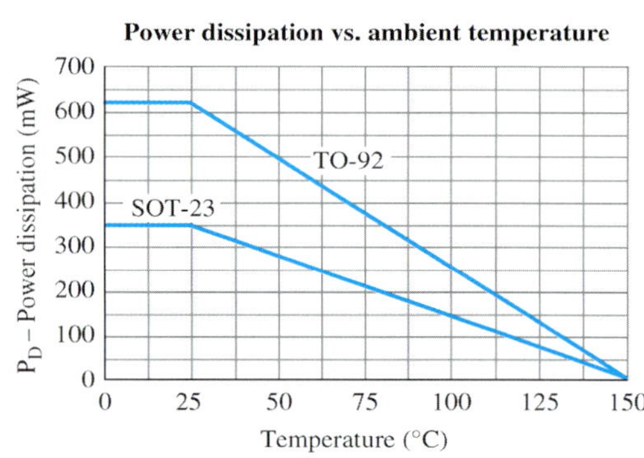

(c)

그림 6.20 n채널 JFET 2N5457의 특성

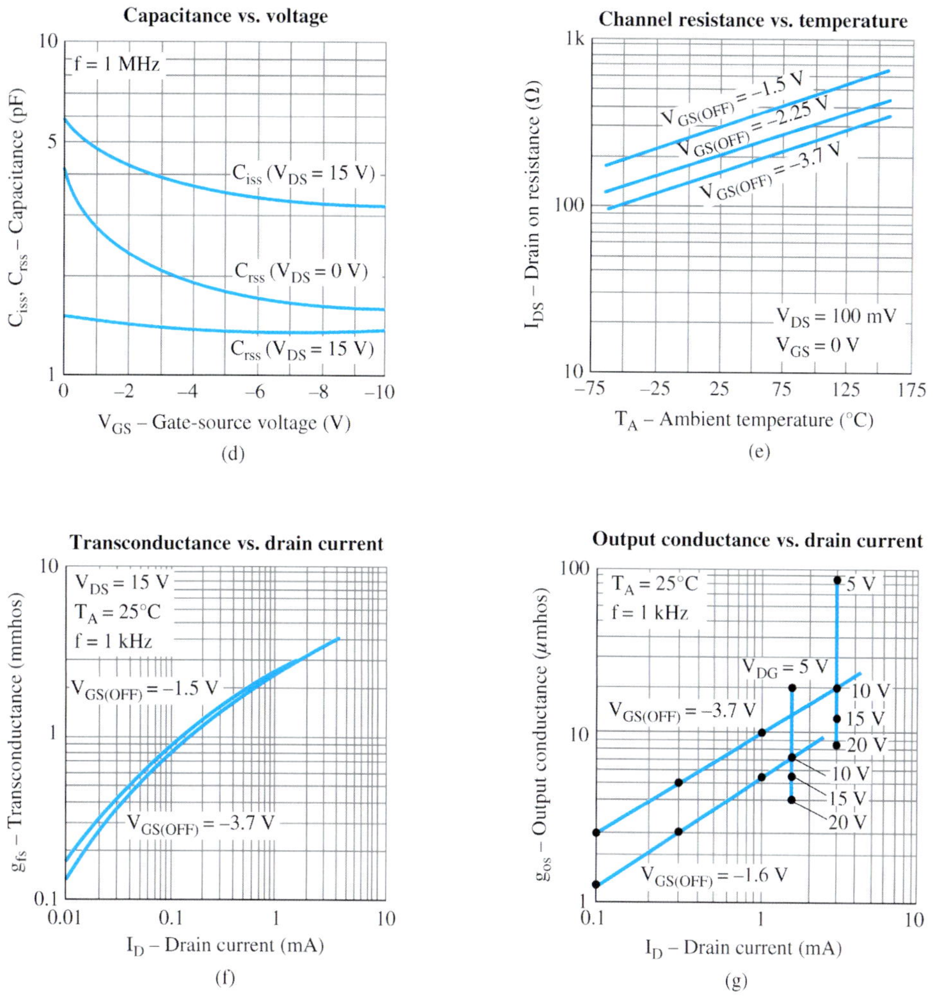

그림 6.20 계속

$-0.5 \sim -6.0$ V 범위이며, I_{DSS}는 $1 \sim 5$ mA 정도의 값을 갖는다. 같은 종류의 소자라 하더라도 이 값들이 소자에 따라 변한다는 사실은 설계시 고려해야 할 사항이다. 다른 특성들은 괄호 안의 조건에 의해 정의된다. 소신호 특성은 8장에서 논의한다.

일반적 특성

일반적 특성은 전압, 전류, 온도와 주파수에 따라 중요한 파라메터가 어떻게 변하는지를 보여주는 다양한 곡선을 포함한다.

그림 6.20a의 첫 번째 주석에서 수평축의 양의 부분에 V_{GS}의 음의 영역을 포함하며 가능한 핀치오프 전압 범위의 대략 중간값인 -2.6 V의 펀치오프 전압으로 인식할 수 있다. 만약 이 내용이 주어진 유일한 내용이면 소자는 제한영역의 평균으로 동작하는 것같이 볼 수 있다. 공통-드레인 특성이 -1.8 V이 핀티오프 전압으로 그림 6.20b에 제공되어 있다. 이 핀치오프 전압이 인가될 때 드레인 전류는 0으로 떨어지며 또한 만약 그림 6.20a의 -2.6 V의 핀치오프 전압에 대해서는 I_{DSS}는 약 9.5 mA이지만 이 -1.8 V의 핀치오프 전압에서

는 I_{DSS}는 오직 약 3.75 mA임을 유념하라. 주위온도에 대한 최대소비전력은 그림 6.20c에 도시되었으며 온도에 대해서 전력 사용 능력의 극적인 감소를 확실하게 보여주고 있다. 비등점(100°C)에서 전력 사용 능력은 250 mW로 이것은 일반 방에서의 650 mW와 비교된다. 그림 6.20d의 정전용량 효과는 결과 리액턴스와 동작속도에의 영향으로 고주파수에서는 매우 중요하다. 흥미로운 사실은 1 MHz의 주파수에서 게이트와 소스 사이 전압이 음으로 커지면 정전용량 효과는 더 줄어든다는 것이다. 그림 6.20e의 채널 저항의 도식은 어떻게 채널 저항이 여러 레벨의 $V_{GS(\text{OFF})}$에서 온도에 따라 변하는지를 보여주고 있다. 한눈으로 큰 변화는 보이지 않으나 수직축이 10 Ω에서 1 kΩ까지의 로그 스케일이라는 사실을 염두에 두라. 그림 6.20f의 전달컨덕턴스와 그림 6.20g의 출력 컨덕턴스의 도식은 JFET의 ac 네크워크를 고려할 경우 중요하다. 그것들은 ac 회로의 두 파라메터를 정의하며 각각은 핀치오프 전압에 덜 민감한 드레인 전류 범위에서 확실히 영향을 받는다.

작동 영역

드레인 특성에서 선형 증폭 영역은 각 V_{GS}값에서 핀치 오프값으로 정의된 곡선과 사양서에 의해 그림 6.21과 같이 나타난다. 저항성 영역에 의해 각 V_{GS}값에 따른 V_{DS}의 최소 허용값이 정해지고, $V_{DS_{\text{max}}}$는 V_{DS}의 최대 허용값을 나타낸다. 최대 드레인 전류는 포화 전류 I_{DSS}이며, 최대 전력 소비값을 이용하여 BJT에서 설명한 것과 같은 방법으로 곡선을 그릴 수 있다. 어두운 부분은 증폭기 설계를 위한 정상 작동 영역을 나타낸다.

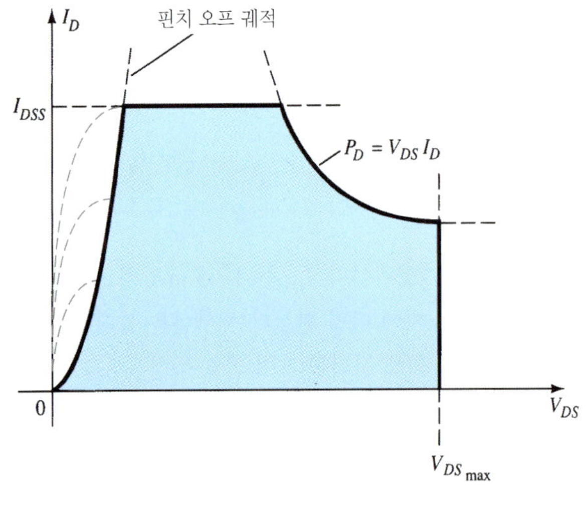

그림 6.21 선형 증폭기 설계를 위한 정상 작동 영역 핀치 오프 궤적

6.5 계측

3장에서 휴대형 수동 측정계기를 사용하여 BJT 트랜지스터의 β_{dc}값을 측정할 수 있다는 것을 살펴보았다. 그러나 그와 같은 방법으로는 I_{DSS}와 V_P의 값을 측정하는 것은 불가능하다. BJT 트랜지스터에서 소개된 커브 트레이서를 이용하면 여러 가지 제어 스위치를 적절히 설정함으로써 JFET 트랜지스터의 드레인 특성을 나타낼 수 있다. 그림 6.22에 나타낸 것과 같

은 특성을 표시하기 위해 수직축(mA)과 수평축(V)의 눈금을 조절한다. 그림 6.22의 JFET에서 수평축의 눈금(cm로 분할)은 1 V를 나타내는 반면 수직축의 큰 눈금은 1 mA의 변화를 나타낸다. 곡선들 사이의 전압 간격인 스텝전압은 500 mV/step(0.5 V/step)이며, 맨 위의 곡선이 n채널 소자에서 V_{GS}=0 V일 때를 나타내고, 그 아래의 곡선은 V_{GS}=−0.5 V일 때를 나타낸다. 따라서 동일한 스텝전압일 때 세 번째 곡선은 V_{GS}가 −1 V가 되고, 그 밑의 곡선은 −1.5 V가 되며, 맨 아래의 곡선은 −2 V가 된다. 맨 위의 곡선에서 I_D축으로 선을 그으면, I_{DSS}값이 9 mA임을 알 수 있다. V_P 값은 맨 아래 곡선의 V_{GS}값을 보고, V_{GS}가 음이 될수록 곡선 사이의 간격이 점점 줄어든다는 것을 고려하여 알아낼 수 있다. 이 경우에 V_P는 −2 V보다 음의 값이며, −2.5 V 정도가 된다. 그러나 차단 조건에 접근함에 따라 V_{GS} 곡선들 사이의 간격도 매우 빨리 줄어든다는 사실을 알아야 한다. 따라서 V_P=−3 V가 적당한 값이 된다. 스텝 제어는 V_{GS}=0 V, −0.5 V, −1 V, −1.5 V, −2 V를 표시할 수 있도록 5단계로 제어되어 있다. 스텝 제어를 10단계로 하면 스텝당 전압은 250 mV=0.25 V로 줄어들 수 있으며, 그림 6.22에 표시된 각 곡선 외에도 V_{GS}=−2.25 V인 곡선도 포함된다. V_{GS}=−2.25 V인 곡선을 보면 같은 스텝전압에 대하여 곡선들의 간격이 얼마나 빨리 줄어드는지를 알 수 있다. 다행히도 표 6.1에 나타낸 조건을 사용하면 V_P 값을 꽤 정확하게 구해낼 수 있다. 즉 I_D=I_{DSS}/2일 때 V_{GS}=0.3 V_P이다. 그림 6.22의 특성에서 I_D=I_{DSS}/2=9 mA/2=4.5 mA일 때의 V_{GS}는 −0.9 V이다. 따라서 V_P=V_{GS}/0.3=−0.9 V/0.3=−3 V이며, 이 값은 이 소자에서 거의 정확한 값이 된다. 이 값을 이용하여 V_{GS}=−2 V에서의 I_D를 구하면

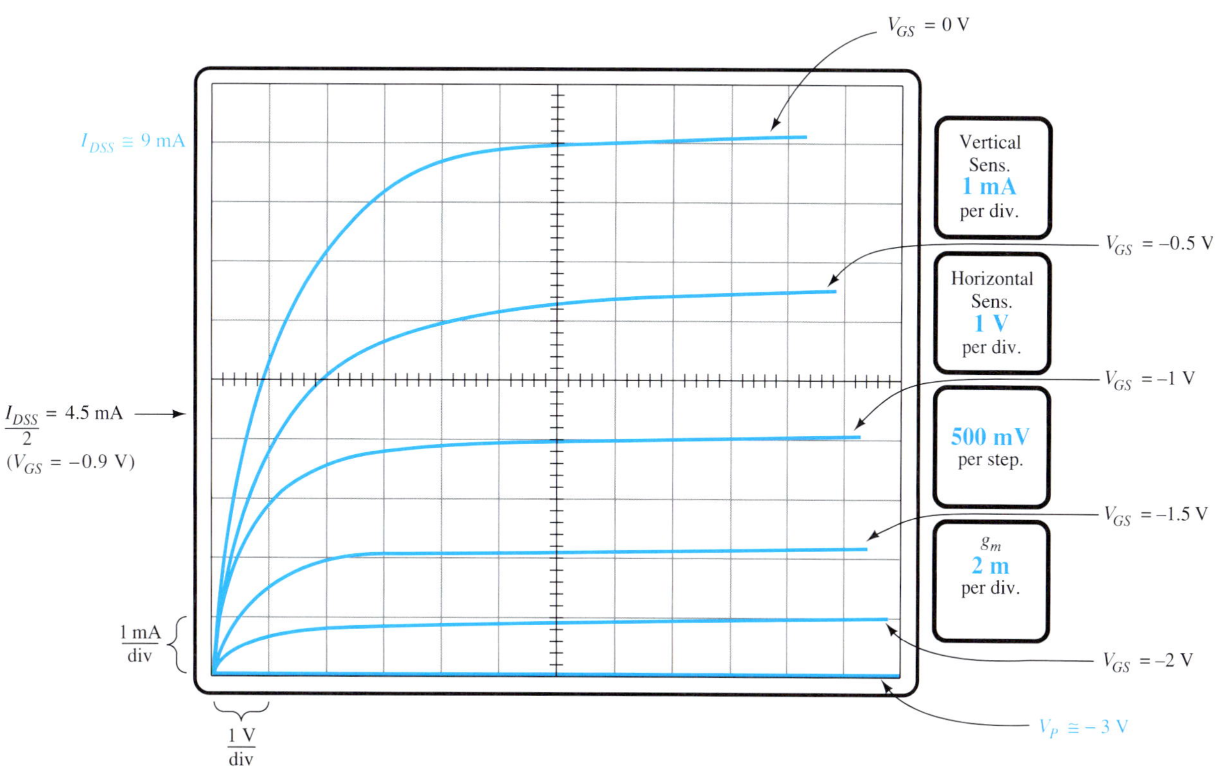

그림 6.22 곡선 추적기에 보여진 2N4416 트랜지스터의 드레인 특성

$$
\begin{aligned}
I_D &= I_{DSS}\left(1 - \frac{V_{GS}}{V_P}\right)^2 \\
&= 9\text{ mA}\left(1 - \frac{-2\text{ V}}{-3\text{ V}}\right)^2 \\
&\cong 1\text{ mA}
\end{aligned}
$$

이고, 이 값은 그림 6.22의 곡선과 일치한다.

위의 Shockley 방정식을 사용하면, $V_{GS}=-2.5$ V일 때 $I_D=0.25$ mA이고 $V_P=-3$ V이다. 따라서 이를 통해 V_P 근처에서 곡선의 간격이 얼마나 빨리 줄어드는가를 알 수 있다. 중요한 변수 g_m을 그림 6.22의 특성을 이용하여 구하는 방법은 8장에서 소신호 교류 조건에 대해 논할 때 설명하기로 한다.

6.6 중요한 관계식

앞 절에서 직류 및 교류 회로 해석에 중요한 몇몇 식과 작동 특성들을 살펴보았다. 이들은 매우 중요하기 때문에 대응되는 BJT식과 함께 다시 나타내었다. JFET식은 그림 6.23a의 회로로부터 결정되는 반면, BJT식은 그림 6.23b의 회로를 통해 결정된다.

표 6.2

JFET		BJT
$I_D = I_{DSS}\left(1 - \frac{V_{GS}}{V_P}\right)^2$	$\Leftrightarrow$	$I_C = \beta I_B$
$I_D = I_S$	$\Leftrightarrow$	$I_C \cong I_E$
$I_G \cong 0$ A	$\Leftrightarrow$	$V_{BE} \cong 0.7$ V

(6.12)

이러한 식들이 미치는 영향을 완전히 이해해야만 대부분의 복잡한 직류회로들을 해석할 수 있다. 즉 BJT 회로에서 V_{BE}=0.7 V임을 아는 것이 문제를 푸는 데 중요한 열쇠가 되는 것처럼 I_G=0 A라는 조건은 종종 JFET 회로를 해석할 때 출발점이 되곤 한다. BJT 회로에서는 I_B가 구하고자 하는 첫 번째 변수인 반면, JFET 회로에서는 보통 V_{GS}가 구해야 할 첫 번째

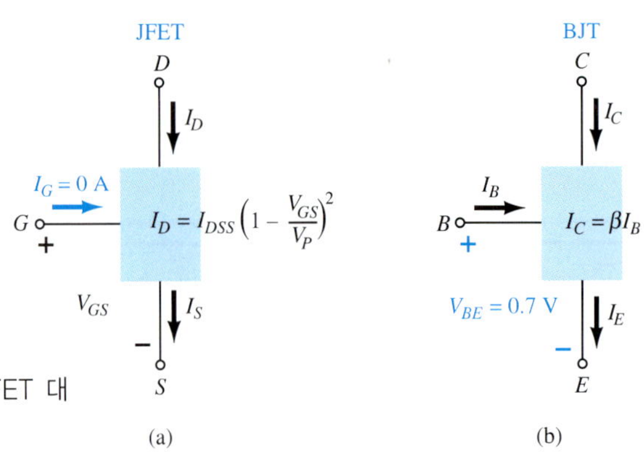

그림 6.23 (a) JFET 대 (b) BJT

변수가 된다. BJT와 JFET 직류회로들에 대한 해석에는 많은 유사점이 있는데, 이는 7장에서 살펴보겠다.

6.7 공핍형 MOSFET

이 장의 도입부에서 설명하였듯이, FET에는 JFET과 MOSFET 그리고 MESFET 세 종류가 있다. 그리고 MOSFET는 다시 공핍형 MOSFET와 증가형 MOSFET으로 분류된다. 공핍형과 증가형은 트랜지스터의 기본 작동 상태를 나타내고, MOSFET는 금속 산화막 반도체 전계효과 트랜지스터(*m*etal-*o*xide-*s*emiconductor-*f*ield-*e*ffect-*t*ransistor)를 의미한다. 두 종류의 MOSFET은 특성과 작동에 차이가 있으므로 두 트랜지스터에 대해 각각 다른 절을 할애하겠다. 이 절에서는 공핍형 MOSFET에 대해서 다루게 된다. 공핍형 MOSFET는 I_{DSS}에서 차단 영역과 포화 영역 사이에 있는 JFET와 매우 유사하게 작동하지만, JFET와는 달리 V_{GS}의 반대 극성 영역까지 포함하는 특성을 가지고 있다.

기본 구조

그림 6.24에 *n*채널 공핍형 MOSFET의 기본 구조를 나타내었다. 실리콘을 도핑하여 형성된 *p*형 반도체가 기본이 되며, 이를 기판(substrate)이라 한다. 이를 바탕으로 소자를 이용해 회로를 구성한다. 어떤 트랜지스터는 이 기판과 소스가 내부적으로 연결되어 있다. 그러나 대부분의 소자는 기판과 연결되는 *SS*라는 핀을 따로 제공하며, 따라서 그림 6.24과 같은 모양을 갖는다. 그림과 같이 소스와 드레인 단자는 금속 접촉을 통하여 내부 *n*형 반도체와 연결되며 내부에서 소스와 드레인은 *n*형 반도체로 형성된 채널을 통해 연결된다. 게이트 단자도 마찬가지로 금속 접촉을 통해 내부와 연결되지만 채널과는 매우 얇은 실리콘 산화막(SiO_2)으로 분리되어 있다. 실리콘 산화막은 유전체(dielectric)라는 특수한 절연체로, 유전체는 외부에서 전계가 가해졌을 때 내부에서 전계의 방향을 반대로 형성하는 성질이 있다. 실리콘

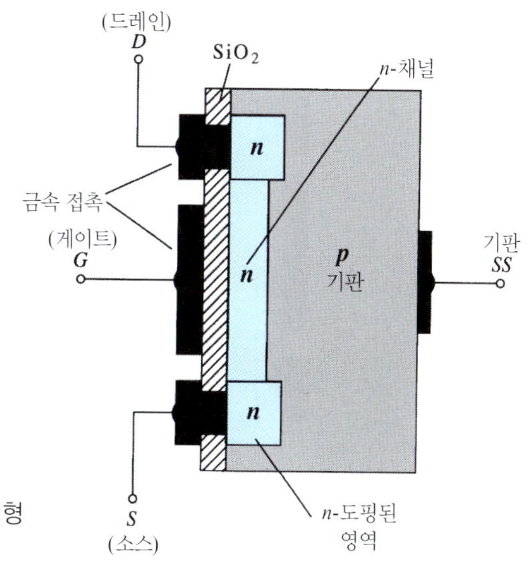

그림 6.24 *n*채널 공핍형 MOSFET

산화막이 절연막이라는 것은 다음을 의미한다.

MOSFET의 채널과 게이트 단자 사이의 직접적인 전기적 연결은 없다.

또한

소자의 매우 만족할 만한 높은 입력 임피던스는 MOSFET 구조에서 SiO_2의 절연층 때문이다.

사실 MOSFET의 입력저항은 보통 전형적인 JFET의 입력저항과 비슷한 값이며, 또한 대부분의 JFET의 입력 임피던스는 응용회로들에서 요구되는 값보다 충분히 크다. MOSFET이 매우 높은 입력 임피던스를 가지므로 직류 바이어스 회로 구성에서 게이트로 흐르는 전류 I_G가 실제로 0 mA가 되도록 한다.

이제 MOSFET(metal-oxide-semiconductor FET)라는 이름이 왜 붙여졌는지를 확실히 알 수 있을 것이다. metal은 게이트 소스 드레인을 외부와 연결하는 역할, 특히 게이트 단자와 외부 조절신호가 입력되도록 하는 역할을 하며 oxide는 실리콘 산화막을, semiconductor는 n형, p형 반도체가 형성될 기본 구조를 나타낸다. 게이트와 채널을 분리하는 절연막 때문에 게이트 절연 전계효과 트랜지스터(insulated-gate *FET*) 또는 *IGFET*이라는 이름도 생겼지만 현재 이런 이름은 거의 쓰이지 않고 있다.

기본 작동과 특성

그림 6.25에서 게이트와 소스 사이의 전압은 외부 단자를 단락시킴으로써 0 V가 되도록 하였고, 드레인과 소스 사이에는 V_{DS}를 인가하였다. 드레인의 전압이 n채널의 자유전자를 끌어들여 JFET의 채널과 같은 방식으로 전류가 흐르게 된다. 그림 6.26에 나타낸 것처럼 $V_{GS}=0$ V일 때 흐르는 전류를 I_{DSS}라고 한다.

그림 6.27에서 V_{GS}에 음전압, 예를 들면 -1 V를 인가하였다. 게이트에 음전압을 가할 경우, 그림 6.27처럼 채널의 자유전자들은 p형 기판으로 밀려나고 기판의 정공들은 채널로 끌려오게 된다. 게이트에 가한 V_{GS}의 음전압의 크기에 따라 전자와 정공의 재결합 비율이 정해

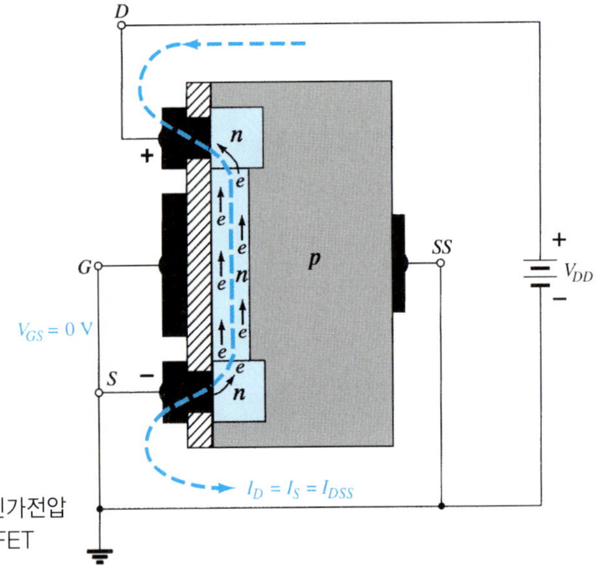

그림 6.25 $V_{GS}=0$ V와 인가전압 V_{DD}의 n채널 공핍형 MOSFET

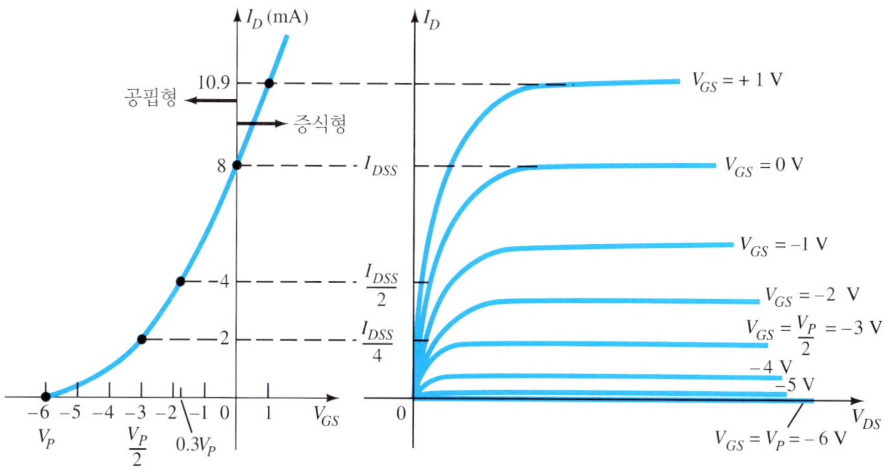

그림 6.26 *n*채널 공핍형 MOSFET의 드레인과 전달 특성

지고, 재결합에 의해 *n*채널에 전류가 흐르도록 하는 자유전자의 수가 감소하게 된다. 더 낮은 음전압을 인가하면 재결합 비율이 더 커지게 된다. 따라서 그림 6.26처럼 게이트 소스 사이의 전압이 $V_{GS}=-1$ V, -2 V 등과 같이 낮은 값을 가질수록 드레인 전류는 줄어들게 된다. 핀치 오프 전압인 $V_{GS}=-6$ V가 되면 전류가 흐르지 않게 된다. 결과적으로 JFET의 경우와 똑같은 과정을 통해 드레인 전류의 값을 구하고 특성 곡선을 그릴 수 있다.

V_{GS}가 양의 전압을 가지게 될 경우에, 양전위의 게이트는 *p*형 기판으로부터 역방향 전류에 의해 추가의 자유전자를 채널 쪽으로 끌어들이게 된다. 이 결과로 가속된 전자들 때문에 생기는 충돌에 의해 새로 캐리어들이 발생하게 된다. 그러므로 그림 6.26에 나타내었듯이 게이트와 소스 사이의 전압이 양의 방향으로 증가하게 되면 드레인 전류는 더 빠른 비율로 증가하게 된다. 그림 6.26에서 $V_{GS}=0$ V인 경우와 $V_{GS}=+1$ V인 경우의 드레인 전류의 차이를 통해 V_{GS}가 1 V 변할 때 전류의 변화가 얼마나 커지는지를 알 수 있다. 따라서 양전위의

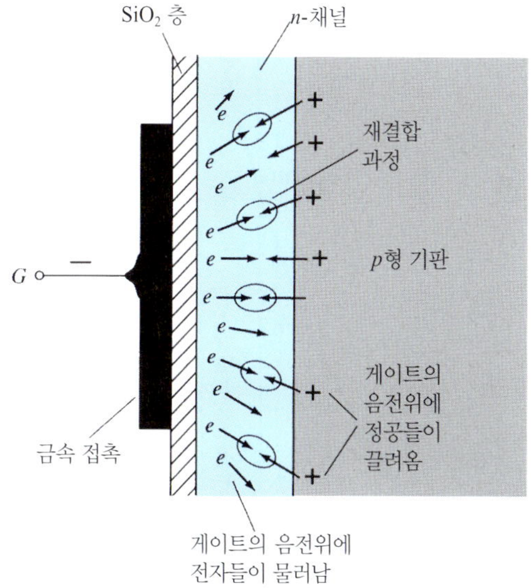

그림 6.27 게이트 단자 음전위에 의한 채널에서의 자유 캐리어의 감소

게이트 전압에 의해 드레인 전류가 최대 허용 전류를 초과하게 될 수도 있으므로 사용자는 먼저 드레인 전류의 최대 허용값을 알아야 한다. 즉 그림 6.26에서 $V_{GS}=+4$ V일 때 드레인 전류는 22.2 mA가 되는데, 이는 소자의 최대 정격(전류나 전력)을 초과할 수도 있다는 말이다. 이와 같이 게이트와 소스 사이에 양전압을 인가하면 $V_{GS}=0$ V인 경우보다 채널 내의 자유전자를 '증가' 시키게 된다. 이러한 이유로 특성 곡선상에서 게이트 전압이 양이 되는 영역이나 드레인보다 게이트가 양전위로 나타나는 영역을 증가 영역(enhancement region)이라 하고, 차단 영역과 I_{DSS}값이 포화되는 영역 사이를 공핍 영역(depletion region)이라 한다.

특히 흥미롭고 유용한 사실은 공핍형 MOSFET의 증가 영역과 공핍 영역 모두에서 Shockley 방정식이 성립한다는 사실이다. 각 영역에서 V_{GS}의 부호를 올바르게 사용하고, 부호에 주의하여 수식을 다루면 된다.

예제 6.3 $I_{DSS}=10$ mA이고, $V_P=-4$ V인 n채널 공핍형 MOSFET의 특성 곡선을 그려라.

풀이

$$V_{GS} = 0\text{ V에서} \quad I_D = I_{DSS} = 10\text{ mA}$$
$$V_{GS} = V_P = -4\text{ V}, \qquad I_D = 0\text{ mA}$$
$$V_{GS} = \frac{V_P}{2} = \frac{-4\text{ V}}{2} = -2\text{ V}, \qquad I_D = \frac{I_{DSS}}{4} = \frac{10\text{ mA}}{4} = 2.5\text{ mA}$$

이고 $I_D = \dfrac{I_{DSS}}{2}$,

$$V_{GS} = 0.3V_P = 0.3(-4\text{ V}) = -1.2\text{ V}$$

이를 모두 그림 6.28에 나타내었다.

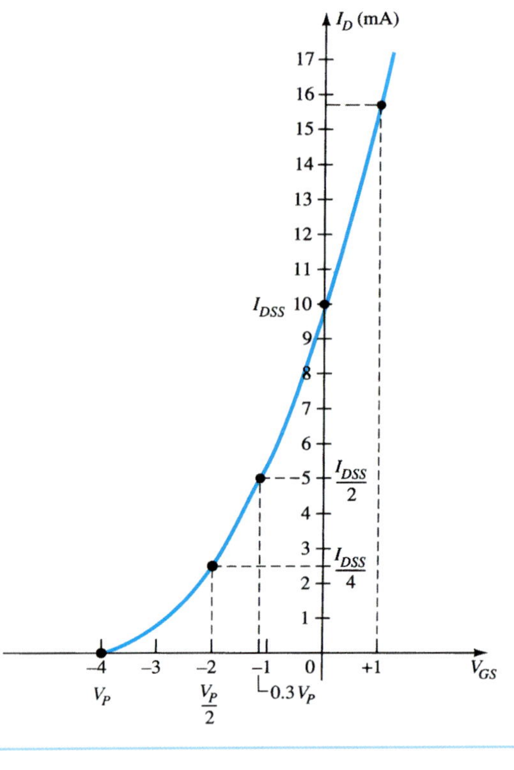

그림 6.28 $I_{DSS}=10$ mA와 $V_P=-4$ V의 n채널 공핍형 MOSFET의 전달 특성 곡선

V_{GS}가 양전압을 갖는 영역을 그리기 전에, V_{GS}의 증가에 따라 I_D가 매우 급격히 증가한다는 사실을 염두에 두어야 한다. 다시 말하면 Shockley 방정식에 대입할 값들을 조금씩만 증가시켜 보아야 한다. 여기서 +1 V만 증가시켜 보면,

$$I_D = I_{DSS}\left(1 - \frac{V_{GS}}{V_P}\right)^2$$

$$= (10\text{ mA})\left(1 - \frac{+1\text{ V}}{-4\text{ V}}\right)^2 = (10\text{ mA})(1 + 0.25)^2 = (10\text{ mA})(1.5625)$$

$$\cong 15.63\text{ mA}$$

이 전류는 충분히 크므로 이 값을 사용하여 특성 곡선을 완성시킬 수 있다.

*p*채널 공핍형 MOSFET

*p*채널 공핍형 MOSFET의 회로 구성은 그림 6.24에 나타난 것과 정확히 반대이다. 즉 그림 6.29a에 나타난 것과 같이 *n*형 기판에 *p*형 채널을 갖는다. 또한 단자의 배열은 그대로이지만, 전압과 전류의 방향은 모두 바뀌게 된다. 전류 특성도 그림 6.26과 똑같지만 V_{DS}는 음전압을 갖고, I_D는 양의 값을 갖는다(이는 그림에서 나타내는 I_D의 방향이 반대로 바뀌었기 때문이다). 그림 6.29c에 나타나듯이 V_{GS}의 부호도 반대가 된다. V_{GS}의 부호가 반대이므로 그림 6.29b와 같이 곡선은 I_D축을 기준으로 좌우 대칭이 된다. 즉 드레인 전류는 V_{GS}가 V_P가 되는 양의 값에서 증가하기 시작하여 I_{DSS}까지 증가하고 V_{GS}가 음의 값으로 증가함에 따라 전류는 계속 증가하게 된다. 여기서도 Shockley 방정식을 그대로 적용할 수 있으며, 단지 V_{GS}와 V_P의 부호에 주의하면 된다.

기호, 사양서, 외관

*n*채널 또는 *p*채널 공핍형 MOSFET의 기호를 그림 6.30에 나타내었다. 이 기호는 소자의 실제 구조를 반영한다. 게이트와 채널의 분리는 기호에서 게이트 단자와 다른 단자들 사이의

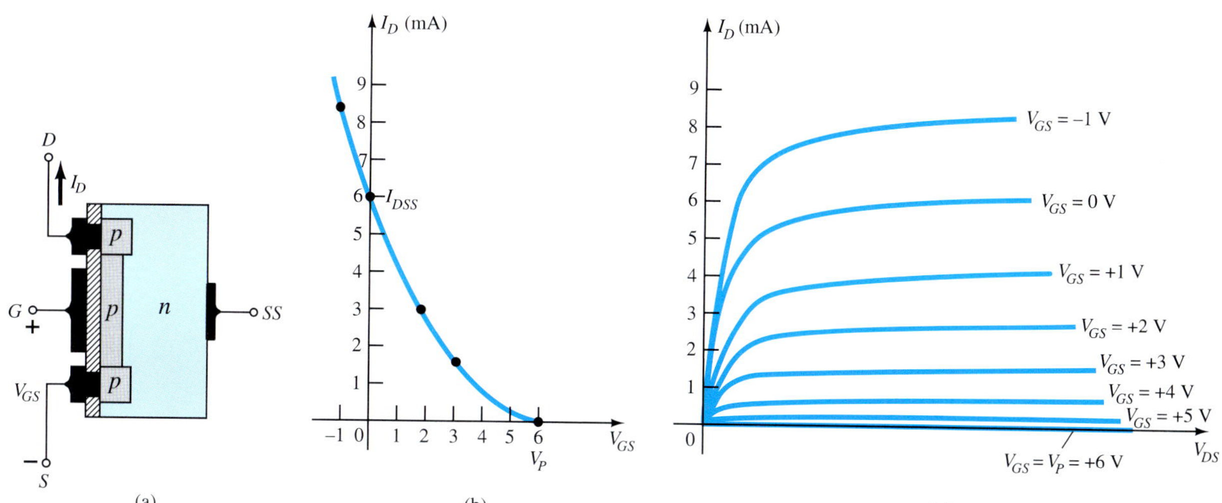

그림 6.29 I_{DSS}=6 mA와 V_P=+6 V의 *p*채널 공핍형 MOSFET

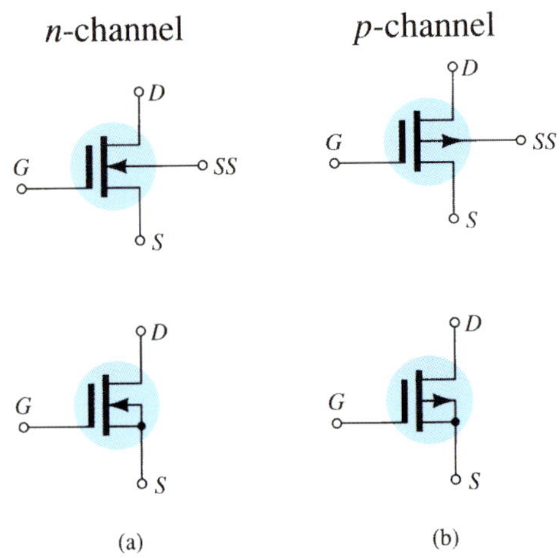

그림 6.30 (a) *n*채널 공핍형 MOSFETs와 (b) *p*채널 공핍형 MOSFETs의 그림 기호

공간으로 표현하였다. 채널을 나타내는 수직선은 드레인과 소스와 연결되어 있고 기판이 이를 받쳐주고 있다. *n*채널과 *p*채널 각각 두 종류의 기호가 있는데, 이는 기판과 연결되는 외부 단자의 유무에 의한 것이다. 7장의 회로에서는 소스와 기판이 연결되어 있는 것을 사용할 것이므로 아래쪽의 기호를 사용한다.

그림 6.31의 소자는 3개의 단자를 가지며 각 단자의 명칭은 그림에 나타난 것과 같다. 공핍형 MOSFET의 사양서는 JFET용 사양서와 비슷하다. V_P와 I_{DSS}값은 사양서의 최대 정격과 'on'과 'off' 작동 특성을 나타내는 부분에 같이 표시되어 있다. 한편으로 I_D의 값은 I_{DSS}를 초과할 수도 있으므로, 보통 *n*채널 소자에 대해 양전압 지점에서의 I_D의 전형적인 값을 표시하기도 한다. 그림 6.31의 경우에는 $V_{GS}=3.5$ V이고 $V_{DS}=10$ V일 때 전류 $I_{D(\text{on})}=9$ mA가 명시되었다.

6.8 증가형 MOSFET

공핍형과 증가형 MOSFET는 제조 공정과 작동 모드에서 몇 가지 유사점이 있음에도 불구하고, 증가형 MOSFET 특성은 지금까지 살펴보았던 특성들과는 상당히 다르다. 전달 곡선이 Shockley 방정식에 의해 정의되지 않으며 드레인 전류는 게이트와 소스 사이의 전압이 일정 크기에 다다르지 않는 한 흐르지 않는다. 특히 *n*채널 소자에서 전류는 *n*채널 JFET와 *n*채널 공핍형 MOSFET와는 달리 게이트와 소스 사이에 걸리는 양전압에 의해 제어된다.

기본 구조

*n*채널 증가형 MOSFET의 기본 구조는 그림 6.32와 같다. 실리콘으로 *p*형 물질의 두꺼운 판을 만들고, 이를 기판이라고 한다. 공핍형 MOSFET와 같이, 기판은 때때로 소스 단자와 내부적으로 연결되기도 하고, 다른 경우에는 외부에서 전압을 인가할 수 있도록 네 번째 단자로 사용되기도 한다. 소스와 드레인 단자는 금속을 통해 *n*형으로 도핑된 영역에 연결되며, 그림 6.32에서 두 *n*형 도핑 영역 사이에 채널이 존재하지 않는다는 점에 유의하자. 소자 제

작에서 채널이 없다는 것은 공핍형과 증가형 MOSFET의 근본적인 차이점이다. 드레인과 소스 사이의 영역을 게이트 금속판과 절연시키기 위해 사용된 SiO_2 층이 증가형 MOSFET에도 여전히 존재한다. 그러나 이는 이제 p형 물질 부분을 단순히 분리하는 것이다. 그러므로 요약하면, 증가형 MOSFET의 구조는 드레인과 소스 단자 사이에 채널이 없다는 것을 제외하면 공핍형 MOSFET와 매우 유사하다.

그림 6.31 2N3797 모토롤라 n채널 공핍형 MOSFET

2N3797

CASE 22-03, STYLE 2
TO-18 (TO-206AA)

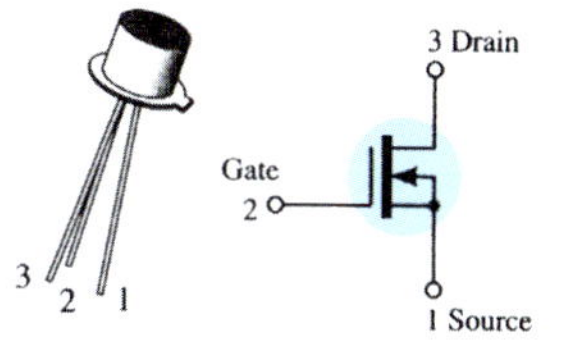

MOSFETs
LOW POWER AUDIO

N-CHANNEL – DEPLETION

MAXIMUM RATINGS

Rating	Symbol	Value	Unit
Drain–Source Voltage 2N3797	V_{DS}	20	Vdc
Gate–Source Voltage	V_{GS}	±10	Vdc
Drain Current	I_D	20	mAdc
Total Device Dissipation @ T_A = 25°C Derate above 25°C	P_D	200 1.14	mW mW/°C
Junction Temperature Range	T_J	+175	°C
Storage Channel Temperature Range	T_{stg}	–65 to +200	°C

ELECTRICAL CHARACTERISTICS (T_A = 25°C unless otherwise noted)

Characteristic		Symbol	Min	Typ	Max	Unit
OFF CHARACTERISTICS						
Drain Source Breakdown Voltage (V_{GS} = –7.0 V, I_D = 5.0 μA)	2N3797	$V_{(BR)DSX}$	20	25	–	Vdc
Gate Reverse Current (1) (V_{GS} = –10 V, V_{DS} = 0) (V_{GS} = –10 V, V_{DS} = 0, T_A = 150°C)		I_{GSS}	– –	– –	1.0 200	pAdc
Gate Source Cutoff Voltage (I_D = 2.0 μA, V_{DS} = 10 V)	2N3797	$V_{GS(off)}$	–	–5.0	–7.0	Vdc
Drain-Gate Reverse Current (1) (V_{DG} = 10 V, I_S = 0)		I_{DGO}	–	–	1.0	pAdc
ON CHARACTERISTICS						
Zero-Gate-Voltage Drain Current (V_{DS} = 10 V, V_{GS} = 0)	2N3797	I_{DSS}	2.0	2.9	6.0	mAdc
On-State Drain Current (V_{DS} = 10 V, V_{GS} = +3.5 V)	2N3797	$I_{D(on)}$	9.0	14	18	mAdc
SMALL-SIGNAL CHARACTERISTICS						
Forward Transfer Admittance (V_{DS} = 10 V, V_{GS} = 0, f = 1.0 kHz)	2N3797	$\|y_{fs}\|$	1500	2300	3000	μmhos
(V_{DS} = 10 V, V_{GS} = 0, f = 1.0 MHz)	2N3797		1500	–	–	
Output Admittance (I_{DS} = 10 V, V_{GS} = 0, f = 1.0 kHz)	2N3797	$\|y_{os}\|$	–	27	60	μmhos
Input Capacitance (V_{DS} = 10 V, V_{GS} = 0, f = 1.0 MHz)	2N3797	C_{iss}	–	6.0	8.0	pF
Reverse Transfer Capacitance (V_{DS} = 10 V, V_{GS} = 0, f = 1.0 MHz)		C_{rss}	–	0.5	0.8	pF
FUNCTIONAL CHARACTERISTICS						
Noise Figure (V_{DS} = 10 V, V_{GS} = 0, f = 1.0 kHz, R_S = 3 megohms)		NF	–	3.8	–	dB

(1) This value of current includes both the FET leakage current as well as the leakage current associated with the test socket and fixture when measured under best attainable conditions.

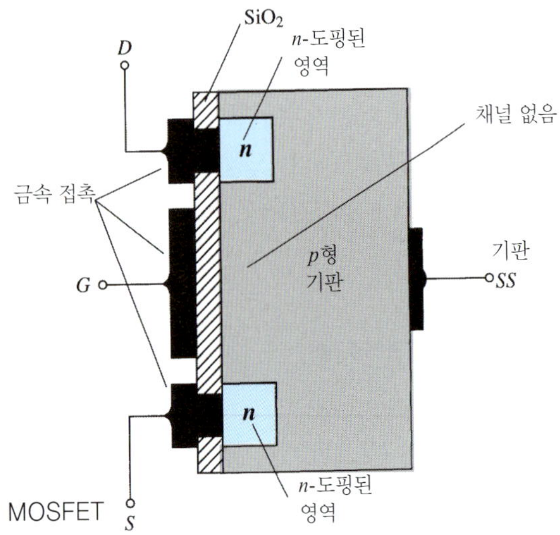

그림 6.32 n채널 증가형 MOSFET

기본 작동과 특성

그림 6.32에서 V_{GS}를 0 V로 하고 드레인과 소스 사이에 전압을 인가하면, n채널(그리고 수많은 자유 캐리어)이 없기 때문에 전류는 거의 0 A가 된다. 이는 $I_D=I_{DSS}$가 되는 공핍형 MOSFET, JFET와는 상당히 다르다. 드레인과 소스 사이에 통로가 존재하지 않으면, 드레인과 소스에 많은 캐리어(n형 도핑 영역이므로 전자)가 축적되어도 전류가 흐를 수 없다. V_{GS}가 0 V이고 V_{DS}가 양전압이며 SS 단자가 소스에 바로 연결되었을 경우, n형 도핑 영역과 p형 기판 사이에 2개의 역방향 바이어스된 p–n 접합이 생기고 드레인과 소스 사이에 어떤 전류도 흐르지 못한다.

그림 6.33에서 V_{DS}와 V_{GS}는 모두 0 V보다 큰 양전압이 인가되어 드레인과 게이트가 소스

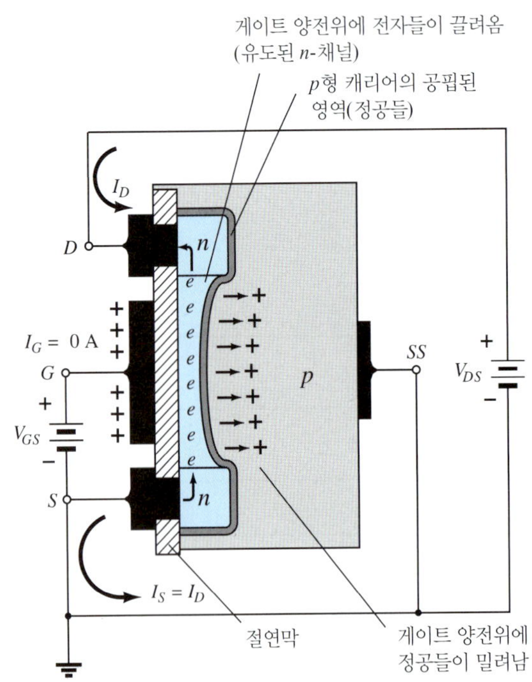

그림 6.33 n채널 증가형 MOSFET에서의 채널 형성

에 비해 양전위를 가진다. 게이트에서의 양전위는 p형 기판의 정공을 SiO_2 층의 가장자리로 밀어내어(이는 같은 극성의 전하가 서로 밀어내는 것과 같다) 그림에 나타낸 것처럼 p형 기판의 깊숙한 영역으로 들어간다. 그 결과 SiO_2 절연막 근처에 정공이 부족한 공핍 영역이 생긴다. 반면, p형 기판의 전자(소수 캐리어)가 양의 게이트 전위에 끌려서 SiO_2 층 표면에서 가까운 영역에 쌓인다. SiO_2 층에 의한 그 절연 때문에 음의 캐리어가 게이트 단자로 흡수되지 못한다. V_{GS}의 크기가 커질수록 SiO_2 표면 가까이의 전자 농도가 증가하고, 마침내 n형 영역이 유도되어 이를 통해 드레인과 소스 사이에 전류가 흐른다. 상당한 양의 드레인 전류가 흐르게 되는 시점의 V_{GS}값을 문턱전압(threshold voltage)이라고 하고 V_T로 표시한다. 사양서에서는 이를 $V_{GS(\text{Th})}$로 나타낸다. 비록 널리 사용되지는 않지만, 이하의 해석에서는 이 V_T값을 사용하게 될 것이다. $V_{GS}=0$ V인 경우 채널이 형성되지 않고 게이트와 소스 사이에 양전압을 인가한 경우 채널이 증가하기 때문에 이런 종류의 MOSFET를 증가형(enhancement-type) *MOSFET*이라고 한다. 공핍형과 증가형 MOSFET 모두 증가 영역이 있다. 하지만 후자의 경우 채널이 증가한 영역이 유일한 작동 모드이기 때문에 표시는 후자의 경우에만 한다.

V_{GS}가 문턱전압 이상으로 증가함에 따라 유도 채널에 자유 캐리어의 농도가 증가하고, 따라서 드레인 전류가 증가한다. 그러나 V_{GS}를 고정하고 V_{DS}를 증가시킬 경우, 드레인 전류는 JFET와 공핍형 MOSFET에서와 같이 마침내는 포화값에 도달한다. I_D값이 포화하는 것은 그림 6.34와 같이 유도 채널의 드레인 쪽 끝에서 채널이 좁아지는 것으로 나타나는 핀치 오프 과정 때문이다. 그림 6.34의 MOSFET 단자전압에 키르히호프의 전압 법칙을 적용하면 다음 식을 얻을 수 있다.

$$\boxed{V_{DG} = V_{DS} - V_{GS}} \tag{6.13}$$

V_{GS}를 8 V와 같은 어떤 한 전압으로 고정하고 V_{DS}를 2 V에서 5 V로 증가시킬 경우 V_{DG} 전압 [식 (6.13)에 의해 결정]은 −6 V에서 −3 V로 증가하고 드레인에 대한 게이트의 상대

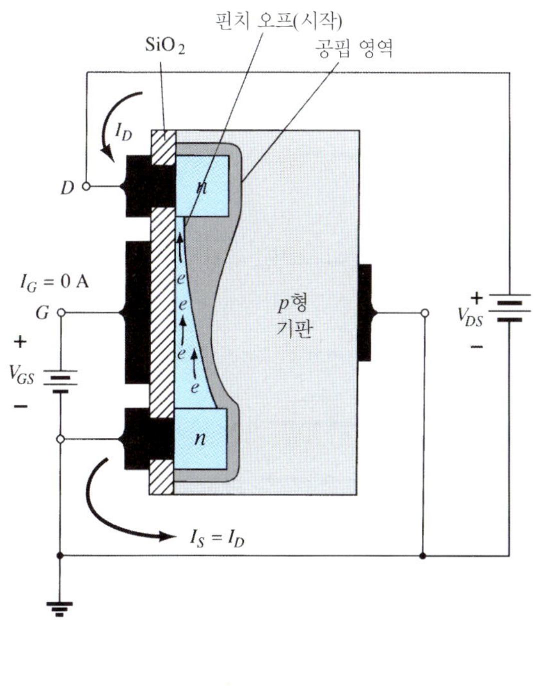

그림 6.34 V_{GS}의 고정된 값에 대한 V_{DS}의 크기의 증가에 따른 채널과 공핍 영역에서의 변화

적인 양전위는 감소한다. 게이트와 드레인 사이의 전압이 감소하면 유도 채널에서 자유 캐리어(전자)를 끌어당기는 힘이 약해지고 결국 유효 채널 폭이 감소한다. 마침내 채널은 핀치 오프가 될 때까지 감소하여 JFET와 공핍형 MOSFET에서 다루었던 포화 조건이 된다. 다시 말하면 V_{GS}가 고정된 상태에서 V_{DS}를 증가시켜도 항복(breakdown) 조건이 될 때까지는 I_D의 포화값에 어떤 영향도 주지 못한다.

그림 6.35의 드레인 특성을 통해 V_{GS}=8 V인 그림 6.34의 소자의 경우, V_{DS}=6 V일 때 포화가 되는 것을 알 수 있다. 사실 V_{DS}의 포화값은 V_{GS}에 대해 다음의 관계를 가진다.

$$\boxed{V_{DS_{\text{sat}}} = V_{GS} - V_T} \tag{6.14}$$

그러므로 당연하게도 고정된 V_T에 대해서 V_{GS}가 클수록 V_{DS}의 포화값은 그림 6.34에 나타낸 바와 같이 포화값의 궤적에 따라 커지게 된다.

그림 6.34의 특성에서 드레인 전류가 0 mA로 떨어지는 것을 통해 V_T의 값이 2 V임을 알 수 있다. 그러므로 일반적으로

문턱전압보다 작은 V_{GS}의 값에 대해서 증가형 MOSFET의 드레인 전류는 0 mA이다.

그림 6.35를 보면, V_{GS}가 V_T에서 8 V로 증가함에 따라 I_D의 포화값도 0~10 mA로 증가하는 것을 확실히 알 수 있다. 또한 V_{GS}의 크기가 증가함에 따라 V_{GS}를 나타내는 곡선끼리의 간격이 멀어지고 드레인 전류의 증가분이 계속 증가하는 점에도 유의하자.

$V_{GS} > V_T$인 경우, 드레인 전류와 인가된 게이트 소스 사이의 전압은 다음의 비선형적인 관계를 가진다.

$$\boxed{I_D = k(V_{GS} - V_T)^2} \tag{6.15}$$

식에서 제곱항 때문에 I_D와 V_{GS}는 비선형적인(곡선 모양의) 관계를 갖는다. k는 소자의 구조

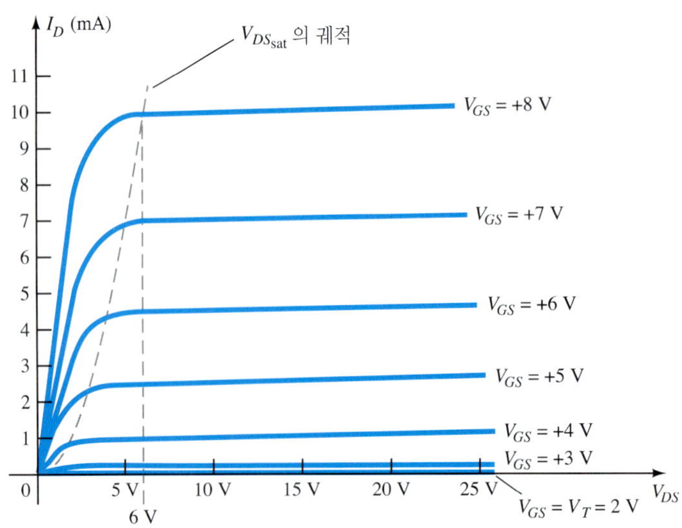

그림 6.35 V_T = 2 V와 k=0.278 × 10^{-3} A/V^2를 가진 n채널 증가형 MOSFET의 드레인 특성

에 의해 결정되는 상수이다. $I_{D(\text{on})}$과 $V_{GS(\text{on})}$이 소자의 특성 곡선에서 특정한 점의 값일 경우 k 값은 다음의 식 [식 (6.15)에서 유도]으로 구한다.

$$k = \frac{I_{D(\text{on})}}{(V_{GS(\text{on})} - V_T)^2} \tag{6.16}$$

그림 6.35의 특성에서 $V_{GS(\text{on})}$=8 V일 때, $I_{D(\text{on})}$=10 mA를 대입하면

$$\begin{aligned} k &= \frac{10\text{ mA}}{(8\text{ V} - 2\text{ V})^2} = \frac{10\text{ mA}}{(6\text{ V})^2} = \frac{10\text{ mA}}{36\text{ V}^2} \\ &= \mathbf{0.278 \times 10^{-3}\ A/V^2} \end{aligned}$$

과 같이 되고, 따라서 그림 6.35의 특성에 대한 I_D의 일반식은 다음과 같다.

$$I_D = 0.278 \times 10^{-3}(V_{GS} - 2\text{ V})^2$$

V_{GS}=4 V를 대입하면,

$$\begin{aligned} I_D &= 0.278 \times 10^{-3}(4\text{ V} - 2\text{ V})^2 = 0.278 \times 10^{-3}(2)^2 \\ &= 0.278 \times 10^{-3}(4) = \mathbf{1.11\ mA} \end{aligned}$$

과 같이 되고, 이는 그림 6.35을 통해 확인된 값과 같다. $V_{GS}=V_T$일 때 제곱항은 0이고 I_D=0 mA이다.

7장에서 살펴볼 증가형 MOSFET의 직류 해석에서 전달 특성 곡선은 또한 그래프 해를 위해 필요하다. 드레인 특성 곡선과 전달 특성 곡선 사이의 전달 과정을 설명하기 위해 그림 6.36에 두 특성 곡선을 나란히 제시하였다. 이 전달 과정은 앞서 설명한 JFET와 공핍형 MOSFET의 경우와 동일하다. 그러나 이 경우에는 $V_{GS} \leq V_T$인 경우 드레인 전류가 0 mA임

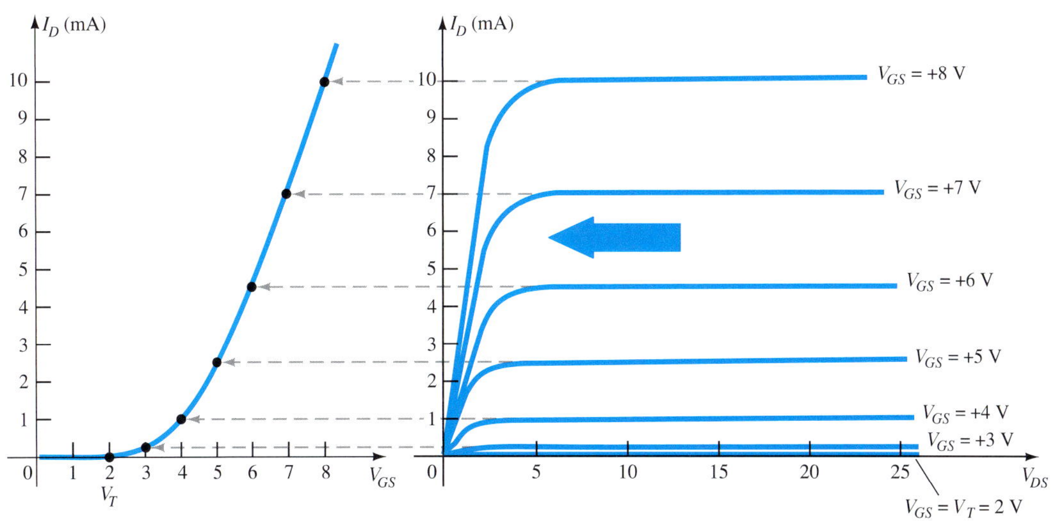

그림 6.36 드레인 특성으로부터 n채널 증가형 MOSFET의 전달 특성의 그림

을 기억해야 한다. 이 지점에서 측정할 수 있는 전류는 I_D로 식 (6.15)에서 정의한 바와 같이 증가한다. 드레인 특성을 통해 전달 특성을 나타내는 점들은 포화값만을 사용하므로 작동 영역은 식 (6.14)로 정의된 포화값보다 큰 V_{DS}값으로 제한된다.

그림 6.36의 특성 곡선은 앞에서 살펴본 특성 곡선과는 상당히 다르다. 이 곡선은 n채널 소자의 경우 V_{GS}가 양전압인 경우에만 정의되고 $V_{GS}=V_T$가 될 때까지 전류는 흐르지 않는다. 이제 특정 MOSFET에서 아래 식에 포함된 것과 같이 k와 V_T값이 주어졌을 경우 전달 특성 곡선을 어떻게 얻는가에 대한 문제를 살펴보자.

$$I_D = 0.5 \times 10^{-3}(V_{GS} - 4\text{ V})^2$$

먼저 그림 6.37a와 같이 $V_{GS}=0$ V에서 $V_{GS}=4$ V까지 $I_D=0$ mA인 점에 수평선을 그린다. 다음으로 5 V와 같은 V_T보다 큰 V_{GS}값을 잡아서 식 (6.15)에 대입하여 I_D값을 다음과 같이 결정한다.

$$\begin{aligned} I_D &= 0.5 \times 10^{-3}(V_{GS} - 4\text{ V})^2 \\ &= 0.5 \times 10^{-3}(5\text{ V} - 4\text{ V})^2 = 0.5 \times 10^{-3}(1)^2 \\ &= \mathbf{0.5\ mA} \end{aligned}$$

즉 그림 6.37b에 나타난 바와 같이 곡선 위의 한 점을 얻는다. 마지막으로, 다른 V_{GS}값을 사용하여 I_D값을 구한다. 예를 들어 $V_{GS}=6$ V, 7 V, 8 V인 경우에 I_D는 그림 6.37c에 나타난 것처럼 각각 2 mA, 4.5 mA, 8 mA이다.

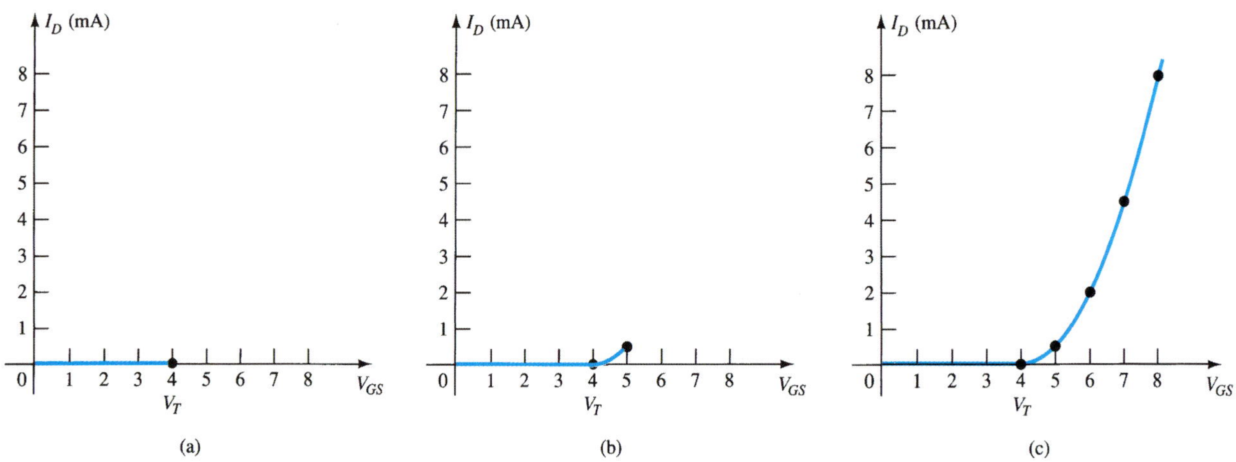

그림 6.37 $V_T=4$ V와 $k=0.5\times10^{-3}$ A/V^{2}를 가진 n채널 증가형 MOSFET의 전달 특성의 곡선 그리기

p채널 증가형 MOSFET

그림 6.38a에서 나타내었듯이, p채널 증가형 MOSFET의 구조는 그림 6.32의 n채널 증가형 MOSFET와 정반대이다. 즉 p형으로 도핑된 드레인과 소스 연결 사이에 n형 기판이 있다. 단자 표시는 이전과 같지만 전압의 극성과 전류의 방향이 반대이다. 드레인의 특성은 그림 6.38c에 나타낸 것과 같이 V_{GS}가 음의 방향으로 증가함에 따라 전류가 증가한다. 전달 특성은 그림 6.36에 나타낸 n채널 증가형 MOSFET의 전달 곡선의(I_D축에 대한) 좌우 대칭 모습

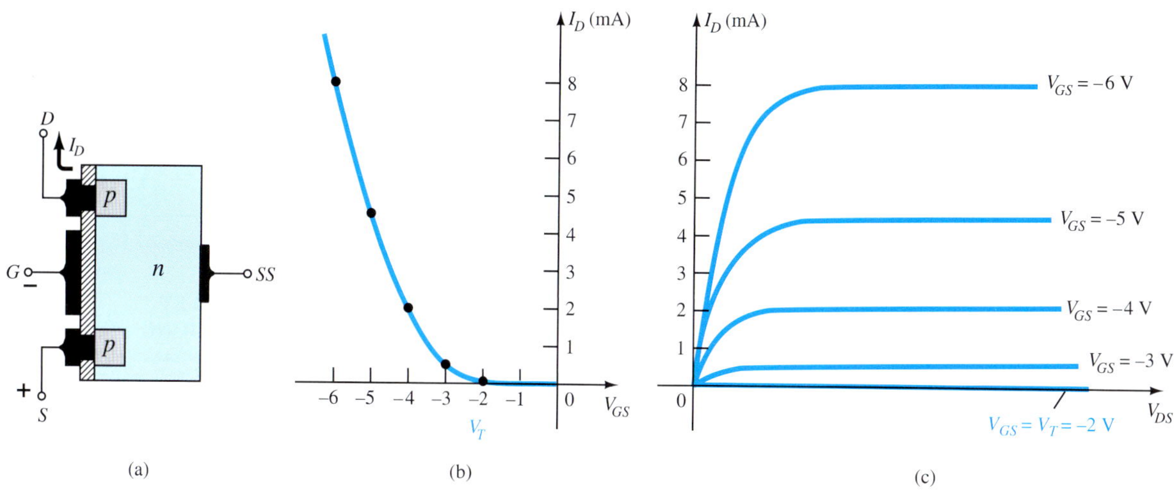

그림 6.38 V_T=2 V와 k=0.5 × 10^{-3} A/V^{2}를 가진 p채널 증가형 MOSFET의 전달 특성

이며, 그림 6.38c와 같이 V_{GS}가 음의 방향으로 V_T를 초과하여 증가하면 I_D가 증가한다. 식 (6.13)에서 식 (6.16)까지는 p채널 소자에 대해서도 똑같이 적용된다.

기호, 사양서 및 케이스 구조

n채널과 p채널 증가형 MOSFET의 그래프 기호가 그림 6.39에 나타나 있다. 다시 기호의 표시가 실제 소자의 구조를 어떻게 반영하고 있는지 살펴보자. 드레인과 소스 사이의 점선은 둘 사이에 바이어스가 가해지지 않은 상태에서는 채널이 존재하지 않는다는 사실을 나타낸다. 사실 이것이 공핍형과 증가형 MOSFET 기호의 유일한 차이점이다.

모토롤라사의 n채널 증가형 MOSFET의 사양서가 그림 6.40에 나타나 있다. 케이스 구조와 단자 표시가 30 mA의 최대 드레인 전류를 포함한 최대 정격값이 다음에 표시되어 있다. 이 사양서에는 'off' 상태(조건이 V_{DS}=10 V와 V_{GS}=0 V)에서 정해지는 직류 10 nA의 I_{DSS} 값이 제공되고 있는데, 이는 mA 범위인 JFET이나 공핍형 MOSFET에 비해 매우 작은 값이

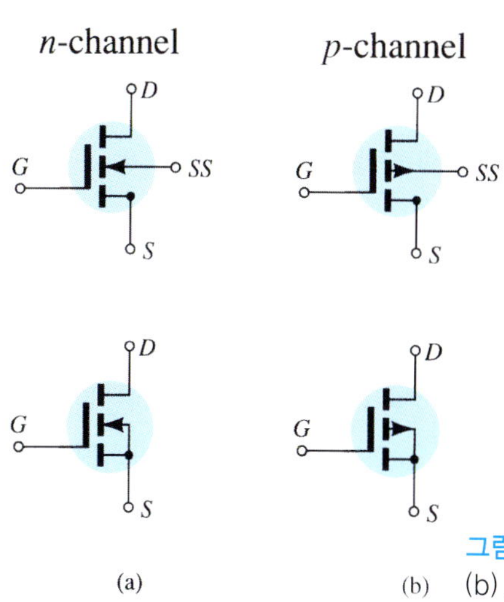

그림 6.39 (a) n채널 증가형 MOSFETs와 (b) p채널 증가형 MOSFETs의 기호

2N4351

CASE 20-03, STYLE 2
TO-72 (TO-206AF)

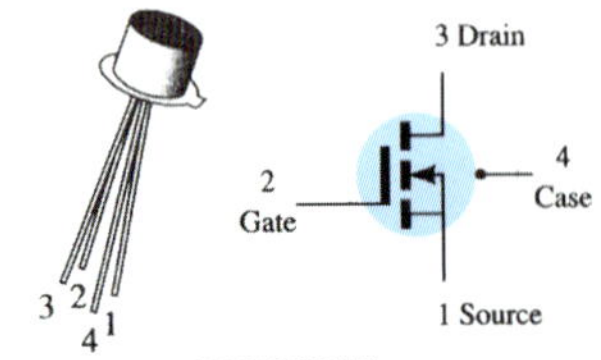

MOSFET SWITCHING

N-CHANNEL – ENHANCEMENT

MAXIMUM RATINGS

Rating	Symbol	Value	Unit
Drain–Source Voltage	V_{DS}	25	Vdc
Drain–Gate Voltage	V_{DG}	30	Vdc
Gate–Source Voltage*	V_{GS}	30	Vdc
Drain Current	I_D	30	mAdc
Total Device Dissipation @ $T_A = 25°C$ Derate above 25°C	P_D	300 1.7	mW mW/°C
Junction Temperature Range	T_J	175	°C
Storage Temperature Range	T_{stg}	–65 to +175	°C

* Transient potentials of ± 75 Volt will not cause gate-oxide failure.

ELECTRICAL CHARACTERISTICS ($T_A = 25°C$ unless otherwise noted.)

Characteristic	Symbol	Min	Max	Unit
OFF CHARACTERISTICS				
Drain-Source Breakdown Voltage ($I_D = 10\ \mu A$, $V_{GS} = 0$)	$V_{(BR)DSX}$	25	–	Vdc
Zero-Gate-Voltage Drain Current ($V_{DS} = 10$ V, $V_{GS} = 0$) $T_A = 25°C$ $T_A = 150°C$	I_{DSS}	– –	10 10	nAdc μAdc
Gate Reverse Current ($V_{GS} = \pm 15$ Vdc, $V_{DS} = 0$)	I_{GSS}	–	± 10	pAdc
ON CHARACTERISTICS				
Gate Threshold Voltage ($V_{DS} = 10$ V, $I_D = 10\mu A$)	$V_{GS(Th)}$	1.0	5	Vdc
Drain-Source On-Voltage ($I_D = 2.0$ mA, $V_{GS} = 10$V)	$V_{DS(on)}$	–	1.0	V
On-State Drain Current ($V_{GS} = 10$ V, $V_{DS} = 10$ V)	$I_{D(on)}$	3.0	–	mAdc
SMALL-SIGNAL CHARACTERISTICS				
Forward Transfer Admittance ($V_{DS} = 10$ V, $I_D = 2.0$ mA, f = 1.0 kHz)	$\lvert y_{fs} \rvert$	1000	–	μmho
Input Capacitance ($V_{DS} = 10$ V, $V_{GS} = 0$, f = 140 kHz)	C_{iss}	–	5.0	pF
Reverse Transfer Capacitance ($V_{DS} = 0$, $V_{GS} = 0$, f = 140 kHz)	C_{rss}	–	1.3	pF
Drain-Substrate Capacitance ($V_{D(SUB)} = 10$ V, f = 140 kHz)	$C_{d(sub)}$	–	5.0	pF
Drain-Source Resistance ($V_{GS} = 10$ V, $I_D = 0$, f = 1.0 kHz)	$r_{ds(on)}$	–	300	ohms

SWITCHING CHARACTERISTICS

Characteristic	Conditions	Symbol	Min	Max	Unit
Turn-On Delay (Fig. 5)	$I_D = 2.0$ mAdc, $V_{DS} = 10$ Vdc, ($V_{GS} = 10$ Vdc) (See Figure 9; Times Circuit Determined)	t_{d1}	–	45	ns
Rise Time (Fig. 6)		t_r	–	65	ns
Turn-Off Delay (Fig. 7)		t_{d2}	–	60	ns
Fall Time (Fig. 8)		t_f	–	100	ns

그림 6.40 2N4351 모토롤라 n채널 증가형 MOSFETs

다. 문턱전압은 $V_{GS(Th)}$로 표시되며 어떤 회로에서 사용되는지에 따라 1~5 V 사이의 직류값을 가진다. 식 (6.15)에 나온 k값의 범위보다는 특정 $V_{GS(on)}$(표시된 I_D값에 대해 10 V)에 대한 일반적인 $I_{D(on)}$(이 경우에는 3 mA)의 값이 주어지고 있다. 다시 말하면 V_{GS}=10 V일 때 I_D=3 mA이다. $V_{GS(Th)}$, $I_{D(on)}$, $V_{GS(on)}$의 주어진 값으로 식 (6.16)을 사용하면 k값을 정할 수 있으며, 또한 전달 특성에 대한 일반식을 구할 수 있다. MOSFET를 다루기 위해 필요한 사항들은 6.9절에서 다룬다.

예제 6.4 그림 6.40의 사양서와 평균 문턱전압 $V_{GS(\mathrm{Th})}=3$ V를 사용하여 다음을 구하라.

a. MOSFET의 k값

b. 전달 특성 곡선

풀이

a. 식 (6.16): $$k = \frac{I_{D(\mathrm{on})}}{(V_{GS(\mathrm{on})} - V_{GS(\mathrm{Th})})^2} = \frac{3\text{ mA}}{(10\text{ V} - 3\text{ V})^2} = \frac{3\text{ mA}}{(7\text{ V})^2} = \frac{3 \times 10^{-3}}{49}\text{ A/V}^2 = \mathbf{0.061 \times 10^{-3}\ A/V^2}$$

b. 식 (6.15): $$I_D = k(V_{GS} - V_T)^2 = 0.061 \times 10^{-3}(V_{GS} - 3\text{ V})^2$$

$V_{GS}=5$ V이면,

$$I_D = 0.061 \times 10^{-3}(5\text{ V} - 3\text{ V})^2 = 0.061 \times 10^{-3}(2)^2 = 0.061 \times 10^{-3}(4) = 0.244\text{ mA}$$

$V_{GS}=8$, 10, 12, 14 V이면, I_D는 각각에 대해 1.525, 3(주어진 값), 4.94, 7.38 mA가 된다. 특성 곡선을 그리면 그림 6.41이 된다.

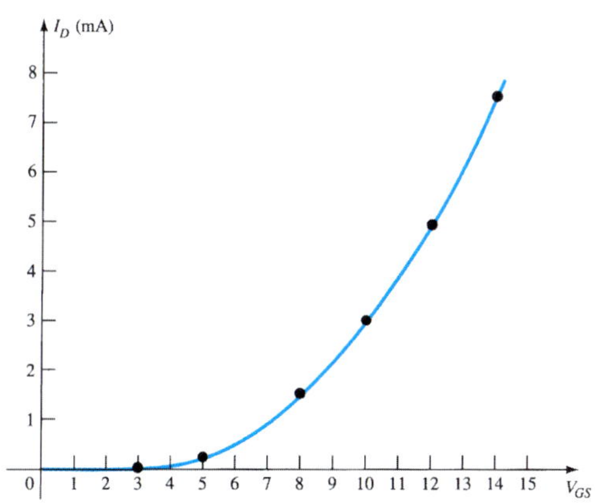

그림 6.41 예제 6.4의 풀이

6.9 MOSFET의 취급

게이트와 MOSFET의 채널 사이에 있는 SiO_2의 얇은 막-산화막은 이 소자의 높은 입력 임피던스를 주는 이점이 있는 반면, 매우 얇기 때문에 BJT나 JFET 트랜지스터를 다룰 때와는 달리 취급상의 주의를 요한다. 정전기는(우리가 주위의 사물을 집을 때 종종 발생하는) 때때로 이 얇은 막에 전위차를 유발하여 막을 파괴하고 전류가 흐를 수 있게 하기도 한다. 따라서 소자를 시스템에 장착할 때까지 소자의 단자를(전류가 흐르도록) 단락용 알루미늄 호일(또는 링)에 연결해 두어야 한다. 단락용 링은 소자의 두 단자 사이에 전위차가 걸리게 되는 것을 방지한다. 이 링은 연결된 어떠한 두 단자 사이라도 걸리는 전압이 0 V가 되도록 한다. 소자

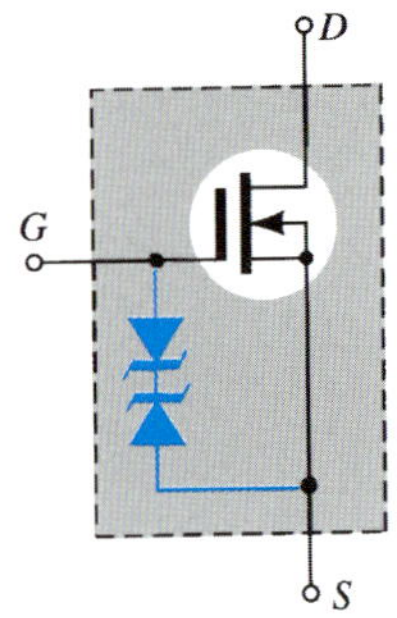

그림 6.42 제너 보호형 MOSFET

를 다루기 전에는 손에 축적된 정전하를 방전시키기 위해 접지하도록 하며, 트랜지스터를 집을 때에는 항상 포장된 부위를 잡도록 한다.

전원이 켜진 상태에서 회로에 소자를 빼내거나 집어넣을 경우 종종(전압이나 전류가 급격하게 변하는) 과도 상태가 발생하기도 한다. 과도 수준은 때때로 소자가 견딜 수 있는 범위를 넘기도 하므로, 회로를 변경하려면 항상 전원을 끄도록 한다.

게이트와 소스 사이의 최대 전압은 보통 소자의 최대 정격 목록에 주어진다. 게이트와 소스 사이의 전압이 양쪽 극성에 대해 최대 전압을 넘지 않도록 보장하기 위한 장치로 그림 6.42에 나온 것과 같이 2개의 제너 다이오드를 사용하는 방법이 있다. 제너 다이오드는 양쪽 방향의 극성 모두에 대해서 소자를 보호할 수 있도록 서로 반대로 연결되어 있다. 만약 30 V의 제너 다이오드 2개가 연결되어 있을 경우, 양의 방향으로 40 V의 과도 전압이 발생한다면 아래쪽 제너 다이오드는 30 V에서 'fire' 될 것이고 위쪽 제너 다이오드는 켜지게 되어 이 다이오드에 0 V의 전압 강하(이상적인 경우—반도체 다이오드의 'on' 영역에 대해)가 발생하게 된다. 결국 게이트와 소스 사이에는 최대 30 V의 전압이 걸리게 된다. 이러한 제너 보호 방식이 갖는 한 가지 단점은 제너 다이오드의 off 저항(off resistance)이 SiO_2 막에 의해 생기는 입력 임피던스보다 작다는 점이다. 결과적으로 입력 임피던스는 감소하게 되지만, 그럼에도 이 값은 대부분의 회로 응용에 있어서 충분히 큰 값이다. 따라서 이런 단점들은 그리 문제가 되지 않으며 현재 많은 개별 소자들이 제너 보호 장치를 사용하고 있다. 이런 보호 장치를 사용한다고 해도 개별 MOSFET 소자들을 다룰 때는 주의하는 것이 좋다.

6.10 VMOS와 UMOS MOSFETs

일반적인 평면 MOSFET가 BJT와 비교했을 때의 단점 중 하나는 MOSFET가 저전력(대부분 1 W 이하)과 낮은 전류 레벨밖에 다루지 못한다는 점이다. 그렇지만 그림 6.43a의 VMOS MOSFET와 그림 6.43b의 UMOS MOSFET에 보여준 것과 같이 수직 구조로 바

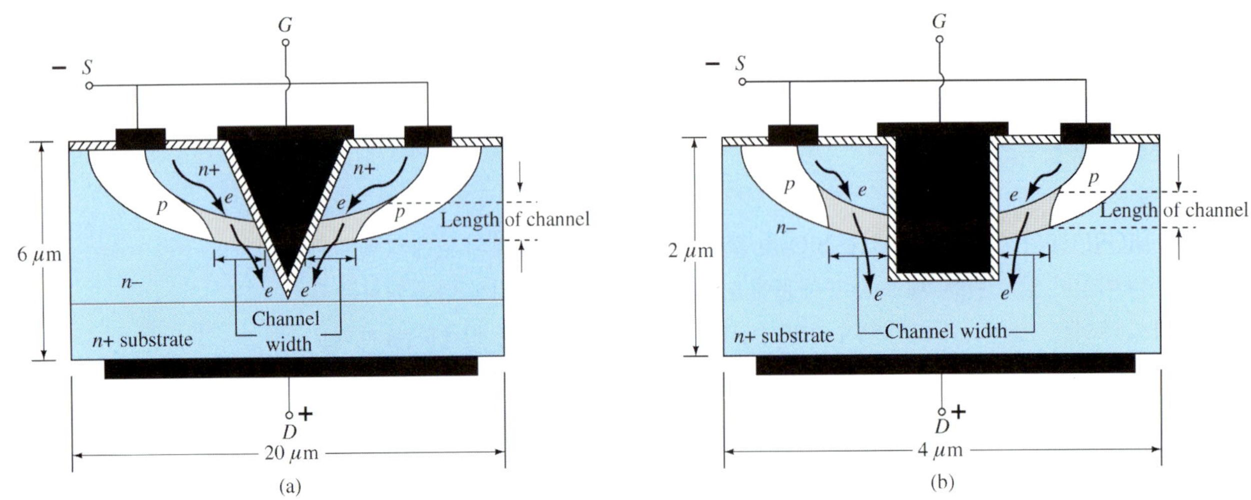

그림 6.43 (a) VMOS MOSFET; (b) UMOS MOSFET

꿈으로써 전력과 전류 레벨은 더높은 스위칭 주파수와 감소된 운전발열과 함께 증가되어 왔다. 소자의 단자에 연결된 표면 금속 게이트와 드레인과 소스 사이에 있는 p형 영역 사이에 존재하는 유도 n채널을 형성하기 위한(증가형 작동) SiO_2 막과 같은 평면 MOSFET의 모든 요소들이 수직형 VMOS또는 UMOS MOSFET에도 나타난다. 수직이라는 용어는, 평면형 소자에서는 채널 형성이 수평으로 생기지만, 이 소자에서는 채널이 수직 방향으로 형성된다는 사실에서 비롯된 것이다. 한편으로 그림 6.43a에 나타난 채널은 또한 'V' 모양으로 반도체 기반을 나누고 있으므로 이러한 모양으로도 소자의 이름을 기억할 수 있을 것이다. 그림 6.43a의 구조는 간단하게 보이며 도핑이 점진적으로 변화하는 부분이 남아 있기도 하지만, 이러한 점이 이 소자 작동의 가장 중요한 특성을 결정한다.

그림 6.43a와 같이 드레인에 양전압을, 소스에 음전압을 가해주고 게이트에 0 V 혹은 일반적으로 양의 값인 'on' 되게 하는 전압을 가해주면 소자의 좁은 p영역 내에 n채널이 유도된다. 채널의 길이는 이제 p영역의 수직 높이에 의해 결정되며, 이는 평면 구조에서 생기는 채널의 길이보다 훨씬 작다. 수평면상에서 채널의 길이는 1~2 μm(1 μm = 10^{-6} m) 정도이다. 확산층(그림 6.43a의 p영역과 같은)은 마이크로미터의 작은 조각 정도로 조절할 수 있다. 채널의 길이가 감소하면 저항값도 감소하므로 정해진 작동 전류값에서의 소자의 전력 소모량(열 손실)이 감소할 것이다. 게다가 채널과 n^+ 영역이 맞닿는 면적이 수직 구조에서는 크게 증가하기 때문에 저항값은 훨씬 많이 줄고 도핑된 두 층 사이의 전류가 흐를 수 있는 통로는 크게 증가한다. 그림 6.43에서 나타났듯이 드레인과 소스 사이에는 2개의 전도 통로가 존재하므로 보다 높은 전류가 흐르게 된다. 결과적으로 이 소자는 드레인 전류가 수 암페어 흐르게 되어 10 W가 넘는 전력을 다루게 된다.

VMOS MOSFET는 수직 MOSFET의 첫 번째 생산된 소자로 이 MOSFET는 주로 파워서플라이, 낮은 전압의 모터콘트롤러, DC-DC 컨버터, 평면 판넬 디스플레이류 그리고 최근의 주요한 응용으로 자동차 전장품의 동작을 제어하는 파워스위치로 사용되도록 설계되었다. 근본적으로 좋은 파워스위치는 상대적으로 낮은 전압(200 V 이하)에서 동작해야 하고, 뛰어난 하이스피드의 특성을 가지며 동작동안 최소 전력손실을 보장하기 위해 낮은 레벨의 on 저항을 가지고 있어야 한다. 오랫동안 그림 6.43a의 V 구조를 향상하기 위한 여러 가지 다른 수직 설계가 시작되었으며 V 홈을 형성하기 위해 요구되는 섬세한 에칭이 결과적으로 일괄된 문턱전압을 이루는데 어려움을 주고 있고 채널 끝단에서의 가파른 뾰족함은 MOSFET의 항복전압에 영향을 미치는 높은 전계를 발생한다. 이 항복전압은 바로 on저항에 관련되기에 중요하며 항복전압이 증가하면 on 저항은 증가하기 시작한다.

V 설계에 대한 하나의 향상방안은 그림 6.43b에 나타난 것과 같은 U 홈 또는 채널이다. UMOS MOSFET(트렌치 MOSFET라고도 함)의 동작은 VMOS MOSFET와 매우 유사하나 좀더 향상된 특성을 가지고 있다. 첫째 트렌치-에칭 과정이 DRAM의 메모리셀을 위해 발달하였기에 제작과정이 더 선호되고 있다. 그 결과 20~30 μm 폭의 VMOS MOSFET 구조에 비해 2~10 μm 폭으로 감소하였고 채널 자체 폭은 1 μm, 높이는 2 μm에 불과하다. 채널 길이는 감소하고 전류 패스의 폭은 트렌치 바닥 근처에서 증가하므로 트렌치 방법을 사용하면 on 저항은 줄어든다. 하지만 큰 전류흐름을 위해 요구되는 큰 표면 면적으로 인하여 100 kHz 이상 주파수에서 고려되어야하는 커패시티브 효과가 존재한다.

C_{GS}, C_{GD}, C_{DS}의 3가지가 고려되어야 하며 입력단의 게이트와 소스 간 커패시턴스는 가장 크며 수천 pF에 해당한다.

일반적으로

상업적으로 이용되는 평면 MOSFETs와 비교하여, VMOS FET는 채널 저항값을 줄이고 더 높은 전류와 전력 정격을 가진다.

수직 구조의 또다른 중요한 특성은

VMOS FET는 열적 방출의 가능성을 위해 분투할 수 있는 양의 온도 계수를 가진다.

소자의 온도가 주위의 매질 또는 소자에 흐르는 전류로 인해 증가하면, 저항값이 상승하게 되므로 다른 소자에서와 같이 드레인 전류가 증가하는 것이 아닌 감소하는 것으로 나타난다. 음온도계수는 온도가 증가함에 따라 저항값이 감소하여 전류가 증가하도록 도와주게 하므로 온도에 대한 불안정성을 더 크게 만들거나 열파괴가 되도록 한다.

또다른 VMOS 구조의 장점은 다음과 같다.

감소한 전하 축적 값은 기존의 평면 구조의 것과 비교하여 VMOS가 더 빠른 스위칭 시간을 가지게 한다.

실제로 VMOS 소자는 일반적인 BJT 트랜지스터의 절반보다 더 작은 스위칭 시간을 가진다.

6.11 CMOS

그림 6.44와 같이 동일 기판 위에 p채널과 n채널 MOSFET를 구성함으로써 매우 효율적인 논리회로를 만들 수 있다. p채널과 n채널 소자 각각에 대해 유도된 p채널은 왼쪽에, 유도된 n채널은 오른쪽에 나타나 있다. 이러한 회로 구성을 상보 대칭 MOSFET 배열(complementary

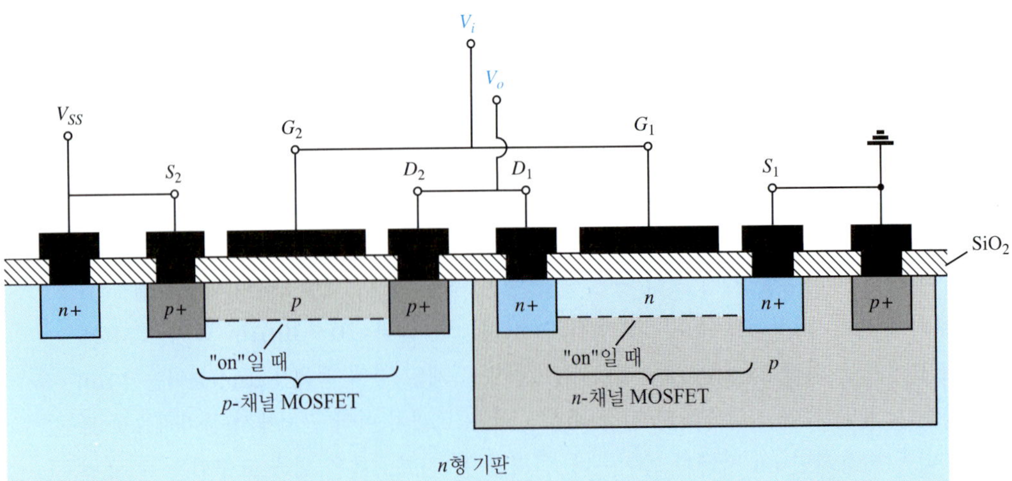

그림 6.44 그림 6.45에 나타난 연결의 CMOS

MOSFET arrangement: CMOS)이라 하며, 이는 컴퓨터 논리 설계에 다양하게 응용되고 있다. CMOS 회로 구성이 상대적으로 높은 입력 임피던스, 빠른 스위칭 속도, 그리고 낮은 작동 전력 수준과 같은 특성을 가지므로 CMOS 논리 설계(CMOS logic design)라는 새로운 체계가 생기게 되었다.

상보 대칭 구조의 효율적인 응용 중 하나가 그림 6.45에 나타낸 것과 같은 인버터로의 사용이다. 스위칭 트랜지스터로 소개된 바와 같이, 인버터는 인가된 신호를 '반전' 시키는 논리 소자이다. 즉 작동 논리값이 0 V(0상)와 5 V(1상)라면, 입력값이 0 V일 때 출력값은 5 V가 되고, 반대의 경우도 마찬가지가 된다. 그림 6.45에서 두 게이트가 함께 입력신호에 연결되어 있으며 각각의 드레인이 출력전압 V_o에 연결되어 있는 것을 유의하자. p채널 MOSFET(Q_2)의 소스는 인가전압 V_{SS}에 직접 연결되어 있는 반면, n채널 MOSFET(Q_1)의 소스는 접지되어 있다. 위에서 정한 논리값으로는, 입력으로 5 V를 인가하면 출력은 약 0 V가 될 것이다. V_i에(접지 수준에 대해) 5 V를 인가하면 $V_{GS_1}=V_i$이고 Q_1은 'on' 되어 그림 6.46과 같이 드레인과 소스 사이의 저항이 매우 작게 된다. V_i와 V_{SS_2}가 5 V이므로 $V_{GS_2}=0$ V가 되고, 이는 이 소자에 대해 필요한 V_T 보다 작으므로 소자는 'off' 상태가 된다. 이 결과 드레인과 소스 사이의 저항값은 Q_2에 대해 그림 6.46에서 나타난 것과 같이 매우 높은 값이 된다. 전압 분배기 법칙을 간단히 적용해보면 V_o는 0 V에 매우 가까운 값임을, 즉 신호가 반전되었음을 알 수 있다. V_i에 0 V를 인가하면(0상) $V_{GS_1}=0$ V이고 $V_{SS}=-5$ V이므로 Q_1은 'off' 되어 p채널 MOSFET는 켜진다. 결과적으로 Q_2는 작은 저항값을, Q_1은 높은 저항값을 가지게 되며 $V_o=V_{SS}=5$ V(1상)가 된다. 어느 경우에서든지 드레인 전류는 'off' 트랜지스터에서의 누출값으로 제한되기 때문에 소자에서 소모되는 전력은 매우 작다. CMOS 논리 응용에 대해서는 13장에서 더 다루도록 하겠다.

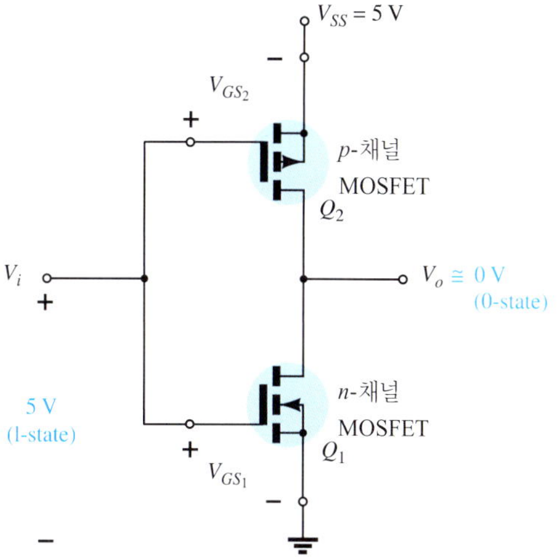

그림 6.45 CMOS 인버터

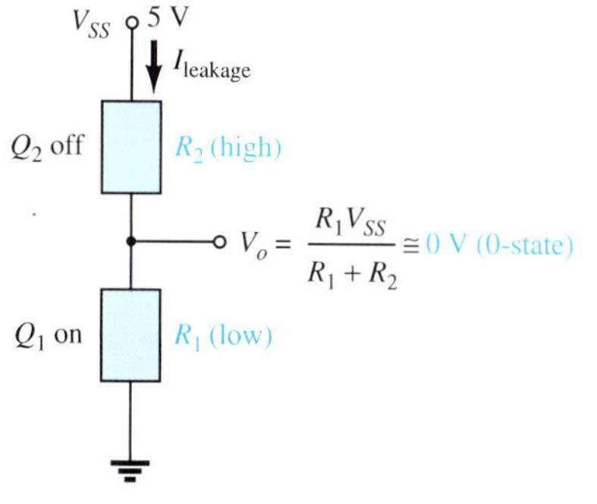

그림 6.46 V_i = 5 V에서의 상대 저항값(1상)

6.12 MESFET

앞서 이야기한 바 있지만 앞선 수십 년간 갈륨비소를 반도체 소자의 재료로 사용해왔다. 하지만 불행히도 제조 원가를 줄이기 위해 IC의 밀도를 높이게 되고 이로 인해 제조상의 문제가 발생하여 이것이 지난 수년간 문제로 대두되고 있다. 높은 속도를 가진 소자와 생산 방법의 개선에 대한 수년간의 꾸준한 요구 덕분에 갈륨비소를 이용한 큰 규모의 집적회로를 개발하기에 이르렀다.

실리콘 MOSFET의 공정을 실리콘 대신 갈륨비소에 이용할 수 있지만 확산 문제로 인한 제조상에 어려움이 있다. 그러나 게이트에 쇼트키 접합을 이용하면(16장에서 자세하게 설명한다) 상당히 효율적으로 FET를 생산할 수 있다.

쇼트키 장벽은 *n*형 채널 위의 텅스텐과 같은 금속을 놓아 이루어진 장벽이다.

게이트에 쇼트키 접합을 쓰는지 여부로 공핍형(depletion) MOSFET와 증가형(enhancement) MOSFET를 구분한다. 여기서 쇼트키 접합은 금속 접합과 *n*형 채널 사이에 절연막을 넣는 것을 의미한다. 절연층이 없으면 게이트의 금속 접합면과 반도체 층 사이의 거리를 좁아지고 두 표면 사이의 낮은 값의 표유 커패시턴스(stray capacitance)를 가지게 된다(커패시터의 두 면 사이의 거리와 그 종단 커패시턴스 사이의 효과를 생각하자). 낮은 커패시턴스 값은 높은 주파수에서의 민감도를 줄이는 효과가 있다(효과가 일어나는 거리가 짧기 때문에). 이는 결과적으로 갈륨비소의 캐리어의 이동성을 높인다.

이러한 FET는 금속-반도체 접합의 존재하기 때문에 금속-반도체 전계효과 트랜지스터(MESFET)라 부른다. MESFET의 기본적인 구성이 그림 6.47에 나타나 있다. 그림 6.47에서 게이트 단자가 소스와 드레인 단자 사이의 *n*채널에 바로 바로 연결되어 있는 금속 전도체에 바로 연결되어 있다는 점을 살펴볼 필요가 있다. 공핍형 MOSFET과 구성에 있어서의 유일한 차이점은 게이트에 절연체가 없다는 것이다. 음의 전압이 게이트에 가해지면 채널에 있는 자유 음전자(캐리어)를 금속면 쪽으로 끌어당겨 채널에 있는 캐리어의 개수를 줄인다. 그 결과로 그림 6.48에서 나타나듯이 게이트 단자의 음전압을 증가시켜 드레인 전류를 줄인다. 반대로 양의 전압이 게이트에 가해지면 추가적인 전자가 채널로 당겨지고 그림 6.48의 드레인 특성과 같이 전류가 증가한다. 공핍형 MESFET의 전달과 드레인 특성은 공핍형

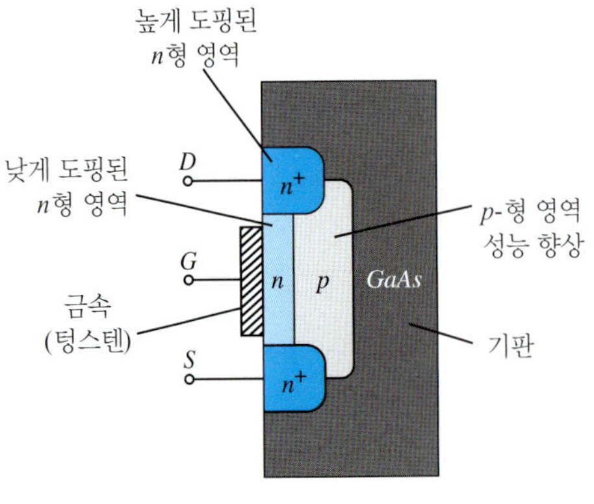

그림 6.47 *n*채널 MESFET의 기본 구조

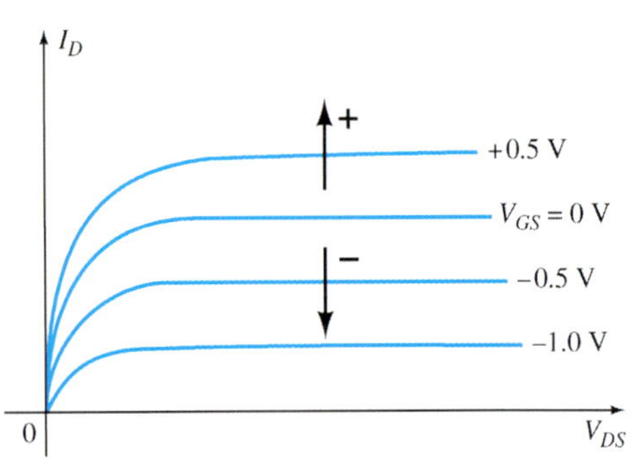

그림 6.48 *n*채널 MESFET의 특성

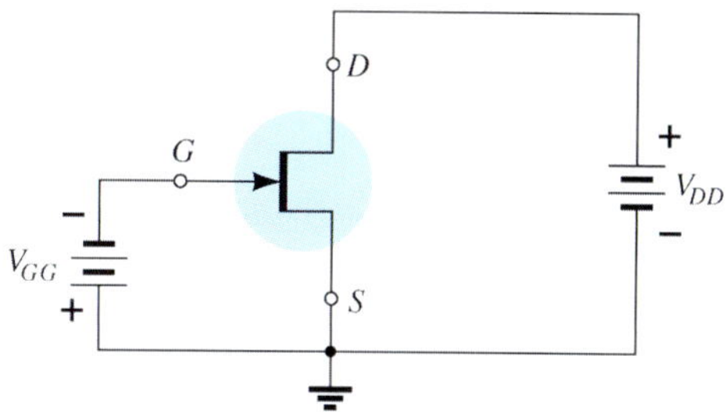

그림 6.49 *n*채널 MESFET의 기호와 기본 바이어스 배치

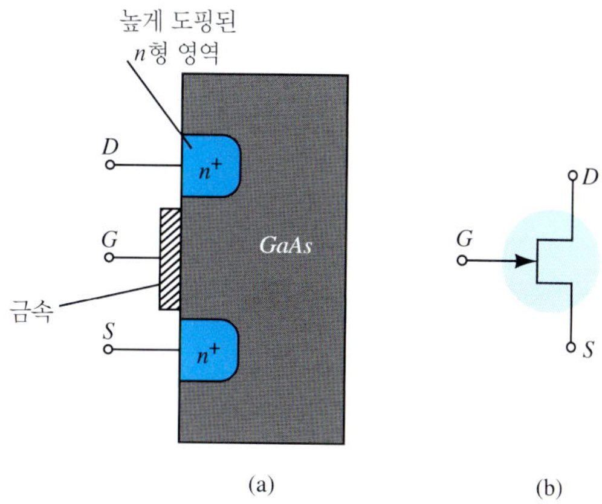

그림 6.50 증가형 MESFET: (a) 구조; (b) 기호

MOSFET과 매우 흡사하여 전달과 드레인 특성의 해석 방법을 공핍형 MOSFET과 흡사한 방법으로 해석할 수 있다. MESFET에서 정의된 극성과 전류 방향은 그림 6.49에서 기호로 나타나 있다.

그림 기호와 함께 있는 그림 6.50에 나타난 것과 같이 초기 채널은 없지만 그림 6.47과 같은 구성의 증가형 MOSFET도 있다. 응답과 특성은 기본적으로 증가형 MESFET와 같다. 쇼트키 접합 다이오드의 'turn-on' 전압은 0.7 V인데 이러한 쇼트키 접합이 게이트에 있어서 증가형 MESFET의 양의 임계 전압은 0 V에서 0.4 V로 제한된다. 이전과 같이 증가형 MESFET의 해석은 증가형 MOSFET의 해석 방법과 흡사하다.

하지만 MESFET에서 채널이 꼭 *n*형 물질이어야 한다는 것은 꼭 알아 두어야 한다. 갈륨비소에서 정공은 음으로 충전된 캐리어보다 이동성 면에서 상대적으로 속도가 떨어져 빠른 속도로 작동하는 데 유리한 갈륨비소의 장점을 잃게 된다.

결국 공핍형과 증가형 MESFET는 드레인과 소스 사이 *n*채널로 만들어지고 따라서 오직 *n*형 MESFET만이 상용화 될 수 있다.

공핍형과 증가형 MESFET 모두 빠른 속도로 동작하기 위해서는 (그림 6.47과 6.50에 나타난 바와 같이) 채널의 길이가 가능한 한 짧아야 한다. 그 길이는 보통 0.1 μm에서 1 μm 사이이다.

6.13 요약표

FET의 종류에 따라 특성 곡선과 특징들이 다르므로 각각의 차이를 강조하기 위하여 표 6.3에 정리하였다. 이 표에 나오는 특성 곡선들과 특징들을 분명히 이해하면 다음 장에서 다룰 회로의 직류, 교류 해석에 충분한 기초 지식이 될 것이다. 표의 각 그래프를 이해하고, 식의 유도 과정을 이해하고, 각 소자의 R_i와 C_i값을 비교해 보도록 하자.

표 6.3 전계효과 트랜지스터

Type	Symbol and Basic Relationships	Transfer Curve	Input Resistance and Capacitance
JFET (*n*-channel)	$I_G = 0\text{ A}, I_D = I_S$ 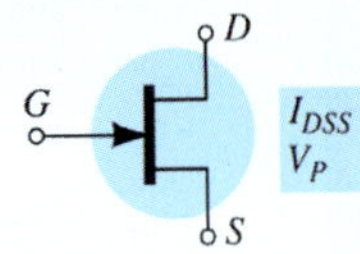 $I_D = I_{DSS}\left(1 - \frac{V_{GS}}{V_P}\right)^2$	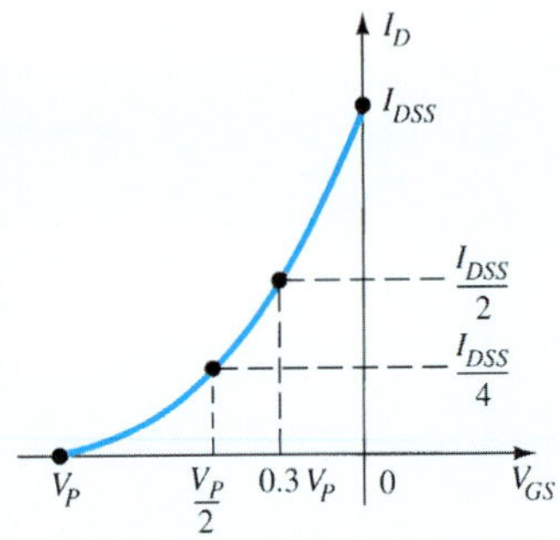	$R_i > 100\text{ M}\Omega$ C_i: (1 − 10) pF
MOSFET depletion type (*n*-channel)	$I_G = 0\text{ A}, I_D = I_S$ 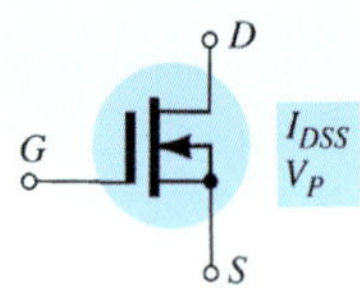 $I_D = I_{DSS}\left(1 - \frac{V_{GS}}{V_P}\right)^2$	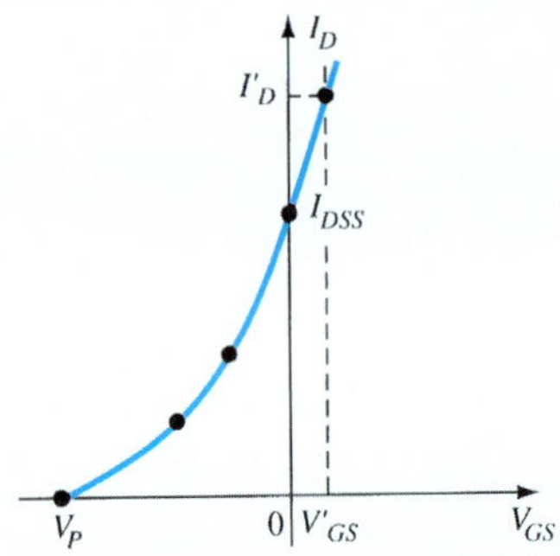	$R_i > 10^{10}\ \Omega$ C_i: (1 − 10) pF
MOSFET enhancement type (*n*-channel)	$I_G = 0\text{ A}, I_D = I_S$ 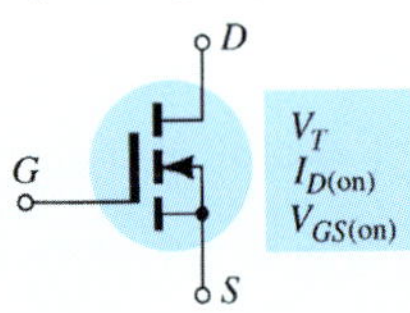 $I_D = k(V_{GS} - V_{GS(\text{Th})})^2$ $k = \frac{I_{D(\text{on})}}{(V_{GS(\text{on})} - V_{GS(\text{Th})})^2}$	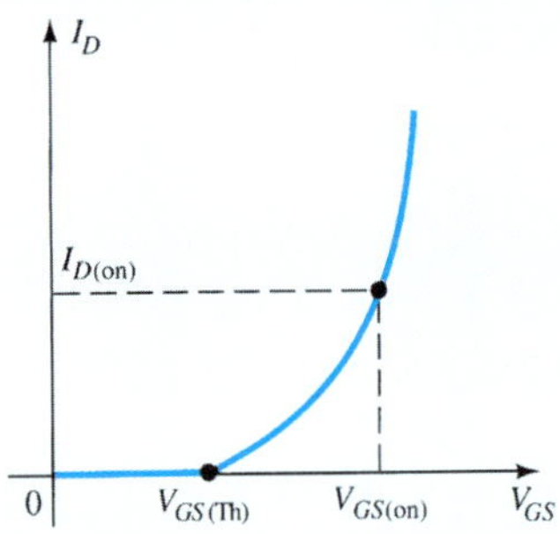	$R_i > 10^{10}\ \Omega$ C_i: (1 − 10) pF
MESFET depletion type (*n*-channel)	$I_G = 0\text{ A}, I_D = I_S$ 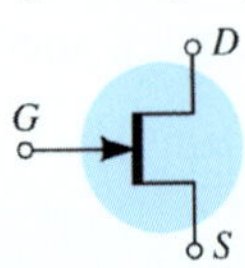 $I_D = I_{DSS}\left(1 - \frac{V_{GS}}{V_P}\right)^2$ $I_G = 0\text{ A}, I_D = I_S$	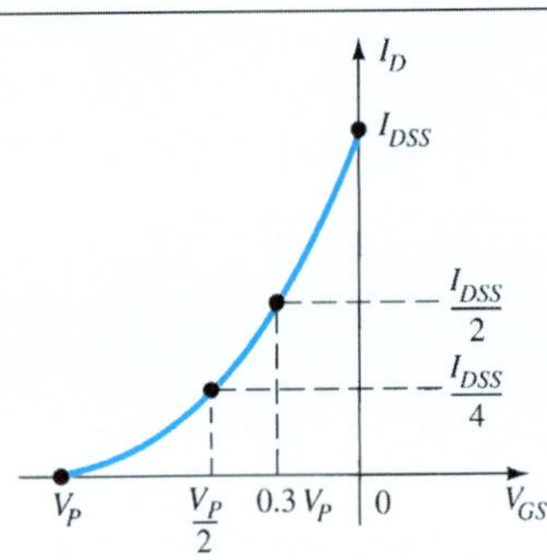	$R_i > 10^{12}\ \Omega$ C_i: (1 − 5) pF
MESFET enhancement type (*n*-channel)	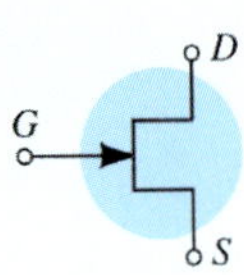 $I_D = k(V_{GS} - V_{GS(\text{Th})})^2$ $k = \frac{I_{D(\text{on})}}{(V_{GS(\text{on})} - V_{GS(\text{Th})})^2}$	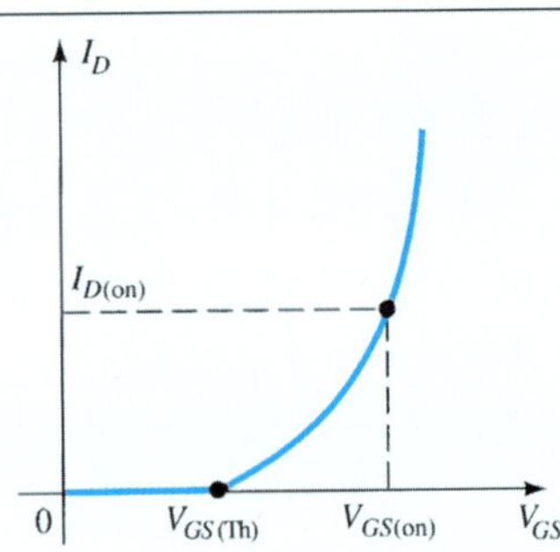	$R_i > 10^{12}\ \Omega$ C_i: (1 − 5) pF

6.14 요약

중요 결론 및 개념

1. **전류 조절형 소자**는 전류에 따라 동작 조건이 결정되는 소자이며, **전압 조절형 소자**는 특정 전압에 따라 동작 조건이 결정되는 소자이다.
2. JFET은 게이트와 소스 사이의 전압에 의해 드레인과 소스 사이의 저항값이 제어되는 특성 때문에 보통 **전압 제어형 저항**으로 사용된다.
3. JFET의 **최대 전류**는 I_{DSS}라 표기하며 $V_{GS}=0$ V일 때 발생한다.
4. JFET의 **최소 전류**는 $V_{GS}=V_P$일 때를 나타내는 핀치 오프에서 발생한다.
5. JFET에서 게이트와 소스 사이의 전압과 드레인 전류의 관계는 Shockley 방정식에 따라 정의되며, **비선형 관계**를 갖는다. 전류레벨이 I_{DSS}에 근접되면 V_{GS}의 변화에 대한 I_D의 민감도는 급격하게 증가한다.
6. 전달 특성(I_D와 V_{GS})은 **소자 자체**의 특성으로 소자가 속해 있는 회로에 의해 영향 받지 않는다.
7. $V_{GS}=V_P/2$, $I_D=I_{DSS}/4$이고, $I_D=I_{DSS}/2$일 때 V_{GS}는 약 0.3 V가 된다.
8. 최대 동작 조건은 드레인과 소스 사이의 전압과 드레인 전류의 **곱**에 따라 결정된다.
9. MOSFET은 **공핍형과 증가형**의 두 가지 형태가 있다.
10. 드레인 전류가 I_{DSS} 이하일 때 공핍형 MOSFET는 JFET와 같은 전달 특성을 갖는다. 그러나 공핍형 MOSFET의 특성은 JFET와는 달리 I_{DSS} 이상의 영역에서도 연속적이다.
11. n채널 JFET이나 MOSFET의 기호에서 화살표는 항상 기호의 중앙 안쪽을 가리키며, p채널 소자의 기호에서 화살표는 **항상 기호의 중앙 바깥쪽**을 가리킨다.
12. 증가형 MOSFET의 전달 특성은 **Shockley 방정식에 의해 정의되지 않고**, 게이트와 소스의 전압, 문턱전압, 그리고 소자의 구조에 의해 결정되는 상수인 k에 따라 제어되는 비선형 방정식에 의해 정의된다. V_{GS}에 따른 I_D의 그래프에서 I_D는 **V_{GS}가 증가함에 따라 지수 함수적으로 증가**한다.
13. 우리가 예상하지 못하는 정전기가 발생할 수 있으므로 MOSFET은 취급상에 보다 **많은 주의**를 요한다. 소자가 장착될 때까지 소자의 단자 사이에 있는 접지 구조를 제거해서는 안 된다.
14. CMOS 소자는 동일 기판 위에 ***p*채널과 *n*채널 MOSFET의 조합**으로 구성된 소자로서 매우 높은 입력 임피던스와 빠른 스위칭 속도, 낮은 동작 전압을 갖는 장점을 갖는다. 이들은 논리회로의 구성에 매우 유용하다.
15. 공핍형 MESFET은 금속-반도체 접합이 있으며, 이로 인해 ***n*채널 공핍형 JFET와 특성이 일치**한다. 증가형 MESFET은 증가형 MOSFET과 같은 특성을 가지고 있다. 이러한 **유사성 덕분에 JFET를 해석할 때 사용했던 직류 또는 교류 해석 방법을 MESFET에도 적용할 수 있다.**

주요 공식

JFET:

$$I_D = I_{DSS}\left(1 - \frac{V_{GS}}{V_P}\right)^2$$

$$I_D = I_{DSS}\big|_{V_{GS}=0\text{ V}},\quad I_D = 0\text{ mA}\big|_{V_{GS}=V_P},\quad I_D = \frac{I_{DSS}}{4}\bigg|_{V_{GS}=V_P/2},\quad V_{GS} \cong 0.3V_P\big|_{I_D=I_{DSS}/2}$$

$$V_{GS} = V_P\left(1 - \sqrt{\frac{I_D}{I_{DSS}}}\right)$$

$$P_D = V_{DS}I_D$$

$$r_d = \frac{r_o}{(1 - V_{GS}/V_P)^2}$$

MOSFET(증가형):

$$I_D = k(V_{GS} - V_T)^2$$

$$k = \frac{I_{D(\text{on})}}{(V_{GS(\text{on})} - V_T)^2}$$

6.15 컴퓨터 해석

PSpice 윈도우

n채널 JFET의 특성을 구하는 방법은 3.13절에서 BJT의 특성을 구하는 방법과 비슷하다. 여러 V_{GS}에 대한 그래프를 얻으려면 드레인 소스전압 스위프 이외에도 중첩된 스위프(nested sweep)를 해야 한다. 그림 6.51의 회로는 이전 장에서 설명한 방법과 같다. 특히, 입력 임피던스를 무한대로 가정하였으므로 외부의 저항은 필요 없으며 게이트 전류는 0 A가 된다. JFET은 **Place Part**의 대화창의 **Part**에서 찾을 수 있다. **Part** 밑의 공간에 **JFET**이라 써넣은 것만으로도 JFET을 불러낼 수 있다. 일단 불러내면 **Edit PSpice Model**이라 써진 기호를 클릭하면 **PSpice Model Editor Lite** 대화창이 나올 것이다. **Beta**는 1.304 mA/V^{2}이고 **Vto**는 -3 V이다. JFET의 **Beta**는 다음과 같이 정의된다.

$$\boxed{\text{Beta} = \frac{I_{DSS}}{V_P{}^2}} \quad (\text{A}/\text{V}^2) \tag{6.17}$$

Vto라는 파라미터는 핀치 오프 전압 $V_{GS}=V_p=-3$ V를 정의한다. 식 (6.17)을 이용하여 I_{DSS}를 구할 수 있고, 그 값은 약 11.37 mA이다. 그래프를 얻으면 두 파라미터들이 특성을 정확히 정의했는지 확인할 수 있다. 새로운 회로를 구성하고, **New Simulation**을 선택하여 **New Simulation** 대화창을 불러낸다. **그림 6.51**의 **Simulation Settings** 대화창의 **Create**를 누르고 **Analysis type**은 **DC Sweep**을 선택한다. **Sweep variable**에서 **Voltage source**를 선택하고 **Name**은 **VDD**로 정한다. **Start Value**는 0 V, **End Value**는 10 V, **Increment**

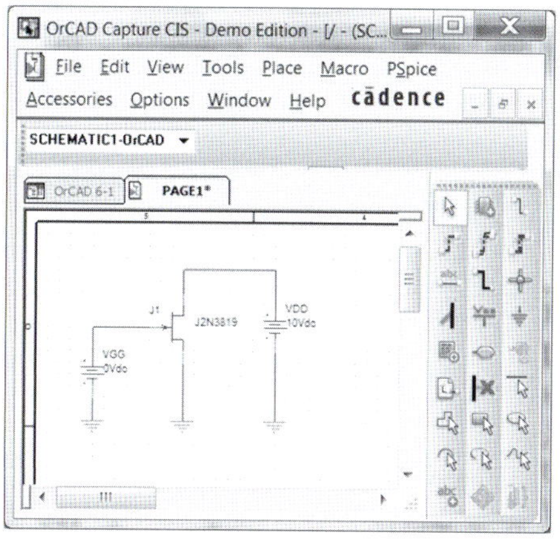

그림 6.51 n채널 J2N3819 JFET의 특성을 구하기 위해 사용된 회로

는 0.01 V로 설정한다. 다음으로 **Secondary Sweep**을 선택하여 **Name VGG**을 적용, **Start Value**는 0 V, **End Value**는 −5 V, **Increment**를 −1 V로 설정한다. 마지막으로 **Secondary Sweep**는 목록 왼쪽의 박스를 체크해야만 사용할 수 있으며, **OK**를 눌러 대화창을 닫는다. 수평축이 0 V에서 10 V 범위로 **VDD**로 표시된 **Simulation**과 **SCHEMATIC** 화면이 나올 것이다. **Trace-Add Trace**를 눌러 **Add Traces** 대화창을 뜨게 하고, **ID(J1)**을 선택하여 그림 6.52와 같은 특성 곡선을 얻는다. I_{DSS}의 값이 Beta의 예상 값인 11.7 mA에 매우 근접하는 것을 알 수 있다. 또한 차단이 $V_{GS}=V_p=-3$ V에서 일어나는 것도 알 수 있다. **Plot-Label-Text**를 누르면 그래프에 글자들을 삽입할 수 있다.

전달 특성도 그릴 곡선이 하나뿐이므로 하나의 스위프 **New Simulation**을 통해 추가하여

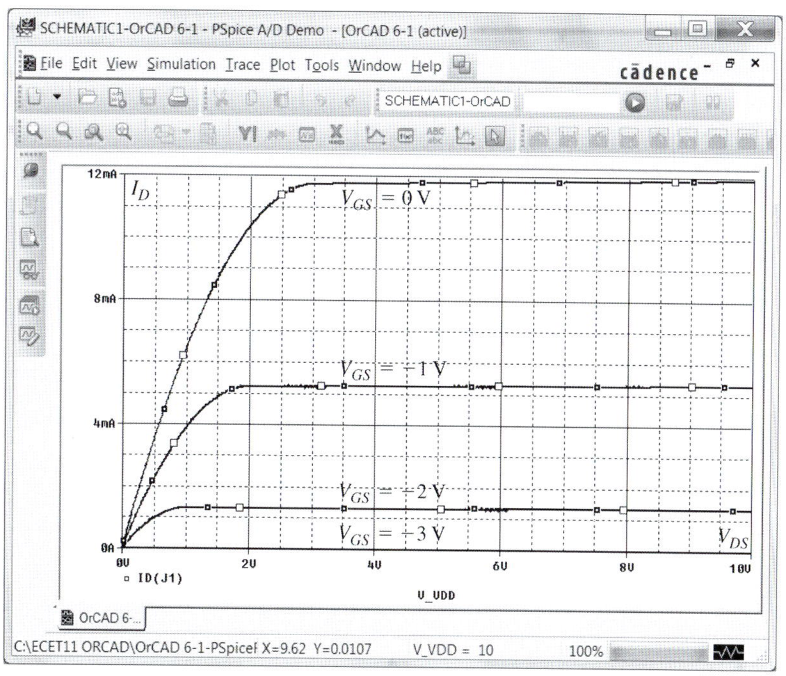

그림 6.52 그림 6.51의 n채널 J2N3819 JFET의 드레인 특성

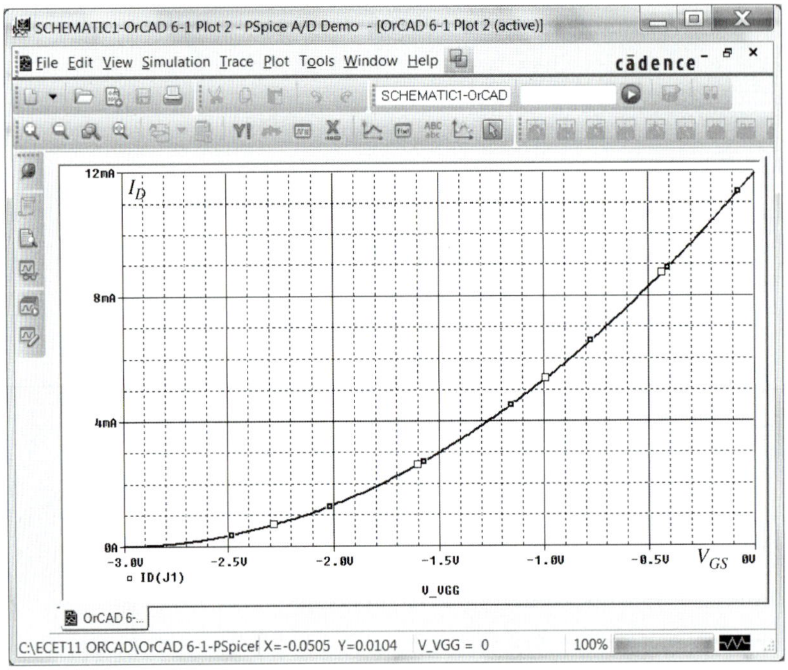

그림 6.53 그림 6.51의 n채널 J2N3819 JFET의 전달 특성

얻을 수 있다. 다시 **DC Sweep**을 선택하여 **Start Value**가 −3 V, **End Value**가 0 V, **Increment**가 0.01 V인 **NAME**이 **VGG**를 생성한다. 다른 스위프는 필요 없으므로 **OK**를 눌러 시뮬레이션을 시작한다. 그래프가 나타나면 **Trace-Add Trace-ID(J1)**을 차례로 선택하여 그림 6.53과 같은 전달 특성을 얻는다. 가로축의 왼쪽이 −3 V이고 오른쪽은 0 V이다. 마찬가지로 예상했던 대로 I_{DSS}는 11.7 mA, $V_p = -3$ V에 매우 가까움을 알 수 있다.

연 | 습 | 문 | 제

6.2 JFET의 구조와 특성

1. a. p채널 JFET의 기본 구조를 그려라.

b. 드레인과 소스의 바이어스와 $V_{GS}=0$ V일 때의 공핍 영역을 그려라.

2. 그림 6.11의 특성 곡선에서 V_{GS}가 다음과 같을 때 I_D를 구하라(단, $V_{DS} > V_P$).

a. $V_{GS}=0$ V　　**b.** $V_{GS}=-1$ V

c. $V_{GS}=-1.5$ V　　**d.** $V_{GS}=-1.8$ V

e. $V_{GS}=-4$ V　　**f.** $V_{GS}=-6$ V

3. 문제 2의 결과를 이용하여 V_{GS}에 대한 I_D의 전달 특성을 도시하라.

4. a. 그림 6.11의 특성 곡선에서 $V_{GS}=0$ V이고 $I_D=6$ mA일 때 V_{DS}를 구하라.

*는 다른 문제보다 다소 어려운 문제를 나타낸다.

b. (a)의 결과를 이용하여 $I_D=0$에서 6 mA이고 $V_{GS}=0$ V일 때 JFET의 저항을 구하라.

c. $V_{GS}=-1$ V이고 $I_D=3$ mA일 때 V_{DS}를 구하라.

d. (c)의 결과를 이용하여 $I_D=0$에서 3 mA이고 $V_{GS}=-1$ V일 때 JFET의 저항을 구하라.

e. $V_{GS}=-2$ V이고 $I_D=1.5$ mA일 때 V_{DS}를 구하라.

f. (e)의 결과를 이용하여 $I_D=0$에서 1.5 mA이고 $V_{GS}=-2$ V일 때 JFET의 저항을 구하라.

g. (b)의 결과를 r_o로 정의하고, 식 (6.1)을 사용하여 $V_{GS}=-1$ V일 때의 저항을 구하라. 결과를 (d)와 비교하라.

h. (g)를 $V_{GS}=-2$ V인 경우로 반복하고 결과를 (f)와 비교하라.

i. (g)와 (h)의 결과로부터 식 (6.1)의 근사는 유효한지 설명하라.

5. 그림 6.11의 특성 곡선에서

a. $V_{GS}=0$ V와 -1 V일 때, 드레인 전류의 차이를 구하라($V_{DS} > V_P$).

b. $V_{GS}=-1$이고 -2 V인 경우, (a)를 반복하라.

c. $V_{GS}=-2$이고 -3 V인 경우, (a)를 반복하라.

d. $V_{GS}=-3$이고 -4 V인 경우, (a)를 반복하라.

e. V_{GS}가 음의 값으로 증가함에 따라 전류의 변화에 현저한 차이가 생기는가?

f. V_{GS}의 변화와 I_D의 변화는 선형적인가 비선형적인가?

6. BJT의 컬렉터 특성과 JFET의 드레인 특성의 차이점은 무엇인가? 제어 변수와 각 축의 단위를 비교하라. I_B의 증가에 따른 I_C의 증가와 V_{GS}가 음의 방향으로 증가함에 따라 I_D의 증가는 어떠한가? I_B 사이의 간격과 V_{GS} 사이의 간격은 어떠한가? 낮은 출력전압을 갖는 $V_{C_{sat}}$과 V_P를 비교하라.

7. a. JFET에서 전류 I_G가 사실상 0 A인 이유를 설명하라.

b. JFET의 입력 임피던스는 왜 높은가?

c. 전계효과라는 용어가 3단자 소자의 이름으로 적합한 이유는 무엇인가?

8. $I_{DSS}=12$ mA이고 $|V_P|=6$ V일 때, 그림 6.11과 같은 JFET의 특성 곡선을 그려라.

9. n채널 JFET과 p채널 JFET의 전압과 전류의 방향을 설명하라.

6.3 전달 특성

10. 그림 6.54와 같은 특성 곡선에서

a. 특성 곡선에서 바로 전달 함수를 구하라.

b. 그림 6.54에서 I_{DSS}와 V_P를 구하고, Shockley 방정식을 이용하여 전달 함수를 구하라.

c. (a)와 (b)의 결과를 비교하고, 차이점을 설명하라.

11. a. $I_{DSS}=12$ mA이고 $V_P=-4$ V일 때 JFET의 전달 함수를 구하라.

b. (a) 소자의 드레인 특성 곡선을 그려라.

12. $I_{DSS}=9$ mA이고 $V_P=-4$ V이고 V_{GS}가 다음과 같을 때 I_D를 구하라.

a. $V_{GS}=0$ V　　**b.** $V_{GS}=-2$ V

c. $V_{GS}=-4$ V　　**d.** $V_{GS}=-6$ V

13. $I_{DSS}=16$ mA이고 $V_P=-5$일 때, 표 6.1의 데이터를 이용하여 전달 함수를 그려라. 그래프로부터 $V_{GS}=-3$ V일 때 I_D를 구하고 이를 Shockley 방정식의 결과와 비교하라.

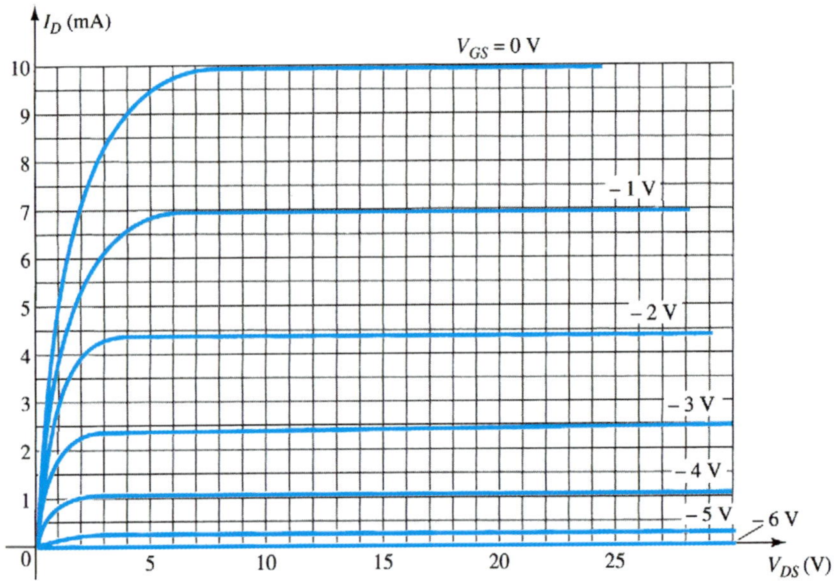

그림 6.54 문제 10, 20

$V_{GS}=-1$ V인 경우에도 반복하라.

14. 특정 JFET에 대해, $V_{GS}=-3$ V일 때 $I_D=4$ mA이면 $I_{DSS}=12$ mA일 경우 V_P를 구하라.

15. $I_{DSS}=6$ mA이고 $V_P=-4.5$ V일 때 다음을 구하라.

a. $V_{GS}=-2$ V와 -3.6 V일 때 I_D를 구하라.

b. $I_D=3$ mA와 5.5 mA일 때 V_{GS}를 구하라.

16. Q점이 $I_{D_Q}=3$ mA이고 $V_{GS}=-3$ V일 때, $V_P=-6$ V일 경우, I_{DSS}의 값을 구하라.

17. p채널 JFET가 $I_{DSS}=7.5$ mA이고 $V_P=4$ V일 때 특성 곡선을 구하라.

6.4 사양서(JFET)

18. 그림 6.20에 나타난 2N5457 JFET의 주어진 I_{DSS}와 V_P의 범위에서의 작동 영역을 구하라. 즉 먼저 I_{DSS}와 V_P의 최대값과 최소값으로부터 정의된 전달 함수를 구하고, 사양서의 나머지 영역도 참조하여 전달 함수를 완성하라.

19. 그림 6.20의 JFET 2N5457에서 5.0 mW/°C의 부하경감 인자를 사용하여 일반 동작 온도 45°C에서의 전력정격을 구하라.

20. 그림 6.54의 JFET에서 $V_{DS_{max}}=30$ V이고 $P_{D_{max}}=100$ mW일 때 작동 영역을 구하라.

6.5 계측

21. 그림 6.22의 특성 곡선을 이용하여 $V_{GS}=-0.7$ V이고 $V_{DS}=10$ V일 때 I_D를 구하라.

22. 그림 6.22에서 $V_{DS}<|V_P|=3$ V의 영역을 핀치 오프 전압의 궤적이라 할 수 있는가?

23. 그림 6.22에서 특정 V_{GS}에서의 I_{DSS}와 I_D를 이용하여 V_P를 구하라. 즉 Shockley 방정식에 대입하여 V_P를 구하라. 이 결과를 특성 식에서 가정한 -3 V와 비교하라.

24. 그림 6.22에서 $I_{DSS}=9$ mA이고 $V_P=-3$ V인 사실을 이용하여, $V_{GS}=-1$ V일 때 I_D를

구하라. 이때 Shockley 방정식을 사용하여 구하고, 결과를 그림 6.25의 값과 비교하라.

25. a. 그림 6.22의 JFET에서 $V_{GS}=0$ V이고 $I_D=0\sim4$ mA일 때 저항을 구하라.

b. $V_{GS}=-0.5$ V이고 $I_D=0\sim3$ mA일 때 (a)를 반복하라.

c. (a)의 결과를 r_o라 하고, (b)의 결과를 r_d라 할 때, 식 (6.1)을 이용하여 r_d를 구하고, 이를 (b)의 결과와 비교하라.

6.7 공핍형 MOSFET

26. a. p채널 공핍형 MOSFET의 기본 구조를 그려라.

b. 드레인 소스전압을 인가하고 $V_{GS}=0$ V일 때 전자의 흐름을 나타내라.

27. 구조상 어떤 면이 공핍형 MOSFET와 JFET가 비슷한가? 어떤 점에서 다른가?

28. n채널 공핍형 MOSFET에서 양의 게이트 전압을 이용하는(드레인 전류가 I_{DSS} 이상 커지는) 응용회로를 설명하라.

29. 공핍형 MOSFET의 $I_{DSS}=6$ mA이고 $V_P=-3$ V일 때 $V_{GS}=-1, 0, 1, 2$ V에 대해 드레인 전류를 구하라. V_{GS}가 -1 V이고 0 V일 때와 1 V이고 2 V일 때의 차이를 비교하라. V_{GS}가 양의 값을 갖는 영역에서는 음의 값을 갖는 영역에 비해 드레인 전류가 급격히 증가하는가? 전류 I_D는 V_{GS}가 증가할수록 더 가파른 기울기로 증가하는가? I_D와 V_{GS} 사이에는 선형적 또는 비선형적 관계가 성립하는가? 설명하라.

30. n채널 공핍형 MOSFET가 $I_{DSS}=12$ mA이고 $V_P=-8$ V일 때, $V_{GS}=-V_P$와 $V_{GS}=1$ V의 구간에서 전달 함수와 드레인 전류 특성 곡선을 그려라.

31. $I_D=14$ mA이고 $V_{GS}=1$ V인 공핍형 MOSFET에서 $I_{DSS}=9.5$ mA인 경우, V_P를 구하라.

32. $I_D=4$ mA이고 $V_{GS}=-2$ V일 때, $V_P=-5$ V이라고 하면 I_{DSS}를 구하라.

33. 그림 6.31의 2N3797 MOSFET에서 I_{DSS}의 평균 전류가 2.9 mA인 사실을 이용하여 최대 드레인 전류 20 mA가 흐르도록 하는 V_{GS}를 구하라(여기서 $V_P=-5$ V이다).

34. 그림 6.31의 2N3797 MOSFET에서 드레인 전류가 8 mA일 때, 허용하는 최대 전력 범위에서 최대 허용 V_{DS}는 얼마인가?

6.8 증가형 MOSFET

35. a. 증가형 MOSFET와 공핍형 MOSFET의 중요한 차이는 무엇인가?

b. 정상적으로 바이어스된 p채널 증가형 MOSFET를 그려라($V_{DS}>0$ V, $V_{GS}>V_T$). 채널과 전자의 흐름, 공핍 영역을 표시하라.

c. 증가형 MOSFET의 기본적인 작동을 설명하라.

36. a. n채널 증가형 MOSFET의 전달 함수와 특성 곡선을 그려라. 단, $V_T=3.5$ V이고 $k=0.4\times10^{-3}$ A/V^{2}이다.

b. V_T는 그대로이고 k는 100% 증가해서 0.8×10^{-3} A/V^{2}일 때 (a)를 반복하라.

37. a. $V_{GS(\text{Th})}=4$ V이고 $V_{GS(\text{on})}=6$ V에서 $I_{D(\text{on})}=4$ mA일 때, k를 구하고 식 (6.15)와 같은 모양으로 I_D를 나타내는 식을 구하라.

b. (a)의 소자의 특성 곡선을 그려라.

c. (a)의 소자의 $V_{GS}=2, 5, 10$ V일 때 I_D를 구하라.

38. 그림 6.55의 특성 곡선에서 V_T와 k, 그리고 I_D를 나타내는 일반식을 구하라.

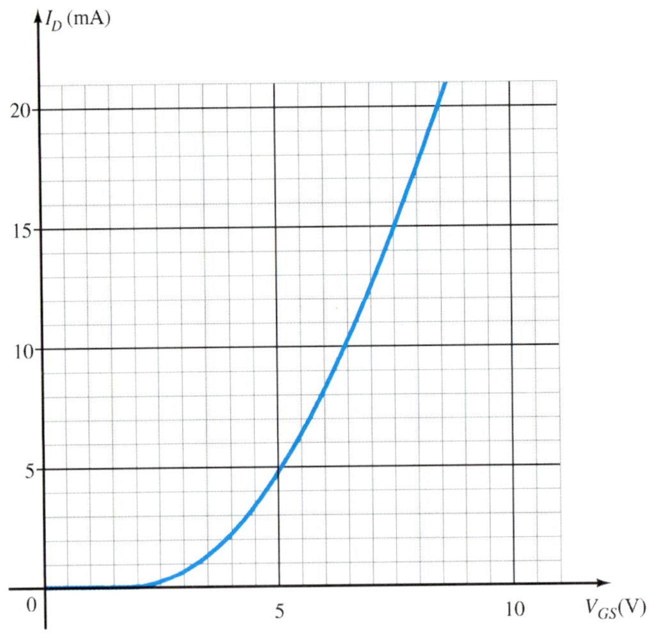

그림 6.55 문제 38

39. $k=0.4\times10^{-3}$ A/V^{2}이고 $V_{GS(\text{on})}=4$ V에서 $I_{D(\text{on})}=3$ mA일 때, V_T를 구하라.

40. n채널 증가형 MOSFET 2N4351의 최대 허용 드레인 전류가 30 mA이다. 이 전류가 흐르도록 하는 V_{GS}를 구하라. 단, $k=0.06\times10^{-3}$ A/V^{2}이고, V_T는 최대값을 갖는다.

41. 전도 영역에서 증가형 MOSFET의 전류가 증가하는 정도와 공핍형 MOSFET의 전류가 증가하는 정도는 비슷한가? 전류를 나타내는 두 일반식을 자세히 검토하고, dI_D/dV_{GS}를 구하여 그 크기를 비교하라.

42. p채널 증가형 MOSFET의 전달 함수를 구하라. 단, $V_T=-5$ V이고 $k=0.45\times10^{-3}$ A/V^{2}이다.

43. $V_{GS}=0\sim10$ V일 때까지 $I_D=0.5\times10^{-3}(V_{GS}^2)$와 $I_D=0.5\times10^{-3}(V_{GS}-4)^2$의 그래프를 그려라. $V_T=4$ V인 점이 I_D에 큰 영향을 미치는가?

6.10 VMOS

44. a. VMOS FET가 일반 FET보다 큰 전류와 전력에서 작동할 수 있는 이유를 설명하라.

b. VMOS FET가 작은 채널 저항을 갖는 이유를 설명하라.

c. 양온도계수가 바람직한 이유를 설명하라.

45. VMOS 기술에 대해서 UMOS 기술의 상대적인 장점은 무엇인가?

6.11 CMOS

46. a. $V_i=0$ V일 때 그림 6.45의 회로의 작동을 설명하라.

b. 그림 6.45의 MOSFET가 작동 상태(단, $V_i=0$ V)에 있을 때 $I_D=4$ mA이고 $V_{DS}=0.1$

V이다. 이 소자의 대략적인 저항은 얼마인가? 트랜지스터가 'off', I_D=0.5 μA일 때의 대략적인 저항은 얼마인가? 결과로 얻은 저항값들은 원하는 출력전압 레벨이 나오는지를 알려주는가?

47. 도서관에서 CMOS 논리회로에 대해 조사하고, 응용 범위와 장점에 대해 논하라.

CHAPTER 7

FET 바이어스

학습목표 CHAPTER OBJECTIVE

- JFET, MOSFET, MESFET 회로의 직류 해석을 수행한다.
- 부하선 방법을 능숙하게 사용하여 FET 회로를 해석한다.
- FET와 BJT로 구성된 회로의 직류 해석에 자신감을 갖게 한다.
- 여러 FET 회로 해석을 위하여 범용 JFET 바이어스 곡선 사용법을 익힌다.

7.1 개요

4장에서 실리콘 트랜지스터 구조의 바이어스는 $V_{BE}=0.7$ V, $I_C=\beta I_B$, $I_C \cong I_E$인 특성들을 이용하여 구하였다. 출력과 입력을 연결하는 변수는 β이고, 해석할 때 변하지 않는 상수라고 가정하였다. β가 상수이기 때문에 I_C와 I_B는 선형적인 관계를 가진다. 예를 들어 I_B의 값을 두 배로 하면 I_C가 두 배 된다는 뜻이다.

FET에서 입력과 출력은 Shockley 방정식의 제곱항 때문에 비선형적인 관계를 가진다. 선형적인 관계는 그래프로 나타내었을 때 직선으로 표현되고, 비선형적인 관계는 JFET의 전달 특성 곡선과 같이 곡선의 모양을 나타낸다. V_{GS}와 I_D의 비선형 관계 때문에 FET 구조의 직류 해석을 수식적으로 하는 것은 조금 복잡하다. 도식적인 해석은 정확도가 10분의 1로 줄어들지만, 대부분 FET 증폭기에 대해서 수식을 이용했을 때보다 빠르게 해를 구할 수 있다. 일반적으로 도식적인 방법을 사용하므로, 이 장에서는 수식을 직접 사용하지 않고 도식적인 방법을 사용한다.

BJT와 FET 해석의 중요한 차이점은

입력 조절 변수가 BJT는 전류이고, FET는 전압이다.

그러나 두 경우 모두 출력 측에 전류를 조절하여, 출력회로의 전압을 결정한다.

모든 FET의 직류 해석에서 일반적으로 적용되는 식은

$$I_G \cong 0\,\text{A} \tag{7.1}$$

이고

$$I_D = I_S \tag{7.2}$$

이다.

JFET, 공핍형 MOSFET, 공핍형 MESFET에서 입력과 출력의 관계를 나타내는 Shockley 방정식은

$$I_D = I_{DSS}\left(1 - \frac{V_{GS}}{V_P}\right)^2 \tag{7.3}$$

이다. 증가형 MOSFET와 증가형 MESFET에서는 다음 식을 사용한다.

$$I_D = k(V_{GS} - V_T)^2 \tag{7.4}$$

중요한 점은 위의 모든 식들은 FET 소자 자체의 특성을 나타내는 식이라는 것이다. 즉 활성영역에서 소자의 특성을 나타내는 식이며, 구성된 회로에 따라서 변하는 식이 아니라는 것이다. 회로는 그 자체의 식으로 동작점의 전류와 전압을 결정한다. 실제로 BJT와 FET 회로의 직류 해석은 소자를 나타내는 식과 회로를 나타내는 식을 같이 풀어서 구한다. 해는 도식적 방법 또는 수식적 방법을 이용할 수 있다—처음 몇 회로들에서 두 방법을 모두 소개하겠지만, 이 장 앞에서 언급했듯이 FET 회로를 해석하기 위해서는 일반적으로 쓰이는 도식적 방법을 사용한다.

이 장의 처음 몇 절은 JFET에 국한하여 도식적 해석 방법을 다루고, 다음은 넓은 동작 영역에서 공핍형 MOSFET, 그리고 증가형 MOSFET에 대해 다룰 것이다. 마지막으로 설계 시 발생하는 문제를 다루어 이 장에서 소개한 개념과 과정들을 확인할 수 있게 하였다.

7.2 고정 바이어스 회로

그림 7.1에 가장 간단한 n채널 JFET 바이어스 회로를 나타내었다. 이 회로를 고정 바이어스 회로라고 하며, 이는 수식적으로도 도식적으로도 모두 해석이 가능한 몇 안 되는 FET 회로 중 하나이다. 이 절에서는 두 접근 방법의 차이를 설명하고, 어느 방법으로도 동일한 해를 얻을 수 있음을 보인다.

그림 7.1의 회로에 교류신호인 V_i와 V_o, 커플링 커패시터(C_1과 C_2)를 나타내었다. 커플링 커패시터는 직류 해석에 대해서는 개방회로로, 교류 해석에서는 작은 임피던스(본질적으로 단락 회로)로 취급된다. 저항 R_G는 교류신호 해석에 있어서 전압 V_i가 FET의 입력에 나타날 수 있게 하는 역할을 한다(8장 참조). 직류 해석을 하면

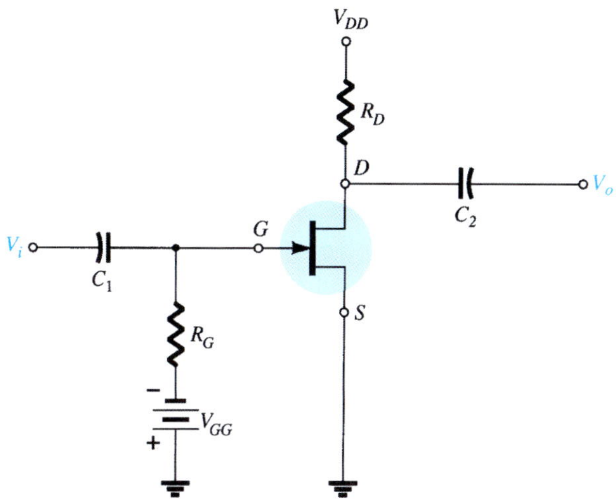

그림 7.1 고정 바이어스 회로

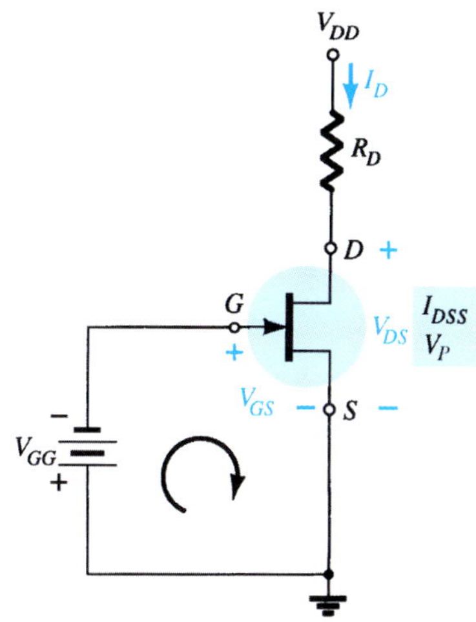

그림 7.2 직류 해석 회로

$$I_G \cong 0\text{ A}$$

이고

$$V_{R_G} = I_G R_G = (0\text{ A})R_G = 0\text{ V}$$

R_G에 생기는 전압 강하는 0 V이므로, 이는 단락 회로로 대치할 수 있다. 직류 해석을 위해 그림 7.2에 이를 나타내었다.

회로에서 전원 V_{GG}의 $-$단자가 V_{GS}의 $+$ 기준 전위에 직접 연결되어 있으므로 V_{GS}의 극성은 V_{GG}와 반대라는 것을 알 수 있다. 그림 7.2의 표시된 폐회로에 키르히호프의 전압 법칙을 시계 방향으로 적용하면 다음과 같다.

$$-V_{GG} - V_{GS} = 0$$

그리고

$$\boxed{V_{GS} = -V_{GG}} \tag{7.5}$$

여기서 V_{GG}는 고정된 직류 전원이어서 V_{GS}는 고정된 크기를 가지므로 고정 바이어스(fixed-bias) 회로라고 한다.

결과적으로 드레인 전류 I_D는 다음과 같이 Shockley 방정식에 의해 결정된다.

$$I_D = I_{DSS}\left(1 - \frac{V_{GS}}{V_P}\right)^2$$

V_{GS}가 고정된 값이므로, 부호를 잘 고려하여 Shockley 방정식에 대입하면 I_D를 계산할 수 있다. 이와 같이 수식으로 직접 계산할 수 있는 FET 회로는 몇 안 된다.

도식적으로 해석하기 위해서는 그림 7.3과 같이 Shockley 방정식의 그래프가 필요하다. 방정식을 그래프로 그릴 때 $V_{GS}=V_P/2$이면 드레인 전류는 $I_D=I_{DSS}/4$에 유의하자. 이 장에서는 방금 언급한 $(V_P/2, I_{DSS}/4)$ 그리고 $(0, I_{DSS})$와 $(V_P, 0)$, 이렇게 세 좌표점을 전달 특성 곡선을 그릴 때 사용한다. 이 교차점들을 이용하여 그래프를 충분히 그릴 수 있다.

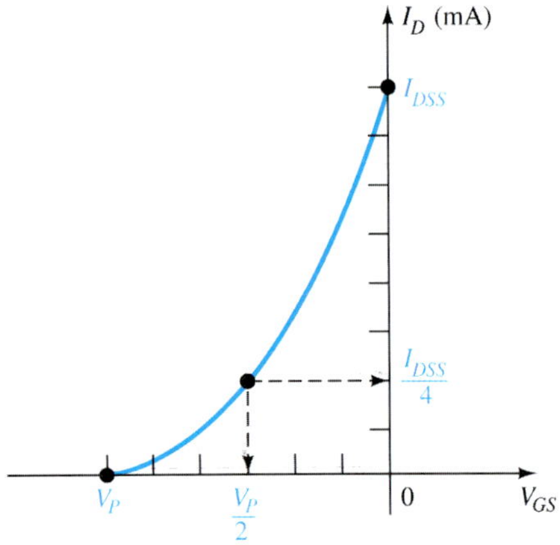

그림 7.3 Shockley 방정식 그래프

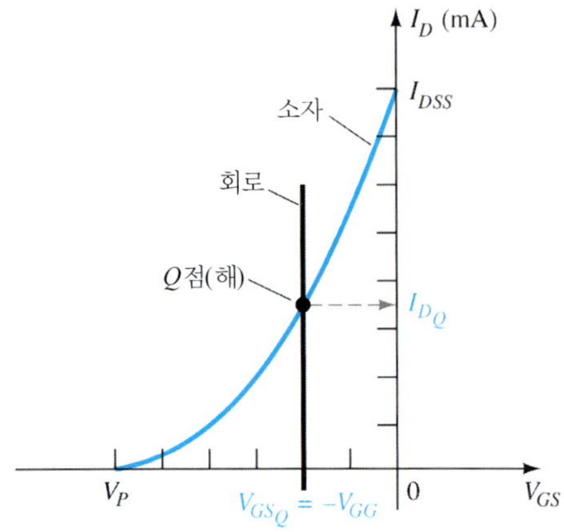

그림 7.4 고정 바이어스 회로의 해

그림 7.4에는 $V_{GS}=-V_{GG}$인 값을 수직선으로 나타내었다. 이 수직선상의 어떤 점에서도 V_{GS}는 항상 $-V_{GG}$이다. 그리고 I_D의 값도 이 수직선 위에서 결정된다. 두 그래프가 교차하는 점이 이 회로 구성의 공통 해가 되고, 이 점을 Q점(quiescent) 또는 동작점(operating point)이라고 한다. 드레인 전류(I_{D_Q})나 게이트-소스 전압(V_{GS_Q})에 아래 첨자 Q를 붙여 동작점에서의 값을 나타낸다. 그림 7.4에서와 같이 동작영역 I_D의 값은 Q점에서 전류축(수직축)으로 수평선을 그리면 알 수 있다. 그림 7.1과 같은 회로가 구성되면 그림 7.5처럼 미터로 I_D와 V_{GS}를 측정한 직류값은 그림 7.4에서 정의되는 Q점에서의 값임을 알 수 있다.

출력단의 드레인-소스 전압(V_{DS})은 다음과 같이 키르히호프의 전압 법칙을 적용하여 구한다.

$$+V_{DS} + I_D R_D - V_{DD} = 0$$

그리고

$$\boxed{V_{DS} = V_{DD} - I_D R_D} \tag{7.6}$$

첨자가 하나인 경우의 전압은 접지를 기준으로 한 전압을 나타냄을 상기하자. 그림 7.2의 회로에서

$$\boxed{V_S = 0\text{ V}} \tag{7.7}$$

이고, 두 첨자를 사용하여 나타내면,

$$V_{DS} = V_D - V_S$$

또는

$$V_D = V_{DS} + V_S = V_{DS} + 0\text{ V}$$

그리고

$$\boxed{V_D = V_{DS}} \tag{7.8}$$

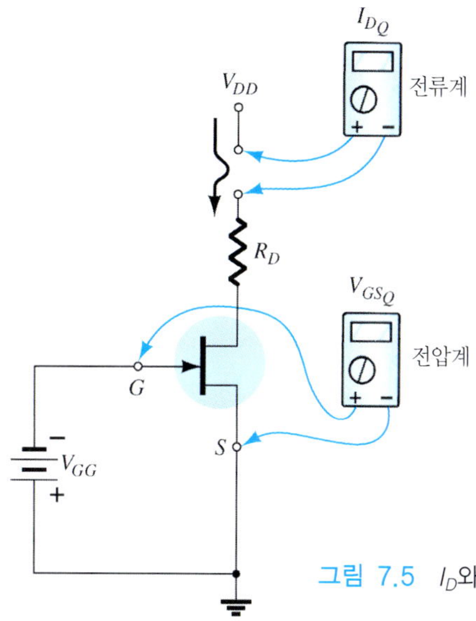

그림 7.5 I_D와 V_{GS}의 동작점 측정

또는

$$V_{GS} = V_G - V_S$$

$$V_G = V_{GS} + V_S = V_{GS} + 0\ \text{V}$$

그리고

$$\boxed{V_G = V_{GS}} \tag{7.9}$$

$V_D = V_{DS}$이고 $V_G = V_{GS}$라는 것은 $V_S = 0$ V이므로 당연하지만, 두 첨자로 나타낸 전압과 한 첨자로 나타낸 전압과의 관계를 강조하기 위하여 위와 같이 표현하였다. 이 구조는 두 개의 전원을 필요로 하므로 사용이 제한되며, 따라서 가장 보편적인 FET 구조의 목록에는 포함되지 않는다.

예제 7.1 그림 7.6의 회로에서 다음을 구하라.

a. V_{GS_Q}

b. I_{D_Q}

c. V_{DS}

d. V_D

e. V_G

f. V_S

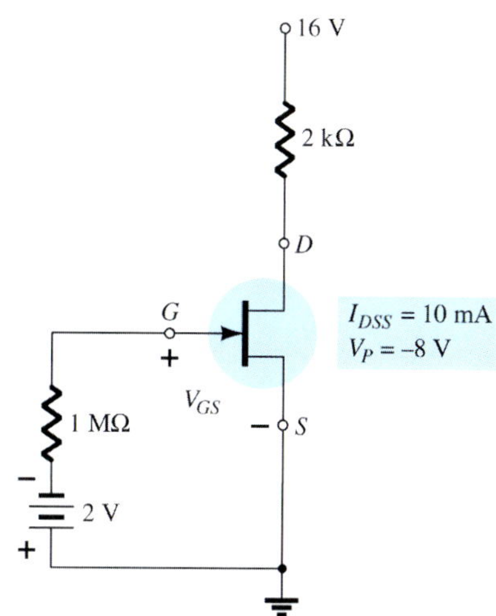

그림 7.6 예제 7.1

풀이

수식적 방법

a. $V_{GS_Q} = -V_{GG} = \mathbf{-2\ V}$

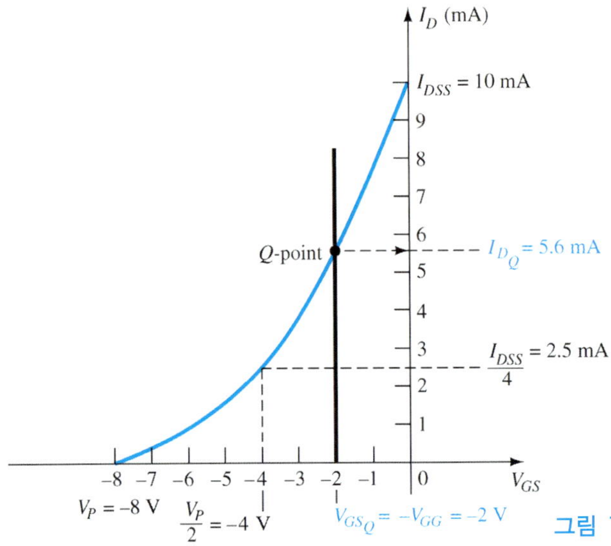

그림 7.7 그림 7.6 회로의 도식적 해

b. $I_{D_Q} = I_{DSS}(1 - \frac{V_{GS}}{V_P})^2 = 10\text{ mA}(1 - \frac{-2\text{ V}}{-8\text{ V}})^2$

$= 10\text{ mA }(1 - 0.25)^2 = 10\text{ mA}(0.75)^2 = 10\text{ mA}(0.5625)$

$= \mathbf{5.625\ mA}$

c. $V_{DS} = V_{DD} - I_D R_D = 16\text{ V} - (5.625\text{ mA})\ (2\text{ k}\Omega)$

$= 16\text{ V} - 11.25\text{ V} = \mathbf{4.75\ V}$

d. $V_D = V_{DS} = \mathbf{4.75\ V}$

e. $V_G = V_{GS} = \mathbf{-2\ V}$

f. $V_S = \mathbf{0\ V}$

도식적 방법 그림 7.7에 Shockley 방정식을 나타내는 곡선과 $V_{GS} = -2$ V를 나타내는 수직선을 표시하였다. 그림을 확대하지 않고서는 그래프로부터 세 자리 이상 정확한 값을 읽기는 쉽지 않다. 그러나 그림 7.7로부터 $I_D = 5.6$ mA라는 것을 어느 정도는 받아들일 수 있다.

a. 그러므로

$$V_{GS_Q} = -V_{GG} = \mathbf{-2\ V}$$

b. $I_{D_Q} = \mathbf{5.6\ mA}$

c. $V_{DS} = V_{DD} - I_D R_D = 16\text{ V} - (5.6\text{ mA})\ (2\text{ k}\Omega)$

$= 16\text{ V} - 11.2\text{ V} = \mathbf{4.8\ V}$

d. $V_D = V_{DS} = \mathbf{4.8\ V}$

e. $V_G = V_{GS} = \mathbf{-2\ V}$

f. $V_S = \mathbf{0\ V}$

이 예제의 두 결과를 비교해 보면 수식적으로 구한 답과 도식적으로 구한 답이 유사하다는 것을 알 수 있다.

7.3 자기 바이어스 회로

자기 바이어스 회로를 사용할 경우, 두 개의 직류 전원을 사용하지 않아도 된다. 게이트와 소스 사이의 조절 전압은 그림 7.8에서 나타난 것처럼 소스 단자에 연결되어 있는 저항 R_S에 걸리는 전압에 의해서 결정된다.

직류 해석에서 커패시터는 '개방회로'로 대치하고, 저항 R_G는 I_G=0 A이므로 단락 회로로 대치한다. 이렇게 하여 그림 7.9와 같은 직류 해석을 위한 회로를 얻을 수 있다.

R_S를 통해 흐르는 전류는 소스 전류 I_S이지만, $I_S=I_D$이므로 다음과 같이 쓸 수 있다.

$$V_{R_S} = I_D R_S$$

그림 7.9에 표시된 폐회로에서 다음 식을 얻을 수 있다.

$$-V_{GS}-V_{R_S}=0$$

그리고

$$V_{GS}=-V_{R_S}$$

혹은

$$\boxed{V_{GS} = -I_D R_S} \qquad (7.10)$$

이 경우 V_{GS}가 출력 전류 I_D의 함수이며, 고정 바이어스 회로처럼 고정되지 않는다는 것에 유의해야 한다.

식 (7.10)은 회로에 의해 정의되고, Shockley 방정식은 소자의 입출력값과 연관을 가진다. 두 식 모두 동일한 두 변수 I_D와 V_{GS}로 이루어지므로 수식적 해석과 도식적 해석 모두 가능하다.

식 (7.10)을 Shockley 방정식에 대입하면, 아래와 같이 수식적 해석을 쉽게 얻을 수 있다.

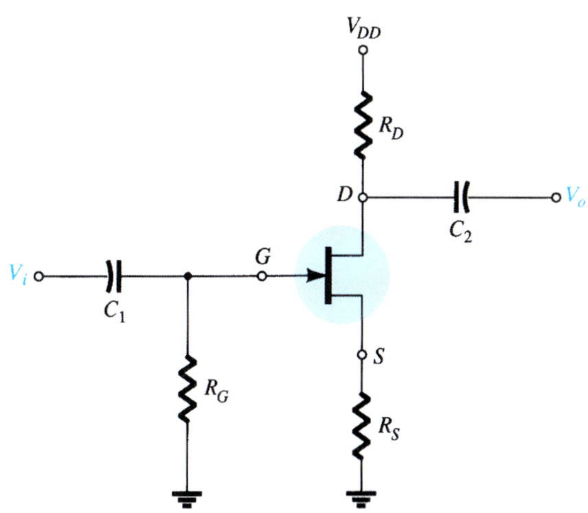

그림 7.8 JFET 자기 바이어스 회로

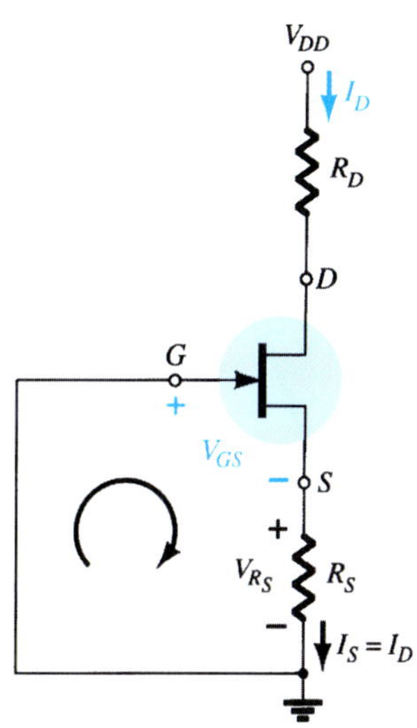

그림 7.9 자기 바이어스 회로의 직류 해석

$$I_D = I_{DSS}\left(1 - \frac{V_{GS}}{V_P}\right)^2$$

$$= I_{DSS}\left(1 - \frac{-I_D R_S}{V_P}\right)^2$$

또는 $$I_D = I_{DSS}\left(1 + \frac{I_D R_S}{V_P}\right)^2$$

제곱항을 전개하고 재배열하면 다음 형태의 식을 얻는다.

$$I_D^2 + K_1 I_D + K_2 = 0$$

위의 2차식을 풀면, 적합한 I_D를 얻는다.

위의 과정은 수식적 접근을 나타낸 것이다. 도식적 접근에서는 그림 7.10처럼 소자의 전달 특성 곡선을 먼저 구해야 한다. 식 (7.10)은 그림 7.10에서 직선을 정의하므로, 직선 위의 두 점을 찾아 이 점을 연결함으로써 쉽게 직선을 그릴 수 있다. 가장 찾기가 쉬운 점은 I_D=0 A로, 이는 $V_{GS}=-I_D R_S$=(0 A)R_S=0 V가 되기 때문이다. 그러므로 식 (7.10)에서 I_D=0 A와 V_{GS}=0 V로 정의되는 직선상의 한 점을 그림 7.10에 나타내었다.

식 (7.10)의 두 번째 점은 V_{GS}나 I_D를 임의로 선택하고 그에 해당하는 다른 값은 식 (7.10)을 이용하여 찾아낸다. 이렇게 계산해서 얻은 I_D와 V_{GS}는 직선의 다른 한 점이 되며, 이제 두 점을 결정하였으므로 직선을 그릴 수 있다. 예를 들어 포화값의 반이 되는 I_D를 선택하였다고 생각해 보자. 즉

$$I_D = \frac{I_{DSS}}{2}$$

그러면 $$V_{GS} = -I_D R_S = -\frac{I_{DSS} R_S}{2}$$

이 되고 이 값을 두 번째 점으로 하여 직선을 그리면 그림 7.11과 같다. 식 (7.10)으로 정의

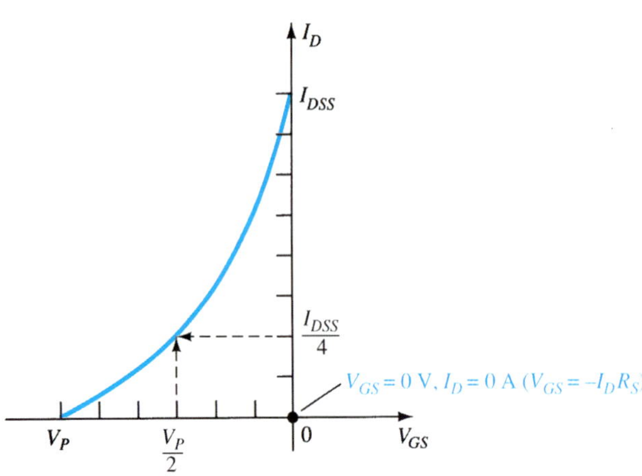

그림 7.10 자기 바이어스 선에서 한 점 결정

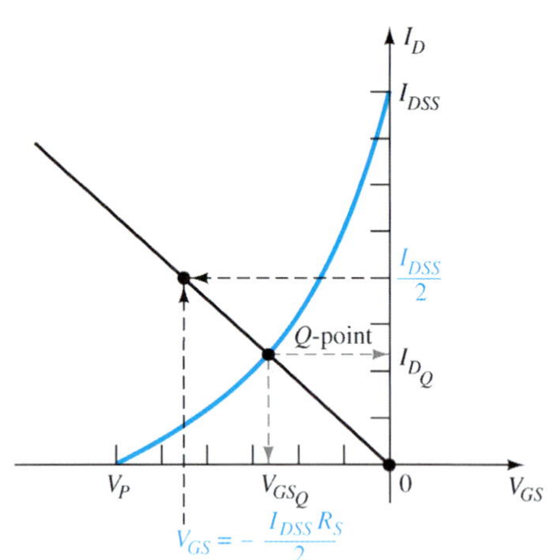

그림 7.11 자기 바이어스 선 그리기

되는 직선을 그리고 나면, 이 직선과 전달 특성 곡선과의 교점을 통해 Q점을 구할 수 있다. 그러면 Q점에서 I_D와 V_{GS}의 값을 결정하고, 이를 사용하여 다른 값들을 구할 수 있다.

출력회로에 키르히호프의 전압 법칙을 적용함으로써 다음과 같이 V_{DS}를 구할 수 있다.

$$V_{R_S} + V_{DS} + V_{R_D} - V_{DD} = 0$$

그리고

$$V_{DS} = V_{DD} - V_{R_S} - V_{R_D} = V_{DD} - I_S R_S - I_D R_D$$

그러나

$$I_D = I_S$$

그리고

$$\boxed{V_{DS} = V_{DD} - I_D(R_S + R_D)} \tag{7.11}$$

또한,

$$\boxed{V_S = I_D R_S} \tag{7.12}$$

$$\boxed{V_G = 0\ \text{V}} \tag{7.13}$$

$$\boxed{V_D = V_{DS} + V_S = V_{DD} - V_{R_D}} \tag{7.14}$$

예제 7.2 그림 7.12의 회로에서 다음을 결정하라.

a. V_{GS_Q}
b. I_{D_Q}
c. V_{DS}
d. V_S
e. V_G
f. V_D

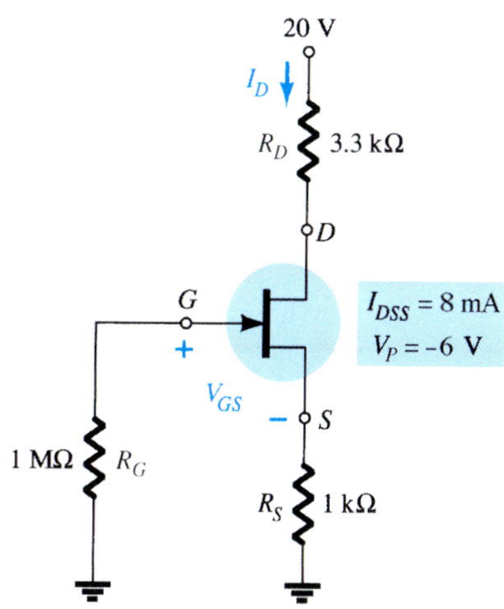

그림 7.12 예제 7.2

풀이

a. 게이트와 소스 사이 전압은 다음과 같이 구할 수 있다.

$$V_{GS} = -I_D R_S$$

I_D=4 mA라고 하면, V_{GS}는 다음과 같다.

$$V_{GS} = -(4\ \text{mA})(1\ \text{k}\Omega) = -4\ \text{V}$$

이를 통해 그림 7.13을 얻을 수 있고, 이 그림은 회로에 의해 결정된다.

만약 I_D=8 mA로 선택하였다면, 그로부터 얻는 V_{GS}는 −8 V이고, 이는 그림 7.13의 동일 직선상에 있는 점이다. 어떤 경우든지, 적당한 I_D값과 식 (7.10)에 의해 정해지는 V_{GS}를 구하면 동일한 직선을 얻는다. 마찬가지로 V_{GS}값을 먼저 정하고, 그에 해당하는 I_D를 도식적으로 결정하여도 역시 동일한 직선 위의 점이 된다.

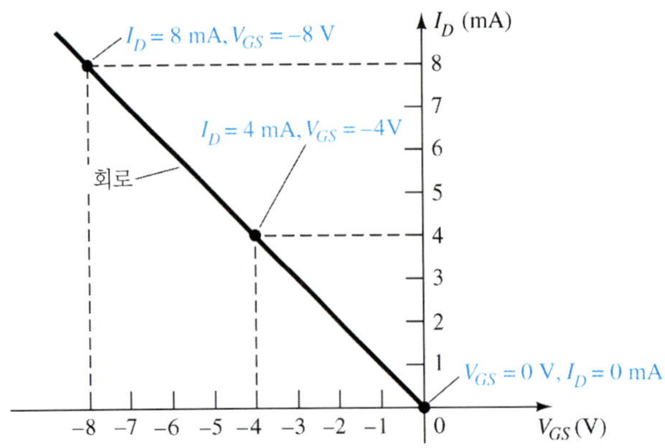

그림 7.13 그림 7.12 회로의 자기 바이어스 선 그리기

Shockley 방정식에서 $V_{GS}=V_P/2=-3$ V라고 하면, $I_D=I_{DSS}/4=8$ mA/4=2 mA이고 소자의 특성을 보여주는 그림 7.14를 그릴 수 있다. 그림 7.14의 소자 특성에 그림 7.13에서 정의한 회로 특성을 중첩하여 그리면, 그림 7.15에서 나타낸 것과 같이 그 교점을 찾아서 해를 구할 수 있다. 이렇게 구한 게이트-소스 간의 Q점 전압은 다음과 같다.

$$V_{GS_Q} = \mathbf{-2.6\ V}$$

b. Q점에서

$$I_{D_Q} = \mathbf{2.6\ mA}$$

c. 식 (7.11) : $V_{DS}=V_{DD}-I_D(R_S+R_D)$

$$=20\text{ V}-(2.6\text{ mA})(1\text{ k}\Omega+3.3\text{ k}\Omega)$$
$$=20\text{ V}-11.18\text{ V}$$
$$=\mathbf{8.82\ V}$$

d. 식 (7.12) : $V_S=I_DR_S$

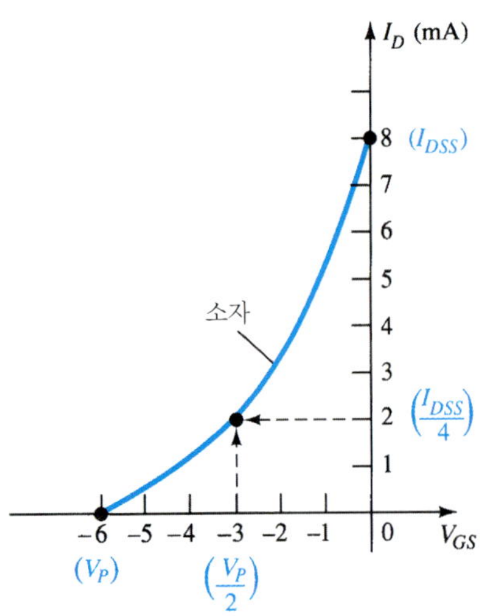

그림 7.14 그림 7.12 JFET의 소자 특성 곡선

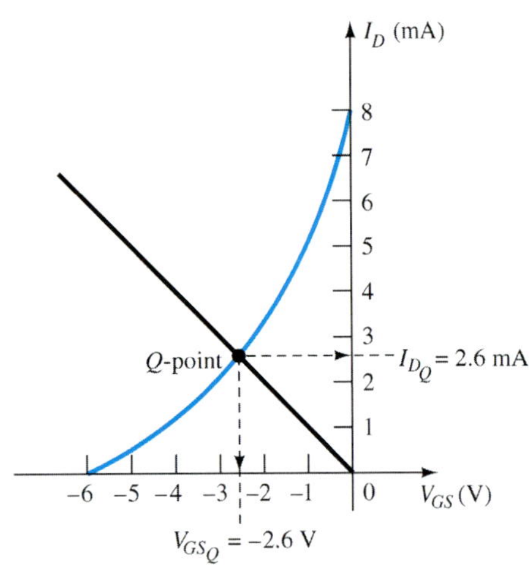

그림 7.15 그림 7.12 회로의 Q점 결정

$$=(2.6\ \text{mA})\ (1\ \text{k}\Omega)$$
$$=\mathbf{2.6\ V}$$

e. 식 (7.13) : $V_G = \mathbf{0\ V}$

f. 식 (7.14) : $V_D = V_{DS} + V_S = 8.82\ \text{V} + 2.6\ \text{V} = \mathbf{11.42\ V}$

또는 $V_D = V_{DD} - I_D R_S = 20\ \text{V} - (2.6\ \text{mA})\ (3.3\ \text{k}\Omega) = \mathbf{11.42\ V}$

예제 7.3 다음 각각 경우에 그림 7.12 회로의 Q점을 구하라.

a. $R_S = 100\ \Omega$

b. $R_S = 10\ \text{k}\Omega$

풀이 $R_S = 100\ \Omega$와 $R_S = 10\ \text{k}\Omega$인 두 경우의 자기 바이어스 선이 그림 7.16에 그려져 있다.

a. $R_S = 100\ \Omega$인 경우: I_D축에서의 값이

$$I_{D_Q} \cong \mathbf{6.4\ mA}$$

이므로, 식 (7.10)을 통해

$$V_{GS_Q} \cong \mathbf{-0.64\ V}$$

이다.

b. $R_S = 10\ \text{k}\Omega$인 경우 : V_{GS}축에서의 값이

$$V_{GS_Q} \cong \mathbf{-4.6\ V}$$

이므로, 식 (7.10)을 통해

$$I_{D_Q} \cong \mathbf{0.46\ mA}$$

이다.

특히 R_S가 작은 값일 경우 회로의 부하선은 I_D축에 가까워지는 반면, R_S가 큰 값일 경우 회로의 부하선은 V_{GS}축에 가까워진다.

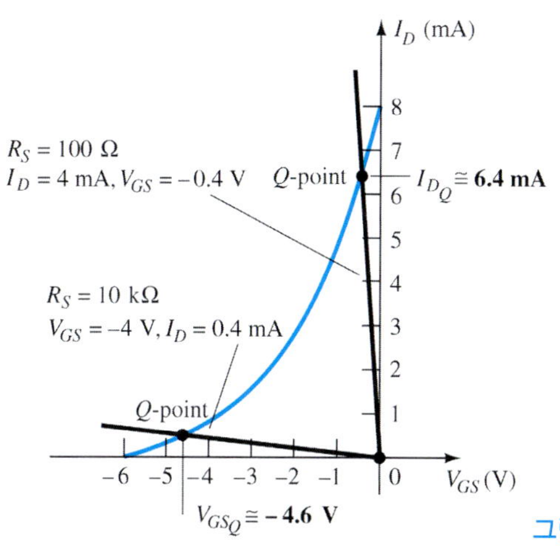

그림 7.16 예제 7.3

7.4 전압 분배기 바이어스 회로

그림 7.17에 보여주듯이, BJT 증폭기에 적용한 전압 분배기 바이어스 회로를 FET 증폭기에도 동일하게 사용할 수 있다. 기본적인 구조는 완전히 동일하지만, 각각의 직류 해석은 매우 다르다. FET 증폭기에서는 I_G=0 A이지만, 공통 에미터 BJT 증폭기에서는 I_B의 크기가 입출력회로 모두의 직류 전류 및 전압에 영향을 미친다. BJT 전압 분배기 구조에서 입력과 출력 회로를 연결하는 역할을 하는 것이 I_B인 반면, FET 구조에서는 V_{GS}가 같은 역할을 한다는 것을 기억하자.

그림 7.17의 회로를 그림 7.18에 직류 해석을 위해서 재구성하였다. 바이패스 커패시터 C_S를 포함한 모든 커패시터가 그림 7.18b에서 등가적인 개방회로로 대치되었다. 또한 전원 V_{DD}는 회로의 입출력 영역을 분리하여 생각하기 위해 두 개의 등가전원으로 나누었다. I_G=0 A이므로 키르히호프의 전류 법칙이 성립하기 위해서는 $I_{R_1}=I_{R_2}$이며, 그림 왼쪽의 직렬 등가회로를 이용하여 V_G값을 구할 수 있다. R_2에 걸리는 전압과 같은 전압 V_G는 그림 7.18a와 다음의 전압 분배기 법칙으로 구할 수 있다.

$$\boxed{V_G = \frac{R_2 V_{DD}}{R_1 + R_2}} \qquad (7.15)$$

그림 7.18에 표시된 폐회로에 대해서 키르히호프의 전압 법칙을 시계 방향으로 적용하면,

$$V_G - V_{GS} - V_{R_S} = 0$$

그리고

$$V_{GS} = V_G - V_{R_S}$$

이 된다. $V_{R_S}=I_S R_S=I_D R_S$을 대입하면, 다음을 얻을 수 있다.

$$\boxed{V_{GS} = V_G - I_D R_S} \qquad (7.16)$$

이 결과식은 Shockley 방정식과 동일한 두 개의 변수 V_{GS}와 I_D를 포함하고 있다. V_G와

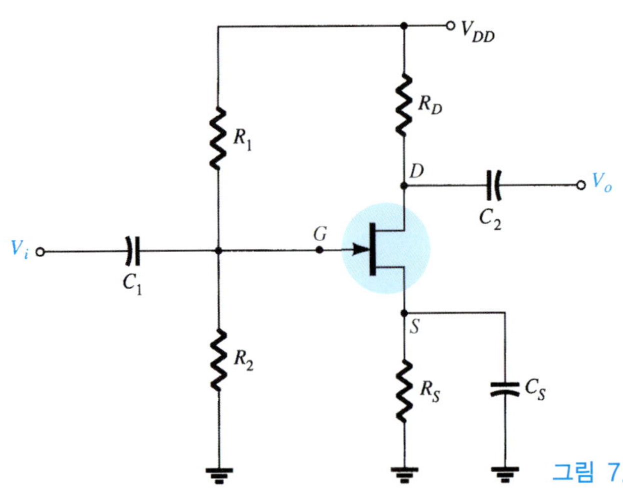

그림 7.17 전압 분배기 바이어스 회로

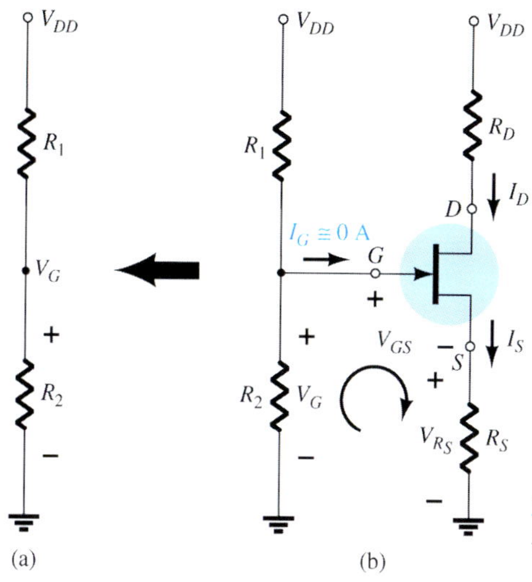

그림 7.18 직류 해석을 위하여 그림 7.17을 재구성

R_S는 구성된 회로에 의해 일정한 값으로 정해진다. 식 (7.16)은 여전히 직선을 나타내는 식이지만, 더 이상 원점을 지나지는 않는다. 식 (7.16)을 그리는 순서는 어렵지 않으며 다음과 같다. 임의의 하나의 직선을 결정하려면 두 점을 정하면 되므로, 먼저 그림 7.19의 수평축상에 있는 임의의 점은 모두 I_D=0 mA을 이용하자. 즉 I_D를 0 mA로 잡으면 이는 수평축상의 어딘가에 점을 결정할 수 있다는 의미이다. 정확한 위치는 식 (7.16)에 I_D=0 mA임을 대입하여 다음과 같이 V_{GS}의 값을 구한다:

$$\begin{aligned} V_{GS} &= V_G - I_D R_S \\ &= V_G - (0 \text{ mA}) R_S \end{aligned}$$

그리고

$$\boxed{V_{GS} = V_G \big|_{I_D = 0 \text{ mA}}} \tag{7.17}$$

식 (7.16)을 그리려 할 때, I_D=0 mA로 잡으면 V_{GS}는 V_G의 값을 사용하면 된다. 이렇게 구해진 점을 그림 7.19에 나타내었다.

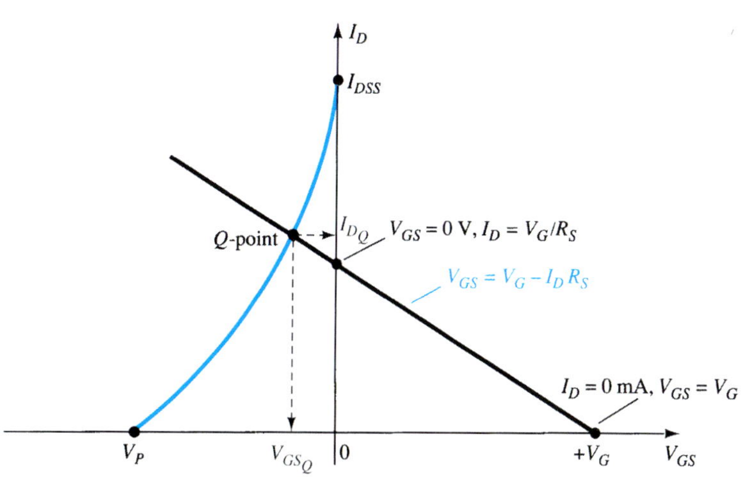

그림 7.19 전압 분배기 회로의 회로식 그리기

다른 점을 구하기 위해, 이제 수직축 상에 있는 임의의 점에 대해 V_{GS}=0 V임을 이용하여 I_D의 결과값을 구해보면 다음과 같다:

$$V_{GS} = V_G - I_D R_S$$
$$0\text{ V} = V_G - I_D R_S$$

그리고

$$I_D = \left.\frac{V_G}{R_S}\right|_{V_{GS}=0\text{ V}} \tag{7.18}$$

식 (7.16)을 그리려 할 때, V_{GS}=0 V로 잡으면, I_D의 값은 식 (7.18)에 의해 정해진다. 이 교점 또한 그림 7.19에 나타나 있다.

위에서 정의한 두 점으로 식 (7.16)이 나타내는 직선을 그릴 수 있다. 수직축의 왼쪽 영역에서 그려지는 이 직선과 전달 곡선의 교점이 동작점을 결정하며, 이 점에서 해당하는 I_D와 V_{GS}값을 구할 수 있다.

수직축과의 교점이 $I_D = V_G/R_S$에 의해 결정되고, V_G가 입력회로에 의해 고정되어 있으므로 R_S를 증가시키면 그림 7.20에서와 같이 교차점의 I_D값이 감소한다. 그림 7.20을 보면 다음과 같은 사실이 명확하게 드러난다.

R_S값을 증가시키면 동작점의 I_D값이 감소하고 V_{GS}는 더욱더 음의 값이 된다.

동작점의 I_{D_Q}와 V_{GS_Q}값이 결정되면, 나머지 회로 해석은 지금까지 해온 방식으로 진행된다. 즉

$$V_{DS} = V_{DD} - I_D(R_D + R_S) \tag{7.19}$$

$$V_D = V_{DD} - I_D R_D \tag{7.20}$$

$$V_S = I_D R_S \tag{7.21}$$

$$I_{R_1} = I_{R_2} = \frac{V_{DD}}{R_1 + R_2} \tag{7.22}$$

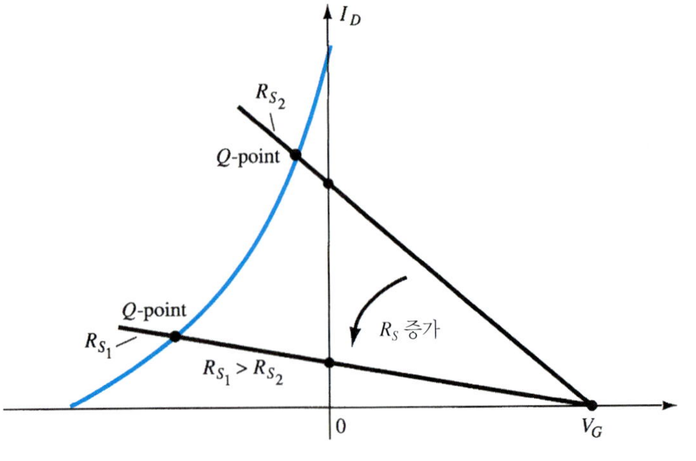

그림 7.20 동작점에 대한 R_S의 영향

예제 7.4 그림 7.21의 회로에서 다음 값들을 구하라.

a. I_{D_Q}와 V_{GS_Q}

b. V_D

c. V_S

d. V_{DS}

e. V_{DG}

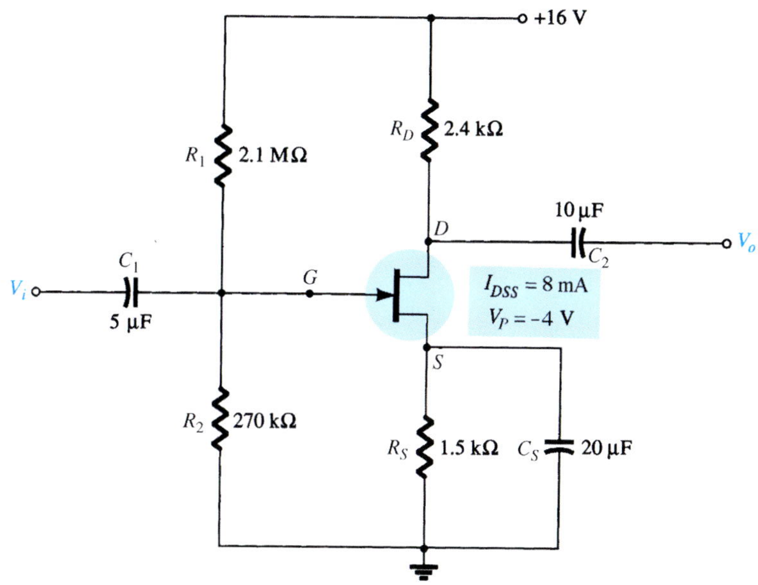

그림 7.21 예제 7.4

풀이

a. 전달 특성에서 $I_D = I_{DSS}/4 = 8\text{ mA}/4 = 2\text{ mA}$이면, $V_{GS} = V_P/2 = -4\text{ V}/2 = -2\text{ V}$이다. 따라서 Shockley 방정식을 나타내는 곡선은 그림 7.22와 같다. 회로식은 다음과 같이 정해진다.

$$V_G = \frac{R_2 V_{DD}}{R_1 + R_2} = \frac{(270\text{ k}\Omega)(16\text{ V})}{2.1\text{ M}\Omega + 0.27\text{ M}\Omega} = 1.82\text{ V}$$

그리고

$$V_{GS} = V_G - I_D R_S = 1.82\text{ V} - I_D(1.5\text{ k}\Omega)$$

$I_D = 0$ mA이면

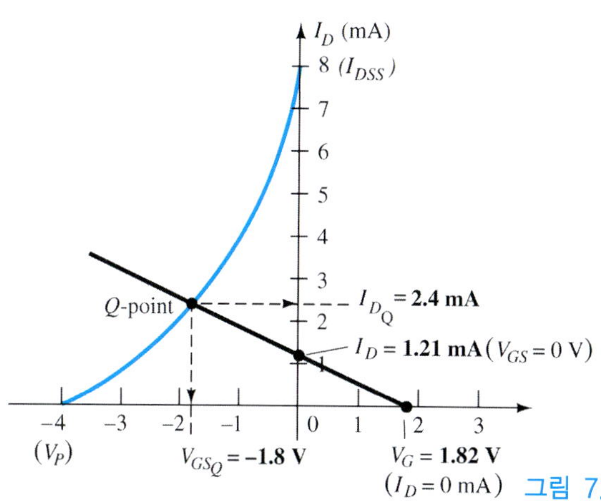

그림 7.22 그림 7.21 회로의 동작점 결정

$$V_{GS} = +1.82\text{ V}$$

V_{GS}=0 V이면

$$I_D = \frac{1.82\text{ V}}{1.5\text{ k}\Omega} = 1.21\text{ mA}$$

이 결과를 이용해 바이어스 선을 그리면 그림 7.22와 같으며, 이때의 동작점은 다음과 같다.

$$I_{D_Q} = \mathbf{2.4\text{ mA}}$$

그리고

$$V_{GS_Q} = \mathbf{-1.8\text{ V}}$$

b. $V_{DS}=V_{DD}-I_D\ R_D$
$=16\text{ V}-(2.4\text{ mA})(2.4\text{ k}\Omega)$
$=10.24\text{ V}$

c. $V_S= I_D R_S =(2.4\text{ mA})(1.5\text{ k}\Omega)$
$=3.6\text{ V}$

d. $V_{DS}=V_{DD}-I_D(R_D+R_S)$
$=16\text{ V}-(2.4\text{ mA})(2.4\text{ k}\Omega+1.5\text{ k}\Omega)$
$=6.64\text{ V}$

또는 $V_{DS}=V_D-V_S=10.24\text{ V}-3.6\ V$
$=6.64\text{ V}$

e. 대체로 요구하지 않는 값이지만, 전압 V_{DG}는 다음과 같이 쉽게 구할 수 있다.

$$\begin{aligned} V_{DG} &= V_D - V_G \\ &= 10.24\text{ V} - 1.82\text{ V} \\ &= \mathbf{8.42\text{ V}} \end{aligned}$$

7.5 공통 게이트 회로

그림 7.23a에 보여준 회로는 게이트 단자가 접지에, 입력 신호가 소스 단자에 연결되고, 출력 신호를 드레인 단자에서 얻는 구조이다. 동일한 회로를 그림 7.23b처럼 그릴 수도 있다. 회로식은 그림 7.24로 결정할 수 있다. 그림 7.24에 표시된 방향으로 키르히호프 전압 법칙을 적용하면

$$-V_{GS} - I_SR_S + V_{SS} = 0$$

그리고

$$V_{GS} = V_{SS} - I_SR_S$$

그러나

$$I_S = I_D$$

그러므로

$$\boxed{V_{GS} = V_{SS} - I_DR_S} \tag{7.23}$$

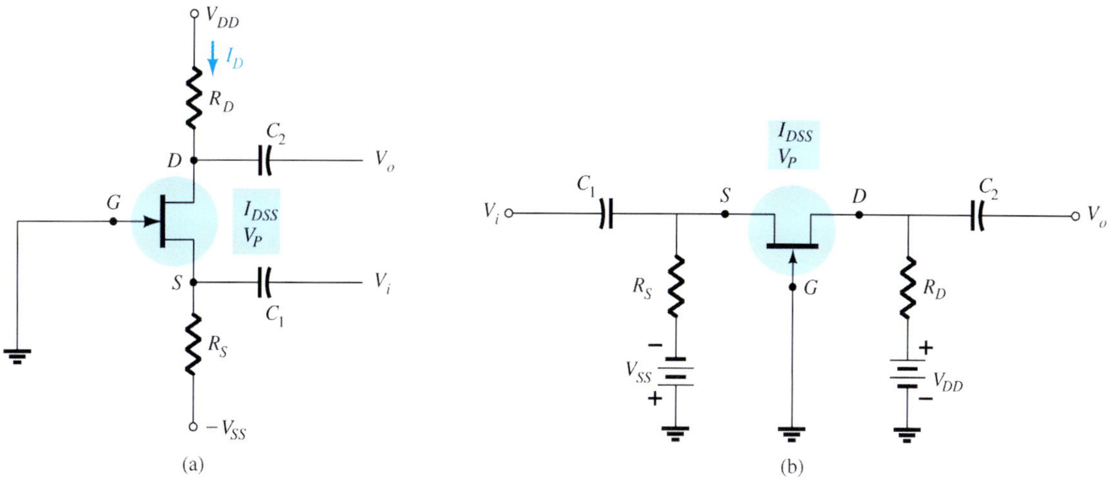

그림 7.23 공통 게이트 회로의 두 형태

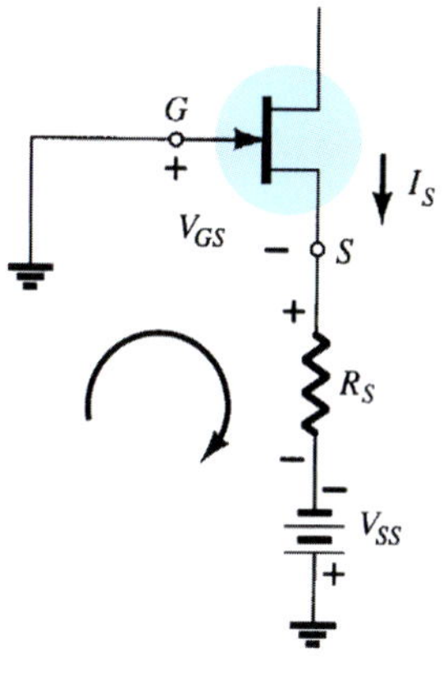

그림 7.24 그림 7.23 구조의 회로식 결정

식 (7.23)에 I_D=0 mA 조건을 적용하면

$$V_{GS} = V_{SS} - (0)R_S$$

그리고

$$\boxed{V_{GS} = V_{SS}\big|_{I_D=0\,\mathrm{mA}}} \tag{7.24}$$

식 (7.23)에 V_{GS}=0 V 조건을 적용하면

$$0 = V_{SS} - I_D R_S$$

그리고

$$\boxed{I_D = \frac{V_{SS}}{R_S}\bigg|_{V_{GS}=0\,\mathrm{V}}} \tag{7.25}$$

결과적인 부하선이 그림 7.25에 나타나 있고, JFET 전달곡선과 만나는 점이 그림에 표시되어 있다.

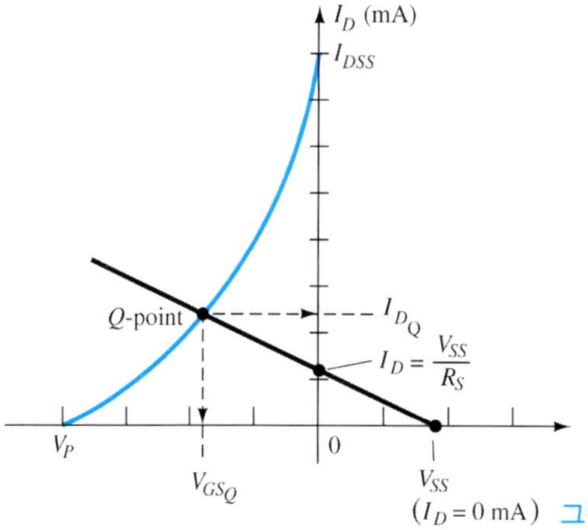

그림 7.25 그림 7.24 회로의 Q점 결정

교차점이 회로의 동작 전류 I_{D_Q}와 전압 V_{GS_Q}를 결정한다. 그림 7.23a 또는 그림 7.23b에서 두 전원, JFET 그리고 저항 R_D와 R_S를 포함하는 폐회로에 대해서 키르히호프 전압 법칙을 적용하면 다음 결과를 얻는다.

$$+V_{DD} - I_D R_D - V_{DS} - I_S R_S + V_{SS} = 0$$

$I_S=I_D$를 대입하면

$$+V_{DD} + V_{SS} - V_{DS} - I_D(R_D + R_S) = 0$$

그래서

$$\boxed{V_{DS} = V_{DD} + V_{SS} - I_D(R_D + R_S)} \tag{7.26}$$

이고

$$\boxed{V_D = V_{DD} - I_D R_D} \tag{7.27}$$

그리고

$$\boxed{V_S = -V_{SS} + I_D R_S} \tag{7.28}$$

예제 7.5 그림 7.26의 공통 게이트 회로에 대해 다음 값들을 구하라.

a. V_{GS_Q}
b. I_{D_Q}
c. V_D
d. V_G
e. V_S
f. V_{DS}

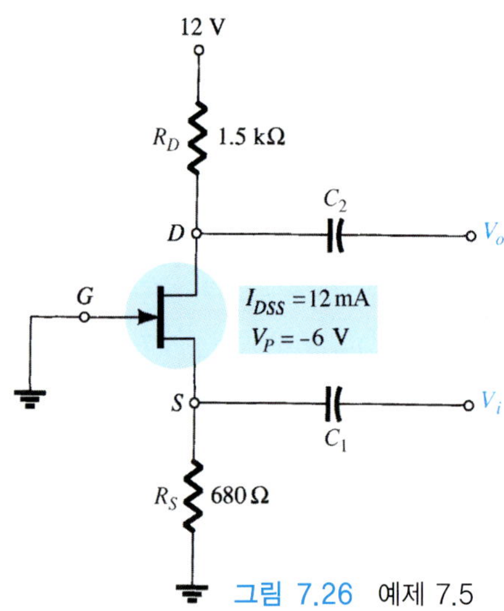

그림 7.26 예제 7.5

풀이 이 공통 게이트 구조에서는 V_{SS}가 없지만 앞에서 유도한 식에 V_{SS}=0 V를 대입하면 그 식들을 여전히 사용할 수 있다.

a. 식 (7.23)에서

$$V_{GS} = 0 - I_D R_S$$

그리고

$$V_{GS} = -I_D R_S$$

이다. 이 식에서 원점이 부하선 상의 한 점이고, 다른 한 점은 임의로 결정할 수 있다. I_D=6 mA로 선택하면 V_{GS}를 다음과 같이 얻으며 그림 7.27에 보여준다.

$$V_{GS} = -I_D R_S = -(6\text{ mA})(680\ \Omega) = -4.08\text{ V}$$

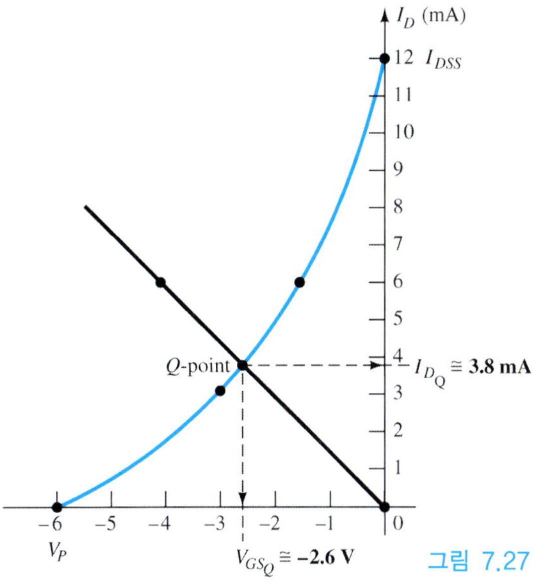

그림 7.27 그림 7.26 회로의 Q점 결정

소자의 전달곡선은 다음 두 점을 이용하여 그릴 수 있다.

$$I_D = \frac{I_{DSS}}{4} = \frac{12\text{ mA}}{4} = 3\text{ mA } (V_P/2\text{에서})$$

그리고 $V_{GS} \cong 0.3\,V_P = 0.3(-6\text{ V}) = -1.8\text{ V} (I_D = I_{DSS}/2\text{에서})$

최종 해는

$$V_{GS_Q} \cong \mathbf{-2.6\ V}$$

b. 그림 7.28에서

$$I_{D_Q} \cong \mathbf{3.8\ mA}$$

c. $V_D = V_{DD} - I_D R_D$

$= 12\text{ V} - (3.8\text{ mA})(1.5\text{ k}\Omega) = 12\text{ V} - 5.7\text{ V}$

$= \mathbf{6.3\ V}$

d. $V_G = \mathbf{0\ V}$

e. $V_S = I_D R_S = (3.8\text{ mA})(680\ \Omega)$

$= \mathbf{2.58\ V}$

f. $V_{DS} = V_D - V_S$

$= 6.3\text{ V} - 2.58\text{ V}$

$= \mathbf{3.72\ V}$

7.6 특별한 경우: V_{GS_Q}=0 V

그림 7.28는 비교적 간단하기 때문에 실제 회로에 자주 쓰이는 구조이다. 게이트와 소스 단자가 접지에 같이 연결되어 있으므로 V_{GS}=0 V이다. 부하선은 그림 7.29처럼 V_{GS_Q}=0 V에서 수직선이 된다.

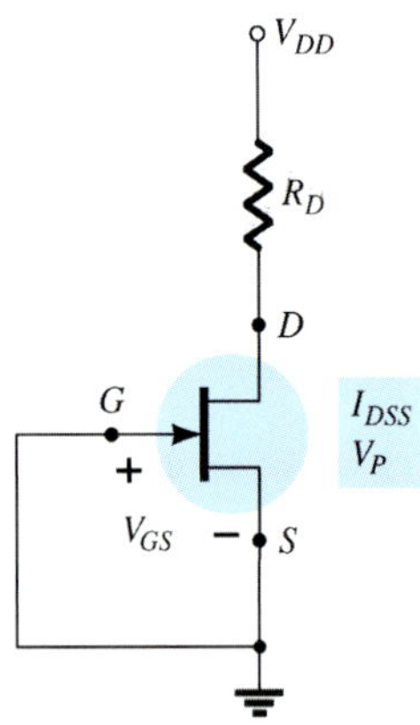

그림 7.28 V_{GS_Q}=0 V인 특별한 경우

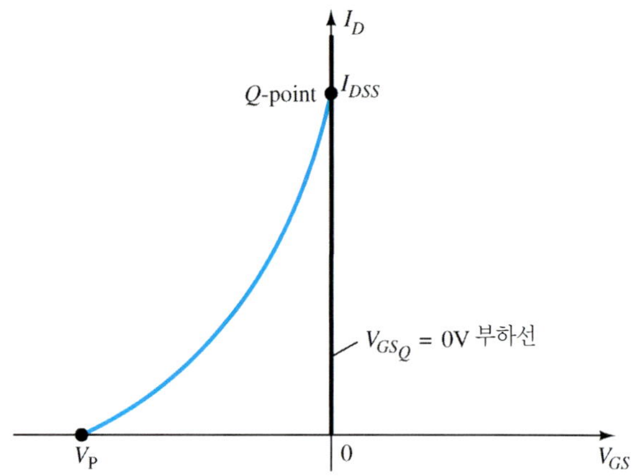

그림 7.29 그림 7.28 회로의 Q점 결정

JFET의 전달곡선이 드레인 전류 I_{DSS}에서 수직축과 교차하므로 회로의 드레인 전류는 그 값으로 설정된다.

그러므로

$$\boxed{I_{D_Q} = I_{DSS}} \tag{7.29}$$

키르히호프 전압 법칙을 적용하면:

$$V_{DD} - I_D R_D - V_{DS} = 0$$

그리고

$$\boxed{V_{DS} = V_{DD} - I_D R_D} \tag{7.30}$$

이고

$$\boxed{V_D = V_{DS}} \tag{7.31}$$

그리고

$$\boxed{V_S = 0\text{ V}} \tag{7.32}$$

7.7 공핍형 MOSFET

JFET과 공핍형 MOSFET의 전달 특성 곡선의 모양이 서로 비슷하기 때문에 직류 영역에서 서로 비슷하게 해석할 수 있다. 두 소자의 가장 큰 차이점은, 공핍형 MOSFET은 V_{GS}가 양수 값을 가질 수도 있고 I_{DSS}보다 큰 I_D값에서 동작 가능하다는 사실이다. 지금까지 논의된 모든 회로에서 JFET를 공핍형 MOSFET로 대치하더라도 JFET 회로의 해석과 달라질 것은 없다.

단 하나 새로 알아야 할 사실은 V_{GS}가 양수값일 때 Shockley 방정식을 어떻게 그리는가 하는 점이다. 전달 특성 곡선에서 V_{GS}값이 얼마나 양의 값으로 커질 수 있으며, I_D값은 I_{DSS}보다 얼마나 크게 확장될 수 있는가? 대부분의 경우 MOSFET 변수들과 회로의 바이어스 선에 의해서 그 범위를 파악할 수 있다. 다음의 몇몇 예제를 통해 공핍형 MOSFET을 사용할 때에 직류 해석에서 JFET와 어떤 점이 다른지 알아본다.

예제 7.6 그림 7.30의 n채널 공핍형 MOSFET 회로에서 다음 값들을 구하라.

a. I_{D_Q}와 V_{GS_Q}

b. V_{DS}

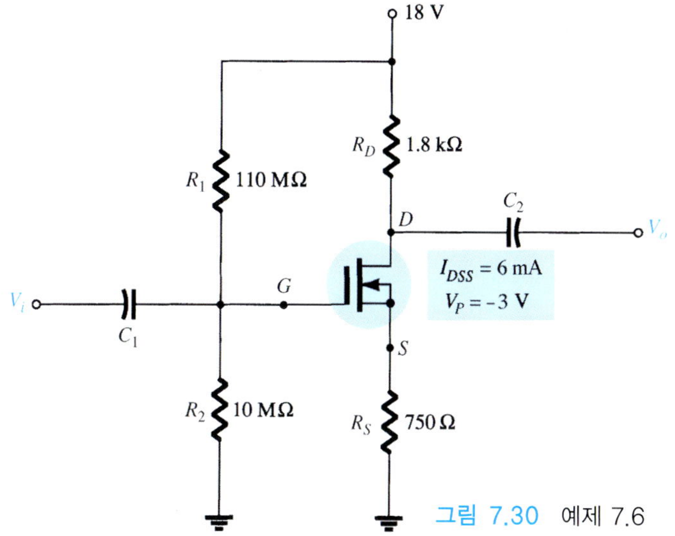

그림 7.30 예제 7.6

풀이

a. 전달 특성 곡선 위의 한 점은 $I_D = I_{DSS}/4 = 6\text{ mA}/4 = 1.5\text{ mA}$와 $V_{GS} = V_P/2 = -3\text{ V}/2 = -1.5\text{ V}$에 의해 결정되며 특성 곡선을 그리기 위해서 사용할 수 있다. V_P와 V_{GS}값이 양의 방향으로 증가함에 따라 Shockley 방정식에 의한 곡선이 빠르게 증가한다는 것을 고려하여 다른 한 점은 $V_{GS} = +1\text{ V}$에서 정의하도록 한다. 따라서 Shockley 방정식에 대입하면 다음과 같은 결과를 얻는다.

$$\begin{aligned} I_D &= I_{DSS}\left(1 - \frac{V_{GS}}{V_P}\right)^2 \\ &= 6\text{ mA}\left(1 - \frac{+1\text{ V}}{-3\text{ V}}\right)^2 = 6\text{ mA}\left(1 + \frac{1}{3}\right)^2 = 6\text{ mA}(1.778) \\ &= 10.67\text{ mA} \end{aligned}$$

결과적으로 전달 곡선은 그림 7.31과 같이 나타난다. JFET과 동일한 방법으로 해석하면 다음을 얻는다.

$$\text{식 (7.15): } V_G = \frac{10\text{ M}\Omega(18\text{ V})}{10\text{ M}\Omega + 110\text{ M}\Omega} = 1.5\text{ V}$$

$$\text{식 (7.16): } V_{GS} = V_G - I_D R_S = 1.5\text{ V} - I_D(750\ \Omega)$$

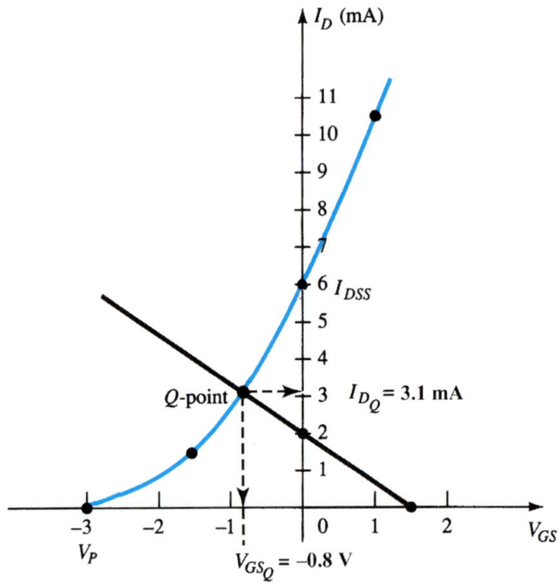

그림 7.31 그림 7.30 회로의 Q 점 결정

I_D=0 mA일 때

$$V_{GS} = V_G = 1.5\text{ V}$$

이고, V_{GS}=0 V일 때 I_D는 다음과 같다.

$$I_D = \frac{V_G}{R_S} = \frac{1.5\text{ V}}{750\ \Omega} = 2\text{ mA}$$

위에서 구한 점들과 바이어스 선을 그림 7.31에 나타내었다. 따라서 두 직선의 교점인 동작점은 다음과 같다.

$$I_{D_Q} = \mathbf{3.1\text{ mA}}$$
$$V_{GS_Q} = \mathbf{-0.8\text{ V}}$$

b. 식 (7.19):

$$\begin{aligned} V_{DS} &= V_{DD} - I_D(R_D + R_S) \\ &= 18\text{ V} - (3.1\text{ mA})(1.8\text{ k}\Omega + 750\ \Omega) \\ &\cong \mathbf{10.1\text{ V}} \end{aligned}$$

예제 7.7 R_S=150 Ω일 때 예제 7.6을 반복하라.

풀이

a. 그림 7.32에서와 같이 전달 특성 곡선은 예제 7.6과 같다. 바이어스 선에 대해서는 다음과 같은 식이 성립한다.

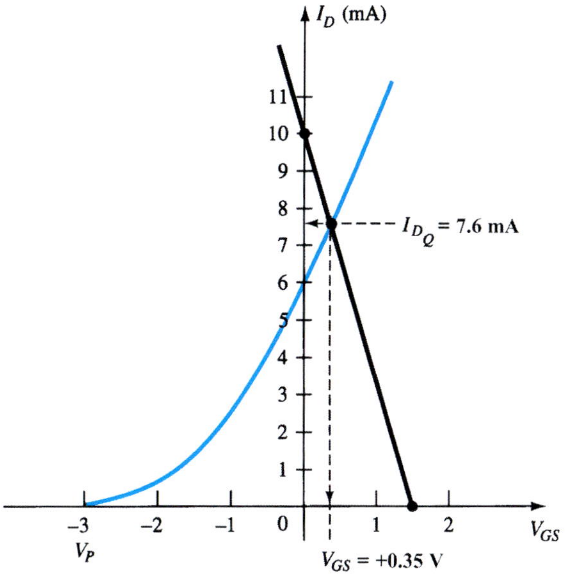

그림 7.32 예제 7.7

$$V_{GS} = V_G - I_D R_S = 1.5\ \text{V} - I_D(150\ \Omega)$$

I_D=0 mA일 때

$$V_{GS} = 1.5\ \text{V}$$

이고, V_{GS}=0 V일 때 I_D는

$$I_D = \frac{V_G}{R_S} = \frac{1.5\ \text{V}}{150\ \Omega} = 10\ \text{mA}$$

이 된다. 위 두 점을 연결하면 그림 7.32의 바이어스 선이 된다. 이 경우의 동작점은 V_{GS}의 값이 양수이기 때문에 I_{DSS}보다 큰 I_D값을 가진다. 그 결과는 다음과 같다.

$$I_{D_Q} = \mathbf{7.6\ mA}$$
$$V_{GS_Q} = \mathbf{+0.35\ V}$$

b. 식 (7.19):

$$\begin{aligned} V_{DS} &= V_{DD} - I_D(R_D + R_S) \\ &= 18\ \text{V} - (7.6\ \text{mA})(1.8\ \text{k}\Omega + 150\ \Omega) \\ &= \mathbf{3.18\ V} \end{aligned}$$

예제 7.8 그림 7.33의 회로에서 다음을 구하라.

a. I_{D_Q}와 V_{GS_Q}

b. V_D

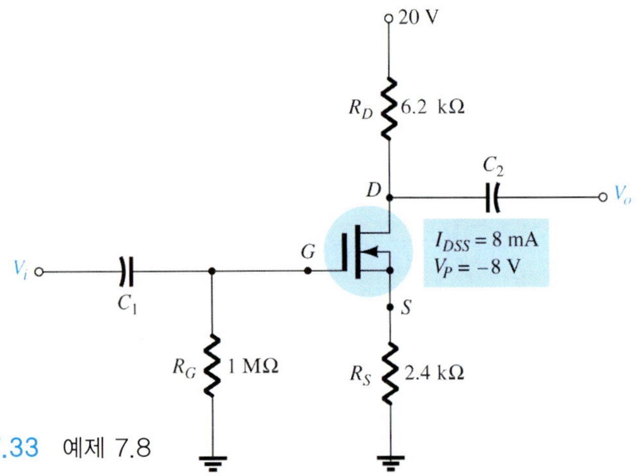

그림 7.33 예제 7.8

풀이

a. 자기 바이어스 회로에서 V_{GS}는 다음과 같이 결정된다.

$$V_{GS} = -I_D R_S$$

위 결과는 JFET 회로와 동일한 것이고, 이를 통해 V_{GS}는 0 V보다 작아야 함을 알 수 있다. 따라서 V_{GS}를 양의 영역까지 그릴 수는 있지만 반드시 그림으로 그릴 필요는 없다. $V_{GS} < 0$ V의 영역에서 전달 곡선 위의 한 점은 다음과 같다.

$$I_D = \frac{I_{DSS}}{4} = \frac{8\text{ mA}}{4} = 2\text{ mA}$$

$$V_{GS} = \frac{V_P}{2} = \frac{-8\text{ V}}{2} = -4\text{ V}$$

그리고 $V_P = -8$ V이므로 $V_{GS} > 0$ V의 영역에서 V_{GS}를 다음과 같이 선택하면

$$V_{GS} = +2\text{ V}$$

그리고

$$I_D = I_{DSS}\left(1 - \frac{V_{GS}}{V_P}\right)^2 = 8\text{ mA}\left(1 - \frac{+2\text{ V}}{-8\text{ V}}\right)^2$$

$$= 12.5\text{ mA}$$

와 같이 된다. 결과적인 특성 곡선을 그림 7.34에 나타내었다. 회로의 바이어스 선에 대하여 $V_{GS}=0$ V에서 $I_D=0$ mA이다. $V_{GS}=-6$ V일 때 I_D는 아래와 같이 된다.

$$I_D = -\frac{V_{GS}}{R_S} = -\frac{-6\text{ V}}{2.4\text{ k}\Omega} = 2.5\text{ mA}$$

따라서 동작점은 다음과 같다.

$$I_{D_Q} = \mathbf{1.7\text{ mA}}$$
$$V_{GS_Q} = \mathbf{-4.3\text{ V}}$$

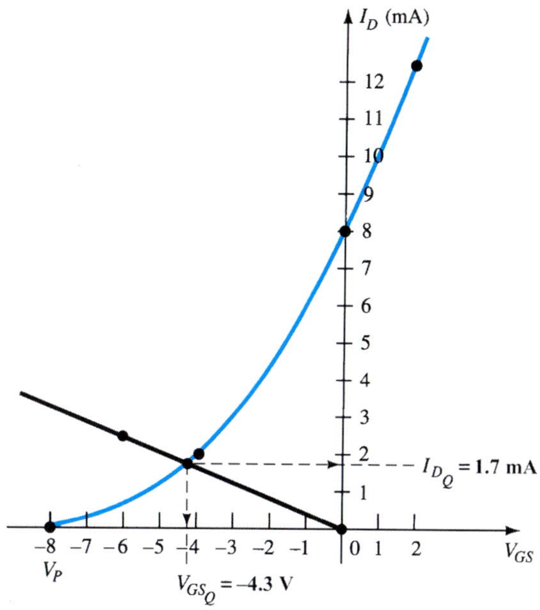

그림 7.34 그림 7.33 회로의 Q점 결정

b. $V_D = V_{DD} - I_D R_D$

$= 20\text{ V} - (1.7\text{ mA})(6.2\text{ k}\Omega)$

$= 9.46\text{ V}$

다음 예제는 JFET에도 적용될 수 있는 설계에 대해 다룬다. 처음 보기에는 간단해 보일 수도 있겠지만 실제 해석상에는 특수한 동작점 때문에 혼란이 있을 수 있다.

예제 7.9 그림 7.35의 회로에서 V_{DS}를 구하라.

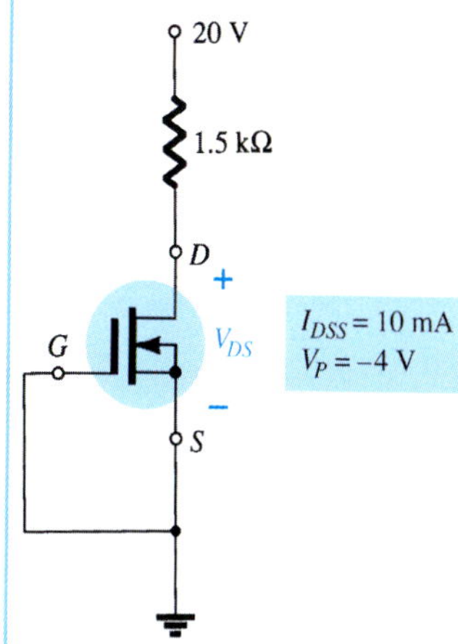

그림 7.35 예제 7.9

풀이 게이트와 소스 단자가 직접 연결되어 있으므로

$$V_{GS} = 0\text{ V}$$

가 된다. V_{GS}가 0 V로 고정되어 있으므로 드레인 전류는 정의에 의하여 I_{DSS}가 되어야 한다. 즉 동작점은 아래와 같이 결정된다.

$$V_{GS_Q} = \mathbf{0\ V}$$

그리고

$$I_{D_Q} = \mathbf{10\ mA}$$

따라서 전달 곡선을 그릴 필요가 없으며, V_D는 다음과 같다.

$$\begin{aligned} V_D &= V_{DD} - I_D R_D = 20\text{ V} - (10\text{ mA})(1.5\text{ k}\Omega) \\ &= 20\text{ V} - 15\text{ V} \\ &= \mathbf{5\ V} \end{aligned}$$

7.8 증가형 MOSFET

증가형 MOSFET의 전달 특성 곡선은 JFET이나 공핍형 MOSFET과는 다르기 때문에 도식적인 해석도 앞 절에 나온 것과는 매우 다르다. 먼저 n채널 증가형 MOSFET에서는 그림 7.36에 나타난 것과 같이 V_{GS}가 문턱전압 $V_{GS(\text{Th})}$ 보다 작을 때 드레인 전류 I_D는 0 A이다. V_{GS}가 $V_{GS(\text{Th})}$ 보다 큰 경우에서는 드레인 전류가 다음과 같이 정의된다.

$$\boxed{I_D = k(V_{GS} - V_{GS(\text{Th})})^2} \tag{7.33}$$

규격표에는 보통 문턱전압과 드레인 전류값[$I_{D(\text{on})}$] 및 이때의 V_{GS}값[$V_{GS(\text{on})}$]이 주어지기 때문에 그림 7.36에 나타낸 것과 같이 두 개의 점을 정할 수 있다. 전달 특성 곡선을 완전하게 구하기 위해 식 (7.33)에 규격표에 있는 데이터를 대입하여 상수 k값을 다음과 같이 구해야 한다.

$$I_D = k(V_{GS} - V_{GS(\text{Th})})^2$$
$$I_{D(\text{on})} = k(V_{GS(\text{on})} - V_{GS(\text{Th})})^2$$

그리고

$$\boxed{k = \frac{I_{D(\text{on})}}{(V_{GS(\text{on})} - V_{GS(\text{Th})})^2}} \tag{7.34}$$

일단 k값이 결정되면, V_{GS}가 다른 값일 때 I_D값들도 결정할 수 있다. 보통 그림 7.36에 나타낸 것(I_{D1}과 I_{D2}가 명시되어 있다)과 같이 $V_{GS(\text{Th})}$와 $V_{GS(\text{on})}$ 사이의 한 점과 $V_{GS(\text{on})}$ 보다 약간 큰 한 점을 알면 식 (7.33)을 그림으로 그릴 수 있는 충분한 정보를 얻을 수 있다.

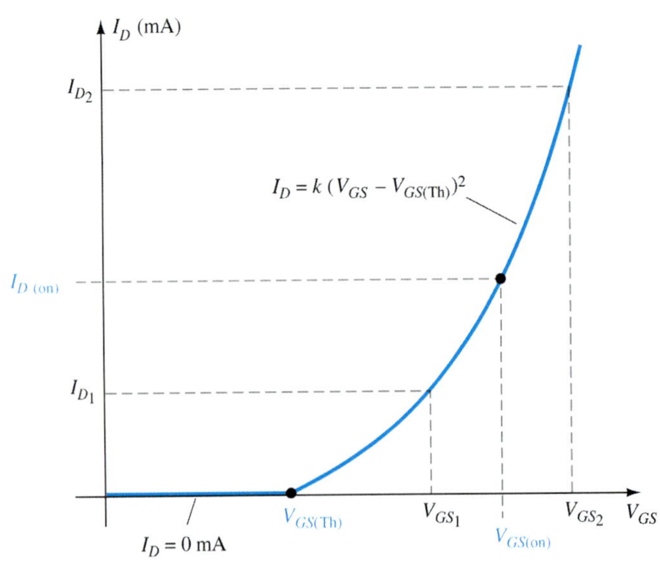

그림 7.36 n채널 증가형 MOSFET의 전달 특성 곡선

피드백 바이어스 회로

그림 7.37은 증가형 MOSFET에서 많이 사용되는 바이어스 회로를 보여주고 있다. MOSFET을 on으로 동작시키기 위해 저항 R_G를 통해 게이트로 적당히 큰 전압을 가한다. I_G=0 mA이므로 V_{R_G}=0 V가 되고, 따라서 직류 등가회로는 그림 7.38과 같다.

드레인과 게이트 사이의 직접적인 연결은 이제 다음과 같은 관계를 초래한다.

$$V_D = V_G$$

그리고

$$\boxed{V_{DS} = V_{GS}} \tag{7.35}$$

출력 회로에서 다음과 같은 관계가 성립한다.

$$V_{DS} = V_{DD} - I_D R_D$$

위 식에 식 (7.35)를 대입하면 식 (7.36)이 된다.

$$\boxed{V_{GS} = V_{DD} - I_D R_D} \tag{7.36}$$

이 식은 식 (7.33)과 동일한 두 개의 변수를 갖고 있기 때문에 동일한 두 축에 그래프를 겹쳐 그릴 수 있다.

식 (7.36)의 그래프는 직선이므로 앞 절에서 설명된 방법으로 그래프를 그리기 위한 두 개의 점을 이용해 그릴 수 있다. 식 (7.36)에 I_D=0 mA를 대입하면 다음 식을 얻고,

$$\boxed{V_{GS} = V_{DD}\big|_{I_D = 0\text{ mA}}} \tag{7.37}$$

식 (7.36)에 V_{GS}=0 V를 대입하면 다음 식을 얻는다.

$$\boxed{I_D = \frac{V_{DD}}{R_D}\bigg|_{V_{GS} = 0\text{ V}}} \tag{7.38}$$

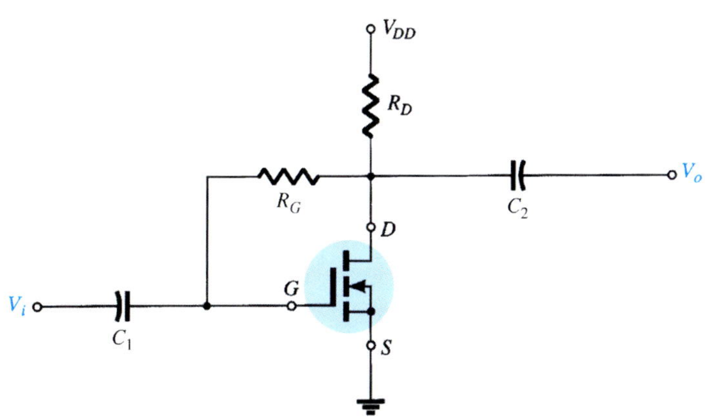

그림 7.37 피드백 바이어스 회로

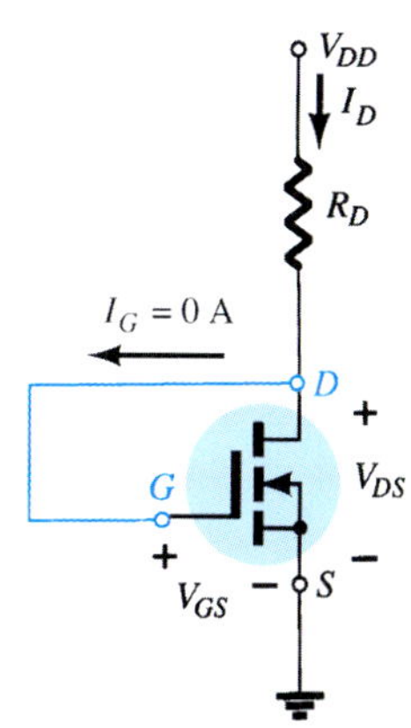

그림 7.38 그림 7.37 회로의 직류 등가회로

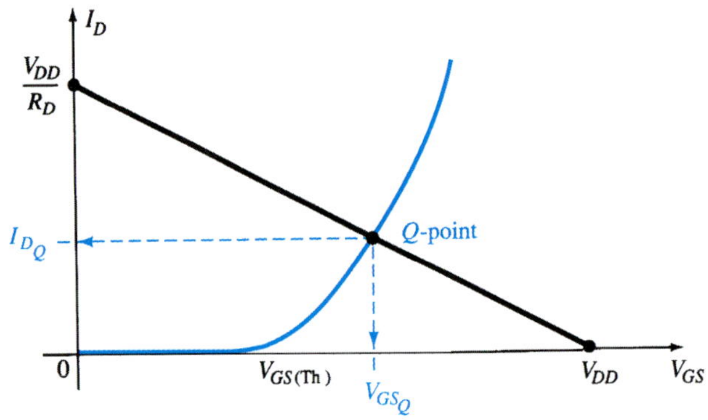

그림 7.39 그림 7.37 회로의 Q점 결정

식 (7.33)과 식 (7.36)의 두 그래프와 이들의 교점으로부터 구한 Q점이 그림 7.39에 표시되어 있다.

예제 7.10 그림 7.40의 증가형 MOSFET에서 I_{D_Q}와 V_{DS_Q}를 구하라.

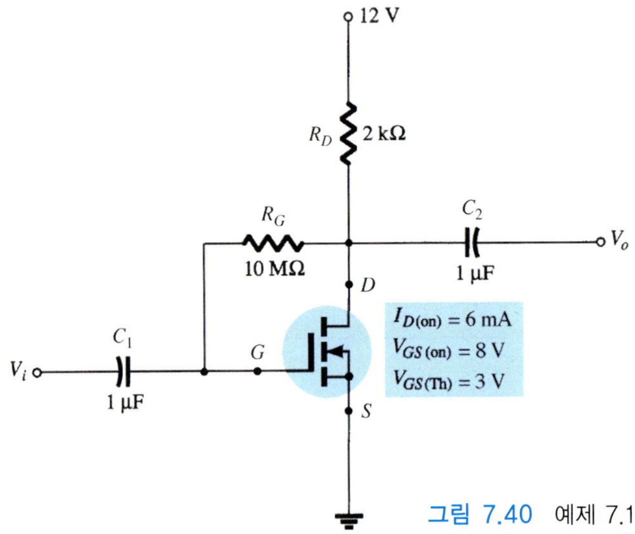

그림 7.40 예제 7.10

풀이

전달 곡선 그리기 그림 7.41에 나타난 것과 같이 두 점이 결정되면, k는

$$\text{Eq. (7.34):} \quad k = \frac{I_{D(\text{on})}}{(V_{GS(\text{on})} - V_{GS(\text{Th})})^2}$$

$$= \frac{6\text{ mA}}{(8\text{ V} - 3\text{ V})^2} = \frac{6 \times 10^{-3}}{25}\text{ A/V}^2$$

$$= \mathbf{0.24 \times 10^{-3}\ A/V^2}$$

이다. 그리고 V_{GS}=6 V(3 V와 8 V 사이)일 때

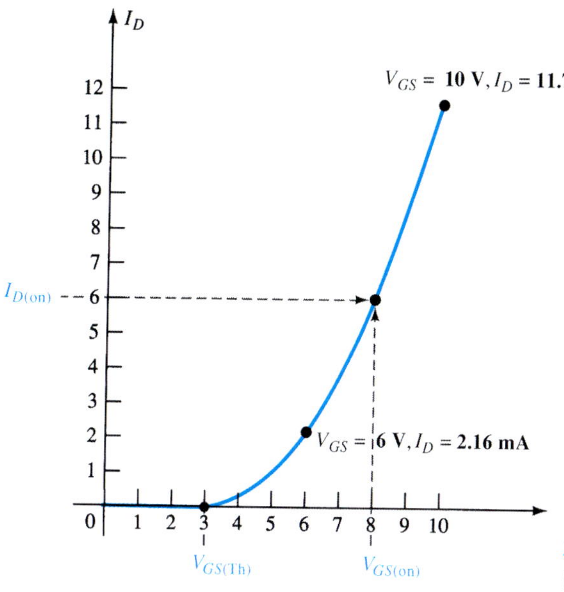

그림 7.41 그림 7.40의 MOSFET에 대한 전달 곡선 그리기

$$\begin{aligned} I_D &= 0.24 \times 10^{-3}(6\text{ V} - 3\text{ V})^2 = 0.24 \times 10^{-3}(9) \\ &= 2.16\text{ mA} \end{aligned}$$

로 그림 7.41에 나타난 것과 같다. V_{GS}=10 V일 경우[$V_{GS(\text{on})}$보다 약간 큰 경우]

$$\begin{aligned} I_D &= 0.24 \times 10^{-3}(10\text{ V} - 3\text{ V})^2 = 0.24 \times 10^{-3}(49) \\ &= 11.76\text{ mA} \end{aligned}$$

이고, 이 역시 그림 7.41에 나타내었다. 그림 7.41과 같이 전달 곡선 전체 그래프를 그리는 데 네 점만 있으면 충분하다.

회로의 바이어스 선

$$\begin{aligned} V_{GS} &= V_{DD} - I_D R_D \\ &= 12\text{ V} - I_D(2\text{ k}\Omega) \end{aligned}$$

식 (7.37): $V_{GS} = V_{DD} = 12\text{ V}\big|_{I_D = 0\text{ mA}}$

식 (7.38): $I_D = \dfrac{V_{DD}}{R_D} = \dfrac{12\text{ V}}{2\text{ k}\Omega} = 6\text{ mA}\big|_{V_{GS}=0\text{ V}}$

바이어스를 나타내는 선은 그림 7.42와 같다.

동작점에서

$$I_{D_Q} = \mathbf{2.75\text{ mA}}$$

이고

$$V_{GS_Q} = 6.4\text{ V}$$

이다.

$$V_{DS_Q} = V_{GS_Q} = \mathbf{6.4\text{ V}}$$

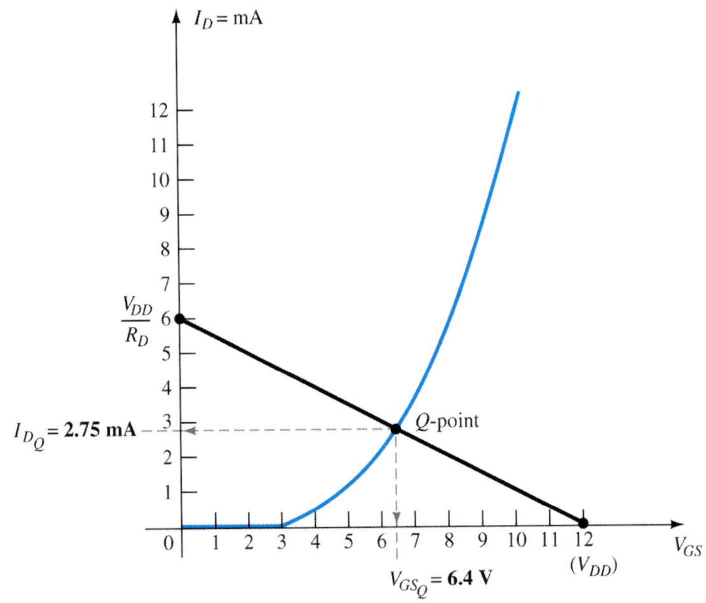

그림 7.42 그림 7.40 회로의 *Q*점 결정

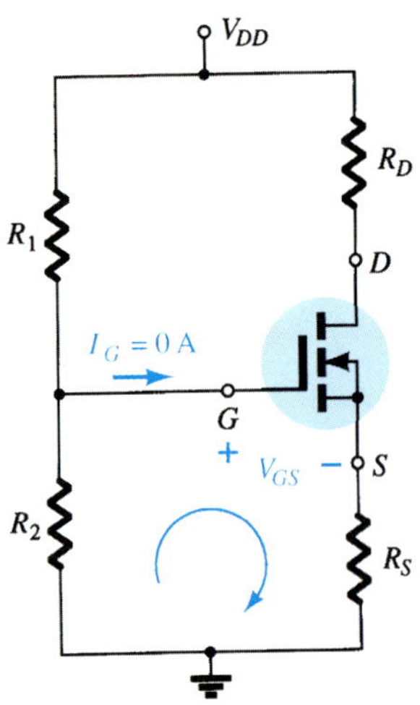

그림 7.43 *n*채널 증가형 MOSFET의 전압 분배기 바이어스 회로

전압 분배기 바이어스 회로

그림 7.43은 증가형 MOSFET를 바이어스하는 두 번째 보편적인 방법을 보여준다. I_G=0 mA이므로 V_G를 나타내는 식은 전압 분배 법칙에 의해 다음과 같다.

$$\boxed{V_G = \frac{R_2 V_{DD}}{R_1 + R_2}} \qquad (7.39)$$

키르히호프의 전압 법칙을 그림 7.43에 표시된 폐회로에 적용하면

$$+V_G - V_{GS} - V_{R_S} = 0$$

그리고

$$V_{GS} = V_G - V_{R_S}$$

또는

$$\boxed{V_{GS} = V_G - I_D R_S} \qquad (7.40)$$

이다. 출력 회로는

$$V_{R_S} + V_{DS} + V_{R_D} - V_{DD} = 0$$

그리고

$$V_{DS} = V_{DD} - V_{R_S} - V_{R_D}$$

또는

$$\boxed{V_{DS} = V_{DD} - I_D(R_S + R_D)} \qquad (7.41)$$

이다.

특성 곡선은 I_D와 V_{GS}의 변수에 대한 그래프이며, 식 (7.40)도 동일한 두 변수에 관한 식이므로, 두 식을 같은 그래프에 나타내고 교차점을 구하면 동작점을 구할 수 있다. 일단

I_{D_Q}와 V_{GS_Q}가 결정되면 V_{DS}, V_D, V_S와 같은 회로의 나머지 부분들을 구할 수 있다.

예제 7.11 그림 7.44의 회로에서 I_{D_Q}, V_{GS_Q}, V_{DS}를 구하라.

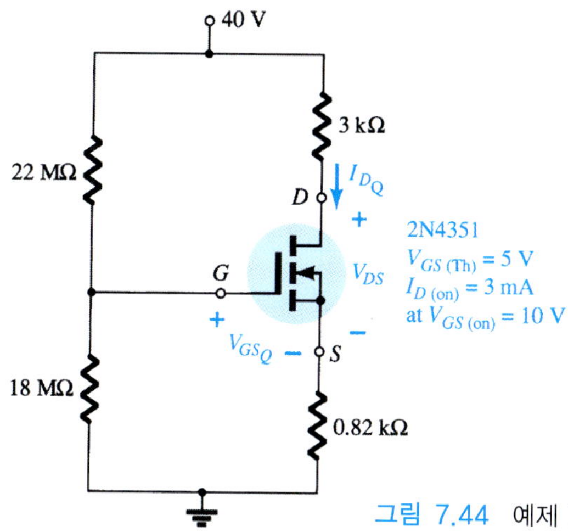

그림 7.44 예제 7.11

풀이

회로

$$\text{식 (7.39):}\quad V_G = \frac{R_2 V_{DD}}{R_1 + R_2} = \frac{(18\,\text{M}\Omega)(40\,\text{V})}{22\,\text{M}\Omega + 18\,\text{M}\Omega} = 18\,\text{V}$$

$$\text{식 (7.40):}\quad V_{GS} = V_G - I_D R_S = 18\,\text{V} - I_D(0.82\,\text{k}\Omega)$$

I_D=0 mA일 때

$$V_{GS} = 18\,\text{V} - (0\,\text{mA})(0.82\,\text{k}\Omega) = 18\,\text{V}$$

그림 7.45와 같다. V_{GS}=0 V일 때

$$\begin{aligned} V_{GS} &= 18\,\text{V} - I_D(0.82\,\text{k}\Omega) \\ 0 &= 18\,\text{V} - I_D(0.82\,\text{k}\Omega) \\ I_D &= \frac{18\,\text{V}}{0.82\,\text{k}\Omega} = 21.95\,\text{mA} \end{aligned}$$

이 되어 그림 7.45와 같다.

소자

$$V_{GS(\text{Th})} = 5\,\text{V},\quad V_{GS(\text{on})} = 10\,\text{V}\ \text{에서}\quad I_{D(\text{on})} = 3\,\text{mA}$$

$$\begin{aligned} \text{식 (7.34):}\quad k &= \frac{I_{D(\text{on})}}{(V_{GS(\text{on})} - V_{GS(\text{Th})})^2} \\ &= \frac{3\,\text{mA}}{(10\,\text{V} - 5\,\text{V})^2} = 0.12 \times 10^{-3}\,\text{A/V}^2 \end{aligned}$$

그리고

$$\begin{aligned} I_D &= k(V_{GS} - V_{GS(\text{Th})})^2 \\ &= 0.12 \times 10^{-3}(V_{GS} - 5)^2 \end{aligned}$$

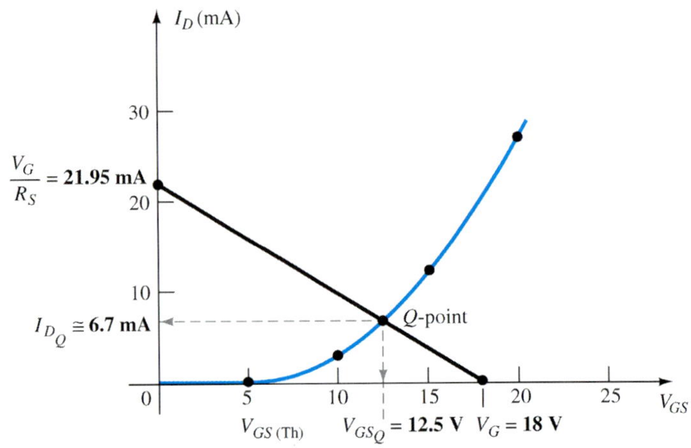

그림 7.45 예제 7.11 회로의 Q점 결정

이를 그림 7.45에 같이 나타내었다. 그림 7.45로부터

$$I_{D_Q} \cong \mathbf{6.7\ mA}$$

$$V_{GS_Q} = \mathbf{12.5\ V}$$

식 (7.41):

$$\begin{aligned} V_{DS} &= V_{DD} - I_D(R_S + R_D) \\ &= 40\text{ V} - (6.7\text{ mA})(0.82\text{ k}\Omega + 3.0\text{ k}\Omega) \\ &= 40\text{ V} - 25.6\text{ V} \\ &= \mathbf{14.4\ V} \end{aligned}$$

7.9 요약표

여러 FET 구조에 대한 기본적인 결과를 복습하고, 해석 방법의 유사성을 파악하기 위해 표 7.1과 같이 정리하였다. 이 표로부터 FET의 직류 해석이 복잡하지 않다는 것을 알 수 있다. 일단 전달 특성 곡선이 결정되면, 회로의 바이어스 선을 그릴 수 있다. 그 다음 소자를 나타내는 전달 특성 곡선과 직류 회로를 나타내는 바이어스 선의 교차점으로부터 Q점을 구할 수 있다. Q점을 구하면 남은 일은 간단한 회로 이론을 이용하여 나머지 부분의 값들을 구하는 것이다.

7.10 복합회로

BJT와 FET 각각으로 구성된 다양한 바이어스 회로에 대한 기초를 세웠으므로, 이제는 회로에서 두 트랜지스터가 복합된 경우를 살펴보도록 한다. 기본적으로 회로 분석에서 가장 먼저 해야 할 일은 소자의 전압과 전류를 나타내는 식을 구하는 것이다. 회로의 나머지 부분은 이후에 해석할 수 있다. 이전 장 그리고 4장에서 다루었던 결과로부터 소자에 관련된

표 7.1 FET 바이어스 회로

형 태	회 로	관 련 식	도식적 해
JFET 고정 바이어스	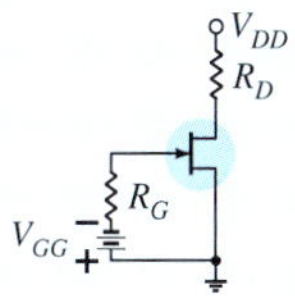	$V_{GS_Q} = -V_{GG}$ $V_{DS} = V_{DD} - I_D R_S$	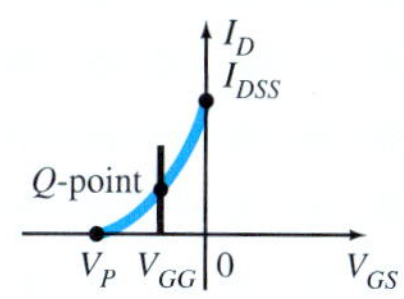
JFET 자기 바이어스	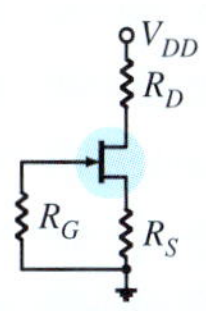	$V_{GS} = -I_D R_S$ $V_{DS} = V_{DD} - I_D(R_D + R_S)$	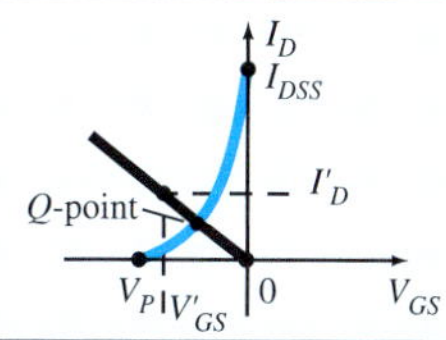
JFET 전압 분배기 바이어스	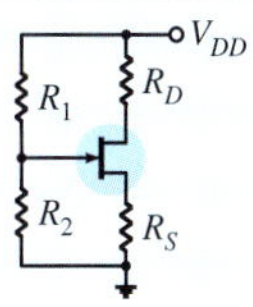	$V_G = \dfrac{R_2 V_{DD}}{R_1 + R_2}$ $V_{GS} = V_G - I_D R_S$ $V_{DS} = V_{DD} - I_D(R_D + R_S)$	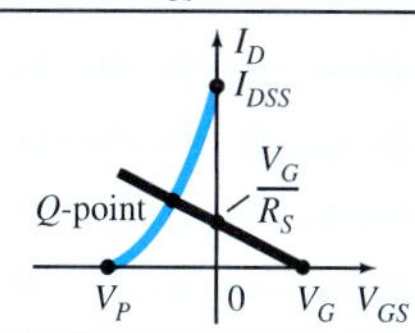
JFET 공통 게이트	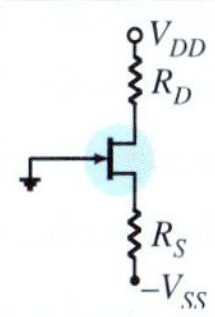	$V_{GS} = V_{SS} - I_D R_S$ $V_{DS} = V_{DD} + V_{SS} - I_D(R_D + R_S)$	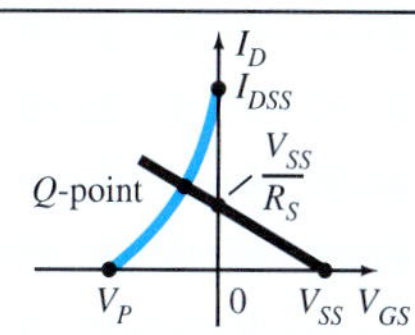
JFET $(R_D = 0\,\Omega)$	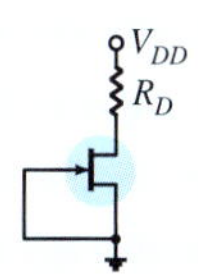	$V_{GS} = -I_D R_S$ $V_D = V_{DD}$ $V_S = I_D R_S$ $V_{DS} = V_{DD} - I_S R_S$	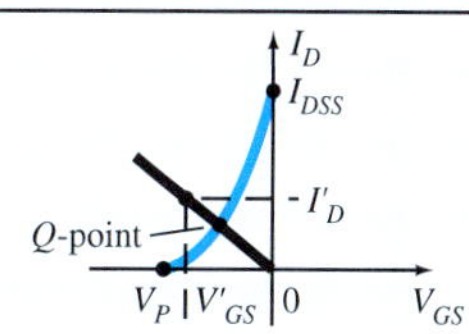
JFET 특별한 경우 $(V_{GS_Q} = 0\,\text{V})$	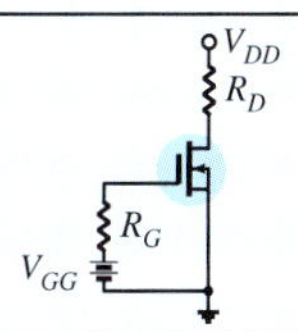	$V_{GS_Q} = 0\,\text{V}$ $I_{D_Q} = I_{DSS}$	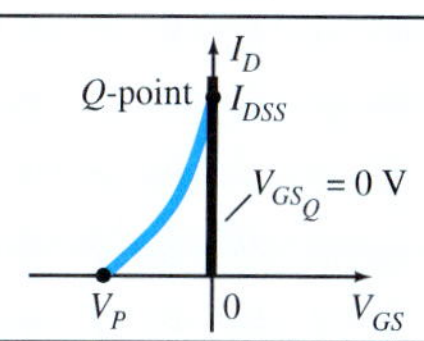
공핍형 MOSFET 고정 바이어스 (및 MESFET)	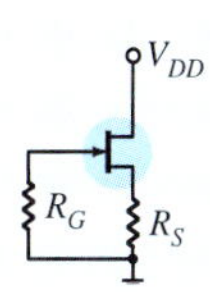	$V_{GS_Q} = +V_{GG}$ $V_{DS} = V_{DD} - I_D R_S$	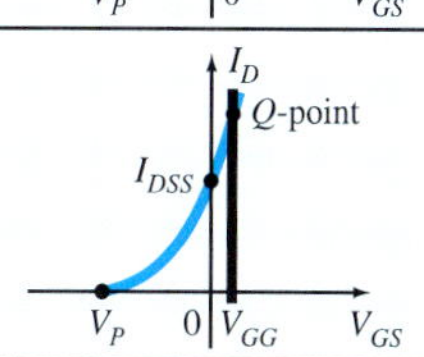
공핍형 MOSFET 전압 분배기 바이어스 (및 MESFET)	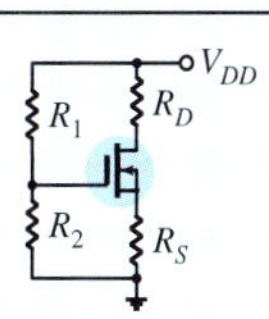	$V_G = \dfrac{R_2 V_{DD}}{R_1 + R_2}$ $V_{GS} = V_G - I_S R_S$ $V_{DS} = V_{DD} - I_D(R_D + R_S)$	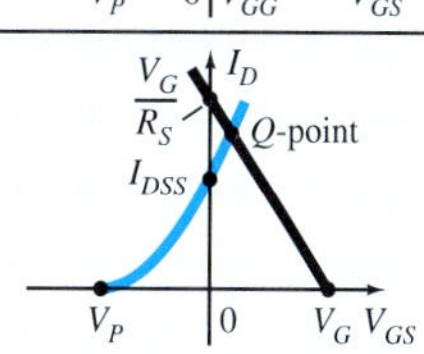
증가형 MOSFET 피드백 구조 (및 MESFET)	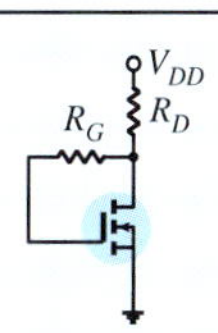	$V_{GS} = V_{DS}$ $V_{GS} = V_{DD} - I_D R_D$	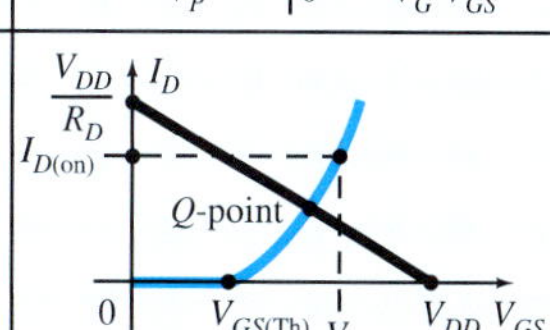
증가형 MOSFET 전압 분배기 바이어스 (및 MESFET)	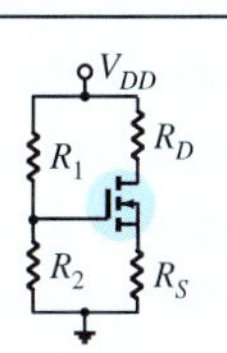	$V_G = \dfrac{R_2 V_{DD}}{R_1 + R_2}$ $V_{GS} = V_G - I_D R_S$	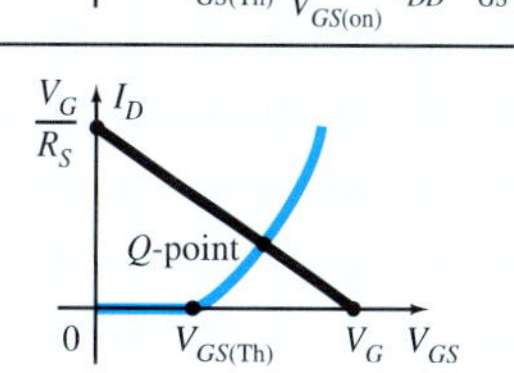

문제를 풀어나가는 것은 흥미로운 일이다. 여기서 사용될 전류식이나 관계식들은 이미 한 번 이상 다루었던 것으로 이 장에서 새로운 해석 방법은 없다.

예제 7.12 그림 7.46의 회로에서 V_D와 V_C의 값을 구하라.

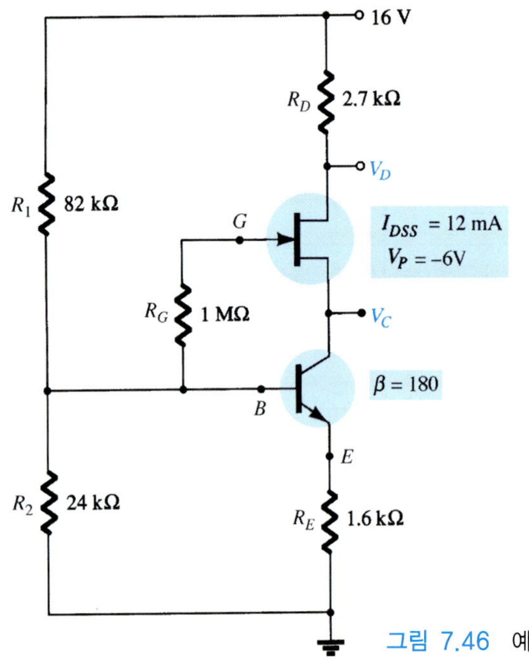

그림 7.46 예제 7.12

풀이 JFET 회로를 분석하는 데 있어서 V_{GS}는 소자의 상태를 결정하거나 관계식을 구하는 데 중요한 역할을 한다. 일단 V_{GS}를 바로 구하는 방법이 없으므로 회로의 구성을 살펴보도록 한다. 회로의 바이어스 구조는 전압 분배기로 되어 있으며, 근사 방법을 사용할 수 있다 (βR_E= 180×1.6 kΩ=288 kΩ > 10 R_2=240 kΩ), 입력 회로에 전압 분배기 법칙을 이용하여 V_B를 구하면

$$V_B = \frac{24\ \text{k}\Omega(16\ \text{V})}{82\ \text{k}\Omega + 24\ \text{k}\Omega} = 3.62\ \text{V}$$

V_{BE}=0.7 V인 사실을 이용하면,

$$V_E = V_B - V_{BE} = 3.62\ \text{V} - 0.7\ \text{V}$$
$$= 2.92\ \text{V}$$

그리고
$$I_E = \frac{V_{R_E}}{R_E} = \frac{V_E}{R_E} = \frac{2.92\ \text{V}}{1.6\ \text{k}\Omega} = 1.825\ \text{mA}$$

여기서
$$I_C \cong I_E = 1.825\ \text{mA}$$

이다. 이 회로에서는

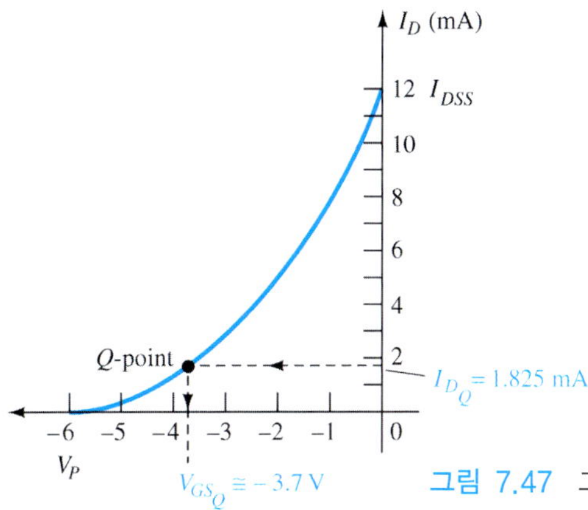

그림 7.47 그림 7.46 회로의 Q점 결정

$$I_D = I_S = I_C$$

이고

$$\begin{aligned} V_D &= 16\text{ V} - I_D(2.7\text{ k}\Omega) \\ &= 16\text{ V} - (1.825\text{ mA})(2.7\text{ k}\Omega) = 16\text{ V} - 4.93\text{ V} \\ &= \mathbf{11.07\text{ V}} \end{aligned}$$

이다.

이 회로에서 V_C의 값을 바로 구할 수는 없다. V_{CE}와 V_{DS}의 값을 모두 알 수가 없으므로 V_D와 V_C 또는 V_E와 V_C의 관계를 바로 알 수가 없다. 그림 7.46의 회로를 자세히 보면 V_C는 V_B와 V_{GS} 만큼의 전압차가 있다는 것을 알 수 있다(V_{R_G}=0 V라 가정). 이제 V_B의 값을 알고 있으므로 V_{GS}를 구할 수만 있다면, V_C는 다음과 같이 계산된다.

$$V_C = V_B - V_{GS}$$

이제 동작점 전류가 I_D일 때, V_{GS_Q}의 값을 구하는 일이 남았다. 두 변수를 연관시키는 Shockley 방정식은

$$I_{D_Q} = I_{DSS}\left(1 - \frac{V_{GS_Q}}{V_P}\right)^2$$

이고, I_D값을 대입하면 수식적으로 V_{GS_Q}의 값을 구할 수 있다. 하지만 여기서는 도식적인 방법을 이용하여, 이전에 다루었던 방법의 역순으로 구해보도록 하자. 먼저 그림 7.47과 같이 JFET의 전달 특성 곡선을 그린다. 전류 I_{D_Q}는 그림처럼 수평선으로 나타난다. 따라서 V_{GS_Q}는 동작점에서 수직선을 내림으로써 구할 수 있다.

$$V_{GS_Q} = \mathbf{-3.7\text{ V}}$$

V_C는 다음과 같이 계산된다.

$$\begin{aligned} V_C &= V_B - V_{GS_Q} = 3.62\text{ V} - (-3.7\text{ V}) \\ &= \mathbf{7.32\text{ V}} \end{aligned}$$

예제 7.13 그림 7.48의 회로에서 V_D를 구하라.

풀이 여기서 BJT 트랜지스터의 전압이나 전류를 바로 구할 수는 없다. 그러나 자기 바이어스된 JFET을 통해 V_{GS}가 연관된 전류식을 구할 수 있고, 도식적인 방법을 이용하면 Q점을 찾을 수 있다. 즉,

$$V_{GS} = -I_D R_S = -I_D(2.4\,\text{k}\Omega)$$

그림 7.49에 자기 바이어스 선을 그리면 Q점은 다음과 같다.

$$V_{GS_Q} = -2.4\text{ V}$$
$$I_{D_Q} = 1\text{ mA}$$

BJT에서

$$I_E \cong I_C = I_D = 1\text{ mA}$$

이고

$$I_B = \frac{I_C}{\beta} = \frac{1\text{ mA}}{80} = 12.5\,\mu\text{A}$$

$$\begin{aligned} V_B &= 16\text{ V} - I_B(470\,\text{k}\Omega) \\ &= 16\text{ V} - (12.5\,\mu\text{A})(470\,\text{k}\Omega) = 16\text{ V} - 5.88\text{ V} \\ &= 10.12\text{ V} \end{aligned}$$

이고

$$\begin{aligned} V_E = V_D &= V_B - V_{BE} \\ &= 10.12\text{ V} - 0.7\text{ V} \\ &= \mathbf{9.42\text{ V}} \end{aligned}$$

이다.

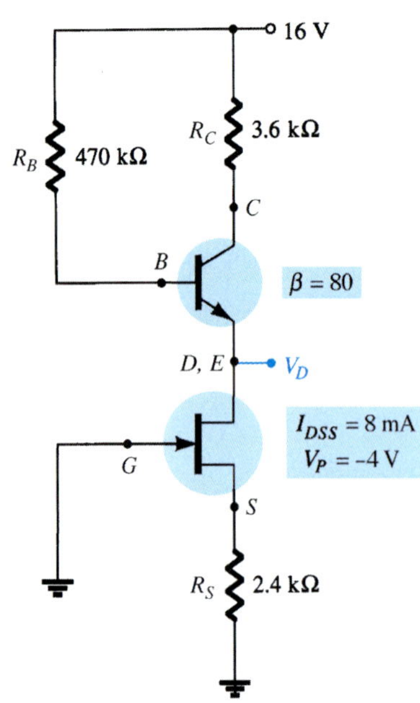

그림 7.48 예제 7.13

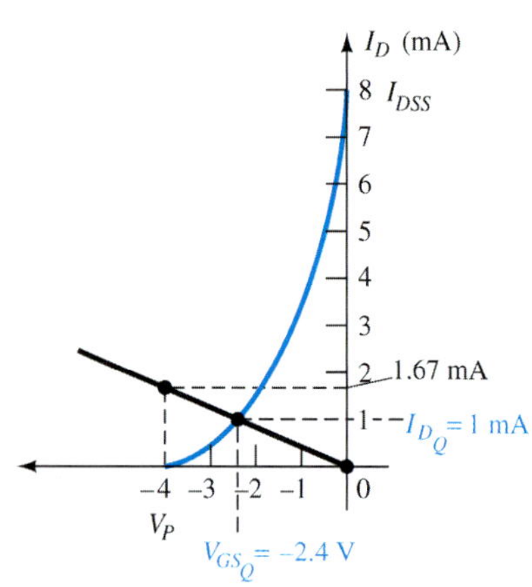

그림 7.49 그림 7.48 회로의 Q점 결정

7.11 설계

설계 과정은 응용 영역, 원하는 증폭도, 신호의 세기, 동작 조건을 포함한다. 일반적으로 설계의 첫 번째 단계는 동작점 설정을 위한 적절한 직류값을 갖도록 하는 것이다.

예를 들어 그림 7.50의 회로에서 V_D와 I_D가 규정되어 있다면, V_{GS_Q}는 전달 곡선 그래프를 통해 결정할 수 있고, R_S는 $V_{GS}=-I_DR_S$를 통해 구할 수 있다. 만약 V_{DD}가 주어졌을 경우에는 $R_D=(V_{DD}-V_D)/I_D$로부터 R_D를 계산할 수 있다. 물론 계산된 R_S와 R_D가 상용 표준 저항값이 아닐 수 있기 때문에, 이러한 경우는 가장 가까운 표준 저항값을 사용하도록 한다. 그러나 보통 회로망의 파라미터에 대한 허용 오차가 주어지기 때문에, 표준 저항값 사용으로 인한 약간의 변화는 설계 과정에서 거의 중요하지 않다.

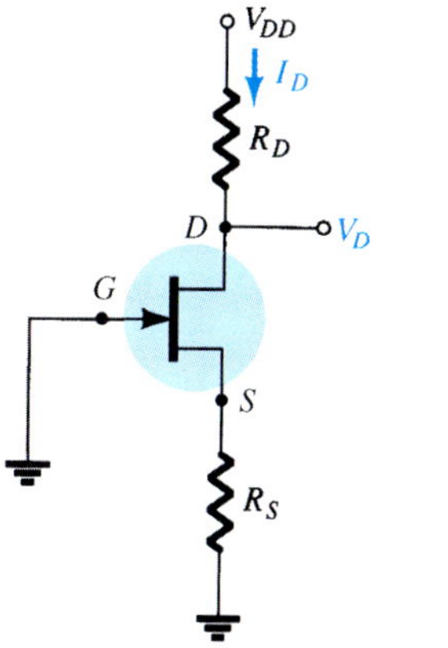

그림 7.50 설계할 자기 바이어스 회로

위에서 설명한 것은 그림 7.50의 회로망을 포함한 설계 단계의 한 가지 예에 불과하다. V_{DD}와 R_D값만이 V_{DS}값과 함께 제시될 수도 있다. 그리고 사용할 소자가 R_S와 함께 제시될 수도 있다. 소자는 제시된 V_{DS}에 안전한 여유를 고려한 값보다 더 큰 최대 정격 $V_{DS\max}$을 갖고 있어야 한다.

일반적으로 선형 증폭기에서는 동작점이 포화 전류(I_{DSS})나 차단전압(V_P) 영역으로 접근하지 않도록 선택하는 것이 좋은 설계이다. 설계에서 $V_P/2$에 가깝게 V_{GS_Q}값을 설정하고, $I_{DSS}/2$에 가까운 I_{D_Q}값을 갖도록 하는 것이 매우 바람직하다. 물론 모든 설계 과정에서 규격표에 제시된 I_D와 V_{DS}의 최대 정격값을 초과하지 않도록 주의해야 한다.

다음의 예제들은 규정값이 제공되고 R_D, R_S, V_{DD}와 같은 회로 파라미터를 결정해야 할 경우에 대한 설계 방향을 제시한다. 어떤 경우에는 앞서 설명한 접근법과는 반대되는 접근이 필요할 수도 있다. 또 어떤 경우에는 옴의 법칙을 적용하여 적절히 해결할 수도 있다. 특히 저항값을 구해야 한다면, 다음과 같은 형태의 옴의 법칙을 적용함으로써 쉽게 얻을 수 있는 경우가 있다.

$$\boxed{R_{\text{unknown}} = \frac{V_R}{I_R}} \tag{7.42}$$

여기서 V_R과 I_R은 자주 제시된 전압과 전류값으로부터 직접 얻을 수 있는 변수들이다.

예제 7.14 그림 7.51의 회로에 대해서 V_{D_Q}와 I_{D_Q}가 제시되어 있다. 필요한 R_D과 R_S값들을 구하라. 그리고 구한 값에 가장 가까운 상용 표준 저항값은 얼마인가?

풀이 식 (7.42)에서 정의된 바와 같이

$$R_D = \frac{V_{R_D}}{I_{D_Q}} = \frac{V_{DD} - V_{D_Q}}{I_{D_Q}}$$

$$= \frac{20\text{ V} - 12\text{ V}}{2.5\text{ mA}} = \frac{8\text{ V}}{2.5\text{ mA}} = \mathbf{3.2\ k\Omega}$$

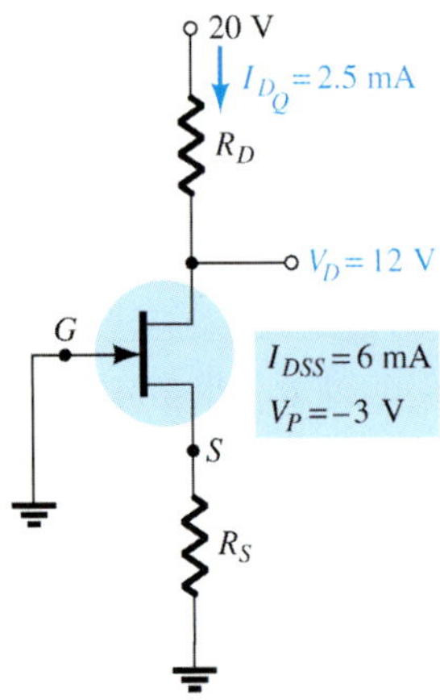

그림 7.51 예제 7.14

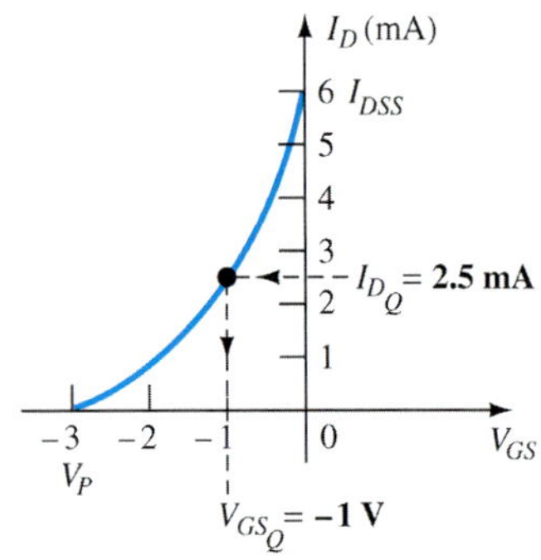

그림 7.52 그림 7.51 회로의 V_{GS_Q} 결정

그림 7.52와 같은 전달 곡선을 그리고, I_{D_Q}=2.5 mA에서 수평선을 그으면, 이때 $V_{GS_Q}=-1$ V가 된다. 따라서 R_S를 구하기 위해 $V_{GS}=-I_DR_S$를 사용하면 다음과 같다.

$$R_S = \frac{-(V_{GS_Q})}{I_{D_Q}} = \frac{-(-1\text{ V})}{2.5\text{ mA}} = \mathbf{0.4\ k\Omega}$$

그리고 가장 가까운 표준 저항값은 다음과 같다.

$$R_D = 3.2\text{ k}\Omega \Rightarrow \mathbf{3.3\ k\Omega}$$
$$R_S = 0.4\text{ k}\Omega \Rightarrow \mathbf{0.39\ k\Omega}$$

예제 7.15 그림 7.53의 전압 분배기 바이어스 회로에서 V_D=12 V이고 $V_{GS_Q}=-2$ V일 때, R_S의 값을 구하라.

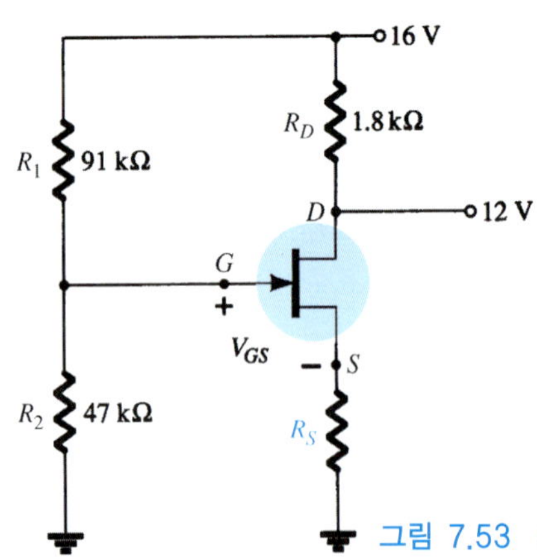

그림 7.53 예제 7.15

풀이 V_G의 값은 다음과 같이 결정한다.

$$V_G = \frac{47\ \text{k}\Omega(16\ \text{V})}{47\ \text{k}\Omega + 91\ \text{k}\Omega} = 5.44\ \text{V}$$

그리고
$$I_D = \frac{V_{DD} - V_D}{R_D}$$
$$= \frac{16\ \text{V} - 12\ \text{V}}{1.8\ \text{k}\Omega} = 2.22\ \text{mA}$$

그 다음 V_{GS}에 대한 식을 쓰고, 아는 값들을 대입하면 R_S를 구할 수 있다.

$$V_{GS} = V_G - I_D R_S$$
$$-2\ \text{V} = 5.44\ \text{V} - (2.22\ \text{mA})R_S$$
$$-7.44\ \text{V} = -(2.22\ \text{mA})R_S$$

그리고
$$R_S = \frac{7.44\ \text{V}}{2.22\ \text{mA}} = \mathbf{3.35\ k\Omega}$$

가장 가까운 상용 표준 저항값은 3.3 kΩ이다. ‹‹‹

예제 7.16 그림 7.54의 회로에서 V_{DS}와 I_D값이 각각 $V_{DS}=1/2V_{DD}$, $I_D=I_{D(\text{on})}$으로 주어졌다. 이때, V_{DD}와 R_D값들을 구하라.

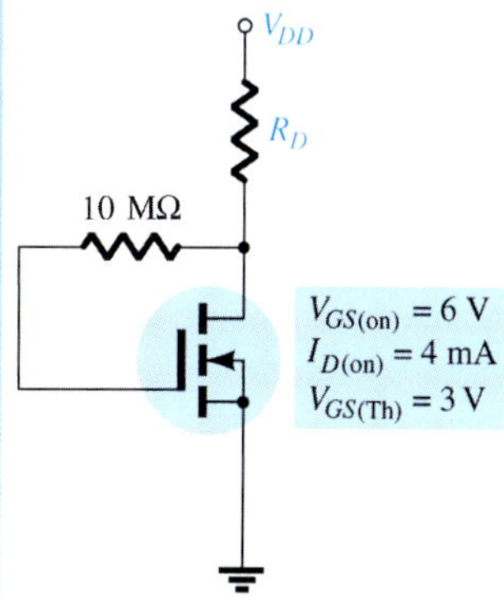

그림 7.54 예제 7.16

풀이 이 회로에서 $I_D=I_{D(\text{on})}=4$ mA이고, $V_{GS}=V_{GS(\text{on})}=6$ V이므로

이고
$$V_{DS} = V_{GS} = \tfrac{1}{2}V_{DD}$$
$$6\ \text{V} = \tfrac{1}{2}V_{DD}$$
그러므로
$$V_{DD} = \mathbf{12\ V}$$

이다. 식 (7.42)를 적용하면 다음과 같이 R_D를 구할 수 있다.

이고
$$R_D = \frac{V_{R_D}}{I_D} = \frac{V_{DD} - V_{DS}}{I_{D(\text{on})}} = \frac{V_{DD} - \frac{1}{2}V_{DD}}{I_{D(\text{on})}} = \frac{\frac{1}{2}V_{DD}}{I_{D(\text{on})}}$$
$$R_D = \frac{6\ \text{V}}{4\ \text{mA}} = \mathbf{1.5\ k\Omega}$$

이것은 표준 저항값이다.

7.12 고장 검사

주의 깊게 제작한 회로에 전원을 인가할 때, 전혀 기대하지 않았던 반응이 나타나거나 이론적 계산과는 다른 결과가 나오는 경우가 종종 있다. 그러면 다음 단계는 무엇인가? 잘못 연결한 곳이 있는가? 혹은 저항의 컬러 코드를 잘못 읽었기 때문인가? 아니면 제작 과정에서

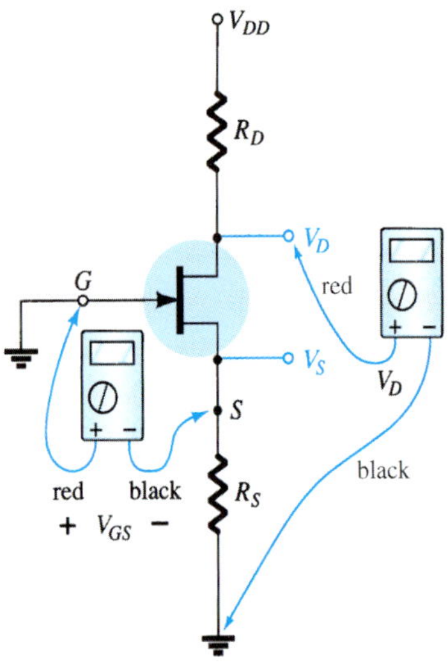

그림 7.55 JFET 자기 바이어스 회로의 직류 동작 검사

잘못이 있는가? 그 가능성이 방대하여 종종 어찌할 바를 모를 때가 있다. BJT 트랜지스터 회로 해석에서 처음 설명한 고장 검사 과정에서는 먼저 가능성의 목록을 좁혀나가고 정확한 계획을 세워서 문제가 되는 부분을 분리하여 나갔다. 일반적으로 고장 검사 과정은 회로 구성과 단자 연결을 다시 확인하는 것으로 시작한다. 이를 위해 특정 단자와 접지 사이의 전압을 확인하거나 단자 사이의 전압을 확인한다. 전류를 측정하는 방법은 전류계를 연결하기 위해서 회로 구성을 바꾸어야 하기 때문에 거의 사용하지 않는다. 물론 전압을 먼저 측정하면, 전류는 옴의 법칙을 사용하여 계산할 수 있다. 어떤 경우이든, 의미 있는 측정을 위해서는 측정하고자 하는 값의 기대 전압 혹은 기대 전류를 알아야 한다. 그러므로 전체적으로 회로의 기본적인 동작을 이해하고 전압과 전류를 예측할 수 있다면, 고장 검사 과정은 성공할 수 있다는 희망을 갖고 시작할 수 있다. n채널 JFET 증폭기에서, Q점에서의 V_{GS_Q}값은 0 V 또는 음전압이라는 것은 당연하다. 그림 7.55의 회로에 대해서 V_{GS_Q}는 0 V에서 V_P 사이의 음의 값으로 제한된다. 그림 7.55와 같이 전압계의 양극 단자(일반적으로 빨간색)를 게이트에 연결하고 음극 단자(일반적으로 검은색)를 소스에 연결하고 전압을 측정하면, 그 결과는 음의 값을 갖는 수 V 정도의 크기이다. 만약 다른 값이 측정되면, 이 회로를 의심해보고 조사할 필요가 있다.

V_{DS}의 값은 일반적으로 V_{DD}값의 25%에서 75% 사이이다. V_{DS}의 측정값이 0 V이면, 이는 출력회로가 개방되었거나 혹은 JFET의 드레인과 소스가 내부적으로 단락되었음을 명확히 나타낸다. 만약 V_D와 V_{DD}가 같다면, R_D를 통해 흐르는 전류가 없어서 R_D 양단의 전압 강하가 없다는 것이므로 연결이 제대로 되었는지를 확인해야 한다.

만약 V_{DS}의 측정값이 이상하게 보일 경우, 전압계의 음극 선을 접지에 고정시키고 양극 선을 사용하여 V_{DD}에서 접지까지의 전압을 측정함으로써 출력회로의 연속성을 쉽게 확인할 수 있다. $V_D = V_{DD}$이면, R_D를 통해 흐르는 전류가 없다는 것이지만 V_D와 V_{DD} 사이의 연속성은 존재한다. 만약 $V_S = V_{DD}$이면, 소자의 드레인과 소스 사이가 개방된 것이 아니며 on 상태도 역시 아니다. 그러나 V_S까지의 연속성은 확실하다. 이 경우, 확실하지는 않지만 R_S가 불량 접지되었을 수 있다. 그리고 검사 계기의 도선과 단자 커넥터 사이의 내부 결선이 떨어져 있을 수도 있다. 드레인에서 소스 사이가 단락된 소자와 같은 다른 가능성도 있다. 하지만 고장 검사는 오동작을 일으키는 가능성을 줄여나가야 한다.

회로의 연속성은 회로의 저항(JFET 회로에서 R_G는 제외) 양단에 걸리는 전압을 측정함으로써 간단히 확인할 수 있다. 0 V가 측정되었다면 이는 회로의 개방으로 인해 전류가 없다는 것을 바로 알 수 있다.

BJT와 JFET 회로에서 가장 민감한 부분은 증폭기 자체이다. 제조 과정이나 시험 단계에서 과다한 전압을 인가한다거나 큰 전류를 흐르게 하는 잘못된 저항을 사용하면 소자가 파괴될 수도 있다. 만약 증폭기의 상태가 의심스럽다면, FET의 경우, 가장 좋은 확인 방법이 커브 트레이서를 사용하는 것이다. 왜냐하면 이는 소자의 동작 여부뿐만 아니라 전압과 전류값의 범위도 알려주기 때문이다. 어떤 측정기는 기본적으로 FET의 동작이 정상적인가는 확인이 가능하지만, 동작 범위의 심각한 감소가 일어났는지 여부는 알려주지 않는다.

좋은 고장 검사 기술은 경험을 바탕으로 어떻게 되어야 올바른지에 대한 판단과 왜 그런지에 대한 확신으로부터 발전한다. 회로를 검사할 때 이상 반응의 원인이 이해할 수 없게도 사라진 것처럼 보일 때가 있다. 이런 경우 안심하고 넘어가기보다는 확인을 계속하는 것이 좋다. 이와 같이 상황에 따라 민감하게 동작하는 원인이나 불안하게 동작하는 원인은 찾아서 고쳐야 한다. 그렇지 않으면 매우 중요한 때에 다시 이상이 발생할 수도 있다.

7.13 *p*채널 FET

지금까지는 단지 *n*채널 FET에 대해서만 해석을 하였다. *p*채널 FET의 경우, 전달 곡선은 *n*채널의 전달 곡선의 대칭 모양이 되고, 전류의 방향도 거꾸로 된다. 이를 다양한 종류의 FET에 대해서 그림 7.56에 나타내었다.

그림 7.56의 각 회로에서 공급 전원은 표시된 방향으로 전류를 흘리도록 음의 전압값을 나타내고 있음에 유의해야 한다. 특히 전압에 대한 이중 첨자 표기는 V_{GS}, V_{DS} 등과 같이 *n*채널 소자에서 정의한 것을 그대로 사용한다. 그러나 이 경우, V_{GS}는 양(공핍형 MOSFET의 경우에는 양 혹은 음의 값)이고, V_{DS}는 음이다.

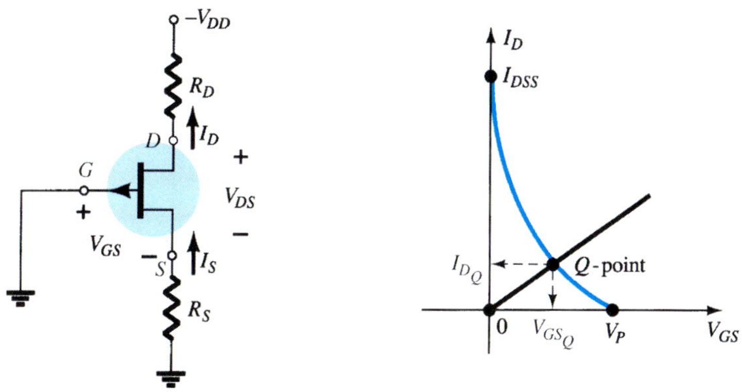

(a)

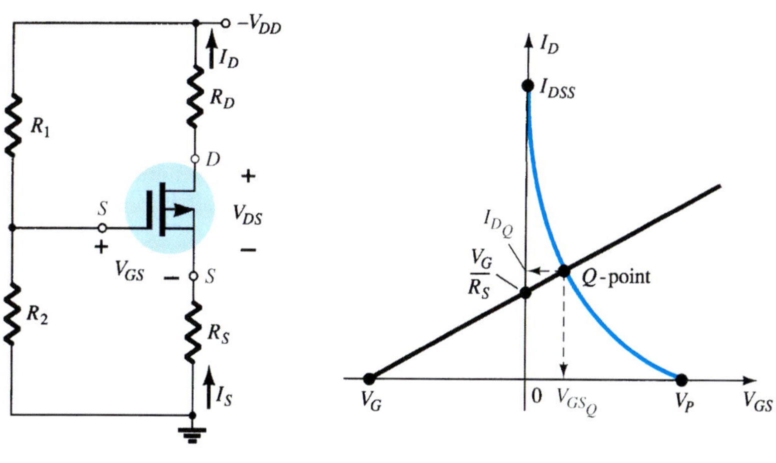

(b)

그림 7.56 *p*채널 회로: (a) JFET, (b) 공핍형 MOSFET, (c) 증가형 MOSFET

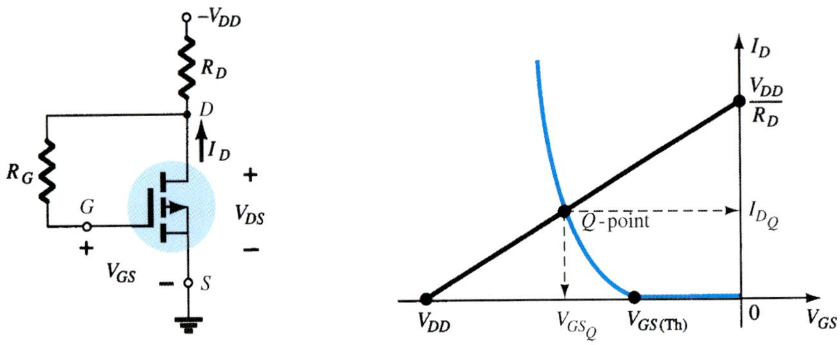

(c)

그림 7.56 계속

n채널 소자의 해석과 p채널 소자의 해석이 유사하기 때문에 실제로는 p채널 소자를 n채널 소자로 가정하고 공급 전원을 역으로 하여 전체 해석을 할 수 있다. 이렇게 결과를 구하면, 각 값의 크기는 같으며, 전류의 방향과 전압의 극성은 역으로 하면 된다. 그러나 다음 예제에서는 p채널 소자의 해석은 n채널 소자 해석을 통하여 쌓인 경험을 그대로 사용하여 해석할 수 있다는 것을 보여준다.

예제 7.17 그림 7.57의 p채널 JFET에 대해서 I_{D_Q}, V_{GS_Q}, V_{DS}를 구하라.

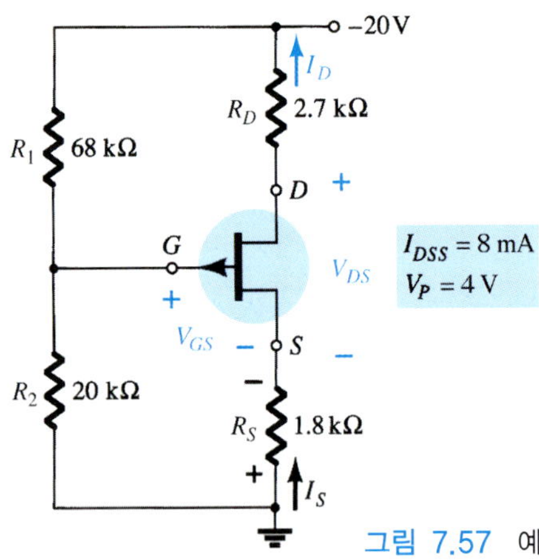

그림 7.57 예제 7.17

풀이

$$V_G = \frac{20\text{ k}\Omega(-20\text{ V})}{20\text{ k}\Omega + 68\text{ k}\Omega} = -4.55\text{ V}$$

키르히호프의 전압 법칙을 사용하면 다음 식을 얻을 수 있다.

$$V_G - V_{GS} + I_D R_S = 0$$

그리고

$$V_{GS} = V_G + I_D R_S$$

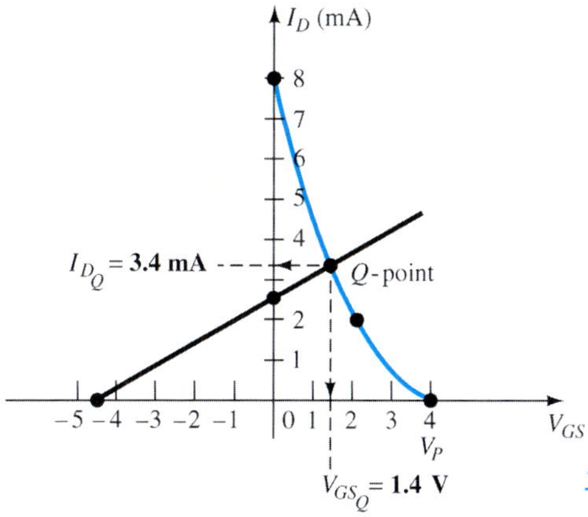

그림 7.58 그림 7.57 JFET 회로의 Q점 결정

I_D=0 mA이면, 그림 7.58에 나타난 것처럼 V_{GS}는 다음과 같이 구해진다.

$$V_{GS} = V_G = -4.55\text{ V}$$

V_{GS}=0 V인 경우, 역시 그림 7.58에 나타난 것처럼 I_D는 다음과 같이 구한다.

$$I_D = -\frac{V_G}{R_S} = -\frac{-4.55\text{ V}}{1.8\text{ k}\Omega} = 2.53\text{ mA}$$

그림 7.58로부터 Q점을 찾으면 다음과 같다.

$$I_{D_Q} = \mathbf{3.4\text{ mA}}$$
$$V_{GS_Q} = \mathbf{1.4\text{ V}}$$

V_{DS}를 구하기 위해서 키르히호프의 전압 법칙을 사용하면 다음 식을 얻을 수 있다.

$$-I_DR_S + V_{DS} - I_DR_D + V_{DD} = 0$$

이고

$$\begin{aligned} V_{DS} &= -V_{DD} + I_D(R_D + R_S) \\ &= -20\text{ V} + (3.4\text{ mA})(2.7\text{ k}\Omega + 1.8\text{ k}\Omega) \\ &= -20\text{ V} + 15.3\text{ V} \\ &= \mathbf{-4.7\text{ V}} \end{aligned}$$

7.14 범용 JFET 바이어스 곡선

FET 구성 회로에 대한 직류 해를 구하기 위해서는 각각의 해석에 대한 전달 특성 곡선을 그려야 하기 때문에, 임의의 I_{DSS}와 V_P의 값에 대해서도 사용할 수 있는 범용 곡선(universal curve)이 개발되었다. n채널 JFET 또는 공핍형 MOSFET(V_{GS_Q}가 음의 값인 경우)의 범용 곡선이 그림 7.59에 주어져 있다. 수평축이 V_{GS}가 아니라, 정규화된 $V_{GS}/|V_P|$의 눈금으로 되어 있음에 유의하자. 여기서 $|V_P|$는 V_P의 부호와는 상관없이 V_P의 크기에 대한 관계만을 구

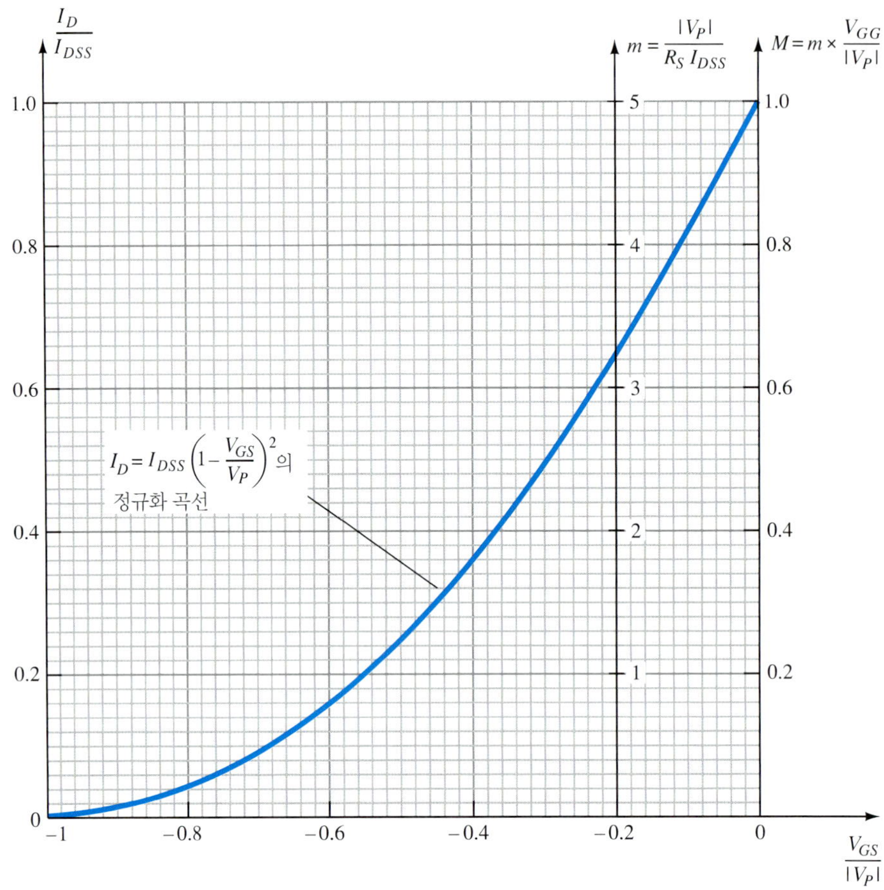

그림 7.59 범용 JFET 바이어스 곡선

했음을 표시한다. 수직축 또한 정규화된 I_D/I_{DSS}의 눈금을 사용한다. 따라서 $I_D = I_{DSS}$일 때는 수직축 I_D/I_{DSS}는 1이 되며, $V_{GS} = V_P$일 때는 수평축 $V_{GS}/|V_P|$는 −1이 된다. 또한 수직축 I_D/I_{DSS}는 앞에서의 I_D의 경우와 같이 오른쪽이 아닌 왼쪽의 수직축을 표시한다는 점에 유의하자. 오른쪽 축들을 나타내는 두 개의 새로운 눈금에 대해서는 설명이 필요할 것이다. m이라 표시된 수직축은 자기 바이어스 회로에 대한 해를 찾는 데 직접 이용할 수 있다. M이라 표시된 다른 눈금은 전압 분배기 회로에 대한 해를 찾을 때 m과 함께 사용된다. m과 M의 눈금은 회로식과 지금 설명한 정규화된 눈금의 수학적인 과정을 통해 구해지는 것들이다. 앞으로의 설명은 $V_{GS}/|V_P| = -0.2$일 때 왜 m의 눈금이 0에서 5까지 변하는지와 $V_{GS}/|V_P| = 0$일 때 왜 M의 눈금이 0에서 1까지 변하는지에 대한 것보다는 회로 구성에 대한 해를 얻기 위해서 이러한 눈금을 어떻게 사용하는지에 대해서 중점적으로 다룰 것이다. m과 M에 대한 식은 V_G가 식 (7.15)와 같이 정해졌을 때 다음과 같이 된다.

$$m = \frac{|V_P|}{I_{DSS} R_S} \tag{7.43}$$

$$M = m \times \frac{V_G}{|V_P|} \tag{7.44}$$

이때 V_G는
$$V_G = \frac{R_2 V_{DD}}{R_1 + R_2}$$

이러한 접근의 장점은 각각의 해석을 위한 전달 특성 곡선을 그릴 필요가 없다는 것이며, 따라서 바이어스 선을 그리는 것이 간편하고 계산을 훨씬 줄이는 방법이라는 사실을 기억하자. m과 M축을 사용하는 방법은 다음의 예제를 통해 알아보겠다. 이 방법을 명확하게 익혀둔다면 매우 빠르면서도 정확한 해석에 도움이 될 것이다.

예제 7.18 그림 7.60의 회로에 대해 동작점에서 I_D와 V_{GS}값을 구하라.

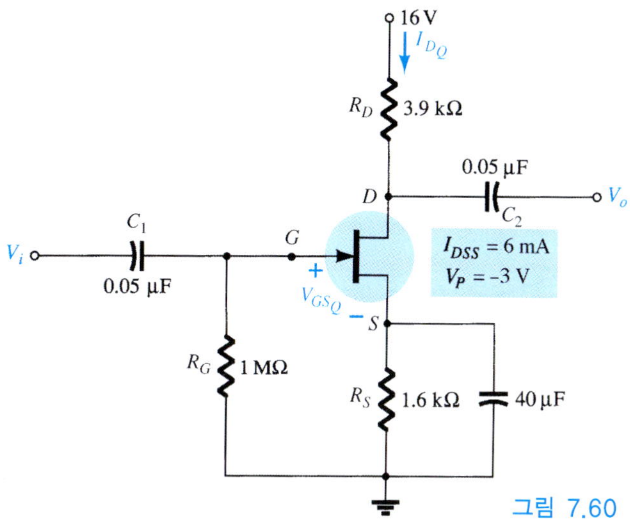

그림 7.60 예제 7.18

풀이 m값을 구하면 다음과 같다.

$$m = \frac{|V_P|}{I_{DSS}R_S} = \frac{|-3\text{ V}|}{(6\text{ mA})(1.6\text{ k}\Omega)} = 0.31$$

R_S로부터 구한 자기 바이어스 선은 그림 7.61에서와 같이 원점과 m=0.31로 정해지는 점을 지나는 직선이 된다.

Q점을 구하면

$$\frac{I_D}{I_{DSS}} = 0.18 \quad \text{그리고} \quad \frac{V_{GS}}{|V_P|} = -0.575$$

동작점에서 I_D와 V_{GS}값은 다음과 같다.

$$I_{D_Q} = 0.18 I_{DSS} = 0.18(6\text{ mA}) = \mathbf{1.08\text{ mA}}$$
$$V_{GS_Q} = -0.575|V_P| = -0.575(3\text{ V}) = \mathbf{-1.73\text{ V}}$$

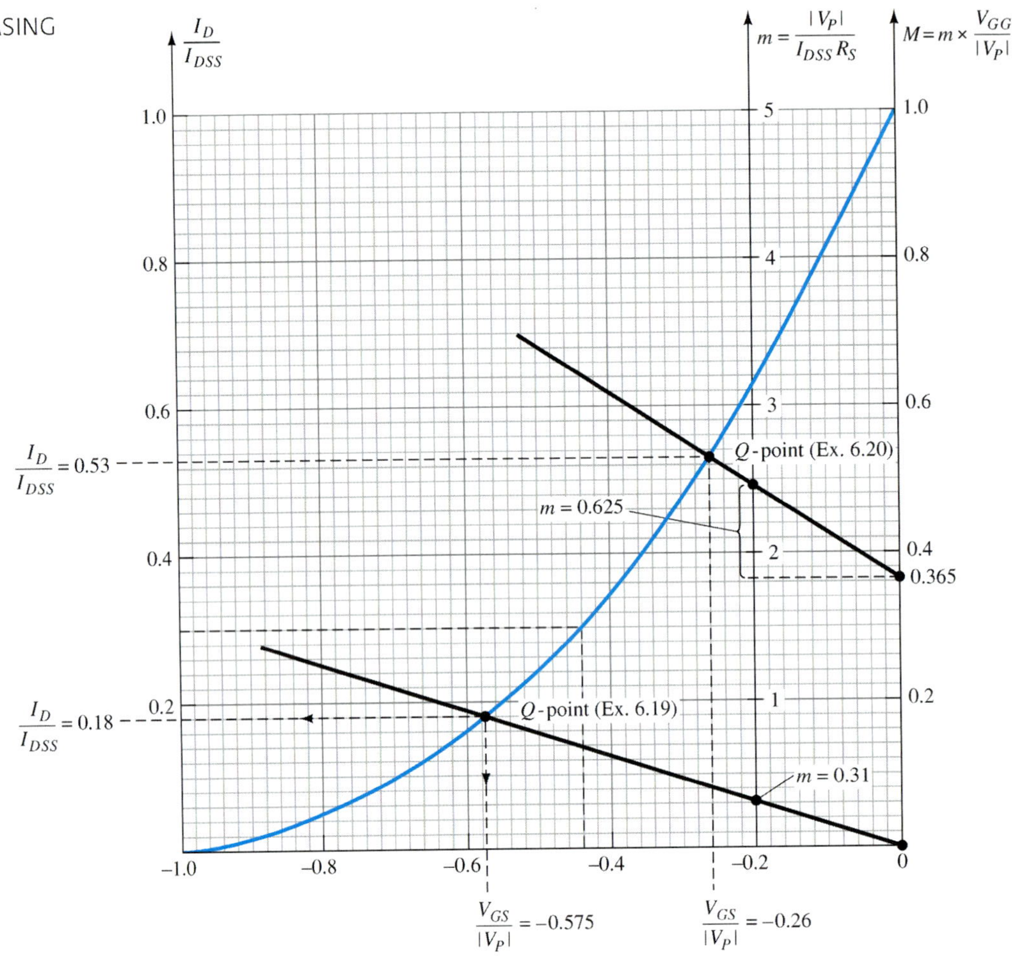

그림 7.61 예제 7.18과 7.19의 범용 곡선

예제 7.19 그림 7.62의 회로에 대해 동작점에서 I_D와 V_{GS}값을 구하라.

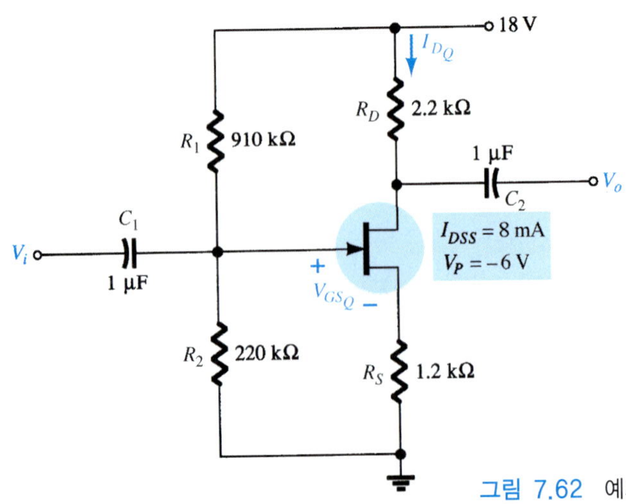

그림 7.62 예제 7.19

풀이 m값을 계산하면,

$$m = \frac{|V_P|}{I_{DSS}R_S} = \frac{|-6\text{ V}|}{(8\text{ mA})(1.2\text{ k}\Omega)} = 0.625$$

이고, V_G를 구하면,

$$V_G = \frac{R_2V_{DD}}{R_1 + R_2} = \frac{(220\text{ k}\Omega)(18\text{ V})}{910\text{ k}\Omega + 220\text{ k}\Omega} = 3.5\text{ V}$$

이며, 따라서 M값을 구하면 다음과 같다.

$$M = m \times \frac{V_G}{|V_P|} = 0.625\left(\frac{3.5\text{ V}}{6\text{ V}}\right) = 0.365$$

이제 m과 M을 구했으므로, 그림 7.61에 바이어스 선을 그릴 수 있다. 특히 두 회로에서 I_{DSS}와 V_P가 다른 값임에도 동일한 범용 곡선을 이용할 수 있다는 점에 주목하자. 먼저 그림 7.61와 같이 M축에 M값을 표시한다. 그 다음 수평선을 그어 m축과 만나면 그 교점에서 그림처럼 m값을 더한다. m축 상의 결과적인 점과 표시된 M값을 연결하여 직선을 그리고, 전달 특성 곡선과의 교점을 이용하여 Q점을 구한다. 즉,

$$\frac{I_D}{I_{DSS}} = 0.53 \quad \text{그리고} \quad \frac{V_{GS}}{|V_P|} = -0.26$$

그리고 $$I_{D_Q} = 0.53I_{DSS} = 0.53(8\text{ mA}) = \mathbf{4.24\text{ mA}}$$

이며 $$V_{GS_Q} = -0.26|V_P| = -0.26(6\text{ V}) = \mathbf{-1.56\text{ V}}$$

이 된다.

7.15 응용

여기서 다룰 응용은 다음의 여러 장점을 이용한 것이다. 하나는 전계 효과 트랜지스터의 높은 입력 임피던스이고, 다른 하나는 게이트와 드레인 사이의 분리이며, 마지막 하나는 소자를 드레인과 소스 단자 사이의 저항으로 근사할 수 있도록 하는 JFET 특성의 선형 영역이다.

전압 제어 저항(비반전 증폭기)

가장 흔한 JFET 응용 중 하나는 게이트 단자에 인가한 직류 전압에 의해 저항값이 바뀌는 가변 저항으로 JFET을 이용하는 것이다. 그림 7.63a에 JFET 트랜지스터의 선형 영역이 잘 나타나 있다. 이 영역에서 다양한 곡선 모두 원점에서 시작하고 드레인-소스 전압과 드레인 전류가 증가함에 따라 비교적 직선 경로를 따라서 움직인다는 것에 주의하자. 기본적인 직류 이론을 생각해 보자. 거기서 **고정 저항의 그래프는 두 축의 교점이 원점인 직선이었다.**

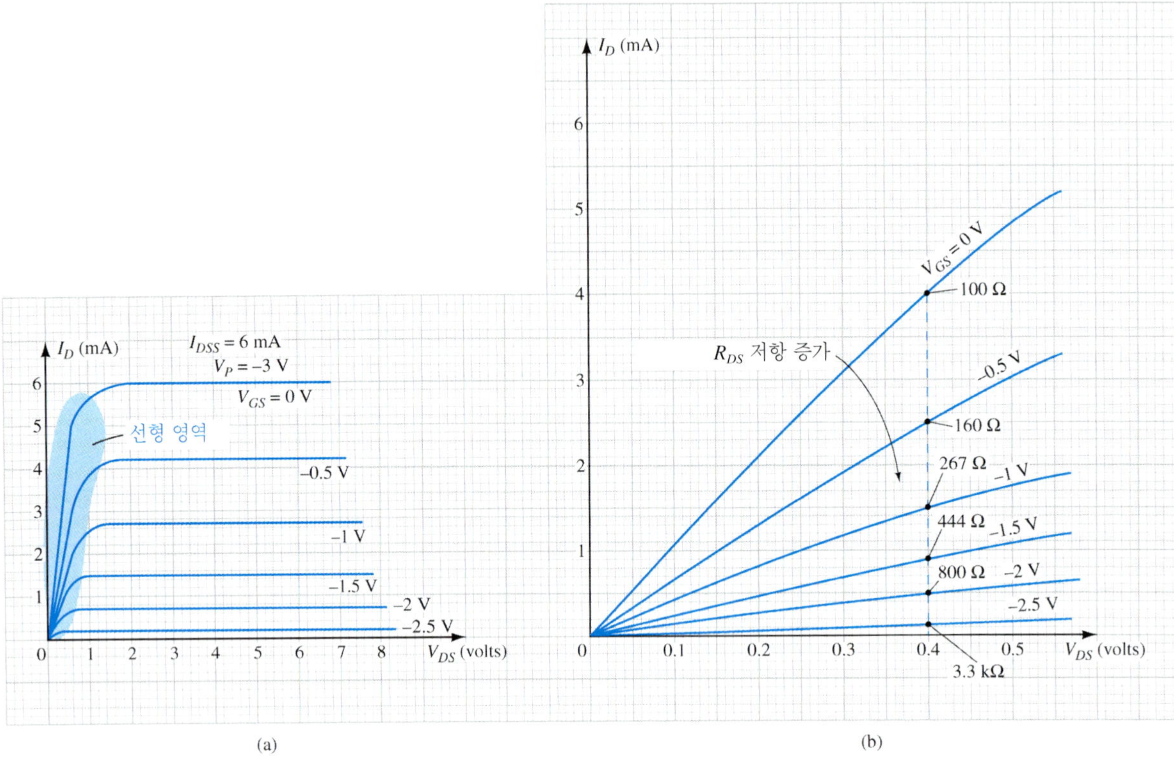

그림 7.63 JFET 특성 곡선: (a) 선형 영역 정의, (b) 선형 영역 확대

그림 7.63b에서 최대 드레인-소스 전압이 약 0.5 V인 곳까지 선형 영역을 확대하였다. 비록 특성 곡선이 다소 구부러져 있지만 비교적 곧은 직선으로 근사할 수 있다. 이 직선은 두 축의 교점을 원점으로 하고 그 기울기는 게이트- 소스 직류 전압에 의해 결정된다. 앞선 장에서 다룬 것을 상기하면 **세로축이 전류이고 가로축이 전압인 *I-V* 그래프에서 기울기가 가파를수록 저항이 작고, 평편할수록 저항이 크다는 것을 의미한다.** 수직선은 0 Ω 저항이고 수평선은 무한대 저항이다. V_{GS}=0 V에서 기울기는 가장 가파르며 저항은 가장 작다. 게이트-소스 전압이 음의 방향으로 증가함에 따라서 핀치오프 전압 근처에서 거의 수평선이 될 때까지 기울기는 감소한다.

선형 영역은 핀치오프 전압에 비해 비교적 작은 V_{DS}값에 의해 제한된다는 것을 명심해야 한다. 일반적으로 **JFET의 선형 영역은 $V_{DS} \ll V_{DS\,\max}$와 $|V_{GS}| \ll |V_P|$로 정의된다.**

드레인-소스 전압이 0.4 V인 지점에서의 전류와 옴의 법칙을 사용하면 그림 7.63b의 각 곡선으로부터 저항을 계산할 수 있다.

$$V_{GS} = 0\text{ V:} \qquad R_{DS} = \frac{V_{DS}}{I_{DS}} = \frac{0.4\text{ V}}{4\text{ mA}} = \mathbf{100\ \Omega}$$

$$V_{GS} = -0.5\text{ V:} \quad R_{DS} = \frac{V_{DS}}{I_{DS}} = \frac{0.4\text{ V}}{2.5\text{ mA}} = \mathbf{160\ \Omega}$$

$$V_{GS} = -1\text{ V:} \qquad R_{DS} = \frac{V_{DS}}{I_{DS}} = \frac{0.4\text{ V}}{1.5\text{ mA}} = \mathbf{267\ \Omega}$$

$$V_{GS} = -1.5\text{ V}: \quad R_{DS} = \frac{V_{DS}}{I_{DS}} = \frac{0.4\text{ V}}{0.9\text{ mA}} = \mathbf{444\ \Omega}$$

$$V_{GS} = -2\text{ V}: \quad R_{DS} = \frac{V_{DS}}{I_{DS}} = \frac{0.4\text{ V}}{0.5\text{ mA}} = \mathbf{800\ \Omega}$$

$$V_{GS} = -2.5\text{ V}: \quad R_{DS} = \frac{V_{DS}}{I_{DS}} = \frac{0.4\text{ V}}{0.12\text{ mA}} = \mathbf{3.3\ k\Omega}$$

게이트-소스 전압이 핀치오프 전압에 가까울수록 드레인-소스 저항이 어떻게 증가하는지 주의하자.

핀치오프 전압이 −3 V이고 V_{GS}=0 V에서 R_o=100 Ω이라고 하고 식 (6.1)을 사용하면 방금 얻은 값을 확인할 수 있다.

$$R_{DS} = \frac{R_o}{\left(1 - \dfrac{V_{GS}}{V_P}\right)^2} = \frac{100\ \Omega}{\left(1 - \dfrac{V_{GS}}{-3\text{ V}}\right)^2}$$

$$V_{GS} = -0.5\text{ V}: \quad R_{DS} = \frac{100\ \Omega}{\left(1 - \dfrac{-0.5\text{ V}}{-3\text{ V}}\right)^2} = \mathbf{144\ \Omega} \quad (\text{위는 } 160\ \Omega)$$

$$V_{GS} = -1\text{ V}: \quad R_{DS} = \frac{100\ \Omega}{\left(1 - \dfrac{-1\text{ V}}{-3\text{ V}}\right)^2} = \mathbf{225\ \Omega} \quad (\text{위는 } 267\ \Omega)$$

$$V_{GS} = -1.5\text{ V}: \quad R_{DS} = \frac{100\ \Omega}{\left(1 - \dfrac{-1.5\text{ V}}{-3\text{ V}}\right)^2} = \mathbf{400\ \Omega} \quad (\text{위는 } 444\ \Omega)$$

$$V_{GS} = -2\text{ V}: \quad R_{DS} = \frac{100\ \Omega}{\left(1 - \dfrac{-2\text{ V}}{-3\text{ V}}\right)^2} = \mathbf{900\ \Omega} \quad (\text{위는 } 800\ \Omega)$$

$$V_{GS} = -2.5\text{ V}: \quad R_{DS} = \frac{100\ \Omega}{\left(1 - \dfrac{-2.5\text{ V}}{-3\text{ V}}\right)^2} = \mathbf{3.6\ k\Omega} \quad (\text{위는 } 3.3\ k\Omega)$$

비록 결과가 정확히 일치하지는 않는다고 하더라도 대부분 응용에서 식 (6.1)을 사용하면 실제 R_{DS}값에 대한 훌륭한 근사값을 얻을 수 있다.

V_{GS}값은 0 V와 핀치오프 전압 사이의 모든 값을 가질 수 있으므로 저항은 100 Ω에서 3.3 kΩ 사이의 모든 값을 가질 수 있다는 것을 명심하자. 따라서 일반적으로 위의 내용을 그림 7.64a와 같이 정리할 수 있다. V_{GS}=0 V에서는 그림 7.64b와 같이, V_{GS}=−1.5 V에서는 그림 7.64c와 같이 등가적으로 표시할 수 있다.

이제 그림 7.65a의 비반전 증폭기에서의 전압 제어 드레인 저항의 응용에 대해서 살펴보도록 한다. 여기서 **비반전이라는 것은 입력과 출력 신호가 같은 위상을 가짐**을 의미한다. 10장에서 그림 7.65a의 op-amp를 자세하게 다루며, 10.4절에서는 이 증폭기의 이득식을 유도한다.

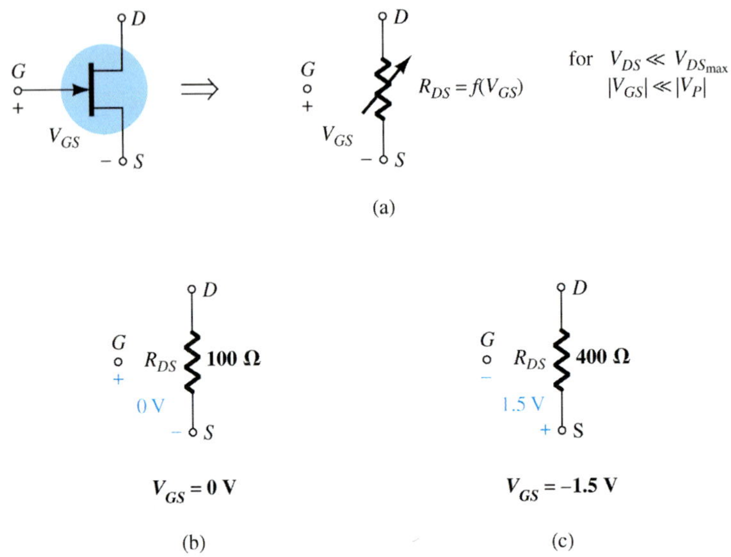

그림 7.64 JFET 전압 제어 드레인 저항: (a) 일반 등가회로, (b) V_{GS}=0 V, (c) V_{GS}=−1.5 V

$R_f = R_1$일 경우에 이득은 2이며 그림 7.65a의 동상 정현파에서 볼 수 있다. 그림 7.65b를 보면, 가변 저항을 n채널 JFET으로 대치하였다. 만약 R_f=3.3 kΩ이고 그림 7.63의 트랜지스터를 사용한 경우, V_{GS}가 −2.5 V에서 0 V로 변함에 따라 이득은 1+3.3 kΩ/3.3 kΩ= 2에서 1+3.3 kΩ/100 Ω=34까지 변한다. 결국 트랜지스터에 인가되는 직류 바이어스 전압을 조절하는 것만으로 증폭기의 이득을 2~34 사이의 값으로 설정할 수 있다. 수많은 응용에 이러한 종류의 제어 효과를 사용할 수 있다. 예를 들어 오랜 사용으로 라디오의 배터리 전압이 떨어지기 시작하면, 제어 JFET의 게이트 전압이 떨어지고 이어서 R_{DS}값도 감소한다. R_{DS}가 감소하면 동일한 R_f에 대해서 이득이 증가하여 라디오의 출력 음량을 유지할 수 있다. 많은 발진기(특정 주파수의 정현파 신호를 발생하기 위해 설계된 회로)의 발진주파수 계산식은 저항 성분을 포함하고 있다. 만약 발진주파수가 이동하기 시작하면, JFET 게이트의 직류 전압을 바꿔서 드레인 저항을 바꾸는 피드백 회로를 설계할 수 있다. 만약 이 드레인 저항이 발진주파수의 계산식에 포함된 저항 성분의 일부라면 발진주파수는 안정화되어 일정하게 유지될 수 있다.

시스템 안정도에 영향을 주는 가장 중요한 요소 중 하나는 온도 변화이다. 시스템의 온도가 증가할수록 이득이 증가하는 경향이 보인다. 이득이 증가하면 또 다시 온도를 더욱 상승하게 하여 결국에는 열폭주(thermal runaway) 조건이 될 수 있다. 올바른 설계에서는 전압 제어 가변 JFET 저항의 바이어스 전압을 조절하기 위해 서미스터(thermistor)를 사용할 수 있다. 온도가 증가하여 서미스터의 저항이 감소함에 따라 증폭기의 이득이 줄어드는 방향으로 드레인 저항이 변화하게 JFET의 바이어스 제어가 이루어져서 시스템을 안정화시킨다.

열 문제에 대한 논의를 마치기 전에 알아두어야 할 것이 있다. 온도 변화에 매우 민감한 시스템의 경우, 일정한 온도를 유지하기 위해서 밀폐된 방(chamber)이나 오븐(oven)에 넣을 것을 요구하는 설계 규격(주로 군용)도 있다. 예를 들면 발진기 회로를 사용하는 공간의

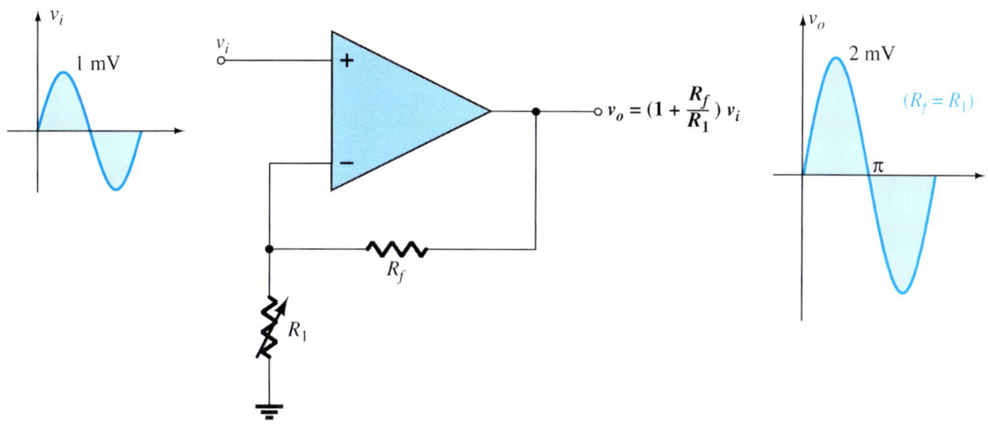

(a)

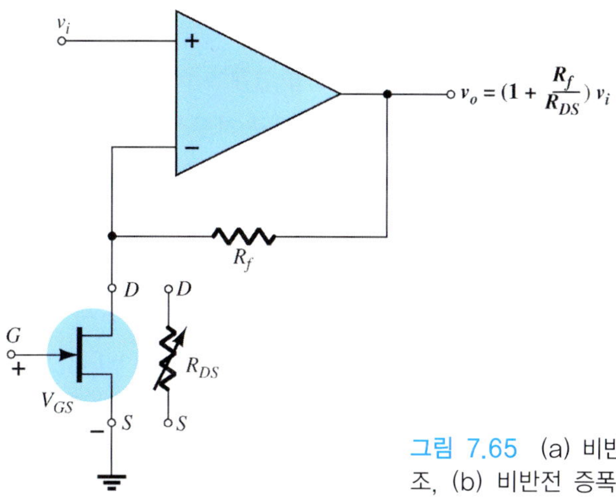

(b)

그림 7.65 (a) 비반전 op-amp 구조, (b) 비반전 증폭기에서 JFET 전압 제어 드레인-소스 저항 사용

주변 온도를 일정하게 유지하기 위해 밀폐된 공간에 1 W 저항을 놓기도 한다. 이러한 설계의 경우는 소자에 온도 변화를 무시할 수 있게 하고, 일정한 출력 주파수를 보장하기 위해 소자에서 정상적으로 발생하는 온도에 비해 꽤 높은 온도로 조정하기도 한다.

음량 제어, 음향 효과, 계량기, 감쇄기, 필터, 안정성 설계 등의 다른 응용 분야도 있다. 이런 형태의 제어 메커니즘이 안정성에 대한 중요한 원인을 제공한다기보다는 미세하게 조절(fine-tune)을 하는 것으로 이해될지 모르지만, 전반적인 설계에서 비싼 조정기(regulator, 15장)를 사용하지 않아도 된다는 장점이 있다.

비반전 증폭기의 경우, **제어에 JFET을 사용함으로써 얻을 수 있는 가장 중요한 장점 중 하나는 이것이 교류 제어보다는 직류 제어라는 것이다.** 대부분의 시스템에서 직류 제어를 할 경우, 시스템에 원치 않는 잡음이 들어올 수 있는 기회가 줄고, 원격 제어에 적합하다. 예를 들면, 그림 7.66a에서 원격 제어 패널은 가변 저항에 연결된 교류 선을 통해 스피커의 증폭기 이득을 제어한다. **증폭기로부터의 길이가 긴 선의 경우에는 형광등, 지역 라디오 방송국, 동작 중인 기기(심지어 컴퓨터), 모터, 발전기 등에 의해 발생되는 잡음의 영향을 쉽게 받을**

수 있다. 그 결과 2 mV의 신호에 1 mV의 잡음이 실릴 수도 있다—이는 증폭기의 이득에 의해 마이크로부터 들어오는 신호 품질을 심하게 악화시킬 수 있는 매우 나쁜 신호 대 잡음비이다. 그림 7.66b를 보면, 직류 선을 통해 JFET의 게이트 전압과 비반전 증폭기의 가변 저항을 제어한다. 직류선에 실린 전압이 −2 V라 하더라도 긴 선에 의해서 들어온 맥동(ripple)이 1 mV라면 이는 왜곡 과정에서 거의 무시할 수 있는 매우 큰 신호 대 잡음비이다. 다시 말하면 직류선에 실리는 잡음은 소자 특성 곡선상의 직류 동작점을 매우 조금 이동시키지만 드레인 저항에는 거의 영향을 주지 못한다—선에 실리는 잡음과 증폭기의 응답 사이의 격리가 거의 이상적으로 동작한다.

그림 7.66a와 7.66b에서는 비교적 긴 제어선을 사용하지만, 그림 7.66c의 제어 패널에서 제어선의 길이는 단지 6″이다. 그리고 증폭기의 모든 부품들은 동일한 상자에 들어 있다. 하지만 **1″ 길이만 되어도 RF 잡음은 유입**되기 때문에 대부분 시스템에서 직류 제어가 적합한 특성임에 주의하자. 게다가 그림 7.66a의 교류 제어 저항은 보통 수백 kΩ으로 큰 반면에 그림 7.66b의 직류 시스템의 직류 전압 제어 저항은 수 kΩ으로 비교적 작기 때문에 교류 시스템에서의 음량 조절저항은 직류 시스템 설계에 비해 상당히 많은 교류 잡음을 흡수한다. **이것은 공기 중의 RF 잡음은 매우 높은 내부 저항을 가지고 있고 따라서 픽업 저항이 클수록 보다 많은 RF 잡음이 수신기로 유입된다**는 사실 때문이다. 데브난 이론을 생각해 보면, 최대 전력 전달은 부하 저항과 전원의 내부 저항이 같을 경우 발생한다.

앞서 언급한 것처럼, **컴퓨터와 원격 제어 시스템**은 정해진 고정 직류 레벨을 떠나서 동작하기 때문에 **직류 제어가 적당하다.** 예를 들어 원격 제어를 위해 적외선 신호를 TV나 VCR의 수신기로 보내면, 신호는 디코더-카운터의 과정을 거쳐 JFET의 게이트로 인가될 수 있는 전압 계단에 해당하는 특정한 직류 전압을 만든다. 만약 음량 조절에 해당할 경우, 게이트 전압은 시스템의 음량을 조절하는 비반전 증폭기의 드레인 저항을 조절하게 된다.

타이머 회로

게이트와 드레인 단자 사이가 매우 잘 격리되어 있기 때문에 그림 7.67과 같은 상대적으로 간단한 타이머를 설계할 수 있다. 스위치는 일반적으로 열려 있으며(NO: normally open), 닫혔을 때에는 커패시터를 단락시키고 양단 전압을 빠르게 0 V로 떨어뜨린다. 이 스위칭 회로는 동작 전압이 상대적으로 낮고, 방전 시간이 매우 짧기 때문에 커패시터 양단 전압의 빠른 방전을 감당할 수 있다. 일부에서는 좋지 않은 설계라고 비판하겠지만, 실제 현실에서는 엄청나게 잘못된 것으로 간주되지 않으며, 자주 사용되고 있다.

전원이 처음 가해지면, **커패시터 양단의 전압은 순간적으로 변화할 수 없기** 때문에 커패시터는 등가적인 단락 회로로 반응할 것이다. 그 결과 JFET의 게이트-소스 전압이 즉각적으로 0 V가 되고, 드레인 전류 I_D는 I_{DSS}와 같아지며, 전구가 켜질 것이다. 그러나 스위치가 항상 열린(NO) 위치에 있다면 커패시터는 −9 V로 충전되기 시작한다. **하지만 병렬인 JFET의 입력 임피던스가 매우 높기 때문에, JFET은 커패시터의 충전 시정수에는 큰 영향을 주지 않는다.** 결국 커패시터의 충전 전압이 핀치오프 수준에 다다르면, JFET과 전구는 꺼질 것이다. 따라서 이 회로가 처음 켜졌을 때에 전구는 매우 짧은 시간 동안만 켜졌다가 곧 꺼질 것이다. 이후에야 타이밍 기능을 수행할 수 있다.

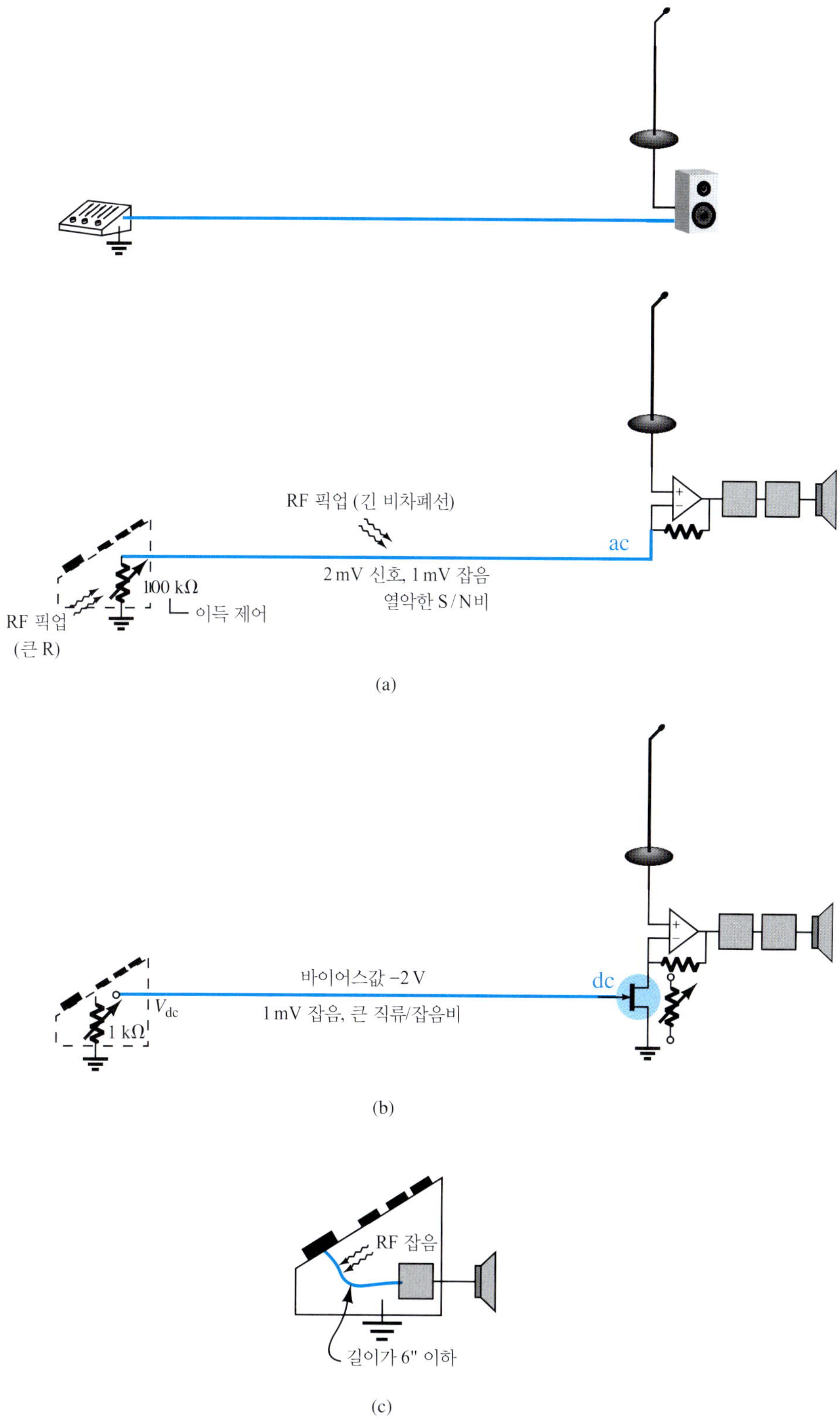

그림 7.66 직류 제어의 장점 예시: (a) 교류 제어, (b) 직류 제어, (c) RF 잡음 픽업

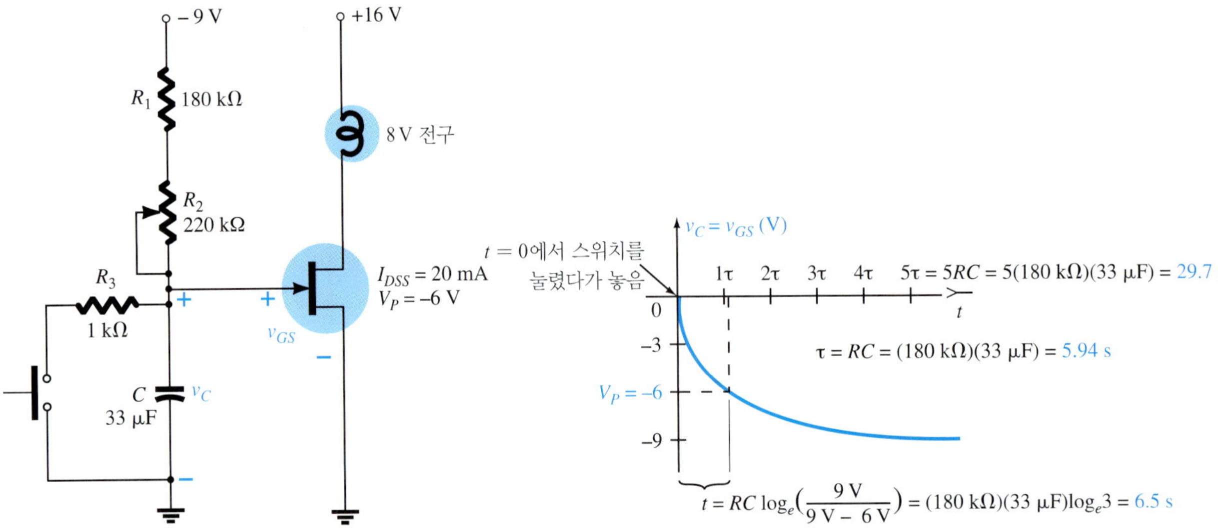

그림 7.67 JFET 타이머 회로

스위치를 닫으면, 커패시터가 단락되어($R_3 \ll R_1$, R_2), 게이트 전압은 0 V가 될 것이다. 그 결과 드레인 전류는 I_{DSS}가 되고, 전구는 밝게 켜질 것이다. 스위치를 놓으면, 커패시터가 −9 V를 향하여 충전되고, **결국 핀치오프 수준에 다다르게 되면 JFET와 전구는 꺼질 것이다.** 전구가 켜져 있는 기간은 충전 네트워크의 시정수[$\tau = (R_1+R_2)C$]와 핀치오프 전압에 의해 결정된다. 핀치오프 전압이 보다 더 음의 값을 가지면, 전구는 좀 더 오래 켜질 것이다. 전원을 켰을 때 충전 회로에 저항이 확실히 포함되게 하기 위하여 저항 R_1이 있다. 그렇지 않다면 매우 큰 전류가 흐르게 되어 회로에 손상을 입힐 수 있다. 저항 R_2는 가변저항이기 때문에, 전구가 켜지는 시간을 조절할 수 있다. 저항 R_3는 스위치를 닫을 경우, 방전 전류를 제한하기 위하여 추가되었다. 커패시터 양단의 스위치가 닫히면, 커패시터의 방전 시간은 겨우 $5\tau = 5RC = 5(1\text{ k}\Omega)(33\ \mu\text{F}) = 165\ \mu s = 0.165\text{ ms} = 0.000165\text{ s}$가 될 것이다. 정리하면, 스위치를 닫았다가 열면, 전구가 밝게 켜졌다가 시간이 지나면 어두워져서 회로의 시정수에 따른 시간이 경과한 후 꺼진다.

이런 타이밍 시스템을 명백하게 응용한 사례 중 하나는 잠깐 동안 불이 켜졌다가 사람이 지나간 다음에 자동으로 꺼져야 하는 복도나 현관의 조명이다. 또한 차에 타거나 내릴 때 잠깐 불이 켜지고, 일정 시간이 지난 후에는 자동으로 꺼지는 것이 필요한 경우가 있다. 위에서 설명한 타이밍 회로의 응용 가능성은 무궁무진하다. 일정시간 동안만 켜지길 바라는 다른 전기전자 제품의 다양성을 생각한다면, 사용 예는 지수 함수적으로 많아질 것이다.

혹자는 같은 용도로 JFET 대신 BJT가 왜 더 잘 사용되지 않는가를 물어볼지도 모른다. 우선, BJT의 입력 저항은 수 kΩ 밖에 되질 않는다. 이것은 충전회로의 시정수뿐만 아니라, 커패시터가 충전할 수 있는 최대 전압에도 영향을 주게 된다. 트랜지스터를 1 kΩ의 저항으로 바꿔 놓고 등가회로를 그려본다면, 위에 이야기한 사항은 명백해질 것이다. 더욱이, BJT의 동작 전압이 대략 0.7 V가 되기 때문에 조절 전압을 더 신중히 결정하여야 할 것이다. 꺼짐에서 켜짐까지의 전압 변동 폭이 JFET의 경우 4 V인 것에 비해 BJT는 단지 0.7 V뿐이다. 마지막으로 전구가 처음에 켜져 있고, 전구의 저항이 매우 낮을 경우를 대비한 직렬 저항이 드레인 회로에 없는 것을 눈치챘을 것이다. 그 결과, 전구가 규정된 밝기에 도달하기까지 전류가 꽤 높을 수 있다. 그러나 커패시터 양단의 스위치에 대해 위에서 설명한 대로 에너지 수준이 낮고 누르는 간격이 최소화된다면, 그런 설계는 자주 받아들여질 것이다. 그래도 걱정된다면, 전구에 0.1에서 1 Ω 사이의 저항을 직렬로 추가하여 약간의 안전성을 확보할 수 있다.

광섬유 시스템

광섬유 기술이 소개되어 통신 산업에 극적인 영향을 가져왔다. 한 쌍의 전선을 이용한 재래적인 방법에 비하여 **광섬유 케이블의 정보 전달 용량은 매우 크다.** 게다가 **케이블 크기가 작고, 케이블 가격이 싸며, 전류가 흐르는 도체 사이의 전자기장 효과에 의한 누화가 제거되었으며, 그리고 번개같은 외란에 기인하는 잡음의 유입도 제거되었다.**

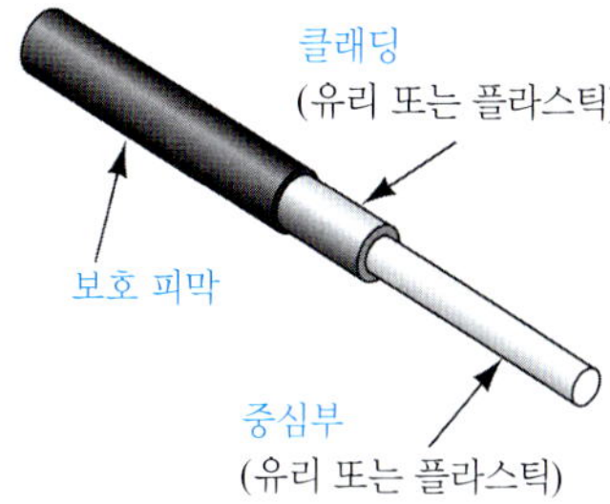

그림 7.68 광섬유 케이블의 기본 요소

광섬유 산업은 정보가 빛의 빔(beam)을 통해 전달될 수 있다는 사실에 기초를 두고 있다. 진공 중에서의 빛의 속도가 3×10^8 미터/초 혹은 186,000마일/초이지만, 실제 속도는 다른 매체와 충돌에 의해 반사와 굴절이 일어나게 되어 감소된다. 빛 정보가 광섬유 케이블을 지나갈 때, 케이블의 외벽에서 반사될 것이 기대된다. 그러나 케이블의 실제 설계뿐 아니라 케이블에 빛이 입사된 각이 매우 중요하다. 그림 7.68에 광섬유 케이블의 기본 구성 요소가 제시되어 있다. 유리나 플라스틱으로 구성된 케이블의 중심부는 사람의 머리카락 직경의 0.1배에 가까운 8 μm 정도로 작아질 수 있다. 중심부는 유리나 플라스틱 재질의 클래딩(cladding)이라 불리는 외층으로 둘러싸여 있는데, 중심부의 빛이 외벽에 부딪혔을 때 다시 중심부 쪽으로 반사되도록 굴절률이 다른 물질로 되어 있다. 그 다음 중심부와 클래딩의 2개 층을 외부 환경으로부터 보호하기 위하여 보호 피막이 추가된다.

대부분의 광통신 시스템은 3×10^{11} Hz에서 5×10^{14} Hz 사이의 적외선 주파수 영역에서 동작한다. 이 스펙트럼 영역은 5×10^{14} Hz에서 7.7×10^{14} Hz 사이에 걸쳐있는 가시광선 영역의 바로 아래이다. 대부분 광 시스템의 주파수 범위는 1.87×10^{14} Hz에서 3.75×10^{14} Hz 영역이 사용된다. 매우 높은 주파수 때문에 각 캐리어가 수백이나 수천 개의 음성 채널을 전송할 수 있다. 더욱이 **변조기의 전자 부품이 같은 주파수 대역에서 성공적으로 동작할 수 있다는 것이 보장되어야 하지만, 초고속 컴퓨터 전송은 매우 가능성이 있다.** 30해상 마일마다 리피터(수신기, 증폭기, 송신기의 조합)가 사용되어야 하며, 리피터들은 약 2500 V에서 1.5 A 정도의 전류를 흘릴 수 있는 추가적인 전도체를 포함해야 한다.

광통신 시스템의 기본 부품이 그림 7.69에 나타나 있다. 입력신호는 광 변조기에 입력되고, 광 변조기는 입력신호를 광섬유 케이블을 통해 전달될 수 있는 정도의 강도로 변환해준다. 그 다음 정보는 케이블을 통하여 수신기로 전송되고, 수신기에서 광 복조기가 변하는 빛의 세기를 원래 신호에 대응하는 전압 크기로 변환한다.

컴퓨터 TTL(transistor-transistor-logic) 정보의 전송에 대한 전자적 등가회로가 그림 7.70a에 소개되어 있다. Enable 단자가 on이나 1상태에 있다면, AND 게이트의 입력단의 TTL 정보가 JFET 회로의 게이트로 전송될 수 있다. TTL 논리와 연계된 이산적인 전압 크기에 따라 JFET이 켜지거나 꺼지도록($V_P = -4$ V인 JFET에서 아마도 각각 0 V나 -5 V

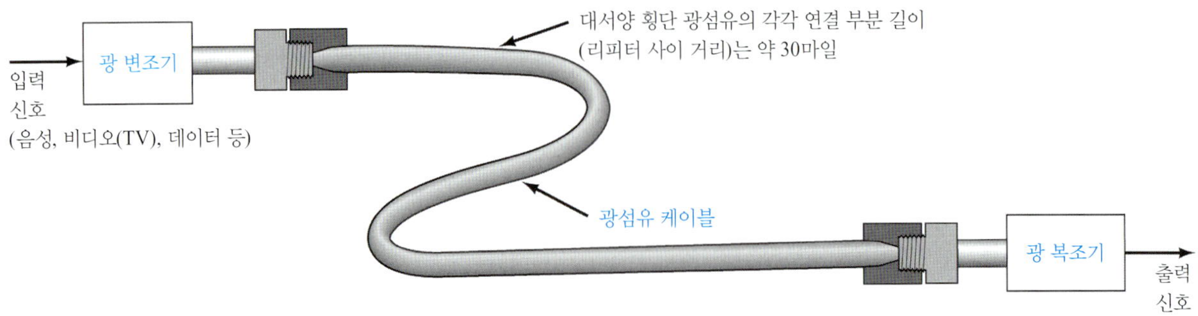

그림 7.69 광통신 시스템의 기본 부품

에서) 설계되어 있다. 결과적으로 전류 크기가 변하게 되고 이것이 드레인 회로에 있는 LED(1.16절 참고)의 빛의 세기를 두 가지 뚜렷한 크기로 변하게 만든다. 발광된 빛이 케이블을 타고 직접 수신기로 전달되며, 수신기에서 광다이오드(16.6절 참조)가 입사된 빛에 반응하여 V와 R에 의해 다른 크기의 전류를 출력할 것이다. 광다이오드의 전류는 그림 7.70a에 그려진 방향대로 역방향 전류이다. 그러나 그림 7.70b의 교류 등가회로에서 보다시피 광다이오드와 저항 R은 병렬로 구성되어 있고, JFET의 게이트에서 보여주듯이 원하는 신호의 극성을 출력한다. 커패시터 C는 직류에 대하여는 개방회로이기 때문에 광다이오드의

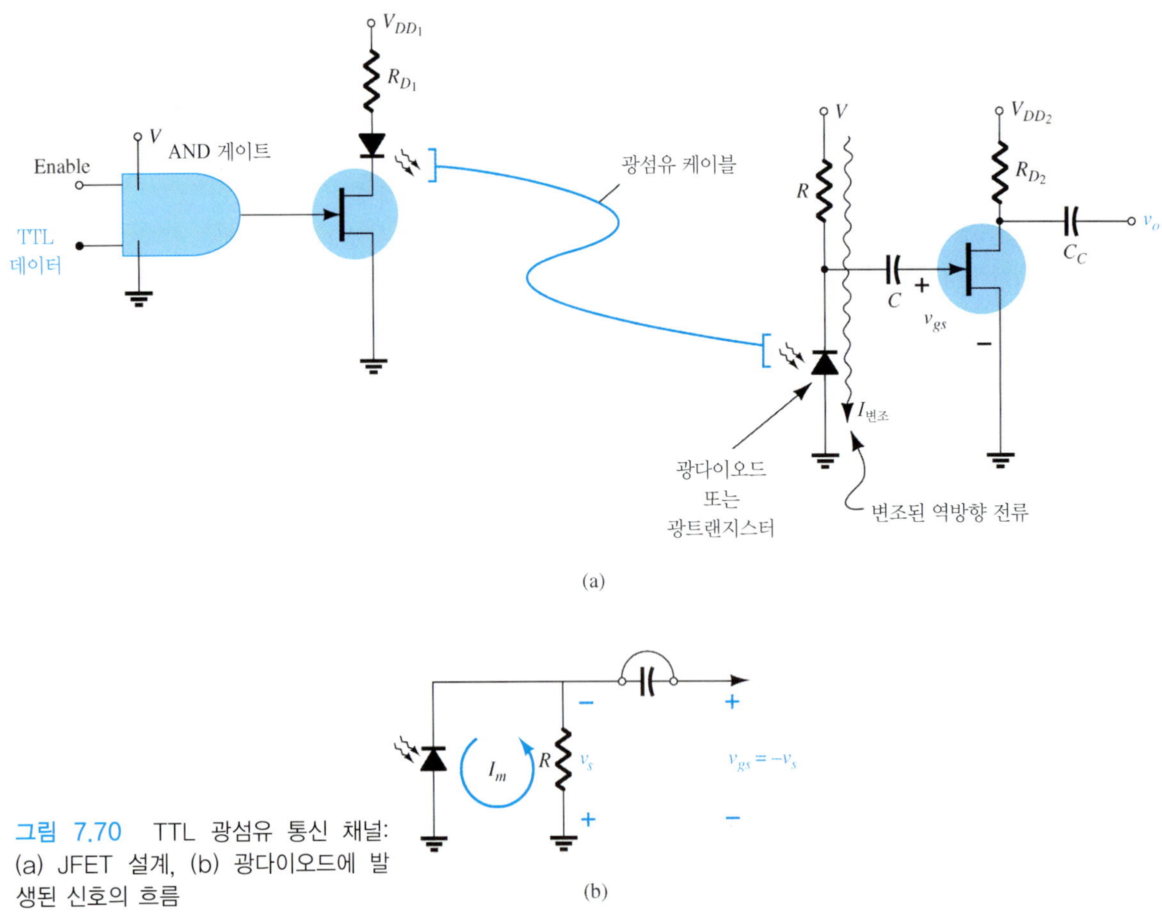

그림 7.70 TTL 광섬유 통신 채널: (a) JFET 설계, (b) 광다이오드에 발생된 신호의 흐름

바이어스와 JFET를 분리시켜 주고, 신호 v_s에 대하여는 단락회로로 연결되어 있다. 그래서 입력신호는 증폭되어 JFET의 출력 단자인 드레인에 나타날 것이다.

위에 언급한대로, 설계시 JFET, LED, 광다이오드, 커패시터 등의 모든 소자를 고주파 전송시에 적절히 동작할 수 있는지 확인하고 신중하게 선택해야 한다. 사실 변조기에는 더 빠른 정보 전송률에서 동작할 수 있고, 더 높은 전력과 낮은 결합손실과 전송손실 특성 때문에 LED 대신에 레이저 다이오드를 더 자주 사용한다. 그러나 레이저 다이오드는 훨씬 비싸고 온도에 더 민감하다. 그리고 특히 LED보다 수명이 짧다. 복조기의 경우에 광다이오드로 *pin* 광다이오드 또는 사태 광다이오드를 사용된다. *pin*이란 약어는 *p*-intrinsic-*n*의 제조과정에서 나온 말이고, 사태(avalanche)란 말은 동작 도중에 이온화 과정이 급속하게 증가한다는 의미에서 나왔다.

일반적으로 입력에 대한 격리효과가 크고, TTL 입력에 대해 한 상태에서 다른 상태로 옮겨가는 속도가 빠르기 때문에 JFET이 이러한 응용분야에는 매우 훌륭한 선택이다. 격리는 출력 쪽에서 복조 회로가 교류 응답에 의해 영향을 받는 것을 막아 주고, 다음 단으로 신호가 출력되기 전에 약간의 이득을 더해준다.

MOSFET 릴레이 구동기

이 절에서 설명될 MOSFET 릴레이 구동기는 구동회로로부터 전류나 전력을 끌어오지 않고 FET를 사용하여 **고전류/고전압 회로를 구동하는 방법을 보여주는 좋은 예이다. FET의 높은 입력 임피던스 덕분에 광학이나 전자기적 연결의 필요성 없이 회로의 두 부분을 격리시키는 것이 가능하다.** 설명될 회로는 다양한 응용분야에 적용될 수 있지만, 빛이 비춰지는 면을 사람이나 물건이 통과할 때 경보 시스템이 동작하는 것에만 우리의 관심 분야를 맞출 것이다.

그림 7.71에 나와 있는 IR(적외선—가시광선이 아님) LED는 제어회로의 광전도 소자(16.7절)의 표면을 겨냥하며 지향성 깔때기를 통하여 빛을 방출한다. 광전도 소자의 저항값은 어두울 때 약 200 kΩ에서 빛이 밝게 비출 때 1 kΩ 이하까지 변화된다. 저항 R_2은 공핍형 MOSFET의 문턱전압을 조절하는데 사용되는 가변저항이다. 자계 코일에 매우 큰 드레

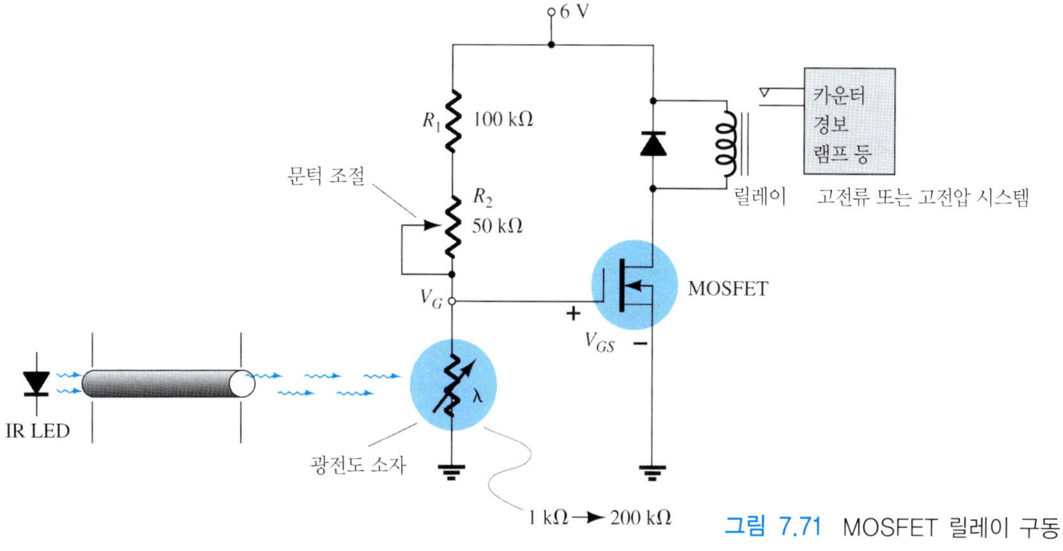

그림 7.71 MOSFET 릴레이 구동기

인 전류가 흘러야 하기 때문에 중간 용량의 전력 MOSFET이 사용되었다. 다이오드는 보호를 목적으로 추가되었는데, 이에 대한 자세한 내용은 2.11절에 논의되어 있다.

시스템이 켜지고 빛이 광전도 소자에 계속 비추고 있을 경우, 그 소자의 저항은 10 kΩ으로 떨어질 것이다. 이 값으로 전압 분배 법칙을 적용하면 게이트 단자의 전압이 약 0.54 V가 된다(50 kΩ 가변저항기를 0 kΩ으로 설정). MOSFET은 켜지지만 릴레이가 상태를 바꿀 정도로 드레인 전류가 커지지는 않는다. 누군가 지나가면, 빛이 차단되고, 광전도 소자의 저항이 빠르게(수 μs 내에) 100 kΩ까지 증가한다. 그때 게이트의 전압은 3 V로 증가하고, MOSFET을 완전히 켜게 되어 릴레이를 활성화시켜, 제어 시스템을 동작시킬 것이다. 경보 회로는 광전도 소자에 빛이 다시 비춰져도 꺼지지 않도록 설계될 수 있다.

결국 상대적으로 적은 직류 전압과 비교적 저렴한 설계를 통해서 고전류 회로를 제어하였다. 이러한 설계에서 유일하고 명백한 단점은 침입이 없을지라도 MOSFET이 켜질 수 있다는 것이다. 이것은 더 정교한 설계를 통해서 해결될 수 있지만, **MOSFET은 기본적으로 저전력을 소모하는 소자**이고, 장시간에 전력 손실도 크지 않다는 것을 염두에 두어야 한다.

7.16 요약

중요 결론 및 개념

1. 이름에서 암시하듯이 고정 바이어스 회로는 동작점을 설정하기 위해서 게이트와 소스 사이에 **고정된** 직류 전압을 사용한다.

2. JFET의 경우, 게이트-소스 전압과 드레인 전류 사이의 **비선형** 관계는 동작점을 결정하기 위해서 그래프를 그려서 푸는 방법 또는 수식적으로 계산하는 방법(2개의 연립 방정식의 해를 포함)을 사용한다.

3. 아래 첨자가 하나로 표시된 모든 전압은 **접지**를 기준으로 특정 지점의 전압을 나타낸다.

4. 자기 바이어스 회로는 항상 원점을 지나는 V_{GS}의 방정식에 의해 결정된다. 바이어스 식에 의해 결정되는 두 번째 점은 **직선**을 형성하여 바이어스 회로망을 대표한다.

5. 전압 분배기 바이어스 회로에서 출력단으로부터 전압 분배 회로를 분리시키기 위해 게이트 전류가 0 A라고 가정할 수 있다. 그 결과 게이트와 접지 사이의 전압은 ***n*채널 JFET의 경우 양의 값을, *p*채널 JFET의 경우 음의 값**을 가진다. **R_S값을 증가시킬수록 동작점의 I_D가 작아지고 *n*채널 JFET에서 V_{GS}값은 더욱 음의 값으로 작아진다.**

6. 공핍형 MOSFET에 적용되는 해석 방법은 JFET에 적용된 것과 동일하다. 단지 다른 점은 동작점의 I_D가 I_{DSS}값 **이상**도 가능하다는 것이다.

7. 증가형 MOSFET의 특성 곡선과 해석 방법은 JFET과 공핍형 MOSFET의 것과 **완전히 다르다.** V_{GS}가 문턱값보다 작은 경우 드레인에 흐르는 전류는 0 A이다.

8. 다양한 소자로 구성된 회로를 해석할 때, 첫 번째 일은 이들 소자와 연관된 기본적인 관계를 이용해서 **전압과 전류값**을 분석하는 것이다. 그 후에 이 값과 적절한 방정식을 사용해 시스템을 둘러싼 다른 영역에서 회로망의 전압과 전류값을 알아내는 것이다.

9. 회로 설계 과정에서 원하는 전압과 전류값를 설정하기 위해서 저항값을 찾아야 한다. 이

것을 염두에 두고 저항값은 저항에 걸리는 **전압을 저항을 통과하는 전류로 나눈 값으로 정의된다는 것을 기억해야 한다.** 설계 과정에서 특정한 저항값을 계산하기 위해서 이러한 두 값은 보통 이용 가능하다.

10. 회로망의 고장을 해결하는 능력은 회로망을 구성하는 각 소자의 동작에 대해서 **명확하고 확고한 이해**를 필요로 한다. 이러한 지식을 통해 회로망에서 특정지점의 동작 전압 크기를 **예측**할 수 있게 하며, 전압계를 통해 점검할 수도 있다. 멀티미터의 저항 측정 기능은 회로 소자 사이에 확실한 연결을 확인하는데 매우 도움이 된다.

11. p채널 FET의 해석 방법은 n채널 FET와 같지만, 모든 전압의 **극성이 반대**이고 전류도 **반대 방향**으로 흐른다는 사실만 다르다.

주요 공식

JFET/공핍형 MOSFET:

고정 바이어스 회로: $V_{GS} = -V_{GG} = V_G$

자기 바이어스 회로: $V_{GS} = -I_D R_S$

전압 분배기 바이어스 회로: $V_G = \dfrac{R_2 V_{DD}}{R_1 + R_2}$

$$V_{GS} = V_G - I_D R_S$$

증가형 MOSFET:

피드백 바이어스: $V_{DS} = V_{GS}$

$$V_{GS} = V_{DD} - I_D R_D$$

전압 분배기 바이어스: $V_G = \dfrac{R_2 V_{DD}}{R_1 + R_2}$

$$V_{GS} = V_G - I_D R_S$$

7.17 컴퓨터 분석

PSpice 윈도우

JFET 전압 분배기 회로 PSpice 윈도우를 이용하여 예제 7.19의 결과를 증명해 보일 것이다. 그림 7.72의 회로는 앞 장에서 다룬 컴퓨터 방법을 이용하여 구성한 것이다. J2N3819 JFET은 EVAL 라이브러리에서 찾을 수 있고, **Edit-PSpice model**을 선택하여 **Beta**를 0.222 mA/V^{2}로, **Vto**를 -6 V로 설정하였다. **Beta**값은 제공된 I_{DSS}과 V_P 그리고 식 (6.17)을 사용하여 결정하였다. **Simulation** 결과가 직류 바이어스 전압과 전류와 더불어 그림 7.72에 보여준다. 결과적인 드레인 전류는 4.225 mA이며, 계산을 통해 구한 4.24 mA와 비교하면 아주 비슷하다. V_{GS}는 3.504 V$-$5.070 V$=-$1.57 V로 예제 7.19에서 계산을 통한 $-$1.56 V와 비교하면 역시 비슷한 결과를 얻는다.

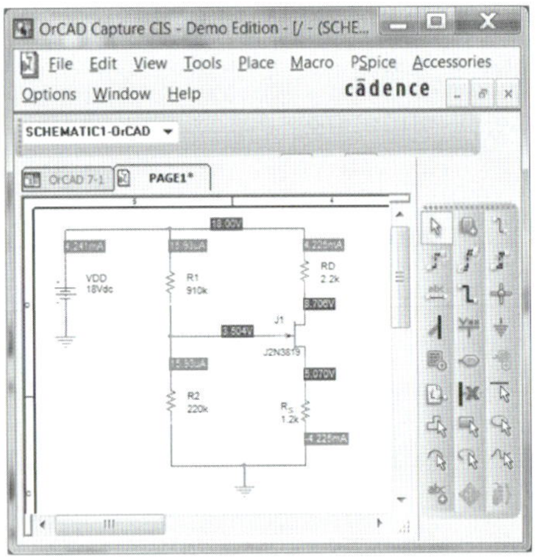

그림 7.72 PSpice 윈도우를 이용한 JFET 전압 분배기 회로의 전류와 전압 결과

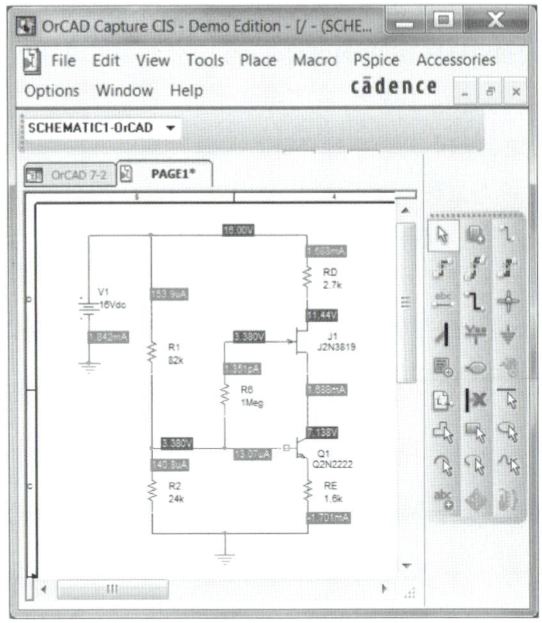

그림 7.73 PSpice 윈도우를 이용한 예제 7.12의 결과 증명

복합회로 다음으로, BJT와 JFET을 모두 사용한 예제 7.12의 결과에 대해 확인해 보자. 예제에 알맞게 BJT의 **Bf**를 180으로, JFET의 **Beta**를 0.333 mA/V^2 그리고 **Vto**를 -6 V으로 설정한다. 모든 직류 결과는 그림 7.73과 같이 나타나며 계산을 통해 구한 값과 매우 유사하다. V_D는 계산의 11.07 V에 대해 11.44 V이며, $V_S = V_C$는 7.32 V에 대해 7.138 V이고, V_{GS}는 -3.7 V에 대해 3.380 V$-$7.138 V$=-3.76$ V이다.

Multisim

이제 예제 7.2의 결과를 Multisim을 이용하여 검증한다. 그림 7.74의 회로 구성은 앞 장의 BJT 회로에 적용된 방법과 동일하다. JFET은 첫 번째 세로 툴바의 네 번째에 있는 **Transistor**를 선택하여 얻을 수 있다. **Select a Component** 대화창이 나타나면 Family 목록에서 **JFET_N**을 선택할 수 있다. 긴 **Component** 목록이 나타나면 거기서 이번 응용을 위하여 **2N3821**을 선택하고, **OK**를 누르면 화면에 표시된다. 화면의 나타난 기호를 더블 클릭하면 **JFET_N** 대화창이 뜨며 **Edit Model**을 눌러 **Value**를 선택할 수 있다. **Edit Model** 대화창이 나타나면 **Beta**와 **Vto**를 각각 **0.222 mA/V^2**와 **-6 V**로 설정한다. **Beta**값은 식 (6.17)과 소자의 변수들을 이용하여 구할 수 있다.

$$\text{Beta} = \frac{I_{DSS}}{|V_P|^2} = \frac{8\ \text{mA}}{|-6\ \text{V}|^2} = \frac{8\ \text{mA}}{36\ \text{V}^2} = 0.222\ \text{mA/V}^2$$

값을 변경한 후, 대화창을 닫기 전에 **Change Part Model**을 누르는 것을 잊지 말자. **JFET_N** 대화창이 다시 나타나고 **OK**를 누르면 변경사항이 적용된다. **Place-Text**를 선택

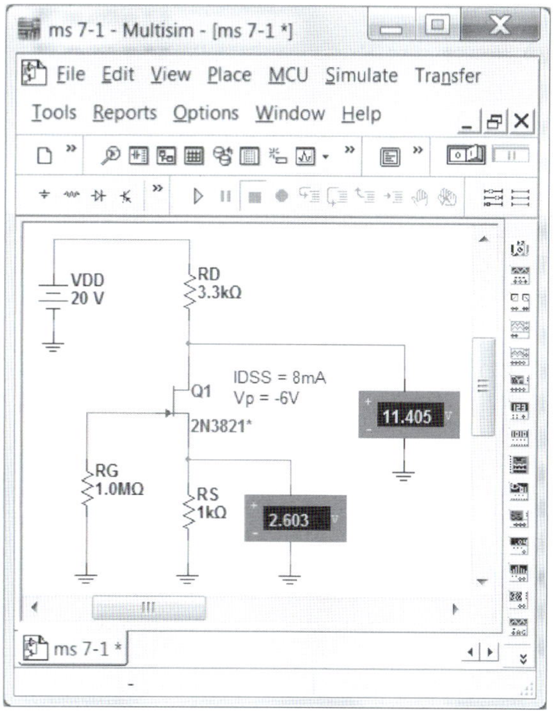

그림 7.74 Multisim을 이용한 예제 7.2의 결과 증명

하여 **IDSS=8 mA**와 **Vp=−6 V**를 추가한다. 깜박이는 수직 바 표시가 라벨을 넣을 위치를 나타낸다. 입력한 후에 라벨 영역을 클릭하여 마우스를 누른 상태에서 원하는 위치로 드래그하면 쉽게 라벨 영역을 이동할 수 있다.

첫 번째 세로 툴바의 **Indicator** 옵션을 이용하여 그림 7.74처럼 드레인 전압과 소스 전압을 표시한다. 두 경우 모두 **Select a Component** 대화창에서 **VOLTMETER_V** 옵션을 선택하였다.

Simulate-Run을 선택하거나 스위치를 1 위치로 이동하면 그림 7.74와 같은 결과를 얻는다. V_{GS}는 −2.603 V로 손으로 계산한 결과인 −2.6 V와 정확히 일치한다. Indicator가 소스에서 그라운드로 연결되어 있지만 1 MΩ 저항의 전압강하를 0 V로 가정하므로 이 결과는 게이트-소스 전압이기도 하다. 드레인 전압 11.405 V는 손으로 계산한 값인 11.42 V와 거의 비슷하다. 모두 다 예제 7.2 결과의 완전한 증명이 된다.

연 | 습 | 문 | 제

7.2 고정 바이어스 회로

1. 그림 7.75의 고정 바이어스 회로에서

a. 소자의 전달 특성 곡선을 그려라.

b. 동일 그래프에 회로식을 추가로 그려라.

*는 다른 문제보다 다소 어려운 문제를 나타낸다.

c. I_{D_Q}와 V_{DS_Q}를 구하라.

d. Shockley 방정식을 이용하여 I_{D_Q}를 풀고 V_{DS_Q}를 구하라. 이를 (c)에서 구한 결과와 비교하라.

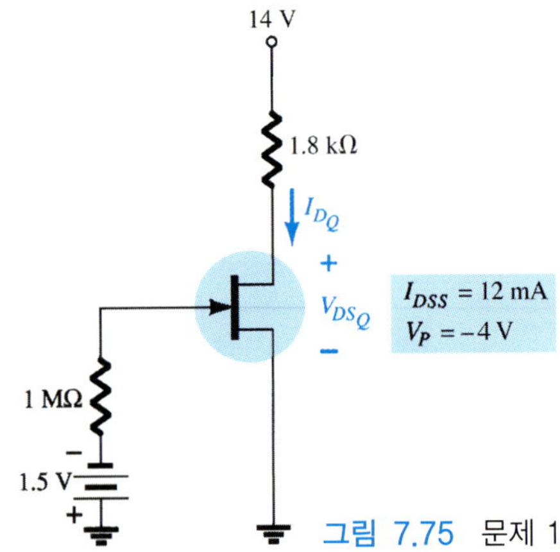

그림 7.75 문제 1, 38

2. 그림 7.76의 고정 바이어스 회로에서

a. 순전히 수식적으로 계산하여 I_{D_Q}와 V_{GS_Q}를 구하라.

b. 도식적으로 그래프를 이용하여 I_{D_Q}와 V_{GS_Q}를 구하고, 결과를 (a)와 비교하라.

c. (a)의 결과를 이용하여 V_{DS}, V_D, V_G, V_S를 구하라.

3. 그림 7.77에서 V_D의 측정값이 주어졌을 때 다음을 구하라.

a. I_D

b. V_{DS}

c. V_{GG}

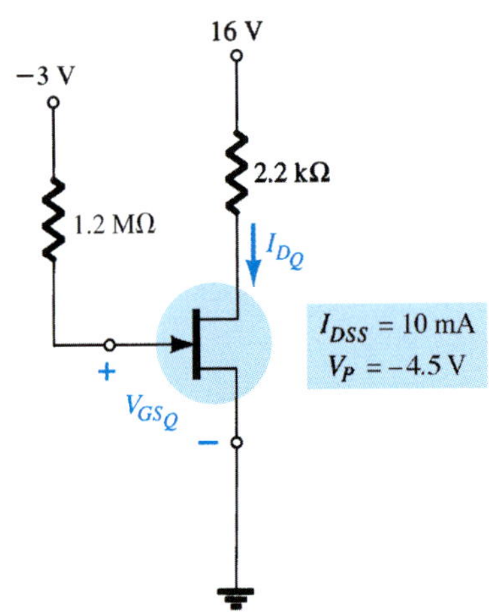

그림 7.76 문제 2

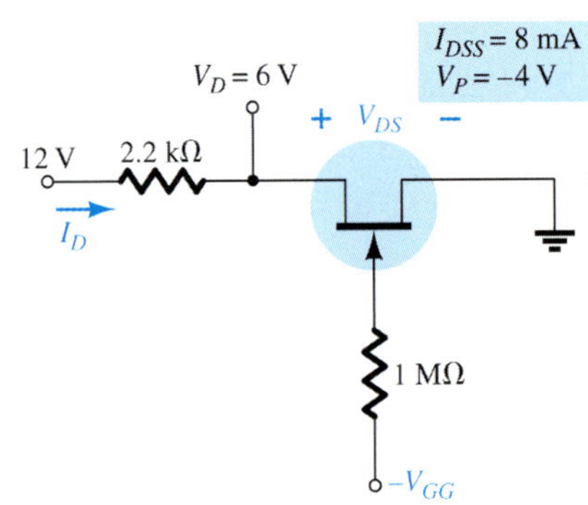

그림 7.77 문제 3

4. 그림 7.78의 고정 바이어스 회로에서 V_D와 V_{GS}를 구하라.

5. 그림 7.79의 고정 바이어스 회로에서 V_D와 V_{GS}를 구하라.

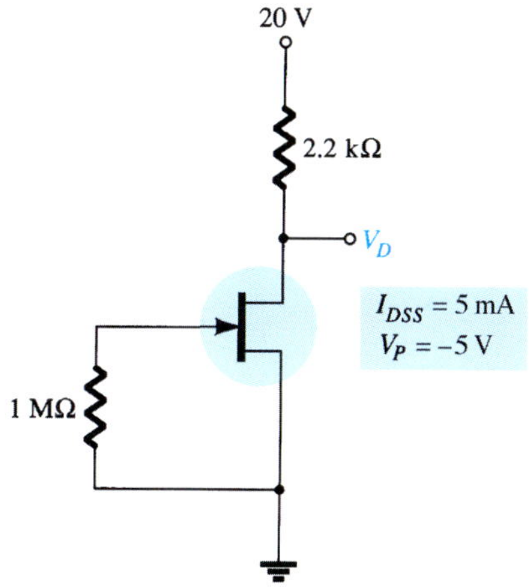

그림 7.78 문제 4

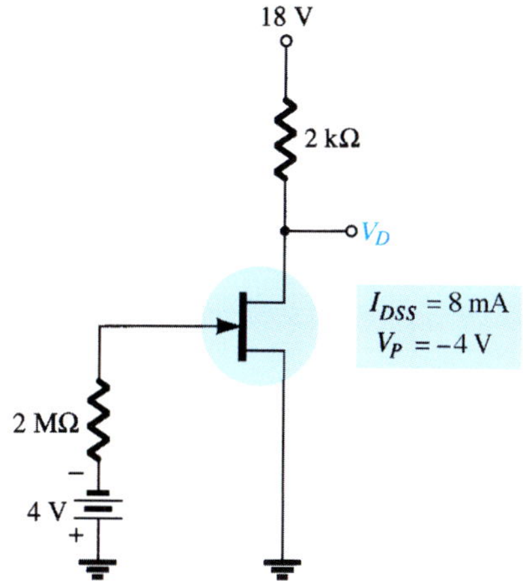

그림 7.79 문제 5

7.3 자기 바이어스 회로

6. 그림 7.80의 자기 바이어스 회로에서

a. 소자의 전달 특성 곡선을 그려라.

b. 동일 그래프에 회로 방정식을 추가로 그려라.

c. I_{D_Q}와 V_{GS_Q}를 구하라.

d. V_{DS}, V_D, V_G, V_S를 계산하라.

***7.** 그림 7.80의 회로에서 수식으로 I_{D_Q}를 구하라. 즉, I_D에 대한 2차식을 세우고, 회로 특성과 일치하는 해를 구하라. 문제 6에서 구한 해와 비교하라.

8. 그림 7.81의 회로에서 다음 값들을 구하라.

a. V_{GS_Q}와 I_{D_Q} **b.** V_{DS}, V_D, V_G, V_S

9. 그림 7.82의 회로에서 V_S=1.7 V로 주어질 때 다음 값들을 구하라.

a. I_{D_Q} **b.** V_{GS_Q}

c. I_{DSS} **d.** V_D

e. V_{DS}

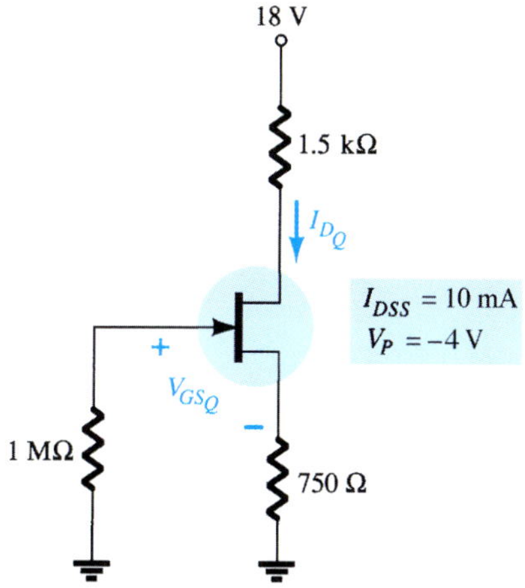

그림 7.80 문제 6, 7, 39

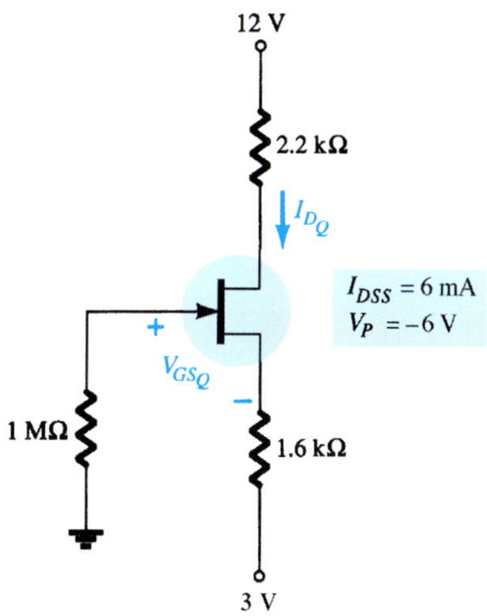

그림 7.81 문제 8

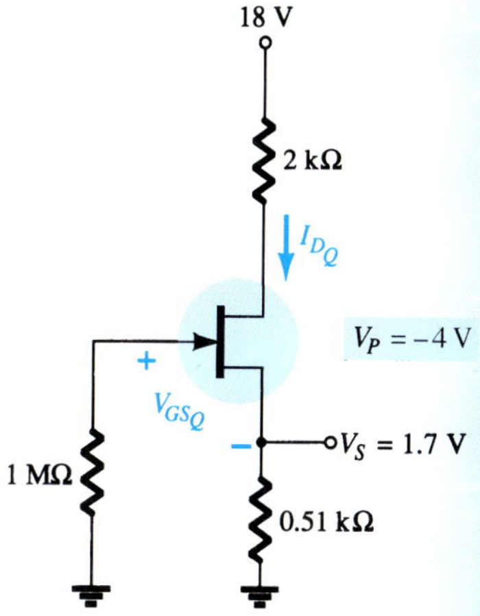

그림 7.82 문제 9

***10.** 그림 7.83의 회로에서 다음을 구하라.

a. I_D

b. V_{DS}

c. V_D

d. V_S

***11.** 그림 7.84의 회로에서 V_S를 구하라.

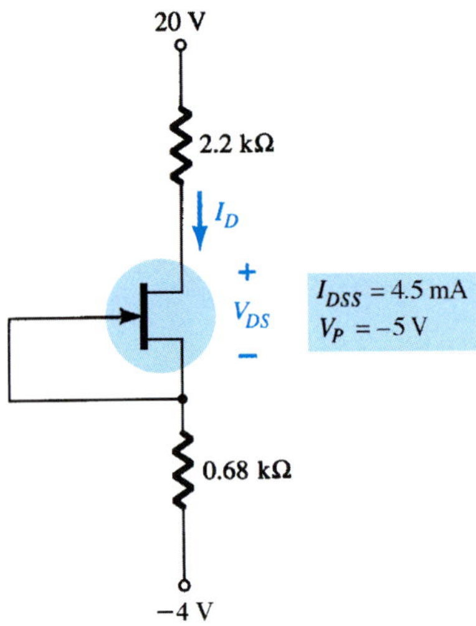

그림 7.83 문제 10

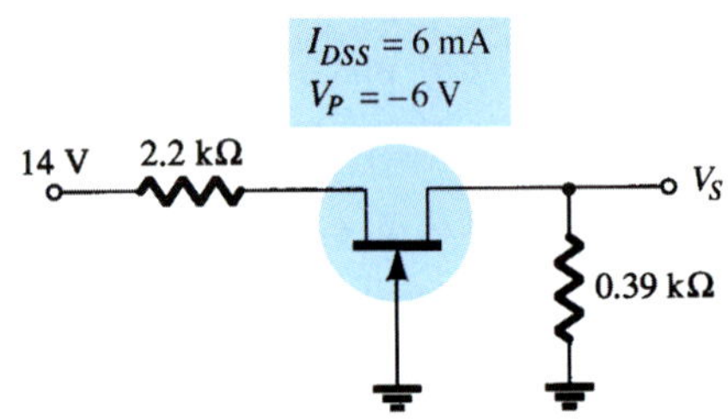

그림 7.84 문제 11

7.4 전압 분배기 바이어스

12. 그림 7.85의 회로에서 다음을 구하라.

a. V_G

b. I_{D_Q}와 V_{GS_Q}

c. V_D와 V_S

d. V_{DS_Q}

13. a. R_S=0.51 kΩ(문제 12의 값에 약 50%)일 때 문제 12를 반복하라. R_S가 작아지면 I_{D_Q}와 V_{GS_Q}는 어떤 영향을 받는가?

b. 그림 7.85의 회로에서 R_S는 어디까지 작아질 수 있는가?

14. 그림 7.86의 회로에서 V_D=12 V일 때 다음을 구하라.

a. I_D

b. V_S와 V_{DS}

c. V_G와 V_{GS}

d. V_P

15. 그림 7.87의 회로에서 V_D=10 V일 때 R_S값을 구하라.

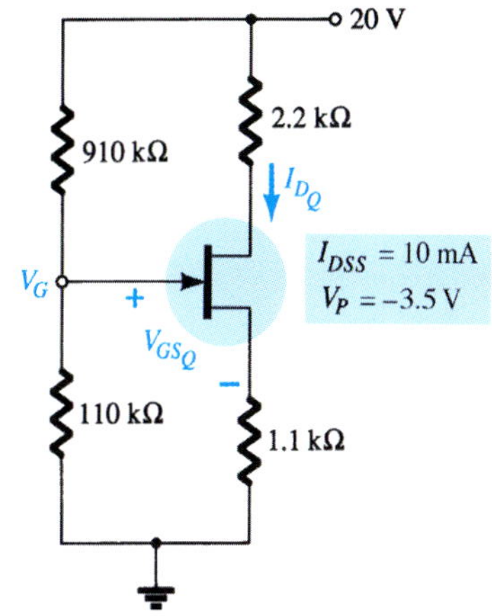

그림 7.85 문제 12, 13

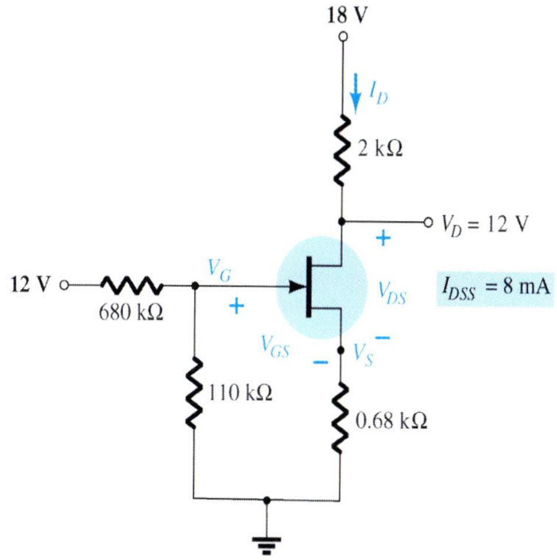

그림 7.86 문제 14

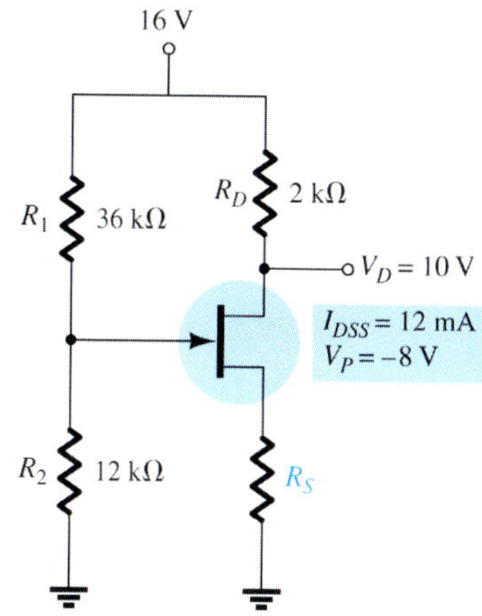

그림 7.87 문제 15

7.5 공통 게이트 회로

*16. 그림 7.88의 회로에서 다음을 구하라.

a. I_{D_Q}와 V_{GS_Q}

b. V_{DS}와 V_S

*17. 그림 7.89의 회로에서 V_{DS}=4 V일 때 다음을 구하라.

a. I_D

b. V_D와 V_S

c. V_{GS}

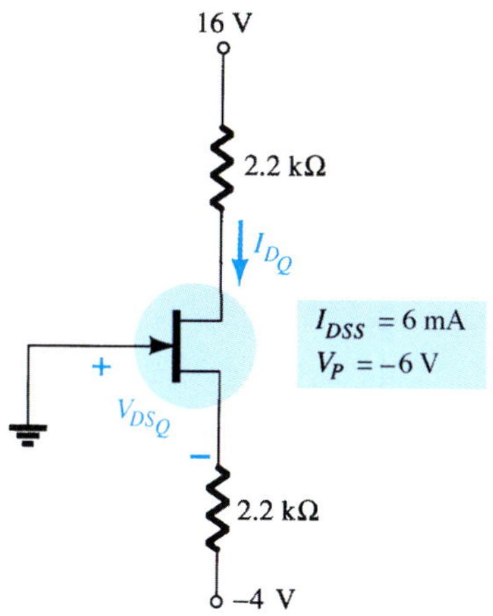

그림 7.88 문제 16, 40

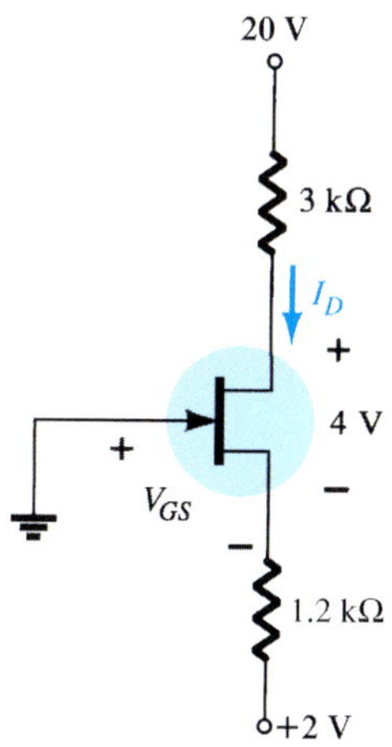

그림 7.89 문제 17

7.6 특별한 경우: V_{GS_Q}=0 V

18. 그림 7.90의 회로에서

a. I_{D_Q}를 구하라.

b. V_{D_Q}와 V_{DS_Q}를 구하라.

c. 전원이 공급하는 전력과 소자가 소비하는 전력을 구하라.

19. 그림 7.91의 회로에서 주어진 값들을 이용하여 V_D와 V_{GS}를 구하라.

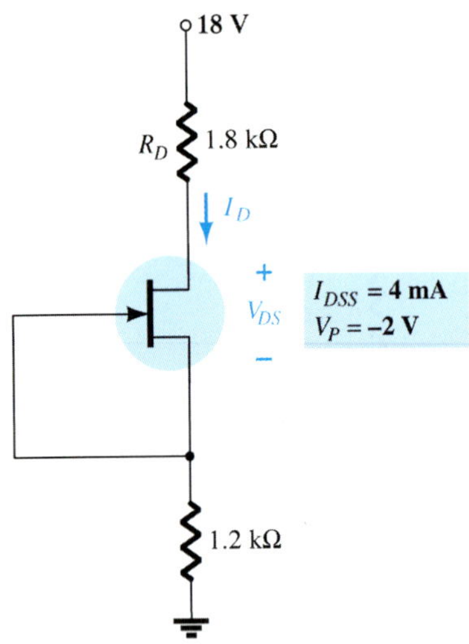

그림 7.90 문제 18

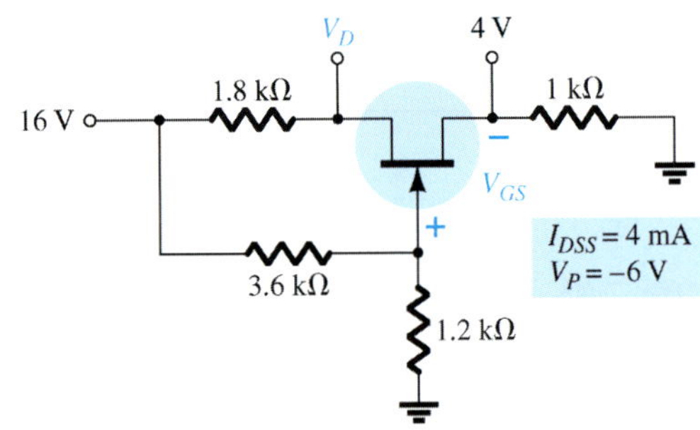

그림 7.91 문제 19

7.7 공핍형 MOSFET

20. 그림 7.92의 자기 바이어스 회로에서 다음을 구하라.

a. I_{D_Q}와 V_{GS_Q}

b. V_{DS}와 V_D

***21.** 그림 7.93의 회로에서 다음을 구하라.

a. I_{D_Q}와 V_{GS_Q}

b. V_{DS}와 V_S

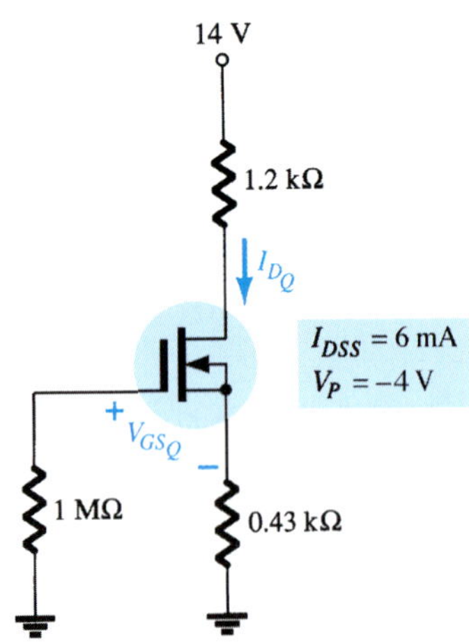

그림 7.92 문제 20

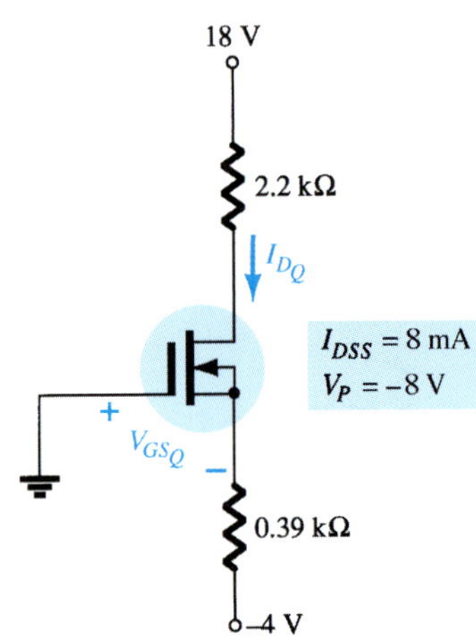

그림 7.93 문제 21

7.8 증가형 MOSFET

22. 그림 7.94의 회로에서 다음을 구하라.

a. I_{D_Q}

b. V_{GS_Q}와 V_{DS_Q}

c. V_D와 V_S

d. V_{DS}

23. 그림 7.95의 전압 분배기 회로에서 다음을 구하라.

a. I_{D_Q}와 V_{GS_Q}

b. V_D와 V_S

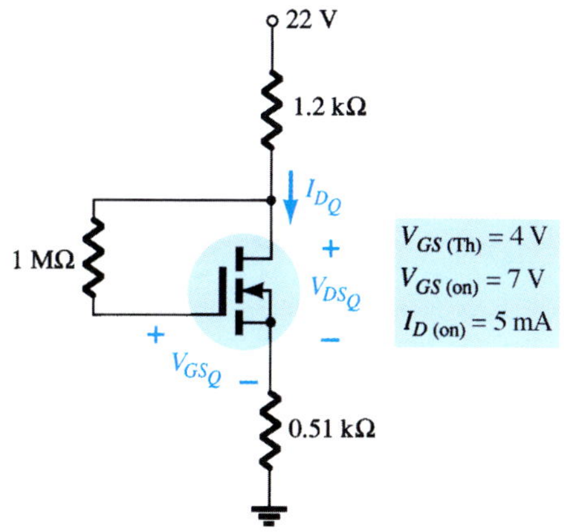

그림 7.94 문제 22

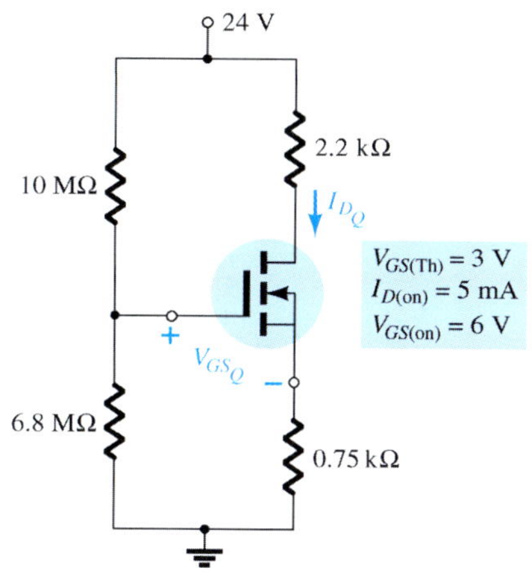

그림 7.95 문제 23

7.10 복합회로

***24.** 그림 7.96의 회로에서 다음을 구하라.

a. V_G

b. V_{GS_Q}와 I_{D_Q}

c. I_E

d. I_B

e. V_D

f. V_C

***25.** 그림 7.97의 복합회로에서 다음을 구하라.

a. V_B와 V_G

b. V_E

c. I_E, I_C, I_D

d. I_B

e. V_C, V_S, V_D

f. V_{CE}

g. V_{DS}

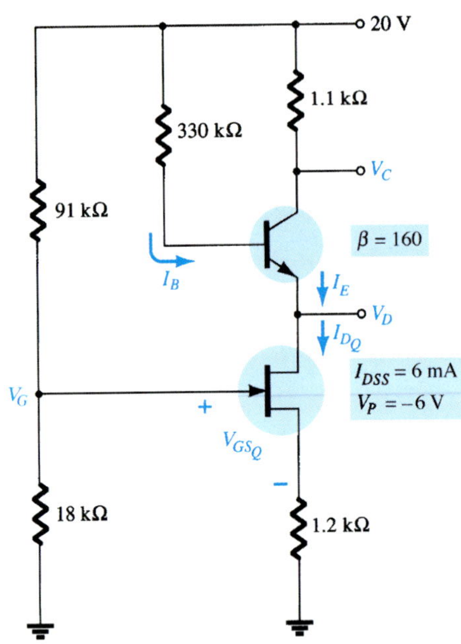

그림 7.96 문제 24

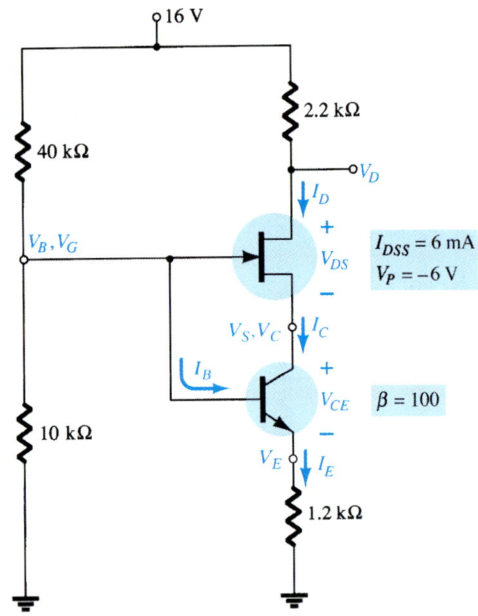

그림 7.97 문제 25

7.11 설계

***26.** I_{DSS}=8 mA와 V_P=−6 V를 갖는 JFET 트랜지스터를 이용하여 14 V의 공급 전압에서 Q점의 전류 I_{D_Q}=4 mA가 되도록 자기 바이어스 회로를 설계하라. R_D=3 R_S라고 가정하고 표준값을 사용하라.

***27.** I_{DSS}=10 mA와 V_P=−4 V를 갖는 공핍형 MOSFET 트랜지스터를 이용하여 24 V의 공급 전압에서 Q점의 전류 I_{D_Q}=2.5 mA가 되도록 전압 분배기 바이어스 회로를 설계하라. V_G=4 V로 설정하고 R_1=22 MΩ, R_D=2.5 R_S을 이용하라. 저항은 표준값을 사용하라.

28. $V_{GS(\text{Th})}$=4 V, k=0.5×10^{-3} A/V^2의 증가형 MOSFET을 이용하여 Q점의 전류 I_{D_Q}=6 mA가 되도록 그림 7.40에 나타낸 것과 같은 회로를 설계하라. 16 V의 공급 전압과 표준 저항값을 사용하라.

7.12 고장 검사

***29.** 그림 7.98의 각 회로에서 측정된 값들이 회로 동작에 대하여 무엇을 의미하는지 설명하라.

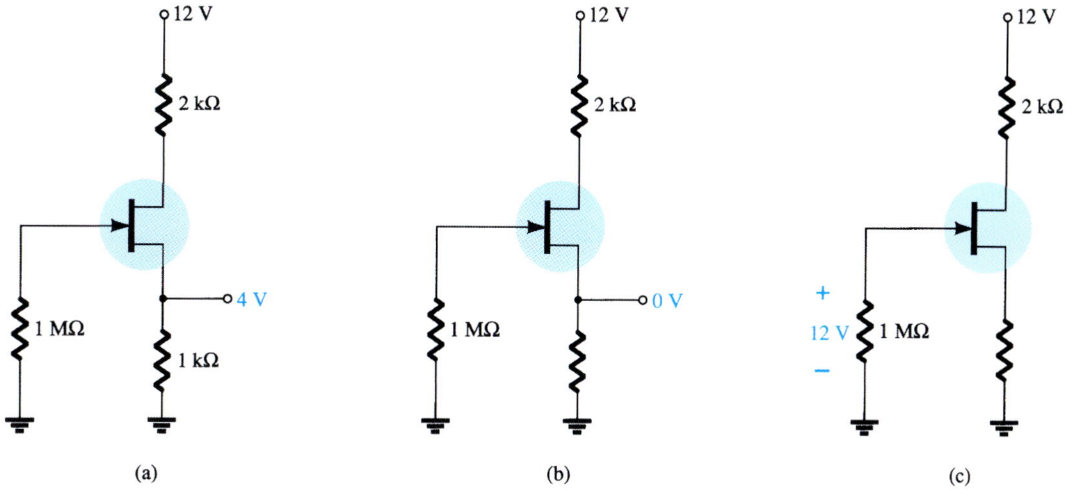

그림 7.98 문제 29

***30.** 그림 7.99의 회로에서 측정된 값들을 보면 회로가 적절히 동작할 것으로 생각할 수 있다. 그렇지만 바람직하지 않은 회로 상태에 대한 가능한 원인을 찾아라.

***31.** 그림 7.100의 회로는 제대로 동작하지 않는다. 그 이유를 찾아라.

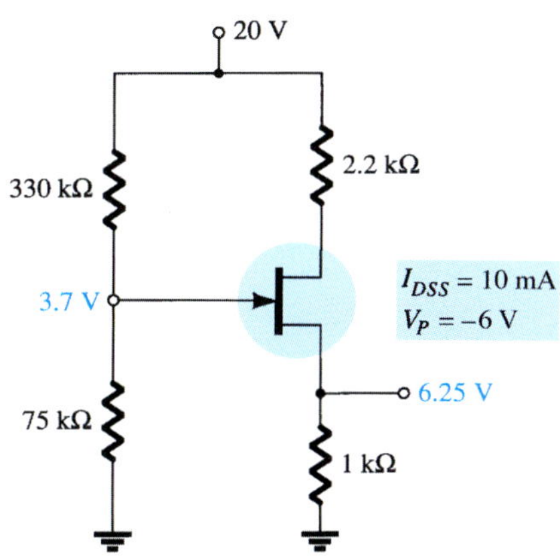

그림 7.99 문제 30

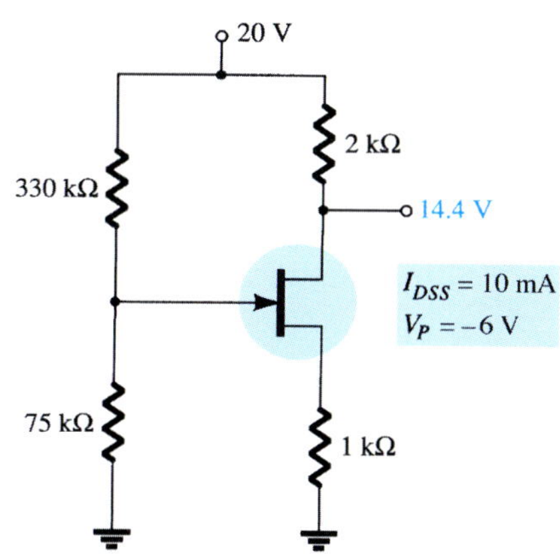

그림 7.100 문제 31

7.13 *p*채널 FET

32. 그림 7.101의 회로에서 다음을 구하라.

a. I_{D_Q}와 V_{GS_Q}

b. V_{DS}

c. V_D

33. 그림 7.102의 회로에서 다음을 구하라.

a. I_{D_Q}와 V_{GS_Q}

b. V_{DS}

c. V_D

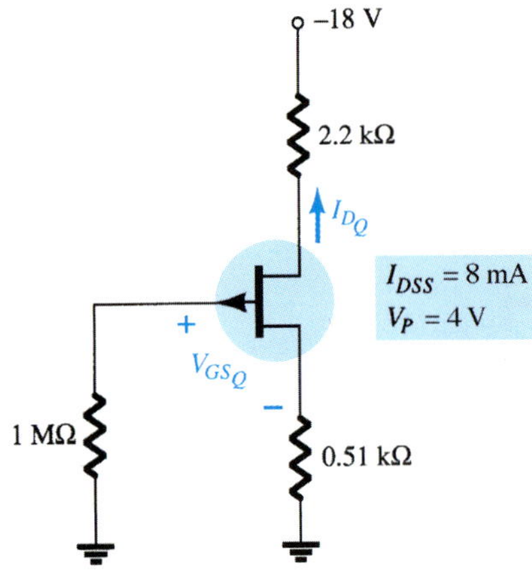

그림 7.101 문제 32

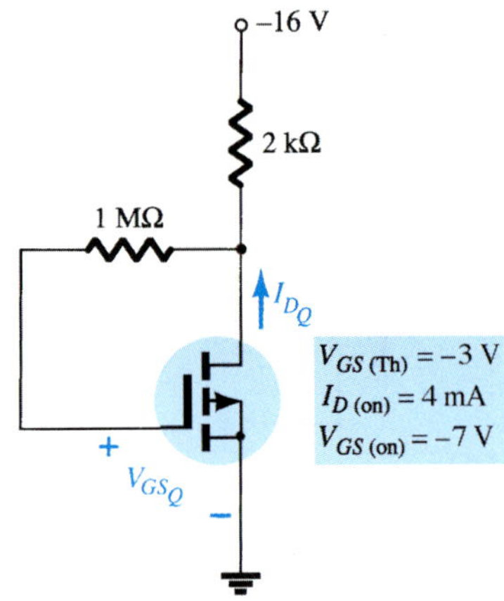

그림 7.102 문제 33, 41

7.14 범용 JFET 바이어스 곡선

34. 범용 JFET 바이어스 곡선을 이용하여 문제 1을 반복하라.

35. 범용 JFET 바이어스 곡선을 이용하여 문제 6을 반복하라.

36. 범용 JFET 바이어스 곡선을 이용하여 문제 12를 반복하라.

37. 범용 JFET 바이어스 곡선을 이용하여 문제 16을 반복하라.

7.17 컴퓨터 해석

38. 문제 1의 회로에 대해 PSpice 윈도우를 이용하여 해석하라.

39. 문제 6의 회로에 대해 PSpice 윈도우를 이용하여 해석하라.

40. 문제 16의 회로에 대해 Multisim을 이용하여 해석하라.

41. 문제 33의 회로에 대해 Multisim을 이용하여 해석하라.

CHAPTER 8

FET 증폭기

학습목표 CHAPTER OBJECTIVE

- JFET과 MOSFET의 소신호 교류 모델에 익숙해진다.
- 다양한 JFET과 MOSFET 구조의 소신호 교류 해석을 수행한다.
- FET 구조에 적용되는 설계 순서를 올바르게 인식한다.
- 전원저항과 부하저항이 입력 임피던스, 출력 임피던스, 전체 이득에 미치는 영향을 이해한다.
- FET과 BJT 증폭기로 구성된 직렬 구조를 해석한다.

8.1 개요

전계효과 트랜지스터 증폭기는 입력 임피던스가 높고 동시에 전압 이득도 뛰어나다. 또한 소형, 경량, 넓은 주파수 범위, 저전력 소비 구조를 가진다. JFET, 공핍형 MOSFET, MESFET을 이용해 비슷한 전압 이득을 갖는 증폭기를 설계하는 데 사용할 수 있다. 그러나 공핍형 MOSFET(MESFET)은 비슷한 구조를 갖는 JFET 회로에 비하여 훨씬 큰 입력 임피던스를 가진다.

BJT 소자의 경우 비교적 작은 입력(베이스) 전류로 큰 출력(컬렉터) 전류를 제어하는 반면에, FET 소자는 작은 입력(게이트 전압)전압으로 출력(드레인) 전류를 제어한다. 따라서 BJT는 전류 제어형(current-controlled) 소자, FET은 전압 제어형(voltage-controlled) 소자이다. 그러나 두 경우 모두 출력전류가 제어되는 변수이다. FET의 경우 입력 특성이 높기 때문에 교류 등가 모델이 BJT의 경우보다 다소 간단하다. BJT의 경우 증폭률 β(베타)가 있는 반면에 FET는 트랜스컨덕턴스(transconductance) g_m이 있다.

FET는 선형 증폭기로 사용되거나 논리회로에서는 디지털 소자로 사용될 수 있다. 실제로 증가형 MOSFET은 디지털 회로에서 널리 사용되며, 특히 전력 소모가 매우 작아야 하는 CMOS 회로에 널리 사용된다. 또한 FET 소자는 고주파 응용과 버퍼링(인터페이싱) 응용에 널리 사용된다. 8.13절의 표 8.1을 통해 FET 소신호 증폭기 회로와 이와 연관된 식을 정리하였다.

일반적인 증폭기 회로의 종류는 가장 많이 쓰이는 입력신호가 반전되어 증폭된 신호를 출력하는 공통 소스회로, 신호의 반전 없이 이득이 1인 공통 드레인(소스 폴로어) 회로, 입력신호를 반전하지 않고 전압을 증폭하는 공통 게이트 회로가 있다. BJT 증폭기와 마찬가지로 이 장에서 설명할 중요한 회로 특징은 전압 이득, 입력 임피던스, 출력 임피던스이다. 입력 임피던스가 매우 높은 경우 입력전류는 일반적으로 0 μA라고 가정하여 전류 이득은 정의하지 않는다. FET 증폭기의 전압 이득이 BJT를 사용한 증폭기에 비하여 일반적으로 작지만, 입력 임피던스는 훨씬 크다. 이에 반해 출력 임피던스는 FET 회로와 BJT 회로가 서로 비슷하다.

FET 교류 증폭회로 역시 컴퓨터 소프트웨어를 사용하여 해석할 수 있다. PSpice 또는 Multisim을 사용하여 회로의 바이어스 조건을 구하는 직류 해석을 할 수 있고, 소신호 전압 이득을 결정할 수 있는 교류 해석도 할 수 있다. PSpice의 트랜지스터 모델을 사용하면, 특정한 트랜지스터 모델에 대한 회로 해석도 가능하다. 또한 다른 방법으로 사용자가 C++와 같은 언어를 사용하여 직류와 교류 해석을 할 수 있고, 특정한 형태로 결과가 나오는 프로그램을 작성할 수도 있다.

8.2 JFET 소신호 모델

JFET 회로의 교류 해석을 하기 위해서는 JFET에 대한 소신호 교류 모델을 만들어야 한다. 소신호 교류 모델에서는 게이트와 소스 단자 사이에 인가되는 교류 입력전압이 드레인에서 소스로 흐르는 전류값을 제어한다는 사실이 중요하다.

게이트-소스 전압(V_{GS})이 JFET의 드레인-소스(채널) 전류를 조절한다.

7장에서, Shockley 방정식으로 알려진 $I_D = I_{DSS}(1 - V_{GS}/V_P)^2$라는 관계식에 의해서 직류 게이트-소스 전압이 드레인의 직류 전류값을 조절한다는 것을 설명하였다. 게이트-소스 전압 변화에 기인한 드레인 전류 변화는 트랜스컨덕턴스 g_m을 사용하여 다음과 같이 결정된다.

$$\Delta I_D = g_m \Delta V_{GS} \tag{8.1}$$

g_m을 뜻하는 용어에서 접두사 *trans*-는 출력과 입력 사이의 관계를 정립하는 것을 나타낸다. 그리고 근간이 되는 단어인 컨덕턴스(conductance)는 g_m이 저항의 컨덕턴스 $G = 1/R = I/V$와 유사하게 전압에 대한 전류의 비로 결정되기 때문에 사용된 것이다.

식 (8.1)을 g_m에 대해서 풀면 식 (8.2)와 같다.

$$g_m = \frac{\Delta I_D}{\Delta V_{GS}} \tag{8.2}$$

도식적 방법을 통한 g_m의 결정

그림 8.1의 전달 특성 곡선을 살펴보면, g_m이 작동점에서 특성 곡선의 기울기라는 것을 알

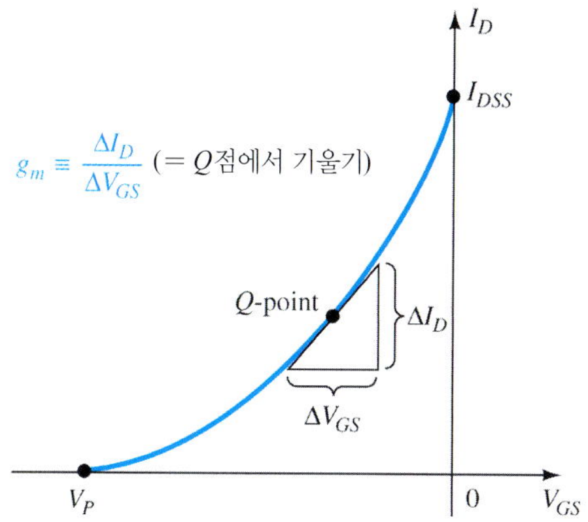

그림 8.1 전달 특성 곡선을 이용하여 g_m의 정의

수 있다. 즉,

$$\boxed{g_m = m = \frac{\Delta y}{\Delta x} = \frac{\Delta I_D}{\Delta V_{GS}}} \tag{8.3}$$

전달 특성 곡선의 곡률을 따라가면 기울기, 즉 g_m이 V_P에서 I_{DSS}로 갈수록 증가함을 알 수 있다. 다시 말하면 V_{GS}가 0 V로 다가감에 따라 g_m의 크기도 증가한다.

식 (8.2)를 보면, g_m은 전달 특성 곡선의 어떤 Q점에서도 Q점 주위의 한정된 V_{GS} (혹은 I_D) 증가분을 선택하고 이에 해당하는 I_D (혹은 V_{GS})의 변화를 찾음으로써 간단히 결정할 수 있다는 것을 알 수 있다. 각 물리량의 변화를 식 (8.2)에 대입하면 g_m을 얻는다.

예제 8.1 $I_{DSS} = 8$ mA이고 $V_P = -4$ V인 JFET에 대해서 다음의 직류 바이어스 점에 대한 g_m의 크기를 결정하라.

a. $V_{GS} = -0.5$ V

b. $V_{GS} = -1.5$ V

c. $V_{GS} = -2.5$ V

풀이 7장에서 정의한 과정을 이용하여 그림 8.2와 같은 전달 특성 곡선을 만든다. 각 작동점을 확인하고 그 점 주위에서 전달 곡선의 기울기를 가장 잘 반영하는 접선을 그린다. 각 Q점의 변화를 반영하기 위해 적절한 V_{GS}의 증가분을 선택한다. 그리고 g_m을 결정하기 위해 식 (8.2)를 사용한다.

a. $g_m = \dfrac{\Delta I_D}{\Delta V_{GS}} \cong \dfrac{2.1\text{ mA}}{0.6\text{ V}} = \mathbf{3.5\ mS}$

b. $g_m = \dfrac{\Delta I_D}{\Delta V_{GS}} \cong \dfrac{1.8\text{ mA}}{0.7\text{ V}} \cong \mathbf{2.57\ mS}$

c. $g_m = \dfrac{\Delta I_D}{\Delta V_{GS}} = \dfrac{1.5\text{ mA}}{1.0\text{ V}} = \mathbf{1.5\ mS}$

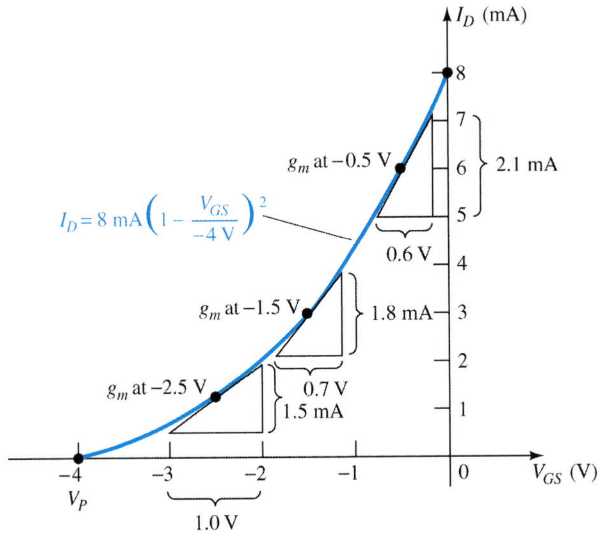

그림 8.2 다양한 바이어스 점에서 g_m 계산

V_{GS}가 V_P에 다가감에 따라 g_m은 감소한다는 사실을 유의하자.

g_m의 수식적 정의

앞서 설명한 도식적 과정은 전달 특성 곡선의 정확도와 각 물리량의 변화를 얼마나 주의 깊게 결정할 수 있는가에 의해 제한된다. 당연히 그림이 클수록 정확도도 커지지만, 이는 번거로운 문제이다. g_m을 결정하는 다른 방법으로 1장에서 다이오드의 교류저항을 찾을 때 사용한 방법을 활용하는 것이다. 이를 간단히 말하면 다음과 같다.

어떤 점에서 함수의 미분은 그 점에서 그린 접선의 기울기와 같다.

그러므로 Shockley 방정식을 이용하여 I_D를 V_{GS}에 대해 미분하면, 다음과 같이 g_m의 식을 유도할 수 있다.

$$
\begin{aligned}
g_m &= \left.\frac{dI_D}{dV_{GS}}\right|_{Q\text{-pt.}} = \frac{d}{dV_{GS}}\left[I_{DSS}\left(1 - \frac{V_{GS}}{V_P}\right)^2\right] \\
&= I_{DSS}\frac{d}{dV_{GS}}\left(1 - \frac{V_{GS}}{V_P}\right)^2 = 2I_{DSS}\left[1 - \frac{V_{GS}}{V_P}\right]\frac{d}{dV_{GS}}\left(1 - \frac{V_{GS}}{V_P}\right) \\
&= 2I_{DSS}\left[1 - \frac{V_{GS}}{V_P}\right]\left[\frac{d}{dV_{GS}}(1) - \frac{1}{V_P}\frac{dV_{GS}}{dV_{GS}}\right] = 2I_{DSS}\left[1 - \frac{V_{GS}}{V_P}\right]\left[0 - \frac{1}{V_P}\right]
\end{aligned}
$$

즉,

$$
\boxed{g_m = \frac{2I_{DSS}}{|V_P|}\left[1 - \frac{V_{GS}}{V_P}\right]} \tag{8.4}
$$

여기서 $|V_P|$는 크기로 g_m이 양수가 되도록 하기 위한 것이다.

앞에서 전달 곡선의 기울기는 $V_{GS} = 0\text{ V}$에서 최대임을 언급한 바 있다. $V_{GS} = 0\text{ V}$를 식

(8.4)에 대입하면 I_{DSS}와 V_P가 정의된 JFET에서 g_m의 최대값을 나타내는 다음 식을 얻을 수 있다.

$$g_m = \frac{2I_{DSS}}{|V_P|}\left[1 - \frac{0}{V_P}\right]$$

즉,

$$\boxed{g_{m0} = \frac{2I_{DSS}}{|V_P|}} \tag{8.5}$$

여기서 0이라는 아래 첨자가 추가된 것은 이것이 $V_{GS}=0$ V일 때의 g_m값임을 상기시키기 위한 것이다. 그리고 식 (8.4)는 다음과 같이 된다.

$$\boxed{g_m = g_{m0}\left[1 - \frac{V_{GS}}{V_P}\right]} \tag{8.6}$$

예제 8.2 예제 8.1의 전달 특성 곡선을 갖는 JFET에 대해서

a. g_m의 최대값을 구하라.

b. 예제 8.1의 각 동작점에서 g_m값을 식 (8.6)으로 구하고, 이를 도식적 결과와 비교하라.

풀이

a. $g_{m0} = \dfrac{2I_{DSS}}{|V_P|} = \dfrac{2(8\text{ mA})}{4\text{ V}} = \mathbf{4\ mS}$ (g_m의 가능한 최대값)

b. $V_{GS} = -0.5$ V에서

$$g_m = g_{m0}\left[1 - \frac{V_{GS}}{V_P}\right] = 4\text{ mS}\left[1 - \frac{-0.5\text{ V}}{-4\text{ V}}\right] = \mathbf{3.5\ mS} \quad (\text{도식적 결과는 } 3.5\text{ mS})$$

$V_{GS} = -1.5$ V에서

$$g_m = g_{m0}\left[1 - \frac{V_{GS}}{V_P}\right] = 4\text{ mS}\left[1 - \frac{-1.5\text{ V}}{-4\text{ V}}\right] = \mathbf{2.5\ mS} \quad (\text{도식적 결과는 } 2.57\text{ mS})$$

$V_{GS} = -2.5$ V에서

$$g_m = g_{m0}\left[1 - \frac{V_{GS}}{V_P}\right] = 4\text{ mS}\left[1 - \frac{-2.5\text{ V}}{-4\text{ V}}\right] = \mathbf{1.5\ mS} \quad (\text{도식적 결과는 } 1.5\text{ mS})$$

예제 8.2의 결과를 보면 앞으로 g_m이 필요할 때, 식 (8.4)부터 식 (8.6)까지가 유효하다고 할 만큼 충분히 정확함을 알 수 있다.

규격표에서 g_m은 g_{fs} 또는 y_{fs}로 제공된다. 여기서 y는 이것이 어드미턴스 등가회로의 일부라는 것을 알려준다. f는 순방향 전달 파라미터라는 것을 의미하고, s는 소스 단자에 연결된 것을 나타낸다.

식으로 나타내면 다음과 같다.

$$\boxed{g_m = g_{fs} = y_{fs}} \tag{8.7}$$

그림 6.20의 JFET에 대하여 g_{fs}의 범위는 1000~5000 μS 즉, 1~5 mS이다.

g_m 대 V_{GS} 그래프

식 (8.6)에서 0 V가 아닌 모든 V_{GS}에 대해서 $\left(1 - \dfrac{V_{GS}}{V_P}\right)$는 1보다 작기 때문에 V_{GS}가 V_P

V_P에 근접함에 따라서 $\dfrac{V_{GS}}{V_P}$의 비는 증가하고 g_m의 크기는 감소한다. $V_{GS} = V_P$인 경우

$g_m = g_{m0}(1 - 1) = 0$이다. 식 (8.6)은 그림 8.3의 그래프에 나타난 것과 같이 최소값 0과 최대값 g_{m0}을 연결하는 직선을 정의한다.

그러므로 일반적으로

V_{GS}=0 V이면 g_m은 최대값이고, V_{GS}=V_P이면 g_m은 최소값을 갖는다. V_{GS}가 보다 음의 값을 가지면 g_m값은 작아진다.

또한 그림 8.3을 보면, V_{GS}가 핀치 오프값의 반일 때, g_m은 최대값의 반이 됨을 알 수 있다.

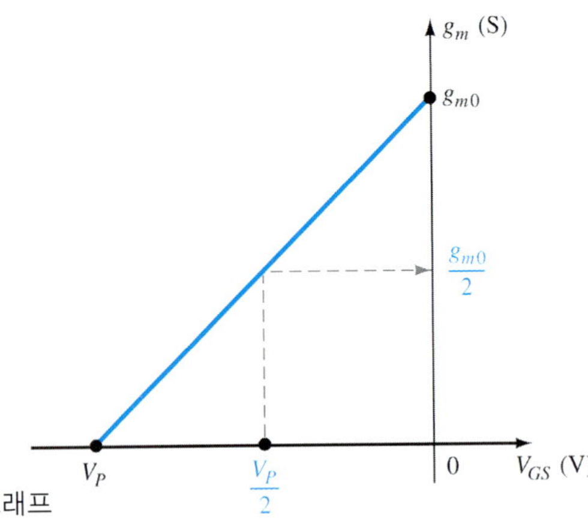

그림 8.3 g_m 대 V_{GS} 그래프

예제 8.3 예제 8.1과 예제 8.2의 JFET에 대해서 g_m 대 V_{GS}의 그래프를 그려라.

풀이 그림 8.4와 같다.

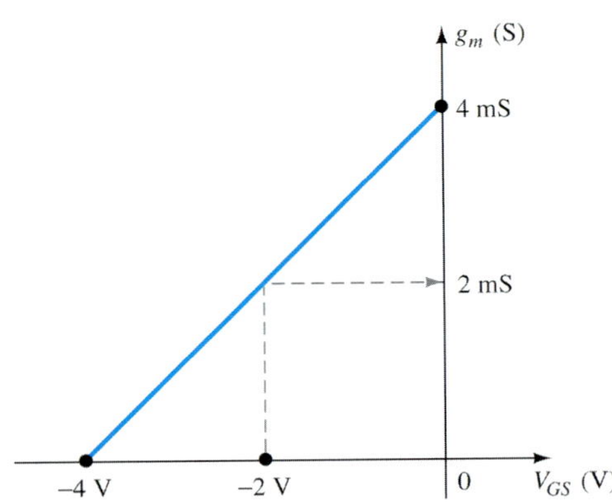

그림 8.4 I_{DSS} = 8 mA, V_P = −4 V인 JFET에 대한 g_m 대 V_{GS} 그래프

g_m에 대한 I_D의 영향

Shockley 방정식을 다음과 같이 쓰면 g_m과 직류 바이어스 전류 I_D 사이의 수학적 관계를 이끌어낼 수 있다.

$$\boxed{1 - \frac{V_{GS}}{V_P} = \sqrt{\frac{I_D}{I_{DSS}}}} \tag{8.8}$$

식 (8.8)을 식 (8.6)에 대입하면 다음 식을 얻는다.

$$\boxed{g_m = g_{m0}\left(1 - \frac{V_{GS}}{V_P}\right) = g_{m0}\sqrt{\frac{I_D}{I_{DSS}}}} \tag{8.9}$$

식 (8.9)를 이용하여 몇 가지 I_D값에 대한 g_m의 결과값은 다음과 같다.

a. $I_D = I_{DSS}$

$$g_m = g_{m0}\sqrt{\frac{I_{DSS}}{I_{DSS}}} = \mathbf{g_{m0}}$$

b. $I_D = I_{DSS}/2$

$$g_m = g_{m0}\sqrt{\frac{I_{DSS}/2}{I_{DSS}}} = \mathbf{0.707g_{m0}}$$

c. $I_D = I_{DSS}/4$

$$g_m = g_{m0}\sqrt{\frac{I_{DSS}/4}{I_{DSS}}} = \frac{g_{m0}}{2} = \mathbf{0.5g_{m0}}$$

예제 8.4 예제 8.1에서 8.3까지 사용한 JFET에 대하여 g_m 대 I_D의 그래프를 그려라.

풀이 그림 8.5를 참조하라.

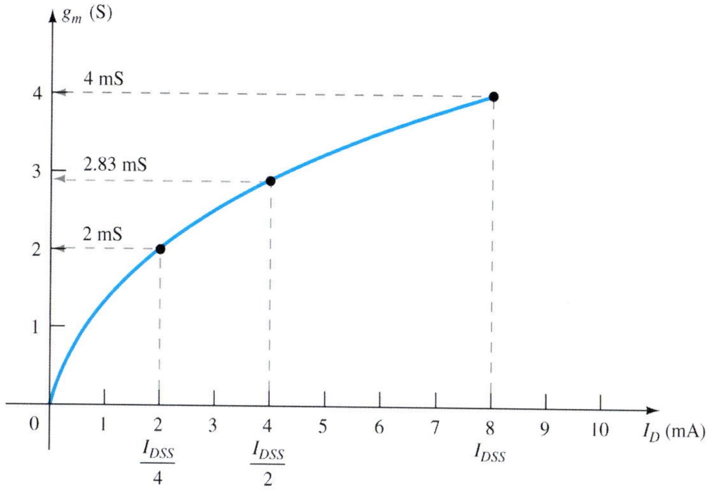

그림 8.5 I_{DSS} = 8 mA, V_P = −4 V인 JFET에 대한 g_m 대 I_D 그래프

예제 8.3과 8.4의 그래프를 보면 다음이 명확하다.

V_{GS}가 0 V로 접근하고 I_D가 최대값 I_{DSS}에 가까워질 때, g_m은 최대값을 갖는다.

JFET의 입력 임피던스 Z_i

모든 상용 JFET의 입력 임피던스는 입력단이 거의 개방회로라고 볼 수 있을 정도로 크다. 식으로 나타내면 다음과 같다.

$$\boxed{Z_i\,(\text{JFET}) = \infty\ \Omega} \tag{8.10}$$

JFET의 경우는 $10^9\ \Omega(1000\ \text{M}\Omega)$이 일반적이고, MOSFET과 MESFET의 경우는 $10^{12}\ \Omega \sim 10^{15}\ \Omega$이 일반적이다.

JFET의 출력 임피던스 Z_o

JFET의 출력 임피던스 크기는 일반적인 BJT의 출력 임피던스와 비슷하다. JFET의 규격표에서 출력 임피던스는 일반적으로 μS의 단위를 갖는 g_{os} 또는 y_{os}로 표시된다. y_{os} 파라미터는 어드미턴스 등가회로(admittance equivalent circuit)의 성분으로, 아래첨자 o는 출력회로 변수를 의미하고 s는 연결되는 단자(소스)를 의미한다. 그림 6.20의 JFET의 경우, y_{os}는 $10 \sim 50\,\mu$S의 범위 혹은 $20\,\text{k}\Omega(R = 1/G = 1/50\ \mu\text{S})$에서 $100\ \text{k}\Omega(R = 1/G = 1/10\,\mu\text{S})$의 범위를 가진다.

식으로 나타내면 다음과 같다.

$$\boxed{Z_o\,(\text{JFET}) = r_d = \frac{1}{g_{os}} = \frac{1}{y_{os}}} \tag{8.11}$$

그림 8.6의 특성곡선에서 출력 임피던스는 동작점에서 수평 특성 곡선의 기울기의 역수로 정의된다. 곡선이 보다 수평일수록 출력 임피던스는 커진다. 만약 완전히 수평이라면, 출력 임피던스가 무한대(개방회로)인 이상적인 상황이 된다. 이렇게 근사화된 경우가 종종 사용된다.

식으로 나타내면 다음과 같다.

$$\boxed{r_d = \left.\frac{\Delta V_{DS}}{\Delta I_D}\right|_{V_{GS}=\text{constant}}} \tag{8.12}$$

식 (8.12)를 적용하려면, r_d를 결정할 때 전압 V_{GS}는 상수이어야 하는 조건이 필요하다. 이는 동작점에서 V_{GS} 선에 근사하는 직선을 그림으로써 얻을 수 있다. 그 다음 ΔV_{DS} 또는 ΔI_D를 선택하고 그 외의 값은 사용에 따라 측정하여 식에서 구한다.

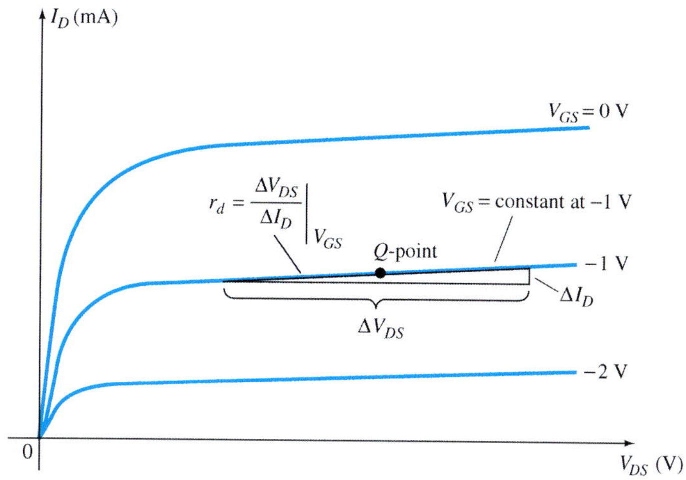

그림 8.6 JFET 드레인 특성 곡선을 사용한 r_d의 정의

예제 8.5 그림 8.7의 JFET가 $V_{DS} = 8$ V일 때, $V_{GS} = 0$ V와 $V_{GS} = -2$ V인 경우에 출력 임피던스를 구하라.

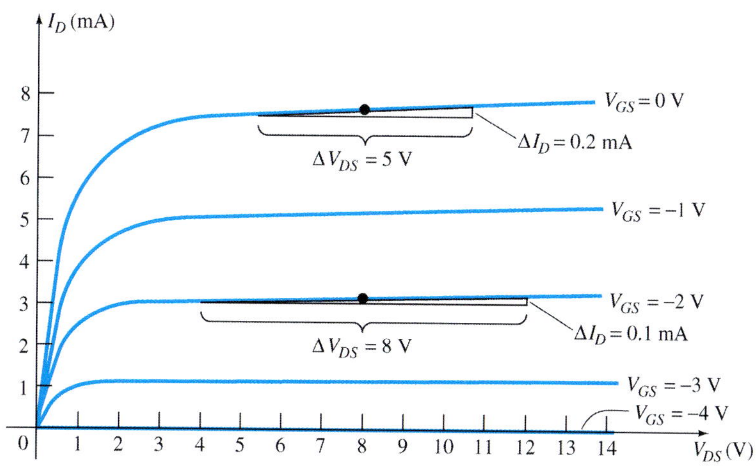

그림 8.7 예제 8.5에서 r_d 계산에 사용된 드레인 특성 곡선

풀이 $V_{GS} = 0$ V인 경우, 접선을 그리고 ΔV_{DS}를 5 V로 선택하면 ΔI_D는 0.2 mA이다. 식 (8.12)에 대입하면,

$$r_d = \left.\frac{\Delta V_{DS}}{\Delta I_D}\right|_{V_{GS}=0\,\text{V}} = \frac{5\text{ V}}{0.2\text{ mA}} = \mathbf{25\ k\Omega}$$

$V_{GS} = -2$ V인 경우, 접선을 그리고 ΔV_{DS}를 8 V로 하면, ΔI_D는 0.1 mA이다. 식 (8.12)에 대입하면,

$$r_d = \left.\frac{\Delta V_{DS}}{\Delta I_D}\right|_{V_{GS}=-2\,\text{V}} = \frac{8\text{ V}}{0.1\text{ mA}} = \mathbf{80\ k\Omega}$$

이를 통해서 동작점 위치에 따라서 r_d가 변함을 알 수 있다. V_{GS}가 낮을수록(0 V에 가까울수록) r_d는 작은 값을 갖는다.

JFET 교류 등가회로

교류 등가회로의 중요한 파라미터를 소개하고 논의하였으므로, 이제 교류 영역에서 JFET 트랜지스터 모델을 구성해 보자. V_{gs}에 의한 I_d의 제어는 그림 8.8에 표시된 바와 같이 드레인과 소스 사이에 연결된 전류원 $g_m V_{gs}$에 포함되어 있다. 전류원의 화살표 방향은 드레인에서 소스로 향하며, 이는 실제 동작에서 일어나는 출력과 입력전압 사이의 180° 위상 차이를 나타낸다.

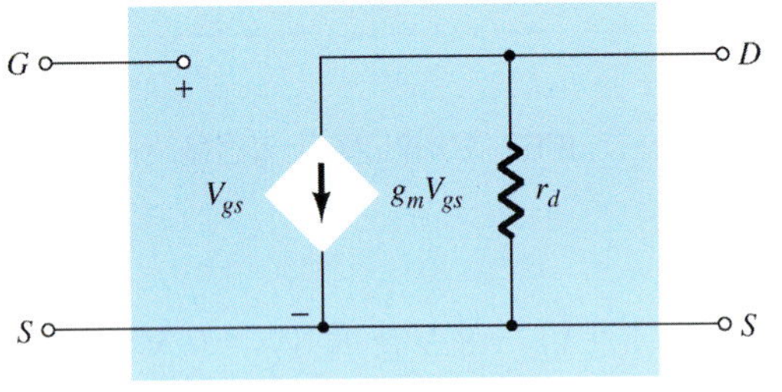

그림 8.8 JFET 교류 등가회로

입력 임피던스는 입력단의 개방회로로 나타나 있고, 출력 임피던스는 드레인과 소스 사이의 저항 r_d로 표시되어 있다. 게이트와 소스 사이의 전압은 이제 직류값과의 구분을 위해 V_{gs}(소문자 아래첨자)로 표현되어 있다. 덧붙여 게이트와 드레인 단자는 단지 제어전류원 $g_m V_{gs}$로 연결되는 것에 비해서, 소스는 입력과 출력회로 모두에 공통으로 사용된다는 것에 유의하자.

r_d를 무시할 수 있다면(회로의 다른 소자에 비하여 매우 커서 개방회로로 근사할 수 있다고 가정하면), 등가회로는 단순히 전류원만으로 구성되며, 그 크기는 V_{gs} 신호와 g_m 변수에 의해서 조절된다. 즉, 확실한 전압 제어 전류원이다.

예제 8.6 $g_{fs} = 3.8$ mS이고 $g_{os} = 20$ μS인 경우, JFET의 교류 등가회로를 그려라.

풀이

$$g_m = y_{fs} = 3.8\,\text{mS} \quad \text{그리고} \quad r_d = \frac{1}{y_{os}} = \frac{1}{20\,\mu\text{S}} = 50\,\text{k}\Omega$$

그림 8.9의 교류 등가회로를 얻을 수 있다.

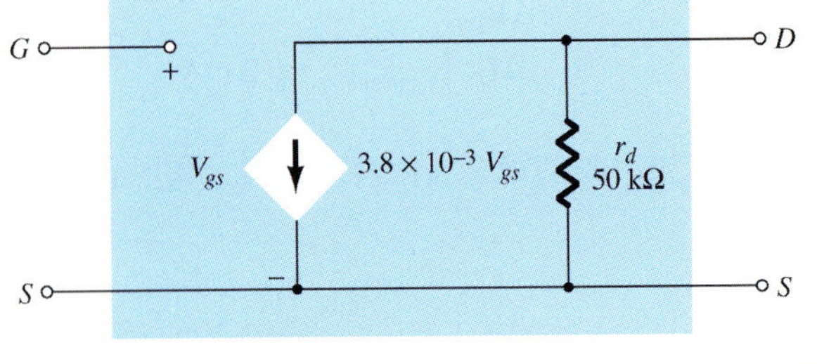

그림 8.9 예제 8.6의 JFET 교류 등가 모델

8.3 고정 바이어스 회로

JFET 교류 등가회로를 정의하였으므로 JFET의 기본적인 여러 소신호 회로에 대해서 살펴보도록 한다. BJT 증폭기의 교류 분석과 마찬가지로 각 회로에서 중요한 파라미터인 Z_i, Z_o, A_v를 결정한다.

그림 8.10의 고정 바이어스(fixed-bias) 회로에는 직류 바이어스를 입력 신호와 부하로부터 격리하기 위해서 커플링 커패시터 C_1과 C_2가 있다. 이들은 교류 분석시에는 등가적인 단락회로로 작용한다.

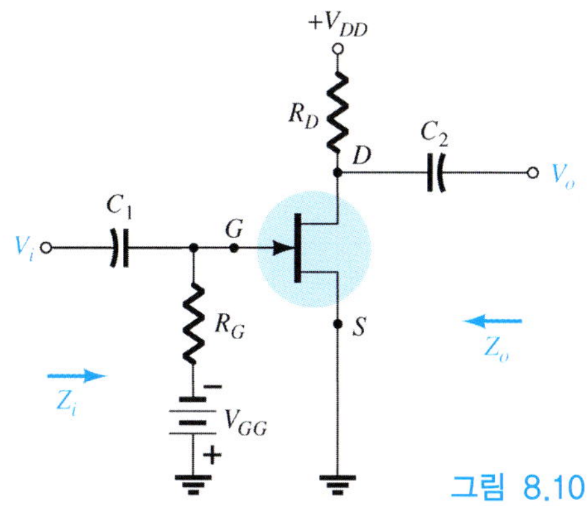

그림 8.10 JFET 고정 바이어스 회로

직류 바이어스 배치, 규격표, 혹은 특성 곡선으로부터 일단 g_m과 r_d값을 결정했으면, 그림 8.11에 나타낸 것처럼 적절한 단자 사이에 교류 등가 모델을 대치할 수 있다. 두 커패시터는 리액턴스 $X_C = 1/(2\pi fC)$가 회로의 다른 임피던스 값에 비하여 매우 작기 때문에 단락회로로 볼 수 있다. 그리고 직류 전원 V_{GG}와 V_{DD}는 단락회로 등가에 의해 0 V로 설정된다.

그러면 그림 8.11의 회로를 그림 8.12에 나타낸 것처럼 다시 그릴 수 있다. g_mV_{gs}의 방향을 결정하는 V_{gs}의 극성에 유의해야 한다. 만약 V_{gs}가 음수이면, 전류원의 방향은 반대가 된다. 인가된 신호를 V_i로 표현하고, $R_D \| r_d$ 양단의 출력신호를 V_o로 표현한다.

Z_i JFET의 입력단이 무한대 입력 임피던스이므로 그림 8.12로부터 다음을 구할 수 있다.

$$\boxed{Z_i = R_G} \tag{8.13}$$

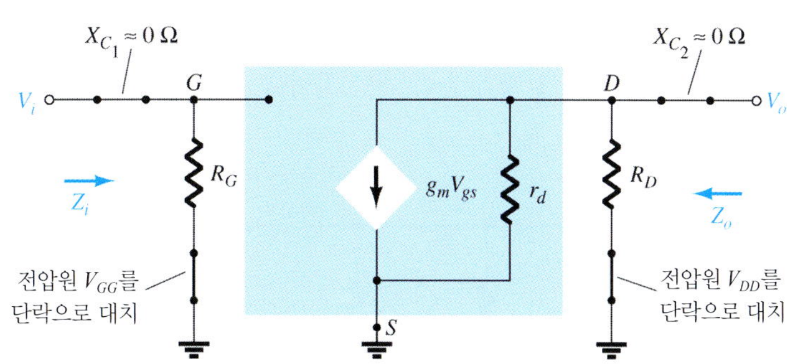

그림 8.11 JFET 교류 등가회로를 그림 8.10에 대치한 회로

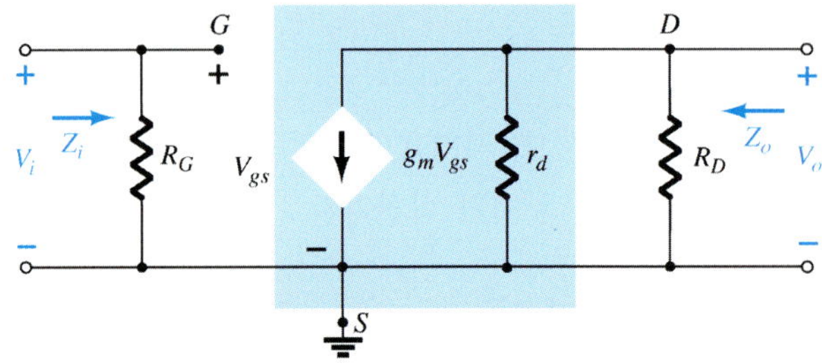

그림 8.12 그림 8.11을 다시 그린 회로

Z_o Z_o의 정의에 의해서 $V_i = 0$ V로 놓으면 V_{gs} 역시 0 V가 된다. 그 결과 $g_m V_{gs} = 0$ mA 이고, 전류원은 그림 8.13에서 나타낸 것처럼 등가적으로 개방회로로 대치할 수 있다. 따라서 출력 임피던스는 다음과 같다.

$$\boxed{Z_o = R_D \| r_d} \tag{8.14}$$

만약 저항 r_d가 R_D에 비하여 충분히 크다면(최소 10 : 1), $r_d \| R_D \cong R_D$의 근사를 적용할 수 있으므로 다음과 같이 쓸 수 있다.

$$\boxed{Z_o \cong R_D}_{\, r_d \geq 10R_D} \tag{8.15}$$

A_v 그림 8.12에서 V_o에 대해 풀면,

$$V_o = -g_m V_{gs}(r_d \| R_D)$$

그러나

$$V_{gs} = V_i$$

이고

$$V_o = -g_m V_i(r_d \| R_D)$$

그리고

$$\boxed{A_v = \frac{V_o}{V_i} = -g_m(r_d \| R_D)} \tag{8.16}$$

만약 $r_d \geq 10R_D$라면,

$$\boxed{A_v = \frac{V_o}{V_i} = -g_m R_D}_{\, r_d \geq 10R_D} \tag{8.17}$$

위상 관계 A_v식에서 음의 부호는 입력과 출력 전압 사이에 180°의 위상 차이가 있음을 나타내는 것이다.

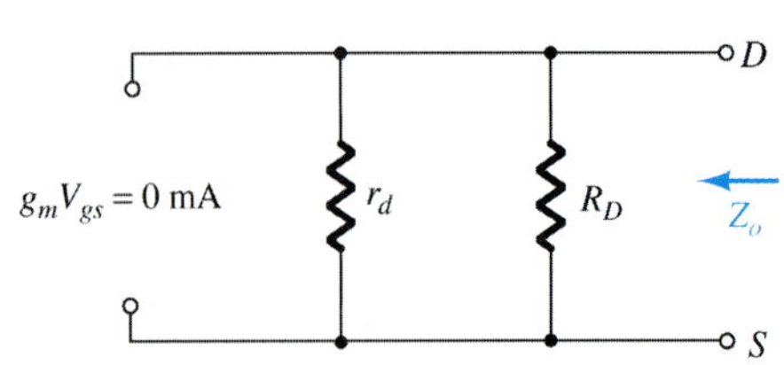

그림 8.13 Z_o 결정

예제 8.7 예제 7.1의 고정 바이어스 회로에서 $I_{DSS} = 10$ mA이고 $V_P = -8$ V인 경우에 동작점이 $V_{GS_Q} = -2$ V, $I_{D_Q} = 5.625$ mA이다. 인가 신호 V_i로 고려하여 회로를 다시 그리면 그림 8.14와 같다. y_{os}의 값은 40 μS로 주어졌다.

a. g_m을 결정하라.

b. r_d를 구하라.

c. Z_i를 결정하라.

d. Z_o을 계산하라.

e. 전압 이득 A_v를 구하라.

f. r_d의 영향을 무시하고 A_v를 구하라.

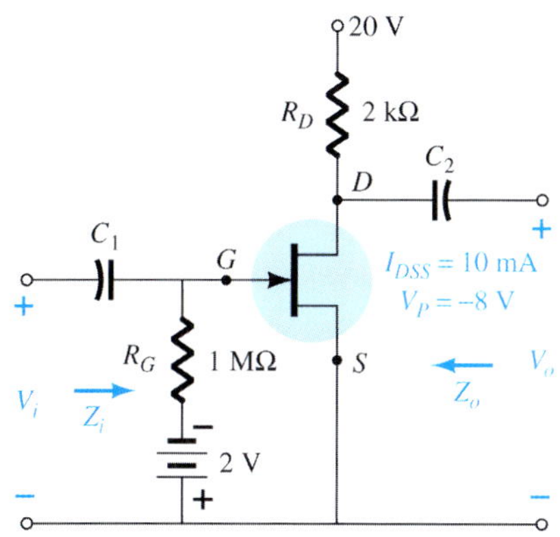

그림 8.14 예제 8.7의 JFET 회로

풀이

a. $g_{m0} = \dfrac{2I_{DSS}}{|V_P|} = \dfrac{2(10\text{ mA})}{8\text{ V}} = 2.5\text{ mS}$

$$g_m = g_{m0}\left(1 - \frac{V_{GS_Q}}{V_P}\right) = 2.5\text{ mS}\left(1 - \frac{(-2\text{ V})}{(-8\text{ V})}\right) = \mathbf{1.88\text{ mS}}$$

b. $r_d = \dfrac{1}{y_{os}} = \dfrac{1}{40\ \mu\text{S}} = \mathbf{25\ k\Omega}$

c. $Z_i = R_G = \mathbf{1\ M\Omega}$

d. $Z_o = R_D \| r_d = 2\text{ k}\Omega \| 25\text{ k}\Omega = \mathbf{1.85\ k\Omega}$

e. $A_v = -g_m(R_D \| r_d) = -(1.88\text{ mS})(1.85\text{ k}\Omega)$
$= \mathbf{-3.48}$

f. $A_v = -g_m R_D = -(1.88\text{ mS})(2\text{ k}\Omega) = \mathbf{-3.76}$

(f)에서 나타낸 것처럼, r_d와 R_D 사이의 비인 25 kΩ:2 kΩ = 12.5:1로 인한 해의 오차는 8%이다.

8.4 자기 바이어스 회로

바이패스된 R_S

고정 바이어스 회로는 2개의 직류 전압원이 필요하다는 분명한 단점이 있다. 그림 8.15의 자기 바이어스(self-bias) 회로는 원하는 동작점을 설정하기 위해서 단 하나의 직류 전원만 있으면 된다.

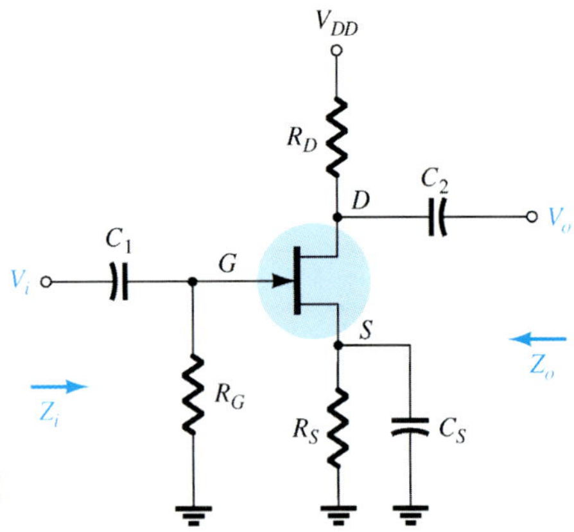

그림 8.15 JFET 자기 바이어스 회로

소스 저항 양단의 커패시터 C_S는 직류에서는 개방회로 등가로 볼 수 있어서 R_S로 동작점을 결정한다. 교류 조건 하에서 커패시터는 '단락회로' 상태가 되고 R_S의 영향이 없어진다. 만약 교류 상태에서 R_S를 고려한다면(바이패스되지 않은 경우), 다음의 문단에서 보이는 것처럼 이득은 감소한다.

JFET 등가회로가 그림 8.16과 같이 되고, 이는 그림 8.17과 같이 다시 그릴 수 있다.

결과로 얻어진 회로는 그림 8.12에 나타난 것과 동일하기 때문에 Z_i, Z_o, A_v에 대한 식도 동일하다.

Z_i

$$\boxed{Z_i = R_G} \tag{8.18}$$

Z_o

$$\boxed{Z_o = r_d \| R_D} \tag{8.19}$$

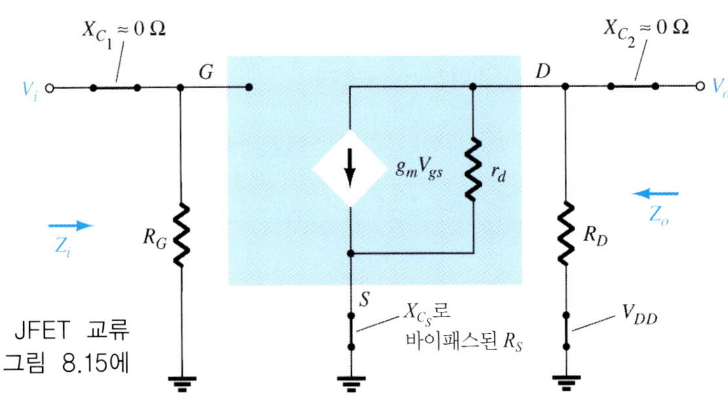

그림 8.16 JFET 교류 등가회로를 그림 8.15에 대치한 회로

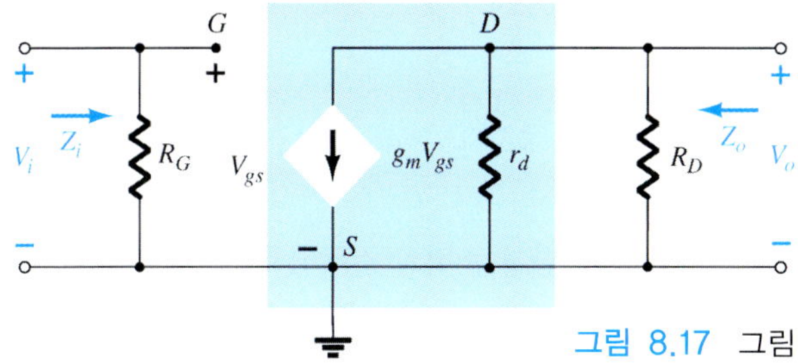

그림 8.17 그림 8.16을 다시 그린 회로

만약 $r_d \geq 10R_D$인 경우,

$$\boxed{Z_o \cong R_D}_{r_d \geq 10R_D} \tag{8.20}$$

A_v

$$\boxed{A_v = -g_m(r_d \| R_D)} \tag{8.21}$$

만약 $r_d \geq 10R_D$인 경우,

$$\boxed{A_v = -g_m R_D}_{r_d \geq 10R_D} \tag{8.22}$$

위상 관계 A_v의 해에서 음의 부호는 V_i와 V_o 사이의 180° 위상 차이를 나타낸다.

바이패스되지 않은 R_S

만약 그림 8.15에서 C_S를 제거하면, R_S는 그림 8.18에서와 같이 교류 등가회로의 일부가 된다. 이 경우, 회로를 더 간단하게 줄일 다른 방법은 없다. Z_i, Z_o, A_v를 결정함에 있어서 표기와 정의된 극성, 그리고 방향에 매우 주의해야 한다. 먼저 비교할 기준을 제공하기 위해서 저항 r_d를 해석에서 제외한다.

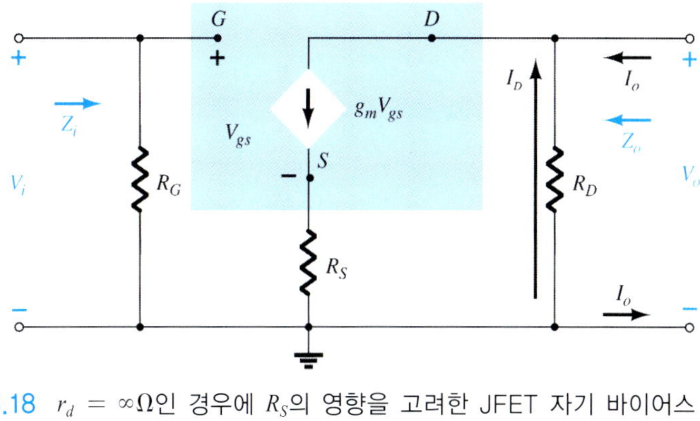

그림 8.18 $r_d = \infty\Omega$인 경우에 R_S의 영향을 고려한 JFET 자기 바이어스 회로

Z_i 게이트와 출력단 사이의 개방회로 조건 때문에 입력은 다음과 같이 된다.

$$\boxed{Z_i = R_G} \tag{8.23}$$

Z_o 출력 임피던스는 다음으로 정의된다.

$$Z_o = \left.\frac{V_o}{I_o}\right|_{V_i=0}$$

그림 8.18에서 $V_i=0$ V로 하면, 게이트 단자는 접지 전위(0 V)가 된다. 그러면 R_G 양단의 전압은 0 V가 되고, R_G는 실질적으로 단락되어 그림에서 사라진다.

키르히호프의 전류 법칙을 적용하면

$$I_o + I_D = g_m V_{gs}$$

그리고
$$V_{gs} = -(I_o + I_D)R_S$$

이다. 따라서
$$I_o + I_D = -g_m(I_o + I_D)R_S = -g_m I_o R_S - g_m I_D R_S$$

혹은
$$I_o[1 + g_m R_S] = -I_D[1 + g_m R_S]$$

그리고 $I_o = -I_D$ (인가된 조건에 대해서 제어전류원은 $g_m V_{gs} = 0$ A)

이다.
$$V_o = -I_D R_D$$

이므로
$$V_o = -(-I_o)R_D = I_o R_D$$

그리고
$$\boxed{Z_o = \frac{V_o}{I_o} = R_D}_{r_d=\infty\,\Omega} \tag{8.24}$$

만약 r_d를 회로에 포함시킨다면, 등가회로는 그림 8.19와 같이 된다.

$$Z_o = \left.\frac{V_o}{I_o}\right|_{V_i=0\,\text{V}} = -\frac{I_D R_D}{I_o}$$

이기 때문에 I_o를 I_D의 항으로 표현하는 식을 찾아야 한다.

키르히호프의 전류 법칙을 적용하면,

$$I_o = g_m V_{gs} + I_{r_d} - I_D$$

하지만
$$V_{r_d} = V_o + V_{gs}$$

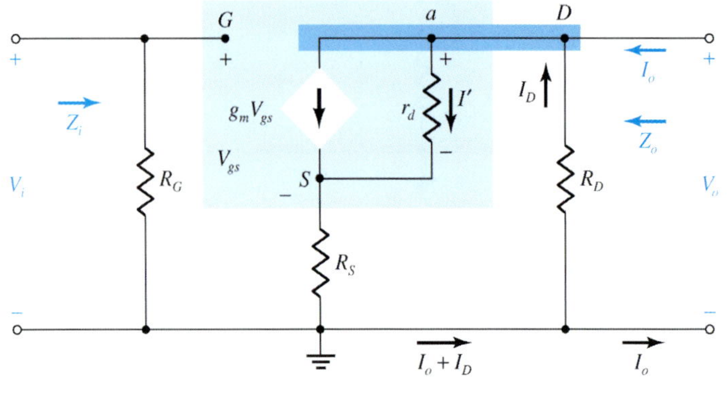

그림 8.19 r_d의 영향을 고려한 JFET 자기 바이어스 회로

그리고
$$I_o = g_m V_{gs} + \frac{V_o + V_{gs}}{r_d} - I_D$$

또는 $V_o = -I_D R_D$를 이용하면
$$I_o = \left(g_m + \frac{1}{r_d}\right)V_{gs} - \frac{I_D R_D}{r_d} - I_D$$

이제
$$V_{gs} = -(I_D + I_o)R_S$$

이다. 그래서
$$I_o = -\left(g_m + \frac{1}{r_d}\right)(I_D + I_o)R_S - \frac{I_D R_D}{r_d} - I_D$$

이므로
$$I_o\left[1 + g_m R_S + \frac{R_S}{r_d}\right] = -I_D\left[1 + g_m R_S + \frac{R_S}{r_d} + \frac{R_D}{r_d}\right]$$

또는
$$I_o = \frac{-I_D\left[1 + g_m R_S + \frac{R_S}{r_d} + \frac{R_D}{r_d}\right]}{1 + g_m R_S + \frac{R_S}{r_d}}$$

그리고
$$Z_o = \frac{V_o}{I_o} = \frac{-I_D R_D}{\dfrac{-I_D\left(1 + g_m R_S + \frac{R_S}{r_d} + \frac{R_D}{r_d}\right)}{1 + g_m R_S + \frac{R_S}{r_d}}}$$

따라서 결국
$$\boxed{Z_o = \frac{\left[1 + g_m R_S + \frac{R_S}{r_d}\right]}{\left[1 + g_m R_S + \frac{R_S}{r_d} + \frac{R_D}{r_d}\right]} R_D} \tag{8.25a}$$

$r_d \geq 10R_D$인 경우,

$$\left(1 + g_m R_S + \frac{R_S}{r_d}\right) \gg \frac{R_D}{r_d} \quad \text{그리고}$$

$$1 + g_m R_S + \frac{R_S}{r_d} + \frac{R_D}{r_d} \cong 1 + g_m R_S + \frac{R_S}{r_d}$$

그리고
$$\boxed{Z_o \cong R_D}_{r_d \geq 10R_D} \tag{8.25b}$$

A_v 그림 8.19 회로에서 키르히호프의 전압 법칙을 입력회로에 적용하면 다음의 결과를 얻을 수 있다.

$$V_i - V_{gs} - V_{R_S} = 0$$
$$V_{gs} = V_i - I_D R_S$$

r_d 양단의 전압에 키르히호프의 전압 법칙을 적용하면,

$$V_{r_d} = V_o - V_{R_S}$$

이고
$$I' = \frac{V_{r_d}}{r_d} = \frac{V_o - V_{R_S}}{r_d}$$

이다. 따라서 키르히호프의 전류 법칙을 적용하면, 다음을 얻을 수 있다.

$$I_D = g_m V_{gs} + \frac{V_o - V_{R_S}}{r_d}$$

위로부터 V_{gs}, V_o, V_{R_S}를 대입하면 다음 식이 나온다.

$$I_D = g_m[V_i - I_D R_S] + \frac{(-I_D R_D) - (I_D R_S)}{r_d}$$

정리하면
$$I_D\left[1 + g_m R_S + \frac{R_D + R_S}{r_d}\right] = g_m V_i$$

혹은
$$I_D = \frac{g_m V_i}{1 + g_m R_S + \dfrac{R_D + R_S}{r_d}}$$

그러면 출력전압은

$$V_o = -I_D R_D = -\frac{g_m R_D V_i}{1 + g_m R_S + \dfrac{R_D + R_S}{r_d}}$$

이고
$$\boxed{A_v = \frac{V_o}{V_i} = -\frac{g_m R_D}{1 + g_m R_S + \dfrac{R_D + R_S}{r_d}}} \tag{8.26}$$

다시 $r_d \geq 10(R_D + R_S)$이면,

$$\boxed{A_v = \frac{V_o}{V_i} \cong -\frac{g_m R_D}{1 + g_m R_S}}_{r_d \geq 10(R_D + R_S)} \tag{8.27}$$

위상 관계 식 (8.26)에서 음의 부호는 역시 V_i와 V_o 사이의 180° 위상 차이가 존재함을 의미하는 것이다.

예제 8.8 예제 7.2에서의 자기 바이어스 회로는 $I_{DSS} = 8$ mA이고 $V_P = -6$ V일 때, $V_{GS_Q} = -2.6$ V이고 $I_{D_Q} = 2.6$ mA인 동작점을 갖는다. 인가 신호 V_i와 함께 회로를 다시 그리면 그림 8.20과 같이 된다. 주어진 g_{os}값은 20 μS이다.

a. g_m을 결정하라.

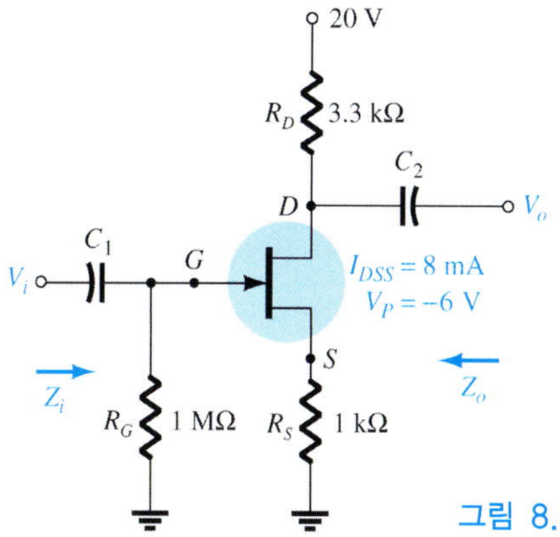

그림 8.20 예제 8.8의 회로

b. r_d를 구하라.

c. Z_i를 구하라.

d. r_d의 영향을 고려한 경우와 고려하지 않은 경우에 대해서 Z_o을 계산하고, 그 결과를 비교하라.

e. r_d의 영향을 고려한 경우와 고려하지 않은 경우에 대해서 A_v를 계산하고, 그 결과를 비교하라.

풀이

a. $$g_{m0} = \frac{2I_{DSS}}{|V_P|} = \frac{2(8\text{ mA})}{6\text{ V}} = 2.67\text{ mS}$$

$$g_m = g_{m0}\left(1 - \frac{V_{GS_Q}}{V_P}\right) = 2.67\text{ mS}\left(1 - \frac{(-2.6\text{ V})}{(-6\text{ V})}\right) = \mathbf{1.51\text{ mS}}$$

b. $$r_d = \frac{1}{y_{os}} = \frac{1}{20\,\mu\text{S}} = \mathbf{50\text{ k}\Omega}$$

c. $Z_i = R_G = \mathbf{1\ M\Omega}$

d. r_d를 고려하면,

$$r_d = 50\text{ k}\Omega > 10R_D = 33\text{ k}\Omega$$

그러므로 $$Z_o = R_D = \mathbf{3.3\ M\Omega}$$

만약 $r_d = \infty\ \Omega$이면, $$Z_o = R_D = \mathbf{3.3\,M\Omega}$$

e. r_d를 고려하면,

$$A_v = \frac{-g_m R_D}{1 + g_m R_S + \dfrac{R_D + R_S}{r_d}} = \frac{-(1.51\text{ mS})(3.3\text{ k}\Omega)}{1 + (1.51\text{ mS})(1\text{ k}\Omega) + \dfrac{3.3\text{ k}\Omega + 1\text{ k}\Omega}{50\text{ k}\Omega}}$$
$$= \mathbf{-1.92}$$

r_d를 고려하지 않으면,

$$A_v = \frac{-g_m R_D}{1 + g_m R_S} = \frac{-(1.51\,\text{mS})(3.3\,\text{k}\Omega)}{1 + (1.51\,\text{mS})(1\,\text{k}\Omega)} = \mathbf{-1.98}$$

위에서 보다시피 $r_d \geq 10(R_D+R_S)$라는 조건을 만족하기 때문에 r_d의 영향은 매우 적다. JFET 증폭기의 이득이 일반적으로 비슷한 구조의 BJT 증폭기에 비하여 작다는 것 또한 유의해야 한다. 그러나 Z_i의 크기는 BJT의 Z_i보다 더 크다는 것을 명심해야 하며, 이는 시스템의 전체 이득에 매우 긍정적인 영향을 미친다.

8.5 전압 분배기 회로

널리 알려진 BJT의 전압 분배기 회로는 그림 8.21과 같이 JFET에도 적용할 수 있다.

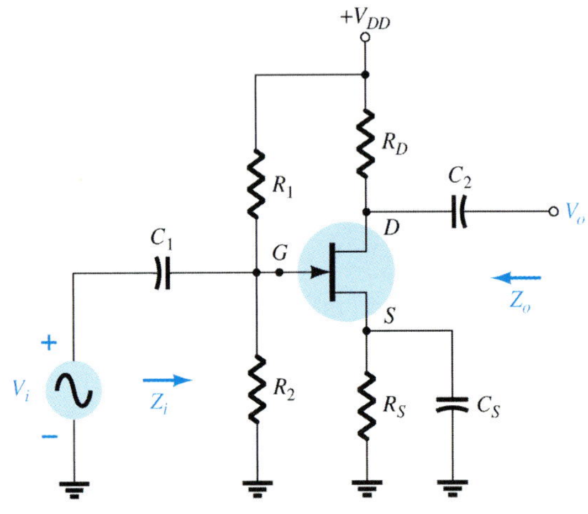

그림 8.21 JFET 전압 분배기 회로

JFET를 교류 등가 모델로 교체하면 그림 8.22의 회로를 얻을 수 있다. 직류 전원 V_{DD}가 단락회로 등가로 대치되어 R_1과 R_D의 한쪽 끝이 접지된다. 각 회로는 공통의 접지를 가지게 되므로 R_1은 그림 8.23에서와 같이 R_2와 병렬로 놓을 수 있다. 그리고 R_D 한쪽 역시 접지로 내려오지만 이 경우에는 출력회로의 r_d와 병렬이 된다. 이제 결과적으로 얻어지는 교류 등가회로는 이미 해석한 형태이다.

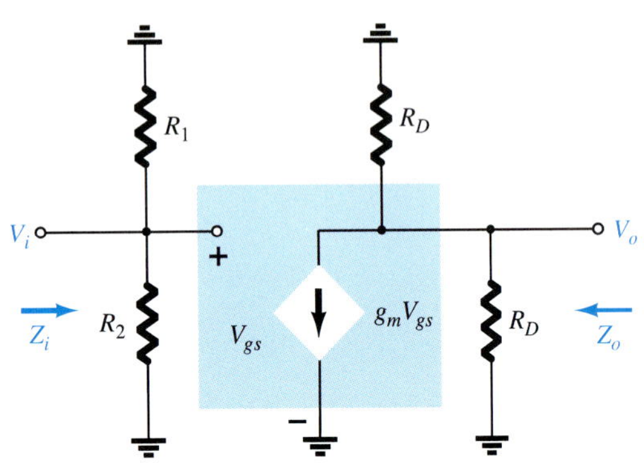

그림 8.22 교류 조건에서 그림 8.21 회로

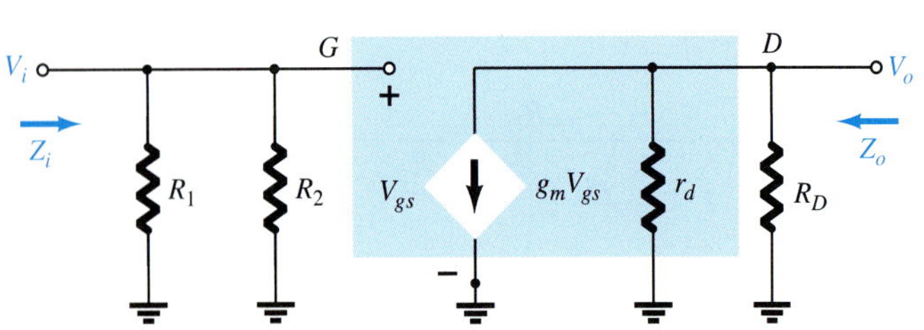

그림 8.23 그림 8.22을 다시 그린 회로

Z_i R_1과 R_2는 JFET의 개방회로 등가와 병렬이므로 다음과 같이 입력 임피던스를 구할 수 있다.

$$\boxed{Z_i = R_1 \| R_2} \tag{8.28}$$

Z_o $V_i = 0$ V로 놓으면 V_{gs}와 $g_m V_{gs}$가 0이 되므로 출력 임피던스는 다음과 같다.

$$\boxed{Z_o = r_d \| R_D} \tag{8.29}$$

$r_d \geq 10R_D$인 경우에는

$$\boxed{Z_o \cong R_D}_{r_d \geq 10R_D} \tag{8.30}$$

과 같다.

A_v

$$V_{gs} = V_i$$

그리고

$$V_o = -g_m V_{gs}(r_d \| R_D)$$

이므로

$$A_v = \frac{V_o}{V_i} = \frac{-g_m V_{gs}(r_d \| R_D)}{V_{gs}}$$

즉

$$\boxed{A_v = \frac{V_o}{V_i} = -g_m(r_d \| R_D)} \tag{8.31}$$

이다. 만약 $r_d \geq 10R_D$이면,

$$\boxed{A_v = \frac{V_o}{V_i} \cong -g_m R_D}_{r_d \geq 10R_D} \tag{8.32}$$

이다.

Z_o와 A_v에 대한 식은 고정 바이어스 회로와 자기 바이어스 회로(R_S가 바이패스된 경우)에서 얻은 식과 동일하다. 다만 유일한 차이는 R_1과 R_2의 병렬 조합으로 주어지는 Z_i에 대한 식이다.

8.6 공통 게이트 회로

자세히 해석할 다음 JFET 회로는 그림 8.24의 공통 게이트 회로이다. 이는 BJT에서 사용된 공통 베이스 회로에 해당한다.

JFET 등가회로를 대입하면 그림 8.25의 회로를 얻을 수 있다. 제어전류원 $g_m V_{gs}$가 r_d와는 병렬로 드레인에서 소스로 연결된다는 조건이 계속됨을 유의해야 한다. 이 회로에서 게이트 단자가 회로의 공통 접지에 연결되어 있고, 제어 전류원이 드레인에서 소스로 직접 연결되어 있기 때문에 입력과 출력 회로 사이가 완전히 격리되어 있지 않다. 더욱이 입력 단

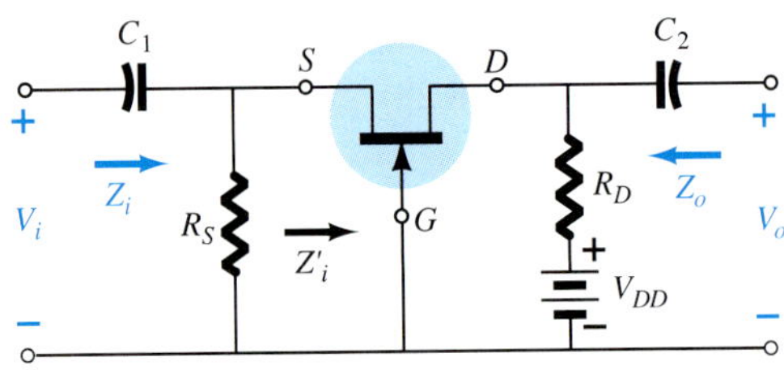

그림 8.24 JFET 공통 게이트 회로

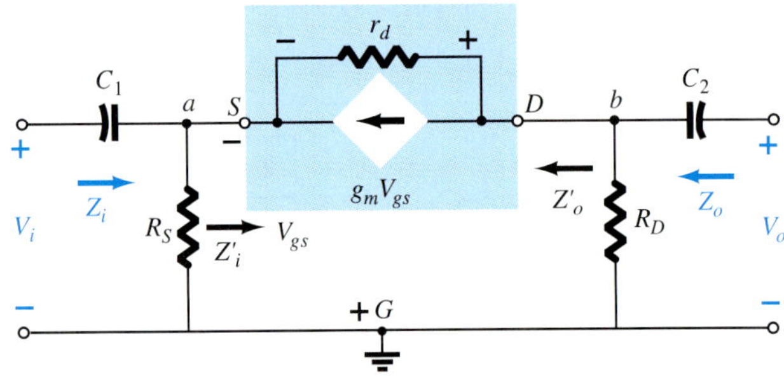

그림 8.25 JFET 교류 등가회로를 그림 8.24에 대치한 회로

자 사이에 연결된 저항이 R_G가 아니라 소스와 접지를 잇는 R_S이다. 제어 전압 V_{gs}의 위치와 이 전압이 저항 R_S 양단에 바로 걸린다는 것에 유의하자.

Z_i 저항 R_S는 Z_i를 결정하는 단자 양단에 직접 연결되어 있다. 그러므로 그림 8.24에서 Z_i' 임피던스를 먼저 구하자. 이 임피던스를 R_S와 병렬로 고려하면, 간단히 입력 임피던스 Z_i를 구할 수 있다.

관심있는 부분을 그림 8.26에 나타내었다. $V' = -V_{gs}$이다. 키르히호프의 전압 법칙을 회로의 출력단에 적용하면 다음과 같다.

$$V' - V_{r_d} - V_{R_D} = 0$$

그리고
$$V_{r_d} = V' - V_{R_D} = V' - I'R_D$$

노드 a에 키르히호프의 전류 법칙을 적용하면

$$I' + g_m V_{gs} = I_{r_d}$$

그리고
$$I' = I_{r_d} - g_m V_{gs} = \frac{(V' - I'R_D)}{r_d} - g_m V_{gs}$$

혹은
$$I' = \frac{V'}{r_d} - \frac{I'R_D}{r_d} - g_m[-V']$$

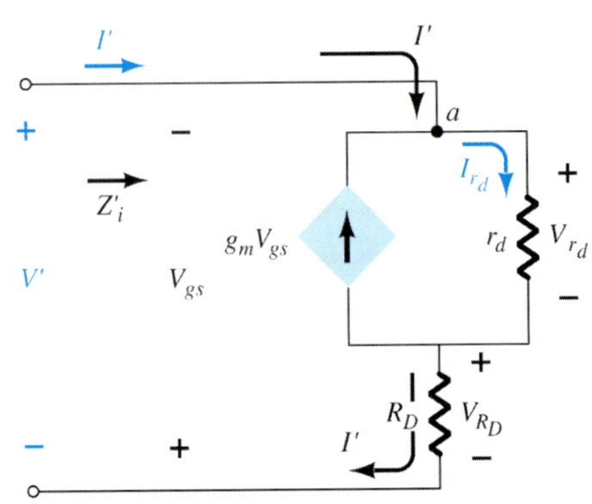

그림 8.26 그림 8.24 회로의 Z_i' 결정

이다. 그래서
$$I'\left[1+\frac{R_D}{r_d}\right]=V'\left[\frac{1}{r_d}+g_m\right]$$

이 되고, 이는
$$\boxed{Z_i'=\frac{V'}{I'}=\frac{\left[1+\dfrac{R_D}{r_d}\right]}{\left[g_m+\dfrac{1}{r_d}\right]}} \tag{8.33}$$

혹은
$$Z_i'=\frac{V'}{I'}=\frac{r_d+R_D}{1+g_m r_d}$$

그리고
$$Z_i=R_S\|Z_i'$$

결과적으로
$$\boxed{Z_i=R_S\left\|\left[\frac{r_d+R_D}{1+g_m r_d}\right]\right.} \tag{8.34}$$

이다. 만약 $r_d \geq 10R_D$라면, $R_D/r_d \ll 1$이고 $1/r_d \ll g_m$이므로 식 (8.33)은 다음과 같이 근사할 수 있다.

$$Z_i'=\frac{\left[1+\dfrac{R_D}{r_d}\right]}{\left[g_m+\dfrac{1}{r_d}\right]}\cong\frac{1}{g_m}$$

그리고
$$\boxed{Z_i\cong R_S\|1/g_m}_{\,r_d\geq 10R_D} \tag{8.35}$$

Z_o 그림 8.25에 $V_i=0$ V를 대입하면 단락으로 인해 R_S의 영향은 사라지고 V_{gs}도 0 V가 된다. 그 결과 $g_m V_{gs}=0$이고 r_d는 R_D와 병렬이 된다. 따라서

$$\boxed{Z_o=R_D\|r_d} \tag{8.36}$$

$r_d \geq 10R_D$인 경우,

$$\boxed{Z_o\cong R_D}_{\,r_d\geq 10R_D} \tag{8.37}$$

A_v 그림 8.25를 보면,

$$V_i=-V_{gs}$$

이고
$$V_o=I_D R_D$$

이다. r_d 양단에 걸리는 전압은

$$V_{r_d}=V_o-V_i$$

이고, 따라서 $$I_{r_d} = \frac{V_o - V_i}{r_d}$$

이다.

그림 8.25의 노드 b에 키르히호프의 전류 법칙을 적용하면,

$$I_{r_d} + I_D + g_m V_{gs} = 0$$

이고
$$I_D = -I_{r_d} - g_m V_{gs}$$
$$= -\left[\frac{V_o - V_i}{r_d}\right] - g_m[-V_i]$$
$$I_D = \frac{V_i - V_o}{r_d} + g_m V_i$$

이다. 그러므로

$$V_o = I_D R_D = \left[\frac{V_i - V_o}{r_d} + g_m V_i\right] R_D$$
$$= \frac{V_i R_D}{r_d} - \frac{V_o R_D}{r_d} + g_m V_i R_D$$

이고
$$V_o\left[1 + \frac{R_D}{r_d}\right] = V_i\left[\frac{R_D}{r_d} + g_m R_D\right]$$

이다. 즉,
$$\boxed{A_v = \frac{V_o}{V_i} = \frac{\left[g_m R_D + \dfrac{R_D}{r_d}\right]}{\left[1 + \dfrac{R_D}{r_d}\right]}} \qquad (8.38)$$

$r_d \geq 10R_D$인 경우, 식 (8.38)에서 R_D/r_d 항은 근사에 의해 없어지게 되고

$$\boxed{A_v \cong g_m R_D}_{r_d \geq 10R_D} \qquad (8.39)$$

를 얻을 수 있다.

위상 관계 A_v가 양수라는 것은 공통 게이트 회로에서 V_o와 V_i 사이 관계가 동상이라는 것을 의미한다.

예제 8.9 그림 8.27의 회로가 처음 보기에는 공통 게이트 회로로 보이지 않을지 모르지만, 자세히 살펴보면 그림 8.24에 있는 모든 특성을 가짐을 알 수 있다. 만약 $V_{GS_Q} = -2.2$ V이고 $I_{D_Q} = 2.03$ mA라고 할 때, 다음 물음에 답하라.

a. g_m을 결정하라.

b. r_d를 구하라.

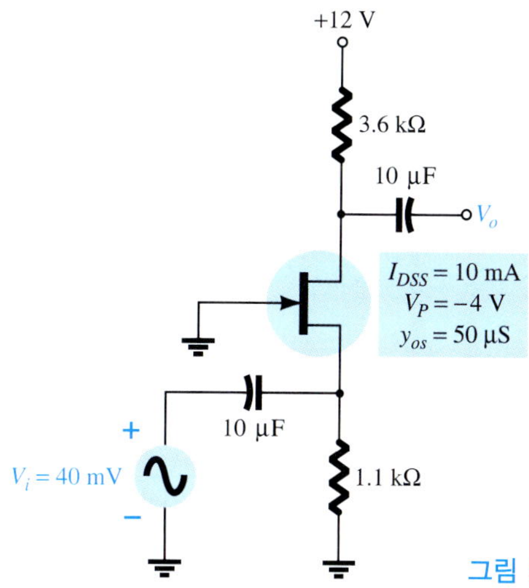

그림 8.27 예제 8.9의 회로

c. r_d를 고려한 경우와 고려하지 않은 경우에 대해서 Z_i를 계산하고, 그 결과를 비교하라.
d. r_d를 고려한 경우와 고려하지 않은 경우에 대해서 Z_o를 구하고, 그 결과를 비교하라.
e. r_d를 고려한 경우와 고려하지 않은 경우에 대해서 V_o를 결정하고, 그 결과를 비교하라.

풀이

a. $g_{m0} = \dfrac{2I_{DSS}}{|V_P|} = \dfrac{2(10\text{ mA})}{4\text{ V}} = 5\text{ mS}$

$$g_m = g_{m0}\left(1 - \frac{V_{GSQ}}{V_P}\right) = 5\text{ mS}\left(1 - \frac{(-2.2\text{ V})}{(-4\text{ V})}\right) = \mathbf{2.25\text{ mS}}$$

b. $r_d = \dfrac{1}{y_{os}} = \dfrac{1}{50\,\mu\text{S}} = \mathbf{20\text{ k}\Omega}$

c. r_d를 고려한 경우

$$Z_i = R_S \| \left[\frac{r_d + R_D}{1 + g_m r_d}\right] = 1.1\text{ k}\Omega \| \left[\frac{20\text{ k}\Omega + 3.6\text{ k}\Omega}{1 + (2.25\text{ ms})(20\text{ k}\Omega)}\right]$$
$$= 1.1\text{ k}\Omega \| 0.51\text{ k}\Omega = \mathbf{0.35\text{ k}\Omega}$$

r_d를 고려하지 않은 경우

$$Z_i = R_S \| 1/g_m = 1.1\text{ k}\Omega \| 1/2.25\text{ ms} = 1.1\text{ k}\Omega \| 0.44\text{ k}\Omega$$
$$= \mathbf{0.31\text{ k}\Omega}$$

$r_d = 20$ kΩ 그리고 $10R_D = 36$ kΩ으로 비록 $r_d \geq 10R_D$ 조건을 만족하지는 않지만, 두 식의 결과를 보면, 동일한 수준의 임피던스이다. 이 경우, $1/g_m$이 우세한 성분으로 작용한다.

d. r_d를 고려한 경우

$$Z_o = R_D \| r_d = 3.6\text{ k}\Omega \| 20\text{ k}\Omega = \mathbf{3.05\text{ k}\Omega}$$

r_d를 고려하지 않은 경우

$$Z_o = R_D = \mathbf{3.6\ k\Omega}$$

이 경우에도 $r_d \geq 10R_D$라는 조건을 만족하지는 못한다. 하지만 두 결과는 비교적 비슷하다. 이 예의 경우 R_D가 우세 성분인 것이다.

e. r_d를 고려한 경우

$$A_v = \frac{\left[g_m R_D + \frac{R_D}{r_d}\right]}{\left[1 + \frac{R_D}{r_d}\right]} = \frac{\left[(2.25\ \text{mS})(3.6\ \text{k}\Omega) + \frac{3.6\ \text{k}\Omega}{20\ \text{k}\Omega}\right]}{\left[1 + \frac{3.6\ \text{k}\Omega}{20\ \text{k}\Omega}\right]}$$

$$= \frac{8.1 + 0.18}{1 + 0\ 18} = \mathbf{7.02}$$

그리고 $$A_v = \frac{V_o}{V_i} \Rightarrow V_o = A_v V_i = (7.02)(40\ \text{mV}) = \mathbf{280.8\ mV}$$

r_d를 고려하지 않은 경우

$$A_v = g_m R_D = (2.25\ \text{mS})\ (3.6\ \text{k}\Omega) = \mathbf{8.1}$$

그리고

$$V_o = \text{A}_v V_i = (8.1)(40\ \text{mV}) = \mathbf{324\ mV}$$

이 경우, 두 결과가 다소 차이가 나지만 심각한 수준은 아니다.

예제 8.9는 $r_d \geq 10R_D$라는 조건을 비록 만족하지 못 하더라도 각 파라미터에 대한 결과는 정확한 식을 사용한 경우나 근사식을 사용한 경우나 큰 차이가 없다는 것을 보여준다. 실제로 대부분의 경우, 어느 정도의 합리적인 값을 찾는 데 손쉽게 근사식이 사용된다.

8.7 소스 폴로어(공통 드레인) 회로

BJT의 에미터 폴로어 회로에 대응되는 JFET의 회로가 그림 8.28에 있는 소스 폴로어 회로이다. 이 회로에서 출력은 소스 단자에서 나오고 직류전압원을 단락회로 등가로 대치할 경우 드레인은 접지된다. 따라서 이 구조를 공통 드레인이라고 한다.

JFET을 등가회로로 대치하면 그림 8.29의 회로를 얻을 수 있다. JFET의 제어전류원과 내부의 출력 임피던스는 함께 한쪽 끝이 접지에 연결되어 있고 다른 쪽 끝은 R_S에 연결되어 있다. R_S 양단 전압은 V_o이다. $g_m V_{gs}$, r_d, R_S는 동일한 단자(소스)와 접지에 연결되어 있기 때문에 그림 8.30에 나타낸 것과 같이 이들을 모두 병렬로 배치할 수 있다. 전류원은 거꾸로 된 방향을 갖지만 V_{gs}는 여전히 게이트와 소스 사이의 전압이다.

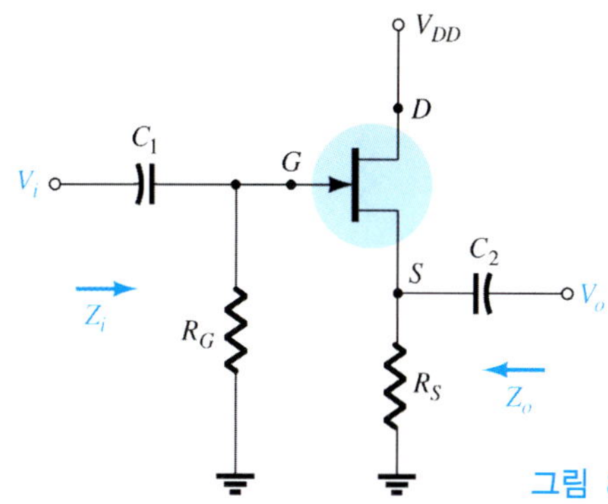

그림 8.28 JFET 소스 폴로어 회로

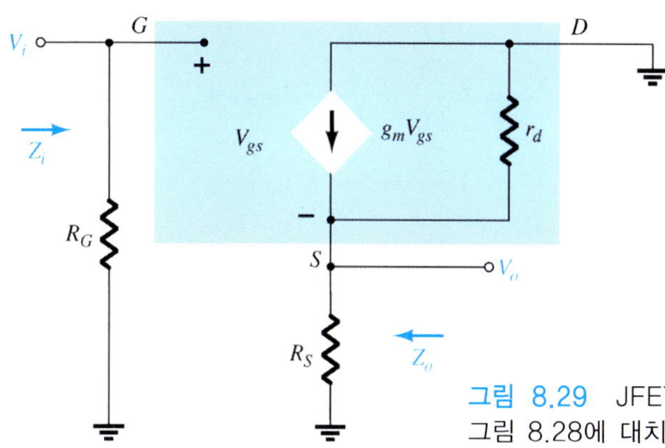

그림 8.29 JFET 교류 등가회로를
그림 8.28에 대치한 회로

Z_i 그림 8.30을 보면 Z_i는 명확히 다음과 같다.

$$\boxed{Z_i = R_G} \tag{8.40}$$

Z_o $V_i = 0$ V로 놓으면, 게이트는 그림 8.31에서와 같이 직접 접지로 연결된다.
V_{gs}와 V_o가 동일한 병렬회로 양단의 전압이므로 $V_o = -V_{gs}$이다.
노드 S에 키르히호프의 전류 법칙을 적용하면

$$\begin{aligned} I_o + g_mV_{gs} &= I_{r_d} + I_{R_S} \\ &= \frac{V_o}{r_d} + \frac{V_o}{R_S} \end{aligned}$$

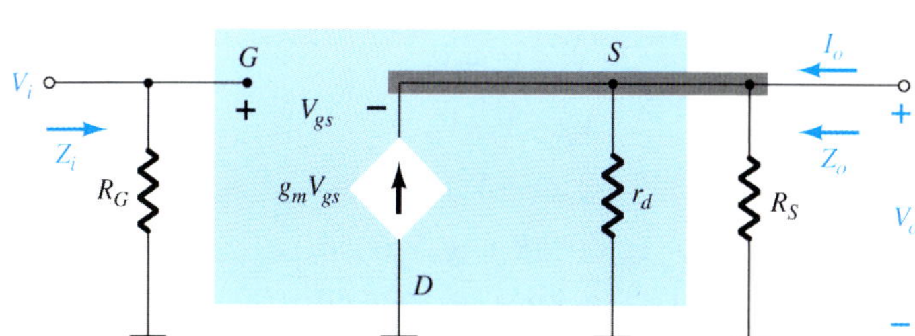

그림 8.30 그림 8.29를 다시 그린 회로

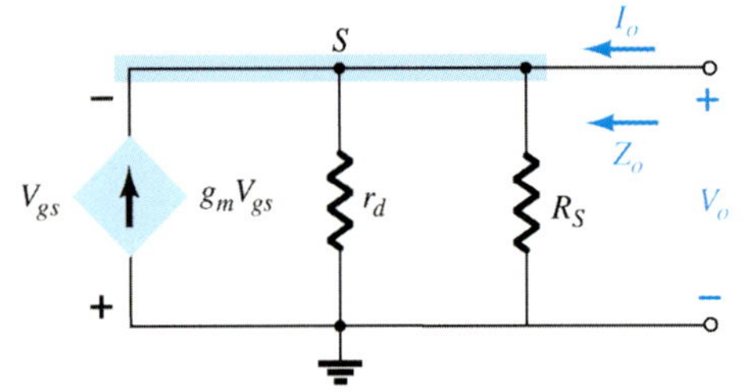

그림 8.31 그림 8.30 회로의 Z_o 결정

과 같고, 그 결과는

$$\begin{aligned} I_o &= V_o\left[\frac{1}{r_d} + \frac{1}{R_S}\right] - g_mV_{gs} \\ &= V_o\left[\frac{1}{r_d} + \frac{1}{R_S}\right] - g_m[-V_o] \\ &= V_o\left[\frac{1}{r_d} + \frac{1}{R_S} + g_m\right] \end{aligned}$$

그리고 $$Z_o = \frac{V_o}{I_o} = \frac{V_o}{V_o\left[\frac{1}{r_d} + \frac{1}{R_S} + g_m\right]} = \frac{1}{\frac{1}{r_d} + \frac{1}{R_S} + g_m} = \frac{1}{\frac{1}{r_d} + \frac{1}{R_S} + \frac{1}{1/g_m}}$$

이다. 이는 3개의 병렬저항의 전체 저항값과 동일한 형태이다. 따라서

$$\boxed{Z_o = r_d \| R_S \| 1/g_m} \tag{8.41}$$

이다. $r_d \geq 10R_S$인 경우에는,

$$\boxed{Z_o \cong R_S \| 1/g_m}_{r_d \geq 10R_S} \tag{8.42}$$

이다.

A_v 출력전압 V_o는 다음과 같이 결정된다.

$$V_o = g_mV_{gs}(r_d \| R_S)$$

그림 8.30의 회로 둘레에 키르히호프의 전압 법칙을 적용하면

$$V_i = V_{gs} + V_o$$

그리고 $$V_{gs} = V_i - V_o$$

이다. 따라서 $$V_o = g_m(V_i - V_o)(r_d \| R_S)$$

혹은 $$V_o = g_mV_i(r_d \| R_S) - g_mV_o(r_d \| R_S)$$

즉 $$V_o[1 + g_m(r_d \| R_S)] = g_mV_i(r_d \| R_S)$$

이다. 그러므로 A_v는 다음과 같다.

$$A_v = \frac{V_o}{V_i} = \frac{g_m(r_d \| R_S)}{1 + g_m(r_d \| R_S)} \tag{8.43}$$

r_d가 없거나 $r_d \geq 10R_S$인 경우에는 다음과 같다.

$$A_v = \frac{V_o}{V_i} \cong \frac{g_m R_S}{1 + g_m R_S} \Bigg|_{r_d \geq 10R_S} \tag{8.44}$$

식 (8.43)의 분모는 분자보다 1만큼 크기 때문에 BJT의 에미터 폴로어에서와 마찬가지로 이득은 절대로 1 이상이 될 수 없다.

위상 관계 식 (8.43)의 A_v는 양의 값이므로 JFET의 소스 폴로어 회로에서 V_o와 V_i는 동상이다.

예제 8.10 그림 8.32 소스 폴로어의 직류 해석 결과가 $V_{GS_Q} = -2.86$ V, $I_{D_Q} = 4.56$ mA이다.

a. g_m을 결정하라.

b. r_d를 구하라.

c. Z_i를 결정하라.

d. r_d를 고려한 경우와 고려하지 않은 경우에 대해서 Z_o을 구하고, 결과를 비교하라.

e. r_d를 고려한 경우와 고려하지 않은 경우에 대해서 A_v를 구하고, 결과를 비교하라.

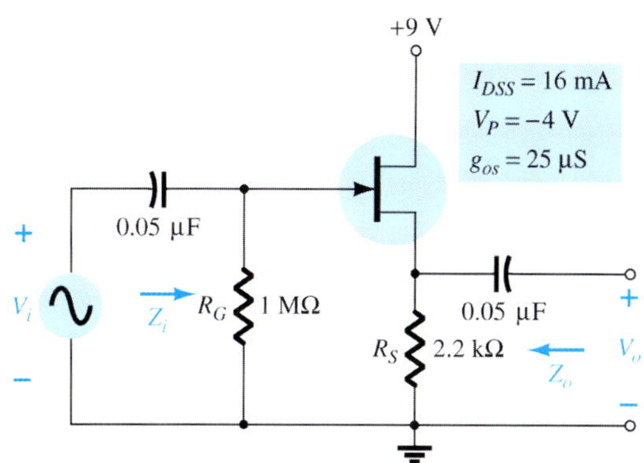

그림 8.32 예제 8.10에서 해석할 회로

풀이

a. $g_{m0} = \dfrac{2I_{DSS}}{|V_P|} = \dfrac{2(16\text{ mA})}{4\text{ V}} = 8\text{ mS}$

$$g_m = g_{m0}\left(1 - \frac{V_{GS_Q}}{V_P}\right) = 8\text{ mS}\left(1 - \frac{(-2.86\text{ V})}{(-4\text{ V})}\right) = \mathbf{2.28\text{ mS}}$$

b. $r_d = \dfrac{1}{y_{os}} = \dfrac{1}{25\ \mu\text{S}} = \mathbf{40\ k\Omega}$

c. $Z_i = R_G = \mathbf{1\ M\Omega}$

d. r_d를 고려한 경우

$$\begin{aligned} Z_o = r_d \| R_S \| 1/g_m &= 40\ \text{k}\Omega \| 2.2\ \text{k}\Omega \| 1/2.28\ \text{mS} \\ &= 40\ \text{k}\Omega \| 2.2\ \text{k}\Omega \| 438.6\ \Omega \\ &= \mathbf{362.52\ \Omega} \end{aligned}$$

이를 통해 Z_o가 비교적 작고, 주로 $1/g_m$에 의해 결정된다는 것을 알 수 있다.

r_d를 고려하지 않은 경우

$$Z_o = R_S \| 1/g_m = 2.2\ \text{k}\Omega \| 438.6\ \Omega = \mathbf{365.69\ \Omega}$$

이를 통해 r_d가 Z_o에 거의 영향을 미치는 않는다는 것을 알 수 있다.

e. r_d를 고려한 경우

$$\begin{aligned} A_v &= \frac{g_m(r_d \| R_S)}{1 + g_m(r_d \| R_S)} = \frac{(2.28\ \text{mS})(40\ \text{k}\Omega \| 2.2\ \text{k}\Omega)}{1 + (2.28\ \text{mS})(40\ \text{k}\Omega \| 2.2\ \text{k}\Omega)} \\ &= \frac{(2.28\ \text{mS})(2.09\ \text{k}\Omega)}{1 + (2.28\ \text{mS})(2.09\ \text{k}\Omega)} = \frac{4.77}{1 + 4.77} = \mathbf{0.83} \end{aligned}$$

이는 앞서 예측한 바와 같이 1보다 작다.

r_d를 고려하지 않은 경우

$$\begin{aligned} A_v &= \frac{g_m R_S}{1 + g_m R_S} = \frac{(2.28\ \text{mS})(2.2\ \text{k}\Omega)}{1 + (2.28\ \text{mS})(2.2\ \text{k}\Omega)} \\ &= \frac{5.02}{1 + 5.02} = \mathbf{0.83} \end{aligned}$$

이를 통해 일반적으로 r_d는 이 구조의 이득에 거의 영향을 주지 못함을 알 수 있다.

8.8 공핍형 MOSFET

Shockley 방정식을 공핍형 MOSFET(D-MOSFET)에도 적용할 수 있기 때문에 g_m에 대한 계산식은 동일하다. 실제로 그림 8.33에 보인 D-MOSFET의 교류 등가 모델은 그림 8.8에 나타낸 JFET의 것과 완전히 동일하다.

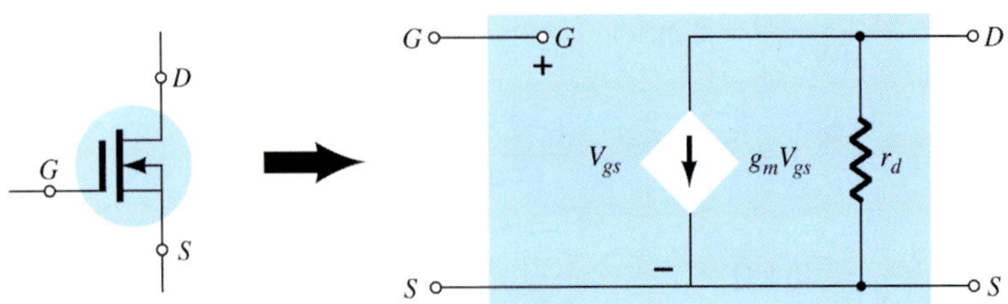

그림 8.33 D-MOSFET의 교류 등가 모델

유일한 차이는 D-MOSFET의 V_{GS_Q}는 n채널의 소자에는 양수가 될 수도 있고, p채널의 경우에는 음수가 될 수도 있다는 것이다. 이후의 예제에서 제시하겠지만, 그 결과 g_m은 g_{m0}보다 커질 수가 있다. r_d의 범위는 JFET의 경우와 매우 비슷하다.

예제 8.11 그림 8.34의 회로는 예제 7.7에서 분석했듯이, $V_{GS_Q}=0.35$ V이고 $I_{D_Q}=7.6$ mA이다.

a. g_m을 결정하고 g_{m0}와 비교하라.

b. r_d를 구하라.

c. 그림 8.34의 교류 등가회로를 그려라.

d. Z_i를 구하라.

e. Z_o을 계산하라.

f. A_v를 구하라.

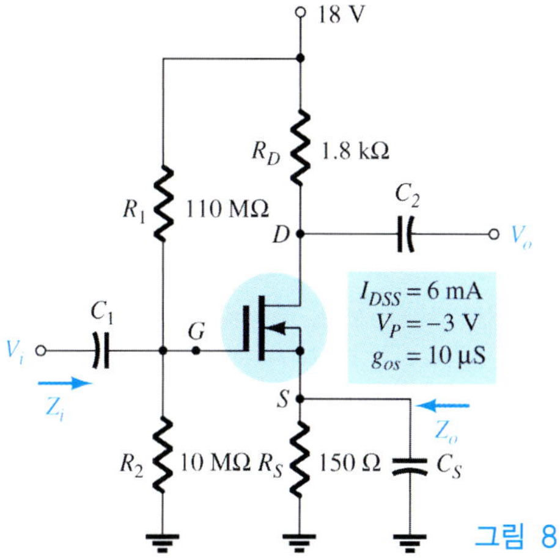

그림 8.34 예제 8.11의 회로

풀이

a. $$g_{m0}=\frac{2I_{DSS}}{|V_P|}=\frac{2(6\text{ mA})}{3\text{ V}}=4\text{ mS}$$

$$g_m=g_{m0}\left(1-\frac{V_{GS_Q}}{V_P}\right)=4\text{ mS}\left(1-\frac{(+0.35\text{ V})}{(-3\text{ V})}\right)=4\text{ mS}(1+0.117)=\mathbf{4.47\text{ mS}}$$

b. $$r_d=\frac{1}{y_{os}}=\frac{1}{10\,\mu\text{S}}=\mathbf{100\text{ k}\Omega}$$

c. 그림 8.35에 제시하였다. 그림 8.23의 회로와 유사함에 유의하라. 따라서 식 (8.28)에서 (8.32)까지 모두 적용할 수 있다.

d. 식 (8.28): $Z_i=R_1\|R_2=10\text{ M}\Omega\|110\text{ M}\Omega=\mathbf{9.17\text{ M}\Omega}$

e. 식 (8.29): $Z_o=r_d\|R_D=100\text{ k}\Omega\|1.8\text{ k}\Omega=\mathbf{1.77\text{ k}\Omega}\cong R_D=\mathbf{1.8\text{ k}\Omega}$

f. $r_d\geq 10R_D\rightarrow 100\text{ k}\Omega\geq 18\text{ k}\Omega$

식 (8.32): $A_v=-g_mR_D=-(4.47\text{ mS})(1.8\text{ k}\Omega)=\mathbf{-8.05}$

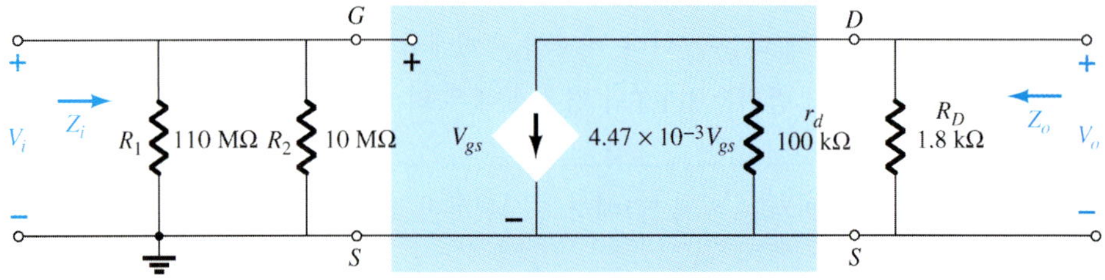

그림 8.35 그림 8.34의 교류 등가회로

8.9 증가형 MOSFET

증가형 MOSFET(E-MOSFET)에는 그림 8.36과 같이 n채널(nMOS)과 p채널(pMOS) 소자가 있다. 각 소자의 교류 소신호 등가회로는 그림 8.36에 있다. 이를 보면, 게이트와 드레인-소스 채널 사이가 개방회로이고, 게이트와 소스 사이의 전압에 의해 결정되는 전류원이 드레인에서 소스로 흐르는 것을 알 수 있다. 그리고 드레인과 소스 사이에 출력 임피던스 r_d가 있으며, 이는 보통 규격표에서 컨덕턴스 g_{os} 또는 어드미턴스 y_{os}로 제공된다. 소자의 트랜스컨덕턴스 g_m은 규격표에서 순방향 전달 어드미턴스 y_{fs}로 제공된다.

JFET의 해석에서 g_m에 대한 식은 Shockley 방정식으로부터 유도되었다. E-MOSFET의 경우, 출력전류와 제어 전압 사이의 관계는 다음과 같이 정의된다.

$$I_D = k(V_{GS} - V_{GS(\text{Th})})^2$$

g_m이 여전히 다음과 같이 정의되기 때문에

$$g_m = \frac{\Delta I_D}{\Delta V_{GS}}$$

g_m을 구하기 위해 동작점에서 전달식을 미분해야 한다. 즉,

$$\begin{aligned} g_m &= \frac{dI_D}{dV_{GS}} = \frac{d}{dV_{GS}} k(V_{GS} - V_{GS(\text{Th})})^2 = k\frac{d}{dV_{GS}}(V_{GS} - V_{GS(\text{Th})})^2 \\ &= 2k(V_{GS} - V_{GS(\text{Th})})\frac{d}{dV_{GS}}(V_{GS} - V_{GS(\text{Th})}) = 2k(V_{GS} - V_{GS(\text{Th})})(1 - 0) \end{aligned}$$

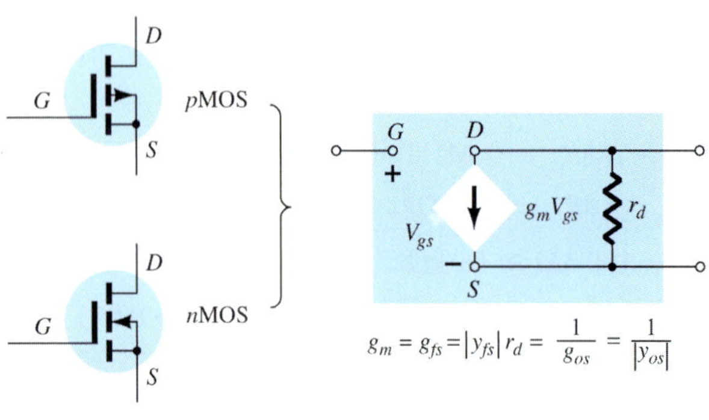

그림 8.36 증가형 MOSFET의 교류 소신호 등가 모델

이 되고, 따라서

$$g_m = 2k(V_{GS_Q} - V_{GS(\mathrm{Th})}) \tag{8.45}$$

가 된다. 상수 k는 규격표에서 제시된 동작점으로부터 얻을 수 있다. 다른 모든 관점에서 보면 E-MOSFET의 교류 해석은 JFET이나 D-MOSFET의 경우와 동일하다. 하지만 E-MOSFET의 특성으로 바이어스 회로의 구조에 다소 제한이 있다는 것을 알아야 한다.

8.10 E-MOSFET 드레인 피드백 회로

그림 8.37에 E-MOSFET 드레인 피드백 회로가 제시되어 있다. 직류 계산에 따르면 $I_G=0$ A이므로 $V_{R_F}=0$ V가 되어, R_F는 단락회로 등가로 대치될 수 있음을 상기하자. 그러나 교류의 경우, R_F는 V_o와 V_i 사이에 높은 임피던스를 제공한다. 그렇지 않으면(R_F를 단락으로 생각한다면), 입력과 출력 단자가 직접 연결되어 $V_o = V_i$ 가 된다.

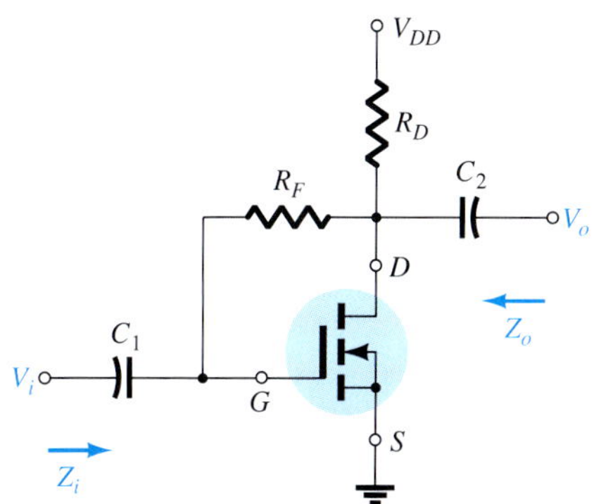

그림 8.37 E-MOSFET 드레인 피드백 회로

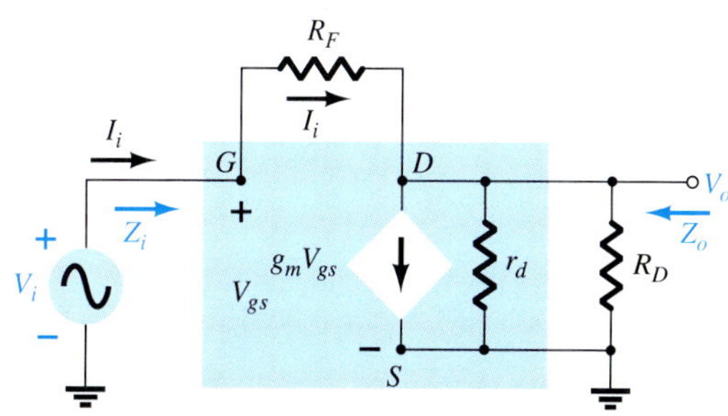

그림 8.38 그림 8.37의 교류 등가회로

그림 8.38은 소자에 교류 등가 모델을 대치한 것이다. R_F는 등가 모델을 나타내는 색칠된 영역 내에 있지 않으며, 입력과 출력회로 사이를 직접 연결한다.

Z_i 출력회로(그림 8.38의 노드 D에서)에 키르히호프의 전류 법칙을 적용하면,

$$I_i = g_m V_{gs} + \frac{V_o}{r_d \| R_D}$$

이고

$$V_{gs} = V_i$$

이다. 그러면

$$I_i = g_m V_i + \frac{V_o}{r_d \| R_D}$$

혹은

$$I_i - g_m V_i = \frac{V_o}{r_d \| R_D}$$

이다. 그러므로 $V_o = (r_d \| R_D)\,(I_i - g_m V_i)$

이다. 그러면 $$I_i = \frac{V_i - V_o}{R_F} = \frac{V_i - (r_d \| R_D)(I_i - g_m V_i)}{R_F}$$

이고 $$I_i R_F = V_i - (r_d \| R_D) I_i + (r_d \| R_D) g_m V_i$$

이므로 $$V_i[1 + g_m (r_d \| R_D)] = I_i [R_F + r_d \| R_D]$$

이다. 그러므로 결과적으로

$$\boxed{Z_i = \frac{V_i}{I_i} = \frac{R_F + r_d \| R_D}{1 + g_m (r_d \| R_D)}} \tag{8.46}$$

이다. 일반적으로 $R_F \gg r_d \| R_D$이므로

$$Z_i \cong \frac{R_F}{1 + g_m (r_d \| R_D)}$$

이다. 그리고 $r_d \geq 10R_D$인 경우,

$$\boxed{Z_i \cong \frac{R_F}{1 + g_m R_D}}_{R_F \gg r_d \| R_D,\; r_d \geq 10R_D} \tag{8.47}$$

이다.

Z_o $V_i = 0$ V로 하면 $V_{gs} = 0$ V이고 $g_m V_{gs} = 0$이 되어, 그림 8.39에서 나타내었듯이 게이트는 접지가 되어 단락회로 경로가 된다. 그러면 R_F, r_d, R_D는 병렬이 되어 출력 임피던스는 다음과 같이 주어진다.

$$\boxed{Z_o = R_F \| r_d \| R_D} \tag{8.48}$$

일반적으로 R_F는 $r_d \| R_D$ 보다 훨씬 크므로

$$Z_o \cong r_d \| R_D$$

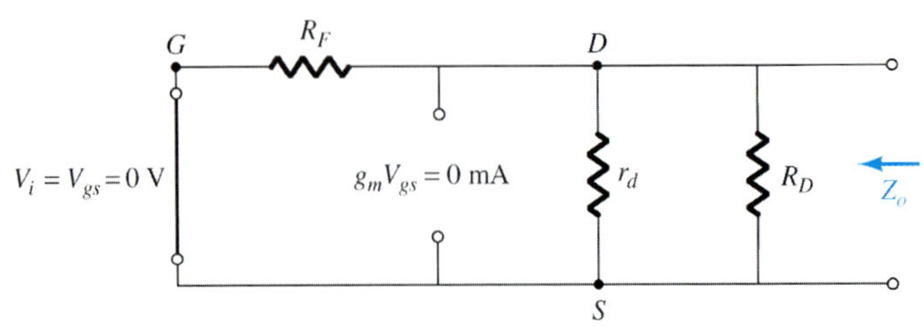

그림 8.39 그림 8.37 회로의 Z_o 결정

이다. 그리고 $r_d \geq 10R_D$이면,

$$\boxed{Z_o \cong R_D} \quad {}_{R_F \gg r_d \| R_D,\, r_d \geq 10R_D} \tag{8.49}$$

A_v 그림 8.38의 노드 D에서 키르히호프의 전류 법칙을 적용하면

$$I_i = g_m V_{gs} + \frac{V_o}{r_d \| R_D}$$

이다. 여기서 $V_{gs} = V_i$ 그리고 $I_i = \frac{V_i - V_o}{R_F}$

이다. 그러므로 $$\frac{V_i - V_o}{R_F} = g_m V_i + \frac{V_o}{r_d \| R_D}$$

이 되고 $$\frac{V_i}{R_F} - \frac{V_o}{R_F} = g_m V_i + \frac{V_o}{r_d \| R_D}$$

으로 쓸 수 있다. 그래서 $$V_o\left[\frac{1}{r_d \| R_D} + \frac{1}{R_F}\right] = V_i\left[\frac{1}{R_F} - g_m\right]$$

이고 $$A_v = \frac{V_o}{V_i} = \frac{\left[\frac{1}{R_F} - g_m\right]}{\left[\frac{1}{r_d \| R_D} + \frac{1}{R_F}\right]}$$

이다. 이때 $$\frac{1}{r_d \| R_D} + \frac{1}{R_F} = \frac{1}{R_F \| r_d \| R_D}$$

이고 $$g_m \gg \frac{1}{R_F}$$

이므로 결국 $$\boxed{A_v = -g_m(R_F \| r_d \| R_D)} \tag{8.50}$$

이다. 일반적으로 $R_F \gg r_d \| R_D$는 성립하기 때문에, $r_d \geq 10R_D$가 만족하면 전압이득은 다음과 같다.

$$\boxed{A_v \cong -g_m R_D} \quad {}_{R_F \gg r_d \| R_D,\, r_d \geq 10R_D} \tag{8.51}$$

위상 관계 A_v가 음의 부호를 가진다는 것은 V_o와 V_i가 180° 위상이 어긋나 있다는 것을 의미한다.

예제 8.12 예제 7.10에서 그림 8.40의 E-MOSFET를 해석하였다. 그 결과 $k = 0.24 \times 10^{-3}$ A/V^2, $V_{GS_Q} = 6.4$ V, $I_{D_Q} = 2.75$ mA를 얻었다.

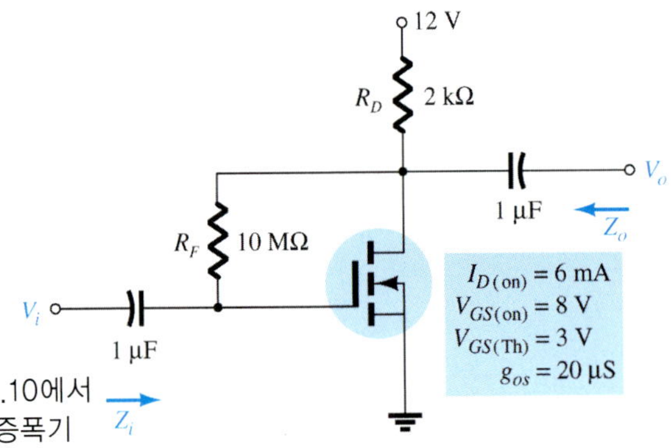

그림 8.40 예제 7.10에서 다룬 드레인 피드백 증폭기

a. g_m을 구하라.

b. r_d를 구하라.

c. r_d를 고려한 경우와 고려하지 않은 경우에 대해서 Z_i를 계산하고, 그 결과를 비교하라.

d. r_d를 고려한 경우와 고려하지 않은 경우에 대해서 Z_o를 구하고, 그 결과를 비교하라.

e. r_d를 고려한 경우와 고려하지 않은 경우에 대해서 A_v를 구하고, 그 결과를 비교하라.

풀이

a. $g_m = 2k(V_{GS_Q} - V_{GS(\text{Th})}) = 2(0.24\times10^{-3}\ \text{A/V}^2)(6.4\ \text{V} - 3\ \text{V})$
$= \mathbf{1.63\ mS}$

b. $r_d = \dfrac{1}{y_{os}} = \dfrac{1}{20\ \mu\text{S}} = \mathbf{50\ k\Omega}$

c. r_d를 고려한 경우

$$Z_i = \frac{R_F + r_d \| R_D}{1 + g_m(r_d \| R_D)} = \frac{10\ \text{M}\Omega + 50\ \text{k}\Omega \| 2\ \text{k}\Omega}{1 + (1.63\ \text{mS})(50\ \text{k}\Omega \| 2\ \text{k}\Omega)}$$
$$= \frac{10\ \text{M}\Omega + 1.92\ \text{k}\Omega}{1 + 3.13} = \mathbf{2.42\ M\Omega}$$

r_d를 고려하지 않은 경우

$$Z_i \cong \frac{R_F}{1 + g_m R_D} = \frac{10\ \text{M}\Omega}{1 + (1.63\ \text{mS})(2\ \text{k}\Omega)} = \mathbf{2.53\ M\Omega}$$

$r_d \geq 10R_D \Rightarrow 50\ \text{k}\Omega \geq 20\ \text{k}\Omega$라는 조건을 만족하기 때문에, r_d를 고려한 경우와 고려하지 않은 경우의 Z_o값이 매우 가까운 것을 볼 수 있다.

d. r_d를 고려한 경우

$$Z_o = R_F \| r_d \| R_D = 10\ \text{M}\Omega \| 50\ \text{k}\Omega \| 2\ \text{k}\Omega = 49.75\ \text{k}\Omega \| 2\ \text{k}\Omega$$
$$= \mathbf{1.92\ k\Omega}$$

r_d를 고려하지 않은 경우

$$Z_o \cong R_D = \mathbf{2\ k\Omega}$$

역시 매우 가까운 결과를 얻는다.

e. r_d를 고려한 경우

$$\begin{aligned} A_v &= -g_m(R_F \| r_d \| R_D) \\ &= -(1.63\text{ mS})(10\text{ M}\Omega \| 50\text{ k}\Omega \| 2\text{ k}\Omega) \\ &= -(1.63\text{ mS})(1.92\text{ k}\Omega) \\ &= \mathbf{-3.21} \end{aligned}$$

r_d를 고려하지 않은 경우

$$\begin{aligned} A_v &= -g_m R_D = -(1.63\text{ mS})(2\text{ k}\Omega) \\ &= \mathbf{-3.26} \end{aligned}$$

위 결과에 매우 가깝다.

8.11 E-MOSFET 전압 분배기 회로

E-MOSFET 회로에서 마지막으로 알아볼 것은 그림 8.41의 전압 분배기 회로이다. 그 형태는 앞서 살펴본 것과 완전히 같다.

E-MOSFET을 교류 등가회로로 대치하면, 그림 8.42의 회로가 된다. 이것은 그림 8.23과 완전히 동일하다. 따라서 식 (8.28)에서 (8.32)까지를 E-MOSFET에도 그대로 적용할 수 있다.

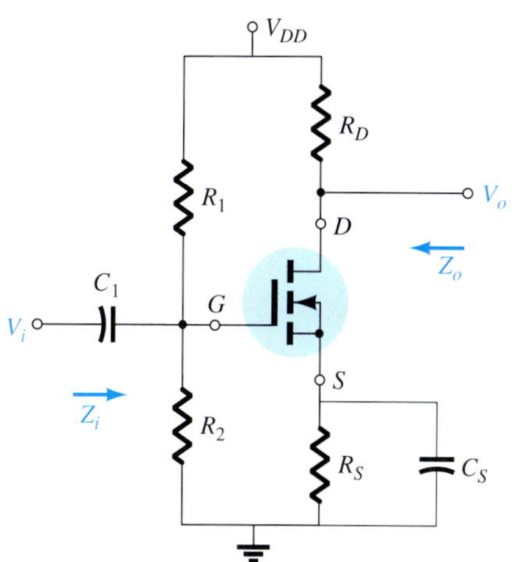

그림 8.41 E-MOSFET 전압 분배기 회로

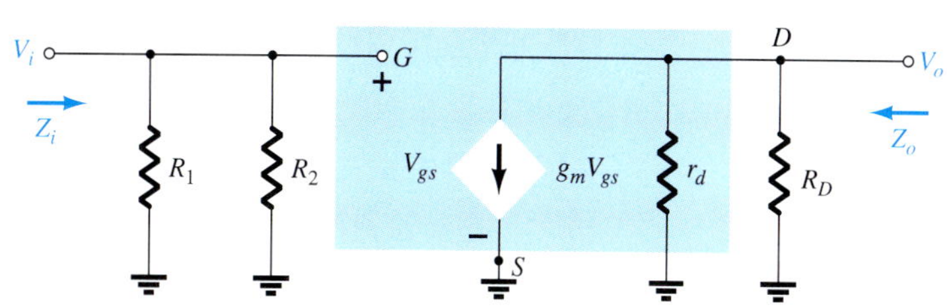

그림 8.42 그림 8.41의 교류 등가회로

Z_i

$$\boxed{Z_i = R_1 \| R_2} \tag{8.52}$$

Z_o

$$\boxed{Z_o = r_d \| R_D} \tag{8.53}$$

$r_d \geq 10R_D$인 경우,

$$\boxed{Z_o \cong R_d}_{r_d \geq 10R_D} \tag{8.54}$$

A_v

$$\boxed{A_v = \frac{V_o}{V_i} = -g_m(r_d \| R_D)} \tag{8.55}$$

$r_d \geq 10R_D$인 경우,

$$\boxed{A_v = \frac{V_o}{V_i} \cong -g_m R_D} \tag{8.56}$$

8.12 FET 증폭기 회로 설계

현재 단계에서 설계 문제는 원하는 직류 바이어스 조건 혹은 교류전압이득을 얻는 것으로 제한된다. 대부분의 경우에 원하는 이득, 입력 임피던스, 또는 출력 임피던스를 얻기 위해 필요한 파라미터를 정의하고자 지금까지의 식을 역으로 사용한다. 설계 단계 초기에는 근사식을 주로 사용함으로써 불필요하게 복잡한 계산을 하지 않는다. 이는 계산된 저항을 실제 표준 저항값으로 대치하는 과정에서 여러 변화가 있을 수 있기 때문이다. 일단 초기 설계가 끝나면, 그 결과를 검사할 수 있고 완전한 식을 이용하여 미세 조정을 할 수 있다.

비록 중첩(superposition)을 사용하여 직류와 교류의 관점에서 별개의 분석과 설계가 가능하다고는 하지만, 직류 조건에서 선택한 파라미터가 교류 응답에 자주 중요한 역할을 수행할 수 있다는 것을 설계 전체 과정에서 인지하고 있어야 한다. 예를 들어 피드백 회로에서 저항 R_F는 직류 조건에서 $I_G \cong 0$ A이기 때문에 단락회로 등가로 대치할 수 있었다. 그러나 교류 해석에서는 V_o와 V_i 사이에 높은 임피던스 경로를 제공하는 중요한 역할을 한다. 더욱이 동작점이 I_D 축($V_{GS} = 0$ V)에 가까워지면 g_m은 커져서, 비교적 작은 R_S가 요구된다. R_S가 바이패스되지 않은 경우, 작은 R_S는 높은 이득을 얻는 데에도 역할을 하지만, 소스 폴로어의 경우에는 최대 이득인 1보다 작아진다. 결국 회로의 파라미터는 직류와 교류 모두에 다른 방법으로 영향을 준다는 것을 명심해야 한다. 종종 특정한 동작점과 이것의 교류 응답에 대한 영향 사이에 균형을 이루어야 한다.

대부분의 경우에 이용 가능한 직류 전원의 전압은 알고, 사용할 FET를 결정하고, 특정 주파수에서 사용할 커패시터도 결정한다. 그다음 원하는 이득이나 임피던스값을 얻기 위해 필요한 저항 성분을 결정해야 한다. 이어지는 3가지 예제는 특정한 이득을 위해 필요한 파라미터를 결정하는 것이다.

예제 8.13 교류 이득이 −10이 되도록 그림 8.43의 고정 바이어스 회로를 설계하라. 즉, R_D의 값을 결정하라.

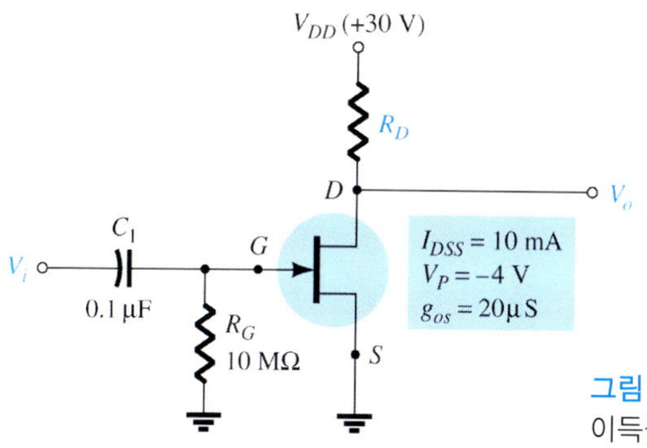

그림 8.43 예제 8.13에서 원하는 전압 이득을 위한 회로

풀이 $V_{GS_Q}=0$ V이므로 g_m의 값은 g_{m0}이다. 그러므로 이득은 다음 식으로 결정된다.

$$A_v = -g_m(R_D \| r_d) = -g_{m0}(R_D \| r_d)$$

여기서
$$g_{m0} = \frac{2I_{DSS}}{|V_P|} = \frac{2(10\text{ mA})}{4\text{ V}} = 5\text{ mS}$$

그 결과는
$$-10 = -5\text{ mS}(R_D \| r_d)$$

이 되고
$$R_D \| r_d = \frac{10}{5\text{ mS}} = 2\text{ k}\Omega$$

이다. 소자의 규격으로부터

$$r_d = \frac{1}{y_{os}} = \frac{1}{20 \times 10^{-6}\text{ S}} = 50\text{ k}\Omega$$

이고, 이를 대입하면

$$R_D \| r_d = R_D \| 50\text{ k}\Omega = 2\text{ k}\Omega$$

그리고
$$\frac{R_D(50\text{ k}\Omega)}{R_D + 50\text{ k}\Omega} = 2\text{ k}\Omega$$

혹은
$$50R_D = 2(R_D + 50\text{ k}\Omega) = 2R_D + 100\text{ k}\Omega$$

하면
$$48R_D = 100\text{ k}\Omega$$

이고
$$R_D = \frac{100\text{ k}\Omega}{48} \cong 2.08\text{ k}\Omega$$

이다. 가장 가까운 표준값은 **2 kΩ** (부록 C 참조)이다. 그러므로 이 값을 이 설계에 사용한다.

따라서 V_{DS_Q}값은 다음과 같이 결정된다.

$$V_{DS_Q} = V_{DD} - I_{D_Q}R_D = 30\text{ V} - (10\text{ mA})(2\text{ k}\Omega) = \mathbf{10\ V}$$

Z_i와 Z_o는 각각 R_G와 R_D에 의해 결정된다. 즉

$$Z_i = R_G = \mathbf{10\ M\Omega}$$
$$Z_o = R_D \| r_d = 2\ k\Omega \| 50\ k\Omega = \mathbf{1.92\ k\Omega} \cong R_D = 2\ k\Omega$$

예제 8.14 그림 8.44의 회로에서 $V_{GS_Q} = \frac{1}{4}V_P$인 경우에 비교적 큰 g_m을 사용하여 이득이 −8이 되도록 R_D와 R_S를 선택하라.

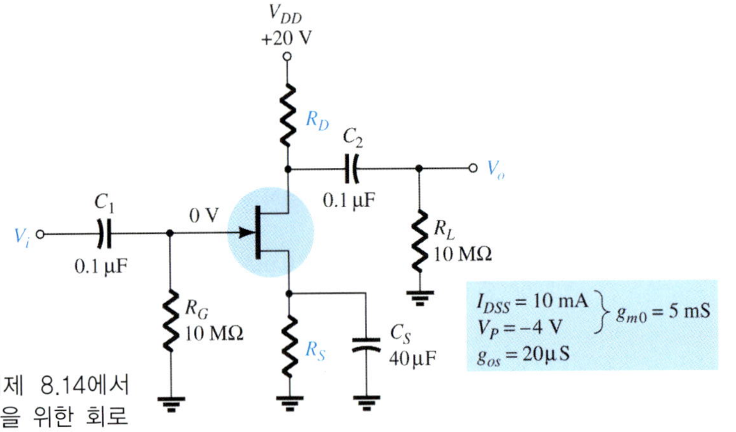

그림 8.44 예제 8.14에서 원하는 전압이득을 위한 회로

풀이 동작점은 다음과 같이 결정된다.

$$V_{GS_Q} = \frac{1}{4}V_P = \frac{1}{4}(-4\ V) = -1\ V$$

그리고 $$I_D = I_{DSS}\left(1 - \frac{V_{GS_Q}}{V_P}\right)^2 = 10\ mA\left(1 - \frac{(-1\ V)}{(-4\ V)}\right)^2 = 5.625\ mA$$

g_m을 결정하면 다음과 같다.

$$g_m = g_{m0}\left(1 - \frac{V_{GS_Q}}{V_P}\right)$$
$$= 5\ mS\left(1 - \frac{(-1\ V)}{(-4\ V)}\right) = 3.75\ mS$$

교류전압 이득의 크기는 다음과 같이

$$|A_v| = g_m(R_D \| r_d)$$

이미 알고 있는 값을 대입하면

$$8 = (3.75\ mS)\,(R_D \| r_d)$$

따라서 $$R_D \| r_d = \frac{8}{3.75\ mS} = 2.13\ k\Omega$$

r_d의 값은 다음과 같이 결정된다.

$$r_d = \frac{1}{y_{os}} = \frac{1}{20\,\mu\text{S}} = 50\,\text{k}\Omega$$

그리고 $$R_D \| 50\ \text{k}\Omega = 2.13\ \text{k}\Omega$$

따라서 R_D를 구하면 $$R_D = \mathbf{2.2\ k\Omega}$$

이고, 이는 표준값이다.

R_S값은 직류 동작에 의해서 다음과 같이 결정된다.

$$V_{GS_Q} = -I_D R_S$$
$$-1\,\text{V} = -(5.625\ \text{mS})R_S$$

즉 $$R_S = \frac{1\,\text{V}}{5.625\,\text{mA}} = 177.8\,\Omega$$

가장 가까운 표준값은 **180 Ω**이다. 이 예제에서 R_S는 C_S에 의해 단락되어 사라지기 때문에 교류 설계에서는 나타나지 않는다.

다음 예제에서 R_S는 바이패스되지 않아 설계가 조금 더 복잡해진다.

예제 8.15 그림 8.44에서 바이패스 커패시터 C_S를 없앤다면 이득의 크기를 8로 하기 위해 필요한 R_D와 R_S의 값을 구하라.

풀이 V_{GS_Q}와 I_{D_Q}는 여전히 -1 V와 5.625 mA이다. 그리고 $V_{GS} = -I_D R_S$ 식이 변하지 않았기 때문에 R_S는 예제 8.14에서 구한 **180 Ω** 그대로이다.

바이패스하지 않은 자기 바이어스 회로에서 이득은 다음과 같다.

$$A_v = -\frac{g_m R_D}{1 + g_m R_S}$$

먼저 $r_d \geq 10(R_D + R_S)$라고 가정한다. 여기서 A_v를 구하기 위해 완전한 식을 사용하면 불필요하게 복잡해지기 때문이다.

규정된 이득의 크기 8을 대입하면

$$|8| = \left|\frac{-(3.75\,\text{mS})R_D}{1 + (3.75\,\text{mS})(180\,\Omega)}\right| = \frac{(3.75\,\text{mS})R_D}{1 + 0.675}$$

이고 $$8(1 + 0.675) = (3.75\ \text{mS})R_D$$

이다. 따라서 $$R_D = \frac{13.4}{3.75\,\text{mS}} = 3.573\,\text{k}\Omega$$

이다. 이 값에 가장 가까운 표준값은 **3.6 kΩ**이다.

이제 앞서 가정한 조건을 검사해 보도록 한다.

$$r_d \geq 10(R_D + R_S)$$

$$50\ \text{k}\Omega \geq 10(3.6\ \text{k}\Omega + 0.18\ \text{k}\Omega) = 10(3.78\ \text{k}\Omega)$$

즉

$$50\ \text{k}\Omega \geq 37.8\ \text{k}\Omega$$

이므로 조건을 만족한다.

8.13 요약표

회로 간의 비교를 빨리 할 수 있고, 여러 요인에 대한 회로 해석의 도움이 되도록 표 8.1을 제시한다. 주요 파라미터에 대한 정확한 식과 근사식을 각 회로에 대해 일반적인 값의 범위와 함께 제공한다. 모든 회로를 제시한 것은 아니지만, 자주 사용하는 대부분의 회로를 제시하였다. 사실 여기 제시되지 않은 회로는 제시된 회로에 약간의 변형을 취한 것일 수 있으므로, 이 표는 최소한 어떤 값을 기대해야 하는지 그리고 어떤 경로로 원하는 식을 세울 수 있는지에 대한 통찰력을 줄 수 있다. 본 교재는 두 쪽에 걸쳐 소개하고 있다.

8.14 R_L과 R_{sig}의 영향

이 절은 BJT 증폭기의 교류 이득에서 부하 저항 R_L과 전원 저항 R_s의 영향을 다룬 BJT 소신호 교류 해석의 5.12절, 5.15절과 같은 맥락의 단원이다. 마찬가지로 두 가지 해석 방법이 있다. 첫 번째 방법은 FET를 교류 등가 모델로 대치하고 무부하 상황에서와 비슷한 방법으로 자세한 해석을 수행하는 것이고, 다른 방법은 5.15절에서 소개했던 2포트 방정식을 적용하는 방법이다.

BJT에 적용된 모든 2포트 방정식은 FET 회로에도 적용 가능하다. 왜냐하면 관심 있는 양이 시스템의 성분이 아니고 입력과 출력 단자에서 정의되기 때문이다.

이 장에서 해석할 때 쉽게 참고하기 위해서 그리고 기억을 새롭게 하기 위해서 몇 개의 가장 중요한 최종적인 방정식을 아래에 다시 나열하였다.

$$A_{v_L} = \frac{R_L}{R_L + R_o} A_{v_{NL}} \tag{8.57}$$

$$A_{i_L} = -A_{v_L} \frac{Z_i}{R_L} \tag{8.58}$$

$$A_{v_s} = \frac{V_o}{V_s} = \frac{V_i}{V_s} \cdot \frac{V_o}{V_i} = \left(\frac{R_i}{R_i + R_{sig}}\right)\left(\frac{R_L}{R_L + R_o}\right) A_{v_{NL}} \tag{8.59}$$

표 8.1 여러 FET 회로에 대한 Z_i, Z_o, A_v

회 로	Z_i	Z_o	$A_v = \dfrac{V_o}{V_i}$
고정 바이어스 (JFET 또는 D-MOSFET) 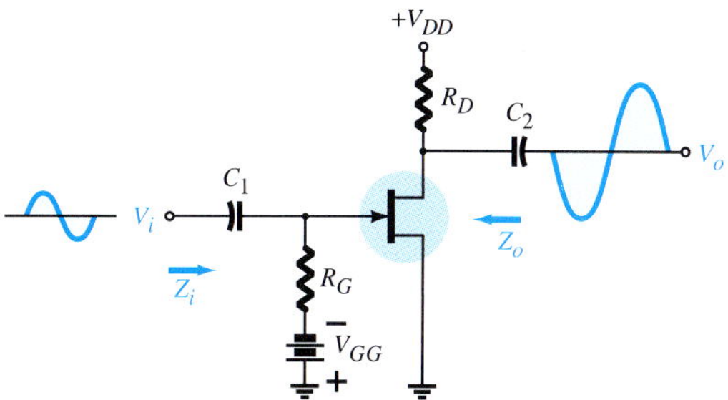	높음 (10 MΩ) $= R_G$	중간 (2 kΩ) $= R_D \| r_d$ $\cong R_D \quad (r_d \geq 10R_D)$	중간 (−10) $= -g_m(r_d \| R_D)$ $\cong -g_m R_D \quad (r_d \geq 10R_D)$
자기 바이어스 바이패스된 R_S (JFET 또는 D-MOSFET) 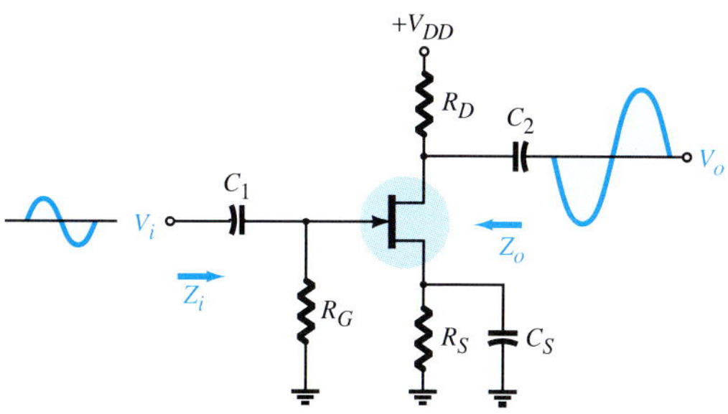	높음 (10 MΩ) $= R_G$	중간 (2 kΩ) $= R_D \| r_d$ $\cong R_D \quad (r_d \geq 10R_D)$	중간 (−10) $= -g_m(r_d \| R_D)$ $\cong -g_m R_D \quad (r_d \geq 10R_D)$
자기 바이어스 바이패스되지 않은 R_S (JFET 또는 D-MOSFET) 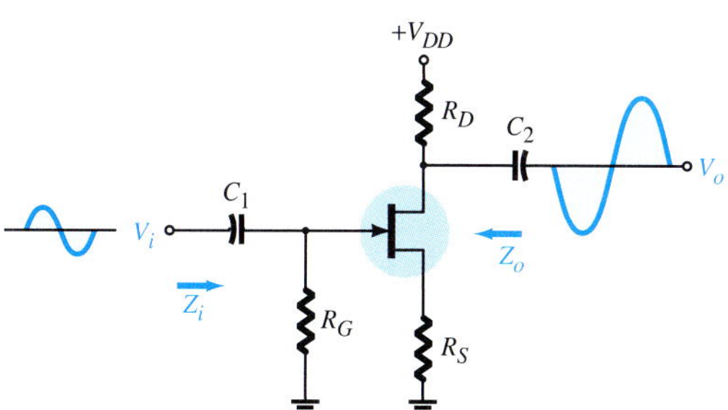	높음 (10 MΩ) $= R_G$	$= \dfrac{\left[1 + g_m R_S + \dfrac{R_S}{r_d}\right] R_D}{\left[1 + g_m R_S + \dfrac{R_S}{r_d} + \dfrac{R_D}{r_d}\right]}$ $= R_D \quad r_d \geq 10R_D \text{ or } r_d = \infty\Omega$	낮음 (−2) $= \dfrac{g_m R_D}{1 + g_m R_S + \dfrac{R_D + R_S}{r_d}}$ $\cong -\dfrac{g_m R_D}{1 + g_m R_S} \quad [r_d \geq 10(R_D + R_S)]$
전압 분배기 바이어스 (JFET 또는 D-MOSFET) 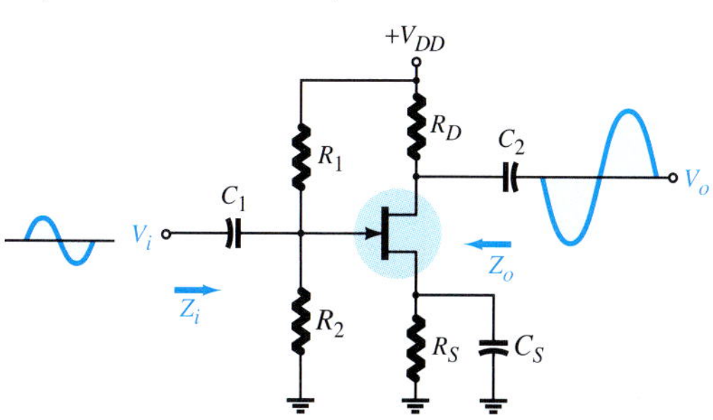	높음 (10 MΩ) $= R_1 \| R_2$	중간 (2 kΩ) $= R_D \| r_d$ $\cong R_D \quad (r_d \geq 10R_D)$	중간 (−10) $= -g_m(r_d \| R_D)$ $\cong -g_m R_D \quad (r_d \geq 10R_D)$

표 8.1 (계속)

회 로	Z_i	Z_o	$A_v = \dfrac{V_o}{V_i}$
공통 게이트 (JFET 또는 D-MOSFET) 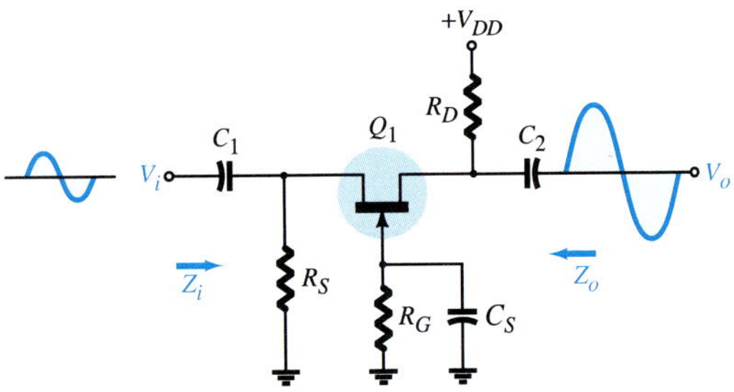 	낮음 (1 kΩ) $= R_S \Big\| \left[\dfrac{r_d + R_D}{1 + g_m r_d}\right]$ $\cong R_S \Big\| \dfrac{1}{g_m}$ $(r_d \geq 10\,R_D)$	중간 (2 kΩ) $= R_D \| r_d$ $\cong R_D$ $(r_d \geq 10\,R_D)$	중간 (+10) $= \dfrac{g_m R_D + \dfrac{R_D}{r_d}}{1 + \dfrac{R_D}{r_d}}$ $\cong g_m R_D$ $(r_d \geq 10\,R_D)$
소스 폴로어 (JFET 또는 D-MOSFET) 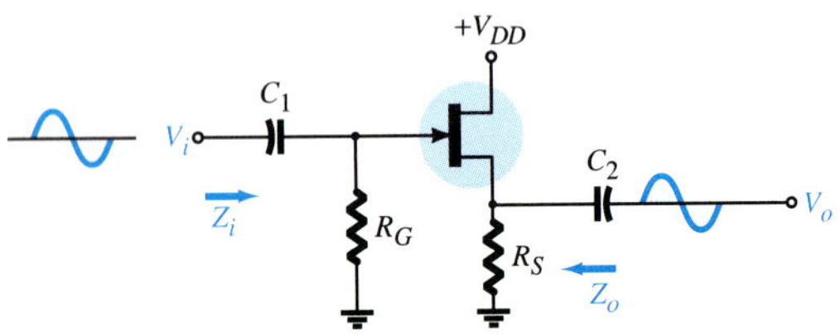 	높음 (10 MΩ) $= R_G$	낮음 (100 kΩ) $= r_d \| R_S \| 1/g_m$ $\cong R_S \| 1/g_m$ $(r_d \geq 10\,R_S)$	낮음 (<1) $= \dfrac{g_m (r_d \| R_S)}{1 + g_m (r_d \| R_S)}$ $\cong \dfrac{g_m R_S}{1 + g_m R_S}$ $(r_d \geq 10\,R_S)$
드레인 피드백 바이어스 E-MOSFET 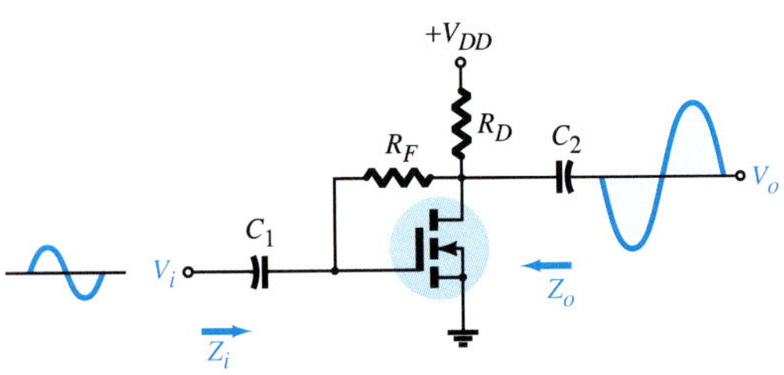 	중간 (1 MΩ) $= \dfrac{R_F + r_d \| R_D}{1 + g_m (r_d \| R_D)}$ $\cong \dfrac{R_F}{1 + g_m R_D}$ $(r_d \geq 10\,R_D)$	중간 (2 kΩ) $= R_F \| r_d \| R_D$ $\cong R_D$ $(R_F, r_d \geq 10\,R_D)$	중간 (−10) $= -g_m (R_F \| r_d \| R_D)$ $\cong -g_m R_D$ $(R_F, r_d \geq 10\,R_D)$
전압 분배기 바이어스 E-MOSFET 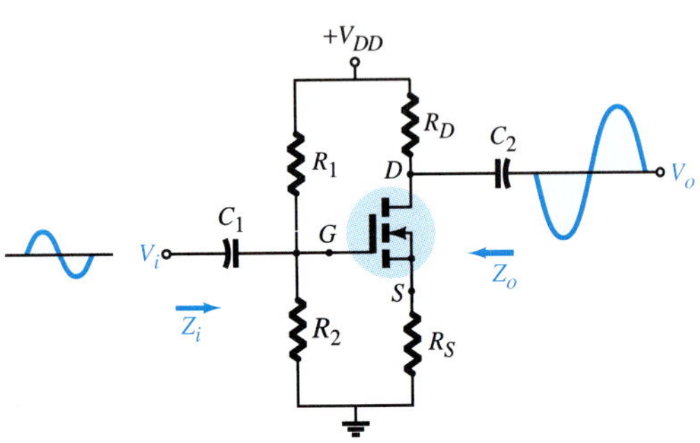 	중간 (1 MΩ) $= R_1 \| R_2$	중간 (2 kΩ) $= R_D \| r_d$ $\cong R_D$ $(R_d \geq 10\,R_D)$	중간 (−10) $= -g_m (r_d \| R_D)$ $\cong -g_m R_D$ $(r_d \geq 10\,R_D)$

BJT 회로의 이득에 대한 몇몇 중요한 결론은 역시 FET 회로에도 적용 가능하며, 다음 사실을 포함한다.

증폭기의 가장 큰 이득은 무부하 이득이다.
부하 이득은 항상 무부하 이득보다 작다.
전원 임피던스는 무부하 또는 부하 상태보다도 이득을 작게 만들어 항상 전체 이득을 감소시킨다.

그러므로 일반적으로

$$\boxed{A_{v_{NL}} > A_{v_L} > A_{v_S}} \tag{8.60}$$

5장의 몇몇의 BJT 회로는 출력 임피던스가 전원 임피던스에 민감하고, 입력 임피던스는 주어진 부하에 영향을 받는다. 그러나 FET에서는

게이트와 채널 사이의 높은 임피던스 덕분에 입력 임피던스는 부하 저항에 의해서 영향을 받지 않고, 출력 임피던스는 전원 저항에 의해서 영향을 받지 않는다고 일반적으로 가정할 수 있다.

그러나 위의 사실이 항상 완전한 진실이 아닌 특별한 상황이 있음을 알아야 한다. 예를 들어 입력과 출력이 직접 연결된 피드백 회로가 바로 그러하다. 피드백 저항이 보통 전원 저항의 몇 배가 되어서 전원 저항을 확실히 0 Ω으로 근사할 수 있을지라도, 전원 임피던스가 혹시 출력 임피던스에 영향을 주고, 부하 저항이 입력 임피던스에 영향을 줄 수 있는 상황이 존재한다. 그러나 일반적으로 게이트와 드레인 혹은 소스 단자 사이에 제공되는 높은 격리화로 인해, 부하를 고려한 이득의 일반적인 방정식은 BJT의 그것보다 덜 복잡하다. 베이스 전류가 BJT 회로의 입력과 출력회로 사이에 직접적인 연결을 제공한다는 것을 상기하자. 각각의 접근 방법을 보여주기 위해, 그림 8.45처럼 바이패스 소스저항을 가지고 있는 자기 바이어스 회로를 예로 들어보자. JFET에 교류 소신호 모델을 적용하면 그림 8.46 회로를 얻는다.

부하 저항과 드레인 저항이 병렬로 연결되어 있고, 전원 저항 R_{sig}이 게이트 저항 R_G와 직

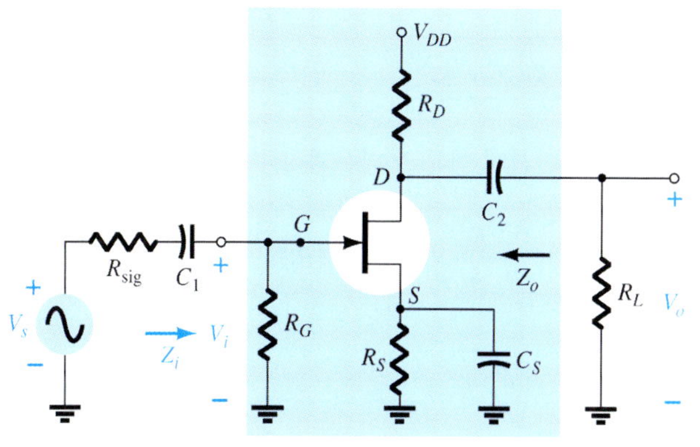

그림 8.45 R_{sig}와 R_L이 연결된 JFET 증폭기

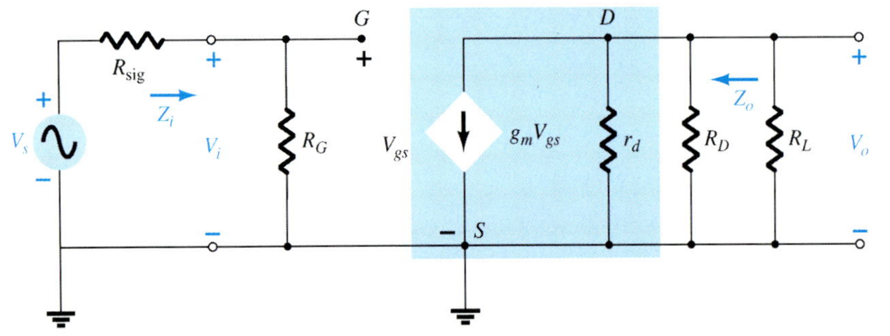

그림 8.46 JFET 교류 등가회로를 그림 8.45에 대치한 회로

렬로 연결되어 있다. 전체 전압 이득은 식 (8.21)을 변형하여 다음과 같이 나타낼 수 있다.

$$\boxed{A_{v_L} = \frac{V_o}{V_i} = -g_m(r_d \| R_D \| R_L)} \tag{8.61}$$

출력 임피던스는 전원 저항이 없는 무부하 상황에서 얻은 것과 같다.

$$\boxed{Z_o = r_d \| R_D} \tag{8.62}$$

입력 임피던스는 여전히

$$\boxed{Z_i = R_G} \tag{8.63}$$

전체 이득 A_{v_S}는

$$V_i = \frac{R_G V_S}{R_G + R_{sig}}$$

$$\boxed{A_{v_S} = \frac{V_o}{V_s} = \frac{V_i}{V_s} \cdot \frac{V_o}{V_i} = \left[\frac{R_G}{R_G + R_{sig}}\right][-\ g_m(r_d \| R_D \| R_L)]} \tag{8.64}$$

$R_G \gg R_{sig}$이고, $R_D \| R_L \ll r_d$인 대부분 경우에,

$$\boxed{A_{v_S} \cong -g_m(R_D \| R_L)} \tag{8.65}$$

같은 회로에 2포트 접근법을 적용해 보면, 전체 이득은 다음과 같다.

$$A_{v_L} = \frac{R_L}{R_L + R_o} A_{v_{NL}} = \frac{R_L}{R_L + R_o}[-g_m(r_d \| R_D)]$$

하지만 $R_o = R_D \| r_d$

그러므로 $$A_{v_L} = \frac{R_L}{R_L + R_D \| r_d}[-g_m(r_d \| R_D)] = -g_m \frac{(r_d \| R_D)(R_L)}{(r_d \| R_D) + R_L}$$

그리고 $$A_{v_L} = -g_m(r_d \| R_D \| R_L)$$

앞의 결과와 일치한다.

위의 유도식은 어느 방법을 사용하여도 동일한 결과를 얻을 수 있음을 보여준다. R_i, R_o, $A_{v_{NL}}$값을 알고 있다면 식 (8.57)에 대입해서 쉽게 구할 수 있다.

가장 보편적인 회로들에 대해서 동일한 방법을 적용하여 얻은 결과식이 표 8.2에 정리되어 있다.

8.15 직렬 회로

5장에서 소개한 바 있는 BJT 직렬 회로는 JFET 또는 MOSFET로 구성될 수 있으며, 그림 8.47은 JFET를 이용한 직렬 회로이다. 한 증폭단의 출력은 그 다음 증폭단의 입력이 된다. 그러므로 두 번째 증폭단의 입력 임피던스는 첫 번째 단의 부하로써 작용한다.

전체 이득은 다음 단의 부하 효과를 고려한 각 단 이득의 곱으로 주어진다.

너무 자주 무부하 이득을 적용하여, 전체 이득이 비현실적인 결과를 초래한다. 각 증폭단에서 이득을 계산할 때 다음 단의 부하 효과를 반드시 고려하여야 한다. 이전 장에서 배운 결과 식을 이용하여 그림 8.47 회로의 전체 이득을 구해 보면,

$$\boxed{A_v = A_{v_1}A_{v_2} = (-g_{m_1}R_{D_1})(-g_{m_2}R_{D_2}) = g_{m_1}g_{m_2}R_{D_1}R_{D_2}} \tag{8.66}$$

직렬 증폭기의 입력 임피던스는 첫 번째 단의 입력 임피던스이다.

$$\boxed{Z_i = R_{G_1}} \tag{8.67}$$

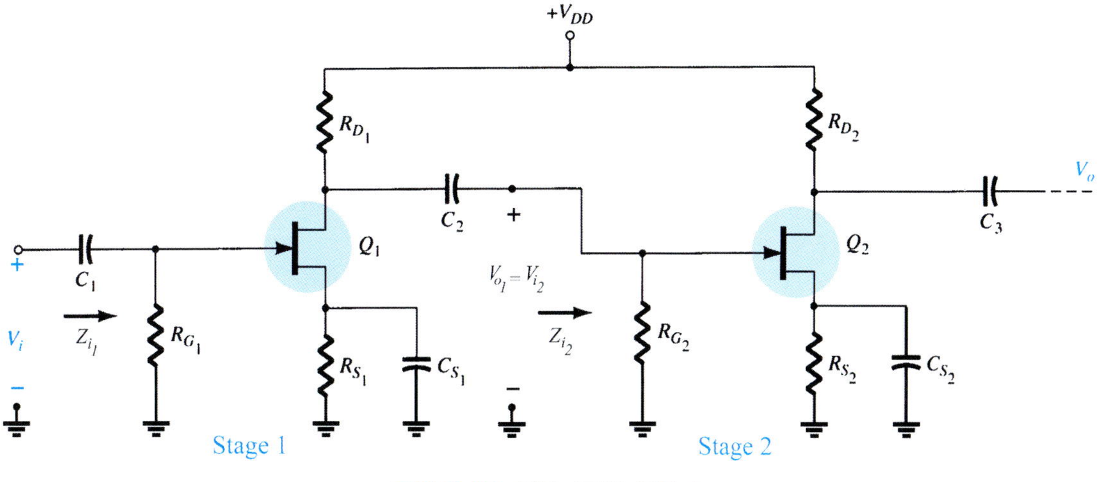

그림 8.47 직렬 JFET 증폭기

표 8.2

회 로	$A_{v_L} = V_o \| V_i$	Z_i	Z_o
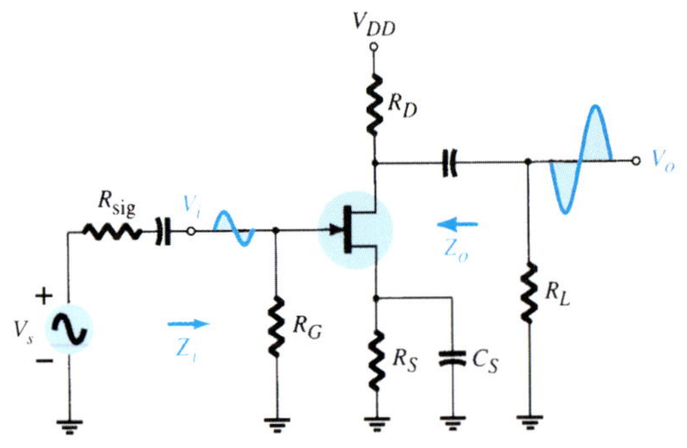	$-g_m(R_D \| R_L)$ r_d 고려: $-g_m(R_D \| R_L \| r_d)$	R_G R_G	R_D $R_D \| r_d$
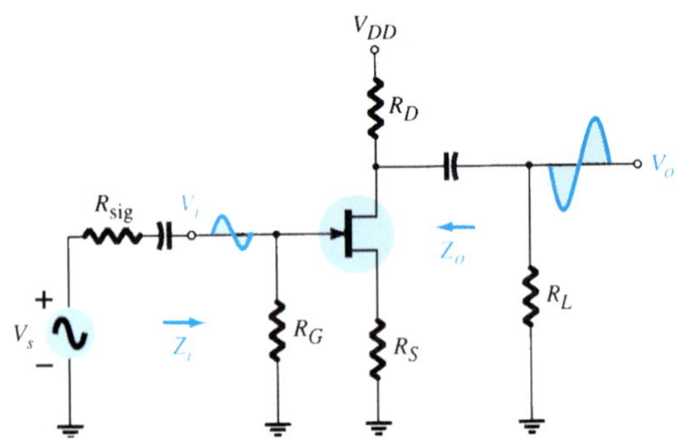	$\dfrac{-g_m(R_D \| R_L)}{1 + g_m R_S}$ r_d 고려: $\dfrac{-g_m(R_D \| R_L)}{1 + g_m R_S + \dfrac{R_D + R_S}{r_d}}$	R_G R_G	$\dfrac{R_D}{1 + g_m R_S}$ $\cong \dfrac{R_D}{1 + g_m R_S}$
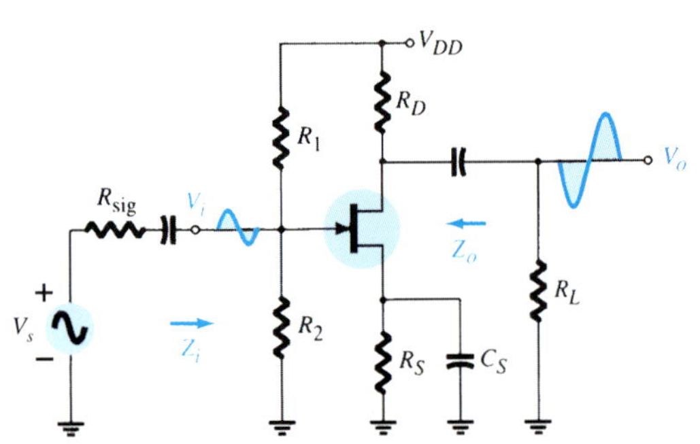	$-g_m(R_D \| R_L)$ r_d 고려: $-g_m(R_D \| R_L \| r_d)$	$R_1 \| R_2$ $R_1 \| R_2$	R_D $R_D \| r_d;$
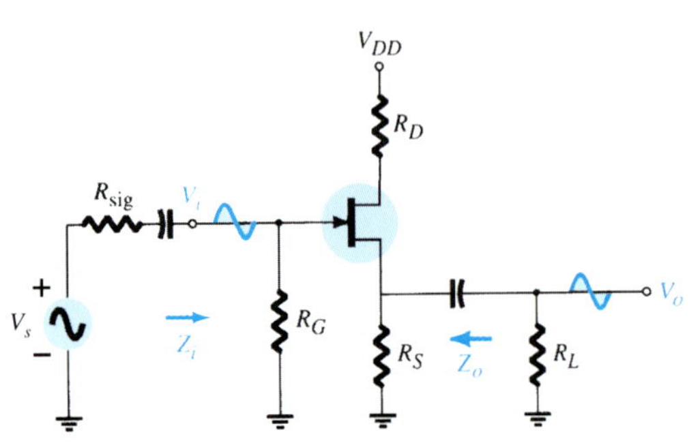	$\dfrac{g_m(R_S \| R_L)}{1 + g_m(R_S \| R_L)}$ r_d 고려: $= \dfrac{g_m r_d (R_S \| R_L)}{r_d + R_D + g_m r_d (R_S \| R_L)}$	R_G R_G	$R_S \| 1/g_m$ $\dfrac{R_S}{1 + \dfrac{g_m r_d R_S}{r_d + R_D}}$
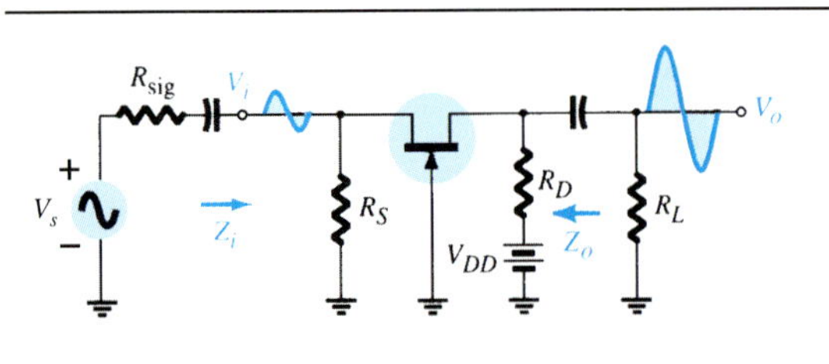	$g_m(R_D \| R_L)$ r_d 고려: $\cong g_m(R_D \| R_L)$	$\dfrac{R_S}{1 + g_m R_S}$ $Z_i = \dfrac{R_S}{1 + \dfrac{g_m r_d R_S}{r_d + R_D \| R_L}}$	R_D $R_D \| r_d$

그리고 출력 임피던스는 두 번째 단의 출력 임피던스이다.

$$\boxed{Z_o = R_{D_2}} \tag{8.68}$$

직렬 연결을 하는 주요 목적은 전체 이득을 증가시키는 것이다. 직렬 증폭기의 직류 바이어스와 교류 파라미터값들은 각각의 증폭단들로부터 유도된다. 예제를 통해 직류 바이어스와 교류 파라미터값들을 구해 보자.

예제 8.16 그림 8.48의 직렬 증폭기에 대해 직류 바이어스, 전압 이득, 입력 임피던스, 출력 임피던스, 출력전압을 계산하라. 또한 출력에 10 kΩ의 부하가 연결될 때 부하 전압을 계산하라.

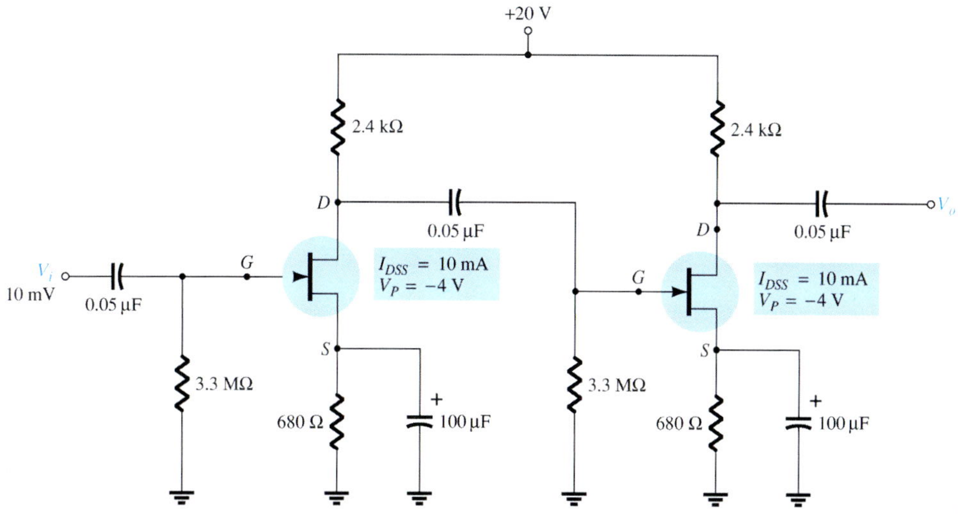

그림 8.48 예제 8.16의 직렬 증폭기 회로

풀이 두 증폭단의 직류 바이어스는 같다. 7장에서 배운 직류 바이어스 방법을 이용하면

$$V_{GS_Q} = -1.9\text{ V}, \qquad I_{D_Q} = 2.8\text{ mA} \qquad g_{m0} = \frac{2I_{DSS}}{|V_P|} = \frac{2(10\text{ mA})}{|-4\text{ V}|} = 5\text{ mS}$$

직류 바이어스에서

$$g_m = g_{m0}\left(1 - \frac{V_{GS_Q}}{V_P}\right) = (5\text{ mS})\left(1 - \frac{-1.9\text{ V}}{-4\text{ V}}\right) = \mathbf{2.6\text{ mS}}$$

두 번째 단은 무부하이므로

$$A_{v_2} = -g_m R_D = -(2.6\text{ mS})(2.4\text{ k}\Omega) = \mathbf{-6.24}$$

첫 번째 단에서 2.4 kΩ‖3.3 MΩ ≅ 2.4 kΩ가 성립하므로 첫 번째 단의 이득은 두 번째 단과 같다.

전체 직렬 시스템의 전압 이득은

$$식\ (8.66) : A_v = A_{v_1}A_{v_2} = (-6.2)(-6.2) = 38.4$$

따라서 출력전압은

$$V_o = A_v V_i = (38.4)(10\ \text{mV}) = \mathbf{384\ mV}$$

직렬 증폭기의 입력 임피던스는

$$Z_i = R_G = \mathbf{3.3\,M\Omega}$$

$r_d = \infty\ \Omega$라 가정하면, 직렬 증폭기의 출력 임피던스는

$$Z_o = R_D = \mathbf{2.4\ k\Omega}$$

10 kΩ 부하에 걸리는 출력전압은,

$$V_L = \frac{R_L}{Z_o + R_L}V_o = \frac{10\,\text{k}\Omega}{2.4\,\text{k}\Omega + 10\,\text{k}\Omega}(384\,\text{mV}) = \mathbf{310\,mV}$$

다음 예제에서 보듯이, FET와 BJT 증폭단을 조합하면 큰 전압 이득과 큰 입력 임피던스를 얻을 수 있다.

예제 8.17 예제 5.15와 8.16에서 계산한 직류 바이어스를 이용하여 그림 8.49의 직렬 증폭기에 대해서 직류 바이어스, 입력 임피던스, 출력 임피던스, 전압 이득, 출력전압을 계산하라.

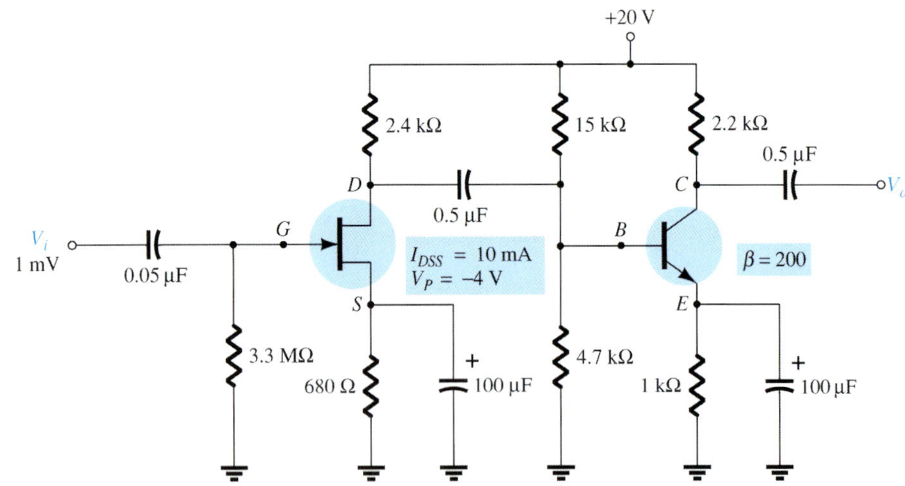

그림 8.49 예제 8.17의 직렬 JFET-BJT 증폭기

풀이 두 번째 단의 입력저항 R_i(두 번째 단) = 15 kΩ∥4.7 kΩ∥200 (6.5 Ω) = 953.6 Ω이므로, 두 번째 단에 의해 부하가 걸린 첫 번째 단의 이득은

$$A_{v_1} = -g_m[R_D \| R_i(\text{두 번째 단})]$$
$$= -2.6\ \text{mS}\ (2.4\ \text{k}\Omega \| 953.6\ \Omega) = -1.77$$

예제 5.15로부터 두 번째 단의 전압 이득은 $A_{v_2} = -338.46$이다. 따라서 전체 전압 이득은

$$A_v = A_{v_1}A_{v_2} = (-1.77)(-338.46) = \mathbf{599.1}$$

따라서 출력전압은

$$V_o = A_v V_i = (599.1)\ (1\ \text{mV}) \cong \mathbf{0.6\ V}$$

직렬 증폭기의 입력 임피던스는 첫 번째 단의 입력 임피던스와 같으므로

$$Z_i = \mathbf{3.3\ M\Omega}$$

출력 임피던스는 두 번째 단의 것과 같으므로

$$Z_o = R_D = \mathbf{2.2\ k\Omega}$$

8.16 고장 검사

앞에서 말한 바와 같이 회로의 고장 검사를 하려면, 이론도 알아야 하고 계측기와 오실로스코프를 사용하여 회로의 동작을 검사할 줄도 알아야 한다. 고장 검사를 잘 하려면, 회로 응답에 기초하여 검사해야 할 항목을 찾는 능력을 가져야 한다. 이러한 능력은 여러 종류의 회로를 만들고, 시험하고, 수리함으로써 길러진다. FET 소신호 증폭기의 경우, 몇 가지 기본적인 단계를 통해 고장을 알아내고 고칠 수 있다.

1. 명백한 문제점이 있는지 회로 기판을 검사한다: 소자의 과열로 검게 탄 곳, 손댈 수 없을 정도로 뜨거운 부품, 납땜이 잘못된 곳, 느슨해진 연결부.
2. 직류 계측기를 사용한다: 고장 매뉴얼의 회로도에 표시된 점에서 전압을 측정하여 제시된 직류전압과 비교한다.
3. 시험적인 교류 신호를 인가한다: 입력에서 출발하여 출력 쪽으로 진행하면서 교류전압을 측정한다.
4. 문제가 있는 증폭단을 발견했으면 오실로스코프를 사용하여 여러 지점에서 교류 신호를 검사한다. 즉, 교류 신호의 파형, 위상, 진폭, 주파수, 이상 파형(글리치) 유무를 관찰한다. 특히 완전한 한 사이클 동안 신호가 나오는지 관찰한다.

가능한 증상과 대응

교류전압이 나오지 않는 경우:

1. 전원 전압이 제대로 연결되었는지를 검사한다.
2. V_D의 출력전압이 0 V와 V_{DD} 사이에 중간 정도의 값인지 검사한다.
3. 게이트 단자에 입력 교류신호가 있는지 조사한다.
4. 커플링 커패시터 양쪽 단자 모두 교류전압이 나오는지 조사한다.

실험실에서 FET 증폭기 회로를 만들고 시험할 경우:

1. 저항값을 나타내는 색코드를 조사하여 올바른 값인지 확인한다. 더욱 좋은 방법은 저항값을 측정하는 것이다. 반복적으로 사용되는 부품은 사용 방법이 잘못된 경우 과열되어 저항값이 변할 수 있다.
2. 부품 단자에 모든 직류전압이 존재하는지 조사한다. 모든 접지 단자를 공통으로 묶었는지 조사한다.
3. 교류 입력신호를 측정하여 회로에 제공되는 기대값인지 확인한다.

8.17 응용

3채널 오디오 믹서

3채널 JFET 오디오 믹서의 기본 요소가 그림 8.50에 나타나 있다. 3개의 입력신호는 마이크, 악기, 배경 음악 발생기 등과 같이 다른 신호원으로부터 나올 수 있다. JFET의 입력 임피던스가 매우 높아서 개방회로로 볼 수 있기 때문에 모든 신호는 같은 게이트 단자에 인가될 수 있다. **일반적으로 JFET의 입력 임피던스는 1000 MΩ (10^9 Ω) 이상이고, MOSFET은 1억 MΩ(10^{14} Ω) 이상이 된다.** 만일 BJT가 JFET 대신에 쓰인다면, 더욱 낮아진 입력 임피던스는 각 채널에 대해서 트랜지스터 증폭기를 요구하거나 적어도 더 높은 입력 임피던스를 제공하기 위한 에미터 폴로어를 필요로 할 것이다.

10 μF 커패시터들은 입력신호들에 존재하는 어떤 직류 바이어스 값이 JFET의 게이트에 나타나는 것을 방지하기 위해서 존재한다. 그리고 1 MΩ 전위차계들은 각 채널에 대한

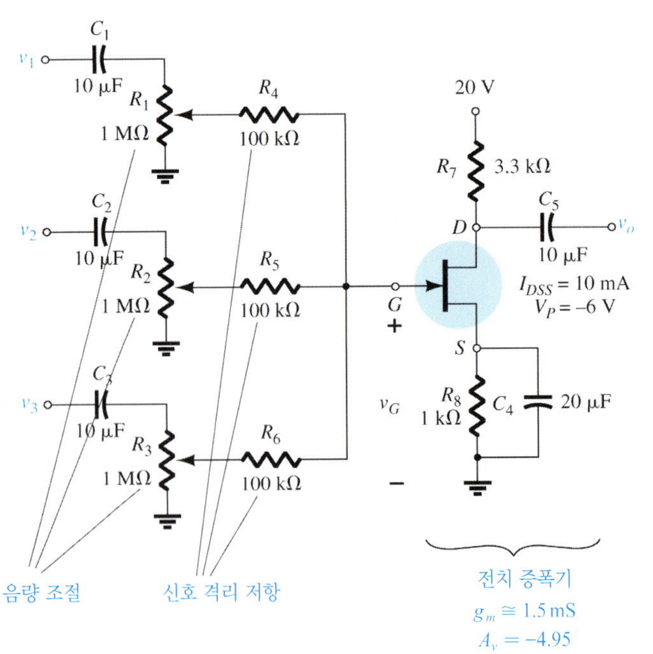

그림 8.50 3채널 JFET 오디오 믹서의 기본 요소

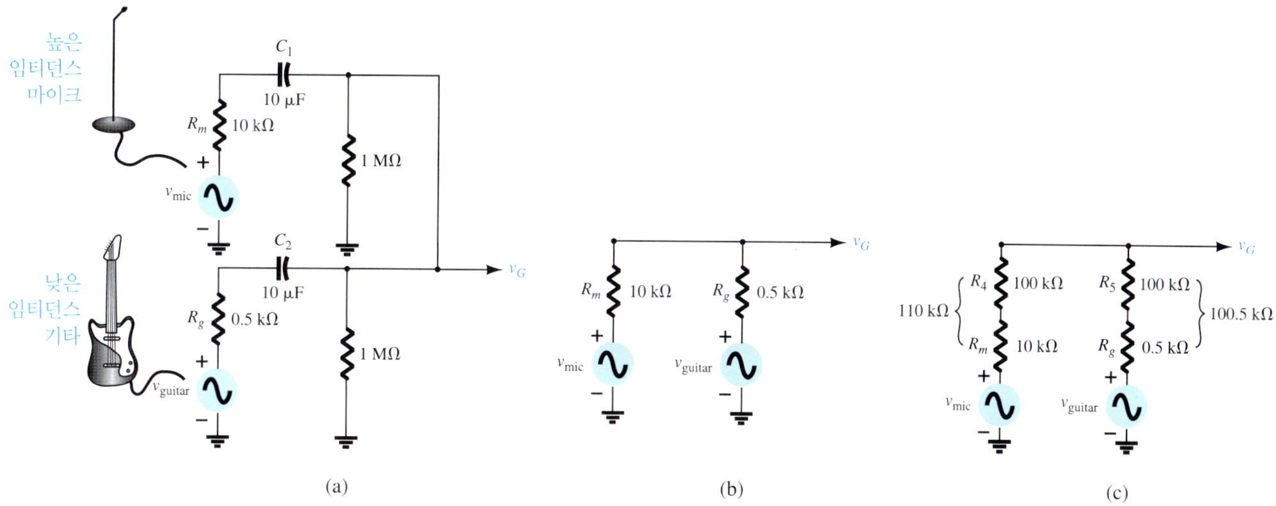

그림 8.51 (a) 그림 8.50의 믹서 회로에서 높고 낮은 임피던스 신호원 인가, (b) 100 kΩ 격리 저항을 없앤 간단한 등가회로, (c) 100 kΩ 저항이 있는 간단한 등가회로

음량 조절 단자이다. 각 채널에 대한 100 kΩ 저항의 필요성은 덜 명확하다. 그것들의 목적은 하나의 채널이 다른 채널에게 부하를 주지 않게 하고, 게이트에서 신호를 심하게 감소시키거나 왜곡시키지 않도록 하는 것이다. 예를 들면 그림 8.51a에서 한 채널은 높은 임피던스(10 kΩ) 마이크를 입력으로 하고, 다른 채널은 낮은 임피던스(0.5 kΩ) 기타를 갖고 있다. 채널 3은 개방된 채로 있고, 100 kΩ 격리 저항은 잠시 동안 제거된 상태이다. 관심 있는 주파수 대역에서 커패시터를 단락회로 등가로 바꾸고, 병렬 1 MΩ 전위차계(최대값으로 설정)의 영향을 무시하면 JFET 증폭기의 게이트에서 그림 8.51b와 같은 등가회로를 얻을 수 있다. 중첩의 원리를 이용하면 JFET의 게이트에서 전압은 다음 식으로 결정된다.

$$
\begin{aligned}
v_G &= \frac{0.5\,\text{k}\Omega(v_{\text{mic}})}{10.5\,\text{k}\Omega} + \frac{10\,\text{k}\Omega(v_{\text{guitar}})}{10.5\,\text{k}\Omega} \\
&= 0.047v_{\text{mic}} + 0.95v_{\text{guitar}} \cong v_{\text{guitar}}
\end{aligned}
$$

이 식은 기타 신호가 마이크 신호의 영향을 거의 없애는 것을 보여준다. 그림 8.51 증폭기의 유일한 응답은 기타에 대한 것이다. 이제, 100 kΩ의 저항을 제자리에 놓으면 그림 8.51c가 되고, 중첩의 원리를 다시 적용하면 게이트 전압의 식은 다음과 같다.

$$
\begin{aligned}
v_G &= \frac{101\,\text{k}\Omega(v_{\text{mic}})}{211\,\text{k}\Omega} + \frac{110\,\text{k}\Omega(v_{\text{guitar}})}{211\,\text{k}\Omega} \\
&\cong 0.48v_{\text{mic}} + 0.52v_{\text{guitar}}
\end{aligned}
$$

그런데 이 식은 JFET의 게이트에서 두 신호의 균형을 보여준다. **그러므로 일반적으로 100 kΩ 저항은 신호 임피던스에 존재하는 차이를 보상하여 한 신호가 다른 것에 부하를 주지 않도록 하여 증폭기에서 신호의 공평한 혼합을 제공한다. 전문용어로 말하면 그들을 '신호 격리 저항(signal isolation resistor)'이라고 부른다.**

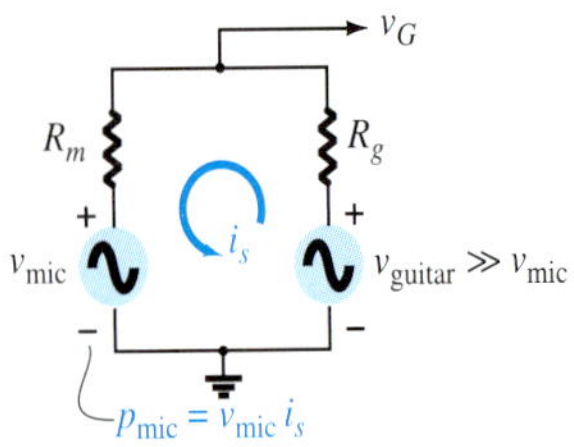

그림 8.52 병렬 신호에 대해서 신호원의 내부 저항이 작고 전력이 큰 채널이 상황을 주도

그림 8.51b에서 나타난 것과 같은 흥미로운 상황은 그림 8.52에도 묘사되어 있는데, 이는 낮은 임피던스의 기타가 150 mV의 신호 레벨을 갖고 있는 반면에, 더 큰 내부 임피던스를 갖고 있는 마이크는 단지 50 mV의 신호만을 가지고 있다는 것이다. 위에서도 언급했던 거와 같이 공급점(v_G)에서의 대부분 신호는 기타 신호이다. 결과로 전류와 파워 흐름의 방향은 물어볼 필요도 없이 기타에서 마이크로 간다. 더욱이 **마이크와 스피커의 기본 구조가 흡사하기 때문에 마이크는 스피커처럼 역할을 할 것이고 기타 신호를 방송으로 내보낸다.** 새 가청밴드는 그것들이 좋은 증폭기의 기본 원리를 배울 때마다 종종 이런 문제에 직면한다. **일반적으로 신호들이 병렬로 연결되어 있을 때 가장 작은 내부 임피던스를 갖는 신호가 상황을 주도한다.**

그림 8.50에서 자기 바이어스 JFET의 이득은 $-g_mR_D$로 결정되며 이 상황에서는 아래와 같이 된다.

$$-g_mR_D = -(1.5\ \text{mS})(3.3\ \text{k}\Omega) = \mathbf{-4.95}$$

어떤 경우, 마이크가 스피커처럼 동작한다는 것에 대해 놀라울 것이다. 그러나 한 음성 콘이 마이크와 스피커로 동시에 사용되는 전형적인 예는 그림 8.53a에 나타난 것과 같은 일반적인 상호 통신 시스템 안에 있다. 그림 8.53b의 8 Ω, 0.2 W 스피커는 활성화 스위치의 위치에 따라서 마이크 또는 스피커로써 사용될 수 있다. 그러나 위의 마이크-기타 예처럼 대부분의 스피커들은 적절한 파워 레벨을 제어하도록 설계되어 있음을 아는 것이 중요하다. 그러나 대부분의 마이크는 단순히 소리-활성입력을 받는 것으로 설계되어 있어서 스피커에 관련된 정상적인 전력 레벨을 다루지는 못한다. 어느 오디오 시스템에서 각각의 크기를 비교해 보아라. 일반적으로 마이크를 통하여 기타 신호를 듣는 위에서 언급한 것과 같

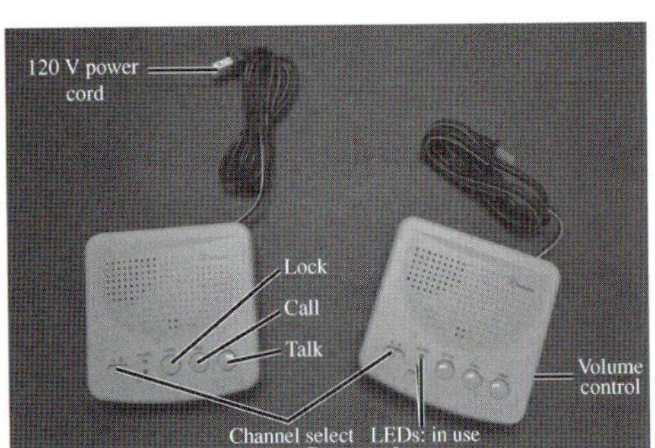

(a)

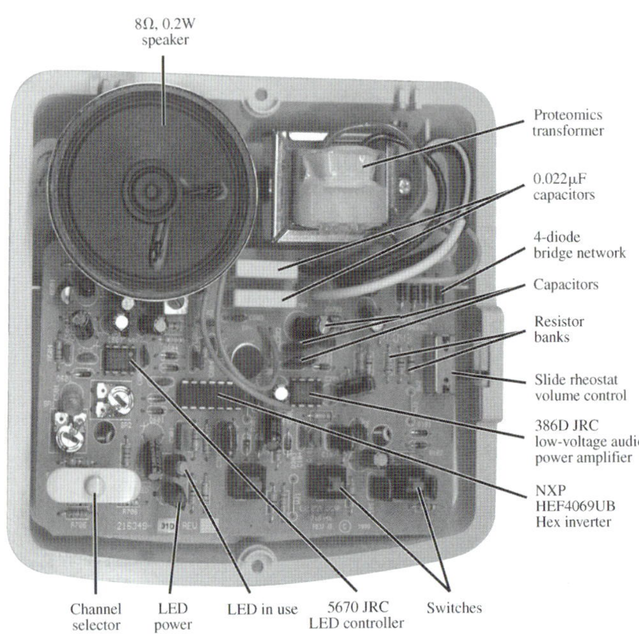

(b)

그림 8.53 두 스테이션, 두 채널 상호 통신 시스템; (a) 외부, (b) 내부

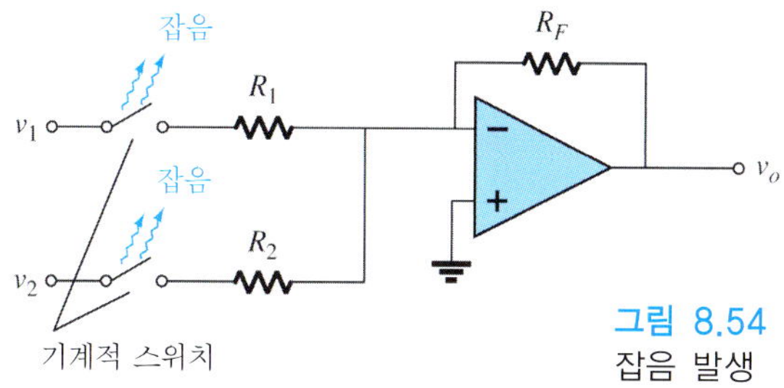

그림 8.54 기계적 스위치에 의한 잡음 발생

은 상황은 마이크를 궁극적으로 손상시킬 것이다. 상호 통신 시스템에서 스피커는 어려움 없이 활성화의 두 형태를 취급하도록 고안되었다.

조용한 스위칭

그림 8.54와 같은 기계적 스위치를 포함한 어떤 전자 시스템은 신호 대 잡음비를 감소시키는 잡음을 신호 선에서 발생시키기가 쉽다. 그림 8.54의 스위치가 열리고 닫힐 때 여러분들은 출력신호의 한 부분처럼 신경 쓰이게 하는 '픽픽' 하는 소리를 들을 것이다. 더욱이 기계적 스위치와 연결된 긴 선은 일반적으로 선에서 잡음 유입을 줄이기 위해 스위치가 증폭기에 가능한 한 가깝게 있어야 한다.

이러한 잡음원을 본질적으로 제거하기 위한 한 가지 효과적인 수단은 그림 8.55a와 같은 2채널 혼합 회로에서 **전자적 스위치를 사용하는 것**이다. JFET의 낮은 V_{DS} 전압에 대해서 드레인과 소스 사이를 인가된 게이트-소스 전압으로 결정되는 저항으로 생각할 수 있다는 7.15절에 내용을 생각해 보자. 더욱이 저항은 $V_{GS} = 0$ V일 때 최소이고, 핀치 오프 전압 근처에서 최대가 된다. 그림 8.55a에서 혼합될 신호들은 각 JFET의 드레인 단자에 인가되고, 직류 제어는 각 JFET의 게이트 단자에 곧바로 연결된다. 각 제어 단자에 0 V를 인가하면, 두 JFET들은 완전히 'on' 상태가 되고, D_1에서 S_1 사이의 저항과 D_2에서 S_2 사이의 저항은 비교적 작게 되어 100 Ω정도라고 말할 수 있다. 비록 100 Ω이 이상적인 스위치값인 0 Ω이 아니라 하더라도, 이 값은 47 kΩ의 직렬 저항에 비하면 매우 작은 값이므로 무시될 수 있다. 그러므로 두 스위치가 모두 'on' 상태에 있고, 두 입력신호가 반전 증폭기(10장에서 소개된다)의 입력으로 들어가는 것이 그림 8.55b에 나타나 있다. 특히, 선택된 저항값이 두 합 신호를 단순히 반전시키는 결과 신호를 만들어낸다. 그다음 따르는 증폭기 단이 합 신호를 오디오 레벨까지 증가시킨다.

그림 8.55a에서 −10 V로 제시된 핀치 오프 값보다 더욱 낮은 전압을 인가함으로써 두 전자 스위치를 'off' 상태가 될 수 있다. 'off'일 때의 저항값은 대부분 응용에서 확실히 개방회로로 가정될 수 있는 10,000 MΩ에 가깝다. 두 채널이 서로 격리되어 있기 때문에 하나는 'on', 다른 하나는 'off'가 될 수 있다. JFET의 스위치의 동작 속도는 기판(소자 구조에 의한 것) 커패시턴스와 표류 커패시턴스 그리고 JFET의 낮은 'on' 저항에 의해서 좌우된다. **JFET에 대한 최대 속도는 약 100 MHz이고, 일반적으로 10 MHz정도 된다.** 그러나 이 속도는 설계된 회로의 입력저항과 커패시턴스에 의해서 상당부분 느려진다. 그림 8.55a에서 1 MΩ 저항과 47 nF 커패시터는 게이트 전압을 좌우하는 직류 충전 회로에서

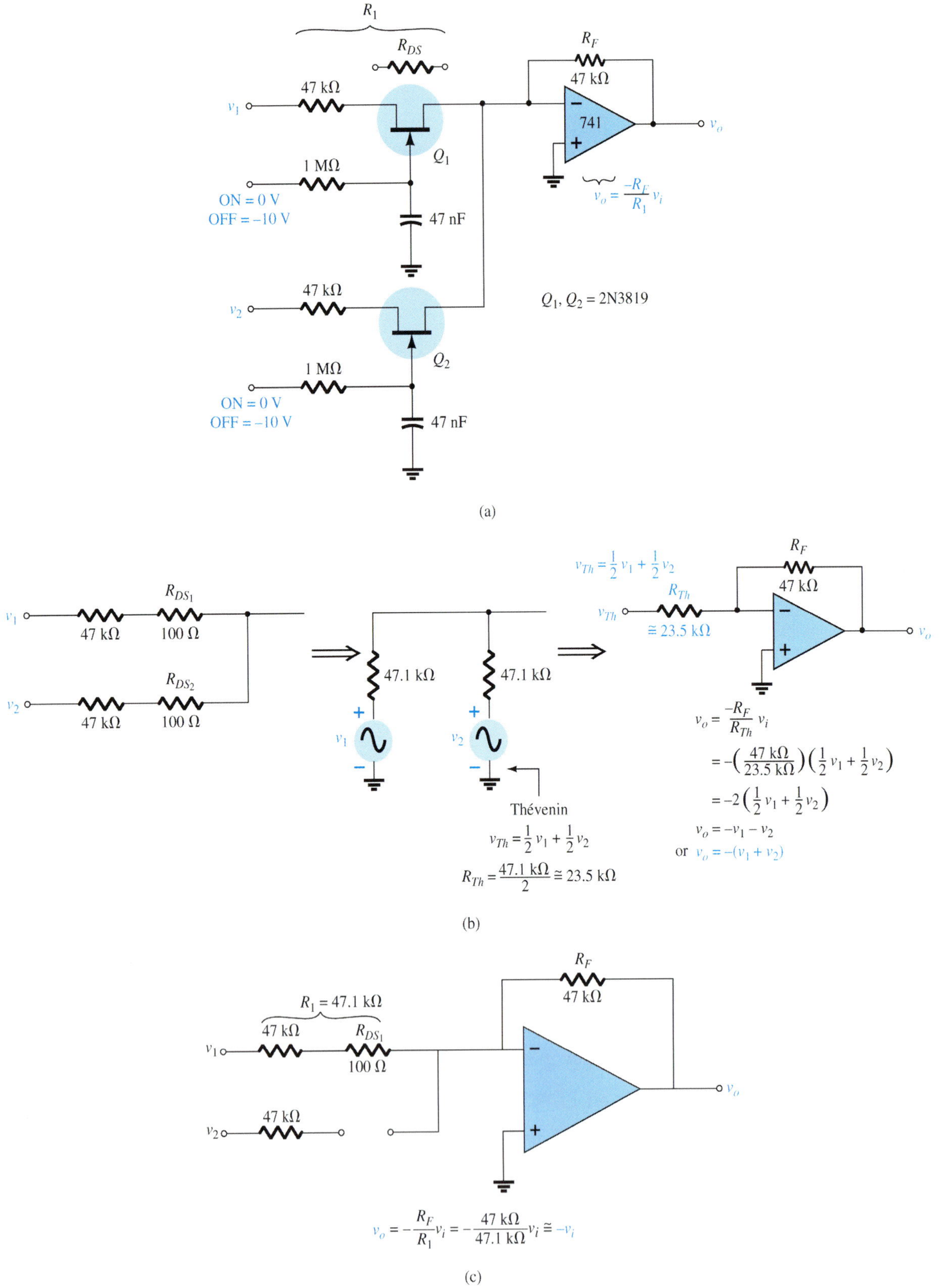

그림 8.55 조용한 오디오 스위치 회로; (a) JFET 회로, (b) 두 신호가 공존, (c) 한 신호만 존재

$\tau = RC = 47$ ms $= 0.047$ s의 시정수를 갖는다. 만일 핀치 오프 값으로 충전을 위해 시정수의 두 배를 가정한다면, 총 시간은 0.094 s 혹은 스위칭 속도는 1/0.094 s ≅ 10.6/s가 된다. 1초에 천만 번 스위칭하는 JFET의 일반적인 스위칭 속도와 비교하면, 이 수는 매우 작다. 그러나 현재 중요하게 고려되는 응용이 스위칭이고, 일반적인 믹서에 대해서 어떤 급진적인 입력을 인가하는 것이 아니라면 스위칭은 초당 10.6번 보다 더 빠른 속도로 일어나지 않음을 명심하라. 어떤 이는 게이트에서 *RC* 시정수를 만족해야 하는 이유를 물어볼지도 모른다. 왜 게이트에 인가된 직류값이 JFET의 상태를 제어하게 두어서는 안 되는가? 일반적으로 *RC* 시정수는 제어 신호가 잡음이나 혹은 게이트에 급격히 올라가거나 떨어지는 인가 펄스에 의해 생기는 가짜 신호가 아님을 보장한다. 충전 회로 사용은 핀치 오프값에 도달하기 전에 반드시 직류 레벨이 얼마 동안 유지해야 함을 보장한다. 도선에서의 어떤 스파이크도 커패시터를 충전해서 JFET 상태를 스위칭하기에 충분한 시간을 가질 수 없다.

JFET 스위치가 양방향 스위치라는 것을 아는 것이 중요하다. 즉 'on' 상태에서 신호는 어느 방향으로도 드레인-소스 영역을 통과할 수 있다. 물론 이것은 일반적인 기계 스위치가 동작하는 방식이며, 기계 스위치 구조를 전자 스위치로 대치하는 것을 쉽게 해준다. 다이오드는 전류를 한 방향으로만 흐르게 하기 때문에 양방향 스위치가 아님을 기억하라.

JFET의 상태가 직류 레벨에 의해서 조절될 수 있으므로 7장에서 직류 제어에 대해서 설명했을 때와 동일한 이유 때문에 **그림 8.55a의 설계는 원격과 컴퓨터 제어에 적합**하다.

저비용 JFET 아날로그 스위치에 대한 규격표가 그림 8.56에 나와 있다. 드레인 차단 전류 항목을 보면 드레인-소스 전압이 약 12 V일 때 핀치 오프 전압이 일반적으로 약 −10 V정도가 됨을 특히 주의하라. 추가적으로 10 nA의 드레인 전류레벨이 핀치 오프 레벨을 정의하는데 사용되었다. I_{DSS}의 레벨은 15 mA인 반면에, 드레인-소스 저항은 $V_{GS} = 0$ V일 때 150 Ω으로 매우 낮다. 켜진 시간($t_d + t_r$)은 10 ns정도로 매우 작은 반면에, 꺼진 시간 ($t_s + t_f$)은 25 ns정도이다.

위상 편이회로

전압으로 제어되는 JFET의 드레인 소스 저항 특성을 사용하면 신호의 위상각을 그림 8.57의 회로로 제어할 수 있다. 그림 8.57a의 회로는 위상각을 인가된 신호에 더하는 진상 회로인 반면에, 그림 8.57b의 회로는 음의 위상 편이를 발생시키는 지상 회로이다.

예를 들면 주파수 10 kHz 신호를 8.57a에 인가한다고 했을 때 입력 신호에 대한 R_{DS}의 영향을 살펴보자. 인가된 게이트-소스 전압이 −3 V이고, 드레인-소스 저항은 2 kΩ이라고 가정한다. 등가회로를 그리면 그림 8.58과 같은 회로가 된다. 출력전압을 구하면,

$$\mathbf{V}_o = \frac{R_{DS}\angle 0^\circ \, V_i \angle 0^\circ}{R_{DS} - jX_C} = \frac{R_{DS} V_i \angle 0^\circ}{\sqrt{R_{DS}^2 + X_C^2} \angle -\tan^{-1}\dfrac{X_C}{R_{DS}}}$$

$$= \frac{R_{DS} V_i}{\sqrt{R_{DS}^2 + X_C^2}} \angle \tan^{-1}\frac{X_C}{R_{DS}} = \left(\frac{R_{DS}}{\sqrt{R_{DS}^2 + X_C^2}}\right) V_i \angle \tan^{-1}\frac{X_C}{R_{DS}}$$

그래서

$$\mathbf{V}_o = k_1 V_i \angle \theta_1$$

ON Semiconductor™

JFET Switching

N–Channel — Depletion

MAXIMUM RATINGS

Rating	Symbol	Value	Unit
Drain–Source Voltage	V_{DS}	25	Vdc
Drain–Gate Voltage	V_{DG}	25	Vdc
Gate–Source Voltage	V_{GS}	25	Vdc
Forward Gate Current	I_{GF}	10	mAdc
Total Device Dissipation @ T_C = 25°C Derate above 25°C	P_D	350 2.8	mW mW/°C
Junction Temperature Range	T_J	–65 to +150	°C
Storage Temperature Range	T_{stg}	–65 to +150	°C

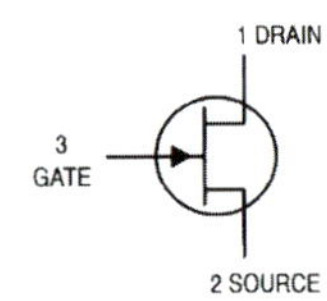

2 SOURCE

ELECTRICAL CHARACTERISTICS (T_A = 25°C unless otherwise noted)

Characteristic	Symbol	Min	Max	Unit
OFF CHARACTERISTICS				
Gate–Source Breakdown Voltage (I_G = 10 μAdc, V_{DS} = 0)	$V_{(BR)GSS}$	25	—	Vdc
Gate Reverse Current (V_{GS} = 15 Vdc, V_{DS} = 0)	I_{GSS}	—	1.0	nAdc
Drain Cutoff Current (V_{DS} = 12 Vdc, V_{GS} = –10 V) (V_{DS} = 12 Vdc, V_{GS} = –10 V, T_A = 100°C)	$I_{D(off)}$	— —	10 2.0	nAdc μAdc
ON CHARACTERISTICS				
Zero–Gate–Voltage Drain Current(1) (V_{DS} = 15 Vdc, V_{GS} = 0)	I_{DSS}	15	—	mAdc
Gate–Source Forward Voltage ($I_{G(f)}$ = 1.0 mAdc, V_{DS} = 0)	$V_{GS(f)}$	—	1.0	Vdc
Drain–Source On–Voltage (I_D = 7.0 mAdc, V_{GS} = 0)	$V_{DS(on)}$	—	1.5	Vdc
Static Drain–Source On Resistance (I_D = 0.1 mAdc, V_{GS} = 0)	$r_{DS(on)}$	—	150	Ohms

1. Pulse Test: Pulse Width < 300 μs, Duty Cycle < 3.0%.

Characteristic		Symbol	Min	Max	Unit
SMALL–SIGNAL CHARACTERISTICS					
Small–Signal Drain–Source "ON" Resistance (V_{GS} = 0, I_D = 0, f = 1.0 kHz)		$r_{ds(on)}$	—	150	Ohms
Input Capacitance (V_{DS} = 15 Vdc, V_{GS} = 0, f = 1.0 MHz)		C_{iss}	—	5.0	pF
Reverse Transfer Capacitance (V_{DS} = 0, V_{GS} = 10 Vdc, f = 1.0 MHz)		C_{rss}	—	1.2	pF
SWITCHING CHARACTERISTICS					
Turn–On Delay Time	(V_{DD} = 10 Vdc, $I_{D(on)}$ = 7.0 mAdc, $V_{GS(on)}$ = 0, $V_{GS(off)}$ = –10 Vdc)	$t_{d(on)}$	—	5.0	ns
Rise Time		t_r	—	5.0	ns
Turn–Off Delay Time	(V_{DD} = 10 Vdc, $I_{D(on)}$ = 7.0 mAdc, $V_{GS(on)}$ = 0, $V_{GS(off)}$ = –10 Vdc)	$t_{d(off)}$	—	15	ns
Fall Time		t_f	—	10	ns

그림 8.56 저가 아날로그 JFET 전류 스위치의 규격표

이때,

$$k_1 = \frac{R_{DS}}{\sqrt{R_{DS}^2 + X_C^2}} \quad \text{and} \quad \theta_1 = \tan^{-1}\frac{X_C}{R_{DS}} \tag{8.69}$$

위 식에 값을 대입하면,

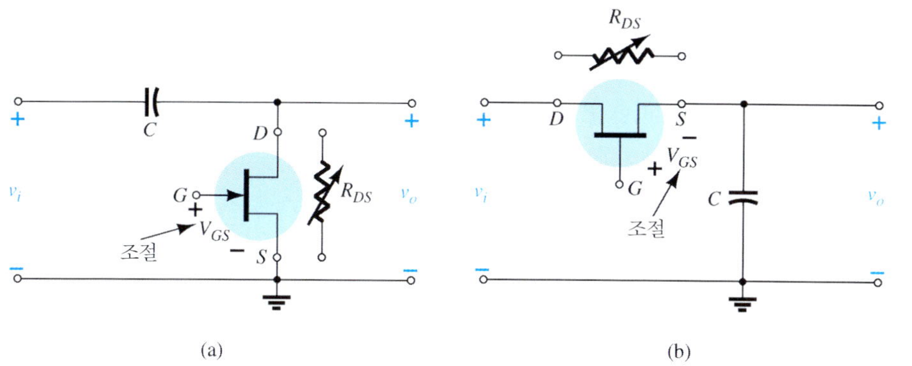

그림 8.57 위상 편이 회로: (a) 진상, (b) 지상

$$X_C = \frac{1}{2\pi fC} = \frac{1}{2\pi(10\,\text{kHz})(0.01\,\mu\text{F})} = 1.592\,\text{k}\Omega$$

그리고
$$k_1 = \frac{R_{DS}}{\sqrt{R_{DS}^2 + X_C^2}} = \frac{2\,\text{k}\Omega}{\sqrt{(2\,\text{k}\Omega)^2 + (1.592\,\text{k}\Omega)^2}} = 0.782$$

여기서
$$\theta_1 = \tan^{-1}\frac{X_C}{R_{DS}} = \tan^{-1}\frac{1.592\,\text{k}\Omega}{2\,\text{k}\Omega} = \tan^{-1}0.796 = 38.52°$$

그래서
$$\mathbf{V}_o = 0.782V_i \angle 38.52°$$

그러므로 출력 신호는 인가된 신호의 78.2%이고 위상 편이는 38.52°이다.

일반적으로, 그림 8.57a의 회로는 작은 각도(X_C는 R_{DS}에 비해서 비교적 작다)에서부터 90°(X_C는 R_{DS}에 비해서 비교적 크다) 정도까지 넓은 양의 위상 편이를 나타낼 수 있다. 그러나 R_{DS}가 고정된 값인 경우, 주파수가 증가함에 따라 X_C는 감소하고 위상 편이는 0°로 접근함에 주의하라. 고정된 R_{DS}에 대해서 주파수가 감소하면 위상 편이는 90°에 가까워진다. 고정된 R_{DS}에 대해서 X_C값을 증가시키면 V_o의 크기가 감소함을 아는 것이 역시 중요하다. 그러한 회로에서 이득과 원하는 위상 편이 사이에 균형을 이루어야 한다.

그림 8.57b의 회로에서 결과적인 수식은

$$\boxed{\mathbf{V}_o = k_2 V_i \angle \theta_2} \tag{8.70}$$

여기서
$$k_2 = \frac{X_C}{\sqrt{R_{DS}^2 + X_C^2}} \quad \text{그리고} \quad \theta_2 = -\tan^{-1}\frac{R_{DS}}{X_C}$$

가 된다.

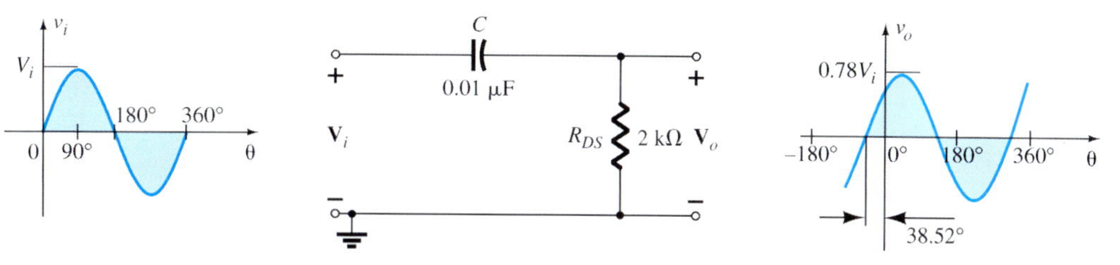

그림 8.58 *RC* 진상회로

움직임 감지 시스템

수동 적외선(PIR) 움직임 감지 시스템의 기본 요소가 그림 8.59에 나타나 있다. 이 시스템의 **심장부는 입사하는 열의 양에 따라서 변동하는 전압을 발생시키는 초전기(pyroelectric) 검출기이다.** 이것은 특정한 영역에서 방출되는 적외선만을 추출하고, 그 에너지를 온도 감지 소자에 집중시킨다. 7.15절에서 적외선 대역이 가시광선 스펙트럼 바로 아래의 볼 수 없는 대역임을 기억하라. **수동 감지기는 어떤 종류의 신호도 방출하지 않고 단지 주위의 에너지 흐름에 반응한다.**

상업적으로 이용되는 장치의 외부와 내부 모양이 그림 8.60a와 b에 각각 나타나 있다. 4개의 교환 가능한 렌즈가 각기 다른 동작 영역을 책임지고 있다. 우리의 목적을 위해서 'pet' 옵션을 그림 8.60c에서와 같은 범위로 선택하였다. 장치는 7피트 6인치 높이에 설치되어 있고, 8.5 V에서 15.4 V 사이의 직류 전압에서 동작하며, 직류 12 V에서 17 mA 전류를 요구한다. 동작 범위는 감지기와 수직 방향으로 35피트, 옆으로는 20피트이다. 가장 낮은 감도 설정에서 80파운드 중량을 초과할 수 없다.

입사하는 주변 열을 초전기 감지기로 초점을 맞추기 위해 그림 8.60의 장치는 포물선 편향기를 사용한다. 사람이 센서를 지나서 걷는다면, 그는 그림 8.60c에서 보이는 여러 장(field)을 뚫고 지나갈 것이고 감지기는 급격한 **열의 변화**를 탐지할 것이다. 그 결과로 직류 레벨이 변동하여, **비교적 높은 내부 임피던스를 가지는 JFET의 게이트에 저주파 교류 신호가 나타나는 것과 유사하다.** 어떤 이는 난방 시스템 또는 램프를 켤 때 발생하는 열이 왜 경보 신호를 발생시키지 않는가를 의아해 한다. 대답은 두 경우 모두, 난방 장치 또는 전구로부터 열을 증가시키면 감지기에서는 꾸준히 증가하는 전압을 발생시킨다. 램프에서 감지기는 열을 감지하는 것이지, 빛을 감지하는 것이 아님을 기억하라. 결과적인 전압은 진동하는 값이 아니고, 단지 증가하는 값이므로 경보장치를 시동시키지 못한다-변동하는 교류 전압이 초전기 감지기에 의해서 생성되지 않는 것이다.

그림 8.59에서 JFET 소스-폴로어 구조는 대부분의 초전기 신호를 감지하기 위해 매우

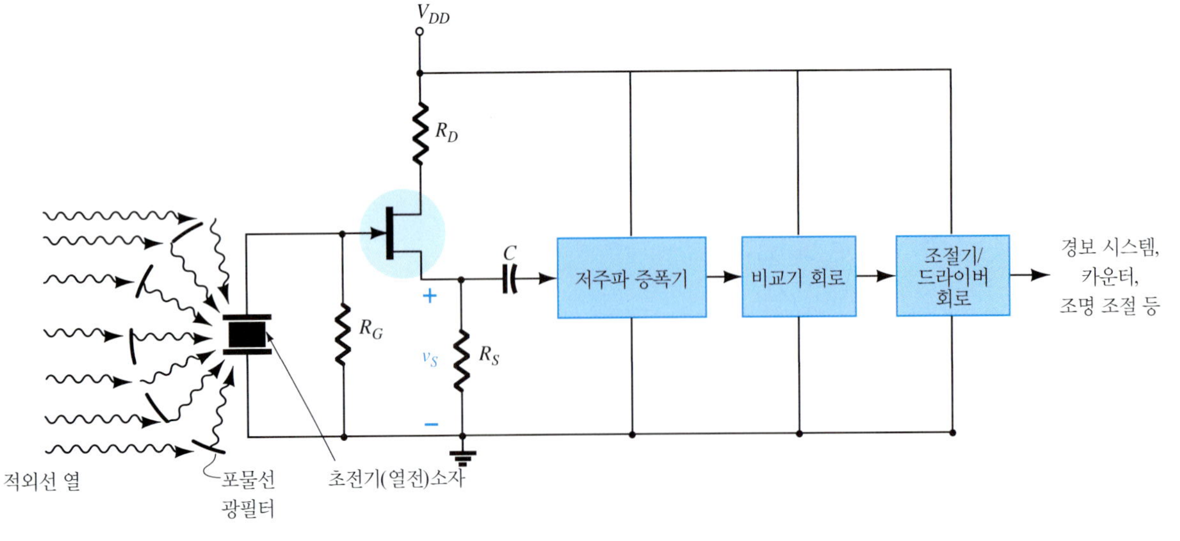

그림 8.59 수동 적외선(PIR) 움직임 감지 시스템

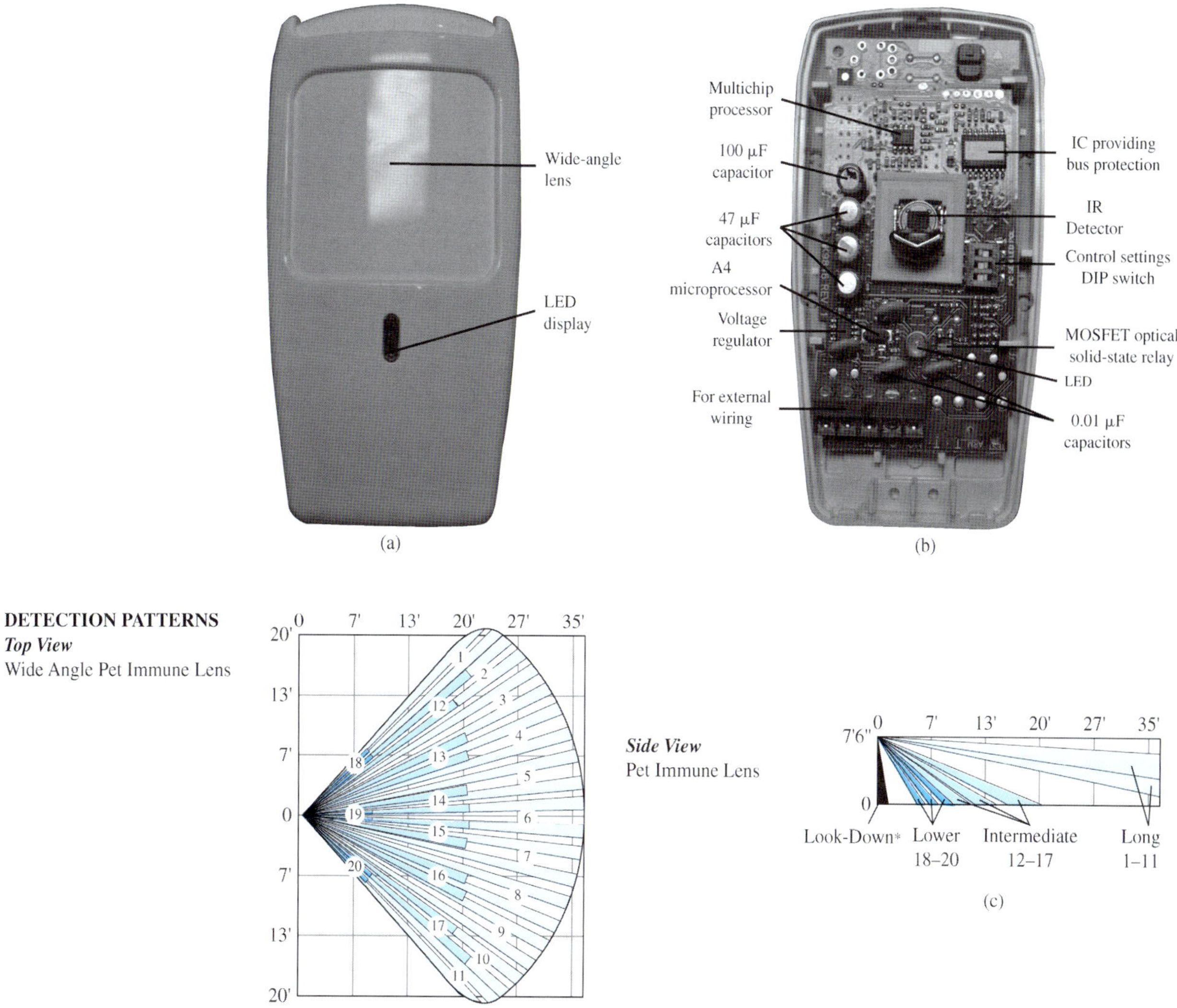

그림 8.60 상용으로 가능한 PIR 움직임 감지 장치: (a) 외부, (b) 내부, (c) pet 옵션 범위

높은 임피던스를 보장하려는 목적으로 사용된 것임을 기억해라. 그다음 저주파 증폭기로 교류 신호를 증폭시키고, 피크 검출기 회로와 비교기를 사용하여 경보장치의 시동 여부를 결정한다. 직류전압 비교기는 발생된 교류전압의 피크값을 검출하여 직류전압의 기준값과 비교한다. 출력 프로세서는 두 값의 차이가 드라이버에게 경보 신호를 울릴 만큼 충분한가를 결정한다.

8.18 요약

중요 결론 및 개념

1. 트랜스컨덕턴스 파라미터 g_m은 관심 있는 영역에서 **게이트-소스 전압의 변화**에 대한 드

레인 전류의 변화 비율에 의해서 결정된다. I_D 대 V_{GS} 곡선의 **기울기가 가파를수록** g_m값이 커지게 된다. 부가적으로 **관심 있는 점 또는 영역이 포화 전류 I_{DSS}에 가까울수록** 트랜스컨덕턴스 파라미터가 더 **커진다.**

2. 규격표에서 g_m은 y_{fs}로 표시된다.
3. V_{GS}가 **핀치-오프값의 반**이면 g_m은 **최대값의 반**이다.
4. I_D가 **포화 레벨 I_{DSS}의 4분의 1이면 g_m은 포화값의 반이 된다.**
5. FET의 **출력 임피던스크기는 통상적인 BJT의 출력 임피던스와 비슷**하다.
6. 규격표에서 **출력 임피던스 r_d는 $1/y_{os}$**로 제공된다. 드레인 특성 곡선에서 곡선이 수평일수록, 출력 임피던스는 커진다.
7. 고정 바이어스와 자기 바이어스의 JFET 회로(소스 커패시터로 바이패스된 경우)에서 **전압 이득은 같다.**
8. JFET과 공핍형 MOSFET의 **교류 분석**은 **같다.**
9. 증가형 MOSFET에 대한 **교류 등가회로**는 JFET과 공핍형 MOSFET에서 사용된 것과 같다. 유일한 차이점은 g_m에 대한 식이다.
10. FET 회로의 전압 **이득 크기**는 일반적으로 **2~20 사이**이다. **자기 바이어스 회로**(바이패스 소스 커패시턴스가 없는)와 **소스 폴로어는 낮은 이득 회로**이다.
11. **소스 폴로어와 공통 게이트 회로**에서 입력과 출력 사이에는 **위상 편이가 없다.** 대부분 다른 회로에선 180°의 위상 편이를 갖는다.
12. 대부분의 FET 회로에서 **출력 임피던스**는 **주로 R_D에 의해서 결정**된다. **소스 폴로어**에 대해서는 R_S와 g_m으로 결정된다.
13. 대부분의 FET 회로에서 **입력 임피던스**는 **매우 높다.** 그러나 **공통 게이트 회로**에서는 **아주 낮다.**
14. **어떤 전자 혹은 기계 시스템을 수리**하려면 **가장 분명한 원인**부터 항상 먼저 점검해야 한다.

주요 공식

$$g_m = y_{fs} = \frac{\Delta I_D}{\Delta V_{GS}}$$

$$g_{m0} = \frac{2I_{DSS}}{|V_P|}$$

$$g_m = g_{m0}\left[1 - \frac{V_{GS}}{V_P}\right]$$

$$g_m = g_{m0}\sqrt{\frac{I_D}{I_{DSS}}}$$

$$r_d = \frac{1}{y_{os}} = \left.\frac{\Delta V_{DS}}{\Delta I_D}\right|_{V_{GS}=\text{constant}}$$

JFET과 공핍형 MOSFET 회로에 대한 공식은 표 8.1과 8.2를 참조하라.

8.19 컴퓨터 분석

PSpice 윈도우

JFET 고정 바이어스 회로 가장 먼저 교류 영역에서 해석할 JFET 회로는 그림 8.61의 고정 바이어스 회로이다. 이때 사용한 JFET은 $V_P = -4$ V이고 $I_{DSS} = 10$ mA이다. 10 MΩ 저항은 커패시터에 접지까지 경로를 제공하기 위해서 첨가하였으며 교류 해석으로는 개방회로로 동작한다. **EVAL** 라이브러리로부터 **J2N3819** n채널 JFET을 사용하였고 비교 분석을 위해 네 지점에서 교류전압을 결정한다.

상수 **Beta**를 다음과 같이 결정한다.

$$\text{Beta} = \frac{I_{DSS}}{|V_P|^2} = \frac{10\text{ mA}}{4^2\text{V}^2} = 0.625\text{ mA/V}^2$$

그리고 이 값을 **EDIT-PROPERTIES**의 과정을 통해서 얻은 **Edit Model** 대화창에서 삽입한다. **Vto**도 −4 V로 바꿔야 하다. 회로의 나머지 요소는 5장에서 트랜지스터에 대해 설명할 때처럼 설정한다.

회로의 분석 결과는 그림 8.62의 출력물에 제시하였다. **CIRCUIT DESCRIPTION**은 지정된 노드와 더불어 회로의 모든 성분을 포함하고 있다. 이 경우 **Vi**는 주파수 **10 kHz**, **10 mV**, 위상각 **0**도로 설정되어 있다. 그 아래 **Junction FET MODEL PARAMETERS**의 목록에서 입력한 바대로 **VTO**는 −4 V, **BETA**는 625 E-6 A/V^2 = 0.625 mA/V^{2}이다. **SMALL-SIGNAL BIAS SOLUTION**은 R_G 양끝에서의 전압이 −1.5 V이고, 따라서 $V_{GS} = -1.5$ V임을 보여준다. 이 부분에서 전압값은 **CIRCUIT DESCRIPTION**에서 지정된 노드 목록을 참고한 원래 회로와 연관되어 있다. 소스(접지)를 기준으로 드레인의 전압은 12 V로, R_D 양단에 8 V의 전압 강하가 생긴다. 목록의 마지막에 있는 **AC ANALYSIS**는 전원(N00344) 전압이 설정한 대로 10 mV인 반면에 커패시터의 다른 한쪽 끝(N00351) 전압은 10 kHz에서 커패시터의 임피던스 때문에 3 μV만큼 작다는 것을 보여준다. 이 전압 강하는 확실히 무시할 만하다. 이 주파수에 대해 0.02 μF 커패시터를 선택한 것은 좋은 선택이었다. 출력단에서 커패시터 전후의 전압은 정확히 일치한다(셋째 자리까지). 이는 커패시터가 클수록, 특성이 단락회로에 보다 가까워진다는 것을 보여준다. 6.275 E-2 = 62.75 mV라는 출력은 이득이 6.275라는 것을 반영한다.

OPERATING POINT INFORMATION을 보면, I_D는 4 mA, g_m은 3.2 mS라는 것을 알 수 있다. 다음 식으로부터 g_m을 계산하면

$$g_m = \frac{2I_{DSS}}{|V_P|}\left(1 - \frac{V_{GS_Q}}{V_P}\right)$$

$$g_m = \frac{2(10\text{ mA})}{4\text{ V}}\left[1 - \frac{(-1.5\text{ V})}{(-4\text{ V})}\right]$$

$$= 3.125\text{ mS}$$

이고, 이를 통해 해석을 확인시켜준다.

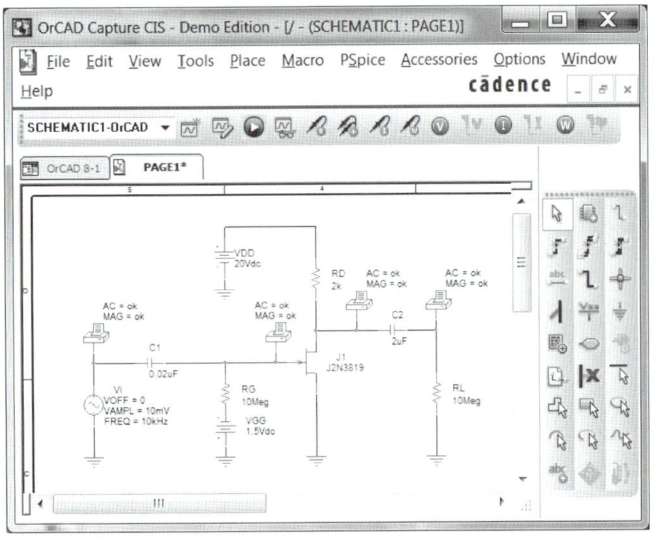

그림 8.61 교류 전원을 갖는 JFET 고정 바이어스 회로

```
****          CIRCUIT DESCRIPTION
*******************************************************************************
*Analysis directives:
.AC LIN 1 10kHz 10kHz
.OP
.PROBE V(alias(*)) I(alias(*)) W(alias(*)) D(alias(*)) NOISE(alias(*))
.INC "..\SCHEMATIC1.net"
**** INCLUDING SCHEMATIC1.net ****
* source ORCAD 8-1
V_Vi       N00344 0  AC 10mV
+SIN 0 10mV 10kHz 0 0 0
C_C1       N00344 N00351  0.02uF  TC=0,0
C_C2       N00315 N00326  2uF  TC=0,0
R_RG       N00358 N00351  10Meg TC=0,0
R_RD       N00315 N00303  2k TC=0,0
R_RL       0 N00326  10Meg TC=0,0
V_VDD      N00303 0 20Vdc
V_VGG      0 N00358 1.5Vdc
J_J1       N00315 N00351 0 J2N3819
.PRINT     AC
+ VM([N00344])
.PRINT     AC
+ VM([N00351])
.PRINT     AC
+ VM([N00315])
.PRINT     AC
+ VM([N00326])
.END
****          Junction FET MODEL PARAMETERS
*******************************************************************************

              J2N3819
              NJF
        VTO   -4
       BETA   625.000000E-06
     LAMBDA     2.250000E-03
         IS    33.570000E-15
        ISR   322.400000E-15
      ALPHA   311.700000E-06
         VK   243.6
         RD     1
         RS     1
        CGD     1.600000E-12
        CGS     2.414000E-12
          M      .3622
      VTOTC    -2.500000E-03
    BETATCE     -.5
         KF     9.882000E-18

****          SMALL SIGNAL BIAS SOLUTION          TEMPERATURE  =   27.000 DEG C
*******************************************************************************
 NODE     VOLTAGE        NODE     VOLTAGE        NODE     VOLTAGE
(N00303)  20.0000       (N00315)  12.0020       (N00326)   0.0000
(N00344)   0.0000       (N00351)  -1.5000       (N00358)  -1.5000

  VOLTAGE SOURCE CURRENTS
  NAME       CURRENT
  V_Vi       0.000E+00
  V_VDD     -3.999E-03
  V_VGG     -1.366E-12

****          OPERATING POINT INFORMATION          TEMPERATURE  =   27.000 DEG C
*******************************************************************************
**** JFETS
NAME          J_J1
MODEL         J2N3819
ID             4.00E-03
VGS           -1.50E+00
VDS            1.20E+01
GM             3.20E-03
GDS            8.76E-06
CGS            1.73E-12
CGD            6.07E-13

****          AC ANALYSIS                          TEMPERATURE  =   27.000 DEG C
*******************************************************************************
 FREQ        VM(N00344)
  1.000E+04   1.000E-02

 FREQ        VM(N00351)
  1.000E+04   9.997E-03

 FREQ        VM(N00315)
  1.000E+04   6.275E-02

 FREQ        VM(N00326)
  1.000E+04   6.275E-02
```

그림 8.62 그림 8.61 회로의 출력 파일

JFET 전압 분배기 회로 교류 영역에서 해석할 다음 회로는 그림 8.63의 전압 분배기 회로이다. 파라미터는 앞선 예제와 달리 주파수가 5 kHz, 크기가 24 mV인 V_i를 선택하였다. 더욱이 직류값들도 표시되게 하였고, 출력과 입력전압의 그래프 역시 같은 화면에서 볼 수 있도록 하였다.

New Simulation 대화창을 얻기 위해 **New Simulation Profile**을 선택한다. **Name**에 **OrCAD 8-2**를 입력한 후, **Create**를 선택하면 **Simulation Settings** 대화창이 나타난다. **Analysis type** 항목 아래 **AC/Sweep/Noise**를 선택하고, 그다음 **AC Sweep**에서 **Linear**로

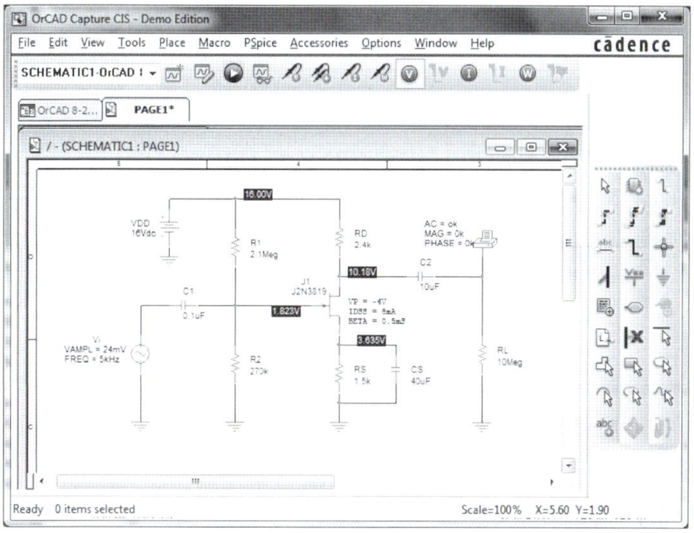

그림 8.63 교류 전원을 갖는 JFET 전압 분배기 회로

선택한다. **Start Frequency**를 **5 kHz**, **End Frequency**를 **5 kHz**, **Total Point**를 **1**로 설정한다. **OK**를 선택하고, **Run PSpice**를 누르면 시뮬레이션이 시작된다. 회로도가 나타나며 **V** 옵션을 사용하면 모든 전압값이 표시되는 그림 8.63의 형태가 나타난다. 결과적인 직류값은 $V_{GS} = 1.823\text{ V} - 3.636\text{ V} = -1.812\text{ V}$로 예제 7.4에서 계산한 -1.8 V와 거의 비슷하게 나타남을 알 수 있다. V_D가 10.18 V인 경우도 계산값은 10.24 V이며 V_{DS}가 $10.18\text{ V} - 3.635\text{ V} = 6.545\text{ V}$인 경우도 계산값은 6.64 V로 거의 비슷함을 알 수 있다.

교류 해석의 경우, **View-Output File**을 선택하면 **OPERATING POINT INFORMATION**에서 g_m이 손으로 계산한 2.2 mS와 유사한 2.22 mS임을 알 수 있고, AC ANALYSIS에서 출력 교류전압이 125.8 mV로 이득은 125.8 mV/24 mV = 5.24임을 알 수 있다. 손으로 계산한 이득은 $g_m R_D = (2.2\text{ mS})\,(2.4\text{ k}\Omega) = 5.28$이다.

출력전압의 교류 파형은 다음의 과정을 적용함으로써 얻을 수 있다. **Simulation Settings** 대화창으로 되돌아가서 **Analysis type** 항목 아래에 **Time Domain(Transient)**을 선택한다. 그때 주파수가 5 kHz인 경우의 주기는 200 μs이고, **Run to Time**을 1 ms로 설정한다. 그러면 5주기의 파형이 나타날 것이다. **Start saving data after**를 0 s로 하고 **Transient option** 아래 **Maximum step size**를 2 μs로 입력한다. 그러면 한 주기마다 100개의 지점을 그릴 수 있다. 그리고 **OK**를 누르면 **SCHEMATIC** 화면이 나타난다. 그리고 **Trace-Add Trace-V(J1:d)**를 선택하면 그림 8.64의 아래 파형이 나타난다. 그다음 **Plot-Add Plot to Window-Trace-Add-V(Vi:+)** 순서로 선택하면, 인가된 전압 파형이 그림 8.64의 위쪽 부분에 나타난다. 커서를 아래쪽 파형의 왼쪽에 갖다놓고 마우스의 왼쪽을 한 번 클릭하면 **SEL ≫**가 아래 파형으로 옮겨진다. 이제 **Trace-Cursor-Display**를 선택하면, 출력전압의 직류값인 10.184 V에 수평선이 나타난다(화면 오른쪽 아래의 **Probe Cursor** 대화창 안에 **V(J1:d)** 값에 유의하라). 마우스의 오른쪽을 클릭하면 두 번째 교차

```
****          CIRCUIT DESCRIPTION
******************************************************************************
*Libraries:
* Profile Libraries :
* Local Libraries :
.LIB "../../../orcad 8-3-pspicefiles/orcad 8-3.lib"
* From [PSPICE NETLIST] section of C:\OrCAD\OrCAD_16.3_Demo\tools\PSpice\PSpice.ini file:
.lib "nomd.lib"
*Analysis directives:
.AC LIN 1 10kHz 10kHz
.OP
.PROBE V(alias(*)) I(alias(*)) W(alias(*)) D(alias(*)) NOISE(alias(*))
.INC "..\SCHEMATIC1.net"

**** INCLUDING SCHEMATIC1.net ****
* source ORCAD 8-3
J_J1       N00328 N00336 N00332 J2N3819
J_J2       N00340 N00416 N00344 J2N3819
V_VDD        N00308 0 20Vdc
R_RD1        N00328 N00308  2.4k TC=0,0
R_RS1        0 N00332  680 TC=0,0
R_RG1        0 N00336  3.3Meg TC=0,0
R_RD2        N00340 N00308  2.4k TC=0,0
R_RS2        0 N00344  680 TC=0,0
R_RG2        0 N00416  3.3Meg TC=0,0
R_RL        0 N00361  10k TC=0,0
C_C1        N01393 N00336  0.05uF  TC=0,0
C_C2        N00328 N00416  0.05uF  TC=0,0
C_C3        N00340 N00361  0.05uF  TC=0,0
C_CS1        0 N00332  100uF  TC=0,0
C_CS2        0 N00344  100uF  TC=0,0

.PRINT      AC
+ VM([N00361])

.PRINT      AC
+ VM([N00328])
V_Vi       N01393 0 DC 0Vdc AC 10mV

**** RESUMING "OrCAD 8-3.cir" ****
.END

****          Junction FET MODEL PARAMETERS
******************************************************************************

              J2N3819
              NJF
      VTO     -4
     BETA   625.000000E-06

****          SMALL SIGNAL BIAS SOLUTION         TEMPERATURE =    27.000  DEG C
******************************************************************************
NODE      VOLTAGE     NODE      VOLTAGE     NODE      VOLTAGE    NODE      VOLTAGE
(N00308)  20.0000     (N00328)  13.3270     (N00332)  1.8908     N00336)   50.28E-06
(N00340)  13.3270     (N00344)   1.8908     (N00361)  0.0000     (N00416)  50.28E-06
(N01393)   0.0000

VOLTAGE SOURCE CURRENTS
NAME        CURRENT
V_VDD       -5.561E-03
V_Vi         0.000E+00

****          OPERATING POINT INFORMATION        TEMPERATURE =    27.000  DEG C
******************************************************************************

**** JFETS
NAME        J_J1          J_J2
MODEL       J2N3819       J2N3819
ID          2.78E-03      2.78E-03
VGS         -1.89E+00     -1.89E+00
VDS         1.14E+01      1.14E+01
GM          2.64E-03      2.64E-03
GDS         0.00E+00      0.00E+00
CGS         0.00E+00      0.00E+00
CGD         0.00E+00      0.00E+00
****          AC ANALYSIS                        TEMPERATURE =    27.000  DEG C
******************************************************************************
FREQ        VM(N00361)
1.000E+04   3.226E-01

****          AC ANALYSIS                        TEMPERATURE =    27.000  DEG C
******************************************************************************
FREQ        VM(N00328)
1.000E+04   6.323E-02
```

그림 8.67 그림 8.65 회로의 PSpice 출력

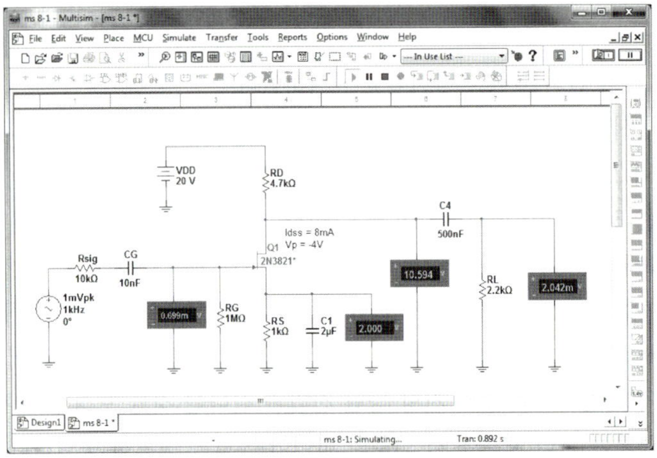

그림 8.68 Multisim을 이용한 JFET 자기 바이어스 회로 해석

연 | 습 | 문 | 제

8.2 FET 소신호 모델

1. 소자 변수 $I_{DSS} = 12$ mA, $V_P = -4$ V인 JFET의 g_{m0}를 계산하라.

*는 다른 문제보다 다소 어려운 문제를 나타낸다.

2. $g_{m0} = 10$ mS이고 $I_{DSS} = 12$ mA인 JFET의 핀치 오프 전압을 결정하라.

3. 소자 변수 $g_{m0} = 5$ mS이고 $V_P = -3.5$ V인 JFET에 대해서 $V_{GS} = 0$ V인 경우의 전류값을 구하라.

4. 바이어스 점이 $V_{GS} = -0.5$ V인 JFET($I_{DSS} = 12$ mA, $V_P = -3$ V)의 g_m을 계산하라.

5. $V_{GS_Q} = -1$ V에서 $g_m = 6$ mS인 JFET인 경우, $V_P = -2.5$ V이면 I_{DSS}는 얼마인가?

6. $I_D = I_{DSS}/4$로 바이어스된 JFET($I_{DSS} = 10$ mA, $V_P = -5$ V)이 있다. 이 바이어스 점에서 g_m을 구하라.

7. $V_{GS_Q} = V_P/4$로 바이어스된 JFET($I_{DSS} = 8$ mA, $V_P = -5$ V)의 g_m을 구하라.

8. 규격표에서 다음의 정보를 제공한다(제시된 드레인-소스 전류에서).

$$g_{fs} = 4.5 \text{ mS}, \; g_{os} = 25 \; \mu\text{S}$$

제시된 드레인-소스 전류에서 다음을 결정하라.

a. g_m **b.** r_d

9. $g_{fs} = 4.5$ mS이고 $g_{os} = 25$ μS인 JFET에서 소자의 출력 임피던스 Z_o와 소자의 이상적인 전압 이득 A_v를 구하라.

10. $r_d = 100$ kΩ인 JFET의 이상적인 전압 이득 A_v가 -200이라면 g_m은 얼마인가?

11. 그림 8.69의 전달 특성 곡선을 이용하여 다음에 답하라.

a. g_{m0}의 값은 얼마인가?

b. $V_{GS} = -0.5$ V에서 g_m을 도식적인 방법으로 구하라.

c. 식 (8.6)을 이용하여 $V_{GS_Q} = -0.5$ V에서 g_m을 구하고, (b)의 결과와 비교하라.

d. $V_{GS} = -1$ V에서 g_m을 도식적인 방법으로 구하라.

e. 식 (8.6)을 이용하여 $V_{GS_Q} = -1$ V에서 g_m을 구하고, (d)의 결과와 비교하라.

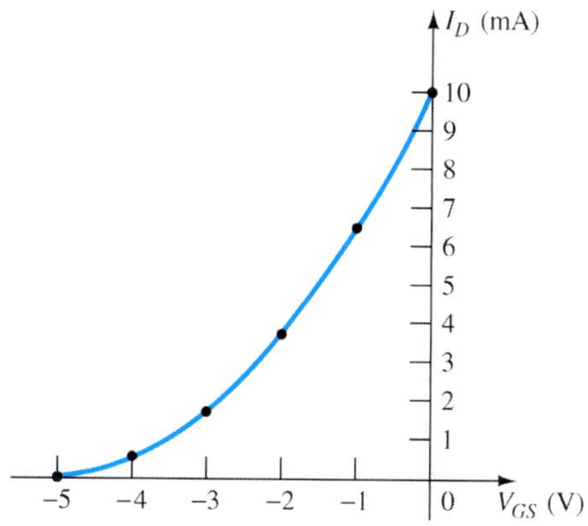

그림 8.69 문제 11의 JFET 전달 특성 곡선

12. 그림 8.70의 드레인 특성 곡선을 이용하여 다음에 답하라.

a. $V_{GS} = 0$ V일 때 r_d의 값은 얼마인가?

b. $V_{DS} = 10$ V일 때 g_{m0}의 값은 얼마인가?

13. 2N4220 n채널 JFET[g_{fs}(최소) $= 750$ μS, g_{os}(최대) $= 10$ μS]에 대하여

a. g_m의 값은 얼마인가?

b. r_d의 값은 얼마인가?

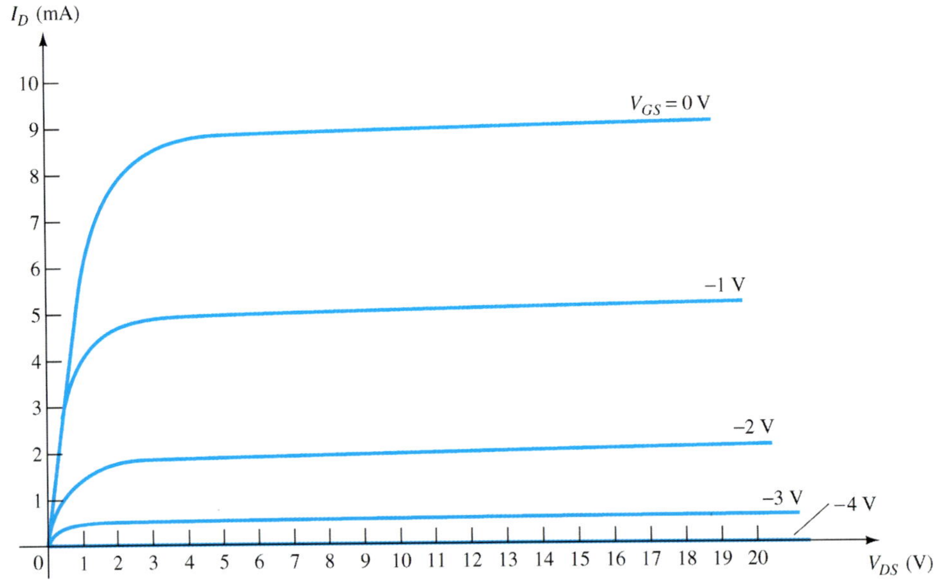

그림 8.70 문제 12의 JFET 드레인 특성 곡선

14. a. $I_{DSS} = 12$ mA이고 $V_P = -6$ V인 n채널 JFET에 대하여 g_m 대 V_{GS}의 그래프를 그려라.

b. (a)의 JFET에 대하여 g_m 대 I_D의 그래프를 그려라.

15. $g_{fs} = 5.6$ mS이고 $g_{os} = 15$ μS인 JFET의 교류 등가 모델을 그려라.

16. $I_{DSS} = 10$ mA, $V_P = -4$ V, $V_{GS_Q} = -2$ V, $g_{os} = 25$ μS인 JFET의 교류 등가 모델을 그려라.

8.3 고정 바이어스 회로

17. $I_{DSS} = 10$ mA, $V_P = -6$ V, $r_d = 40$ kΩ인 경우, 그림 8.71의 회로에 대하여 Z_i, Z_o, A_v를 구하라.

18. I_{DSS}와 V_P가 문제 17의 반값, 즉 $I_{DSS} = 5$ mA, $V_P = -3$ V인 경우, 그림 8.71의 회로에 대하여 Z_i, Z_o, A_v를 구하라.

19. a. $I_{DSS} = 10$ mA, $V_P = -4$ V, $r_d = 20$ kΩ인 경우, 그림 8.72의 회로에 대하여 Z_i , Z_o , A_v를 구하라.

b. $r_d = 40$ kΩ인 경우에 (a)를 반복하라. 결과에 어떤 영향을 미치는가?

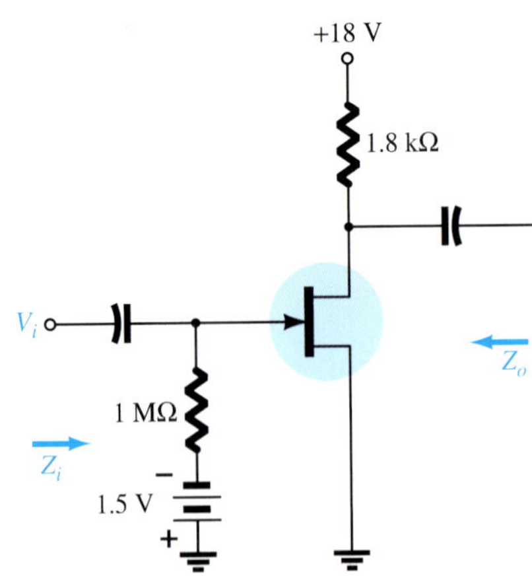

그림 8.71 문제 17과 18의 고정 바이어스 증폭기

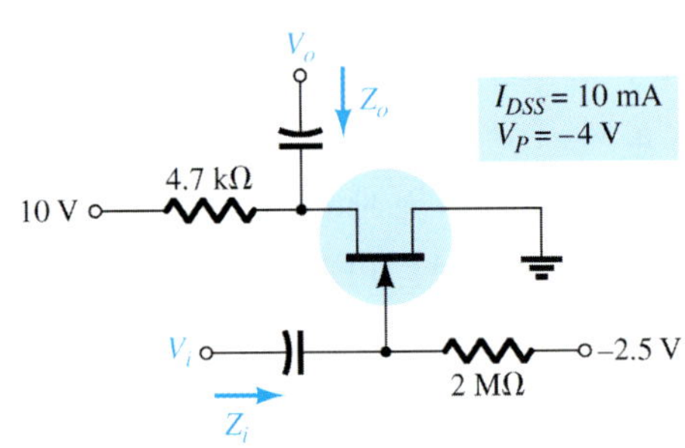

그림 8.72 문제 19

8.4 자기 바이어스 회로

20. $g_{fs} = 3000\ \mu S$, $g_{os} = 50\ \mu S$인 경우, 그림 8.73 회로의 Z_i, Z_o, A_v를 구하라.

21. 그림 8.73에서 20 μF 커패시터를 제거하고 나머지 회로 변수는 문제 20과 동일한 경우에 Z_i , Z_o , A_v를 구하라. 그 결과를 문제 20의 결과와 비교하라.

22. $g_{os} = 10\ \mu S$인 경우 문제 20를 반복하라. 문제 20의 결과와 비교하라.

23. a. 그림 8.74 회로에 대해서 $r_d = \infty\ \Omega$일 때 전압이득 2를 얻기 위한 R_S 값을 구하라.

b. $r_d = 30\ k\Omega$일 때 (a)를 반복하라. r_d의 변화가 이득과 해석에 어떤 영향을 미치는가?

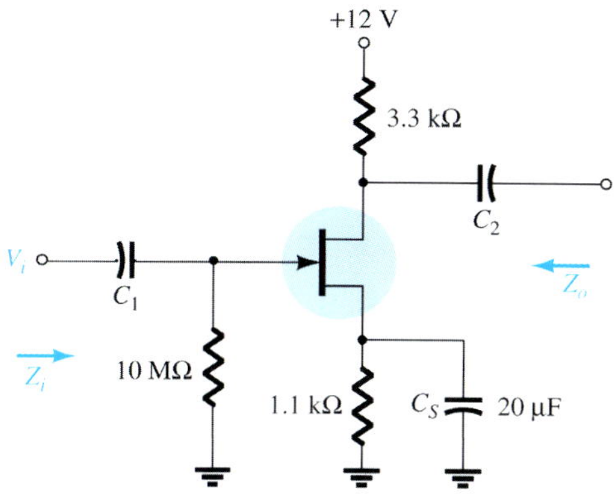

그림 8.73 문제 20, 21, 22, 59

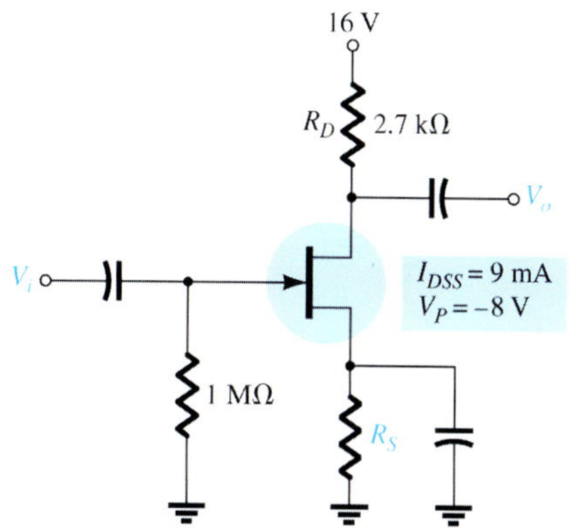

그림 8.74 문제 23

24. $I_{DSS} = 6$ mA, $V_P = -6$ V, $g_{os} = 40\ \mu S$인 경우, 그림 8.75의 회로에 대하여 Z_i , Z_o , A_v를 구하라.

8.5 전압 분배기 회로

25. $V_i = 20$ mV인 경우에 그림 8.76 회로의 Z_i, Z_o, V_o를 결정하라.

26. 커패시터 C_S를 제거한 경우에 문제 25를 반복하고 결과를 비교하라.

27. $r_d = 20\ k\Omega$인 경우 문제 25를 반복하고 결과를 비교하라.

28. $r_d = 20\ k\Omega$인 경우 문제 26을 반복하고 결과를 비교하라.

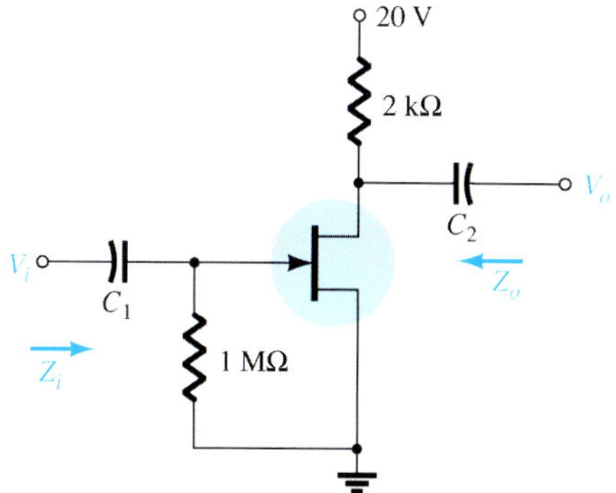

그림 8.75 문제 24와 60의 자기 바이어스 회로

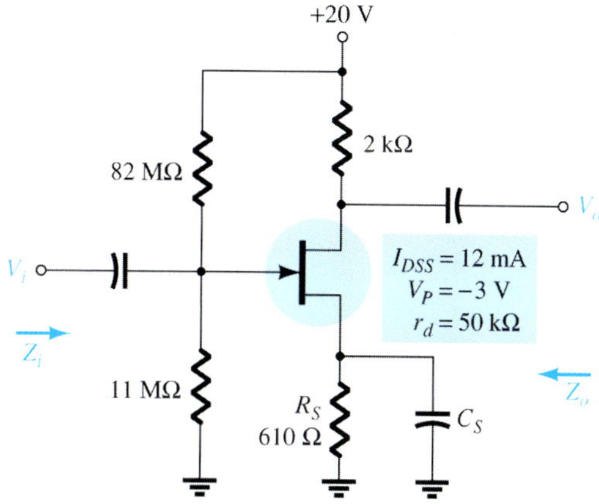

그림 8.76 문제 25~28, 61

8.6 JFET 공통 게이트 회로

29. $V_i = 4$ mV인 경우에 그림 8.77 회로의 Z_i, Z_o, V_o를 구하라.

30. $r_d = 20$ kΩ인 경우에 문제 29를 반복하고 결과를 비교하라.

31. $r_d = 30$ kΩ인 경우에 그림 8.78 회로의 Z_i, Z_o, A_v를 구하라.

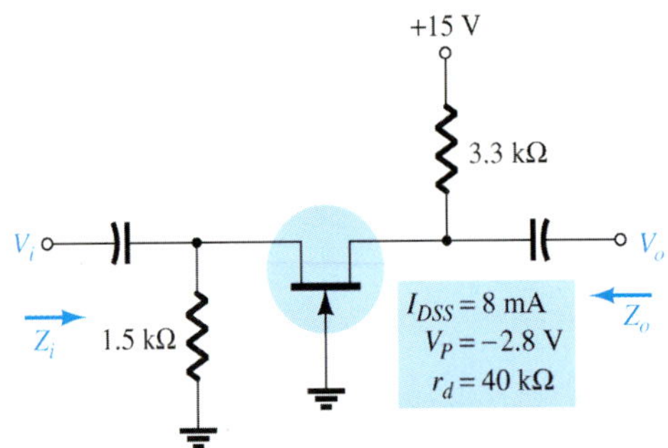

그림 8.77 문제 29, 30, 62

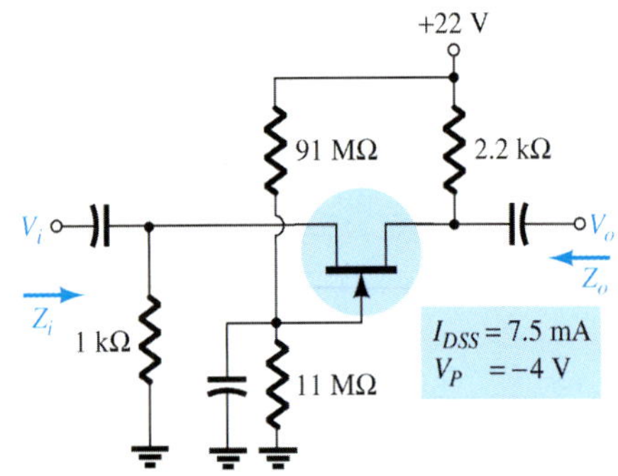

그림 8.78 문제 31

8.7 JFET 소스 폴로어 회로

32. 그림 8.79의 회로에 대해 Z_i, Z_o, A_v를 구하라.

33. $r_d = 20$ kΩ인 경우에 문제 32을 반복하고 결과를 비교하라.

34. 그림 8.80의 회로에 대해서 Z_i, Z_o, A_v를 구하라.

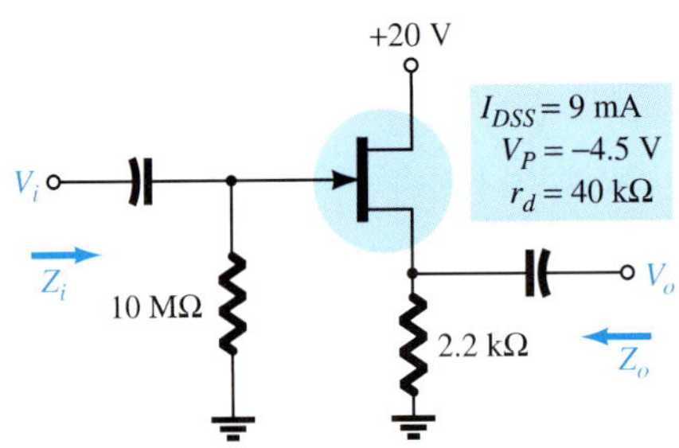

그림 8.79 문제 32, 33

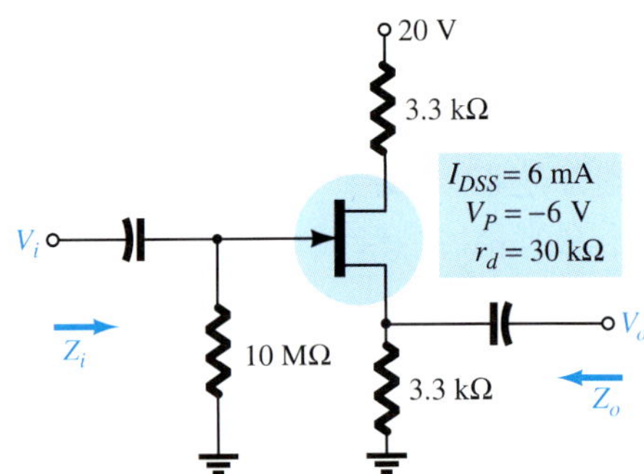

그림 8.80 문제 34

8.8 공핍형 MOSFET

35. $g_{os} = 20$ μS인 경우에 그림 8.81 회로의 V_o를 결정하라.

36. $r_d = 60$ kΩ인 경우에 그림 8.82 회로의 Z_i, Z_o, A_v를 구하라.

37. $r_d = 25$ kΩ인 경우에 문제 36을 반복하고 결과를 비교하라.

38. $V_i = 1.8$ mV인 경우에 그림 8.83 회로의 V_o를 구하라.

39. 그림 8.84 회로의 Z_i, Z_o, A_v를 구하라.

8.10 E-MOSFET 드레인 피드백 회로

40. $V_{GS(\text{Th})} = 3$ V이고 $V_{GS_Q} = 8$ V인 MOSFET의 g_m을 구하라. 단, $k = 0.3 \times 10^{-3}$으로 가정한다.

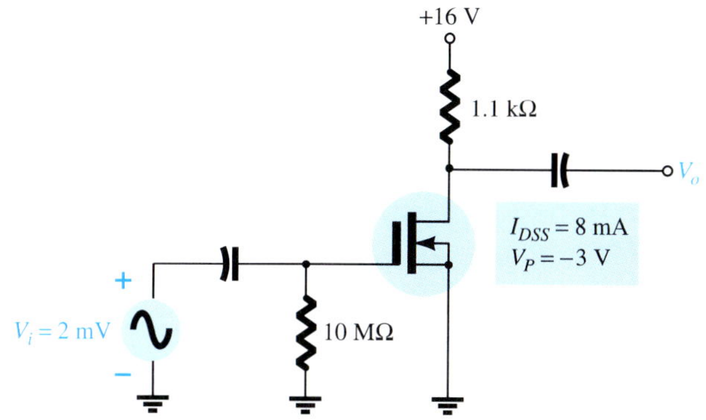

그림 8.81 문제 35

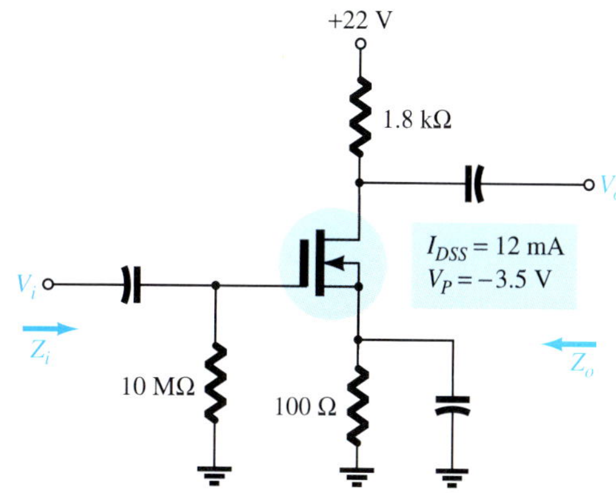

그림 8.82 문제 36, 37, 63

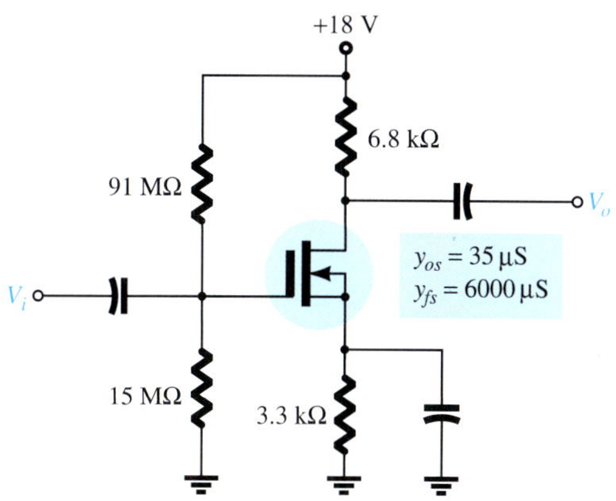

그림 8.83 문제 38

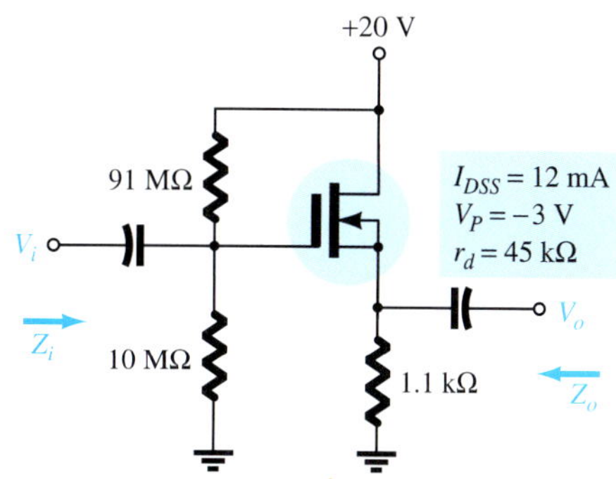

그림 8.84 문제 39

41. $k = 0.3 \times 10^{-3}$인 경우에 그림 8.85 증폭기의 Z_i, Z_o, A_v를 구하라.

42. k가 $k = 0.2 \times 10^{-3}$으로 떨어졌을 때 문제 41을 반복하고 결과를 비교하라.

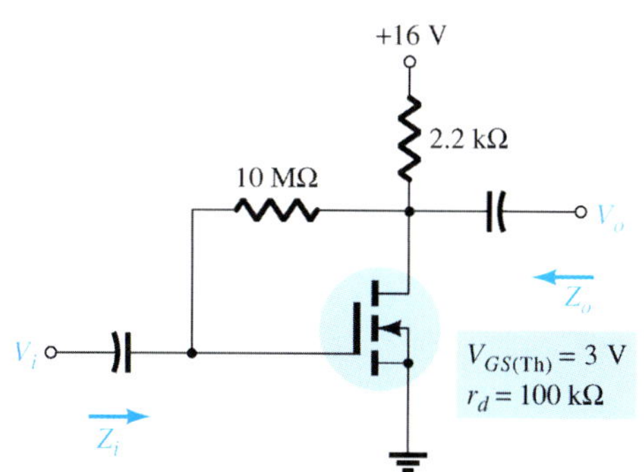

그림 8.85 문제 41, 42, 64

43. $V_i = 20$ mV인 경우에 그림 8.86 회로의 V_o를 구하라.

44. $V_{GS(\text{on})} = 7$ V, $g_{os} = 20$ μS인 MOSFET에서 $V_i = 4$ mV, $V_{GS(\text{Th})} = 4$ V, $I_{D(\text{on})} = 4$ mA인 경우에 그림 8.86 회로의 V_o를 구하라.

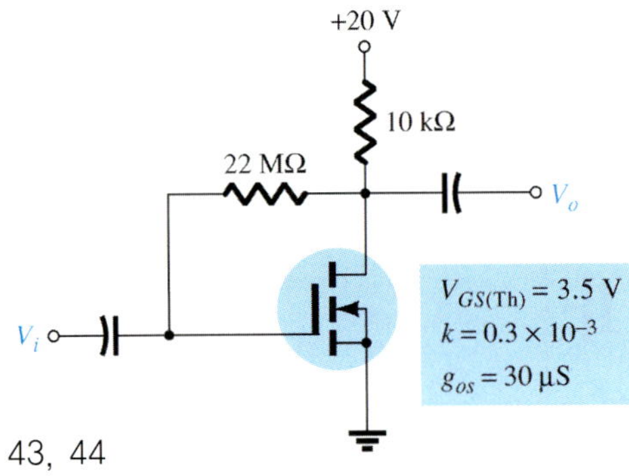

그림 8.86 문제 43, 44

8.11 E-MOSFET 전압 분배기 회로

45. $V_i = 0.8$ mV, $r_d = 40$ kΩ인 경우 그림 8.87 회로의 출력전압을 결정하라.

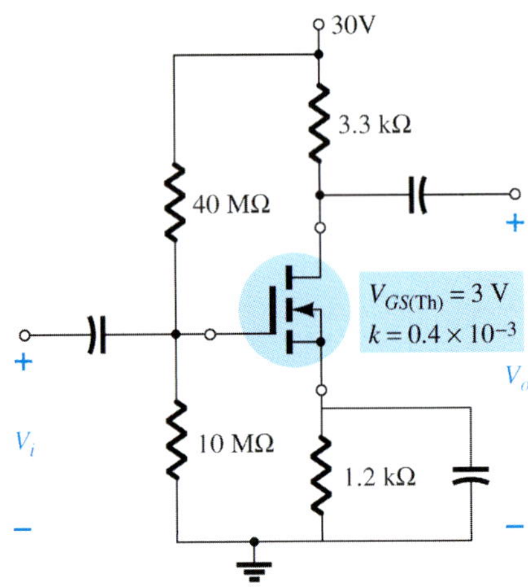

그림 8.87 문제 45

8.12 FET 증폭기 회로 설계

46. 이득이 −8이 되도록 그림 8.88의 고정 바이어스 회로를 설계하라.

47. 이득이 −10이 되도록 그림 8.89의 자기 바이어스 회로를 설계하라. 이때 소자는 $V_{GS_Q} = \frac{1}{3}V_P$에 바이어스되어야 한다.

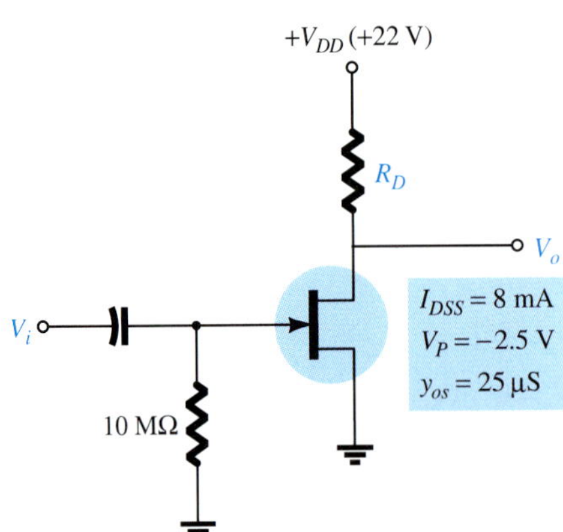

그림 8.88 문제 46

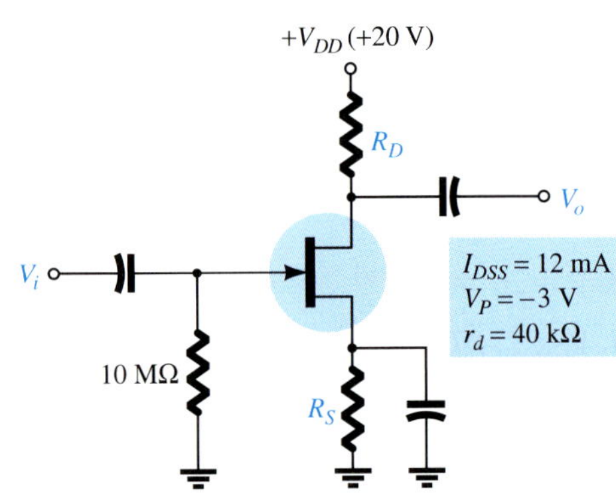

그림 8.89 문제 47

8.14 R_L과 R_{sig}의 영향

48. 그림 8.90의 JFET 자기 바이어스 회로에서

a. $A_{v_{NL}}$, Z_i, Z_o 를 계산하라.

b. (a)에서 계산한 파라미터들로 그림 5.62의 2포트 모델을 그려라.

c. A_{v_L}과 A_{v_s}를 계산하라.

d. R_{sig}를 1 kΩ으로 변경한 후 A_{v_L}과 A_{v_s}를 다시 계산하라. R_{sig}의 증가가 전압 이득에 어떤 영향을 미치는가?

e. (d)와 같이 R_{sig} 값을 변경하고 Z_i와 Z_o를 다시 계산하라. 두 임피던스에 미치는 영향은 무엇인가?

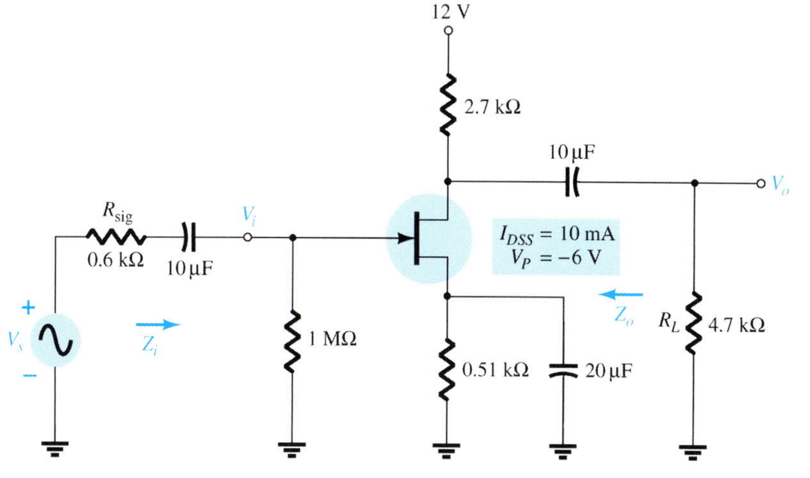

그림 8.90 문제 48

49. 그림 8.91의 소스 폴로어 회로에서

a. $A_{v_{NL}}$, Z_i, Z_o를 계산하라.

b. (a)에서 계산한 파라미터들로 그림 5.62의 2포트 모델을 그려라.

c. A_{v_L}과 A_{v_s}를 계산하라.

d. R_L을 4.7 kΩ으로 변경하고 A_{v_L}과 A_{v_s}를 계산하라. R_L이 증가함에 따라서 두 전압 이득에 미치는 영향이 무엇인가?

e. R_L은 2.2 kΩ으로 두고 R_{sig}를 20 kΩ으로 바꾸고 A_{v_L}과 A_{v_s}를 계산하라. R_{sig}가 증가함

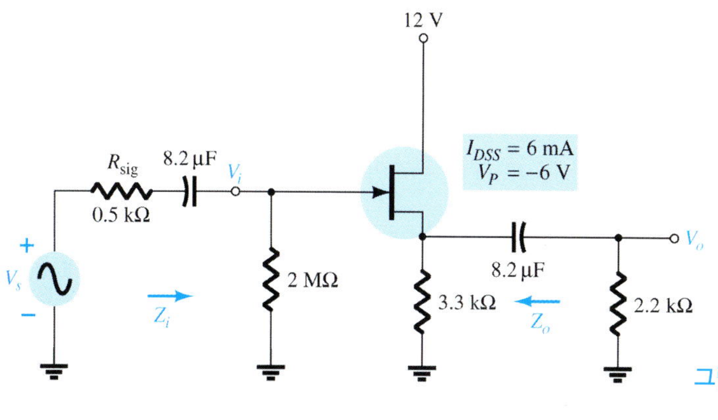

그림 8.91 문제 49

에 따라서 두 전압 이득에 미치는 영향이 무엇인가?

f. R_L을 4.7 kΩ으로, R_{sig}를 20 kΩ으로 바꾼 후 Z_i와 Z_o를 계산하라. 두 임피던스에 미치는 영향이 무엇인가?

50. 그림 8.92의 공통 게이트 회로에서

a. $A_{v_{NL}}$, Z_i, Z_o를 계산하라.

b. (a)에서 계산한 파라미터들로 그림 5.62의 2포트 모델을 그려라.

c. A_{v_L}과 A_{v_s}를 계산하라.

d. R_L을 2.2 kΩ으로 변경하고 A_{v_L}과 A_{v_s}를 계산하라. R_L이 변화함에 따라서 두 전압 이득에 미치는 영향이 무엇인가?

e. R_L이 4.7 kΩ으로 두고 R_{sig}를 0.1 kΩ으로 바꾸고 A_{v_L}과 A_{v_s}를 계산하라. R_{sig}가 변화함에 따라서 두 전압 이득에 미치는 영향이 무엇인가?

f. R_L을 2.2 kΩ으로, R_{sig}를 0.1 kΩ으로 바꾼 후 Z_i, Z_o를 계산하라. 두 임피던스에 미치는 영향이 무엇인가?

g. 위 계산 결과로부터 이끌어낼 수 있는 일반적인 결론은 무엇인가?

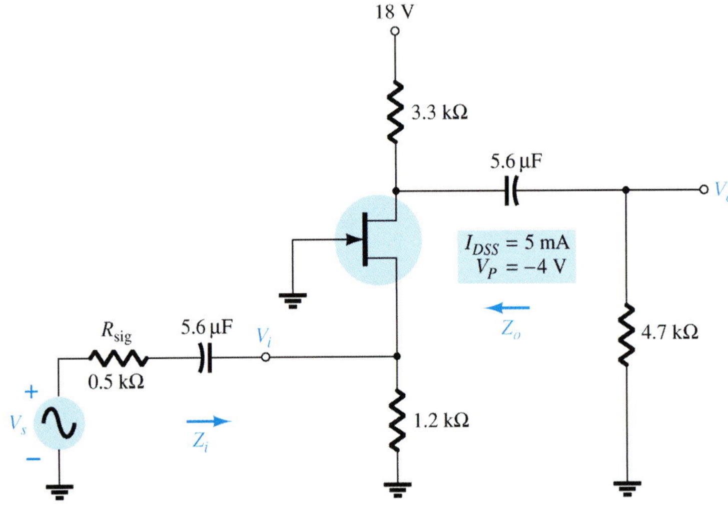

그림 8.92 문제 50

8.15 직렬 회로

51. 그림 8.93의 JFET 직렬 증폭기에 대해 각 증폭단의 직류 바이어스를 계산하라. 2개의 증폭단은 동일하고 $I_{DSS} = 8$ mA, $V_P = -4.5$ V이다.

52. 그림 8.93의 JFET 직렬 증폭기에 대해 각 단의 전압 이득, 증폭기의 전체 이득, 출력전압 V_o를 계산하라. 2개의 증폭단은 동일하고 $I_{DSS} = 8$ mA, $V_P = -4.5$ V이다.

53. 그림 8.93의 직렬 증폭기에서 두 JFET의 규격이 $I_{DSS} = 12$ mA, $V_P = -3$ V로 바뀌었다. 각 증폭단의 직류 바이어스를 계산하라.

54. 그림 8.93의 직렬 증폭기에서 두 JFET의 규격이 $I_{DSS} = 12$ mA, $V_P = -3$ V, $g_{os} = 25$ μS로 바뀌었다. 각 증폭단의 전압 이득, 전체 전압 이득, 출력전압 V_o를 계산하라.

55. 그림 8.93의 직렬 증폭기에서 JFET 증폭기의 규격이 $I_{DSS} = 12$ mA, $V_P = -3$ V,

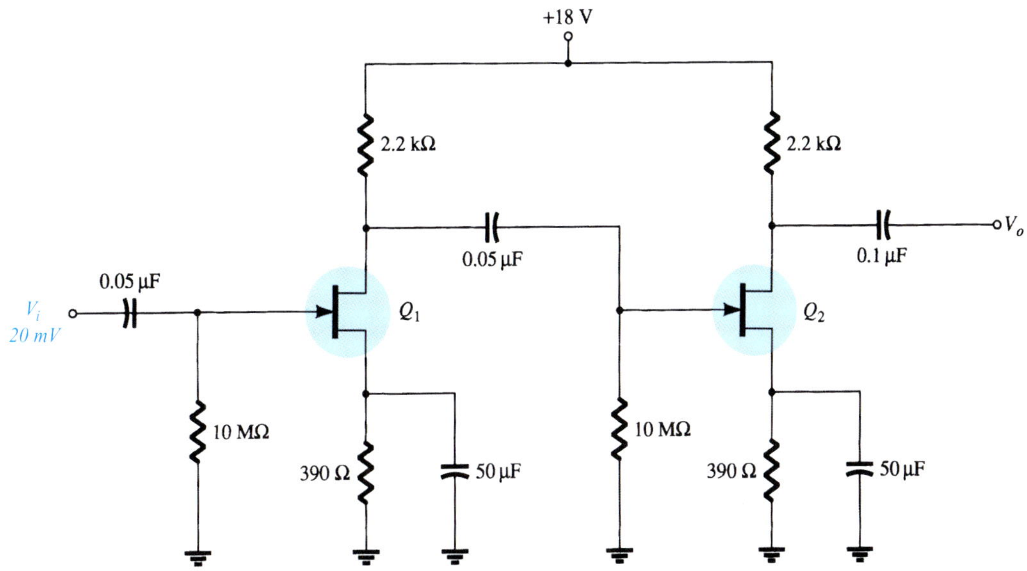

그림 8.93 문제 51~55, 65, 66

g_{os} = 25 μS로 바뀌었다. 입력 임피던스(Z_i)와 출력 임피던스(Z_o)를 계산하라.

56. 그림 8.94의 직렬 증폭기에서 각 단의 직류 바이어스 전압과 전류를 계산하라.

57. 그림 8.94의 증폭기 회로에서 각 단의 전압 이득과 전체 증폭기의 전압 이득을 계산하라.

58. 그림 8.94의 증폭기 회로에서 입력 임피던스(Z_i)와 출력 임피던스(Z_o)를 계산하라.

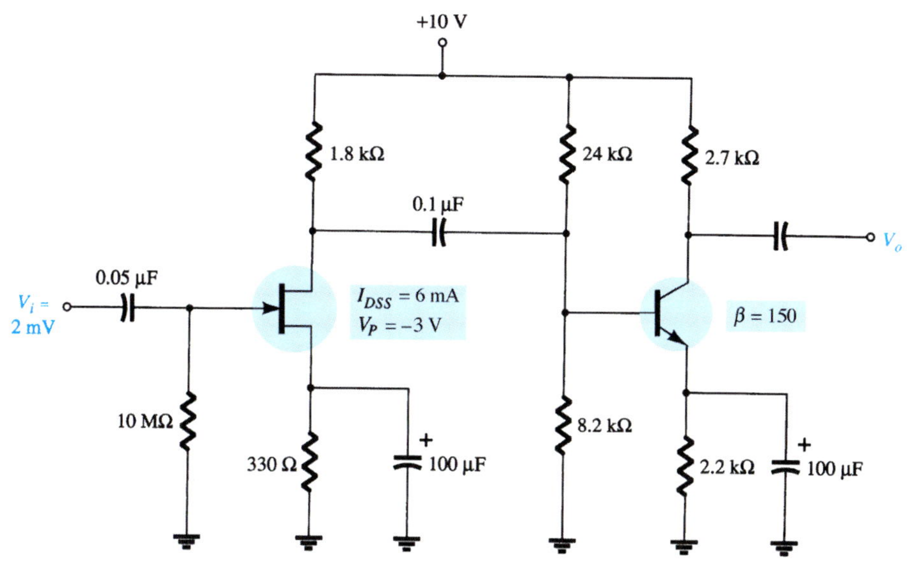

그림 8.94 문제 56~58

8.19 컴퓨터 해석

59. PSpice 윈도우를 이용하여 그림 8.73 회로의 전압 이득을 구하라.

60. Multisim을 이용하여 그림 8.75 회로의 전압 이득을 구하라.

61. PSpice 윈도우를 이용하여 그림 8.76 회로의 전압 이득을 구하라.

62. Multisim을 이용하여 그림 8.77 회로의 전압 이득을 구하라.

63. PSpice 윈도우를 이용하여 그림 8.82 회로의 전압 이득을 구하라.

64. PSpice 윈도우를 이용하여 그림 8.85 회로의 전압 이득을 구하라.

***65.** Design Center를 이용하여 그림 8.93의 직렬 JFET 증폭기에 대한 회로도를 그려라. JFET 파라미터를 $I_{DSS} = 12$ mA, $V_P = -3$ V로 설정하고 직류 바이어스 해석을 수행하라.

***66.** Design Center를 이용하여 그림 8.93의 직렬 JFET 증폭기에 대한 회로도를 그려라. JFET 파라미터를 $I_{DSS} = 12$ mA, $V_P = -3$ V에 대해서 교류 출력전압 V_o를 계산하는 해석을 수행하라.

CHAPTER 9

BJT와 JFET의 주파수 응답

학습 목표 CHAPTER OBJECTIVE

- 로그 사용의 능력을 향상시키고, 데시벨의 개념을 이해하며, 로그 스케일의 선도를 읽을 수 있다.
- BJT와 FET의 주파수 응답에 익숙해진다.
- 주파수 선도를 규준화 할 수 있고, dB 선도를 그릴 수 있으며, 차단 주파수와 대역폭을 구할 수 있다.
- 직선 구간들과 차단 주파수들이 증폭기의 주파수 응답을 설명할 수 있는 Bode 선도를 표현할 수 있는 방법을 이해한다.
- 귀환 커패시터에 의한 증폭기의 입력과 출력에서의 밀러 효과 커패시턴스를 구할 수 있다.
- 증폭기의 주파수 응답을 구하기 위한 구형파 시험을 숙지한다.

9.1 개요

지금까지는 특정 주파수에 한하여 회로를 해석해 왔다. 커패시터와 같은 용량성 소자의 효과를 무시하고 회로를 단지 저항성 소자와 독립 소스의 연결로 생각하여 해석할 수 있었던 것도 특정 주파수 영역만을 해석했기 때문이다. 이 장에서는 저주파 영역에서 용량성 소자가 클 때 회로에 미치는 영향과 고주파 영역에서 용량성 소자가 작을 때 회로에 미치는 영향을 알아본다. 넓은 주파수 대역에 걸쳐 회로를 해석하게 되므로, 로그를 정의하여 회로 해석에 로그 단위를 적용한다. 또한 주파수 응답을 나타내는 그래프에 데시벨 단위가 많이 쓰이므로 이에 대해서도 자세히 설명하겠다. BJT와 FET의 주파수 응답 해석이 비슷하므로 이 장에서는 각각의 트랜지스터에 대해 모두 다루도록 하겠다.

9.2 로그

범위가 큰 변수들을 그래프에 나타낸다든지, 아주 큰 수들을 비교한다든지, 회로를 설계,

검토, 해석하는 과정에서 중요한 값들을 확인한다거나 할 때는 로그함수를 이용하는 것이 좋다.

로그함수의 변수들 간의 관계를 알아보기 위해 다음의 수학 방정식을 생각해 보자.

$$\boxed{a = b^x, \qquad x = \log_b a} \tag{9.1}$$

변수 a, b, x는 두 식에서 동일한 값이다. a를 b의 x제곱이라 하면, x는 b를 밑수로 하는 a의 로그이다. 예를 들어 $b=10$, $x=2$이면

$$a = b^x = (10)^2 = 100$$

반대로

$$x = \log_b a = \log_{10} 100 = 2$$

즉 다음과 같은 식의 지수 x는

$$10{,}000 = 10^x$$

로그를 이용하여 구할 수 있다. 즉

$$x = \log_{10} 10{,}000 = 4$$

전기, 전자 분야뿐만 아니라 대부분의 과학 연구 분야에서는 로그 방정식의 밑수를 10이나 $e=2.71828\ldots$를 사용한다.

밑수를 10으로 하는 로그를 상용로그(common logarithm)라 하고, 밑수가 e인 로그를 자연로그(natural logarithm)라 한다. 요약하면

$$\boxed{\text{Common logarithm:} \quad x = \log_{10} a} \tag{9.2}$$

$$\boxed{\text{Natural logarithm:} \quad y = \log_e a} \tag{9.3}$$

두 식의 관계식은

$$\boxed{\log_e a = 2.3 \log_{10} a} \tag{9.4}$$

계산기를 사용할 때는 보통 상용로그에는 **log** 키를 쓰고, 자연로그에는 **ln** 키를 이용한다.

예제 9.1 계산기를 이용하여 다음 식을 계산하라.

a. $\log_{10} 10^6$ b. $\log_e e^3$

c. $\log_{10} 10^{-2}$ d. $\log_e e^{-1}$

풀이

a. **6** b. **3** c. **−2** d. **−1**

예제 9.1에서 알 수 있듯이

어떤 수가 로그의 밑수와 같은 수라면, 그 수의 거듭 제곱을 로그로 취한 값은 결국 그 수의 지수가 된다.

다음 예제는 변수 x가 밑수의 정수배가 아닐 때의 관계를 보여준다.

예제 9.2 계산기를 이용하여 다음 식을 계산하라.

a. $\log_{10} 64$ b. $\log_e 64$

c. $\log_{10} 1600$ d. $\log_{10} 8000$

풀이

a. **1.806** b. **4.159** c. **3.204** d. **3.903**

예제 9.2의 (a), (b)는 식 (9.4)를 만족함을 주목하라. 또 어떤 수가 선형적으로 증가한다고 해도 그 수의 로그는 선형적으로 증가하지 않음을 기억하라. 즉 8000은 64의 125배이지만, 8000의 로그는 64의 로그의 2.16배일 뿐이다. 로그함수는 비선형 함수이다. 표 9.1은 어떤 수의 로그는 그 수의 지수와 같이 증가한다는 것을 보여준다. 로그의 역을 구하려면 지수함수, 즉 계산기의 10^x나 e^x 기능을 이용하여 계산할 수 있다.

표 9.1

$\log_{10} 10^0$	$= 0$
$\log_{10} 10$	$= 1$
$\log_{10} 100$	$= 2$
$\log_{10} 1{,}000$	$= 3$
$\log_{10} 10{,}000$	$= 4$
$\log_{10} 100{,}000$	$= 5$
$\log_{10} 1{,}000{,}000$	$= 6$
$\log_{10} 10{,}000{,}000$	$= 7$
$\log_{10} 100{,}000{,}000$	$= 8$
etc.	

예제 9.3 계산기를 이용하여 다음 식을 계산하라.

a. $1.6 = \log_{10} a$ b. $0.04 = \log_e a$

풀이

a. $a = 10^{1.6}$

계산기 키: [1] [.] [6] [2nd F] [10^x] $a =$ **39.81**

b. $a = e^{0.04}$

계산기 키: [0] [.] [0] [4] [2nd F] [e^x] $a =$ **1.0408**

이 장의 나머지 부분에서는 상용로그를 사용하므로, 상용로그를 예로 들어 로그의 특성을 알아보겠다. 그러나 일반적으로 로그의 특성은 밑수에 관계없이 공통적으로 적용된다. 첫째, 다음을 기억하라.

$$\boxed{\log_{10} 1 = 0} \tag{9.5}$$

표 9.1에 나타나 있듯이 $10^0=1$이므로

$$\boxed{\log_{10} \frac{a}{b} = \log_{10} a - \log_{10} b} \tag{9.6}$$

위 식에서 $a=1$이라면

$$\boxed{\log_{10} \frac{1}{b} = -\log_{10} b} \tag{9.7}$$

이다. 위 식에서 b가 1보다 클 때, 즉 1보다 작은 수의 로그는 항상 음수가 된다.

$$\boxed{\log_{10} ab = \log_{10} a + \log_{10} b} \tag{9.8}$$

지금까지의 관계식들은 자연로그에도 그대로 적용된다.

예제 9.4 계산기를 이용하여 다음 식을 계산하라.

a. $\log_{10} 0.5$ b. $\log_{10} \dfrac{4000}{250}$ c. $\log_{10}(0.6\times30)$

풀이

a. **-0.3**

b. $\log_{10} 4000-\log_{10} 250=3.602-2.398=\mathbf{1.204}$

$$\text{검산: } \log_{10} \frac{4000}{250}=\log_{10} 16=\mathbf{1.204}$$

c. $\log_{10} 0.6+\log_{10} 30=-0.2218+1.477=\mathbf{1.255}$

$$\text{검산: } \log_{10}(0.6\times30)=\log_{10} 18=\mathbf{1.255}$$

그래프를 그릴 때 로그 단위를 이용하면 그래프에 나타낼 수 있는 변수의 범위를 확장할 수 있다. 대부분의 그래프는 세미로그나 더블로그(로그-로그) 등의 단위를 사용한다. 세미(semi)라는 말은 반을 뜻하는 것으로, 세미로그는 두 좌표축 중 하나만 로그 단위를 사용한다. 반면에 더블로그는 두 좌표축 모두 로그 단위를 사용한다. 세미로그 단위를 그림 9.1에 나타내었다. 수직축은 로그 단위가 아니고 좌표축을 동일하게 나눈 선형 단위임을 주의하라. 로그 선도의 선 간격을 그래프에 나타내었다. 2의 상용로그는 약 0.3이다. 그러므로 1($\log_{10} 1=0$)에서 2까지의 거리는 단위 간격의 30%이다. 3의 상용로그는 0.4771 또는 단

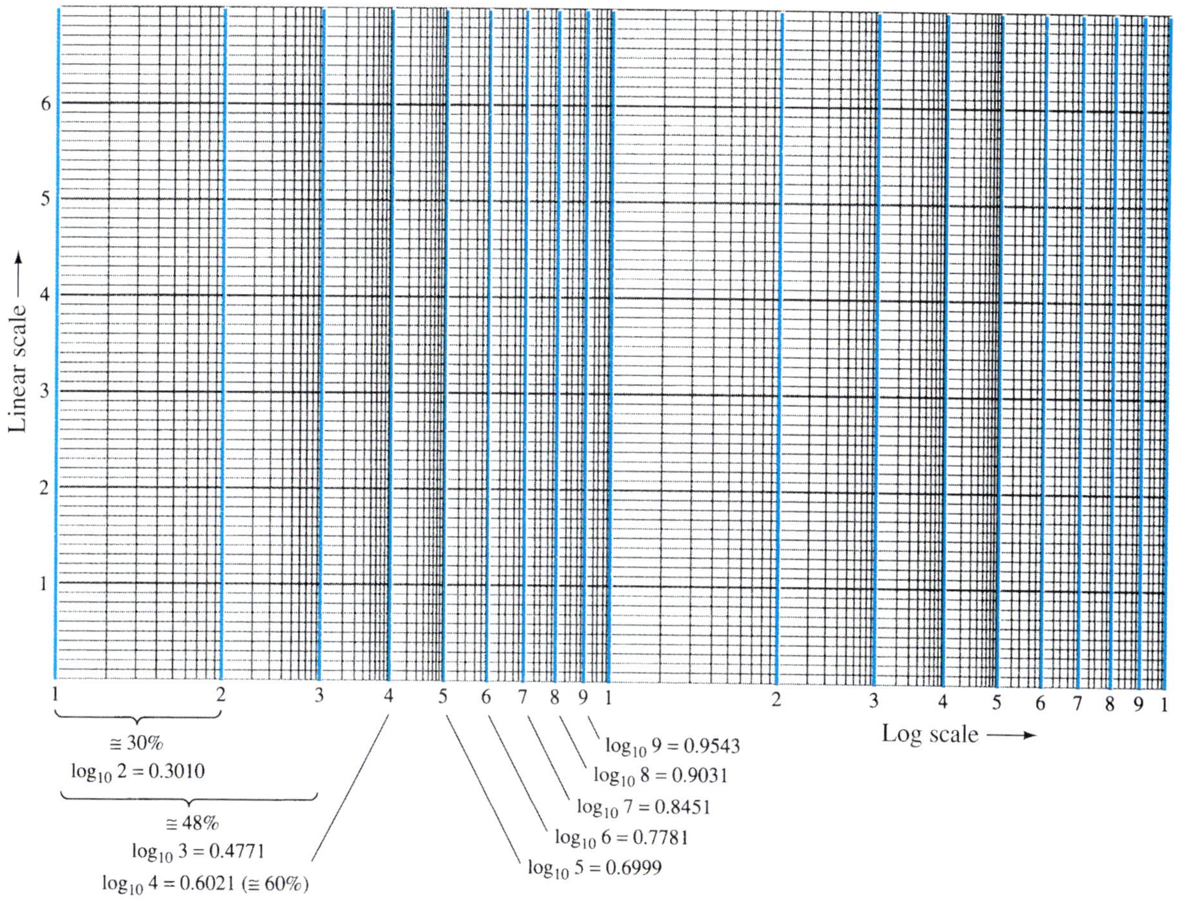

그림 9.1 세미로그 그래프 종이

위 간격의 48%이다. $\log_{10} 5 \cong 0.7$이므로, 이는 단위 간격의 약 70% 정도의 위치에 표시된다. 좁은 공간에 모든 로그값들을 나타내기가 어려우므로 대개의 주파수 선도들은 그림 9.2와 같이 중요값만을 표시한다. 그러므로 수치적인 값들과 그 간격들을 기억해 두는 것이 좋

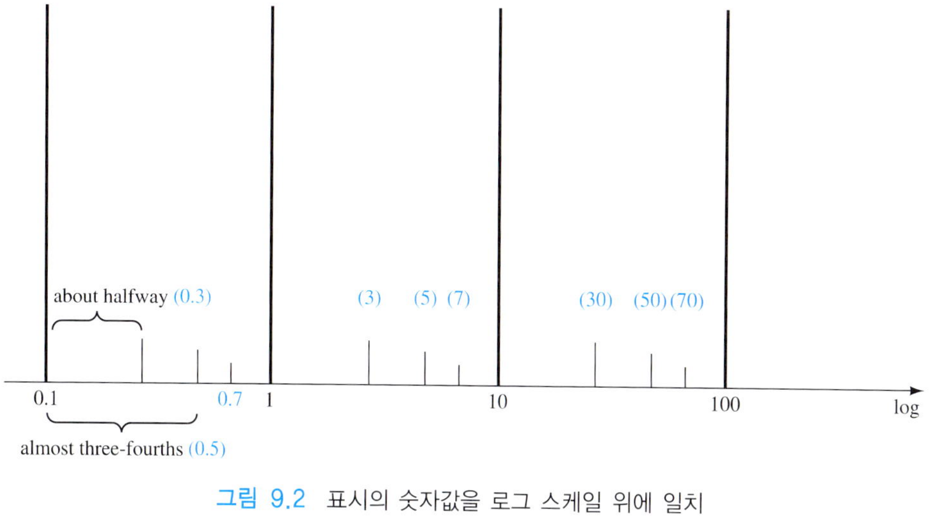

그림 9.2 표시의 숫자값을 로그 스케일 위에 일치

다. 그림에서 가장 긴 막대는 0.3, 3, 30 등을 나타내고, 그 다음 막대는 0.5, 5, 50을, 짧은 막대는 0.7, 7, 70 등을 나타낸다.

많은 로그 선도에서 대부분의 중간값에 대한 눈금 표시는 공간적 제한으로 쓰지 않는다. 자를 사용한 알고 있는 값이나 간단히 추정된 거리의 특정 지점에서 로그값을 결정하기 위해 다음 식을 사용할 수 있다. 계수들은 그림 9.3에 정의 되어 있다.

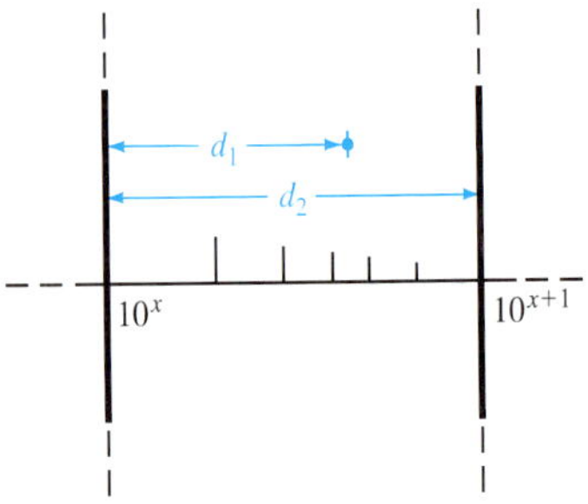

그림 9.3 로그 선도에서 값을 찾는 법

$$\boxed{\text{Value} = 10^x \times 10^{d_1/d_2}} \tag{9.9}$$

식 (9.9)의 유도는 간단히 그림 9.1에 나타나 있는 거리에 대하여 세밀히 확장하면 알 수 있다.

예제 9.5 자를 사용하여 구한 측정치를 이용하여 그림 9.4의 로그 선도에 나타난 점의 값을 구하라.

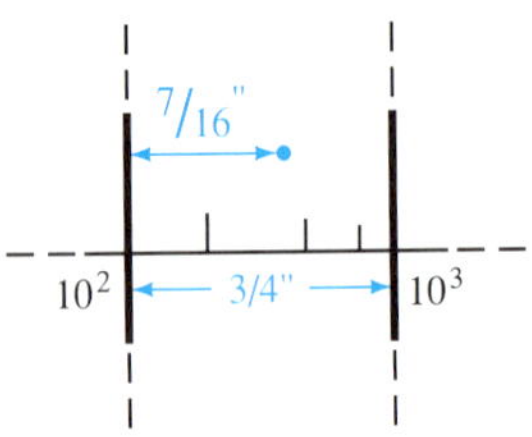

그림 9.4 예제 9.5

풀이

$$\frac{d_1}{d_2} = \frac{7/16''}{3/4''} = \frac{0.438''}{0.750''} = 0.584$$

계산기의 사용:

$$10^{d_1/d_2} = 10^{0.584} = 3.837$$

식 (9.9)에 적용:

$$\begin{aligned}\text{Value} &= 10^x \times 10^{d_1/d_2} = 10^2 \times 3.837\\ &= \mathbf{383.7}\end{aligned}$$

로그 단위로 함수를 그리면 선형 단위로 그렸을 때와 파형이 다르다. 선형 단위로 그린 직선 그래프는 로그 단위로 그렸을 때 곡선이 되며, 선형 단위로 그렸을 때는 곡선이라도 로그 단위로 그렸을 때는 직선이 될 수도 있다. 그림 9.1과 그림 9.2의 간격을 기억하고 있으면 올바르게 그래프를 그릴 수 있다. 이는 이 책의 나중에 언급하게 될 로그-로그 선도에도 적용된다.

9.3 데시벨

전력레벨

데시벨(decibel: dB)의 개념과 이에 관련된 사항은 앞으로 수행할 해석에서 점차 더 유용하게 사용된다. 데시벨이라는 용어는 전력과 음성 레벨이 서로 로그 관계에 있다는 오래 전에 확인된 사실에서부터 시작된다. 전력이 4~16 W로 증가한다 해서 음성 레벨이 16/4=4배로 증가하지는 않는다. 전력이 4~16 W로 증가하면 $(4)^2=16$이므로 음성 레벨은 두 배가 된다. 만일 전력이 4~64 W로 증가하면 $(4)^3=64$이므로 음성 레벨은 세 배가 된다. 이들의 관계를 대수식으로 표시하면 $\log_4 64=3$이다.

벨(Bel)이란 용어는 Alexander Graham Bell의 성을 딴 것이다. 표준화의 요구 때문에 벨(bel: B)을 2개의 전력 레벨 P_1과 P_2의 관계로 다음 식과 같이 정의하였다. 즉

$$\boxed{G = \log_{10}\frac{P_2}{P_1}} \quad \text{bel} \tag{9.10}$$

그러나 벨(bel)은 실제 문제에 적용할 때는 너무 단위가 크기 때문에, 10 decibels (dB)=1 bel의 관계에 있는 데시벨을 정의하게 되었다. 즉

$$\boxed{G_{\text{dB}} = 10\log_{10}\frac{P_2}{P_1}} \quad \text{dB} \tag{9.11}$$

통신 장치(증폭기, 마이크로폰 등)의 최종적인 등급은 일반적으로 데시벨로 표시한다. 식 (9.11)은 하나의 장치에서 2개의 전력 레벨을 측정함으로써 그 장치의 데시벨을 정의할 수 있음을 뜻한다. 특정 단자의 출력전력이 P_2라 한다면, 이것에 관계되는 기준 전력 P_1이 반드시 있어야 한다. 오래 전에는 기준 전력으로 6 mW를 사용한 때가 있었지만, 지금은 기준 전력으로 1 mW를 적용한다. 전력 레벨이 1 mW인 전원이 내부저항은 600 Ω이어야 한다. 이 저항값은 음성 신호의 표준 전송 선로의 특성 임피던스와 같도록 정해 놓은 것이다. 1 mW를 기준 전력으로 적용할 때의 데시벨은 일반적으로 dBm으로 표시하며, 그 정의식은

$$\boxed{G_{\text{dBm}} = 10\log_{10}\left.\frac{P_2}{1\text{ mW}}\right|_{600\,\Omega}} \quad \text{dBm} \tag{9.12}$$

자주 사용되는 다른 형태의 데시벨의 정의식을 그림 9.5의 회로를 이용해서 설명한다. 회로의 입력저항을 R_i라 할 때, 입력신호 V_i의 레벨이 V_1에 도달하였을 때의 전력은 $P_1=V_1^2/R_i$이다. 만일 입력 레벨 V_i가 다시 변화하여 V_2에 도달하였다면, 이때의 전력은 $P_2=V_2^2/R_i$이다. 이때 2개의 전력 레벨의 차이를 데시벨로 정의하기 위해서 P_1과 P_2를 식 (9.11)에 넣으면 다음과 같다.

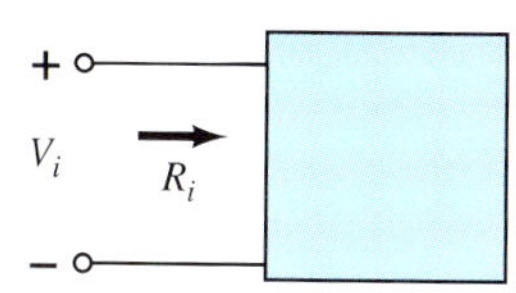

그림 9.5 식 (9.13)의 토의에 적용된 구조

$$G_{\text{dB}} = 10\log_{10}\frac{P_2}{P_1} = 10\log_{10}\frac{V_2^2/R_i}{V_1^2/R_i} = 10\log_{10}\left(\frac{V_2}{V_1}\right)^2$$

그리고

$$\boxed{G_{\text{dB}} = 20\log_{10}\frac{V_2}{V_1}} \quad \text{dB} \tag{9.13}$$

흔히 임피던스가 다르다는 사실($R_1 \neq R_2$)을 전압이나 전류 레벨을 비교할 때 식 (9.13)에 적용하기도 한다. 이러한 상황에서는 전력 레벨을 나타내는 데시벨이 아니고, 전류 이득 또는 전압 이득을 나타내는 데시벨이라고 정확하게 표시해 놓아야 한다.

특히 더 앞의 수식의 10보다 20의 인자로 곱하는 것을 명심하라.

캐스케이드 단계

종속 접속 시스템을 해석할 때도 로그를 이용하는 것이 도움이 된다. 예를 들어 n개의 증폭단이 종속으로 접속되어 있을 때 전체의 전압 이득은

$$|A_{v_T}| = |A_{v_1}| \cdot |A_{v_2}| \cdot |A_{v_3}| \cdots |A_{v_n}| \tag{9.14}$$

양변에 로그를 취하면

$$G_v = 20\log_{10}|A_{v_T}| = 20\log_{10}|A_{v_1}| + 20\log_{10}|A_{v_2}| + 20\log_{10}|A_{v_3}| + \cdots + 20\log_{10}|A_{v_n}| \quad \text{(db)} \tag{9.15}$$

다시 말하면, 종속 접속으로 이루어진 증폭기의 데시벨 이득은 각 증폭단의 데시벨 이득을 합한 값과 같다. 즉

$$\boxed{G_{\text{dB}_T} = G_{\text{dB}_1} + G_{\text{dB}_2} + G_{\text{dB}_3} + \cdots + G_{\text{dB}_n}} \quad \text{dB} \tag{9.16}$$

표 9.2 $A_v = \frac{V_o}{V_i}$와 dB의 비교

Voltage Gain, V_o/V_i	dB Level
0.5	−6
0.707	−3
1	0
2	6
10	20
40	32
100	40
1000	60
10,000	80
etc.	

dB 레벨에 대한 전압 이득

표 9.2는 dB 레벨과 전압 이득과의 관계를 나타낸다. 전압 이득이 2이면 +6 dB이고, 전압 이득이 $\frac{1}{2}$이면 −6 dB이다. 전압 이득이 1에서 10으로, 10에서 100으로, 100에서 1000으로 변할 때마다 dB 레벨은 20 dB씩 증가된다. 전압 이득, 즉 $V_o = V_i$, $V_o/V_i = 1$이면 dB 레벨은 0이다. 전압 이득이 1000이면 dB 레벨은 60이고, 전압 이득이 10,000이면 dB 레벨은 80 dB로 역시 20 dB 증가된다. 표 9.2에서 알 수 있듯이 dB 레벨이 50 이상이라는 것은 굉장히 높은 전압 이득이다.

예제 9.6 이득이 100 dB인 경우 전압 이득은 얼마인가?

풀이 식 (9.13)에서

$$G_{\text{dB}} = 20\log_{10}\frac{V_2}{V_1} = 100\text{ dB} \Rightarrow \log_{10}\frac{V_2}{V_1} = 5$$

따라서

$$\frac{V_2}{V_1} = \mathbf{10^5 = 100{,}000}$$

예제 9.7 어떤 시스템의 입력전압과 전력이 각각 1000 V, 10,000 W이다. 출력전력이 500 W이고, 출력 임피던스가 20 Ω일 때 다음을 풀어라.

a. 전력 이득을 dB로 계산하라.

b. 전압 이득을 dB로 계산하라.

c. (a)와 (b)의 결과가 같은가 또는 다른가? 그 이유를 설명하라.

풀이

a. $G_{dB} = 10\log_{10}\dfrac{P_o}{P_i} = 10\log_{10}\dfrac{500\text{ W}}{10\text{ kW}} = 10\log_{10}\dfrac{1}{20} = -10\log_{10}20$

$= -10(1.301) = \mathbf{-13.01\ dB}$

b. $G_v = 20\log_{10}\dfrac{V_o}{V_i} = 20\log_{10}\dfrac{\sqrt{PR}}{1000} = 20\log_{10}\dfrac{\sqrt{(500\text{ W})(20\ \Omega)}}{1000\text{ V}}$

$= 20\log_{10}\dfrac{100}{1000} = 20\log_{10}\dfrac{1}{10} = -20\log_{10}10 = \mathbf{-20\ dB}$

c. $R_i = \dfrac{V_i^2}{P_i} = \dfrac{(1\text{ kV})^2}{10\text{ kW}} = \dfrac{10^6}{10^4} = \mathbf{100\ \Omega} \neq R_o = \mathbf{20\ \Omega}$

예제 9.8 출력이 40 W인 증폭기에 10 Ω인 스피커를 연결하였다.

a. 전력 이득이 25 dB일 때, 출력에서 모든 전력을 사용하려면 입력전력은 얼마여야 하는가?

b. 전압 이득이 40 dB일 때, 정격 출력에 대한 입력전압은 몇 V인가?

풀이

a. 식 (9.11): $25 = 10\log_{10}\dfrac{40\text{ W}}{P_i} \Rightarrow P_i = \dfrac{40\text{ W}}{\text{antilog}\,(2.5)} = \dfrac{40\text{ W}}{3.16 \times 10^2}$

$= \dfrac{40\text{ W}}{316} \cong \mathbf{126.5\ mW}$

b. $G_v = 20\log_{10}\dfrac{V_o}{V_i} \Rightarrow 40 = 20\log_{10}\dfrac{V_o}{V_i}$

$\dfrac{V_o}{V_i} = \text{antilog}\ 2 = 100$

$V_o = \sqrt{PR} = \sqrt{(40\text{ W})(10\text{ V})} = 20\text{ V}$

$V_i = \dfrac{V_o}{100} = \dfrac{20\text{ V}}{100} = 0.2\text{ V} = \mathbf{200\ mV}$

인간의 청각반응

데시벨 범위에서 가장 흔한 응용의 하나는 통신과 엔터테인먼트 산업이다. 인간의 귀는 소스파워 레벨의 변화에 선형적으로 반응하지 않는다. 즉, 1/2 W에서 1 W의 오디오 전력 레벨의 2배에 대해 인간의 귀에 2배의 소리의 세기로 들리지 않는다. 더구나 5 W에서 10 W의 변화에 대해 인간의 귀는 1/2 W에서 1 W의 변화로 경험했던 소리 강도와 같은 변화로 받아들인다. 다시말해 레벨 사이의 비는 각 경우(1 W/0.5 W=10 W/5 W=2)에 대해서 같으며 결과적으로 식 (9.11)에 정의된 같은 데시벨 또는 로그 변화로 된다. 따라서 귀는 오디오 전력레벨의 변화에 로그적으로 반응한다.

오디오 레벨 사이의 비교를 위한 기초를 확립하기 위해 0.0002 **마이크로바**(μbar)의 기준 레벨이 선택된다. 여기서 1 μbar는 평방 센티미터당 1 dyne의 사운드 압력에 해당하거나 해수면에서 일반 대기압의 약 1백만 배에 해당한다. 이 기준 레벨을 사용하여 데시벨로 사운드 압력 레벨은 다음 식과 같이 정의된다.

$$\boxed{dB_s = 20 \log_{10} \frac{P}{0.0002\ \mu\text{bar}}} \tag{9.17}$$

여기서 P는 마이크로바 단위의 사운드 압력이다.

표 9.3에서 데시벨 레벨은 식 (9.17)에 의해 정의 된다. 오디오 레벨을 측정하기 위해 설계된 측정기들은 식 (9.17)에 의해 정의된 레벨로 보정되며 표 9.3에 나타내었다.

특히 iPod과 MP3 플레이어에 대한 사운드 레벨을 참조하라. 이 값은 연구에 기초를 두어 제시되었고, 이 기기들은 영원한 청각 장애를 피하기 위해서 60%의 볼륨으로 하루에 1시간 이상 사용되지 말아야 한다. 청각 장애는 보통 복원이 안되며 어떤 피해도 오랫동안 지속된다는 것을 항상 기억하고 있어야 한다.

오디오 레벨에 대한 일반적인 의문점은 얼마나 음향원의 전력 레벨이 인간 귀에 받아지는

표 9.3 대표적인 사운드 레벨과 데시벨 레벨

Output Power. Average value in watts.	dB_s	
	160	Jet engine
	150	
	140	Community siren
	130	Jackhammer
Threshold of pain	120	Live music concert, iPods and MP3 players at full volume
300	110	Health club, movie theater
100		Chain saw
30	100	Very loud music, motorcycle
10		
3	90	Loud music, heavy truck, subway train
1		
0.3	80	Orchestra, highway traffic, alarm clock
0.1		
0.03	70	Average conversation
0.01		
0.003	60	Quiet music
0.001		
0.0003	50	Average residence, computer system
	40	Background music
	30	Quiet office, computer hard drive
	20	Whispering
	10	Faint sounds, paper rustling
0.0002 μbar of pressure	0	Threshold of hearing

Dynamic range ≅ 120 dB_s

사운드 레벨을 배로 하기 위해 증가되어야 하는 지이다. 이 질문은 보이는 것만큼 간단하지 않다. 왜냐하면 소리의 주파수 성분, 주위의 음향상태, 주변 매체의 물리적 특성, 그리고 인간 귀의 독특한 특성 등을 고려하여야 하기 때문이다. 하지만 표 9.3의 왼편에 나타난 음향원의 전력 레벨을 참조하면 실지 값을 가진 일반적 결과가 정형화될 수 있다. 각 전력 레벨은 특정 데시벨 레벨과 관련이 있고 10 dB의 변화는 10의 인자로 전력에서 증가 혹은 감소로 반응한다. 예로 90 dB에서 100 dB의 변화는 3 W에서 30 W로의 전력 변화와 관련이 된다.

인간의 귀에 받아들여진 사운드 레벨을 두 배로 하기 위해서는 음향원의 전력비는 10의 인자로 증가되어야 한다.

다른 말로 1 W 음향원으로 가능한 사운드 레벨을 두 배로 하기 위해서는 10 W 음향원까지 올리는 것을 요구한다.

더구나

일반적 가청 레벨에서 인간 귀에 인식될 수 있는 변화는 약 3 dB의 변화가 걸린다.

낮은 레벨의 사운드에서 6 dB의 변화로 인식이 가능하나 훨씬 높은 레벨의 사운드에서는 6 dB 변화가 요구된다.

계측단위로 dB의 마지막 사용 예는 그림 9.6에 나타낸 LRAD(Long Range Acoustic Device)이다. 이것은 145 dB에서 2100 Hz에서 3100 Hz의 음색을 발생하는데 500 m 혹은 거의 축구장 2개 크기까지 효력을 발생한다. 그 최대 소리는 화재경보보다 천배 크고 위급 사항의 알림이나 침입자의 강력한 제지용으로 이용될 수 있다.

그림 9.6 LARD(Long Range Acoustic Device) 1000X.(LRAD사 제공)

계측

현재 많은 VOM과 DMM들이 600 Ω에서 1 mW의 표준 레벨을 참조로 하는 전력비를 나타내기 위해서 설계된 dB 눈금를 가지고 있다. 눈금의 읽기는 부하가 600 Ω 임피던스 특성을 가지고 있으면 정확하기에 1 mW, 600 Ω 기준 레벨은 그림 9.7에 나타난 것과 같이 메타의 표면 어딘가에 보통 표시되어 있다. dB 스케일은 보통 메타의 가장 낮은 ac 스케일

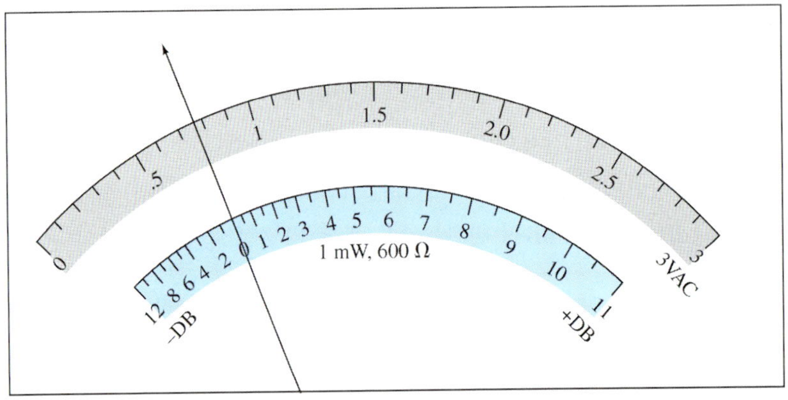

그림 9.7 1 mW, 600 V에 기준으로하는 dB 스케일과 3 V rms 전압 스케일과의 관계 정의

로 보정된다. 다른 말로 dB 측정을 할 때 가장 낮은 ac 스케일을 선택하고 dB 스케일 값을 읽는다. 만약 더 높은 전압 스케일이 선택되면 메타 표면 또는 메뉴얼에 표시된 보정 계수가 사용되어야 한다. 만약 임피던스가 600 Ω이 아니고 순전히 저항성분이면 매뉴얼에 포함된 다른 보정 계수가 사용되어야 한다. 기초 전력식 $P=V^2/R$을 사용하여 600 Ω의 부하에 1 mW의 전력은 600 Ω 부하에 0.775 V rms가 인가된 것과 같다는 것을 알 수 있다. 결과는 아날로그 표시가 그림 9.7과 같이 0 dB, 0.775 V rms로 나타낼 것이다. 600 Ω 부하에 2.5 V의 전압은 결국 dB로 $\text{dB}=20\log_{10} V_2/V_1=20\log_{10} 25\text{ V}/0.775=10.17\text{ dB}$, 즉 2.5 V, 10.17 dB로 같은 포인터로 나타날 것이다. 0.775 V보다 작은 전압, 예로 0.5 V와 같은 전압은 dB 레벨로 $\text{dB}=20\log_{10} V_2/V_1=20\log_{10} 0.5\text{ V}/0.775\text{ V}=-3.8\text{ dB}$로 된다. 10 dB로 읽는 것은 전력 레벨이 기준의 10배를 나타내지만 5 dB로 읽는 것은 출력 레벨이 5 mW라고 가정하지 마라. 10 : 1 비율은 로그 사용에서 특별한 경우이다. 5 dB에 대해 전력 레벨은 5 dB에 관련된 전력 레벨이 기준치의 약 3.1배, 또는 3.1 mW인 역로그(3.126)를 사용하여 찾아야 한다. 변환표는 일반적으로 매뉴얼에 제공되어진다.

9.4 일반적 주파수 문제

시스템에 입력을 가할 때 그 시스템의 응답 특성은 입력신호의 주파수에 따라 크게 달라진다. 지금까지는 증폭기의 특성을 해석할 때, 중간 주파수에 대한 특성만을 고찰하였다. 주파수가 낮아지면 결합 커패시터와 바이패스 커패시터 리액턴스가 상당히 커지므로, 이들 두 커패시터를 단락 회로로 대치할 수 없다. 그러므로 이들 두 커패시터의 영향 때문에 증폭기의 저주파 영역의 특성이 제한된다. 한편 소신호 등가회로 파라미터는 주파수에 따라 변화하는 변수가 되고, 능동 소자 및 회로망의 구성에 따른 부유 커패시턴스(stray capacitance)가 존재하기 때문에 증폭기의 고주파 영역의 특성이 제한된다. 또 증폭단을 여러 개 종속 접속함에 따라 전체 시스템의 특성은 특히 고주파 영역과 저주파 영역에서 크게 열화된다.

표 9.4 1 μF 커패시터에 대한 주파수에 따른 $X_C = 1/2\pi f_C$의 변화

f	X_C	
10 Hz	15.91 kΩ	Range of possible effect
100 Hz	1.59 kΩ	
1 kHz	159 Ω	
10 kHz	15.9 Ω	
100 kHz	1.59 Ω	Range of lesser concern (≅ short-circuit equivalence)
1 MHz	0.159 Ω	
10 MHz	15.9 mΩ	
100 MHz	1.59 mΩ	

저주파수 범위

회로의 결합 커패시터와 바이패스 커패시터가 얼마나 시스템의 주파수 응답에 영향을 미치는지 검증하기 위하여 1 μF 커패시터의 리액턴스 값이 넓은 주파수 범위에 대해 표시되었다.

두 영역이 표 9.4에 정의되었다. 10 Hz에서 10 kHz의 범위에 대해 리액턴스의 크기는 상당한 크기로 시스템의 응답에 큰 영향을 줄 것이다. 그렇지만 더 높은 주파수에 대해서는 커패시터는 마치 등가단락회로와 같이 동작할 것이다. 따라서

정시스템의 더 큰 커패시터는 저주파수 영역에서는 시스템의 응답에 중요한 영향을 미칠 것이고 고주파수 영역에서는 무시될 수 있다.

고주파수 범위

소자나 회로의 기생 커패시턴스 때문에 발생하는 작은 커패시터에 대해, 관심 주파수 영역은 더 높은 주파수일 것이다. 트랜지스터의 전형적인 기생 커패시터 또는 회로의 연결선에 의해 단순히 유도된 정도의 커패시턴스인 5 pF 커패시터, 그리고 표 9.4에 나타난 같은 주파수 영역에 대해 발생한 정도의 리액턴스를 고려해보자. 결과는 표 9.5에 나타내었고 확실히 저주파수에서 거의 등가개방회로에 해당하는 큰 임피던스를 가지는 것을 보여준다. 그렇지만 더 높은 주파수에서는 회로의 응답에 심각하게 영향을 미칠 수 있는 등가단락회로에 근접되어가고 있다.

표 9.5 5 pF 커패시터에 대한 주파수에 따른 $X_C = 1/2\pi f_C$의 변화

f	X_C	
10 Hz	3,183 MΩ	Range of lesser concern (≅ open-circuit equivalent)
100 Hz	318.3 MΩ	
1 kHz	31.83 MΩ	
10 kHz	3.183 MΩ	
100 kHz	318.3 kΩ	Range of possible effect
1 MHz	31.83 kΩ	
10 MHz	3.183 kΩ	
100 MHz	318.3 Ω	

따라서

시스템의 더 작은 커패시터는 고주파수 영역에서는 시스템의 응답에 중요한 영향을 미칠 것이고 저주파수 영역에서는 무시될 수 있다.

중간 주파수 범위

중간주파수 영역에서 커패시터성분의 효과는 거의 무시되기에 증폭기는 이상적으로 고려하여 간단히 저항성분과 제어소스로 구성한다.

결론적으로

증폭기에서 이득과 임피던스 레벨과 같은 중요한 값을 결정할 때 커패시터성분의 영향은 중간주파수 영역에 대해 무시된다.

일반적인 주파수 응답

RC 결합, 직접 결합 및 변압기 결합 증폭기의 주파수 특성은 그림 9.8에 표시하였다. 이들 특성 곡선에서 수평 좌표축을 로그 단위로 표시함으로써 주파수 영역의 표시범위를 확장하였다. 각 특성 곡선은 저주파 영역, 고주파 영역 및 중간 주파수 영역으로 구분하고, 고주파 영역 및 저주파 영역에서 이득이 감소하게 되는 원인을 곡선 위의 괄호 내에 표시하였다. *RC* 결합 증폭기에서 저주파 영역의 이득이 감소되는 원인은 C_C, C_s 또는 C_E의 리액턴스가 증가되기 때문이며, 고주파 영역에서 이득이 제한되는 원인은 회로망과 능동 소자에 존재하는 기생 커패시턴스(parasitic capacitance), 또는 능동 소자의 이득이 주파수의 함수이기 때문이다. 변압기 결합 증폭기에서 이득이 감소되는 원인을 이해하려면 변압기의 작동원리와 변압기의 등가회로를 이해하고 있어야 한다. 간단히, 낮은 주파수에서 코일의 리액턴스($X_L = 2\pi fL$)는 매우 작으므로 단락 상태로 생각할 수 있다. $f=0$이면 자속의 변화가 없기 때문에 2차 코일에는 전압이 발생하지 않는다. 그림 9.8에 써 놓은 것과 같이, 변압기의 1차 코일과 2차 코일 사이에는 부유 커패시턴스가 존재하기 때문에 고주파 영역의 특성이 제한된다. 직접 결합 증폭기에는 결합 또는 바이패스 커패시터를 사용하지 않으므로 저주파 영역의 특성은 나빠지지 않는다. 그림에서 나타나듯이, 고주파의 차단 주파수까지의 특성은 평탄한 곡선을 나타내는데, 이것은 회로의 회로망과 능동 소자에 존재하는 기생 커패시턴스, 또는 능동 소자의 이득이 주파수의 함수이기 때문이다.

그림 9.8에 있는 각 특성 곡선에서 넓은 주파수 대역에 걸쳐 이득은 중간 주파수에서의 이득과 거의 동일하다. 비교적 큰 이득을 갖도록 주파수 대역을 정의하기 위해서 이득의 차단 기준을 $0.707A_{v_{\text{mid}}}$로 선택한다. 따라서 $0.707A_{v_{\text{mid}}}$에 대응하는 주파수 f_1과 f_2를 모서리 주파수(corner frequency), 차단 주파수(cutoff frequency), 대역 주파수(band frequency), 절점 주파수(break frequency), 또는 반전력 주파수(half-power frequency)라 한다. 중간 주파수의 전력을 기준으로 해서 전력이 1/2배로 감소되는 것을 전압 이득으로 계산하면 0.707배로 감소되는 것이므로 앞의 설명에서 0.707이 사용된다. 중간 주파수에서의 전력은

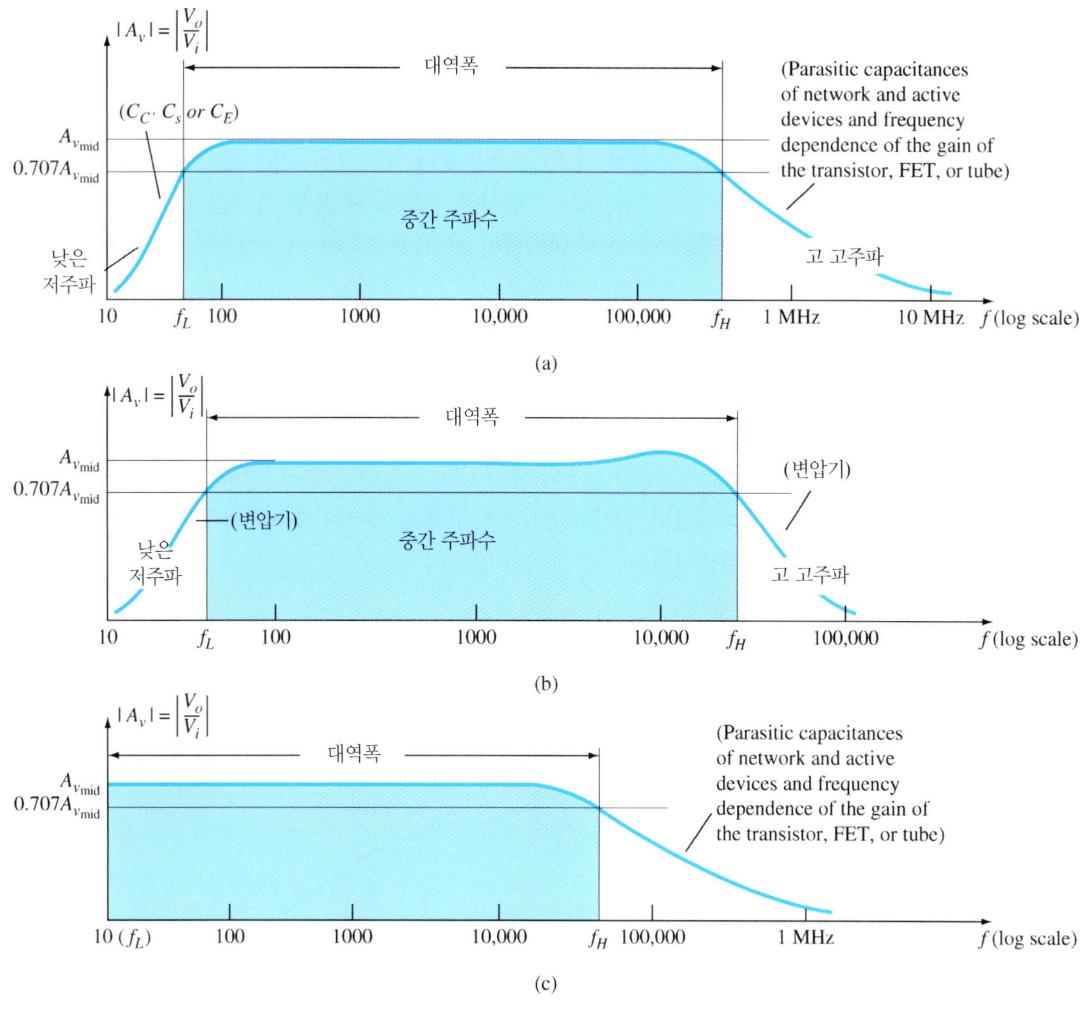

그림 9.8 주파수 대 이득: (a) *RC* 결합 증폭기; (b) 변압기 결합 증폭기; (c) 직접 연결 증폭기

$$P_{o_{\text{mid}}} = \frac{|V_o^2|}{R_o} = \frac{|A_{v_{\text{mid}}}V_i|^2}{R_o}$$

이고, 반전력 주파수에서의 전력은

$$P_{o_{HPF}} = \frac{|0.707\,A_{v_{\text{mid}}}V_i|^2}{R_o} = 0.5\,\frac{|A_{v_{\text{mid}}}V_i|^2}{R_o}$$

그리고

$$\boxed{P_{o_{HPF}} = 0.5\,P_{o_{\text{mid}}}} \tag{9.18}$$

각 증폭 시스템의 대역폭은 f_L과 f_H에 의해 다음과 같이 결정된다.

$$\boxed{\text{bandwidth (BW)} = f_H - f_L} \tag{9.19}$$

f_L과 f_H는 그림 9.8의 각 곡선에 정의되어있다.

9.5 규준화 과정

음성 또는 영상 신호 등의 통신 시스템에 응용하는 경우, 주파수 대 데시벨 선도로 표현하는 것이 그림 9.8과 같이 주파수 대 이득 선도보다 일반적으로 더 많이 사용되고 있다. 다시말해 특정 증폭기나 시스템에 대한 사양서를 검토할 때 특성 선도는 일반적으로 주파수에 대한 이득이 아닌 주파수에 대한 데시벨일 것이다.

이같은 데시벨 선도로 표시하기에 앞서 곡선을 **규준화**(normalization)하는 것이 보통이다. 이 규준화 작업은 수직 파라미터가 특정값 또는 시스템의 변수들이나 조합의 민감도에 의해 나누는 과정이다. 조사해보면 이 값은 보통 관심있는 주파수 영역에 대한 중간대역폭 또는 최대이득이다.

예로 중간대역폭 값으로 각 주파수의 출력전압 이득을 나누는 방법으로 그림 9.9에 그림 9.8a의 곡선을 규준화하였다. 이 곡선은 같은 형태를 가지나 대역주파수는 간단히 0.707로 정의되고 실제의 중간대역값과는 연관되지 않는다.

대역 주파수는 관심있는 이득이나 양이 70.7% 또는 최대값이 되는 수준을 나타내는 주파수로 정의한다.

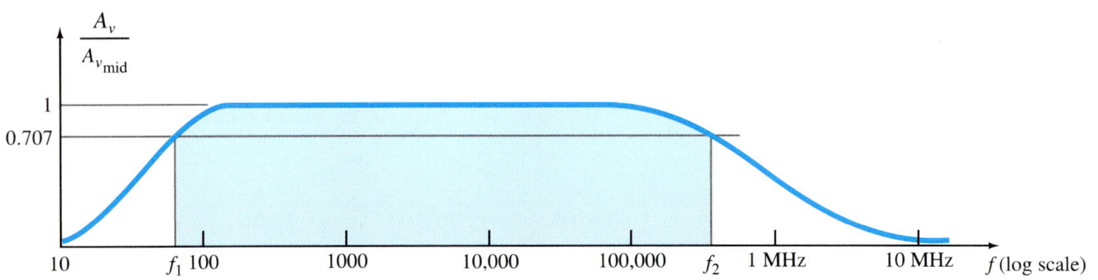

그림 9.9 주파수 대 규준화 이득 선도

그림 9.9의 선도가 중간대역 이득의 실제값과는 민감하게 반응하지 않는다는 것을 고려하라. 중간대역 이득이 50, 100, 200일 수 있으나 그림 9.9의 선도는 같을 것이다. 그림 9.9의 선도는 실제 이득 그 자체에 관한 것보다는 상대 이득을 명확히 정의하는 주파수들이다.

다음 예는 특정 증폭기 응답에 대한 규준화 과정을 증명할 것이다.

예제 9.9 그림 9.10의 주어진 주파수 응답에 대하여

a. 주어진 측정값을 사용하여 차단 주파수 f_L과 f_H를 구하라.

b. 응답대역폭을 구하라.

c. 규준화 과정을 묘사하라.

풀이

a. $f_L : \frac{d_1}{d_2} = \frac{1/4''}{1''} = 0.25$

$10^{d_1/d_2} = 10^{0.25} = 1.7783$

그러므로 $10^x \times 10^{d_1/d_2} = 10^2 \times 1.7783 = \mathbf{177.83\ Hz}$

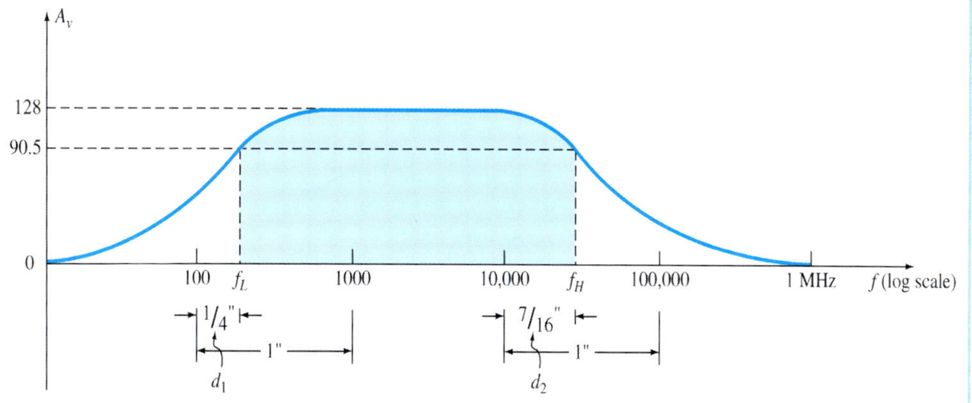

그림 9.10 예제 9.8의 이득 선도

$$f_H: \frac{d_1}{d_2} = \frac{7/16''}{1''} = 0.438$$

$$10^{d_1/d_2} = 10^{0.438} = 2.7416$$

그러므로 $10^x \times 10^{d_1/d_2} = 10^4 \times 2.7416 =$ **27,416 Hz**

b. 응답대역폭(BW):

$$\text{BW} = f_H - f_L = 27{,}416\ \text{Hz} - 177.83\ \text{Hz} \cong \mathbf{27.24\ KHz}$$

c. 규준화 응답은 그림 9.11에 나타난 중간대역값 128로 그림 9.10의 각 값을 나누어서 간단히 구해진다. 결과는 최대값은 1, 차단값은 0.707이다.

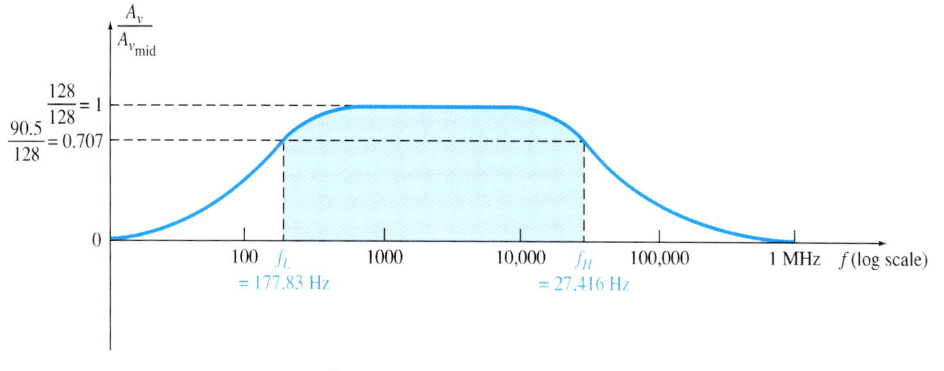

그림 9.11 그림 9.10의 규준화 선도

그림 9.11의 데시벨 선도는 다음과 같은 방법으로 식 (9.13)을 적용하여 얻을 수 있다.

$$\left.\frac{A_v}{A_{v_{mid}}}\right|_{dB} = 20 \log_{10} \frac{A_v}{A_{v_{mid}}} \tag{9.20}$$

중간대의 주파수 영역에서 이들은 $20 \log_{10} 1 = 0$이고, 차단 주파수에는 $20 \log_{10} 1/\sqrt{2} = -3$ dB이다. 이들 두 가지 값이 그림 9.12에 표시되어 있다. 이득이 작아질수록 데시벨 곡

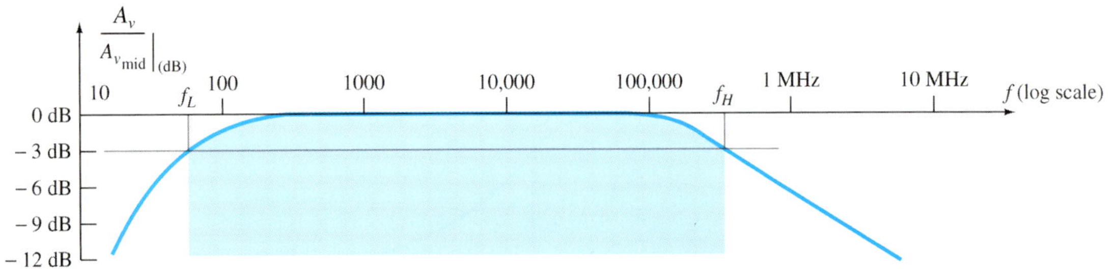

그림 9.12 그림 9.9의 주파수 대 규준화 이득의 데시벨 선도

선에서는 더욱 큰 음의 값으로 된다.

앞으로 다루게 될 대부분의 경우는, 저주파 영역과 고주파 영역에 대한 데시벨 곡선이 될 것이다. 그러므로 광대역 시스템의 특성을 이해하기 위해서는 그림 9.12의 특성 곡선을 기억하고 있어야 한다.

모든 증폭기들의 입력과 출력단의 위상은 항상 서로 180° 위상이 된다는 점을 이해하고 있어야 한다. 이러한 사실은 중간 주파수 대역에서만 해당되는 것이다. 저주파 영역에서는 V_o의 위상이 V_i의 위상보다 180° 이상으로 지연되고, 고주파 영역에서는 그들의 위상차(phase shift)가 180° 이하로 된다. 그림 9.13은 *RC* 결합 증폭기의 대표적인 위상 특성을 나타낸 그래프이다.

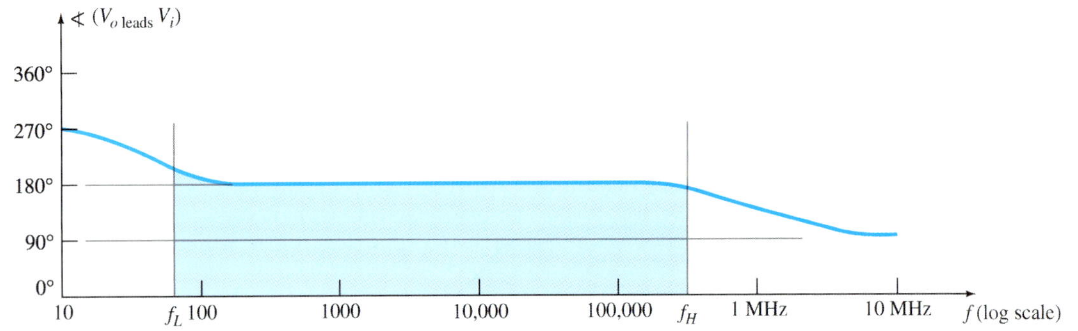

그림 9.13 *RC* 결합 증폭기 시스템의 위상 선도

9.6 저주파 해석-Bode 선도

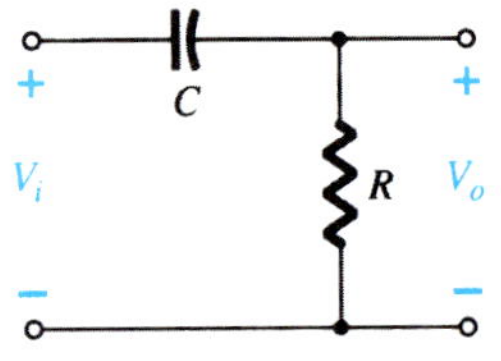

그림 9.14 하위 차단 주파수를 정의하는 *RC* 조합

1단 BJT 또는 FET 증폭기의 저주파 영역에서 차단 주파수를 결정하는 것은 커패시터 C_C, C_E, C_s와 저항 성분으로 구성되는 *RC* 결합이다. 사실 그림 9.14와 같은 *RC* 회로는 각각의 용량성 소자와 출력전압이 최대값의 0.707로 떨어지는 주파수로 특성 지어진다. 일단 각 커패시터로 인한 차단 주파수가 결정되면, 차단 주파수들을 비교하여 하위 차단 주파수를 결정한다.

예로 5.6절에 자세히 분석된 그림 9.15의 전압분배 BJT 회로를 고려해보자. 5.6절의 분석에서 입력 임피던스는

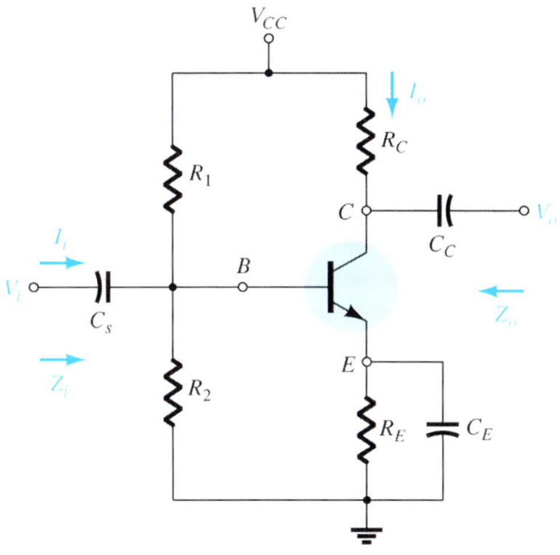

그림 9.15 전압분배바이어스 구성

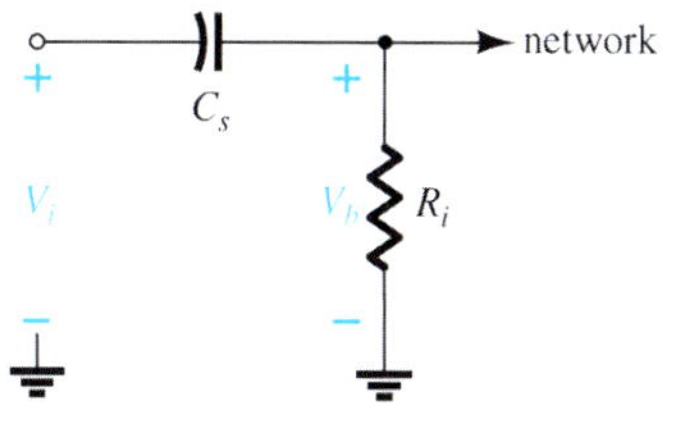

그림 9.16 그림 9.15 회로에 대한 등가입력 회로

$$Z_i = R_i = R_1 \| R_2 \| \beta r_e$$

과 같고 그림 9.16에 나타낸 등가회로와 같다.

중간주파수 영역에서 커패시터 C_s는 등가 단락회로로 가정되어 $V_b = V_i$로 된다. 결과로 증폭기에 대해 높은 중간 대역 이득을 가지며 결합 또는 바이패스 커패시터에 영향을 받지 않는다. 그렇지만 적용 주파수를 낮춤에 따라 커패시터의 리액턴스는 증가하고 인가전압 V_i의 분압비가 증가할 것이다. 결합 또는 바이패스 커패시터에 영향을 무시하고 전압 V_b를 감소시킨다면 전반적인 이득 V_o/V_i에서 같은 크기의 감소가 발생할 것이다. 더 적은 인가전압이 출력전압을 줄이는 트랜지스터 베이스에 다다르고 있다. 사실 V_b가 V_i의 최대 가능한 값의 0.707 V_i로 떨어지면 전반적인 이득은 같은 양으로 떨어질 것이다. 우리는 전 증폭기 응답에서 하위차단주파수를 얻을 것이다.

주파수는 위에서 소개된 그림 9.14의 직렬 RC 결합회로를 이용하여 찾을 것이다. 일단 결과 값들이 얻어지면 결합 또는 바이패스 커패시터에 의해 전개될 수 있는 RC 조합에 적용될 수 있다. 매우 높은 주파수에서는 그림 9.14의 커패시터의 리액턴스는 다음과 같고

$$X_C = \frac{1}{2\pi fC} \cong 0\,\Omega$$

여기서 그림 9.17의 회로와 같이 커패시터 단락 회로로 놓을 수 있다. 즉 고주파에서는 $V_o \cong V_i$이다. 한편 $f = 0$ Hz에서는

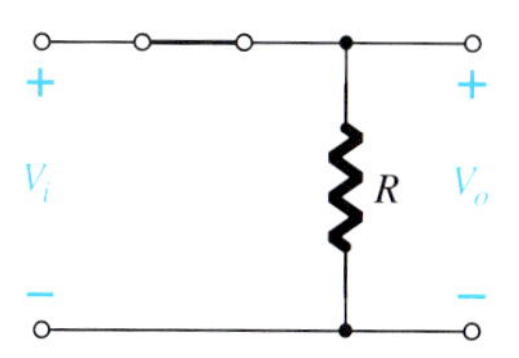

그림 9.17 큰 고주파수에서 그림 9.14의 RC 회로

$$X_C = \frac{1}{2\pi fC} = \frac{1}{2\pi(0)C} = \infty\,\Omega$$

이며, 그림 9.18의 회로와 같이 커패시터를 개방회로로 놓을 수 있고, 그 결과 $V_o = 0$ V이다.

양극단 사이에서 $A_v = V_o/V_i$는 그림 9.19와 같이 변할 것이다. 주파수가 증가에 따라 용량성 리액턴스는 감소하고, 입력전압에 대한 출력전압의 비율은 증가하게 된다.

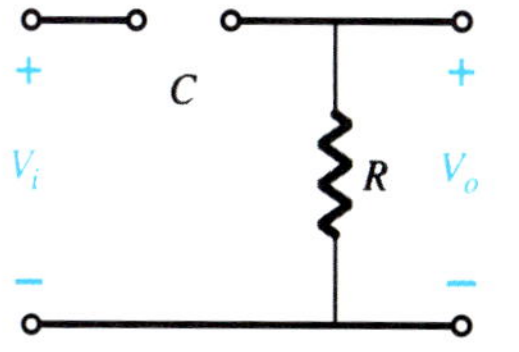

그림 9.18 $f = 0$ Hz에서 그림 9.14의 RC 회로

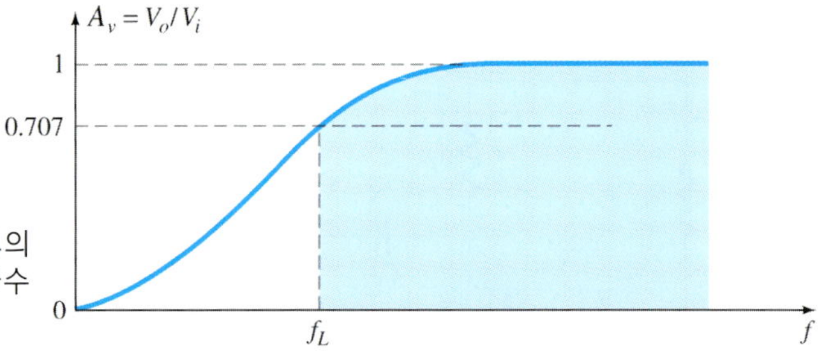

그림 9.19 그림 9.14의 RC 회로에 대한 저주파수 응답

입출력전압은 전압 분배기 법칙에 따라 다음과 같이 분압된다.

$$\mathbf{V_o = \frac{RV_i}{R + X_C}}$$

여기서 위의 굵은 로마체 수식은 각 양의 크기와 각도를 나타낸다.

V_o의 크기는:

$$V_o = \frac{RV_i}{\sqrt{R^2 + X_C^2}}$$

가 된다. $X_C=R$인 특별한 경우에는

$$V_o = \frac{RV_i}{\sqrt{R^2 + X_C^2}} = \frac{RV_i}{\sqrt{R^2 + R^2}} = \frac{RV_i}{\sqrt{2R^2}} = \frac{RV_i}{\sqrt{2}R} = \frac{1}{\sqrt{2}}V_i$$

그리고

$$\boxed{|A_v| = \frac{V_o}{V_i} = \frac{1}{\sqrt{2}} = 0.707\big|_{X_C=R}} \tag{9.21}$$

이 값들을 그림 9.19에 나타내었다. 다시 말하면 $X_C=R$이 되는 주파수에서, 그림 9.14의 출력은 입력의 70.7%가 될 것이다.

이 주파수는 다음과 같이 결정된다.

$$X_C = \frac{1}{2\pi f_L C} = R$$

그리고

$$\boxed{f_L = \frac{1}{2\pi RC}} \tag{9.22}$$

로그를 이용하면

$$G_v = 20\log_{10} A_v = 20\log_{10}\frac{1}{\sqrt{2}} = -3\text{ dB}$$

반면 $A_v=V_o/V_i=1$ 또는 $V_o=V_i$(최대값)에서

$$G_v = 20 \log_{10} 1 = 20(0) = 0 \text{ dB}$$

그림 9.8에서 $f=f_L$일 때 중간대역으로부터 이득이 3dB만큼 감소됨을 알 수 있다. BJT 트랜지스터에서 저주파 영역의 차단 주파수가 RC 회로에 의해 결정되며, f_L이 식 (9.22)으로 주어진다는 것을 알 수 있다.

만일 이득에 관한 식이 다음과 같다면

$$A_v = \frac{V_o}{V_i} = \frac{R}{R - jX_C} = \frac{1}{1 - j(X_C/R)} = \frac{1}{1 - j(1/\omega CR)} = \frac{1}{1 - j(1/2\pi fCR)}$$

위에서 정의된 주파수를 대입하여

$$\boxed{A_v = \frac{1}{1 - j(f_L/f)}} \tag{9.23}$$

을 유도할 수 있다. 이를 크기와 위상으로 표현하면

$$A_v = \frac{V_o}{V_i} = \underbrace{\frac{1}{\sqrt{1 + (f_L/f)^2}}}_{\text{magnitude of } A_v} \underbrace{\angle \tan^{-1}(f_L/f)}_{\substack{\text{phase} \sphericalangle \text{by which} \\ V_o \text{ leads } V_i}} \tag{9.24}$$

$f=f_L$일 때 이득의 크기는 다음과 같다.

$$|A_v| = \frac{1}{\sqrt{1 + (1)^2}} = \frac{1}{\sqrt{2}} = 0.707 \Rightarrow -3 \text{ dB}$$

로그형태로 데시벨로 이득을 표시하면

$$\boxed{A_{v(\text{dB})} = 20 \log_{10} \frac{1}{\sqrt{1 + (f_L/f)^2}}} \tag{9.25}$$

식 (9.25)를 확장하면

$$\begin{aligned} A_{v(\text{dB})} &= -20 \log_{10}\left[1 + \left(\frac{f_L}{f}\right)^2\right]^{1/2} \\ &= -\left(\tfrac{1}{2}\right)(20) \log_{10}\left[1 + \left(\frac{f_L}{f}\right)^2\right] \\ &= -10 \log_{10}\left[1 + \left(\frac{f_L}{f}\right)^2\right] \end{aligned}$$

$f \ll f_L$, 또는 $(f_L/f)^2 \gg 1$인 주파수 영역에서 근사식으로 표현하면

$$A_{v(\text{dB})} = -10 \log_{10}\left(\frac{f_L}{f}\right)^2$$

이므로, 위 식은 다음과 같이 된다.

$$\boxed{A_{v(\mathrm{dB})} = -20\log_{10}\frac{f_L}{f}}_{f \ll f_L} \tag{9.26}$$

여기서 $f \ll f_L$인 조건을 잠시 무시하고, 식 (9.26)를 로그 좌표계로 나타내면 데시벨 곡선에 대한 중요한 사실을 하나 얻게 될 것이다.

$$f = f_L\text{에서: } \frac{f_L}{f} = 1 \text{ 그리고 } -20\log_{10}1 = 0\text{ dB}$$
$$f = \tfrac{1}{2}f_L\text{에서: } \frac{f_L}{f} = 2 \text{ 그리고 } -20\log_{10}2 \cong -6\text{ dB}$$
$$f = \tfrac{1}{4}f_L\text{에서: } \frac{f_L}{f} = 4 \text{ 그리고 } -20\log_{10}4 \cong -12\text{ dB}$$
$$f = \tfrac{1}{10}f_L\text{에서: } \frac{f_L}{f} = 10 \text{ 그리고 } -20\log_{10}10 = -20\text{ dB}$$

위의 주파수들을 그림 9.20에 $0.1f_L$에서 f_L까지 검청 직선으로 나타내었다. 같은 그림에서 직선은 $f \gg f_L$에 대해 0 dB의 조건으로부터 얻어진다. 앞에서 설명한 것과 같이, 직선인 점근선은 $f \gg f_L$인 영역에서만 실제 특성인 0 dB과 정확히 일치하고, 또 $f \gg f_L$인 영역에서만 경사 직선과 실제 직선이 일치한다. 앞의 계산에서 얻은 것처럼 $f = f_L$에서의 이득은 중간 대역에서의 이득 0 dB로부터 3 dB만큼 감소하는 것을 알 수 있다. 두 곡선은 3 dB 이내의 오차를 갖지만 거의 일치하고 있다.

점근선과 관련 구분점의 구분적인 선형선도는 주파수 대 크기의 Bode 선도라고 불린다.

이런 접근방법은 1940년대 Hendrik Bode 교수(그림 9.21)에 의해 개발되었다.

위의 계산과 곡선자체에서 알 수 있듯이,

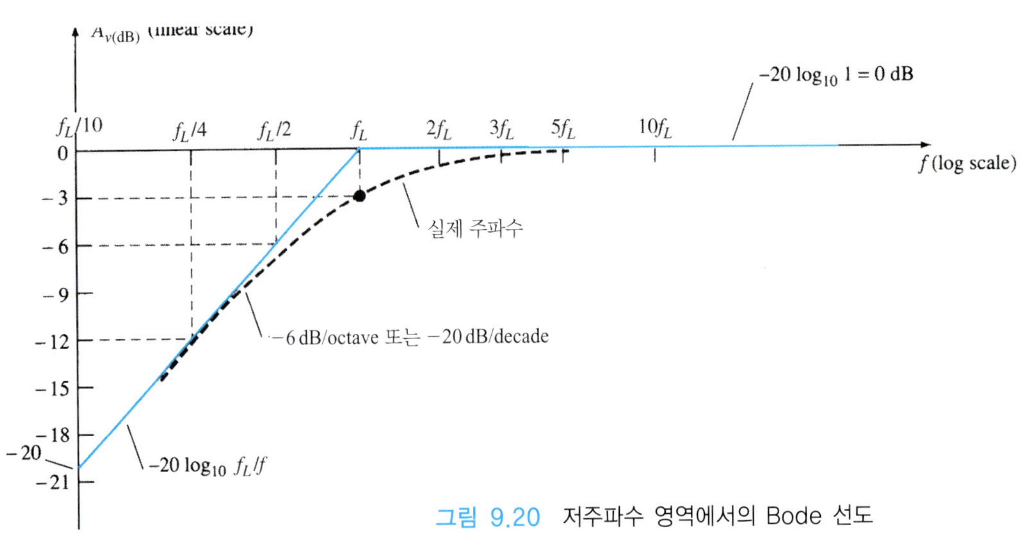

그림 9.20 저주파수 영역에서의 Bode 선도

Octave의 주파수 변동에 $f_L/2$에서 f_L의 이득의 변동에서 보여준 것과 같이 6 dB의 변동이 된다.

$f_L/2$에서 f_L 범위에서 이득이 변하는 것을 통해 다음을 알 수 있다.

$f_L/10$과 f_L 사이 주파수에서 증명된 것과 같이 주파수에서 10:1의 변동에 대해, 즉 Decade의 변동에 대해, 20 dB의 비로 변동이 나타난다.

따라서 앞으로 식 (9.26)과 같은 함수를 데시벨 곡선으로 그리는 것이 쉬워진다. 먼저 회로의 소자값으로부터 f_L을 계산한다. 다음은 f_L보다 큰 주파수 영역은 0 dB의 직선을 그리고, f_L 보다 낮은 주파수 영역은 기울기가 6 dB/octave 또는 20 dB/decade인 직선을 그린다. 이렇게 얻은 것이 Bode 선도이다. 다음으로 $f=f_L$에서 3 dB이고 완만한 곡선을 그리면 된다.

임의 주파수에서의 이득은 다음 방법으로 Bode 선도에서 구할 수 있다.

$$A_{v(\mathrm{dB})} = 20\log_{10}\frac{V_o}{V_i}$$

따라서
$$\frac{A_{v(\mathrm{dB})}}{20} = \log_{10}\frac{V_o}{V_i}$$

그리고
$$\boxed{A_v = \frac{V_o}{V_i} = 10^{A_{v(\mathrm{dB})}/20}} \tag{9.27}$$

예를 들어 만일 $A_{v(\mathrm{dB})} = -3$ dB이면, 예상한 바와 같은 결과가 나온다.

$$A_v = \frac{V_o}{V_i} = 10^{(-3/20)} = 10^{(-0.15)} \cong 0.707$$

$10^{-0.15}$의 계산은 계산기의 10^x 함수를 이용한다.

위상각 θ는 식 (9.28)로부터 구할 수 있다.

$$\boxed{\theta = \tan^{-1}\frac{f_L}{f}} \tag{9.28}$$

식 (9.24)으로 부터

$f \ll f_L$인 주파수에 대해서는

$$\theta = \tan^{-1}\frac{f_L}{f} \rightarrow 90°$$

예를 들어 $f_L = 100f$이면

$$\theta = \tan^{-1}\frac{f_L}{f} = \tan^{-1}(100) = 89.4°$$

$f=f_L$에 대해서는

위스콘신 주 메디슨 출생, 뉴저지에서 생활, 매사추세츠 주 캠브리지에서 사망(1905~1981).
벨(Bel) 연구소 연구원 지냄.
하버드 대학교의 시스템공학과 교수 지냄.

Hendrik Bode는 어린 나이에 벨 연구소에서 전자필터(electric filter)와 이퀄라이저 설계(equalizer design)를 하였다. Mathematics Research Group의 일원으로 전자회로이론과 이를 장거리 통신에 응용하는 것을 연구했다. 1948년 도통제어 장치의 발명으로 대통령상을 수상하였다. 1945년에 발간한 「Network Analysis and Feedback Amplifier Design(회로해석과 귀환증폭기)」는 이 분야에서 기초지침서로 사용되고, 전자공학과 시스템 설계 분야에 25개의 특허를 냈다. 은퇴하기까지 하버드 대학 시스템공학과 교수로 재직했다. 또한 국제전기전자기술자협회(IEEE)와 미국예술과학아카데미(American Academy of Arts and Science)의 위원을 지냈다.

그림 9.21 Hendrik Wade Bode(AT&T사 보관 제공 사진)

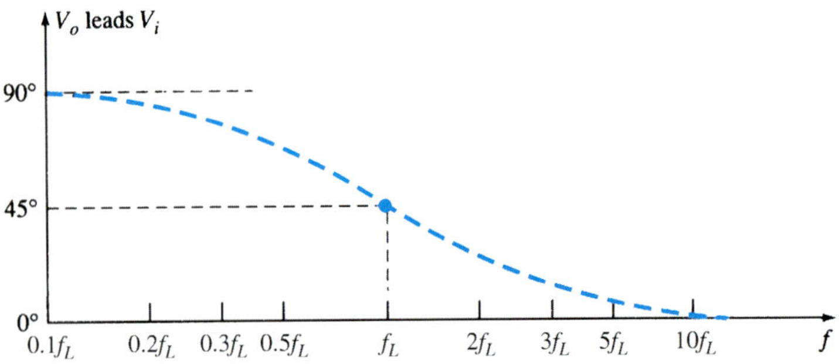

그림 9.22 그림 9.14의 RC 회로에 대한 위상 응답

$$\theta = \tan^{-1}\frac{f_L}{f} = \tan^{-1}1 = 45°$$

$f \gg f_L$에 대해서는

$$\theta = \tan^{-1}\frac{f_L}{f} \to 0°$$

만약 $f=100f_L$이면

$$\theta = \tan^{-1}\frac{f_L}{f} = \tan^{-1}0.01 = 0.573°$$

$\theta=\tan^{-1}(f_L/f)$의 선도는 그림 9.22와 같다. 만약 180° 위상 반전을 첨가하면, 그림 9.13의 위상 선도를 얻게 된다. 지금까지 RC 결합 회로의 크기와 위상 응답을 알아보았다. 9.7절에서는 저주파 영역의 해석에서 중요한 역할을 하는 커패시터를 RC 결합 형태로 나타내고, 각각의 차단 주파수를 결정하여 BJT 증폭기의 저주파 응답을 알아본다.

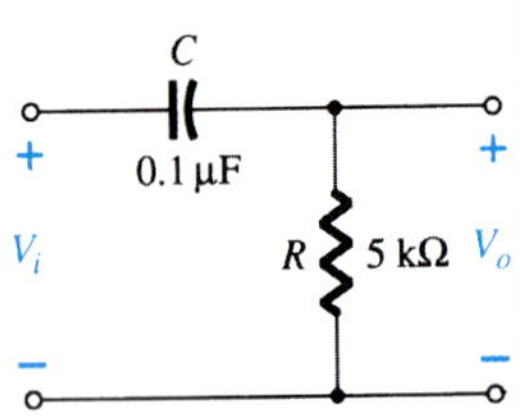

그림 9.23 예제 9.10

예제 9.10 그림 9.23의 회로에서:

a. 차단 주파수를 구하라.

b. 점근선을 그리고, −3 dB인 점을 찾아라.

c. 주파수 응답 곡선을 그려라.

d. $A_{v(\text{dB})}=-6$ dB에서 이득을 구하라.

풀이

a. $$f_L = \frac{1}{2\pi RC} = \frac{1}{(6.28)(5\times10^3\,\Omega)(0.1\times10^{-6}\,\text{F})}$$
$$\cong \mathbf{318.5\ Hz}$$

b. 그림 9.24를 참조하라.

c. 그림 9.24를 참조하라.

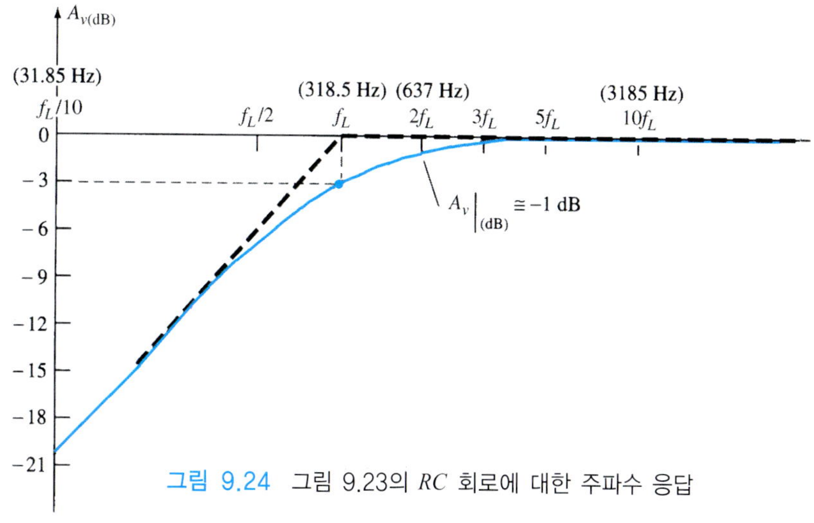

그림 9.24 그림 9.23의 RC 회로에 대한 주파수 응답

d. 식 (9.27): $A_v = \dfrac{V_o}{V_i} = 10^{A_{v(\text{dB})}/20}$

$$= 10^{(-6/20)} = 10^{-0.3} = 0.501$$

그리고 V_o=0.501 V_i 또는 V_i의 약 50%.

9.7 R_L을 가지고 있는 저주파 응답-BJT 증폭기

이 절에서는 앞의 9.6절에 소개된 부하(RL)가 걸린 전압 분배기 BJT 바이어스 회로를 예로 들어 해석한다. 그림 9.25의 회로에서 커패시터 C_s, C_C, C_E가 저주파 응답 특성을 결정한다. 각 커패시터가 미치는 영향을 하나하나 알아보겠다.

C_s C_s가 인가 소스와 능동 소자 사이에 연결되어 있으므로, 이 회로의 RC 결합회로는 그림 9.26와 같으며 $R_i = R_1 \| R_2 \| \beta r_e$의 그림 9.16과 일치한다.

전압 분배를 적용하면

$$\boxed{\mathbf{V}_b = \frac{R_i \mathbf{V}_i}{R_i - jX_{C_s}}} \tag{9.29}$$

C_s에 의해서 정의된 차단 주파수는 표준 형태에 위 식을 조종하거나 9.6절의 결과를 사용하여 구해질 수 있다. 9.6절의 결과의 증명으로 조종과정은 아래에 자세하게 정리한다. 차후 RC 회로에 대해 9.6절의 결과들을 간단하게 적용할 것이다.

식 (9.29)를 다시 쓰면

$$\frac{\mathbf{V}_b}{\mathbf{V}_i} = \frac{R_i}{R_i - jX_{C_s}} = \frac{1}{1 - j\dfrac{X_{C_s}}{R_i}}$$

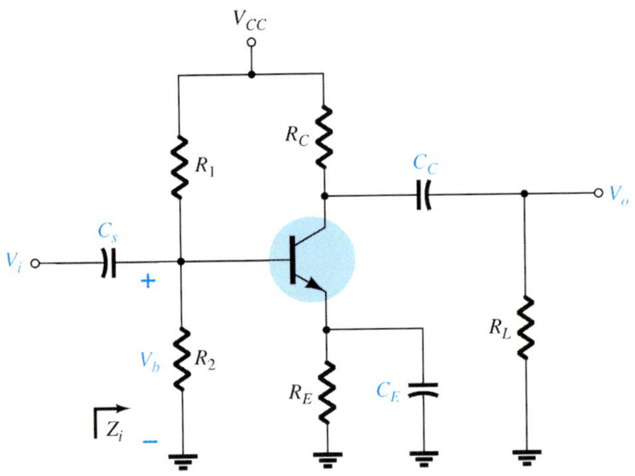

그림 9.25 저주파수 응답에 영향을 주는 커패시터를 포함한 부하가 있는 BJT 증폭기

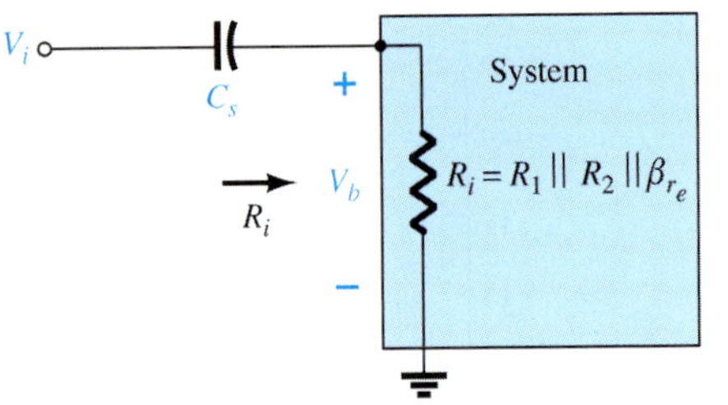

그림 9.26 저주파수 응답에서 C_s의 영향의 결정

인자는
$$\frac{X_{C_s}}{R_i} = \left(\frac{1}{2\pi f C_s}\right)\left(\frac{1}{R_i}\right) = \frac{1}{2\pi f R_i C_s}$$

다음과 같이 정의하면
$$f_{L_s} = \frac{1}{2\pi R_i C_s} \tag{9.30}$$

아래와 같다.
$$\mathbf{A}_v = \frac{\mathbf{V}_b}{\mathbf{V}_i} = \frac{1}{1 - j(f_{L_s}/f)} \tag{9.31}$$

f_{L_s}에서 전압 C_s가 저주파 응답을 제어하는 유일한 용량성 소자라고 가정하면, 전압 V_b는 중간 대역 값의 70.7%가 될 것이다.

그림 9.25의 회로에서 C_s의 효과를 해석하려면 먼저 C_E와 C_C가 정상적으로 작동하거나, 다른 임피던스에 비해 그 값이 너무 크지 않아서 단락 회로로 생각할 수 있다고 가정해야 한다.

C_C 결합 커패시터는 능동소자 출력과 부하사이에 보통 연결된다. 그림 9.27은 C_C가 하위 차단 주파수에 미치는 영향을 알아보기 위한 *RC* 회로이다. 그림 9.27로부터 전체 저항은 R_o+R_L이고, C_C에 의한 차단 주파수는 다음 식으로 계산할 수 있다.

$$f_{L_C} = \frac{1}{2\pi(R_o + R_L)C_C} \tag{9.32}$$

C_C와 C_E의 효과를 무시하면 f_{L_C}에서 출력전압 V_o는 중간 대역값 70.7%가 될 것이다. 그림 9.25에서 V_i=0 V라 놓고 출력 부분의 교류 등가회로를 구하면 그림 9.28을 얻을 수 있다. 식 (9.32)에서 R_o는

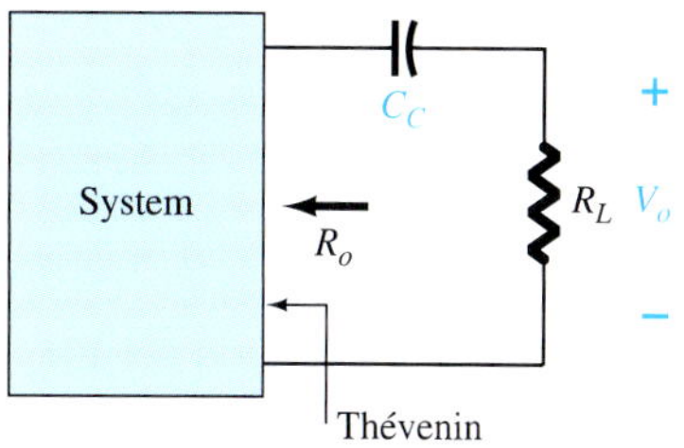

그림 9.27 저주파수 응답의 C_C의 영향의 결정

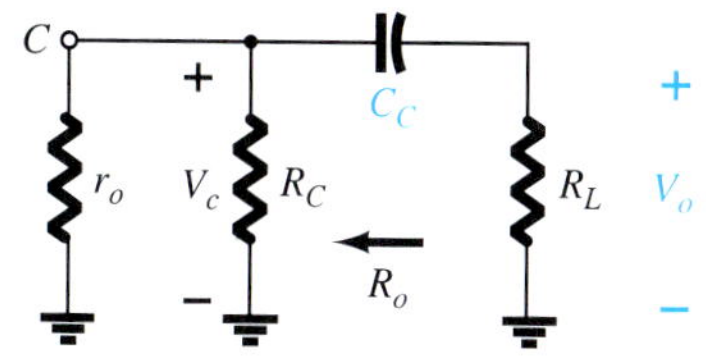

그림 9.28 V_i = 0 V에서 C_C에 대한 규준화된 교류 등가회로

$$\boxed{R_o = R_C \| r_o} \tag{9.33}$$

C_E f_{L_E}를 구하기 위해서는 그림 9.29와 같이 C_E에서 '바라보는' 회로망의 등가회로가 일치해야 한다. 일단 R_e가 구해지면 C_E에 의한 차단 주파수는 다음과 같이 결정된다.

$$\boxed{f_{L_E} = \frac{1}{2\pi R_e C_E}} \tag{9.34}$$

그림 9.30은 그림 9.25의 회로를 C_E에서 '본' 교류 등가회로이다. R_e는 다음 식과 같이 결정되고

$$\boxed{R_e = R_E \| \left(\frac{R'_s}{\beta} + r_e\right)} \tag{9.35}$$

전압 이득에 대한 C_E의 영향을 알아보기 위해서는 그림 9.31에 있는 증폭회로의 이득을 계산해 보는 것이 가장 좋은 방법이다. 이 회로의 전압 이득은 다음과 같다.

$$A_v = \frac{-R_C}{r_e + R_E}$$

R_E가 0 Ω인 경우에 최대 이득이 되는 것은 분명하다. 저주파에서는 바이패스 커패시터 C_E가 '개방회로' 상태가 되므로 모든 R_E가 위의 전압 이득식에 나타나고, 그 결과 전압 이득은 최소가 된다. 주파수가 증가함에 따라 커패시터 C_E값은 줄어들고, C_E값에 의해 R_E값이

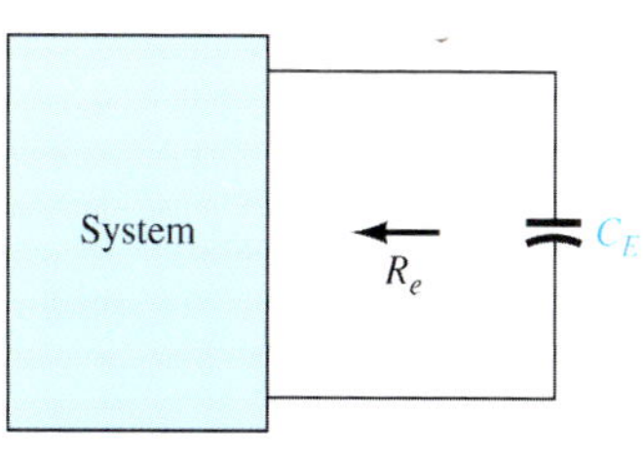

그림 9.29 저주파수 응답의 C_E의 영향의 결정

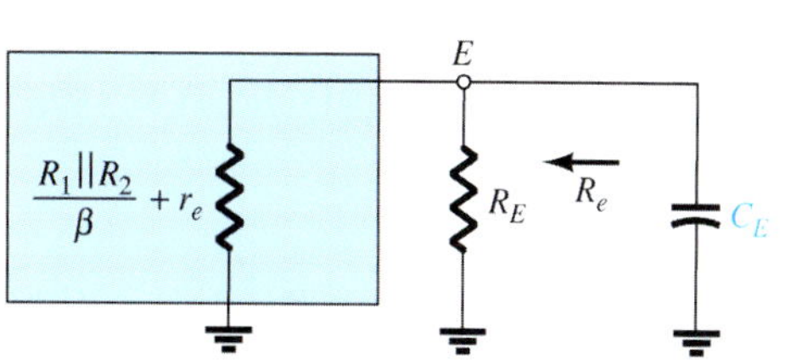

그림 9.30 C_E의 규준화 교류 등가회로

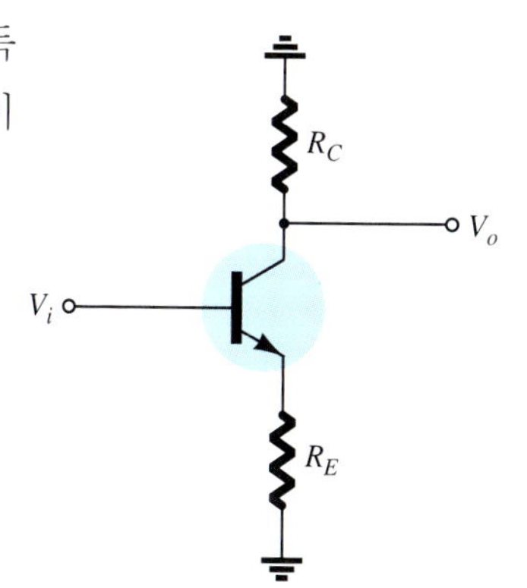

그림 9.31 증폭기 이득의 C_E의 영향을 설명하기 위해 적용된 회로

'단락'될 때까지 R_E와 C_E의 병렬 임피던스는 줄어든다. 그 결과 최대 이득을 얻을 수 있고, 그 중간 대역 레벨은 $A_v = -R_C/r_e$로 된다. f_{L_E}에서의 이득은 R_E가 '단락'되었을 때의 값보다 3 dB만큼 작을 것이다.

계속하기 전에 C_s, C_C, C_E는 오직 저주파수 특성에만 영향을 미친다는 사실을 기억하라. 중간 대역 주파수 레벨에서는 커패시터를 단락 회로로 대치할 수 있다. 이들 커패시터들이 모두 비슷한 주파수 영역에서 이득 $A_v = V_o/V_i$에 영향을 미치지만, C_s, C_C, 또는 C_E에 의해 결정된 가장 높은 차단 주파수는 가장 큰 영향력을 갖는데, 그 이유는 중간 대역 레벨로 들어서기 전에 마지막으로 만나는 주파수이기 때문이다. 만약 주파수들이 상대적으로 멀리 떨어져 있다면, 가장 '높은' 차단 주파수는 전체 시스템의 보다 낮은 차단 주파수를 끌어올리고, 시스템의 대역폭을 감소시킨다. 다시 말해서 커패시터들이 상호작용을 하여 낮은 차단 주파수에 영향을 미친다. 그러나 각 커패시터에 의해 결정된 차단 주파수가 서로 충분히 떨어져 있다면 서로에 대한 커패시터들의 영향은 무시할 수 있다—다음 예제의 출력을 통하여 이 사실을 확인할 수 있다.

예제 9.11 그림 9.25의 회로에서 다음 파라미터들을 이용하여 하위 차단 주파수를 계산하라.

$$C_s = 10\,\mu\text{F}, \quad C_E = 20\,\mu\text{F}, \quad C_C = 1\,\mu\text{F}$$
$$R_s = 1\,\text{k}\Omega, \quad R_1 = 40\,\text{k}\Omega, \quad R_2 = 10\,\text{k}\Omega, \quad R_E = 2\,\text{k}\Omega, \quad R_C = 4\,\text{k}\Omega,$$
$$R_L = 2.2\,\text{k}\Omega$$
$$\beta = 100, \quad r_o = \infty\,\Omega, \quad V_{CC} = 20\,\text{V}$$

풀이 먼저 직류 조건으로부터 r_e를 결정한다.

$$\beta R_E = (100)(2\,\text{k}\Omega) = 200\,\text{k}\Omega \gg 10R_2 = 100\,\text{k}\Omega$$

그 결과

$$V_B \cong \frac{R_2 V_{CC}}{R_2 + R_1} = \frac{10\,\text{k}\Omega(20\,\text{V})}{10\,\text{k}\Omega + 40\,\text{k}\Omega} = \frac{200\,\text{V}}{50} = 4\,\text{V}$$

이며

$$I_E = \frac{V_E}{R_E} = \frac{4\,\text{V} - 0.7\,\text{V}}{2\,\text{k}\Omega} = \frac{3.3\,\text{V}}{2\,\text{k}\Omega} = 1.65\,\text{mA}$$

따라서

$$r_e = \frac{26\,\text{mV}}{1.65\,\text{mA}} \cong \mathbf{15.76\,\Omega}$$

그리고

$$\beta r_e = 100(15.76\,\Omega) = 1576\,\Omega = \mathbf{1.576\,k\Omega}$$

중간 대역 이득 $$A_v = \frac{V_o}{V_i} = \frac{-R_C \| R_L}{r_e} = -\frac{(4\,\text{k}\Omega)\|(2.2\,\text{k}\Omega)}{15.76\,\Omega} \cong -90$$

C_s

$$R_i = R_1 \| R_2 \| \beta r_e = 40\,\text{k}\Omega \| 10\,\text{k}\Omega \| 1.576\,\text{k}\Omega \cong 1.32\,\text{k}\Omega$$

$$f_{L_S} = \frac{1}{2\pi R_i C_s} = \frac{1}{(6.28)(1.32\,\text{k}\Omega)(10\,\mu\text{F})}$$

$$f_{L_S} \cong \mathbf{12.06\,Hz}$$

C_C

$$f_{L_C} = \frac{1}{2\pi(R_o + R_L)C_C} \quad \text{with} \quad R_o = R_C \| r_o \cong R_C$$

$$= \frac{1}{(6.28)(4\,\text{k}\Omega + 2.2\,\text{k}\Omega)(1\,\mu\text{F})}$$

$$\cong \mathbf{25.68\,Hz}$$

C_E

$$R_e = R_E \| \left(\frac{R_1 \| R_2}{\beta} + r_e\right)$$

$$= 2\,\text{k}\Omega \| \left(\frac{40\,\text{k}\Omega \| 10\,\text{k}\Omega}{100} + 15.76\,\Omega\right)$$

$$= 2\,\text{k}\Omega \| \left(\frac{8\,\text{k}\Omega}{100} + 15.76\,\Omega\right)$$

$$= 2\,\text{k}\Omega \| (80\,\Omega + 15.76\,\Omega)$$

$$= 2\,\text{k}\Omega \| 95.76\,\Omega$$

$$= 91.38\,\Omega$$

$$f_{L_E} = \frac{1}{2\pi R_e C_E} = \frac{1}{(6.28)(91.38\,\Omega)(20\,\mu\text{F})} = \frac{10^6}{11{,}477.73} \cong \mathbf{87.13\,Hz}$$

$f_{L_E} \gg f_{L_C}$ 또는 f_{L_S}이므로, C_E의 바이패스 커패시터는 증폭기의 하위 차단주파수를 결정한다.

9.8 BJT 저주파 응답에서 R_s의 영향

이 절에서 우리는 여러 차단주파수에서 소스 저항의 영향을 조사할 것이다. 그림 9.32에서 신호원과 연결된 저항은 그림 9.25의 구조에 더해진다. 이득은 신호원 V_s와 출력전압 V_o으로 구해질 것이다.

C_s 입력에서의 등가회로는 그림 9.33에 보여진 것과 같고 R_i는 $R_1 | R_2 | \beta r_e$와 등가이다.

마지막 절의 결과를 이용하여 우리는 간단히 전 직렬 저항의 합을 구하고 식 (9.22)에 대입할 수 있다. 그렇게 함으로써 차단주파수의 다음 식을 얻을 수 있다.

$$\boxed{f_{L_s} = \frac{1}{2\pi(R_i + R_s)C_s}} \qquad (9.36)$$

그렇지만 다음과 같은 전압분배법칙을 적용하여 우리의 가정을 정당화시키는 것이 좋다.

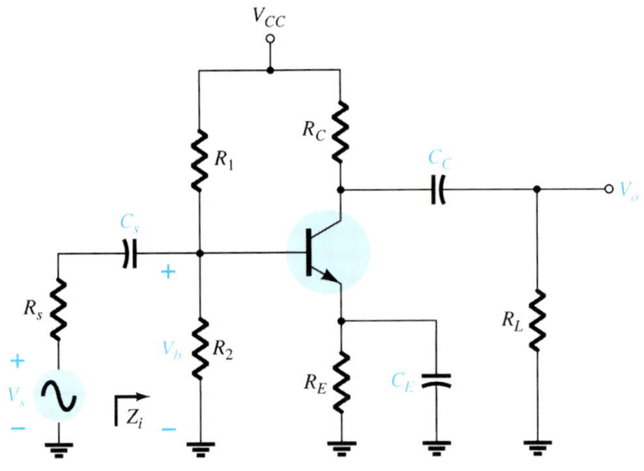

그림 9.32 BJT 증폭기의 저주파수 응답에서의 R_s의 영향

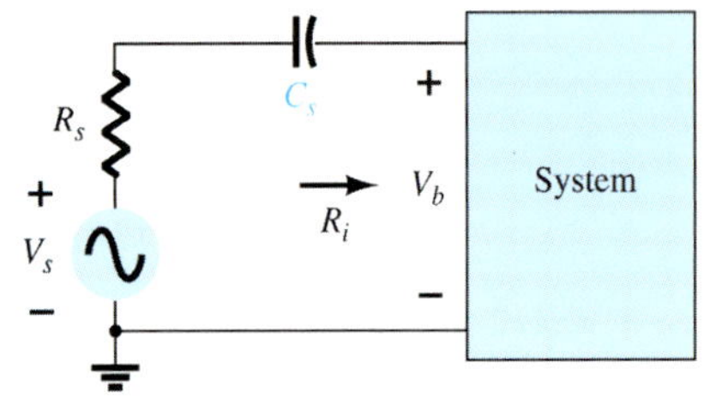

그림 9.33 저주파수 응답에서 C_s의 영향의 결정

$$\boxed{\mathbf{V}_b = \frac{R_i \mathbf{V}_s}{R_s + R_i - jX_{C_s}}} \tag{9.37}$$

C_s에 의해 정의된 차단주파수는 위 식을 아래와 같이 표준형태로 바꾸면서 결정될 수 있다. 식 (9.37)을 다시 쓰면

$$\frac{\mathbf{V}_b}{\mathbf{V}_s} = \frac{R_i}{R_s + R_i - jX_{C_s}} = \frac{1}{1 + \frac{R_s}{R_i} - j\frac{X_{C_s}}{R_i}}$$

$$= \frac{1}{\left(1 + \frac{R_s}{R_i}\right)\left[1 - j\frac{X_{C_s}}{R_i}\left(\frac{1}{1 + \frac{R_s}{R_i}}\right)\right]} = \frac{1}{\left(1 + \frac{R_s}{R_i}\right)\left(1 - j\frac{X_{C_s}}{R_i + R_s}\right)}$$

인자는

$$\frac{X_{C_s}}{R_i + R_s} = \left(\frac{1}{2\pi f C_s}\right)\left(\frac{1}{R_i + R_s}\right) = \frac{1}{2\pi f (R_i + R_s) C_s}$$

정의하면

$$f_{L_s} = \frac{1}{2\pi (R_i + R_s) C_s}$$

다음을 얻을 수 있고

$$\frac{\mathbf{V}_b}{\mathbf{V}_s} = \frac{1}{\left(\frac{1}{1 + \frac{R_s}{R_i}}\right)\left(1 - \frac{1}{1 - jf_{L_s/f}}\right)}$$

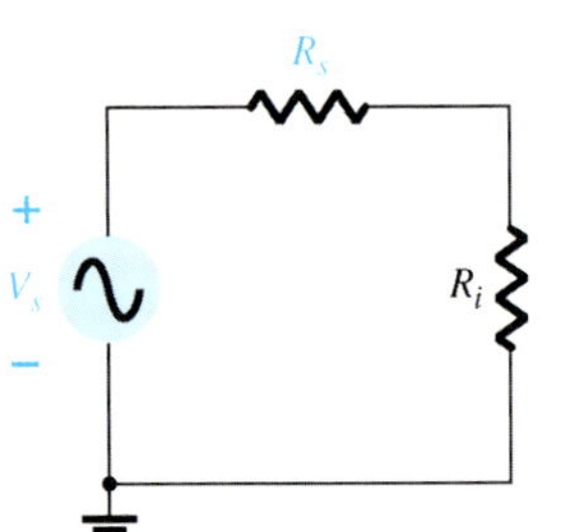

그림 9.34 이득 A_{v_s}에서 R_s의 영향의 결정

최종적으로 다음과 같이 된다.

$$\mathbf{A}_v = \frac{\mathbf{V}_b}{\mathbf{V}_s} = \left[\frac{R_i}{R_i + R_s}\right]\left[\frac{1}{1 - j(f_{L_s}/f)}\right]$$

중간 대역 주파수에 대해서는 입력회로는 그림 9.34에 보여진 것과 같으며

따라서

$$\boxed{A_{v_{\text{mid}}} = \frac{\mathbf{V}_b}{\mathbf{V}_s} = \frac{R_i}{R_i + R_s}} \tag{9.38}$$

그리고

$$\frac{A_v}{A_{v_{\text{mid}}}} = \frac{1}{1 - j(f_{L_s}/f)}$$

식 (9.23)의 유사성과 달리 차단주파수는 위 f_{L_s}에 의해 정의되고 식 (9.36)의 유도에 가정된 것과 같이 다음 식으로 된다.

$$\boxed{f_{L_s} = \frac{1}{2\pi(R_s + R_i)C_s}} \tag{9.39}$$

f_{L_s}에서 전압 V_o는 식 (9.38)에서 결정된 값의 70.7%가 될 것이고, C_s가 저주파 응답을 제어하는 유일한 용량성 소자라고 가정하자.

C_C 결합 커패시터 C_C에 대한 9.7절의 해석을 재검토하여 우리는 차단주파수 식의 유도가 같다는 것을 알 수 있다. 즉 식 (9.40)으로 된다.

$$\boxed{f_{L_C} = \frac{1}{2\pi(R_o + R_L)C_C}} \tag{9.40}$$

C_E 다시 같은 커패시터에 대해 9.7절의 해석에 따라 R_s는 식 (9.41)과 같은 차단 식에 대입된 저항 레벨에 영향을 미치는 것을 알 수 있다.

$$\boxed{f_{L_E} = \frac{1}{2\pi R_e C_E}} \tag{9.41}$$

여기서

$$R_e = R_E \| \left(\frac{R'_s}{\beta} + r_e\right) \text{ and } R'_s = R_s \| R_1 \| R_2$$

따라서 저항 R_s의 도입은 C_s에 의해 정의된 차단주파수를 감소시키고 C_E에 의해 정의된 차단주파수는 상승시킨다. C_C에 의해 정의된 차단주파수는 변함이 없다. 이득은 소스 저항에서의 시그날 전압의 손실에 의해 심각하게 영향을 받을 수 있다는 것을 인식하는 것이 중요하다. 이 마지막 요소는 다음 예제에서 증명될 것이다.

예제 9.12

a. 1 kΩ의 소스 저항 R_s를 포함하여 예제 9.11의 해석을 다시 수행하라. 이득은 V_o/V_i가 아닌 V_o/V_s가 될 것이며 결과를 비교하라.

b. Bode 선도를 이용하여 주파수 응답을 그려라.

c. PSpice를 이용하여 결과를 검증하라.

풀이

a. dc 조건은 같다.

$$r_e = 15.76\ \Omega \text{ and } \beta r_e = 1.576\ \text{k}\Omega$$

중간 대역 이득 $A_v = \dfrac{V_o}{V_i} = \dfrac{-R_C \| R_L}{r_e} \cong -90$ 전과 같이

입력 임피던스는

$$\begin{aligned} Z_i = R_i &= R_1 \| R_2 \| \beta r_e \\ &= 40\ \text{k}\Omega \| 10\ \text{k}\Omega \| 1.576\ \text{k}\Omega \\ &\cong 1.32\ \text{k}\Omega \end{aligned}$$

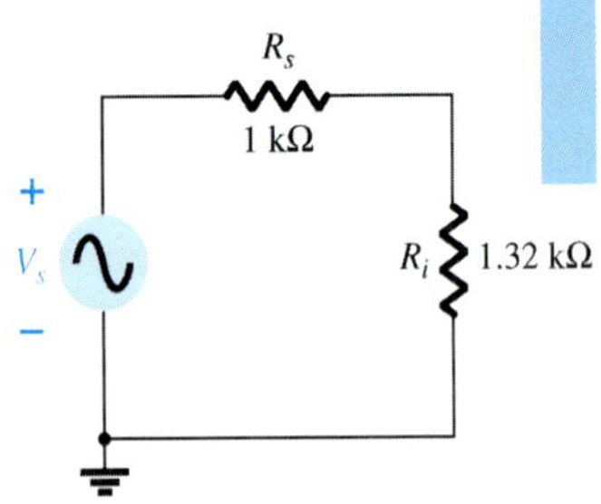

그림 9.35 이득 A_{v_s}의 R_s의 영향의 결정

와 그림 9.35로부터

$$V_b = \frac{R_i V_s}{R_i + R_s}$$

또는 $$\frac{V_b}{V_s} = \frac{R_i}{R_i + R_s} = \frac{1.32\ \text{k}\Omega}{1.32\ \text{k}\Omega + 1\ \text{k}\Omega} = 0.569$$

그러므로 $$\begin{aligned} A_{v_s} &= \frac{V_o}{V_s} = \frac{V_o}{V_i} \cdot \frac{V_b}{V_s} = (-90)(0.569) \\ &= \mathbf{-51.21} \end{aligned}$$

C_S

$$R_i = R_1 \| R_2 \| \beta r_e = 40\ \text{k}\Omega \| 10\ \text{k}\Omega \| 1.576\ \text{k}\Omega \cong 1.32\ \text{k}\Omega$$

$$f_{L_S} = \frac{1}{2\pi(R_s + R_i)C_s} = \frac{1}{(6.28)(1\ \text{k}\Omega + 1.32\ \text{k}\Omega)(10\ \mu\text{F})}$$

$$f_{L_S} \cong 6.86\ \text{Hz vs. } 12.06\ \text{Hz without } R_s$$

C_C

$$\begin{aligned} f_{L_C} &= \frac{1}{2\pi(R_C + R_L)C_C} \\ &= \frac{1}{(6.28)(4\ \text{k}\Omega + 2.2\ \text{k}\Omega)(1\ \mu\text{F})} \\ &\cong \mathbf{25.68\ Hz} \text{ as before} \end{aligned}$$

C_E

$$R'_s = R_s \| R_1 \| R_2 = 1\ \text{k}\Omega \| 40\ \text{k}\Omega \| 10\ \text{k}\Omega \cong 0.889\ \text{k}\Omega$$

$$\begin{aligned} R_e = R_E \left\| \left(\frac{R'_s}{\beta} + r_e\right) \right. &= 2\ \text{k}\Omega \left\| \left(\frac{0.889\ \text{k}\Omega}{100} + 15.76\ \Omega\right) \right. \\ &= 2\ \text{k}\Omega \| (8.89\ \Omega + 15.76\ \Omega) = 2\ \text{k}\Omega \| 24.65\ \Omega \cong 24.35\ \Omega \end{aligned}$$

$$f_{L_E} = \frac{1}{2\pi R_e C_E} = \frac{1}{(6.28)(24.35\ \Omega)(20\ \mu\text{F})} = \frac{10^6}{3058.36}$$

$$\cong \mathbf{327\ Hz} \text{ vs. } 87.13\ \text{Hz without } R_s.$$

실제 결과는 전반적인 이득(거의 43%)에서 상당한 감소가 있으나 하위 차단주파수에 해당하는 감소이다. 낮은 차단주파수의 가장 큰 값은 증폭기의 전반적인 낮은 차단주파수

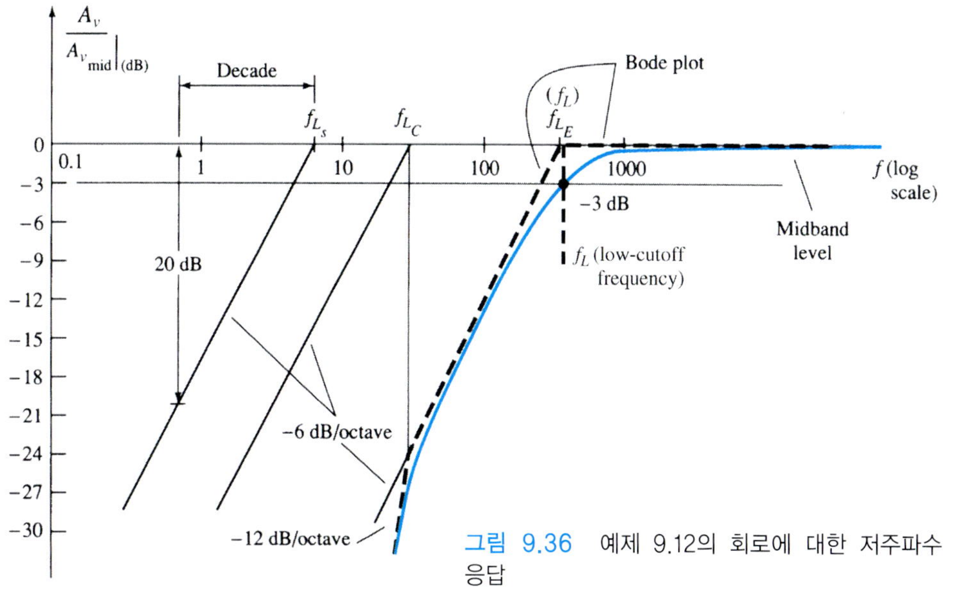

그림 9.36 예제 9.12의 회로에 대한 저주파수 응답

을 결정한다는 것을 상기하라. 결과들은 내부 직렬 저항이 중간대역 이득에 강한 영향을 미치는 것을 나타내지만 반면 그것은 전반적인 대역폭을 향상시킨다. 이 경우 이득에서의 손실은 대역폭에서의 이득을 압도한다는 것은 확실하다.

b. 앞에서도 언급하였듯이 dB 선도는 대개 전압 이득을 중간 대역 이득으로 나누어 표준화시킨다고 했었다. 그림 9.32의 회로에서 중간 대역 이득은 51.21이고, 당연히 중간 대역에서의 $|A_v/A_{v_{mid}}|$은 1이다. 그 결과 그림 9.36에서 나타나듯이 중간 대역에서는 0 dB이다. f_{L_E}를 차단 주파수 f_L로 정의하면 −6 dB/octave에서의 점근선은 그림 9.36와 같이 그려진다. f_L에서 실제 이득은 그림 9.36의 주파수 응답 곡선과 같이 중간 대역 레벨보다 −3 dB 아래인 $0.707A_{v_{mid}}$이다. 위에서 정의된 각 차단 주파수마다 −6 dB/octave 점근선을 그려서 f_{L_E}가 −3 dB 점을 결정함을 설명했다. −24 dB가 되어서야 비로소 f_{L_C}가 포락선의 모양에 영향을 미친다. 크기를 나타내는 그림은 최종적인 점근선의 기울기가 같은 주파수 구간 안에서 같은 기울기 부호를 갖는 점근선들의 합이라는 것을 보여준다. 그림 9.36에서 f_{L_C}보다 낮은 주파수에서는 기울기가 −12 dB/octave이고, 만일 정의된 세 차단 주파수가 근접해 있다면 −18 dB/octave로 떨어질 수 있다는 것을 보여준다. 식 (9.9)를 이용하여 저주파수 영역에 대한 차단주파수는 약 325 Hz이다.

c. PSpice 해답은 9.15절에 제시하였다.

다음 절에서는 이 절에서 행한 회로 해석이 단지 그림 9.25와 9.32의 회로에만 적용되는 것이 아니라는 것을 알게 될 것이다. 임의의 트랜지스터 회로에서 커패시터로 구성되는 *RC* 회로를 분리하고, 각 절점 주파수를 결정하기만 하면 된다. 전체 이득을 계산하는 데 커패시터의 상호작용이 있는지, 그리고 어느 커패시터가 하위 차단 주파수를 결정하는 데 가장 큰 영향을 주는지를 알고 난 후에 이 주파수들을 구할 수 있다. 사실 다음 절은 대상이 BJT가 아닌 FET 증폭기일 뿐 하위 차단 주파수를 결정하는 것은 똑같다.

9.9 저주파 응답-FET 증폭기

저주파 영역에서 FET 증폭기를 해석하는 것은 9.7절에서 BJT 증폭기의 저주파 영역을 해석한 것과 매우 비슷하다. 그림 9.37의 회로에 우리가 관심 있어 하는 3개의 커패시터(C_G, C_C, C_S)가 표시되어 있다. 그림 9.37을 사용하여 기본적인 관계식을 유도하지만, 그 과정과 결론은 대부분의 FET 증폭기 회로에 적용할 수 있다. 임피던스 레벨의 대부분의 식은 표 8.2에 제시되었다.

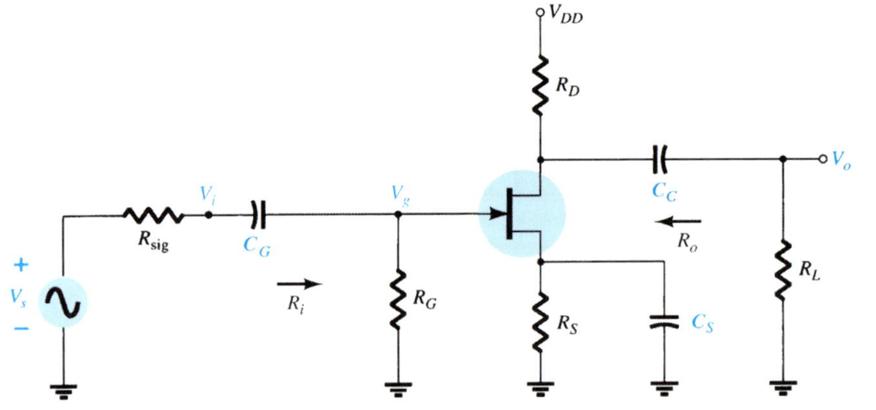

그림 9.37 JFET 증폭기의 저주파수 응답에 영향을 주는 커패시터 성분

C_G 소스와 능동 소자 사이의 결합 커패시터에서 본 교류 등가회로가 그림 9.38이다. C_G에 의해 결정되는 차단 주파수는

$$f_{L_G} = \frac{1}{2\pi(R_{sig} + R_i)C_G} \tag{9.42}$$

로 식 (9.39)와 정확히 일치한다. 그림 9.37의 회로에서

$$R_i = R_G \tag{9.43}$$

보통 $R_G \gg R_{sig}$이고 하위 차단 주파수는 주로 R_G와 C_G에 의해 결정된다. f_{L_G}의 차단 주파수 레벨을 유지하면서 R_G가 매우 크다는 사실은 상대적으로 C_G는 낮다는 것을 의미한다.

C_C 능동 소자와 부하 사이의 결합 커패시터에서 본 등가회로가 그림 9.39이다. 이는 그

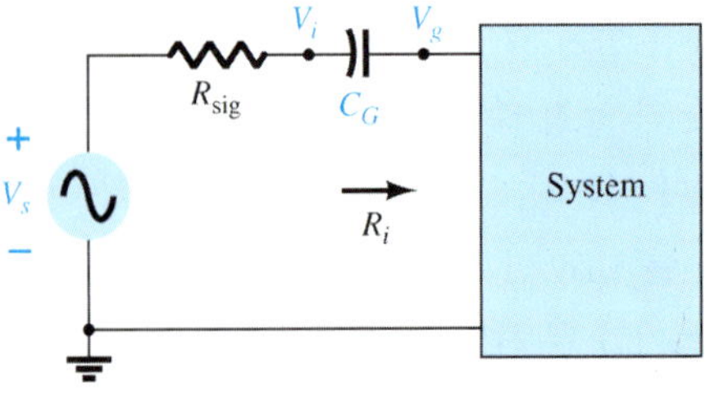

그림 9.38 저주파수 응답에 대한 C_G의 영향의 결정

림 9.27과 정확히 일치한다. 그 결과 차단 주파수는

$$\boxed{f_{L_C} = \frac{1}{2\pi(R_o + R_L)C_C}} \tag{9.44}$$

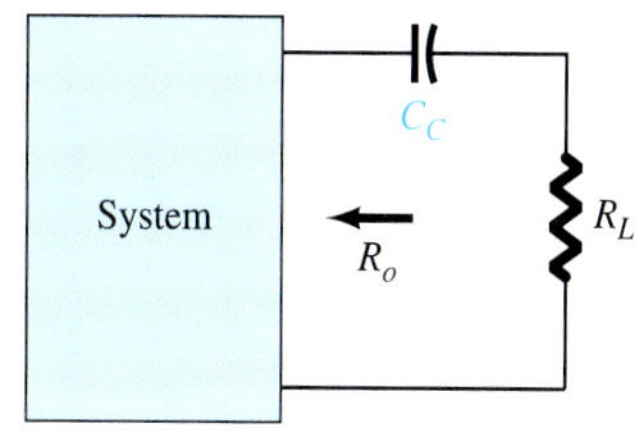

그림 9.39 저주파수 응답에 대한 C_C의 영향의 결정

그림 9.37의 회로에서

$$\boxed{R_o = R_D \| r_d} \tag{9.45}$$

C_S 소스 커패시터 C_S의 경우에 중요한 저항값이 그림 9.40에서 정의된다. 차단 주파수는

$$\boxed{f_{L_S} = \frac{1}{2\pi R_{eq} C_S}} \tag{9.46}$$

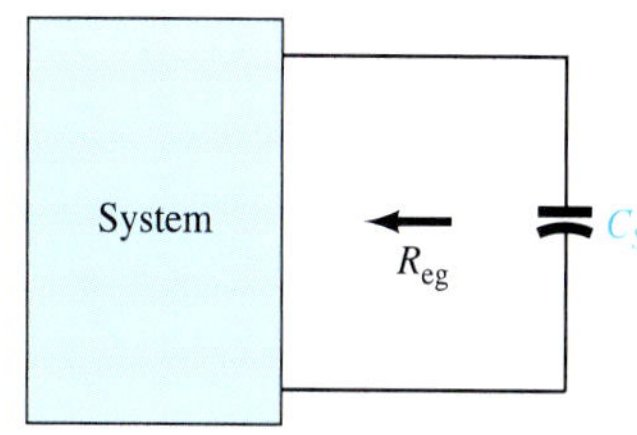

그림 9.40 저주파수 응답에 대한 C_S의 영향의 결정

이고, 그림 9.37에서 R_{eq}는

$$\boxed{R_{eq} = \frac{R_S}{1 + R_S(1 + g_m r_d)/(r_d + R_D \| R_L)}} \tag{9.47}$$

$r_d \cong \infty\ \Omega$이라 놓으면

$$\boxed{R_{eq} = R_S \| \frac{1}{g_m}}_{r_d \cong \infty \Omega} \tag{9.48}$$

이다.

예제 9.13

a. 그림 9.37의 회로에서 다음 파라미터들을 이용하여 하위 차단 주파수를 계산하라.

$$C_G = 0.01\,\mu\text{F}, \quad C_C = 0.5\,\mu\text{F}, \quad C_S = 2\,\mu\text{F}$$
$$R_{sig} = 10\,\text{k}\Omega, \quad R_G = 1\,\text{M}\Omega, \quad R_D = 4.7\,\text{k}\Omega, \quad R_S = 1\,\text{k}\Omega, \quad R_L = 2.2\,\text{k}\Omega$$
$$I_{DSS} = 8\,\text{mA}, \quad V_P = -4\,\text{V} \quad r_d = \infty\,\Omega, \quad V_{DD} = 20\,\text{V}$$

b. Bode 선도를 이용하여 주파수 응답을 그려라.

c. PSpice를 이용하여 결과를 검증하라.

d. Multisim을 사용하여 그림 9.37의 회로의 완벽한 해석을 수행하라.

풀이

a. 직류 해석: $I_D = I_{DSS}(1 - V_{GS}/V_P)^2$에 관한 전달 곡선을 그리고, 또한 $V_{GS} = -I_D R_S$로 정의된 곡선을 중첩하여 그리면, $V_{GS_Q} = -2$ V와 $I_{D_Q} = 2$ mA의 교점을 구할 수 있다. 이 밖에도

$$g_{m0} = \frac{2I_{DSS}}{|V_P|} = \frac{2(8\text{ mA})}{4\text{ V}} = 4\text{ mS}$$

$$g_m = g_{m0}\left(1 - \frac{V_{GS_Q}}{V_P}\right) = 4\,\text{mS}\left(1 - \frac{-2\,\text{V}}{-4\,\text{V}}\right) = 2\,\text{mS}$$

C_G 식 (9.36): $f_{L_G} = \dfrac{1}{2\pi(R_{\text{sig}} + R_i)C_G} = \dfrac{1}{2\pi(10\,\text{k}\Omega + 1\,\text{M}\Omega)(0.01\,\mu\text{F})} \cong \mathbf{15.8\,Hz}$

C_C 식 (9.38): $f_{L_C} = \dfrac{1}{2\pi(R_o + R_L)C_C} = \dfrac{1}{2\pi(4.7\,\text{k}\Omega + 2.2\,\text{k}\Omega)(0.5\,\mu\text{F})} \cong \mathbf{46.13\,Hz}$

C_S $R_{\text{eq}} = R_S \| \dfrac{1}{g_m} = 1\,\text{k}\Omega \| \dfrac{1}{2\,\text{mS}} = 1\,\text{k}\Omega \| 0.5\,\text{k}\Omega = 333.33\,\Omega$

식 (9.40): $f_{L_s} = \dfrac{1}{2\pi R_{eq}C_S} = \dfrac{1}{2\pi(333.33\,\Omega)(2\,\mu\text{F})} = \mathbf{238.73\,Hz}$

f_{L_s}가 3개의 차단 주파수 중 가장 크므로, 이것이 그림 9.37 회로의 하위 차단 주파수를 정의한다.

b. 시스템의 중간 이득 대역은 다음 식에 의하여 결정된다.

$$\begin{aligned} A_{v_{\text{mid}}} = \frac{V_o}{V_i} &= -g_m(R_D \| R_L) = -(2\,\text{mS})(4.7\,\text{k}\Omega \| 2.2\,\text{k}\Omega) \\ &= -(2\,\text{mS})(1.499\,\text{k}\Omega) \\ &\cong \mathbf{-3} \end{aligned}$$

중간 대역 이득을 이용하여 그림 9.37 회로의 응답을 규준화하면, 그림 9.41의 주파수 그래프를 얻는다.

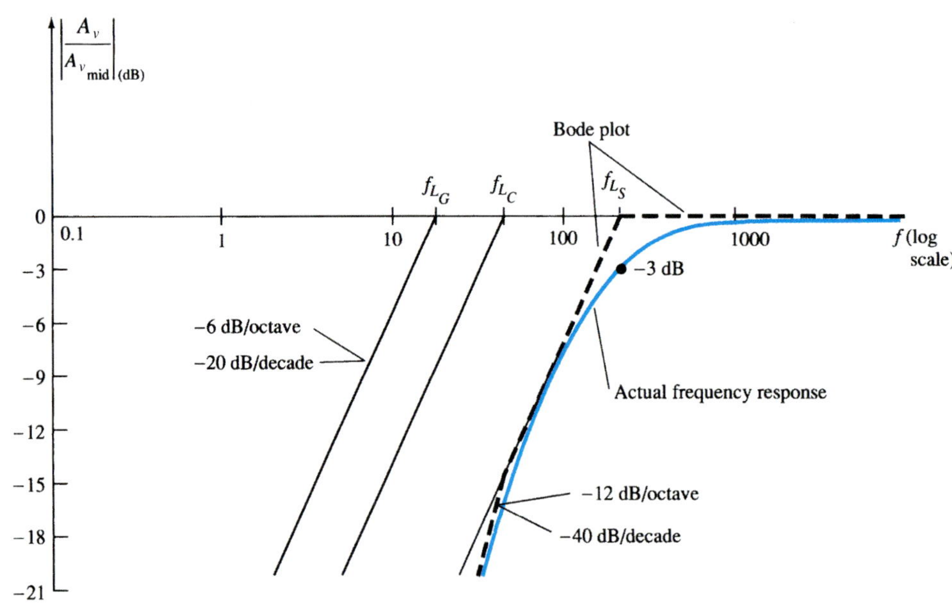

그림 9.41 예제 9.13의 JFET 형태에 대한 저주파수 응답

c와 d. 컴퓨터 해답은 9.15절에 제시한다.

9.10 밀러 효과 커패시턴스

고주파 영역에서 중요한 커패시터들은 능동 소자의 내부에 존재하는 커패시터와 배선 사이에 존재하는 커패시터들이다. 지금까지는 회로의 저주파 응답을 제어하는 큰 커패시터들이 리액턴스가 매우 낮기 때문에 단락 등가회로로 대치하여 왔다.

반전 증폭기(입력과 출력 사이에 180° 위상차가 있고 A_v가 음의 값을 갖는다)의 입력 커패시턴스와 출력 커패시턴스는 소자의 입력 단자와 출력 단자 사이의 내부에 존재하는 커패시턴스와 증폭기의 이득에 따라 그 값이 증가한다. 그림 9.42에서 '귀환' 커패시턴스를 C_f로 정의하였다.

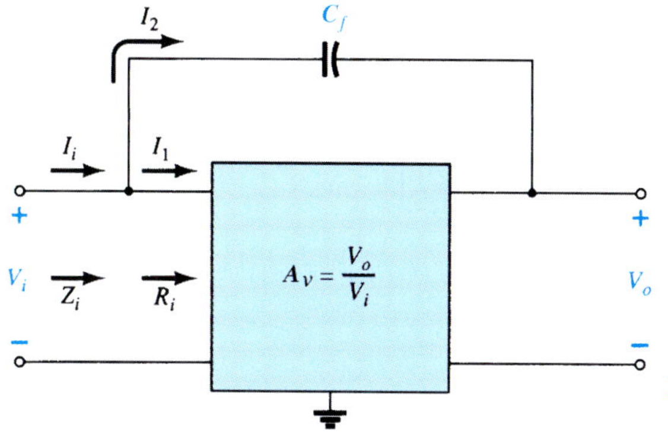

그림 9.42 밀러 입력 커패시터의 방정식을 유도하기 위한 회로

키르히호프의 전류 법칙을 적용하면

$$I_i = I_1 + I_2$$

옴의 법칙을 이용하여

$$I_i = \frac{V_i}{Z_i}, \quad I_1 = \frac{V_i}{R_i}$$

과

$$I_2 = \frac{V_i - V_o}{X_{C_f}} = \frac{V_i - A_v V_i}{X_{C_f}} = \frac{(1 - A_v)V_i}{X_{C_f}}$$

을 대입하면

$$\frac{V_i}{Z_i} = \frac{V_i}{R_i} + \frac{(1 - A_v)V_i}{X_{C_f}}$$

과

$$\frac{1}{Z_i} = \frac{1}{R_i} + \frac{1}{X_{C_f}/(1 - A_v)}$$

을 유도할 수 있다. 여기서

$$\frac{X_{C_f}}{1 - A_v} = \frac{1}{\underbrace{\omega(1 - A_v)C_f}_{C_M}} = X_{C_M}$$

이므로, 결국

$$\frac{1}{Z_i} = \frac{1}{R_i} + \frac{1}{X_{C_M}}$$

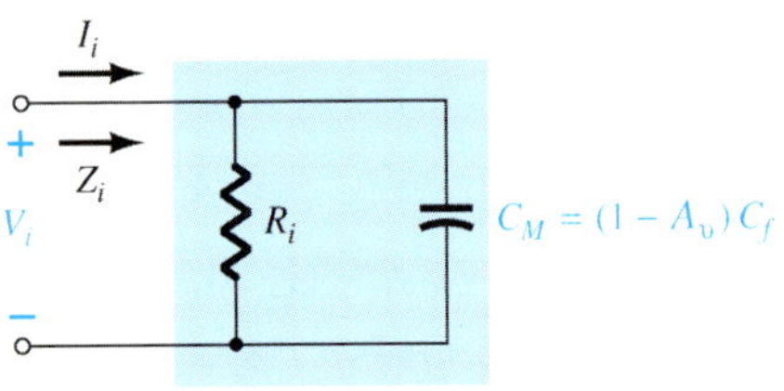

그림 9.43 밀러 효과 커패시터의 영향의 증명

이 된다. 위 식을 이용하여 등가회로를 그린 것이 그림 9.43이다. 앞 장들에서 다루었던 R_i 이외에도 증폭기의 이득만큼 증폭된 피드백 커패시터가 그림 9.44의 입력 임피던스에 추가된 것을 알 수 있다. 입력 단자에 있는 내부 커패시턴스가 그림 9.43의 소자들과 병렬로 연결될 것이다.

일반적으로 밀러 효과 입력 커패시턴스는 다음과 같이 정의된다.

$$\boxed{C_{M_i} = (1 - A_v)C_f} \tag{9.49}$$

이 식으로부터 다음과 같은 결론을 얻을 수 있다.

어떤 반전 증폭기에 대해 입력 임피던스는 증폭기의 이득과 능동소자의 입력과 출력단자 사이 interelectrode(기생) 커패시터에 민감한 밀러 효과 커패시터에 의해 증가할 것이다.

식 (9.49)의 문제점은 고주파 영역에서는 이득 A_v가 C_{M_i}의 함수가 되어, 이득이 중간 대역 이득으로부터 감소한다는 점이다. 따라서 중간 대역 이득은 A_v의 최대값이 되고, 이 값으로부터 C_{M_i}의 최대값을 얻게 된다. 따라서 최악의 설계 조건을 얻게 된다. 그러므로 일반적으로 식 (9.49)의 A_v는 중간 대역 이득을 사용한다.

반전 증폭기를 사용하는 이유가 식 (9.49)로 명백해진다. 만일 A_v가 양의 값을 가진다면 C_{M_i}가 $-$값을 가지기 때문이다($A_v > 1$의 경우).

밀러 효과가 출력 커패시턴스의 값을 증가시키므로, 고주파 영역의 차단 주파수를 계산할 때는 반드시 이 점을 고려해야 한다. 그림 9.44에 출력 밀러 효과를 결정하는 중요한 파라미터들을 나타내었다. 키르히호프의 전류 법칙을 적용하면

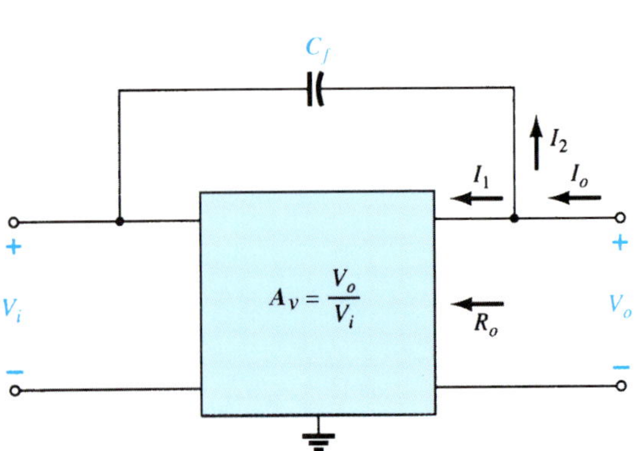

그림 9.44 밀러 출력 커패시터에 대한 방정식을 유도하기 위한 회로

$$I_o = I_1 + I_2$$

이고 $$I_1 = \frac{V_o}{R_o} \quad 및 \quad I_2 = \frac{V_o - V_i}{X_{C_f}}$$

R_o가 충분히 커서 관계식의 첫 번째 항을 무시할 수 있으므로 다음과 같이 가정하면

$$I_o \cong \frac{V_o - V_i}{X_{C_f}}$$

$A_v = V_o/V_i$로부터 $V_i = V_o/A_v$를 대입하면

$$I_o = \frac{V_o - V_o/A_v}{X_{C_f}} = \frac{V_o(1 - 1/A_v)}{X_{C_f}}$$

이고 $$\frac{I_o}{V_o} = \frac{1 - 1/A_v}{X_{C_f}}$$

또는 $$\frac{V_o}{I_o} = \frac{X_{C_f}}{1 - 1/A_v} = \frac{1}{\omega C_f(1 - 1/A_v)} = \frac{1}{\omega C_{M_o}}$$

을 얻을 수 있다. 위 식에서 다음과 같은 밀러 효과 출력 커패시턴스를 얻는다.

$$\boxed{C_{M_o} = \left(1 - \frac{1}{A_v}\right)C_f} \tag{9.50}$$

대부분의 경우에 $A_v \gg 1$이므로 식 (9.50)을 다음과 같이 간단히 할 수 있다.

$$\boxed{C_{M_o} \cong C_f} \quad _{|A_v|>>1} \tag{9.51}$$

다음 두 절에서 BJT와 FET 증폭기의 고주파 응답을 통해서 식 (9.50)의 이용 예를 다루게 된다.

공통베이스나 이미터 팔로워같은 비반전 증폭기에 대해 밀러효과 커패시턴스는 고주파수 응용에서 중요한 관심사는 아니다.

9.11 고주파 응답-BJT 증폭기

고주파에서 −3 dB 차단점을 정의하는 두 가지 요소가 있다: 회로 커패시터(기생과 유도된)와 $h_{fe}(\beta)$의 주파수 종속성이다.

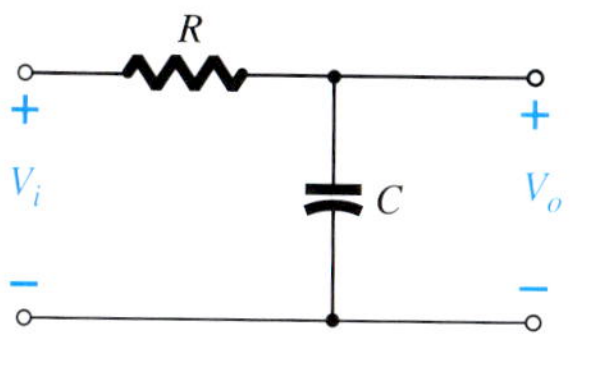

그림 9.45 고 차단 주파수를 정의하는 RC 결합

회로망 파라미터

고주파와 관계되는 RC 회로망은 그림 9.45와 같다. 주파수가 증가하면 리액턴스 X_C의 크

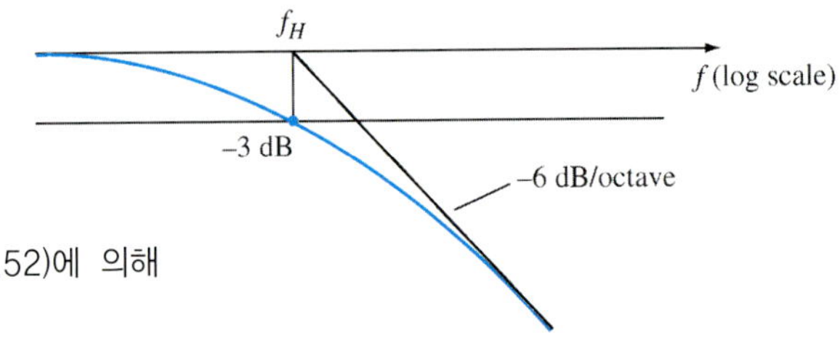

그림 9.46 식 (9.52)에 의해 정의된 점근선 선도

기는 감소하고, 이에 따라 출력 단자는 단락 상태가 되므로 전압 이득이 감소한다. 이러한 *RC* 회로망의 모서리 주파수를 유도하는 과정은 앞에서 했던 저주파 영역의 모서리 주파수를 계산하는 과정과 같다. 두 과정에서 가장 뚜렷한 차이점은 전압 이득 A_v를 표현하는 식이다. 고주파 영역에 대한 전압 이득을 구하면 다음과 같은 형태이다.

$$A_v = \frac{1}{1 + j(f/f_H)} \tag{9.52}$$

이러한 함수에 대한 곡선을 근사적으로 그리면 그림 9.46과 같다. 모서리 주파수보다 높은 주파수 영역의 근사 곡선은 6 dB/octave의 기울기를 갖는 직선이다. 식 (9.23)에서는 f_L이 분자에 있지만, f_H가 분모에 있음을 주목하라.

그림 9.47은 트랜지스터의 다양한 기생 커패시턴스(C_{be}, C_{bc}, C_{ce})와 배선 사이에 존재하는 커패시턴스(C_{w_i}, C_{w_o})를 포함한 회로망이다. 그림 9.48은 그림 9.47의 고주파 영역 등가회로이다. 이 등가회로에는 C_S, C_C, C_E가 생략되어 있는데, 이들은 이미 단락 회로로 대치되어 있기 때문이다. 커패시턴스 C_i는 입력회로 배선 사이의 C_{W_i}, 베이스 에미터 사이의 C_{be}, 밀러 효과 커패시턴스 C_{M_i}를 모두 포함한 값이다. 커패시턴스 C_o는 출력회로의 배선 사이의 C_{W_o}, 기생 커패시턴스 C_{ce}, 출력 밀러 커패시턴스 C_{M_o}를 포함한 값이다. 대개 C_{be}는

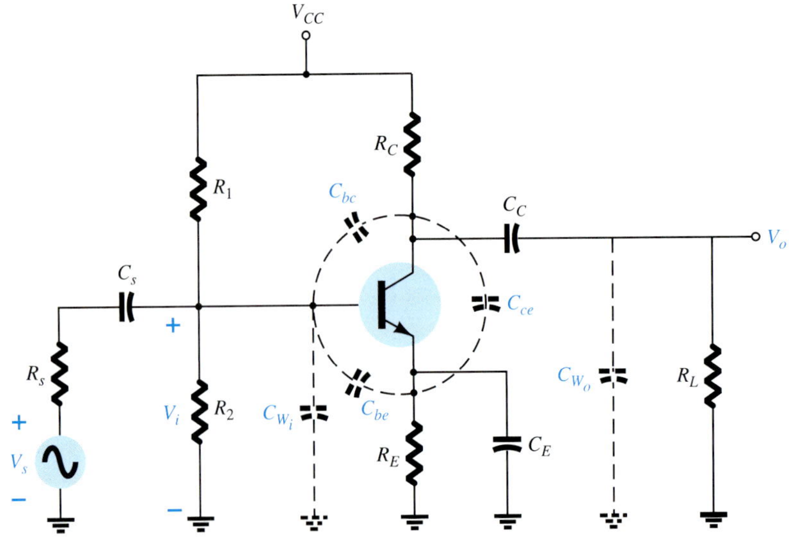

그림 9.47 고주파수 응답에 영향을 주는 커패시터를 포함한 그림 9.25의 회로

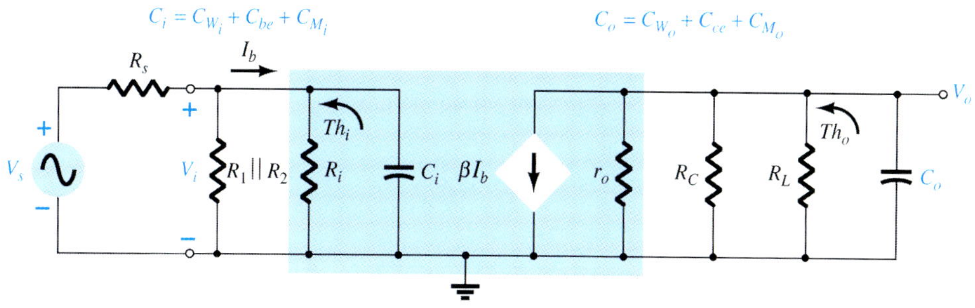

그림 9.48 그림 9.47의 회로에 대한 고주파수 교류 등가 모델

부유 커패시턴스 중 가장 큰 값이고, 반대로 C_{ce}는 가장 작은 값이다. 사실 대부분의 사양서에는 C_{be}와 C_{bc}만 나와 있을 뿐이고, 만일 특정 응용 분야에서 특별한 종류의 트랜지스터 응답에 영향을 미치는 것이 아니라면 C_{ce}는 포함하지 않는다.

그림 9.48에 대해 입력회로망과 출력회로망의 Thévenin 등가회로를 그린 것이 그림 9.49이다. 입력회로망에서 고주파 영역의 −3 dB 모서리 주파수를 계산하면 다음과 같다.

$$f_{H_i} = \frac{1}{2\pi R_{\text{Th}_i} C_i} \tag{9.53}$$

여기서

$$R_{\text{Th}_i} = R_s \| R_1 \| R_2 \| \beta r_e \tag{9.54}$$

그리고

$$C_i = C_{W_i} + C_{be} + C_{M_i} = C_{W_i} + C_{be} + (1 - A_v)C_{bc} \tag{9.55}$$

고주파 영역에서 C_i의 영향은 그림 9.48의 R_1, R_2, R_i, C_i의 병렬로 이루어진 임피던스를 감소시킨다. 이런 현상은 I_b에 비례하여 C_i의 전압을 감소시키는 결과로 이어진다. 그러므로 시스템의 전류 이득을 감소시키는 결과가 된다.

출력회로망에 대해서 차단 주파수를 계산하면

$$f_{H_o} = \frac{1}{2\pi R_{\text{Th}_o} C_o} \tag{9.56}$$

여기서

$$R_{Th_o} = R_C \| R_L \| r_o \tag{9.57}$$

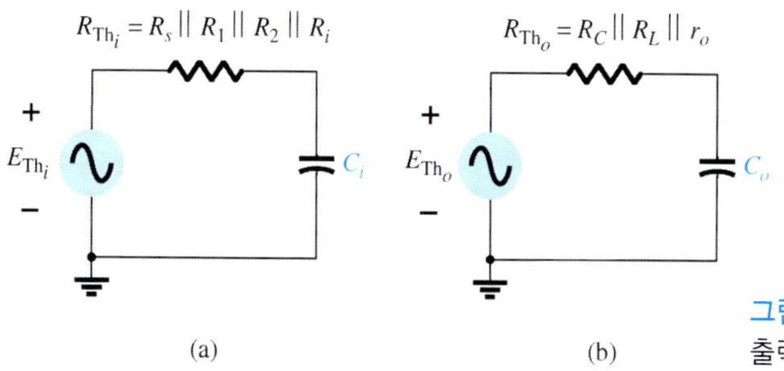

그림 9.49 그림 9.48의 입력과 출력회로에 대한 Thévenin 회로

그리고
$$C_o = C_{W_o} + C_{ce} + C_{M_o} \tag{9.58}$$

또는,
$$C_o = C_{W_o} + C_{ce} + (1 - 1/A_v)C_{bc}$$

큰 A_v에 대해:
$$1 \gg 1/A_v$$

그리고
$$C_o \cong C_{W_o} + C_{ce} + C_{bc} \tag{9.59}$$

이다.

높은 주파수에서는 C_o의 리액턴스가 감소하기 때문에 그림 9.48의 출력 단자에 연결된 임피던스는 감소할 것이다. C_o의 리액턴스 X_C가 감소함에 따라 출력전압 V_o는 0에 가까워지게 된다. 주파수 f_{H_i}와 f_{H_o}는 그림 9.46에 표시된 −6 dB/octave 점근선을 정의한다. 만일 트랜지스터 내부에 기생 커패시터가 상위 차단 주파수를 결정하는 유일한 소자라면, 가장 낮은 주파수는 결정되어야 할 것이다. 그러나 절점 주파수가 f_{H_i}와 f_{H_o}보다 낮은지를 알기 위하여 주파수에 따라 h_{fe} 또는 β가 감소하는 점도 고려해야만 한다.

h_{fe}(또는 β)의 변화

주파수에 따른 h_{fe}, 즉 β의 변화는 상당히 정확하게 다음과 같이 표시된다.

$$h_{fe} = \frac{h_{fe_{\text{mid}}}}{1 + j(f/f_\beta)} \tag{9.60}$$

식에서 β가 아닌 h_{fe}를 사용하는 이유는 제조업체에서 사양서 등을 만들 때 대개 하이브리드 파라미터를 사용하기 때문이다.

현재까지 정의되지 않은 파라미터인 f_β는 5.22절에서 소개된 hybrid π 또는 Giacoletto 모델이 제공되는 파라미터들에 의해서 결정된다. 이 모델을 그림 9.50에 나타내었다. 저항 r_b은 베이스 접촉저항(base contact resistance), 베이스 자체 저항(base bulk resistance) 및 베이스 영역저항(base spreading resistance)을 모두 포함한 값이다. 베이스 접촉은 외부 단자 금속과 베이스 사이에 존재하는 저항을 말한다. 베이스 자체 저항은 외부 단자가 접촉된 베이스에서 트랜지스터 내부의 베이스 접합부까지에 존재하는 저항을 말한다. 베이스 영역

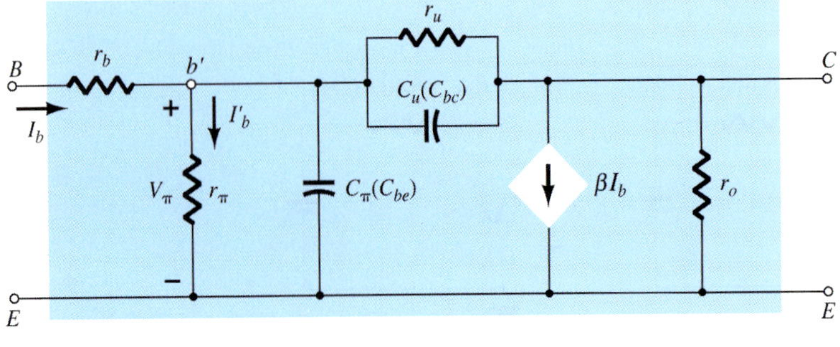

그림 9.50 Giacoletto 고주파수 트랜지스터 소신호 교류 등가회로

저항은 활성 베이스 영역 안의 실제 저항을 말한다. 저항 r_π, r_o, r_u는 트랜지스터가 활성 영역(active region)에서 작동할 때 첨자로 표시된 단자 사이의 저항값이다. 커패시턴스 C_{bc}, C_{be}에 대해서도 같은 방법에 따라 정의한다. 그러나 C_{bc}는 전이(transition) 커패시턴스인 반면, C_{be}는 확산(diffusion) 커패시턴스이다. 주파수에 따라 트랜지스터의 파라미터가 변화되는 자세한 내용은 다고주파 응답-BJT 증폭기른 책에서 다루고 있으므로 여기서는 생략한다.

만약 베이스 저항 r_b, 베이스-컬렉터 저항 r_u, 모든 기생 커패시턴스를 제거하면, 5장에서 사용된 공통에미터 회로의 소신호 모델과 같이 만들 수 있다. 베이스-컬렉터 저항 r_π는 βr_e이고 출력 저항 r_o는 하이브리드 파라미터 h_{o_e}를 통해 제공된다. 그러나 만약 βr_o보다 무척 큰 r_u가 베이스와 컬렉터 사이에 존재하게 되면, 피드백 루프를 형성하게 된다. 5장에서 배웠듯이, 일반적으로 피드백 요소는 많은 응용에서 부적합하다. 하지만 일부의 특별한 응용에서는 중요하게 생각된다. r_u는 베이스 전류가 컬렉터 베이스 전압에 영향을 받아 생기게 된다. 베이스-에미터 전압은 옴의 법칙에 따라 베이스 전류에 선형적인 관계를 가지고 있고, 베이스-에미터 전압과 컬렉터-베이스 전압 사이의 차이와 같은 출력전압을 가지게 된다. 그러므로 우리는 베이스 전류가 하이브리드 파라미터 h_{r_e}과 관계있는 출력전압의 변화에 민감하게 영향을 받는 다는 것을 결론으로 얻을 수 있다.

위의 파라미터를 사용해서 f_β를 정의하면

$$\boxed{f_\beta(\text{때로는 } f_{h_{fe}}) = \frac{1}{2\pi r_\pi(C_\pi + C_u)}} \tag{9.61}$$

또한 $r_\pi = \beta r_e = h_{fe_{\text{mid}}} r_e$로부터,

$$\boxed{f_\beta = \frac{1}{h_{fe_{\text{mid}}}} \frac{1}{2\pi r_e(C_\pi + C_u)}} \tag{9.62}$$

또는 r_e가 회로망 설계의 함수이므로, 식 (9.62)는 다음을 뜻한다.

f_β는 바이어스 형상의 함수이다.

그림 9.51에서 나타내듯이 h_{fe}는 주파수가 증가함에 따라 중간 대역 이득으로부터 6 dB/octave의 기울기로 감소한다. 이 사실을 식 (9.60)의 $h_{fe_{\text{mid}}}$에 적용하면 식 (9.52)와 똑같은 형태이다. 그림 9.51은 주파수에 다른 h_{fb}의 변화를 그래프로 나타낸다. 선택된 주파수 영역에서 h_{fb}의 변화는 공통 베이스 회로가 공통 에미터 회로와 비교해 볼 때 고주파 영역의 작동이 훨씬 더 좋음을 알 수 있다. 공통 베이스 회로의 비반전 특성으로 인해 밀러 효과 커패시턴스가 존재하지 않는다는 것을 기억하라. 따라서 고주파 영역에 사용할 트랜지스터의 특성은 공통 베이스 회로를 기준으로 제시된다.

만일 f_α와 α의 값이 주어져 있으면 f_β를 계산하기 위해서 다음 식을 이용할 수 있다.

$$\boxed{f_\beta = f_\alpha(1 - \alpha)} \tag{9.63}$$

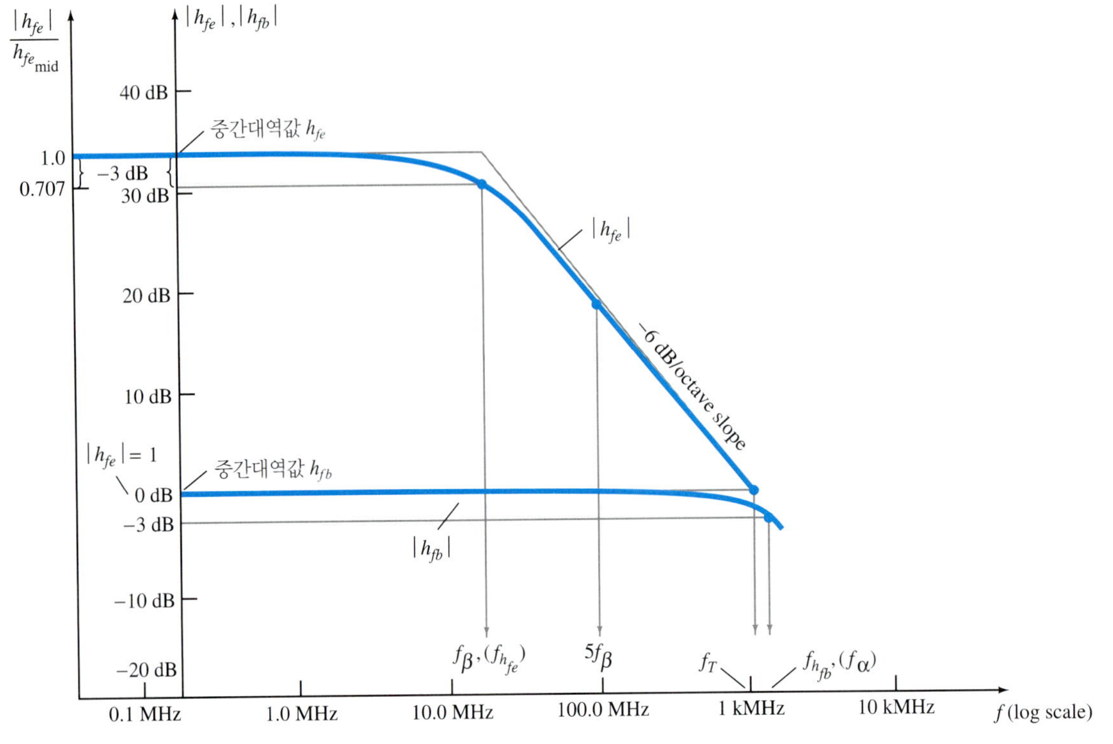

그림 9.51 고주파수 영역에서의 주파수 대 h_{fe}와 h_{fb}

이득 대역폭 곱

증폭기의 설계를 초기화하는데 일반적으로 사용되는 **이득 대역폭 곱**(gain-bandwidth product: GBP)이라 불리는 증폭기에 적용되는 **Figure of Merit**가 있다. 이것은 증폭기의 이득과 기대 동작 주파수 범위 사이의 관계에 대한 중요한 정보를 제공한다.

그림 9.52에서 이득 100, 하위 차단주파수 250 Hz, 그리고 상위 차단주파수 1 MHz를 가진 증폭기의 주파수 응답은 로그 스케일보다 리니어 스케일로 도시되어왔다. 리니어 스

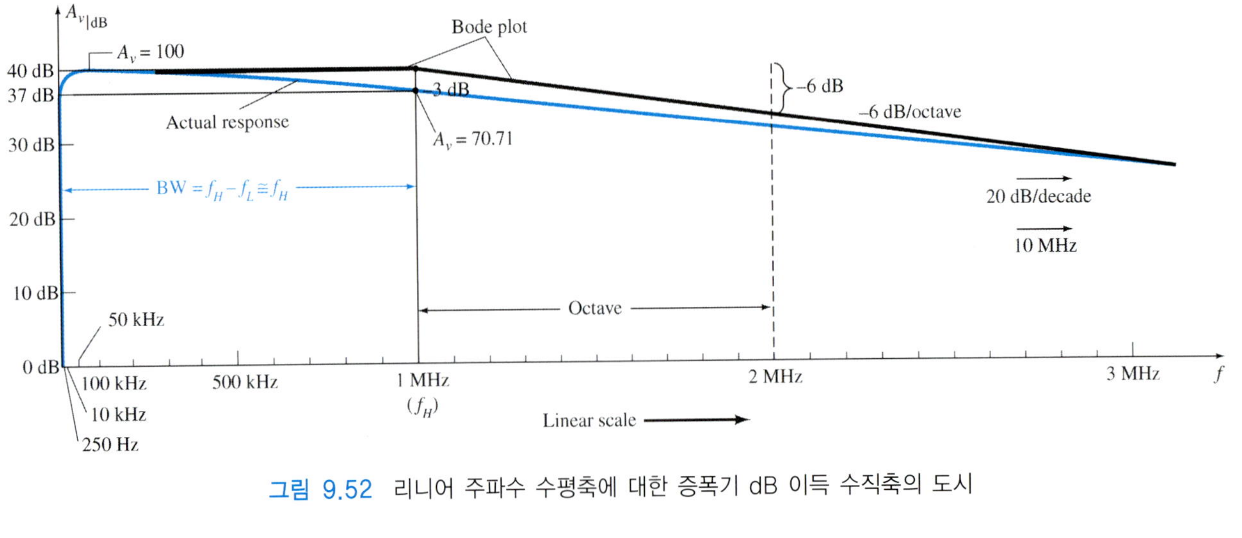

그림 9.52 리니어 주파수 수평축에 대한 증폭기 dB 이득 수직축의 도시

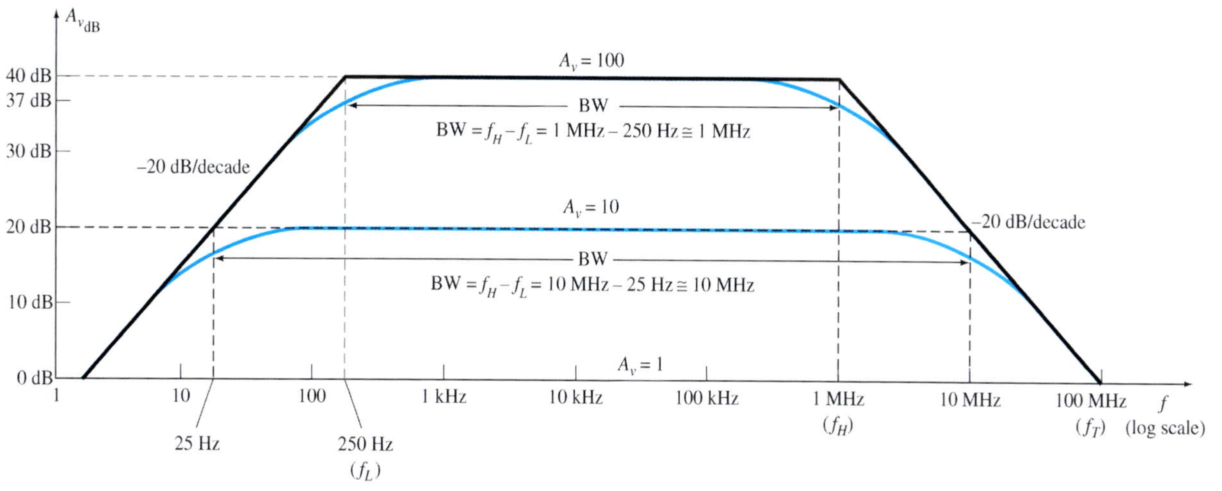

그림 9.53 두 개의 다른 이득 레벨에서의 대역폭 찾기

케일은 수평축으로 선택됐기에 하위 차단주파수를 보여주는 것이 가능하고 곡선은 f=0 Hz에서 지수적으로 곧바른 수직축과 같이 나타남을 인식하라. f=0 Hz는 dc 상태를 나타내며 증폭기의 하위 끝에서의 이득은 DC 이득이라 불린다.

또한 리니어 수평축의 사용은 브레이크포인트를 지난 주파수에서의 이득이 매우 완만하게 감소하게 만든다는 것을 염두에 두기 바란다. 상위 끝에서의 전 주파수를 도시하는 것은 많은 쪽이 요구될 것이다.

하위 차단주파수는 매우 작기에 대역폭은 상위 차단주파수에 의해 정의되는 것은 그림 9.52로부터 확실하다.

만약 그림 9.52가 수평축이 로그 스케일로 도시되었다면 그림 9.53과 같이 도시될 것이다.

하위 끝단은 확대되고 상위 끝단에서의 주파수 응답은 decade 당 20 dB로 떨어지는 경계로 이루어진다. 상위 브레이크포인트 주파수는 f_H로 표기되고 하위 브레이크포인트는 f_L로 표기된다. $A_v = A_{v_{mid}} = 100$에서 그림 9.53에 보여준 것 같이 대역폭은 대략 1 MHz이다.

이득 대역폭 곱은

$$\boxed{GBP = A_{v_{mid}} BW} \tag{9.64}$$

가 되고 이 예제에 대해 아래와 같이 된다.

$$GBP = (100)(1\ MHz) = 100\ MHz$$

$A_v = 10$, $20 \log_{10} 10 = 20$에서 그림 9.53에 보여준 대역폭은 대략 10 MHz이다.

이득 대역폭 곱의 결과는 다음과 같다.

$$GBP = (10)(10\ MHz) = 100\ MHz$$

사실 어떤 이득 레벨에서 두 곱은 일정하다.

$A_v=1$ 또는 $A_v|_{dB}=0$에서 대역폭은 그림 9.53의 f_T로 정의된다. 일반적으로

주파수 f_T는 단위-이득 주파수로 불리고 항상 증폭기의 중간대역 이득과 어떤 이득 레벨에서의 대역폭의 곱과 같다.

즉

$$\boxed{f_T = A_{v_{\text{mid}}} f_H} \quad \text{(Hz)} \tag{9.65a}$$

어떤 이득 레벨의 예상 대역폭은 바로 구해질 수 있다. 120 MHz로 주어진 f_T를 가진 증폭기를 고려해보자. 80의 이득에서 예상 f_T 또는 대역폭은 $f_T/A_{v_{\text{mid}}}=120\text{ MHz}/80=1.5\text{ MHz}$이다. 60의 이득에서 대역폭은 $120\text{ MHz}/80=2\text{ MHz}$로 되고 이것은 매우 유용한 도구이다. 전압 이득이 회로상에 정의되지 않은 트랜지스터 자체에 대해 사양서는 트랜지스터에 관련된 f_T 값을 제공할 것이다. 즉

$$\boxed{f_T = h_{fe_{\text{mid}}} f_\beta} \quad \text{(Hz)} \tag{9.65b}$$

dB의 도시는 그림 9.49와 같이 보여질 것이다.

주파수에 따라 h_{f_e} 변화에 대한 일반적인 식은 식 (9.60)에 정의된다. 증폭기에 대해 식 (9.66)과 같이 정의된다.

$$\boxed{A_v = \frac{A_{v_{\text{mid}}}}{1 + j(f/f_H)}} \tag{9.66}$$

각 경우에서 주파수 f_H는 절점주파수를 정의한다.

식 (9.62)를 식 (9.65)의 f_β에 대입하면

$$f_T = h_{fe_{\text{mid}}} \frac{1}{2\pi h_{fe_{\text{mid}}} r_e(C_\pi + C_u)}$$

이고

$$\boxed{f_T \cong \frac{1}{2\pi r_e(C_\pi + C_u)}} \tag{9.67}$$

예제 9.14 그림 9.47의 회로망이 예제 9.12와 똑같은 파라미터, 즉

$$R_s = 1\,\text{k}\Omega, R_1 = 40\,\text{k}\Omega, R_2 = 10\,\text{k}\Omega, R_E = 2\,\text{k}\Omega, R_C = 4\,\text{k}\Omega, R_L = 2.2\,\text{k}\Omega$$
$$C_s = 10\,\mu\text{F}, C_C = 1\,\mu\text{F}, C_E = 20\,\mu\text{F}$$
$$\beta = 100, r_o = \infty\,\Omega, V_{CC} = 20\,\text{V}$$

와 그 외에

$$C_\pi(C_{be}) = 36\,\text{pF}, C_u(C_{bc}) = 4\,\text{pF}, C_{ce} = 1\,\text{pF}, C_{W_i} = 6\,\text{pF}, C_{W_o} = 8\,\text{pF}$$

를 가진다고 할 때,

a. f_{H_i}와 f_{H_o}를 구하라.

b. f_β와 f_T를 구하라.

c. 예제 9.12에서 얻은 결과와 (a), (b)에서 구한 값들을 이용하여 저주파 영역과 고주파 영역의 주파수 응답을 그려라.

d. 전체 주파수 스펙트럼에 대해서 PSpice 응답을 구하고, (c)의 결과와 비교하라.

풀이

a. 예제 9.12로부터:

$$R_i = R_1 \| R_2 \| \beta r_e = 40\,\text{k}\Omega \| 10\,\text{k}\Omega \| 1.576\,\text{k}\Omega \cong 1.32\,\text{k}\Omega,\ A_{v_{\text{mid}}}(\text{amp}) = -90$$

이고,

$$R_{\text{Th}_i} = R_s \| R_1 \| R_2 \| R_i = 1\,\text{k}\Omega \| 40\,\text{k}\Omega \| 10\,\text{k}\Omega \| 1.32\,\text{k}\Omega \cong 0.531\,\text{k}\Omega$$

여기서

$$C_i = C_{W_i} + C_{be} + (1 - A_v)C_{bc} = 6\,\text{pF} + 36\,\text{pF} + [1 - (-90)]4\,\text{pF} = 406\,\text{pF}$$

$$f_{H_i} = \frac{1}{2\pi R_{\text{Th}_i} C_i} = \frac{1}{2\pi(0.531\,\text{k}\Omega)(406\,\text{pF})} = \mathbf{738.24\,kHz}$$

$$R_{\text{Th}_o} = R_C \| R_L = 4\,\text{k}\Omega \| 2.2\,\text{k}\Omega = 1.419\,\text{k}\Omega$$

$$C_o = C_{W_o} + C_{ce} + C_{M_o} = 8\,\text{pF} + 1\,\text{pF} + \left(1 - \frac{1}{-90}\right)4\,\text{pF} = 13.04\,\text{pF}$$

$$f_{H_o} = \frac{1}{2\pi R_{\text{Th}_o} C_o} = \frac{1}{2\pi(1.419\,\text{k}\Omega)(13.04\,\text{pF})} = \mathbf{8.6\,MHz}$$

b. 식 (9.63)을 적용하면 다음을 얻는다.

$$f_\beta = \frac{1}{2\pi\beta_{\text{mid}} r_e (C_{be} + C_{bc})} = \frac{1}{2\pi(100)(15.76\,\Omega)(36\,\text{pF} + 4\,\text{pF})} = \frac{1}{2\pi(100)(15.76\,\Omega)(40\,\text{pF})} = \mathbf{2.52\,MHz}$$

$$f_T = \beta_{\text{mid}} f_\beta = (100)(2.52\,\text{MHz}) = \mathbf{252\,MHz}$$

c. 그림 9.54를 보자. f_β와 f_{H_o}는 f_{H_i}에 의해 결정되는 값 이하로 상위 차단 주파수를 낮춘다. f_β가 f_{H_o}보다 f_{H_i}에 더 근접해 있으므로 더 많은 영향을 미치게 된다. 항상 대역폭은 f_{H_i} 하나에 의해 결정된 때보다 줄어든다. 이 회로망의 경우는 상위 차단 주파수가 상대적으로 600 kHz에 가깝다.

d. PSpice 해석은 9.15절에 제시할 것이다.

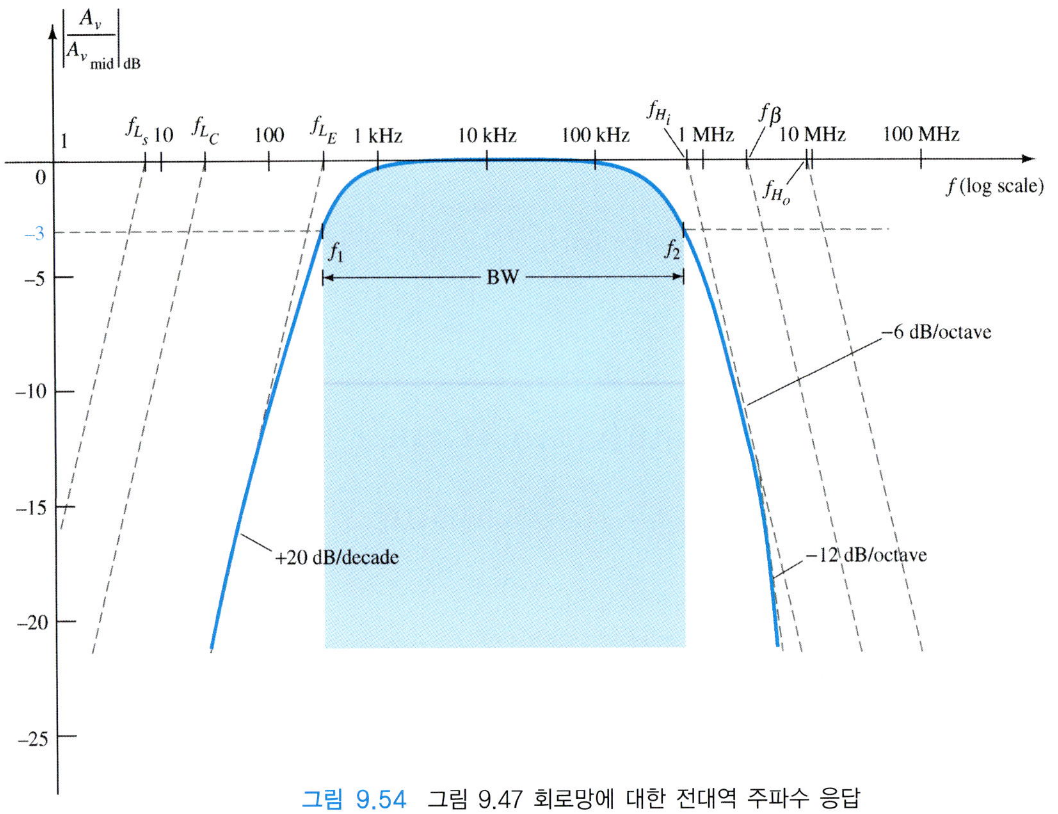

그림 9.54 그림 9.47 회로망에 대한 전대역 주파수 응답

9.12 고주파 응답-FET 증폭기

FET 증폭기의 고주파 응답을 구하기 위한 해석 과정은 BJT 증폭기의 해석 과정과 매우 유사하다. 그림 9.55에 나타낸 대로 배선 사이에 존재하는 커패시턴스들이 있어서 증폭기의 고주파 영역의 특성을 결정한다. 커패시터 C_{gs}와 C_{gd}는 대개 1~10 pF 사이에서 변하고, 반면에 C_{ds}는 0.1에서 1 pF 사이로 아주 작다.

그림 9.55의 회로망이 비반전 증폭기이므로 그림 9.56과 같은 고주파 교류 등가회로에는 밀러 효과 커패시턴스들이 존재한다. 고주파 영역에서는 C_i가 단락되므로 V_{gs}는 0이 되고 전체 이득은 감소한다. C_o가 단락되는 주파수에서 병렬 출력전압 V_o는 크기가 감소한다.

입력과 출력회로에서 정의되는 차단 주파수는 먼저 그림 9.57과 같이 각 부분을 Thévenin 등가회로를 그려서 구할 수 있다. 입력회로의 경우에

$$f_{H_i} = \frac{1}{2\pi R_{Th_i} C_i} \tag{9.68}$$

이고

$$R_{Th_i} = R_{sig} \| R_G \tag{9.69}$$

이므로

$$C_i = C_{W_i} + C_{gs} + C_{M_i} \tag{9.70}$$

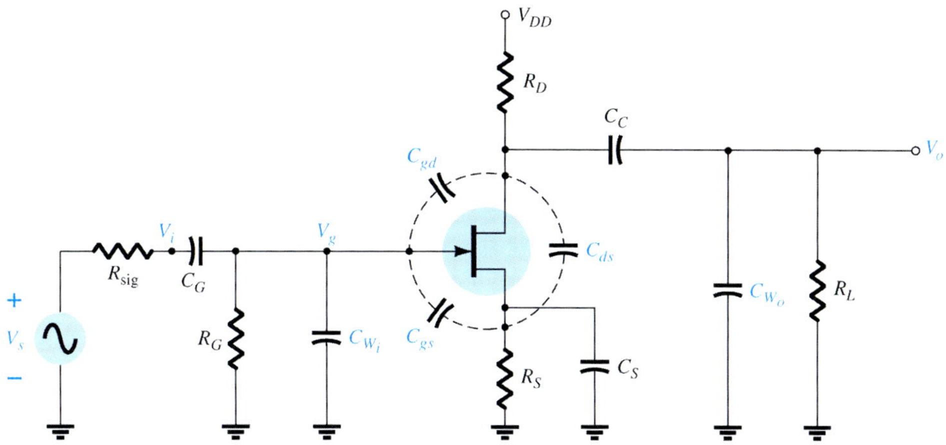

그림 9.55 JFET 증폭기의 고주파수 응답에 영향을 주는 커패시턴스 성분

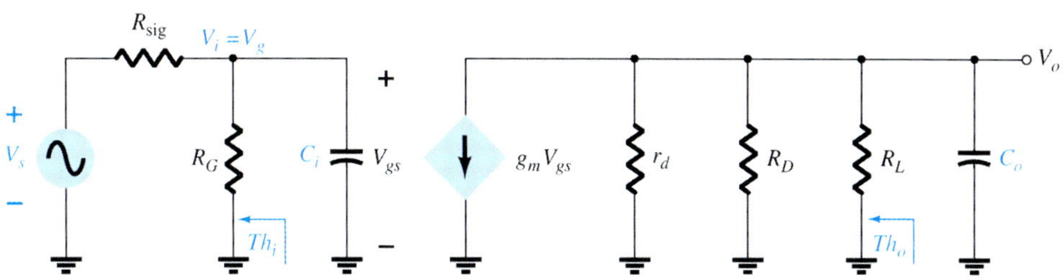

그림 9.56 그림 9.55에 대한 고주파수 교류 등가회로

그리고

$$C_{M_i} = (1 - A_v)C_{gd} \tag{9.71}$$

출력회로의 경우에는

$$f_{H_o} = \frac{1}{2\pi R_{\text{Th}_o} C_o} \tag{9.72}$$

이므로

$$R_{\text{Th}_o} = R_D \| R_L \| r_d \tag{9.73}$$

그리고

$$C_o = C_{W_o} + C_{ds} + C_{M_o} \tag{9.74}$$

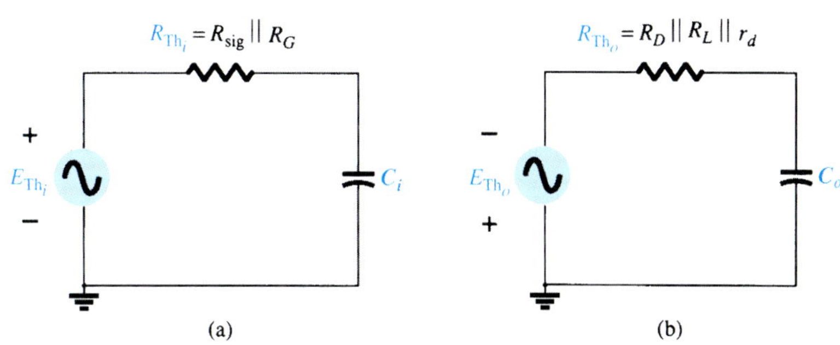

그림 9.57 (a) 입력회로; (b) 출력회로에 대한 Thévenin 등가회로

그리고

$$\boxed{C_{M_o} = \left(1 - \frac{1}{A_v}\right)C_{gd}} \tag{9.75}$$

예제 9.15

a. 그림 9.55의 회로망이 예제 9.13과 똑같은 다음과 같은 파라미터와

$$C_G = 0.01\,\mu\text{F}, \quad C_C = 0.5\,\mu\text{F}, \quad C_S = 2\,\mu\text{F}$$
$$R_{\text{sig}} = 10\,\text{k}\Omega, \quad R_G = 1\,\text{M}\Omega, \quad R_D = 4.7\,\text{k}\Omega, \quad R_S = 1\,\text{k}\Omega, \quad R_L = 2.2\,\text{k}\Omega$$
$$I_{DSS} = 8\,\text{mA}, \quad V_P = -4\,\text{V}, \quad r_d = \infty\Omega, \quad V_{DD} = 20\,\text{V}$$

여기에

$$C_{gd} = 2\,\text{pF}, \quad C_{gs} = 4\,\text{pF}, \quad C_{ds} = 0.5\,\text{pF}, \quad C_{W_i} = 5\,\text{pF}, \quad C_{W_o} = 6\,\text{pF}$$

를 가진다고 할 때 상위 차단 주파수를 계산하라.

b. 전체 주파수영역에 대해 PSpice 응답을 구하고 위 계산과 예제 9.13의 결과를 뒷받침하는지 확인하라.

풀이

a.
$$R_{\text{Th}_i} = R_{\text{sig}} \| R_G = 10\,\text{k}\Omega \| 1\,\text{M}\Omega = 9.9\,\text{k}\Omega$$

예제 9.13으로부터, $A_v = -3$이다.

$$\begin{aligned}
C_i &= C_{W_i} + C_{gs} + (1 - A_v)C_{gd} \\
&= 5\,\text{pF} + 4\,\text{pF} + (1 + 3)2\,\text{pF} \\
&= 9\,\text{pF} + 8\,\text{pF} \\
&= 17\,\text{pF} \\
f_{H_i} &= \frac{1}{2\pi R_{\text{Th}_i} C_i} \\
&= \frac{1}{2\pi(9.9\,\text{k}\Omega)(17\,\text{pF})} = \mathbf{945.67\,kHz} \\
R_{\text{Th}_o} &= R_D \| R_L \\
&= 4.7\,\text{k}\Omega \| 2.2\,\text{k}\Omega \\
&\cong 1.5\,\text{k}\Omega \\
C_o &= C_{W_o} + C_{ds} + C_{M_o} = 6\,\text{pF} + 0.5\,\text{pF} + \left(1 - \frac{1}{-3}\right)2\,\text{pF} = 9.17\,\text{pF} \\
f_{H_o} &= \frac{1}{2\pi(1.5\,\text{k}\Omega)(9.17\,\text{pF})} = \mathbf{11.57\,MHz}
\end{aligned}$$

위의 결과에서 밀러 효과 커패시턴스가 포함된 입력 커패시턴스가 상위 차단 주파수를 결정하는 것을 알 수 있다. 이는 C_{ds}와 출력회로의 저항값들이 작기 때문이다.

b. PSpice 해석은 9.15절에 제시할 것이다.

비록 앞 절들에서는 2개의 회로만을 해석했지만, 차단 주파수를 결정하는 절차는 다른 모든 트랜지스터 회로에도 적용될 수 있어야한 한다. 밀러 효과 커패시턴스는 반전 증폭기에나 적용 가능했고, 만일 공통 베이스 회로를 해석한다면 f_α가 f_β보다 훨씬 크다. 많은 전공 서적이 일단 증폭기에 관해 이 장의 범위를 넘어서는 내용을 다룬다. 그러나 이 장의 내용이 주파수 해석을 공부하기 위한 훌륭한 기초가 될 것이다.

9.13 다단 증폭회로의 주파수 특성

첫 번째 증폭단의 출력 단자에 두 번째 증폭단을 직접 종속 접속하면 전체 증폭기의 주파수 특성은 현저하게 달라질 것이다. 고주파 영역에 작동하는 경우, 출력 커패시턴스 C_o는 배선 사이의 커패시턴스 C_{W_1}, 기생 커패시턴스 C_{be} 및 다음 단의 밀러 커패시턴스 C_{M_i}을 포함한 값이 된다. 더욱이 부가한 증폭단으로 인해 저주파 영역의 차단 레벨이 떨어지며, 이로써 전체 증폭기의 이득이 떨어질 것이다. 여러 개의 증폭단이 접속되는 경우에는 그 중 가장 낮은 고주파(상위) 차단 주파수에 의해 전체 시스템의 고주파 차단 주파수가 지배된다. 전체 시스템의 저주파(하위) 차단 주파수는 그들 중에서 가장 높은 저주파 차단 주파수에 의해 지배된다. 그러므로 서투르게 설계된 하나의 증폭단이 설계가 잘 된 여러 개의 증폭단과 종속 접속될 때 이들의 좋은 특성을 망치게 된다.

특성이 같은 증폭단 여러 개를 종속 접속할 때, 단수의 증가에 따른 영향은 그림 9.58에 나타낸 특징을 살펴봄으로써 잘 알게 될 것이다. 종속 접속하게 될 단일 증폭단의 저주파 차단 주파수와 고주파 차단 주파수는 동일한 값이다. 이들을 각각 f_L과 f_H로 표시하였다. 2개의 증폭단을 종속 접속한 시스템의 특성 곡선에서 보면, 고주파 영역 및 저주파 영역에서 이득 곡선의 경사는 −12dB/octave(또는 −40dB/decade)로 증가한다. 따라서 f_L'과 f_H'에서는 −3dB의 대역 주파수 이득보다는 각각 −6dB 만큼 감소된다. −3dB의 감소가 일어나는 주파수는 f_L보다 높은 f_L'과 f_H보다 낮은 f_H'이 된다. 그러므로 2단 증폭 시스템의 대역폭은 단일 증폭단의 대역폭보다 좁아지게 된다. 3단 증폭단을 종속 접속하게 되면 저주파 영역 및 고주파 영역의 이득 곡선은 −18 dB/octave(또는 −60 dB/decade)의 기울기를

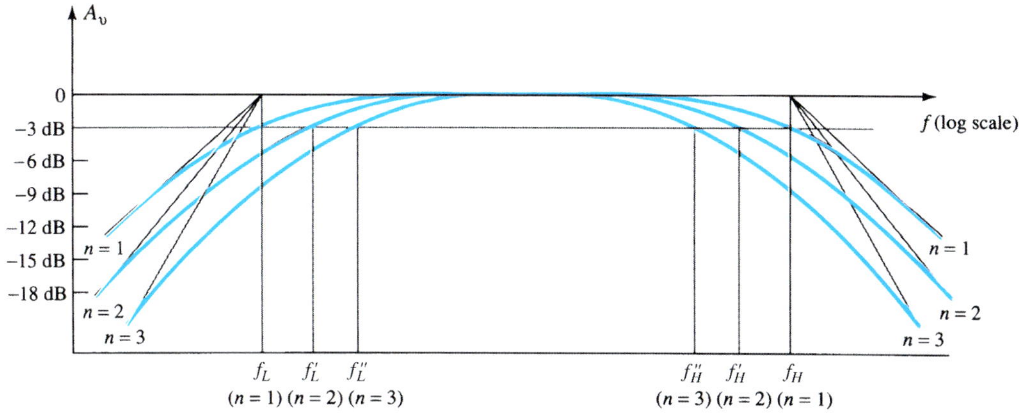

그림 9.58 차단 주파수와 대역폭의 단의 수 증가의 영향

가지며, 이들의 차단 주파수는 다시 f_L''과 f_H''이 된다.

동일한 특성을 가진 단일 증폭단을 종속 접속하게 될 때 전체 시스템의 차단 주파수는 증폭단의 수 n과 단일 증폭단의 차단 주파수에 의해 다음과 같이 결정된다. 저주파 영역에 대해서

$$A_{v_{\text{low, (overall)}}} = A_{v_{1_{\text{low}}}} A_{v_{2_{\text{low}}}} A_{v_{3_{\text{low}}}} \cdots A_{v_{n_{\text{low}}}}$$

그러나 각 증폭단이 모두 동일하기 때문에 $A_{v_{1_{\text{low}}}} = A_{v_{2_{\text{low}}}} =$등이고

$$A_{v_{\text{low, (overall)}}} = (A_{v_{1_{\text{low}}}})^n$$

또는
$$\frac{A_{v_{\text{low}}}}{A_{v_{\text{mid}}}}(\text{overall}) = \left(\frac{A_{v_{\text{low}}}}{A_{v_{\text{mid}}}}\right)^n = \frac{1}{(1 - jf_L/f)^n}$$

위의 결과식의 크기를 $1/\sqrt{2}(-3\text{ dB})$라 놓고, 이들을 정리하면 다음과 같다.

$$\frac{1}{\sqrt{[1 + (f_L/f_L')^2]^n}} = \frac{1}{\sqrt{2}}$$

또는
$$\left\{\left[1 + \left(\frac{f_L}{f_L'}\right)^{2-}\right]^{1/2}\right\}^n = \left\{\left[1 + \left(\frac{f_L}{f_L'}\right)^2\right]^n\right\}^{1/2} = (2)^{1/2}$$

따라서
$$\left[1 + \left(\frac{f_L}{f_L'}\right)^2\right]^n = 2$$

그리고
$$1 + \left(\frac{f_L}{f_L'}\right)^2 = 2^{1/n}$$

이 식으로부터 저주파 영역의 차단 주파수 f_L'은

$$\boxed{f_L' = \frac{f_L}{\sqrt{2^{1/n} - 1}}} \tag{9.76}$$

같은 방법으로 고주파 영역의 차단 주파수 f_H'를 계산하면 다음과 같다.

$$\boxed{f_H' = (\sqrt{2^{1/n} - 1})f_H} \tag{9.77}$$

각 식에 같은 상수 $\sqrt{2^{1/n} - 1}$이 있음을 주목하라. n에 대한 이 상수의 변화표는 다음과 같다.

n	$\sqrt{2^{1/n} - 1}$
2	0.64
3	0.51
4	0.43
5	0.39

n=2인 경우, 전체 시스템의 고주파 영역의 차단 주파수는 $f_H'=0.64f_H$, 즉 단일 증폭단에서 얻어지는 차단 주파수의 64%로 감소된다. 이와는 달리, 저주파 영역의 차단 주파수는 $f_L'=(1/0.64)f_L=1.56f_L$, 즉 단일 증폭단에서 얻어지는 값의 1.56배로 높아진다. n=3인 경

우에는 $f_H'=0.51f_H$ 및 $f_L'=(1/0.51)f_L=1.96f_L$이 되어, 고주파 영역의 차단 주파수는 단일 증폭단의 값의 로 줄어들고, 저주파 영역의 차단 주파수는 2배 정도로 높아진다.

RC 결합 트랜지스터 증폭기가 $f_H=f_\beta$이거나 두 주파수가 아주 근접해 있어서 고주파 영역의 3 dB 주파수에 영향을 미친다면 증폭단의 수를 두 배로 증가시켜 $1/(1+jf/f_x)$의 증가에 따른 f_H'를 결정하여야만 한다.

만일 중간 대역의 이득이 증폭단의 수와 관계없이 일정하다면 증폭단의 수가 늘어난다고 해서 대역폭이 반드시 줄어드는 것은 아니다. 예를 들어 어떤 단일 증폭단이 이득이 100이고 대역폭이 10,000 Hz라면 이득-대역폭 곱은 $10^2\times10^4=10^6$이다. 한편 2단 증폭 시스템의 이득이 100이 되도록 하려면 각 증폭단의 이득이 $10(10\times10=100)$이면 된다. 따라서 이득이 낮고 이득-대역폭 곱은 일정하므로 각 증폭단의 대역폭은 10~100,000배까지 증가할 수 있다. 물론 설계 과정에서 대역폭을 증가시키고 이득을 줄이는 것이 허용되는 경우여야 한다.

9.14 구형파를 이용한 시험

증폭기에 구형파를 인가하여 그 출력 응답을 통해 증폭기의 주파수 응답을 알아보자. 출력 파형으로 저주파 영역과 고주파 영역이 제대로 증폭되었는지 알 수 있다. 증폭기의 주파수 응답을 알아보는 데는 정현파를 이용하는 것보다 구형파를 이용하는 것이 더 편리하다.

테스트 과정에서 구형파를 인가하는 이유는 다른 주파수와 크기를 갖는 정형파의 성분들로 구성되는 구형파가 Fourier series 함수 확장으로 표현이 쉽기 때문이다. 이러한 series의 각 부분의 총합이 곧 원래 신호 파형이 된다. 다시 말해서 비록 파형이 정현파가 아니더라도 서로 다른 크기와 주파수를 갖는 정현파들의 합으로 재생성되는 것이다.

구형파의 Fourier 급수는 각각 다른 크기와 주파수의 정현파들을 합하여 만들 수 있다. 그림 9.59의 구형파를 Fourier 급수로 전개하면 다음과 같다.

$$v=\frac{4}{\pi}V_m\Bigg(\underbrace{\sin 2\pi f_s t}_{\text{fundamental}}+\underbrace{\frac{1}{3}\sin 2\pi(3f_s)t}_{\text{third harmonic}}+\underbrace{\frac{1}{5}\sin 2\pi(5f_s)t}_{\text{fifth harmonic}}+\underbrace{\frac{1}{7}\sin 2\pi(7f_s)t}_{\text{seventh harmonic}}$$
$$+\underbrace{\frac{1}{9}\sin 2\pi(9f_s)t}_{\text{ninth harmonic}}+\cdots+\underbrace{\frac{1}{n}\sin 2\pi(nf_s)t}_{n\text{th harmonic}}\Bigg) \qquad (9.78)$$

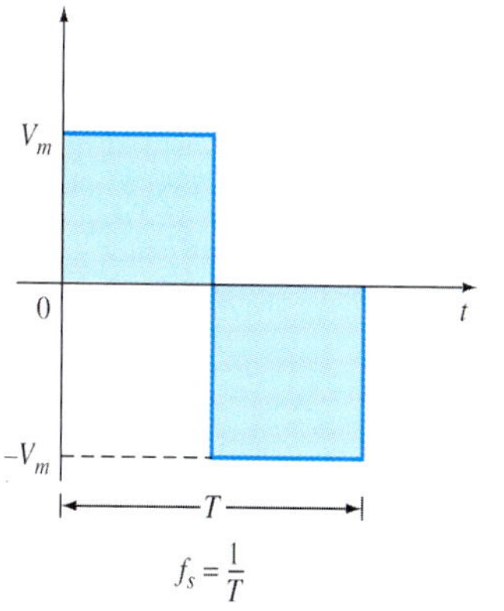

그림 9.59 구형파

급수의 첫 번째 항은 기본 주파수(fundamental term)라 하며, 이 경우에는 구형파와 같은 주파수 f_s이다. 두 번째 항은 기본 주파수의 세 배에 해당하며, 제3고조파(third harmonic)라고 한다. 그 크기는 점점 작아진다. 그림 9.58은 Fourier 급수의 각 항들을 이용하여 비정현파를 만드는 방법을 보여준다. 그림 9.59의 구형파를 만들기 위해서는 무한 개의 항들이 필요하다. 그러나 그림 9.60a에서 나타나듯이 기본 주파수와 제3고조파만 합해도 어느 정도 구형파의 모양에 가까워진다. 그림 9.60b에서처럼 제5고조파와 제7고조파를 추가시키면, 그림 9.59의 구형파의 모양에 더욱 가까워지는 것은 물론이다.

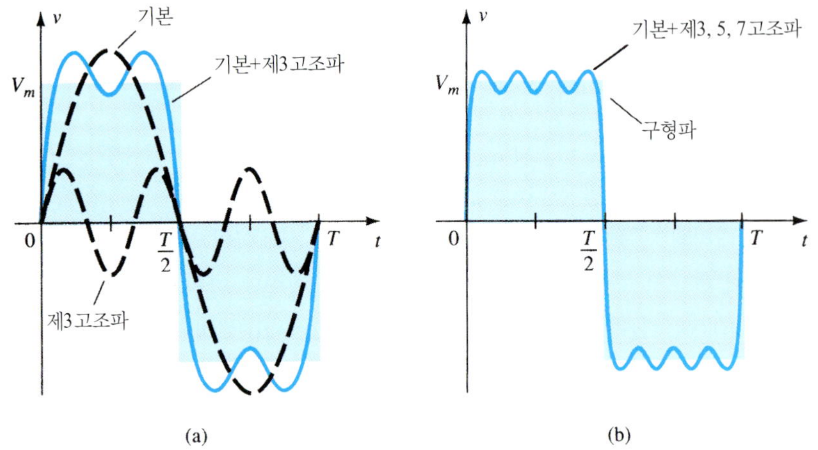

그림 9.60 구형파의 고조파 성분

제9고조파의 크기가 기본 주파수의 10%보다 크므로[$\frac{1}{9}(100\%)=11.1\%$], 기본 주파수에서 제9고조파까지의 성분이 구형파의 Fourier 급수를 거의 이루고 있다고 생각할 수 있다. 그러므로 만일 특정 주파수의 구형파를 입력할 때 출력 측에서 거의 만족할 만한 구형파를 얻는다면 그 주파수의 제9고조파 성분까지는 왜곡 없이 증폭된다고 가정할 수 있다. 예를 들어 대역폭이 20 kHz(오디오 영역 20 Hz~20 kHz)인 오디오 증폭기를 테스트하려면 입력신호의 주파수는 적어도 20 kHz/9=2.22 kHz는 되어야 한다.

구형파를 입력한 증폭기의 응답이 왜곡 없이 입력신호와 같다면, 증폭기의 주파수 응답 또는 BW는 분명히 입력신호의 주파수에 비해 충분히 크다. 그림 9.61a나 9.61b는 저주파 영역이 왜곡되어 제대로 증폭되지 않았으므로 저주파 영역의 차단 주파수를 재검토해야 한다. 반대로 그림 9.61c나 9.61d는 고주파 영역에서 왜곡이 생겼으므로 고주파 영역의 차단 주파수 또는 BW를 재검토해야 한다.

실제 상위 차단 주파수는 출력 파형에서 상승 시간(rise time)을 주의 깊게 측정하여 계산할 수 있다. 상승 시간은 그림 9.62에 정의되어 있듯이 피크값의 10%에서 시작하여 피크값의 90%에 도달하는 데 소요되는 시간이다. 측정한 상승 시간을 다음 관계식에 대입하면 상위 차단 주파수를 구할 수 있을 뿐만 아니라 $\text{BW}=f_{H_i}-f_{L_o}\cong f_{H_i}$를 이용하여 증폭기의 BW를 알 수 있다.

$$\boxed{\text{BW}\cong f_{H_i}=\frac{0.35}{t_r}} \tag{9.79}$$

또한 출력 파형에서 그림 9.62에 정의된 틸트(tilt)를 측정하여 다음 관계식에 대입하면 하위 차단 주파수를 계산할 수 있다.

$$\boxed{\%\ \text{tilt}=P\%=\frac{V-V'}{V}\times 100\%} \tag{9.80}$$

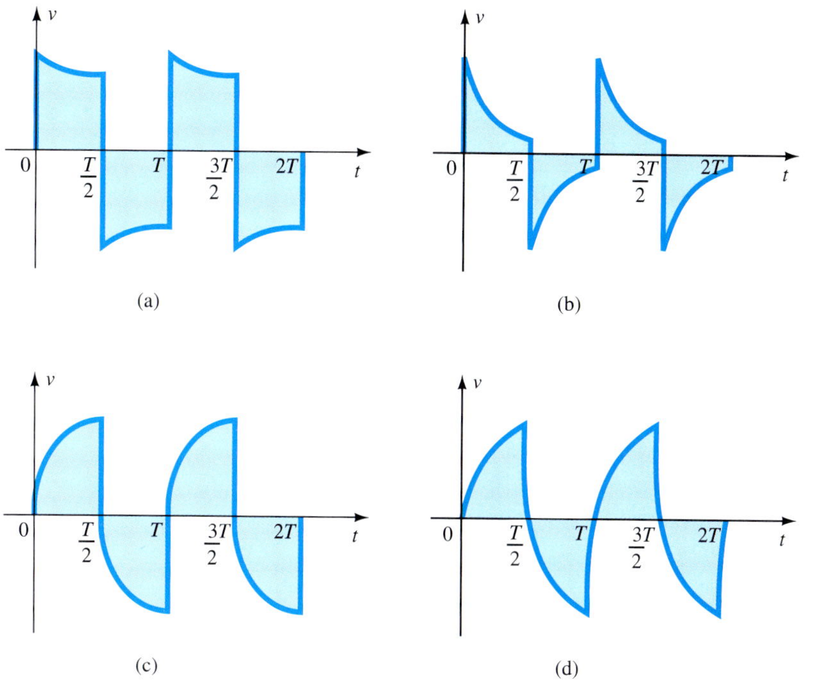

그림 9.61 (a) 잘못된 저주파수 응답; (b) 매우 잘못된 저주파수 응답; (c) 잘못된 고주파수 응답; (d) 매우 잘못된 고주파수 응답

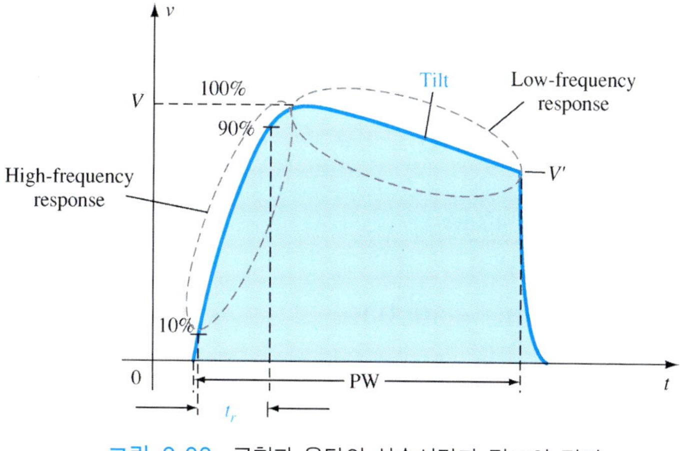

그림 9.62 구형파 응답의 상승시간과 틸트의 정의

$$\boxed{\text{tilt} = P = \frac{V - V'}{V}} \qquad \text{(십진수 표기)} \tag{9.81}$$

하위 차단 주파수는 다음과 같다.

$$\boxed{f_{L_o} = \frac{P}{\pi} f_s} \tag{9.82}$$

예제 9.16 1 mV, 5 kHz의 구형파를 어떤 증폭기에 인가하여 그림 9.63의 출력 파형을 얻었다고 한다.

a. 구형파의 Fourier 급수를 제9고조파까지 나타내라.

b. 증폭기의 대역폭을 구하라.

c. 하위 차단 주파수를 계산하라.

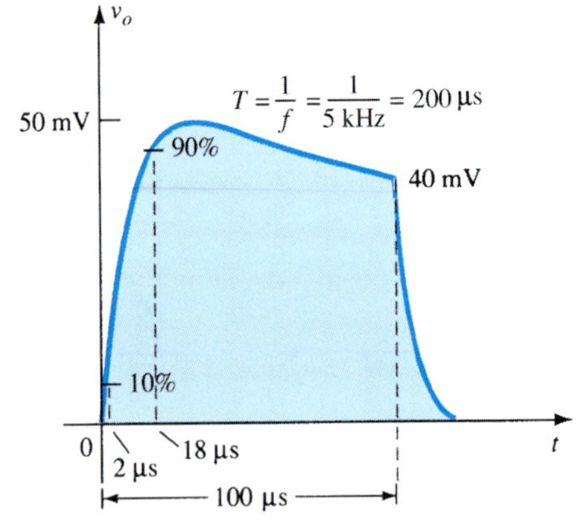

그림 9.63 예제 9.16

풀이

$$\text{a.}\quad v_i = \frac{4\text{ mV}}{\pi}\left(\sin 2\pi(5\times10^3)t + \frac{1}{3}\sin 2\pi(15\times10^3)t + \frac{1}{5}\sin 2\pi(25\times10^3)t + \frac{1}{7}\sin 2\pi(35\times10^3)t + \frac{1}{9}\sin 2\pi(45\times10^3)t\right)$$

$$\text{b.}\quad t_r = 18\ \mu\text{s} - 2\ \mu\text{s} = 16\ \mu\text{s}$$

$$\text{BW} = \frac{0.35}{t_r} = \frac{0.35}{16\ \mu\text{s}} = \mathbf{21{,}875\ Hz} \cong 4.4f_s$$

$$\text{c.}\quad P = \frac{V - V'}{V} = \frac{50\text{ mV} - 40\text{ mV}}{50\text{ mV}} = 0.2$$

$$f_{L_o} = \frac{P}{\pi}f_s = \left(\frac{0.2}{\pi}\right)(5\text{ kHz}) = \mathbf{318.31\ Hz}$$

9.15 요약

중요 결론 및 개념

1. 어떤 수의 로그를 취한 값은 로그의 **밑수에 대한 지수**가 된다. 10을 밑으로 하는 로그를 **상용로그**라 하고, 밑이 e=2.71828. . .인 로그를 **자연로그**라고 한다.

2. 어떤 장비든지 dB 비율은 **레벨값들을 비교**하는 것이기 때문에, 각각의 응용 분야에 따라 기준값이 정해져 있어야 한다. 오디오 시스템의 기준값은 일반적으로 **1 mW**로 정한다. 전압값을 이용해서 두 지점 사이의 dB 이득을 구할 때는, 저항값의 차이는 일반적으로 무시한다.

3. 종속 시스템의 dB 이득은 간단히 각 단의 dB 이득의 **합**이다.

4. 회로의 **전하용량 성분**은 시스템의 **대역폭(bandwidth)**을 결정한다. 기본적인 구조에서 큰 전하용량 성분은 **낮은** 차단 주파수를 결정하고, 반면에 작은 기생 커패시터는 높은 차단 주파수를 나타내게 된다.

5. 이득이 중간 대역값의 70.7%로 떨어지는 주파수는 **차단(cutoff)**, **모서리(corner)**, **대역(band)**, **파괴(break)**, 또는 **반전력** 주파수라고 한다.

6. 대역이 더욱 좁아질수록, 주파수의 범위는 더욱 **작아지며**, 이것은 중간 대역값의 50% 정도의 전력을 부하로 전달할 수 있는 수준이다.

7. 2의 요인으로 주파수가 **1 octave** 변하면, **이득이 6 dB가 변한다.** 주파수가 **1 decade**에 해당하는 **10:1**로 변하면 이득이 **20 dB** 변한다.

8. 반전 증폭기에서 입력 커패시턴스는 증폭기의 **이득**과 입·출력 단자의 **내부 전하**(기생) 커패시턴스를 결정하는 **밀러 효과** 커패시턴스에 의해서 증가하게 된다.

9. **베타(h_{fe})에서 3 dB 감소**는 주파수에서 발생하는데, f_β는 트랜지스터의 **dc 동작조건**을 감지한다.

10. 증폭기의 **상위 또는 하위 차단 주파수는 구형파 입력**에 대한 시스템 응답에 의해 결정될 수 있다. 일반적인 형태는 인가된 주파수가 저주파 또는 고주파 시스템 응답에서 제한되더라도 즉시 나타나게 된다. 반면에 시스템 응답의 좀 더 자세한 부분은 증폭기의 실제 대역폭을 통해 알 수 있다.

주요 공식

로그:

$$a = b^x, \qquad x = \log_b a, \qquad \log_{10}\frac{a}{b} = \log_{10} a - \log_{10} b$$

$$\log_{10} ab = \log_{10} a + \log_{10} b, \qquad G_{\text{dB}} = 10\log_{10}\frac{P_2}{P_1} = 20\log_{10}\frac{V_2}{V_1}$$

$$G_{\text{dB}_T} = G_{\text{dB}_1} + G_{\text{dB}_2} + G_{\text{dB}_3} + \cdots + G_{\text{dB}_n}$$

저주파 응답:

$$A_v = \frac{1}{1 - j(f_1/f)}, \qquad f_1 = \frac{1}{2\pi RC}$$

BJT 저주파 응답:

$$f_{L_s} = \frac{1}{2\pi(R_s + R_i)C_s}, \qquad R_i = R_1 \| R_2 \| \beta r_e$$

$$f_{L_C} = \frac{1}{2\pi(R_o + R_L)C_C}, \qquad R_o = R_C \| r_o$$

$$f_{L_E} = \frac{1}{2\pi R_e C_E}, \qquad R_e = R_E \Big\| \left(\frac{R_s'}{\beta} + r_e\right), \qquad R_s' = R_s \| R_1 \| R_2$$

FET 저주파 응답:

$$f_{L_G} = \frac{1}{2\pi(R_{sig} + R_i)C_G}, \qquad R_i = R_G$$

$$f_{L_C} = \frac{1}{2\pi(R_o + R_L)C_C}, \qquad R_o = R_D \| r_d$$

$$f_{L_S} = \frac{1}{2\pi R_{eq} C_S}, \qquad R_{eq} = \frac{R_S}{1 + R_S(1 + g_m r_d)/(r_d + R_D \| R_L)} \cong R_S \left\| \frac{1}{g_m} \right|_{r_d \cong \infty \Omega}$$

밀러 효과 커패시턴스:

$$C_{M_i} = (1 - A_v)C_f, \qquad C_{M_o} = \left(1 - \frac{1}{A_v}\right)C_f$$

BJT 고주파 응답:

$$A_v = \frac{1}{1 + j(f/f_H)}, \qquad f_{H_i} = \frac{1}{2\pi R_{Th_i} C_i}, \qquad R_{Th_i} = R_s \| R_1 \| R_2 \| R_i,$$

$$C_i = C_{W_i} + C_{be} + C_{M_i}$$

$$f_{H_o} = \frac{1}{2\pi R_{Th_o} C_o}, \qquad R_{Th_o} = R_C \| R_L \| r_o, \qquad C_o = C_{W_o} + C_{ce} + C_{M_o},$$

$$h_{fe} = \frac{h_{fe_{mid}}}{1 + j(f/f_\beta)}$$

$$f_\beta \cong \frac{1}{2\pi \beta_{mid} r_e (C_{be} + C_{bc})}$$

$$f_T \cong h_{fe_{mid}} f_\beta$$

FET 고주파 응답:

$$f_{H_i} = \frac{1}{2\pi R_{Th_i} C_i}, \qquad R_{Th_i} = R_{sig} \| R_G, \qquad C_i = C_{W_i} + C_{gs} + C_{M_i},$$

$$C_{M_i} = (1 - A_v)C_{gd}$$

$$f_{H_o} = \frac{1}{2\pi R_{Th_o} C_o}, \qquad R_{Th_o} = R_D \| R_L \| r_d, \qquad C_o = C_{W_o} + C_{ds} + C_{M_o},$$

$$C_{M_o} = \left(1 - \frac{1}{A_v}\right)C_{gd}$$

다단 효과:

$$f'_L = \frac{f_L}{\sqrt{2^{1/n} - 1}}, \qquad f'_H = (\sqrt{2^{1/n} - 1})f_H$$

사각파 검증:

$$BW \cong f_{H_i} = \frac{0.35}{t_r}, \qquad f_{L_o} = \frac{P}{\pi} f_s, \qquad P = \frac{V - V'}{V}$$

9.16 컴퓨터 해석

이 장에서 PSpice를 이용한 컴퓨터 해석은 이 장에서 나온 많은 예제들의 결과들을 검증할 것이다.

저주파수 BJT 응답

각각의 커패시터의 값들을 가진 예제 9.12의 회로를 그림 9.64에 표시했다. **Edit-PSpice Model**은 I_s가 2E-15A, β가 100으로 설정되었다. 트랜지스터에 대한 **PSpice Model** 나머지 파라미터의 값은 이상적인 값으로 설정하였다. **Simulation Settings** dialog box **AC Sweep/Noise**는 **Analysis type**으로 설정되고 **Linear**은 **AC Sweep Type** 아래에서 설정된다. **Start Frequency**와 **End Frequency**는 10 kHz, **Points**의 수는 1로 정한다. 직류값에 대한 모의실험 결과를 그림 9.64에 나타내었다. 계산에 의한 V_B 값이 4 V인 반면 모의실험에서는 3.767 V로 나타났고, 이에 따라 계산에 의한 V_E값이 3.3 V에서 모의실험 결과값은 3.062 V임을 주목해라. 이 결과는 근사된 BJT 모델을 사용했음에도 불구하고, 계산값과 거의 일치한다. V_{BE} 역시 0.71 V로 0.7 V에 가깝다. 주파수가 10 kHz일 때 부하단에 걸리는 전압은 49.67 mV이므로, 이 결과로부터 회로의 이득은 49.67로 계산에 의한 51.21과 거의 유사하다고 할 수 있다.

C_s값만 결정 요소로 사용해서 주파수에 대한 이득 그래프를 얻을 수 있다. C_C와 C_E 커패시터는 매우 높은 값으로 정해서 우리가 관심 있는 주파수 영역에서 단락 회로로 바꿀 수 있다. C_C와 C_E의 값을 1F로 정함으로써, 저주파 영역에서 결과에 미치는 영향을 제거할 수

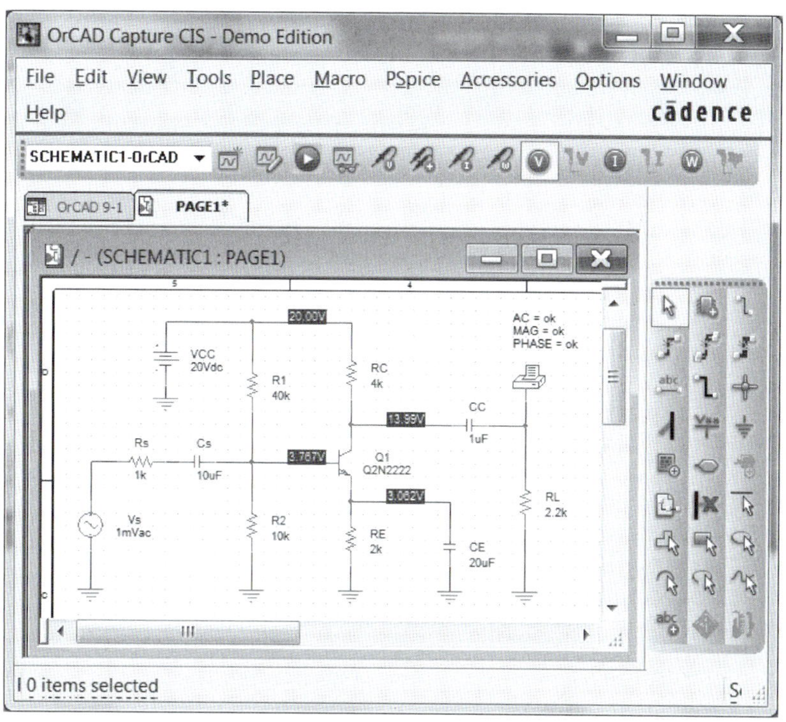

그림 9.64 지정된 값을 가진 그림 9.32의 회로망

있다. PSpice 윈도우에서 1 F를 1패럿(one Farad)으로 인식하지 못함을 주지하라. 1패럿으로 나타내기 위해서는 1E6uF로 사용해야 한다. 주파수에 대한 이득 그래프의 형태가 요구되므로 **AC Sweep and Noise Analysis** 메뉴를 실행시키기 위해서 **Analysis-Setup-Analysis Setup-Enable AC Sweep-AC Sweep**를 따라야 한다. 저주파 영역에 대한 결과를 얻기 위해 1 Hz(0 Hz는 무의미한 입력)부터 100 Hz의 주파수 범위를 선택해야 한다. 만약 주파수의 범위를 0 Hz 근처부터 시작하고 싶다면, 0.001 Hz와 같이 0 Hz에 아주 가까운 주파수를 선택하거나, 그래프에서 알아볼 수 없을 정도의 작은 값을 선택하면 된다. Total Pts.: 부드럽고 연속적인 곡선을 얻기 위해 전체 그래프에 나타내는 점의 개수를 1000으로 정하고, 주파수의 범위는 **Start Frequency**: 1 Hz부터 **End Freq.**: 100 Hz로 정한다. **AC Sweep Type**은 **Linear**로 남겨둔다. 바람직한 결과를 얻기 위해 모의실험은 **Trace-Add-V(RL:1)**를 따른다. 그래프에서 선형의 수평축이 필요한 경우에도, 컴퓨터는 1 Hz부터 1 kHz까지 로그 형태의 수평축을 선택하게 된다. 만약 **Plot-X-Axis Settings-Linear-OK**를 선택한다면 120 Hz까지 선형의 그래프를 얻을 수 있지만, 우리가 관심을 가지고 있는 부분의 곡선이 모두 그래프의 아래쪽에 위치하게 된다. 반면 로그축을 사용한다면 우리가 관심을 가지고 있는 영역에 대한 곡선을 더 명확하게 얻을 수 있다. 다시 **Plot-X-Axis Settings**에서 로그(Log)를 선택한다면, 원래의 그래프로 변환된다. 관심 있는 주파수 영역이 1 Hz에서 100 Hz까지이기 때문에, 1 kHz까지의 주파수를 제거하기 위해 **Plot-X-Axis Settings-User Defined-1 Hz to 100 Hz-OK**를 선택한다. 수직축의 경우에도 60 mV까지 나타나지만 우리가 원하는 범위는 50 mV까지이기 때문에 **Plot-YAxis Settings-User Defined-0 V to 50 mV-OK**를 선택한다. 이러한 과정을 거치게 되면 그림 9.65과 같

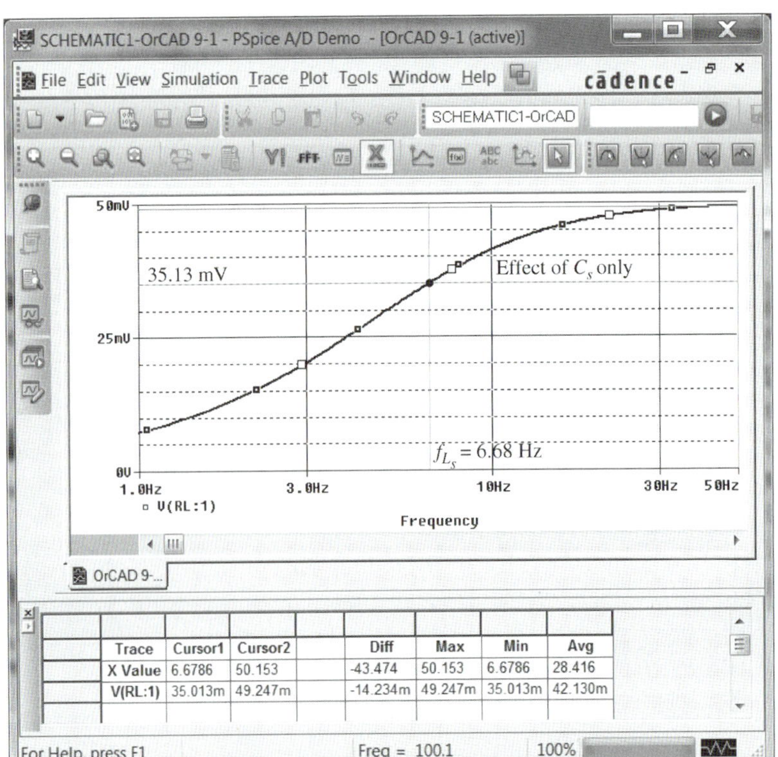

그림 9.65 C_S에 대한 저주파수 응답

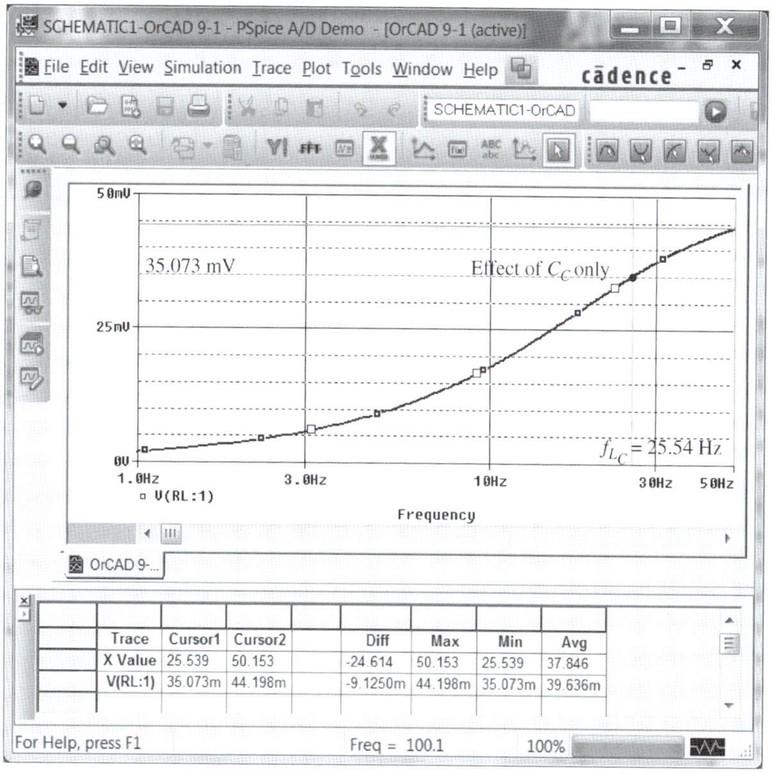

그림 9.66 C_C에 대한 저주파수 응답

은 형태의 그래프를 얻을 수 있다.

곡선이 50 mV 근처에 있음을 주지하라. 차단 주파수는 0.707(49.67 mV)=35.12 mV로 결정되고, **Cursor** 옵션으로 찾을 수 있다. **Trace-Cursor**를 이용 교차점의 수평과 수직값이 **Probe Cursor box**에 나타나면 교차선으로 찾는다. 곡선을 따라 그림 9.65의 35.13 mV이 보여진 교차점 근처까지 **cursor 1**을 옮기면 찾을 수 있다. 이 점에서의 주파수는 6.6786 Hz로 나타나는데, 이 값은 6.69 Hz의 예상값과 유사하다고 할 수 있다. **cursor 2**는 42.247 mV를 얻기위해 50 Hz에 놓는다. 값들은 **Tool-Label-Text** 옵션을 사용하여 더 추가할 수 있다.

저주파 영역에서 C_C가 미치는 영향을 알아보기 위하여 C_S와 C_E를 1 F로 설정한다. 그림 9.66은 모의실험 결과를 나타낸 것이다. 차단 주파수는 25.539 Hz이고, 이 값은 25.68 Hz의 계산값과 유사하게 일치한다.

C_E에 의한 영향은 C_S를 C_C를 1 F로 설정한 후 모의실험으로 알 수 있다. 주파수 영역이 크기 때문에, 처음 시작 주파수는 10 Hz로 변환하고, 마지막 주파수는 1 kHz로 설정한다. 그림 9.67은 모의실험 결과를 나타낸 것이다. 차단 주파수는 320 Hz이고, 이 값은 327 Hz의 계산값과 거의 일치한다.

f_{L_E}가 f_{L_S}나 f_{L_C}보다 훨씬 크다는 사실은 그것이 시스템의 저주파 응답을 결정하는 중요한 요인임을 암시한다. 우리가 세웠던 가설이 정확한지를 검사하기 위해 모든 커패시터의 값을 인가하고 회로를 모의 실험했다. 그 결과를 그림 9.68에 나타내었다. 그림 9.67이 저

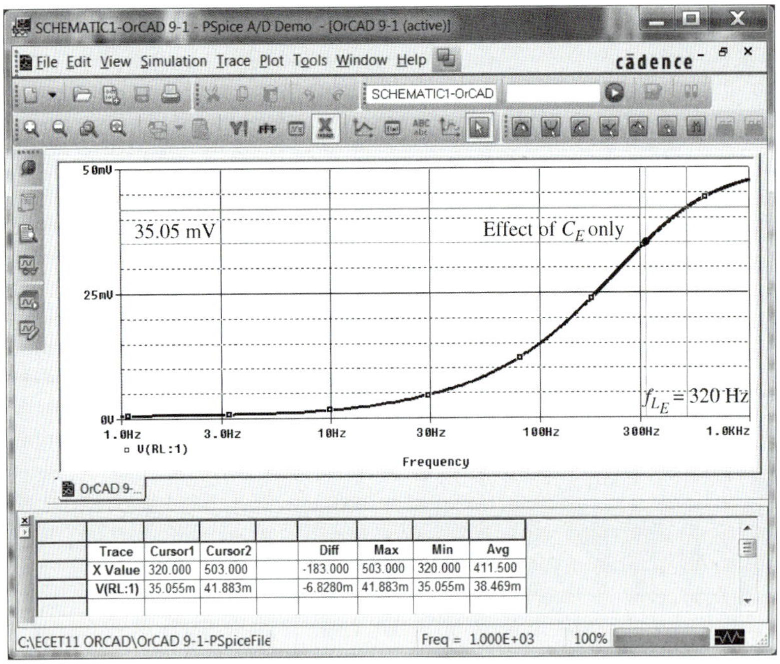

그림 9.67 C_E에 의한 저주파수 응답

주파 영역에서 전압 이득이 좀 더 크다는 것을 제외하고는 그림 9.67과 그림 9.68이 아주 비슷하다는 사실에 유의하라. 위의 그래프는 가장 높은 하위 차단 주파수가 그 회로의 하위 차단 주파수에 가장 큰 영향을 준다는 사실을 입증한다. 결과는 $f_L \cong$ 327 Hz이다.

Add Traces 메뉴에서 **Trace Expression**을 선택하여 저주파 주파수 응답 dB plot을 그

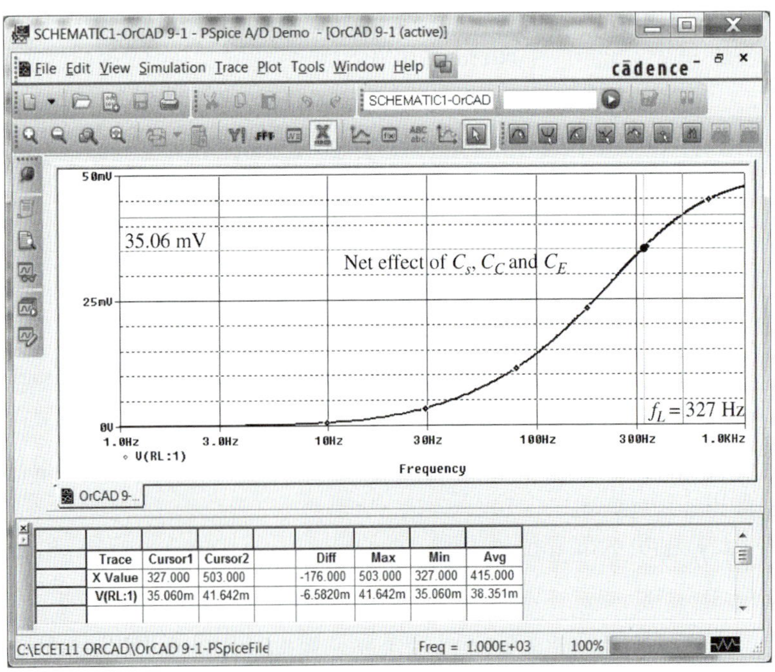

그림 9.68 C_S, C_E, C_C에 의한 저주파수 응답

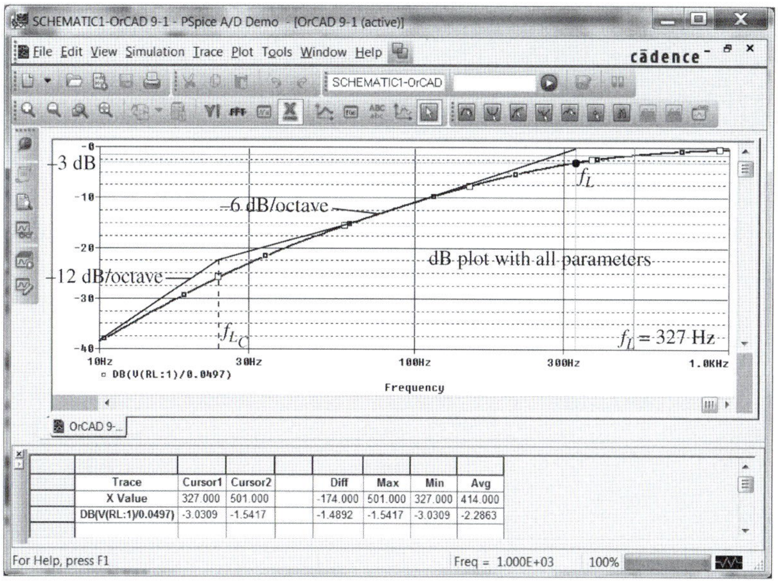

그림 9.69 그림 9.32의 BJT 증폭기 의 저주파수 응답의 dB 선도

릴 수 있다. 20 $\log_{10}|A_v/A_{v_{\text{mid}}}|$ plot을 그리기 위해 필요한 $A_v/A_{v_{\text{mid}}}$ 비는 $(V_o/V_i)/(V_{o_{\text{mid}}}/V_i) = V_o/V_{o_{\text{mid}}}$로 쓸 수 있으며 그 결과 dB 이득은 다음과 같이 쓸 수 있다.

$$20\log_{10}|A_v/A_{v_{\text{mid}}}| = 20\log_{10}|V_o/V_{o_{\text{mid}}}| = \text{dB}(V_o/V_{o_{\text{mid}}}) = \text{dB}(V_{R_L}/49.7\,\text{mV})$$

Trace Expression은 **Smulation Output Variable** 목록에서 **V(RL:1)**를 선택하고, **Function** 목록에서 **DB**를 선택하여 처음 생성할 수 있다. 물론 목록을 이용하지 않고 직접 입력할 수도 있다. 적절한 입력을 하고 **OK**를 선택하면 그림 9.69가 결과로 Plot된다. 그림 9.69는 f_{L_C}에서 근사식의 기울기의 변화와 실제 곡선이 Bode 선도에서 그려지는 곡선과 얼마나 비슷한지를 보여준다. 게다가 f_L에서 3 dB임을 주목하라.

저주파수 JFET 응답

PSpice 그림 9.37 회로에 PSpice 윈도우를 이용한 모의실험 결과가 그림 9.70에 나와 있다. **Beta**=0.5 mA/V^2, **Vto**는 −4 V(나머지 값들은 모두 0)이고, 관심 있는 주파수는 10 kHz의 중간 대역값이다. 모의실험에 의한 직류값 $V_{GS}=-2$ V, $V_D=10.60$ V이고, $V_{GS}=1/2\ V_D$, $V_{DS}=1/2\ V_{DD}$이기 때문에, 이 값은 선형 영역(linear active region)의 중간 지점에 해당하는 값이다. 0 V의 전압값은 직류 바이어스에서 커패시터들이 차단되어 있음을 나타낸다. ac 응답은 출력전압값이 2.993 mV임을 보여주며, 이득 역시 2.993이 되고, 이 값은 계산에 의한 3 V와 같다고 할 수 있다.

New simulation을 선택하고 **Analysis type**과 **AC Sweep/Noise**를 설정하면, 저주파 영역의 plot을 plot할 수 있다. **Start Freq.:** 10 Hz, **End Freq.:** 10 kHz, **point** 수 1000을 선택하고, **Simulation-Trace-Add-Trace Expression: DB(V(RL:1)/2.993 mV)-OK**를 선택하게 되면 처음에 소스 커패시턴스 **CS**에 의해 구한 하위 차단 주파수 221.82 Hz가 그림

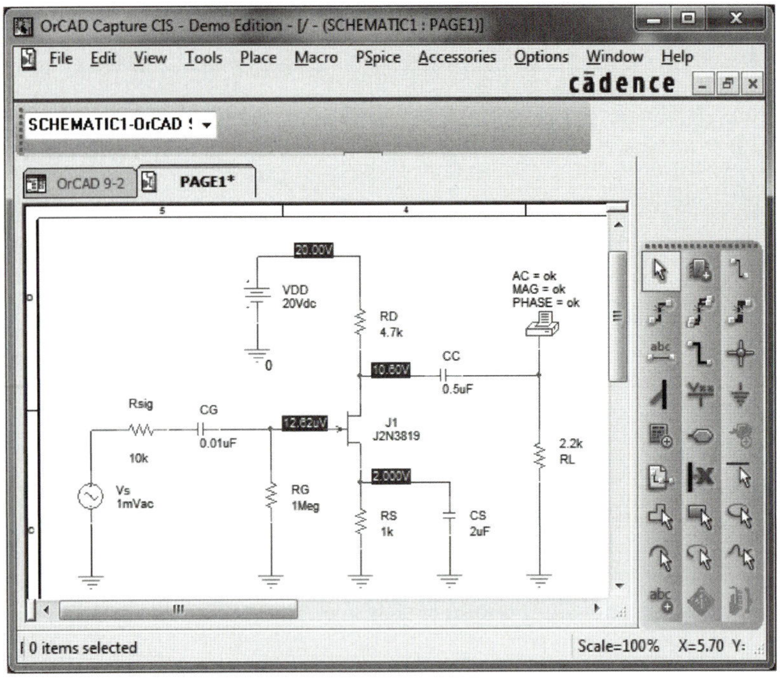

그림 9.70 예제 9.13의 도식화 회로

9.71과 같이 나타날 것이다.

Multisim Multisim을 이용해서 BJT나 JFET 회로의 이득과 위상 응답 특성에 대한 주파수 선도를 구할 수 있다. 그림 9.70의 회로는 8장에서 Multisim을 사용해서 해석한 것과 같다. 그림 8.63은 드레인과 소스 단자에서의 dc 레벨을 가진 그림 9.72처럼 나타낼 수 있다. 다음 순서로 **Simulate-Analyses-AC Analysis**를 실행해서 **Ac Analysis** 대화상자를

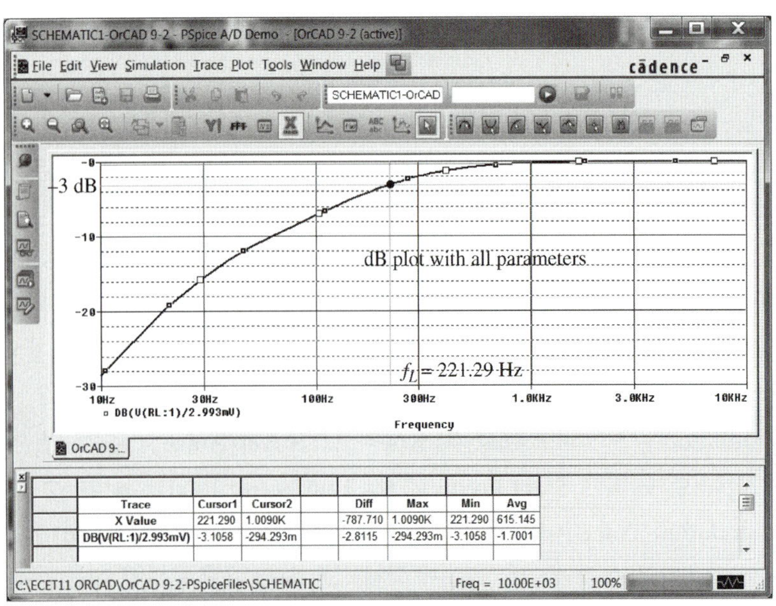

그림 9.71 예제 9.13의 회로에서 저주파수 영역의 dB 응답

열 수 있다. **Frequency Parameter**에서 그림 9.46과 일치시키기 위해 **Start frequency**를 **10 Hz**로, **Stop frequency**를 **10 kHz**로 선택한다. 다음으로 **Sweep type**은 기본값으로 설정되어 있는 **decade**로, 각 decade 마다의 **Nnumber of point**는 **100**으로 설정된다. 결국 그림 9.71에 나타났듯이 dB 이득이 아닌 주파수에 대한 출력전압의 크기를 나타내기 때문에 수직 범위는 선형모드에서 설정을 한다.

다음으로, **Output Variables**는 대화상자에서 선택되고, **Variables in circuit**에서 option 수를 줄이기 위해 **Voltage**를 설정한다. 주파수 대 출력전압의 선도를 그리기 위해 **Variable in Circuit** 아래 **$24**를 선택하고 **Selected Variables for Analysis**에 놓기 위해 다음 **Add**를 선택한다. **Simulate**를 선택하면 우리는 그림 9.73과 같은 결과를 얻을 수 있다.

먼저 선도는 각 주파수에서의 값을 정의하는데 도움이 되는 Grid가 없어 보일 것이다. 이것은 그림 9.73에 보이는 것처럼 **View-Show/Hide Grid**에서 선택함으로써 교정할 수 있다. 주의해야 할 것은 왼쪽 세로 수직선을 따라 빨간 화살표는 선도를 다시 그리는 것을 가리키고 있다. 위상 선도(plot)를 추가하려면 그래프 아래의 아무 곳이나 클릭을 해서 빨간 화살표를 아래에 위치시킨다. 그러면 위에 생긴 격자 구조와 같은 결과값이 나타나게 된다. 만약에 그래프를 화면 전체로 키우려면, **해석 그래프(Analysis Graph)**의 오른쪽 상단 구석에 있는 전체화면 옵션을 선택하면 된다.

마지막으로 임의의 주파수에서 그려진 함수의 값을 알기 위해 커서를 첨가시킬 수 있다. 간단하게 **View-Show/Hide Cursor**를 선택하면, 커서가 선택된 그래프에 나타나게 된다(그림 9.73에서 크기를 가리킨다). 그리고 커서 1을 클릭하면 화면에 **AC Analysis** 대화상자는 전압값과 주파수값을 보여주게 된다. 커서 1을 클릭하고 오른쪽으로 옮기면 그림

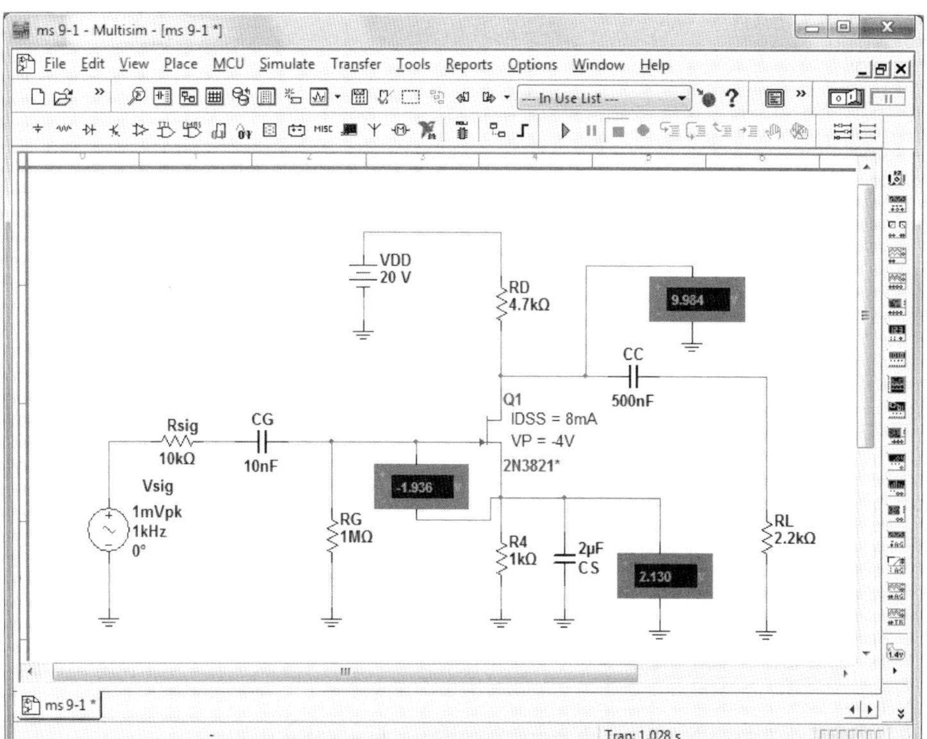

그림 9.72 Multisim을 사용한 그림 9.37(예제 9.13)의 회로 검사

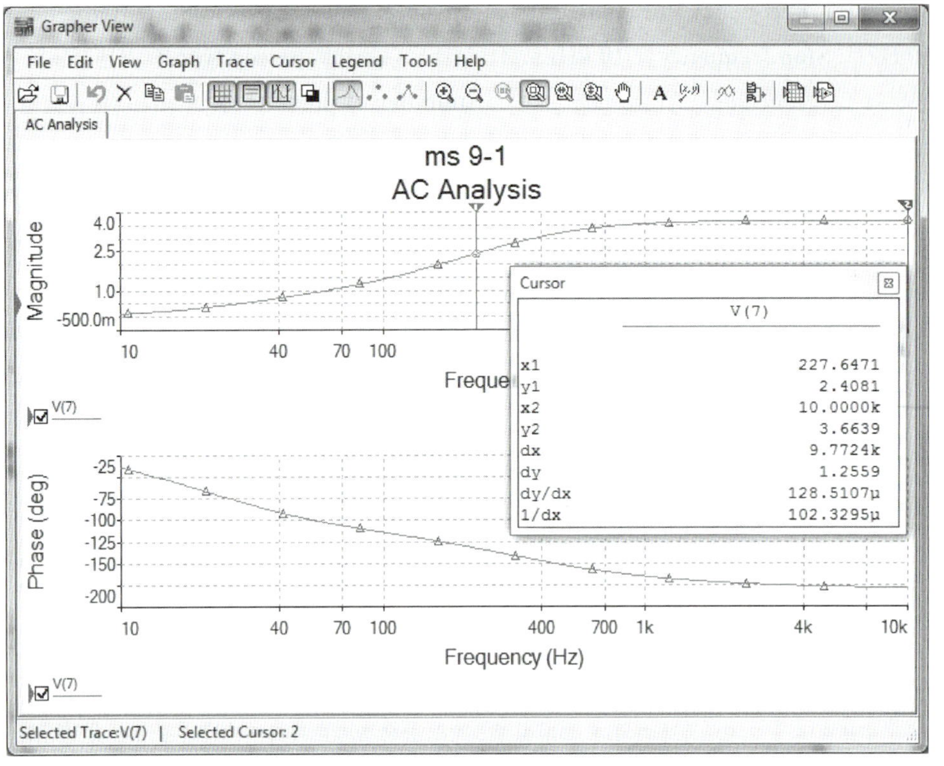

그림 9.73 예제 9.13의 Multisim 선도

9.71에서의 **x1**이 −3 dB 지점과 일치하는 지점 227.65를 구할 수 있다. 이 주파수에서 출력전압(**y1**)은 2.41로 8장에서 구한 2.93 이득(실제로는 2.07 V)의 0.707 정도이다. 커서 2를 10 kHz의 **x2**로 이동시키면 3.67 V의 전압값을 얻는다. 그림 9.73에서 고주파에서는, 주파수 편이(shift)가 180°에 근접하는데, 이는 상대적으로 큰 값으로 저주파 커패시터의 영향이 사라지게 된다.

전주파수 BJT 응답

PSpice 그림 9.32의 회로에 대한 전체 주파수 범위에서 PSpice 해석을 얻기 위하여 그림 9.74에 보이는 것처럼 기생 커패시턴스들이 회로에 더해져야 한다.

Analysis를 이용하여 그림 9.75과 같은 그림을 얻을 수 있으며 그림의 밑부분에는 **Trace Expression**을 나타내었다. 세로 눈금은 관심 있는 영역을 중점적으로 관찰하기 위해 **Y-Axis Settings**를 이용하여 −60 dB에서 0 dB까지의 범위로부터 −30 dB에서 0 dB까지의 범위로 바꾸었다. 하위 차단 주파수는 f_{L_E}로 정의된 326.59 Hz 근처가 되고, 상위 차단 주파수는 654.64 kHz 근처에 있다. f_{H_o}가 f_{H_i}보다 10배가 넘지만 상위 차단 주파수에 영향을 미칠 것이다. 그러나 전체적으로 PSpice 해석은 많이 선호되는 검증 방법이다.

전주파수 JFET 응답

PSpice 그림 9.55에 대한 회로망을 그림 9.76과 같이 나타낼 수 있다.

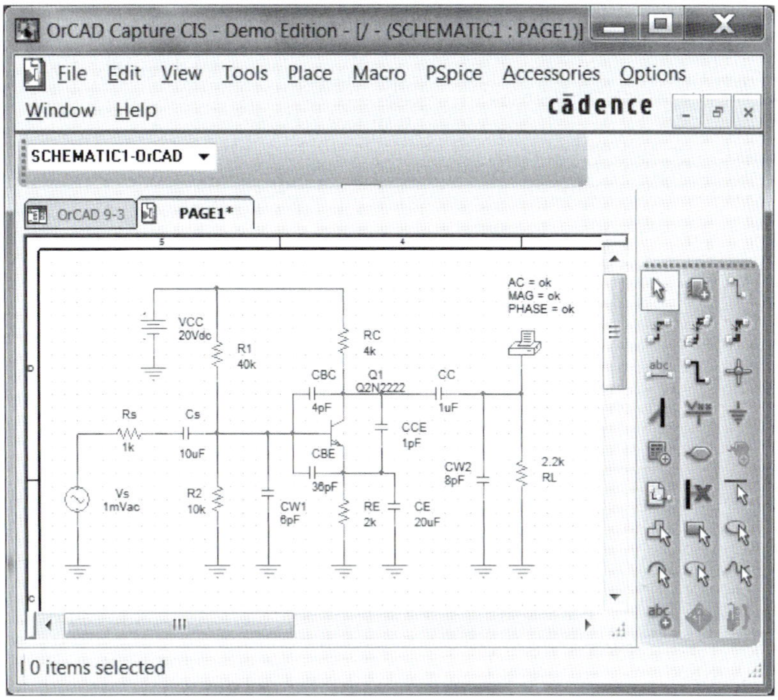

그림 9.74 기생 커패시터를 포함한 그림 9.32의 회로

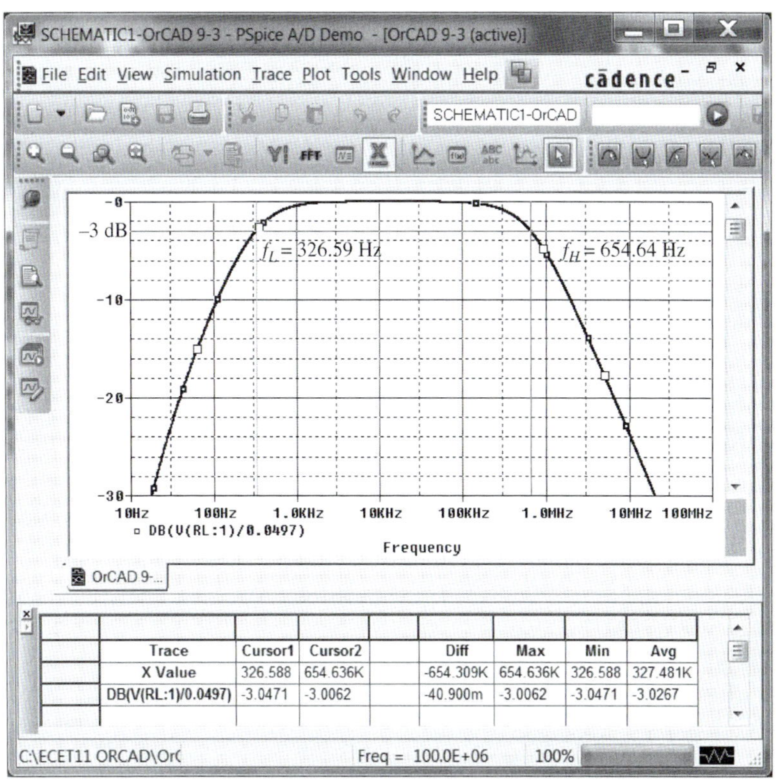

그림 9.75 그림 9.74의 회로에 대한 전체 주파수 응답

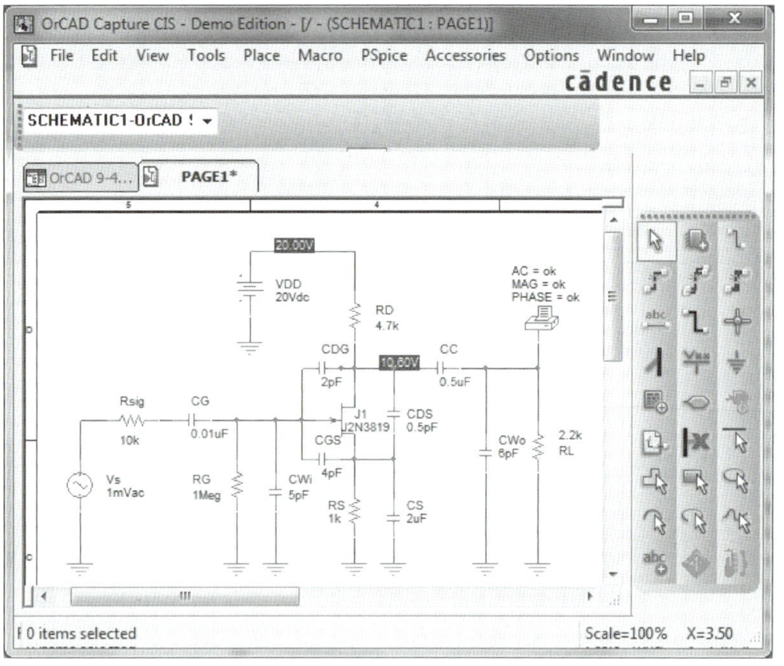

그림 9.76 지정된 값을 가진 그림 9.55의 회로

여기서 **Start Freq.:**를 10 Hz, **End Freq.:**를 10 MHz로 하고 **Point**를 1000으로 한다. **Trace Expression**을 **DB(V(RL:1)/2.993 mV)**로 입력시키면 그림 9.77이 얻어진다. 우리

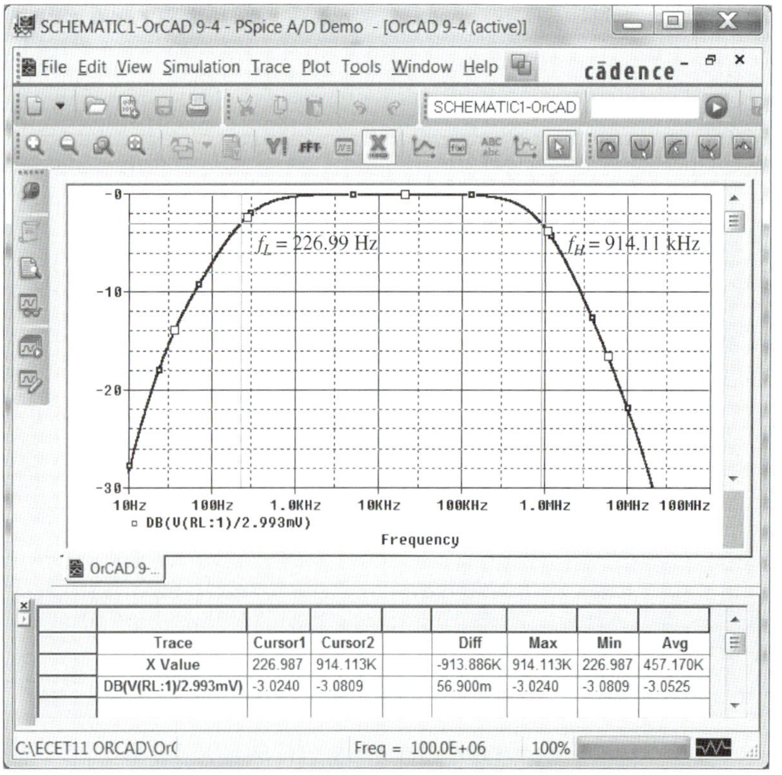

Trace	Cursor1	Cursor2	Diff	Max	Min	Avg
X Value	226.987	914.113K	-913.886K	914.113K	226.987	457.170K
DB(V(RL:1)/2.993mV)	-3.0240	-3.0809	56.900m	-3.0240	-3.0809	-3.0525

그림 9.77 예제 9.15의 회로의 주파수 응답

는 종종 힘들고, 오래 걸리고, 지루한 일련의 계산들을 하는 데 있어서 컴퓨터를 이용하는 것이 얼마나 도움이 되는가를 잊어버릴 때가 있다.

커서를 사용하여 하단 차단 주파수와 상단 차단 주파수가 226.99 Hz~914.11 kHz라는 것을 알 수 있다.

연 | 습 | 문 | 제

9.2 로그

1. a. 10^3, 50, 0.707의 상용로그를 계산하라.

b. 10^3, 50, 0.707의 자연로그를 계산하라.

c. (a)와 (b)의 결과를 비교하라.

2. a. 2.4×10^6의 상용로그를 계산하라.

b. 식 (9.4)를 이용하여 2.4×10^6의 자연로그를 계산하라.

c. 자연로그식을 이용하여 2.2×10^3의 자연로그를 계산하고, (b)의 결과와 비교하라.

3. a. 식 (9.6)을 이용하여 $20\log_{10}\frac{84}{6}$를 이용하여 $20\log_{10}14$와 비교하라.

b. 식 (9.7)을 이용하여 $10\log_{10}\frac{1}{250}$을 계산하고 $10\log_{10}4\times10^{-3}$과 비교하라.

c. 식 (9.8)을 이용하여 $\log_{10}(40)(0.2)$를 계산하고 $\log_{10}8$과 비교하라.

4. 각각의 경우에 전력 이득을 데시벨 단위로 나타내라.

a. $P_o=100$ W, $P_i=5$ W

b. $P_o=100$ mW, $P_i=5$ mW

c. $P_o=100$ mW, $P_i=20\ \mu$W

5. 출력전력이 25 W일 때 G_{dBm}을 계산하라.

6. 어떤 저항의 양단에서 전압을 두 번 측정하여 $V_1=110$ V, $V_2=220$ V을 얻었다. V_1을 측정하였을 때에 대비한 V_2를 측정하였을 때의 전력 이득을 데시벨로 계산하라.

7. 입력전압과 출력전압이 각각 $V_i=10$ mV, $V_o=25$ V일 때 전압 이득을 데시벨로 계산하라.

***8. a.** 3단 시스템의 전체 데시벨 이득이 120 dB이다. 두 번째 단의 데시벨 이득이 첫 번째 단의 2배이고, 세 번째 단은 첫 번째 단 데시벨 이득의 2.7배이다. 각 단의 데시벨 이득을 계산하라.

b. 각 단의 전압 이득을 계산하라.

***9.** 100 mV일 때 시스템에 인가된 교류 전력이 5 μW이고, 출력전력은 48 W이다. 다음을 계산하라.

a. 전력 이득을 데시벨로

b. 출력 임피던스 40 kΩ일 때 전압 이득을 데시벨로

c. 입력 임피던스

d. 출력전압

*는 다른 문제보다 다소 어려운 문제를 나타낸다.

9.4 주파수 특성

10. 그림 9.78의 특성이 주어졌을 때

a. 규준화시킨 이득을 그려라.

b. 규준화시킨 dB 이득을 그리고, 대역폭과 차단 주파수를 계산하라.

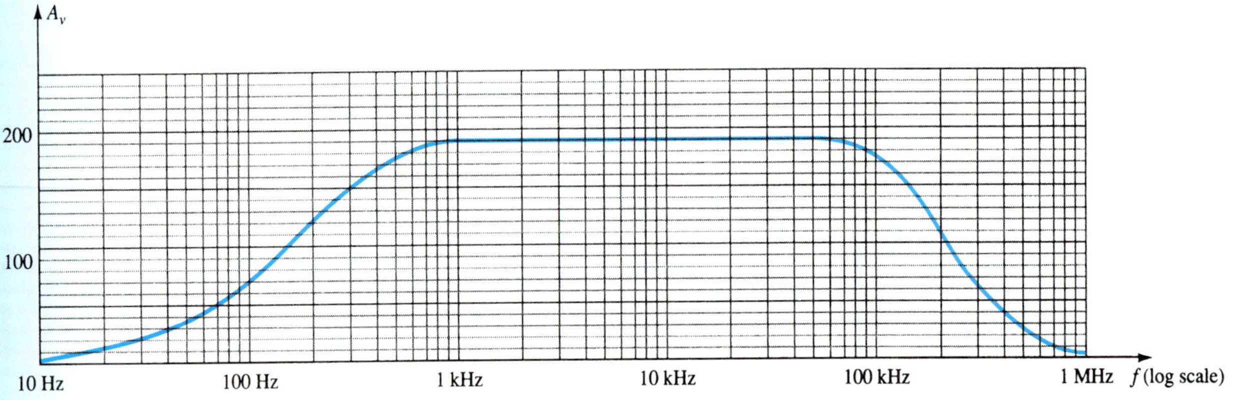

그림 9.78 문제 10

9.6 저주파 특성 해석-Bode 선도

11. 그림 9.79의 회로망에서

a. V_o/V_i의 크기를 구하는 식을 결정하라.

b. (a)의 결과를 이용하여 100 Hz, 1 kHz, 2 kHz, 5 kHz, 10 kHz에서 V_o/V_i를 계산하고, 100 Hz와 10 kHz 사이의 주파수 영역에서 그래프를 로그 단위로 그려라.

c. 절점 주파수를 결정하라.

d. 점근선을 그리고 −3 dB인 점을 나타내라.

e. V_o/V_i의 주파수 응답을 그리고, (b)의 결과와 비교하라.

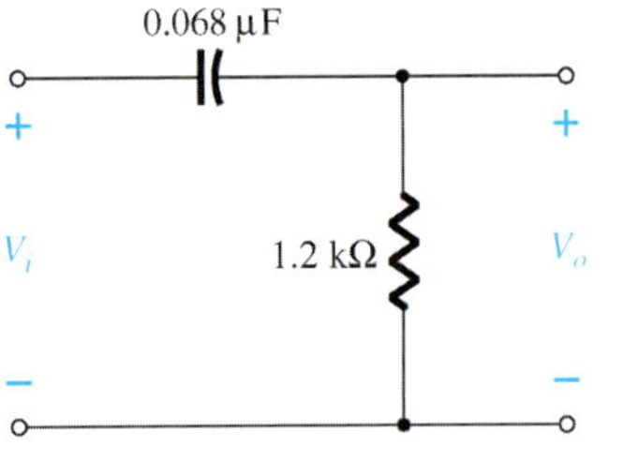

그림 9.79 문제 11, 12, 37

12. 그림 9.79의 회로망에서

a. V_o/V_i의 위상차를 구하는 식을 결정하라.

b. 100 Hz, 1 kHz, 2 kHz, 5 kHz, 10 kHz에서 위상각을 계산하고, f=100 Hz와 10 kHz 사이의 주파수 영역에서 그래프를 그려라.

c. 절점 주파수를 결정하라.

d. (b)의 주파수에서 θ에 대한 주파수 응답을 그리고, (b)의 결과와 비교하라.

13. a. 5 kHz보다 1 octave 높은 주파수는 무엇인가?

b. 10 kHz보다 1 decade 높은 주파수는 무엇인가?

c. 20 kHz보다 2 octave 높은 주파수는 무엇인가?

d. 1 kHz보다 2 decade 높은 주파수는 무엇인가?

9.7 R_L을 가진 저주파 응답-BJT 증폭기

14. r_o=40 kΩ으로 두고 예제 9.11를 반복하라. $A_{v_{mid}}$, f_{L_S}, f_{L_C}, f_{L_E}는 어떤 영향을 미치며, 차단 주파수는 얼마인가?

15. 그림 9.80의 회로망에서

a. r_e를 결정하라.

b. $A_{v_{mid}}=V_o/V_i$를 계산하라.

c. Z_i를 계산하라.

d. f_{L_S}, f_{L_C}, f_{L_E}를 계산하라.

e. 하위 차단 주파수를 결정하라.

f. (d)의 차단 주파수에 의해 정의된 Bode 선도의 점근선을 그려라.

g. (e)의 결과를 이용하여 증폭기의 주파수 응답을 그려라.

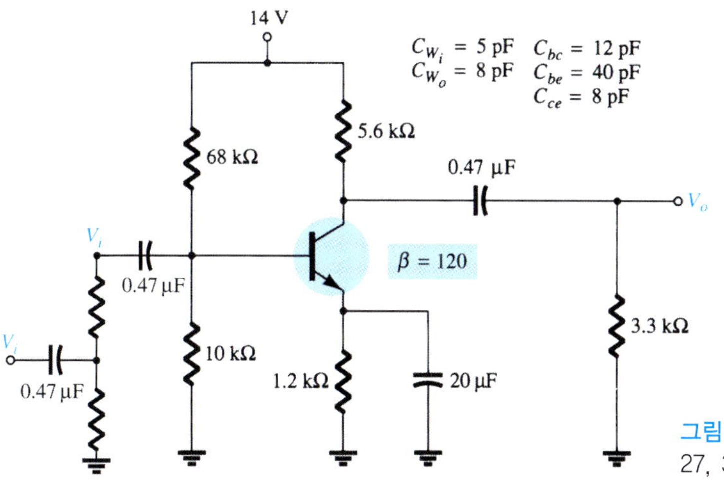

그림 9.80 문제 15, 19, 27, 38

***16.** 그림 9.81의 에미터 안정화 회로에 대해 문제 15를 반복하라.

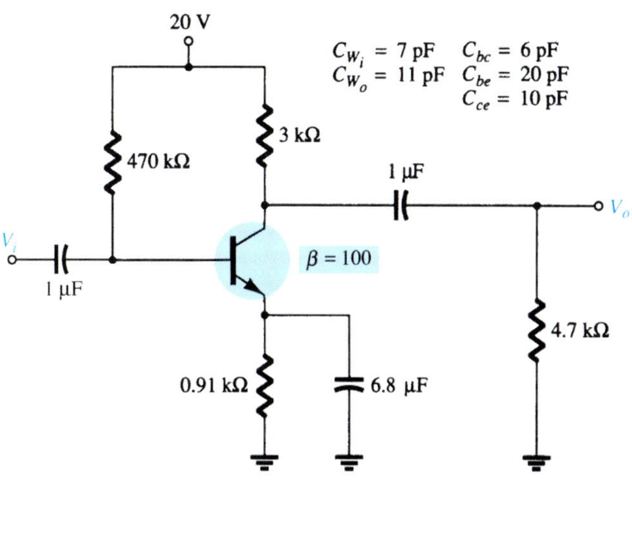

그림 9.81 문제 16, 20과 28

***17.** 그림 9.82의 에미터 폴로어 회로에 대해 문제 15를 반복하라.

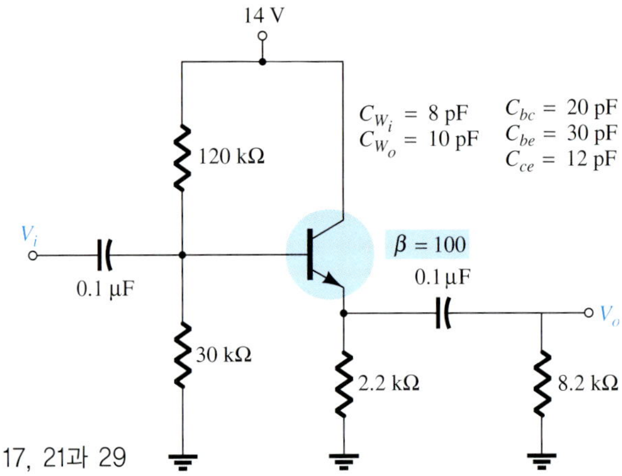

그림 9.82 문제 17, 21과 29

***18.** 그림 9.83의 공통 베이스 회로에 대해 문제 15를 반복하라. 공통 베이스 회로가 비반전 회로임을 주의하여 밀러 효과를 고려하라.

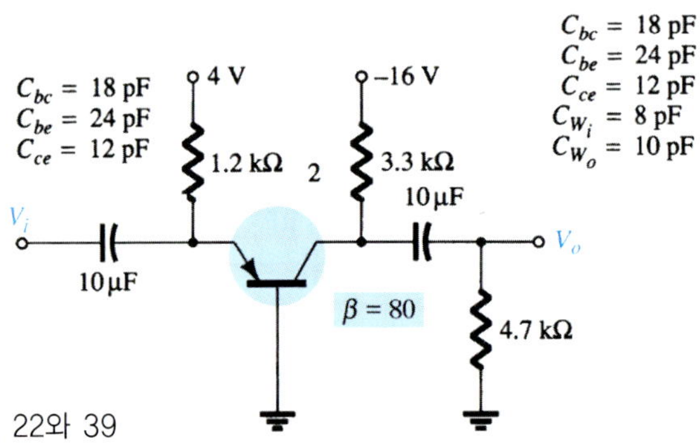

그림 9.83 문제 18, 22와 39

9.8 저주파 응답-FET 증폭기에서 R_S의 영향

19. 그림 9.84에 보인 소스저항과 소스 시그날이 더해진 그림 9.80의 회로에 대한 문제 15의 해석을 반복하라. 이득 $A_{v_s}=V_o/V_s$와 문제 15와 비교하여 저 주파수 차단에서 변화에 대해 설명하라.

20. 그림 9.85에 보인 소스저항과 소스 시그날이 더해진 그림 9.81의 회로에 대한 문제 15의 해석을 반복하라. 이득 $A_{v_s}=V_o/V_s$와 문제 16와 비교하여 저 주파수 차단에서 변화에 대해 설명하라.

21. 그림 9.86에 보인 소스저항과 소스 시그날이 더해진 그림 9.82의 회로에 대한 문제 15의 해석을 반복하라. 이득 $A_{v_s}=V_o/V_s$와 문제 17와 비교하여 저 주파수 차단에서 변화에 대해 설명하라.

22. 그림 9.87에 보인 소스저항과 소스 시그날이 더해진 그림 9.83의 회로에 대한 문제 15의 해석을 반복하라. 이득 $A_{v_s}=V_o/V_s$와 문제 18와 비교하여 저 주파수 차단에서 변화에 대해 설명하라.

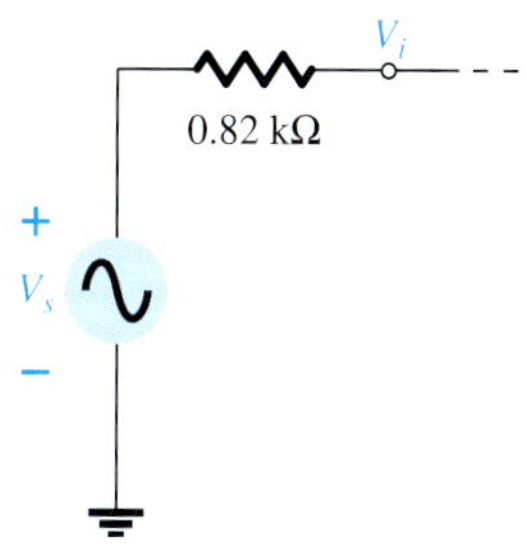

그림 9.84 그림 9.80의 변형. 문제 19

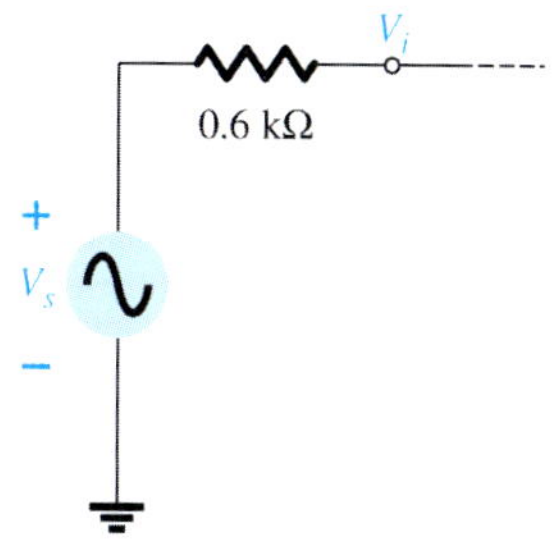

그림 9.85 그림 9.81의 변형. 문제 20

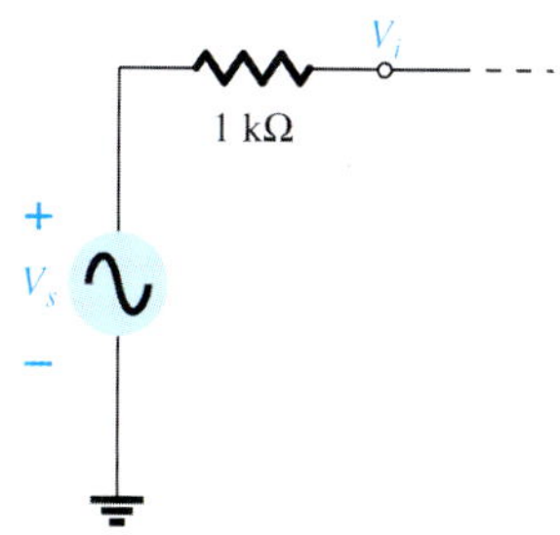

그림 9.86 그림 9.82의 변형. 문제 21

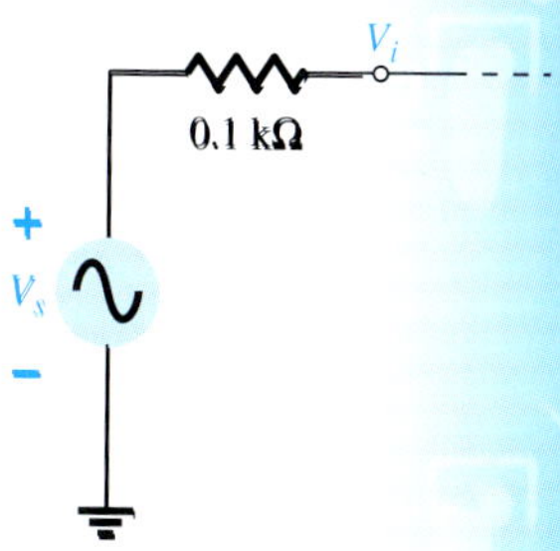

그림 9.87 그림 9.83의 변형. 문제 22

9.9 저주파 응답-FET 증폭기

23. 그림 9.88의 회로망에서

a. V_{GS_Q}와 I_{D_Q}를 결정하라.

b. g_{m_0}와 g_m를 계산하라.

c. 중간 대역 이득 $A_{v_s}=V_o/V_i$를 계산하라.

d. Z_i를 결정하라.

e. $A_{v_s}=V_o/V_s$를 계산하라.

f. f_{L_G}, f_{L_C}, f_{L_S}를 결정하라.

g. 하위 차단 주파수를 구하라.

h. (f)에서 정의된 Bode 선도의 점근선을 그려라.

i. (f)의 결과를 이용하여 저주파 응답을 그려라.

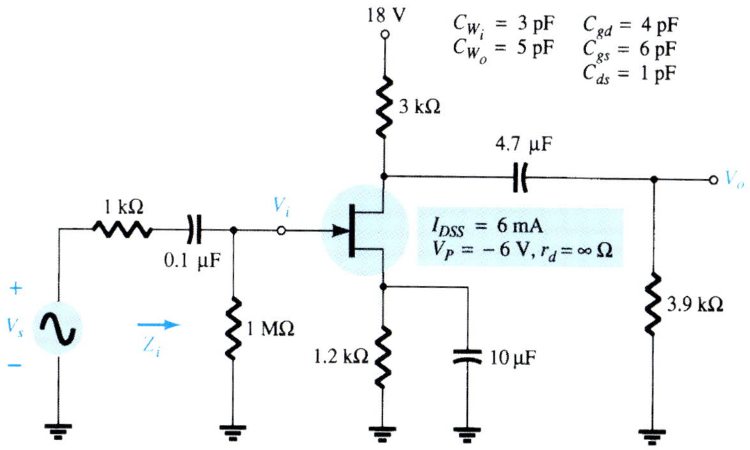

그림 9.88 문제 23, 24, 31, 40

***24.** $r_d=100\ \text{k}\Omega$으로 두고 문제 23을 반복하라. r_d가 결과에 영향을 미치는가? 만약 그렇다면 어느 소자에 영향을 미치는가?

***25.** 그림 9.89의 회로망에 대해 문제 23을 반복하라. 전압 분배기 회로는 그림 9.88의 바이어스 회로와 비교했을 때, 입력 임피던스와 이득 A_{v_s}에 어떤 영향을 미치는가?

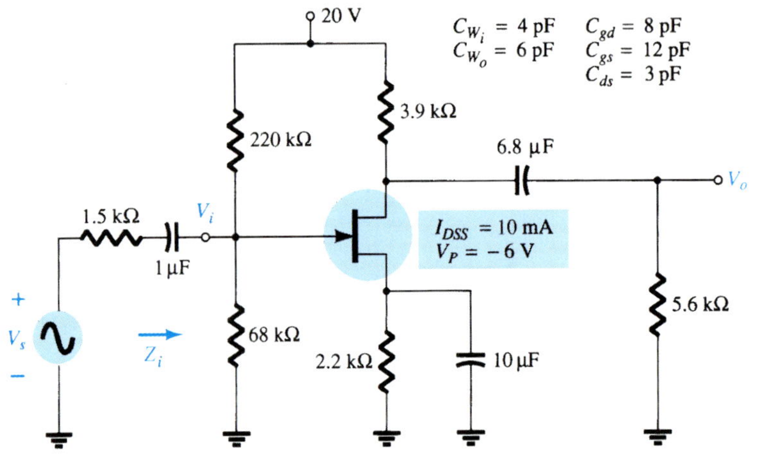

그림 9.89 문제 25, 32

9.10 밀러효과 커패시턴스

***26. a.** 반전 증폭기의 피드백 커패시턴스는 10 pF이다. 만약 증폭기의 이득이 −120이면 입력에서의 밀러 커패시턴스는 무엇인가?

b. 증폭기의 출력에서의 밀러 커패시턴스는 무엇인가?

c. $C_{M_i} \cong |A_v|C_f$와 $C_{M_o} \cong C_f$로 가정하는 것은 좋은 접근방법인가?

9.11 고주파 응답-BJT 증폭기

***27.** 그림 9.84의 R_s와 V_s를 가진 그림 9.80의 회로망에서

a. f_{H_i}와 f_{H_o}를 결정하라.

b. f_β와 f_T를 계산하라.

c. Bode 선도를 이용하여 고주파 응답을 그리고, 차단 주파수를 결정하라.

d. 증폭기의 이득 대역곱은 얼마인가?

***28.** 그림 9.85의 R_s와 V_s를 가진 그림 9.81의 회로망에 대해 문제 27을 반복하라.

***29.** 그림 9.86의 R_s와 V_s를 가진 그림 9.82의 회로망에 대해 문제 27을 반복하라.

***30.** 그림 9.87의 R_s와 V_s를 가진 그림 9.83의 회로망에 대해 문제 27을 반복하라.

9.12 고주파 응답-FET 증폭기

31. 그림 9.88의 회로망에서

a. g_{m_0}와 g_m을 계산하라.

b. 중간 대역에서 A_v와 A_{v_s}를 구하라.

c. f_{H_i}와 f_{H_o}를 결정하라.

d. Bode 선도를 이용하여 고주파 응답을 그리고, 차단 주파수를 결정하라.

e. 증폭기의 이득 대역 곱은 무엇인가?

***32.** 그림 9.89의 회로망에 대해 문제 31을 반복하라.

9.13 다단 증폭회로의 주파수 특성

33. 전압 이득이 20인 증폭단 4개를 종속 접속하였다. 전체 시스템의 이득을 계산하라.

34. f_2 = 2.5 MHz인 증폭단을 4단으로 종속 접속하였을 때 전체 시스템의 고주파 영역 3 dB 주파수는 얼마인가?

35. f_1 = 40 Hz인 증폭단을 4단으로 종속 접속하면 전체 시스템의 3 dB 주파수는 얼마인가? 또, 전체 시스템의 f_1은 얼마인가?

9.14 구형파를 이용한 시험

***36.** 10 mV, 100 kHz의 구형파를 증폭기에 인가하면 그림 9.90의 출력 파형을 얻을 수 있다.

a. 구형파의 Fourier 급수를 제9고조파로 나타내라.

b. 증폭기의 대역폭을 구하라.

c. 하위 차단 주파수를 계산하라.

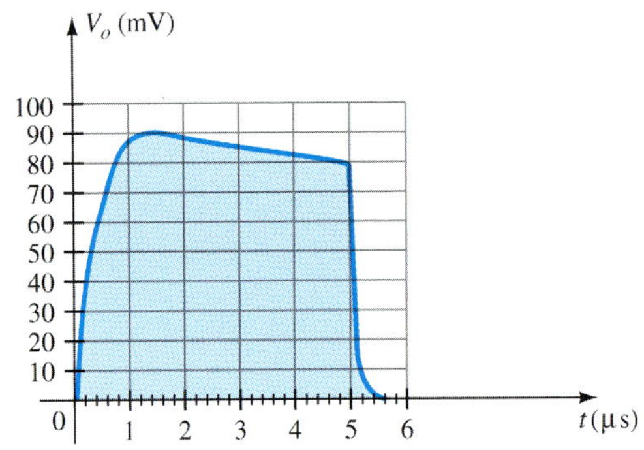

그림 9.90 문제 36

9.16 컴퓨터 해석

37. PSpice 윈도우를 이용하여 그림 9.45의 고역 통과 필터나 R=8.2 kΩ, C=4.7 μF의 주파수 응답 V_o/V_i를 결정하라.

38. PSpice 윈도우를 이용하여 그림 9.87의 BJT 증폭기의 주파수 응답 V_o/V_s를 결정하라.

39. Multisim을 이용하여 그림 9.83의 회로망에 대하여 문제 38을 반복하라.

40. Multisim을 이용하여 그림 9.88의 JFET 사양에 대하여 문제 38을 반복하라.

CHAPTER 10

연산 증폭기

학습 목표 CHAPTER OBJECTIVE

- 차동 증폭기란 무엇인가
- 연산 증폭기의 기초
- 공통 모드 작동이란 무엇인가
- 차동 입력 작동의 이해

10.1 개요

연산 증폭기는 매우 큰 전압 이득, 큰 입력 임피던스, 작은 출력 임피던스를 가지는 차동 증폭기로서 전압 진폭 변환(진폭과 극성), 발진기, 필터, 계측기 회로 등에 널리 사용된다. 이러한 연산 증폭기는 큰 전압 이득을 얻기 위하여 차동 증폭기를 여러 단으로 구성하여 이루어진다.

그림 10.1은 두 입력신호와 하나의 출력신호를 가진 기본적인 연산 증폭기를 표시한 것이다. 입력 단자에 붙인 기호, 플러스(+)와 마이너스(−)에 따라서 출력신호가 입력신호와 같은 위상 또는 반대의 위상이 갖게 되고 (+)는 극성이 같음을 표시하고, (−)는 그 입력과 출력의 극성 이 반대임을 나타낸다.

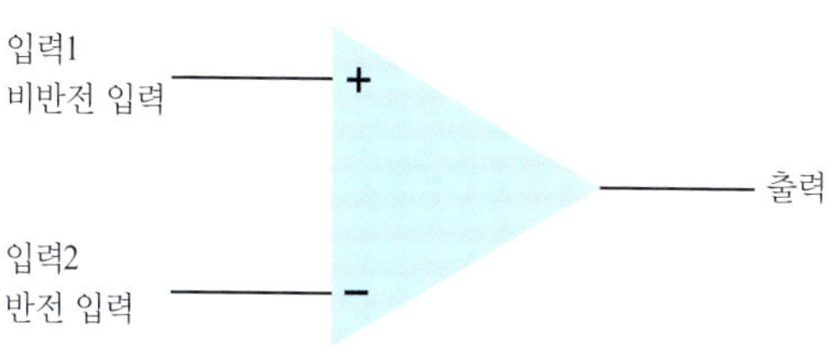

그림 10.1 기본 연산 증폭기

단일 입력

단일 입력이란 한 입력 단자에만 신호를 인가하고, 다른 입력 단자는 접지시키는 입력을 말한다. 그림 10.2에 단일 입력 증폭기를 나타내었다. 그림 10.2a와 같이 입력신호를 (+) 단자에 인가하고 (−) 단자를 접지시키면, 입력신호와 같은 극성을 갖는 출력신호가 나타난다. 반대로 그림 10.2b와 같이 입력신호를 (−) 단자에 인가하면, 입력신호와 반대의 위상을 갖는 출력신호가 나타난다.

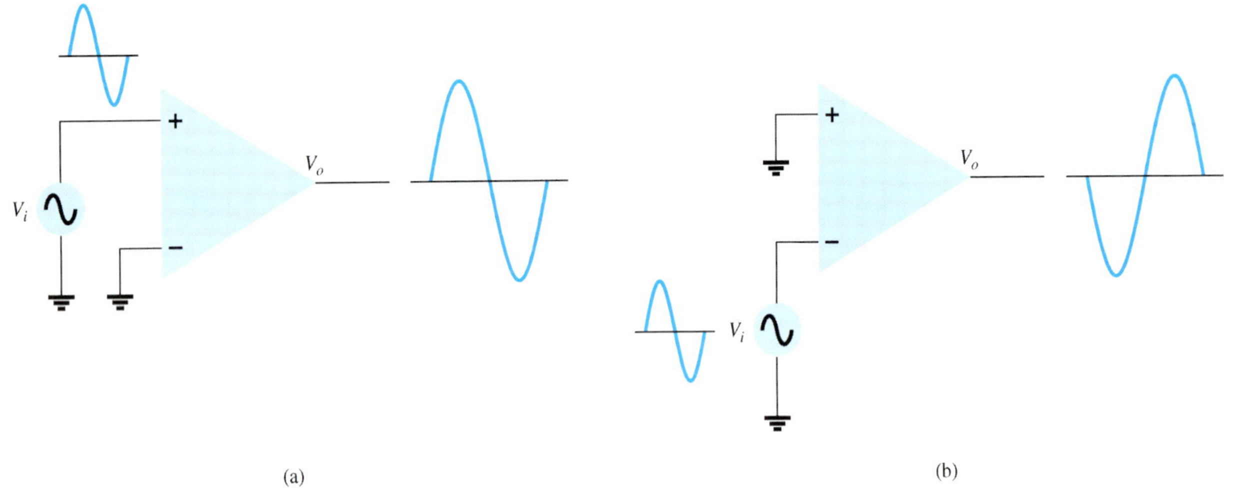

그림 10.2 단일 입력 작동

차동 입력

한쪽 입력 단자에만 입력신호를 인가하는 대신, 각각의 입력 단자에 각각 입력신호를 인가할 수도 있는데, 이것을 차동 입력 작동(double-ended operation)이라고 한다. 그림 10.3a는 두 입력 단자 사이에 입력신호 V_d를 인가했을 때, 입력신호 V_d와 같은 위상을 갖는 신호가 증폭되어 출력되는 것을 보여준다. 그림 10.3b는 $V_{i_1}-V_{i_2}$의 차이가 있는 두 신호를 두 입력 단자에 각각 인가했을 때 동일한 작동이 행해지는 것을 보여준다.

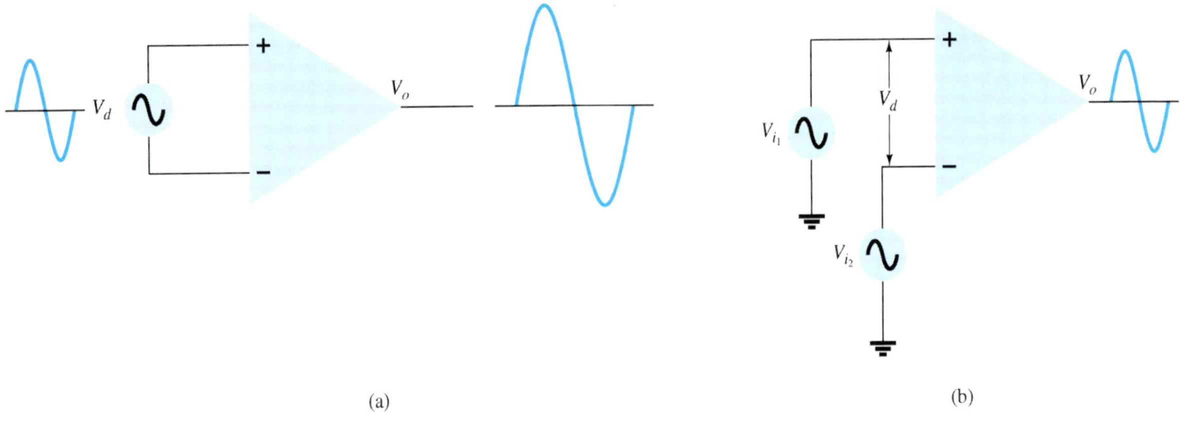

그림 10.3 차동 입력 작동

차동 출력

앞에서 살펴본 증폭기들은 모두 단일 출력을 갖지만, 그림 10.4와 같은 연산 증폭기는 차동 출력을 갖는 작동도 할 수 있다. 두 입력 단자 중 어느 한 단자에만 입력신호를 인가하면, 두 출력 단자로부터 극성이 반대인 신호들이 출력된다. 그림 10.5는 단일 입력, 차동 출력으로 작동하는 증폭기를 나타낸다. (+) 단자에 입력신호를 인가했을 때, 두 신호가 반대의 극성을 가지면서 증폭되어 출력되는 것을 볼 수 있다. 그림 10.6은 차동 출력을 갖는 증폭기로 그림 10.5의 두 출력 단자 사이의 전압과 같은 크기를 가진다. 출력신호 V_d는 $V_{o_1}-V_{o_2}$이다. 어느 출력 단자도 접지되어 있지 않으므로, 이러한 차동 출력을 부동신호(floating signal)라고도 한다. V_{o_1}과 V_{o_2}가 극성이 반대이므로, 그 둘을 빼면 크기가 2배가 된다[즉 10 V−(−10 V)=20 V]. 그림 10.7은 차동 입력, 차동 출력을 가진 회로의 작동을 나타낸다. 두 입력 단자 사이에 입력신호를 인가하고, 두 출력 단자 사이에서 출력을 얻는다. 이러한 방식이 완전한 차동 작동이다.

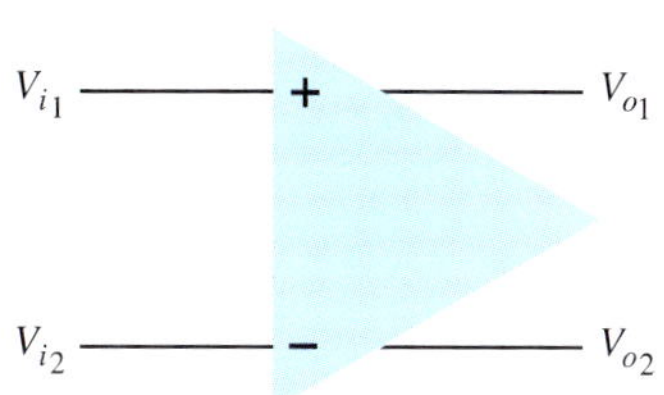

그림 10.4 차동 출력을 갖는 차동 입력

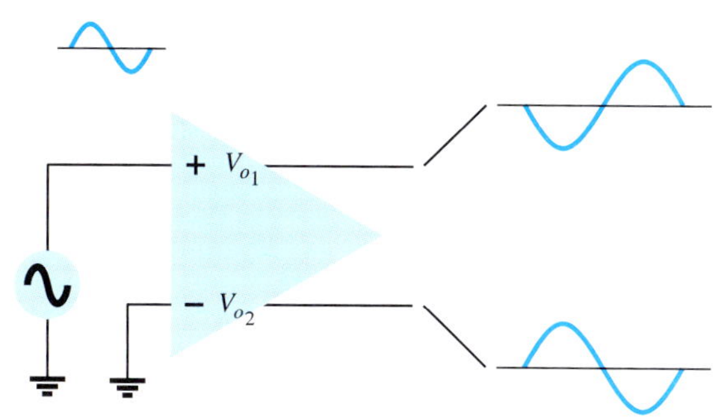

그림 10.5 단일 입력에 의한 차동 출력

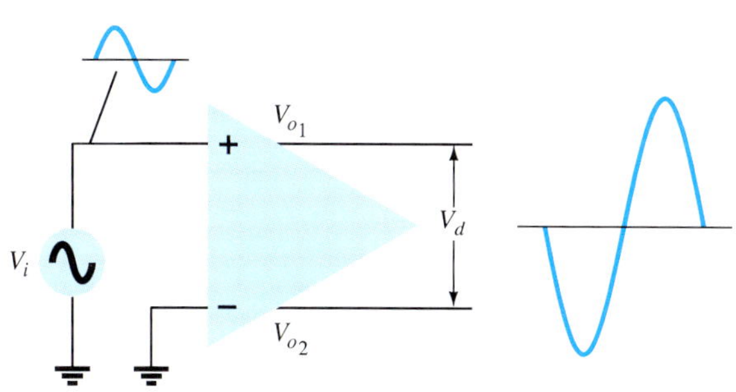

그림 10.6 차동 출력

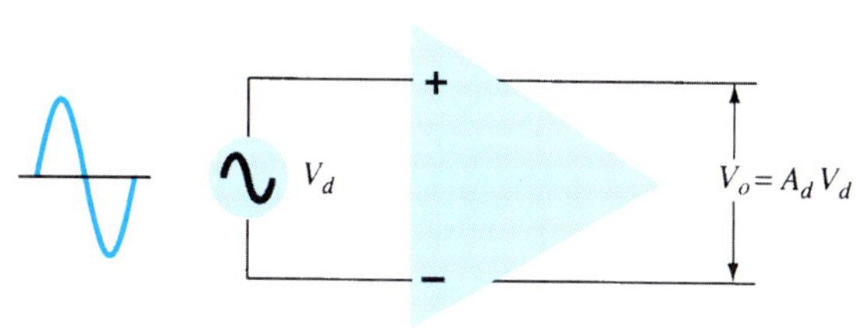

그림 10.7 차동 입력, 차동 출력 작동

공통 모드 작동

그림 10.8과 같이 동일한 입력신호가 두 단자에 인가될 때, 공통 모드 작동(common-mode operation)을 한다. 이상적으로는 두 입력신호가 똑같이 증폭되고, 각 신호의 출력의 극성이 정반대가 되므로, 결국 출력신호는 0 V가 된다. 실제로는 매우 작은 신호가 출력된다.

공통 모드 제거

증폭기를 차동 모드로 작동시킬 때 나타나는 중요한 특징은, 차동 증폭기의 입력 단자에 위

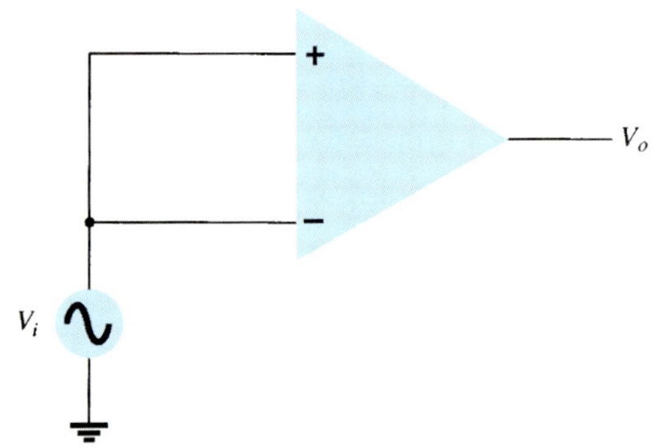

그림 10.8 공통 모드 작동

상이 서로 반대인 두 신호가 들어오면, 두 신호는 크게 증폭되지만 위상과 크기가 동일한 신호가 들어오면 그들은 서로 상쇄되어 거의 증폭되지 않는다는 것이다. 결국 두 입력 단자에 공통으로 들어오는 신호를 제거하고, 신호간의 차이만을 증폭하게 된다. 원치 않는 입력 신호인 잡음은 대개 두 입력 단자에 공통으로 들어오므로, 차동 모드로 증폭기를 작동시키게 되면 두 단자로 들어오는 입력 신호의 증폭과 동시에 잡음을 제거할 수 있게 된다. 이러한 작동을 공통 모드 제거(common-mode rejection)라 한다.

10.2 차동 증폭기 회로

차동 증폭기는 IC칩에 가장 많이 쓰이는 회로이다. 그림 10.9의 기본적인 차동 증폭기를 통해 작동 특성을 알아보자. 2개의 입력과 2개의 출력을 갖고 있고, 에미터가 공통으로 연결되어 있는 것을 주의하라. 대부분의 차동 증폭기는 2개의 전원을 이용하지만, 이 회로는 하나의 전원을 사용하여 작동하기도 한다.

입력 신호는 다양한 방법으로 인가될 수 있다.

하나의 입력 단자에만 입력신호를 인가하고, 다른 입력 단자는 접지시킨 것을 '단일 입력'이라고 한다.
반대의 극성을 갖는 두 입력신호를 인가하는 것을 '차동 입력'이라 한다.
같은 입력신호를 두 입력 단자에 인가하는 것을 '공통 모드'라 한다.

단일 입력 작동에서는 하나의 입력신호만 인가한다. 그러나 에미터가 공통으로 연결되어 있으므로 입력신호가 두 트랜지스터를 작동시키고 두 컬렉터 모두 신호를 출력한다.

차동 입력 작동에서는 두 개의 입력신호가 인가되고, 인가되는 두 입력 신호의 차이가 증폭되어 두 컬렉터에 출력된다.

공통 모드 작동에서는 공통 입력신호가 각 컬렉터에 크기는 같지만 반대의 극성으로 출력되어 서로 상쇄되고, 결국 출력신호는 0이 된다. 실제 회로에서는 출력이 완전히 상쇄되지는 않고, 아주 작은 신호가 출력된다.

차동 증폭기의 주요 특징은 공통신호가 입력되었을 때는 아주 작은 이득이 출력되는 데 비해, 반대의 신호가 입력되면, 아주 큰 이득이 출력된다는 것이다. 공통 모드 이득에 대한

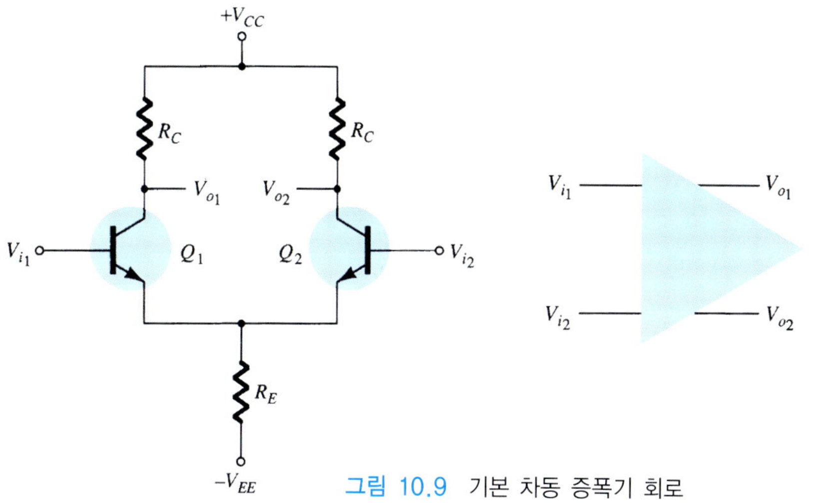

그림 10.9 기본 차동 증폭기 회로

차동 모드 이득의 비를 공통 모드 제거(common-mode rejection)라고 한다.

직류 바이어스

먼저 그림 10.9의 회로의 직류 바이어스 작동을 알아보기로 한다. 그림 10.10에서 나타내듯이 전압원으로부터 교류 입력이 들어오고, 각 입력 쪽의 직류 전압은 0 V와 연결된다. 각 베이스에 0 V를 인가하면 공통 에미터 직류 바이어스 전압은

$$V_E = 0\text{ V} - V_{BE} = -0.7\text{ V}$$

에미터 직류 바이어스 전류는

$$I_E = \frac{V_E - (-V_{EE})}{R_E} \approx \frac{V_{EE} - 0.7\text{ V}}{R_E} \tag{10.1}$$

두 트랜지스터가 정합이 잘 되어 있다고 가정하면

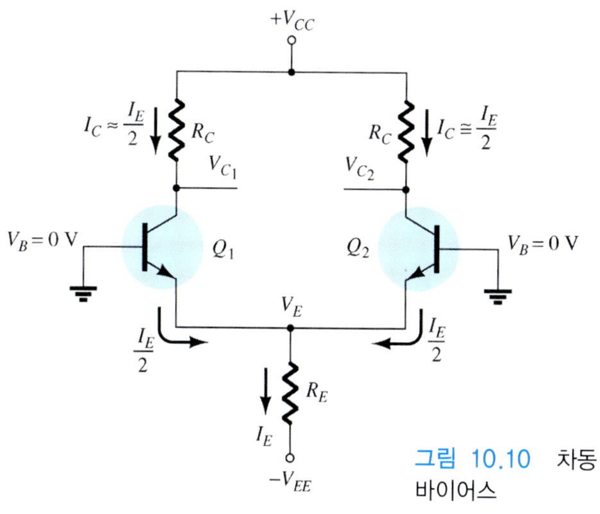

그림 10.10 차동 증폭기 회로의 직류 바이어스

$$I_{C_1} = I_{C_2} = \frac{I_E}{2} \tag{10.2}$$

컬렉터 전압은

$$V_{C_1} = V_{C_2} = V_{CC} - I_C R_C = V_{CC} - \frac{I_E}{2} R_C \tag{10.3}$$

예제 10.1 그림 10.11의 회로에 대해 직류 바이어스 전압과 전류를 계산하라.

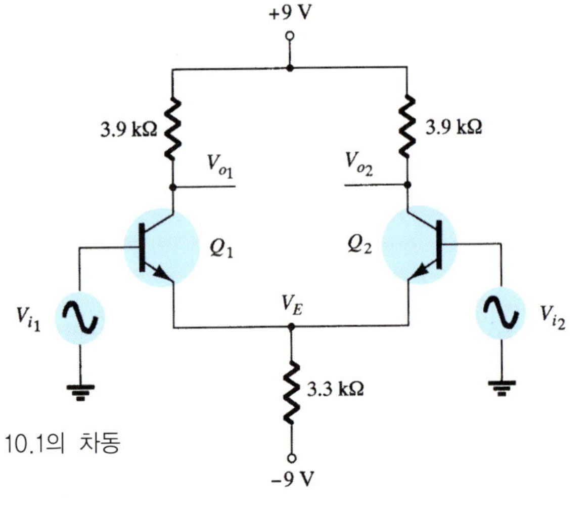

그림 10.11 예제 10.1의 차동 증폭기 회로

풀이

$$\text{식 (10.1):}\quad I_E = \frac{V_{EE} - 0.7\,\text{V}}{R_E} = \frac{9\,\text{V} - 0.7\,\text{V}}{3.3\,\text{k}\Omega} \approx \mathbf{2.5\,mA}$$

그러므로 컬렉터 전류는

$$\text{식 (10.2):}\quad I_C = \frac{I_E}{2} = \frac{2.5\,\text{mA}}{2} = \mathbf{1.25\,mA}$$

따라서 컬렉터 전압은

$$\text{식 (10.3):}\quad V_C = V_{CC} - I_C R_C = 9\,\text{V} - (1.25\,\text{mA})(3.9\,\text{k}\Omega) \approx \mathbf{4.1\,V}$$

공통 에미터 전압은 −0.7 V이며, 각 출력의 컬렉터 바이어스 전압은 약 4.1 V이다.

회로의 교류 작동

그림 10.12는 차동 증폭기의 교류회로이다. 입력신호 V_{i_1}, V_{i_2}에 대해 각각 V_{o_1}, V_{o_2}가 출력된다. 교류 해석을 하기 위해 그림 10.13과 같이 다시 그렸다. 각 트랜지스터를 교류 등가회로로 대치하였다.

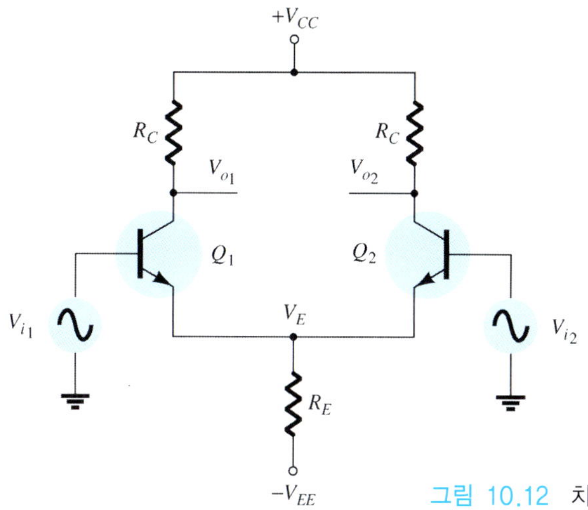

그림 10.12 차동 증폭기의 교류 연결

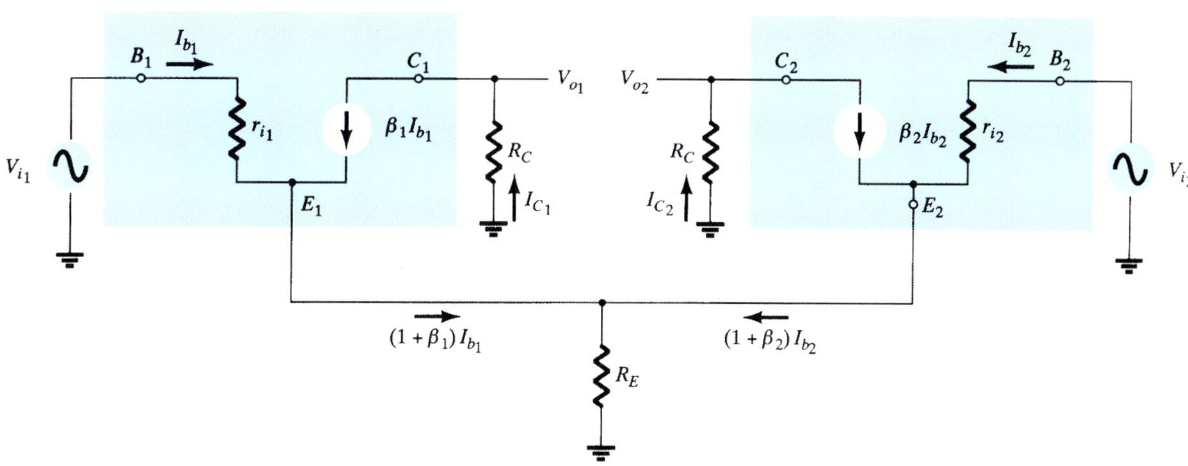

그림 10.13 차동 증폭기의 교류 등가

단일 입력 교류 전압 이득 단일 입력 교류 전압 이득 V_o/V_i를 계산하기 위해, 그림 10.14와 같이 한 입력 단자에만 입력신호를 인가하고, 다른 입력 단자는 접지시킨다. 그림 10.15에 교류 등가회로를 나타내었다. 입력 베이스 1에 카르히호프의 전압식(Kirchhoff Voltage Loop: KVL)을 적용하여 교류 베이스 전류를 계산할 수 있다. 두 트랜지스터가 잘 정합된다고 가정하면,

$$I_{b_1} = I_{b_2} = I_b$$
$$r_{i_1} = r_{i_2} = r_i = \beta r_e$$

R_E를 아주 크게 하여(이상적으로는 무한대) 회로를 그림 10.16처럼 간단하게 한 후 KVL 식을 쓰면

$$V_{i_1} - I_b r_i - I_b r_i = 0$$

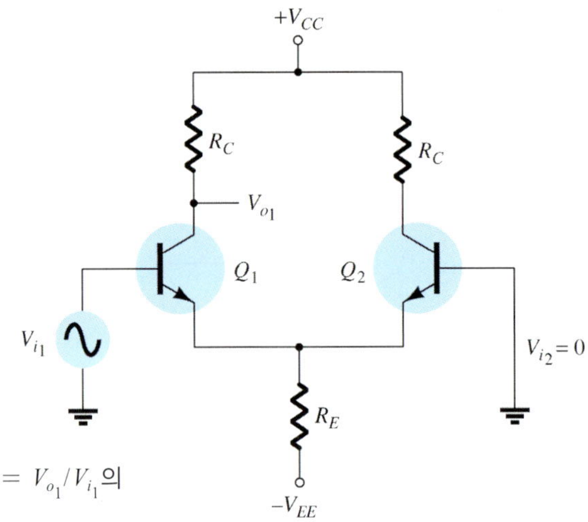

그림 10.14 $A_{v_1} = V_{o_1}/V_{i_1}$의 계산을 위한 연결

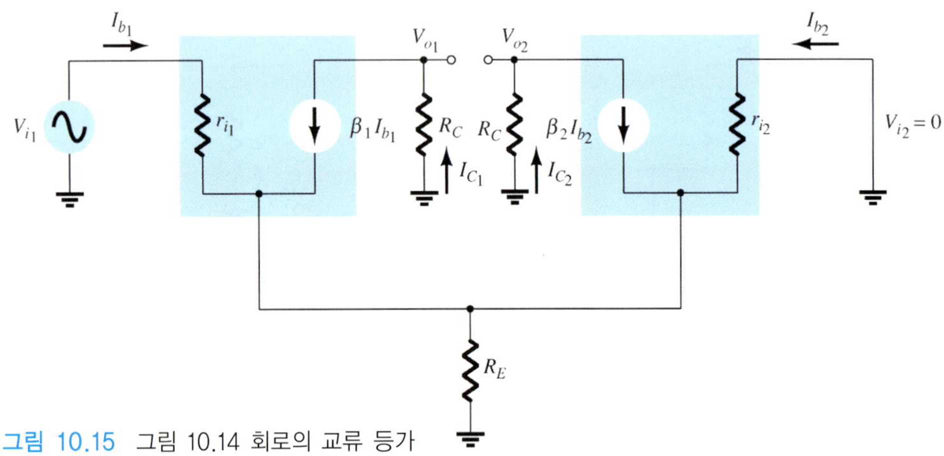

그림 10.15 그림 10.14 회로의 교류 등가

다음과 같이

$$I_b = \frac{V_{i_1}}{2r_i} = \frac{V_i}{2\beta r_e}$$

라고 가정하면,

$$\beta_1 = \beta_2 = \beta$$

이고,

$$I_C = \beta I_b = \beta \frac{V_i}{2\beta r_e} = \frac{V_i}{2r_e}$$

컬렉터에서 출력전압의 크기는

$$V_o = I_C R_C = \frac{V_i}{2r_e} R_C = \frac{R_C}{2r_e} V_i$$

결국 컬렉터에서 단일 입력전압 이득의 크기는

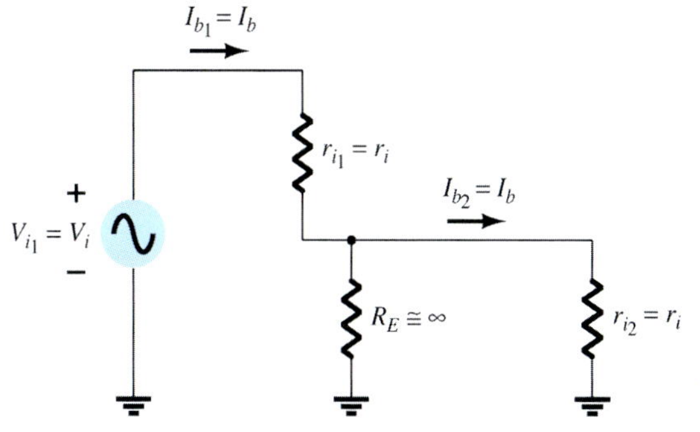

그림 10.16 I_b의 계산을 위한 종속 회로

$$A_v = \frac{V_o}{V_i} = \frac{R_C}{2r_e} \tag{10.4}$$

예제 10.2 그림 10.17의 회로에 대해 단일 입력 출력전압 V_{o_1}를 계산하라.

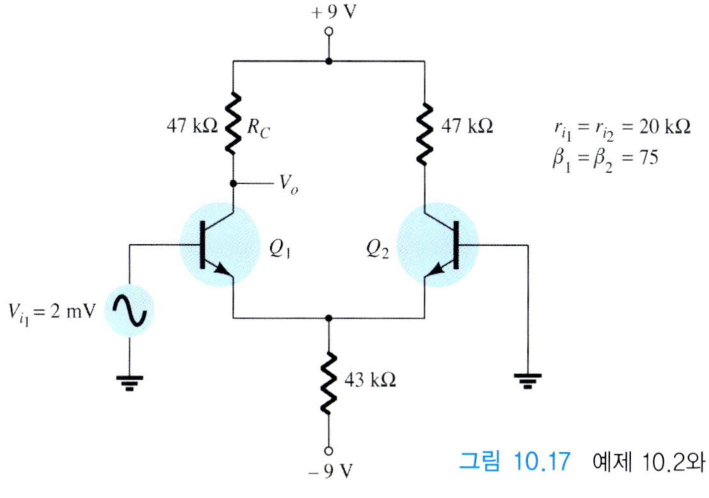

그림 10.17 예제 10.2와 10.3의 회로

풀이

직류 바이어스를 계산하면

$$I_E = \frac{V_{EE} - 0.7\text{ V}}{R_E} = \frac{9\text{ V} - 0.7\text{ V}}{43\text{ k}\Omega} = 193\,\mu\text{A}$$

컬렉터 직류 전류는

$$I_C = \frac{I_E}{2} = 96.5\,\mu\text{A}$$

따라서 $$V_C = V_{CC} - I_C R_C = 9\text{ V} - (96.5\,\mu\text{A})(47\text{ k}\Omega) = 4.5\text{ V}$$

r_e의 값은

$$r_e = \frac{26}{0.0965} \cong 269\ \Omega$$

식 (10.31)을 이용하여 교류 전압 이득의 크기를 계산하면

$$A_v = \frac{R_C}{2r_e} = \frac{(47\,\mathrm{k\Omega})}{2(269\,\Omega)} = 87.4$$

결국 교류 출력전압의 크기는

$$V_o = A_v V_i = (87.4)(2\,\mathrm{mV}) = 174.8\,\mathrm{mV} = \mathbf{0.175\,V}$$

이다.

차동 입력 교류 전압 이득 앞과 유사한 해석 방법으로, 두 입력 단자에 신호를 인가했을 때의 차동 전압 이득 크기를 구하면

$$\boxed{A_d = \frac{V_o}{V_d} = \frac{R_C}{r_e}} \tag{10.5}$$

여기서 $V_d = V_{i_1} - V_{i_2}$이다.

차동 증폭기의 공통 모드 작동

차동 증폭기의 두 입력 단자에 인가한 차동신호는 크게 증폭하지만, 공통신호가 입력 단자에 들어오면 증폭을 거의 하지 않는다. 그림 10.18은 공통신호가 입력된 차동 증폭기의 교류 모델이다. 교류 등가회로는 그림 10.19에 나타내었다. 교류 등가회로를 이용하여

$$I_b = \frac{V_i - 2(\beta + 1)I_b R_E}{r_i}$$

정리하면

$$I_b = \frac{V_i}{r_i + 2(\beta + 1)R_E}$$

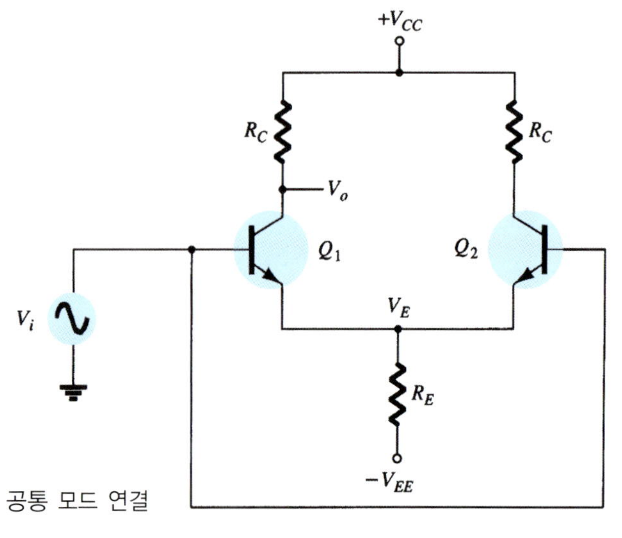

그림 10.18 공통 모드 연결

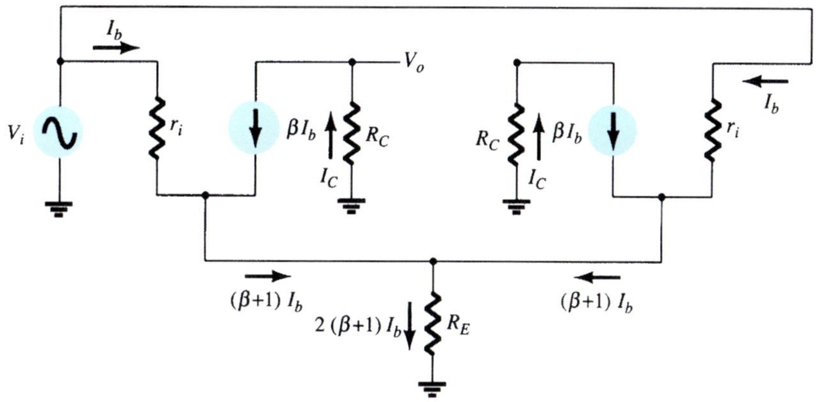

그림 10.19 공통 모드 연결의 교류 회로

출력전압의 크기는

$$V_o = -I_C R_C = -\beta I_b R_C = \frac{-\beta V_i R_C}{r_i + 2(\beta + 1)R_E}$$

결국 전압 이득의 크기는

$$\boxed{A_c = \frac{V_o}{V_i} = \frac{-\beta R_C}{r_i + 2(\beta + 1)R_E}} \tag{10.6}$$

예제 10.3 그림 10.17 회로의 공통 모드 이득을 계산하라.

풀이

$$\text{식 (10.6):}\quad A_c = \frac{V_o}{V_i} = \frac{-\beta R_C}{r_i + 2(\beta + 1)R_E} = \frac{-75(47\ \text{k}\Omega)}{20\ \text{k}\Omega + 2(76)(43\ \text{k}\Omega)} = \mathbf{-0.54}$$

정전류원의 이용

좋은 차동 증폭기는 차동 이득 A_d가 매우 크며, 당연히 공통 모드 이득 A_c보다는 훨씬 크다. 회로의 공통 모드 제거 능력을 개선하여 공통 모드 이득을 이상적인 크기인 0에 가깝도록 만들 수 있다. 식 (10.6)에서 R_E가 클수록 A_c는 작아지는 것을 알 수 있다. R_E의 값을 증가시키는 한 가지 방법은 정전류원을 이용하는 것이다. 그림 10.20은 공통 에미터와 교류 접지 사이에 큰 저항을 얻을 수 있도록 차동 증폭기에 정전류원을 이용한다. 그림 10.9와 비교해 보면, 정전류원을 이용하여 구한 R_E의 교류 임피던스가 훨씬 크다. 그림 10.21은 그림 10.20의 교류 등가회로이다. 실제 정전류원은 큰 임피던스와 이상적인 정전류원의 병렬연결로 표시한다.

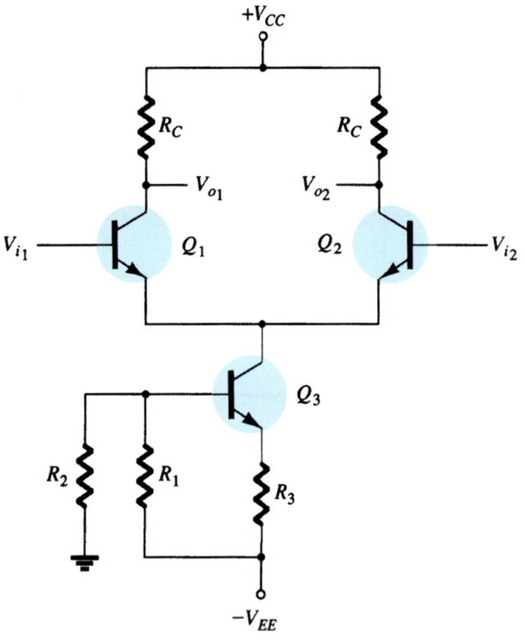

그림 10.20 정전류원을 이용한 차동 증폭기

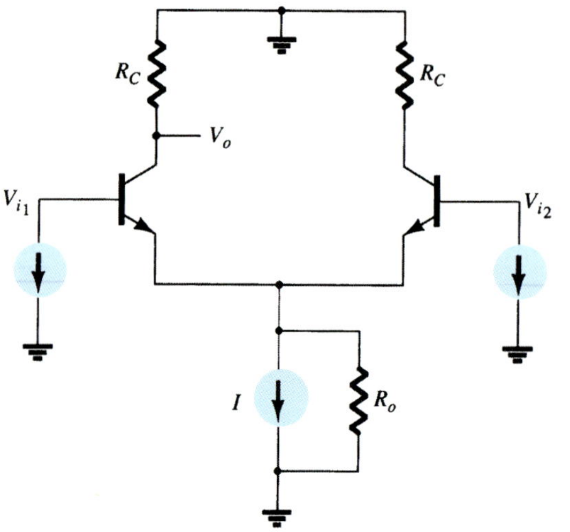

그림 10.21 그림 10.20 회로의 교류 등가

예제 10.4 그림 10.22의 차동 증폭기에 대해 공통 모드 이득을 계산하라.

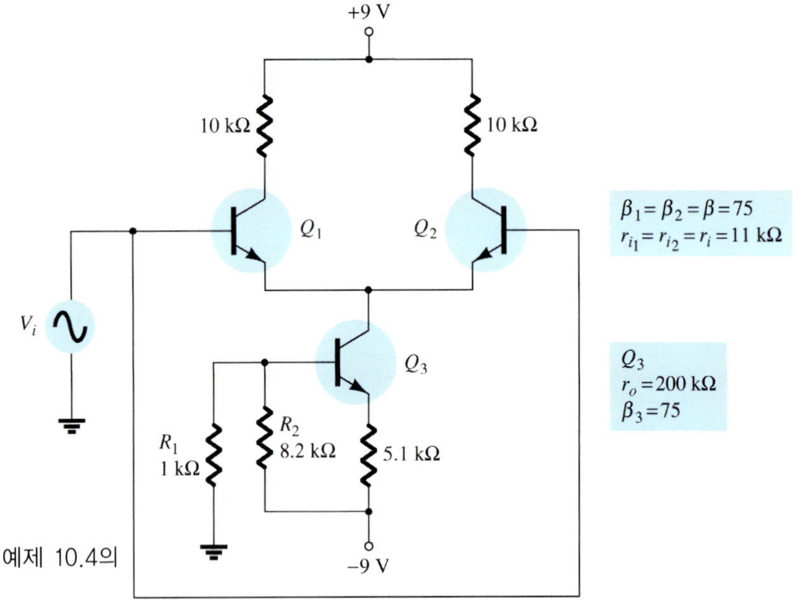

그림 10.22 예제 10.4의 회로

풀이

$R_E = r_o = 200\ \text{k}\Omega$을 사용하여

$$A_c = \frac{\beta R_C}{r_i + 2(\beta + 1)R_E} = \frac{75(10\ \text{k}\Omega)}{11\ \text{k}\Omega + 2(76)(200\ \text{k}\Omega)} = \mathbf{24.7 \times 10^{-3}}$$

10.3 BiFET, BiMOS, CMOS, 차동 증폭기 회로

이전 절까지는 바이폴라 소자를 이용한 차동 증폭기를 소개하였지만, 실제 산업계에서는 JFET이나 MOSFET 트랜지스터를 이용하여 차동증폭기를 제작한다. 동일 칩 위에 바이폴라(Bi)와 접합형 전계효과(FET) 트랜지스터를 서로 양립하여 제조된 IC 회로를 BiFET 회로라 한다. 또한 동일 칩 위에 바이폴라(Bi)와 MOSFET(MOS) 트랜지스터를 서로 양립하여 제조된 IC 회로를 BiMOS 회로라 한다. 마지막으로 다른 두 형인 *p*MOS와 *n*MOS 트랜지스터를 이용하여 제조된 회로를 CMOS 회로라고 한다.

CMOS는 디지털 회로에 널리 쓰이고 있고, *n*채널, *p*채널 증가형 MOSFET을 사용한다(그림 10.23 참조). 이 회로는 입력전압 V_i를 양쪽의 게이트에 입력하면, 서로 연결된 드레인에서 출력이 나오는 형태이다. CMOS 회로의 작동을 살펴보기 전에, 먼저 증가형 MOSFET의 작동을 살펴보자.

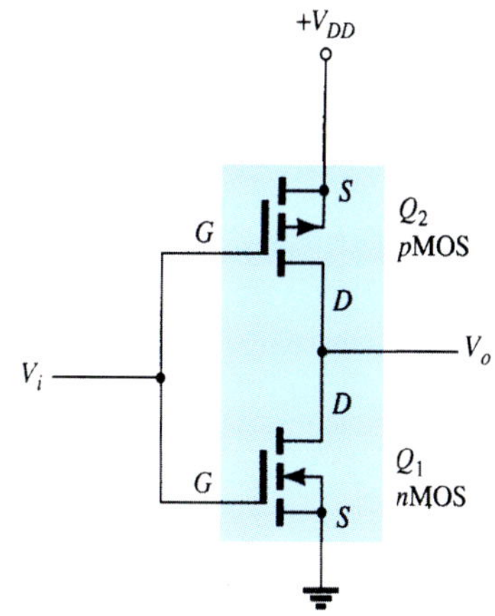

그림 10.23 CMOS 인버터 회로

*n*MOS On/Off 작동

*n*채널 증가형 MOSFET(*n*MOS)의 전압 대 전류 특성은 그림 10.24a에서 보는 바와 같다. 게이트-소스전압에 0 V가 인가되면, 드레인 전류는 0이 된다. V_{GS}가 문턱전압인 V_T 이하일 경우 드레인 전류는 계속 0으로 남게 된다. 입력에 +5 V를 인가하면, *n*MOS는 I_D의 전류가 흐르며 켜지게 된다. 결론적으로:

입력이 0 V이면 *n*MOS는 꺼지고, +5 V이면 켜진다.

*p*MOS On/Off 작동

*p*채널 증가형 MOSFET(*p*MOS)의 전압 대 전류 특성은 그림 10.24b에서 보는 바와 같다. 게이트-소스전압에 0 V가 인가되면, 드레인 전류는 0이 되어 꺼지게 된다. 반면 입력에 −5 V(V_T보다 큰)로 인가하면 *p*MOS는 전류가 흐르게 되어 켜지게 된다. 결론적으로:

V_{GS}=0 V이면 *p*MOS는 꺼지고, −5 V이면 켜진다.

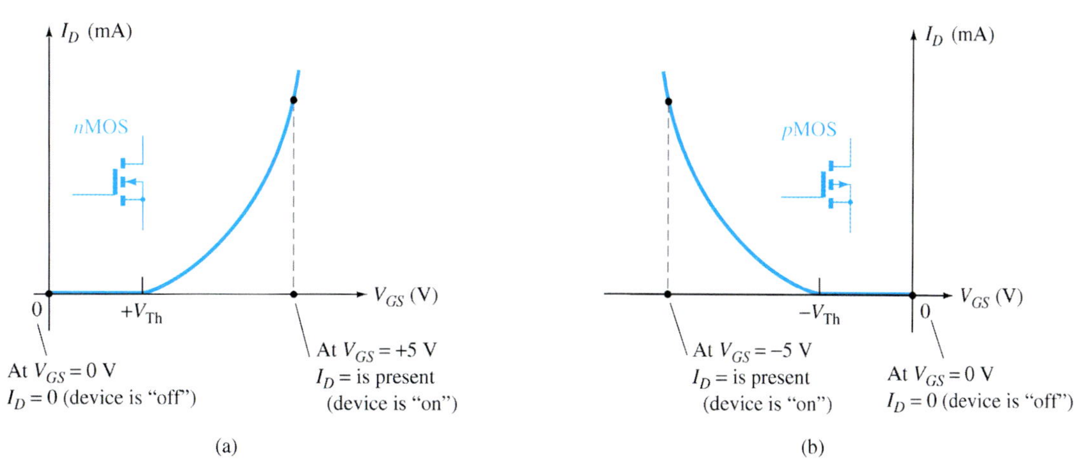

그림 10.24 증가형 MOSFET의 on/off 작동 특성: (a) *n*MOS; (b) *p*MOS

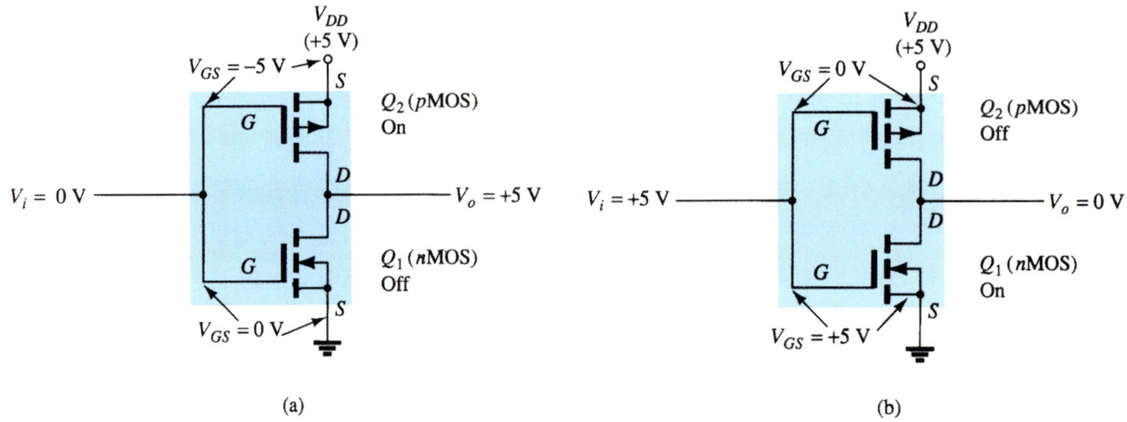

그림 10.25 CMOS 회로의 작동: (a) +5 V 출력; (b) 0 V 출력

다음으로 그림 10.25와 같은 CMOS 회로에 입력을 0 V와 +5 V를 인가했을 때, 어떻게 작동하는지 알아보자.

0 V 입력

CMOS 회로에 0 V의 입력을 인가하면, *n*MOS와 *p*MOS의 게이트에 0 V가 인가된다. 그림 10.25a를 보면,

$$\text{For } n\text{MOS } (Q_1): \quad V_{GS}=V_i-0\text{ V}=0\text{ V}-0\text{ V}=0\text{ V}$$
$$\text{For } p\text{MOS } (Q_2): \quad V_{GS}=V_i-(+5\text{ V})=0\text{ V}-5\text{ V}=-5\text{ V}$$

*n*MOS 트랜지스터 Q_1은 꺼지게 되고, 게이트 소스전압이 −5 V로 걸리게 되는 *p*MOS는 켜지게 되어 출력전압 V_o는 +5 V가 된다.

+5 V 입력

+5 V의 입력전압을 인가하면, 양쪽의 게이트에 +5 V가 인가되어 그림 10.25b에서 보면,

$$\text{For } n\text{MOS } (Q_1): \quad V_{GS}=V_i-0\text{ V}=+5\text{ V}-0\text{ V}=+5\text{ V}$$
$$\text{For } p\text{MOS } (Q_2): \quad V_{GS}=V_i-(+5\text{ V})=+5\text{ V}-5\text{ V}=0\text{ V}$$

그 결과 Q_1은 켜지게 되고, Q_2는 꺼지게 되어 출력전압은 0 V에 가까운 값을 가지게 된다. 그림 10.23과 같은 CMOS 회로를 논리 반전기라고 하고, 표 10.1과 같이 입력에 반대되는 출력을 가짐을 알 수 있다.

표 10.1 CMOS 회로의 작동

V_i (V)	Q_1	Q_2	V_o (V)
0	Off	On	+5
+5	On	Off	0

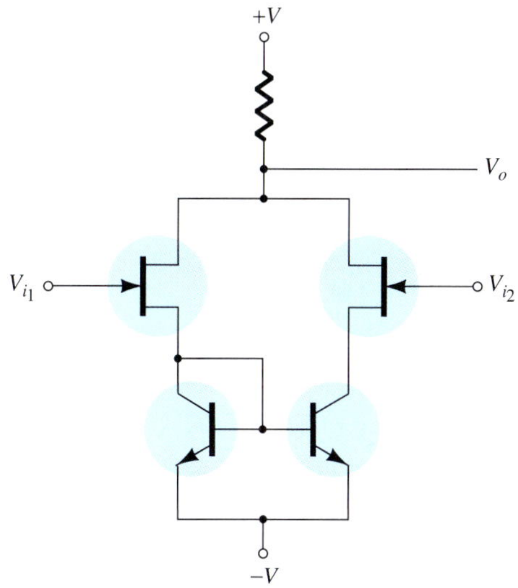

그림 10.26 BiFET 차동 증폭기 회로

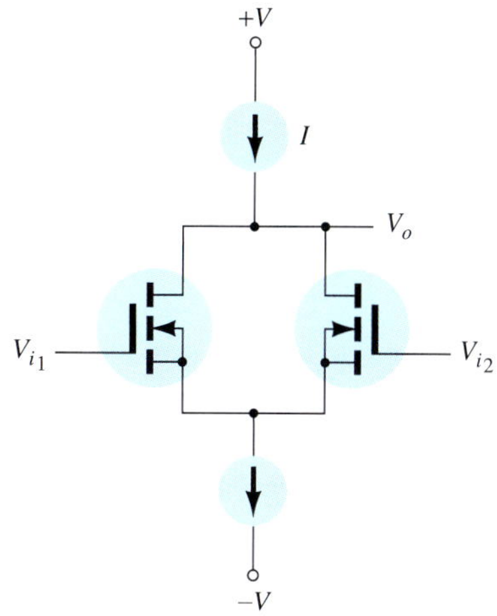

그림 10.27 BiMOS 차동 증폭기 회로

실제 IC 상의 회로는 훨씬 복잡하기 때문에 이러한 다양한 소자들로 이루어진 회로는 아래 그림들의 개념도를 사용하여 나타낸다. 그림 10.26은 BiFET 회로로 입력단에는 JFET 트랜지스터를 사용하고, 전류원(전류 미러)에는 바이폴라 트랜지스터를 사용하였다. 전류 미러는 각 JFET가 같은 바이어스 전류로 작동하도록 해준다. 교류 작동의 경우, 전체 회로는 JFET로 인해 단지 바이폴라 트랜지스터만 있는 경우보다 훨씬 큰 입력 임피던스를 갖는다.

그림 10.27은 BiMOS 회로로 입력단에는 MOSFET 트랜지스터를 사용하고 전류원(전류 미러)에는 바이폴라 트랜지스터를 사용하였다. MOSFET를 사용하므로 BiMOS는 BiFET보다 훨씬 큰 입력 임피던스를 갖는다.

그림 10.28은 상보 MOSFET를 이용한 회로로 입력단에는 *p*MOS 트랜지스터를 사용하고 전류원에는 *n*MOS 트랜지스터를 사용하였다. 출력은 두 트랜지스터가 공통으로 연결되

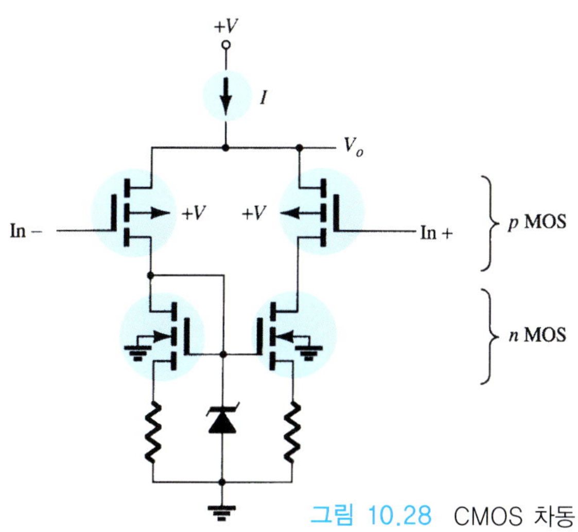

그림 10.28 CMOS 차동 증폭기

어 있는 점에서 얻는다. nMOS 트랜지스터와 pMOS 트랜지스터의 교점에서 단일 출력을 얻을 수 있다. CMOS 차동 증폭기는 전력 소모가 낮기 때문인데 특히 전지를 전원으로 사용할 때 적합하다.

10.4 연산 증폭기 기초

연산 증폭기는 대단히 큰 전압 이득, 큰 입력 임피던스(보통 수 Mega Ω), 작은 출력 임피던스(100 Ω 이하)를 가진 소자이다. 기본적인 회로는 (+), (−) 2개의 입력 단자와 하나 이상의 출력 단자를 갖는 차동 증폭기를 이용하여 구성된다. 그림 10.29는 기본적인 연산 증폭기를 표시한 것이다. (+) 입력은 입력과 위상이 같은 신호를 출력하고, (−) 입력은 입력과 위상이 반대인 신호를 출력한다. 그림 10.30a는 연산 증폭기의 등가회로이다. 일반적으로 입력신호가 인가되는 입력단자를 바라보는 입력 임피던스 R_i는 매우 큰 값을 가지며, 입력신호에 증폭기의 전압 이득만큼 곱해진 출력전압의 출력 임피던스를 R_o라는 매우 작은 값을 가진다. 그림 10.30b와 같은 이상적인 연산 증폭기의 입력 임피던스는 무한대이며, 출력 임피던스는 0, 전압 이득은 무한대이다.

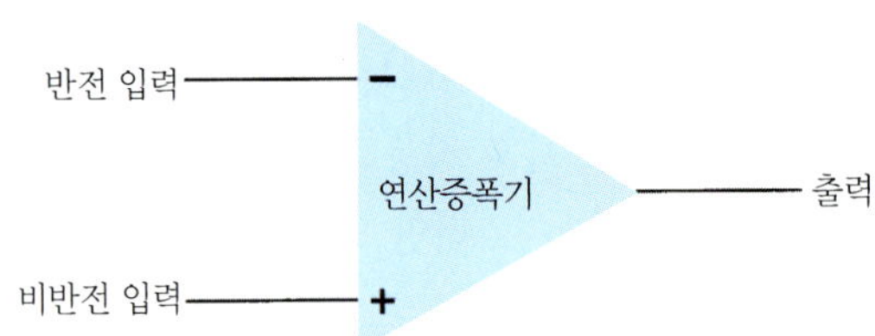

그림 10.29 기본적인 연산 증폭기

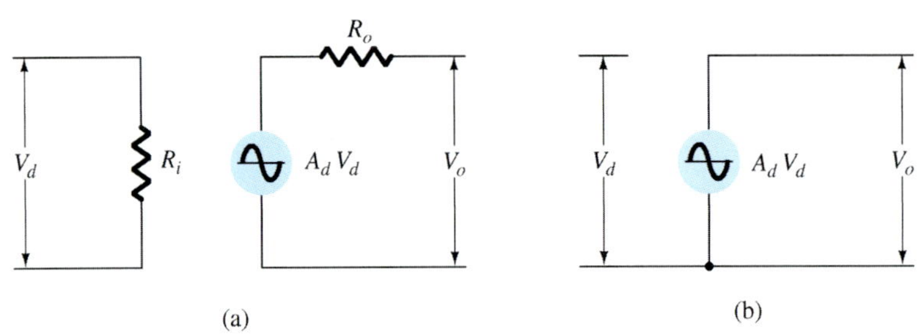

그림 10.30 연산 증폭기의 교류 등가: (a) 일반적인 연산 증폭기; (b) 이상적인 연산 증폭기

기본적인 연산 증폭기

연산 증폭기를 사용한 기본적인 접속회로가 그림 10.31에 있다. 이 회로는 일정한 이득을 제공하는 곱셈기 작동을 한다. 입력신호 V_1은 저항 R_1을 통하여 (−) 입력 단자에 연결되어 있다. 출력은 저항 R_f를 통하여 (−) 입력 단자에 귀환 연결되어 있고, (+) 입력 단자는 접지되어 있다. 입력신호 V_1이 (−) 단자에 입력되므로 출력신호는 입력신호와 반대의 위상을 가진다. 그림 10.32a는 연산 증폭기를 교류 등가회로로 대치한 것이다. 이상적인 연산 증폭기의 등가회로로 대치한다면 R_i를 개방시키고(무한대의 저항), R_o을 단락시켜 그림 10.32b

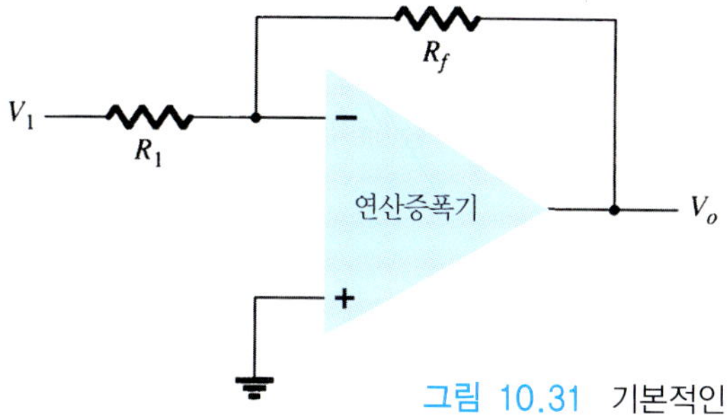

그림 10.31 기본적인 연산 증폭기 접속

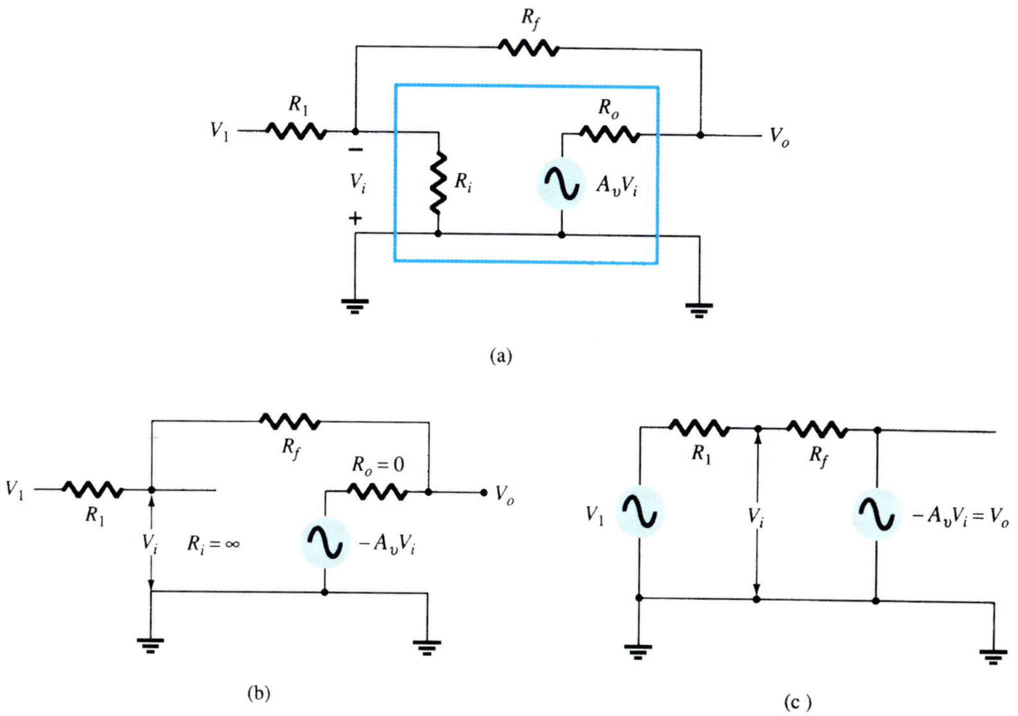

그림 10.32 일정한 이득을 갖는 연산 증폭기의 작동: (a) 연산 증폭기의 교류 등가회로; (b) 이상적인 연산 증폭기의 등가회로 (c) 다시 그린 등가회로

가 된다. 회로 해석을 위해 등가회로를 다시 그린 것이 그림 10.32c이다.

중첩의 원리를 적용하면 V_1의 각 소자들의 값으로 표현할 수 있다. $-A_v V_i$를 0으로 놓고 V_1만 생각하면

$$V_{i_1} = \frac{R_f}{R_1 + R_f} V_1$$

V_1을 0으로 놓고 $-A_v V_i$만 생각하면

$$V_{i_2} = \frac{R_1}{R_1 + R_f}(-A_v V_i)$$

이들을 합하면

$$V_i = V_{i_1} + V_{i_2} = \frac{R_f}{R_1 + R_f}V_1 + \frac{R_1}{R_1 + R_f}(-A_vV_i)$$

이다. 이를 V_i에 관해서 풀어 쓰면

$$V_i = \frac{R_f}{R_f + (1 + A_v)R_1}V_1 \tag{10.7}$$

만일 $A_v \gg 1$이고, $A_vR_1 \gg R_f$가 성립된다면

$$V_i = \frac{R_f}{A_vR_1}V_1$$

이고, 이를 이용하여 전압 이득 V_o/V_i를 계산하면

$$\frac{V_o}{V_i} = \frac{-A_vV_i}{V_i} = \frac{-A_v}{V_i}\frac{R_fV_1}{A_vR_1} = -\frac{R_f}{R_1}\frac{V_1}{V_i}$$

그러므로

$$\boxed{\frac{V_o}{V_1} = -\frac{R_f}{R_1}} \tag{10.8}$$

연산 증폭기의 개방된 전압 이득 A_v가 대단히 크다고 가정하면, 식 (10.8)과 같이 회로의 전압 이득은 저항 R_1과 R_f의 비율에 의해서만 결정되고, 연산 증폭기의 파라미터와는 관계가 없다.

단위 이득

만일 $R_f = R_1$이면

$$전압\ 이득 = -\frac{R_f}{R_1} = -1$$

즉 증폭회로가 180°의 위상 반전을 갖고 전압 이득의 크기는 1이 된다. R_f가 정확히 R_1과 같다면, 전압 이득은 정확히 1이 된다.

상수 이득

만일 R_f가 R_1의 배수라면 전압 이득은 상수이다. 예를 들어 $R_f = 10R_1$이면

$$전압\ 이득 = -\frac{R_f}{R_1} = -10$$

으로서 입력신호의 위상을 반전시키면서 크기는 10배로 증가한다. 만일 저항 R_f와 R_1을 정

확한 값을 갖는 저항을 선택한다면 증폭기로 얻을 수 있는 이득 범위는 넓어지고, 저항의 정확도만큼 정확한 값의 이득을 얻을 수 있으며, 온도와 다른 회로 요소에 의해서만 영향을 받는다.

가상 접지

출력전압의 최대값은 전원전압에 의해 제한되는 수 볼트 정도이다. 앞에서 설명한 것과 같이 전압 이득은 매우 크다. 예를 들어 $V_o = -10\text{ V}$이고, $A_v = 20{,}000$인 증폭기의 입력전압은

$$V_i = \frac{-V_o}{A_v} = \frac{10\text{ V}}{20{,}000} = 0.5\text{ mV}$$

이어야 한다. 만약 회로 전체의 전압 이득(V_o/V_1)이 1이면, 이 증폭회로의 입력전압은 $V_1 = 10\text{ V}$가 될 것이다. 그러므로 V_i는 다른 증폭기와 비교해서 아주 작은 값이며, 0 V로 생각해도 좋다.

여기서 주의해야 할 점은 $V_i \approx 0\text{ V}$라 해도 정확히 0 V는 아니다(대단히 큰 A_v와 매우 작은 입력 V_i의 곱이 출력전압이므로 출력전압은 수 볼트이다). $V_i \approx 0\text{ V}$가 된다는 것은 증폭기의 입력 단자에 단락 회로 또는 가상 접지(virtual ground)가 존재함을 뜻한다.

가상 접지란 전위차가 0 V에 가까워도 증폭기의 입력 단자를 통하여 접지점으로는 전류가 흐르지 않음을 말한다. 그림 10.33은 가상 접지의 개념을 나타낸 그림으로, 굵은 선이 가상 접지를 나타내고 있다. 즉 굵은 선의 양끝 사이의 전압은 $V_i \approx 0\text{ V}$이지만 전류는 흐르지 않음을 표시하고 있다. 이 회로에서 전류는 R_1과 R_f를 통해서만 흐를 수 있다.

가상 접지의 개념을 적용하여 전류 I에 관한 식을 쓰면

$$I = \frac{V_1}{R_1} = -\frac{V_o}{R_f}$$

이 식으로부터 V_o/V_i를 구하면

$$\frac{V_o}{V_1} = -\frac{R_f}{R_1}$$

이다. 이득 A_v가 대단히 크다는 사실을 기반으로 하는 가상 접지는 이득 A_v를 이용하여 전체 회로의 이득을 쉽게 계산할 수 있다. 그림 10.33은 실제로 맞는 회로는 아니지만, 전체 전압 이득을 쉽게 계산할 수 있게 한다.

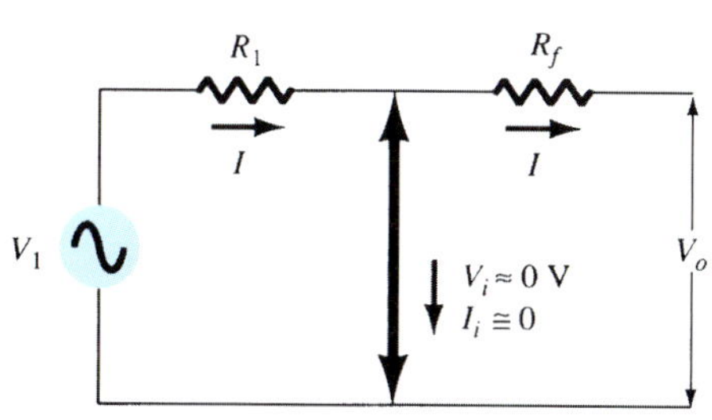

그림 10.33 연산 증폭기의 가상 접지

10.5 연산 증폭기 응용회로

연산 증폭기는 여러 회로와 연결되어 다양한 작동 특성을 나타낸다. 이 절에서는 이들 회로 중 자주 사용되는 몇 가지 회로에 관해 알아본다.

반전 증폭기

반전 증폭기(inverting amplifier)는 상수 이득을 갖는 증폭회로 중 가장 널리 사용되는 것으로, 그림 10.34에 나타내었다. 출력신호는 입력신호의 위상을 반전시키고, R_1과 R_f에 의해 주어지는 상수를 입력신호에 곱하여 얻을 수 있다. 식 (10.8)을 이용하여 출력전압을 구하면, 다음과 같이 쓸 수 있다.

$$V_o = -\frac{R_f}{R_1}V_1$$

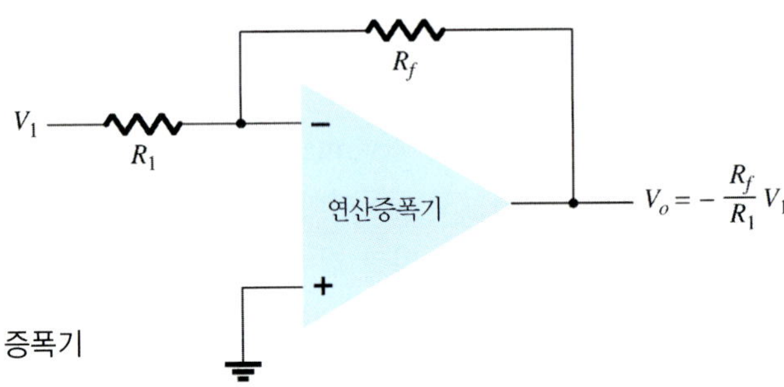

그림 10.34 반전 증폭기

예제 10.5 그림 10.34에서 $R_1 = 100\ \text{k}\Omega$, $R_f = 500\ \text{k}\Omega$이다. 입력 $V_1 = 2\ \text{V}$일 때 출력전압은 얼마인가?

풀이

$$\text{식 (10.8)}: \quad V_o = -\frac{R_f}{R_1}V_1 = -\frac{500\ \text{k}\Omega}{100\ \text{k}\Omega}(2\ \text{V}) = \mathbf{-10\ V}$$

비반전 증폭기

그림 10.35a는 비반전 증폭기(noninverting amplifier) 또는 일정한 이득의 곱셈기(constant-gain multiplier)로 작동하는 연산 증폭기 회로이다. 나중에 언급되는 주파수 안정도 문제 때문에, 이 비반전 증폭기보다는 반전 증폭기가 훨씬 널리 사용된다. 회로의 전압 이득을 계산하기 위해서 가상 접지의 개념을 적용하여 등가회로를 그리면, 그림 10.35b와 같다. $V_i \approx 0$ V이기 때문에 R_1에 걸리는 전압은 V_1이다. 이러한 R_1에 걸리는 전압은 V_o가 R_1과 R_f에 의해 전압 분배된 값과 같으므로

$$V_1 = \frac{R_1}{R_1 + R_f}V_o$$

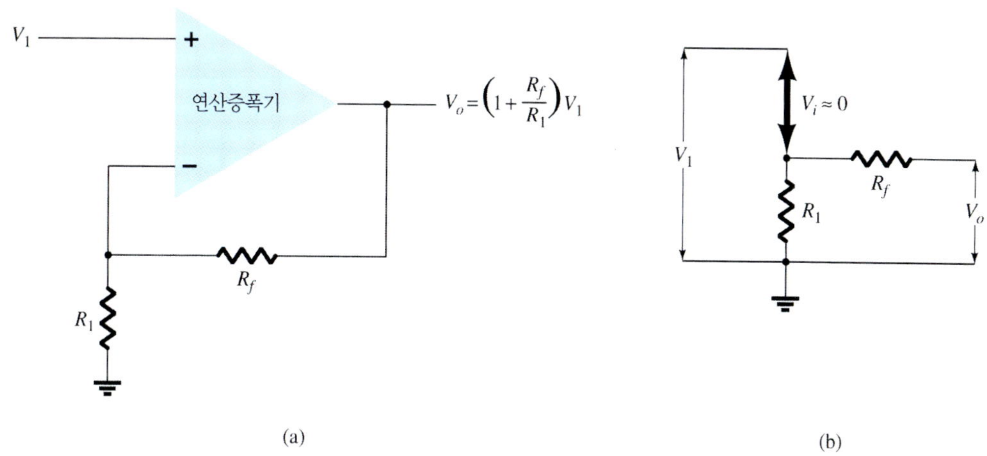

그림 10.35 비반전 증폭기

과 같이 나타낼 수 있다. 따라서 비반전 증폭기의 전압 이득은 다음과 같다.

$$\boxed{\frac{V_o}{V_1} = \frac{R_1 + R_f}{R_1} = 1 + \frac{R_f}{R_1}} \tag{10.9}$$

예제 10.6 그림 10.35에서 $V_1 = 2$ V, $R_f = 500$ kΩ, $R_1 = 100$ kΩ일 때 비반전 증폭기의 출력전압을 계산하라.

풀이

식 (10.9): $V_o = \left(1 + \frac{R_f}{R_1}\right)V_1 = \left(1 + \frac{500\,\text{k}\Omega}{100\,\text{k}\Omega}\right)(2\text{ V}) = 6(2\text{ V}) = \mathbf{+12\ V}$

단위 폴로어

단위 폴로어(unity-follower)는 그림 10.36a와 같이 극성이 없거나 위상의 반전이 없고, 이득은 1인 증폭기이다. 그림 10.36b와 같은 등가회로로부터

$$\boxed{V_o = V_1} \tag{10.10}$$

과 같이 나타낼 수 있다. 이처럼 입력이 출력의 극성과 크기가 정확히 일치한다. 이 회로는 이득이 정확히 1이라는 것을 제외하고는 에미터 폴로어나 소스 폴로어와 같은 작동을 한다.

가산 증폭기

연산 증폭기 중에서 가장 많이 사용되는 회로가 가산 증폭기(summing amplifier)이다. 그림 10.37a는 세 입력신호를 가진 가산 증폭기 회로이다. 이 회로에서는 각각의 입력신호에

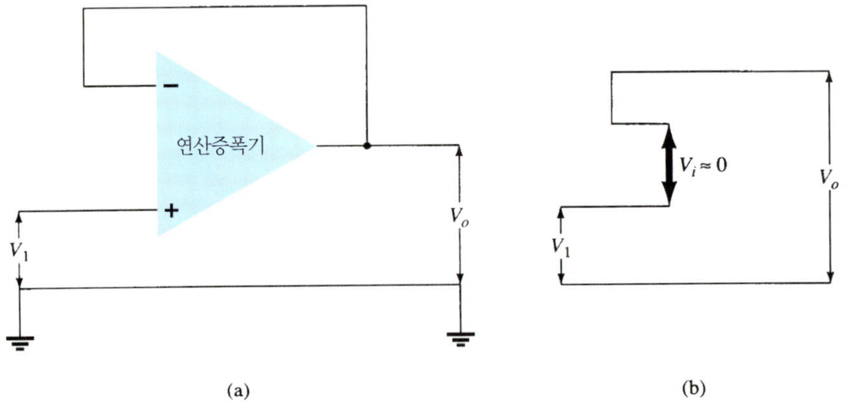

그림 10.36 (a) 단위 폴로어; (b) 가상 접지를 적용한 등가회로

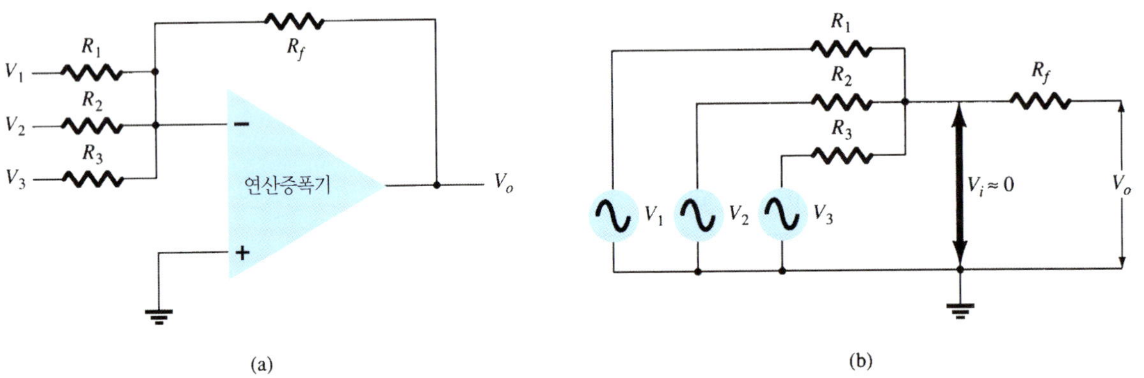

그림 10.37 (a) 가산 증폭기; (b) 가상 접지를 적용한 등가회로

일정 이득 상수가 곱해진 값이 합해져서 출력으로 나타난다. 등가회로는 그림 10.37b와 같으며, 입력에 대한 출력 전압은 다음과 같이 나타낼 수 있다.

$$V_o = -\left(\frac{R_f}{R_1}V_1 + \frac{R_f}{R_2}V_2 + \frac{R_f}{R_3}V_3\right) \tag{10.11}$$

다시 말해서 각 입력은 각각의 일정한 이득이 곱셈기에 의해 증폭된 다음 서로 합해진 것이다. 더 많은 수의 입력을 사용하면 출력도 그만큼 더한 값을 가진다.

예제 10.7 다음과 같은 회로로 만들어진 가산 증폭기의 출력전압을 계산하라($R_f = 1\ \text{M}\Omega$).

a. $V_1 = +1$ V, $V_2 = +2$ V, $V_3 = +3$ V, $R_1 = 500\ \text{k}\Omega$, $R_2 = 1\ \text{M}\Omega$, $R_3 = 1\ \text{M}\Omega$

b. $V_1 = -2$ V, $V_2 = +3$ V, $V_3 = +1$ V, $R_1 = 200\ \text{k}\Omega$, $R_2 = 500\ \text{k}\Omega$, $R_3 = 1\ \text{M}\Omega$

풀이 식 (10.11)을 이용하여

a. $V_o = -\left[\frac{1000\text{ k}\Omega}{500\text{ k}\Omega}(+1\text{ V}) + \frac{1000\text{ k}\Omega}{1000\text{ k}\Omega}(+2\text{ V}) + \frac{1000\text{ k}\Omega}{1000\text{ k}\Omega}(+3\text{ V})\right]$
$= -[2(1\text{ V}) + 1(2\text{ V}) + 1(3\text{ V})] = \mathbf{-7\text{ V}}$

b. $V_o = -\left[\frac{1000\text{ k}\Omega}{200\text{ k}\Omega}(-2\text{ V}) + \frac{1000\text{ k}\Omega}{500\text{ k}\Omega}(+3\text{ V}) + \frac{1000\text{ k}\Omega}{1000\text{ k}\Omega}(+1\text{ V})\right]$
$= -[5(-2\text{ V}) + 2(3\text{ V}) + 1(1\text{ V})] = \mathbf{+3\text{ V}}$

적분기

지금까지 입력부와 피드백 소자로는 저항을 이용하였다. 만일 피드백 소자로 커패시터를 사용하면 그림 10.38a와 같으며, 이것은 적분기(integrator)로 작동하게 된다. 그림 10.38b의 가상 접지 등가회로를 보면 전류 I에 관한 식으로부터 입력과 출력전압과의 관계를 쉽게 유도할 수 있다. R과 X_C가 접속된 점은 가상 접지점이므로, 그 점의 전압은 0이고 굵은 선으로는 전류가 흐르지 않는다. 커패시터의 리액턴스 X_C는

$$X_C = \frac{1}{j\omega C} = \frac{1}{sC}$$

로 표시된다. 여기서 s는 Laplace 변수*로서 $s=j\omega$이다. V_o/V_1에 대해 풀면

$$I = \frac{V_1}{R} = -\frac{V_o}{X_C} = \frac{-V_o}{1/sC} = -sCV_o$$

$$\frac{V_o}{V_1} = \frac{-1}{sCR} \tag{10.12}$$

위 식을 시간 영역에서 표시하면 다음과 같다.

$$\boxed{v_o(t) = -\frac{1}{RC}\int v_1(t)\,dt} \tag{10.13}$$

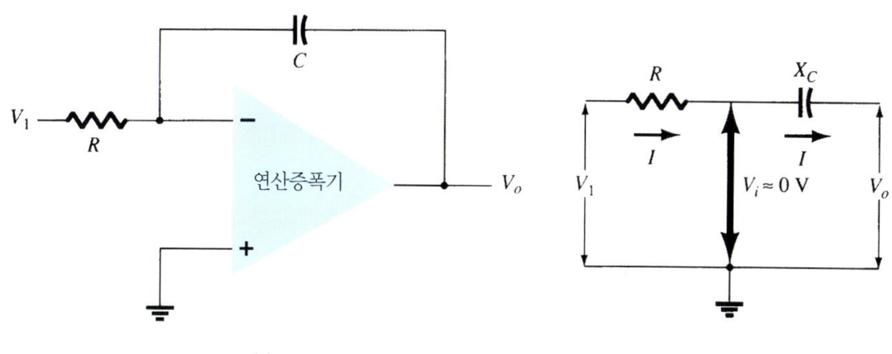

그림 10.38 적분기

*라플라스 표기법은 연산자 s를 사용하는 대수 형태로 미적분 분야의 미분 또는 적분 연산을 표현할 수 있다. 미적분에 익숙하지 않은 독자들은 식 (10.13)이 유도되는 단계를 무시하고, 그 물리적인 의미를 따르면 된다.

식 (10.13)에서 알 수 있듯이, 출력은 입력전압을 적분한 다음 위상을 반전시키고, 상수 $1/RC$를 곱한 값이다. 입력신호를 적분하는 기능은 아날로그 컴퓨터의 미분식 풀이를 가능케 하고, 따라서 물리적 시스템 동작을 전기적인 아날로그 신호로 풀이할 수 있는 기능을 제공한다.

적분은 한 주기 내에서 파형이나 곡선이 포함하고 있는 영역을 더하는 일종의 덧셈이다. 만일 일정한(상수) 전압이 적분기에 입력되면, 식 (10.13)에 따라 출력전압은 한 주기 내에서 계속 증가하고 결국 램프신호가 출력된다. 출력되는 램프신호는 입력신호와 극성이 반대이고 입력에 $1/RC$을 곱한 신호이다. 그림 10.38의 회로에 다양한 입력신호를 인가할 수는 있지만, 다음 예제는 단지 일정한 전압을 인가하여 램프신호가 출력되는 과정을 보여준다.

예를 들어 그림 10.39a와 같은 적분기에 입력전압 $V_1 = 1$ V를 인가한 경우를 생각해 보자. 이 회로의 눈금 상수 $1/RC$은

$$-\frac{1}{RC} = \frac{1}{(1\,\text{M}\Omega)(1\,\mu\text{F})} = -1$$

이므로, 출력에서는 그림 10.39b와 같은 음의 기울기를 갖는 램프신호를 얻는다. 만일 저항을 $R = 100$ kΩ으로 변화시키면 눈금 상수도 다음과 같이 변하고

$$-\frac{1}{RC} = \frac{1}{(100\,\text{k}\Omega)(1\,\mu\text{F})} = -10$$

출력도 그림 10.39c와 같이 가파른 경사를 갖는다.

그림 10.40에 보인 바와 같이 하나 이상의 입력을 적분기에 인가할 수 있다. 이러한 적분기의 출력은 다음과 같다.

$$v_o(t) = -\left[\frac{1}{R_1C}\int v_1(t)\,dt + \frac{1}{R_2C}\int v_2(t)\,dt + \frac{1}{R_3C}\int v_3(t)\,dt\right] \qquad (10.14)$$

아날로그 컴퓨터에서 사용되고 있는 가산 적분기의 예가 그림 10.40에 나타나 있다. 이는 입력 저항과 피드백 커패시터로 나타낸 실제 회로이며, 아날로그 컴퓨터 표현은 단지 각

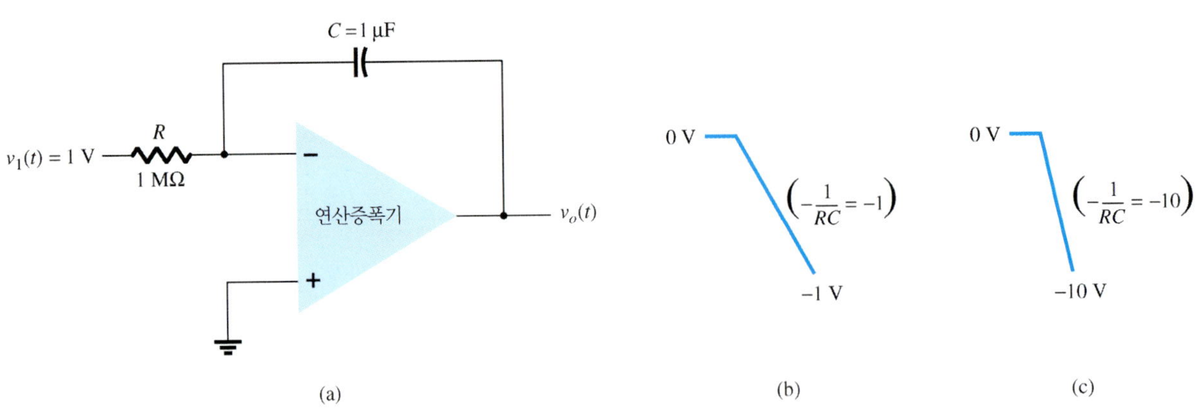

그림 10.39 계단 입력을 갖는 적분기의 작동

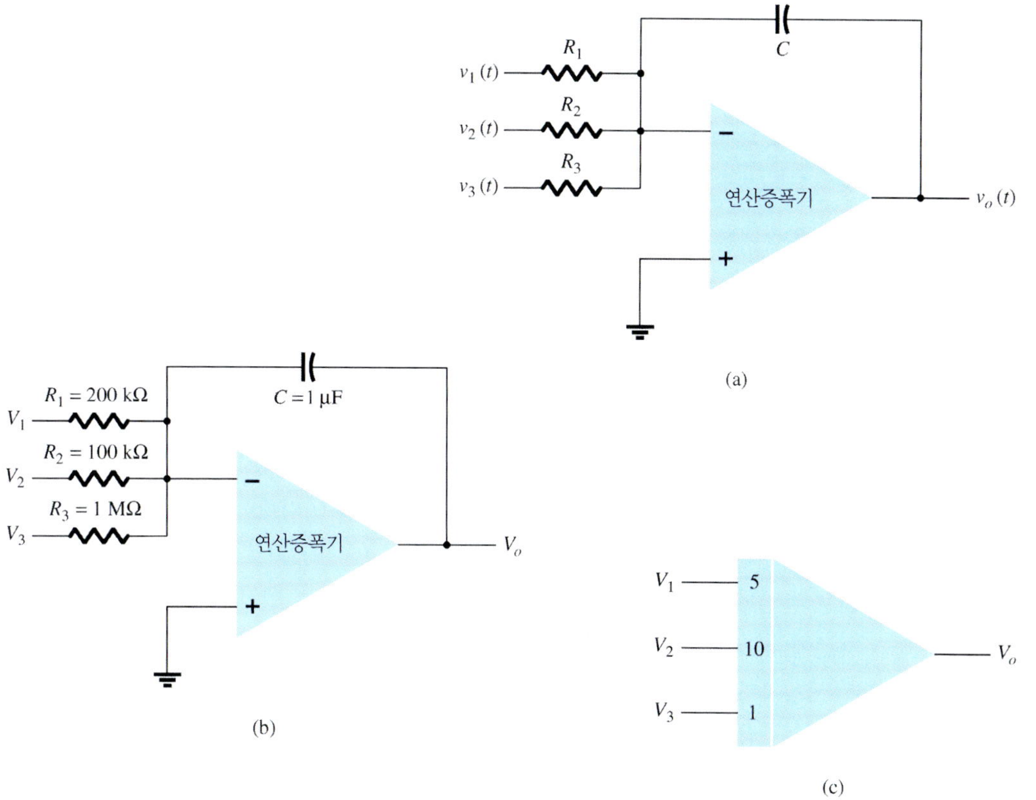

그림 10.40 (a) 가산 적분기 회로; (b) 실제 소자값; (c) 아날로그 컴퓨터에서의 적분기 회로 기호

입력에 대한 눈금 상수만을 나타낸다.

미분기

그림 10.41의 회로는 미분기(differentiator)이다. 앞에서 본 적분기 회로만큼 많이 사용되지는 않지만, 미분기는 유용한 작동을 한다. 이 회로식은

$$v_o(t) = -RC\frac{dv_1(t)}{dt} \tag{10.15}$$

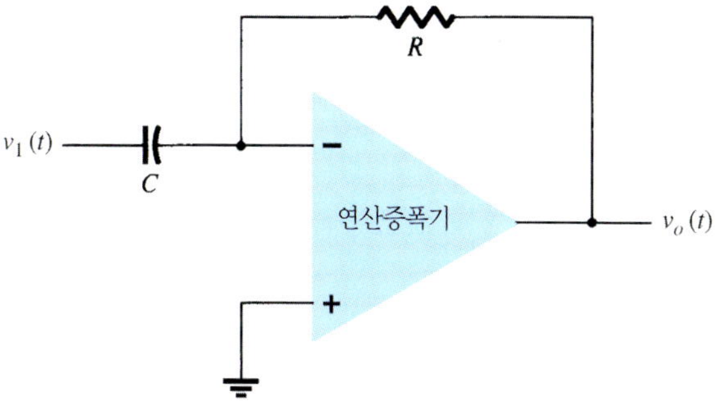

그림 10.41 미분기

이다. 여기서 $-RC$는 눈금 상수이다.

10.6 연산 증폭기 규격-직류 오프셋 파라미터

실제로 연산 증폭기를 응용하기 전에 증폭기의 직류와 교류 작동 또는 주파수 작동 특성을 정의하는 몇 가지 파라미터들에 대해 알고 있어야 한다. 다음은 직류, 순간적인 작동 그리고 주파수 작동의 규격들이다.

오프셋 전류와 전압

연산 증폭기의 입력이 0 V이면 그 출력도 0 V이어야 하지만, 실제로는 약간의 오프셋 전압(offset voltage)이 발생한다. 가령 두 입력 단자에 0 V를 인가했을 때 출력 단자에서 26 mV(직류)를 측정된다면, 이는 입력신호에 따른 것이 아니라 회로 자체에 의해 발생하는 원하지 않는 전압이다. 사용자는 다양한 이득과 극성 동작으로 연산 증폭기를 연결하여 사용하기 때문에, 제조회사에서는 연산 증폭기의 입력 오프셋 전압만을 정해준다. 출력 오프셋 전압은 사용자가 연산 증폭기를 연결하는 회로에 따른 전압 이득과 입력 오프셋 전압에 의해 정해진다.

출력 오프셋 전압은 (1) 입력 오프셋 전압 V_{IO}, (2) 두 입력 단자에 인가해지는 직류 입력 신호의 차이에 의한 오프셋 전류에 의해 영향을 받는다.

입력 오프셋 전압, V_{IO} 제조회사에서는 연산 증폭기의 입력 오프셋 전압 V_{IO}의 값을 규격표로 제공한다. 입력 오프셋 전압이 출력에 미치는 영향을 알아보기 위해 그림 10.42와 같은 회로를 해석해 보자. $V_o = AV_i$이므로 다음과 같이 쓸 수 있다.

$$V_o = AV_i = A\left(V_{IO} - V_o\frac{R_1}{R_1 + R_f}\right)$$

V_o에 대해 풀면

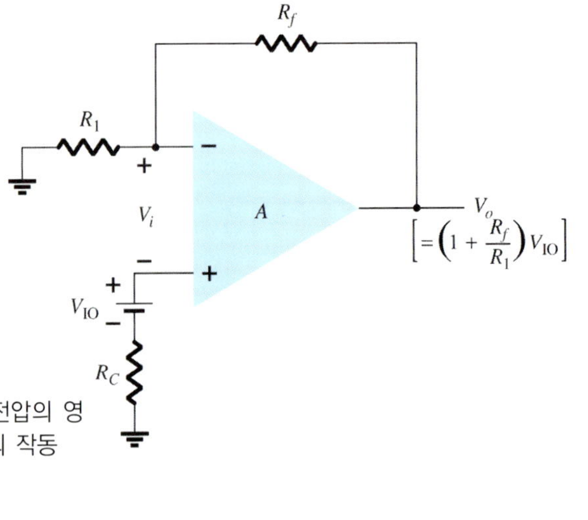

그림 10.42 입력 오프셋 전압의 영향을 나타내는 연산 증폭기의 작동

$$V_o = V_{IO}\frac{A}{1 + A[R_1/(R_1 + R_f)]} \approx V_{IO}\frac{A}{A[R_1/(R_1 + R_f)]}$$

과 같이 나타낼 수 있고, 결국

$$\boxed{V_o(\text{offset}) = V_{IO}\frac{R_1 + R_f}{R_1}} \qquad (10.16)$$

을 얻을 수 있다. 식 (10.16)에서 알 수 있듯이 출력 오프셋 전압은 제조시 정해지는 입력 오프셋 전압과 회로에 사용되는 소자들의 연결 방법에 따라 달라진다.

예제 10.8 그림 10.43의 출력 오프셋 전압을 계산하라. V_{IO}=1.2 mV이다.

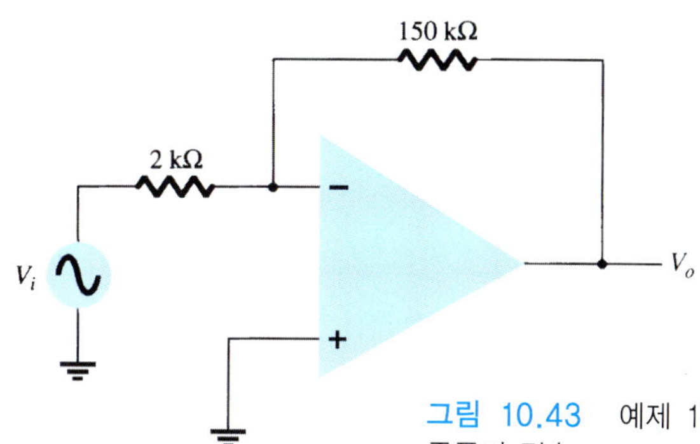

그림 10.43 예제 10.8과 10.9의 연산 증폭기 접속

풀이

식 (10.16): $V_o(\text{offset}) = V_{IO}\frac{R_1 + R_f}{R_1} = (1.2\,\text{mV})\left(\frac{2\,\text{k}\Omega + 150\,\text{k}\Omega}{2\,\text{k}\Omega}\right) = \mathbf{91.2\,mV}$

입력 오프셋 전류에 의한 출력 오프셋 전압, I_{IO} 출력 오프셋 전압은 두 입력에서 직류 바이어스 전류의 차이에 의해서도 발생할 수 있다. 입력단의 두 트랜지스터가 정확하게 일치할 수는 없으므로, 두 입력 단자의 전류들 사이에 약간의 차이가 발생한다. 그림 10.44와 같은 일반적인 연산 증폭기에서 다음과 같은 방법으로 출력 오프셋 전압을 구할 수 있다. 입력단의 저항을 통해 들어오는 바이어스 전류를 각 소자의 전압 강하로 나타내면 출력전압을 계산할 수 있다(그림 10.45). 중첩의 원리를 적용하여 입력 바이어스 전류 I_{IB}^+에 의한 출력전압 V_o^+를 나타내면

$$V_o^+ = I_{IB}^+ R_C\left(1 + \frac{R_f}{R_1}\right)$$

과 같고, 반면에 I_{IB}^-에 의한 출력전압 V_o^-을 나타내면

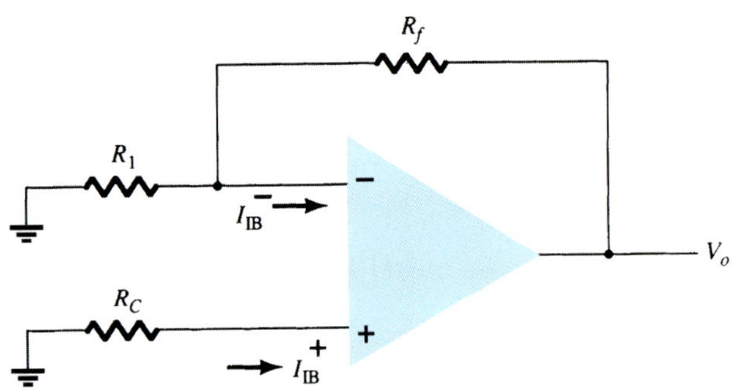

그림 10.44 입력 바이어스 전류를 표시한 연산 증폭기 접속

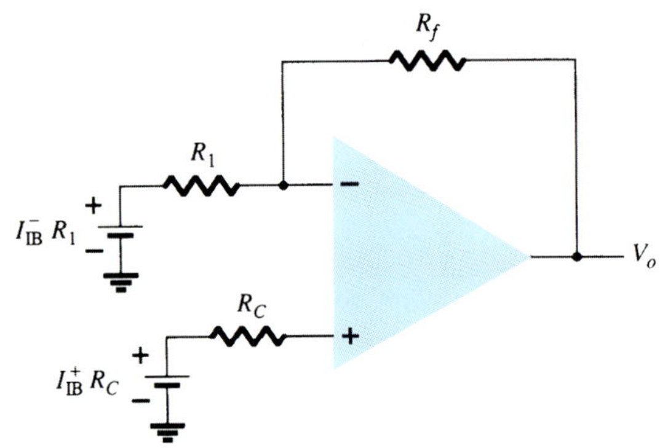

그림 10.45 그림 10.44를 다시 그린 회로

$$V_o^- = I_{IB}^- R_1\left(-\frac{R_f}{R_1}\right)$$

이므로, 전체 출력 오프셋 전압은

$$V_o(I_{IB}^+\text{와 } I_{IB}^-\text{에 의한 offset}) = I_{IB}^+ R_C\left(1 + \frac{R_f}{R_1}\right) - I_{IB}^- R_1\frac{R_f}{R_1} \tag{10.17}$$

으로 나타낼 수 있다. 입력 바이어스 전류는 값 자체보다는 차이에 더 의미가 있으므로 오프셋 전류 I_{IO}를 각각의 입력 바이어스 전류의 차로 정의하면

$$I_{IO} = I_{IB}^+ - I_{IB}^-$$

로 나타낼 수 있다. 보상저항 R_C는 보통 R_1과 대략 같은 값이므로, 식 (10.17)에 $R_C=R_1$을 적용하면

$$\begin{aligned} V_o(\text{offset}) &= I_{IB}^+(R_1 + R_f) - I_{IB}^- R_f \\ &= I_{IB}^+ R_f - I_{IB}^- R_f = R_f(I_{IB}^+ - I_{IB}^-) \end{aligned}$$

과 같고, 다음과 같은 결과를 얻을 수 있다.

$$\boxed{V_o(I_{IO}\text{에 의한 offset}) = I_{IO} R_f} \tag{10.18}$$

예제 10.9 그림 10.43의 회로에서 I_{IO}=100 nA일 때 오프셋 전압을 계산하라.

풀이

식 (10.18): $V_o = I_{IO}R_f = (100\text{ nA})(150\text{ k}\Omega) = \mathbf{15\ mV}$

V_{IO}, I_{IO}에 의한 전체 오프셋 연산 증폭기는 V_{IO}, I_{IO}에 의한 출력 오프셋 전압을 가지므로 전체 출력 오프셋 전압은

$$|V_o(\text{offset})| = |V_o(V_{IO}\text{에 의한 offset})| + |V_o(I_{IO}\text{에 의한 offset})| \tag{10.19}$$

과 같이 표시할 수 있다. 오프셋의 극성이 (+)나 (−)가 될 수 있으므로 절대값을 취한다.

예제 10.10 그림 10.46의 회로에서 전체 출력 오프셋 전압을 계산하라. 입력 오프셋 전압은 V_{IO}=4 mV이고, 입력 오프셋 전류는 I_{IO}=150 nA이다.

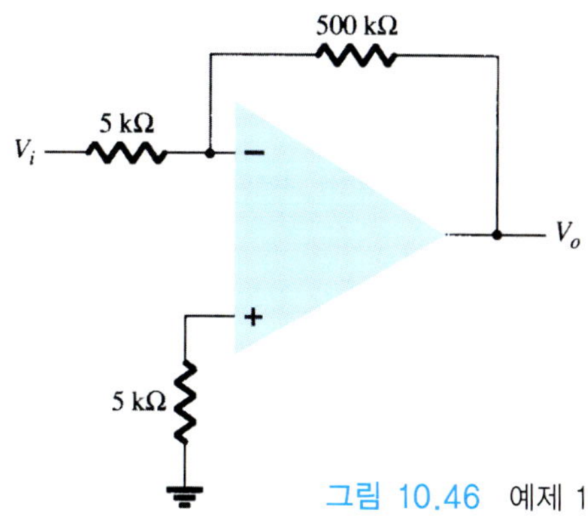

그림 10.46 예제 10.10의 연산 증폭기 접속

풀이 V_{IO}에 의한 오프셋 전압은

$$\text{식 (10.16): } V_o(V_{IO}\text{에 의한 offset}) = V_{IO}\frac{R_1 + R_f}{R_1} = (4\text{ mV})\left(\frac{5\text{ k}\Omega + 500\text{ k}\Omega}{5\text{ k}\Omega}\right)$$
$$= 404\text{mV}$$

$$\text{식 (10.18): } V_o(I_{IO}\text{에 의한 offset}) = I_{IO}R_f = (150\text{ nA})\ (500\text{ kV}) = 75\text{ mV}$$

결과적으로 전체 오프셋은

$$\text{식 (10.19): } V_o(\text{전체 offset}) = V_o(V_{IO}\text{에 의한 offset}) + V_o(I_{IO}\text{에 의한 offset})$$
$$= 404\text{ mV} + 75\text{ mV} = \mathbf{479\text{ mV}}$$

입력 바이어스 전류, I_{IB} I_{IB}^{+} 및 I_{IB}^{-}와 I_{IO}에 관련되는 파라미터는 다음과 같이 정의되는 평균 바이어스 전류이다.

$$I_{IB} = \frac{I_{IB}^{+} + I_{IB}^{-}}{2} \tag{10.20}$$

I_{IO}와 I_{IB}를 이용하여 입력 바이어스 전류를 정의할 수 있다. $I_{IB}^{+} > I_{IB}^{-}$인 경우에 다음과 같이 쓸 수 있다.

$$I_{IB}^{+} = I_{IB} + \frac{I_{IO}}{2} \tag{10.21}$$

$$I_{IB}^{-} = I_{IB} - \frac{I_{IO}}{2} \tag{10.22}$$

예제 10.11 I_{IO}=5 nA, I_{IB}=30 nA인 연산 증폭기 각 입력에서의 입력 바이어스 전류를 계산하라.

풀이 식 (10.21)을 사용하면

$$I_{IB}^{+} = I_{IB} + \frac{I_{IO}}{2} = 30\,\text{nA} + \frac{5\,\text{nA}}{2} = \mathbf{32.5\,nA}$$

$$I_{IB}^{-} = I_{IB} - \frac{I_{IO}}{2} = 30\,\text{nA} - \frac{5\,\text{nA}}{2} = \mathbf{27.5\,nA}$$

10.7 연산 증폭기 규격-주파수 파라미터

연산 증폭기는 큰 전압 이득, 넓은 대역폭을 갖는 파라미터를 가지도록 설계된다. 하지만 이는 양의 피드백(positive feedback) 때문에 불안정한(발진하는) 경향이 있다(14장 참조). 안정된 작동을 얻기 위하여 연산 증폭기는 내부 보상회로가 필요한데, 보상회로는 주파수가 증가함에 따라 매우 큰 (열린) 개루프 이득을 감소시킨다. 이러한 이득의 감소를 롤-오프(roll-off)라고 한다. 대부분의 연산 증폭기에서 롤-오프는 −20 dB/decade 또는 −6 dB/octave이다(주파수 응답이나 dB에 대해서는 9장 참조).

연산 증폭기의 사양서에는 개루프 전압 이득(A_{VD})을 표시하지만, 사용자는 일반적으로 연산 증폭기에 피드백 저항을 연결하여 회로전압 이득을 훨씬 작은 값[(닫힌) 폐루프 전압 이득, A_{CL}]으로 감소시켜서 사용한다. 이러한 이득의 감소를 통해 많은 회로 성능의 개선을 얻을 수 있다. 먼저 증폭기의 전압 이득은 외부저항을 사용하여 보다 안정하고 정확하게 조절할 수 있다. 두 번째로 회로의 입력 임피던스가 연산 증폭기만 있을 때보다 증가한다. 세 번째로 회로의 출력 임피던스가 연산 증폭기만 있을 때보다 감소한다. 마지막으로 회로의 주파수 응답이 연산 증폭기만 있을 때보다 증가한다.

이득-대역폭

연산 증폭기는 내부에 보상회로를 포함하므로 전압 이득은 주파수가 증가함에 따라 감소한다. 연산 증폭기의 사양서에는 이득과 주파수의 관계가 나와 있다. 그림 10.47은 일반적인 연산 증폭기의 이득 대 주파수를 나타내는 그래프이다. 저주파부터 직류 작동하는 영역에서는 이득이 제조회사가 제공하는 규격에 나와 있는 A_{VD}(차동 전압 이득)의 값을 가지며, 일반적으로 매우 크다. 입력신호의 주파수가 증가함에 따라 개루프 이득은 점점 감소하여 마침내 1에 다다른다. 제조회사들은 이 점에서의 주파수를 단위 이득-대역폭(unity-gain bandwidth) B_1이라 명세한다. 이 값은 이득이 1이 되는 주파수(그림 10.47 참조)를 나타내는 동시에 대역폭으로도 생각할 수 있다. 0 Hz에서 단위 이득 주파수까지의 대역을 대역폭이라 한다. 그러므로 이득이 1로 감소하는 점을 단위 이득 주파수(f_1) 또는 단위 이득 대역폭(B_1)이라 할 수 있다.

이밖에 중요한 주파수가 그림 10.47에 표시되어 있다. 이득이 3 dB만큼(또는 직류 이득 A_{VD}가 0.707배 만큼) 감소하는 주파수 연산 증폭기의 차단 주파수(cutoff frequency)라 하

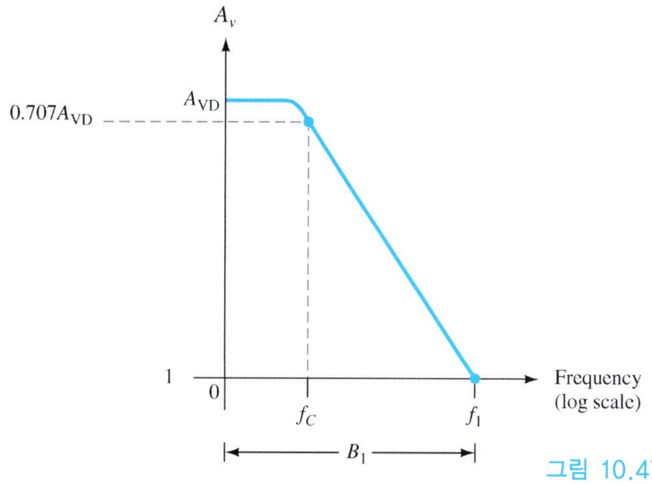

그림 10.47 이득 대 주파수 선도

고 f_C로 표시한다. 단위 이득 주파수와 차단 주파수는 다음과 같은 관계가 있다.

$$f_1 = A_{VD} f_C \tag{10.23}$$

식 (10.23)은 단위 이득 주파수를 연산 증폭기의 이득-대역폭 곱(gain-bandwidth product)이라 부를 수 있다는 것을 보여준다.

예제 10.12 연산 증폭기의 차단 주파수를 계산하라. B_1=**1 MHz**이고, A_{VD}=200 V/mV이다.

풀이 $f_1 = B_1 = 1$ MHz이므로, 식 (10.23)을 적용하여 계산하면

$$f_C = \frac{f_1}{A_{VD}} = \frac{1\text{ MHz}}{200\text{ V/mV}} = \frac{1 \times 10^6}{200 \times 10^3} = \mathbf{5\text{ Hz}}$$

슬루율(SR)

연산 증폭기가 시간에 따라 변화하는 신호를 처리하는 능력을 나타내는 또 하나의 파라미터가 슬루율(slew rate)이다.

슬루율=시간(μs)당 증폭기의 출력전압이 변화하는 최대 비율(V/μs)

$$\text{SR} = \frac{\Delta V_o}{\Delta t} \quad \text{V}/\mu\text{s} \qquad t\text{의 단위는 } \mu\text{s} \tag{10.24}$$

슬루율은 큰 계단 입력신호가 주어졌을 때의 최대 출력전압을 나타내는 파라미터를 제

공한다.* 만일 슬루율보다 더 빠른 속도로 출력전압을 변화시키려 하면, 신호가 클리핑(clipping) 되거나 왜곡된다. 어떤 경우에도 슬루율을 초과하면 입력신호를 제대로 증폭할 수 없다.

예제 10.13 SR=2 V/μs인 연산 증폭기의 경우, 입력신호가 0.5 V에서 10 μs만큼씩 변할 때 최대 폐루프 전압 이득은 얼마인가?

풀이 $V_o = A_{CL} V_i$이므로 다음 식을 이용할 수 있다.

$$\frac{\Delta V_o}{\Delta t} = A_{CL}\frac{\Delta V_i}{\Delta t}$$

위 식으로부터 다음을 얻을 수 있다.

$$A_{CL} = \frac{\Delta V_o/\Delta t}{\Delta V_i/\Delta t} = \frac{\text{SR}}{\Delta V_i/\Delta t} = \frac{2\text{ V}/\mu\text{s}}{0.5\text{ V}/10\,\mu\text{s}} = \mathbf{40}$$

40보다 큰 폐루프 전압 이득은 허용되는 슬루율을 초과하므로 최대 폐루프 이득은 40이다.

신호의 최대 주파수

연산 증폭기가 작동할 수 있는 신호의 최대 주파수는 연산 증폭기의 대역폭(BW)과 슬루율(SR)에 의존한다. 일반적인 형태의 정현파의 경우

$$v_o = K\sin(2\pi f t)$$

전압이 변할 수 있는 최대 속도는 다음과 같이 되는 것을 입증할 수 있다.

$$\text{신호의 최대 변화율} = 2\pi f K \text{ V/s}$$

출력신호가 왜곡되지 않으려면 전압이 변화하는 최대 변화율은 슬루율보다 작아야 한다. 즉,

$$2\pi f K \le \text{SR}$$
$$\omega K \le \text{SR}$$

따라서

$$\boxed{\begin{aligned} f &\le \frac{\text{SR}}{2\pi K} \quad \text{Hz} \\ \omega &\le \frac{\text{SR}}{K} \quad \text{rad/s} \end{aligned}} \tag{10.25}$$

또한 최대 주파수 f는 식 (10.25)에 따라 단위 이득 대역폭으로 제한된다.

*폐회로 이득은 출력이 입력에 연결되는 방식으로 얻어진다..

예제 10.14 그림 10.48의 회로와 신호에 대하여 사용 가능한 신호의 최대 주파수를 구하라. 연산 증폭기의 슬루율은 SR=0.5 V/μs이다.

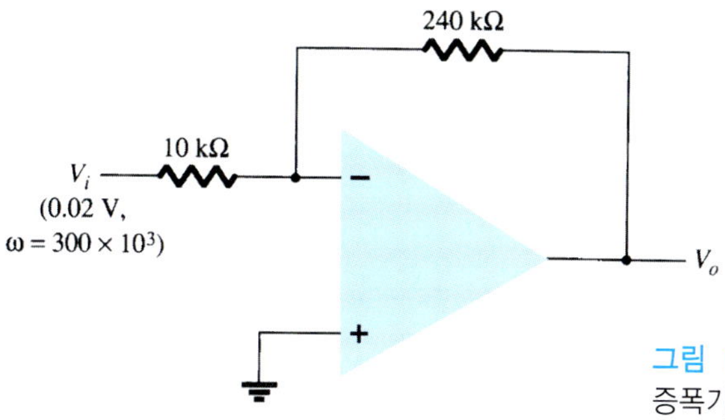

그림 10.48 예제 10.14의 연산 증폭기 회로

풀이 이득의 크기는

$$A_{CL} = \left|\frac{R_f}{R_1}\right| = \frac{240\ \text{k}\Omega}{10\ \text{k}\Omega} = 24$$

출력전압은

$$K = A_{CL}V_i = 24(0.02\ \text{V}) = 0.48\ \text{V}$$

$$\text{식 (10.25):}\quad \omega \le \frac{\text{SR}}{K} = \frac{0.5\ \text{V}/\mu\text{s}}{0.48\ \text{V}} = \mathbf{1.1 \times 10^6\ rad/s}$$

신호의 주파수가 앞서 결정된 최대값보다 작은 ω=300×10^3 rad/s이므로 출력신호는 왜곡이 없다.

10.8 연산 증폭기 소자의 규격

이 절에서는 실제 연산 증폭기 IC의 규격표를 이용하는 방법을 살펴본다. 그림 10.49는 널리 사용되는 범용 연산 증폭기인 741 IC의 규격이다. 연산 증폭기는 8핀 DIP, 10핀 flatpack 등 여러 가지 IC 규격표가 시판되고 있다.

절대 최대 정격

절대 최대 정격은 허용되는 최대 전원전압, 입력신호의 스윙 크기, 소자가 작동하는 데 필요한 최소 전력 등에 대한 정보를 담고 있다. 특정 741 IC의 경우, 최대 전원전압은 ±18 V나 ±22 V의 듀얼 전원으로 사용되며, IC의 내부에서 소비하는 전력 역시 310~570 mW로 칩의 종류에 따라 다르다. 표 10.2는 앞으로 예제와 문제에서 참조되는 몇 가지 전형적인 값들을 요약한 것이다.

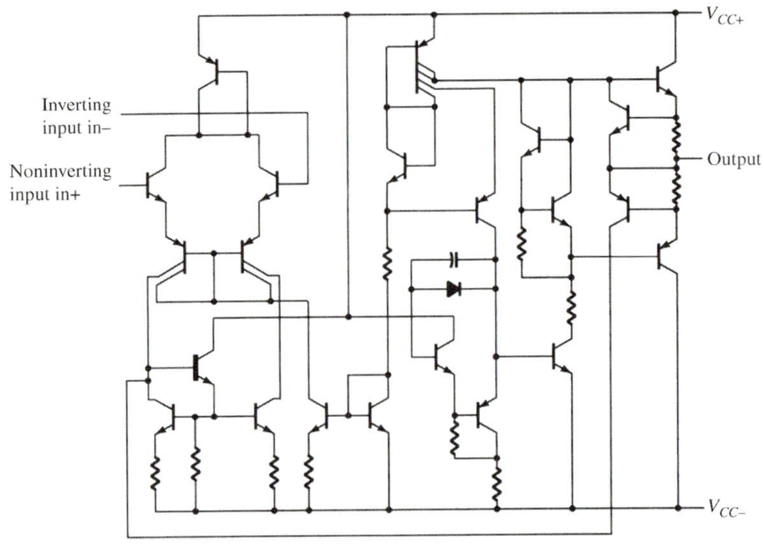

Absolute maximum ratings over operating free-air temperature range (unless otherwise noted)

	uA741	UNIT
Supply voltage V_{CC+}	22	V
Supply voltage V_{CC-}	– 22	V
Differential input voltage	± 30	V
Input voltage any input	± 15	V
Voltage between either offset null terminal (N1/N2) and V_{CC-}	± 0.5	V
Duration of output short-circuit	unlimited	
Continuous total power dissipation at (or below) 25°C free-air temperature	500	mW
Operating free-air temperature range	– 40 to 85	°C
Storage temperature range	– 65 to 150	°C
Lead temperature 1,6 mm (1/16 in.) from case for 60 seconds	300	°C
Lead temperature 1,6 mm (1/16 in.) from case for 10 seconds	260	°C

Electrical characteristics at specified free-air temperature, V_{CC+} = 15 V, V_{CC-} = – 15 V

PARAMETER		TEST CONDITIONS[†]		uA741M MIN	TYP	MAX	UNIT
V_{IO}	Input offset voltage	$V_O = 0$	25°C		1	5	mV
			Full range			6	
$\Delta V_{IO(adj)}$	Offset voltage adjust range	$V_O = 0$	25°C		± 15		mV
I_{IO}	Input offset current	$V_O = 0$	25°C		20	200	nA
			Full range			500	
I_{IB}	Input bias current	$V_O = 0$	25°C		80	500	nA
			Full range			1500	
V_{ICR}	Common-mode input voltage range		25°C	± 12	± 13		V
			Full range	± 12			
V_{OM}	Maximum peak output voltage swing	$R_L = 10\ k\Omega$	25°C	± 12	± 14		V
		$R_L \geq 10\ k\Omega$	Full range	± 12			
		$R_L = 2\ k\Omega$	25°C	± 10	± 13		
		$R_L \geq 2\ k\Omega$	Full range	± 10			
A_{VD}	Large-signal differential voltage amplification	$R_L \geq 2\ k\Omega$	25°C	50	200		V/mV
		$V_O = \pm 10$ V	Full range	25			
r_i	Input resistance		25°C	0.3	2		MΩ
r_o	Output resistance	$V_O = 0$ See note 6	25°C		75		Ω
C_i	Input capacitance		25°C		1.4		pF
CMRR	Common-mode rejection ratio	$V_{IC} = V_{ICR}$ min	25°C	70	90		dB
			Full range	70			
k_{SVS}	Supply voltage sensitivity $\Delta V_{IO}/\Delta V_{CC})$	$V_{CC} = \pm 9$ V to ± 15 V	25°C		30	150	μV/V
			Full range			150	
I_{OS}	Short-circuit output current		25°C		± 25	± 40	mA
I_{CC}	Supply current	No load, $V_O = 0$	25°C		1.7	2.8	mA
			Full range			3.3	
P_D	Total power dissipation	No load, $V_O = 0$	25°C		50	85	mW
			Full range			100	

그림 10.49 741 연산 증폭기의 규격

Operating characteristics, V_{CC+} **= 15 V,** V_{CC-} **= −15 V,** T_A **= 25°C**

	PARAMETER	TEST CONDITIONS	uA741M			UNIT
			MIN	TYP	MAX	
t_r	Rise time	V_I = 20 mV, R_L = 2 kΩ, C_L = 100 pF		0.3		μs
	Overshoot factor			5%		
SR	Slew rate at unity gain	V_I = 10 V, R_L = 2 kΩ, C_L = 100 pF		0.5		V/μs

그림 10.49 (계속)

표 10.2 절대 최대 정격

Supply voltage	±22 V
Internal power dissipation	500 mW
Differential input voltage	±30 V
Input voltage	±15 V

예제 10.15 IC가 500 mW를 소비하고 전원전압이 ±12 V일 때 전류를 계산하라.

풀이 각각의 전원전압이 IC의 전체 전력 중 반을 공급한다고 가정하면

$$P = VI$$

$$250\ \text{mW} = 12\ \text{V}(I)$$

이고, 따라서 전류는 다음과 같다.

$$I = \frac{250\ \text{mW}}{12\ \text{V}} = \mathbf{20.83\ mA}$$

전기적 특성

전기적 특성은 이 장의 앞부분에서 공부한 많은 파라미터들을 포함하고 있다. 표 10.3은 제작회사에서 제시하는 정격, 최소, 최대값들과 같은 전기적 특성과 정의된 용어의 일부를 나타낸 것이므로, 연산 증폭기를 공부하는 데 많은 도움이 될 것이다.

V_{IO} 입력 오프셋 전압: 입력 오프셋 전압은 일반적으로 1 mV이지만 최대 6 mV까지 허용 가능하다. 출력 오프셋 전압은 회로에 따라 달리 계산된다. 최악의 조건을 상정할 경우 최대값을 사용해야 하지만, 일반적으로 정격값을 이용하는 것이 좋다.

I_{IO} 입력 오프셋 전류: 입력 오프셋 전류는 일반적으로 20 nA이지만 최대 200 nA까지 허용된다.

I_{IB} 입력 바이어스 전류: 입력 바이어스 전류는 일반적으로 80 nA이지만 최대 500 nA까지 허용된다.

V_{ICR} 공통 모드 입력전압 범위: 이 파라미터는 공급전압이 ±15 V일 때, 입력으로 들어오는 전압의 범위를 나타낸다. 대개 ±12 V에서 ±13 V 사이이고, 이 범위를 넘어서는 입력은 왜곡된 출력을 일으킬 수 있으므로 피해야 한다.

V_{OM} 최대 피크 출력전압 스윙: 이 파라미터는 전원전압이 ±15 V일 때 출력이 변할 수

표 10.3 μA741 전기적 특성: $V_{CC} = 15$ V, $T_A = 25$℃

Characteristic	Minimum	Typical	Maximum	Unit
V_{IO} Input offset voltage		1	6	mV
I_{IO} Input offset current		20	200	nA
I_{IB} Input bias current		80	500	nA
V_{ICR} Common-mode input voltage range	±12	±13		V
V_{OM} Maximum peak output voltage swing	±12	±14		V
A_{VD} Large-signal differential voltage amplification	20	200		V/mV
r_i Input resistance	0.3	2		MΩ
r_o Output resistance		75		Ω
C_i Input capacitance		1.4		pF
CMRR Common-mode rejection ratio	70	90		dB
I_{CC} Supply current		1.7	2.8	mA
P_D Total power dissipation		50	85	mW

있는 최대값을 나타낸다. 회로의 폐루프 이득에 따라 출력신호가 ±14 V 또는 최악의 경우라도 ±12 V를 넘지 않도록 입력신호를 제한해야 한다.

A_{VD} 대신호 차동 전압 증폭: 이것은 연산 증폭기의 개루프 전압 이득이다. 최소 20 V/mV, 또는 20,000 V/V의 값을 가지고, 정격 200 V/mV, 또는 200,000 V/V의 값을 가진다.

r_i 입력저항: 개방회로 상태에서 측정된 연산 증폭기의 입력저항은 보통 2 MΩ이고, 최소 0.3 MΩ 또는 300 kΩ이다. 폐루프 회로에서는 앞에서 공부한 대로 입력저항이 훨씬 커진다.

r_o 출력저항: 연산 증폭기의 출력저항은 보통 75 Ω이다. 제작회사에서 제시하는 최소값, 최대값은 없다. 폐루프 회로에서는 회로 이득에 따라 출력저항이 낮아질 수 있다.

C_i 입력 커패시턴스: 고주파 영역의 경우, 연산 증폭기의 입력 커패시턴스가 1.4 pF로 배선 사이에 존재하는 커패시턴스에 비교될 정도로 작다는 것을 알아두는 것이 좋다.

CMRR 공통 모드 제거비: 연산 증폭기 파라미터는 대개 90 dB이나 70 dB 정도로 내려갈 수도 있다. 90 dB이 31,622.78과 같으므로 연산 증폭기는 잡음(공통 입력)을 차동 입력에 비해 30,000 정도 작게 증폭시킨다.

I_{CC} 전원 전류: 연산 증폭기는 2개의 전원전압으로부터 2.8 mA가 흐르나 1.7 mA 정도로 작아질 수도 있다. 이 파라미터로부터 사용하고자 하는 공급전원의 크기를 결정할 수 있다. 또한 IC의 소비 전력을 계산할 수 있다($P_D = 2V_{CC}I_{CC}$).

P_D 전체 전력 소비: 연산 증폭기의 소비 전력은 대개 50 mW이나, 85 mW까지 커질 수 있다. 2개의 15 V 공급전원에서 약 1.7 mA가 흐르면 50 mW의 전력 소비가 생긴다. 공급전원이 보다 작다면 전류 역시 작아질 것이고, 전력 소비 역시 작아질 것이다.

예제 10.16 표 10.3을 이용하여 그림 10.50 회로의 정격 출력 오프셋 전압을 계산하라.

풀이 V_{IO}에 대한 출력 오프셋 전압은

식 (10.16): $$V_o(\text{offset}) = V_{IO}\frac{R_1 + R_f}{R_1} = (1\text{ mV})\left(\frac{12\text{ k}\Omega + 360\text{ k}\Omega}{12\text{ k}\Omega}\right) = 31\text{ mV}$$

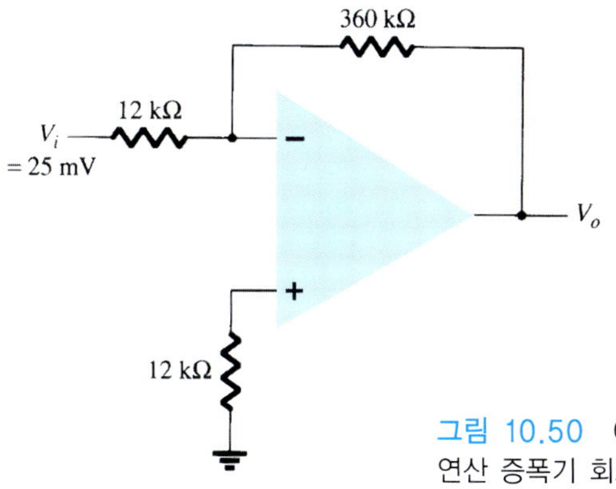

그림 10.50 예제 10.16, 10.17, 10.19의 연산 증폭기 회로

I_{IO}에 대한 출력전압은

$$\text{식 (10.18):}\quad V_o(\text{offset}) = I_{IO}R_f = 20\,\text{nA}(360\,\text{k}\Omega) = 7.2\,\text{mV}$$

이들 두 오프셋 전압이 출력에서 같은 극성을 가진다면 전체 출력 오프셋 전압은 다음과 같다.

$$V_o(\text{offset}) = 31\,\text{mV} + 7.2\,\text{mV} = \mathbf{38.2\,mV}$$

예제 10.17 741 연산 증폭기의 정격 특성을 이용하여 그림 10.50의 회로에서 다음 값들을 계산하라(r_o=75 Ω, A=200 kΩ).

a. A_{CL} b. Z_i c. Z_o

풀이

a. 식 (10.8): $\dfrac{V_o}{V_i} = -\dfrac{R_f}{R_1} = -\dfrac{360\,\text{k}\Omega}{12\,\text{k}\Omega} = \mathbf{-30} \cong \dfrac{1}{\beta}$

b. $Z_i = R_1 = \mathbf{12\,k\Omega}$

c. $Z_o = \dfrac{r_o}{(1+\beta A)} = \dfrac{75\,\Omega}{1+\left(\dfrac{1}{30}\right)(200\,\text{k}\Omega)} = \mathbf{0.011\,\Omega}$

작동 특성

연산 증폭기의 교류 특성을 정의하는 몇 가지 값들을 표 10.4에 나타내었다.

표 10.4 작동 특성: $V_{CC} = \pm 15$ V, $T_A = 25$℃

Parameter	Minimum	Typical	Maximum	Unit
B_1 Unity gain bandwidth		1		MHz
t_r Rise time		0.3		μs

예제 10.18 표 10.3과 표 10.4에 주어진 특성을 갖는 연산 증폭기의 차단 주파수를 계산하라.

풀이

$$\text{식 (10.23): } f_C = \frac{f_1}{A_{VD}} = \frac{B_1}{A_{VD}} = \frac{1\text{ MHz}}{20{,}000} = \mathbf{50\ Hz}$$

예제 10.19 그림 10.50의 회로에서 V_i=25 mV일 때, 입력신호의 최대 주파수를 계산하라.

풀이 폐루프 이득 A_{CL}=30이고, V_i=25 mV이다. 출력 이득 인자를 계산하면

$$K = A_{CL}V_i = 30(25\text{ mV}) = 750\text{ mV} = 0.750\text{ V}$$

식 (10.25)를 적용하면 최대 신호 주파수 f_{max}는

$$f_{max} = \frac{SR}{2\pi K} = \frac{0.5\text{ V}/\mu\text{s}}{2\pi(0.750\text{ V})} = \mathbf{106\ kHz}$$

연산 증폭기의 성능 평가

제조업체에서는 연산 증폭기의 성능을 표시하기 위하여 많은 그래프를 사용한다. 그림 10.51은 여러 가지 성능을 전원전압의 함수로 나타내고 있다. 개루프 전압 이득은 보다 큰 전원전압에서 더욱 커짐을 볼 수 있다. 특정한 전원전압에서의 값들을 나타낸 앞의 표와는 달리, 성능 곡선은 전압 이득이 전원전압의 변화에 따라 어떻게 달라지는지를 보여준다.

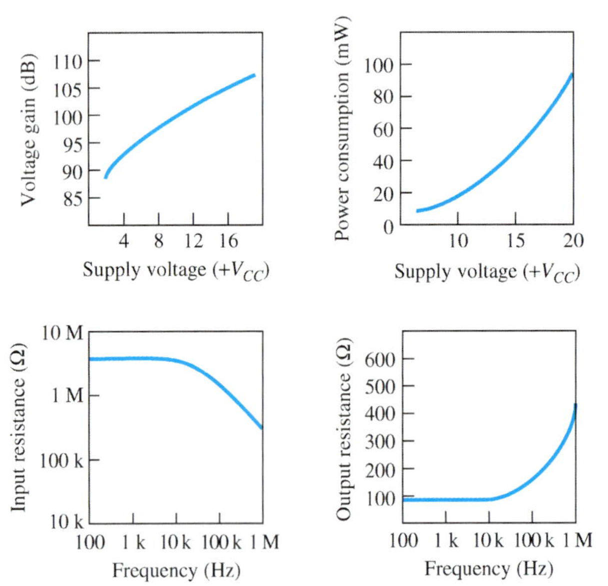

그림 10.51 성능 곡선

예제 10.20 그림 10.51을 사용하여 $V_{CC}=\pm 12$ V의 전원전압일 때, 개루프 전압 이득을 결정하라.

풀이 그림 10.51의 성능 곡선으로부터 $A_{\text{VD}} \approx 104$ dB이고, 이것은 다음과 같은 선형 전압 이득을 나타낸다.

$$\begin{aligned} A_{\text{VD}}(\text{dB}) &= 20 \log_{10} A_{\text{VD}} \\ 104 \text{ dB} &= 20 \log A_{\text{VD}} \\ A_{\text{VD}} &= \text{antilog} \frac{104}{20} = \mathbf{158.5 \times 10^3} \end{aligned}$$

그림 10.51에서 두 번째 성능 곡선은 전력 소비가 전원전압의 함수로써 변하고 있음을 보여준다. 전력 소비는 전원전압의 값이 커짐에 따라 증가한다. 예를 들면 전력 소비는 $V_{CC}=\pm 15$ V일 때 약 50 mW이지만, $V_{CC}=\pm 5$ V일 때 약 5 mW로 감소한다. 나머지 두 곡선은 주파수에 따라 입력저항과 출력저항이 어떻게 변하는지를 보여주고 있는데, 고주파에서는 입력 임피던스는 떨어지고 출력 임피던스는 증가한다.

10.9 차동 모드와 공통 모드 작동

차동 증폭기가 가진 중요한 특징 중의 하나는 두 입력 단자에 공통으로 들어오는 신호를 제거하고, 위상이 서로 반대인 신호를 크게 증폭할 수 있는 능력이다. 연산 증폭기의 출력은 (+) 단자와 (−) 단자에 들어온 신호 사이의 차이를 증폭하여 얻어지는 성분과 양쪽 입력에 공통되는 신호에 의한 성분으로 이루어져 있다. 차동 입력신호의 증폭이 공통 입력신호의 증폭보다 훨씬 크기 때문에, 회로는 공통 모드를 제거한다고 할 수 있다. 공통 모드 제거 능력을 숫자로 표시한 값을 공통 모드 제거비(common-mode rejection ratio)라 하며, CMRR로 표시한다.

차동 입력

연산 증폭기의 두 입력 단자에 각각 다른 신호를 인가할 때, 입력신호의 차동 성분은 다음과 같다.

$$\boxed{V_d = V_{i_1} - V_{i_2}} \tag{10.26}$$

공통 입력

연산 증폭기의 두 입력 단자에 같은 신호를 인가할 때, 입력신호의 공통 성분은 다음과 같이 두 신호의 평균으로 정의할 수 있다.

$$\boxed{V_c = \tfrac{1}{2}(V_{i_1} + V_{i_2})} \tag{10.27}$$

출력전압

연산 증폭기의 입력 단자에 인가된 모든 신호는 동상(in-phase)과 이상(out-of-phase) 성분을 갖고 있으므로, 그 출력은 다음과 같이 나타낼 수 있다.

$$\boxed{V_o = A_d V_d + A_c V_c} \tag{10.28}$$

여기서 V_d=식 (10.26)으로 주어진 입력전압의 차동 성분
V_c=식 (10.27)로 주어진 입력전압의 공통 성분
A_d=증폭기의 차동 모드 이득
A_c=증폭기의 공통 모드 이득

반대 극성의 입력

연산 증폭기에 인가되는 신호가 이상적이게 극성이 반대이면, 즉 $V_{i_1}=-V_{i_2}=V_s$이면 입력전압의 차동 성분은

식 (10.26): $V_d = V_{i_1} - V_{i_2} = V_s - (-V_s) = 2V_s$

이고, 공통 성분은

식 (10.27): $V_c = \frac{1}{2}(V_{i_1} + V_{i_2}) = \frac{1}{2}[V_s + (-V_s)] = 0$

이다. 그 결과, 출력전압은

식 (10.28): $V_o = A_d V_d + A_c V_c = A_d(2V_s) + 0 = 2A_d V_s$

이다. 이와 같이 이상적인 반대 극성의 신호가 입력으로 들어오면, 그 출력은 한쪽 입력신호의 2배에 차동 모드 이득을 곱한 값을 가진다.

같은 극성의 입력

크기와 극성이 동일한 두 신호, $V_{i_1}=V_{i_2}=V_s$가 입력되면, 입력전압의 차동 성분은

식 (10.26): $V_d = V_{i_1} - V_{i_2} = V_s - V_s = 0$

이고, 공통 성분은

식 (10.27): $V_c = \frac{1}{2}(V_{i_1} + V_{i_2}) = \frac{1}{2}(V_s + V_s) = V_s$

이다. 그 결과 출력전압은

식 (10.28): $V_o = A_d V_d + A_c V_c = A_d(0) + A_c V_s = A_c V_s$

이다. 이와 같이 이상적인 동일한 극성의 신호가 입력으로 들어오면, 그 출력은 입력신호의 공통 성분에 공통 모드 이득을 곱한 값을 갖는다.

공통 모드 제거

위의 설명으로부터 연산 증폭기 A_d와 A_c를 측정할 수 있는 방법을 알 수 있다.

1. A_d를 측정하는 방법: $V_{i_1}=-V_{i_2}=V_s=0.5$ V를 인가한다.

$$\text{식 (10.26):}\ V_d = (V_{i_1} - V_{i_2}) = (0.5\text{ V} - (-0.5\text{ V})) = 1\text{ V}$$

그리고

$$\text{식 (10.27):}\ V_c = \tfrac{1}{2}(V_{i_1} + V_{i_2}) = \tfrac{1}{2}[0.5\text{ V} + (-0.5\text{ V})] = 0\text{ V}$$

이러한 조건에서 다음과 같은 출력전압을 얻는다.

$$\text{식 (10.28):}\ V_o = A_dV_d + A_cV_c = A_d(1\text{ V}) + A_c(0) = A_d$$

결국 입력으로 $V_{i_1}=-V_{i_2}=0.5$ V를 인가하면 출력전압은 A_d와 같은 값을 가진다.

2. A_c를 측정하는 방법: $V_{i_1}=V_{i_2}=V_s=1$ V를 인가한다.

$$\text{식 (10.26):}\ V_d = (V_{i_1} - V_{i_2}) = (1\text{ V} - 1\text{ V}) = 0\text{ V}$$

그리고 $$\text{식 (10.27):}\ V_c = \tfrac{1}{2}(V_{i_1} + V_{i_2}) = \tfrac{1}{2}(1\text{ V} + 1\text{ V}) = 1\text{ V}$$

이러한 조건에서 다음과 같은 출력전압을 얻는다.

$$\text{식 (10.28):}\ V_o = A_dV_d + A_cV_c = A_d(0\text{ V}) + A_c(1\text{ V}) = A_c$$

결국 입력으로 $V_{i_1}=V_{i_2}=1$ V를 인가하면 출력전압은 A_c와 같은 값을 가진다.

공통 모드 제거비

A_d와 A_c를 구하였으므로, 이들을 사용하여 다음과 같이 CMRR을 정의할 수 있다.

$$\boxed{\text{CMRR} = \frac{A_d}{A_c}} \tag{10.29}$$

또한 CMRR은 로그 형태로 나타낼 수 있다.

$$\boxed{\text{CMRR (log)} = 20\log_{10}\frac{A_d}{A_c}}\quad\text{(dB)} \tag{10.30}$$

예제 10.21 그림 10.52에 있는 회로들의 CMRR을 계산하라.

풀이 그림 10.52a의 회로에 위에서 설명한 단계 1을 적용하면

$$A_d = \frac{V_o}{V_d} = \frac{8\text{ V}}{1\text{ mV}} = 8000$$

을 구할 수 있다. 그림 10.52b의 회로에 위에서 설명한 단계 2를 적용하면

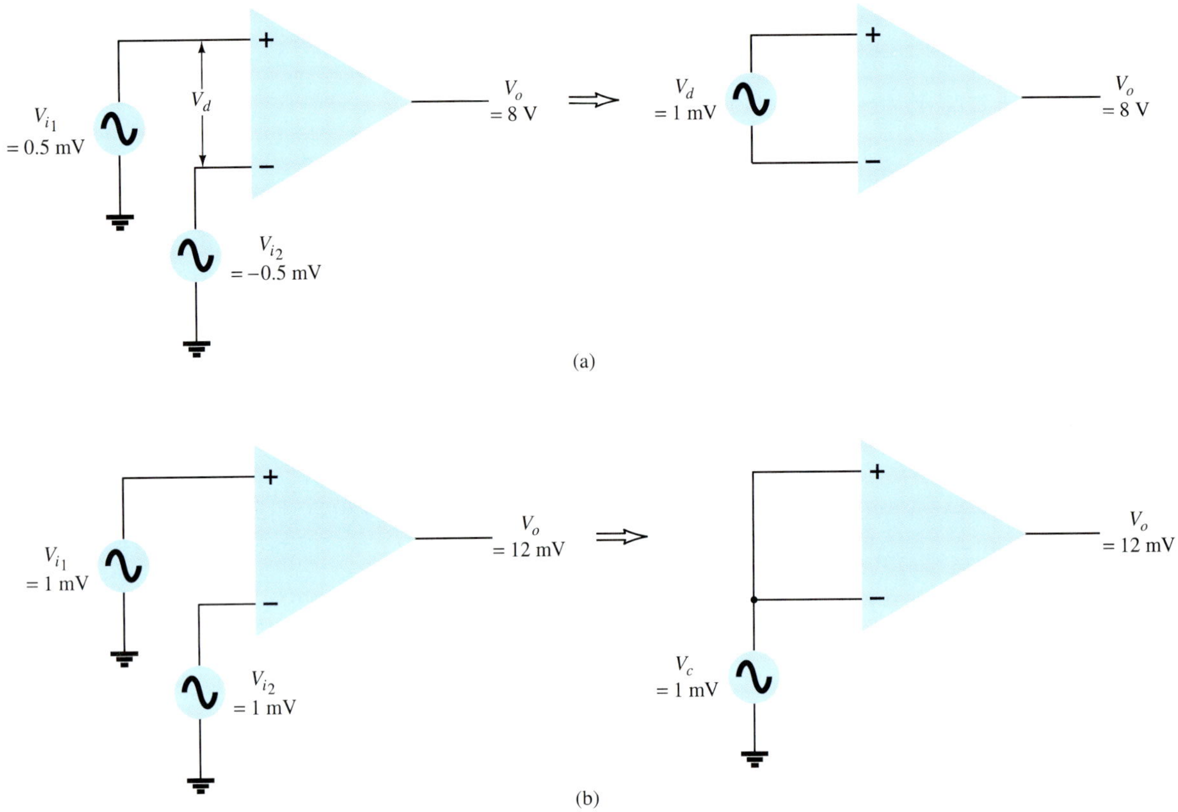

그림 10.52 (a) 차동 모드와 (b) 공통 모드의 작동

$$A_c = \frac{V_o}{V_c} = \frac{12\ \text{mV}}{1\ \text{mV}} = 12$$

과 같고, 식 (10.28)을 이용하여 CMRR값을 구하면

$$\text{CMRR} = \frac{A_d}{A_c} = \frac{8000}{12} = \mathbf{666.7}$$

또는, 다음과 같은 결과를 얻을 수 있다.

$$\text{CMRR} = 20\log_{10}\frac{A_d}{A_c} = 20\log_{10}666.7 = \mathbf{56.48\ dB}$$

보다 이상적인 연산 증폭기에서의 A_d값은 대단히 크고 A_c값은 극히 작은 값이어야 한다. 즉 반대 위상의 신호 성분은 출력에서 매우 크게 증폭될 것이지만, 동일한 위상의 신호 성분들이 거의 상쇄되어 공통 모드 이득 A_c는 매우 작은 값을 갖게 된다. 이상적인 경우이면 A_d는 대단히 크고 A_c는 대단히 작아서 CMRR은 무한대여야 한다. 일반적으로 CMRR이 크면 클수록, 회로의 작동 성능은 더 좋다.

출력전압을 CMRR을 이용하여 나타내면

$$\text{식 (12.22):}\quad V_o = A_dV_d + A_cV_c = A_dV_d\left(1 + \frac{A_cV_c}{A_dV_d}\right)$$

또는 식 (12.24)를 이용하여 다음과 같이 나타낼 수 있다.

$$\boxed{V_o = A_dV_d\left(1 + \frac{1}{\text{CMRR}}\frac{V_c}{V_d}\right)} \qquad (10.31)$$

식 (10.31)에서 알 수 있듯이 입력신호에 차동 모드 성분(V_d)과 공통 모드 성분(V_c)이 함께 있다고 해도, CMRR이 큰 연산 증폭기의 출력은 공통 모드 성분에 대한 출력은 제거되고, 차동 모드 성분에 대한 출력이 된다. 다음 예제들이 이러한 개념을 이해하는 데 도움이 될 것이다.

예제 10.22 입력이 $V_{i_1}=150\ \mu\text{V}$, $V_{i_2}=140\ \mu\text{V}$인 연산 증폭기의 출력전압을 계산하라. 이 증폭기의 차동 모드 이득은 $A_d=4000$이고, CMRR은:

a. 100. b. 10^5.

풀이

$$\text{식 (10.26):}\quad V_d = V_{i_1} - V_{i_2} = (150 - 140)\,\mu\text{V} = 10\,\mu\text{V}$$

$$\text{식 (10.27):}\quad V_c = \frac{1}{2}(V_{i_1} + V_{i_2}) = \frac{150\,\mu\text{V} + 140\,\mu\text{V}}{2} = 145\,\mu\text{V}$$

a. $$\text{식 (10.31):}\quad V_o = A_dV_d\left(1 + \frac{1}{\text{CMRR}}\frac{V_c}{V_d}\right)$$
$$= (4000)(10\,\mu\text{V})\left(1 + \frac{1}{100}\frac{145\,\mu\text{V}}{10\,\mu\text{V}}\right)$$
$$= 40\,\text{mV}(1.145) = \mathbf{45.8\,mV}$$

b. $$V_o = (4000)(10\,\mu\text{V})\left(1 + \frac{1}{10^5}\frac{145\,\mu\text{V}}{10\,\mu\text{V}}\right) = 40\,\text{mV}(1.000145) = \mathbf{40.006\,mV}$$

예제 10.22에서 볼 수 있듯이, CMRR이 클수록 공통 모드 입력에 대한 영향이 제거되어 출력전압은 차동 입력과 차동 모드 이득의 곱에 가까워진다.

10.10 요약

중요 결론 및 개념

1. 차동 작동을 위해서는 반대의 극성을 가진 입력들을 사용해야 한다.

2. 공통 모드 작동을 위해서는 같은 극성을 가진 입력들을 사용해야 한다.

3. 공통 모드 제거는 차동 모드 입력 이득을 공통 모드 입력 이득과 비교한다.

4. 연산 증폭기(op-amp)는 **op**erational **amp**lifier이다.

5. 연산 증폭기의 기본 특성은 다음과 같다.

매우 높은 입력 임피던스(일반적으로 MΩ)

매우 높은 전압 이득(일반적으로 수십만이나 그 이상)

낮은 출력 임피던스(일반적으로 100 Ω 이하)

6. 가상 접지는 플러스(+)와 마이너스(−) 입력 간의 차동 입력전압이 거의(가상적으로) 0 V라는 개념에 기초한다. 출력전압(거의 전원전압)을 연산 증폭기의 매우 큰 이득으로 나누어 보면 이 값이 거의 0 V임을 알 수 있다.

7. 기본 연산 증폭기를 어떻게 연결하느냐에 따라 다음과 같은 증폭기로 사용할 수 있다:

반전 증폭기

비반전 증폭기

단위 이득 증폭기

가산 증폭기

적분기

8. 연산 증폭기의 중요한 규격은 다음과 같다:

오프셋 전압 및 전류

주파수 파라미터

이득-대역폭

슬루율

주요 공식

$$\text{CMRR} = 20\log_{10}\frac{A_d}{A_c}$$

반전 증폭기:

$$\frac{V_o}{V_i} = -\frac{R_f}{R_1}$$

비반전 증폭기:

$$\frac{V_o}{V_i} = 1 + \frac{R_f}{R_1}$$

단위 폴로어:

$$V_o = V_1$$

가산 증폭기:

$$V_o = -\left(\frac{R_f}{R_1}V_1 + \frac{R_f}{R_2}V_2 + \frac{R_f}{R_3}V_3\right)$$

적분기:

$$v_o(t) = -\frac{1}{RC}\int v_1(t)\,dt$$

$$\text{Slew rate (SR)} = \frac{\Delta V_o}{\Delta t} \qquad \text{V}/\mu\text{s}$$

10.11 컴퓨터 해석

PSpice 윈도우

프로그램 10.1-반전 연산 증폭기 그림 10.53에서 보여준 반전 연산 증폭기 회로를 먼저 고려하자. 직류 전압을 표시하도록 하고, Analysis를 실행시키면, 결과는 입력전압이 2 V일 때, 회로 이득 −5가 나타난다.

$$A_v = -R_F/R_1 = -500\ \text{K}\Omega/100\ \text{K}\Omega = -5$$

출력은 정확하게 −10 V이다.

$$V_o = A_v V_i = -5(2\ \text{V}) = -10\ \text{V}$$

마이너스 단자 입력은 −50.01 μV가 되고, 이것은 접지로 볼 수 있다.

실제 반전 연산 증폭기 회로가 그림 10.54에 그려져 있으며, μA741과 같은 실제 연산 증폭기와 그림 10.53과 같은 저항을 사용하여 출력된 결과는 이상적인 값 −10 V에 근접한 −9.96 V이다. 이상적인 값과의 근소한 차이는 μA741 연산 증폭기의 실질적인 전압 이득과 입력저항 값에서 기인한다.

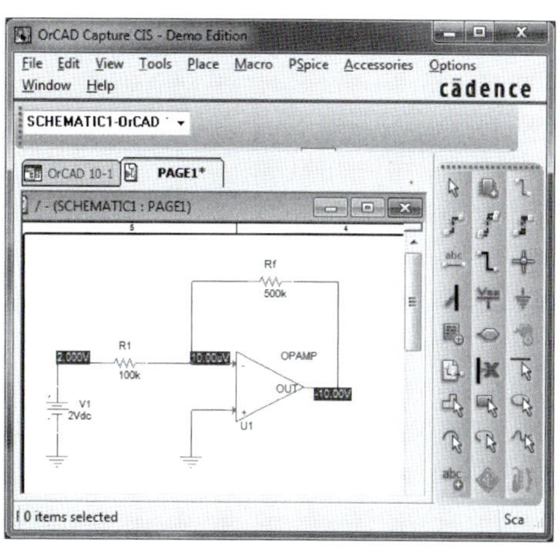

그림 10.53 이상적인 반전 연산 증폭기

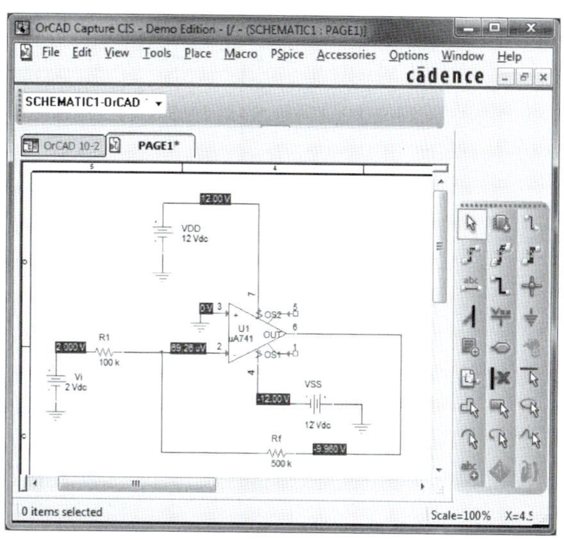

그림 10.54 실제 반전 연산 증폭기

이 회로의 소신호 특성을 보기 위해서는 analysis를 실행시키기 전에 **Analysis Setup**, **Transfer Function**, 그리고 **Output V(RF:2)**, **Input Source** V_i를 선택하면 된다. 회로는 다음과 같다.

$$V_o/V_i = -5$$
$$V_i\text{에서 입력저항} = 1\times10^5$$
$$V_o\text{에서 출력저항} = 4.59\times10^{-3}$$

프로그램 10.2-비반전 연산 증폭기 그림 10.55는 비반전 연산 증폭기 회로를 보여주고 있으며, 바이어스 전압 값들이 표시되어 있다. 증폭회로의 이론적인 이득은 다음과 같다.

$$A_v = (1 + R_F/R_1) = 1 + 500\ \text{k}\Omega/100\ \text{k}\Omega = 6$$

입력 2 V에 대해 출력값은 다음과 같고,

$$V_o = A_v V_i = 5(2\ \text{V}) = 10\ \text{V}$$

출력은 입력으로부터 비반전되었다.

프로그램 10.3-가산 연산 증폭기 예제 10.3에서와 같은 가산 연산 증폭기가 그림 10.56에 있다. 바이어스 전압들은 그림 10.56에 나타나 있으며, 예제 10.3에서 계산한 것처럼 출력은 3 V이다. 마이너스 입력을 3.791 μV로 함으로써 가상 접지 개념이 얼마나 잘 적용되는지 살펴보자.

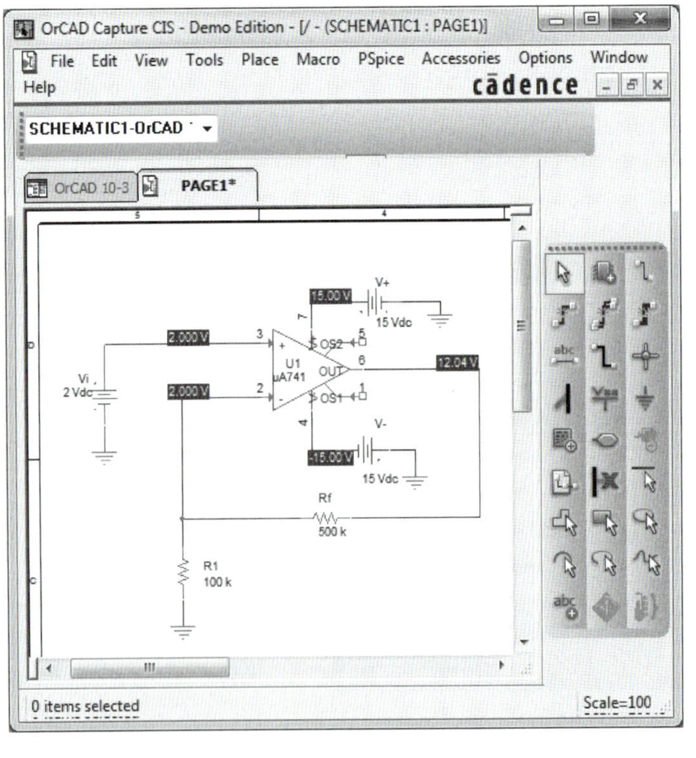

그림 10.55 비반전 연산 증폭기의 Design Center 회로도

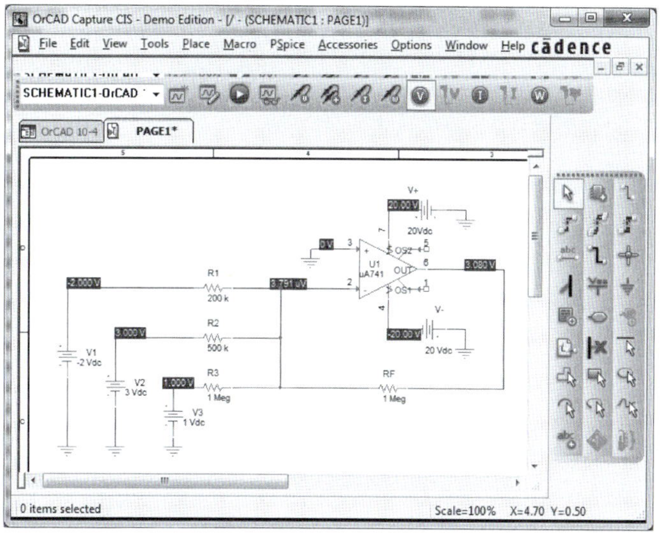

그림 10.56 프로그램 10.3에 대한 가산 연산 증폭기

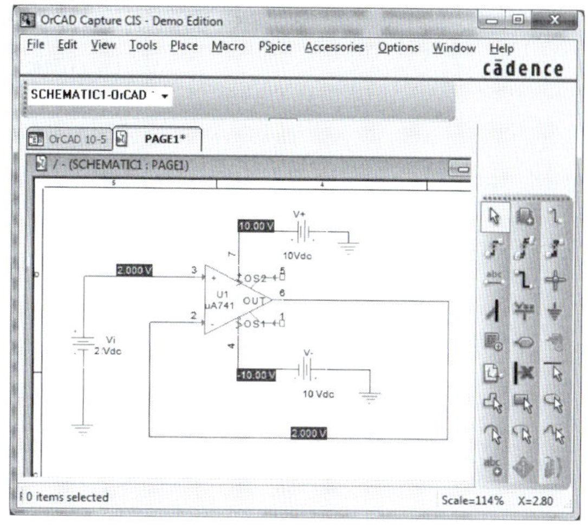

그림 10.57 단위 이득 연산 증폭기

프로그램 10.4–단위 이득 연산 증폭기 회로 그림 10.57은 바이어스 전압값들과 함께 단위 이득 연산 증폭기를 보여주고 있다. 입력 +2 V에 대해 출력은 정확히 +2 V이다.

프로그램 10.5–연산 증폭기 적분회로 그림 10.58은 연산 증폭기 적분회로를 보여주고 있다. 입력은 **VPULSE**로 선택되었고, 다음과 같이 단위 입력이 되도록 설정되었다. **ac**=0, **dc**=0, **V1**=0 V, **V2**=2 V, **TD**=0, **TR**=0, **TF**=0, **PW**=10 ms, **PER**=20 ms로 설정하자. 이것은 시간 지연이나 상승 시간, 강하 시간의 지연없이 0 V에서 2 V, 주기 10 ms에 20 ms마다 반복되는 단계를 제공한다. 이 문제에서 전압은 2 V로 바로 상승하여 출력은 최대 +20 V에서 최소 −20 V까지 떨어지는 램프전압이 되도록 충분히 긴 시간 동안 머문다. 이론적으로 그림 10.58의 회로의 출력은 다음과 같다.

$$v_o(t) = -1/RC \int v_i(t)\, dt$$

$$v_o(t) = -1/(10\ \text{k}\Omega)(0.01\ \mu\text{F}) \int 2\, dt = -10{,}000 \int 2\, dt = -20{,}000t$$

이것은 기울기 −20,000 V/s를 가지는 음(−)의 램프전압 강하이다. 이 램프전압은 +20 V에서 −20 V까지

$$40\ \text{V}/20{,}000 = 2 \times 10^{-3} = 2\ \text{ms}$$

동안에 떨어질 것이다. 그림 10.59는 **PROBE**를 이용하여 얻은 입력 스텝 파형과 출력 램프 파형을 보여주고 있다.

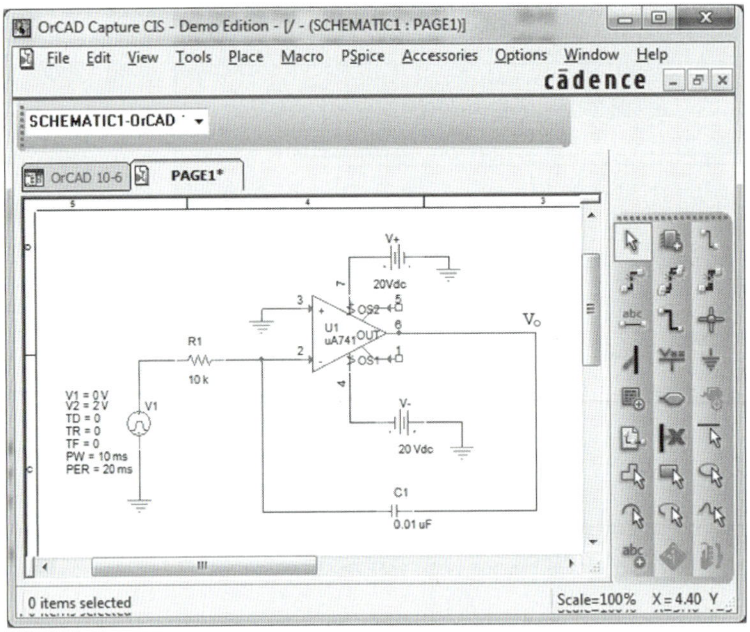

그림 10.58 연산 증폭기 적분 회로

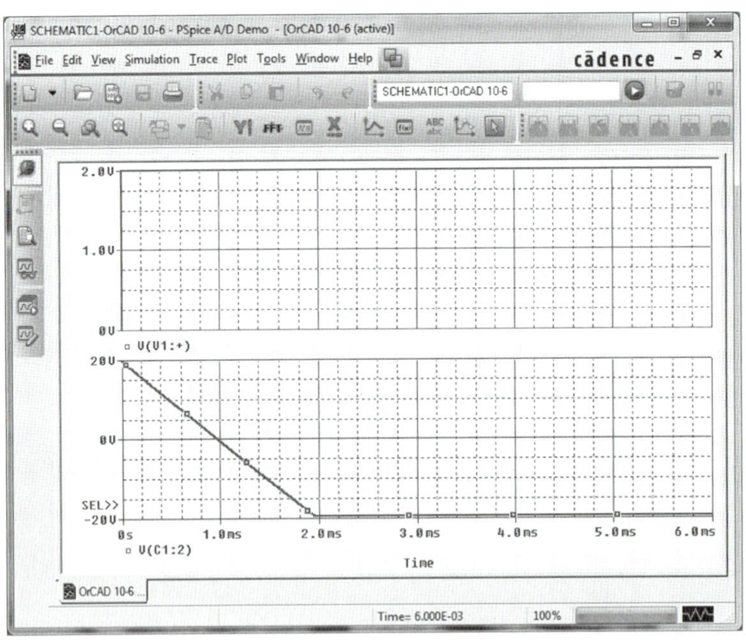

그림 10.59 적분기 회로의 probe 파형

Multisim

같은 적분회로를 Multisim을 사용하여 설계하고 작동시킬 수 있다. Multisim을 사용한 적분회로가 그림 10.60a에 나와 있으며, 이의 출력은 오실로스코프에 연결되어 있다. 그림 10.60b는 약 2 ms의 주기 동안 +20 V에서 −20 V까지 선형적인 출력 파형을 보이는 오실로스코프의 화면을 나타내고 있다.

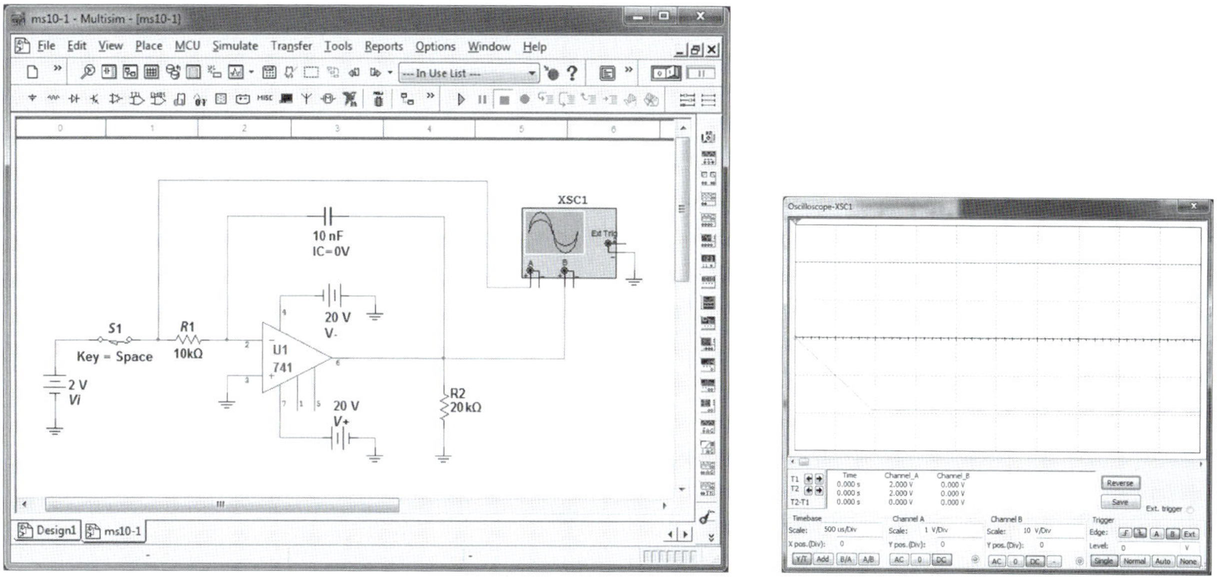

(a) (b)

그림 10.60 Multisim 적분 회로: (a) 회로 (b) 파형

프로그램 10.6-다단 연산 증폭기 회로 그림 10.61은 다단 연산 증폭회로를 보여주고 있다. 첫 번째 단의 200 mV 입력은 두 번째, 세 번째 단에 200 mV의 출력을 제공한다. 두 번째 단은 이득 $-200\ \text{k}\Omega/20\ \text{k}\Omega=-10$, 출력은 $-10(200\ \text{mV})=-2\ \text{V}$인 반전 연산 증폭기이다. 세 번째 단은 이득 $1+200\ \text{k}\Omega/10\ \text{k}\Omega=21$, 출력 $21(200\ \text{mV})=4.2\ \text{V}$인 비반전 연산 증폭기이다.

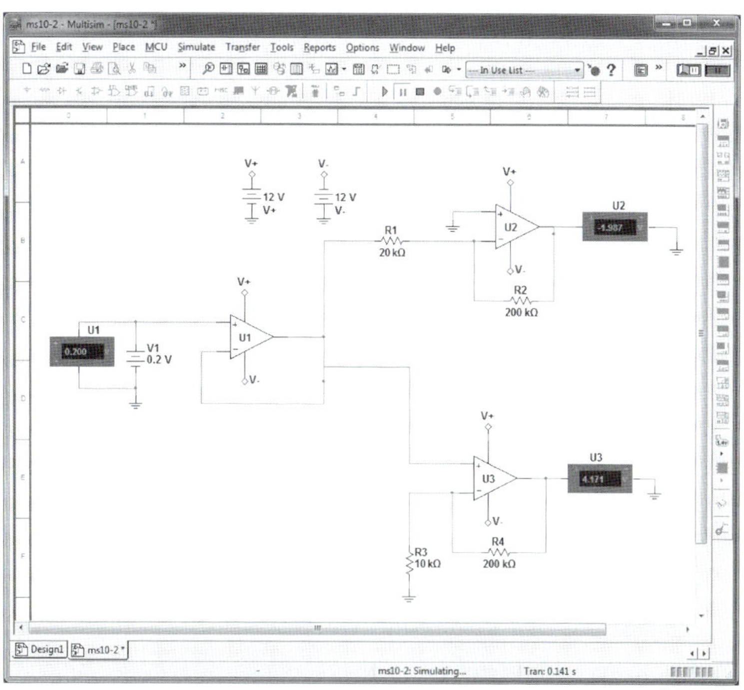

그림 10.61 다단 연산 증폭기 회로

연 | 습 | 문 | 제

10.5 연산 증폭기의 응용회로

1. 그림 10.62 회로에서 출력전압을 계산하라.

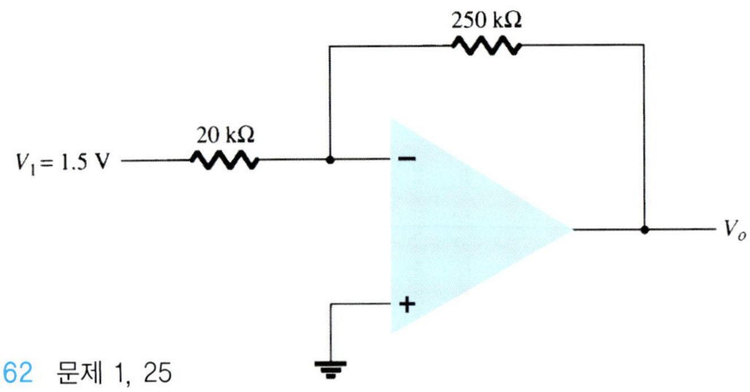

그림 10.62 문제 1, 25

2. 그림 10.63 회로에서 전압 이득 범위는 얼마인가?

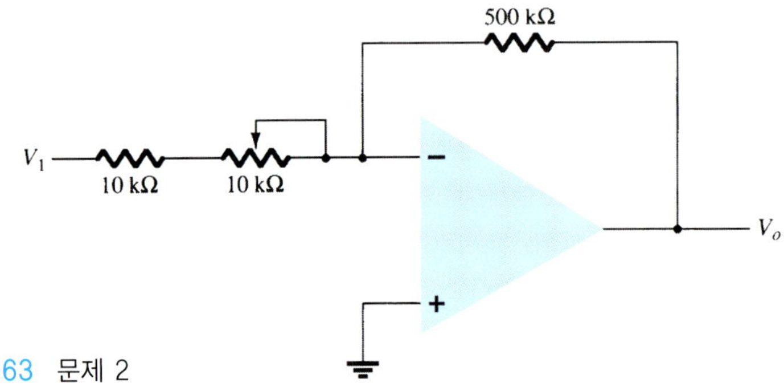

그림 10.63 문제 2

3. 그림 10.64 회로에서 출력전압이 2 V이기 위해 입력전압은 얼마인가?

4. 그림 10.65 회로에서 입력이 0.1~0.5 V까지 변할 때, 출력전압의 범위는 얼마인가?

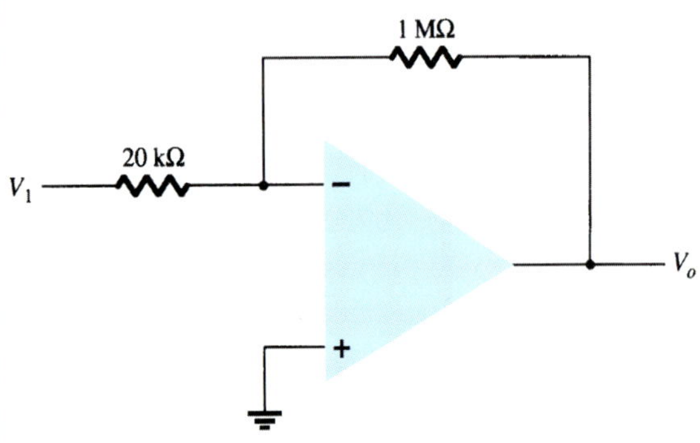

그림 10.64 문제 3

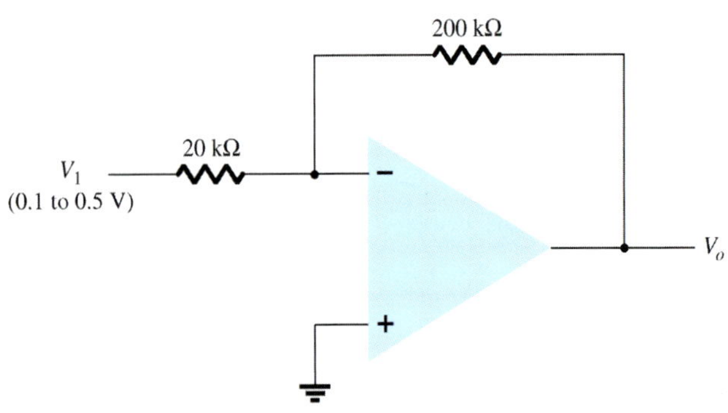

그림 10.65 문제 4

*는 다른 문제보다 다소 어려운 문제를 나타낸다.

5. 그림 10.66 회로에서 입력 $V_1 = -0.3$ V에 대한 출력전압은 얼마인가?

6. 그림 10.66 회로에서 출력이 2.4 V이기 위한 입력전압은 얼마인가?

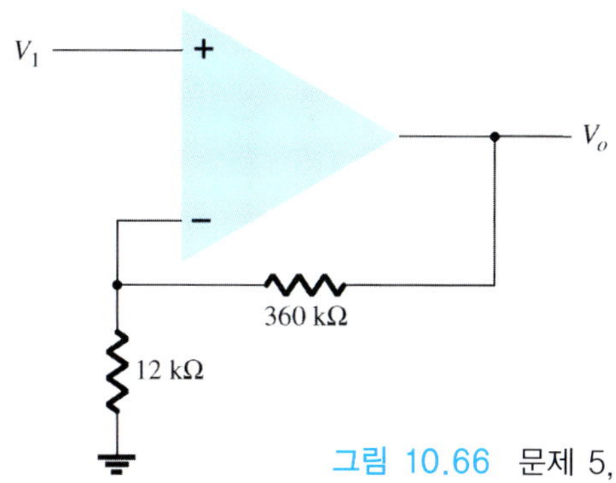

그림 10.66 문제 5, 6, 26

7. 그림 10.67 회로에서 출력전압의 범위는 얼마인가?

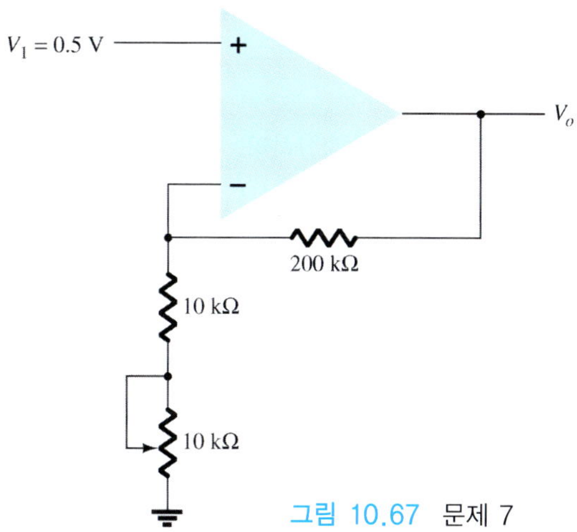

그림 10.67 문제 7

8. 그림 10.68 회로에서 $R_f = 330$ kΩ일 때, 출력전압은 얼마인가?

9. 그림 10.68 회로에서 $R_f = 68$ kΩ일 때, 출력전압은 얼마인가?

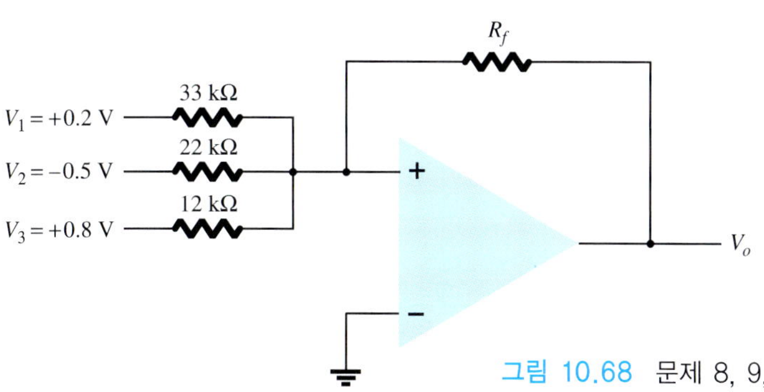

그림 10.68 문제 8, 9, 27

10. 그림 10.69에서 출력 파형을 그려라.

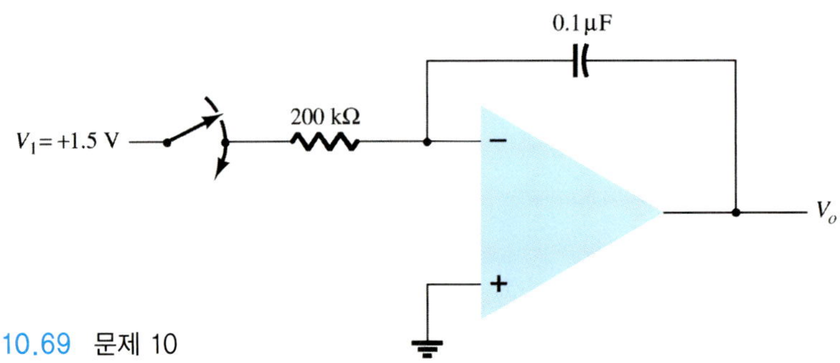

그림 10.69 문제 10

11. 그림 10.70 회로에서 $V_1 = +0.5$ V일 때, 출력전압은 얼마인가?

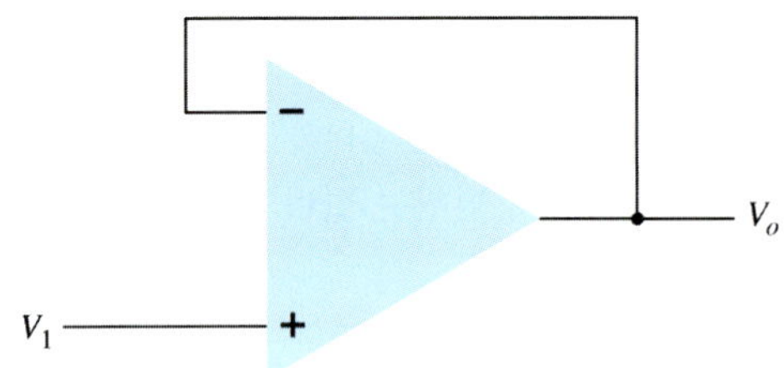

그림 10.70 문제 11

12. 그림 10.71 회로에서 출력전압을 계산하라.

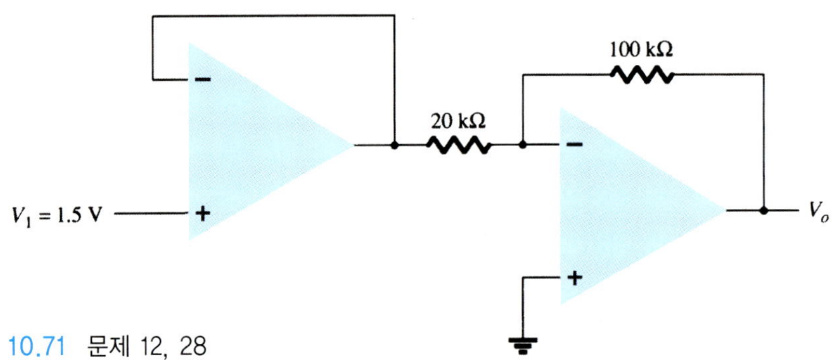

그림 10.71 문제 12, 28

13. 그림 10.72 회로에서 출력전압 V_2, V_3을 계산하라.

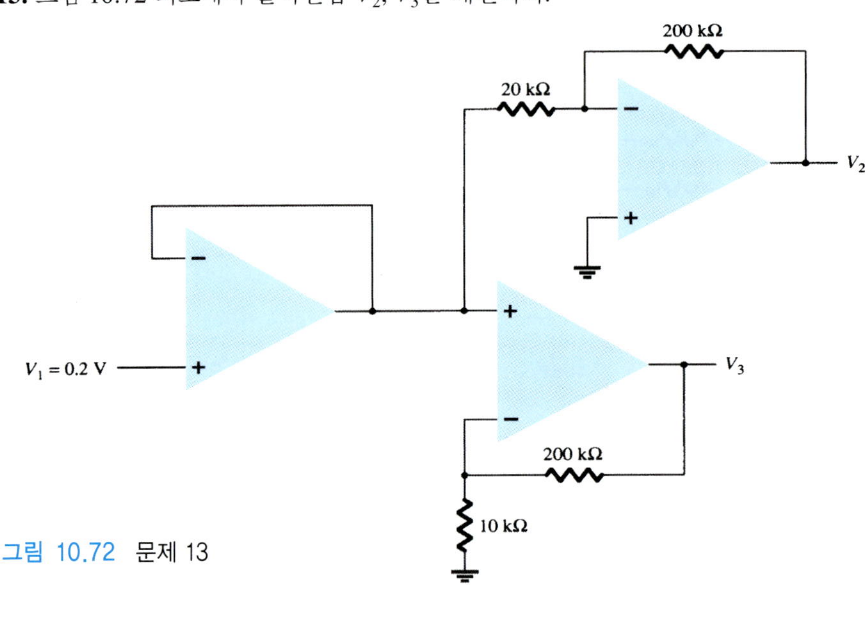

그림 10.72 문제 13

14. 그림 10.73 회로에서 출력전압 V_o을 계산하라.

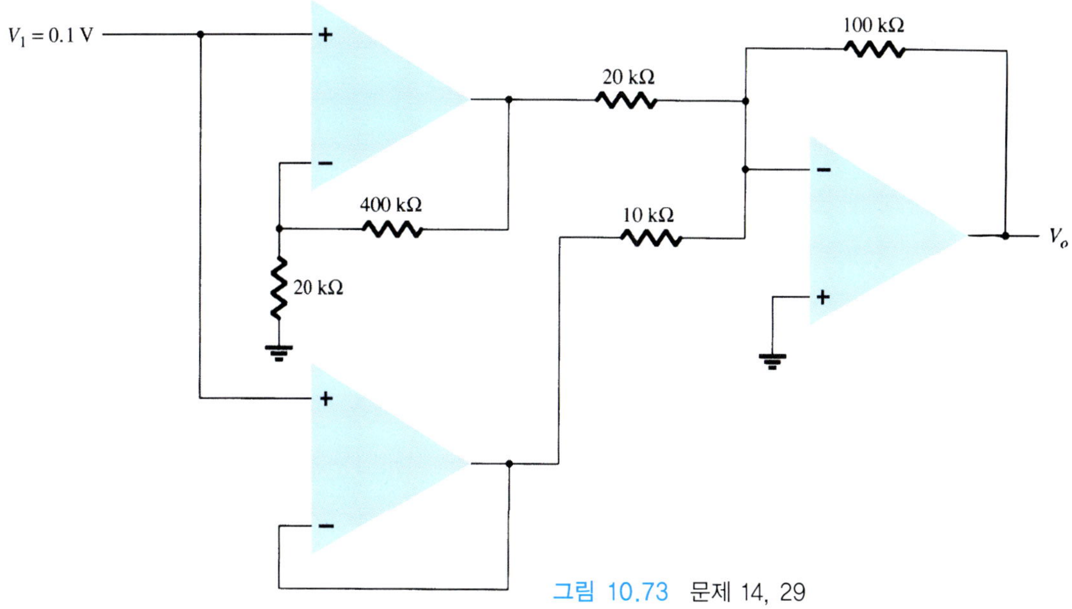

그림 10.73 문제 14, 29

15. 그림 10.74 회로에서 V_o을 계산하라.

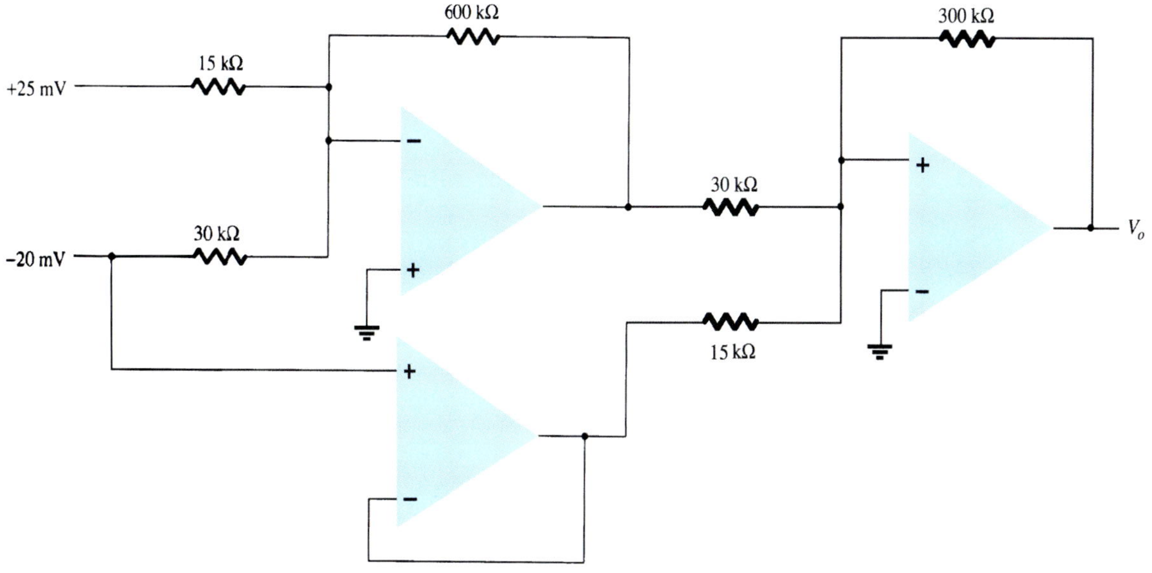

10.6 연산 증폭기 규격-직류 오프셋 파라미터

***16.** 그림 10.75 회로에서 입력 오프셋 전압 $V_{IO}=6$ mV, 입력 오프셋 전류 $I_{IO}=120$ nA일 때, 오프셋 전압을 계산하라.

***17.** $I_{IO}=4$ nA, $I_{IB}=20$ nA인 연산 증폭기의 입력 바이어스 전류를 계산하라.

10.7 연산 증폭기의 규격-주파수 파라미터

18. $B_1=800$ kHz, $A_{VD}=150$ V/mV인 연산 증폭기의 차단 주파수를 구하라.

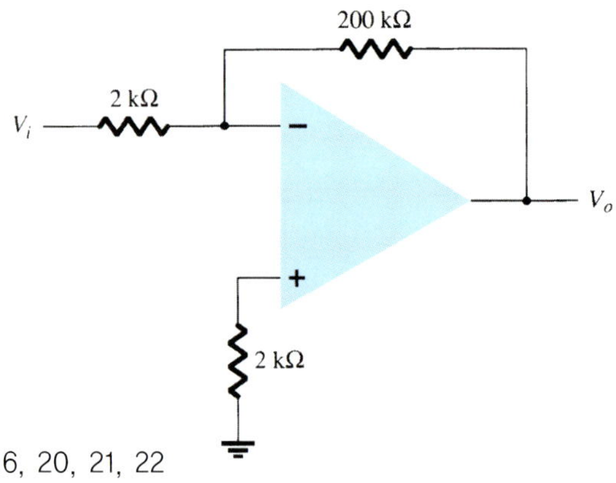

그림 10.75 문제 16, 20, 21, 22

***19.** 슬루율이 SR=2.4 V/μs인 연산 증폭기에서, 입력이 10 μs 동안 0.3 V만큼 변한다고 할 때, 최대 폐루프 전압 이득은 얼마인가?

***20.** 그림 10.75 회로에서 V_1=50 mV, SR=0.4 V/μs일 때, 사용할 수 있는 최대 주파수를 구하라.

***21.** 그림 10.75 회로에서 표 10.3을 이용하여 정격 오프셋 전압을 계산하라.

***22.** 741 연산 증폭기의 정격 특성을 이용하여 그림 10.75 회로에 다음 값들을 계산하라.

a. A_{CL}

b. Z_i

c. Z_o

10.9 차동 모드와 공통 모드 작동

23. 연산 증폭기에서 V_d=1 mV, V_o=120 mV, V_C=1 mV, V_o=20 μV일 때, CMRR(dB 단위로)을 계산하라.

24. 연산 증폭기에서 V_{i_1}=200 μV, V_{i_2}=140 μV, A_d=6000, CMRR이 다음과 같을 때, 출력 전압을 계산하라.

a. 200 **b.** 10^5

10.11 컴퓨터 해석

***25.** Schematic Capture를 사용하여 그림 10.62 회로의 출력전압을 구하라.

***26.** Schematic Capture를 사용하여 그림 10.66 회로에서 V_i=0.5 V일 때 출력전압을 계산하라.

***27.** Schematic Capture를 사용하여 그림 10.68 회로에서 R_f=68kΩ일 때 출력전압을 계산하라.

***28.** Schematic Capture를 사용하여 그림 10.71 회로에서 출력전압을 계산하라.

***29.** Schematic Capture를 사용하여 그림 10.73 회로에서 출력전압을 계산하라.

***30.** Schematic Capture를 사용하여 그림 10.74 회로에서 출력전압을 계산하라.

***31.** Schematic Capture를 사용하여 그림 10.39와 같은 적분회로에서 R=40 kΩ, C=0.003 μF일 때, 2 V 계단 입력에 대한 출력 파형을 구하라.

CHAPTER 11

연산 증폭기의 응용

학습 목표 CHAPTER OBJECTIVE

- 정이득, 가산, 완충 증폭기 등
- 능동 필터의 원리
- 제어 소스의 종류

11.1 정이득 배율기

가장 일반적인 연산 증폭기 회로 중의 하나인 반전 정이득 배율기는 정확한 이득과 증폭을 제공한다. 그림 11.1은 이득이 식 (11.1)과 같이 주어지는 표준회로를 나타낸다.

$$\boxed{A = -\frac{R_f}{R_1}} \tag{11.1}$$

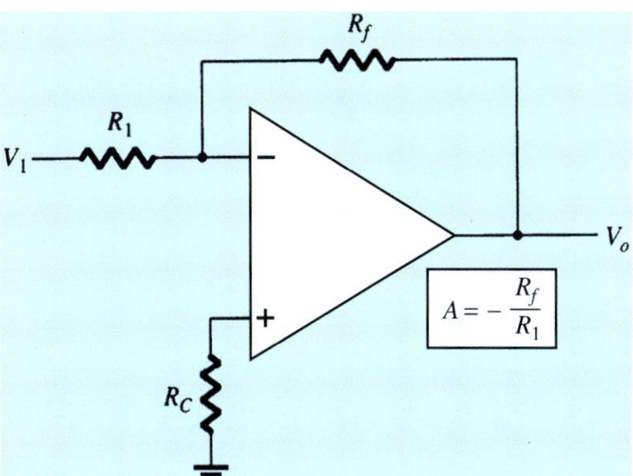

그림 11.1 정이득 증폭기

예제 11.1 그림 11.2의 회로에서 2.5 mV의 정현파 입력에 대한 출력전압을 구하라.

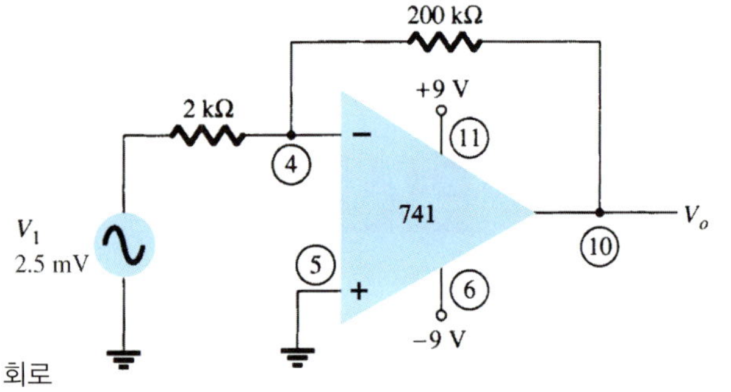

그림 11.2 예제 11.1의 회로

풀이 그림 11.2의 회로는 정이득을 제공하는 741 연산 증폭기를 사용한 것으로서, 이득은 식 (11.1)에 의하여 다음과 같이 구해진다.

$$A = -\frac{R_f}{R_1} = -\frac{200\,\text{k}\Omega}{2\,\text{k}\Omega} = -100$$

따라서 출력전압은

$$V_o = AV_i = -100(2.5\,\text{mV}) = -250\,\text{mV} = \mathbf{-0.25\,V}$$

그림 11.3은 비반전 정이득 배율기를 나타내며, 이득은 식 (11.2)와 같다.

$$\boxed{A = 1 + \frac{R_f}{R_1}} \tag{11.2}$$

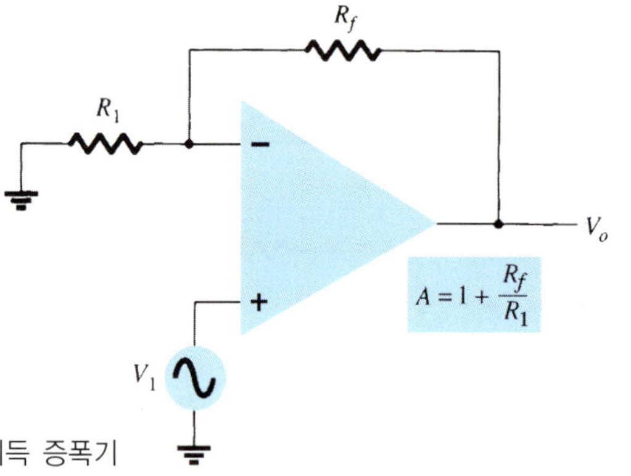

그림 11.3 비반전 정이득 증폭기

예제 11.2 그림 11.4 회로의 입력전압이 120 μV일 때 출력전압을 구하라.

풀이 연산 증폭기의 이득은 식 (11.2)를 이용하여 다음과 같이 구한다.

$$A = 1 + \frac{R_f}{R_1} = 1 + \frac{240\,\text{k}\Omega}{2.4\,\text{k}\Omega} = 1 + 100 = 101$$

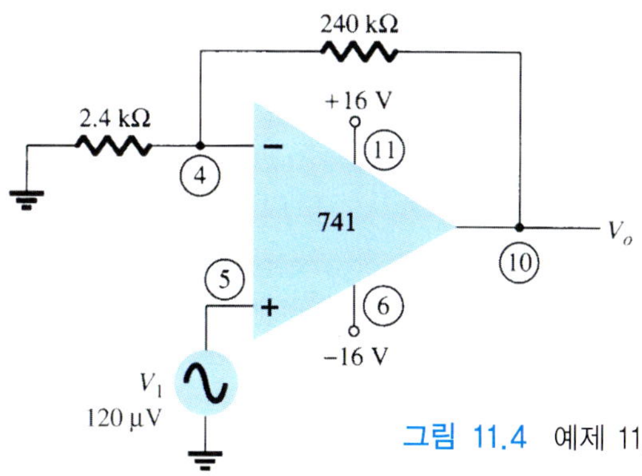

그림 11.4 예제 11.2의 회로

출력전압은 다음과 같다.

$$V_o = AV_i = 101(120\,\mu\text{V}) = \mathbf{12.12\,mV}$$

다단 이득

여러 개의 증폭단이 직렬로 연결되어 있을 때 전체의 이득은 각 증폭단의 이득을 곱한 것이 된다. 그림 11.5는 3개의 증폭단이 연결된 형태이다. 첫 번째 증폭단은 식 (11.1)에서 주어진 비반전 이득을 제공하고, 그 다음의 두 증폭단은 식 (11.1)에 주어진 반전 이득을 제공한다. 따라서 전체 회로의 이득은 비반전 이득이 되며, 다음과 같이 계산된다.

$$A = A_1A_2A_3$$

여기서 $A_1 = 1 + R_f/R_1$, $A_2 = -R_f/R_2$, $A_3 = -R_f/R_3$.

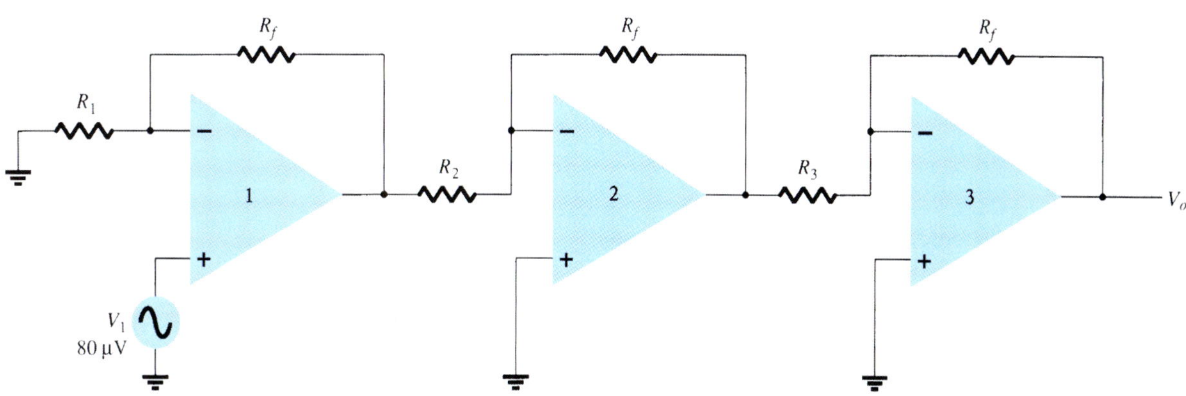

그림 11.5 다단 정이득 연결

예제 11.3 그림 11.5를 이용하여 $R_f = 470\ \text{k}\Omega$, $R_1 = 4.3\ \text{k}\Omega$, $R_2 = 33\ \text{k}\Omega$, $R_3 = 33\ \text{k}\Omega$이고, 입력전압이 80 μV일 때 출력전압을 구하라.

풀이 증폭기의 이득은 다음과 같이 계산된다.

$$A = A_1A_2A_3 = \left(1 + \frac{R_f}{R_1}\right)\left(-\frac{R_f}{R_2}\right)\left(-\frac{R_f}{R_3}\right)$$

$$= \left(1 + \frac{470\text{ k}\Omega}{4.3\text{ k}\Omega}\right)\left(-\frac{470\text{ k}\Omega}{33\text{ k}\Omega}\right)\left(-\frac{470\text{ k}\Omega}{33\text{ k}\Omega}\right)$$

$$= (110.3)(-14.2)(-14.2) = 22.2 \times 10^3$$

그래서 전압은 다음과 같다.

$$V_o = AV_i = 22.2 \times 10^3(80\,\mu\text{V}) = \mathbf{1.78\ V}$$

예제 11.4 LM124(4개의 연산 증폭기 내장) 연산 증폭기를 이용하여, 이득이 +10, −18, −27인 3단 증폭기를 설계하라. 3개의 증폭기 회로에 270 kΩ의 피드백 저항이 사용될 때 입력전압 150 μV에 대한 출력전압을 구하라.

풀이 이득이 +10인 경우,

$$A_1 = 1 + \frac{R_f}{R_1} = +10$$

$$\frac{R_f}{R_1} = 10 - 1 = 9$$

$$R_1 = \frac{R_f}{9} = \frac{270\text{ k}\Omega}{9} = 30\text{ k}\Omega$$

이득이 −18인 경우,

$$A_2 = -\frac{R_f}{R_2} = -18$$

$$R_2 = \frac{R_f}{18} = \frac{270\text{ k}\Omega}{18} = 15\text{ k}\Omega$$

이득이 −27인 경우,

$$A_3 = -\frac{R_f}{R_3} = -27$$

$$R_3 = \frac{R_f}{27} = \frac{270\text{ k}\Omega}{27} = 10\text{ k}\Omega$$

그림 11.6은 LM124 연산 증폭기의 핀 접속 및 모든 요소들을 나타낸다. 따라서 입력전압 $V_1 = 150\ \mu\text{V}$에 대한 출력전압은 다음과 같다.

$$V_o = A_1A_2A_3V_1 = (10)(-18)(-27)(150\,\mu\text{V}) = 4860(150\,\mu\text{V})$$
$$= \mathbf{0.729\ V}$$

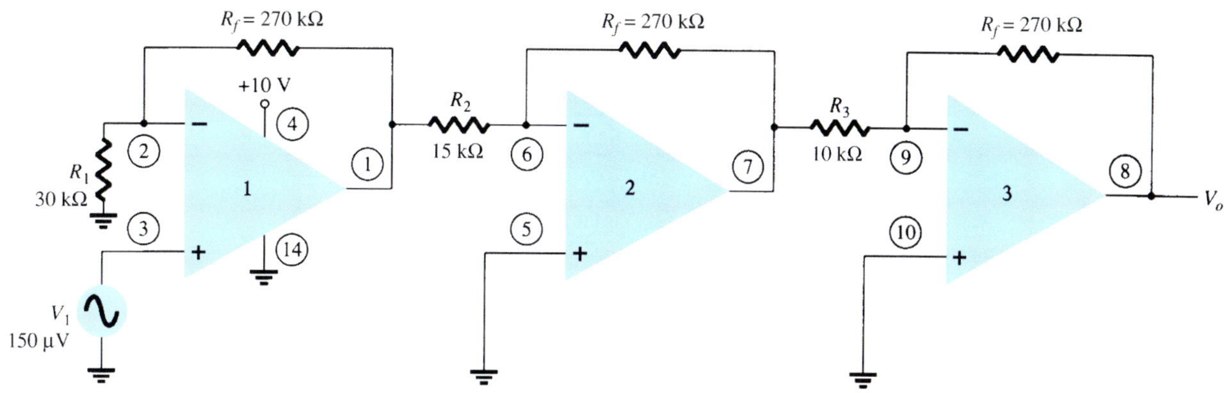

그림 11.6 예제 11.4의 회로(LM124 사용)

다음 예제에서 보여지는 것처럼 서로 다른 개별적 이득을 제공하기 위해서 여러 개의 연산 증폭기가 사용될 수 있다.

예제 11.5 LM348 IC를 이용하여 입력보다 10, 20, 50배가 큰 출력을 얻기 위한 3단 연산 증폭기 회로를 설계하라. 단, 각 증폭단의 피드백 저항 $R_f = 500$ kΩ으로 한다.

풀이 각 증폭단의 저항 요소는 다음과 같이 계산된다.

$$R_1 = -\frac{R_f}{A_1} = -\frac{500\,\text{k}\Omega}{-10} = 50\,\text{k}\Omega$$
$$R_2 = -\frac{R_f}{A_2} = -\frac{500\,\text{k}\Omega}{-20} = 25\,\text{k}\Omega$$
$$R_3 = -\frac{R_f}{A_3} = -\frac{500\,\text{k}\Omega}{-50} = 10\,\text{k}\Omega$$

그림 11.7은 위의 결과를 이용하여 얻어진 회로이다.

11.2 전압 가산

연산 증폭기의 또 다른 응용은 가산 증폭기이다. 그림 11.8은 세 개 각각의 입력이 다른 이득으로 곱해져 합으로 출력되는 회로의 접속을 나타낸다. 출력전압은 다음과 같다.

$$V_o = -\left(\frac{R_f}{R_1}V_1 + \frac{R_f}{R_2}V_2 + \frac{R_f}{R_3}V_3\right) \tag{11.3}$$

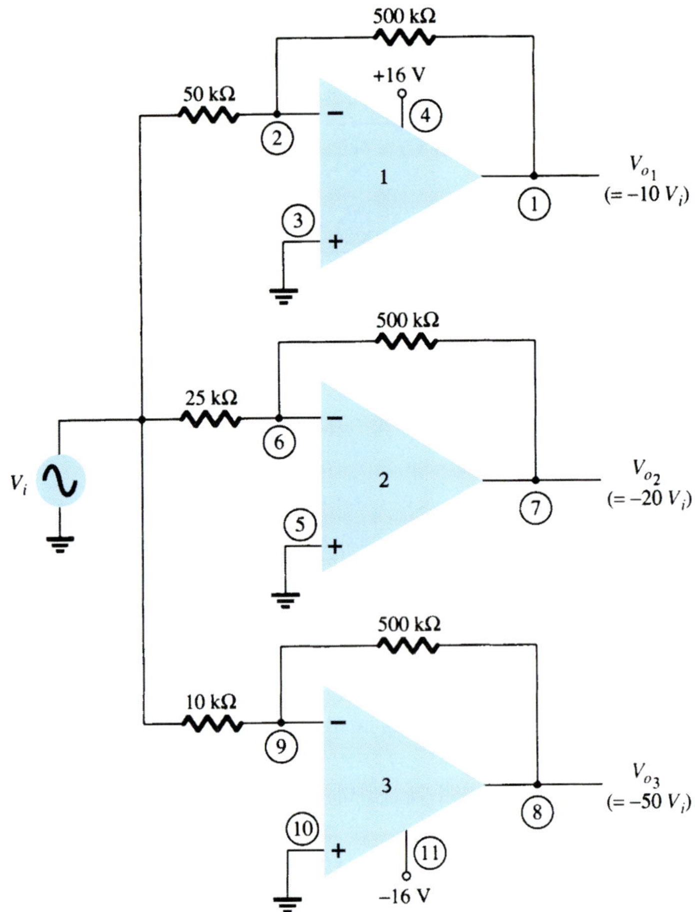

그림 11.7 예제 11.5의 회로(LM348 사용)

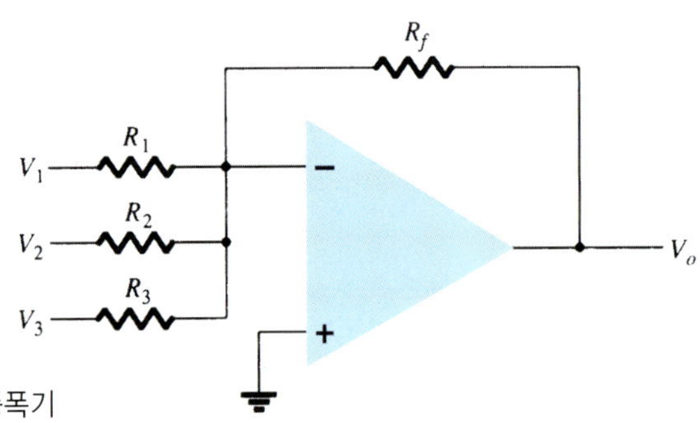

그림 11.8 가산 증폭기

예제 11.6 그림 11.9 회로의 입력전압이 각각 $V_1 = 50$ mV sin(1000t), $V_2 = 10$ mV sin(3000t)일 때 출력전압을 계산하라.

풀이 출력전압은 다음과 같다.

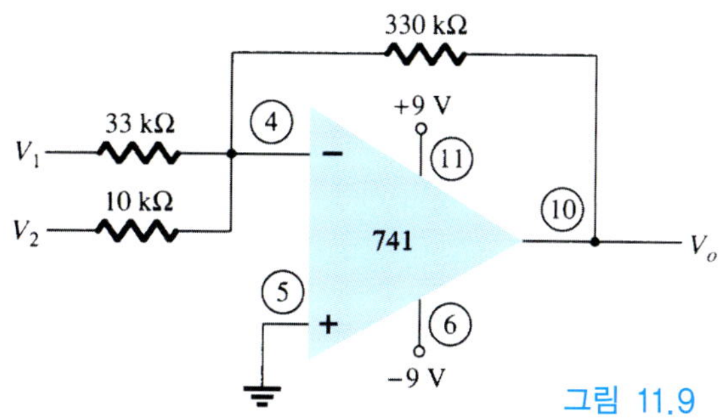

그림 11.9 예제 11.6의 회로

$$V_o = -\left(\frac{330\,\text{k}\Omega}{33\,\text{k}\Omega}V_1 + \frac{330\,\text{k}\Omega}{10\,\text{k}\Omega}V_2\right) = -(10\,V_1 + 33\,V_2)$$
$$= -[10(50\,\text{mV})\sin(1000t) + 33(10\,\text{mV})\sin(3000t)]$$
$$= \mathbf{-[0.5\sin(1000t) + 0.33\sin(3000t)]}$$

전압 감산

두 신호의 감산에는 여러 가지 방법이 있다. 그림 11.10은 입력신호의 감산을 위하여 사용하는 2단의 연산 증폭기를 나타낸다. 이때의 출력은 다음과 같다.

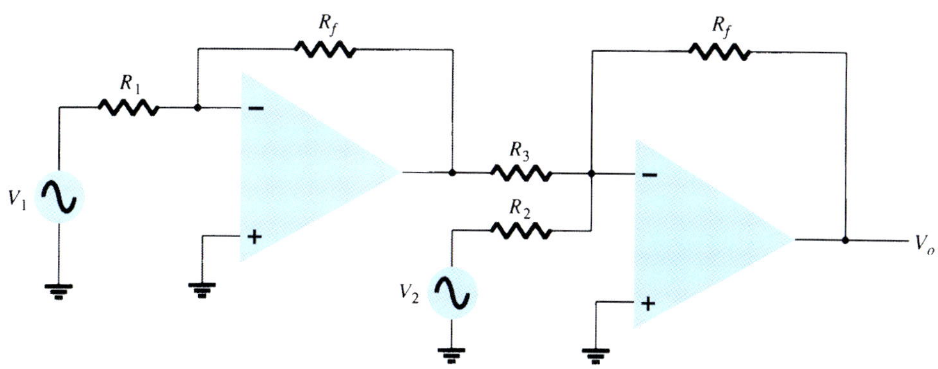

그림 11.10 두 신호의 감산회로

$$V_o = -\left[\frac{R_f}{R_3}\left(-\frac{R_f}{R_1}V_1\right) + \frac{R_f}{R_2}V_2\right]$$

$$\boxed{V_o = -\left(\frac{R_f}{R_2}V_2 - \frac{R_f}{R_3}\frac{R_f}{R_1}V_1\right)} \tag{11.4}$$

예제 11.7 그림 11.10에서 $R_f = 1\ \text{M}\Omega$, $R_1 = 100\ \text{k}\Omega$, $R_2 = 50\ \text{k}\Omega$, $R_3 = 500\ \text{k}\Omega$일 때 출력을 구하라.

풀이 출력전압은 다음과 같이 구해진다.

$$V_o = -\left(\frac{1\,\text{M}\Omega}{50\,\text{k}\Omega}V_2 - \frac{1\,\text{M}\Omega}{500\,\text{k}\Omega}\frac{1\,\text{M}\Omega}{100\,\text{k}\Omega}V_1\right) = -(20\,V_2 - 20\,V_1) = \mathbf{-20(V_2 - V_1)}$$

위에서 알 수 있듯이 출력은 두 입력 V_1과 V_2의 차에 −20을 곱한 값이 된다.

그림 11.11은 두 신호의 감산을 위해 사용하는 또 다른 방법의 예이다. 이 회로는 두 신호의 감산을 위하여 단 1개만의 연산 증폭기를 사용한다. 중첩의 원리에 의해서 출력전압은 다음과 같다.

$$\boxed{V_o = \frac{R_3}{R_1 + R_3}\frac{R_2 + R_4}{R_2}V_1 - \frac{R_4}{R_2}V_2} \tag{11.5}$$

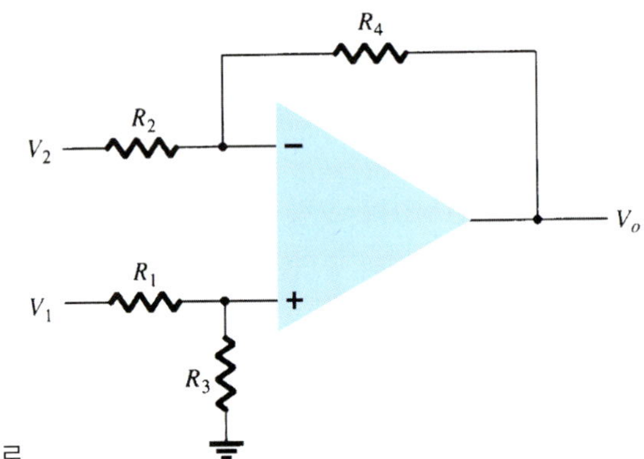

그림 11.11 감산회로

예제 11.8 그림 11.12의 회로에서 출력전압을 구하라.

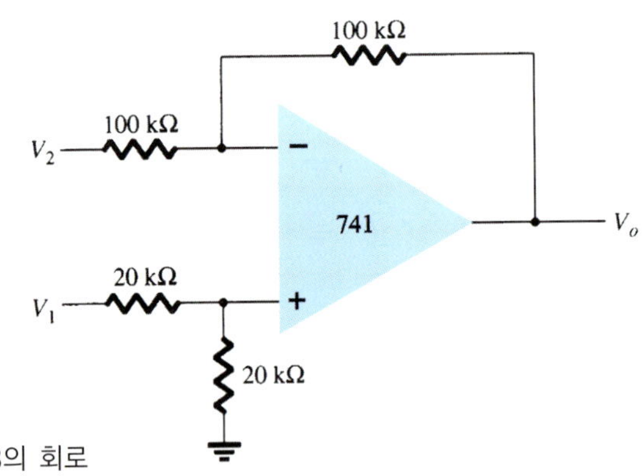

그림 11.12 예제 11.8의 회로

풀이 출력전압은 다음과 같이 계산된다.

$$V_o = \left(\frac{20\,\text{k}\Omega}{20\,\text{k}\Omega + 20\,\text{k}\Omega}\right)\left(\frac{100\,\text{k}\Omega + 100\,\text{k}\Omega}{100\,\text{k}\Omega}\right)V_1 - \frac{100\,\text{k}\Omega}{100\,\text{k}\Omega}V_2$$
$$= \mathbf{V_1 - V_2}$$

그러므로 출력전압은 두 입력전압의 차가 된다.

11.3 전압 완충기

전압 완충기 회로는 위상이나 극성을 반전시키지 않고, 높은 입력 임피던스와 낮은 출력 임피던스를 갖는 이상적인 회로로 작동하는 단위전압 이득의 증폭단을 사용하여, 부하로부터 입력신호를 분리시키는 한 방법으로 사용한다. 그림 11.13은 이러한 완충 증폭기의 작동을 위해서 구성된 연산 증폭기를 나타낸다. 그림의 출력전압은 다음과 같이 결정된다.

$$\boxed{V_o = V_1} \tag{11.6}$$

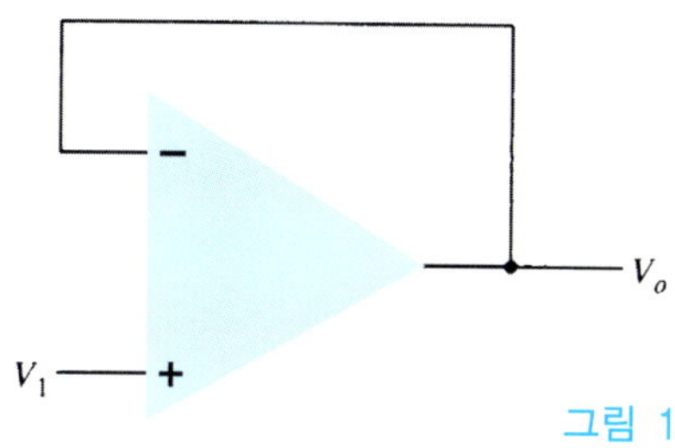

그림 11.13 단위이득(완충) 증폭기

그림 11.14는 1개의 입력신호가 어떻게 하여 2개의 독립된 출력을 제공할 수 있는가를 보여주고 있다. 이 방법의 장점은 어느 한쪽의 출력에 접속된 부하는 또 다른 쪽의 출력에는 아무런 영향을 미치지 않는다는 점이다. 이러한 출력은 서로 완충(buffered)되었다고 하거나, 또는 분리(isolated)되었다고 한다.

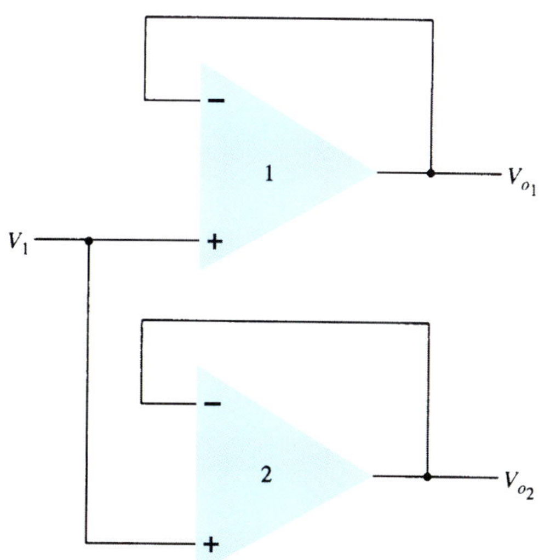

그림 11.14 분리출력신호를 제공하는 완충 증폭기

예제 11.9 741 연산 증폭기를 이용하여 단위 이득회로를 구성하라.

풀이 단위 이득회로의 구성은 그림 11.15와 같이 나타낸다.

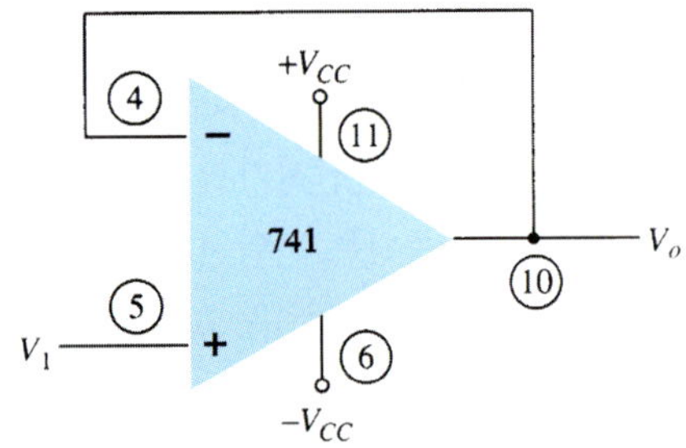

그림 11.15 예제 11.9의 회로

11.4 제어형 소스

연산 증폭기는 여러 가지 형태의 제어형 소스를 만드는 데 사용된다. 입력전압은 출력전압이나 출력전류를 제어할 수 있고, 또 입력전류는 출력전압이나 출력전류를 제어하는 데 사용될 수 있다. 이러한 회로의 연결 형태는 여러 가지 계측기 회로의 사용에 적합하다. 제어형 소스의 여러 가지 형태는 다음과 같다.

전압 제어형 전압 소스

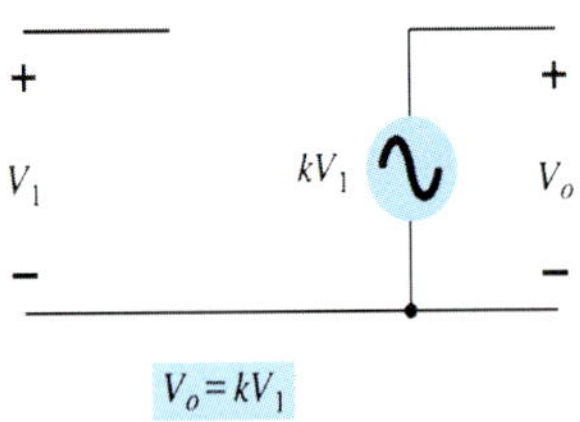

그림 11.16 이상적인 전압 제어형 전압 소스

그림 11.16은 출력 V_o가 입력전압 V_1에 의하여 제어되는 전압 소스의 이상적인 형태를 나타낸다. 출력전압은 입력전압에 의하여 결정된다(k배의 눈금 상수). 이러한 형태의 회로는 그림 11.17에 나타낸 것처럼 1개의 연산 증폭기를 사용하여 구성된다. 이 회로의 두 가지 변형은 그림 11.17에 나타낸 것처럼 반전 입력과 비반전 입력의 두 가지가 있다. 그림 11.17a에서의 출력전압은

$$\boxed{V_o = -\frac{R_f}{R_1}V_1 = kV_1} \tag{11.7}$$

이고, 그림 11.17b에서의 출력전압은 다음과 같이 된다.

$$\boxed{V_o = \left(1 + \frac{R_f}{R_1}\right)V_1 = kV_1} \tag{11.8}$$

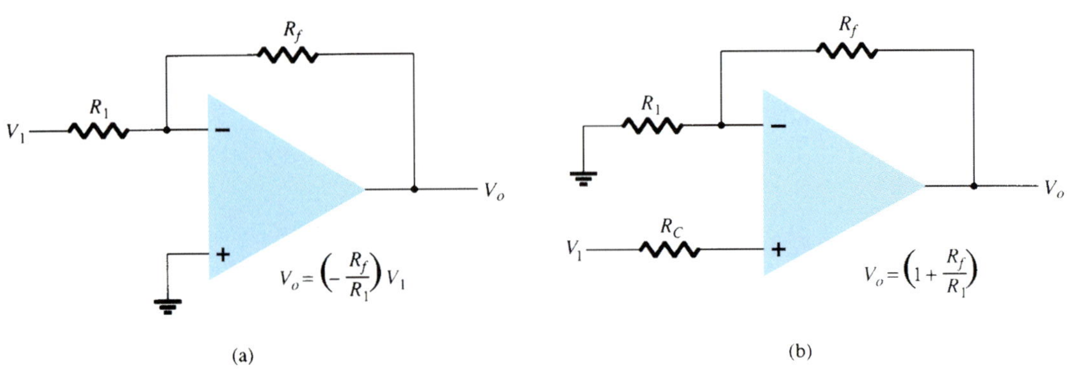

그림 11.17 실제적인 전압 제어형 전압 소스 회로

전압 제어형 전류 소스

그림 11.18은 입력전압으로 출력전류를 제어하는 이상적인 회로이다. 출력전류는 입력전압의 변화에 따라 변하게 된다. 그림 11.19는 부하저항 R_L에 흐르는 출력전류가 입력전압 V_1에 의해서 제어되는 회로이다. 부하저항 R_L에 흐르는 실제 전류는 다음과 같다.

$$\boxed{I_o = \frac{V_1}{R_1} = kV_1} \tag{11.9}$$

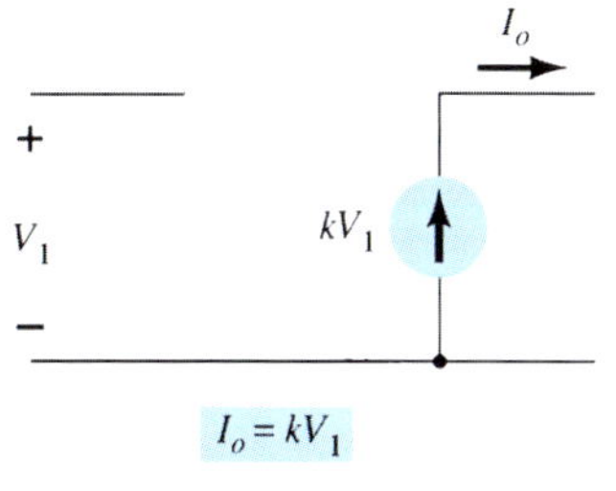

그림 11.18 이상적인 전압 제어형 전류 소스

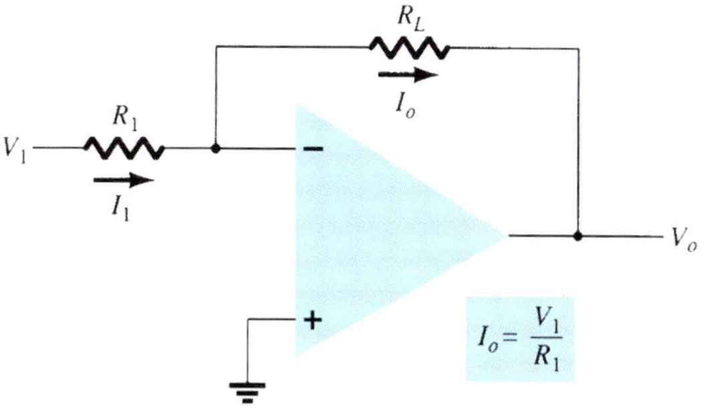

그림 11.19 실제적인 전압 제어형 전류 소스

전류 제어형 전압 소스

그림 11.20은 입력전류에 의해서 제어되는 이상적인 전압 소스의 예를 나타낸 것이다. 출력전압은 입력전류에 의해서 결정된다. 이 회로의 실제적인 형태는 그림 11.21에 나타낸 것처럼 1개의 연산 증폭기로서 실제로 구성한다. 출력전압은

$$\boxed{V_o = -I_1R_L = kI_1} \tag{11.10}$$

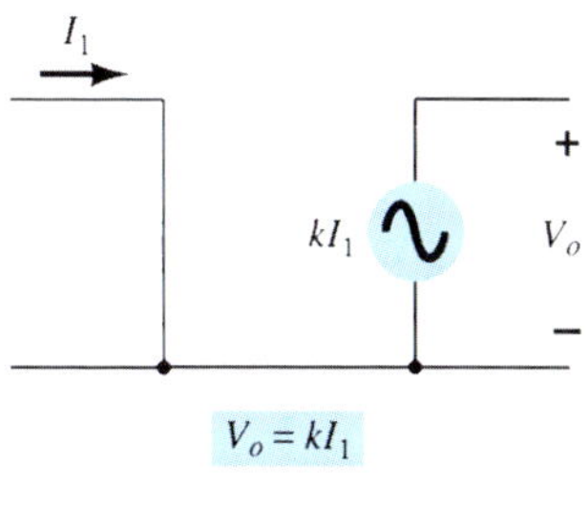

그림 11.20 이상적인 전류 제어형 전압 소스

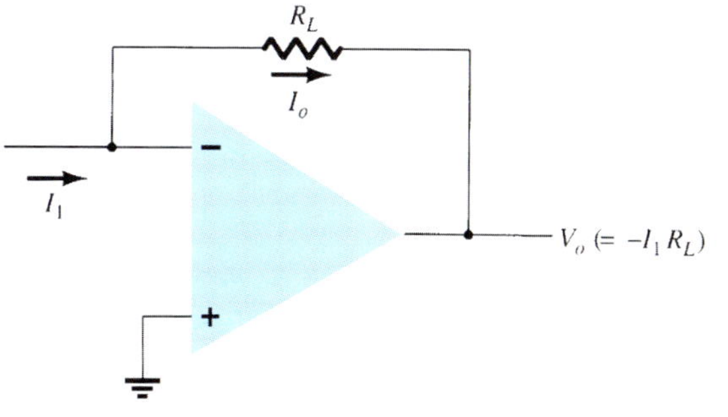

그림 11.21 실제적인 전류 제어형 전압 소스

전류 제어형 전류 소스

그림 11.22는 출력전류가 입력전류에 의해서 결정되는 이상적인 회로의 한 예이다. 그림 11.23은 실제적인 전류 제어형 전류 소스회로이다. 출력전류 I_o는 입력전류 I_1과 다음과 같은 비례 관계가 성립한다.

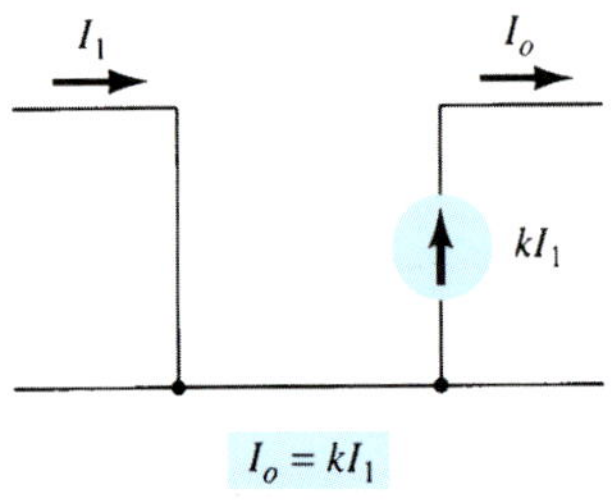

그림 11.22 이상적인 전류 제어형 전류 소스

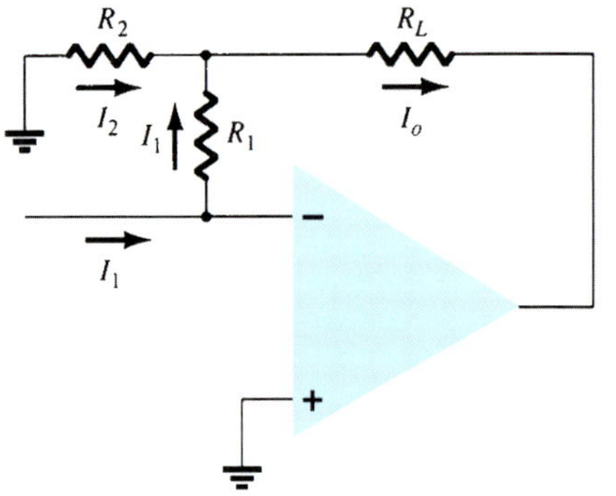

그림 11.23 실제적인 전류 제어형 전류 소스

$$I_o = I_1 + I_2 = I_1 + \frac{I_1 R_1}{R_2} = \left(1 + \frac{R_1}{R_2}\right) I_1 = kI_1 \tag{11.11}$$

예제 11.10

a. 그림 11.24a의 회로에서 I_L을 계산하라.

b. 그림 11.24b의 회로에서 V_o를 계산하라.

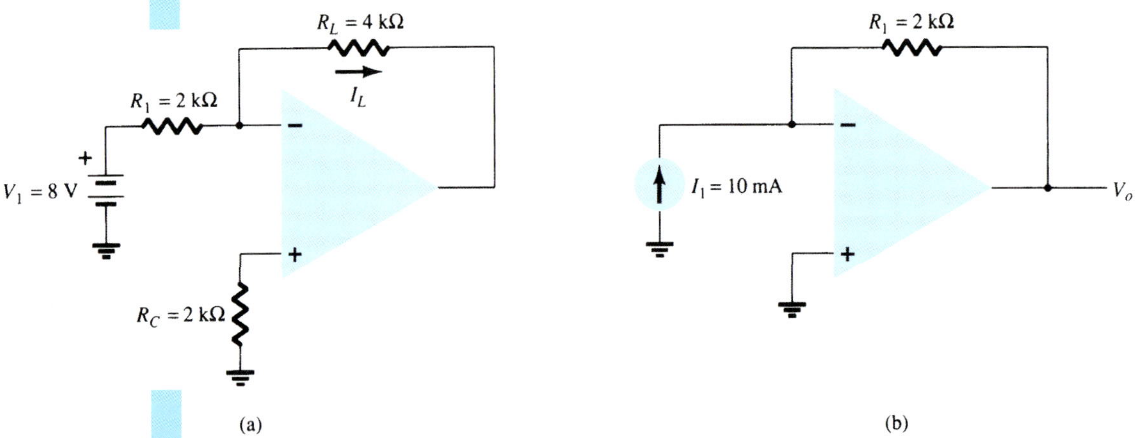

그림 11.24 예제 11.10의 회로

풀이

a. 그림 11.24a의 회로에서

$$I_L = \frac{V_1}{R_1} = \frac{8\ \text{V}}{2\ \text{k}\Omega} = \mathbf{4\ mA}$$

b. 그림 11.24b의 회로에서

$$V_o = -I_1 R_1 = -(10\ \text{mA})(2\ \text{k}\Omega) = \mathbf{-20\ V}$$

11.5 계측회로

연산 증폭기는 직류나 교류전압계와 같은 계측회로의 구성에 가장 많이 이용되고 있다. 여기서는 연산 증폭기가 계측회로의 구성에 어떻게 사용되고 있는지에 대하여 설명할 것이다.

직류 mV 전압계

그림 11.25는 직류 mV 전압계에서 기본 증폭기로 사용되는 741 연산 증폭기이다. 여기서 증폭기는 M이 입력 임피던스가 매우 크고, 스케일 인수가 오직 저항값과 정밀도에 따르도록 하여, M이 입력회로의 mV전압을 읽을 수 있도록 한다. 연산 증폭기 회로의 해석은 다음과 같은 회로 전달 함수를 제공한다.

$$\left|\frac{I_o}{V_1}\right| = \frac{R_f}{R_1}\left(\frac{1}{R_S}\right) = \left(\frac{100\text{ k}\Omega}{100\text{ k}\Omega}\right)\left(\frac{1}{10\ \Omega}\right) = \frac{1\text{ mA}}{10\text{ mV}}$$

10 mV의 입력은 전류 미터에 1 mA의 전류를 흐르게 한다. 만일 입력이 5 mV이면 전류 미터에는 0.5 mA의 전류가 흐른다. 그러므로 이것은 최대 눈금의 1/2이 편향됨을 의미한다. 즉, R_f를 200 kΩ으로 바꾸면 회로의 눈금 인수는 다음과 같이 된다.

$$\left|\frac{I_o}{V_1}\right| = \left(\frac{200\text{ k}\Omega}{100\text{ k}\Omega}\right)\left(\frac{1}{10\ \Omega}\right) = \frac{1\text{ mA}}{5\text{ mV}}$$

즉 이 식은 측정할 수 있는 최대 눈금이 5 mV라는 것을 나타낸다. 이러한 mV 전압계를 제작하기 위해서는 연산 증폭기 회로와 몇 개의 저항, 다이오드, 커패시터 및 전류계의 가동자(movement)를 구입해야 되는데, 전압계가 완벽하게 작동되려면 실험을 거친 좋은 연산 증폭기 소자를 사용해야 한다.

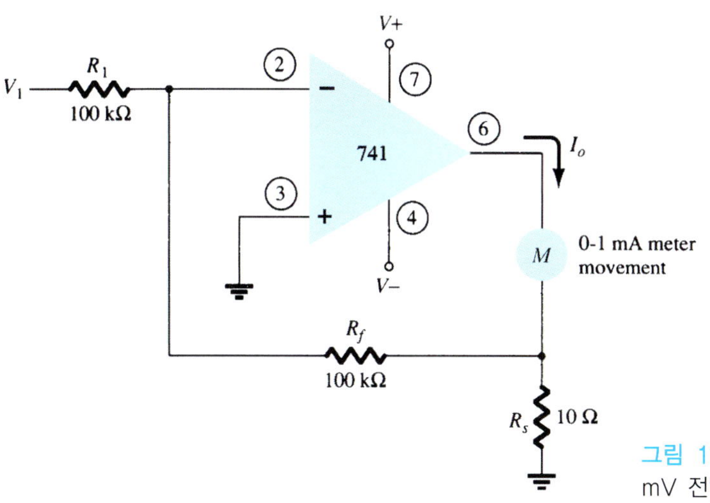

그림 11.25 Op-Amp 직류 mV 전압계

교류 mV 전압계

계측기 회로의 다른 예로서는 그림 11.26과 같은 교류 mV 전압계이다. 회로의 전달 함수

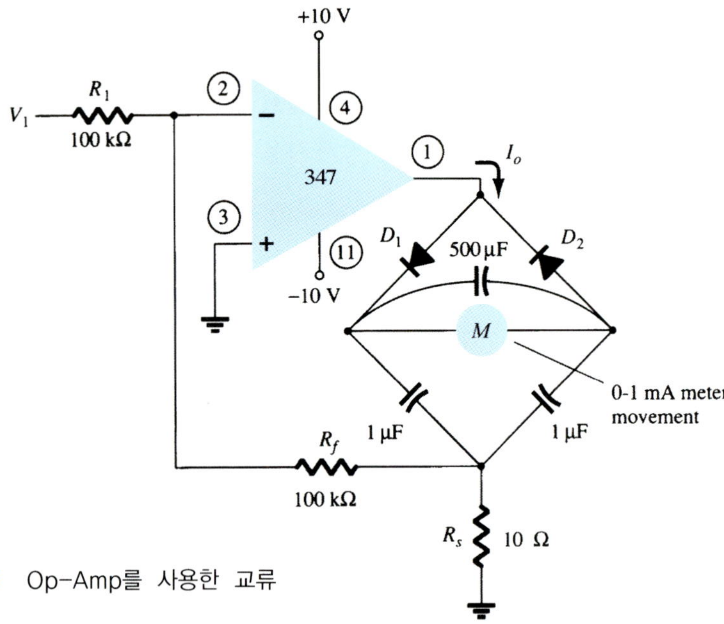

그림 11.26 Op-Amp를 사용한 교류 mV 전압계

는 다음과 같다.

$$\left|\frac{I_o}{V_1}\right| = \frac{R_f}{R_1}\left(\frac{1}{R_S}\right) = \left(\frac{100\ \mathrm{k\Omega}}{100\ \mathrm{k\Omega}}\right)\left(\frac{1}{10\ \Omega}\right) = \frac{1\ \mathrm{mA}}{10\ \mathrm{mV}}$$

여기서 신호가 교류인 점을 제외하면 직류 mV 전압계와 같다. 이 계측기는 10 mV의 교류 입력전압에 대해서는 최대 눈금까지 편향되고, 5 mV의 교류 입력에 대해서는 최대 눈금의 1/2이 편향된다.

디스플레이 구동기

그림 11.27은 램프나 LED 디스플레이를 구동하는 데 사용될 수 있는 회로이다. 그림

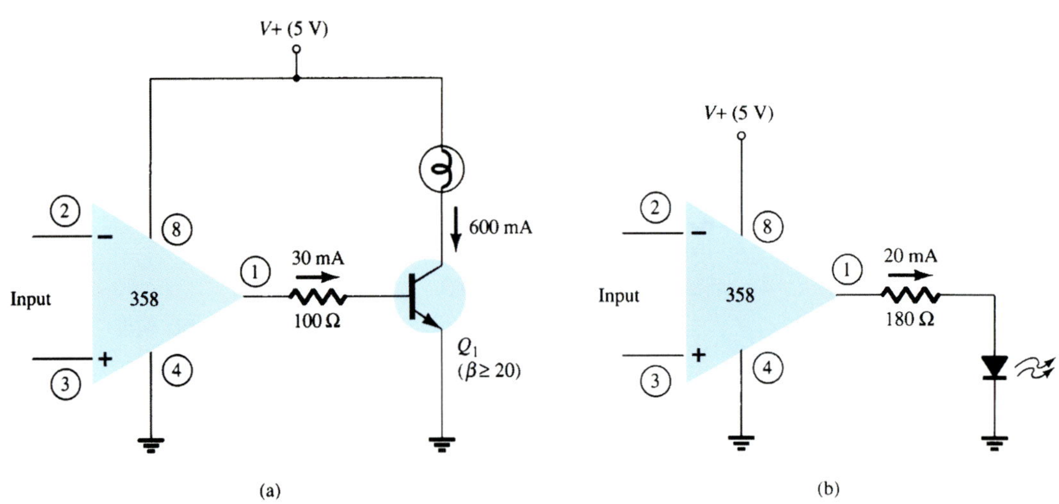

그림 11.27 디스플레이 구동회로: (a) 램프 구동기; (b) LED 구동기

11.27a에서 회로에 대한 비반전 입력이 반전 입력보다 크면, 단자 1의 출력레벨은 이 예에서는 5 V 근처의 +포화 영역에 이르고, 트랜지스터 Q_1이 도전될 때 램프가 구동된다. 주어진 회로에서 알 수 있듯이, 연산 증폭기의 출력은 트랜지스터 Q_1의 베이스 단자에 30 mA의 전류를 공급한다. 이것은 적절하게 선택된 트랜지스터($\beta > 20$)를 통해 600 mA의 전류가 흐르도록 한다. 그림 11.27b는 비반전 입력이 반전 입력에 비해 양(+)이 될 때, LED 디스플레이를 구동하도록 하기 위해 20 mA의 전류를 공급할 수 있는 연산 증폭기 회로이다.

계측회로 증폭기

그림 11.28은 두 입력(V_1, V_2)의 차에 눈금 인수 k를 곱한 출력(V_o)을 제공하는 회로이다. 회로의 눈금 인수를 조정하기 위해 전위차계가 사용된다. 3개의 연산 증폭기가 사용되므로 저항소자들과는 달리 4개의 연산 증폭기를 포함하고 있는 IC 칩 하나만 있으면 된다. 출력 전압은 다음 식을 이용하여 계산한다.

$$\frac{V_o}{V_1 - V_2} = 1 + \frac{2R}{R_P}$$

그래서 출력전압은

$$\boxed{V_o = \left(1 + \frac{2R}{R_P}\right)(V_1 - V_2) = k(V_1 - V_2)} \qquad (11.12)$$

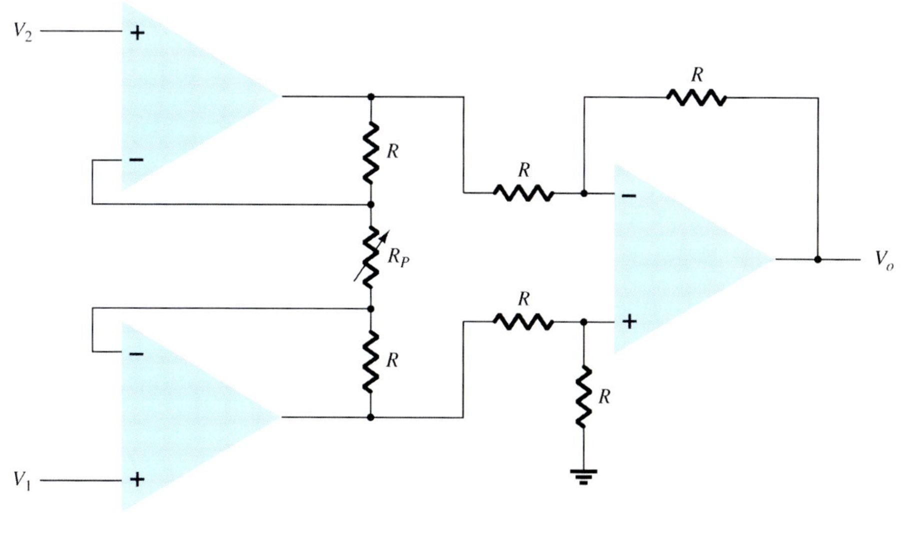

그림 11.28 계측 증폭기

예제 11.11 그림 11.29의 회로에서 출력전압을 구하라.

풀이 식 (11.12)를 이용하여 출력전압을 구할 수 있다.

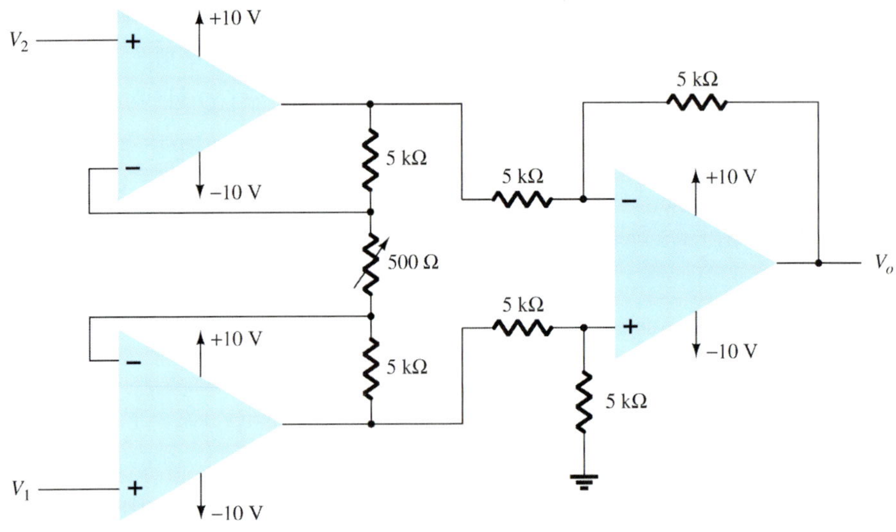

그림 11.29 예제 11.11의 회로

$$V_o = \left(1 + \frac{2R}{R_P}\right)(V_1 - V_2) = \left[1 + \frac{2(5000)}{500}\right](V_1 - V_2)$$
$$= \mathbf{21(V_1 - V_2)}$$

11.6 능동 필터

능동 필터(active filter) 회로를 만드는 데 연산 증폭기가 널리 사용된다. 필터회로는 저항이나 커패시터와 같은 수동 소자를 이용하여 만들 수도 있다. 능동 필터는 전압 증폭이나 신호 분리 및 완충을 위해서 증폭기를 사용한다.

직류로부터 차단 주파수 f_{OH}까지 일정한 출력을 제공하며, 이 주파수 이상의 신호를 통과시키지 않는 필터를 저역 통과 필터(low-pass filter)라고 한다. 그림 11.30a는 이상적인 저역 통과 필터의 특성이다. 반면에 차단 주파수 f_{OL} 이상의 신호를 통과시키는 필터를 고역 통과 필터(high-pass filter)라고 하며, 그림 11.30b는 이 필터의 이상적인 응답 특성이다. 한편 첫 번째의 차단 주파수에서 두 번째 차단 주파수 사이의 신호를 통과시키는 필터를 대역 통과 필터(bandpass filter)라고 한다. 그림 11.30c는 이상적인 대역 통과 필터이다.

저역 통과 필터

그림 11.31a는 각각 1개씩의 저항과 커패시터로 구성된 1차 저역 통과 필터회로이며, 그림 11.31b는 그림 11.31a보다 −20 dB/decade의 실제 기울기를 갖는다. 차단 주파수 이하에서의 전압 이득은

$$\boxed{A_v = 1 + \frac{R_F}{R_G}} \tag{11.13}$$

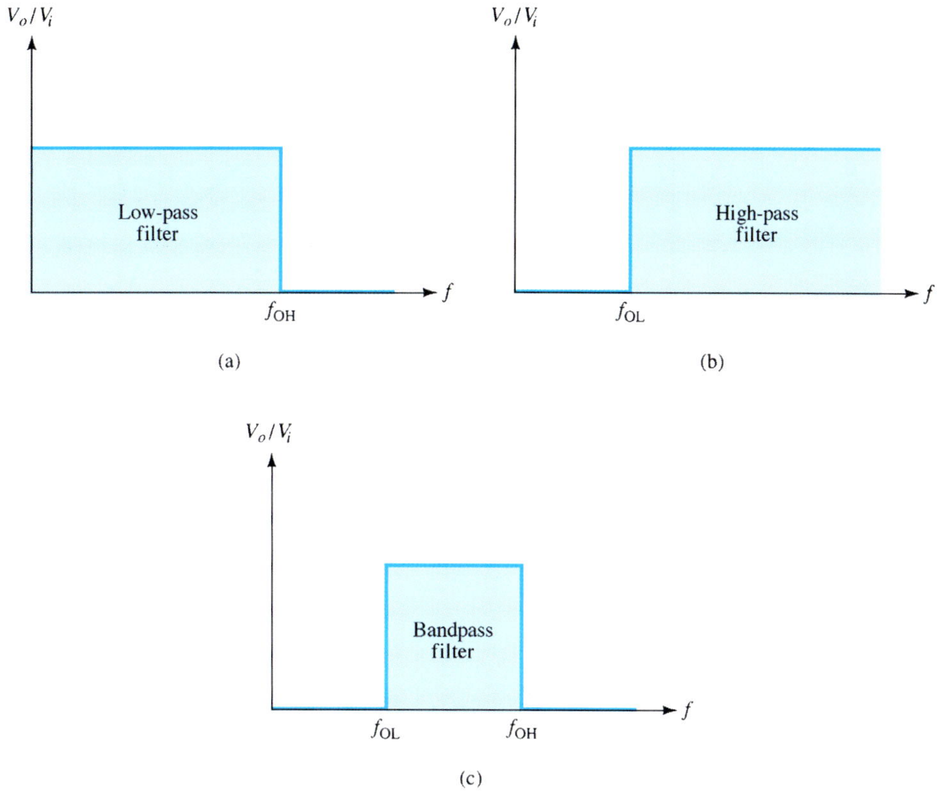

그림 11.30 이상적인 필터 응답 특성: (a) 저역 통과; (b) 고역 통과; (c) 대역 통과

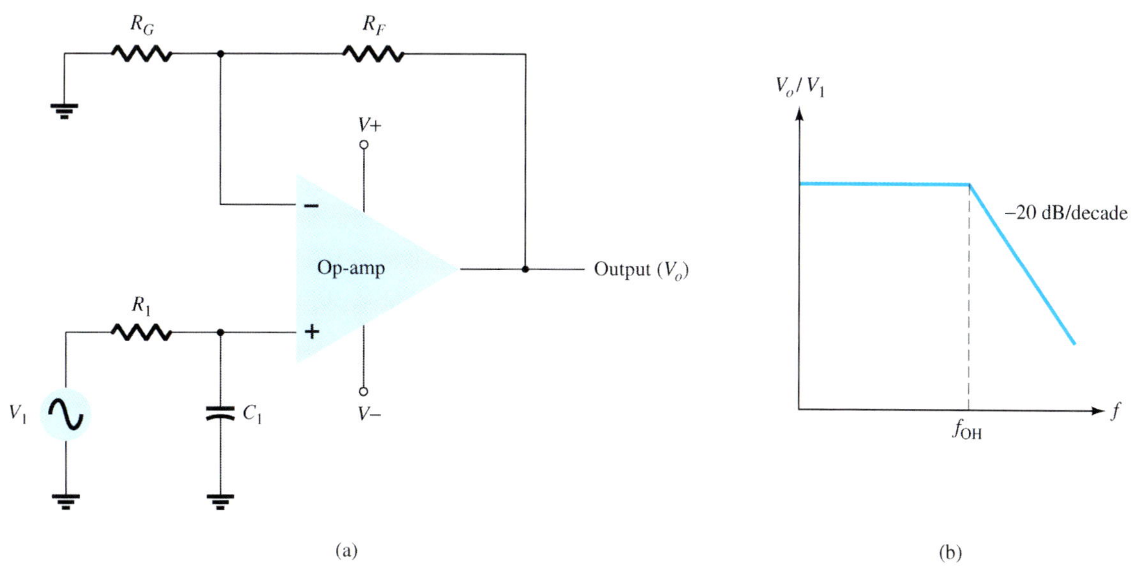

그림 11.31 1차 저역 통과 능동 필터

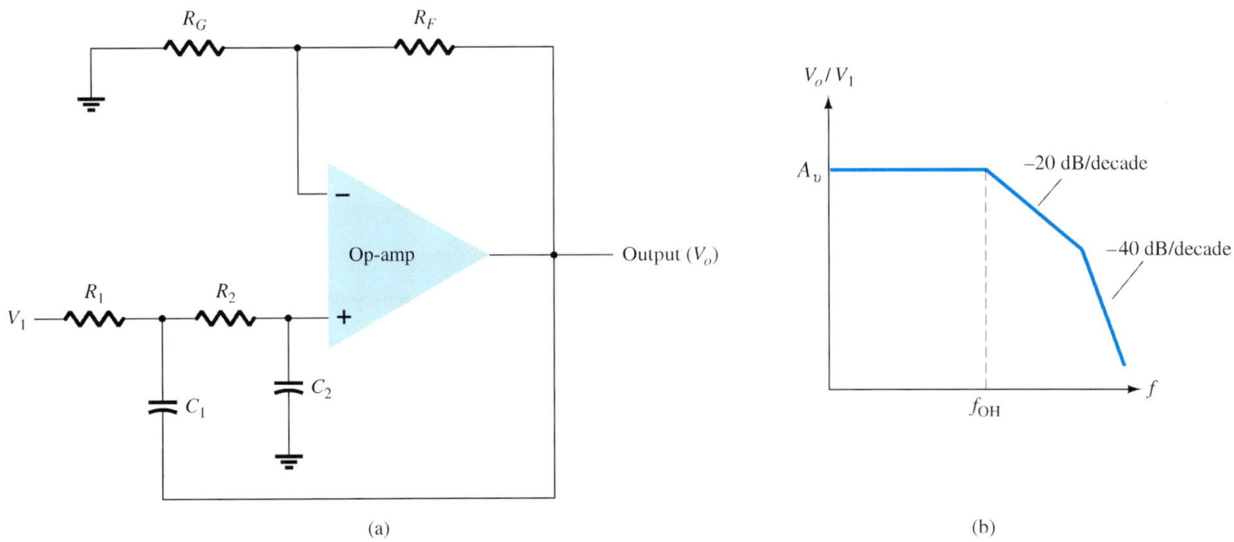

그림 11.32 2차 저역 통과 능동 필터

으로 일정하고, 이때의 차단 주파수는

$$f_{OH} = \frac{1}{2\pi R_1 C_1} \tag{11.14}$$

이다. 그림 11.32에서처럼 필터의 두 부분을 연결하면, 기울기가 −40 dB/decade인 2차 저역 통과 필터가 되는데, 이것은 그림 11.30a의 이상적인 특성에 더 가까운 유사한 특성을 갖는다. 회로의 전압 이득과 차단 주파수는 1차 회로와 2차 회로가 모두 같고, 다만 필터회로의 응답이 2차 필터회로에서 더 빠른 비율로 감소한다는 점만 다르다.

예제 11.12 1차 저역 통과 필터에서 $R_1 = 1.2\ \text{k}\Omega$, $C_1 = 0.02\ \mu\text{F}$일 때 차단 주파수를 구하라.

풀이

$$f_{OH} = \frac{1}{2\pi R_1 C_1} = \frac{1}{2\pi(1.2 \times 10^3)(0.02 \times 10^{-6})} = \mathbf{6.63\ kHz}$$

고역 통과 능동 필터

그림 11.33은 1차 및 2차 고역 통과 능동 필터이다. 증폭기의 이득은 식 (11.13)에 의해서 구해지며, 차단 주파수는

$$f_{OL} = \frac{1}{2\pi R_1 C_1} \tag{11.15}$$

2차 필터에서 $R_1 = R_2$, $C_1 = C_2$이면 식 (11.15)에서와 같은 차단 주파수를 갖는다.

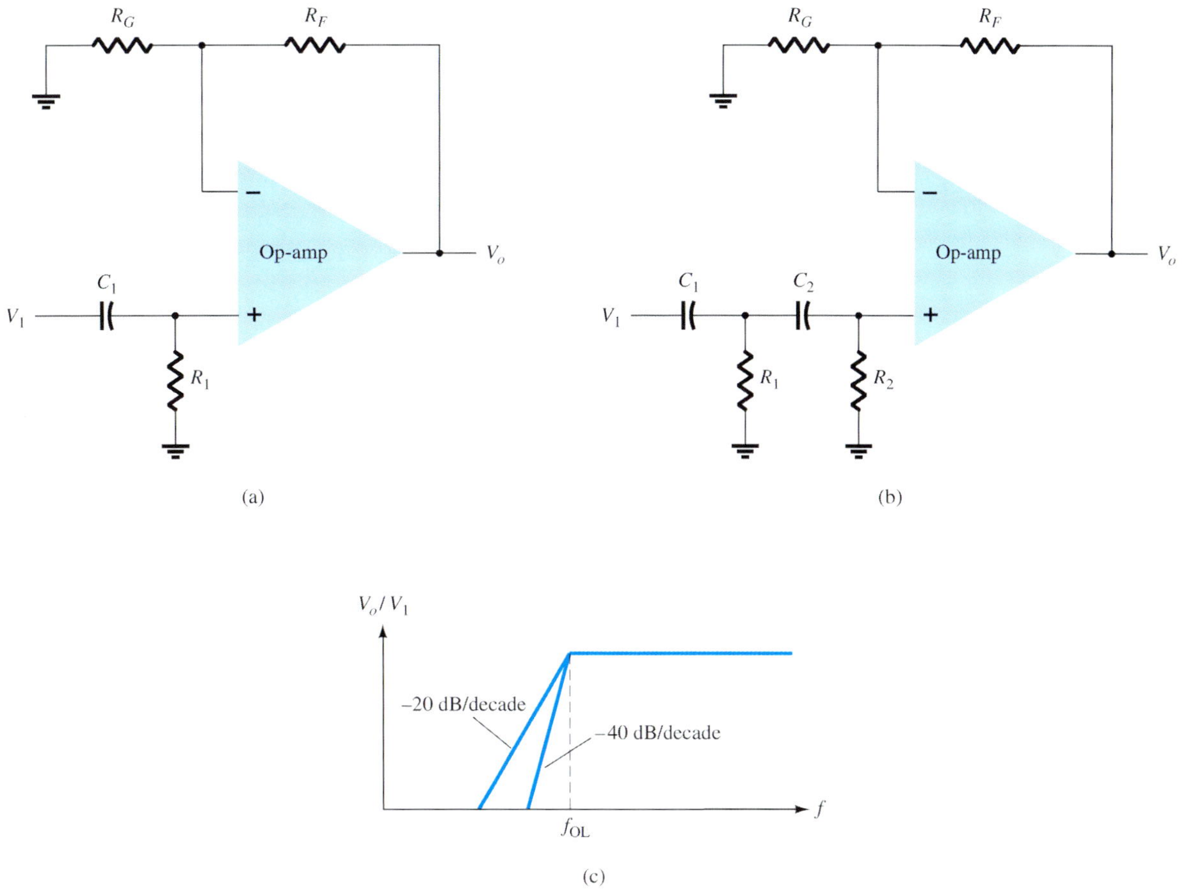

그림 11.33 고역 통과 필터: (a) 1차; (b) 2차; (c) 응답선도

예제 11.13 그림 11.33b에서 $R_1 = R_2 = 2.1\ \text{k}\Omega$, $C_1 = C_2 = 0.05\ \mu\text{F}$, $R_G = 10\ \text{k}\Omega$, $R_F = 50\ \text{k}\Omega$ 일 때 2차 고역 통과 필터의 차단 주파수를 계산하라.

풀이

$$\text{식 (11.13)}: \quad A_v = 1 + \frac{R_F}{R_G} = 1 + \frac{50\,\text{k}\Omega}{10\,\text{k}\Omega} = 6$$

차단 주파수는

$$\text{식 (11.15)}: \quad f_{\text{OL}} = \frac{1}{2\pi R_1 C_1} = \frac{1}{2\pi(2.1 \times 10^3)(0.05 \times 10^{-6})} \approx \mathbf{1.5\,kHz}$$

대역 통과 능동 필터

그림 11.34는 대역 통과 필터로 원하는 대역 응답을 위해서 첫 단은 고역 통과 필터와 둘째 단은 저역 통과 필터를 결합시켜서 만든 것이다.

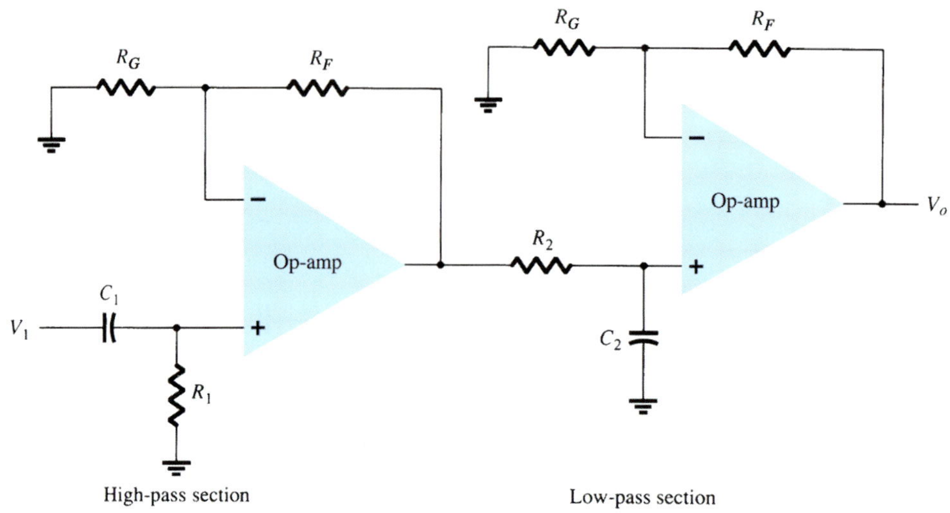

(a)

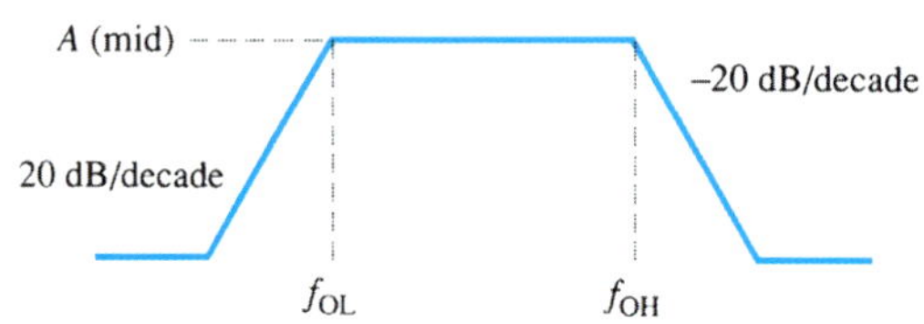

(b)

그림 11.34 대역 능동 필터

예제 11.14 그림 11.34의 대역 통과 필터회로에서 $R_1 = R_2 = 10\ \text{k}\Omega$, $C_1 = 0.1\ \mu\text{F}$, $C_2 = 0.002\ \mu\text{F}$일 때 차단 주파수를 계산하라.

풀이

$$f_{OL} = \frac{1}{2\pi R_1 C_1} = \frac{1}{2\pi(10 \times 10^3)(0.1 \times 10^{-6})} = \mathbf{159.15\ Hz}$$

$$f_{OH} = \frac{1}{2\pi R_2 C_2} = \frac{1}{2\pi(10 \times 10^3)(0.002 \times 10^{-6})} = \mathbf{7.96\ kHz}$$

11.7 요약

주요 공식

정이득 배율기:

$$A = -\frac{R_f}{R_1}$$

비반전 정이득 배율기:

$$A = 1 + \frac{R_f}{R_1}$$

전압 가산 증폭기:

$$A = -\left[\frac{R_f}{R_1}V_1 + \frac{R_f}{R_2}V_2 + \frac{R_f}{R_3}V_3\right]$$

전압 완충기:

$$V_o = V_1$$

저역 통과 능동 필터의 차단주파수:

$$f_{\mathrm{OH}} = \frac{1}{2\pi R_1 C_1}$$

고역 통과 능동 필터의 차단주파수:

$$f_{\mathrm{OL}} = \frac{1}{2\pi R_1 C_1}$$

11.8 컴퓨터 해석

이 장에서 다루어진 많은 실질적인 연산 증폭기 응용회로들은 PSpice를 사용하여 해석할 수 있다. 다양한 문제에 대한 해석 결과는 직류 바이어스값과 **PROBE**를 사용한 결과 파형을 그리는 데 사용될 수 있다. 항상 그렇듯이 먼저 회로도를 그리기 위해 **Schematic** drawing을 사용하고 원하는 해석을 미리 설정하고, 회로를 해석하기 위해 **Simulation**을 사용한다. 최종적으로 결과 **Output**을 조사하거나 다양한 파형을 보기 위해 **PROBE**를 사용한다.

프로그램 11.1-가산 연산 증폭기

그림 11.35는 741 IC를 사용한 가산 연산 증폭기를 보여주고 있다. 3개의 직류 전류 입력이 합해져 다음과 같은 출력 직류전압을 결정한다.

$$\begin{aligned} V_o &= -[(100\,\mathrm{k\Omega}/20\,\mathrm{k\Omega})(+2\,\mathrm{V}) + (100\,\mathrm{k\Omega}/50\,\mathrm{k\Omega})(-3\,\mathrm{V}) \\ &\qquad + (100\,\mathrm{k\Omega}/10\,\mathrm{k\Omega}(+1\,\mathrm{V})] \\ &= -[(10\,\mathrm{V}) + (-6\,\mathrm{V}) + (10\,\mathrm{V})] = -[20\,\mathrm{V} - 6\,\mathrm{V}] = -14\,\mathrm{V} \end{aligned}$$

회로를 그리고 해석을 행하는 과정은 다음과 같다. **Get New Part**를 사용하여:

μA741을 선택한다.

R을 선택하고 계속해서 3개의 입력 저항과 피드백 저항을 배치한다. 필요하면 저항값을 설정하고 이름을 변경한다.

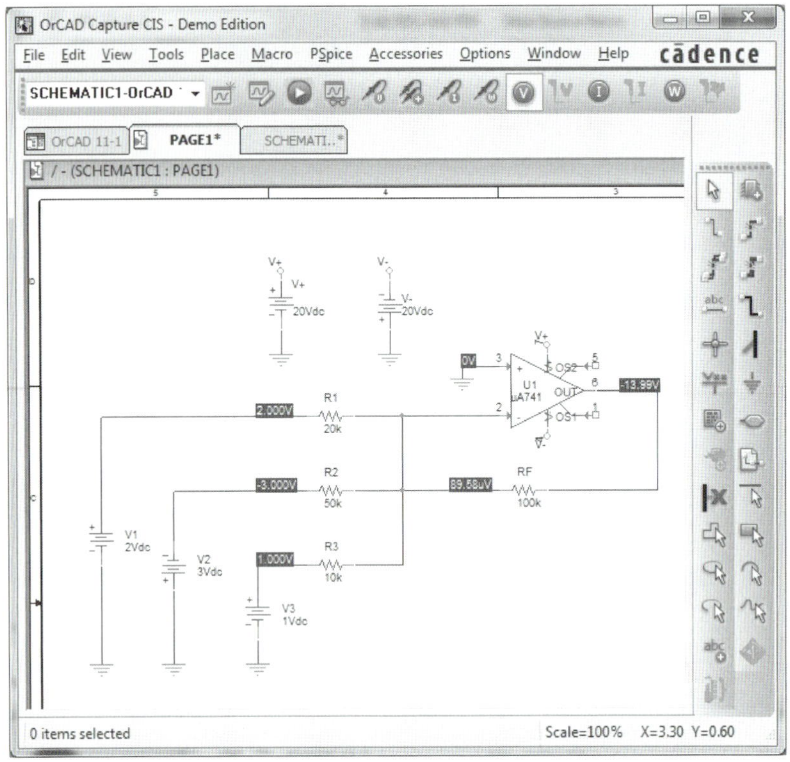

그림 11.35 μA741 Op-Amp를 사용한 가산 증폭기

VDC를 선택하고 3개의 입력전압과 2개의 전원전압을 배치한다. 필요하면 전압값과 이름을 변경한다.

GLOBAL(global connector)을 선택하여 전원전압을 구별하는 데 사용하고 연산 증폭기의 전원 입력 단자(4와 7)에 연결한다.

이제 회로가 모두 그려지고 모든 부분의 이름과 값들이 그림 11.35처럼 설정되었으므로 PSpice가 회로 해석을 하도록 **Simulation** 버튼을 누른다. 특정 해석에 대한 설정이 없었으므로 직류 바이어스 계산만 실행할 것이다.

회로의 여러 지점들에서의 직류전압값들을 보기 위해 **Enable Bias Voltage Display** 단추를 누른다. 그림 11.35에 나타난 바이어스 전압값에 의하면 출력은 -13.99 V(위의 계산값 -14 V와 비교)임을 보여준다.

프로그램 11.2-연산 증폭기 직류전압계

그림 11.36은 μA741 연산 증폭기를 사용하여 만든 직류전압계이다. 11.5절에서 제공된 자료로부터 이 회로의 전달 함수는 다음과 같다.

$$I_o/V_1 = (R_F/R_1)(1/R_S) = (1\,\text{M}\Omega/1\,\text{M}\Omega)(1/10\,\text{k}\Omega)$$

이 전압계의 최대 눈금 설정은(1 mA에서 I_o 최대값을 위한)

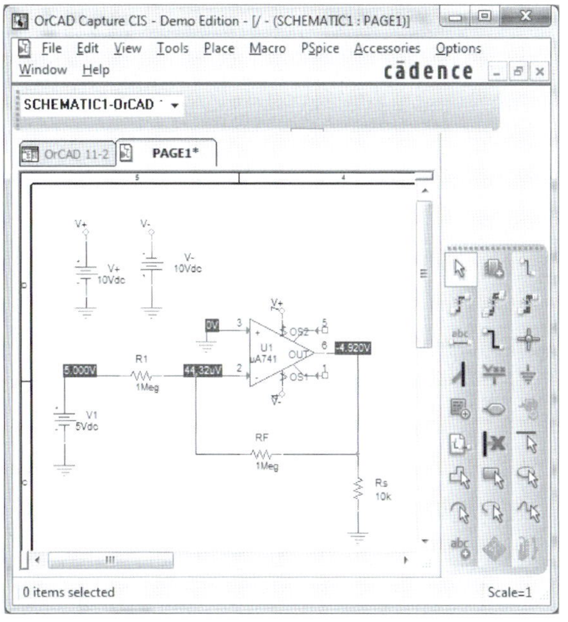

그림 11.36 Op-Amp 직류전압계

$$V_1(\text{full scale}) = (10\,\text{k}\Omega)(1\,\text{mA}) = 10\,\text{V}$$

따라서 입력 10 V에 대해 전압계 전류 1 mA가 나올 것이다—전압계가 최대로 편향된다. 10 V보다 작은 입력들에 대해서는 비례하여 더 작게 전압계의 바늘이 편향될 것이다.

회로를 그리고, 해석하는 단계는 다음과 같다. **Get New Part**를 사용하여

μA741을 선택한다.

R을 선택하고 계속해서 입력 저항, 피드백 저항, 전압계 설정저항을 배치한다. 필요하면 저항값을 설정하고 이름을 변경한다.

VDC를 선택하고 입력전압과 2개의 전원전압을 배치한다. 필요하면 전압값과 이름을 변경한다.

GLOBAL(global connector)을 선택하여 전원전압을 구별하는 데 사용하고 연산 증폭기 파워 입력 단자(4와 7)에 연결하는 데 사용한다.

IPROBE를 사용하여 전압계의 움직임을 측정(meter movement)하는 데 사용한다.

이제 회로가 모두 그려지고 모든 부분의 이름과 값들이 그림 11.36처럼 설정되었으므로 PSpice가 회로 해석을 하도록 **Simulation** 버튼을 누른다. 특정 해석에 대한 설정이 없었으므로 직류 바이어스 계산만 실행될 것이다.

그림 11.36은 5 V 입력을 가하면 0.5 mA가 나올 것임을 보여준다(1 mA 최대값이 10 V 입력에서 일어나므로 5 V 입력에 대해서는 0.5 mA이다).

프로그램 11.3-저역 통과 능동 필터

그림 11.37은 저역 통과 능동 필터의 회로를 보여준다. 이 1차 필터회로는 직류에서부터 저항 R_1과 커패시터 C_1에 의해 결정되는 차단 주파수까지의 주파수들을 통과시킨다.

$$f_{\mathrm{OH}} = 1/(2\pi R_1 C_1)$$

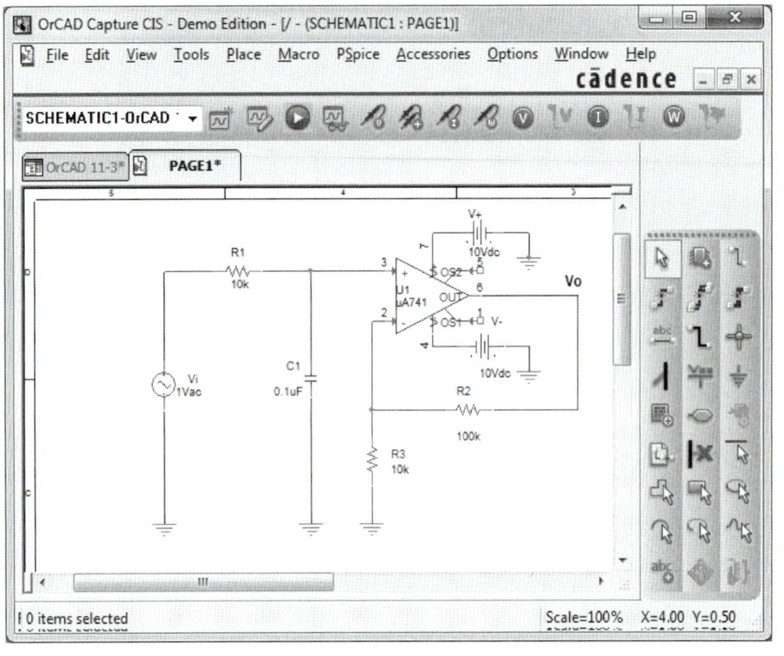

그림 11.37 저역 통과 능동 필터

그림 11.37 회로에서 이 주파수는

$$f_{\mathrm{OH}} = 1/(2\pi R_1 C_1) = 1/(2\pi \cdot 10\,\mathrm{k\Omega} \cdot 0.1\,\mu\mathrm{F}) = 159\,\mathrm{Hz}$$

그림 11.38은 1 Hz와 10 kHz 사이의 주파수 영역에서 주파수가 10배씩 변하는 동안(decade) 100개 지점에 대하여 얻어진 값을 표시하는 **교류 주파수**(AC frequency) **Analysis Setup**을 보여준다. 이 해석을 실행한 후, 그림 11.38에 보인대로 **Analysis Graph**가 얻어진다. 얻어진 차단 주파수는 위에서 계산하여 얻은 값과 매우 가까운 158.8 Hz로 나타나 있다.

프로그램 11.4-고역 통과 능동 필터

그림 11.39는 고역 통과 능동 필터의 회로를 보여준다. 이 1차 필터회로는 저항 R_1과 커패시터 C_1에 의해 결정되는 차단 주파수 이상의 주파수들을 통과시킨다.

$$f_{\mathrm{OL}} = 1/(2\pi R_1 C_1)$$

그림 11.39의 회로는 다음과 같은 차단 주파수를 가진다.

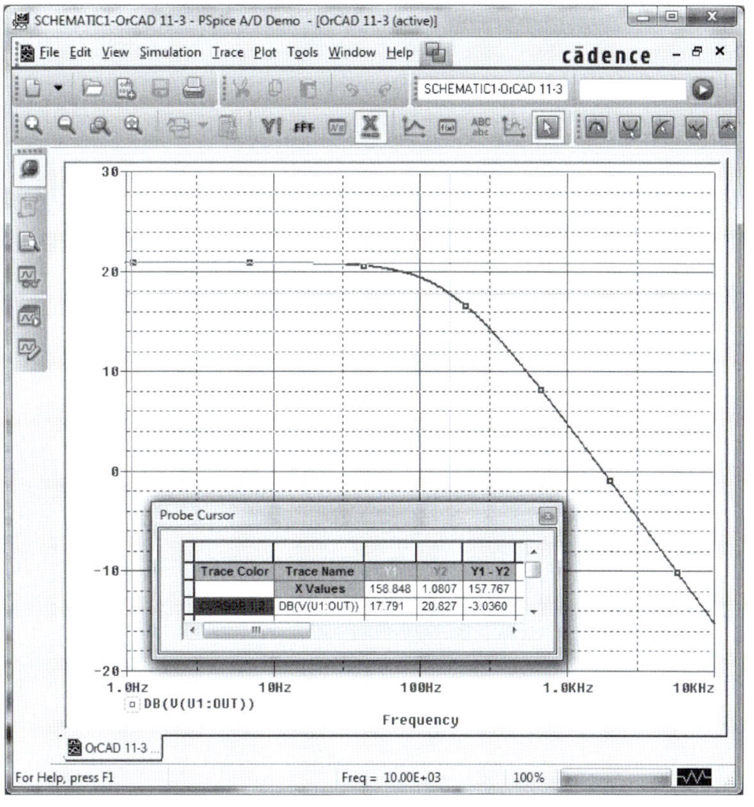

그림 11.38 저역 통과 필터 AC 해석

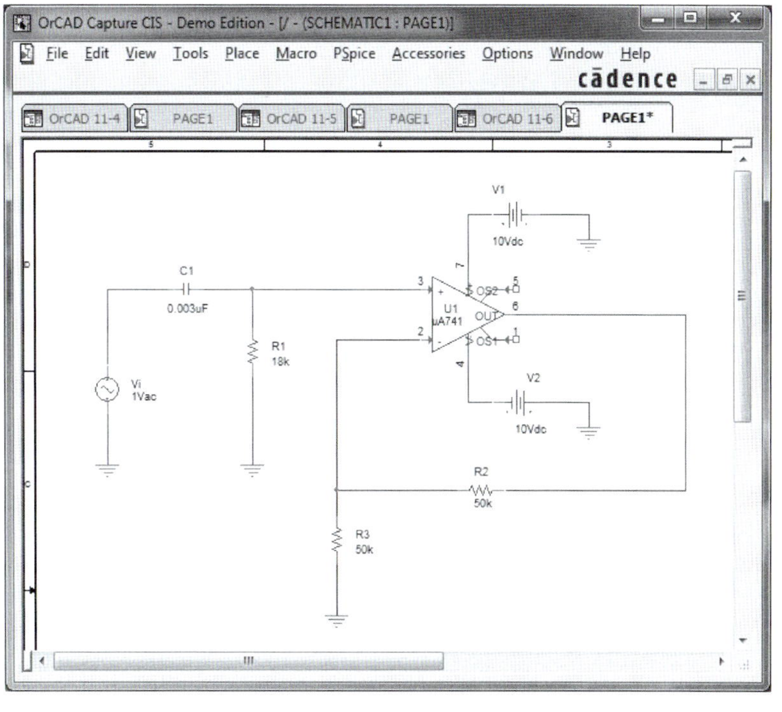

그림 11.39 고역 통과 능동 필터

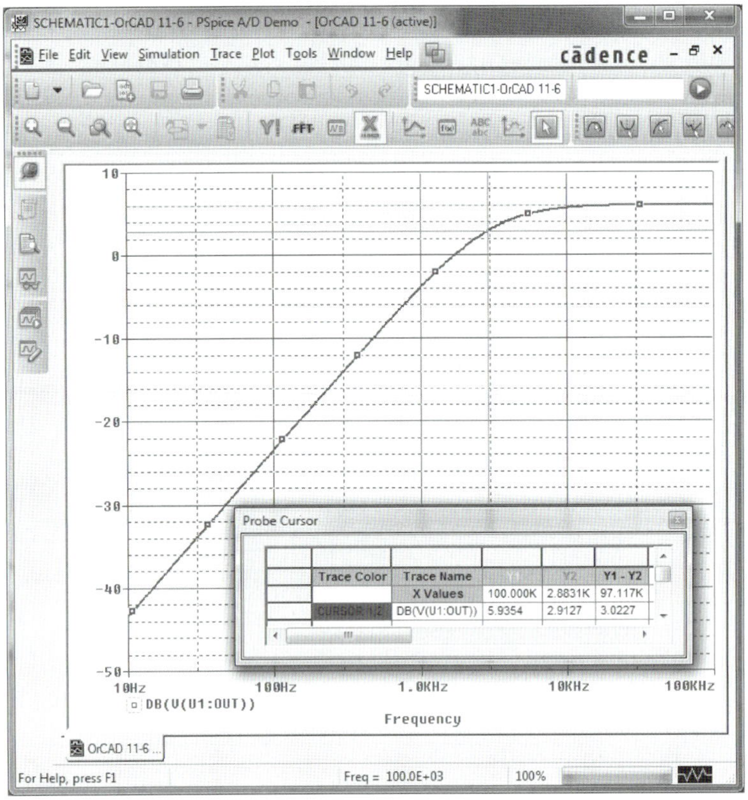

그림 11.40 그림 11.39의 고역 통과 능동 필터의 출력값 dB

$$f_{OH} = 1/(2\pi R_1 C_1) = 1/(2\pi \cdot 18\,\text{k}\Omega \cdot 0.003\,\mu\text{F}) = 2.95\,\text{kHz}$$

Analysis Setup은 10 Hz와 100 kHz 사이의 주파수 영역에서 주파수가 10배씩 변하는 동안 100개 지점에 대하여 전압값을 나타내도록 하는 교류 스위프로 설정되었다. 이 해석을 실행한 후, dB 단위로 출력전압이 그림 11.40에 나타나 있다. 얻어진 차단 주파수는 위에서 계산하여 얻은 값과 매우 가까운 2.9 kHz로 나타나 있다.

프로그램 11.5-2차 고역 통과 능동 필터

그림 11.41은 2차 고역 통과 능동 필터의 회로를 보여준다. 이 2차 필터회로는 저항 R_1과 커패시터 C_1에 의해 결정되는 차단 주파수 이상의 주파수들을 통과시킨다.

$$f_{OL} = 1/(2\pi R_1 C_1)$$

그림 11.41에 대한 회로는 다음과 같은 차단 주파수를 갖는다.

$$f_{OL} = 1/(2\pi R_1 C_1) = 1/(2\pi \cdot 18\,\text{k}\Omega \cdot 0.0022\,\mu\text{F}) = 4\,\text{kHz}$$

Analysis Setup은 100 Hz와 100 kHz 사이의 주파수 영역에 대하여 주파수가 10배씩 변

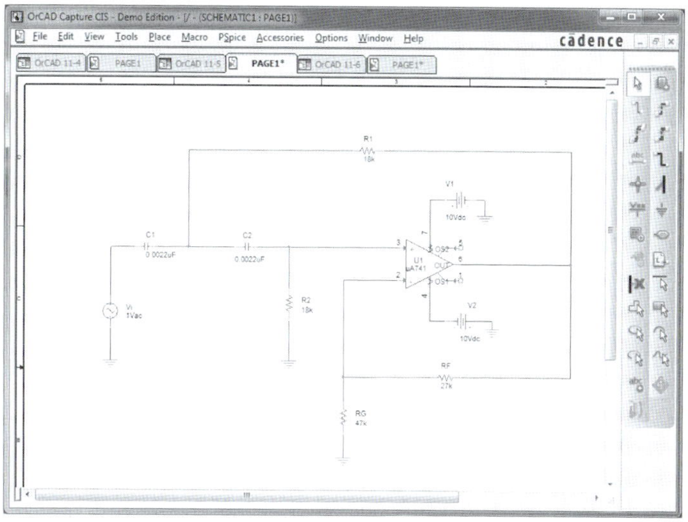

그림 11.41 2차 고역 통과 능동 필터

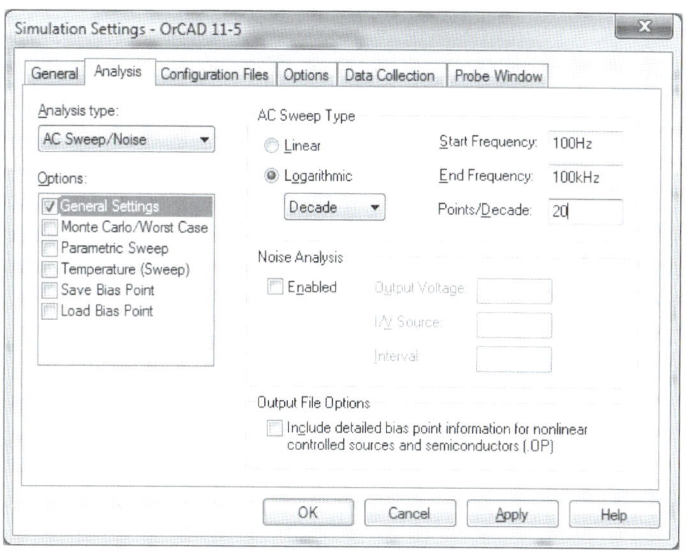

그림 11.42 그림 11.41에 대한 Analysis setup(해석설정)

하는 동안 20개 지점에 대하여 전압값을 계산하도록 하는 교류 스위프로 그림 11.42과 같이 설정되었다. 이 해석을 실행한 후, 출력전압 V_o를 보여주는 **PROBE** 결과가 그림 11.43에 나타나 있다. **PROBE**를 사용하여 얻은 차단 주파수는 계산에서 얻은 값과 매우 가까운 **fL** = 4 kHz로 나타나 있다.

그림 11.44는 주파수에 대한 dB 이득의 **PROBE** 출력 그림—2차 필터에서 예상되듯이 한 디케이드(대략 300 Hz에서 3 Hz까지) 동안 이득이 약 40 dB 정도 보여주는—을 보여준다.

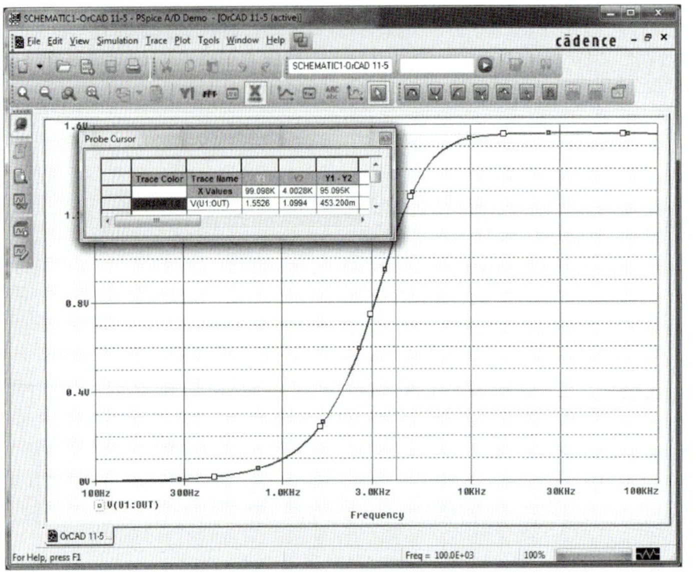

그림 11.43 2차 고역 통과 능동 필터에 대한 V_o의 Probe 출력그림

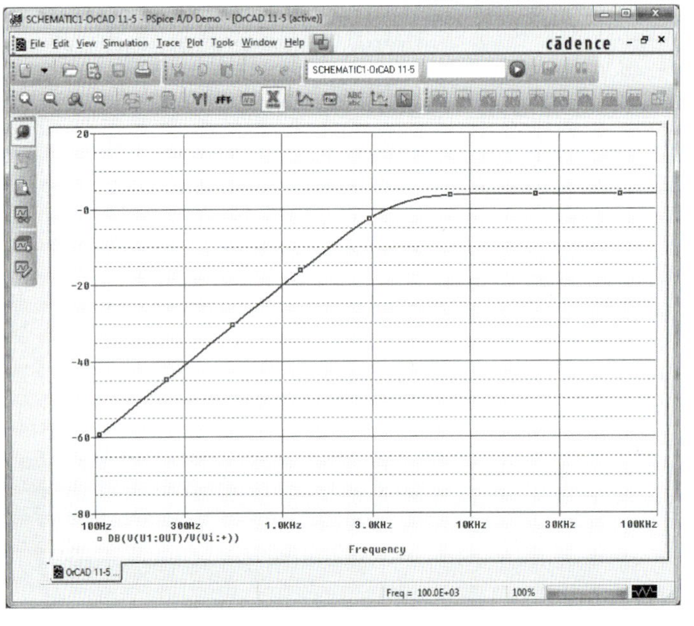

그림 11.44 2차 고역 통과 능동 필터의 dB (V_o/V_i)에 대한 Probe 출력그림

프로그램 11.6-대역 통과 능동 필터

그림 11.45는 대역 통과 능동 필터를 보여주고 있다. 예제 11.14에서 사용한 대역 통과 주파수들은 다음과 같다.

$$f_{OL} = 1/(2\pi R_1 C_1) = 1/(2\pi \cdot 10\,\text{k}\Omega \cdot 0.1\,\mu\text{F}) = 159\,\text{Hz}$$
$$f_{OH} = 1/(2\pi R_2 C_2) = 1/(2\pi \cdot 10\,\text{k}\Omega \cdot 0.002\,\mu\text{F}) = 7.96\,\text{kHz}$$

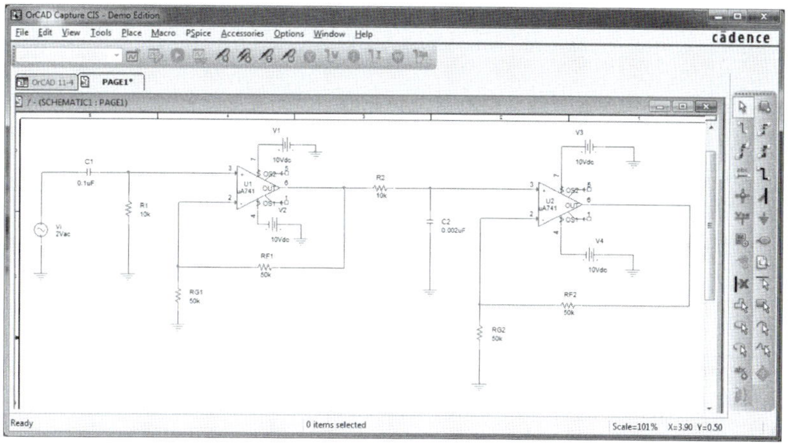

그림 11.45 대역 통과 능동 필터

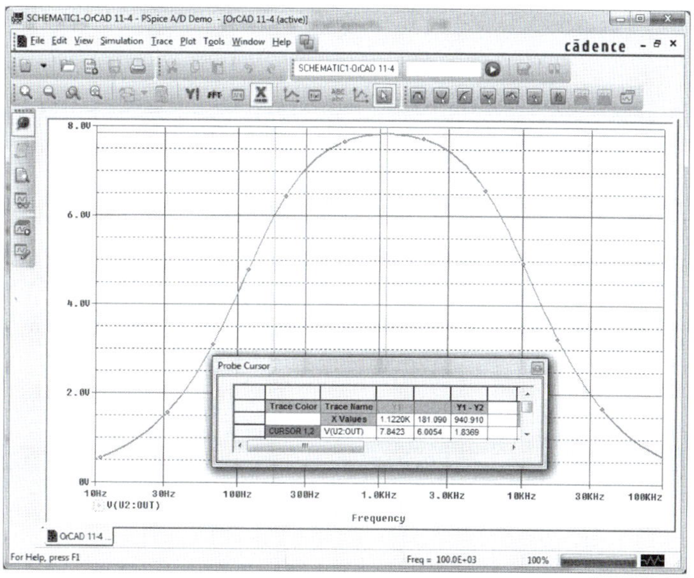

그림 11.46 대역 통과 능동 필터의 Probe 출력그림

Analysis Setup은 10 Hz와 1 MHz 사이의 주파수 영역에 대하여 주파수가 10배씩 변하는 동안 10개 지점에 대하여 전압값을 계산하도록 하는 교류 스위프로 설정되었다. 그림 11.46의 V_o에 대한 **PROBE** 출력 결과는 계산된 값들과 아주 잘 일치하는 153 Hz 부근에서 저역 차단 주파수를, 8.2 kHz 부근에서 고역 차단 주파수를 보인다.

연 | 습 | 문 | 제

11.1 정이득 배율기

1. 그림 11.47의 회로에서 $V_i = 3.5$ mV의 입력전압에 대한 출력전압을 계산하라.

2. 그림 11.48의 회로에서 150 mV의 입력전압에 대한 출력전압을 계산하라.

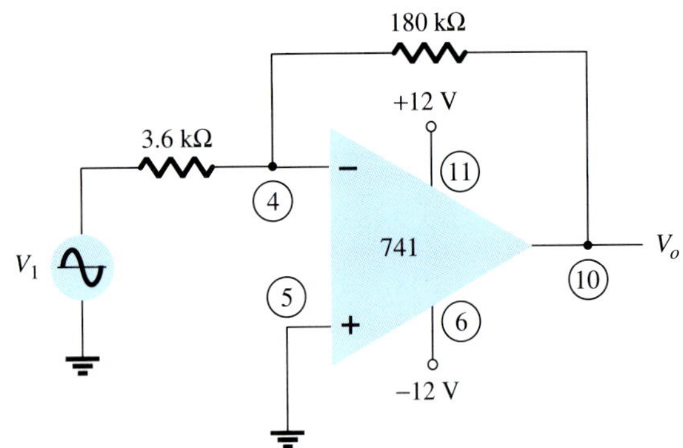

그림 11.47 문제 1

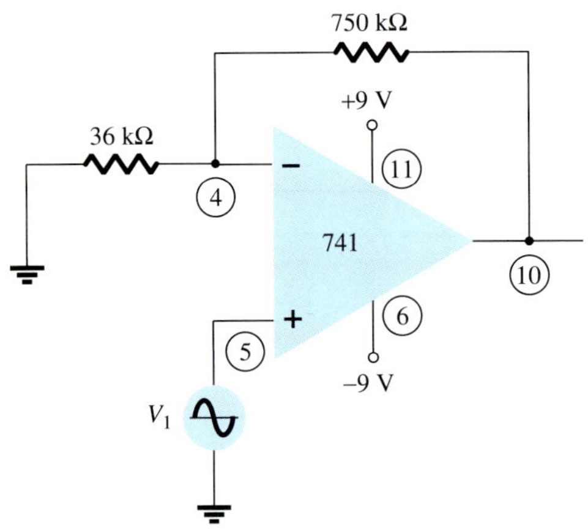

그림 11.48 문제 2

***3.** 그림 11.49의 회로에서 출력전압을 계산하라.

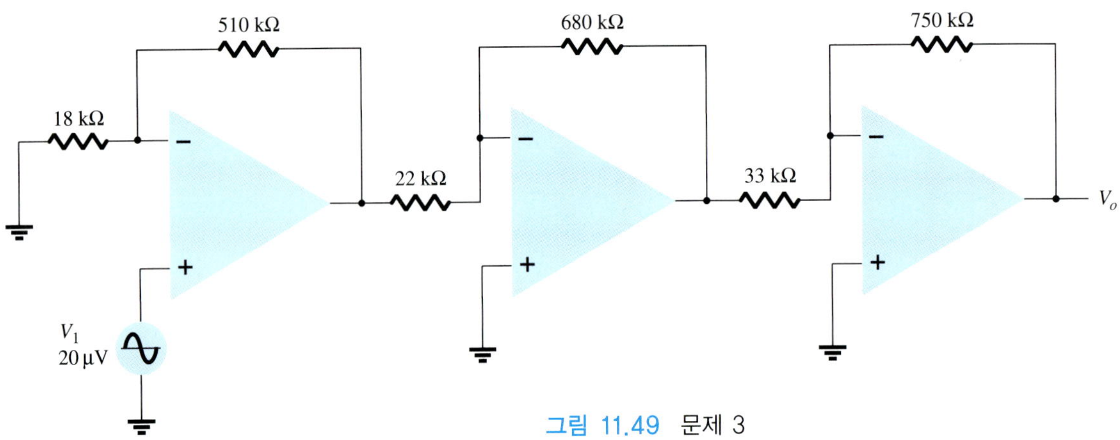

그림 11.49 문제 3

***4.** 1개의 LM124 연산 증폭기(4개의 연산 증폭기 내장)를 이용하여 이득이 +15, −22, −30인 3단 증폭기 회로를 설계하라. 단, 모든 증폭단의 피드백 저항은 420 kΩ이다. 입력전압 $V_1 = 80\ \mu$V일 때 출력전압은 얼마인가?

5. 1개의 LM358 IC를 이용하여 이득이 15, −30인 출력을 얻기 위한 2단 연산 증폭기를 설계하라. 단, 모든 증폭단의 피드백 저항 $R_F = 150$ kΩ이다.

*는 다른 문제보다 다소 어려운 문제를 나타낸다.

11.2 전압 가산

6. 그림 11.50의 회로에서 입력이 각각 $V_1 = 40$ mV rms, $V_2 = 20$ mV rms일 때 출력전압을 계산하라.

7. 그림 11.51의 회로에서 출력전압을 계산하라.

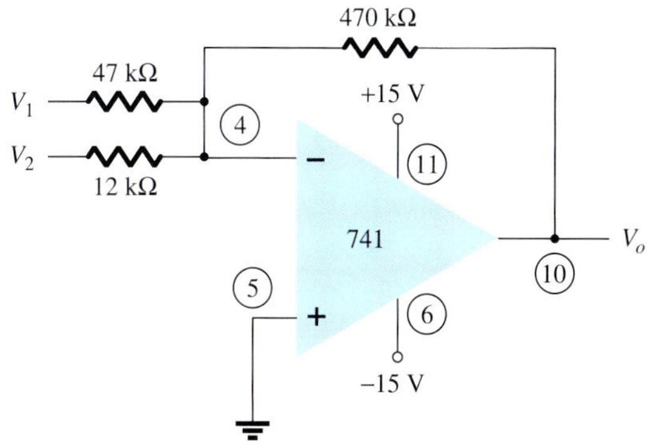

그림 11.50 문제 6

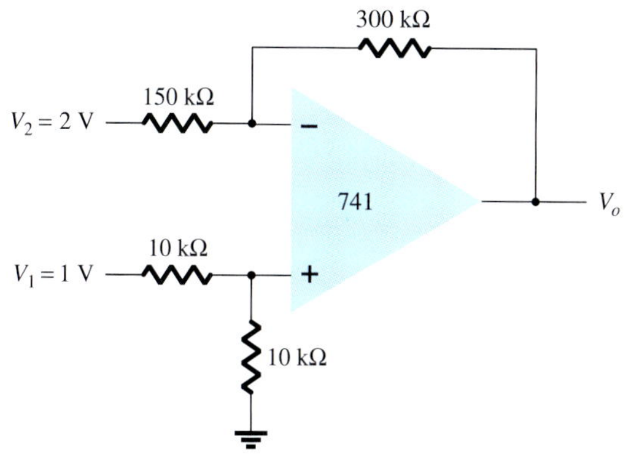

그림 11.51 문제 7

8. 그림 11.52의 회로에서 출력전압을 계산하라.

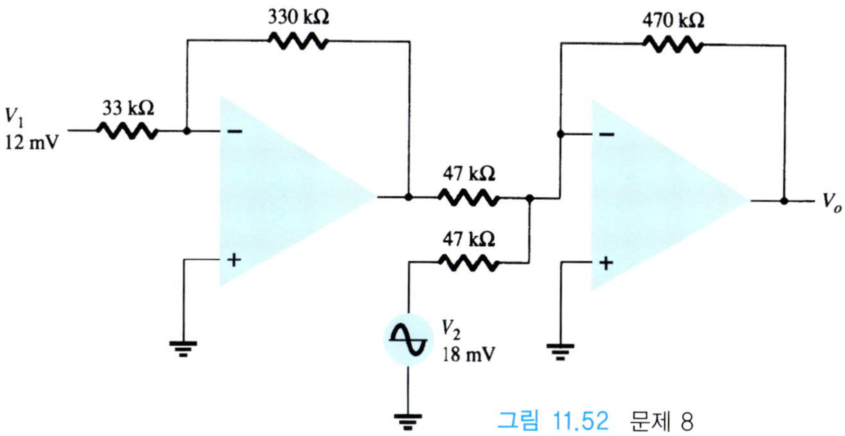

그림 11.52 문제 8

11.3 전압 완충기

9. LM124 IC단(핀 정보 포함)을 사용하여 단위 이득 증폭기를 설계하라.

10. 2개의 LM358단(핀 정보 포함)을 사용하여 단위 동일 출력을 제공하는 단위 이득 증폭기를 설계하라.

11.4 제어형 소스

11. 그림 11.53 회로에서 I_L을 계산하라.

12. 그림 11.54 회로에서 V_o를 계산하라.

11.5 계측회로

13. 그림 11.55 회로에서 출력전류 I_o를 계산하라.

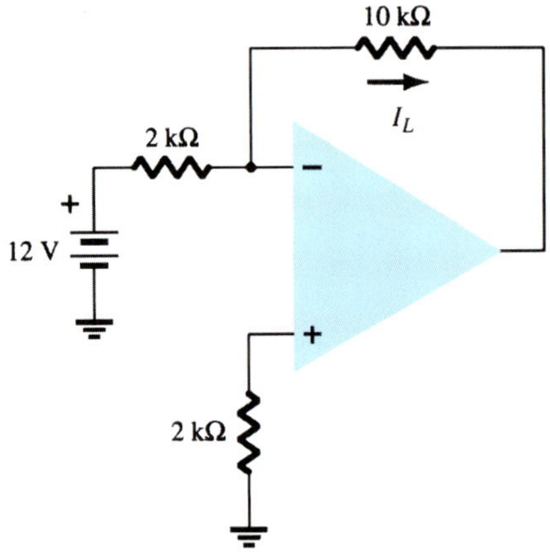

그림 11.53 문제 11

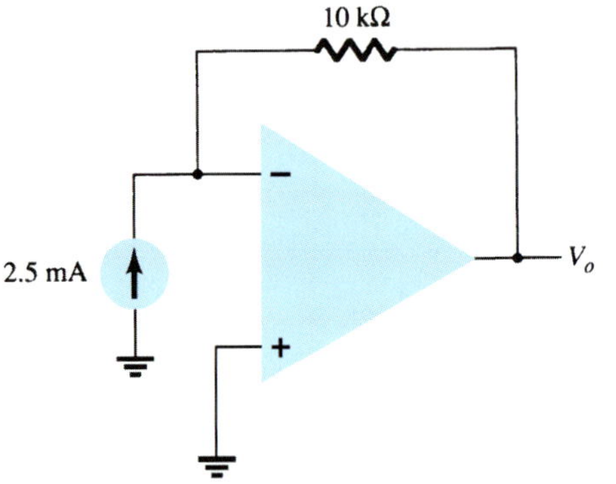

그림 11.54 문제 12

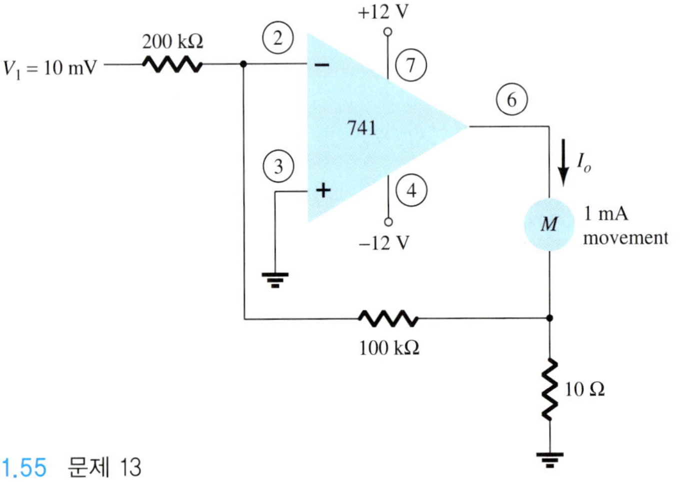

그림 11.55 문제 13

***14.** 그림 11.56 회로에서 V_o를 계산하라.

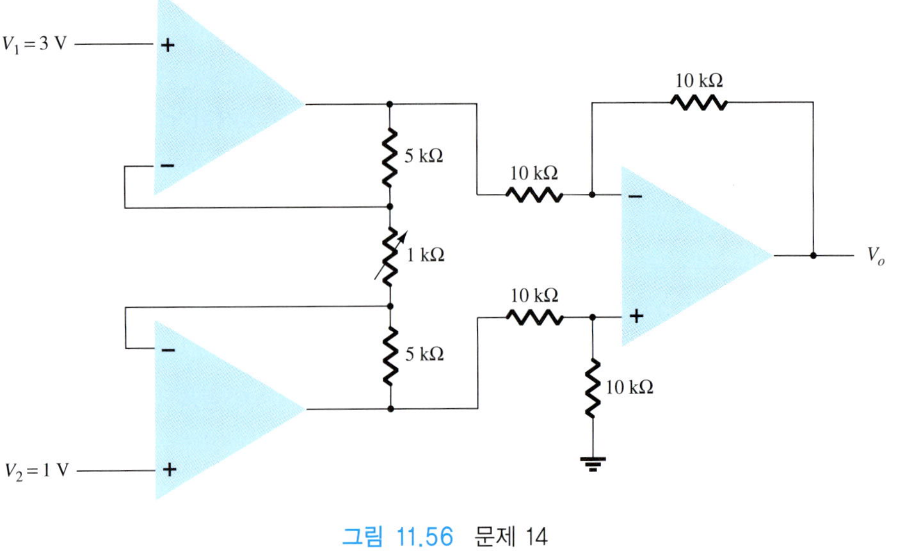

그림 11.56 문제 14

11.6 능동 필터

15. 그림 11.57 회로에서 1차 저역 통과 필터의 차단 주파수를 계산하라.

16. 그림 11.58 회로에서 고역 통과 필터의 차단 주파수를 계산하라.

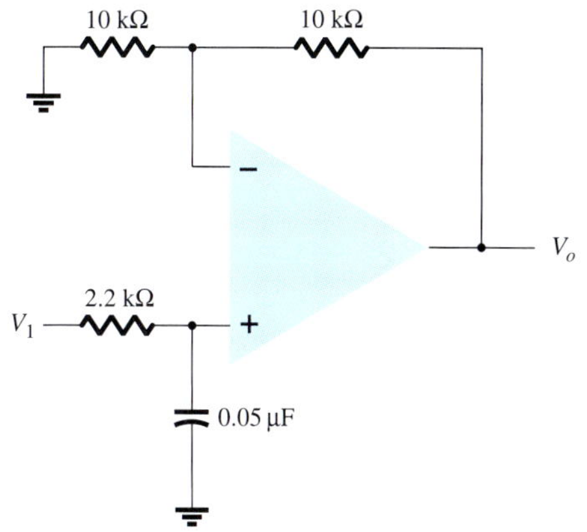

그림 11.57 문제 15

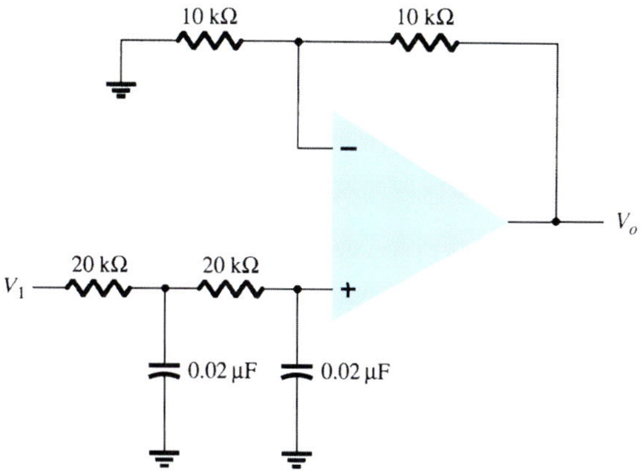

그림 11.58 문제 16

17. 그림 11.59 회로에서 대역 통과 필터회로의 하한 및 상한 차단 주파수를 계산하라.

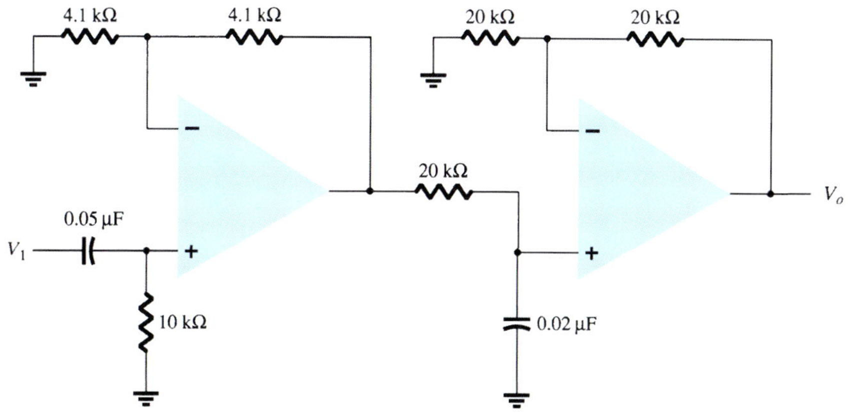

그림 11.59 문제 17

11.8 컴퓨터 해석

***18.** 그림 11.60의 회로도를 PSpice의 Design Center를 사용하여 그리고 V_o를 계산하라.

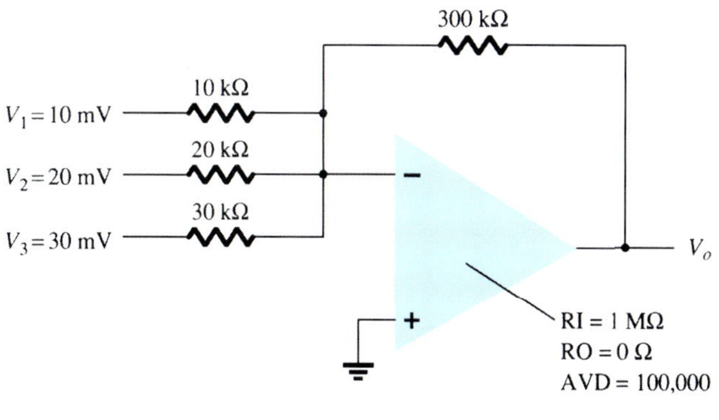

그림 11.60 문제 18

***19.** 그림 11.61의 회로에서 Design Center를 이용하여 I(VSENSE)를 계산하라.

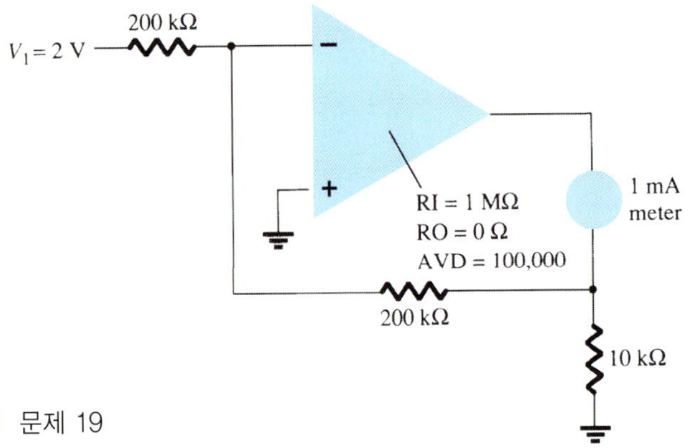

그림 11.61 문제 19

***20.** Multisim을 사용하여 그림 11.62 저역 통과 필터회로의 응답을 그려라.

***21.** Multisim을 사용하여 그림 11.63 고역 통과 필터회로의 응답을 그려라.

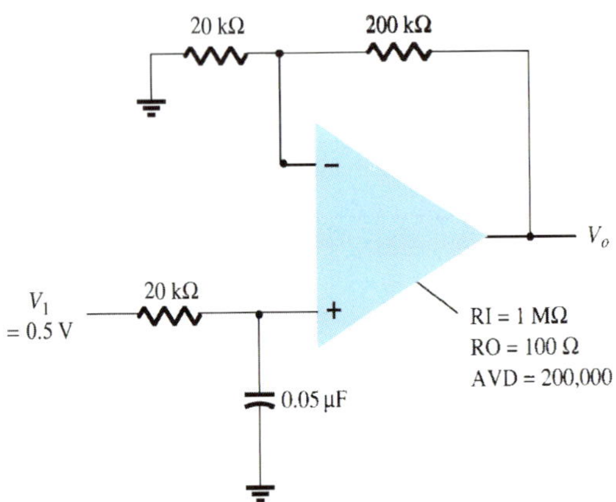

그림 11.62 문제 20

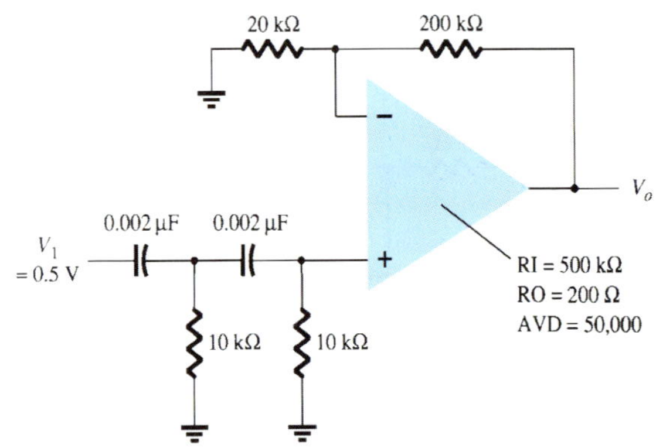

그림 11.63 문제 21

***22.** Design Center를 사용하여 그림 11.64 대역 통과 필터회로의 응답을 그려라.

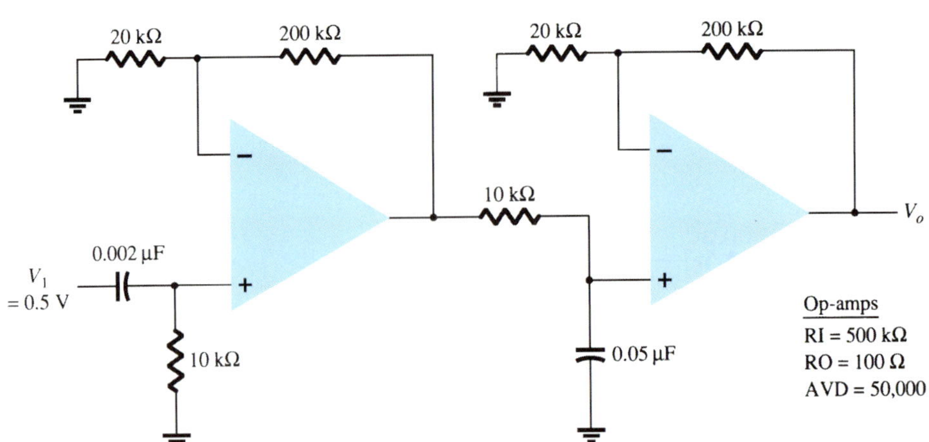

그림 11.64 문제 22

CHAPTER 12

전력 증폭기

학습목표 CHAPTER OBJECTIVE

- A급, AB급, C급 증폭기의 차이
- 증폭기 왜곡의 원인
- 여러 전력 증폭기 급의 효율
- 여러 전력 증폭기 급의 전력 계산

12.1 개요-증폭기의 정의와 종류

증폭기는 픽업 변환기(pick-up transducer)나 다른 입력 전원으로부터 신호를 받아서 증폭한 후, 이를 출력 장치나 다른 증폭단으로 내보낸다. 일반적으로 입력 변환기 신호가 매우 작기 때문에(카세트나 CD의 입력은 수 mV, 또는 안테나의 입력은 수 μV), 출력 장치(스피커나 다른 전력 장비)를 구동시키기 위해서는 신호를 충분히 증폭시켜야 한다. 소신호 증폭기에서 중요한 요소는 증폭의 선형성과 증폭기 이득의 크기이다. 소신호 증폭에서는 신호전압과 전류가 작기 때문에 증폭되는 전력 용량과 전력 효율은 중요한 문제가 아니다. 전압 증폭기는 주로 입력신호의 전압을 크게 하기 위하여 전압 증폭을 수행한다. 반면 대신호 또는 전력 증폭기는 주로 스피커나 다른 전력 장비를 구동하기 위해 출력 부하에 대개 수~수십 와트의 충분한 전력을 공급한다. 12장에서는 중간 정도의 전류에서 큰 전류레벨까지의 대전압 신호를 구동할 수 있는 증폭기 회로에 대하여 알아본다. 이러한 대신호 증폭기 회로에 있어서 중요한 요소는 회로의 전력 효율, 회로가 취급할 수 있는 최대 전력 용량, 그리고 출력 장치와의 임피던스 정합(matching) 등이다.

증폭기를 분류하는 한 방법은 급(class)으로 나누는 것이다. 기본적으로 증폭기의 급은 한 주기 동안의 입력신호에 대한 출력신호의 변화량을 나타낸다. 증폭기 급의 간단한 분류를 아래에 설명한다.

A급(class A): 출력신호가 입력신호 주기의 360° 전체에 걸쳐 변화한다. 그림 12.1a에서 나타내듯이, 이 증폭기는 최소한 출력신호 스윙(output signal swing)의 절반이 공급전

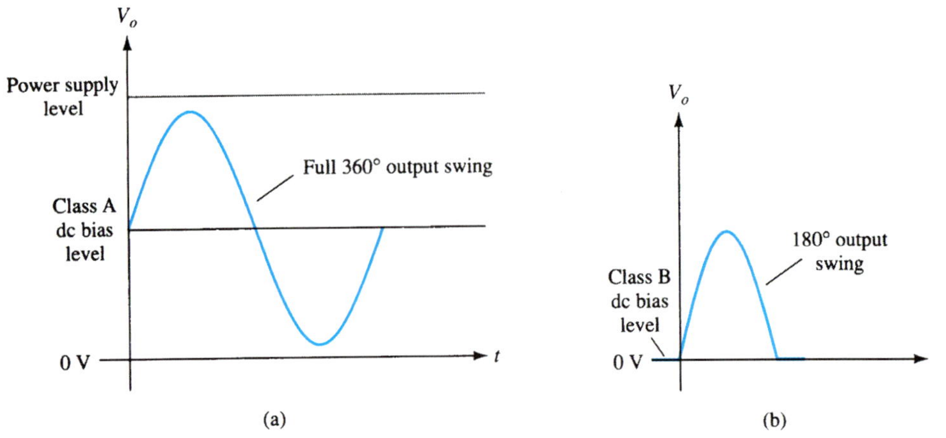

그림 12.1 증폭기 작동 급

압 레벨에 의해 제한되는 고전압 레벨보다 커지거나 또는 낮은 공급전압으로 도달하기에는 너무 낮은 저전압 레벨 또는 접지보다 작아지지 않도록 Q점을 잡아야 한다.

B급(class B): B급 회로는 그림 12.1b와 같이 출력신호가 입력신호의 반주기, 또는 180° 범위에서 변화한다. 따라서 B급 회로의 직류 바이어스점은 0 V이며, 출력신호는 이 바이어스점에서부터 반주기 동안 변한다. 이와 같이 반주기 신호만이 존재한다면, 이것은 입력을 충실하게 복원한 것이 아니기 때문에, 양의 반주기와 음의 반주기 출력을 각각 제공하기 위한 2개의 B급 증폭기가 필요하다. 360° 전주기에 걸친 출력을 제공하기 위한, 이런 2개 증폭기의 결합을 푸시풀(push-pull) 작동이라 하며, 이 장의 뒷부분에서 설명할 것이다. B급 작동은 출력신호의 반주기 180° 범위에서만 입력신호가 복원되기 때문에, 많이 왜곡된 신호를 제공하는 것에 주의하여야 한다.

AB급(class AB): 증폭기는 B급의 영점 기저 전류 레벨(zero base current level) 이상이나 혹은 A급 공급전압의 반 이상으로 바이어스될 수 있으며, 이런 바이어스 상태를 AB급이라 한다. AB급 작동 역시 전주기 출력을 얻기 위해서는 푸시풀 작동이 필요하지만, 더 좋은 전력 효율을 위해 직류 바이어스점을 영점 기저 전류 레벨에 가깝게 한다. AB급 작동에서 출력신호 스윙은 180°와 360° 사이에서 출력 스윙이 나타나기 때문에 A급이나 B급과 구별된다.

C급(class C): C급 증폭기의 출력은 180°보다 더 작은 주기에서 작동하도록 바이어스되며, 동조 또는 공진 주파수에서 전주기 작동을 하는 동조(공진)회로에서만 쓰인다. 따라서 이런 급의 작동은 라디오, 통신과 같은 동조회로의 특수한 분야에서만 볼 수 있다.

D급(class D): 이 급의 작동은 짧은 'on' 시간과 더 긴 'off' 시간을 갖는 펄스(디지털) 신호를 사용하는 증폭기 회로에서 쓰인다. 샘플 홀드(sample-and-hold)와 같은 디지털 기술을 사용하면, 부분적인 입력신호에서 전주기를 복원할 수 있다. D급 작동의 주요 이점은 증폭기가 전력을 소모하는 짧은 시간 동안만 'on' 상태(전력 소모)에 있기 때문에 전체 효율을 크게 높일 수 있다는 점이다.

표 12.1 증폭기 급의 비교

	Class				
	A	AB	B	C*	D
Operating cycle	360°	180° to 360°	180°	Less than 180°	Pulse operation
Power efficiency	25% to 50%	Between 25% (50%) and 78.5%	78.5%		Typically over 90%

* C급의 경우 대체적으로 많은 양의 전력을 전송하는 데 쓰이지 않는다. 그러므로 여기서는 효율이 주어지지 않음

증폭기 효율

입력전력에 대한 출력전력의 비로 정의되는 증폭기의 전력 효율은 A급에서 D급으로 갈수록 개선된다(높아진다). 일반적으로 공급전압의 반으로 직류 바이어스되어 있는 A급 증폭기는 입력신호가 인가되지 않더라도 바이어스를 유지하기 위해 많은 전력을 소모하게 된다. 이것은 특히 작은 입력신호로 작은 교류 전력이 부하에 전달될 때 효율이 매우 떨어진다. 사실 가장 큰 출력전압과 전류 스윙일 때 얻을 수 있는 A급 증폭기의 최대 효율은 직결 혹은 직렬 공급 부하(direct or series-fed load)의 경우 25%이며, 부하에 변압기가 연결되는 경우 50%이다. 무입력신호에서는 직류 바이어스 전력을 갖지 않는 B급 작동은 78.5%에 이르는 최대 효율을 제공한다. D급 작동은 90% 이상의 최대 효율을 가지며, 이는 모든 급의 작동 중에서 가장 높은 효율이다. AB급은 A급과 B급 사이에서 바이어스되므로 효율 역시 25%(또는 50%)에서 78.5% 사이의 값을 갖는다. 표 12.1은 여러 증폭기 급의 작동을 요약했다. 이 표는 여러 증폭기 급에 대해 출력 주기 작동과 전력 효율의 상대적인 비교를 하고 있다. B급 작동에 있어서 푸시풀 작동은 변압기 결합(transformer coupling)이나, *npn*, *pnp* 트랜지스터를 반대 극성으로 반주기씩 상보(혹은 의사상보)적으로 작동시킴으로써 얻을 수 있다. 변압기 작동은 반대 주기 신호를 제공할 수 있는 장점이 있는 반면, 응용회로에서 변압기 자체가 너무 큰 단점이 있다. 변압기 대신 상보형 트랜지스터를 사용하는 무변압기 회로는 훨씬 작은 패키지에서 동일한 작동을 할 수 있다. 이에 따른 회로와 예제를 이 장 뒷부분에서 다룰 것이다.

12.2 직렬 공급 A급 증폭기

그림 12.2의 단순한 고정 바이어스 회로는 A급 직렬 공급 증폭기의 주요 특성을 설명하기 위해 사용될 수 있다. 앞에서 말한 소신호 증폭기와 이 회로가 갖는 유일한 차이점은 대신호 회로에서 다루는 신호는 그 범위가 수 볼트 단위이고, 사용되는 트랜지스터가 전력 트랜지스터로 수~수십 와트 범위에서 사용할 수 있다는 것뿐이다. 앞으로 설명되겠지만, 이 회로는 전력 효율이 매우 나쁘기 때문에 최상의 대신호 증폭기는 아니다. 전력 트랜지스터의 β값은 일반적으로 100보다 작으며, 전력 트랜지스터를 사용하는 모든 증폭기 회로는 대전력 또는 대전류를 사용할 수는 있으나, 큰 전압 이득을 얻기는 어렵다.

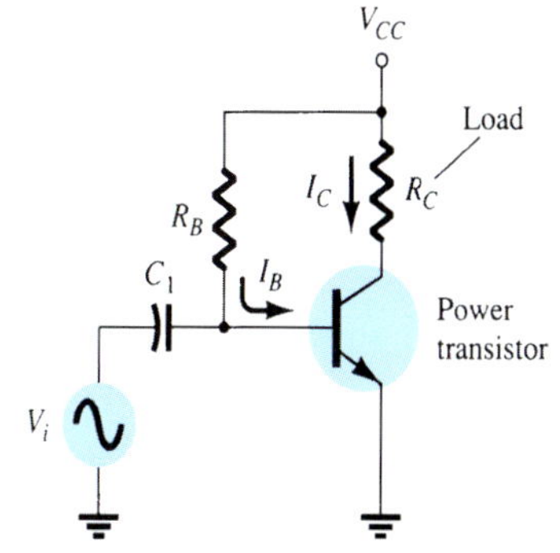

그림 12.2 직렬 공급 A급 대신호 증폭기

직류 바이어스 작동

V_{CC}와 R_B에 의해 정해진 직류 바이어스는 직류 베이스 바이어스 전류를

$$I_B = \frac{V_{CC} - 0.7\text{ V}}{R_B} \tag{12.1}$$

에 고정시키며, 이에 컬렉터 전류는

$$I_C = \beta I_B \tag{12.2}$$

이며, 컬렉터 에미터 전압은

$$V_{CE} = V_{CC} - I_C R_C \tag{12.3}$$

이다. 전력 증폭기의 작동에 있어서 직류 바이어스의 중요성을 이해하기 위해서는 그림 12.3에 보인 컬렉터 특성을 고려해 보자. 교류 부하선은 V_{CC}와 R_C값을 이용해서 그린다. 직류 부하선과 I_B의 직류 바이어스값의 교차점이 회로의 작동점(Q점)이 된다. 작동점은 식 (12.1)과 식 (12.3)을 사용해서 결정된다. 만약에 직류 바이어스 컬렉터 전류가 가능한 신호 스윙(0과 V_{CC}/R_C)의 절반이 되는 곳에 고정된다면, 가장 큰 컬렉터 전류 스윙이 가능하다. 더욱이 컬렉터 에미터 전압이 공급전압의 반값에 고정된다면, 가장 큰 전압 스윙도 가능하게 된다. Q점이 이와 같은 최적 바이어스점에 고정된다면 그림 12.2의 회로 전력은 다음과 같이 결정된다.

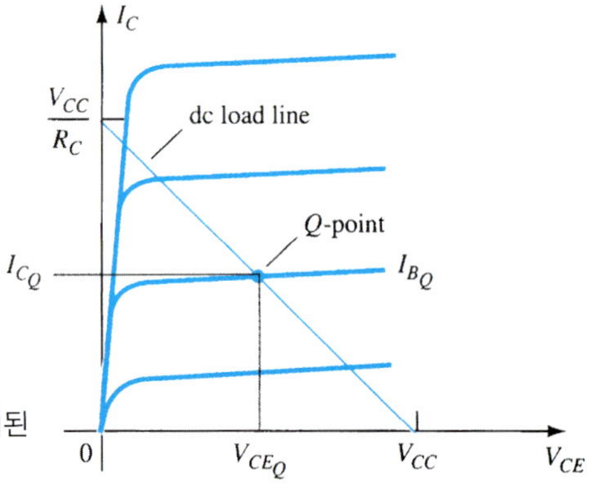

그림 12.3 부화선과 Q점이 표시된 트랜지스터 특성 곡선

교류 작동

입력 교류신호가 그림 12.2의 증폭기에 인가될 때, 출력은 직류 바이어스 작동 전압과 전류에서 변화될 것이다. 그림 12.4와 같은 소신호는 베이스 전류가 직류 바이어스점의 위아래로 변하게 하는데, 이는 컬렉터 에미터 전압이 그 직류 바이어스값 주위로 변하게 할 뿐만 아니라 컬렉터 전류(출력)가 직류 바이어스점에서 벗어나게 하는 원인이 된다. 입력신호가 커지면 출력은 전압과 전류가 한계 조건에 이를 때까지 고정된 직류 바이어스점 주위로 크게 변한다. 전류는 하한이 0 A이고 상한이 V_{CC}/R_C의 한계 조건에 있으며, 컬렉터 에미터 전압은 하한이 0 V, 상한이 V_{CC}이다.

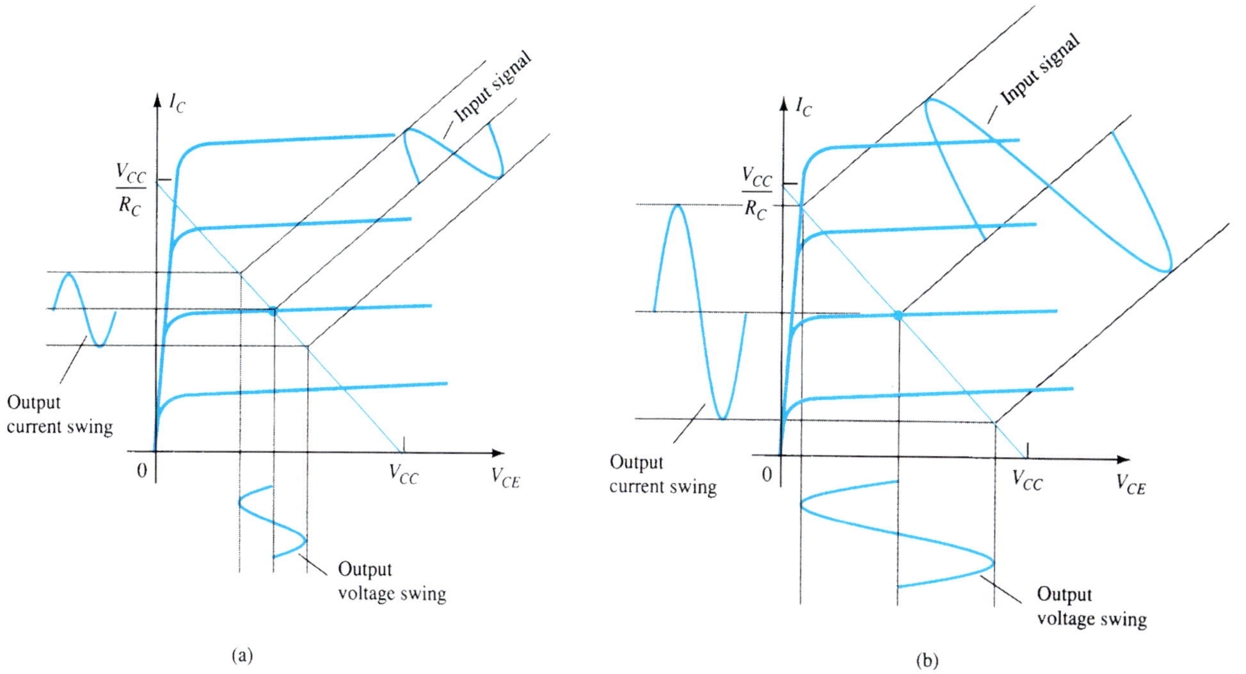

그림 12.4 증폭기 입·출력 신호의 변화

전력에 대한 고찰

증폭기의 전력은 전원으로부터 공급된다. 입력신호가 없을 때 공급 직류 전류는 컬렉터 바이어스 전류 I_{C_Q}이다. 전원으로부터 공급되는 전력은

$$P_i(\text{dc}) = V_{CC}I_{C_Q} \tag{12.4}$$

이다. 교류신호가 인가되었을 때에도 전원으로부터 공급되는 평균 전류는 동일하므로, 식 (12.4)는 A급 직렬 공급 증폭기에 공급되는 입력전력을 나타낸다.

출력전력 바이어스점을 중심으로 변하는 출력전압과 전류는 부하에 교류 전력을 공급한다. 그림 12.2에서 이 교류 전력은 부하 R_C에 전달된다. 교류신호 V_i는 베이스 전류가 바이어스점을 중심으로, 컬렉터 전류는 그 작동 레벨 I_{C_Q}를 중심으로 각각 변하게 한다. 그림 12.4에서 보는 바와 같이 교류 입력신호는 교류 전류와 교류 전압을 출력하게 한다. 입력신호가 클수록 출력 스윙은 그 회로에 의해 정해지는 최대값까지 커진다. 부하(R_C)에 전달되는 교류 전력은 여러 방법으로 표현될 수 있다.

RMS 신호의 사용: 부하(R_C)에 전달되는 교류 전력은 다음과 같이 표현될 수 있다.

$$P_o(\text{ac}) = V_{CE}(\text{rms})I_C(\text{rms}) \tag{12.5}$$

$$P_o(\text{ac}) = I_C^2(\text{rms})R_C \tag{12.6}$$

$$P_o(\text{ac}) = \frac{V_C^2(\text{rms})}{R_C} \tag{12.7}$$

효율

증폭기의 효율은 직류 전원으로부터 전달되는(변환되는) 교류 전력의 양을 나타낸다. 증폭기의 효율은 다음과 같이 나타낼 수 있다.

$$\% \eta = \frac{P_o(\text{ac})}{P_i(\text{dc})} \times 100\% \tag{12.8}$$

최대 효율 A급 직렬 공급 증폭기의 최대 효율은 최대 전압과 전류 스윙을 이용해 결정할 수 있다. 전압 스윙이

$$\text{최대 } V_{CE}(\text{p-p}) = V_{CC}$$

일 때, 최대 전류 스윙은

$$\text{최대 } I_C(\text{p-p}) = \frac{V_{CC}}{R_C}$$

식 (12.7)의 최대 전압 스윙을 사용하면

$$\text{최대 } P_o(\text{ac}) = \frac{V_{CC}(V_{CC}/R_C)}{8}$$

$$= \frac{V_{CC}^2}{8R_C}$$

최대 입력전력은 최대값의 반으로 주어진 직류 바이어스 전류를 사용해서 계산할 수 있다.

$$\text{최대 } P_i(\text{dc}) = V_{CC}(\text{최대 } I_C) = V_{CC}\frac{V_{CC}/R_C}{2} = \frac{V_{CC}^2}{2R_C}$$

따라서 식 (12.8)을 이용해 최대 효율을 계산할 수 있다.

$$\text{최대 } \% \eta = \frac{\text{최대 } P_o(\text{ac})}{\text{최대 } P_i(\text{dc})} \times 100\%$$

$$= \frac{V_{CC}^2/8R_C}{V_{CC}^2/2R_C} \times 100\%$$

$$= 25\%$$

A급 직렬 공급 증폭기의 최대 효율은 25%로 주어진다. 최대 효율은 전압, 전류스윙 양쪽 모두가 이상적인 조건에서만 가능하므로, 대부분 직렬 공급 증폭기는 25% 이하의 효율을 갖는다.

예제 12.1 그림 12.5 회로에서 베이스 전류의 피크값이 10 mA가 되도록 입력전압이 주어질 때, 증폭기 회로의 입력전력, 출력전력, 효율을 구하라.

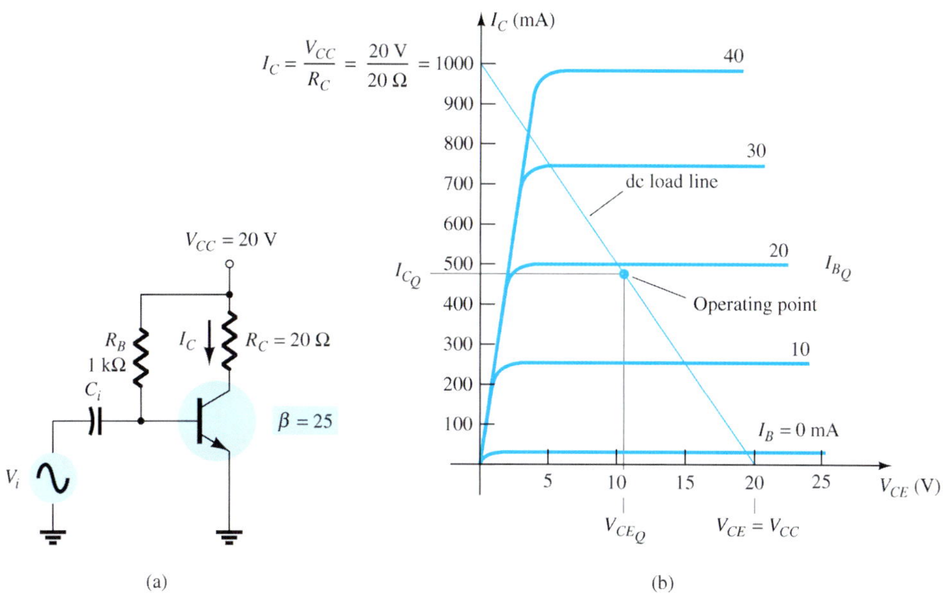

그림 12.5 예제 12.1의 직렬 공급 증폭기 회로 작동

풀이 식 (12.1)에서 식 (12.3)을 사용하면, Q점은 다음과 같이 결정된다.

$$I_{B_Q} = \frac{V_{CC} - 0.7\text{ V}}{R_B} = \frac{20\text{ V} - 0.7\text{ V}}{1\text{ k}\Omega} = 19.3\text{ mA}$$
$$I_{C_Q} = \beta I_B = 25(19.3\text{ mA}) = 482.5\text{ mA} \cong 0.48\text{ A}$$
$$V_{CE_Q} = V_{CC} - I_C R_C = 20\text{ V} - (0.48\ \Omega)(20\ \Omega) = 10.4\text{ V}$$

이 바이어스점은 그림 12.5b의 트랜지스터 컬렉터의 특성에 표시되어 있다. 출력신호의 교류 변화는 그림 12.5b에서 $V_{CE} = V_{CC} = 20$ V점과 $I_C = V_{CC}/R_C = 1000$ mA $= 1$ A점을 연결해서 얻어지는 직류 부하선을 사용해서 도식적으로 얻을 수 있다. 교류 베이스 전류가 직류 바이어스 레벨에서 증가하면 컬렉터 전류는 다음과 같이 증가한다.

$$I_C(\text{p}) = \beta I_B(\text{p}) = 25(10\text{ mA peak}) = 250\text{ mA peak}$$

식 (12.6)을 사용하면

$$P_o(\text{ac}) = I_C^2(rms)R_C = \frac{I_C^2(\text{p})}{2}R_C = \frac{(250 \times 10^{-3}\text{ A})^2}{2}(20\ \Omega) = \mathbf{0.625\ W}$$

다시 식 (12.4)를 쓰면

$$P_i(\text{dc}) = V_{CC}I_{C_Q} = (20\text{ V})(0.48\text{ A}) = \mathbf{9.6\ W}$$

이제 식 (12.8)을 쓰면 증폭기의 전력 효율은 다음과 같이 계산될 수 있다.

$$\% \eta = \frac{P_o(\text{ac})}{P_i(\text{dc})} \times 100\% = \frac{0.625\ \text{W}}{9.6\ \text{W}} \times 100\% = \mathbf{6.5\%}$$

12.3 변압기 결합 A급 증폭기

50%의 최대 효율을 갖는 A급 증폭기 중 하나는 그림 12.6과 같이 변압기를 사용하여 부하에 출력신호를 전달하는 것이다. 이 회로는 기본 개념을 보여주기 위한 단순한 형태로서, 보다 실제적인 형태는 후에 다룰 것이다. 이러한 회로는 전압 또는 전류를 올리기 위해 변압기를 사용하기 때문에, 전압과 전류에 대한 승압(step-up) 이나 감압(step-down)의 내용을 아래에 제시한다.

변압기 작동

변압기는 권선비에 따라서 전압이나 전류 레벨을 증가 또는 감소시킬 수 있다. 뿐만 아니라 변압기의 한쪽 임피던스도 권선비의 제곱에 비례하여 다른 한쪽에 크게(승압), 또는 작게(감압) 나타나게 할 수 있다. 이후부터 변압기는 전력 손실이 없는 이상적인(100%) 전력 전달 특성을 가진 것으로 가정한다.

전압 변환 그림 12.7a에서 보는 바와 같이, 변압기의 한쪽에 인가된 전압을 권선비에 따라 다른 한쪽에서 승압 또는 감압할 수 있다. 전압 변환은 다음과 같이 주어진다.

$$\boxed{\frac{V_2}{V_1} = \frac{N_2}{N_1}} \tag{12.9}$$

식 (12.9)에서 만약 2차측의 권선수가 1차측보다 많으면 2차측의 전압이 1차측보다 크다는 것을 알 수 있다.

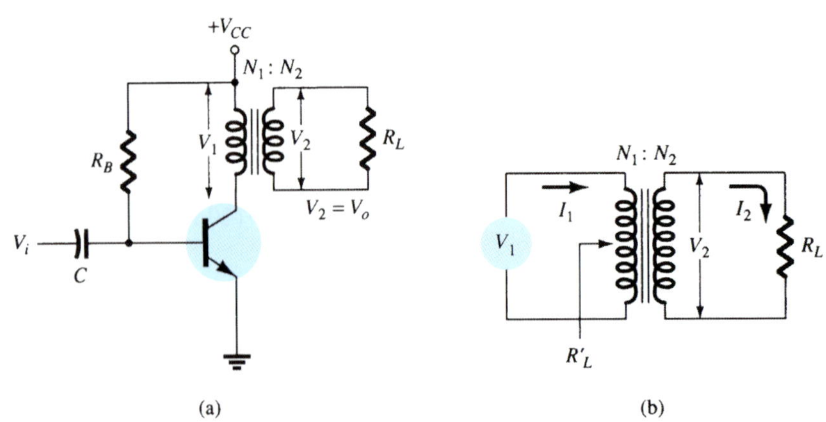

그림 12.6 변압기 결합 음성 전력 증폭기

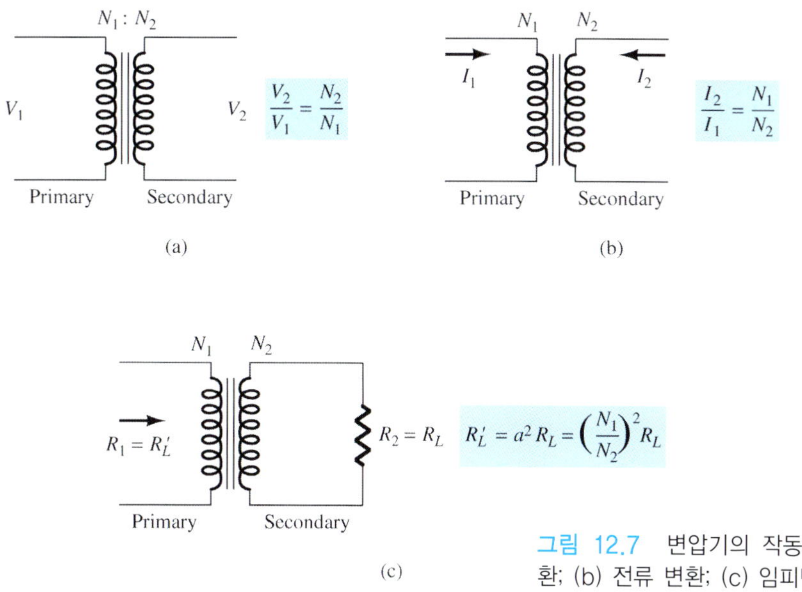

그림 12.7 변압기의 작동: (a) 전압 변환; (b) 전류 변환; (c) 임피던스 변환

전류 변환 2차측의 전류는 그 권선수에 반비례한다. 전류 변환은 다음 식으로 주어진다.

$$\boxed{\frac{I_2}{I_1} = \frac{N_1}{N_2}} \tag{12.10}$$

이 관계는 그림 12.7b에 도시되어 있다. 만약 2차측의 권선수가 1차측보다 크다면, 2차측 전류는 1차측보다 작을 것이다.

임피던스 변환 변압기에 의해 전압과 전류가 변하기 때문에 1차 또는 2차측에서 '보이는' 임피던스 역시 변한다. 그림 12.7c에서 보는 바와 같이 임피던스 R_L은 변압기의 2차측에 연결되어 있다. 이 임피던스는 1차측에서 보았을 때, 변압기에 의해 R'_L로 변한다. 이 관계는 다음과 같이 표시할 수 있다.

$$\frac{R_L}{R'_L} = \frac{R_2}{R_1} = \frac{V_2/I_2}{V_1/I_1} = \frac{V_2}{I_2}\frac{I_1}{V_1} = \frac{V_2}{V_1}\frac{I_1}{I_2} = \frac{N_2}{N_1}\frac{N_2}{N_1} = \left(\frac{N_2}{N_1}\right)^2$$

만약에 권선비 a를 $a = N_1/N_2$와 같이 정의한다면, 위 식은 다음과 같이 쓸 수 있다.

$$\boxed{\frac{R'_L}{R_L} = \frac{R_1}{R_2} = \left(\frac{N_1}{N_2}\right)^2 = a^2} \tag{12.11}$$

1차측에 반영된(reflected) 부하 임피던스는 다음과 같이 쓸 수 있다.

$$\boxed{R_1 = a^2 R_2} \quad \text{또는} \quad \boxed{R'_L = a^2 R_L} \tag{12.12}$$

여기서 R'_L은 반영 임피던스(reflected impedance)이다. 식 (12.12)에서 알 수 있듯이 반영 임피던스는 권선비의 제곱에 비례한다. 만약에 2차측 권선수가 1차측보다 작다면, 1차측에서 보는 임피던스는 2차측보다 권선비의 제곱만큼 클 것이다.

예제 12.2 15:1 변압기가 8 Ω 부하저항에 연결되어 있을 때 1차측에서 보는 실효저항을 구하라.

풀이 식 (12.22):

$$R'_L = a^2R_L = (15)^2(8\ \Omega) = 1800\ \Omega = \mathbf{1.8\ k\Omega}$$

예제 12.3 16 Ω의 스피커 부하의 1차측에서 바라본 실효 부하저항이 10 kΩ이 되도록 하려면 변압기의 권선비는 얼마가 되어야 하는가?

풀이 식 (12.11):

$$\left(\frac{N_1}{N_2}\right)^2 = \frac{R'_L}{R_L} = \frac{10\ \text{k}\Omega}{16\ \Omega} = 625$$

$$\frac{N_1}{N_2} = \sqrt{625} = \mathbf{25:1}$$

증폭기단의 작동

직류 부하선 변압기(직류) 권선저항은 그림 12.6의 회로에 대해 직류 부하선을 결정한다. 일반적으로 이 저항은 매우 작으며(이상적으로 0 Ω), 그림 12.8에서 나타나듯이 0 Ω 직류 부하선은 수직이 된다. 실제 변압기 권선저항은 몇 Ω 정도이지만, 이 논의에서는 이상적인 경우만이 고려된다. 즉 0 Ω 직류 부하저항에서의 직류 전압 강하는 일어나지 않으며, 부하선은 $V_{CE_Q} = V_{CC}$에서 수직으로 그려진다.

작동점 그림 12.8의 특성 곡선의 작동점은 회로에 의해 정의된 베이스 전류와 부하선의 교점에서 도식적으로 얻을 수 있다. 컬렉터 작동 전류는 작동점에서 구할 수 있다. A급 작동에서 직류 바이어스점은 컬렉터 전류와 컬렉터 에미터 전압에 대해 최대 비왜곡 스윙을 결정한다는 점을 유의하라. 만약 입력신호가 최대 허용값보다 작은 전압 스윙을 갖는다면 회로의 효율은 50%보다 작을 것이다. 따라서 직류 바이어스점은 A급 직렬 공급 증폭기의 작동을 정하는 데 있어서 중요하다.

교류 부하선 교류 해석을 하기 위해서는 변압기 1차측으로 들여다 본 교류 부하저항값을 계산할 필요가 있으며, 그런 후에 컬렉터 특성에서 교류 부하선을 그려야 한다. 반영 부하저항(R'_L)은 권선비와 2차측에 연결된 부하저항값(R_L)을 써서 식 (12.12)에서 구할 수 있다. 도식적인 해석 방법은 다음과 같다. 기울기가 부하저항값의 음의 역수값 $-1/R'_L$(반영 부하저항)이고, 작동점을 지나는 교류 부하저항값을 그려라. 교류 부하저항은 출력신호 스

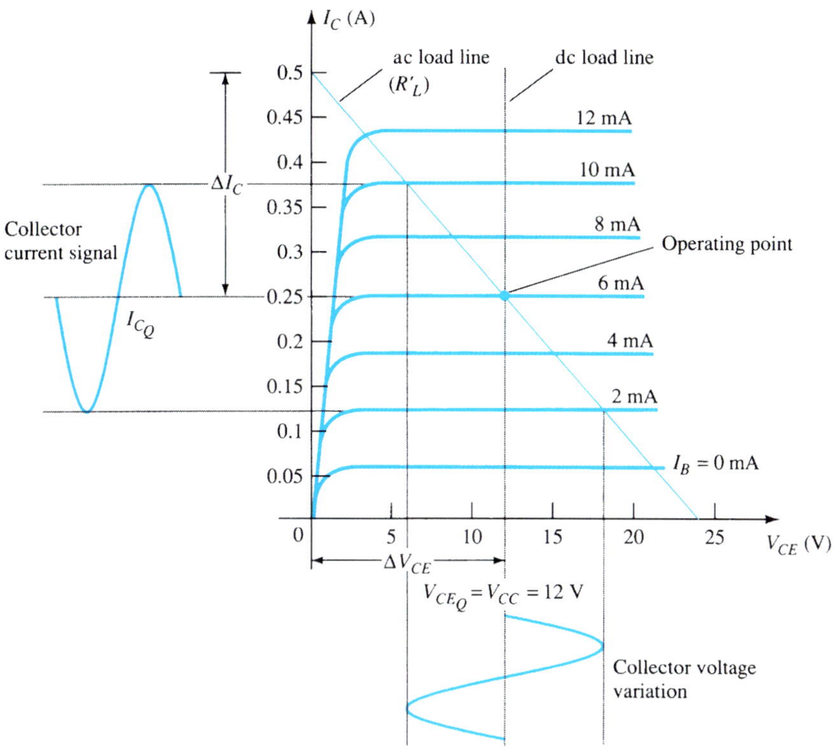

그림 12.8 A급 변압기 결합 증폭기에 대한 부하선

윙이 V_{CC}값을 넘을 수 있음을 보임에 유의하라. 사실 1차측에 걸리는 전압은 상당히 클 수 있다. 따라서 교류 부하선을 구한 뒤에는 전압 스윙의 범위가 트랜지스터의 최대 정격을 초과하지 않는지를 체크해야 한다.

신호의 스윙과 출력 교류 전력 그림 12.9는 그림 12.6의 회로의 전압과 전류신호 스윙을 보이고 있다. 그림 12.9에 보인 신호 스윙으로부터 피크-피크 신호 스윙의 값은 다음과 같이 주어진다.

$$V_{CE}(\text{p-p}) = V_{CE_{\max}} - V_{CE_{\min}}$$
$$I_C(\text{p-p}) = I_{C_{\max}} - I_{C_{\min}}$$

변압기의 1차측 교류 전력은 다음 식을 사용해서 구할 수 있다.

$$\boxed{P_o(\text{ac}) = \frac{(V_{CE_{\max}} - V_{CE_{\min}})(I_{C_{\max}} - I_{C_{\min}})}{8}} \qquad (12.13)$$

이상적인 변압기(매우 효율이 높은 변압기는 90% 이상의 효율을 갖는다)라고 가정할 때, 2차측 부하에 전달되는 전력은 근사적으로 식 (12.13)을 써서 계산할 수 있다. 또한 출력 교류 전력은 부하에 전달되는 전압을 써서 결정할 수 있다.

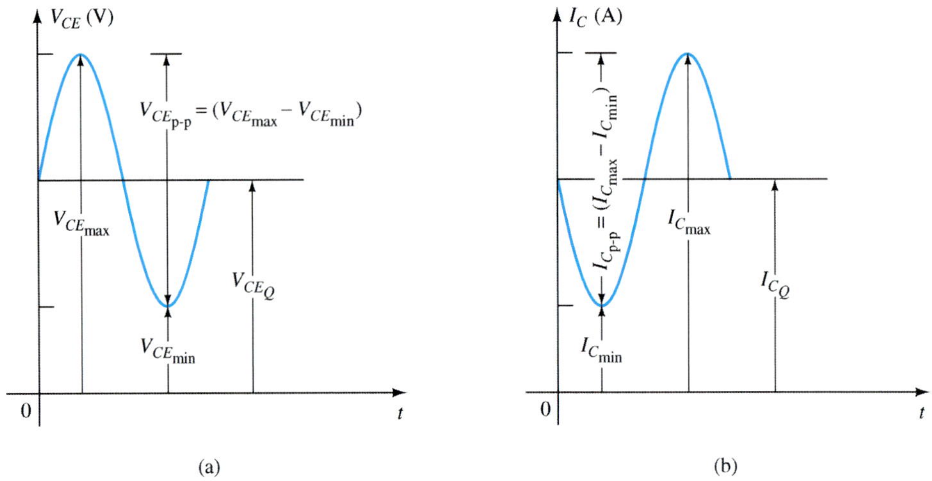

그림 12.9 A급 변압기 결합 증폭기의 작동

이상적인 변압기에 있어서 부하에 전달되는 전압은 식 (12.9)를 써서 다음과 같이 계산할 수 있다.

$$V_L = V_2 = \frac{N_2}{N_1} V_1$$

그러면, 부하에 걸리는 전압은 다음과 같이 표현되며, 이는 식 (12.5c)를 사용해서 계산한 전력값과 같다.

$$P_L = \frac{V_L^2(\text{rms})}{R_L}$$

부하 전류를 구하기 위해 식 (12.10)을 쓰면

$$I_L = I_2 = \frac{N_1}{N_2} I_C$$

그러면, 출력 교류 전력은 다음 식을 써서 계산할 수 있다.

$$P_L = I_L^2(\text{rms}) R_L$$

예제 12.4 그림 12.10의 회로에서 8 Ω 스피커에 전달되는 교류 전력을 구하라. 회로의 각 소자값은 직류 베이스 전류값이 6 mA, 입력신호(V_i)는 피크 전류 스윙이 4 mA가 되도록 한다.

풀이 직류 부하선은 그림 12.11과 같이 다음의 전압점으로부터 수직으로 그려져 있다.

$$V_{CE_Q} = V_{CC} = 10\text{ V}$$

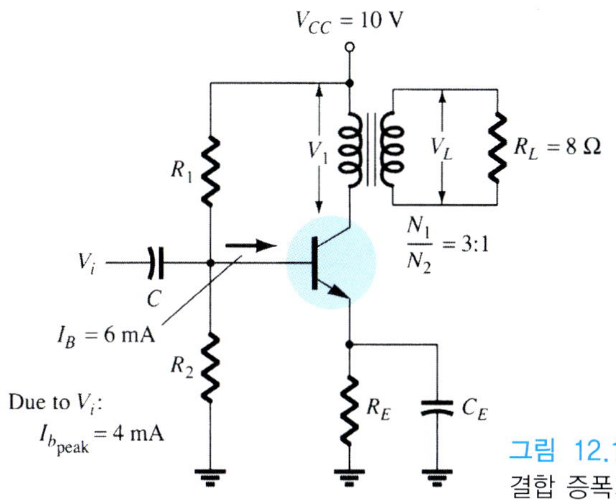

그림 12.10 예제 12.4의 A급 변압기 결합 증폭기

$I_B=6$ mA에 대해 그림 12.11의 작동점은

$$V_{CE_Q} = 10\text{ V} \quad \text{및} \quad I_{C_Q} = 140\text{ mA}$$

이고, 1차측에서 본 실효 교류저항은 다음과 같다.

$$R'_L = \left(\frac{N_1}{N_2}\right)^2 R_L = (3)^2(8) = 72\ \Omega$$

이제 교류 부하선은 구해진 작동점으로부터 $-1/72$의 기울기로 그릴 수 있다. 부하선을 쉽게 그리기 위해서 다음의 과정을 고려해 보자. 다음의 전류 스윙에 대해

$$I_C = \frac{V_{CE}}{R'_L} = \frac{10\text{ V}}{72\ \Omega} = 139\text{ mA}$$

y축 상에 다음과 같은 A점을 표시한다.

$$I_{CE_Q} + I_C = 140\text{ mA} + 139\text{ mA} = 279\text{ mA along the }y\text{-axis}$$

이제 A점과 작동점을 지나는 직선을 그리면 교류 부하선이 얻어진다. 4 mA 피크의 출력전류 스윙을 가지는 베이스 전류에 대해, 그림 12.11에서 구한 최대 및 최소 컬렉터 전류와 컬렉터 에미터 전압은

$$V_{CE_{min}} = 1.7\text{ V} \qquad I_{C_{min}} = 25\text{ mA}$$
$$V_{CE_{max}} = 18.3\text{ V} \qquad I_{C_{max}} = 255\text{ mA}$$

이다. 부하에 전달된 교류 전력은 식 (12.13)을 써서 구할 수 있다.

$$P_o(\text{ac}) = \frac{(V_{CE_{max}} - V_{CE_{min}})(I_{C_{max}} - I_{C_{min}})}{8}$$
$$= \frac{(18.3\text{ V} - 1.7\text{ V})(255\text{ mA} - 25\text{ mA})}{8} = \mathbf{0.477\ W}$$

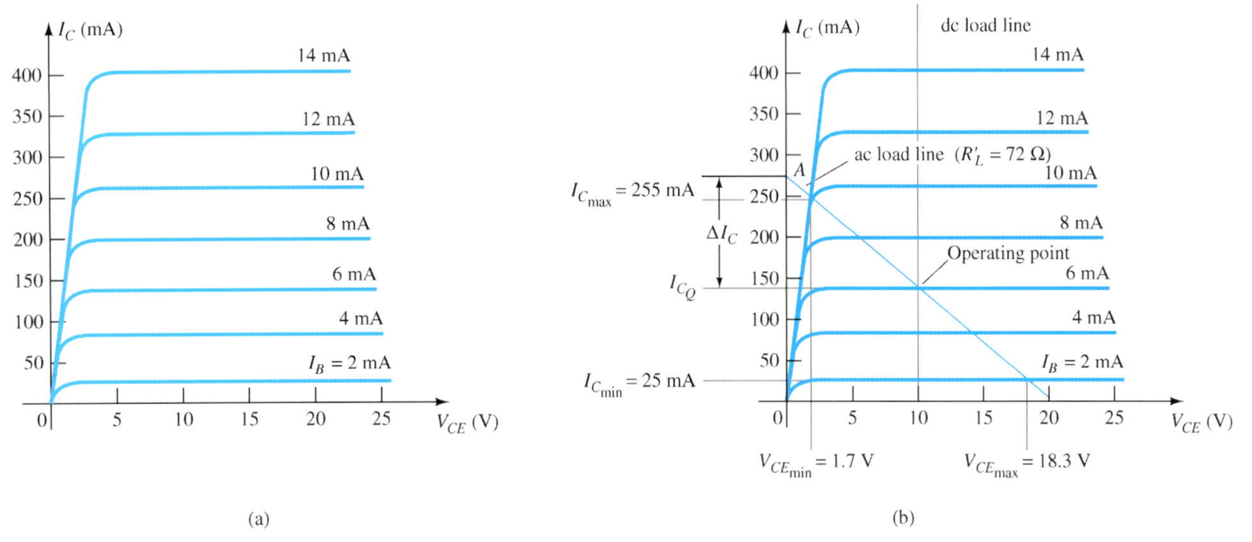

그림 12.11 예제 12.4, 12.5의 A급 변압기 결합 증폭기 특성: (a) 소자 특성; (b) 교류 부하선

효율

지금까지는 부하에 전달된 교류 전력을 계산하는 문제를 생각하였다. 다음으로는 축전지에서 공급되는 입력전력, 증폭기에서의 전력 손실 및 변압기 결합 A급 증폭기의 전체적인 전력 효율에 대해 생각해 보기로 하자.

전원으로부터 공급되는 입력(직류) 전력은, 직류 전압 전원과 전원에서 출력되는 평균 전력으로부터 다음과 같이 계산할 수 있다.

$$\boxed{P_i(\text{dc}) = V_{CC}I_{C_Q}} \tag{12.14}$$

변압기 결합 증폭기에서 변압기에 의해 소모되는 전력은 작기 때문에(코일의 직류 저항이 작기 때문), 계산에서 무시할 수 있다. 따라서 여기서 고려되는 전력 손실은 전력 트랜지스터의 소모에 의한 것뿐이며, 다음 식을 써서 계산한다.

$$\boxed{P_Q = P_i(\text{dc}) - P_o(\text{ac})} \tag{12.15}$$

여기서 P_Q는 열로 발산되는 전력이다. 이 식은 비록 단순하지만, A급 증폭기의 작동에 있어서는 중요하다. 트랜지스터에 의해 소모되는 전력은(바이어스점에 의해 정해지는) 직류 전원에서 출력된 전력과 교류 부하로 전달되는 양과의 차이다. 입력신호가 매우 작으면, 매우 적은 교류 전류가 부하에 전달되므로 최대 전력은 트랜지스터에 의해 소비된다. 입력신호가 크면 클수록, 그리고 부하에 전달되는 전력이 크면 클수록 트랜지스터에 의해 소모되는 전력은 작아진다. 다시 말해서 A급 증폭기의 트랜지스터는 부하가 증폭기로부터 제거되었을 때 가장 많은 일(최대의 전력 소모)을 하게 되며, 부하가 회로에서 최대의 전력을 얻을 때 트랜지스터는 전력을 가장 적게 소모한다.

예제 12.5 그림 12.10의 회로와 예제 12.4의 결과에 대해 직류 입력전력, 트랜지스터에 의해 소모되는 전력, 그리고 예제 12.4의 입력신호에 대한 회로의 효율을 계산하라.

풀이 식 (12.14):

$$P_i(\mathrm{dc}) = V_{CC}I_{C_Q} = (10\,\mathrm{V})(140\,\mathrm{mA}) = \mathbf{1.4\,W}$$

식 (12.15):

$$P_Q = P_i(\mathrm{dc}) - P_o(\mathrm{ac}) = 1.4\,\mathrm{W} - 0.477\,\mathrm{W} = \mathbf{0.92\,W}$$

그러면 증폭기의 효율은 다음과 같이 주어진다.

$$\%\,\eta = \frac{P_o(\mathrm{ac})}{P_i(\mathrm{dc})} \times 100\% = \frac{0.477\,\mathrm{W}}{1.4\,\mathrm{W}} \times 100\% = \mathbf{34.1\%}$$

이론적인 최대 효율 변압기 결합 A급 증폭기에서 이론적인 최대 효율은 50%에 이른다. 증폭기를 써서 얻어진 신호에 근거하면, 효율은 다음과 같이 표현된다.

$$\boxed{\%\,\eta = 50\left(\frac{V_{CE_{\max}} - V_{CE_{\min}}}{V_{CE_{\max}} + V_{CE_{\min}}}\right)^2 \%} \qquad (12.16)$$

$V_{CE_{\max}}$가 클수록, $V_{CE_{\min}}$가 작을수록 효율은 이론적인 최대값인 50%에 접근한다.

예제 12.6 변압기 결합 A급 증폭기의 12 V의 전원과 다음의 출력에 대해 효율을 계산하라.

a. $V(\mathrm{p}) = 12\ \mathrm{V}$

b. $V(\mathrm{p}) = 6\ \mathrm{V}$

c. $V(\mathrm{p}) = 2\ \mathrm{V}$

풀이

a. $V_{CE_Q} = V_{CC} = 12\ \mathrm{V}$이므로 전압 스윙의 최대, 최소값은

$$V_{CE_{\max}} = V_{CE_Q} + V(\mathrm{p}) = 12\,\mathrm{V} + 12\,\mathrm{V} = 24\,\mathrm{V}$$
$$V_{CE_{\min}} = V_{CE_Q} - V(\mathrm{p}) = 12\,\mathrm{V} - 12\,\mathrm{V} = 0\,\mathrm{V}$$

결과적으로

$$\%\,\eta = 50\left(\frac{24\,\mathrm{V} - 0\,\mathrm{V}}{24\,\mathrm{V} + 0\,\mathrm{V}}\right)^2 \% = \mathbf{50\%}$$

b.

$$V_{CE_{\max}} = V_{CE_Q} + V(\mathrm{p}) = 12\,\mathrm{V} + 6\,\mathrm{V} = 18\,\mathrm{V}$$
$$V_{CE_{\min}} = V_{CE_Q} - V(\mathrm{p}) = 12\,\mathrm{V} - 6\,\mathrm{V} = 6\,\mathrm{V}$$

결과적으로

$$\% \eta = 50\left(\frac{18\text{ V} - 6\text{ V}}{18\text{ V} + 6\text{ V}}\right)^2 \% = \mathbf{12.5\%}$$

c.

$$V_{CE_{max}} = V_{CE_Q} + V(\text{p}) = 12\text{ V} + 2\text{ V} = 14\text{ V}$$
$$V_{CE_{min}} = V_{CE_Q} - V(\text{p}) = 12\text{ V} - 2\text{ V} = 10\text{ V}$$

결과적으로

$$\% \eta = 50\left(\frac{14\text{ V} - 10\text{ V}}{14\text{ V} + 10\text{ V}}\right)^2 \% = \mathbf{1.39\%}$$

증폭기 효율이 $V(\text{p}) = V_{CC}$일 때 50%의 최대 효율에서 $V(\text{p}) = 2$ V일 때의 1%를 약간 상회하는 값까지 얼마나 급격히 떨어지는가를 주목하라.

12.4 B급 증폭기 작동

직류 바이어스가 끊어지면 트랜지스터는 off 상태가 되고, 교류신호가 인가되면 트랜지스터는 on 상태가 되는데, 이때 B급으로 작동한다. 이것은 본질적으로 바이어스가 없는 상황이며, 트랜지스터 전류는 신호의 반주기 동안만 전도된다. 신호의 전주기에 대한 출력을 얻기 위해서, 서로 반대의 반주기에서 작동하는 2개의 트랜지스터가 필요하며, 2개의 결합된 작동은 전주기의 출력을 내보낸다. 회로의 한 부분이 반주기 동안 신호를 높게 푸시(push)하고, 다른 한 부분은 낮게 풀(pull)하므로, 이 회로는 **푸시풀 회로(push-pull circuit)**라 한다. 그림 12.12는 푸시풀 회로 동작 원리를 보여준다. 푸시풀 회로에 교류 입력신호가 인가되면, 부하는 전주기의 교류신호를 받는다. 푸시풀 작동에서 쓰이는 전력 트랜지스터는 원하는 전력을 부하에 전달할 수 있으며, 이런 트랜지스터들의 B급 작동은 1개의 트랜지스터를 사용하는 A급 작동의 경우보다 더 큰 효율을 갖는다.

입력(직류)전력

증폭기에 의해 부하에 전달된 전력은 입력이나 직류 전력을 공급하는 전원 공급 장치(또는 다수의 전원 공급 장치, 그림 12.13 참조)로부터 얻는다. 이런 입력전력의 양은 다음 식을 써서 계산할 수 있다.

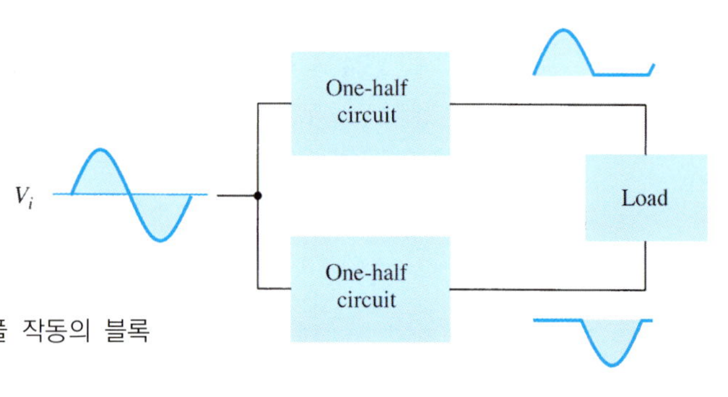

그림 12.12 푸시-풀 작동의 블록 개념도

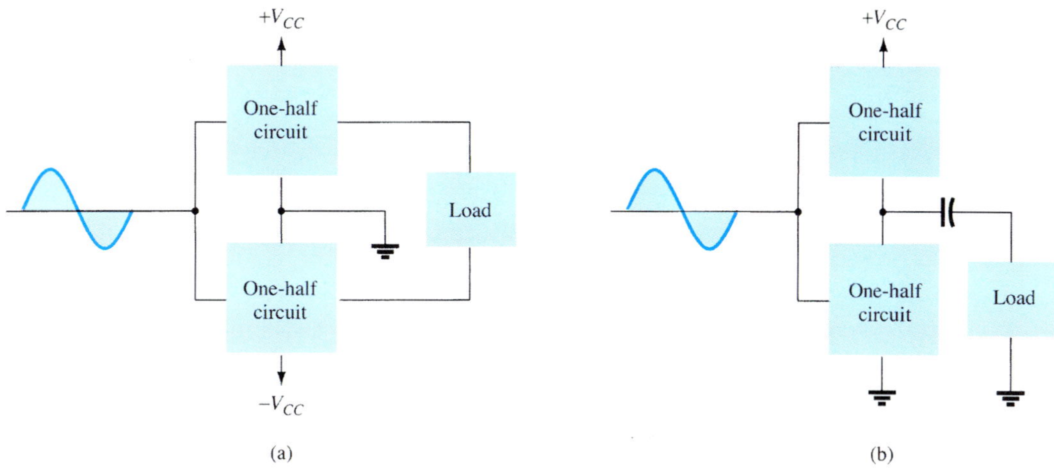

그림 12.13 푸시-풀 증폭기와 부하의 연결: (a) 2개의 공급전압 전원을 사용하는 경우; (b) 1개의 공급전압 전원을 사용하는 경우

$$P_i(\text{dc}) = V_{CC}I_{\text{dc}} \tag{12.17}$$

여기서 I_{dc}는 전원으로부터 공급되는 평균 또는 직류 전류이다. B급 작동에서 단일 공급전원에서 얻어지는 전류는 전파 정류된 신호의 형태이지만, 2개의 공급전원에서 얻어지는 경우는 각각 반파 정류된 형태를 가진다. 어느 경우에나 평균 전류는 다음과 같이 표시할 수 있다.

$$I_{\text{dc}} = \frac{2}{\pi} I(\text{p}) \tag{12.18}$$

여기서 $I(\text{p})$는 출력전류의 피크값이다. 식 (12.17)의 입력전력에 식 (12.18)을 사용하면

$$P_i(\text{dc}) = V_{CC}\left(\frac{2}{\pi} I(\text{p})\right) \tag{12.19}$$

출력(교류)전력

부하(대개 저항 R_L)에 전달되는 전력은 몇 개의 식 중 하나를 사용해서 계산할 수 있다. 만약에 rms 미터를 사용해서 부하에 걸린 전압을 측정한다면, 출력전력은 다음과 같이 계산된다.

$$P_o(\text{ac}) = \frac{V_L^2(\text{rms})}{R_L} \tag{12.20}$$

만일 오실로스코프를 사용한다면, 피크 혹은 피크-피크 및 측정된 출력전압은 다음과 같이 사용된다.

$$\boxed{P_o(\text{ac}) = \frac{V_L^2(\text{p-p})}{8R_L} = \frac{V_L^2(\text{p})}{2R_L}} \tag{12.21}$$

rms나 피크 출력전압이 크면 클수록 부하에 전달되는 전력은 커진다.

효율

B급 증폭기의 효율은 다음과 같은 기본식을 사용해서 계산할 수 있다.

$$\% \eta = \frac{P_o(\text{ac})}{P_i(\text{dc})} \times 100\%$$

앞의 효율 계산에서 식 (12.19)와 식 (12.21)을 사용하면

$$\% \eta = \frac{P_o(\text{ac})}{P_i(\text{dc})} \times 100\% = \frac{V_L^2(\text{p})/2R_L}{V_{CC}[(2/\pi)I(\text{p})]} \times 100\% = \frac{\pi}{4}\frac{V_L(\text{p})}{V_{CC}} \times 100\% \tag{12.22}$$

여기서 $[I(\text{p}) = V_L(\text{p})/R_L]$임을 이용한다. 식 (12.22)는 피크전압이 높을수록 회로의 효율이 높아짐을 보이고 있으며, $V_L(\text{p}) = V_{CC}$일 때 얻을 수 있는 그 최대값은 다음과 같이 주어진다.

$$\text{최대 효율} = \frac{\pi}{4} \times 100\% = 78.5\%$$

출력 트랜지스터에 의한 전력 소모 출력 트랜지스터에서 방출되는 (열로) 전력은 전원에 의해 전달되는 입력전력과 부하에 전달되는 전력의 차로 주어진다.

$$P_{2Q} = P_i(\text{dc}) - P_o(\text{ac}) \tag{12.23}$$

위 식에서 P_{2Q}는 2개의 출력 트랜지스터에 의해 방출되는 전력이다. 각각의 트랜지스터에 의해 소모되는 전력은 다음과 같다.

$$P_Q = \frac{P_{2Q}}{2} \tag{12.24}$$

예제 12.7 B급 증폭기에서 20 V 피크전압을 16 Ω의 부하(스피커)에 전달하려 한다. 전압 $V_{CC} = 30$ V로 주어질 때, 입력전력, 출력전력, 회로의 효율을 구하라.

풀이 16 Ω의 부하에 인가된 20 V 피크전압은

$$I_L(\text{p}) = \frac{V_L(\text{p})}{R_L} = \frac{20\ \text{V}}{16\ \Omega} = 1.25\ \text{A}$$

의 피크 부하 전류를 만든다. 이때 전원으로부터 유도된 전류의 직류값은

$$I_{dc} = \frac{2}{\pi} I_L(\text{p}) = \frac{2}{\pi}(1.25\ \text{A}) = 0.796\ \text{A}$$

이고, 전원에 의해 전달되는 입력전력은

$$P_i(\text{dc}) = V_{CC} I_{dc} = (30\ \text{V})(0.796\ \text{A}) = \mathbf{23.9\ W}$$

부하에 전달되는 출력전력은 다음과 같다.

$$P_o(\text{ac}) = \frac{V_L^2(\text{p})}{2R_L} = \frac{(20\ \text{V})^2}{2(16\ \Omega)} = \mathbf{12.5\ W}$$

결과적으로 효율은 다음과 같이 주어진다.

$$\%\,\eta = \frac{P_o(\text{ac})}{P_i(\text{dc})} \times 100\% = \frac{12.5\ \text{W}}{23.9\ \text{W}} \times 100\% = \mathbf{52.3\%}$$

최대 전력에 대한 고찰

B급 작동에서는 $V_L(\text{p}) = V_{CC}$일 때 부하에 최대의 출력전력이 공급된다.

$$\boxed{\text{최대 } P_o(\text{ac}) = \frac{V_{CC}^2}{2R_L}} \tag{12.25}$$

이때 일치하는 피크 교류 전류 $I(\text{p})$는

$$I(\text{p}) = \frac{V_{CC}}{R_L}$$

그러므로 전원으로부터 나오는 평균 전류의 최대값은

$$\text{최대 } I_{dc} = \frac{2}{\pi} I(\text{p}) = \frac{2V_{CC}}{\pi R_L}$$

이다. 입력전력의 최대값을 계산하기 위해 이 전류를 사용하면

$$\boxed{\text{최대 } P_i(\text{dc}) = V_{CC}(\text{최대}\, I_{dc}) = V_{CC}\left(\frac{2V_{CC}}{\pi R_L}\right) = \frac{2V_{CC}^2}{\pi R_L}} \tag{12.26}$$

B급 작동에 대한 회로의 최대 효율은 다음과 같이 주어진다.

$$\text{최대 } \%\,\eta = \frac{P_o(\text{ac})}{P_i(\text{dc})} \times 100\% = \frac{V_{CC}^2/2R_L}{V_{CC}[(2/\pi)(V_{CC}/R_L)]} \times 100\%$$

$$= \frac{\pi}{4} \times 100\% = \mathbf{78.54\%} \tag{12.27}$$

따라서, 입력신호가 최대 출력신호 스윙보다 작으면, 회로의 효율은 78.5%보다 작다.

B급 작동에서 출력 트랜지스터에 의한 최대 전력 소모는 최대 전력 입력이나 출력 조건에서는 이루어지지 않는다. 2개의 출력 트랜지스터에 의한 최대 전력 소모는 부하에 걸리는 출력전압이

$$V_L(\text{p}) = 0.636V_{CC} \qquad \left(= \frac{2}{\pi}V_{CC}\right)$$

일 때 발생하며, 이때 소모되는 최대 전력은 다음과 같다.

$$\boxed{\text{최대 } P_{2Q} = \frac{2V_{CC}^2}{\pi^2 R_L}} \tag{12.28}$$

예제 12.8 전압 전원 $V_{CC} = 30$ V이고 16 Ω의 부하로 구동하는 B급 증폭기에 대한 최대 입력전력, 출력전력, 트랜지스터의 소모 전력을 구하라.

풀이 최대 출력전력은

$$\text{최대 } P_o(\text{ac}) = \frac{V_{CC}^2}{2R_L} = \frac{(30\text{ V})^2}{2(16\ \Omega)} = \mathbf{28.125\ W}$$

전원으로부터의 최대 입력전력은

$$\text{최대 } P_i(\text{dc}) = \frac{2V_{CC}^2}{\pi RL} = \frac{2(30\text{ V})^2}{\pi(16\ \Omega)} = \mathbf{35.81\ W}$$

그러면 회로의 효율은

$$\text{최대 } \%\,\eta = \frac{P_o(\text{ac})}{P_i(\text{dc})} \times 100\% = \frac{28.125\text{ W}}{35.81\text{ W}} \times 100\% = 78.54\%$$

이며, 이는 예상했던 값이다. 각 트랜지스터에 의해 소비되는 최대 전력은

$$\text{최대 } P_Q = \frac{\text{최대 } P_{2Q}}{2} = 0.5\left(\frac{2V_{CC}^2}{\pi^2 R_L}\right) = 0.5\left[\frac{2(30\text{ V})^2}{\pi^2 16\ \Omega}\right] = \mathbf{5.7\ W}$$

각각 최고 5.7 W를 소모하는 한 쌍의 트랜지스터는 35.81 W를 전원으로부터 얻어서 최대 28.125 W의 전력 전원을 16 Ω 부하에 전달할 수 있다.

B급 증폭기의 최대 효율은 다음과 같은 방법으로도 표현할 수 있다.

$$P_o(\text{ac}) = \frac{V_L^2(\text{p})}{2R_L}$$

$$P_i(\text{dc}) = V_{CC}I_{\text{dc}} = V_{CC}\left[\frac{2V_L(\text{p})}{\pi R_L}\right]$$

그러면 $$\%\,\eta = \frac{P_o(\text{ac})}{P_i(\text{dc})} \times 100\% = \frac{V_L^2(\text{p})/2R_L}{V_{CC}[(2/\pi)(V_L(\text{p})/R_L)]} \times 100\%$$

$$\%\,\eta = 78.54\frac{V_L(\text{p})}{V_{CC}}\% \qquad (12.29)$$

예제 12.9 피크전압이 다음과 같을 때 $V_{CC}=24$ V의 전원에 대한 B급 증폭기의 효율을 계산하라.

a. $V_L(\text{p})=22$ V

b. $V_L(\text{p})=6$ V

풀이 식 (12.29)를 사용하면

a. $$\%\,\eta = 78.54\frac{V_L(\text{p})}{V_{CC}}\% = 78.54\left(\frac{22\text{ V}}{24\text{ V}}\right) = \mathbf{72\%}$$

b. $$\%\,\eta = 78.54\left(\frac{6\text{ V}}{24\text{ V}}\right)\% = \mathbf{19.6\%}$$

작은 전압 스윙[(b)에서 6 V]이 20% 가까운 효율을 갖는 반면, 최대값[(a)에서 22 V]에 근접한 전압은 최대 효율에 가까운 값을 가진다. A급 증폭기에서는 비슷한 값의 전원과 신호 스윙이 훨씬 나쁜 효율을 가졌었다.

12.5 B급 증폭기 회로

B급 증폭기 회로 구성에는 다양한 방법이 있다. 이 절에서는 일반적으로 쓰이는 여러 종류의 회로에 대해 장단점을 알아볼 것이다. 증폭기의 입력신호가 단일신호인 경우에, 회로는 각각 반주기 동안 작동하는 2개의 상이한 출력단으로 이루어진다. 만일 입력이 2개의 반대 극성을 갖는 신호로 이루어진다면, 입력신호의 주기에 따라서 작동하는 2개의 유사한 출력단을 사용할 수 있다. 극성 반전이나 위상 반전을 얻는 한 가지 방법은 변압기를 사용하는 것인데, 변압기 결합 증폭회로는 오랫동안 활용되었다. 반대 극성을 갖는 입력신호는 2개의 반전 출력을 갖는 연산 증폭기를 써서 쉽게 얻을 수 있으며, 반대 극성 작동은 단일 입력신호와 상보형 트랜지스터(*npn*과 *pnp*, 또는 *n*MOS와 *p*MOS)를 써서 쉽게 얻을 수 있다.

그림 12.14는 단일 입력신호에서 위상 반전된 신호를 얻는 두 가지 다른 방법을 보이고 있다. 그림 12.14a는 서로 반대 위상의 두 신호를 만들어내는 중심-탭(enter-tapped) 변압기를 보여 준다. 만약 정확한 중심탭을 갖는 변압기라면, 두 신호도 정확하게 같은 크기와 반대 위상을 가질 것이다. 그림 12.14b의 회로는 에미터에서 동상(in-phase)의 신호, 컬렉터에서 이

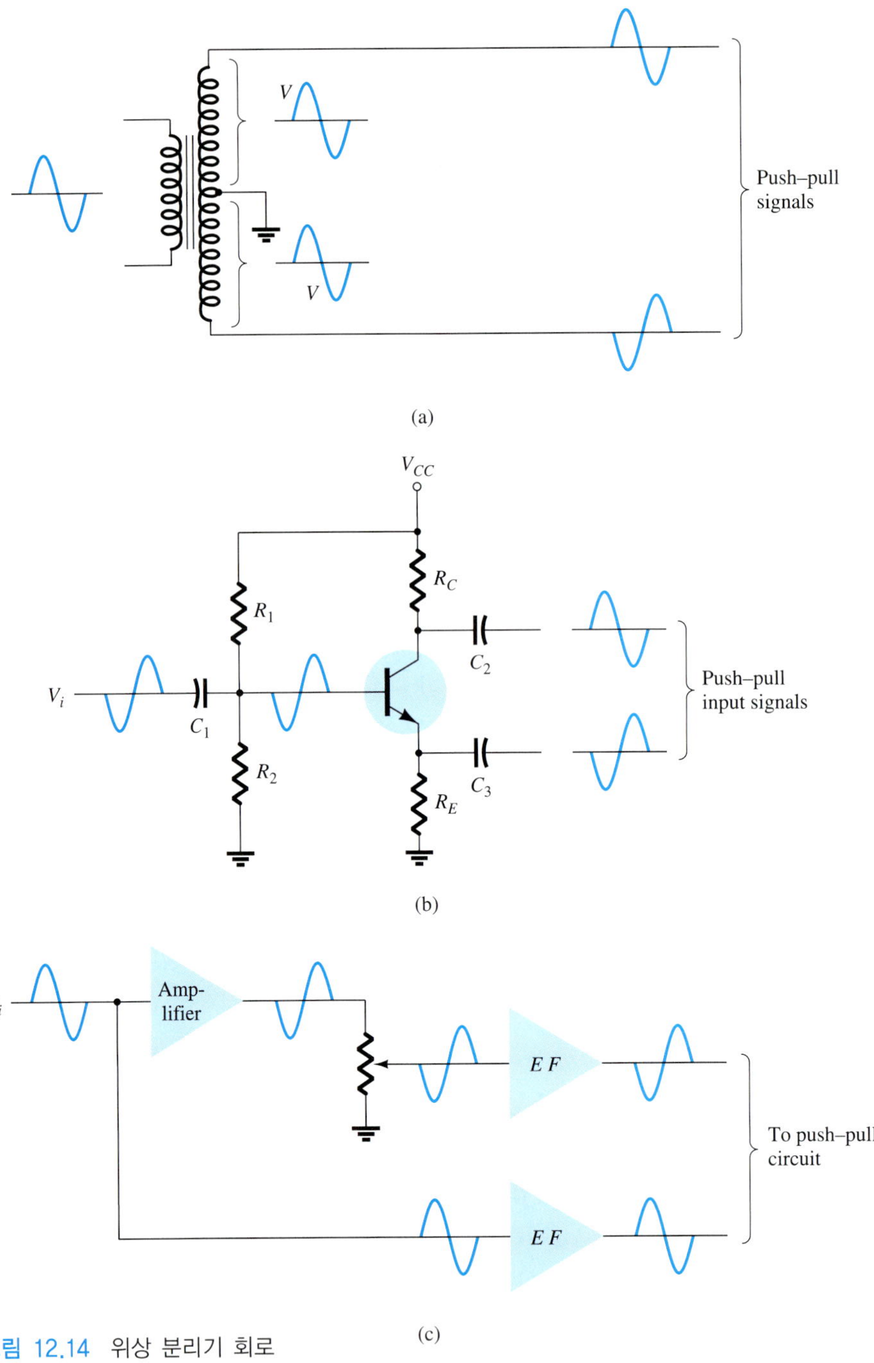

그림 12.14 위상 분리기 회로

상의 신호를 얻는 BJT를 이용한다. 각 출력에서 이득이 1에 가깝게 만들어진다면, 같은 크기의 신호를 출력할 수 있다. 아마도 가장 일반적인 경우는, 단위 이득의 비반전 및 반전 출력단을 갖고, 같은 크기와 반대 위상의 출력신호를 만드는 연산 증폭기를 이용하는 회로일 것이다.

변압기 결합 푸시풀 회로

그림 12.15의 회로는 2개의 트랜지스터 입력으로 반대 극성의 두 신호를 공급하기 위해 중

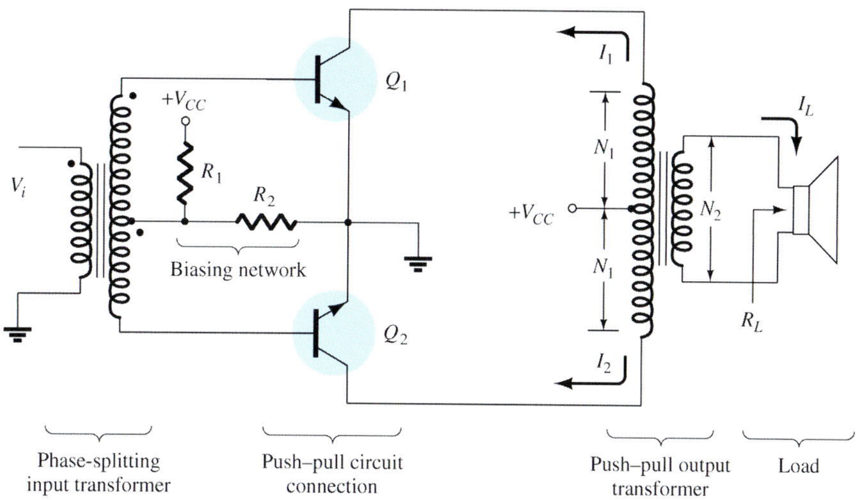

그림 12.15 푸시풀 회로

심탭 입력 변압기와 다음에 설명될 푸시풀 작동 모드에서 부하를 구동하기 위한 출력 변압기를 각각 하나씩 사용한다.

처음 반주기 동안 트랜지스터 Q_1은 전도되고 Q_2는 꺼진다. 변압기를 통해 흐르는 전류 I_1은 처음 반주기의 신호를 부하에 공급한다. 두 번째 반주기 동안에는 Q_2가 전도되며 Q_1이 꺼져서, 변압기의 전류 I_2는 두 번째의 반주기 신호를 부하에 공급한다. 따라서 부하에는 전주기의 신호가 인가된다.

상보 대칭형 회로

상보형 트랜지스터(*npn*과 *pnp*)를 쓰면, 그림 12.16a에서 나타나듯이 각 트랜지스터의 반주기 작동을 이용해서 부하에서 전주기 신호를 얻는 것이 가능하다. 단일신호 입력이 각 트랜지스터의 베이스에 인가되면, 반대형의 두 트랜지스터는 입력의 반대 반주기 동안 전도될 것이다. 그림 12.16b에서 *npn* 트랜지스터는 신호의 양의 반주기 동안 전도하도록 바이어스되어 결과적으로 부하에 반주기 신호를 인가한다. 그림 12.16c에 나타낸 *pnp* 트랜지스터는 이와는 반대로 음의 반주기 동안 전도하도록 바이어스된다.

입력신호의 전주기 동안 전주기의 출력신호가 부하에 만들어진다. 이 회로의 한 가지 단점은 2개의 분리된 전원이 필요하다는 점이다. 상보형 회로에서 있을 수 있는 또 다른 단점은 출력신호의 크로스오버 왜곡(crossover distortion)이다(그림 12.16d). 크로스오버 왜곡은 신호가 양에서 음으로 바뀔 때(또는 그 반대의 경우에) 출력신호에 나타나는 비선형적인 출력을 가리키는 것이다. 이는 1개의 트랜지스터가 off일 때 다른 1개의 트랜지스터가 0 전압 상태에 있는 정확한 스위칭이 이루어지지 않기 때문에 발생하는 것이다. 양쪽 트랜지스터가 동시에 off되어 있는 상태가 부분적으로 존재할 수 있으며, 이때 출력신호는 0 전압 근처에서 입력신호를 정확히 반영하지 못한다. 두 트랜지스터를 AB급 작동 모드로 바이어스하여 두 트랜지스터를 각각 반주기 이상 on 상태에 있게 하여 이런 현상을 개선할 수 있다.

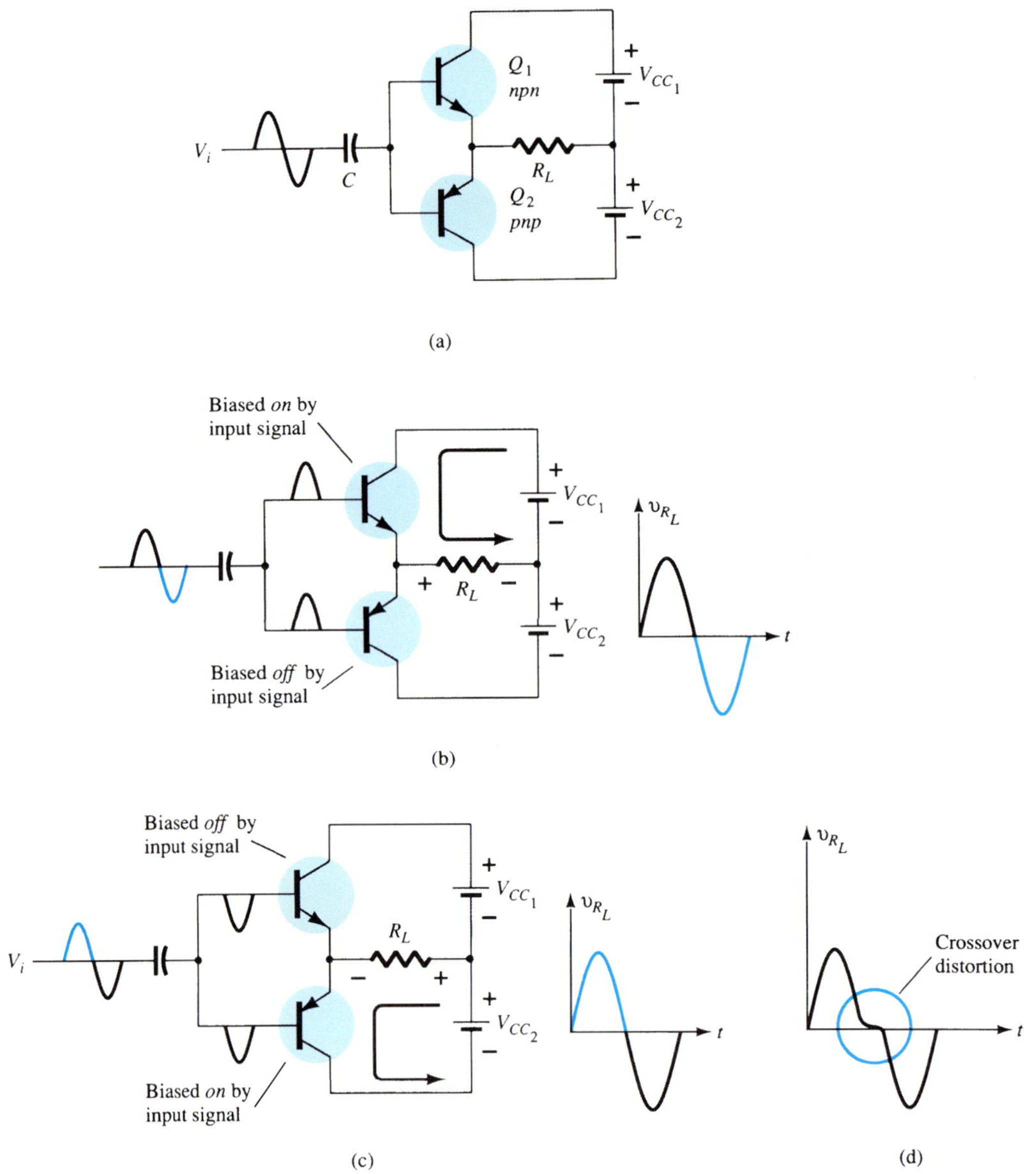

그림 12.16 상보 대칭형 푸시풀 회로

상보형 트랜지스터를 사용하는 보다 실제적인 푸시풀 회로가 그림 12.17에 도시되어 있다. 이 형태에서 부하는 에미터 폴로어의 출력으로 구동되어서 부하저항은 구동 전원의 작은 출력저항에 정합되어 있음에 유의하라. 이 회로는 상보형 Darlington 접속(Darlington-connected) 트랜지스터를 사용하기 때문에 높은 출력전류와 낮은 출력저항을 갖는다.

의사 상보형 푸시풀 증폭기

실제 전력 증폭기 회로에서는 고전류 출력 소자로 *npn* 트랜지스터가 선호된다. 푸시풀 연결은 상보형 소자를 요구하기 때문에 *pnp* 고전력 트랜지스터가 사용되어야 한다. 같은 종류의 *npn* 트랜지스터를 써서 출력에서 상보형 작동을 얻기 위한 실용적인 방법은 그림

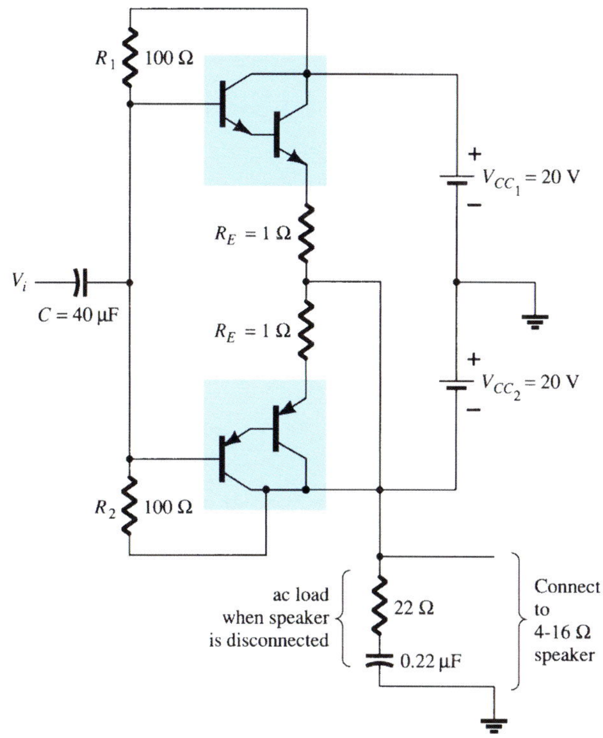

그림 12.17 Darlington 트랜지스터를 이용한 상보 대칭형 푸시풀 회로

12.18에 나타낸 의사(quasi) 상보형 회로를 이용하는 것이다. 푸시풀 작동은 정합된 *npn* 트랜지스터(Q_3과 Q_4) 앞단의 상보형 트랜지스터(Q_1과 Q_2)를 사용해서 얻을 수 있다. Darlington 접속 형태의 트랜지스터 Q_1과 Q_3는 낮은 임피던스의 에미터 폴로어를 출력에 제공함에 주의하라. 트랜지스터 Q_2와 Q_4의 연결은 피드백 쌍을 이루어 위와 유사하게 낮은

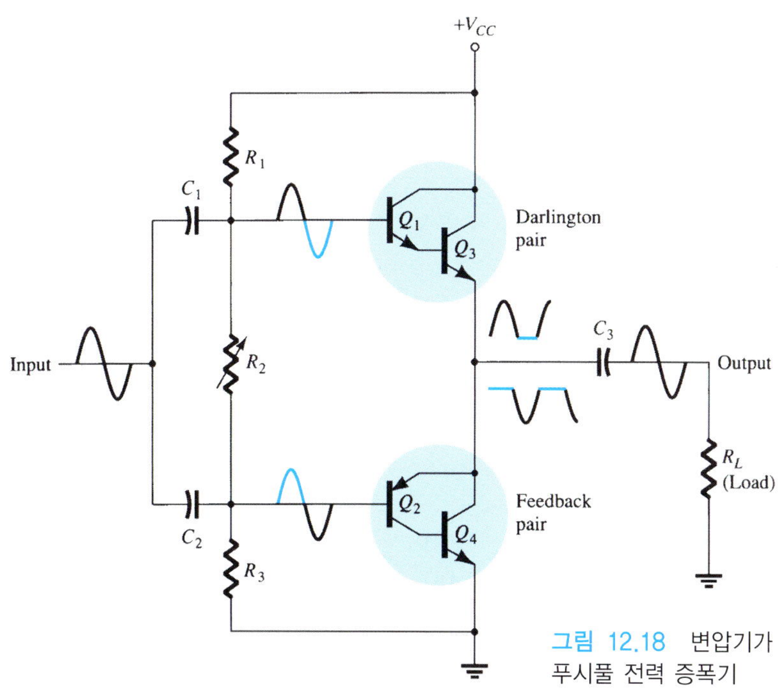

그림 12.18 변압기가 없는 의사 상보형 푸시풀 전력 증폭기

임피던스의 부하 구동을 제공한다. 저항 R_2는 직류 바이어스를 조정해서 크로스오버를 최소화하도록 할 수 있다. 단일 입력신호가 푸시풀 회로에 인가되면 부하에 전주기 출력을 만든다. 의사 상보형 푸시풀 증폭기는 전력 증폭기의 가장 일반적인 형태이다.

예제 12.10 그림 12.19의 회로에서 입력이 12 V rms일 때 입력전력, 출력전력, 각 트랜지스터의 소모 전력, 회로 효율을 구하라.

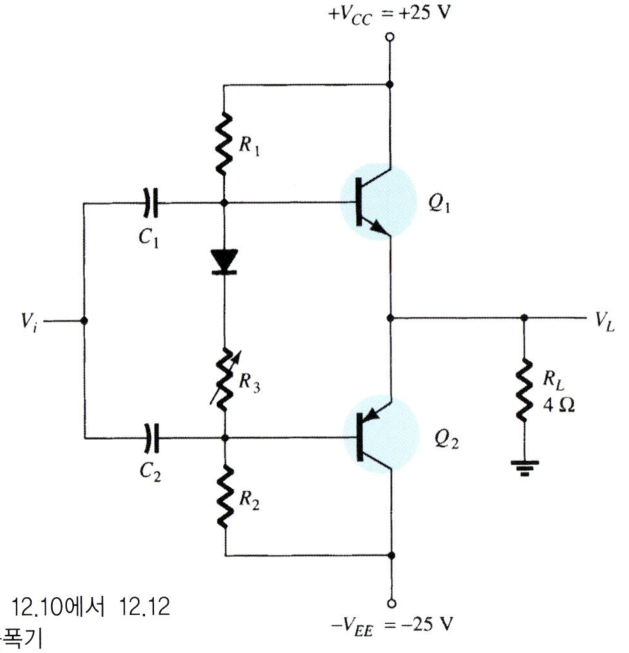

그림 12.19 예제 12.10에서 12.12까지의 B급 전력 증폭기

풀이 피크 입력전압은

$$V_i(\text{p}) = \sqrt{2}\,V_i(\text{rms}) = \sqrt{2}\,(12\text{ V}) = 16.97\text{ V} \approx 17\text{ V}$$

이다. 부하에 걸리는 전압은 이론적으로 입력신호와 같기 때문이다(증폭기는 이론적으로 단위 이득을 갖는다).

$$V_L(\text{p}) = 17\text{ V}$$

그리고 부하에서의 출력전력은

$$P_o(\text{ac}) = \frac{V_L^2(\text{p})}{2R_L} = \frac{(17\text{ V})^2}{2(4\ \Omega)} = \mathbf{36.125\ W}$$

피크 부하 전류는

$$I_L(\text{p}) = \frac{V_L(\text{p})}{R_L} = \frac{17\text{ V}}{4\ \Omega} = 4.25\text{ A}$$

이제 전원에서 공급되는 직류 전류를 계산할 수 있다.

$$I_{dc} = \frac{2}{\pi} I_L(p) = \frac{2(4.25\text{ A})}{\pi} = 2.71\text{ A}$$

그러므로 회로에 공급되는 전력은

$$P_i(dc) = V_{CC} I_{dc} = (25\text{ V})(2.71\text{ A}) = \mathbf{67.75\text{ W}}$$

이고, 각 트랜지스터에 의해 소모되는 전력은

$$P_Q = \frac{P_{2Q}}{2} = \frac{P_i - P_o}{2} = \frac{67.75\text{ W} - 36.125\text{ W}}{2} = \mathbf{15.8\text{ W}}$$

이때 회로의 효율(12 V의 입력에 대한)은

$$\%\,\eta = \frac{P_o}{P_i} \times 100\% = \frac{36.125\text{ W}}{67.75\text{ W}} \times 100\% = \mathbf{53.3\%}$$

예제 12.11 그림 12.19의 회로에서 최대 입력전력, 최대 출력전력, 최대 전력 작동을 위한 입력전압과 그 전압 조건에서 출력 트랜지스터에 의해 소모되는 전력을 구하라.

풀이 최대 입력전력은

$$\text{최대 } P_i(dc) = \frac{2V_{CC}^2}{\pi R_L} = \frac{2(25\text{ V})^2}{\pi 4\ \Omega} = \mathbf{99.47\text{ W}}$$

최대 출력전력은

$$\text{최대 } P_o(ac) = \frac{V_{CC}^2}{2R_L} = \frac{(25\text{ V})^2}{2(4\ \Omega)} = \mathbf{78.125\text{ W}}$$

[최대 효율이 얻어졌음에 유의하라:

$$\%\,\eta = \frac{P_o}{P_i} \times 100\% = \frac{78.125\text{ W}}{99.47\text{ W}} 100\% = 78.54\%]$$

최대 전력 작동을 얻기 위한 출력전압은

$$V_L(p) = V_{CC} = 25\text{ V}$$

이때 출력 트랜지스터에 의해 소모되는 전력은 다음과 같다.

$$P_{2Q} = P_i - P_o = 99.47\text{ W} - 78.125\text{ W} = \mathbf{21.3\text{ W}}$$

예제 12.12 그림 12.19의 회로에서 출력 트랜지스터에 의해 소모되는 최대 전력과 이런 전력 소모가 이루어질 때의 입력전압을 구하라.

풀이 두 출력 트랜지스터에 의해 소모되는 최대 전력은

$$\text{최대 } P_{2Q} = \frac{2V_{CC}^2}{\pi^2 R_L} = \frac{2(25\text{ V})^2}{\pi^2 4\ \Omega} = \mathbf{31.66\ W}$$

최대 전력 소모는

$$V_L = 0.636V_L(\text{p}) = 0.636(25\text{ V}) = \mathbf{15.9\ V}$$

에서 일어난다($V_L = 25$ V에서 출력 트랜지스터는 단지 21.3 W의 전력을 소모함에 반해 $V_L = 15.9$ V에서는 31.66 W임에 주의하라).

12.6 증폭기 왜곡

순수한 정현파는 전압이 같은 양만큼 양과 음에서 변하는 단일 주파수를 갖는다. 완전한 360° 주기보다 작은 모든 신호는 왜곡을 유발하는 것으로 간주된다. 이상적인 증폭기는 순수한 정현파를 증폭된 진폭을 가진 단일 주파수의 신호가 되어야 한다. 만약 왜곡이 일어난다면, 출력은 입력과 정확히 같은 형태(진폭은 별도로)가 되지 않을 것이다.

왜곡은 소자의 비선형적인 특성 또는 진폭의 왜곡 때문에 발생하고 모든 증폭기에서 일어날 수 있다. 왜곡은 또한 주파수 왜곡이라고 불리는 데 회로 내의 소자나 요소가 주파수가 달라짐에 따라 입력과 다르게 반응할 때 일어난다.

왜곡된 주기적인 파형을 묘사하는 방법 중 하나는 Fourier 해석을 이용하는 것인데, 이 방법은 주기적인 신호를 기본 주파수 및 그 정수배의 주파수 성분—이것은 고조파 성분 또는 고조파(harmonic component 또는 harmonics)라 한다—으로 나타낸다. 예를 들면 1000 Hz의 원래 주파수를 갖고 있던 신호는 왜곡이 일어난 후에 1000 Hz (1 kHz)의 주파수 성분과 2 kHz (2×1 kHz), 3 kHz (3×1 kHz), 4 kHz (4×1 kHz) 등의 고조파 성분을 갖는다. 여기서 1 kHz의 원래 주파수를 기본 주파수(fundamental frequency)라 하며, 정수배 주파수들을 고조파(harmonics)라 한다. 즉 2 kHz는 2차 고조파, 3 kHz는 3차 고조파라고 한다. 기본 주파수는 고조파로 취급되지 않는다. Fourier 해석은 기본 주파수의 정수배 해석만 가능하게 하며, 유리수배 주파수 해석에는 적용할 수 없다.

고조파 왜곡

신호는 기본 주파수뿐만 아니라 고조파 성분이 존재할 때 왜곡이 일어난 것으로 간주된다. 만약 기본 주파수가 A_1의 진폭을 갖고 있고, n차 고조파가 A_n의 진폭을 갖고 있으면, 고조파 왜곡(harmonic distortion)은 다음과 같이 정의된다.

$$\%\ n\text{번째 고조파 왜곡} = \%\ D_n = \frac{|A_n|}{|A_1|} \times 100\% \tag{12.30}$$

대개 기본 주파수 성분은 어떤 고조파 성분보다도 크다.

예제 12.13 진폭이 기본 주파수는 2.5 V, 2차 고조파는 0.25 V, 3차 고조파는 0.1 V, 4차 고조파는 0.05 V인 출력신호에 대해 고조파 왜곡을 구하라.

풀이 식 (12.30)을 쓰면

$$\% D_2 = \frac{|A_2|}{|A_1|} \times 100\% = \frac{0.25\text{ V}}{2.5\text{ V}} \times 100\% = \mathbf{10\%}$$
$$\% D_3 = \frac{|A_3|}{|A_1|} \times 100\% = \frac{0.1\text{ V}}{2.5\text{ V}} \times 100\% = \mathbf{4\%}$$
$$\% D_4 = \frac{|A_4|}{|A_1|} \times 100\% = \frac{0.05\text{ V}}{2.5\text{ V}} \times 100\% = \mathbf{2\%}$$

전체 고조파 왜곡 출력신호가 각각의 고조파 왜곡을 갖고 있을 때, 다음 식으로 주어지는 개별 성분들의 관계에 기초하여 그 신호의 전체적인 고조파 왜곡을 얻을 수 있다.

$$\% \text{THD} = \sqrt{D_2^2 + D_3^2 + D_4^2 + \cdots} \times 100\% \tag{12.31}$$

여기서 THD는 전체 고조파 왜곡이다.

예제 12.14 예제 12.13에서 주어진 진폭 성분에 대하여 전체 고조파 왜곡을 구하라.

풀이 식 (12.31)에서 $D_2 = 0.10$, $D_3 = 0.04$, $D_4 = 0.02$의 계산값을 이용하면

$$\begin{aligned} \% \text{THD} &= \sqrt{D_2^2 + D_3^2 + D_4^2} \times 100\% \\ &= \sqrt{(0.10)^2 + (0.04)^2 + (0.02)^2} \times 100\% = 0.1095 \times 100\% \\ &= \mathbf{10.95\%} \end{aligned}$$

스펙트럼 분석기와 같은 장비는 기본 주파수 성분과 그 고조파 성분을 화면에 보임으로써 신호에 존재하는 고조파의 측정을 가능하게 한다. 유사하게 파형 분석기와 같은 장비는 왜곡된 신호에서 고조파 성분을 제거하고 판독함으로써, 고조파 성분의 정확한 측정을 가능하게 한다. 어느 경우에나 기본 주파수와 그 고조파로 인해 왜곡된 신호를 분석하는 기술은 실제로 이용 가능하며 유용하다. AB급이나 B급에서 일어나는 왜곡은 주로 짝수(even) 고조파에 기인하는데, 그 중 2차 고조파가 가장 크다. 따라서 왜곡된 신호가 2차 이상의 많은 고조파 성분을 갖고 있어도, 앞에서 언급된 급의 작동에 있어서 왜곡의 총량 중 가장 중요한 것은 2차 고조파이다.

2차 고조파 왜곡 그림 12.20에 2차 고조파 왜곡을 얻기 위한 파형이 도시되어 있다. 컬렉터 전류 파형의 작동점, 최소, 최대 진폭이 발생한 점과 그 시간이 표시되어 있다. 도시된 신호는 얼마간의 왜곡이 존재함을 보이고 있는데, 이 왜곡 파형을 근사적으로 묘사하기 위한 식은

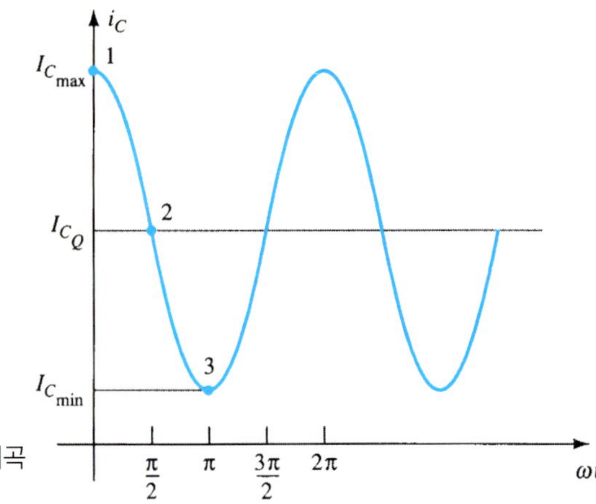

그림 12.20 2차 고조파 왜곡을 얻기 위한 파형

$$i_C \approx I_{C_Q} + I_0 + I_1 \cos \omega t + I_2 \cos 2\omega t \tag{12.32}$$

전류 파형은 입력신호가 0일 때 생기는 본래의 작동점 전류 I_{C_Q}, 왜곡된 평균이 0이 아닐 때 생기는 직류 전류 I_0, 왜곡된 교류신호의 기본 성분 I_1, 기본주파수의 2배의 주파수를 가진 2차 왜곡 성분 I_2로 이루어진다. 다른 고조파들이 존재하지만, 여기서는 2차 왜곡만을 고려하기로 한다. 식 (12.32)에서의 전류 중 몇 곳을 파형 그림에 표시된 점과 같게 놓으면, 다음과 같은 세 가지 관계가 얻어진다.

점 1에서 ($\omega t = 0$)

$$i_C = I_{C_{max}} = I_{C_Q} + I_0 + I_1 \cos 0 + I_2 \cos 0$$
$$I_{C_{max}} = I_{C_Q} + I_0 + I_1 + I_2$$

점 2에서 ($\omega t = \pi/2$)

$$i_C = I_{C_Q} = I_{C_Q} + I_0 + I_1 \cos \frac{\pi}{2} + I_2 \cos \frac{2\pi}{2}$$
$$I_{C_Q} = I_{C_Q} + I_0 - I_2$$

점 3에서 ($\omega t = \pi$)

$$i_C = I_{C_{min}} = I_{C_Q} + I_0 + I_1 \cos \pi + I_2 \cos 2\pi$$
$$I_{C_{min}} = I_{C_Q} + I_0 - I_1 + I_2$$

동시에, 세 식에서 다음과 같은 결과를 얻을 수 있다.

$$I_0 = I_2 = \frac{I_{C_{max}} + I_{C_{min}} - 2I_{C_Q}}{4}, \qquad I_1 = \frac{I_{C_{max}} - I_{C_{min}}}{2}$$

식 (12.30)에서 2차 왜곡의 정의는 다음과 같이 표현된다.

$$D_2 = \left| \frac{I_2}{I_1} \right| \times 100\%$$

여기에 위에서 정의된 I_1, I_2값을 대입하면

$$D_2 = \left| \frac{\frac{1}{2}(I_{C_{max}} + I_{C_{min}}) - I_{C_Q}}{I_{C_{max}} - I_{C_{min}}} \right| \times 100\% \tag{12.33}$$

유사한 방법으로, 측정된 컬렉터 에미터 전압으로 2차 왜곡을 표시할 수 있다.

$$D_2 = \left| \frac{\frac{1}{2}(V_{CE_{max}} + V_{CE_{min}}) - V_{CE_Q}}{V_{CE_{max}} - V_{CE_{min}}} \right| \times 100\% \tag{12.34}$$

예제 12.15 오실로스코프에 나타난 출력 파형이 다음과 같이 측정되었을 때 2차 왜곡을 구하라.

a. $V_{CE_{min}} = 1$ V, $V_{CE_{max}} = 22$ V, $V_{CE_Q} = 12$ V

b. $V_{CE_{min}} = 4$ V, $V_{CE_{max}} = 20$ V, $V_{CE_Q} = 12$ V

풀이 식 (12.34)를 이용하면

a. $$D_2 = \left| \frac{\frac{1}{2}(22\text{ V} + 1\text{ V}) - 12\text{ V}}{22\text{ V} - 1\text{ V}} \right| \times 100\% = \mathbf{2.38\%}$$

b. $$D_2 = \left| \frac{\frac{1}{2}(20\text{ V} + 4\text{ V}) - 12\text{ V}}{20\text{ V} - 4\text{ V}} \right| \times 100\% = \mathbf{0\%} \quad \text{(왜곡 없음)}$$

왜곡을 갖는 신호의 전력

왜곡이 발생하면, 왜곡되지 않은 신호로부터 계산된 전력은 더 이상 정확하지 않다. 왜곡이 존재할 때, 왜곡된 신호의 기본 성분으로 인해 부하저항 R_C에 전달되어지는 출력전력은

$$P_1 = \frac{I_1^2 R_C}{2} \tag{12.35}$$

왜곡된 신호의 모든 고조파 성분으로 인한 전체 전력은 다음과 같이 계산될 수 있다.

$$P = (I_1^2 + I_2^2 + I_3^2 + \cdots)\frac{R_C}{2} \tag{12.36}$$

또한 전체 전력은 전체 고조파 왜곡으로 표시할 수 있다.

$$P = (1 + D_2^2 + D_3^2 + \cdots)I_1^2 \frac{R_C}{2} = (1 + \text{THD}^2)P_1 \tag{12.37}$$

예제 12.16 $I_1 = 4$ A, $R_C = 8$ Ω이고, 고조파 왜곡이 $D_2 = 0.1$, $D_3 = 0.02$, $D_4 = 0.01$로 주어졌을 때, 전체 고조파 왜곡, 기본 성분의 전력과 전체 전력을 구하라.

풀이 전체 고조파 왜곡은

$$\text{THD} = \sqrt{D_2^2 + D_3^2 + D_4^2} = \sqrt{(0.1)^2 + (0.02)^2 + (0.01)^2} \approx \mathbf{0.1}$$

식 (12.35)를 쓰면, 기본 성분 전력은

$$P_1 = \frac{I_1^2 R_C}{2} = \frac{(4\text{ A})^2(8\ \Omega)}{2} = \mathbf{64\ W}$$

식 (12.37)을 사용하여 전체 전력을 계산하면

$$P = (1 + \text{THD}^2)P_1 = [1 + (0.1)^2]64 = (1.01)64 = \mathbf{64.64\ W}$$

(10%의 2차 왜곡이 있음에도 전체 전력은 주로 기본 성분으로 이루어져 있음에 유의하라.)

왜곡된 신호에 있어서 고조파 성분의 도식적인 표현

B급 작동에 있어서 왜곡된 파형은 Fourier 해석을 통해 기본 주파수 및 고조파 항들로 나타낼 수 있다. 그림 12.21a에는 B급 증폭기의 양의 반주기 신호가 나타나 있다. 그림 12.21b에서 나타내었듯이, Fourier 해석을 사용하면, 왜곡신호의 기본 주파수 성분을 얻을 수 있다. 같은 방법으로 얻어진 2차 및 3차 고조파 파형이 그림 12.21c, d에 그려져 있다. Fourier 기법을 사용하여 기본 및 고조파 성분을 합해서 얻어진 왜곡신호가 그림 12.21e이다. 일반적으로 임의의 왜곡된 주기 파형은 기본 주파수 및 각각 다른 진폭과 위상을 가진 모든 고조파 성분을 더해서 얻을 수 있다.

12.7 전력 트랜지스터의 방열

소신호 및 저전력 응용에는 집적 회로가 사용되지만, 여전히 대부분의 고전력 응용에는 개별적인 전력 트랜지스터의 사용이 필요하다. 생산 기술의 발전에 따라 작은 크기의 소자에서 고전력이 제공되었고, 트랜지스터의 최대 항복전압(breakdown voltage)도 증가하였고, 더 빠른 스위칭의 전력 트랜지스터가 가능하게 되었다.

소자에 의해 소비되는 전력은 소자 접합부의 온도를 증가시키기 때문에 어떤 특정 소자에 의해 취급되는 최대 소모 전력은 트랜지스터 접합부의 온도와 상관 관계가 있다. 100 W의 트랜지스터는 명백히 10 W 트랜지스터보다 더 큰 전력 용량을 가진다. 한편 적절한 방열 기술은 소자의 작동이 최대 정격 전력의 약 절반에서 이루어지도록 할 수 있다.

두 종류의 바이폴라 트랜지스터—실리콘 및 게르마늄—중에서 실리콘 트랜지스터의 최대 정격 온도가 더 높다. 일반적으로 이런 종류의 전력 트랜지스터의 최대 접합부 온도는:

실리콘: 150∼200°C
게르마늄: 100∼110°C

많은 응용에 있어서 평균 소모 전력은 근사적으로 다음과 같이 주어진다.

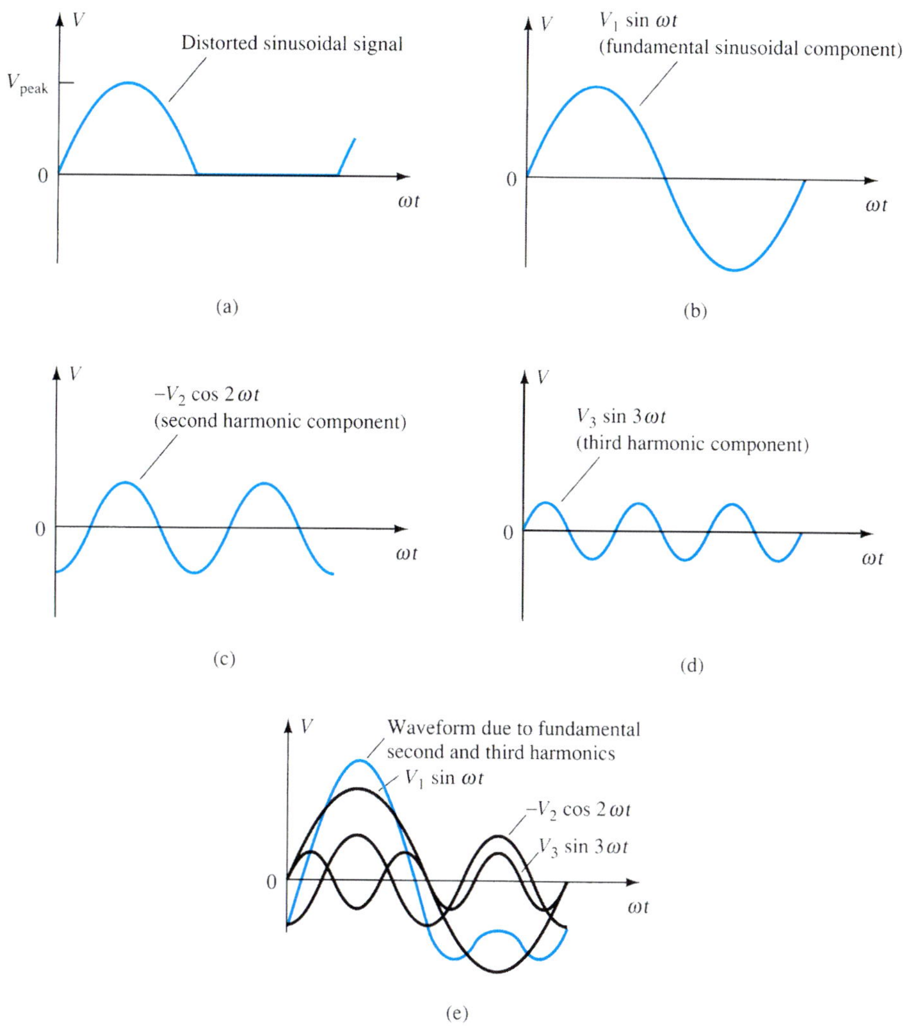

그림 12.21 왜곡된 신호를 고조파 성분을 사용하여 나타낸 그래프

$$P_D = V_{CE}I_C \tag{12.38}$$

그러나 이러한 전력 소모는 최대 정격 온도까지만 허용된다. 최대 정격 온도보다 높아지면 소자의 전력 소모 능력은 감소되어야만 한다. 따라서 소자 케이스의 온도가 높아지면, 전력 소모 용량도 줄어들어서 케이스의 온도가 최대일 때 소자의 전력 소모 용량은 0 W에 이른다.

트랜지스터의 소모 전력이 클수록 케이스 온도도 높아진다. 실제로 어떤 트랜지스터의 전력 소모 용량을 제한하는 요소는 소자의 컬렉터 접합부 온도이다. 전력 트랜지스터는 발생하는 열을 넓은 면적의 금속 케이스로 확산시켜 발산하도록 큰 금속 케이스에 탑재한다. 그렇지 않고 트랜지스터를 직접 공기 중에서(예를 들면 트랜지스터를 플라스틱 기판 위에서 사용) 쓰는 것은 트랜지스터 소자의 정격 전력을 상당히 제한하게 된다. 만약(실제로 많

그림 12.22 전형적인 전력 방열 장치

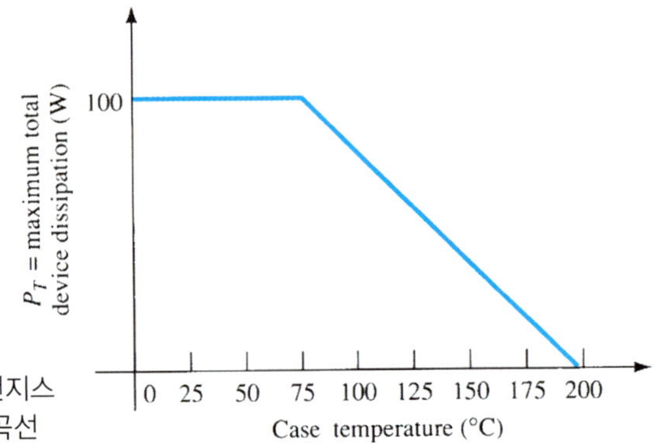

그림 12.23 실리콘 트랜지스터의 전형적인 전력 감쇠 곡선

이 사용되지만), 이 소자에 어떤 종류의 방열 장치(heat sink)를 탑재하면 소자의 전력 소모 능력은 정격 최대값에 근접시킬 수 있다. 몇 개의 방열 장치가 그림 12.22에 나와있다. 방열 장치를 사용하면 발산 면적이 커지므로, 트랜지스터의 전력 소모를 통해 발생하는 열은 공기 중으로 쉽게 발산시킬 수 있다. 따라서 방열 장치가 없을 때보다 케이스의 온도를 아주 낮게 유지할 수 있다. 그런데 만약 무한대로 열을 발산할 수 있는 장치가 있다면(물론 불가능하지만), 케이스의 온도는 주위의 공기 온도를 유지하겠지만, 트랜지스터 접합부의 온도는 케이스 온도보다 더 커지게 되므로, 전력에 대한 최대 정격이 고려되어야 한다.

성능이 좋은 방열 장치라 할지라도 트랜지스터 케이스의 온도를 주의의 공기 온도로 유지할 수 없기 때문에(다른 소자에서도 열을 발산해야 하기 때문에 트랜지스터가 차지하는 영역은 제한될 수밖에 없으므로, 케이스의 온도는 25°C보다 크게 될 것이다), 어떤 트랜지스터에 대해서는 케이스 온도의 증가에 따라서 최대 전력을 더 작은 값으로 할 필요가 있다.

그림 12.23은 실리콘 트랜지스터에 대한 전형적인 전력 감쇠 곡선이다. 이 곡선에서 알 수 있듯이 제조회사는 온도의 상한점(반드시 25°C일 필요는 없음)을 정의해야 한다. 이 상한점 이상의 온도에서는 선형적으로 감소하게 된다. 실리콘 트랜지스터가 작동할 수 있는 최대 전력은 케이스의 온도가 200°C에 이르기까지는 0 W로 감소하지 않는다.

전력 감쇠 곡선은 동일한 정보가 규격표의 전력 감쇠율로 기록되어 있기 때문에 반드시 필요한 것은 아니다. 수학적으로 표현하면

$$P_D(\text{Temp}_1) = P_D(\text{Temp}_0) - (\text{Temp}_1 - \text{Temp}_0)(\text{전력감쇠율}) \tag{12.39}$$

여기서 Temp_0의 값은 감쇠가 시작되는 온도, Temp_1은 관심있는 특정 온도(Temp_0 상의), $P_D(\text{temp}_0)$, $P_D(\text{temp}_1)$은 특정 온도에서의 최대 전력 소모이며, 전력 감쇠율은 W/°C의 단위로 제조회사에 의해 주어진다.

예제 12.17 80 W용 실리콘 트랜지스터(25°C에서 정격)에서 사용 온도가 25°C를 초과할 때 감쇠율이 0.5 W/°C라면 케이스 온도가 125°C일 때의 최대 허용 소모 전력을 구하라.

풀이

$$\begin{aligned}P_D(125°\text{C}) &= P_D(25°\text{C}) - (125°\text{C} - 25°\text{C})(0.5\ \text{W}/°\text{C}) \\ &= 80\ \text{W} - 100°\text{C}(0.5\ \text{W}/°\text{C}) = \mathbf{30\ W}\end{aligned}$$

전력 트랜지스터를 방열 장치 없이 사용하면, 전력의 정격이 어떻게 되는지 살펴보는 것도 흥미롭다. 예를 들어, 100°C에서(또는 그 이하에서) 100 W의 전력 정격을 갖는 실리콘 트랜지스터는 외부 공기의 온도가 25°C에서는(또는 그 이하에서) 단지 4 W의 정격 전력을 갖는다. 따라서 방열 장치 없이는 이 트랜지스터로 실내 온도인 25°C에서 최대 전력 용량인 4 W까지만 유지하면, 사용 전력의 최대 정격 용량인 100 W까지 작동시킬 수 있을 것이다.

전력 트랜지스터의 열적 유추 해석

적당한 방열 장치를 결정하기 위해서는 전력 트랜지스터에 대해 지금까지 살펴본 기본적인 지식만으로는 부족하고, 상당한 양의 더 자세한 내용을 알아야 한다. 트랜지스터의 열 특성과 소비 전력 사이의 관계를 좀 더 자세히 알면, 온도에 의해 제한되는 사용 전력에 대해 더 확실하게 이해할 수 있을 것이다. 다음에 논의되는 것은 이와 관련하여 유용한 내용들이다.

전력 트랜지스터 접합면의 온도(T_J)와 케이스 온도(T_C), 그리고 외부(공기) 온도(T_A) 등이 소자의 열처리 능력과 어떠한 관계가 있는가를—온도는 대개 열저항이라 한다—그림 12.24에 열-전기적 유추법으로 나타내었다.

열-전기 유추 해석에서 열저항(thermal resistance)이란 용어는 전기적 측면에서의 열효과를 말하는 것이다. 그림 12.24의 용어는 다음과 같이 정의된다.

θ_{JA} = 총 열저항(접합면과 외부 공기 사이)
θ_{JC} = 트랜지스터의 열저항(접합면과 케이스 사이)
θ_{CS} = 절연물 열저항(케이스와 방열 장치 사이)
θ_{SA} = 방열 장치의 열저항(방열 장치와 주위 공기 사이)

열저항에 대한 전기적 유추를 이용하여 다음 식을 세울 수 있다.

$$\boxed{\theta_{JA} = \theta_{JC} + \theta_{CS} + \theta_{SA}} \tag{12.40}$$

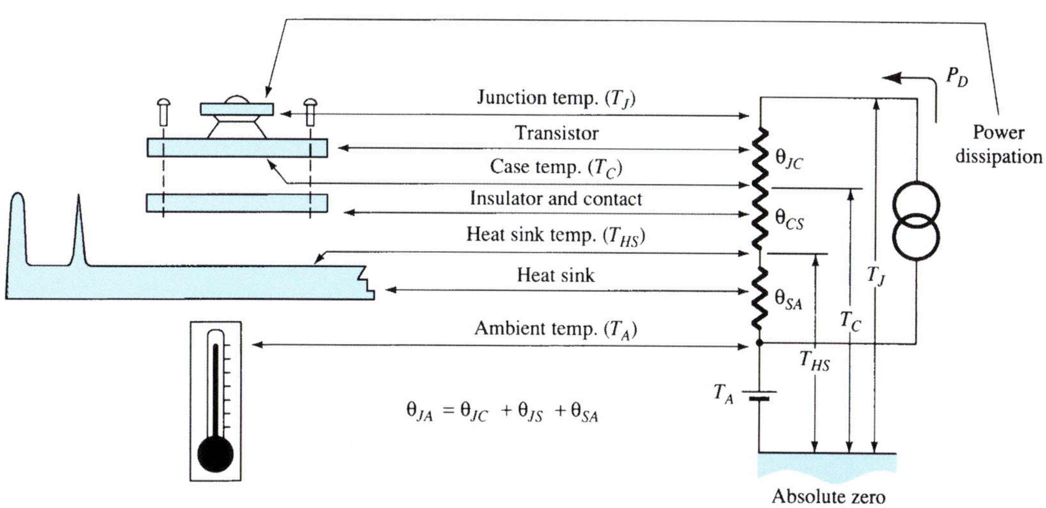

그림 12.24 열 전기 유추 해석

또한, 이러한 유추는 키르히호프의 법칙을 사용하여 구할 수 있다.

$$T_J = P_D\theta_{JA} + T_A \tag{12.41}$$

마지막 관계식에서 보면 접촉면의 온도는 주변의 온도 근처에서 변화하게 되는데, 주변 온도가 높아지면 높아질수록 소자의 허용된 전력 손실값이 낮아지는 것을 보여준다.

열인자 θ는 주어진 양의 전력 손실에 대해 얼마만큼의 온도가 떨어진다든지 혹은 올라가는가에 대한 정보를 제공한다. 예를 들어 θ_{JC}값은 대개 0.5°C/W 정도이다. 이것은 곧 50 W의 전력 손실에 있어서 케이스의 온도와 내부 접합면 온도 사이의 차이가 단지

$$T_J - T_C = \theta_{JC}P_D = (0.5°\text{C/W})(50\text{ W}) = 25°\text{C}$$

라는 것을 의미한다. 즉 만약 방열 장치 케이스의 온도를 50°C로 유지할 수 있다면 접합면의 온도는 단지 75°C라는 것이다. 이것은 특히 낮은 전력 손실 수준에 있어서는 비교적 작은 온도차이다.

방열 장치를 사용하지 않을 때, 접합면과 공기 사이의 열저항의 값은 전형적으로

$$\theta_{JA} = 40°\text{C/W} \qquad \text{(공기 중으로)}$$

이러한 열저항에 있어서는 주변 온도보다 40°C가 더 높은 접촉면 저항에 대해 단지 1 W의 전력 손실만이 있을 뿐이다.

방열 장치는 케이스와 공기 사이의 낮은 열저항을 제공하는데, 이 값은 저항 케이스만이 있을 때의 40°C/W보다 훨씬 더 낮은 값이다. 방열 장치가 있는 경우

$$\theta_{SA} = 2°\text{C/W}$$

절연 열저항은(케이스로부터 방열 장치까지)

$$\theta_{CS} = 0.8°\text{C/W}$$

마지막으로 트랜지스터를 위해

$$\theta_{CJ} = 0.5°\text{C/W}$$

가 된다. 위의 값에 의해 다음을 얻을 수 있다.

$$\begin{aligned}\theta_{JA} &= \theta_{SA} + \theta_{CS} + \theta_{CJ} \\ &= 2.0°\text{C/W} + 0.8°\text{C/W} + 0.5°\text{C/W} = 3.3°\text{C/W}\end{aligned}$$

그러므로 방열 장치를 사용하는 경우, 트랜지스터가 공기 중에 직접 사용될 때의 40°C/W에 비해 아주 작은 값인 3.3°C/W의 열저항을 갖는다. 위에서 계산된 θ_{JA}값을 사용하면 2 W에서 작동하는 트랜지스터에 대해 다음을 얻을 수 있다.

$$T_J - T_A = \theta_{JA}P_D = (3.3°\text{C/W})(2\text{ W}) = 6.6°\text{C}$$

다시 말해서 방열 장치가 없는 경우 접촉면의 온도가 80°C인 것에 비해 방열 장치를 사용

하면 위의 예의 경우 접촉면의 온도가 단지 6.6°C 상승함을 알 수 있다.

예제 12.18 실리콘 전력 트랜지스터는 $\theta_{SA} = 1.5°C/W$의 방열 장치와 함께 작동한다. 25°C에서의 정격이 150 W인 트랜지스터가 $\theta_{JC} = 0.5°C/W$이고, $\theta_{CS} = 0.6°C/W$이다. 만약 주변 온도가 40°C이고 $T_{J_{max}} = 200°C$라면 손실 전력의 최대값은 얼마인가?

풀이

$$P_D = \frac{T_J - T_A}{\theta_{JC} + \theta_{CS} + \theta_{SA}} = \frac{200°C - 40°C}{0.5°C/W + 0.6°C/W + 1.5°C/W} \approx \mathbf{61.5\ W}$$

12.8 C급, D급 증폭기

A급, AB급, B급 증폭기가 가장 많이 사용되는 전력 증폭기이지만, 높은 효율의 D급 증폭기 또한 많이 사용된다. 반면에 C급 증폭기는 오디오 증폭기로는 사용되지 않지만, 통신회로의 동조회로에서 사용한다.

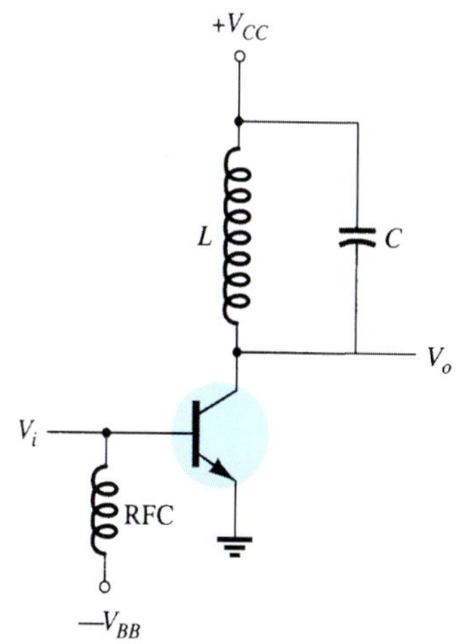

그림 12.25 C급 증폭기 회로

C급 증폭기

그림 12.25에 나타낸 C급 증폭기는 입력신호 주기의 180° 미만에서 작동하도록 바이어스된다. 하지만 출력 쪽의 동조회로는 출력부의 동조회로(L과 C의 탱크회로) 기본 주파수, 혹은 공진 주파수에 해당하는 출력신호의 전체 주기를 제공한다. 그러므로 이러한 유형의 작동은, 예를 들어 통신회로의 하나의 고정된 주파수에서 작동하도록 제한된다. C급 회로의 작동은 주로 큰 신호 혹은 전력 증폭기를 염두에 두지는 않는다.

D급 증폭기

D급 증폭기는 디지털 혹은 펄스 유형의 신호와 함께 작동하도록 설계된다. 90% 이상의 효율을 가진 전력 증폭기는 매우 바람직한 이러한 유형의 회로를 사용함으로써 얻어진다. 하지만 큰 전력 부하를 구동하는 데 사용하기 위해 입력신호를 펄스 유형의 파형으로 변환한다든지, 반대로 원래의 신호를 복원하기 위해 펄스 유형의 파형을 정현파 형태로 변환하는 것이 필요하다. 그림 12.26은 원하는 모양의 펄스 유형의 신호를 만들어내기 위해 입력신호와 동시에 비교기에 가해지는 톱니파와 초핑(chopping) 파형을 사용하여 정현파가 펄스파로 변환되는 것을 보여준다. 문자 D는 C급 다음에 정의되는 바이어스의 유형을 나타내기 위해 사용되었지만, D급은 디지털을 대표하기 위한 것으로 여겨진다. 이것이 D급 증폭기가 제공하는 신호의 본질이기 때문이다.

그림 12.27은 D급 신호의 증폭에 필요한 단위의 블록도이다. 즉 펄스신호를 저역 통과 필터를 사용하여, 원래의 정현파 신호로 복원하게 된다. 증폭기의 트랜지스터는 기본적으로 출력값이 on 혹은 off의 어느 한 가지만 제공하도록 되어 있기 때문에 이들 트랜지스터는 낮은 on 전압에 기인한 낮은 전력 손실을 갖고, 이들이 on 상태에 있을 때에만 전류를

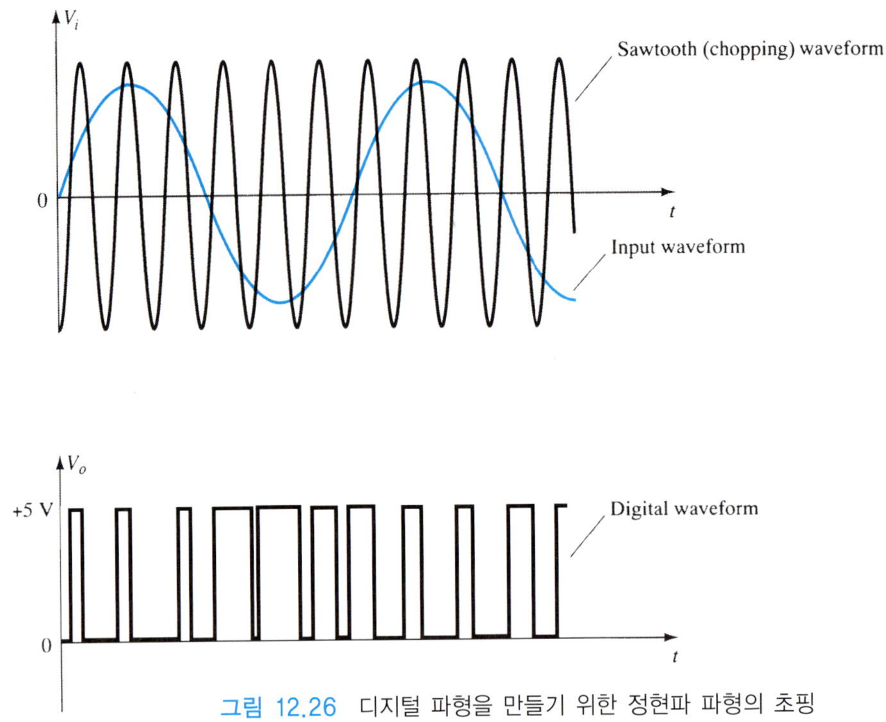

그림 12.26 디지털 파형을 만들기 위한 정현파 파형의 초핑

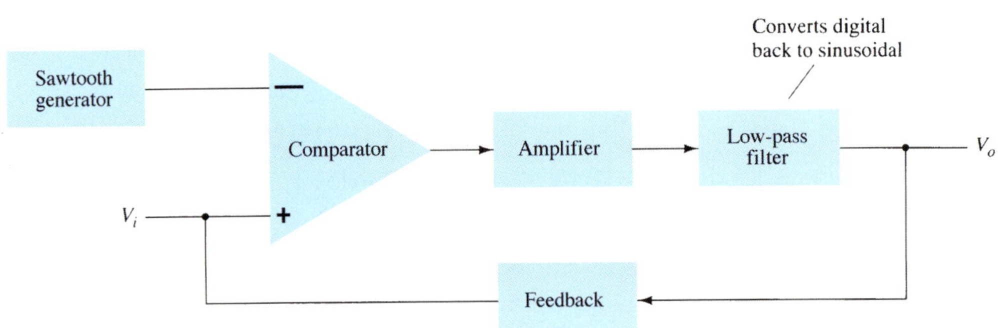

그림 12.27 D급 증폭기의 블록도

제공한다. 증폭기에 인가되는 대부분의 전력은 부하로 전달되기 때문에 회로의 효율은 주로 상당히 높게 된다. 전력 MOSFET은 D급 증폭기의 구동기 소자로 널리 알려져 있다.

12.9 요약

중요 결론 및 개념

1. 증폭기의 급

 A급 — 출력단은 360°전체 구간에서 전도된다(전체 파형 주기).

 B급 — 각각의 출력단에서 180°범위에서 전도된다(함께 작동하여 전주기 제공).

AB급 — 각각의 출력단은 180°와 360° 사이에서 전도된다(더 낮은 효율로 전주기 제공).

C급 — 출력단은 180°보다 더 작은 주기에서 전도된다(동조회로에서 사용).

D급 — 디지털 혹은 펄스신호 사용으로 작동한다.

2. 증폭기 효율

   A급 — 변압기가 없을 때는 25%의 최대 효율, 그리고 변압기가 있을 때는 50%의 최대 효율

   B급 — 78.5%의 최대 효율

3. 전력 고려

   a. 입력전력은 직류 전원으로 공급된다.

   b. 출력전력은 부하로 전달된다.

   c. 능동 소자에 의한 전력 손실은 본질적으로 입력전력과 출력전력 사이의 차이이다.

4. 푸시풀(상보형) 작동은 일반적으로 임의의 시간에 on된 어떤 소자의 반대이다—반주기 동안 '푸싱'이고 나머지 반주기 동안 '풀링'.

5. **고조파 왜곡**은 주기적 파형의 비정현성을 의미한다—왜곡은 주기적 주파수와 여러 개의 비정현성 주파수이다.

6. **방열 장치**는 금속 케이스를 사용하거나 회로 요소들에 의해 발생된 열을 제거하기 위한 송풍 장치와 프레임을 의미한다.

주요 공식

$$P_i(\text{dc}) = V_{CC} I_{CQ}$$

$$P_o(\text{ac}) = V_{CE}(\text{rms}) I_C(\text{rms}) = I_C^2(\text{rms}) R_C = \frac{V_C^2(\text{rms})}{R_C}$$

$$P_o(\text{ac}) = \frac{V_{CE}(\text{p}) I_C(\text{p})}{2} = \frac{I_C^2(\text{p})}{2R_C} = \frac{V_{CE}^2(\text{p})}{2R_C}$$

$$P_o(\text{ac}) = \frac{V_{CE}(\text{p-p}) I_C(\text{p-p})}{8} = \frac{I_C^2(\text{p-p})}{8} R_C = \frac{V_{CE}^2(\text{p-p})}{8R_C}$$

$$\%\,\eta = \frac{P_o(\text{ac})}{P_i(\text{dc})} \times 100\%$$

변압기 작동:

$$\frac{V_2}{V_1} = \frac{N_2}{N_1}$$
$$\frac{I_2}{I_1} = \frac{N_1}{N_2}$$

B급 작동:

$$I_{\text{dc}} = \frac{2}{\pi} I(\text{p})$$
$$P_i(\text{dc}) = V_{CC}\left(\frac{2}{\pi}\, I(\text{p})\right)$$
$$P_o(\text{ac}) = \frac{V_L^2(\text{rms})}{R_L}$$
$$\text{최대 } P_o(\text{ac}) = \frac{V_{CC}^2}{2R_L}$$
$$\text{최대 } P_i(\text{dc}) = V_{CC}(\text{최대 } I_{\text{dc}}) = V_{CC}\left(\frac{2V_{CC}}{\pi R_L}\right) = \frac{2V_{CC}^2}{\pi R_L}$$
$$\text{최대 } P_{2Q} = \frac{2V_{CC}^2}{\pi^2 R_L}$$

고조파 왜곡:

$$\%\ n\text{번째 고조파 왜곡} = \%\ D_n = \frac{|A_n|}{|A_1|} \times 100\%$$

방열 장치:

$$\theta_{JA} = \theta_{JC} + \theta_{CS} + \theta_{SA}$$

12.10 컴퓨터 해석

프로그램 12.1-직렬 공급 A급 증폭기

Design Center를 이용하여 직렬 공급 A급 증폭기 회로가 그림 12.28과 같이 꾸미고, 분석된 출력 결과는 그림 12.29에 나타내었다. 트랜지스터 모델값에서 **BF** = 90, **IS** = 2E-15로 바꾸어라. 이 트랜지스터 모델은 PSpice 계산을 더욱 이상적인 것으로 만들어준다.

컬렉터 전압의 직류 바이어스는

$$V_c(\text{dc}) = 12.47\ \text{V}$$

트랜지스터의 베타값이 90이면, 교류 이득은 아래와 같이 계산된다.

$$I_E = I_c = 95\ \text{mA}\ (\text{PSpice의 분석 결과로부터})$$
$$r_e = 26\ \text{mV}/95\ \text{mA} = 0.27\ \Omega$$

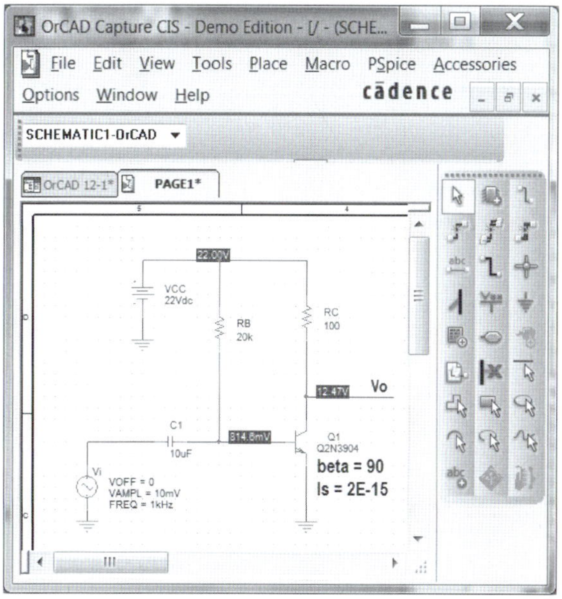

그림 12.28 직렬 공급 A급 증폭기

```
Series-fed Class-A Amplifier

****     CIRCUIT DESCRIPTION
******************************************************************************
****     BJT MODEL PARAMETERS
         Q2N3904
         NPN
    IS   2.000000E-15
    BF   90

****     SMALL SIGNAL BIAS SOLUTION
******************************************************************************
NODE      VOLTAGE  NODE      VOLTAGE  NODE      VOLTAGE  NODE      VOLTAGE
(N00210)  .8146    (N00214)  0.0000   (N00232)  22.0000  (N00286)  12.4670

  VOLTAGE SOURCE CURRENTS
  NAME      CURRENT
  V_VCC     -9.639E-02
  V_Vi      0.000E+00

TOTAL POWER DISSIPATION   2.12E+00  WATTS
```

그림 12.29 그림 12.28 회로에 대한 해석 결과

이득은

$$A_v = -R_c/r_e = -100/0.27 = -370$$

이때, 출력전압은

$$V_o = A_v V_i = (-370) \cdot 10\,\text{mV} = -3.7\,\text{V(peak)}$$

Probe를 이용하여 얻어진 출력 파형은 그림 12.30에 제시하였다. 피크-투-피크(peak- to-peak) 출력전압은

$$V_o(\text{p-p}) = 15.6\,\text{V} - 8.75\,\text{V} = 6.85\,\text{V}$$

피크 출력은

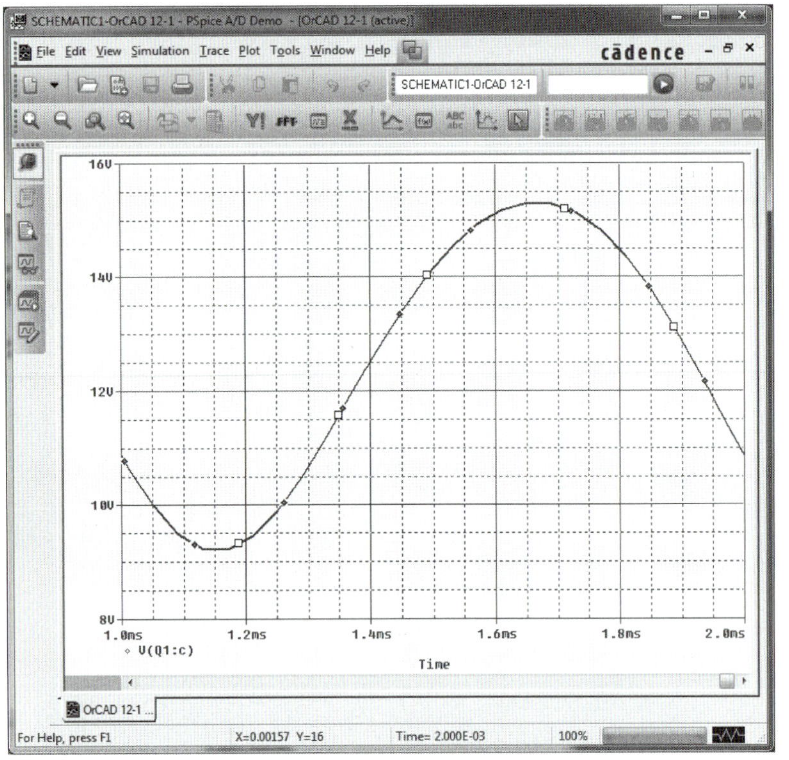

그림 12.30 그림 12.28 회로의 probe 출력

$$V_o(\text{p}) = 6.85\text{ V}/2 = 3.4\text{ V}$$

위에서 계산한 값과 비교해 보라.

회로 출력 분석으로부터 입력전력은

$$P_i = V_{CC}I_C = (22\text{ V})\cdot(95\text{ mA}) = 2.09\text{ W}$$

Probe의 교류 데이터로부터 출력전력은

$$P_o(\text{ac}) = V_o(\text{p-p})^2/[8\cdot R_L] = (6.85)^2/[8\cdot 100] = 58\text{ mW}$$

이다. 이때, 효율은

$$\%\eta = P_o/P_i\cdot 100\% = (58\text{ mW}/2.09\text{ W})\cdot 100\% = 2.8\%$$

입력신호가 증가하면, 부하에 전달되는 교류 전력과 효율은 증가한다(최대값은 25%).

프로그램 12.2-의사 상보형 푸시풀 증폭기

그림 12.31은 의사 상보형 B급 증폭기이다. 입력전압은 $V_i = 20$ V(p)일 때, **probe**를 이용하여 얻어낸 출력 파형은 그림 12.32에 나타내었다. 교류 출력전압은

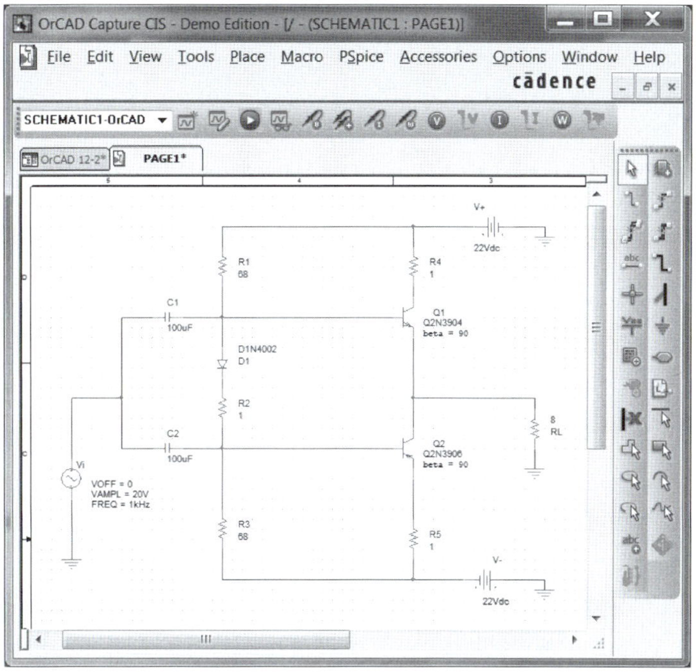

그림 12.31 의사 상보형 푸시풀 증폭기

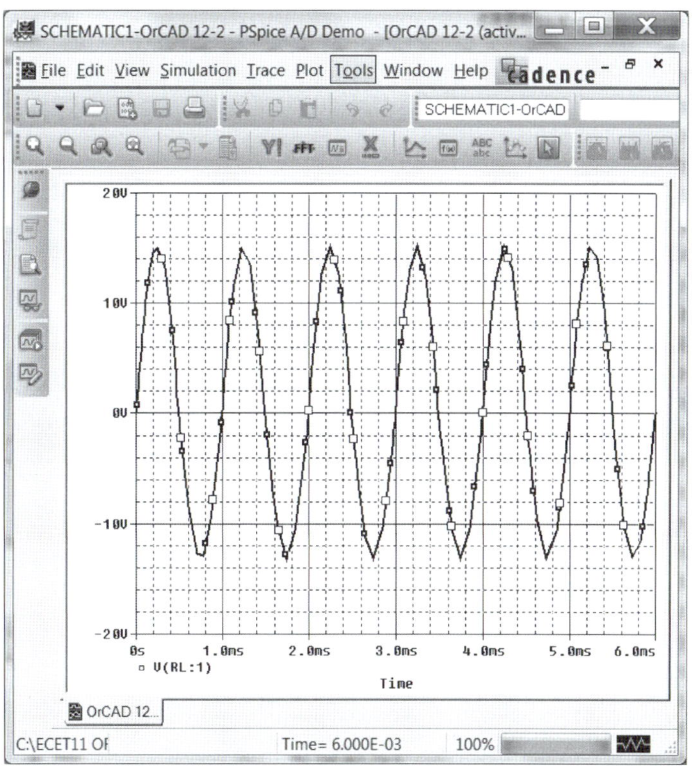

그림 12.32 그림 12.31 회로의 probe 출력

$$V_o(\text{p-p}) = 33.7\text{ V}$$

임을 알 수 있다. 이때, 출력전력은

$$P_o = V_o^2(\text{p-p})/(8 \cdot R_L) = (33.7\text{ V})^2/(8 \cdot 8\ \Omega) = 17.7\text{ W}$$

입력전력은

$$P_i = V_{CC}I_{\text{dc}} = V_{CC}[(2/\pi)(V_o(\text{p-p})/2)/R_L]$$
$$= (22\text{ V}) \cdot [(2/\pi)(33.7\text{ V}/2)/8] = 29.5\text{ W}$$

이때, 회로의 효율은

$$\%\eta = P_o/P_i \cdot 100\% = (17.7\text{ W}/29.5\text{ W}) \cdot 100\% = 60\%$$

프로그램 12.3-연산 증폭 푸시풀 증폭기

교류 출력을 8 V 부하에 제공하는 연산 증폭 푸시풀 증폭기를 그림 12.33에 제시하였다. 연산 증폭기의 이득은

$$A_v = -R_F/R_1 = -47\text{ k}\Omega/18\text{ k}\Omega = -2.6$$

입력전압 V_i가 1 V일 때, 출력전압은

$$V_o(\text{p}) = A_vV_i = -2.6 \cdot (1\text{ V}) = -2.6\text{ V}$$

출력전압의 오실로스코프는 그림 12.34에 나타내었다.

출력전력, 입력전력, 회로의 효율은 다음과 같이 계산된다.

$$P_o = V_o^2(\text{p-p})/(8 \cdot R_L) = (20.4\text{ V})^2/(8 \cdot 8\ \Omega) = 6.5\text{ W}$$

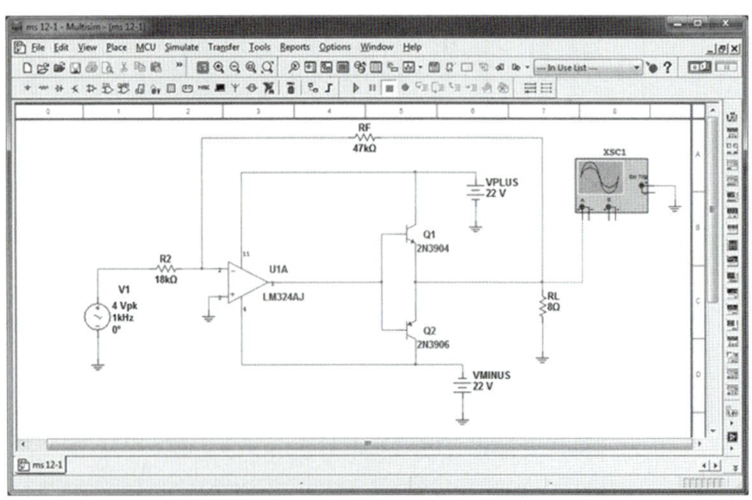

그림 12.33 연산 증폭 B급 증폭기

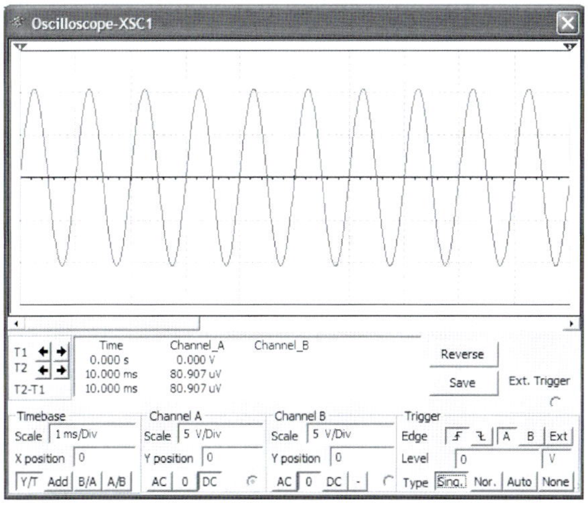

그림 12.34 그림 12.33 회로의 probe 출력

입력전력은

$$P_i = V_{CC}I_{dc} = V_{CC}[(2/\pi)(V_o(\text{p-p})/2)/R_L]$$
$$= (12\text{ V})\cdot[(2/\pi)\cdot(20.4\text{ V}/2)/8] = 9.7\text{ W}$$

회로의 효율은

$$\%\eta = P_o/P_i \cdot 100\% = (6.5\text{ W}/9.7\text{ W})\cdot 100\% = 67\%$$

이다.

연 | 습 | 문 | 제

12.2 직렬 공급 A급 증폭기

1. 그림 12.35 회로의 입력전력과 출력전력을 계산하라. 단, 입력신호는 5 mA rms의 베이스 전류에 의한 신호이다.

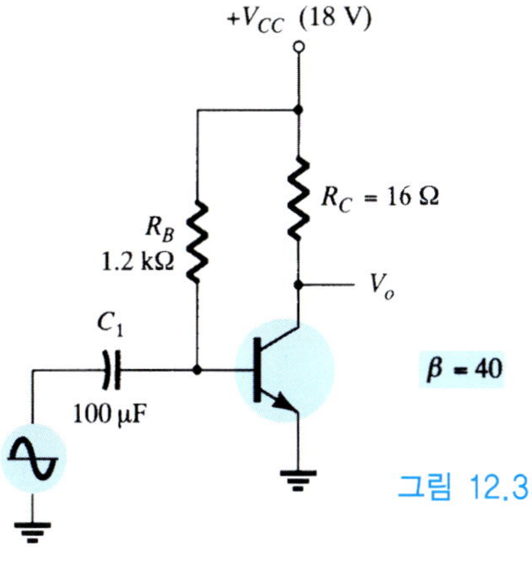

그림 12.35 문제 1~4, 26

*는 다른 문제보다 다소 어려운 문제를 나타낸다.

2. 그림 12.35의 회로에서 R_B가 1.5 kΩ으로 바뀔 경우, 입력측의 전력 손실을 계산하라.

3. 그림 12.35의 회로에서 R_B가 1.5 kΩ으로 바뀔 경우, 출력측으로 전달되는 전력의 최대 출력은 얼마인가?

4. 그림 12.35의 회로가 중심 전압과 중심 컬렉터 작동점에서 바이어스된다면 출력전력이 최대 1.5 W가 되기 위한 입력전력은 얼마인가?

12.3 변압기 결합 A급 증폭기

5. A급 변압기 결합 증폭기가 4 Ω의 부하를 구동시키기 위해 25:1의 변압기를 사용한다. 이 경우 유효 교류 부하를 계산하라(변압기에서 더 많은 수의 권선이 감겨진 면에 연결된 트랜지스터 쪽에서 바라본 부하).

6. 8 Ω의 부하가 8 kΩ의 유효 부하를 나타내기 위해서는 권선비가 얼마인 변압기를 사용해야 하는가?

7. 4개의 16 Ω 스피커를 병렬로 연결하여 유효 부하가 8 kΩ이 되기 위해서 사용되는 변압기의 권선비를 계산하라.

***8.** 변압기 결합 A급 증폭기가 3.87:1의 권선비를 갖는 변압기에 의해 16 Ω의 스피커를 구동하려 한다. $V_{CC} = 36$ V의 공급전압을 사용해서 부하에 2 W의 전력을 공급할 경우, 다음을 계산하라.

a. 변압기의 1차측 $P(\text{ac})$

b. $V_L(\text{ac})$

c. 변압기의 1차측 $V(\text{ac})$

d. 부하와 1차측 전류의 rms값

9. 문제 8에서 바이어스 전류 $I_{C_Q} = 150$ mA인 경우 효율을 계산하라.

10. *npn* 트랜지스터를 사용하여 A급 변압기 결합 증폭기의 블록도를 그려라.

12.4 B급 증폭기 작동

11. 변압기 결합 입력을 이용하여 B급 *npn* 푸시풀 전력 증폭기의 블록도를 그려라.

12. 22 V의 피크전압과 8 Ω의 부하, 그리고 $V_{CC} = 25$ V의 공급전압을 제공하는 B급 증폭기에서 다음을 구하라.

a. 입력전력

b. 출력전력

c. 회로 효율

13. 8 Ω 부하를 구동하기 위해 $V_{CC} = 25$ V의 공급전압을 사용하는 B급 증폭기에서 다음을 구하라.

a. 최대 입력전력

b. 최대 출력전력

c. 최대 회로 효율

***14.** 4 Ω의 부하를 구동시키는 $V_{CC} = 22$ V의 공급전압을 갖는 B급 증폭기에서 출력 피크전압이 다음과 같은 경우 효율을 계산하라.

a. $V_L(\mathrm{p}) = 20\ \mathrm{V}$

b. $V_L(\mathrm{p}) = 4\ \mathrm{V}$

12.5 B급 증폭기 회로

15. 회로상의 전압 파형을 보여주는 의사 상보형 증폭기의 블록 선도를 그려라.

16. 그림 12.36에 나타낸 B급 증폭기에서 다음을 계산하라.

a. 최대 $P_o(\mathrm{ac})$

b. 최대 $P_i(\mathrm{dc})$

c. 최대 $\%\eta$

d. 두 트랜지스터에 의한 최대 전력 손실

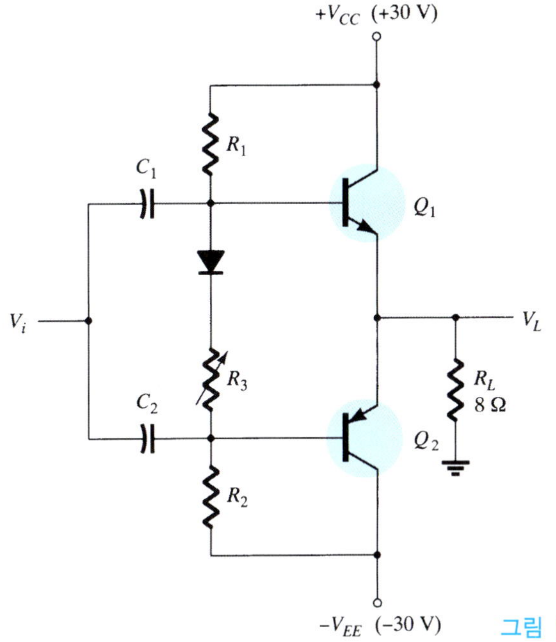

그림 12.36 문제 16, 17, 27

***17.** 그림 12.36의 전력 증폭기의 입력전압이 8 V rms인 경우 다음을 계산하라.

a. $P_i(\mathrm{dc})$

b. $P_o(\mathrm{ac})$

c. $\%\eta$

d. 두 출력 트랜지스터에 의한 전력 손실

***18.** 그림 12.37의 전력 증폭기에서 다음을 계산하라.

a. $P_o(\mathrm{dc})$

b. $P_i(\mathrm{ac})$

c. $\%\eta$

d. 두 출력 트랜지스터에 의한 전력 손실

12.6 증폭기 왜곡

19. 기본 주파수 진폭이 2.1 V, 2차 고조파의 진폭이 0.3 V, 3차 고조파의 진폭이 0.1 V, 4

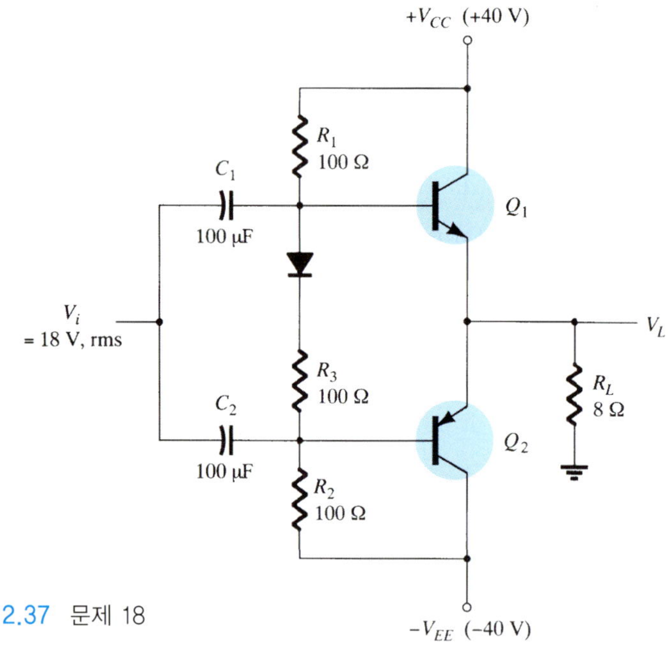

그림 12.37 문제 18

차 고조파의 진폭이 0.05 V인 출력신호에 있어서 고조파 왜곡을 계산하라.

20. 문제 19에서 진폭 소자의 전체 고조파 왜곡을 계산하라.

21. $V_{CE_{\min}} = 2.4$ V, $V_{CE_Q} = 10$ V, $V_{CE_{\max}} = 20$ V인 출력 파형에서 두 번째 고조파 왜곡을 계산하라.

22. $I_1 = 3.3$ A, $R_C = 4$ Ω일 때, $D_2 = 0.15$, $D_3 = 0.01$, $D_4 = 0.05$인 경우 전체 전력과 기본 전력 성분의 전체 고조파 왜곡을 계산하라.

12.7 전력 트랜지스터의 방열

23. 100 W(25°C에서 정격) 실리콘 트랜지스터의 케이스 온도가 150°C이고, 전력 감쇠율이 0.6 W/°C의 조건에서 작동할 때의 최대 전력 손실을 계산하라.

***24.** 방열 장치와 함께 작동하는 160 W의 실리콘 전력 트랜지스터는 $\theta_{SA} = 1.5$°C/W, $\theta_{JC} = 0.5$°C/W, $\theta_{CS} = 0.8$°C/W이다. 이 경우 80°C의 주변 온도에서 트랜지스터가 견딜 수 있는 최대 전력은 얼마인가? 단, 접촉면의 온도는 200°C를 넘지 않는다.

25. 주변 온도가 80°C인 경우 공기 중에서 $T_{J_{\max}}$ 값이 200°C인 실리콘 트랜지스터의 최대 전력은 얼마인가?

12.10 컴퓨터 해석

***26.** Design Center를 이용하여 $V_i = 9.1$ mV일 때, 그림 12.35의 회로도를 그려라.

***27.** Design Center를 이용하여 $V_i = 25$ V(p)일 때, 그림 12.36의 회로도를 그리고, 회로 효율을 구하라.

***28.** Multisim을 이용하여 그림 12.33의 연산 증폭 B급 증폭기의 회로도를 그리고, 회로 효율을 구하라. $R_1 = 10$ kΩ, $R_F = 50$ kΩ, $V_i = 2.5$ V(p).

CHAPTER 13

선형 디지털 IC

학습목표 CHAPTER OBJECTIVE

- 아날로그에서 디지털로 변환
- 디지털에서 아날로그로 변환
- 타이머 회로 작동
- 위상 동기 루프의 작동

13.1 개요

IC는 디지털 회로만 포함하고 있는 IC를 비롯하여 단지 선형회로만을 포함하고 있는 IC, 선형회로와 디지털 회로를 모두 포함하고 있는 IC 등으로 구분된다. 이들 선형/디지털 IC는 비교기, 디지털/아날로그 변환기, 인터페이스 회로, 타이머 회로, 전압 제어형 발진기(voltage-controlled oscillator: VCO), 위상 동기 루프(phase-locked loop: PLL) 등을 포함한다.

비교기(comparator)는 선형 입력전압을 받아 기준 전압과 비교하여 입력이 기준 전압을 넘었는지의 여부를 디지털로 출력한다.

디지털 신호를 아날로그 또는 선형전압으로 바꾸는 회로와 선형전압을 디지털값으로 바꾸는 회로는 항공 장비, 자동차용 장비, 콤팩트 디스크(compact disk: CD) 플레이어와 많은 응용에 널리 쓰이고 있다.

인터페이스 회로는 각기 다른 종류의 소자 출력이나, 다른 임피던스를 갖는 회로의 서로 다른 디지털 전압 레벨들을 연결시켜 구동단과 수신단이 잘 작동하도록 해준다.

타이머 IC는 자동차의 경보 장치, 전등을 켜고 끄는 가정용 타이머, 그리고 원하는 기기의 작동을 위한 정확한 타이밍을 제공하는 전기 기계 장비 회로 등의 다양한 타이밍 작동에 이용되어 선형회로와 디지털 회로를 구성한다. 가장 오랫동안 널리 알려진 것이 555 타이며 IC 소자이다. 전압 제어형 발진기는 입력전압에 의해 바꾸거나 조절할 수 있는 출력 클럭 주파수를 제공한다. VCO로 널리 쓰이는 응용으로는 다양한 통신에서 송신기와 수신기로 쓰이는 위상 동기 루프소자가 있다.

13.2 비교기 소자의 작동

비교기 회로는 선형전압을 입력으로 취며, 하나의 입력이 다른 또 하나의 입력전압과 비교하여 크거나 또는 작을 때를 나타내는 디지털 출력을 제공한다. 그림 13.1a는 기본적인 비교기 회로를 보여주고 있다. 출력은 비반전 (+) 입력이 반전 (−) 입력전압보다 높으면 고전압(+V) 상태에 머물고, 비반전 입력이 반전 입력전압보다 낮으면 저전압 (−V) 레벨로 바뀌게 된다.

그림 13.1b는 비교기의 전형적인 연결을 보여준 것으로, 한 입력(이 예에서는 반전 입력)은 기준 전압에 연결하고 2 V, 다른 비반전 입력은 입력신호 전압에 연결되어 있다. V_{in}이 +2 V의 기준 전압보다 낮으면 출력은 저전압 레벨(약 −10 V)에 머물러 있다가, 입력이 +2 V보다 조금이라도 높게 되면 출력은 재빠르게 고전압 레벨(약 +10 V)로 바뀌게 된다. 그러므로 높은 고전압 레벨의 출력은 입력신호가 +2 V보다 높다는 것을 뜻한다.

실제로 비교기를 만드는 데 사용되는 내부 회로는 이득이 매우 큰 연산 증폭기를 포함하므로, 그림 13.2에 나타낸 것처럼 741 연산 증폭기를 써서 비교기의 작동을 살펴볼 수 있다. 2번 핀에서의 기준 입력전압을 0 V로 고정하면 3번 핀의 비반전 입력에 인가된 정현파 신호는 그림 13.2b에 나타낸 것처럼 출력을 2개의 출력 상태로 전환시킨다. 입력 V_i가 기준 전압인 0 V보다 단지 0.1 mV 정도만 높아도 매우 높은 이득(보통 100,000 이상)으로 증폭되므로, 입력값이 V_{ref}=0 V 이상인 동안의 출력은 양(+)의 출력을 나타내는 포화값까지 상승하여 그 상태를 유지한다. 입력이 기준 전압인 0 V 바로 아래로 떨어지면 출력은 즉시 저전압의 포화 상태로 이동하여 입력전압이 V_{ref}=0 V보다 낮은 동안은 그 값을 유지한다. 그림 13.2b에 의하면 입력신호는 선형적인 데 비하여 출력은 디지털 신호임을 분명히 알 수 있다.

일반적으로 기준 전압은 0 V일 필요가 없고, 양전압이나 음전압 어느 쪽이든 어떤 적정한 값이면 된다. 또한 기준 전압도 음(−)의 입력 단자나 양(+)의 입력 단자로 연결될 수 있으며, 이때의 입력신호는 나머지 단자에 인가될 수 있다.

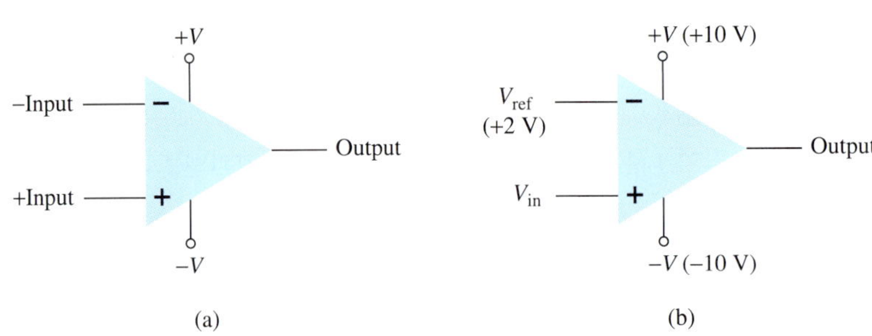

그림 13.1 비교기: (a) 기본 회로; (b) 전형적인 응용회로

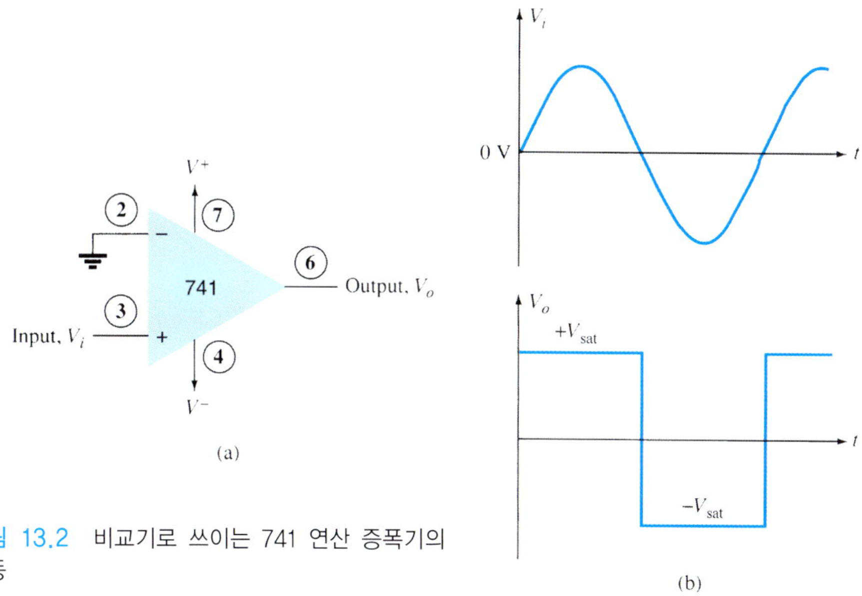

그림 13.2 비교기로 쓰이는 741 연산 증폭기의 작동

연산 증폭기를 이용한 비교기

그림 13.3a는 음(−)의 입력 단자에 양(+)의 기준 전압으로 작동하는 회로이며, 출력은 LED 표시기를 구동한다. 기준 전압은 다음 값이 된다.

$$V_{ref} = \frac{10\ \text{k}\Omega}{10\ \text{k}\Omega + 10\ \text{k}\Omega}(+12\ \text{V}) = +6\ \text{V}$$

기준 전압은 반전 입력에 연결되어 있으므로, 출력은 입력 V_i가 +6 V의 기준 전압보다 클 때 양(+)의 포화전압으로 전환된다. 이때 출력전압 V_o는 LED를 구동시키게 되는데, 이것은 외부입력이 기준 전압보다 더 크다는 것을 의미한다.

또 다른 연결 방법은 그림 13.3b와 같이 기준 전압을 비반전 입력에 연결하는 것이다. 이러한 결선에서는 입력신호가 기준 전압보다 낮을 때 출력이 LED를 구동시키게 된다. 따라서 어떤 입력 단자에 입력신호가 연결되고, 어떤 입력 단자에 기준 전압이 연결되는가에 따라 입력신호가 기준 전압보다 낮은 경우에 LED가 점등되기도 하고 높은 경우에 점등되기도 한다.

비교기 IC 이용

연산 증폭기를 비교기 회로로 사용할 수 있지만 독립된 비교기 IC가 훨씬 사용하기에 수월하다. 이러한 비교기 IC 소자는 두 가지 출력 상태 간의 스위칭이 더 빠르거나 잡음에 강하기 때문에 입력이 기준 전압 근처에서의 잡음으로 출력이 진동하는 것을 막아줄 수 있고, 직접 그 출력을 이용하여 여러 부하를 구동할 수 있다. 다음에는 비교적 널리 쓰이는 IC 비교기를 몇 가지 다루어 보고, 이것들의 단자의 연결과 어떻게 쓰이는지를 알아보기로 하자.

311 비교기 그림 13.4에 나타낸 311 전압 비교기는 디지털 논리에 사용되는 것처럼 단일

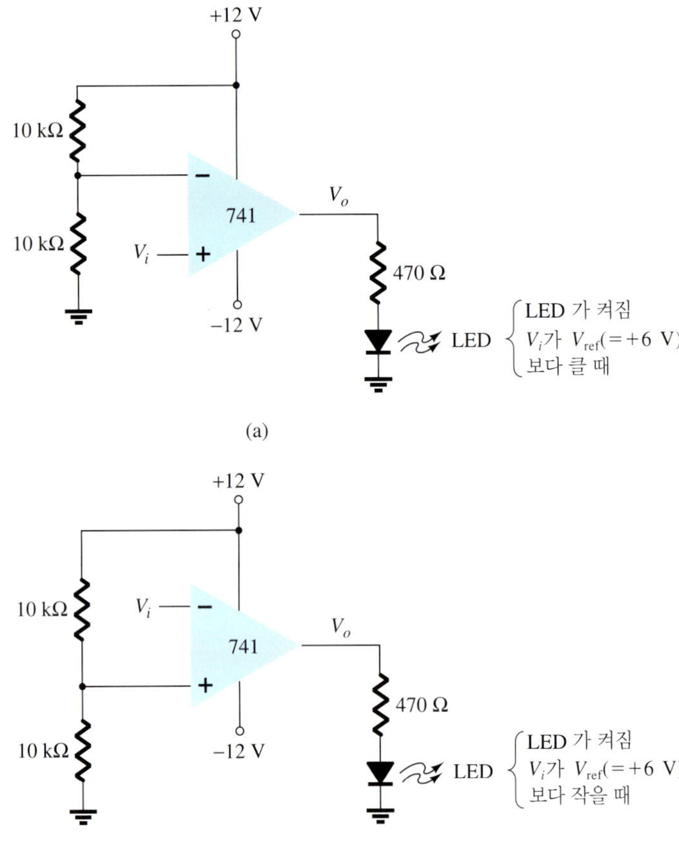

그림 13.3 비교기로 쓰이는 741 연산 증폭기

+5 V 전압은 물론 ±15 V의 두 전원으로도 작동할 수 있다. 출력은 두 가지 다른 상태의 전압을 제공해 주므로, 그 출력전압을 사용해서 표시등이나 릴레이를 구동시킬 수 있다. 바이폴라 트랜지스터를 통한 출력은 여러 종류의 부하를 구동시킬 수 있다는 점에 유의하라. 이 회로는 또한 평형 입력(balance input)과 스트로브 입력(strobe input)을 갖고 있으며, 스

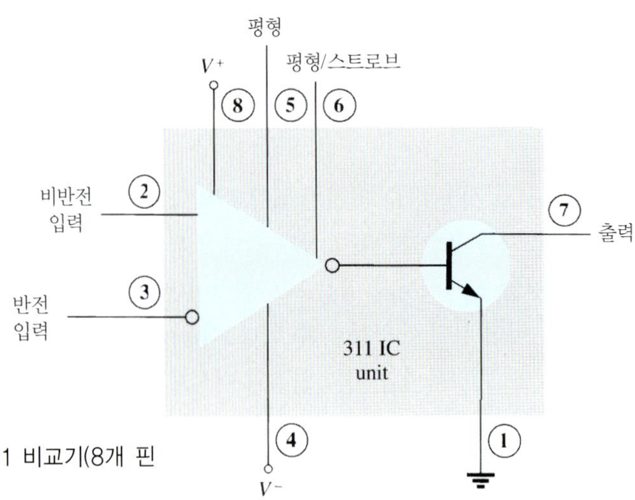

그림 13.4 311 비교기(8개 핀 DIP 회로)

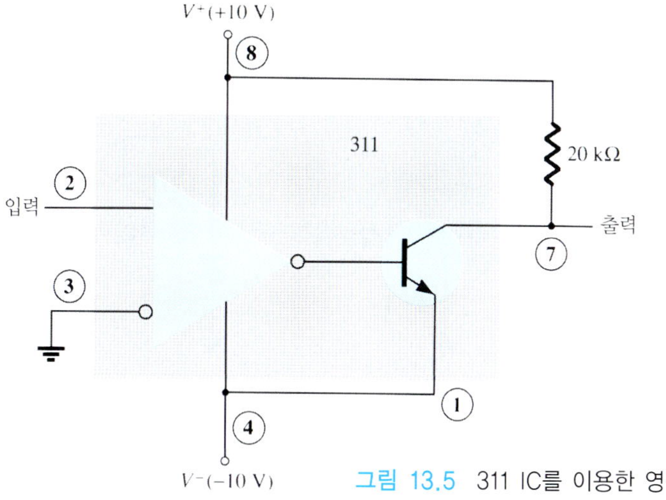

그림 13.5 311 IC를 이용한 영점 검출기

트로브 입력은 출력을 개폐하는 역할을 한다. 다음의 몇 가지 예를 살펴보면 비교기 소자가 일반적으로 어떻게 응용되고 있는지를 알 수 있을 것이다.

그림 13.5에서와 같이 311 IC 소자를 이용하여 입력이 0 V를 통과하는지를 검출하는 영점 검출기(zero-crossing detector)를 만들 수 있다. 반전 입력은 접지(기준 전압)에 연결된다. 양(+)의 방향으로 올라가는 출력신호는 출력단의 트랜지스터를 on 상태로 만들어 출력을 −10 V의 낮은 값으로 바꾼다. 이와 반대로 입력신호가 0 V 이하로 떨어지면 출력 트랜지스터는 off 상태가 되어 출력전압은 +10 V가 된다. 그러므로 출력은 입력전압이 0 V보다 높은가 또는 낮은가의 표시가 된다. 입력이 양전압이면 출력은 저전압을 나타내며, 입력이 음전압이면 출력은 고전압 레벨로 상승하게 된다.

그림 13.6은 311 비교기가 어떻게 스트로브 특성을 갖는가의 예이다. 이 예에서 출력은 입력이 기준 전압보다 클 때 출력이 고전압이 되지만, 그러기 위해서는 TTL 스트로브 입력

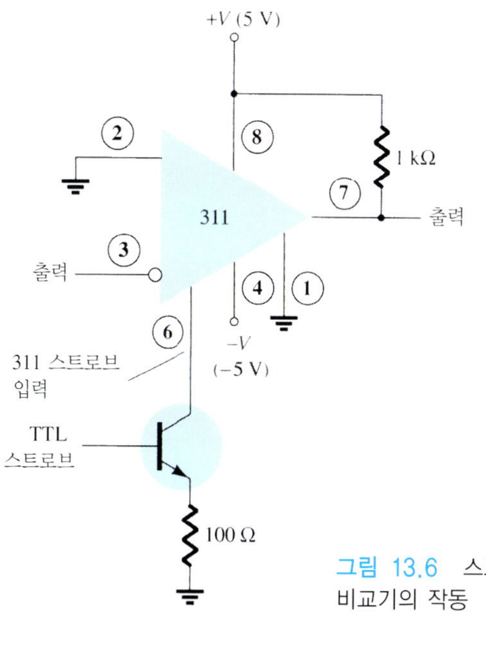

그림 13.6 스트로브 입력을 갖는 311 비교기의 작동

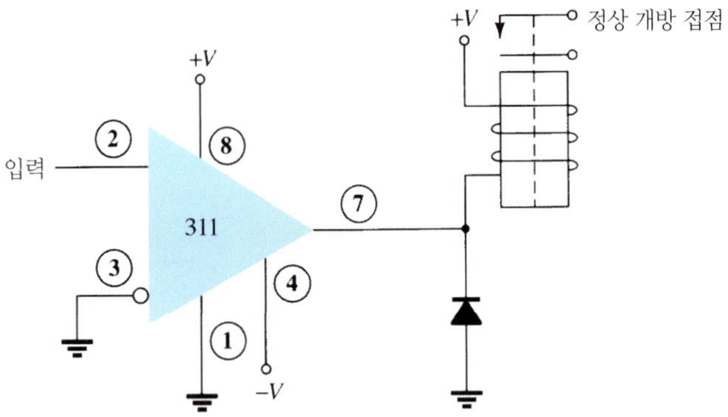

그림 13.7 릴레이 출력이 있는 311 비교기의 작동

이 off(0 V)되어 있어야 한다. 만일 TTL 스트로브 입력이 고전압 상태가 되면 311의 6번 핀인 스트로브 입력을 저전압으로 구동하여, 출력은 입력신호에 관계없이 계속 'off' 상태(즉 고전압 출력 상태)를 유지하게 된다. 실제로 311의 스트로브 입력이 고전압으로 구동하지 않으면 출력은 계속 고전압을 유지한다. 스트로브가 될 경우, 출력은 정상으로 작동하고 입력신호에 따라 출력을 전환한다. 스트로브 신호에 의해서 개방될 때만 입력신호에 비교기 출력이 응답하게 된다.

그림 13.7은 릴레이를 구동하는 비교기 출력을 나타낸 것이다. 입력이 0 V 이하로 떨어져 출력이 낮아지면 릴레이가 구동되어 정상 개방 접점이 닫히게 된다. 이 접점은 여러 가지 장치를 작동시키도록 연결할 수 있다. 예를 들어 이 접점에 연결된 버저(buzzer)나 벨은 입력이 0 V 이하로 떨어질 때마다 울리게 된다. 입력 단자에 전압이 걸려 있는 동안은 버저가 울리지 않는다.

339 비교기 그림 13.8은 4개의 독립된 전압 비교기를 갖고 있는 쿼드(quad) 비교기 339 IC로서 각 비교기는 모두 외부 핀에 의해 연결된다. 각 비교기는 반전 입력과 비반전 입력, 그리고 하나의 출력을 가지고 있다. 한 쌍의 핀에 인가된 공급전압은 4개의 비교기에 모두 공급되도록 되어 있다. 이들 4개의 비교기 중에 일부만 사용하고자 할 때도 4개 모두에 전력이 공급된다.

이들 비교기 회로의 용도를 알아보기 위해 그림 13.9에 영점 검출기로 사용한 339 비교기 회로를 나타내었다. 입력신호가 0 V보다 커질 때는 언제나 출력은 V^+로 되고, 입력이 0 V보다 작아질 때만 V^-로 전환한다. 동그라미 안에 숫자들이 IC의 핀 번호를 나타낸다.

기준 레벨로서 0 V 이외의 전압도 사용할 수 있고, 어느 쪽 입력 단자라도 기준 전압 단자로 사용될 수 있으며, 이 경우 다른 쪽 단자는 신호 입력 단자로 사용한다. 다음은 비교기 회로들 중 한 비교기의 작동을 설명한 것이다.

차동 입력전압(입력 단자에 걸리는 차동전압)이 양(+)이 되면 출력 트랜지스터가 차단(개방회로)되고, 차동 입력전압이 음(−)이 되면 출력 트랜지스터가 도통되어 출력은 저전압이 된다.

만일 음의 입력 단자를 기준 전압 V_{ref}로 설정하고, 양의 입력 단자에 V_{ref}보다 큰 전압이

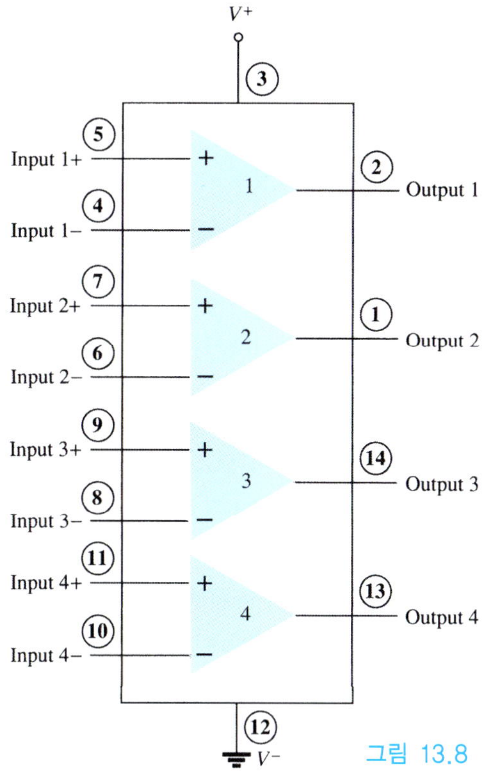

그림 13.8 쿼드 비교기 IC(339)

들어오면 차동 입력은 양이 되고 출력은 개방회로가 된다. 양의 입력이 V_{ref}보다 낮아지면 차동 입력은 음이 되고 출력은 V^-가 된다.

만일 양의 입력 단자를 기준 전압 V_{ref}로 설정하고, 음의 입력 단자에 V_{ref}보다 작은 전압이 들어오면 출력은 개방회로가 된다. 음의 입력 단자의 입력이 V_{ref}보다 커지면 출력은 V^-가 된다. 그림 13.10은 이와 같은 작동을 나타낸 것이다.

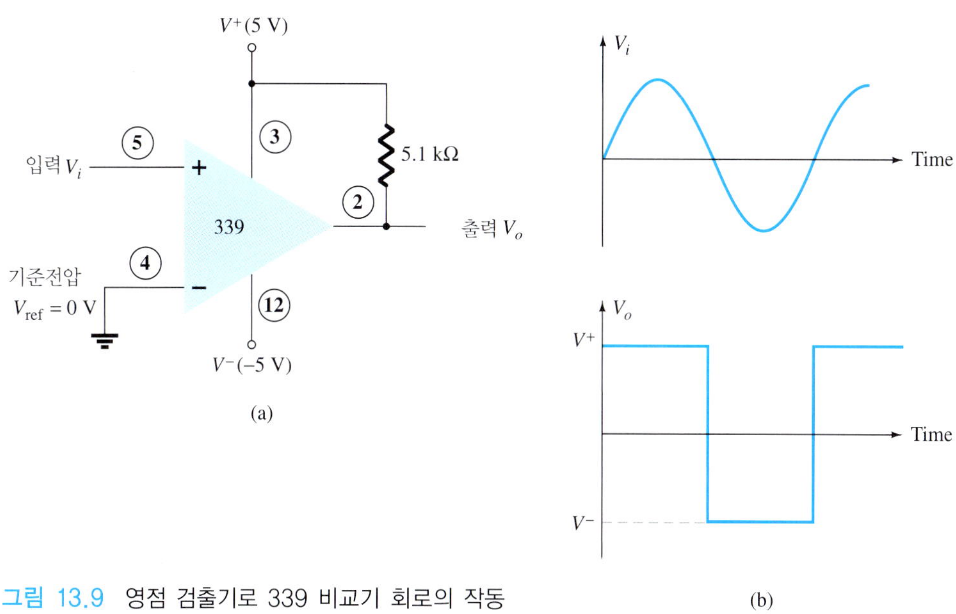

그림 13.9 영점 검출기로 339 비교기 회로의 작동

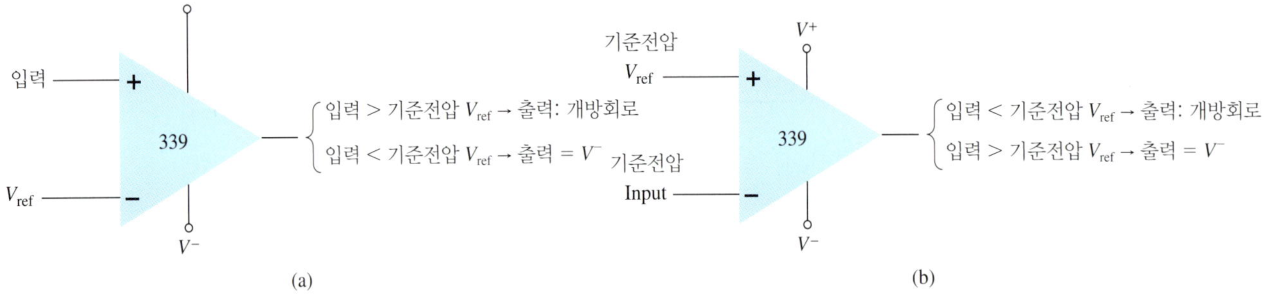

그림 13.10 (a) 음의 입력 단자; (b) 양의 입력 단자에 기준 전압이 들어가는 경우의 339 비교기 회로의 작동

이들 비교기 회로 중 하나의 출력은 컬렉터가 개방회로이므로 2개 이상의 회로의 출력을 결선-OR하는 경우에도 사용할 수 있다. 그림 13.11은 두 비교기 회로의 입력과 출력이 공통으로 접속된 경우를 나타낸 것이다. 비교기 1은 비반전 입력 단자에 +5 V의 기준 전압이 연결되어 있다. 출력은 입력신호가 +5 V보다 커지면 비교기 1에 의해서 저전압이 된다. 비교기 2는 반전 입력 단자에 +1 V의 기준 전압이 연결되어 있다. 비교기 2의 출력은 입력신호가 +1 V보다 작아지면 저전압이 된다. 이를 종합하면 입력이 +1 V보다 작아지거나 +5 V보다 커지면 출력은 저전압이 되어 그림 13.11에 나타낸 바와 같이 이 회로는 전체적으로 전압 윈도우 검출기(voltage window detector)로서 작동한다. 출력이 고전압이 되는 것은 입력이 +1 V에서 +5 V까지(이들 값은 기준 전압에 의해서 설정된다)의 전압 윈도우 범위 내의 값이라는 것을 나타낸다.

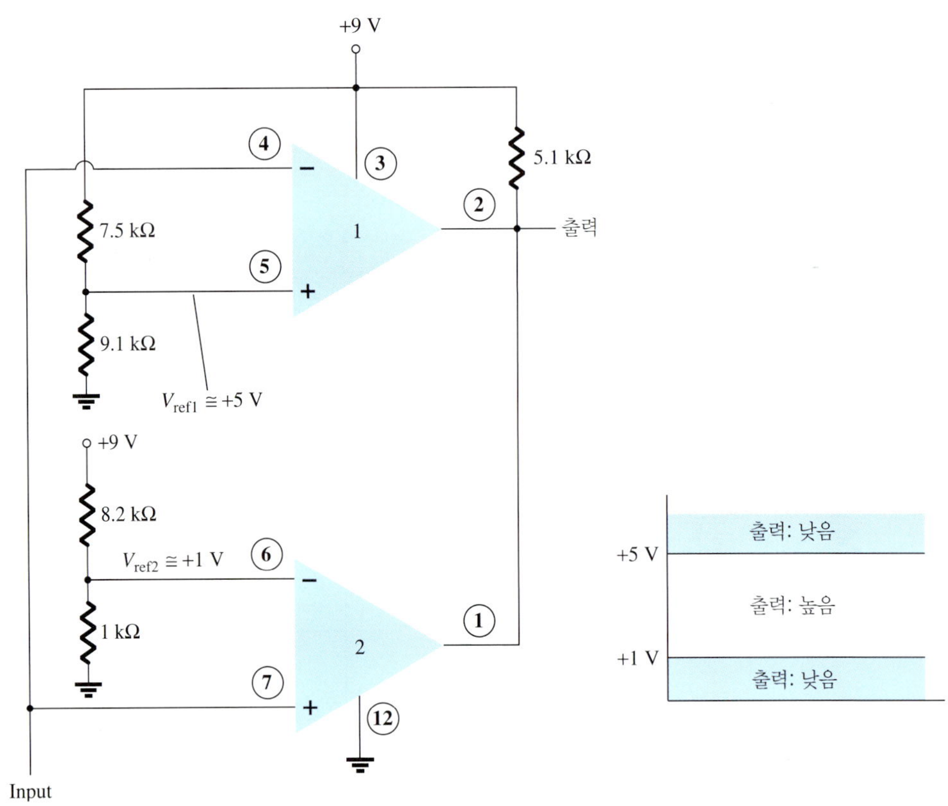

그림 13.11 윈도우 검출기로 쓰이는 2개의 339 비교기 회로의 작동

13.3 디지털-아날로그 변환기

전자 공학에서 다루는 대부분의 전압 및 전류 신호는 어떤 범위 내에서 연속적인 값을 가지는 선형신호이다. 디지털 회로에서는 1과 0의 값을 가지는 2진 신호가 쓰인다. 아날로그-디지털 변환기(analog-digital converter: ADC)는 아날로그 입력전압을 디지털 전압으로 바꾸는 반면에, 디지털-아날로그 변환기(digital-analog converter: DAC)는 디지털값을 아날로그 전압으로 바꾸는 역할을 한다.

디지털-아날로그 변환

사다리 회로 변환 디지털-아날로그 변환을 이루는 방법은 여러 가지가 있다. 사다리 회로(ladder network)라는 저항회로를 사용하는 방법은 널리 사용되어지는 것 중의 하나이다. 사다리 회로는 0 V나 V_{ref}로 표시되는 2진값을 받아 2진값에 비례하는 출력전압을 낸다. 그림 13.12a는 4비트의 디지털 데이터를 나타내는 4개의 입력전압과 직류 전압 출력을 가지는 사다리 회로이다. 출력전압은 다음 관계식으로 주어지는 바와 같이 디지털 입력에 비례한다.

$$V_o = \frac{D_0 \times 2^0 + D_1 \times 2^1 \times D_2 \times 2^2 + D_3 \times 2^3}{2^4} V_{ref} \tag{13.1}$$

그림 13.12b에서 출력전압은 다음과 같다.

$$V_o = \frac{0 \times 1 + 1 \times 2 + 1 \times 4 + 0 \times 8}{16}(16\text{ V}) = 6\text{ V}$$

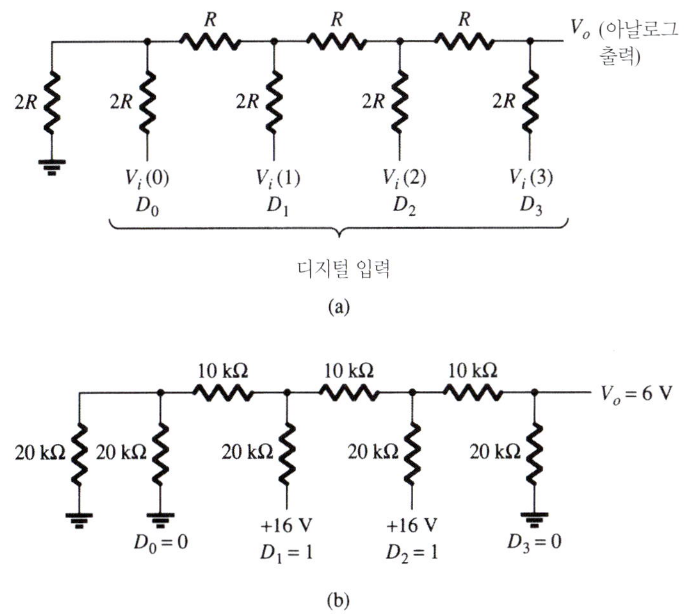

그림 13.12 DAC로 쓰이는 4단 사다리 회로: (a) 기본 회로; (b) 0110 입력이 들어올 때의 회로

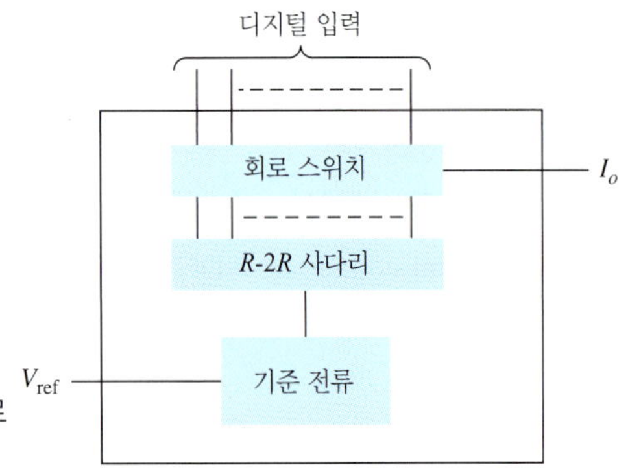

그림 13.13 R-2R 사다리 회로를 이용한 DAC IC

그러므로, 디지털값 0110_2는 아날로그값 6 V로 변환된다.

사다리 회로는 0000에서 1111에 이르는 16가지의 2진수를 $V_{ref}/16$ 간격으로 표시한 16개의 전압 레벨로 변환한다. 사다리 회로의 단수를 더 많이 하면, 2진 입력수가 증가하고, 각 단수에 높은 정밀도를 갖는다. 예를 들어 10단의 사다리 회로는 전압 계단의 수, 즉 전압 분해도(voltage resolution)가 $V_{ref}/2^{10}(V_{ref}/1024)$로 개선된다. 기준 전압이 10 V라면 출력 전압의 계단은 10 V/1024, 즉 약 10 mV가 된다. 사다리 회로의 단수를 증가하면 전압 분해도도 향상되며, 일반적으로 단수가 n일 때 전압 분해도는 다음과 같이 된다.

$$\boxed{\frac{V_{ref}}{2^n}} \tag{13.2}$$

그림 13.13은 사다리 회로를 사용한 하나의 대표적인 DAC의 블록 선도이다. 블록 선도에서 R-2R 사다리라 표시한 사다리 회로는 기준 전류 소스와 각 2진 입력에 연결된 전류 스위치 사이에 끼어 있다. 이렇게 하여 출력 전류는 2진 입력에 비례하게 된다. 2진 입력은 사다리 회로의 선택된 가지(tree)를 전도시키고, 출력 전류는 기준 전류의 가중합이 된다. 원한다면 출력 전류를 저항 양단에 연결하여 아날로그 전압을 얻을 수 있다.

아날로그-디지털 변환

듀얼 슬롭 변환 아날로그 전압값을 디지털값으로 변환시키는 데 듀얼 슬롭(dual-slope) 방법이 널리 이용된다. 그림 13.14a는 기본적인 듀얼 슬롭 방법의 블록 선도를 나타낸 것이다. 변환하고자 하는 아날로그 전압을 전자 스위치를 통해서 적분기, 또는 램프 발생기 회로(일정한 크기의 전류가 커패시터를 충전하여 선형의 램프전압을 발생시킨다)에 인가한다. 디지털 출력은 적분기의 양 및 음의 경사 구간 동안 작동하는 계수기(counter)로부터 얻는다.

변환 방법은 다음과 같이 진행된다. 고정된 시구간 동안 적분기에 연결한 아날로그 입력전압은 비교기의 전압을 어떤 양의 레벨까지 상승시킨다. 그림 13.14b는 고정된 시구간이 끝날 때 적분기의 전압은 입력전압에 비례한다는 것을 나타내고 있다. 계수 기간이 끝날 때 계수는 0으로 설정되고, 전자 스위치가 적분기를 기준 입력, 또는 고정 입력전압에 연결시킨다. 그러면 적분기의 출력(커패시터 입력)이 일정한 비율로 감소된다. 이 동안에 계수기

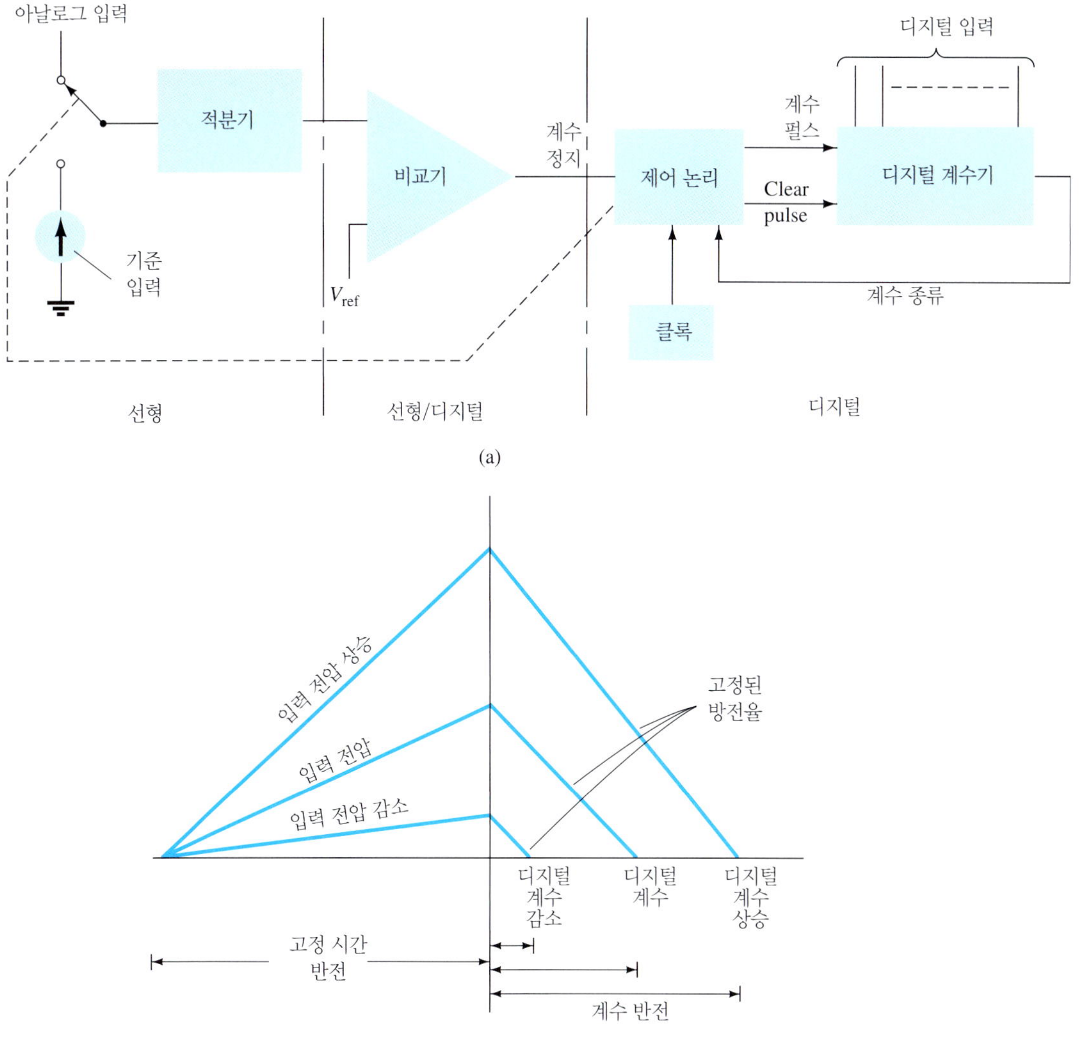

그림 13.14 듀얼 슬롭 방법을 이용한 아날로그-디지털 변환기: (a) 논리 선도; (b) 파형

는 계수한다. 반면에 적분기의 출력전압은 일정 비율로 감소하다가 비교기의 기준 전압 이하로 떨어지면 제어 논리 회로는 계수를 중단하라는 신호를 받는다. 이때 계수기에 저장되는 디지털값은 변환기의 디지털 출력이 된다.

양과 음의 경사 구간 동안에 변환을 수행하기 위하여 동일한 클럭과 적분기를 사용하는 것은 클럭 주파수의 드리프트와 적분기의 정확도의 한계를 보상해 주는 역할을 하고 있다. 기준 입력값과 클럭 레이트(clock rate)를 할당함으로써 계수기 출력의 눈금을 원하는 대로 조절할 수 있다. 계수기는 2진, BCD, 또는 디지털 계수기의 어떤 다른 형태로 할 수 있다.

사다리 회로 변환 아날로그값에서 디지털값으로 바꾸는 방법 중 널리 쓰이는 또 다른 방법은 그림 13.15와 같은 사다리 회로와 계수기, 비교기 회로를 사용하는 것이다. 그림 13.15b에서 나타나듯이 계수기에 의해 조정되어지는 사다리 회로는 계단 형태의 전압을

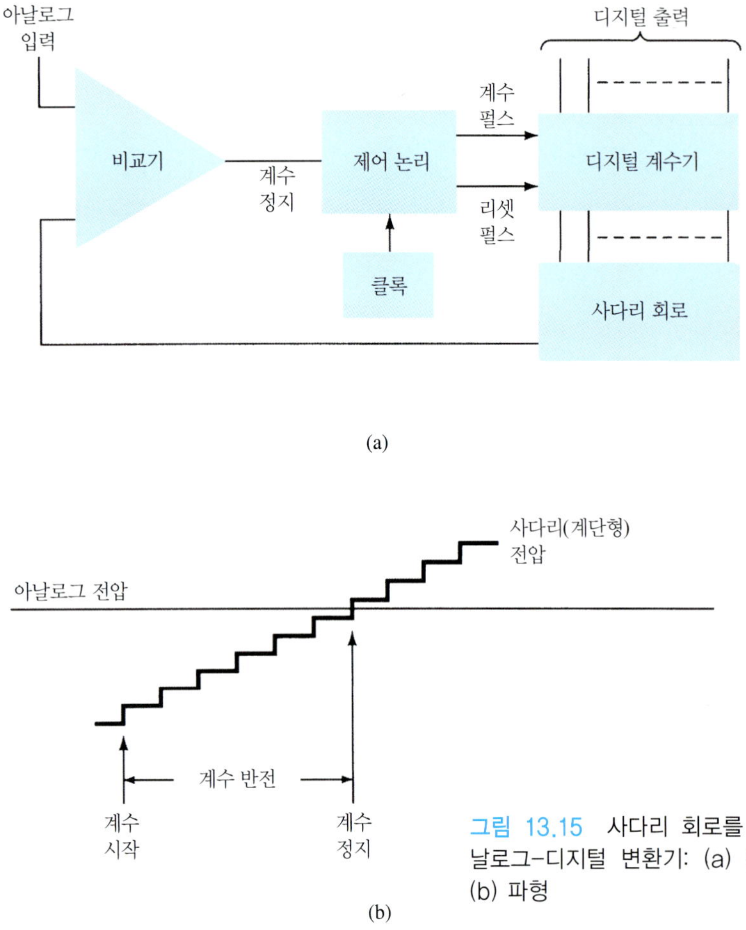

그림 13.15 사다리 회로를 이용한 아날로그-디지털 변환기: (a) 논리 선도; (b) 파형

출력하며, 각 계수 스텝당 한 전압 간격만큼 증가한다. 이때 디지털 계수기는 0부터 세기 시작한다. 계단 형태의 입력이 입력전압 이상으로 커지면 계수를 중단하도록 신호를 낸다. 이때의 계수기의 값이 디지털 출력이다.

계단 형태의 신호에 의해 진행된 전압 변화량은 사용된 계수기의 비트수에 의존한다. 10 V의 기준 전압을 사용하여 12단 사다리 회로를 구동하는 12단 계수기에서 각 계수의 스텝 전압은 다음과 같이 된다.

$$\frac{V_{ref}}{2^{12}} = \frac{10\text{ V}}{4096} = 2.4\text{ mV}$$

이것은 변환 분해도가 2.4 mV임을 뜻한다. 계수기의 클럭 레이트(clock rate)는 변환하는데 필요한 시간에 영향을 준다. 12단 계수기를 구동시키는 1 MHz의 클럭 레이트는 다음과 같은 최대 변환 시간을 얻는다.

$$4096 \times 1\ \mu\text{s} = 4096\ \mu\text{s} \approx 4.1\text{ ms}$$

그러므로 매초 수행할 수 있는 최소 변환수는 다음과 같다.

$$\text{변환수} = 1/4.1\text{ ms, ms} \approx 244\text{ conversions/second}$$

어떤 변환은 계수 시간이 거의 걸리지 않기도 하지만, 어떤 것은 최대 계수 시간을 요하기도 한다. 평균적으로 4.1 ms/2=2.05 ms의 변환 시간이 걸릴 것이므로 평균 변환 횟수는 $2\times244=488$ conversions/second가 될 것이다. 클럭 레이트를 낮추면 변환 횟수가 줄어든다. 계수기의 단수가 적은(분해도가 작아진다) 변환기는 단위 시간당의 변환 횟수가 증가한다. 변환의 정밀도는 비교기의 정밀도에 의존한다.

13.4 타이머 IC 회로 작동

많이 사용되는 아날로그-디지털 IC로 다재다능한 555 타이머가 있다. 이 IC는 그림 13.16에 나타낸 바와 같이 선형 비교기와 디지털 플립-플롭으로 만들어져 있다. 이 회로는 8번 핀 패키지로 만들어지며, 그 핀 번호는 그림 13.16에 나타낸 것과 같다. 직렬로 접속된 3개의 저항이 두 비교기의 기준 전압 입력을 $2V_{CC}/3$와 $V_{CC}/3$로 설정한다. 이들 비교기의 출력이 플립-플롭을 세트 또는 리셋한다. 플립-플롭의 출력은 출력 증폭기를 통해서 나간다. 플립-플롭은 또 IC 내의 트랜지스터를 작동시키며, 트랜지스터의 컬렉터는 일반적으로 타이밍 커패시터를 방전시키기 위해 낮은 전압으로 구동된다.

비안정 작동

555 타이머 IC는 비안정 멀티바이브레이터(astable multivibrator), 즉 클럭 회로로 많이 사용된다. 다음은 각 부분의 역할과 입력과 출력이 어떻게 이용되는지의 자세한 내용을 포함하여, 비안정 회로로서 555가 작동하는 원리를 분석하고 있다. 그림 13.17은 출력신호의 시간 간격을 설정하는 데 외부저항과 커패시터를 사용한 비안정 회로를 나타낸 것이다.

커패시터 C는 외부저항 R_A 및 R_B를 통하여 V_{CC}로 충전된다. 그림 13.17에서 커패시터 전압은 $2V_{CC}/3$까지 상승한다. 이 전압은 6번 핀의 문턱전압이며, 이것이 비교기 1로 하여금 플립-플롭을 트리거하도록 하여 3번 핀의 출력이 저전압이 된다. 게다가 방전 트랜지스터를 작동함으로써 7번 핀의 출력은 저항 R_B를 통해서 커패시터를 방전시킨다. 그러면 커패시터 전압은 트리거 레벨($V_{CC}/3$)까지 떨어지게 된다. 플립-플롭이 다시 트리거되면 출력

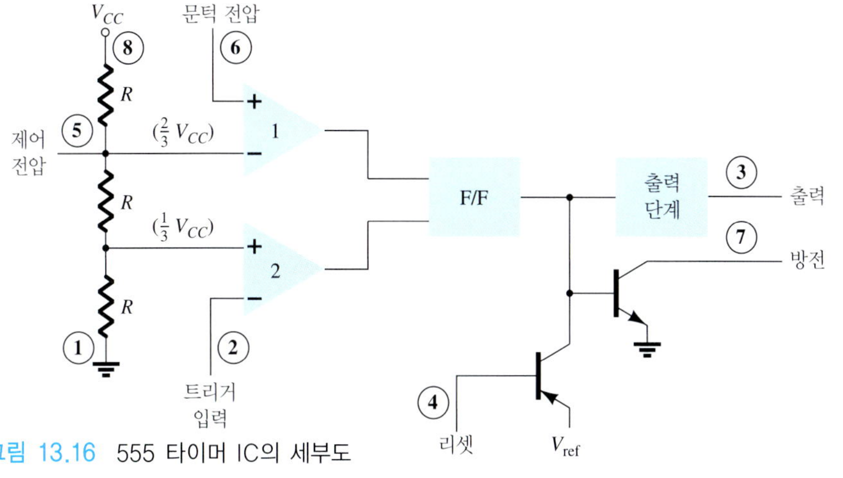

그림 13.16 555 타이머 IC의 세부도

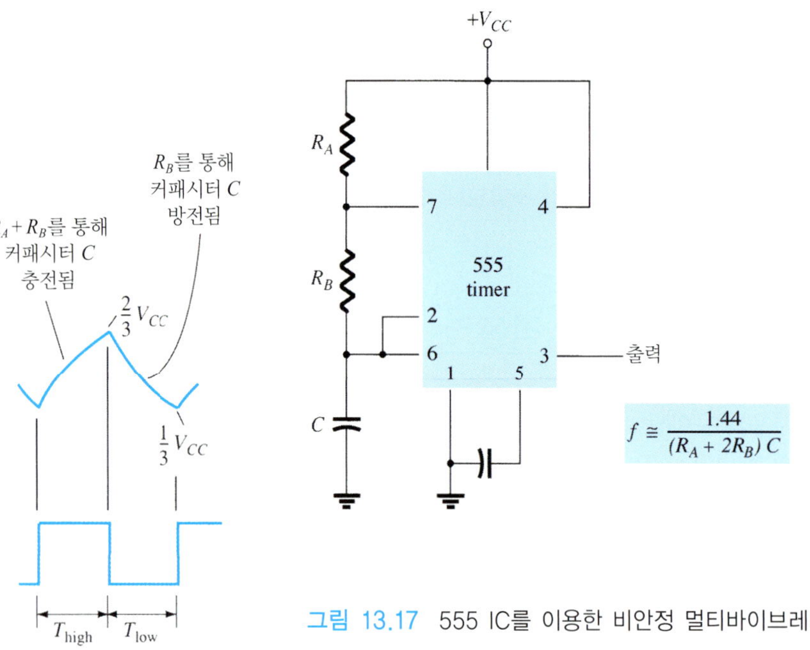

그림 13.17 555 IC를 이용한 비안정 멀티바이브레이터

이 다시 높아지고, 방전 트랜지스터는 off된다. 그러므로 커패시터는 다시 저항 R_A와 R_B를 통해서 V_{CC}값으로 충전된다.

그림 13.18a는 비안정 회로로부터 얻어지는 커패시터 파형과 출력 파형을 나타낸 것이다. 출력이 고전압일 때와 저전압일 때의 시간 간격의 계산은 다음의 관계식을 이용한다.

$$T_{high} \approx 0.7(R_A + R_B)C \tag{13.3}$$

$$T_{low} \approx 0.7R_BC \tag{13.4}$$

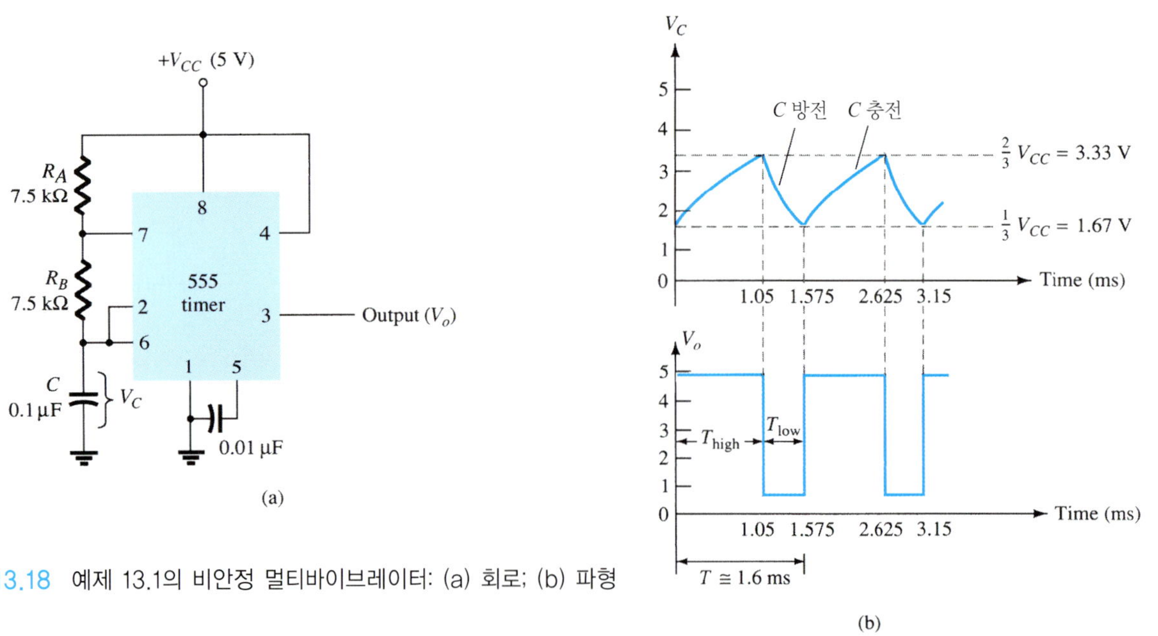

그림 13.18 예제 13.1의 비안정 멀티바이브레이터: (a) 회로; (b) 파형

따라서 전체 주기는 다음과 같다.

$$T = \text{period} = T_{\text{high}} + T_{\text{low}} \tag{13.5}$$

그러므로 비안정 회로의 주파수는 다음 식에 의해 계산할 수 있다.*

$$\boxed{f = \frac{1}{T} \approx \frac{1.44}{(R_A + 2R_B)C}} \tag{13.6}$$

예제 13.1 그림 13.18a의 주파수를 결정하고, 회로의 출력 파형을 그려라.

풀이 식 (13.3)에서 식 (13.6)을 이용하여 계산하면

$$\begin{aligned} T_{\text{high}} &= 0.7(R_A + R_B)C = 0.7(7.5 \times 10^3 + 7.5 \times 10^3)(0.1 \times 10^{-6}) \\ &= 1.05\ \text{ms} \\ T_{\text{low}} &= 0.7R_BC = 0.7(7.5 \times 10^3)(0.1 \times 10^{-6}) = 0.525\ \text{ms} \\ T &= T_{\text{high}} + T_{\text{low}} = 1.05\ \text{ms} + 0.525\ \text{ms} = 1.575\ \text{ms} \\ f &= \frac{1}{T} = \frac{1}{1.575 \times 10^{-3}} \approx \mathbf{635\ Hz} \end{aligned}$$

출력 파형은 그림 13.18b와 같이 그려진다.

단안정 작동

555 타이머는 그림 13.19에 나타낸 것처럼 단발(one-shot)이나 단안정 멀티바이브레이터(monostable multivibrator) 회로로 사용될 수 있다. 트리거 입력신호가 음으로 될 때 3번 핀의 출력을 단발로 트리거시켜 다음의 주기만큼 고전압 상태가 되게 한다.

$$T_{\text{high}} = 1.1R_AC \tag{13.7}$$

그림 13.16을 다시 참조하면, 트리거 입력의 음의 모서리(negative edge)에서 2번 비교기가 플립-플롭을 트리거시켜 3번 핀의 출력이 고전압 상태가 되게 한다. 커패시터 C는 저항 R_A를 통해 V_{CC}까지 충전한다. 충전 기간 동안 출력은 고전압 상태를 유지한다. 커패시터의 전압이 $2V_{CC}/3$의 문턱전압까지 이르면, 1번 비교기는 플립-플롭을 트리거시켜 출력이 저전압 상태가 되게 한다. 또한 방전 트랜지스터는 저전압 상태가 되어서 다시 트리거될 때까지 커패시터는 거의 0 V 근처에 머물게 된다.

그림 13.19b는 단발로 작동하는 555 타이머 IC의 입력 트리거 신호와 출력 파형이다. 이

* 주기는 다음 식에서 직접 계산할 수 있다.

$$T = 0.693(R_A + 2R_B)C \approx 0.7(R_A + 2R_B)C$$

그리고, 주파수는 다음 식과 같다.

$$f \approx \frac{1.44}{(R_A + 2R_B)C}$$

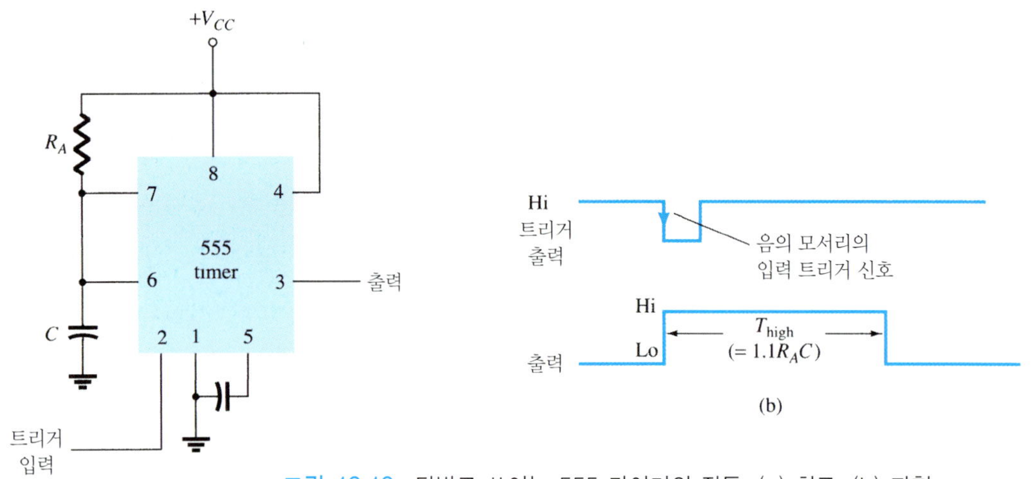

그림 13.19 단발로 쓰이는 555 타이머의 작동: (a) 회로; (b) 파형

회로의 주기는 수 ms에서 수 sec의 범위를 가질 수 있기 때문에 많은 부분에서 응용이 되고 있다.

예제 13.2 그림 13.20의 회로가 음의 펄스에 의해 트리거되었을 때의 출력 파형의 주기를 결정하라.

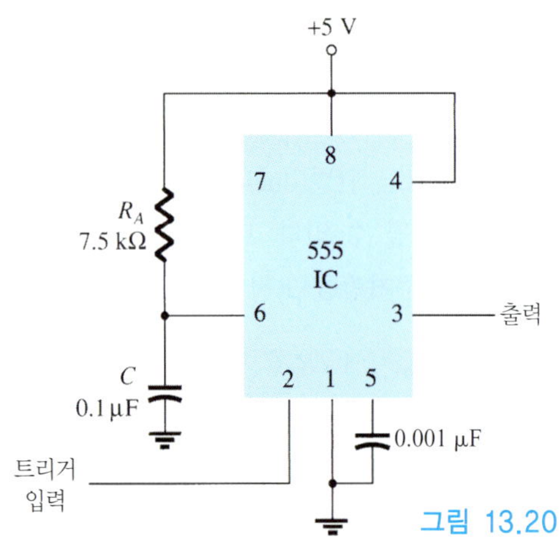

그림 13.20 예제 13.2의 단안정 회로

풀이 식 (13.7)을 이용하여 다음과 같이 구할 수 있다.

$$T_{high} = 1.1R_AC = 1.1(7.5 \times 10^3)(0.1 \times 10^{-6}) = \mathbf{0.825\ ms}$$

13.5 전압 제어형 발진기

전압 제어형 발진기(VCO)는 직류 전압에 의하여 출력신호(구형파나 삼각파) 주파수를 어떤 범위 내에서 조정할 수 있는 회로이다. 566 IC 소자는 VCO의 한 예로서 신호의 주파수는 외부저항과 커패시터에 의해 설정되고, 인가된 직류 전압에 의해 변한다. 이것은 구형파와 삼각파 신호를 발생하는 회로를 포함한다. 그림 13.21a에서 566은 C_1의 충전과 방전을 위한 전류 소스를 포함하는데, 외부저항 R_1과 변조되는 직류 입력전압에 의하여 정해지는 비율로 외부저항 C_1을 충전 및 방전시킨다. 슈미트 트리거 회로는 커패시터의 충방전시 전류 소스를 변환시키는 작용을 하며, 또한 커패시터에 걸리는 삼각파 전압과 슈미트 트리거에서 발생되는 구형파(square wave)가 버퍼 증폭기를 통해 출력으로 제공된다.

그림 13.21b는 566 IC의 핀 연결도와 공식 및 값의 한계값을 요약해 놓은 것이다. 발진기는 외부저항과 커패시터를 적절히 선택해줌으로써 10 대 1의 주파수 범위에서 변조시킬 수 있다.

자유 운동 주파수(free-running frequency) 혹은 중심 작동 주파수(centeroperating frequency) f_o는 다음 식에 의해 계산된다.

$$f_o = \frac{2}{R_1C_1}\left(\frac{V^+ - V_C}{V^+}\right) \tag{13.8}$$

회로의 실질적인 값은 다음과 같은 제약을 갖는다.

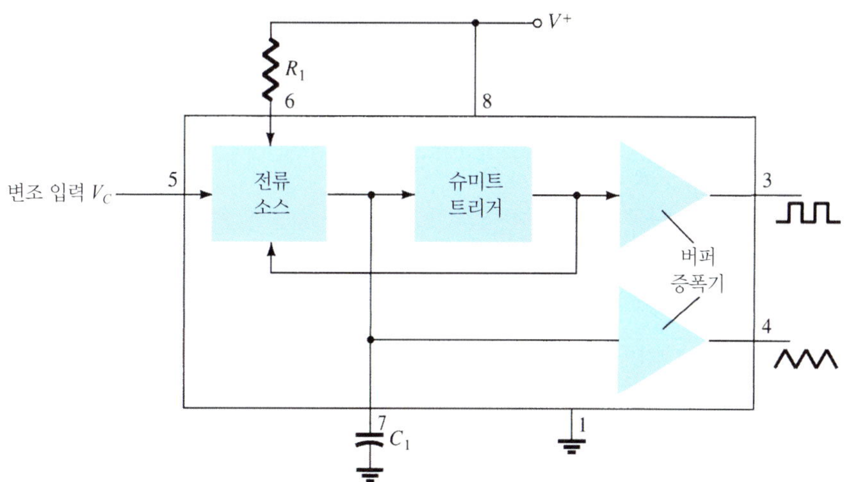

(a)

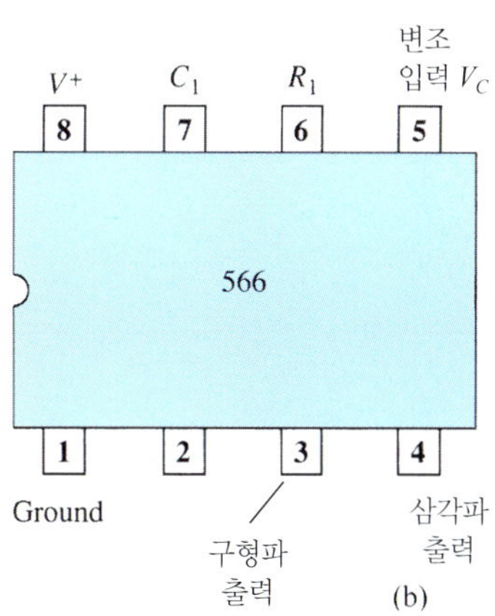

(b)

$$f_o = \frac{2}{R_1C_1}\left(\frac{V^+ - V_C}{V^+}\right)$$

$2\text{ k}\Omega \le R_1 \le 20\text{ k}\Omega$
$0.75V^+ \le V_C \le V^+$
$f_o \le 1\text{ MHz}$
$10\text{ V} \le V^+ \le 24\text{ V}$

그림 13.21 566 함수 발생기: (a) 블록 선도; (b) 핀 배열과 작동 데이터의 요약

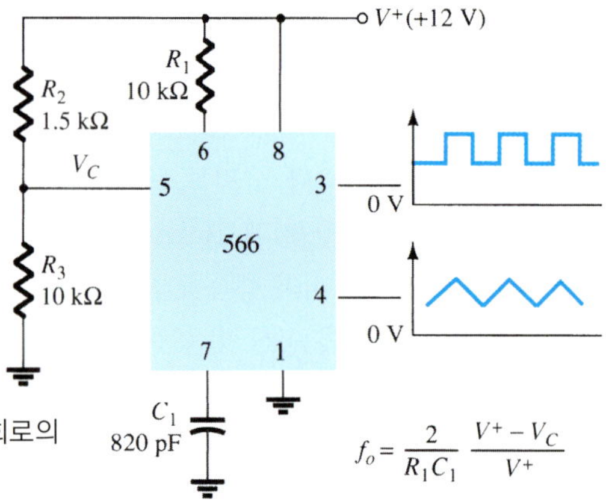

그림 13.22 566 VCO 회로의 접속

1. R_1의 범위는 $2\text{ k}\Omega \le R_1 \le 20\text{ k}\Omega$
2. V_C의 범위는 $\frac{3}{4}V^+ \le V_C \le V^+$
3. f_o의 범위는 1 MHz 이하
4. V^+의 범위는 10 V에서 24 V

그림 13.22는 566 함수 발생기(function generator)를 사용해서 R_1, C_1 및 V_C에 의해 설정되는 일정 주파수의 구형파와 삼각파를 발생시켜 주는 회로이다. 저항 분배기 R_2와 R_3는 직류 변조전압을 일정한 값으로 설정한다.

$$V_C = \frac{R_3}{R_2 + R_3}V^+ = \frac{10\text{ k}\Omega}{1.5\text{ k}\Omega + 10\text{ k}\Omega}(12\text{ V}) = 10.4\text{ V}$$

(이것은 $0.75\,V^+ = 9$ V와 $V^+ = 12$ V). 식 (13.8)로부터

$$f_o = \frac{2}{(10 \times 10^3)(820 \times 10^{-12})}\left(\frac{12 - 10.4}{12}\right) \approx 32.5\text{ kHz}$$

그림 13.23의 회로는 신호 주파수를 변화시키기 위해서 어떻게 입력전압 V_C를 사용하여 출력 구형파의 주파수가 조정될 수 있는지를 보여준다. 전위차계 R_3에 10 대 1의 주파수 전

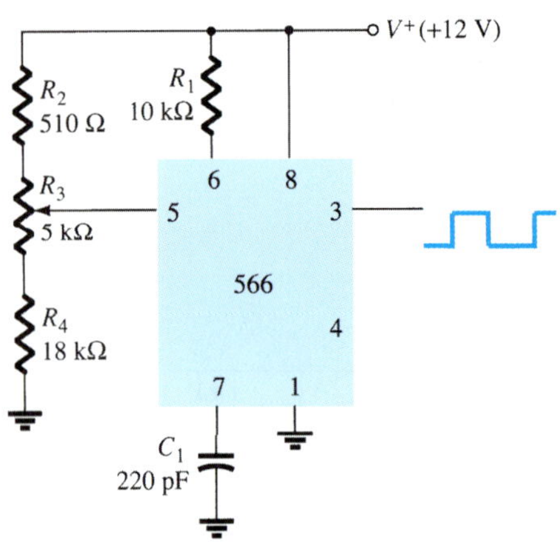

그림 13.23 VCO로 쓰이는 566 IC의 결선

범위에 대해 V_C를 약 9 V에서 12 V 부근까지 변화시킬 수 있다. 전위차계의 가동자를 최상으로 하면 제어형 전압은

$$V_C = \frac{R_3 + R_4}{R_2 + R_3 + R_4}(V^+) = \frac{5\,\text{k}\Omega + 18\,\text{k}\Omega}{510\,\Omega + 5\,\text{k}\Omega + 18\,\text{k}\Omega}(+12\,\text{V}) = 11.74\,\text{V}$$

출력 하한 주파수는

$$f_o = \frac{2}{(10 \times 10^3)(220 \times 10^{-12})}\left(\frac{12 - 11.74}{12}\right) \approx 19.7\,\text{kHz}$$

가동자 R_3를 아래쪽으로 이동시키면 제어형 전압은 다음과 같이 되며

$$V_C = \frac{R_4}{R_2 + R_3 + R_4}(V^+) = \frac{18\,\text{k}\Omega}{510\,\Omega + 5\,\text{k}\Omega + 18\,\text{k}\Omega}(+12\,\text{V}) = 9.19\,\text{V}$$

출력 상한 주파수는

$$f_o = \frac{2}{(10 \times 10^3)(220 \times 10^{-12})}\left(\frac{12 - 9.19}{12}\right) \approx 212.9\,\text{kHz}$$

이다. 따라서 전위차계 R_3를 사용해서 출력 구형파의 주파수를 최소한 10 대 1의 주파수 범위로 변화시킬 수 있다.

전위차계를 사용하여 V_C를 변화시키는 방법 외에도 그림 13.24와 같이 입력 변조전압 V_{in}을 인가할 수도 있다. 전압 분배기는 V_C를 약 10.4 V로 설정한다. 입력 교류 전압의 피크값이 약 1.4 V일 때 V_C는 약 9 V와 11.8 V 사이의 바이어스점에서 구동되며, 출력 주파수는 10 대 1 주파수 범위 내에서 변한다. 출력 주파수는 바이어스값이 V_C=10.4 V일 때의 중심 주파수(f_o=121.2 kHz) 부근에서 출력전압을 변조시킨다.

13.6 위상 동기 루프

위상 동기 루프(phase-locked loop: PLL)는 그림 13.25와 같이 위상 검출기(phase detector),

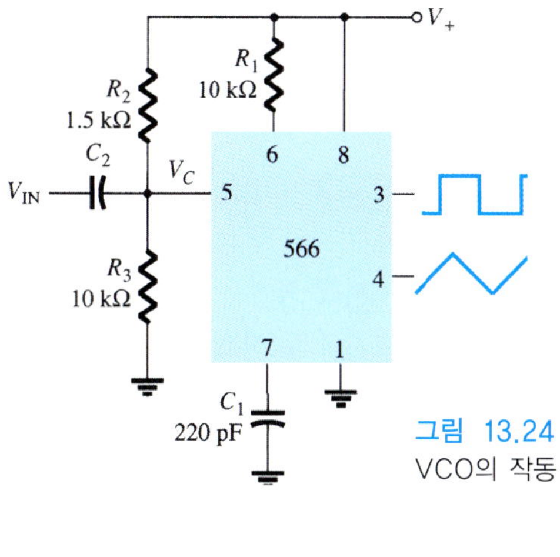

그림 13.24 주파수 변조 입력을 갖는 VCO의 작동

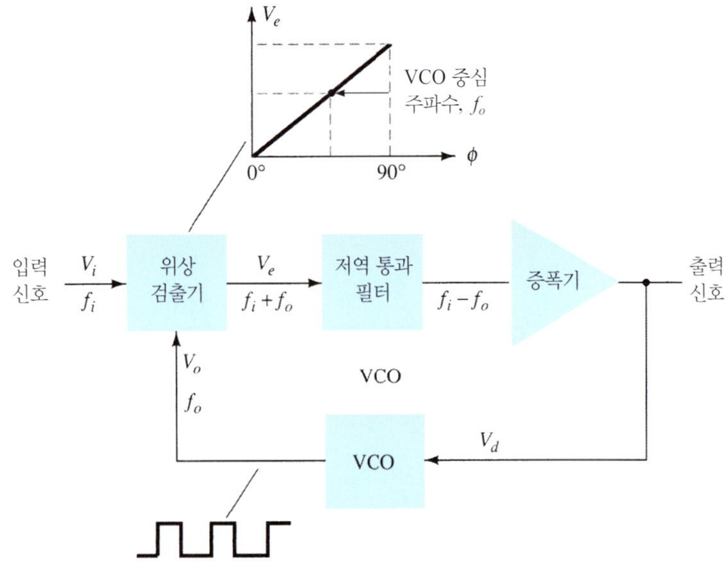

그림 13.25 기본적인 위상 동기 루프의 블록 선도

저역 통과 필터, 전압 제어형 발진기로 구성된 전자 회로이다. PLL의 일반적인 응용은 다음과 같다. (1) 복수 개의 기준 신호 주파수를 제공하는 주파수 합성기[예를 들면 시민 주파수대(citizens' band: CB) 장치의 복수 채널용, 또는 단일 크리스탈 제어형 주파수를 사용하여 발생시킬 수 있는 복수 채널], (2) 입력신호 주파수와 PLL 출력전압 사이의 선형성이 우수한 FM 복조회로, (3) FSK(frequency-shift keying)에서 사용하는 디지털 데이터 전송에 있어서 반송 주파수의 복조, (4) 모뎀(modem), 원격 측정 수신 및 송신 장치, 음성 해독기(tone decoders), AM 검출기, 트래킹 필터(tracking filter) 등을 포함하는 광범위한 분야 등에 응용한다.

입력신호 V_i와 VCO에서 오는 V_o가 위상 비교기(그림 13.25 참조)에 의해 비교되어 두 신호 간의 위상차를 나타내는 출력전압 V_e가 생성된다. 이 전압은 저역 통과 필터로 입력되어 PLL의 출력이 되며(필요에 따라 증폭되기도 한다), 내적으로 VCO의 주파수를 변조시켜 준다. 이 회로의 폐루프 작동은 VCO의 주파수를 입력신호의 주파수에 고정되도록 한다.

PLL의 기본 작동

PLL 회로의 기본 작동은 그림 13.25 회로를 기준으로 사용하여 설명될 수 있다. 먼저 루프가 동기 상태에서 작동할 때(입력신호 주파수와 VCO 주파수가 같을 때) PLL의 각 회로의 작동을 살펴보기로 하자. 입력신호의 주파수가 VCO 출력신호의 주파수와 같을 때, 출력전압으로 취해진 V_d는 VCO를 입력신호와 같도록 고정시키는 데 필요한 값이다. 그러면 VCO는 입력신호의 주파수와 같은 일정한 진폭의 구형파 신호를 출력시킨다. 가장 좋은 작동은 VCO의 중간 주파수 f_o가 선형 작동 범위의 중간 위치의 직류 바이어스에 설정될 때 이루어진다. 증폭기는 이 조정을 필터회로의 출력에서 얻은 직류 전압을 사용하여 가능하게 한다. 루프가 동기 상태에 있을 때 비교기의 두 신호는 위상이 똑같은 것은 아니지만 주파수가 같다. 비교기의 두 신호의 위상차가 일정하기 때문에 VCO에 가해지는 직류 전압도 같아진다. 입력신호 주파수의 변화는 VCO에 대한 직류 전압의 변화를 초래한다. 취득 및 동기 주파수 범위 내에서 직류 전압에 의해 VCO 주파수와 입력 주파수는 일정하게 된다.

루프가 동기 상태를 이루려고 하는 동안 위상 비교기의 출력은 비교된 두 신호의 합과 차에 해당하는 주파수 성분을 포함한다. 저역 통과 필터는 신호의 저주파 성분만 통과시켜 루프가 입력신호와 VCO 신호를 동기시킬 수 있게 해 준다.

VCO의 제한된 작동 범위와 PLL 회로의 피드백 접속으로 인하여 PLL에 대한 두 가지 중요한 주파수대가 규정된다. PLL의 취득 범위(capture range)는 VCO의 자유 운동 주파수 f_o 부근의 주파수로 집중된다. 그 범위 내에서 루프는 입력신호와 동기 상태를 이룰 수 있다. 일단 PLL이 취득을 이루면, PLL은 동기 범위(lock range)라는 좀 더 넓은 주파수 범위 내에서 입력신호와 동기 상태를 유지한다.

응용

PLL은 (1) 주파수 복조(demodulation), (2) 주파수 합성(synthesis), (3) FSK 해독기를 비롯한 광범위한 분야에 걸쳐 이용된다. 이것들의 각각의 예는 다음에서 설명하기로 한다.

주파수 복조 FM 복조 또는 검출은 PLL 회로를 사용하여 직접적으로 성취할 수 있다. 만일 PLL의 중심 주파수가 FM 반송 주파수에서 선택되거나 설계되면, 그림 13.25 회로의 필터링된 전압 또는 출력전압은 신호 주파수의 변화에 비례하여 변동하는 복조전압이 된다. 그러므로 PLL 회로는 FM 수신 장치에 사용된 바와 같은 완전한 중간 주파수(IF) 스트립(strip), 리미터(limiter) 및 복조기로서 작동한다.

그림 13.26a는 많이 사용되는 PLL IC인 565를 나타낸 것이다. 565는 위상 검출기, 증폭기 및 전압 제어형 발진기를 갖고 있으며, 내부에는 이들의 일부분만이 접속되어 있다. 외부저항과 커패시터 R_1 및 C_1은 VCO의 자유 운동 주파수 또는 중심 주파수를 정하는 데 쓰인다. 또 다른 외부 커패시터 C_2는 저역 통과 필터의 통과 대역을 정하는 데 쓰이며, VCO의 출력은 PLL 루프의 폐루프를 구성하기 위해 입력으로 연결되어야만 한다. 일반적으로 565는 V^+와 V^- 2개의 전압 공급을 해주어야 한다.

그림 13.26b는 565 PLL이 FM 복조기로 작동하도록 연결한 것이다. 저항 R_1과 커패시터 C_1은 자유 운동 주파수 f_o를 다음과 같이 설정한다.

$$\boxed{f_o = \frac{0.3}{R_1C_1}}$$

$$= \frac{0.3}{(10 \times 10^3)(220 \times 10^{-12})} = 136.36\ \text{kHz} \tag{13.9}$$

한계는 $2\ \text{k}\Omega \leq R_1 \leq 20\ \text{k}\Omega$이므로, 동기 범위는 공급전원 $V = \pm 6$에 대하여 다음과 같이 정해진다.

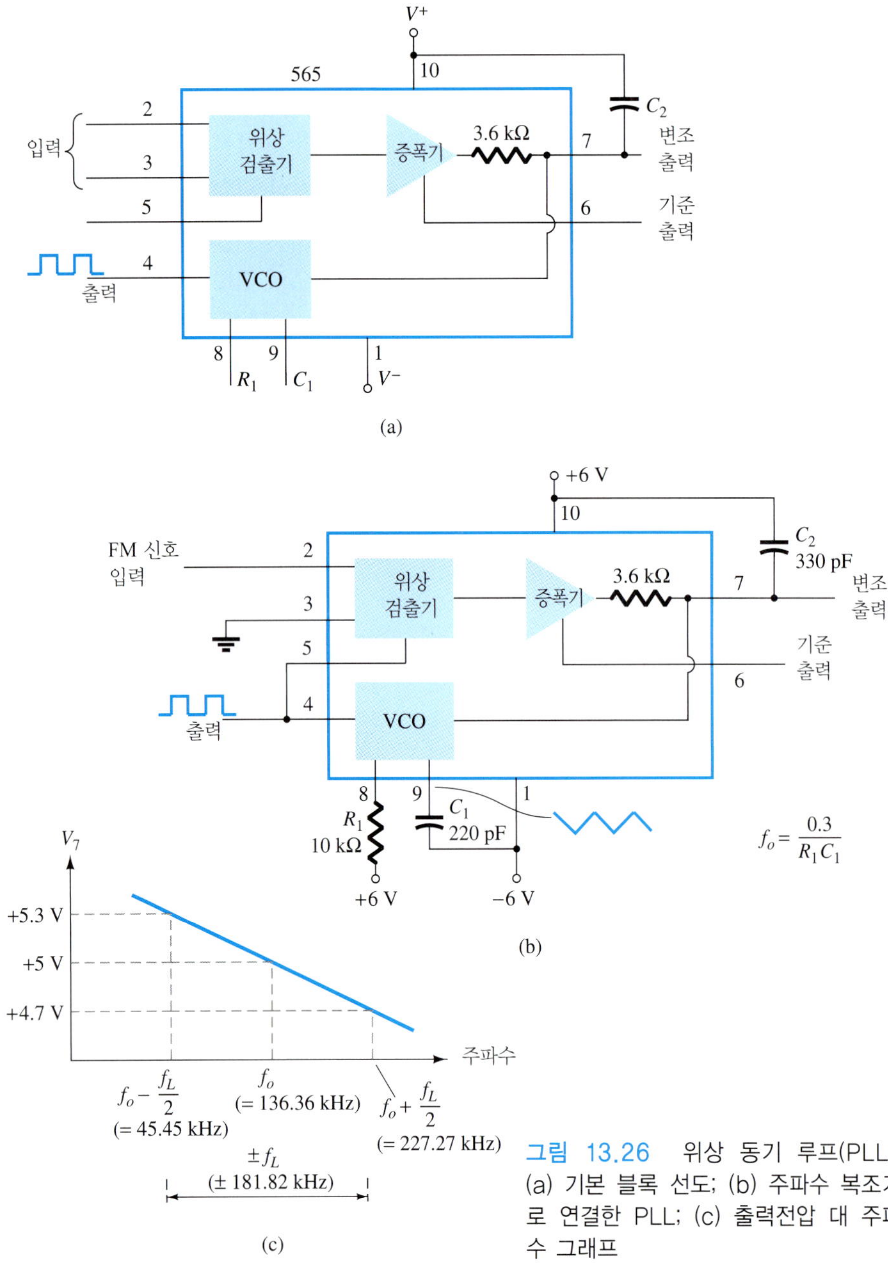

그림 13.26 위상 동기 루프(PLL): (a) 기본 블록 선도; (b) 주파수 복조기로 연결한 PLL; (c) 출력전압 대 주파수 그래프

$$f_L = \pm\frac{8f_o}{V}$$

$$= \pm\frac{8(136.36 \times 10^3)}{6} = \pm 181.8 \text{ kHz}$$

취득 범위는 다음과 같이 정해진다.

$$f_C = \pm\frac{1}{2\pi}\sqrt{\frac{2\pi f_L}{R_2C_2}}$$

$$= \pm\frac{1}{2\pi}\sqrt{\frac{2\pi(181.8 \times 10^3)}{(3.6 \times 10^3)(330 \times 10^{-12})}} = 156.1 \text{ kHz}$$

4번 핀의 신호는 136.36 kHz의 구형파이다. 중심 주파수(f_o)를 중심으로 181.8 kHz의 동기 범위 내에 있는 입력은 출력을 7번 핀에 발생시킨다. 이때, 출력은 중심 주파수(f_o)를 만들어 내는 직류 전압 레벨 주위에서 변화하게 된다. 그림 13.26c에서 알 수 있듯이 7번 핀에서의 출력은 입력신호 주파수에 대한 함수이다. 주파수 범위가 $f_L=181.8$ kHz이고, 중심 주파수가 136.36 kHz인 곳에서 7번 핀의 직류 전압은 입력신호 주파수에 선형적으로 비례한다. 출력전압은 규정된 작동범위 내에서 주파수에 따라 변화되는 복조신호이다.

주파수 합성 주파수 합성기는 그림 13.27에서와 같이 PLL을 이용하여 만들 수 있다. 주파수 분배기가 VCO 출력과 위상 비교기 사이에 첨가되어 위상 비교기에 들어오는 루프신호가 f_o의 주파수를 가질 때, VCO 출력 주파수는 Nf_o가 된다. 이 출력은 루프가 동기 상태에 있는 한 입력 주파수의 정수배가 된다. 즉, 루프가 기본 주파수($f_o=f_1$)에 고정되면, 입력 주파수가 루프신호를 f_1으로 안정시켜 결과적으로 VCO 출력 주파수를 Nf_1으로 만든다. 그림 13.27b는 주파수 배율기로 565 PLL을 사용하고 분배기로 7490을 사용한 예를 보이고 있다. 주파수 f_1의 입력 V_i은 5번 핀의 입력(주파수 f_o)과 비교된다. Nf_o 주파수의 출력이 인버터 회로를 통해 7490의 14번 핀에 입력되며, 그 값은 0에서 +5 V 사이에서 변화한

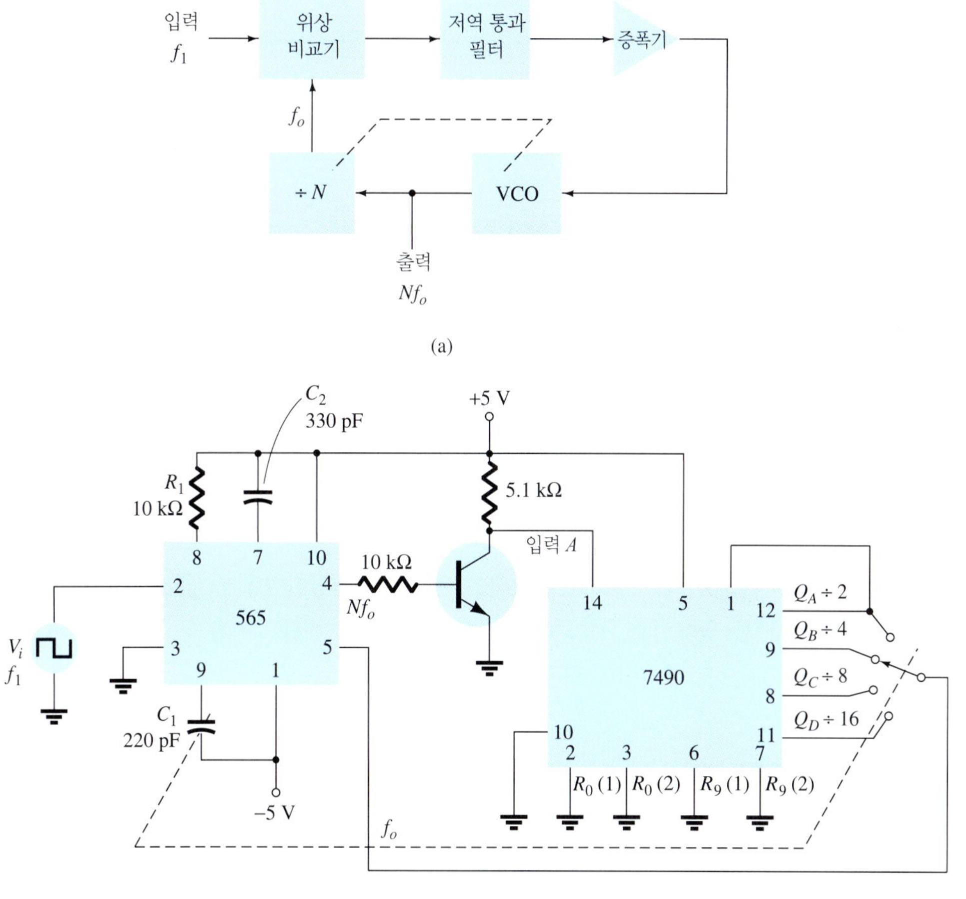

그림 13.27 주파수 합성기: (a) 블록 선도; (b) 565 PLL을 이용한 구현

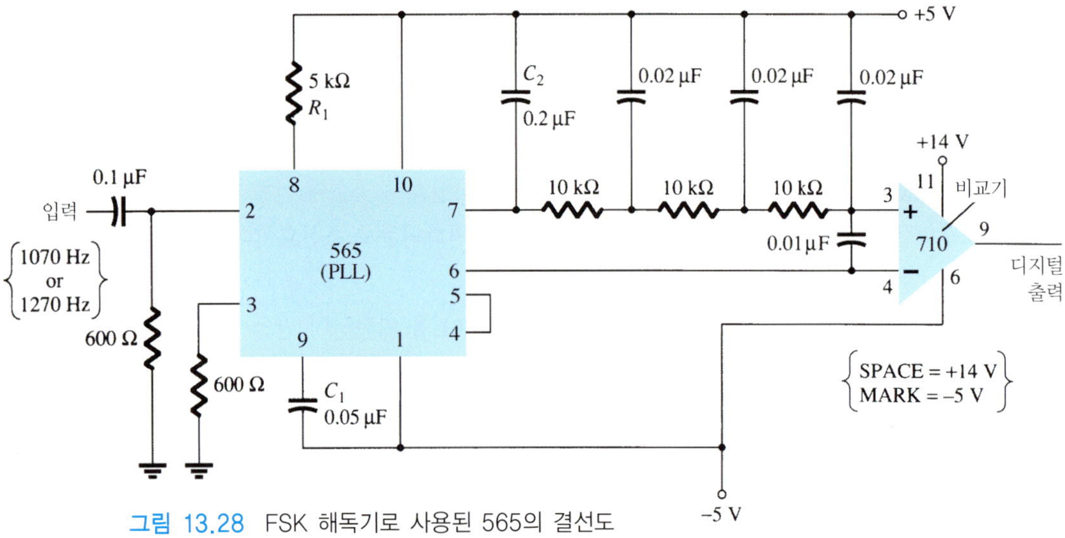

그림 13.28 FSK 해독기로 사용된 565의 결선도

다. 7490의 입력 주파수를 4분주한 9번 핀의 신호를 사용하면 PLL은 루프가 동기 상태로 있는 동안 입력 주파수의 4배가 된다. VCO는 중심 주파수에서 한정된 범위만 변화할 수 있으므로 분배기의 값이 바뀔 때마다 VCO의 주파수를 바꾸어 줄 필요가 있다. PLL 회로가 동기 상태에 있을 때, VCO 출력 주파수는 정확히 입력 주파수의 N배가 된다. 단지 f_o가 취득 및 동기 범위(capture-and-lock range) 내에 있도록 조정하기만 한다면 VCO의 출력은 폐루프에 의해 정확히 Nf_1에 주파수가 고정된다.

FSK 해독기 FSK(frequency-shift keyed) 신호 해독기는 그림 13.28과 같이 구성할 수 있다. RS-232C는 논리 레벨인 마크(mark, −5 V)와 스페이스(space, +14 V)를 서로 다른 2개의 반송파 주파수 1270 Hz와 1070 Hz로 표현하며, 두 신호 중 하나를 해독기가 수신하게 된다. 입력에 신호가 나타나면 루프는 입력 주파수로 고정되고, 2개의 가능한 주파수 중 입력 주파수를 추적하여 이에 대응되는 직류 전압을 출력시킨다.

RC 사다리형 필터(C=0.02 μF, R=10 kΩ의 3단)는 합 주파수 성분(sum frequency component)을 제거하기 위하여 사용되었다. 자유 운동 주파수(free running frequency)는 R_1을 사용하여 7번 핀 출력의 직류 전압이 6번 핀 전압 레벨과 같게 만드는 방법으로 조정할 수 있다. 그러면 1070 Hz 주파수의 입력은 해독기의 출력전압을 더 높게 만들어 디지털 출력을 고전압 레벨(스페이스, +14 V)로 만든다. 한편 1270 Hz 주파수가 입력되면 565의 출력전압이 낮아지므로 디지털 출력은 저전압 레벨(마크, −5 V)로 떨어진다.

13.7 인터페이스 회로

디지털 회로 혹은 아날로그 회로에서 다른 형태의 회로를 연결하기 위해서는 여러 가지 인터페이스(interface) 회로가 필요하다. 또한 인터페이스 회로는 부하를 구동할 때나 수신기

회로로 신호를 받아들일 때에도 쓰인다. 구동기는 많은 부하를 작동시키거나, 혹은 릴레이, 디스플레이, 전력 장치 등과 같은 소자들을 작동시키기에 충분한 크기의 전압 또는 전류 출력신호를 제공하는 역할을 한다. 수신기는 입력신호를 받아들일 때, 입력 부하를 최소화하기 위해 높은 입력 임피던스를 제공하여야 한다. 이와 더불어 인터페이스 회로는 스트로브(strobe) 작동회로를 사용하기도 하는데, 스트로브 작동이란 스트로브에 의한 특정 시간 동안 인터페이스 신호와 연결해 주는 것이다.

그림 13.29a는 듀얼 라인 구동기(dual-line driver)를 나타내는데, 각각의 구동기는 TTL 입력신호들을 받아 TTL 혹은 MOS 회로를 구동할 수 있는 출력을 낸다. 이런 형태의 인터페이스 회로는 여러 가지 형태가 있는데, 어떤 것은 반전 형태이고, 다른 어떤 것들은 비반전 형태이다. 그림 13.29b의 듀얼 라인 수신기는 반전과 비반전 입력을 둘 다 가지고 있는 형태로 두 작동 중 하나를 선택할 수 있도록 되어 있다. 예를 들어 반전 입력에 입력신호를 연결하면 수신 장치에 대해 반전된 출력이 나오고, 비반전 입력에 연결하면 인터페이스 작동은 같지만 수신된 신호와 같은 극성이 나온다. 그림 13.29의 구동기 수신기 회로망은 스트로브 신호가 있을 때만(이 경우는 고전압) 신호를 출력한다.

또 다른 형태의 인터페이스 회로는 키보드, 비디오 단말기, 프린터와 같은 다양한 디지털 입력과 출력신호를 연결하는 데 사용된다. RS-232C는 EIA 전자 공업 표준의 하나로 디지털 신호를 마크(논리 1)와 스페이스(논리 0)로 표현한다. 마크와 스페이스에 대한 정의는 회로의 종류에 따라 다르게 사용된다(그럴지라도 마크와 스페이스 신호의 허용 한계를 충분히 정의하고 있다).

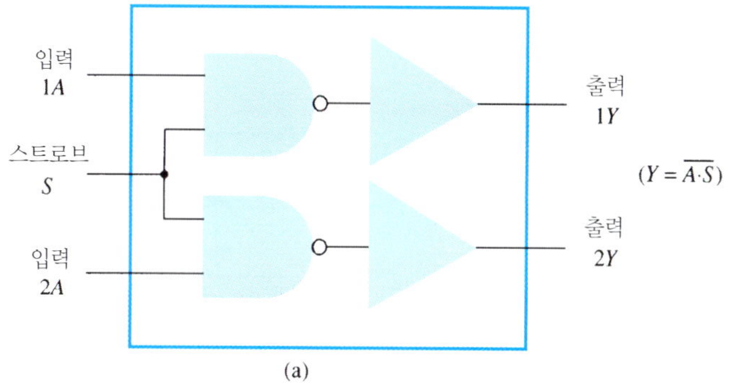

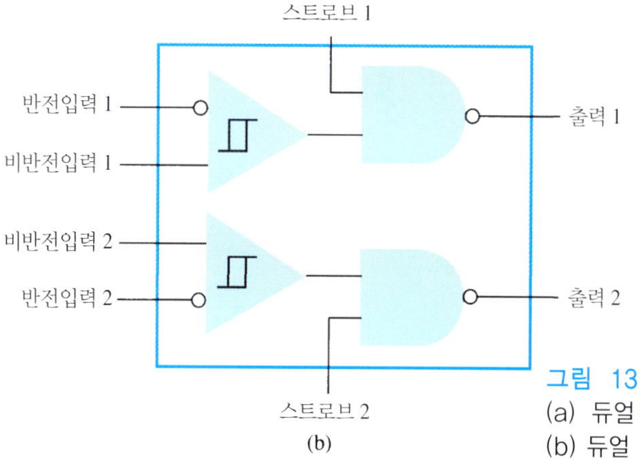

그림 13.29 인터페이스 회로: (a) 듀얼 라인 구동기(SN75150); (b) 듀얼 라인 수신기(SN75152)

RS-232C와 TTL 변환기

TTL 회로에서는 +5 V가 마크이며 0 V가 스페이스이다. 또한, RS-232C에서는 마크가 −12 V이며 스페이스가 +12 V이다. 그림 13.30a는 몇 가지의 마크와 스페이스의 정의를 표로 나타낸 것이다. RS-232C로 정의되는 출력을 갖는 기기가 TTL 입력신호 레벨을 갖고 있는 기기를 구동하기 위해 그림 13.30b와 같은 인터페이스 회로를 사용한다. 구동기의 −12 V 마크신호는 다이오드에 의해 잘려서 인버터 입력에 0 V 정도의 신호를 주어 출력을 +5 V(TTL 마크)가 되도록 한다. +12 V의 RS-232C의 스페이스는 인버터에 의해 0 V의 스페이스가 출력된다.

인터페이스 회로의 또 다른 예는 그림 13.30c처럼 TTY 전류 루프(current loop)의 신호를 TTL 레벨로 바꾸는 회로이다. 마크 입력은 텔레타이프(TTY)의 출력선으로부터 20 mA의 전류가 나올 때 발생한다. 이 전류는 광분리기(opto-isolator)의 다이오드 소자를 작동시켜 출력 트랜지스터를 전도시킨다. 그러면 인버터의 입력전압이 저전압으로 떨어지면서 7407 인버터 출력을 +5 V로 바꾸어 준다. 그 결과 TTY의 마크가 TTL의 마크가 된다. 텔레타이프의 스페이스는 전류가 흐르지 않는 것이므로 광분리기 트랜지스터는 차단 상태가 되어 인버터 출력은 TTL의 스페이스 신호인 0 V가 된다.

또 다른 디지털 신호의 인터페이스 방법은 개방 컬렉터(open-collector) 출력이나 3상(tri-state) 출력을 사용하는 것이다. 그림 13.31과 같이 다른 전자 소자와 연결되지 않은 트랜지스터의 컬렉터로 신호가 출력될 때, 이를 개방 컬렉터 출력이라 한다. 이를 이용하면 같은 선이나 버스에 많은 신호를 연결할 수 있다. 연결된 트랜지스터들 중 1개만 전도되어

	Current Loop	RS-232-C	TTL
MARK	20 mA	−12 V	+5 V
SPACE	0 mA	+12 V	0 V

(a)

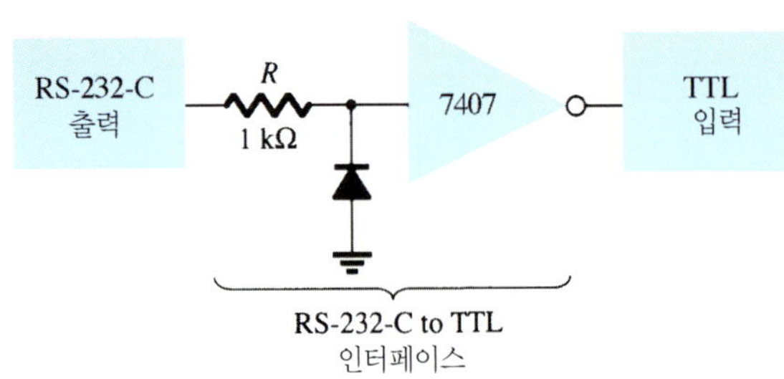

(b)

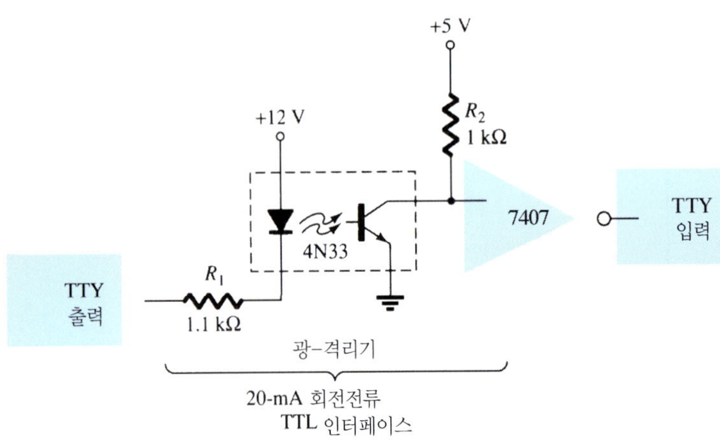

(c)

그림 13.30 인터페이스 표준과 변환 회로들

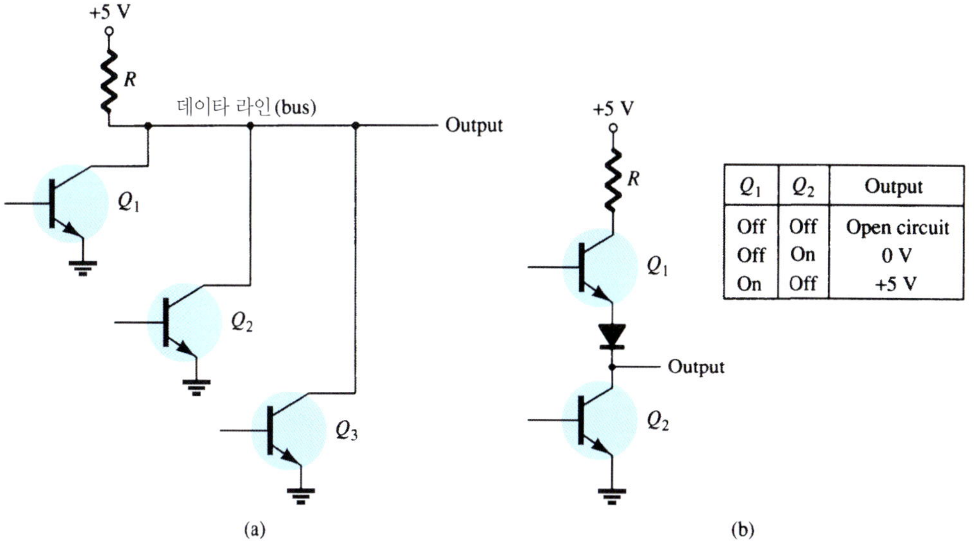

그림 13.31 데이터 선에 연결: (a) 개방 컬렉터 출력; (b) 3가지 상태 출력

도 출력은 저전압 상태가 되는 반면, 모든 트랜지스터가 차단 상태가 되어야 출력은 고전압 상태가 된다.

13.8 요약

중요 결론 및 개념

1. 비교기는 어떤 입력이 다른 입력보다 높거나 낮을 때, 최대 높음이나 최소 낮음을 출력한다.

2. DAC(digital-to-analog converter)는 디지털-아날로그 변환기이다.

3. ADC(analog-to-digital converter)는 아날로그-디지털 변환기이다.

4. 타이머 IC:

a. 비안정 회로는 클럭으로 작동한다.

b. 단안정 회로는 단발 또는 타이머로 작동한다.

5. 위상 동기 루프(phase-locked loop: PLL) 회로는 위상 검출기(phase detector), 저역 통과 필터(low-pass filter), 전압 제어형 발진기(voltage-controlled oscillator: VCO)를 포함한다.

6. 인터페이스 회로는 두 가지의 표준 타입이 있다: **RS-232C와 TTL**

13.9 컴퓨터 해석

PSpice 윈도우

이 장에서 다룬 많은 실제 연산 증폭기 응용회로는 PSpice를 통해 해석할 수 있다. 다양한 문

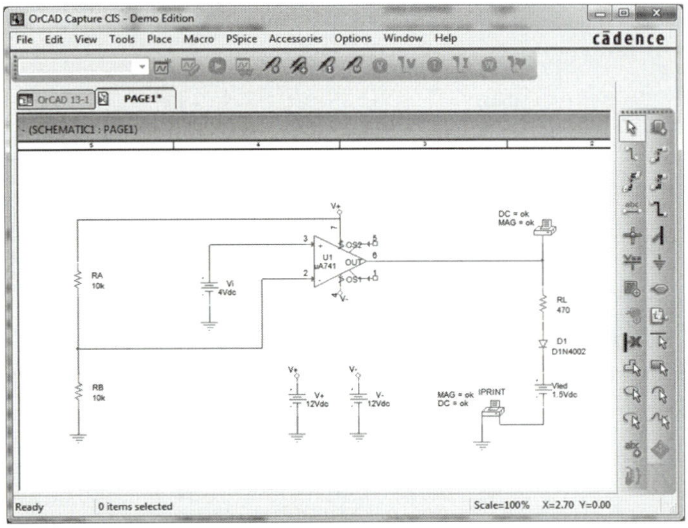

그림 13.32 LED를 구동하는 비교기 회로

제들은 직류 바이어스, 혹은 **PROBE** 명령을 사용하여 파형 형태로 나타내 해석할 수 있다.

프로그램 13.1-LED를 구동하는 비교기 회로 Design Center를 이용하여 그림 13.32와 같은 LED 지시기를 구동하는 출력 구동기 회로를 그릴 수 있다. DC 출력전압의 크기를 보기 위해 V_o에 **VPRINT1** 소자를 넣고 **DC**와 **MAG**를 선택한다. 또한 LED로 흐르는 전류를 보기 위해 **IPRINT** 소자를 그림 13.32처럼 **LED** 전류 미터와 직렬로 연결한다. **Analysis Setup**은 그림 13.33과 같이 선택한다. **DC Sweep**에서 V_i는 그림처럼 4에서 8 V까지 1 V 간격으로 변하도록 설정한다. 모의 실험 후에, 그림 13.34와 같은 해석 결과를 얻을 수 있다.

그림 13.32의 회로는 전압 분배기를 구성하여 6 V 입력을 연산 증폭기 음의 단자에 연결

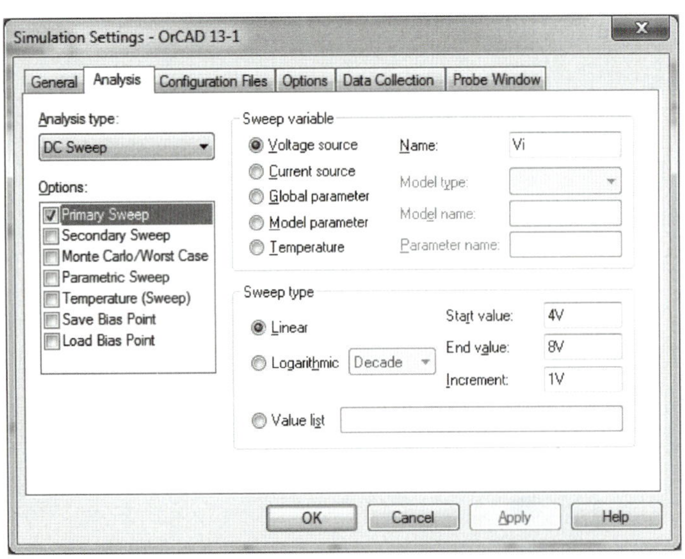

그림 13.33 그림 13.32 회로의 직류 스위프를 위한 해석 설정

```
****      DC TRANSFER CURVES
**********************************************
V_Vi          V(N00334)

4.000E+00     1.200E+01
5.000E+00     1.200E+01
6.000E+00     1.200E+01
7.000E+00     1.200E+01
8.000E+00     1.200E+01

****      DC TRANSFER CURVES
**********************************************
V_Vi          I(V_PRINT2)

4.000E+00     -2.079E-02
5.000E+00     -2.079E-02
6.000E+00     -2.079E-02
7.000E+00     -2.079E-02
8.000E+00     -2.079E-02
```

그림 13.34 그림 13.32의 출력해석(편집).

하여 양의 단자로 들어오는 입력 V_i가 6 V 아래로 들어오면 출력을 음의 최저 전압(−10 V)으로 바꾸어 준다. 반면에 +6 V 이상의 전압 이상이 들어오면 출력은 양의 최고 전압(+10 V)으로 만들어 준다. 따라서 LED는 +6 V의 레퍼런스 신호보다 큰 입력에 대해서는 켜지고, +6 V 이하의 입력에서는 꺼진다. 그림 13.34는 입력전압을 4~8 V까지 변화시켰을 때의 출력전압과 LED 전류를 리스트한 것이다. 이를 통해 입력이 +6 V 미만일 때, LED 전류가 거의 0이 되고, 입력이 +6 V 이상이 될 때 전류가 거의 20 mA가 되어 LED에 불이 들어오게 되는 것을 알 수 있다.

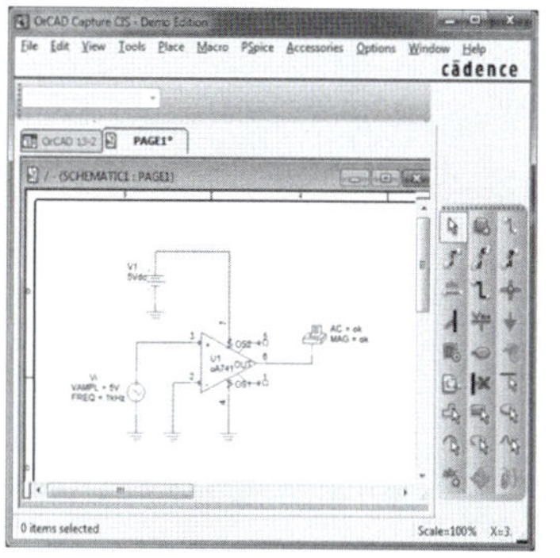

그림 13.35 비교기의 회로도

프로그램 13.2-비교기 작동 비교기 IC의 작동을 그림 13.35와 같이 741 연산 증폭기를 사용하여 나타낼 수 있다. 입력은 5 V 사인파이다. **Analysis Setup**에서 **Transient** 해석을 선택하고 **Print Step**은 **20 ns**, **Final Time**은 **3 ms**로 설정한다. 입력이 비반전 입력에 인가되기 때문에 출력이 동상으로 나온다. 입력이 0 V 위로 올라갈 때, 출력은 양의 최고값(+5 V 부근) 으로 올라가고, 입력이 0 V 아래로 내려갈 때, 출력이 음의 최저값이 된다. 이 경우는 음의 전압 입력을 0 V로 바꾸어 주기 때문에 출력의 최저값이 0 V가 된다. 그림 13.36은 **PROBE** 입력과 출력전압의 출력 파형을 나타낸다.

프로그램 13.3-발진기로 사용된 555 타이머의 작동 그림 13.37은 발진기로 사용된 555 타이머의 배선을 보여준다. 식 (13.3)과 식 (13.4)를 이용하여 충전 시간과 방전 시간을 다음과 같이 계산할 수 있다.

$$T_{\text{high}} = 0.7(R_A + R_B)C = 0.7(7.5\,\text{k}\Omega + 7.15\,\text{k}\Omega)(0.1\,\mu\text{F}) = 1.05\,\text{ms}$$
$$T_{\text{low}} = 0.7R_BC = 0.7(7.5\,\text{k}\Omega)(0.1\,\mu\text{F}) = 0.525\,\text{ms}$$

그림 13.38에 트리거와 출력 파형의 결과를 나타내었다. 트리거 신호가 상한값까지 충전되면 출력은 0 V의 낮은 출력으로 떨어진다. 트리거 신호가 하한값까지 방전하기 전까지 출력은 0 V의 낮은 상태를 유지하고, 트리거 신호가 하한값에 도달하는 순간 출력은 +5 V의

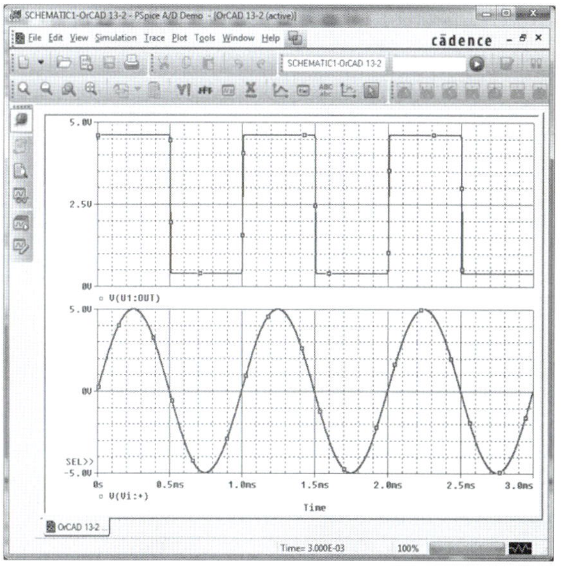

그림 13.36 그림 13.35 비교기의 probe 출력 파형

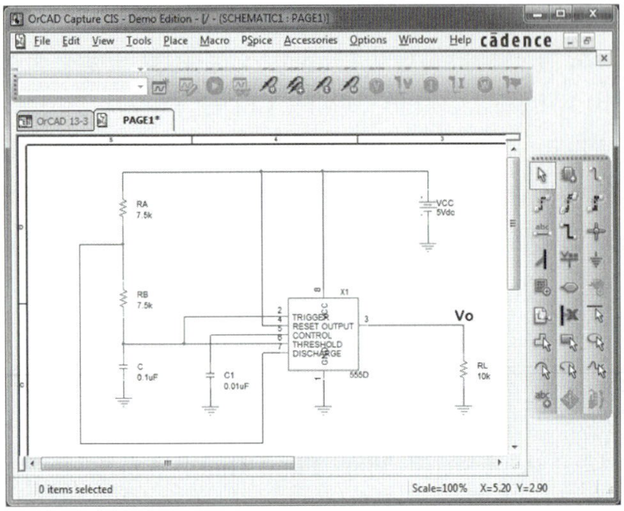

그림 13.37 555 타이머 발진기의 회로도

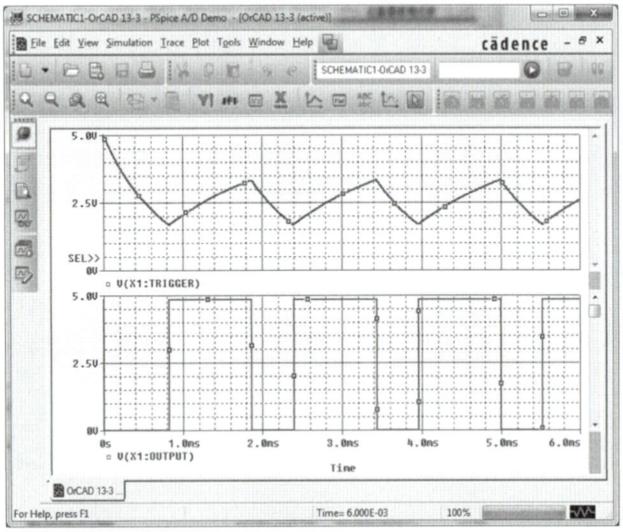

그림 13.38 그림 13.37의 555 발진기의 probe 출력 파형

높은 상태로 올라가게 된다.

Multisim

프로그램 13.4-발진기로 사용된 555 타이머 그림 13.39a는 프로그램 13.3에서와 같이 동일한 발진기 회로를 나타낸다. 이 타이머는 회로를 구성하기 위해 Multisim을 사용하였으며 오실로스코프에서 결과 파형을 보여준다. 오실로스코프는 커패시터에서의 파형과 출력으로부터의 파형을 그림 13.39b에서 나타내고 있다.

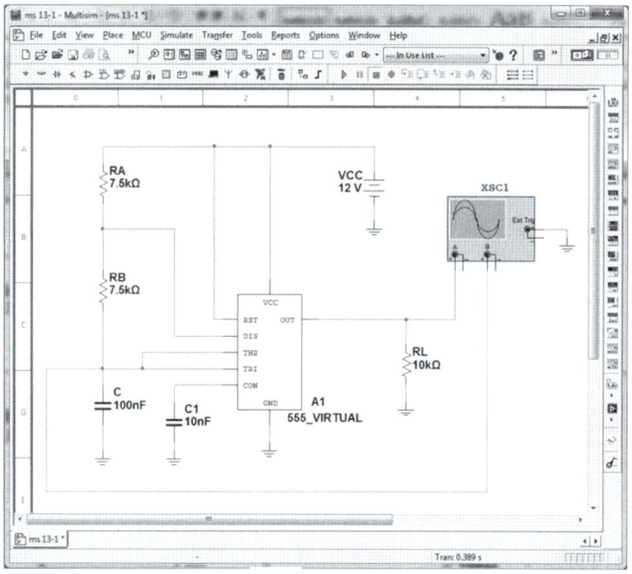

(a)

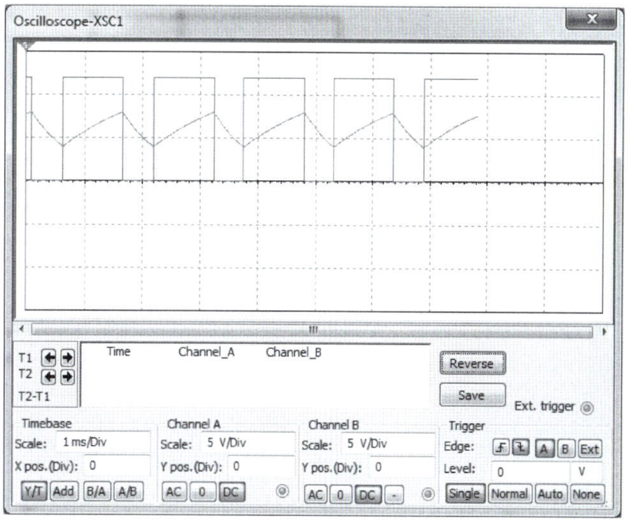

(b)

그림 13.39 (a) EBW를 사용한 타이머 발진기; (b) 스코프 화면

연 | 습 | 문 | 제

13.2 비교기 작동

1. 공급전압이 ±15 V일 때, $V_i(-)=0$ V, $V_i(+)=+5$ V인 741 연산 증폭기의 회로도를 그려라. 단자 핀의 접속도를 포함시켜라.

2. 그림 13.40의 회로의 출력 파형을 그려라.

3. 10 V rms 입력이 반전 입력에 인가되어 있고, 비반전 입력은 접지에 인가되어 있는 311 연산 증폭기의 회로도를 그려라. 이때 각 핀의 번호를 나타내라.

4. 그림 13.41 회로의 출력 파형을 그려라.

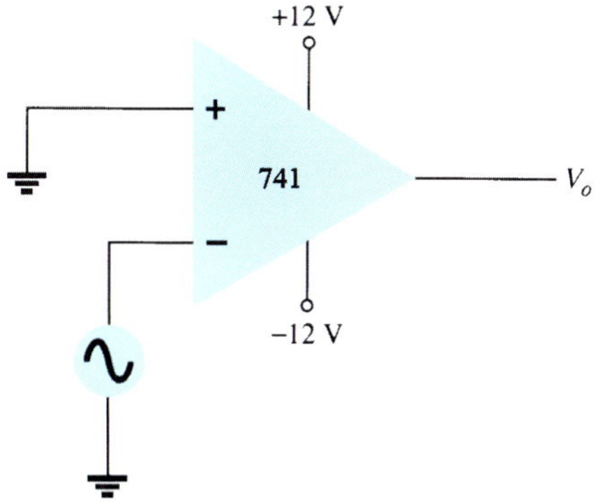

그림 13.40 문제 2

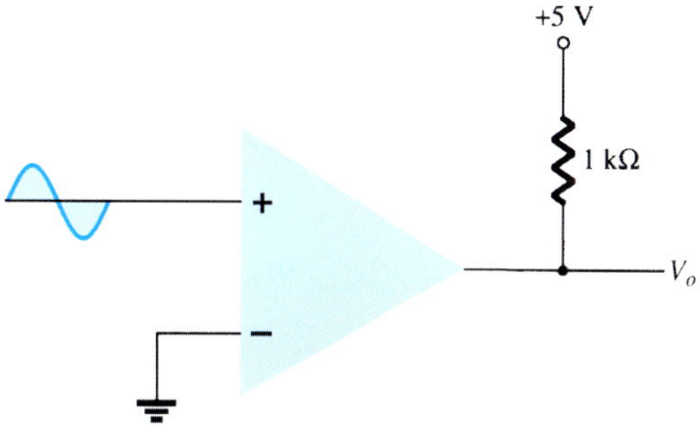

그림 13.41 문제 4

*는 다른 문제보다 다소 어려운 문제를 나타낸다.

5. ±12 V의 공급전원으로 작동하는 339 비교기를 사용하여 영점 검출기 회로도를 그려라.

6. 그림 13.42 회로의 출력 파형을 그려라.

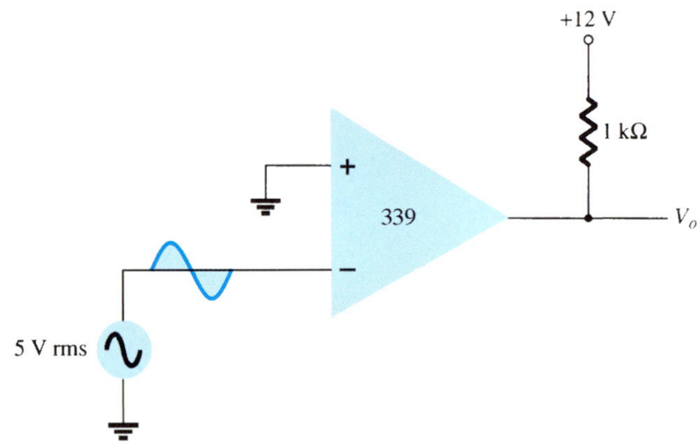

그림 13.42 문제 6

***7.** 그림 13.43 회로의 작동을 설명하라.

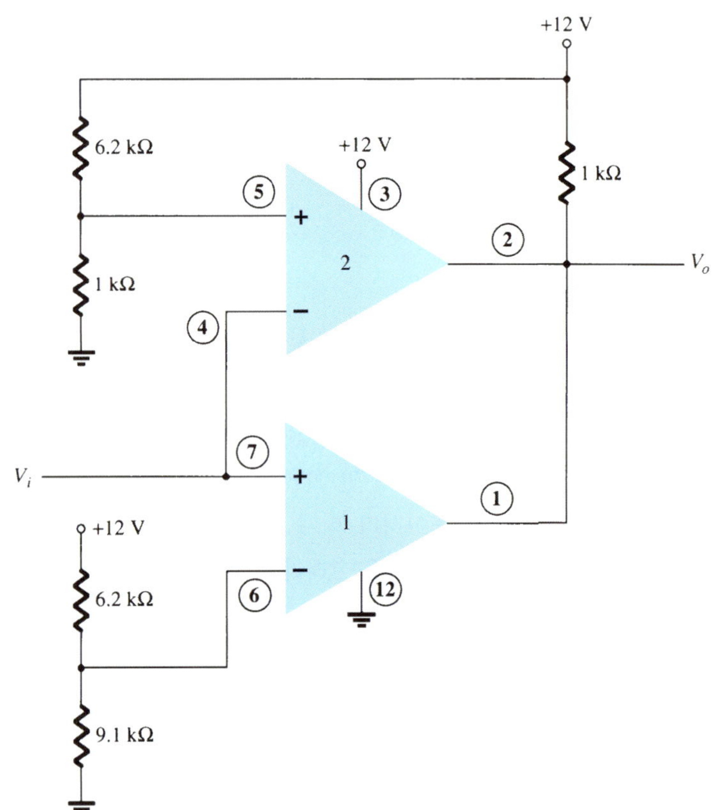

그림 13.43 문제 7

13.3 디지털-아날로그 변환기

8. 15 kΩ, 30 kΩ 저항을 사용한 5단의 사다리 회로를 그려라.

9. 기준 전압이 16 V일 때, 문제 8의 회로에서 11010의 입력이 들어올 때 출력전압을 계산하라.

10. 10 V의 기준 전압을 갖는 12단의 사다리 회로를 사용하면 어느 정도의 분해가 가능한가?

11. 듀얼 슬롭 변환기에서 고정 시간 간격 동안과 계수 간격 동안에 어떤 작동이 일어나는

지 설명하라.

12. ADC의 출력에 12단 디지털 계수기를 사용할 때 계수 단계는 몇 번인가?

13. 20 MHz의 클럭으로 작동하는 12단 계수기를 이용하면 최대 계수 시간은 얼마인가?

13.4 타이머 IC 회로 작동

14. 350 kHz에서 작동하는 비안정 멀티바이브레이터로 연결된 555 타이머의 회로를 그려라. $R_A=R_B=7.5$ kΩ일 때, 커패시터 C의 값을 구하라.

15. 시간 간격 20 μs인 555 타이머를 이용한 단발 회로를 그려라. 만일 $R_A=7.5$ kΩ이면, C의 값은 얼마로 하면 되는가?

16. $R_A=5.1$ kΩ, $C=5$ nF일 때, 10 kHz 클럭으로 트리거되는 555 타이머로 이루어진 단발 회로의 입력과 출력 파형을 그려라.

13.5 전압 제어형 발진기

17. 그림 13.22에서 $R_1=4.7$ kΩ, $R_2=1.8$ kΩ, $R_3=11$ kΩ, $C_1=0.001$ μF일 때, 566 IC를 이용한 VCO의 중심 주파수를 계산하라.

***18.** 그림 13.23 회로에서 $C_1=0.001$ μF일 때, 주파수 영역을 구하라.

19. 그림 13.22 회로에서 200 kHz 출력을 얻기 위한 커패시터의 값을 구하라.

13.6 위상 동기 루프

20. 그림 13.26b 회로에서 $R_1=4.7$ kΩ, $C_1=0.001$ μF일 때, VCO의 자유 운동 주파수를 구하라.

21. 그림 13.26b 회로에서 100 kHz의 중심 주파수를 얻기 위한 C_1값을 구하라.

22. 그림 13.26b 회로에서 $R_1=4.7$ kΩ, $C_1=0.001$ μF일 때, PLL 회로의 고정 범위를 구하라.

13.7 인터페이스 회로

23. 전류 루프와 RS-232C 인터페이스의 신호 조건에 대해 설명하라.

24. 데이터 버스에 대해 설명하라.

25. 개방 컬렉터와 3상 출력의 차이점은 무엇인가?

13.9 컴퓨터 해석

***26.** 그림 13.32의 회로를 LM111을 이용하여 Design Center로 그려라. 음의 입력 단자에는 $V_i=5$ V가 인가되고, 양의 입력 단자에는 +5 V가 인가되었다. Probe를 이용하여 출력 파형을 관찰하라.

***27.** 그림 13.35 회로를 Design Center로 그려라. 결과들을 표의 형태로 나타내라.

***28.** Multisim을 이용하여 출력 $t_{\text{low}}=2$ ms, $t_{\text{high}}=5$ ms인 555 발진기를 설계하라.

CHAPTER **14**

피드백과 발진기 회로

학습목표 CHAPTER OBJECTIVE

- 음의 피드백의 개념
- 실용적인 피드백 회로
- 여러 종류의 발진기 회로

14.1 피드백의 개념

피드백에 대해서는 앞에서 이미 설명하였고, 특히 10장과 11장에서 연산 증폭기에 사용하는 것을 보았다. 회로에 피드백되는 신호의 상대적 극성에 따라 양 또는 음의 피드백으로 나눌 수 있는데, 음의 피드백(negative feedback)은 전압 이득이 감소하는 대가로 회로의 여러 가지 특성을 향상시키게 되며, 이것은 뒤에 자세히 설명할 것이다. 양의 피드백(positive feedback)은 여러 종류의 발진기 회로에서 사용되어 회로를 발진시킨다.

그림 14.1은 전형적인 피드백 결선을 나타낸다. 입력신호 V_s는 피드백 신호인 V_f 신호와

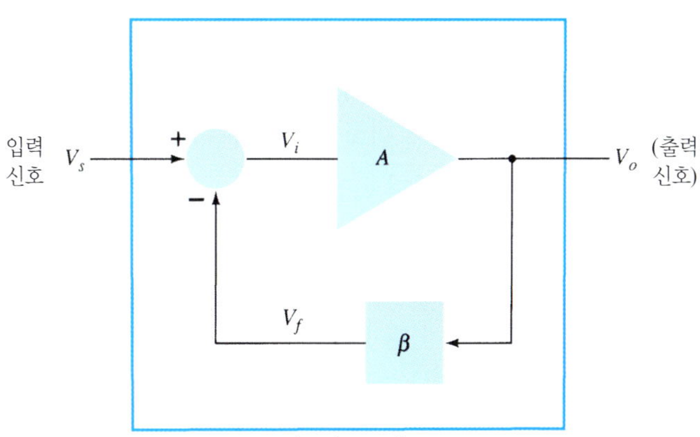

그림 14.1 피드백 증폭기의 간단한 블록 선도

믹서(mixer)회로에서 합쳐지고, 이 두 신호의 차 V_i는 증폭기의 입력전압이 된다. 증폭기 출력 V_o는 피드백 회로 (β)에 연결되는데, 피드백 회로는 인가된 신호를 축소하여 입력 믹서회로에 전달하는 역할을 한다.

만약 피드백 신호가 그림 14.1과 같이 입력신호와 반대 극성이 된다면 음의 피드백이 일어난다. 음의 피드백은 전체 이득을 감소시키지만 다음과 같은 많은 이점이 생기게 된다.

1. 고입력 임피던스
2. 안정된 전압 이득
3. 주파수 응답의 개선
4. 저출력 임피던스
5. 잡음의 감소
6. 선형 동작의 증대

14.2 피드백 결선의 종류

피드백 회로의 결선에는 4가지 기본 방식이 있다. 전압과 전류 모두 직렬 또는 병렬로 입력에 피드백될 수 있다. 이는 다음과 같다.

1. 전압 직렬 피드백(그림 14.2a)
2. 전압 병렬 피드백(그림 14.2b)
3. 전류 직렬 피드백(그림 14.2c)
4. 전류 병렬 피드백(그림 14.2d)

위의 목록에서 전압(voltage)은 출력전압을 피드백 회로의 입력으로 연결한 것을 의미하고, 전류(current)는 출력 전류를 피드백 회로의 입력으로 연결하는 것을 의미한다. 직렬(series)은 피드백 신호를 입력전압 소스와 직렬로 연결한 것을 의미하고, 병렬(shunt)은 피드백 신호를 입력전류 소스와 병렬로 연결한 것을 의미한다.

피드백을 직렬로 연결하면 입력 임피던스는 증가하는 경향이 있고, 반면에 병렬로 연결하면 입력 임피던스가 감소하는 경향이 있다. 전압 피드백은 출력 임피던스를 감소시키는 경향이 있고, 전류 피드백은 출력 임피던스를 증가시키는 경향이 있다. 대부분의 종속접속 증폭기(cascade amplifier)에서는 높은 입력 임피던스와 낮은 출력 임피던스를 필요로 한다. 따라서, 전압 직렬 피드백을 이용하면 위의 특성을 다 얻을 수 있게 된다. 먼저 전압 직렬 피드백 증폭기의 실제 회로에 대해 살펴보자.

피드백이 있는 경우의 이득

이 절에서는 그림 14.2의 각각 회로의 연결에 대해 이득을 살펴보고자 한다. 피드백이 없는 경우의 이득은 증폭기의 이득 A와 같다. 반면에 피드백 β가 있는 경우에는 전체 이득이 $(1+\beta A)$배 만큼 줄어든다. 자세한 내용은 다음에 설명할 것이다. 그림 14.2의 이득(gain)과 피드백 인수(feedback factor), 피드백이 있는 경우의 이득(gain with feedback)을 정리하

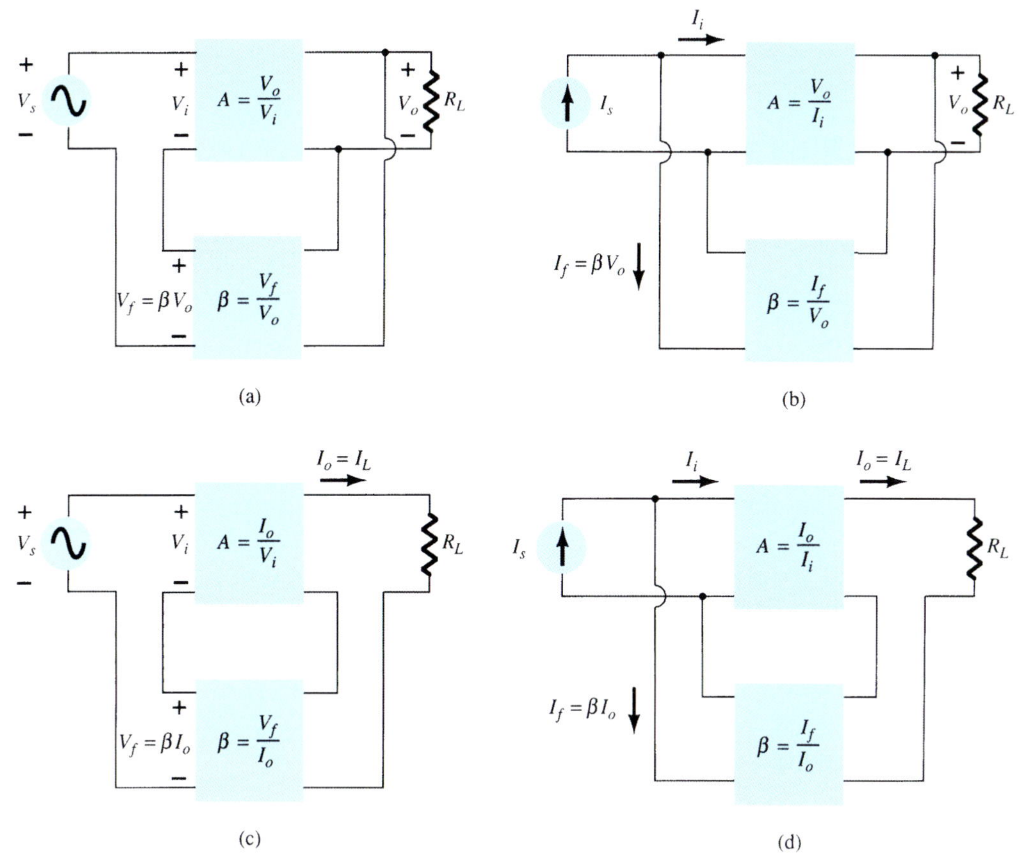

그림 14.2 피드백 증폭기의 종류: (a) 전압 직렬 피드백, $A_f = V_O/V_S$; (b) 전압 병렬 피드백, $A_f = V_O/I_s$; (c) 전류 직렬 피드백, $A_f = I_O/V_S$; (d) 전류 병렬 피드백, $A_f = I_O/I_S$

표 14.1 그림 14.2로부터 이득과 피드백 인수 및 피드백이 있는 경우의 이득 요약

		전압-직렬	전압-병렬	전류-직렬	전류-병렬
피드백이 없는 경우 이득	A	$\frac{V_o}{V_i}$	$\frac{V_o}{I_i}$	$\frac{I_o}{V_i}$	$\frac{I_o}{I_i}$
피드백	β	$\frac{V_f}{V_o}$	$\frac{I_f}{V_o}$	$\frac{V_f}{I_o}$	$\frac{I_f}{I_o}$
피드백이 있는 경우 이득	A_f	$\frac{V_o}{V_s}$	$\frac{V_o}{I_s}$	$\frac{I_o}{V_s}$	$\frac{I_o}{I_s}$

여 표 14.1에 나타내었다.

전압 직렬 피드백 그림 14.2a는 출력전압의 일부분이 입력신호에 직렬로 피드백됨으로써 전체 이득의 감소를 가져온 전압 직렬 피드백 연결을 보여준다. 만일 피드백이 없을 경우($V_f = 0$), 증폭단의 전압 이득은 다음과 같다.

$$A = \frac{V_o}{V_s} = \frac{V_o}{V_i} \tag{14.1}$$

만일 피드백 신호 V_f가 입력과 직렬로 연결되면,

$$V_i = V_s - V_f$$

이다. 여기서 $$V_o = AV_i = A(V_s - V_f) = AV_s - AV_f = AV_s - A(\beta V_o)$$

이므로 $$(1 + \beta A)V_o = AV_s$$

이다. 따라서 피드백을 갖고 경우의 전체 전압 이득은 다음과 같다.

$$\boxed{A_f = \frac{V_o}{V_s} = \frac{A}{1 + \beta A}} \tag{14.2}$$

식 (14.2)는 피드백을 갖는 경우의 이득은 증폭기 이득을 $(1+\beta A)$ 인수로 감소시킨다는 것을 보여준다. 이 인수는 다른 회로들의 특성 가운데서 입력 및 출력 임피던스에 영향을 주는 것을 보게 될 것이다.

전압 병렬 피드백 그림 14.2b의 회로에서의 이득은

$$A_f = \frac{V_o}{I_s} = \frac{A\,I_i}{I_i + I_f} = \frac{A\,I_i}{I_i + \beta V_o} = \frac{A\,I_i}{I_i + \beta A\,I_i}$$

$$\boxed{A_f = \frac{A}{1 + \beta A}} \tag{14.3}$$

가 된다.

피드백이 있는 경우의 입력 임피던스

전압 직렬 피드백 그림 14.3에 전압 직렬 피드백 연결을 상세히 나타내었다. 이 경우의 입력 임피던스는 다음과 같이 구할 수 있다.

$$I_i = \frac{V_i}{Z_i} = \frac{V_s - V_f}{Z_i} = \frac{V_s - \beta V_o}{Z_i} = \frac{V_s - \beta A V_i}{Z_i}$$

$$I_i Z_i = V_s - \beta A V_i$$

$$V_s = I_i Z_i + \beta A V_i = I_i Z_i + \beta A I_i Z_i$$

$$\boxed{Z_{if} = \frac{V_s}{I_i} = Z_i + (\beta A)Z_i = Z_i(1 + \beta A)} \tag{14.4}$$

직렬 피드백이 있는 경우의 입력 임피던스는 피드백이 없는 경우의 입력 임피던스에 $(1+\beta A)$를 곱한 값이 되며, 이것은 전압 직렬(그림 14.2a)과 전류 직렬(그림 14.2c)의 구조에 적용된다.

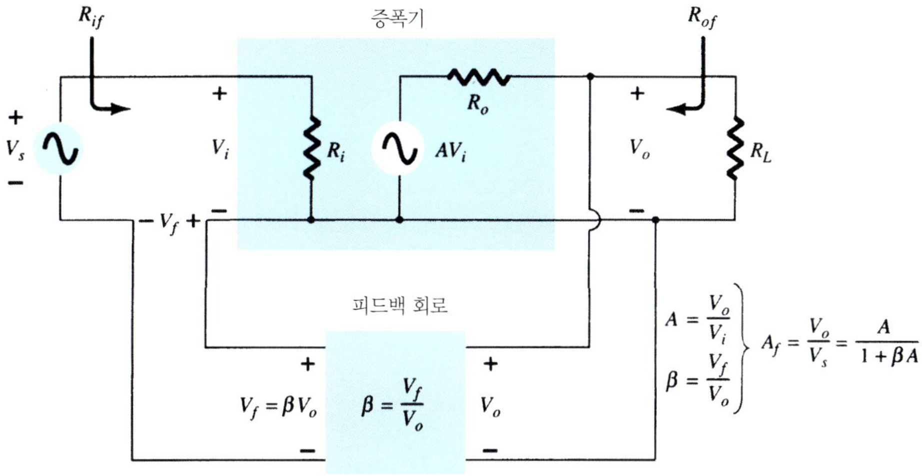

그림 14.3 전압 직렬 피드백 결선도

전압 병렬 피드백 그림 14.4에 전압 병렬 피드백 연결을 상세히 나타내었다. 이 경우의 입력 임피던스는 다음과 같이 구할 수 있다.

$$Z_{if} = \frac{V_i}{I_s} = \frac{V_i}{I_i + I_f} = \frac{V_i}{I_i + \beta V_o}$$

$$= \frac{V_i/I_i}{I_i/I_i + \beta V_o/I_i}$$

$$\boxed{Z_{if} = \frac{Z_i}{1 + \beta A}} \tag{14.5}$$

이와 같이 감소된 입력 임피던스는 그림 14.2a의 전압 병렬 결선과 그림 14.2b의 전류 직렬 결선에 적용된다.

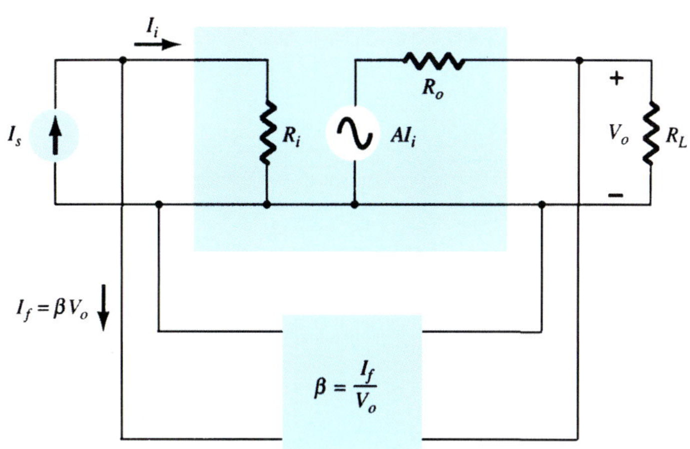

그림 14.4 전압 병렬 피드백 결선도

피드백이 있는 경우의 출력 임피던스

그림 14.2의 연결에서 출력 임피던스는 사용된 전압 피드백 또는 전류 피드백에 의존하게 된다. 전압 피드백이면 출력 임피던스가 감소하는 반면, 전류 피드백이면 출력 임피던스가 증가된다.

전압 직렬 피드백 그림 14.3의 전압 직렬 피드백 회로는 피드백이 있는 경우의 출력 임피던스를 구하기 위해 사용된다. 출력 임피던스는 입력 V_s를 제거한 후($V_s=0$), 출력에 전압 V를 인가했을 때 나타나는 전류 I로 계산할 수 있다. 따라서 전압은

$$V = IZ_o + AV_i$$

$V_s=0$이 되고

$$V_i = -V_f$$

가 된다. 따라서

$$V = IZ_o - AV_f = IZ_o - A(\beta V)$$

이다. 이 식을 정리하면

$$V + \beta AV = IZ_o$$

이다. 따라서, 피드백을 갖는 경우의 전체 전압 이득은 다음과 같다.

$$\boxed{Z_{of} = \frac{V}{I} = \frac{Z_o}{1 + \beta A}} \tag{14.6}$$

식 (14.6)은 전압 직렬 피드백이 있는 경우의 출력 임피던스는 피드백이 없는 경우의 출력 임피던스를 $(1+\beta A)$로 나눈 것임을 보여준다.

전류 직렬 피드백 전류 직렬 피드백이 있는 경우의 출력 임피던스는 V_s를 단락하여 제거하고, 출력에 신호 V를 인가하여 얻어지는 전류 I를 이용하여 이때의 V/I로 구할 수 있다. 그림 14.5는 전류 직렬 피드백이 있는 경우에 대한 자세한 연결을 나타낸다. 그림 14.5에 나타낸 전류 직렬 피드백 결선의 출력 부분에 나타나는 출력 임피던스는 다음과 같이 결정된다. $V_s=0$이므로,

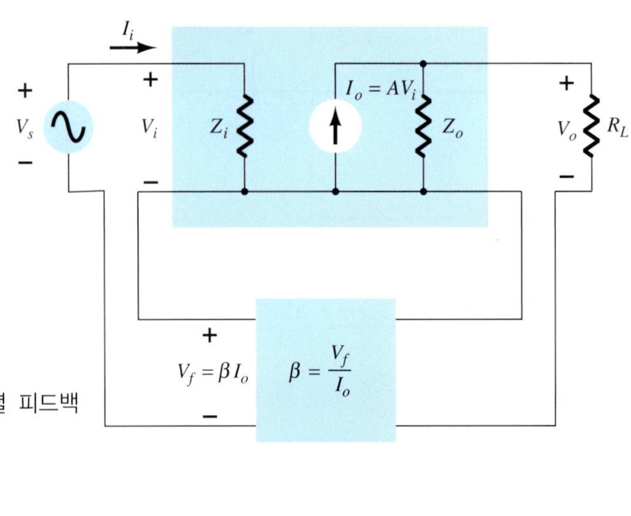

그림 14.5 전류 직렬 피드백 결선도

표 14.2 입력 및 출력 임피던스에 미치는 피드백의 영향

	전압-직렬	전류-직렬	전압-직렬	전류-직렬
Z_{if}	$Z_i(1+\beta A)$ (증가됨)	$Z_i(1+\beta A)$ (증가됨)	$\dfrac{Z_i}{1+\beta A}$ (감소됨)	$\dfrac{Z_i}{1+\beta A}$ (감소됨)
Z_{of}	$\dfrac{Z_o}{1+\beta A}$ (감소됨)	$Z_o(1+\beta A)$ (증가됨)	$\dfrac{Z_o}{1+\beta A}$ (감소됨)	$Z_o(1+\beta A)$ (증가됨)

$$V_i = V_f$$

$$I = \frac{V}{Z_o} - AV_i = \frac{V}{Z_o} - AV_f = \frac{V}{Z_o} - A\beta I$$

$$Z_o(1+\beta A)I = V$$

$$\boxed{Z_{of} = \frac{V}{I} = Z_o(1+\beta A)} \tag{14.7}$$

이다. 입력 및 출력 임피던스에 대한 피드백의 영향을 표 14.2에 요약하였다.

예제 14.1 전압 직렬 피드백 회로에서 $A=-100$, $R_i=10\ \text{k}\Omega$, $R_o=20\ \text{k}\Omega$이고, 피드백이 (a) $\beta=-0.1$, (b) $\beta=-0.5$일 때, 전압 이득, 입력 임피던스 및 출력 임피던스를 구하라.

풀이 식 (14.2), (14.4)와 (14.6)을 이용하면

a. $$A_f = \frac{A}{1+\beta A} = \frac{-100}{1+(-0.1)(-100)} = \frac{-100}{11} = \mathbf{-9.09}$$

$$Z_{if} = Z_i(1+\beta A) = 10\,\text{k}\Omega\,(11) = \mathbf{110\,k\Omega}$$

$$Z_{of} = \frac{Z_o}{1+\beta A} = \frac{20\times10^3}{11} = \mathbf{1.82\,k\Omega}$$

b. $$A_f = \frac{A}{1+\beta A} = \frac{-100}{1+(-0.5)(-100)} = \frac{-100}{51} = \mathbf{-1.96}$$

$$Z_{if} = Z_i(1+\beta A) = 10\,\text{k}\Omega\,(51) = \mathbf{510\,k\Omega}$$

$$Z_{of} = \frac{Z_o}{1+\beta A} = \frac{20\times10^3}{51} = \mathbf{392.16\,\Omega}$$

예제 14.1은 개선된 입력 및 출력 임피던스를 위한 이득의 절충을 나타낸다. 피드백 인수 11에 의한 이득의 감소(100에서 9.09)는 동일한 피드백 인수 11만큼 출력저항이 감소되고, 입력저항이 증가되는 것으로 보상된다. 또 인수 51이 이득을 감소시켜 2가 되면 입력저항은 그만큼 커지고(500 kΩ 이상), 출력저항은 20 kΩ에서 400 Ω 이하로 작아진다. 따라서, 설계자는 피드백을 이용해 증폭기 이득을 희생하여 회로 특성을 바꿀 수 있다.

주파수 왜곡의 감소

$\beta A \gg 1$인 음의 피드백 증폭기에 대해 이득은 $A_f \cong 1/\beta$이다. 여기서 만약 피드백 회로가 단지 저항만으로 구성되면 기본 증폭기의 이득이 주파수에 따라 변하더라도 피드백 증폭기의 이득은 주파수와 관계없이 일정하게 된다. 즉 증폭기 이득이 주파수에 따라 변하기 때문에 생기는 주파수 왜곡(frequency distortion)은 음의 피드백 증폭기에서 현저히 감소한다.

잡음 및 비선형 왜곡의 감소

신호를 피드백시키면 전원 잡음과 같은 잡음신호와 비선형 왜곡을 감소시킬 수 있다. 인수 $(1+\beta A)$는 입력 잡음과 비선형 왜곡을 괄목할 만큼 개선시킨다. 하지만 이때 전체 회로 이득(회로의 성능 개선을 위해 대가가 필요하다)은 감소된다는 것에 유의하여야 한다. 만일 전체 이득을 피드백이 없을 때의 이득 수준으로 끌어올리기 위해서 추가로 증폭기를 사용하면 그 추가된 증폭단은 피드백 증폭기로 감소시킨 만큼의 잡음을 다시 시스템으로 유도할 수도 있다는 점을 고려해야 한다. 이 문제는 감소된 잡음신호를 제공함과 동시에 높은 이득을 얻을 수 있도록 피드백 증폭기의 이득을 재조정함으로써 어느 정도 감소시킬 수는 있다.

이득과 대역폭에 대한 음의 피드백의 영향

식 (14.2)에서 음의 피드백이 있는 경우의 전체 이득은

$$A_f = \frac{A}{1 + \beta A} \cong \frac{A}{\beta A} = \frac{1}{\beta} \qquad \beta A \gg 1\text{일 때}$$

임을 보였다. 즉 $\beta A >> 1$이면 전체 이득은 약 $1/\beta$이 된다. 하나의 저주파 및 고주파 극점을 갖는 실제의 증폭기에 있어서 능동 소자와 회로의 커패시턴스 때문에 개방 루프 이득이 고주파에서 떨어진다. 또 증폭기 각 단의 결합 커패시턴스 때문에 이득은 저주파에서도 떨어진다. 일단 개방 루프 이득 A가 너무 작아져 βA는 1보다 더 이상 크지 않게 되면, 식 (14.2)의 결과인 $A_f \cong 1/\beta$는 더 이상 성립하지 않는다.

그림 14.6은 음의 피드백 증폭기의 대역폭(B_f)은 피드백이 없는 증폭기의 대역폭(B)보다

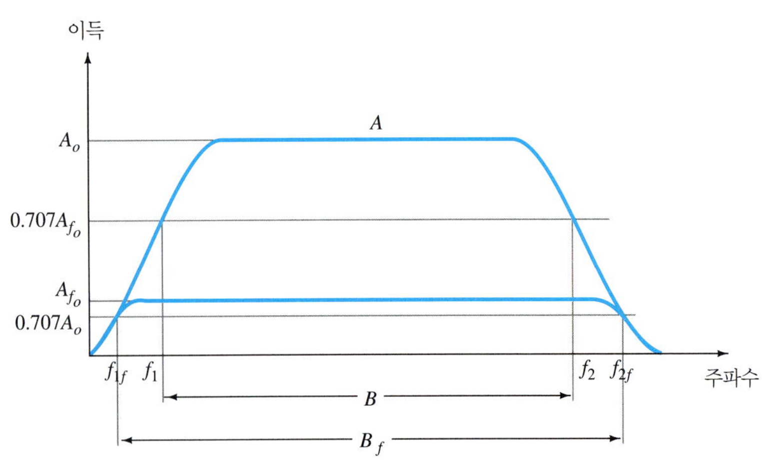

그림 14.6 이득과 대역폭에 대한 음의 피드백의 영향

넓다는 것을 나타내 준다. 피드백 증폭기는 더 높은 상한 3 dB 주파수와 더 낮은 하한 3 dB 주파수를 갖는다.

피드백이 있으면 전압 이득은 떨어지지만 대역폭 B가 증가하고, 특히 상한 3 dB 주파수가 증가한다는 것은 재미있는 사항이다. 사실 이득과 주파수의 곱은 일정하여 기본 증폭기의 이득 대역폭의 곱은 피드백 증폭기에서와 같다. 그러나 피드백 증폭기는 이득이 작으므로 결국 이득과 대역폭을 바꾼 것이 된다(보통 $f_2 \gg f_1$이기 때문에, 상한 3 dB 주파수를 대역폭으로 사용한다).

피드백이 있을 때의 이득 안정도

정밀한 이득값을 결정하는 β값과 더불어 피드백이 있는 증폭기가 피드백이 없을 때보다 얼마나 이득이 안정한가를 살펴보자. 식 (14.2)를 미분하면 다음과 같다.

$$\left|\frac{dA_f}{A_f}\right| = \frac{1}{|1 + \beta A|}\left|\frac{dA}{A}\right| \tag{14.8}$$

$$\left|\frac{dA_f}{A_f}\right| \cong \left|\frac{1}{\beta A}\right|\left|\frac{dA}{A}\right| \qquad \beta A \gg 1\text{일 때} \tag{14.9}$$

이것은 피드백이 있을 경우, 이득의 상대적 변화 크기인 $\left|\frac{dA_f}{A_f}\right|$는 피드백이 없는 경우의 $\left(\left|\frac{dA}{A}\right|\right)$에 비해 $|\beta A|$로 나눈 만큼 감소되는 것을 알 수 있다.

예제 14.2 $A=-1000$, $\beta=-0.1$인 증폭기의 이득이 온도 변화로 20% 변했을 때 피드백 증폭기 이득의 변화를 계산하라.

풀이 식 (14.9)에서,

$$\left|\frac{dA_f}{A_f}\right| \cong \left|\frac{1}{\beta A}\right|\left|\frac{dA}{A}\right| = \left|\frac{1}{-0.1(-1000)}(20\%)\right| = \mathbf{0.2\%}$$

가 되어 100배가 개선되었다. 그러므로 증폭기 이득이 $|A|=1000$에서 20% 변하는 데 대해 피드백이 있는 경우의 이득은 $|A_f|=100$에서 단지 0.2%만 변한다.

14.3 실제의 피드백 회로

실제 피드백 회로의 예는 여러 가지 결선 방법에 의한 피드백 효과를 설명하는 수단을 제공할 것이다. 이 절에서는 이 주제에 대해 기본적인 소개만을 하고자 한다.

전압 직렬 피드백

그림 14.7은 전압 직렬 피드백형의 FET 증폭단을 나타내어 준다. 출력신호(V_o)의 일부가

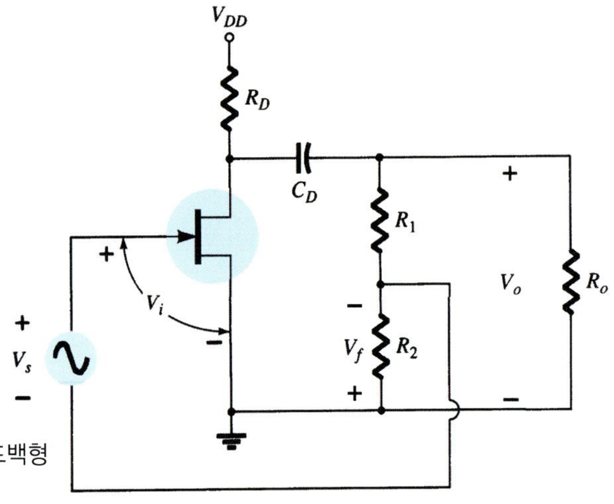

그림 14.7 전압 직렬 피드백형 FET 증폭기

저항 R_1과 R_2로 된 피드백 회로에 의해 얻어진다. 피드백 전압 V_f는 입력신호 소스 V_s와 직렬 연결되어 그 차가 입력신호 V_i가 된다.

피드백이 없을 경우 증폭기의 이득은

$$A = \frac{V_o}{V_i} = -g_m R_L \tag{14.10}$$

이다. 여기서 R_L은 다음과 같이 병렬 등가저항이다.

$$R_L = R_D R_o (R_1 + R_2) \tag{14.11}$$

피드백 회로의 피드백 인수는

$$\beta = \frac{V_f}{V_o} = \frac{-R_2}{R_1 + R_2} \tag{14.12}$$

이고, 식 (14.2)에 위에서 구한 A와 β를 대입하면 음의 피드백 증폭기의 이득은

$$A_f = \frac{A}{1 + \beta A} = \frac{-g_m R_L}{1 + [R_2 R_L/(R_1 + R_2)]g_m} \tag{14.13}$$

이다. 만일 $\beta A \gg 1$이 성립하면 다음과 같다.

$$\boxed{A_f \cong \frac{1}{\beta} = -\frac{R_1 + R_2}{R_2}} \tag{14.14}$$

예제 14.3 그림 14.7의 FET 증폭기 회로에서 회로 소자의 값이 R_1=80 kΩ, R_2=20 kΩ, R_o=10 kΩ, R_D=10 kΩ, g_m=4000 μS일 때, 피드백이 있을 때와 없을 때 이득을 계산하라.

풀이

$$R_L \cong \frac{R_o R_D}{R_o + R_D} = \frac{10\,\text{k}\Omega(10\,\text{k}\Omega)}{10\,\text{k}\Omega + 10\,\text{k}\Omega} = 5\,\text{k}\Omega$$

R_1과 R_2 직렬저항은 100 kΩ으로 크기 때문에 무시하였다.

$$A = -g_m R_L = -(4000 \times 10^{-6}\,\mu\text{S})(5\,\text{k}\Omega) = \mathbf{-20}$$

피드백 인수는

$$\beta = \frac{-R_2}{R_1 + R_2} = \frac{-20\,\text{k}\Omega}{80\,\text{k}\Omega + 20\,\text{k}\Omega} = -0.2$$

이다. 피드백이 있을 경우의 이득은 다음과 같다.

$$A_f = \frac{A}{1 + \beta A} = \frac{-20}{1 + (-0.2)(-20)} = \frac{-20}{5} = \mathbf{-4}$$

그림 14.8은 연산 증폭기를 사용한 전압 직렬회로이다. 연산 증폭기의 이득 A는 피드백이 없을 경우의 피드백 인수에 의해 다음과 같이 감소된다.

$$\beta = \frac{R_2}{R_1 + R_2} \tag{14.15}$$

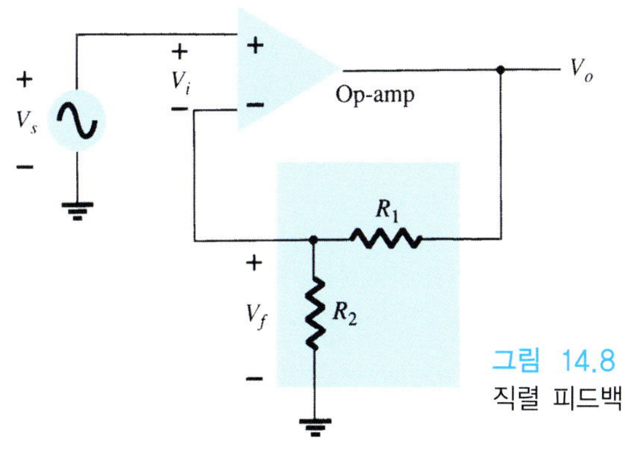

그림 14.8 연산 증폭기 결선에서의 전압 직렬 피드백

예제 14.4 그림 14.8 회로에서 연산 증폭기의 이득이 A=100,000이고, R_1=1.8 kΩ, R_2=200 Ω일 때 증폭기 이득을 구하라.

풀이

$$\beta = \frac{R_2}{R_1 + R_2} = \frac{200\,\Omega}{200\,\Omega + 1.8\,\text{k}\Omega} = 0.1$$

$$A_f = \frac{A}{1 + \beta A} = \frac{100{,}000}{1 + (0.1)(100{,}000)} = \frac{100{,}000}{10{,}001} = 9.999$$

$\beta A \gg 1$이기 때문에

$$A_f \cong \frac{1}{\beta} = \frac{1}{0.1} = \mathbf{10}$$

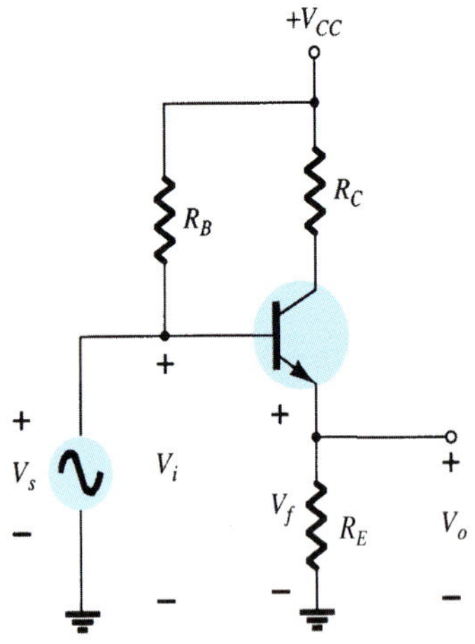

그림 14.9 전압 직렬 피드백 회로(에미터 폴로어)

그림 14.9의 에미터 폴로어 회로는 전압 직렬 피드백 회로가 된다. 신호 전압 V_s는 입력전압 V_i이다. 출력전압 V_o 또한 입력전압에 직렬로 피드백된 전압이다. 그림 14.9의 증폭기는 피드백을 갖는 작동을 한다. 피드백이 없을 때 회로의 작동은 $V_f = 0$이 되므로

$$A = \frac{V_o}{V_s} = \frac{h_{fe}I_bR_E}{V_s} = \frac{h_{fe}R_E(V_s/h_{ie})}{V_s} = \frac{h_{fe}R_E}{h_{ie}}$$

그리고 $$\beta = \frac{V_f}{V_o} = 1$$

피드백이 있을 경우의 작동은

$$A_f = \frac{V_o}{V_s} = \frac{A}{1+\beta A} = \frac{h_{fe}R_E/h_{ie}}{1+(1)(h_{fe}R_E/h_{ie})} = \frac{h_{fe}R_E}{h_{ie}+h_{fe}R_E}$$

이다. $h_{fe}R_E \gg h_{ie}$의 경우는 다음과 같다.

$$A_f \cong 1$$

전류 직렬 피드백

또 하나의 피드백 방법은 출력 전류(I_o)를 추출하여 피드백 입력에 비례하는 전압을 직렬로 피드백시키는 것이다. 이 경우에는 증폭기 이득이 안정되는 반면, 전류 직렬 피드백 결선으로 입력저항이 증가된다.

그림 14.10은 단일 트랜지스터의 증폭단을 나타낸다. 이 증폭기의 에미터가 바이패스되지 않았으므로 효과적으로 전류 직렬 피드백을 구성하게 된다. 저항 R_E를 통해 흐르는 전류는 피드백 전압이 된다. 이 피드백 전압은 인가된 소스저항과 극성이 반대이므로 출력전압 V_o는 감소된다. 전류 피드백을 제거하려면 에미터 저항을 제거하든지 혹은 에미터 저항을 커패시터로 바이패스시킨다(대체로 이 방법이 사용된다).

피드백이 없는 경우 그림 14.2a의 기본형과 표 14.1에 요약된 것을 참조하면

$$A = \frac{I_o}{V_i} = \frac{-I_bh_{fe}}{I_bh_{ie}+R_E} = \frac{-h_{fe}}{h_{ie}+R_E} \tag{14.16}$$

$$\beta = \frac{V_f}{I_o} = \frac{-I_oR_E}{I_o} = -R_E \tag{14.17}$$

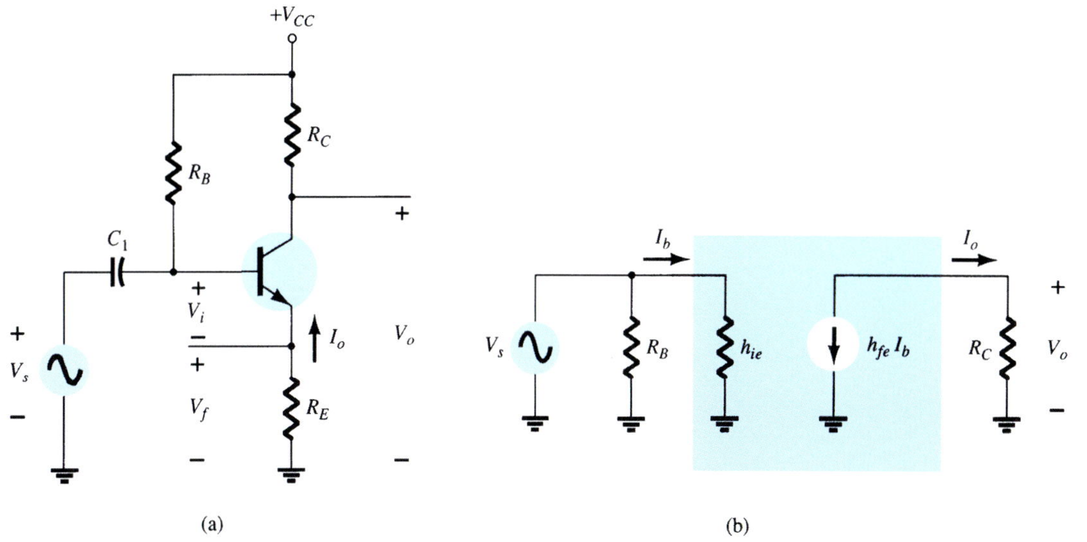

그림 14.10 전류 직렬 피드백에서 바이패스 되지 않은 에미터 저항(R_E)을 갖는 트랜지스터 증폭기: (a) 증폭기 회로; (b) 피드백이 없는 경우의 교류 등가회로

입력과 출력 임피던스는

$$Z_i = R_B \| (h_{ie} + R_E) \cong h_{ie} + R_E \quad (14.18)$$

$$Z_o = R_C \quad (14.19)$$

피드백이 있는 경우

$$A_f = \frac{I_o}{V_s} = \frac{A}{1 + \beta A} = \frac{-h_{fe}/(h_{ie} + R_E)}{1 + (-R_E)\left(\dfrac{-h_{fe}}{h_{ie} + R_E}\right)} \cong \frac{-h_{fe}}{h_{ie} + h_{fe} R_E} \quad (14.20)$$

입력과 출력 임피던스는 표 14.2에 규정된 값으로부터 계산된다.

$$Z_{if} = Z_i(1 + \beta A) \cong h_{ie}\left(1 + \frac{h_{fe} R_E}{h_{ie}}\right) = h_{ie} + h_{fe} R_E \quad (14.21)$$

$$Z_{of} = Z_o(1 + \beta A) = R_C\left(1 + \frac{h_{fe} R_E}{h_{ie}}\right) \quad (14.22)$$

피드백이 있는 경우 전압 이득(A)은

$$A_{vf} = \frac{V_o}{V_s} = \frac{I_o R_C}{V_s} = \left(\frac{I_o}{V_s}\right) R_C = A_f R_C \cong \frac{-h_{fe} R_C}{h_{ie} + h_{fe} R_E} \quad (14.23)$$

예제 14.5 그림 14.11 회로의 전압 이득을 계산하라.

풀이 피드백이 없는 경우

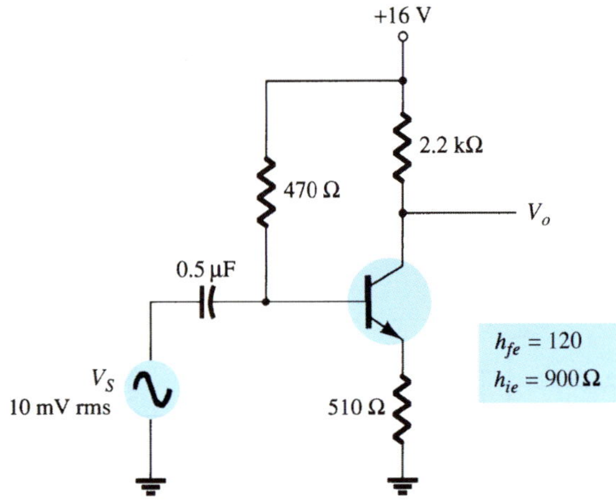

그림 14.11 예제 14.5의 전류 직렬 피드백형 BJT 증폭기

$$A = \frac{I_o}{V_i} = \frac{-h_{fe}}{h_{ie} + R_E} = \frac{-120}{900 + 510} = -0.085$$

$$\beta = \frac{V_f}{I_o} = -R_E = -510$$

그러면 인수 $(1+\beta A)$는

$$1 + \beta A = 1 + (-0.085)(-510) = 44.35$$

그러면 피드백이 있는 경우 이득은

$$A_f = \frac{I_o}{V_s} = \frac{A}{1 + \beta A} = \frac{-0.085}{44.35} = -1.92 \times 10^{-3}$$

이고, 피드백 A_{vf}가 있는 경우 전압 이득은

$$A_{vf} = \frac{V_o}{V_s} = A_f R_C = (-1.92 \times 10^{-3})(2.2 \times 10^3) = \mathbf{-4.2}$$

피드백이 없을 경우(R_E=0), 전압 이득은

$$A_v = \frac{-R_C}{r_e} = \frac{-2.2 \times 10^3}{7.5} = \mathbf{-293.3}$$

전압 병렬 피드백

그림 14.12a는 전압 병렬 피드백을 갖는 상수 이득 연산 증폭기 회로이다. 그림 14.2b와 표 14.1, 그리고 연산 증폭기의 이상적인 특성인 I_i=0, V_i=0, 무한대의 전압 이득을 고려하면

$$A = \frac{V_o}{I_i} = \infty \tag{14.24}$$

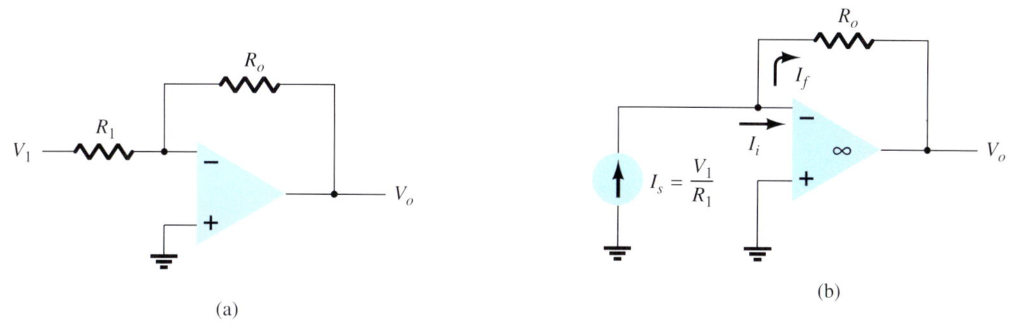

그림 14.12 전압 병렬 음의 피드백 연산 증폭기: (a) 상수 이득회로; (b) 등가회로

$$\beta = \frac{I_f}{V_o} = \frac{-1}{R_o} \tag{14.25}$$

그러면 피드백이 있는 경우, 이득은

$$A_f = \frac{V_o}{I_s} = \frac{V_o}{I_i} = \frac{A}{1 + \beta A} = \frac{1}{\beta} = -R_o \tag{14.26}$$

가 되고, 이는 전달 저항 이득(transfer resistance gain)이다. 더 일반적인 피드백 전압 이득은

$$A_{vf} = \frac{V_o}{I_s}\frac{I_s}{V_1} = (-R_o)\frac{1}{R_1} = \frac{-R_o}{R_1} \tag{14.27}$$

그림 14.13은 피드백이 없는 경우($V_f = 0$), FET를 사용하여 구성된 전압 병렬 피드백 증폭기 회로이다.

$$A = \frac{V_o}{I_i} \cong -g_m R_D R_S \tag{14.28}$$

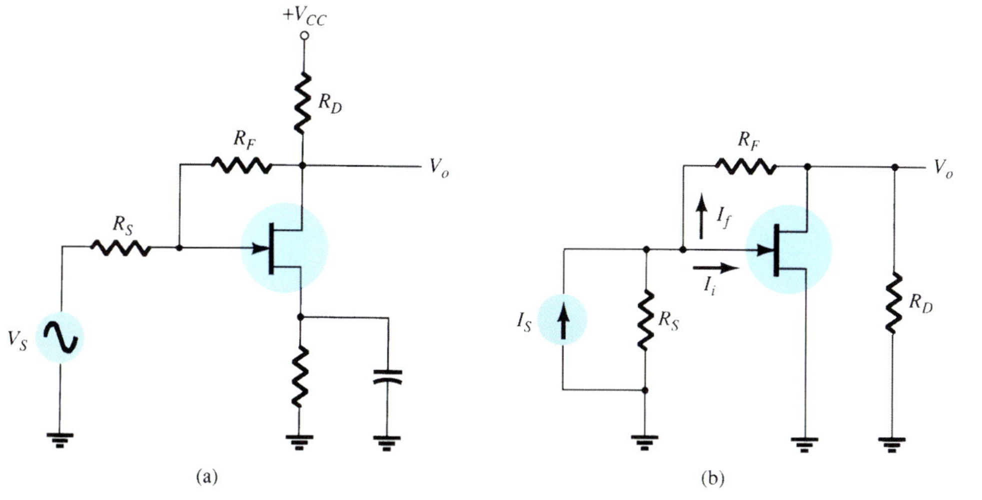

그림 14.13 FET를 사용한 전압 병렬 피드백 증폭기: (a) 회로; (b) 등가회로

피드백은

$$\beta = \frac{I_f}{V_o} = \frac{-1}{R_F} \tag{14.29}$$

피드백이 있는 경우, 회로 이득은

$$A_f = \frac{V_o}{I_s} = \frac{A}{1 + \beta A} = \frac{-g_m R_D R_S}{1 + (-1/R_F)(-g_m R_D R_S)}$$

$$= \frac{-g_m R_D R_S R_F}{R_F + g_m R_D R_S} \tag{14.30}$$

그러면 회로의 피드백 전압 이득은

$$A_{vf} = \frac{V_o}{I_s}\frac{I_s}{V_s} = \frac{-g_m R_D R_S R_F}{R_F + g_m R_D R_S}\left(\frac{1}{R_S}\right)$$

$$= \frac{-g_m R_D R_F}{R_F + g_m R_D R_S} = (-g_m R_D)\frac{R_F}{R_F + g_m R_D R_S} \tag{14.31}$$

예제 14.6 그림 14.13a에서 g_m=5 mS, R_D=5.1 kΩ, R_S=1 kΩ, R_F=20 kΩ의 값을 가질 때, 피드백이 있는 경우와 없는 경우의 전압 이득을 계산하라.

풀이 피드백이 없는 경우, 전압 이득은

$$A_v = -g_m R_D = -(5 \times 10^{-3})(5.1 \times 10^3) = \mathbf{-25.5}$$

피드백이 있는 경우, 전압 이득은 다음과 같이 줄어든다.

$$A_{vf} = (-g_m R_D)\frac{R_F}{R_F + g_m R_D R_S}$$

$$= (-25.5)\frac{20 \times 10^3}{(20 \times 10^3) + (5 \times 10^{-3})(5.1 \times 10^3)(1 \times 10^3)}$$

$$= -25.5(0.44) = \mathbf{-11.2}$$

14.4 피드백 증폭기-위상과 주파수 고려 사항

지금까지는 입력신호와 극성이 반대인 피드백, 즉 음의 피드백 증폭기 작동만을 고려해왔다. 실제 회로에서 이 조건은 단지 어떤 중간 주파수 범위에서만 작동이 만족된다. 즉 증폭기 이득은 주파수에 따라 변화하고, 중간 주파수값 이상의 높은 주파수에서는 이득이 떨어짐을 알고 있다. 뿐만 아니라 증폭기의 위상차(phase shift)도 주파수에 따라 변화한다.

만약 주파수가 증가함에 따라 위상차가 변화한다면 피드백 신호가 입력신호에 더해질 수도 있다. 그러면 양의 피드백에 의해 증폭기가 발진할 수도 있다. 만약 증폭기가 어떤 낮은 또는 높은 주파수에서 발진한다면, 증폭기로서 더 이상 소용이 없을 것이다. 따라서 회로가 단순히 관심있는 주파수 범위가 아니라 모든 주파수에서 안정하려면 적절한 피드백 증폭기 설계가 요구된다. 그렇지 않으면, 안정되게 보이던 증폭기도 과도한 외란에 의해 갑자기 발진할 수가 있다.

Harry Nyquist Harry Nyquis는 1889연 스웨덴에서 태어났다. 1907년 미국으로 이민을 가서 1976년 텍사스주에서 생을 마감하였다. 예일대학교에서 물리학 박사를 1917년에 받았다. AT&T사에 연구 개발부에서 일하였으며, 1917년부터 은퇴하는 1954년까지 Bell전화연구소에서 근무하였다. Bell연구소에 엔지니어인 Nyquist의 중요한 업적들은 열잡음, 궤환증폭기의 안정도, 전신, fax기계, TV와 다른 중요한 통신의 문제점들의 해결이다. 1932년 그는 궤환증폭기의 안정도라는 전통적인 논문을 편찬하는데, 그 Nyquist 안정도 판정기준은 궤한 제어 이론의 모든 교과서에서 찾아볼 수 있다.

Nyquist 판정 기준

주파수에 대한 함수로서 피드백 증폭기의 안정도를 판정할 때, 입력과 출력 사이의 위상차와 βA는 결정적인 인수들이다. 안정도를 조사하는 가장 널리 사용되는 기법은 Nyquist 방법이다. Nyquist 선도는 복소 평면상에 주파수의 함수로서 이득과 위상차를 그리기 위해 사용되었다. Nyquist 선도는 단일 선도상에서 이득 대 주파수, 그리고 위상차 대 주파수의 두 Bode 선도를 효과적으로 결합한 것이다. Nyquist 선도는 모든 주파수에 대해 증폭기가 안정한지, 어떤 이득 또는 위상차에 관련해서 증폭기가 얼마나 안정한지를 신속하게 판별하는 데 사용된다.

우선 그림 14.14의 복소 평면을 생각하자. 몇 개의 상이한 위상차 이동각에 따른 이득 βA를 점으로 나타내었다. 양의 실수축(0°)을 기준으로 사용했을 때, 점 1은 위상차가 0°이고 βA의 진폭이 2인 점이다. 점 2는 위상차 $-135°$에서 βA의 진폭이 3인 점이고, 점 3은 위상차 180°에서 βA의 진폭이 1인 점이다. 그래서 이 선도상의 점들은 βA의 이득 진폭과 위상차를 동시에 나타낼 수 있다. 만약 증폭기 회로의 이득과 위상차를 나타내는 점들을 주파수를 증가시키면서 그리면, 그림 14.15와 같은 Nyquist 선도를 얻을 수 있다. 원점에서는 주파수가 0이므로 이득은 0이다(*RC* 결합 증폭기에서). 점 f_1, f_2, f_3으로 주파수가 증가함에 따라, βA의 위상차와 이득도 증가한다. 그림에서 f_4의 주파수일 때, βA의 진폭은 원점에서부터 f_4점까지 벡터 길이이고, 위상차는 각 ϕ이다. 주파수 f_5에서 위상차는 180°이다. 주파수가 더 증가하면 이득은 점차 감소해서 다시 0이 된다.

안정도를 판정하는 Nyquist 판정 기준은 다음과 같이 설명할 수 있다.

만일 Nyquist 선도가 점 −1을 둘러싸면 증폭기는 불안정하고, 그렇지 않으면 안정하다.

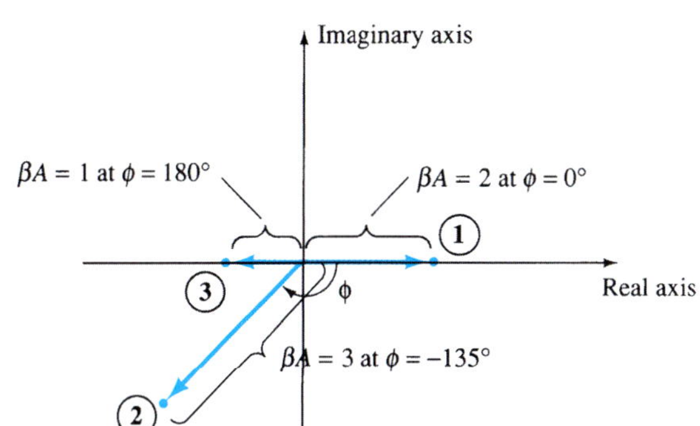

그림 14.14 전형적인 이득-위상 점을 나타내는 복소 평면

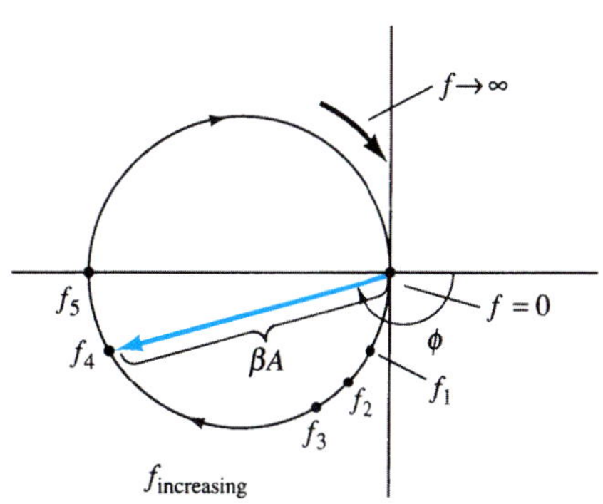

그림 14.15 Nyquist 선도

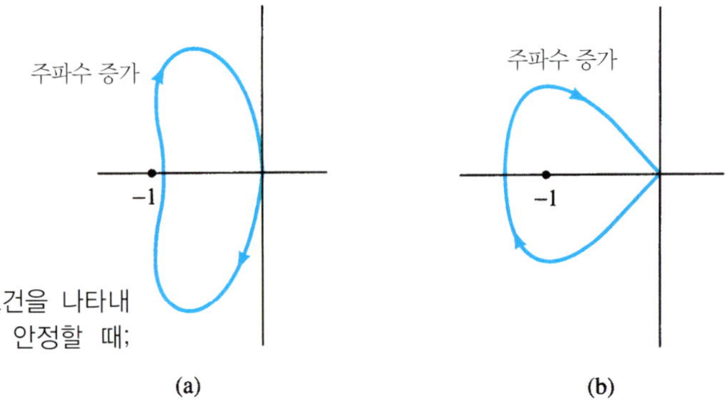

그림 14.16 안정도 조건을 나타내는 Nyquist 선도: (a) 안정할 때; (b) 불안정할 때

Nyquist 판정 기준의 예는 그림 14.16에 나타내었다. 그림 14.16a의 Nyquist 선도는 점 −1을 둘러싸지 않으므로 안정하고, 그림 14.16b는 점 −1을 둘러싸므로 불안정하다. 점 −1을 둘러싸는 것은 180° 위상차에서 루프 이득(βA)이 1보다 더 크다는 것을 의미한다. 그러므로 피드백 신호가 입력신호와 동상이고 가해진 입력신호보다 훨씬 크다면 발진을 일으키게 된다.

이득과 위상 여유

Nyquist 판정 기준에서 위상각 180°일 때 루프 이득(βA)이 1(0 dB)보다 작으면 피드백 증폭기가 안정하다는 것을 알 수 있다. 여기서 증폭기가 얼마나 불안정하기 쉬운지를 표시하는 안정도 여유를 결정할 수 있다. 즉, 만약 이득(βA)이 1보다 작다고 할 때, 0.95의 값을 가진 증폭기는 βA=0.7인 증폭기보다 상대적으로 더 안정하다고 보기 어렵다(둘 다 위상차가 180°에서 측정했을 때). 물론 0.95와 0.7의 루프 이득을 가진 증폭기 둘 다 안정하기는 하나, 루프 이득이 증가함에 따라 전자가 후자보다 더 불안정해지게 된다. 따라서 다음과 같은 용어를 정의하도록 한다.

이득 여유(gain margin: GM)는 위상각 180°인 주파수에서 $|\beta A|$의 음의 값을 데시벨로 정의한 것이다. 즉, 0 dB은 βA=1과 같으며 안정도의 경계점이 된다. 그리고 음의 데시벨 값을 가지게 되면 안정하게 된다. GM은 그림 14.17의 곡선으로부터 데시벨로 값을 구할 수 있다.

위상 여유(phase margin: PM)는 180°에서 $|\beta A|$값이 1일 때(0 dB일 때)의 각 크기를 뺀 값으로 정의한 것이다. PM 또한 그림 14.17의 곡선에서부터 직접 값을 구할 수 있다.

14.5 발진기의 작동

폐루프 이득 $|A_f|$가 1보다 크고 위상 조건을 만족하는 양의 피드백 증폭기는 발진기 회로로서 작동한다. 그러면 이 발진기 회로는 변화하는 출력신호를 발생하게 된다. 만약 출력신호가 정현적으로 변화하면, 그 회로는 정현 발진기(sinusoidal oscillator)라고 한다. 출력신호가 어떤 전압 레벨로 급격히 상승하고 후에 다른 전압 레벨로 급격히 떨어지게 되면 일반

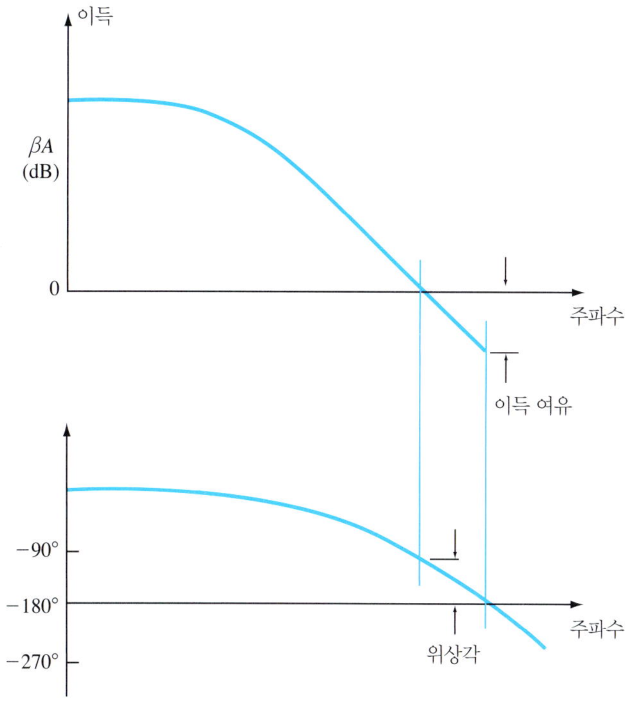

그림 14.17 이득과 위상 여유를 나타내는 Bode 선도

적으로 펄스(pulse) 또는 구형파 발진기(square-wave oscillator)라고 한다.

피드백 회로가 어떻게 발진기로 작동하는지 이해하기 위해 그림 14.18과 같은 피드백 회로를 고려해 보자. 증폭기 입력의 스위치가 열린 상태이면, 발진이 일어나지 않는다. 증폭기 입력에 가상전압(fictitious voltage) V_i를 가진다고 가정하자. 증폭단을 통과하면 출력전압 $V_o = AV_i$가 되고 피드백 단을 거치면 $V_f = \beta(AV_i)$가 된다. 즉 피드백 전압 $V_f = \beta AV_i$이 된다. 여기서 βA는 루프 이득이다. 만약 기본 증폭기와 피드백 회로가 정확한 진폭과 위상을 갖는 βA를 제공할 수 있다면, V_f는 V_i와 같도록 만들 수 있다. 그러면 스위치가 닫히고 가상전압 V_i가 제거되더라도 피드백 전압이 증폭기와 피드백 회로가 루프 작동을 유지하도록 하기 위해서 입력에 전압을 충분히 공급할 수 있게 되므로 회로는 계속 작동할 수 있다. 다음과 같은 조건이 만족되기만 하면 스위치가 꺼진 후에도 출력 파형은 계속 발생하게 된다.

$$\beta A = 1 \tag{14.32}$$

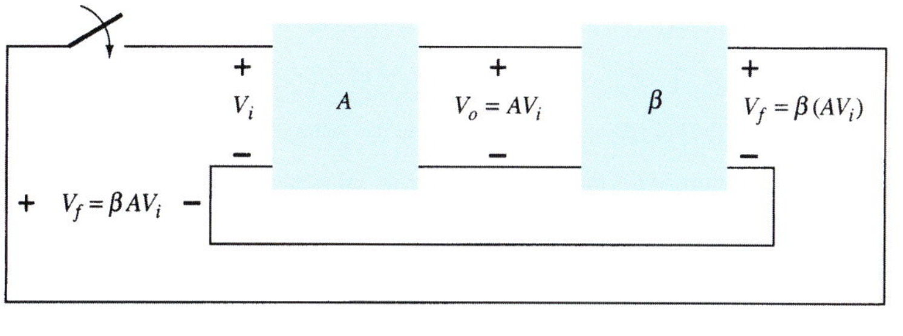

그림 14.18 발진기로 사용되는 피드백 회로

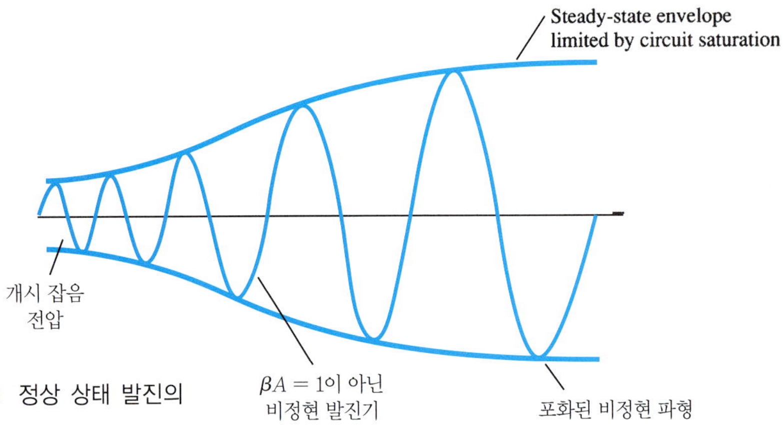

그림 14.19 정상 상태 발진의 형성

이는 발진을 위한 Barkhausen 판정 기준으로 알려져 있다.

실제로 발진기가 작동하게 되는 데는 입력신호는 필요치 않다. 단지 발진을 스스로 계속 유지하기 위해서 $\beta A = 1$인 조건을 만족하기만 하면 된다. 실제로 βA는 1보다 크게 되므로 시스템은 항상 존재하는 잡음전압을 증폭함으로써 발진을 시작한다. 실제 회로에서는 출력 파형이 포화되므로 βA값은 평균적으로 1이 되지만, 결과적으로 출력 파형은 결코 정확하게 정현파가 될 수는 없다. 그러나 βA값이 정확하게 1로 가까워질수록 정현파에 더 근접하게 된다. 그림 14.19는 어떻게 잡음신호가 정상 상태의 발진 작동을 형성하는지 보여준다.

기본 피드백 식 (14.2)에서 $A_f = A/(1+\beta A)$의 분모를 유의해 보는 것도 피드백 회로가 발진기로서 어떻게 작동하는지를 아는 또 하나의 방법이다. $\beta A = -1$ 또는 180° 위상각에서 1의 진폭을 가질 때, 분모는 0이 되어 피드백 이득 A_f는 무한대가 된다. 이렇게 해서, 극소량의 신호(잡음전압)에서도 측정할 수 있는 크기의 전압을 출력할 수 있고, 회로는 입력 신호없이도 발진기로 작동할 수 있게 된다.

이 장의 나머지는 다양한 소자를 사용하는 여러 발진기 회로를 다루게 된다. 각 경우에 따라 작동 가능한 회로에 관해서 논의함으로써 실제적인 고찰을 하도록 한다.

14.6 위상 이동 발진기

앞 절에서 설명한 피드백 회로의 작동 원리를 잘 뒷받침해주는 발진기 회로의 예로서 위상 이동 발진기가 있다. 그림 14.20은 이 회로의 이상적인 형태이다. 전에 언급했듯이 발진을 하려면 루프 이득, βA는 1보다 크고 피드백 회로를 통한 위상차는 180°가 되어 양의 피드백을 이루어야 한다. 이상적인 회로에서 피드백 회로는 전원의 내부 임피던스가 0인 이상적 신호 소스(perfect source)에 의해 구동되고 피드백 회로의 출력은 무한대의 부하 임피던스를 가지는 이상 부하(perfect load)에 연결되는 것으로 가정한다. 이와 같이 위상 이동 발진기의 작동 이론을 전개하는 데는 이상적인 경우로 다루는 것이 편리하며, 실제 회로는 그 다음에 논의하기로 한다.

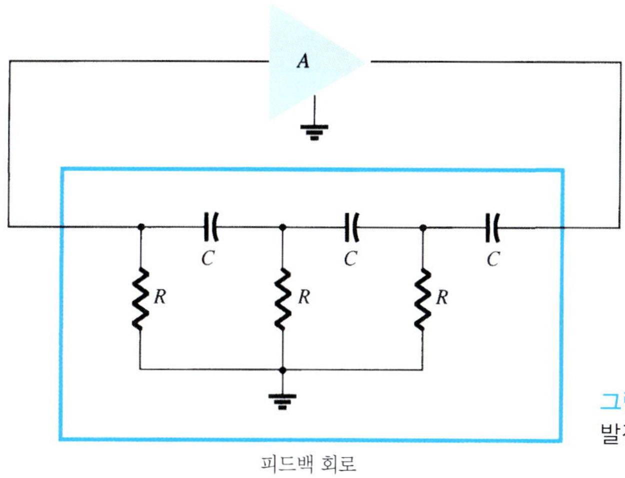

그림 14.20 이상적인 위상 이동 발진기

위상 이동회로를 주의깊게 살펴보면 위상차가 정확하게 180°되는 주파수에서 피드백 회로의 감쇠가 일어난다는 사실을 알 수 있다. 고전적인 회로 해석을 사용하면

$$\boxed{f = \frac{1}{2\pi RC\sqrt{6}}} \tag{14.33}$$

$$\beta = \frac{1}{29} \tag{14.34}$$

이고, 위상차는 180°이다.

루프 이득 βA가 1보다 크도록 하기 위해, 증폭기의 이득은 $1/\beta$ 또는 29보다 커야 한다.

$$A > 29 \tag{14.35}$$

피드백 회로의 작동을 고려해 볼 때, 원하는 180° 위상차를 만들기 위해서는 3단의 각 단들이 특정 주파수에서 60°의 위상차를 발생할 수 있도록 R과 C의 값을 단순히 선택할지도 모른다. 그러나, 피드백 회로 각 단의 RC는 바로 앞단보다 부하가 줄어들므로 그렇게 단순하게 생각할 수 없다. 중요한 것은 총 위상차의 결과가 180°가 되어야 한다는 것이다. 식 (14.33)에 주어진 주파수는 전체 위상차가 180°가 되는 주파수이다. 각 RC단마다 위상차를 측정하면, 각 단은 같은 위상차를 갖지 않을 것이다(비록 전체 위상차가 180°라도). 만약 세 단에서 각 단들이 정확한 60° 위상차를 가지도록 하려면, 각 RC단 다음에 에미터 폴로어를 연결하여 다음 단이 부하로 작용하지 않도록 해야 한다.

FET 위상 이동 발진기

그림 14.21a는 위상 이동 발진기의 실제 예이다. 이 회로에서는 증폭기와 피드백 회로를 확실히 보여주고 있다. 증폭단은 드레인 저항 R_D와 소스저항 R_S 및 R_S를 바이패스한 커패시터에 의해 자기 바이어스(self-bias)된다. 여기서 알아야 할 FET 소자의 파라미터는 g_m과 r_d이다. FET 증폭기 이론에서부터, 증폭기 이득 크기는 다음 식으로부터 계산된다.

$$|A| = g_m R_L \tag{14.36}$$

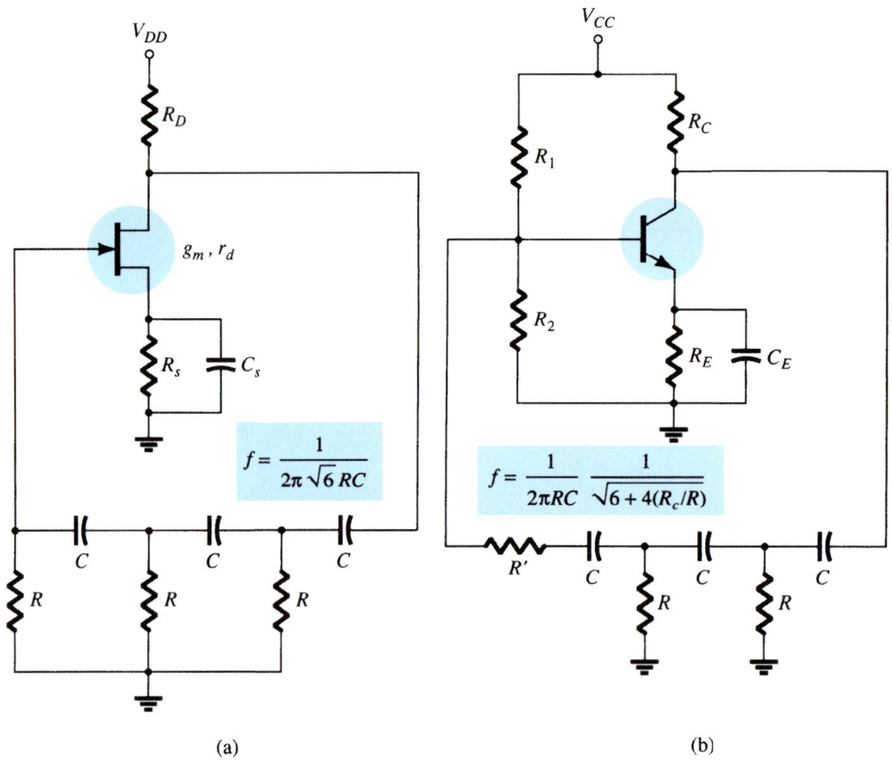

그림 14.21 실제적인 위상 이동 발진회로: (a) FET형; (b) BJT형

여기서 R_L은 R_D와 r_d의 병렬 저항이다.

$$R_L = \frac{R_D r_d}{R_D + r_d} \tag{14.37}$$

FET 증폭단의 입력 임피던스는 무한대라고 근사할 수 있다. FET의 용량성 임피던스를 무시할 수 있을 만큼 발진기 작동 주파수가 충분히 낮기만 하면 이 가정은 성립할 수 있다. R_L로 주어진 증폭단의 출력 임피던스 또한 부하에 의해 감쇠가 발생하지 않기 위하여 피드백 회로를 바라보는 임피던스와 비교해 볼 때 작아야 한다. 실제로 이 고려 사항은 항상 무시할 수 있는 것은 아니며, 증폭단의 이득 값은 발진기의 작동을 보장할 수 있는 값 29보다 좀 더 큰 값을 선택하여야 한다.

예제 14.7 g_m=5000 μS, r_d=40 kΩ인 FET와 R=10 kΩ인 피드백 회로를 사용하여 그림 14.21a와 같은 위상 이동 발진기를 설계하려고 한다. 1 kHz에서의 발진기 작동에 대한 C값과 발진기 작동을 보장해 주는 $A > 29$이기 위한 R_D값을 구하라.

풀이 커패시터값을 구하기 위해 식 (14.33)을 사용한다. $f = 1/2\pi RC\sqrt{6}$이므로, 이를 이용해 C값을 계산할 수 있다.

$$C = \frac{1}{2\pi Rf\sqrt{6}} = \frac{1}{(6.28)(10 \times 10^3)(1 \times 10^3)(2.45)} = \mathbf{6.5\ nF}$$

식 (14.36)을 사용하여, A=40인 경우의 R_L값을 계산한다. 이 경우에 R_L과 피드백 회로의 입력 임피던스간에는 약간의 부하 작용이 허용된다.

$$|A| = g_m R_L$$
$$R_L = \frac{|A|}{g_m} = \frac{40}{5000 \times 10^{-6}} - 8\,\text{k}\Omega$$

식 (14.37)을 사용하여 R_D=**10 kΩ**임을 구할 수 있다.

트랜지스터 위상 이동 발진기

트랜지스터가 증폭단의 능동 소자로서 사용된다면, 피드백 회로의 출력은 트랜지스터의 상대적으로 낮은 입력저항(h_{ie})에 의해 상당한 부하가 걸리게 된다. 물론 공통 에미터 증폭단 뒤에 에미터 폴로어 입력단을 연결하여 사용할 수도 있다. 그러나 트랜지스터 한 단만의 사용이 요구되면, 그림 14.21b처럼 전압 병렬 피드백 회로를 사용하는 것이 더 적합할 것이다. 이렇게 연결하면, 피드백 신호는 증폭 단 입력저항(R_i)과 피드백 저항(R')의 직렬 연결을 통해 결합된다.

교류 등가회로 해석 결과, 다음과 같은 발진기 주파수 식을 구할 수 있다.

$$\boxed{f = \frac{1}{2\pi RC}\frac{1}{\sqrt{6 + 4(R_C/R)}}} \tag{14.38}$$

루프 이득이 1보다 더 크기 위해 요구되는 트랜지스터 전류 이득은 다음과 같다.

$$h_{fe} > 23 + 29\frac{R}{R_C} + 4\frac{R_C}{R} \tag{14.39}$$

IC 위상 이동 발진기

IC 회로가 발전 보급됨에 따라, 발진기 회로에도 이를 사용하게 되었다. 안정한 이득을 얻기 위해 증폭 회로로 연산 증폭기를 사용하고, 피드백 신호를 적절히 연결하여 발진회로를 구성한다. 그림 14.22는 위상 이동 발진기의 한 예이다. 연산 증폭기의 출력은 3단 RC 회로망에 가해지고, 그 회로망에서 필요한 180°의 위상차를 얻는다(감쇠 계수는 1/29). 만약 연산 증폭기가 29보다 큰 이득을 가진다면(R_i와 R_f의 저항값 설정에 의하여), 1보다 더 큰 루프 이득을 얻을 수 있어 회로가 발진기로 작동하게 된다[발진 주파수는 식 (14.33)에 주어진다].

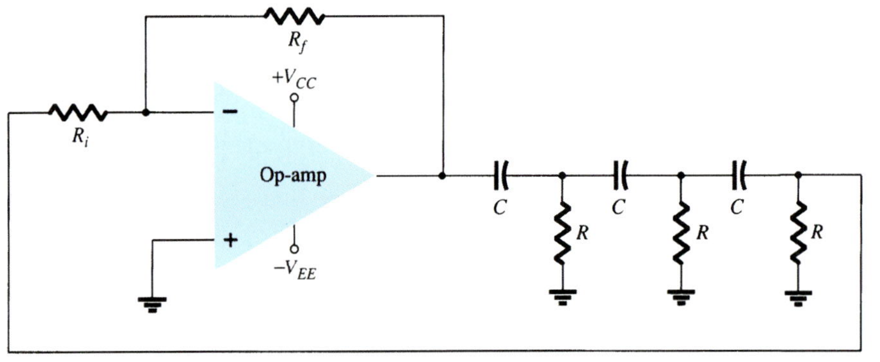

그림 14.22 연산 증폭기를 사용하는 위상 이동 발진기

14.7 Wien 브리지 발진기

실제적인 발진기 회로는 연산 증폭기와 RC 브리지 회로를 사용하여 구성되며, 발진기 주파수는 R과 C 성분으로 설정한다. 그림 14.23은 Wien 브리지 발진기의 기본형을 나타낸다. 브리지 회로를 보면 저항 R_1과 R_2, 커패시터 C_1과 C_2는 주파수를 결정하는 소자이고, 저항 R_3과 R_4는 피드백 회로의 일부를 형성하는 소자이다. 연산 증폭기 출력은 브리지 입력 a와 c에 연결되고, 브리지 출력 b와 d는 연산 증폭기 입력에 연결된다.

연산 증폭기의 입력과 출력의 부하 효과를 무시하고, 브리지 회로를 해석하면 다음과 같다.

$$\frac{R_3}{R_4} = \frac{R_1}{R_2} + \frac{C_2}{C_1} \tag{14.40}$$

이고

$$\boxed{f_o = \frac{1}{2\pi\sqrt{R_1C_1R_2C_2}}} \tag{14.41}$$

특히, $R_1=R_2=R$이고 $C_1=C_2=C$라 하면, 발진기 주파수는

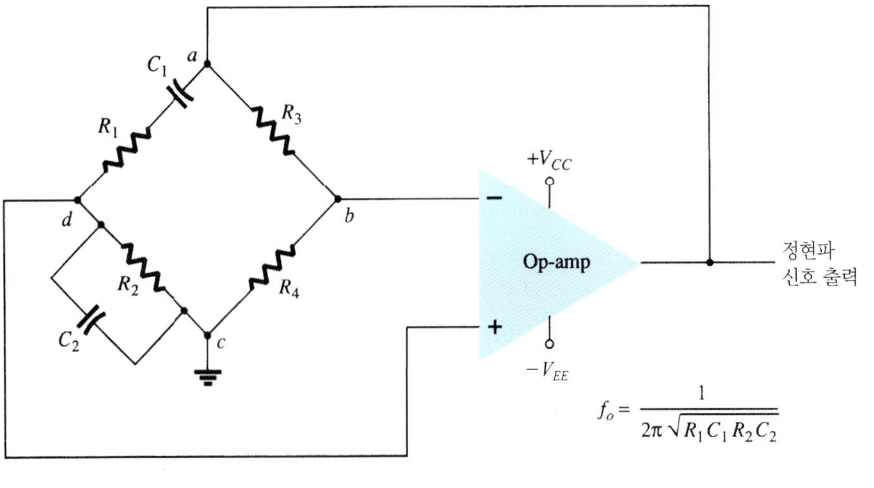

그림 14.23 연산 증폭기를 사용한 Wien 브리지 발진기

$$f_o = \frac{1}{2\pi RC} \tag{14.42}$$

이고

$$\frac{R_3}{R_4} = 2 \tag{14.43}$$

이다. 그러므로 R_3과 R_4의 비가 2보다 크면 회로는 식 (14.42)에 계산된 주파수에서 발진기로 작동하기에 충분한 루프 이득을 제공한다.

예제 14.8 그림 14.24의 Wien 브리지 발진기의 공진 주파수를 계산하라.

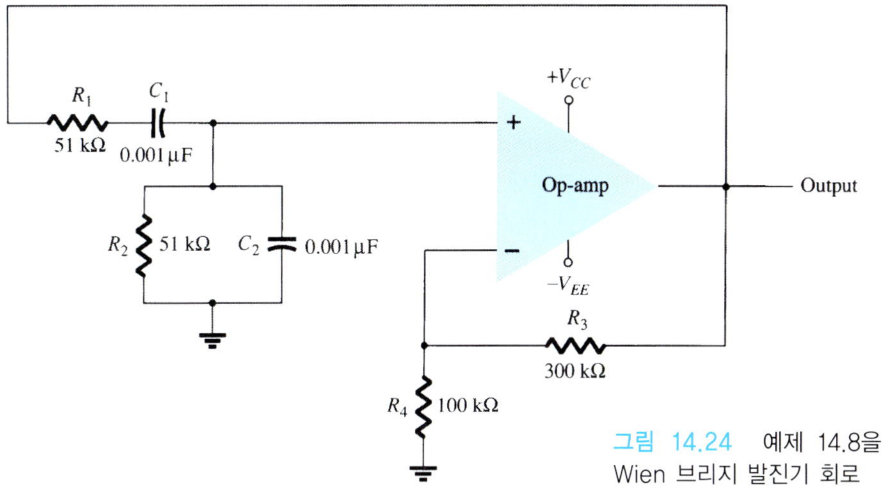

그림 14.24 예제 14.8을 위한 Wien 브리지 발진기 회로

풀이 식 (14.42)를 이용하면

$$f_o = \frac{1}{2\pi RC} = \frac{1}{2\pi(51 \times 10^3)(0.001 \times 10^{-6})} = \mathbf{3120.7\ Hz}$$

예제 14.9 그림 14.24와 같은 Wien 브리지 발진기에서 f_o=10 kHz가 되도록 RC 소자를 설계하라.

풀이 R과 C값들을 같다고 하고 R=100 kΩ으로 놓으면, C의 값은 식 (14.42)에서 다음과 같이 구해진다.

$$C = \frac{1}{2\pi f_o R} = \frac{1}{6.28(10 \times 10^3)(100 \times 10^3)} = \frac{10^{-9}}{6.28} = \mathbf{159\ pF}$$

R_3=300 kΩ, R_4=100 kΩ을 놓아 $R_3/R_4 > 2$가 되어 발진 조건을 만족할 수 있다.

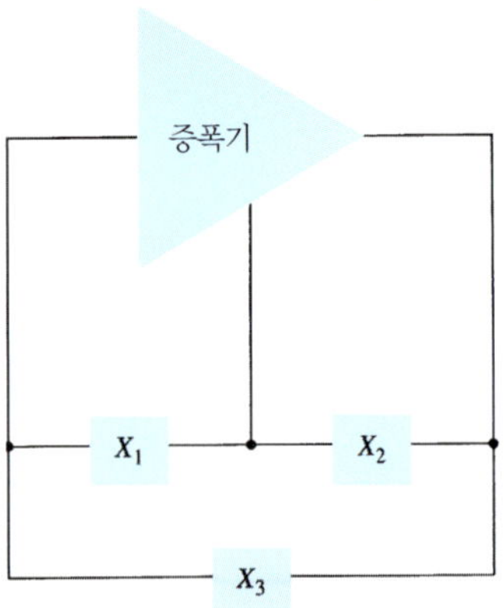

그림 14.25 공진회로 발진기의 기본 구성

Edwin Henry Colpitts
(1872~1949)는 통신의 선구자로서 콜피츠 발진기의 발명으로 가장 잘 알려진 분이다. 1915년 그의 Western Electric 회사의 팀이 성공적으로 대서양 횡단 라디오 무선전화를 성공적으로 시연하였다. 1895년 하버드 대학교에 입학하여서 물리학과 수학을 공부하였다. 1896년에 학사학위를, 1897년에 석사학위를 하버드에서 취득하였다. 1899년에 벨 전화 회사에서 일을 하였고, 1907년에 Western Electric 회사로 자리를 옮기었다.그의 동료 Ralph Hartley가 유도결합(inductive coupling) 발진기를 발명하였고 그것을 1915년에 Colpitts가 개선을 하였다. 1차 세계대전 당시 미육군 통신대에서 근무하였으며, 군 통신 관련 참모장교로서 프랑스에서도 군 생활을 보냈다. Colpitts는 1949년 뉴저지주의 Orange 시에 있는 집에서 생을 마감하였다. (AT&T 기록 보관소와 역사관 제공)

14.8 동조 발진기 회로

입력 동조 및 출력 동조 발진기 회로

그림 14.25에 나타낸 바와 같이 입력단과 출력단 모두 동조가 되도록 구성하는 회로를 사용하여 다양한 발진기 회로를 만들 수 있다. 그림 14.25를 해석해 보면 리액턴스 소자로 무엇을 사용하는가에 따라 다음과 같이 여러 가지 형태의 발진기로 분류할 수 있음을 알 수 있다.

발진기 종류	리액턴스 요소		
	X_1	X_2	X_3
Colpitts oscillator	C	C	L
Hartley oscillator	L	L	C
Tuned input, tuned output	LC	LC	—

Colpitts 발진기

FET Colpitts 발진기 그림 14.26은 실제적으로 사용되고 있는 FET Colpitts 발진기이다. 이 회로는 그림 14.25에 나타낸 기본형에 FET 증폭기의 직류 바이어스를 위한 성분을 추가한 것이다. 발진기 주파수는 다음과 같다.

$$\boxed{f_o = \frac{1}{2\pi\sqrt{LC_{\text{eq}}}}} \tag{14.44}$$

$$C_{\text{eq}} = \frac{C_1C_2}{C_1 + C_2} \tag{14.45}$$

트랜지스터 Colpitts 발진기 트랜지스터 Colpitts 발진기 회로는 그림 14.27에 나타내었다. 발진기 회로의 주파수는 식 (14.44)와 같이 주어진다.

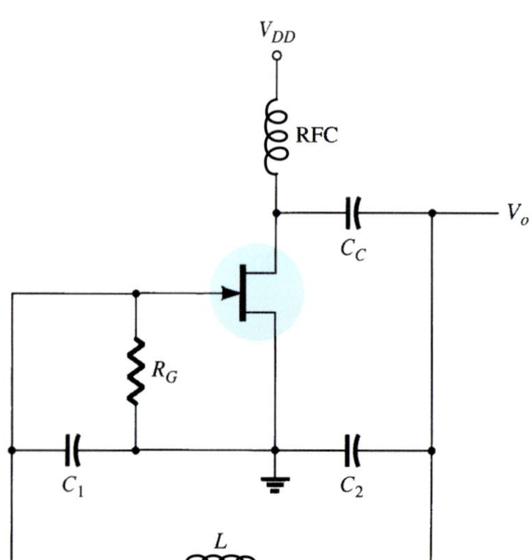

그림 14.26 FET Colpitts 발진기

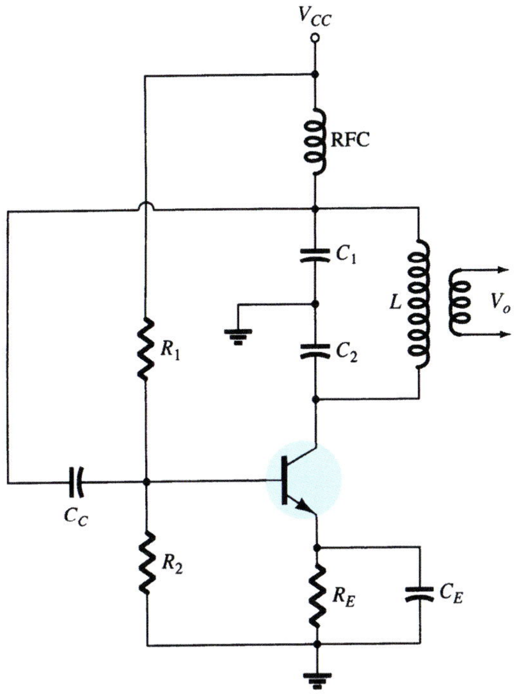

그림 14.27 트랜지스터 Coliptts 발진기

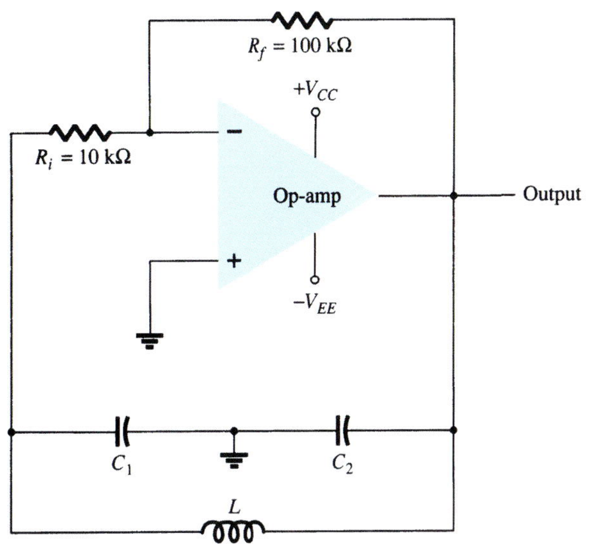

그림 14.28 연산 증폭기를 이용한 Coliptts 발진기

IC Colpitts 발진기 그림 14.28은 연산 증폭기를 사용하는 Colpitts 발진기 회로이다. 발진기 주파수는 Colpitts 접속의 LC 피드백 회로에 의하여 설정되고 연산 증폭기는 필요한 기본적인 증폭 작용을 한다. 이때의 발진기 주파수는 식 (14.44)에 주어진다.

Hartley 발진기

그림 14.25의 기본 공진회로에서 요소인 X_1, X_2가 인덕터이고, X_3이 커패시터이면 이 회로는 Hartley 발진기가 된다.

FET Hartley 발진기 그림 14.29는 FET를 이용한 Hartley 발진기 회로이다. 이 회로는 피드백 회로가 그림 14.25의 기본 공진회로와 같은 형태이다. 그러나 인덕터 L_1과 L_2는 상호 결합 M을 가지므로 공진 탱크회로의 등가 인덕턴스를 구할 때 그 값을 고려하여야 한다. 회로의 발진기 주파수는 근사적으로 다음과 같이 주어진다.

$$f_o = \frac{1}{2\pi\sqrt{L_{eq}C}} \tag{14.46}$$

$$\boxed{L_{eq} = L_1 + L_2 + 2M} \tag{14.47}$$

트랜지스터 Hartley 발진기 그림 14.30은 트랜지스터를 사용한 Hartley 발진기 회로이다. 이 회로는 식 (14.46)으로 주어지는 주파수에서 작동한다.

Ralph Hartley는 1888년에 네바다 주에서 태어나서 1909년에 유타 대학교에 다녔고 문학사를 받았다. 1910년에 옥스퍼드 대학교에서 Rhodes 장학생으로서 선발되었으며 1912년에 문학사를 1913년에 공학사를 받았다. 그는 미국으로 돌아와서 Western Electric 회사의 연구소에 고용되었다. 1915년 Bell System이라는 회사에서 무선수신 장치의 개발 관련 책임자였었다. 그는 Hartley 발진기를 개발하였으며 또한 3극진공관의 내부적 결합에 의한 울림을 제거하는 중화회로도 개발하였다. 1차 세계대전 동안에 음향 방향탐지기의 원리를 수립하였다. 1950년 Bell 연구소에서 은퇴하여 1970년 5월 1일에 생을 마감하였다. (AT&T 기록 보관소와 역사관 제공)

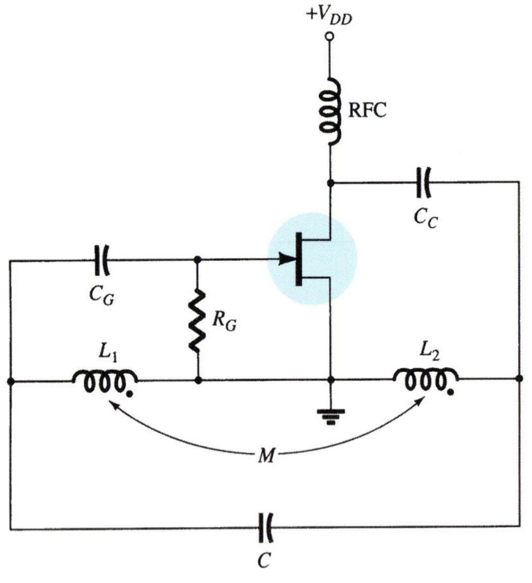

그림 14.29 FET Hartley 발진기

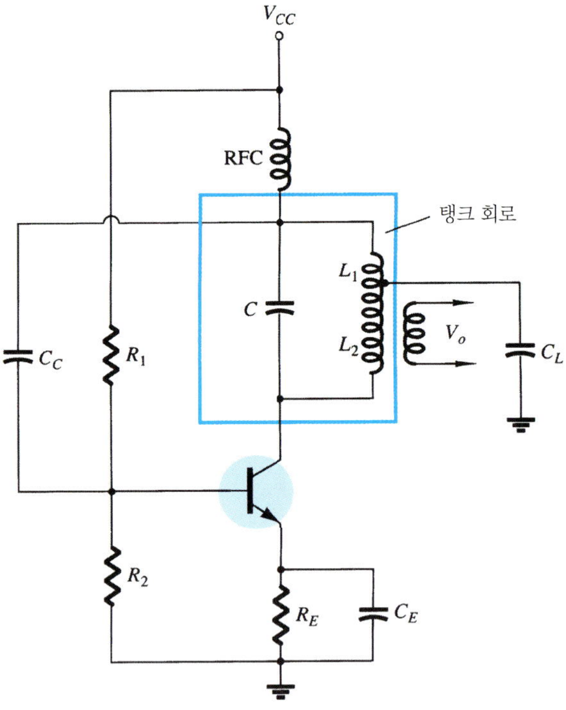

그림 14.30 트랜지스터 Hartley 발진기 회로

14.9 크리스탈 발진기

크리스탈 발진기는 공진 탱크(resonant tank)회로로서 압전 크리스탈(piezoelectric crystal)을 사용하는 동조회로 발진기이다. 크리스탈(일반적으로 수정)은 어떤 주파수에서도 일정하게 작동이 유지되는 뛰어난 안정도를 가진다. 따라서 크리스탈 발진기는 뛰어난 안정도가 요구되는 통신 송 · 수신기에 사용된다.

수정 크리스탈의 특성

여러 가지 크리스탈의 한 종류인 수정 크리스탈은 기계적인 압력이 크리스탈 표면에 가해지면, 그 양 단면에 전위차를 발생하는 성질을 가지고 있다. 이런 크리스탈의 성질은 압전효과(piezoelectric effect)라 한다. 마찬가지로 크리스탈의 양면에 전압을 가하면 크리스탈 표면에 기계적 일그러짐이 생긴다.

교류 전압이 크리스탈에 가해질 때, 기계적 진동이 일어나며, 이 진동은 수정의 고유 진동 주파수에 의해 결정된다. 비록 크리스탈이 전기-기계적인 진동을 가지지만, 크리스탈의 작동을 그림 14.31에 나타낸 전기적 공진회로로 등가시킬 수있다. 인덕터 L과 커패시터 C는 크리스탈의 질량과 컴플라이언스(compliance)를 전기적으로 등가한 것이고, 저항 R은 크리스탈의 표면 내부 마찰을 전기적으로 등가한 것이다. 병렬 커패시턴스 C_M은 크리스탈의 기계적 구조에 의해 생기는 커패시턴스를 나타낸다. R에 의한 크리스탈의 손실은 작으므로 등가 크리스탈의 Q, 즉 양호도(quality factor)는 대략 20,000정도로 매우 크다. 크리

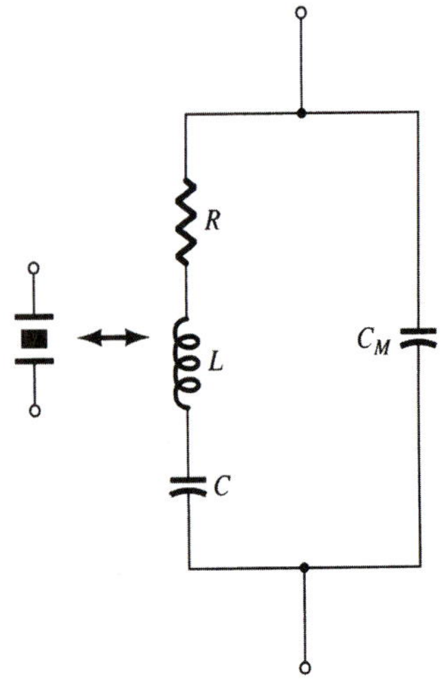

그림 14.31 크리스탈의 전기적 등가회로

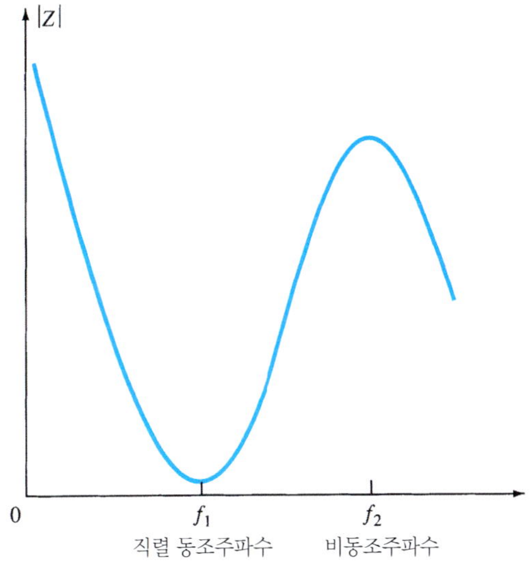

그림 14.32 크리스탈의 임피던스 대 주파수 관계

스탈을 사용하면 Q값을 거의 10^6까지 얻을 수 있다.

그림 14.31의 전기 등가회로로 표현되는 크리스탈은 2개의 공진 주파수를 가지고 있다. 하나의 공진 상태는 *RLC* 직렬회로의 리액턴스가 같을 때(부호가 반대일 때도 성립) 일어난다. 이 상태에서는 직렬 공진(series-resonant) 임피던스는 R값으로 매우 작다. 또 다른 공진 상태는 더 높은 주파수에서 발생하는데, 이때는 직렬 공진회로 리액턴스가 커패시터 C_M의 리액턴스와 같을 때이다. 이것은 크리스탈의 병렬 공진(parallel resonant) 또는 크리스탈의 반공진(antiresonant) 상태이다. 이 주파수에서 크리스탈은 외부 회로에 매우 높은 임피던스를 제공하게 된다. 크리스탈의 임피던스 대 주파수 관계는 그림 14.32에 나타내었다. 크리스탈을 적절히 사용하기 위해서는 직렬 공진 작동 모드에서는 낮은 임피던스, 반공진 작동 모드에서 높은 임피던스가 선택되도록 회로를 구성하여야 한다.

직렬 공진회로

직렬 공진 모드에서 크리스탈을 작동시키려면, 크리스탈은 피드백 경로에 직렬로 연결하여야 한다. 크리스탈의 직렬 공진 주파수에서 임피던스가 가장 작아지므로 양으로 피드백되는 양이 가장 커진다. 그림 14.33은 트랜지스터를 이용한 직렬 공진회로의 대표적인 예이다. 저항 R_1, R_2와 R_E는 전압 분배기로 직류 바이어스 회로를 안정화시킨다. 커패시터 C_E는 에미터 저항을 바이패스시키기 위해 사용되고, RFC 코일은 직류 바이어스를 구성하는 한편, 전원선의 어떤 교류신호도 출력신호에 영향을 주지 못하도록 막는 역할도 한다. 크리스탈 임피던스가 직렬 공진 모드에서 최소가 될 때 컬렉터에서 베이스까지 피드백 전압은 최대가 된다. 결합 커패시터 C_C의 임피던스는 회로의 작동 주파수에서 무시할 수 있으며 컬렉터와 베이스 사이의 어떤 직류 신호도 흐르지 못하게 차단하는 역할을 한다.

따라서 회로의 발진기 주파수는 크리스탈의 직렬 공진 주파수에서 설정된다. 전원전압, 트랜지스터 파라미터 등이 변화해도 크리스탈에 의해 안정화된 회로 작동 주파수는 거의 변화하지 않는다. 회로 주파수 안정도는 크리스탈 주파수 안정도에 의해 설정되므로 매우

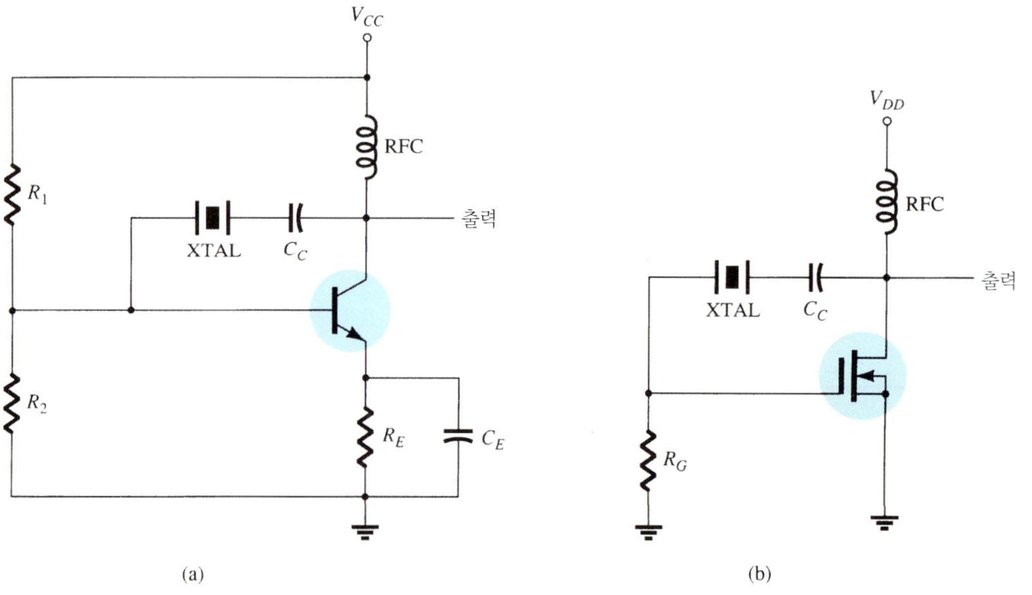

그림 14.33 직렬 피드백 경로에 크리스탈을 사용한 크리스탈 제어형 발진기: (a) BJT 회로; (b) FET 회로

안정하게 된다.

병렬 공진회로

크리스탈의 병렬 공진 임피던스는 최대값이므로, 이때는 크리스탈을 병렬로 연결한다. 병렬 공진의 작동 주파수에서 크리스탈은 가장 큰 값의 유도성 리액턴스가 된다. 그림 14.34는 수정된 Colpitts 회로에 크리스탈을 인덕터 요소로서 연결한 회로이다. 기본적인 직류 바이어스 회로는 분명해야 한다. 병렬 공진 주파수에서 크리스탈에는 최대 전압이 걸린다. 이 전압은 커패시터 C_1과 C_2로 이루어지는 전압 분배기에 의해 에미터에 결합된다.

밀러 크리스탈 제어형 발진기 회로는 그림 14.35에 나타내었다. 드레인단의 동조 LC 회로는 크리스탈의 병렬 공진 주파수 근처에로 조정된다. 최대 게이트 소스신호는 회로의 작동

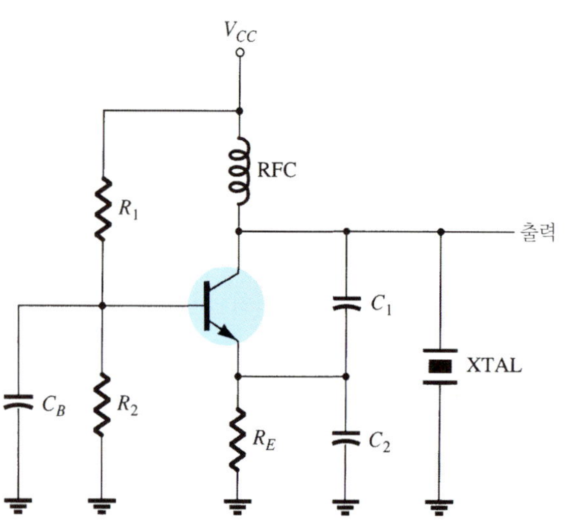

그림 14.34 병렬 공진 모드에서 작동하는 크리스탈 제어형 발진기

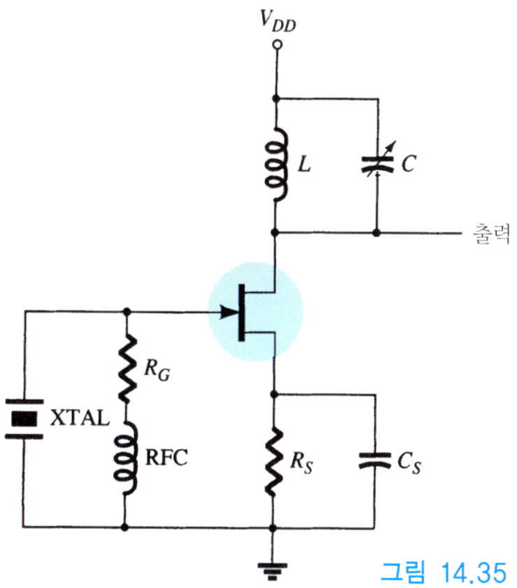

그림 14.35 밀러 크리스탈 제어형 발진기

주파수를 제어하는 크리스탈 반공진 주파수 회로에서 발생한다.

크리스탈 발진기

그림 14.36에 나타낸 것처럼 연산 증폭기를 크리스탈 발진기로 사용할 수 있다. 크리스탈은 직렬 공진 경로에 연결되고 크리스탈의 직렬 공진 주파수에서 작동한다. 이 회로는 높은 이득을 가지므로 그림에 보여지는 대로 구형파 신호를 출력한다. 출력 단에 있는 한 쌍의 제너 다이오드에 의해 출력신호의 진폭은 정확히 제너전압 V_Z가 된다.

14.10 단일 접합 발진기

단일 접합(unijunction) 트랜지스터와 같은 특수한 소자를 사용하여 디지털 회로 응용에 적

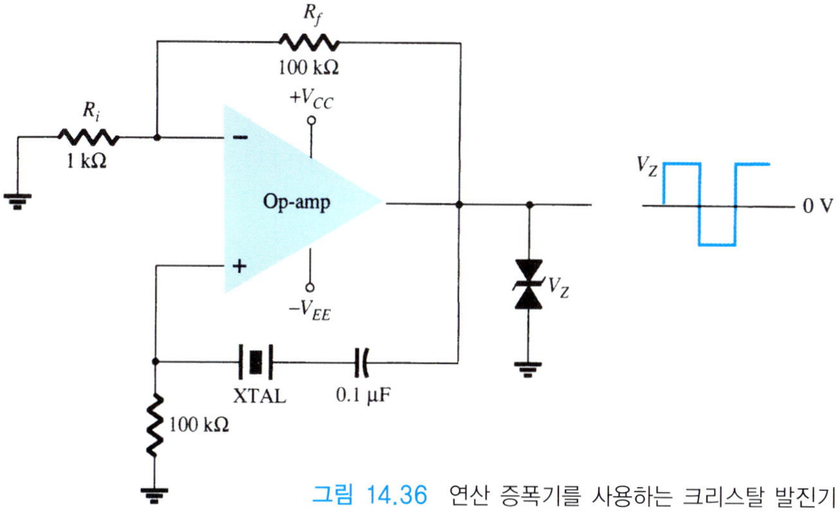

그림 14.36 연산 증폭기를 사용하는 크리스탈 발진기

합한 펄스신호를 발생하는 1단 발진기 회로를 구성할 수 있다. 그림 14.37은 단일 접합 트랜지스터를 사용하여 구성한 이완 발진기(relaxation oscillator)의 기본적인 회로이다. 저항 R_T와 커패시터 C_T는 회로의 발진율(oscillation rate)을 조정해주는 타이밍 소자들이다. 발진기 주파수는 식 (14.48)을 사용해서 계산할 수 있고, 단일 접합 트랜지스터의 고유 스탠드-오프 비(intrinsic stand-off ratio) η는 R_T, C_T와 함께 발진기의 작동 주파수를 결정하는 요소로서 이용된다.

$$f_o \cong \frac{1}{R_T C_T \ln[1/(1-\eta)]} \tag{14.48}$$

일반적으로, 단일 접합 트랜지스터는 0.4에서 0.6의 스탠드-오프 비를 가진다. η=0.5라 하면 다음과 같은 값을 얻을 수 있다.

$$\begin{aligned} f_o &\cong \frac{1}{R_T C_T \ln[1/(1-0.5)]} = \frac{1.44}{R_T C_T \ln 2} = \frac{1.44}{R_T C_T} \\ &\cong \frac{1.5}{R_T C_T} \end{aligned} \tag{14.49}$$

커패시터 C_T는 저항 R_T를 통해 전원전압 V_{BB}까지 충전된다. 커패시터 전압 V_E가 B_1과 B_2 사이의 양단 전압에 의해 설정된 스탠드-오프 전압 V_P보다 작기만 하면 트랜지스터의 스탠드-오프 비 η는 다음과 같이 주어지고,

$$V_P = \eta V_{B_1} V_{B_2} - V_D \tag{14.50}$$

단일 접합 트랜지스터의 에미터는 개방회로처럼 작용한다. 커패시터 C_T에 걸리는 에미터 전압이 V_P를 초과하면, 단일 접합회로는 전도되어 커패시터는 방전되고 방전이 끝나면 다시 새로운 충전을 반복한다. 단일 접합회로가 전도되면 그림 14.38과 같이 R_1단의 전압은

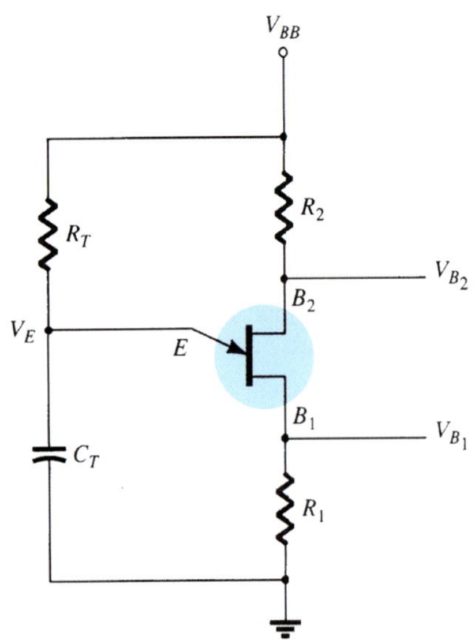

그림 14.37 단일 접합 발진기 기본회로

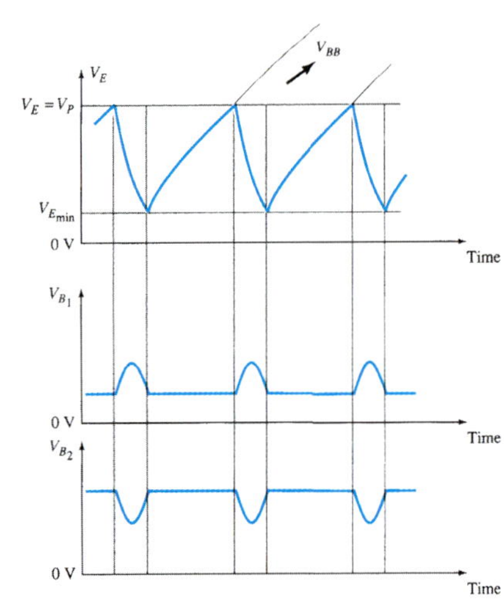

그림 14.38 단일 접합 발진기 파형

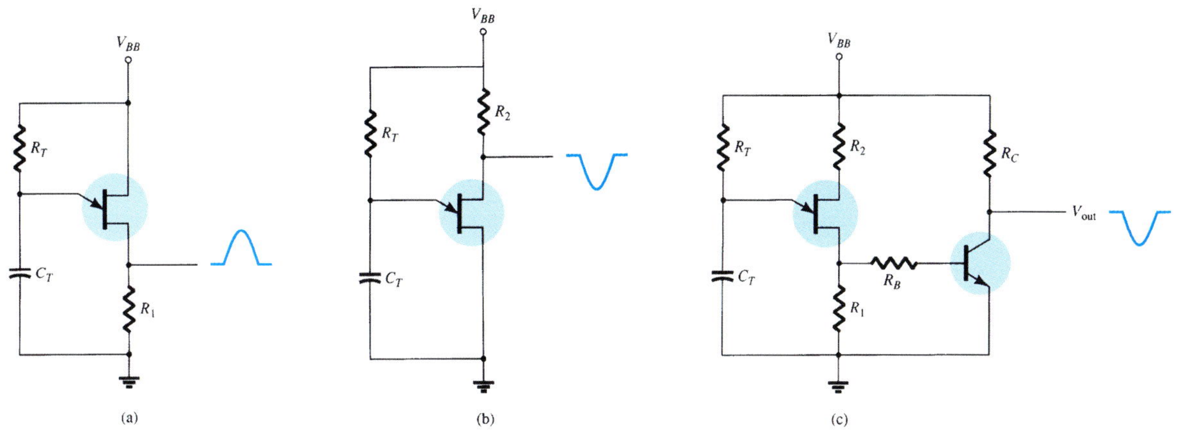

그림 14.39 몇 가지 종류의 단일 접합 발진기 구성

상승하고 R_2단의 전압은 강하한다. 에미터 신호는 톱니파이고, 베이스 1은 양의 펄스신호를, 베이스 2는 음의 펄스신호를 나타낸다. 그림 14.39는 단일 접합 발진기 회로의 몇 가지 종류를 나타낸다.

14.11 요약

주요 공식

전압 직렬 피드백:

$$A_f = \frac{V_o}{V_s} = \frac{A}{1+\beta A}, \qquad Z_{if} = \frac{V_s}{I_i} = Z_i + (\beta A)Z_i = Z_i(1+\beta A),$$
$$Z_{of} = \frac{V}{I} = \frac{Z_o}{(1+\beta A)}$$

전압 병렬 피드백:

$$A_f = \frac{A}{1+\beta A}, \qquad Z_{if} = \frac{Z_i}{(1+\beta A)}$$

전류 직력 피드백:

$$Z_{if} = \frac{V}{I} = Z_i(1+\beta A), \qquad Z_{of} = \frac{V}{I} = Z_o(1+\beta A)$$

전류 병렬 피드백:

$$Z_{if} = \frac{Z_i}{(1+\beta A)}, \qquad Z_{of} = \frac{V}{I} = Z_o(1+\beta A)$$

위상 이동 발진기:

$$f = \frac{1}{2\pi RC\sqrt{6}}, \qquad \beta = \frac{1}{29}$$

Wien 브리지 발진기:

$$f_o = \frac{1}{2\pi\sqrt{R_1C_1R_2C_2}}$$

Colpitts 발진기:

$$f_o = \frac{1}{2\pi\sqrt{LC_{\text{eq}}}} \qquad \text{where} \quad C_{\text{eq}} = \frac{C_1C_2}{C_1 + C_2}$$

Hartley 발진기:

$$f_o = \frac{1}{2\pi\sqrt{L_{\text{eq}}C}} \qquad \text{where} \quad L_{\text{eq}} = L_1 + L_2 + 2M$$

단일 접합 발진기:

$$f_o \cong \frac{1}{R_TC_T\ln[1/(1-\eta)]}$$

14.12 컴퓨터 해석

Multisim

예제 14.10-IC 위상 이동 발진기 Multisim을 이용하여 위상 이동 발진기는 그림 14.40에서 나타낸 것과 같이 그려진다. 다이오드 망은 다음 식으로 계산된 출력 주파수로 회로가 자기 발진을 할 수 있도록 한다.

$$\begin{aligned} f_o &= 1/(2\pi\sqrt{6}RC) \\ &= 1/[2\pi\sqrt{6}(20 \times 10^3)(0.001 \times 10^{-6})] = 3{,}248.7\text{ Hz} \end{aligned}$$

오실로스코프 파형이 그림 14.41에서 약 3분할에 한 사이클로 나타낸다. 0.1 ms/div에서 설정된 스코프로 측정된 주파수는

$$f_{\text{measured}} = 1/(3\text{ div} \times 0.1\text{ ms/div}) = 3{,}333\text{ Hz}$$

예제 14.11-IC Wien 브리지 발진기 Multisim을 이용한 IC Wien 브리지 발진기는 그림 14.42에서 나타낸 것과 같이 구성된다. 발진기 주파수는 다음 식으로 계산된다.

$$f_o = 1/(2\pi\sqrt{R_1C_1R_2C_2})$$

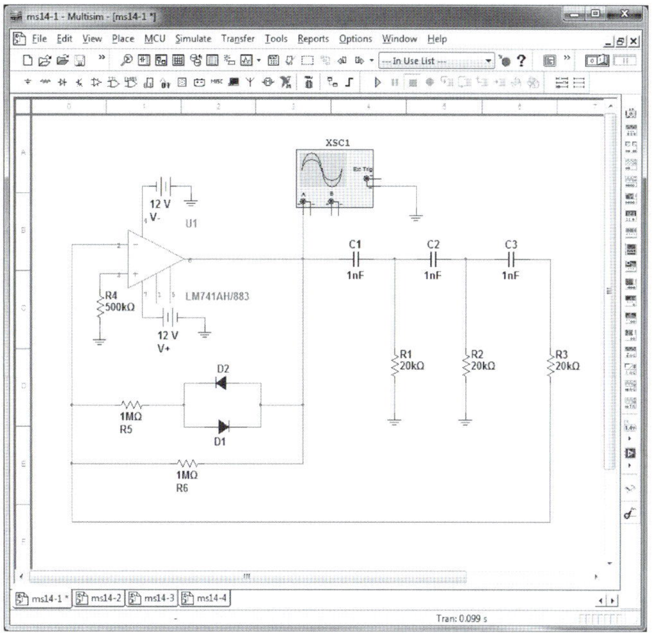

그림 14.40 Multisim을 이용한 위상 이동 발진기

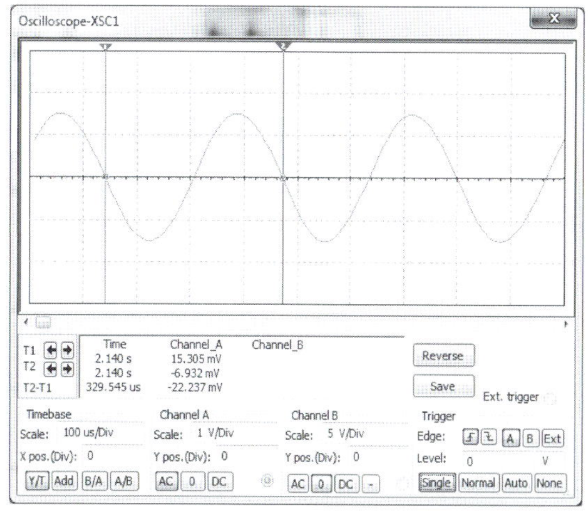

그림 14.41 오실로스코프 파형

$R_1 = R_2 = R$이고 $C_1 = C_2 = C$에 대해서는

$$
\begin{aligned}
f_o &= 1/(2\pi RC) = \frac{1}{2\pi(51\text{ k})(1nf)} \\
&= 312\text{ Hz}
\end{aligned}
$$

오실로스코프 파형이 그림 14.42b에 보이며 공진 주파수는 화면의 커서(cursor)인 지점

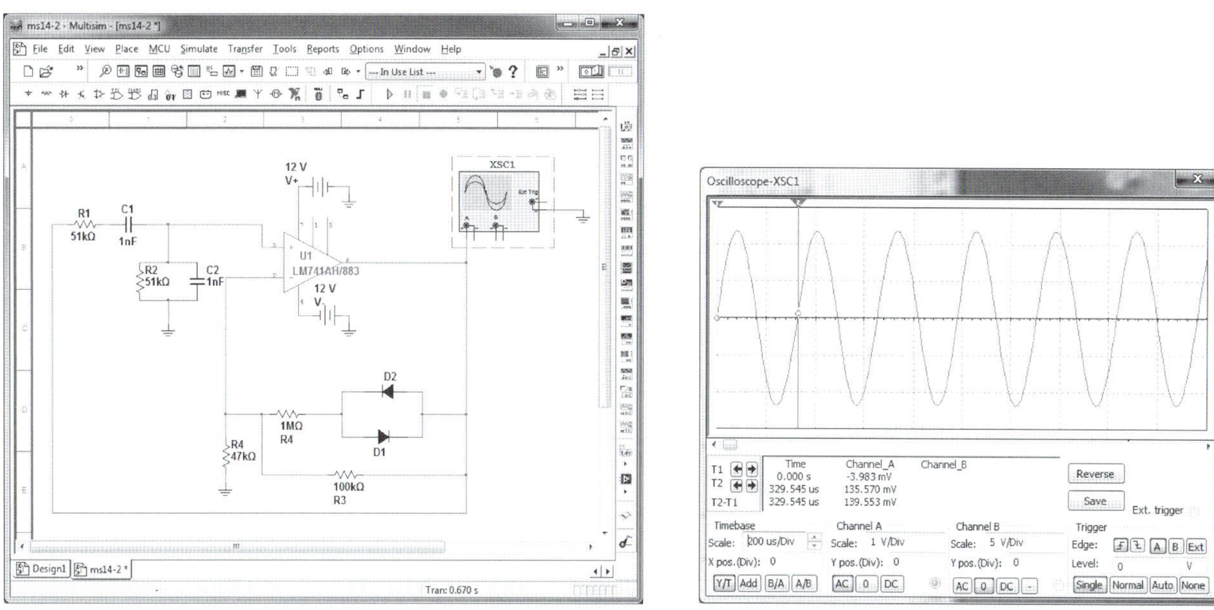

(a) (b)

그림 14.42 (a) Multisim을 이용한 Wien 브리지 발진기 (b) 스코프 파형

$T2-T1=329.545\ \mu S$이며, 스코프에서 주파수는

$$f=\frac{1}{T}=\frac{1}{329.545\ \mu S}\cong 3{,}034.5\text{ Hz}$$

이다.

예제 14.12-IC Colpitts 발진기 Multisim을 이용한 Colpitts 발진기는 그림 14.43a에서 나타낸 것과 같이 구성된다. 이 회로에서 발진기 주파수는
식 (14.45)를 사용하면

$$Ce_1=\frac{C_1C_2}{C_1+C_2}=\frac{(150\text{ pF})(150\text{ pF})}{(150\text{ pF}+150\text{ pF})}=75\text{ pF}$$

식 (14.45)를 사용하여 이 회로의 발진 주파수는 식 (14.44)

$$\begin{aligned}f_o&=\frac{1}{(2\pi\sqrt{LC_{eq}})}\\&=\frac{1}{2\pi\sqrt{(100\ \mu\text{H})(75\text{ pF})}}\\&=1{,}837{,}762.985\text{ Hz}\\&\cong 1.8\text{ MHz}\end{aligned}$$

그림 14.43b의 오실로스코프의 파형의 주기는

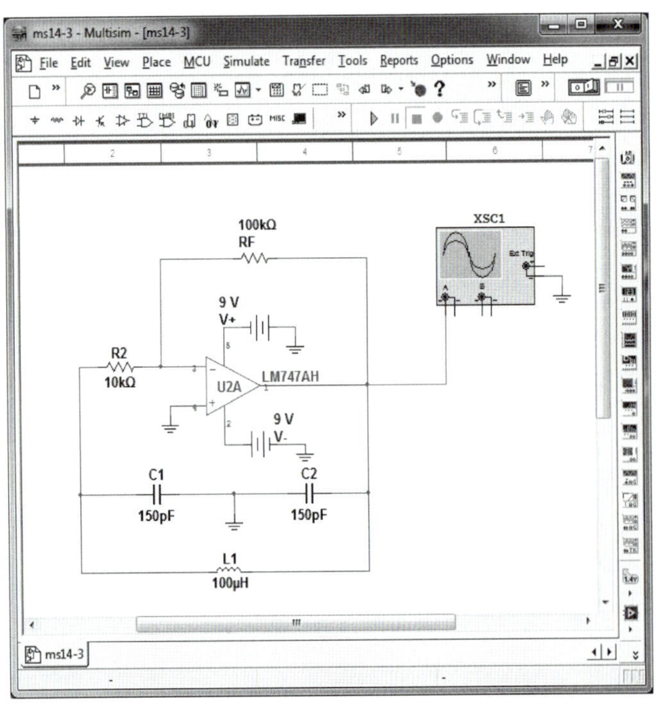

(a)

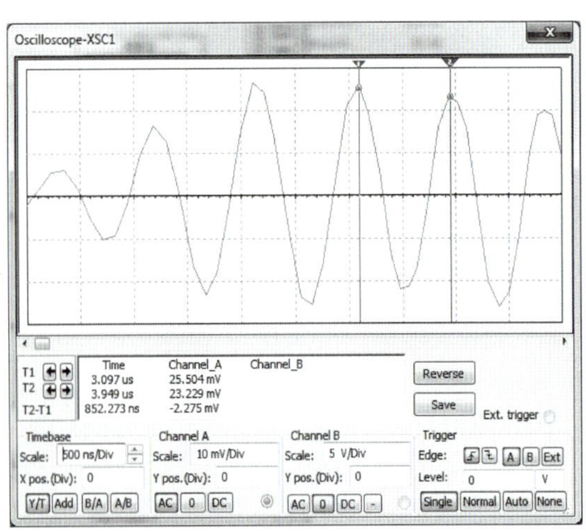

(b)

그림 14.43 (a) Multisim을 이용한 IC Coliptts 발진기 (b) 스코프 파형

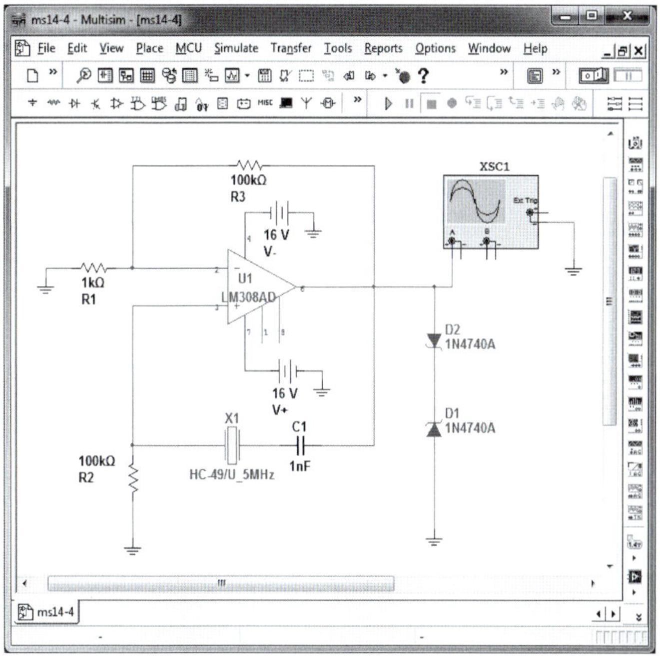

(a)

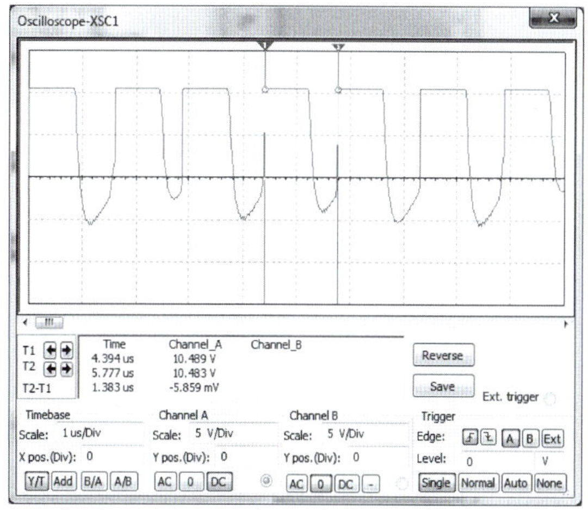

(b)

그림 14.44 (a) Multisim을 이용한 크리스탈 발진기; (b) Multisim을 이용한 오실로스코프 출력

$$f = \frac{1}{T} = \frac{1}{(852.273\ \mu\text{S})}$$
$$\cong 1.2\ \text{MHz}$$

이다.

예제 14.13-크리스탈 발진기　Multisim을 이용한 크리스탈 발진기는 그림 14.44a에서 나타낸 것과 같이 그려진다. 발진기 주파수는 크리스탈의 주파수에 의하여 설정된다. 그림 14.44b에서 보여주는 주기는 약 2.383 μS이다.

주파수는

$$f = 1/T = 1/2.383\ \mu\text{s} = 0.42\ \text{MHz}$$

이다.

연 | 습 | 문 | 제

14.2 피드백 결선의 종류

1. $A = -2000$, $\beta = -1/10$인 음의 피드백 증폭기의 이득을 구하라.

*는 다른 문제보다 다소 어려운 문제를 나타낸다.

2. 증폭기의 이득이 -1000에서 10% 변화되었다. 이 증폭기가 $\beta=-1/20$인 피드백 회로에 이용되었다면 이득의 변화량은 얼마인가?

3. $A=-300$, $R_i=1.5$ kΩ, $R_o=50$ kΩ, $\beta=-1/15$인 전압 직렬 피드백 증폭기의 이득과 입력 임피던스, 출력 임피던스를 각각 구하라.

14.3 실제의 피드백 회로

*4. 그림 14.7의 FET 증폭기에서 $R_1=800$ kΩ, $R_2=200$ Ω, $R_o=40$ kΩ, $R_D=8$ kΩ, $g_m=5000$ μS일 때 피드백이 있는 경우와 없는 경우의 이득을 구하라.

5. 그림 14.11의 회로에서 $R_B=600$ kΩ, $R_E=1.2$ kΩ, $R_C=4.7$ kΩ, $\beta=75$일 때, $V_{CC}=16$ V로 하여 피드백이 있는 경우와 없는 경우에 대한 이득과 입력과 출력 임피던스를 구하라.

14.6 위상 이동 발진기

6. $g_m=6000$ μS, $r_d=36$ kΩ이며, 피드백 저항 $R=12$ kΩ인 FET 위상 이동 발진기를 2.5 kHz의 주파수에서 작동시키고자 한다. 주어진 주파수에서 발진기 작동을 하기 위한 C의 값을 구하라.

7. 그림 14.21b의 BJT 위상 이동 발진기에서 $R=6$ kΩ, $C=1500$ pF, $R_C=18$ kΩ일 때 작동 주파수를 구하라.

14.7 Wien 브리지 발진기

8. 그림 14.23의 Wien 브리지 발진기 회로에서 $R=10$ kΩ, $C=2400$ pF일 때 주파수를 구하라.

14.8 동조 발진기 회로

9. 그림 14.26의 FET Colpitts 발진기 회로가 다음과 같은 값을 가질 때 발진기 주파수를 구하라. $C_1=750$ pF, $C_2=2500$ pF, $L=40$ μH.

10. 그림 14.27의 트랜지스터 Colpitts 발진기에서 회로의 소자값이 $L=100$ μH, $L_{RFC}=0.5$ mH, $C_1=0.005$ μF, $C_2=0.01$ μF, $C_C=10$ μF일 때 발진기 주파수를 구하라.

11. 그림 14.29의 FET Hartley 발진기에서 회로의 소자값이 $C=250$ pF, $L_1=1.5$ mH, $L_2=1.5$ mH, $M=0.5$ mH일 때 발진기 주파수를 구하라.

12. 그림 14.30의 트랜지스터를 Hartley 회로에서 $L_{RFC}=0.5$ mH, $L_1=750$ μH, $L_2=750$ μH, $M=150$ μH, $C=150$ pF일 때 발진기 주파수를 구하라.

14.9 크리스탈 발진기

13. (a) 직렬형 크리스탈 발진기와 (b) 병렬형 크리스탈 발진기의 회로도를 그려라.

14.10 단일 접합 발진기

14. 단일 접합 발진기 회로가 (a) 1 kHz에서, (b) 150 kHz에서 작동하도록 회로를 설계하라.

CHAPTER 15

전원 공급기(전압 조정기)

학습목표 CHAPTER OBJECTIVE

- 전원 공급기의 작동
- RC 필터들의 작동
- 개별 전압 조정기의 작동
- 실용적인 전압 조정기 IC

15.1 개요

15장에서는 필터(filter), 정류기(rectifier), 전압 조정기(voltage regulator) 등을 응용하여 구성된 전원 공급회로의 작동을 소개한다(다이오드 정류기에 대해서는 2장 참조). 전형적인 전압 공급기의 작동은 우선 교류 전압은 정류에 의하여 안정된 직류 전압으로 바뀌고 필터를 통하여 직류 레벨로 변환되어 최종적으로 레벨 조정(regulating) 작업을 통하여 원하는 안정한 직류 레벨을 얻게 되는 식의 일련의 작업으로 구성된다. 전압 조정은 IC화된 전압 조정기 소자를 사용하여 구현하는 것이 보통인데, 이러한 집적화된 전압 조정기는 입력되는 직류 준위보다는 다소 낮은 정규화된 전압을 출력으로 내보내며, 출력은 입력전압의 변화나 출력 부하의 변화에 대하여 변하지 않도록 설계되어 있다.

전원 공급기의 전형적인 구성을 보여주는 블록 선도 및 각 블록의 입출력의 개념적인 파형은 그림 15.1과 같다. 그림에서와 같이 120 V rms의 교류 전압이 변압기에 적용되면 원하는 직류 전압 준위로 전압이 떨어지게 된다. 그 다음, 다이오드 정류기를 통과하여 전파 정류되어 양파의 형태로 변환된다. 정류된 전압을 단순 커패시터로 구성된 필터를 통과하면 직류화되는데, 여전히 맥동(ripple)이나 교류적 전압 파동을 포함하고 있다. 최종적으로 조정회로(정규화 회로)에 의하여 맥동이나 교류적 전압 파동이 제거된 깨끗한 직류 전압을 얻을 수 있으며, 이러한 전압 정규화는 집적화된 IC 소자들을 응용하는 것이 보통이다.

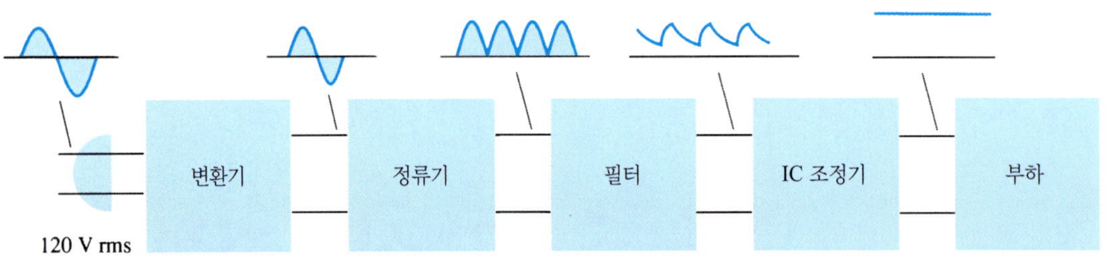

그림 15.1 전원 공급기의 일부를 나타낸 블록 선도

15.2 필터의 일반적인 고찰

정류기 회로는 평균값이 0인 신호를 평균값이 0이 아닌 신호로 변환한다는 관점에서 매우 중요한 회로이다. 정류기 회로의 출력은 맥동 직류 전압(pulsating dc voltage)으로 전지를 대신하기에는 좀 무리가 있는 상태이다. 이와 같은 맥동 직류 전압은 전지 충전(battery charge) 등에 쓰이기도 하는데, 이를 위해서는 맥동 직류 전압의 평균값이 충분히 커서 전지 충전을 위한 충분한 전류를 흘려줄 수 있어야 한다. 하지만 직류 전원기나 라디오, 스테레오 시스템, 컴퓨터 등에 사용하기에는 문제가 있다. 좀 더 안정된 직류를 위해서는 필터가 필수적이다.

필터를 이용한 전압 조정 및 맥동전압

필터회로에 대하여 자세히 살펴보기 전에 회로의 실효성을 비교하기 위하여 필터회로의 성능을 평가하는 방법을 논하는 것이 선행되어야 할 것이다. 그림 15.2는 전형적인 필터의 출력전압을 도시한 것으로 이를 통하여 신호 인자(signal fator)를 정의하여 보자. 그림 15.2의 필터 출력은 약간의 교류적 맥동(ripple)이 존재하는데, 전지가 일정한 직류 전압 출력을 갖는데 반하여 교류 전원으로부터 정류와 필터링을 통하여 얻어진 직류는 필연적으로 약간이나마 교류 성분을 포함하게 된다. 따라서 직류 준위에 대하여 적은 교류 성분을 갖는 경우를 더 좋은 필터라고 정의할 수 있다.

필터의 출력전압을 직류 전압계와 교류(rms) 전압계로 측정하는 경우를 가정한다면, 직류 전압계는 출력전압의 직류 준위 혹은 평균값만을 측정할 것이고 교류 전압계는 출력의

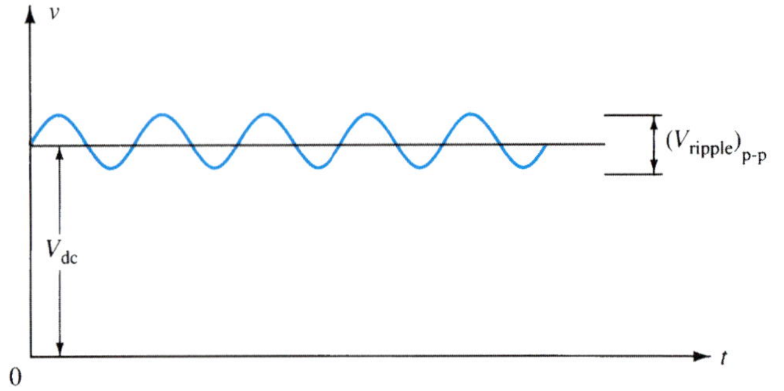

그림 15.2 직류 및 맥동전압을 나타낸 필터전압 파형

교류 성분의 rms 값만을 측정하게 될 것이다(교류신호는 커패시터 커플링을 사용하여 얻어짐을 가정).

정의: 맥동률은 아래와 같이 정의할 수 있다.

$$r = \frac{\text{ripple voltage (rms)}}{\text{dc voltage}} = \frac{V_r(\text{rms})}{V_{\text{dc}}} \times 100\% \tag{15.1}$$

예제 15.1 직류 전압계와 교류 전압계를 사용하여 필터회로의 출력신호를 측정했을 때, 직류 전압은 25 V이고, 교류 맥동전압은 1.5 V(rms)이었다. 필터 출력의 맥동률을 계산하라.

풀이

$$r = \frac{V_r(\text{rms})}{V_{\text{dc}}} \times 100\% = \frac{1.5\text{ V}}{25\text{ V}} \times 100\% = \mathbf{6\%}$$

전압 조정률 전원 공급기의 또 하나의 중요한 성능은 회로의 전 작동 범위에 걸쳐 변화하는 직류 출력전압의 변화량이다. 부하가 없을 경우(전류가 출력으로 흘러나가지 않는 경우)의 출력전압은 부하가 있을 경우(전류가 출력으로 흘러나가는 경우)에 비하여 높게 나타난다. 부하가 없을 경우로부터 부하가 있을 경우로의 출력 변화를 전압 조정률이라고 정의한다.

정의: 전압 조정률은 이처럼 주어진다.

$$\text{전압조정률} = \frac{\text{무부하 전압} - \text{전부하 전압}}{\text{전부하 전압}}$$

$$\%\text{V.R.} = \frac{V_{\text{NL}} - V_{\text{FL}}}{V_{\text{FL}}} \times 100\% \tag{15.2}$$

예제 15.2 무부하 상태에서 출력전압이 60 V인 직류 전원 장치가 전부하 상태에서 출력전압이 56 V로 떨어진다면 전압 조정률은 얼마인가?

풀이

식 (15.2) : $$\%\text{V.R.} = \frac{V_{\text{NL}} - V_{\text{FL}}}{V_{\text{FL}}} \times 100\% = \frac{60\text{ V} - 56\text{ V}}{56\text{ V}} \times 100\% = \mathbf{7.1\%}$$

만일 전부하 상태의 출력전압이 무부하 상태의 경우와 같다면 전압 조정률은 0%가 되며, 이는 가장 최상의 경우라 할 수 있다. 바꾸어 말하면, 전압 공급기는 출력으로 흘러나가는 전류와 완전히 무관하게 일정한 출력전압을 가질 때 완벽한 전압 소스가 된다는 의미가 될 것이다. 결국 전압 조정률이 낮을수록 전압 공급기 회로의 성능은 더 좋다고 정리할 수 있다.

정류된 신호의 맥동률 정류된 전압은 아직 필터를 통과하지 않았다 하더라도 직류 성분과 맥동 성분을 포함하고 있다고 할 수 있다. 일반적으로 전파 정류된 신호는 반파 정류된 신호에 비하여 더 큰 직류 성분과 더 적은 맥동을 가지고 있다.

반파: 정류된 신호의 경우, 출력 직류 전압은

$$V_{\text{dc}} = 0.318V_m \tag{15.3}$$

출력신호의 교류 성분에 대한 rms값은(부록 C 참조)

$$V_r(\text{rms}) = 0.385V_m \tag{15.4}$$

반파 정류신호의 맥동률을 계산하면

$$r = \frac{V_r(\text{rms})}{V_{\text{dc}}} \times 100\% = \frac{0.385V_m}{0.318V_m} \times 100\% = 121\% \tag{15.5}$$

전파: 정류된 신호의 경우, 출력 직류 전압은

$$V_{\text{dc}} = 0.636V_m \tag{15.6}$$

출력신호의 교류 성분에 대한 rms값은(부록 C 참조)

$$V_r(\text{rms}) = 0.308V_m \tag{15.7}$$

전파 정류신호의 맥동률을 계산하면 다음과 같다.

$$r = \frac{V_r(\text{rms})}{V_{\text{dc}}} \times 100\% = \frac{0.308V_m}{0.636V_m} \times 100\% = 48\% \tag{15.8}$$

요약하면, 전파 정류된 신호는 반파 정류된 신호보다 맥동이 적으므로 필터에 적용하기에 적합하다.

15.3 커패시터 필터

커패시터 필터회로는 상당히 널리 사용되는 회로로서 그림 15.3과 같다. 1개의 커패시터가 정류기의 출력에 연결되어 있고 커패시터의 양단이 필터의 출력이 된다. 그림 15.4a는 전파 정류회로와 그 출력이 도시되어 있고, 그림 15.4b는 전파 정류회로의 출력에 커패시터를 연결한 경우와 그 출력을 나타낸 것이다. 필터의 출력은 필연적으로 다소의 맥동을 포함한 직류 전압임을 주시하자.

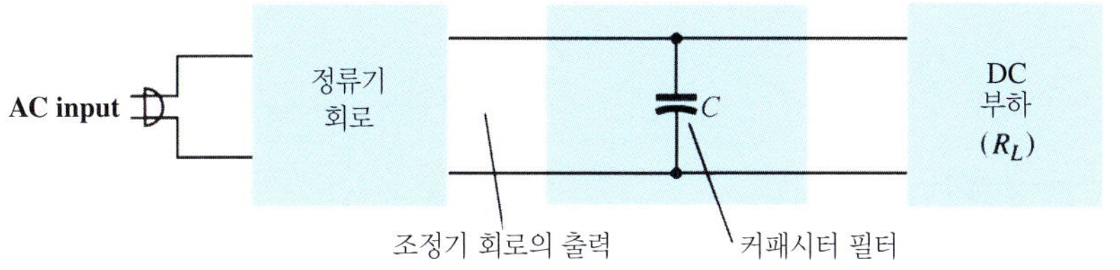

그림 15.3 간단한 커패시터 필터

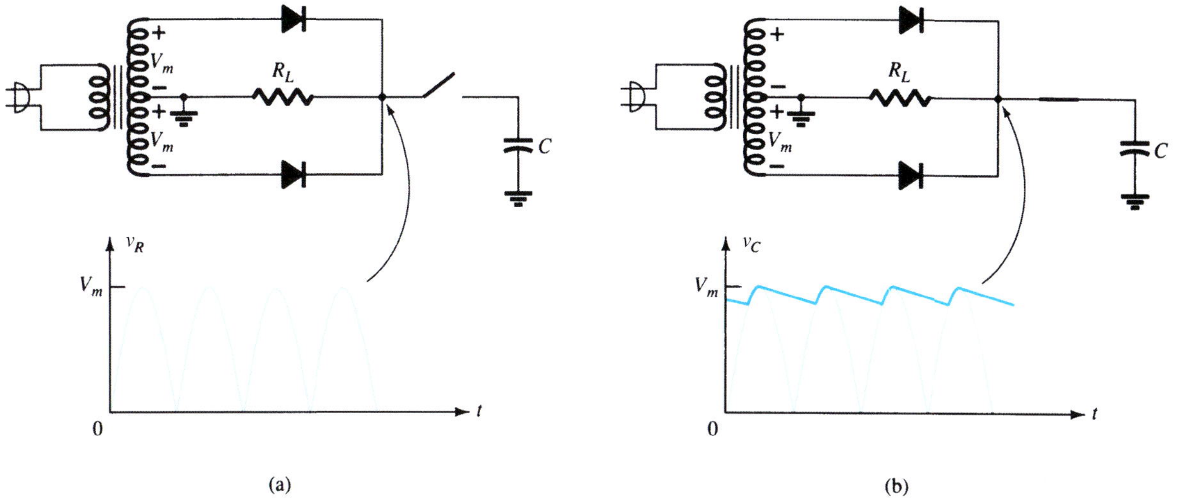

그림 15.4 커패시터 필터 작동: (a) 전파 정류전압; (b) 필터된 출력전압

그림 15.5a는 전파 브리지 정류기(full-wave bridge rectifier)와 부하(R_L)가 있는 상태에서의 출력을 도시한 것이다. 만일 이 경우 저항성 부하가 커패시터 양단에 존재하지 않는다면 출력은 입력의 최대값(V_m)으로 항상 일정하게 나타나게 될 것이다. 그러나 출력 직류 전압은 여러 종류의 회로의 전원으로 응용되기 위함이므로 항상 부하를 수반하게 된다. 따라서 필터의 출력에 항상 저항성 부하가 있다고 가정하여 실용성 있는 대비를 하여야 한다.

출력 파형 시간

그림 15.5b는 커패시터 필터 양단의 파형을 그린 것이다. 시간 T_1은 전파 정류기의 다이오드들이 전도되는 데 걸리는 시간, 즉 커패시터를 정류기의 피크전압 V_m까지 충전시키는 동안의 시간이다. 시간 T_2는 정류기 전압이 피크전압 이하로 떨어지고, 커패시터가 부하를 통하여 방전하는 동안의 시간을 나타낸다. 충전-방전 주기는 전파 정류기에 대하여 각 반주기마다 일어나기 때문에, 정류된 파형의 주기는 입력신호 주파수의 반인 $T/2$이다. 그림 15.6에 나타난 것처럼 필터를 거친 출력전압 파형은 직류 레벨 V_{dc}와 커패시터의 충전과 방전에 따른 맥동전압 V_r(rms)을 가지고 있다. 이러한 파형의 자세한 것과 회로 성분은 다음에 고려한다.

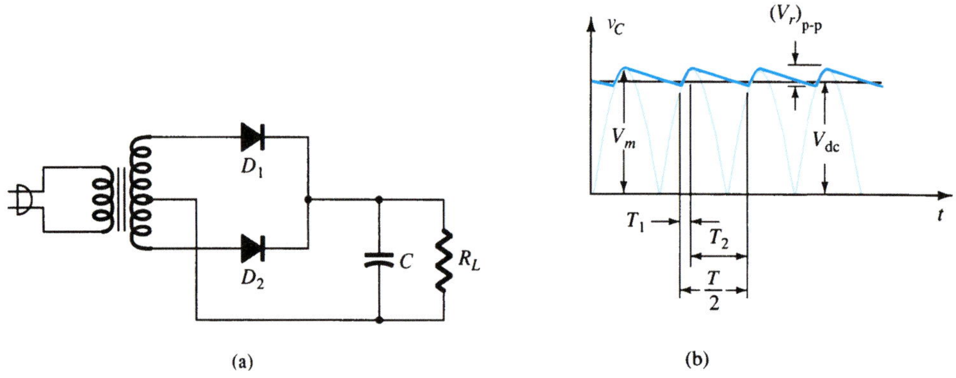

그림 15.5 커패시터 필터: (a) 커패시터 필터회로; (b) 출력전압 파형

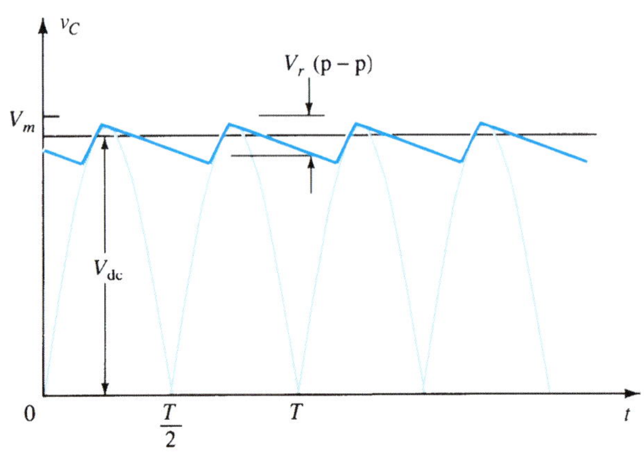

그림 15.6 커패시터 필터회로의 근사적인 출력 파형

맥동전압, V_r(rms) 부록 C에는 다른 회로 파라미터로부터 맥동전압을 구하는 방법을 상세히 설명해 놓았다. 맥동전압은 다음 식으로 계산될 수 있다.

$$V_r(\text{rms}) = \frac{I_{dc}}{4\sqrt{3}fC} = \frac{2.4I_{dc}}{C} = \frac{2.4V_{dc}}{R_LC} \tag{15.9}$$

여기서 I_{dc}의 단위는 mA, C는 μF, R_L은 kΩ이다.

예제 15.3 100 μF의 필터 커패시터를 갖는 전파 정류기가 50 mA의 전류를 흐르게 할 수 있는 부하에 연결되었을 때 전파 정류기의 맥동전압을 구하라.

풀이

$$\text{식 (15.9):}\quad V_r(\text{rms}) = \frac{2.4(50)}{100} = \mathbf{1.2\ V}$$

직류 전압, V_{dc} 부록 C로부터 필터 커패시터의 양단에 걸리는 파형의 직류값을 다음과 같이 나타낼 수 있다.

$$\boxed{V_{dc} = V_m - \frac{I_{dc}}{4fC} = V_m - \frac{4.17I_{dc}}{C}} \tag{15.10}$$

여기서 V_m은 정류전압의 피크값이고, I_{dc}는 단위가 mA인 부하 전류이며, C는 단위가 μF인 필터 커패시터이다.

예제 15.4 예제 15.3의 필터회로에서 정류전압의 피크값이 30 V일 때, 필터의 직류 전압을 구하라.

풀이

$$\text{식 (15.10):}\quad V_{dc} = V_m - \frac{4.17I_{dc}}{C} = 30 - \frac{4.17(50)}{100} = \mathbf{27.9\ V}$$

필터 커패시터 맥동률

맥동률의 정의식[식 (15.1)], 식 (15.9)와 식 (15.10) 및 $V_{dc} \approx V_m$인 관계를 사용하여 전파 정류기와 필터 커패시터 회로의 출력 파형을 구할 수 있다.

$$\boxed{r = \frac{V_r(\text{rms})}{V_{dc}} \times 100\% = \frac{2.4I_{dc}}{CV_{dc}} \times 100\% = \frac{2.4}{R_L C} \times 100\%} \tag{15.11}$$

여기서 I_{dc}, C, V_{dc}, R_L의 단위는 각각 mA, μF, V, kΩ이다.

예제 15.5 C=50 μF인 커패시터 필터회로로부터 흐르는 부하 전류가 50 mA이다. 정류된 피크전압이 30 V일 때 커패시터 필터의 맥동률을 구하라.

풀이

$$\text{식 (15.11):}\quad r = \frac{2.4I_{dc}}{CV_{dc}} \times 100\% = \frac{2.4(50)}{100(27.9)} \times 100\% = \mathbf{4.3\%}$$

또한 맥동률은 기본 정의에 의해서도 다음과 같이 계산할 수 있다.

$$r = \frac{V_r(\text{rms})}{V_{dc}} \times 100\% = \frac{1.2\ \text{V}}{27.9\ \text{V}} \times 100\% = \mathbf{4.3\%}$$

다이오드의 전도 주기와 피크 다이오드 전류

앞의 논의로부터 커패시턴스의 값이 클수록 맥동의 크기가 작아지고, 평균 전압이 더 높아져 필터의 작동이 더욱 좋게 됨을 분명히 알았다. 이와 같은 사실로부터 커패시터 필터의 성능을 개선하기 위해 필터의 커패시터 용량을 증가시키는 것만이 필요하다고 결론지을지도 모른다. 그러나 커패시터는 또한 정류 다이오드에 흐르는 전류의 피크값에 영향을 주기 때문에 사용된 커패시터의 용량이 커지면 정류 다이오드에 흐르는 전류의 피크값도 커진다.

주기 T_1(그림 15.5 참조) 동안 다이오드가 전도됨을 상기하라. 이 기간 동안 다이오드는 커패시터를 충전시키기에 필요한 전류를 제공해야 한다. 이 시간 간격이 짧을수록 많은 양의 충전 전류를 흐르게 할 수 있다. 그림 15.7은 반파 정류신호에 대한 이러한 관계를 나타낸다(이것은 전파 정류신호에 대한 기본적인 작동과도 같다). T_1이 크고 커패시터의 용량이 더 작은 경우, 다이오드 전류의 피크값은 필터 커패시턴스 용량이 클 때보다 더 작음을 주목하라.

전원으로부터 흐르는 평균 전류는 충전 기간 동안 다이오드에 흐르는 전류의 평균값과 같아야 되므로, 다음 관계식을 이용할 수 있다(충전 시간 동안의 다이오드 전류는 일정한 것으로 가정).

$$I_{dc} = \frac{T_1}{T} I_{peak}$$

이 식으로부터 다음을 얻는다.

$$\boxed{I_{peak} = \frac{T}{T_1} I_{dc}} \qquad (15.12)$$

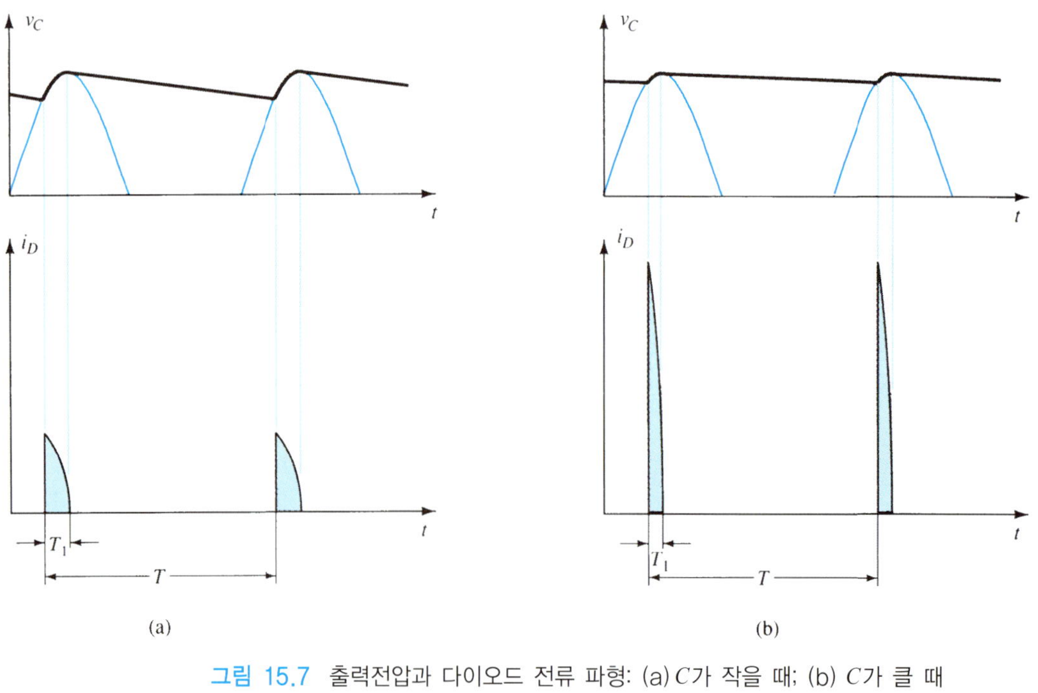

그림 15.7 출력전압과 다이오드 전류 파형: (a) C가 작을 때; (b) C가 클 때

여기서 T_1 = 다이오드의 전도 시간
$T = 1/f$ (전파일 경우 $f = 2\times60$)
I_{dc} = 필터로부터 흘러나오는 평균 전류
I_{peak} = 전도되는 다이오드에 흐르는 최대(peak) 전류

15.4 *RC* 필터

그림 15.8에 나타난 것처럼 *RC* 필터 부분을 추가로 사용함으로써 필터 커패시터 양단에 걸리는 맥동의 크기를 훨씬 감소시킬 수 있다. 부가된 *RC*단의 목적은 직류 성분의 대부분을 통과시키고, 반면에 교류 성분은 가능한 한 많이 감쇠시키기 위한 것이다. 그림 15.9는 *RC* 필터단이 뒤따르는 커패시터 필터가 있는 전파 정류기를 나타낸다. 필터회로의 작동은 신호의 직류와 교류 성분에 대한 중첩의 원리를 사용해서 해석할 수 있다.

RC 필터단의 직류 작동

그림 15.10a는 그림 15.9의 *RC* 필터회로를 해석할 때 사용하는 직류 등가회로이다. 2개의 커패시터는 모두 개방회로이므로, 여기서 얻어지는 출력 직류 전압은

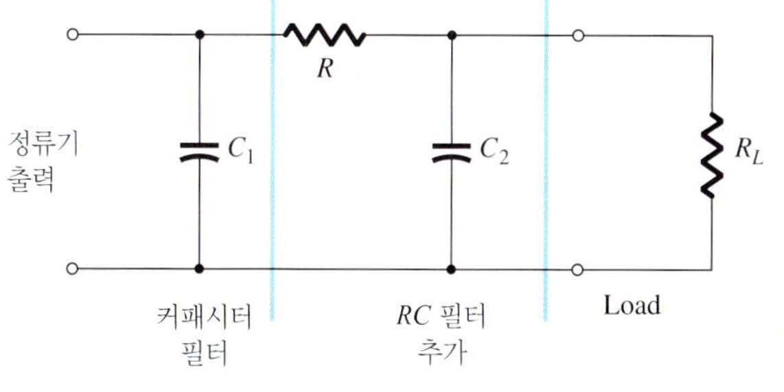

그림 15.8 *RC* 필터 단계

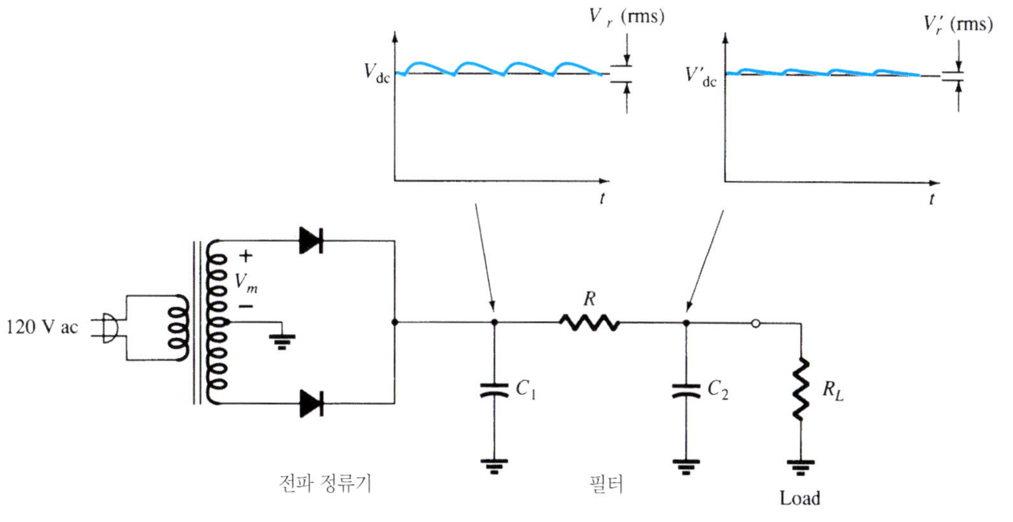

그림 15.9 전파 정류기와 *RC* 필터회로

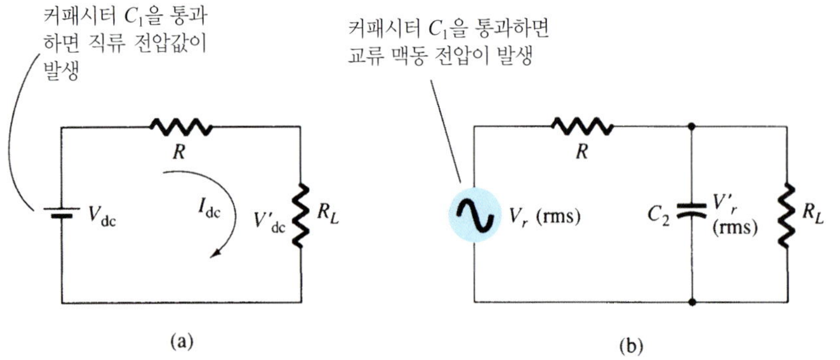

그림 15.10 (a) 직류; (b) 교류 *RC* 필터의 등가회로

$$V'_{dc} = \frac{R_L}{R + R_L} V_{dc} \tag{15.13}$$

예제 15.6 *RC* 필터가 $R = 120\ \Omega$, $C = 10\ \mu F$일 때 1 kΩ 부하에 걸리는 직류 전압을 계산하라. 필터 커패시터에 걸리는 초기 직류 전압은 $V_{dc} = 60$ V이다.

풀이

식 (15.13): $V'_{dc} = \dfrac{R_L}{R + R_L} V_{dc} = \dfrac{1000}{120 + 1000}(60\text{ V}) = \mathbf{53.6\ V}$

RC 필터단의 교류 작동

그림 15.10b는 *RC* 필터단의 교류 등가회로이다. 커패시터의 교류 임피던스와 부하저항의 전압 분배기 작용으로부터 부하의 양단에 걸리는 전압의 교류 성분은

$$V'_r(\text{rms}) \approx \frac{X_C}{R} V_r(\text{rms}) \tag{15.14}$$

이다. 전파 정류기에 대해서는 교류 맥동 주파수가 120 Hz인 커패시터의 임피던스는 다음 식으로 계산될 수 있다.

$$X_C = \frac{1.3}{C} \tag{15.15}$$

여기서 C는 μF, X_C는 kΩ 단위이다.

예제 15.7 그림 15.11에서 부하 R_L의 양단에 걸리는 출력신호의 직류 성분과 교류 성분을 계산하라. 출력 파형의 맥동률을 계산하라.

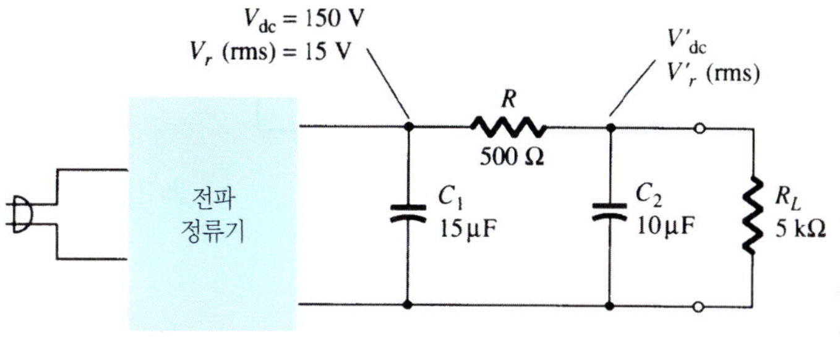

그림 15.11 예제 15.7의 *RC* 필터회로

풀이

직류 계산

$$\text{식 (15.13):}\ \ V'_{dc} = \frac{R_L}{R + R_L} V_{dc} = \frac{5\,\text{k}\Omega}{500 + 5\,\text{k}\Omega}(150\ \text{V}) = \mathbf{136.4\ V}$$

교류 계산 *RC*단의 용량성 임피던스는

$$\text{식 (15.15):}\ \ X_C = \frac{1.3}{C} = \frac{1.3}{10} = 0.13\,\text{k}\Omega = 130\ \Omega$$

식 (15.14)를 이용하여 구한 출력전압의 교류 성분은

$$V'_r(\text{rms}) = \frac{X_C}{R} V_r(\text{rms}) = \frac{130}{500}(15\ \text{V}) = \mathbf{3.9\ V}$$

출력 파형의 맥동률은

$$r = \frac{V'_r(\text{rms})}{V'_{dc}} \times 100\% = \frac{3.9\ \text{V}}{136.4\ \text{V}} \times 100\% = \mathbf{2.86\%}$$

15.5 개별 트랜지스터의 전압 조정

트랜지스터 전압 조정기의 두 가지 형태는 직렬전압 조정기와 병렬전압 조정기이다. 각 회로는 입력전압이나 또는 출력에 연결된 부하가 변하더라도 설정된 값으로 조정되거나 유지되는 출력 직류 전압을 제공할 수 있다.

직렬전압 조정

그림 15.12는 직렬 조정기의 기본적인 연결에 관한 블록 선도이다. 직렬 요소는 출력에 이르는 입력전압의 양을 제어한다. 출력전압은 기준 전압과 비교하기 위해 피드백 전압을 제

조정된 출력전압 V_o에 대해 식 (15.16)을 풀면

$$V_o = \frac{R_1 + R_2}{R_2}(V_Z + V_{BE_2}) \tag{15.17}$$

예제 15.9 R_1=20 kΩ, R_2=30 kΩ, V_Z=8.3 V일 때 그림 15.15의 조정된 출력전압을 구하라.

풀이 식 (15.17)로부터, 조정된 출력전압은

$$V_o = \frac{20\,\text{k}\Omega + 30\,\text{k}\Omega}{30\,\text{k}\Omega}(8.3\text{ V} + 0.7\text{ V}) = \mathbf{15\ V}$$

연산 증폭기 직렬 조정기 그림 15.16은 또 다른 형의 직렬 조정기이다. 연산 증폭기는 제너 다이오드의 기준 전압과 저항 R_1, R_2의 감지로부터 얻은 피드백 전압을 비교한다. 출력전압이 변하면, Q_1의 전도는 출력전압을 일정하게 유지하도록 제어된다. 출력전압은 다음의 값으로 유지된다.

$$V_o = \left(1 + \frac{R_1}{R_2}\right)V_Z \tag{15.18}$$

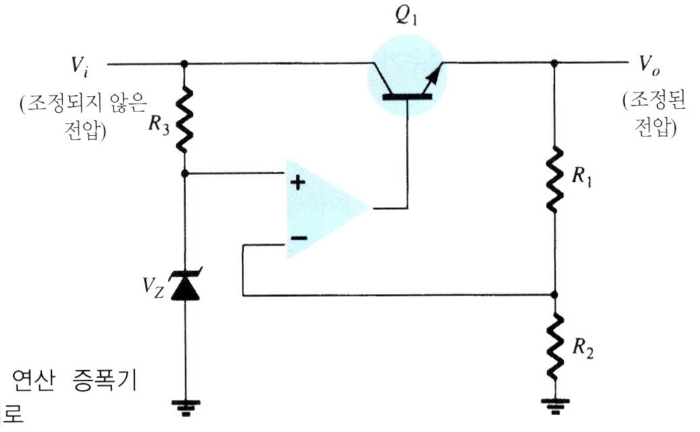

그림 15.16 연산 증폭기 직렬 조정기 회로

예제 15.10 그림 15.17에서 조정된 출력전압을 구하라.

풀이

$$\text{식 (15.18):}\ V_o = \left(1 + \frac{30\,\text{k}\Omega}{10\,\text{k}\Omega}\right)6.2\text{ V} = \mathbf{24.8\ V}$$

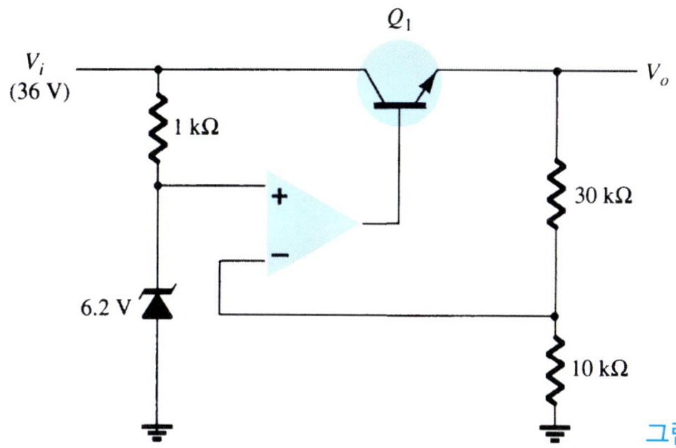

그림 15.17 예제 15.10의 회로

전류 제한 회로 단락 회로 또는 과부하 방지회로의 한 가지 형태는 그림 15.18에서처럼 전류를 제한하는 것이다. 부하 전류 I_L이 증가함에 따라, 단락 감지저항 R_{SC} 양단에 걸리는 전압 강하가 증가한다. R_{SC}에 걸리는 전압 강하가 충분히 크게 되면, Q_2가 전도되어 트랜지스터 Q_1의 베이스로부터 전류를 다른 데로 돌려서 트랜지스터 Q_1을 통하는 부하 전류를 감소시켜, 부하 R_L로 어떠한 추가적인 전류도 흐르지 못하게 한다. 성분 R_{SC}와 Q_2 작용은 최대 부하 전류를 제한한다.

폴드백 제한 전류 제한은 전류가 제한값보다 크게 되면 부하전압을 감소시킨다. 그림 15.19 회로는 폴드백 제한(foldback limiting) 특성을 갖는데, 이것은 출력전압과 출력 전류를 둘 다 감소시켜 조정기를 보호할 뿐만 아니라 과전류로부터 부하를 보호한다.

폴드백 제한은 그림 15.19 회로(그림 15.17 이상)에서 R_4와 R_5의 추가적인 전압 분배기 회로망에 의해 제공된다. 분배기 회로는 Q_1의 출력에서의 전압을 감지한다. I_L이 그의 최대값으로 증가하면, R_{SC} 양단에 걸리는 전압은 Q_2를 전도시키기에 충분한 값으로 커진다. 이것에 의해 전류를 제한하게 된다. 부하저항이 더 작아지면 Q_2를 구동하는 전압은 작아진다. 그러므로 V_L 또한 떨어지면 I_L도 떨어진다. 이러한 작용이 폴드백 제한이다. 부하저항이 정

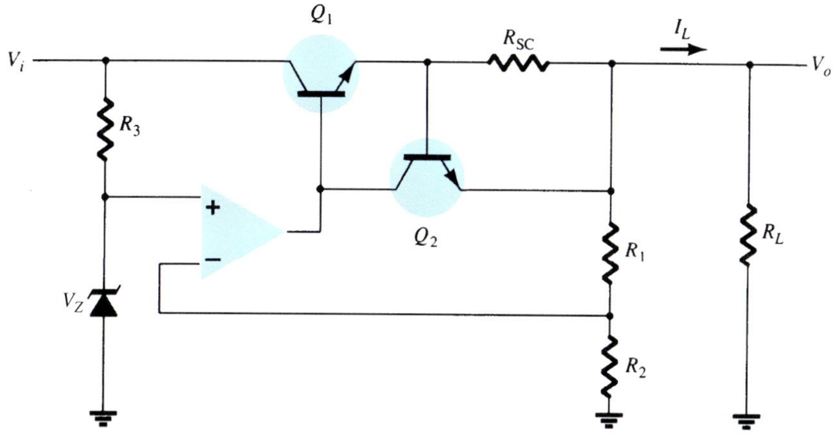

그림 15.18 전류 제한 전압 조정기

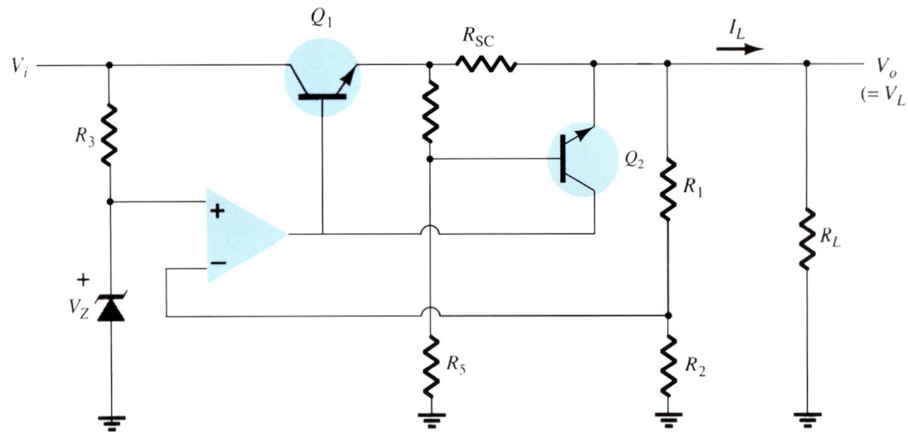

그림 15.19 폴드백 제한 직렬 조정기

격값으로 되돌아가면, 회로는 다시 전압 조정 작용을 한다.

병렬전압 조정

병렬전압 조정기는 출력전압을 조정하기 위해 부하로부터의 분로 전류(shunting current)를 다른 곳으로 흘려보냄으로써 전압 조정을 한다. 그림 15.20은 그러한 전압 조정기의 블록 선도를 나타낸다. 비조정 입력전압은 부하로 전류를 흐르게 한다. 이 전류의 일부는 부하 양단에 걸리는 조정된 출력전압을 유지하기 위해 제어 요소에 의해 없어진다. 부하의 변동으로 인해 부하전압이 변하려 하면, 샘플링 회로는 비교기에 피드백 신호를 보낸다. 그러면 비교기는 부하로부터 분로되는 전류의 양을 변화시키는 제어신호를 출력한다. 예를 들어 출력전압이 커지려 하면, 샘플링 회로는 비교기에 피드백 신호를 보내서 분로 전류가 증가하도록 제어신호를 내보내게 한다. 따라서 부하 전류가 감소하고, 조정된 전압이 증가하지 못하도록 한다.

기본적인 트랜지스터 병렬 조정기 그림 15.21은 간단한 병렬 조정기 회로이다. 저항 R_S는 부하 R_L에 공급되는 전류의 양에 따라 비조정전압을 감소시킨다. 부하에 걸리는 전압은 제너 다이오드와 트랜지스터 베이스-에미터 전압에 의해 결정된다. 부하저항이 감소하면, Q_1

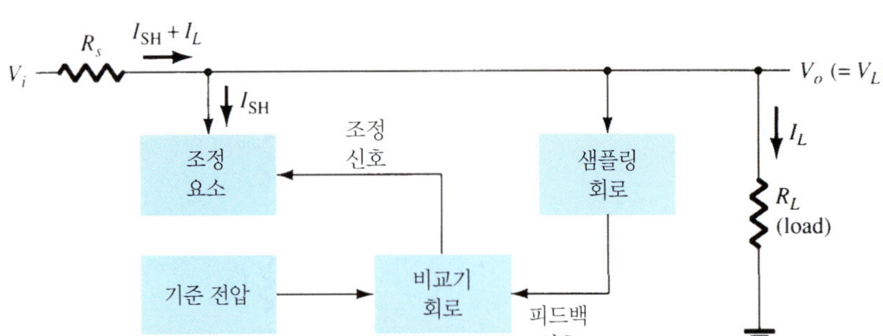

그림 15.20 병렬전압 조정기의 블록 선도

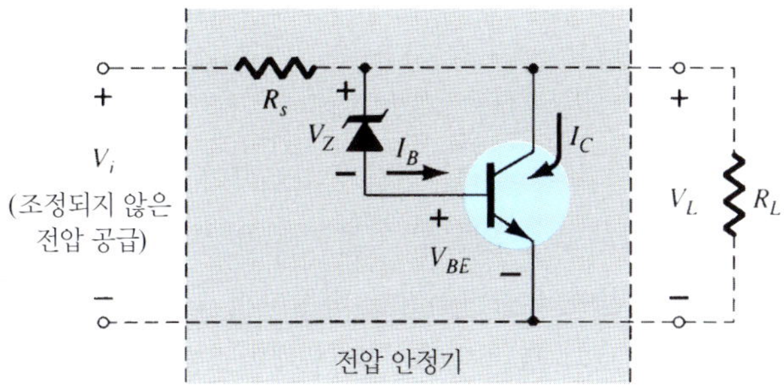

그림 15.21 트랜지스터 병렬전압 조정기

의 베이스 전류가 감소하고, 컬렉터 전류의 분로가 적어진다. 그러므로 부하 전류가 증가하고, 부하 양단에 걸리는 조정전압을 유지한다. 부하의 출력전압은

$$V_L = V_Z + V_{BE} \tag{15.19}$$

예제 15.11 그림 15.22의 병렬 조정기에서 조정전압과 회로 전류를 구하라.

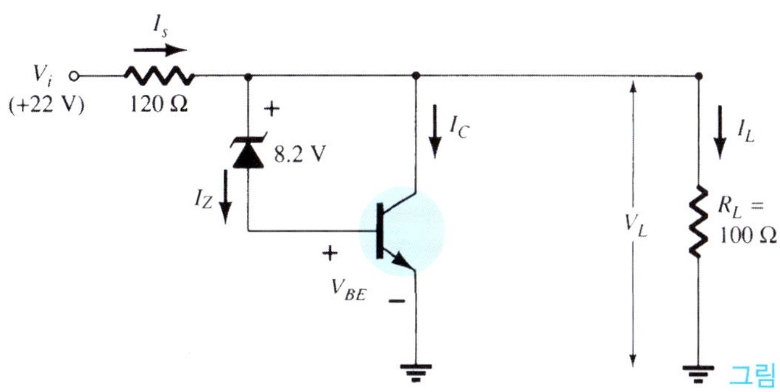

그림 15.22 예제 15.11의 회로

풀이 부하전압은

$$\text{식 (15.19): } V_L = 8.2\text{ V} + 0.7\text{ V} = \mathbf{8.9\text{ V}}$$

주어진 부하에 대해

$$I_L = \frac{V_L}{R_L} = \frac{8.9\text{ V}}{100\ \Omega} = \mathbf{89\text{ mA}}$$

비조정 입력전압이 22 V라면, R_S를 흐르는 전류는

$$I_S = \frac{V_i - V_L}{R_S} = \frac{22\text{ V} - 8.9\text{ V}}{120} = \mathbf{109\text{ mA}}$$

그러므로 컬렉터 전류는

$$I_C = I_S - I_L = 109\text{ mA} - 89\text{ mA} = \mathbf{20\text{ mA}}$$

(제너 다이오드와 트랜지스터의 베이스-에미터를 통하여 흐르는 전류는 트랜지스터의 베타에 의한 I_C값보다 작다).

개선된 병렬 조정기 그림 15.23의 회로는 개선된 병렬전압 조정기 회로이다. 제너 다이오드는 R_1의 양단에 걸리는 전압이 출력전압을 감지할 수 있도록 기준 전압을 제공한다. 출력전압이 변하면 트랜지스터 Q_1에 의해 분로된 전류가 출력전압을 일정하게 유지하도록 변한다. 트랜지스터 Q_2는 그림 15.21의 회로에서보다 트랜지스터 Q_1의 베이스에 더 큰 전류를 흐르게 하므로 조정기는 더 큰 부하 전류를 조정하게 된다. 출력전압은 제너전압과 2개 트랜지스터의 베이스-에미터 양단의 전압에 의해 결정된다.

$$V_o = V_L = V_Z + V_{BE_2} + V_{BE_1} \tag{15.20}$$

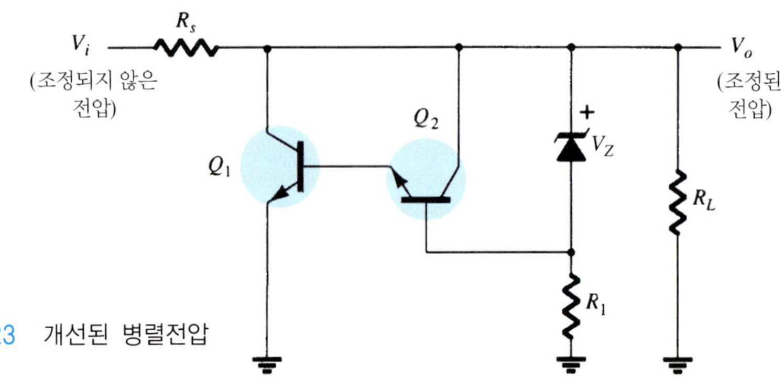

그림 15.23 개선된 병렬전압 조정기

연산 증폭기를 이용한 병렬전압 조정기 그림 15.24는 전압 비교기로 연산 증폭기를 사용한 또 다른 형의 병렬전압 조정기를 나타낸다. 제너전압은 병렬 요소 Q_1에 제어 구동 전류를 제공하기 위해 전압 분배기 R_1, R_2로부터 얻어진 피드백 전압과 비교된다. 그러므로 저항 R_S에 흐르는 전류는 출력전압이 유지될 수 있도록 R_S 양단에 걸리는 전압이 떨어지도록 제어된다.

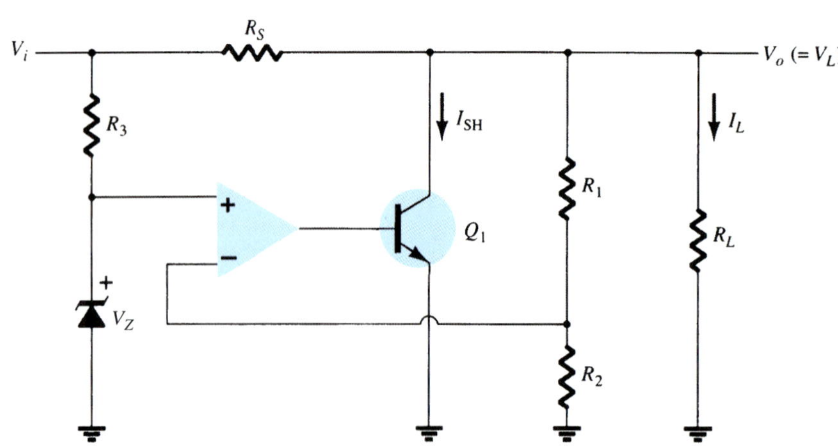

그림 15.24 연산 증폭기를 이용한 병렬전압 조정기

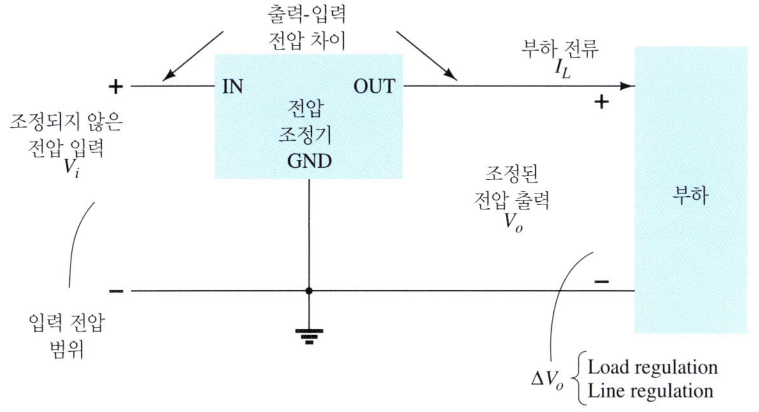

그림 15.25 3단자 전압 조정기의 블록 선도

스위칭 조정

부하로의 전력 전송 효율이 좋은 조정기 회로는 스위칭 조정기(switching regulator)이다. 기본적으로, 스위칭 조정기는 부하에 펄스의 형태로 전압을 보내는데, 이 펄스는 평활한 직류 전압을 만들기 위해 필터링된다. 그림 15.25는 그러한 전압 조정기의 기본적인 성분을 나타낸다. 회로가 복잡한 만큼 개선된 작동 효율을 얻을 수 있다.

15.6 IC 전압 조정기

전압 조정기도 많이 사용되는 IC 중의 하나다. 조정기 IC는 하나의 IC 내에 기준 전원, 비교 증폭기, 제어 장치 및 과부하 방지를 위한 모든 회로를 포함하고 있다. IC의 내부 구조가 개별 전압 조정회로와는 다소 다를지라도, 외부 작동은 거의 같다. IC 조정기는 고정된 양전압, 고정된 음전압의 조정이나, 조절할 수 있는 전압의 조정을 제공한다.

전원 공급 장치는 교류 전압을 원하는 크기로 바꿔주기 위해 교류 전원선에 연결된 변압기를 사용하며, 교류 전압을 정류하는 과정과 커패시터와 *RC* 필터로 필터링하는 과정, 마지막으로 IC 조정기를 사용하여 직류 전압을 조정하는 단계를 통해 만들어진다. 이러한 조정기들은 수백 mA에서 수십 A의 부하 전류로, 즉 수 mW에서 수십 W의 정격 전력으로 작동하도록 선택될 수 있다.

3단자 전압 조정기

그림 15.25는 부하에 연결된 3단자 전압 조정기 IC의 기본적인 연결을 나타낸다. 고정된 전압 조정기의 한 단자에는 비조정 입력전압 V_i가 인가되고, 두 번째 단자로는 조정 출력 직류 전압 V_o를 얻으며 세 번째 단자는 접지된다. 선택된 IC에 대해서 소자의 규격표에는 어떤 범위의 값을 갖는 부하 전류에 대해 조정 출력전압을 유지하면서 입력전압이 변할 수 있는 전압의 범위가 기록되어 있다. 부하 전류(부하 변동률) 또는 입력전압의 변화(선 변동률)에 따른 출력전압의 변화량도 소자의 규격표에 기록되어 있다.

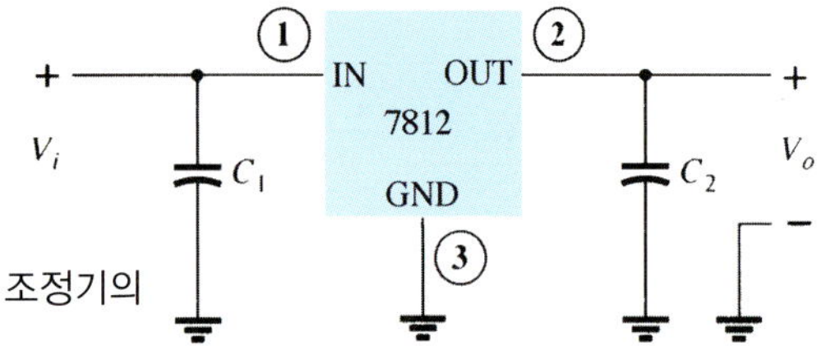

그림 15.26 7812 전압 조정기의 결선도

고정된 양의 전압 조정기

78 조정기 시리즈는 5 V와 24 V 사이의 고정된 조정전압을 제공한다. 그림 15.26은 7812와 같은 IC가 +12 V 직류의 조정된 출력전압을 제공하기 위해 연결되는 방법을 나타낸다. 비조정된 입력전압 V_i는 커패시터 C_1에 의해 필터링되고, IC의 IN 단자에 연결된다. IC의 OUT 단자는 커패시터 C_2(주로 고주파 잡음)에 의해 필터링되는 +12 V의 조정된 전압을 제공한다. 세 번째 IC단자는 접지(GND)로 연결된다. 입력전압은 허용할 수 있는 전압 범위 내에서 변화할 수 있고, 출력 부하 또한 어느 정도의 범위 내에서 변화할 수 있지만 출력전압은 특정한 전압 변동 범위 내에서 일정하게 유지된다. 이러한 제한들은 제조회사의 규격표에 나와 있다. 표 15.1은 양의 전압 조정기 IC의 리스트이다.

표 15.1 7800 시리즈에서 양의 전압 조정기들

IC Part	Output Voltage (V)	Minimum V_i (V)
7805	+5	7.3
7806	+6	8.3
7808	+8	10.5
7810	+10	12.5
7812	+12	14.6
7815	+15	17.7
7818	+18	21.0
7824	+24	27.1

그림 15.27은 7812를 연결하여 완성한 전압 공급기를 나타낸다. 교류 선간 전압(120 V rms)은 중심탭(center-tap) 변압기의 상하 양단이 18 V rms가 되도록 감압된다. 그 다음에 전파 정류기와 커패시터 필터는 전압 조정기의 입력으로서 몇 V의 교류 맥동이 포함된 약 22 V의 직류 전압처럼 보이는 비조정 직류 전압을 공급한다. 그 다음 7812 IC는 +12 V 직류로 조정된 출력을 공급한다.

양의 전압 조정기 특성 그림 15.28은 7800 시리즈 양의 전압 조정기 그룹에 대한 규격표이다. 더욱 중요한 몇몇 파라미터를 고려해야 한다.

출력전압: 7812의 특성에 따라 출력전압은 보통 +12 V이지만 11.5 V나 12.5 V가 될 수도 있다.

출력 조정: 출력전압 조정은 보통 4 mV에서 최대 100 mV이다(출력 전류는 0.25 A에서

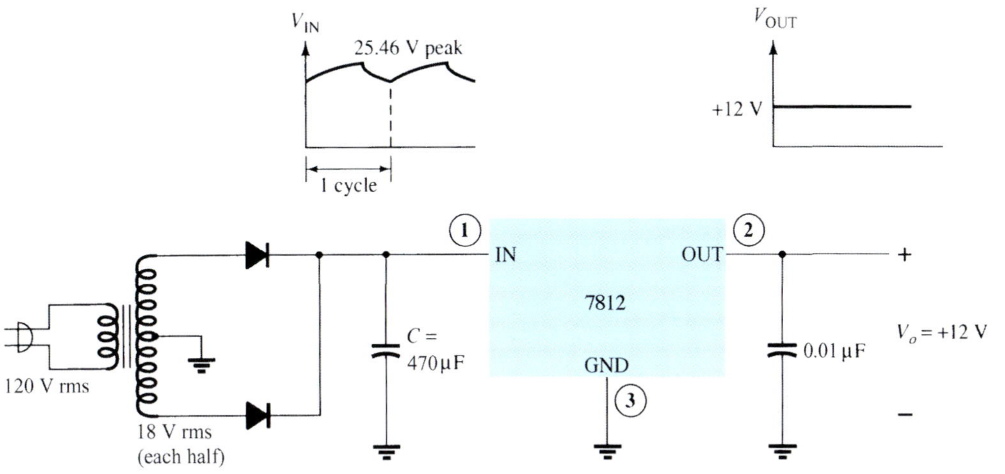

그림 15.27 +12V 전원 공급 장치

0.75 A). 이는 출력전압이 보통 정격 12 V 직류에 단지 4 mV의 변동이 있음을 나타낸다.

단락 회로 출력 전류: 출력이 단락된다면(우연이나 다른 고장난 성분에 의해) 전류의 양은 보통 0.35 A로 제한된다.

피크 출력 전류: 이 IC 시리즈의 최대 정격 전류는 1.5 A이지만, 부하에 흐를 수 있는 피크 출력 전류는 2.2 A이다. 이로부터 IC의 제조회사 정격은 1.5 A이지만 더 큰 전류가 흐를 수 있음을 알 수 있다(짧은 주기 시간 동안).

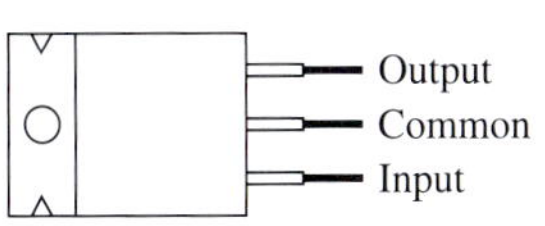

Nominal output voltage	Regulator
5 V	7805
6 V	7806
8 V	7808
10 V	7810
12 V	7812
15 V	7815
18 V	7818
24 V	7824

Absolute maximum ratings:

Input voltage 40 V
Continuous total dissipation 2 W
Operating free-air temperature range −65 to 150°C

μA 7812C electrical characteristics:

Parameter	Min.	Typ.	Max.	Units
Output voltage	11.5	12	12.5	V
Input regulation		3	120	mV
Ripple rejection	55	71		dB
Output regulation		4	100	mV
Output resistance		0.018		Ω
Dropout voltage		2.0		V
Short-circuit output current		350		mA
Peak output current		2.2		A

그림 15.28 전압 조정기 IC의 사양서

그림 15.2 7900 시리즈에서 음의 전압 조정기들

IC Part	Output Voltage (V)	Minimum V_i (V)
7905	−5	−7.3
7906	−6	−8.4
7908	−8	−10.5
7909	−9	−11.5
7912	−12	−14.6
7915	−15	−17.7
7918	−18	−20.8
7924	−24	−27.1

드롭아웃 전압: 보통 2 V인 드롭아웃(dropout) 전압은 IC가 조정기로서 작동하기 위해 유지해야 하는 입력-출력 단자 양단에 걸리는 최소 전압이다. 입력전압이 너무 낮게 떨어지거나, 출력전압이 너무 올라가서 IC 입력-출력 양단에 적어도 2 V가 유지되지 않는다면 IC는 더 이상 전압 조정기로 작동할 수 없다. 그러므로 드롭아웃 전압이 공급되도록 입력전압을 충분히 크게 유지시켜야 한다.

고정된 음의 전압 조정기

7900 IC 시리즈는 양의 전압을 제공하는 것과 비슷하게 음의 전압 조정기를 제공한다. 음의 전압 조정기 IC가 표 15.2에 있다. 표에서 나타낸 것처럼 IC 조정기를 고정된 음의 전압의 범위에서 이용할 수 있다. 선택된 IC는 입력전압이 최소 입력값보다 큰 값을 유지하는 한 정격 출력전압을 제공한다. 예를 들어 7912는 조정기 IC의 입력이 −14.6 V보다 더욱 음의 값이라면 −12 V의 출력을 제공한다.

예제 15.12 전파 브리지 정류기, 커패시터 필터, IC 조정기를 사용해서 +5 V의 출력을 제공하는 전압 공급 장치를 그려라.

풀이 결과회로는 그림 15.29와 같다.

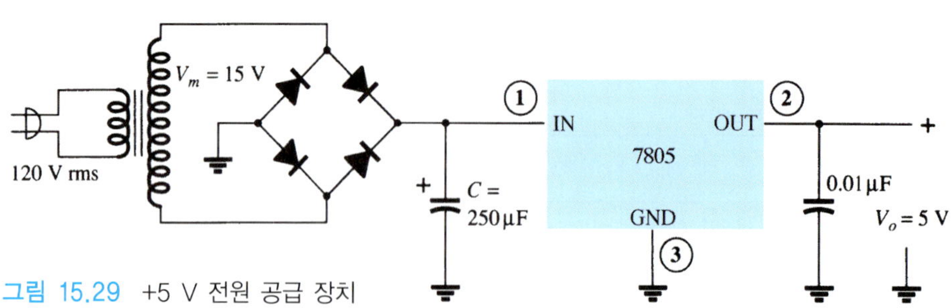

그림 15.29 +5 V 전원 공급 장치

예제 15.13 변압기 출력이 15 V이고 필터의 커패시터가 250 μF 인 경우, 입력전압이 400 mA를 소비하는 부하에 연결되었을 때의 최소 입력전압을 구하라.

풀이 필터 커패시터 양단에 걸리는 전압은

$$V_r(\text{peak}) \le V_m - V_i(\text{min}) = 15\text{ V} - 7.3\text{ V} = 7.7\text{ V}$$

$$V_r(\text{rms}) = \frac{V_r(\text{peak})}{\sqrt{3}} = \frac{7.7\text{ V}}{1.73} = 4.4\text{ V}$$

입력은 앞에서 얻은 직류 레벨 근처에서 스윙하므로, 최소 입력전압은 다음의 값으로 떨어질 수 있다.

$$V_i(\text{low}) = V_{\text{dc}} - V_r(\text{peak}) = 15\text{ V} - 6.65\text{ V} = \mathbf{8.35\text{ V}}$$

이 전압은 IC 조정기에 요구되는 최소값보다 크므로(표 15.1에서, V_i=7.3 V), IC는 주어진 부하에 조정된 전압을 제공할 수 있다.

예제 15.14 그림 15.29의 회로에서 조정 변화율이 유지될 때 부하 전류의 최대값을 구하라.

풀이 $V_i(\text{min}) \ge 7.3$ V를 유지하기 위해

$$V_r(\text{peak}) \le V_m - V_i(\text{min}) = 15\text{ V} - 7.3\text{ V} = 7.7\text{ V}$$

이므로

$$V_r(\text{rms}) = \frac{V_r(\text{peak})}{\sqrt{3}} = \frac{7.7\text{ V}}{1.73} = 4.4\text{ V}$$

부하 전류의 값은

$$I_{\text{dc}} = \frac{V_r(\text{rms})C}{2.4} = \frac{(4.4\text{ V})(250)}{2.4} = \mathbf{458\text{ mA}}$$

위에서 얻은 전류값보다 큰 전류로는 조정기의 출력을 +5 V로 유지할 수 없다.

가변전압 조정기

전압 조정기는 출력전압을 원하는 조정전압으로 바꿀 수 있도록 회로 구성이 가능하다. 예를 들어 LM317은 1.2 V에서 37 V까지의 전압 범위에 조정된 출력전압으로 작동될 수 있다. 그림 15.30은 어떻게 LM317의 조정된 출력전압을 설정할 수 있는가를 나타낸다.

저항 R_1과 R_2는 출력을 조정 범위(1.2 V ~ 37 V) 내의 어떤 원하는 값으로 설정해 줄 수 있다. 원하는 출력전압은 다음과 같이 계산할 수 있다.

$$V_o = V_{\text{ref}}\left(1 + \frac{R_2}{R_1}\right) + I_{\text{adj}}R_2 \tag{15.21}$$

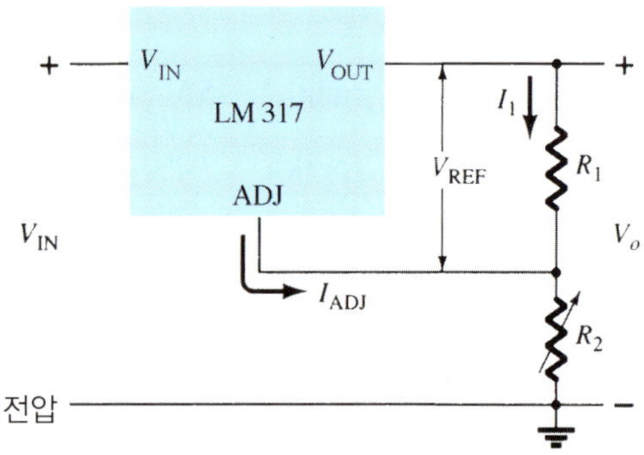

그림 15.30 LM317 가변전압 조정기의 접속

여기서 IC의 V_{ref}와 I_{adj}의 전형적인 값은 다음과 같다.

$$V_{ref} = 1.25\ \text{V} \qquad \text{그리고} \qquad I_{adj} = 100\ \mu\text{A}$$

예제 15.15 $R_1 = 240\ \Omega$, $R_2 = 2.4\ \text{k}\Omega$일 때 그림 15.30의 회로에서 조정된 전압을 구하라.

풀이

$$\text{식 (15.21)}: V_o = 1.25\ \text{V}\left(1 + \frac{2.4\ \text{k}\Omega}{240\ \Omega}\right) + (100\ \mu\text{A})(2.4\ \text{k}\Omega)$$
$$= 13.75\ \text{V} + 0.24\ \text{V} = \mathbf{13.99\ V}$$

예제 15.16 그림 15.31에서 조정된 출력전압을 구하라.

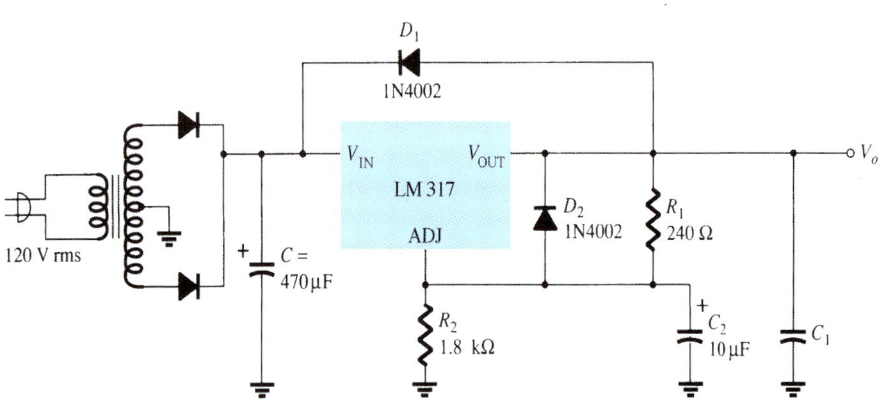

그림 15.31 예제 15.16의 양의 가변전압 조정기

풀이 식 (15.21)을 이용하여 계산한 출력전압은

$$V_o = 1.25\ \text{V}\left(1 + \frac{1.8\ \text{k}\Omega}{240\ \Omega}\right) + (100\ \mu\text{A})(1.8\ \text{k}\Omega) \approx \mathbf{10.8\ V}$$

필터 커패시터 전압을 조사해 보면 2 V의 입력-출력 차이가 적어도 200 mA 부하 전류까지 유지될 수 있다는 것을 알 수 있다.

15.7 응용

전원 공급기

전원 공급기는 전자 장비의 일부분으로, 전력의 비율, 회로의 크기, 비용, 설계된 정류기와 같은 각각의 값을 조절함으로써 매우 다양한 회로에 응용되어 왔다. 이 장에서는 실제적인 전원 공급기와 충전기를 대략적으로 알아볼 것이다.

간단한 직류 전원 공급기 거대한 그리고 값 비싼 변압기를 사용하지 않고, 교류 전압을 낮추기 위한 간단한 방법은 전원과 직렬로 커패시터를 연결하는 것이다. 이러한 전원의 형태는 그림 15.32와 같으며, 소수의 부품을 사용하여 매우 간단하다. 필터회로를 가진 반파 정류기(브리지 정류기)는 직류 성분을 갖는 전압을 얻기 위해 사용되곤 한다. 이 회로는 몇 가지 단점을 가지고 있는데 교류 전압과 분리되지 않았고 최소한의 전류가 항상 흐르고 있어야 하며, 부하의 전류가 지나치게 흐를 수 없다. 따라서 이러한 형태의 간단한 직류 공급기는 소량의 전류를 값싼 장비에서 필요로 할 때, 정류 능력이 떨어지는 직류 전압을 공급하기 위해 사용된다.

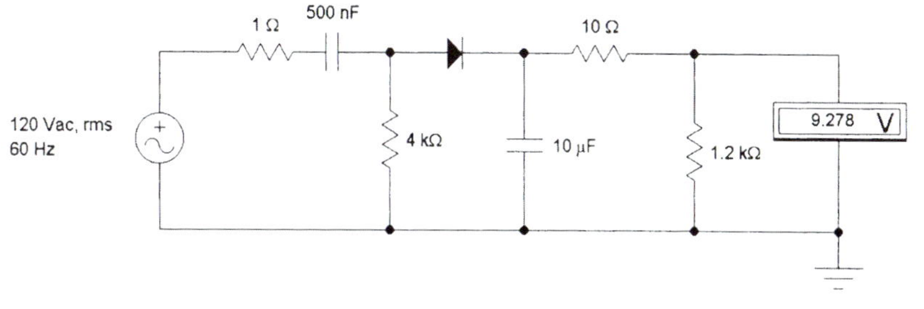

그림 15.32 간단한 dc 전원 공급기

변압기 입력을 가진 직류 전원 공급기 다음의 형태의 전원 공급기는 교류 전압을 낮추기 위해 변압기를 사용한다. 변압기는 wall mount(외부) 또는 chassis mount(내부)에 모두 위치할 수 있다. 정류기는 변압기 다음 단에 커패시터 필터와 조정기를 연결해 만들어진다. 조정기는 전력 소모가 증가함에 따라 문제가 될 수 있다. 이러한 전원 공급기의 가장 중요한 문제는 방열 장치의 크기, 냉각 방법 그리고 전력 소모가 된다.

그림 15.33은 간단한 독립된 변압기를 가진 반파 정류기의 형태이다. 이것은 조정기가 없기 때문에 상대적으로 간단한 회로이다.

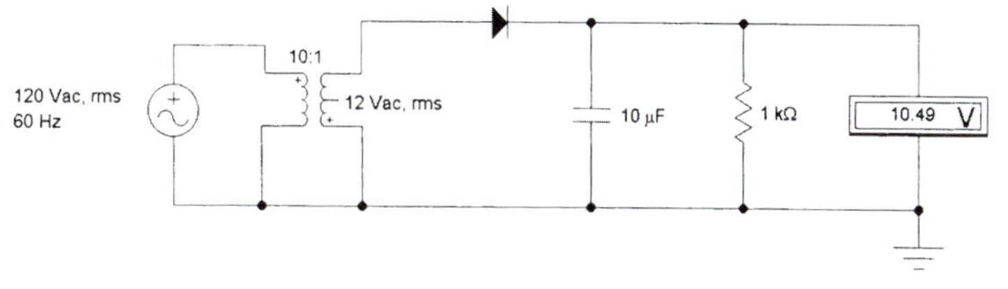

그림 15.33 변압기 입력을 가진 직류 전원 공급기

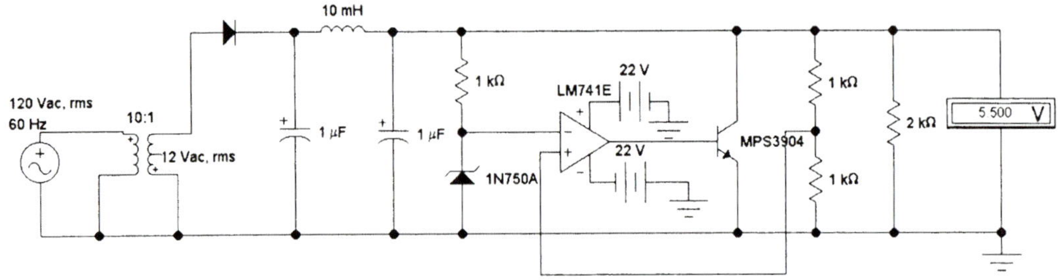

그림 15.34 변압기 입력과 IC 조정기를 가진 정류된 직렬 전원 공급기

그림 15.34는 가장 기준이 되는 전원 공급기—독립된 변압기를 가지고 전압을 감쇄하는—를 보여준다. 이 회로는 브리지 정류기, 초크를 가진 양방향 필터, 제너 다이오드로 된 조정기, 병렬 정류 트랜지스터 그리고 정류를 쉽게 하기 위한 피드백을 가진 연산 증폭기를 가지고 있다. 이 회로는 분명 성능이 우수한 전압 정류기가 될 것이다.

초퍼 전원 공급기 현대의 전원 공급기는 교류를 직류로 바꾸는데 그림 15.35와 같은 초퍼회로를 사용한다. 교류 입력은 다양한 형태의 선과 필터들에 의해 이 회로에 연결된다. 이 회로는 전기적인 잡음을 제거한다. 입력은 정류되고 걸러지게 된다. 높은 직류 전압은 약 100 kHz의 속도로 잘라지게 되며, 잘라지는 이러한 구간은 특별한 기능이 내장된 회로에 의해 조절된다. 하나의 독립된 변압기는 회로에서 필터 동작과 정류 동작을 위해 직류 성분을 잘라내고 전원 공급기의 출력은 집적된 회로로 조절되기 위해 피드백 된다. 출력값은 감사함으로써 이 IC는 출력전압을 조정할 수 있다. 물론 이러한 형태의 전원 공급기가 복잡하기는 하지만, 기존의 전원 공급기보다 많은 장점을 가지고 있다. 몇 가지 예를 들면, 입력 교류 전압이 매우 넓은 범위에서도 동작하며, 입력 주파수와 독립적으로 동작하고, 매우 작은 크기로 만들어진다. 또한 전류량과 열적 소모가 다른 넓은 영역의 회로에서 두루 사용될 수 있다.

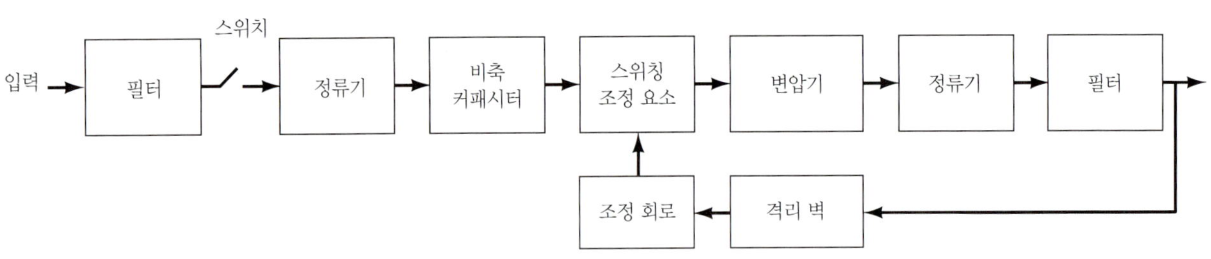

그림 15.35 초퍼 전원공급기의 구성도

TV 수평선을 이용한 고전압 공급기 텔레비전은 브라운관(CRT)을 구동하기 위해 매우 높은 직류 전압을 필요로 하며, 초기의 TV세트에서 이 전압은 고전압용 커패시터를 가진 고전압 변환기에 의해 공급되었다. 하지만 이러한 회로는 부피가 크고, 무거우며 위험했다. TV는 화면을 보기 위해 기본적으로 60 Hz(수직 주사)와 15 kHz(수평 주사)의 두 주파수를 사용하는데, 수평 주사를 사용해 높은 전압의 직류 전원을 만들 수 있었다. 이러한 방법

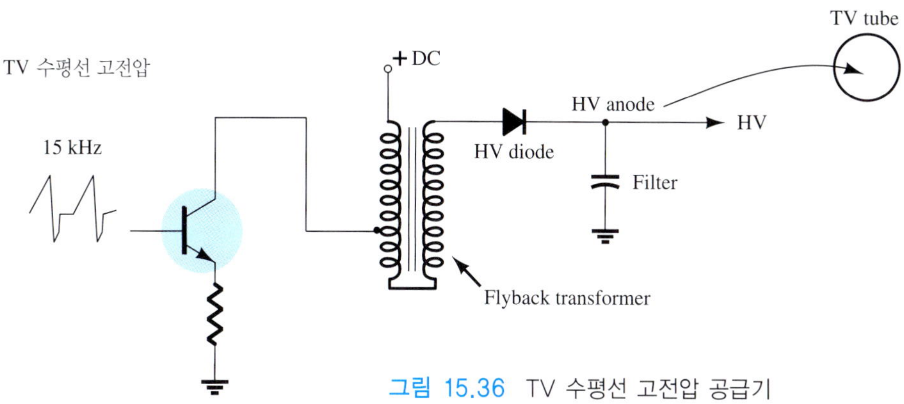

그림 15.36 TV 수평선 고전압 공급기

은 그림 15.36과 같은 형태로 flyback 전원 공급기라 불리웠다. 작은 직류 전압이 작은 flyback 변압기에 공급되고, 그 출력은 작은 값을 가진 커패시터로 정류되고 걸러지게 된다. flyback 변압기와 필터 커패시터는 크기가 작고, 작은 값을 갖는 소자이므로 높은 주파수를 갖게 된다. 이러한 회로는 무게가 적고 신뢰성이 좋은 장점을 가지고 있다.

배터리 충전회로 배터리 충전회로는 위에서 언급한 전원 공급기 회로의 다양한 형태를 이용한다. 그림 15.37a는 전류의 충전량을 결정하기 위해 스위치를 가진 형태로써 변압기를 이용한 간단한 충전회로이다. 니켈-카드뮴 배터리의 경우, 전압은 배터리에 충전되는 것보다 많은 양이 공급되어야 하고 그림 15.37b와 같은 형태이다. 납-산 배터리의 경우는 전압이 배터리의 용량을 초과하지 않도록 조절되어야 하며, 충전된 전류는 전원 공급기의 용량, 배터리의 전력량, 필요한 전하량에 의해 결정된다. 그림 15.37c가 간단한 납-산 충전회로의 형태이다.

배터리는 고전적인 직류 전원 공급기나 좀 더 정교한 초퍼 전원 공급기로 충전될 수 있다. 충전 배터리의 가장 큰 문제는 배터리가 완전히 충전되었을 때를 결정하는 일이다. 많은 신형 회로가 이러한 배터리의 상태를 알기 위해 제작되었다.

15.8 요약

주요 공식

맥동률:

$$r = \frac{\text{ripple voltage (rms)}}{\text{dc voltage}} = \frac{V_r(\text{rms})}{V_{dc}} \times 100\%$$

전압 조정률:

$$\%\text{V.R.} = \frac{V_{NL} - V_{FL}}{V_{FL}} \times 100\%$$

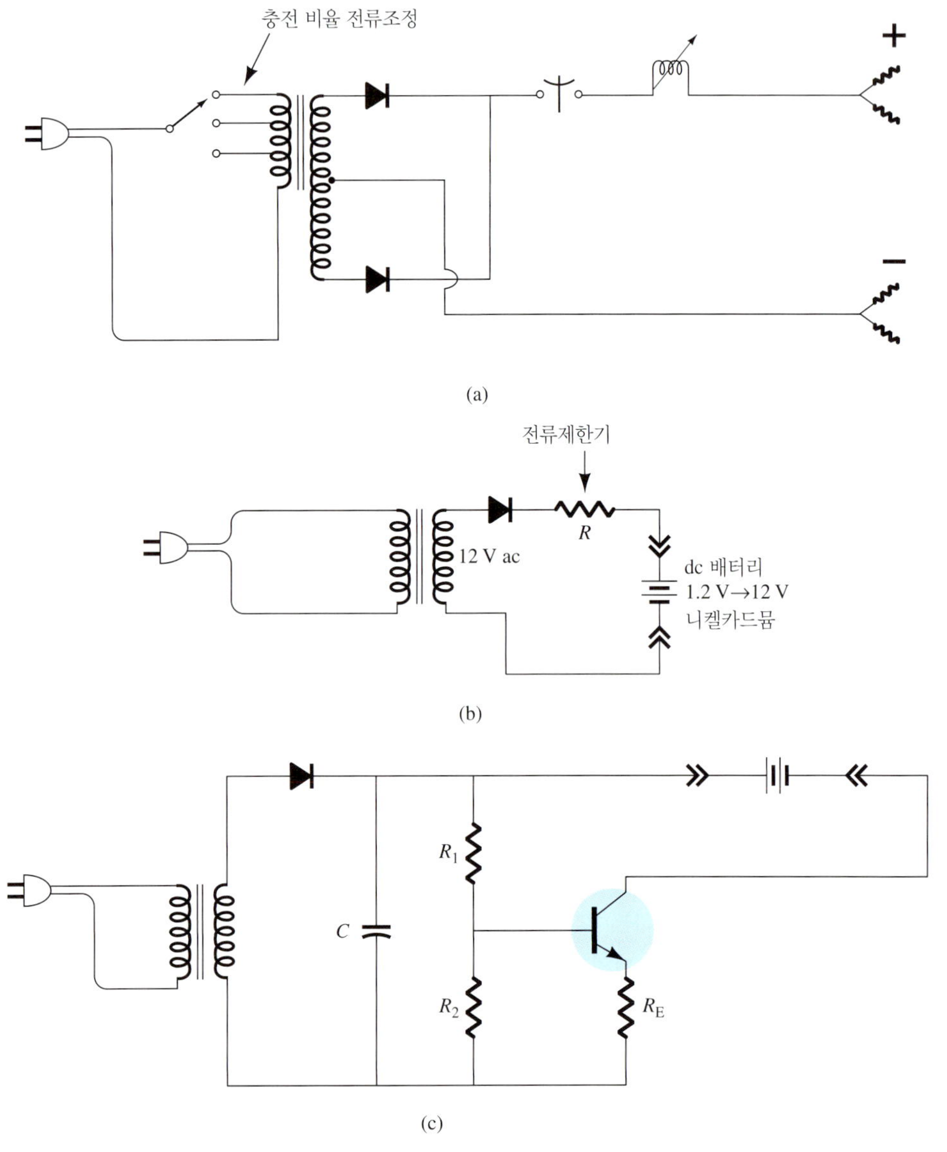

그림 15.37 배터리 충전회로: (a) 단일 충전회로; (b) 전형적인 니켈-카드뮴 충전회로; (c) 납-산 충전회로

반파 정류기:

$$V_{dc} = 0.318V_m, \qquad V_r(\text{rms}) = 0.385V_m$$

$$r = \frac{0.385V_m}{0.318V_m} \times 100\% = 121\%$$

전파 정류기:

$$V_{dc} = 0.636V_m, \qquad V_r(\text{rms}) = 0.308V_m$$

$$r = \frac{0.308V_m}{0.636V_m} \times 100\% = 48\%$$

간단한 커패시터 필터:

$$V_r(\text{rms}) = \frac{I_{\text{dc}}}{4\sqrt{3}fC} = \frac{2.4I_{\text{dc}}}{C} = \frac{2.4V_{\text{dc}}}{R_L C}, \qquad V_{\text{dc}} = V_m - \frac{I_{\text{dc}}}{4fC} = \frac{4.17I_{dc}}{C}$$

$$r = \frac{V_r(\text{rms})}{V_{\text{dc}}} \times 100\% = \frac{2.4I_{\text{dc}}}{CV_{\text{dc}}} \times 100\% = \frac{2.4}{R_L C} \times 100\%$$

RC 필터:

$$V'_{\text{dc}} = \frac{R_L}{R + R_L} V_{\text{dc}}, \qquad X_C = \frac{1.3}{C}, \qquad V'_r(\text{rms}) = \frac{X_C}{R} V_r(\text{rms})$$

연산 증폭기 직렬 조정기:

$$V_o = \left(1 + \frac{R_1}{R_2}\right) V_Z$$

15.9 컴퓨터 해석

프로그램 15.1-연산 증폭기 직렬 조정기 회로

그림 15.16의 연산 증폭기 직렬 조정기 회로는 PSPICE 윈도우 DESIGN CENTER를 사용하여 그림 15.38와 같은 결과값을 얻을 수 있다. **Analysis Setup**은 직류 전압을 8 V에서 15 V까지 0.5 V씩 증가하면서 실시하였다. 다이오드 D_1은 4.7 V(V_Z=4.7)의 제너전압을 제공하고, 트랜지스터 Q_1은 베타값이 100이다. 식 (15.18)을 이용하여, 다음과 같은 값을 얻을 수 있다.

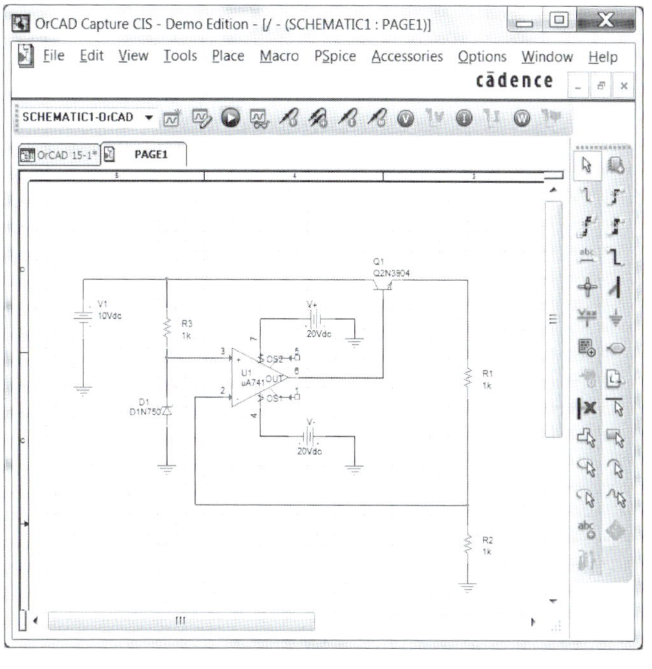

그림 15.38 PSpice 사용하여 그린 연산 증폭기 직렬 조정기 회로

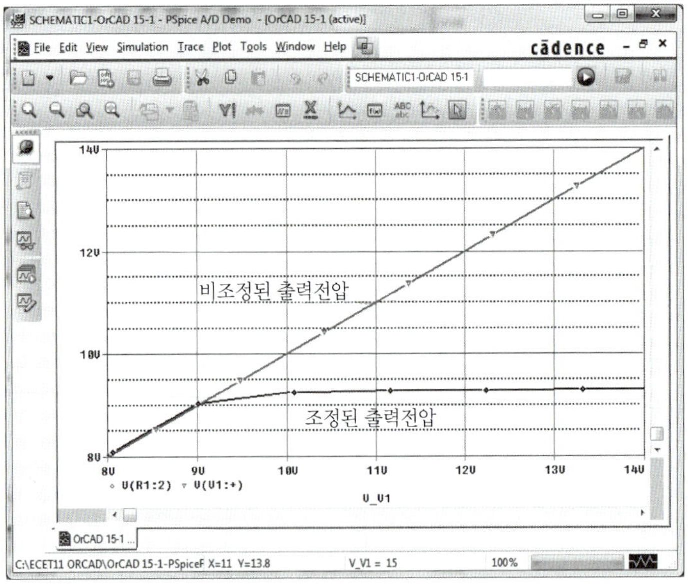

그림 15.39 그림 5.38의 전압 조정된 Probe 출력

$$V_o = \left(1 + \frac{R_1}{R_2}\right)V_Z = \left(1 + \frac{1\,\text{k}\Omega}{1\,\text{k}\Omega}\right)4.7\text{ V} = 9.4\text{ V}$$

그림 15.38은 입력전압이 10 V일 때 조정된 결과 전압이 9.25 V이고, 그림 15.39는 직류 전압의 변화에 따른 **PROBE** 결과값이다. 또한 입력전압이 약 9 V로 변할 때 출력값은 약 9.3 V로 조정되어 유지된다.

프로그램 15.2-연산 증폭기를 이용한 병렬전압 조정기

그림 15.40의 병렬전압 조정기 회로는 PSpice를 사용하여 그릴 수 있다. 입력전압이 10 V

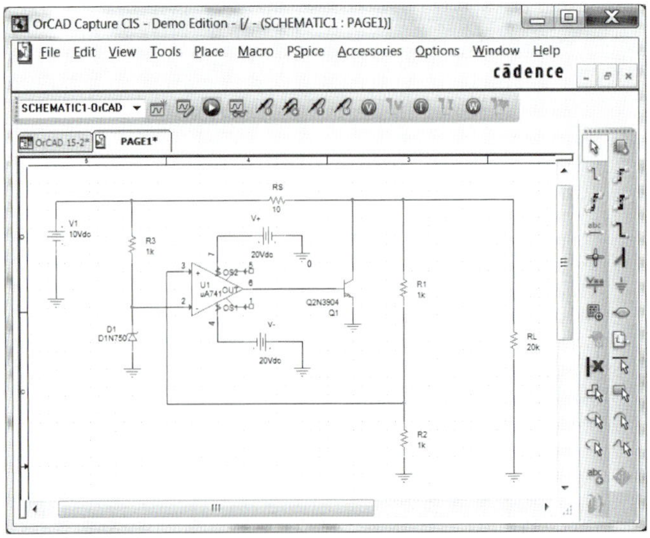

그림 15.40 연산 증폭기를 이용한 병렬전압 조정기 회로

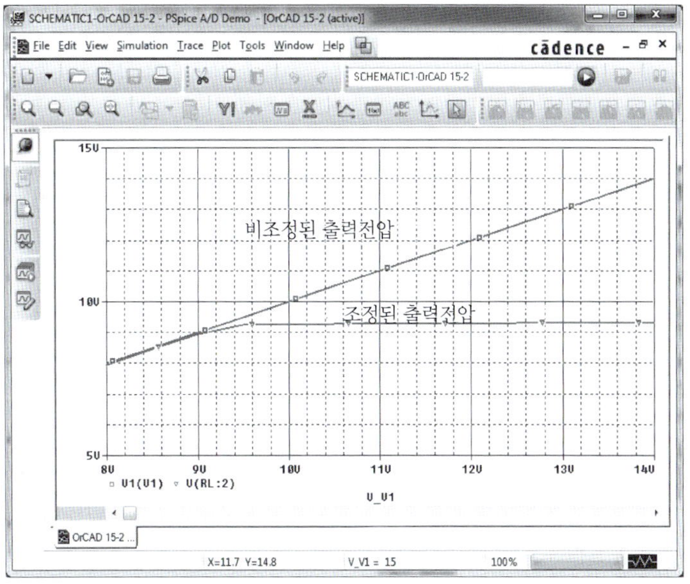

그림 15.41 그림 15.40의 직류 전압 스위프에 따른 Probe 출력

일 때 제너전압은 4.7 V이고, 트랜지스터의 베타값이 100이면, 출력 전압은 9.255 V이다. 직류값이 8 V에서 15 V로 변할 때 측정된 **PROBE** 결과값은 그림 15.41과 같다. 이 회로는 입력전압이 대략 9.5 V에서 14 V로 변해도 결과값은 약 9.3 V로 조정된 값을 유지하는 좋은 전압 조정 기능을 갖는다.

연 | 습 | 문 | 제

15.2 필터의 일반적인 고찰

1. 평균 전압이 50 V이고, 2 V의 피크 맥동을 갖는 정현파 신호의 맥동률은 얼마인가?

2. 필터가 무부하시에는 28 V, 전부하시에는 25 V의 출력을 낸다. 이때의 전압 조정률을 %로 계산하라.

3. 반파 정류기의 직류 출력이 20 V이다. 맥동전압은 얼마인가?

4. 직류 출력전압이 8 V인 전파 정류기의 맥동전압의 rms값을 계산하라.

15.3 커패시터 필터

5. 전파 정류기에 접속된 간단한 커패시터 필터는 8.5%의 맥동률에서 14.5 V 직류 전압을 발생한다. 이때의 맥동 출력전압은 얼마인가?

6. 피크값이 18 V인 전파 정류신호가 커패시터 필터에 공급된다. 전부하 상태에서 직류 출력전압이 17 V라면 필터회로의 전압 조정률은 얼마인가?

7. 18 V의 피크값을 갖는 전파 정류신호가 400 μF인 커패시터 필터에 인가된다. 부하에

*는 다른 문제보다 다소 어려운 문제를 나타낸다.

100 mA가 흐를 때 커패시터 양단에 걸리는 직류 전압은 얼마인가?

8. 60 Hz가 교류 전원으로부터 전파 정류하여 20 V의 피크 정류전압을 발생한다. 만일 이때 200 μF의 커패시터 필터가 사용되었다면, 부하에 120 mA의 전류가 흐를 때 맥동을 계산하라.

9. 60 Hz 교류 전원으로부터 작동하는 전파 정류기가 $C=100\ \mu$F인 커패시터 필터회로를 구동한다. 이때 커패시터 필터회로가 2.5 kΩ의 부하에 연결되었을 때 12 V 직류를 발생한다. 출력전압 맥동을 계산하라.

10. 부하에 150 mA가 흐를 때 15%의 맥동을 갖는 필터전압을 얻기 위해 필요한 필터의 커패시터 용량을 계산하라. 이때 전파 정류전압은 24 V 직류이고, 교류 전원은 60 Hz이다.

***11.** 500 μF의 커패시터 필터는 8%의 맥동에서 200 mA의 부하 전류를 공급한다. 60 Hz의 교류 전원으로부터 얻을 수 있는 정류전압의 피크값을 계산하라. 또 커패시터 필터 양단에 걸리는 직류 전압을 계산하라.

12. 부하에 200 mA가 흐를 때 7%의 맥동을 갖는 필터전압을 얻기 위해 필요한 필터의 커패시터의 용량을 계산하라. 이때 전파 정류전압은 직류 30 V이고, 교류 전원은 60 Hz이다.

13. 부하 전류가 80 mA일 때 120 μF의 커패시터 필터에 걸리는 전압의 맥동률을 %로 계산하라. 60 Hz의 전원으로부터 작동하는 전파 정류기는 25 V의 피크 정류전압을 발생한다.

15.4 *RC* 필터

14. 맥동률을 2%로 감소시키기 위해 커패시터 필터 뒤에 *RC* 필터단이 부가되었다. 80 V 직류 전압을 공급했을 때 *RC* 필터단의 출력 맥동전압을 계산하라.

***15.** 전파 정류기로 얻은 2 V rms를 갖는 24 V 직류신호를 필터링하기 위해 $R=33\ \Omega$, $C=120\ \mu$F인 *RC* 필터단을 사용하였다. 이때 100 mA의 부하 전류를 흐르게 하려고 할 때, *RC* 필터의 출력 맥동률을 %로 계산하라. 또한 *RC*단에 인가된 필터신호의 맥동을 계산하라.

***16.** 간단한 커패시터 필터는 40 V 직류의 입력을 갖는다. 이 전압이 $R=50\ \Omega$, $C=40\ \mu$F인 *RC* 필터단을 통해 입력되면, 500 Ω의 부하저항에 흐르는 부하 전류는 얼마인가?

17. 전파 정류기와 커패시터 필터로부터 2.5 V rms의 맥동을 갖는 50 V 직류 전압이 필터에 인가될 때 1 kΩ의 부하에 공급되는 *RC* 필터단의 출력 맥동전압(rms)을 계산하라. 단, *RC* 필터는 $R=100\ \Omega$, $C=100\ \mu$F로 구성된다.

18. 문제 17에서 무부하일 때 출력전압이 50 V일 때, 1 kΩ의 부하가 있을 때의 전압 조정률을 %로 계산하라.

15.5 개별 트랜지스터의 전압 조정

***19.** 그림 15.42의 조정기 회로에서 출력전압과 제너 다이오드 전류를 구하라.

20. 그림 15.43의 회로에서 조정된 출력전압은 얼마인가?

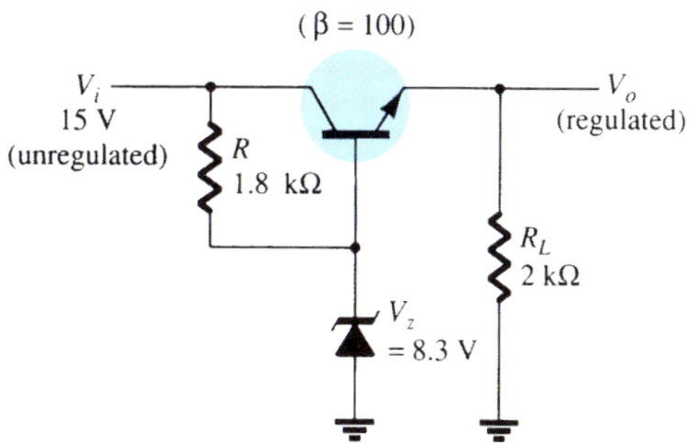

그림 15.42 문제 19

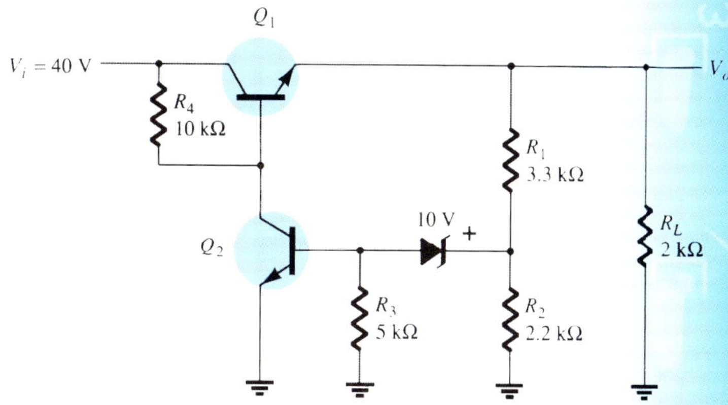

그림 15.43 문제 20

21. 그림 15.44의 회로에서 조정된 출력전압은 얼마인가?

22. 그림 15.45의 병렬 조정기에서 조정된 전압과 회로 전류는 얼마인가?

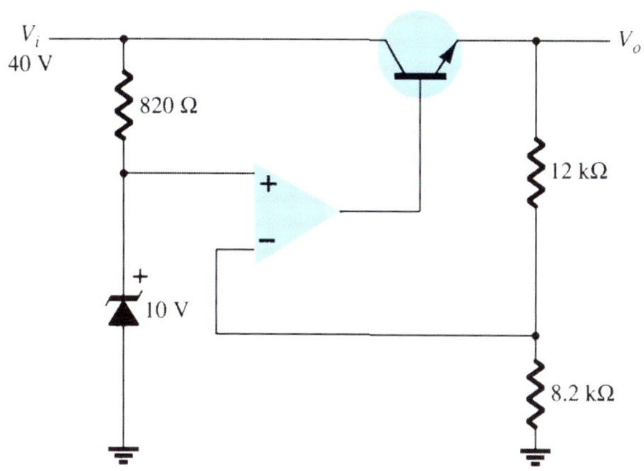

그림 15.44 문제 21

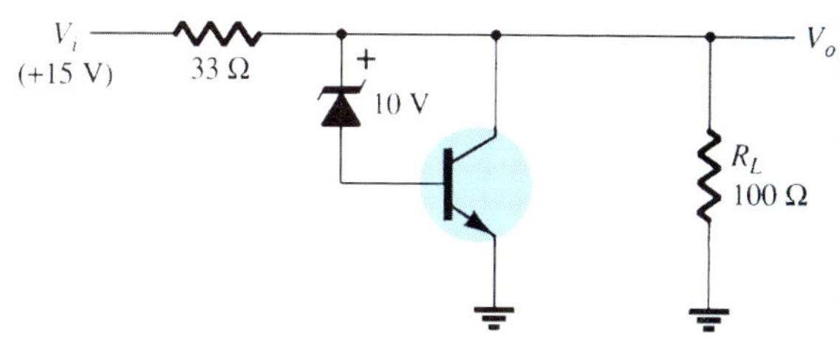

그림 15.45 문제 22

15.6 IC 전압 조정기

23. 전파 브리지 정류기, 커패시터 필터, IC 조정기로 구성된 +12 V의 출력을 내는 전압 공급 장치의 회로도를 그려라.

***24.** 그림 15.46의 필터를 커패시터 회로와 전파 정류기로 구성된 회로에서 부하에 250 mA의 전류가 흐르도록 입력을 가했을 때의 최소 입력전압을 구하라.

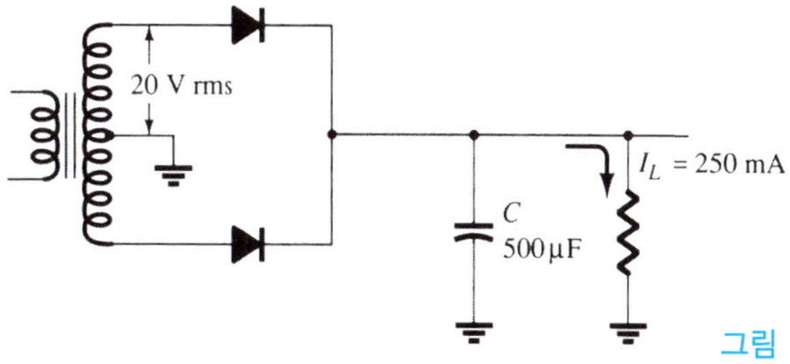

그림 15.46 문제 24

***25.** 그림 15.47의 회로에서 전압 조정률을 유지하기 위한 최대 부하 전류를 구하라.

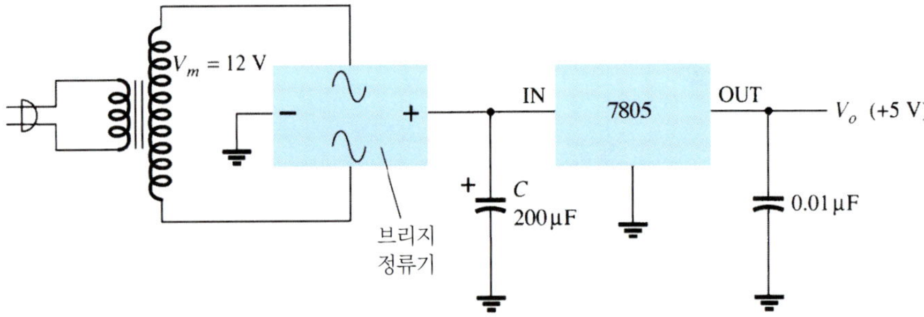

그림 15.47 문제 25

26. $R_1 = 240\ \Omega$, $R_2 = 1.8\ \text{k}\Omega$일 때 그림 15.30의 회로에서 조정된 전압을 구하라.

27. 그림 15.48에서 조정된 출력전압을 구하라.

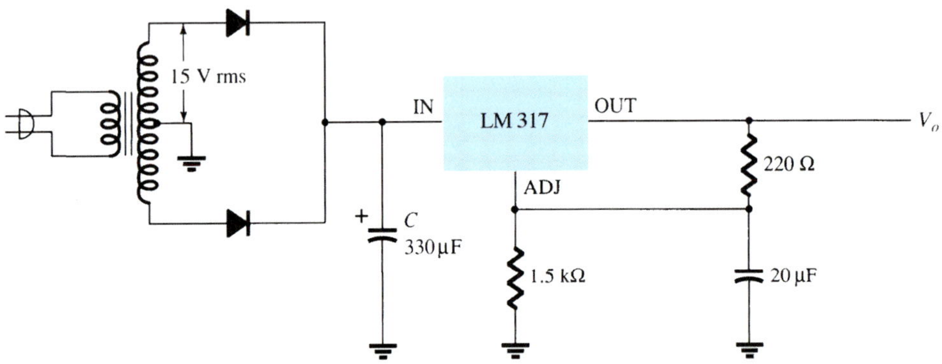

그림 15.48 문제 27

15.9 컴퓨터 해석

***28.** 그림 15.38에 부하저항 R_L을 추가시키고, 입력전압을 10 V를 고정하라. 부하저항을 100 Ω에서 20 kΩ으로 변화시킬 때, Probe를 이용하여 출력전압을 보여라.

***29.** 그림 15.40 회로에서 R_L을 5 kΩ에서 20 kΩ까지 변화시켰을 때, 출력전압 변화를 보여라.

***30.** 그림 15.19 회로에서 V_Z=4.7 V, 베타(Q_1)=베타(Q_2)=100으로 하고 V_i를 5 V에서 20 V로 변화시킬 때 PSpice 해석을 실행하라.

CHAPTER 16

기타 2단자 소자

학습목표 CHAPTER OBJECTIVE

아래 소자들의 특성과 응용 분야를 익힌다.

- Schottky 장벽과 버랙터 다이오드
- 태양전지, 포토다이오드, 광전도 셀과 IR 에미터
- LCD
- 서미스터
- 터널 다이오드

16.1 개요

반도체 또는 제너 다이오드와 같이 단 하나의 p–n 접합을 갖는 여러 종류의 2단자 소자들이 있으나, 이들은 각기 작동 모드와 단자 특성 그리고 응용 범위가 다르다. 이 장에서는 Schottky 장벽, 버랙터, 태양전지, 포토다이오드, IR 에미터와 터널 다이오드가 포함된 여러 소자들을 소개할 것이다. 뿐만 아니라 광전도 셀, LCD(liquid-crystal display), 서미스터 등과 같이 다른 구조를 갖는 2단자 소자들도 다루어 진다.

16.2 Schottky 장벽(핫캐리어) 다이오드

Schottky 장벽(Schottky barrier), 표면 장벽(surface-barrier) 또는 핫캐리어(hot-carrier) 다이오드라고 불리는 2단자 소자에 대하여 점점 관심이 높아가고 있다. 이것의 응용 분야는 처음에는 매우 높은 주파수 영역에 국한되었다. 왜냐하면 이 다이오드가 빠른 응답 시간(특히 고주파에서 중요)과 보다 낮은 잡음 지수(고주파 응용에서 매우 중요한 양)를 가지기 때문이다. 그러나 최근에는 저전압/고전류 전원과 교류 직류 변환기에 더욱 많이 이용되고 있다. 이 소자의 또 다른 응용 분야는 레이더 시스템, 컴퓨터를 위한 Schottky TTL 컴퓨터 논

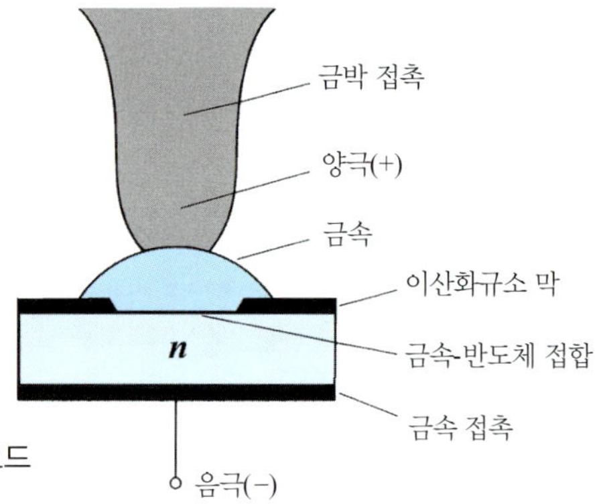

그림 16.1 Schottky 다이오드

리회로, 통신 장비에서 혼합기(mixer)와 통신장비의 검파기, 계측 및 A/D 변환기(analog-to-digital converter) 등이다.

이것의 구조는 그림 16.1에 표시된 것과 같이 금속-반도체 접합으로 만들어진 것으로 보통의 p–n 접합과는 매우 다르다. 반도체는 보통 n형 실리콘이며(p형도 때때로 사용됨) 몰리브덴, 백금, 크롬과 텅스텐 같은 다양한 금속들이 사용된다. 제작 기술을 달리하여 주파수 범위의 확장이나 낮은 순방향 바이어스 전압 등의 다른 특성을 얻을 수 있다. 그러나 일반적으로 Schottky 다이오드 구조는 보다 접합 영역이 균일하고 매우 견고하다.

두 재료에서 전자(electron)는 다수 캐리어이다. 금속에서 소수(minority) 캐리어(정공)의 농도는 중요하지 않다. 재료들이 접합되었을 때 n형 실리콘 반도체에 있는 전자는 즉시 이웃의 금속으로 흘러들어 매우 많은 다수 캐리어의 흐름을 만든다. 주입된 캐리어는 금속 내의 전자와 비교하여 매우 높은 운동 에너지를 갖기 때문에 이들을 보통 '핫캐리어'라고 한다. 보통의 p–n 접합에서는 이웃 영역으로의 소수 캐리어의 주입이 있었다. 여기서 전자들은 같은 전자가 많이 있는 영역으로 주입된다. Schottky 다이오드는 전적으로 다수 캐리어에 의하여 전도가 일어난다는 점에서 독특하다. 금속으로의 전자들의 많은 흐름은 접합 표면 근처의 실리콘 내에 캐리어가 공핍된 영역을 만든다. 즉 이것은 p–n 접합 다이오드의 공핍 영역과 같다. 금속에 추가로 유입된 캐리어는 두 물질 사이의 경계에서 금속 내에 '음(−)의 장벽'을 만든다. 결과적으로 더 이상 전류가 흐르지 못하게 하는 두 물질 사이의 '표면 장벽'이 형성된다. 즉 실리콘 내에서 음전하의 전자들은 공핍 영역과 금속 표면에서의 음의 장벽을 직면하게 된다.

그림 16.2의 제1사분면에서와 같이 순방향 바이어스를 인가하면 이 영역에서 전자에 대하여 가해진 양(+)의 전위에 의한 인력 때문에 음의 장벽의 세기를 감소시킨다. 결과적으로 다시 경계를 지나는 많은 전자의 흐름이 있게 되고, 이 크기는 가하여지는 바이어스 전위의 정도에 의하여 제어된다. Schottky 다이오드의 접합면에서의 장벽은 역바이어스와 순바이어스 영역에서 모두 p–n 접합 소자보다 작다. 그러므로 순바이어스나 역바이어스 영역에서 같은 인가전압에 대하여 높은 전류값을 나타낸다. 이것은 순바이어스 영역에서는 바람직한 효과이지만 역바이어스 영역에서는 매우 바람직하지 못하다.

순바이어스에서는 전류의 지수함수적인 증가는 식 (1.2)로 표현되고 η는 제작 기술에 따라 다르다[금속 위스커(whisker) 형의 구조에서는 1.05이며, 이는 게르마늄 다이오드와 비

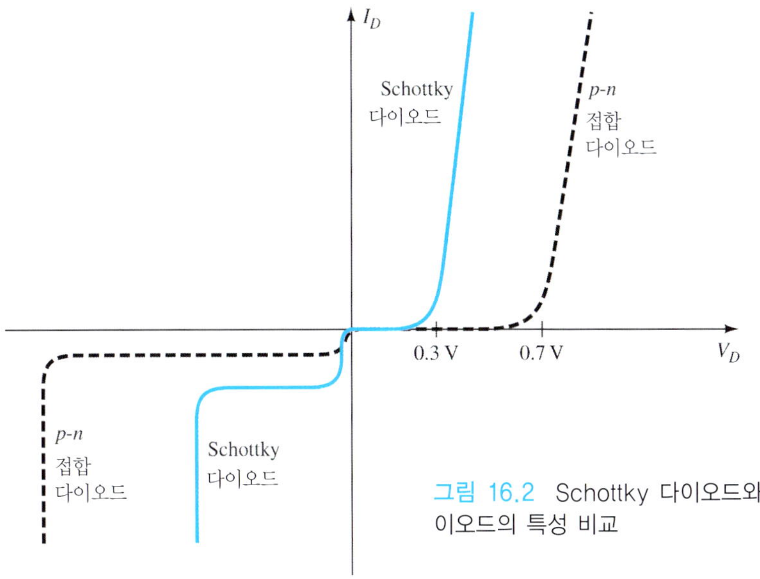

그림 16.2 Schottky 다이오드와 p-n 접합 다이오드의 특성 비교

독일인(독일의 Marburg, Berlin)
(1886-1976)
이론 물리학 교수-University of Rostock
연구 물리학자-Siemens Industrial Research Laboratories

Walter Hermann Schottky 박사는 1886년 7월 23일 스위스의 쮜리히에서 태어남. 베르건대학에서 1908년에 학사학위를 취득한 후 1912년에는 물리학 박사를 받음. 점전하와 평판금속 표면 사이의 상호작용을 정의한 Schottky 효과로 잘 알려져 있음. 이 효과는 대표적인 반도체 다이오드에 대한 여러 가지 중요한 개선을 가져옴. 초 헤테로 다인, 4극 열전자관(다중그리드 진공관)의 발명과 리본마이크로폰의 공동발명가로 알려져 있음. 1936년 휴왕립학회상과 1964년 Werner-von-Siemens-Ring 상을 수상하였음. 더불어 독일에 있는 Walter Schottky Institute은 그의 이름을 따서 명명되었음. Dr. Walter Herman Schottky(사진은 뮌헨의 Siemens Corp. 제공)

슷하다]. 역바이어스 영역에서 전류 I_s는 금속에서 반도체를 지나 흐르는 전자에 의해 좌우된다. Schottky 다이오드에 관한 지속적인 연구분야 중의 하나는 100°C 이상까지 온도를 상승시키는 매우 높은 누설 전류를 감소시키는 것이다. 설계에 따라 −65°C에서 +150°C까지의 온도 범위를 갖도록 개선된 소자가 가능하기도 하다. 실내 온도에서 I_s는 같은 전류 한계를 갖는 보통의 p−n 접합 소자보다는 더 크지만 저전력 소자에서는 μA 범위이며, 고전력 소자에서는 mA 범위이다. 보통 Schottky 다이오드의 PIV는 p−n 접합 소자보다 상당히 작다. 예를 들면 50A 소자에서 Schottky 다이오드의 PIV는 p−n 접합일 때의 150 V와 비교할 때 보통 50 V정도이다. 그러나 최근의 기술 진보로 이 정도의 전류에서 100 V 이상의 PIV를 갖는 Schottky 다이오드가 만들어지고 있다. Schottky 다이오드가 점접촉(point contact) 다이오드보다 더 이상적인 특성에 가까우며, 전형적인 실리콘 반도체 p−n 접합보다 작은 V_T값을 갖는다는 것은 그림 16.2의 특성에서 분명하다. '핫캐리어' 다이오드의 V_T 값은 사용되는 금속에 의하여 광범위하게 제어된다. 온도 범위와 V_T값 사이에는 상호관계가 존재하며, 하나의 값이 증가하면 다른 것의 값도 증가하게 된다. 뿐만 아니라, 허용 전류의 크기가 낮을수록 V_T의 값도 낮아진다. 어떤 저전류 소자에서 V_T의 값은 근사적으로 0으로 가정할 수 있다. 그러나 중간과 높은 범위에서는 0.2 V가 좋은 대표값이 된다.

현재 소자의 최대 허용 전류값은 약 100 A로 제한되어 있다. 이 다이오드의 주 응용 분야의 하나는 20 kHz 이상에서 작동하는 스위칭 전원 공급 장치이다. 25°C에서 이 소자가 이러한 전원에 사용될 때 10 ns의 회복 시간을 갖고, 0.6 V의 순방향 전압에서 50 A의 정격을 갖는다. 동일한 50 A의 전류 제한을 받는 p−n 접합 소자는 1.1 V의 순방향 전압 강하와 30～ 50 ns의 회복 시간을 갖는다. 순방향 전압에서의 차이는 크지 않게 보일지라도 전력소비의 차이는 고려되어야 한다. $P_{\text{핫캐리어}}=(0.6\ \text{V})(50\ \text{A})=30\ \text{W}$이고, $P_{p-n}=(1.1\ \text{V})(50\ \text{A})=55\ \text{W}$이므로 효율을 논할 때 이것은 큰 차이로 대두된다. 물론 역방향 바이어스 영역에서 Schottky 다이오드는 높은 누설 전류 때문에 전력소모가 높게 되지만, 순방향과 역방향 영역에서 전체 전력소모는 p−n 접합 소자에 비하여 상당히 크게 개선되었다고 할 수 있다.

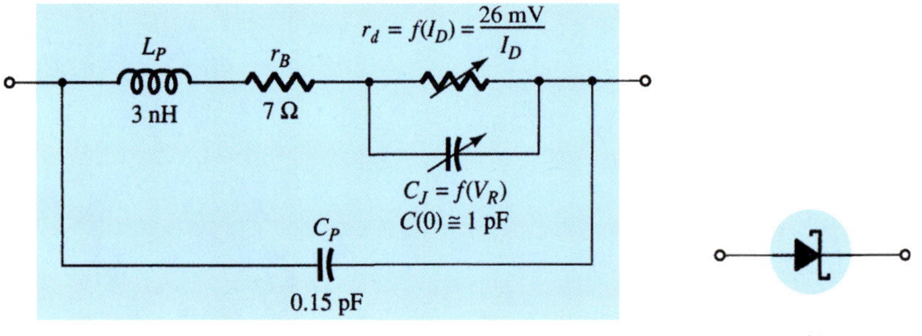

그림 16.3 Schottky(핫캐리어) 다이오드: (a) 등가회로; (b) 기호

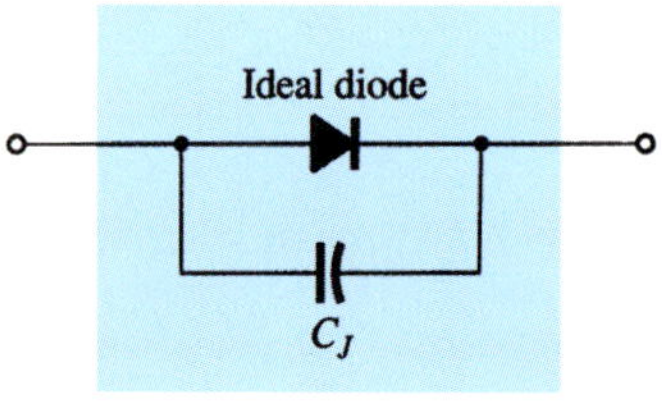

그림 16.4 Schottky 다이오드에 대한 근사 등가회로

주입된 소수 캐리어에 의하여 높은 t_{rr}(역회복 시간)을 가지는 반도체 다이오드에서의 역회복 시간에 대한 설명을 상기하여 주기 바란다. 위에서 지적한 바와 같이 Schottky 다이오드에서 감지할 수 있을 정도의 소수 캐리어가 없다는 것은 매우 낮은 역회복 시간을 의미한다. 이러한 점이 소자가 고속으로 상태를 스위치 하여야만 하는 20 GHz 정도의 주파수에서 Schottky 다이오드가 매우 유용한 주된 이유가 된다. 보다 높은 주파수에서는 매우 작은 접합 면적을 갖는 점접촉 다이오드를 아직도 사용하고 있다.

전형적인 값을 갖는 Schottky 다이오드의 등가회로와 널리 사용되는 기호가 그림 16.3에 표시되어 있다. 많은 제작회사들은 이 소자에 대하여 그 기능이 근본적으로 같기 때문에 표준 다이오드의 기호를 사용하는 것을 선호한다. 인덕턴스 L_P와 커패시턴스 C_P는 패키지 값이며, r_B는 접촉 저항과 자체 저항을 포함한 직렬저항이다. 저항 r_d와 커패시턴스 C_J는 앞에서 소개된 식에 의하여 정의된 값이다. 많은 응용 예에서 유용한 근사 등가회로는 그림 16.4에서와 같이 단순히 이상적인 다이오드가 접합 커패시턴스와 병렬로 연결된 회로이다.

비쉐이(Vishay)사에서 제작된 범용 Schottky 다이오드의 최대정격과 전기특성이 그림 16.5에 나타나 있다. PIV(peak inverse voltage)는 30 V로 제한되어 있고 최대 연속전류는 200 mA=0.2 A로 되어 있음을 주의해 보라. 그러나 필요하다면 4 A의 서지(surge) 전류를 견딜 수 있다. 최대 전력소모($V_D I_D$)는 200 mW이다. 전기적인 특성을 보면(on되는 바로 위인) 1 mA의 낮은 전류에서 순방향전압은 최대 0.32 V인데 전형적인 실리콘다이오드의 0.7 V보다도 훨씬 작다. 순방향전압이 0.7 V에 이르기 전에 전류는 약 80 mA의 크기가 되어야 한다. 스위칭 응용에서는 커패시턴스값이 중요한데 10 pF 수준이 대부분 응용에서 일반적으로 받아들여지고 있다. 마지막으로 역전류는 단지 2.3 μA임을 주목하라.

소자의 전형적인 특성들은 그림 16.6에 나타나 있다. 그림 16.6a에서 보면 20 mA에서 순방향전압은 약 0.5 V이지만 10 mA에서는 약 0.45 V로 떨어진다. 0.1 mA에서는 순방향전압이 단지 0.25 V로 떨어진다. 그림 16.6b에서는 역방향전류가 온도에 따라 급격하게 증가하는 것을 본다. 100°C에서는 매우 큰 값인 300 μA=0.3 mA을 넘는다. 다행스럽게도 25°C 같이 낮은 온도에서는 불과 2 μA이다. 그림 16.6c를 보면 커패시턴스가 왜 등가회로의 한 부분인지 알 수 있다. $V_R = -0.1$ V일 때 9.2 pF에 가까우나 $V_R = -10$ V일 때는 3.4 pF로 떨어졌다.

Small-Signal Schottky Diode

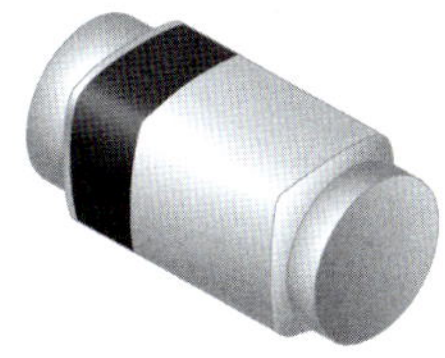

Applications

• Applications where a very low forward voltage is required

ABSOLUTE MAXIMUM RATINGS T_{amb} = 25°C, unless otherwise specified

Parameter	Test Condition	Symbol	Value	Unit
Reverse voltage		V_R	30	V
Peak forward surge current	t_p = 10 ms	I_{FSM}	5	A
Repetitive peak forward current	$t_p \leq 1$ s	I_{FRM}	300	mA
Forward current		I_F	200	mA
Average forward current		I_{FAV}	200	mA

THERMAL CHARACTERISTICS T_{amb} = 25°C, unless otherwise specified

Parameter	Test Condition	Symbol	Value	Unit
Junction to ambient air	on PC board 50 mm × 50 mm × 1.6 mm	R_{thJA}	320	K/W
Junction temperature		T_j	125	°C
Storage temperature range		T_{stg}	–65 to + 150	°C

ELECTRICAL CHARACTERISTICS T_{amb} = 25°C, unless otherwise specified

Parameter	Test Condition	Symbol	Min	Typ.	Max	Unit
Forward voltage	I_F = 0.1 mA	V_F			240	mV
	I_F = 1 mA	V_F			320	mV
	I_F = 10 mA	V_F			400	mV
	I_F = 30 mA	V_F			500	mV
	I_F = 100 mA	V_F			800	mV
Reverse current	V_R = 25 V, t_p = 300 µs	I_R			2.3	µA
Diode capacitance	V_R = 1 V, f = 1 MHz	C_D			10	pF

그림 16.5 Vishay사 BAS285 Schottky 다이오드의 최대정격, 열적 특성 및 전기적 특성

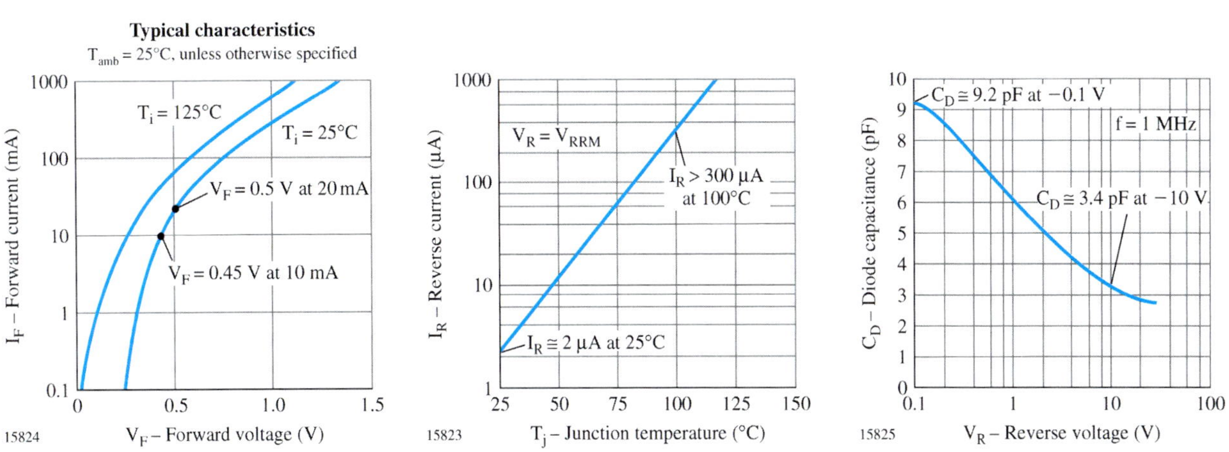

Forward current vs. forward voltage (a)

Reverse current vs. junction temperature (b)

Diode capacitance vs. reverse voltage (c)

그림 16.6 Vishay사 BAS285 Schottky 다이오드의 전형적인 특성

16.3 버랙터(배리캡) 다이오드

버랙터[varactor, 또는 배리캡(varicap), VVC(voltage-variable capacitance), 또는 튜닝] 다이오드는 반도체이며, 전압에 따라 변하는 가변 커패시터이다. 작동 모드는 소자가 역바이어스 되었을 때 p–n 접합에 나타나는 커패시턴스에 의한다. 역바이어스 하에서 접합면 양쪽에 전하가 없는 영역이 있고, 이것이 공핍 영역을 형성하며 공핍층 W_d가 결정된다. 고립된 공간 전하에 의하여 생기는 전이 커패시턴스(C_T)는

$$\boxed{C_T = \epsilon \frac{A}{W_d}} \tag{16.1}$$

이며, 여기서 ϵ은 반도체 재료의 유전율이고, A는 p–n 접합의 면적, W_d는 공핍 폭이다.

역바이어스 전위가 증가할 때 공핍 영역의 폭은 커지며, 결과적으로 전이 커패시턴스는 감소한다. 시판되고 있는 전형적인 배리캡 다이오드의 특성이 그림 16.7에 표시되어 있다. 여기서 역바이어스가 증가함에 따라 초기에서의 C_T의 급격한 감소가 있음을 유의하여야 한다. VVC 다이오드에서 V_R의 정상 범위는 약 20 V로 제한된다. 인가된 역바이어스의 항으로 전이 커패시턴스를 나타내면 다음과 같다.

$$\boxed{C_T = \frac{K}{(V_T + V_R)^n}} \tag{16.2}$$

여기서 K=반도체 재료와 제조 기법에 의하여 결정되는 상수

V_T=1.6절에서 정의된 무릎 전압(knee potential)

V_R=적용된 역바이어스 전압

n=합금 접합에서는 $\frac{1}{2}$이며 확산 접합에서는 $\frac{1}{3}$

영점 바이어스 조건 $C(0)$에서 커패시턴스는 V_R의 함수로 다음과 같이 주어진다.

$$\boxed{C_T(V_R) = \frac{C(0)}{\left(1 + |V_R/V_T|\right)^n}} \tag{16.3}$$

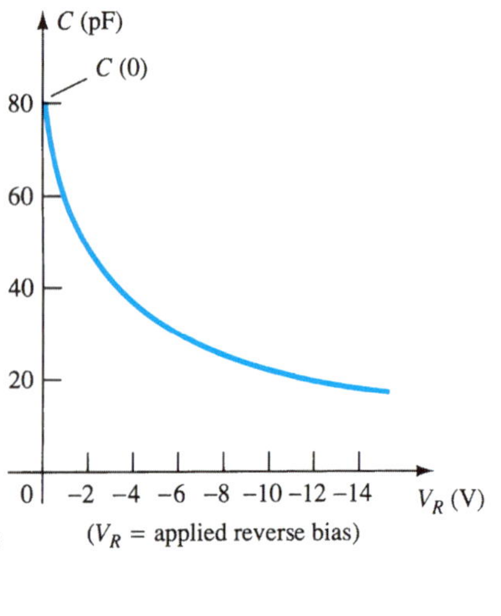

그림 16.7 배리캡 특성: C(pF) 대 V_R

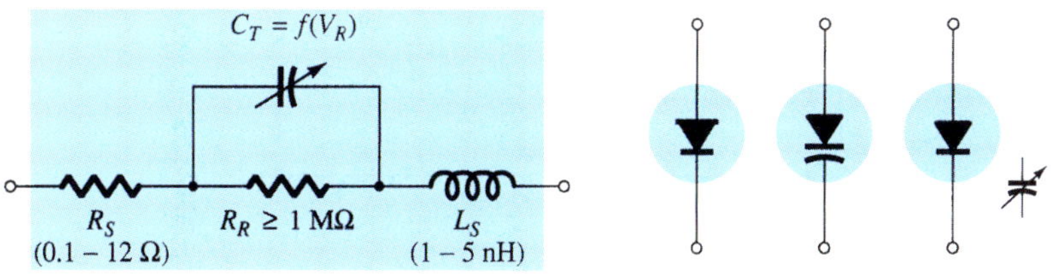

(a) (b)

그림 16.8 배리캡 다이오드: (a) 역바이어스 영역에서 등가회로; (b) 심볼

가장 일반적으로 사용되는 배리캡 다이오드의 기호와 역바이어스 영역에서의 등가회로가 그림 16.8에 표시되어 있다. 역바이어스 영역이므로 등가회로의 저항은 매우 크고(보통 1 MΩ 이상), 반면에 다이오드의 기하학적 저항인 R_S는 그림 16.8에서와 같이 매우 작다. C_T의 크기는 고려되는 배리캡에 따라 약 2~100 pF까지 변한다. R_R을 가능한 한 크게 하기 위하여(최소 누설 전류에 대하여) 배리캡 다이오드에서는 실리콘을 사용하는 것이 일반적이다. 인덕턴스 L_S는 나노헨리(nH) 단위로 측정되는 작은 것이지만, 소자가 초고주파에서 사용되므로 L_S를 등가회로에 포함시킨다. $X_L = 2\pi fL$, $L_S = 1$ nH와 10 GHz의 주파수이므로, $X_{L_S} = 2\pi fL = (6.28)(10^{10}\text{ Hz})(10^{-9}\text{ F}) = 62.8\ \Omega$으로 된다. 그러므로 분명히 배리캡 다이오드의 사용과 관계되는 주파수 한계가 있게 된다. 적정 주파수 범위에서 사용하고 다른 직렬 소자와 비교하여 낮은 R_S와 X_{L_S}의 값을 가정한다면 그림 16.8a의 배리캡에 대한 등가회로는 가변 커패시턴스만으로 대치할 수 있다.

커패시턴스 온도계수는

$$\boxed{TC_C = \frac{\Delta C}{C_0(T_1 - T_0)} \times 100\%} \qquad \%/^\circ\text{C} \qquad (16.4)$$

로 정의되며, 여기서 ΔC는 온도 변화 $T_1 - T_0$에 의한 커패시턴스 변화이며, C_0는 특정한 역바이어스 전압에 대한 T_0에서의 커패시턴스이다. $V_R = -3$ V와 $C_0 = 29$ pF ($V_R = 3$ V와 $T_0 = 25°$C에서 구한 경우)의 예에서 보자. 커패시턴스 변화량 ΔC는 식 (16.4)에서 새로운 온도 T_1과 관련된 TC_C를 대입함으로써 결정된다. 새로운 V_R에서 TC_C의 값은 따라서 변화한다.

마이크로메트릭(Micrometrics)사의 하이퍼 어브럽트(hyperabrupt) 튜닝 버랙터의 패키징과 최대정격은 그림 16.9(a)에 나와 있다. 하이퍼 어브럽트 접합은 특별한 이온주입 기술에 의하여 만드는데 더욱 보편화된 어브럽트 접합(계단접합)보다 더욱 급격한 변화를 나타내는 접합이다. 어브럽트 접합은 억셉터와 도너에서 불순물의 농도가 급격히 변화하는 p–n 접합이다. VCO(voltage-controlled oscillator)의 주파수와 제어전압 사이에 선형성이 더욱 요구될 때 하이퍼 어브럽트 접합 버랙터가 사용된다. 이 계열의 다이오드는 1.5에서 4 V 튜닝 범위에서 거의 일직선 관계를 가지며 100 MHz까지의 LC 공진주파수에 이상적이다. 최대정격에 나타난 것과 같이 피크 순방향전류는 약 100 mA이며 전력소모는 250 mW이다.

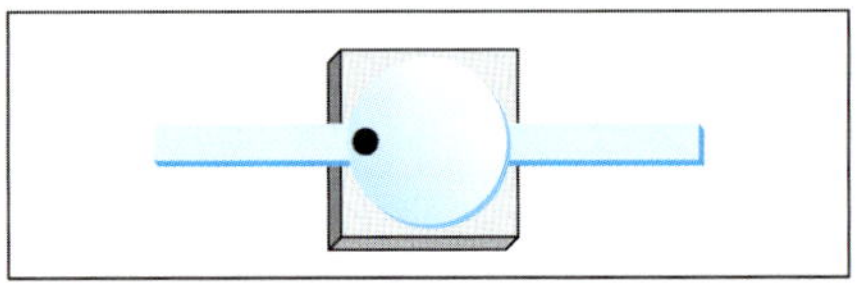

(a)

Maximum Ratings

Parameter	Symbol	Value	Units
Reverse voltage	V_r	Same as V_{br}	Volts
Forward current	I_f	100	mA
Power dissipation	Pd (25°C)	250	mW
Operating temperature	T_{op}	–55 to +150	°C
Storage temperature	T_{stg}	–65 to +200	°C

(b)

그림 16.9 마이크로메트릭(Micrometrics)사의 하이퍼 어브럽트 버랙터: (a) 패키징; (b) 최대정격

역방향 전압정격은 그림 16.10의 성능특성에 있는 V_{br}값으로 정의된다.

전기특성과 전형적인 성능특성은 그림 16.10에 나타나 있다. 그림 16.7의 하강곡선을 확인하듯이 TV 1401은 2 V의 역전압에서의 커패시턴스가 약 58 pF인데 7 V의 역방향전압에서는 6.1 pF까지 내려갈 수 있음을 주목하라(그림 16.7). 역전압 10 V에서는 약 5 pF까지 계속 떨어지게 된다. 버랙터 다이오드에 대하여는 튜닝비가 인가된 전압의 전형적인 동작범위에서 커패시턴스가 얼마나 변하게 될 것인지를 바로 알려준다는 점에서 중요하다. 전기특성에서 본 것처럼 역방향전압이 1.25 V에서 7 V로 변할 때 보통 13배로 떨어지게 된다. 2 V에서 10 V로 변하는 경우 소자에 따라 10~17배의 범위로 떨어진다. 그림 16.10a는 적용이 예상되는 전체 범위에 대한 커패시턴스의 변화를 보여주고 있다. 주어진 역전압 범위에 대하여(로그 스케일로) 커패시턴스는 V_r=0.1 V에서 약 130 pF로 V_r=15 V일 때는 약 4 pF로 떨어진다. Q(quality factor)값은 이 교재의 공진회로에서 이미 소개된 것과 같이 정의된다. 이것은 중요한 값으로 버랙터의 발진기 설계에 이용된다. 이는 잡음성능 레벨에 현격한 영향을 미칠 수 있기 때문이다. 높은 Q값은 선택성이 높은 반응곡선을 가져오며 잡음과 연관된 주파수를 제거하게 된다. 2 V의 역전압과 전형적인 동작주파수인 10 MHz에서의 Q값은 보통 140정도로 매우 높으며 최저값은 75정도이다. 정해진 10 MHz 주파수에서 Q값 대 역전압의 주어진 그림을 보라. 접합 커패시턴스 전체값이 역전압에 따라 감소하기 때문에 Q값은 역전압에 따라 급속히 증가한다.

고주파(작은 커패시턴스값으로 규정된) 영역에서의 응용 예로는 FM변조기, 자동 주파수 제어기, 가변 대역 통과 필터와 파라메트릭 증폭기가 있다.

응용

그림 16.11에서 버랙터 다이오드는 동조회로에 사용된다. 즉 병렬 LC 회로의 공진주파수

Typical Performance

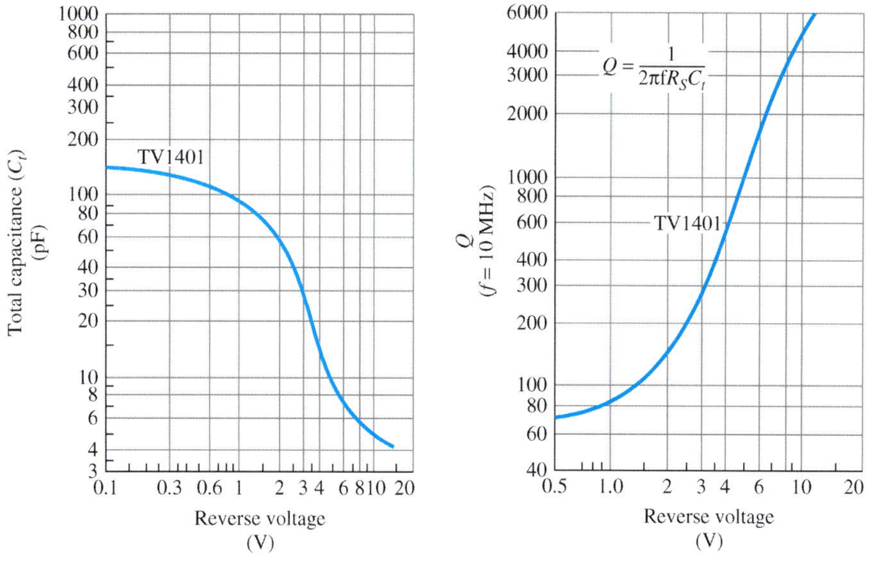

Q $V_r = 2$ Vdc		V_{br} (Vdc) $I_r = 10\ \mu$ Adc	I_r (nAdc) $V_r = 10$ Vdc	Part number
F = 1 MHz MIN/TYP	F = 10 MHz MIN/TYP	MIN/TYP	TYP/MAX	
–	75/140	12/20	10/50	TV1401
200/700	–	12/20	50/100	TV1402
200/700	–	12/20	100/1000	TV1403

(a)

Electrical Characteristics

Total capacitance, C_t F = 1 MHz (pF)				Tuning ratio, T_r F = 1 MHz		Part number
$V_r = 2$ Vdc MIN/TYP/MAX	$V_r = 7$ Vdc TYP	$V_r = 10$ Vdc MIN/TYP/MAX	$V_r = 125$ Vdc TYP	C(1.25V)/C(7V) TYP	C(2V)/C(10V) MIN/TYP/MAX	
46/57/68	6.1	4.2/4.7/5.2	81.5	13	10/12/17	TV1401
46/57/68	6.1	4.2/4.7/5.2	81.5	13	10/12/17	TV1402
46/57/-	6.1	-/4.7/5.2	81.5	13	10/12/-	TV1403

(b)

그림 16.10 마이크로메트릭사의 TV 1400 계열의 버랙터 다이오드: (a) 전형적인 성능; (b) 전기 특성

는 (높은 Q시스템) $f_p = 1/2\pi\sqrt{L_2 C_T'}$로 결정되고, 여기서 $C_T' = C_T + C_C$의 값은 인가된 역방향 바이어스 전압 V_{DD}에 의하여 결정된다. 결합 커패시터 C_C는 인가전압과 L_2와의 단락 효과를 막기 위해 주어진다. 동조회로의 선택된 주파수는 보다 더 증폭시키기 위해 고입력 임피던스의 증폭기로 보내진다.

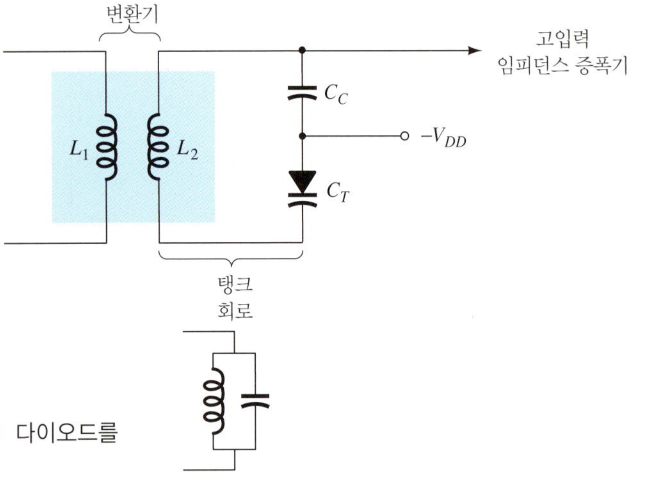

그림 16.11 버랙터 다이오드를 사용한 동조회로

16.4 태양전지

최근에 에너지의 대체원으로서 태양전지(solar cell)에 대한 관심이 증가되고 있다. 해면을 기준으로 태양으로부터 받는 전력 밀도는 약 100 mW/cm^2(1 kW/m^2)임을 고려할 때, 이것은 태양 에너지를 전기 에너지로 변환시키는 효율을 최대로 하기 위한 연구와 개발이 확실히 필요한 에너지원이다.

실리콘 p–n 접합 태양전지의 기본적인 구조가 그림 16.12에 표시되어 있다. 위에서 보았을 때 태양에 수직인 표면 면적을 최대로 하기 위한 노력을 엿볼 수 있다. 또한 금속 도체가 p형 재료에 연결되어 있고, p형 재료의 두께는 광에너지의 최대 광자수가 접합면에 도달할 수 있도록 되어 있다는 것을 알 수 있다. 이 영역에서 광에너지의 광자는 원자가 전자와 충돌하여 모원자를 떠나기에 충분한 에너지를 주어 전자를 분리시킨다. 결과적으로 자유전자와 정공을 발생시킨다. 이 현상은 접합의 양쪽에서 일어난다. p형 재료에서 새롭게 발생된 전자들은 소수 캐리어이며, 바이어스를 가하지 않았을 때 p–n 접합에서 설명된 것과 같이 접합면을 가로질러 비교적 자유롭게 움직인다. 비슷한 논의가 n형 재료에서 발생되는 정공에 대하여 적용된다. 결과적으로 p–n 접합의 보통의 순방향 전류에 대하여 반대 방향으로

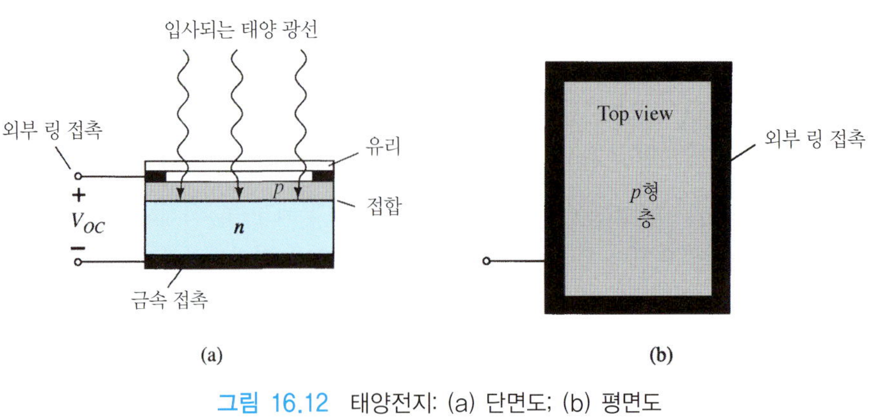

그림 16.12 태양전지: (a) 단면도; (b) 평면도

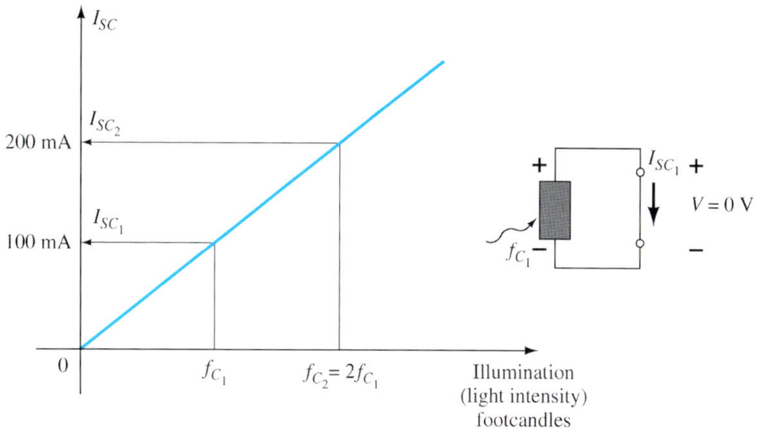

그림 16.13 단락전류에 대한 빛 세기의 영향

소수 캐리어의 흐름을 증가시킨다. 한 개의 실리콘 태양전지의 전류는 그림 16.13에서 보는 바와 같이 조사되는 빛의 세기에 거의 선형적인 형태로 증가한다. 조사되는 빛의 세기가 두 배가 되면 결과적으로 발생하는 전류가 두 배가 되는 식이다. 그림은 조사되는 빛의 특정값에 대하여 발생되는 최대 전류를 보여주고 있다. 그림 16.13에서와 같이 출력부가 단락될 때 최대가 되는데 이 전류를 I_{SC}로 표시한다. 같은 그림에서 보는 바와 같이 단락이 되면 출력 전압은 0 V가 된다.

같은 크기의 조사된 빛에 대하여 발생되는 개방된 단자의 전압은 그림 16.14에서 볼 수 있다. 이 전압은 0.5 V~0.6 V 사이의 레벨까지는 매우 급격하게 증가한다. 그림 16.14에서 광범위한 범위의 조사된 빛에 대하여 터미널 전압은 매우 일정하다. 같은 그림에서 보는 바와 같이 출력전압은 개방된 단자의 전압과 같기 때문에 조사된 빛 세기에서 결과적으로 생기는 전압은 V_{OC}로 표기한다.

그러므로 일반적으로

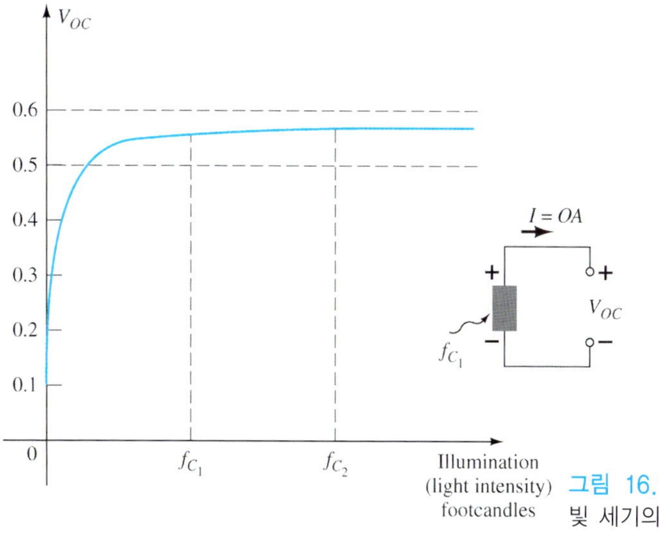

그림 16.14 개방전압에 대한 빛 세기의 영향

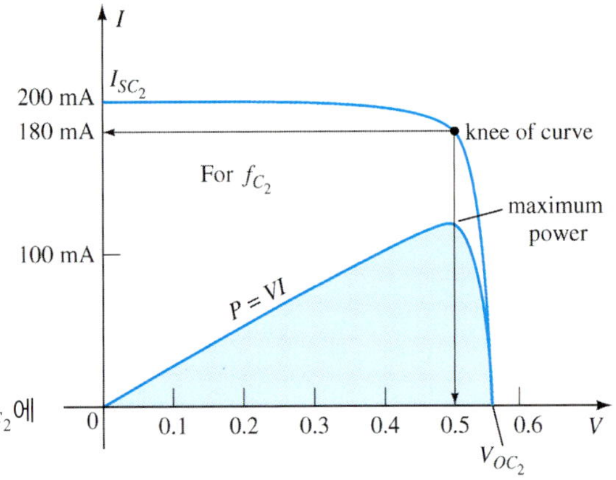

그림 16.15 빛 세기 f_{C_2}에 대한 전력 곡선의 스케치

태양전지에 의하여 발생되는 개방회로 전위는 상당히 일정하며, 단락회로의 최대 전류는 선형적으로 증가할 것이다.

전압이 매우 일정하기 때문에 높은 전압을 만들기 위하여 태양전지를 직렬로 연결하면 된다. 직렬로 연결된 형태에서 발생된 전류는 하나의 전지에서 발생되는 전류와 같을 것이다. 태양전지의 개방된 전압에 대해 전류를 증가시키고자 하면 태양전지를 병렬로 연결하면 된다.

그림 16.15는 특정 조사 빛에 대하여 발생된 전류 대 전압의 그림을 보여 주고 있는데, 태양전지의 전력에 대한 곡선을 단지 $P=VI$ 식을 사용함으로 얻을 수 있다.

그림 16.15에서 보면 단락전류는 최대 전류로서 터미널 전압이 증가함에 따라 감소하게 된다. 전류가 0 A에서 바로 최대 전력점 직전까지 전압의 레벨은 거의 일정함을 알 수 있다. 낮은 전압 수준에서는 전류는 상당히 일정하기 때문에 전력의 증가는 $P=VI$ 식을 이용하면 알 수 있듯이 주로 전압 수준이 증가하는데 기인한다. 그렇지만 결국에는 전압이 계속 증가하더라도 전류는 V_{OC} 근처에서 급격하게 떨어지고 전력 곡선도 이에 따라 떨어진다. 최대 전력은 그림 16.15에 있는 I-V 곡선이 급격히 떨어지는 점에서 발생한다. f_{C_2}의 빛 세기에서의 전지는 대략

$$P = VI = (0.5\text{ V})(180\text{ mA}) = \mathbf{90\ mW}$$

태양전지에서 결정되는 전류의 수준은 흡수계수라고 하는 재질의 흡수 특성, 조사되는 빛의 파장과 세기에 직접적으로 관련이 있다.

재질

오늘날 부피가 나가거나 박막 태양전지의 모든 범위에서 쓰이는 재질은 다양한 형태의 실리콘이다. 소개될 여러 가지 형태는 다른 공정을 거쳐서 제조된다. **단결정** 실리콘 구조는 일정하고, 완전히 규칙적인, 최고 순도의 원자 격자이다. 전형적인 효율의 범위는 14%에서 17%이고 실험적으로는 20% 이상을 얻을 수 있다. **다결정** 실리콘 태양전지는 다른 저렴한 공정으로 제조되지만 효율은 낮다(9%~14%). 그렇지만 절감된 제조 비용과 단결정 격자

보다 더욱 얇은 층으로 절단시킬 수 있는 사실은 다결정구조가 실행 가능한 대안이 된다. 최근에 **박막** 기술의 도입이 태양전지의 가격과 응용 범위에 광범위한 영향을 주고 있다. 여러 가지 분무 기법을 사용하여 (많은 경우 1 μm 보다 작은) 매우 얇은 반도체층을 유리나 플라스틱 또는 금속 같은 지지구조물에 침전시킨다. 화합물 **비정질 실리콘(a-Si)**은 최근 가장 광범위하게 쓰이는 박막 재질이다. 높은 빛 흡수 특성과 낮은 생산 비용은 한 자리 숫자(6%~9%)의 낮은 효율이란 단점을 상쇄시켜 준다.

다른 단결정 화합물인 **갈륨비소**(GaAs)는 높은 흡수율과 20%~30%의 높은 에너지 변환율 때문에 대용량 태양전지에 흔히 사용된다. 또 다른 박막 재질로는 **카드늄 텔루륨 화합물**(CdTe)과 **구리 인듐 디셀레나이드**(diselenide) ($CuInSe_2$ 또는 CIS)가 있다.

파장

각 포톤(photon)과 연관된 에너지는 진행파의 주파수와 직접 관련이 있는데 아래의 식으로 결정된다.

$$\boxed{W = hf} \qquad \textbf{(16.5)}$$

h는 프랑크 상수이며 6.624×10^{-34} joule-seconds이다. 1.16절에 본 바와 같이 주파수는 두 피크 사이의 거리인 파장과 관계가 있다.

$$\boxed{\lambda = \frac{v}{f}} \quad \text{(nm, angstrom units Å)} \qquad \textbf{(16.6)}$$

λ=파장[미터]
v=빛의 속도, 3×10^8 m/s
f=진행파의 주파수[헤르츠]

그리고

$$\text{Å} = 10^{-10}\text{ m},\ 1\text{ nm} = 10^{-9}\text{ m}$$

$$\boxed{W = \frac{hv}{\lambda}} \quad \text{(joules)} \qquad \textbf{(16.7)}$$

포톤의 에너지는 파장에 반비례한다.

그러므로 분명히

태양전지의 반도체층에서 흡수된 포톤과 관련된 에너지는 조사된 빛의 파장과 함수 관계를 나타낸다. 파장이 길수록 연관된 에너지 레벨은 낮아진다.

추가적으로 아래 사항을 이해하는 것은 중요하다.

하나의 포톤은 단지 하나의 전자-정공 쌍을 발생시킬 수 있다. 전자를 방출하는 데 필요한 에너지보다 더 높은 에너지의 포톤은 단지 태양전지에 열을 발생시킨다.

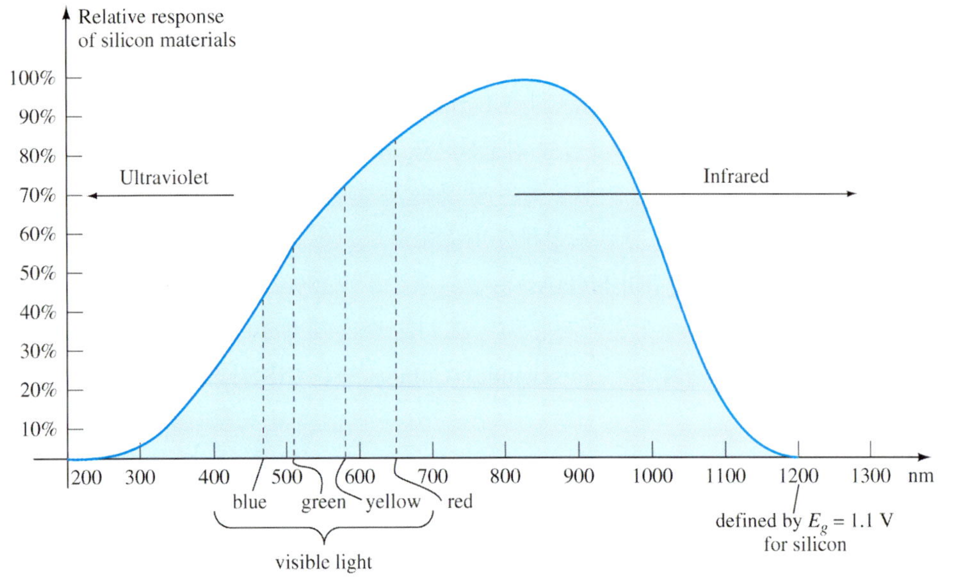

그림 16.16 조사된 빛의 파장 대 상대적인 실리콘의 반응

실리콘의 흡수 곡선은 그림 16.16에 보는 바와 같고 850 nm 근처에 피크를 보이고 있다. 위에서 언급한 바와 같이 가시광선 스펙트럼의 청색은 파장이 짧기 때문에 녹색, 적색 또는 황색의 에너지 레벨보다 매우 높다. 곡선이 x축에 닿는 1200 nm의 파장을 살펴보자. 이 파장은 실리콘 재질에서 전자를 방출시키는데 충분한 에너지를 가진 포톤 중에서 가장 긴 파장이다. 다른 말로 이 파장에서 조사된 빛의 에너지는 전자-정공 쌍을 방출하는 데 필요한 최소의 에너지다. 더 긴 파장의 포톤은 전자를 방출시킬 만한 충분한 에너지를 가지지 못할 것이며 단지 태양전지에 열을 발생시킬 뿐이다.

빛 세기

태양전지를 설계하는데 매우 중요한 세 번째 요소는 빛 세기이다. 조사된 빛의 세기가 강렬할수록 포톤의 수가 커지며 결과적으로 방출되는 전자-정공 쌍이 많아진다. 빛 세기는 어느 특정 표면적에 떨어지는 광속이다. 광속은 보통 루멘스(lm) 또는 와트로 측정된다. 두 단위는 아래와 같은 관계식이 된다.

$$\boxed{1\ \text{lumen} = 1\ \text{lm} = 1.496 \times 10^{-10}\ \text{W}} \qquad \textbf{(16.8)}$$

빛의 세기는 보통 l m/ft^2, 촉광(fc), 또는 W/m^2

$$\boxed{1\ \text{lm/ft}^2 = 1\ fc = 1.609 \times 10^{-9}\ \text{W/m}^2} \qquad \textbf{(16.9)}$$

이 절에서 먼저 이야기한 대로 태양의 빛 세기는 해수면에서 약 100 mW/cm^2 또는 1 kW/m^{2}인데, 이는 태양으로부터 예상되는 최대 수치라고 생각하면 된다.

최근의 최대 효율

최근 연구소에서의 태양전지 효율은 40%를 넘었다. 사실 2011년 43.5%의 효율을 달성했다. 박막 기술에 대하여는 최대 효율이 약 20%에 머물고 있으며 단결정 GaAs 전지는 29%이고 단결정 Si은 25%에 있다.

응용

그림 16.17은 상용으로 구할 수 있는 에드먼드 사이언티픽 사의 다중 전압 태양전지인데 200 mA에서 3 V, 100 mA에서 6 V, 50 mA에서 9 V 그리고 50 mA에서 12 V를 얻는 데 사용할 수 있다. 각 전지의 단자 전압이 0.5 V라고 가정하면 3 V 수준은 6개의 전지를 직렬로 연결한 것이고, 6 V의 경우에는 12개의 전지를 직렬로 연결하면 된다. 스위치 위치는 단지 어떤 직렬 조합이 출력 전압을 이루게 되는가를 선정하면 된다. 이 공급장치는 무선 전화나 MP3 플레이어, 손전등이나 비디오 게임기기를 충전하는 데 사용할 수 있다. 이 전류 수치는 A 단위의 전류에 의하여 충전되는 12 V 자동차용으로는 충분하지 않다. 응용할 때는 이 장치의 상대적으로 작은 크기를 활용하라.

박막 태양전지 패널은 가정에서 태양 패널을 폭넓게 사용하는데 기여하고 있다. 그림 16.18a의 지붕의 태양전지 패널은 하루 24시간 동안 에너지 효율이 좋은 냉장고를 가동하는데 충분하다. 이와 동시에 컬러 TV 7시간, 마이크로웨이브 15분, 60 W 전구 10시간 및 전기 시계 10시간도 사용한다. 그림 16.18b는 기본 시스템 동작을 보여주고 있다. 태양전지 패널(1)은 햇빛을 직류 전력으로 바꾸고, 인버터(2)는 직류 전력을 가정(6)에서 사용하는 기본 교류 전력으로 변환한다. 전지(3)는 햇빛이 충분하지 않거나 전력 고장이 났을 경우를 대비하여 에너지를 충전한다. 밤이나 어두운 날 태양패널과 전지가 충분한 공급을 하지 못할 때는 전기장치 패널(5)에 있는 특별한 연결 장치를 통하여 지역 전기 회사(4)로부

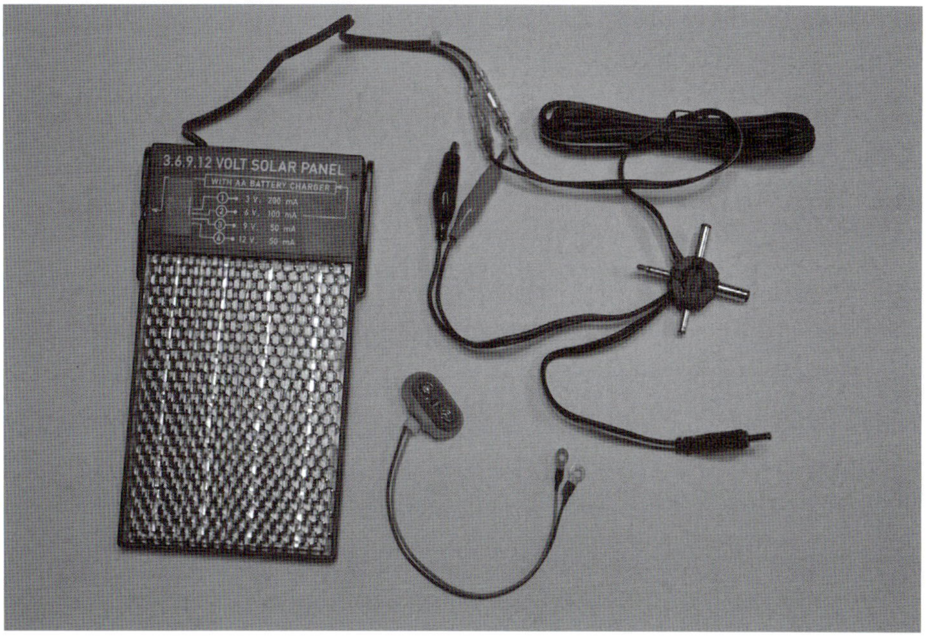

그림 16.17 에드먼드 사이언티픽의 다중 전압 출력 태양 패널(Pearson의 Dan Trudden의 사진)

(a)

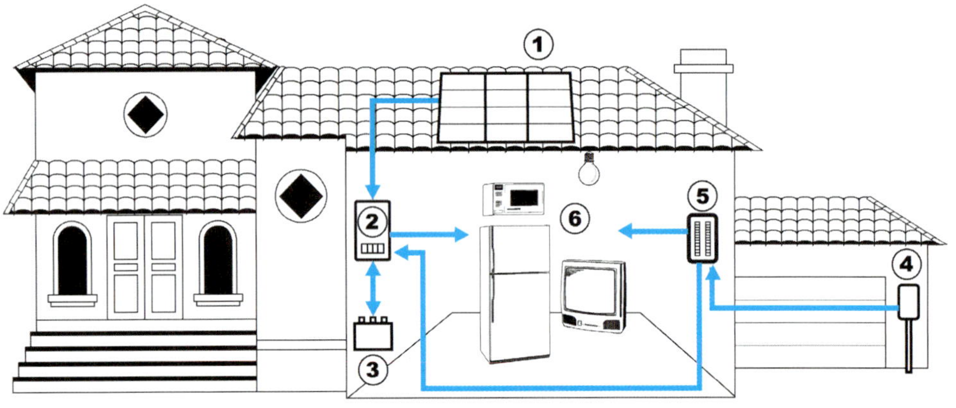
(b)

그림 16.18 태양전지 시스템: (a) 차고 천장의 패널; (b) 시스템 동작(SolarDirect.com 제공)

터 전력을 공급받을 수 있다. 이 시스템을 설치하는데 초기 비용이 있지만, 에너지 공급이—햇빛에 매달 비용을 지불할 필요가 없는—무료이고 오랫동안 상당한 에너지를 공급받을 수 있다는 것이 매우 중요하다.

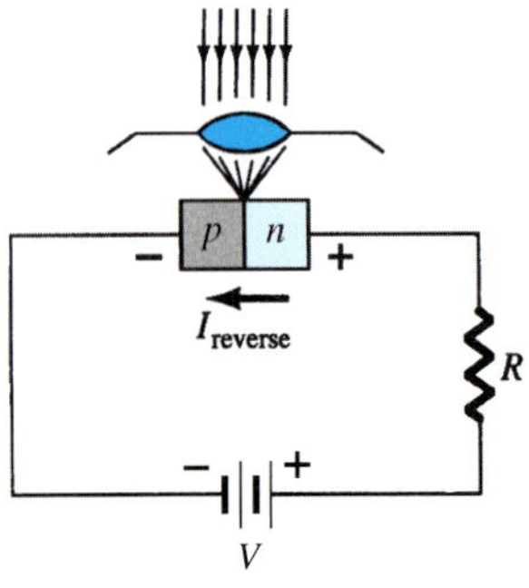

(a)

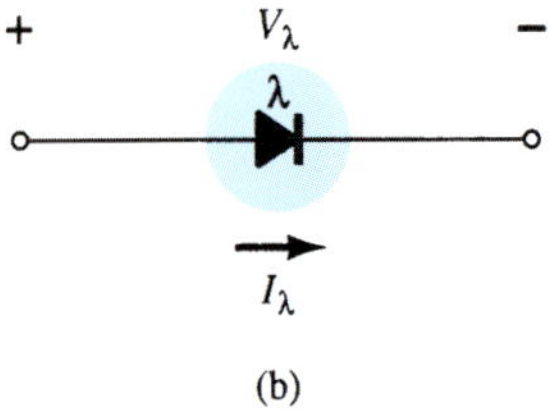

(b)

그림 16.19 포토다이오드: (a) 기본적인 바이어스 회로와 구조; (b) 기호

16.5 포토다이오드

포토다이오드는 작동 영역이 역바이어스 영역으로 제한되는 반도체 p–n 접합 소자이다. 이 소자에 대한 기본적인 바이어스 회로와 기호가 그림 16.19에 표시되어 있다.

1장에서 역포화 전류는 보통 몇 μA로 제한되었다는 것을 논하였다. 이것은 다만 n형 재료 또는 p형 재료에서 열적으로 발생된 소수 캐리어 때문이다. 접합면에서 빛을 가하면 광자의 형태로 입사된 광파에서 원자 구조체로 에너지가 전달되고, 소수 캐리어의 수가 증가되어 전류의 증가를 나타낸다. 이것은 여러 세기에 대하여 그려진 그림 16.20에 명백히 표시되어 있다. 암전류(dark current)는 빛을 비추지 않았을 때 나타나는 전류이다. 전류는 V_T와 동일한 양의 전압을 걸었을 때에만 오직 0으로 되돌아가는 것을 유의하여야 한다. 또한 그림 16.19a는 접합부에 빛을 모으기 위하여 렌즈를 사용한 것을 보여준다. 시판되고 있는

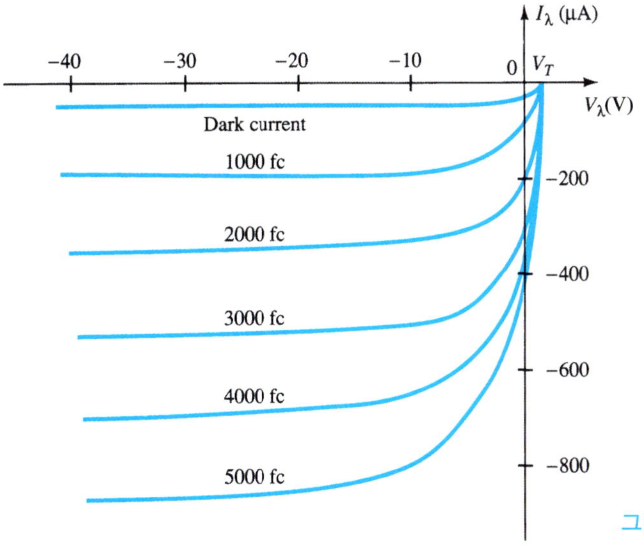

그림 16.20 포토다이오드 특성

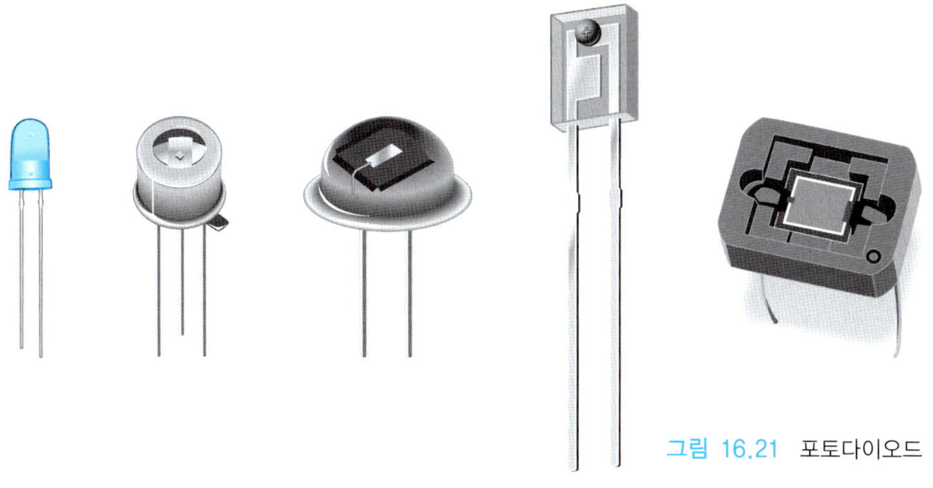

그림 16.21 포토다이오드

포토다이오드들이 그림 16.21에 표시되어 있다.

광속에서 같은 증가율에 대한 곡선 사이의 거의 같은 간격은 역전류와 광속이 거의 선형적인 관계에 있다는 것을 나타낸다. 다시 말해 광도의 증가는 비슷한 비율로 역전류의 증가를 나타낸다. 이 선형 관계를 보이기 위하여 $V_\lambda = 20$ V로 고정시켜 이들 두 관계를 나타내면 그림 16.22에서와 같이 된다. 상대적으로 역전류는 입사광이 없을 때는 0이라고 가정할 수 있다. 상승과 하강 시간(상태 변화 변수)은 이 소자에서 매우 적기(ns 범위) 때문에 이 소자는 고속 카운팅과 스위칭에 사용된다. Ge는 Si보다 더욱 넓은 파장의 스펙트럼을 포함하고 있음을 알아야 한다. 이것은 뒤에서 간단히 소개될 레이저와 적외선 광원에서와 같이 적외선 영역의 입사광 측정에 적합한 것이 된다. 물론 Ge은 Si보다 더 높은 암전류를 가지나 또한 더 큰 역전류를 갖는다. 포토다이오드에서 입사광에 의하여 발생된 전류값은 직접 제어로서는 사용되지 못하고, 이와 같은 목적으로 사용하려면 증폭되어야 한다.

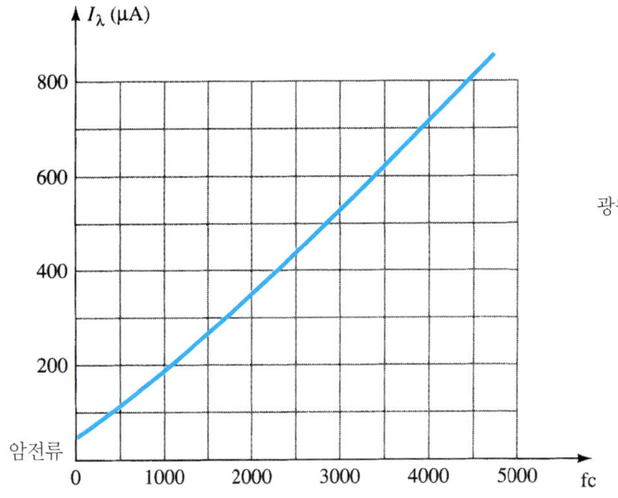

그림 16.22 그림 16.20의 포토다이오드에 대한 $I_\lambda(\mu A)$ 대 $f_C(V=20\text{ V})$

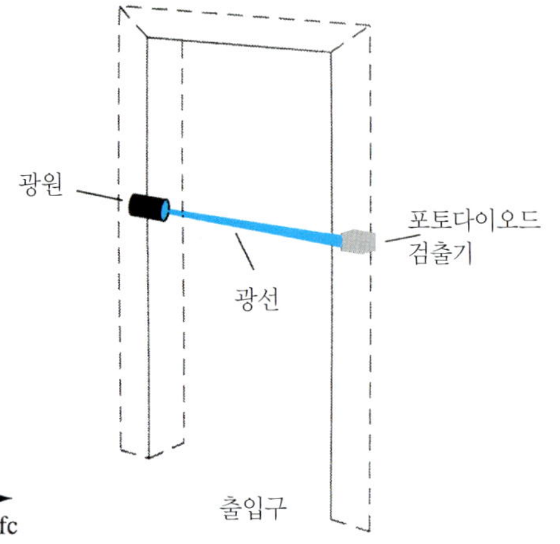

그림 16.23 경보 시스템에서 포토다이오드의 사용

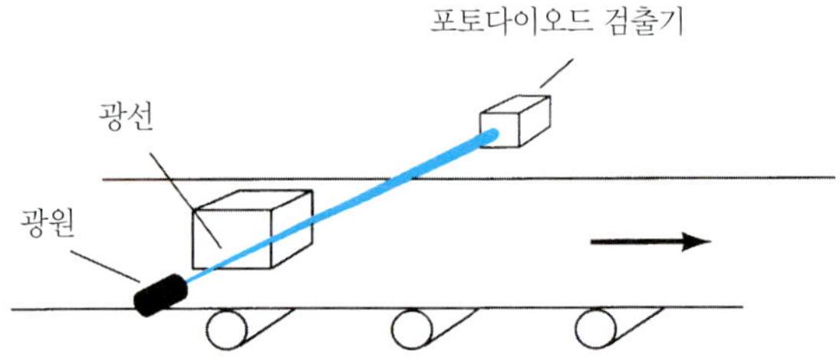

그림 16.24 카운터 작동에서 포토다이오드의 사용

응용

그림 16.23에서 포토다이오드는 경보 시스템에 사용되고 있다. 역전류 I_λ는 빛이 차단되지 않는 한 계속 흐르게 된다. 방해를 받을 때는 I_λ가 암전류값으로 떨어지고 경보 소리가 난다. 그림 16.24에서 포토다이오드는 컨베이어 벨트 위의 물건을 카운트할 때 사용한다. 각 물건이 지나가 광선을 끊으면 I_λ는 암전류값으로 떨어지고 카운터 숫자가 하나씩 증가한다.

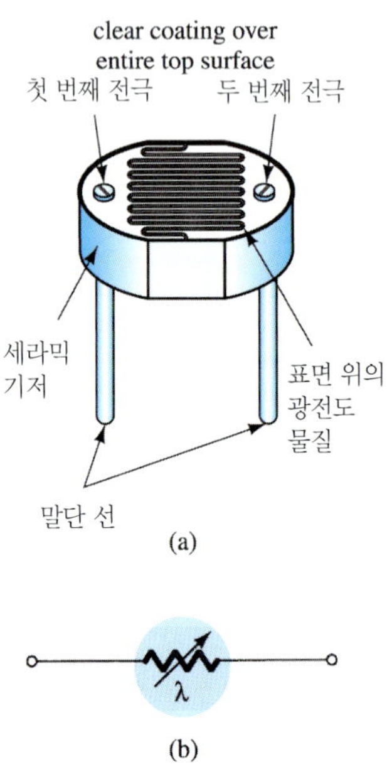

그림 16.25 광전도 셀: (a) 구조; (b) 기호

16.6 광전도 셀

광전도 셀(photoconductive cell)은 단자 저항이 입사광의 세기에 따라 선형적으로 변화하는 2단자 반도체 소자이다. 명백한 이유로 이것은 때때로 광저항(photoresistive)소자라고 한다. 전형적인 광전도 셀과 널리 사용되는 소자의 기호가 그림 16.25에 표시되어 있다.

자주 사용되는 광전도 재료는 CdS(cadmium sulfide)와 CdSe(cadmium selenide)이다. CdS의 최대 스펙트럼 응답은 약 5100 Å이고 CdSe는 6150 Å에서 발생한다. CdS 셀의 응답 시간은 약 100 ms이며 CdSe 셀은 10ms이다. 광전도 셀은 포토다이오드에서와 같은 접합을 갖지 않는다. 단자 사이에 연결된 재료의 얇은 층은 입사광의 에너지에만 노출된다.

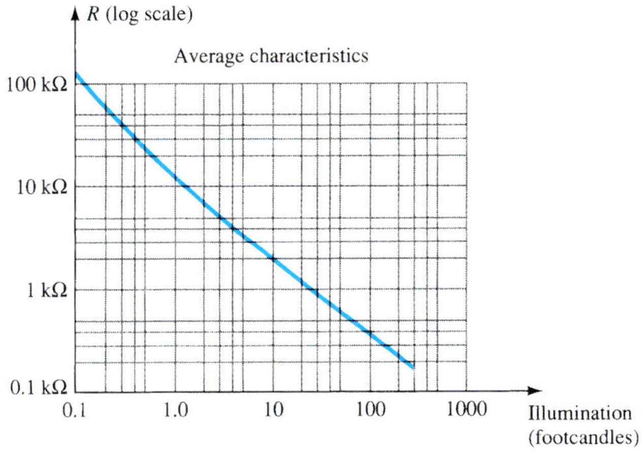

그림 16.26 광전도 셀 단자 특성

소자 위에 조사되는 세기가 증가하면 구조 내에서 많은 수의 전자들의 에너지 상태도 증가하게 되는데, 이것은 가용할 수 있는 포톤에너지가 증가되기 때문이다. 결과적으로 구조 내에서 비교적 자유스러운 전자의 수가 증가되고, 따라서 단자 저항은 감소한다. 전형적인 광전도 소자에 대한 감도 곡선이 그림 16.26에 표시되어 있다. 여기서 결과적인 곡선의 선형성(로그–로그 눈금으로 그릴 때)과 빛세기 변화에 대하여 저항이 크게 변화하는 것(100 kΩ→100 Ω)을 주목하여야 한다.

각 소자에 관하여 풍부한 자료들이 제작회사로부터 주어지는데, 그림 16.27에 표시된 CdS 광전도 셀을 고찰하고, 여기서 다시 한번 온도와 응답 시간에 대한 관계를 유의하자.

응용

조금 간단하지만 흥미로운 소자의 적용 예가 그림 16.28에 표시되어 있다. 이 시스템 목적은 V_i가 정격값으로부터 변동된다고 해도 V_o를 고정된 크기로 유지시키기 위한 것이다. 그

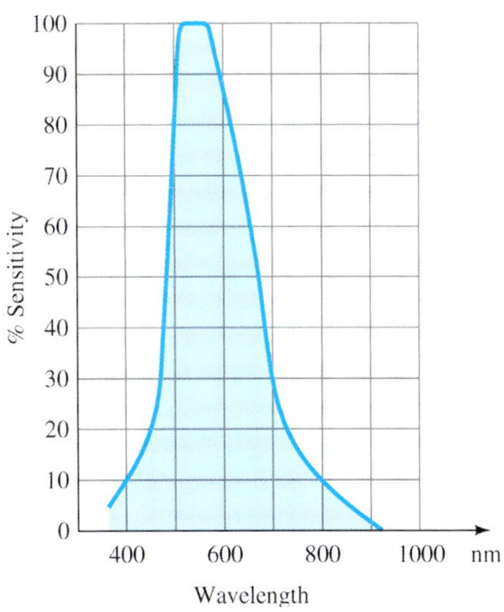

Variation of Conductance with Temperature and Light

Footcandles	*0.01*	*0.1*	*1.0*	*10*	*100*
Temperature			*% Conductance*		
−25°C	103	104	104	102	106
0	98	102	102	100	103
25°C	100	100	100	100	100
50°C	98	102	103	104	99
75°C	90	106	108	109	104

Response Time versus Light

Footcandles	*0.01*	*0.1*	*1.0*	*10*	*100*
Rise (seconds)	0.5	0.095	0.022	0.005	0.002
Decay (seconds)	0.125	0.021	0.005	0.002	0.001

그림 16.27 Clairex CdS 광전도 셀의 특성[클레어렉스 일렉트로닉스(Clairex Electronics)사 출처]

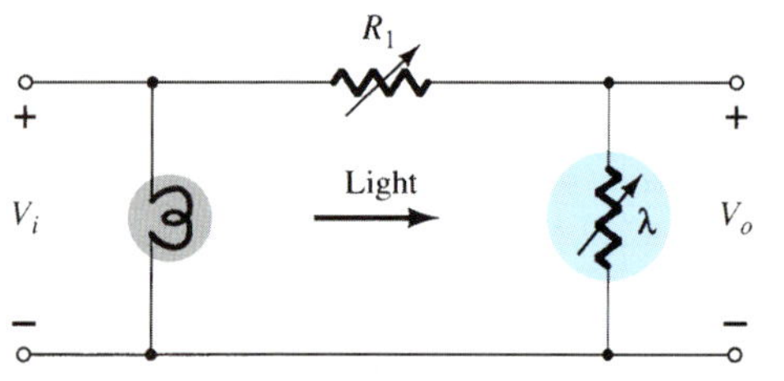

그림 16.28 광전도 셀을 사용한 전압 조정기

림에서 표시된 바와 같이 광전도 셀, 전구, 저항 모두가 이 전압 조정기 회로의 부품을 구성한다. V_i의 크기가 어떤 여러 가지 이유로 떨어진다면 전구의 밝기가 또한 감소한다. 조명도의 감소는 광전도 셀의 저항(R_λ)의 증가를 가져오고, 전압 분배기 법칙에 의하여 다음 식에서 결정되듯이 V_o를 정격 크기로 유지하게 한다. 즉

$$V_o = \frac{R_\lambda V_i}{R_\lambda + R_1} \tag{16.10}$$

16.7 IR 에미터

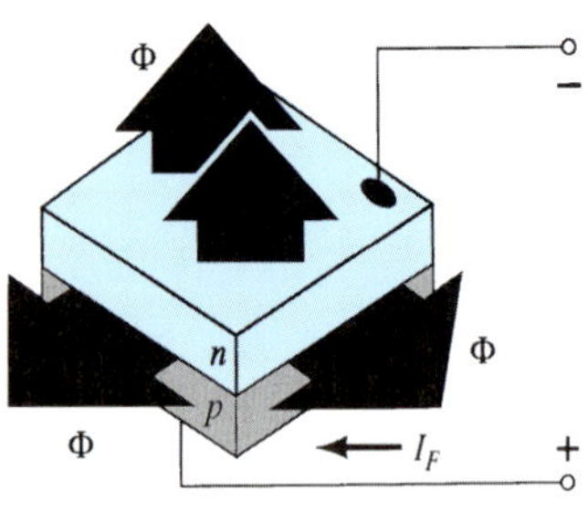

그림 16.29 반도체 IR 에미팅 다이오드의 일반적인 구조(RCA 고체 부문)

적외선 방출 다이오드는 순바이어스일 때 방사선속(radiant flux)의 빔을 방출하는 고체의 GaAs 소자이다. 소자의 기본 구조가 그림 16.29에 표시되어 있다. 접합이 순바이어스일 때 n영역의 전자는 p형과 n형 재료 사이의 특별히 설계된 재결합 영역에서 p재료의 과잉 정공과 재결합된다. 이 재결합 과정 중에 에너지가 광자(photon) 형태로 소자로부터 방출된다. 발생된 광자들은 구조체 내로 재흡수되거나 그림 16.29에 표시된 바와 같이 방사 에너지의 형태로 소자 표면을 떠나게 된다.

mW 단위인 방사선속에 대한 직류 순바이어스 전류와의 관계가 그림 16.30에 표시되어 있다. 이들 둘 사이의 관계는 거의 선형임을 알 수 있다. 이 소자의 흥미 있는 패턴이 그림 16.31에 주어졌다. 여기서 매우 좁은 패턴은 내부의 집속 장치에 의한 것이다. 이러한 소자

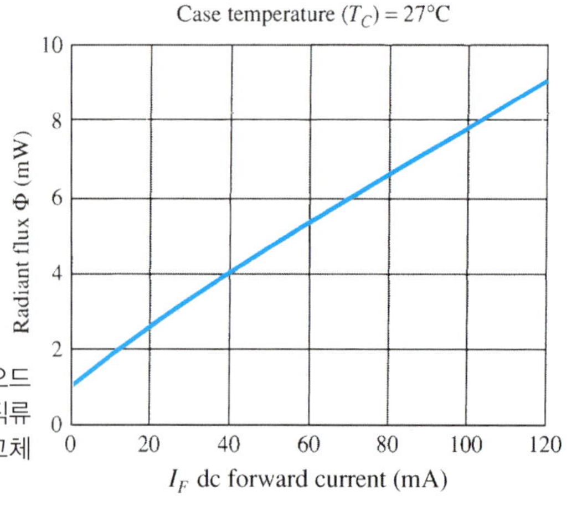

그림 16.30 IR 에미팅 다이오드에 대한 전형적인 방사선속과 직류 순방향 전류와의 관계(RCA 고체 부문)

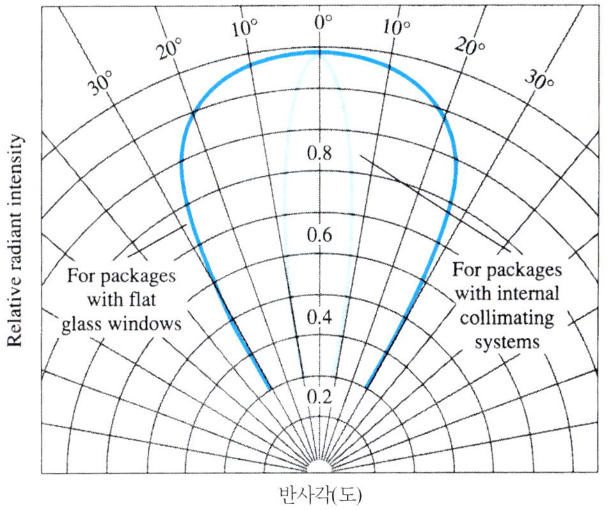

그림 16.31 RCA IR 에미팅 다이오드의 전형적인 방사 세기 패턴

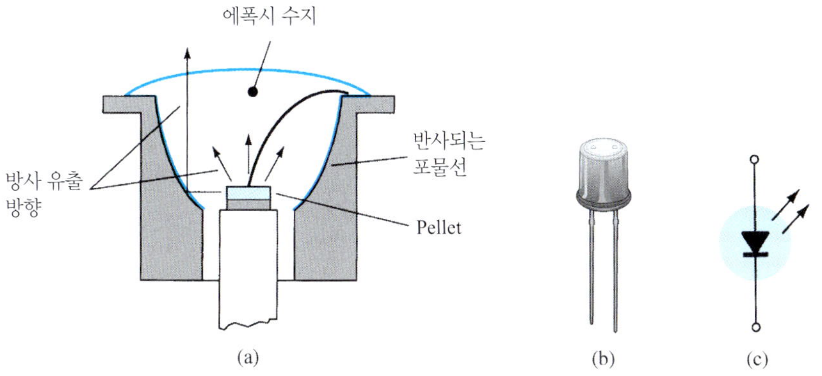

그림 16.32 IR 에미팅 다이오드: (a) 구조; (b) 사진; (c) 심볼

중 하나를 그림 16.32에 나타내었고, 내부 구조와 기호가 표시되어 있다. 이와 같은 소자의 몇몇 응용 분야는 카드와 종이테이프 리더(reader), 샤프트 인코더(shaft encoder), 데이터 전송 시스템, 침입 경보기 등이다.

16.8 LCD

LCD(liquid-crystal display)는 LED보다 낮은 전력을 요하는 확실한 장점을 갖는다. 즉 LED가 mW 범위인 것에 비하여, LCD는 μW 범위에 있다. 그러나 LCD는 내부 또는 외부의 광원이 필요하고 약 0°C에서 60°C까지의 온도 범위로 제한되며, LCD는 화학적으로 성능이 저하 됨으로 아직 수명에는 문제점이 있다. 오늘날 주로 관심을 받고 있는 것은 전계효과(field-effect)형과 동적산란(dynamic-scattering)형 두 가지다. 이들에 대하여 이 절에서 상세히 설명하고자 한다.

액정은 액체처럼 흐르는 물질(보통 LCD에서는 유기물)이지만 보통 분자 구조는 고체와

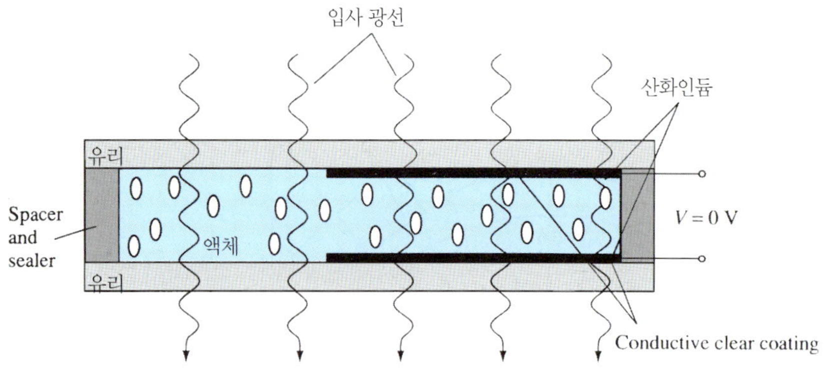

그림 16.33 바이어스가 가해지지 않은 네마틱 액정

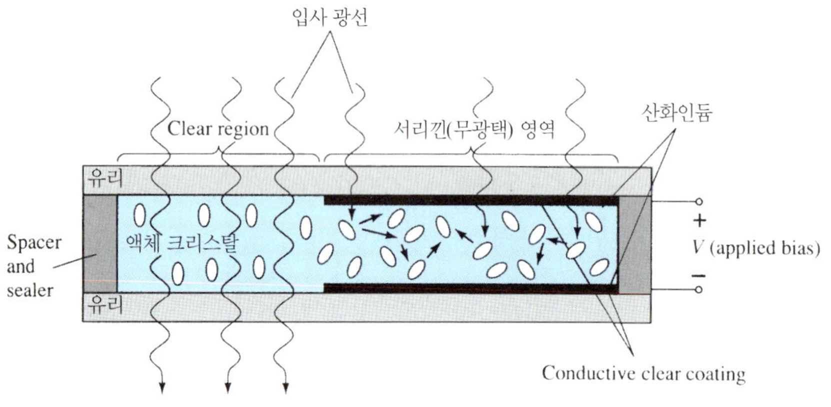

그림 16.34 바이어스가 가해진 네마틱 액정

관계된 몇 가지 성질을 갖는다. 광산란 소자에서 가장 큰 관심은 그림 16.33에서 도시된 결정 구조를 가진 네마틱 액정(nematic liquid crystal)에 있다. 각 분자들은 그림에 나타낸 것과 같이 막대와 같은 모양을 갖는다. 산화인듐(indium oxide) 전도표면은 투명하며, 그림에서와 같은 조건하에서 입사 광선이 단순히 투과되고 액정 구조가 투명하게 나타난다. 전압이(시판 소자에서 문턱전압은 보통 6 V에서 20 V) 그림 16.34에서와 같이 전도 표면 양단에 가해지면 분자 배열이 교란되고, 결과적으로 다른 굴절률을 갖는 영역이 생기게 된다. 그러므로 입사광은 다른 굴절률을 갖는 영역들 사이의 경계면에서 다른 방향으로 반사(1968년 RCA사에서 처음으로 연구되고, 동적산란이라 한다)되고, 산란광은 무광택 유리(frosted-glass)와 같은 서리 모양을 하게 된다. 그러나 그림 16.34에서 서리(frost)와 같은 모양은 다만 전도 표면이 서로 마주한 곳에서 일어나고, 나머지 면적은 빛이 투과하게 된다.

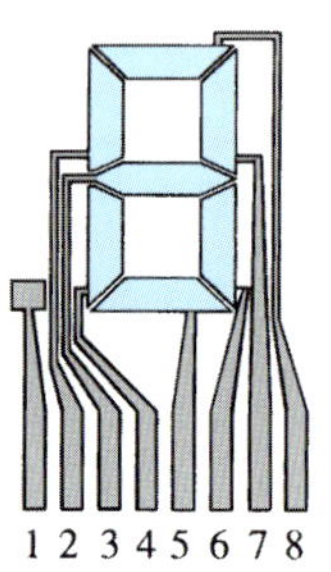

그림 16.35 LCD 8선분 숫자 표시기

LCD 표시기에서 숫자는 그림 16.35에 표시된 선분(segment) 모양을 갖는다. 외부 제어를 위하여 아래에 있는 단자에 연결된 검은 부분은 실제로 투명한 전도 표면이다. 봉해진 액정 재료의 두꺼운 층의 반대면으로 2개의 비슷한 마스크가 놓인다. 숫자 2가 필요하면 단자 8, 7, 3, 4, 5에 전압이 가해지고, 이 영역들만이 서리처럼 되면 다른 부분은 투명한 채로 있게 된다.

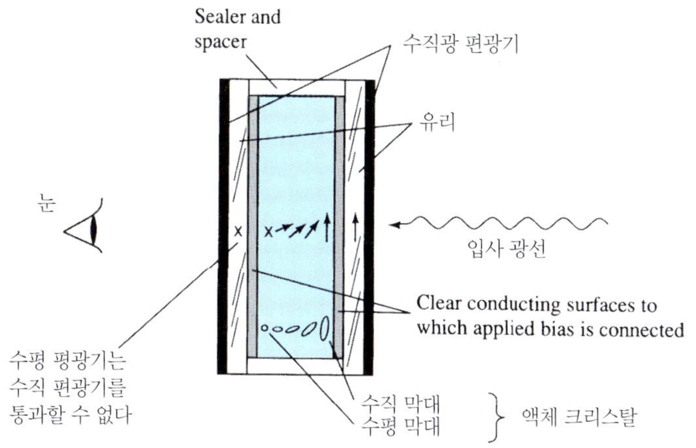

그림 16.36 바이어스가 가해지지 않은 투과형 전계 효과 LCD

앞에서 지적한 바와 같이 LCD는 그 자신의 빛을 발생하지 않고 외부 또는 내부의 광원에 의존한다. 어두운 조건하에서는 LCD의 측면 또는 뒷면에 자체 내부의 광원을 갖는 것이 필요하다. 낮이나 밝은 곳에서는 최대 세기를 얻기 위하여 빛이 표시기를 통하여 반사하도록 반사기가 LCD 뒤에 놓여진다. 최적의 작동을 위하여 현재의 시계 제작회사에서는 transflective라는 투과(자신의 광원)와 반사의 혼합 형태를 사용하고 있다.

전계효과(field-effect) 또는 트위스트 네마틱(twisted nematic) LCD는 같은 선분 모양과 봉해진 액정의 얇은 층을 갖지만 동작 방식은 매우 다르다. 동적산란 LCD와 비슷하게 전계효과는 내부 광원을 가지는 반사형이나 또는 투과형으로 작동된다. 투과형 표시기가 그림 16.36에 표시되어 있다. 내부광원은 오른쪽에 있으며 관찰자는 왼쪽에 있다. 이 그림은 광 편광기(light polarizer)가 있다는 점에서 그림 16.33과 매우 다르다. 오른쪽에서 입사한 빛의 수직 성분만이 오른쪽 수직광 편광기를 통과할 수 있다. 전계효과 LCD에서 오른쪽의 투명 전도표면이 화학적으로 에칭되거나 유기질 막이 가하여져 수직면에서 액정 내의 분자들이 셀 벽에 평행하게 배열되도록 한다. 액정 내에서 오른쪽 끝에 있는 막대를 유의하자. 반대쪽 전도표면은 또한 분자들이 표시된 방향(수평)에서 90°의 위상차가 있으나, 셀 장벽에 아직 평행하다. 액정의 두 벽면 사이에서 그림에서와 같이 한 편광에서 다른 편광으로 일반적인 이동이 있다. 왼쪽 편광기는 또한 수직으로 편광된 입사빛만이 통과하게 되어 있다. 전도 표면에 전압이 가해지지 않다면, 액정 영역을 통과하는 수직편광 빛은 분자구조가 90° 구부러지게 된다. 왼쪽의 수직광 편광기에서 수평 편광은 통과하지 못하며, 관찰자에게는 표시기 전역에 걸쳐 균일한 어두운 형태만 보인다. 문턱전압(상용 소자에서 2에서 8 V정도)이 가하여질 때 막대와 같은 분자들이 전계와 더불어 스스로 배열(벽에 수직하게)되며, 광은 90°의 위상 변화 없이 곧장 통과한다. 수직으로 입사된 빛은 직접 두 번째 수직으로 편광된 막을 통과하여 밝은 부분이 관찰자에게 보여진다. 각 숫자의 선분에 적당한 전압을 걸어주면 그림 16.37에서와 같은 형태가 나타난다. 반사형 전계효과 LCD가 그림 16.38에 표시되어 있다. 이 경우에 먼 왼쪽에서 수평으로 편광된 빛은 수평 편광된 필터를 통과하여 반사기로 가고, 여기서 반사되어 다시 액정을 지나 수직 편광기로 들어오고 관찰자에게 돌아온다. 전압이 가해지지 않으면 균일하게 디스플레이가 밝혀진다. 전압이 가해지면 수직 입사빛은 왼쪽에 있는 수평 편광 필터를 만나게 되어서 통과하지 못하고 따라서

그림 16.37 반사형 LCD

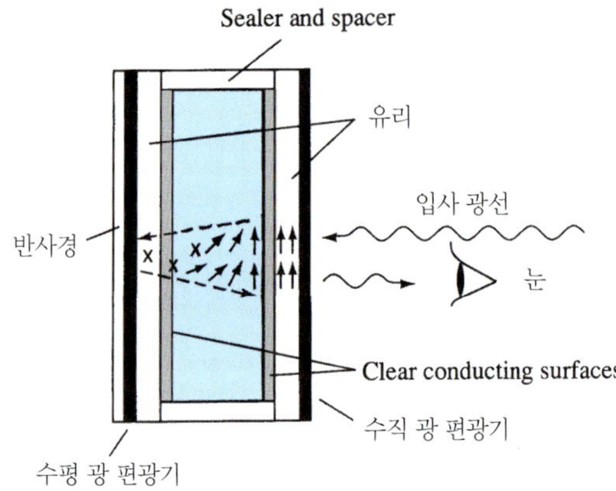

그림 16.38 바이어스를 가하지 않은 반사형 전계 효과 LCD

그림 16.39 투과형 LCD (RCA 고체 부문)

반사되게 된다. 크리스털이 어둡게 되고 그림 16.39와 같은 패턴이 나타나게 된다.

전계효과 LCD는 보통 에너지원이 주 인자일 때(즉 시계, 휴대용 계기 등) 사용되며, 이것은 μW 단위로서 낮은 mW 범위인 광산란형 보다 전력 소모가 적기 때문이다. 가격은 전계효과 소자가 더 비싸며 그 높이도 약 2인치로 제한된다. 광산란 소자는 8인치 높이까지를 얻을 수 있다.

표시기에서 더 고려되어야 할 것은 점멸(turn-on, turn-off) 시간이다. LCD는 특성적으로 LED보다 더 느리다. LED는 100 ns 이하의 응답 시간을 갖는 반면, LCD는 100~300 ms의 응답 시간을 갖는다. 그러나 시계와 같이 100 ns와 100 ms 사이의 차이(1초의 $\frac{1}{10}$)가 무시될 수 있는 많은 분야에 이용되고 있다. 이와 같은 응용에서 LCD의 낮은 전력 소모는 매우 매력적인 특성이 된다. LCD 소자의 수명은 10,000여 시간의 제한을 벗어나 계속 증가하고 있다. LCD 소자에 의하여 발생되는 빛은 조명광원에 의존되므로 여러 가지 색상을 선택할 수 있다.

16.9 서미스터

서미스터(thermistor)는 이름이 암시하듯이 온도에 민감한 저항기다. 즉 이것의 단자저항은 몸체의 온도와 관계된다. 이것은 접합 소자가 아니며, Ge, Si 또는 Co, Ni, Sr, Mn 산화물의 혼합체로 구성된다. 소자가 양 또는 음의 온도계수를 갖는 것은 사용되는 화합물에 따라 결정된다.

음의 온도계수를 갖는 대표적인 서미스터의 특성이 흔히 사용되고 있는 기호와 더불어 그림 16.40에 표시되어 있다. 특히 실내 온도(20°C)에서 서미스터의 저항은 약 5000 Ω이며 100°C (212°F)에서의 저항은 100 Ω까지 감소한다는 것을 유의하자. 그러므로 80°C의 온도차는 저항에 있어서 50:1의 저항 변화를 나타낸다. 1°C 변화함에 따라 보통 3~5% 변한다. 기본적으로 소자의 온도를 변화시키는데 내부적인 것과 외부적인 것의 두 가지 방법이 있다. 소자를 통하는 전류의 단순한 변화가 온도에서의 내부 변화를 일으킨다. 작은 인가전압은 주위 온도 이상으로 저항온도를 상승시키기에는 너무 작은 전류를 흐르게 한다.

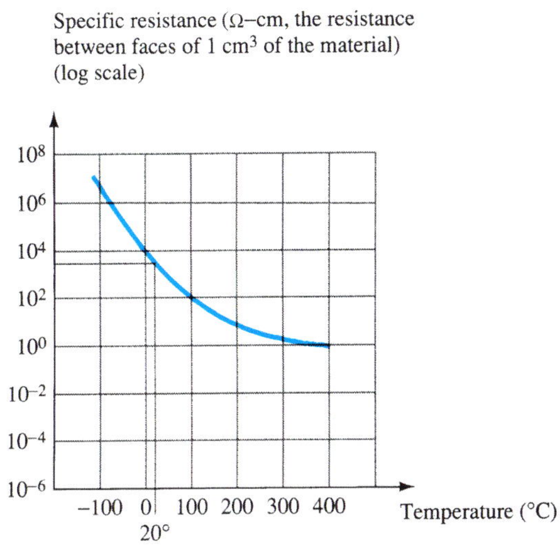

(a)

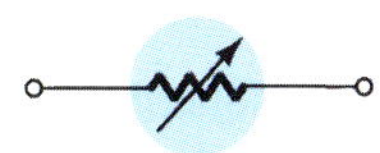

(b)

그림 16.40 서미스터: (a) 전형적인 특성; (b) 심볼

그림 16.41에서 표시된 바와 같이 이 영역에서 서미스터는 저항과 같이 작용하며 양의 온도계수를 갖는다. 그러나 전류가 증가할 때 온도는 그림 16.41에서와 같이 음의 온도계수가 나타나는 점까지 상승한다. 내부 흐름의 비율이 소자의 저항에 이와 같은 효과를 낼 수 있다는 사실은 제어와 측정 기술 등의 광범위한 분야에 이용되게 한다. 외부적인 변화는 주위 매질의 온도 변화를 요하거나, 소자를 뜨겁거나 찬 용액에 담그게 하는 것이다.

그림 16.42는 US sensor사의 가장 인기 있는 서미스터의 패키징 형태들이다. 그림 16.42a의 프로브는 안정성이 높고 견고하며 실험실에서나 극한 환경 조건에 이르기까지의 응용에서도 매우 정확하다. 그림 16.42b의 전력서미스터는 커패시터가 충전될 때까지 유입되는 어떤 전류도 수용할 수 있는 레벨로 제한시키는 독특한 특성을 가지고 있다. 이 소자의 저항은 소자에 걸리는 전압강하가 무시할 만하게 될 때까지 떨어지게 된다. 그 소자는 1 Ω정도로 낮은 저항값으로 20 A정도까지 전류를 흘릴 수 있다. 그림 16.42c의 유리 캡슐에 싸여진 서미스터는 크기가 작고 매우 견고하여 300°C 온도까지 사용할 수 있다. 그림

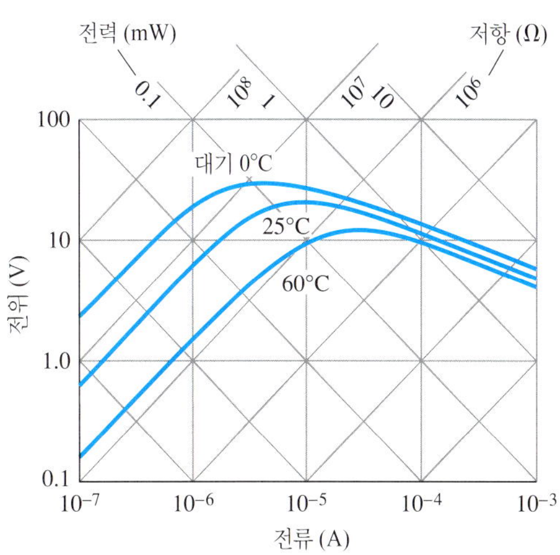

그림 16.41 서미스터의 정상상태(steady-state) 전압–전류 특성

Electrical Characteristics $T_C = 25°C$

Device	Symbol	Test Conditions	Min	Typ	Max	Units
ASTD1020	I_P		100		200	μA
ASTD2030			200		300	
ASTD3040			300		400	
ASTD1020	V_P				135	mV
ASTD2030					130	mV
ASTD3040					125	mV
ASTD1020	R_V	f = 10 GHz R_L = 10 kΩ		−180		Ω
ASTD2030		P_m = −20 dBm		−130		Ω
ASTD3040				−80		Ω
All	R_S	I = 10 mA f = 100 MHz		7		Ω

그림 16.47 그림 16.46의 어드밴스드 세미컨덕터사 평판 터널 다이오드의 전기 특성

그림 16.46 어드밴스드 세미컨덕터사 평판 터널 다이오드

되는 소자의 전형적인 값이다. 인덕터 L_S는 주로 단자 리드 때문이며, 저항 R_S는 리드, 리드–반도체 접합에서의 접촉저항, 그리고 반도체 재료 자체 등에서 생긴 저항으로 구성된다. 커패시턴스 C는 접합 확산 커패시턴스이고, R은 그 영역의 음저항이다. 음저항은 다음에 소개될 발진기에 사용된다.

그림 16.46은 어드밴스드 세미컨덕터(Advanced Semiconductor)사의 평판 터널 다이오드의 외관이고, 그림 16.47에는 이 다이오드의 최대정격과 특성이 나타나있다. 각 소자들마다 피크값의 범위가 있으며 설계할 때 이 값들의 모든 범위에 들도록 해야 한다. 특정 다이오드가 어떤 피크값을 가질지는 알 수 없다. 대부분 터널 다이오드의 경우 제시된 피크값들은 일반적인 값들이라 설계자들은 이를 염두에 두어야 한다. 흥미롭게도 저점전압(valley voltage)은 0.13 V로 거의 일정하며 실리콘 다이오드의 동작전압 보다 훨씬 작다. 이 계열의 다이오드는 −80～−180 Ω의 음저항을 가지게 되는데 이 중요한 변수로는 상당히 넓은 범위인 셈이다. 많은 터널 다이오드의 경우 단순히 어떤 특정 계열이 하나의 고정된 값(예를 들어 −250 Ω)을 가진다고 명시되어 있다.

현재 고주파 시스템에서는 대체 소자들의 제작기법들이 가능하기 때문에 터널 다이오드의 사용이 크게 정체되어 있지만 간단함, 선형성, 낮은 전력누설과 신뢰성 때문에 지속적으로 사용되고 있다.

그림 16.48에서 선택된 공급전압과 부하저항은 터널 다이오드의 특성곡선과 세 점에서 만나는 부하선을 정하게 한다. 부하선은 단지 회로망과 소자의 특성으로 결정됨을 새겨두자. a와 b의 교점은 양(+)의 저항 특성이므로 안정된(stable) 작동점이라 한다. 즉 이 동작점에서는 회로망에서의 약간의 변동이 있어도 회로망을 발진 상태로 가져가거나 또는 Q점의 위치를 크게 변화시키지 않는다. 예를 들어 동작점을 b라 할 때 공급전압 E가 약간 증가하면 다이오드 양단의 전압이 증가하기 때문에 동작점은 곡선을 따라 위로 이동한다. 한번 변동이 지나가면 다이오드에 걸리는 전압과 이때의 전류는 b의 Q점으로 정해진 값으로 복귀한다. c로 정의된 동작점은 다이오드에 걸리는 전압, 혹은 흐르는 전류에 약간의 변화가 있어도 동작점을 a나 b로 이동하게 하므로 불안정(unstable)하다. 예를 들면 E에서의 약간

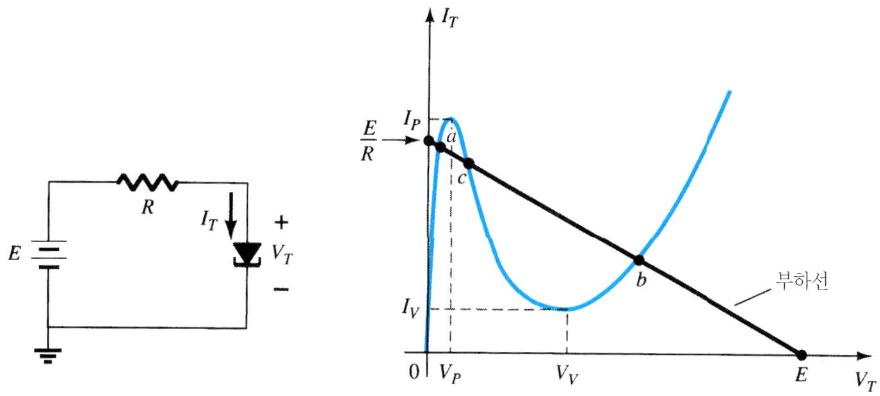

그림 16.48 터널 다이오드와 결과적으로 나타나는 부하선

의 증가는 터널 다이오드에 걸리는 전압을 c에서의 전압값 이상으로 증가시킨다. 그러나 이 영역에서 V_T의 증가는 I_T를 감소시키고 V_T를 더욱 증가시킨다. 이 V_T에서의 증가된 값은 I_T에서의 연속적인 감소를 가져온다. 따라서 V_T를 더욱 증가시키고 I_T는 안정한 동작점 b로 설정되기까지 변화한다. 전원의 약간의 전압 강하는 동작점을 안정한 점 a로 옮기게 한다. 다시 말하면 점 c는 부하선 방법을 이용하여 결정할 수 있지만, 일단 시스템이 에너지를 받으면 결국은 a나 b 위치에서 안정화된다.

음저항 영역은 발진기, 스위칭 회로, 펄스 발생기, 증폭기의 설계에서 유용하게 사용된다.

응용

그림 16.49a에 터널 다이오드를 이용한 음저항 발진기(negative-resistance oscillator)가 구성되어 있다. 회로 소자의 선택은 부하선이 그림 16.49b에서와 같이 설정되도록 설계되었다. 여기서 특성 곡선과의 단 하나의 교점이 불안정한 음의 저항 영역에만 있고, 안정한 동작점은 만들어지지 않았음을 알아야 한다. 전원이 켜질 때 전원의 단자 전압은 0 V에서 최종값인 E 볼트까지 올라가게 된다. 처음에 전류 I_T는 0 mA에서 I_P까지 증가하고, 인덕터에 자장의 형태로 에너지를 축적한다. 그러나 I_P에 도달하면 다이오드 특성에서 전류 I_T는 다이오드에 걸리는 전압의 증가와 함께 감소하여야만 한다. 이것은 다음 식과 모순이 된다.

$$E = I_T R + I_T(-R_T)$$

그리고

$$E = \underbrace{I_T}_{\text{less}}\underbrace{(R - R_T)}_{\text{less}}$$

위 식의 두 요소가 감소한다면 전원 전압이 설정된 값에 도달하는 것이 불가능하게 된다. 그러므로 전류 I_T가 연속적으로 상승할 때 동작점은 점 1에서 점 2로 옮겨져야만 한다. 그러나 점 2에서 전압 V_T는 공급전압보다 큰 값으로 뛰어올라가 있다(점 2는 회로 부하선에서 오른쪽에 위치). 키르히호프의 전압 법칙을 만족하려면, 코일에 걸리는 과도 전압의 극성은 반전되어야 하며, 특성 그림에서와 같이 전류는 2에서 3으로 감소하기 시작한다. V_T가 V_V로 떨어질 때 특성 곡선에서 전류 I_T는 또 다시 증가하기 시작한다. 이것은 V_T가 아직

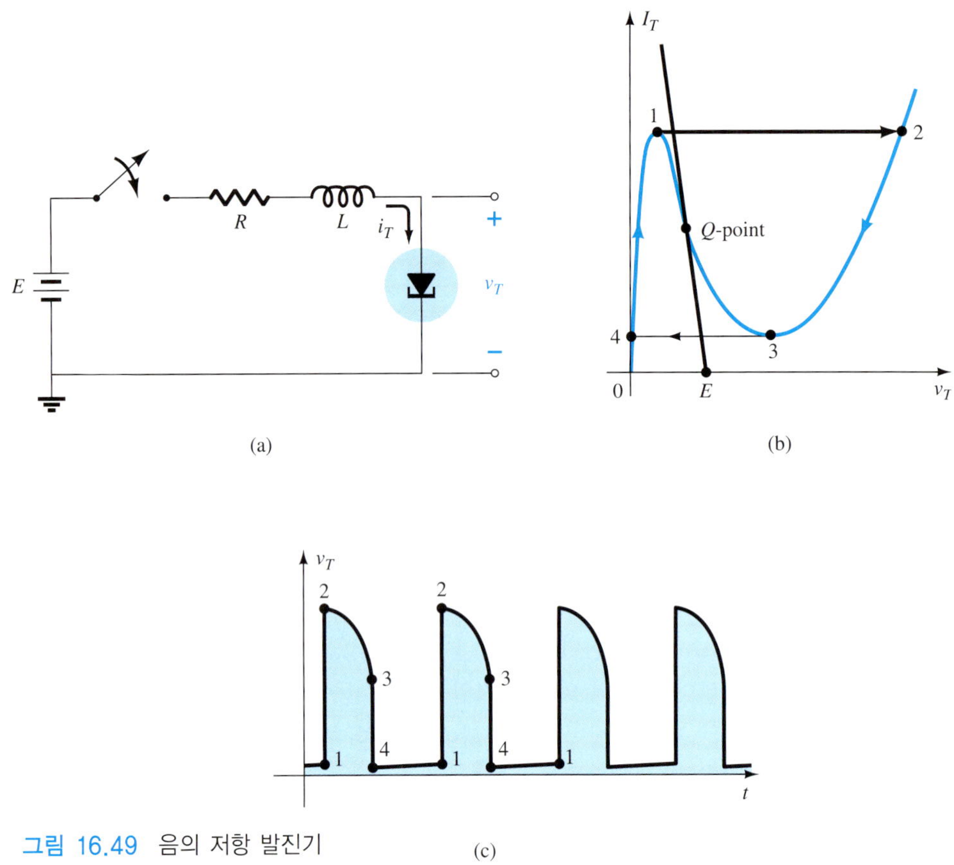

그림 16.49 음의 저항 발진기

도 인가전압보다 크고 코일은 직렬회로를 통하여 방전하기 때문에 발생할 수 있는 일이 아니다. I_T에서의 계속되는 감소를 허용하려면 동작점은 점 4로 옮겨져야만 한다. 일단 점 4의 전압값으로 되면 특성에서 보인 바와 같이 터널 전류는 또 다시 0 mA에서 I_P까지 증가한다. 이 과정은 자체적으로 거듭 반복되고, 불안정 영역으로 정해지는 동작점에 결코 정착하지 않는다. 터널 다이오드에 걸리는 결과적인 전압은 그림 16.49c와 같이 나타나고 직류 전원이 가해지는 한 계속된다. 결과는 음저항을 갖는 소자와 고정 전원으로 이루어지는 발진 출력으로 된다. 그림 16.49c의 파형은 타이밍 회로와 컴퓨터 논리회로에 널리 응용된다.

터널 다이오드는 또한 직류 전원과 몇몇 수동 소자를 이용하여 정현파 전압을 발생시키는 데 사용한다. 그림 16.50a에서 스위치를 닫으면 진폭이 시간과 함께 감소하는 그림 16.50b의 정현파 전압을 얻게 된다. 사용되는 소자에 따라 시간 주기는 전형적인 변수값을 이용하여 얻을 수 있는 시간은 거의 즉시에서 몇 분까지가 될 수 있다. 이와 같이 시간에 따라 감쇠(damping)하는 발진 출력은 저항 소자에서 손실되기 때문이다. 그림 16.50c에서와 같이 터널 다이오드를 탱크 회로와 직렬로 놓으면, 터널 다이오드의 음의 저항이 탱크 회로의 저항성 특성을 상쇄하고, 따라서 같은 그림에 나타낸 비감쇠(undamped) 응답으로 된다. 부하선이 음의 저항 영역의 특성에서만 교점을 갖도록 설계하여야 한다. 다른 시각에서 보면 그림 16.50의 정현파 발생기는 단순히 그림 16.49의 펄스 발진기의 연장인데, 그림 16.49b에 보여지고 있는 여러 단계에서 인덕터와 커패시터 사이에 에너지를 교환할 수 있

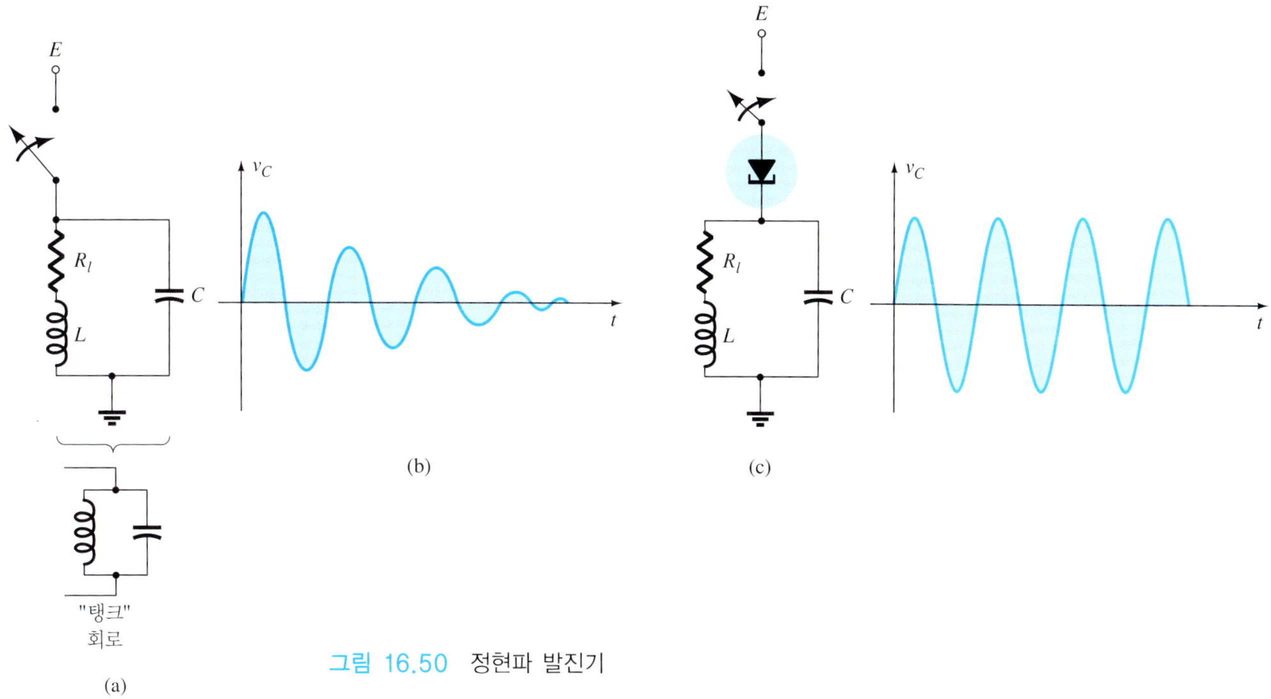

그림 16.50 정현파 발진기

도록 하는 커패시터를 추가한 것이다.

16.11 요약

중요 결론 및 개념

1. Schottky(핫캐리어) 다이오드는 기존의 p–n 접합 제품 보다 **낮은 V_T**(약 0.2 V)와 **큰 역포화 전류**, **작은 PIV**를 갖는다. 이 소자는 역회복시간이 작기 때문에 고주파에서도 사용될 수 있다.
2. 버랙터(배리캡) 다이오드는 인가된 역바이어스 전압에 민감한 **전이 커패시터**를 가지고 있는데, 그 값은 0 V에서 최대값을 가지고 역바이어스 전압이 증가함에 따라 **지수 함수적으로 감소**하는 값을 갖는다.
3. 전력 다이오드의 전류 용량은 두 개 이상의 다이오드를 병렬로 연결함에 따라 증가시키고, **PIV 정격**은 직렬로 다이오드를 연결하여 증가시킬 수 있다.
4. 섀시(chassis) 자체를 전력 다이오드의 **방열판**으로서 사용할 수 있다.
5. **터널 다이오드**는 일반적인 p–n 접합 다이오드의 턴온 전압 이하의 전압에서 **음저항 영역**을 갖는 독특한 소자이다. 이러한 특성은 스위칭 직류 전력공급기에서 발진 파형을 만드는 발진기에 특히 유용하다. 소자의 공핍층이 감소되었기 때문에 나노초나 피코초의 스위칭 시간을 필요로 하는 **고주파 소자**에 이용된다.
6. **포토다이오드**의 동작 영역은 **역바이어스 영역**이다. 결과적으로 흐르는 다이오드 전류는 인가된 빛이 증가함에 따라 거의 선형적으로 증가한다. 인가된 빛의 **파장**이 어떠한 물질

이 가장 좋은 응답[셀렌(selenium)은 육안과 특성이 비슷하며, 실리콘은 좀 더 긴 파장에 좋은 응답을 가진다]을 나타낼지 결정하게 된다.

7. 광전도 셀의 단자 저항은 **조사된 빛이 증가함**에 따라 **지수 함수적으로 감소**한다.

8. **적외선 방출 다이오드**는 **순방향 바이어스** 상태에서 방사선속의 빔을 방출한다. 방출되는 선속의 세기는 소자에 흐르는 직류 순방향 전류와 거의 비례한다.

9. **LCD**는 LED보다 훨씬 **낮은 전력 흡수 레벨**을 갖는다. 그러나 수명이 **짧고 내부 또는 외부의 광원**을 필요로 한다.

10. **태양전지**는 광자(photon) 형태의 빛에너지를 전위나 전압차의 형태인 전기에너지로 변환할 수 있다. 단자전압은 빛이 인가되었을 때 **초기에는 매우 빠르게 증가**하지만 증가율은 **점점 더 감소**한다. 다시 말하여, 단자전압은 조사된 빛의 증가가 단자전압의 크기에 영향을 거의 미치지 않게 되는 어느 지점에서 포화값에 이를 것이다.

11. **서미스터**는 물질의 구조나 온도에 의해 결정되는 **양 또는 음의 온도계수**의 영역을 갖는다. 온도의 변화는 서미스터를 통해 흐르는 전류와 같은 **내부 효과**와 가열, 냉각에 의한 **외부 효과**에 의해 발생하게 된다.

주요 공식

버랙터 다이오드:

$$C_T(V_R) = \frac{C(0)}{(1 + |V_R/V_T|)^n}$$

여기서

$$n = 1/2 \text{ alloy junction}$$
$$n = 1/3 \text{ diffused junction}$$

$$TC_C = \frac{\Delta C}{C_0(T_1 - T_0)} \times 100\% \qquad \%/°\text{C}$$

포토다이오드:

$$\lambda = \frac{v}{f} = \frac{3 \times 10^8 \text{ m/s}}{f}$$
$$1\text{Å} = 10^{-10}\,\text{m} \qquad \text{and} \qquad 1\,\text{lm} = 1.496 \times 10^{-10}\,\text{W}$$
$$1\,\text{fc} = 1\,\text{lm/ft}^2 = 1.609 \times 10^{-9}\,\text{W/m}^2$$

태양전지:

$$\eta = \frac{P_{o(\text{electrical})}}{P_{i(\text{light energy})}} \times 100\%$$
$$= \frac{P_{\max(\text{device})}}{(\text{area in cm}^2)(100\,\text{mW/cm}^2)} \times 100\%$$

연 | 습 | 문 | 제

16.2 Schottky 장벽(핫캐리어) 다이오드

1. a. 핫캐리어 다이오드의 구조가 보통 반도체 다이오드 구조와 크게 다른 점을 설명하라.

b. 이것의 동작 모드를 설명하라.

2. a. 그림 16.2를 참조하여 순방향 바이어스 영역에서의 다이오드들의 동저항을 비교하라.

b. I_s와 V_Z의 값들을 비교하라.

3. 그림 16.5의 데이터를 이용하여 50°C에서 역누설전류를 예측하라. 이 두 값이 선형 관계라고 가정한다.

4. a. 그림 16.5의 전기특성을 사용하여 1 MHz 주파수와 1 V의 역전압에서 커패시터의 리액턴스를 구하라.

b. 10 mA일 때 다이오드의 순방향 직류 저항을 구하라.

5. a. 그림 16.5에 있는 데이터를 이용하여 Schottky 다이오드의 순방향 전류 대 순방향 전압을 그려라.

b. 수직 상승 부분에 대하여 구간별로 등가 저항을 구하라.

c. 일반 *p-n* 접합 다이오드의 0.7 V와 비교하여 볼 때 Schottky 다이오드의 경우에는 몇 볼트가 될 것인가?

6. 그림 16.6a를 사용하여

a. 상온(25°C)에서 전류가 50 mA (로그 스케일임을 주의하라)일 때 순방향 전압은 얼마인가?

b. a의 경우와 같고 온도만 125°C일 때 순방향 전압은?

c. 온도가 증가할 때 Schottky 양단의 전압강하는 어떻게 되는가?

7. a. 그림 16.6c 특성을 사용하여 주파수가 1 MHz이고 역방향 바이어스 전위가 1 V일 때 다이오드 커패시터의 리액턴스를 구하라.

16.3 버랙터(배리캡) 다이오드

8. a. $C(0)=80$ pF, $V_r=0.7$ V일 때 4.2 V의 역전압에서 확산 접합 배리캡 다이오드의 전이 커패시턴스를 구하라.

b. (a)로부터 식 (16.2)의 상수 K를 구하라.

9. a. 그림 16.7의 특성을 갖는 배리캡 다이오드에 대하여 -3 V와 -12 V의 역바이어스 전압 사이에서 커패시턴스의 차이를 구하라.

b. $V=-8$ V에서 변화의 증가율 $(\Delta C/\Delta V_r)$를 구하라. 이 값과 -2 V에서 구해지는 변화의 증가율을 비교하라.

***10.** 그림 16.10a를 사용하여 역전압이 1 V와 8 V일 때 총 커패시턴스를 구하고 이 두 전압 사이의 동조비(tuning ratio)를 구하라. 역바이어스 전압이 1.25 V와 7 V일 때의 동조비와 비교하여라.

*는 다른 문제보다 다소 어려운 문제를 나타낸다.

11. 역바이어스 전압이 4 V일 때 그림 16.10(a)로부터 버랙터의 총 커패시턴스를 구하고 Q 값을 계산하라. 이때 $Q=1/(2\pi f R_s C_t)$ 식을 사용하고 10 MHz와 $R_s=3\ \Omega$을 가정하라. 이 값을 그림 16.10a의 차트로 부터 구한 Q값과 비교하라.

12. $T_o=25°C$ 이상의 온도 증가에 따라 $C_0=22$ pF, $TC_C=0.02\%/°C$, $\Delta C=0.11$ pF이라 할 때 버랙터 다이오드에 대하여 T_1을 구하라.

13. V_R의 어떤 영역에서 그림 16.10의 다이오드에 대하여 역전압 변화에 대한 커패시턴스의 변화가 가장 크게 되는지? 이것은 로그-로그 스케일임을 주의하라. 그리고 이 영역에서 전압변화에 대한 커패시턴스 전압의 비를 구하라.

***14.** 그림 16.10a를 사용하여 역방향 바이어스 전압이 1 V와 10 V일 때 Q값을 비교하라. 이 두 값의 비는 얼마인가? 공진주파수가 10 MHz이라면 각 바이어스 전압에 대한 대역너비(bandwidth)는 얼마인가? 이렇게 구한 대역너비를 비교하고 Q값의 비에 대한 대역너비의 비율을 비교하라.

15. 그림 16.10의 버랙터에서 $V_{DD}=2$ V이다. 회로는 그림 16.11일 때 탱크회로(tank circuit)의 공진주파수를 구하라. 단 $C_C=40$ pF이고 $L_T=2$ mH이다.

16.4 태양전지

16. 1×2 cm 태양전지가 9% 변환 효율을 갖는다. 이 소자의 최대 전력 정격을 구하라.

***17.** 태양전지의 전력 정격이 $V_{OC}\,I_{SC}$에 의하여 개략적으로 결정된다면 최대 증가율은 조사 빛의 낮은 값 또는 보다 높은 값 어느 때에 얻어지는가? 이유를 설명하라.

18. a. 그림 16.13의 태양 전지에 대하여 $fc_1=20\,fc$일 때 $\Delta I_{SC}/\Delta fc$ 비를 구하라.

b. a의 결과를 사용하여 28 촉광으로부터 얻어지는 I_{SC} 값을 구하라.

19. a. 그림 16.14의 태양전지에 대하여 20 fc으로부터 100 fc의 범위에 대하여 $\Delta IV_{OC}/\Delta fc$ 비를 구하라. 이때 $fc_1=40\,fc$이다.

b. a의 결과로부터 60 fc 빛 세기에서 예상되는 V_{OC} 값을 구하라.

20. a. 그림 16.15의 태양전지에서 fc_1일 때의 빛 세기에서 1 V의 곡선을 그려라.

b. a 결과로부터 얻어지는 전력 곡선을 그려라.

c. 최대 전력 정격을 얼마인가? fc_2 빛 세기에서의 최대 전력 정격과 비교하면 어떠한가?

21. a. 가시광선 대역의 청색에 해당하는 파장을 가진 포톤은 몇 joule의 에너지를 가지고 있는가?

b. a번 문제를 적색에 대하여 반복하라.

c. 위의 결과는 파장이 짧을수록 더 높은 에너지 준위를 가지는 것을 확인해 주는가?

d. 적외선 대역의 빛보다 자외선 대역의 빛이 피부암에 더 위험한가? 왜 그런가?

e. 왜 어두운 환경에서 형광 빛을 작물 재배에 사용하는지 추측할 수 있는가?

16.5 포토다이오드

22. 그림 16.20에서 $V_\lambda=30$ V이고 광의 세기가 4×10^{-9} W/m^{2}일 때 I_λ를 구하라.

***23.** 입사 광속이 3000 fc, $V_\lambda=25$ V, $R=100$ kΩ일 때 그림 16.19의 저항에 걸리는 전압 강하를 구하라. 그림 16.20의 특성을 이용한다.

24. 그림 16.22의 다이오드 전류 대 인가된 빛의 세기[촉광]의 식을 쓰시오.

16.6 광전도 셀

*25. 다음 범위들에 대하여 그림 16.26의 특성을 갖는 광전도 셀에 대한 조명에 따른 저항의 근사적 변화율을 구하라. (a) 0.1→1 kΩ, (b) 1→10 kΩ, (c) 10→100 kΩ? (이것은 로그 눈금임을 유의하자) 어떤 범위가 조명에 따른 저항의 변화율이 가장 큰가?

26. 포토다이오드의 암전류(dark current)란 무엇인가?

27. 그림 16.28의 광전도 다이오드에서 조명이 10 fc라면, $R_1=5$ kΩ일 때 셀에 걸리는 전압이 6 V가 되도록 하는 V_i의 크기를 구하라. 그림 16.26의 특성을 사용한다.

*28. 그림 16.27에 주어진 데이터를 사용하여 0.01, 1.0, 100 fc에 대한 온도 대 퍼센트 컨덕턴스의 곡선을 그려라. 어떤 주목할 만한 효과가 있는가?

*29. a. 그림 16.27의 데이터를 이용하여 상승 시간(rise time) 대 조명의 곡선을 그려라.

b. 감쇄 시간(decay time)에 대하여(a)를 반복하라.

c. (a)와 (b)에서 조명의 주목할 만한 효과를 논의하라.

30. 그림 16.27의 CdS 소자는 어느 색에 가장 민감한가?

16.7 IR 에미터

31. a. 그림 16.30의 소자에 대하여 직류 순방향 바이어스 전류가 70 mA일 때의 방사선속을 구하라.

b. 45 mA의 직류 순방향 바이어스 전류에서 루멘스로 방사선속을 구하라.

*32. a. 그림 16.31을 사용하여 평면 유리창을 갖는 패키지에 대하여 25° 각도에서의 상대적인 방사의 세기를 구하라.

b. 평면 패키지에 대한 각도 대 상대적인 방사의 세기 곡선을 그려라.

*33. 직류 순방향 바이어스 전류 60 mA가 SG1010A IR 에미터에 가하여진다면, 패키지가 내부 콜리메이팅(집속) 구조를 가질 때 중심에서 5° 벗어난 곳에서 입사 방사선속을 루멘스로 나타내라. 그림 16.30과 그림 16.31을 참조하라.

16.8 LCD

34. 그림 16.35를 참조하여 숫자 7을 표시하기 위해서는 어떤 단자들에 전압이 가해져야 하는지를 말하라.

35. LCD의 기본 작동을 기술하라.

36. LED와 LCD 디스플레이 사이의 동작모드에서 상대적인 차이점을 논하라.

37. LED와 비교하여 LCD의 장단점은 무엇인가?

16.9 서미스터

*38. 그림 16.40의 서미스터에 대하여 $T=20°$C에서 온도에 따른 비저항(specific resistance)의 동적 변화율을 구하라. 이것을 $T=300°$C에서 얻어지는 값과 비교하라. 그 결과로부터 온도에 있어서 단위 변화 당 저항의 가장 큰 변화가 낮은 온도에서 또

는 높은 온도에서 일어나는지를 구하라. 수직축의 로그 눈금을 유의하자.

39. 그림 16.40에서 주어진 정보를 이용하여 0°C의 온도에서 수직 표면적 1 cm^2을 갖는 길이 2 cm인 재료의 전체 저항을 구하라. 수직축 로그 눈금을 유의하라.

40. a. 그림 16.41에서 25°C 시료가 양에서 음의 온도계수로 변화하는 전류를 구하라(그림 16.41은 로그 눈금).

b. 0°C 곡선의 피크에서 소자(그림 16.41)의 전력과 저항을 구하라.

c. 온도 25°C에서 저항이 1 MΩ일 때 전력 정격을 구하라.

41. 그림 16.43에서 V=0.2 V, $R_{variable}$=10 Ω이다. 민감한 가동 부분을 통과하는 전류가 2 mA, 가동 부분에 걸리는 전압이 0 V라면 서미스터의 저항은 얼마인가?

16.10 터널 다이오드

42. 반도체 접합 다이오드와 터널 다이오드 사이의 근본적인 차이는 무엇인가?

***43.** 그림 16.45의 등가회로에서 커패시터가 음의 저항과 병렬로 존재한다는 것을 유의하자. C=5 pF일 때 1 MHz와 100 MHz에서 커패시터의 리액턴스를 구하라. 그리고 각 주파수에서 병렬 연결(R=−152 Ω인 경우)의 총 임피던스를 구하라. L_S=6 nH라면 이들 주파수의 각각에 대하여 유도성 리액턴스값의 크기가 지나친 문제가 될 만한 소지는 없는가?

***44.** 터널 다이오드의 최대 역전류의 정격이 순방향 전류 정격보다 왜 더 클 수 있다고 생각하는가(힌트: 특성을 유의하고 전력 정격을 고려하라)?

45. 그림 16.44의 터널 다이오드에서 V_T=0.1 V와 V_T=0.3 V 사이의 음의 저항을 구하라.

46. 그림 16.48의 회로에서 E=2 V, R=0.39 kΩ일 때 안정된 동작점을 구하라. 이때 그림 16.44의 터널 다이오드를 사용하라.

***47.** E=0.5 V이고 R=51 Ω일 때 그림 16.49의 회로에서 v_T를 그려라. 그림 16.44의 터널 다이오드를 사용한다.

48. L=5 mH, R_1=10 Ω, C=1 μF일 때 그림 16.50의 회로에서 발진기 주파수를 구하라.

CHAPTER 17

pnpn과 다른 소자들

학습목표 CHAPTER OBJECTIVE

아래 항목들의 특성과 응용 분야에 대하여 공부하고자 한다.

- 실리콘제어 정류기(SCRs)
- 실리콘제어 스위치(SCRs)
- 게이트 턴오프 스위치(GTO)
- 광활성 SCRs(LSCR)
- Shockley 다이오드와 다이액
- 트라이액
- 포토트랜지스터와 옵토아이솔레이터
- 단일접합트랜지스터와 프로그램 가능 단일접합트랜지스터

17.1 개요

17장에서는 앞 장들에서 다루지 않았던 몇 가지 중요한 소자를 소개하는데, 2층을 갖는 반도체 다이오드에서 3층, 4층, 5층을 갖는 소자로 이어진다. 먼저 4층 반도체 *pnpn* 소자, 즉 실리콘제어정류기(silicon-controlled rectifier: SCR), 실리콘제어스위치(silicon-controlled switch: SCS), 게이트 턴오프 스위치(gate turn-off switch: GTO), 광활성 SCR(light-activated SCR: LASCR)을 고찰한 후에 점점 더 중요해지고 있는 소자인 단일 접합 트랜지스터(unijunction transistor: UJT)를 소개한다. 제어 메커니즘을 갖는 이런 4층으로 된 소자를 일반적으로 사이리스터(thyristor)라 한다. 그러나 사이리스터는 SCR에 국한하여 가장 자주 사용되는 용어이기도 하다. 이 장의 끝에서는 포토트랜지스터, 옵토아이솔레이터(opto-isolator), 프로그램 가능 단일 접합 트랜지스터(programmable unijunction transistor: PUT)를 소개한다.

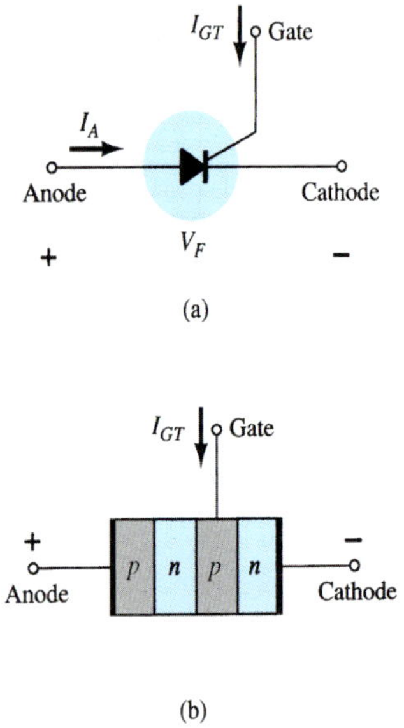

그림 17.1 (a) SCR 기호; (b) 기본 구조

pnpn 소자

17.2 실리콘 제어 정류기

pnpn 소자군 중에서 SCR이 오늘날 가장 관심의 대상임에는 의심할 여지가 없다. 이 소자는 1956년에 벨전화연구소(Bell Telephone Laboratory)에서 처음으로 소개되었다. SCR의 가장 보편적으로 이용되는 범위로는 계전기 제어(relay control), 시간 지연회로, 전원제어, 정지스위치(static switch), 모터제어, 초퍼(choppers), 인버터, 주기 변환기(cycloconverter), 전지 충전기, 보호회로, 가열기 제어, 위상제어 등이 있다.

최근에 SCR은 1800 V, 2000 A와 같이 높은 정격 전압과 정격 전류로 10 MW정도까지의 높은 전력을 제어하도록 디자인되고 있다. 또한 사용 주파수 범위는 약 50 kHz정도로 확장되어 유도 가열이나 초음파 세척과 같은 높은 주파수 응용에서도 사용된다.

17.3 SCR의 기본 작동

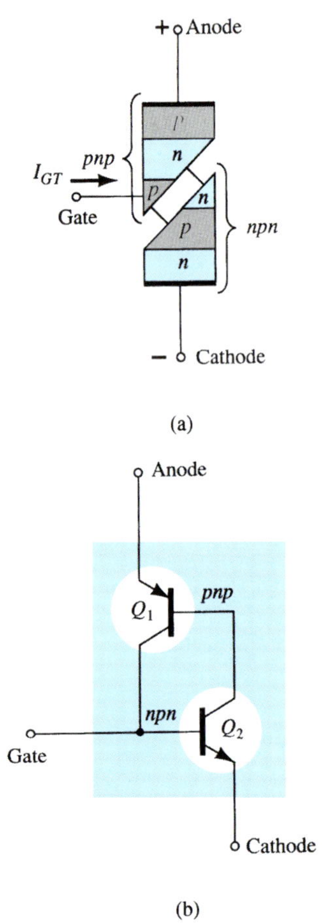

그림 17.2 SCR: 2개의 트랜지스터 등가회로

명칭에서 알 수 있듯이, SCR은 제어용으로 세 번째 단자를 갖는 실리콘 재료로 제작된 정류기이다. 높은 온도와 전력 사용 때문에 실리콘이 사용된다. SCR의 기본 작동은 2층 반도체 다이오드와는 다르다. 이는 게이트(gate)라 하는 세 번째 단자에 의하여 정류기가 개방 상태에서 단락 상태로 스위칭되는 때를 결정하기 때문이다. 단순히 소자의 양극 · 음극 간을 순방향 바이어스하는 것만으로는 충분하지 못하다. 전도 영역에서 SCR의 동적저항은 일반적으로 0.01 Ω에서 0.1 Ω정도이며, 역방향 저항은 보편적으로 100 kΩ 이상이다.

SCR에 대한 도식적인 기호를 4층 반도체 구조에 대한 연결 상태와 함께 그림 17.1에 나타내었다. 그림 17.1a에서와 같이 순방향 전도가 형성되기 위해서는 양극이 음극에 대하여 양이어야 한다. 그러나 이 조건은 소자를 on 상태로 만들기에 충분한 기준은 아니다. 그림에서 I_{GT}로 표시된 게이트 전류가 전도되기 위해서는 충분한 크기의 펄스가 게이트에 가해져야 한다.

SCR의 기본 작동을 더 자세히 검토하기 위하여 그림 17.1b의 4층으로 된 *pnpn* 구조를 그림 17.2a와 같이 3층으로 된 두 트랜지스터 구조로 양분하여 그림 17.2b와 같은 등가회로로 만들어서 조사하는 것이 효과적이다.

그림 17.2에서 하나의 트랜지스터는 *npn* 소자이고, 다른 하나는 *pnp* 트랜지스터이다. 논의를 위하여 17.3a의 신호를 그림 17.2b 회로의 게이트에 인가한다. 시간 구간 $0 \rightarrow t_1$ 사이에서 $V_{gate}=0$ V이므로, 그림 17.2b 회로는 그림 17.3b와 같이 된다($V_{gate}=0$ V는 그림에서와 같이 게이트 단자와 접지되어 있는 것과 같다). $V_{BE_2}=V_{gate}=0$ V인 경우, 베이스 전류 $I_{B_2}=0$이고, I_{C_2}는 근사적으로 I_{CO}가 된다. Q_1의 베이스 전류 $I_{B_1}=I_{C_2}=I_{CO}$는 너무나 작아서 Q_1을 on 상태로 만들지 못한다. 그러므로 두 트랜지스터는 모두가 'off' 상태가 되며, 각 트랜지스터의 컬렉터와 에미터 사이에 높은 임피던스가 생겨서 그림 17.3c와 같이 제어 정류기는 개방회로로 표현된다.

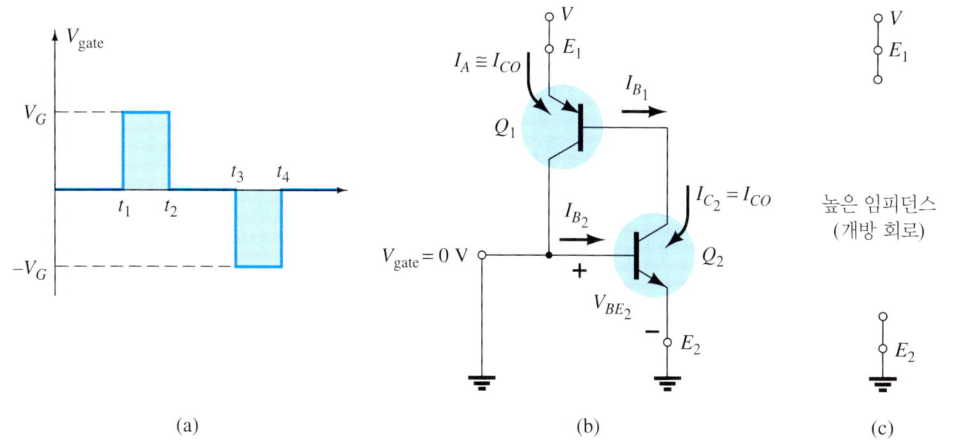

그림 17.3 SCR의 'off' 상태

$t=t_1$에서 V_G의 펄스가 SCR 게이트에 나타난다. 이 입력에 의하여 형성된 회로 조건을 그림 17.4a에 나타내었다. 전압 V_G는 Q_2를 on 상태($V_{BE_2}=V_G$)로 할 수 있을 정도로 충분히 크게 선택하였다. Q_2의 컬렉터 전류는 Q_1을 on 상태($I_{B_1}=I_{C_2}$)로 만들 수 있을 정도로 크게 증가하게 된다. Q_1이 on 상태로 되면 I_{C_1}이 증가하게 되고, 결과적으로 I_{B_2}가 증가하게 된다. Q_2의 베이스 전류의 증가는 I_{C_2}를 한층 더 증가하게 한다. 결과적으로는 각 트랜지스터의 컬렉터 전류의 재생적(regenerative) 증가를 가져온다. 결과적으로 I_A가 매우 크므로 양극-음극 저항($R_{SCR}=V/I_A$)은 대단히 작게 되어 그림 17.4b에서와 같이 SCR을 단락 회로로 나타내게 된다. 위에서 언급한 재생작용으로 SCR은 전형적으로 0.1 μs에서 1 μs의 턴온(turn-on) 시간을 갖는다. 그러나 100 A ~ 400 A의 범위를 갖는 높은 전력 소자의 경우에 턴온 시간은 10 ~ 25 μs일 수도 있다.

게이트 트리거뿐만 아니라 소자(device) 온도를 현저하게 증가시키거나, 그림 17.7의 특성 곡선에서 표시된 브레이크오버(breakover) 전압 이상으로 양극-음극 간의 전압을 증가시킴으로써 SCR을 on 상태로 만들 수 있다.

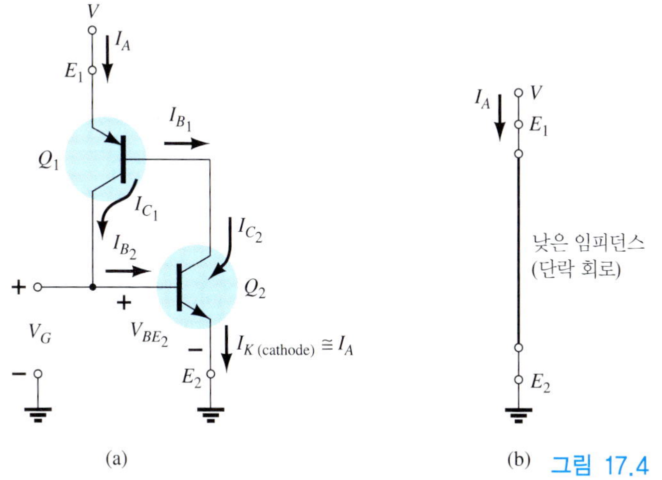

그림 17.4 SCR의 'on' 상태

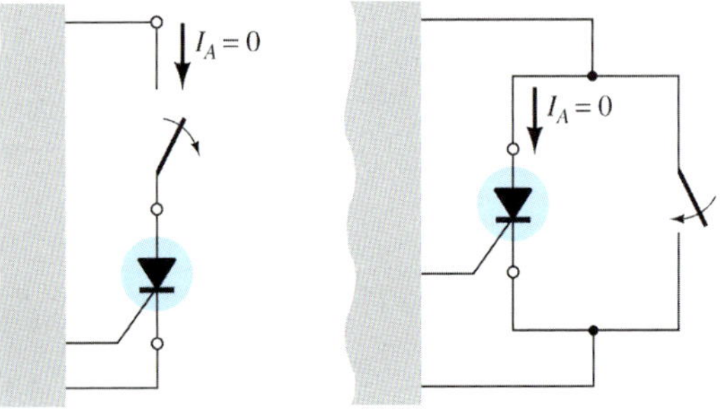

그림 17.5 양극 전류(current) 차단

다음으로 관심 있는 문제는 턴오프(turn-off) 시간은 얼마나 길며, 턴오프는 어떻게 이루어지는가 하는 것이다. SCR은 간단히 게이트 신호를 제거한다고 해서 off 상태로 변화되지 않는다. 단지 특별한 몇몇의 SCR만이 그림 17.3a의 $t=t_3$에서 표시된 것 같이 게이트에 음의 펄스를 가함으로써 off 상태로 될 수 있다.

SCR을 턴오프시키는 일반적인 방법으로는 양극(anode) 전류의 차단과 강제적인 전류회로(commutation circuit)의 두 가지로 나눌 수 있다.

전류 차단을 위한 두 가지 가능한 방법을 그림 17.5에서 나타내었다. 그림 17.5a에서는 스위치를 개방(직렬 차단)했을 때 I_A가 0이 되고, 반면에 그림 17.5b에서는 스위치를 단락(병렬 차단)했을 때 I_A가 0이 된다.

강제 전류회로는 순방향 전도와 반대 방향으로 전류가 SCR을 통해 '강제적으로' 흐르도록 하는 것이다. 이러한 기능을 수행하는 회로가 다양하게 있고, 이들 대부분은 이 분야의 제조회사들의 안내서에서 볼 수 있다. 가장 기본적인 한 회로를 그림 17.6에서 나타내었다. 그림에서 표시된 것처럼 턴오프 회로는 *npn* 트랜지스터, 직류 전지 V_B, 펄스 발생기로 구성된다. SCR 전도 동안에 트랜지스터는 off 상태에 있다. 즉 $I_B=0$이고, 에미터와 컬렉터 간의 임피던스는 대단히 높다(실제적으로는 개방회로이다). 이 높은 임피던스에 의하여 턴오프 회로는 SCR 작동에 어떠한 영향도 주지 못하고 있다. 턴오프 상태의 경우에 양의 펄스를 트랜지스터의 베이스에 가해 주면, 트랜지스터가 충분한 on 상태로 되어 컬렉터와 에미터 사이의 임피던스는 매우 낮게 된다(단락 회로로 표시된다). 그러므로 그림 17.6b에서와

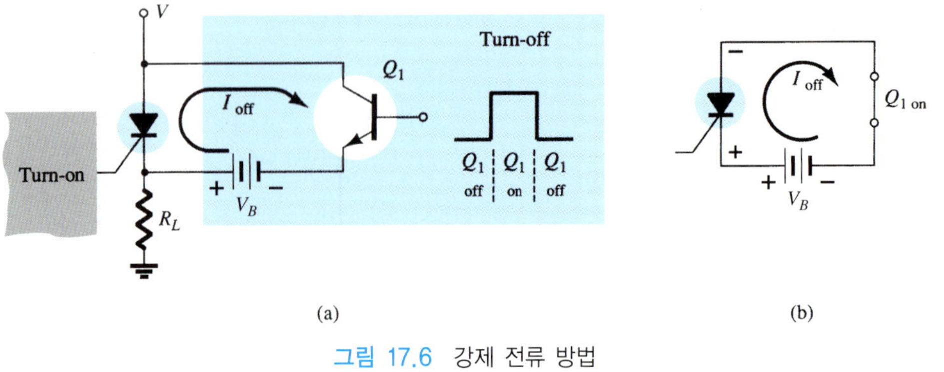

그림 17.6 강제 전류 방법

같이 전지 전위는 직접 SCR 양단 간에 걸리게 되며, 턴오프로 되도록 SCR을 통하여 역방향으로 전류가 강제로 흐르도록 한다. SCR의 턴오프 시간은 일반적으로 5 ~ 30 μs이다.

17.4 SCR 특성과 정격

게이트 전류값에 대한 SCR 특성을 그림 17.7에 나타내었다. 관심이 되는 전류와 전압의 특성 곡선을 표시하였고, 이들에 대한 요약된 설명은 다음과 같다.

1. 순방향 브레이크오버 전압 $V_{(BR)F^*}$ 이상의 전압에서 SCR은 전도 영역으로 들어간다. 별표(*)는 게이트 단자의 상태에 따라 첨가되는 다음 문자를 나타낸다.

   $O = G \sim K$ 사이가 개방회로
   $S = G \sim K$ 사이가 단락 회로
   $R = G \sim K$ 사이 저항
   $V = G \sim K$ 사이의 고정 바이어스(전압)

2. 유지 전류 I_H 이하의 전류값에서 SCR은 전도 상태에서 순방향 차단 영역으로 전환된다.
3. 순방향과 역방향 차단 영역은 양극에서 음극으로의 전하의 흐름(전류)을 차단하여 제어 정류기가 개방 상태에 있게 되는 영역이다.
4. 역방향 항복전압은 기본적인 2층을 갖는 반도체 다이오드의 제너 영역이나 사태(avalanche) 영역과 같다.

그림 17.7의 SCR 특성 곡선은 전도 영역으로 들어가기 전의 수평 도출(horizontal offshoot) 영역의 전류를 제외하고는 기본적인 2층 반도체 다이오드의 특성 곡선과 매우

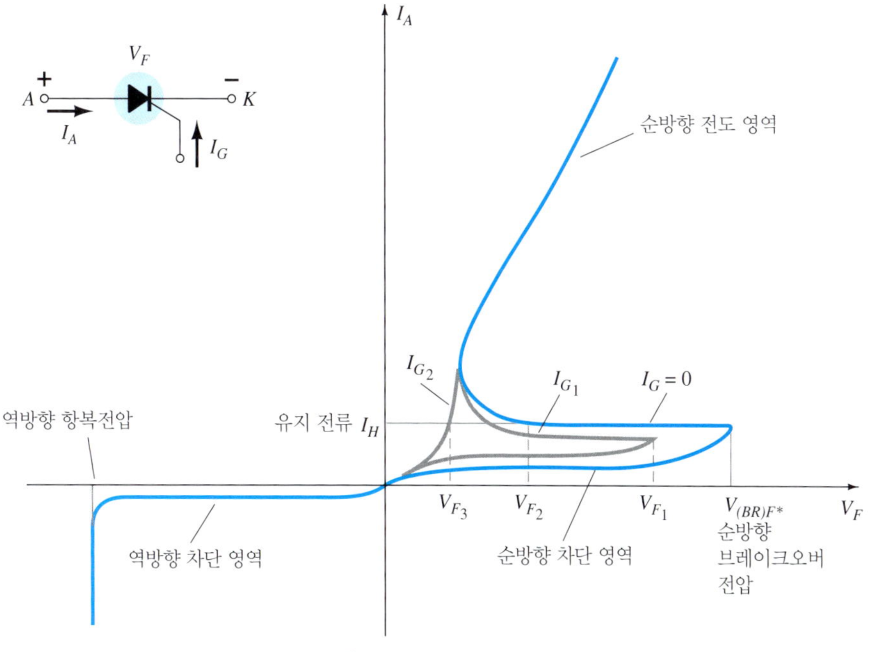

그림 17.7 SCR 특성

비슷하다. 이 수평 돌출 영역이 바로 SCR의 응답에 대한 게이트 제어를 하게 한다. 그림 17.7에서 청색 선으로 표시된 특성 곡선의 경우($I_G=0$) '붕괴(collapsing)' 효과가 일어나기 전에 V_F는 최대로 요구되는 브레이크오버 전압[$V_{(BR)F^*}$]에 도달해야지 SCR은 on 상태에 해당하는 전도 영역으로 들어 갈 수 있다. 만일 게이트 단자에 바이어스 전압을 가한 같은 그림에서 표시된 것과 같이 게이트 전류가 I_{G_1}으로 증가한다면 전도 상태(V_{F_1})로 되기 위한 V_F의 값은 현저하게 감소된다. 또한 I_G의 증가에 따라서 I_H가 감소한다는 것을 알아야 한다. I_{G_2}로 게이트 전류가 증가하면 SCR은 매우 낮은 전압값(V_{F_3})에서 전도 상태로 되며, 보통의 p–n 접합 다이오드의 특성 곡선에 가까워지기 시작한다. 완전히 다른 의미에서 특성 곡선을 고찰하면, 특정한 V_F 전압, 즉 V_{F_2}(그림 17.7)에서 게이트 전류가 $I_G=0$에서 I_{G_1}, 또는 그 이상으로 증가한다면 SCR은 전도 상태로 된다.

게이트 특성을 그림 17.8에 나타내었다. 그림 17.8b의 특성은 그림 17.8a의 색깔있는 부분을 확대한 것이다. 그림 17.8a에서 가장 관심이 있는 세 개의 게이트 정격은 P_{GFM}, I_{GFM}, V_{GFM}이다. 트랜지스터에서 사용했던 것과 같은 방법으로 각각은 특성에 포함되어 있다. 진하게 칠한 부분을 제외한 영역 내에 위치한 게이트의 어떠한 전류와 전압의 조합이면, 이러한 특성 곡선으로 주어지는 SCR은 모두 전도하게 된다. 온도에 따라 진하게 칠한 부분 중 피해야 될 영역이 결정된다. −65°C에서 일련의 SCR을 트리거하는 최소 전류는 100 mA이지만 +150°C에서는 단지 20 mA만이 필요하다. 최소 게이트 전압에 대한 온도의 영향은 보통 이러한 형태의 곡선에서는 나타나 있지 않다. 왜냐하면 3 V 이상의 게이트 전압이 일반적으로 쉽게 얻어질 수가 있기 때문이다. 그림 17.8b에서 표시한 바와 같이 관심 있는

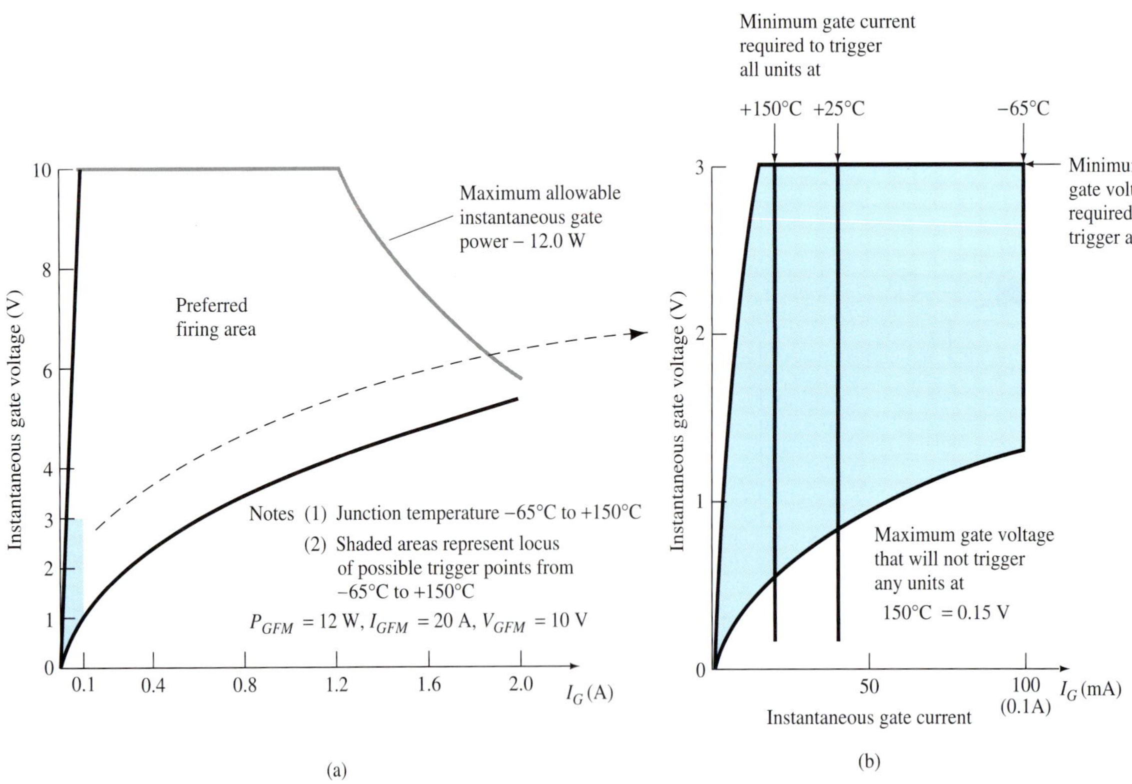

그림 17.8 SCR 게이트 특성

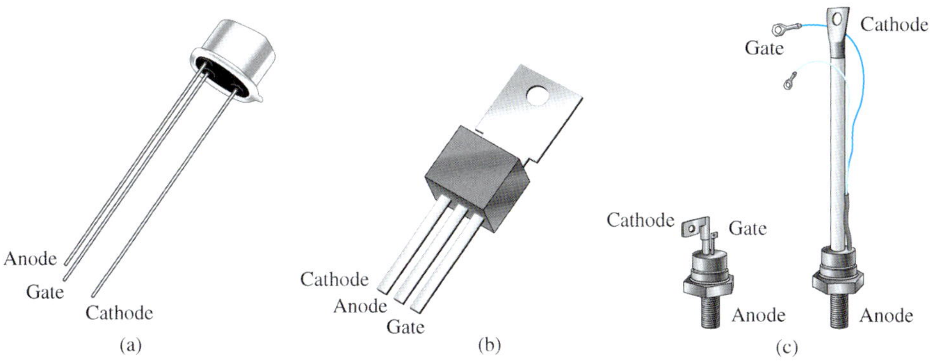

그림 17.9 SCR 케이스 구조와 단자 명칭

온도 영역에서 전도시킬 수 있는 최소 3 V값이 표시되어 있다.

이밖에 SCR의 규격표에 포함되는 변수들로는 턴온 시간(t_{on}), 턴오프 시간(t_{off}), 접합 온도(T_J), 케이스 온도(T_C)이며, 이들 모두는 현재 이미 어느 정도 자명한 것들이다.

SCR의 케이스 형태와 단자 표시는 다양하다. 그림 17.9에 여러 SCR의 케이스 형태와 단자 표시가 나타나 있다.

17.5 SCR 응용

SCR의 가능한 응용 중 몇 가지는 SCR에 대한 개요에서 열거하였다(17.2절). 이 절에서는 다음의 다섯 가지 응용, 즉 정지스위치(static switch), 위상제어 시스템, 전지 충전기, 온도조절기, 단전원 비상등 시스템 등에 대하여 고찰한다.

직렬 정지스위치

반파 직렬 정지스위치(half-wave series static switch)를 그림 17.10a에 나타내었다. 만일 스위치가 그림 17.10b에서와 같이 닫힌다면, 게이트 전류는 입력신호의 양(+)의 부분 동안 흐르게 되어 SCR은 on 상태로 된다. 저항 R_1은 게이트 전류의 크기를 제한한다. SCR이

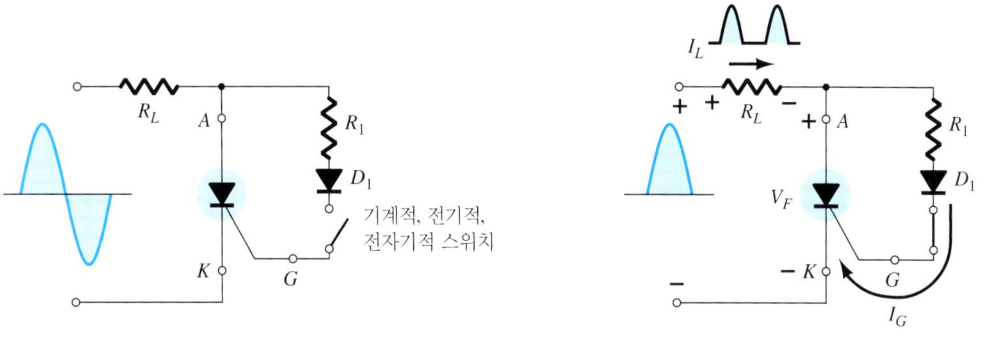

(a) (b)

그림 17.10 반파 직렬 정지스위치

on 상태로 될 때 양극-음극 간의 전압(V_F)은 전도값으로 감소하여 그 결과 게이트 전류는 현저히 감소하게 되고, 게이트 회로 내의 손실은 거의 없게 된다. 입력신호의 음의 부분에서 양극은 음극에 대하여 음이므로 SCR은 off 상태가 된다. 다이오드 D_1은 게이트 전류가 반전되는 것을 방지하기 위한 것이다.

결과적으로 나타나는 부하 전류와 전압에 대한 파형을 그림 17.10b에 나타내었다. 결과는 부하에 반파 정류신호가 흐른다는 것이다. 180° 전도보다 작은 것을 원한다면, 입력신호의 양의 부분 동안 임의의 위상 변위에서 스위치를 닫을 수 있다. 스위치는 응용에 따라서 전기적, 전자기적, 또는 기계적 스위치일 수 있다.

가변저항 위상제어

90°～180° 사이의 위상에서 전도각을 얻을 수 있는 회로를 그림 17.11a에 나타내었다. 이 회로는 스위치를 제거하고 가변저항을 첨가하였다는 점을 제외하고는 그림 17.10a의 회로와 비슷하다. 저항 R과 R_1의 결합에 의하여 입력신호의 양의 부분 동안 게이트 전류가 제한된다. R_1을 최대값으로 설정하면, 게이트 전류는 턴온 전류의 크기에 결코 도달할 수가 없다. R_1이 최대값으로부터 감소할 때 같은 입력전압에서라도 게이트 전류는 증가하게 된다. 이러한 방법으로, 그림 17.11b에서와 같은 원하는 턴온 게이트 전류를 0°와 90° 사이의 임의의 위상각에서 얻을 수 있다. R_1이 낮다면 SCR은 거의 즉시 on 상태가 되어 그림 17.10a의 회로에서 얻은 결과(180° 전도)와 같은 작동을 하게 된다. 그러나 위에서 지적한 바와 같이 R_1이 증가하게 되면 SCR을 on 상태로 하기에는 더 큰 입력전압(+)이 필요하게 된다. 그림 17.11b와 같이 입력이 90° 위상 변위에서 최대값이므로, 제어를 90° 이상으로 확장할 수 없다. SCR이 이 값이나 이 값 이하의 입력전압인 양의 기울기에서 on 상태로 되지 않는다면, 같은 응답을 신호 파형의 음의 기울기에서 기대하여야만 한다. 여기에서 이러한 작동을 흔히 기술용어로 반파 가변저항 위상제어(half-wave variable-resistance phase control)라 한다. 이 방법은 rms 전류와 부하에 공급되는 전력을 제어하는 데 효과적이다.

전지 충전 조절기

SCR의 세 번째 응용은 **전지 충전조절기**(battery-charging regulator)이다. 회로의 기본적인 구성을 그림 17.12에 나타내었다. 제어회로는 설명을 위해 블록으로 표시하였다.

그림에서 나타난 것 같이 D_1과 D_2는 SCR_1과 충전할 12 V 전지에 전파 정류 신호를 인

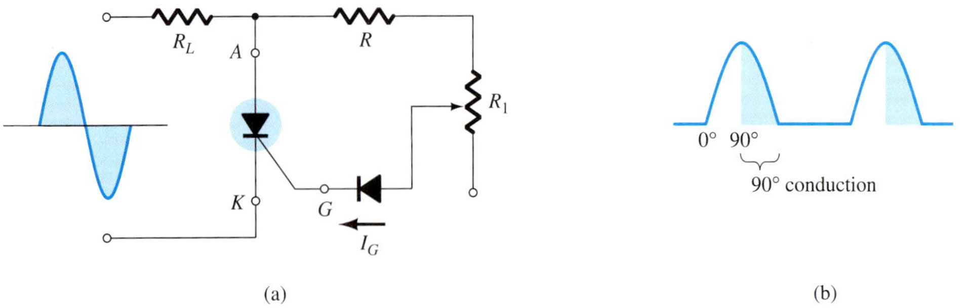

그림 17.11 반파 가변저항 위상제어

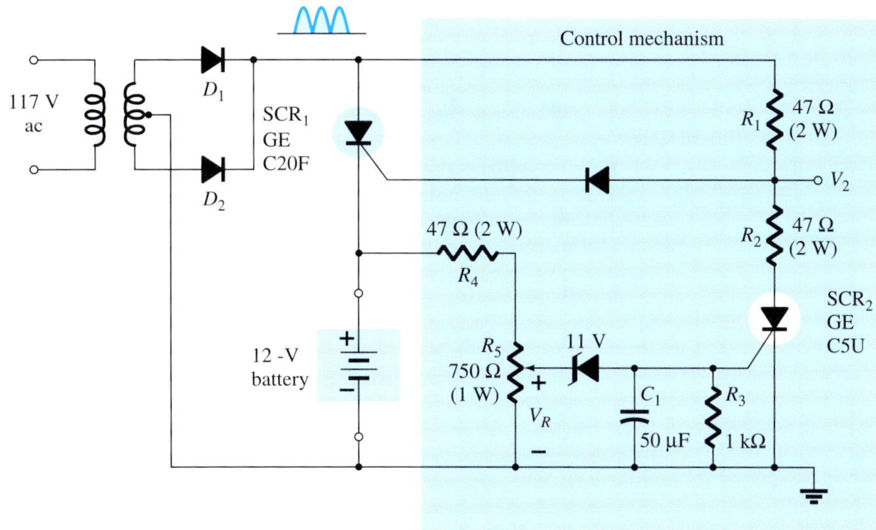

그림 17.12 전지 충전 조정기

가한다. 낮은 전지전압에서 SCR_2는 'off' 상태에 있게 된다. 간단히 이유를 설명하면, SCR_2가 개방이면 SCR_1 제어회로는 이 절 앞에서 논의한 직렬 정지스위치와 똑같다. 전파 정류된 입력이 R_1로 제어되는 턴온 게이트 전류를 만들 수 있을 정도로 충분히 클 때 SCR_1은 on 상태로 되고 전지의 충전이 시작된다. 충전이 시작될 때 낮은 전지전압은 간단한 전압 분배기 회로에서 결정되듯이 낮은 전압 V_R이 된다. 전압 V_R은 너무 작아서 11.0 V 제너 다이오드를 동작시킬 수 없다. off 상태의 게이트 전류는 0이므로 제너 다이오드는 사실상 SCR_2를 off 상태로 유지시키는 개방회로이다. 커패시터 C_1은 회로 내에서의 임의의 전압 과도 현상에 의하여 SCR_2가 우연히 on 상태가 되는 것을 방지하기 위한 것이다. 회로 해석의 기초 이론에서 배운 바에 의하면 커패시터 양단에 걸리는 전압은 순간적으로 변화할 수 없다는 것을 알고 있다. 이 방법으로 C_1은 SCR에 대한 과도 현상의 영향을 배제시킨다.

충전이 계속됨에 따라서 전지전압 V_R이 11.0 V 제너 다이오드와 SCR_2를 on 상태로 변화시킬 수 있을 정도로 증가한다. 일단 SCR_2가 전도되면 SCR_2는 단락 회로가 되어 R_1과 R_2로 결정되는 전압 분배기 회로를 형성한다. 이때 전압 V_2는 SCR_1을 on 상태로 변화시키기에는 너무 낮은 전압 레벨을 유지하게 된다. 이렇게 될 때 전지는 완전히 충전되고, 원하는 SCR_1의 개방회로 상태는 충전 전류를 차단한다. 따라서 조절기는 전압이 감소될 때마다 전지를 재충전하고 완전히 충전되면 과충전을 방지한다.

온도 조절기

SCR을 사용한 100 W 히터 제어의 회로도를 그림 17.13에 나타내었다. 온도조절장치(thermostat)에 의하여 100 W 히터가 on이 되거나 off가 되도록 설계되었다. 유리 내에 수은이 든 온도조절장치는 온도 변화에 대단히 민감하며, 실제로 0.1°C와 같은 작은 온도 변화도 감지할 수 있다. 그러나 1 mA 이하의 매우 낮은 전류 레벨만을 흘릴 수 있기 때문에 응용이 제한된다. 이 응용에서 SCR은 부하 스위칭 소자에서 전류 증폭기로 작동한다. 이때

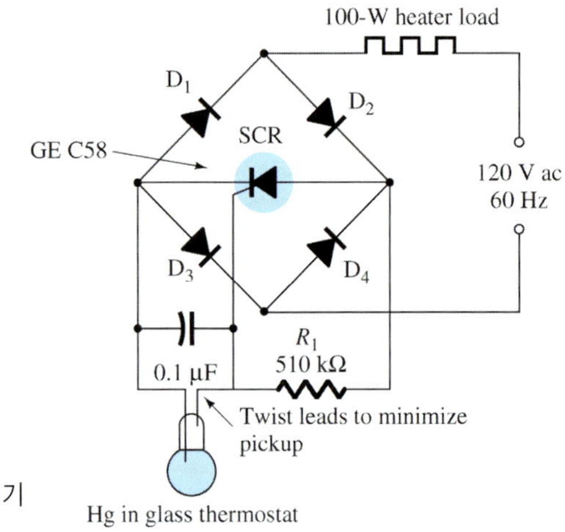

그림 17.13 온도 조절기

온도 조절 장치의 전류 레벨을 증폭하는 의미로서의 증폭기는 아니다. 오히려 온도 조절 장치의 작동에 의하여 높은 전류 레벨이 제어되는 소자이다.

브리지 회로가 100 W 히터를 통하여 교류 전원과 연결되어 있다. 따라서 전파 정류전압이 SCR에 걸리게 된다. 온도조절장치가 개방 상태일 때, 커패시터에 걸리는 전압은 정류된 신호의 각 펄스를 통하여 SCR의 게이트 전도전압까지 충전된다. 충전 시상수는 RC 곱에 의하여 결정된다. 이 전압이 입력신호의 각 반주기 동안에 SCR을 트리거하며 히터에 전류를 공급한다. 온도가 증가하면 전도성 온도조절장치가 커패시터를 단락시켜 커패시터가 전도전압으로 충전되어 SCR을 트리거하는 가능성을 배제하게 한다. 그러면 510 kΩ 저항은 온도조절장치를 통과하는 전류를 250 μA 이하로 매우 낮게 유지하도록 쓰인다.

비상등 시스템

SCR에 대해 기술하고자 하는 마지막 응용을 그림 17.14에 나타내었다. 단전원 비상등 시스템은 비상시 사용할 수 있도록 6 V 전지의 충전을 지속시키고 전력이 없을 때는 램프에 직류 전원을 공급시킨다. 전파 정류된 신호가 다이오드 D_2와 D_1에 의하여 6 V 램프 양단에 나타난다. 커패시터 C_1은 전파 정류된 신호의 피크값과 6 V 전지에 의한 R_2 양단의 직류 전압 간의 차이보다 약간 낮은 전압으로 충전되게 된다. 아무튼 SCR_1의 음극은 양극보다

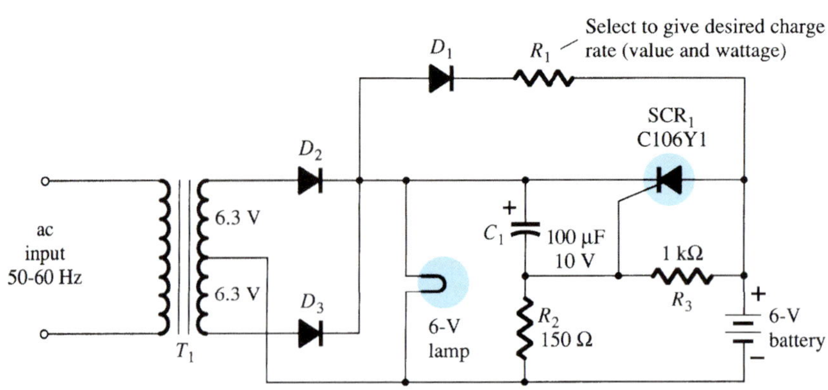

그림 17.14 단전원 비상등 시스템

높고 게이트의 전압이 음극 전압 보다 낮게 되어 SCR이 전도되지 않도록 한다. 전지는 R_1에 의하여 결정된 비율로 R_1과 D_1을 통하여 충전된다. 충전은 D_1의 양극이 음극보다 더 높은 전압일 때에만 일어난다. 전파 정류된 신호의 직류 레벨은 전력이 공급될 때 램프에 불이 들어오도록 한다. 전력이 공급되지 않게 되면 커패시터 C_1은 D_1, R_1, R_3를 통하여 SCR_1의 음극이 양극보다 낮게 될 때까지 방전한다. 동시에 R_2와 R_3의 접합점은 양으로 되어 SCR을 트리거하는 데 충분하도록 음극전압 보다 높게 된다. 일단 전도가 되면 6 V 전지는 SCR_1을 통하여 방전되어 램프의 조명을 유지한다. 일단 전원이 다시 공급되면 커패시터 C_1은 재충전되고, 위에서 언급한 바와 같이 SCR_1은 다시 비전도 상태를 이룬다.

17.6 실리콘 제어 스위치

SCR과 같이 SCS는 4층 반도체로 된 *pnpn* 소자이다. 그림 17.15a에서와 같이 양극 게이트의 첨가로 SCS의 4층 반도체는 모두 이용된다. 같은 그림에 소자의 기호와 트랜지스터 등가회로를 나타내었다. 소자의 특성은 근본적으로 SCR의 특성과 같다. 양극 게이트 전류에 의한 영향은 그림 17.7에서 게이트 전류에 의하여 예시한 것과 매우 비슷하다. 양극 게이트 전류가 높으면 높을수록 소자를 on 상태로 만드는 데 필요한 양극-음극 간의 전압은 낮아진다.

양극 게이트 연결은 소자를 on 상태나 off 상태로 바꿀 때 사용할 수 있다. 소자가 on 상태로 되기 위해서는 양극 게이트 단자에 음의 펄스를 가해 주어야 하고, 소자를 off 상태로 만들기 위해서는 양의 펄스를 가해 주어야 한다. 위에서 지적한 펄스의 형태에 대한 필요성을 그림 17.15c의 회로를 사용하여 설명할 수 있다. 양극 게이트의 음의 펄스는 Q_1의 베이스 에미터 접합을 순방향으로 바이어스하게 되어 Q_1을 on 상태로 만든다. 이 결과 높은 컬렉터 전류 I_{C_1}이 Q_2를 on 상태로 하고 재생작용이 되어 SCS 소자가 on 상태로 된다. 양극 게이트의 양의 펄스는 Q_1의 베이스 에미터 접합을 역방향으로 바이어스하게 되어 Q_1을 off 상태로 만들고, 그 결과 소자는 off 상태 개방회로가 된다. 일반적으로 on 상태로 만들기 위한 트리거 양극 게이트 전류의 크기는 필요한 음극 게이트 전류보다 더 크다. 한 대표적인

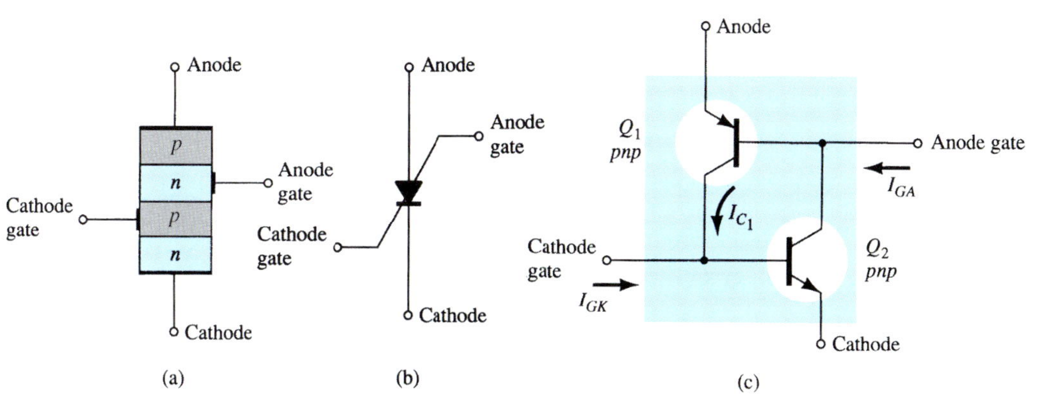

그림 17.15 실리콘 제어형 스위치(SCS): (a) 기본 구조; (b) 기호; (c) 등가 트랜지스터 회로

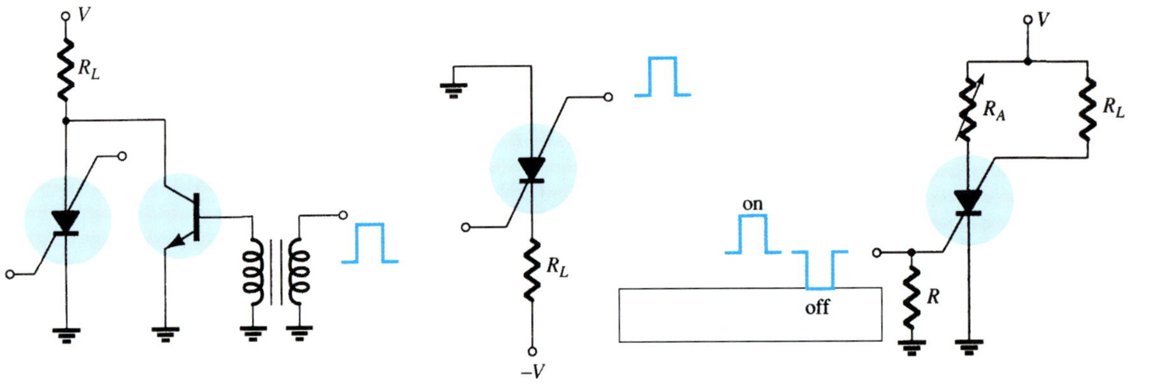

그림 17.16 SCS 턴오프 방법

SCS 소자의 경우에 트리거 양극 게이트 전류는 1.5 mA인 반면에 필요한 음극 게이트 전류는 1 μA이다. 어느 단자이든 필요한 턴온 게이트 전류는 많은 요소들에 의하여 영향을 받는다. 그것들은 작동 온도, 양극-음극 전압, 부하의 위치, 음극의 형태, 게이트-음극 연결이나 양극과 게이트-양극 연결(단락 회로, 개방회로, 바이어스, 부하 등)이 된다. 표와 그래프, 그리고 특성 곡선들은 보통 각 소자에 대해 위에서 지적한 정보를 얻는 데 이용된다.

그림 17.16에 SCS 경우의 가장 기본적인 세 가지 형태의 턴오프 회로를 나타내었다. 그림 17.16a의 회로에 펄스가 가해지면 트랜지스터가 확실하게 통하게 되고 컬렉터와 에미터 사이에 낮은 임피던스(단락 회로)의 특성이 된다. 이 낮은 임피던스 분기는 SCS의 양극 전류를 줄이게 하여 유지 전류값 이하로 떨어지게 되고, 그 결과 SCS는 off 상태로 된다. 마찬가지로 그림 17.16b에서 양극 게이트의 양의 펄스는 이 절의 앞에서 언급하였던 메커니즘에 의하여 SCS를 off 상태로 만든다. 그림 17.16c의 회로는 음극 게이트에서 펄스의 적당한 크기에 의하여 on 상태나 off 상태로 될 수 있다. 턴오프 특성은 R_A의 정확한 값을 사용했을 때만 가능하다. 이 저항은 재생(regenerative) 피드백 크기를 제어하게 되는데, 이 크기는 이런 형태의 동작에서 매우 중요한 것이다. 부하저항 R_L을 놓을 수 있는 위치가 다양함을 주목하라. 이 이외에도 다양한 방법들이 있는데 이것들은 어떠한 자세한 반도체 핸드북이나 매뉴얼에서 찾아 볼 수 있다.

SCR과 대비하여 SCS의 장점은 턴오프 시간의 감소인데, SCS의 경우 보통 1 ~ 10 μs 범위 이내이지만, SCR의 경우 5 ~ 30 μs이다. 그밖에 SCR을 능가하는 SCS의 장점으로는 개선된 제어 능력과 트리거의 민감도, 그리고 더욱 예측 가능한 on 상태가 있다. 그러나 현재로서는 SCS가 낮은 전력, 전류 그리고 전압 정격으로 제한되고 있다. 전형적인 최대 양극 전류 범위는 100 ~ 300 mA이며, 소비 전력 정격은 100 ~ 500 mW이다.

그림 17.17에는 SCS의 패키지와 단자 표시가 있다.

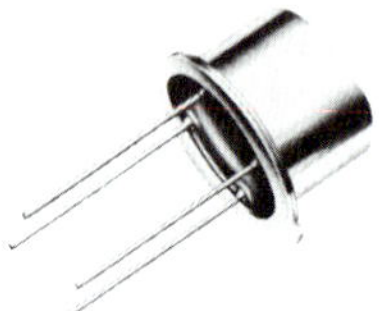

(a)

(b)

그림 17.17 실리콘 제어형 스위치(SCS):
(a) 소자; (b) 단자 표시

전압 센서

좀 더 널리 쓰이는 응용 분야로는 다양한 컴퓨터 회로(카운터, 레지스터, 타이밍 회로), 펄

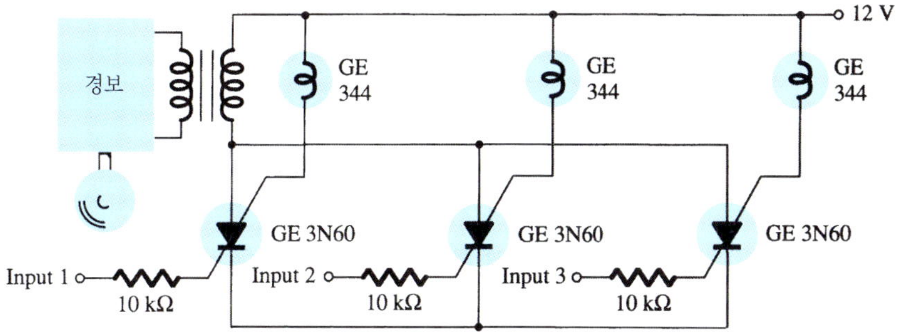

그림 17.18 SCS 경보 회로

스 발생기, 전압 센서, 발진기 등이 있다. 전압 감지 소자로서의 SCS의 간단한 응용을 그림 17.18에 나타내었다. 이것은 여러 위치로부터의 n개의 입력을 갖는 경보 시스템이다. 어떤 하나의 입력이라도 그 입력에 해당하는 SCS를 on 시키게 되는데 그렇게 되면 경보 릴레이가 동작하게 되고 양극 게이트에 있는 램프에 불이 들어오게 된다.

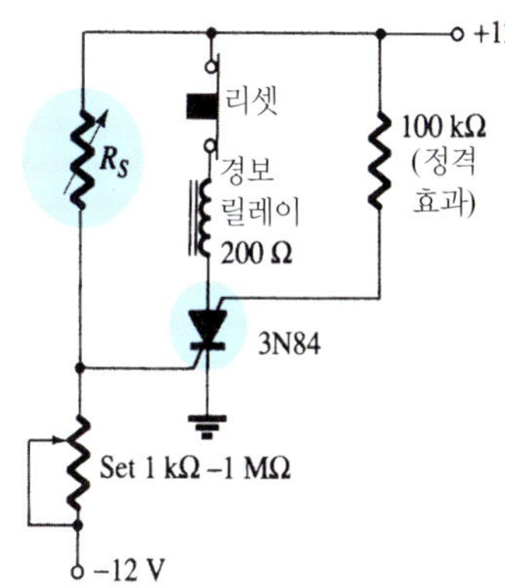

그림 17.19 경보 회로

경보회로

SCS의 또 하나의 응용으로 그림 17.19와 같은 경보회로가 있다. R_S는 온도나 빛, 또는 방사선에 민감한 저항을 나타낸다. 즉 위에서 열거한 에너지원이 가해졌을 때 저항값이 감소되는 소자이다. 음극 게이트 전압은 R_S와 가변저항으로 된 분배 관계로 결정된다. R_S가 가변저항값과 같다면 그들 양단에 12 V가 걸리므로, 게이트 전압은 거의 0 V가 된다. 그러나 R_S가 감소하면 음극 게이트의 전압이 SCS가 순방향 바이어스가 걸릴 때까지 증가하게 되고 SCS는 on 상태로 되며 경보 릴레이를 작동시키게 된다.

100 kΩ 저항은 정격 효과(rate effect)라고 알려진 현상을 통하여 소자가 우발적으로 트리거되는 가능성을 줄이기 위한 것이다. 이러한 것은 게이트 사이의 부유 커패시턴스에 기인된다. 높은 주파수에서의 과도현상은 우발적으로 SCS를 on 상태로 바꾸기에 충분한 베이스 전류를 만들 수 있다. 이 장치는 리셋 버튼을 누름으로써 SCS의 회로가 개방되고, 양극 전류는 0으로 되어 리셋된다.

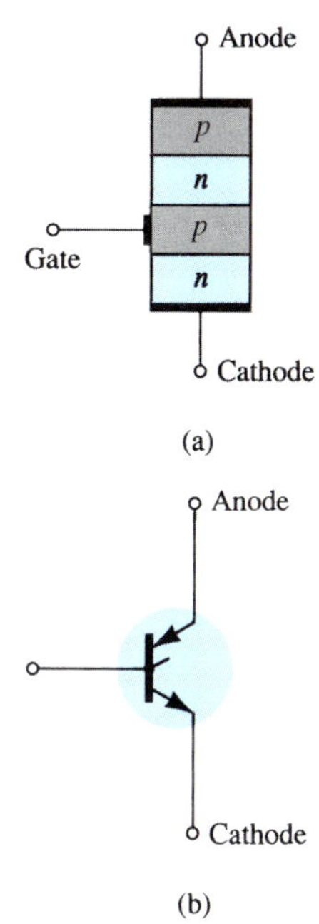

그림 17.20 게이트 턴오프 스위치(GTO): (a) 기본 구조; (b) 기호

17.7 게이트 턴오프 스위치

게이트 턴오프 스위치(gate turn-off: GTO)는 이 장에서 소개하려는 세 번째 *pnpn* 소자이다. 그러나 그림 17.20a에서 제시된 것처럼 SCR과 같이 단지 3개의 외부 단자를 갖는다. 또한 GTO의 기호를 그림 17.20b에 나타내었다. 비록 GTO의 기호가 SCR이나 SCS의 기호와 다르지만 등가 트랜지스터 회로는 똑같고 특성도 비슷하다.

GTO가 SCR이나 SCS보다 가장 뚜렷한 장점으로는 SCS 경우에 필요한 양극 게이트나 관련된 회로없이 음극 게이트에 적절한 펄스를 가해 줌으로써 GTO를 on 상태나 off 상태로 만들 수 있다는 사실이다. 그렇지만 이 턴오프 기능을 가지는 대신에 GTO를 트리거하

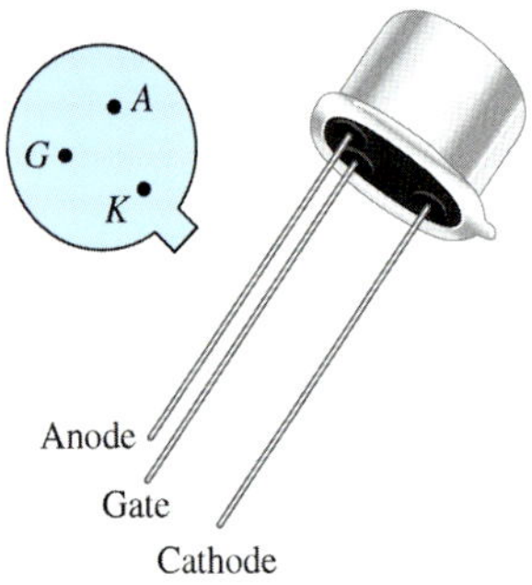

그림 17.21 대표적인 GTO와 단자 명칭

는 데 필요한 게이트 전류의 크기가 증가한다. 비슷한 최대 rms 정격 전류를 갖는 SCR과 GTO의 경우에 SCR의 게이트 트리거 전류는 30 μA인 반면에, GTO의 트리거 전류는 20 mA이다. GTO의 턴오프 전류는 필요한 트리거 전류보다 약간 크다. 오늘날 제조되는 GTO의 최대 rms 전류와 정격 소비 전력은 각각 3 A와 20 W이다.

GTO의 두 번째로 대단히 중요한 특성은 개선된 스위칭 특성이다. 턴온 시간은 SCR과 비슷하나(전형적으로 1 μs), 턴오프 시간은 SCR의 전형적인 턴오프 시간(5~30 μs)에 비하여 1 μs로 훨씬 작다. 턴오프 시간이 턴온 시간보다 훨씬 크지 않고 오히려 비슷하다는 사실은 이 소자로 하여금 고속 응용에 사용되게 한다.

전형적인 GTO와 단자 명칭과 위치는 그림 17.21에 나타내었다. GTO의 게이트 입력 특성과 턴오프 회로들은 총괄적인 편람이나 규격표에서 구할 수 있다. SCR 턴오프 회로의 대부분은 GTO에 대해서도 사용할 수 있다.

톱니파 발생기

GTO의 응용 범위로는 카운터, 펄스 발생기, 멀티바이브레이터, 전압 조정기 등이 있다. 그림 17.22에서 GTO와 제너 다이오드를 사용한 간단한 톱니파 발생기를 나타내었다.

전원을 공급하면 GTO는 on 상태로 되어 양극과 음극 사이가 단락 회로로 된다. 커패시터 C_1은 그림 17.22에서 나타나듯이 공급전압으로 충전되기 시작한다. 커패시터 C_1에 걸리는 전압이 제너 전위 이상으로 충전되면 게이트 음극간 전압이 반전되어서 게이트 전류가 반대로 형성된다. 결국은 음의 게이트 전류가 GTO를 off 상태로 만들기에 충분한 크기로 되게 된다. GTO가 off 상태로 개방회로가 되면 커패시터 C_1은 저항 R_3를 거쳐서 방전하게 된다. 방전 시간은 회로 시상수 $\tau=R_3C_1$에 의하여 결정된다. 적당하게 R_3와 C_1을 선택함으로써 그림 17.22와 같은 톱니파형을 얻게 된다. 출력전압 V_o가 V_Z 아래로 떨어지면, GTO는 on 상태로 되어 이전의 과정을 반복하게 된다.

17.8 광활성 SCR

다음의 *pnpn* 소자로는 광활성(light-activated) SCR (LASCR)이 있다. 이름에서 알 수 있듯이 이 소자는 실리콘 반도체층으로 조사되는 빛에 의하여 상태가 제어되는 SCR이다.

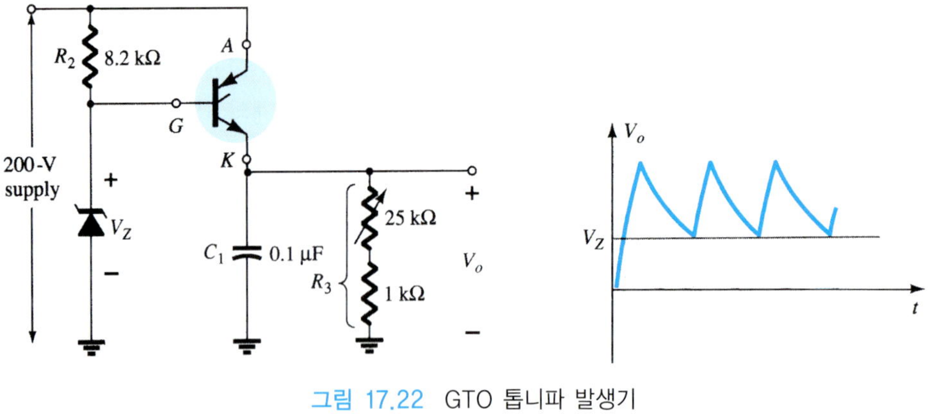

그림 17.22 GTO 톱니파 발생기

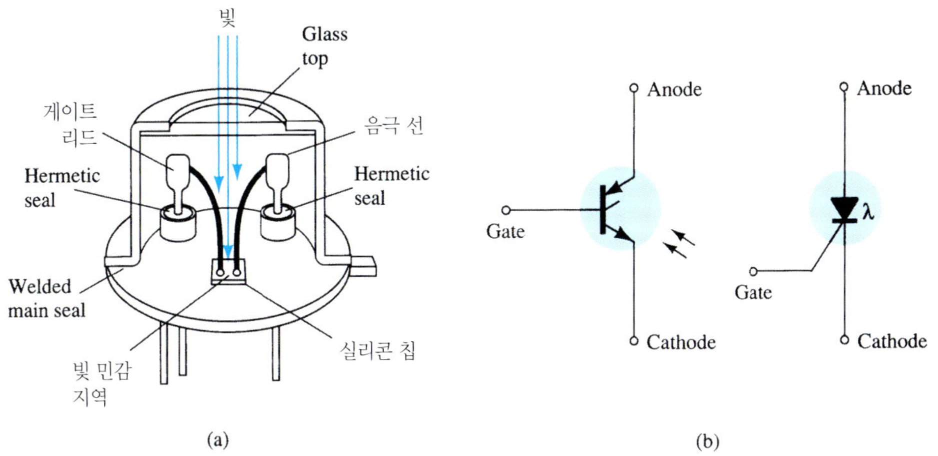

그림 17.23 광활성 SCR(LASCR): (a) 기본 구조; (b) 심볼

LASCR의 기본 구조를 그림 17.23a에 나타내었다. 그림 17.23a에서와 같이 게이트 리드를 사용하여 전형적인 SCR 방법으로 소자를 트리거할 수도 있다. 실리콘 칩의 장착표면은 양극과 연결되어 있음을 보라. 그림에 널리 사용되는 LASCR의 기호를 그림 17.23b에 나타내었다. 그리고 단자 명칭과 전형적인 LASCR은 그림 17.24a에 나타내었다.

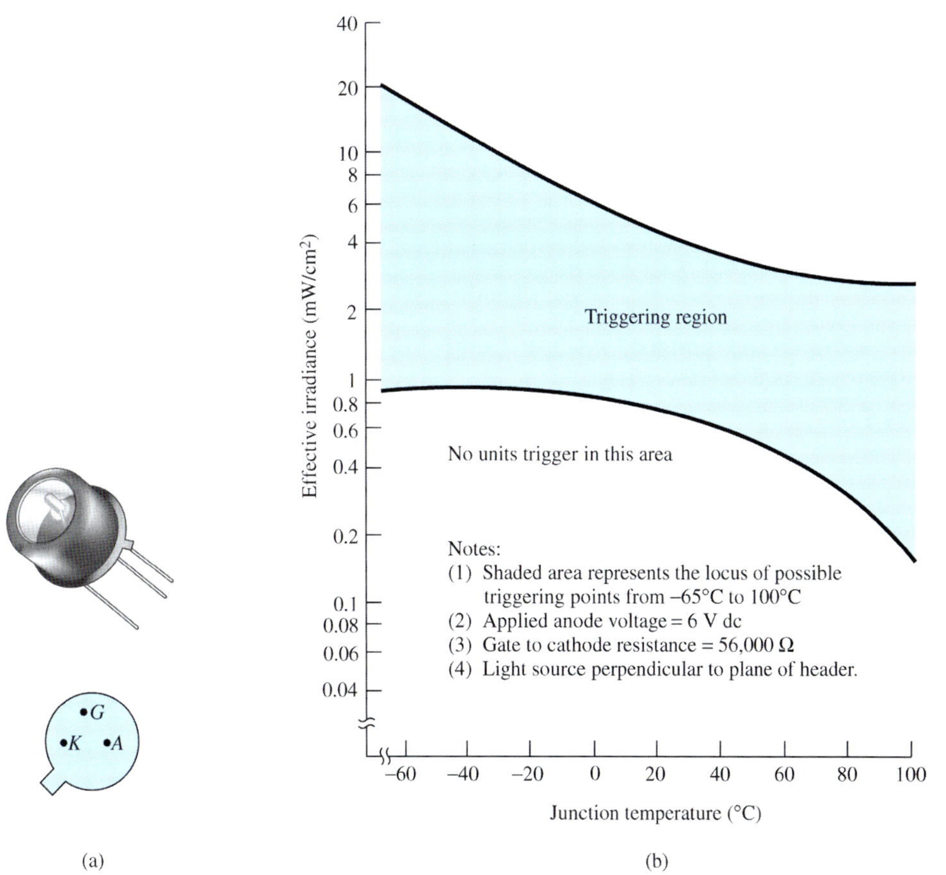

그림 17.24 LASCR: (a) 외형과 단자 명칭; (b) 광트리거링 특성

LASCR의 응용 분야로는 광학적인 빛 제어, 릴레이, 위상제어, 모터제어와 여러 컴퓨터 응용이 있다. 오늘날 상업용 LASCR의 최대(rms) 전류와 전력(게이트) 정격은 약 3 A와 0.1 W이다. 대표적인 LASCR의 특성(광트리거링)을 그림 17.24b에 나타내었다. 이 그림에서 접합 온도가 증가하면 소자를 활성화하는 데 필요한 빛에너지가 감소한다는 것을 알 수 있다.

AND/OR 회로

LASCR의 흥미로운 응용으로는 그림 17.25와 같은 AND와 OR 회로로 사용된다는 것이다. 빛이 $LASCR_1$과 $LASCR_2$에 조사될 때에만 각 소자가 단락되어 부하에 공급전압이 나타나게 된다. OR 회로의 경우, 빛에너지가 $LASCR_1$이나 $LASCR_2$에 가해지면 부하 양단에 공급전압이 나타난다.

LASCR은 게이트 단자가 개방되어 있을 때 빛에 대하여 가장 민감하다. 소자의 빛에 대한 민감도는 그림 17.25에서와 같이 게이트 저항을 첨가함으로써 감소될 수 있고, 조정될 수도 있다.

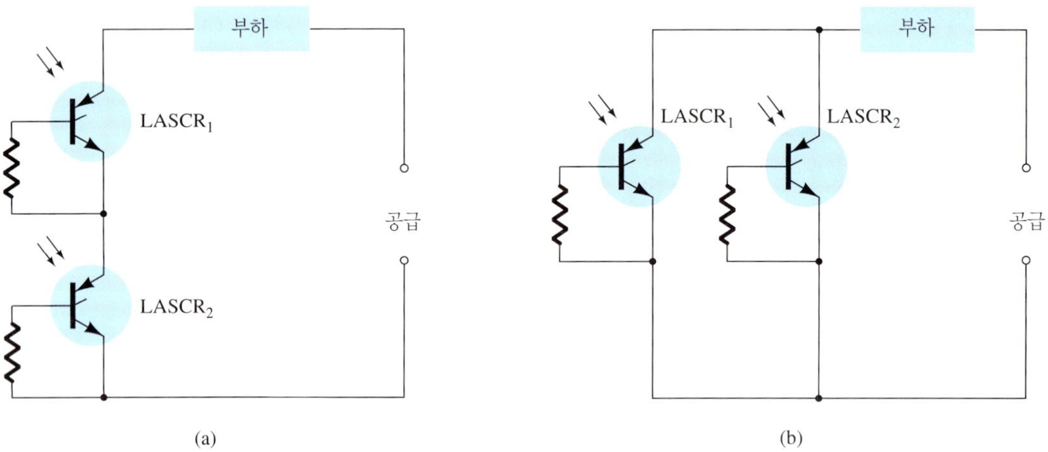

그림 17.25 LASCR 광전자 논리회로: (a) AND 게이트: 부하가 활성화되기 위해서는 LASCR1과 LASCR2에 입력이 가해지므로 부하가 활성화된다. (b) OR 게이트: LASCR1이나 LASCR2에 입력이 있으면 부하를 활성화한다.

래칭 릴레이

LASCR의 두 번째 응용을 그림 17.26에 나타내었다. 이것은 전기 기계적인 릴레이에 해당되는 반도체 제품이다. 입력과 스위칭 부분은 완전히 분리되어 있다. 활성 전류는 그림에서처럼 LED나 램프를 통해서 전달된다. 조사광에 의하여 LASCR이 on 상태로 되어 직류 전원의 공급에 의하여 부하를 통하여 전하(전류)가 흐르게 된다. LASCR는 리셋 스위치 S_1을 사용하여 off 상태로 할 수 있다. 전기 기계적인 스위치에 비하여 이 시스템의 장점으로는 긴 수명, 마이크로초 응답, 크기의 소형화와 접촉 바운드의 제거 등이 있다.

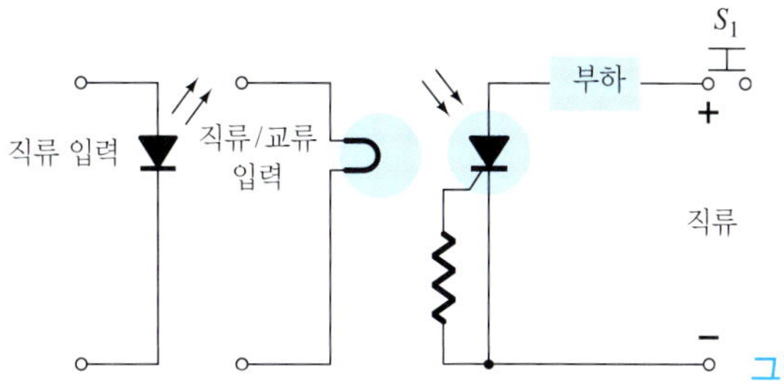

그림 17.26 래칭 계전기

17.9 Shockley 다이오드

Shockley 다이오드는 2개의 외부 단자만을 갖는 4층으로 된 *pnpn* 다이오드로, 기호와 함께 그림 17.27a에 나타내었다. 소자의 특성(그림 17.27b)은 $I_G=0$일 때 SCR의 특성과 똑같다. 특성 곡선에서 알 수 있듯이 소자는 브레이크오버 전압이 되기 전까지는 off(개방회로)로 있다가 사태(avalanche) 조건이 나타날 때는 on 상태(단락 회로)로 된다.

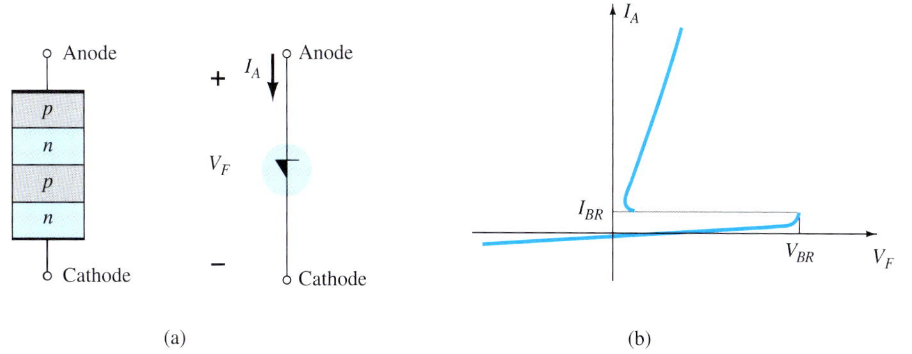

그림 17.27 Shockley 다이오드: (a) 기본 구조와 기호; (b) 특성

트리거 스위치

그림 17.28에서와 같이 Shockley 다이오드의 일반적인 응용은 SCR을 트리거하기 위한 스위치로 사용되는 것이다. 회로에 전력이 들어올 때 커패시터에 걸리는 전압은 공급전압으로 충전되기 시작한다. 그 결과로 커패시터에 걸리는 전압은 먼저 Shockley 다이오드를 on 상태로 하고, 다음에 SCR을 on 상태로 하기에 충분한 크기가 된다.

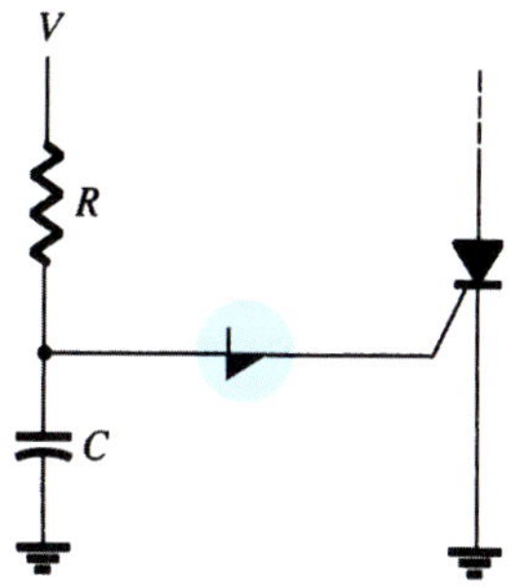

그림 17.28 Shockley 다이오드의 응용—SCR을 위한 트리거

17.10 다이액

다이액(diac)은 기본적으로 반도체 층이 병렬로 양방향으로 결합되어 있어서 어떤 방향으로도 트리거할 수 있는 2단자 소자이다. 그림 17.29a에서의 소자 특성 곡선으로부터 브레이크오버 전압이 양방향으로 모두 있음을 분명히 알 수 있다. 어떤 방향에서도 on 상태를 얻을 수 있다는 가능성은 교류 응용에서 최대의 장점으로 이용될 수 있다.

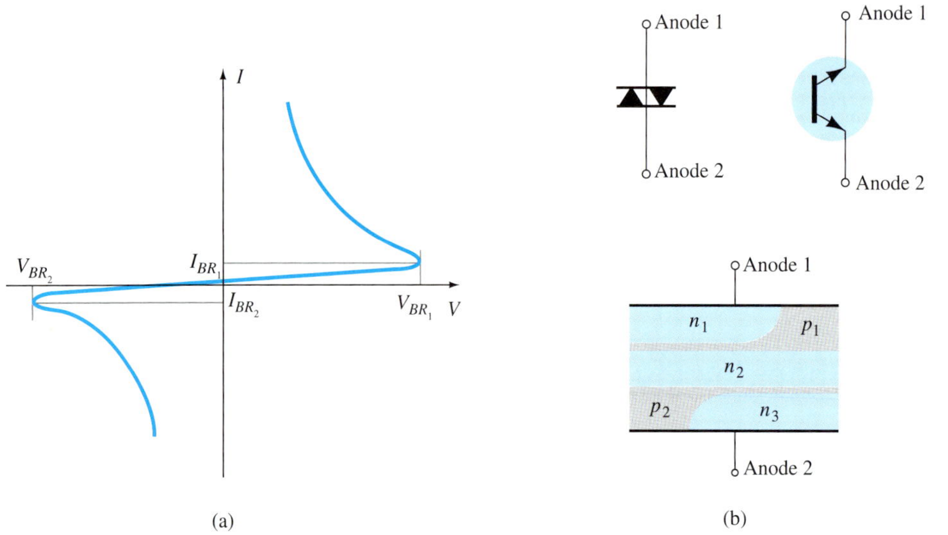

그림 17.29 다이액: (a) 특성; (b) 기호와 기본 구조

기호와 함께 다이액의 기본 구조를 그림 17.29b에 나타내었다. 음극 단자가 없는 대신에 양극 1(또는 전극 1)과 양극 2(또는 전극 2)가 있다. 양극 1이 양극 2에 대하여 양(+)일 때 이용할 수 있는 반도체 층은 $p_1n_2p_2$와 n_3이다. 양극 2가 양극 1에 대하여 양일 때 이용할 수 있는 반도체 층은 $p_2n_2p_1$과 n_1이다.

그림 17.29의 소자에서 브레이크다운 전압은 크기가 매우 비슷하지만 최소 28 V에서 최대 42 V까지 변할 수 있다. 이 항복전압 간에는 규격표에서 주어지는 다음 식으로 관계된다.

$$\boxed{V_{BR_1} = V_{BR_2} \pm 0.1V_{BR_2}} \tag{17.1}$$

전류 레벨(I_{BR_1}과 I_{BR_2})들도 또한 각 소자의 경우, 매우 비슷한 크기를 갖는다. 그림 17.29의 소자에서 두 전류 레벨은 약 200 μA=0.2 mA이다.

근접 탐지기

근접 탐지기(proximity detector)로의 다이액 사용을 그림 17.30에 나타내었다. 여기서 SCR은 부하와 직렬로 연결되어 사용되고, 프로그램 가능한 단일 접합 트랜지스터(17.12절 참조)는 감지 전극(sensing electrode)과 직접 연결되어 사용되고 있음을 유의하자.

인체가 감지 전극에 접근하면 전극과 접지 간의 커패시턴스(C_b)가 증가하게 된다. 프로그램 가능한 UJT(PUT)는 양극전압(V_A)이 게이트 전압(V_G)보다 최소한 0.7 V(실리콘의 경우) 이상 클 때 전도되는(단락 상태로 되는) 소자이다. PUT가 on 상태로 되기 전의 시스템은 기본적으로 그림 17.31에서와 같다. 입력전압이 증가할 때 다이액 전압 v_G는 전도전압에 이르기까지는 그림에서처럼 나타난다. PUT가 on 상태로 되면 다이액 전압은 그림에서와 같이 급격히 감소하게 된다. 실제로 다이액은 전도될 때까지는 개방 상태로 있다는 것에 유의하자. 용량성 소자가 삽입되기 전에 전압 v_G는 입력과 같을 것이다. 그림에서와 같이

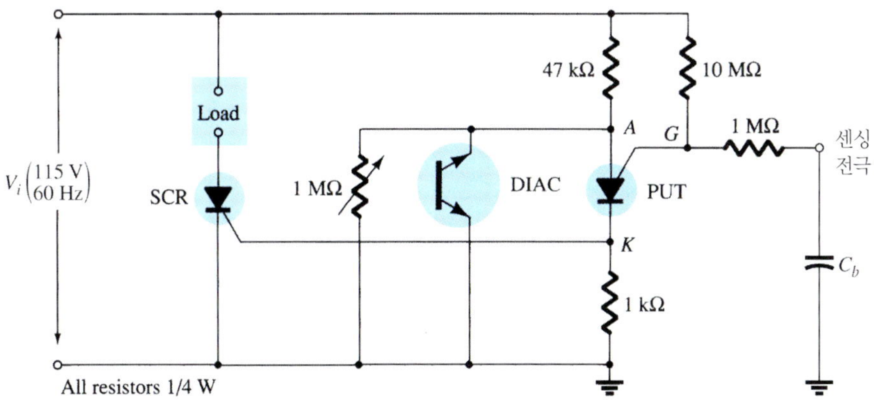

그림 17.30 근접 탐지기 또는 접촉 스위치

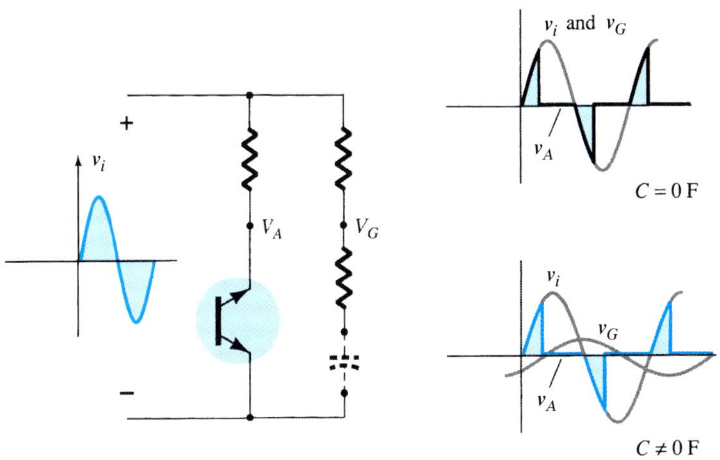

그림 17.31 그림 17.30의 회로 작동에 대한 용량성 성분의 영향

v_A와 v_G 둘 다 입력을 따라가므로 v_A는 결코 v_G보다 0.7 V보다 클 수가 없게 되어 소자가 on 상태로 될 수 없다. 그러나 용량성 성분이 생기게 되면 그림에서와 같이 전압 v_G는 입력 전압보다 위상이 더 지연되기 시작한다. 그러므로 v_A가 v_G보다 0.7 V정도 초과할 수 있는 점이 있게 되고 PUT가 전도하게 된다. 이 점에서 큰 전류가 PUT를 통하여 형성되고, 전압 v_G가 증가하게 되어 SCR이 on 상태가 된다. 사람의 접근에 반응하여 큰 SCR 전류가 부하를 통하여 흐르게 된다.

다이액의 두 번째 응용은 중요한 전력 제어형 소자인 트라이액을 고찰하는 다음 절(그림 17.33)에 나타난다.

17.11 트라이액

트라이액(triac)은 근본적으로 양방향성 소자의 턴온 조건을 제어하기 위한 게이트 단자를

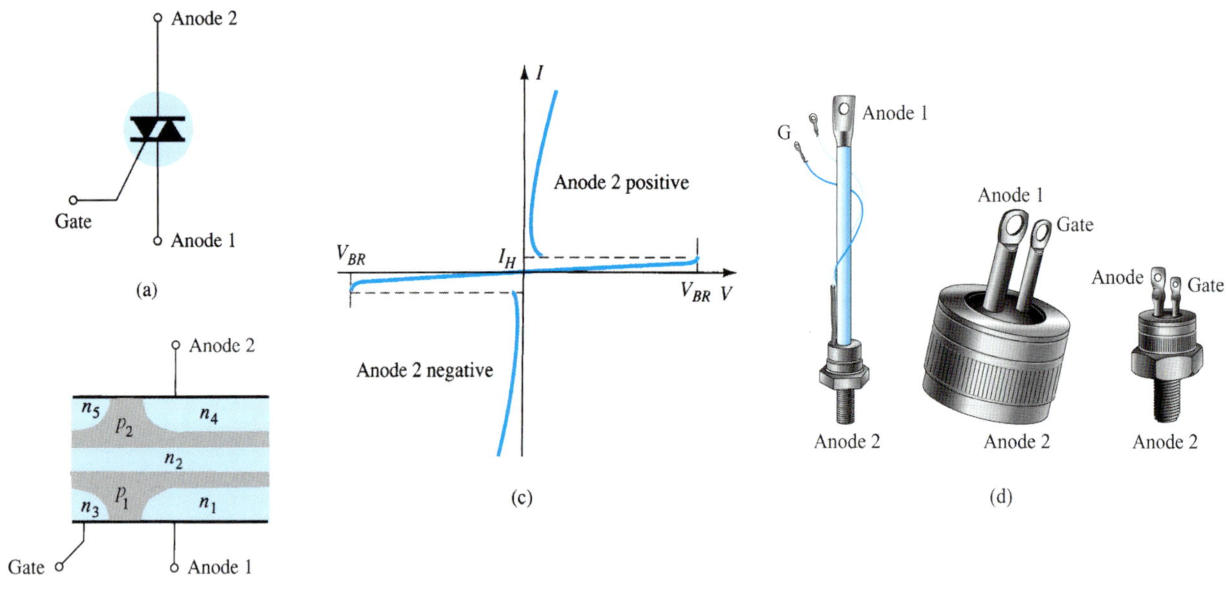

그림 17.32 트라이액: (a) 기호; (b) 기본 구조; (c) 특성; (d) 사진

갖고 있는 다이액이다. 다시 말하면 어떤 방향에서나 게이트 전류는 SCR에서 설명한 것과 매우 비슷한 방법으로 소자의 작동을 제어할 수 있다. 그러나 1상한과 3상한에서의 트라이액의 특성은 그림 17.32c에서와 같이 다이액의 특성과 약간 다르다. 각 방향에서 유지 전류는 다이액의 특성에서는 나타나지 않는다는 것을 유의하자.

소자에 대한 기호와 기본 반도체층 구조가 소자 사진과 함께 그림 17.32에 주어지고 있다. 가능한 각 전도 방향에 대하여 게이트 단자에 신호를 가해줌으로써 상태를 제어하게 되는 반도체 층의 조합이 있다.

위상(전력)제어

트라이액의 한 기본적인 응용을 그림 17.33에 나타내었다. 이 응용에서 소자는 입력 정현파 신호의 양의 영역과 음의 영역 동안에 on 상태와 off 상태로 변환함으로써 부하에 공급되는 교류 전력을 제어한다. 입력신호의 양의 부분 동안 회로 작동은 그림 17.28의 Shockley 다이오드 작동과 매우 유사하다. 이 회로 구성의 장점은 입력신호가 음의 부분 동안에도 동일

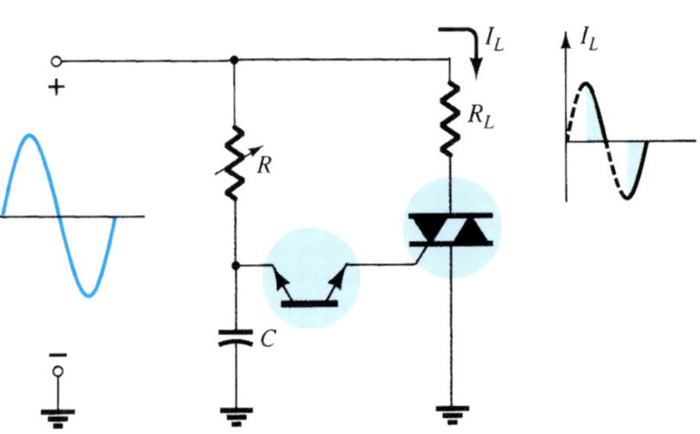

그림 17.33 트라이액의 응용: 위상(전력)제어

한 응답 형태를 얻을 수 있다는 점이다. 왜냐하면 다이액과 트라이액은 둘 다 역방향에서도 전도할 수 있기 때문이다. 부하를 통과하는 최종 전류의 파형이 그림 17.33에 주어졌다. 저항 R이 변화하는 것에 의하여 전도시키는 위상이 제어된다. 오늘날에는 10 kW 이상의 부하를 제어할 수 있는 소자들이 있다.

다른 소자들

17.12 단일 접합 트랜지스터

단일 접합 트랜지스터(UJT)에 대한 관심은 SCR에 대한 관심과도 같이 최근에 놀라울 정도로 증가되고 있다. 1948년에 최초로 소개가 되었지만 1952년에야 비로소 상업용 소자로 사용하게 되었다. 뛰어난 소자의 특성과 겸하여 낮은 단가가 소자의 광범위한 응용을 보장하고 있다. 몇 가지의 응용을 보면 발진기, 트리거 회로, 톱니파 발생기, 위상제어, 타이밍회로, 쌍안정(bistable) 네트워크, 전압 또는 전류 제어 전원 등이 있다. 일반적으로 이 소자가 정상 작동 조건일 때 소비 전력이 낮은 소자라는 것은 상대적으로 효율적인 시스템을 설계하는 데 많은 도움을 준다.

UJT는 그림 17.34의 기본 구조를 갖는 3단자 소자이다. 경미하게 도핑된 (높은 저항성을 갖는) n형 실리콘 슬랩판은 한쪽 면의 양끝에 부착된 2개의 베이스 접촉을 시켰고 반대쪽 면에는 알루미늄 막대를 부착시켰다. 소자의 p–n 접합은 알루미늄 막대와 n형 실리콘판 사이의 경계면에서 형성된다. 하나의 p–n 접합은 단일 접합(unijunction)이라 명칭을 가지게 하였다. 2개의 베이스 접촉이 있으므로 원래는 이중 베이스 다이오드라 하였다. 그림 17.34에서와 같이 알루미늄 막대가 베이스 2단자에 보다 가까운 점에서 합금되어 있고 또한 V_{BB} 전압만큼 베이스 2단자가 베이스 1단자에 비하여 높은 것을 유의하자. 각각의 영향은 다음 절에서 분명하게 될 것이다.

단일 접합 트랜지스터의 기호를 그림 17.35에 나타내었다. 에미터 단자 표시가 n형 매질의 판을 나타내는 수직선에 대하여 다소의 각도를 갖도록 그려진다는 것을 유의하자. 화살표의 머리 부분은 소자가 순방향 상태, 활성 상태, 또는 전도 상태에 있을 때의 관례적인 전류(정공) 흐름의 방향을 나타낸다.

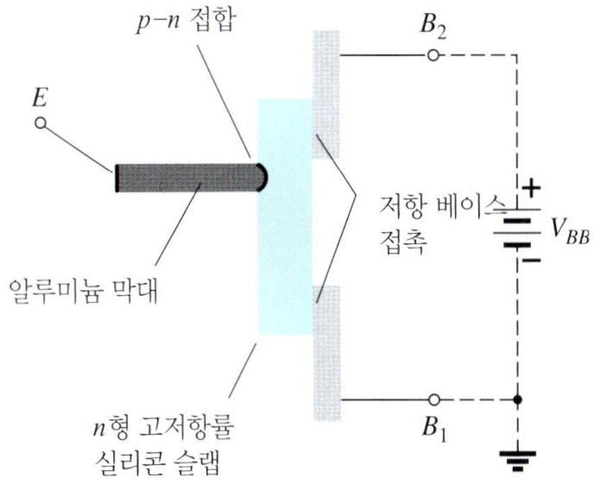

그림 17.34 단일 접합 트랜지스터(UJT): 기본 구조

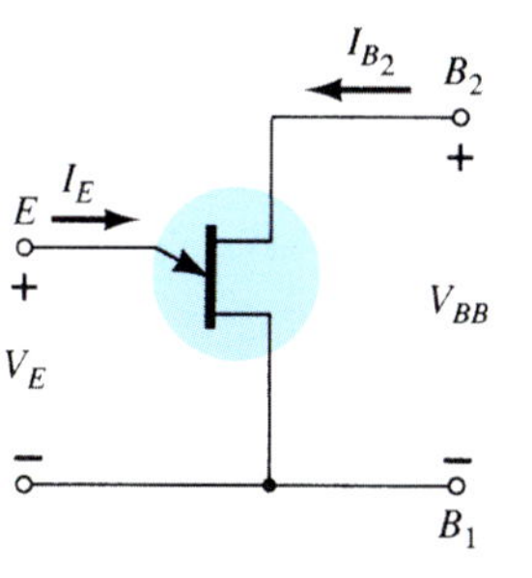

그림 17.35 단일 접합 트랜지스터에 대한 기호와 기본 바이어스 회로

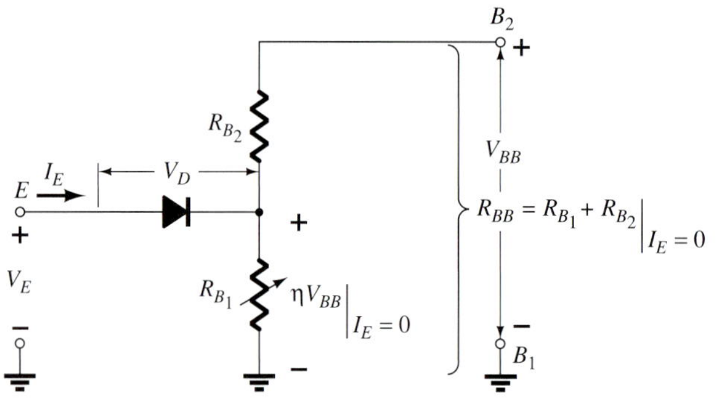

그림 17.36 UJT 등가회로

UJT의 등가회로가 그림 17.36에 표시되는데, 이 등가회로는 비교적 간단하다. 즉 2개의 저항(1개는 고정저항, 다른 1개는 가변저항)과 1개의 다이오드로 되어 있다. 저항 R_{B_1}은 전류 I_E에 따라서 그 크기가 변하므로 가변저항으로 표시된다. 실제로 대표적인 UJT의 경우에 I_E가 0~50 μA로 변화할 때 R_{B_1}은 5 kΩ에서 50 Ω으로 감소하게 된다. 베이스 간 저항 R_{BB}는 I_E=0일 때 단자 B_1과 B_2 사이의 소자 저항이다. 식으로 나타내면 다음과 같다.

$$\boxed{R_{BB} = (R_{B_1} + R_{B_2})\big|_{I_E=0}} \tag{17.2}$$

(R_{BB}는 보통 4 kΩ에서 10 kΩ 범위의 값을 갖는다) 그림 17.34의 알루미늄 막대의 위치는 I_E=0일 때 R_{B_1}과 R_{B_2}의 상대적인 값을 결정한다. I_E=0일 때 $V_{R_{B_1}}$의 크기는 전압 분배기 법칙으로 다음과 같이 결정된다.

$$\boxed{V_{R_{B_1}} = \frac{R_{B_1}}{R_{B_1} + R_{B_2}} \cdot V_{BB} = \eta V_{BB}\bigg|_{I_E=0}} \tag{17.3}$$

그리스 문자 η(eta)는 다음과 같이 정의되는 소자의 진성이탈비(intrinsic stand-off ratio)이다.

$$\boxed{\eta = \frac{R_{B_1}}{R_{B_1} + R_{B_2}}\bigg|_{I_E=0} = \frac{R_{B_1}}{R_{BB}}} \tag{17.4}$$

다이오드의 순방향 전압 강하 V_D(0.35 → 0.70 V)만큼 $V_{R_{B_1}}(=\eta V_{BB})$보다 크게 에미터 전압($V_E$)을 가해 주었을 경우, 다이오드는 전도 상태가 된다. 이상적인 조건일 때 단락 회로로 가정하면 I_E는 R_{B_1}을 통하여 흐르기 시작한다. 에미터 전도전압을 식으로 나타내면 다음과 같이 주어진다.

$$\boxed{V_P = \eta V_{BB} + V_D} \tag{17.5}$$

대표적인 단일 접합 트랜지스터의 특성을 V_{BB}=10 V일 때, 그림 17.37에 나타내었다. 에

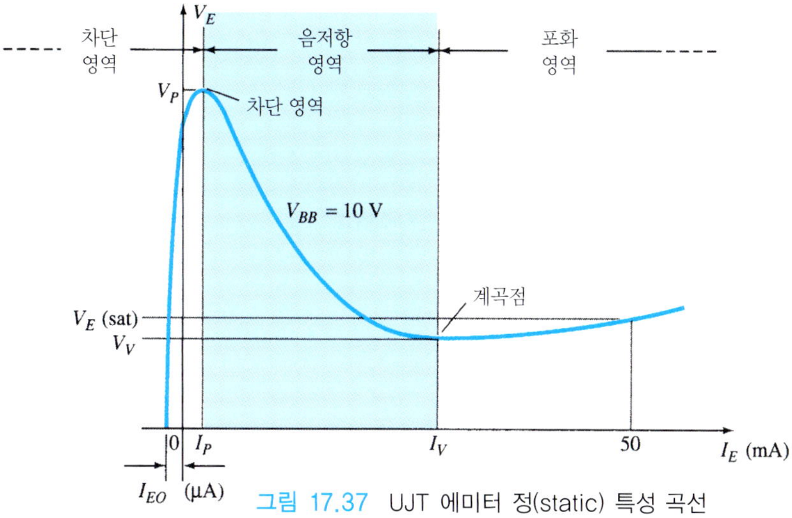

그림 17.37 UJT 에미터 정(static) 특성 곡선

미터 전압이 최고점의 왼쪽에 있을 경우 I_E의 크기는 결코 I_{EO}(μA 단위로 측정된다)보다 크지 않다. 전류 I_{EO}는 일반적인 바이폴라 접합 트랜지스터의 역방향 누설 전류 I_{CO}와 매우 가깝다. 그림에서 지적했듯이 이 영역을 차단 영역이라 한다. $V_E = V_P$에서 전도가 일어나기만 하면 에미터 전압 V_E는 I_E의 증가에 따라서 감소하게 된다. 이것은 앞에서 논의하였던 것 같이 I_E 전류가 증가함에 따라 저항 R_{B_1}이 감소하는 것과 정확하게 일치한다. 그러므로 이 소자는 앞에서 열거한 응용 분야에서 상당한 신뢰도를 갖고 사용되기에 충분한 안정된 음저항(negative-resistance) 영역을 갖는다. 마침내는 계곡점(valley point)에 이르게 되고 I_E의 추가적인 증가는 UJT를 포화 영역에 놓이게 한다. 이 영역에서 특성은 그림 17.36의 등가회로에서의 반도체 다이오드 특성에 접근한다.

활성 영역에서 저항값의 감소는 전도(conduction)가 형성될 때 p형 알루미늄 막대로부터 n형 슬랩으로 주입된 정공에 기인한다. n형 판 내에서 증가된 정공 농도는 자유전자 수의 증가를 가져오고, 따라서 전도도(G)의 증가와 그에 따른 저항의 감소($R\downarrow = 1/G\uparrow$)를 초래한다. 단일 접합 트랜지스터에서 3개의 다른 중요한 파라미터로는 I_P, V_V, I_V가 있다. 그림 17.37에 이들을 각각 표시하였으며, 이들 모두는 설명이 필요 없는 자명한 것들이다.

보통 나타나게 되는 에미터 특성 곡선을 그림 17.38에 나타내었다. I_{EO}(μA)는 분명하게 나타나지 않는데, 이는 수평축의 눈금이 mA 단위이기 때문이다. 각 곡선과 수직축과의 교점은 각 곡선에 해당하는 V_P의 값이다. η와 V_D의 값이 고정되어 있을 경우 V_P의 크기는 V_{BB}에 따라 변화한다. 즉

$$V_P\uparrow = \underbrace{\eta}_{\text{fixed}} V_{BB}\uparrow + \underbrace{V_D}_{\text{fixed}}$$

UJT에 대한 전형적인 규격표가 그림 17.39b에 주어졌다. 앞 구절들에서의 설명으로 각각의 양들을 쉽게 알 수가 있다. 단자 표시는 대표적인 UJT의 사진(그림 17.39a)과 함께

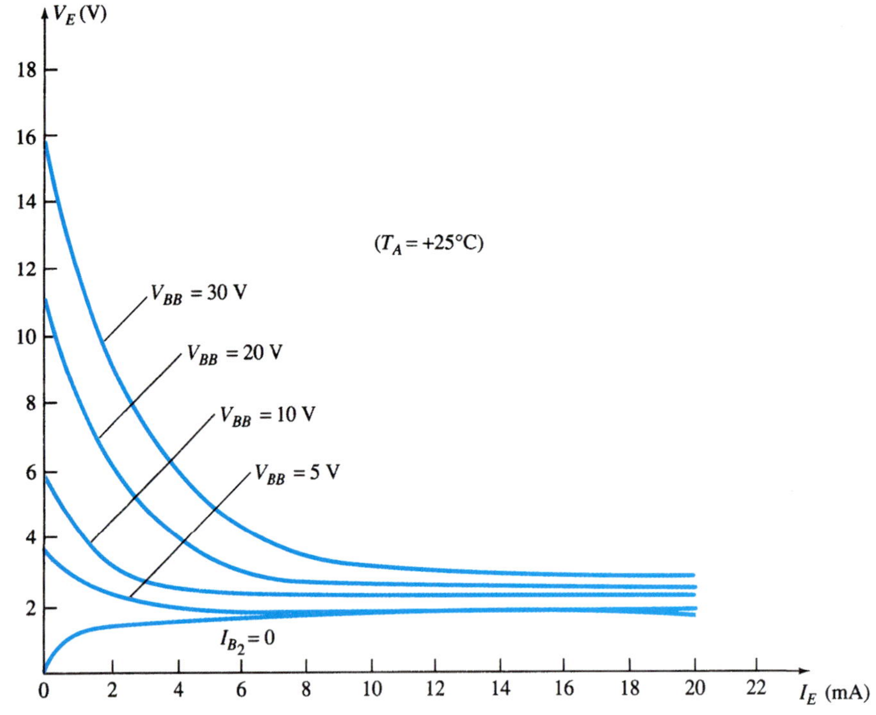

그림 17.38 UJT에 대한 전형적인 에미터 정 특성 곡선

그림 17.39c에 나타내었다. 베이스 단자는 서로 반대편에 있으며 에미터 단자는 2개의 베이스 단자 사이에 위치한다는 것을 유의하자. 또한 더 높은 전압이 가해지는 베이스 단자는 케이스의 돌출부쪽에 가깝게 위치한다.

SCR 트리거

UJT의 또 다른 응용으로는 SCR과 같은 다른 소자를 트리거하는 데 사용되는 것이다. 이러한 트리거 회로의 기본 구성을 그림 17.40에 나타내었다. 저항 R_1에 의하여 결정되는 부하 곡선이 소자의 특성 곡선에서 최고점의 오른쪽에 그리고 계곡점의 왼쪽에 위치하도록 저항 R_1이 선택되어야 한다(그림 17.41). 만일 부하선이 최고점의 오른쪽을 통과하지 않는다면 소자는 on 상태로 될 수 없다. 최고점에서 $I_{R_1}=I_P$와 $V_E=V_P$가 되는 것을 생각한다면 턴온 조건을 확실하게 하는 R_1에 대한 식을 얻을 수 있다(등식 $I_{R_1}=I_P$는 이 순간에 커패시터의 충전 전류가 0이므로 유효하다. 즉 커패시터가 이 순간에 충전 상태에서 방전 상태로 변한다). 그러면 최고점에서 $V-I_{R_1}R_1=V_E$가 되고 $R_1=(V-V_E)/I_{R_1}=(V-V_P)/I_P$로 된다. 확실하게 전도되기 위한 조건은

$$\boxed{R_1 < \frac{V - V_P}{I_P}} \qquad (17.6)$$

계곡점에서 $I_E=I_V$와 $V_E=V_V$이므로

$$V - I_{R_1}R_1 = V_E$$

(a)

Absolute maximum ratings(25°C):

Power dissipation	
RMS emitter current	300 mW
Peak emitter current	50 mA
Emitter reverse voltage	2 A
Interbase voltage	30 V
Operating temperature range	35 V
Storage temperature range	−65°C to +125°C

Electrical characteristics(25°C):

		Minimum	Typical	Maximum
Intrinsic standoff ratio		0.56	0.65	
(V_{BB} = 10 V)	η	0.56	0.65	0.75
Interbase resistance (kΩ)				
(V_{BB} = 3 V, I_E = 0)	R_{BB}	4.7	7	9.1
Emitter saturation voltage				
(V_{BB} = 10 V, I_E = 50 mA)	$V_{E(sat)}$		2	
Emitter reverse current				
(V_{BB} = 3 V, I_{B1} = 0)	I_{EO}		0.05	12
Peak point emitter current	I_P (μA)		0.04	5
(V_{BB} = 25 V)				
Valley point current				
(V_{BB} = 20 V)	I_V (mA)	4	6	

(b)

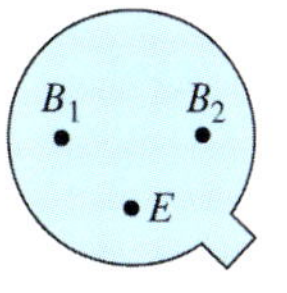

(c)

그림 17.39 UJT: (a) 외관; (b) 사양서; (c) 단자 명칭

로 되고

$$V - I_V R_1 = V_V$$

그리고

$$R_1 = \frac{V - V_V}{I_V}$$

또는 확실하게 off 상태로 되려면

$$\boxed{R_1 > \frac{V - V_V}{I_V}} \qquad (17.7)$$

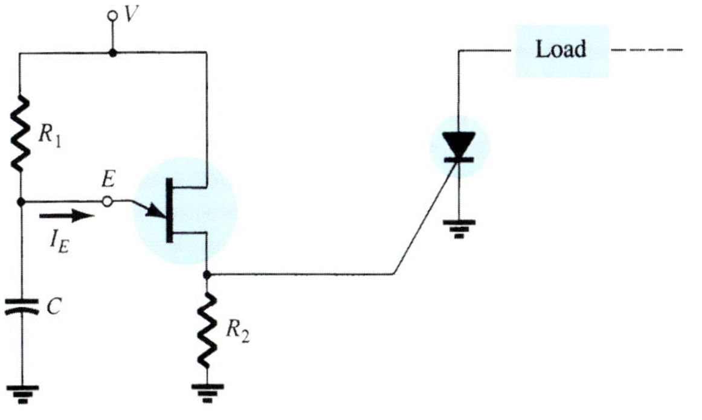

그림 17.40 UJT에 의한 SCR 트리거링

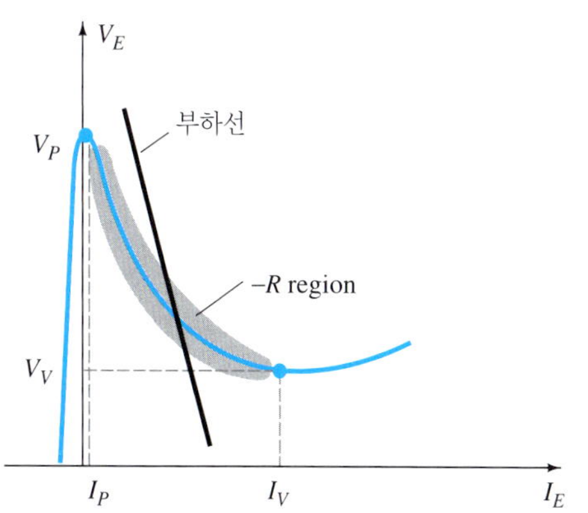

그림 17.41 트리거링 응용을 위한 부하선

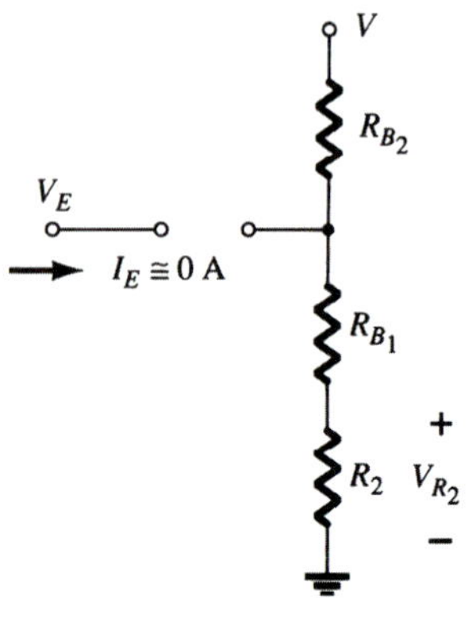

그림 17.42 $I_E \cong 0$ A일 때 트리거링 회로

그러므로 R_1의 범위는 다음으로 제한된다.

$$\frac{V - V_V}{I_V} < R_1 < \frac{V - V_P}{I_P} \tag{17.8}$$

저항 R_2는 $I_E \cong 0$A일 때 그림 17.42의 전압 V_{R_2}에 의하여 SCR이 턴온되지 않도록 충분히 작게 선택되어야 한다. V_{R_2} 전압은 다음과 같이 주어진다.

$$V_{R_2} \cong \left.\frac{R_2 V}{R_2 + R_{BB}}\right|_{I_E = 0\,\text{A}} \tag{17.9}$$

우리가 살펴보겠지만 트리거링 펄스 사이의 간격과 각 펄스의 시간 폭은 커패시터 C에 의하여 결정된다.

직류 공급전압 V가 가해지는 순간에 전압 $v_E = v_C$는 그림 17.43에서와 같이 시상수 $\tau = R_1 C$로 V_V로부터 V 볼트값으로 향하여 충전된다.

충전기간에 대한 일반적인 식은

$$v_C = V_V + (V - V_V)(1 - e^{-t/R_1 C}) \tag{17.10}$$

로 된다. 그림 17.43에 지적된 바와 같이 R_2에 걸리는 전압은 이 충전 기간 동안에 식 (17.9)로 결정된다. $v_C = v_E = V_P$일 때 UJT는 전도 상태로 들어가고 커패시터는 시상수 $\tau = (R_{B_1} + R_2)C$에 따라서 R_{B_1}과 R_2를 통하여 방전한다.

전압 $v_C = v_E$에 대한 방전 식은 다음과 같이 된다.

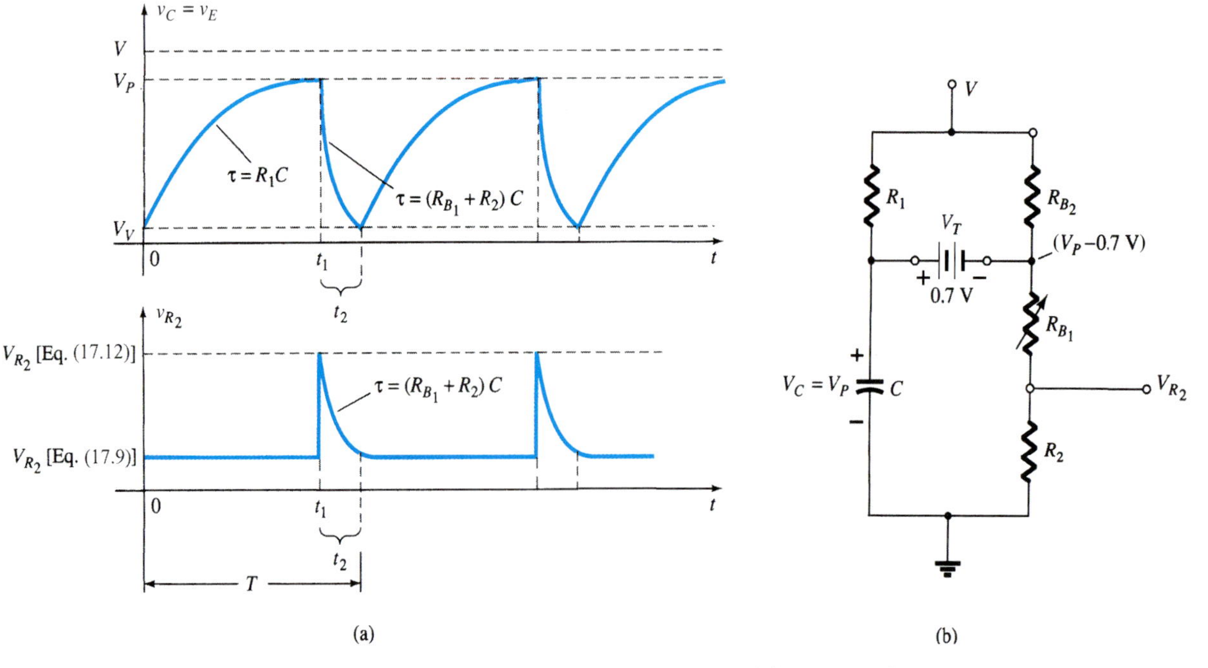

그림 17.43 (a) 그림 7.40 트리거 회로에서 충전과 방전 기간; (b) UJT가 턴온일 때의 등가회로

$$\boxed{v_C \cong V_P e^{-t/(R_{B_1}+R_2)C}} \tag{17.11}$$

식 (17.11)은 약간 복잡한데, 그것은 에미터 전류가 증가하면 R_{B_1}이 감소할 것이고 R_1과 V 같은 회로의 다른 값들이 방전속도와 최종값에 영향을 주기 때문이다. 그러나 등가회로는 그림 17.43과 같이 나타나고, R_1과 R_{B_2}의 크기는 대체로 커패시터 C를 둘러싸고 있는 회로의 Thévenin 등가회로가 미미하게 영향을 받을 만큼의 크기로 한다. V가 충분히 높은 전압이라 하더라도 Thévenin 전압에 대한 전압 분배의 몫을 대략적으로 무시할 수 있다.

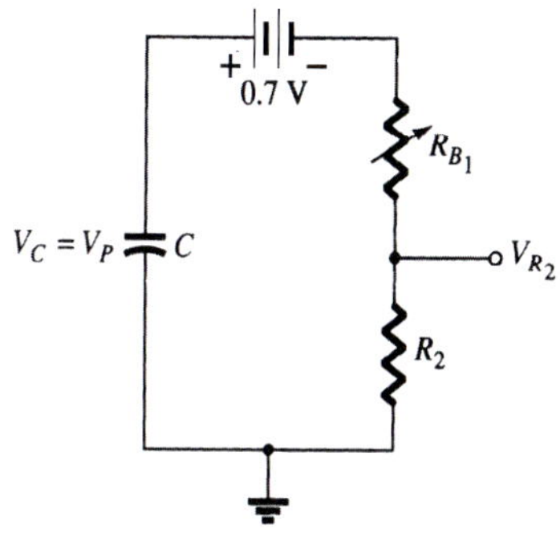

그림 17.44 UJT가 턴온일 때 간략한 등가회로

방전 기간에 대한 그림 17.44의 간략화된 등가를 이용함으로써, V_{R_2}의 피크값에 대한 근사식은 다음과 같이 얻어진다.

$$\boxed{V_{R_2} \cong \frac{R_2(V_P - 0.7)}{R_2 + R_{B_1}}} \tag{17.12}$$

그림 17.43의 t_1 기간은 다음 방법으로 결정될 수 있다.

$$\begin{aligned} v_C\,(\text{charging}) &= V_V + (V - V_V)(1 - e^{-t/R_1C}) \\ &= V_V + V - V_V - (V - V_V)e^{-t/R_1C} \\ &= V - (V - V_V)e^{-t/R_1C} \end{aligned}$$

$v_C = V_P$일 때 $t = t_1$이고, $V_P = V - (V - V_V)\, e^{-t_1/R_1C}$, 또는

$$\frac{V_P - V}{V - V_V} = -e^{-t_1/R_1C}$$

그리고

$$e^{-t_1/R_1C} = \frac{V - V_P}{V - V_V}$$

양변에 로그를 취하면

$$\log_e e^{-t_1/R_1C} = \log_e \frac{V - V_P}{V - V_V}$$

그리고

$$\frac{-t_1}{R_1C} = \log_e \frac{V - V_P}{V - V_V}$$

따라서

$$\boxed{t_1 = R_1C \log_e \frac{V - V_V}{V - V_P}} \tag{17.13}$$

방전 기간에는 t_1에서 t_2 사이의 시간은 식 (17.11)에서 다음과 같이 구한다.

$$v_C\,(\text{discharging}) = V_P\, e^{-t/(R_{B_1}+R_2)C}$$

t_1을 $t=0$으로 설정하면

$$t=t_2 \quad \text{에서} \quad v_C=V_V$$

그리고

$$V_V = V_P e^{-t_2/(R_{B_1}+R_2)C}$$

또는

$$e^{-t_2/(R_{B_1}+R_2)C} = \frac{V_V}{V_P}$$

양변에 로그를 취하면

$$\frac{-t_2}{(R_{B_1} + R_2)C} = \log_e \frac{V_V}{V_P}$$

그리고

$$\boxed{t_2 = (R_{B_1} + R_2)C \log_e \frac{V_P}{V_V}} \tag{17.14}$$

한 사이클을 완성하는 시간 주기는 그림 17.43에서 T로 정의된다. 그것은

$$\boxed{T = t_1 + t_2} \tag{17.15}$$

이완 발진기

SCR이 회로에서 제거된다면 회로는 이완 발진기(relaxation oscillator)로 작동하고 그림 17.43의 파형을 발생한다. 발진기 주파수는

$$\boxed{f_{\text{osc}} = \frac{1}{T}} \tag{17.16}$$

로 결정된다. 많은 시스템에서 $t_1 \gg t_2$이며

$$T \cong t_1 = R_1 C \log_e \frac{V - V_V}{V - V_P}$$

많은 경우에 $V \gg V_V$이므로

$$T \cong t_1 = R_1 C \log_e \frac{V}{V - V_P}$$

$$= R_1 C \log_e \frac{1}{1 - V_P/V}$$

이다. 그러나 식 (17.5)에서 V_D의 효과를 무시하면 $\eta=V_P/V$이고

$$T \cong R_1 C \log_e \frac{1}{1-\eta}$$

또는

$$\boxed{f \cong \frac{1}{R_1 C \log_e [1/(1-\eta)]}} \qquad (17.17)$$

예제 17.1 그림 17.45에 주어진 이완 발진기에서

a. $I_E=0$ A일 때 R_{B_1}과 R_{B_2}를 구하라.

b. UJT를 턴온하는 데 필요한 전압 V_P를 계산하라.

c. R_1이 UJT를 확실하게 전도 상태로 하기 위한 식 (17.8)로 결정되는 허용 범위 내에 있는지 확인하라.

d. 방전 기간에 $R_{B_1}=100\ \Omega$인 경우 발진 주파수를 구하라.

e. 전체 한 주기 동안 v_C의 파형을 그려라.

f. 전체 한 주기 동안 v_{R_2}의 파형을 그려라.

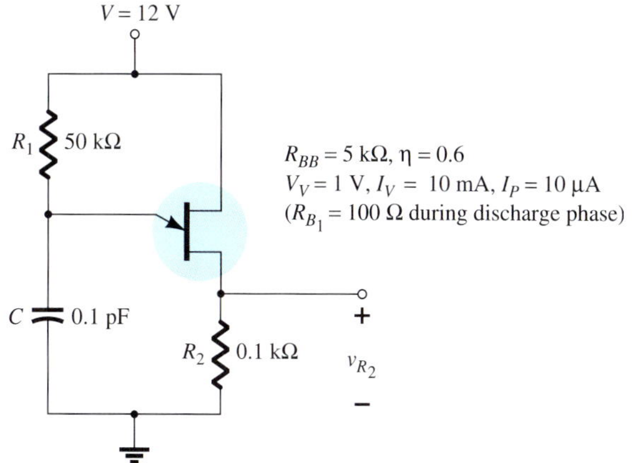

그림 17.45 예제 17.1

풀이

a. $$\eta = \frac{R_{B_1}}{R_{B_1}+R_{B_2}}$$

$$0.6 = \frac{R_{B_1}}{R_{BB}}$$

$$R_{B_1} = 0.6R_{BB} = 0.6(5\,\text{k}\Omega) = \mathbf{3\,k\Omega}$$

$$R_{B_2} = R_{BB} - R_{B_1} = 5\,\text{k}\Omega - 3\,\text{k}\Omega = \mathbf{2\,k\Omega}$$

b. $v_C=V_P$인 점에서 여전히 $I_E=0$ A라면 그림 17.46의 회로에서

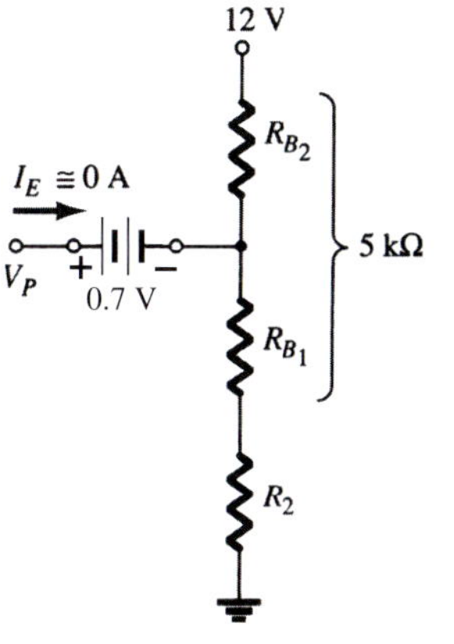

그림 17.46 UJT를 턴온하는 데 필요한 전압 V_P를 구하는 회로망

$$V_P = 0.7\text{ V} + \frac{(R_{B_1} + R_2)12\text{ V}}{\underbrace{R_{B_1} + R_{B_2}}_{R_{BB}} + R_2}$$

$$= 0.7\text{ V} + \frac{(3\text{ k}\Omega + 0.1\text{ k}\Omega)12\text{ V}}{5\text{ k}\Omega + 0.1\text{ k}\Omega} = 0.7\text{ V} + 7.294\text{ V}$$

$$\cong \mathbf{8\text{ V}}$$

c. $\dfrac{V - V_V}{I_V} < R_1 < \dfrac{V - V_P}{I_P}$

$$\frac{12\text{ V} - 1\text{ V}}{10\text{ mA}} < R_1 < \frac{12\text{ V} - 8\text{ V}}{10\,\mu\text{A}}$$

$$1.1\text{ k}\Omega < R_1 < 400\text{ k}\Omega$$

저항 R_1=50 kΩ은 이 범위 내에 들어간다.

d. $t_1 = R_1 C \log_e \dfrac{V - V_V}{V - V_P}$

$$= (50\text{ k}\Omega)(0.1\text{ pF}) \log_e \frac{12\text{ V} - 1\text{ V}}{12\text{ V} - 8\text{ V}}$$

$$= 5 \times 10^{-3} \log_e \frac{11}{4} = 5 \times 10^{-3}(1.01)$$

$$= 5.05\text{ ms}$$

$$t_2 = (R_{B_1} + R_2)C \log_e \frac{V_P}{V_V}$$

$$= (0.1\text{ k}\Omega + 0.1\text{ k}\Omega)(0.1\text{ pF}) \log_e \frac{8}{1}$$

$$= (0.02 \times 10^{-6})(2.08)$$

$$= 41.6\,\mu\text{s}$$

그리고

$$T = t_1 + t_2 = 5.05\text{ ms} + 0.0416\text{ ms}$$
$$= 5.092\text{ ms}$$

따라서

$$f_{osc} = \frac{1}{T} = \frac{1}{5.092\text{ ms}} \cong \mathbf{196\text{ Hz}}$$

식 (17.17)을 이용하면

$$f \cong \frac{1}{R_1 C \log_e[1/(1 - \eta)]}$$
$$= \frac{1}{5 \times 10^{-3} \log_e 2.5}$$
$$= \mathbf{218\text{ Hz}}$$

e. 그림 17.47을 참조하라.

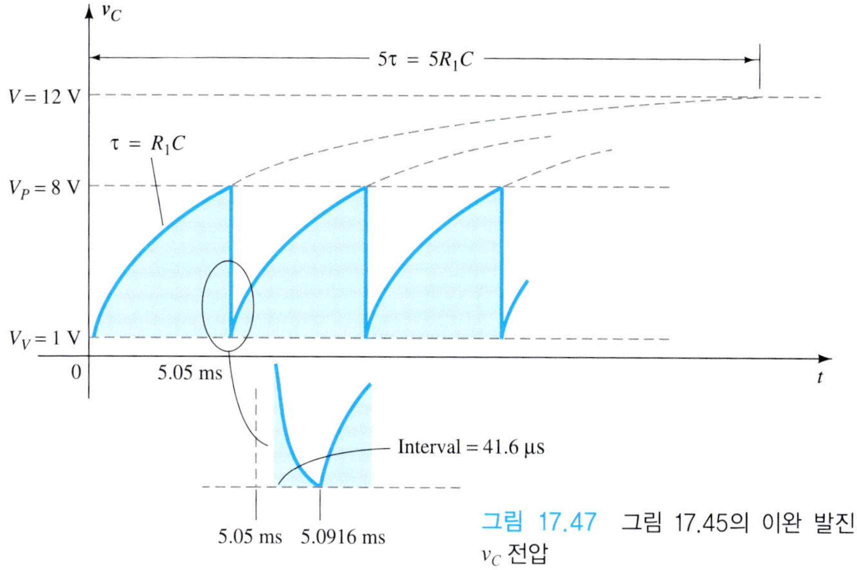

그림 17.47 그림 17.45의 이완 발진기의 v_C 전압

f. 충전 기간 동안 식 (17.9)에서

$$V_{R_2} = \frac{R_2 V}{R_2 + R_{BB}} = \frac{0.1\,\text{k}\Omega(12\,\text{V})}{0.1\,\text{k}\Omega + 5\,\text{k}\Omega} = \mathbf{0.235\,V}$$

$v_C = V_P$일 때, 식 (17.12)에서

$$V_{R_2} \cong \frac{R_2(V_P - 0.7\,\text{V})}{R_2 + R_{B_1}} = \frac{0.1\,\text{k}\Omega(8\,\text{V} - 0.7\,\text{V})}{0.1\,\text{k}\Omega + 0.1\,\text{k}\Omega}$$
$$= \mathbf{3.65\,V}$$

v_{R_2}의 그림은 그림 17.48에 나타내었다.

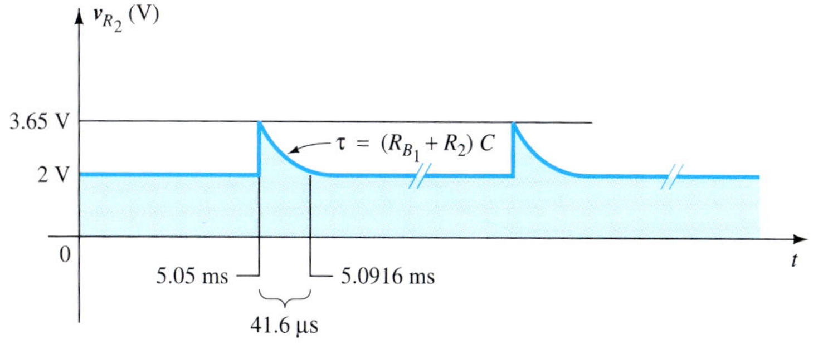

그림 17.48 그림 17.45의 이완 발진기에서 나타나는 v_{R_2}

17.13 포토트랜지스터

광전자 소자의 기본 작동은 포토다이오드를 설명하면서 이미 소개되었다. 이 절에서는 빛에 민감한 컬렉터 베이스 p–n 접합을 갖고 있는 포토트랜지스터(phototransistor)에 대하여 논의를 확장할 것이다. 광전 효과에 의하여 유도된 전류가 트랜지스터의 베이스 전류이다. 빛에 의하여 유도된 베이스 전류를 I_λ로 표시하면 컬렉터 전류는 근사적으로 다음과 같이 주어진다.

$$\boxed{I_C \cong h_{fe} I_\lambda} \tag{17.18}$$

포토트랜지스터에 대한 대표적인 특성 곡선들이 소자의 기호와 함께 그림 17.49에 주어졌다. 이 곡선들과 전형적인 바이폴라 트랜지스터의 특성 곡선들이 비슷하다는 것에 유의하자. 기대했던 바와 같이 빛의 세기의 증가는 컬렉터 전류의 증가와 일치한다. 더욱 익숙한 빛의 세기(mW/cm^2)의 측정 단위의 표현을 위하여 방사 선속 밀도에 대한 베이스 전류 곡선을 그림 17.50a에 나타내었다. 선속 밀도 증가에 따라서 베이스 전류가 지수 함수적으로 증가한다. 같은 그림에 포토트랜지스터의 그림과 단자 위치, 그리고 빛의 입사 각도를 나타내었다.

포토트랜지스터의 응용 분야로는 컴퓨터 논리회로, 조명 제어(고속도로 등), 레벨 표시, 계전기와 계수 시스템 등이 있다.

고분리 AND 게이트

3개의 포토트랜지스터와 3개의 LED를 사용한 고분리(high-isolation) AND 게이트를 그림 17.51에 나타내었다. LED는 소자를 통과하는 순방향 전류 크기에 따라서 빛의 세기가

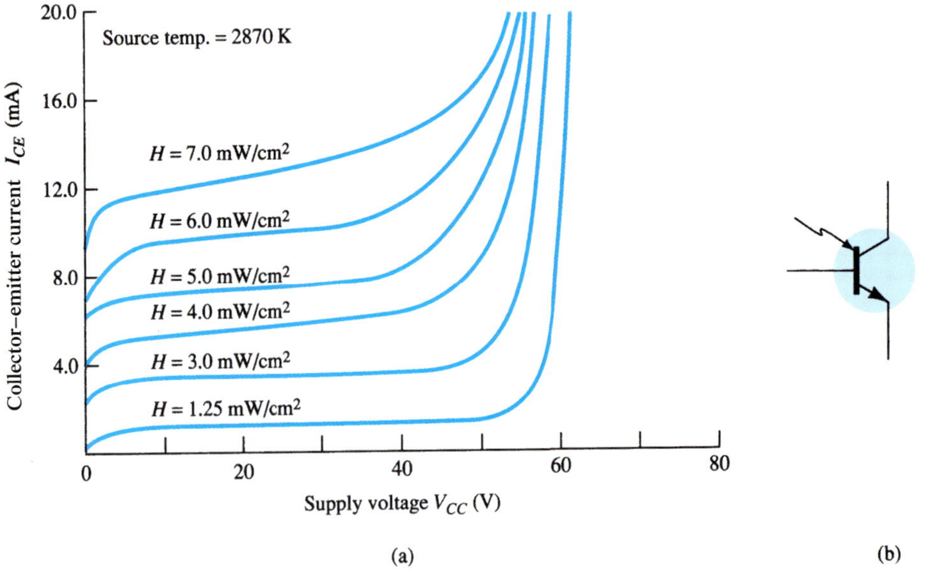

그림 17.49 포토트랜지스터: (a) 컬렉터 특성; 기호

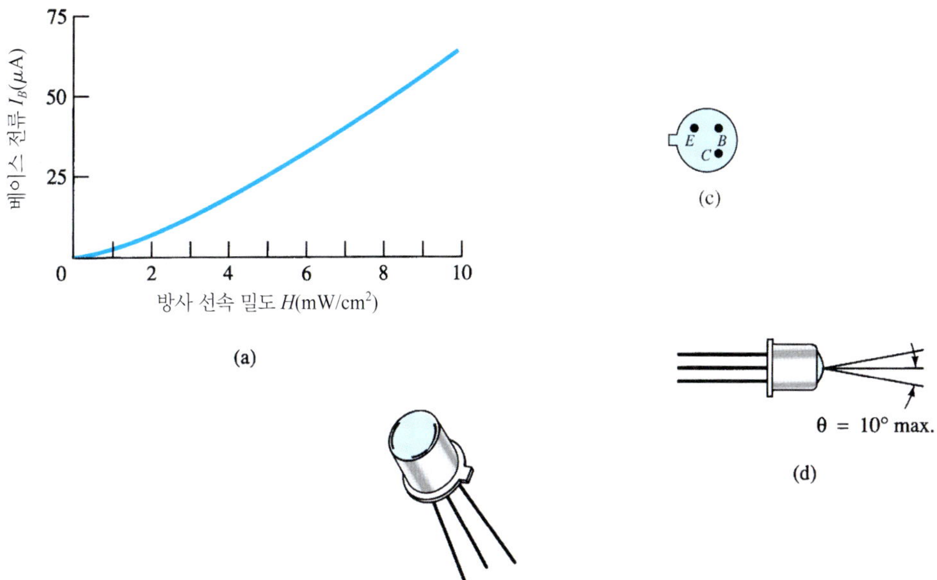

그림 17.50 포토트랜지스터: (a) 방사 선속 밀도에 대한 베이스 전류; (b) 소자; (c) 단자 명칭; (d) 각도 조절

결정되는 빛을 방출하는 반도체 소자이다. 1장의 논의를 통해 회로 작동을 비교적 쉽게 이해할 수 있다. 고분리 게이트 용어는 간단히 입력회로와 출력회로 간의 전기적인 연결이 없음을 의미한다.

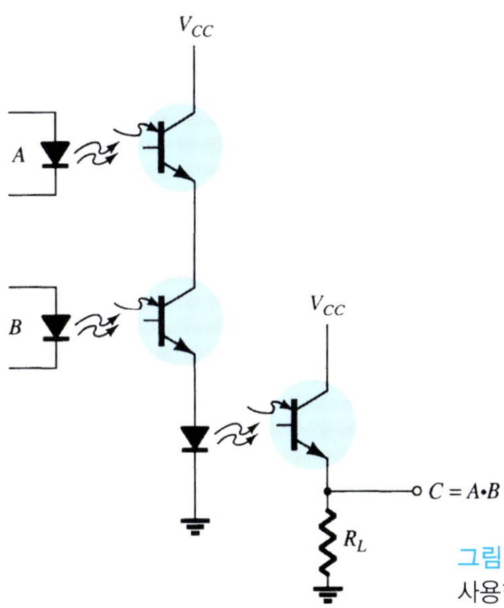

그림 17.51 포토트랜지스터와 LED를 사용한 고절연 AND 회로

17.14 옵토아이솔레이터

옵토아이솔레이터(opto-isolator)는 앞 절에서 설명하였던 많은 특성들을 포함하고 있는 소

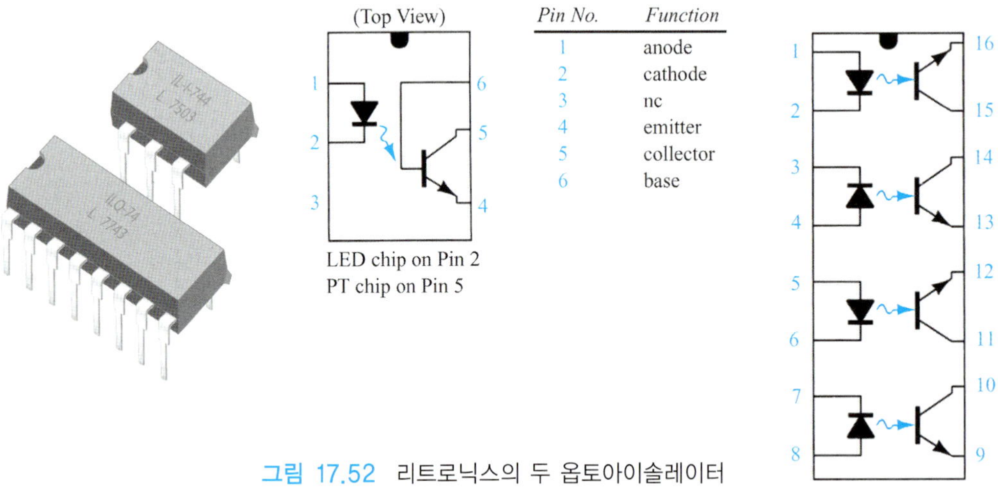

Pin No.	Function
1	anode
2	cathode
3	nc
4	emitter
5	collector
6	base

Pin No.	Function
1	anode
2	cathode
3	cathode
4	anode
5	anode
6	cathode
7	cathode
8	anode
9	emitter
10	collector
11	collector
12	enitter
13	emitter
14	collector
15	collector
16	emitter

그림 17.52 리트로닉스의 두 옵토아이솔레이터

자이다. 이 소자는 1개의 적외선 LED와 1개의 광검출기(실리콘 다이오드, 트랜지스터 달링턴쌍, 또는 SCR)로 구성된 하나의 패키지다. 각 소자의 파장 응답이 가능한 최대의 결합 반응을 갖기 위하여 가급적 동일하게 되도록 맞추어진다. 그림 17.52에서 2개의 가능한 칩 배열을 사진과 함께 나타내었다. 보이지는 않지만 구조 내에 삽입된 각 소자 간에 빛이 통과하도록 투과성 절연 뚜껑이 있다. 이 소자들은 응답시간이 매우 짧아서 MHz 범위의 데이터를 전송하는데 사용할 수 있도록 설계되어 있다.

6핀 모델에 대한 최대 정격들과 전기적인 특성들을 그림 17.53에 있다. I_{CEO}는 nA 단위에서 측정하였고, 여기서 LED와 트랜지스터의 소비전력이 거의 같다는 점을 유의하자.

각 채널에 대한 전형적인 광전자 특성 곡선이 그림 17.54에서 그림 17.58에 걸쳐 나타나 있다. 낮은 온도에서 출력전류에 대한 온도의 영향은 현저한 반면에, 상온(25°C)이나 그 이상에서는 상당히 일정한 응답을 보인다. 앞에서 언급한 바와 같이 I_{CEO}의 레벨은 개선된 설계와 제조 기술에 따라 꾸준히 개선되고 있다(적을수록 좋다). 그림 17.54에서 온도가 약 75°C로 증가하기 전에는 I_{CEO}는 1 μA에 미치지 못한다는 것을 알 수 있다. 그림 17.55의 전달 특성 곡선은 결과적인 출력 트랜지스터의 컬렉터 전류(이 트랜지스터의 베이스 전류는 입사 광속에 의하여 결정된다)에 대한 입력 LED 전류(광속을 형성한다)를 비교하고 있다. 실제로 그림 17.56에서는 V_{CE} 전압이 결과적으로 나타나는 컬렉터 전류에서는 매우 작은 영향을 미친다는 것을 보여주고 있다. 그림 17.57에서 옵토아이솔레이터의 스위칭 시간은 전류의 증가에 따라서 감소하지만 많은 소자의 경우 정반대가 된다는 것이 흥미롭다. 같은 그림에서 6 mA의 컬렉터 전류와 100 Ω의 부하저항 R_L일 경우에 스위칭 시간은 단지 2 μs임을 알 수 있다. 온도에 대한 상대적인 출력전류를 그림 17.58에 나타내었다.

트랜지스터 결합기에 대한 구성도를 그림 17.52에 나타내었으며, 포토다이오드, 포토달링턴, 포토-SCR 옵토아이솔레이터에 대한 회로도를 그림 17.59가 보여주고 있다.

Maximum Ratings

Gallium arsenide LED (each channel)	
Power dissipation @ 25°C	200 mW
Derate linearly from 25°C	2.6 mW/°C
Continuous forward current	150 mA
Detector silicon phototransistor (each channel)	
Power dissipation @ 25°C	200 mW
Derate linearly from 25°C	2.6 mW/°C
Collector-emitter breakdown voltage	30 V
Emitter-collector breakdown voltage	7 V
Collector-base breakdown voltage	70 V

Electrical Characteristics per Channel (at 25°C Ambient)

Parameter	*Min.*	*Typ.*	*Max.*	*Unit*	*Test Conditions*
Gallium arsenide LED					
Forward voltage		1.3	1.5	V	$I_F = 60$ mA
Reverse current		0.1	10	μA	$V_R = 3.0$ V
Capacitance		100		pF	$V_R = 0$ V
Phototransistor detector					
BV_{CEO}	30			V	$I_C = 1$ mA
I_{CEO}		5.0	50	nA	$V_{CE} = 10$ V, $I_F = 0$ A
Collector-emitter capacitance		2.0		pF	$V_{CE} = 0$ V
BV_{ECO}	7			V	$I_E = 100$ μA
Coupled characteristics					
dc current transfer ratio	0.2	0.35			$I_F = 10$ mA, $V_{CE} = 10$ V
Capacitance, input to output		0.5		pF	
Breakdown voltage	2500			V	DC
Resistance, input to output		100		GΩ	
V_{sat}			0.5	V	$I_C = 1.6$ mA, $I_F = 16$ mA
Propagation delay					
$t_{D\,on}$		6.0		μs	$R_L = 2.4$ kΩ, $V_{CE} = 5$ V
$t_{D\,off}$		25		μs	$I_F = 16$ mA

그림 17.53 옵토아이솔레이터

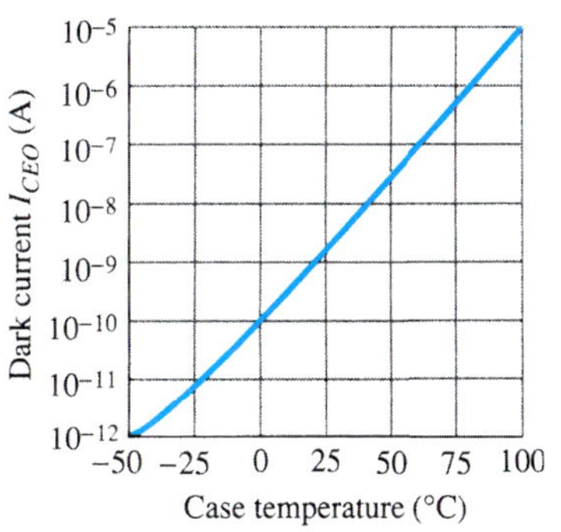

그림 17.54 온도에 대한 암 전류(I_{CEO})

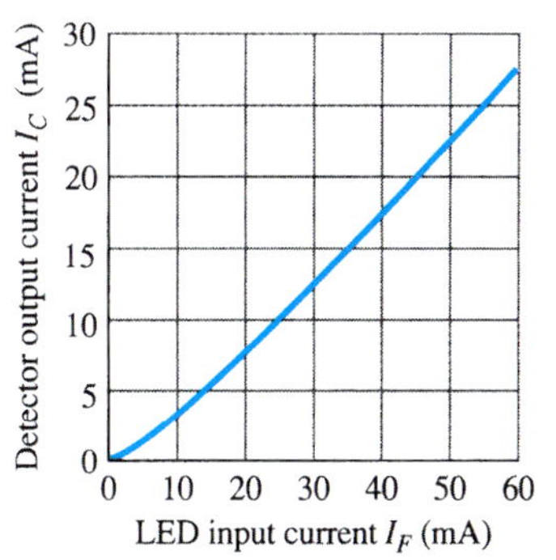

그림 17.55 전달 특성

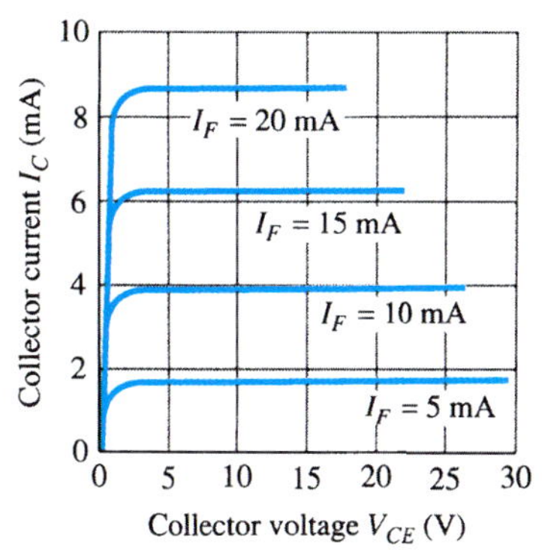

그림 17.56 디텍터 출력 특성

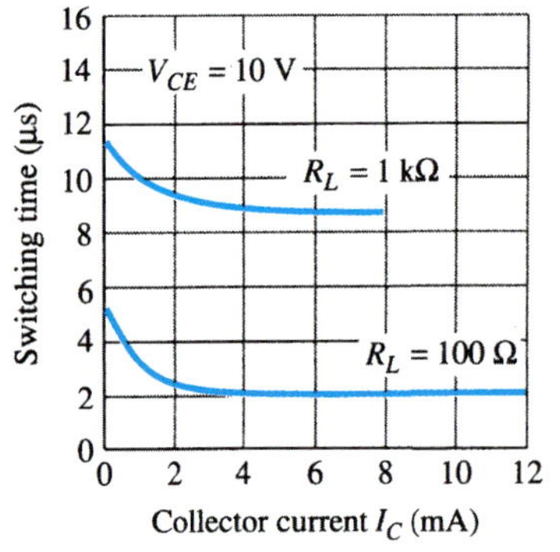

그림 17.57 컬렉터 전류에 대한 스위칭 시간

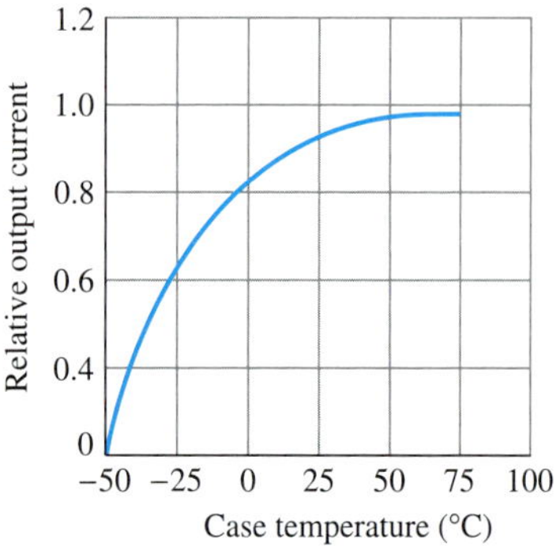

그림 17.58 온도에 대한 상대적인 출력

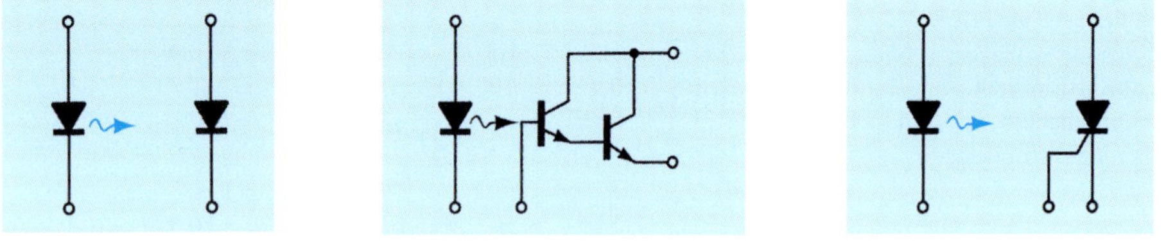

(a) (b) (c)

그림 17.59 옵토아이솔레이터: (a) 포토다이오드; (b) 포토달링턴; (c) 포토-SCR

17.15 프로그램 가능 단일 접합 트랜지스터

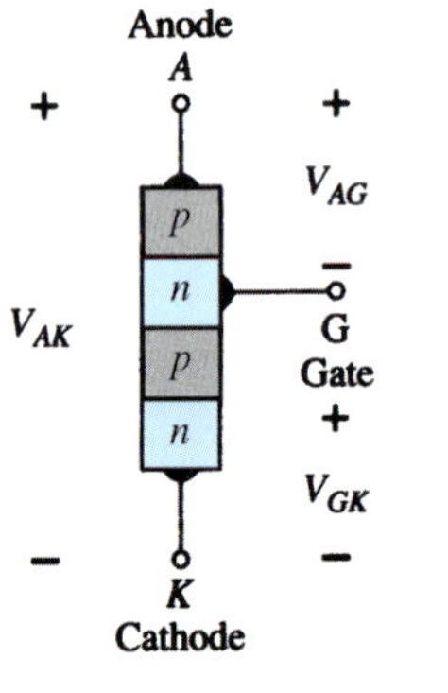

그림 17.60 프로그램 가능한 UJT(PUT)

이름이 비슷함에도 불구하고, 프로그램 가능 단일 접합 트랜지스터(programmable unijunction transistor: PUT)의 실제 구조와 작동 모드는 단일 접합 트랜지스터와는 매우 다르다. 그러나 각각의 I–V 특성과 응용이 비슷하다는 사실로 이런 명칭 선택을 하게 되었다.

그림 17.60에서와 같이 이 PUT는 샌드위치된 n형 반도체 층에 게이트가 직접 접속된 4층 *pnpn* 소자이다. 소자에 대한 기호와 기본 바이어스 회로를 그림 17.61에 나타내었다. 기호가 암시하듯이 사실상 이 소자는 전형적인 SCR의 특성을 나타낼 수 있는 제어 메커니즘을 갖고 있는 SCR이다. UJT에서 정의하였던 R_{BB}, η, V_P가 저항 R_{B_1}, R_{B_2}와 공급전압 V_{BB}를 통하여 제어될 수 있으므로 프로그램 가능이란 말을 적용하였다. 그림 17.61에서 I_G=0일 때 전압 분배 법칙에 의하여

$$V_G = \frac{R_{B_1}}{R_{B_1} + R_{B_2}} V_{BB} = \eta V_{BB} \tag{17.19}$$

이고, 여기서

$$\eta = \frac{R_{B_1}}{R_{B_1} + R_{B_2}}$$

는 UJT에서 정의한 바와 같다.

소자의 특성을 그림 17.62에 나타내었다. 그림에서와 같이 'off' 상태(I가 낮고, V는 0과 V_P 사이)와 'on' 상태($I \geq I_V$, $V \geq V_V$)는 UJT에서 발생했던 불안정한 영역에 의하여 분리된다. 즉 소자는 불안정한 상태로 머물 수 없기 때문에 단순히 'off' 상태나 'on' 상태의 안정한 상태 중의 하나로 옮겨질 것이다.

전도 전위(V_P) 또는 소자를 동작시키는 데 필요한 전압은 UJT에서 정의한 바와 같이 다음으로 주어진다.

$$\boxed{V_P = \eta V_{BB} + V_D} \tag{17.20}$$

그러나 그림 17.60에서 V_P는 전압 강하 V_{AK}(전도되는 다이오드 양단 간의 순방향 전압 강하)를 나타낸다. 실리콘의 경우 V_D는 일반적으로 0.7 V이다. 그러므로

$$V_{AK} = V_{AG} + V_{GK}$$

그리고

$$V_P = V_D + V_G$$

$$\boxed{V_P = \eta V_{BB} + 0.7\ \text{V}} \quad \text{silicon} \tag{17.21}$$

한편 위에서 $V_G = \eta V_{BB}$이므로, 이 식은 다음과 같이 쓸 수 있다.

$$\boxed{V_P = V_G + 0.7} \quad \text{silicon} \tag{17.22}$$

UJT의 경우에 R_{B_1}과 R_{B_2}는 자체 저항과 소자의 베이스접촉저항을 나타내는 것으로 둘 다 직접 얻기 어렵다는 것을 알아야 한다. 위의 전개에서는 R_{B_1}과 R_{B_2}는 η를 조정하고, 따라서 V_G를 조정하는 소자의 외부적인 것이다. 즉 다른 말로 PUT은 소자를 on시키는 V_P의 레벨을 제어하는 수단을 제공한다는 것이다.

PUT와 UJT의 특성이 유사함에도 불구하고 PUT의 피크전류와 계곡(valley) 전류는 유사한 정격의 UJT의 값들에 비하여 낮다. 뿐만 아니라 최소 작동 전압 또한 PUT의 경우가 작다.

그림 17.61에서 게이트 단자의 오른쪽에 대하여 Thévenin 등가회로를 취하면 그림 17.63의 회로가 된다. 결과적인 저항 R_S가 중요하다. 왜냐하면 I_V의 레벨에 영향을 미치므로 자주 규격표에 포함되기 때문이다.

소자의 기본 작동은 그림 17.62를 참고로 살펴볼 수 있다. off 상태로 있는 소자는 V_G와

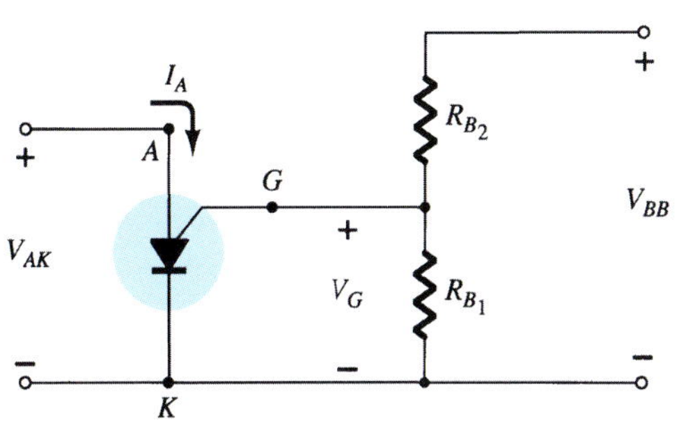

그림 17.61 PUT의 기본 바이어스 회로

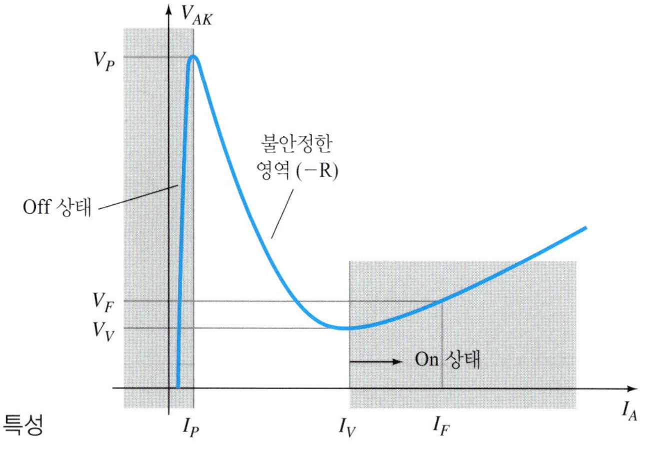

그림 17.62 PUT 특성

V_D로 정의되는 V_P 전압에 도달하기 전에는 상태가 변하지 않는다. I_P가 될 때까지 전류 레벨은 매우 낮은데 $R=V$(고)/I(저)이므로 높은 저항 레벨이 되고 결과적으로 등가적인 개방 회로가 된다. V_P가 될 때 소자는 불안정한 영역을 통과하여 on 상태로 된다. 이 상태는 전압이 낮고 전류가 높으므로 결과적으로 단자저항 $R=V$(저)/I(고)은 매우 작아서 근사적으로 등가 단락 회로로 나타낼 수 있다. 그러므로 소자는 사실상 R_{B_1}, R_{B_2}, V_{BB}의 선택으로 결정되는 점에서 개방 상태에서 단락 상태로 전환된다. 소자가 일단 'on' 상태로 되면, V_G를 제거하여도 소자는 'off' 상태로 되지 않는다. 전압 레벨 V_{AK}가 유지 전류보다 낮은 전류로 감소할 수 있도록 충분히 감소되어야만 off 상태로 된다.

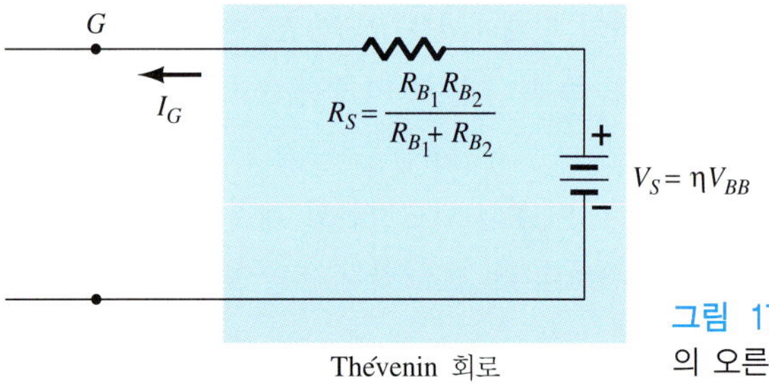

그림 17.63 그림 17.61에서 게이트 단자의 오른쪽에 대한 Thévenin 회로

예제 17.2 $\eta=0.8$, $V_P=10.3$ V, $R_{B_2}=5$ kΩ일 때에 실리콘 PUT의 R_{B_1}과 V_{BB}를 구하라.

풀이

$$\text{식 (17.4):} \qquad \eta = \frac{R_{B_2}}{R_{B_1}+R_{B_2}} = 0.8$$

$$R_{B_1} = 0.8(R_{B_1}+R_{B_2})$$

$$0.2R_{B_1} = 0.8R_{B_2}$$

$$R_{B_1} = 4R_{B_2}$$

$$R_{B_1} = 4(5\,\text{k}\Omega) = \mathbf{20\,k\Omega}$$

식 (17.20):

$$\begin{aligned} V_P &= \eta V_{BB} + V_D \\ 10.3\text{ V} &= (0.8)(V_{BB}) + 0.7\text{ V} \\ 9.6\text{ V} &= 0.8V_{BB} \\ V_{BB} &= \mathbf{12\ V} \end{aligned}$$

이완 발진기

PUT의 인기 있는 응용의 예가 그림 17.64의 이완 발진기이다. 전원이 연결된 순간에는 양극 전류가 없으므로 커패시터는 V_{BB}값을 향하여 충전되기 시작한다. 충전 곡선이 그림 17.65에 나타나 있다. 전도전위 V_P에 도달하기까지 필요한 주기 T는 근사적으로 다음과 같이 주어진다.

$$T \cong RC \log_e \frac{V_{BB}}{V_{BB} - V_P} \tag{17.23}$$

또는 $V_P \cong \eta V_{BB}$일 때

$$T \cong RC \log_e \left(1 + \frac{R_{B_1}}{R_{B_2}}\right) \tag{17.24}$$

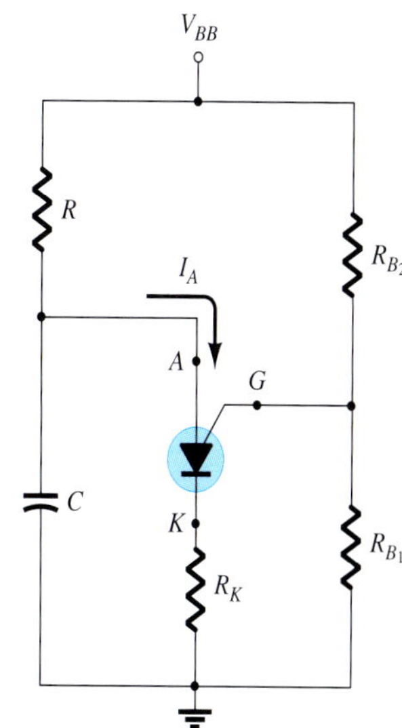

그림 17.64 PUT 이완 발진기

커패시터 양단 간에 걸리는 전압이 V_P와 같아지는 순간에 소자는 전도되며, 전류 $I_A = I_P$가 PUT를 통하여 형성된다. R이 너무 크면 전류 I_P는 형성될 수 없으며, 소자는 전도되지 않는다. 전이 순간에 다음 관계식이 성립한다.

$$I_P R = V_{BB} - V_P$$

이고

$$R_{\text{max}} = \frac{V_{BB} - V_P}{I_P} \tag{17.25}$$

아래첨자는 R_{max}보다 큰 어떤 임의의 저항 R이 I_P보다 낮은 전류를 형성하게 됨을 지적하기 위하여 붙인 것이다. 또한 저항 레벨 R은 발진을 시키려고 한다면 I_V보다 작은 값이 되도록 설정해야 하는 것이다. 다시 말하면 PUT가 불안정한 영역으로 들어가서 off 상태로

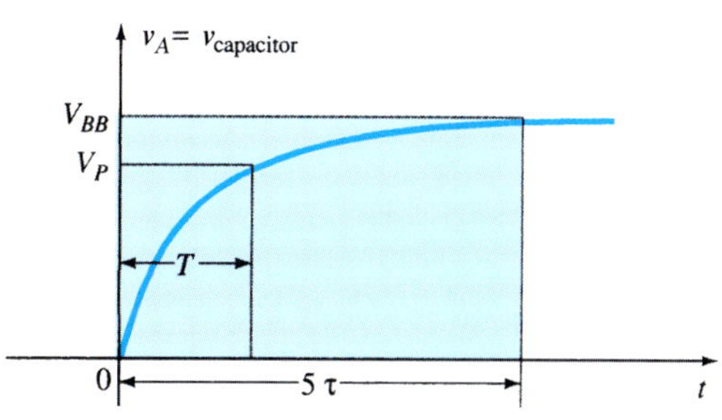

그림 17.65 그림 17.64에 있는 커패시터 C의 충전파형

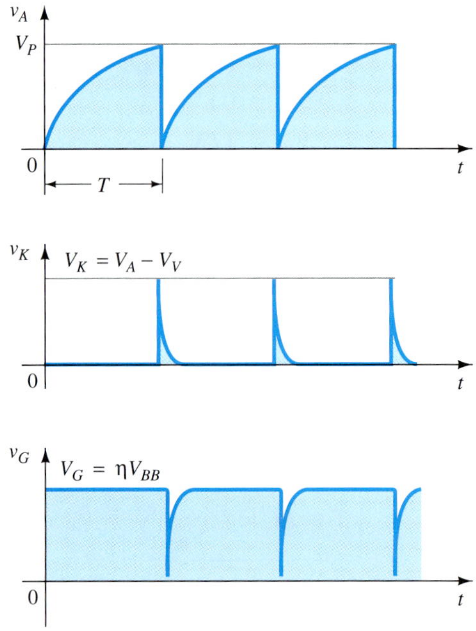

그림 17.66 그림 17.64의 PUT 발진기의 파형

되돌아가야 한다. 위에서와 비슷한 이유로 다음 관계식을 얻을 수 있다.

$$R_{\min} = \frac{V_{BB} - V_V}{I_V} \tag{17.26}$$

위의 설명으로부터 발진 시스템에서 저항 R값의 범위는 다음과 같이 제한된다.

$$R_{\min} < R < R_{\max}$$

v_A, v_G, v_K의 파형들을 그림 17.66에 나타내었다. T는 v_A가 충전시킬 수 있는 최대 전압을 정하게 된다. 일단 소자가 전도되면, 커패시터는 PUT와 R_K를 통하여 급속한 방전을 하게 되고, 따라서 전압이 떨어지게 된다. 물론 v_K는 같은 순간에 짧은 기간 동안이지만 큰 전류에 의하여 피크값이 된다. 전압 v_G는 V_G에서 0 V보다 약간 큰 레벨로 급격히 감소한다. 커패시터 전압이 낮은 레벨로 떨어지면 PUT는 다시 off 상태로 되고 충전 과정이 반복된다. V_G와 V_K의 영향을 그림 17.66에 나타내었다.

예제 17.3 $V_{BB}=12$ V, $R=20$ kΩ, $C=1$ μF, $R_K=100$ Ω, $R_{B_1}=10$ kΩ, $R_{B_2}=5$ kΩ, $I_P=100$ μA, $V_V=1$ V, $I_V=5.5$ mA일 때 그림 17.64의 회로에 대하여 다음을 계산하라.

a. V_P

b. $R_{\max}$와 $R_{\min}$

c. T와 발진 주파수

d. v_A, v_G, v_K의 파형

풀이

a. 식 (17.20): $V_P = \eta V_{BB} + V_D$

$$= \frac{R_{B_1}}{R_{B_1} + R_{B_2}} V_{BB} + 0.7\text{ V}$$

$$= \frac{10\text{ k}\Omega}{10\text{ k}\Omega + 5\text{ k}\Omega}(12\text{ V}) + 0.7\text{ V}$$

$$= (0.67)(12\text{ V}) + 0.7\text{ V} = \mathbf{8.7\text{ V}}$$

b. 식 (17.25): $R_{\max} = \dfrac{V_{BB} - V_P}{I_P}$

$$= \frac{12\text{ V} - 8.7\text{ V}}{100\ \mu\text{A}} = \mathbf{33\text{ k}\Omega}$$

식 (17.26): $R_{\min} = \dfrac{V_{BB} - V_V}{I_V}$

$$= \frac{12\text{ V} - 1\text{ V}}{5.5\text{ mA}} = \mathbf{2\text{ k}\Omega}$$

R: $2\text{ k}\Omega < 20\text{ k}\Omega < 33\text{ k}\Omega$

c. 식 (17.23): $T = RC \log_e \dfrac{V_{BB}}{V_{BB} - V_P}$

$$= (20\text{ k}\Omega)(1\ \mu\text{F}) \log_e \frac{12\text{ V}}{12\text{ V} - 8.7\text{ V}}$$

$$= 20 \times 10^{-3} \log_e (3.64)$$

$$= 20 \times 10^{-3}(1.29)$$

$$= \mathbf{25.8\text{ ms}}$$

$$f = \frac{1}{T} = \frac{1}{25.8\text{ ms}} = \mathbf{38.8\text{ Hz}}$$

d. 그림 17.67에 표시되어 있다.

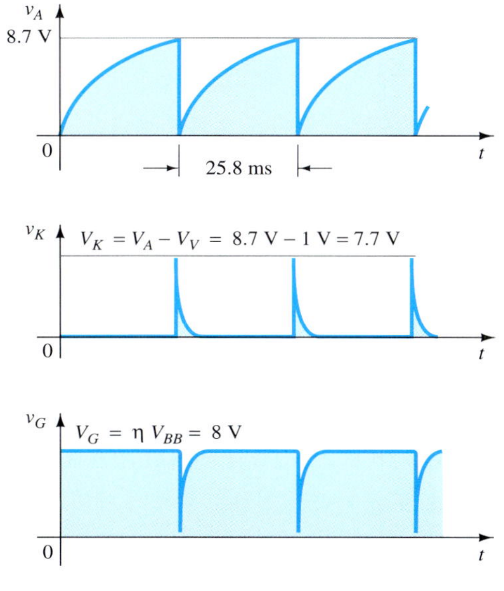

그림 17.67 예제 17.3의 발진기 파형

17.16 요약

중요 결론 및 개념

1. **실리콘제어 정류기**(SCR)는 **게이트의 전류 크기**로 상태가 제어되는 정류기이다. 소자에 인가되는 순방향 전압값이 소자가 턴온 되기 위해 필요한 게이트 전류값을 결정하게 된다. 좀 더 **높은** 바이어스 전압에서 더 **적은** 게이트 전류가 필요하다.
2. 게이트 트리거링과는 별도로, SCR은 소자에 충분한 전압을 인가함으로써, **게이트 전류가 0인 상태**가 상태에서도 간단하게 SCR을 on 시킬 수 있다. 좀 더 높은 게이트 전류에서는 SCR을 on 시키기 위하여 더 적은 양의 바이어스 전압이 필요하게 된다.
3. 실리콘 제어형 스위치는 소자의 상태를 조절하기 위한 **양극 게이트**와 **음극 게이트**를 모두 가지고 있다. 양극 게이트는 *n*형 층에, 음극 게이트는 *p*형 층에 연결된다. 그 결과 **양극에 음의 펄스가 가해지면 소자를 동작시킬 것이고**, 반면에 양의 펄스는 오프시킬 것이다. 음극 게이트에서는 그 반대로 동작이 이루어진다.
4. **게이트 턴오프 스위치(GTO)**는 단지 **하나의 게이트**를 가진 SCR 구조와 유사한 모양이다. 그러나 GTO는 게이트 단자에서 **온 오프**를 변환할 수 있는 추가적인 장점을 가지고 있다. 그러나 이러한 추가적인 기능을 위해서는 소자를 턴온시키기 위해서 **좀 더 큰 게이트 전류**가 있어야 한다.
5. **LASCR**은 광활성 SCR로서, **소자의 반도체 층에 들어오는 빛의 양**이나 SCR에서 처럼 **게이트 단자에 트리거링 신호를 통해서** 그 상태를 조절할 수 있다. 소자의 접합 온도가 높을수록 활성화시키는 데 필요한 빛의 양이 감소하게 된다.
6. **Shockley 다이오드는 게이트 전류가 0인 SCR**과 기본적으로 **같은 특징**을 갖는다. 이 소자는 브레이크오버 전압 이상으로 소자에 인가되는 순방향 전압에 의해 턴온된다.
7. **다이액은 양방향에서 턴온시킬 수 있는 Shockley 다이오드**이다. 어느 극성에서라도 충분한 전압을 인가할 때 소자가 턴 온 될 것이다.
8. **트라이액**은 근본적으로 양방향으로 **소자를 턴온을 시키는 제어 게이트 단자를 가지고 있는 다이액**이다.
9. **단일 접합 트랜지스터**는 알루미늄 막대와 *n*형 실리콘 판 사이에 형성된 *p*–*n* 접합을 가진 3단자 소자이다. 에미터 전도 전위에 이르면, 에미터 전압은 에미터 전류가 증가함에 따라 감소할 것이고, 발진용으로 사용하는데 뛰어난 **음저항 영역**을 형성시키게 된다. 계곡점에 이르면 소자의 특성이 **반도체 다이오드의 특성**을 갖게 된다. 소자에 더 큰 전압이 인가되면 에미터의 전도 전압은 더욱 높아지게 된다.
10. **포토트랜지스터**는 빛의 밀도에 민감한 베이스와 컬렉터 전류를 가진 **BJT와 매우 유사한 특성**을 갖는 3단자 소자이다. 결과적으로 베이스 전류는 브레이크다운 이전까지는 소자에 인가된 전압과는 무관하고 **인가된 빛의 양에 선형**인 특성을 갖는다.
11. **옵토아이솔레이터**는 직접적인 연결이 필요하지 않은 시스템 간의 결합을 위하여 **적외선 LED**와 광검출기를 갖는다. 검출기의 출력전류는 **인가된 입력 LED 전류와 선형적인 관계를 갖지만 그 값은 더 작다**. 또한 컬렉터 전류는 컬렉터 에미터간 전압에는 근본적으로 영향을 받지 않는다.

12. **PUT**(프로그램 가능 단일 접합 트랜지스터)는 그 이름에서 알 수 있듯이, **전도전위를 제어할 수 있는** 기능이 추가된 **UJT의 특성**을 갖는 소자이다. 일반적으로 PUT의 피크, 계곡점, 최소 동작전압은 UJT보다 크지 않다.

주요 공식

다이액:

$$V_{BR_1} = V_{BR_2} \pm 0.1V_{BR_2}$$

UJT:

$$R_{BB} = (R_{B_1} + R_{B_2})\big|_{I_E=0}$$

$$V_{R_{B_1}} = \frac{R_{B_1}}{R_{B_1} + R_{B_2}} \cdot V_{BB} = \eta V_{BB}\bigg|_{I_E=0}$$

$$\eta = \frac{R_{B_1}}{R_{BB}}$$

$$V_P = \eta V_{BB} + V_D$$

포토트랜지스터:

$$I_C \cong h_{fe} I_\lambda$$

PUT:

$$V_G = \frac{R_{B_1}}{R_{B_1} + R_{B_2}} \cdot V_{BB} = \eta V_{BB}$$

$$V_P = \eta V_{BB} + V_D$$

연 | 습 | 문 | 제

17.3 SCR의 기본 작동

1. 2개의 트랜지스터로 된 등가회로를 사용하여 SCR의 기본 작동을 각자 나름대로 설명하라.

2. SCR을 off 상태로 바꿔주는 두 가지 방법을 설명하라.

3. 제작회사의 매뉴얼이나 규격표를 참고하여 턴오프 회로 한 가지 예를 들고, 가능하면 설계된 회로의 턴오프 작동을 설명하라.

17.4 SCR 특성과 정격

***4. a.** 높은 게이트 전류 레벨에서 SCR의 특성은 어떤 2단자 소자의 특성과 비슷하게 되는가?

b. 양극-음극간 전압이 $V_{(BR)F^*}$보다 낮게 고정되어 있을 때, 게이트 전류를 최대값에서 0

*는 다른 문제보다 다소 어려운 문제를 나타낸다.

레벨로 감소한다면 SCR의 전도 상태에는 어떠한 영향을 미치는가?

c. 게이트 전류가 I_G=0보다 크게 고정되어 있을 때, 게이트 전압이 $V_{(BR)F^*}$로부터 감소되어 감에 따라 SCR의 전도 상태에는 어떠한 영향을 미치는가?

d. I_G의 레벨을 증가시키면 유지 전류에는 어떠한 영향을 미치는가?

5. a. 그림 17.8에서 게이트 전류가 50 mA일 때 상온(25°C)에서 소자는 전도되는가?

b. 게이트 전류가 10 mA일 때 (a)를 반복하라.

c. 상온에서 2.6 V의 게이트 전압은 소자를 트리거하게 되는가?

d. 전도 조건으로 V_G=6 V, I_G=800 mA의 선택은 적절한가? V_G=4 V, I_G=1.6 A일 때의 선택은 적합한가? 설명하라.

17.5 SCR 응용

6. 그림 17.10b에서 전도되는 동안에 SCR에 걸리는 전압의 손실은 매우 작은데, 그 이유는 무엇인가?

7. 그림 17.11에서 저항 R_1의 저항값이 감소하면 전도각이 증가하는 이유를 충분히 설명하라.

***8.** 그림 17.12의 충전회로를 참조하여 다음에 답하라.

a. 1 : 1 변압기를 사용했을 때 전파 정류된 신호의 직류 레벨을 구하라.

b. 회로가 충전되지 않은 상태에서 전지가 11 V에 머무르면 SCR_1의 양단 간에 걸리는 양극-음극 간의 전압 강하는 얼마인가?

c. $V_R(V_{GK} \cong 0.7\ V)$의 가능한 최대값은 얼마인가?

d. 문제 (c)의 최대값에서 SCR_2의 게이트 전압은 얼마인가?

e. SCR_2가 단락 회로 상태로 들어갔을 때, V_2의 레벨은 얼마인가?

9. 그림 17.13의 온도제어기에 대한 문제이다.

a. SCR에 걸리는 전파정류 파형을 그려라.

b. SCR이 on 되어 아노드와 캐소드 사이가 단락되었다고 하면 히터를 통하여 흐르는 피크 전류는 얼마인가?

c. SCR이 on 되었을 때 온도조절장치(thermostat)를 통하여 흐르는 최대 전류는 얼마인가?

d. 인가된 교류 전압 양의 사이클에서 정류된 전압이 0 V에서 최대값까지 갈 때 걸리는 상승시간은 총 얼마나 되는가?

e. d의 기간 동안 충전되는 커패시터의 시상수(time constant)는 얼마인가? 비교하면 어떤가? 이것이 왜 문제가 되는지?

f. 이 충전기간 동안에 SCR의 상태는 어떠한가? 왜 그런지 설명하라.

g. 게이트 전도 전압이 40 V라면 SCR을 연속적으로 트리거시킬 수 있는 시간 간격은 얼마인가?

h. 온도조절장치가 설정된 온도에 도달하면(온도조절장치는 단락이 된다) SCR은 어떻게 동작하게 되는가?

i. SCR을 off 시키는데 아노드 전류 차단 또는 강제적인 전류(forced commutation) 중 어떤 방법을 사용했는가?

10. 그림 17.14의 비상등에 대한 문제이다.

a. 전구에 걸리는 전파 정류된 신호의 파형을 그려라. 각 다이오드의 전도 전압 강하는 0.7 V로 하라.

b. SCR_1이 off 되었을 때 커패시터 C_1에 걸리는 피크 전압치를 구하라.

c. 충전기간 중에 전지의 전압이 5 V로 떨어지게 되면 R_1에 걸리는 피크 전압은 얼마인가?

d. SCR이 on되고 전지가 6 V로 충분히 충전되어 있을 때 램프의 걸리는 전압은 얼마인가?

e. 램프의 전력 소모가 2 W이면 전지로부터 흐르는 전류는 얼마인가?

17.6 실리콘 제어스위치

11. 그림 17.16의 회로 작동을 자기 나름대로 자세히 설명하라.

12. 그림 17.18 회로에서 제안된 턴오프 절차는 어떻게 되는가?

13. 그림 17.19에 대하여

a. SCR의 게이트와 접지 사이의 전압을 표현하는 식을 쓰라.

b. $R_S=R'$일 때 전압 V_{GK}는 얼마인가?

c. $R'=10\ \text{k}\Omega$일 때 2 V의 턴온 전압을 만들기 위한 R_S를 구하라.

d. 경보가 울릴 때 릴레이를 통하여 흐르는 전류값은?

e. $V_A=0$ V일 때 정격효과 저항을 통하여 최대 직류 전류가 흐르게 되는데 이 값은 얼마인가?

f. 리셋 버튼을 눌렀을 때 회로의 어느 곳에서라도 스파이크가 발생한다면 어떤 문제가 되는가? 어떻게 스파이크를 억제시킬 수 있는가?

17.7 게이트 턴오프 스위치

14. a. 그림 17.22에서 $V_Z=50$ V일 때 커패시터 C_1이 충전할 수 있는 가능한 최대값을 구하라($V_{GK}\cong 0.7$ V).

b. $R_3=20\ \text{k}\Omega$에 대하여 근사적인 방전 시간(5τ)을 구하라.

c. 상승 시간이 (b)에서 구한 감소 주기의 반일 때 GTO의 내부저항을 구하라.

17.8 광활성 SCR

15. a. 그림 17.24b를 사용하여 상온(25°C)에서 소자를 전도하는 데 필요한 최소 빛 조도량을 구하라.

b. 접합 온도가 0°C(32°F)에서 100°C(212°F)로 증가하면 몇 %의 조도량이 감소될 수 있는가?

17.9 Shockley 다이오드

16. 그림 17.28의 회로에서 $V_{BR}=6$ V, $V=40$ V, $R=10\ \text{k}\Omega$, $C=0.2\ \mu\text{F}$, V_{GK}(전도 전위)$=3$ V일 때 회로에 전원을 공급한 후 SCR을 턴온시키는데 필요한 시간 주기를 구하라.

17.10 다이액

17. 어떠한 참고자료를 이용해서라도 다이액의 응용과 그 회로 작동을 설명하라.

18. V_{BR_2}가 6.4 V일 때 식 (17.1)을 사용하여 V_{BR_1}의 범위를 정하라.

19. 그림 17.30의 회로에서 v_i와 v_G 사이의 위상변이가 45°로 만들게 할 사람 몸의 C_b 커패시턴스를 구하라.

17.11 트라이액

20. 그림 17.33에서 $C=1\ \mu$F라면 어떤 방향으로던 50% 전도 기간이 되게할 R 값을 구하라. 다이액의 어떤 방향으로든 턴언시키는 전압은 12 V이고 인가된 정현파 신호의 피크값은 60 Hz에서 170 V(=1.414×120 V)이다.

17.12 단일 접합 트랜지스터

21. 그림 17.40의 회로에서 $V=40$ V, $\eta=0.6$, $V_V=1$ V, $I_V=8$ mA, $I_P=10\ \mu$A일 때 트리거링 회로에서 R_l의 범위를 정하라.

22. $V_{BB}=20$ V, $\eta=0.65$, $R_{B_1}=2$ kΩ ($I_E=0$), $V_D=0.7$ V인 단일 접합 트랜지스터에서 다음을 구하라.

a. R_{B_2} **b.** R_{BB}

c. $V_{R_{B_1}}$ **d.** V_P

***23.** 주어진 그림 17.68의 이완 발진기에서

a. $I_E=0$ A일 때 R_{B_1}과 R_{B_2}를 구하라.

b. UJT를 턴온시키는 데 필요한 전압 V_P를 구하라.

c. 식 (17.8)로 정의되는 허용 범위값 이내에 R_1이 포함되는지의 여부를 결정하라.

d. 방전 기간 동안 $R_{B_1}=200\ \Omega$이라 하여 발진기 주파수를 구하라.

e. 2주기 동안의 v_C의 파형을 그려라.

f. 2주기 동안의 v_{R_2}의 파형을 그려라.

g. 식 (17.17)을 이용하여 주파수를 구하고 (d)에서 구한 값과 비교하라. 주요한 차이점을 설명하라.

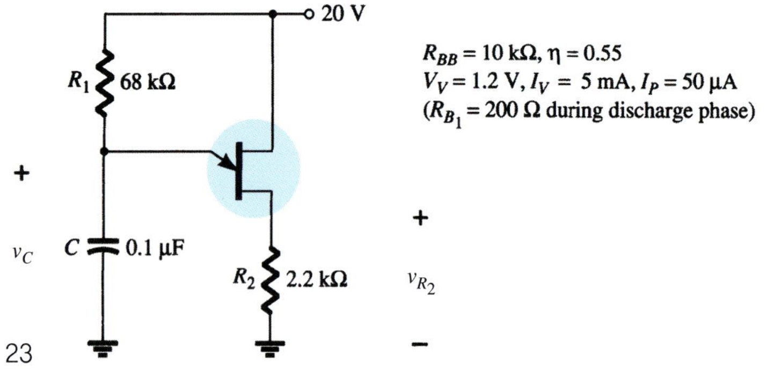

그림 17.68 문제 23

17.13 포토트랜지스터

24. 그림 17.50의 특성을 갖는 포토트랜지스터에서 5 mW/cm²의 방사 선속 밀도로 광유도된 베이스 전류를 구하라. 또 $h_{fe}=40$일 때 I_C를 구하라.

***25.** 포토트랜지스터와 LED를 이용한 고분리 OR게이트 회로를 설계하라.

17.14 옵토아이솔레이터

26. a. $-25°C$와 $+50°C$ 사이의 온도에서 그림 17.58의 곡선으로부터 평균 감소율을 구하라.

b. 실온보다 높은 온도(100°C까지)에서 출력전류가 온도에 의하여 영향을 받지 않는다는 것은 타당한가?

27. a. 그림 17.54로부터 25°C에서 50°C의 온도 범위에서 단위 온도 당 I_{CEO}의 평균 변화량을 구하라.

b. (a)의 결과에 의하여 35°C에서 I_{CEO}값을 결정하는 것이 가능한가? 이유를 설명하라.

28. 그림 17.55에서 출력전류가 20 mA일 때 LED 출력전류 대 디텍터 입력전류의 비를 구하라. 이 소자가 이 목적에 비교적 효율적이라고 생각하는가?

***29. a.** $P_D=200$ mW의 최대 전력 곡선을 그림 17.56의 그래프 위에 그리고 중요한 결과들을 열거하라.

b. $V_{CE}=15$ V, $I_F=10$ mA에서 시스템에 대한 $\beta_{dc}(I_C/I_F)$를 구하라.

c. (b)의 결과와 $I_F=10$ mA일 때 그림 17.55로부터 얻어지는 결과를 비교하라. 비교가 되는지 왜 비교해야 하는지 설명하라.

***30. a.** $R_L=1$ kΩ일 때와 $R_L=100$ Ω일 때 스위칭 시간이 별로 변하지 않는 컬렉터 전류를 그림 17.57을 참조하여 구하라.

b. $I_C=6$ mA에서 $R_L=1$ kΩ과 $R_L=100$ Ω에 대한 스위칭 시간의 비가 저항의 비와 어떻게 비교되는가?

17.15 프로그램 가능 단일 접합 트랜지스터

31. $V_{BB}=20$ V, $R_{B_1}=3R_{B_2}$인 PUT에 대하여 η와 V_G를 구하라.

32. 예제 17.3에서 주어진 데이터를 이용하여 PUT의 전도점와 계곡점에서의 임피던스를 구하라. 이때 근사적으로 개방회로 상태와 단락 회로 상태에 해당이 되는가?

33. 식 (17.24)를 식 (17.23)에서와 같이 정확하게 유도할 수 있는가? 그렇게 못한다면 식 (17.24)에서 어느 요소가 빠졌다고 생각하는가?

***34. a.** 예제 17.3의 회로망에서 V_{BB}가 10 V로 변경이 된다면 회로망은 발진할 것인가? V_V가 일정할 때 필요한 V_{BB}의 최소값은 얼마나 되는가?

b. 같은 예제를 참고로 하여 시스템의 발진 응답을 제거하고, 안정된 'on' 상태로 하기 위한 R의 값은 얼마인가?

c. 2 ms 시간 지연 회로망으로 하기 위한 R의 값은 얼마인가? 즉 전원이 공급되고 2 ms 이후에 펄스 v_K가 주어지며 그리고 그 후에 on 상태에 머물게 한다.

Appendix A

하이브리드 파라미터

그래프를 이용한 결정 및 변환식 (정확한 변환식과 근사된 변환식)

A.1 그래프를 이용한 *h* 파라미터 결정

편미분을 이용하면, 공통 에미터 회로에서 트랜지스터의 작동 영역이 주어졌을 때, h 파라미터들은 다음의 식들과 같이 나타낼 수 있다.*

$$h_{ie} = \frac{\partial v_i}{\partial i_i} = \frac{\partial v_{be}}{\partial i_b} \cong \left.\frac{\Delta v_{be}}{\Delta i_b}\right|_{V_{CE}=\text{constant}} \quad (\text{옴}) \tag{A.1}$$

$$h_{re} = \frac{\partial v_i}{\partial v_o} = \frac{\partial v_{be}}{\partial v_{ce}} \cong \left.\frac{\Delta v_{be}}{\Delta v_{ce}}\right|_{I_B=\text{constant}} \quad (\text{단위 없음}) \tag{A.2}$$

$$h_{fe} = \frac{\partial i_o}{\partial i_i} = \frac{\partial i_c}{\partial i_b} \cong \left.\frac{\Delta i_c}{\Delta i_b}\right|_{V_{CE}=\text{constant}} \quad (\text{단위 없음}) \tag{A.3}$$

$$h_{oe} = \frac{\partial i_o}{\partial v_o} = \frac{\partial i_c}{\partial v_{ce}} \cong \left.\frac{\Delta i_c}{\Delta v_{ce}}\right|_{I_B=\text{constant}} \quad (\text{지멘스}) \tag{A.4}$$

각 식에서 Δ는 작동점 근처에서의 작은 변화를 나타낸다. 이는 h 파라미터들이 등가회로가 가능한 정확하도록, 주어진 신호의 작동점에서 결정된다는 것을 의미한다. 트랜지스터의 특성을 나타내는 파라미터들을 결정하는 데 있어서 V_{CE}와 I_B값은 고정되어야 한다. 공통 베이스 회로와 공통 컬렉터 회로의 경우에는 v_i, v_o, i_i, i_o에 적절한 값들을 대입하면 된다.

*편미분 $\partial v_i/\partial i_i$는 i_i의 순간적인 변화에 대한 v_i의 순간적인 변화를 나타낸다.

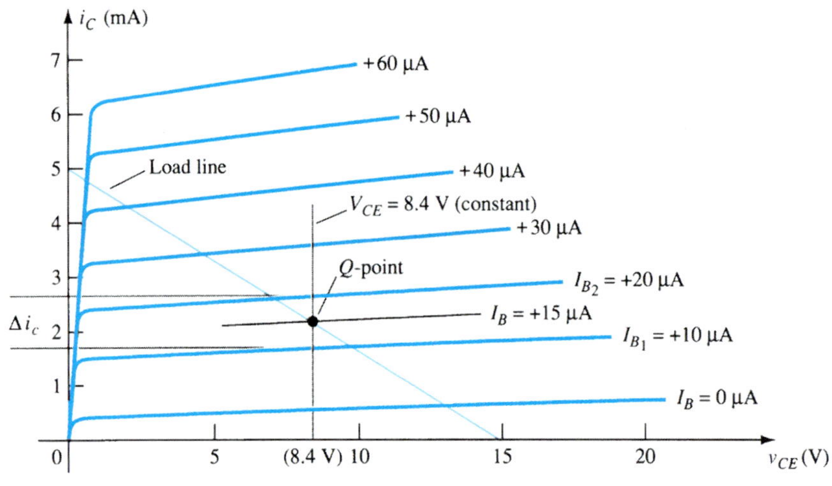

그림 A.1 h_{fe} 결정

h_{ie}와 h_{re}는 입력과 베이스 특성에 의해 결정되는 반면 h_{fe}와 h_{oe}는 출력과 컬렉터의 특성에 의해 결정된다. h_{fe}가 가장 중요한 값이므로, 이 파라미터부터 식 (A.1)~(A.4)에 따른 작동을 살핀다. 파라미터값들을 구할 때 가장 먼저 해야 할 일은 그림 A.1과 같이 회로의 작동점을 찾는 것이다. 식 (A.3)에서 V_{CE}가 상수이므로, 베이스 전류나 컬렉터 전류의 변화는 Q점에서 수직 방향으로 나타내야 한다. 식 (A.3)은 컬렉터 전류의 작은 변화값은 대응되는 베이스 전류의 작은 변화값으로 나누어야 한다. 값의 정확도를 높이기 위해 변화의 폭이 가능한 한 작아야 한다.

그림 A.1에서 i_b의 변화는 I_{B_1}부터 I_{B_2}로 설정하였고, 이는 고정된 V_{CE}를 나타내는 수직선상에 있다. 결과적으로 i_c의 변화는 I_{B_1}과 I_{B_2}, 그리고 V_{CE}의 수평선이 만드는 교차점에 의해 정해진다. 이제 구한 i_b와 i_c의 변화를 식 (A.3)에 대입하면 된다. 즉

$$|h_{fe}| = \left.\frac{\Delta i_c}{\Delta i_b}\right|_{V_{CE}=\text{constant}} = \left.\frac{(2.7 - 1.7)\text{ mA}}{(20 - 10)\ \mu\text{A}}\right|_{V_{CE}=8.4\text{ V}}$$
$$= \frac{10^{-3}}{10 \times 10^{-6}} = \mathbf{100}$$

식 (A.4)의 h_{oe}를 구하기 위한 조건인 I_B가 상수라는 것은 그림 A.2처럼 Q점에서의 접선으로 나타난다. v_{CE}의 변화가 정해지면, I_B는 상수값의 수평선과 수직축과의 교점으로 i_c의 변화를 구할 수 있다. 이를 식 (A.4)에 대입하면,

$$|h_{oe}| = \left.\frac{\Delta i_c}{\Delta v_{ce}}\right|_{I_B=\text{constant}} = \left.\frac{(2.2 - 2.1)\text{ mA}}{(10 - 7)\ V}\right|_{I_B=+15\ \mu\text{A}}$$
$$= \frac{0.1 \times 10^{-3}}{3} = \mathbf{33\ \mu A/V = 33 \times 10^{-6} S = 33\ \mu S}$$

그림 A.3에 나타낸 것처럼 h_{ie}와 h_{re}를 구하기 위해서는 입력 또는 베이스 특성 곡선에서

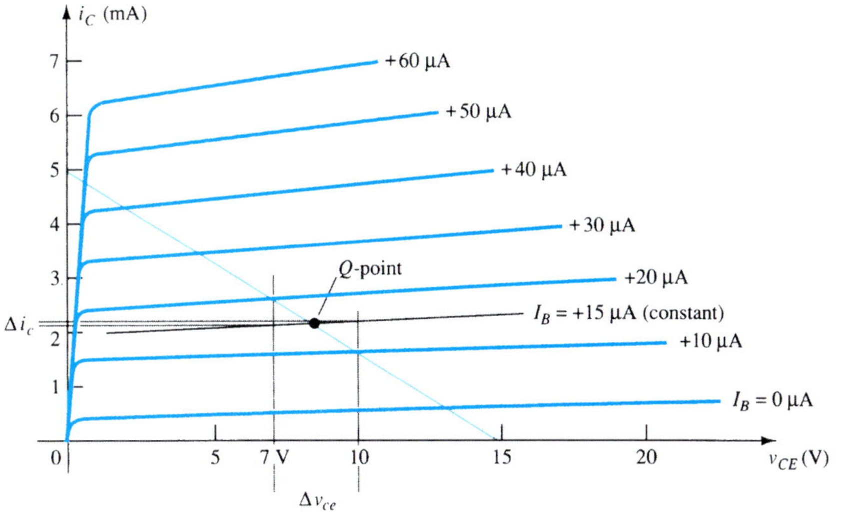

그림 A.2 h_{oe} 결정

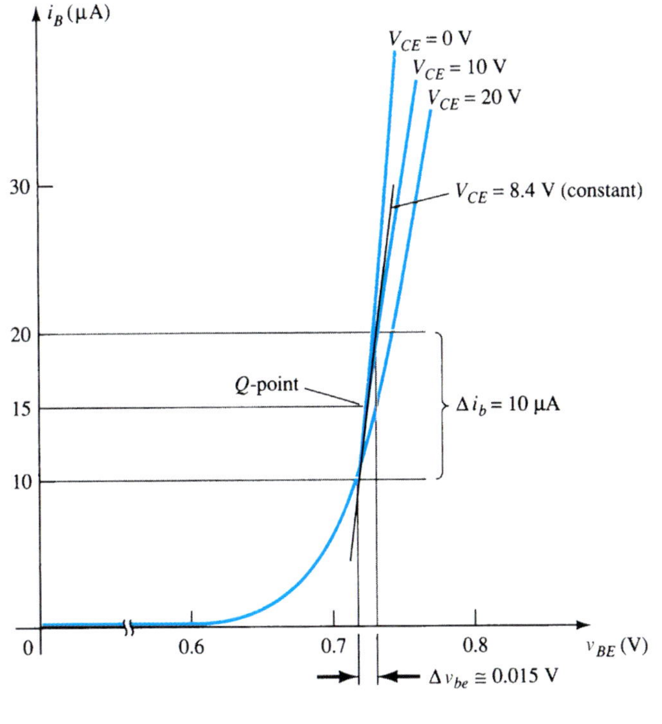

그림 A.3 h_{ie} 결정

Q점을 찾아야 한다. h_{ie}를 구하기 위해서는 먼저 Q점에서 V_{CE}=8.4 V를 나타내는 접선을 그린다. v_{be}의 변화를 설정하고 이에 따른 i_b의 변화를 구하여, 식 (A.1)에 대입하면

$$|h_{ie}| = \left.\frac{\Delta v_{be}}{\Delta i_b}\right|_{V_{CE}=\text{constant}} = \left.\frac{(733 - 718)\text{ mV}}{(20 - 10)\ \mu\text{A}}\right|_{V_{CE}=8.4\text{ V}}$$

$$= \frac{15 \times 10^{-3}}{10 \times 10^{-6}} = \mathbf{1.5\ k\Omega}$$

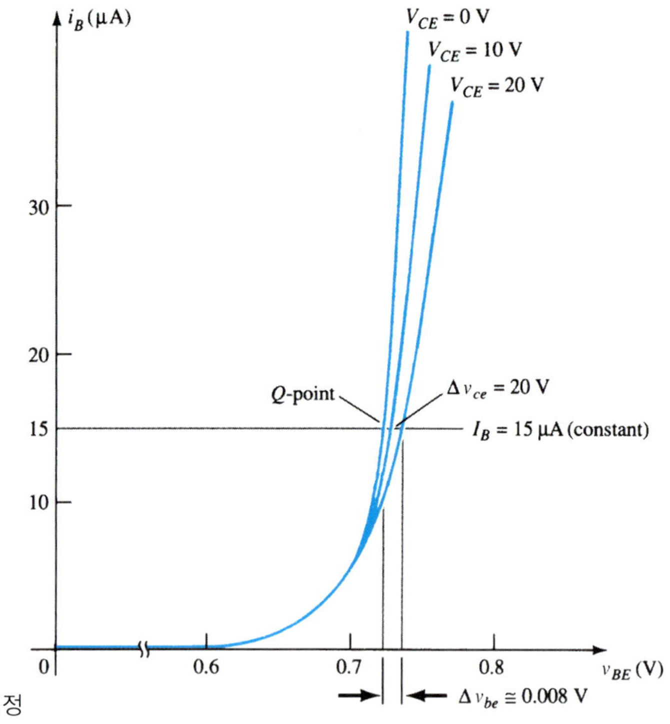

그림 A.4 h_{re} 결정

이다.

마지막 파라미터인 h_{re}를 구하기 위해서는 먼저 Q점에서 I_B=15 μA를 나타내는 수평선을 긋는다. v_{CE}의 변화를 설정하고 이에 따른 v_{BE}이 변화를 구하면 그림 A.4와 같다.

이를 식 (A.2)에 대입하면

$$|h_{re}| = \left.\frac{\Delta v_{be}}{\Delta v_{ce}}\right|_{I_B=\text{constant}} = \frac{(733 - 725)\text{ mV}}{(20 - 0)\text{ V}} = \frac{8 \times 10^{-3}}{20} = \mathbf{4 \times 10^{-4}}$$

이 된다.

그림 A.1에서 A.4를 통해 나타낸 특성을 가진 트랜지스터의 경우, 하이브리드 소신호 등가회로는 그림 A.5와 같다.

앞에서 언급했듯이, 공통 베이스나 공통 컬렉터 구성에서의 하이브리드 파라미터들도 해당하는 변수와 특성들을 사용하여 동일한 수식으로 구할 수 있다.

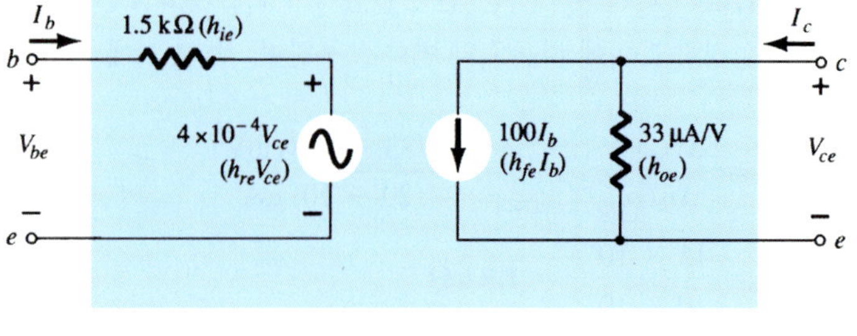

그림 A.5 그림 A.1~A.4에 나타난 특성을 가진 트랜지스터로 이루어진 하이브리드 소신호 등가회로

표 A.1 공통 에미터(CE), 공통 컬렉터(CC), 공통 베이스(CB) 트랜지스터 구조의 전형적인 파라미터값

Parameter	CE	CC	CB
h_i	1 kΩ	1 kΩ	20 Ω
h_r	2.5×10^{-4}	≅1	3.0×10^{-4}
h_f	50	−50	−0.98
h_o	25 μA/V	25 μA/V	0.5 μA/V
$1/h_o$	40 kΩ	40 kΩ	2 MΩ

표 A.1은 현재 널리 사용되고 있는 세 가지 구조의 트랜지스터 증폭회로에 대하여 파라미터값들을 정리한 것이다. 식 (A.3)의 음의 부호는 한 변수의 크기가 증가함에 따라 다른 변수의 크기가 감소하는 것을 나타낸다.

A.2 정확한 변환식

공통 에미터 회로

$$h_{ie} = \frac{h_{ib}}{(1 + h_{fb})(1 - h_{rb}) + h_{ob}h_{ib}} = h_{ic}$$

$$h_{re} = \frac{h_{ib}h_{ob} - h_{rb}(1 + h_{fb})}{(1 + h_{fb})(1 - h_{rb}) + h_{ob}h_{ib}} = 1 - h_{rc}$$

$$h_{fe} = \frac{-h_{fb}(1 - h_{rb}) - h_{ob}h_{ib}}{(1 + h_{fb})(1 - h_{rb}) + h_{ob}h_{ib}} = -(1 + h_{fc})$$

$$h_{oe} = \frac{h_{ob}}{(1 + h_{fb})(1 - h_{rb}) + h_{ob}h_{ib}} = h_{oc}$$

공통 베이스 회로

$$h_{ib} = \frac{h_{ie}}{(1 + h_{fe})(1 - h_{re}) + h_{ie}h_{oe}} = \frac{h_{ic}}{h_{ic}h_{oc} - h_{fc}h_{rc}}$$

$$h_{rb} = \frac{h_{ie}h_{oe} - h_{re}(1 + h_{fe})}{(1 + h_{fe})(1 - h_{re}) + h_{ie}h_{oe}} = \frac{h_{fc}(1 - h_{rc}) + h_{ic}h_{oc}}{h_{ic}h_{oc} - h_{fc}h_{rc}}$$

$$h_{fb} = \frac{-h_{fe}(1 - h_{re}) - h_{ie}h_{oe}}{(1 + h_{fe})(1 - h_{re}) + h_{ie}h_{oe}} = \frac{h_{rc}(1 + h_{fc}) - h_{ic}h_{oc}}{h_{ic}h_{oc} - h_{fc}h_{rc}}$$

$$h_{ob} = \frac{h_{oe}}{(1 + h_{fe})(1 - h_{re}) + h_{ie}h_{oe}} = \frac{h_{oc}}{h_{ic}h_{oc} - h_{fc}h_{rc}}$$

공통 컬렉터 회로

$$h_{ic} = \frac{h_{ib}}{(1 + h_{fb})(1 - h_{rb}) + h_{ob}h_{ib}} = h_{ie}$$

$$h_{rc} = \frac{1 + h_{fb}}{(1 + h_{fb})(1 - h_{rb}) + h_{ob}h_{ib}} = 1 - h_{re}$$

$$h_{fc} = \frac{h_{rb} - 1}{(1 + h_{fb})(1 - h_{rb}) + h_{ob}h_{ib}} = -(1 + h_{fe})$$

$$h_{oc} = \frac{h_{ob}}{(1 + h_{fb})(1 - h_{rb}) + h_{ob}h_{ib}} = h_{oe}$$

A.3 근사된 변환식

공통 에미터 회로

$$h_{ie} \cong \frac{h_{ib}}{1 + h_{fb}} \cong \beta r_e$$

$$h_{re} \cong \frac{h_{ib}h_{ob}}{1 + h_{fb}} - h_{rb}$$

$$h_{fe} \cong \frac{-h_{fb}}{1 + h_{fb}} \cong \beta$$

$$h_{oe} \cong \frac{h_{ob}}{1 + h_{fb}}$$

공통 베이스 회로

$$h_{ib} \cong \frac{h_{ie}}{1 + h_{fe}} \cong \frac{-h_{ic}}{h_{fc}} \cong r_e$$

$$h_{rb} \cong \frac{h_{ie}h_{oe}}{1 + h_{fe}} - h_{re} \cong h_{rc} - 1 - \frac{h_{ic}h_{oc}}{h_{fc}}$$

$$h_{fb} \cong \frac{-h_{fe}}{1 + h_{fe}} \cong -\frac{(1 + h_{fc})}{h_{fc}} \cong -\alpha$$

$$h_{ob} \cong \frac{h_{oe}}{1 + h_{fe}} \cong \frac{-h_{oc}}{h_{fc}}$$

공통 컬렉터 회로

$$h_{ic} \cong \frac{h_{ib}}{1 + h_{fb}} \cong \beta r_e$$

$$h_{rc} \cong 1$$

$$h_{fc} \cong \frac{-1}{1 + h_{fb}} \cong -\beta$$

$$h_{oc} \cong \frac{h_{ob}}{1 + h_{fb}}$$

Appendix **B**

맥동률과 전압 계산

B.1 정류기의 맥동률

전압의 맥동률은 다음과 같이 정의된다.

$$r = \frac{\text{신호의 교류성분 실효값}}{\text{신호의 평균값}}$$

이것은 다음과 같이 나타낼 수 있다.

$$r = \frac{V_r(\text{rms})}{V_{\text{dc}}}$$

직류 성분을 포함하는 신호의 교류 전압 성분이 다음과 같이 표시되므로,

$$v_{\text{ac}} = v - V_{\text{dc}}$$

교류성분의 실효값은 다음과 같다.

$$\begin{aligned}
V_r(\text{rms}) &= \left[\frac{1}{2\pi}\int_0^{2\pi} v_{\text{ac}}^2\, d\theta\right]^{1/2} \\
&= \left[\frac{1}{2\pi}\int_0^{2\pi} (v - V_{\text{dc}})^2\, d\theta\right]^{1/2} \\
&= \left[\frac{1}{2\pi}\int_0^{2\pi} (v^2 - 2vV_{\text{dc}} + V_{\text{dc}}^2)\, d\theta\right]^{1/2} \\
&= [V^2(\text{rms}) - 2V_{\text{dc}}^2 + V_{\text{dc}}^2]^{1/2} \\
&= [V^2(\text{rms}) - V_{\text{dc}}^2]^{1/2}
\end{aligned}$$

여기서 V(rms)는 전체 전압의 실효값이다. 반파 정류된 신호에 대해서는 다음과 같다.

$$V_r(\text{rms}) = [V^2(\text{rms}) - V_{\text{dc}}^2]^{1/2}$$
$$= \left[\left(\frac{V_m}{2}\right)^2 - \left(\frac{V_m}{\pi}\right)^2\right]^{1/2}$$
$$= V_m\left[\left(\frac{1}{2}\right)^2 - \left(\frac{1}{\pi}\right)^2\right]^{1/2}$$

$$\boxed{V_r(\text{rms}) = 0.385V_m \qquad (\text{반파})} \tag{B.1}$$

전파 정류된 신호에 대해서는 다음과 같다.

$$V_r(\text{rms}) = [V^2(\text{rms}) - V_{\text{dc}}^2]^{1/2}$$
$$= \left[\left(\frac{V_m}{\sqrt{2}}\right)^2 - \left(\frac{2V_m}{\pi}\right)^2\right]^{1/2}$$
$$= V_m\left(\frac{1}{2} - \frac{4}{\pi^2}\right)^{1/2}$$

$$\boxed{V_r(\text{rms}) = 0.308V_m \qquad (\text{전파})} \tag{B.2}$$

B.2 커패시터 필터의 맥동전압

그림 B.1에 나타낸 것처럼, 맥동 파형을 삼각 파형으로 근사하면(그림 B.2 참조) 다음과 같다.

$$V_{\text{dc}} = V_m - \frac{V_r(\text{p-p})}{2} \tag{B.3}$$

커패시터의 방전이 지속되는 동안 C의 양단에 걸리는 전압의 변화는 다음과 같다.

$$V_r(\text{p-p}) = \frac{I_{\text{dc}}T_2}{C} \tag{B.4}$$

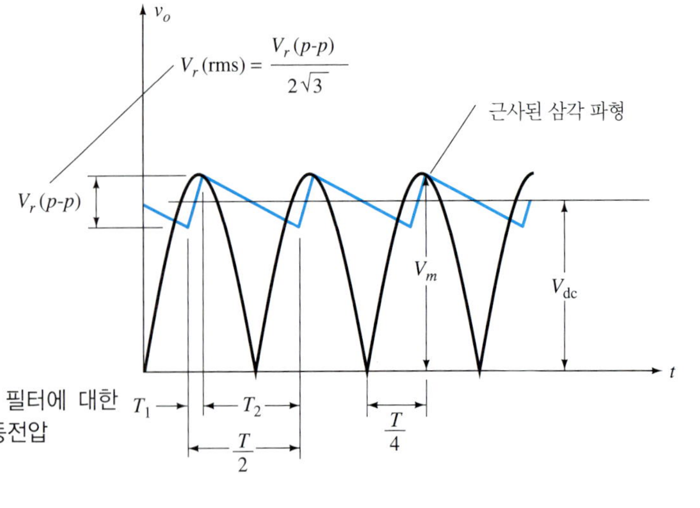

그림 B.1 커패시터 필터에 대한 근사된 삼각형의 맥동전압

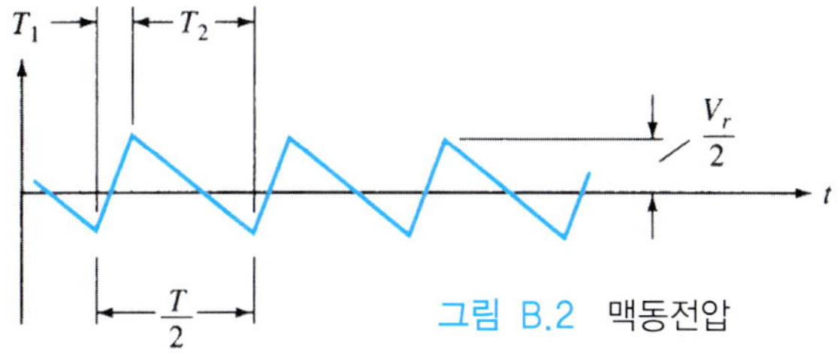

그림 B.2 맥동전압

그림 B.1의 삼각 파형으로부터 다음을 구할 수 있다.

$$V_r(\text{rms}) = \frac{V_r(\text{p-p})}{2\sqrt{3}} \tag{B.5}$$

그림 B.1의 파형으로부터 다음을 구할 수 있다.

$$\frac{V_r(\text{p-p})}{T_1} = \frac{V_m}{T/4}$$

$$T_1 = \frac{V_r(\text{p-p})(T/4)}{V_m}$$

또한

$$T_2 = \frac{T}{2} - T_1 = \frac{T}{2} - \frac{V_r(\text{p-p})(T/4)}{V_m} = \frac{2TV_m - V_r(\text{p-p})T}{4V_m}$$

$$T_2 = \frac{2V_m - V_r(\text{p-p})}{V_m}\frac{T}{4} \tag{B.6}$$

식 (B.3)은 다음과 같이 바꾸어 쓸 수 있다.

$$V_{\text{dc}} = \frac{2V_m - V_r(\text{p-p})}{2}$$

이 식을 식 (B.6)과 결합하면 다음과 같다.

$$T_2 = \frac{V_{\text{dc}}}{V_m}\frac{T}{2}$$

이 식을 식 (B.4)에 대입하면 다음과 같다.

$$V_r(\text{p-p}) = \frac{I_{\text{dc}}}{C}\left(\frac{V_{\text{dc}}}{V_m}\frac{T}{2}\right)$$

$$T = \frac{1}{f}$$

$$V_r(\text{p-p}) = \frac{I_{\text{dc}}}{2fC}\frac{V_{\text{dc}}}{V_m} \tag{B.7}$$

식 (B.5)와 식 (B.7)을 결합하고, V_r(rms)에 대해서 풀면 다음과 같다.

$$\boxed{V_r(\text{rms}) = \frac{V_r(\text{p-p})}{2\sqrt{3}} = \frac{I_{\text{dc}}}{4\sqrt{3}fC}\frac{V_{\text{dc}}}{V_m}} \tag{B.8}$$

B.3 맥동률 r에 대한 V_{dc}와 V_m의 관계

피크전압 V_m을 제공하는 변압기로부터 커패시터 필터의 양단에서 발생하는 직류전압과 맥동률의 관계는 다음과 같다.

$$r = \frac{V_r(\text{rms})}{V_{\text{dc}}} = \frac{V_r(\text{p-p})}{2\sqrt{3}V_{\text{dc}}}$$

$$V_{\text{dc}} = \frac{V_r(\text{p-p})}{2\sqrt{3}r} = \frac{V_r(\text{p-p})/2}{\sqrt{3}r} = \frac{V_r(\text{p})}{\sqrt{3}r} = \frac{V_m - V_{\text{dc}}}{\sqrt{3}r}$$

$$V_m - V_{\text{dc}} = \sqrt{3}rV_{\text{dc}}$$

$$V_m = (1 + \sqrt{3}r)V_{\text{dc}}$$

$$\boxed{\frac{V_m}{V_{\text{dc}}} = 1 + \sqrt{3}r} \tag{B.9}$$

식 (B.9)의 관계는 반파 및 전파 정류기의 커패시터 필터회로에 모두 적용되며, 그림 B.3은 이들 사이의 관계를 나타낸 것이다. 예를 들어 5%의 맥동이 있을 때 직류전압(V_{dc})은 피크전압의 10% 이내인 $0.92V_m$이며, 20%의 맥동이 있을 때 직류전압은 피크전압의 25% 이하보다 큰 전압인 $0.74V_m$까지 하강된다. V_{dc}는 6.5% 이하의 맥동에서 V_m의 10% 이내에 들어옴을 주목하라. 이 맥동량은 작은 부하 조건에서의 경계를 나타낸다.

B.4 맥동률 r에 대한 V_r(RMS)와 V_m의 관계

전파 및 반파 정류기 커패시터 필터회로 모두에 대해 V_r(rms), V_m 및 맥동량과의 관계를 다음과 같이 구할 수 있다.

$$\frac{V_r(\text{p-p})}{2} = V_m - V_{\text{dc}}$$

$$\frac{V_r(\text{p-p})/2}{V_m} = \frac{V_m - V_{\text{dc}}}{V_m} = 1 - \frac{V_{\text{dc}}}{V_m}$$

$$\frac{\sqrt{3}V_r(\text{rms})}{V_m} = 1 - \frac{V_{\text{dc}}}{V_m}$$

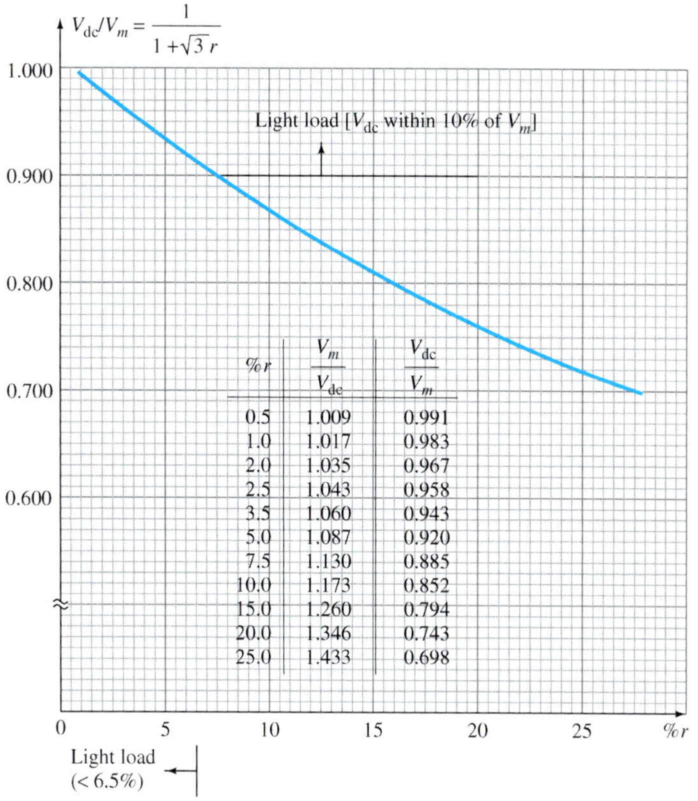

그림 B.3 %r의 함수로서의 V_{dc}/V_m

식 (B.9)를 사용하면, 다음을 구할 수 있다.

$$\frac{\sqrt{3}V_r(\text{rms})}{V_m} = 1 - \frac{1}{1+\sqrt{3}r}$$

$$\frac{V_r(\text{rms})}{V_m} = \frac{1}{\sqrt{3}}\left(1 - \frac{1}{1+\sqrt{3}r}\right) = \frac{1}{\sqrt{3}}\left(\frac{1+\sqrt{3}r-1}{1+\sqrt{3}r}\right)$$

$$\boxed{\frac{V_r(\text{rms})}{V_m} = \frac{r}{1+\sqrt{3}r}} \tag{B.10}$$

그림 B.4는 식 (B.10)의 관계를 그린 것이다.

6.5% 이하인 맥동에 대해 V_{dc}가 V_m의 10% 이내이므로, 다음과 같이 근사할 수 있으며,

$$\frac{V_r(\text{rms})}{V_m} \cong \frac{V_r(\text{rms})}{V_{dc}} = r \qquad \text{(light load)}$$

6.5% 이하의 맥동에 대해 $V_r(\text{rms})/V_m \le r$을 사용할 수 있다.

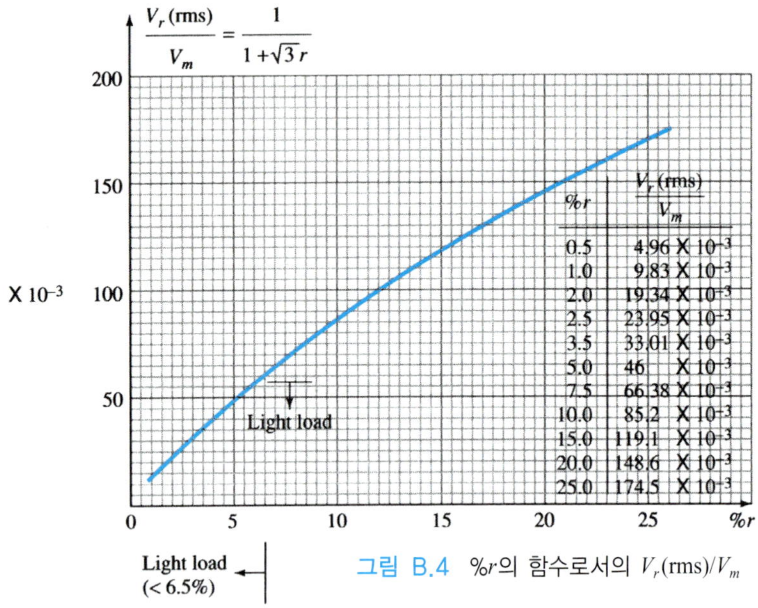

그림 B.4 $\%r$의 함수로서의 $V_r(\text{rms})/V_m$

B.5 정류기 커패시터 필터회로에 대한 전도각, 맥동률 및 I_{peak}/I_{dc}의 관계

그림 B.1에서 다이오드가 전도를 시작하는 각 θ_1를 다음과 같이 결정할 수 있다.

$$\theta=\theta_1\text{에서} \quad v = V_m \sin\theta = V_m - V_r(\text{p-p})$$

$$\theta_1 = \sin^{-1}\left[1 - \frac{V_r(\text{p-p})}{V_m}\right]$$

식 (B.10)과 $V_r(\text{rms})=V_r(\text{p-p})/2\sqrt{3}$을 이용하면 다음을 구할 수 있다.

$$\frac{V_r(\text{p-p})}{V_m} = \frac{2\sqrt{3}V_r(\text{rms})}{V_m}$$

그러므로
$$1 - \frac{V_r(\text{p-p})}{V_m} = 1 - \frac{2\sqrt{3}V_r(\text{rms})}{V_m} = 1 - 2\sqrt{3}\left(\frac{r}{1+\sqrt{3}r}\right)$$

$$= \frac{1-\sqrt{3}r}{1+\sqrt{3}r}$$

그리고
$$\boxed{\theta_1 = \sin^{-1}\frac{1-\sqrt{3}r}{1+\sqrt{3}r}} \tag{B.11}$$

여기서 θ_1은 전도가 시작되는 각이다.

병렬 임피던스 R_L과 C가 충전된 후 전류가 0이 되었을 때, 다음을 결정할 수 있다.

$$\theta_2 = \pi - \tan^{-1}\omega R_L C$$

$\omega R_L C$에 대한 표현은 다음과 같다.

$$r = \frac{V_r(\text{rms})}{V_{\text{dc}}} = \frac{(I_{\text{dc}}/4\sqrt{3}fC)(V_{\text{dc}}/V_m)}{V_{\text{dc}}} = \frac{V_{\text{dc}}/R_L}{4\sqrt{3}fC}\frac{1}{V_m}$$

$$= \frac{V_{\text{dc}}/V_m}{4\sqrt{3}fCR_L} = \frac{2\pi\left(\dfrac{1}{1+\sqrt{3}r}\right)}{4\sqrt{3}\omega CR_L}$$

그러므로

$$\omega R_L C = \frac{2\pi}{4\sqrt{3}(1+\sqrt{3}r)r} = \frac{0.907}{r(1+\sqrt{3}r)}$$

따라서 전도는 다음과 같은 각에서 멈춘다.

$$\boxed{\theta_2 = \pi - \tan^{-1}\frac{0.907}{(1+\sqrt{3}r)r}} \tag{B.12}$$

식 (15.10b)로부터, 다음을 얻을 수 있다.

$$\frac{I_{\text{peak}}}{I_{\text{dc}}} = \frac{I_p}{I_{\text{dc}}} = \frac{T}{T_1} = \frac{180°}{\theta} \quad (\text{전파})$$

$$= \frac{360°}{\theta} \quad (\text{반파}) \tag{B.13}$$

반파 및 전파 작동에 대해 맥동의 함수로 주어진 I_p/I_{dc}가 그림 B.5에 그려져 있다.

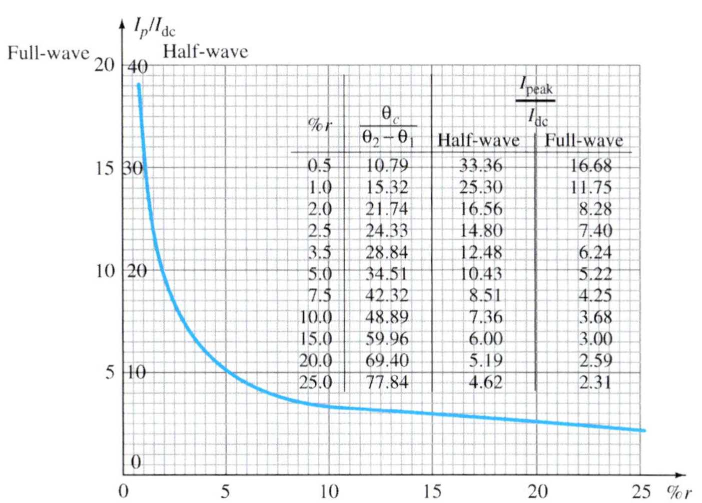

%r	θ_c $\theta_2-\theta_1$	$I_{\text{peak}}/I_{\text{dc}}$ Half-wave	Full-wave
0.5	10.79	33.36	16.68
1.0	15.32	25.30	11.75
2.0	21.74	16.56	8.28
2.5	24.33	14.80	7.40
3.5	28.84	12.48	6.24
5.0	34.51	10.43	5.22
7.5	42.32	8.51	4.25
10.0	48.89	7.36	3.68
15.0	59.96	6.00	3.00
20.0	69.40	5.19	2.59
25.0	77.84	4.62	2.31

$\theta_1 = \sin^{-1}\left(\dfrac{1-\sqrt{3}r}{1+\sqrt{3}r}\right) \quad \theta_2 = \pi - \tan^{-1}\left[\dfrac{0.907}{r(1+\sqrt{3}r)}\right] \quad \theta_c = \theta_2 - \theta_1$

그림 B.5 반파 및 전파 작동에 대한 %r과 I_p/I_{dc}의 관계

Appendix

C

차트와 표

표 C.1 그리스 문자

Name	Capital	Lowercase
alpha	A	α
beta	B	β
gamma	Γ	γ
delta	Δ	δ
epsilon	E	ε
zeta	Z	ζ
eta	H	η
theta	Θ	θ
iota	I	ι
kappa	K	κ
lambda	Λ	λ
mu	M	μ
nu	N	ν
xi	Ξ	ξ
omicron	O	o
pi	Π	π
rho	P	ρ
sigma	Σ	σ
tau	T	τ
upsilon	Υ	υ
phi	Φ	ϕ
chi	X	χ
psi	Ψ	ψ
omega	Ω	ω

표 C.2 상용 저항의 표준값

Ohms (Ω)					Kilohms (kΩ)		Megohms (MΩ)	
0.10	**1.0**	**10**	**100**	**1000**	**10**	**100**	**1.0**	**10.0**
0.11	1.1	11	110	1100	11	110	1.1	11.0
0.12	**1.2**	**12**	**120**	**1200**	**12**	**120**	**1.2**	**12.0**
0.13	1.3	13	130	1300	13	130	1.3	13.0
0.15	**1.5**	**15**	**150**	**1500**	**15**	**150**	**1.5**	**15.0**
0.16	1.6	16	160	1600	16	160	1.6	16.0
0.18	**1.8**	**18**	**180**	**1800**	**18**	**180**	**1.8**	**18.0**
0.20	2.0	20	200	2000	20	200	2.0	20.0
0.22	**2.2**	**22**	**220**	**2200**	**22**	**220**	**2.2**	**22.0**
0.24	2.4	24	240	2400	24	240	2.4	
0.27	**2.7**	**27**	**270**	**2700**	**27**	**270**	**2.7**	
0.30	3.0	30	300	3000	30	300	3.0	
0.33	**3.3**	**33**	**330**	**3300**	**33**	**330**	**3.3**	
0.36	3.6	36	360	3600	36	360	3.6	
0.39	**3.9**	**39**	**390**	**3900**	**39**	**390**	**3.9**	
0.43	4.3	43	430	4300	43	430	4.3	
0.47	**4.7**	**47**	**470**	**4700**	**47**	**470**	**4.7**	
0.51	5.1	51	510	5100	51	510	5.1	
0.56	**5.6**	**56**	**560**	**5600**	**56**	**560**	**5.6**	
0.62	6.2	62	620	6200	62	620	6.2	
0.68	**6.8**	**68**	**680**	**6800**	**68**	**680**	**6.8**	
0.75	7.5	75	750	7500	75	750	7.5	
0.82	**8.2**	**82**	**820**	**8200**	**82**	**820**	**8.2**	
0.91	9.1	91	910	9100	91	910	9.1	

표 C.3 전형적인 커패시터값

pF				μF				
10	100	1000	10,000	0.10	1.0	10	100	1000
12	120	1200						
15	150	1500	15,000	0.15	1.5	18	180	1800
22	220	2200	22,000	0.22	2.2	22	220	2200
27	270	2700						
33	330	3300	33,000	0.33	3.3	33	330	3300
39	390	3900						
47	470	4700	47,000	0.47	4.7	47	470	4700
56	560	5600						
68	680	6800	68,000	0.68	6.8			
82	820	8200						

Appendix **D**

연습문제 해답

Chapter 1

5. 2.4×10^{-18} C
15. **(a)** 25.27 mV **(b)** 11.84 mA
17. **(a)** 25.27 mV **(b)** 0.1 μA
19. 0.41 V
21. 1.6 μA
23. −75°C: 1.1 V, 0.01 pA; 25°C: 0.85 V, 1 pA; 125°C: 1.1 V, 105 μA
27. 175 Ω
29. −10 V: 100 MΩ; −30 V: 300 MΩ
31. **(a)** 3 Ω **(b)** 2.6 Ω **(c)** quite close
33. 1 mA: 52 Ω, 15 mA: 1.73 Ω
35. 22.5 Ω
37. $r_d = 4\ \Omega$
39. **(a)** −25 V: 0.75 pF; −10 V: 1.25 pF; $\Delta C_T/\Delta V_R = 0.033$ pF/V
43. 2.81 pF
45. $t_s = 3$ ns, $t_t = 6$ ns
47. **(b)** 6 pF **(c)** 0.58
49. 25°C: 0.5 nA; 100°C: 60 nA; 60 nA: 0.5 nA = 120:1
51. 25°C: 500 mW; 100°C: 260 mW; 25°C: 714.29 mA; 100°C: 371.43 mA
55. 0.053%/°C
57. 13 Ω
59. 2 V
61. 2.3 V
63. **(a)** 75° **(b)** 40°

Chapter 2

1. **(a)** $I_{D_Q} \cong 15$ mA, $V_{D_Q} \cong 0.85$ V, $V_R = 11.15$ V **(b)** $I_{D_Q} \cong 15$ mA, $V_{D_Q} = 0.71$ V, $V_R = 11.3$ V **(c)** $I_{D_Q} = 16$ mA, $V_{D_Q} = 0$ V, $V_R = 12$ V
3. $R = 0.62$ kΩ
5. **(a)** $I = 0$ mA **(b)** $I = 2.895$ A **(c)** $I = 1$ A
7. **(a)** $V_o = 9.17$ V **(b)** $V_o = 10$ V
9. **(a)** $V_{o_1} = 11.3$ V, $V_{o_2} = 1.2$ V **(b)** $V_{o_1} = 0$ V, $V_{o_2} = 0$ V
11. **(a)** $V_o = 0.3$ V, $I = 0.3$ mA **(b)** $V_o = 14.6$ V, $I = 3.96$ mA
13. $V_o = 6.03$ V, $I_D = 1.635$ mA
15. $V_o = 9.3$ V

17. $V_o = 10$ V
19. $V_o = -0.7$ V
21. $V_o = 4.7$ V
23. v_i: $V_m = 6.98$ V: r_d: pos. max = 0.7 V, neg. peak = −6.98 V: i_d: pos. pulse of 3.14 mA
25. Pos. pulse, peak = 169.68 V, $V_{dc} = 5.396$ V
27. **(a)** $I_{D_{max}} = 20$ mA **(b)** $I_{max} = 40$ mA **(c)** $I_D = 18.1$ mA
(d) $I_D = 36.2 \text{ mA} > I_{D_{max}} = 20$ mA
29. Full rectified waveform, peak = −100 V; PIV = 100 V, $I_{max} = 45.45$ mA
31. Full rectified waveform, peak = 56.67 V; $V_{dc} = 36.04$ V
33. **(a)** Pos. pulse of 5.09 V **(b)** Pos. pulse of 15.3 V
35. **(a)** Clipped at 4.7 V **(b)** Pos. clip at 0.7 V, neg. peak = −11 V
37. **(a)** 0 V to 40 V swing **(b)** −5 V to 35 V swing
39. **(a)** 28 ms **(b)** 56:1 **(c)** −1.3 V to −25.3 V swing
41. Network of Fig. 2.179 with battery reversed
43. **(a)** $R_s = 20\ \Omega$, $V_Z = 12$ V **(b)** $P_{Z_{max}} = 2.4$ W
45. $R_s = 0.5\ \text{k}\Omega$, $I_{ZM} = 40$ mA
47. $V_o = 339.36$ V

Chapter 3

3. Forward- and reverse-biased
9. $I_C = 7.921$ mA, $I_B = 79.21\ \mu$A
11. $V_{CB} = 1$ V: $V_{BE} = 800$ mV
$V_{CB} = 10$ V: $V_{BE} = 770$ mV
$V_{CB} = 20$ V: $V_{BE} = 750$ mV
Only slight
13. **(a)** $I_C \cong 3.5$ mA **(b)** $I_C \cong 3.5$ mA **(c)** Negligible **(d)** $I_C = I_E$
15. **(a)** $I_C = 3.992$ mA **(b)** $\alpha = 0.993$ **(c)** $I_E = 2$ mA
19. **(a)** $\beta_{dc} = 111.11$ **(b)** $\alpha_{dc} = 0.991$ **(c)** $I_{CEO} = 0.3$ mA **(d)** $I_{CBO} = 2.7$ mA
21. **(a)** $\beta_{dc} = 87.5$ **(b)** $\beta_{dc} = 108.3$ **(c)** $\beta_{dc} = 135$
23. $\beta_{dc} = 116$, $\alpha_{dc} = 0.991$, $I_E = 2.93$ mA
29. $I_C = I_{C_{max}}$, $V_{CB} = 6$ V
$V_{CB} = V_{CB_{max}}$, $I_C = 2.1$ mA
$I_C = 4$ mA, $V_{CB} = 10.5$ V
$V_{CB} = 10$ V, $I_C = 2.8$ mA
31. $I_C = I_{C_{max}}$, $V_{CE} = 3.125$ V
$V_{CE} = V_{CE_{max}}$, $I_C = 20.83$ mA
$I_C = 100$ mA, $V_{CE} = 6.25$ mA
$V_{CE} = 20$ V, $I_C = 31.25$ mA
33. h_{FE}: $I_C = 0.1$ mA, $h_{FE} \cong 43$
$I_C = 10$ mA, $h_{FE} \cong 98$
h_{fe}: $I_C = 0.1$ mA, $h_{fe} \cong 72$
$I_C = 10$ mA, $h_{fe} \cong 160$
35. $I_C = 1$ mA, $h_{fe} \cong 120$
$I_C = 10$ mA, $h_{fe} \cong 160$
37. **(a)** $\beta_{ac} = 190$ **(b)** $\beta_{dc} = 201.7$ **(c)** $\beta_{ac} = 200$ **(d)** $\beta_{dc} = 230.77$ **(f)** Yes

Chapter 4

1. **(a)** $I_{B_Q} = 30\ \mu$A **(b)** $I_{CQ} = 3.6$ mA **(c)** $V_{CE_Q} = 6.48$ V **(d)** $V_C = 6.48$ V
(e) $V_B = 0.7$ V **(f)** $V_E = 0$ V
3. **(a)** $I_C = 3.98$ mA **(b)** $V_{CC} = 15.96$ V **(c)** $\beta = 199$ **(d)** $R_B = 763\ \text{k}\Omega$
5. **(b)** $R_B = 812\ \text{k}\Omega$ **(c)** $I_{C_Q} = 3.4$ mA, $V_{CE_Q} = 10.75$ V **(d)** $\beta_{dc} = 136$ **(e)** $\alpha = 0.992$
(f) $I_{C_{sat}} = 7$ mA **(h)** $P_D = 36.55$ mW **(i)** $P_s = 71.92$ mW **(j)** $P_R = 35.37$ mW
7. $I_{C_Q} = 2.4$ mA, $V_{CE_Q} = 11.5$ V
9. **(b)** $I_{C_Q} = 4.7$ mA, $V_{CE_Q} = 7.5$ V **(c)** 133.25 **(d)** reasonably close
11. **(a)** 154.5 **(b)** 17.74 V **(c)** 747 kΩ
13. **(a)** 2.33 kΩ **(b)** 133.33 **(c)** 616.67 kΩ **(d)** 40 mW **(e)** 37.28 mW
15. **(a)** 21.42 μA **(b)** 1.71 mA **(c)** 8.17 V **(d)** 9.33 V **(e)** 1.16 V **(f)** 1.86 V

17. **(a)** $I_C = 1.28$ mA **(b)** $V_E = 1.54$ V **(c)** $V_B = 2.24$ V **(d)** $R_1 = 39.4$ kΩ
19. $I_{C_{sat}} = 3.49$ mA
21. **(a)** 2.43 mA **(b)** 7.55 V **(c)** 20.25 μA **(d)** 2.43 V **(e)** 3.13 V
23. **(a)** 1.99 mA **(b)** $I_{C_Q} = 1.71$ mA, $V_{CE_Q} = 8.17$ V, $I_{B_Q} = 21.42$ μA
25. **(a)** $I_C = 1.71$ mA, $V_{CE} = 8.17$ V **(b)** $I_C = 1.8$ mA, $V_{CE} = 7.76$ V **(c)** % $\Delta I_C = 5.26$, % $\Delta V_{CE} = 5.02$ **(e)** Voltage-divider
27. **(a)** 18.09 μA **(b)** 2.17 mA **(c)** 8.19 V
29. **(a)** 2.24 mA **(b)** 11.63 V **(c)** 4.03 V **(d)** 7.6 V
31. **(a)** $I_C = 0.91$ mA, $V_{CE} = 5.44$ V **(b)** $I_C = 0.983$ mA, $V_{CE} = 4.11$ V **(c)** % $\Delta I_C = 8.02$, % $\Delta V_{CE} = 24.45$ **(d)** Voltage-divider
33. **(a)** 3.3 V **(b)** 2.75 mA **(c)** 11.95 V **(d)** 8.65 V **(e)** 24.09 μA **(f)**114.16
35. **(a)** $I_B = 65.77$ μA, $I_C = 7.23$ mA, $I_E = 7.3$ mA **(b)** $V_B = 9.46$ V, $V_C = 12$ V, $V_E = 8.76$ V **(c)** $V_{BC} = -2.54$ V, $V_{CE} = 3.24$ V
37. **(a)** $I_E = 3.32$ mA, $V_C = 4.02$ V, $V_{CE} = 4.72$ V
39. **(a)** $R_{Th} = 255$ kΩ, $E_{Th} = 0$ V, $I_B = 13.95$ μA **(b)** $I_C = 1.81$ mA **(c)** $V_E = -4.42$ V **(d)** $V_{CE} = 5.95$ V
41. $R_B = 361.6$ kΩ, $R_C = 2.4$ kΩ
Standard values: $R_B = 360$ kΩ, $R_C = 2.4$ kΩ
43. $R_E = 0.75$ kΩ, $R_C = 3.25$ kΩ, $R_2 = 7.5$ kΩ, $R_1 = 41.15$ kΩ, Standard values: $R_E = 0.75$ kΩ, $R_C = 3.3$ kΩ, $R_2 = 7.5$ kΩ, $R_1 = 43$ kΩ
45. **(a)** $V_{B_1} = 4.14$ V, $V_{E_1} = 3.44$ V, $I_{C_1} = I_{E_1} = 3.44$ mA, $V_{C_1} = 12.43$ V, $V_{B_2} = 2.61$ V, $V_{E_2} = 1.91$ V, $I_{E_2} = I_{C_2} = 1.59$ mA, $V_{C_2} = 16.5$ V
(b) $I_{B_1} = 21.5$ μA, $I_{C_1} \cong I_{E_1} = 3.44$ mA, $I_{B_2} = 17.67$ μA, $I_{C_2} \cong I_{E_2} = 1.59$ mA
47. **(a)** $I_{B_1} = 57.33$ μA, $I_{C_1} = 3.44$ mA, $I_{B_2} = 28.67$ μA, $I_{C_2} = 3.44$ mA
(b) $V_{B_1} = 4.48$ V, $V_{B_2} = 10.86$ V, $V_{E_1} = 3.78$ V, $V_{C_1} = 10.16$ V, $V_{E_2} = 10.16$ V, $V_{C_2} = 14.43$ V
49. $I = 8.65$ mA
51. $I = 2.59$ mA
53. $I_E = 3.67$ μA
55. $I_B = 17.5$ μA, $V_C = -13.53$ V
57. $I_{C_{sat}} = 4.167$ mA, $V_o = 9.76$ V
59. **(a)** $t_{on} = 168$ ns, $t_{off} = 148$ ns **(b)** $t_{on} = 37$ ns, $t_{off} = 132$ ns
63. **(a)** $V_C\downarrow$ **(b)** $V_{CE}\downarrow$ **(c)** $I_C\downarrow$ **(d)** $V_{CE} \cong 20$ V **(e)** $V_{CE} \cong 20$ V
65. **(a)** $S(I_{CO}) = 120$ **(b)** $S(V_{BE}) = -235 \times 10^{-6}$S **(c)** $S(\beta) = 30 \times 10^{-6}$ A **(d)** $\Delta I_C \cong 2.12$ mA
67. **(a)** $S(I_{CO}) = 11.06$ **(b)** $S(V_{BE}) = -1280 \times 10^{-6}$ S **(c)** $S(\beta) = 2.43 \times 10^{-6}$ A **(d)** $\Delta I_C = 0.313$ mA

Chapter 5

1. **(c)** 80.4%
7. **(a)** 20 Ω **(b)** 0.588 V **(c)** 58.8 **(d)** ∞ Ω **(e)** 0.98 **(f)** 10 μA
9. 8.57 Ω **(b)** 25 μA **(c)** 3.5 mA **(d)** 132.84 **(e)** −298.89
11. **(a)** $Z_i = 497.47$ Ω, $Z_o = 2.2$ kΩ **(b)** −264.74 **(c)** $Z_i = 497.47$ Ω, $Z_o = 1.98$ kΩ, $A_v = -238.27$
13. **(a)** $I_B = 18.72$ μA, $I_C = 1.87$ mA, $r_e = 13.76$ Ω **(b)** $Z_i = 1.38$ kΩ, $Z_o = 5.6$ kΩ **(c)** −406.98 **(d)** −343.03
15. **(a)** 30.56 Ω **(b)** $Z_i = 1.77$ kΩ, $Z_o = 3.9$ kΩ **(c)** −127.6 **(d)** $Z_i = 1.77$ kΩ, $Z_o = 3.37$ kΩ, $A_v = -110.28$
17. **(a)** 18.95 Ω **(b)** $V_B = 3.72$ V, $V_C = 13.59$ V **(c)** $Z_i = 3.17$ kΩ, $A_v = -298.15$
19. **(a)** 5.34 Ω **(b)** $Z_i = 118.37$ kΩ, $Z_o = 2.2$ kΩ **(c)** −1.81 **(d)** $Z_i = 105.95$ kΩ, $Z_o = 2.2$ kΩ, $A_v = -1.81$
21. $R_E = 0.82$ kΩ, $R_B = 242.09$ kΩ
23. **(a)** 15.53 Ω **(b)** $V_B = 2.71$ V, $V_{CE} = 6.14$ V, $V_{CB} = 5.44$ V **(c)** $Z_i = 67.45$ kΩ, $Z_o = 4.7$ kΩ **(d)** −3.92 **(e)** 56.26
25. **(a)** $Z_i = 236.1$ kΩ, $Z_o = 31.2$ Ω **(b)** 0.994 **(c)** 0.994 mV
27. **(a)** 33.38 Ω **(b)** $Z_i = 33.22$ Ω, $Z_o = 4.7$ kΩ **(c)** 140.52
29. **(a)** 13.08 Ω **(b)** $Z_i = 501.98$ Ω, $Z_o = 3.83$ kΩ **(c)** −298
31. **(c)** $A_v = -1.83$, $Z_i = 40.8$ kΩ, $Z_o = 2.16$ kΩ

33. **(a)** $Z_i = 12.79\ \text{k}\Omega$, $Z_o = 1.75\ \text{k}\Omega$, $A_v = -2.65$
35. **(a)** $R_L = 4.7\ \text{k}\Omega$, $A_{v_L} = -191.65$; $R_L = 2.2\ \text{k}\Omega$, $A_{v_L} = -130.49$; $R_L = 0.5\ \text{k}\Omega$, $A_{v_L} = -42.92$ **(b)** No change
37. **(a)** $A_{v_{NL}} = -557.36$, $Z_i = 616.52\ \Omega$, $Z_o = 4.3\ \text{k}\Omega$ **(c)** $A_{v_L} = -214.98$, $A_{v_s} = -81.91$ **(d)** 49.04 **(e)** -120.12 **(f)** A_{v_s} the same **(g)** No change
39. **(a)** $R_L = 4.7\ \text{k}\Omega$, $A_{v_L} = -154.2$; $R_L = 2.2\ \text{k}\Omega$, $A_{v_L} = -113.2$; $R_L = 0.5\ \text{k}\Omega$, $A_{v_L} = -41.93$ **(b)** No change
41. **(a)** $A_{v_{NL}} = 0.983$, $Z_i = 9.89\ \text{k}\Omega$, $Z_o = 20.19\ \Omega$ **(c)** $A_{v_L} = 0.976$, $A_{v_s} = 0.92$ **(d)** $A_{v_L} = 0.976$, $A_{v_s} = 0.886$ **(e)** No change **(f)** $A_{v_L} = 0.979$, $A_{v_s} = 0.923$ **(g)** $A_i = 3.59$
43. **(a)** $A_{v_1} = -97.67$, $A_{v_2} = -189$ **(b)** $A_{v_L} = 18.46 \times 10^3$, $A_{v_s} = 11.54 \times 10^3$ **(c)** $A_{i_1} = 97.67$, $A_{i_2} = 70$ **(d)** $A_{i_L} = 6.84 \times 10^3$ **(e)** No effect **(f)** No effect **(g)** In phase
45. $V_B = 3.08\ \text{V}$, $V_E = 2.38\ \text{V}$, $I_E \cong I_C = 1.59\ \text{mA}$, $V_C = 6.89\ \text{V}$
47. $V_{B_1} = 4.4\ \text{V}$, $V_{B_2} = 11.48\ \text{V}$, $V_{E_1} = 3.7\ \text{V}$, $I_{C_1} \cong I_{E_1} = 3.7\ \text{mA} \cong I_{E_2} \cong I_{C_2}$, $V_{C_2} = 14.45\ \text{V}$, $V_{C_1} = 10.78\ \text{V}$
49. $-1.86\ \text{V}$
51. **(a)** $V_{B_1} = 9.59\ \text{V}$, $V_{C_1} = 16\ \text{V}$, $V_{E_2} = 8.17\ \text{V}$, $V_{CB_1} = 6.41\ \text{V}$, $V_{CE_2} = 7.83\ \text{V}$ **(b)** $I_{B_1} = 2.67\ \mu\text{A}$, $I_{B_2} = 133.5\ \mu\text{A}$, $I_{E_2} = 16.02\ \text{mA}$ **(c)** $Z_i = 1.13\ \text{M}\Omega$, $Z_o = 3.21\ \Omega$ **(d)** $A_v \cong 1$, $A_i = 3.16 \times 10^3$
53. **(a)** $V_{B_1} = 8.22\ \text{V}$, $V_{E_2} = 6.61\ \text{V}$, $V_{CE_2} = 3.3\ \text{V}$, $V_{CB_1} = 1.69\ \text{V}$ **(b)** $Z_i \cong 8\ \text{k}\Omega$, $Z_o = 470\ \Omega$ **(d)** -235 **(e)** 4×10^3
55. **(a)** $V_{B_1} = 6.24\ \text{V}$, $V_{B_2} = 3.63\ \text{V}$, $V_{C_1} = 3.63\ \text{V}$, $V_{C_2} = 6.95\ \text{V}$, $V_{E_1} = 6.95\ \text{V}$, $V_{E_2} = 2.93\ \text{V}$ **(b)** $I_{B_1} = 4.16\ \mu\text{A}$, $I_{C_1} = 0.666\ \text{mA}$, $I_{B_2} = 0.666\ \text{mA}$, $I_{C_2} = 133.12\ \text{mA}$, $I_{E_2} = 135.12\ \text{mA}$ **(c)** $Z_i = 0.887\ \text{M}\Omega$, $Z_o = 68\ \Omega$ **(d)** $\cong 1$ **(e)** -13.06×10^3
57. $r_e = 21.67\ \Omega$, $\beta r_e = 2.6\ \text{k}\Omega$
63. % difference = 4.2, ignore effects
65. % difference = 4.8, ignore effects
67. **(a)** $8.31\ \Omega$ **(b)** $h_{fe} = 60$, $h_{ie} = 498.6\ \Omega$ **(c)** $Z_i = 497.47\ \Omega$, $Z_o = 2.2\ \text{k}\Omega$ **(d)** $A_v = -264.74$, $A_i \cong 60$ **(e)** $Z_i = 497.47\ \Omega$, $Z_o = 2.09\ \text{k}\Omega$ **(f)** $A_v = -250.90$, $A_i = 56.73$
69. **(a)** $Z_i = 9.38\ \Omega$, $Z_o = 2.7\ \text{k}\Omega$ **(b)** $A_v = 284.43$, $A_i \cong -1$ **(c)** $\alpha = 0.992$, $\beta = 124$, $r_e = 9.45\ \Omega$, $r_o = 1\ \text{M}\Omega$
71. **(a)** $814.8\ \Omega$ **(b)** -357.68 **(c)** 132.43 **(d)** $72.9\ \text{k}\Omega$
75. **(a)** 75% **(b)** 70%
77. **(a)** $200\ \mu\text{S}$ **(b)** $5\ \text{k}\Omega$ versus $8.6\ \text{k}\Omega$, not a good approximation
79. **(a)** h_{fe} **(b)** h_{oe} **(c)** $30\ \mu\text{S}$ to $0.1\ \mu\text{S}$ **(d)** Mid-region
81. **(a)** Yes **(b)** R_2 not connected as base.

Chapter 6

5. **(a)** 3.5 mA **(b)** 2.5 mA **(c)** 1.5 mA **(d)** 0.5 mA **(e)** As $V_{GS}\downarrow$, $\Delta I_D\downarrow$ **(f)** Nonlinear
15. **(a)** 1.852 mA **(b)** -1.318 V
19. 525 mW
21. 5.5 mA
23. -3 V
25. **(a)** $175\ \Omega$ **(b)** $233\ \Omega$ **(c)** $252\ \Omega$
29. $V_{GS} = 0\ \text{V}$, $I_D = 6\ \text{mA}$; $V_{GS} = -1\ \text{V}$, $I_D = 2.66\ \text{mA}$; $V_{GS} = +1\ \text{V}$, $I_D = 10.67\ \text{mA}$, $V_{GS} = 2\ \text{V}$, $I_D = 16.61\ \text{mA}$; $\Delta I_D = 3.34\ \text{mA}$ versus 6 mA
31. -4.67 V
33. 8.13 V
37. **(a)** $k = 1\ \text{mA/V}^2$, $I_D = 1 \times 10^{-3}\ (V_{GS} - 4\ \text{V})^2$ **(c)** $V_{GS} = 2\ \text{V}$, $I_D = 0\ \text{mA}$; $V_{GS} = 5\ \text{V}$, $I_D = 1\ \text{mA}$; $V_{GS} = 10\ \text{V}$, $I_D = 36\ \text{mA}$
39. 1.261
41. $dI_D/dV_{GS} = 2k\ (V_{GS} - V_T)$

Chapter 7

1. **(c)** $I_{D_Q} \cong 4.7\ \text{mA}$, $V_{DS_Q} \cong 5.54\ \text{V}$ **(d)** $I_{D_Q} = 4.69\ \text{mA}$, $V_{DS_Q} = 5.56\ \text{V}$

3. **(a)** $I_D = 2.727$ mA **(b)** $V_{DS} = 6$ V **(c)** $V_{GG} = 1.66$ V
5. $V_D = 18$ V, $V_{GS} = -4$ V
7. $I_{D_Q} = 2.6$ mA
9. **(a)** $I_{D_Q} = 3.33$ mA **(b)** $V_{GS_Q} \cong -1.7$ V **(c)** $I_{DSS} = 10.06$ mA **(d)** $V_D = 11.34$ V
(e) $V_{DS} = 9.64$ V
11. $V_S = 1.4$ V
13. **(a)** $V_G = 2.16$ V $I_{D_Q} \cong 5.8$ mA, $V_{GS_Q} \cong -0.85$ V $V_D = 7.24$ V, $V_S = 6.38$ V
$V_{DS_Q} = 0.86$ V **(b)** $V_{GS} = 0$ V, $V_G = I_D R_S = I_{DSS} R_S$ and $R_S = 216\ \Omega$
15. $R_S = 2.67$ kΩ
17. **(a)** $I_D = 3.33$ mA **(b)** $V_D = 10$ V, $V_S = 6$ V **(c)** $V_{GS} = -6$ V
19. $V_D = 8.8$ V, $V_{GS} = 0$ V
21. **(a)** $I_{D_Q} \cong 9$ mA, $V_{GS_Q} \cong 0.5$ V **(b)** $V_{DS} = 7.69$ V, $V_S = -0.5$ V
23. **(a)** $I_{D_Q} \cong 5$ mA, $V_{GS_Q} \cong 6$ V
25. **(a)** $V_B = V_G = 3.2$ V **(b)** $V_E = 2.5$ V **(c)** $I_E = 2.08$ mA, $I_C = 2.08$ mA, $I_D = 2.08$ mA
(d) $I_B = 20.8\ \mu$A **(e)** $V_C = 5.67$ V, $V_S = 5.67$ V, $V_D = 11.42$ V **(f)** $V_{CE} = 3.17$ V
(g) $V_{DS} = 5.75$ V
27. $V_{GS} = -2$ V, $R_S = 2.4$ kΩ, $R_D = 6.2$ kΩ, $R_2 = 4.3$ MΩ
29. **(a)** JFET in saturation **(b)** JFET nonconducting **(c)** Short from gate to drain (JFET or circuit)
31. JFET in saturation, open circuit between gate and voltage-divider network
33. **(a)** $I_{D_Q} \cong 4.4$ mA, $V_{GS_Q} \cong -7.25$ V **(b)** $V_{DS} = -7.25$ V **(c)** $V_D = -7.25$ V
35. **(a)** $V_{GS_Q} = -1.96$ V, $I_{D_Q} = 2.7$ mA **(b)** $V_{DS} = 11.93$ V, $V_D = 13.95$ V, $V_G = 0$ V,
$V_S = 2.03$ V
37. **(a)** $I_{D_Q} = 2.76$ mA, $V_{GS_Q} = -2.04$ V **(b)** $V_{DS} = 7.86$ V, $V_S = 2.07$ V

Chapter 8

1. 6 mS
3. 10 mA
5. 12.5 mA
7. 2.4 mS
9. $Z_o = 40$ kΩ, $A_v = -180$
11. **(a)** 4 mS **(b)** 3.64 mS **(c)** 3.6 mS **(d)** 3 mS **(e)** 3.2 mS
13. **(a)** 0.75 mS **(b)** 100 kΩ
15. $g_m = 5.6$ mS, $r_d = 66.67$ kΩ
17. $Z_i = 1$ MΩ, $Z_o = 1.72$ kΩ, $A_v = -4.8$
19. **(a)** $Z_i = 2$ MΩ, $Z_o = 3.81$ kΩ, $A_v = -7.14$
(b) $Z_i = 2$ MΩ, $Z_o = 4.21$ kΩ, (increased), $A_v = -7.89$ (increased)
21. $Z_i = 10$ MΩ, $Z_o = 730\ \Omega$, $A_v = -2.19$
23. **(a)** 3.83 kΩ, **(b)** 3.41 kΩ
25. $Z_i = 9.7$ MΩ, $Z_o = 1.92$ kΩ, $V_o = -210$ mV
27. $Z_i = 9.7$ MΩ, $Z_o = 1.82$ kΩ, $V_o = -198.8$ mV
29. $Z_i = 356.3\ \Omega$, $Z_o = 3.3$ kΩ, $V_o = 28.24$ mV
31. $Z_i = 275.5\ \Omega$, $Z_o = 2.2$ kΩ, $A_v = 5.79$
33. $Z_i = 10$ MΩ, $Z_o = 506.4\ \Omega$, $A_v = 0.745$
35. 11.73 mV
37. $Z_i = 10$ MΩ, $Z_o = 1.68$ kΩ, $A_v = -9.07$
39. $Z_i = 9$ MΩ, $Z_o = 197.6\ \Omega$, $A_v = 0.816$
41. $Z_i = 1.73$ MΩ, $Z_o = 2.15$ kΩ, $A_v = -4.77$
43. -203 mV
45. -3.51 mV
47. $R_S = 180\ \Omega$, $R_D = 2$ kΩ (standard values)
49. **(a)** $Z_i = 2$ MΩ, $Z_o = 0.72$ kΩ, $A_{v_{NL}} = 0.733$ **(c)** $A_{v_L} = 0.552$, $A_{v_s} = 0.552$
(d) $A_{v_L} = 0.670$, A_{v_s} the same **(e)** A_{v_L} the same, $A_{v_s} = 0.546$ **(f)** Z_i and Z_o the same
51. From graph $V_{GS_Q} \cong -1.45$ V, $I_{D_Q} \cong 3.7$ mA, $V_D = 9.86$ V, $V_S = 1.44$ V, $V_{DS} = 8.42$ V,
$V_G = 0$ V
53. From graph $V_{GS_Q} \cong -1.4$ V, $I_{D_Q} \cong 3.6$ mA, $V_D = 10.08$ V, $V_S = 1.4$ V, $V_{DS} = 8.68$ V,
$V_G = 0$ V

55. $Z_i = 10\ \text{M}\Omega$, $Z_o = 2.7\ \text{k}\Omega$
57. $A_{v_1} = -3.77$, $A_{v_2} = -87.2$, $A_{v_T} = 328.74$

Chapter 9

1. **(a)** 3,1.699, −1.151 **(b)** 6.908, 3.912, −0.347 **(c)** Results differ by 2.3
3. **(a)** Same 22.92 **(b)** Same 23.98 **(c)** Same 0.903
5. $G_{dBm} = 43.98$ dBm
7. $G_{dB} = 67.96$ dB
9. **(a)** $G_{dB} = 69.83$ dB **(b)** $G_v = 82.83$ dB **(c)** $R_i = 2\ \text{k}\Omega$ **(d)** $P_o = 1385.64$ V
11. **(a)** $f_L = 1/\sqrt{1 + (1950.43\ \text{Hz}/f)^2}$ **(b)** 100 Hz: $|A_v| = 0.051$; 1k Hz: $|A_v| = 0.456$; 2k Hz: $|A_v| = 0.716$; 5k Hz: $|A_v| = 0.932$; 10k Hz: $|A_v| = 0.982$ **(c)** $f_L \cong 1950$ Hz
13. **(a)** 10k Hz **(b)** 1k Hz **(c)** 5k Hz **(d)** 100k Hz
15. **(a)** $r_e = 28.48\ \Omega$ **(b)** $A_{v_{\text{mid}}} = -72.91$ **(c)** $Z_i = 2.455\ \text{k}\Omega$ **(d)** $f_{L_s} = 137.93$ Hz, $f_{L_C} = 38.05$ Hz, $f_{L_E} = 85.30$ Hz **(e)** $f_L = f_{L_s} = 137.93$ Hz
17. **(a)** $r_e = 30.23\ \Omega$ **(b)** $A_{v_{\text{mid}}} = 0.983$ **(c)** $Z_i = 21.13\ \text{k}\Omega$ **(d)** $f_{L_s} = 75.32$ Hz, $f_{L_C} = 188.57$ Hz **(e)** $f_L = f_{L_C} = 188.57$ Hz
19. **(a)** $r_e = 28.48\ \Omega$ **(b)** $A_{v_{\text{mid}}} = -72.91$ **(c)** $Z_i = 2.455\ \text{k}\Omega$ **(d)** $f_{L_s} = 103.4$ Hz, $f_{L_C} = 38.05$ Hz, $f_{L_E} = 235.79$ Hz **(e)** $f_L = f_{L_E} = 235.79$ Hz
21. **(a)** $r_e = 30.23\Omega$ **(b)** $A_{v_{\text{mid}}} = 0.983$ **(c)** $Z_i = 21.13\ \text{k}\Omega$ **(d)** $f_{L_s} = 71.92$ Hz, $f_{L_C} = 193.16$ Hz **(e)** $f_L = f_{L_C} = 193.16$ Hz
23. **(a)** $V_{GS_Q} = -2.45$ V, $I_{D_Q} = 2.1$ mA **(b)** $g_m = 1.18$ mS **(c)** $A_{v_{\text{mid}}} = -2$ **(d)** $Z_i = 1\ \text{M}\Omega$ **(e)** $A_{v_s} = -2$ **(f)** $f_{L_G} = 1.59$ Hz, $f_{L_C} = 4.91$ Hz, $f_{L_S} = 32.04$ Hz **(g)** $f_L = f_{L_S} = 32$ Hz
25. **(a)** $V_{GS_Q} = -2.55$ V, $I_{D_Q} = 3.3$ mA **(b)** $g_m = 1.91$ mS **(c)** $A_{v_{\text{mid}}} = -4.39$ **(d)** $Z_i = 51.94\ \text{k}\Omega$ **(e)** $A_{v_s} = -4.27$ **(f)** $f_{L_G} = 2.98$ Hz, $f_{L_C} = 2.46$ Hz, $f_{L_S} = 41$ Hz **(g)** $f_L = f_{L_S} = 41$ Hz
27. **(a)** $f_{H_i} = 277.89$ kHz, $f_{H_o} = 2.73$ mHz **(b)** $f_\beta = 895.56$ kHz, $f_T = 107.47$ MHz **(d)** GBP = 18.23 MHz
29. **(a)** $f_{H_i} = 2.87$ MHz, $f_{H_o} = 127.72$ mHz **(b)** $f_\beta = 1.05$ MHz, $f_T = 105$ MHz **(d)** GBP = 786.4 kHz
31. **(a)** $g_{m0} = 2$ mS, $g_m = 1.18$ mS **(b)** $A_{v_{\text{mid}}} = A_{v_s} = -2$ **(c)** $f_{H_i} = 7.59$ MHz, $f_{H_o} = 7.82$ MHz **(e)** GBP = 12 MHz
33. $A_{v_T} = 16 \times 10^4$
35. $f'_L = 91.96$ Hz

Chapter 10

1. $V_o = -18.75$ V
3. $V_1 = -40$ mV
5. $V_o = -9.3$ V
7. V_o ranges from 5.5 V to 10.5 V
9. $V_o = -3.39$ V
11. $V_o = 0.5$ V
13. $V_2 = -2$V, $V_1 = 4.2$ V
15. $V_o = 6.4$ V
17. $I_{\text{IB}} = 22$ nA, $I_{\text{IB}} = 18$ nA
19. $A_{\text{CL}} = 80$
21. V_o (offset) = 105 mV
23. CMRR = 75.56 dB

Chapter 11

1. $V_o = -175$ mV, rms
3. $V_o = 412$ mV
7. $V_o = -2.5$ V
11. $I_L = 6$ mA
13. $I_o = 0.5$ mA

13. $I_o = 0.5$ mA
15. $f_{OH} = 1.45$ kHz
17. $f_{OL} = 318.3$ Hz, $f_{OH} = 397.9$ Hz

Chapter 12

1. $P_o = 10.4$ W, $P_o = 640$ mW
3. $P_o = 2.1$ W
5. R(eff) = 2.5 kΩ
7. $a = 44.7$
9. $\%\eta = 37\%$
13. **(a)** Maximum $P_1 = 49.7$ W **(b)** Maximum $P_o = 39.06$ W **(c)** Maximum $\%\eta = 78.5\%$
17. **(a)** $P_o = 27$ W **(b)** $P_o = 8$ W **(c)** $\%\eta = 29.6\%$ **(d)** $P_{2Q} = 19$ W
19. $\%D_2 = 14.3\%$, $\%D_3 = 4.8\%$, $\%D_4 = 2.4\%$
21. $\%D_2 = 6.8\%$
23. $P_D = 25$ W
25. $P_D = 3$ W

Chapter 13

9. $V_o = 13$ V
13. Period = 204.8 μs
17. $f_o = 60$ kHz
19. $C = 133$ pF
21. $C_1 = 300$ pF

Chapter 14

1. $A_f = -9.95$
3. $A_f = -14.3$, $R_{of} = 31.5$ kΩ, $R_{of} = 2.4$ kΩ
5. Without feedback: $A_i = -303.2$, $Z_i = 1.18$ kΩ, $Z_o = 4.7$ kΩ
   With feedback: $A_{of} = -3.82$, $Z_{of} = 45.8$ kΩ
7. $f_o = 4.2$ kHz
9. $f_o = 1.05$ MHz
11. $f_o = 159.2$ kHz

Chapter 15

1. Ripple factor = 0.028
3. Ripple voltage = 24.2 V
5. $V_r = 1.2$ V
7. $V_r = 0.6$ V rms, $V_{dc} = 17$ V
9. $V_r = 0.12$ V rms
11. $V_m = 13.7$ V
13. $\%r = 7.2\%$
15. $\%r = 8.3\%$, $\%r = 3.1\%$
17. $V_r = 0.325$ V rms
19. $V_o = 7.6$ V, $I_z = 3.66$ mA
21. $V_o = 24.6$ V
25. $I_{dc} = 225$ mA
27. $V_o = 9.9$ V

Chapter 16

3. 33.25 μA
7. $C_D \cong 6.2$ pF, $X_C = 25.67$ kΩ
9. **(a)** −3 V: 40 pF, −12V: 20 pF, $\Delta C = 20$ pF **(b)** −8 V: $\Delta C/\Delta V_R = 2$ pF/V, −2 V: $\Delta C/\Delta V_R = 6.67$ pF/V
11. $C_t \cong 15$ pF, $Q = 354.61$ versus 350 on chart

15. $\cong$ 739.5 kHz
19. **(a)** $\Delta V_{OC}/\Delta f_C = 0.375$ mV/f_C **(b)** 547.5 mV
21. **(a)** 422.8×10^{-21} J **(b)** 305.72×10^{-21} J **(c)** yes
23. 50 V
25. **(a)** $\cong$ 0.9 Ω/fc **(b)** $\cong$ 380 Ω/fc **(c)** $\cong$ 78 kΩ/fc, low-illumination region
27. $V_i = 21$ V
29. As *fc* increases, t_r and t_d decrease exponentially
31. **(a)** $\phi \cong 5$ mW **(b)** 2.27 lm
33. $\phi = 3.44$ mW
37. Lower levels
39. $R = 20$ kΩ
41. R (thermistor) = 90 Ω
43. 1 MHz: 31.83 kΩ; 100 MHz: 318.3 Ω; 1 MHz: $Z_T = -152\ \Omega\angle 0°$; 100 MHz: $Z_T = -137.16\ \Omega\ \angle 26°$; L_S very little effect
45. −62.5 Ω

Chapter 17

5. **(a)** Yes **(b)** No **(c)** No **(d)** Yes, No
9. **(a)** $V_{peak} = 168.28$ V **(b)** $I_{peak} = 1.19$ A **(c)** 1.19 A **(d)** 4.17 ms **(e)** 51 ms **(f)** Open **(g)** 23.86 ms **(h)** Turn on **(i)** Forced commutation
13. **(a)** $V_{GK} = -12\text{ V} + \dfrac{R'(24\text{ V})}{R' + R_S}$
(b) 0 V **(c)** 14 kΩ **(d)** 60 mA **(e)** 0.12 mA **(f)** Yes, inductive element in alarm; inst protective capacitive element.
15. **(a)** $\cong$ 0.7 MW/cm^2 **(b)** 80.5%
19. 241 pF
21. 153 MΩ $> R_1 >$ 4.875 kΩ
23. **(a)** $R_{B_1} = 5.5$ kΩ, $R_{B_2} = 4.5$ kΩ **(b)** 11.7 V **(c)** OK, 68 kΩ < 166 kΩ
27. **(a)** 1.12 nA/°C
29. **(b)** $\beta_{dc} = 0.4$
31. $\eta = 0.75$, $V_G = 15$ V

INDEX

찾아보기

가

나

다

아

자

차

카

타

파

하

기타